HANDBUCH DER NORMALEN UND PATHOLOGISCHEN PHYSIOLOGIE

MIT BERÜCKSICHTIGUNG DER EXPERIMENTELLEN PHARMAKOLOGIE

HERAUSGEGEBEN VON

A. BETHE · G. v. BERGMANN
FRANKFURT A. M.   BERLIN

G. EMBDEN · A. ELLINGER †
FRANKFURT A. M.

DREIZEHNTER BAND

F. SCHUTZ- UND ANGRIFFSEINRICHTUNGEN

G. REAKTIONEN AUF SCHÄDIGUNGEN

BERLIN
VERLAG VON JULIUS SPRINGER
1929

SCHUTZ- UND ANGRIFFS-EINRICHTUNGEN · REAKTIONEN AUF SCHÄDIGUNGEN

BEARBEITET VON

M. ASKANAZY · R. DOERR · H. ERHARD
F. FLURY · W. GOETSCH · F. HILDEBRANDT · M. JACOBY
H. LOEWENTHAL · F. NEUFELD · H. PRZIBRAM · H. SACHS
H. SCHLOSSBERGER · E. STARKENSTEIN · E. WITEBSKY

MIT 75 ZUM TEIL FARBIGEN ABBILDUNGEN

BERLIN
VERLAG VON JULIUS SPRINGER
1929

ISBN-13: 978-3-642-89176-2   e-ISBN-13: 978-3-642-91032-6
DOI: 10.1007/978-3-642-91032-6

Inhaltsverzeichnis.

Schutz- und Angriffseinrichtungen (F).

Phagocytose.

Von Geheimrat Professor Dr. Fred Neufeld und Dr. Hans Loewenthal-Berlin

Die Gewöhnung an Gifte.

Schutz- und Angriffseinrichtungen (F).

Schutz- und Angriffswaffen der Protozoen.

Von

H. PRZIBRAM
Wien.

Mit 14 Abbildungen.

Zusammenfassende Darstellungen.

DELÂGE, Y. u. C. HÉROUARD: Traité de Zoologie concrète. 1. Paris: Schleicher 1896. — PROWAZEK, S. v.: Einführung in die Physiologie der Einzelligen. Leipzig u. Berlin: B. G. Teubner 1910. — HARTMANN, M.: Protozoologie, 2. Aufl., Jena 1910. — BIEDERMANN, W.: Aufnahme, Verarbeitung und Assimilation; Wintersteins Handb. vgl. Physiol. 1910 II — Physiologie der Stütz- u. Skelettsubstanzen. Ebenda 1912 III. — DOFLEIN, F.: Lehrbuch der Protozoenkunde. 4. Aufl. Jena: Gustav Fischer 1916 — Arch. Protistenkde.

Trotz des wesentlich einfacheren Baues, den die Protozoen oder Urtiere wegen ihres Bestehens aus einer einzigen Zelle darbieten, zeigen sie doch sowohl in ihrer Ausbildung von „Organellen" zu bestimmten Verrichtungen, als auch in deren Verwendung eine große Ähnlichkeit mit den mehrzelligen Tieren. Kürzlich wurde wieder auf diese seinerzeit von EHRENBERG übertriebene Analogie zwischen Einzelligen und Mehrzelligen durch VAN BEMMELEN[1] hingewiesen. Im folgenden wird daher der Behandlung von Einrichtungen, die zum Schutze des Trägers oder zum Angriffe auf Beute bei den Einzelligen dienen, eine ähnliche Disposition des Stoffes zugrunde gelegt werden können, wie bei den Metazoen. Die Trennung in die beiden Hauptgruppen wurde überhaupt nur beibehalten, weil eine Einbeziehung der Protozoen in das schon früher vom Autor fertiggestellte Manuskript für die anderen Tiere die ohnehin durch den notwendig gewordenen Wechsel in der Person des Bearbeiters der Urtiere hinausgeschobene Drucklegung noch weiterhin verzögert hätte.

Einteilung des Stoffes.

Schutzwaffen:
1a. Körperbedeckung (Umweltschutz).
2a. Encystierung und Häutung.
3a. Säuberungsorgan (Vakuole).
4a. Brutpflege.
5a. Gehäuse- und Wohnbau.
6a. Schutzsekretion.
7a. Abwehr durch Gewöhnung und Maskierung.

Angriffswaffen:
1b. Stacheln, Strudelwimpern.
2b. Giftige Sekrete.
3b. Greif- und Bißwaffen.
4b. Stich- und Haftwaffen.
5b. Fangapparate, Fallenbau.
6b. Schleuder- und Schlingwaffen.
7b. Anlockung.

1a. Körperbedeckung (Umweltschutz).

Obzwar die einzelne tierische Zelle nicht wie die Zellen der Pflanzen eine deutlich abgetrennte feste Membran besitzt, ist doch die an die Umwelt grenzende

---

[1] Vortrag Int. Zoolog.-Kongreß Budapest Sept. 1927.

Körperoberfläche meist durch eine resistentere Grenzschichte und oft durch abgeschiedene oder aufgenommene Gehäusesubstanzen ausgezeichnet. Die protektiven Funktionen dieser Gebilde liegen in ihrem Widerstande gegen das Eindringen schädlicher Stoffe ebenso wie in der Erhöhung der Festigkeit. Erstere Funktion werden wir ausführlich bei der „Schutzsekretion" (s. Abschn. 6a S. 15) besprechen. Hier sei bloß darauf hingewiesen, daß die verwendeten Baumaterialien, seien es nun von außen aufgenommene Sandkörner oder in organischer, keratinähnlicher, früher für Chitin gehaltener Grundlage abgeschiedene Biokrystalle, gegen Auflösung im Seewasser widerstandsfähig sein müssen; wir finden bei Radiolarien Kieselsäure, ausnahmsweise in den Acantharia Strontiumsulfat[1], bei Foraminiferen Kieselsäure mit Eisenoxyd- und Aluminiumsalzen, sowie Kalk in krystallisierter Form. Die Einlagerung der Krystalle in eine organische Grundsubstanz ist bei verschiedenen Schalenformen jeweilig in einer solchen Orientierung vorhanden, daß Trajektorien sich erkennen lassen, welche den Zug- und Druckverhältnissen bei der Entstehung der Schalen entsprechen und auch der Zug- und Druckbeanspruchung gerecht zu werden vermögen. Beispiele liefern namentlich die Kammerwände von Orbitolites und Peneroplis. Die wabenartige

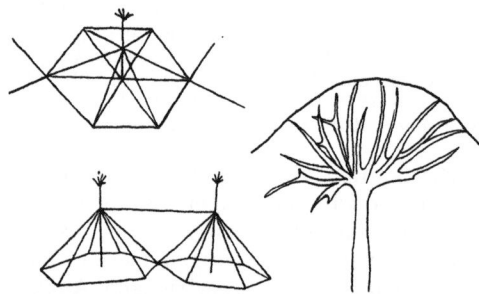

Abb. 1. Sagenoscena irmingeriana. Links oben: Einzelne Zeltgruppe von Strebepfeilern mit Appendikularapparat am Ende der Mittelstütze. Links unten: Zwei durch Tangentialbalken verbundene Stützen. Rechts Appendikularapparat stärker vergrößert. (Nach Haecker 1905.)

Mikrostruktur ihrer Schalen sowie jener der Miliolina erhöht noch die Festigkeit des Gefüges nach dem Prinzip des größeren Widerstandes hohler gegenüber soliden Stützen. Die Skelette der Radiolarien zeigen neben den aus dem Innern tretenden Pfeilern an deren Endigungen sog. „Appendikularapparate", die zur Stütze des darüber ausgespannten Oberflächenhäutchens dienen[2] (Abb. 1). Es kann ein ganzes Gerüste von Strebepfeilern mit mannigfaltiger, an unsere Ingenieurkunst erinnernder Bindung vorhanden sein. An Stellen des größten

Druckes, bei der schwebenden Sagenoscena, z. B. an den beiden Polen der senkrecht stehenden Achse sind sie noch durch Tangentialbälkchen verstärkt. Auch verwickelte Schalenverschlüsse kommen vor wie etwa bei Conchoceras. Weiteren Schutz gegen Zerbrechungsgefahr bieten bei Foraminiferen Auflagerungen von Rippen, die vielleicht durch nachträgliche Ausscheidung an den stark beanspruchten Stellen abgesondert werden. Andererseits kann es wieder zur Resorption solcher Schalenteile kommen, die nach Ausbildung des Organismus keine wichtige Rolle zum Widerstande gegen Druck spielen. So wird gleichzeitig mit der größten Festigkeit der geringste Aufwand an Material erzielt. Je nach dem Vorkommen von Urtieren in großen Meerestiefen, wo sie keinen Stößen ausgesetzt sind, oder nahe der Brandung sind die Gehäuse, falls vorhanden, zart oder derb. Daß tatsächlich der Aufenthalt in der Brandungszone eine Widerstandsfähigkeit der Formen erfordert, ist aus der großen Zahl hier auffindbarer verletzter und regenerierender Exemplare zu ersehen[3]. Besonders günstige Verhältnisse zum Widerstand gegen Stoß beim Auffallen auf einen festen Körper bieten reguläre Polyeder, und wir sehen solche tatsächlich bei manchen Radiolarien, z. B. Cir-

[1] Biedermann: **1912**, 499. Zitiert auf S. 1.
[2] Haecker: Jena. Z. Naturwiss. **39**, 581 (1904) — Z. Zool. **83**, 336 (1905).
[3] Rhumbler: Foraminiferen s. Planktonexp. Humboldtstift. **1911**, 25, 191. — Doflein **1916**, 307.

coporiden, realisiert[1]. Außer den Gehäusen und Skeletten finden wir im Reiche der Protisten resistentere Außenhäute, so die Membranen, welche die ganzen Pfeiler und Appendikularapparate bei Radiolarien überspannen und die Ektoplasmaschichte der Infusorien, welche in manchen Fällen durch regelmäßig angelegte Längsstreifung ausgezeichnet ist, wie etwa bei Stentor, dem Trompetertierchen, und außer als contractile Fasern auch noch als versteifende und namentlich den aufgeworfenen Mundrand stützende Trajektorien betrachtet werden können. Große Stentoren haben verhältnismäßig weniger Streifen als kleine[2]. Bei den Ciliaten wird vielfach eine größere Steifheit und damit wohl auch Festigkeit durch das Zusammenfließen von Wimpern zu Stacheln hervorgebracht, oder sogar zu dicht vibrierenden Membranen, wie bei Vorticella als Mundstütze[3]. Diese mittels eines Stieles sich festsetzenden Peritrichen haben zwei einander diagonal durchkreuzende Streifensysteme. Der spiralig contractile Stiel ist innerhalb der festeren Wandung von Flüssigkeit erfüllt und wird durch eine Zentralachse gestützt, die aus Längsmyoïden mit begleitendem Plasmastabe besteht.

Ausnahmsweise treffen wir auch unter den Infusorien Gattungen mit Gehäusen, welche manchmal auf organischer, keratinähnlicher Hülle durch Agglutination von Fremdkörpern gebildet werden, so bei Tintinnopsis, oder ohne solche Fremdkörner bei Tintinnidium und Tintinnus[4] (über deren Entwicklung s. Abschn. 5a S. 12). Umgekehrt werden die bei Radiolarien im Körperinnern sich anhäufenden „Phaeodellen" und die analogen „Sterkome" der Foraminiferen als Mittel zur Erhöhung der Festigkeit angesehen, besonders auch bei gehäuselosen Amöben[5]. Über die große Bedeutung der allmählichen Festigkeitssteigerung innerhalb der einzelnen Protozoenklassen sind recht einleuchtende Betrachtungen durch Heranziehung der Paläontologie angestellt worden. Zunächst hat es sich gezeigt, daß innerhalb derselben Gruppe, z. B. den Foraminiferen, in den ältesten Schichten häufiger sandschalige angetroffen werden als in den jüngeren, wo kalkschalige überwiegen. Es ist ohne weiteres klar, wie sehr die kalkschaligen an Festigkeit den sandschaligen überlegen sind. Sodann lassen sich aber der Form nach Reihen entwickeln, die mit langgestreckten, geraden Gehäusen beginnen, Beispiel Nodobacularia im Trias, über nur an dem Primordialende eingerollten, wie bei den Ophthalmidien des Lias, zu den ganz spiraligen Spiroloculina im Jura. Weiter wird durch Aufwärtsstellung von Kanten an den früher abgerundeten Kammerwin-

Abb. 2. Foraminifera, Schalen mit verschiedenen, zunehmenden Festigkeitsgraden durch Einrollung und Kantenzuschärfung. Links: Nodosaria communis. Mitte oben: Cristellaria crassa. Rechts oben: Biloculina. Rechts Mitte: Triloculina. Rechts unten: Quinqueloculina. (Nach RHUMBLER 1911.)

dungen eine noch günstigere Stellung gegen Druck erreichte: Quinqueloculina aus der Kreide bilde dieses Höchststufe. Ein anderes Mittel zur Festigkeitssteigerung bietet die Zweireihigkeit gegenüber der älteren einreihigen Kammerfolge der Nodosinelliden des Trias, wie sie Textulariden zuerst andeutungsweise in der Art Geinitziana des Permokarbon angelegt, aber erst später erreicht

[1] HAECKER, V.: Verh. dtsch. zool. Ges. **1906**, 31.
[2] POPOFF, M.: Arch. exper. Zellforschg **3**, 124 (1909).
[3] DELÂGE: **1896**, 485. Zitiert auf S. 1.   [4] DELÂGE: **1896**, 466.
[5] RHUMBLER: S. 241. Zitiert auf S. 2.

haben. Hierbei ist die Festigkeit noch durch die Verschiebung der Reihen gegeneinander längs der größten Schalenausdehnung gesteigert[1] (Abb. 3). Diese Verschiebung stellt übrigens, wenn wir uns die Kammern als noch nicht fest, sondern zähflüssig denken, jene Anordnung dar, die sich als Ruhezustand bei der geringsten Verschiebung oder Druckbeanspruchung herstellen würde. Darüber werden wir noch gelegentlich des Gehäusebaues — 5a — zu berichten haben. Hier sei nur darauf aufmerksam gemacht, wie enge die physiologische Funktion des Druckwiderstandes mit dem Aufbau der hierzu verwendeten Vorrichtung zusammenhängt. Manche Foraminiferen, wie Orbitolites, haben keine Festigkeit erreicht, sondern entgehen durch ihre Kernfragmentation bei Zertrümmerung dem Untergange, da jedes kernhaltige Stück regeneriert[2].

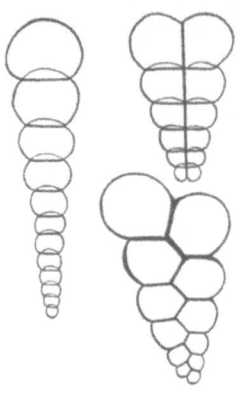

Abb. 3. Foraminiferenschemen zur Erläuterung der Festigkeitszunahme bei der Annahme zweireihiger Kammeranordnung. (Nach Rhumbler 1911.)

1 b. Stacheln.

Obzwar bei den Radiolarien an den Skelettstäben sich mannigfaltige, oft bizarre Formen, an Menschenwaffen vergangener Epochen gemahnend, vorfinden und wir bei den Ciliaten wahre Stachelhemden antreffen, so scheinen Beobachtungen über den Gebrauch solcher Gebilde als Angriffswaffen oder zum Schutze gegen zugreifende Feinde nicht vorzuliegen. Bei sandschaligen Foraminiferen finden sich gelegentlich über die Wandfläche hervorragende Stacheln, die nichts anderes als miteingebackene Schwammnadeln vorstellen, und als Abwehrvorrichtungen gedeutet worden sind[3]. In den Stacheldekorationen anderer Foraminiferen wird Schutz gegen die durch ihr Körpergewicht beim Überkriechen gefährdenden Schnecken erblickt[4], in den stachelbewehrten „Zungen" der Schalenöffnung bei Miliolina ferox eine Abwehr gegen Eindringlinge[5] (Abb. 4). Die Globigerinenstacheln und Radiolarienfortsätze werden hingegen als Schwebeorganellen angesehen.

Abb. 4. Miliolina ferox, Schale mit Zähnen am Mundverschlusse. (Nach Rhumbler 1906.)

2 a. Encystierung und Häutung.

An Ciliaten ist nach Druck oder Verletzung der Abwurf der ganzen Pellikula mit allen Wimpern in einem Stücke, also eine wahre Häutung beobachtet worden, die von der Wiederbildung aller Teile gefolgt war. Sogar die natürliche Abnützung, physiologische Regeneration, kann hierzu führen (Prorodon[6]). Häufiger und weiterverbreitet ist die Erscheinung der Encystierung, welche nach Abwurf oder Einschmelzung äußerer Wimpern, Stacheln, Geiseln, undulierenden Membranen zur Annahme kugelförmiger Gestalt unter Abscheidung harter, resistenter Cysten führt. Die Umstände, welche zur Cystenbildung führen, sind hauptsächlich sieben: 1. Eintritt des zu Teilungen neigenden Zustandes; 2. Starke Ernährung bis zur Übersättigung; 3. Hungern; 4. Sauerstoffmangel; 5. Konzentrierung der Salze der umgebenden Flüssigkeiten; 6. Verminderung der Konzentration; 7. Austrocknung; 8. Schlechtwerden des Wassers durch Faulen. 1. Die Encystierung braucht

---

[1] Rhumbler: S. 16. Zitiert auf S. 2.   [2] Rhumbler: S. 26. Zitiert auf S. 2.
[3] Rhumbler: S. 147, 214. Zitiert auf S. 2. — Biedermann: 1912, 446.
[4] Rhumbler: S. 24, 147 bzw. 124. Zitiert auf S. 2.
[5] Blochmann in Bütschli: Bronns Klassen u. Ordn. 1, 1325 (1889).
[6] Delâge: 1896, 417.

keineswegs einzutreten, wenn Reproduktion stattfinden soll, es gibt auch Teilung ohne Encystierung daneben bei ein und denselben Arten. Wir kommen hierauf weiter unten unter „Brutpflege" (4a) zu sprechen. 2. Die Encystierung bei reichlicher Ernährung scheint zu geschehen, um dem Urtiere die ungestörte Verdauung der im Überflusse aufgenommenen Nahrung zu gestatten. Dieser seltene Fall bedarf weiterer chemisch-physiologischer Untersuchung. Er war bei Ciliaten, namentlich Amphileptus und Holophrya beobachtet worden[1], auch bei der Flagellate Bodo edax[2]. 3. Bei fortgesetztem Hungern encystieren sich manche Protozoen ebenfalls. Die Verminderung der Aktivität im Cystenzustande wird hierbei einen geringeren Stoff- und Energieverbrauch, mithin ein längeres Ertragen des Nahrungsmangels gestatten. Daß sowohl Über- als auch Unterernährung dasselbe Resultat liefern, spricht für eine nicht direkte Bewirkung der Cystenbildung durch einen äußeren Faktor, sondern Reizwirkung. Was der auslösende Reiz beim Hungern sein mag, scheint aber nicht bekannt zu sein (Hypotricha; Vorticella)[3]. 4. Sauerstoffmangel bewirkt an denselben Arten ebenfalls Encystierung. Es könnte die Herabsetzung der Aktivität selbst das cystenbildende Moment abgeben. 5. Zunehmende Konzentration des umgebenden Mediums veranlaßt bei Ciliaten Encystierung[4]. Als Vorstufe der Austrocknung wird eine solche Konzentrationssteigerung Wasserentzug aus dem Infusor bedingen, gegen den sich der Organismus zur Wehr setzt. 6. Doch bildet Hartmanella nicht in kochsalzreicher Lösung, sondern erst nach Rückversetzung in wenig konzentrierte Cysten aus[3]. 7. Gegen die Austrocknung werden von vielen Urtieren[2], auch solchen, die zu anderen Zwecken wie zur Fortpflanzung keine Cysten bilden, beispielsweise die Tentaculiferen[5], „Dauercysten" gebildet. Bei Zusatz entsprechender Nährflüssigkeit durchbrechen die Urtiere ihre Cysten und entschlüpfen durch ein kreisförmiges Loch (Bodo edax)[6]. 8. Das Putrifizieren des Wassers[4] zwingt Urtiere zur Encystierung, um den giftigen Wirkungen faulender Stoffe zu entgehen. Wir besprechen die Reaktionen mancher Urtiere auf Gifte durch Hüllenbildung weiter unten im Abschnitte über „Schutzsekretion" (6a). Die Cysten der Ciliaten sind nicht einfache Abscheidungen. Sie bestehen aus mehreren Schichten, die verschiedene Funktionen haben. Man unterscheidet die Ektocyste, die Entocyste und die Intimocyste. Die ersteren sind starr und geben mechanischen Schutz, die Intimocyste plasmolysiert Salze und organische Stoffe, wirkt also mehr chemisch. Der osmotische Druck in Stylonichia mytilus, dem Muscheltierchen, beträgt 7,4 und sinkt in der Cyste. Die Löslichkeit der beiden äußeren Schichten in Natronlauge ist bei Colpidium fast identisch gefunden worden[7]. Beim Öffnen löst sich die Entocyste auf. Die Außenhülle verschiedener Dauercysten ist gegen konzentrierte Schwefelsäure und Kalilauge lange Zeit standhaft; sie nimmt manche Stoffe elektiv gegenüber anderen auf, so weist sie den Farbstoff der Pikrocarminlösung zurück, läßt dagegen die Pikrinsäure wie Essigsäure durch[8]. Gleich bei Beginn der Encystierung verlangsamt sich der Rhythmus der pulsierenden Vakuole, bei den dieses Organell führenden Urtieren, und schließlich erlischt die Pulsation ganz. Wir werden von der Bedeutung der pulsierenden Vakuole im Abschn. 3a, Säuberung, sprechen.

2b. Giftsekrete.

Manche Protisten sind giftig. Ob es sich dabei um Angriffswaffen oder bloß ein dem Träger nicht nützliches Nebenprodukt seines Stoffwechsels handelt,

[1] Prowazek: **1910**, 110. Zitiert auf S. 1.　　[2] Kühn: Arch. Protistenkde **35**, 212 (1915).
[3] Brandt: Arch. Protistenkde **5**, 78 (1905).　　[4] Delâge: **1896**, 504.
[5] Wolff: C. r. Soc. Biol. Paris **184**, 1093 (1927).　　[6] Kühn: Zitiert auf S. 5.
[7] Ilowaisky: Arch. Protistenkde **54**, 92 (1926).　　[8] Prowazek: **1910**, 111.

ist nicht immer festzustellen. Zweifellos ist die Verwendung von Giftwaffen bei
den sog. Trichocyten tragenden Formen, deren Bewehrung wir im Abschnitte 6b,
Schleuder- und Schlingwaffen, besprechen. So ist bei Legendrea bellerophon das
Austreten von Tröpfchen am Ende der Trichocyten als Giftaustritt gedeutet
worden (nach Pénard[1]). Eine Untersuchung des Giftes von Protozoen dürfte
aber nur an den Sarkosporidien erfolgt sein, Parasiten von Warmblütern, die auf
Versuchskaninchen starke Wirkung ausüben. Das besonders auf das Nervensystem wirkende Gift kann durch Neutralsalze nicht gefällt, ebensowenig durch
Essigsäure oder Ferrocyankalium, gibt keine Biuretreaktion, gehört demnach
nicht zu den Eiweißen, ist auch dialysierbar und hält sich längere Zeit einfach
in Wasser gelöst[2]. Die ungemeine Giftigkeit dieses Neurotoxins geht aus der
Tödlichkeit einer Dose von 0,0002 g der aus dem Schafparasiten Sarcocystis
tenella hergestellten Trockensubstanz für ein Kaninchen hervor. Es heftet sich
an die Lipoide der Nerven. Dem Gehirne kann es durch destilliertes Wasser,
Alkohol oder Äther bei schwachem Zusatz von Natronlauge entzogen werden,
verliert das Wasser wieder bei Erhitzung auf 100° C. Durch Vereinigung mit dem
Serum des Schafes wird die Giftigkeit erhöht, bei Zusatz des Serums immunisierter Kaninchen abgeschwächt. Eine nachherige Behandlung der Kaninchen
mit Immunserum rettet die Tiere nicht. Das Sarkosporidin zeigt in seinen Eigenschaften Ähnlichkeit mit dem Wutgifte der Lyssa, andererseits nähert es sich
wegen seiner Abspaltbarkeit aus den Fetten durch Natronlauge den pflanzlichen
Alkaloiden[3]. Die agglomerierende Wirkung des Giftes wird durch Zusatz des
Antitoxins nicht aufgehoben[4]. Vielfach sind Amöben Ursache von schweren
Erkrankungen auch des menschlichen Körpers. Wir können uns hier nicht
mit diesen Krankheitserregern befassen und verweisen auf die Handbücher der
Pathologie und Serologie. Auch Flagellaten können pathogen wirken, so rufen
Tetramidien Diarrhöe hervor[5]. Wie die Ausscheidung der giftigen Substanzen
bei allen diesen giftig wirkenden Urtieren geschieht, ist wohl kaum bekannt.
Vielleicht genügt einfache Diffusion. Ebensowenig scheint die Bindung oder
Erzeugung des Giftes an bestimmte Stellen der Zelle untersucht zu sein. Die
früher allgemein angenommene Giftwirkung der Saugtentakel bei Suktorien, wie
Metacineta mystacina, Sphaerophrya magna, erscheint zweifelhaft, weil mehr-
fach keine Lähmung der Beutetiere beobachtet werden konnte, doch ist die
Giftigkeit möglicherweise auf die genannten oder noch einige andere beschränkt.
Wir werden auf die Tentakel der Suktorien gelegentlich der Greif- und Bißwaffen,
Abschn. 3b, S. 9, noch zurückkommen.

3 a. Säuberung (pulsierende Vakuole).

Besondere Organellen zur Säuberung der Körperoberfläche sind bei den
Urtieren nicht gefunden worden. Anhaftende Fremdkörper können bei den
Rhizopoden ins Innere gezogen und dann wieder, an passendem Platze deponiert,
bei Infusorien, vielleicht auch Flagellaten, durch Cilienschlag entfernt werden.
Hingegen gibt es besondere Organe in einer Standortsgruppe der Urtiere, das in
letzter Zeit als eine Vorrichtung zur Säuberung des Körperinnern von überflüs-
sigem Wasser erkannt worden ist, nämlich die pulsierenden Vakuolen. Schon
ihre häufige Beschränkung auf die Arten oder Rassen des Süßwassers mit Ausschluß mancher schmarotzender Formen und ihre langsamere Pulsation im

---

[1] Doflein: **1916**, 313. Zitiert auf S. 1.   [2] Prowazek: **1910**, 112.
[3] Teichmann: Arch. Protistenkde **20**, 97 (1910).
[4] Teichmann: Arch. Protistenkde **22**, 298 (1911).
[5] Gäbel: Arch. Protistenkde **34**, 1 (1914).

Meerwasser bei den daselbst noch vakuolenhaltigen Arten[1] mußte auf eine Beziehung zwischen pulsierender Vakuole und Aussüßung hinweisen. Die Deutung als exkretorisches Organ für die Abfallstoffe des tierischen Stoffwechsels allein ist unzureichend, da ja die Meeresprotozoen einen solchen Stoffwechsel auch besitzen. Eher hätte man das Fehlen bei manchen Parasiten, beispielsweise Opalina ranarum des Frosches, auf die veränderte Stoffaufnahme und -Abgabe beziehen können. Hier liegt aber wahrscheinlich ein Übergangsfall vor, denn das Medium des Aufenthaltes ist ja offenbar dem Süßwasser gegenüber etwas hypertonisch, andererseits ist eine schaumige Struktur des Parasitenplasmas vielleicht ein gewisser Ersatz für das Fehlen einer einheitlichen Vakuole. Trotz des Fehlens der pulsierenden Vakuole ist eine allmähliche Gewöhnung der Opalinen an Süßwasser möglich, bei rascher Versetzung gehen sie aber stets ein[2]. Werden Süßwasseramöben allmählich an Seewasser gewöhnt, so verschwindet die pulsierende Vakuole, indem sie immer weniger oft sich bildet, sich langsamer entleert, kleiner wird. Doch sollen manche Exemplare (?) von Hyalodiscus limax noch nach einem Jahre die Vakuole behalten haben[3]. Dieser

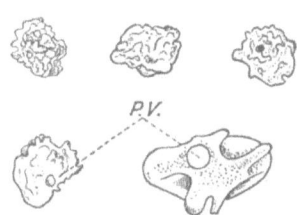

Abb. 5. Amoeba verrucosa, Stadien bei Rückversetzung aus Salzwasser in Süßwasser mit Auftreten der pulsierenden Vakuole P. V. (Nach ZUELZER 1910.)

Prozeß ist bei Zusatz von Süßwasser reversibel (Amoeba verrucosa)[4] (Abb. 5). Ähnlich verhält es sich bei der Flagellate Monas guttula[5] auch bei Infusorien, beispielsweise Paramaecium[6]. Obzwar also das Verschwinden und Auftreten der Pulsation direkt an den Salzgehalt des Mediums gebunden ist[7], sind die contractilen Vakuolen nicht etwa transitorische Gebilde, sondern bleiben wenigstens bei den Infusorien an bestimmte Körperstellen gebunden, zeigen auch recht komplizierte Begrenzungs- und Ausmündungsverhältnisse. Beim Pantoffeltierchen sind zwei vorhanden, mit Ausmündungsgang und Porus versehen, gegenüber dem Munde ausmündend innerhalb der longitudinalen Cilienreihen[8] (Abb. 6). Die Tätigkeit der pulsierenden Vakuolen besteht nun darin, das hypotonische äußere Wasser, welches durch die bei der Lebenstätigkeit entstehenden osmotisch wirksamen Substanzen, Kohlensäure, andere Zerfallsprodukte einschließlich freiwerdender Salzionen in die Zelle eingesogen wird, wieder hinauszupumpen. Die Mengen ausgepumpten Wassers be-

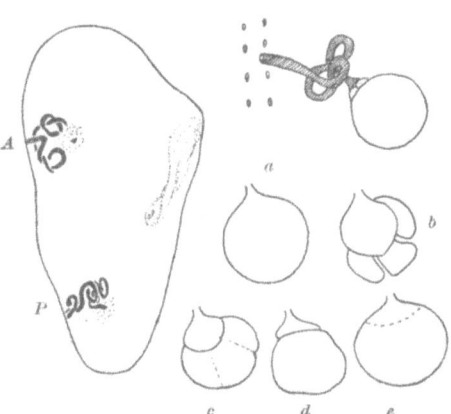

Abb. 6. Paramaecium trichium. L. Das ganze Infusor in 10proz. Chinablau, A vorderer, P hinterer Vakuolenapparat gegenüber dem Cytopharynx. R. o. hinterer Vakuolenapparat stärker vergrößert, in Tätigkeit. R. u. Schema der Kontraktionstätigkeit: a Systolenbeginn, b Halbvollendete Systole, die speisenden Vakuolen werden größer, c deren Verschmelzung, d Ende der Systole, e Verschmelzung der neuen contractilen Vakuole mit dem Becherende des Tubulus. (Nach KING 1928.)

[1] DEGEN: Bot. Z. 63, 160 (1905).
[2] STEMPELL: Arch. Protistenkde 46, 342 (1924).
[3] FLORENTINI: Études faune Mares salées de Lorraine, Thèse Nancy fac. med. et pharm. 1899.
[4] ZUELZER: Arch. Entw.mechan. 29, 632 (1910).
[5] GRIESMANN: Arch. Protistenkde 32, 1 (1914).
[6] HERFS: Arch. Protistenkde 44, 227 (1922).
[7] EISENBERG: Arch. Biol. 35, 440 (1926).
[8] KING: Biol. Bull. Mar. biol. Labor. Wood's Hole 55, 59 (1928).

tragen bei Wasser ohne Salz in gleicher Zeit etwa das Doppelte des bei 0,5 % Kochsalzzusatz ausgepumpten, bei 1 % ein Vielfaches (Paramaecium, Gastrostyla, Nyctotherus[1]). Würde dies nicht geschehen, so müßte die Protozoenzelle ausgesüßt werden und mangels der notwendigen Salze absterben. Im Seewasser, das ohnehin diese Salze enthält und keinen niedrigeren osmotischen Druck als die Zelle besitzt, wird weder ein Einströmen von Wasser auf osmotischem Wege zustande kommen, noch der Auspumpmechanismus in Anspruch genommen[2]. Es wäre nun von Interesse, zu wissen, wie sich die vakuolenlosen, aber vakuolenführenden ähnlichen Meeresprotozoen verhalten, wenn sie in Süßwasser gebracht werden, ob dann ein der Süßwasserform entsprechender komplizierter Vakuolenapparat entsteht oder vielleicht sogar beim Meeresaufenthalt in ruhendem Zustande nachgewiesen werden könnte. Die vorliegenden Angaben über Schaumigerwerden des Plasmas bei Versetzung der Meeresform von Actinophrys sol in Süßwasser ohne Auftreten einer besonderen pulsierenden Vakuole[3] weist auf eine andere Möglichkeit hin. Experimente in dieser Richtung wären zur Klärung der Frage erwünscht.

3 b. Greif- und Bißwaffen.

Die Protozoen sind trotz ihrer Kleinheit vielfach Räuber, die sogar vor dem Kannibalismus nicht zurückschrecken. So hat man die Foraminifere Trichosphaerium Sieboldi mit halbverdautem Einschlusse eines kleineren Exemplares gefunden[4], und Verdauung von Stentor eingefangener Exemplare gleicher Spezies beobachtet[5]. Orbitolites hingegen, ein Rhizopod, weist Plasma eines anderen Individuums oder anderer Rhizopodenart ab, nimmt Stücke, die vom eigenen Körper abgetrennt wurden, unter direkter Verschmelzung an[6]. Als Greif- und Bißorgane kommen die Vorderenden der Urtiere und eigene Tentakel in Betracht (Abb. 7). Ist das Vorderende zu einem „Greifrüssel" ausgebildet, so haben wir „Packer" vor uns, Beispiel Dileptus, welche durch unmittelbaren Angriff die Beute angehen, bei stumpfem, mit weiter Mundöffnung versehenem Vorderende sind die Infusorien als „Schlinger" anzusehen, Beispiel Coleps[7]. Schon bei Flagellaten

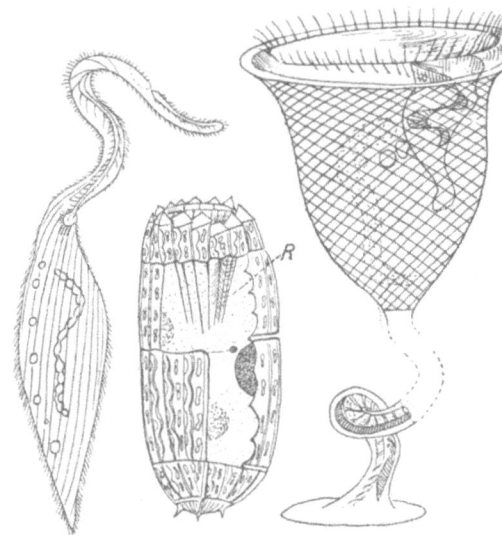

Abb. 7. Infusoria Ciliata. Links: Dileptus als Typus der „Packer". Mitte: Coleps als Typus der „Schlinger" mit Ausbruch eines Panzerstückes zur Sichtbarmachung des Reusenapparates R. Rechts: Vorticella als Typus der „Strudler" mit Fortlassung der meisten Windungen des Stieles. (Nach DELAGE 1896.)

kommen richtige Mundöffnungen vor, Beispiel Bodo, welche zum Verzehren von Bakterien dienen. Ausnahmsweise gibt es sogar bei Hexamitus und Urophagus am Hinterende gelegene Mundklappen, die infolge Rotation des Plas-

---

[1] HERFS: Zitiert auf S. 7.   [2] EISENBERG: Zitiert auf S. 7.
[3] GRUBER: Biol. Zbl. **9**, 14 (1890).
[4] SCHAUDINN: Arch. Abh. Berlin. Akad. **1899**, 1.
[5] GELEI: Arch. Protistenkde **53**, 404 (1925).
[6] VERWORN: Allg. Physiol. s. a. Jena 1909.   [7] DOFLEIN: **1916**, 311.

mas eine Saugwirkung auf die Beute ausüben sollen[1]. Reißende Nahrungsstrudeln erzeugen die Mundwimpern gewisser Ciliaten, Beispiel Vorticella, aber auch das ganze Wimperkleid arbeitet mitunter an denselben mit. Diese „Strudler" jagen der Nahrung nicht nach, wie es die „Packer" und „Schlinger" tun, sondern warten auf die Zubringung durch das Wimperstrudeln. Diese Wimperorganelle und aus ihnen verschmolzene undulierende Membranen gehören schon mehr zu den unter 5 b zu beschreibenden „Fangapparaten". Die Gruppe der Sauginfusorien, Suctoria, ist durch Tentakel ausgezeichnet, welche am mundlosen Körper vorne aufsitzen, contractil sind und sich an Beutetieren anheften, die dann ausgesaugt werden. Bei den Ephelotidae sind zweierlei Tentakel zu unterscheiden: die eigentlichen, kürzeren Saugtentakel, und die längeren, am Saugakte nicht direkt beteiligten Greiftentakel. Diese sind es, welche die Beute ergreifen und dann durch Kontraktion sich verkürzend das gefangene Infusor den Saugtentakeln überantworten. Da die Ephelotensuktorien an einem Stiele festsitzen, so muß die durch längere Streckbarkeit ausgezeichnete Greiftentakel den Aktionsradius des Tieres und damit seine Nahrungsauswahl wesentlich günstiger gestalten als bei anderen ebenfalls festsitzenden Gattungen.

Die gegen das Ende zu sich verjüngenden Greiftentakel haben ähnlichen Bau und ähnliche contractile Eigenschaften wie die ebenfalls zum Fangen kleiner Tierchen dienenden Pseudopodien der Heliozoen, beispielsweise Actinophrys. Das Plasma zerfällt leicht in Tropfen[2]. Im Gegensatz hierzu sind die Saugfüßchen permanentere Gebilde. Sie tragen am Ende ein Knöpfchen und dieses Ende kann recht weit in sich eingestülpt werden. Durch die Höhlung des die Saugfüßchen allein bildenden Exoplasmas, die übrigens von einer Flüssigkeit ausgefüllt sein soll, kann man die eingesogene Beute strömen sehen. Die Hohlräume setzen sich bei Arten mit verzweigten Saugfüßchen, Beispiel Dendroconetes, bis in die Zweige fort. Nicht ganz geklärt ist der physikalische Vorgang des „Saugens". Wenn die Kanäle dauernd mit Flüssigkeit gefüllt sind, so kann man nicht eigentlich von Saugen, sondern muß nur von Plasmaströmung sprechen, welche die sich mit der Exoplasmaschicht mischenden, angeklebten Beuteteile mitreißt. Freilich ist nicht einmal die Klebrigkeit der Endknöpfchen sicher bewiesen. Fände aber nach Anlegen des Knöpfchens vielleicht eher ein Rücktritt von Flüssigkeit bei rascher Expansion statt, so könnte noch an die früher allgemein angenommene Wirkung nach Art einer Saugpumpe gedacht werden. Dazu würde die größere Ausdehnung des Endknopfes während des Aussaugens stimmen, welche bei Eintritt einer im Saugkanale zentripetal angreifenden Strömung eine Vergrößerung des „verdünnten" Raumes mit sich brächte. Man denke an die Saugwirkung beim Aufdrücken und dann Anziehen eines Gumminapfes an eine Fensterscheibe. Es ist jedoch darauf hinzuweisen, daß, wie wir später, 4 b, unter Stich- und Stoßwaffen andere Fälle kennenlernen werden, bei den Azineten eine Auflösung der betroffenen Beutestelle durch chemische Mittel in Betracht kommen könnte, besonders falls wirklich eine Absonderung klebrigen oder gar giftigen Sekretes erfolgt. Freilich ist auch die „Verschluckung"[3] einer festen Beute durch Azinetententakel zur Beobachtung gelangt, was mehr für eine physikalische Wirkungsweise des Einsaugens spricht.

4 a. Brutpflege.

Von einer Brutpflege in dem Sinne, daß die Eltern aktiv sich an der Betreuung ihrer Nachkommenschaft beteiligen würden, ist nichts bekannt. Nur

---

[1] BIEDERMANN: **1910**, 315.   [2] ROSKIN: Arch. Protistenkde **52**, 207 (1925).
[3] BIEDERMANN: **1910 II**, 336.

selten ist bei Einzelligen von Eltern und Kinder im Sinne gleichzeitigen Neben-
einanderlebens die Rede. Trotzdem lassen sich Einrichtungen anführen, die der
Nachkommenschaft einen gewissen Schutz sichern, nämlich die Encystierung
zum Zwecke der Fortpflanzung und die Bildung von Embryonen im Mutterleibe.
Über die Cysten[1] selbst läßt sich nicht viel mehr sagen, als wir bereits bei anderen
Encystierungsvorgängen erwähnt haben (vgl. oben 2a). Sie kommen bei allen
großen Protozoengruppen, Rhizopoden (Beipiele: Amoeba mira[1], Actinophrys
sol.[2]), Flagellaten (Beispiele: Trichomonas muris[3], Chilomastix mesnili[4]), Infusorien (Beispiele: Tillina magna[5], Bursaria truncatella[6]) und Sporozoen (Beispiele: Gregarina, Coccidium[7]) vor, aber keineswegs notwendigerweise. Selbst
bei den Sporozoen, dessen meiste Gattungen sich behufs Fortpflanzung durch
Sporen, woher ihr Name genommen wurde, encystieren, gibt es eine Unterord-
nung, welche stets ohne Encystierung sporuliert und deshalb Gymnosporidæ
genannt worden ist[8]. Das Interessanteste an den Cysten mancher Sporozoen
ist das Übrigbleiben eines Restkörpers nach Aufteilung der größten Masse der
encystierten Zelle in Sporen (vgl. Kapitel: Fortpflanzung, ds. Handb. Bd. 14).
Dieser Restkörper geht zugrunde, so daß man von einem Tode des Muttertieres
nach Verbrauch zur Jungenerzeugung sprechen könnte. Wir finden dann die
Cyste als äußeres, die Sporen schützendes Überbleibsel des Muttertieres, ebenso

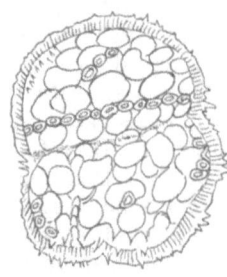

wie etwa bei der Brutpflege der Schildläuse, Coccus, die
parthenogenetisch sich fortpflanzenden „Ammen" über
den Eiern ihre widerstandsfähige Chitinhülle belassen,
obzwar sie bereits selbst darunter abgestorben sind. Übrigens gibt es bei manchen Sporozoen, wie den Gregarinen,
eine Konjugation, die zur gemeinsamen Encystierung
führt, deren Sporulationsprodukte also nicht als parthenogenetisch oder agam angesehen werden können. Beide
eingeschlossenen Zellen liefern wie auch bei gemeinsamer
Encystierung zweier Gregarinen ohne Konjugation Sporen
und Restkörper.

Abb. 8. Discorbina seria-
topora, Intrathalame Em-
bryonenbildung.
(Nach Rhumbler 1911.)

Die Embryonenbildung[9] im Plasma der Mütter von
Foraminiferen wird im Gegensatze zu der Bildung nach
Austritt von Plasmodialsubstanz, der extrathalamen Em-
bryonenbildung, als intrathalame bezeichnet (Abb. 8). Diese bietet also den
Jungen, welche innerhalb der Mutter schon ihr Schalenhäutchen absondern,
Beispiel Ammodiscus gordialis, oder sogar 2—3 Kammern bauen, wie bei
Discorbina globularis, Planorbulina, Truncatulina, Peneroplis, Orbitolites, den
Schutz der mütterlichen resistenten Schale. Das Freiwerden der Embryonen
erfolgt durch Ausbrechen eines Stückchens der Mutterschale. Hingegen werden die Schwärmsporen, isogametische zur Kopulation bestimmte Teilpro-
dukte der Sarkode, die oft in großer Menge wie die Geschlechtsprodukte der
Metazoen erzeugt werden, von peitschenartig hin- und herschlagenden Pseudopodien des Muttertieres, das stets eine relativ große Anfangskammer, „Makro-
sphäre", besitzt, ins Wasser abgeschleudert. Die Schwärmsporen sind bereits
innerhalb ihrer makrosphärischen Mutter fertig mit Geiseln ausgestattet, also
während ihrer Bildungszeit im Genusse der schützenden Schale. Wie notwendig

[1] Gläser: Arch. Protistenkde 27, 172 (1912).
[2] Distaso: Arch. Protistenkde 12, 277 (1908).
[3] Mayer: Arch. Protistenkde 40, 290 (1920).
[4] Swellengabel: Arch. Protistenkde 38, 89 (1917).
[5] Bresslau: Naturwiss. 1921, 1.   [6] Lund: J. of exper. Zool. 24, 1 (1917).
[7] Delâge: 1896, 263, 283.   [8] Delâge: 1896, 287.
[9] Rhumbler: 1911, 320. Zitiert auf S. 2.

sie eines Schutzes bedürfen geht aus der geringen Anzahl der durch ihre Konjugation entstehenden, mit kleinen Anfangskammern, „Mikrosphäre", ausgestatteten mikrosphärischen Individuen hervor, die im Verhältnis zu der weit größeren Anzahl makrosphärischer, durch ungeschlechtliche Vermehrung entstandener Exemplare im Freien auffindbar sind. Im Gegensatze zur Sporulation bleibt der nach Entsendung von Schwärmsporen zurückbleibende Mutterleib am Leben, und hier ist es also zu einer wirklichen Scheidung von Eltern und Kindern gekommen. Bei der Embryonalbildung zerfällt anscheinend die ganze mütterliche Sarkode in die Embryonen, sowohl bei der extrathalamen als auch bei der intrathalamen, wobei also die sämtlichen vom Muttertiere vorher aufgespeicherten Reservestoffe mit Verwendung finden. Mit Bezug auf die später zu besprechenden Verhältnisse beim Gehäusebau, 5a, ist es von Interesse, daß bei der extrathalamen Embryonenbildung die *ganze* Sarkode sich vor die Schalenmündung entleert und dort der Zerfall in die Sprößlinge stattfindet. Jeder Teilung geht eine Teilung des Kernes voraus, auf die wir hier nicht näher eingehen können.

4 b. Stich- und Stoßwaffen.

Abgesehen von den bereits besprochenen, zweifelhaften Stichtentakeln der Ephelotidae (s. oben 3b), besitzen einige Protozoen Mittel zum Anstechen von anderen Einzelligen. Die Rhizopoden Vampyrella und Colpodella machen sich an Algen, Spirogyra, oder Flagellaten, Chlamydomonas, heran, bohren auf eine unbekannte Art ein Loch in die Zellwand und entfernen sich nach Aussaugung des Chlorophylls[1]. Ähnlich den genannten Rhizopoden bohren sich auch die Flagellaten Dimorpha und Bodo in Pflanzen- oder Tierzellen ein und lassen die leere Hülle nach dem Aussaugen zurück[2]. Die Gregarinen haben am vorderen Körperende den Epimeriten, ein Anheftungsorgan, das bald eine einfache Spitze, bald eine Mehrzahl solcher, bald einen Knopf mit Reihen von Widerhaken oder langen fadenförmigen Anhängen darstellt. Mit diesen Organellen dringen die Gregarinen in die Darmauskleidung von Kaltblütern ein. Man nimmt an, daß die Nahrungsaufnahme auf rein osmotischem Wege stattfindet, wegen der sehr derben Haut der Formen mit eigenen Haftorganellen nur durch diese. Die Epimerite können abgeworfen und wiedererzeugt werden. Bei Gregarina polymorpha[3] erklären sich die verschiedenen Haftorganformen als Regenerationsstadien einer wahrscheinlich periodischen, physiologischen Regeneration.

Eigentliche Stoßwaffen sind von Urtieren nicht beschrieben worden. Am meisten nähern sich solchem Zwecke die Rüssel der Holotrichen Amphileptus, Loxophyllum, Lionotus, Trachelius, Dileptus und Loxodes, die aber alle mehr zum Greifen als zum Stoßen dienen dürften. Ebensowenig ist etwas über die Funktion des Schwanzstachels mancher Heterotrichen, Ophryoscolex, Entodinium, Gyrocorys, bekannt geworden, oder der Bewehrung der Hypotrichiden Stylonichia, der Aspidixa mit gewaltigem Dorsalstachel und vieler anderer Gattungen. Noch weniger läßt sich die Frage als gelöst betrachten, ob die Angriffsakte der bohrenden Urtiere als Willenshandlungen zu betrachten oder noch als reine Reflexe anzusehen sind, obzwar hierüber einige Betrachtungen angestellt worden sind, namentlich mit Hinsicht auf die beobachtete Nahrungsauswahl der verschiedenen Arten[4].

---

[1] BIEDERMANN: **1910 II**, 295.
[2] BIEDERMANN: **1910 II**, 308.
[3] KUSCHAKEWITSCH: Arch. Protistenkde **1**, 202 (1907).
[4] BIEDERMANN: **1910 II**, 296.

5 a. Gehäuse- und Wohnbau.

Die mannigfaltigen Gehäuse, welche wir beim Abschnitte Körperbedeckung, 1 a, erwähnt haben, können zum großen Teile mit künstlichen Mitteln ihrer Form und Bauweise nach wiederholt werden[1]. Aber auch hier erhebt sich die Frage, ob sich die Auswahl der Baustoffe und die gesamte Formbildung auf rein physikalische Gesetze zurückführen läßt. Beim Bauen der Thecamöbengehäuse werden die zum Bauen verwendeten Sandteilchen in das Innere gezogen, und erst nachträglich ordnen sie sich zu einer mosaikartig anschließenden Hülle an der Oberfläche des Tieres an. Ebenso werden die aus organischer Grundsubstanz gebildeten Plättchen von Difflugia, Euglypha, Quadrula zuerst im Innern, und zwar in der Nähe des Kernes abgeschieden und steigen erst an die Oberfläche, wo sie dann erstarren, nachdem sie gegenseitig sich eng aneinandergefügt haben. Durch das Aneinanderdrängen der zunächst plastischen Gebilde wird sich die sechseckige „Waben"form der Plättchen von Difflugia lobostoma erklären lassen. Schon die Verschiedenheit des zur Verwendung gelangenden Materiales bei verschiedenen Spezies zeigt, ebenso wie der Einfluß des Kernes, daß es sich beim Gehäusebau nicht um rein physikalische Kräfte, sondern auch zumindest noch um chemische Vorgänge handeln muß. Noch deutlicher geht dies aus der Tatsache zwar gleicher homologer Randwinkel hervor, welche die vorfließende Sarkode bei der Bildung neuer Foraminiferenkammern bildet, aber ungleicher nicht homologer an ein und derselben Foraminiferenschale. Denn wäre die Gestalt des Gehäuses bloß von der physikalischen Natur einer Flüssigkeit und der sich an ihrer Oberfläche ansammelnden festen Teilchen bestimmt, so müßten alle Randwinkel beim Durchbruche der Masse und Vorfließen gleich sein. Die Gehäuseform wird eben von der spezifischen Achsenheterogenität, einer Folge einer sicher mit dem Chemismus zusammenhängenden Eigenschaft der Lebewesen bedingt. Im übrigen müssen alle Vorflüsse den physikalischen Sätzen für die Ausbreitung von Flüssigkeiten folgen, der Rand sich um so leichter ausbreiten, je kleiner der Winkel zweier angrenzender Flächen ist, ein größerer Randwinkel auf einem weniger als gestreckten betragenden Schnittwinkel leichter vorrücken, hingegen auf einem hohlen Winkel ein kleinerer[2]. Wie sich mehrere Gesetzmäßigkeiten der Thecamöben und Foraminiferenschalen, so lassen sich auch die Anordnungen der Skeletteile bei den Radiolarien auf Flüssigkeitsgesetze beziehen. Nimmt man eine grobblasige Beschaffenheit des bauenden Anfangsplasmas an, so werden die Spannungsverhältnisse gewissermaßen automatisch solche Gleichgewichtslagen der Blasen herbeiführen, daß kein weiteres Abgleiten von Blasenwänden stattfinden kann. Dies ist nach dem Plateauschen Satze erreicht, wenn die Summe der Oberflächen aller Blasenwände ein Minimum geworden ist. Kommt es nun zur Abscheidung von festen Substanzen, die an die Oberflächen der Bläschen, also auch in die Kammerwände sich einlagern, so werden die Skelette solche Blasensysteme, wie sie auch Bier- oder Seifenschäume für kurze Zeit zeigen, perpetuieren und petrifizieren[3]. Aber auch bei dieser Ableitung des Gehäusebaues darf nicht außer acht gelassen werden, daß die Auswahl der zu inkrustierenden Blasen, ja das Aneinanderstoßen von Blasen bestimmter relativer Größe und Gruppierung doch bei verschiedenen Arten strenge von der Artzugehörigkeit vorgeschrieben wird, während in anorganischen Schäumen die Anordnungen zufällig wechseln. Betrachten wir die Wachstumsart der verschiedenartigen Gehäuse, so tritt die Eigentümlichkeit der lebenden Substanz noch mehr

---

[1] Rhumbler: Arch. Entw.mechan. **7**, 108 (1898).
[2] Rhumbler: Zitiert auf S. 2.
[3] Dreyer: Ziele und Wege biologischer Forschung. Jena: Gustav Fischer 1892.

in den Vordergrund. Ist bei den gehäusetragenden Thecamöben die Zeit zur Teilung gekommen, so quillt die Sarkode unter Aufnahme von Wasser hervor, und nun wird die eine Hälfte ausgetrieben und umgibt sich mit einer, genau der ursprünglichen ganzen Schale entsprechenden neuen Schale. Nur bei sehr leicht auseinanderziehbaren Schalen geht die eine Hälfte auf jedes durch Kernteilung mit folgender Plasmateilung gebildete Teilstück über, Beispiel Lieberkühnia. Der Anbau neuer Kammern bei den mehrkammerigen Foraminiferen erfolgt, soviel man weiß, unter Beteiligung der ganzen, aufquellenden Sarkode, so daß die Masse der neuen Schalenproduktion der Protoplasmamenge des bauenden Tieres proportional anwächst. Bei Hormosina verläßt die Sarkode bei jeder Kammerbildung die alte kugelige Schale ganz und baut daneben eine neue, größere kugelförmige auf. Diese Neubauten bleiben zwar meist mit der alten Kammer im Zusammenhang, doch bewohnt das Tier bloß die letzte größte Schalenkammer[1] (Abb. 9). Auch bei den gerade gestreckten oder nur schwach gekrümmten Gehäusen der Reophaxgruppe scheint bloß die neugebaute Kammer bewohnt zu werden[2]. Bei den übrigen Kammergehäusen bewohnt die Sarkode alle mittels der beim Vorfließen bei jeder Kammerbildung gebildeten Öffnung zusammenhängenden Kammern, erscheint aber bei jeder Bauperiode vakuolig und gequollen. Nach Fertigstellung der neuen Kammer zieht sich die Sarkode wieder zum größten Teile in die alten zurück, und es bleibt nur ein dünner Wandbelag in der neuen[3]. Wann bildet sich nun eine neue Kammer? Messungen je zweier aufeinanderfolgender Kammern haben in der Regel eine annähernde Konstanz des Verhältnisses der homologen Kammerdurchmesser an ein und demselben Gehäuse, ja auch bei ein und derselben Art, ergeben. Die vorkommenden Schwankungen können wechselnden äußeren Bedingungen zugeschrieben werden, während für die Konstanz des Quotienten innere verantwortlich zu machen sind. Es ist vorge-

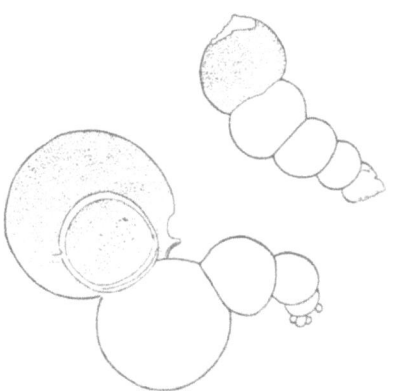

schlagen worden, die Anhäufung von Kohlensäure beim Stoffwechsel im Innern der Sarkode als ausschlaggebendes Moment für den Beginn eines Kammerneubaues anzusehen, da die Kohlensäure als osmotisch wirksame Substanz, ähnlich wie wir das bei der pulsierenden Vakuole (s. oben 3a) gesehen haben, Wasser anziehen und damit die Aufquellung und das Vorfließen der Sarkode besorgen könnte. Diese Anhäufung wieder müßte erst bei einem bestimmten Verhältnis zum Plasma zur Aufquellung führen, denn sonst wäre dieser rasch erfolgende, nicht langsam kontinuierliche Vorgang in seiner Rhythmik unverständlich. Eine Betrachtung der absoluten Größen der für diverse Foraminiferenschalen geltenden Zunahmsquotienten der Schalenradien zeigt nun, daß im großen Durchschnitte diese Quotienten sich um die Zahl 1,26, d. i. die dritte Wurzel aus 2 gruppieren. Bei Beibehaltung der strengen Proportionalität der Form aufeinanderfolgender Kammern ist diese Zahl am besten realisiert. Ihr Wert bedeutet nichts anderes als die Verdoppelung des Kammerinhaltes von Kammer zu Kammer, denn wenn bei geometrisch ähnlichen Körpern das Volumen

---

[1] RHUMBLER: Verh. dtsch. zool. Ges. **15**, 97 (1905).
[2] RHUMBLER: **1913 II**, 464. Zitiert auf S. 2.
[3] RHUMBLER: **1911**, 307. Zitiert auf S. 2.

sich verdoppelt, so muß jede Lineargröße sich in der dritten Wurzel aus 2 vergrößern. Für Hormosina ist es ganz sicher, daß der Bau der Kammer erfolgt, indem das auf das Doppelte herangewachsene Tier sich nun eine neue baut. Es dürfte aber auch bei den anderen Arten die Verdoppelung der Masse, welche ja gewiß dem Volumen proportional ist, das ausschlaggebende innere Moment für die rhythmische Aufnahme der Bautätigkeit sein. Mit der Volumverdoppelung ist eine Fragmentierung des Kernes beobachtet worden, so daß die Vorgänge jenen bei Metazoen (s. daselbst 2a), namentlich sich häutenden, analog erscheinen[1]. Außer der Gehäusebildung nach Erreichung der doppelten Maße sind aber die Foraminiferen im Gegensatz zu den Thecamöben imstande, Ausbesserungen verletzter Gehäuse vorzunehmen[2]. Diese Eigenschaft kommt auch den gehäusetragenden Infusorien, Tintinnidae, zu, welche übrigens vielleicht bei ihrem Wachstume den hinteren Pol der den Zelleib umhüllenden Röhre periodisch durchbrechen und dann von der nackten Spitze aus wieder weiterbauen, wie aus gefischten Exemplaren mit allen Übergängen solcher Bildungsweisen geschlossen wird[3]. Eine eigentümliche Kolonienbildung findet sich bei der kalkschaligen Foraminifere Calcituba polymorpha. Hier gliedern sich von der alten Sarkode

radiär längs ehemaliger Pseudopodien junge Tiere ab, die sich mit neuen Kalkschalen umgeben. Dieser Vorgang wiederholt sich mehrmals, so daß dichotomisch verästelte Kolonien entstehen. Schließlich sterben die ältesten, zentralen Einzelexemplare und fallen von dem Algenfilz, dem sie aufsitzen, ab. Es bleibt auf diese Weise eine kranzförmige Kolonie der jüngeren bestehen, der sich bei mehrmaliger Wiederholung des Vorganges immer mehr erweitert (Abb. 10). Aus ihren Tuben ausgewanderte Plasmodien können bis über 3 Monate umherwandern, ohne neue Röhren

Abb. 10. Calcituba polymorpha. Links: Ringförmige Kolonien auf Algengewirr. Rechts oben: Junge Calcituba am Beginn der Schalenbildung, stärker vergrößert. Rechts unten: Dendritisch verzweigte Sarkode, weniger vergrößert. (Nach SCHAUDINN 1895.)

zu bilden[4]. Diese sind also hier eher als Wohnungen, denn als Gehäuse zu werten. Die Absonderung einer Schale, deren Kalkmaterial aber durch Resorption aus der Mutterschale erhalten werden dürfte, erfolgt bei den erwähnten „Embryonen", s. oben 4a, der Foraminiferen selbsttätig ohne Übernahme fester Schalenstücke des Muttertieres[5]. Für den Bau der Radiolarienskelette wird als maßgebend angesehen, daß die Ecken und Kanten eines Blasenkomplexes durch die Materialanlagerung zunächst begünstigt werden, wie man sich leicht bei anorganischen Blasenkomplexen überzeugen kann, und damit durch die stärkste Ansammlung der Sarkode der regste Stoffwechsel und rascheste Skelettbau erfolgen muß[6].

5 b. Fangapparate und Fallenbau.

Abgesehen von den oben, 3b, erwähnten Greiftentakeln und Leimruten, den noch unten, 6b, zu besprechenden Schleuderorganen kommen bei Protozoen sowohl Fangapparate besonderer Konstruktion im Körper der einzelnen Zelle als auch Fallen, an denen mehrere Zellen teilhaben, vor. Zu den ersteren sind

---

[1] PRZIBRAM: Arch. Entw.mechan. **36**, 194 (1913) — Form und Formel, S. 50. Deuticke 1922.

[2] PRZIBRAM: Exper. Zool. **2**, 7 (1909).

[3] BUSCH: Arch. Protistenkde **53**, 1 (1925).   [4] SCHAUDINN: Z. Zool. **59**, 191 (1895).

[5] RHUMBLER: **1911**, 321. Zitiert auf S. 2.   [6] DREYER: S. 10. Zitiert auf S. 12.

vornehmlich die Reusenapparate zu rechnen, welche den Schlund mancher Ciliaten bilden. Sie bestehen aus einzelnen, etwas spiralig angeordneten, an der Mundseite breiteren Stäbchen, die nach dem Körperinnern zu konvergieren. Ihre größere Resistenz gegenüber anderem Plasma zeigt sich in ihrem Bestehenbleiben nach Zerfließen des Infusors. Bei Nahrungssuche wird die Reuse mit dem Mundhügel vorgestoßen, wobei sich die Gitterstäbe etwas voneinander spreizen. Die Reuse dient zur Verhinderung eines Entweichens der von den Mundcilien eingestrudelten Beutetierchen. Ob sie auch als „wirkliche Reuse" fungiert, indem die das engere Ende passierenden lebenden Beutestücke nicht mehr durch dieses wieder zurückkönnen, scheint nicht durch Beobachtung erwiesen. Als Fangorgane werden noch die kleinen Pseudopodien angesehen, welche bei Choanoflagellaten, beispielsweise Codonosiga botrytis nach Zurückziehung des Kragens ausgestreckt werden und Hilfsorgane des Nahrungserwerbs dieser festsitzenden Form bilden sollen[1]. Die Pseudopodien und Geiseln, welche zur Nahrungsaufnahme bei Flagellaten, Rhizopoden und anderen Protisten dienen, werden gelegentlich zur Herstellung von Netzen durch Beteiligung mehrerer Exemplare am Beutefang verwendet. So vereinigen sich wahrscheinlich mehrere Protomonas amyli zur Umfließung und Bewältigung größerer Stärkekörner, die sonst durch Entgleiten ausweichen könnten[2]. Unter den Heliozoen vereinigen sich mehrere Actinophrys durch breite Plasmabrücken, mehrere Actinosphaerium durch Verschmelzung der Pseudopodien zu Jagdverbänden, welche kleine Krebschen einkreisen, gemeinsam fangen, verdauen, dann sich wieder trennen[3]. Bei einer Chrysomonade endlich finden sich bis zu 200 Exemplare in ein weit-

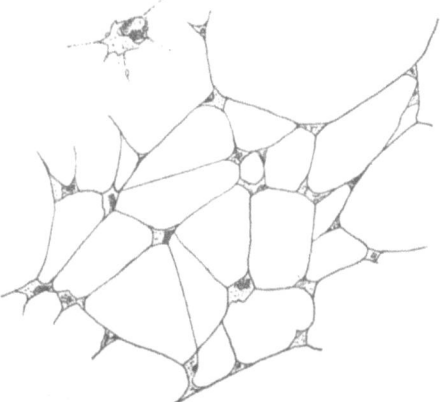

Abb. 11. Chrysarachnion insidians, Netzbildung. Links oben: Ein Tier st. vergr. (Nach Pascher 1917.)

maschiges, wiederum aus den Pseudopodien gebildetes Netz vereinigt, das sich wegen seiner oberflächlichen Ähnlichkeit aber auch funktionellen Gleichheit mit einem Spinnennetze den Namen „Chrysarachnion" eingetragen hat[4] (Abb. 11). Infolge der Klebrigkeit der Pseudopodien bleiben namentlich Infusorien an den Vereinigungen hängen. Die Beutetiere werden oft sogleich bewegungslos, was auf eine Giftwirkung des Klebesekretes schließen läßt.

6 a. Schutzsekretion.

Außer den Dauercysten, die wir schon unter 2a besprochen haben, und den Gehäuseabscheidungen, s. 5a, treten noch Schleimabsonderungen auf, die manchesmal in großer Menge den Körper von Protisten umgeben, so bei Peridineen und Trypanosomen, letztere im Darmtrakte von Insekten Schleimcysten bildend[5]. Die Bedeutung dieser sichtbaren Sekretionen blieben unklar, bis es gelang, auch bei Infusorien[6], dann bei Flagellaten und Rhizopoden[7] absichtlich die Ausschei-

[1] Biedermann: **1910**, 313.
[2] Biedermann: **1910 II**, 308.
[3] Biedermann: **1910 II**, 287.
[4] Pascher: Arch. Protistenkde **37**, 15 (1917).
[5] Prowazek: **1910 II**, 107.   [6] Bresslau: Naturwiss. **1912**, 1.
[7] Bresslau: Ber. Senckenberg. Naturf. Ges. Frankfurt a. M. **54**, 49 (1924).

dung von Hüllsubstanzen zu erzwingen, die wegen ihres mit dem umgebenden Wasser ganz identischen Brechungsindex des Lichtes erst bei Zusatz von Tusche oder anderen deutlich erkennbaren gefärbten Stoffen dem menschlichen Auge sichtbar gemacht werden konnten (Abb. 12). Das „Tektin", wahrscheinlich mit der Grundsubstanz anderer Protozoenhüllen, der Cysten, Gehäuse und Trichocytenhüllen identisch, konnte rein dargestellt werden. Eine Menge von 25 Millionen der Busentierchen, Colpidium, im Gewichte von 0,5 g ergab höchstens 2% Trockensubstanz, also 10 mg, davon machte das Tektin kaum 0,02%, also im ganzen 0,002 mg aus. Eine chemische Analyse konnte unter solchen Umständen nicht weit geführt werden. Doch handelt es sich nach qualitativen Reaktionen um einen Eiweißkomplex mit einer Kohlehydratkomponente und reiht sich damit den echten Schleimsubstanzen oder Mucinen der Metazoen an[1].

Abb. 12. Colpidium campylum. Links: Infusor in Schutzhülle, die durch Tuschezusatz sichtbar gemacht. Oben Mitte und oben rechts: Offene verlassene Schutzhüllen. Unten: Fünf Stäbchen aus der Schutzhülle, stärker vergrößert. (Nach BRESSLAU 1921.)

Das Tektin besitzt die Fähigkeit, im Warmblüter Präcipitine zu erzeugen, so daß Serum mit Colpidium durch mehrwöchentliche Einspritzung behandelter Kaninchen die Hüllsubstanz des Colpidium präcipitiert und daher ohne Zusatz eines weiteren Mittels an der opaken Färbung kenntlich macht. Für das Infusor selbst hat das Tektin die Bedeutung einer entgiftenden Schutzhülle. Es kommt dabei namentlich seine große Adsorptionskraft für Fremdstoffe und sein starkes Quellungsvermögen in Betracht. Durch die Adsorption bindet es beispielsweise schädliche Farbbasen, die zur Absonderung des Textins Veranlassung geben. In der gleichen Menge Nährflüssigkeit mit Zusatz von Methylenblau, Viktoriablau, Neutralrot, Trypoflavin sterben wenige Exemplare von Busentierchen oder von Pantoffeltierchen, Paramaecium, eher ab als viele, weil letztere sogleich eine genügende Menge Tektin zusammenbringen, um die Konzentration der Farbbase auf ein nicht mehr tödliches Maß herabzusetzen[2]. Bei fortgesetzter Reizung scheidet das Infusor seinen ganzen Vorrat an Tektin ab und kugelt sich schließlich, wenn auch alle Reservevorräte ausgegeben sind, dann ab, wohl weil dann keine genügend die Oberflächenspannung der eigenen Körperoberfläche behufs Annahme einer Eigengestalt herabsetzenden Stoffe mehr zugegen sind. Wir erinnern uns an die Abkugelung bei Encystierung mit dem Verluste der Ektoplasmadifferenzierungen[3]. Von den Dauercysten unterscheiden sich die Schutzhüllen jedoch durch ihre einfache Wand, ihre Öffnung am Vorderende des Tieres, die freilich bei sehr starker Abscheidung verschlossen werden kann, die kurze Dauer des Aufenthaltes, den das Infusor darin nimmt. Gewöhnlich schlüpft es sofort, nachdem die Hülle sezerniert worden ist, wieder aus. Falls die letztere ganz geschlossen war, durchbricht es sie, was nicht immer auf den ersten Anstoß gelingt. Dann rotiert das Tier in der Hülle und versucht aufs neue, bis es ihm möglich ist eine Stelle zu durchstoßen. Bei nicht zu starken Giften erholen sich die Infusorien nach Übertragung in giftfreies Wasser. Bei sehr starken sterben sie schon während der Hüllbildung[4]. Über den morphologischen Vorgang bei der letzteren gibt Dunkelfeldbeleuchtung den besten Aufschluß. Untersucht

---

[1] BRESSLAU: S. 65. Zitiert auf S. 15.
[2] BRESSLAU: Zbl. Bakter. I 89, 87 (1922).
[3] BRESSLAU: Verh. dtsch. zool. Ges. 26, 35 (1921).
[4] BRESSLAU: Zitiert auf S. 15.

man die in Tuschelösung ausgeschiedenen Hüllen von Colpidium bei starker
Vergrößerung, so zeigt sich die Tektinhülle aus zahlreichen kleinen, stäbchen-
förmigen Gebilden zusammengesetzt, die dicht miteinander verklebt sind, jedes
0,0085—0,0095 mm lang, $\frac{1}{4}$ so dick, homogen, außen von Mantel dunkler Tusche-
körnchen umhüllt, die nun im Dunkelfelde silbern aufleuchten. Stellt man ein
gerade stilliegendes Colpidium ein und drückt mit einer Präpariernadel leicht auf
das Deckglas, so treten hier und da winzige Teile aus dem Tiere, sichtbar gemacht
durch die sich sogleich anlagernden silberleuchtenden Tuscheteilchen. Aber sogleich beginnt sich der innere leere Raum zu vergrößern, die Teilchen sind im
Nu zu Stäbchen aufgequollen. Durch ganz analoge Versuche an Paramäcien
und anderen Infusorien ließ sich die Homologie dieser Stäbchen mit den Trichocysten nachweisen, zu deren Beschreibung und Beurteilung wir uns im folgenden
Absatze 6 b wenden.

6 b. Schleuder- und Schlingwaffen.

Lange vor der Entdeckung der Schutzhüllen, wie sie Colpidium bei Reizung
absondert, war die Ausschleuderung kleiner Stäbchen seitens anderer Arten von
Ciliaten bekannt. Diese Gebilde, Trichocysten, und namentlich ihre Entstehung
sind sehr verschieden beurteilt worden. Bald erschienen dieselben bloß im Augenblicke des Reizes als Folge von Quellungserscheinungen zu entstehen, beispielsweise an Lionotus[1] oder selbst Paramaecium[2], bald aber als vorgebildete, mit

Abb. 13. Paramaecium
gegen den Angriff des
Saugciliaten Didinium
nasutum, seine Tricho-
cysten entladend. (Nach
BRESSLAU 1924.)

ausschleuderbarem Endapparate versehene Gebilde, wie an
Frontonia, eigene Organelle des Körpers zu bilden. Bei letzterer Spezies wurde chromidialer Ursprung angenommen.
Durch eine Kontraktion des Corticalplasmas wird unter
krampfhaften Bewegungen der erste Anstoß zur explosions-
artigen Ausstülpung der Fäden mit den Endspitzen gegeben[3]. Dabei sollen Gifttropfen aus der Spitze treten,
Beispiel Legendrea bellerophon[4]. Werden Paramäcien mit
denselben Farblösungen, die bei Colpidium Hüllenbildung
hervorrufen, behandelt, so stoßen sie mit einem Schlage
ihre Trichocysten aus, so daß sie unter gegenseitiger Ver-
filzung das Tier rings umgeben, ohne aber eine richtige,
kontinuierliche Hülle abgeben zu können. Ähnliches geschieht in der freien Natur, wenn die Paramäcien von feindlichen Infusorien angegriffen werden, beispielsweise dem viel
kleineren, aber durch einen Stechrüssel ausgezeichneten Ciliaten Didinium nasutum[5]. (Abb. 13.) Wir werden daraus den Schluß ziehen, es gäbe alle Übergänge
zwischen gar nicht und völlig präformierten Trichocysten, möglicherweise sogar
bei ein und derselben Art, wenn sie der Erschöpfung des Vorrates entgegengeht.
Außer den Trichocysten der Infusorien findet sich noch eine Art Fangschleuder
bei einem Urtier anderer Klasse, nämlich dem Helizoen Camptonema nutans.
Die langen Pseudopodien machen eine langsam nutierende Bewegung, bei Berührung mit Fremdkörpern knicken sie aber plötzlich um, die Beute umschlingend.
Es ist hier nachgewiesen, daß jeder Achsenstrahl zu je einem Kern verläuft. Der
Achsenfaden verläuft nur bis zur Umknickungsstelle, von da ab ist bloß hyalines
höckeriges Hüllplasma zu sehen. An der Einfangung der Beute, kleiner Schwärm-

---

[1] DOFLEIN: **1916**, 312.
[2] MITROPHANOW: Arch. Protistenkde **5**, 78 (1905).
[3] TÖNNIGES: Arch. Protistenkde **32**, 298 (1914).
[4] DOFLEIN: **1916**, 313.
[5] BRESSLAU: **1921**, 2; **1924**, 53. Zitiert auf S. 16.

sporen oder Tierchen, beteiligen sich mehrere der Pseudopodien, die sich zusammenneigen, die Beute immer fester verstricken, und gegen den Körper des
Urtieres hinbefördern[1].

7 a. Abwehr durch Gewöhnung und Maskierung.

Wie berichtet, ist der Schutz, den die entgiftenden Hüllen der Infusorien
und sonstigen Urtiere denselben gewähren, kein absoluter und erlischt mit der
Erschöpfung des Tektinvorrates. Es erscheint daher wichtig, daß die Urtiere
auch noch andere Mittel zur Abwehr gegen schädliche Stoffe besitzen. Es sind
diese Mittel in ihrer Fähigkeit ausgesprochen eine allmähliche Gewöhnung an
höhere Konzentrationen von Salz- oder Giftlösungen durchzuführen. Allerdings
liegt diese Anpassungsfähigkeit innerhalb enger Grenzen. Süßwasseramöben
ließen sich zwar allmählich an die Konzentration des Seewassers gewöhnen[2],
pflanzten sich aber nicht darin fort; darüber geht die Anpassung noch bis 4%
Kochsalzgehalt, bei Seewasserprotisten bis 10%. Infusorien können bis zum 8-
bis 10fachen osmotischen Druck am Leben bleiben, wenn die Drucksteigerung
allmählich geschieht. Die toxische Wirkung vieler Stoffe, wie Zuckerarten,
Glycerin, Magnesiumsulfat, Kochsalz u. a., auf Protisten geht überhaupt nur auf
ihre osmotische Drucksteigerung zurück[3]. Aber auch an das spezifisch wirkende
Quecksilberchlorid ließen sich Stentoren gewöhnen, die sich zwei Tage lang in
einer 0,00005 proz. Lösung gewesen 4mal länger einer 0,001 proz. Lösung widerstanden, als sonst letaler Zeit entsprach. Über die Art der Entgiftung sind wir
bei Chininwirkung unterrichtet. Mit Lecithin gezüchtete kleine Amöben spei-
cherten Chinin aus einer Lösung 1 : 40 000 an Granulationen im Innern des Körpers. Durch Erwärmen flossen diese Granulationen zusammen, und nun starben
die Amöben offenbar infolge Abgabe des Chinins von der nunmehr geringeren
Oberfläche der Einschlüsse. Diese physikalische. Entgiftung bleibt bei nicht
Lecithin-gefütterten Amöben aus[3]. Paramaecium läßt sich allmählich an 1 : 85 000
Chinin gewöhnen, doch nur für einige Tage, dann stirbt die Kultur ab. Absolut
tödlich ist bei plötzlicher Anwendung schon Chinin 1 : 100 000[4]. Gegen die Gegengifte ihrer Wirte immunisieren sich die Trypanosomen nach wiederholter Passage
vollkommen, und diese Giftfestigkeit geht auch auf die ganze Nachkommenschaft
über: giftfeste Stämme Ehrlichs, ein Beispiel des Erblichwerdens einer willkürlich hervorrufbaren Eigenschaft. Außer an Gifte besteht auch eine Anpassungsfähigkeit an niedrige Temperatur. Selbst bis zu −40° C überkaltete Urtiere
leben, wenn der Prozeß langsam durchgeführt wurde, weiter. Bei Überkaltung
tritt eine Quellung ein, durch Anziehen von Wasser seitens von Zersetzungs-
produkten[5]. Die Anpassung an hohe Temperaturen geht meist mit Encystierung,
s. oben 2a, und unter Wasserabgabe vor sich. Langsam lassen sich Urtiere an
solche Temperaturen gewöhnen[6], die sofort angewendet eine Koagulation des
wasserhaltigeren Plasmas herbeiführen würden, angeblich bis 70°, ein übrigens
in bewohnten Quellen vorkommender Hitzegrad. Als „Schutzfärbung" ist die
mit dem Farbkleide vieler anderer Tiere desselben Wohnortes übereinstimmende
dunkelviolettrote bis schwarze Färbung von Foraminiferen, Rheophax nodu-
losus, aus 3000 m Tiefe gedeutet worden. Ebenso die rote Färbung der Polytrema
miniaceum sowie die bläuliche von Rupertia und Carpentaria den ähnlich ge-

---

[1] Schaudinn: Sitzgsber. Berl. Akad. 1894.
[2] Zuelzer: S. 255. Zitiert auf S. 7.
[3] Prowazek: **1910**, 137.
[4] Feiler: Arch. Protistenkde **59**, 562 (1927).
[5] Elimoff: Arch. Protistenkde **47**, 59 (1923).
[6] Przibram: Exper. Zool. **4**, 14 (1913).

färbten Korallenriffen. Als eine „Maskierung" kann die Aufnahme größerer Steinchen in die Oberfläche sandschaliger Formen, Beispiele Saccammina socialis und Haplophragmium globigeriniforme[1] gelten. An eine eventuelle Bedeutung des Leuchtens als Abschreckmittel scheint bisher nicht gedacht worden zu sein. Das Leuchten der Protozoen ist weder chemisch noch biologisch genügend untersucht.

7 b. Anlockung.

Anlockung der Beute scheint bei Protisten nicht bemerkt zu sein, obwohl eine solche durch Ausstreckung eßbar erscheinender, in Wirklichkeit aber als Leimruten und Giftfallen wirkender Pseudopodien vorkommen könnte. Nur *ein* Fall läßt sich als Anlockung bezeichnen, nämlich die offenbar von der parasitären Lankesterella auf die Blutkörperchen des Frosches ausgeübte Anziehung (Abb. 14). Die Blutkörperchen öffnen in der Nähe der Lankesterella eine Bucht, in welche der Parasit, ohne vorher das Blutkörperchen berührt zu haben, einläuft, um schließlich ganz von demselben aufgenommen zu werden[2]. Es handelt sich bei dieser Anlockung wohl um eine ähnliche chemotaktische Wirkung, wie sie gewisse lösliche Stoffwechselprodukte von pathogenen Bakterien auf Leukocyten ausüben, wodurch die Massenansammlung dieser Zellart am Herde der Infektion erklärt wird[3].

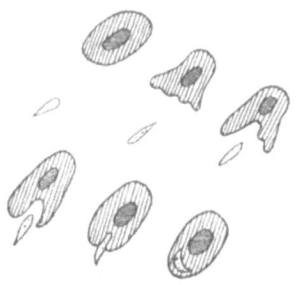

Abb. 14. Lankesterella sp. in Froschblutkörperchen eindringend. (Nach Neresheimer 1909.)

[1] Rhumbler: **1911**, 213. Zitiert auf S. 2.
[2] Neresheimer: Arch. Protistenkde **16**, 187 (1909).
[3] Biedermann: **1910 II**, 304.

Schutz- und Angriffseinrichtungen bei Metazoen.

Von

H. PRZIBRAM
Wien.

Mit 32 Abbildungen.

Zusammenfassende Darstellungen.

BREHMS Tierleben. — BUDDENBROCK, W. v.: Grundriß der vgl. Physiologie. Berlin, Bornträger 1924—1927. — HESSE-DOFLEIN: Tierbau und Tierleben. Leipzig, Teubner 1910—1914. — WINTERSTEIN, H.: Handbuch der vgl. Physiologie. Jena, Fischer ab 1910.

Mit zunehmender Differenzierungshöhe werden die Metazoen immer mehr von der Außenwelt unabhängig: durch Schutzeinrichtungen im Innern des Körpers wird der Wasserhaushalt (vgl. ds. Handb. Bd. 17, PARNAS, v. SIEBECK, ELLINGER, E. MEYER), die Körpertemperatur (vgl. ds. Handb. Bd. 17, ISENSCHMID, FREUND) reguliert, die Gift und Bakterienschädigung (vgl. ds. Bd., SACHS, JACOBY, WITEBSKY, HILDEBRANDT) bekämpft. Besondere Schutzanpassungen finden sich zerstreut in allen Klassen der Metazoen: es sei an den Farbwechsel (vgl. ds. Bd., ERHARD) und an die Autotomie (vgl. ds. Bd., GOETSCH) erinnert, ferner an die Symbiose (vgl. ds. Handb. Bd. 1, STECHE). Im vorliegenden Abschnitte sollen nur jene Schutzeinrichtungen behandelt werden, welche Bewegungs-reaktionen äußerer Art mit sich bringen, ohne eine Verletzung oder Schädigung des Tieres zur Voraussetzung zu haben.

Von dieser Kategorie von Schutzeinrichtungen lassen sich dann nicht immer Angriffseinrichtungen trennen, und wir können jeweils an eine Gruppe von Schutz-mitteln eine entsprechende von Angriffsmitteln an die Seite stellen. Damit gelangen wir zu folgender Einteilung unseres Stoffes:

Schutzeinrichtungen:	Angriffseinrichtungen:
1 a. Körperbedeckung	1 b. Stachelkleid.
2 a. Encystierung und Häutung	2 b. Giftige Sekrete.
3 a. Putzorgane	3 b. Greif- und Bißwaffen.
4 a. Brutpflege	4 b. Stich- und Hiebwaffen.
5 a. Gehäuse- und Wohnbau	5 b. Sackapparate und Fallenbau.
6 a. Schutzblendung (Tinte)	6 b. Schleuder- und Schlingwaffen.
7 a. Abwehrstellungen	7 b. Anlockungs- und Angriffsstellungen.

Es kann in einem Handbuche der Physiologie nicht unsere Aufgabe sein, eingehende anatomische oder histologische Beschreibungen zu geben. Das Wesent-liche ist uns die Mechanik der Funktion, während die Chemie nur insofern berücksichtigt wird, als sie nicht in besonderen Abschnitten gebracht wurde (vgl. ds. Bd., FLURY: Tierische Gifte). Psychologie kann (entsprechend dem allgemeinen Plane dieses Handbuches) nur gestreift werden; ethologische und ökologische Angaben mußten aber öfters Berücksichtigung finden.

1a. Körperbedeckung als Schutzmittel.

Um ihrer Funktion, Schädigungen von außen her abzuwehren, Genüge leisten zu können, muß die Körperoberfläche der Tiere mehrere Grundeigenschaften vereinigen, die wir bei den Stoffen unserer Maschinen in der Regel getrennt verwenden. Es soll gleichzeitig α) eine geschmeidige Anpassung an die eigene Bewegungsfähigkeit des Tieres vorhanden sein, welche Einreißen bei Exkursionen der Glieder ausschließt; β) dem Eindringen äußerer Stoffe energischer Widerstand entgegengesetzt, γ) ebenso der Temperatur plötzlicher Einbruch versagt, δ) schädliche Strahlung abgewehrt und endlich ε) den Feinden eine möglichst geringe Verletzungsfläche geboten werden.

α) Geschmeidigkeit wird durch die physikalisch-chemische Beschaffenheit des Plasmas, nämlich die mehr oder minder festflüssige Konsistenz (vgl. ds. Handb. Bd. 1, ETTISCH) durch die Unterteilung in Zellen, durch die äußere oder innere Gliederung des Tierkörpers und durch die automatische Bildung von Trajektorien in der Richtung größter Beanspruchung der Gewebe, die sog. „funktionelle mechanische Anpassung", erzielt. Während unsere Maschinen großenteils nur feste Stoffe verwenden, von den Betriebs- und Schmierstoffen abgesehen, ist an der Bildung des Tierkörpers und seiner Oberfläche stets das Protoplasma beteiligt, und tritt auch bei den äußerlich starr erscheinenden Formen überall dort mehr hervor, wo die Oberfläche behufs Ausführung bestimmter Bewegungen sich gliedert. Die Unterteilung in Zellen bietet nicht nur für die bessere Versorgung mit Atem- und Nährmaterial durch Vergrößern der relativen Oberfläche (vgl. ds. Handb. Bd. 1, RONA; ferner H. PRZIBRAM[1]) sowie für das Wachstum (vgl. ds. Handb. Bd. 14 I, RÖSSLE; ferner H. PRZIBRAM[2]) große Vorteile, sie ermöglicht auch durch die relative Selbständigkeit der einzelnen Zelle einen stärkeren Widerstand gegen die Zerreißung, als ihn eine ununterteilte plasmatische Masse leisten würde.

β) Dem Eindringen von Stoffen aus der Umgebung des Tieres und der Trennung der Teile durch mechanische Insulte wird durch die besondere Ausgestaltung der oberflächlichen Schichten mit wasserfesten, entweder dehnbaren oder harten Häuten bis zu zähen Säcken oder starren Panzern gesteuert (über das Verhalten des Stoffaustausches zwischen Protoplasma und Umgebung vgl. A. V. HÖBER; ausführliche Morphologie, Entwicklungsgeschichte und Chemie der Panzer gibt BIEDERMANN[3]. Hier lassen sich auch wieder die Tiere mit äußerer von jenen mit innerer Gliederung unterscheiden. Die ersteren sind vorwiegend mit den harten Schalen und Panzern ausgestattet, die letzteren mit den elastischen Häuten. Doch kommen vielfach auch weichhäutige Gruppen oder Arten unter den äußerlich gegliederten vor, z. B. die echten Spinnen gegenüber den meisten übrigen Gliederfüßlern, und gepanzerte unter den Wirbeltieren mit innerem Skelette, z. B. Panzerfische, Echsen, Gürteltiere [s. weiter unten ε)]. Zur Erreichung der elastischen Häute bedient sich die Natur organischer Substanzen, des plasmatischen Eiweißes und seiner Derivate, unter welchen Kohlenwasserstoffe eine große Rolle spielen, indem sie als erhärtende obere Schichte, sei es als Chitin beim Kreise der Zygoneuren (Vermes, Mollusca, Arthropoda usw.), sei es als Keratin bei den Wirbeltieren oder als Cellulose bei den Tunicaten, auftreten. Dieselben Stoffe können bei dichter Absonderung sehr harte Bekleidung liefern,

---

[1] PRZIBRAM, H.: Form und Formel im Tierreiche, Kap. 3—5. Leipzig u. Wien: F. Deuticke 1922.
[2] PRZIBRAM, H.: Form und Formel im Tierreiche, Kap. 6—10. Leipzig u. Wien: F. Deuticke 1922.
[3] BIEDERMANN: Wintersteins Handb. d. vergl. Physiologie **3 I**, 4, 8 (1912—1913).

so in den Panzern der Käfer, in den Schuppen des Schuppentieres (Manis). Im
allgemeinen verwendet die Natur aber zur Erzeugung besonders harter Be-
deckungen anorganische Stoffe, deren Ausscheidung krystallinisch, aber unter
dem richtungsgebenden Einflusse des bauenden Plasmas erfolgt, „Biokrystalle"
Haeckels. Wir begegnen solchen (außer bei den Protozoen) zunächst in den
Nadeln der Schwämme, Porifera, welche je nach der chemischen Zusammensetzung
eben dieser Bedeckung in Kalk- und Kieselschwämme zerfallen. Die Kalk-
schwammspiculae sind einheitliche Mischkrystalle aus kohlensaurem mit anderen
Kalksalzen des Seewassers, während die Kieselschwämme Spiculae mit organischer Grundsubstanz besitzen, die von amorpher Kieselsäure umkleidet wird.
Die Festigkeit der Spongien gegen Zug und Druck wird durch Anordnung der
verkieselten Sponginfasern in Spannungstrajektorien erhöht. Euplectella aspergillum (Abb. 15) ist aufrechtstehend mit einem aus ankerförmigen Kieselnadeln
gebildeten „Wurzelschopf" in 100 Faden Tiefe befestigt. Namentlich submarine
Strömungen beanspruchen den röhrenförmigen Schwamm auf Druck und Zug,
deren Kurven unter einem Winkel
von 45° von der Basis spiralig em-
porsteigen und zwei Kurvensysteme
bilden, welche sich unter rechtem
Winkel schneiden[1]. Bei den Korallen ist die Bildung des Skelettes,
welches bei dieser Tiergruppe wegen
des sehr dünnen Oberflächenbelages
als äußere Begrenzung imponiert,
als krystallinische Ausscheidung von
Aragonit, der bekannten Modifikation des kohlensauren Kalkes, mit
sphäroider Anordnung erwiesen
(Asteroides[2], Caryophyllia[3]). Die
Anker und Platten, welche die leder-
artige Haut der Seewalzen, Holothurien, unterhalb der Epidermis
durchsetzen, bestehen aus einheitlichen Kalkkrystallen. Sie scheinen

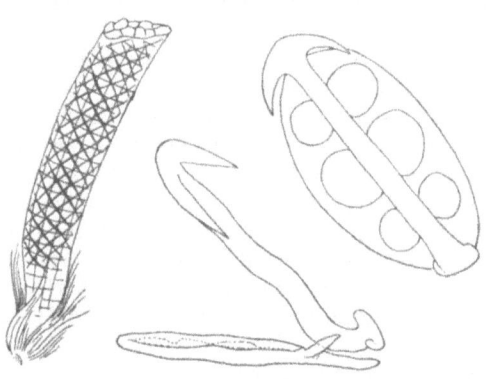

Abb. 15. „Anker." Links: Der Kieselschwamm Euplectella
aspergillum mit ankerförmigen Wimperschopfnadeln.
(Nach Keller). Rechts: Anker und Platte aus der Haut
der Seewalze Leptosynapta bergensis in zwei Ansichten.
(Nach Östergren.)

weniger der Festigkeitserhöhung der Haut, als einer Bewegungsfunktion zu
dienen (Abb. 15). Die Handhabe oder der Wulst des Ankers ruht drehbar
auf dem Bügel der Platte. Wird die Haut angespannt, so wird Anker gegen
Platte gepreßt, und die Ankerspitzen treiben die Haut vor, welche nun
mittels Reibung an der Unterlage haftet[4]. Die Panzer der übrigen Stachelhäuter, Echinodermen, enthalten ebenfalls einheitliche Kalkkrystallplättchen,
Stacheln usf. Weder die Kalknadeln der Schwämme (Sycandra[5]) noch der
Seeigellarven (Sphaerechinus[6]) können in Abwesenheit von kohlensaurem Kalke,
also nicht aus den sonst anwesenden Kalksalzen gebildet werden, was ernährungs-
physiologisch besonders interessant ist, da daraus die Unfähigkeit dieser Organismen zur eigenen Erzeugung von kohlensaurem Kalke hervorgeht. Die alte Untersuchung von Muschelschalen schien übereinstimmend die äußere Prismenschicht

[1] Keller, C.: Festschr. f. Kölliker, 50. Dokt.-Jub. 1891.
[2] Koch, C. v.: Mitt. z. Station Neapel 3, 284 (1882).
[3] Koch, C. v.: Mitt. z. Station Neapel 12, 755 (1897).
[4] Östergren, H.: Zool. Anz. 20, 148 (1897).
[5] Maas, O.: Verh. zool.anat. Ges. Wien 1904, 190.
[6] Herbst, C.: Arch. Entw.mechan. 17, 306 (1904).

als Calcit, die innere Perlmutterschicht als Aragonit, sowohl nach chemischer Analyse, Ätzfiguren, optischem Verhalten als auch nach spezifischem Gewichte und der uns interessierenden Härte[1] ergeben zu haben. Aber spätere Untersuchungen zeigten, daß ein solcher Unterschied nicht durchaus besteht[2]. In geringen Mengen ist auch Chitin an der Schale der Muscheln, nicht aber der Schnecken beteiligt, obzwar auch letztere, wie die anderen Mollusken, sonst Chitin z. B. in der Radula enthalten. Die Panzer der Krebse unterscheiden sich von der Körperbekleidung der übrigen Arthropoden durch Einlagerung amorphen Kalkes in die chitinige Grundsubstanz, wodurch namentlich bei den Dekapoden Crustaceen eine wesentliche Steigerung des Widerstandes gegen Druck erzielt wird[3]. Dabei ist wieder in der Anordnung der Chitinfibrillen Trajektorienstruktur zu erkennen; noch deutlicher in den nicht stark chitinisierten Häuten der Ringelwürmer und in den starken Chitinpanzern der Käfer[4]. Entsprechend den verschiedenen Beanspruchungen verlaufen die Trajektorien an verschiedenen Körperteilen derselben Tierart anders, z. B. an den Flügeldecken und Schenkeln des Hirschkäfers, Lucanus, gegenüber den zu ,,mächtigen, geweihartigen Fortsätzen umgestalteten Oberkiefern" des Männchens dieser Käferart. Zwar durchkreuzen einander die histologischen Elemente auch hier oft nahe unter 90°, aber sie sind nicht wie bei den Flügeldecken und Beinen von rundlichem Querschnitt, sondern ziemlich hohe, flachgedrückte, bandförmige Streifen. Hier zeigen sich unverkennbare Analogien zu den Strukturen in den Röhrenknochen der Wirbeltiere (HAVERsches System), die uns aber hier als nicht zur Körperbedeckung gehörig weniger interessieren. Die inneren Skelette der Wirbeltiere bedürfen vielmehr selbst des Schutzes der überlagernden Weichteile gegen Bruch, der sich bei ihrem Zusammenstoß mit einem festen Körper sonst leicht einstellt, da die Knochen, großenteils aus amorphen Ablagerungen phosphor-, schwefel- und kohlensauren Kalkes bestehend, spröder sind als die reinen Chitindecken oder verkalkten Chitinpanzer der Gliederfüßer. Über Druckfestigkeit und sonstige Beanspruchung verschiedener Extremitätenknochen liegen Untersuchungen z. B. am Menschen[5], am Schweine und Pferde vor[6], Härtemessungen an Weichteilen von Tieren sind erst wenige vorgenommen worden[7]. (Über den Lidschutz des Auges gegen eindringende Fremdkörper bei Wirbeltieren von den Amphibien, ausschließlich der Kaulquappen, angefangen vgl. Bd. 12 II, Schutzeinrichtungen des Auges. WEISS.)

γ) Während die meisten Tiere Temperaturschwankungen der Umwelt innerhalb eines größeren Temperaturbereiches ertragen, falls der Temperaturwechsel ein allmählicher ist, pflegt plötzlicher Wechsel schädliche bis tödliche Folgen nach sich zu ziehen. Es müssen daher die Körperbedeckungen der Tiere ein recht langsames Nachgeben gegenüber wechselnden Wärmegraden aufweisen, um die Wahrscheinlichkeit des Überlebens ihren Trägern zu gestatten. Daher sind alle als besondere Körperbedeckung verwendeten Stoffe des Tierkörpers schlechte Wärmeleiter, sowohl die Chitine als auch die Keratine, welche beiden Stoffgruppen für die Landtiere hauptsächlich in Betracht kommen. Für Wassertiere ist die schlechtleitende Oberfläche weniger notwendig, da ja das Wasser

---

[1] NECKER, E.: Ann. des Sci. natur. 11 II, 52 (1839).

[2] BIEDERMANN: Wintersteins Handb. d. vergl. Physiol. 3 I, 656 (1913).

[3] BIEDERMANN, W.: Biol. Zbl. 21, 343 (1901).

[4] MEYER, H.: Müllers Arch. 1842. — BIEDERMANN, W.: Z. allg. Physiol. 2, 395 (1903).

[5] BIEDERMANN, W.: Wintersteins Handb. d. vergl. Physiol. 3 I, 1110 (1913) (TRIEPEL, RAUBER, WERTHEIM, HÜLSEN).

[6] SCHMIDT, A.: Arch. Entw.mechan. 41, 472, 605 (1915).

[7] MANGOLD, E.: Arch. néerl. Physiol. 7, 185 (1922) — Pflügers Arch. 196, 200 (1922). — KAUFFMANN, F.: Z. exper. Med. 29, 443 (1922).

selbst plötzliche Temperaturschwankungen als schlechter Wärmeleiter aufhält. Außer der geringen Leitfähigkeit kommen auch Anordnungen der oberflächlichen Strukturen in Betracht, um die Temperaturschwankungen sachte zu gestalten. Wollige oder schaumartige Massen vermögen lange Zeit dem Temperaturausgleich zu widerstehen. Die Warmblüter verwenden bekanntlich Feder- und Haarkleid, um die im Innern erzeugte Temperatur gegen zu raschen Verlust zu schützen, wobei noch bei eintretender Kälte willkürliche Lockerung des Gefüges behufs Einschlusses von erwärmter Luft angewendet werden kann: Sträuben des Gefieders („Plustern") beim Vogel. (Bei den Kaltblütern werden namentlich zur Sicherung der Nachkommenschaft lockere Sekrete verwendet, s. S. 56 Brutpflege.) Für die richtige Ordnung des Gefieders kommen elektrische Kräfte in Betracht, welche das obere straffere Federkleid gegen das untere, wollige Dunenkleid festhalten.

δ) Auf dem Wege der Strahlung vermag in der Natur nicht bloß Wärme auf den Tierkörper einzudringen, sondern es können auch die Strahlen des uns unmittelbar sichtbaren Lichtes und der sich am brechbaren Spektralende anschließenden ultravioletten Wellen auftreffen. Hingegen kommen die vom Menschen erzeugten oder in geringen Spuren in den Erdtiefen entdeckten Strahlen, wie Röntgen-, Becquerel-, Radiumstrahlen, für Schutzvorrichtungen des Tierkörpers nicht in Betracht, da zu ihnen keine Beziehung während der Entwicklung unserer Tierwelt bestanden haben dürfte. Zum Schutze gegen schädigende Wärme- oder Lichtstrahlen dient wahrscheinlich vielen Tierarten die besondere Färbung ihrer Körperoberfläche. Während schwarze Farbe völlige Absorption der für uns sichtbaren Lichtstrahlen und großenteils auch der Wärmestrahlen anzeigt, wirft sie ultraviolette Strahlen zurück[1]. Es werden also dunkle Tiere von der Sonnenwärme Gebrauch machen können, ohne dem schädlichen Sonnenbrande ausgesetzt zu sein, der auf den ultravioletten Anteil des Sonnenspektrums zurückzuführen ist[2]. Vielleicht haben auch die dunklen Pigmente, welche die Eingeweide einschließlich der Genitaldrüsen bei den taglebenden, sonnenliebenden Eidechsen umgeben, eine solche Bedeutung. Den nachtlebenden Geckonen fehlen diese innere Pigmentmäntel[3]. Überhaupt läßt sich ein gewisser Zusammenhang zwischen der Belichtungsmöglichkeit und der Farbe konstatieren, der zu komplizierter Natur ist, um auf eine einfache Bildung der Pigmente durch die einfallenden Strahlen zurückgeführt zu werden[4]. Dazu kommt noch die vor unseren Augen sich abspielende Anpassung mancher Arten an die Umgebungsfarben, die sich als eine Folge der Farbwahrnehmung durchs Auge erweisen ließ: so bei den Plattfischen, den Puppen mancher Tagfalter u. a. m. (vgl. ds. Bd., Erhard). Beim Kohlweißling begünstigt Wärme auf dem Raupenstadium die Bildung weißer Puppenfarbe, die infolge Reflektierens der Wärmestrahlen eine schädliche Überwärme kompensieren könnte[5]. In der Tat sollen schwarze Schmetterlinge auf Schnee gesetzt denselben rascher erwärmen und zum Schmelzen bringen als weiße, wenn beide gleich beschienen werden[6].

ε) Aus mehreren Gründen ist es unter Umständen für den Tierkörper günstig, eine möglichst kleine Oberfläche der Umwelt darzubieten. Bei dem bereits erwähnten „Plustern" der Vögel verkleinert derselbe seine relative Oberfläche durch möglichstes Einziehen des Kopfes und der Flügel, evtl. auch eines oder

---

[1] Brecher, L.: Arch. Entw.mechan. **45**, 273 (1919); **50**, 41 (1922).
[2] Vgl. ds. Handb. **17**, Jodlbauer.
[3] Sečerov, S.: Arch. Entw.mechan. **34**, 742 (1912).
[4] Przibram, H.: Arch. Entw.mechan. **45**, 200 (1919).
[5] Brecher, L.: Arch. Entw.mechan. **48**, 1 (1921).
[6] Lord Walsingham: Entom. Trans. Yorkshire Naturalists Union 1885.

beider Beine, und verhindert dadurch zu große Ausstrahlung. Andere Tiere nützen aber die Fähigkeit sich eine möglichst kleine, kugelige Oberfläche aktiv zu verschaffen, zur Verblüffung ihrer Feinde an, dem sie durch „Zusammenkugeln" eine harte oder stachelige, jedenfalls infolge der Glätte oder Stacheligkeit schwer angreifbare Kugel gegenüberstellen. Glatte Kugeln bilden z. B. die Rollassel, Armadillidium, der Tausendfüßer Glomeris und die Gürteltiere Armadillium, stachelige Kugeln Würmer z. B. der Gattung Aphrodyte und die Stacheligel, Echidna, die Igel, Erinaceus. Glomeris soll ein klebriges, aus Rückensporen austretendes Sekret zur Anheftung während Fallens oder Rollens verwenden[1]. Während bei den Asseln, Tausendfüßern und Würmern die äußere Gliederung, welche ein Zusammenkugeln ermöglicht, dem inneren segmentalen Bau entspricht, handelt es sich bei den Säugetieren um sekundäre Erwerbungen, welche zwar ebenfalls auf der Benutzung der segmental angeordneten Rumpfmuskulatur zum Zusammenkugeln beruht, wobei aber die äußere Gliederung der inneren nicht zu entsprechen braucht.

In psychologischer Hinsicht wäre zu untersuchen, inwieweit die Kugelung einen konstanten Reflex darstellt. Für die Wirbellosen sind mir dahingehende Beobachtungen nicht bekannt. Der Igel gibt verhältnismäßig rasch bei Annäherung eines Menschen die Kugelung auf, sobald er sich von der Harmlosigkeit desselben überzeugt hat. Hier liegt sicher eine höhere als Reflextätigkeit vor. Es sei in diesem Zusammenhang daran erinnert, daß manche Säugetiere, z. B. die Katze, die dem Feinde ausgesetzte Oberfläche durch Rückendeckung zu verkleinern trachten, sowie Pferde und Rinder durch Kreisbildung (unter Einschließung der Jungen in der Mitte) sich gegen Wölfe verteidigen sollen.

Beim Igel geschieht das Einrollen der Stachelhaut durch zwei Muskelgruppen. Eine vordere Strahlung geht von der Rückenseite aus und besteht aus Muskelbündeln, welche sich an Stirne, Nasenbein, Ohrmuscheln und Hals ansetzen, „Kapuze". Die zweite Partie geht von den mittleren Schwanzwirbeln an der Bauchseite gegen den Rücken zu[2]. Gleichzeitig mit der Kontraktion des Hautmuskels geschieht das Sträuben der Stacheln, so daß die Verteidigung zu einer Verletzung des stürmisch andringenden Gegners führen kann. Wir sehen hier, wie das Schutzmittel zu einer Waffe sich gestaltet. Allerdings gewährt selbst die Stachelwehr manchen Tieren gegenüber keinen genügenden Schutz: so fällt das Stachelschwein, Histrix, dem Tiger[3], der Schnabeligel, Echidna histrix, dem Beutelwolfe, Thylacinus[4], zur Beute. Andererseits vermögen auch stachellose Rassen des Igels, Erinaceus, den Kampf ums Dasein zu bestehen, denn solche Exemplare ohne Stacheln sind im Freien gefunden worden[5]. (Über Schalenschluß vgl. ds. Handb. Bd. 8 I, Einziehen von Gliedmaßen beim sog. „Totstellen", ds. Handb. Bd. 17, HOFFMANN; Lidschluß des Wirbeltierauges, ds. Handb. Bd. 12 II, WEISS.)

1 b. Körperbedeckung als Waffe.

Es scheint nicht, als ob die Säugetiere Stachelhaare als Angriffswaffe gegen ihre Feinde gebrauchen; die weitverbreitete Legende vom Abschießen der Stachelschweinborsten ist nie bestätigt worden[3]. Auch sind keine Raubtiere mit Stachelhaaren ausgestattet. Hingegen besitzen die Stachelhäuter, Echinodermen, nicht nur in den gelenkig aufsitzenden Stacheln selbst, sondern namentlich auch in den zwischen denselben zerstreuten Greiffüßchen oder „Pedicellarien" Angriffs-

---

[1] DEWITZ: Biol. Zbl. **4**, 202 (1884).   [2] WEBER: Die Säugetiere. Jena 1904.
[3] RIDLEY: Ann. des Sci. natur. **6**, 94 (1895).
[4] Cambridge Nat. Hist. Mammalia S. 501.
[5] Natural Science, **13**, 156 (1889).

organe, die am stärksten bei den Seeigeln, Echinidae, ausgebildet sind[1]: „Die kleinen Stacheln der Cidaroiden haben Schutzfunktionen. Sie umstellen die Afteröffnung, die Genitalöffnungen, die Poren der Radialia (Ocellarplatten) usf. . . sie können aufgerichtet werden, und sie können sich über die zu schützende Stelle zusammenneigen. Die kleineren Stacheln besitzen keine Rinde und keinen Nervenring an der Basis." Der Hauptstachel z. B. von Dorocidaris papillata[2] „besteht aus dem Schafte und dem Gelenkkopf, welcher letztere mit dem Stachelhöcker der Schalenplatte artikuliert. Gegen den Gelenkkopf zu verjüngt sich der Schaft zum Halse, welcher selbst wieder vom Gelenkkopf durch eine vorspringende Ringleiste oder einen Ringwulst gesondert ist." „Der Gelenkkopf zeigt an der Stelle, wo er der Stachelwarze aufsitzt, eine Grube, und eine ebensolche Grube findet sich auf der Mitte des Stachelhöckers selbst. In diesen aufeinanderpassenden Gruben verläuft ein aus elastischen Fasern bestehendes axiales Band, welches den Stachel mit der Stachelwarze verbindet und an seinen beiden Enden sich in der organischen Grundsubstanz des Stachels und des Stachelhöckers verliert. Die Basis des Stachels ist von einer doppelten Faserhülse umgeben. Die innere Hülse besteht aus elastischen Fasern, die äußere aus Muskelfasern, welche zur Bewegung des Stachels auf dem Stachelhöcker dienen. Sowohl die elastischen als auch die Muskelfasern setzen sich einerseits an den Gelenkkopf des Stachels (unterhalb der Ringleiste), andererseits an den den Stachelhöcker umgebenden Hof der Schalenplatte an und endigen in der organischen Grundsubstanz dieser Skeletteile. Der Stachel ist von der Spitze bis gegen die Basis (bis zum Halse) von einer sehr harten und dichten Kalkschicht, der Rinde, bedeckt, welche der letzte Teil ist, der bei der Stachelentwickelung zur Ablagerung kommt und die Ornamentierung des Stachels bedingt. Anfänglich überzieht die Körperhaut den ganzen Stachel, und das äußere Körperepithel ist auf dem Stachel mit Cilien ausgestattet. Wenn aber der Stachel seine definitive Größe erreicht hat und die Rinde gebildet ist, stirbt die Haut auf dem von Rinde bedeckten Stachelteile ab. Sie erhält sich nur um die Basis des Stachels herum. Hier, etwa in der halben Höhe der Muskelhülse, liegt in der Tiefe des Epithels ein mit Ganglienzellen untermischter Nervenring, welcher rings um die Stachelbasis herum verläuft und die Stachelmuskeln innerviert." Abgebrochene Stacheln können regeneriert werden[3], solange und insoweit sie von der Haut noch umgeben sind. Nahe der Basis abgebrochen wird aber schließlich auch ein ausgewachsener Stachel ersetzt, indem der Rest zuvor ganz abgeworfen wird. Aber auch entfernte Panzerplatten werden ersetzt, und zwar meistens eine große durch mehrere kleine (Heliocidaris, Pseudocentrotus)[4].

„Auf Reize hin richten sich die Stacheln auf. Bei der sehr lichtempfindlichen Diadema setosum wenden sich die langen Stacheln drohend gegen die Hand hin, die sich, von welcher Seite auch immer, nähert." „Es ist ferner sichergestellt, daß die Stacheln zum Erfassen der Beute und zur Weiterbeförderung derselben gegen den Mund dienen können. Mehrere Stacheln neigen sich mit ihrer Spitze gegen den Bissen, erfassen ihn und übergeben ihn der nächstbenachbarten oralwärts gelegenen Stachelgruppe usw.[5]" (Über die Gifte dieser Stacheln vgl. weiter unten S. 40; Pedicellarien S. 44). Außer den Bekleidungen mit beweglichen Stacheln finden sich im Tierreiche Panzer mit unbeweglichen Stacheln: so sind

---

[1] Lang, A.: Lehrb. vgl. Anat. d. Echinod., S. 979. Jena: Gustav Fischer 1894.
[2] Lang, A.: S. 978. Zitiert auf S. 26.
[3] Prouho, H.: Archives de Zool. (2) **5**, 213 (1887). — Weitere Literatur über Reg. d. Ech.-Bedeckung vgl. H. Przibram: Exp. Zool. 2. Reg. **1909**, 45.
[4] Okada, Y. K.: Arch. Entw.mechan. **108**, 487 (1926) (mit. Lit.).
[5] Lang: S. 981. Zitiert auf S. 26.

viele Muscheln und Meeresschnecken an ihren Gehäusen mit abenteuerlich aussehenden Dornen ausgestattet, noch mehr Meereskrebse, z. B. Stenopus hispidus,
manche Spinnen, Zikaden, Heuschrecken und Käfer (über einzelne Dornen und
deren Gifte vgl. S. 63).

Noch unangenehmer als das Angreifen solcher durch Dornen geschützter
Formen vermag die Berührung reich behaarter Arten zu sein, welche leicht
abbrechbare, mit Giftdrüsen in Verbindung stehende ,,Brenn''haare besitzen.
Die großen, der Familie Avicularidae[1] angehörigen Vogelspinnen gehören zu
diesen Arten, ebenso wie manche Raupen von Schmetterlingen, unter denen die
Prozessionsspinner, Cnethocampa processionaria auf Eichen, Cn. pityocampa auf
Pinien, Cn. pinivora auf Fichten, die bekanntesten sind. Bei ihnen liegen ein oder
mehrzellige Drüsen an der Basis der hohlen Brennhaare und sezernieren Gift in
diese bei der Berührung[2] (über aktives Abwerfen vgl. S. 96). Der Chemismus
scheint noch nicht aufgeklärt, die Wirkung auf Wirbelhaut ist im ,,Blasenziehen''
derjenigen des Cantharidins aus der spanischen Fliege, Lytta vesicatorica,
gleich[3]. Aber auch in glatt aussehenden Raupen scheint derselbe Giftstoff vorhanden zu sein, so im Seidenspinner, Bombyx mori, im Gabelschwanze, Dicranura
vinula, und in verschiedenen Schwärmern und Tagfaltern; ferner in den mit
verzweigten, aber nicht leicht abbrechbaren Dornen versehenen Raupen des
Tagpfauenauges, Vanessa Jo[4]. (Weitere Angaben über bestimmte Spinner-
arten vgl. Wintersteins Handb. d. vergl. Physiol.[5]).

Die Abschleuderung giftiger Nesselkapseln, bei Berührung von Coelenteraten, für den Menschen sind namentlich Quallen beim Baden unangenehm,
und mancher Planarien soll erst gelegentlich der Schleuderorgane (S. 94) besprochen werden, ebenso das Ausspritzen von Gift auf Entfernung. Hier
seien nur einige Beispiele giftiger Eigenschaften erwähnt, die sich nur bei unmittelbarer Berührung der Körperoberfläche des Giftträgers bemerkbar machen,
wenngleich das Aussehen und der Geruch der ausgeschiedenen Giftstoffe einem
dritten die Wahrnehmung auch ohne Berührung erlaubt. So sondern viele
Käfer und Heuschrecken an den Tibio-femoral- und anderen Beingelenken bei
Berührung Blut oder eine andere Flüssigkeit ab, die unangenehm schmecken und
giftig wirken soll. Doch scheint es sehr zweifelhaft, ob dieser Erscheinung wirklich die ihr zugeschriebene Schutzwirkung entfalten kann, denn eine Giftigkeit
dieser Insekten für ihre natürlichen Feinde oder andere nicht gerade mit empfindlicher Haut, wie es die menschliche ist, ausgestattete Tiere konnte z. B. bei
der spanischen Fliege bisher nicht nachgewiesen werden[6]. Auch geht die Toxizität des Blutes keineswegs dem ,,Blutschwitzen'' parallel[7]. Eigene Drüsen,
welche auf dem Rücken des Tieres symmetrisch angeordnet ausmünden und ein
giftiges Sekret abscheiden, finden sich vornehmlich bei Tausendfüßern und
Lurchen. Die chilognathen Myriapoden tragen an 11 Körpersegmenten jederseits
eine Öffnung, ,,Foramen repugnatorium'', das in einen retortenförmigen Vorraum der ins Fettgewebe eingesenkten Drüse führt. Zwischen der sackförmigen,
mit einschichtigem Epithel ausgekleideten Drüse und dem retortenförmigen
Vorraum ist ein mit Ringmuskulatur ausgestatteter enger ,,Sphincter'' eingeschaltet[8]. Viele Amphibien, wie Salamandra, Triton, Bufo, wandeln Schleim-

---

[1] Cambridge Natural History 4, 365 (1909).   [2] KELLER, C.: Kosmos 13, 302 (1883).
[3] GOOSSENS, TH.: Ann. Soc. entom. france VI 1, 231 (1881); VI 6, 461 (1887).
[4] FABRE, H. J.: Ann. des Sci. natur VIII 6, 253 (1898).
[5] FREDERICQ, L.: 2 I, 160 (1910).
[6] MEYER, H.: Sitzgsber. Akad. Wiss. Wien, Math.-naturwiss. Kl. 1898, 389, 737.
[7] HOLLANDE, A. CH.: Archives Anat. microsc. 13, 171 (1911) — Archives de Zool.
(5) 6, 283 (1911).
[8] WEBER, M.: Arch. mikrosk. Anat. 21, 468 (1882).

drüsen, wie sie überall auf ihrer Haut zum Geschmeidighalten derselben vorkommen, an gewissen Körperstellen, hauptsächlich zu beiden Seiten der Rückenmittellinie in bläschenförmige, mit Sekret sich ganz ausfüllende Giftdrüsen um. Die Drüse wird durch eine Ringmuskulatur entleert, wobei aber vielleicht stets der zellige Inhalt mit ausgestoßen wird[1]. Im Gegensatze zu den Insektengiften scheinen die Amphibiengifte gerade für den Menschen weniger giftig zu sein als für andere Tiere (Chemismus, vgl. ds. Bd. S. 102, Flury; Schutzanpassung an Gifte, ds. Bd., div. Autoren).

2 a. Encystierung und Häutung.

Dient die Körperbedeckung vermöge ihrer chemischen Zusammensetzung und ihrer beweglichen Elemente zum Schutze gegen äußere Insulten, so sorgt die Natur auch noch durch neue Produktion von Stoffen für eine Verstärkung des Schutzes in Momenten verstärkter Gefahr oder der Abnützung und des „Zukleinwerdens" der Bekleidung. Bei großer Trockenheit encystieren sich manche niedere Wirbellose, z. B. Rotiferen und Neumatoden, indem sie eine sehr resistente Haut abscheiden, und schützen sich dermaßen vor der Austrocknung, daß sie monate-, sogar jahrelang ohne äußere Flüssigkeit lebensfähig zu bleiben imstande sind. Desikkation unter Schwefelsäure und im Vakuum widerstehen Rädertiere und Tardigraden in diesem Zustande[2] länger als der Embryo des Nematoden Strongylus rufescens, der bis zu 68 Tagen beobachtet worden ist[3]. Die Fähigkeit der Rotiferen, in ihrer gelatinösen Cyste der Austrocknung zu widerstehen, beruht sicher nur auf der Wasserundurchlässigkeit dieser Kapsel. Denn sowie diese bei Zerdrücken Wasser verliert, geht das Tier zugrunde. Um zu zeigen, daß Gelatine wirklich den Wasseraustritt völlig zu hemmen imstande sei, wurden Trauben mit diesem Stoffe überzogen und in luftleeren, durch Schwefelsäure getrockneten Raum gebracht: sie waren noch nach einer Woche solchen Aufenthaltes ebenso turgescent wie vorher[4]. In neuester Zeit sind Versuche über die Widerstandsfähigkeit desikzierter nicht eingekapselter Tiere gegen niedere Temperaturen, ultraviolette Strahlen und Sauerstoffentzug[5] angestellt worden, welche zeigten, daß Rotatorien, Nematoden und Tardigraden mehrere Stunden −272° C aushielten, ultraviolettes Licht die Tiere namentlich im aktiven Zustande schädigte und Sauerstoff unbedingt zum Leben notwendig war, aber auf $^{1}/_{10}$ des gewöhnlichen Druckes in der Luft herabgemindert werden konnte. Bei den ohne Cyste desikzierenden Formen, z. B. Tardigraden, besteht ein besonderer Schutz gegen Temperaturerhöhung wohl noch darin, daß Eiweiß bei sinkendem Wassergehalt seine Koagulationstemperatur hinaufrückt. Das Austrocknen scheint überhaupt besseren Schutz als das Encystieren zu gewähren[6]. Die Rückenporen der Oligochätenwürmer sollen durch Ausscheidung von Leibesflüssigkeit den aufs Trockene gelangten Wurm vor der Vertrocknung schützen[7].

Über die besondere Beziehung verstärkter Eischalen zum Saisonwechsel bei den Entomostraken siehe die folgenden Abschnitte (Brutpflege S. 60, ebenso über die Encystierung von Lungenfischen S. 62). Die Eigenschaft, die Körperbekleidung periodisch zu erneuern unter Abwurf derselben in einem Stücke oder über den ganzen Körper hin sich gleichzeitig ablösender Fetzen, ist unter den

---

[1] Nirenstein, E.: Arch. mikrosk. Anat. **82**, 47 (1908).
[2] Broca: Mem. Soc. Biol. (3) **1**, (1861).
[3] Railliet: C. r. Soc. Biol. Paris **44**, 703 (1892).
[4] Davis: Monthly microsc. J. **9**, 201 (1873).
[5] Rahm, R. G.: Z. allg. Physiol. **20**, 1 (1921).
[6] Rahm, R. G.: Biol. Zbl. **46**, 452 (1925).
[7] Cuénot: Arch. Biol. **15**, 79 (1897).

kaltblütigen Tieren weitverbreitet. Wir werden aber nur die Krebse, Kerfe, Lurche und Kriechtiere heranziehen, da bei diesen über die physiologische Seite der „Häutung" Angaben vorliegen.

Unter den zehnfüßigen Krebsen ist am öftesten und eingehendsten der Hummer (Homarus americanus[1] und H. europaeus[2]) bei der Häutung beobachtet worden. Wie bei allen Krebsen und Kerfen wird auch bei ihm die alte Haut in einem Stücke abgelöst, was auf den ersten Blick wegen der gewaltig angeschwollenen Scheren unmöglich erscheint. Wie sollte der ganze Propodit durch den schmalen Basalring hindurchgehen können, fragte man sich, und nahm hierzu eine Längsspaltung der ganzen Gliedmaßen an. Aber eine solche ist nicht zu beobachten. Der gehäutete Hummer verläßt durch einen zwischen Hinterrand des Halsschildes und Abdomen entstehenden Spalt seinen alten Panzer, nachdem er unter konvulsiven Zuckungen umhergerollt ist. Er zieht dabei die vorderen Körperanhänge, Rostrum und Kopfbrust nach rückwärts, das Abdomen nach vorwärts vermittelst abwechselnder Muskelbewegungen aus der Spalte. ｝Nach

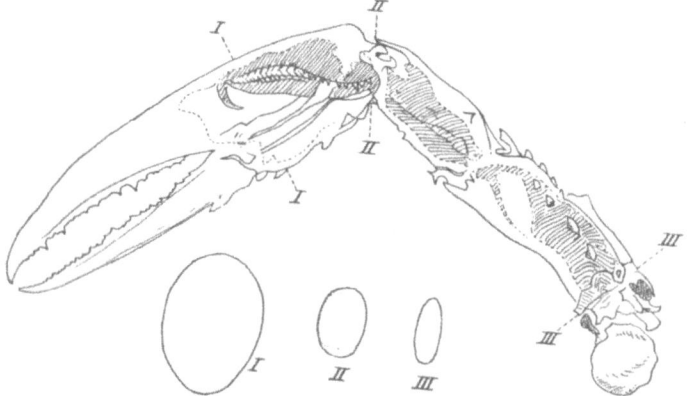

Abb. 16. „Scherenhäutung" beim Hummer, Homarus. (An den punktierten Stellen ist die Decke der alten Scherenschale ausgebrochen, um das Durchpassieren der neuen, weichen, schraffiert gezeichneten Schere sichtbar zu machen.) Darunter Querschnitte der mit I—III bezeichneten Stellen. (Nach PRZIBRAM.)

dem Ausschlüpfen ist der abgeworfene Panzer mit Ausnahme der dorsalen Sprengung der Sternalbogen und der beschriebenen Abhebung des Thorakalschildes vom Abdomen, welch letztere Trennungsstelle jedoch durch Zusammenfließen der zur Schmierung dienenden gelatinösen Innenschichte bald verwischt wird, vollkommen intakt. Es wäre also, selbst wenn wir den weichen Zustand der neuen Haut in Betracht ziehen, das Herausziehen des dicken Propoditen durch den Grundring unmöglich, wenn der Wassergehalt des häutenden Hummers derselbe wäre wie jener des nichthäutenden. In Wirklichkeit findet aber eine Verschiebung des Wassers statt, welche es den Scheren ermöglicht, flach zusammenzufallen, ja selbst sich zu falten, so daß ihrem Durchtritte durch die engen Grundglieder keine Schwierigkeit im Wege steht (Abb. 16).

Da normalerweise die Häutung mit einer Volumzunahme einhergeht, der frühere Wassergehalt aber zur Wiedererlangung der Turgescenz unmöglich ausreichen kann, da Wasser inkompressibel ist, also auch nicht sich nachher auszudehnen vermag, so erfolgt das Anschwellen des gehäuteten Hummers durch Wasseraufnahme von außen her. Beim Hummer erfolgt die Wasseraufnahme

---

[1] HERRICK, F. H.: The Am. Lobster: Bull. U.-S. Fish. Comm. 1895.
[2] PRZIBRAM, H.: Zool. Anz. **25**, 76 (1902).

sehr rasch nach Verlassen des alten Panzers und erreicht bald den bis zur nächsten Häutungsperiode definitiv bleibenden Stand. An einer Krabbe, Carcinus maenas, die infolge Sinkens des Wasserstandes im Aquarium sich in Luft häuten mußte, blieb bis zum bald eintretenden Tode des wie zerknittert aussehenden Tieres die Turgescenz aus.

Ohne Rücksicht auf die absolute Größe der Krabbe ist der Trockensubstanzgehalt des frischgehäuteten Tieres im Wasser 12—13%, während zwischen den Häutungen 33% erreicht werden. Der Chitingehalt ist nach der Häutung noch sehr gering und erreicht erst nach 10 Tagen über 1%[1]. Sowohl bei den Krabben als auch beim Hummer wird dann die alte Schale beim Herannahen der nächsten Häutungsperiode spröde, weil die organische Substanz wieder absorbiert wird. Wird ein eben vor der Häutung stehender Hummer etwas gedrückt, so platzt manchmal der Panzer längs der Mitte des Kopfbrustschildes. Dies ist aber nicht der normale Vorgang. Vielmehr dient die Absorption der Kalksalze längs einer feinen, „blauen" Mittellinie des Karapax zur Herstellung eines nun rein chitinösen Scharnieres, um das sich die noch kalkhaltigen Seitenteile falten, wodurch nach Aufspringen der Haut zwischen Thorax und Abdomen die zum Herausziehen des Kopfteiles notwendige Aufrichtung des Kopfbruststückes ermöglicht wird[2].

Außer der „blauen" Linie verlieren auch noch andere Regionen der Hummerschale vor der Häutung ihren Kalk und ermöglichen auf diese Weise das Abwerfen des Panzers in einem Stücke, ohne daß die unterliegenden Teile geschädigt würden. Diese Absorptionsherde liegen an den Seitenrändern der Branchiostegiten, den drei zur Muskelinsertion an der Unterseite des Karapax dienenden Endotergiten, ferner linienförmig zu beiden Seiten des Rostrums und manchmal kreisförmig vor den Endotergiten[3]. Gleichzeitig und in einem Stücke mit dem äußeren Panzer werden auch alle Sehnen sowie die Auskleidung des gesamten Verdauungstraktes abgeworfen. Bei den Sehnen ist ein Abreißen von der Ursprungsstelle nicht notwendig, weil sie nur Einfaltungen der Epidermis darstellen und sich nicht an tiefer gelegenen Teilen anheften. Beim Darmtrakte erfolgt ein Zerreißen wenigstens bei jungen Hummern in der 5. oder 6. Häutung hinter dem Kaumagen, so daß dieser mit dem Oesophagus durch den Mund, die restlichen Darmteile aber durch den After herausgezogen werden. Bei älteren Hummern scheint aber der ganze Darmtrakt in einem Stücke nach vorne durchzupassieren[4]. Kurz vor der Häutung stehende Hummern oder Krebse, nicht aber Krabben, zeigen auf beiden Seiten des Kaumagens je ein weißes Kalkkonkrement, das als „Krebsaugen" (engl. „crab's eyes") bekannt ist (Abb. 17).

Die frühere Ansicht, es handle sich um die Reserven zur Erhärtung des neu sich bildenden Panzers, mußte aufgegeben werden, da diese „Gastrolithen" beim Hummer bloß $1/_{186}$ des notwendigen Panzerkalkes liefern könnten[5]. Es erscheint wahrscheinlicher, daß sie gerade umgekehrt den aus dem alten Skelette absorbierten kohlensauren Kalk darstellen. Ob ihr Verschwinden nach der Häutung auf dem Wege der Excretion erfolgt oder doch von ihnen im Resorptionswege für den Körper Gebrauch gemacht wird, ist nicht entschieden. Die Krabben, denen die Gastrolithen fehlen, sollen weniger Kalk aus der alten Schale resorbieren. Die Kalksalze des neuen Panzers müssen durch Nahrungsaufnahme gedeckt werden, und diese erfolgt sehr bald nach glücklich beendeter Häutung[6]. Während derselben ist Nahrungsaufnahme natürlich unmöglich wegen des Zustandes der

---

[1] Schönborn, Graf v.: Z. Biol. **57**, 334 (1912).
[2] Herrick: S. 84. Zitiert auf S. 29.
[3] Herrick: S. 88. Zitiert auf S. 29.   [4] Herrick: S. 87. Zitiert auf S. 29.
[5] Irvine: daselbst, S. 93.   [6] Herrick: S. 85. Zitiert auf S. 29.

Darmbekleidung. Die organischen Bestandteile der neuen Haut werden hingegen zwischen den Häutungen gebildet. Die Haut der Krebse besteht aus der Dermis mit Bindegewebe, Blutgefäßen, Nerven, Pigmentzellen und Drüsen, und der Epidermis, welche bloß eine Lage chitinabsondernder Zellen und den inkrustierenden Panzer besitzt. Diese Schale hat ihrerseits wiederum 4 Lagen: zuinnerst eine nicht calcifizierte, dann eine pigmentlose Kalkschichte, eine pigmentführende und endlich die anscheinend strukturlose äußerste „Email"-schichte[1]. Während der Häutungsperiode wachsen die chitinigen Epithelzellen zu langen, sehr dünnen Stäbchen aus und wandeln sich zu den neuen Schalenschichten um[2]. Zur Zeit der Häutung selbst besteht die Oberhaut demnach aus der äußeren alten Schale, der inneren Epidermis und der neuen weichen Schale. Zwischen alter und neuer Schale ist noch eine strukturlose Membran zu sehen, welche wohl die für die glatte Absolvierung der Häutung notwendige Gleitschicht abgibt. An ihr sind noch die Abdrücke der einstmaligen Epidermiszellen

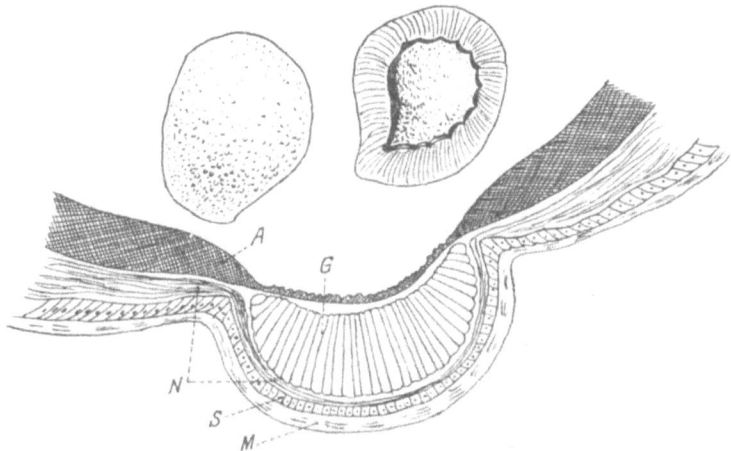

Abb. 17. „Krebsauge", Gastrolith des Hummers. Oben links: von außen; rechts: durchschnitten. Unten: diagrammatischer Durchschnitt der Wand eines häutenden Hummers. G = Gastrolith; A = alte Cuticula; N = neue Cuticula des Gastrolithensackes; S = Gastr.-Sack.; M = Magenwandung. (Nach HERRICK.)

zu sehen. Die Bindegewebszellen der Dermis enthalten zu dieser Zeit ebenso wie das Blut und die Leber des Hummers Glykogentröpfchen als organischen Baustoff[3].

Das Eintreten der Häutung hängt zwar mit dem organischen Wachstume enge zusammen und dient normalerweise der Ermöglichung einer Volumzunahme trotz der Starrheit des Panzers, der eben dabei abgeworfen wird. Aber die alte Anschauung, daß es sich bei der Häutung um ein mechanisches Sprengen der zu klein gewordenen Haut handle, wobei das „Zugroßgewordensein" der organischen Masse also die treibende Ursache abgeben würde, läßt sich nicht halten[4]. Die Häutung braucht gar nicht mit einer Massenzunahme verknüpft zu sein, ja im Hungerzustande und namentlich bei Verlusten von Gliedmaßen zeigt sich das Gesamttier sogar verkleinert[5]. Die Häutung ist der Ausdruck für die Absolvierung eines bestimmten Stadiums ohne Rücksicht auf die Größe. Werden die Zellen der Cuticula durch Verletzung gereizt, so kann dies schon auslösende Ur-

[1] HERRICK: S. 77. Zitiert auf S. 29.   [2] VITZOU: daselbst, S. 77.
[3] CLAUDE-BERNARD: Leçons sur l. phénom. de la vie **1879**, 113.
[4] Vgl. auch für die Kerfe: SINGH-PRUTHI: Nature **1925**, 938.
[5] PRZIBRAM, H.: Equilibrium of animal form. J. of exper. Zool. **5**, 259 (1907).

sache werden, um die nächste Häutung rascher zu erreichen. Hierbei spielt es
aber eine große Rolle, ob die verlorenen Gliedmaßen Regeneration beginnen oder
nicht. Nur in letzterem Falle trat Beschleunigung bei Versuchen am Hummer[1],
anderen Dekapoden[2], wie Alpheus und Cambarus[2], oder auch der Wasserassel,
Asellus aquaticus, ein. Beginnende Regeneration hingegen verzögert die Häutung
bis über die normale Zeit hinaus[3]. Zur Erklärung dieses scheinbaren Widerspruches kann die Benötigung von Aufbaustoff für die Regenerate herangezogen
werden, der anderer Bautätigkeit, wie es auch die Bildung eines neuen Panzers
ist, solchen entzieht. Wegen der quantitativen Darstellung dieser Korrelation
verweise ich auf frühere Publikationen[4]. Es läßt sich zeigen, daß das Regenerat
zur Zeit der ersten Häutung unter sonst gleichen Bedingungen unabhängig von
der zur Regeneration verwendeten Zeit dieselbe Größe erreicht[4, 6]. Eine quantitative Beziehung der Größe zur Häutungsperiode ohne Rücksicht auf die zur
Häutung verwendeten Zeit besteht aber auch beim Gesamttiere normalerweise:
die Länge nach der Häutung zeigt gegenüber jener des vorhergehenden Stadiums
einen bestimmten Zunahmequotienten („Brookes" Quotient[5]). Häufig bleibt
dieser Quotient die ganze Entwicklung der Krebse hindurch sich gleich und
nicht weit von 1,26, was gleich ist der dritten Wurzel aus 2. Da wir bei
Hummer[6] und Flußkrebs[7] eine recht genaue Proportionalität zwischen der dritten
Wurzel ihres Gesamtgewichtes und der Länge, z. B. des Thorax, kennen, so heißt
dies, daß eine Häutung bei einer Verdoppelung der Masse eintritt. Der den Häutungen zugrunde liegende Vorgang kann also in der Verdoppelung entweder der
Anzahl Zellen oder der organischen Masse ohne Rücksicht auf ihre Teilung in
Zellen gelegen sein. Wie wir bei den Insekten hören werden, kommt beides vor.

Mit zunehmendem Alter mancher Krebsarten nimmt der Brookessche
Quotient ab, so auch beim Hummer. Läßt sich bei demselben gleichzeitig ein
Voraneilen der Scherengröße erkennen, so daß die Masse dennoch von Häutung
zu Häutung noch verdoppelt sein könnte, so gilt ein Gleiches nicht für die scheren-
losen Wasserflöhe. Bei diesen scheint es die Regel zu sein, daß mit Erreichung
der Geschlechtsreife der Brookessche Quotient sehr stark zu sinken beginnt[8].
Vermutlich macht sich ein Altern der inneren Gewebe bemerkbar, welche nicht
mehr ihre Masse verdoppeln, wenn die Cuticula bereits ersetzt werden soll. In
dieser Beziehung scheinen also die Entomostraken weniger ursprüngliche Verhältnisse aufzuweisen als die Dekapoden, war übrigens eine Parallele in der geringen Regenerationsfähigkeit der Copepoden gegenüber anderen Krebsen findet.

Gehen wir nun zur Häutung der Kerfe über, so verhalten sich die primitivsten
„Apterogeneen" insofern ähnlich den meisten Krebstieren, als sie noch über die
Geschlechtsreife hinaus ihre Häutungen fortsetzen (und bei dieser Gelegenheit auch
noch gegliederte Körperanhänge zu regenerieren beginnen)[9]. Die übrigen Insekten schließen mit der letzten Häutung, auf welche erst die Geschlechtsreife
zu folgen pflegt, das Wachstum ab (und sind dann unfähig zur Regeneration
der Gliedmaßen)[10]. Alle Formen mit unvollständiger Verwandlung scheinen ähn-

[1] Emmel, V.: Report Comm. Fish. Rhode Island **36**, 271 (1906).
[2] Zeleny, Ch.: J. of exper. Zool. **2**, 347 (1905).
[3] Zuelzer, M.: Arch. Entw.mechan. **25**, 361 (1907).
[4] Przibram, H.: Z. Physiol. **18**, H. 2, 25; **19**, H. 2, 2 (1905).
[5] Przibram: Anw. el. Mathem. Roux' Arch. **3** (1908) — Form und Formel, Kap 8.
Leipzig u. Wien: F. Deuticke 1922 — Tabulae biologicae **4** (1926).
[6] Herrick: Zitiert auf S. 29.
[7] Soubeiran, L.: C. r. Acad. Sci. Paris **60**, 1249 (1865).
[8] F. Werner, der die Zahl 1,26 als „Przibramsche" Zahl bezeichnet. Literatur und
Ziffern vgl. Tabulae biologicae **4**, Entw.mechan.
[9] Przibram, H. u. J. Werber: Arch. Entw.mechan. **23**, 615 (1907).
[10] Przibram, H.: Arb. zool. Inst. Wien XI, 163, (1898) — Exper. Zool. **2** (1909).

lich den Dekapoden Krebsen den PRZIBRAMschen Quotienten 1,26 für die Längenzunahme und also die Verdoppelung der Masse von Häutung zu Häutung annähernd beizubehalten[1]. Hingegen zeigt sich bei den Formen mit vollkommener
Verwandlung eine Zusammenziehung mehrerer Häutungsstadien zu einem einzigen, indem die Massenzunahme Potenzen von 2, die Längenzunahme Potenzen
von 1,26 parallel geht[2]. Diese Deutung erfährt eine Stütze darin, daß die Holo-
metabolen oft nur sehr wenige Häutungen durchmachen und für die meist weiche,
dehnbare Haut der Larven oder Raupen ein Abwurf der Cuticula selbst bei einer
4—8fachen Massenzunahme noch nicht erforderlich erscheint. An einem besonders günstigen Objekte, Sphodromantis[3], konnte nicht bloß die Gewichtsver-
doppelung des ganzen Tieres sowie der abgeworfenen Haut von Häutung zu
Häutung durch alle Stadien hindurch festgestellt, sondern auch die Verdoppelung
der Anzahl Epidermalkerne der ganzen Gottesanbeterin gezählt werden[4]. Hingegen nehmen die Ganglien nur abwechselnd in den Dimensionen zu, ein Ausfall
an Masse, die durch übergroßes Wachstum anderer Teile, z. B. der Flügel auf den
letzten Stadien, kompensiert wird. Interessant ist ferner die Verdoppelung der
Größe der Augenfacetten, obzwar bei den Insekten jeder Facette nur 2—4 Zellen
ohne Vermehrung während des Wachstums entsprechen. Es ist also offenbar
nicht einfach die synchrone Zweiteilung aller Zellen und deren Heranwachsen
auf das alte Maß, welche die Verdoppelung von Häutung zu Häutung bestimmt,
sondern ein noch tiefer liegendes Gesetz der organisierten Materie, vermutlich
die uns in der tierischen Assimilation entgegentretende Fähigkeit zur Zubildung
eines gleichen Teilchens zu jedem bereits gebildeten[5].

Der äußerliche Vorgang der Häutung bei den Insekten ist den Krebsen insofern ähnlich, als die Haut meist in einem einzigen, den Darmtrakt miteinschlie-
ßenden Stücke zum Abwurfe gelangt. Doch sehen nur bei manchen Formen, wie
den obengenannten Fangheuschrecken und anderen mit unvollständiger Verwandlung, die abgeworfenen Häute einem Abgusse der Träger ähnlich, weil bei
den sehr weichhäutigen Larven und Raupen die Haut zusammenschrumpft und
die ursprüngliche Gestalt nicht gut erkennen läßt. Insbesondere spielt hierbei
noch der Mangel einer Befestigung an der Unterlage eine Rolle, den die mit längeren
Beinen versehenen Larvalstadien der Insekten mit unvollständiger Metamorphose
durch Ausstrecken und Anklammern aller Beine vornehmen. Die Gottesanbeterinnen und andere Heuschrecken hängen sich kopfabwärts an Gesträuch oder sonstigem Halt mit den zwei hinteren Beinpaaren an. Die Haut des Halsschildes
platzt bis zum Kopfe der Länge nach, dann auch der Kopf zwischen den Augen,
und unter pendelnden Bewegungen läßt sich das Tier aus der gebildeten Öffnung
wie herausfallen. Es ist zunächst V-förmig gebogen, zieht Fühler, Mundwerkzeuge und Vorderbeine aus dem vorderen Hautteile heraus. Meist ruht es mit
hängendem Vorderteile dann einige Zeit aus, ehe es mit den Vorderbeinen wieder
sich befestigt und nun Hinterleib samt Hinterbeinen aus dem hinteren Hautstücke allmählich herauszieht. Es ist sichtlich eine große Anstrengung für die
Heuschrecke, alle dünnen Extremitäten unverletzt aus den engen Scheiden,
welche die alte Haut bildet, herauszuzerren. Oft verunglücken die Insekten,
wie übrigens gelegentlich auch Krebse, bei dieser Manipulation, oder büßen
Gliedmaßen ein (vgl. ds. Bd. S. 264, Abschn. Autotomie [GOETSCH] und Regeneration ds. Handb. Bd. 14 I [PRZIBRAM]). (Abb. 18 r.)

---

[1] WERNER, F.: Zitiert auf S. 32.
[2] PRZIBRAM, H.: Form u. Formel, Kap. 9. Leipzig u. Wien: F. Deuticke 1922.
[3] PRZIBRAM u. MEGUŠAR: Arch. Entw.mechan. **34**, 680 (1912).
[4] SZTERN, H.: Arch. Entw.mechan. **40**, 429 (1914).
[5] PRZIBRAM, H.: Deus geometricans. Verh. zool.-bot. Ges. Wien **73**, 147 (1923.).

Ungleich den Krebsen nehmen luftlebende Kerfe zur Ausreckung der Gestalt nach der Häutung kein Wasser auf. Selbst manche im Wasser lebenden Larven und Nymphen, z. B. der Odonaten, nehmen in dem Verdauungstrakt vor jeder Häutung Luft ein[1]. Die Nymphe der Libelle kriecht zur Häutung aus dem Wasser an einem Pflanzenstengel empor und bleibt kopfabwärts sitzen. Die aufgenommene Luft schwellt den Kropf an und der Druck desselben treibt das Blut gegen das Intagument, welches an einer schwachen Stelle am Nacken platzt. Kopf und Flügel erhalten erst durch das eingetriebene Blut die definitive Form und Entfaltung[2]. Die erhärtende und sich ausfärbende Libelle fliegt, ohne das Wasser auch nur berührt zu haben, davon. Bei den Feldheuschrecken findet sich eine Cervicalblase, welche sowohl bei dem Sprengen der Eihülle als auch vor jeder Häutung mit Blut gefüllt in Aktion tritt, um die über ihr liegende

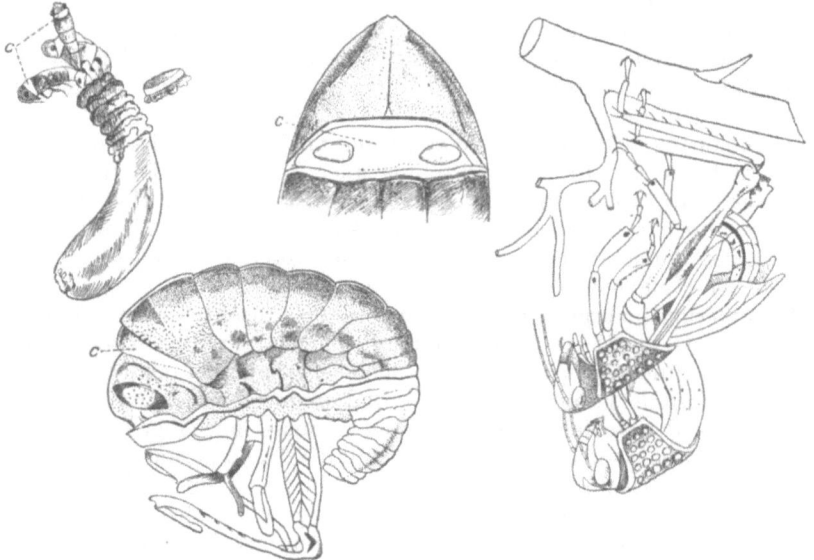

Abb. 18. „Cervicalampulle" bei Schistocerca peregrinum. Links oben: Sprengung des Eikapseldeckels durch vereinigte Anstrengung der Embryonen mittelst der Cervicalkapseln (c). Mitte: Kopf stark vergrößert von Rückenansicht. Unten: Ausschlüpfen aus erster Haut. Rechts: Schlüpfen der Imago aus der Nymphenhaut. (Nach Künckel d'Herculais.)

Stelle zu sprengen. Auch hier wird Luft vorher in den Kropf gepreßt und dann durch Muskelbewegung gequetscht, so daß sie das Blut in die Cervicalampulle preßt (Abb. 18 c).

Bei der Sprengung des Deckels der gemeinsamen Eihülse von Staurorotus maroccanus wirken alle Exemplare der obersten Lage zusammen[3] (s. Abb. 18 links oben). Ein günstiges Demonstrationsobjekt gibt unsere Feldgrille, Liogryllus compestris, ab. Wird die Leibeswand einer sich häutenden Larve etwa in der zarten Verbindungshaut zwischen erstem und zweitem Abdominalsegment verletzt, so quillt der mit Luft prall gefüllte Kropf hervor, und die Häutung kann nicht weitergeführt werden[4] (Abb. 19).

---

[1] Monnier: C. r. Acad. Sci. Paris 74 (1872).

[2] Jousset de Bellesme: Physiologie comparée. Recherches exp. s. l. digestion des Insectes. Paris 1876.

[3] Künckel d'Herculais: C. r. Acad. Sci. Paris 110 — Ann. Soc. entom. France (6) 10 (1890).

[4] Regen, J.: Sitzgsber. Akad. Wiss. Wien, Mathem.naturwiss. Kl. 130, 21 (1922).

Wird der Eingang in den Oesophagus luftdicht abgesperrt, so kann eine eingeleitete Häutung ebenfalls nicht zu Ende geführt werden. Von der großen Kraft, mit der die Einpumpung der Luft in den Kropf vom Oesophagus her geschehen mag, gab ein Versuch Zeugnis, in welchem die knapp vor der Häutung stehende Grillenlarve, als die Mundwerkzeuge mit Methylenblaulösung umgeben waren, um das Erscheinen dieses Farbstoffes im Oesophagus zu untersuchen, die Flüssigkeit mit solcher Gier einpumpte, daß der Kropf platzte. Hingegen spielen die Tracheen der Insekten bei den Häutungen keine besondere Rolle. Für ihre Funktion wäre ihr Öffnen und Schließen notwendig[1], was während der Häutung infolge des Mitgehens ihrer Auskleidung mit der Außenhaut nicht gut zu erwarten ist, wie schon SWAMMERDAM[2] wußte. Sie funktionieren tatsächlich während der Häutungen nicht, wie an Dasyhella obscura (Ceratopogonea)[3] beobachtet werden konnte. Nach jeder Häutung dringt erst wieder Luft aus dem Blute in sie ein, die bis dahin mit Flüssigkeit gefüllt sind. Bei der Küchen-

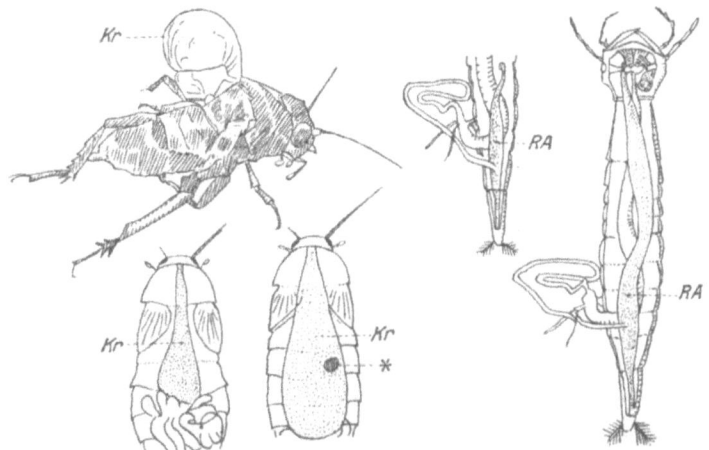

Abb. 19. „Kropf" und „Rectalampulle". Links oben: Gryllus mit aufgeplatztem lufterfülltem Kropfe (*Kr*). (Nach REGEN.) Links unten: Periplaneta, Kropf vor und während Häutung. * Anstichstelle, deren Verletzung Häutung verhindert. (Nach EIDMANN.) Rechts: Dytiscus-Larve mit Rectalampulle (*RA*) vor und während der Häutung. (Nach RUNGIUS.)

schabe, Periplaneta orientalis, reicht der zur Häutung aufgeblasene Kropf bis ins 5. oder 6. Abdominalsegment. Ein kleiner, seitlich der Mittellinie gemachter Einstich verhindert auch ohne Vorquellen der Kropfblase die Häutung[4] (Abb. 19 l.).

Die Larven des Schwimmkäfers, Dystiscus, welche nur sehr wenige Häutungen haben und daher von einer zur anderen stark anwachsen müssen, nehmen ebenso wie die Krebse nach dem Ausschlüpfen Wasser auf[5]. Die Häutung wird nicht durch Luftaufnahme, sondern durch Wasseraufnahme in die Rectalampulle eingeleitet. Diese dehnt sich dabei bis in die Kopfnähe aus, und das in den Kopf verdrängte Blut führt die Sprengung der Larvenhaut herbei[6] (Abb. 19 r.).

Bei den Insekten mit vollkommener Verwandlung verlaufen die Häutungen in verschiedener Weise: so sollen bei den in Zellen eingeschlossenen Larven der Hymenopteren, z. B. Bienen, die Häute durch ungleichförmigen Druck ge-

[1] BUISSON, M. DE.: Bull. Acad. Med. Belg. (5) **10**, 373 (1924).
[2] SCHWAMMERDAM, J.: Bijbel der natuure, of historie der Insecten. 2 Bde. 1737—1738.
[3] KEILIN, D.: Proc. Cambridge philos. Soc. **1**, 63 (1924).
[4] EIDMANN, H.: Arch. mikrosk. Anat. u. Entw.mechan. **102**, 276 (1924).
[5] BLUNCK: Z. wiss. Zool. **3**, (1914) — Zool. Anz. **57**, (1914).
[6] RUNGIUS: Z. Zool. **98**, (1911) — Zool. Anz. **35** (1910).

sprengt in mehreren Fetzen die Kauwerkzeuge, Stigmen und After umgeben, dann aber doch gemeinsam mit der Cuticula der Tracheen und des Verdauungstraktes nach außen befördert werden[1]. Beim Seidenspinner, Bombyx mori, wurde der Mechanismus der Häutung folgendermaßen beschrieben[2]: die sich verdickende Cuticula widersetzt sich der Ausdehnung der Hypodermiszellen, welche sich in Falten aufstauen müssen. Durch eine Empfindung inneren Druckes gestört, hört die Raupe zu fressen auf und hebt Kopf und Brustsegmente in die Höhe, bloß mit den Afterfüßen sich anheftend. Nun sammelt sich durch seine Schwere eine Flüssigkeit im Abdomen an, welche den „Häutungsdrüsen" oder Glandulae hypostigmaticae entstammt. Von diesen sind 15 Paare längs der Thorakal- und Abdominalsegmente verteilt. Jede Drüse besteht aus einer einzelnen Zelle, die vor jeder Häutung eine Verästelung des Kernes, Kernanfüllung mit lichtbrechenden, färbbaren Körnchen und Vakuolisierung des Zelleibes aufweist. Durch einen Kanal entleert die Drüse kurz vor der Häutung den flüssigen Inhalt zwischen die alte und die neugebildete Cuticula[3], wahrscheinlich in eine protoplasmatische Zwischenschichte, die dadurch teilweise aufgelöst, nämlich ihrer geformten Bestandteile beraubt wird. Diese ganze Vorrichtung macht es einerseits den Haaren und sonstigen Bewehrungen der neuen Cuticula möglich, sich unter der alten zu erheben, andererseits dient sie als Trennungs- oder Gleitzone zum Abheben der alten Cuticula[4]. Infolge des Absinkens der Flüssigkeit gegen das Abdomen vertrocknet die Kopfhaut, wird spröde und gibt als Locus minoris resistentiae nach. Aber sogleich zieht sich der Kopf gegen den Prothorax zurück und verschließt das gebildete Loch, wodurch der Austritt der Häutungsflüssigkeit verhindert wird. Erst nach völliger Ablösung der alten Haut verläßt die Raupe ihre alte Hülle. Der zurückgezogene, aufgeschwollene Kopf wird als „Kopfblase" bezeichnet. Es wäre wohl erneuter Untersuchung wert, ob nicht auch hier vorherige Luftaufnahme in den Magen statthat, und erst von da aus der Druck auf die Kopfblase behufs Zerreißung der Kopfhaut ausgeübt wird. Besonderen Schutz bedürfen die aus dem letzten Raupenstadium durch eine Häutung hervorgehenden Ruhestadien oder Puppen, können sie doch nicht durch Flucht sich ihren Feinden entziehen. Vielfach sind daher die Puppen besonders hart, was insbesondere bei den Lepidopteren gegenüber den weichen Raupen auffällt. Manche Dipteren benutzen die abzuwerfende letzte Raupenhaut als harte Schale. Zur Sprengung dieser „Tönnchen" brauchen dann beim Ausschlüpfen die Fliegen besonderer Mechanismen: eine halbkreis- oder hufeisenförmige Querfurche, die „Bogennaht" liegt dicht über der Fühlerwurzel. Beim Ausschlüpfen der Fliege quillt hier die weichhäutige Stirnblase hervor, welche einen Deckel der Tonne absprengt. Die Betätigung der Stirnblase erfolgt ebenso wie bei den genannten Heuschrecken durch Einpumpen von Luft in den Magen der Fliege, Anspannen der segmentalen Muskulatur und dadurch Antreiben des Blutes gegen die Stirnblase[5]. Über das Spinnen eigener Kokons für die Puppe werden wir erst beim Gehäuse- und Wohnbau (S. 75) sprechen.

Nach dem bisher Gesagten könnte es scheinen, als ob für jede Häutung bloß innere Zustände des Tieres, nicht aber auch äußere Faktoren eine ausschlaggebende Rolle spielen möchten. Vor solcher Verallgemeinerung müssen wenigstens die Verhältnisse beim Ausschlüpfen der Schmetterlinge aus ihren Puppen zurück-

---

[1] Henneguy: Les Insectes, S. 498. Paris: Masson 1904 (ohne Lit.)
[2] Henneguy: S. 499. Zitiert nach Verson 1893.
[3] Verson u. Bisson: 1891.
[4] Pantel: Thrixion; Tach.; La Cellule **15** (1898).
[5] Enderlein, G.: Diptera, in Brohmers Fauna von Deutschland, S. 265. Leipzig: Quelle & Meyer 1920.

halten. Hier konnte durch Beobachtung im Freien und eigens angestellte Experimente mit Veränderung des Atmosphärendruckes nachgewiesen werden, daß für den Moment der Abhebung der „Kopfmaske", welche den Schmetterling seine Hülle verlassen läßt, eine wenn auch geringfügige Senkung des äußeren Luftdruckes notwendig ist[1] (Abb. 20). Hierbei handelt es sich offenbar um eine ganz direkte mechanische Druckwirkung, denn die relative Verschiedenheit des inneren und äußeren Druckes kann auch durch Temperaturerhöhung erreicht werden und hat dann denselben Effekt der Beschleunigung des Ausschlüpfens wie der niedere Luftdruck. Die Schmetterlingspuppe, welche zur Sprengung ihres Gefängnisses in den Magen Luft nicht aufzunehmen vermag, macht also von den über kurz oder lang eintretenden Schwankungen des Wetters Gebrauch[2]. Zudem besitzt sie in der periodischen Umkehr des Herzschlages ein Mittel, Druckerhöhung von innen gegen die „Maske" wirken zu lassen (Colias[3]). Aber in einer anderen Beziehung spielt die Luftaufnahme beim Schlüpfen eine große Rolle, nämlich für die Entfaltung der Flügel, die bei diesen Insekten, namentlich den Tagfaltern, aus ganz unverhältnismäßig kleinen Gebilden sich rasch zu beträchtlicher Größe entfalten. Zum Studium dieser Entfaltung empfiehlt es sich, z. B. Vanessen

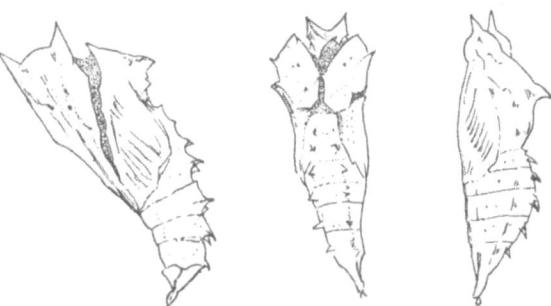

Abb. 20. „Puppenmaske", deren Abhebung es dem Schmetterlinge ermöglicht, auszuschlüpfen. Links: Puppe des Tagpfauenauges, Vauesse Io, mit abgehobener Maske. (Orginal, PRZIBRAM.) Mitte: Dieselbe, von oben, mit der dorsalen Thoraxsprengung (ebenso). Rechts: Intakte Puppe von linker Seite gesehen (ebenso).

auf verschiedenen Stadien mit Cyankalium (Tötungsglas) zu töten und die in der Ausspannung der Flügel gemachten Fortschritte zu vergleichen. Es zeigt sich, daß der Apikalwinkel des Vorderflügels sich vergrößert, der Innenwinkel verkleinert. 2 Minuten nach dem Ausschlüpfen werden die Erhebungen sichtbar, welche die beiden Flügelmembranen voneinander abheben, indem Flüssigkeit (Lymphe) in unregelmäßiger Weise vordringt[4]. Jetzt nimmt der Schmetterling durch die Tracheen Luft auf, die in die Flügeladern weitergepumpt wird, die nichts anderes als Verästelungen der Tracheenstämme darstellen. Diese eindringende Luft ist es, welche die flache Anspannung der Flügel durch Anfüllung des ganzen Flügelnetzes bewirkt, das ein Trajektoriensystem darstellt. Zur Messung der Winkel hat man sich einer der Krystallwinkelmessung ähnlichen goniometrischen Methode bedient[5], doch liegt eine Bearbeitung der technischen Festigkeitsverhältnisse noch nicht vor. Schädigt man die ausschlüpfende Puppe durch Überschlagen elektrischer Funken, so läßt sich zeigen, wie die an den Flügelscheiden und Flügelanlagen hervorgerufenen punktförmigen Verbrennungen sich bei der Flügelentfaltung ebensooftmal vergrößern wie die ganze Flügelfläche, bei den Vanessen aufs 8—10fache[6].

Muskelbewegungen können bei der Entfaltung der Flügel nur ganz am Anfange eine gewisse Rolle (zur Lymph- und Lufteinpumpung?) spielen; denn

[1] PICTET, A.: Archives sc. phys. et natur. **44**, 413 (1917).
[2] PICTET, A.: Bull. Inst. nat. Genevois **48**, 459 (1918) (auch Bull. Soc. exp. Genève **4**, 67).
[3] GEROULD, J. H.: Anat. Rec. **29**, 90 (1924).
[4] PICTET, A.: Arch. Sc. phys. et nat. (4) **110** 17. fevr. (1898).
[5] WEISS, P.: Arch. Entw.mechan. **104**, 409 (1925).
[6] PICTET, A.: Arch. Sc. phys. et nat. (4) **110** 2. fevr. (1899).

sobald die Lymphe einströmt, werden die Flügel schlapp und können erst wieder bewegt werden, wenn sie nach beendigter Ausspannung wieder fest und trocken geworden sind[1]. Bei Einstechen von Nadeln quellen auf frühen Entfaltungsstadien Lymphtropfen aus, später, an den ganz entwickelten Flügeln, nicht mehr. Durch Aufwecken des Schmetterlings mittels einer Kerze oder leichten Anstich des Abdomens wird ein vorzeitiges Schlüpfen herbeigeführt. Bei Nachtfaltern, z. B. Lasiocampa quercifolia, können die Puppenhüllen selbst mehrere Tage vor der normalen Schlüpfzeit abgenommen werden, ohne daß die Schmetterlinge zugrunde gehen. Je weiter die Zeit der Operation von der normalen Schlüpfzeit abgelegen ist, um so weniger entfalten sich die Flügel. Dies gibt ebenfalls ein Mittel zur Beobachtung der Entfaltungsstadien ab. Sobald der Thorax bei künstlicher Abnahme der Puppenhülle mit der äußeren Luft in Berührung tritt, wacht der Spinner auf, schlägt einige Male mit den Flügelstummeln, schläft aber, sobald er ganz die noch anhaftenden Teile der Puppenhülle abgestreift hat, wieder bis zu seiner normalen Ausschlüpfzeit ein[2]. (Über den Schlaf der Insekten als Schutzmittel vgl. ds. Handb. Bd. 17, Hoffmann.)

Gehen wir von den Wirbellosen zu Häutungserscheinungen bei den Wirbeltieren über, so ist zunächst bei den Fischen Erneuerung des Schuppenkleides[3], aber nicht gleichzeitiger Abwurf der gesamten Bedeckung bekannt. Die Lurche oder Amphibien und Kriechtiere oder Reptilien haben echte, periodische Häutungen, bei welchen aber im Gegensatze zu den Insekten und vielen Krebstieren nicht eine Erneuerung des ganzen Tierkörpers erfolgt, sondern nur der Epidermis und auch da vielleicht bloß der oberflächlichen Schichte. Die Wachstumsquotienten von Häutung zu Häutung stellen daher nicht eine Verdoppelung des Volums dar; ebensowenig eine Längenzunahme in der dritten Wurzel aus dieser Zahl. Die bis jetzt festgestellten Werte sind für den Wassermolch Diemyctylus viridescens 1,078—1,089[4] und die junge Ringelnatter[5], Tropidonotus natrix, nahe übereinstimmend, nämlich 1,045—1,121. Ebensowenig wie bei den Häutungsperioden der Wirbellosen sind aber bestimmte Wachstumszunahmen oder solche überhaupt zur Auslösung von Häutungen notwendig. So können bei gänzlich hungernden und also auch nicht an Masse zunehmenden Tritonen die Häutungen gegenüber normalen, gefütterten Kontrolltieren sogar beschleunigt sein. Es läßt sich in Einklang mit jenen Anschauungen bringen, die eine fortdauernde Zunahme schwerlöslicher Bestandteile mit dem Alter, „Hysteresis"[6], annehmen. Wird durch das Hungern ein Abbau der leichtlöslichen herbeigeführt, so wird früher jenes Verhältnis an schwerlöslicher, verhornter Substanz in den Oberhautzellen zu den leichtlöslichen erreicht, das den Anstoß zur Abscheidung der Keratinschicht liefert. In der Tat wird bei der Häutung der Amphibien die sog. „Häutungsschicht" abgeworfen, welche aus der Cuticula und der einfachen Lage des Stratum corneum der Epidermis besteht. An ihre Stelle tritt die oberste Zellschicht des Stratum germinativum, welche schon früher begonnen hat zu verhornen. Das Keratin erscheint vorerst in Form von Körnern (Keratohyalin), welche die oberflächlichen Zellen füllen, später zusammenfließen und die ganze Zelle wie imbibieren (Eleidin), endlich eine feste Masse bilden (Pareleidin). Von der Oberfläche hebt sich eine dünne, vollständig keratinisierte Cuticula ab. Bei jungen Larven, deren Oberhaut nicht verhornt ist, können Häutungen durch

---

[1] Pictet, A.: Arch. Sc. phys. et nat. (4) **110**, 2. mars (1898).
[2] Pictet, A.: Ebenda 3. dec. (1896).
[3] Baudelot, F.: Ann. des Sci. natur. **7**, 339 (1867) — C. r. Acad. Sci. Paris **65**, 247 (1867).
[4] Springer, A.: J. of. exper. Zool. **6**, 1 (1909).
[5] Przibram, H.: Anat. H. **57**, 549 (1919).
[6] Růžička, V.: Arch. Entw.mechan. **42**, 671 (1917).

Hunger nicht herbeigeführt werden[1]. Operative Eingriffe beschleunigen die Häutung bei Lurchen[2], ja es erfolgen nach Amputationen oft mehrere Häutungen rasch aufeinander. Vielleicht ist diese Erscheinung mit einer Inanspruchnahme der verfügbaren leichtlöslichen Plasmastoffe zu Zwecken der Regenerate in gleichem Sinne wie die Hungerwirkung zu deuten. Über besondere Mechanismen zur Hautzerreißung und Abstreifung scheint nichts bekannt zu sein. Die Haut pflegt sich an den Vordergliedmaßen zu stauen und diese werden zur Entledigung, aktiv herangezogen. Bei den Amphibien zerreißt die sehr dünne Haut leicht bei oder schon vor dem Abstreifen, so daß nicht immer eine ganze Haut zu finden ist. Die ungemein zarte, durchsichtige Beschaffenheit derselben bei der Larve des Feuersalamanders, Salamandra maculosa, hat zu der weit verbreiteten Ansicht geführt, dieselbe häute überhaupt nicht. Die Eidechsen und Schlangen werfen das Hautkleid in 1—2 Stücken ab, „Natterhemd". Unter der alten Horn-

schicht, welche mit der gezackten Epitrichialschicht abgeworfen wird, liegt vor der Häutung schon die neue gebildet. Ihre Entstehung erfolgt ebenso wie die erste Ausbildung am Embryo (Abb. 21).

Es folgen von der Oberfläche gegen die Tiefe zu: Epitrichialschicht, Körnerschicht, Zellen des Rete Malpighi[3]. Die Echsen und Schlangen ziehen sich einige Zeit vor jeder Häutung in Verstecke zurück, hören zu fressen auf und bewegen sich nur wenig. Das Auge er-

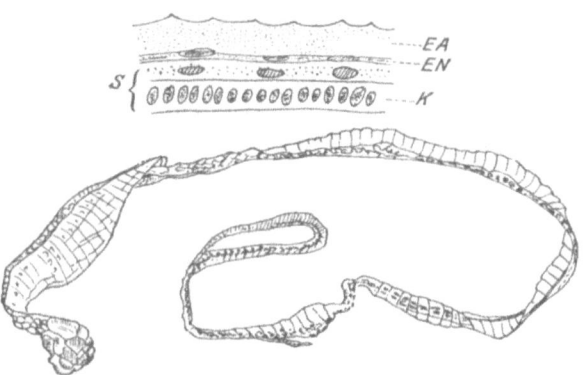

Abb. 21. „Natterhemd", in einem abgeworfene Oberhaut der jungen Ringelnatter, Tropidonotus natrix (Orig. PRZIBRAM). Darüber Schichten der Haut frisch geschlüpfter Nattern. *EA* = Epitrichialschicht der alten, *EN* der neuen Epidermis, *K* = Körnerschicht, *S* = Schleimschicht. (Nach HOFFMANN.)

scheint wegen der Abhebung der alten Haut trübe. Wie namentlich bei den fußlosen Schlangen die Abstreifung erfolgt und inwiefern auch innere Organe an der Häutung teilnehmen, scheint nicht besonders untersucht worden zu sein.

Bei Säugetieren und Vögeln kommt normalerweise eine gleichzeitige Abstoßung der äußeren, verhornten Hautpartien wohl nirgends vor. Haarwechsel und Mauser sind aber bis zu einem gewissen Grade der Häutung der Reptilien vergleichbar, da es sich ja auch wie bei diesen um periodische Erneuerung der besonderen Bekleidung handelt. Bei vielen, kalte Gegenden bewohnenden Säugern steht der Haarwechsel zur Temperatur der Jahreszeiten in besonderer Beziehung. Für den Winter wird ein dichteres Kleid angelegt, als im Frühjahr für die heiße Jahreszeit[4]. Das Walroß, Trichechus marinus, ist aber eine Ausnahme, da es gerade für die Hochsommerzeit ein Haarkleid anlegt, während es dasselbe bald im Herbste verliert. Das stimmt damit überein, daß es bloß im Sommer aufs Land geht, um seine Jungen zu säugen, den Winter über im Wasser bleibt, das ihm gleichförmige Temperatur sichert[5].

[1] RŮŽIČKA, V.: S. 703. Zitiert auf S. 38.
[2] MUFTIĆ, E.: Arch. Entw.mechan. **25**, 235 (1907).
[3] HOFFMANN, C. K.: Bronns Kl. u. Ordn. **6**, (3) 1415 (1885).
[4] LOMÜLLER, L.: Contrib. à l'étude de la struct. histol. d. Poils et Fourrures, Inaug.-Doct.-Diss. Nancy: Impr. Berger-Levault 1924.
[5] SOKOLOWSKY: Sitzgsber. Ges. naturforsch. Freunde Berl. 1908.

2 b. Giftsekrete.

Bedienen sich manche Tiere zu ihrem besonderen Schutze außer der Bedeckung ihres lebenden Körpers noch abgeschiedener Cysten oder alter, erhärteter Häute, wie die Tonnenpuppen, so benutzen wieder andere Absonderungen ihrer Oberflächen, um sich Feinde vom Leibe zu halten oder auch kleinere Beutetiere zu betäuben. Wir wollen vorderhand nur den Mechanismus jener Giftabsonderung besprechen, die nicht mit eigenen Waffen verknüpft ist, und letztere erst jeweils bei den verschiedenen Waffenkategorien nachholen (Abschnitte b dieses Beitrages). Die chemische Zusammensetzung der tierischen Gifte ist anderswo nachzusehen (vgl. ds. Handb. ds. Bd. S. 102, Flury). Die Trichine enthält ein Gift unbekannter Natur, das bei Auflösung der Kapsel durch die Verdauungssäfte des Wirtes diesen schwer schädigt. Vielleicht ist andererseits schon die Bildung der Kapsel bei der Encystierung des Trichinenembryos der reizenden Wirkung desselben Giftes auf die Muskeln des früheren Wirtes zurückzuführen[1]. Australische Seewalzen, Holothurien, sondern zur Verteidigung eine stark reizende Flüssigkeit aus[2]. Die Drüsenzellen der Tentakelpapillen von Haarsternen, Antedon und Pentacrinus, sondern auf Berühren ihrer Sinneshaare durch kleine Beutetiere, z. B. Copepoden, ein betäubendes klebriges Sekret aus. Die an der Flucht gehinderten Tierchen werden vermittels des Wimperepithels der Ambulakralfurchen der Mundöffnung zugetrieben[3]. Zwischen den übrigen Epithelzellen mancher Seesterne sind Giftdrüsenzellen verstreut, welche der Abwehr anderer Tiere dienen sollen[4]. (Über die Giftzangen der Seeigel und anderer Echinodermen vgl. S. 44.) Die Schnecke Murex soll das Purpurin, welches ein nervenlähmendes Gift ist, zur Betäubung der Austern verwenden, welche ihre Schalen öffnen müssen und den Weichkörper der Raubschnecke preisgeben. Das Purpurin ist als Chromogen des Purpurs interessant, der daraus unter der Einwirkung eines Enzymes, „Purpurase", bei Sonnenlicht entsteht[5]. Die „Purpurdrüse" liegt als weißliches Bändchen an der hintern, untern Fläche der Kiemenhöhle, als eine verdickte Strecke

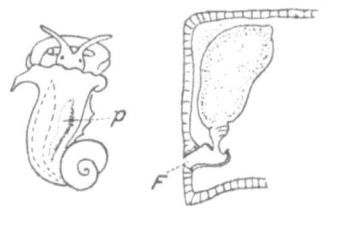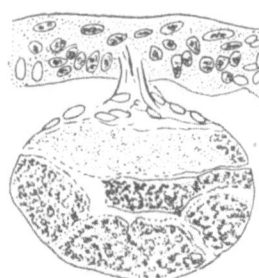

Abb. 22. „Giftdrüsen" ohne Verwundungsapparat. Links: Purpurdrüse (*p*) der Purpura lapillus. (Nach Lacaze-Duthiers). Mitte: Einzelne Körperdrüse der Myriapoden mit For. repugn. (*F*) der Fontaria. (Nach M. Weber). Rechts: Giftdrüsen des Triton. (Nach Nicoglu-Heidenhain.)

des Epithels ohne eigenen Ausführungsgang[6], aber mit Flimmerwimpern an den Zellen[7]. Manche Tausendfüßer (Myriapoda chilognatha) tragen längs der Körperseiten zwei Reihen „Foramina repugnatoria"[8] als Ausmündung von sackförmigen Drüsen. Diese bestehen aus einer Lage platter Epithelzellen, welche spärlich lichtbrechende Sekretgranulae enthalten (Abb. 22 l.).

---

[1] Fredericq, L.: In Wintersteins Handb. d. vergl. Physiol. II 2, 32 (1910).
[2] Sevile-Kent: The great Barrier-Reef of Australia. S. 293. London 1893.
[3] Reichensperger: Zool. Anz. 33, 263 (1908).
[4] Cuénot: Archives de Zool. (2) 5, 25 (1887).
[5] Dubois: C r. Soc. Biol. Paris 54, 657 (1902) — Zahlreiche weitere Arbeiten vgl. in Anm. 1.
[6] de Lacaze-Duthiers: Ann. des Sci. natur. (4) 12 (1859) — Archives de Zool. (3) 4, 471 (1896).
[7] Latellier: Archives de Zool. (2) 8, 361 (1890); (3) 10, XXXIII (1902).
[8] Weber, M.: Arch. mikrosk. Anat. 21, 468 (1882).

Das Drüsenepithel liegt zwischen chitinösen Häuten, Tunica propria und intima. Der retortenförmige Ausführungsgang ist im Anfangsteile mit einem zirkulären Muskelzuge umgeben, einer Art „Sphincter". Die nähere Entleerungsart scheint aber nicht bekannt zu sein. Über die Verwendung von Gift bei Insekten, das an verschiedenen Körperstellen austritt, wird gelegentlich der Abwehrstellungen (s. S. 98) zu sprechen sein, so daß wir uns gleich den Wirbeltieren zuwenden. Über eine Schutz- oder Angriffsfunktion des giftigen Hautsekretes der Fluß- und Meerneunaugen, Petromyzon fluviatilis[1] und P. marinus[2], scheint ebensowenig wie über die Abscheidungsart desselben etwas gearbeitet worden zu sein. (Über Giftstacheln bei Fischen vgl. unten S. 71.) Feuer- und Alpensalamander, Salamandra maculosa und S. atra, tragen längs des Rückens spezifische Giftdrüsen, welche nicht wie die Schleimdrüsen durch direkte mechanische, thermische oder chemische Reize zur Sekretion anzuregen sind, wohl aber durch Reizung der Lobi optici, des Bulbus, Rückenmarkes und der besonderen Nerven, welche zu den Drüsen führen[3]. Diese kann auch reflektorisch durch Reizung der Haut mittels salpetriger Säure, Chloroform oder Ammoniak hervorgerufen werden. Die Salamandergifte, Alkaloide, wirken als Krampfgifte. Obzwar die Feuersalamander von den meisten Tieren gemieden werden, so ist es nicht klar, welche Rolle ein Krampfgift dabei spielen sollte, außer man nimmt eine erbliche Abscheu (wie gegen Schlangen) an. Die Giftwirkung ist auch dem Riesensalamander, Sieboldia[4] maxima, in ähnlicher Weise eigen. Die Ausstoßung der Sekrete geschieht bei allen Amphibien, also auch den Molchen und Kröten, durch Kontraktion der muskulösen Umgebung der Giftdrüsen (Abb. 22 r.). Die Schleimzellen werden zu Giftzellen durch Größenzunahme und Sekretkörperchen, die schließlich den ganzen Drüsenhohlraum erfüllen. Das Sekret wird durch einen dünnen Ausführungsgang entleert. Über die Funktion der Giftdrüsen bei Wassermolchen und Kröten ist nur wenig[5] und nicht über das bei Salamandra hinausgehende bekannt. Dem Menschen werden besonders Triton alpestris und Bombinator igneus durch die Nießen und Kopfweh auslösende Sekretabsonderung lästig, sobald mit ihnen manipuliert wird. Beim Alpestris konnte Sekretion der Giftdrüsen durch elektrische Reizung hervorgerufen werden[6]. Ob die mit besonders starker Giftabsonderung begabten Arten dadurch in der freien Natur einen besonderen Schutz genießen, scheint noch nicht genügend untersucht zu sein. Über das betäubende Sekret des zu den Säugern gehörigen Stinktieres vgl. unten S. 97 und 102, FLURY.

3 a. Putzorgane.

Schutz vor der Verunreinigung mit ihren bösen Folgen, der Behinderung von Empfindung und Bewegung, der Infektion und Einwanderung von Parasiten, das ist vielleicht für die meisten Tiere wichtiger als besondere Schutzpanzer oder Waffen gegen größere Feinde. Wer Tiere sorgfältig beobachtet, der wird fast überall Putz- und Scheuerbewegungen finden, welche zum Abstreifen von Schmutzpartikeln dienen sollen. Besonders sorgfältig reinigen die Gliederfüßer ihre Anhänge, aber auch schon bei den Stachelhäutern finden wir eigene Putzvorrichtungen, z. B. bei den Spatangiden die auf den peripetalen Fasciolen sitzenden kleinen borstenförmigen Stachelchen, welche die Phyllodien von Schmutz

[1] PROCHOROW: Jber. Pharmaz. **84**, 1187 (1883).
[2] CAVAZZINI: Arch. di Biol. **18**, 182 (1893).
[3] PHISALIX u. CONTEJEAN: Mém. Soc. Biol. Paris **119**, 434 (1891).
[4] PHISALIX: C. r. Soc. Biol. Paris **49**, 723 (1897).
[5] FREDERICQ, L.: S. 184. Zitiert auf S. 40.
[6] VOLLMER: Arch. mikrosk. Anat. **42**, 405 (1893).

frei halten und in ihrer eigenen Umgebung sammeln[1]. Die Pedicellarien vieler
Stachelhäuter, kleine Putzscheren, sind gleichzeitig zur Ergreifung kleiner Tiere
geeignet und oft mit Giftdrüsen in Verbindung, werden demgemäß erst in unserem
b-Abschnitte behandelt. Bei den Krebsen, unter denen giftige Arten überhaupt
nicht bekannt sind, sind öfters eigene Putzscheren ausgebildet. Bei Leander-
(Palaemon-)-Arten[2] sitzt das kleine Scherenpaar auf langen, sehr beweglichen
Stielen. Mit denselben kann es an alle möglichen Teile des Körpers gelangen,
Schmutz entfernen, Wunden abwischen (Abb. 23 r.).

Die Putzscheren, welche an ihren Außenkanten mit einigen Gruppen starrer
Borsten versehen sind (Abb. 23 l.), werden auch in geschlossenem Zustande benutzt,
indem sie wie Bürsten fungieren. So putzen diese Krebschen nicht nur die äußeren
Anhänge und alle Spalten des Körpers, sondern auch die inneren Mundwerkzeuge

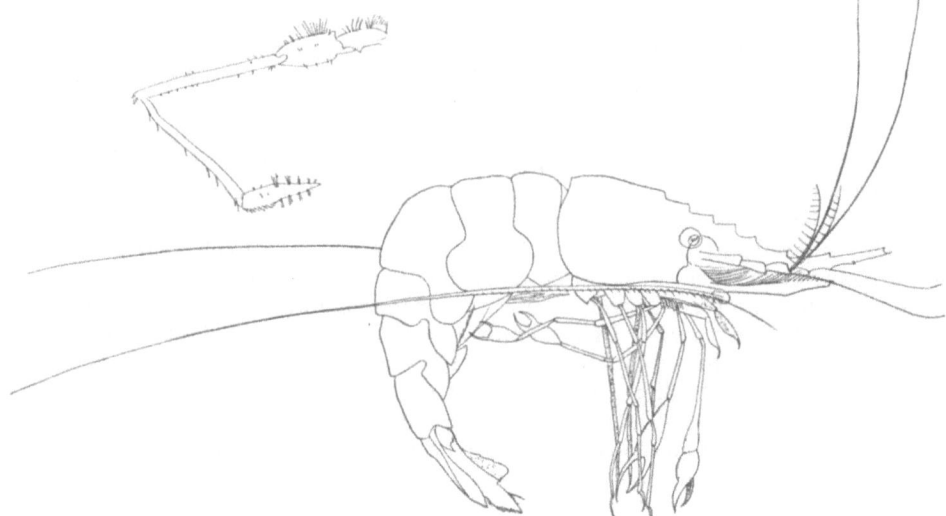

Abb. 23. „Putzscheren". Leander xiphias beim Putzen der Abdominalbeine. Links oben: Putzschere stärker vergrößert, von der Seite. (Nach Doflein.)

und die einzelnen Kiemenblätter, wie sich infolge der Durchsichtigkeit des überlagernden Panzers von außen wahrnehmen läßt. Die Insekten mit kauenden
Mundwerkzeugen benutzen namentlich diese, um eine Gliedmaße nach der
anderen durchzuziehen und wenigstens an der für Empfindung notwendigen
Fühlerspitze und den zum Anhaften wichtigen Fußenden kein Stäubchen zu
lassen. Bei der Ameise befindet sich hierzu an den Beinen ein eigener „tibiotarsaler" Putzapparat[3]. (Abb. 24). Die Fliegen wiederum putzen Kopf, Hinterleib und Flügel mit den Beinen, die auch durch gegenseitiges Reiben vom Schmutze
befreit werden. Bei manchen Tagfaltern, z. B. den Vanessen, ist das vordere
Beinpaar zu einer weichen, klauenlosen Bürste umgewandelt. Weder dessen
Funktion noch der Reflexapparat für die Betätigung der Putzfunktion bei
anderen Hexapoden scheint gut analysiert worden zu sein. Bei den niederen
Wirbeltieren sind besondere Putzorgane nicht vorhanden. Die schleimigen
Körperabsonderungen entfernen mit ihrem Abgange zugleich den Schmutz,

[1] Lang: Lehrbuch d. vergl. Anat. Echinod. S. 982. Jena: Gustav Fischer 1894.
[2] Doflein, F.: Festschr. 60. Geburtstag R. Hertwig. S. 66. Jena: Gustav Fischer 1910.
[3] Escherisch: Die Ameise, S. 124. 1906.

ebenso die Häutungen. Die meisten Vögel[1] sind im Besitze einer eigenen Drüse, der „Bürzeldrüse", aus der sie mit dem Schnabel eine ölige Schmiere entnehmen und das Gefieder damit reinigen und glätten. Sie liegt über den untersten Schwanzwirbeln im Fettgewebe der Haut zu beiden Seiten der Mittellinie, aus zwei Lappen zusammengesetzt, die in einen gemeinsamen Sammelbehälter münden. Dieser mündet durch einen Ausführungsgang in eine Hautwarze, welche mit einem Federbüschel versehen ist. Wird die Bürzeldrüse an Enten exstirpiert, so brauchen die Vögel, ins Wasser getaucht, nachher längere Zeit als normale, um das Gefieder vom Wasser zu befreien[2]. Im übrigen ruft aber die Exstirpation weder bei Enten noch anderen Vögeln Unordnung des Gefieders oder Krankheit hervor[3].

Bürzeldrüsensekret kann durch Änderung der Nahrung derart verändert werden, daß zugeführte Fette besonderer Art, z. B. Sesamöl, darin auftauchen[4].

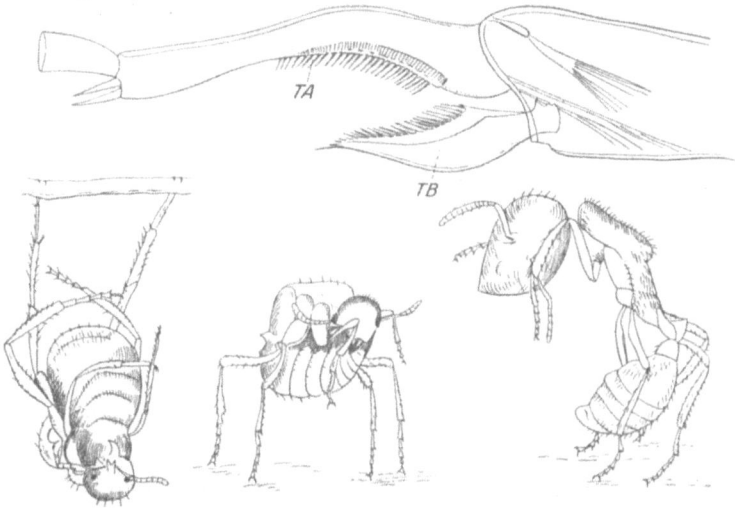

Abb. 24. „Putzapparat" der Ameisen. Oben: Tibiotarsaler Putzapparat von Myrmica rubra. *TA* = tarsaler Haarkamm, *TB* = tibialer Sporn. (Nach JANET). Unten: Putzstellungen der Ameisen. (Nach McCOOK.)

Bei den Säugetieren werden die zahlreichen Schmierdrüsen, Talgdrüsen usf.[5] nicht aktiv vom Tiere verwendet. Zur Reinigung verwenden die Säuger hauptsächlich die Zunge, welche reichlich mit Speichel versorgt als Wachsapparat fungiert. Bei der Katze, der Meisterin der Putzkunst, besonders rauh, also auch zum Scheuern praktisch, wird die Zunge zudem verwendet, um Beine feucht zu machen, welche dann auch die nicht direkt derselben erreichbaren Körperteile, z. B. Oberkopf, reinigen. Der Hund, welcher glatte Zunge hat, bedient sich der Zähne zur Fellscheuerung. Die Extremitäten oder deren Krallen werden von den Säugern zwar zum Kratzen auf Juckreiz, z. B. von Parasiten hin, verwendet, aber weniger zum Reinigen. Selbst der Affe entfernt die (gewöhnlich an anderen) aufgesuchten Parasiten nicht mit den krauenden Händen, sondern nimmt sie mit den Lippen auf und verzehrt sie sogleich. KOEHLER berichtet in seinen Anthropoidenstudien[6], daß Schimpansen sich vor einer Beschmutzung der Hände

---

[1] NITZSCH: System der Pterylographie, Kap. VIII. Halle 1840.
[2] JOSEPH, M.: Arch. f. Physiol. **1891**, 86.
[3] PARIS: Bull. Soc. zool. France **31**, 101 (1906).
[4] RÖHMANN u. PLATO: Hofm. Beitr. Physiol. **5**, 110 (1904).
[5] Vgl. L. FREDERICQ: S. 234. Zitiert auf S. 40.
[6] KOEHLER: Abh. Berl. Akad. 1917.

in acht nehmen, aber gar nicht vor einer Aufnahme von Jauche mittels Lippen
oder Zunge zurückschrecken. Die Reinigung durch Mundwerkzeuge ist ihnen
eben noch das Natürliche. Erst beim Menschen wurde mit dieser Sitte gebrochen
und durch das Händewaschen, welches schon durch religiöse Sanktion bei verschiedenen Völkern des Altertums angeordnet wurde, ein relativer Schutz gegen
Infektion des Darmes durch den Mund erreicht.

3 b. Greif- und Bißwaffen.

Da öfters dieselben Vorrichtungen bei den Tieren zum Ergreifen sowie zur
Zerkleinerung der Beute dienen, wollen wir Greif- und Bißwaffen in einem besprechen. Bestehen diese Waffen aus mindestens zwei Teilen, welche zur Ausübung der Funktion gegeneinander bewegt werden müssen, so haben wir Zangen
oder Scheren vor uns, wenn hingegen bloß eine Schneide- oder Schneidefläche mit
unbeweglichen Schneiden vorhanden ist, Messer oder Feilen. Die Zangen unterscheiden sich von den Scheren durch das Aufschließen oder Ineinandergreifen
von Zähnen ohne Freiheit des Aneinandervorbeigleitens der Schneiden. Unter
den Zangen können wir jedoch abermals zwei Kategorien trennen: die Greifzangen, welche bloß zum Öffnen und Schließen, nicht aber zur Zerkleinerungs-
tätigkeit bestimmt sind, und die Beißzangen, welche infolge ihrer Schärfe und
meist einer gewissen, an die Scheren gemahnenden, wenn auch geringeren Be-
wegungsfreiheit, die Zerstückelung der Beute vorzunehmen geeignet sind. Die
Messer können entweder einzeln an der Spitze einer Hohlschiene eingelenkt
als Klappmesser fungieren, oder es sind Reihen derselben unbeweglich miteinander zu Schneideflächen vereinigt und wirken so als Raspeln oder Feilen. Diesen
Erwägungen nach haben wir also 5 Untergruppen bei den Greif- und Bißwaffen,
nämlich α) Greifzangen, β) Beißzangen, γ) Scheren, δ) Klappmesser, ε) Raspeln.

α) Greifzangen.

Greifzangen finden wir in den Pedicellarien der Stachelhäuter, in den Cheli-
ceren der Spinnen, in den Unterlippen der Myriapoden und der „Maske" der
Odonatenlarven, in den Mandibeln der Larven von Myrmeleon, Hemerobia und
Dytiscus, in den Fängen der Vögel und in den Händen mancher Säugetiere.

Die Pedicellarien[1] sind Organe, welche zum Ergreifen von Schmutzpartikeln
und Beseitigung von Parasiten dienen, aber, besonders wenn sie mit Giftdrüsen
im Zusammenhang stehen, als gefährliche Angriffswerkzeuge dienen. Es sind
dies kleine Greifzangen, welche zwischen den Stacheln zu stehen pflegen, entweder
der Körperwand unmittelbar aufsitzend, wie bei den „sitzenden Pedicellarien"
gewisser Seesterne, z. B. Gymnasteria, am Rande der Ambulakralfurchen (Abb. 25 l.),
oder „gestielt" sind. Diese können 2—4 Zangenzinken besitzen. Mit Ausnahme
der als „gekreuzte" bezeichneten dreizinkigen Form gewisser Seesterne („Pedicellarien" Mitte) wirken alle ohne Rücksicht auf die Zinkenanzahl als Pinzetten,
deren Spitzen sich an-, aber nicht übereinanderlegen: „gerade" Pedicellarien.
Sie können entweder keine Drüsen oder Giftdrüsen an der Zange selbst oder auch
am Stiele tragen (Abb. l. u.). Als Beispiele seien die dreizinkige Pedicellarie von
Centrostephanus longispinus ohne Drüsen, die dreizinkige von Sphaerinus granularis mit zwei Drüsenetagen genannt. Die drüsenlose „Greifpedicellarie" von
Centrostephanus hat drei schlanke Klappen, die an ihrer Basis und an ihrer der
Achse der ganzen Zange zugekehrten Seite durch 3 quere Schließmuskeln verbunden sind, von denen sich ein jeder an die axiale Seite des Skelettstückes zweier
benachbarter Klappen anheftet. Dieser dreieckigen Muskelgruppe wirken an der

---

[1] Lang: S. 983. Zitiert auf S. 42.

Außenseite der Zangenbasis in der Längsrichtung der Zangen laufende Öffnungsmuskeln entgegen. In jede Klappe oder Zinke tritt ein Nerv ein, der bis gegen ihre Spitze zu läuft, Muskulatur und die an der Innenseite der Zangen befindlichen Epithelsinneszellen innervierend. Die innere Oberfläche der Zangenzinken wimpert. Da die Schließmuskeln quergestreift sind[1], ist eine sehr rasche Funktion der Zangen gegeben, welche eintritt, sobald leiseste Berührung der Sinnesorgane erfolgt. Bei den Giftpedicellarien fehlt Querstreifung der Muskeln, sie verhalten sich aber sonst ähnlich. Der Reflex bleibt erhalten, wenn auch der Stiel der Pedicellarie durchschnitten wird, es muß also ein Ganglienzentrum dafür innerhalb der Zange selbst gelegen sein[2]. Die Seeigel entblößen bei Ansteigen eines Reizes die Pedicellarien von den zunächst gegen die Angriffsstelle zusammengeneigten Stacheln. Berührt nun das sich nähernde Objekt, so beißen die Pedicellarien zu, aber Giftabsonderung erfolgt nur, wenn ein chemischer Reiz wirksam wird. Ein solcher ruft auch dann Giftabsonderung hervor, wenn keine Berührung mit einem

festen Körper stattgefunden hat, und zwar ohne daß die Zangen zubeißen würden. Die Reflexe des Beißens und Giftspeiens sind also streng isolierbar. Das Gift selbst scheint in einem flüssigen, bei Kontakt mit Seewasser sofort zu körneliger und dann unwirksamer Masse gerinnenden Zustande vorhanden zu sein. Es kann also nur im ersten Momente des Austrittes wirken. Da ist es aber imstande, sofort einen der lästigen Episiten der Seeigel, die säureabsondernde Nachtschnecke

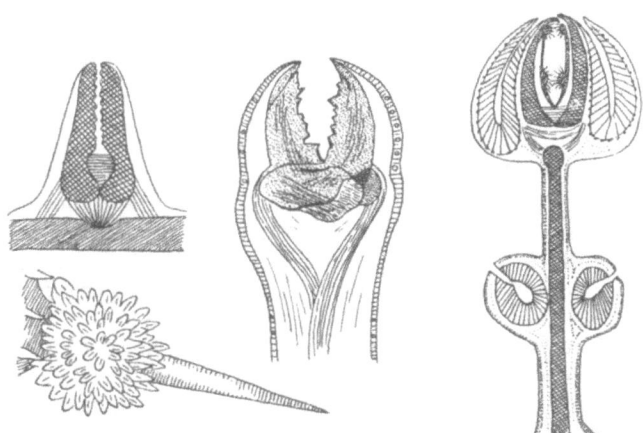

Abb. 25. „Pedicellarien". Links oben: Sitzende, gerade vom Seestern Gymnasteria; Mitte: Gekreuzte, gestielte von Asteracenthion. (Nach CUÉNOT.) Rechts: Drüsenpedicellarie des Seeigels, Sphaerechinus. (Nach LANG.) Unten (links): Pedicellarienkissen von Stolasterias an der Basis eines Stachels sitzend. (Nach SLADEN.)

Pleurobranchus Meckelii, zur Kugelung und Herabrollen zu veranlassen. Für kleine Aale von 2—3 cm Länge ist der Giftpedicellarienbiß in die Medulla tödlich. Die Wirksamkeit der Giftdrüsen wird bei Arten mit kleineren Giftdrüsen geringer, selbst wenn zahlreichere Pedicellarien zusammenwirken. Sphaerechinus ist mit seinen wenigen, großen besser geschützt als Echinus microtuberculatus mit mehr, aber kleineren. Nach neuen Untersuchungen[3] gehört das Gift wie das Schlangengift zu den katalytisch wirkenden und ist einem aus Lecithin entstehenden Lysocithin zuzurechnen. Im Gegensatz zu den bisher besprochenen „geraden" Pedicellarien, fungieren die „gekreuzten"[4] (Abb. 25), z. B. von Asterias glacialis als Scherenzange. Jeder Zangenschenkel besteht aus der Zangenklappe oder Schneide und dem Stiel oder Handgriff. Die beiden Schenkel kreuzen sich an beiden Seiten des Zwischenstückes. Bei Näherung der Handgriffe aneinander öffnet sich die Zange, bei ihrem Auseinanderweichen schließt sie sich. Zwei kleine Muskeln, die von der Außenseite der Klappen- oder Schneidenbasis zur Einlen-

[1] HAMANN: Jena Z. Naturwiss. **21**, 87 (1887).
[2] v. UEXKÜLL: Z. Biol. **37**, 335 (1899).
[3] LÉVY, R.: C. r. Acad. Sci. Paris **181**, 690 (1925).   [4] LANG: S. 985. Zitiert auf S. 40.

kung der Zangen am „Basalstücke" gehen, öffnen bei der Kontraktion. Als Schließer verläuft ein Muskelpaar im Innern der Klappen gegen dasselbe Basale, ein
anderes kreuzt von den Handgriffen der Zange zur selben Insertionsstelle. An die
Basis der Zange tritt vom Stiele der Pedicellarie ein elastischer axialer Faser-
strang heran. Dieser gabelt sich in 2 Äste, welche die Handgriffe der Zange
umfassen. Die Faserstränge der einzelnen Pedicellarien durchsetzen das die Basis
des Stachels umgebende Kissen, um sich schließlich in ihre Fasern aufzulösen,
die sich miteinander dicht verflechten. Vom Kalkstück des Stachels treten
Muskelfasern in das Kissen herunter, wodurch das Kissen wie eine Art Scheide
am Stachel hochgezogen werden kann.

Während die Seeigel ihre Greiffüßchen wohl nur zur Reinigung und Abwehr
gebrauchen, sind die Seesterne große Räuber, welche von den Pedicellarien zum
Angriffe den stärksten Gebrauch machen. Aber auch hierbei dienen diese bloß
als Greifzangen zum Halten, niemals zur aktiven Zerstückelung der Beute. Doch
zerfallen kleine Beutetiere rasch, wenn sie beim Zusammenklappen der Pedicellarien verletzt werden. Es scheint, daß erst der aus den Wunden entweichende
Saft den Stimulus für die Nahrungsaufnahme der Seesterne bildet, die unter
Weitergehen der Beute bis zum Munde stattfindet (vgl. ds. Handb. 3, Nirenstein). Krabben werden von den Seesternen festgehalten, indem sich viele
Pedicellarien an die Härchen der Krabbenoberfläche, namentlich der Beine,
anheften, und es kann dabei zur Autotomie dieser unter Flucht der Krabbe
kommen, die auch ihrerseits dem Seesterne Pedicellarien entreißt. Pedicellarien
halten so fest, daß man den Handrücken gegen einen Seestern pressend ihn an
denselben aus dem Wasser heben kann[1]. Vom psychologischen Standpunkte ist
es von Interesse, daß solche Fische, welche gewohnt sind mit Seesternen umzu-
gehen, wenn sie sich auf ihnen niederlassen, dies in einer solchen Weise machen,
daß der ausgeübte Druckstimulus zu gering ist, um ein Zuschnappen der Pedicellarien herbeizuführen. Werden hingegen Fische, die infolge pelagischer Lebensweise nicht mit Seesternen im Meere zusammenzutreffen pflegen, in ein Aquarium
mit solchen gesetzt, so versuchen sie diese unebenen Objekte als Schutzstätten
zu verwenden, werden aber sofort von deren Pedicellarien erfaßt und fallen den
Seesternen zum Opfer. Seesterne sind im Aquarium frech genug, selbst die mit
gefährlicheren Pedicellarien ausgestatteten Seeigel anzugreifen. Dabei kommt
es zu regelrechten Pedicellarienkämpfen der sich gegenseitig erfassenden Greiffüßchen. Es ist beobachtet worden, daß Strongylocentrotus purpuratus[2], ein
überdies mit langen Stacheln ausgerüsteter Seeigel, schließlich den angreifenden
Asterias forreri in die Flucht schlug. Als der Seestern nach 5 Minuten abermals
mit dem Seeigel nahe zusammengebracht wurde, streckte er zwar zur Abwehr
seine Pedicellarien aus, hütete sich aber nochmals anzugreifen. Der Seeigel ersetzt
ausgerissene Pedicellarien[3].

Die Cheliceren oder Kieferfüße der Spinnen bilden ein Paar krallenartig
endigender Zangen, welche der Länge nach von einem an der Spitze mündenden
Kanale durchbohrt sind, der aus je einem länglichen bei den einheimischen Spinnen weit in das Kopfbruststück hineinreichenden Drüsensacke führt. Die Entleerung dieser von einer einzigen Schicht giftsezernierender Zellen ausgekleideten
Säcke erfolgt durch Kontraktion des ganzen Sackes mittels der spiralig in seiner
Bindegewebshülle angeordneten Muskelfasern. Bei der Vogelspinne Mygale ist
der Drüsensack ganz in der Chelicere selbst untergebracht[4]. Ob die Milben,
Acarinae, Gift in den Cheliceren führen, ist unbekannt.

[1] Jennings, H. S.: Univ. California Publ. 4, 53 [63] (1907).
[2] Jennings, H. S.: Univ. California Publ. 4, 86 (1907).
[3] Poso, O.: Zool. Anz. 32, 14 (1907).   [4] Fredericq, F. W.: S. 102. Zitiert auf S. 40.

Es scheint, daß die Spinnen nicht stets zugleich mit der Fassung durch die Cheliceren das Gift entleeren, wodurch die sehr verschiedene Wirkung des Bisses erklärt wird[1]. Vielleicht verwenden sie das Gift vorwiegend nur bei kleinen Tieren, die für sie als Beute in Betracht kommen und sie rasch immobilisieren können. Das tun ja die Netzspinnen sicher. Unsere Kreuzspinne, Epeira diadema, gehört zu den giftigsten Arten, Mensch und Hund sind aber infolge besonderen Verhaltens ihres Blutes immun gegen dieses Gift[2], nicht aber gegen jenes der Lathrodectes-arten. Doch findet sich auch die durch Kontrollversuche mit Glasnadelstichen gestützte Angabe, daß selbst bei Insekten der Tod nicht durch Gift, sondern durch die zwischen Kopf und Thorax applizierten Stiche der Chelicerenzinken erfolge[3]. Dann muß es wieder fraglich erscheinen, ob die von der Tarantel gebissenen Hymenopteren[4], welche genau die gleiche Verwundung erleiden, einer Giftwirkung erliegen. Die Tarantula wird für den Menschen gegenwärtig nicht als gefährlich angesehen.

Unter den Tausend-füßern haben die Chilo-poden an der Unterlippe Zangen, „Forcipulae", welche aus den Palpen umgebildet sind. Ähn-lich wie bei Mygale ist hier die ganze Drüse in der Zange selbst unter-gebracht, der Ausfüh-rungsgang mündet an der Zangenspitze und die Entleerung der Drüse erfolgt durch querge-streifte Ringmuskula-tur. Die Drüse selbst

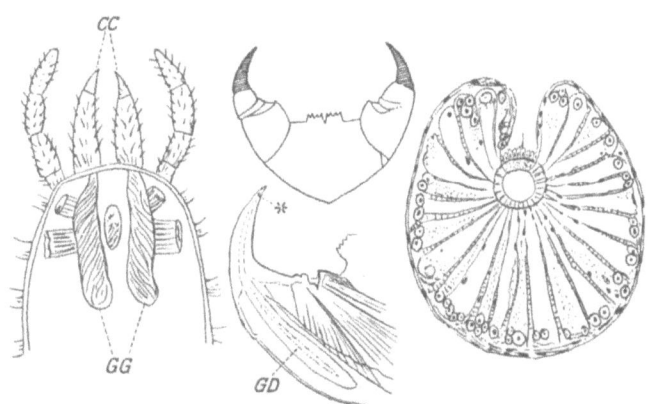

Abb. 26. „Giftzangen". Links: Cephalothorax der Lathrodectes-Spinne von oben geöffnet. *GG* = Giftdrüsen der Cheliceren *CC*. (Nach BORDAS.) Sonst: Scolopendra, Giftapparat. (Nach DUBOSA.) Mitte oben: Unterlippe mit den beiden Zangentastern. Mitte unten: Rechter im Durchschnitt; Öffnung der Giftdrüse *GD* von unten. Rechts: Giftdrüse, Querschnitt (mit kreisförm. Ausführungsgang).

ist aber ganz anders beschaffen, radiär gekammert und nur am blinden Ende jeder Kammer sind wenige Giftzellen[5] (Abb. 26 r.).

Bei den Libellenlarven bilden die Lippentaster ebenfalls ein Zangenpaar, das aber auf einem besonders verlängerten, durch zwei Gelenke einholbaren Kinne steht. Diese „Maske" wird im Ruhezustande unter dem Munde ein-geklappt getragen und bei Herannahen eines Beutetieres rasch hervorgeschleudert, könnte also auch unter die Schleuderorgane eingereiht werden (vgl. S. 48). Das Hervorstrecken geschieht durch Muskeln und solche bewegen auch die Zangen einzeln, so daß man den Apparat mit unseren Baumscheren in Vergleich setzen kann, nur daß bei diesen nur eine Zinke beweglich und eine schneidende Wirkung vorhanden ist, während die Libellenmaske nur zum Festhalten dient, das weitere besorgen die Mandibeln und Maxillen.

Die gekrümmten, ungezähnelten Mandibeln der Larven des Ameisenlöwen, Myrmeleon (vgl. S. 48), und anderer Neuropteren, z. B. Hemerobia, sowie der Schwimmkäfer, Dystiscidae, wären mehr als Gabeln anzusprechen, denn sie

---

[1] HARMER u. SHIPLEY: Cambridge Nat. Hist. **4**, 360 (1909).
[2] FRÉDERICQ, F. W.: S. 106. Zitiert auf S. 40.
[3] BLACKWALL: Vgl. Cambr. Nat. Hist. **4**, 365 (1909).
[4] FABRE: Nouv. souvenirs entomol. **11**.
[5] FRÉDERICQ, F. W.: S. 88. Zitiert auf S. 40.

durchbohren mit den Zinkenenden das Angriffsobjekt, wenn nicht diese Zinken beweglich und gegeneinander bewegbar wären. Diese Zangen dienen nicht zur Zerkleinerung, sondern zum Aussaugen. Dazu sind sie der Länge nach mit einer bei Dystiscus tiefen, bei den genannten Neuropteren weniger starken Rinne versehen. Bei Dystiscus[1] sind die „Mandibeln" sehr lang, schlank, spitz und sichelförmig, und sind also ausgezeichnete Werkzeuge zum Fangen und Durchbohren der Opfertiere. Die an ihrer Innenseite entlang ziehende Rinne ist dadurch, daß sich die aufgebogenen Seitenränder in der Naht innig aneinanderlegen, zum Rohr geschlossen. Nur an der Spitze bleibt ein schmaler Spalt, ein zweiter öffnet sich an der Basis in die seitlichen Poren der Mundhöhle. Der Mund selbst ist vollständig geschlossen". „Dieser Mundverschluß kommt dadurch zustande, daß sich die heruntergeschlagene Oberlippe mit ihrem freien Rande fest auf den

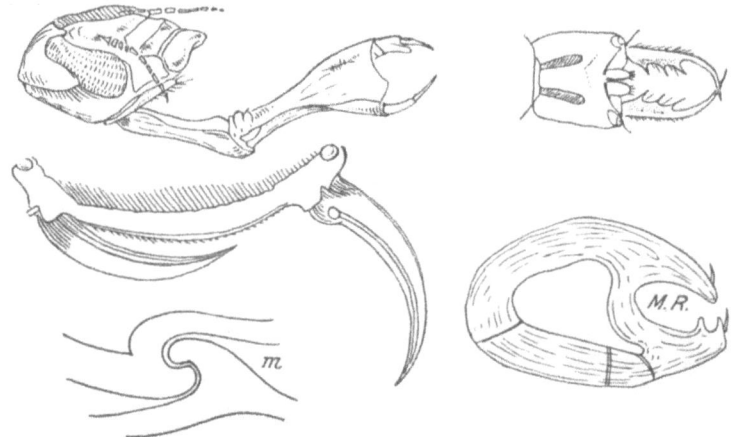

Abb. 27. „Fangzangen". Links oben: Kopf der Libelle, Aeschna, mit Fangmaske. (Nach Miall.) Links Mitte: Kopf der Larve des Schwimmkäfers, Dystiscus, mit den Saugmandibeln; unten: Verschluß des Mundes (m). (Nach Miall.) Rechts oben: Kopf der Larve des Ameisenlöwen, Myrmeleo, pallidipennis. (Nach Meinert.) Rechts unten: Querschnitt durch Mandibel der Dystiscuslarve, M R = Mandibelrinne. (Nach Korschelt.)

Hypopharynx auflegt und mit diesem verhakt" (vgl. Abb. 27 links unten). Nur bei offener Zange kommuniziert die an der Basis der Mandibel gelegene Eingangspforte mit dem seitlichen Porus des Mundverschlusses. —

Eine kleine, zum Aufheben von Insekten dienende Greifzange tragen die Gürteltiere, Dasypus[2], unten an der Zungenspitze, vielleicht ein Ersatz für die geringe Entwicklung der Zähne (Mammalia „Edentata"), die zum Erfassen von Beute ungeeignet sind. Eine Sehne verbindet jeden der beiden Haken mit dem Grunde der Zunge.

Eine weite Verbreitung haben greifzangenartige Gebilde an den Bewegungsorganen der Tiere. Es kann an dieser Stelle nicht auf diese mehr zum Festhalten als zum Angriff dienenden Organe eingegangen werden. Wir erinnern nur an die mit zwei beweglichen Krallen, unci, ausgestatteten Beine der meisten Spinnentiere und Insekten, an die „Fänge" der Raubvögel und die „Krallen" der räuberischen Säugetiere, an die zum Greifen und „Angreifen" so sehr geeignete Primatenhand, welche schließlich in der höchsten Ausbildung beim Menschen zur „Handhabung" der meisten Angriffswaffen benützt wird.

[1] Korschelt, E.: Der Gelbrand. 2, 522. Leipzig 1924.
[2] Mayer, F. J. C.: Frorieps Neue Notizen. 1892, Nr 482, 289.

β) Beiß- und Reißzangen.

Da wir die Scheren von den Zangen getrennt haben, bleiben uns als Beißzangen bloß Mundwerkzeuge zu erwähnen übrig. Bei den Wirbellosen sind die
Kiefer, Mandibeln und Maxillen usf., ebenso wie die sonstigen paarigen Körper-
anhange links und rechts symmetrisch angebracht und führen daher bei der
Beißbewegung ihre Exkursionen in der Horizontalen aus. Anders bei den Wirbeltieren, deren Kiefer aus in der Mittellinie verschmelzenden Kiemenbögen entstanden sind, ist hingegen die Hauptbewegung beim Zuschnappen eine vertikale,
wenngleich für die Zerkleinerung gerade die Horizontalverschiebungen in Betracht kommen (vgl. ds. Handb. Bd. 3, BLUNTSCHLI u. WINKLER). Sowohl bei
den Wirbellosen mit Kiefern, als auch bei den Wirbeltieren werden in der Regel
beim Angriffe noch keine Kaubewegungen ausgeführt, sondern die Beißzange
so stark zusammengepreßt, daß sie alle eingeschlossenen Teile des Angriffsob-

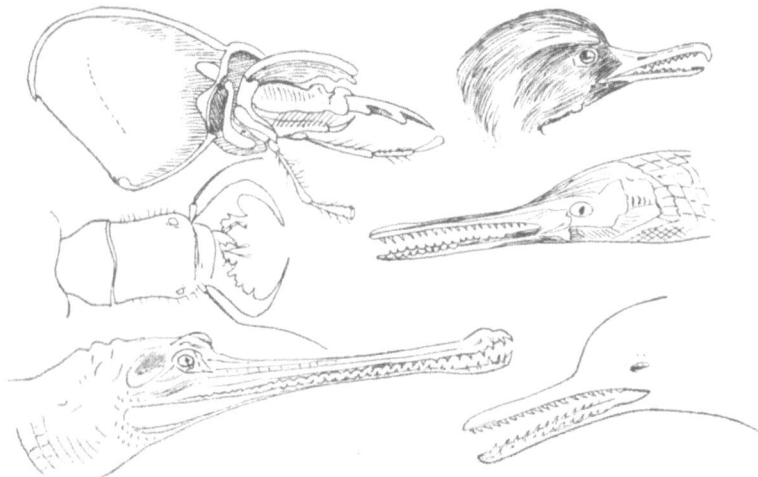

Abb. 28. „Beißzangen" an Kiefern. Oben links: Tigerkäfer, Mantichora maxillosa, Kopf im Längsschnitt.
(Nach SHARP.) Mitte links: Kopf und Hals der Mantichora herculeana, von oben. (Nach HEYNE.) Oben
rechts: Gänsesäger, Mergus merganser. (Nach KRETSCHMER.) Unten links: Gangesgavial, Gavialis gangeticus.
(Nach MUTZEL.) Unten rechts: Schnabeldelphin, Platanista gangetica (Nach SPECHT.)

jektes abtrennt oder doch so weit lockert, um sie beim Anreißen mitgehen zu
lassen. Die für das Antauchen notwendige Fixierung geschieht meist mittels
der beschriebenen, verschiedenartigen Greifzangen, evtl. auch Saugscheiben
(Cephalopoda vgl. S. 95). Eine Aufzählung der mit Beißwaffen versehenen Tiere
wäre bei der weiten Verbreitung dieses Verteidigungs- und Angriffsmittels hier
unmöglich, ebensowenig kann auch auf die spezielle Mechanik dieser Werkzeuge
eingegangen werden. Hervorgehoben seien als Gruppen mit besonders fürchter-
lich ausgestatteten Kiefern: die Sandlaufkäfer oder „Tigerkäfer", Cincindelidae,
mit der Riesenart Mantichora megachila; die Gottesanbeterinnen oder „Fangheuschrecken", Mantidae; die Knochenhechte, Lepidosteus osseus; die Horn-
hechte, Belone acus, sowie andere Scomberesocidae und viele Tiefseefische
(vgl. S. 101); die Panzerechsen, Crocodilia, mit den langschnauzigen Gavialus-
arten; die Schnabeldelphine, Platanista; die katzenartigen und sonstigen großen
Raubsäuger (Abb. 28). Aber nicht alle großkieferigen Formen sind Räuber: die
Hirschkäfer, Lucanus (vgl. S. 23), sind ein bekanntes Beispiel pflanzenfressender
Tiere mit mächtig entwickelten Mandibeln, die, auf das männliche Geschlecht
beschränkt, vielleicht zu Zweikämpfen um die Weibchen dienen könnten, worüber

aber nichts bekannt ist. Doch stellen die „Geweihe" des männlichen Hirsch-käfers empfindlich wirksame Verteidigungsmittel dar. Gänzlich unsicher ist der Zweck der ebenfalls nur im männlichen Geschlechte bei der episitisch lebenden Isopoden Crustacee Gnathia maxillaris[1] vorkommenden Mandibeln, welche nicht innerhalb der Cuticula der zu saugenden Mundwerkzeugen umgebildeten Mandibeln der Larven entstehen und deren Homologie daher nicht sichersteht. Pflanzenfresser mit beidgeschlechtlich besonders stark ausgerüsteten Kinnladen sind z. B. der riesige Bockkäfer, Megasoma, und das Nilpferd, Hippopotamus.

Manche Tiergruppen verstärken die Wirkung ihrer Bisse durch Gift. Wir haben einige schon im vorigen Abschnitte (S. 40) kennen gelernt und verweisen auch auf die Fliegenbisse (S. 67). Die Bisse der stachellosen Bienen, Melipona, werden mit einem dazugespritzten Gifte versehen, dessen Ursprungs- und Aus-laufort noch ungeklärt scheint, da es Speichel oder Analsekret sein könnte[2]. Hingegen sind wir über die Giftigkeit des Speichels gut unterrichtet, den Cephalo-poden in die von ihren papageiartig gekrümmten Schnäbeln erzeugten Wunden einträufeln oder einspritzen. Der Druck kann bis 46 cm Quecksilber erreichen[3]. Das giftige Sekret wird auf Reizung der paarigen, mittels gemeinsamen Aus-führungsganges in die Schlundmasse des „Papageien"schnabels einmündenden hinteren Speicheldrüsen entleert, die vom Buccointestinalgan-glion innerviert ist. Es dient dem Octopus zur sofortigen Läh-mung der ihm als Hauptnahrung die-nenden Krabben[4]. Ich habe keine Angaben darüber gefunden, ob die Muränen, welche gefährliche Wunden beizubringen vermö-gen[5], von dem in den aalartigen Fischen vorhandenen Gift Ge-brauch machen[6]. Bei

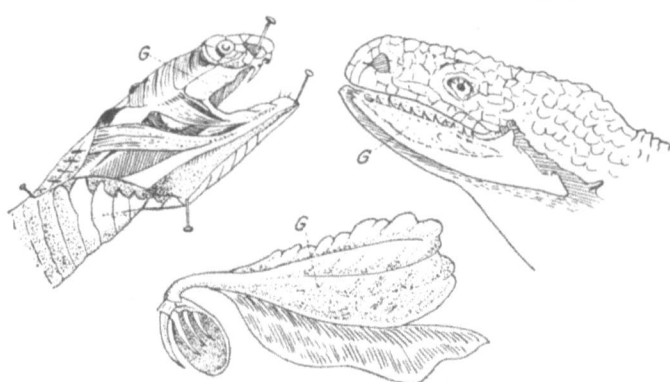

Abb. 29. „Giftzähne". Links oben: Naja tripudians, Kopf aufpräpariert, G = Giftdrüse. (Nach Fayrer-Calmette.) Mitte unten: Giftapparat derselben herausgenommen. (Nach Fayrer-Calmette.) Rechts oben: Heloderma, Kopf; der Unterkiefer mit Giftdrüse (G) aufpräpariert. (Nach Dugès.)

der Echse Heloderma sind alle Zähne gefurcht und jene des Unterkiefers stehen in Verbindung mit Ausführungsgängen der Unterkieferspeicheldrüsen, die als Giftdrüsen fungieren. Obzwar die Oberkieferzähne nicht von Giftdrüsen versorgt werden, so fließt das Gift doch von oben her in die Wunde, da die verfolgte Helo-derma die Gewohnheit hat, sich zum Beißen auf den Rücken zu werfen[7].

. Bekanntlich gibt es eine große Anzahl giftiger Schlangen, welche mit wenigen Ausnahmen (Speischlangen vgl. S. 97) das Gift beim Beißen in die Wunde fließen lassen. Alle Schlangen haben einen sehr erweiterbaren Rachen, da nicht nur der Unter-, sondern auch der Oberkiefer mit dem Kopfe beweglich verbunden ist. Die beiden Giftzähne stehen bei den eigentlichen Giftschlangen als erste im

[1] Cambr. Nat. Hist. 4, 125 (1909).   [2] Strohl: Biol. Zbl. 45, 535 (1925).
[3] Hyde, J.: Z. Biol. 35, 459 (1897).
[4] Krause, R.: Sitzgsber. Akad. Berl. 1897, 1085.
[5] Brehm: Fische. 2. Aufl. S. 335. 1878.
[6] Frédericq, F. W.: S. 172. Zitiert auf S. 40.
[7] Frédericq, F. W.: S. 224. Zitiert auf S. 40.

Oberkiefer und hinter ihnen in gemeinsamer Zahnfleischtasche mehrere Ersatz-giftzähne, die bei Abbruch des ersten Zahnes wachsen und ihn der Reihe nach zu ersetzen bestimmt sind. Dahin folgen noch weitere, aber nicht auswechselbare, ungiftige Zähne. In der Ruhe fast an das Rachendach umgeklappt, werden die Giftzähne zugleich mit der Öffnung des Maules herab- und vorgestellt, so daß sie senkrecht das Opfer treffen. Die Giftzähne dienen weniger zum Zermalmen, als zum Vergiften der Beute. Hierzu wird gleichzeitig mit dem Bisse ein Muskel-druck auf die zu seiten der Oberkiefer liegenden, manchmal aber bis weit in den Körper hinein sich erstreckenden Giftdrüsen ausgeübt. Das Gift fließt aus diesen den Speicheldrüsen (Parotis) analogen Drüsen bis zur Basis des Zahnes. Zur Beförderung des Giftes von hier aus in die Wunde gibt es entweder eine längsweise Durchbohrung des Giftzahnes, Vipern oder „Röhrenzähner", oder Längsfurchen, „Furchenzähner". An diese letzteren schließen sich andere Giftnattern an, die nicht vorne die Giftzähne haben, sondern weiter hinten je ein oder mehrere ge-furchte Zähne, welche zum Angriffe nicht gut zu gebrauchen sind. Die Parotis-drüse führt auch bei Schlangen ohne Giftzähne giftiges Sekret und es wird die Ansicht geäußert, es sei das Gift überhaupt mehr für die Verdauung als zum Angriffe notwendig[1].

Manche Fische, wie der Hecht, Esox, haben umklappbare Zähne, die erst bei Öffnung des Maules aufgestellt werden, ohne daß von einer Giftigkeit etwas bekannt wäre.

Die fleischfressenden Wasserschildkröten und die Raubvögel benutzen an Stelle der dem Schnabel fehlenden Zähne die scharfen Ränder der harten Horn-bekleidung ihrer Kiefer zum Ergreifen und Zerreißen der Beute.

γ) Scheren.

Richtige Scheren sind auf einen einzigen Tierkreis, die Arthropoden, hier wiederum auf zwei Klassen, die Krebse und Spinnentiere, beschränkt, mag man nun die aberrante Gruppe der Molukkenkrebse, Limulus, zu einer oder der anderen dieser Klassen in nähere Beziehung setzen. Übrigens gebraucht Limulus die feinen, an Cheliceren, Pedipalpen und mehreren Beinen befindlichen Scheren nur zum Ergreifen, nicht zum Zerkleinern der Beute, Würmern oder Weichtieren. Diese Funktion übernehmen vielmehr die an der Basis der Extremitäten be-findlichen, mit Stacheln und Zähnen bewaffneten Kauflächen, sternocoxale Prozesse oder Gnathobasen. Hier sind also Greif- und Beißfunktion, obzwar auf ein und derselben Gliedmaße vereinigt, doch auf verschiedene Teile derselben verlegt[2].

Wir finden diese selbe Zweiteilung bei den Pedipalpen der Skorpione wieder, die 6 gliederige Anhänge mit einer Kaulade am Basalgliede und nach außen sich öffnendem letzten oder Fingergliede darstellen. Die kleinen, vor diesen Pedipalpen stehenden Cheliceren haben ähnliche, nach außen öffnende Scherchen, bestehen aber überhaupt nur aus deren zwei Gliedern und tragen keine Kauflächen.

Im Gegensatz zu den Scheren der Skorpione ist an den Scheren der Dekapoden Crustaceen das bewegliche Endglied, der Daktylopodit, nicht außenständig. In der Ruhelage werden die eigentlichen Scheren, welche dem ersten, seltener dem zweiten Beinpaare (Pontoniidae) angehören, entweder horizontal getragen, wie bei den Flußkrebsen, Potamobius, und Hummern, Homarus, oder über dem Munde aufgeklappt oder selbst gekreuzt, wie bei manchen Krabben, z. B. Calappa. Beim Zuschnappen erfolgt aber gewöhnlich auch in ersteren Formen ein gewisses Aufkanten des Handgliedes oder Propoditen, so daß der bewegliche Finger vor-

---

[1] STROHL: S. 522. Zitiert auf S. 50.
[2] LANKESTER, R.: Quart. J. microsc. Sci. **21**, 504 (1881).

und aufwärts gerichtet wird und in der vertikalen Aktion eine Unterstützung durch die Schwerkraft erfährt. In Ontogenese und Regeneration stehen die Scheren zuerst vertikal, auch beim Hummer[1].

Die dem ersten Beinpaare des Flußkrebses, Potamobius, oder Hummers, Homarus, angehörigen Scheren werden von den beiden letzten Gliedern der Gliedmaße, dem 6. „Propodit" und 7. „Daktylopodit" gebildet. Der Propodit gibt die feststehende mit der Handhabe verbundene Schneide, der Daktylopodit die freibewegliche Schneide ab. Die Einrichtung erinnert an eine sog. „Gartenschere", indem die bewegliche Schneide mit einem rechteckig ausgebreiteten Zwischenstück längs einer Ausbreitung der fixen Scheide sich verschiebt. Nur wird bei der Krebsschere die Daktylopoditenplatte aus Chitin ganz vom Propoditen eingehüllt, während bei der Gartenschere die eine Fläche der beweglichen Lade freiliegt. Ein zweiter Unterschied beruht in der Abwesenheit einer elastischen, zur automatischen Öffnung der beweglichen Schneide dienenden Feder, die bei der Krebsschere durch einen an einer zweiten, aber nur schmalen, gegen die Propoditwand gelagerten Chitinzapfen und dessen Muskelanheftung ersetzt wird. Dieser schwache Musculus abductor hat, wie die Feder bei der Gartenschere, lediglich die Öffnung der Schere zu erreichen, wozu keine große Anstrengung gehört, während an dem erwähnten breiten Chitinrechtecke der sehr kräftige Musculus adductor inseriert, der den Schluß der Schere und die Zerschneidung der eingeklemmten Beute zu besorgen hat. Die Muskeln reichen jeweils in das nächstproximale Glied hinein, die Nerven verzweigen sich von einem die Gliedmaße der Länge nach durchziehenden Strange (Abb. 30). Im allgemeinen treten an jeden Muskel zwei Nerven heran, ein dickerer, der Erregung, und ein dünnerer, der Hemmung bewirkt. Beim Hummer sind die links und rechts verschieden ausgebildeten Scheren auch funktionell anders: die mit zahlreichen Sinneshaaren besetzte fein sägezähnige „Zähnchenschere" (Stahr[2]), vorgestreckt und geöffnet getragen, dient zur Ergreifung der Beute, während die mit groben Mahlzähnen bewehrte, klobige „Knotenschere" zum Zertrümmern der dem Hummer als Nahrung dienenden Mießmuscheln gebraucht wird[3]. Die Knotenscheren sind sehr gefährliche Waffen, die bei anderen Arten, den Pistolenkrebschen, Alpheidae, als förmliche Säbel verwendet werden und mit pfropfenartigem Knalle einschlagen. Die genaue Funktion der verschiedengestaltigen K- und Z-Scheren wäre eingehenden Studiums wert[4]. Ob die äußerlich den Scheren der Dekapoden sehr ähnlichen

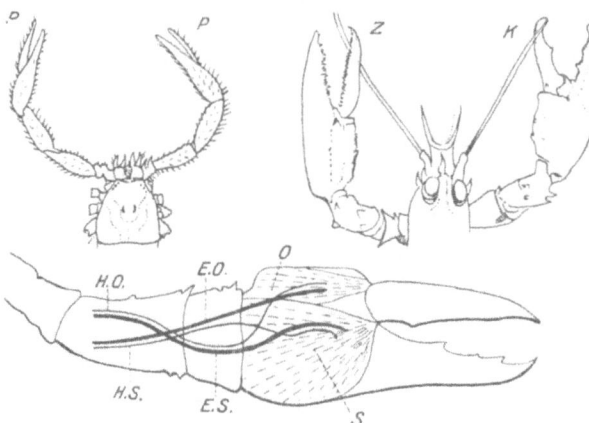

Abb. 30. „Scheren". Links: Skorpion. Buthus, Kopfbrust mit Pedipalpen (*P*) von oben. (Nach Kraepelin.) Mitte: Junger Hummer, Homarus, Kopfbrust mit Zähnchen (*Z*) und Knoten (*K*)-Schere von oben. (Nach Herrick.) Unten: Schema der Innervierung der Krebsschere. *Ö* = Öffner, *S* = Schließer, *H* = Hommer, *E* = Erreger. (Nach Buddenbrock.)

[1] Emmel, V. E.: J. of exper. Zool. **3**, 603 (1906).
[2] Stahr: Jena. Z. Naturwiss. **32**, 460 (1898).
[3] Przibram, H.: Zool. Anz. **24**, 76 (1902).
[4] Lit. über Heterochelie vgl. ds. Handb. Bd. 14/I, S. 1091, Przibram.

Scheren des zweiten Beinpaares der zu den Isopoden gehörigen Familien der Cheliferen, Apseudidae und Tanaidae, mit Nahrungserwerb oder Verteidigung etwas zu tun haben, scheint um so fragwürdiger, als es bei ihnen männlichen Dimorphismus gibt mit einer großscherigen und einer kleinscherigen Form mit reicheren Antennenhaaren, und der Mund obliterieren kann[1].

♂) Klappmesser.

Rückt das letzte Glied des Beines mit seinem Gelenke bis an die Spitze des vorletzten, so ist keine Gelegenheit mehr zur scherenartigen Funktion von zwei Schneiden. Hingegen können die Endglieder hakenförmige Krallen darstellen, wie sie umklappbar bei Gammariden, Caprelliden und Mysiden, ferner wenig beweglich bei der Languste, Palinurus vorkommen; dienen wohl nur zum Anhalten.

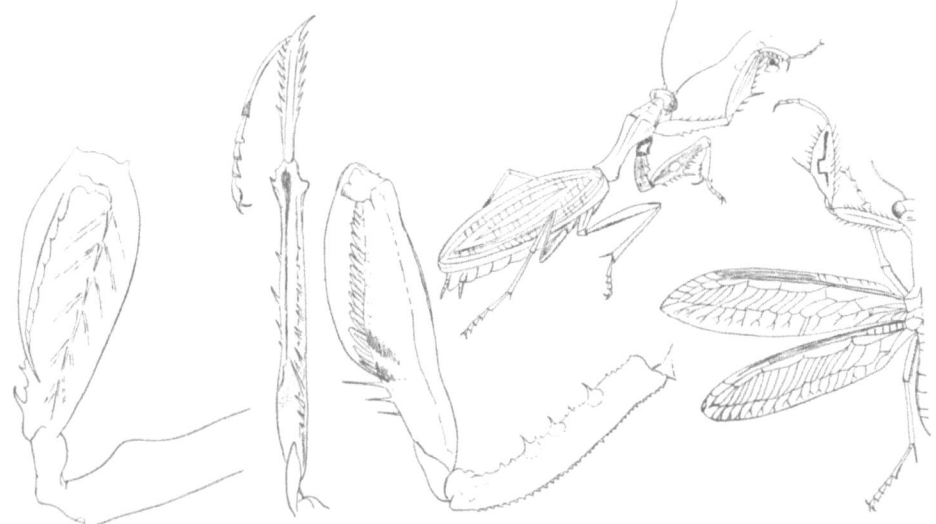

Abb. 31. „Klappmesser". Links: Squillidae: Gonodactylus chiragra. (Nach HERRICK u. BROOKS.) Mitte: Mantidae: Sphodromantis bioculata. (Orig. PRZIBRAM.) Fangbeine, geöffnet von vorne; geschlossen von der Seite (innen); darüber fliegenfangendes Exemplar der Mantis religiosa. (Nach LATZEL.) Mantispidae: Mantispa areolares. (Nach WESTWOOD.)

Gewaltige Waffen sind aber die „Fangbeine" der Heuschreckenkrebse, Squillidae, der Gottesanbeterinnen, Mantidae, der Wasserskorpione, Nepidae, der Fanghafte, Mantispidae (Abb. 31).

Bei den Squillen handelt es sich um die zweiten Maxillipede, bei denen das letzte sägezähnige Glied gegen das vorletzte umgeklappt wird, bei den Mantiden um die doppeltgezähnelte Schiene, welche in eine von zwei Dornenreihen gebildete Rinne des Schenkels der Vorderbeine einschnappt, wobei noch ein oder mehr besonders lange Dornen die Mitte der Rinne an dem der Tibialeinlenkung entgegengesetzten Ende abschließen und dem gekrümmten Enddorn der Schiene zum Widerlager dienen. Homolog, aber ohne die Bedornung ist das Klappmesser an den Vorderextremitäten der Nepiden. Bei Squillen und Mantiden bildet jedes Fangbein ein Klappmesser für sich. [Zum Beutefang ist nur ein Fangbein erforderlich; bei sehr großer Beute werden gelegentlich beide Beine herangezogen. Bei den Nepiden, deren glattrandige Fangbeine weniger Sicherheit gewähren, daß

[1] Cambr. Nat. Hist. 4, 123 (1909).

die Beutetiere sich nicht losreißen, und wo andererseits wegen der stechenden
Mundwerkzeuge (vgl. S. 66) ein langes Anhalten an die große Beute behufs Aussaugens notwendig erscheint, treten die Vorderbeine gemeinsam als eine aus zwei
Klappmessern gebildete Zange in Funktion. Die Mantispen haben den Mantiden
sehr ähnliche Vorderbeine, obzwar sie nicht wie diese zu den Orthopteren, sondern
den Neuropteren gehören.

ε) Raspeln.

Die Mollusken, mit Ausnahme der acephalen Lamellibranchiata, besitzen eine
von einer Reibplatte, „Radula", bedeckte Zunge, die sich von dem Boden der
stark muskulösen Pharynxhöhle erhebt. Die Reibplatte besteht aus einer cuticularen Basalmembran, auf der oft viele tausend harte Chitinzähnchen in dichten
Quer- und Längsreihen angeordnet sind, überzieht vorne den freien Zungenteil
auch unten und steckt nach hinten zu in einer Radulatasche. „Die Zunge mitsamt der ihr aufliegenden Radula kann in einer Weise bewegt werden, die in den

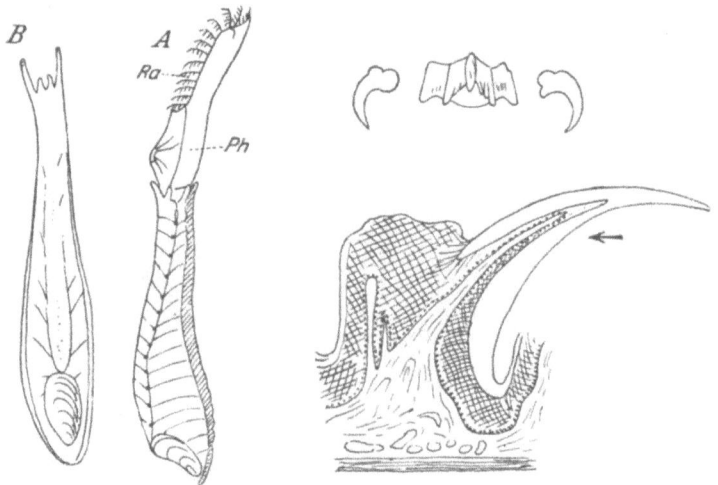

Abb. 32. „Raspeln". Links: Testacella haliotidea (A) von der rechten Seite mit ausgestülptem Pharynx (Ph)
und Radula (Ra); (B) von oben gesehen. (Nach Lacaze-Duthiers.) Rechts oben: Eine Zähnchenreihe der
Radula von Murex erinaceus. (Nach Biedermann.) Rechts unten: Fadenpille aus der Katzenzunge (Pfeil gibt
Richtung der Beanspruchung auf Biegungsfestigkeit an). (Nach Hesse.)

meisten Fällen am besten der Bewegung der Zunge einer leckenden Katze verglichen werden kann, nur daß die Bewegung gewöhnlich eine langsamere ist.
Bei dieser Bewegung, durch welche eine Zerreibung der von den Mandibeln ge-
packten, oft auch zerstückelten Nahrung geschieht, wird die Zunge entweder
nur innerhalb der Pharyngeal- und Mundhöhle bewegt, oder sie tritt in die Mundöffnung vor oder sie wird sogar mehr oder weniger weit aus der Mundöffnung
vorgestreckt." (Abb. 32). „Die Zunge mit ihrer Reibplatte dient übrigens in
manchen Fällen, z. B. den räuberischen Heteropoden, auch als Organ zum Erfassen der Beute"[1]. (Über den stark säurehaltigen Speichel mancher Seeschnecken,
der sich neben der Radula entleert, vgl. S. 95). „Die Giftdrüsen am Rüssel der
Coniden und Mitriden, die in erster Linie für die Beute bestimmt sind, werden
ja auch als Waffe benutzt." „Die Eingeborenen (der Südseeinseln — Ref.) vermeiden ängstlich den Stich ihrer Radula." „Die Wunde erschien als ganz feiner
Stich. Es traten mehrere Tage lang schwere Erscheinungen ein, ähnlich wie bei

---

[1] Lang: Lehrbuch d. Anat., Moll, S. 761. 1894.

Curarevergiftung"[1]. Die oben zum Vergleiche ihrer Bewegung mit jener der Radula herangezogene Zunge der Katze ist morphologisch ebenfalls eine Raspel, die aus den stark verhornten Papillen gebildet wird. Sie fungiert bei der Abnagung letzter Fleischreste von den Knochen der Beutetiere[2], soll aber bei den großen Katzen, Löwe usf., die Haut zu verletzen und damit eine zum Aussaugen geeignete Wunde schaffen können[3]. Die nach hinten gerichteten Papillen sind an ihrer Basis nach den Gesetzen einer Beanspruchung auf Biegungs- und Druckfestigkeit verstärkt[4].

4a. Brutpflege.

Jeden Schutz, welchen die Eltern den Nachkommen angedeihen lassen, wollen wir als „Brutpflege" bezeichnen. Diese Tätigkeit kann sich entweder auf jene Zeit der Entwicklung der Jungen beziehen, zu welcher die Eltern nicht mehr bei ihnen anwesend sind, was wir „Vorsorge" (α) nennen wollen, oder auf die Zeit, zu der Eltern und Kinder beisammen sind, also die „Aufzucht" der Nachkommenschaft (β). (Abbildungen bietet: HESSE-DOFLEIN, 1910.)

α) Vorsorge.

Die Vorsorge kann sich 1. auf das Ei im Mutterleibe, 2. Eiumhüllung nach Verlassen desselben, 3. Nahrungsvorsorge außerhalb des Eies, 4. Fremdnester beziehen.

1. Im Mutterleibe.

Die Vorsorge für die Entwicklung der Jungen beginnt schon beim Verweilen des Eies innerhalb der Mutter, indem den Keimen Reservebaustoffe, „Dottersubstanzen", in mehr oder minder großem Umfange beigegeben werden, ferner in der Bekleidung mancher Eier mit besonderen kalkhaltigen Schalen, die beim Durchgange durch die Eileiter seitens Drüsen des auskleidenden Epithels ausgeschieden werden. Die Struktur dieser Eischalen beruht auf der von der plasmatischen Grundlage bedingten sphäritischen Ausbildung von Calciumcarbonat und Calciumphosphat bei Reptilien und Vögeln, während die landbewohnenden Schnecken deutliche Kalkspatrhomboeder, mit den Hauptachsen senkrecht zur Oberfläche orientiert (Helix) enthalten[5]. Das Vogelei erhält infolge der hohen, bei seiner Abscheidung herrschenden Temperatur ferner eine Luftkammer, indem bei der Abkühlung durch den Außenraum eine Zusammenziehung der Dotter- und Keimmasse stattfindet. Dadurch gewinnt das Ei nicht nur mehr Luftvorrat, als es nur langsame Erneuerung der Luft durch die Kalkschale hindurch ohnehin gestattet, es wird auch gegen Temperaturerhöhung weniger empfindlich. Hingegen halten die Schildkröteneier, denen eine solche Luftkammer von Anfang an fehlte, keine hohen Temperaturen aus (Cistudo)[6]. Die besondere Härte der Vogeleischalen scheint ebenfalls mit der hohen Temperatur des Mutterleibes zusammenzuhängen, da die pergamentschaligen Eidechseneier bei Zucht in erhöhter, an die Innenwärme der Vögel angenäherter Temperatur in hartschalige übergehen (Lacerta muralis)[7].

Die Eier der Schnabeltiere, Monotremata, ähneln äußerlich den Schildkröteneiern[8], die Innentemperatur dieser niedrigsten Säuger ist ganz wesentlich niedriger

---

[1] FRÉDERICQ, L.: S. 75 (mit Lit.). Zitiert auf S. 40.
[2] BIEDERMANN, W.: Wintersteins Handb. d. vergl. Physiol. **2**, 1152 (1911).
[3] BREHMS Tierleben **2**, 49.   [4] HESSE-DOFLEIN: Tierbau I. 1910.
[5] Lit. über Struktur d. Eischalen. BIEDERMANN, W.: Wintersteins Handb. d. vergl. Physiol. (1) **3**, 730 (1913).
[6] LATASTE, F.: C. r. Soc. Biol. Paris **113**, 416 (1925).
[7] KAMMERER, P.: Neuvererbung. Stuttgart: Seifert 1925.
[8] SEMON, R.: Zool. Forschungsreisen in Australien. Jena 1893.

als jene der übrigen Klassengenossen und gar jener der Vögel (vgl. ds. Handb. Bd. 17, Isenschmid u. Freund). Zum Durchbrechen der Eischalen sind die Embryonen oft mit Eizähnen ausgestattet, die gleich darauf abgeworfen werden; solche finden sich auch bei Insekten, Amphibien, Reptilien.

2. Eiereinhüllung (Eikokons usf.).

Vielfach begnügen sich die Tiermütter nicht mit den dem einzelnen Keime mitgegebenen, ihrer Tätigkeit entzogenen Schutz- und Reservestoffen, sondern greifen aktiv ein, um während der Eiablage den Eiern eines Geleges eine gemeinsame Hülle zuteil werden zu lassen, die sie vor der Gefährdung seitens der Witterung und auch lebender Feinde mehr schützen können als die Hüllen des Einzeleies. Ob es sich bei den Eikokons der Lumbricidae, den Gallertmassen der wasserlebenden Mollusken, Insekten und Amphibien, in denen viele Eier eingeschlossen sind, um mehr als einen der aktiven Tätigkeit der Mutter entzogenen Abscheidungsprozeß handelt, scheint nicht festzustehen. Für den Eikokon des Küchenschaben, Periplaneta, welcher von zwei Anhangsdrüsen der weiblichen Geschlechtsorgane als dickflüssiges Sekret produziert wird, das rasch zu einem Brei von Calciumoxalatkrystallen erstarrt[1], wird Bildung noch ganz innerhalb der Mutter angegeben[2]. Bei den Mantiden erfolgt die Anfertigung des Eikokons aber außerhalb des Abdomens, das einen schaumartigen, weißen Stoff absondert, der an der Luft zu einer bräunlichen, papierartigen Masse erstarrt. Der Chemismus ist nicht aufgeklärt, es soll sich weder um Chitin, Horn, noch um das im Chorion des Bombyxeies beschriebene Corionin handeln und kein Schwefel nachweisbar sein[3]. Die Konstruktion erfolgt unter kreisenden Bewegungen des Hinterleibes unter Zuhilfenahme der Zerzi (nicht aber der Flügeldecken!) und unter langsamem Vorrücken der ganzen Gottesanbeterin. Form und Ausstattung des Kokons sind nach den Arten verschieden[4]. Stets werden aber die Eifächer und Eier abwechselnd rechts und links disponiert und ein Gang zum Ausschlüpfen in der Mitte freigelassen. Wird die Mantis in ihrer Arbeit mittendrin gestört, aber rasch wieder an dieselbe Stelle gesetzt, so wird der begonnene Kokon zu Ende geführt. Nach gewaltsamer Vertreibung setzt die Mantis mit der Sekretion einige Stunden aus. Dann verfertigt sie einen neuen ganzen, aber kleineren Kokon. Wurde eine Mantis während der Kokonabsonderung in Äther geworfen, so blieb mehrere Tage nach ihrer Erholung von der Narkose die Verfertigung des Kokons aus[5].

Andere Heuschrecken, wie Acridium pelegrinus, die berüchtigte Wanderheuschrecke, und die bei uns häufigen Stauronotus, bohren mit dem Hinterleibe Löcher in die weiche Erde, die sie mit einer schaumig-zähen Masse auskleiden und zur Eiablage benützen. Diese Erdfutterale werden durch einen Deckel aus derselben Schaumsubstanz, die erstarrt, verschlossen[6]. Der „Kuckucksspeichel" der Schaumzikaden, Aphrophora salicis, A. alni, Philaenus lineatus, Ph. spumaria, entstammt einer Darmexcretion, in der eine Lipase Wachs spaltet und durch Alkali in Seifenlösung überführt. Luft wird in diese Masse bei ihrem Austritt aus dem After mittels eines Kanals, der aus den zusammenklappbaren Tergitwülsten gebildet wird, nach Art eines Blasebalges eingeblasen[7]. Unsere

---

[1] Hallez, P.: C. r. Soc. Biol. Paris **101**, 444 (1885); **148**, 317 (1909).
[2] Lit. in: Henneguy, L. F.: Les Insectes. S. 278. Paris: Masson 1904.
[3] Giardina, A.: Giorn. Soc. Nat. e. Econom. **22**, 287, 294 (1899).
[4] Vgl. das. Taf. I—II; ferner: Przibram, H.: Arch. Entw.mechan. **22**, 149 (1906); **28**, 562 (1909) — Chopard: C. r. Ac. Sc. Paris **170**, 140 (1920). — Bugnion: Mém. Soc. Sci. Nat. **1924**, 177.
[5] Giardina, A.: S. 291.   [6] Künckel d'Herculais: C. r. Soc. Biol. Paris **119** (1894).
[7] Šulc, K.: Z. Zool. **190**, 147 (1911).

Kolbenwasserkäfer, Hydrophilen (= Hydrous), spinnen einen Eikokon, der zum Schwimmen an der Wasseroberfläche bestimmt ist. Er besteht aus einer seidenartigen, übrigens unbekannten Substanz, die aus Abdominalröhrchen hervorkommt. Das Weibchen webt daraus, sich an der Unterseite eines Blattes anhaltend, zuerst eine, dann eine zweite Lage, die miteinander an den Rändern verbunden werden. Die Eier werden hinein abgelegt, aber nehmen bloß einen Teil des Innern ein[1]. An der einen Seite bleibt eine große Luftkammer, die in einen aufrecht stehenden, nachdunkelnden „Mast" übergeht. Diese Vorrichtung soll die vertikale Stellung des Kokons sichern. Wenn der Mast umschlägt und Wasser in die Luftkammer eindringt, so gehen die Embryonen zugrunde. Bei verkehrter Lage unter Erhaltung der Luft können verkümmerte Larven auskriechen[2]. Hydrophilus bringt öfters ein Blatt oder einen Algenbehang über dem Kokonkahne an, wodurch die Stabilität noch erhöht wird.

Spinner aus der Gattung Liparis bedecken ihr Gelege mit der Afterwolle, L. chysorrhoea, „Goldafter", L. dispar, „Schwammspinner". Der Pappelspinner, L. salicis, sezerniert auf die Eier eine schaumige, erstarrende Substanz. Die Schildläuse gehen nach der Eiablage zugrunde und der harte Schild bedeckt weiter die Brut; Lecanium schwitzt aus Hautdrüsen dabei einen flaumartigen Stoff aus. Viele Spinnen verfertigen Eikokone (Spinnenseide vgl. S. 76; Brut vgl. S. 60), was überhaupt die ursprüngliche Funktion der Spinndrüsen wäre[3]. Im Sargassomeere fertigt der Fisch Antennarius marmoratus aus Sargassoblättern unter Abscheidung eines gelatinösen Stoffes, der später erhärtet, ein flottierendes Nest für seine Eier, die er dann ihrem Schicksale überläßt[4]. (Amphibien vgl. S. 61).

3. Nahrungsvorsorge.

Während die Anfertigung von Gespinsten eine Körperausscheidung benutzt, um für die Brut vorzusorgen, ist die Nahrungsvorsorge nur in einer Tiergruppe, nämlich den Hymenopteren, mit der Zubereitung eines vom Tiere zwar nicht eigentlich produzierten, aber doch im Körper umgeänderten Stoffes, Honig (vgl. FLURY, ds. Bd. S. 102), verbunden. Uns gehen zunächst nur solche Arten an, die sich nach der Eiablage nicht mehr um ihre Brut kümmern, wie Anthophora. Diese Bienenarten legen horizontale Erdgänge mit vertikalen Zweigkammern an, die sie mit Honig und je einem Ei beschicken. Sonst pflegen die Nahrungsvorräte, welche von der Mutter für ihre Brut ausgewählt werden, nicht den Körper der Mutter zu passieren. Entweder werden die Eier, wie bei den Schmetterlingen, auf die lebenden Pflanzen oder, wie bei den Läusen, an die lebenden Wirtstiere oder, wie bei den Schlupfwespen, in diese abgelegt, oder sie werden modernden Substanzen anvertraut. Es sei an die Kotkugeln der „Pillendreher", Ateuches, und an das Begräbnis des Futteraases durch die Totengräber, Necrophorus, erinnert[5]. Insekten sind vielfach im weiblichen Geschlechte mit Legeröhren oder Legestacheln versehen. Sowohl bei pflanzlicher[6] wie bei tierischer Nahrung[7] kommt es vor, daß die Mütter durch giftigen Stich den lebenden Vorrat für die Jungen geeignet machen. So erzeugen die Chalcididae Gallen an den Blättern, in deren Mitte sich das abgelegte Ei entwickelt, daher „Gallwespen" genannt (über die Honigbiene vgl. unten S. 65). Die räuberischen Wespen der Gattungen Sphex, Pompilius, Chlorion, Ammophiles, gewiß auch noch andere (vgl. auch S. 66), bringen

---

[1] HENNEGUY: S. 273. Zitiert auf S. 56.
[2] MEGUŠAR, F.: Arch. Entw.mechan. 22, 141 (1906).
[3] DAHL, F.: Zool. Jb. Abt. Syst. 25, 339 (1908).
[4] HOUSSAY: Industr. d. animaux. Paris: Baillière 1889.
[5] FAVRE: Souvenirs entmologiqûes.
[6] HASE, A.: Naturwiss. 12, 377 (1924).   [7] PAMPEL, W.: Z. Zool. 108, 290 (1914).

ihre Eier mit Vorrat noch lebender, aber durch Punktierung mehrerer Ganglien bewegungsunfähig gemachter Beutetiere in Erdlöcher, die sie bedecken. Die für das Gebiet der Tierpsychologie höchst bedeutsamen Erscheinungen können hier nicht ausführlich wiedergegeben werden. Keinesfalls handelt es sich beim ganzen Vorgange der Vorsorge um unabänderlich fixe Reflexakte, denn wird ein paralysiertes Beutetier durch ein bewegliches ersetzt, so besinnt sich Sphex nicht, an Stelle der behufs Untersuchung des früher fertiggestellten Loches an dessen Eingang abgelagerten Beute die lebende anzugehen und nicht etwa, um sie ohne weiteres ins Loch einführen zu wollen, sondern behufs Wiederholung der Paralysierung. Chlorion trägt nicht wie Sphex Grillen, sondern Schaben ein, die oft sehr verschiedene Größe haben. Paßt nun ein Beutetier nicht in das vorbereitete, durchschnittlich groß gemachte Loch, so beißt ihm die Wespe allmählich soviel an Beinen oder anderen Teilen ab, bis es sich einschleppen läßt[1]. Pompilius soll den eingebrachten Spinnen, die nicht dauernd immobilisiert werden, durch Abbeißen der Beine an der Flucht verhindern[2].

4. Fremdnester.

In einigen Fällen vertrauen die Mütter den Schutz oder sogar die Aufzucht der Jungen anderen Arten an und kümmern sich nicht weiter um das abgelegte Ei. Sehen wir von Parasiten ab, welche sich die fremden Eier und deren Schutz- und Nähreinrichtungen zunutze machen, so sind es Fische und Vögel, welche auf die Idee des Fremdnestes gekommen sind. Der Bitterling, Rhodeus amarus, sucht zur Brunstzeit lebende Malermuscheln, Unio, auf und das Weibchen legt mittels eines schlauchartig verlängerten Oviduktes je ein Ei in die Kiemenhöhle des Weichtieres, zwischen dessen Schalen das Fischchen nun vor Feinden und Strömungen gesichert seine Embryonalentwicklung durchmacht. Das Männchen spritzt den Samen über das eben gelegte Ei. Ausgeschlüpft geht der junge Bitterling dann außerhalb der Muschel seiner Nahrung nach, kehrt aber öfters noch in dieselbe zurück. Unter den Vögeln haben die Kuckucke, Cuculus, und der nordamerikanische Viehvogel, Molothrus pecoris, die Gewohnheit keine Nester zu bauen, sondern einfach fremde Nester, aus welchen die rechtmäßigen Besitzer gerade abwesend sind, mit einem Ei zu belegen und so nicht nur Schutz, sondern auch Atzung der Jungen den Pflegeeltern zu überlassen. Der europäische Kuckuck, C. canorus, hat Eier von verschiedenen Färbungen und man findet sein Ei fast stets angenähert von jener Farbe, welche auch die Eier der Pflegeart haben. Diese überraschende Übereinstimmung hat eine gewisse Erklärung durch die Beobachtung der Art und Weise gefunden, in der das Kuckucksweibchen ihr Ei in das fremde Nest bringt. Sie liegt das Ei zunächst auf den Boden ab und trägt es dann im Schnabel in das Nest, kann also ein solches auswählen, dessen Eier ihr mit dem ihrigen übereinzustimmen scheinen. Freilich ist damit das Vorkommen verschiedengefärbter Eier bei ein und derselben Vogelart nicht aufgeklärt.

β) Aufzucht.

Den „Kuckuckseiern" steht die ungeheure Anzahl von Bruten gegenüber, die von den Eltern oder anderen Verwandten auch nach der Geburt weitergepflegt werden. Analog der vorigen Gruppe können wir hier 1. Aufzucht im Mutterleibe, 2. Beteiligung des mütterlichen oder väterlichen Körpers durch Sekretion und Herumtragen der Eier oder Jungen, 3. Atzung, 4. andere Pflegetätigkeit unterscheiden.

---

[1] Henneguy: S. 167. Zitiert auf S. 57.
[2] Henneguy: S. 171. Zitiert auf S. 57.

1. Aufzucht im Mutterleibe.

Bei einer beträchtlichen Reihe von Tieren (Metazoen) werden die Eier nicht in unbefruchtetem Zustande abgelegt, sondern durch einen Besamungsakt des Männchens im Innern des Weibchens befruchtet. Diese Eier beginnen dann ihre Embryonalentwicklung im Schutze des mütterlichen Leibes. Wie weit diese Entwicklung vor dem Verlassen desselben, der Geburt, gedeiht, ist nicht einmal immer innerhalb ein und derselben Tierart fest bestimmt, ,,Poecilogonie"[1], noch weniger innerhalb der Arten einer Gattung oder höherer Gruppen. Man bezeichnet gewöhnlich Tiere, die ohne Eihüllen geboren werden, als ,,lebend gebärende", was besser in ,,beweglich geborene" zu verändern wäre. Alle anderen werden als ,,eierlegende" bezeichnet, wobei auf die zweite Silbe der Ton gelegt werden sollte. Innerhalb der lebend gebärenden wie der eierlegenden Tiere gibt es aber alle möglichen Abstufungen des Zustandes, in dem die Tiere den Mutterleib oder die Eihülle verlassen. Der Aufenthalt im Mutterleibe bietet Schutz gegen Kälte, Nahrungsmangel und Feinde. Wir finden dementsprechend einen höheren Prozentsatz an lebendgebärenden Formen ähnlicher Gattung in hohen Breiten, in Gebirgen, in Höhlen mit ihren niedrigen Temperaturen. Die Säugetiere scheinen in hoher Temperatur entstanden, diese vermöge ihres Wärmebildungsapparates festgehalten[2] und ihre Jungen durch den Erwerb der langdauernden Schwangerschaft vor den Kälteeinbrüchen geschützt zu haben, was die Vögel durch Körperdeckung der Eier unter Gefährdung derselben gegenüber Feinden tun müssen, da sie das vom Feinde entdeckte Nest nicht fortbewegen können. Dem Nahrungsmangel, welcher Seetiere kaum je treffen kann, kommt in Gewässern mit beschränktem Wasserstande und am Lande größere Bedeutung zu, und es haben Seetiere der Tropenmeere selten lebende Junge: eine Ausnahme bilden die Wale als Säugetiere und Seeschlangen, Hydrophis, welch letzteren Eiablage im Meere bei der Notwendigkeit starker Luftzufuhr Schwierigkeiten bieten müßte, übrigens wahrscheinlich am Lande gebären[3] (über den Geburtsakt der Wale vgl. unten S. 61). Die Beziehung zwischen den äußeren Faktoren und dem Fortpflanzungsmodus ließ sich in mehreren Fällen experimentell erweisen, indem Arten von Amphibien und Reptilien in ungewohnte Temperaturen gebracht ihre Reproduktion nach der Weise solcher Arten ausführten, die normalerweise an eben diesen Wärmegrad gewöhnt sind[4]. Doch sind wir über die Natur dieser Anpassungen nicht unterrichtet. Bei der gewöhnlich viele Generationen hindurch sich pädogenetisch, d. h. durch geschlechtsreife Larven parthenogenetisch fortpflanzenden Mückenart Oligarces sp. (Cecidomydiae) kann durch ungünstige Raum(Ernährungs-?)verhältnisse die Entstehung rasch sich verpuppender Larven herbeigeführt werden, die geschlechtlich sich fortpflanzende Imagines liefern[5]. (Die Planaria subtentaculata Drap. dürfte eine bloß ungeschlechtlich sich fortpflanzende südlichere Rasse der Pl. gonocephala Dugès. sein[6], bei der das Eierlegen infolge der günstigeren Bedingungen ganz zugunsten der Selbstteilung aufgegeben worden ist, was als Beispiel von Poecilogonie hier erwähnt sei.) Mit der zunehmenden Größe und Entwicklungszeit von Embryonen im Tierkörper pflegt die Anzahl der Eier abzunehmen, eine Korrelation, die sich auch auf die abgelegten oder von einem der Eltern herumgetragenen Eier erstreckt. Diese bei dekapoden Krebsen und Amphibien lange bekannte Erscheinung ist neuer-

---

[1] Giard, A.: Bull. biol. France et Belg. **39**, 153 (1905).
[2] Quinton, R.: L'eau de Mer Milieu Organique. Paris: Masson 1904.
[3] Doflein: Tierbau und Tierleben **2**, 634 (1914).
[4] Tabelle mit Lit.: Tabulae biol. **4**, III C. (1926).
[5] Harris, R. G.: Glanures biologiques, Traveaux Station biol. Wimereux. **9**, 89 (1925).
[6] Vandel, A.: Bull. biol. France et Belg. **59**, 498 (1925).

dings in der Amphipode Melita pellucida beobachtet worden, welche aus Nor-
wegen in den Kanal von Caen, Normandie, importiert eine Zunahme der Eigröße
bei Abnahme der Anzahl Eier eines einzelnen Geleges erkennen läßt[1] (wirkender
Faktor unklar). Bei den Experimenten an Amphibien ließ sich direkt nachweisen,
daß bei längerem Verweilen von Jungen in der Mutter ein Zugrundegehen der
meisten Embryonen statthat, auf deren Kosten die überlebenden mit Nahrungs-
dotter versorgt werden. Darauf beruht die geringe, 1—2 betragende Anzahl
der von Salamandra atra, dem Alpensalamander, vollmolchgeborenen Jungen
gegenüber den vielköpfigen Gelegen des Salamandra maculosa[2] unter normalen
Bedingungen und deren Herabsinken auf die für atra normale Zahl bei Zwang des
Feuersalamanders zum Behalten der Larven im Leibe nach Entzug des Wasser-
beckens. Auch bei Säugetieren werden die Embryonen größer, wenn weniger
vorhanden oder ein Teil derselben beseitigt wird[3], und beim Kaninchen wurde
damit experimentell eine längere Tragzeit erreicht[4]. Nur kann hier nicht der
Inhalt eines Embryos direkt dem anderen nutzbar gemacht werden, sondern
nur indirekt die bessere Ernährung durch den größeren Anteil an mütterlichem
Blute zustande kommen, der auf den einzelnen Embryo entfällt (Embryonal-
kreislauf vgl. ds. Handb. 7 I, Goeppert; Weibl. Geschlechtsappar. ds. Handb.
14 I, Seitz). Aber selbst beim Säugetier zeigen diese und die nicht seltenen Fälle
von Frühgeburten und von extrauterinen Schwangerschaften, daß eine völlig
eindeutige Fortpflanzungsweise nicht stattzufinden braucht. Schwangerschaft
an atypischem Orte, nämlich Befestigung eines Ombilikalstranges an der Leber
der Mutter in der Peritonealhöhle ist auch bei der lebendgebärenden Eidechse,
Lacerta vivipara, zur Beobachtung gelangt[5]. Vorzeitige Geburten sind bei lebendgebärenden Fischen, Cyprinodontae, beobachtet[6]. Solche Frühgeburten bleiben
schwarz, sehen also wohl nicht und gehen bald ein.

2. Aufzucht am Leibe eines Elters (Geburtshilfe).

Die Daphniden erzeugen den Sommer über parthenogenetische Generationen,
die in dorsalen Braträumen, dem ,,Ephippium'' bis zum Schlüpfen die Embryonen
herumtragen. Andere Krebsarten tragen ihre Eier entweder in Säckchen, wie bei
den Cyclopidae, in einem von den Maxillipoden gebildeten Körbchen, Squillidae,
oder an den Pleopoden, mit deren Haaren verfilzt, Decapoda, bis nahe oder ganz
zum Ausschlüpfen der Jungen im Wasser mit sich herum. Am Lande schleppen
manche Spinnen ihre Eierkokons an die Spinnwarzen angeheftet am Bauche
oder auf dem Rücken mit sich, ebenso die Küchenschaben, Periplaneta orientalis,
ihre Oothek aus dem Hinterleibe hervorragend. Die männlichen Wasserwanzen
der Gattungen Diplonychus und Zaitha tragen die Eier auf dem Rücken ausgebreitet[7]. Beim Fische Haplochromis nimmt das Weibchen die Jungen in einem
Mundsacke auf. Ebenso trägt die weibliche Paratilapia, der männliche Arius,
beide Geschlechter bei Geophagus, die Jungen im Maule herum. Die weibliche
Aspredo trägt die Eier zwischen den Stacheln der Bauchhaut, der männliche
Kurtus unter einem Stirnfortsatz eingeklemmt. Bei Hippocampus und anderen

[1] Legueux, M.: Bull. biol. France et Belg. **60**, 334 (1926).
[2] Kammerer, P.: Arch. Entw.mechan. **17**, 165 (1904); **25**, 7 (1907). — Halban: Arch.
Entw.mechan. **29**, 439 (1910).
[3] Kreidl, A. u. A. Neumann: Sitzgsber. Akad. Wiss. Wien, Math.-naturwiss. Kl.
120 (1911).
[4] Kreidl, A. u. L. Mandl: Wien. klin. Wschr. **21**, Nr 23 (1908).
[5] Walsche, L. de: Ann. Soc. roy. zool. Belg. **56**, 99 (1925).
[6] Babák: Wintersteins Handb. d. vergl. Physiol. **1** II, 668 (1913) — Daselbst Literatur
über Ernährung und Atmung der Embryonen lebendgebärender Fische.
[7] Doflein: Tierbau und Tierleben **2**, 624 (1914).

Seepferden ist das Männchen, nur bei Solenostoma das Weibchen, mit einer aus
den Bauchflossen gebildeten Bruttasche ausgestattet, in welche die Jungen auch
nach dem Schlüpfen der Eier noch zurückzukehren pflegen[1]. Das Männchen der
Geburtshelferkröte, Alytes obstetricans, zieht dem Weibchen die Eierschnüre
aus dem After und belädt sich damit die Hinterbeine. Es behält diese Last bis
zum Schlüpfen der Jungen bei. Das Männchen von Mantophryne hält die Ei-
ballen an seinen Leib gepreßt, während Rhacophorus reticulatus im weiblichen
Geschlechte die Eier in Gruben der Bauchhaut befestigt. Bei Phyllobates heften
sich die Kaulquappen am Rücken des Männchens, ebenso bei Zooglossus durch
Ansaugen unter Ausscheidung eines Sekretes der väterlichen Haut fest. Hylam-
bates-Eier entwickeln sich im Munde der Mutter, Rhinoderma-Eier im Kehl-
sacke des Vaters[2]. Bei anderen Anuren tragen die Weibchen ihre Jungen auf dem
Rücken in Hauttaschen, die entweder um jeden einzelnen Embryo sich bilden,
wie an der Wabenkröte, Pipa dorsigera, oder als gemeinsame Bruttasche die
Embryonen einhüllen, wie bei Nototrema (Notodelphys) oviferum[3], oder bloß
als Hautfalten stützen, wie bei Hyla goeldii, H. evansii und Ceratohyla. Besonders
Erwähnung verdient der aus einem Endteil der Kloake gebildete ausstülpbare
Ovi-postor der Wabenkröte[4]. Die Känguruhs, Halmaturus, und andere australische Beuteltiere legen die geborenen Jungen in den am Bauche der Mutter befindlichen Brutbeutel. Alle weiblichen placentaren Säugetiere leisten den Jungen
aktiv Geburtshilfe, indem sie den Nabelstrang abbeißen, die Neugeborenen reinigen und bei den Nesthockern angemessen betten. Bei den Walfischen, deren
Junge ins Wasser geboren werden und dort ersticken würden, wenn sie nicht
gleich Luft in die Lungen bekämen, stößt oder bläst die Mutter das Neugeborene
sogleich von unten an die Wasseroberfläche (Beluga)[5]. In vielen Fällen lebend-
geborener Jungen halten diese sich aktiv an der Mutter fest, sei es mit den Gliedmaßen, wie bei den Skorpionen, oder auch dem Wickelschwanze, wie bei den
Beutelratten, Didelphys, oder an die Zitzen festgesaugt und den Hals angeklam-
mert wie bei den Fledermäusen, Chiroptera, und Affen, Simiae (über Saugen und
Milchsekretion der Säugetiere vgl. ds. Handb. Bd. 14 I, PFAUNDLER).

3. Atzung der Jungen.

Nahrungsvorbereitung seitens der mit ihren Kindern lebenden Eltern kommt
außer bei der einfach sezernierten Milch der Säuger bei der Atzung der jungen
Tauben, Columbidae, mit dem vom Kropfe sezernierten, aus abgestoßenen Zellen
gebildeten Brei vor, der in den Schnabel der Jungen hinein erbrochen wird,
ferner bei der Honigbereitung der Hymenopteren. So soll bei der Honigbiene,
Apis mellifica, die Beifügung des Stachelgiftes das Faulen desselben verhindern
und so für die Larve stets genießbar lassen[5]. Allbekannt ist das Speichern des
Honigs selbst und das Eintragen von Vorräten für die Brut. Es sei an die früher
(S. 57) erwähnten Fälle von Nahrungseintragung für die von der Mutter nicht
nach der Eiablage weiter beachteten Jungen anknüpfend der Grabwespe Bembex[6]
gedacht, die nicht paralysierte Beute in die Löcher ihrer Larven einträgt, und
daher noch weiterhin für ausreichende Nahrung sorgen muß. Sie tut dies, indem
sie jedesmal größere Beute bringt und sorgfältig Spuren des Fraßes aus der Nähe
des Loches entfernt. Das Zutragen nicht weiter vorbereiteter Nahrung ist be-

---

[1] DOFLEIN: Tierbau und Tierleben 2, 627 (1914).
[2] DOFLEIN: Tierbau und Tierleben 2, 629—632 (1914).
[3] BABÁK: Wintersteins Handb. d. vergl. Physiol. I 2, 802 (1921).
[4] HENKING, H.: Zool. Anz. 26, 103 (1901).
[5] VOGEL: Sitzgsber. Akad. München 12, 345 (1882).
[6] FAVRE: Souvenirs entomologiques 1879.

sonders auffällig bei den nesthockenden Vögeln, wo gewöhnlich beide Eltern sich beteiligen. Bei den Nestflüchtern beruht die Zuweisung durch die Eltern mehr auf einer Anleitung zum Aufpicken der Nahrung.

4. Andere Pflegetätigkeit (Brüten usf.).

Während wir den Nestbau im allgemeinen dem späteren Paragraphen (S. 74) über Gehäuse- und Wohnbau vorbehalten, wollen wir zunächst nur jene Nester erwähnen, die den Eltern nicht als Wohnung dienen, sondern nur für die Unterbringung der Eier oder Jungen bestimmt sind. Der männliche Lungenfisch Protopterus, legt für die Brut im Rohr scheibenförmige Erdgruben an[1]. Bei den Stichlingen, Gastrerosteus, errichtet das Männchen ein Nest aus Wasserpflanzen, in das es das Weibchen zur Eiablage hineintreibt, dann aber wie alle anderen Fische fernhält. Ebenso verhält sich Gobius niger, unsere Schwarzgrundel und Osphronemus olfax, der javanische Gurami, während beim südamerikanischen Chaetostomus pictus beide Eltern neben dem Neste Wache halten. Die kleine Grundel, Gobius minutus, benützt statt des Brutnestes eine tote Muschelschale von Ostrea, Pecten oder Cardium, die halb in Sand vergraben wird. Das Männchen allein hält Wache neben oder auch unter dem Schalendache[2]. Der brasilianische Laubfrosch Hyla faber fertigt zur Unterbringung der Brut Erdwälle, andere Frösche legen zwischen Blättern Schaumnester aus, in denen sich die Quappen wie in einem hängenden Aquarium entwickeln[3]. Unser Laubfrosch, H. arborea, konnte zur Benützung von Aspidistrablattdüten als Brutort bewogen werden[4].

Reptilien üben im weiblichen Geschlechte mehrfach Brutpflege aus, die in der Konstruktion von Nestern aus Zweigen, Alligator missisippensis[5], oder in Bedecken der Eier mit dem Leibe beruht wie bei den Riesenschlangen[6]. In letzterem Falle entsteht eine über die Außentemperatur hinausgehende Wärme. Die bessere Warmhaltung der Eier erzielen die Alligatoren durch Bedeckung derselben mittels Reisig. Unsere Schlangen legen ihre Eier gemeinsam in Blätterhaufen, in denen Gärungswärme ausgenützt werden kann, viele Echsenarten benutzen Vergraben in den heißen Sand. Das Buschhuhn, Catheturus Lathami, überläßt auch noch das Brüten einem Blätterhaufen, den es aber einige Zeit früher schon selbst zusammengescharrt hat, und in den es mit dem Schnabel die zuerst auf den Boden abgelegten Eier einsenkt. Es wird nicht berichtet, daß die Eltern zu den ausgeschlüpften Jungen zurückkehren würden[7] (der Fall gehört also vielleicht eher zu S. 56). Bei allen übrigen Vögeln brüten beide oder ein Geschlecht, wobei dann der andere Elter manchesmal die Nahrungsversorgung des brütenden übernimmt. Das tut z. B. das Männchen des Nashornvogels, Dichocerus bicornis, und des Rhyticerus plissirostris, die beide das brütende Weibchen bis auf den Schnabel mit Lehmerde einmauern[8]. Hingegen scheinen die männlichen Strauße allein zu brüten und ohne Nahrung seitens des Weibchens zu erhalten, ja beim Emu, Dromaeus, sogar ohne überhaupt zu essen oder zu trinken[9]. Bei den polygamen Hühnervögeln ist eine Ernährung der brütenden Hennen seitens des Hahnes wohl auch im Freien kaum möglich. (Über die

---

[1] Budgett: Trans. zool. Soc. **16** II, 119 (1901).
[2] Houssay: Les industries des animaux, S. 182. Paris: Baillière 1889.
[3] Doflein: Tierbau und Tierleben **2**, 591 (1914).
[4] Kammerer: P.: Arch. Entw.mechan. **22**, 48 (1906).
[5] Houssay: S. 214. Zitiert auf S. 62.
[6] Doflein: 1910, S. 593.
[7] Houssay: S. 213. Zitiert auf S. 62.
[8] Houssay: S. 286. Zitiert auf S. 62.
[9] Zawadowsky, M.: Trans. lab. exper. zoopark Moscow **1**, 200 (1926).

Wärmeregulation beim Brüten vgl. ds. Handb. 17 Einl., ISENSCHMID). Manche Singvögel, z. B. der Leinfink, Fringilla linota[1], pflegen ihre Nester dadurch vor Verunreinigung zu schützen, daß sie die Exkremente mit dem Schnabel im Fluge wegtragen.

Inwieweit das Beispiel oder die Anleitung der Eltern bei der Pflege der Jungen für diese zur Erlangung aller physiologischen Funktionen notwendig wäre, ist noch nicht definitiv entschieden. Es scheint aber, daß z. B. das Fliegen auch bei Abwesenheit der Eltern und durch Selbstlernen sich einstellt.

Die vielen tierpsychologischen Fragen, welche sich anschließen könnten, müssen hier übergangen werden. Es sei nur ein Beispiel aus eigener Erfahrung des Referenten erwähnt, das zeigt, wie schwierig eine Deutung der angeborenen oder erworbenen Reaktionen bei der Brutpflege sein würde: weiße Ratten, die seit vielen Generationen in Zimmertemperaturen gehalten waren, richteten ihre Maßnahmen bei den Gebärakten ganz nach der Temperatur ein, die im Raume künstlich hergestellt worden war. Bei niedrigen Temperaturen bauten die Mütter, oft gemeinsam, umfangreiche Nester aus der gebotenen Holzwolle, in der sie alle Jungen tief bargen und bei Fluchtversuch immer wieder zurücktrugen. Bei sehr hoher Außentemperatur aber verstreute die Mutter die neugeborenen über den ganzen Boden des Käfigs, ohne ein Nest gebaut zu haben. Die Aufzucht gelang in diesen Extremfällen, dank der den Temperaturen angemessenen Pflege, ebenso wie in den mittleren Temperaturen, in denen meist jede Rattenmutter für sich ein mäßig großes Brutnest anlegte. Nur verhinderte in den Extremfällen jeweils die Hinfälligkeit des einen Geschlechtes (in der Hitze des Männchens, in der Kälte des Weibchens) die Fortzucht in mehreren Generationen.

4 b. Einzelne Stich- und Hiebwaffen.

Stich- und Hiebwaffen sollen zusammen behandelt werden, weil es mehrfach unmöglich ist, von nur der einen oder der anderen Funktion zu sprechen. Eine längere, feste, spitze Waffe wird sowohl stechen als schlagen können; an einer Schlagwaffe können außerdem mehrere Spitzen angebracht sein, welche die Wirkung des Schlages durch Eindringen der Spitzen und Reißen noch erhöhen, Stachelschwänze (S. 72), Pranken (S. 74). Einfache Stichwaffen sind oft mit Giftdrüsen in Verbindung und stehen dann gewöhnlich am Hinterleibende, z. B. beim Skorpion (S. 64) und vielen Hymenopteren, oder es sind stechende Mundwerkzeuge, wie bei den blutsaugenden Wanzen und Dipteren (S. 65). Hiebwaffen können elektrisch geladen sein, wie beim Zitterrochen (vgl. ds. Handb. Bd. 8). Besondere Beziehungen der Stich- und Hiebwaffen zu den Fortpflanzungsgeschäften sind einerseits in der Heranziehung umgewandelter weiblicher Legestachel zu Verteidigung oder Angriff bei Hautflüglern, in der Beschränkung der Nahrungsaufnahme auf die weiblichen Culiciden behufs Vorsorge für die Eier (vgl. ds. Handb. Bd. 3), anderseits in der stärkeren oder alleinigen Ausbildung von Sporen bei männlichen Vögeln (S. 73) und von Hörnern, Geweihen, Hauern, Stoßzähnen bei den Männchen mancher Säugetierarten (S. 73) gelegen, indem sie hier zur Besiegung der Rivalen oder zur Verteidigung der Familie Verwendung finden können. Sehen wir von den bei der Körperbedeckung (S. 25) bereits besprochenen Echinodermstacheln und den namentlich bei Würmern verbreiteten Einbohrvorrichtungen von Parasiten (vgl. ds. Handb. Bd. I, S. 628, STECHE) ab, so haben wir vornehmlich besondere Stich- und Hiebwaffen bei folgenden 6 Tierklassen zu besprechen: α) Spinnentiere, β) Insekten, γ) Fische, δ) Reptilien, ε) Vögel, ϑ) Säugetiere.

---

[1] HOUSSAY: S. 285. Zitiert auf S. 57.

α) Spinnentiere (Arachnoidea).

Der Giftstachel der Skorpione ist eine klauenförmig gekrümmte Chitin-
endigung des letzten Abdominalsegmentes, in dem auch die paarigen Giftdrüsen
und die zur Entleerung des Giftes dienende, jede Hälfte des Komplexus getrennt
umschließende Ringmuskulatur zur Gänze liegen. Die Beweglichkeit des Stachels
wird nicht durch ein Gelenk desselben, sondern durch die Krümmung der übrigen
Abdominalglieder gewährleistet, welche das Endglied hoch im Bogen empor-
heben und über den Kopf des Skorpiones in das mit den Cheliceren (vgl. S. 52)
festgehaltene Beutetier einsenken. Dabei tritt das Gift schon vor der Einbohrung
des Stachels aus den beiden Öffnungen der Drüsenausführungsgänge tropfen-
förmig aus und fließt schon zugleich mit dem Einstich in die Wunde (Abb. 33).
Der Giftstachel bleibt dann einige Zeit eingesenkt, so daß weitere Giftmengen
herangeführt werden können[1]. Die Entleerung des Giftes kann auch künstlich

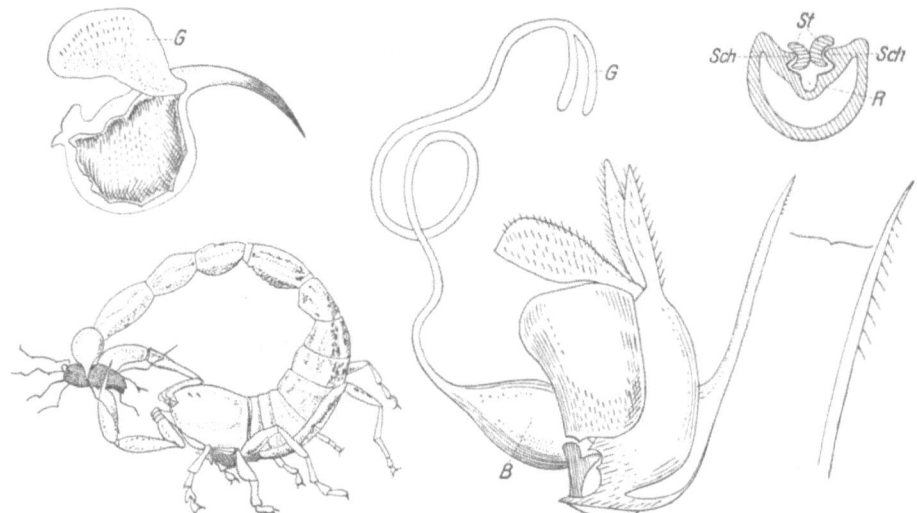

Abb. 33. „Giftstachel". Links oben: Skorpion, Scorpio; Telson geöffnet, Giftblase (*G*) herauspräpariert.
Links unten: Skorpion, ein Insekt tötend. (Nach Joyeux-Laffuie.) Mitte: Biene, Apis; Stachelapparat
der Arbeiterin, von der Seite gesehen. *G* = Giftdrüse, *B* = Behälter. (Nach Kolbe.) Rechts oben: Querschnitt durch Stachel (*StSt* = Stilette); *R* = Giftrinne, *Sch* = Schienenrinne. (Nach Fenger.) Rechts unten:
Spitze des Bienenstachels, noch stärker vergr. (Nach Hennegay.)

durch elektrische Reizung[2] des Abdominalendgliedes erreicht werden, wobei
ebenso wie im eingesenkten Stachel die Kontraktion der Ringmuskulatur erfolgt.
Die Natur des fast sofort wirkenden Giftes ist unbekannt, seine Wirkungsweise
ist in den aufeinanderfolgenden Phasen bald mit Strychnin[3], bald mit Curare[4],
bald mit Muskelkrampfgiften, z. B. Veratrin[5], verglichen worden; Blutgerinnung
ruft es nicht hervor. Über die wirksamen Dosen siehe die Zusammenstellung
Frédericqs[6], der auch die Frage der Immunität behandelt. Über die Reflexe
und Willensimpulse, welche den Skorpion zum Gebrauche des Stachels und zum
Auspressen des Giftes führen, scheinen hingegen keine eigenen Untersuchungen

[1] Joyeux-Laffuie, J.: C. r. Ac. Sc. Paris **95**, 866 (1882) — Archives de Zool. (2) **1**,
733 (1883).
[2] Phisalix u. Varigny: Bull. Mus. Hist. nat. Paris **2**, 67 (1896).
[3] Cavaroz, M.: Rec. Méd. milit. (3) **13**, 327 (1865).
[4] Bert, P.: C. r. Soc. Biol. Paris (4) **2**, 136 (1865); **37**, 574 (1885).
[5] Wilson, W. H.: J. of Physiol. **31**, XLVIII (1904).
[6] Frédericq: S. 95. Zitiert auf S. 40.

angestellt worden zu sein. Jedenfalls verwenden die Skorpione ihre tödliche Waffe sowohl gegen Beutetiere anderer Art, wie gegen Artgenossen an, welche allerdings infolge relativer Immunität mehr der mechanischen Stichwirkung erliegen sollen[1]. Der berühmte „Selbstmord" des von glühenden Kohlen eingeschlossenen Skorpions dürfte (meines Erachtens) kaum einer unabsichtlichen Selbstverletzung des in der Angst wild herumstechenden Tieres[2], sondern auf die durch Hitzewirkung hervorgerufene Krümmung des Abdomens über den Kopf hin vorgetäuscht worden sein, indem man diese Stellung mit der ähnlichen Angriffsstellung verwechselte und den durch Hitzestarre eingetretenen Tod auf Selbstverletzung zurückführte. Die Bildungsweise der Skorpiongifte ist ebensowenig wie seine chemische Zusammensetzung bekannt, es soll im Plasma frei entstehen (Veninkörner[3]). Beziehungen der Giftdrüse zu anderen als Angriffsfunktionen werden nicht angegeben. Beide Geschlechter tragen den Stachel und Kämpfe der Männchen zur Brunstzeit scheinen nicht beobachtet zu sein, Legestachel könnten die Weibchen nicht brauchen, da sie lebende Junge gebären. Hingegen wäre eine akzessorische Funktion des Giftes bei der Verdauung nicht ausgeschlossen[4], ebenso bei Spinnen, welche wie die Vogelspinne, Mygale, in die von den Mundwerkzeugen geschlagenen Wunden giftigen Speichel einfließen lassen. Ähnlich verhalten sich die den Spinnentieren nahestehenden Tausendfüßer, Scolopendra u. a.

β) Insekten (Hexapoda).

Wie allbekannt haben die durch Stiche lästigen Insekten hauptsächlich zwei verschiedene Typen von Stechorganen: den Hinterleibsstachel unter den Hautflüglern oder Hymenopteren „Aculeaten", den Mundstachel unter den wanzen- und fliegenartigen Hemipteren und Dipteren mit „stechenden Mundwerkzeugen". Einzelne Käfer oder Coleopteren tragen Stachel an wieder anderen Körperteilen.

Die Giftstachel der Bienen, Wespen und mancher Ameisen sind den Legestacheln anderer Hautflügler, z. B. Holzwespen, Schlupfwespen und auch den bei vielen Heuschrecken vorkommenden säbelförmigen Legeröhren homolog. Sie sind wie diese auf das weibliche Geschlecht, doch einschließlich der sexuell verkümmerten Arbeiterinnen, beschränkt und spielen daher keine Rolle im Brunstleben, wohl aber bei der Nahrungsbereitung der Biene zur Konservierung des Honigs[5], den sie durch Abstreichen des aus der Spitze hervortretenden Gifttropfens an der Wabe vor Gärung schützen sollen[6], vielleicht auch bei der Eiablage, aber da kein Zusammenhang mit dem Ovidukte mehr besteht, nicht zur Ableitung des Eies, sondern zur Giftbeigabe[7]. Entsprechend der Homologie des Stachels mit dem aus mehreren beweglichen Chitinschildern umgewandelten neunten Abdominalsegmente („Urit"), dem Legesäbel, ist er nicht wie bei den Skorpionen ein fester Dorn, sondern besteht aus mehreren, gegeneinander beweglichen Teilen, während die Giftdrüse weiter in den Hinterkörper hineingeschoben ist. Ihre beiden dort freiliegenden Zipfel vereinigen sich zu einem langen Gange, der in einen sicher bei den Wespen[8], vielleicht auch bei den Bienen[9] muskulös-contractilen Chitinsack führt, die „Giftblase".

---

[1] FRÉDÉRICQ: S. 99. Zitiert auf S. 40.
[2] FÜRTH, O. v.: Chem. Physiol nied. Tiere. S. 327.
[3] LAUNOY, B.: C. r. Soc. Biol. Paris **53**, 91 (1901) — Ann. des Sci. natur. (8) **18**, 1 (1903).
[4] STROHL: S. 523. Zitiert auf S. 50.
[5] VOGEL: Sitzgsber. Akad. München **12**, 345 (1882).
[6] HOLTZ, H.: Nördl. Bienenz. 1883.
[7] STROHL, J.: S. 523 (mit fernerer Lit.). Zitiert auf S. 50.
[8] CARLET, G.: Ann. des Sci. natur., Zool., (7) **9**, 1 (1890).
[9] KRAEPELIN, C.: Z. Zool. **23**, 289 (1873).

Die Chitinisierung des Urites besteht stets aus dem dorsalen „Tergit", zwei seitlich-oberen „Epimeriten", zwei seitlich-unteren „Episterniten" und einem unpaaren Ventral-„Sternit". Am Baue des Stachels ist der schuppenförmig den Anus bergende Tergit unbeteiligt, der Sternit aber verlängert sich zu einer „Schienenrinne" (gorgeret), welche an der Basis gegabelt an die Episterniten herantritt. Die dreieckigen Epimeriten tragen je einen langen ungegliederten „Tergorhabditen" („Stechborsten" oder „Stilette"), der gegen das Ende zu mit einer Reihe von (bei Apis 10) Widerhaken ausgerüstet ist. Die beiden Stilette zusammen verschließen die Schienenrinne, in der sie auf- und abgeschoben werden können, indem sie mit je einer Längsfurche auf einer Längsleiste der Schienenrinne rutschen. Retractoren und Protrusoren muskulöser Natur besorgen eine abwechselnd vor- und rückwärts gehende, „zuckende" Stachelbewegung. Zur Ausstülpung des ganzen Stachelapparates dient wahrscheinlich Verschiebung der Blutflüssigkeit[1], ähnlich wie bei den Kopfblasen während Insektenhäutungen (vgl. S. 34), doch ist dies nicht genau untersucht. Während des Stiches schieben sich die Stechborsten asymmetrisch vor und es ist daher fraglich, ob die als Stempel („piston"[2]) in einer Luftpumpenspritze gedeuteten bürstenartig bewehrten Vorsprünge am Grunde der Stechborstenschenkel eine solche Funktion erfüllen. Am Ende schließen die Stilette mit der Rinne nicht gut zusammen und hinter jedem Widerhaken öffnet sich ein Porengang. Fließt das Gift aus der Giftblase in den zwischen Schienenrinne und Stechborsten verbleibenden Hohlraum, so kann es also nicht nur an der Spitze, sondern hinter jedem Sägezahn austreten. Neben dem „Giftkanale" mündet noch eine vielleicht als Schmierdrüse dienende Glandula sebacea[1], die auch an der Giftproduktion mitwirken soll[2]. Jedoch ist die Entstehungsweise des Giftes, das eine gegen Hitze schwache Oxydationsmittel sehr widerstandsfähige organische Base darstellt[3], unbekannt. Die Anwendung des Hymenopterengiftstachels geschieht gewöhnlich unter momentanem Niederlassen des geflügelten Stachelträgers, wenn es sich um Raub handelt, wie bei den Wespen zugleich mit Beißen, das zur Festhaltung der Beute dient. Viel ist über die Betäubung der Beutetiere, Spinnen, Fliegen, Käferlarven, durch Einstechen in ganz bestimmte Ganglien seitens der Grabwespen, Pompilius, geschrieben worden[4], was im Interesse der Lebendhaltung bis zum Ausschlüpfen der Grabwespeneier dienen soll, damit nämlich die Larven in ihrer von der Mutter angelegten, mit Proviant versorgten und wieder verdeckten Grube, nicht verhungern. Es scheint aber das Gift des wo immer eingestochenen Stachels eine Lähmung der Beinganglien des Opfers herbeizuführen, so daß die Wespe eine instinktive Kenntnis der Lage dieser Ganglien nicht notwendig hätte. Die Frage, inwieweit den Stechakten bloß eine reine, ererbte Reflexkette (Instinkt) zukommt, oder individuelle psychische Erfahrungen nicht ausgeschlossen sind, ist weiterer Untersuchungen wert.

Der Stechschnabel der Wanzen (Abb. 34) dient nur bei manchen Gruppen, wie Notonectidae, Nepidae, Acanthiidae, Pediculidae zum Anstechen tierischer Opfer, sonst zum Anbohren von Pflanzen. Am Stechschnabel bildet das Labium (oder die Unterlippe) eine Rinne, in welcher die Mandibeln und Maxillen als anhangslose Stilette liegen. Das Anstechen erfolgt durch gleichzeitiges Einsenken aller Spitzen, die Hohlrinne zwischen den Stiletten und der Unterlippe fungiert als Sauger, der das Blut des Opfers in den vorher komprimierten, daher bei Aufhebung dieser Kompression als luftleerer Raum wirkenden Saugmagen auf-

---

[1] Kraepelin: Zitiert auf S. 65.
[2] Carlet: Zitiert auf S. 65.
[3] Langer, J.: Arch. f. exper. Path. **38**, 381 (1896).
[4] Faber: Souvenirs entomol.

steigen läßt. Der ganze Schnabel kann auf den Bauch der Wanze umgeklappt werden. Beim Stechrüssel der Fliegengruppen der Bremsen, Tabanidae, und der Stechmücken, Culicidae, wird die Saugrinne von dem unteren, hier der Länge nach verwachsenen Maxillen gebildet. Mandibeln und vordere Maxillen bilden 2 Stilettpaare, wozu noch 2 unpaare Stachel, dem Epipharynx bzw. Hypopharynx (Abb. 34) anderer Insekten homolog, hinzutreten. Bei den unter den Musciden vorkommenden Stechfliegen, z. B. der an der Adria so lästigen, unserer Stubenfliege äußerlich sehr ähnlichen „Papatatschi" sind unter Atrophie der anderen Stilette bloß die beiden letztgenannten Stücke als Stachel übriggeblieben. Giftdrüsen sind weder bei den Wanzen noch den Fliegen bekannt. Die unangenehmen und manchesmal gefährlichen Folgen der Stiche bei großen Tieren sind wahr-

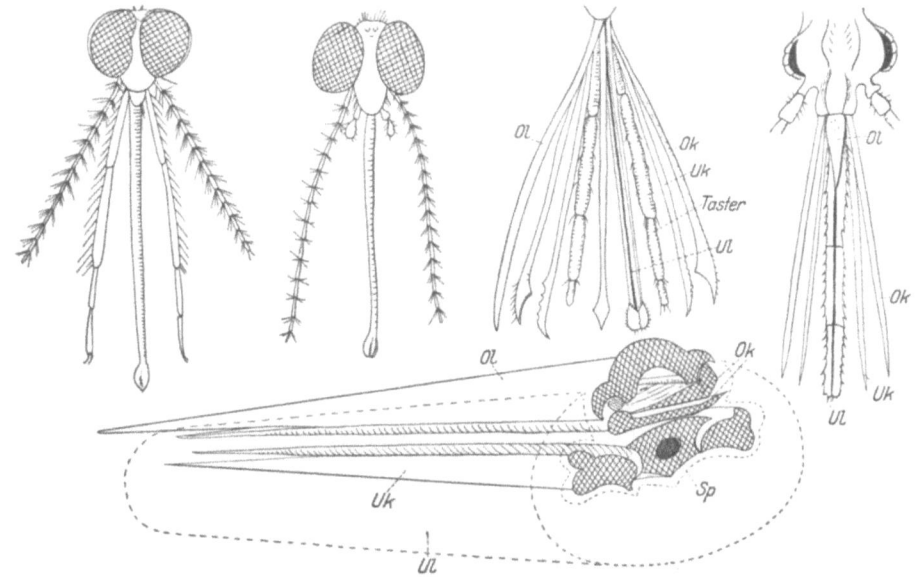

Abb. 34. „Stechschnabel". Oben links: Kopf der Sumpfmücke, Anopheles, ♀, von vorne. (Nach GILES.) Oben Mitte: Kopf der Stechmücke, Culex, ♀, von vorne. (Nach GILES). Daneben auseinandergespreizte Mundwerkzeuge der Anopheles, von vorne. (Nach BRANDT.) Oben rechts: auseinandergespreizte Mundwerkzeuge der Bettwanze, Acanthia, von vorne. (Nach BRANDT.) Unten: Bremsenstechrüssel, Tabanidae, schematisch. (Nach STEINKEL.) O = Oberlippe, OK = Oberkiefer, Sp = den Hypopharynx durchbohrender Speichelkanal, UK = Unterkiefer, Ul = Unterlippe.

scheinlich nur auf Verunreinigung der Wunden durch Spaltpilze oder dem Eindringen von krankheitserregenden Amöben (wie bei Malaria, gelbem Fieber usw.) mit dem Speichel des Insektes zurückzuführen[1]. Hingegen soll der südamerikanische Bockkäfer Onychophorus albitarsis die zu Stacheln umgewandelten Endglieder seiner Fühler als giftige Waffe verwenden[2]. Ob die im männlichen Geschlechte an vielen Käferarten, besonders den Dynastiden und Copriden auftretenden Hörner am Thorax und Kopfe von denselben als Waffen beim Kampfe um Weibchen verwendet werden, scheint nicht festzustehen.

Unser pechschwarzer Wasserkäfer, Hydrophilus, vermag mit dem scharfen, lanzettförmigen Brustkiel empfindlich zu verwunden. Vergleiche hierzu weiter unten über Abwehrstellungen (S. 97).

[1] SCHAUDINN: Arb. Reichsgesdh.amt Berl. 20, 387 (1904).
[2] BLUNCK, H.: Handwörterb. d. Naturwiss. Jena. 4, 430 (1913).

γ) Fische (Pisces).

Die zu Angriffszwecken dienenden beweglichen Einzelstacheln der Fische finden sich bei manchen Arten als Umbildungen der vorderen Strahlen unpaariger Rückenflossen und Afterflossen oder aus paarigen Bauchflossen verschmolzen, seltener als Fortsätze des Kiemendeckels. Von besonderem Interesse sind die Sperrvorrichtungen[1], welche es den Trägern gestatten, die gesträubten Stachel ohne Muskelanstrengung in ihrer aufrechten Lage so fest fixiert zu halten, daß es nicht gelingt, ohne Kenntnis des Sperrmechanismus selbst unter Gewaltanwendung die Stacheln von außen niederzulegen. Bei den Barschen, Percidae, findet bei Aufrichtung der ersten Rückenflosse eine Überstreckung der ersten Strahlen statt, so daß nun die an den senkrecht stehenden mittleren Stacheln ansetzenden Muskeln allein und mit günstigster Kraftverteilung wirken. Ähnlich verhält sich der Sattelkopf, Pelor filamentosus, und die Groppe, Cottus „gobio". Beim

Abb. 35. „Stellstachel" der Fische. I. (Nach Thilo.) Links oben: Triacanthus, mit stellbaren Stacheln, darunter Stellapparat mit dem Hemmknochen (H) von vorne und von der Seite. Mitte: Zwei sich hemmende Rückendornen von Zeus faber. Rechts oben: Monacanthus mit stellbaren Stacheln, darunter Stellapparat gestellt und nicht gestellt (H = Hemmknochen).

Heringskönig, Zeus faber, ist ein weiterer Schritt zur anstrengungslosen Fixierung durch das Eingreifen eines Hemmfortsatzes in eine Grube des folgenden Strahles getan (Abb. 35 Mitte).

Die Haftkiefer, Plectognathi, weisen Formenreihen auf, die eine um so stärkere Ausbildung eigener Sperrmechanismen zeigen, je stärker die erste Rückenflosse aus einem Schwimm- zu einem Wehrorgan umgestaltet worden ist, das seine Stellung immer mehr gegen den Kopf zu verschiebt (Triacanthus — Balistes — Monacanthus — Aluteres). Der Rückenstachel von Triacanthus mit seinen 4—5 nachfolgenden Strahlen und der von ihnen gespannten Schwimmhaut erinnert noch sehr an ein Bewegungsorgan. Die beiden Gelenkknorren des Stachels sind durch eine tiefe Rinne voneinander geschieden, so daß der ganze Gelenkkörper an die Rolle eines Flaschenzuges erinnert (Abb. 35 l. o.). Mit dieser Rinne bewegt sich der Stachel auf einer schmalen Knochenleiste wie auf einer Eisenbahnschiene, die nach hinten zu in einen spitzigen Knochenfortsatz ausläuft, der genau in einen Falz an der Rückseite des Stachels hineinpaßt. Die Spitze dieses Fortsatzes stemmt sich bei der geringsten Abweichung des Stachels aus seiner Drehebene

---

[1] Thilo, O.: Morphol. Jb. **24**, 287 (1896), mit Lit.

gegen die Falzwände, so daß jede auch nur etwas seitlich den Stachel treffende
Kraft ihn automatisch fixiert. Dem Fisch selbst wird das Niederlegen der Stachel-
flosse durch die streng symmetrische Anordnung der Beugemuskeln, welche von
der Wirbelsäule entspringend sich dicht über den Gelenkknorren an den Stachel
anheften, und der Strecker, welche die Rinne an der Stachelbasis gegen seine
Führungslinie drücken, ermöglicht. Derselbe Sperrmechanismus findet sich
wieder beim Schnepfenfisch, Centriscus, der aber die erste Rückenflosse bloß
bis zu 45° erheben kann, und der mit den beiden anderen gar nicht verwandten
Gattung Chorinemus. In der Plectognathenreihe folgt auf Triacanthus die Gruppe
der Balistinen, welche eine andere Hemmvorrichtung besitzen, nämlich einen
aus einem rückgebildeten Strahl bestehenden „Hemmknochen". Bei Balistes
hat die 1. Rückenflosse noch 3 durch Schwimmhaut miteinander verbundene harte
Stacheln. Der mittlere derselben, der „Hemmknochen", stellt hier noch einen
schlanken Strahl dar, der sich mit niederlegt, wenn der dritte Strahl durch die
Muskeln gebeugt wird, die von den Dornfortsätzen der Wirbel entspringen.
Durch Druck auf den dritten Strahl kann man von außen her die Stacheln niederlegen. Dieser dünne Fortsatz des Hemmknochens findet sich auch noch innerhalb
der Gattung Monacanthus, z. B. M. tomentosus, die sonst Arten mit bloß einem
einzigen Strahl der 1. Rückenflosse umfaßt. Monacanthus peroni trägt diesen
zu gewaltigem Stachel umgeformten Strahl zwischen den Augen auf einem schmalen flachen Flossenträger, der sehr fest mit dem Schädeldach verwachsen ist,
dem M. (Aluteres) nasicornis endlich sitzt er weit vor den Augen auf der Nase.
Der Monacanthus kann seinen Stachel durch Muskeln hin und her bewegen,
aber auch durch einen Hemmknochen zu fixieren, der dem sonst ganz rückgebildeten 2. Strahl entsprechend, als Keil wirkt, wie er auf abschüssiger Bahn unter
die Räder eines Wagens geschoben wird, um das Rückrutschen desselben beim
Nachlassen der Pferde zu verhindern. Er liegt einer walzenförmigen Gelenkfläche an und ist bei gebeugtem Stachel horizontal gelagert, nähert sich aber
einer senkrechten Stellung, wenn der Stachel erhoben wird, da sein oberes Ende
durch ein Band an den Stachel befestigt ist. Bei dieser Lagenveränderung gleitet
das untere Ende über die walzenförmige Gelenkfläche hinweg und schiebt sich
unter einen halbmondförmigen basalen Fortsatz des Stachels. Gleichzeitig wird
der Hemmknochen durch die Kreuzung von zwei Paar stabförmigen Fortsätzen,
eines derselben, eines der Gelenkfläche entspringend, an seitlicher Abweichung
verhindert, wozu eigene Muskeln dienen. Diese Art der Hemmvorrichtung gestattet den Stachel unter jedem beliebigen Winkel fixiert zu halten. Ähnlich
dem Rückenstachel ist bei Triacanthus der Bauchstachel konstruiert, der aber in
der besprochenen Plectognathenreihe immer mehr schwindet und bei M. nasicornis völlig fehlt; bei Triacanthus, Amphacanthus chorinemus, auch ein After-
stachel entwickelt. Die Stichlinge, Gasterosteus, verdanken ihren Namen den
gewaltigen Stacheln, mit denen sich namentlich die brutpflegenden Männchen
gut zu wehren wissen. Auch diese auf Rücken und Bauch getragenen Waffen
haben einstellbare Klingen. Die Stichlinge sollen besonders den Bauchstachel
gegeneinander und gegen angreifende Feinde zücken, indem sie sich zur Seite
legen[1]. Der Einstellungsmechanismus hat einiges mit jenem von Centriscus
und Chorinemus gemein, insofern das Gelenkende mit einem Spalte einer Knochenleiste aufsitzt. Betrachtet man aber diese von der Seite her, so bemerkt man
an Stelle (Abb. 36 l.) der keilförmigen Verdickung jener einen rundlichen Körper,
der sich aus zwei mit den Grundflächen aneinander gelegten Kegeln zusammensetzt,
deren Neigungswinkel 70° beträgt. Nur Kräfte, die tangential zur Grundfläche
des Doppelkegels wirken, vermögen den Stachel niederzulegen, in allen anderen

[1] Evers: Brehms Tierleben, Fische. 1878, 82.

Richtungen wird ein unüberwindlicher Reibungswiderstand entgegengesetzt. Muskeln sind wie bei Triacanthus angebracht. Beim Nilwelse, Synodontis, besteht die Rückenflosse aus neun hintereinander gelegenen, durch eine derbe Schwimmhaut verbundenen Strahlen. Hier ist der erste auffallend kurz und breit und erscheint an seinem oberen Ende mit dem zweiten Strahle durch starre Bandmassen zusammenzuhängen. Der erste Strahl besteht aus zwei säbelförmigen Teilen, welche oben zusammenstoßen, unten aber auf dem Doppelkegelgelenk aufreiten. Von einer knöchernen Scheide umgeben, sind die „Säbel" bei ihrer Bewegung an eine streng vorgeschriebene Bahn gebunden: nur eine Kraft vermag Bewegung hervorzurufen, welche genau in der Längsachse des Säbels wirkt. Jede auch nur etwas schief angreifende Kraft preßt den Säbel an die Scheide und vermehrt nur die Stärke der Fixierung (Abb. 36 Mitte).

Ähnliche Hemmvorrichtung findet sich an der Rücken- und Afterflosse von Acanthurus, einer mit Synodontis nicht näher verwandten Fischart. Die Brust-

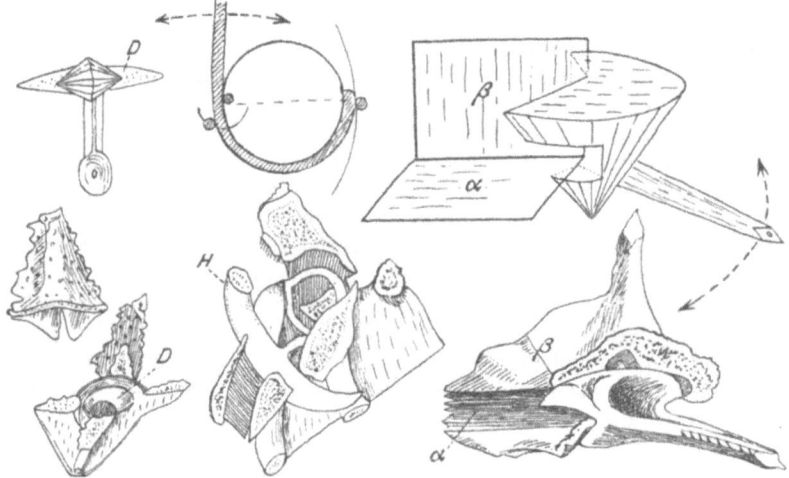

Abb. 36. „Stellstachel" der Fische. II. (Nach Thilo). Links oben: Schema zu Mitte: Stellstachel des Stichlings, Gasterosteus. Links unten: Drehung desselben auf Doppelkegel (*D*). Mitte oben: Schema zu unten: Rückenstachel des Nilwelses, Synodontis (*H* = Hemmknochen). Rechts oben: Schema zu unten: Bruststachel desselben.

stacheln von Synodontis weisen eine Hemmvorrichtung auf, welche ebenso wie beim Bauchstrahl von Triacanthus und dem noch zu besprechenden Monocentris durch Drehung des Stachels um seine Längsachse freigemacht werden kann, sonst aber einen anderen Typus darstellt. Der Gelenkkopf hat die Form eines Kegels, aus dem der vierte Teil ausgeschnitten wurde. Mit diesem Ausschnitte ist der Kegel einer senkrechten (Abb. 36 r.) Knochenwand so angefügt, daß die Achse des Kegels mit der Linie α der senkrechten Wand β zusammenfällt. Ein horizontaler Einschnitt unweit der Kegelspitze umfaßt die horizontale Knochenwand α. Der Kegel ist von außen durch einen knöchernen Hohlkegel umschlossen, und daher kann der Stachel nur bei genauer Einhaltung der Drehebene überhaupt bewegt werden, denn jeder andere Druck preßt den Kegelteil über dem Ausschnitte nur um so fester gegen die horizontale Knochenwand. Durch leichte Drehung um die Längsachse kann aber der Stachel leicht niedergelegt werden, wenn dabei der Hemmfortsatz von der Knochenwand α abgehoben wird. Die Muskeln, welche das Niederlegen des Stachels bewirken, haben daher auch eine derartige Verlaufsrichtung, daß sie den Stachel beim Niederholen zugleich ein wenig drehen. Der Beugemuskel entspringt von der hinteren Fläche der senkrechten Knochenwand β, der Scapula, und verläuft schräg nach oben zum Stachel hin, während ein zweiter Muskel vom äußeren, vorderen Rande der horizontalen Wand α, der Clavicula, schräge von unten nach der Spitze zu verläuft. Der Streckmuskel entspringt von beiden Flächen derselben Knochenplatte aus, welche auch noch das Coracoid umfaßt, und ist dreimal so massig als der Beugemuskel. Im Bauchstachel von Monocentris japonicus findet sich eine Modifikation des Säbel- und Scheideprinzips wieder, doch liegen die Stützpunkte, Achse des Stachelgelenkes und Stachelscheide, nicht so nahe wie beim Hemmknochen der Rückenflosse von Synodontis. Der flache Hemmfortsatz liegt nicht in einer Ebene mit dem oberen Rande des Lagers, sondern seine obere Fläche ist abgedacht. Beim Erheben des Stachels rutscht die Hemmscheide an dieser Abdeckung bergab, beim Niederlegen stemmt sie sich gegen diese, sobald der Stachel ganz genau in seiner Drehebene geführt wird. Der Beugemuskel hat in der Tat einen Verlauf, daß er zugleich als Dreher wirken muß. Am Kiemendeckel des Flughahnes, Dactylopterus volitans, sind Operculum, Suboperculum, Interoperculum, Praeoperculum und Hyomandibulare zu einer dreieckigen Knochenplatte verschmolzen, deren äußere Spitze in einén Stachel endigt. Ein bewegliches Schaltstück verbindet diese Knochenplatte mit einem zweiten aus den knöchernen Auflagen des unteren Augenhöhlenrandes gebildeten Dreiecke. Wäre das Schaltstück nicht vorhanden, so wäre der Stachel unbeweglich. Es läßt sich zeigen, daß die Länge des Schaltstückes sogar in einem bestimmten Verhältnis zu den Dimensionen der beiden Dreiecke stehen muß. Stirn-, Sieb-, Pflugscharbein und obere Kinnlade vereinigen sich beim Schwertfische, Xiphias gladius, zu einer oben gestreiften, unten einmal gefurchten, zelligen, von 4 Röhren zur Aufnahme von Blutgefäßen durchzogenen Schwertplatte, welche zugespitzt, schneidig und am Rande gezähnelt selbst große Tunfische, Verwandten des Xiphias, als Beute leicht zu durchbohren imstande ist[1]. Ähnliche Schwertschnauze hat der Fächerfisch, Histiophorus gladius.

Der langausgezogene Oberkiefer des Sägehaies, Pristis antiquorum, trägt an den Seiten Zähne und bildet eine gefährliche Waffe des Meeresräubers.

Obwohl eine sehr große Anzahl von Fischarten im Besitze von giftigen Stacheln sein sollen[2], so sind die Giftapparate erst bei wenigen untersucht. Man unterscheidet[3] offene, halbgeschlossene und geschlossene Giftapparate. Der bekannteste Giftfisch, das Petermännchen, Trachinus, hat sowohl an der Kiemendeckelecke, als auch an der ersten Rückenflosse kanellierte Stacheln. Die Rinnen des Kiemendeckelstachels stehen mit einem Hohlraum im Kiemendeckelknochen in Verbindung, und da der Stachel bis fast ans Ende mit der Kiemenmembran überzogen ist, so fließt das im Hohlraum angesammelte, vielleicht aus der Verflüssigung der dort befindlichen Zellen sich bildende Gift bei Eindringen des Stachels in eine Wunde sogleich in diese. Der Katzenwels, Amiurus catus[4], hat Drüsen seitlich an den Brustflossen und der Rückenflosse, ferner mehrlappige Drüsen an ihrer Basis. Die Stacheln sind bis zur Spitze kanelliert und tragen dort noch kleine Drüsen. Die Giftwirkung ist aber noch nicht festgestellt. Die halbgeschlossenen Giftapparate der Thalassophryne reticulata am Kiemendeckel und auf dem Rücken, dicht hinter dem Kopfe, enthalten Giftreservoire, welche nur durch lange, hohle, bloß am Ende offene Stacheln mit der Außenwelt kommunizieren. Bei den geschlossenen Giftapparaten der Giftstachel-

[1] BENNETT: BREHM, Fische **1912**, 116.
[2] Verzeichnis bei FRÉDERICQ, S. 170. Zitiert auf S. 40.
[3] BOTTARD, L. A.: Les poissons venimeux. Thèse Paris Nr 206; Havre 1889.
[4] CITTERIO, V.: Atti Soc. ital. Sci. natur. **64**, 1 (1925).

fische, Synanceia, besteht keine Verbindung zwischen Giftreservoir, „Gifttasche", und Stachel, sondern das Ausfließen erfolgt erst bei starkem Stoß durch Platzen der „Giftblase". Diese Fische haben 13 aufstellbare, kanellierte Stacheln an der Rückenflosse. Das Gift soll nach Entleerung nicht regeneriert werden können; es wirkt lähmend. Plotus lineatus trägt vor den Brustflossen und der ersten Rückenflosse seitlich mit Sägezähnen versehene, dünne, hohle, an der Spitze geschlossene Stacheln. Hier steht trotz geschlossenen Giftapparates die Gifttasche doch frei in Verbindung mit dem hohlen Stachel; der Verschluß ist durch die blinde Endigung des Stachelkanals an der Spitze hergestellt.

Viele größere Raubfische verwenden den Schwanz zur Austeilung von Schlägen. Bei Zitterrochen, Zitteraal und Zitterwels sind eigene Organe vorhanden, welche bei Berührung elektrische Schläge austeilen (vgl. ds. Handb. Bd. 8 II, Rosenberg).

δ) Kriechtiere (Reptilia).

Die größeren Kriechtiere besitzen in ihrem Schwanze ein Hieborgan, das besonders in Verbindung mit der Dornbewehrung empfindlich zu verwunden imstande ist. So werden vom Leguan, Iguana tuberculata, dem Menschen zugefügte tödlich verlaufende Verletzungen berichtet[1]. Besonders stark mit Dorngürteln versehene Schwänze haben die danach benannten „Dornschwanzechsen", Uromastix. Die Giftschlangen stechen eigentlich mehr mit ihren Zähnen, als daß sie beißen (wir haben sie aber schon unter den Greif- und Bißwaffen S. 50 behandelt). Sonstige Giftstachel scheinen wenigstens bei jetzt lebenden Kriechtieren nicht vorzukommen.

ε) Vögel (Aves).

Die Schnäbel der Tagraubvögel, Rapacia, noch mehr aber jene der Störche, Ciconiae, sind fürchterliche Stich- und Hiebwaffen, welche letztere besonders bei den Kämpfen der Männchen untereinander bis zum Tode des Gegners gebrauchen. (Über das „Kampfspiel" der Kampfschnepfe vgl. ds. Handb. Bd. 14 I), Wiederwachsen der Schnabelspitzen vgl. Reg. u. Transpl. ds. Handb. Bd. 14 I, 1085.) Die besondere Härte des Schnabels wird durch starke Verhornung des Kieferüberzuges bewirkt. Diese Verhornung tritt auch auf der Zunge (z. B. bei der Gans[2]) auf, sobald diese nach Abtragung der Schnabelspitzen denselben Außenbedingungen wie der Schnabel, namentlich mangelnder Dauerbefeuchtung, ausgesetzt wird. Interessant ist ferner der Funktionswechsel des raubvogelartigen Schnabels bei den Nestorpapageien, die zum Angriffe auf die nach Neuseeland importierten Schafe übergegangen sind[3].

Außer dem Schnabel kommen bei einzelnen Vogelarten eigene Sporne vor, welche äußerliche Hornwarzen sind, und ebenfalls als Hieb- und Stichwaffen gebraucht werden. Bei den Männchen des Haushuhnes und mancher anderer Hühnervögel sind solche Sporne am Laufe angebracht. Hingegen haben die Chaka, Chauna chavaria und der Aniuma, Palamedea cornuta, zwei Sporne, die Wasserralle, Para jacana, einen an der Flügelbeuge. Vom Aniuma wird berichtet, daß er durch einen Flügelschlag Hunde in die Flucht schlägt[4]. Auch die danach benannte „Sporengans", Plectropterus gambensis, hat ähnliche Sporne, ferner der argentinische „Sporenkiebitz", Belonopterus caiennensis grisescens[5].

---

[1] Brehm: Kriechtiere. 2. Aufl. 1878, 227.
[2] Werber u. Goldschmidt: Arch. Entw.mechan. 28, 661 (1909).
[3] Brehm: Vögel. 2. Aufl. 1878, 167.
[4] Brehm: Vögel. 2. Aufl. 1878, 409.
[5] Hudson, W. H.: A Naturalist in La Plata. London 1895.

ϑ) Säugetiere (Mammalia).

Schnabeltier, Ornithorhynchus, und Schnabeligel, Echidna, sind durch vergiftete Sporne ausgezeichnet, welche nur dem Männchen zukommen und am Mittelfuße nach hinten gerichtet stehen (Abb. 37 r.). Die Giftdrüse liegt hinten am Oberschenkel und leitet das Gift durch einen langen Gang in eine blasenförmige Erweiterung am Grunde des Sporns, der durchbohrt ist und an der Spitze aus einem runden Loche das Gift entleert. Die Verwundung ist für Hunde meist tödlich, beim Menschen schmerzhaft, aber nicht lebensgefährlich[1].

Hatte man vor Kenntnis der giftigen Eigenschaften des Schnabeltieres den nur im männlichen Geschlechte vorhandenen Sporn mit dem Sexualleben in Verbindung zu bringen gesucht, so sehen wir tatsächlich bei anderen Säugern die als Stoß- und Hiebwaffen ausgebildeten Zähne und Stirnanhänge vornehm-

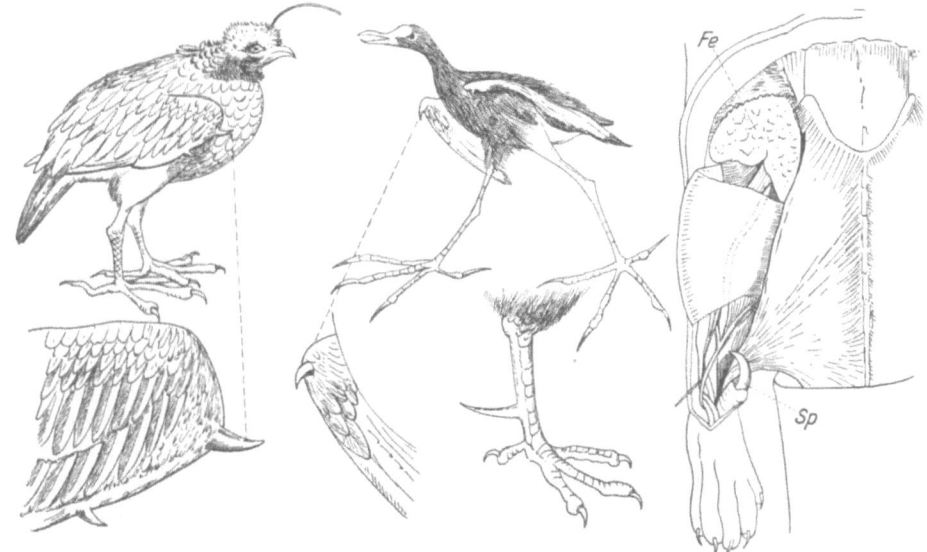

Abb. 37. „Sporne." Links oben: Hornwehrvogel, Palamedea cornuta, darunter Flügelbeuge mit den zwei Spornen. (Nach MÜTZEL.) Mitte oben: Sporenflügelralle, ·Parra Jacana, darunter Flügelbeuge mit Sporn. (Nach KRETSCHMER.) Mitte unten: Lauf des Silberfasans, Euplocomus nycthencerus mit Sporn. (Nach SCHMID.) Rechts: Schenkeldrüse (Fe) und Sporn (Sp) am Hinterbeine des Schnabeltieres, Ornithorhynchus paradoxus. (Nach MARTIN u. TIDSWELL.)

lich im Kampfe der Männchen untereinander eine Rolle spielen. Sind zwar bei gewissen Arten beide Geschlechter im Besitze der Stoßzähne, wie Elephas africanus gegenüber dem bloß im männlichen mit Stoßzähnen bewehrten E. indicus, oder der Geweihe, wie das Rentier, Rangifer tarandus, gegenüber den übrigen Hirschen, oder der Hörner, wie andere Antilopen, z. B. die Gemse gegenüber der Hirschziegenantilope, Cervicapra, so pflegt die Ausbildung beim Männchen doch weit stärker zu sein als beim Weibchen. Auch sind die bisher genannten Formen friedliche Pflanzenfresser, welche nur zur Brunstzeit gefährlich werden. Das gilt auch von sonstigen gehörnten Wiederkäuern und von den Wildschweinen, Suidae, mit ihren Hauern. Andere stoßbewehrte Säugetiere, wie das Walroß, Trichechus rosmarus, sind zwar Fleischfresser, aber zur Bewältigung der Beutetiere, kleiner Fische, Krebse und Weichtiere, würden sie die Stoßzähne nicht gebrauchen können, gelegentlich aber davon zur Verteidigung gegen den Men-

---

[1] Chemie vgl. FREDERICQ: S. 231. Zitiert auf S. 40.

schen Gebrauch machen, indem sie Boote zertrümmern[1]. Das lange, gedrehte „Horn" des Narwales, Monodon monoceros, welches in Wirklichkeit ein asymmetrisch entwickelter Zahn ist, dürfte mehr zum Aufstöbern der platten Grundfische, als zu den früher erzählten und ausgeschmückten Kämpfen mit Walfischen dienen[2]. Während das Horn der Nashörner alle 4—5 Jahre erneuert wird, stehen die Geweihe unserer Hirsche auch insoferne mit der Brunst im Zusammenhange, als sie erst zu dieser Zeit ihre volle Ausbildung erlangen und bald nach dem Abflauen der Brunstkämpfe wieder abgeworfen werden. Notwendig

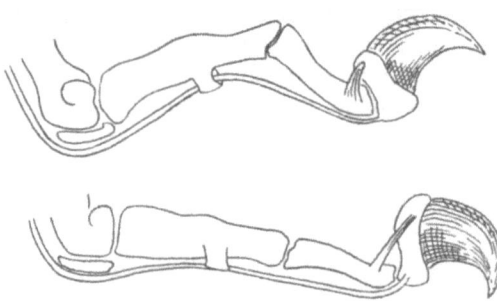

zur erfolgreichen Konkurrenz sind aber die Geweihe nicht, es ist sogar beobachtet worden, wie die ab und zu als Mutation auftretenden geweihlosen Edelhirsche Sieger blieben und sich fortpflanzten[3]. Zahnlose Elefantenbullen[4] sollen ebenfalls gefährlichere Feinde sein als solche mit Stoßzähnen. Die sonst unbewehrten Exemplare benutzten die harte Stirne zum Stoße. Vielfach bedient sich das Huftier auch des Vorder- oder Hinterbeines zum „Ausschlagen". Der Löwe

Abb. 38. „Zurückziehbare Kralle" der Katze. Oben: Zehe mit zurückgezogener, unten mit ausgestreckter Kralle. (Nach SCHMEIL.)

trägt am Ende des Schwanzes in der „Quaste" einen Hornnagel; ob derselbe als Waffe zur Verstärkung der Wirkung des Schwanzschlages dient, ist nicht bekannt. Jedenfalls bedienen sich alle Katzenarten der mit zurückziehbaren Krallen ausgestatteten Pranken als einer Schlag-, Stich- und Rißwaffe, wie sie nur wenige in gleicher Wirksamkeit vorhanden sind (Abb. 38). Die Krallen liegen bei Streckung der Phalangen tief in Hauttaschen verborgen. Bei Beugung aber zieht der an der Unterseite verlaufende Muskel die Kralle vor und abwärts, so daß sie entblößt wird. Endlich sei noch auf die Verwendung von Stöcken zum Stoßen und Schlagen seitens der Menschenaffen erinnert.

5a. Gehäuse- und Wohnbau.

Wir haben in unserem Abschnitte über die Körperbedeckung der Tiere als Schutzeinrichtung (S. 21) mehrerer Formen gedacht, die durch Zusammenkugelung sich vor äußeren Gefahren zu schützen trachten, wobei die äußere Bedeckung eine besondere Rolle spielt. Nun gibt es aber noch Tiergruppen, deren Exemplare sich in ein Haus zurückziehen, das entweder von den Tieren abgeschieden oder aus fremden Stoffen gebaut wird oder beide Bauarten vereinigt. Wir können der besseren Übersicht halber vier Bauweisen unterscheiden:

α) Am Körper angewachsene Gehäuse, welche keine Fremdteile enthalten, entweder eigene äußere Schichten bilden, „Schalen", oder von Körperhaut überzogen sind, „Schilder".

β) In unmittelbarem Anschlusse an den Tierkörper abgesonderte Gehäuse, welche entweder unter Hereinziehung fremder Bestandteile aus einem den Tierkörper verlassenden Sekrete aufgebaut werden, sog. „Wohnröhren", oder bei der Verwandlung zum Schutze des Ruhestadiums gesponnen werden, „Puppenkokone".

[1] MARTENS in HECK: Säugetiere 2, 633 (1912).
[2] MARTENS in HECK: Säugetiere 2, 475 (1912).
[3] RÖRIG, A.: Arch. Entw.mechan. 23, 3 (1907).
[4] BAINES 1856 in HECK: Säugetiere 3, 531 (1912).

γ) *Fremdgehäuse*, welche von einer Tierart herstammen, aber von einer anderen benutzt und mit herumgeschleppt werden.

δ) *Wohnbauten*, welche außerhalb des Tierkörpers angelegt werden und unbeweglich sind. (Abbildungen s. HESSE-DOFLEIN II).

α) Angewachsene Gehäuse (Schalen).

Unter fast allen Stämmen des Tierreiches finden wir Gruppen, welche sich durch Schalen auszeichnen, in die sie ihre Weichteile oder Anhänge durch Muskeln zurückziehen können. Es sei bloß an die Kolonien der Poriferen, Hydroidpolypen, Anthozoen, Bryozoen, an die Einzeltiere der schildförmigen Rotiferen, Limnadiiden (Phyllopoden), Cladoceren, Cirripedien, Ostracoden, Cocciden (Hemipteren), Cassididen (Coleopteren), Lamellibranchiaten, Gasteropoden, Testudineen (Reptilien) erinnert. In einer Physiologie ist es nicht am Platze, eine morphologische Beschreibung der Schalentypen und der Retractoren zu geben, da es wegen der außerordentlichen Mannigfaltigkeit des Schalenbaues nicht möglich ist, dies in genügender Kürze zu tun. Physiologisch interessiert wohl am meisten die Muskelart der Muscheln, Lamellibranchiata, welche die beiden Schalenstücke fest und lange aneinanderzuhalten vermag (Dauerkontraktion und Tonus vgl. ds. Handb. Bd. 8 I, RIESSER).

β) Abgesonderte Gehäuse (Wohnröhren und Puppenkokone).

Der Bau von Wohnröhren und Wohnhülsen kann alle Stufen von einfacher Sekretion auf einen Berührungsreiz hin bis zu kunstvoller Anfertigung von Geweben führen, die späteren Bedürfnissen genau angepaßt sind. Die einfachsten Wohnröhren finden sich bei den unverzweigten Meerespolypen, wie z. B. Cerianthus membranaceus. Wird ein solcher Polyp aus der breits gebildeten, schleimig ausgekleideten Sandröhre gezogen, so hängt es von dem Kontakte mit festen Körpern ab, ob der zum Festhalten der Sandkörner erforderliche Schleim abgesondert wird oder nicht. Glatte Glasflächen, freies Herabhängen eines fixierten Cerianthus zu beiden Seiten der fixierenden Nadel verhindern die Ausscheidung außer in unmittelbarer Nähe der Nadel, wobei aber nicht etwa der Wundreiz ausschlaggebend ist, denn solche Abscheidung erfolgt auch an den Maschen eines Drahtnetzes, durch die der Cerianthus sich hindurchwindet. Auf Sand entsteht durch die Schleimabsonderung rasch eine derbe Schleimröhre[1]. Bei manchen Seewalzen, so Holothuria nigra[2], kommen Schleimgespinste vor, die wohl schon eine Mitwirkung der sandschiebenden Tentakel erfordern. Die Ringelwürmer, Annelidae, welche alle die Fähigkeit zur Schleimabsonderung besitzen, überziehen in schlammgrabenden Arten der Gattung Arenicola die Gänge mit Schleim; Terebella und Hermella bauen dünnwandige, durch spärliche Sekrete zusammengehaltene Sandröhren, Myxicola schleimige, Chaetopterus, Sabella pergamentartige, die Serpulidae dicke, kalkreiche Röhren[3]. Die Schleimdrüsen sind über den Körper, hauptsächlich an der Bauchfläche, verstreut, daneben kommen zur Verkittung der Fremdkörper große, von einem Muskelnetz umsponnene milchweiße „Zementdrüsen" vor. Die chemisch untersuchten Röhren von Onuphis und auch von Spirographis scheinen neben dem anorganischen Gehalte an Kalk und Phosphaten namentlich eine seidenähnliche Substanz zu enthalten. Die Entfernung des vordersten Körperteiles bei Myxicola hindert nicht die Schleimabsonderung, welche unter langsamer Rotation des Wurmes um seine Längsachse vor sich geht. Bald überzieht sich das Tier so mit frischen Schleimschichten.

---

[1] LOEB, J.: Unters. physiol. Morphol. I. Heteromorphose. Würzburg: Hertz 1891.
[2] DALYELL in F. W. 37.
[3] FRÉDÉRICQ: Wintersteins Handb. d. vergl. Physiol. II 2, 22 (1910).

Ebenso bildet Branchiomma ohne Kopfende neue Röhren, beides sind Gattungen, deren Angehörige auch ohne Eingriff die Röhren zu verlassen gewohnt sind. Spirographis und die Serpulidae verfertigen hingegen nur eine Wohnröhre auf Lebensdauer. Es soll z. B. Owenia fusiformis zwar die beschädigte Röhre auszubessern, nicht aber eine neue zu bauen imstande sein. Am Bauen der Röhre beteiligen sich bei diesen Formen die Mundanhänge und Kragenlappen aktiv. So wird bei Serpula die ausgeschiedene kalkhaltige Substanz der Bauchdrüsen mittels des Kragenlappens auf den Rand der Röhre aufgetragen, während die Thorakalmembran während der Drehung des bauenden Wurmes die gleichmäßige Ausbreitung des Sekretes besorgt. Bei Amphitrite bringt ein eigener lippenähnlicher Anhang ventral vom Munde das Material an den Röhrenrand, und wie neues Material angesetzt wird, schaffen die Muskel der ersten Segmente und Borsten der rudimentären Podien das alte weiter nach rückwärts. Diopatra betastet die aufzunehmenden Fremdkörper mit den ventralen und dorsalen Fühlercirrhen, faßt sie mit Palpen oder Mandibeln und schafft sie durch Muskelkontraktionen nach hinten. Verkittung besorgen die vom 6. Segmente an vorhandenen Ventraldrüsen. Ähnlich verfährt Terebella conchilega, welche aus der Röhre entfernt mittels der sehr langen Tentakel Fremdkörper prüft und am Rande der neu zu bauenden Röhre befestigt. Terebella littoralis setzt an den offenen Röhrenrand solide Anhänge aus reihenförmig aneinandergekitteten Sandkörnern auf, welche dem Gehäuse das Ansehen eines Bäumchens geben. Manche tubicolen Annelliden bringen im Gehäuse Verschlußvorrichtungen an: Sabella saxicava rollt das Gehäuse beim Zurückziehen spiralig ein, den Eingang verschließend; Onuphis conchilega, Hyalinaecia tubicola und Nothria pycnobranchiata haben beiderseits offene Wohnröhren mit beweglichen Verschlußdeckeln. Das Spinnen des Sekretes ist bei Panthalis Oerstedi besonders ausgebildet, dessen Parapodien an den Spinndrüsen eigentümliche „Bürsten" tragen. Kalkröhren erzeugen unter Mitwirkung eines Sekretes Bohrmuscheln der Gattungen Teredo, Gastrochaena[1], wobei wie bei anderen solchen Muscheln, z. B. Lithodromus, ein saures Sekret zum Ausbohren der Löcher eine Rolle spielen dürfte. Unter den Crustaceen scheinen bloß einige Amphipoden klebriges Sekret zur Verfertigung von Wohnröhren zu benützen, Prosima, Cerapus u. a.[2].

Myriapoden verwenden zur Tapezierung ihrer Erdnester Seide, die bei Geophilus aus Anhangsdrüsen der Ovidukte sezerniert wird[3]. In vollkommenerer Weise tapezieren gewisse Spinnen ihre in die Erde versenkten Wohnröhren aus. Wir werden das Spinnen selbst im Zusammenhang mit den Spinnetzen (S. 89, Abb. 41) behandeln. Hier seien nur die Wohnröhren als teilsweise sezernierte, den Bewohner ziemlich enge umschließende Hülse besprochen[4]. Sie sind entweder einfach oder gabelig verzweigt, bald durch einen, bald durch zwei Deckel gegen außen abgeschlossen. Letzterenfalls kann, bei Nemesia congener, der zweite Deckel derart in der Gabel aufgehängt sein, daß er bald den einen, bald den anderen Gabelast verschließen kann; hat ein Feind die erste Türe forciert, so begibt sich die Spinne in den zweiten, blind endenden Gabelast, den sie mit der Schwingtüre verschließt, und der Eindringling glaubt das Haus leer. Die „Falltür"-Spinnen haben zum Erdgraben besonders geeignete Kiefer, mit denen sie die runden Erdröhren graben. Die Deckel sind daher kreisförmig und werden stets so angefertigt, daß zuerst die Röhrenöffnung ganz übersponnen, hernach das Gewebe bis auf eine Stelle, die „Angel", wieder längs des Randes durchgebissen wird.

[1] Sluiter: Nat. Tijdschr. Nederl. Ind. Batavia **50**, 45 (1890).
[2] Chilton: Rec. Austr. Mus. Sydney **2**, 1 (1891).
[3] Frédericq: S. 92. Zitiert auf S. 40.
[4] Moggridge: Harvesting Ants. a. Trap-door-Spiders. S. 120. London 1873.

Eine einfache Gewebslage liefert Klappen, eine vielfache aber Stöpsel, die genau in die Öffnung eingepaßt erscheinen. Die Spinnen verbergen die Türe durch Aufstreuen von Sand, Moosstückchen u. dgl. Wird aber eine Türe ausgehoben und aus dem Umkreise der Öffnung alles Moos usw. entfernt, so bringt die Spinne doch an der neugesponnenen Türe wieder Moos an, das sie von ferne herschleppt. Die Falltüre trägt an ihrer inneren Seite eine Nut, an welcher sie von der Spinne mittels der Vorderbeine niedergehalten werden kann. Cteniza ariana[1] legt nächtlich Fangnetze aus, deren Seide sie gegen Morgen zur Verstärkung ihrer Falltüre verwendet, während sie alle Überreste ihrer nächtlichen Opfer sorgfältig wegräumt. Andere Spinnen, so Atypus affinis, verlassen kaum ihre Wohnhülsen, die als seidige Säcke in die Erde versenkt sind, aber als Ganzes herausgezogen werden können, und etwas frei über die Erde hervorragen, wobei die Öffnung tagsüber stets verschlossen gefunden wird. Andere Arten errichten Aufbauten über dem offenen Eingang zur Wohnröhre, die ihnen bei Cyrtauchenius elongatus das Ansehen von Pilzen oder bei Lycosaarten von Nestchen geben[2]. Die Verwendung von kleinen Ästchen zum Stützen des „Pilzhutes" und Flechten des „Nestchens" zeigt die Komplikation der Handlung.

Die Larven der Phryganiden bauen mit Hilfe einer Seide Hülsen aus Fremdkörpern, die mit herumgeschleppt und in der Regel nicht mehr verlassen werden, ehe die Metamorphose beendet ist. Von der Form der Hülsen haben diese Insekten den Namen „Köcherfliegen" erhalten. Zum Bauen verwenden die Köcherfliegenlarven Beine, Kiefer und die an der Unterlippe sich erhebende Endpapille des Spinnapparates, der ganz analog[3] den später zu besprechenden Einrichtungen bei der Seidenraupe ist[4]. Bei Vorhandensein des gewohnten Baumateriales werden beschädigte Gehäuse entsprechend repariert, auch kann anderes Baumaterial Verwendung finden, wobei aber eine gewisse Auswahl getroffen wird[5]. Nicht jedes Material wird zum Bau verwendet; es kann dabei zum Beginn eines Gehäusebaues nicht verwendbares Material, Sand bei Limnophilus marmoratus, doch zum weiteren Anbau dienen. Verkehrt in ihr Gehäuse gesetzte Larven helfen sich entweder durch Vergrößern der hinteren Öffnung behufs Herausstrecken des Kopfendes oder durch Abtragung einzelner Nadeln oder durch Umdrehen innerhalb des Gehäuses[6]. Auch die Bauart des Gehäuses wird dem Materiale angepaßt, es treten Individualverschiedenheiten in der Anpassungsgüte auf, was benötigte Dauer, Genauigkeit in der Auswahl verwendbarer Körner, Handgriffe usw. anbelangt[7]. Zu kleine Gehäuse oder solche aus wenig gefügigem Materiale werden weiter nach vorne gebaut, das wenig verwendbare Stück rückwärts abgestoßen. Zu große Gehäuse werden dagegen auf die passende Größe abgebissen. Die Farbanpassung des Gehäuses an den Untergrund kommt nur durch die Verwendung des daselbst vorherrschenden Materials zustande. Auf Farbe achten die Köcherfliegenlarven nicht[8]. Den Köchern der Phryganiden ähnliche Gebilde fertigen unter den Lepidopteren die Psychidenraupen an, welche als „Sackträger" bekannt sind. Am Seidensacke sind bei verschiedenen Arten Blätter, Nadeln, Sandkörner, Steinchen u. dgl. befestigt. Sowohl die Phryganiden als auch die Psychiden verschließen vor der Verpuppung die Gehäuseöffnung mit einem Gespinste. Die Weibchen der Psychiden öffnen sie dann

[1] ERBER: Verh. zool.-bot. Ges. Wien 18, 905 (1868).
[2] McCOOK: Am. Spiders a. their Spinning Work 1 (1889).
[3] GILSON, G.: Cellule 10 (1893).
[4] GILSON, G.: Cellule 6 (1890).
[5] BIERENS DE HAAN: Bijdr. Dierk. zool. Gen. Nat. 22, 321 (1922) mit früh. Lit.
[6] BIERENS DE HAAN: Bijdr. Dierk. zool. Gen. Nat. 22, 326 Anm. 2 (1922).
[7] DEMBOWSKI, J.: Trav. Inst. Nencki, Nr 30, 1. Warschau 1923.
[8] DEMBOWSKI, J.: Trav. Inst. Nencki, Nr 30, 43. Warschau 1923.

nach eingetretener Verwandlung, ohne ihr Gehäuse zu verlassen, in dem sie die Eier meist parthenogenetisch ablegen[1].

Viele unter den Insekten mit vollkommener Verwandlung sind als Larven mit Spinnorganen ausgestattet, annähernd von gleichem Typus wie die Lepidopteren. Die Ameisengattungen Polyrhachis, Oecophylla, Camponotus u. a. benutzen ihre eigenen Larven zum Spinnen von Nestern; bei ersterer Gattung wird eine Röhre in der Erde angelegt[2]. Bei Coleopteren verwenden namentlich wasserlebende Formen, so die Tummelkäfer Gyrinus, die Chrysomeliden Donacia und Haemonia, die Seide zu vollkommenen Kokonen für die Verpuppung. Solche Puppenkokone haben ferner die Mehrzahl der Hymenopteren mit Ausschluß der Cynipiden, deren Larven aber doch Seide spinnen können; der Neuropteren; der nachtlebenden Lepidopteren. Weniger gut gesponnene Kokone, die mit Erd- und Holzstückchen beklebt sind, finden sich bei den an oder in der Erde sich verpuppenden Käfern, z. B. Silphidae und Cetoniidae, letztere gelegentlich in Ameisenhaufen, Lucanidae und abendfliegenden Schmetterlingen, Sphingidae. Holzbohrende oder auf Bäumen lebende Insekten fertigen in mehreren Fällen

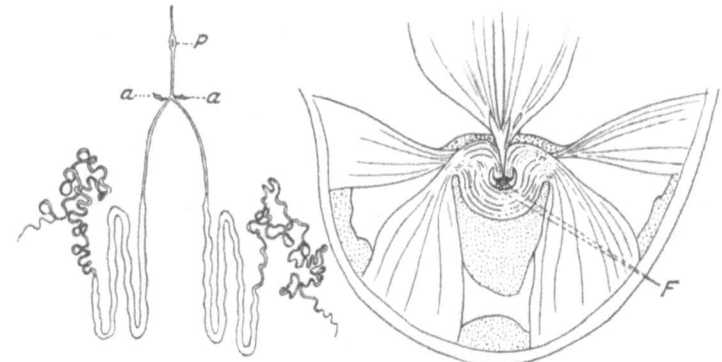

Abb. 39. „Spinnapparat der Spinnerraupe." Bombyx mori. Links: Spinndrüsen mit dem gemeinsamen Ausführungsgang, den akzessorischen Drüsen (*aa*) und den Preßapparat *P.* Rechts: Durchschnitt durch Preßapparat, stärker vergr. (Nach Gilson.) *F* = Doppelfaden.

sehr harte, aus Holzmasse und Sekret gebildete Kokons an, so die Coleopteren Anobium, Pissodes; die Lepidopteren Cossus ligniperda, Weidenbohrer; Dicranula vinula und erminea, Gabelschwänze[3]; Harpya fagi, Buchenspinner. Manche Mikrolepidopteren, seltener Makrolepidopteren, wohnen während des ganzen Raupenlebens in gesponnenen Hülsen, die entweder bloß Blätter zusammenhalten oder besser als Seidensäckchen ausgesponnen sind. Auch kommen gemeinsame Gespinste der Geschwister eines Geleges vor, so bei Arten der Saturnidae hemileucidae. Während die übrigen Nachtpfauenaugen an den Analfüßen behufs Fixierung Häkchen ausbilden, fehlen diese „Cremasteren" diesen gesellig eingesponnenen Arten[4]. Der Spinnapparat des Seidenspinners und der übrigen Spinner sowie der meisten übrigen spinnenden Insekten besteht aus den paarigen, schlauchförmigen, mehrfach gewundenen, die Körperlänge 2—3mal übertreffenden Spinndrüsen, welche in eine unpaare Spinnröhre zusammentreten, die einen Preßapparat durchläuft und an der Unterlippe ausmündet. Kurz vor der Vereinigungsstelle der beiden Spinndrüsen mündet noch ein zweites Drüsenpaar in deren Ausführungsgänge ein, das vielleicht einem ehemaligen, embryo-

[1] Berge-Rebel: Schmetterlingsbuch. 9. Aufl. S. 452. Stuttgart: Schweizerbart 1910.
[2] Escherich: Ameise **1906,** 97.   [3] Frédericq: S. 164. Zitiert auf S. 40.
[4] Bouvier, E. L.: Lepidoptera **1,** 3 (1925).

nalen zweiten Spinndrüsenpaares entspricht, aber wohl zur Absonderung eines Schmiermittels für die Spinnröhrenpresse oder auch einer Kittsubstanz dient. Der Bau der Spinndrüse ist überall derselbe, eine äußere Membran wird von einem aus sechseckigen, großen Zellen mit verzweigten Kernen gebildeten Epithel ausgekleidet. Während der Anfangsteil der Drüse sehr dünn mit dicker Wandung ist, erweitert sie sich dann zu einem dünnwandigen Reservoir. Aus den Epithelzellen wird die zähflüssige Seide abgeschieden und füllt in granulösem Zustande das Lumen aus. In den Reservoiren ist dieser Stoff in zwei Teile gesondert, dem wandläufigen Seidenleim oder Sericin und dem axialen Seidenfaserstoff oder Fibroin. Es ist nicht ganz sicher, ob diese beiden Stoffe von denselben Drüsen herstammen oder ob der Seidenleim nicht bloß den Reservoirzellen entstammt[1]. Beide Seidenstoffe sind Proteinstoffe, geben prachtvolle Biuretreaktion, Millon- und Xanthoproteidreaktion. Während der Seidenleim in heißem Wasser, 50—60°, löslich ist, bleibt Seidenfaserstoff ungelöst. Die äußeren Schichten der Seidenspinnerkokone enthalten viel weniger Seidenleim als die inneren und können daher leicht nach Einlegen in heißes Wasser abgespült werden. Die inneren Lagen und die im ganzen festen Kokons anderer Insekten sind stark durch Leim verklebt und nichtabhaspelbar. Das chemische Verhalten der Seidenstoffe ist in den Handbüchern der physiologischen Chemie nachzuschlagen[2]. Die Raupe befestigt zum Spinnen der austretenden klebrigen Faden an irgendeinem Gegenstand und verlängert ihn unter Zurückziehen des Kopfes immer mehr, durch Bewegung des letzteren die gewünschten Touren beschreibend. Da die austretenden Seidenfäden eine halbmondförmige Verengerung der Spinnröhre, den Preßapparat, passiert haben, so sind sie rasch erstarrend abgeplattet. Der Preßapparat selbst (vgl. Abb. 39) wird von drei Paar kräftigen Muskeln offen gehalten, die aber auf die Dauer der zur Verengerung neigenden elastischen, chitinösen Spinnröhre nicht gewachsen sind, so daß der Endteil des Fadens dünner zu sein pflegt als der Anfangsteil. Durch Nachlassen der Muskeln kann die Raupe das Offenhalten des Spinnspaltes ganz aufheben und so den Faden abbrechen, durch Anstrengung die Fadendicke regulieren. Entgegen älteren Angaben sind bei der Arbeit des Spinnens gestörte Raupen, z. B. der Nachtpfauenaugen, imstande, die zerrissenen Kokone auszubessern, Löcher zu verspinnen und aus dem Kokon entfernt einen neuen zu spinnen[3]. Die Raupen des südamerikanischen, zwischen Drepaniden und Psychiden stehenden Perophoridae verspinnen nicht nur, wie viele andere Raupen, Blätter zum Einzelaufenthalt, sondern Perophora chiridota schneidet ein Blatt ganz ab und trägt es mit sich herum. Perophora sanguinolenta spinnt als Raupe eine aus den eigenen Faeces gebildete „Hängematte", in der sie sich dauernd aufhält, für entsprechende Vergrößerung sorgend[4]. Die Wirbeltiere scheinen niemals Röhren zu sezernieren oder Seide zum Spinnen zu produzieren. Es wäre höchstens die schleimige Absonderung zu erwähnen, mittels derer die Lungenfische Dipnoi, die für den bis zu einem halben Jahre während den Sommerschlaf gegrabenen Schlammhöhlungen fest machen, so daß die sie umgebende Lehmerde als einheitlicher Klumpen ausgegraben werden kann. Protopterus[5] verschließt seine Cyste bis auf einen schmalen, zur Nase führenden Kanal ganz, während Lepidosiren[6] einen mit Löchern versehenen Pfropfen anfertigt.

---

[1] HENNEGUY, F.: Les Insectes. S. 464. Paris: Masson 1904.
[2] FRÉDERICQ: S. 112. Zitiert auf S. 40. — FÜRTH, vgl. Physiol. **1903**, 392.
[3] PATIJAUD, E.: Rev. d'hist. nat. appliquée **6**, 366 (1925).
[4] SHARP, D.: Cambr. Nat. Hist. **6**, 379 m. Abb. (1901).
[5] PARKER, N.: Trans. Irish. Ac. **30**, 201 (1892).
[6] HUNT: Proc. Zool. Soc. **1898**, 41.

γ) Fremdgehäuse.

Abgesehen von den unter Brutpflege (S. 58) angeführten Fischen und den Fällen der gelegentlichen Okkupation fremder Nester oder Kaninchenbaue durch Vögel[1], Wohnbauten andrer Spezies durch Ameisen[2], findet sich die Idee, fremde Gehäuse zu benutzen, bei Gliederfüßern in mehreren Gruppen ständig verwirklicht, bei niederen und hohen malakostraken Crustaceen, bei Spinnen und Insekten. In Europa gibt es eine Art Meerassel, Zenobia prismatica, die in Algen, Holzstücken, aber wie es scheint auch in Sandröhren von Würmern lebt. Sie soll selbst Gehäuse zu bauen nicht imstande sein[3]. Die zu den Hyperinen gehörige Phronima frißt die durchsichtigen Gehäuse der Feuersalpen, Pyrosoma, vollständig aus und benutzt sie als Schwimmtonne, auch zur Unterbringung der Brut. Das Weibchen des Krebschens hält sich mit den Thoracalbeinen innen fest und bewegt willkürlich das Gehäuse mit Kontraktion und Expansion des zur hinteren Gehäuseöffnung hinausragenden Abdomens. Gleichzeitig wird durch diese Bewegung stets frisches Wasser von vorn her in die Tonne getrieben und den Eiern zugeführt.

Das klassische Beispiel der Benutzung fremder Gegenstände als Gehäuse, welche meist mit herumgeschleppt werden, liefern die „Einsiedlerkrebse", Pagridea. Als Schutz für ihren sonst wenig gesicherten Hinterleib scheinen die ältesten Formen, die noch makrurenähnliches, symmetrisches und mit paarigen Beinen versehenes Abdomen tragen, besondere Kiele an den 4. und 5. Thoracalbeinen und den Anhängen des letzten Abdominalsegmente zum Anklammern erworben zu haben: wenigstens finden sich diese Kiele bereits in den rezenten Pilochelidae, die als die primitivsten Paguriden gelten und entweder in unbeweglichen Schwämmen[4] oder in geraden Bambusstücken[5], nur selten in Conchylien, gefunden werden. Die typischen Paguridae zeigen dann eine weitgehende Veränderung des Hinterleibes, der sich dem Aufenthalte in rechtsgewundenen Schneckenschalen angepaßt zeigt. Das Abdomen hat diese selbe Windung, es fehlen ihm die Pleopoden ganz oder sind bloß auf der linken Seite vorhanden, wo sie dem Weibchen zur Befestigung der Eier dienen. Während die ersten Entwicklungsstadien bis zur Glaucothoe noch annähernd denen verwandter Makruren, z. B. Galatheiden, ähnlich sehen und abdominal symmetrisch sind, macht sich von diesem Stadium an eine Tendenz zur Asymmetrie des Abdomens und seiner Anhänge bemerkbar, auch wenn den Krebsen keine Gelegenheit geboten wird, asymmetrische Schneckenschalen aufzusuchen[6]. Doch geht in diesem Falle die Annahme der Asymmetrie, Reduktion rechtsseitiger Pleopoden und Krümmung langsamer und unregelmäßiger vor sich. Im Freien gelingt es jedoch wohl stets den Einsiedlern, auf richtigem Stadium eine Schneckenschale zu erbeuten, die dann jeweils beim Wachstume des Krebses im Verlaufe seiner weiteren Häutungen durch größere Schalen ersetzt wird. Die Einsiedler halten diese Gehäuse sehr fest mittels der erwähnten Kiele an den Anhängen, und da die Hinterleibspitze um die Columella des Schneckenhauses geklammert ist, so gelingt es eher den Krebs zwischen Thorax und Abdomen zu zerreißen als ihn unversehrt herauszuziehen. Dazu gewähren ihm bei manchen Arten (und zwar auch schon unter den Pylocheliden) die schildartigen Ausbildungen der Scheren ein Mittel zum harten und dichten Verschluß der Schneckenschale oder sonstigen

---

[1] Doflein: Tierbau u. Tierleben 2, 613, resp. 595 (1914).
[2] Escherich: Ameise 1906, 83.
[3] Maury, A.: Bull. Soc. Linné. Normand. (7) 8, 89 (1925).
[4] Boas, J. E. V.: Danske Videnskab Selskab. Biol. Meddel. 5, Nr 6 (1926).
[5] Cambr. Nat. Hist. 4, 173 (1909).
[6] Thompson, M.: Proc. Boston Soc. Nat. Hist. 31, 147 (1903).

Höhlung, in die sich der Krebs vollständig zurückzuziehen imstande ist. Um den Einsiedler aus der Schneckenschale zu entfernen, kann seine Abneigung gegen verkehrte Aufstellung oder vorsichtiges Abbrechen der Schneckenschale oder verdorbenes Wasser oder Kälte[1] oder endlich Aufknacken der Schale im Schraubstock[2] Verwendung finden. Am frisch enthäusten „delogierten" Einsiedler erscheint das Abdomen als aufgeblasener, fast glatter, sehr weichhäutiger und in manchen Arten oder Rassen z. B. bei Eupagurus Prideauxii wenig pigmentierter Sack, der entsprechend der früheren Schneckenbehausung rechtsaufgewunden getragen wird. Die delogierten Krebse sind sehr unruhig und leicht erschreckbar, suchen sich mit Steinchen, Sand und was sie sonst noch finden können, zu bedecken, natürlich nehmen sie stets sehr gerne wieder Schneckenschalen an. Allmählich beruhigen sie sich und weisen bei der nächsten Häutung in weniger ausgesprochener Weise auch schon früher eine weitgehende Veränderung des Hinterleibes auf, die ihn dem Hinterleibe anderer Krebse, z. B. der Galatheiden oder der Glaukothoelarven der Einsiedler selbst ähnlicher macht. Es handelt sich dabei nicht um eine Veränderung der Asymmetrie, sowohl diejenige des Abdomens als der Anhänge bleibt bestehen, sondern um das deutliche Hervortreten einer derberen Haut, Gliederung, Abplattung und evtl. Pigmentierung des Hinterleibes, dessen enge Einrollung auch abnimmt. Ob es sich hierbei um morphologische Veränderungen oder bloß um physiologische Zustandsänderungen handelt, muß in Anbetracht der für letztere Deutung vorgebrachten Argumente[3] noch untersucht werden. Das Einsiedlerabdomen wäre nämlich kein volumbeständiger Sack, sondern die Tiere wären imstande durch ziehharmonikaartige Faltungen der Cuticula, eigene kreuzweise verlaufende Muskulaturen und unter der Hypodermis befindliche Bluträume seine Größe zu ändern, wodurch ihnen die Möglichkeit gegeben wäre eine weit größere Nahrungsmenge auf einmal unterzubringen und mehr Eier zu produzieren. Der Anschein derberer Haut würde durch die Faltenlegung, die Gliederung durch Schwinden der prallen Anspannung des Sackes auf Grund stets vorhandener Reste der Chitinplatten, die Abplattung in ähnlicher Weise und die eventuelle Pigmentzunahme auf das engere Zusammenrücken der Chromatophoren beim Zusammenschieben der Segmente zurückzuführen sein. Vor der Enthäusung 14 Tage lang ausgehungerte Exemplare von Eupagurus bernhardus zeigten Andeutung einer Gliederung gleich bei der Delogierung. Normalerweise wird also ein innerer Druck im wohlgenährten Abdominalsacke vorhanden sein, der die pralle Spannung bewirkt. Liegt der Sack der Schneckenwandung an, so muß bei der Inkompressibilität des Wassers der äußere Druck diesem inneren gleich sein. Es ist nun die Frage, ob nicht auf diesen der Schwund des Chitines zurückzuführen ist[4]. Andererseits spricht vieles dafür, daß die asymmetrische Ausbildung des Hinterleibes selbst das Primäre ist, und erst nach ihrer Entwicklung die Bevorzugung der Schneckengehäuse erfolgte[5]. Mehrmals scheinen Paguriden den Aufenthalt in gewundenen Schneckenschalen wieder aufgegeben zu haben, wobei aber in der asymmetrischen Ausbildung der Pleopoden im weiblichen, dem völligen Mangel im männlichen Geschlechte die Abstammung von typischen Einsiedlern erhalten zu sein scheint. Solche Gattungen sind Pylopagurus[6] mit weichem, aber bei Aufenthalt in fast geraden Dentaliumröhren sich der Symmetrie näherndem Hinterleibe; Por-

---

[1] PRZIBRAM, H.: Arch. Entw.mechan. **23**, 579 (1907).

[2] BRINKMANN, A.: Bergens Museums Aarbok **1924**, Nr 6.

[3] BRINKMANN: S. 8 ff. Zitiert auf S. 81.

[4] PLATE, L.: Über die Bedeutung der Darwinschen Sel.prinz. Probleme d. Artbild. **1908**, 72, 151. — PRZIBRAM: S. 593. Zitiert auf S. 81.

[5] PRZIBRAM, H.: Arch. Entw.mechan. **19**, 181, 236 (1905).

[6] BOAS: Zitiert auf S. 80.

cellanopagurus, der zur Bedeckung des Hinterleibes allein mit den Uropoden
eine Muschelschale hält, die ihm auch zur Aufnahme der Eier dient; Cancellus[1],
mit hartem, symmetrischem Abdomen in unbeweglichen Höhlen; ebenso der zu
den Coenobitidae gehörige Birgus[2], die sich in Erdlöchern, aber auch leergefressenen
Cocosnüssen bergende Landkrabbe Polynesiens, nach der Beraubung der Cocos-
bäume als „Palmendieb" bezeichnet; endlich die frei lebenden Lithodidae[3],
welche sekundäre, von der primären Abdominalsegmentierung abweichenden
Zusammenschluß der Chitinhöcker zu Chitinplatten aufweisen und eine sehr
starke Asymmetrie des wie bei den Krabben nach abwärts geschlagenen harten
Abdomens aufweisen. Die bei Einsiedlerkrebsen häufige Scherenasymmetrie,
„Heterochelie", hat mit ihrer sonstigen Asymmetrie und dem Schneckenaufent-
halte sicher nichts zu tun[4], denn es kommen hierbei alle Kombinationen von der
Bevorzugung einer bestimmten Körperseite in der Scherenausbildung mit Symmetrie oder Asymmetrie des Abdomens vor. Von der Symbiose (vgl. ds. Handb.
Bd. 1, Steche) der Einsiedler mit anderen Tieren sei das Vorkommen des Ringel-
wurmes Nereis fucata in der von Eupagurus bernhardus bewohnten Schnecken-
häusern, des amphipoden Krebschens Lysianax punctatus bei Eupagurus Prideauxii erwähnt[5]. Fast regelmäßig trägt das Schneckengehäuse letzterer Ein-
siedlerart die Actinie Adamsia palliata, jenes der ersteren Art Sagartia para-
sitica oder eine Kolonie von Hydractinia echinata. Während die Knidarien der
Adamsia ein heftiges Gift für Krabben[6], andere Krebse[7] und niedere Tiere des
Meeres[8] abgeben, ist Eupagurus Prideauxii dagegen immun[9]. Vom Eupagurus
entfernt geht die Actinie bald ein, nachdem sie die auf dem Schneckengehäuse
angenommene ovale Form ihres Fußes wieder in die runde umgewandelt hat[10].
Oft schmilzt sie die Schneckenschale stark ein und sitzt ganz dem Einsiedler auf.
Dies geschieht auch durch Epizoanthus, die sich auf der ersten Schneckenschale
des Parapagurus ansiedelt. Dagegen wurde in dem Epizoanthus, der Paguropsis[11]
mittels der kleinen Scheren seiner nach rückwärts gewendeten 4. Pereiopoden
über seinen Leib hält, überhaupt noch keine Schneckenschale gefunden, so daß
hier wahrscheinlich der Krebs keine solche mehr sucht. Während es sehr schwer
ist, eine auf einer Schneckenschale installierte Actinie loszubekommen, ohne sie
zu zerreißen, folgt sie der Einladung des Eupagurus zur Übersiedlung auf ein
neues Gehäuse willig und wird von demselben auf dasselbe mittels der großen
Schere gesetzt.

Der zu den kurzschwänzigen Krebsen gehörige „Muschelwächter", Pinno-
teres pisum, zieht es vor, nicht leere, sondern lebende Muscheln zu bewohnen.
Er soll nach seiner Flucht in eine solche bei drohender Feindesgefahr sogar durch
leichtes Kneifen der Kieme die Muschel zum Schließen der Schale veranlassen[12].
Sonst erlaubt ihm der Wirt ungestörten Aufenthalt, ohne seine Schalen bei der
Berührung durch die Beine der Krabbe zu schließen. Es scheint sich also um
ein gegenseitiges Einvernehmen zu handeln, bei dem der Muschelwächter die

---

[1] Przibram, H.: S. 196. Zitiert auf S. 81.
[2] Cambr. Nat. Hist. 4, 174 (1909). — Bugnion, E.: Bull. Soc. Nat. Accl. Fr.
58, 129 (1911).
[3] Cambr. Nat. Hist. S. 178. Zitiert auf S. 80.
[4] Przibram, H.: S. 236. Zitiert auf S. 80.
[5] Cambr. Nat. Hist. S. 172. Zitiert auf S. 80.
[6] Cosmovici: C. r. Soc. Biol. Paris. 92, 1466 (1925).
[7] Cantacuzène: C. r. Soc. Biol. Paris 92, 1131 (1925).
[8] Cantacuzène, J., u. Cosmovici: C. r. Soc. Biol. Paris 92, 1464 (1925).
[9] Cantocuzène, J.: C. r. Soc. Biol. Paris 92, 133 (1925).
[10] Krumbach, Th. in O. Pesta: Zool. Anz. 43, 90 (1913).
[11] Boos: Danske Videns. Selsk. biol. Medd. 5, Nr 7 (1926).
[12] Henneguy: S. 179. Zitiert auf S. 79.

Muschel vor dem Feinde warnt, woher sein Name kommt, während er Schutz durch die sich schließenden harten Muschelschalen findet.

Die jungen Wasserspinnen, Argyroneta aquatica, scheinen es gerne zu haben leere Schalen von Wasserschnecken, die sie durch Anfüllen mit Luft zum Schwimmen bringen, zu benützen und sich solcherart den Bau eines Nestes zunächst zu ersparen[1]. Zwei modagassische landlebende Spinnen benutzen regelmäßig Schneckenschalen als Brut- und Wohnraum. Olios coenobita fixiert Schneckenschalen auf Blätter 15—80 cm über dem Boden. Nach Verschluß mit Seidenoperculum legt das Weibchen die Eier hinein. Die Jungen suchen ebenfalls gleich Schnecken entsprechender Größe, die sie beim Heranwachsen wechseln. Durch Zusammenziehung von Fäden, die an verschiedenen Stellen der Schneckenschale fixiert werden, vermag die Spinne das 35fache ihres eigenen Körpergewichtes zu heben. Die andere Art, der Gattung Nemoscolus angehörig, benutzt auf der Erde liegende Schneckenschalen, ohne sie erst emporzuziehen. Phryganidenlarven adoptieren ihnen gereichte Glas- oder Gummiröhrchen, suchen sie aber bei Erlangung geeigneten Materiales zum Gehäusebau wieder abzustoßen[2].

Die Lampyrislarven nähern sich wie auch die Leuchtkäfer selbst von Schnecken und werden in den ausgefressenen Gehäusen angetroffen. Von Drilus mauritanicus wird angegeben[3], daß die Larve eine Helix, Cyclostoma oder Bulima ausfrißt, was für ein halbes Jahr Nahrung liefert, und ruhig in der Schale bleibt. Malacogaster Passerinii lebt ausschließlich von und in Helixgehäusen. Alle diese Gattungen gehören zu den weichhäutigen Käfern. Bienen der Gattung Osmia[4] benutzen mitunter Schneckengehäuse zum Anlegen ihrer Bauten, auch verlassene Wespennester. Die zu den Netzflüglern gehörigen Hemerobiusarten tragen längs der Körperseiten im Larvenstadium mit Haarrosetten versehene Auswüchse, welche zum Festhalten der erlegten, ausgesaugten Blattläuse und anderer Débris dienen, welche zusammengesponnen erscheinen. Ob die Fäden von der Larve selbst gesponnen oder Spinnweben entnommen werden, scheint nicht bekannt zu sein[5].

♂) Wohnbauten.

Zur Errichtung eines Wohnbaues sind Bauplan, Hilfskräfte, Werkzeuge, Material und eine den Zwecken der Behausung günstige Lage des Bauortes erforderlich. Insofern ein solcher Ort ausgewählt und ein zweckdienlicher Plan eingehalten wird, haben wir es mit psychologischen Vorgängen zu tun, die sich noch kaum in der Physiologie besprechen lassen. Hilfskräfte kommen dort vor, wo entweder ein bauendes Pärchen, eine ganze Anzahl solcher oder nicht sexuell tätiger Arbeiterinnen an gemeinsamem Bau teilnehmen. Auch hier, z. B. bei den Ameisen[6] und Termiten[7] ist das psychologische Problem der Zusammenarbeit im Vordergrunde des Interesses, aber ungelöst. Es erscheint zweifellos, daß eine solche Zusammenarbeit bestehen kann und nicht einfach jeder Arbeiter für sich ohne Rücksicht auf den anderen und den zu erreichenden Zweck arbeitet. Besonders deutlich kommt dies dort zum Vorscheine, wo sich Ameisen (Oecophylla smaragdina) lebender Werkzeuge, nämlich ihrer spinnfähigen Larven bedienen, um einen Riß in ihrer Blätterbehausung zu vernähen, der von einer seinem Rande entlang regelmäßig aufgestellten Reihe von Arbeitern mit den Kiefern

[1] Cambr. Nat. Hist. 4, 358 (1909).
[2] BIERENS DE HAAN: Bijdragen tot Dierkunde. Genoots. Nat. artis mag. 22, 425 (1922).
[3] CROS, A.: Bull. Soc. Histoire natur. Afrique N. Alger 16, 300 (1925).
[4] DOFLEIN: Tierbau u. Tierleben 2, 582 (1914).
[5] SHARP, D.: Cambr. Nat. Hist. 5, 467 (1901) mit Abb.
[6] ESCHERICH, K.: Die Ameise. Braunschweig: Vieweg 1906.
[7] ESCHERICH, K.: Die Termiten. Leipzig: Julius Klinkhardt 1909.

zusammengehalten wird[1]. Wenn Wespen beim hastigen Aufbau eines zerstörten
Nestes nicht einen gemeinsamen Plan befolgen und immer wieder denselben
Ort trotz der erwiesenen Gefährdung beibehalten[2], so beweist dies nichts gegen
höhere psychische Fähigkeiten, denn Menschen verhalten sich keineswegs davon
verschieden. Die Rückkehr zum gewohnten Neste, welche dabei die Hauptrolle
spielen soll, ist auch nicht ein unabänderlicher Reflex, denn Bienen lernen einen
unbeleuchteten statt des gewohnten beleuchteten Eingang zu suchen[3]. Wespen
und Hummeln verhalten sich bei Prüfung in Labyrinthen ähnlich wie der Mensch[4]
oder andere Warmblüter. Andererseits ist der Plan des Nestbaues auch bei den
Vögeln ererbt und wird sogar in Abwesenheit der Eltern ohne Vorbild eingehalten,
im Individualleben verbessert[5]. Wie durch erblichen Instinkt der Plan zum
Bauen, ist durch die angeborene Beschaffenheit der Organe des Tierkörpers die
Bauweise vorgezeichnet. Als Werkzeuge dienen dabei vornehmlich die zum Ergreifen der Nahrung (vgl. ds. Handb. Bd. 3, Nirenstein und Bluntschli u. Winkler) und die zum Ortswechsel ·(vgl. ds. Handb. Bd. 2, div. Autoren) verwend-
baren Körperteile, Arme, Beine und Schwanz. Als Material findet der Speichel,
die Faeces, Federn, Haare, sonst Tierfremdes aus dem Pflanzen- oder Mineral-
reiche Verwendung. Wachs scheint nur zu Zellen bei der Brutpflege der Hymenopteren Verwendung zu finden[6], nicht für eigentliche Wohnbauten. Die regelmäßige Gestalt der sechseckigen Wabenzellen kann aus dem Drucke bei der Bereitung allein nicht erklärt werden, sondern setzt einen besonderen Instinkt der
Bienen voraus, denn die aus ähnlichem Material gebauten Waben der Hummeln
haben runde Zellen, und die Bienen vermögen die sechseckige Zelle auch ohne
allseitigen Gegendruck zu bauen.

Nach dem Standorte können wir Tief-, Wasser- und Hochbauten unterscheiden, von denen die hauptsächlichsten besprochen werden sollen.

1. Tiefbauten.

Viele Tiere bewohnen in oder an dem Erdboden gelegene Löcher, Gänge
oder Höhlen, ohne am Baue derselben beteiligt zu sein. Andere suchen sich
solche durch Eintragen von weichen Materialien, Moos, Gras, Federn oder Haaren
wohnlicher zu machen. Manche graben selbst Wohnstätten aus, die nach bestimmtem Plane, aber den Ortsbedingungen jeweils angepaßt (vgl. unten S. 85), angelegt und evtl. mit Gespinst austapeziert (vgl. Myriapoden und Spinnen oben
S. 76) oder (mit Speichel) geglättet werden (vgl. unten S. 90, Staphylinus).
Die Landkrabbe von Guadeloupe, Gecarcinus ruricola[7], verläßt das Meer, sobald
ihre Jungen ausgeschlüpft sind, und wandert im Mai oder Juni landeinwärts.
Im August gräbt sie sich ein Erdloch zwischen Wurzeln und bedeckt die Öffnung
mit Laub, um unbemerkt ihre Häutung durchmachen zu können. Dieser für
ungefähr einen Monat hergestellten Wohnung (vgl. auch die Wohnröhre der
Lungenfische S. 79) stehen dauernde Erdbauten der eigentlichen Grabtiere gegenüber, die unterirdisch fast ihr ganzes Leben durchmachen. Der gedrungen-
zylindrische Körper, die schaufelförmigen Vorderbeine, in Degeneration befindlichen kleinen Augen, seidenartige, oft metallisch-schimmernde Behaarung,
eintönige Färbung charakterisieren diese zu den verschiedensten Kreisen gehörigen
Erdschaufler. Die Maulwurfsgrille, Gryllotalpa, der Beutelmull, Notoryctes,

---

[1] Doflein: Ostasienfahrt. Leipzig 1906.
[2] Decsy, A.: Ann. des Sci. natur. Zool. **8**, 87 (1925).
[3] Lineburg, Bruce: Anat. Rec. **29**, 96 (1924).
[4] Verlaine, L.: Ann. Soc. roy. zool. Belg. **56**, 33 (1925).
[5] Doflein: Tierbau und Tierleben **2**, 613 (1914).
[6] Lit. vgl. Frédericq: Wintersteins Handb. d. vergl. Physiol. **2** II, 123 (1910).
[7] Houssay, F.: Les industries des Animaux. S. 185. Paris: Baillière 1889.

die Blindmaus, Spalax, der Goldmull, Chrysotalpa, unser Maulwurf, Talpa, sind die bekanntesten Beispiele; auch die im Lagunenschlamme unter Wasser lebenden Krebse Gebia und Calianassa reihen sich hier an. Der Maulwurf[1] baut eine „Festung" mit zentralem großen Hohlraume und einem Systeme ringförmig und radiär angeordneter Gänge. Wieder anderen Tieren dienen die Erdlöcher, welche zu Wohnzwecken gegraben werden, nur zu Unterschlupf, Ruhe und Brutpflege, während die Nahrung außerhalb der Erde gesucht wird. Die Anhänge dieser Tiere sind verhältnismäßig länger, die Vorderbeine nicht zu Schaufeln ausgebildet, die Augen größer und scharf, Feder- und Haarkleid lang, Färbung an die Umgebung angepaßt. In diese Kategorie gehören die Erdvögel, z. B. der Kiwi, Apteryx, der Eulenpapagei, Stringops, das Kaninchen, Lepus cuniculus, der Dachs, Meles, der Fuchs, Vulpes und viele Erdhörnchen, z. B. Ziesel, Spermophilus. Die Präriehunde, Cynomys, bauen über dem Eingange zur Höhle einen hartgestampften Hügel, der zur Ausschau dient[2]. Vereinzelt finden sich Tierformen, welche zum Verschließen der selbstgegrabenen Erdlöcher angeborene Deckel oder Pfropfen besitzen: die Tapezierspinne Cyclosomia truncata einen flach abgestutzten flaschenförmigen Hinterleib[3], die Dornschwanzechse, Uromastix, einen harten, stacheligen Schwanz[4] (vgl. noch Einsiedlerscheren, S. 82).

2. Wasserbauten.

Muß schon der Maulwurf gelegentlich bei steigendem Grundwasser sich der Situation des Wasserniveaus anpassen, was er durch Verlegung des zentralen Bauteiles in eine höhere Erdschichte tut, so haben die amphibisch lebenden Tiere, welche Erdbauten anlegen, dem Wasser stets Rechnung zu tragen. Amerikanische und australische Flußkrebse der Gattungen Cambarus, Parastacus, Engaeus und Cherops fertigen einen unter dem Grundwasserspiegel liegenden Wohnraum an, von dem aufwärts bis an die Erdoberfläche Gänge verlaufen, deren Mündungen Lehmhügel verraten[5]. Die Winkerkrabbe, Uca (= Gelasimus) pugilator[6], lebt im Sande des Meeresufers. Hier legt sie gebogene oder geknickte Erdgänge an, deren Ende erweitert ist, so daß sich die Krabbe umdrehen kann. Steigt die Flut und beginnt Wasser in das Erdloch einzudringen, so steigt die Krabbe aus dem Loche heraus, zieht mit ihren Schreitbeinen Sandklümpchen vom Rande einwärts, während sie mit den Scheren abwärtsgerichtet sich an die Wandung innen stemmt, und wiederholt dies so lange, bis die Öffnung verschlossen wird. Diese geschlossene Öffnung kann an den radiären Furchen erkannt werden, die durch das Angreifen der gebogenen Beine entstehen. Auch von innen trägt die Krabbe, wie man in gläsernen Aquarien beobachten konnte, Sand zur Verstärkung dieses Pfropfens empor. In den Glasbehältern wurde ferner beobachtet, wie die Winkerkrabbe durch Stellungsänderung den kreisförmigen Querschnitt der Gänge herstellt, Hindernisse beim Graben in verschiedener Weise beseitigt oder umgangen werden, nicht die Thigmotaxis, sondern das Bestreben, möglichst weit vom Zentrum des Gefängnisses fortzukommen, den Ort der Ganganlage und Richtung bestimmt u. a. m. Bei eintretender Ebbe entfernt die Winkerkrabbe wieder den Sandpfropf. Ein spezieller Wassergräber ist das Schnabeltier, Ornithorynchus, das von seinem Erdbau einen gabelförmig verzweigten Gang anlegt, dessen einer

---

[1] DOFLEIN: Tierbau und Tierleben **2**, 339 (1914).
[2] DOFLEIN: Tierbau und Tierleben **2**, 337 (1914).
[3] DOFLEIN: Tierbau und Tierleben **2**, 333 (1914).
[4] DOFLEIN: Tierbau und Tierleben **2**, 337 (1914).
[5] DOFLEIN: Tierbau und Tierleben **2**, 774 (1914).
[6] DEMBOWSKI, J. B.: Biol. Bull. Mar. biol. Labor. Wood's Hole **50**, 179 (1926).

Schenkel oberhalb, der andere unterhalb des Wasserniveaus ausmündet[1]. Die Bisamratte, Ondatra, besitzt ähnliche Bauten. Überzieht sich der am Lande endigende Gang mit Schnee und friert die Wasseroberfläche zu, so würden die Tiere an Luftmangel leiden, wenn keine neue Luft herbeigeschafft werden könnte. Dies sollen die Bisamratten in der Weise tun, daß sie bei Eintritt des starken Frostes stets dieselben Wasserstraßen benutzen und vor Einschlüpfen in den Bau an bestimmten Stellen ausatmen. Die sich sammelnde Luft bleibt unter dem Eise, und durch Diffusion ersetzt sich der Sauerstoff, den die Bisamratten dann wieder zur Atmung benutzen[2]. Die Bauten der Biber, Castor fiber, leiten zu den Hochbauten über. Wo Biber in genügend großen Kolonien vorkommen, nagen sie am Ufer stehende Baumstämme derart ringsum an, daß sie endlich leicht nach einer bestimmten Seite hin umgeworfen werden können, und bringen zwischen die gefallenen Stämme Reisig, Erde und Rasen an. Innerhalb des durch die Stämme gestauten Wassers bauen dann die Biber aus Ästen und Zweigen kegelförmige Hütten[3].

3. Hochbauten.

Bezeichnen wir mit Hochbauten alle über die Erde emporragenden, nicht vom Wasser begrenzte Tierwohnungen, so gehören hierher die Termiten- und Ameisennester, Wespen- und Bienennester, ebenso wie die Nester der meisten Vögel und einiger Säugetiere.

Die Termitennester bestehen aus Erde oder Holz oder aus beiden Materialien, die stets mit Sekreten aus Speichel- und Darmdrüsen der Tiere behandelt und auch noch durch Zusatz von Steinchen widerstandsfähig gemacht werden. Selbst das rein unterirdische Nest von Cornitermes stratus ist in gleicher Weise gebaut, daher die unterirdische Lebensweise möglicherweise neuerlich erworben[4]. Aus Erde gebaute Termitennester kommen auch auf Bäumen vor, z. B. bei Euternes arboricola und Anoplotermes morio. Die gemischten Nester der „Kompaßtermiten" sind stets mit der Breitseite gegen Ost und West, mit der Schmalseite gegen Süd und Nord gerichtet, also gegen Hitze und Kälte möglichst geschützt[5]. Die reinen Holzkartonnester erinnern an die Wespennester, enthalten aber innen nicht Waben wie diese, sondern dieselbe konzentrische Folge von Wohnräumen zu verschiedenen Zwecken wie die sonstigen Termitenbauten[6]. Zum Ausbessern und wohl auch zum Bauen sonst finden erbrochene Massen und Exkremente, Trümmer alter Nester neben frischem Materiale Verwendung[7]. Noch mannigfaltiger als die Nester der Termiten sind jene der Ameisen, da hier noch Tannennadeln und Blätter als Baumaterial, sowie Gespinste hinzukommen. Die Bauweise wird bei ein und derselben Ameisenart den äußeren Bedingungen leicht angepaßt, und dieselbe Kolonie, welche an einem Orte große Eingangsöffnungen läßt, lernt an einen anderen von eindringungsfähigen Feinden bevölkerten Ort bald die Öffnungen entsprechend kleiner anzulegen[8]. Die tropischen Kartonnester hängen von Bäumen herab; in Überschwemmungsgebieten legen aber auch erdbauende Formen ihre gewohnten Nester hoch auf Bäumen an. (Über genähte Nester vgl. oben S. 83.)

Die Nester der Wespen und Stöcke der Bienen enthalten keine eigens für den Aufenthalt der erwachsenen Insekten bestimmten Wohnräume, sondern bloß

---

[1] Semon, R.: Im australischen Busch. Leipzig 1903.
[2] Spoon, W. H.:Amer. Naturalist 1888.   [3] Doflein: **1914**, 684. Zitiert auf S. 85.
[4] Escherich, K.: Die Termiten. **1909**, 75.
[5] Escherich, K.: Die Termiten. **1909**, 84.
[6] Escherich, K.: Die Termiten. **1909**, 87.
[7] Escherich, K.: Die Termiten. **1909**, 92.
[8] Escherich, K.: Die Ameise. **1906**, 81.

für die Brut oder Vorräte bestimmte Zellen und bei Wespen evtl. diese einhüllende Papierschichten. Auf die Staatenbildung können wir hier nicht eingehen[1]. Als besondere Schutzmaßregel gegen Regen ist die nach abwärts gekrümmte Erdröhre erwähnenswert, die Anthophora parietina vor ihrem in eine senkrechte Erdwand gegrabene Neste anbringt[2].

Ähnlich geschützt sind die Nester der Felsenschwalbe, Petrochelidon ariel, die einen retortenförmigen Lehmbau darstellen, welcher an einer Felswand oberhalb des Wassers hängt[3]. Die an einem dünnen Geflechte aufgehängten beutelförmigen Nester der Weberfinken, Ploceus, erinnern wiederum an die an dünnem Stiele aufgehängten Papiernester der Papierwespen und gewöhnlichen Wespe. Beim Nestbau der Vögel kommen alle Abstufungen von der Verwendung fremden Materiales bis zum alleinigen Aufbau aus Speichel vor. Letzteres ist bei der Suppenschwalbe, Collacalia fuciphaga, der Fall, während andere Arten der Salanganen Grashalme, Federn oder Molluskenlaich beimischen. Unsere Stadtschwalbe, Chelidon urbica, verwendet fast ausschließlich Lehm und Erde, unsere Dorfschwalbe, Hirundo rustica, auch Stroh u. dgl. zum Nestbau. Beide Arten mischen aber der Erde ebenso wie der Töpfervogel, Furnarina rufus, dem frei hängenden, durch ein unten seitlich angebrachtes Loch zugänglichen Lehmneste[4] Speichel bei. Hingegen benötigen die gewebten oder ausgemeißelten Nester nicht des verklebenden Speichels. Wir erwähnen bloß den Schneidervogel, Orthotomus sutorius, der große Blätter mittels des Schnabels unter Verwendung von Grashalmen tütenförmig zusammennäht, um sein Nest darin anzulegen[5]. Einen eigentümlichen Schutz gegen Störung durch Feinde lassen die Nashornvögel, Buceros, während des Brütens dem Weibchen dadurch angedeihen, daß die Männchen das Baumloch, in dem Eier und Mutter sich befinden, bis auf einen Spalt mit erhärtendem Lehm zumauern[6].

Säugetiere bauen selten regelrechte Nester. Doch tun dies die Zwergmäuse, Mus minutus, und die Menschenaffen. Bei diesen handelt es sich um geflochtene Zweignester, die bei Schimpanse, Troglodytes, und Gorilla vorübergehend, beim Orang, Simia satyrus, aber dauernd benützt werden[7].

5 b. Sackapparate und Fallenbau.

In diesem Abschnitte sollen Organe (α), Abscheidungen (β) oder Bauten (γ) besprochen werden, welche zum Fange ohne Verletzung der Beutetiere, sowie Vorrichtungen, welche außerhalb des Tierkörpers zum Festhalten des Fanges (δ) dienen.

α) Sack- und Seihorgane, Fangapparate.

Tiere, welche ihre Beute dem Wasser entnehmen, sind mehrfach mit Fangapparate ausgestattet, die wahllos alle aufgeschnappten Beutetiere empfangen, hingegen einen Teil des Wassers noch vor dem Verschlucken entlassen oder wieder zurücktreten lassen, ohne daß die Beute wieder mitzurücktreten könnte. Letztere Organe können wir als „Reusen" oder „Filter" den „Seihern", „Sieben" oder „Säcken" entgegenstellen.

Die einfachsten Säcke stellen die Magenkrausen der Quallen, die ausstülpbare Magen der Seesterne, die erweiterungsfähige Kehlhaut der Pelikane und Kormorane, Stegapodes, dar. Diesen schließen sich die mit Querleisten versehenen Seihschnäbel der entenartigen Vögel, Lamellirostres, und der breite Schnabel

---

[1] DOFLEIN: **1914**, 703ff. [2] DOFLEIN: **1914**, 706.
[3] DOFLEIN: **1914**, 601. [4] DOFLEIN: **1914**, 599.
[5] DOFLEIN: **1914**, 601. [6] DOFLEIN: **1914**, 604.
[7] DOFLEIN: **1914**, 616.

des Kahnschnabels, Balaeniceps rex, an. Einen Seihapparat in gigantischen Dimensionen bieten die Bartenwale, Mystacetidae, welche an Stelle der Zähne einen Wall zerfaserter Hornbarten im Maule tragen, zwischen denen das Wasser entweicht, nachdem der Walfisch tausende schwimmender Flügelschnecken,

die „Walfischaas" genannt werden, mit einem Male aufgeschnappt hat (Abb. 40).

Reusen und Filter finden sich (außer bei Urtieren vgl. ds. Handb. 2, Nirenstein) in den aus Thorakalbeinen gebildeten Fangapparaten der Entomostraken (vgl. ds. Handb. Bd. 3), in der Kardiopylorikalklappe des Krebsmagens, im Rüssel der Pantopoden, im Fangapparat der Appendikularie

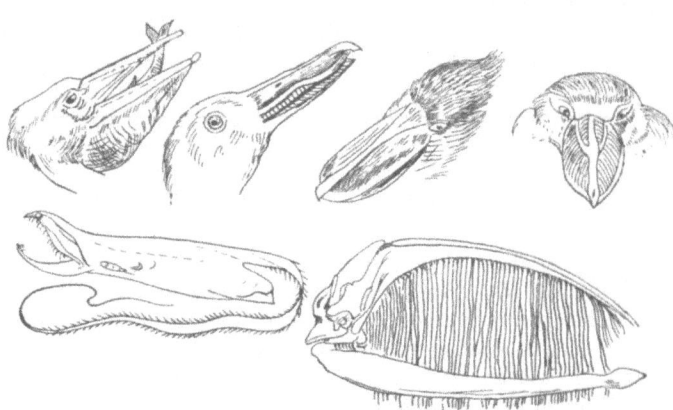

Abb. 40. „Säcke und Seiher." Oben links: Pelikan, Pelecanus onocrotalus. (Nach Kretschmer.) Oben Mitte: Löffelente, Spatula clypeata; Schuhschnabel, Balaeniceps (Nach Kretschmer.) Oben rechts: Kahnschnabel, Cancroma cochlearea. (Nach Mützel.) Unten links: Sackfisch, Saccopharynx ampullaceus. (Nach Günther.) Unten rechts: Schädel des Bartenwales, Balaena mysticetus. (Nach Brandt.)

Oikopleura albicans[1], deren Vorderende von einem zarten Gallertgehäuse umschlossen ist, das als Planktonfilter fungiert, und vom Tiere verlassen werden kann, also eigentlich als Abscheidung auch in unsere` Gruppe β gehört.

β) Fangnetze.

Abscheidungsstoffe, die den Körper bei ihrer Verwendung zum Fange anderer Tiere bereits verlassen haben, sind hauptsächlich in den Fangnetzen der Spinnen, Arachnidae, bekannt. Denn obzwar viele Insekten Spinnseide von sich geben, scheint sie bei keiner Art zum Zwecke des Einfangens von Beute verwendet zu werden. In chemischer Beziehung unterscheidet sich Spinnenseide nur wenig von der Seide des Seidenspinners, soll aber größere Mengen Geluaminsäure, dafür weder Phenylalanin noch Serin enthalten[2]. Es fehlt nämlich der bei der Raupenseide die fibroine Achse bekleidende Sericinmantel. Das Sekret erscheint in Form leuchtender Kugeln in der supranucleären Region der Drüsenzelle, welche sich im Zellenkörper und im Ausführungsgang etwas anders abheben, beim Austritt aber völlig zu einer einheitlichen Masse verschmelzen[3]. Offenbar sind aber die Produkte der verschiedenen Spinndrüsen, über welche ein und dieselbe Spinnenart verfügen kann, nicht gleich. Während der Inhalt der meisten Spinndrüsenarten an der Luft rasch trocknet, liefern sog. Glandulae aggregatae eine Flüssigkeit, die zu dauernder Klebrigmachung des doppelten, aus jeder mittleren Spinnwarze, deren bis zu 6 vorhanden sein können, tretenden Fadens tubulöser Drüsen, der zur spiraligen Verbindung der Radien des „Radnetzes", z. B. bei der Kreuzspinne, Epeira diademata, dient. Andere Drüsen, über die noch keine völlig sicheren Angaben vorliegen, werden zur Anlage der 4 Begrenzungs-

---

[1] Lohmann, H.: Wiss. Meeresunters. N. F. Abt. Kiel 7 (1902).
[2] Frédericq: S. 111. Zitiert auf S. 40.
[3] Millot, J.: C. r. Soc. Biol. Paris 94, 10 (1926).

fäden und die sie verbindenden Radien verwendet (Abb. 41). Manche Spinnen, z. B. Amaurobius, besitzen außer 6 Spinnwarzen noch davor ein bilateral-symmetrisches Siebpaar, das „Cribellum", aus dem die flockige Seide mittels eines am Metatarsus des 4. Beinpaares außen befindlichen Kammes, des „Calamistrum" abgekämmt wird. Uloborus, der die klebrige Flüssigkeit fehlt, verwendet solche Flockenseide zur Verstärkung der innersten Spiralturen ihres Radnetzes[1]. Epeira mauritia[2] verwendet solche Flockenseide, die sie im Vorrat am Netze hängen hat, zum Bewerfen der Beute. Hyptiotes[3] spinnt ein dreieckiges Netz mit 4 Radien, während die Spinne auf dem einzelnen Faden hängt, der die Spitze des Dreiecks befestigt, an der die 4 Radien zusammenlaufen. Trifft ein Insekt auf das Netz, so läßt die Spinne den Faden, den sie zuvor angespannt hat, los und versetzt außerdem durch Springen des Netz in schaukelnde Bewegung, so daß die Beute immer mehr sich verfängt. Diesem bloß einen Ausschnitt eines Radnetzes entsprechende

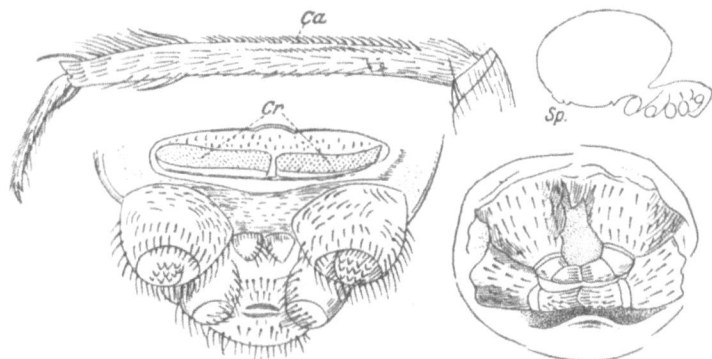

Abb. 41. „Spinnapparate" der Spinnen. Links: Amaurobius similes, oben: 4. Bein mit Calamistrum (Ca). Darunter: Spinnapparat an der Ventralseite des Abdomens. u. Cribellum (Cr). Rechts: Epeira diademata, oben: Umriß von der rechten Seite, Sp = Spinndrüsen. Darunter: Spinnapparat an der Ventralseite des Abdomens. (Nach WARBURTON.)

Netz findet sein Gegenstück in dem äußerst komplizierten „Domnetz" der texanischen Epeira basilica[4], welche das gesponnene, horizontalliegende Radnetz durch Fäden derart in die Höhe zieht, daß es eine Kuppel bildet, über der wieder die von dem Begrenzungskreise aus gespannten Fäden eine Pyramide bilden. Dazu sind noch die Speichen der Kuppel abwärts mit einem Gewebeboden versehen, wodurch ein förmlicher Spinnwebkäfig zustande gebracht ist.

Die im Körper der Spinne gummiartige Spinnsubstanz kann von der Spinne nicht auf Entfernung ausgeschleudert werden. Das Tier zieht den rasch erstarrenden Faden mit den Hinterbeinen aus und befestigt ihn zunächst durch Andrücken an einen Ausgangspunkt für das künftige Netz. Dann entfernt sich die Spinne in der gewollten Richtung und überläßt es so dem Anheftungspunkte, den zum Abwickeln des Fadens nötigen Zug auszuüben. Das Wort „Abwickeln" ist aber nicht am Platze, da es ja nichts abzuwickeln gibt; auch ist der Ausdruck „Weben der Fäden" nicht passend, weil diese niemals umeinander geschlungen werden, sondern stets nur sei es einzeln, sei es zu zweien oder bei wiederholter Begehung desselben Netzfadens durch die Spinne auch in mehrfacher Lage aneinanderhaften. Durch die Sphinctermuskeln der Spinnwarzen vermag die Spinne jeden Moment die

[1] Mc Cook: Amer. Spiders a. Spinning Work 1, 351 (1889).
[2] Vinson: Aranéides d. l. Réunion, Maurice et Madagascar, S. 238. Paris 1863.
[3] Emerton: Cambr. Nat. Hist. 4, 350 (1909).
[4] Mc Cook: Zitiert nach Marx, S. 351.

weitere Seidenausspulung zu unterbinden, worauf das plötzliche Stehenbleiben der sich an ihrem Faden frei herablassenden Spinne beruht. Will die Spinne das Spinnen ganz einstellen, so bricht sie die Fäden durch Reiben der Spinnwarzen aneinander ab. Um Abgründe zu überbrücken läßt die Spinne Fäden vom Winde vertragen und zieht solche, die zufällig am andern Ufer sich gefangen haben, fest an. Zerrissene Netze werden ausgebessert, alte Haltetaue wiederholt benützt. In der Anzahl der Radien der Radnetze besteht keine Konstanz, die Spinnen sind also angewiesen, selbst die Radien jedesmal zu bestimmen, und sie legen diesen auch nicht in einer regelmäßigen Reihenfolge an, sondern berücksichtigen an- scheinend Stellen, die behufs Erreichung der richtigen Spannung und Festigkeit des Netzes jeweils darankommen sollen. Dagegen hat die Entstehung des ab- wechselnd aus größeren und kleineren Kügelchen bestehenden Perlenreihe der Spiralfäden nicht direkt mit einer Kunstfertigkeit der Spinne zu tun, sondern verdankt diese Perlenschnurform dem nachträglichen Zerfall der erwähnten klebrigen Flüssigkeit, dem allerdings die Spinne durch Erschütterung des Netzes nachhelfen kann. Man kann die Perlenschnuranordnung in einem Modelle nach- machen, wenn aus geschmolzenem Quarze ausgezogene Fäden in Öl getaucht werden[1]. Die Plastizität der Spinnenhandlung äußert sich ferner in dem verschiedenen Verhalten gegenüber der ins Netz geratenen Beute. Ist diese zu groß oder die Spinne verhältnismäßig zu wenig hungrig, so befreit sie selbst das gefangene Tier durch Abbeißen der Fäden. Sonst wendet sie verschiedene Mittel an, um der Beute um so sicherer nicht wieder verlustig zu gehen: Anbeißen, Verwickeln, Überwerfen von Gewebe usf. Die gut immobilisierte Beute wird, wenn sie nicht klein genug ist, um sofort ganz ausgesogen zu werden, zum Platze fortgeschleppt, an dem die Spinne auf der Lauer zu liegen pflegt. Spinnen sollen flüchten, wenn ihnen Fliegen nicht ins Netz, sondern in ihre Wohnröhre gesetzt werden[2].

γ) Erdfallen.

Gebaute Fallen, welche den Zweck haben, hineingekommenen Beutetieren das Entkommen zu erschweren, legen manche Käfer sowie die Larve des Ameisen- löwen, Myrmeleo, an. Die einfachste ist das zylindrische Sandloch, in dem die Larve der Sandlaufkäfer, Cicindelidae, lauert und dessen senkrechte Wände dem hineinfallenden Käferchen oder anderen kleinen Insekten jedes Entkommen un- möglich macht. Besser geglättet ist das ähnliche Erdloch des Staphylinus caesa- rius, welches diesem Käfer aber nur als Lauerplatz dient, um sich unter dem Steine, der das Loch überdacht, vor den Opfern zu verbergen. Der Kurzflügler legt außerdem in der Nähe dieses Platzes eine weniger gut geglättete Erdröhre an, in die er die unverdaulichen Hartteile seiner Opfer stopft, um sich nicht durch die herumliegenden Débris anderen Beutetieren zu verraten[3].

Die Sandtrichter des Ameisenlöwen haben seit langem die Aufmerksamkeit der Naturbeobachter gefesselt. Die Larve gräbt sich unter bohrenden Bewegungen der Hinterleibspitze, Strampeln aller Beine, Auf- und Abbewegen des Kopfes in den losen Sand ein und schleudert dann mit dem Kopfe und den zangen- förmigen Mandibeln Sand empor, wodurch bei Drehung der Larve im Kreise ein immer mehr sich vergrößernder Sandtrichter entsteht. Fällt eine Ameise in den Trichter, so ergreift sie die Larve mit den Mandibeln, ohne sie zu verletzen, zieht sie unter den Sand und saugt sie erst dort aus. Gelingt es einer Ameise doch zu entkommen, so beginnt die Ameisenlarve aufs neue Sand aufzuschleudern.

---

[1] Boys: Nature **40**, 250 (1889).
[2] Volkelt, H.: Über die Vorstellungen der Tiere. Leipzig 1914; vgl. Bierens de Haan: Arch. de Psychol. **18** (1922).
[3] Houssay, F.: Industries des Animaux, S. 33. Paris: Baillière 1889.

Man hat versucht, den herabrieselnden Sandregen als auslösendes Moment heranzuziehen. Aber die Larve verhält sich ebenso, wenn die Ameise ihr weggenommen wird, ohne daß sie Sandrieseln veranlassen kann. Obzwar die Larve Ameisen, die ihr außerhalb des Sandtrichters gereicht werden, nicht verzehrt, so ist sie doch sehr wohl imstande, sich zu wehren, wenn sie selbst von einer großen Ameise, z. B. Formica rufa, unter diesen Bedingungen angegriffen wird. Der Kampf geht dann als ein erbittertes Ringen vor sich, und dabei verschmäht es die Larve nicht, sich von neuem auf die sich eben ausruhende Ameise zu stürzen, nachdem sie losgelassen hatte. Die Ameisenlöwenlarve kann also kaum mehr als Reflexautomat, wie es einmal geschehen ist[1], gedeutet werden[2, 3, 4].

d) Benutzung von Fanggeräten.

Würde das Aufwerfen von Sand durch die Myrmeleolarve mit Absicht auf das Treffen der Ameise geschehen, so könnte man schon hierin einen Fall der Benutzung eines Fanggerätes erblicken. Aber dies scheint nicht so zu sein[2, 3]. Bekannt ist die Eigentümlichkeit der Dorndreher, Lanius, ihre lebende Beute auf Dornen der Gesträuche zu spießen und auf diese grausame Art gefangenzuhalten. Eine Benützung von Geräten zum Fange von Tieren scheint sich erst bei den Affen zu finden. So haben Schimpansen Strohhalme benutzt, die sie in klebrige Jauche tauchten, um mittels dieser Leimrute Ameisen aufzulesen[5]. Sie haben damit also künstlich ein Fanggerät hergestellt und benutzt, das den Ameisenfressern in ihrer Zunge angeboren ist (vgl. auch S. 43).

6 a. Schutzblendung.

Eine Erscheinung, welche sich an das Verbergen in Höhlen oder durch Eingraben einerseits, an die Absonderung oder Abschließung zum Zwecke des Angriffes andererseits anschließt, ist die „Schutzblendung“, worunter ein Verhalten von Tieren verstanden werden soll, das durch Trübemachen des Aufenthaltsmediums dieselben der Sicht des Feindes entzieht. Die verwendeten Stoffe können entweder der Umgebung des Tieres oder dem Körper des Tieres selbst entstammen. Der erstere Vorgang kann häufig bei kleinen Molchen, Fischen und Krebsen auf schlammigem Grunde beobachtet werden, die bei Annäherung von vermutlichen Feinden unter kräftigem Schwanzschlage sich von der aufgepeitschten Schlammwolke eingehüllt rasch den Blicken zu entziehen verstehen. Doch ist nicht untersucht worden, ob die Aufwirbelung als eine absichtliche angesehen werden kann, oder bloß auf einer möglichst raschen Bewegung behufs Ergreifens der Flucht beruhe. Die Vorgänge, bei welchen Tiere aus ihrem Körper Stoffe absondern, sind genauer untersucht worden. Hier handelt es sich um absichtliche Trübung des Wassers. Das bekannteste Beispiel ist die „Tinte“ oder „Sepia“ des Tintenfisches, Sepia officinalis, und anderer Kopffüßler. Sie wird von einer sackförmigen Analdrüse bereitet, die in die große Darmschlinge gelagert ihr Sekret durch einen engen Ausführungsgang in den Enddarm nahe dem After entleert (Abb. 42). Die Ausstoßung geschieht mit großer Gewalt, indem nicht bloß durch Muskelanstrengung die Tintendrüse selbst komprimiert, sondern auch das in der Mantelhöhle zirkulierende Seewasser durch den Trichter ausgestoßen wird und dabei die Tinte mitreißt, während der Tintenfisch infolge der hydrodynamischen Reaktion gleichzeitig einen Impuls nach rückwärts erfährt. So ist die Funktion der Tinten-

[1] DOFLEIN, E.: Der Ameisenlöwe. Jena 1916.
[2] BIERENS DE HAAN, J. A.: Biol. Zbl. **44**, 657 (1925).
[3] STÄGER, R.: Biol. Zbl. **45**, 65 (1925).   [4] VOIGT, G.: Biol. Zbl. **45**, 381 (1925).
[5] KOEHLER: S. 55. Zitiert auf S. 43.

wolkenerzeugung zwangsläufig mit der Flucht nach hinten verknüpft, obzwar die Bewegung des Tieres allein auch ohne Tintenspritzen vor sich gehen kann. Das Zentrum für den Reflex liegt im unteren Visceralganglion, deren Entfernung ihn beseitigt, dessen direkte Reizung ihn auslöst, während Abtragung der oberen Gehirnmasse ihn fortbestehen läßt[1]. Der Chemismus der Tintenbereitung beruht auf einem enzymatischen Vorgange. Ein eiweißentstammtes Chromogen wird unter der Einwirkung eines organischen Fermentes, das seinen Sitz in der Schleimhaut des Tintenbeutels hat, in einen schwarzen Farbstoff, das „Sepiamelanin", umgewandelt. Man kann diesen Vorgang in vitro nachahmen, wenn man den

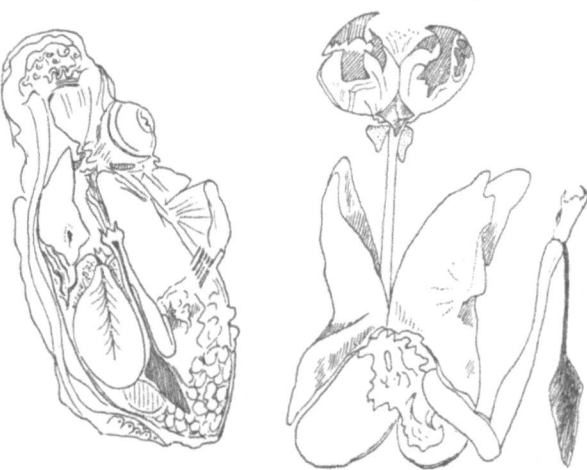

Abb. 42. „Tintenbeutel" der Cephalopoden. Links: Sepia officinalis, aufgeschnitten, von der Ventralseite gesehen mit dem dunklen Tintenbeutel. Rechts: Herauspräparierter Verdauungstrakt mit dem dunklen Tintenbeutel (Orig. Przibram). (Papageienschnabel längsweise durchgeschnitten und auseinandergelegt.)

Tintenbeutel auspräpariert, auswäscht und den farblosen Sack in physiologischer Kochsalzlösung zerkleinert und extrahiert. Wird sodann der fast farblose, etwas opalescierende Extrakt zu Tyrosin, einem der Produkte jeden Eiweißabbaues, zugesetzt, so färbt sich die Tyrosinlösung in wenigen Minuten schön kirschrot, um dann im Laufe einiger Stunden über violett in tiefschwarz überzugehen. Es ist wahrscheinlich, aber bisher nicht strenge bewiesen, daß es sich ebenso wie in dieser künstlichen Sepia auch in der natürlichen um das Tyrosin als Chromogen

handle. Jedenfalls ist das Enzym mit der auch aus anderen Tieren, z. B. dem Blute der Abendfalter, gewinnbaren „Tyrosinase" identisch[2]. Die künstliche und die natürliche Sepia sind typische Melanine, unlöslich in Salzsäure, leicht löslich in Kalilauge, die in Schmelze den Farbstoff zerstört, schwerlöslich in warmer Schwefelsäure, von konzentrierter Salpetersäure angegriffen, von frisch bereitetem Diaphanol in eine braune Masse übergeführt, von Antiformin gänzlich entfärbt. Während das Tyrosin die vier unentbehrlichen Eiweißgrundelemente in der gegenseitigen Relation $C_9H_{11}N_1O_3$ enthält, schwanken die Angaben für Melanine etwas: $C_{7-7,5}H_{7,5-9,5}N_1O_{2,6-2,8}$; nach einer für zuverlässig gehaltenen Angabe[3] würde sich aber ein niedrigerer Wasserstoff und höherer Stickstoffgehalt der Sepia ergeben, nämlich $C_{5,2}H_4N_1O_{1,9}$. (Die chemischen Stufen, auf denen das Chromogen in den schwarzen Farbstoff übergeht, sind noch nicht aufgeklärt, da die bisher plausibelste Erklärung durch vorübergehende Desamidierung[4] sich nicht hat direkt nachweisen lassen[5]. Dagegen hat die Annahme der

[1] Girod, P.: Archives de Zool. (1) **10**, 1 (1882).

[2] Przibram in Fürth u. Schneider: Hofmeisters Beitr. **1**, 241 (1901). — Gessard, C.: C. r. Soc. Biol. Paris **54**, 1304 (1908). — Neuberg, C.: Biochem. Z. **8**, 383 (1908).

[3] Nencki u. Sieber: Arch. f. exper. Path. **24**, 21 (1887). — Frédericq: S. 80. Zitiert auf S. 40.

[4] Fürth: Lehrbuch d. physiol. u. pathol. Chemie **1**, 350 (1926).

[5] Raper u. Wormall: Biochemic J. **17**, 454 (1923); **19**, 84 (1925). — Happold u. Raper: Ebendas. **19**, 92 (1925).

Bildung von Dioxyphenylalanin, BLOCHS „Dopa", als ersten Oxydationsproduk-
tes des Chromogenes durch Tyrosinase an Wahrscheinlichkeit gewonnen[1]. Die
Dopa scheint dann unter Umlagerung der Stickstoffgruppe in den Kern über ein
rotgefärbtes Chinon in ein schwarzes Produkt, das Melanin obenerwähnter Zusammensetzung, überzugehen[2].)

Bei anderen Arten als Sepia kommen Abänderungen des Tintenspeiens vor,
die funktionell interessant sind. Sepiola[3] nimmt erschreckt vor Tintenauswurf
selbst eine schwarze Farbe an, das entschwebende Sepienwölkchen bleibt längere
Zeit sichtbar, während die Sepiola wieder ganz hell geworden ist. So mag der
Feind auf die Tintenwolke zuschießen, die der Form nach das Tier vortäuscht.
Sepiola erzeugt übrigens auch ein Leuchtsekret (Leuchtorgane der Cephalopoden.
vgl. ds. Handb. Bd. 8 II, MANGOLD), und die in der Tiefsee vorkommende
Heteroteuthis[4] hat an Stelle des Tintenbeutels eine Leuchtdrüse, deren Sekret
vielleicht ebendieselbe Schutzbedeutung hat wie im beleuchteten Wasser die
Tinte. Eine solche würde in der dunklen Tiefsee den Feind schwerlich ab-
lenken. Außerhalb der Cephalopoden kommt Ausstoßung gefärbter Stoffe auch
noch bei Schnecken vor. So sondern Seehasen, Aplysia, einen violettroten
Farbstoff, das nicht seiner Konstitution nach bekannte „Aplysiopurpurin",
aus den kleinen Mantelranddrüsen ab, der sie in eine Wolke einhüllt und so die
genaue Aufenthaltsstelle den Feinden entzieht. Die Seeschnecken Scalaria und
Mitra scheinen das rote Sekret der Purpurdrüse in derselben Weise zu benutzen,
Janthina das dunkelviolette, Cerithium ein glänzend grünes[5].

6 b. Schleuder- und Schlingwaffen.

Waffen, welche es den Trägern gestatten, den Feind oder das Beutetier zu
erreichen. ohne den Standplatz zu verlassen, die also auf eine gewisse Fernwirkung
eingestellt sind und sich rascher Kraftanwendung bedienen, um die Entfernung
mit genügender Geschwindigkeit zu durcheilen, wollen wir als Schleuder- und
Schlingwaffen bezeichnen. Es kann sich hierbei um die Verwendung des ganzen,
nur mit dem Schwanze festhängenden Körper handeln, wie bei den Schlangen,
oder um die lassoartig gebrauchten Tentakeln der unter dem gemeinsamen Namen
„Polypen" bekannten, ganz verschiedenen Kreisen, nämlich einerseits den Cölenteraten, wie die Hydren, andererseits den Mollusken, wie die Kraken, angehörigen
Tiere, oder um die weitausstülpbare, leimrutenartige Zunge der Laubfrösche,
Hylidae, und der Chamäleone. In manchen Fällen kommt es zur explosions-
artigen, teilweisen Loslösung abgeschleuderter Teile, wie bei den Nesselkapseln
der Cnidarierarme, oder gänzlichem Abbrechen, wie bei den Brennhaaren der
Prozessionsraupen. Auch sind jene Angriffsarten in diesem Abschnitte unter-
gebracht, bei welchen der Speichel ausgespien oder bloß der flüssige Inhalt
eigener Drüsen herausgespritzt wird und gelegentlich explosionsartig, wie beim
Bombardierkäfer, verdampft. Endlich können fremde, dem Tierkörper nicht angehörige Objekte als Fernwaffen benützt werden. Ohne Rücksicht auf die Art
der Schleuderorgane wollen wir folgende systematischen Gruppen vornehmen:
α) Cölenteraten, β) Echinodermen, γ) Mollusken, δ) Arthropoden, ε) Kaltblütige
Vertebraten, ϑ) Warmblüter, und innerhalb jeder Gruppe die verschiedenen Schleu-
derformen besprechen.

---

[1] RAPER: Biochemic. J. 20, 735 (1926).
[2] BLOCH: Arch. f. Dermat. 151, 413 (1926).
[3] FRÉDÉRICQ, L.: Archives de Zool. (1) 7, 573 (1878).
[4] MEYER, W. TH.: Zool. Anz. 32, 505 (1908).
[5] SIMROTH: Bronns Kl. u. Ordn. 3 II, 968, 997 (1896).

α) Nesseltiere, Cnidaria.

Unter den Cölenteraten sind die Cnidarien durch den Besitz von Tentakeln mit Nesselkapseln ausgezeichnet. Sie gehören also in zweifacher Hinsicht zu den mit Schleuder- und Schlingwaffen ausgerüsteten Tieren. Einmal durch die namentlich bei unseren Süßwasserhydren, wie Pelmatohydra oligactis, sehr weit auslegbaren Fangarmen selbst, das andere Mal durch die unter die Oberfläche des Opfers einschießenden Nesselfäden. Über die physiologische Funktion der Cniden oder Nesselzellen wissen wir mit Sicherheit eigentlich nur, daß sie in ihrer Nesselkapsel, „Cnidarium", ein auf Wirbellose wie Wirbeltiere stark wirkendes Gift besitzen und daß bei Reizung der Zelle das Cnidarium unter Abhebung eines kleinen, vorgebildeten Zelldeckels den an seiner Austrittsstelle mit Widerhaken versehenen, früher im Innern um seine Basis aufgewickelten Nesselfaden herausschleudert. Aber weder die Funktion der weiterhin zu beobachtenden anatomischen Bestandteile der Nesselzelle noch die treibende Kraft und Betätigungsart des Cnidariums sind eindeutig festgestellt. Das am Deckelchen befindliche „Cnidocil" soll ein Tasthaar darstellen: wir wissen weder, ob und wann etwa die Entladung der Nematocyste einem bloßen direkten mechanischen oder chemischen Reiz auf dieses Cnidocil folgt, oder einer Nervenfaser, welche zum subepithelialen Nervenplexus führt und ihren Ganglien untertan ist. Die als Nervenfaser beschriebenen Proximalanhänge wurden aber von anderen Seiten als muskulöse

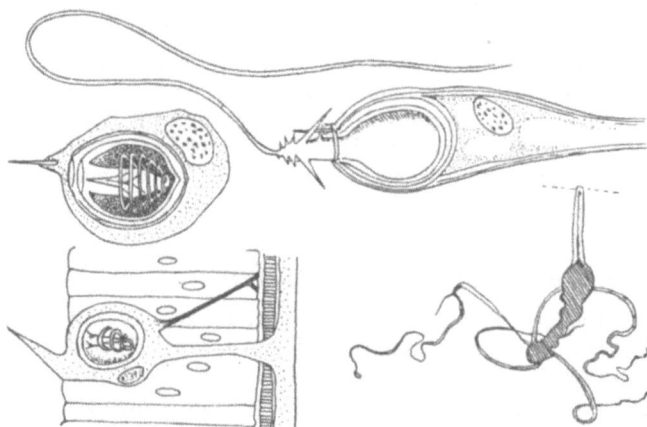

Abb. 43. „Nesselkapseln" (an Tentakeln). Oben: Hydra fusca, links in Ruhe (aufgerollter Faden), rechts hervorschnellend (ausgestülpter Faden). (Nach SCHNEIDER.) Unten links: Stellung der Nesselkapsel in der Tentakelwand (Nach FRÉDERICQ.) Unten rechts: Pelmatohydra oligactis (=Hydra fusca), die Fangtentakeln ausschleudernd. (Nach BURT.)

Stützstiele betrachtet, deren Querstreifung bei Velelliden allerdings auf Täuschung durch einen umwickelten Spiralfaden zurückgeführt worden ist. Die Explosion hat man versucht auf mechanische Wirkung von Kontraktionen zurückzuführen, deren Sitz dann wiederum in den verschiedensten Teilen der Cniden gesucht worden ist, oder man zog Hygroskopie und Quellung in Betracht, wobei einer exakten Erfassung des Vorganges die schwankende Beurteilung der Wasserdurchlässigkeit der Cnidariumkapsel und des Vorhandenseins einer Öffnung am Fadenende hinderlich im Wege steht. Auch herrscht weder Einigkeit über die Art und Weise, in welcher das Gift austritt, da das Fließen in dem sehr engen, verhältnismäßig langen Nesselfaden nicht leicht physikalisch faßbar ist, noch über den Speicherungsort des Giftes vor der Explosion. Bis eine neuerliche, auf gut analytisch verwertbaren Experimenten fußende Bearbeitung vorliegt, möge daher bloß auf die Zusammenstellung[1] der verschiedenen Ansichten in Wintersteins Handbuch der vergleichenden Physiologie hingewiesen sein. Außer den zum Nesseln dienenden Zellen führen die Anthozoen Spirocysten oder Klebkapseln ähnlichen Baues[2]. Diese Spirocysten haben ebenso wie Cnidocysten

---

[1] FRÉDERICQ: S. 3ff. Zitiert auf S. 40.
[2] WILL, L.: Sitzgsber. naturf. Ges. Rostock. N. F. **1** (1909).

einen aus der Körperwand der Kapsel sich loslösenden Nesselfaden[1] (Abb. 43).
Die Siphonophore Forskalia autotomiert auf Reiz hin Cystome mit Ausstoßung
roten Farbstoffes[2].

β) Stachelhäuter, Echinodermata.

Mehrere australische Holothurien speien als Wehrmittel eine stark reizende
Flüssigkeit aus[3]. Die rasch ausstreckbaren mit quergestreiften Muskeln versehenen Pedicellarien von Seesternen und Seeigeln (vgl. S. 45) reißen bei rascher
Bewegung leicht ab und wirken wie losgelassene Harpunen. Es scheint übrigens
auch sonst jede solche Pedicellarie bloß einmal verwendet zu werden. Bei
Sphaerechinus aber geschieht das Abreißen nicht samt Stiel und Giftdrüsen,
sondern oberhalb der letzteren. So könnten hier die Drüsen nochmals Verwendung
finden[4].

γ) Weichtiere, Mollusca.

Schleudern bei Weichtieren sind die „Fangarme" der Cephalopoden und die
„Mundstrahlen" säureproduzierender Meeresschnecken. Während die Arm-
lappen der Tetrabranchiaten Cephalopoden kleine, in Scheiden zurückziehbare
Tentakelchen tragen,
sind die Arme der
Dibranchiaten selbst
zu langen Fangten-
takeln ausgezogen,
die mit Saugnäpfchen
besetzt sind. Bei den
Octopoden oder Kra-
ken sind alle Arme
gleich lang, hingegen
bei den Dekapoden
oder Tintenfischen
zwei derselben zu be-
sonders langen, am
Ende angeschwolle-
nen „Fangtentakeln"
ausgebildet, welche
im Ruhezustande ge-
wöhnlich in besondere
Kopfhöhlen zurück-
gezogen sind.

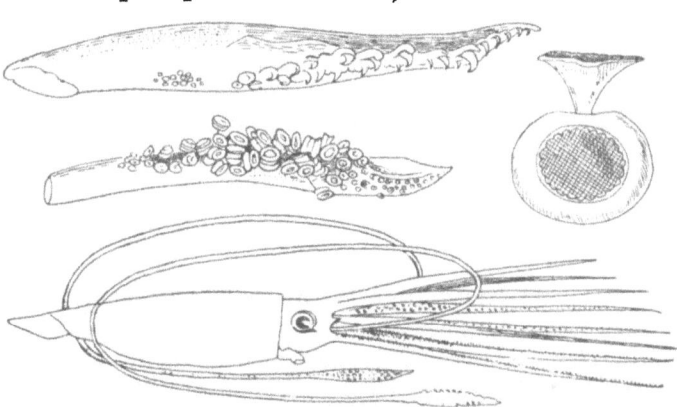

Abb. 44. „Fangarme" der Cephalopoden. Links oben: Keule vom Fangarme
des Onychothentis sp. mit Haken. (Nach COOKE.) Mitte: Keule vom Fangarme des Loligo vulgaris, mit Saugnäpfen. (Nach COOKE.) Rechts oben:
Architeuthis dux. Einzelner gestielter Saugnapf mit gezacktem knöchernen
Verstärkungsring der Scheibe. (Nach COOKE.) Unten: Architeuthis princeps
mit den zwei sehr langen Schleuderfangarmen. (Nach VERRILL.)

Hier liegt also eine zum Schleudern sehr geeignete Waffe vor.
Die Saugnäpfe wirken nach dichter Anpressung als Haftscheiben durch die
zwischen Saugnapf und der Haut des Opfers beim Fluchtversuche entstehende
Luftverdünnung (Abb. 44). Manche Arten haben an den Fangtentakeln
noch Endhaken. Obzwar die Cephalopoden im Speichel Gift führen (vgl. Greif-
und Bißwaffen S. 49), findet sich von Giftspeien bei ihnen nichts erwähnt.
Hingegen spritzt die Meeresschnecke Dolium galea ihren schwefelsäure-
haltigen Speichel in dickem Strahle bis zu $1/_2$ m weit und darüber[5] aus dem
lang ausstülpbaren Rüssel, an dessen Grunde sich die Ausführungsgänge der
paarigen, mit muskulöser Wandung versehenen Speicheldrüsen öffnen. Das
Anspritzen mit selbst sehr verdünnter Säure veranlaßt Echinodermen zum

[1] WEIL, R.: C. r. Acad. Sci. Paris **180**, 474 (1925).
[2] SCHAEPPI, TH.: Mitt. naturforsch. Ges. Winterthur H. 6, S. 145.
[3] SAVILE-KENT, W.: The great barrier-reef of Australia, S. 293. London 1893.
[4] v. UEXKÜLL: Z. Biol. **37**, 335 (1899).   [5] SCHÖNLEIN: Z. Biol. **36**, 523 (1898).

sofortigen Loslassen, ist also ein geeignetes Verteidigungsmittel gegen diese. Es ist aber auch möglich, daß Dolium und andere säureführende Meeresschnecken, z. B. Tritonium[1], den Mundstrahl zum Angriff auf empfindliche Beutetiere benutzen.

♂) Gliederfüßer, Arthropoda.

Die tropischen Tausendfüßer Spirobolus und Spirostreptus spritzen ihr in seitlichen Hautdrüsen erzeugtes Gift viele Zentimeter weit[2] aus den „Foramina repugnatoria" benannten Öffnungen (S. 40). An den Seiten des 3. und 4. Abdominalsegmentes tragen die Ohrwürmer, Forficula, Stinkdrüsen, deren Sekret sie bis zu 1 cm weit auszuspritzen vermögen[3]. Die Laubheuschrecke, Eugaster Guyioni, entsendet aus ihren Gelenken einen bitteren, orangegelben Saft bis zu $1/2$ m Entfernung[4]. Aus einer Prothoraxdrüse spritzt die Raupe des Gabelschwanzes, Dicranura vinula, wässerige Ameisensäure auf den Angreifer[5] und die Raupe des Spinners Pheropsochus agnatus gasförmige Ameisensäure[6]. Die vom Bombardierkäfer, Brachinus crepitans, aus zwei kleinen Drüsenbläschen am Enddarme produzierte, bei der Entleerung mit Geruch nach salpetriger Säure unter 16° C verpuffende Substanz ist ihrer Natur nach noch nicht genauer bekannt[7]. Die Abscheidung ist nicht das alleinige Verteidigungsmittel dieses Käfers, er verwendet auch Totstellen (vgl. ds. Handb. Bd. 17, Hoffmann) und Beißen oder sucht durch Laufen zu entkommen. Ebensowenig ist das bei der Larve des Ameisenlöwen, Myrmeleo arenarius, angewendete Sandschleudern, welches aus der Sandfalle (vgl. S. 90) entkommende Ameisen zurückwirft, entgegen früheren Annahmen ein starrer Reflex[8]. Schließlich sei noch erwähnt, daß die Raupe von Cnethocampa pitycampa, Pinienprozessionsspinner, beunruhigt die kurzen Brennhaare der sog. „Spiegel" auf ihrem Rücken aktiv abwerfen soll[9].

ε) Kaltblütige Wirbeltiere, Vertebrata poikilotherma.

Zu den Schuppenflossern, Squammipennes, gehörige Fische haben zu einer Spritzröhre verlängerten Mund, aus dem sie auf eine Entfernung von $1—1^1/_2$ m Speichel und Wasser nach den außerhalb des Wassers ruhenden Insekten schießen und dieselben fast unfehlbar erreichen. Es sind dies vornehmlich der Schützenfisch, Toxotes jaculator, und der Spritzfisch, Chelmo longirostris. Die Laubfrösche, Hyla, und die Chamaeleone schleudern ihre sehr lange, am Ende mit Klebedrüsen versehene Zunge nach den Beutetieren. Beim Laubfrosche ist die Zunge nur vorne befestigt, so daß beim Herausschnellen die Länge des Maules nicht von der Zungenlänge in Abzug gebracht werden muß, sondern diese ganz zur Erreichung der Beute, meist Fliegen, verwendet werden kann. Beim Chamaeleon ist die Zunge rückwärts aufgewunden und läuft wie von einer Schlauchtrommel ab.

Die Eidechsen verwenden ihre gabelspaltige Zunge in ähnlicher Weise. Bekanntlich werfen die großen Schlangen unter Umwickelung eines Baumastes den Vorderkörper in Form eines Lassos um die oft beträchtlich großen Beutetiere und erdrücken oder ersticken dieselben durch Anziehen mehrerer Körperschlingen

---

[1] Semon: Biol. Zbl. **9**, 80 (1890).   [2] Cook, O. F.: Science N. S. **12**, 16 (1900).
[3] Vosseler, J.: Arch. mikrosk. Anat. **36**, 565 (1890).
[4] Vosseler, J.: Zool. Jb. **17**, 52 (1903).
[5] Poulton, E. B.: Rep. 57 meet. Brit. Ass. **1887**, 765 — Trans. Ent. Soc. **1886**, 127; **1887**, 281; **1888**, 515.
[6] Shelford, A.: Zoologist **7**, 161 (1903).
[7] Strohl: S. 534. Zitiert auf S. 50. — Frédericq: S. 138. Zitiert auf S. 40.
[8] Bierens de Haan: Biol. Zbl. **44**, 657 (1925).
[9] Beille, L.: C. r. Soc. Biol. Paris **48**, 545 (1896).

Eine Schlangenart, die Speischlange, Naja Hajae, bläst angegriffen den Hals auf und speit dem Feinde ihr Gift entgegen[1], das freilich für Säugetiere nur beim Eindringen in eine Wunde schädlich ist, aber bei kaltblütigen Tieren betäubend wirken soll, so daß es auch zur Immobilisierung der Beute dienen könnte. Von der Krötenechse, Phrynosoma orbiculare, wird berichtet, sie schieße einen Strahl roter Flüssigkeit aus den Augenwinkeln, vielleicht Blut[2]. Ich habe diese Echsen in Gefangenschaft gehalten, aber solches nie beobachtet; auch andere sahen die Flüssigkeit nur herunterträufeln[3].

ϑ) Warmblütige Wirbeltiere, Vertebrata homoiotherma.

Die Bedeutung des vom Lama, Auchenia, geübten Anspeiens ist unbekannt. Als Abwehrmittel verwendet das Stinktier, Mephitis, ein Sekret der Analdrüsen, das bis 3 m weit ausgespritzt wird, und in übelriechenden, stechenden Dampf sich verwandelnd den Verfolger veranlaßt, vom Angriffe abzustehen[4].

Jene Säugetiere, welche in ihren Greifhänden geeignete Schleudern besitzen, verwenden fremde Gegenstände, wie Zapfen, Nüsse, Holzstücke zum Bombardement auf den Feind. Es wird dies von Eichhörnchen erzählt, sicher ist es von den Pavianen, die selbst große Steine von ihren Felsenverstecken aus herabrollen, und den Menschenaffen, die Stöcke, Steine und Cocosnüsse schleudern.

7 a. Abwehrstellungen.

Den Tieren stehen 4 Schutzmittel zur Verfügung, um den Angriffen der Feinde zu entgehen: Flucht, Irreführung, Abschreckung und Gegenwehr. Viele negative Taxieen (Tropismen freibeweglicher Formen, vgl. ds. Handb. Bd. 8 I) sind als Fluchtbewegungen aufzufassen (FRANZ). Zur Flucht bedienen sich die Tiere aller ihnen zur Verfügung stehenden Bewegungsorgane und Medien (vgl. ds. Handb. Bd. 15 I, div. Autoren), je nach Notwendigkeit. So erheben sich die flatterfähigen Fische vor ihren Verfolgern in die Luft, während das Känguruh sich ins Wasser stürzt, um die andrängenden Hunde unter Wasser tauchen und ersticken zu können[5]. Nachdem die Seeigel, Sphaerechinus, ihre Giftzangen gegen den Feind gezückt haben (vgl. S. 45), trachten sie mittels ihrer Säugfüßchen in entgegengesetzter Richtung zu fliehen[6]. Der Bombardierkäfer, dem die Flucht nicht glückt, stellt sich gegebenenfalls nach Verschießung seines Pulvers (vgl. S. 96) tot. Das Totstellen ist überhaupt ein beliebtes Mittel der Insekten, die Aufmerksamkeit des Feindes abzulenken oder Angreifer, die nur lebendes Futter verzehren, von der Zerstückelung abzuhalten (über Totstellreflexe vgl. ds. Handb. Bd. 17, HOFFMANN). Bei Formen, die sich zusammenkugeln können (vgl. S. 25), pflegt ein Totstellen in diesem Zustande zu finden, ebenso bei jenen, die ihre Extremitäten in eigene Rinnen oder hinter Schilder zurückzuziehen vermögen, wie viele Käfer, insbesondere die ,,Schildkäfer", Cassididae, die Muschelkrebschen, Ostracoda, manche Daphniden, die meisten Land- und viele Süßwasserschildkröten, Testudinea. Die Irreführung der Feinde wird aber von Tieren nicht nur durch Totstellen, sondern auch durch Nachahmung der Formen und Farben ihrer Umgebung herbeigeführt. Da die Schutzfärbung andernorts (vgl. ds. Bd., ERHARD) besprochen wird, über den Mechanismus des Zustandekommens der

---

[1] CUMMING, REICHENOW, FALKENSTEIN vgl. BREHM: Kriechtiere. 2. Aufl. 1878, 431.
[2] CUMMING, REICHENOW, FALKENSTEIN vgl. BREHM: Kriechtiere. 2. Aufl. 1878, 241. — HAY: Proc. U. S. Nat. Hist. Mus. 15, 375 (1892). — WINTON: Science N. S. 40, 784 (1914).
[3] VAN DENBURGH,: Occas. Papers Calif. Acad. Sci. 5, 95 (1897).
[4] Chemische Lit. vgl. FRÉDERICQ: S. 236. Zitiert auf S. 40.
[5] HOUSSAY, F.: Industries des animaux, S. 87. Paris: Bailliere 1889.
[6] UEXKÜLL, v.: Z. Biol. 37, 298, 335 (1899).

Formnachahmung lebloser oder doch wehrloser Objekte, wie Blätter, Flechten[1] nichts bekannt ist, so sei nur noch auf die Gewohnheit mancher Seeigel und Krabben hingewiesen, sich mit Algenfetzen, Schwämmen, Steinchen usf. zu beladen und dadurch von ihrer Unterlage weniger abzustechen. Auch im Dunkeln oder nach Blendung erfolgt bei Stenorrhynchus die Dekorierung wie vorher[2]. Die behauptete willkürliche Farbenauswahl[3] bedarf noch kritischer Sichtung des Farbensinnes[4].

Der Irreführung durch Verbergung in der ähnlich gefärbten Umgebung und durch Verschwinden im Sande[5], z. B. bei Garneelen steht die Schreckung des Feindes durch Stellungen, Zeichnungen, Stinksekrete und Laute gegenüber (über diese vgl. ds. Handb. Bd. 15 I), welche Kampfstärke vortäuschen, die nicht vorhanden ist. Freilich ist es fraglich, inwieweit hier nicht die Phantasie des Menschen mehr gesehen hat, als wirklich anderen Feinden, als eben Menschen, Schrecken einzuflößen imstande wäre. Es sei die totenkopfähnliche Zeichnung auf dem Thorax des Totenkopfschwärmers, Acherontia atropos, erinnert, der einen schrillen, „unheimlichen" Ton hervorzubringen vermag, an die „schlangenähnlichen" Raupen der Weinschwärmer, Chaerocampa, die durch Zusammenziehung der vorderen Segmente Augen vortäuschen sollen usf. Hierüber und die „Mimikry" nach angeblich durch Stichwaffen oder unangenehm wirkende Sekrete geschützter, auffallend gefärbter Arten, „Warnfärbung", ließen sich Bände füllen, aber kein Fall ist sicher beglaubigt, namentlich nicht experimentell einwandfrei bewiesen[6]. Ob das Ausschwitzen von Blut an den Gliedern der Beine bei Insekten ein wirksames Abschreckungsmittel sei, ist auch nicht einwandfrei erwiesen[7]. Schreckstellungen, die eine Vergrößerung des Körpers, und Laute, die eine bevorstehende Kraftäußerung ankündigen, sind durch das ganze Tierreich, aber nur in isolierten Fällen verbreitet: so öffnen die Gottesanbeterinnen, Mantidae, unter zischendem Geräusche ihre Flügel[8], rasselt die Klapperschlange, Crotalus, ihre Schwanzklapper, bläst die Kragenechse, Chlamydosaurus, ihre „Halskrause" auf, sträubt der Gold- und Amherstfasan geräuschvoll die Halsfedern, rasselt das Stachelschwein, Hystrix, die gesträubten Stacheln (Erfolg, vgl. S. 25), erhebt sich die Katze unter Fauchen steif auf die Beine und läßt das Fell weit abstehen. Dieses Schreckmittel ist Hunden gegenüber meist erfolgreich. Der Stelzvogel, Channa Chavaria, ist imstande, durch seine Hautmuskulatur in Verbindung mit Füllung der bis in die Unterhaut sich verzweigenden Luftsäcke derart das Gefieder aufzublähen, daß er Raubvögel zu verscheuchen vermag[9]. Freilich sind die meisten dieser Tiere auch sehr gut zur Gegenwehr befähigt, in der sie die ihren Körper eigenen Waffen zu gebrauchen verstehen.

Bei einigen Schmetterlingsraupen finden sich Organe, deren Funktion ausschließlich der Erschreckung ihrer Feinde dienen sollen, nämlich die Nackengabeln der Papilioniden, Schwalbenschwänze, und die Schwanzpeitschen der Dicranuren, Gabelschwänze (Abb. 45). Diese letzteren Spinner haben das letzte Raupenafterbeinpaar zu fingerförmigen Anhängen ausgezogen, aus denen dünne,

---

[1] Beispiele in Poulton, Colours of animals. Internat. Scient. 48 (1890) und den meisten Werken über Evolution.

[2] Bateson, W.: J. Mar. Biol. Asso. N. S. 1, 213 (1889).

[3] Minkiewicz, R.: Zool. Jb. (Abt. Syst.) 28, 155 (1910).

[4] Vgl. F. Megušar: Arch. Entw.mechan. 38, 462 (1912). — Mikhailoff, S.: Bull. Inst. Ocean. Monaco Nr 418, 1922 und ds. Handb. Bd. 12 I, Kühn.

[5] Bateson, W.: J. Mar. Biol. Assoc. N. S. 1, 211 (1889).

[6] Vgl. H. Przibram: Physiol. d. Anpassung. I. Mimikry. — Erg. Physiol. 19, 391 (1921).

[7] Lit. in Strohl: Biol. Zbl.

[8] Lit. in A. Giardina: Giorn. Soc. Sci. Nat. Palermo 22, 287 (1899).

[9] Lit. in Wintersteins Handb. d. vergl. Physiol. 1 II, 917.

peitschenförmige rosenrote Fäden hervorgestoßen und bis über den Kopf hin und her bewegt werden können. Diese Fäden sind hohl und enthalten einen zarten Muskel, der an der Spitze befestigt ist. Bei seiner Kontraktion stülpt er den Faden handschufingerartig ein. Die Ausstreckung der Fäden geschieht durch Blutdruck[1]. Da die Gabelschwanzraupe angegriffen sich kurz zusammenzieht, wobei die Kopfsegmente ganz flach eingezogen werden und zwei schwarze Augenflecke eine Wirbeltierkopfmaske vortäuschen, während das Spiel der Fäden beginnt, so hat man das Ganze als Schreckstellung aufgefaßt. Es ist mehr als fraglich, ob den Feinden der Gabelspinnerraupe die Maske wirklich einem gefürchteten Wirbeltiere ähnlich zu erscheinen vermag. Jedenfalls nutzt sie nichts gegen die Schlupfwespen, deren glänzendschwarze Eier nur allzuoft gerade an diese Raupe angeheftet werden; eher könnten vielleicht die Schwanzgabeln zur Verscheuchung der sich eben niederlassenden Ichneumonide dienen können, wie etwa das Pferd

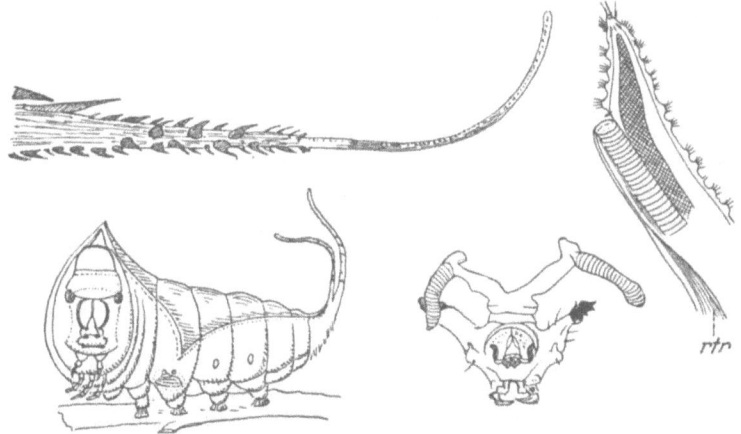

Abb. 45. „Abwehrorgane" bei Raupen. Links oben: Einzelne schwanzpeitschende Gabelschwanzraupe, Cerura (Harpya) vinula; unten: Raupe in „Schreckstellung". (Nach POULTON.) Rechts oben: Rechter Ast der Nackengabel der Osterluzeifalterraupe, Thais (polyxena). Unten: Raupe von vorne mit der vorgestreckten Nackengabel; der schraffierte „Spangenteil" erst d. künstl. Druck vorgestülpt, *rtr* = Retraktor. (Nach WEGENER.)

die lästigen Fliegen mit dem Schweife abwehrt. (Über die Giftschleuder derselben Raupe vgl. S. 96). Die Nackengabel der Papilionidenraupen ist ein schwellbares zweizinkiges, meist rot gefärbtes Fleischgebilde, das hinter dem Kopfe aufrichtbar ist und in manchen Arten einen scharfen Geruch ausströmen soll. Doch scheint über Drüsen nichts bekannt zu sein. Bei Beunruhigung der auf den Stengeln der Futterpflanzen sitzenden Papilionidenraupe hält diese sich krampfhaft mit den Afterfüßen fest, und nur wenn dies geschieht, wird die Nackengabel hervorgestoßen[2]. Es scheint also mit der Anklammerung die Schwellung der Nackengabel zusammenzuhängen, vielleicht darf man sich vorstellen, die starke Muskelkontraktion der Beine treibe das Blut in den Schwellkörper ein, bei Nachlassen des Druckes sinkt die Gabel wieder in sich zusammen.

7 b. Anlockungs- und Angriffsstellungen.

Ebenso wie besondere Schreckstellungen finden sich zerstreut im Tierreiche ganz merkwürdige Einrichtungen und Gewohnheiten, welche zur Anlockung

---

[1] POULTON, E. B.: Colours of Animals. Int. Scient. Ser. **68**, 272, 2. Aufl. (1890)
[2] WEGENER, M.: Biol. Zbl. **43**, 292 (1923).

anderer Tiere dienen. Der Zweck dieser Anlockung mag entweder die Sicherung der Beute als Nahrung (β) oder die Aufforderung zur Paarung oder eines Rivalen zum Zweikampfe (α) sein.

α) Aufforderung.

Eine solche Herausforderung wird manchesmal mit denselben Mitteln eingeleitet, die nicht derselben Art angehörigen Tieren gegenüber als Schreckmittel dienen. Man denke an die Stellungen der Kater bei ihren Kämpfen. Die Männchen der Winkerkrabbe, Uca pugilator, machen die Ansage eines Kampfspieles durch eine bestimmte Art ihre große bloß auf einer Seite ausgebildete Schere zu schütteln. Sie lassen sich auch durch einen in solcher Weise geschüttelten Draht aus ihren Höhlen locken und ihre Kampfstellung aufzwingen[1]. Da die „Winker"-Schere nur beim Männchen ausgebildet ist, stellt sie eine besondere Ausbildung zur Anlockung des Rivalen, möglicherweise auch des Weibchens dar. Als Beispiele von Anlockungsstellungen, die mit der Sexualität zusammenhängen, seien noch die Tanzgebärden der männlichen Spinnen, Araneidae, die Leuchtsignale der Leuchtkäfer, Lampyridae (vgl. ds. Handb. Bd. 8 II, Mangold), die Kampfsignale der Kampfschnepfe, Scolopax pugnax, und vieler Hühnervögel, bei denen die Männchen mit Fleischkämmen, prächtigem Gefieder und Sporen ausgestattet sind, die Brunft der Hirsche, Cervidae, mit meist nur im männlichen Geschlechte ausgebildetem Geweihe, genannt (im übrigen wird auf den Zusammenhang zwischen sekundären und primären Geschlechtscharakteren, ds. Handb. Bd. 14 I, verwiesen). Inwieweit die manchesmal phantastisch entwickelten Formen und Farben der Männchen zur Brunftzeit wirklich einer Anlockung des Weibchens dienen und ob sie bei der Gattenwahl eine Rolle spielen, ist nicht genügend kritisch untersucht worden[2]. Bei Schmetterlingen konnte eine Bevorzugung „schönerer" Männchen nie beobachtet werden, doch wohl beim Wellensittich[3]. Bei Vögeln und Säugetieren werden wohl im allgemeinen die am meisten ausgestatteten Männchen die stärksten sein und daher sich die Weibchen erobern können, aber auch hiervon haben wir Ausnahmen kennengelernt, wie die Erhaltung der geweihlosen Hirschrasse gegenüber starken Geweihträgern.

β) Lauer.

Ebenso wie die Verteidigung entweder durch Verbergen oder durch irreführende Annahme von Stellungen geführt werden kann, so verwenden Tiere sowohl das Versteck als auch die Nachahmung lockender Objekte zum Beutegewinn. Allbekannt ist die Lauerstellung der katzenartigen Raubtiere, welche zum Sprunge geduckt, hinter Gras, Gebüsch oder vom Baume herab ihre Beute erwarten oder an dieselbe zuerst heranschleichen. Dabei werden sie durch die den Umgebungsfarben des Standortes angepaßten Fellfärbungen trefflich geschützt, unsere Wildkatze, Felis ferus, ähnelt der Rinde, der Löwe, F. leo, dem mit verdorrtem Grase bewachsenem Wüstensande, der Tiger, F. tigris, dem Bambusrohr mit seinen vertikalen Schattenstreifen, die gefleckten Panther dem Sonnenkringelspiele in den tropischen Urwäldern usf. Die ganze Körperform und Färbung ist bei manchen Gottesanbeterinnen, Matidae, in den Dienst der Lauer gestellt. So gleichen Idolium diabolicum und Arten der Gattung Hymenopus Orchideenblüten, und auf einem Pflanzenstengel sitzend erwarten sie regungslos oder leise schaukelnd nach Art dieser Fangheuschrecken die Fliegen und Schmetterlinge, welche unvorsichtig genug sind, sich durch den Anblick dieser teuflischen

---

[1] Dembowski, J.: Trav. Inst. Nencki, Varsovie III **3**, Nr 48 (1925).
[2] Vgl. Argusfasan: Bierens de Haan: Biol. Zbl. **46**, 428 (1926).
[3] Cinat-Tomson, H.: Biol .Zbl. **46**, 543 (1926).

Blumenbilder verleiten lassen, in ihnen nach Honig suchen zu wollen. Ähnlich verhält sich die Krabbenspinne, Misumena vatia, welche ihre langen Vorderbeine den Staubfäden des Verbascum thapsus gleich in der Brise schwingen läßt[1]. Eine andere Spinne verwendet außer ihrem hellblauen Körper noch ihr Netz, um, in der Mitte desselben sitzend, eine Orchidee vorzutäuschen[2]. Die malaische Spinne, Phrynarachne decipiens, webt auf einem Blatte ein kleines Gewebe und hält sich an diesem mit Dornen der Beine an, während sie die Bauchseite aufwärts kehrt, um die Beute, Schmetterlinge der Familie Hesperidae, zu empfangen, die eine besondere Vorliebe für Vogelkot haben, den Spinne samt Gewebe täuschend nachahmen[3]. Die „Angler"fische, Lophius piscatorius, vergraben sich im Meersande und lassen bloß eine lange über dem Maule hervorragende Angelrute sehen, die wie mit Algen besetzt aussieht. Kleine Fischchen, die daran knabbern wollen, werden vom Maule (Abb. 46 o.) aufgeschnappt. Vielleicht dient auch dem „Fetzen"fisch, Phyllopteryx eques, die Algengestalt zur Anlockung kleinerer Beutetiere. Der Himmelgucker, Uranoscopus scaber, bewegt im Sande versteckt einen wurmähnlichen Fortsatz des Unterkiefers, also eine besonders günstige Stellung zum Beuteschnappen[4]. Tiefseefische haben vielfach Leuchtorgane, die bei

Abb. 46. „Anlockungsorgane" (Angeln) der Fische. Oben links: Anglerfisch, Lophius piscatorius. (Nach MÜTZEL.) Unten rechts: Fackelfisch, Linophryne lucifer. (Nach COLLETT.)

der positiven Phototaxis von Wassertieren, zum Fischen sehr geeignet sein möchten. Beim Tiefseefisch Linophryne lucifer (Abb. 46 u.) ist die Leuchte über dem Maule angebracht. Die unseren Kreuzschnäbeln verwandte tropische Vogelart Melicurvis baya, bringt in ihren Nestern auf Tonkügelchen lebende Leuchtwürmchen an, wodurch sie Schlangen abschrecken soll[5]. Handelt es sich nicht eher um ein bequemes Mittel, die durch das Licht angelockten, für ihre Jungen erforderlichen Insekten im allernächsten Umkreise ergreifen zu können? Den Angelruten der Fische kann man die Leimruten der Zahnarmen, Edentata, vergleichen. Die Ameisenfresser, Myrmecobius, legen ihre lange, wurm- oder schlangenähnliche, klebrige Zunge in Ameisenhaufen und fangen damit die herbeistürzenden Ameisen, sei es daß diese einen eindringenden Feind oder eine Beute wittern, oder bloß zufällig den gewohnten Weg fortsetzend hängen bleiben[6].

Der Schimpanse verwendet durch Speichel klebrig gemachte Strohhalme zur Auflesung der ihm ebenfalls mundenden Ameisen (vgl. S. 43), denen er an den feuchten von ihnen bevorzugten Stellen auflauert.

[1] PICKARD-CAMBRIDGE: Spiders of Dorset **1879—1881**, 292. — Weitere Beispiele: Cambr. Nat. Hist. S. 373. Zitiert auf S. 80.
[2] BELL, H. H. J.: Nature **47**, 557 (1889).   [3] FORBES: Cambr. Nat. Hist. S. 374.
[4] HOUSSAY, F.: S. 35. Zitiert auf S. 97.
[5] DUBOIS, M. R.: Science et Nature 1885.   [6] HOUSSAY, F.: S. 38. Zitiert auf S. 97.

Tierische Gifte und ihre Wirkung.

Von

FERDINAND FLURY

Würzburg.

Zusammenfassende Darstellungen.

BRAUN, M. u. O. SEIFERT: Parasiten des Menschen. 4. Aufl. Würzburg 1908. — CAL-METTE, A.: Les venins. Paris 1907 — in Kolle-Wassermanns Handb. d. pathogen. Mikroorganismen. 2. Aufl. 1913 — in Kraus-Levaditis Handb. Jena: Fischer — in Menses Handb. d. Tropenkrankh. 2. Leipzig 1914. — CASTELLANI, A. u. CHALMERS: Manuel of trop. Medicine. London 1916. — CUÉNOT, L.: Moyens de défense dans la série animale. Paris 1892. — ERBEN, F.: Handb. d. ärztl. Sachverständigentätigk. v. P. DITTRICH 7. Leipzig-Wien 1910. — FAUST, E. ST.: Tierische Gifte. Braunschweig 1906 — Handb. d. exper. Pharmakol. v. HEFFTER-HEUBNER 2 II. Berlin 1926 — Biochem. Handlexikon v. ABDERHALDEN 5. Berlin 1911 — Handb. d. Tropenkrankh. v. C. MENSE, 3. Aufl., 2 — Handb. d. biol. Arbeitsmeth. v. ABDERHALDEN, 2. Aufl., Abt. IV, 1. Hälfte — Handb. d. inn. Med. v. MOHR-STAEHELIN 6 (reiche Lit.) — Lehrb. d. Toxikol. v. FLURY-ZANGGER. Berlin 1928 (Lit.). — FLURY, F.: Tierische Gifte. Naturwiss. 7 (1919) — Die giftigen Abscheidungen der Tiere. In Oppenheiners Handb. d. Biochem., 2. Aufl., 5. Jena 1924 — Tierische Gifte und ihre Beziehungen zur Medizin. Klin. Wschr. 2, Nr 47, 2157 (1923). — FRÉDÉRICQ, L.: Sekretion von Schutz- und Nutzstoffen. Handb. d. vergl. Physiol. v. WINTERSTEIN 2 II. Jena 1910. — v. FÜRTH: Vergleichende chemische Physiologie der niederen Tiere. Jena 1903. — HUSEMANN: Handb. d. Toxikol. 1862. — KOLLE u. WASSERMANN: Handb. d. pathogen. Mikroorganismen, 2. Aufl. Jena 1913. — LANDSTEINER, K.: Tierische Hämolysine und Agglutinine. In Handb. d. Biochem. v. OPPENHEIMER, 1. Aufl., 2. — LEWIN, L.: Gifte und Vergiftungen. Berlin 1929. — v. LINSTOW, O.: Die Gifttiere. Berlin 1894. — MARTINI, E.: Lehrb. d. med. Entomologie. Jena 1923. — MENSE, C.: Handb. d. Tropenkrankh., 3. Aufl. — MOSLER, F. u. PEIPER: Parasiten, Handb. d. exper. Path. u. Therap. 6. Wien 1894. — OPPENHEIMER, C.: Toxine und Antitoxine. Jena 1904 — Handb. d. Biochem., 2. Aufl. Jena 1924 (zahlreiche Abschnitte, wie Toxine, Tierische Gifte, Anaphylaxie, Hämolysine usw.). — PAWLOWSKY, E. N.: Gifttiere und ihre Giftigkeit. Jena 1927 (viele Abb., reiche Lit.). — PHISALIX, M.: Animaux venimeux et venins. 2 Bde. Paris 1922. (Umfassendes Werk mit zahlr. Lit.-Angaben.) — PICK, E. P.: Darstellung der Antigene, in Kolle-Wassermanns Handb., 2. Aufl. Jena 1913. — PICK, E. P. u. SILBERSTEIN, im Handb. KOLLE-KRAUS-UHLENHUTH. — RICHET, CH.: Anaphylaxie. Paris 1923. — ROST, E.: Tierische Gifte, in Realenzyklop. d. ges. Heilk. 14. 1913. — SACHS, H.: Tierische Toxine, im Handb. d. pathogen. Mikroorganismen v. KOLLE-WASSERMANN, 2. Aufl., 2. Jena 1913 — Tierische Toxine, in Paul Ehrlich-Festschr. Jena 1914. — SCHLOSSBERGER, H. u. ISHIMORI: Tierische Toxine, in Oppenheimers Handb. d. Biochem. Jena 1924. — STARKENSTEIN-ROST-POHL: Toxikologie. Berlin-Wien 1929. — STROHL, J.: Die Giftproduktion bei den Tieren. Leipzig 1926. — TASCHENBERG, O.: Die giftigen Tiere. Stuttgart 1909.

Außerdem kommt die hier nicht berücksichtigte zoologische Literatur in Betracht.

I. Allgemeines.

Tierische Gifte sind pharmakologisch wirksame Stoffe, die im tierischen Organismus durch normale Lebensvorgänge, d. h. also physiologischerweise gebildet werden (FAUST). Wir stehen auch hier vor der Schwierigkeit, genau zu definieren, was ein Gift ist. Jede chemisch-physikalisch mit dem lebenden

Organismus reagierende Substanz kann unter Umständen als Gift bezeichnet werden. Dies gilt auch für Wasser, Chlornatrium und andere „indifferente" Stoffe. Wenn man derartige Substanzen nicht unter den Giften aufzählt, so folgt man der landläufigen Anschauung, derzufolge mit dem Giftbegriff die Vorstellung einer schädlichen Wirkung schon kleiner Mengen verbunden wird. Streng wissenschaftlich sind jedoch alle derartigen Definitionen nicht haltbar. Die Giftigkeit ist keine einem bestimmten Stoffe an sich zukommende besondere Eigenschaft, wie etwa Farbe, Geschmack, Krystallform, Schmelzpunkt u. dgl. Der Giftbegriff ist stets relativ, bei den von Tieren produzierten Stoffen ganz besonders, weil giftige Tiere in der Regel gegen ihre eigenen Gifte mehr oder weniger unempfindlich sind, und weil auch ganze Tierklassen gegen tierische Gifte eine angeborene natürliche Immunität aufweisen.

Bei den hier in Frage stehenden Giften haben wir es meistens mit Stoffen zu tun, die funktionell als körperfremd angesehen werden müssen. Viele tierische Drüsengifte sind Zerfallsprodukte. Bei jedem Absterben von Zellen und Geweben kommt es zur Bildung einer unübersehbaren Zahl von „Giften". Das ist auch der Fall im normalen Zellstoffwechsel. Wir dürften demnach in letzter Linie auch die einfach gebauten Endprodukte normaler Prozesse als Gifte bezeichnen, und zwar auch als tierische Gifte, so die Kohlensäure, das Ammoniak, die Fettsäuren, den Schwefelwasserstoff u. dgl.

Ebenso schwierig wie die Definition des Begriffes „Gift" ist die Beantwortung der Frage: Was versteht man unter einem giftigen Tier? Bei Tieren, die durch besondere Vorrichtungen chemische Stoffe absondern und dadurch ihre Feinde oder ihre Beute schädigen, bietet die Antwort keine Schwierigkeit. Auf der anderen Seite aber gibt es kaum ein Tier, das in seinem Organismus nicht irgendwelche pharmakologisch wirksame Stoffe bildet. Zwischen diesen zwei großen Gruppen lassen sich keine scharfen Grenzen ziehen. Eine Unterscheidung von systematischen Gesichtspunkten aus hat aber ihren Wert, wenn sie auch vom wissenschaftlichen Standpunkt aus wenig befriedigend ist. Wenn wir in der Folge zwischen giftigen Tieren und ungiftigen Tieren unterscheiden, so sind hierfür also im wesentlichen äußerliche, und zwar praktische Gründe maßgebend, ähnlich wie bei der Abtrennung der Gifte von den indifferenten Stoffen in der Medizin.

Die giftigen Tiere bilden keine Gruppe für sich, etwa wie die Parasiten oder die Wassertiere. PAWLOWSKY bezeichnet vom biologischen Standpunkt aus als giftiges Tier nur ein solches, „dessen Giftigkeit ein Merkmal der gegebenen Tierart bildet". Diese Tiere nennt er „echt giftig" zum Unterschied von Tieren, die erst durch zufällige Umstände, wie Erkrankung, Ernährung mit giftigen Stoffen u. dgl., giftig werden. Diese „sekundäre oder zufällige Giftigkeit" ist von der „primären Giftigkeit", die einer ganzen Art eigen ist, zu trennen.

Giftige Tiere haben das Interesse der Menschen zu allen Zeiten erregt. Davon geben die ältesten Überlieferungen der Kulturvölker, die ägyptischen Papyri, religiöse Schriften, die Bibel, Mythologien und Fabeln vielfach Zeugnis.

Ursprünglich scheint die Vorstellung geherrscht zu haben, daß die Bisse bzw. Stiche giftiger Schlangen und anderer Tiere erst durch besondere Charaktereigenarten oder vorübergehende Zustände dieser Tiere, wie etwa durch Erregung, Angst, Wut, ihren gefährlichen Charakter erhalten. Man glaubte im Altertum auch, daß schon die Berührung, der Atem oder der Blick eines Tieres töten könnten.

Erst im Laufe der Zeit treten klarere Vorstellungen über die Existenz besonderer von den gefürchteten Tieren hervorgebrachter Stoffe auf. Aber auch

heute noch sind mystische Vorstellungen und unklare Meinungen über das Wesen
der tierischen Gifte weitverbreitet.

Die *praktische Bedeutung der tierischen Gifte für den Menschen* erstreckt
sich in erster Linie auf die Gefährdung durch giftige Tiere, also auf Vergiftungen
und ihre Bekämpfung. Die Gefahren sind auch in unseren Breiten ungemein
mannigfaltig, aber doch keineswegs so ernst wie in den heißen Ländern, wie
in Indien und Südamerika, wo jährlich Tausende von Menschen und Haustieren
durch giftige Tiere, vor allem Giftschlangen, zugrunde gehen.

Giftige Tiere können geradezu allgemein empfundene *Landplagen* werden,
wenn sie periodisch in großem Umfange auftreten. Beispiele hierfür sind die
Stechfliegen-, Mücken-, Bremsen- und Schnakenplagen, die „Raupenepidemien"
(Goldafter, Prozessionsraupen, Kiefernspinner), die Massenbelästigungen durch
Juckmilben, Zecken, Läuse, Wanzen. Manche Gegenden der Erde sind durch
solche Plagegeister praktisch unbewohnbar. Hier sind auch die in warmen
Ländern erschreckend weitverbreiteten Verseuchungen durch Eingeweidewürmer
aller Art, die Erkrankungen von Vieh, die Verluste an Haustieren, auch Ge-
flügel, durch giftige Tiere und hierhergehörige Parasiten zu nennen.

Massenhaftes Auftreten und Häufigkeit der Schädigung bringen es unter
Umständen mit sich, daß giftige Tiere die Veranlassung zu besonderen *Berufs-
und Gewerbekrankheiten* werden. Ganz abgesehen von Giftschlangen, Skorpionen
und ähnlichen „klassischen" Gifttieren, bilden hier meistens Insekten, Raupen,
Milben, Zecken, Spinnen, auch giftige Fische die Ursache. Der gefährdete Per-
sonenkreis umfaßt vorwiegend Arbeiter im Freien, in Wäldern, auf Plantagen,
also besonders Landwirte, Forstleute, Jäger, Fischer, Gärtner, Hirten, aber auch
die verarbeitenden Berufe wie Bäcker und Müller (Milben), endlich die Transport-
arbeiter u. a. m. Hierher gehören noch die eigenartigen Schädigungen der Arbeiterinnen bei der Seidenraupenzucht, die Erkrankungen der Schwammfischer durch
Nesseltiere des Meeres, die Anämien der Berg- und Grubenarbeiter durch Würmer
(Tunnelkrankheit).

Tierische Gifte *als Heilmittel* haben von jeher eine Rolle in der Medizin
gespielt. Wenn auch viele unter den Arzneimitteln tierischen Ursprungs einen
sehr fraglichen Wert besitzen, so finden wir doch auch manches Brauchbare
und Zweckmäßige darunter, z. B. die Verwendung von Nesseltieren aller Art
gegen Rheumatismus in Form von Quallenkuren u. dgl., von Ameisensäure und
Bienengift zum gleichen Zweck, von spanischen Fliegen und verwandten sog.
„Pflasterkäfern" als blasenziehende Mittel. Das in europäischen Ländern, in
China, Japan, Südamerika vielfach als Arzneimittel verwendete Krötengift erscheint durch den Nachweis von digitalisartigen und lokal anästhetisch wirkenden
Stoffen, ferner von Adrenalin in neuem Licht. Das curareartig wirkende Fugugift wird in Japan gegen Starrkrampf, Gicht, Gelenkrheumatismus, Neuralgien
verwendet. Gifte von Schlangen werden in ihren Heimatländern und auch bei
uns gegen die verschiedenartigsten Erkrankungen, insbesondere Epilepsie, Lepra,
Infektionskrankheiten empfohlen.

Rechnen wir zu den tierischen Giften, als im tierischen Organismus gebildeten Stoffen von pharmakologischer Wirksamkeit, noch Adrenalin, Insulin,
Thyroxin, die Hypophysenstoffe, die Gallensäuren, so erweitert sich der Kreis
durch wertvolle zum Teil unschätzbare Mittel.

Unter den an der Kenntnis tierischer Gifte interessierten Berufen steht
demnach der *Arzt* an erster Stelle.

Seine Aufgabe erstreckt sich ebenso auf das Studium der Giftwirkungen
wie auf die Bekämpfung der Vergiftungen, die in der Verwendung spezifischer
antitoxischer Sera die größten Erfolge verzeichnen kann.

Hier näher auf die Therapie einzugehen, liegt nicht im Rahmen dieser Abhandlung. Ihre Grundlagen ergeben sich aus den in den folgenden Abschnitten näher zu schildernden Eigenschaften und Wirkungen der tierischen Gifte.

Von Interesse ist auch die vielgestaltige Verwendung tierischer Gifte, z. B. in der Rechtsprechung zur Hinrichtung (z. B. durch Schlangen im Altertum), zu Gottesurteilen, zu verbrecherischen Zwecken, zu Mord und Selbstmord, zu Liebesträmken (Cantharidin, Skorpione), dann in Form von Giftwaffen, in Kampf und Krieg, zur Jagd. Am bekanntesten sind die *Pfeilgifte* der Hottentotten und Buschmänner (Vogelspinnen-, Puffottern-, Käferlarvengifte), der südamerikanischen Indianer (Amphibienhautsekrete, Fischgifte, Stechrochen) und afrikanischen Neger (Ameisen- und Schlangengifte).

Die Wichtigkeit der *wissenschaftlichen Erforschung* der tierischen Gifte und giftigen Tiere ergibt sich zunächst aus der praktischen Bedeutung von selbst. Neben den Zoologen sind vor allem die verschiedenen theoretischen Zweige der Medizin, Pharmakologie, Physiologie, Pathologie, Hygiene, Immunitätslehre, Biochemie, dann die zahlreichen Unterabteilungen der human- und veterinärmedizinischen Klinik, nicht zuletzt die Tropenmedizin interessiert. Darüber hinaus reicht dieser Forschungszweig in die Arbeitsgebiete der verschiedenartigsten Spezialfächer der angewandten Naturwissenschaft, z. B. Landwirtschaft, Schädlingsbekämpfung, angewandte Entomologie, Parasitologie, Pharmazie, Zoogeographie.

Nicht zuletzt sei auf die Beziehungen zur Geschichte der Medizin, zur Kultur- und Völkergeschichte, zur Geographie hingewiesen. Auf allen diesen Gebieten harren noch zahlreiche ungelöste Probleme der weiteren Bearbeitung. Im Rahmen dieses Aufsatzes sollen nur die Fragen behandelt werden, die in enger Beziehung zur normalen und pathologischen Physiologie stehen. Die mit der Morphologie und Ökologie der giftigen Tiere zusammenhängenden also vorwiegend zoologischen Fragen können hier nur gestreift werden. Das Hauptgewicht muß auf die Eigenschaften und Wirkungen der tierischen Gifte gelegt werden.

Der Wert ihrer genauen Erforschung liegt nicht zuletzt darin, daß sie die Auffindung chemischer Stoffe von besonderen Eigenschaften und auffälligen Wirkungen gestattet, die durch chemische Methoden allein meist nicht oder nur sehr schwierig möglich wäre. Dadurch weist die Pharmakologie nicht nur der Chemie, sondern auch den biologischen Fächern den Weg zu neuen Fragestellungen.

II. Allgemeines über Giftbildung im tierischen Organismus.

Wenn man den Begriff Gift im weitesten Sinne auffaßt, ergibt sich, daß die lebendige Substanz schon normalerweise eine Reihe von Stoffwechselprodukten bildet, die pharmakologische Wirkungen auslösen können. In diesem Sinne bildet, wie oben bereits erwähnt, jede lebende Zelle „Gifte". Gewöhnlich versteht man aber unter tierischen Giften nicht die einfach gebauten Endprodukte des Stoffwechsels, sondern komplizierter zusammengesetzte Substanzen, die schon in verhältnismäßig geringen Mengen in den Ablauf der Lebensprozesse störend eingreifen. Die Produktion solcher Gifte im engeren Sinne läßt sich durch das ganze Tierreich verfolgen. Sie findet aber keineswegs überall in gleichem Umfang statt, sondern man kann selbst in eng begrenzten Gruppen, in nahe verwandten Familien und Arten, große Unterschiede feststellen. Deshalb unterscheidet man im gewöhnlichen Sprachgebrauch schlechthin zwischen giftigen und ungiftigen Tieren ebenso wie zwischen Giftpflanzen und ungiftigen, zwischen harmlosen Bakterien und pathogenen Erregern. Ebenso wie der Knollenblätterschwamm sich durch seine

Giftproduktion von dem nahe verwandten ungiftigen Champignon unterscheidet, so treffen wir schon bei den einfachsten Tierformen, den Protozoen, unter morphologisch und biologisch eng verwandten Arten neben völlig harmlosen Vertretern andere, die als gefährliche Krankheitserreger gefürchtet sind.

In wissenschaftlichem Sinne nehmen die Gifttiere jedenfalls keine Sonderstellung ein, sondern wir bilden nur aus praktisch menschlichen Gesichtspunkten oder aus biologischen Merkmalen heraus solche Einteilungen. Bei dem Mangel an tieferem Einblick in die Physiologie, besonders der niederen Tiere, kommen vorläufig nur äußere Erscheinungen als Grundlage für eine systematische Übersicht in Betracht.

Einteilung der giftigen Tiere.

Je nach dem Vorhandensein besonderer Giftapparate lassen sich zunächst zwei Gruppen bilden. Bei der ersten finden wir Tiere, die mit besonderen morphologisch gekennzeichneten Organen zur Einführung der giftigen Substanzen in einen anderen Organismus ausgezeichnet sind. Man nennt diese nach Faust „aktiv giftige" Tiere. Sie besitzen eigentümliche „Giftapparate". Alle übrigen Tiere, denen diese Merkmale fehlen, faßt man in der zweiten Gruppe zusammen. Hier äußert sich die Giftproduktion nur unter besonderen Umständen: entweder wenn solche Tiere als Nahrung einverleibt werden oder wenn die in ihrem Körper gebildeten Gifte in den Körper eines anderen Individuums gelangen oder sonstwie in Wechselwirkung treten. Alle diese Tiere, denen ein Giftapparat fehlt, nennt man „passiv giftige" Tiere, auch wohl „kryptotoxische" Tiere. Der Begriff „kryptotoxische" Tiere wird von den einzelnen Autoren verschieden aufgefaßt. Taschenberg (1909) versteht darunter nur die Tiere, die als Nahrung gebraucht giftig wirken, Strohl (1925) die giftig wirkenden Tiere, die keinen besonderen Verwundungsapparat besitzen, Pawlowsky (1927) die Tiere, deren Giftigkeit unter natürlichen Existenzbedingungen nicht zum Ausdruck kommt.

Eine weitere Gruppe, deren Vertreter sich auf die soeben genannten zwei Gruppen verteilen, wird von den *parasitisch* lebenden Tieren gebildet. Ihre Schädlichkeit ist in den eigentümlichen Lebensbedingungen begründet; als Schmarotzer im Organismus ihrer Wirte können sie letztere, abgesehen vom Entzug von Nahrungsstoffen, auch wenn besondere Giftorgane fehlen, durch Ausscheidung von Giften gefährden.

Zu den aktiv giftigen Tieren gehören die am längsten bekannten klassischen Gifttiere, wie die Giftschlangen, die Skorpione, die Bienen und sonstige stechende Insekten. Zu den passiv giftigen Tieren, die vorwiegend theoretisches Interesse besitzen, weil ihre Giftigkeit sich im allgemeinen nicht unter den natürlichen Bedingungen ihrer Existenz zu erkennen gibt, gehören z. B. gewisse Fische, deren Genuß infolge der normalerweise in diesen Tieren enthaltenen chemischen Stoffe Giftwirkungen auslöst. Streng genommen sind aber in allen Tierkreisen giftige Vertreter zu finden. So wären alle Säugetiere infolge des Vorkommens von Adrenalin und sonstigen stark wirkenden chemischen Substanzen hierher zu rechnen.

Die parasitischen Tiere, wie die Eingeweidewürmer und ihre in den verschiedenen Organen, den Muskeln, in der Leber, in der Lunge, im Unterhautzellgewebe usw. lebenden Verwandten, dann die Insektenlarven, die parasitischen Protozoen besitzen ebenfalls hohes toxikologisches Interesse. Ihre einfachsten Formen, die einzelligen Parasiten, bilden den Übergang zu den Infektionserregern bakterieller Natur.

Scharf zu unterscheiden ist zwischen den Tieren, die in ihrem normalen Lebensprozeß Gifte bilden („primär giftige Tiere") und den übrigen Tieren, deren Giftigkeit kein feststehendes Merkmal der betreffenden Tierart ist, sondern in zufälligen Umständen ihre Ursache hat („sekundär giftige Tiere"). Solche zufällig giftigen Tiere sind z. B. Tiere, die durch den Aufenthalt in stehenden und verunreinigten Wässern Gifte aufspeichern oder die infolge von Erkrankungen giftig werden, wie z. B. Austern, Muscheln, Krebse, Fische, Aale (Haffkrankheit). Es ist auch denkbar, daß durch Ernährung mit giftigen Tieren oder Pflanzen, also durch Aufnahme von Giften, ein Tier zum Träger von giftigen Stoffen wird. Solche Fälle haben natürlich mit unserem Gebiet keine direkte Berührung. Das gleiche gilt auch von Tieren, die erst nach dem Tode durch bakterielle Infektion oder durch Entwicklung von Fäulnis und Zersetzungserscheinungen giftig werden (Fleisch-, Fisch- und verwandte Nahrungsmittelvergiftungen).

Giftapparate.

Die *Giftapparate* sind in der Regel zugespitzte, harte und deshalb zur Verwundung geeignete Gebilde. Ihre Entstehung ist vielfach völlig unabhängig von den giftbereitenden oder Gifte absondernden Organen. Man begegnet hier häufig eigenartigen Kombinationen zwischen der Giftbildung und anderen Funktionen. Jedenfalls bestehen durchaus nicht immer bestimmte Gesetzmäßigkeiten. Manche passiv giftige Tiere besitzen Verwundungsapparate ohne zugehörige Giftdrüsen, z. B. die ungiftigen Raupen, die mit stechenden Borsten besetzt sind, oder die sog. „ungiftigen Schlangen" und die Skorpionsfliegen, die wohl einen Stachel haben, aber kein Gift produzieren. Bei den Ameisen kann sich der Stachel zurückbilden, so daß die beißenden Mundwerkzeuge an seine Stelle treten. Bei den Stechimmen ist der Stachel durch Umbildung der Legeröhre entstanden, während die primäre Bedeutung des Skorpionstachels völlig unbekannt ist. Die Stachel dienen nicht nur als Waffen, sondern auch als Werkzeug, als Tastorgan usw. Die Formen der Giftapparate sind überaus wechselnd. Bei den Einzellern finden sich schon primitive nadelförmige Stechapparate, ohne Zusammenhang mit einem besonderen Organ der Giftbildung. Die Nesselzellen der Cölenteraten weisen zum Teil einen hochkomplizierten Bau auf. Stechapparate der verschiedenartigsten Form, meist mit giftigen Drüsen der Haut verbunden, besitzen die Seeigel und die Brennraupen, wo sie auf verschiedene Stellen der Körperoberfläche verteilt sind, während bei den Skorpionen, den Bienen, Wespen, Hummeln und ihren Verwandten die Apparate sich am Hinterleibsende befinden. Auch viele Fische vergiften durch Stachel an Kiemen und Flossen, die mit giftigen Hautdrüsen zusammenhängen. Bei anderen Tieren wieder stehen die Giftapparate in Verbindung mit dem Kopf bzw. den Mundteilen. Hierher gehören die stechenden, beißenden, bohrenden, saugenden Giftapparate der Spinnen, Zecken, Milben und zahlloser Insekten, endlich auch vieler Würmer. Unter den Säugetieren besitzt nur das Schnabeltier einen Giftapparat, der mit Hautdrüsen verbunden ist. Bei den Wirbeltieren sind es vorwiegend Zähne, die durch ihren besonderen Bau die Einverleibung von Giften begünstigen, wie vor allem bei den giftigen Schlangen. Unter den Eidechsen kommt hier noch Heloderma, unter den Fischen die Muräne in Betracht.

Zu den *aktiv giftigen* Tieren („phanerotoxische" Tiere) rechnet man auch das unübersehbare Heer der mit Giftdrüsen versehenen Nesseltiere, der Käfer, der blutspritzenden Arthropoden, weiter die giftige Verdauungssekrete ausscheidenden Weichtiere. Die Amphibien gehören nicht zu den aktiv giftigen Tieren; doch werden sie von manchen Autoren zu den phanerotoxischen Tieren gerechnet.

Auf diesem Gebiete bestehen noch zahlreiche Unklarheiten. So ist bei den meisten Tieren die Frage noch nicht gelöst, welche von den verschiedenen mit dem Giftapparat zusammenhängenden Drüsen wirklich als Giftdrüsen bezeichnet werden können. Bei den abdominalen Drüsen der Bienen und Wespen, von denen nur die Weibchen Stacheln und Giftdrüsen besitzen, besteht wohl kaum ein Zweifel. Es gibt aber innerhalb eng verwandter Gruppen, z. B. den Schlupfwespen, alle Übergänge zwischen Giftdrüsen und anderen Drüsen, deren Sekrete lediglich die Beweglichkeit der einzelnen Teile des Stachels erleichtern (Schmierdrüsen). Die Umbildung des Giftstachels aus der ursprünglich zur Eiablage dienenden Legeröhre ist nicht zu bezweifeln. Er steht also entwicklungsgeschichtlich mit der Geschlechtsbildung zusammen. Dies geht schon daraus hervor, daß auch die Giftblase bei der Bienenkönigin viel größer ist als bei den nur mit rudimentären Sexualorganen versehenen Arbeitsbienen. Auch mit der Larvenentwicklung bestehen Zusammenhänge. Dies läßt sich schon daraus erkennen, daß die Schlupfwespen gleichzeitig mit den Eiern auch ihr Giftsekret in die zur Nahrung der jungen Brut bestimmten Raupen, Käfer und andere Insekten einführen. Auch die Gallwespen bringen gleichzeitig mit den Eiern ihr Drüsengift in die Pflanze ein. Wahrscheinlich kommen den Stacheln und verwandten Organen, z. B. den verschiedenartigen Mundwerkzeugen, nicht nur die Funktionen von Waffen, sondern auch andere Aufgaben, vor allem mechanischer Art, wohl auch für Zwecke der Nahrungsaufnahme, zu.

Für die Giftzähne ergibt sich die doppelte Verwendungsart ganz von selbst.

Zweck der tierischen Gifte.

Es ist nun zu prüfen, wieweit die festgestellten Erscheinungen in gegenseitige Beziehungen gesetzt werden können, ob die objektiven Charakteristica der Stoffe, die wir als tierische Gifte bezeichnen, Zusammenhänge mit den verschiedenen Lebensbedingungen erkennen lassen. Wir werden dann sehen, ob sich ein Urteil über Nützlichkeit oder Schädlichkeit für den Menschen und für das Tier selbst ableiten läßt. Damit kommen wir zu einer recht schwierigen Aufgabe, nämlich zur Frage der *Zweckmäßigkeit*.

Bei der Bewertung der tierischen Gifte vom allgemein biologischen Standpunkte empfinden wir den Mangel genauer Kenntnisse als erste Schwierigkeit, denn wie auf anderen verwandten Gebieten — es sei nur an die praktische Heilkunde erinnert — sind auch hier Wahrheit und Dichtung, Mystik und Aberglaube innig verflochten. Die Beurteilung vom menschlichen Standpunkt mit der affektiven Einstellung zu einem angenommenen oder erwarteten Ergebnis muß nach Möglichkeit zurückgedrängt werden.

Die teleologische Betrachtungsweise hat auch auf dem Gebiet, das uns hier beschäftigt, viel Unheil angerichtet. Es gibt hier wohl kaum einen Vorgang, den man nicht als eine Zweckhandlung und damit als teleologisches Geschehen betrachten kann. Wir stoßen auf die größten Schwierigkeiten, wenn wir bei giftigen Tieren nach bestimmten Absichten, Willenshandlungen suchen wollen. Eine Zielstrebigkeit in menschlichem Sinne dürfen wir kaum annehmen, eher wohl eine Planmäßigkeit, die in den allgemeinen Lebensgesetzen vorgezeichnet ist und überall in der Natur, schon in der strikten Regelmäßigkeit aller Lebensäußerungen des Protoplasmas der Einzeller, ihren Ausdruck findet.

Das Ziel muß ein objektives Studium aller Momente sein, das das räumliche Schema des Tierkörpers als einen Bauplan und die damit verbundenen Faktoren der Innenwelt des Tieres, seine Funktionen, umfaßt. Dazu tritt dann die Erforschung der Beziehungen von Innenwelt des Tieres zu seiner Umwelt, ebenfalls eine gefährliche Quelle für unbeweisbare Spekulationen; sie erfüllen die ältere Literatur[1]. In dieser Hinsicht können falsche aus menschlichen Analogien ab-

---

[1] Vgl. v. Uexküll, J: Umwelt und Innenwelt der Tiere. 2. Aufl. Berlin 1921.

geleitete Schlüsse auf entsprechend oder ähnlich erscheinende Vorgänge beim Tier, wie etwa auf psychische Funktionen niederer Organismen, in schwere Irrtümer verstricken.

Die Zweckmäßigkeit in Einrichtungen und Leistungen wird als eine Grundeigenschaft der belebten Natur angesehen.

Können wir aber den Stich unserer Honigbiene als zweckmäßig bezeichnen, wenn er mit absoluter Sicherheit den Tod des Tieres nach sich zieht? Man schließt vom „anthropozentrischen" Standpunkt aus von solchen Wahrnehmungen, ohne die inneren Vorgänge der Tiere wirklich zu kennen, auf vorsätzliche Handlungen bei nach bestimmten Regeln ablaufenden Gesetzmäßigkeiten.

So verständlich es ist, bei der Beurteilung von Schädigungen durch giftige Tiere eine teleologische Betrachtungsweise zugrunde zu legen, so sollte sich die wissenschaftliche Beurteilung doch von solchen Theorien fernhalten, so lange wir nicht in der Lage sind, die biologische Zweckmäßigkeit einwandfrei darzutun. Dazu kommt noch, daß die Ansichten über den Begriff des Zweckes und der Zweckmäßigkeit bei Biologen und Philosophen stark auseinandergehen. Alle Einteilungen nach Nützlichkeit oder Schädlichkeit sind je nach dem Standpunkt des Beurteilers wechselnd und unsicher und müssen schon als ethische Begriffe bei einer objektiven Betrachtung ausscheiden. Selbst die gefährlichsten tierischen Gifte lassen sich bei Verwendung als Heilmittel von menschlichem Standpunkt als nützlich ansehen. Für ein Urteil über die biologische Bedeutung der tierischen Gifte im Haushalt der Natur, zumal bei den niederen Formen, fehlen uns vorläufig noch fast alle Grundlagen, insbesondere sind wir über die Bedeutung der Gifte für die Tiere selbst bis jetzt nur mangelhaft unterrichtet. Als Mittel zum *Angriff*, zur *Verteidigung* und zur *Abwehr* sind sie wohl nicht ursprünglich verwendet worden. Dafür spricht die Feststellung, daß die oft nahe verwandten „passiv giftigen, kryptotoxischen" Tiere ebenfalls Gifte produzieren, sie aber mangels von Giftapparaten nicht verwenden können.

Als Produkte von Drüsen dienen sie sicherlich noch anderen Aufgaben. Man wird an erster Stelle an gewisse Funktionen im Dienste der *Nahrungsaufnahme*, der *Verdauung*, dann auch des *Stoffwechsels* und der *Ausscheidung* denken müssen. Über die Rolle der inneren Sekretion und der Hormone bei niederen Tieren wissen wir noch sehr wenig. Es ist aber sicher, daß auch hier eine weitgehende Arbeitsteilung besteht. Eine solche ist schon bei den Einzellern bezüglich der Nahrungsaufnahme, der Ausscheidung, der Giftbildung zu erkennen.

Zweifellos hängen die Drüsengifte der Tiere auch mit der *Fortpflanzung* zusammen. Dies läßt sich nicht nur bei den Bienen und ihren Verwandten, sondern auch bei Spinnen, Canthariden, Kröten, Fischen und Schlangen erkennen. Über die Bedeutung der Gifte für die Entwicklung der Eier und die wechselnde Giftbildung im Zusammenhang mit der Fortpflanzung vgl. die letzten Kapitel dieses Beitrages.

Ob die tierischen Gifte beim Zustandekommen der natürlichen *Immunität* und als Abwehrkräfte gegen Schädigungen beteiligt sind, entzieht sich noch unserer Kenntnis. Das Vorkommen der Drüsengifte im Blut und in den Körpersäften der Tiere spricht jedenfalls dafür, daß sie an der Zusammenarbeit der einzelnen Organsysteme des Körpers teilnehmen. Jedenfalls wird man sie nicht ohne weiteres als Endprodukte des Stoffwechsels, die keinerlei Wert für das ganze mehr haben, ansprechen dürfen.

Das wissenschaftliche Studium der tierischen Gifte muß zunächst eine Zusammenfassung und Ordnung der hier in Frage stehenden Erscheinungsformen erstreben. Dies kann nur durch Beobachtung und Beschreibung der einzelnen

Objekte bzw. Vorgänge und ihrer Merkmale erreicht werden. Erst ihre vergleichende Betrachtung liefert die Grundlagen für die Einreihung in zusammengehörige Gruppen.

Aus diesen Gründen sollen im nächsten Abschnitt die wichtigeren Gifttiere, nach zoologischen Gesichtspunkten geordnet, aufgezählt werden. Hieran reihen sich dann einige Erörterungen allgemeiner Natur.

III. Übersicht über die giftigen Tiere.

1. Protozoen[1].

Schon bei den einfachsten Lebewesen des Tierreiches stoßen wir auf die Bildung von giftigen Stoffen. Wie die Protozoen in ihren Lebensbedingungen viel Gemeinsames mit den ihnen nahestehenden Bakterien aufweisen, so zeigen sie auch gewisse Ähnlichkeit bezüglich der Giftproduktion. In beiden Fällen sind die parasitisch lebenden Formen bald harmlose Schmarotzer, die den Wirtsorganismus nicht erkennbar schädigen, bald aber die Erreger gefährlichster Infektionskrankheiten. Mit der Ausdehnung der Forschung wächst auch auf diesem Gebiete die Kenntnis der pathogenen Protozoen fortwährend. Die niedrigsten Formen zeigen noch keine genügende morphologische Differenzierung, so daß die Absonderung von giftigen Substanzen der direkten Beobachtung meist nicht zugänglich ist. Man schließt aus der Erkrankung indirekt auf die Giftfunktion der Parasiten.

1. Klasse: Rhizopoda. Als bekanntes Beispiel sei hier die Dysenterieamöbe genannt, die zu einer typischen Erkrankung führt, die auch experimentell erzeugt werden kann. Sie produziert ein nach seiner Wirkung gut studiertes Gift während andere ihr biologisch sehr nahestehende Formen harmloser Natur sind. Andere freilebende Protozoen von gleich primitiver Entwicklung lassen bereits Zellausstülpungen und giftgetränkte Ausläufer des Protoplasmas erkennen, deren Formen noch nicht feststehen, sondern dauernder Veränderung unterliegen. Diese Pseudopodien vermögen Fremdkörper, wie geformte Nahrungsstoffe, desgleichen auch belebte Organismen von entsprechender Kleinheit, vor allem einzellige Wesen, Protozoen, Bakterien, Algen, zu erfassen und in ihr Zellinneres einzuverleiben, wo sie verdaut und assimiliert werden. Daß es sich hier bereits um Giftwirkungen handeln muß, geht ohne Zweifel daraus hervor, daß bewegliche Formen, wie etwa Paramäcien oder Vorticellen, schon bei der ersten Berührung mit dem ausgestreckten Pseudopodium ihre Bewegungen einstellen, also gelähmt bzw. abgetötet werden. Wir finden hier also schon Giftapparate primitivster Natur. Man könnte sich vorstellen, daß *parasitisch lebende Einzeller* besondere Giftapparate zur Einverleibung ihrer Schutz- und Abwehrstoffe nicht nötig hätten, weil sie im Organismus ihrer Wirte leben. Dies gilt aber nicht für die zahllosen, im Darmkanal und auf anderen Schleimhäuten höherer Tiere lebenden Formen. Sie können als frei lebende Tiere betrachtet werden, die einer

---

[1] *Lit. über Protozoengifte:* LAVERAN, A.: Trypanotoxines. Bull. Soc. Path. exot. **6**, 693 (1913). — MENSE, C.: Tropenkrankheiten, 2. Aufl., **4** (1923). — SCHILLING, C. u. P. RONDONI: Über Trypanosomentoxine. Z. Immun.forschg **18**, 651 (1913). — SCHUBERG, A.: Über Cilien und Trichocysten einiger Infusorien. Arch. Protistenkde **6**, 61 (1905). — DOFLEIN: Die Protozoen als Parasiten und Krankheitserreger. Jena 1901. — PFEIFFER, L.: Die Protozoen als Krankheitserreger, 2. Aufl. Jena 1910. — TEICHMANN, E.: Über das Gift der Sarcosporidien. Arch. Protistenkde **20**, 97 (1910); **22**, 351 (1911). — KNEBEL, M.: Sarcosporidiotoxin. Zbl. Bakter. **46**, 523 (1912). — FLURY, F.: Protozoen, in Oppenheimers Handb. d. Biochem., 2. Aufl., **5**, 690 (1924). — HARTMANN, M.: Praktikum der Protozoologie. Jena 1921. — SCHLOSSBERGER, H. u. K. ISHIMORI: Oppenheimers Handb. d. Biochem., 2. Aufl., **1** (1924).

Welt von Feinden, von Bakterien, Protozoen und höher stehenden Parasiten
ausgesetzt sind. Dazu kommen noch die Abwehrvorrichtungen im Organismus
des Wirtes. Auch die *Leukocyten* lassen sich als giftabsondernde Zellen auffassen. Es läßt sich also schon frühzeitig in der Tierwelt bei den verschiedenen
Stadien der Aufnahme und Verwertung der Nahrung eine Arbeitsteilung erkennen.
Während zunächst zwischen Verdauung und Giftwirkung fließende Übergänge
bestehen, begegnet man mit fortschreitender Entwicklung bald einer schärferen
morphologischen Differenzierung und damit auch einer deutlichen Trennung
der Funktionen.

Die äußeren Schichten des Protoplasmas erhalten dann eine besondere, vom
Zellinnern verschiedene Struktur. Sie weisen durch Einlagerung von Kalk, durch
Ausbildung von Membranen ein strafferes, mehr oder weniger starres Gefüge auf.
Gleichzeitig treten immer deutlicher besondere Giftapparate in Erscheinung.
Unter den Pseudopodien finden sich verschiedene Formen und Größen mit
getrennten Funktionen (Podophrya gemmipara; R. HERTWIG). Bei den Geißel-
infusorien übernehmen stäbchenförmige, in den äußeren Schichten eingebettete
Gebilde die Rolle der Giftapparate, die bei manchen Arten ähnlich wie Pfeile
ausgestoßen werden. Trifft ein solcher Pfeil das Beutetier, wie etwa ein Paramaecium, so wird es schnell gelähmt und abgetötet. Da mechanische Verletzungen
die Beweglichkeit solcher Tiere kaum beeinträchtigen, kann die Veränderung
nur auf die Einwirkung von Giften bezogen werden. Bei den Gymnostomien
findet man röhrenförmige Ausstülpungen der Mundöffnung, in deren Wandung
solche Stäbchen, bestimmt angeordnet, liegen. Die Entladung der Pfeile kann
wohl nur als Quellungsphänomen gedeutet werden und läßt sich künstlich durch
chemische Reize, z. B. Säuren, auslösen.

Ähnliche Giftpfeile (Trichocysten) finden sich bei zahlreichen anderen Arten,
besonders häufig bei den holotrichen Infusorien, vereinzelt auch bei heterotrichen
und peritrichen.

2. Klasse: Flagellata. Eine höhere Entwicklung erfahren die Giftapparate
bei einigen Dinoflagellaten und Euflagellaten, wo peitschenförmige, giftgetränkte
Fäden aus kapselartigen Behältern ausgeschleudert werden, sobald diese von
entsprechenden Reizen, z. B. Berührung mit kleinen Beutetieren, betroffen
werden.

Die Flagellaten stehen den Pflanzen sehr nahe. Einige unter ihnen besitzen
Chlorophyll und bauen in ihrem Körper Stärke auf.

Die Ordnung der Proflagellata umfaßt die medizinisch wichtigen *Spirochäten*, die in zahlreichen Formen in fauligem Wasser, Sümpfen, Mooren, auch
im Darm und in Schleimhautsekreten von Menschen und Tieren vorkommen.
Unter den pathogenen Arten, die gewöhnlich als Treponema bezeichnet werden,
sind am bekanntesten die Spirochäte der Syphilis, Treponema pallidum Sch.,
der Erreger des Rückfallfiebers, Tr. recurrentis (Spirochaeta Obermeieri), die
Spirochäte des afrikanischen Zeckenfiebers, Tr. duttoni, die Spirochäte der
Framboesie, Tr. pertenue. Auch bei Vögeln, besonders Gänsen und Hühnern,
kommen infektiöse Krankheiten durch Spirochäten vor. Daß die genannten
Krankheiten, wenigstens zum Teil, durch die Wirkung von Giften entstehen,
die durch diese Parasiten hervorgerufen werden, ist kaum zu bezweifeln. Andere,
den pathogenen Spirochäten nahe verwandte Arten sind völlig harmlos für
ihre Träger. Über die Art der Gifte ist noch nichts Sicheres bekannt.

Hierher gehören auch die großes medizinisches Interesse besitzenden *Trypanosomen*. Sie sind als Krankheitserreger in heißen Ländern weit verbreitet und
kommen vorzugsweise im Blut von Menschen und Haustieren vor. Der wichtigste
Vertreter ist der Erreger der Schlafkrankheit, Trypanosoma gambiense, der

hauptsächlich durch die Stechfliege Glossina palpalis übertragen wird. Ähnlich sind die Erreger der Naganaseuche der Huftiere (Tsetsekrankheit), der Surrakrankheit von Pferden, Kamelen und anderen Haus- und Nutztieren Asiens. Auch bei Fischen kommen verwandte Arten vor, wie z. B. Trypanoplasma cyprini, das die Schlafsucht der Karpfen verschuldet. Im Darm von Menschen und Tieren schmarotzen zahlreiche Geißelträger, deren Rolle noch nicht genauer bekannt ist, wie z. B. Trichomonas, Lamblia. Möglicherweise ist ihr vermehrtes Auftreten für gewisse Darmerkrankungen von Bedeutung.

Experimentelle Untersuchungen über Trypanosomengifte sind bisher noch kaum angestellt worden.

Nach Schilling und Rondoni[1] enthält Trypanosoma brucei ein Toxin, das bei Mäusen nach intraperitonealer Einspritzung Durchfall, Atemnot und Krämpfe hervorruft.

3. Klasse: Sporozoa. Die wichtigsten aller Sporozoen sind die Erreger der *Malaria*, Plasmodium malariae und seine Verwandten, die die verschiedenen Krankheitsformen der Tertiana und Quartana hervorrufen. Hierher gehören ferner die Erreger der Vogelmalaria, Pl. praecox, die zu fieberhaften Erkrankungen führen und die in der Leber und im Darm der Kaninchen und anderer Nagetiere, der Vögel, auch in Weidetieren lebenden *Coccidien* (Eimeria stiedae). Auch für Menschen, die mit solchen Tieren umgehen, können Coccidien pathogen werden. Gewöhnlich rechnet man hierher auch die *Piroplasmen*. Sie erzeugen das Texasfieber und verwandte fieberhafte Erkrankungen von Rindern, Pferden, Eseln, Hunden, die mit Ikterus und schweren Leberschädigungen einhergehen. In Fischen leben die *Myxosporidien*, von denen besonders Myxobolus für das Massensterben von Fischen verantwortlich gemacht wird (Barbenseuche, Karpfenpocken). Sie besitzen eiförmige Kapseln, die den Nesselkapseln sehr ähnlich sind und giftgetränkte Fäden ausschleudern. Unter den *Mikrosporidien* ist Nosema bombycis ein bekannter Feind der Seidenraupe, während Nosema apis die ansteckende Ruhr der Bienen verursacht. Endlich sind hier noch zu nennen die *Sarcosporidien*, die bei Säugetieren, besonders Schafen, aber auch Schweinen und Nagetieren, gelegentlich auch bei Menschen, Epidemien hervorrufen.

Die *Paramäcien* besitzen als Waffen zur Verteidigung in Batterien stehende Trichocysten (Haarbläschen), die auf starke Reize in Form von dünnen Fäden ausgestoßen werden und als Nesselorganellen aufzufassen sind. Als Angriffswaffen sind die mundständigen Trichocysten bei Nassula, Dileptus und anderen Arten anzusehen. Ein bekanntes Raubinfusorium ist das Nasentierchen Didinium nasutum, ein Feind der Paramäcien. Es bohrt ein schnell hervorgestoßenes tödlich wirkendes Stilett in den Leib seiner Beute; andere Infusorien, Trompetentierchen u. dgl., Prorodon teres, die Zahnwalze, greifen sogar die Hydren an. Ein anderer kühner Räuber ist Coleps hirtus, das bepanzerte Büchsentierchen, das viel größere Protozoen überwältigen kann. Es schädigt bei massenhaftem Auftreten in Aquarien, vermutlich durch seine Stoffwechselprodukte, die Fische („Herbstpest" der Fische). Ähnliche Schädlinge für die Fische sind Ichthyophthirius und Chilodon cyprini, die auf der Haut der Fische Pusteln erzeugen und dadurch ein Massensterben derselben verursachen[2].

Zu den Wimperinfusorien gehört auch Balantidium coli. Es schmarotzt im Dickdarm des Schweines, findet sich aber auch bei Menschen, die an Durchfällen und Dickdarmkatarrhen leiden. Vermutlich ist es zu den pathogenen Darmparasiten zu rechnen.

---

[1] Schilling u. Rondoni: Z. Immun.forschg **18**, 651 (1913).
[2] v. Uexküll: Innenwelt und Umwelt, S. 43 — Brehms Tierleben **1**, 62. Leipzig 1922.

Die Nesselorgane der Infusorien haben für Menschen keine praktische Bedeutung, sie spielen aber bei Ergreifung der Beute und im Kampfe mit Feinden eine große Rolle.

2. Schwammtiere (Spongien).

In den zoologischen und toxikologischen Handbüchern ist über die Giftbildung bei Schwämmen nur wenig zu finden. Es kann aber keinem Zweifel unterliegen, daß auch im Organismus dieser Tiere pharmakologisch wirksame Stoffe enthalten sind. RICHET[1] hat aus dem Meereskieselschwamm Suberites domuncula durch Fällung des Preßsaftes mit Alkohol eine Substanz isoliert, die er „Suberitin" nennt. Sie bewirkt nach intravenöser Einspritzung bei Hunden und Kaninchen Erbrechen und Durchfälle, Atemnot, Temperatursenkung. Das Gift ist bei Einverleibung in den Magen unwirksam und wird beim Erhitzen zerstört. Bei der Sektion der Tiere findet man Blutungen im Magen-Darmkanal, im Peritoneum und im Endokard. Außerdem wird vielfach über lokale Reizwirkungen und Hautschädigungen durch Berühren von Kieselschwämmen, besonders der tropischen Meere, berichtet. Es ist aber fraglich, ob es sich hier nur um mechanische Hautverletzungen durch die spitzen Skeletteile oder um die Wirkungen von Hautgiften handelt. Für letztere Annahme sprechen der sehr unangenehme Juckreiz und die häufig beobachteten Hautausschläge. In Rußland werden getrocknete Süßwasserschwämme, ähnlich wie in anderen Ländern die Nesseltiere, als hautreizende Mittel gegen Rheumatismus verwendet. Die Gewerbekrankheit der Schwammfischer wird nicht durch die Schwämme selbst, sondern durch Actinien, die auf den Badeschwämmen vorkommen, hervorgerufen. Neuerdings wurden Untersuchungen an Süßwasserschwämmen angestellt, aus denen hervorgeht, daß Preßsäfte oder Auszüge aus unseren einheimischen Spongilla- und Ephydatiaarten bei intraperitonealer Einspritzung warmblütige Versuchstiere, wie Meerschweinchen und Mäuse, töten.

Hierbei treten Durchfälle, Atemnot und allgemeine Lähmungserscheinungen auf. Die Extrakte besitzen hämolytische Wirkung und lähmen das isolierte Froschherz, wobei es zu Stillstand in Mittelstellung kommt. Bei Einverleibung in den Magen traten keine wahrnehmbaren Schädigungen auf. Das Gift behält beim Erhitzen seine Wirkung (ARNDT[2]).

Daß die Schwämme in ihrem Körper eine ganze Reihe von stark wirkenden Basen und verwandten Extraktivstoffen enthalten, ergibt sich aus den Untersuchungen von ACKERMANN, HOLTZ und REINWEIN[3], die aus dem Kieselschwamm Geodia cydonium unter anderem Guanidin, Dimethylhistamin, Methyladenin, nachgewiesen haben. Ein altes Heilmittel gegen Kropf sind die gerösteten bzw. gebrannten Badeschwämme, „Spongiae ustae". Sie enthalten erhebliche Mengen von Jod und sollen wiederholt zu Vergiftungen geführt haben.

3. Cölenteraten[4].

Der Tierkreis der Cölenteraten (Zoophyta, Hohltiere, Pflanzentiere) umfaßt zahlreiche, in ihren Erscheinungsformen sehr vielgestaltige Lebewesen. Zum Teil sind es außerordentlich zarte Gebilde, die schon geringfügigen mechanischen

---

[1] RICHET, CH.: C. r. Soc. Biol. **61**, 598, 686 (1906).
[2] ARNDT, W.: Zool. Jb. **45**, 343 (1928).
[3]. ACKERMANN, D.: Z. Biol. **82**, 278 (1924).
[4] Lit. über Cölenteraten: SCHULZE, P.: Der Bau und die Entladung der Penetranten von Hydra. Arch. Zellforschg **16**, 383 (1922). — WEISSMANN, R.: Accidents graves consec. aux piqûres de Méduses. C. r. Soc. Biol. **78**, 391 (1915). — COSMOVICI, N.: Adamsia palliata. C. r. Soc. Biol. **92**, Nr 15, 1230 (1925). — PORTIER, P. u. CH. RICHET: C. r. Acad. Sci. **154**, 247 (1902) — C. r. Soc. Biol. **54** (1902); **55** (1903). Zahlreiche Mitteilungen. — RICHET, CH.:

Schädigungen kaum widerstehen, während andere sehr kräftige Stützgewebe besitzen oder, wie die Koralle, durch Kalkbildungen geschützt und gesichert sind. Infolge der Anpassung an die hierdurch gegebenen Lebensbedingungen ist die Mannigfaltigkeit in bezug auf die Zahl und Größe, auf die Anordnung und Verteilung der Schutzapparate außerordentlich groß. Die Gliederung der Nesselapparate in Angriffs- und Abwehrwaffen tritt deutlich in Erscheinung.

Bei den festsitzenden Tieren dienen die frei beweglichen Tentakel auch dem Beutefang; wo der Schutz durch feste Skelette gewährleistet ist, treten die Nesselorgane mehr und mehr zurück. Bei den Korallen finden sie sich nurmehr spärlich. Die frei schwimmenden Nesseltiere starren von zahllosen, großenteils zu Batterien vereinigten Giftapparaten. Die Arbeitsteilung in Hinsicht auf Angriff, Abwehr und Ernährung ist mannigfach abgestuft und wird bei den höheren Formen immer klarer. Trotzdem scheint das Nesselgift nicht ausschließlich zur Lähmung und Tötung der Beute zu dienen. Es dürfte nebenbei als Hilfsmittel beim Verdauungsakt fungieren; dafür spricht nicht zuletzt das Vorkommen von freien Nesselorganen im Leibesinnern mancher Nesseltiere, besonders der Actinien, wo sie vermutlich die Arbeit der peripheren Organe vollenden sollen.

Das Vorkommen von Nesselzellen und ähnlichen Organen ist nicht nur auf die Cölenteraten beschränkt. Solche Gebilde finden wir schon bei den einzelligen Tieren, z. B. Myxobolus, weiter bei den Würmern, z. B. bei Strudelwürmern (Turbellarien), Schnurwürmern (Nemertinen) und bei marinen Polychäten, ferner bei einigen Mollusken des Meeres, den Äolidiern und Opisthobranchiern, wo sie aber erst sekundär infolge der Aufnahme von nesseltragenden Hydroiden in den Organismus dieser Tiere gelangen, also gewissermaßen als fremde Zellelemente anzusehen sind. Möglicherweise liegen auch bei den Würmern, die mit Nesselzellen ausgerüstet sind, ähnliche Verhältnisse vor.

Der *Bau* der Nesselzellen ist ungemein mannigfaltig, und man findet selbst bei naheverwandten Arten ganz verschiedene Formen. Die Nesselzellen sind gleichzeitig einzellige Drüsen und Verwundungsapparate. Manche Cölenteraten besitzen auf ihrer Oberfläche Hunderte von Millionen solcher Zellen. P. Schulze (1917, 1922) teilt sie nach ihren Funktionen ein in *Penetranten*, die die Oberfläche der Beutetiere durchbohren, in *Volventen*, die diese umwickeln und einspinnen, und in *Glutinanten*, Klebzellen, die zur Fixierung und auch zur Ortsbefestigung dienen. Die beiden erstgenannten sind die Träger der Giftwirkung, die sich im Verlust der Beweglichkeit und in Lähmungserscheinungen bei den betroffenen Tieren äußert. Die von einer einzelnen Zelle abgegebenen Giftmengen sind minimal und töten nur kleine Lebewesen, wie Infusorien u. dgl. Da aber durch weitverzweigte Nervengeflechte die Entladung zahlreicher Zellen batterienweise erfolgen kann, werden unter Umständen auch Seetiere von beträchtlicher Größe, vor allem die gegen das Gift empfindlichen Fischarten, gelähmt und getötet. Mechanische Berührungsreize sind fast ohne Wirkung auf Nesselzellen. Dagegen antworten sie auf bestimmte chemische Reize. See-

L'anaphylaxie. Paris 1923. Außerdem viele Veröff. in C. r. Soc. Biol. 1902—1905. — Zeynek, R. v.: Rhizostoma cuvieri. Sitzgsber. Akad. Wiss. Wien, Math.-naturwiss. Kl. **121**, 1539 (1913). — Ackermann, D., F. Holtz u. H. Reinwein: Tetramin aus Actinia equina. Z. Biol. **79**, 113 (1923). — Chun, C.: Natur und Wirkungsweise der Nesselzellen bei Cölenteraten. Zool. Anz. **4**, 646 (1881). — Iwanzoff, N.: Über Bau, Wirkungsweise und Entwicklung der Nesselkapseln. Anat. Anz. **11**, 551 (1896). — Friedberger, E.: Die Anaphylaxie. Fortschr. dtsch. Klinik **2** (1911). — Bethe, A.: Präparate von Medusen. Z. biol. Techn. **1**, 277 (1909). — Cantacuzène, J.: Adamsia palliata. C. r. Soc. Biol. **92**, 1131 ff., 1464 (1925); **95**, 118 (1926). — Pawlowsky, E. N.: Giftiere, S. 15, 29 u. 335. Jena 1927. (Reiche Literatur!)

anemonen ziehen z. B. ihre Tentakel ein, wenn sie von säurebildenden Schnecken berührt werden. Die Ausschleuderung der Giftapparate und die Entleerung der Nesselzellen beruhen auf schnell ablaufenden Quellungsvorgängen.

Die *Nesselwirkung* besteht, wie sich aus der Ableitung des Wortes von der Brennessel ergibt, zunächst in Rötung der Haut, dann in Jucken und Brennen und schließlich in Schmerzen, die einen hohen Grad erreichen können. Gewisse tropische Quallen verursachen eine toxische Dermatitis mit starken Ödemen, Hautblutungen und Bildung von serösen Blasen und Pusteln. Bei Berührung mit großen Mengen von Nesselzellen bzw. mit den gefährlichen tropischen Nesseltieren kommt es auch zu schweren Allgemeinerscheinungen. Diese äußern sich in Reizung aller Schleimhäute, Niesen, Schnupfen, Husten, Tränen, Stimmbandschwellung, Übelsein und Appetitlosigkeit, Kopfschmerzen, heftigem Juckreiz am ganzen Körper, ausstrahlenden Schmerzen in den Extremitäten, Erbrechen, Koliken, Durchfällen; in schweren Fällen tritt starke Atemnot mit Herzschwäche und Kollaps ein. Möglicherweise handelt es sich bei solchen Erkrankungen, besonders nach wiederholtem Baden im Meere, um Anaphylaxieerscheinungen (Weismann). Demnach können die Nesseltiere für den Menschen nicht nur lästig, sondern auch gefährlich werden, wenn der Körper beim Baden oder Schwimmen mit vielen Quallen usw., besonders mit den gefährlichen tropischen Nesseltieren in Berührung kommt. Bekannt ist die Gewerbekrankheit der Schwammfischer, die, unter dem Wasser tauchend, die von Seerosen u. dgl. oft übersäten Schwämme von dem felsigen Untergrund ablösen. Man beobachtet hier neben lokalen Erscheinungen, beginnend von leichten Entzündungen bis zu schweren Nekrosen der Haut, auch resorptive Erscheinungen mit Fieber, Schwächezuständen, Muskelschmerzen und nervösen Störungen verschiedener Art.

Die Empfindlichkeit der Seetiere gegen Nesselgifte ist sehr verschieden. Manche Fische werden schnell gelähmt und gehen unter Atemstörungen zugrunde. Andere Fische nähren sich dagegen von Medusen und leben mit ihnen gemeinsam. Sie fressen auch die Tentakel der Medusen ohne jede Schädigung.

Krebse sind gegen Nesselgift hochempfindlich, vorausgesetzt, daß dieses in ihr Körperinneres eindringen kann. Dies ist um so auffälliger, als Krebse vielfach mit Nesseltieren in Symbiose leben. Wie es scheint, tritt aber hier eine mehr oder weniger große Immunität ein, wie z. B. beim Einsiedlerkrebs. Wenn man ein wässeriges Extrakt aus den Tentakeln von Adamsia palliata auf ein Fenster in der Krebsschere von Carcinus maenas träufelt, so treten krampfhafte Muskelbewegungen, unter Umständen sogar Abstoßungen der Glieder auf. Das Gift wirkt auf die Muskelfaser unter Verkürzung und Zerfall des Sarkoplasmas ähnlich wie Coffein ein (Cosmovici).

Zur Klasse der Nesseltiere (Cnidaria) gehören unter anderem die über die ganze Erde verbreiteten *Süßwasserpolypen* (Hydra usw.) und die farbenprächtigen, aber sehr gefürchteten *Siphonophoren* der warmen Meere.

Hydra tötet kleine Krustentiere, Würmer, Insektenlarven, Fischbrut u. dgl. Manche Siphonophoren sind mit ungemein wirksamen Nesselbatterien bewaffnet. Unter den *Scheibenquallen* sind am bekanntesten die in den Nordseebädern häufig zu beobachtende Cyanea lamarcki, die blaue Nesselqualle, und Cyanea capillata, die gelbe Haarqualle. In der Ostsee sieht man oft die bald mehr gelblich, bald rötlich oder violett gefärbte Ohrenqualle Aurelia aurita. Unter der Glocke großer Quallen finden sich häufig Jungfische, z. B. Kabeljau, Schellfisch, Karausche. In tropischen Ländern werden Nesseltiere zum Vergiften von Haustieren benutzt. Im Gegensatz hierzu werden aber auch gewisse Nesseltiere von Eingeborenen als Nahrungsmittel geschätzt. Die Japaner und Chinesen essen z. B. die dem Rhizostoma verwandte Qualle Rhopilema esculenta. Schon dar-

aus ergibt sich die große Verschiedenheit in der Giftproduktion bzw. der Gefährlichkeit der Nesselzellen. Eine andere weitverbreitete Ordnung der Nesseltiere umfaßt die in allen Meeren vorkommenden *Seerosen* (Actinien). Sie enthalten vielfach Nesselkapseln auf den Fangarmen, mit denen sie die Beutetiere
einfangen. Zu den häufigsten Formen gehört die Actinia equina, die vor allem
die Brandungszone bewohnt und durch ihre leuchtend rote Farbe auffällt (Purpur-
rose). Im Mittelmeer ist die Anemonia sulcata (Wachsrose), eine bräunlich
gefärbte Actinie, gemein. Bekannt wegen ihres Freundschaftsverhältnisses zu
den Einsiedlerkrebsen ist Sagartia (Adamsia).

Die *chemische Natur* der Nesselgifte ist nur sehr mangelhaft bekannt. Der
Inhalt der Kapseln ist eine farblose, klebrige, eiweißhaltige Masse. Die früher
vielfach verbreitete Meinung, das Nesselgift sei eine Säure wie Ameisensäure,
ist unrichtig. Erst die Untersuchungen von Portier und Richet haben einige
Klarheit geschaffen. Durch Zerreiben von Actiniententakeln wurden Auszüge
gewonnen, aus denen verschiedene Stoffe isoliert wurden. Eine krystallinische
Verbindung, die von Richet als *Thalassin* bezeichnet worden ist, dürfte kein
reiner Stoff, sondern ein Gemenge von Leucin und anderen unwirksamen Aminosäuren sein, das die eigentliche juckenerregende Substanz enthält. Thalassin
erzeugt nach intravenöser Injektion bei Hunden heftiges Jucken der ganzen
Körperhaut und Nesselausschläge. Ähnlich wirkende Stoffe finden sich übrigens
auch in anderen Seetieren, z. B. Krebsen und Muscheln. Außerdem wurde eine
amorphe Substanz, das *Kongestin*, hergestellt, die Hunde schon nach Injektion
einiger Milligramm tötet. Sie führt zu Erbrechen, blutigen Durchfällen und
schweren Lähmungserscheinungen. Eine andere amorphe Substanz, das *Hypnotoxin*, bewirkt Somnolenz, Anästhesie und starke Ermüdungserscheinungen. Der
Tod erfolgt durch Atemlähmung. Die beiden letztgenannten Substanzen sind
chemisch sehr mangelhaft definiert und bestehen zum großen Teil aus eiweißartigen Verbindungen.

So ungeklärt auch die chemischen Verhältnisse hier sein mögen, so verdanken wir doch diesen Untersuchungen unsere ersten Kenntnisse über die
Erscheinungen der *Anaphylaxie*. Die Wirkung des Kongestins wird durch vorhergehende Behandlung der Versuchstiere mit Thalassin abgeschwächt. Beide Substanzen sollen sich demnach gegenseitig wie Toxin und Antitoxin verhalten.
Bei wiederholter Einspritzung der kolloiden Gifte kommt es zu den charakteristischen Erscheinungen der Anaphylaxie. Solche Vorgänge dürften auch bei den
Erkrankungen der Taucher und Schwammfischer sowie bei den manchmal überraschend schweren Folgen der Berührung mit Nesseltieren beim Baden eine
Rolle spielen.

In dem Nesselgift von Rhizostoma Cuvieri fand R. von Zeynek neben
echtem Mucin lipoidlösliche Gifte. Die ätherlöslichen Fraktionen hatten starke
Reizwirkungen und waren nach Einspritzung bei Mäusen schmerzerregend. Die
alkohollöslichen Teile bewirkten Ermüdungserscheinungen.

In jüngster Zeit haben Ackermann und Mitarbeiter aus Actinia equina
eine starke Base, das Tetramethylammoniumhydroxyd (Tetramin), isoliert, die
curareartige Wirkung besitzt. Möglicherweise sind auf die Anwesenheit dieses
Stoffes die lähmende Wirkung auf die Beutetiere und die große Ermüdbarkeit
und die Atemnot beim Menschen zurückzuführen. Zur Entscheidung dieser
Frage wäre aber der Nachweis erwünscht, daß die Base auch in den Nesselzellen selbst vorkommt. Dies gilt auch von den übrigen Giften. Das Vorkommen
von ähnlich wirkenden Stoffen, wie z. B. das „Mytilokongestin", in Muscheln,
Krebsen u. dgl., scheint eher dafür zu sprechen, daß diese Stoffe aus der Leibessubstanz stammen.

Manteltiere (Tunicata).

Diese Tiere sind durch eine mantelartige, knorpelige oder lederähnliche Hülle ausgezeichnet, die die Tiere umgibt und ihnen dadurch einen genügenden Schutz verleiht. Besondere Gifte sind bei Manteltieren nicht bekannt. Immerhin besitzen aber einige Arten noch einen besonderen Schutz durch Drüsen, die Säure produzieren (UEXKÜLL[1]).

4. Echinodermata (Stachelhäuter)[2].

Die *Seeigel* und die *Seesterne* besitzen zwischen den harten Kalkstacheln besondere zangenförmige Organe, die zum Greifen der Beute, zum Festhalten an der Unterlage, zum Beißen und zur Reinigung dienen. Ein besonderer Typus dieser Greif- und Verteidigungsorgane sind die Giftzangen (Pedicellariae veneniferae). Nach KAYALOF (1906) besitzen die Auszüge aus allen Zangen giftige Eigenschaften; als wahre Giftorgane sind aber nur die letztgenannten aufzufassen. Sie zählen bei einem einzelnen Tier zu Hunderten. Am spitzen Zangenende findet sich je eine Giftdrüse, deren Inhalt durch Muskelkontraktion ausgepreßt werden kann. Solche Giftdrüsen fehlen den übrigen Zangenformen. Die Giftzangen sind auch als Schutzorgane aufzufassen. Sie kommen zum Vorschein, wenn die Seeigel gereizt werden, während die Stacheln, die normalerweise dem Tier einen Schutz gewähren, beiseitegezogen werden. Die spitzen Zangenenden schlagen kleine Wunden und führen dann das giftige Drüsensekret in die verletzte Stelle. Auch hier ist ein ganz besonderer Reiz notwendig. So sondern beispielsweise die Seeigel kein Gift ab, wenn sie nur mechanisch gereizt werden. Bei Berührung durch indifferente Stoffe schließen sie lediglich die Zangen (UEXKÜLL 1899). Das Sekret der Giftdrüsen ist von saurer Reaktion und von dicker, schleimiger Konsistenz und gerinnt bei Berührung mit Wasser. Besonders empfindlich gegen das Gift sind Krabben, Tintenfische, auch einzelne Fischarten. Ein Kaninchen wird durch Einspritzung des Sekretes aus 40 Giftzangen von Sphaerechinus granularis getötet. Der Tod erfolgt durch Lähmung des Atemzentrums. Das Gift ist hitzebeständig. Kaninchen lassen sich gegen sonst tödliche Dosen immunisieren. In tropischen Ländern kommen Seeigel vor, die bei Menschen schwere Vergiftungserscheinungen hervorrufen können. So verursacht Asthenosoma urens auf Ceylon heftige Schmerzen durch die Stiche von besonderen mit Drüsen in Verbindung stehenden dornenähnlichen Giftnadeln.

Bei manchen Arten, wie Toxopneustes lividus, ist die Kontraktion der Drüsenmuskulatur so stark, daß das Sekret ausgespritzt werden kann. Die Giftorgane bleiben wie vergiftete Pfeile in den angegriffenen Tieren stecken. Von allgemein biologischem Interesse ist es, daß die Seeigel unter den feindlichen Tieren genaue Auswahl treffen. Bekannte Feinde der Seeigel sind die Seesterne, an denen sich die Seeigel mit ihren Giftzangen festbeißen (v. UEXKÜLL).

Außer den Giftzangen finden sich bei den Stachelhäutern verschiedene Drüsen in der Haut, die schleimige und klebrige Sekrete abgeben. Sie dienen

---

[1] UEXKÜLL, J. v. : Zitiert auf S. 156.
[2] *Lit. über Echinodermata:* CUÉNOT: Morphologie. Arch. f. Biol. **11**, 303 (1891). — KAYALOF, E.: Toxines des pedicellaires des Oursins. Genf 1906. — MANGOLD, E.: Über Autointoxikation usw. bei Seeigeln. Mitt. naturwiss. Ver. Greifswald **39** (1908). — PROUHO, H.: Du rôle des Pedicellaires gemmif. C. r. Acad. Sci. **109**, 62 (1890). — SARASIN, F. u. P.: Über einen Lederegel usw. Zool. Anz. **9**, 80 (1886) — Über die Anatomie der Echinothuriden, in Erg. naturwiss. Forschg auf Ceylon, Wiesbaden 1888. — UEXKÜLL, J. v.: Die Physiologie der Pedicellarien. Z. Biol. **37** (N. F. **19**), 334 (1899). — SAVILLE-KENT, W.: Über Holothurien, in The Great Barrier Reef of Australia. London 1893. — PAWLOWSKY, N.: Gifttiere. Jena 1927. (Lit.-Zusammenstellung S. 38, 335.) — MOURSON u. SCHLAGDENHAUFEN: Toxopneustes. C. r. Acad. Sci. **95**, 791 (1882).

in erster Linie zum Festhalten der zur Nahrung gefangenen kleinen Seetiere, dürften aber außerdem noch besondere Giftstoffe enthalten, durch welche die Beutetiere gelähmt, vielleicht auch überlegene feindliche Tiere abgehalten werden. Solche Giftdrüsen sind bei den Seelilien, Seesternen, Schlangensternen festgestellt. Die Seesterne sind als gefährliche Feinde der Austern bekannt. Auch andere Muscheltiere werden von ihnen gelähmt und getötet. Nähere Untersuchungen über die chemische Natur und die Wirkungen des Giftes fehlen aber noch.

Die frischen Geschlechtsorgane von Seeigeln sind in manchen Küstengegenden, z. B. im Mittelmeergebiet, beliebte Nahrungsmittel. Beachtenswerterweise sind aber die Ovarien gewisser Seeigel, z. B. Toxopneustes lividus, während der Geschlechtstätigkeit der Seeigel giftig (MOURSON und SCHLAGDENHAUFFEN 1882). Unsere Kenntnisse über die hier vorliegenden Verhältnisse sind bis jetzt noch sehr dürftig, möglicherweise ist auch die wechselnde Giftigkeit der Seesterne auf ähnliche Umstände zurückzuführen.

In den *Holothurien* (Seegurken, Seewalzen) finden sich entzündungserregende Substanzen. Das Sekret der CUVIERschen Organe einiger tropischer Arten soll starke Reizung, angeblich sogar Erblindung erzeugen, wenn es in das Auge gelangt. Aus Holothurien werden in vielen Ländern beliebte Leckerbissen hergestellt, ,,Trepang'' der Asiaten (SAVILLE-KENT).

5. Würmer (Vermes).

Bei den Würmern finden sich als Träger des Giftes mit den Mundwerkzeugen verbundene Giftdrüsen, verschiedene Arten von Speicheldrüsen, aber auch Hautdrüsen. Besondere Vorrichtungen wie Saugnäpfe, Rüssel und Haken erleichtern die Festsetzung der Würmer an ihren Opfern. Vereinzelt finden sich Nesselkapseln, sogar stilettartige Giftapparate (Nemertinen). Von großer medizinischer Bedeutung sind die *parasitisch* lebenden Würmer, bei denen, abgesehen von der Gefährdung durch den Parasitismus an sich, auch Stoffwechselprodukte und beim Zerfall der Tiere im Organismus der Wirte entstehende Stoffe schädlich wirken können.

Klasse der Plattwürmer (Plathelminthes). Die *Turbellarien* sind Träger von Giften. Auszüge von Strudelwürmern (Paludicolen) führen bei intrakardialer bzw. intraperitonealer Einspritzung bei Meerschweinchen, Kaninchen und weißen Mäusen zu Giftwirkungen und unter Umständen zum Tod. Hämolytische Wirkung besteht nicht. Über die Art des Giftes und seine Wirkung läßt sich kaum etwas aussagen. Manche Turbellarien besitzen in der Haut Nesselkapseln.

Genauer untersucht sind die Tricladengifte, besonders von Planaria gonocephala[1]. Die Extrakte sind schwach hämolytisch für Hammel- und Meerschweinchenerythrocyten. Am isolierten Froschherzen führen sie zu systolischem Stillstand. Auch die Auszüge aus anderen Arten (Dendrocölum, Polycelis) wirken ähnlich. Das Herz in situ wird gelähmt und systolisch stillgestellt. Intravenöse Einspritzung führt bei Kaninchen zu Blutdrucksenkung. Die Atmung wird nach Einspritzung des Giftes bei Mäusen und Kaninchen abgeflacht. Das Gift erinnert mehr an die Digitalisstoffe als an Saponine. Wie es scheint, ist das Gift in den Rüsseln (Pharynxdrüsen) und im Hautsekret vorhanden. In Südchile soll eine Landplanarie, Polycladus gayi, weidende Pferde und Rinder schwer schädigen. Die Strudelwürmer besitzen demnach Gifte als Abwehrstoffe und zum Fang von Beutetieren (ARNDT).

---

[1] ARNDT, W. u. P. MANTEUFEL: Z. Morph. u. Ökol. Tiere **3**, H. 2/3, 344 (1925). — ARNDT, W.: Zool. Anz., Suppl. **1**, 135 (1925).

Unter den *Saugwürmern* (*Trematodes*) spielen die parasitischen *Schisto-somen*[1] besonders in Asien als Krankheitserreger eine große Rolle. Das in den Venen der Baucheingeweide von Menschen und Haustieren lebende Schisto-somum japonicum verursacht schwere Anämien von chronischem Charakter, die mit Ernährungsstörungen, Atemnot einhergehen und schließlich unter Ascites, Gelbsucht und hämorrhagischer Diathese zum Tode führen. Die Krankheit tritt in Ägypten, Japan und anderen Ländern epidemisch auf (Bilharziosis, Schistoso-miasis).

Hierher gehören auch die verschiedenen Erkrankungen durch *Leberegel* und verwandte Würmer. Am bekanntesten ist der Leberegel Distomum (Fasciola) hepaticum L., der besonders bei Schafen, Rindern und Ziegen große Verheerungen anrichtet. Auch Menschen werden befallen, besonders häufig in Ostasien (Japan). Bei den Erkrankungen durch Distomeninfektion kommt es vor allem zu schweren akuten Leberschädigungen mit Ikterus, Entzündung der Gallenblase und Gallen-wege, weiter zu mehr oder weniger schweren Anämien, oft mit hämorrhagischer Diathese. Die Körpertemperatur ist in der Regel gesteigert. Im weiteren Ver-laufe treten Störungen der Atmungsorgane mit Atemnot und bronchitischen Erscheinungen hinzu. Im Endstadium sind Ödeme, Ascites, Hydrothorax und Herzschwäche häufig, die Kranken gehen schließlich an allgemeiner Kachexie zugrunde. Systematische Untersuchungen über die Distomengifte wurden von Flury und Leeb[2] angestellt.

Unter den Ausscheidungen der Würmer fanden sich zunächst gasförmige Verbindungen, insbesondere reichliche Mengen von Kohlensäure; außerdem Spuren von Schwefelwasser-stoff und, solange die Verdauungstätigkeit andauert, viel Ammoniak. Die Ammoniakaus-scheidung geht nach wenigen Stunden, wohl infolge des zunehmenden Hungerzustandes, deutlich zurück, die alkalische Reaktion der umgebenden Flüssigkeit verschwindet und es treten niedere Fettsäuren auf. Spektroskopisch ließ sich in den ersten Stunden Hämoglobin, Oxyhämoglobin und Methämoglobin erkennen. Weiter werden anfangs noch Gallenfarb-stoffe, koaguliertes Eiweiß, sowie Albumosen und Peptone, endlich Aminosäuren abgeschieden. In dem Gemisch niederer Fettsäuren überragt die Buttersäure. Es zeigen sich hier also weitgehende Analogien mit anderen Eingeweidewürmern, insbesondere den genauer unter-suchten Ascariden (E. Weinland, F. Flury).

Zur Prüfung auf toxische Wirkungen wurden die gesammelten Ausscheidungen hungern-der Tiere eingetrocknet. Bei subcutaner Injektion entwickeln sich sehr erhebliche lokale Reizerscheinungen mit Schwellung, Ödembildung, Entzündung und starken Schmerzen. Hunde erkranken nach intravenösen Injektionen deutlich: die Körpertemperatur steigt oft um mehrere Grade; es besteht allgemeine Abgeschlagenheit, die Nahrung wird verweigert. Bei Kaninchen zeigen sich keine äußerlich erkennbaren Störungen. Dagegen tritt bei fast allen Tieren nach kurzer Zeit ein *anämischer Zustand* auf, bei dem die Erythrocyten und der Hämoglobingehalt abnehmen. Weiter kommt es zu Leukocytose wechselnden Grades und häufig, aber nicht regelmäßig, zu Eosinophilie.

Die Ausscheidungen sind hämolytisch nur schwach wirksam, bei den Auszügen aus der Leibessubstanz selbst fehlt die hämolytische Wirkung gänzlich. Es zeigt sich demnach ein ähnliches Verhalten wie bei dem Oestrin aus den Larven von Gastrophilus (R. Seyder-helm). Sowohl die Ausscheidungen wie die Extrakte der Leibessubstanz riefen am Kaninchen-auge lokale Reizwirkungen, Rötung und Lidschwellung hervor.

Alle Befunde weisen also darauf hin, daß die Leberegel sich in ihrem Stoffwechsel und damit wohl hinsichtlich der Giftproduktion eng an die ihnen zoologisch nahestehenden Darmhelminthen anschließen.

Wie bei Ascariden und Taenien beruht auch ihr Stoffwechsel im wesentlichen auf an-oxybiotischen Prozessen, also vorwiegend auf gärungsartigen Vorgängen, die zur Ausschei-dung unvollständig abgebauter Produkte führen. Während bei den Ascariden und Oxyuren die Einwanderung in den Darm in der Regel nur leichtere Erkrankungen nach sich zieht, werden bei der Trichinosis durch den Befall der Muskeln weit schwerere Erkrankungen er-zeugt. Von ähnlicher Schwere sind auch die Erscheinungen der Leberegelkrankheit, weil

---

[1] *Lit. über Schistosomum:* Tsuchiya, J.: Virchows Arch. **193**, 323 (1908). — Yagi, S.: Arch. f. exper. Path. **62**, 156 (1910).

[2] Flury, F. u. F. Leeb: Klin. Wschr. **5**, Nr 44, 2054 (1926).

hier die Einwanderung in ein so wichtiges Organ, wie es die Leber darstellt, zu eingreifenden Störungen der Körperfunktionen führen muß. Die in der Literatur weit verbreiteten Angaben, daß es sich nur um mechanische Verstopfung der Gallengänge und Verhinderung des Gallenabflusses handle, bedürfen demnach einer Richtigstellung.

Das Zustandekommen der Leberegelkrankheit muß im wesentlichen auf eine Vergiftung des befallenen Organismus durch bestimmte chemisch und pharmakologisch nachweisbare Substanzen zurückgeführt werden. Es gelingt gewissermaßen im Tierversuch die experimentelle Erzeugung aller wesentlichen Symptome der Krankheit ohne Beteiligung der lebenden Parasiten, lediglich durch Injektion der Ausscheidungen bzw. von Körpersubstanzen der Leberegel.

Ebensowenig wie die Eingeweidewürmer enthalten die Distomen ein einziges spezifisches Gift oder „Toxin". Die Vergiftung entsteht durch eine Reihe von verschiedenen schädlichen Stoffen, die zum Teil aus zerfallenem Gewebe stammen, zum Teil von den Parasiten selbst physiologischerweise gebildet werden.

Bandwürmer (Cestodes)[1]. Unter den *Cestoden* (Bandwürmer) ist am meisten der Bothriocephalus latus gefürchtet, weil er eine der perniziösen Anämie sehr ähnliche Erkrankung hervorruft. Über die Ursachen der schweren Blutschädigung besteht keine Übereinstimmung. Faust und Tallqvist haben als einzigen hämolytisch wirksamen Bestandteil im Körper dieses Wurmes die ungesättigte Ölsäure aufgefunden und für die Erkrankung verantwortlich gemacht, zumal längere Zeit fortgesetzte Verfütterung dieser Säure bei Hunden zu anämischen Erkrankungen geführt hatte. Besonders von klinischer Seite sind gegen diese Auffassung Einwände erhoben worden. Wenn auch die Beteiligung ungesättigter Fettsäuren bei der Entstehung derartiger Krankheitszustände nicht ohne weiteres abgelehnt werden kann, besteht doch die Möglichkeit, daß noch andere Faktoren hier mitspielen. Dafür sprechen auch die Befunde von R. Seyderhelm, der aus Bandwürmern Stoffe isolierte, die in vitro nicht hämolytisch waren, aber nach Einverleibung bei Versuchstieren Anämien erzeugten.

Daß die Taenien in ihrem Körper Gifte enthalten, ist nach den Ergebnissen zahlreicher Untersuchungen nicht mehr zu bezweifeln. Durch Einspritzung von Auszügen aus Bandwurmleibern lassen sich bei Tieren die verschiedenartigsten Krankheitszustände hervorrufen. Man beobachtet dabei Anämien, Temperatursenkungen, Krämpfe und Lähmungen. Das Blutbild wird in charakteristischer Weise verändert. Regelmäßig tritt eine deutliche Eosinophilie auf. Auch im Knochenmark zeigen sich die eosinophilen Zellen vermehrt. Intravenöse Einspritzung von Extrakten aus Taenia solium führt zu starken Durchfällen. Bei tödlicher Vergiftung erweist sich die Darmschleimhaut stark verändert, geschwollen und blutig verfärbt. Man findet auch Hämorrhagien und fettige

---

[1] *Lit. über Cestoden:* Faust, E. St. u. T. W. Tallqvist: Bothriocephalusanämie. Arch. f. exper. Path. **57**, 367 (1907). — Tallqvist: Bothriocephalusanämie. Z. klin. Med. **61** (1907). — Seyderhelm, R.: Perniziöse Anämie. Erg. inn. Med. **21**, 361 (1922) (Literatur!) — Münch. med. Wschr. **68**, Nr 29 (1917). — Calamida, D.: Gift der Taenien. Zbl. Bakter. Abt. 1, **30**, 374 (1901). — Messineo, E. u. D. Calamida: Gift der Taenien. Ebenda **30**, 346 (1901). — Oertel, F.: Anämie und Eosinophilie bei Taenien. Dissert. Würzburg 1912. — Barnaho, V.: Extrakte von Taenia sagniata. Sperimentale **60**, 611 (1906). — Guerrini, G.: Über die sog. Toxizität der Cestoden. Ebenda **64** (1910) — Zbl. Bakter. Abt. 1, **57**, 548 (1911). *Neuere Lit. über Echinokokken:* Beckwith, T. D. u. Scott: Cysticercus tenuicollis. Amer. J. Hyg. 4, 1 (1924). — Giusti, L. u. Hug: Propriétés pharmacodynamiques du liquide hydatique. C. r. Soc. Biol. **88**, 344 (1923). — van der Hoeden, J.: Echinokokkenflüssigkeit. Münch. med. Wschr. **1927**, 77. — Parisot, J. u. Simonin: Anaphylaxie au liquide hydatique. C. r. Soc. Biol. **83**, 15, 74, 749 (1920). — Weinberg, M. u. Cinca: Anaphylaxie hydatique exp. Ebenda **74** u. **75** (1913). — Blumenthal, G. u. Unger: Diagnostik der Echinokokkenkrankheit. Dtsch. med. Wschr. **49**, 512 (1923). — Flössner, O.: Neues über die Echinokokkenflüssigkeit. Münch. med. Wschr. **70**, 1340 (1923) — Z. Biol. **80**, 255 (1924).

Degeneration in Leber und Nieren. Die Auszüge aus Taenien sind weiter in vitro oder im Tierversuch hämolytisch wirksam.

Es bleibt unter anderem noch aufzuklären, ob die Gifte der Bandwürmer Sekrete bzw. Exkrete dieser Tiere darstellen oder ob sie vielleicht nach Art der Endotoxine erst beim Zerfall der Würmer frei werden. Die Vergiftungserscheinungen lassen sich im Tierversuch nicht immer in gleicher Stärke und Regelmäßigkeit darstellen. Damit stimmt auch überein, daß nicht alle Träger von Bandwürmern ernstlich erkranken, und daß auch die Anämien bei Bandwurmträgern durchaus nicht regelmäßig auftreten. Inwieweit hier besondere Dispositionen des Wirtes oder Verschiedenheiten im Stoffwechsel der Parasiten eine Rolle spielen, bedarf ebenfalls noch weiterer Aufklärung.

Ebenso widerspruchsvoll sind die Ergebnisse bei den Untersuchungen über die Giftwirkungen von *Echinokokken*, Cysticerken und anderen Blasenwürmern. In der Regel führt die Injektion von Echinokokkenflüssigkeit zu schweren lokalen Reaktionen und zu Shockerkrankungen, die der Anaphylaxie entsprechen. Charakteristisch sind in allen diesen Fällen schwere Störungen der Atmung. Über die chemische Natur des Hydatidengiftes ist bis jetzt nichts Sicheres bekannt. Von BRIEGER wurde eine giftige Base in Form des Platinsalzes isoliert, die aber kaum die Symptome der Echinokokkenkrankheit hervorrufen dürfte.

Es ist sehr wahrscheinlich, daß sich auch die Bandwürmer in toxikologischer Hinsicht eng an die Ascariden und verwandte parasitische Würmer anschließen. Ihr Stoffwechsel ist jedenfalls sehr ähnlich. Sie produzieren unter anderem auch flüchtige Fettsäuren in recht beträchtlichen Mengen (FLURY).

Rundwürmer (Nemathelminthes)[1]. Unter den *Rundwürmern* finden sich zahlreiche wichtige Parasiten von Menschen und Tieren. Die Krankheitserscheinungen, die durch Ascariden entstehen, sind wohlbekannt. Besonders bei Kindern treten häufig nervöse Störungen aller Art, Anämien, Erkrankungen des Darmkanals auf.

Die Wirkungen der Leibeshöhlenflüssigkeit des Ascariden und der Würmer überhaupt sind aber nicht auf ein einzelnes Gift, sondern auf verschiedene im Organismus der Ascariden gebildete Substanzen zurückzuführen. Die biologische Sonderstellung dieser Darmparasiten hat zur Folge, daß in ihrem Stoffwechsel eine Reihe von Produkten auftritt, die für die anoxybiotische Lebensweise charakteristisch sind und den Produkten der Eiweißfäulnis und gewisser Kohlehydratgärungen ähnlich sind. Außer Aldehyden entstehen freie flüchtige Fettsäuren, hauptsächlich Baldriansäure und Buttersäure, die lokale Reizung und nach der Resorption nervöse Störungen aller Art bewirken können. Außer diesen Gärungsprodukten wurden in den Ascariden noch ein Capillargift, hämolytisch wirkende Stoffe und gerinnungshemmende Substanzen nachgewiesen (FLURY).

Von R. SEYDERHELM wurde aus Ascariden eine Substanz gewonnen, die ähnlich wie das „Oestrin" aus Gastrophiluslarven Anämie hervorruft und ähnliche Wirkungen besitzt wie die Capillargifte.

---

[1] *Lit. über Nemathelminthen* (Rundwürmer). Ascariden: ARTHUS u. CHANSON: Accidents produits par la manipulation des Ascarides. Méd. moderne **1896**, 38. — DORFF, H.: Conjunctivitis durch Ascariden. Klin. Mbl. Augenheilk. **14**, 670 (1912). — FANCONI, G.: Ascariden als Krankheitserreger. Schweiz. med. Wschr. **54**, Nr 19 (1924). — FLURY, F.: Chemie und Toxikologie der Ascariden. Arch. f. exper. Path. **67**, 275 (1912). — GOLDSCHMIDT: Ascarisvergiftung. Münch. med. Wschr. **57**, 1991 (1910). — RANSOM: Toxic effects of ascaris fluids. J. of Parasitol. **9**, 42 (1922). — SEYDERHELM, R.: Münch. tierärztl. Wschr. **68**, Nr 29 u. 30 (1917). — SMIRNOW, G.: Pathologische Veränderungen durch Ascaridenlarven. Zbl. Bakter. 1. Abt., **105**, 426 (1928). — SMIRNOW, G. u. GLASUNOW: Blutveränderungen durch Ascarisinfektion. Z. Parasitenkde **1**, H. 1, 174 (1928) (Lit.!) — WEINBERG, M. u. JULIEN: Ascarisanaphylaxie. C. r. Soc. Biol. **74**, 1162 (1913).

Bei der Giftwirkung von Ascariden und anderen Eingeweidewürmern spielen sicher auch *Anaphylaxieerscheinungen* eine große Rolle. Dafür sprechen insbesondere die Urticaria, die Haut- und Schleimhautschwellungen, die Asthmaanfälle bei Ascaristrägern und bei experimenteller Ascarisvergiftung. Bei Pferden treten nach Einträufeln der Leibeshöhlenflüssigkeit von Ascaris megalocephala in das Auge nach wenigen Minuten Tränenfluß und starke Schwellung der Augenlider ein, bei einem Teil der Tiere kommt es dann noch zu starker Erschwerung der Atmung, Schweißbildung, Durchfällen (Weinberg und Julien). Die Ascaridenconjunctivitis läßt sich auch bei Kaninchen, Hunden, Schweinen und Schafen hervorrufen (Bussano, Ransom, Harrison, Couch, Flury). Zoologen und Biologen, die sich viel mit Ascaris beschäftigen, erkranken häufig an Husten, Schleimhautreizung, Atemnot (Goldschmidt). Hier kommen nur die flüchtigen Reizstoffe in Betracht, nach Flury sind dies vor allem Aldehyde, Fettsäuren, Ester u. dgl.

Oxyuris vermicularis (Madenwürmer). Auch in den Oxyuren sind lokal reizende Substanzen enthalten. Wie die Ascariden scheiden sie flüchtige Fettsäuren wie Buttersäure, Ameisensäure und Aldehyde aus, dadurch finden die lästigen Reizwirkungen, das unerträgliche Jucken der Analgegend und vielleicht auch die Darmkatarrhe bei Oxyurenträgern mit eine Erklärung (Flury).

Filarien. Die schweren Gewebsentzündungen, die in heißen Ländern durch den Guineawurm, Filaria medinensis (Dracunculus medinensis) und verwandte Würmer hervorgerufen werden, dürften, wenigstens zum Teil, mit den Giften dieser Tiere zusammenhängen. Die im Unterhautzellgewebe schmarotzenden Würmer verursachen Geschwüre, beim Zerreißen heftige Entzündungserscheinungen und Gangrän. Durch Filaria Bancrofti wird die Filariasis, eine mit Lymphangitis einhergehende Elephantiasis, hervorgerufen. Filaria loa bewirkt nicht nur schwere Muskelerkrankungen, sondern auch heftige Augenkrankheiten (Augenfilarien). Hierher gehört auch die Onchocerca caecutiens Brumpt, eine in Südamerika verbreitete Filarie, die Rotlauf, Sehstörungen und Erblindungen hervorruft (Fülleborn[1], Guerrero[2]).

Trichina spiralis. Die Trichine steht toxikologisch den Ascariden sehr nahe. Wie diese bildet sie durch ihren eigenartigen Stoffwechsel eine ganze Anzahl von Zwischen- und Endprodukten, die bei der Trichinenkrankheit Giftwirkungen auslösen können. Es ist hier indes zu berücksichtigen, daß die Entwicklung nur zum Teil im Darm des Wirtes, hauptsächlich aber im Blut und in der Muskulatur verläuft. Alle charakteristischen Erscheinungen der Trichinosis lassen sich im Tierversuch durch Einverleibung von Stoffen, die aus trichinösen Muskeln gewonnen sind, nachweisen. Im Muskel finden sich Gifte, die Starre und Steifheit der Muskeln bedingen, guanidin- und curarinartige Basen, Ermüdungsstoffe, ferner Substanzen, die Ödeme erzeugen, die Temperatur steigern und nach Art der Capillargifte Blutungen hervorrufen. Die Trichinen scheiden lokal reizende Stoffe, vor allem flüchtige Fettsäuren aus (Flury). Der trichinöse Muskel erfährt weitgehende Änderungen seiner Zusammensetzung, die auch im veränderten Stoffwechsel des trichinösen Organismus ihren Ausdruck finden (Flury und Groll)[3].

---

[1] Fülleborn, F.: Arch. Schiffs- u. Tropenhyg. **27**, 280 (1923).
[2] Guerrero, P., ref. von Fülleborn: Ebenda **27**, 396 (1923).
[3] *Lit. über Trichinen, Ankylostoma usw.*: Stäubli, C.: Trichinosis. Wiesbaden 1909. — Flury, F.: Chemie und Toxikologie der Trichinen. Arch. f. exper. Path. **73**, 164 (1913). — Flury, F. u. H. Groll: Stoffwechseluntersuchungen an trichinösen Tieren. Ebenda **73**, 214 (1913). — v. Linstow: Über den Giftgehalt der Helminthen. Internat. Mschr. Anat. u. Physiol. **13**, 188 (1896). — Mingazzini, P.: Veleno d. elminti intestinali. Rass. internaz. Med. Catania **2**, Nr 6 (1901/02). — Vgl. auch die entsprechenden Kapitel in C. Mense: Handb.

Von besonderer medizinischer Wichtigkeit ist ferner *Ankylostoma* (Dochmius) *duodenale* Dub., ein kleiner Wurm, der im menschlichen Dünndarm schmarotzt. Bei Hunden wird durch A. caninum Anämie hervorgerufen. Eine in Amerika häufig vorkommende Art ist *Necator americanus* Stiles; ähnliche Parasiten spielen in allen tropischen und subtropischen Ländern eine große Rolle. Die Ankylostomakrankheit (Uncinariasis) ist von größter volkswirtschaftlicher Bedeutung, weil in manchen heißen Ländern die Mehrzahl der Bevölkerung davon befallen ist. In Europa ist sie als Gruben- oder Tunnelkrankheit, Gotthardanämie, bekannt geworden, die sich durch Infektion vom Magen-Darmkanal und von der Haut aus bei Bergarbeitern, Ziegelbrennern usw. epidemieartig ausbreitet. Die Ankylostomen enthalten Blutgifte von hämolytischer und gerinnungshemmender Wirkung. In den Larven, die sich in die menschliche Haut einbohren und starkes Jucken erregen sowie Pusteln und Eosinophilie erzeugen, ist eine lokal reizende Substanz enthalten.

Von sonstigen giftproduzierenden Nemathelminthen sind noch zu erwähnen die verschiedenen Vertreter der Gattung *Sclerostomum*, die im Darm der Pferde leben. Sie enthalten ein durch die Kopfdrüsen abgeschiedenes hämolytisch wirkendes Gift, das auch die Epithelzellen des Darmes löst (WEINBERG, BONDOUY), dann Trichuris (Trichocephalus), der ebenfalls ein Hämolysin abscheidet (WHIPPLE 1909, SARNI 1913), ferner *Strongylus, Oesophagostomum*. Bei allen diesen von Blut lebenden Würmern kommen Sekrete der Kopfdrüsen als Gifte in Frage.

Weiter finden sich unter den Acanthocephalen giftige Vertreter. So wurden von *Mingazzini* bei Echinorhynchus gigas, einem ascarisähnlichen Wurm, Gifte nachgewiesen. Die Parasiten leben im Dünndarm von Schweinen.

Die *Nemertinen* sind marine Würmer, deren Größe von einigen Millimetern bis zu mehreren Metern wechselt. Sie besitzen an der Spitze ihres Rüssels ein stilettartiges Organ, mit dem sie die Beutetiere verletzen. Vermutlich enthalten die Drüsen des Rüsselteiles ein giftiges Sekret, das die als Nahrung dienenden Seetiere lähmt. Genauere Untersuchungen über die Wirkung fehlen aber bis jetzt noch.

Sehr merkwürdige Verhältnisse scheinen bei dem Seewurm *Bonellia* (Gephyrea armata) zu herrschen, bei dem das sehr kleine Männchen wie ein Parasit im Organismus des Weibchens lebt. Nach BALTZER[1] bleibt das Männchen in der Entwicklung zurück, weil sein Wachstum durch die Giftwirkung der weiblichen Gewebe gehemmt wird. Das Gift ist im Rüssel des Weibchens enthalten und scheint in Beziehung zur Geschlechtsbestimmung der Larve zu stehen.

Auch der Regenwurm soll während der Geschlechtsperiode giftige Bestandteile enthalten.

Eine hohe klinische Bedeutung besitzt das Problem, auf welchem Wege die bei der Wirkung tierischer Gifte so häufig beobachteten *Anämien* zustande kommen. In erster Linie sind es die Fälle, bei denen durch parasitische Würmer Anämien entstehen. Bei allen Vertretern dieser Reihe sind hämolytische Gifte nachzuweisen. Trotzdem besteht über das Zustandekommen, besonders der perniziösen Anämie, noch große Unklarheit. So ist die Frage noch ungeklärt, warum nicht alle Wurmträger anämisch werden. Ob hier wechselnde Giftmengen,

---

d. Tropenkrankh., 3. Aufl. — BRAUN, M. u. O. SEIFERT: Tierische Parasiten des Menschen, 4. Aufl. Würzburg 1908. — PAWLOWSKY, E. N.: Gifttiere, S. 442. Jena 1927. (Lit.!) — TENHOLT: Die Ankylostomiasisfrage. Jena 1903. — *Bibliography* of Hookworm Disease. Rockefeller Foundation. New York 1927. — LOOSS, A.: Würmer, in Menses Handb. d. Tropenkrankh., 2. Aufl., **2** (1914).
    [1] BALTZER, F.: Über die Giftbildung der weiblichen Bonellia. Rev. suisse Zool. **32**, 87 (1925).

verschiedene Resorption der hämolytischen Gifte oder individuelle durch eine besondere Konstitution bedingte Unterschiede die Ursache sind, wissen wir nicht. Vielleicht spielen auch die normalerweise im Darm vorhandenen Gifte eine unterstützende Rolle. Von grundlegender Bedeutung für die ganze Frage ist jedenfalls die sicher festgelegte Tatsache, daß die Anämien nach Abtreibung der Würmer zur Heilung kommen. Nach Faust und Tallqvist sollen, wie bereits bei den Bandwürmern erwähnt wurde, als Gifte vor allem Ölsäure und verwandte lipoidartige Stoffe in Frage kommen. Durch chronische Fütterung mit Ölsäure lassen sich auch bei Tieren Anämien erzeugen (Faust und Schmincke). Gegen die „Ölsäuretheorie" sind von klinischer Seite mancherlei Einwände erhoben worden, die aber noch keine Klärung der Angelegenheit erbracht haben. Faust betont insbesondere, daß bei der geübten Kritik der Zeitfaktor keine genügende Berücksichtigung gefunden habe. Es handelt sich bei den Anämien nicht um einen stabilen Endzustand, sondern um labile, intermittierende und zu Rezidiven neigende chronische Prozesse, über deren Genese und Wesen noch keinerlei Klarheit herrscht. Wir wissen heute überhaupt noch gar nicht, ob es sich hierbei um einen vermehrten Blutuntergang oder um Störungen der Blutbildung handelt, auch über die Rolle der primären und etwaiger sekundärer Vorgänge beim Zustandekommen der Anämien sind wir nur sehr mangelhaft unterrichtet. Eine große Rolle spielen hier auch die Verhältnisse im Darm, besonders hinsichtlich der Bakterienflora. Die von Seyderhelm vertretene Ansicht der intestinalen Entstehung der perniziösen Anämie dürfte auch für diese Seite des Problems fruchtbringend werden[1].

6. Weichtiere (Mollusca)[2].

Die Mollusken, deren Giftigkeit unter normalen Verhältnissen für den Menschen kaum von praktischer Bedeutung ist, besitzen Verdauungssäfte, die bei manchen Arten wohl als giftige Sekrete bezeichnet werden können. Die *Toxoglossa*[2] haben einen Rüssel, der mit Zähnen versehen ist und eine Giftdrüse enthält. Zu ihnen gehören die Gitterschnecken (Cancellaria), deren Biß beim Menschen Entzündungen hervorruft, die Kegelschnecken (Conus) und verwandte tropische Gattungen. Eine andere Gruppe von Schnecken ist durch die Abscheidung von saurem Speichel ausgezeichnet. Am bekanntesten sind Dolium, Tritonium, Pleurobranchia. Sie enthalten freie Schwefelsäure, aber auch organische Säuren (Asparaginsäure[3]). Man nimmt gewöhnlich an, daß die Schwefelsäure dazu dient, um die Kalksalze zu lösen, die in den Panzern von Stachelhäutern oder in den Schalen der zur Nahrung dienenden Weichtiere enthalten sind. Einige Schnecken, die ihr saures Sekret auf größere Entfernungen ausspritzen können, mögen dieses auch zum Schutz oder zur Verteidigung verwenden.

---

[1] Lit. bei Faust: Handb. d. inn. Med. v. v. Bergmann u. Staehelin 4, 1830ff. Berlin 1927. — Seyderhelm, R.: Erg. inn. Med. 21, 361 (1922). — Handb. d. prakt. Therapie v. R. van den Velden u. P. Wolff 2. Leipzig 1927 — Verh. dtsch. Ges. inn. Med., München 1928, S. 315. — Morawitz, P. u. Denecke: Handb. d. inn. Med. 4 I. Berlin 1926. — Faust u. A. Schmincke: Chronische Ölsäurevergiftung. Arch. f. exper. Path., Suppl.-Bd. (Schmiedeberg-Festschr.) 1908, 171. — Schmincke, A. u. F. Flury: Verhalten der Erythrocyten bei chronischer Ölsäurevergiftung. Ebenda 64, 126 (1910). — Morawitz, P.: Blut und Blutkrankheiten. Handb. d. inn. Med. v. Mohr u. Staehelin 4, 196 (1912). — Beumer, H.: Bedeutung der Ölsäure bei Anämien. Biochem. Z. 95, 239 (1919).
[2] Taschenberg, O.: Die giftigen Tiere, S. 173. Stuttgart 1909. — Schönlein: Über Säuresekretion bei Schnecken. Z. Biol. 36, 523 (1898).
[3] Henze, M.: Über das Vorkommen von Asparaginsäure im tierischen Organismus. Ber. dtsch. chem. Ges. 34, 348 (1901). — Schulz, Fr. N.: Säureschnecken des Golfes von Neapel. Z. allg. Physiol. 5, 206 (1905).

Ob das von Richet[1] in Muscheln aufgefundene Mytilocongestin mit den Muschelvergiftungen zusammenhängt, ist noch nicht sichergestellt. Dasselbe entspricht in seiner Wirkung dem Congestin der Cölenteraten.

Die *Purpurschnecken* enthalten in ihrer Leibessubstanz eine giftige Substanz. Nach Dubois[2] werden Fische und Frösche durch das alkohollösliche ölige Extrakt von Murex brandaris L. und M. trunculus getötet.

Durch den Besitz von *Nesselkapseln* sind vor allem die Aeolidier (Glaucus, Aeolidia, Embletonia, Tergipes u. a.) ausgezeichnet. Sie nähren sich von bestimmten Nesseltieren, jedoch werden dabei die Nesselzellen nicht verdaut, sondern als Waffen benutzt, nachdem sie sich an den Rückenpapillen der Schnecke festgesetzt haben.

Alle marinen Nacktschnecken sollen nach Cuénot[3] auf Reize giftige Sekrete absondern.

Unter den Weichtieren sind ferner einige *Aplysien* mit unbewaffneten Giftdrüsen versehen. Die „Seehasen" sind seit alten Zeiten als giftige Tiere berüchtigt. Nach Untersuchungen von Flury[4] besitzt aber nur das milchweiße stark riechende Sekret der Aplysia depilans eine nennenswerte Giftwirkung. Es lähmt die kleinen wirbellosen Tiere des Meeres (Arthropoden, Nesseltiere, Würmer, Stachelhäuter), auch kleine Fische; für den Menschen und für größere Säugetiere ist es harmlos. Das violettgefärbte Sekret von Aplysia limacina ist ungiftig. Als wirksamer Bestandteil des milchigen Drüsensekretes ließ sich ein flüchtiges Öl, das den Terpenen nahesteht, isolieren.

Cephalopoden. Die seit alten Zeiten gefürchteten Polypen, Octopus und seine Verwandten, besitzen in den hinteren Speicheldrüsen ein sehr wirksames Gift, mit dem sie ihre Beute in kürzester Zeit bewegungslos machen[5]. Besonders empfindlich sind Arthropoden, wie z. B. die Lieblingsspeise dieser Tiere, die Taschenkrebse. Im Tierversuche läßt sich zeigen, daß aber auch andere Tiere, wie Frösche, Fische, sogar Säugetiere, schnell gelähmt werden. Nach Untersuchungen von de Rouville 1910 sind auch die vorderen Speicheldrüsen, wenn auch schwächer, giftig. Ebenso erwiesen sich Auszüge aus der Leber von Octopus und Eledone wirksam. Auch Loligo vulgaris und Sepia officinalis besitzen giftige Drüsen. Im Speichel von Octopus wurde von Henze Tyramin nachgewiesen. Vermutlich finden sich aber noch andere Gifte in diesem Sekret.

Vergiftungen durch normalerweise ungiftige Mollusken.

Die oft massenweise auftretenden Vergiftungen durch Weichtiere, wie Austern, Muscheln (Ostraea edulis, Mytilus edulis, Cardium edule usw.) sind ihrem Wesen nach noch nicht aufgeklärt[6]. Hier handelt es sich um schwere

---

[1] Richet, C.: C. r. Soc. Biol. **62**, 358 (1907/08).

[2] Dubois, R.: Venin de la gl. à pourpre des Murex. C. r. Soc. Biol. **55**, 81 (1903).

[3] Cuénot: Moyens de défense dans la série animale. Paris 1893.

[4] Flury, F.: Über das Aplysiengift. Arch. f. exper. Path. **79**, 250 (1915).

[5] Lo Bianco: Mitt. zool. Stat. Neapel **13**, 530 (1899). — de Rouville, Et.: Sur la toxicité des extr. des glandes salivaires des Céphalopodes. C. r. Soc. Biol. **68**, 878 (1910). — Henze, M.: Speicheldrüsen der Cephalopoden. Zbl. Physiol. **19**, 986 (1906) — Hoppe-Seylers Z. **87**, 51 (1913). — Baglioni, S.: Physiologische Wirkung des Cephalopodengiftes. Z. Biol. **52**, 130 (1908). — Krause, R.: Die Speicheldrüsen der Cephalopoden. Zbl. Physiol. **9**, 273 (1895) — Sitzgsber. Akad. Wiss. Berlin **1897**, 1085. — Botazzi, F.: Ric. sulla ghiandola saliv. post. dei Cephalopodi. Pubbl. Staz. zool. Napoli **1**, 69 (1918).

[6] Thesen, J.: Über die paralytische Form der Vergiftung durch Muscheln. Arch. f. exper. Path. **47**, 311 (1902). — Schmidtmann, C.: Miesmuschelvergiftungen. Z. Med.beamte **1887**. — Virchow, R.: Miesmuschelvergiftungen in Wilhelmshaven. Berl. klin. Wschr. **1885**. Verschiedene Veröffentl. in Virchows Arch. **102—110** (1885—1887). — Brieger, L.: Mytilotoxin. Dtsch. med. Wschr. **11**, 907 (1885) — Virchows Arch. **115**, 483 (1889). — Hübener, E.: Durch Crustaceen und Mollusken verursachte Vergiftungen, in Flury-Zangger, Toxikologie, S. 479. Berlin 1928.

Erkrankungen durch den Genuß von frischen, lebenden, sonst ganz harmlosen Schaltieren, jedenfalls nicht um Vergiftung durch zersetzte Tiere oder durch Fäulnisprodukte. Die Bedingungen, unter denen diese giftig werden, sind noch nicht bekannt. Vielleicht ist die Stagnation des Wassers bzw. eine Verunreinigung irgendwelcher Art die Ursache der Erkrankungen. Aus giftigen Muscheln wurde von BRIEGER eine Base der Formel $C_6H_{15}NO_2$, das „Mytilotoxin" isoliert. Es ist aber fraglich, ob diese Substanz der Träger der Giftwirkung ist.

Genauer untersucht wurden die Muschelvergiftungen in Wilhelmshaven 1885 (SCHMIDTMANN, R. VIRCHOW, LOHMAYER, EILH. SCHULZE, MARTENS, M. WOLFF). Hierbei traten neben Übelkeit und Erbrechen nervöse Störungen der verschiedensten Art auf. Das Muschelgift hat eine Wirkung, die gleichzeitig an Curare und Atropin erinnert.

Streng zu trennen von den obengenannten Vergiftungen sind die Fälle, bei denen wirklich nachgewiesene Zersetzung, insbesondere bakterielle Infektionen, die Ursache abgeben. Solche postmortale, aber auch intravitale Infektionen sind auf Coli, Proteus, Paratyphus-, Typhus-, Enteritis-, Septicämie- und andere Erreger zurückgeführt worden (HÜBENER).

Bei allen Vergiftungen durch Genuß von solchen Tieren, die an sich als ungiftig gelten, muß an die Möglichkeit einer Bildung von giftigen *Geschlechtsprodukten* gedacht werden. Es ist auffällig, daß das Muschelgift in seinen Wirkungen sehr an Fugugift und verwandte Fischgifte erinnert. Neuere Untersuchungen von MEYER, SOMMER und SCHOENHOLZ[1] scheinen dafür zu sprechen, daß im Muschelgift ein solches Geschlechtsgift („sex poison"), also ein saisonweise auftretendes Stoffwechselprodukt, vorliegt.

7. Arthropoda (Gliederfüßler)[2].

Spinnen[3]. Alle Spinnen können als Gifttiere angesehen werden. Sie besitzen einen Giftapparat, der sich in der Regel aus den paarigen spitzen klauenförmigen Kieferfühlern (Cheliceren) und dazugehörigen Giftdrüsen zusammensetzt.

Unsere einheimischen Spinnen sind harmlose Tiere. In den wärmeren Ländern und ganz besonders in den Tropen kommen aber außerordentlich gefährliche Vertreter dieser Klasse vor. Es gibt in manchen Gegenden Spinnenjahre, in denen giftige Spinnen massenhaft auftreten und Tausend von Rindern zugrunde gehen, z. B. durch die Karakurten an der Wolga. Auch Todesfälle von Menschen als Folge von Spinnenbissen kommen vor.

---

[1] MEYER, K. F., H. SOMMER u. P. SCHOENHOLZ: Mussel Poisoning. J. prevent. Med. **2**, Nr 5, 365 (1928).

[2] *Lit. über Arthropoden*: MARTINI, E.: Lehrb. d. med. Entomologie. Jena 1923. — GÖLDI, E.: Bedeutung der Insekten und Gliedertiere. Berlin 1913. — BERLESE: Gli Insetti **1**. Milano 1908. — SCHULZE, P.: Biologie der Tiere Deutschlands. 1923. — RILEY, W. u. JOHANNSEN: Handbook of medical entomology. New York 1915. — SCHRÖDER: Handb. d. Entomologie. 1912.

[3] *Lit. über Spinnen*: KOBERT, R.: Beitrag zur Kenntnis der Giftspinnen. Stuttgart 1901 (ausführliche Monographie). — HOUSSAY, B. A.: Tropische Spinnen Südamerikas. Bull. Soc. Path. exot. **11**, 217 (1918) (Lit.!). — C. r. Soc. Biol. **79**, 658 (1916). — LEVY, R.: Toxines chez les Araignées. Thèse de Paris 1916 (Lit.!) — C. r. Acad. Sci. **154, 155, 162.** — SACHS, H.: Kreuzspinne. Beitr. chem. Physiol. **2**, 125 (1902). — WALBUM, L. E.: Kreuzspinne. Z. Immun.forschg I Orig. **23**, 565, 623 (1915) (Lit.!). — ESCOMEL, E.: Lathrodectes. Bull. Soc. Path. exot. **12**, 702 (1919) — Glyptocranium. Ebenda **11**, 136 (1918). — HAECKER, J. F. C.: Die Tanzwut. Berlin 1832. — KÖPPEN, F.: Giftige Spinnen Rußlands. Beitr. Kenntn. russ. Reiches, N. F. **4**, 180 (1881). — PAWLOWSKY, E. N.: Giftdrüsen der Arthropoden. Trav. Soc. nat. St. Petersbourg **43**, H. 2 (1912). — *Russ. Lit.* über Spinnen und Spinnengift bei PAWLOWSKY: Gifttiere, S. 171. Jena 1927. — BOGEN, E.: Arachnidism. Arch. int. Med. **38**, 623 (1926) (zahlreiche Lit.-Angaben!).

Da die Spinnen nicht nur durch Giftapparate verwunden, sondern auch in ihrem Leibesinnern giftige Substanzen enthalten, gehören sie zu den gleichzeitig aktiv und passiv giftigen (kryptotoxischen) Tieren.

Man muß unterscheiden:

1. die mit den Mundwerkzeugen (Cheliceren) in Verbindung stehenden Giftdrüsen,

2. das giftige Blut,

3. die giftigen Geschlechtsprodukte (Eier).

Alle Versuche mit Extrakten, die aus dem ganzen Leib hergestellt sind, müssen mit Vorsicht beurteilt werden.

Die Kreuzspinne, Epeira diademata, ist für Menschen kaum gefährlich. Auszüge aus diesen Tieren wirken aber bei Einspritzung in das Blut von Säugetieren überaus giftig. Nach KOBERT soll in einer weiblichen Kreuzspinne so viel Gift enthalten sein, um tausend Katzen zu töten. Versuche von FLURY[1] bestätigten diese Angabe zwar nicht in vollem Umfange, zeigen aber doch, daß Katzen, Kaninchen nach intravenöser Injektion von winzigen Mengen, die etwa dem 50. bis 100. Teil einer Spinne entsprechen, fast momentan zugrunde gehen. Junge Kaninchen fallen noch während der Einspritzung auf die Seite und sterben in einigen Sekunden an Respirationslähmung. In diesen Auszügen sind aber nicht die wirksamen Bestandteile der Kiefer- sog. Chelicerendrüsen allein, sondern eine Anzahl von unbekannten Stoffen enthalten. Daß die einzelnen in der Kreuzspinne enthaltenen Gifte untereinander nicht identisch sind, ergibt sich nicht nur aus der verschiedenen Wirkung, sondern auch daraus, daß das Chelicerengift durch Spinnenblut entgiftet wird (LEVY). Das Sekret der Kieferdrüsen ist viel schwächer wirksam als das Blut der Spinne. Das Gift der Kreuzspinne hat auch schwache lokale Wirkungen. Von hohem Interesse ist die Beobachtung LEVYs, daß das hämolytische Gift aus dem Abdomen der weiblichen Kreuzspinne erst im Hochsommer auftritt. Es bildet sich mit der Reife der Eier, die ebenfalls das Gift enthalten. Das Gift der Cheliceren dagegen ist zu jeder Jahreszeit vorhanden und findet sich bei beiden Geschlechtern. Es gibt in überseeischen Ländern Verwandte der Kreuzspinne, deren Bisse dort sehr gefürchtet sind. Hierher gehören z. B. Epeira fasciata, Araneus lobata und nicht zuletzt die in Südamerika heimische Spinne Glyptocranium („Podadora"). Der Glyptocraniumbiß ist sehr schmerzhaft. Es entsteht ein lokales Ödem, in weiterem Verlauf Phlegmone und nach einigen Tagen Nekrose der betroffenen Körperteile. Von resorptiven Erscheinungen sind zu nennen Fieber, beschleunigte Atmung, Schwächeanfälle, außerdem treten Nierenschädigungen auf. Im Harn finden sich Blut, Eiweiß und Zylinder.

Als gefährlichste Spinne wird von einigen, besonders russischen Autoren die *Karakurte*, Lathrodectes lugubris (Theridium lugubre), bezeichnet. Die asiatische Karakurte soll gefährlicher sein als die in Europa vorkommende. Sie findet sich in allen Weltteilen. Ihr Biß verursacht sofortige starke, bald mehr lokalisierte, bald ausstrahlende Schmerzen. Die lokalen Entzündungserscheinungen sind im allgemeinen geringfügiger Natur. Unter den allgemeinen Erscheinungen steht die Atemnot an erster Stelle, daneben wird von Kopfschmerzen, kaltem Schweiß, Cyanose, Herzschwäche, Angst und Unruhe, starkem Durstgefühl berichtet. In schweren Fällen tritt völlige motorische Lähmung auf. Bei der Sektion findet sich Hyperämie im Magen und im oberen Dünndarm, sowie Lungenödem.

Auch die Eier der Karakurte sind giftig, ihre Auszüge bewirken Thrombosen und Hämolyse. Wie es scheint, wechselt der Giftgehalt auch hier mit der Jahres-

---

[1] FLURY, F.: Spinnengift. Arch. f. exper. Path. **119**, 50 (1927).

zeit. Damit dürfte es in Zusammenhang stehen, daß von einigen Autoren (Dufour, Lucas, Simon, Bordas) die Karakurte als unschädlich bezeichnet wird.

Nach Houssay (1917) verursacht der Biß von Lathrodectes mactans (Lucacha) in Südamerika lokal Ödem, Lymphadenitis, Lymphangitis und Gangrän, von resorptiven Erscheinungen Delirien, Herzklopfen, Ikterus und Albuminurie.

Im Mittelmeergebiet und in Südrußland (Wolgagegend) ist die Malmignatte, Lathrodectes tredecimguttatus (Theridium tredecim guttatum), als Schädling der Rinderherden gefürchtet. Ein großer Teil des Viehes geht an dem Biß dieser Spinne zugrunde (Motschoulsky 1849, Szczesnovicz 1860, Kobert 1901, Schtscherbina 1903).

Die *Tarantel* des Mittelmeergebiets, Lycosa Tarantula (Tarantula Aquiliae) ist dagegen zu Unrecht als stark giftig verschrien. Ihr Biß ist ziemlich harmlos und erzeugt keine allgemeinen Erscheinungen. Viel gefährlicher sind ihre tropischen Verwandten.

Fast alle Vergiftungen durch Spinnenbisse im Staate S. Paulo ereignen sich nach Vital Brazil und Vellard[1] durch Lycosa raptoria und Ctenus nigriventer. Während das Gift von Lycosa raptoria keine allgemeine Wirkung hat, sondern nur intensive lokale Reaktion mit ausgebreiteter Hautgangrän hervorruft, führt das Gift von Ctenus nigriventer zu sehr schweren Allgemeinerscheinungen, Pulsbeschleunigung, Temperaturerniedrigung, Muskelkontraktionen, Krämpfen, tonischen Konvulsionen, intensiven, ausstrahlenden Schmerzen, profusem Schweißausbruch, Anurie und zuweilen in wenigen Stunden zum Tode. Die Giftigkeit des Spinnenblutes hat nichts mit der Giftigkeit der Sekrete zu tun. Auch die entsprechenden Antisera sind unwirksam gegen Spinnenblut. Außer den genannten Spinnen verursachen in Südamerika noch Lathrodectes mactans und L. geometricus schwere selbst tödliche Unglücksfälle. Das Gift der erstgenannten Spinne ist wirksamer. Die Vergiftungserscheinungen sind ähnlich wie bei Ctenus. Außerdem werden noch erwähnt Atemnot, Hyperästhesie, Hypersekretion, dann Parese und allmähliche bis zum Tod fortschreitende Lähmung. Die in den Südstaaten von Brasilien sehr häufige Grammostola acteon, eine der größten bekannten Riesenspinnen, besitzt ein Gift, das merkwürdigerweise nur bei Kaltblütern, besonders bei Schlangen, stark wirksam ist. Ähnlich wirkt das Gift der Riesenspinne Lasiodora curtior besonders auf kleine Batrachier und auf Eidechsen, dagegen fast gar nicht auf Warmblüter.

Die großen *Vogelspinnen* (Mygaliden, Riesenspinnen, Würgspinnen) sind im Verhältnis zu ihrer Körpergröße und der Menge des entleerten Giftes wenig gefährlich. Am bekanntesten ist die südamerikanische Avicularia (Theraphosa) avicularia. Verwandte Riesenspinnen kommen in allen tropischen Ländern vor. Sie sind rötlichbraun bis braunschwarz gefärbt, stark behaart und erreichen eine Länge von 7—10 cm. Sie sollen besonders für Kaltblüter giftig sein. Bei Fröschen tritt aufsteigende Lähmung ein. Kleine Tiere, wie Tauben, Meerschweinchen, Kaninchen, gehen an Atemlähmung zugrunde. Besonders empfindlich sind Katzen (Flury). Die Vergiftung erinnert an die Curarewirkung. Das Herz schlägt nach dem Atemstillstand einige Zeit weiter. Kaninchenblut wird hämolysiert. Auch lokale Wirkungen sind vorhanden. Neuerdings hat sich Houssay eingehend mit der Wirkung des Vogelspinnengiftes beschäftigt. Weitere Mitteilungen hierüber stammen von Vital Brazil und J. Vellard[2].

---

[1] Brazil, Vital u. J. Vellard: Zur Kenntnis des Spinnengiftes. II. Mitt. Mem. Inst. Butantan (port.) **3**, H. 1, 243 (1926).

[2] Brazil, Vital u. J. Vellard: Mem. Inst. Butantan (port.) **3**, 273 (1927).

Sehr ausführliche Untersuchungen über das Gift von 5 verschiedenen Spinnenarten Südamerikas, Ctenus ferus, Ct. nigriventer, Trechona venosa, Nephila cruentata, Lycosa raptoria wurden von VITAL BRAZIL und J. VELLARD[1] angestellt. Sie zeigen, daß gewisse Spinnengifte in ihrer neurotoxischen Wirkung den stärksten Schlangengiften vergleichbar sind. Mehr als 20 verschiedene Spinnengifte ließen keine oder nur sehr geringe hämolytische Wirkung auf Kaninchenblut, auch keine proteolytische oder gerinnungsfördernde Wirkung erkennen. Verff. stellten auch ein außerordentlich *wirksames Serum* gegen Spinnengifte her. Die Wirkung dieses Serums ist aber streng spezifisch und schützt nicht gegen andere Spinnengifte. Die studierten Spinnengifte werden beim Erwärmen auf 65° abgeschwächt, bei 100° aber noch nicht völlig zerstört.

Die *Walzenspinnen* (Solifugae, Galeodidae) leben in den Wüsten und Steppen heißer Länder, besonders zahlreich in Turkestan. Sie besitzen angeblich keine Giftdrüsen (R. HERTWIG). Auch die Rolle ihrer Speichel- bzw. Magendrüsen ist ungeklärt. Ihr Biß wird jedenfalls gefürchtet. Die Folgen sollen ähnlich wie bei der Karakurte sein: Schmerz, lokale Gangrän und schwere Allgemeinsymptome, wie Atemnot, Erbrechen. KOBERT hält sie nur so giftig wie die Bienen. Wir wissen aber, daß unter Umständen auch Bienenstiche recht gefährliche Folgen haben können (Stich in Blutgefäße u. dgl.). Nach russischen Angaben kommen tatsächlich tödliche Unglücksfälle auch bei Menschen vor. Vielleicht handelt es sich hierbei um die Folgen von sekundären Infektionen. Möglicherweise wechselt die Giftigkeit dieser Spinnen auch nach der Jahreszeit („Saisongiftwirkung").

Über die *chemische Natur* der Spinnengifte ist wenig Zuverlässiges bekannt, trotzdem die Literatur über Spinnengifte überaus umfangreich ist. Das Gift dialysiert nicht und wird durch Eingriffe chemischer Art, auch beim Erhitzen und bei einigen Spinnenarten sogar beim Eintrocknen unwirksam. Säure und Alkali zerstören das Gift bei längerer Einwirkung. Nach Erfahrungen von FLURY behält allerdings vorsichtig bei Zimmertemperatur eingetrocknetes Gift von Vogelspinnen und Kreuzspinnen bei Abschluß von Licht und Feuchtigkeit viele Monate lang seine Wirkung. Wegen des Eiweißgehaltes der Sekrete und der gewöhnlich verwendeten Auszüge und seiner großen Zersetzlichkeit wird das Spinnengift gewöhnlich als „*Toxalbumin*" oder als „*giftiges Enzym*" bezeichnet. Die als „Arachnolysin", „Araneilysin" u. dgl. (KOBERT 1901, SACHS 1902, WALBUM 1915, R. LÉVY 1916, HOUSSAY 1917, ESCOMEL 1918) bezeichneten Substanzen sind keine chemisch genau definierbaren Substanzen. Besonders wirksam sind die „Hämolysine" der Spinnen. Man muß, wie schon oben bei der Kreuzspinne erwähnt, bei allen Spinnengiften zwischen dem Gift der Kieferdrüsen („Chelicerengift") und dem im weiblichen Abdomen enthaltenen Gift unterscheiden. Da auch das Blut der Spinnen giftige Substanzen enthält, sind auch Auszüge aus dem Cephalothorax und den Beinen der Spinnen wirksam. Das Chelicerengift findet sich bei beiden Geschlechtern, das hämolytische Gift in der Regel nur bei Weibchen sowie in den Eiern. LÉVY unterscheidet ein „venin", das bei beiden Geschlechtern vorkommt, und ein „lysine", das auf die weiblichen Tiere beschränkt ist. Untersuchungen von FLURY[2] über die chemische Natur des Kreuzspinnengiftes ergaben folgendes: Es wurde versucht, die wirksamen Stoffe aus den Drüsengiften von lebenden Tieren bzw. aus den aus einzelnen Körperteilen entsprechend konservierter Tiere hergestellten Auszügen soweit wie möglich zu isolieren. Als Methoden kommen in Betracht Fällungsreaktionen,

---

[1] BRAZIL VITAL u. J. VELLARD: Beitrag zum Studium der Spinnengifte. Mem. Inst. Butantan (port.) **2**, H. 1, 5—77 (1925).
[2] FLURY, F.: Arch. f. exper. Path. **119**, 50 (1927).

Dialyse, Adsorption, besonders aber die vorsichtige Aufspaltung durch Verdauungsfermente und die Behandlung mit Säuren (Metaphosphorsäure, Salzsäure). Die dabei erhaltenen Produkte wurden auf ihre Wirksamkeit geprüft.
Aus den wässerigen eiweißhaltigen Giftlösungen ließen sich Substanzen isolieren,
die hämolytisch wirksam sind, charakteristische Herz- und Gefäßwirkungen
zeigen und durch lokale Reizwirkung und schwere Resorbierbarkeit gekennzeichnet sind. Es ergab sich, daß aus allen wirksamen Fraktionen, auch bei
Skorpionen, durch geeignete chemische Eingriffe, z. B. Spaltung mit Fermenten
oder Mineralsäuren und darauffolgende Ausschüttelung mit organischen Lösungsmitteln, wie Äther oder Chloroform, *Lipoidgemische* isoliert werden konnten,
die in ihren Grundwirkungen den nativen Giften mehr oder weniger gleich-
kommen. Daraus ist zu schließen, daß die wirksamen Gifte in diesen Lipoid-
mischungen enthalten sind. Auffallend ist die Übereinstimmung der Herzwirkung mit den Wirkungen der *Gallensäuren*. Am isolierten Froschherzen
lassen sich bei geeigneter Dosierung alle charakteristischen Vergiftungsbilder,
wie die anfängliche Abnahme der Exkursionsbreite mit Tonussteigerung, die
nach einer Latenzzeit plötzlich auftretenden Rhythmusstörungen, wie Frequenz-
halbierung, Gruppen- und Periodenbildung, Herzperistaltik, Pulsverlangsamung,
diastolischer Stillstand bei niederen Konzentrationen, schnell eintretender irrever-
sibler systolischer Stillstand durch höhere Konzentrationen hervorrufen. Die
lipoiden Fraktionen enthalten verschiedenartige Bestandteile. Ein Teil ist in
Wasser löslich, außerdem finden sich ungesättigte Verbindungen, die sich an
der Luft gelb bis braun färben. Über die Art der Bindung läßt sich noch nichts
Bestimmtes aussagen, da für weitergehende Untersuchungen großes Material
notwendig ist. So liefern 1000 Kreuzspinnen nur wenige Milligramm solcher
Lipoide (FLURY).

Als Muttersubstanz dieser eiweißfreien übrigens wohl im ganzen Tierreich
vorkommenden Gifte dürfte vielleicht das Cholesterin in Frage kommen.

Skorpione[1]. Die Skorpione besitzen am Körperende einen gegliederten
Schwanz, der in eine harte, mit einem gebogenen Giftstachel bewaffnete Am-
pulle ausläuft. In diesen Stachel münden die Ausführungsgänge von zwei Drüsen,
die ein giftiges Sekret absondern. Bei einigen Skorpionenarten ist die Form und
Größe der Giftdrüsen bei Männchen und Weibchen verschieden. Es gibt etwa
500 Skorpionenarten, deren Giftigkeit sehr verschieden ist. Die größten Skorpione der Gattung *Pandinus* erreichen eine Länge von mehr als 20 cm. Am
reichsten an Skorpionen ist Afrika. Sie leben meist in wüsten und trockenen
Gegenden und nähren sich von Insekten, Spinnen und verwandten Tieren. Die
Beutetiere werden durch den Stich schnell gelähmt und gehen in der Regel in
kürzester Zeit zugrunde. Es ist bekannt, daß in vielen heißen Ländern die Skorpione eine schlimme Landplage darstellen.

Die *Wirkung* des Stiches bzw. des Giftes besteht in lokalen Schmerzen,
einem kurzen Erregungsstadium und einer curareähnlichen Lähmung. An den

---

[1] *Lit. über Skorpione*: ARTHUS, M.: Buthus quinquestriatus. C. r. Acad. Sci. **156**, 1256
(1913). — BRAZIL, V.: Serum gegen Skorpiongifte. Mem. Inst. Butantan (port.) **1918**, 47. —
CAVAROZ, M.: Durango-Skorpion. Rec. Mem. Méd. milit. **13**, 325 (1865). — FLURY, F.: Chemie
der Skorpiongifte. Verh. dtsch. pharmak. Ges. **1922**. — HOUSSAY, B. A.: Buthus und Tityus
bahiensis. J. Physiol. et Path. gén. **18**, 305 (1919). — KRAUS, R.: Skorpionenserum, Antitoxine, Avidität. Münch. med. Wschr. **70**, 695 (1923); **71**, 329 (1924). — KUBOTA, S.: Man-
dschur. Skorpion. J. of Pharmacol. **11**, 379, 447 (1918). — PAWLOWSKY, E.: Bau der
Giftdrüsen, Anatomie. Petrograd 1917. — VALENTIN, G.: Nordafrikan. Skorpion. Z. Biol.
12, 170 (1876). — WILSON, W. H.: Ägypt. Skorpione. J. of Physiol. **31**, 48 (1904) — On
the venom of Scorpions. Cairo 1901. — DE MAGELHAES, O.: Brasilian. Skorpione, Tityus
bahiensis u. a. C. r. Soc. Biol. **93**, 2, 35 (1925).

Stellen der Skorpionstiche treten Schwellungen und Blutergüsse auf. Unter den Allgemeinerscheinungen sind Krämpfe und schwere Störungen der Atmung besonders auffallend. Auch Erbrechen, blutige Durchfälle und vermehrte Speichelabsonderung werden häufig beobachtet. Sehr stark sind die Entzündungserscheinungen nach Einbringung mancher Skorpiongifte in den Bindehautsack. Charakteristisch für diese Gifte sind auch die an Veratrin erinnernden Muskelwirkungen. Unter den Organveränderungen fallen bei der histologischen Untersuchung schwere Schädigungen der Niere, Blutergüsse, seröse Exsudate, Entzündung der Glomeruli, Nekrose der Epithelien der Kanäle, fettige Degeneration der Leber, Gefäßschädigungen in allen Organen, besonders auch der Lunge, auf.

Die *Wirkung* des Skorpiongiftes *auf die Blutkörperchen* ist je nach der Herkunft der Gifte verschieden. Während die roten Blutkörperchen der Säugetiere gewöhnlich nicht verändert werden, tritt bei kernhaltigen meist starke Hämolyse auf. Beim Vermischen von Skorpiongift mit Lecithin bildet sich, ähnlich wie beim Kobragift, ein *Lecithid*, das bei allen Blutarten Hämolyse bewirkt.

Es ist selbstverständlich, daß bei der großen Zahl verschiedener Skorpionenarten auch die Wirkungen nach Qualität und Intensität stark wechseln. Der kleine europäische Skorpion ist so gut wie ungiftig, während im nördlichen Afrika, in Mexiko, in den Malaienstaaten und anderen überseeischen Ländern Todesfälle durch Skorpione bei Menschen nicht selten sind.

Die Größe der Skorpione ist ebensowenig wie bei den Spinnen maßgebend für die Gefährlichkeit und Giftigkeit, oft sind es in den heißen Ländern gerade verhältnismäßig kleine Skorpione, die schwere Erkrankungen verursachen. Der Tod erfolgt ebenso wie bei ganz akuter Vergiftung auch nach mehrtägiger Erkrankung durch Respirationsstillstand, während das Herz primär wenig geschädigt erscheint. Im Gegensatz zu den schweren Folgen der Skorpionstiche und der diesen entsprechenden Einspritzung des Giftes soll das Sekret bei *Einverleibung in den Magen* unschädlich sein. In manchen Gegenden verzehren die Eingeborenen die Skorpione. Die Skorpione weisen eine gewisse *Immunität* gegen ihr eigenes Gift auf. Auch manche in den Wüsten wohnende Säugetiere, z. B. Vulpes zerda, ebenso der Igel und junge Hühner sind gegen Skorpiongift mehr oder weniger immun.

Wie das Gift der Skorpione in seinen Wirkungen stark an die Gifte mancher Schlangen erinnert, so lassen sich auch gewisse Sera gegen Schlangengift auch als Antitoxine gegen Skorpiongift verwenden. Die Erfahrungen hierüber sind aber nicht einheitlich. Dies hängt wohl damit zusammen, daß die Gifte der Skorpione und der Schlangen nach ihrer chemischen Natur überaus mannigfaltig sind, und daß auch normale Sera tierische Gifte ebenso wie Bakterientoxin (Diphtherie!) bis zu einem gewissen Grade entgiften können. Wieweit bei allen diesen Versuchen unspezifische Wirkungen mitspielen, muß erst durch weitere systematische Arbeiten geklärt werden.

Als besonders gefährliche Skorpione gelten der in Afrika vorkommende Androctonus funestus, Buthus afer in Afrika und Indien und B. occitanus der Mittelmeerländer, der mexikanische Centrurus gracilis (Durangoskorpion).

Über die *chemische Natur* des Skorpiongiftes ist wenig Sicheres bekannt. Das native Gift ist eiweißhaltig und verliert seine Wirkung beim kurzdauernden Kochen nicht. Alkalien und Oxydationsmittel zerstören das Gift schnell. Durch Verdauungsfermente wird die Wirkung abgeschwächt. In trockenem Zustand ist das Skorpiongift lange Zeit haltbar. In den Einzelheiten verhalten sich die Gifte der verschiedenen Skorpionenarten nicht gleichartig. Jedenfalls läßt sich heute schon mit Sicherheit sagen, daß der giftige Bestandteil kein Eiweiß ist. Durch geeignete Methoden läßt sich nach FLURY der wirksame Bestandteil des

Drüsensekretes von den begleitenden Eiweißkörpern abtrennen. Die vorsichtige Verdauung des nativen Giftes mit Pepsin, Filtration durch Kollodiummembran, Ausfällung mit Metaphosphorsäure, fraktionierte Adsorption mit Kohle, Ausziehen mit Aceton, Ausfällen mit Äther. Lösung in Wasser, Zusatz von Seife und Zersetzung der Seifenlösung mit Salzsäure liefert ein eiweißfreies Produkt, das mit den Fettsäuren ausgeschieden wird. Es enthält Stickstoff, gibt aber *keinerlei Eiweißreaktionen*, hat auch keinen Lipoidcharakter, da es in Äther und Chloroform unlöslich ist. Da es ziemlich hitzebeständig ist, kann es auch kein Ferment sein. Es gibt nicht die Farbenreaktionen der Gallensäuren, färbt sich aber beim Erhitzen mit Salzsäure rot. Durch Alkalien wird es zerstört, wobei Gelb- oder Braunfärbung auftritt. Bei weiterer Fortsetzung dieser Untersuchungen, die vorwiegend an Buthus occitanus und Centrurus infamatus ausgeführt wurden, ließen sich auch Lipoide gewinnen, die ähnliche Wirkungen wie *Gallensäuren* aufweisen.

Milben[1] (Acarina) und Zecken. Zahlreiche Milben können als giftige Tiere angesehen werden. Für den Menschen sind die parasitären Milben von besonderer Bedeutung. Abgesehen von der Schädigung durch ihre parasitäre Lebensweise übertragen sie Bakterien und Protozoen und damit verschiedene Krankheiten. Bekannt ist das Massensterben von Haustieren und Geflügel infolge von Milbenbefall. Außerdem begegnen wir unter den Milben auch einigen Arten, die giftige Sekrete absondern und beim Saugen dieses Gift in das Blut der Wirte einbringen.

Hierher gehören ferner die *Zecken.* Sie besitzen Mundwerkzeuge zum Beißen, Stechen und Saugen. Der Speichel wirkt gerinnungshemmend und, wie es scheint, lokal anästhetisch. Das Saugen wird gewöhnlich nicht beachtet. Die Schmerzen treten beim Biß der meisten Zecken erst später mit der Entwicklung der Entzündungsvorgänge auf. Bemerkenswert ist weiter, daß die Wunden oft sehr schlecht heilen. Interessant ist die leichte Immunisierbarkeit gegen die Zeckengifte. Unter den Mesostigmata mit den Familien der *Argasiden* und *Ixodiden* finden sich die größten Zecken.

Die Zecken der Gattung Ornithodorus leben auch auf Schafen, Rindern, Säugetieren und Menschen.

Tropische Arten überfallen den Menschen häufig im Schlaf und erzeugen sehr schmerzhafte, oft stark blutende Wunden. Neben schweren lokalen Entzündungen, die bis zu Gangrän gehen können, werden auch allgemeine Vergiftungserscheinungen, Erbrechen, Durchfälle, Ödeme, Muskelschmerzen beschrieben.

Ixodes holocyclus ist in Australien gefürchtet, weil durch seinen Biß bei Hunden schwere Lähmungen und tödlich verlaufende Krankheiten auftreten. Andere Ixodes führen in Südafrika zu Erkrankung von Schafen, ebenso wie Dermacentor venustus in Nordamerika Lähmung von Haustieren, aber auch von Kindern bewirken kann. Solche Krankheitsfälle treten oft ganz plötzlich mit Fieber und Krämpfen auf und können tödlich enden. Tierische Gifte dürften

---

[1] *Lit. über Milben:* Eysell, A., in Menses Handb. d. Tropenkrankh., 2. Aufl., **1** (1913) (Lit.!). — Lehmann, K. B.: Argas persicus. Sitzgsber. physik.-med. Ges. Würzburg **1913**. — Metz, K.: Argas reflexus. Gießener Dissert. (med.-vet.). Stuttgart 1911 (Lit.!). — Nuttall, G.: Ixodidae in „Parasitology" 1908—1914. — Oken: Giftige Milben in Persien, S. 1567. Isis 1918. — Pawlowsky, E. N.: Gifttiere, S. 185. Jena 1927 (reiche Lit.!). — Toldt, K.: Herbstliche Milbenplage in den Alpen. Veröff. Mus. Ferdinand Innsbruck **1923**, Nr 3 — Wien. klin. Wschr. **1926**, Nr 31 (Sonderdruck). — Ziemann, H.: Zeckenlarven an Menschen in den Tropen. Arch. Schiffs- u. Tropenhyg. **16**, 196 (1912). — Hirst, S.: Harvest Bug. Trans. roy. Soc. trop. Med. **19**, 150 (1925). — Pawlowsky, E. N. u. Stein: Ornithodorus papillipes. Abh. Auslandskde Hamburg (Festschr. Nocht) **26**, Medizin **2** (1928) (Lit.!) — Experimentelle Untersuchungen über die Wirkung von Ixodes ricinus auf die Menschenhaut. Arch. Schiffs- u. Tropenhyg. **31**, 574 (1927).

aber hierbei nur eine untergeordnete Rolle spielen; vielmehr ist an die Übertragung von Bakterien bzw. Protozoen (Rickettsia, Spirochäten) zu denken.
Hier sind noch viele strittige Fragen zu klären.

In tropischen Ländern benutzen die Eingeborenen gewisse Zecken an Stelle
von Blutegeln, weil das ausströmende Blut nicht zum Gerinnen kommt.

Durch die von ihnen verursachten schweren Hautschädigungen werden
Zecken und Milben zu Erregern von *Gewerbekrankheiten* der Gärtner, Landwirte,
Geflügelzüchter, Tierhalter, Hirten, Jäger, Waldarbeiter, Sammler von Tieren,
Vogeleiern usw., Müller und aller Berufe, die mit Getreide, Mehl und dergleichen
zu tun haben. Hierbei spielt auch die *Allergie* gegen das körperfremde Eiweiß
eine Rolle.

Die durch die kleinen roten Milben Leptus (Trombicula) autumnalis hervorgerufene *Trombidiosis* ist eine weit verbreitete, durch heftiges Jucken charakterisierte Hauterkrankung, die im Spätsommer und im Herbst auftritt. Sie ist
in den meisten mitteleuropäischen Ländern, aber auch in Asien, Amerika unter
verschiedenen Volksnamen (Stachelbeerkrankheit, Grasbrand, Herbstbeiße) bekannt. Das „Kornfieber" wird durch verwandte Tiere (Pediculoides) hervorgerufen. Einheimische Landbewohner sind gegen diese Krankheiten gewöhnlich immun. Hauptsächlich haben die Fremden unter den Zecken und Milben
zu leiden.

In Japan ist die Kedanimilbe Erreger einer Krankheit mit hoher Mortalität, im Orient ist die Mianawanze Argas pericus, in Amerika die Waldlaus Argas
americanus und Dermatocentor als Krankheitsüberträger gefürchtet.

Auch die Gattung Ixodes ist als *Überträger von Krankheiten*, Piroplasmosis,
Texasfieber, Küstenfieber bekannt. Die bei uns gewöhnlichste Zecke ist der
Holzbock Ixodes ricinus. Nach den Versuchen von PAWLOWSKY und A. K. STEIN
bewirkt die Einspritzung von Extrakten aus Speicheldrüsen schon nach 3 Stunden Entzündungserscheinungen und Störungen des Allgemeinbefindens. Dies
spricht für die Anwesenheit von giftigen Bestandteilen im Speichel. Die schweren
Nekrosen und Todesfälle, besonders bei Pferden, sind jedoch wohl die Folge von
sekundären Infektionen, die vor allem leicht beim unvollkommenen Abreißen
der Zecken aus dem Körper entstehen.

Myriapoden (Tausendfüßler). Einige Vertreter der Chilognathen besitzen
in der Haut giftige Drüsen. Die Stelle des Giftapparates vertreten hier die mit
dem Kopf verbundenen starken, zugespitzten Kieferfüße („Giftzangen"). Ein
bekanntes Beispiel ist die in ganz Europa weitverbreitete Sandassel Julus sabu-
losus, die bei Berührung eine gelbliche, stark riechende Flüssigkeit aus ihren
Drüsen treten läßt. Tropische Arten von Julus erreichen die Länge von etwa
30 cm. Das stark riechende Sekret von Julus terrestris soll aus Chinon bestehen.
Im Tierversuch am Meerschweinchen ruft es nach subcutaner Injektion Schmerz,
Entzündung und Blutaustritte hervor. Hierher gehören auch die Saugassel
Polyzonium germanicum und der Tausendfüßler Fontaria gracilis, dessen Sekret
nach Blausäure riecht. Ob wirklich Blausäure darin enthalten ist, erscheint nicht
hinreichend sichergestellt. Im Gift von Myriapoden sind hämolytische und gerinnungshemmende Stoffe nachgewiesen worden.

Die Scolopender besitzen fünf Gruppen von Kopfdrüsen, die zum Typus der
Speicheldrüsen gerechnet werden müssen. Giftdrüsen besitzen außer den Scolo-
pendern noch Cryptops, Ethmostigmus, Geophilus, Lithobius, Scolioplanes,
Schendula und Scutigera. Die Tausendfüßler sind für Menschen im allgemeinen
wenig gefährlich, doch wird berichtet, daß tropische Arten den Tod von Kindern
verursachen sollen. Vielleicht dürfte es sich in solchen Fällen um Verschlucken
derartiger Tiere oder um Bisse bzw. Stiche in die Lippen oder die anderen Weich-

teile des Menschen handeln. Dadurch kann es zu lokalen, starken Ödemen und zu Erstickung durch Glottisverschluß kommen, ebenso wie bei ähnlich lokalisierten Stichen von Bienen und Wespen. Die Bisse der Tausendfüßler werden in ihren Wirkungen mit den Stichen von Bienen, Skorpionen, Trachinus usw. verglichen, weil sie wie diese heftigen, plötzlichen Schmerz und starke Schwellungen auslösen (Levy[1], Hase[2]).

Insekten. Die Insekten stellen die artenreichste Klasse unter den Arthropoden dar. Wenn man die noch mangelhaft erforschten tropischen Insekten einbezieht, kann man die Zahl der die Erde bewohnenden Insektenarten auf etwa $1\frac{1}{2}$ Millionen schätzen. Wohl alle Insekten produzieren mehr oder weniger wirksame Stoffe in den verschiedenen Drüsen der Haut, des Mundes, des Hinterleibs, der Geschlechtsorgane, ferner in ihrem Blut und anderen Körpersäften. Von toxikologischem Interesse sind vielfach auch ihre Eier und Larven. Viele Insekten leben als Parasiten auf der Haut, in Körperhöhlen, Geweben und inneren Organen des Menschen und zahlreicher Tiere. Ihre Giftorgane sind sehr vielgestaltig, vor allem Stechapparate und beißende Mundwerkzeuge, aber auch Brennhaare u. dgl.

Bei den Insekten finden sich als Giftbehälter Hautdrüsen verschiedener Art, die man gewöhnlich als Schutzorgane auffaßt. Oft handelt es sich dabei nur um Stinkdrüsen. Ihr Inhalt, meist eine gelblich oder bräunlich gefärbte Flüssigkeit, wird entleert, wenn die Tiere beunruhigt oder angegriffen werden. So sind beispielsweise die Ohrwürmer (Forficula auricularia), die Schaben (Blatta germanica), die schwarze Küchenschabe (Periplaneta orientalis und americana), die Heuschrecken, die Wanzen, auch viele Raupen, die Laufkäfer und andere Coleopteren mit Drüsen ausgestattet, die die verschiedenartigsten Gerüche verbreiten. In Frage kommen als Bestandteile Fettsäuren, wie Ameisensäure und Buttersäure, Ammoniak, Schwefelwasserstoff, Phenole, Ester, campherartige Stoffe.

Die überaus mannigfaltigen, oft schwer zu beschreibenden lokalen Erscheinungen bei und nach Insektenstichen wurden von Hase[3] genau studiert. ·In diesen Mitteilungen werden genaue Anweisungen für systematische Untersuchung und graphische Darstellung der Hautreaktionen nach Insektenstichen gegeben, ferner exakte Methoden zur Messung der minimalen Giftmengen, die von einzelnen Insekten geliefert werden. Hases Versuche zur exakten Beobachtung und Messung sind für Zoologen, Pharmakologen, Serologen und alle an diesen Fragen interessierten Ärzte und Biologen von größter Bedeutung.

Läuse. Sie sind parasitäre, an Menschen und Säugetieren lebende, flügellose Insekten. Sie besitzen einen Stechrüssel, an dessen Basis die Speicheldrüsen münden. Diese Speicheldrüsen bestehen aus je einem Paar hufeisenförmiger und bohnenförmiger Drüsen. Das Gift wird, wie es scheint, nur in den bohnenförmigen Speicheldrüsen gebildet. Beim Einstechen in die Haut wird der giftige Speichel eingespritzt. Durch die starke Verlausung von Menschen und Tieren während des Weltkrieges und die damit verbundenen Schädigungen und Gefahren ist die Biologie der Läuse außerordentlich gefördert worden. Am bekanntesten sind die Kopflaus Pediculus capitis, die Kleiderlaus Pediculus vestimenti und die Filzlaus Phthirius inguinalis. Das Fleckfieber wird durch Läuse der Gattung Pediculus übertragen.

---

[1] Levy, R.: Gift von Lithobius forficatus. C. r. Soc. Biol. **96**, 258 (1927).
[2] Hase, A.: Über die Giftwirkung der Bisse von Tausendfüßen. Zbl. Bakter. **99**, 325 (1926) Chilopoda, Tausendfüße. Z. Parasitenkde **1**, H. 1, 76 (1928) (Lit.!).
[3] Hase, A.: Über Verfahren zur Untersuchung von Quaddeln und anderen Hauterscheinungen nach Insektenstichen. Z. angew. Entomol. **1926** (Sonderdruck; umfangreiche Lit.!). Münch. med. Wschr. **76**, H. 3, 107 (1929).

Die individuelle Empfindlichkeit der Menschen gegen Läuse ist sehr verschieden. Die Symptome sind lokale Entzündung, Rötung, heftiges Jucken, Papeln, Nekrose. Bei chronischer Läusesucht entstehen Hautverdickungen mit dunkel pigmentierten Flecken und durch Infektion schwere Komplikationen mit Fieber und Allgemeinsymptomen. Histologisch findet man Gefäßerweiterung, Austritt von roten Blutkörperchen, entzündliche Infiltration, Ansammlung von Wanderzellen (Polynucleäre, Lymphocyten, Eosinophile usw.). Genaue Untersuchungen sind u. a. von A. Hase[1], Pawlowsky und A. K. Stein[2] ausgeführt worden. Die in der Literatur viel besprochenen „Taches bleues" bei Trägern von Filzläusen beruhen auf Veränderungen des in der Haut abgelagerten Blutfarbstoffs.

Flöhe. Die *Flöhe*, ebenfalls parasitäre, auf Säugetieren und Vögeln lebende Insekten mit reduzierten Flügeln, durchbohren die Haut beim Saugen mit ihren feilenähnlichen gezähnten Mandibeln und verursachen Wunden, die zunächst nicht jucken oder brennen. Gewöhnlich entsteht nur die bekannte „Roseole". Empfindliche Personen, besonders Kinder, reagieren auf Flohstiche mit starken Quaddeln und Urticaria. Die Einspritzung einer Emulsion aus den Speicheldrüsen verursacht lokales Ödem und leichte Entzündung, Gefäßerweiterung, Anfüllung der Lymphgefäße mit Wanderzellen, Leukocytenansammlung (Pawlowsky und Stein[3]). Die Wirkung ist schwächer als die des Speichels der Kopf- oder Kleiderlaus. In der Landwirtschaft werden zuweilen schwere Schädigungen von jungen, stark mit Flöhen besetzten Pferden, Rindern, Kamelen, Hühnern usw. beobachtet. Wahrscheinlich handelt es sich hier aber um *Übertragung von Krankheiten*, ähnlich wie es bei der Pest und anderen Infektionskrankheiten genauer bekannt ist. Es gibt zahlreiche Floharten (Menschen-, Hunde-, Ratten-, Hühnerflöhe usw.)[4]. Toxikologisch sind jedenfalls die Flöhe ziemlich bedeutungslos.

Wanzen. Die hier in Betracht kommenden Rhynchota (Schnabelkerfe), die zum Teil ebenfalls giftigen Speichel besitzen, ernähren sich vom Blute der Menschen oder größerer Tiere. Die Wanzen besitzen aus drüsigen Organen gebildete Stinkapparate.

Der bekannteste Vertreter ist die *Bettwanze* (Cimex lectularius). Sie enthält in ihrem Rüssel, einer viergliedrigen Unterlippe, zwei Paare von spitzigen Stiletten, mit denen sie unter gleichzeitigem Einpumpen des Sekretes aus den Speicheldrüsen die Haut durchbohrt. Der Stich der Bettwanze wird zunächst nicht schmerzhaft gefühlt, erst nach 1—2 Minuten beginnen Jucken und Brennen, bei empfindlichen Personen entstehen meist Erytheme, Ödeme und Nesselausschläge. Bei unempfindlichen Personen können sie vollkommen fehlen.

Gefürchtet sind die Reduviiden, zu denen sehr große, meistens in den warmen Ländern lebende Wanzen gehören. Ihr Stich wird mit einer Verbrennung durch glühendes Eisen, mit Schlangenbissen oder mit elektrischen Schlägen verglichen. Zu ihnen gehören Reduvius, Harpactus, Conorrhinus („Kissing bug"). Letztere überfällt schlafende Menschen und sticht sie in die Lippen, in die Augenlider, wodurch entstellende Gesichtsödeme mit mehrtägiger, fieberhafter Erkrankung entstehen. Im allgemeinen verursachen ihre Stiche Schmerzen, starke Ödeme, Entzündung, Kopfweh, Schwindel, Übelkeit, Fieber. Außer den ledig-

---

[1] Hase, A.: Biologie der Kleiderlaus. Z. angew. Entomol. **2**, H. 2 (1915).
[2] Pawlowsky u. Stein: Experimentelle Läusestudien. Z. exper. Med. **40** (1924); **42** (1924).
[3] Pawlowsky u. Stein: Experimentelle Untersuchungen über die Wirkung der Flöhe auf den Menschen. Arch. Schiffs- u. Tropenhyg. **29**, 387 (1925).
[4] Wolffhügel, K.: Die Flöhe der Haustiere. Z. Inf.krkh. Haustiere **8**, 218 (1910).

lich durch die Einführung giftiger Reizstoffe erklärbaren Erscheinungen kann
es zu infektiösen Erkrankungen kommen, weil manche Wanzen dieser Familien
pathogene Protozoen (Trypanosomen, Recurrensspirochäten) übertragen.

Die Süßwasserwanze Notonecta glauca, auch ,,Wasserbiene" genannt, verursacht sehr schmerzhafte Bisse, deren Folgen von A. Hase[1] 1924 genauer
studiert worden sind. Eine sehr große Wasserwanze, Belostoma grande, erreicht
die Länge von 10 cm, sie tötet durch ihre Stiche Fische und andere Wassertiere.

Auch der in Europa weitverbreitete Wasserskorpion Nepa cinerea gehört
hierher.

Zweiflügler (Diptera)[2]. Die Dipteren sind in über 40000 Arten auf der
ganzen Erde verbreitet. Zu ihnen gehören die als schlimme Plaggeister für
Menschen und Tiere bekannten Stechmücken, Bremsen, Kriebelmücken, die sich
meistens vom Blut nähren. Mit ihren Mundwerkzeugen vermögen viele von
ihnen die menschliche Haut, manche auch die Haut von großen Tieren, wie
Pferden und Rindern, zu durchbohren und durch ihren giftigen Speichel starke
Reizwirkungen auszulösen. Bei manchen Arten sind vereinzelte Stiche harmlos; doch können auch schwere Folgen eintreten, wenn diese Tiere sich in großen
Schwärmen über ihre Opfer stürzen. Viele Dipteren übertragen außerdem, wie
andere Insekten, gefährliche Infektionskrankheiten, z. B. Pest, gelbes Fieber,
Malaria, Schlafkrankheit, Typhus und angeblich auch Tuberkulose. Andere wieder
schädigen Menschen und Tiere durch die parasitische Lebensweise ihrer Larven.

Von besonderem toxikologischem Interesse ist die Tatsache, daß den männlichen Dipteren die Vorderkiefer und damit die Stechwerkzeuge fehlen; dadurch
sind die männlichen Tiere mit wenigen Ausnahmen harmlos. Infolgedessen
stechen fast durchweg nur die Weibchen. Durch ihre ungeheure Verbreitung
ist der Aufenthalt in manchen Landstrichen für Menschen zeitweise kaum möglich. Die furchtbare Moskitoplage z. B. herrscht nicht nur in heißen Ländern,
wie besonders im tropischen Südamerika und im südlichen Asien, sondern auch
während der Sommerzeit in den arktischen Regionen des hohen Nordens mit
ihren ausgebreiteten Sumpfgegenden. Da die Stechmücken zu ihrer Entwickelung
stehende Gewässer als Brutstätten benötigen, fehlen sie andererseits in wasser-
losen Gegenden, in Wüsten und Steppen oder in hohen Gebirgen.

Bei den Culiciden (Mücken) haben nur die Weibchen im Rüssel Stechapparate. Die blutsaugenden Formen finden sich unter den *Culicinen* und
Anophelinen. Einige Arten überfallen ihre Beute nur nach Sonnenuntergang,
andere wieder saugen auch bei Tage. Die Wirkungen der Stiche bzw. des Sekretes der Speicheldrüsen sind je nach dem Grade der Giftwirkung, der Empfindlichkeit des Opfers und anderen Umständen sehr verschieden. Im allgemeinen

---

[1] Hase, A.: Die Bettwanze. Monogr. angew. Entomol. **1**. Berlin 1917 — Stiche der
Wasserwanze. Zool. Anz. **59**, 143 (1924).

[2] *Lit. über Dipteren*: Bruck, C.: Gift der Stechmücke. Dtsch. med. Wschr. **1911**, Nr 39,
1787. — Grünberg, K.: Die blutsaugenden Dipteren. Jena 1907. — Eysell, A.: Die Stech-
mücken, in Menses Handb. d. Tropenkrankh., 2. Aufl., **1** (1913) (Lit.!). — Wilhelmi, J.: Die
Kriebelmückenplage. Jena 1920 (Lit.!). — Stokes, J. H.: Black fly (Simulium venustum).
J. of cutan. Dis. **1914** (Sonderdruck). — Martini, E.: Stechmücken. Beiheft z. Arch.
Schiffs- u. Tropenhyg. **24** (1920).

Gastrophilus, Östrin und perniziöse Anämie: Seyderhelm, R.: Beitr. path. Anat. **58**,
285 (1914) — Münch. med. Wschr. **68**, Nr 29 u. 30 (1917) — Arch. f. exper. Path. **82**, 253
(1918). — v. Hutyra, F. u. J. Marek: Spez. Pathol. u. Therap. d. Haustiere, 5. Aufl., **1**,
922 (1920).

Fliegenlarven: Fülleborn, F.: Ophthalmomyiasis. Arch. Schiffs- u. Tropenhyg. **23**, 349
(1919). — Ticho, A.: Ophthalmomyiasis. Ebenda **21**, 165 (1917). — Braun-Seifert:
Tierische Parasiten des Menschen. Klin.-therap. Teil, 4. Aufl., S. 592. Würzburg 1908
(Lit.!). — Gilbert, N. C.: Dipterous Larvae. Arch. int. Med. **2**, 226 (1908) (Lit.!).

entsteht an der Stichstelle eine ringförmige Rötung, die nach einiger Zeit juckt oder stark schmerzt; besonders bei mehreren Stichen bilden sich auch Schwellungen. Durch Kratzen oder sonstige mechanische Einflüsse treten bakterielle Infektionen hinzu. Eine allgemein bekannte Erscheinung ist die Immunität der Einheimischen. Fremde und Zugereiste leiden viel stärker.

Der Streit, ob es sich um spezifische Gifte oder um Hefe oder andere Mikroorganismen handelt, die mit dem Speichel in das Blut übertragen werden, ist noch nicht entschieden.

Bei vielen hierher gehörigen Insekten sind die Stiche zunächst schmerzlos, z. B. bei Culex, Simulium. Ob die Gefühllosigkeit durch einverleibte lokalanästhetische Stoffe oder durch die Blutleere während des Saugaktes hervorgerufen wird, ist noch ungenügend geklärt. Gewöhnlich besitzen die stechenden Insekten mehrere Arten von Mund- und Speicheldrüsen. In den meisten Fällen sind bisher nur Auszüge aus den zerkleinerten ganzen Tieren oder aus einzelnen Körperteilen untersucht worden. Dadurch sind die meisten Untersuchungen über das Wesen und die Wirkung der Sekrete unsicher und nur mit großer Vorsicht zu beurteilen. Daß Extrakte aus ganzen Insektenleibern im Tierversuch die mannigfaltigsten lokalen und allgemeinen Erscheinungen bewirken können, liegt auf der Hand. Immerhin lassen die beim Stechen beobachteten lokalen Erscheinungen, Rötung, Schwellung, Quaddelbildung, Jucken und Schmerzen, keinen Zweifel darüber, daß durch die mit den Stechrüsseln gesetzten Verwundungen auch lokal reizend wirkende Stoffe übertragen werden.

Die bekannteste Stechmücke, Culex pipiens, gilt als harmlos. Ein Glycerinextrakt aus zerriebenen Schnaken, „Culicin", wurde von BRUCK geprüft. Es bewirkt schwache Entzündungserscheinungen und Hämolyse. Die Stechfliege Stomoxys calcitrans, die bei uns im Hochsommer häufig ist, verursacht schmerzhafte Stiche und überträgt vielleicht die spinale Kinderlähmung. Die Malaria wird durch die Gabelmücke Anopheles, die Schlafkrankheit durch die Tsetsefliege Glossina übertragen.

Weitverbreitete Stechfliegen, die besonders für das Weidevieh gefährlich werden können, sind die Kriebelmücken (Simuliiden). Auch hier kommen nur die weiblichen Tiere als Blutsauger in Betracht.

Außerdem scheinen aber gewisse, bisher noch nicht genügend erforschte Umstände die Giftigkeit bei ein und derselben Art stark zu beeinflussen. In manchen Gegenden Deutschlands sind Schädigungen durch Kriebelmücken unbekannt. Auf der anderen Seite verursachen sie in anderen Landstrichen, vor allem in den Flußgebieten der Aller und der Leine, große Verluste an Vieh, das von ihnen in wolkenartigen Schwärmen befallen wird. Einige Gegenden in Nordamerika sind infolge der Häufigkeit dieser Mücken praktisch unbewohnbar. Während bei uns Schädigungen von Menschen kaum in Frage kommen, werden die Stiche der Simuliiden in vielen tropischen Ländern sehr gefürchtet. Auch in Amerika kommen besonders giftige Simulien vor (Uta venomosa, Simulia venusta, „Black Fly"). In den Balkanländern verbreitet ist die Kolumbaczer Mücke, deren Stiche schwere Vergiftungserscheinungen und fieberhafte Krankheiten erzeugen. Während der Stich zunächst schmerzlos ist, bilden sich im Verlaufe von mehreren Stunden die lokalen Erscheinungen mit Rötung, Schwellung aus. Bei den schweren, oft tödlich verlaufenden Vergiftungen des Viehs beobachtet man Schleimhautschwellungen, Erregungserscheinungen, Atemnot und Pulsbeschleunigung, nervöse Störungen aller Art; schließlich Ataxie, zunehmende Schwäche und Schläfrigkeit und Tod durch Lungenödem. Wie bei den Schnaken werden auch die ständigen Bewohner von Simuliidengegenden nach einiger Zeit immun.

Bei den Simuliiden handelt es sich ohne Zweifel um ein Gift und nicht, wie früher vielfach angenommen wurde, um die Einverleibung von Bakterien oder Protozoen, Pilzen u. dgl. Nach Versuchen von Flury, Steidle und Moschel[1] zeigen auch sterile Auszüge aus zerriebenen isolierten Speicheldrüsen typische Giftwirkungen. Das Gift ist hitzebeständig und in trockener Form lange Zeit haltbar. Am Froschherzen wirkt es ähnlich wie Digitalis und Gallensäuren. Nach intravenöser Einspritzung bei Warmblütern führt es zum Tod durch Atemlähmung, während das Herz noch schlägt.

Die ebenfalls zu den Dipteren zählenden *Dasselfliegen* leben im Larvenstadium im Magen und Darm des Pferdes und anderer Equiden. Wenn sie sich mit ihren Haken in die Magenwand einbohren, kann es zu schweren Erkrankungen und krebsartigen Wucherungen kommen. Es ist deshalb anzunehmen, daß in den Larven eine giftige Substanz enthalten ist. In der Tat haben K. und R. Seyderhelm in den Extrakten der Larven von Gastrophilus giftige Stoffe aufgefunden. Der Auszug aus vier Larven genügt, um ein Pferd in wenigen Minuten zu töten. Die Giftigkeit beschränkt sich aber nur auf Pferde, für Kaninchen und andere Tiere ist die Substanz ohne besondere Wirkung. Die Autoren nehmen ein spezifisches Gift an, dem der Name *Östrin* beigelegt wurde. Durch wiederholte Einspritzung kleiner Mengen entsteht eine Anämie, die in allen Einzelheiten der perniziösen Anämie der Pferde entsprechen soll. Das Östrin ist kolloidal, hitzebeständig und bewirkt Tod durch Atemstillstand. Außerdem wirkt es ähnlich wie Capillargifte, z. B. Sepsin, und erinnert in toxikologischer Hinsicht an die Schlangengifte. Außerdem sind in den Larven zwei Arten von hämolytischen Giften enthalten, von denen das eine lipoidartig ist und in vitro Hämolyse hervorruft, während das andere Gift alkoholunlöslich ist und ausschließlich in vivo zu einer der perniziösen Anämie ähnlichen Erkrankung führt. Die Seyderhelmschen Befunde sind neuerdings von verschiedener Seite (Du Toit 1917, van Es und Schalk 1918, Marxer 1920) nachgeprüft worden. Demnach sollen die Gastrophiluslarven überhaupt kein Gift enthalten und die beobachteten Erscheinungen bei Pferden lediglich auf anaphylaktische Reaktionen von Tieren beruhen, die bereits vorher durch Parasiten sensibilisiert waren. Auf alle Fälle wird es kaum zu bestreiten sein, daß die Larven toxische Stoffe, zum mindesten hämolytische Gifte enthalten.

Die Hypothese über die ätiologische Bedeutung der Gastrophiluslarven bei der infektiösen Anämie wird neuerdings auch von von Hutyra und Marek bestritten. Unter anderen Einwänden wird betont, daß diese Krankheit auch in Gegenden vorkomme, z. B. im nördlichen Schweden, wo Gastrophiluslarven nicht angetroffen werden, und daß andererseits vielfach Gastrophiluslarven bei anämischen Pferden überhaupt nicht gefunden werden.

Erkrankungen durch *Fliegenlarven* spielen in heißen Ländern eine große Rolle. Die mit dem Sammelnamen *Myiasen* bezeichneten Krankheiten entstehen dadurch, daß Fliegenlarven in natürliche Körperöffnungen, z. B. in die Nase, in die Ohren, in die Augen oder aber in Wunden eindringen und sich von dort in dem Körper von Menschen und Tieren verbreiten. Möglicherweise kommen hierbei auch Giftwirkungen durch die Parasiten in Betracht, wenn auch mechanische Einflüsse und bakterielle Infektionen die Hauptrolle beim Zustandekommen dieser eigentümlichen Krankheiten spielen dürften. Von Dipteren, die als Erreger solcher Myiasen fungieren können, seien Dermatobia, Musca, Calliphora, Chrysomyia, Sarkophaga und Hypoderma genannt. Auch die Gastrophiluslarven bohren sich in die Epidermis von Menschen und Pferden ein und bilden unter der Haut Gänge ("Hautmaulwurf", Creeping disease).

---

[1] Steidle, H.: Arch. f. exper. Path. **119**, 52 (1927).

Die Schädigungen durch Hautbremsen (Hypoderma) bei Weidetieren sind in manchen Ländern (Dänemark, Nordamerika) so umfangreich, daß man versucht hat, die Rinder gegen die Infektionen künstlich zu immunisieren.

In der Klasse der Insekten begegnet man übrigens häufig der Erscheinung, daß *Larven* im Gegensatz zum vollentwickelten Insekt besondere Gifte enthalten. Es sei hier nur an die weiter unten beschriebenen giftigen *Käferlarven* von Diamphidia und Blepharida sowie an die Raupen erinnert. Die größten Zweiflügler Europas sind die *Tabanidae* (Bremsen).

Sie bilden eine zudringliche Landplage, belästigen Menschen, Pferde, Rinder, Kamele, Renntiere usw. Sie stechen sogar durch die Kleider hindurch. In vielen Gegenden, z. B. in Rußland verhindern sie zeitweise Verkehr und Bodenbewirtschaftung und machen das Leben in manchen Steppengebieten in der heißen Zeit so gut wie unmöglich (PAWLOWSKY). Infolge der kräftigen Stechwerkzeuge des Rüssels sind ihre Stiche sehr schmerzhaft. Der Speichel ist giftig, sie übertragen auch infektiöse Krankheiten auf Menschen und Tiere. Aber schon die starken Blutungen können bei massenhaften Überfällen, besonders durch tropische Arten, eine Lebensgefahr bedeuten.

Unter den gewöhnlichen *Fliegen* (Fam. Muscidae) besitzen die blutdürstigen Gattungen Stomoxys, Haematobia und Glossina stechende Mundwerkzeuge. Sie sind über alle Weltteile verbreitet. Stomoxys calcitrans wird oft mit der gemeinen Stubenfliege verwechselt. Auch die Männchen saugen Blut. Die Speicheldrüsen sind sehr stark entwickelt, der Stich ist meist schmerzhaft. Auch die Bisse der Larven der Käsefliege Piophila casei sind gefürchtet.

Unter den zart und schlank gebauten Schnaken und Gnitzen, besonders den Psychodidae, Schmetterlingsmücken, sind zahlreiche blutsaugende Gattungen, vor allem ist Phlebotomus in wärmeren Ländern weit verbreitet. Seine schmerzhaften Stiche sind nicht nur sehr lästig, sondern sie verursachen auch papulöse und pustulöse Ausschläge, fieberhafte Erkrankungen (Leishmaniosen).

Einheimische sind gewöhnlich immun, die Europäer werden in den heißen Ländern bald unempfindlich.

Käfer (Coleoptera)[1]. Viele Käfer liefern entzündungserregende Substanzen. Schon im Altertum wurden sie vielfach als Heilmittel verwendet. Manche Käferlarven besitzen Haare, die ebenso wie Raupen Jucken, Nesselsucht, Schleimhautentzündungen verursachen können. Andere Käfer enthalten Gifte in allen Teilen des Körpers. Bei manchen wird aus den Gelenkspalten bei der Verteidigung eine stark reizend wirkende Flüssigkeit ausgespritzt. Auch giftige Drüsensekrete aller Art kommen hier vor. Bekannt sind insbesondere die ätzenden und übelriechenden Ausscheidungen aus dem Hinterleib vieler Käfer. Bei den Carabiden handelt es sich um Fettsäuren, wie Buttersäure u. dgl., Wasserkäfer enthalten in ihren Exkreten auch Schwefelwasserstoff und verwandte Stinkstoffe (STEIDLE). Die südafrikanischen Pfeilgifte werden zum Teil aus den Larven von Käfern hergestellt, die lokal sehr schwere Entzündungen der Gewebe, vom Blut aus Nierenschädigung und Lähmung bewirken. Hierher gehören Diamphidia locusta und Blepharida evanida.

Unter den Giften der Käfer ist das *Cantharidin* das einzige tierische Gift, das schon vor längerer Zeit in chemisch reinem Zustand isoliert und nach seiner

---

[1] *Lit. über Coleopteren*: BEAUREGARD: Les insects vésicants. Paris 1890. — ELLINGER, A.: Cantharidin. Arch. f. exper. Path. **45**, 89 (1900) (Lit.!); **58**, 424 (1908). — ESCHERICH, K.: Naturgeschichte der Meloidengattung Lytta Fab. Verh. zool.-bot. Ges. Wien **1894**. — HARNACK, E.: Über die sog. Giftfestigkeit des Igels. Dtsch. med. Wschr. **1898**, 745. — MEYER, H.: Chemie des Cantharidins. Mh. Chem. **18**, 393 (1897); **19**, 707 (1898). — GADAMER: Chemie des Cantharidins. Arch. Pharmaz., verschied. Veröffentl. 1914—1924.

chemischen Natur und seinen Wirkungen sehr genau bekannt ist. Es findet sich besonders bei Lytta, Mylabris, Meloe, Pseudomeloe, Pyrota. Es ist im Blute, in den Drüsen der männlichen Geschlechtsorgane und in den Eiern dieser Käfer enthalten[1].

Schmetterlinge und Raupen[1]. Bei vielen Schmetterlingsraupen sind hautreizende Haare vorhanden. Diese sind mit besonderen Drüsenzellen verbunden, aus denen sich auch das Haar entwickelt. Die Giftsekrete der Drüsen gelangen in den Hohlraum der Haare und werden durch Zerbrechen bei Berührung der Raupen entleert. Zu den bekanntesten Brennraupen gehören die verschiedenen Spinner. Diese gefährlichen Schädlinge für die Waldbäume ziehen in geordneten Reihen, gewöhnlich gegen Abend, aus ihren Behausungen in die Krone der Bäume zur Nahrungsaufnahme und kehren gegen Morgen wieder in ihre Nester zurück. Sie verursachen durch die starke Reizwirkung ihrer Sekrete lästige Erkrankungen, die sich manchmal wie Epidemien ausbreiten und das Betreten der Wälder unmöglich machen können. Wenn die abgebrochenen Haare der Prozessionsspinner durch Luftbewegungen weiterverbreitet werden, gelangen sie an die zugänglichen Teile der äußeren Haut, auf die Schleimhäute der Menschen und Tiere. Es kommt dann zu verschiedenen Entzündungsgraden, zu Rötung, Jucken, Brennen, Nesselsucht und zu ernsteren Erkrankungen des Nasenrachenraumes, der Mundhöhle, der Augen und der tieferen Atemwege. Hierher gehören die Eichen-, Pinien-, Kiefernprozessionsspinner. Bei ihnen sind die Gifthaare zu symmetrisch geordneten Büscheln oder Feldern („Spiegel") geordnet, die gewöhnlich besonders gefärbt sind und mit eigenartigen Drüsenfeldern in Verbindung stehen. Sehr bekannt ist auch der in Europa bis nach Mittelasien weit verbreitete Goldafter, Euproctis chrysorrhoea. Die giftigen Haare der schwarzen Raupe sind in Büscheln angeordnet, die nur mit einer einzigen großen Giftzelle verbunden sind und von dieser versorgt werden. Andere Schmetterlinge der gleichen Gattung finden sich in Ostasien und in tropischen Ländern.

Weiter sind hier zu nennen die Raupen der Gattung Hylesia und Porthesia, die in Europa und asiatischen Ländern gefürchtet sind. Durch den Genuß von Früchten, die mit Haaren solcher Raupen behaftet sind, kann es zu einer besonderen Form von Stomatitis kommen, die mit Schwellungen und Geschwürsbildung der Lippen, der Mundschleimhaut und des Zahnfleisches einhergeht. Unter der artenreichen Familie der Schwärmer (Sphingidae) gibt es ebenfalls in den Tropen, besonders in Südamerika, zahlreiche Raupen mit reizenden Eigenschaften. Die Entzündungserscheinungen erreichen hier sehr hohe Grade, und es kommt häufig zu starken ausstrahlenden Schmerzen.

In den früheren deutschen Kolonien, vor allem in Zentralafrika, wurden vielfach Erkrankungsfälle mit Allgemeinsymptomen durch Giftraupen beobachtet.

Es gibt in überseeischen Ländern noch viele bisher unbekannte Raupen mit Nesselhaaren. In stark bevölkerten Gegenden kann ihr massenhaftes Auftreten zur Landplage werden. Angeblich werden Raupenhaare auch zu Mordzwecken den Speisen beigemischt. Es soll dabei zu schweren, unter starken Schmerzen verlaufenden Erkrankungen der Eingeweide kommen. Todesfälle

---

[1] *Lit. über Schmetterlinge (Raupengifte):* Melchiori, G.: Die Krankheiten der Seidenspinnerinnen. Schmidts Jb. **96**, 224 (1857). — Göldi, E.: Sanit.-patholog. Bedeutung der Insekten. Berlin 1913. — Fabre, H. J.: Un virus des Insectes. Ann. des Sci. natur. **6**, 253 (1898). — Landon: Prozessionsraupen. Virchows Arch. **125**, 220 (1891). — Goossens, Th.: Chenilles urticantes. Ann. Soc. entomol. France **1**, 231 (1881). — Pawlowsky, E. u. Stein: Paederus fuscipes. Rev. russe d'Entomol. **20**, 155 (1926). — Schmitz, F.: Hämorrhagische Nephritis nach Raupenurticaria. Münch. med. Wschr. **1917**, 1558. — Bleyer, G.: Brasilianische Nesselraupen. Arch. Schiffs- u. Tropenhyg. **13**, 73 (1909). — Wada, H.: Giftraupe Dendrolimus spectabilis. Japan. J. of Dermat. **25**, 646 (1925); **26**, 230 (1926).

werden auch, allerdings sehr selten, bei uns beobachtet, so bei der Bekämpfung
der Prozessionsraupen. Hier dürfte es sich aber weniger um eine direkte Wirkung der Raupengifte, als um sekundär entstandene bakterielle Infektionen
handeln. Durch langdauernden Aufenthalt in den befallenen Waldungen entstehen Entzündungen der Augen und der Luftwege. Wie es scheint, ist die individuelle Empfindlichkeit gegen derartige Erkrankungen überaus verschieden.
Auch natürliche Immunität einzelner Personen wird beobachtet.

Die Raupengifte können auch bei massenhafter Einwirkung von Brennhaaren oder bei Berührung mit hochgiftigen tropischen Raupen *resorptive Vergiftungserscheinungen* auslösen. In solchen Fällen treten Lähmungen verschiedener Art, Erbrechen und Durchfälle, Fieber mit Schüttelfrost, Herzschwäche
und Lungenentzündungen auf. Es muß hier angenommen werden, daß die
Schädigungen durch Raupenhaare durch die Wirkung lokal reizender Gifte und
nicht etwa allein durch die mechanischen Stiche der Haare verursacht werden.
Dafür sprechen auch die histologischen Untersuchungsbefunde von Haut, in die
Raupenhaare eingerieben wurden. Es zeigen sich entzündliche Infiltrationen,
Gefäßerweiterung, ödematöse Durchtränkung, Ansammlungen von Wanderzellen,
während die Einreibung gewöhnlicher Haare von Raupen keine derartigen Ver-
änderungen bedingt (PAWLOWSKY und STEIN[1]).

Über die *chemische Natur* des giftigen Sekretes der Raupen besteht noch
keine Klarheit. Hierüber sind von verschiedenen Autoren Untersuchungen angestellt worden. Die früher viel verbreitete Annahme, es handle sich um Ameisensäure, ist sicher unrichtig. In einigen Fällen wollen die betreffenden Untersucher
cantharidinähnliche Substanzen durch Ausziehen mit Alkohol, Äther u. dgl. isoliert haben (GOOSSENS, FABRE).

Dem Verfasser ist es in zahlreichen Versuchen mit verschiedenen europäischen
Brennraupen, besonders Kiefernprozessionsspinnern, nicht gelungen, durch die
üblichen Lösungsmittel wirksame Stoffe aus den Brennhaaren auszuziehen. Da
die Brennhaare aber selbst sehr heftige Reizwirkungen auslösen, muß man annehmen, daß das Gift in solchen Fällen in unlöslicher Form, etwa nach Art
von geronnenem Eiweiß od. dgl., in den Hohlkanälen der Haare enthalten ist.
Über die Conjunctivitis durch Raupenhaare finden sich in der ophthalmologischen
Literatur eingehende Mitteilungen. Unter Umständen führen Raupenhaare selbst
zum Verlust des Auges (SCHÖN, NIKOLAY im Handb. von GRAEFE-SÄMISCH).

Auch den Tierärzten sind allerlei *Erkrankungen* von *Haus- und Nutztieren*
durch Raupen wohl bekannt. Am häufigsten kommt es zu Entzündungen des
Magendarmkanals, zu Stomatitis u. dgl., durch Futter, das von Raupen befallen
ist. Es wird behauptet, daß auch die Ausscheidungen vieler Schmetterlinge und
Raupen Entzündung verursachen sollen. Das gleiche Gift ist nach den Angaben
von FABRE u. a. auch im Blute dieser Tiere enthalten. Eine systematische
Untersuchung der Stoffwechselprodukte der hier in Frage kommenden Insekten
ist dringend erwünscht. Wie es scheint, sind verwandte Reizstoffe auch bei den
Käfern und ihren Larven ziemlich weit verbreitet. Mit solchen Giften dürfte
auch die in den Mittelmeerländern auftretende *Gewerbekrankheit* der Arbeiterinnen
in Seidenfabriken in Beziehung stehen. Infolge der Handhabung der Seiden-
kokons beim Spinnen treten an den Händen Entzündungserscheinungen mit
Rötung, Schmerzen und Pustelbildung auf.

Außer den genannten Reizstoffen unbekannter chemischer Zusammensetzung produzieren manche Raupen angeblich auch größere Mengen von

---

[1] PAWLOWSKY, E. N. u. STEIN: Wirkung der Gifthaare der Goldafterraupen (Euproctis
chrysorrhoea). Z. Morph. u. Ökol. Tiere **9**, H. 5, 41 (1927) (Abb. u. Lit.).

Ameisensäure. Diese wird in Form eines stark sauren Sekrets ausgespritzt, wenn man die Larven berührt. Hier handelt es sich um Erscheinungen, die zu der reflektorischen „Blutausspritzung" gehören und im nächsten Abschnitt besprochen sind.

Blutausspritzende Arthropoden[1]. Viele Insekten spritzen reflektorisch zu ihrem Schutze eine ätzende Flüssigkeit aus. Diese Flüssigkeit ist kein Drüsensekret, wie früher angenommen wurde, sondern Blut. Die Vorrichtungen zur Blutausspritzung stehen aber mit Drüsen in Verbindung. Durch Kontraktion von Muskeln im Drüsensack oder in den dünnwandigen Hautsäcken, die nach außen gestülpt werden und platzen, wird die Flüssigkeit entweder tropfenweise oder in weitem Strahl ausgeschleudert. Dies kann aus den Bauchsegmenten, aus den Flügeldecken, den Fühlergelenken und anderen Stellen der Hautbedeckung erfolgen.

Die genannte Fähigkeit ist bei gewissen Käferlarven und Käfern, z. B. dem Marienkäfer (Coccinella), den Chrysomeliden, bei Meloe, Leuchtkäfern, Blattwespen, bei Cicaden, Pflanzenläusen, Wanzen, selbst Schmetterlingen, Raupen und Zecken u. a. vorhanden.

Bei Timarcha, Eugaster, Cimbex (Blattwespe) werden bereits vorhandene Öffnungen dazu benutzt.

Das Blut schmeckt sehr bitter und enthält Cantharidin oder verwandte Reizstoffe. Beim Auftragen auf die menschliche Haut entstehen Rötung und Blasen. Kleine Tiere, wie Eidechsen, Frösche, Vögel, Meerschweinchen, werden durch Injektionen dieser Flüssigkeiten tödlich vergiftet.

Hautflügler (Hymenoptera)[2]. Hier interessieren vor allem die *Aculeaten* oder Stechimmen. Zu ihnen gehören die Bienen, Hummeln, Wespen (Schlupfwespen, Hornissen). Sie besitzen einen verwickelt zusammengesetzten Giftapparat, der aus dem eigentlichen Stechapparat, dem Stachel und seinen Anhangsorganen und verschiedenen sauren und alkalischen Drüsen besteht. Der Stachel ist durch Umbildung aus der Legeröhre, einer Vorrichtung zur Ablage der Eier, entstanden und steht mit den giftigen Drüsen in Verbindung. Bei einigen Vertretern der Schlupfwespen ist dieses Organ gleichzeitig zum Stechen und zum Legen der Eier befähigt. Zu beachten ist, daß nur die Weibchen einen Stachel tragen und deshalb allein giftig sind. Die Giftdrüsen sind als Anhangsorgane der weiblichen Geschlechtsorgane zu betrachten. Die Männchen sind harmlos. Die Giftapparate der Ameisen sind verschiedener Art. Bei den Camponotinen (Formica, Lasius, Camponotus) fehlt der Stachel, dagegen besteht eine Giftdrüse. Diese Ameisen setzen mit ihren Beißwerkzeugen eine Wunde und spritzen in diese das Gift aus der Hinterleibsdrüse ein. Je stärker der Stachel zurückgebildet ist,

---

[1] Pawlowsky, E. N.: Die Gifttiere, S. 390. Jena 1907 (Lit.!). — Hollande, A.: L'autohémorrhée des Insectes. Arch. d'Anat. microsc. **13**, 171 (1911/12) (Lit.!).

[2] *Lit. über Hymenopteren:* Adler, H.: Legeapparat und Eierlegen der Gallwespen. Dtsch entomol. Z. **21**, 305 (1877). — Arthus, M.: Venin des Abeilles. C. r. Soc. B ol. **182**, 414 (1919). — Berlese, P.: Gli insetti. Mailand 1908. — Beyer, O. W.: Giftapparat von Formica rufa. Jena. Z. Naturwiss. **18**, 26 (1891). — Dold, H.: Immunisierungsversuche gegen Bienengift. Z. Immun.forschg **26**, 284 (1917). — Fabre, P.: Piqûres d'Hyménoptères. Paris 1906. — Flury, F.: Bienengift. Arch. f. exper. Path. **85**, 319 (1920). — Hase, A.: Schlupfwespen. Biol. Zbl. **44**, Nr 5 (1924). — Über den Stechakt und Legeakt von Lariophagus dist. usw. Naturwiss. **12** (1924) — Schlupfwespe Trichogramma evan. Arb. biol. Reichsanst. Land- u. Forstwiss. **14**, H. 2 (1925). — Langer, J.: Der Aculeatenstich. (Festschr. P. J. Pick.) Wien 1898. — Keiter, A.: Rheumatismus und Bienenstichbehandlung. Wien-Leipzig 1914. — Morgenroth, J. u. Carpi: Toxolecithid des Bienengiftes. Berl. klin. Wschr. **44**, 1424 (1906). — Pawlowsky, E.: Glandes venimeux chez les Hyménoptères. C. r. Soc. Biol. **76**, 351 (1914). — Stumper, R.: Das Gift der Ameisen. Natur u. Technik, Zürich 1923. — Phisalix, C. u. M.: Mehrere Arbeiten über Bienengift, Wespengift. C. r. Soc. Biol. **1897, 1904**.

desto reicher ist gewöhnlich die Sekretion der Drüsen. Außer den eigentlichen Giftdrüsen sind bei den Aculeaten noch Drüsen vorhanden, die vermutlich als Schmierdrüsen dienen.

Der *Zweck* der Giftorgane beschränkt sich bei den Hymenopteren meist nur auf die Abwehr und Verteidigung. Gewisse Wespen benutzen ihr Gift, um andere Tiere, wie Rüsselkäfer, Feldgrillen, Heuschrecken, Schmetterlingsraupen, Spinnen, zu lähmen, ohne sie zu töten. Die Beutetiere bleiben in einem unbeweglichen Zustand oft lange Zeit, selbst monatelang am Leben, bis sie aufgefressen werden. In anderen Fällen werden solche Vorräte zur Ernährung der Larven bereitgestellt. HASE hat beobachtet, daß Raupen der Mehlmotte nach dem Stich der Schlupfwespe Habobracon noch $5^1/_2$ Monate in einem Stadium der motorischen Lähmung, bei dem das Herz noch schlägt, weiterleben können. Möglicherweise kommen den Hinterleibsdrüsen aber außer der Verteidigung und dem Zweck der Ernährung auch noch Funktionen zu, die mit dem Fortpflanzungsgeschäft, der Eireife usw. zusammenhängen. Hierüber fehlen aber zuverlässige Kenntnisse. Die Imker glauben, daß das Bienengift, infolge seines Gehaltes an Ameisensäure, zur Konservierung des Honigs verwendet wird, weil die Bienen in die Waben Gift zu entleeren pflegen.

Die *Wirkung* des Bienengiftes erstreckt sich auch auf wirbellose Tiere (FLURY). Das Gift gehört zu den Entzündung hervorrufenden allgemeinen Zellgiften. Wirbellose Tiere, Paramäcien, Würmer, Mollusken, andere Insekten werden z. T. unter heftigen Reizerscheinungen getötet. Kaltblüter sind wenig empfindlich. Vögel sterben unter Atemstillstand, Kaninchen, Hunde zeigen nach intravenöser Injektion des Giftes Krämpfe, starke Blutdruckschwankungen, Lähmungserscheinungen und Atemnot. Das Blut wird lackfarbig und, z. T. unter Methämoglobinbildung, in seinen morphologischen Bestandteilen stark verändert (Leukocytose). Bei der Sektion zeigen die inneren Organe Blutüberfüllung und Blutaustritte, besonders die Nieren werden schwer geschädigt. Am isolierten Froschherzen kommt es nach vorübergehender Leistungssteigerung zu systolischem Stillstand. Die hämolytische Wirkung des Bienengiftes wird durch Zusatz von Lecithin außerordentlich verstärkt (MORGENROTH und CARPI 1906). Ähnliche „Toxolecithide" bilden auch andere tierische Gifte, wie Schlangen-, Skorpionen-, Heloderma-, Trachinusgift. Die Hämolyse durch diese Gifte wird von Cholesterin gehemmt.

Die Wirkung des Bienenstiches ist allgemein bekannt. Außer dem heftigen Schmerz und den lokalen Schwellungen können bei empfindlichen Personen oder, wenn zahlreiche Bienen ihr Gift entleeren, besonders aber, wenn das Gift direkt in eine Vene gelangt, schwere allgemeine Vergiftungserscheinungen auftreten. In solchen Fällen werden Schweißausbrüche, Übelkeit, Erbrechen, Durchfälle, starke Diurese und Speichelfluß, Angstgefühle, Herzschwäche, Atemnot, auch Krämpfe, Koma und Lähmungen beobachtet. Tod durch einzelne Bienenstiche kommen bei überempfindlichen Personen vor, wenn das Gift direkt in Blutgefäße gelangt, oder bei Verschlucken von Bienen oder bei Stichen in die Zunge, den Gaumen, die Halsgegend durch Glottisödem. Abgesehen von der sehr stark wechselnden individuellen Empfindlichkeit gegen Bienenstiche reagieren im allgemeinen Frauen, Kinder und Greise besonders stark. Abnorme Wirkungen zeigen sich bei Menstruierenden und Schwangeren, bei Arteriosklerose, Diabetes, Tuberkulose, bei Kindern mit Störungen des lymphatischen Apparates, Diathesen. Relativ häufig tritt heftige Urticaria auf.

Von Interesse ist auch die *Gewöhnung* an Bienengift. Die meisten Imker erwerben nach einiger Zeit eine gewisse Immunität, die aber bald wieder verlorengeht. Außerdem kommt eine angeborene dauernde Immunität vor. Viel seltener ist die angeborene oder erworbene Überempfindlichkeit. In letzteren Fällen dürften Anaphylaxieerscheinungen vorliegen (vgl. Immunität)[1].

Über die *chemische Natur* des Bienengiftes ist kurz folgendes zu sagen. Die alte, aber auch heute noch vielfach verbreitete Meinung, die wirksame Substanz des Bienengiftes sei *Ameisensäure,* kann endgültig als widerlegt gelten. Das native Sekret der Giftdrüsen enthält allerdings, wie viele tierische und pflanzliche Ausscheidungen, geringe Mengen dieser Säure. Sie kann aber auch fehlen. Andererseits wirken die Sekrete mancher Stechimmen, z. B. Wespen, ganz ähnlich wie Bienengift, trotzdem sie zuweilen neutral reagieren, oft sogar schwach alkalisch sind. Die erste eingehende Untersuchung von LANGER[2] hatte ergeben, daß im nativen Drüsensekret eine basische Substanz, die durch Ammoniak gefällt wird, als Träger der Giftwirkung enthalten ist. Diese „LANGERsche Base" ist nach weitergehenden Untersuchungen von FLURY[3] noch ein recht verwickelt zusammengesetzter Komplex, der neben lecithinartigen Substanzen, Fettsäuren, Tryptophan einen *stickstofffreien* Anteil aufweist, der in letzter Linie die Wirkung bedingt. Diese Substanz ist wahrscheinlich ein cyclisches Säureanhydrid, das nach seinen Wirkungen zwischen dem Cantharidin und den tierischen Sapotoxinen steht. Nach C. PHISALIX[4] 1904 sollen im Bienengift drei verschiedene Substanzen enthalten sein, ein entzündungserregendes, ein krampferzeugendes und ein lähmendes Toxin, die sich durch verschiedene Resistenz gegen Hitze unterscheiden.

Dem Bienengift schließen sich die Gifte der Hummeln und Wespen eng an. Auch bei Wespen trifft man alkalisch reagierende Sekrete an (FLURY und STEIDLE). Von sehr starker Wirkung sind die Stiche der Hornisse, Vespa crabro. Das Hornissengift soll nach C. PHISALIX vier verschiedene Toxine enthalten, wodurch die allgemeinen Erscheinungen, die lokalen Wirkungen, die Hämolyse, die immunisierende Wirkung gegen Kreuzottergift ausgelöst werden sollen.

Auch die Eier der Bienen sind giftig (C. PHISALIX 1905). Das Gift ist nicht näher untersucht. Im Charakter der Wirkung gleicht es dem Stachelgift, doch bestehen quantitative Unterschiede.

Die äußerst artenreichen *Schlupfwespen* besitzen ebenfalls Stechwerkzeuge und Giftdrüsen. Die Eigenschaften und Wirkungen des Habobracongiftes sind in neuerer Zeit von A. HASE[5] eingehend studiert worden. Bei Kaltblütern erinnert dasselbe an Curare. Auch bei den Schlupfwespen können nur die Weibchen stechen. Für den Menschen kommen sie als giftige Tiere nicht in Betracht, um so mehr für Insekten, vor allem Raupen, die sie anbohren, um ihre Eier in deren Körper entwickeln zu lassen. Sie schmarotzen in Schmetterlings-, namentlich Kohlweißlingsraupen, Mehlwürmern und anderen Schädlingen, auch in Blattläusen, den Kokons von Spinnen. Die Dolchwespen sind die Feinde der Engerlinge und dadurch, wie ihre Verwandten, als nützliche Tiere anzusehen. Es gibt auch Schlupfwespen, denen der Legebohrer bzw. der Giftstachel fehlt. Die Ameisenwespen (Mutillidae) leben im Larvenzustand in den Larven der Bienen und Wespen. Ein bekannter Bienenräuber ist der „Bienenwolf" Philanthus apivorus, Ph. triangulum, eine Grabwespe. Die Pompilusweibchen sind Spinnenjäger. Auch hier werden die Spinnen (Kreuzspinne, Tarantel) nicht sofort getötet, sondern nur in einen Lähmungszustand, der monatelang dauern kann, versetzt.

[1] FLURY, F.: Der Bienenstich. Naturwiss. **1923**, H. 19, 341.
[2] LANGER, J.: Über das Gift unserer Honigbiene. Arch. f. exper. Path. **38**, 381 (1891).
[3] FLURY, F.: Über die chemische Natur des Bienengiftes. Arch. f. exper. Path. **85**, 319 (1920).
[4] PHISALIX, C.: Recherches sur le Venin des abeilles. C. r. Soc. Biol. **56**, 198 (1904).
[5] HASE, A.: Die Schlupfwespen als Gifttiere. Biol. Zbl. **44**, H. 5, 209 (1924).

Andere Hymenopteren enthalten in ihren *Speicheldrüsen* wirksame Stoffe (Melipone, Trigona). Der Speichel der Biene reagiert sauer. Die *flüchtigen Substanzen*, die sich in den Drüsensekreten dieser Tierklasse vorfinden, sind noch nicht untersucht. Bei Imkern werden gelegentlich Übelsein und auch stärkere nervöse Störungen sowie Reizung der Augen beim Arbeiten in dicht bevölkerten Bienenständen beobachtet, die vielleicht durch solche Stoffe hervorgerufen werden. Auch beim Auskochen von Waben treten solche flüchtige Substanzen auf und führen unter Umständen zu leichten Erkrankungen (FLURY).

Die Giftwirkungen der Hymenopteren äußern sich auch an *pflanzlichen Zellen.* Als Beispiele hierfür mögen die Pflanzengallen erwähnt sein, die wohl infolge der Abscheidung von Reizstoffen durch die Larven der Gallwespen entstehen. In den entstandenen Wucherungen entwickelt sich die junge Brut.

Ameisen (Formicidae). Bei den Ameisen findet man als Giftapparate am Hinterleib entweder Stachel oder Giftdrüsen, deren Sekret auf die mit den Kiefern erzeugten Bißwunden gespritzt wird. Die einheimischen Ameisen sind ziemlich harmlos. In ihren Drüsen findet sich von wirksamen Substanzen nur Ameisensäure, allerdings in sehr verschiedenen Mengen. 100 g Formica rufa liefern nach STUMPER[1] bis 18 g Ameisensäure, 100 g Lasius fuliginosus nur 2,3 g, andere Ameisen dagegen, wie die Myrmicinen und Dolichoderinen, so gut wie gar keine Säure. Bei tropischen Ameisen, die auch als Überträger von Infektionskrankheiten (Typhus, Dysenterie) in Betracht kommen, finden sich aber zweifellos noch andere Gifte. Nach STANLEY und nach LEWIN[2] werden in den Tropen Ameisen zur Bereitung von tödlich wirkenden Pfeilgiften verwendet.

Die *Schaben*[3] sind als Verbreiter pathogener Keime (Blastocystis, Entamoeba blattarum, Spirochaeta blattarum, Filarien und verschiedene Bakterien), nicht als eigentliche Gifttiere anzusehen. Katzen und Affen erkranken bei Fütterung mit dem Kot der Schaben z. T. an den spezifischen Infektionen.

Bei den Schaben finden sich am Hinterleib verschieden gebaute *Stinkdrüsen.* Ob diese lediglich als Organe der Abwehr dienen, ist nicht bekannt. Möglicherweise stehen sie auch in Beziehung zum Fortpflanzungsgeschäft, da sie bei manchen Arten nur bei Männchen vorkommen (Periplaneta americana, P. orientalis, Blatta germanica). In früheren Zeiten wurden Schaben als ,,Blatta orientalis" als harntreibendes Arzneimittel verwendet. Ob diese Wirkung auf Cantharidin oder ähnliche Stoffe zurückzuführen ist, läßt sich nicht mit Sicherheit aussagen.

8. Wirbeltiere (Vertebrata).

a) Fische.

Man kann die Fische ihrer Giftwirkung nach einteilen in

1. *Giftfische*[4]. Hierher sind zu zählen alle mit *Giftorganen* ausgerüsteten Fische. Sie entsprechen den ,,Poissons venimeux" der französischen Autoren.

---

[1] STUMPER, R.: Le venin des fourmis. C. r. Acad. Sci. **174**, 66 (1922).
FLURY, F.: Über die Bedeutung der Ameisensäure als natürlich vorkommendes Gift. Ber. dtsch. pharmaz. Ges. **29**, 650 (1919).
[2] LEWIN, L.: Pfeilgifte, S. 167. Leipzig 1923.
[3] TEJERA, E.: Rev. Soc. argent. Biol. **2**, Nr 4, 243 (1926); zitiert nach A. HASE Naturwiss. **15**, H. 24, 542 (1927).
[4] *Lit. über Giftfisch*: KOBERT, R.: Giftfische und Fischgifte. Stuttgart 1905. — PAWLOWSKY, E. N.: Tiergifte, S. 407ff. Jena 1927. — PELLEGRIN, J.: Les poissons vénéneux. Thèse de Paris 1899. — COUTIÈRE, H.: Poissons venimeux et vénéneux. Thèse de Paris 1899. — GÜNTHER, A.: Handb. d. Ichthyologie. Wien 1886. — CAVAZZANI: Cyclostomen. Virchows Jber. **1**, 431 (1893).
Trachinus, Synanceia, Trygon und Verwandte: BOTTARD: Les poissons venimeux. Thèse de Paris 1889. — POHL, J.: Fischgifte. Prag. med. Wschr. **1883**, Nr 4. — BRIOT: Trachinus-

Unter ihnen finden wir aktiv und passiv giftige Fische. Die Schädigungen werden verursacht durch a) giftige Hautsekrete, b) Stichwunden, c) Bißwunden.

2. *Giftige Fische.* Sie schädigen die Gesundheit nur bei Verwendung als Nahrungsmittel. Hierher gehören die „Poissons véneneux" der Franzosen. Bei ihnen können unter Umständen nur einzelne Teile, wie die Geschlechtsorgane, das Muskelfleisch, das Blut, Giftwirkung besitzen.

3. *Giftig gewordene Fische.* Sie gehören strenggenommen nicht zu den Gifttieren. Hier kommen in Betracht Fische, deren Genuß durch intravitale oder postmortale Zersetzungsprozesse, Infektionen, Erkrankungen, Aufnahme von Schädlichkeiten aus der Umgebung (Haffkrankheit) usw., gefährlich ist. Nach Pawlowsky kann man diese Gruppe zu den „zufällig giftigen Tieren" rechnen. Die Giftigkeit erstreckt sich hier nicht auf die gesamte Tierart, sondern immer nur auf einzelne Individuen.

Die Frage nach der Giftigkeit der Fische, die schon im Hinblick auf ihre Rolle als Nahrungsmittel von größter Bedeutung für den Menschen ist, ist noch keineswegs völlig klargestellt. Die Berichte aus allen Teilen der Erde lassen aber keinen Zweifel darüber, daß sehr viele Fischarten Vergiftungen bewirken können. Viele Widersprüche dürften dadurch erklärbar sein, daß bei den Fischen in bestimmten Jahreszeiten, vor allem während der Laichzeit, Giftbildung eintreten kann. Hier sollen zunächst die Erkrankungen nach dem Genusse von nichtverdorbenen Tieren besprochen werden, also nicht die in manchen Gebieten auftretenden bakteriellen Infektionen durch den Genuß verdorbener Fische. Giftige *Hautdrüsen* besitzen die Rundmäuler, und zwar die verschiedenen Neunaugen Petromyzon marinus und das Flußneunauge Lampetra fluviatilis. Das Sekret verursacht beim Einbringen in den Magendarmkanal schwere Verdauungsstörungen und blutigen Durchfall. Durch Salzen und Abwaschen der Fische läßt sich das Schleimsekret entfernen und damit die Vergiftungsgefahr beseitigen.

Die *Giftapparate der Fische* sind von verschiedener Art. Manche Fische stechen mit besonderen spitzigen Flossenstrahlen, die, wie bei den Siluriden, oft gesägt oder mit dornartigen Spitzen versehen sind. Gewöhnlich sind diese Stechapparate an den Kopfplatten oder am Kiemendeckel und mit Giftdrüsen oder mit sekretabscheidenden Zellen verbunden. Dieser Typus findet sich beispielsweise bei Trachinus, Trygon, Scorpaena und Synanceia. Zu den Scorpaeniden (Drachenköpfe) gehören die meisten Giftfische der Tropen. Der gefürchtete *Trygon* verwundet mit den Schwanzstacheln. Bei Trygon pastinaca (Stech-

gift. J. Physiol. et Path. gén. **5**, 271 (1903). — Cornish, T.: Trygon. Zoologist **5**, 311 (1888). — Evans, H. M.: Trygon. Proc. zool. Soc. London **2**, 431 (1916). — Lo Bianco: Trygon. Mitt. zool. Stat. Neapel **8**, 431 (1888). — Pawlowsky, E. N.: Giftdrüsen von Scorpaena und Trachinus. Trav. Soc. natur. St. Petersbourg **37**, Nr 7 (1906). — Schnee: Synanceia. Arch. Schiffs- u. Tropenhyg. **15**, 312 (1911).

Lit. über Fugugift: Takahashi, D. u. Y. Inoko: Über das Fugugift. Arch. f. exper. Path. **26**, 401 (1890). — Iwakawa, K. u. S. Kimura: Experimentelle Untersuchungen über die Wirkung des Tetrodontoxins („Fugugift"). Arch. f. exper. Path. **93**, H. 4/6, 305 (1922). — Ishiwara, Fusao: Studien über das Fugutoxin. Ebenda **103**, H. 3/4, 209—219 (1924). — Kimura, Sh.: Tohoku J. exper. Med. **9**, 1 (1927). — Tahara, Y.: Z. med. Ges. Tokio **8**, H. 14 (1894). — Kaviga, Sh.: Ebenda **1914**, H. 5.

Barbengift: Mac Crudden, F. H.: Arch. f. exper. Path. **91**, 46 (1921) (Lit.!).

Muraenengift, Aalgift: Kopaczewski, W.: Venin de la Murène Hélène. C. r. Acad. Sci. **165** (1917). — Mosso, A.: Muraeniden. Arch. ital. Biol. **10**, 141 (1888) — Arch. f. exper. Path. **25**, 111 (1888). — Mosso, U.: Aalserum. Atti Accad. naz. Lincei **5**, 804 (1889). — Pawlowsky, E.: Beitrag zur Kenntnis der Hautdrüsen einiger Fische. Anat. Anz. **34**, Nr 13 (1909). — Hericourt, J. u. C. H. Richet: Wirkung des Aalserums. C. r. Soc. Biol. **49**, 367 (1897). — Liefmann, H. u. Andrew: Aalserum. Z. Immun.forschg **11**, 707 (1911). — Buglia, G.: Aalgift. Atti Accad. naz. Lincei **28**, 388, 493 (1919). — Camus, L. u. E. Gley: Ichthyotoxine. Paris: Masson 1912. — Phisalix, M.: Animaux venimeux **1**, 542 (1922) (Lit.!).

rochen) sind die Stacheln mit tiefen Rinnen versehen, die z. T. von Epithel bedeckt sind. Sie haben besondere Drüsenfollikel mit Ausführungsgängen. Bei *Thalassophryne* sind die Giftstacheln der Rückenflossen von einem Kanal durchzogen, durch den das Gift fließt. Auch der Kiemendeckel besitzt einen hohlen Stachel.

Der Haifisch Acanthias vulgaris kann mit den Stacheln der Rückenflosse verwunden. Der Stich wirkt giftig. Bei den Knochenfischen sind die nach einem einheitlichen Plan gebauten Drüsenzellen bereits deutlich von der Epidermis verschieden, es fehlt jedoch ein deutlich erkennbarer Ausführungskanal. Die giftproduzierenden Drüsen bestehen aus mehrzelligen Gruppen. Neuere Untersuchungen über die Giftapparate der Fische sind von PAWLOWSKY[1] angestellt worden.

Es ist bemerkenswert, daß die mit spitzigen Giftorganen ausgerüsteten Fische nur z. T. aktiv giftig sind, d. h. von ihren Giftapparaten keinen Gebrauch machen.

Einer der bekanntesten Giftfische ist *Trachinus draco*, das Petermännchen. In den europäischen Meeren kommen vier Arten vor. Sein in den Hautdrüsen enthaltenes Gift ist eingehend untersucht. Je nach dem Entleerungsmodus enthält es mehr oder weniger Eiweiß, körnige und zellige Bestandteile. Die Reaktion wechselt, meist ist sie neutral oder schwach sauer.

Die Symptome äußern sich in lokalen und resorptiven Erscheinungen. Regelmäßig tritt heftiger Schmerz auf, der sich von der Stichstelle aus auf den ganzen Körper verbreiten kann. Die Umgebung der Wunde ist zunächst gerötet; es bestehen, je nach dem Verlauf, alle Abstufungen von Jucken, Brennen und ausstrahlenden Schmerzen. In schweren Fällen schließt sich nach einigen Tagen örtliche Nekrose an, die in weitausgebreitete und tiefgehende Gangrän übergehen kann. Durch Infektion entstehen Zellgewebseiterungen mit Geschwürsbildung und ausgedehnte Venenentzündungen. Vielfach werden auch enorme Schwellungen beobachtet.

Unter den resorptiven Erscheinungen fallen in erster Linie die Störungen der Atmung auf. Diese ist in der Regel mehr oder weniger erschwert. Der Puls ist klein, unregelmäßig; häufig sind Angstgefühle und starke Herzbeklemmung. Je nach dem Verlauf kommt es entweder zu Erregungserscheinungen, Krämpfen und Delirien oder zu Lähmungen, besonders der hinteren Extremitäten, schließlich zu Kollaps, unfreiwilliger Entleerung der Ausscheidungen, zu Bewußtlosigkeit und zum Tode. In anderen Fällen wieder stehen Fieber mit starkem Durst, Kopfschmerzen und sonstigen subjektiven Beschwerden im Vordergrund, ohne daß lebensbedrohende Zustände auftreten.

Im Tierversuch erinnert die Wirkung des Trachinusgiftes an Curare (BRIOT 1902), nach POHL (1883) wirkt das Gift auf das Herz ähnlich wie Digitalis.

Auch die Verwundungen durch den *Stechrochen* Trygon führen ähnlich wie bei Trachinus zu intensivem Schmerz, starker Schwellung, Entzündung der Lymphgefäße und der Venen sowie zu schweren Nekrosen. Von Allgemeinerscheinungen sind zu nennen Erbrechen, Fieber, Lähmungen der Extremitäten, Kollaps, Schweißausbrüche. Todesfälle sind wiederholt vorgekommen. Ähnliche Vergiftungsbilder rufen die verwandten Giftfische hervor. Immer wieder begegnet man Mitteilungen über starke, oft unerträgliche Schmerzen, weshalb die Verletzungen meistens mit Schlangenbissen und Skorpionstichen verglichen werden. Besonders gefürchtet sind die stechenden Giftfische der heißen Länder. Zu ihnen gehören Cottus Scorpius, der Seeskorpion, Uranoscopus, der Sterngucker, Trigla, der Knurrhahn, Scorpaena, die Meersau, die Stachelfische der

---

[1] PAWLOWSKY: S. 115, Zitiert auf S. 146.

Gattungen Synanceia, Plotosus, Bagrus, Thalassophryne usw. Auch der Fluß-
barsch, Perca fluviatilis, enthält ein lokal reizend wirkendes Flossengift (FLURY).

Vergiftungen durch ihren *Biß* verursachen die *Muraenen*. Über die Frage
nach dem Bau der Giftdrüsen von Muraena helena gehen die Meinungen der
Zoologen stark auseinander. Nach neueren Untersuchungen von H. COUTIÈRE
und E. PAWLOWSKY besitzen die Muraenen überhaupt keine mehrzelligen Giftdrüsen, dagegen sollen einzellige Drüsen in der Schleimhaut des Gaumens ein
giftiges Sekret absondern.

Als *giftige Fische* sind, abgesehen von selteneren Arten tropischer Meere,
besonders die in Ostasien häufigen Gattungen *Tetrodon*, *Triodon* und *Diodon*
(Plectognathi) zu nennen. Hierher gehören die Fische, deren Erforschung
am weitesten fortgeschritten ist. Ihr Fleisch soll unschädlich, sogar sehr schmack-
haft sein, das Gift ist in den Geschlechtsorganen enthalten (*Fugugift*). Die Wirkung erstreckt sich auf das Zentralnervensystem, vor allem das Atemzentrum
und die Vasomotoren. Außerdem besitzt es periphere Wirkungen; nicht nur
die motorischen und sensiblen Nerven, sondern die Organe des vegetativen
Systems werden gelähmt. Die Tätigkeit des isolierten Herzens wird herabgesetzt.
Der Blutdruck sinkt. Hämolytische und bakteriolytische Wirkungen bestehen
nicht. Immunisierungsversuche sind bis jetzt resultatlos verlaufen, doch läßt
sich eine gewisse Gewöhnung an das Gift erreichen. Gastrointestinale Störungen
gehören nicht zu den regelmäßigen Vergiftungserscheinungen. Antagonisten des
Fugugiftes sind Adrenalin und Hypophysenextrakt. Das Fugugift gibt *keine*
Eiweiß- oder Alkaloidreaktionen und ist leicht dialysierbar. TAHARA hat eine
chemisch neutrale amorphe Substanz isoliert, das Tetrodontoxin von der Formel
$C_{16}H_{31}NO_{16}$, die früher als Tetrodonsäure bezeichnet wurde. Eine andere neutrale,
krystallisierte Verbindung „Tetrodonin" ist vermutlich keine einheitliche Substanz. Die Tetrodonarten sollen während der Laichzeit besonders stark wirksame Gifte enthalten. In dieser Zeit finden sich auch in anderen Organen, manchmal auch im Blut Giftstoffe.

Die Plectognathi umfassen die Sklerodermi, Gymnodontes und Ostraco-
dermi, nur die letzteren enthalten einige Arten mit gesundem und genießbarem
Fleisch. Fast immer ist aber bei den letzteren zwei Unterordnungen das Fleisch
zähe, bitter oder giftig. Von den Triacanthiden (Hornfische) werfen die Fischer
in Ostasien die meisten wieder aus ihren Netzen. Bei anderen Tieren wird nur
die hintere Hälfte nach der Enthäutung genossen. Von den Balistiden sind nur
sehr wenige Arten genießbar; der Verkauf auf den Märkten ist verboten. Auch
unter den Ostracodermen, die häufig gegessen werden, sollen einige Arten giftig
sein. Die Gymnodonten enthalten die giftigsten Stoffe. Nach Ansicht der Fischer
ist die Gallenblase besonders giftig. Nach Entfernung der Eingeweide und der
Haut soll das Fleisch genießbar sein. Außerordentlich giftig sind einige Fische
der Art Spheroides.

Das *Fleisch* der Haifische gilt in manchen Gegenden, ebenso wie die Leber,
für giftig. In anderen Gegenden wird es trotz seines wenig angenehmen Ge-
schmackes gegessen. Die Vergiftungserscheinungen nach Haifischfleisch beschränken sich nicht nur auf Magen-Darmerkrankungen, sondern es kommt auch
zu eigenartigen Haut- und Schleimhauterkrankungen, zu Jucken und Brennen
der Lippen, Mund- und Nasenschleimhaut, Hautabschuppung, Ohrensausen.

Durch besonders hohe Giftigkeit soll das Fleisch von Meletta venenosa, von
Harengula humeralis und verwandten tropischen Fischen ausgezeichnet sein.

Unter den Knochenfischen sind einige tropische Arten von *Seebarschen* gefährlich, ihr Genuß soll Urticaria, Brechdurchfälle und Kopfschmerzen hervorrufen.

Die Behauptung, daß bei manchen Fischen die kleinen Tiere ohne Gefahr verzehrt werden können, während die großen Exemplare Vergiftungen auslösen, steht wahrscheinlich mit der Bildung von Giften in den reifen *Geschlechtsorganen* zusammen. Bei vielen tropischen Fischen wird das Fleisch als ungefährlich genossen, dagegen werden die „Eingeweide" als giftig bezeichnet. Vermutlich handelt es sich auch hier um giftige Geschlechtsorgane. Nicht nur in vielen Kulturländern ist der Verkauf gewisser Fische zu bestimmten Jahreszeiten verboten, auch bei primitiven Völkern findet sich vielfach der Brauch, den Fischgenuß zeitweilig einzustellen. In allen diesen Fällen dürften Erfahrungen, die mit der Giftigkeit während der Laichperiode zusammenhängen, eine Rolle spielen. Daß der Genuß des Rogens zahlreicher Fische zu Erkrankungen führen kann, ist bekannt. Wie schon seit Jahrhunderten die *„Barbencholera"*[1] genau beschrieben ist, so werden auch Brechdurchfälle und nervöse Erkrankungen häufig beobachtet durch den Rogen von Welsen, Schleien, Hechten und anderen beliebten See- und Flußfischen. Hauterkrankungen, die auf Ernährung mit Fischfleisch zurückgeführt werden, sind nicht selten.

Über die Giftigkeit des *Serums* und des *Blutes* der Fische liegen zahlreiche Untersuchungen vor. Wie es scheint, wirkt das Serum aller Fische, besonders während der Laichzeit, bei Injektion an Warmblütern giftig. Am genauesten untersucht ist das Aalserum, dessen Gift als „Ichthyotoxin" bekannt ist (Mosso). Es ist nicht dialysierbar und hat antigene Eigenschaften. Ob die Neurotoxine und Hämotoxine des Aalserums wirklich auf verschiedene Substanzen zu beziehen sind, ist noch unsicher. Schon die jungen Aale sind giftig.

Wie bei den Muraeniden finden sich auch im Blut der Cyclostomen (Neunaugen), Selachier und vieler Knochenfische giftige Stoffe.

Über die *chemische Natur* der Giftsekrete der Fische und des im Blutserum enthaltenen Giftes ist wenig bekannt. Die Sekrete enthalten hauptsächlich Schleim und eiweißartige Verbindungen. Sie werden meist in einzelligen Schleimdrüsen der Epidermisschicht gebildet, außerdem aber finden sich auch Eiweißdrüsen, die aus indifferenten Zellen der Epidermis an den Flossen usw. entstehen. Man darf wohl annehmen, daß zwischen den Hautgiften der Fische und der Amphibien nahe Beziehungen, auch in chemischer Hinsicht, vorhanden sind. Wie es scheint, spielen auch hier als wirksame Bestandteile chemische Stoffe eine Rolle, die den Gallensäuren und anderen Abkömmlingen des Cholesterins nahe verwandt sind (unveröffentlichte Versuche, FLURY).

Fischvergiftung (Ichthyismus, span. Ciguatera)[2]. Als „Fischvergiftung" werden in der Literatur verschiedenartige Gesundheitsstörungen durch den Genuß von Fischen zusammengefaßt. Man hat zu unterscheiden:

1. Vergiftungen durch normale gesunde Fische, die physiologischerweise in ihrem Körper Gifte enthalten, also „giftige Fische" im engeren Sinne dieses Aufsatzes.

2. Vergiftungen durch gesunde Fische, die in bestimmten Lebensperioden Gifte bilden, z. B. in den Geschlechtsorganen während der Laichzeit.

---

[1] MAC CRUDDEN, F. H.: Barben- und Hechtrogen. Arch. f. exper. Path. **91**, 46 (1921) (Lit!).

[2] *Lit. über Fischvergiftung*: BOTTARD: Poissons venimeux. Thèse de Paris 1889. — COUTIÈRE, H.: Poissons venimeux et Poissons vénéneux. Thèse de Paris 1899. — KOBERT, R.: Giftfische und Fischgifte. Vortrag Rostock-Stuttgart 1905. — HOFFMANN, W. H.: La Ciguatera. Abh. Geb. Auslandskde **26**, Reihe D, Medizin **2**, Festschr. NOCHT (1928). — HÜBENER, E.: Fischvergiftungen, in FLURY-ZANGGER: Toxikologie, S. 472. Berlin 1928. — PAWLOWSKY, E. N.: Gifttiere, S. 464, 481. Jena 1927. — Reichhaltige Literaturübersicht, besonders russische Arbeiten (ANREP, BERKOWSKI, CHOLEWINSKAJA, KONSTANSOW, SAWTSCHENKO, SOKOLOW u. a.).

3. **Vergiftungen durch kranke Fische.** Hierher gehören Tiere, die intra vitam durch Protozoen oder Bakterien infiziert sind (Typhus, Coli, Proteus, Erreger von Fischseuchen, wie B. hydrophilus, B. piscicidus u. a.).

4. **Vergiftungen durch tote Fische,** bei denen postmortale Veränderungen eingetreten sind. Hier kann es sich handeln um faule Fische, die von Bakterien durchsetzt sind, oder um Fische ohne äußere Zeichen der Fäulnis.

Fischvergiftungen treten in manchen Ländern gehäuft auf, so in Südamerika, Brasilien, Mittelamerika, Westindien, Mexiko, Kuba, in Ostasien, besonders Japan, ferner in Rußland.

Die klinischen Erscheinungen bieten drei meist deutlich abgrenzbare Bilder:

1. *Ichthyismus choleriformis:* Übelkeit, Erbrechen, Leibschmerzen, Durchfälle.

2. *Ichthyismus neuroticus:* Allgemeine Körperschwäche, Ohnmacht, kalter Schweiß, Herzschwäche, Krämpfe, Kollaps, Sehstörungen wie Doppeltsehen, Gelbsehen, Pupillenerweiterung, Augenmuskellähmungen, Stimmbandlähmung, Schluckbeschwerden, Angstgefühl, Atemnot.

3. *Ichthyismus exanthematicus:* Jucken, Hauteruptionen, masern- und scharlachähnliche Ausschläge, Nesselsucht.

Die Erklärung dieser Erkrankungen stößt auf keine besonderen Schwierigkeiten, soweit es sich um die experimentell näher studierten Fischgifte und um Infektionen durch bekannte Erreger handelt. Dagegen finden sich zahlreiche Widersprüche und Unklarheiten in der Beurteilung der Fälle, bei denen wohlschmeckende, normal aussehende und nicht übelriechende Trockenfische zu schweren Vergiftungen führen. Es ist durchaus unwahrscheinlich, daß sich ohne Beteiligung von Mikroorganismen, etwa durch Autolyse, toxische Produkte („Ptomaine", Toxalbumine u. dgl.) aus Fischfleisch bilden. In den meisten Fällen dürften doch auch hier bakterielle Vorgänge, vielleicht hervorgerufen durch spezifische Erreger von postmortalen Zersetzungen beteiligt sein, ähnlich wie es bei den Fleischvergiftungen nachgewiesen ist. Jedenfalls kommen weniger die eigentlichen Fäulnisbakterien, als z. B. dem Botulinus nahestehende, noch wenig bekannte Bakterien in Frage. Daß faule Fische nicht immer Vergiftungen verursachen, geht aus den vielfältigen Erfahrungen über den Genuß von stinkend faulen Fischen bei zahlreichen primitiven Völkern hervor. Über die besonderen hier mitspielenden Umstände läßt sich nichts Sicheres aussagen. Ebenso wie die Muschelvergiftungen, die Haffkrankheit, bietet auch der Ichthyismus noch manche ungelöste Probleme.

b) Amphibien.

Wohl alle Amphibien enthalten in ihrer schleimigen Haut giftige Drüsen. Der anatomische Bau dieser Drüsen und die Wirkung der Sekrete sind gut untersucht. Man unterscheidet gewöhnlich die kleineren Schleimdrüsen von den oft sehr großen Giftdrüsen (Körnerdrüsen), deren Sekret meist getrübt, körnig und milchig ist. Während die Schleimdrüsen über den ganzen Körper zerstreut sind, finden sich die Körnerdrüsen gewöhnlich an bestimmten Stellen der Oberfläche gehäuft, so z. B. in der Nähe des Ohres, weshalb sie fälschlich Parotiden genannt werden. Vermutlich bilden sich die Körnerdrüsen aus den Schleimdrüsen, so daß sich eine scharfe Grenze zwischen beiden Drüsenarten kaum ziehen läßt. Schon die niedrigstehenden fußlosen, an Schlangen erinnernden Apoda (Blindwühlen) besitzen am Kopf eine große Hautdrüse.

Unter den Schwanzlurchen sind die Salamander und Molche genauer untersucht. Auch der Riesensalamander, dessen Fleisch in Japan und China gern gegessen wird, enthält in seiner Haut große Mengen von giftigem Schleim.

Unter den schwanzlosen Froschlurchen sind vor allem die Kröten in Hinsicht auf ihre Gifte eingehend studiert. Aber auch alle ihre Verwandten, wie die Unken und Frösche, sondern stark wirksame Drüsengifte ab. Nur Proteus soll lediglich Schleimdrüsen aufweisen und deshalb ungiftig sein.

Anura, schwanzlose Amphibien. Aus den Giftsekreten der Kröten sind verschiedene stickstofffreie, gut krystallisierte, reine Verbindungen isoliert worden. Das von FAUST[1] gefundene und von WIELAND und WEIL[2] in reinem Zustand isolierte *Bufotalin* aus der gewöhnlichen Kröte, Bufo vulgaris, hat die Zusammensetzung $C_{26}H_{34}O_6$ und zeigt ähnliche Farbenreaktionen wie die Cholsäure. Es geht durch Alkaliwirkung in eine Säure, die Bufotalsäure, über. Von hohem Interesse ist der Umstand, daß dieser Verbindung, ebenso wie den Gallensäuren, 4 Ringsysteme zugrunde liegen. Auch die Digitalissubstanzen scheinen zu dieser Körperklasse in naher Beziehung zu stehen. Durch diese Zusammenhänge finden die von FAUST zuerst geäußerten Vermutungen über die biologische Bedeutung der Gallensäuren als Kreislaufhormone im Sinne einer physiologischen Digitaliswirkung eine gewisse Stütze. Auch das Cholesterinproblem erscheint in neuem Licht, seit WINDAUS[3] und WIELAND[4] den engen Zusammenhang zwischen Cholesterin und Gallensäuren experimentell geklärt haben.

Später hat WIELAND[5] nachgewiesen, daß im Bufotalin ein Spaltprodukt vorliegt aus einem größeren stickstoffhaltigen Molekül, das noch Korksäure und Arginin enthält und von ihm „Bufotoxin" genannt wurde. Eine dem Bufotalin sehr nahestehende krystallinische Verbindung wurde weiter von ABEL und MACHT[6] aus der südamerikanischen Riesenkröte Bufo agua isoliert. Diese, das *Bufagin* $C_{18}H_{24}O_4$, ist eine neutrale Verbindung und vielleicht eine Methylverbindung des Bufotalins. Beide stimmen in ihren *Wirkungen mit den Digitalisstoffen überein.* Aus chinesischen Krötengiften („Senso") wurde von KODAMA[7] ein Bufagin der Formel $C_{27}H_{34}O_7$ isoliert, das ebenfalls chemisch und pharmakologisch den beiden erstgenannten Substanzen nahe verwandt ist. Von KODAMA wurde aus dem „Senso" 1920 ein krystallinisches Produkt der Formel $C_8H_{10}O_2$ „Bufotoxin" isoliert, das als Krampfgift dem Pikrotoxin nahesteht. Nach einem Vorschlag von *Faust* wird es zum Unterschied von dem Herzgift *Bufotoxin-W* (WIELAND) am besten als *Bufotoxin-S* bezeichnet (Bufotoxin-Shimizu). Neuerdings wurde aus Senso eine Verbindung $C_{27}H_{38}O_6$ isoliert und Gama-Bufotalin genannt (KOTAKE[8]). Im Hinblick auf die Wirkung dieser Krötengifte ist das gleichzeitige Vorkommen von erheblichen *Adrenalin*mengen in den Hautsekreten von Bufo agua, Bufo marinus und anderen tropischen Kröten von hohem Interesse.

VITAL BRAZIL und J. VELLARD[9] haben neuerdings ausgedehnte Untersuchungen über die Hautsekrete brasilianischer Kröten: Bufo marinus, B. paracnemis, B. arenarum, B. crucifer, ferner von Ceratophrys dorsata, Pyxicephalus cultripes, Leptodactylus pentadactylus, angestellt.

Das milchartige Sekret der zahlreichen Rückendrüsen von Bufo enthält ein außerordentlich wirksames Gift, das, abgesehen von leichten Variationen in den chemischen Eigen-

---

[1] FAUST, E. ST.: Bufonin und Bufotalin. Arch. f. exper. Path. **47**, 278 (1902) (hier ältere Literatur).

[2] WIELAND, H. u. WEIL: Krötengift. Ber. dtsch. chem. Ges. **46**, 3315 (1913).

[3] WINDAUS, A.: Umwandlung des Cholesterins in Cholansäure. Ber. dtsch. chem. Ges. **52**, 1915 (1919).

[4] WIELAND, H.: Hoppe-Seylers Z. **80**, 287 (1912).

[5] WIELAND, H. u. R. ALLES: Ber. dtsch. chem. Ges. **55**, 1789 (1927).

[6] ABEL, J. J. u. D. J. MACHT: J. of Pharmacol. **3**, 319 (1911/12).

[7] KODAMA, N.: Acta Scholae med. Kioto **4**, 213 (1920); **4**, 355 (1921).

[8] KOTAKE, M.: Liebigs Ann. **465**, 1, 11 (1928).

[9] BRAZIL, VITAL u. J. VELLARD: Mem. Inst. Butantan (port.) **3**, H. 1, 7 (1926).

schaften, bei allen studierten Arten gleich ist, dagegen sich von den Schlangen- und Spinnengiften erheblich unterscheidet. Ein Teil der Sekrete ist löslich in Alkohol, Äther, Chloroform und Aceton und ist gegen Temperaturen bis zu 160°, gegen Licht, starke Säuren und Alkalien beständig und lange Zeit haltbar. Mit Alkalien entstehen Farbenreaktionen. Die Resorption durch Schleimhäute erfolgt ebenso schnell wie bei parenteraler Einverleibung. Das Vergiftungsbild zeigt Unruhe mit Nausea, Erbrechen, gesteigerten Sekretionen, Paresen und Lähmungen; letztere beginnen an den hinteren Extremitäten und werden von heftigen tonischen Krämpfen unterbrochen. Das Herz steht erst nach der Respiration still. Lokal zeigen sich anfänglich Blutleere der Schleimhäute, dann starke örtliche Reizerscheinungen, die je nach deren Einwirkungsort zu schweren Ophthalmien, zu Perforationen des Magens, enormen hämorrhagischen Ödemen usw. führen können. Die Wirkung auf das Herz zeigt sich zunächst in Verstärkung und Frequenzzunahme, dann in Arhythmie. Eine diuretische Wirkung scheint nicht zu bestehen, dagegen eine starke Affinität zu den nervösen Elementen. Proteolytische und hämolytische Wirkung fehlt. In vitro wird die Gerinnung des Blutes verzögert. Antikörperbildung war nicht nachzuweisen. Eine Kröte geht bei einer Dosis ihres eigenen Giftes zu Grunde, die 200 oder 300 mal geringer ist als das von ihr selbst gelieferte Gift. Spuren des Giftes können in den Kreislauf gelangen und dem Serum eine sehr schwache und vorübergehende Giftigkeit verleihen. Die Wirkung des Giftes wurde an zahlreichen Vertretern der ganzen Tierreihe geprüft; besonders empfindlich erwiesen sich Schlangen.

Neuere Untersuchungen haben unsere Kenntnisse der pharmakologischen Wirkungen der Krötengifte weiter ausgedehnt, so die Arbeiten von H. Fühner[1], H. Wieland[2] und von O. Gessner[3] über die Herzwirkung, von Pereira[4] über die Wirkung auf die glatte Muskulatur, die Gefäße, die diuretische Wirksamkeit.

Die Hautsekrete der *Frösche* enthalten ebenfalls stark wirksame Substanzen. Besonders giftig ist das Sekret von Rana esculenta. In seiner Wirkung steht es zwischen den digitalisartigen Bufotalinen und den Gallensäuren bzw. Saponinsubstanzen. Es bewirkt Hämolyse und stärkste lokale Reizerscheinungen auf Schleimhäuten, wenige Milligramm töten bei intravenöser Einspritzung Kaninchen unter zentralen Lähmungserscheinungen und Atemstillstand (Flury[5]). Das Hautsekret von Rana temporaria wirkt ganz ähnlich, aber weit schwächer, das Sekret vom Laubfrosch, Hyla arborea, schließt sich in seinen Wirkungen eng an. Das Sekret der Unke, Bombinator igneus, bewirkt erst Agglutination, dann Hämolyse. Zahlreiche neue Beobachtungen von Gessner[6] (1926) zeigen, daß die Hautdrüsensekrete verschiedener Gattungen von Bufo, Alytes, Pelobates, Bombinator, Hyla, Triton, Salamandra unter sich nahe verwandt sind. In ihren Wirkungen herrscht entweder der Digitalistypus (Kröte) oder der Gallensäure- bzw. Saponintypus (Frosch) vor. Die Wirkungen auf das Blut zeigen ebenfalls verschiedene Abstufungen. Auszüge aus Amphibienhäuten besitzen andere Wirkungen als die reinen Drüsensekrete, die am besten durch direktes Ausquetschen oder durch Reizung der Tiere mit Ätherdämpfen oder durch elektrische Reizung gewonnen werden.

In der Literatur bestehen Widersprüche über die pharmakologische Wirkung der Froschhautsekrete. Dies hat seinen Grund darin, daß die Giftproduktion je nach der Jahreszeit und den Fortpflanzungsperioden stark wechseln kann. Es finden sich auch Unterschiede zwischen den Geschlechtern, die noch nicht systematisch untersucht sind. Außerdem ist zu berücksichtigen, daß alle Amphibien, wie eingangs bereits erwähnt, zweierlei Drüsenarten besitzen, deren Sekrete nicht gleichartig sind. Auf diese Unterschiede hat M. Phisalix[7] hingewiesen.

[1] Fühner, H.: Arch. f. exper. Path. **63**, 374 (1910).
[2] Wieland, H.: Biochem. Z. **127**, 94 (1922).
[3] Gessner, O.: Arch. f. exper. Path. **113**, 343 (1926); **118**, 325 (1926).
[4] Pereira, R. J.: Mem. Inst. Butantan (port.) **3**, 171 (1926).
[5] Flury, F.: Über das Hautsekret der Frösche. Arch. f. exper. Path. **81**, 320 (1917).
[6] Gessner, O.: Über Amphibiengifte. Habilitationsschr. Marburg 1926.
[7] Phisalix, M.: J. Physiol. et Path. gén. **1910**, Nr 3, 325.

So soll das Schleimgift unter anderem diastolischen Herzstillstand, Pupillenerweiterung, keine Krämpfe, kein Erbrechen, Temperatursenkung und Hämolyse bewirken, im Gegensatz dazu das Körnergift systolischen Stillstand, Pupillenverengerung, Krämpfe, Erbrechen, Temperatursteigerung und keine Hämolyse. Die lokalen Wirkungen sollen sich nur auf das Schleimgift beschränken. Es ist aber noch fraglich, ob diese scharfen Unterschiede wirklich bei allen Amphibien bestehen.

In den Hautsekreten der Amphibien sind auch noch *flüchtige Substanzen* enthalten. Darunter finden sich niedere Fettsäuren und Aminbasen. Der bei einigen Vertretern stark ausgeprägte Knoblauchgeruch („Knoblauchkröte", Pelobates fuscus) läßt an schwefelhaltige Stoffe aus der Gruppe der Senföle denken. Nach CALMELS[1] (1884) ist der eigenartige Geruch der Kröten auf *Methylcarbylamin* zurückzuführen, außerdem soll *Isocyanessigsäure* im Sekret vorhanden sein. Auch in anderen Amphibienhautsekreten, z. B. im Kammolch, will CALMELS die Gegenwart von *Isocyanpropionsäure* sichergestellt haben. Alle diese Angaben sind einer Nachprüfung bedürftig.

Außerdem enthalten die Amphibien alkaloidartige Substanzen. HANDOVSKY[2] hat im Bufo vulgaris und B. variabilis einen basischen schwach wirksamen Stoff der Formel C_6H_9NO aufgefunden, das Bufotenin. Diese Substanz ist vermutlich ein Pyrrolderivat. Für die Wirkung des Krötengiftes dürfte sie kaum eine besondere Rolle spielen, sie bewirkt motorische Lähmung zentraler Natur, an glattmuskeligen Organen zuerst Erregung, dann Lähmung. Die Herzwirkung ist gering. *Adrenalin* und adrenalinartig wirkende Substanzen wurden von ABEL und MACHT[3] in den Sekreten von Bufo agua in großen Mengen (7% des Sekretes), in Bufo marinus von NOVARO[4] in Mengen von 1—3,5%, auch in anderen tropischen Kröten nachgewiesen.

Die *Salamander* besitzen in ihren Körnerdrüsen, besonders den hinter den Augen befindlichen als „Parotiden" bezeichneten Hautdrüsen, genauer studierte Gifte. Das Sekret kann reflektorisch ausgespritzt werden. Als erster hat ZALESKY[5] (1866) eine Substanz isoliert, der er die Formel $C_{68}H_{60}N_2O_{10}$ beilegte. Bei weiteren Untersuchungen von FAUST[6] wurden aus dem Sekret von Salamandra maculosa (Feuersalamander) zwei Basen in Form von krystallisierten Salzen gewonnen, das Samandarinsulfat $(C_{26}H_{40}N_2O)_2 \cdot H_2SO_4$ und das Samandaridinsulfat $(C_{20}H_{31}NO)_2 \cdot H_2SO_4$, vermutlich Derivate des Chinolins. Nach M. PHISALIX[7] sollen drei Alkaloide vorhanden sein. Das native Sekret reizt die Schleimhäute ungemein heftig, die basischen Stoffe rufen nach Injektion bei Hunden gesteigerte Reflexerregbarkeit, Sekretionsvermehrung, Krämpfe, später Lähmungserscheinungen und Atemnot hervor. Die Herzwirkung tritt in den Hintergrund, sie ist von der Art der digitalisähnlichen Krötengifte. Samandaridin wirkt ähnlich aber schwächer als Samandarin. Auch der Alpensalamander, Salamandra atra, enthält ein Alkaloid, dessen Sulfat gut krystallisiert, das Samandatrin $C_{21}H_{37}N_2O_3$ (NETOLITZKY[8]).

---

[1] CALMELS: C. r. Acad. Sci. **98**, 436 (1884).

[2] HANDOVSKY, H.: Arch. f. exper. Path. **86**, 138 (1920).

[3] ABEL, J. J. u. MACHT: J. of Pharmacol. **3**, 319 (1911/12).

[4] NOVARO, V.: C. r. Soc. Biol. **87**, 824 (1922); **88**, 371 (1923).

[5] ZALESKY: Über das Samandarin. Hoppe-Seylers Med.-chem. Unters., S. 84. Berlin 1866.

[6] FAUST, E. ST.: Salamanderalkaloide. Arch. f. exper. Path. **43**, 84 (1899).

[7] PHISALIX, M.: Recherches sur les glandes à venin de la Salamandre terrestre. Thèse de Paris 1900.

[8] NETOLITZKY, F.: Alpensalamander. Arch. f. exper. Path. **51**, 118 (1904).

In den *Molchen* finden sich ebenfalls starkwirkende Hautgifte. Schübel[1] hat aus dem Kammolch Triton (Molge) cristatus ein eiweißfreies krystallisiertes Gift isoliert. Dasselbe erinnert in seiner Herzwirkung an die Digitalisstoffe und an Aconitin. Das native Hautsekret der Tritonen wirkt außerdem hämolytisch und lokal stark reizend.

Ähnliche Wirkung wie das Hautgift von Triton cristatus zeigt das Sekret von *Spelerpes fuscus*. Nach M. Phisalix[2] ist auch hier zwischen dem Schleimgift und dem Körnergift ein erheblicher Unterschied. Bei *Triton pyrrhogaster* finden sich auch in den Muskeln und Organen Giftstoffe, ein zersetzliches Hämolysin und ein beständiges Neurotoxin (Matsusaki und Kabeda[3]). Nach Versuchen von Susumu Maki[4] wirkt das Hautsekret von *Triton taeniatus* ähnlich aber schwächer als das seiner Verwandten. Eingehendere vergleichende Untersuchungen über Tritonen- und Salamandergift wurden auch von Gessner[5] durchgeführt.

c) Reptilien, Schlangen.

Zusammenfassende Darstellungen.

Brenning, M.: Vergiftungen durch Schlangen. Stuttgart 1895. — Brazil, V.: Défense contre l'ophidisme. Sao Paulo 1916. — Brunton, L. u. J. Fayrer: Poison of venomous Snakes. London 1909. — Ditmars, R.: The Reptil book. New York 1908. — Fayrer, J.: Thanatophidia of India. London 1872. — Houssay, B. A.: Argentinische Giftschlangen. Buenos Aires 1918. Zahlreiche Arbeiten über Giftschlangen Südamerikas C. r. Soc. Biol. **1926/27.** — Kaufmann, C.: Vipères de France. Paris 1896. — Noguchi, H.: Snake venoms. Washington 1909. — Steinegger, L.: Poisonous snakes of North America. London 1895. — Vgl. auch „Zusammenfassende Darstellungen über tierische Gifte" am Anfang dieses Beitrages.

Die Immunitätsfragen, die Gewinnung, Prüfung und Anwendung von Sera gegen Schlangengifte sind im folgenden Abschnitt nicht eingehender behandelt.

Einteilung der wichtigeren Giftschlangen[6].

I. Familie der **Colubridae,** Giftnattern:
    1. Unterfamilie *Hydrophinae*, Seeschlangen.
    2. Unterfamilie *Elapinae*, Prunkottern (Elaps, Naja, Bungarus, Pseudechis u. a.).
II. Familie der **Viperidae**:
    1. Unterfamilie *Viperinae* (Vipera, Causus, Bitis, Cerastes, Echis).
    2. Unterfamilie *Crotalinae*, Grubenottern (Crotalus, Lachesis, Ancistrodon, Sistrurus).

Die Schlangen sind die bekanntesten Gifttiere. Das Schlangengift ist das klassische Untersuchungsobjekt unter den tierischen Giften. Man kennt etwa 2300 Schlangenarten, darunter 250 giftige. In Europa leben nur 8 Arten von Giftschlangen, in Asien dagegen zählt man allein 165 giftige Arten. Die Einteilung in giftige und ungiftige Schlangen ist zwar unwissenschaftlich und ungenau, aber doch von großem praktischen Wert.

Die Giftschlangen sind durch den Besitz von Giftzähnen, die sich meist durch ihre Größe von den gewöhnlichen Zähnen unterscheiden, ausgezeichnet. Die systematische Einteilung beruht auf dem Bau dieser Verwundungsorgane.

---

[1] Schübel, K.: Würzburg. Abh. **2,** H. 9, 217. Leipzig 1925.

[2] Phisalix, M.: Les venins cutanés du Spelerpes fuscus. Bull. Soc. Path. exot. **11,** 108 (1918).

[3] Matsusaki, S. u. J. Kabeda: Tr. pyrrhogaster. Tokio med. News **1918,** Nr 2064.

[4] Maki, S.: Triton taeniatus. Arch. f. exper. Path. **104,** 100 (1924).

[5] Gessner, O.: Über Amphibiengifte. Habilitationsschr. Marburg 1926 — Salamandergift. Arch. f. exper. Path. **119,** 53 (1917).

[6] Boulanger, C. A.: Catalogue of the Snakes. London 1893. — Kraus, R., im Handb. d. pathogen. Mikroorganismen v. Kolle u. Wassermann, 3. Aufl., **3.** — Faust, E. St., in Heffters Handb. d. exper. Pharmakol. **2** II, 1755.

Man unterscheidet durchbohrte Zähne, d. h. mit Giftkanälen versehene, und gefurchte Zähne, die an der Vorderseite eine Rinne tragen. Es gibt zwischen diesen Formen aber Übergänge. Die verschiedenen Schlangenarten werden nach Länge, Bau und Form der Zähne und Giftdrüsen unterschieden. Das Gift fließt durch die Kanäle und die Rinnen in die Wunde. Verlorengehende Zähne werden fortwährend neu ersetzt, hinter der Basis der Giftzähne sind die Anlagen für die Ersatzzähne vorhanden. Die Länge der Giftzähne, die beim Biß aufgerichtet werden können, ist sehr verschieden, bei der Kreuzotter 5 mm, bei Bitis gabonica 3 cm. Am Kopf der Schlangen finden sich neben Sublingualdrüsen, Lippendrüsen, Tränendrüsen, Nasendrüsen die eigentlichen paarigen unter oder hinter dem Auge liegenden Giftdrüsen.

Über den Bau der Giftdrüsen liegt eine sehr umfangreiche Literatur vor (vgl. LEYDIG 1873, PHISALIX, PAWLOWSKY 1927).

Die Familie der *Colubriden* (Nattern) gliedert sich in die Opisthoglyphen und die Proteroglyphen.

Zu ersteren gehören die Katzenschlangen (Tarbophis), Eidechsenschlangen (Coelopeltis), die australischen Wassertrugnattern (Homalopsinen) und andere wenig gefährliche Schlangen, zur zweiten Gruppe die eigentlichen *Giftnattern* (Elapinen, Prunkottern), unter denen mehr als 170 Arten von größtenteils sehr gefürchteten Giftschlangen außereuropäischer Länder sind. Es seien hier nur genannt die prächtig gefärbten Korallenschlangen (Elaps), die verhältnismäßig kleine aber sehr gefährliche indische Schlange Bungarus caeruleus, die *Brillenschlange* Indiens, *Naja tripudians* (Kobra), die Aspisschlange Naja haie Afrikas, die Riesenhutschlange Naja bungarus Asiens, die Schwarzotter Pseudechis porphyriacus Australiens, endlich die Seeschlangen (Hydrophinae) des indischen und stillen Ozeans.

Die Giftdrüse der *Opisthoglyphen* endigt am Grunde der Giftzähne der hinteren Kieferenden, während bei den *Proteroglyphen* die Giftzähne vorn im Kiefer sitzen. Die Giftzähne sind wie bei allen Giftschlangen in der Regel viel größer als die gewöhnlichen Zähne. Infolge der ungünstigen Anordnung der Giftzähne sind die Bisse der Opisthoglyphen für den Menschen viel weniger gefährlich als für kleine Tiere. Ihr Speicheldrüsensekret besitzt aber giftige Wirkungen. Die Giftdrüsen der *Proteroglyphen* sitzen in der Schläfengegend und sind von den Oberlippendrüsen unabhängig. Während sich die Opisthoglyphen meist von kleinen Vögeln, Säugetieren, Reptilien, Eidechsen, Fischen nähren, greifen viele Proteroglyphen auch die Menschen an. Einige Schlangen, vor allem die indische Kobra, Naja tripudians, und Naja nigricollis Nordafrikas, besitzen die Fähigkeit, ihr Gift durch starke Atemstöße weit fortzuschleudern (Speischlangen). Manche Wasserschlangen leben zeitweise auch auf dem Lande. Wenn sie in Massen vorkommen, bilden sie eine ernste Gefahr für die Küstenbewohner.

KOCH und SACHS[1] stellten Versuche mit Najaschlangen aus dem Berliner Aquarium an, um die Frage zu klären, ob diese Schlangen Gift speien. Eine große Naja nigricollis spie nach langen Reizversuchen in zwei gesonderten Strahlen an eine Glasscheibe. Das zu einer grauweißen Masse eingetrocknete Sekret wurde in Wasser aufgelöst und einem Kaninchen in das Auge gebracht. Wenige Minuten später zeigte das Kaninchen Erregung und Wischbewegungen; am folgenden Tage war das Auge mit einer pseudodiphtherischen Membran überzogen, also praktisch erblindet. Nach 2 Monaten war der Entzündungsvorgang abgeklungen, die Hornhaut in ein großes narbiges Leukom verwandelt, die Iris mit der hinteren Hornhautfläche verwachsen, die Pupillenreaktion aufgehoben. Auf der menschlichen Haut traten, wenn das Gift sofort wieder abgewaschen wurde, keine Veränderungen auf. Auch das Sekret aus den Giftdrüsen einer soeben verendeten Schlange bewirkte schwerste Zerstörung am Kaninchenauge, parenchymatöse Degeneration der Hornhaut mit Ulcus, Exsudatbildung

---

[1] KOCH, MAX u. W. B. SACHS: Über zwei giftspeiende Schlangen, Sepedon haemachates und Naja nigricollis. Zool. Anz. **70**, 155—159 (1927).

und hochgradige Schädigung des Ciliarkörpers. Es ist hiermit nachgewiesen, daß Naja nigricollis ein Gift ausspeit, das nach seiner Wirkung am Säugetierauge eine sehr gefährliche Waffe darstellt.

In der Familie der *Viperiden* sind die Vipern oder echten Ottern der Hauptgattung vertreten. Hierher gehören die *Kreuzotter, Vipera berus*, die gewöhnliche Viper, Vipera aspis, des Mittelmeergebietes, die indische Kettenviper, Vipera russelli, die schon im Altertum genau beschriebene Hornviper Cerastes Nordafrikas, endlich die giftspeiende afrikanische Kassavaschlange Bitis gabonica und die ebenfalls Gift ausspritzende Sandrasselotter Echis carinata. Wenn das Gift der Speischlangen in das Auge gelangt, entstehen, wie oben erwähnt, heftige Entzündungen mit nachfolgender Trübung der Hornhaut.

Bei den Viperiden ist die Giftdrüse ebenso wie bei den Proteroglyphen von den Lippendrüsen getrennt, entweder bohnenförmig oder sehr lang gestreckt, bei einigen Schlangen reicht sie vom Kopf bis tief in den Körper hinein.

Die echten Vipern sind Nachtschlangen, die sich nur langsam bewegen. Auch die *Kreuzotter* ist vorzugsweise ein Nachttier. Ihre Färbung und Zeichnung wechseln außerordentlich, als einziges zuverlässiges Merkmal ist die Form des Kopfes anzusehen, der viel breiter als der Hals ist. Aus dem frisch gelegten Eiern kriechen alsbald die Jungen aus, die sofort beißen und vergiften können. Die Kreuzotter häutet sich mehrmals im Jahr und kann lange Zeit hungern; während der kalten Monate liegt sie im Winterschlaf.

Eine andere Unterfamilie bilden die meist in Amerika lebenden *Klapperschlangen*, Crotalinae. Sie heißen auch wegen der zwischen den Augen und Nasenlöchern liegenden Gruben Grubenottern. Zu ihnen gehören die Halisschlange, Ancistrodon halys, die Gattungen Lachesis, Trimeresurus, Bothrops mit ihren großen und gefährlichen südamerikanischen Vertretern, endlich die eigentlichen Klapperschlangen, Crotalus und Sistrurus. Sie tragen am Schwanzende als Anhängsel eine Reihe von lose sitzenden als Reste beim Häutungsprozeß hinterbleibenden Hornringen. Die einzige Giftschlange Japans, die Habuschlange Trimeresurus riukiuanus, ist eine Crotaline. Sie soll nicht so giftig wie die Kobra sein (Ishizaka, Ishiwara[1]).

Gifte bei „ungiftigen" Schlangen. Man kann wohl sagen, daß der Speichel jeder Schlange mehr oder weniger giftig ist (Leydig 1873, S. Jourdain 1894, R. Kraus[2] 1924). Die Parotiden der ungiftigen Schlangen entsprechen den Giftdrüsen. Sichergestellt ist die giftige Wirkung des Parotisspeichels bei den Boiden, Uropeltiden und Colubriden-Aglyphen. Zu den letztgenannten gehört die *Ringelnatter, Tropidonotus natrix*, die durch ihren Biß kleine Tiere, wie Vögel, Reptilien, Nagetiere, tötet. Nach Injektion ihres Speichelsekrets gehen solche Tiere unter Atemlähmung zugrunde. Auch die Auszüge aus der Oberlippendrüse vieler als „ungiftig" angesehenen Opisthoglyphen Brasiliens zeigen im Tierversuch an Kaninchen und Tauben erhebliche Giftwirkungen, insbesondere führen sie zu Schmerzen, Ödemen, Lähmungserscheinungen, Muskelzuckungen, Blutaustritten in den inneren Organen. Das Blut gerinnt nicht und wird hämolysiert.

Nach diesen Beobachtungen kann demnach von scharfen Unterschieden zwischen Giftschlangen und ungiftigen Schlangen keine Rede sein. Wie im Bau der Drüsen und Zähne (Röhren-, Furchen-, glatte Zähne) existieren auch hinsichtlich der Giftigkeit Übergänge aller Art. Auch das Blut der „ungiftigen" Schlangen ist giftig. Nach Gessner[3] enthält z. B. das Blut der Ringelnatter einen saponinartigen Stoff.

---

[1] Ishiwara, F.: Habuschlange. Arch. f. exper. Path. **103**, 219 (1924).
[2] Kraus, R.: Biologische Schlangenforschung. Med. Klin. **20**, 771 (1924) — Handb. d. pathogen. Mikroorganismen v. Kolle-Wassermann, 3. Aufl., **3**, 6 (Lit.).
[3] Gessner, O.: Arch. f. exper. Path. **130**, 374 (1928).

Die aglyphen Colubriden (Nattern ohne Giftzähne) besitzen nach Vital Brazil und Vellard ebenso wie die Boiden und die Amblycephaliden eine Anzahl Kopfdrüsen von verschiedener Bauart und Funktion. Am meisten entwickelt sind die Supralabialdrüsen. Ihr Sekret ist bei den erstgenannten Schlangen außerordentlich giftig, bei den anderen dagegen wenig oder gar nicht giftig, vollkommen wirkungslos bei der Boide Constrictor constrictor. Das lähmende Gift von Drymobius bifossatus hat keine lokale Wirkung; ähnlich, aber etwas schwächer wirkt das Sekret von Herpetodryas carinatus. Das Gift von Dipsas bucephala verursacht ausgedehnte lokale Nekrosen, hat aber nur eine schwache neurotoxische Wirkung. Die Schlangen ohne Giftzähne können infolge ihres giftigen Speichels ihre Opfer beim Beißen mit den Zähnen verwunden und lähmen[1].

Eigenschaften der Schlangengifte. Die Schlangengifte sind bei der Entnahme aus dem Tier klare oder schwach getrübte Flüssigkeiten von meist gelblicher oder gelblichgrüner Farbe, die im wesentlichen aus Eiweiß, Mucin, verschiedenen Salzen und Fermenten bestehen. Häufig enthalten sie noch fettartige Substanzen, Epithelien und Zelltrümmer. Der Trockenrückstand erinnert an getrocknetes Eiweiß. Wenn auch die meisten Schlangengifte durch Erhitzen zerstört oder wenigstens in ihrer Wirkung abgeschwächt werden, wie dies z. B. bei den Viperngiften der Fall ist, so lassen sich doch wieder andere Schlangengifte, vor allem die Colubridengifte, ohne erhebliche Abschwächung ihrer Wirkung kurze Zeit über die Koagulationstemperatur des Eiweißes erhitzen. Im übrigen verhalten sie sich aber ganz ähnlich wie Eiweißkörper. Sie gerinnen beim Erhitzen, lassen sich aussalzen, durch die üblichen Eiweißfällungsmittel, z. B. Schwermetallsalze, fällen und geben die bekannten Eiweißreaktionen. Als Kolloide gehen sie nicht oder nur schwer durch Membranen. Alle stärkeren chemischen Einwirkungen, insbesondere Oxydationsmittel und Fermente, schwächen oder zerstören die Wirkung. In den nativen Sekreten sind verschiedene Fermente enthalten, die von Bedeutung für die Ernährung und Verdauungstätigkeit der Schlangen sind. Am wirksamsten sind die eiweißspaltenden Fermente, daneben finden sich auch diastatische und fettspaltende Fermente von geringerer Wirkung.

Bezüglich der *chemischen Natur* der Schlangengifte stehen sich zwei Auffassungen gegenüber. Auf der einen Seite, die vor allem von der Immunitätsforschung und der Serologie vertreten ist, wird eine Anzahl von verschieden wirksamen Stoffen angenommen, Hämolysine, Hämorrhagine, Leukolysine, Agglutinine, Neurotoxine, Cytotoxine, ferner mehr oder weniger ungiftige Modifikationen dieser hypothetischen Stoffe. Diese Bestandteile sollen ein verschiedenes Verhalten aufweisen und dadurch zum Teil voneinander getrennt, also „isoliert" werden können. Auf der anderen Seite wird von Faust angenommen, daß die wirksamen Gifte der Schlangen im Grunde einheitlicher Natur sind und nur durch die mannigfaltigen Kombinationen mit Eiweiß und anderen heute noch kaum übersehbaren Bestandteilen der ursprünglichen Drüsensekrete in den verschiedenartigsten zum Teil sehr labilen Formen auftreten. Die Hauptbestandteile der Schlangengifte werden danach als chemisch genau definierbare Substanzen aufgefaßt, die *nicht eiweißartiger Natur* sind und mit dem *Ophiotoxin* aus dem Kobragift bzw. dem *Crotalotoxin* aus dem Gift der Klapperschlangen

---

[1] *Lit. über Gifte bei „ungiftigen" Schlangen* (nach R. Kraus, Phisalix, Pawlowsky): Alcock u. Rogers: Proc. Roy. Soc. Lond. **1902**, 70. — Brazil, V. u. Vellard: Brazil Med. **1925** — Mem. Inst. Butantan (port.) **1926**. — Kraus, R.: Münch. med. Wschr. **1922**, Nr 35, 1277. — Leydig, F.: Arch. mikrosk. Anat. **1873**. — Penteado, D.: Mem. Inst. Butantan (port.) **1918**. — Phisalix, M. u. Caïns: Bull. Soc. Path. exot. **9**, 369 (1916); **10**, 474 (1917); **12**, 159 (1919) — J. Physiol. et Path. gén. **17**, 923 (1917/18).

identisch oder nahe verwandt sind. Das von Faust[1] isolierte Ophiotoxin hat die Formel $C_{17}H_{26}O_{10}$, das Crotalotoxin $C_{17}H_{26}O_{10} + \frac{1}{2} H_2O$. Beides sind stickstofffreie Verbindungen und entsprechen in ihren Wirkungen den *Sapotoxinen*. In ihren Grundwirkungen gleichen sie den nativen Schlangengiften. Das Crotalotoxin unterscheidet sich vom Ophiotoxin durch seine heftigen lokalen Wirkungen. Durch ihre allgemeine Protoplasmagiftwirkung erklären sich die wechselvollen Wirkungen auf alle Zellen und Gewebe sowie auf Blut und Körperflüssigkeiten in einfacher Weise. Die Vielgestaltigkeit der Vergiftungserscheinungen durch Schlangengifte wird kompliziert durch die gleichzeitige Anwesenheit von Kolloiden und von Fermenten. Durch die bei den Gerinnungsvorgängen wichtige Thrombokinase, die Lecithinasen und verwandte, vorläufig noch hypothetische Stoffe von fermentartiger Natur können neue dem Schlangengift an sich nicht angehörige giftige Substanzen gebildet werden. Es sei nur an die stark hämolytischen „Lysocithine" erinnert, die aus Lecithin und Fettsäuren entstehen.

Wirkung der Schlangengifte. In pharmakologischer Hinsicht sind die Schlangengifte zu den *Protoplasmagiften* zu rechnen. Sie stehen hier den Sapotoxinen und Gallensäuren am nächsten (Faust). Diese allgemeine Zellwirkung äußert sich an jedem Organsystem. So werden durch die verschiedenen Schlangengifte, wenn auch in wechselndem Grade, Bakterien, Protozoen, Spermien, isolierte Zellen aller Art, weiße und rote Blutkörperchen, die Eier niederer Tiere geschädigt und unter Umständen abgetötet. Demgemäß sind auch die Vergiftungserscheinungen nach Schlangenbissen sehr vielgestaltig.

Hinsichtlich des Charakters ihrer Wirkung kann man als Extrem auf der einen Seite den mehr resorptiven *Typus des Kobragiftes*, auf der anderen Seite den mehr lokalen *Typus des Viperngiftes* ansehen. Beim Biß der *Kobra* und ihrer Verwandten fehlen stärkere Schmerzen, im Gegenteil, es kommt bald zu mehr oder weniger ausgebreiteter, von der Bißstelle ausgehender Gefühllosigkeit. Im Vordergrunde der Erscheinungen steht die *Atemnot*, ähnlich wie bei der Curarewirkung. Daneben zeigen sich Müdigkeit und Erschlaffung und zunehmende zentrale Lähmungserscheinungen, die mit Schläfrigkeit beginnen und im tiefen Koma enden.

Auf der anderen Seite wird der Biß der *Vipern* meist als äußerst schmerzhaft empfunden. Die Umgebung der Wunde zeigt Blutaustritte und rote, bald bläulich, bräunlich oder schwärzlich werdende Färbung, bald mehr seröse, bald mehr hämorrhagische Infiltrationen, die sich weit über die Umgebung der Bißstelle am Körper verbreiten können. Unter Umständen zeigen sich flächenhafte Nekrosen und tiefe, ausgedehnte Gewebszerstörungen. Die Schmerzen haben oft ausstrahlenden Charakter. Daneben fehlen jedoch auch hier resorptive Wirkungen, bei denen ebenfalls die zunehmende Atemnot im Vordergrunde steht, nur in seltenen Fällen; je nach den Umständen treten nervöse Symptome verschiedener Art, bald Erregungserscheinungen mit Krämpfen und Delirien, bald überwiegend Lähmungszustände zentraler und peripherer Natur auf. Die Kreislaufschädigungen sind meist sogar stärker ausgeprägt als bei den Colubridengiften.

Von V. Brazil ist eine andere Einteilung der Gifte, die sich nicht mit der zoologischen Gruppierung deckt, aufgestellt worden. Die Krankheitserscheinungen nach Vipernbiß werden als „*Type bothropique*" bezeichnet, der durch die hauptsächlich lokalen Wirkungen gekennzeichnet ist. Beim Biß der brasilianischen Vipern, z. B. Lachesis, entstehen oft gewaltige Ödeme, die sich auf den ganzen Körper verbreiten. Der tiefgehende Gewebszerfall legt zuweilen die Knochen bloß, oder aber es kommt zu vollkommener Mumifikation der betroffenen

---

[1] Faust, E. St.: Ophiotoxin. Arch. f. exper. Path. **56**, 236 (1907) — Crotalotoxin. Ebenda **64**, 244 (1911).

peripheren Körperteile, die schließlich abfallen. Dazu treten Blutergüsse in den verschiedenen Organen, besonders im Darmkanal und in den Nieren. Die allgemeinen Symptome beginnen häufig mit Übelkeit und Erbrechen, der Tod erfolgt stets durch Respirationslähmung. Wenn die akute Vergiftung überstanden wird, schließen sich oft langwierige Nachkrankheiten an. Die Giftwirkungen werden hier überwiegend dem „Hämorrhagin" zugeschrieben. Beim „Type crotalique" nach Brazil, also z. B. bei Vergiftung durch Klapperschlangen, sind die lokalen Reaktionen schwach ausgebildet, während die resorptiven Wirkungen stark in den Vordergrund treten. Hier soll ein „Neurotoxin" durch schwere Schädigung nervöser Organe schnell zum Tode führen. Die Gangrän fehlt gewöhnlich, und die lokalen Wirkungen, z. B. auf die Augenschleimhaut, sind ganz geringfügig. Dagegen sind Sensibilitätsstörungen, Lähmungen stark ausgeprägt.

Außer diesen beiden schon längst bekannten Vergiftungsformen soll noch eine dritte charakteristisch sein, der „Type élapiné". Beim Biß der Korallenschlangen, Elaps corallinus usw., fehlen Lokalreaktionen vollständig. Das Gift wird sehr schnell auch vom Unterhautzellgewebe und vom Magendarmkanal aus resorbiert. Unter den Krankheitszeichen werden verstärkter Tränenfluß, Speichelsekretion, Durchfälle, Schwäche und Lähmung betont. Von inneren Organen sollen nur das Gehirn und die Hirnhäute betroffen werden.

Die Wirkung der Schlangengifte auf die verschiedenen *Tierarten* ist wechselnd. Frösche sind gegen Kobragift wenig empfindlich. Andere Kaltblüter, Fische, Insekten, Krebse, Würmer, Mollusken, werden durch die Gifte der Schlangen im allgemeinen schwer geschädigt und getötet. Der Tod erfolgt bei höheren Tieren ebenfalls durch Erstickung. Bei Kaulquappen zeigen sich die prinzipiellen Unterschiede sehr deutlich. Durch das leicht resorbierbare Kobragift werden sie nur gelähmt, während Crotalusgift die Epidermis stark schädigt (Bang und Overton[1] 1911). Die Säugetiere sind gegen alle Schlangengifte mehr oder weniger empfindlich. Von hohem biologischen Interesse ist die Resistenz des Igels und einiger Schlangenfeinde (Manguste, Ichneumon) gegen das Gift von Schlangen. Näheres hierüber im Kapitel „Immunität". Schweine sind nur durch ihre dicke, gefäßarme Fettschicht gegen Schlangenbisse besser geschützt als andere Tiere.

Die allgemeine Zellwirkung der Schlangengifte erstreckt sich, soweit bis jetzt Versuche vorliegen, auch auf *pflanzliche* Zellen (Lit. bei Faust).

Die *tödlichen* Dosen der Schlangengifte sind überaus verschieden. Nach v. Brazil ist das Gift von Crotalus terrificus das wirksamste unter den brasilianischen. Für eine Taube ist schon 0,001 mg pro Kilogramm, bei intravenöser Injektion für Kaninchen 0,1—0,3 mg Lachesisgift pro Kilogramm tödlich. Nach Calmette sollen für den erwachsenen Menschen 14 mg trockenes Kobragift subcutan von letaler Wirkung sein.

Sehr genau studiert sind die *Wirkungen* der Schlangengifte auf das *Blut*. Da es unmöglich ist, an dieser Stelle auf die sehr verwickelten Erscheinungen näher einzugehen, sollen nur die Grundzüge der Wirkung angedeutet werden. Die roten Blutkörperchen werden durch Schlangengifte entweder direkt oder nach Aktivierung mit sehr geringen Mengen von Serum, Eigelb, Lecithin u. dgl. *hämolysiert*. Diese Wirkung ist nicht nur abhängig von der Natur und Beschaffenheit der Schlangengifte, sondern auch von der Herkunft der Blutkörperchen. Auf der anderen Seite vermögen Schlangengifte, z. B. Kobragift, unter gewissen Bedingungen Blutkörperchen vor der Hämolyse durch andere Blutgifte zu schützen. Auch die weißen Blutkörperchen und die Thrombocyten werden durch Schlangengifte aufgelöst. Hierfür sollen bestimmte „Leukolysine" verantwortlich sein, die andere Eigenschaften wie die hämolytisch wirkenden Gifte besitzen. Manche Schlangengifte *agglutinieren* ebenso wie andere tierische Gifte und Bakterientoxine die Erythrocyten. Auch diese Wirkung soll durch besondere Stoffe, die „Agglutinine", zustande kommen. Das

[1] Bang, J. u. Overton: Biochem. Z. **31**, 243 (1911); **34**, 428 (1911).

Blutplasma erfährt durch die verschiedenen Schlangengifte mannigfaltige Veränderungen. Man unterscheidet *gerinnungsfördernde* Gifte, wie z. B. die Viperngifte, und *gerinnungshemmende*, wie die Gifte der Colubriden. Es gibt aber hierbei große Unterschiede in der Intensität der Wirkung. Bei manchen Schlangengiften beobachtet man unter Umständen auch entgegengesetzte Wirkungen bezüglich der Blutgerinnung („positive" und „negative" Phase). Am ganzen Tier vermögen z. B. genügend große Mengen des Giftes von gewissen australischen Colubriden Blutgerinnung hervorzurufen, während kleine Mengen die Gerinnung hindern. Diese Wirkungen auf das Blut sind für das Zustandekommen der Giftwirkungen am ganzen Tier von großer Bedeutung. Bei den schweren *Gefäßschädigungen* durch Schlangengifte handelt es sich zweifellos um Capillarbzw. Endothelgiftwirkungen. Es ist aber fraglich, ob hierfür besondere Gifte, wie die „Hämorrhagine", verantwortlich sind.

Eidechsen. Unter den Eidechsen finden sich nur in der Familie der Helodermatiden (Krusteneidechsen) giftige Tiere, nämlich Heloderma suspectum („Gila-Monster")[1] und H. horridum („Escorpion") Zentralamerikas. Diese sind große, die Länge von 1 m erreichende Tiere, deren giftige Speicheldrüsen den Mandibulardrüsen der Schlangen entsprechen. Das Gift wird beim Biß der scharfen, gekrümmten, mit Furchen versehenen Zähne einverleibt.

Der Biß ist sehr schmerzhaft, es kommt zu lokalen Schwellungen, Blutergüssen und zu allgemeinen Erscheinungen, Schwindel, Ohnmacht, starken Schweißausbrüchen. Im Anschluß daran können Schwächezustände wochenlang dauern (M. Phisalix[2]). Bei intravenöser Einspritzung des Giftes an Hunden treten schwere Störungen der Atmung und Atemstillstand auf. Der Blutdruck sinkt stark. Bei höheren Dosen wird auch das Herz primär geschädigt (Santesson, van Denburg, Wight). Am Frosch ist die Wirkung curareähnlich (Santesson[3]).

Vermutlich gibt es noch mehr giftige Eidechsen, so sind Lanthanotus borneensis auf Borneo und die indische Eidechse Biscobra verdächtig.

d) Säugetiere.

Als einziges aktiv giftiges Tier kommt hier nur das Schnabeltier *Ornithorhynchus paradoxus* in Betracht. Hier findet man beim Männchen als Giftapparat einen Sporn an jedem Hinterfuß, der mit einer Giftdrüse in Zusammenhang steht. Das Gift verursacht Ödem und lokale Reizerscheinungen. Im Tierversuch zeigt es nach intravenöser Einspritzung hochgradige Dyspnoe und starke Senkung des Blutdruckes. Die Gerinnung des Blutes wird beschleunigt. Bei tödlicher Vergiftung treten Erstickungskrämpfe auf. Nach der chemischen Natur besteht das Sekret vorwiegend aus Eiweiß, die wirksame Substanz ist nicht näher bekannt[4].

Zu den tierischen Giften kann man auch die *Stinkstoffe* rechnen, die von zahlreichen Säugetieren aus den Analdrüsen oder sonstigen in der Genitalgegend befindlichen Drüsen ausgeschieden werden. Am bekanntesten ist das äußerst unangenehm riechende Sekret des amerikanischen Stinktieres *Mephitis mephitica*, Skunk. Es enthält nach Aldrich[5] Butylmercaptan und Methylchinolin. Die erstgenannte Verbindung hat narkotische Wirkungen und ver-

---

[1] Mitchell, S. W. u. Reichert: Science (N. Y.) **1**, 372 (1883).
[2] Phisalix, M.: J. Physiol. et Path. gén. **17**, Nr 1, 15 (Lit.!).
[3] Santesson, C. G.: Nord. med. Ark. (schwed.) **1896**, Nr 5.
[4] Noc, F.: C. r. Soc. Biol. **56**, 451 (1904). — Martin, C. J. u. Tidswell: Proc. Linnean Soc. N. S. Wales **9**, 47 (1894).
[5] Aldrich, T. B.: J. of exper. Med. **1**, 2 (1896).

ursacht Bewußtlosigkeit, allgemeine Lähmungserscheinungen, Herzschwäche und Kollaps.

Weniger giftig, aber doch als Abschreckungsmittel gegen Feinde verwendbar, sind die zahlreichen Riechstoffe, die besonders bei niederen Säugetieren, vor allem Nagern (Zibetkatzen, Moschustier usw.) weit verbreitet sind.

Zu den giftigen Abscheidungen der Tiere wären noch zu rechnen die zahlreichen, noch wenig untersuchten pharmakologisch wirksamen Substanzen des *Harns*, des Magen- und Darmsaftes höherer und niederer Tiere. Die Giftwirkungen des Harns sind in erster Linie zurückzuführen auf Eiweißabbauprodukte, alkaloidartige Stoffe, Diamine, Purine, auf unbekannte Kolloide, vielleicht auch Gallensäuren, Hormone u. dgl. Der Harn neugeborener Kinder erweist sich im Tierversuch giftiger als der Harn der Erwachsenen. Bei vielen Erkrankungen werden Gifte in vermehrtem Maße ausgeschieden. Die Exkretionsprodukte niederer Tiere weisen manche Analogien mit dem Harn der höheren Tiere auf. Auch hier finden sich zahlreiche pharmakologisch wichtige Stoffe.

Ebenso enthält der *Schweiß* verschiedenartige Substanzen, die unter Umständen als Gifte angesehen werden können. Bei der *Menstruation* werden gewisse physiologische Bestandteile des Schweißes in erhöhter Menge ausgeschieden (Cholin, Oxycholesterine, Kreatin, Hormone). Die Frage des „Menstruationsgiftes" (Menotoxin) ist noch sehr umstritten[1].

Die Giftwirkung der *Galle* findet ihre Erklärung durch den Gehalt an Gallensäuren. Von hohem Interesse ist die Giftwirkung des durch eine geringe Menge von Darmsaft aktivierten *Pankreassaftes*[2]. Während der normale, frische Pankreassaft völlig ungiftig ist, entstehen, vermutlich durch Eiweißabbau, Gifte, die in ihrer Wirkung den Schlangengiften ähnlich sind. Im Magensaft und im Darmsaft der höheren Tiere sind hämolytisch wirkende Substanzen enthalten. Auch normaler Dünndarmsaft erweist sich bei intravenöser Injektion giftig (MAGNUS-ALSLEBEN).

Im Organismus aller Säugetiere ist jedenfalls eine Anzahl von pharmakologisch stark wirkenden Substanzen vorhanden. Hier sind vor allem zu nennen die Gallensäuren, dann die Hormone der Nebenniere, der Hypophyse, der Schilddrüse, des Pankreas usw., die biogenen Amine, die Purinsubstanzen und die noch wenig bekannten Bestandteile der verschiedenen Körperdrüsen. Hier berühren sich die tierischen Gifte im engeren Sinne mit den noch ganz ungenügend erforschten Stoffen, die für das Zustandekommen der Autointoxikationen, der intestinalen Intoxikation und verwandter pathologischer Zustände verantwortlich sind. Ob es sich in diesen Fällen nur um Wirkungen von bekannten, aber infolge abnormer Resorptionsverhältnisse giftig wirkender Produkte oder um

---

[1] *Lit. über Menotoxin;* SCHICK, B.: Das Menstruationsgift. Klin. Wschr. S. 395 (1920). — SÄNGER, H.: Zbl. Gynäk. **45**, 819 (1921). — FRANK, M.: Menotoxine in der Frauenmilch. Mschr. Kinderheilk. **21**, 474 (1921). — SIEBURG, E. u. V. PATZSCHKE: Menstruationstoxin und Cholinstoffwechsel. Z. exper. Med. **36**, 324 (1923). — MACHT, D. u. D. S. LUBIN: A phytopharm. stud. of menstrualtoxin. J. of Pharmacol. **22**, 413 (1924). — MACHT, J. u. LIVINGSTONE: J. of gen. Physiol. **4**, 513 (1922). — MACHT, J. u. D. S. LUBIN: Proc. Soc. exper. Biol. a. Med. **20**, 333 (1922). — POLANO, O. u. K. DIETL: Die Einwirkung der Hautabsonderung bei der Menstruierenden und die Hefegärung. Münch. med. Wschr. **71**, H. 40, 1385. — KLAUS, K.: Menotoxin. Biochem. Z. **163**, 41 (1925).

[2] *Lit. über Pankreassaft:* WOHLGEMUTH, O.: Untersuchungen über den Pankreassaft des Menschen. Biochem. Z. **4**, 271 (1907). — DELEZENNE: C. r. Soc. Biol. **55**, 171 (1903). — LATTES: Virchows Arch. **211**, 137 (1913). — MIGAY, PH. J. u. J. R. PETROFF: Untersuchungen über die Wirkung des Pankreassaftes. Z. exper. Med. **36**, 457 (1923). — PETROFF, J. R.: Zur Kenntnis der Pankreassaftwirkung. Z. exper. Med. **44**, 641 (1925). — OPPENHEIMER C.: Fermente, 5. Aufl., S. 902.

eine vermehrte Bildung solcher Stoffe oder um das Auftreten neuer giftiger Substanzen handelt, läßt sich heute noch nicht übersehen[1].

Im Anschluß an die vorstehenden Ausführungen über Giftbildung im Tierreich sollen noch einige allgemeine Gesichtspunkte und Fragen, die sich aus den einzelnen Erfahrungen ergeben, zusammenfassend erörtert werden.

IV. Immunität gegen tierische Gifte[2].

Das Studium der tierischen Gifte hat nicht nur theoretisches Interesse, sondern auch hohe praktische Bedeutung für die Immunitätslehre. Einige Gebiete, wie die Lehre von der *Anaphylaxie*, verdanken demselben geradezu ihren Ursprung und ihre weitere Entwicklung. Erst durch den Vergleich der tierischen Gifte mit den Bakterientoxinen hat die Kenntnis der letzteren einen außerordentlichen Aufschwung und mannigfaltige Aufklärungen erfahren. Die tierischen Gifte stehen, wenigstens in ihrer nativen Form als Bestandteile von Drüsensekreten oder Körperflüssigkeiten der Tiere, den von Bakterien und niederen Pflanzen produzierten Giften in ihren allgemeinen Eigenschaften und Wirkungen sehr nahe. In beiden Fällen handelt es sich um mehr oder weniger kolloidale eiweißhaltige Stoffe. Soweit bis jetzt festgestellt ist, kommt den tierischen Giften in weiterem Umfange, insbesondere den Giften der Schlangen, Skorpione, Spinnen, gewisser Fische, der Charakter von *Antigenen* zu. Sie bilden wie die Bakterientoxine nach Einverleibung in Blut und Gewebe anderer Tiere Antitoxine. Diese sind vielfach spezifischer Natur und heben die Wirkungen der tierischen Gifte auf. Wenn auch die meisten tierischen Gifte in Gesellschaft mit Eiweiß, vielfach mit solchem mehr oder weniger eng verbunden, vorkommen, so zwingen die neueren Forschungsergebnisse doch mehr und mehr zur Annahme, daß die in letzter Linie für die Giftwirkungen in Betracht kommenden Substanzen nicht eiweißartiger Natur sind. Bei einer größeren Anzahl hierhergehöriger Gifte sind chemisch genauer charakterisierbare Substanzen isoliert worden, die als Träger der Giftwirkung anzusehen sind. Manche von ihnen sind frei von Stickstoff und krystallisierbar. Man muß deshalb annehmen, daß die antigene Natur durch den physikalischen Zustand, also den kolloidalen Charakter des eiweißhaltigen Komplexes bedingt ist. Eine besondere Rolle spielen hierbei auch lipoidartige Bestandteile. Durch die überaus mannigfaltige Zusammensetzung solcher Komplexe erklärt sich ungezwungen die feine Abstufung in Wirkung und Eigenschaften, denen wir beim Studium der tierischen Gifte begegnen. Die verschiedenen „Partialgifte" ergeben sich demnach aus den wechselnden chemischen und physikalischen Eigenschaften der Komplexe,

---

[1] Lit. bei Flury: Die giftigen Abscheidungen der Tiere, in Oppenheimers Handb. d. Biochem., 2. Aufl., **5**. Jena 1924.

[2] *Zusammenfassende Lit. über Immunität, Toxine und Antitoxine:* Brazil, V.: La Défense contre l'ophidisme. Sao Paulo 1914. — Calmette, A.: Les venins. Paris 1907. — Kolle-Wassermanns Handb. d. pathogen. Mikroorganismen, 2. Aufl., **2**. Jena 1913. — Faust, E. St.: Tierische Gifte, in Flury-Zangger: Toxikologie, Berlin 1928, und anderen Beiträgen, z. B. Handb. d. inn. Med. v. Mohr-Staehelin, 2. Aufl. Berlin 1927. — Kolle u. Wassermann: Handb. d. pathogen. Mikroorganismen, 2. Aufl. Jena 1913 (verschiedene Kapitel). — Kraus, R.: Serumtherapie der Vergiftungen usw., in Kolle-Wassermanns Handb. d. pathogen. Mikroorganismen, 3. Aufl., **3** (Sonderdruck). — Oppenheimer, C.: Toxine und Antitoxine. Jena 1904. — Phisalix, M.: Animaux venimeux et venins. 2 Bde. Paris 1922. — Pick, E. P.: Biochemie der Antigene, in Kolle-Wassermanns Handb. d. pathogen. Mikroorganismen, 2. Aufl., **1**. Jena 1912. — Pawlowsky, E. N.: Gifttiere. Jena 1927. — Sachs, H.: Tierische Toxine. Paul Ehrlich-Festschrift. Jena 1914. — Schlossberger, H. u. Ishimori: Tierische Toxine, in Oppenheimers Handb. d. Biochem. **1**. Jena 1924. — Dieudonné, A. u. W. Weichardt: Immunität, Schutzimpfung und Serumtherapie. 9. Aufl. Leipzig 1918. — Rosenthal, W.: Tierische Immunität. Brannschweig 1914.

die infolge der gegebenen Variationsmöglichkeit hinsichtlich der Resorption und Verteilung auch die pharmakologische Wirksamkeit modifizieren. Die polytropen Eigenschaften sind also weniger auf verschiedene chemische Individuen, sondern viel eher auf eine wechselnde Bindung des eiweißfreien Giftes mit anderen, wohl meist kolloidalen Begleitern zurückzuführen.

Bei den tierischen Giften begegnet man immer wieder der Erscheinung, daß die giftigen Tiere gegen ihr eigenes Gift mehr oder weniger resistent sind. Diese *natürliche, angeborene Immunität* zu erklären, bietet geringere Schwierigkeiten als die auffallende Unempfindlichkeit gewisser Tierarten gegen die von anderen Tieren gebildeten Gifte. Das bekannteste Beispiel ist der Igel, der gegen eine große Anzahl von Giften überraschend widerstandsfähig ist. Solche Beispiele lassen sich in großer Zahl anführen. Schon bei den Protozoen finden sich Gifte, die nur für bestimmte Tierarten gefährlich sind. So ist das Gift der Sarkosporidie der Schafe, Sarcocystis tenella, nur gegen Kaninchen wirksam, während Ratten, Mäuse, Vögel resistent sind. Auch die Erreger vieler Trypanosomeninfektionen produzieren Gifte, die nur für bestimmte Tiergattungen gefährlich sind.

Bei einer großen Anzahl von Tierarten ist eine natürliche Immunität gegen Schlangengifte festgestellt worden. Besonders sind es die Feinde und Vertilger von Giftschlangen; so auch hier der Igel, dann Füchse, Marder und Wiesel. Selbst Katzen sind wenig empfindlich, besonders gegen die Gifte der Vipern. Hierher gehören auch die Zibetkatzen (Viverridae). Bekannt ist die natürliche Immunität des Ichneumon und des ihm nahestehenden indischen Mungo (Herpestes griseus). Die Immunität aller dieser Tiere ist aber nicht unbegrenzt. In ihrem Blute sollen Antitoxine gegen die Schlangengifte enthalten sein, ähnlich wie bei den Giftschlangen, die nach CALMETTE Gegengifte gegen ihr eigenes Drüsengift besitzen. Auch die ungiftigen Schlangen enthalten in ihrem Blut Antitoxine gegen die Wirkung anderer Schlangengifte. Das Schlangenblut selbst besitzt, ebenso wie das Blutserum zahlreicher Tiere, Giftwirkungen für andere Tiere. Es ist aber nicht sicher festgestellt, ob das im Blute vorhandene Gift identisch mit dem Speicheldrüsengift ist. Bei der Immunisierung erwerben auch die einzelnen Organe eine gewisse Resistenz gegen Schlangengifte. Es besteht also neben der humoralen Immunität auch eine celluläre.

Unter den Schlangenfeinden sind noch die Vögel zu nennen. Auch diese sind gegen die Gifte wenig empfindlich. Außer Störchen, Krähen, Habichten, Bussarden ist hier besonders der afrikanische Vogel Sekretär (Serpentarius sécretarius) erwähnenswert. Außerdem gibt es zahlreiche Schlangen, die sich vorwiegend oder ausschließlich von Schlangen ernähren. Bekannt ist die in Südamerika heimische ungiftige Mussurana, eine Colubride, die Giftschlangen tötet und auffrißt, weshalb sie zur Bekämpfung der Schlangengefahr gezüchtet wird.

Auch beim Menschen finden sich Fälle von natürlicher Immunität gegen tierische Gifte. Es ist allgemein bekannt, daß manche Individuen eine angeborene Immunität gegen Stiche von Flöhen und sonstigem Ungeziefer aufweisen. Die gleiche Beobachtung wird bei Imkern gemacht, von denen ein gewisser Prozentsatz schon von vornherein bei Bienenstichen nur Schmerz empfindet, aber sonst mit keinerlei lokalen Entzündungserscheinungen reagiert. Von solchen Fällen ist scharf zu unterscheiden die *erworbene Immunität*, die durch wiederholte Einwirkung der betreffenden Gifte zustande kommt. Beim Bienenstich sind solche Fälle ungleich häufiger als die angeborene Immunität, und die Menschen, die durch sehr häufige Stiche keine Immunität erlangen, sind stark in der Minderzahl. Auch bei anderen Insekten, besonders bei den zahllosen Stechmücken, bei Schnaken, Kriebelmücken, Zecken und Milben tritt allmählich eine Immunität gegen das Gift ein. Die in den betreffenden Landstrichen lebenden Einheimischen werden im Gegensatz zu den Fremden nicht mehr belästigt. Bei den Arthropoden scheinen merkwürdige Gesetzmäßigkeiten zu bestehen. Nach FABRE weisen Insekten mit vollständiger Metamorphose eine Immunität auf, während solche, bei denen das Puppenstadium fehlt, in ihrer ganzen Entwicklungsperiode empfindlich bleiben.

Daß die Träger von parasitischen *Würmern* gegen die von diesen gebildeten Gifte gewöhnlich immun werden, ist eine alte klinische Erfahrung. Antigennatur besitzen auch gewisse *Fischgifte*. So kann man Kaninchen gegen das Sekret von Trachinus draco immunisieren (BRIOT 1902). Auch das Blutserum von Fischen hat antigenen Charakter. Die Immunisierung gegen *Amphibiengifte* ist noch nicht sicher gelungen. Hierüber liegen Untersuchungen vor von V. Brazil und J. Vellard[1] mit dem Sekret brasilianischer Kröten, weiter von Flury und Miculicic (unveröffentlicht) mit Hautsekret von Fröschen.

Eine *angeborene Immunität gegen Schlangengifte* ist nicht mit Sicherheit nachgewiesen, trotzdem dies schon seit alten Zeiten immer wieder behauptet wird. Dagegen hat es zweifellos schon seit langem Menschen gegeben, die sich irgendwie, meistens wohl durch Ritzen mit Giftzähnen, gegen Schlangengifte immunisieren. Auch eine Immunisierung durch Einverleibung von Giften in den Magen ist auf Grund von Tierversuchen denkbar. Nach Berichten von Reisenden schützen sich in vielen tropischen Gebieten die Eingeborenen auf diese Weise gegen Giftschlangen. Auch die Schlangenbeschwörer Indiens scheinen mit solchen Methoden vertraut zu sein.

Zweifelhaft bzw. noch nicht genügend untersucht ist es, ob bei den Giften der Protozoen (Trypanosomen, Spirochäten), Würmer (Ankylostoma, Ascaris, Taenien), Insekten (Bienen, Culiciden), Amphibien, Krusteneidechsen echte Toxine vorliegen.

Immerhin gelingt es vielfach, bei den ,,Hämolysinen, Agglutininen, Neurotoxinen'' usw. dieser Tiere eine weitgehende Gewöhnung bzw. Immunität zu erzielen. Durch vorsichtig wiederholte Einverleibung nichttödlicher Giftmengen kann man Versuchstiere gegen die vielfache tödliche Dosis immunisieren. Bezüglich der passiven Übertragung der Immunität finden sich aber in der Literatur zahlreiche Widersprüche und Unklarheiten. Von hohem Interesse sind die Beobachtungen, daß es möglich ist, durch Einverleibung gewisser tierischer Gifte Antikörper gegen die Wirkung der Gifte von andern Tierarten zu gewinnen. Dies ist z. B. angeblich der Fall bei der Immunisierung gegen Schlangengifte durch Amphibiengifte (C. und M. Phisalix) und der wechselseitigen Immunisierung durch Skorpion- und Schlangengifte. Viele dieser Mitteilungen bedürfen wohl noch einer sorgfältigen Nachprüfung. Man kann aber vielleicht darin einen Beweis für die nahe chemische Verwandtschaft der tierischen Gifte untereinander sehen.

Wenn auch die eingehendere Behandlung der Immunitätsfragen nicht in den Rahmen dieses Aufsatzes gehört, so soll doch hier auf einige mit dem Thema zusammenhängende Probleme hingewiesen werden.

Viel erörtert wurde die Frage, ob die Toxine unter allen Umständen Eiweißverbindungen sein müssen. Besonders Faust hat die Ansicht vertreten, daß die Immunisierung gegen eiweißfreie Gifte möglich sei. Er geht dabei von den zwei Tatsachen aus, daß erstens eine Immunisierung gegen Schlangengifte möglich ist und zweitens nach seinen Untersuchungen die wirksamen Bestandteile einiger Schlangengifte chemisch charakterisierbare ,,abiurete'' Stoffe sind (Ophiotoxin, Crotalotoxin). Da sich diese Substanzen in ihrem Verhalten eng an die Sapotoxine anschließen, hat er Immunisierungsversuche mit pflanzlichen Sapotoxinen an Ziegen und Hunden angestellt (Faust und P. D. Lamson[2]). Sie ergaben, daß in der Tat eine gewisse Immunisierung gelingt und daß das Serum der behandelten Tiere antitoxische Wirkungen annimmt. Er schloß daraus weiter, daß pflanzliche Sapotoxine die Bildung von Antitoxinen gegen tierische Gifte, z. B. Kobragift, auslösen könnten. Vorläufig steht die Serologie diesen Schlußfolgerungen noch skeptisch gegenüber. Eine weitere Verfolgung dieser Fragen ist nicht nur aus theoretischen Gesichtspunkten heraus, sondern auch wegen der großen praktischen Bedeutung für die Serumtherapie von hohem Interesse. Jedenfalls ist die Möglichkeit, gegen nichteiweißartige Substanzen

---

[1] Brazil, V. u. J. Vellard: Mem. Inst. Butantan (port.) **3**, 7 (1926).
[2] Faust, E. St.: Sitzgsber. physik.-med. Ges. Würzburg, Mai 1915.

zu immunisieren, nicht ohne weiteres von der Hand zu weisen. Bereits vor FAUST ist durch POHL[1] gezeigt worden, daß eine Immunisierung gegen das saponinartige Solanin gelingt. Auch KOBERT[2] hatte positive Ergebnisse mit dem Saponin Quillajasäure. Endlich berichtet FORD[3] über Immunisierung gegen das Glykosid des Giftsumachs.

Wie es scheint, kommen für die Immunisierung mit abiureten Stoffen in erster Linie hochmolekulare bzw. kolloide Verbindungen in Betracht. Orientierende Versuche mit eiweißfreien tierischen Giften, z. B. mit reinem Bienengift (FLURY und MICULICIC, unveröffentlicht) und mit Cantharidin (FLURY), sind ohne sicheres Ergebnis verlaufen. Hier berührt sich die Immunitätslehre mit einem wichtigen pharmakologischen Problem, der *Gewöhnung* an Gifte und den Entgiftungsvorgängen im Organismus. Daß hier manche gemeinsame Reaktionen vorliegen, ergibt sich aus einem Vergleich der Antitoxinbildung mit den Paarungsreaktionen, z. B. der Bildung von Phenolschwefelsäuren, den Kuppelungen bekannter Gifte an Glykuronsäure, Glykokoll usw. Zu beachten ist, daß die immunisierenden Anteile der Giftsekrete häufig nicht identisch mit den „Toxinen" sind. Es wäre zu prüfen, ob hier nicht nur besondere Bindungsformen der Gifte vorliegen, die zu ungiftigen Komplexen führen.

Auch die *gegenseitige Immunisierbarkeit* bei verschiedenen tierischen Giften bietet noch viele ungelöste Fragen, die mit dem viel erörterten Problem der Spezifität zusammenhängen. So soll beispielsweise das Gift der Wespen gegen Viperngift immunisieren (PHISALIX). Auch die vielfach behaupteten gegenseitigen Beziehungen zwischen manchen Schlangen- und Skorpiongiften gehören hierher. Man muß bei den Angaben über solche Erscheinungen nicht nur an die Erfahrungen der unspezifischen Reiztherapie (Protoplasmaaktivierung, Proteinkörperwirkungen) denken, sondern auch an die Möglichkeit, daß die überaus mannigfaltigen tierischen Gifte sich wahrscheinlich auf *einige wenige Stoffgruppen* zurückführen lassen, deren einzelne Vertreter in der ganzen Tierreihe verbreitet sind, aber infolge der unübersehbaren Variabilität ihrer Kombinationen als scheinbar neue und eigenartige Komplexe auftreten. Die wichtigste Reihe dieser Art scheint dem Cholesterin und den Gallensäuren nahezustehen und umfaßt die bisher schon genauer erforschten ringförmig gebauten, stickstofffreien Verbindungen, wie Bufotalin und Cantharidin.

Am genauesten studiert sind die Immunitätsverhältnisse bei den Skorpion- und Schlangengiften.

Säugetiere sind im allgemeinen gegen Skorpiongift sehr empfindlich. Es gibt aber bemerkenswerte Ausnahmen. Außer dem Igel sind einige in Wüsten und Steppen wohnende Tiere, wie z. B. Springmäuse, völlig immun. Möglicherweise kann aber in diesen Fällen auch erworbene Immunität vorliegen. Die Resistenz der Skorpione gegen ihr eigenes Gift ist vielfach untersucht worden. Aus allen Beobachtungen läßt sich schließen, daß eine vollkommene Immunität sicher nicht besteht; wenn auch die Resistenz im allgemeinen eine sehr beträchtliche ist, so werden doch wohl alle Skorpione durch größere Mengen ihres eigenen Giftes getötet. Bemerkenswert ist, daß das Blut der Skorpione das Drüsengift neutralisieren kann. Ähnlich besitzt auch das Blut der Spinnen und der Schlangen antitoxische Wirkung. Die Skorpione sind auch gegen manche Bakterientoxine (Tetanus, Milzbrand) unempfindlich.

Eine große praktische Bedeutung besitzt die Frage der *künstlichen Immunisierung* durch Sera gegen Skorpiongift. CALMETTE hat 1895 auf die große

---

[1] POHL, J.: Arch. internat. Pharmaco-Dynamie **7**, 1 (1900); **9**, 505 (1901).

[2] KOBERT, R.: Beiträge zur Kenntnis der Saponinsubstanzen, S. 53. Stuttgart 1904.

[3] FORD, W.: Antibodies to Glycosides. J. inf. Dis. **4**, 1 (1907).

Ähnlichkeit der Wirkungen der Skorpiongifte mit denen der Schlangengifte hingewiesen, und es ist nach vielen Versuchen gelungen, antitoxische Sera gegen Skorpionengift herzustellen (Todd). Das Calmettesche Serum gegen Schlangengift scheint keine spezifische antitoxische Wirkung gegen Skorpiongift zu besitzen. Man darf vielmehr, allerdings im Gegensatz zu der Meinung vieler Autoren, vermuten, daß es sich bei den behaupteten gegenseitigen Schutzwirkungen von Schlangenserum gegen Skorpiongift und von Skorpionserum gegen Schlangengift um unspezifische Wirkungen handelt. Jedenfalls ist die Tatsache beachtenswert, daß schon normales Pferdeserum viele tierische Gifte, darunter auch Schlangen- und Skorpiongifte, wenigstens bis zu einem gewissen Grade, binden kann. Im Zusammenhange damit sei noch auf die bemerkenswerten Ergebnisse von Bingel bei der Behandlung der Diphtherie mit gewöhnlichem Pferdeserum hingewiesen.

Viel weniger umstritten wie beim Skorpionserum, sind die therapeutischen Erfolge bei der künstlichen *Immunisierung gegen das Gift der Schlangen* durch Sera. Hier sind die ersten Versuche im Jahre 1887 von H. Sewall in Amerika mit Klapperschlangengift an Tauben ausgeführt worden. Die Tiere wurden durch langsam gesteigerte Dosen immer widerstandsfähiger gegen das Schlangengift gemacht und erlangten schließlich eine Immunität von mehrmonatlicher Dauer. Auf diesen grundlegenden Untersuchungen haben dann zahlreiche Forscher weitergebaut, bis es schließlich Calmette gelang, Pferde im Laufe von vielen Monaten (1—2 Jahre) gegen Kobragift hochgradig zu immunisieren. Von den immunen Tieren wird Blut entnommen und auf antitoxisches Serum verarbeitet, das im trockenen Zustande jahrelang wirksam bleibt. Nach den günstigen Erfahrungen werden besonders in den Seruminstituten des Auslandes (Frankreich, Indien, Australien, Nord- und Südamerika) große Serummengen hergestellt. Solche Sera sind aber streng spezifisch, da sie nur gegen das Gift der gleichen Schlange oder nahestehender Arten schützen. Infolgedessen hat man später nach dem Vorschlage von Kraus durch gemischte Immunisierung mit verschiedenen Schlangenarten polyvalente Sera hergestellt. Sie scheinen sich aber in der Praxis nicht so wirksam zu erweisen als die spezifischen Sera gegen ganz bestimmte, in den einzelnen Ländern besonders häufig vorkommende Giftschlangen.

Die bisher durchgeführte Immunisierung gegen Spinnen-, Insekten-, Milben-, Tausendfüßlergifte hat keine praktische Bedeutung erlangt.

Die fundamental wichtige Lehre von der *Anaphylaxie* hat, wie bereits erwähnt, ihren Ausgang von den Untersuchungen von Portier, Richet[1] und Mitarbeitern über die *Nesselgifte* genommen. Bei wiederholten Einspritzungen des „Congestins" aus Actinien traten bei den Versuchstieren ganz unerwartet heftige Giftwirkungen auf, auch Todesfälle nach Dosen, die sich bei der erstmaligen Einverleibung als harmlos erwiesen.

Auch bei Menschen dürften Anaphylaxieerscheinungen durch Nesselgifte häufiger vorkommen als bisher bekannt ist. Dafür sprechen Beobachtungen von Weismann[2] 1915, der an sich selbst bei wiederholtem Baden im Mittelmeer schwere Anfälle einer typisch anaphylaktischen Erkrankung durch Medusen studieren konnte. Im Vordergrund standen schwere Störungen der Atmung, besonders der Exspiration, Reizungssymptome der Haut und Schleimhäute, Halsschmerzen, Husten, Schnupfen.

Die Anaphylaxie spielt auch bei den Erkrankungen der Träger parasitischer *Würmer* eine große Rolle. Alten Mitteilungen über die heftigen Wirkungen beim

---

[1] Portier u. Richet: Zahlreiche Veröffentlichungen in C. r. Soc. Biol. 1902—1905.
[2] Weismann, R.: C. r. Soc. Biol. **78**, 391 (1915).

Platzen von Echinokokkenblasen oder beim Zerreißen von tropischen Hautwürmern, Filarien und dergleichen reihen sich die neueren Beobachtungen über die Wirkungen der Wurmgifte an. Von hohem Interesse sind hier insbesondere die Untersuchungen über Ascaris (WEINBERG und JULIEN, MORENAS 1922 u. a.).

Auch bei der heftigen Giftwirkung der *Gastrophiluslarven* auf Pferde spricht manches für Anaphylaxie. Auffallend ist jedenfalls, daß das „Östrin" gerade für Pferde so gefährlich ist. VAN ES und SCHALK 1918 fanden starke Wirkungen dieses Stoffes nur bei Tieren, die von Parasiten befallen waren. Andere Autoren (CAMERON 1922) sprechen sich ebenfalls für Anaphylaxie aus.

Weiter dürften gleiche Erscheinungen vorliegen bei der Überempfindlichkeit vieler Individuen gegen Stiche und Bisse von *Insekten* aller Art, insbesondere der Bienen und verwandter Stechimmen, dann der Flöhe, Läuse, Wanzen usw. Über Anaphylaxie gegen Hautbremsen (Hypoderma) berichten S. HADWEN und E. BRUCE[1].

Bei *Schlangengiften* kommen ebenfalls Anaphylaxieerscheinungen vor. Während der Immunisierung gegen Schlangengift treten häufig solche Reaktionen ein, die den Übergang zur eigentlichen Immunität bilden. Wenn man Meerschweinchen wiederholt mit geringen subletalen Dosen solcher Gifte behandelt, kommt es zu gleichen Erscheinungen wie nach Sensibilisierung mit Eiweißstoffen. Dies ist auch beim Schlangenblut und beim Schlangenserum der Fall. Es ist noch zu untersuchen, wieweit bei allen diesen Beobachtungen die wirksamen Bestandteile der tierischen Gifte selbst für die Anaphylaxie verantwortlich zu machen sind und was auf Rechnung der Begleitstoffe, Albumosen usw. zu setzen ist. Es ist zu beachten, daß auch eiweißfreie tierische Gifte in ihren Hauptwirkungen an die „Anaphylaxie" erinnern (primäre Gefäßgiftwirkungen mit nachfolgenden schweren allgemeinen Schädigungen). Möglicherweise sind auch die beim parenteralen Abbau der blutfremden Eiweißstoffe entstehenden giftigen Substanzen nach ihrer Natur und Wirkung den tierischen Giften verwandt.

Die *Serodiagnostik* der Wurminfektion hängt ebenfalls mit der Bildung besonderer Stoffe im Organismus der Wirte zusammen. Der Nachweis wird durch die Präcipitinreaktion oder durch die Komplementablenkung geführt. Bemerkenswert ist, daß in der Echinokokkenflüssigkeit Eiweiß fehlen soll. Wenn dies wirklich richtig sein sollte, müßten die geltenden Ansichten über die Bedeutung des Eiweiß für das Zustandekommen solcher Reaktionen berichtigt werden. Wenn man die Hydatidenflüssigkeit einer Echinokkokenblase mit dem Krankenserum zusammenbringt, entstehen Niederschläge. Der Wert solcher Methoden für die Praxis ist umstritten, da nur ein Teil der Versuche positiv ausfällt. Außerdem gelingt es durchaus nicht bei allen parasitischen Würmern, zuverlässige serologische Reaktionen zu erhalten. Sehr wichtig wäre die Auffindung einer sicheren Methode für den Nachweis von Trichinen.

V. Tierische Gifte und Geschlechtsfunktionen.

Beim Studium der tierischen Gifte stößt man auf eine Fülle von Beobachtungen, die über die engen Beziehungen zwischen Giftbildung und sexuellen Funktionen keinen Zweifel lassen. Vor allem fallen zwei Erscheinungen in die Augen, nämlich einerseits das *periodische Auftreten* und *Verschwinden* von Giften bei vielen Tierklassen und andererseits die überwiegende Beteiligung des *weiblichen Geschlechtes* an der Bildung von Giften.

Man könnte daran denken, daß bei den zeitweise gehäuften Schädigungen durch giftige Tiere äußere Umstände, wie z. B. die in der wärmeren Jahreszeit

---

[1] HADWEN u. BRUCE: J. amer. vet. med. Assoc. **51**, 15 (1917).

häufiger gegebene Gelegenheit, die Arbeit im Freien, etwa zur Zeit der Ernte, im Spiele seien. Wenn auch solche besondere Verhältnisse naturgemäß in Betracht kommen können, so sind doch im allgemeinen die im Geschlechtsleben der Tiere begründeten Einflüsse unverkennbar.

Hier mögen nur einige Beispiele angeführt werden, die darauf deuten, daß tierische Gifte in Beziehungen zu Stoffwechseländerungen während der Geschlechtsperioden stehen. Die auffallende Erscheinung, daß die Giftbildung im Tierreich häufig periodenweise auftritt, kann aber, abgesehen von den Geschlechtsverhältnissen, auch durch weitere Ursachen, wie klimatische Verhältnisse, vor allem durch die im Wechsel der Jahreszeiten auftretenden Ruhe- oder Hungerperioden, z. B. durch den Winterschlaf, bedingt sein. So ist es bekannt, daß viele Giftschlangen in der heißesten Jahreszeit viel größere Giftmengen produzieren als in den kälteren Monaten. Hungernde und in Gefangenschaft lebende Schlangen und andere Gifttiere produzieren im allgemeinen geringere Giftmengen und auch weniger wirksame Gifte. In der Regel fällt aber das Auftreten von giftigen Stoffen überhaupt bzw. einer vermehrten Giftproduktion zusammen mit bestimmten Perioden des Sexualzyklus.

Die Nesselgifte sollen während der Sommermonate besonders stark wirken. Ebenso ist bei Seesternen und Seeigeln die Giftigkeit in der heißen Jahreszeit bzw. während der Laichperiode vorübergehend gesteigert.

Beobachtungen über periodische Giftbildung liegen bei den Spinnen vor. Bei den weiblichen Kreuzspinnen z. B. findet sich das Gift erst im Laufe des Sommers, besonders im August und September. Mit der Eiablage verschwindet es dann aus dem Körper, um in den Eiern wiederzukehren. Auch die jungen Spinnen enthalten noch giftige Bestandteile, die aber im weiteren Wachstum sich verlieren. Das Auftreten dieser Gifte als „Saisongifte" dürfte auch die Ursache der vielen Widersprüche über die Giftigkeit von Spinnen und Insekten, wie überhaupt von giftigen Tieren sein.

Die Bisse von Tausendfüßlern werden im Sommer mehr gefürchtet als im Winter.

Bei den Würmern finden sich ebenfalls Hinweise auf derartige Zusammenhänge. So soll der Regenwurm während der Fortpflanzungszeit im Clitellum giftige Stoffe produzieren. Die periodisch besonders heftigen Reizerscheinungen durch Eingeweidewürmer, z. B. Oxyuren, hängen wohl auch mit der Fortpflanzung der Tiere zusammen. Auf die eigentümlichen Verhältnisse bei den Larven des Wurmes Bonellia, wo eine besondere Substanz mit Giftcharakter von Bedeutung für die geschlechtliche Differenzierung sein soll, ist bereits an anderer Stelle hingewiesen worden.

Bei den Kröten ist das Gift nach vielfachen Beobachtungen während der Laichzeit am wirksamsten. In der Fortpflanzungsperiode sind nach C. PHISALIX (1905) die Giftdrüsen der weiblichen Kröten so gut wie leer, während die Hautdrüsen beim männlichen Geschlecht mit Sekret strotzend gefüllt sind. Das Gift der weiblichen Kröten wird in den Eiern aufgespeichert und verschwindet wieder langsam mit der Entwickelung der Kaulquappen, die wenig oder gar kein Gift mehr enthalten.

Unter den Wirbeltieren findet sich, abgesehen von den Kröten, Salamandern und Tritonen, besonders bei Fischen eine nach Jahreszeiten stark wechselnde Giftigkeit. Dies gilt nicht nur für das Gift der Hautdrüsen, sondern auch für die in den Geschlechtsorganen selbst gebildeten Gifte. Vielfach erscheinen bei Fischen die gifthaltigen Hautdrüsen überhaupt erst während der Laichzeit, um sich dann wieder zurückzubilden. Solche Verhältnisse sind u. a. beschrieben bei Perca (Barsch), Callionymus (Leierfisch), Cottus, Uranoscopus (PAWLOWSKY).

Auch das Petermännchen (Trachinus) soll in bestimmten Jahreszeiten ein stärker wirksames Gift produzieren. Das gleiche wird vom Giftsekret der Schenkeldrüsen des Schnabeltieres Ornithorhynchus behauptet, das während der Geschlechtsperiode eine heftigere Wirkung entfalten soll. Mit der vermehrten Giftbildung geht in der Tierreihe vielfach eine andere Erscheinung parallel, die gesteigerte Absonderung von *riechenden Sekreten*.

Die besondere Rolle des *weiblichen Geschlechtes* bei den Fortpflanzungsprozessen ist dadurch gekennzeichnet, daß im allgemeinen die weiblichen Tiere durch ihre Giftapparate gefährlicher sind als die Männchen. Diese Erscheinung beschränkt sich nicht nur auf die Fälle, wo Vorrichtungen zur Ablage der Eier (Legeröhren und dergleichen) zu Giftstacheln umgebildet sind, wie z. B. bei den Hinterleibsorganen der Bienen, Wespen und ihren Verwandten, sondern wir begegnen auch dem alleinigen Besitz von stechenden Mundwerkzeugen ganz überwiegend bei Weibchen. Als bekannteste Beispiele mögen hier genannt sein die Culiciden, die Simuliiden (Kriebelmücken), die Tabaniden (Bremsen), die Gnitzen, z. B. Phlebotomus, die Chironomiden (Culicoides), bei denen allen nur die Weibchen stechen. Desgleichen sind im allgemeinen die Bisse der weiblichen Spinne von stärkerer Wirksamkeit als die der Männchen. Auch bei den Zecken beschränkt sich die Giftbildung auf das weibliche Geschlecht.

Eine eigene Besprechung erfordern die in den *Geschlechtsorganen gebildeten oder dort enthaltenen Gifte*. Dieselben finden sich überaus weit verbreitet bei den wirbellosen Tieren und den Kaltblütern. Dabei ist sehr auffällig, daß die Gifte in der Regel in den weiblichen Geschlechtsorganen aufgespeichert sind, jedenfalls in Eierstöcken viel mehr verbreitet sind als in den männlichen Keimdrüsen. Giftige Geschlechtsprodukte treffen wir bei den Echinodermen (Seeigel, Toxopneustes), Würmern (Bonellia), Spinnen und Spinneneiern (R. LEVY, HOUSSAY), Bienen und Bieneneiern (C. PHISALIX 1905), Käfern, Canthariden, Amphibien, Kröten, Fröschen, Salamandern, Schildkröten (C. PHISALIX 1903; LOISEL 1904), Schlangen, z. B. in den Eiern der Kreuzottern, endlich im Rogen der Fische. Bei den Fischen ist das japanische Fugugift am genauesten studiert; außerdem enthalten zahlreiche tropische Fischarten, aber auch einheimische Fische, wie der Hecht und insbesondere die Barbe, zeitweilig im Rogen Gifte, die zu mehr oder weniger harmlosen Erkrankungen Anlaß geben.

Bei den Canthariden ist das Gift nicht nur in den Eiern, sondern auch in den Nebendrüsen des männlichen Geschlechtsapparates angehäuft. Auch bei den blutspritzenden Insekten findet sich das Gift sowohl im Blut als auch in den weiblichen und männlichen Geschlechtsorganen, sowie in den Eiern.

Die Giftbildung beschränkt sich demnach keineswegs immer streng auf das weibliche Geschlecht. Im allgemeinen ist aber festzustellen, daß nach allen bisherigen Kenntnissen die Rolle des männlichen Geschlechtes stark zurücktritt.

Man findet also in allen Tierkreisen Beweise dafür, daß während der Geschlechtsperioden chemische Stoffe von besonderen Kennzeichen auftreten. Es muß noch dahingestellt bleiben, ob diese Stoffe neu gebildet werden oder ob es sich nur um eine zeitweilige Vermehrung schon normalerweise vorhandener Substanzen handelt. Zukünftige Untersuchungen müssen auch darüber Aufschluß bringen, ob diese Stoffe nur beim weiblichen Geschlecht vorkommen und beim männlichen gänzlich fehlen oder ob hier nur eine starke quantitative Verschiebung von Stoffwechselprodukten vorliegt. Bei dem Mangel an chemischen Methoden zur Trennung der oft sehr zersetzlichen, meist kolloidalen Substanzen ist man vorzugsweise auf den pharmakologischen Tierversuch angewiesen. Es kann aber keinem Zweifel unterliegen, daß wir damit nur einen beschränkten Teil erfassen können, nämlich die als „tierische Gifte" bezeichneten Stoffe. Vermutlich wird es noch gelingen, auch in Fällen, wo die fraglichen Stoffe nicht durch „Giftwirkungen" gekennzeichnet sind, durch andere Methoden Aufklärungen zu bringen.

Auch im *menschlichen Organismus* liegen grundsätzlich die gleichen Verhältnisse vor wie in der Reihe der niederen Tiere, bei denen die Arbeitsteilung zwischen den einzelnen Organen und ihren Funktionen sich erst allmählich schärfer entwickelt und ausbildet. Die Untersuchungen der letzten Jahre über die *weiblichen Sexualhormone* und die damit zusammenhängenden Probleme — es sei nur an das *Menstruationsgift* (vgl. oben S. 161) erinnert — haben hier sehr wesentliche Fortschritte unserer Erkenntnis gezeigt. Hier soll nur auf einige hauptsächliche Gesichtspunkte hingewiesen werden, die mit dem Sexualzyklus bei Menschen und Säugetieren zusammenhängen, vgl. ds. Handb. Bd. 14 Fortpflanzung.

In den Geschlechtsorganen des Menschen und der höheren Tiere werden ebenfalls periodisch chemische Substanzen gebildet, die an anderen Stellen des Körpers physiologische Wirkungen auslösen, wobei die Körperflüssigkeiten als Transportmittel dienen. Auf chemische Einflüsse deuten schon die Umstimmung der Erregbarkeit des gesamten vegetativen Nervensystems, die Änderungen im Knochenwachstum, die Störungen des Kreislaufes und des Verdauungsapparates. Am Genitalapparat fallen besonders die Veränderungen der Schleimhäute, z. B. die Verhornung des Scheidenepithels bei Nagetieren, Affen, Schweinen usw., sowie der Blutgefäße ins Auge. Außerdem sind die Drüsen mit innerer Sekretion deutlich in Mitleidenschaft gezogen. Bei der schwangeren Frau treten ebenso wie beim graviden bzw. brünstigen Tier Volumenzunahme sowie histologische Änderungen der Schilddrüse, Hypophyse, Nebenniere auf. Alle diese cyclischen Vorgänge müssen auf chemische Einflüsse bzw. auf das Auftreten bestimmter Stoffe zurückgeführt werden.

Ihre Wirkung äußert sich im Tierversuch besonders eindrucksvoll am kastrierten höheren Tier, bei dem also die Keimdrüsen ausgeschaltet sind. Durch diesen Eingriff entstehen die charakteristischen Kastrationsfolgen mit den mannigfaltigen Veränderungen im ganzen seelischen und körperlichen Habitus, in der Stimme, in den psychischen Funktionen, im Knochenwachstum und in den verschiedenen Drüsen. Von letzteren werden insbesondere Schilddrüse, Thymus, Hypophyse und Pankreas entweder im ganzen vergrößert oder wenigstens in einzelnen Teilen hypertrophisch. Diese Veränderungen erstrecken sich nicht allein auf die Genitalsphäre, sondern stimmen den Körper als Ganzes um. Die Rückbildungen am inneren und äußeren Genitalapparat sind aber immer nur Teilphänomene und müssen stets im Rahmen des Ganzen beurteilt werden.

Wie vielfach festgestellt ist, lassen sich die Folgen der Keimdrüsenausschaltung durch gesteigerte Zufuhr von gewissen chemischen Stoffen wieder beseitigen. Es handelt sich dabei z. T. um Substanzen, deren Vorkommen durchaus nicht auf die Keimdrüsen allein beschränkt ist. Auszüge aus Eierstöcken, Corpus luteum, Placenta, führen bei Kastrierten vor allem zu gesteigertem Wachstum der Geschlechtsorgane, zu den für die Menstruation bzw. Brunst charakteristischen Schleimhautveränderungen an Uterus und Vagina. Ob hier direkte Wirkungen oder eine sekundäre Beeinflussung anderer mit der inneren Sekretion zusammenhängender Funktionen vorliegen, ist noch ungewiß. Es bestehen jedoch unbestreitbare Zusammenhänge.

Bei den niederen Tieren sind die Verhältnisse viel weniger studiert als beim Menschen und bei Säugetieren. Nach den wenigen Untersuchungen, die auf diesem Gebiete vorliegen, könnte man denken, daß der Einfluß der weiblichen Keimdrüse hier geringer sei als beim höheren Tier, und daß überhaupt die Sexualstoffe nicht so streng wie beim höheren Tier lokalisiert seien. Wir dürfen aber wohl annehmen, daß auch bei niederen Tieren bei der Fortpflanzung und den damit zusammenhängenden Vorgängen chemische Produkte verschiedener Art, insbesondere innersekretorische chemische Einflüsse eine Rolle spielen, sei es bei der Eibildung, bei der Ausgestaltung der sekundären Geschlechtscharaktere oder bei den Umwandlungs- und Degenerationsprozessen am Ende der Geschlechtsperioden. Es erscheint jedenfalls zweifelhaft, ob zwischen höheren und niederen Tieren wirklich grundsätzliche Unterschiede vorliegen. Für das nähere Studium muß auf die zoologische und vergleichend physiologische Literatur[1] hingewiesen werden.

---

[1] Godlewski, E., in Wintersteins Handb. d. vergl. Physiol. **3** II, 457. Jena 1910/14.

VI. Tierische Gifte und Stoffwechsel.

Über die Zusammenhänge der tierischen Gifte mit dem Stoffwechsel ihrer Träger sind mancherlei Vermutungen geäußert worden. Experimentell gestützt sind aber nur wenige solcher Auffassungen. Bei einigen Sekreten besteht ein ziemlich hoher Grad von Wahrscheinlichkeit, daß irgendwelche Beziehungen dieser Art bestehen. Dies gilt vor allem für die giftigen *Speichelsekrete* und andere, mit den Mundwerkzeugen verbundene Drüsensekrete. Wenn auch die vielfach geäußerte Meinung, nach der die wirksamen Bestandteile einer Reihe von tierischen Sekreten mit Fermenten identisch seien, nicht zu Recht besteht, so liegt es doch im Bereich der Möglichkeit, daß solche Stoffe auch bei den Vorgängen der *Verdauung* mitbeteiligt sind. Dies gilt vor allem für die in den Sekreten enthaltenen *Zellgifte* („Cytotoxine"), deren Wirkungen auf die Nahrungsstoffe im Sinne eines Abbaus oder beschleunigten Zerfalls verständlich sind. Nachdem sie sich vielfach in pharmakologischer Hinsicht als Angehörige der *Gallensäurereihe* erweisen, darf man vielleicht auch vermuten, daß sie analog wie die Gallensäuren bei den Verdauungsprozessen mitwirken. Die chemischen Grundlagen für eine solche Annahme fehlen aber vorläufig noch. Zur Vorbereitung des Verdauungsaktes ist die vielfach zu beobachtende Immobilisierung oder Abtötung von Beutetieren durch die Giftsekrete der Munddrüsen nicht unwesentlich. Auch wo letztere, wie bei den einfachsten Tierformen, nicht ausgebildet sind, bestehen andere, diesem Zwecke entsprechende Einrichtungen. Es sei nur an die primitiven Waffen mancher Protozoen und an die bereits höher entwickelten, zur Nahrungsaufnahme dienenden Organe der Nesseltiere, der Seeigel, der Seesterne erinnert.

Giftige Kopf-, Mund- und Speicheldrüsen finden wir in größter Verbreitung bei den Insekten, Zecken, Milben, Spinnen, Tausendfüßlern, bei den Cephalopoden und Schnecken, in der Klasse der Wirbeltiere bei Eidechsen, Fischen (Muraena) und vor allem bei den Schlangen. Bei den blutsaugenden Tieren, also den hierher gehörigen Insekten und den Vertretern aus der Klasse der Würmer (Blutegel, parasitische Würmer) erleichtern die gerinnungshemmenden Substanzen der Munddrüsen die Nahrungsaufnahme. Weiter scheinen gewisse Einflüsse auf den Stoffumsatz im Organismus zu bestehen.

Inwieweit tierische Gifte während des Winterschlafes und verwandter, mit Hungern verbundenen Ruheperioden von physiologischer Bedeutung sind, ist noch nicht eingehender geprüft. Es ließe sich wohl denken, daß durch Vermittlung solcher Stoffe eine Verzögerung von Abbauvorgängen und damit eine Einschränkung der Stoffwechselprozesse erzielt werden könnte, etwa ähnlich wie bei der monatelang dauernden Lähmung von Raupen und anderen Larven durch das Gift der Schlupfwespen. Daß umgekehrt Tiere durch Einverleibung gewisser Stoffe aus dem *Winterschlaf* geweckt werden können, ist durch die Versuche von ADLER[1] bekannt. Hier berühren sich die mit den tierischen Giften, den Wachstums-, Sexual- und Stoffwechselhormonen zusammenhängenden Probleme auf das engste. Systematische Untersuchungen über die Beziehungen der tierischen Gifte zu den *Metamorphosen* im Tierreich würden sicher zur Klärung dieses Gebietes beitragen. Es sei nur an die Erfahrungen über die Beeinflussung der Metamorphose von Kaulquappen und Amphibienlarven durch tierische Produkte, Insulin, Schilddrüse, das Auftreten und Verschwinden tierischer Gifte mit der Eientwicklung erinnert. Hierher gehört auch das Vorkommen von eigenartigen Giften in Raupen, in den Larven gewisser Käfer und Fliegen,

---

[1] ADLER, L.: Schilddrüse und Wärmeregulation. Arch. f. exper. Path. **86**, 159 (1920).

die im Organismus der Vollinsekten fehlen. Der *Häutungs*vorgang bei Schlangen ist nicht nur mit eingreifenden Stoffwechseländerungen, sondern auch mit einer Steigerung der Giftbildung verknüpft. Nach Calmette ist die Entnahme von Gift während der Häutungsperiode für die Schlangen nachteilig.

Auch die Ausscheidung tierischer Gifte liefert noch manches Problem. Im Gegensatz zu den Giften der Mund- und Speicheldrüsen werden die, vermutlich durch Zerfall von ganzen Zellen entstehenden Inhaltsstoffe der Hautdrüsen von Fischen, Amphibien, Schnecken, auffallend langsam regeneriert. Daß es sich bei diesen Drüsen aber nicht oder wenigstens nicht lediglich um Organe der Ausscheidung handelt, kann als sicher gelten. Schon die in Abhängigkeit von der Fortpflanzung wechselnde Füllung, z. B. bei Amphibien, spricht dafür, daß sie hier irgendwelche Aufgaben des intermediären Stoffwechsels zu erfüllen haben. In Zusammenhang damit steht auch die, häufig während der Paarungszeiten, gesteigerte Produktion von *Riechstoffen*, die in der ganzen Tierreihe, angefangen von den einfachsten Formen, bei Schnecken, Würmern, Insekten, Käfern, Schmetterlingen, Amphibien, auch beim Warmblüter angetroffen wird. Der Zweck dieser Riechstoffe beschränkt sich wohl nicht nur auf die Anlockung des anderen Geschlechtes, sondern erstreckt sich vielleicht auch auf die Erkennung von Stammesgenossen und auf die vielseitigen besonderen Aufgaben der Lebensgemeinschaften und der Staatenbildung, auf die Abschreckung von Feinden und dergleichen mehr. Näheres über Riechstoffe vgl. weiter unten.

Tierische Gifte und Fermente.

Das Vorkommen der tierischen Gifte in Drüsensekreten aller Art, vor allem in Speicheldrüsen und verwandten Anhangsorganen des Verdauungsapparates, hat es mit sich gebracht, daß man ihre Wirksamkeit auf die Tätigkeit von Fermenten bezog. Die starke Wirkung überaus geringer Mengen von solchen Drüsensekreten, ihre große Labilität gegen chemische Einflüsse, das Unwirksamwerden beim Erhitzen, führten viele Autoren zu einer Identifizierung der Gifte mit den Fermenten. Dies hängt wohl auch damit zusammen, daß die ältere Literatur zahlreiche Angaben über die Giftigkeit der Fermente enthält. Die neueren Ergebnisse der Fermentforschung mahnen aber mehr und mehr zu vorsichtiger und kritischer Beurteilung dieser Frage. Man darf heute annehmen, daß die nach Einspritzung von Pepsin, Diastase, Emulsin, Labferment usw. bei den Versuchstieren beobachteten Giftwirkungen, wie Lähmungen, Blutungen in verschiedenen Organen, Thrombosen, Organdegenerationen und Erstickungskrämpfe auf die beigemengten eiweißartigen Verunreinigungen usw. zurückzuführen sind. Eine Ausnahme dürften vielleicht nur das Pankreasferment und das Papayotin bilden, die stark toxisch wirken. Die Trypsinvergiftung, die im Zusammenhang mit der Anaphylaxieforschung genau studiert worden ist, gleicht den Wirkungen einer großen Anzahl von tierischen Giften ganz auffallend. Bei der akuten Form dieser Vergiftung nach intravenöser Einverleibung sieht man gewöhnlich unter stürmischen Erscheinungen, Aufschreien, allgemeinen Krämpfen und stärkster Atemnot schnellen Tod durch Erstickung eintreten. Das Sektionsbild weist ausgebreitete Blutungen im Herzen, der Lunge und anderen inneren Organen auf. Die Gerinnungsfähigkeit des Blutes ist aufgehoben, das Blutbild stark verändert. Gewöhnlich besteht eine Vermehrung der Lymphocyten und eine Verringerung der gesamten weißen Blutkörperchen. Nach subcutaner Injektion ist besonders auffällig die hämorrhagische Gewebsnekrose. Auch bei chronischem Vergiftungsverlauf zeigt sich als Folge der Gefäßschädigung im Darmkanal meist profuse Diarrhöe, abgesehen von nervösen Störungen, Paresen, Temperaturabfall, Stupor. Das Vergiftungsbild, vor allem beim Meerschweinchen, deckt sich ganz auffallend mit den Erscheinungen des anaphylaktischen Shocks und der Peptonvergiftung.

Durch die Gifte vieler Tiere, z. B. von Bienen, Spinnen und gewissen Schlangen kann man bei Einspritzung in das Blut ganz ähnliche Vergiftungsbilder hervorrufen. Im Vordergrunde steht in der Regel die Capillargiftwirkung bzw. eine schwere Schädigung der kleinsten Gefäße, die zu sekundären Störungen des Stoffwechsels und Kreislaufes führt. Da bei der Einspritzung blut- und körperfremder Proteine Proteasen auftreten, können neue und andersartige Fermentwirkungen im Blute zustande kommen, die in dem fremden Organismus ähnlich wie bei Eiweißzerfallstoxikosen allerlei Gifte in Freiheit setzen können. Dies gilt sicher auch für die niederen Tiere. Sie enthalten in ihrem Körper und damit auch in den daraus gewonnenen Auszügen eiweißabbauende Fermente verschiedener Art, sog. ,,Mischproteasen" mit oft sehr intensiver tryptischer Wirkung. In dieser Hinsicht sei nur an die fleischfressenden Insekten und ihre Larven, an die Würmer, die Nesseltiere erinnert. Auch in den Geschlechtsprodukten, in Eiern, Spermien, in den Anhangsdrüsen der Genitalorgane sind solche Fermente nachgewiesen. Auch die Wirkung auf die Blutgerinnung läßt an Fermente denken.

Ob solche beim Zustandekommen der Thrombosen durch Einwirkung tierischer Gifte eine Rolle spielen, ist jedoch nicht mit Sicherheit zu sagen, solange die Frage nicht einwandfrei geklärt ist, ob die Blutgerinnung ein Fermentprozeß oder ein kolloidchemischer Vorgang ist. Jedenfalls finden sich in manchen nativen tierischen Giften, z. B. in den Schlangengiften, Kinasen (MELLANBY). Fettspaltende Fermente treffen wir nicht nur in den Verdauungsdrüsen giftiger Tiere, sondern auch in den Hinterleibsdrüsen von Insekten, z. B. der Bienen (NEUBERG).

Auf alle Fälle müssen wir daran festhalten, daß die Beziehungen zwischen den hier in Betracht kommenden Vergiftungserscheinungen zu der Wirkung von Fermenten erst mit der Isolierung und Reinherstellung der letzteren endgültig geklärt werden können; dann erst wird sich auch die Grundfrage klären lassen, ob die Fermente selbst oder ihre Produkte die wirksamen Gifte darstellen.

Daß durch die gleichzeitige Einverleibung von Fermenten die Giftwirkungen von Auszügen aus giftigen Tieren modifiziert und auch verstärkt werden können, läßt sich nicht bezweifeln. Es ist aber kaum anzunehmen, daß die Fermente in den Drüsen giftiger Tiere für deren Wirkung von ausschlaggebender Bedeutung sind. Die im nativen Gift der Schlangen und der Bienen enthaltenen wirksamen Substanzen sind nicht identisch mit den gleichzeitig in diesen vorhandenen Fermenten.

Eine andere Frage umfaßt die Einwirkung der tierischen Gifte auf die Fermente und ihre Tätigkeit. Die schweren lokalen Veränderungen, Entzündungen, Nekrosen sowie die auffallenden, mit starker Abmagerung verbundenen Stoffwechseländerungen lassen kaum einen Zweifel darüber, daß bei der Wirkung tierischer Gifte auf Zellen, Gewebe und Körpersäfte direkt oder indirekt auch die Fermente betroffen werden. Systematische Untersuchungen hierüber liegen noch nicht vor. Wir können aber aus den wenigen bisher gemachten Beobachtungen vermuten, daß besonders die kolloidalen tierischen Gifte mehr oder weniger auch Fermentprozesse zu beeinflussen imstande sind. Vielleicht wirken manche tierische Gifte auch nach Art biologischer Katalysatoren ähnlich wie Hämoglobin oder die organischen Komplexe in Blut und ähnlichen Körperflüssigkeiten. Nach MEYERHOF[1] hemmt z. B. glykocholsaures Natrium die Zellatmung sehr stark. Daraus kann wohl geschlossen werden, daß den übrigen

---

[1] MEYERHOF: Pflügers Arch. **188**, 114 (1921).

Gallensäuren und ihren Verwandten unter den tierischen Giften eine solche Wirkung zukommt. (H. Steidle, unveröffentlichte Versuche). Bekannt ist die Aktivierung der Lipasen durch Gallensalze. Alle Hormone scheinen in Fermentprozesse einzugreifen. Insulin beeinflußt die Zellatmung sehr stark. Die Gärungsprozesse, die man heute als Oxydoreduktionen mit der Atmung einheitlich zusammenfassen kann, werden durch die wirksamen Produkte von Drüsen, wie Adrenalin, Thyroxin, Histamin, durch Thymus- und Pankreassubstanz bald gehemmt, bald gefördert (Adler und Lipschitz[1]).

Tierische Gifte und Hormone.

Wie das Adrenalin ließen sich auch die übrigen *Hormone* nach der üblichen Begriffsbestimmung ohne Schwierigkeiten unter die tierischen Gifte einreihen. Handelt es sich doch bei dieser Körperklasse ebenfalls um Stoffe, die im Tierkörper physiologischerweise entstehen und durch eigenartige pharmakologische Wirkungen ausgezeichnet sind. In entsprechend großen Mengen führen manche von ihnen zu schwerer Schädigung und zum Tode. Es soll hier aber nur auf die nahe Zusammengehörigkeit mit den tierischen Giften hingewiesen werden. Beide Gruppen bieten der Forschung noch unübersehbare Probleme. Wir sind noch weit davon entfernt, alle Zusammenhänge und Wechselwirkungen, die zwischen den Produkten der inneren Sekretion vorhanden sind, auch nur einigermaßen überblicken zu können. Um nur ein Beispiel herauszuheben, sei an die vielfältigen Zusammenhänge zwischen den Hormonen der Geschlechtsdrüsen und den Stoffen der Schilddrüse, der Hypophyse und der Thymusdrüse erinnert. Durch die innige Verkettung von Wachstum und Stoffwechsel treten wiederum alle Stoffwechselhormone in den Kreis der Betrachtung. So zeigt sich allenthalben ein verwickeltes Zusammenspiel zahlreicher Faktoren, an dessen Entwirrung wir erst denken können, wenn Eigenschaften und Wirkungen der dabei in Frage kommenden Elemente genau bekannt sind. Daß hier außer den „Hormonen" auch andere tierische Gifte, Vitamine und ähnliche heute noch problematische Stoffe eine Rolle spielen, bedarf keiner näheren Erklärung.

Wie die Hormone nach ihren Kennzeichen viel Gemeinsames mit tierischen Giften haben, könnten letztere gewisse Körperfunktionen steigern oder herabsetzen und dadurch die Lebensprozesse fördern und regulieren. Manche tierische Gifte gehören infolge ihrer Bildung in bestimmten Drüsen ohne Ausführungsgänge zu den inneren Sekreten.

Beide Klassen von Stoffen wirken auf den Stoffwechsel, auf Herz, Gefäße, Blutdruck, Diurese, auf das Nervensystem, die Drüsen, vielleicht auch als Anregungsmittel für alle Zellen nach Art der Proteinkörper und unspezifischen Reizstoffe. Bei den Hormonen kennen wir heute gewisse besonders in die Augen fallende Wirkungen und versuchen uns eine Vorstellung über das Ineinandergreifen der einzelnen zu machen. Es bestehen hier noch unübersehbare Möglichkeiten gegenseitiger Kombination, Potenzierung, Sensibilisierung.

Tierische Gifte könnten wohl auch als Hormone der automatischen Bewegungen glattmuskeliger Organe eine Rolle spielen. Zuerst wird man hierbei an das Adrenalin und die in tierischen Giften anscheinend weitverbreiteten digitalisähnlich wirkenden Substanzen denken (physiologische Digitaliswirkung nach Faust). Bei Bufotalin ist diese Funktion für das Herz durch Gessner[2] wahrscheinlich gemacht worden. Weiter kommen von bekannten chemischen Stoffen in Betracht das Cholin und das Histamin. Außerdem dürften noch manche unbekannte Substanzen hierher zu rechnen sein, es sei nur an die Hormone

---

[1] Adler u. Lipschitz: Arch. f. exper. Path. **95**, 181 (1922).
[2] Gessner, O.: Arch. f. exper. Path. **118**, 326 (1926).

der Herzbewegung erinnert, die von Loewi, Asher, Zuelzer, Demoor und Haberlandt[1] u. a. beschrieben worden sind. Auch im tätigen Muskel sollen Reizstoffe vorkommen (W. R. Hess, Brinkmann und Ruiter, Shimidzu[2] u. a.). Die Mehrzahl dieser Stoffe entspricht nicht der klassischen Definition des Hormonbegriffes im Sinne von Starling. Auch ihre physiologische Rolle ist noch stark umstritten.

VII. Zur Chemie der tierischen Gifte.

Das Ziel der chemischen Arbeit über tierische Gifte muß sich zunächst auf die Isolierung und Reindarstellung der wirksamen Substanzen, dann auf das Studium ihres Aufbaus und ihrer Stellung im chemischen System richten. Dann erst kann die biologische Beurteilung erfolgen.

Während die Wirkungen der tierischen Gifte überaus zahlreiche Bearbeiter gefunden haben, sind wir über die Chemie dieser Substanzen nur sehr mangelhaft unterrichtet. Enthält schon die Pflanzenchemie große Lücken, so ist dies in noch weit höherem Maße der Fall bei der chemischen Erforschung des tierischen Organismus überhaupt. Letztere ist, gegenüber den gewaltigen Leistungen auf anderen Gebieten der chemischen Wissenschaft, ganz besonders stark zurückgeblieben. Vor allem sind die niederen Tiere bis jetzt ganz auffallend wenig bearbeitet. Diese Tatsache macht sich selbstverständlich auch beim Studium der tierischen Gifte bemerkbar und ist um so mehr zu bedauern, als gerade dieser Teil der biologischen Forschung berufen ist, zahlreichen Grenzgebieten wertvolle Aufklärung zu bringen, nicht nur wegen seiner vielfältigen engen Verknüpfung mit allgemein biologischen und medizinischen Problemen, sondern auch deshalb, weil dadurch erst die Hinweise auf die Gegenwart besonders gearteter chemischer Stoffe geliefert werden.

Im folgenden sollen einige Gruppen von chemisch genauer definierten Giften tierischen Ursprungs zusammenfassend besprochen werden.

Das „giftige Eiweiß".

Die bis vor wenigen Jahren verbreitete Annahme, daß die Wirkungen der tierischen Gifte in der Hauptsache als Wirkungen von giftigen Eiweißarten aufzufassen seien, ist leicht verständlich, wenn man bedenkt, daß mit ganz wenig Ausnahmen die meisten Autoren ihre Untersuchungen mit eiweißhaltigen Sekreten, Organauszügen oder mit Extrakten aus den gesamten Leibessubstanzen angestellt haben. Die wirksamen Anteile, die bei der Verarbeitung und bei Isolierungsversuchen gewonnen waren, zeigten in der Regel die bekannten Reaktionen der Eiweißkörper. Durch stärkere Eingriffe ging fast stets gleichzeitig mit dem Verschwinden des eiweißartigen Charakters auch die Wirksamkeit verloren. So kam es, daß nach vielfachen Analogien die Giftigkeit dem *körperfremden Eiweiß* zugeschrieben wurde. Bekanntlich sind im allgemeinen Gewebsextrakte der verschiedenartigsten Herkunft bei parenteraler Einverleibung mehr oder weniger giftig. Sie erinnern an die Produkte des Eiweißzerfalls, der Autolyse, Verbrennung, Verbrühung usw. Als klassisches Beispiel mag die sog. Peptonvergiftung gelten, bei der aber die Wirksamkeit nicht einmal auf die Peptone selbst, sondern wohl mehr auf albumoseartige Stoffe bezogen werden muß. Viele tierische Gifte rufen ganz ähnliche Vergiftungsbilder hervor. Wir müssen uns in allen diesen Fällen die Frage vorlegen, ob hier wirklich das Eiweiß die ausschlaggebende Ursache ist oder ob nicht vielleicht verwickelte Komplexe

---

[1] Haberlandt, L.: Pflügers Arch. **212**, 587 (1926).
[2] Shimidzu, K.: Pflügers Arch. **211**, 403 (1926).

vorliegen, die alle wesentlichen Eiweißreaktionen geben, aber doch noch andersartige, mit unserer chemischen Methodik nicht oder nur schwer nachzuweisende wirksame Begleitstoffe enthalten. So ist auffallend, daß vielfach gerade die Globulinfraktionen als wirksam gefunden werden. Die *Globuline* sind ihrer Natur nach saure Verbindungen, die im Tier- und Pflanzenreich in zahlreichen Abarten vorkommen und häufig noch andere Beimengungen in ihrem Gerüst enthalten. So lassen sich beispielsweise bei ihrer Zerlegung manchmal fettartige Stoffe, lipoidlösliche Phosphorverbindungen u. dgl. abtrennen. Unter solchen Beimengungen können sich, wie neuere Untersuchungen lehren, giftige Substanzen in größerem Umfange vorfinden, als bisher bekannt war. Nähere Ausführungen über tierische Gifte von Lipoidcharakter finden sich im Abschnitt „Lipoide".

In diesem Zusammenhange sei nur darauf hingewiesen, daß im Krötengift ein Komplex enthalten ist, der außer einer Aminosäure noch eine Fettsäure (Korksäure) aufweist (H. WIELAND), und daß ähnliche Lipoid- bzw. Fetteiweißkomplexe in vielen nativen tierischen Giften (Bienengift, Spinnen-, Skorpionengift) vorhanden sein dürften (FLURY).

Durch ihre Giftigkeit unterscheiden sich auch die *Protamine* (MIESCHER, KOSSEL) von den übrigen Proteinen. Bei diesen einfachsten Eiweißkörpern handelt es sich um sehr stickstoffreiche stark basische Komplexe, die sich vor allem in den männlichen Geschlechtsprodukten der Fische finden. Ihre toxikologische Bedeutung ist aber noch sehr problematisch.

Die weitere Verfeinerung unserer Isolierungsmethoden läßt hoffen, daß es in Zukunft gelingen wird, die weitverbreiteten, meist sehr labilen kolloiden Vorstufen der tierischen Gifte weiter zu zerlegen und davon die unwirksamen oder wenigstens für die Wirkung nicht in erster Linie in Frage kommenden Anteile, Eiweiß und seine Abbaustufen, zu trennen. Der Charakter der Giftwirkung muß dadurch mannigfaltige Änderungen erfahren. Insbesondere geht die Fähigkeit zur Antitoxinbildung verloren. Dies läßt sich schon heute mit einer gewissen Wahrscheinlichkeit voraussagen, nachdem wir in den letzten Jahren mehr und mehr eiweißfreie tierische Gifte kennengelernt haben, die sich in den ursprünglichen Sekreten neben stark wirksamen aber noch eiweißähnlichen Substanzen vorfinden. Von eiweißfreien Giften dieser Art seien hier außer dem lange bekannten Cantharidin nur die in reiner krystallisierter Form dargestellten Bestandteile des Kröten- und Salamandergiftes und die von FAUST isolierten Schlangengifte erwähnt. Eiweißfrei sind auch die wirksamen Stoffe der Käferlarve Diamphidia locusta (HEUBNER), der Biene (LANGER, FLURY), gewisser Spinnen und Skorpione (FLURY), das Gift von Triton cristatus (SCHÜBEL).

Auch die Nesselgifte der Cölenteraten sind vermutlich ebenso wie die pflanzlichen Nesselgifte eiweißfrei (ZEYNEK, FLURY).

Nach den obigen Darlegungen kommen wir zu dem Schluß, daß die Eiweißsubstanzen beim Zustandekommen der Giftwirkungen wichtige Funktionen besitzen. Sie sind aber nicht als die Träger der giftigen Wirkung anzusehen, sondern gewissermaßen als die Vermittler zwischen tierischen Giften und den betroffenen Geweben. Durch sie können die Wirkungen der eigentlichen Gifte abgeändert, auch gesteigert werden, ebenso ist ihre Beteiligung an den Immunitätserscheinungen unbestritten. Die tierischen Gifte gehören verschiedenen chemischen Gruppen an, wenn sie auch infolge der bisher nicht gelungenen Abtrennung von eiweißartigen Begleitern als Angehörige der Proteingruppe erscheinen.

Tierische Alkaloide[1].

Auch im Tierreich finden sich stickstoffhaltige, ringförmig gebaute Verbindungen von basischem Charakter, die man in Anlehnung an ähnliche Verbindungen des Pflanzenreiches „tierische Alkaloide" genannt hat[1]. Ihre Zahl ist bisher verhältnismäßig gering, auch fehlen unter ihnen die verwickelt gebauten Basen, an denen manche Pflanzenfamilien so reich sind.

Vom Benzol leiten sich das *Adrenalin* und *Tyramin* ab. Das natürlich vorkommende l-Adrenalin gehört zu den Brenzcatechinderivaten, es ist auch in den Hautgiften mancher Amphibien, z. B. in großen Mengen im Sekret der Kröte Bufo agua enthalten. Vermutlich ist es überhaupt im Tierreiche weiter verbreitet als bisher angenommen wird. Darauf deuten die vielfach beobachteten, starken Wirkungen mancher tierischer Sekrete auf den Blutdruck, die peripheren Gefäße, die glatte Muskulatur usw., die in hohem Maße an die Adrenalinwirkung erinnern. Möglicherweise handelt es sich hier bisweilen auch um kolloidale Vorstufen des Adrenalins oder um chemisch verwandte Verbindungen. Wie es scheint, steht Adrenalin biogenetisch dem Tyrosin oder ähnlichen Aminosäuren nahe. Mit Sicherheit läßt sich diese Verwandtschaft annehmen beim *Tyramin*, das sich von der Aminosäure Tyrosin nur durch das Fehlen von CO_2 unterscheidet. Tyramin wurde von HENZE im giftigen Speichel von Tintenfischen nachgewiesen. Es wäre sehr auffallend, wenn ein so einfach gebautes Stoffwechselprodukt sich nur bei den Cephalopoden fände.

Auch das *Thyroxin* der Schilddrüse kann als ein Abkömmling des Tyrosins betrachtet werden. Es enthält im Molekül 2 Benzolkerne.

Vom Chinolin leiten sich ab das *Methylchinolin*, ein Bestandteil des Sekretes der Analdrüsen des Stinktieres, und die Kynurensäure, eine Oxychinolincarbonsäure, die im Harn von Hunden und Wölfen enthalten ist und als Abkömmling des Tryptophans angesehen werden darf. Auch die Hautsekrete der Salamander enthalten basische Stoffe, das *Samandarin* und das *Samandaridin*, die der Isochinolinreihe angehören, ebenso gehört hierher das *Bufotenin*, ein Krötengift (HANDOVSKY).

Ferner sind Abkömmlinge des *Pyridins* im tierischen Organismus ermittelt worden. So findet sich beispielsweise in verschiedenen Seetieren, Mollusken, Cölenteraten, Crustaceen das *Methylpyridiniumhydroxyd*. Diese Base wurde auch im menschlichen Harn nachgewiesen. Es ist wahrscheinlich, daß es hier aus den Purinen der Nahrung gebildet wird. Auch im Harn der Pferde finden sich Pyridinabkömmlinge, vor allem das γ-Picolin, die vermutlich aus alkaloidähnlichen Bestandteilen der Nahrung entstehen. Hierher gehört auch das *Trigonellin*, das als Pflanzenalkaloid schon lange bekannt ist. Es ist als Betain der Nicotinsäure ebenfalls ein Pyridinderivat. Es wurde neuerdings von HOLTZ, KUTSCHER und THIELMANN in einem Seeigel nachgewiesen. Durch die Auffindung dieser Base wird das Vorkommen des N-Methylpyridins verständlich, das durch einfache Abspaltung von Kohlensäure aus der erstgenannten Base gebildet wird. Ebenso merkwürdig ist das Vorkommen des Pflanzenalkaloids *Stachydrin*, eines Prolinabkömmlings, in einer Actinie.

In enger Beziehung zum *Tryptophan*, einer Indolaminopropionsäure, steht das Fäulnisprodukt *Skatol*, das physiologischerweise in dem Sekret der Zibet-

---

[1] Ausführl. Lit. bei M. GUGGENHEIM: Biogene Amine. Berlin 1920. — KUTSCHER, FR. u. D. ACKERMANN: Z. Biol. **84**, H. 2, 181 (1926) (zahlreiche Lit.-Angaben!). — ACKERMANN, D.: Verh. physik.-med. Ges. Würzburg, N. F. **50**, H. 6, 230 (1925). — SCHENCK, M.: Z. angew. Chem. **40**, Nr 39, 1081 (1927). — v. FÜRTH, O.: Vergleichend chemische Physiologie der niederen Tiere. Jena 1913 (ältere Lit.). — DALMER, O.: Stickstoffbasen (Tierische Alkaloide), in Oppenheimers Handb. d. Biochem., 2. Aufl., **1**, 198.

katze entsteht und vermutlich auch bei den übelriechenden Drüsenabsonderungen, denen wir vielfach in der Tierreihe begegnen, eine Rolle spielt.

Auch Derivate des Imidazols kommen im Tierreich vor. Am bekanntesten ist ein Alanylhistidin, das *Karnosin* des Säugetiermuskels. Wahrscheinlich sind verwandte Produkte auch im Körper der Wirbellosen verbreitet. Wenn auch bis jetzt krystallinische Verbindungen nicht isoliert werden konnten, fanden sich doch Basen, welche mit Diazobenzolsulfosäure intensiv reagieren und zweifellos zur Histidingruppe gehören, bei Insekten (Maikäfer), Würmern und Tintenfischen. Bei den Spongien wurde zum erstenmal ein *Dimethylhistamin* nachgewiesen.

Purinderivate sind sicher auch bei wirbellosen Tieren weitverbreitet, wo *Harnsäure* bzw. *Guanin* die Rolle des Harnstoffes spielen. Harnsäure findet sich im Maikäfer neben *Hypoxanthin* und *Adenin*. Die letztgenannte Base scheint bei den Avertebraten der Hauptträger des ausgeschiedenen Stickstoffes zu sein. Es wurde auch in Miesmuscheln, Regenwürmern, Tintenfischen, Actinien, Seewalzen und Seeigeln festgestellt. Der Schwamm Geodia gygas enthält *Methyladenin*.

Die Purine werden häufig, ziemlich unberechtigt, zu den Alkaloiden gerechnet, weil sie wie diese einen stickstoffhaltigen Kern enthalten. Sie bilden aber doch eine besondere Gruppe, da ihnen der ausgeprägte basische Charakter fehlt. Andererseits finden sich im tierischen Organismus zahlreiche basische Stickstoffverbindungen, denen die ringförmige Struktur abgeht, die aber vielfach gemeinsam mit den Alkaloiden im engeren Sinne besprochen werden. Hier sind vor allem die *Guanidinderivate* zu nennen; wie das Kreatin bzw. Kreatinin in seinem Vorkommen auf die Wirbeltierreihe beschränkt ist, so ist nach neueren Untersuchungen diese Base bei den wirbellosen Tieren durch das Guanidinderivat *Arginin* ersetzt. Das Methylguanidin steht dem Kreatinin entweder als Muttersubstanz oder als Abbauprodukt sehr nahe. Der Riesenschwamm Geodia gygas enthält statt des Arginins freies Guanidin und Agmatin, wahrscheinlich Sprengstücke des Arginins[1].

Unter den methylierten basischen Verbindungen, die in der Tierwelt viel weiter verbreitet zu sein scheinen als bisher angenommen wurde, steht an erster Stelle das *Cholin*. Es tritt bei den Wirbellosen aber stärker zurück. Das dem Cholin verwandte *Neosin*, das ebenfalls den Trimethylaminkern enthält, wurde neuerdings auch bei Arthropoden und Muscheln aufgefunden.

Sehr überraschend ist auch, daß das *Betain* im Tierkörper weitverbreitet vorkommt. Es wurde neuerdings bei jeder Klasse von Wirbellosen festgestellt. Sehr bemerkenswert sind unter den Methylierungsprodukten endlich auch die in jüngster Zeit in der belebten Natur zum erstenmal aufgefundenen Basen *Trimethylaminoxyd* (Selachier, Cephalopoden) und das *Tetramethylammoniumhydroxyd* oder Tetramin, welch letzteres in Actinien vorkommt und starke Curarewirkung zeigt (Ackermann).

Es ist von hohem biologischen Interesse, daß durch das Studium der organischen Basen, die sich in der Tierwelt finden, ein neuer Einblick eröffnet worden ist in grundsätzliche Verschiedenheiten zwischen Wirbeltieren und Wirbellosen. Letztere stehen danach den Pflanzen in ihrem chemischen Aufbau sehr nahe. Die verschiedenen Basen kommen in der Regel entweder nur in der Wirbeltierreihe vor und fehlen bei Wirbellosen und Pflanzen oder umgekehrt. Tiefstehende Wirbeltiere bilden als Übergangsgruppen Ausnahmen.

Die Erforschung der chemischen Verhältnisse auf diesem Gebiete steckt noch in den Anfangsgründen, so daß weitere Aufschlüsse auch zur Klärung

---

[1] Ackermann, Holtz u. Reinwein: Z. Biol. **82**, 278 (1924).

der Zusammenhänge zwischen den einzelnen tierischen Giften dringend erwünscht sind. Vielleicht läßt sich dann auch zeigen, daß manche Giftwirkungen auf den weiten Abstand in der Entwicklungsreihe zurückführbar sind, der zwischen den giftigen Tieren und dem geschädigten Individuum besteht.

Aromatische und hydroaromatische Substanzen.

Außer den basischen Stoffen der Benzolreihe spielen im tierischen Organismus auch verschiedene aromatische Substanzen saurer Natur als Gifte eine Rolle. *Phenole*, aromatische Oxysäuren u. dgl. finden sich z. B., ebenso wie bei der Fäulnis, auch in den Ausscheidungen und Drüsensekreten giftiger Tiere, besonders in den eigenartig riechenden Produkten, deren chemische Natur nur sehr mangelhaft studiert ist. Darauf deutet in erster Linie der positive Ausfall der Phenolreaktionen bei solchen Stoffen. Die Absonderung von Chinon aus den Hautdrüsen vieler Tausendfüßler gehört ebenfalls hierher. Hier ist im Destillat nach C. PHISALIX und A. BÉHAL[1] neben dem charakteristischen Geruch und der Farbe auch durch chemische Methoden (LIEBERMANNsche Reaktion) der Nachweis von Chinon erbracht worden.

Unter den stickstofffreien Kohlenstoffverbindungen überragen aber die *hydroaromatischen Substanzen* an Bedeutung alle anderen als tierische Gifte in Betracht kommenden Stoffe.

Eine Anzahl hiervon ist in chemisch reiner, krystallisierter Form dargestellt worden. Die Erforschung ihrer Konstitution hat nicht nur in chemischer Hinsicht wichtige Aufschlüsse gezeigt, sondern biologische Zusammenhänge von größter Tragweite erkennen lassen. Im Mittelpunkt dieser Körperklasse stehen *Derivate der Sterine* wie die Gallensäuren und verwandte Verbindungen.

Gallensäuren.

Die Gallensäuren können zu den tierischen Giften gerechnet werden. Ihre wissenschaftliche Erforschung ist in den letzten Jahrzehnten um ein gutes Stück vorwärtsgekommen. Nach ihrem chemischen Aufbau gehören sie zur Klasse der stickstofffreien alicyclischen Systeme, denen ein Kohlenwasserstoff von vier gesättigten Ringen zugrunde liegt. Die Cholsäure $C_{23}H_{36}(OH)_3 \cdot COOH$ ist eine gesättigte, einbasische Säure. Der Desoxycholsäure kommt die Formel $C_{23}H_{37}(OH)_2 \cdot COOH$ zu. Sie bildet nach WIELAND und SORGE[2] zusammen mit Palmitin- bzw. Stearinsäure einen Bestandteil der zweitwichtigsten Gallensäure, der Choleinsäure. Die pharmakologischen Wirkungen der Gallensäuren erstrecken sich auf alle Zellen. Die roten Blutkörperchen werden hämolysiert, auch die Leukocyten werden, ebenso wie andere einzellige Wesen, Protozoen u. dgl., zerstört. Auch viele Bakterien und Kokken werden gelöst. Als allgemeine Protoplasmagifte schädigen sie Nervenzellen und Muskelfasern, ihre Wirkung auf das Herz erinnert an die Wirkung der Digitalisstoffe. Nach Einverleibung größerer Mengen in den Blutkreislauf führen sie unter Krämpfen und Erstickungserscheinungen zum Tode.

In ihrer Wirksamkeit zeigen die verschiedenen Gallensäuren nur unwesentliche Unterschiede. Auch die Gallensäuren der Kaltblüter, der Schlangen und der Amphibien, sind stark giftig. Während in der Säugetierreihe die Gallensäuren verschiedener Tiere genauer bekannt sind, fehlen nähere Angaben über solche Verbindungen bei wirbellosen Tieren. Es darf aber mit Sicherheit vermutet werden, daß sie im ganzen Tierreich verbreitet sind und auch bei den

---

[1] PHISALIX, C. u. A. BÉHAL: C. r. Acad. Sci. **131**, (1900) — C. r. Soc. Biol. **52**, 1036 (1900)
[2] WIELAND, H. u. SORGE: Hoppe-Seylers Z. **97**, 1 (1916).

Giftwirkungen niederer Tiere eine Rolle spielen. Darauf deuten zum mindesten die bei so vielen tierischen Giften beobachteten Wirkungen auf das Blut, die Muskeln und besonders auf das isolierte Froschherz. Vor allem bei Spinnen, Skorpionen, Simuliiden, Tricladen, aber auch bei Fischgiften (Trachinus) ist die Herzwirkung in allen wesentlichen Teilen die gleiche wie bei Gallensäuren. Auch bei subcutaner Injektion dieser Gifte ist die langsame Resorption ein charakteristisches Kennzeichen. Bemerkenswert ist auch die Übereinstimmung dieser Gifte mit den Wirkungen gewisser von Windaus durch Oxydation von Cholesterin gewonnenen Säuren (Flury[1], Seel[2]). Alle diese Substanzen sind zur pharmakologischen Gruppe der Saponine zu rechnen (tierische Sapotoxine nach Faust[3]).

Krötengifte (Bufotalin und verwandte Stoffe).

Aus dem Hautsekret unserer einheimischen Kröte Bufo vulgaris waren von Faust[4] zwei Substanzen isoliert worden, die er *Bufotalin* und Bufonin nannte. Ersteres wurde durch Wieland und Weil[5] in reiner krystallisierter Form dargestellt. Die ursprüngliche Formel $C_{16}H_{24}O_4$ wurde auf Grund eingehenderer chemischer Untersuchungen von Derivaten berichtigt und später auf $C_{26}H_{34}O_6$ festgesetzt. Bufotalin ist ein Lacton, dem ein System aus 4 Ringen, ein Kohlenwasserstoff $C_{26}H_{42}$ zugrunde liegt. Es ist von hohem Interesse, daß auch die *Gallensäuren* eine aus 4 Ringsystemen gebildete Gruppe, C_{24}, enthalten. Nach den Untersuchungen von Wieland und Mitarbeitern[6] gehört das Bufotalin, ebenso wie seine Derivate, auch nach seinen chemischen Eigenschaften zur Reihe der Gallensäuren. Die nahen Beziehungen ergeben sich aus dem Vergleich dieser Säuren mit dem aus dem Bufotalin erhaltenen Lacton Bufotalan und der zugehörigen Oxysäure (Faust). Diese Oxysäure ist mit der Desoxycholsäure isomer und ist wie diese eine Dioxycholansäure.

Cholansäure (Wieland). . . . . $C_{24}H_{40}O_2$
Cholsäure . . . . $C_{24}H_{40}O_5$
Bufotalan . . . . $C_{24}H_{38}O_3$
Oxysäure des Bufotalans . . . . $C_{24}H_{40}O_4$

Das Bufotalin ist, wie später von Wieland und Alles[7] gezeigt wurde, nicht als solches im Hautsekret vorhanden, sondern in Form eines größeren Komplexes $C_{40}H_{62}O_{11}N_4$, dem Wieland den Namen „*Bufotoxin*" beilegte. Letzteres besteht aus Bufotalin, Arginin und Korksäure.

Von Abel und Macht[8] wurde aus einer sehr großen Krötenart Süd- und Zentralamerikas, Bufo agua, eine dem Bufotalin chemisch und pharmakologisch nahestehende krystallisierte Verbindung isoliert, der ursprünglich die Formel $C_{18}H_{24}O_4$ beigelegt wurde. Vermutlich entspricht die Zusammensetzung aber der Formel $C_{27}H_{38}O_6$ und damit wahrscheinlich einem Methyläther des Bufotalins. Bufo agua enthält auch sehr erhebliche Adrenalinmengen im Hautsekret.

In neuem Licht erscheint die Chemie der Krötengifte durch mehrere Untersuchungen japanischer Autoren. So wurde aus dem eingetrockneten Hautsekret

---

[1] Flury, F.: Über die pharmakologischen Eigenschaften einiger saurer Oxydationsprodukte des Cholesterins. Arch. f. exper. Path. **66**, 221 (1911).
[2] Seel, H.: Arch. f. exper. Path. **117**, 282 (1926).
[3] Faust, E. St.: Tierische Saponine und Sapotoxine und ihre biologische Bedeutung. Verh. schweiz. Naturf.-Ges., August 1920, S. 229.
[4] Faust, E. St.: Über Bufonin und Bufotalin. Arch. f. exper. Path. **47**, 278 (1902).
[5] Wieland, H. u. Weil: Über das Krötengift. Ber. dtsch. chem. Ges. **46**, 3315 (1913).
[6] Wieland, H. u. P. Weyland: Über den Giftstoff der Kröte. Sitzgsber. bayer. Akad. Wiss., Math.-physik. Kl., 5. Juni 1920.
[7] Wieland, H. u. Alles: Ber. dtsch. chem. Ges. **55**, 1789 (1922).
[8] Abel, J. J. u. D. J. Macht: J. of Pharmacol. **3**, 319 (1911/12).

chinesischer Kröten, dem Heilmittel *Senso*, von SHIMIZU[1] neben Bufagin, Adrenalin eine neue Substanz isoliert, die ebenfalls *Bufotoxin* genannt wurde. Nach K. KODAMA[2] entspricht das reine krystallisierte Bufotoxin SHIMIZUs der Formel $C_8H_{10}O_2$, das Bufagin aus Senso aber der Formel $C_{27}H_{34}O_7$. Bei weiterer Untersuchung von Senso hat KOTAKE[3] neuerdings einige Verbindungen isoliert. Als Formeln werden $C_{29}H_{38}O_7$ und $C_{27}H_{38}O_6$ angegeben. Die letztgenannte Substanz soll nach *Kotake* nicht identisch sein mit dem von ISHIZU gewonnenen „Gamaïn" und wird als Gama-Bufotalin bezeichnet („Gama" heißt auf japanisch die Kröte). Außerdem soll im Senso noch eine zweite Substanz enthalten sein, die „Gamabufalin" genannt und in Form eines Acetylderivates $C_{31}H_{44}O_8$ isoliert wurde. Ein aus Bufagin gewonnener Alkohol $C_{27}H_{36}O_6$, „Bufalin", soll dem Bufotoxin-Kodama nahestehen. Aus den Widersprüchen in der Literatur läßt sich erkennen, daß bezüglich der Formeln noch gewisse Unsicherheiten vorhanden sind. Auch die Nomenklatur ist noch nicht frei von Unstimmigkeiten. So ist der Name Bufotoxin für zwei völlig verschiedene Verbindungen gewählt worden. FAUST hat deshalb vorgeschlagen, das WIELANDsche Präparat „Bufotoxin-W", das von SHIMIZU beschriebene dagegen „Bufotoxin-S" zu nennen. Dieser Vorschlag ist auch wegen der pharmakologischen Verschiedenheit beider Substanzen zu begrüßen, denn die erstgenannte ist wie Bufotalin und Bufagin ein Herzgift der Digitalisreihe, das letztgenannte aber ein Krampfgift.

Ähnlich liegen die Verhältnisse beim „Bufoténine" von PHISALIX und BERTRAND[4] und bei dem Bufotenin von HANDOVSKY[5]. Hier ist aber zu beachten, daß ersteres nicht in reiner Form isoliert worden ist, während letzteres als ein Alkaloid der Pyrrolreihe von der Formel C_6H_9NO scharf gekennzeichnet wurde.

In pharmakologischer Hinsicht stehen die krystallisierten Substanzen der Krötengifte, mit Ausnahme des Bufotoxin-S, den *Digitalisstoffen* am nächsten. Es ist weiter von Interesse, daß die noch nicht isolierten wirksamen Stoffe aus vielen anderen Amphibien, z. B. den Fröschen, pharmakologisch den *Gallensäuren* angereiht werden müssen. Dies deutet auch auf engere chemische Beziehungen zwischen den verschiedenen Amphibiengiften. Darüber hinaus eröffnen sich Ausblicke auf Zusammenhänge zwischen den hier behandelten Substanzen und den Sterinen, den pflanzlichen Digitalissubstanzen, den Saponinen und vielleicht auch den Vitaminen.

Schlangengifte.

Aus dem Kobragift hat FAUST[6] eine Verbindung isoliert, die er mit dem Namen *Ophiotoxin* belegte. Ihre empirische Formel ist $C_{17}H_{26}O_{10}$. Sie stellt ein gelblich gefärbtes amorphes Pulver dar, ihre wässerige Lösung reagiert sauer, dialysiert nicht und wird durch Ammonsulfat ausgesalzen. Im nativen Gift soll sie salz- oder esterartig an Eiweiß oder eiweißartige Stoffe gebunden sein. Da ihre wässerigen Lösungen stark schäumen und in ihren pharmakologischen Wirkungen an Saponinsubstanzen erinnern, wurde die Substanz von FAUST als *tierisches Sapotoxin* bezeichnet.

Später gelang es FAUST[7], auch aus dem Klapperschlangengift (Crotalus adamanteus) eine ähnliche eiweißfreie Substanz zu isolieren, das *Crotalotoxin*

---

[1] SHIMIZU, J.: J. of Pharmacol. **8**, 347 (1916).
[2] KODAMA, KWANJIRO: Acta Scholae med. Kioto **3**, 299 (1920); **4**, 213 (1922).
[3] KOTAKE, M.: Liebigs Ann. **465**, 1, 11 (1928).
[4] PHISALIX u. BERTRAND: C. r. Soc. Biol. **135**, 46 (1902).
[5] HANDOVSKY, H.: Arch. f. exper. Path. **86**, 138 (1920).
[6] FAUST, E. ST.: Über das Ophiotoxin usw. Arch. f. exp. Path. **56**, 236 (1907).
[7] FAUST, E. ST.: Über das Crotalotoxin. Arch. f. exper. Path. **64**, 244 (1911).

der Formel $C_{17}H_{26}O_{10} + \frac{1}{2} H_2O$. Sie unterscheidet sich vom Ophiotoxin durch ihre heftigen lokalen Wirkungen und tötet Warmblüter nach intravenöser Einverleibung durch Lähmung des Respirationszentrums.

Die Feststellungen FAUSTS, daß in den Schlangengiften ebenso wie in den soeben besprochenen Amphibiengiften eiweißfreie Stoffe vorhanden sind, die alle wesentlichen Giftwirkungen der ursprünglichen Sekrete zeigen, sind von hoher Bedeutung. Es erscheint deshalb dringend wünschenswert, daß diese Untersuchungen erweitert und insbesondere auch nach der chemischen Seite vervollkommnet werden. Im Gegensatz zu den krystallisierten, auch nach ihrer Konstitution bereits weitgehend erforschten Substanzen der Bufotalingruppe ist der chemische Bau der FAUSTschen Verbindungen noch völlig dunkel. Die pharmakologischen Wirkungen lassen auch hier chemische Beziehungen zu den *Gallensäuren* vermuten.

Cantharidin.

Das *Cantharidin* $C_{10}H_{12}O_4$ ist eine krystallisierte Verbindung und seiner Konstitution nach höchstwahrscheinlich das Anhydrid einer zweibasischen Säure, nach älteren Autoren ein ringförmig gebautes Lacton einer Ketonsäure[1]. Es findet sich in den Käfern Lytta, Meloe und Mylabris, vermutlich aber auch noch in anderen mit blasenziehenden Giften ausgestatteten Vertretern der Coleopteren. Wie es scheint, steht auch das Gift der Biene in naher Beziehung zu cantharidinähnlichen Substanzen (FLURY). Verwandte Substanzen sind *auch im Pflanzenreich* bekannt, z. B. das *Anemonin* $C_{10}H_8O_4$, der giftige Bestandteil der Anemonen und Ranunkeln. Nach Einverleibung dieser Stoffe in den Kreislauf kommt es zu heftigen Vergiftungserscheinungen, wie Krämpfen, Atemnot, Erbrechen, blutigen Durchfällen und schweren Nierenentzündungen.

Das Cantharidin ist das nach seiner chemischen Konstitution am besten studierte tierische Gift. In der chemischen Literatur ist eine große Reihe von Derivaten beschrieben.

Lipoide.

Mehr und mehr treten neuerdings unter den tierischen Giften Substanzen in den Vordergrund, die wir vorläufig noch unter die chemisch mangelhaft charakterisierte Gruppe der „Lipoide" einreihen müssen. Hier sind zunächst die Lecithine und ihre Beziehungen zu tierischen Giften zu besprechen. Es muß auffallen, daß die Fähigkeit zur Bildung der eigentümlichen, „Lecithide" genannten Komplexe nicht vereinzelt beobachtet wird, sondern ziemlich weitverbreitet in der ganzen Reihe anzutreffen ist. So sind bis jetzt Lecithide bzw. „Toxolecithide" beschrieben bei den Giftstoffen der Bienen, der Spinnen, der Skorpione, der Tausendfüßler, der Fische (Trachinus), der Eidechsen (Heloderma) und Schlangen (Vipern, Crotalus, Naja, Bungarus). Es handelt sich um Stoffe, die durch Einwirkung von Lecithin bzw. Eidotter auf die nativen Gifte entstehen und durch starke hämolytische Wirksamkeit ausgezeichnet sind. Sie lösen sich nicht nur in Wasser, sondern auch in organischen Lösungsmitteln, sind hitzebeständig und geben keine Biuretreaktion. Solche Verbindungen sind von DELEZENNE und LEDEBT[2] als „*Lysocithine*" bezeichnet worden (LEVY 1923 bei Myriapoden). Man stellt sich vor, daß in den nativen tierischen Giften lecithinspaltende Fermente enthalten sind, die aus dem Lecithin unter Bildung

---

[1] Neuere Arbeiten über die Chemie des Cantharidins: GADAMER, J.: Die Konstitution des Cantharidins. Arch. Pharmaz. **252**, 609 (1914). — DANCKWORTT, P. W.: Über die chemische Natur des Cantharidins. Ebenda **252**, 632 (1914). — GADAMER, J.: Arch. Pharmaz. **255**, 423 (1917); **258**, 171 (1920); **260**, 199 (1922).
[2] DELEZENNE u. LEDEBT: C. r. Acad. Sci. **155**, 1101 (1913).

des stark hämolytisch wirkenden Zwischenproduktes Lysocithin Ölsäure frei-
machen.

Auf der anderen Seite enthalten aber auch manche wasserlösliche native
Gifte lipoide Anteile. Dies ist z. B. sichergestellt durch eingehende Versuche
bei den Giften der Biene, der Spinnen und der Skorpione. Es handelt sich hier
um kolloide Komplexe, in denen die Lipoide mehr oder weniger fest an Eiweiß
gebunden sind. In Frage kommen neben den Phosphatiden, wie es scheint,
Stoffe der Cholesterinreihe, also hydroaromatische Ringsysteme, Lactone und
Säureanhydride. Es besteht Grund zur Annahme, daß derartige Substanzen vor
allem die hämolytische Wirksamkeit bedingen. In diesem Zusammenhang sind
die ungesättigten Fettsäuren (Ölsäure), dann aber auch die zur Komplexbildung
neigenden Gallensäuren und ihre Verwandten, die tierischen Sapotoxine (FAUST)
zu nennen. Um das Lipoidproblem gruppieren sich auch auf dem Gebiet der
tierischen Gifte viele ungelöste Fragen. Bei den Versuchen zur Isolierung der
reinen wirksamen Substanzen stößt man immer wieder auf Fette und fettartige
Bestandteile, auf freie Fettsäuren, seifenartige Stoffe, Cholesterinderivate, Phos-
phatide u. dgl. Wahrscheinlich spielen auch Derivate der höheren Fettsäuren
und Angehörige der Terpenreihe hier eine Rolle. Darauf deutet z. B. die Anwesenheit von Korksäure im Krötengift (WIELAND), von terpenähnlichen Substanzen im Aplysiengift (FLURY), von campherartig riechenden Sekreten bei
Myriapoden. Lipoide sind auch beim Aufbau der in tierischen Sekreten vielfach
anzutreffenden Kinasen beteiligt. Ob es sich hier um reine Lipoide oder Komplexe
von Lipoiden mit Eiweiß oder dessen Abbauprodukten handelt, ist noch strittig.

In allen diesen Punkten berührt sich die Lehre von den tierischen Giften
auf das innigste mit anderen biologischen Grenzgebieten. Solche labile Komplexe,
die sich aus den verschiedenartigsten Bestandteilen aufbauen und bei der
chemischen Untersuchung je nach den Umständen und Arbeitsbedingungen bald
als „wasserlösliche", bald als „lipoidlösliche" Körper in Erscheinung treten,
liegen wohl auch bei den heute noch wenig bekannten Ovarialsubstanzen und
Sexualhormonen vor, ebenso bei den phosphatidhaltigen Bausteinen der Zellmembranen bzw. Grenzflächen, den von HANSTEEN CRANNER[1] aus Pflanzen
isolierten, von BIEDERMANN[2] im Muskel, von WINTERSTEIN und HIRSCHBERG
im Nerven beobachteten wasserlöslichen Lipoidkomplexen, bei den „Haptenen"
und Antigenen von LANDSTEINER, SACHS, KLOPSTOCK, den „Lipoproteiden" usw.[3].
Solche „amphophile" Substanzen (S. LOEWE), die eine besondere Affinität zur
Lipoidgruppe besitzen und bei der chemischen Aufarbeitung tierischer Giftsekrete oft angetroffen werden, gewinnen mehr und mehr an Interesse. Für die
Entwirrung der zahllosen hier möglichen Kombinationen ist notwendige Voraussetzung der weitere Ausbau, vor allem eine wesentliche Verfeinerung unserer
Methodik. Die außerordentliche Empfindlichkeit der einfachsten Phosphatid-
komplexe gegen chemische Eingriffe und ihre Neigung zur Bildung von adsorp-
tiven und chemischen Verbindungen sind bekannt, um so größer werden aber
die methodischen Schwierigkeiten, wenn die experimentelle Erforschung ihrer
Kombinationen mit sonstigen Lipoiden, Fetten, Seifen, Gallensäuren u. dgl.,
mit stickstoffhaltigen Biokolloiden, mit Kohlehydraten, Purinen usw. in Angriff
genommen werden muß. Diese Arbeiten müssen aber durchgeführt werden,
wenn wir auf diesen Gebieten vorwärts kommen wollen.

---

[1] CRANNER, HANSTEEN, zit. nach H. WINTERSTEIN: Narkose, S. 301. Berlin 1926, u.
H. WINTERSTEIN: Klin. Wschr. 5, H. 15 (1926). Sonderdruck.
[2] BIEDERMANN: Pflügers Arch. 202, 223 (1924).
[3] FRÄNKEL, E. u. L. TANNERI: Klin. Wschr. 6, 1148 (1927). — Lit. bei V. GRAFE:
Naturwiss. 1927, H. 25, 519.

Fettsäuren.

Unter den Fettsäuren steht die *Ameisensäure*[1] an erster Stelle. Ihre Rolle als Gift ist zwar keine bedeutende, abgesehen von dem reichlichen Vorkommen bei einigen Ameisenarten, sie findet sich aber in Sekreten und Exkreten so häufig, daß sie früher als der allein oder doch hauptsächlich in Betracht kommende giftige Bestandteil bei den Giften der Bienen, Wespen, Hummeln, Stechmücken, Brennraupen, Käfer, Nesseltiere usw. angesehen wurde. Es steht nach genauen Untersuchungen der letzten Jahre fest, daß ihre Rolle überschätzt worden ist. Alle diese Gifte enthalten, wie auch die Brennesseln, geringe Mengen von freien Fettsäuren, darunter meist auch etwas Ameisensäure, außerdem aber noch andere nichtflüchtige Reizstoffe, über deren chemische Natur wenig bekannt ist. Beim Bienengift dürften vielleicht Verwandte des Cantharidins in Frage kommen. Die Ameisensäure ist wie diese Gifte ein lokal reizender Stoff, im Gegensatz zu den wenig charakteristischen, zudem oft an Eiweiß gebundenen Substanzen aber sehr leicht chemisch nachweisbar. So ist es leicht verständlich, daß sie lange Zeit als Träger der charakteristischen Wirkungen der genannten Gifte angesehen worden ist. Sie findet sich nicht nur im Pflanzenreich in Früchten, Samen, Fichtennadeln, Harzen, Gewebssäften, sondern auch im Tierreich ungemein weitverbreitet, so im Muskel, Gehirn, in Drüsen, Ovarien, in Sekreten und Exkreten (Harn, Schweiß, Faeces), dann unter den Stoffwechselprodukten vieler Mikroorganismen. Vermutlich stellt sie eins der letzten Spaltstücke beim Zerfall von Kohlehydraten dar.

Von den übrigen flüchtigen niederen Fettsäuren ist noch die *Buttersäure* zu erwähnen. Wohl immer in Gesellschaft mit anderen Gliedern ihrer Reihe treffen wir sie in den Ausscheidungen und in den Drüsen zahlloser Gifttiere an, wo sie größeren oder geringeren Anteil an der lokalen Reizwirkung hat. Dies ist der Fall bei den parasitischen Würmern (Ascaris, Oxyuris, Taenien, Distomen), bei Insekten, besonders Schmetterlingsraupen, Käfern, Wanzen, Tausendfüßlern, bei Wirbeltieren vornehmlich in den Hautdrüsen der Amphibien, endlich in den Anal- und Genitaldrüsen der Beuteltiere und anderer Säugetiere. Beim Menschen und höheren Tier finden wir sie in den Schweißdrüsen. Von höheren Fettsäuren spielt noch die *Ölsäure* als hämolytisch wirkendes Gift eine Rolle.

Wenn auch die lokalen Reizwirkungen saurer Verbindungen vielfach als Mittel zum Schutz und zur Abwehr dienen mögen, so handelt es sich hier um die im Tierreich stets anzutreffenden normalen Produkte mannigfaltiger Ausscheidungsvorgänge. Sie stehen wohl auch in enger Beziehung zum Geschlechtsleben. Wie die riechenden Stoffe vielfach der Anziehung der Geschlechter dienstbar sind, dürften sie auch eine Rolle bei der gegenseitigen Erkennung (Nestgeruch) spielen, wobei gerade die feinen Abstufungen in den Mischungen verschiedener Riechstoffe bedeutungsvoll sind. Im folgenden mögen sie deshalb kurz gestreift werden.

Riechstoffe[2].

Neben den flüchtigen Fettsäuren sind stark riechende Substanzen in der Tierwelt weit verbreitet. Ihre chemische Zusammensetzung ist bisher nur in den wenigsten Fällen mit hinreichender Sicherheit festgestellt. Als eigentliche Gifte kommen sie wohl weniger in Verwendung als vielmehr zum Zwecke der Abschreckung von Feinden. Zahlreiche Schnecken und Weichtiere, auch Spongien,

---

[1] FLURY, F.: Über die Bedeutung der Ameisensäure als natürlich vorkommendes Gift. Ber. dtsch. pharmaz. Ges. **29**, 650 (1919).

[2] STROHL: Zitiert auf S. 102.

sondern Riechstoffe ab (Aplysien, Eledone moschata). Unter den Würmern fallen besonders die Turbellarien und Eingeweidewürmer durch eigenartige Gerüche auf, für die bei letzteren neben flüchtigen Fettsäuren Aldehyde, Ammoniak und Amine auch Schwefelverbindungen verantwortlich sind. Charakteristische Riechstoffe sind ferner sehr häufig bei Insekten, die vom Menschen bald als angenehm, nach Blüten und Früchten duftend, bald als unangenehme Stinkstoffe empfunden werden. Hierher gehören viele Käfer und Wanzen, gewisse Fliegen, wie die grüne Florfliege Chrysops, auch die Bienen. Bekannt sind auch die Stinkschnecken, nebenbei gesagt gefürchtete Plantagenschädlinge, die stinkenden Tausendfüßler (Pachyiulus foetidissimus). Durch starke Gerüche ausgezeichnet sind Kröten, Tritonen und andere Amphibien sowie manche Fische. Moschus und verwandte Riechstoffe, Castoreum, Zibet, finden sich in gewissen meist den Geschlechtsorganen benachbarten Drüsen der Moschustiere, der Biber, der Zibethkatzen, der Krokodile, sonstige noch wenig bekannte Riechstoffe in den Stinkdrüsen (Analdrüsen) der Spitzmäuse, Wiesel, Marder, Hyänen usw. Unter den eigentlichen Stinkstoffen dürften *schwefelhaltige* Verbindungen vorherrschen. Dafür spricht der häufig wiederkehrende Vergleich mit dem Geruch nach Knoblauch, wie bei der Knoblauchkröte und anderen Amphibien, den Stinkfliegen, einigen Tausendfüßlern, den Stinkschnecken; in einigen Fällen sind *Mercaptane* chemisch nachgewiesen (Stinktier, Spulwürmer, Wasserkäfer), schließlich dürfte Schwefelwasserstoff als Ausscheidungsprodukt ungemein häufig vorkommen.

Auf dem Gebiet der riechenden Sekrete ist noch viel chemische Arbeit nötig. Worauf der Geruch vieler niederer Tiere nach „Moschus", „Campher", „Terpenen", „Kreosot, Phenolen" beruht, ist ebensowenig sicher als die Behauptungen, daß freies Jod, Stickoxyde, Isonitrile usw. unter den Ausscheidungen von Tieren nachgewiesen seien. Auch das Blausäureproblem erfordert eine gründliche Bearbeitung und Nachprüfung. Gewisse pflanzenfressende Insekten, Julus, Fontaria gracilis, sollen *freie Blausäure* ausscheiden. Häufig sind Angaben über „starken Blausäuregeruch" bei solchen Tieren. Demgegenüber ist darauf hinzuweisen, daß die Blausäure durchaus keinen intensiven Geruch nach bitteren Mandeln besitzt, wie vielfach angegeben wird, sondern bei den meisten Menschen nur Kratzen in den oberen Atemwegen, besonders im Hals, verursacht. Vielleicht ist der Bittermandelgeruch in solchen Fällen auf Benzaldehyd oder verwandte Verbindungen zurückzuführen. Gewisse Käfer enthalten *Salicylverbindungen* und aromatische, den ätherischen Ölen nahestehende Substanzen, die vermutlich der Nahrung entstammen dürften, ähnlich wie Strychnin und andere Alkaloide, die in exotischen auf Giftpflanzen lebenden Insekten vorhanden sein können. In anderen Fällen soll *Chinon* nachgewiesen worden sein. Auch gasförmige Gifte, wie z. B. bei den sichtbar verdampfenden Ausscheidungen der Bombardierkäfer, kommen vor. Hier läßt sich nicht durch einfache Geschmacks- und Geruchsproben oder durch die Feststellung oberflächlicher Ähnlichkeiten, wie Färbung, Löslichkeit, das Vorhandensein bestimmter Substanzen nachweisen. Dies ist nur durch exakte chemische Methoden möglich.

Mineralsäuren.

Zu den tierischen Giften werden mit mehr oder weniger Recht auch die stark sauren Verdauungssekrete gerechnet. An die Gegenwart von *freier Salzsäure* im Magen höherer Tiere sei hier nur der Vollständigkeit halber erinnert. Eine sehr eigentümliche Erscheinung ist das Vorkommen von freier *Schwefelsäure* bei gewissen Schnecken des Meeres, bei denen es sich nicht nur um ein Hilfsmittel der Verdauung oder zur Erreichung der Nahrung, wie Auflösung der Kalkschalen von Beutetieren, sondern auch um ein wirksames Mittel zum

Schutz und Angriff handeln soll. Freie Mineralsäuren sind übrigens in bestimmten Perioden, abwechselnd mit Alkali, schon in der Nahrungsvakuole von Paramäcien nachweisbar[1].

Außer den Mineralsäuren scheinen bei der Verdauung auch *organische Säuren* mitzuwirken. So enthalten manche Schnecken, z. B. Tritonium, Asparaginsäure.

Hier zeigt sich wieder, daß der Begriff eines tierischen Giftes überhaupt nicht scharf abgrenzbar ist. Wollte man die normalen Verdauungssekrete unter diesem Gesichtspunkte abhandeln, so dürfte auch die *Kohlensäure* als ein. im tierischen Organismus gebildetes pharmakologisch wirksames Agens nicht fehlen.

VIII. Die Stellung der tierischen Gifte im pharmakologischen System.

Die Einreihung der chemisch gut definierten Gifte tierischen Ursprungs, wie die tierischen Alkaloide, die verschiedenen Säuren, die hydroaromatischen Verbindungen des Krötengiftes, bietet keine Schwierigkeiten. Im Gegensatz zu diesen wenigen chemisch genauer bekannten Substanzen steht aber die große Reihe von tierischen Giften, über deren Zusammensetzung wir heute nur ganz ungenügend unterrichtet sind. Letztere sind vor allem dadurch ausgezeichnet, daß sie Eiweißstoffe oder deren Abbauprodukte enthalten. Der Eiweißgehalt bzw. die Beimengung solcher Verbindungen ist für die Eigenschaften der Gifte und den Mechanismus ihrer Wirkung nicht ohne Bedeutung. In physikalisch-chemischer Hinsicht erscheinen sie infolgedessen als *hochmolekulare* den Proteinen im ganzen Verhalten sehr ähnliche Stoffe. Dies zeigt sich vor allem in ihrer *kolloidalen* Natur. Sie bedingt im wesentlichen die Eigenart ihrer Wirkung, vor allem die Giftaufnahme in den Organismen, den Transport und das weitere Schicksal im Körper. Als Eiweißverbindungen oder als verwickelt zusammen-gesetzte Gemische mit Eiweiß u. dgl. stehen die nativen tierischen Gifte in engerem Sinne den Organextrakten, Drüsensekreten, Gewebssäften und Körper-flüssigkeiten nicht nur in ihrem Verhalten, sondern auch in ihren Wirkungen mehr oder weniger nahe. Wenn man derartige Produkte in den Organismus eines anderen Lebewesens einverleibt, beobachtet man stets pharmakologische Wirkungen irgendwelcher Art. Es ist also zwischen einem solchen „unphysio-logischen" Eingriff und einer Verletzung durch ein giftiges Tier kein grundsätz-licher Unterschied. In beiden Fällen kommt es zu Funktionsstörungen infolge der Einwirkung körperfremder und meist auch organfremder Substanzen. Bei den tierischen Giften beobachtet man überaus mannigfaltige und verschieden-artige Vergiftungsbilder, die eine klare Übersicht erschweren. Es soll deshalb im folgenden versucht werden, ob und wieweit es heute schon möglich ist, die tierischen Gifte durch eine systematische Erfassung und Ordnung der wesent-lichen Symptome in das *pharmakologische System* einzugliedern.

Resorption der tierischen Gifte.

Hinsichtlich der Resorption bestehen außerordentliche Verschiedenheiten, wie sich schon aus der großen Mannigfaltigkeit der in Betracht kommenden Stoffe schließen läßt. Die Resorption von der Haut spielt kaum eine praktische Rolle. Wenn tierische Gifte von der Haut aus resorbiert werden, so geht ge-wöhnlich eine Entzündung und damit eine Schädigung voraus. Das gleiche gilt von den Schleimhäuten. Auch hier handelt es sich in den seltensten Fällen um normale Resorptionsbedingungen, weil die überwiegende Mehrzahl der tierischen

---

[1] Nierenstein, zit. bei v. Uexküll: Umwelt und Innenwelt der Tiere, S. 42.

Gifte die zarten Gewebe der Schleimhäute mehr oder weniger stark schädigt. Zu den wenigen Ausnahmen gehören die Gifte der Amphibien. Sie werden im Gegensatz zu den Giften der meisten Insekten, der Spinnen und Schlangen durch alle Schleimhäute, auch von denen der Nase, der Augen und der oberen Atemwege, schnell resorbiert. Bei Einbringung in das Auge bewirkt z. B. Kröten- gift schwere Vergiftungserscheinungen, selbst Todesfälle. Die Amphibiengifte sind auch zum Unterschied von den meisten anderen tierischen Giften vom Magendarmkanal aus stark wirksam.

Von den Nesselgiften wird berichtet, daß sie vom Magen aus resorbiert werden sollen. In manchen Gegenden verwendet man die Nesseltiere des Meeres zum Vergiften von Haustieren. Hier ist jedoch daran zu denken, daß die Ver- fütterung von Actinien, Medusen u. dgl. zu Verletzungen der Schleimhäute des Verdauungskanals führen kann. Auch getrocknete und verriebene Tentakel von Physalien wirken auf Hunde und Ratten giftig. Es wird sogar behauptet, daß solche Mittel gelegentlich zu Giftmorden Verwendung finden sollen.

Sehr genau studiert ist die Resorption der Schlangengifte. Sie ist je nach der Zugehörigkeit zum Typus der vorwiegend lokal oder mehr resorptiv wirkenden Gifte sehr verschieden. Der Grad der Resorption ergibt sich deutlich, wenn man die bei verschiedenartiger Einverleibungsform tödlich wirkenden Dosen vergleicht. Diese differieren ganz außerordentlich, je nachdem das Gift subcutan, intramuskulär, intravenös, intraperitoneal oder per os gegeben wird. So ist das Kobragift vom Magen aus so gut wie ungefährlich, obgleich es von der Schleim- haut des Dickdarms resorbiert wird. Dagegen verursacht das Viperngift im Magendarmkanal starke Hyperämie, in höheren Dosen Entzündungserschei- nungen und Blutaustritte. Das Gift von Lachesis atrox ist merkwürdigerweise bei intravenöser Injektion viel weniger giftig als nach Einspritzung in die Muskeln. Es wird also von den Blutgefäßen aus schlechter in die Körpergewebe trans- portiert. Nach subcutaner Einspritzung werden sehr schnell resorbiert die Gifte der Kobra und der Colubriden, während die Gifte der mehr lokal wirkenden Vipern relativ langsam zu allgemeinen Vergiftungserscheinungen führen. Von den serösen Höhlen aus werden Schlangengifte im allgemeinen sehr schnell resorbiert (HOUSSAY). Einige Untersuchungen liegen vor über die Resorption vom Epithel der Kaulquappe. Dabei zeigte sich, daß das Kobragift rasch durch- dringt (BANG und OVERTON 1911). Manche Schlangengifte führen auch nach Einbringung in das Auge zu schwerer Vergiftung.

Sehr schnell resorbiert wird auch das Gift einiger Fische nach Einverleibung in den Magen. So wird berichtet, daß Menschen nach dem Genuß des japanischen Tetrodon schon nach $^1/_4$—$^1/_2$ Stunde sterben können. Im übrigen ist jedoch die Resorption der an Eiweiß gebundenen tierischen Gifte im allgemeinen eine langsame.

Wirkungen auf das Nervensystem.

Es ist selbstverständlich, daß die tierischen Gifte auch an dem wohl gift- empfindlichsten System vielgestaltige Funktionsstörungen hervorrufen. Das ist nicht nur bei lokaler Einwirkung, sondern in noch höherem Maße der Fall, wenn Stoffe von allgemeiner Protoplasmagiftwirkung resorbiert werden.

So kennt man die mannigfaltigsten Vergiftungserscheinungen am *Zentral- nervensystem*. Lähmungen der verschiedenen *Großhirn*funktionen treten uns ent- gegen bei den Ohnmachten, der Bewußtlosigkeit, beim Stupor, Kollaps, Koma, durch die meisten resorbierbaren Gifte (Fische, Schlangen, Bienen, Skorpione, Spinnen), auch bei den narkoseähnlichen Zuständen durch Nesselgifte („Hypno- toxin").

Die verschiedensten Erregungserscheinungen, psychische Störungen, Delirien und ähnliche Zustände werden hierbei, nicht selten vor Eintritt des Lähmungsstadiums, beobachtet.

Einige tierische Gifte, wie z. B. die Salamandergifte, gleichen den typischen Krampfgiften der Pikrotoxinreihe. Systematische Untersuchungen über die Angriffspunkte sind bisher nur in sehr geringem Umfang durchgeführt. Man wird aber nicht fehlgehen, wenn man hierbei in erster Linie an Gefäßschädigungen, Blutungen, Thrombosen und ihre verschiedenen Auswirkungen denkt. Eine große Rolle spielen auch die vielfach festgestellten Ödeme des Gehirns und seiner Häute bei meningitischen und epileptischen Vergiftungsbildern. Im Anschluß an die akute Schädigung können sich dann auch hier, wie bei sonstigen pathologischen Zuständen, chronische Entzündungen, Atrophien, Degenerationen ausbilden. Daß Störungen der Blutversorgung, Anämie und Hyperämie einzelner Abschnitte, und die Folgen der peripheren Kreislaufschädigung sich in zentralen Erscheinungen auswirken können, ist selbstverständlich. Was für das Großhirn gilt, kann auch für die mannigfaltigen Anzeichen von *Rückenmarksschädigungen* herangezogen werden. Es gibt tierische Gifte, wie z. B. manche Skorpiongifte, die in ihren Wirkungen dem Strychnin nahestehen. Andererseits werden nicht selten mannigfaltige Lähmungssymptome, wie Hemiplegien, Paraplegien, selbst pseudotabische Zustände, infolge der Verletzungen durch Gifttiere beobachtet. Z. B. enthält die Literatur über Bienenstiche viele derartige Fälle.

Von seiten der *peripheren Nerven* sind hervorzuheben die Erregungszustände und die Steigerung der Erregbarkeit der sensiblen Nerven durch die ungemein zahlreichen lokal reizenden und entzündungserregenden Stoffe. Peripher bedingte motorische Erregungszustände sind nicht selten, wie die fibrillären Muskelzuckungen durch Skorpiongifte, Nesselgifte und andere Muskelgifte. Curareähnliche Vergiftungsbilder finden sich, wie weiter unten ausführlicher geschildert werden soll, außerordentlich häufig. Dazu kommen die Anästhesien, Parästhesien und neuritisartigen Erscheinungen. Unübersehbar sind endlich die Symptome, die auf Funktionsstörungen des *vegetativen Systems* schließen lassen. Sie betreffen vor allem die Drüsen und die glatte Muskulatur. Daß auch die Sinnesorgane, besonders das Sehorgan, das Gehör, die Haut in Mitleidenschaft gezogen werden, ist bei der ausgesprochenen Nerven- und Gefäßwirkung der tierischen Gifte leicht zu verstehen.

Lokale Wirkungen.

Als erster Grad der lokalen Reizwirkung tritt gewöhnlich *Jucken* auf. Allgemein bekannt ist die Wirkung der Stiche bzw. Bisse von Flöhen, Wanzen, Läusen. In stärkerem Grade findet sich die Erscheinung bei Milben, bei der Krätze, bei den zu gewissen Jahreszeiten auftretenden Juckepidemien durch Leptus („Herbstbeiß" u. dgl.), bei Raupen- und ganz besonders bei den Nesselgiften, wo sich das Jucken bis zur Unerträglichkeit steigern kann.

Als besondere Form der Gefäßreaktion kommt die Nesselsucht, die *Urticaria*, in Betracht. Sie ist nicht nur bei den Nesselgiften der Medusen, Hydromedusen, Actinien usw., sondern nach Insektenstichen jeder Art, vor allem Bienenstichen und Flohbissen häufig. Bei empfindlichen Personen kann sie nach solchen Verletzungen in ganz ungewöhnlich starker Ausdehnung auftreten. Hierbei spielt wohl eine Überempfindlichkeit gegen artfremdes Eiweiß die ausschlaggebende Rolle.

Der Urticaria analog sind die oft mit gesteigerter Sekretion verbundenen *Schleimhautschwellungen*, deren erster Grad das Ödem ohne Blutaustritt ist. Auch der Schnupfen, das Nießen, die Conjunctivitis nach lokaler Einwirkung, aber auch nach der Resorption von vielen tierischen Giften gehören hierher.

Meistens kann man deutlich unterscheiden zwischen den Giften, die sofortigen sensiblen *Reiz* bewirken und solchen, die erst nach einer Latenzzeit Schmerzgefühl hervorrufen. Wahrscheinlich entsteht letzteres durch sekundär gebildete Produkte. Die entzündungserregende Wirkung von Zellzerfallsprodukten ist bekannt. Intensiven primären Schmerz erzeugen die Gifte der Scolopender, Bienen, Skorpione, Spinnen (Typ. Karakurte), Solifugen, Wasserbienen, mancher Fische (Trygon, Scorpaena) und Schlangen. Die Stiche bzw. Bisse werden mit der Wirkung von glühendem Eisen oder elektrischen Schlägen verglichen.

Zunächst schmerzlos sind dagegen die Bisse bzw. Stiche der blutsaugenden Dipteren. Hier kommen vielfach lokal anästhetisch wirkende Gifte oder Begleitstoffe vor. Von dieser primären Schmerzlosigkeit ist die bei der Wirkung tierischer Gifte oft beobachtete, erst nach einiger Zeit auftretende *Anästhesie* zu unterscheiden. In solchen Fällen liegen wohl ähnliche Verhältnisse vor wie bei den zellschädigenden Protoplasmagiften der Saponingruppe. Mehr oder weniger ausgebreitete sekundäre Gefühllosigkeit ist eine bekannte Erscheinung vor allem bei Nesselgiften (Hypnotoxin) und Schlangengiften (Kobra).

Mit auffallender Häufigkeit begegnet man der *curareähnlichen Wirkung*. Ob es sich bei den Lähmungen kleiner Tiere durch Protozoengifte um Wirkungen nach Art des Curares handelt, ist nicht festzustellen. Dagegen kann dies mit Sicherheit angenommen werden bei den Cölenteraten. Hier haben ACKERMANN, HOLTZ und REINWEIN (1923) eine reine Substanz, das Tetramethylammoniumhydroxyd, eine Base der Curaregruppe, aus Actinia equina isoliert. Die Lähmung durch die von RICHET beschriebenen Nesselgifte zeigt, wenigstens zum Teil, den Typus der Curarewirkung. Das gleiche gilt von den Giften mancher Mollusken. Unter den Würmern sind bei Ascaris curareartig wirkende Basen aufgefunden worden (FLURY). Auch die Arthropoden enthalten derartige Stoffe, vor allem gewisse Spinnen (Karakurte, Vogelspinne), dann die Skorpione; die Schlupfwespen versetzen durch ihren Stich gewisse Raupen in einen Lähmungszustand von monatelanger Dauer, bei dem der Kreislauf erhalten bleibt. Nach HASE handelt es sich hier um curareähnliche Wirkungen.

Unter den Wirbeltieren sind besonders die Gifte gewisser Fische in ihrer Wirkung dem Curare ähnlich. Klassische Beispiele hierfür liefern die Fugugifte, das Trachinusgift, die Sera der Fische, z. B. das Aalgift. Weiter finden wir die Curarewirkung sehr deutlich ausgeprägt bei zahlreichen Schlangengiften, bei denen das Kobragift als Typus gelten kann. Auch bei der Atemnot, die nach Einwirkung vieler Amphibiengifte, z. B. des Salamandergiftes, auftritt, sind zweifellos periphere motorische Lähmungen beteiligt.

Vielfach ist die peripher angreifende curareartige Wirkung mit einer *zentralen Atmungslähmung* verbunden. Das Atemzentrum wird nach der Resorption tierischer Gifte als eine leicht zu störende Regulationseinrichtung wohl immer schwer getroffen. Vor allem scheinen die nativen Gifte wegen ihrer kolloidalen Natur fast ausnahmslos befähigt zu sein, infolge von Adsorptionsvorgängen und verwandten Oberflächenwirkungen das Atemzentrum schnell und irreversibel außer Tätigkeit zu setzen. Durch diese Störung des zentralen Oxydationsmechanismus erklärt sich in den meisten Fällen der tödliche Ausgang der Vergiftung. Die dabei häufig auftretenden Krämpfe sind in der Regel als Erstickungskrämpfe infolge primärer Schädigung des Atemzentrums aufzufassen. Nur in seltenen Fällen tragen sie den Charakter der reinen Krampfgifte der Pikrotoxinreihe, wie bei den Salamandergiften, oder den tetanischen Charakter der Reflexgifte nach Art des Strychnins, wie bei den Skorpiongiften.

Zu Atemnot führen auch die asthmaartigen Zustände, die durch Bronchialkrämpfe oder Schleimhautschwellungen im Bereiche der Atemwege entstehen. Diese Vergiftungsformen reihen sich dem Bilde des anaphylaktischen Shocks an.

Wirkung auf den Kreislauf.

Bei der Frage der Kreislaufschädigung ist in erster Linie die Wirkung auf das *Herz* ins Auge zu fassen. Hier sind die sehr genau studierten und in reinem Zustande isolierten Gifte der Amphibienhautsekrete von besonderem Interesse. Das Bufotalin und seine Verwandten gehören zur pharmakologischen Gruppe der Digitalisstoffe. Auch das Trachinusgift steht ihnen sehr nahe (Pohl). Vermutlich sind solche Substanzen auch bei anderen Tierkreisen vorhanden, beispielsweise den Giften gewisser Arthropoden (Simuliiden). Bei Spinnengiften beobachtet man am isolierten Herzen Peristaltik, systolischen Stillstand wie nach Digitalisstoffen. Auch die Tricladengifte (Arndt) seien hier genannt. Manche, wie z. B. das Tritonengift, erinnern mehr an Aconitin als an Digitalis. Man findet alle Übergänge von der reinen Digitaliswirkung zur Wirkung der Gallensäuren und der Saponinsubstanzen. Die wohl im ganzen Tierreich vertretenen „tierischen Sapotoxine" nach Faust zeigen am isolierten Herzen die gleichen Wirkungen. Am genauesten studiert sind in dieser Reihe die verschiedenen Schlangengifte.

Auch bei den tierischen Giften zeigt sich, daß die Substanzen mit ausgeprägter Herzwirkung gleichzeitig den Charakter von Giften für die *quergestreifte Muskulatur* besitzen; so erinnern die Nesselgifte, gewisse Arthropodengifte, besonders Skorpionen-, Spinnen-, Bienen-, auch die Schlangengifte in ihren Wirkungen auf einzelne Muskelfasern, z. B. im Zupfpräparat, an Coffein, Veratrin und Sapotoxine. Wie diese greifen sie vermutlich in die kolloidchemischen Vorgänge im Muskel ein, indem sie den Quellungszustand des Sarkoplasmas und die Permeabilität der Grenzmembranen verändern.

Schwere *Gefäßschädigungen* durch tierische Gifte verlaufen unter dem Bilde der Capillargiftwirkung. Als „Hämorrhagine" bezeichnete Gifte finden wir bei den Nesseltieren, wo im Magen- und Darmkanal starke Hyperämien, oft mit blutigen Durchfällen und Tenesmen auftreten. Thalassin, Hypnotoxin und Congestin liefern solche Vergiftungsbilder. Auch bei gewissen Arthropodengiften, besonders den Hymenopteren, den Spinnen, sind solche Wirkungen sehr typisch. Es sei nur an die Darm- und Nierenblutungen nach dem Biß von Karakurten erinnert. Ferner gehört hierher die Wirkung des Oestrins, der Eingeweidewürmer, z. B. der Ascaris- und Trichinengifte. Bei den Wirbeltieren sind die Schlangengifte vom Typus des Viperngiftes durch Hämorrhaginwirkung ausgezeichnet. Endlich seien die verschiedenen Fischgifte, z. B. das Ichthyotoxin des Aalserums und anderer Fischblutsera, und die Amphibienhautsekrete (Salamander, Frösche, Kröten, Tritonen) genannt.

Die höchsten Grade von Gefäßschädigungen im Verein mit allgemeiner Zellgiftwirkung treten auf bei den schweren Formen von Gangrän und *örtlicher Nekrose* durch gewisse tropische Spinnen, wie Lathrodectes, Glyptocranium, durch die Pfeilgifte aus Käferlarven, durch Trachinus und einige Giftschlangen.

Bei der vielgestaltigen Wirkung tierischer Gifte auf das Herz und die Gefäße sowie auf das Nervensystem ist es verständlich, daß der *Blutdruck*, je nach den vorhandenen Bedingungen, mehr oder weniger beeinflußt wird. Verwickelter werden die Verhältnisse noch dadurch, daß in den Giftsekreten meist komplizierte, wechselnd zusammengesetzte Gemische vorliegen. Bei Gegenwart von großen Mengen Adrenalin, wie im Krötengift oder verwandten Substanzen, geben natürlich diese den Ausschlag. In der Regel kommt es, manchmal nach vorübergehender Steigerung, zu starkem Absinken des Blutdruckes; dies ist z. B. der Fall bei den Schlangengiften, vor allem beim Viperngift, dann bei den Fischgiften (Fugu); auch bei den (adrenalinfreien!) Sekreten unserer einheimischen Kröten und anderen Amphibiengiften sowie bei den Wurmgiften vom Typus der Capillargifte. Das Skorpiongift bewirkt zunächst erhebliches Ansteigen des Blutdruckes. Daß die zur Erstickung führenden Gifte, besonders während der dabei auftretenden Krämpfe, den Blutdruck steigern, ist leicht erklärlich.

Wirkung auf das Blut.

Die Veränderungen des Blutes fallen besonders leicht ins Auge. Auffallend ist die überaus weite Verbreitung von *hämolytisch* wirkenden Stoffen. Solche „Hämolysine", deren Wirkung allerdings von recht verschiedener Intensität und, je nach der Herkunft der geprüften Blutkörperchen, auch von stark wechselnder Art ist, finden wir unter den Wirbellosen, so besonders bei den parasitischen Würmern, Insekten (Bienen und Bieneneier, Spinnen und Spinneneier), Tausendfüßlern, Culexarten, bei Käferlarven (Diamphidia), bei zahlreichen Amphibien (Hautsekrete von Fröschen, Unken, Tritonen usw.), in den Drüsensekreten der Fische, z. B. Trachinus, bei Eidechsen (Heloderma), bei vielen Schlangengiften. Bemerkenswert ist dabei, daß zahlreiche an sich nicht hämolytisch wirkende tierische Gifte durch Spuren von Lecithin oder Serum aktiviert werden unter Bildung von stark hämolytischen Toxolecithiden. Solche sind bei Wirbellosen (Bienen, Skorpione, Spinnen) ebenso wie bei Wirbeltieren (Fisch-, Eidechsen- und Schlangengifte) bekannt.

Durch hämolytische Wirksamkeit ist außerdem das Blutserum vieler Tiere ausgezeichnet. So wirken wohl die Sera aller Fische und Amphibien mehr oder weniger hämolytisch auf Säugetierblut. Die chemische Natur der hier wirksamen Substanzen ist wenig bekannt, doch wird man nicht fehlgehen, wenn man diese in der Reihe der Gallensäuren und ihrer Verwandten, der ungesättigten Fettsäuren und der Lipoide sucht. Hierher gehören auch die tierischen Sapotoxine (FAUST). In manchen Fällen dürften neben der Wirkung solcher „direkter" Hämolytica auch fermentative Spaltungen in Frage kommen, durch welche erst die hämolytischen Stoffe, z. B. Ölsäure aus Lecithin, in Freiheit gesetzt werden.

Die bei Schädigungen durch tierische Gifte häufig auftretenden schweren *Anämien* sind, wenigstens zum Teil, auf direkte Wirkungen solcher Blutgifte zurückzuführen. Von hoher ärztlicher Bedeutung sind die Erkrankungen bei Wurmträgern (Bothriocephalus, Tänien, Ascariden, Ankylostoma, Distomum (Fasciola) und durch sonstige Parasiten (Schistosoma, Gastrophilus).

Die meisten tierischen Gifte verändern auch die Eigenschaften des Blutplasmas. Genau studiert ist die Wirkung auf die *Blutgerinnung*. Als gerinnungsfördernd sind bekannt die Gifte gewisser Spinnen und ihrer Eier. Der plötzliche Tod durch Bisse usw. mancher giftigen Tiere findet als Folge von Blutgerinnung und Thrombosenbildung eine ausreichende Erklärung. Auch zahlreiche Schlangen besitzen durch solche Wirkungen ausgezeichnete Drüsengifte, wie z. B. die meisten Vipern (Vipera aspis, Vipera Russeli, Crotalus terrificus, Lachesis atrox und L. lanceolatus, Echis carinata, Pseudechis porphyriacus, Bungarus fasciatus). Auf der anderen Seite hemmen wieder gewisse Schlangengifte die Gerinnung, wie die Gifte von Naja tripudians, Elaps Marcgravi, Lachesis flavoviridis, Ancistrodon contortus, Crotalus adamanteus. Häufig sieht man beide Wirkungen nacheinander auftreten („positive und negative Phase"). Die Schlangengifte scheinen die Thrombokinase des Blutes zu zerstören, nach einigen Autoren besitzen sie aber selbst die Eigenschaften des Thrombins (HOUSSAY, SORDELLI u. a.).

Außer bei Schlangen finden sich gerinnungshemmende Wirkungen bei den meisten nativen, d. h. eiweißhaltigen Giften, so bei Würmern — es sei nur an das klassische Hirudin des Blutegels erinnert —, auch bei den parasitischen Eingeweidewürmern, wie Ascaris, dann bei zahlreichen Arthropoden. Gewisse Zecken bewirken fast unstillbare Blutungen, so daß sie geradezu als Ersatz für Blutegel Verwendung finden. Hier seien noch die Wanzen (Cimex, Conorrhinus), Anopheles, die Bremsen (Tabaniden), die Kriebelmücken (Simuliiden), die Tausendfüßer (Myriapoden) erwähnt.

Außer der hämolysierenden Wirkung findet sich, häufig auch damit vereint, die *Agglutination* der roten Blutkörperchen. Beispiele hierfür liefern die Hautsekrete mancher Amphibien, gewisse Schlangengifte und Insektengifte, z. B. Anopheles, Stechmücken (nicht bei Culex!). Die Agglutinine der weißen Blutkörperchen scheinen mit denen der Erythrocyten identisch zu sein. Meistens gehen wenigstens die Wirkungen parallel.

Schädigungen der *weißen Blutzellen* treten bei allen tierischen Giften vom Charakter der „Cytotoxine" und „Cytolysine" auf. Als Typen können die Schlangengifte gelten. Diese zerstören auch isolierte Körperzellen, wie Leber-, Nieren-, Milzzellen, ferner Spermien, Protozoen usw. Besonders wirksam sind die Gifte von Kobra, Ancistrodon und aller Vipern, während das Gift von Crotalus sich erheblich schwächer zeigt.

Aus dieser Zusammenstellung ergibt sich zunächst eine verwirrende Fülle von Erscheinungen. Versucht man diese nach pharmakologischen Gesichtspunkten zu zergliedern und den Angriffspunkt der Wirkung zu ermitteln, so stößt man bei der Auswahl auf Schwierigkeiten, weil kein einzelnes Organsystem in besonders hervorstechendem Maße von der Giftwirkung betroffen wird. Aber gerade aus dieser fast universellen Wirksamkeit geht der einheitliche Charakter der hier zu prüfenden Gifte klar und deutlich hervor. Es handelt sich — trotz gewisser Abstufungen und Abweichungen im einzelnen — bei der langen Reihe aller dieser Stoffe verschiedenster Herkunft um die gleiche Grundwirkung, und zwar um eine *allgemeine Zellgiftwirkung*. Die Gifte schädigen jede Zelle, mit der sie in Berührung kommen, und es hängt nur von den Umständen, insbesondere von der Lokalisation ihrer Einwirkung und der biologischen Bedeutung der betroffenen Zellen und Organe ab, wie sich im Einzelfall das Bild der Vergiftung gestaltet.

Unter den zahllosen in der belebten Natur gebildeten Stoffen gibt es nur eine Klasse, deren Giftwirkungen sich in allen wesentlichen Punkten mit den oben beschriebenen decken, die *Sapotoxine*. Sie ertöten mehr oder weniger schnell das Protoplasma aller Organelemente und bringen ihre Lebensvorgänge zum Absterben. Dadurch erklären sich ihre heftigen Giftwirkungen auf das Blut, die isolierten Gewebszellen, die Muskelfasern und Nerven. Der dauernden Schädigung können, wie besonders die Erscheinungen an Schleimhäuten, am Herzen, am Nerven zeigen, Erregung und Funktionssteigerungen vorausgehen. Besonders nahe dürften die chemisch noch unerforschten tierischen Gifte den *Gallensäuren* stehen. Dies zeigt sich auch in den Resorptionsverhältnissen vom subcutanen Bindegewebe aus, von den Schleimhäuten des Magen- und Darmkanals, und damit im verschiedenen Ablauf der Vergiftung je nach Einverleibung in den Verdauungskanal, in Körpergewebe, in die Blutgefäße. In einigen Fällen sind die nahen Beziehungen tierischer Gifte zu den Gallensäuren bereits auf exaktem chemischen Wege erwiesen, so z. B. bei den Krötengiften. Der weitere Ausbau der chemischen Forschung wird zeigen, ob die vorläufig nur pharmakologisch begründete Voraussage richtig ist, nach der unter den tierischen Giften *gallensäureartige Verbindungen* die beherrschende Rolle spielen.

Farbwechsel und Pigmentierungen und ihre Bedeutung.

Von

H. ERHARD

Freiburg, Schweiz.

Zusammenfassende Darstellungen.

Handb. d. Biochem., hrsg. von C. OPPENHEIMER, 3. Aufl. Jena: G. Fischer 1929. — Handb. d. biol. Arbeitsmethoden, hrsg. von E. ABDERHALDEN. Wien u. Berlin: Urban u. Schwarzenberg 1921—1924, Aufsätze von B. DÜRKEN, F. SAMUELY u. E. STRAUSS. — Handb. d. vergl. Physiologie, hrsg. von H. WINTERSTEIN: 3. Jena: G. Fischer 1914, Aufsätze von R. F. FUCHS und W. BIEDERMANN. — JAKOBI, A.: Mimikry und verwandte Erscheinungen. Braunschweig: Vieweg 1913. — HESSE, R. u. F. DOFLEIN: Tierbau und Tierleben. Leipzig u. Berlin: Teubner 1910. — MILLOT, M.: Feuille Natur Paris 45, 60—65 (1924). — GANS, O. u. G. LUTZ: Erg. Anat. 26, 55—86 (1925). — BIEDERMANN, W.: Erg. Biol. 1, 1—342 (1926); 3, 354—540 (1928). — STURMER, J. W.: Amer. J. Pharmacy 98, 325—340 (1926).

Einleitung.

Die *Farbstoffe* sind in den meisten Fällen gleichmäßig im Zellplasma gelöst, seltener sind sie nur an Körnchen in der Zelle gebunden. Im letzteren Fall können entweder alle Zellen des Körpers gleichmäßig solche farbige Körnchen besitzen oder der Farbstoff ist nur in den Körnchen ganz bestimmter Zellen, der Chromaphoren oder Chromatophorenzellen, abgelagert. *Chromaphoren* sind nach SANGIOVANNI[1] Farbzellen, in denen die Körnchen lediglich durch Plasmaströmungen verfrachtet werden, *Chromatophoren* solche, in denen die Körnchen durch einen besonderen differenzierten Bewegungsapparat bewegt werden.

Die *farbigen Körnchen* in der Zelle können entweder ruhen oder beweglich sein. Die Zellen, welche sie tragen, gleichen entweder den übrigen Körperzellen oder sie sind besonders zu *Farbzellen* differenziert; im letzteren Fall ist ihr Bau zumeist sternförmig. Zellen, welche Farbkörnchen tragen, können entweder stets den nämlichen Platz im Körper einnehmen oder sie können als „Wanderzellen" ihren Ort wechseln.

Man muß die *Pigmentzelle* als eine *amöboide Zelle* auffassen, deren Bewegungsfähigkeit durch Skelettfibrillen und durch die Viscosität des Plasmas bedingt ist. Ist das Endoplasma stark viscös, so bleiben die Pigmentkörner in Ruhe; ist es wenig viscös, so zeigen sie die BROWNsche Molekularbewegung. Nach KOLTZOFF[2] wird die Kontraktion und Expansion der Pigmentzelle durch Änderungen der Oberflächenspannung des Ektoplasma und durch Änderungen der Viscosität

---

[1] SANGIOVANNI, G.: Ann. des Sci. natur. 16 (1829).
[2] KOLTZOFF, M.: Arch. exper. Zellforschg 6, 107—108 (1928).

des Endoplasma hervorgerufen. Durch eine Änderung des Verhältnisses Na:K:C kann sowohl maximale Expansion wie maximale Kontraktion hervorgerufen werden. Ein Überfluß von Ca-Ionen verursacht Kontraktion der Melanophoren und Expansion der Leukophoren; ein Überfluß von K-Ionen hat die entgegengesetzte Wirkung, ebenso wie Sulfat, Phosphat, Citrat und Oxalat. Auf Alkohol, Äther, Chloralhydrat, Morphium expandieren sich die Pigmentzellen; auf Cocain und Veratrin kontrahieren sie sich. Pituitrin bewirkt maximale Expansion, Adrenalin maximale Kontraktion.

Reizt man eine Pigmentzelle, so können zweierlei Reaktionen der Zelle daraufhin eintreten (nach Péterfi und Kapel[1]): 1. Die ganze Zelle kann sich zusammenziehen, wodurch die Pigmentkörnchen mehr passiv geballt werden und nachträglich quellen. 2. Die Pigmentkörnchen können ohne Kontraktion der Zelle wandern. Die angewandten Reize waren chemische und elektrische.

Der Farbstoff, welcher das Tier färbt, kann entweder von diesem selbst geliefert werden, oder er kann von der Nahrung oder sonst von der Umgebung des Tieres stammen. Durchsichtige Tiere erscheinen oft stark gefärbt durch die im Darm aufgenommene Nahrung. Auf der Körperoberfläche mancher Tiere siedeln sich häufig anorganische oder organische Bestandteile an, welche dem Tiere eine ganz andere Farbe verleihen. Niedere Wirbellose, vor allem Protozoen und Coelenteraten, erhalten häufig ihre charakteristische Farbe durch einzellige Algen, die grünen Zoochlorellen oder die gelben Zooxanthellen. Im Dunklen gezogen verlieren sie ihre Farbe; der Farbwechsel ist also hier an die symbiontischen pflanzlichen Organismen gebunden. Manchmal geben auch Stoffwechselprodukte die charakteristische Farbe für ein Tier ab. Nach reichlicher Fütterung beladen sich manche niedere Organismen so stark mit flüssigen Fettkügelchen, daß sie ganz gelb erscheinen. Die bei Radiolarien zuweilen in großer Menge auftretenden Ölkugeln, welche das Tier stark färben, werden als hydrostatisches Organ gedeutet; sie sollen infolge ihres geringen spezifischen Gewichtes die Schwebefähigkeit des Tieres erleichtern. Die Färbung der nackten Haut kann auch noch durch Blutgefäße bedingt sein. Die Intensität der Färbung hängt in diesem Falle von der Dicke der Haut, dem Kaliber und der Füllung der Blutgefäße ab; diese stehen wieder unter dem Einfluß des Nervensystems und der endokrinen Drüsen.

Bei zahlreichen wirbellosen Tieren finden sich sog. „Augenflecke", d. h. *stark pigmentierte Stellen in der Nähe des Sehorgans*, welche dasselbe gegen die Nachbarschaft optisch isolieren. Es kann also nur Licht, das aus einer bestimmten Richtung kommt, das Sehorgan erregen. Das Irispigment der höheren Tiere dient bekanntlich dazu, das Einfallen seitlicher Lichtstrahlen zu verhindern. Es fehlt beim Ganzalbino.

Alle Wirbeltiere mit Stäbchen im Auge haben einen Sehpurpur, welcher bekanntlich im Lichte bleicht; wo Stäbchen fehlen, wie das bei der Netzhaut der Nachtraubvögel nach Hess[2] der Fall ist, fehlt auch der Sehpurpur. Dagegen fand Hess[3] in dem (zwar nicht anatomisch aber physiologisch ähnlichen) Cephalopodenauge gleichfalls einen Sehpurpur. Boll[4] gelang zuerst der Nachweis der *Pigmentwanderung im Auge*; bei Belichtung dringt es mehr zwischen die Stäbchen und Zapfen ein. Diese bei Säugetieren und beim Menschen noch nicht beobachtete Erscheinung konnte Hess[5] am lebenden Stirnauge der Libelle wahrnehmen.

Die in den „Farbzellen" im engeren Sinn vorhandenen farbig erscheinenden Bestandteile können entweder organischer oder anorganischer Natur sein. Die

---

[1] Péterfi, T. u. O. Kapel: Arch. exper. Zellforschg 5, 341—354 (1928).
[2] Hess, C. v.: Wintersteins Handb. d. vergl. Physiol. Jena: G. Fischer 1913.
[3] Hess, C. v.: Zbl. Physiol. 16, 91 (1902) — Pflügers Arch. 109, 393 (1905).
[4] Boll, J.: Sitzgsber. preuß. Akad. Wiss., Physik.-math. Kl. 1876, 783.
[5] Hess, C. v.: Pflügers Arch. 181, 1—16 (1920).

Farbe und der Farbwechsel kann auf der charakteristischen Färbung der betreffenden Bestandteile beruhen oder nur durch Interferenzwirkung veranlaßt werden. Die Farbe kann lichtbeständig sein oder, wie dies etwa beim Pigment der Retina der Fall ist, von Licht chemisch zersetzt werden. Sie kann sich unter dem Einfluß äußerer Reize wie Licht, Trockenheit, Tastreize, elektrische, osmotische Reize direkt ändern. Sonst wird auf indirektem Wege, vom Nervensystem aus, der Farbwechsel veranlaßt.

Das Thema „Farbwechsel und Pigmentierungen und ihre Bedeutung" läßt sich vom Standpunkt der Entwicklungsgeschichte, der Anatomie, der physiologischen Chemie, der Physiologie, Pathologie und endlich der Ökologie behandeln. Hier sei der physiologische Standpunkt in den Vordergrund gestellt. Die Ergebnisse der übrigen Disziplinen können nur kurz erwähnt werden. Wer sich speziell für Grenzgebiete der Physiologie des Menschen interessiert, dem seien die zusammenfassenden pathologischen und dermatologischen Werke empfohlen. Die Chemie des Farbwechsels hat in dem in 3. Auflage erschienenen „Handbuch der Biochemie" von OPPENHEIMER eine gründliche Bearbeitung erfahren. Die Ökologie der Pigmentierung findet im 2. Band von HESSE-DOFLEINS „Tierbau und Tierleben" sowie in JAKOBIS „Mimikry" eingehende Behandlung.

Nahezu die gesamte Literatur bis 1914 über die Physiologie des Farbwechsels und des Pigments mit Berücksichtigung seiner Entwicklungsgeschichte und Anatomie hat im 3. Band von WINTERSTEINS Handb. d. vergl. Physiol. durch R. J. FUCHS (Wirbellose, Fische, Amphibien und Reptilien) und BIEDERMANN (Insekten) eine so meisterhafte Bearbeitung gefunden, daß die Literatur des letzten Jahrhunderts hier nur in Ausnahmefällen noch zitiert zu werden braucht; im übrigen sei auf diese beiden Aufsätze verwiesen. Die Wirkung des Pigments als Lichtschutz wird in diesem Handbuch von Prof. JODLBAUER in seinem Aufsatz (Bd. 17, S. 305) behandelt.

Die *Geschichte der Pigmentforschung* ist vor allem geknüpft an die Namen VALLISNIERI (Chamäleon 1715), BRÜCKE (Chamäleon 1851—1852), LEYDIG (Fische, Reptilien und Amphibien 1853—1895), POUCHET (Einfluß des Nervensystems auf den Farbwechsel 1876), POULTON (Experimentelle Beeinflussung des Insektenpigments 1884—1893) und STANDFUSS (Vererbungsexperimente am Pigment der Insekten 1892—1905). Auch die Pigmentforschung hat den Weg von einer rein beschreibenden zu einer experimentellen Wissenschaft, welche die Ursachen des Phänomens zu ergründen versucht, zurückgelegt. Dabei soll aber nicht gesagt werden, die ersten Forscher, welche sich mit dem Studium des Pigments befaßten, hätten nicht experimentiert, im Gegenteil, schon ARISTOTELES war die experimentelle Methode bekannt. Wie aber DÜRKEN in seinem verdienten Aufsatz über „die Methoden zum Studium des Pigmentwechsels" in ABDERHALDENS Handbuch mit Recht hervorhebt, sind die dazu nötigen Kautelen nicht nur von früheren Autoren, sondern bis in die allerjüngste Zeit vielfach nicht beachtet worden. Auf die Pigmentierung können von Einfluß sein: Alter, Geschlecht, Krankheit, Schwäche, Ernährungszustand, Häutung, Umgebung, Tageszeit, Jahreszeit, Geschlechtsleben, Gefangenschaft, Übung, Erregbarkeit, physische Zustände, Vererbung, Schlaf, Wärme, Kälte, Shockwirkung, Feuchtigkeit, Trockenheit und alle übrigen Reize. Sieht man daraufhin die Literatur an, so findet man vielfach überhaupt keine oder nur ungenaue Angaben über die im Experiment verwandten und dasselbe begleitenden Bedingungen. Selten findet man z. B. bei Lichtexperimenten die Angabe, daß die störende Wirkung der Wärme und der ultravioletten Strahlen ganz ausgeschaltet worden ist. Die Wellenlänge des Lichts ist meist nicht bestimmt. DÜRKEN verweist hier die Pigmentforscher, welche vielfach nicht einmal den farblosen Helligkeitswert der Farben mit in Rechnung gezogen haben, auf die vorbildliche Anordnung der Experimente von HESS. Bei dem großen Einfluß der Luftfeuchtigkeit auf den Farbwechsel mancher Amphibien und Reptilien muß es auffallen, daß in keiner einzigen Untersuchung diese mit dem Hygrometer gemessen worden ist. Auf diese Fehlerquellen muß deshalb hier nachdrücklich verwiesen werden, weil sie manche Widersprüche in der Literatur bis in die neueste Zeit bedingen. In dieser kurzen Zusammenfassung, welche sich sowieso nur auf die Haupttatsachen der Pigmentforschung beschränkt, mußten deshalb alle Untersuchungen, welche ungenaue Angaben über Bedingungen beim Experiment machen, unerwähnt bleiben. Wegweiser für die exakte Pigmentforschung sind in unserer Zeit vor allem die Untersuchungen von BALLOWITZ und W. J. SCHMIDT über die Histologie der Pigmentzellen, R. F. FUCHS über die Physiologie der Pigmentzellen, BIEDERMANN über die Schillerfarben der Insekten und Vögel, DÜRKEN über den Einfluß farbigen Lichtes auf Puppen und die somatische Induktion, PRZIBRAM über experimentelle Pigmentstudien an Insekten und Amphibien, v. FRISCH und MAST über Pigmentexperimente an Fischen, HÄCKER über das Pigment der Vögel, endlich von BLOCH (Dopareaktion), MEIROWSKY, HUECK u. a. über die Pigmentbildung beim Menschen.

Allgemeines über Pigmente.

A. A. von den Berg, P. Müller und J. Brockmeyer[1] haben die *gelben Farbstoffe* beim Menschen und bei Vögeln untersucht. Am meisten Lipochrom fanden sie in den Nebennieren, dann in Leber, Fett und Milz. Auch das Blutserum des Menschen enthält Lipochrom, und zwar Carotin und Xanthophyll. Hühner enthalten nur Xanthophyll. Rigg[2] bewies, daß die gelben Pigmente der Tiere, die Lipochrome, chemisch identisch und isomer mit carotinartigen pflanzlichen Pigmenten, wie dem Xanthophyll, Leukopersin, Fucoxanthin und Carotin selbst, sind. Das gilt sowohl für die Pigmente im Schnabel, im Fett, Blutserum, Eigelb von Vögeln wie dem gelben Pigment mancher Nervenzellen einiger Tiere, dem Blutplasma und Fett des menschlichen Körpers. Rigg nimmt wie Verne[3] im Gegensatz zu den meisten Autoren an, diese Pigmente würden durch die Nahrung aufgenommen, nicht im Tierkörper gebildet. Verne glaubt dies durch Fütterungsversuche an Krebsen, wo bei carotinreicher Nahrung das Körpercarotin zunahm, bewiesen zu haben. Fischer[4] fütterte carotinfrei; daraufhin nahm der Pigmentgehalt ab. So sehr die chemischen Analysen von Verne für eine Ähnlichkeit von pflanzlichem und tierischem Carotin sprechen — Verne teilt die rotgelben Farbstoffe der Tiere in eine Stickstoffserie und eine stickstofffreie Serie der Isoerythrine und Carotinoide ein —, so ist doch fraglich, ob das pflanzliche Carotin direkt in tierisches übergeht, weil doch sonst bekanntlich Eiweiß stets abgebaut und zu arteigenem Eiweiß wieder aufgebaut wird.

Ob chemische *Beziehungen zwischen Lipochromen und Vitaminen* bestehen, darüber gehen die Ansichten auseinander; van den Berg, A. A. und P. Müller[5] z. B. konnten diese Frage nicht entscheiden; Steenbock, H. Sell, M. J. und M. V. Buell[6] haben aber den Beweis erbracht, daß zwischen dem gelben Pigment und dem Vitamingehalt im Fett der Tiere keinerlei Zusammenhänge bestehen. Dagegen hält Verne[3] das *Cholesterin* für ein Oxydationsprodukt der Carotinoide.

H. Stolzenberg und M. Stolzenberg-Bergius[7] haben *schwarze Pigmente* und Humus auf ihre chemische Beschaffenheit untersucht. Es gelang ihnen unter der Einwirkung von Licht, Wärme, Kondensations- und Polymerisationsprodukten aus vielen Chinonen Produkte zu gewinnen, welche in vielen Punkten den Melaninen ähnlich sind; O. v. Fürth und F. Lieben[8] konnten Melanine als einen Abkömmling des Tryptophans erweisen. Die wichtigste Aufklärung über die Art des Entstehens von schwarzem Pigment ist uns durch Blochs „Dopareaktion" geworden, doch empfiehlt sich darauf später, bei Besprechung des menschlichen Pigmentes, erst näher einzugehen (s. S. 250—253)[9]. Chemisch besteht nach Lubarsch, Salkowski, Brahm und Schmittmann[10] das Melanin menschlicher Tumoren aus: Kohlenstoff 51,92%, Wasserstoff 5,21%, Stickstoff 11,03%,

---

[1] H. van den Berg, P. Müller u. J. Brockmeyer: Biochem. Z. **118**, 279—303 (1920).

[2] Rigg, G. B.: Science **55**, 101—102 (1922).

[3] Verne, J.: Arch. de Morph. **16**, 1—168 (1924) — Progres méd. **55**, 951—954 (1927).

[4] Abeloos, M. u. E. Fischer: C. r. Soc. Biol. **96**, 374—375 (1927). — Fischer, E.: C. r. Soc. Biol. **97** (1927).

[5] Berg, A. A. van den u. P. Müller: Koniekl. Ak. v. Wetensch. Amsterdam. Wisk. en Natk. **28**, 612—622 (1920).

[6] Steenbock, H., M. J. Sell u. M. V. Buell: J. of biol. Chem. **47**, 89—109 (1921).

[7] Stolzenberg, H. u. M. Stolzenberg-Bergius: Hoppe-Seylers Z. **111**, 1—31 (1920).

[8] Fürth, O. v. u. K. Lieben: Biochem. Z. **116**, 224—241 (1921).

[9] Was die histologische Technik zur Darstellung des Pigments betrifft, so muß hier auf die Spezialwerke, wie das Böhm-Romeissche „Taschenbuch" hingewiesen werden. Vgl. ferner: Pascual, A. J.: Trav. Labor. rech. biol., Univ. Madrid **22**, 191—208 (1924). — Goldmann, H.: Virchows Arch. **261**, 199—210 (1926). — Bleichung des Pigments: Kopsch, F.: Z. mikrosk.-anat. Forschg **12**, 383—390 (1928).

[10] Zitiert nach W. Schultze: D. prakt. Arzt **11**, H. 5—7 (1926).

Schwefel 3,42%. Das sog. fetthaltige Abnutzungspigment, das Lipofuscin, ist gleichfalls ein Melanin, aber mit weniger Fettstoffen.

Über das *chemische Verhalten des Melanins* sagt SCHULTZE[1] zusammenfassend: „Es ist unlöslich, auch nicht in konzentrierter Schwefel- und Salzsäure. Hierin unterscheidet es sich stark vom Hämosiderin und verhält sich ähnlich wie die fetthaltigen Abnutzungspigmente. Melanin wird im Gegensatz zu Hämosiderin und Hämatoidin ähnlich wie Lipofuscin HUECKs vor allem in Wasserstoffsuperoxyd gebleicht. Es verhält sich negativ zu allen Eisenreaktionen. Es färbt sich nicht mit basischen Anilinfarben, ebenso nicht mit Fettfarbstoffen. Mit Osmium färbt sich das Melanin schwarz. Gut darstellbar ist es vor allem durch die Versilberungsmethode nach LEVADITI, wobei nicht allein das fertige Pigment, sondern zweifellos auch Vorstufen und Abbauprodukte zur Darstellung kommen. Die Versilberung beruht auf einer Ausfällung des metallischen Silbers, also auf einem Reduktionsprozeß. Fertige Pigmente, Propigmente sowie Pigmentabbauprodukte können also eine reduzierende Wirkung haben. Mit dem Melanin hat einige verwandte Eigenschaften das Lipofuscin. KREIBISCH steht daher auf dem Standpunkt, daß bei der Bildung des melanotischen Pigments eine lipoide und eine melanotische Pigmentkomponente in Frage käme. Bald überwiege die eine, bald die andere. Gegen diese Ansicht von KREIBISCH ist vor allem HUECK aufgetreten, der das Melanin sehr wohl von den Fettfarbstoffen, den Lipofuscinen, unterschieden haben will."

Die Frage der *Beziehungen der Pigmente zum Stoffwechsel* hat verschiedene Beantwortung gefunden. ARNAUD[2] hat zuerst manche Pigmente als Atmungspigmente betrachtet. Jedenfalls hat BAUMANN[3] gezeigt, daß niedere Krebse in denjenigen Schweizerseen besonders lebhaft rot pigmentiert sind, in denen infolge Pflanzenarmut und geringer Wellenbewegung eine besondere Sauerstoffarmut herrscht. Ich[4] habe schon an anderer Stelle darauf hingewiesen, daß die allermeisten Crustazeen der Tiefsee rot gefärbt sind. An höheren Tieren haben A. A. VAN DEN BERG und P. MÜLLER die Ansicht, der Pigmentreichtum stände in Beziehung zur Atmung, widerlegt. Bei manchen Schmetterlingen spielt dagegen die *Ernährung* der Raupen eine große Rolle für das Farbkleid des Falters, wie schon G. KOCH[5] und PICTET[6] bewiesen haben. Ähnliches soll später (S. 242) von den Vögeln berichtet werden.

Der *Farbwechsel* vieler Tiere infolge von Trockenheit und Feuchtigkeit der Umwelt ist in Beziehung zu *verändertem Stoffwechsel* zu bringen. Es ist allgemein bekannt, wie Laubfrösche unter einer Glasglocke mit Chlorcalcium ganz hell werden, in feuchter Atmosphäre dagegen dunkel, selbst wenn im ersteren Fall der Untergrund, auf dem sie saßen, dunkel, im letzteren Fall hell war. Schon TOWER[7] züchtete in *Trockenheit* albinistische, in *Feuchtigkeit* melanistische Formen des Koloradokäfers *Leptinotarsa decemlineata*. Vollends durch die Beobachtung, daß die meisten auf kleinen Inseln lebenden Echsen dunkel, oft schwarz, gefärbt sind, kam man zur Verallgemeinerung, Feuchtigkeit sei allgemein Ursache für Melanismus. (Eine andere Erklärung für den „Inselmelanismus" der Eidechse s. S. 237!) Die im feuchten westlichen Europa lebende Rabenkrähe sei deshalb rein schwarz, die mehr östlich lebende anatomisch von ihr kaum unter-

[1] SCHULTZE, W.: D. prakt. Arzt 11, H. 5—7 (1926).
[2] ARNAUD: Zitiert nach BERG, A. A. VON DEN u. P. MÜLLER.
[3] BAUMANN, F.: Rev. Suisse de Zool. 18 (1910).
[4] ERHARD, H.: Zool. Jb., Abt. f. allg. Zool. u. Physiol. 39, 65—82 (1921).
[5] KOCH, G.: Die indo-australische Lepidopterenfauna, 2. Aufl. Berlin 1873.
[6] PICTET, A.: Mém. Soc. Phys. Hist. Nat. Genève 35, 1905.
[7] TOWER, M. L.: Decenn. Publ. Univ. Chicago 10, 53 (1903) — Carnegie Instit. Publicat. Washington 48 (1906) — Proc. Amer. Assoc. for the Advance of Science 49, 225 (1900).

scheidbare Nebelkrähe dagegen grau und schwarz. Gerade hier stimmt die Theorie nicht, denn noch weiter östlich, im sehr trockenen Sibirien, findet sich wieder die schwarze Rabenkrähe. P. A. Buxton[1] gibt eine Zusammenstellung der Färbung von Wüstentieren Mesopotamiens und Nordpersiens. Nächst zahlreichen Tieren mit gelber „Schutzfärbung" finden sich dort auffallend viele schwarze Tiere, und zwar sind die meisten schwarzen Tiere der Wüste Tagtiere, während sonst bekanntlich schwarze Färbung bei Nachttieren häufiger ist als bei Tagtieren. Zahlreich sind dort schwarze Steinschmätzerarten, Raben, unter den Insekten Tenebrioniden — merkwürdigerweise ist die Mehrzahl der nächtlichen Tenebrioniden dort nicht schwarz, sondern grau und braun — und die Heuschrecke *Eugaster guyoni*.

Auch *Wärme und Kälte* beeinflussen das tierische Farbkleid. Nicht nur Arten und Gattungen von Schmetterlingen, welche in den Alpen sich finden, sind dunkler als ihre in der Ebene lebenden Verwandten, sondern auch ein und dieselbe Art ist im Gebirge oft dunkler als in der Ebene. Das gleiche gilt von Schlangen und namentlich von Käfern, z. B. den Carabiden. Allerdings ist die Lebensweise der Alpen-Carabiden eine nächtliche im Gegensatz zu den Carabiden der Ebene; sie leben untertags im Dunkeln unter Steinen versteckt und könnten auch daher ihre dunkle Farbe haben. Bestätigt werden diese Beobachtungen durch die experimentellen Befunde. Der Schmetterling *Vanessa levana* kommt in zweierlei Generationen vor, — man nennt dies „Saisondimorphismus" — einer dunkleren „Sommerform", *prorsa*, und einer helleren „Winterform", *levana*. Die Winterform entwickelt sich aus überwinterten Puppen und fliegt im Frühjahr, die Sommerform aus Sommerpuppen und fliegt gegen den Herbst zu. Schon Dorfmeister[2] und Weismann[3] setzten die *levana*-Puppe der Kälte aus und erzielten dann dadurch nicht die Sommerform, sondern die Winterform, ein Beweis, daß auch im normalen Leben die Kälteeinwirkung des Winters die Färbung der Frühjahrsgeneration veranlaßt. Berühmt sind vor allem die Versuche von Standfuss und Fischer[4] an Schmetterlingen geworden, welche sich eingehend in Biedermanns Monographie geschildert finden. Hier nur soviel, daß Melanismus sowohl durch extrem tiefe als auch extrem hohe Temperatur auf die Puppen erzeugt werden kann, — und daß die neuerworbene Eigenschaft — dadurch, daß die Geschlechtszellen mit betroffen sind — erblich ist. Tower erhielt durch mäßige Steigerung der Wärme hellere, der Kälte dunklere Formen; Temperaturextreme gaben dagegen albinotische Tiere. Die neuerworbene Eigenschaft erwies sich (nach Tower) als erblich, wenn die Einwirkung zur Zeit der Bildung der Geschlechtszellen im sog. „sensiblen Stadium" bei jungen Imagines geschah. Neuerdings hat man in Amerika, wo man die Experimente Towers zu wiederholen versuchte, starke Bedenken gegen einzelne Ergebnisse Towers geäußert, auch gelang es, an *Drosophila melanogaster*, der Taufliege, nie durch äußere Faktoren solch erbliche Mutationen hervorzurufen. (Vgl. ferner S. 220—221).

Die *Vererbung der durch einen klimatischen Einfluß erzeugten Abänderung* ist früher im Anschluß an Standfuss im Sinne Lamarcks folgendermaßen erklärt worden: In der durch die Klimaänderung betroffenen Generation wird die somatische Änderung des Hautpigments auf die Keimzellen übertragen (sog. „somatische Induktion"), so daß die Nachkommen schon von Geburt an die gleiche

---

[1] Buxton, P. A.: Proc. Cambridge philos. Soc. **20**, 388—392 (1921).

[2] Dorfmeister, G.: Mitt. d. Naturw. Ver. f. Steiermark 1880.

[3] Weismann, A.: Zool. Jb., Abt. f. System. 8, 611—684 (1895) — Vorträge über Deszendenztheorie, 3. Aufl. Jena: G. Fischer 1913.

[4] Standfuss, M.: Handb. d. palaearktischen Großschmetterlinge. Jena 1896 — Fischer, E.: Allg. Z. f. Entomol. **6** (1901); **7** (1902) — Schröder, Ch.: Ebenda. **8** (1903); **9** (1904).

Farbabweichung zeigen. HAECKER[1] dagegen deutet sie im Sinne der Lehre von der sog. indirekten Parallelinduktion folgendermaßen: Das Keimplasma jeder Art hat eine größere, aber nicht unbegrenzte Zahl von virtuellen Potenzen, die durch die stofflichen und chemischen Eigenschaften des Keimplasmas bedingt und bestimmt sind (Pluripotenzhypothese). Den verschiedenen Potenzen des Keimplasmas entspricht eine ebenso große Zahl von Entwicklungsmöglichkeiten oder Entwicklungsrichtungen des jungen Keimes, wobei die besonderen äußeren Umstände eine gewisse Rolle spielen können. HAECKER fährt dann in seinem Davoser Vortrag fort (a. a. O. S. 177): „Nach dieser Auffassung würde also die Klimaänderung nicht direkt die Haut und Hautorgane abändern, sondern zunächst eine Veränderung des Gesamtstoffwechsels verursachen und auf diesem Wege, also indirekt, einerseits die noch nicht differenzierten Zellen der Flügelanlagen, andererseits die Keimzellen im gleichen Sinne beeinflussen (indirekte Parallelinduktion). Diese Beeinflussung würde speziell nach der Pluripotenzhypothese in der Weise erfolgen, daß das Keimplasma beider Zellarten umgestimmt wird, und daß in ihm schlummernde Potenzen geweckt werden, die sich in den Flügelanlagen des affizierten Individuums selbst und ebenso während der Entwicklung der Nachkommen teils in Hemmungsbildungen (Zurückdifferenzierungen), teils in Verschiebungen des Zeichnungsmusters äußern."

Namentlich bei den *Tieren der Alpen* soll die *Farbe als thermischer Faktor* eine Rolle spielen[2]. Die BERGMANNsche Regel besagt, daß die warmblütigen Tiere der Alpen größer sind als ihre Verwandten in der Ebene; ferner sind sie im Winter stärker behaart und im Winter in der Regel dunkler gefärbt. All dies dient zum Wärmeschutz: ein großes Tier hat eine relativ kleinere Oberfläche, also eine relativ geringere Wärmeabgabe, besonders, wenn es durch einen dichteren Pelz geschützt ist. Die dunklere Färbung im Winter — man denke an die Gemse — soll die Bedeutung haben, untertags infolge der besonders großen Wärmekapazität von Schwarz möglichst viel Wärmestrahlen zu sammeln. Manche kleine wirbellose Tiere wie der Gletscherfloh sollen sogar untertags durch ihre dunkle Färbung so viel Wärme sammeln, daß sie in der Nacht einfrieren können. Diese Lehre findet eine Stütze in der Beobachtung von RAHM[3], daß die Tardigraden der Alpen entweder ganz besonders stark gepanzert oder besonders dunkel gefärbt sind. Allerdings ist dabei zu bedenken, daß Schwarz die Wärme ebenso rasch abgibt, wie aufnimmt; am vorteilhaftesten wäre es also für diese Wirbellosen, wenn sie die Farbe ändern könnten, damit ihre Wärmeabgabe in der Nacht eine möglichst geringe sei. Die Wärmeabgabe dunkler Tiere ist nämlich erheblich größer als die heller; so haben BEGUSCH und WAGNER[4] mit dem Mikrocalorimeter nach v. KRIES ermittelt, daß die Wärmeabgabe hellfarbiger Meerschweinchen zu derjenigen schwarzer Meerschweinchen sich verhält wie 100 : 124.

BEEBE[5] kombinierte *Wärme und Feuchtigkeit* bei der Aufzucht südamerikanischer Vögel der Gattung *Scardafella*. Die Veränderungen waren so groß, daß *Scardafella inca* nach der ersten Mauser zu *S. dialeucos*, nach der zweiten zu *S. ridgewayi* wurde, die man bis dahin für verschiedene Arten hielt. Bei Fortsetzung der Versuche treten ganz neue in der freien Natur bisher unbekannte Arten auf.

---

[1] HAECKER, V.: Allgem. Vererbungslehre. 3. Aufl. Braunschweig 1921 — Pluripotenzerscheinungen. Jena 1925 — Verhdl. d. klimatol. Tagung in Davos 1925. S. 174—186. Basel. Zool. Jb., Abt. f. System. **15**, 267—294 (1902).

[2] ERHARD, H.: Die Tierwelt der Alpen. Alpines Handbuch. Leipzig: Brockhaus 1929.

[3] RAHM, G.: Tardigraden. Biologie der Tiere Deutschlands. Berlin: Bornträger 1928.

[4] BEGUSCH, O. u. R. WAGNER: Z. Biol. **84**, 29—32 (1926).

[5] BEEBE: Zitiert nach DOFLEIN in HESSE-DOFLEIN: Tierbau und Tierleben **2**, 869.

S. Scilady[1] betrachtet die *Farben* der Insekten *als thermische Faktoren*, wenngleich nicht alle Farben durch Temperaturen letzten Endes bedingt sind. Dunkle glanzlose Farben sind wärmespeichernd, thermoskop; Weiß und in geringerem Maße Rot und Gelb sind wärmeisolierend, antithermisch. Nach seiner Auffassung sollen besonders viele Tropentiere antithermisch sein. Wenn es richtig ist, daß die Mehrzahl der in den Tropen mit geringer täglicher Temperaturdifferenz lebenden Tiere antithermisch ist, so wäre umgekehrt auch verständlich, warum die in der trockenen Wüste mit ihren außerordentlich starken Temperaturdifferenzen von Tag und Nacht lebenden Tieren einer wärmespeichernden Hülle bedürfen.

In den Lehrbüchern findet man zahlreiche Beispiele für schützende Farbenanpassung an die Umwelt, sog. *Schutzfärbung*, verzeichnet.

Dabei sei hier ein weitverbreiteter Irrtum berichtigt: Tiere, welche ganz in der Farbe ihres Untergrundes gefärbt sind, sind, wenn ihre Bauchseite sichtbar ist, in der Regel sogar sehr leicht zu sehen. Vor allem wichtig ist die Einfallsrichtung des Lichts. Kommt das Licht, wie dies in unseren Breiten der Fall ist, fast nur von oben, so muß die Bauchseite der Tiere, um zu verschwinden, heller als die Rückenseite gefärbt sein; bei gleicher Färbung würde die im Schatten liegende Bauchseite von weitem als dunkler auffallen. Umgekehrt ist es in der Wüste, wo der fast weiße Sand sehr viel Licht reflektiert. Deshalb ist der Löwe mit seiner dunklen Mähne am Bauch schwerer zu sehen als die einheitlich gelbgrau gefärbte Löwin, deren Bauchseite als heller Streif auffällt. Die hellere Färbung der Bauchseite der Fische ist eine Schutzfarbe, weil aus der Tiefe keine Lichtstrahlen kommen, die Bauchseite also im Schatten liegt und deshalb, um zu verschwinden, heller gefärbt sein muß. Die Bedeutung des Silberglanzes an den Flanken des Fischkörpers ist erst durch C. v. Hess[2] geklärt worden: Für ein von unten nach oben im Wasser blickendes Auge wird durch den Silberglanz der Fischkörper dem silberig spiegelnden Wasserspiegel ähnlich, der Fisch also sehr schwer sichtbar.

Oft sind Tiere der Bodenfarbe entsprechend im Sommer braun, im Winter weiß gefärbt, wie z. B. das Schneehuhn, der Alpenhase und das Große Wiesel (Hermelin). (Ein naher Verwandter des Schneehuhns dagegen, das schottische Moorhuhn, ändert die Farbe nicht, weil in Schottland in der Regel im Winter kein Schnee fällt.) Man hat die Erscheinung dieses *saisonmäßigen Farbwechsels* als verursacht durch „Auslese der Passendsten" gedeutet: Die jeweils am besten geschützten Tiere sollen am besten den Nachstellungen ihrer Feinde entgangen sein. Neuerdings gibt aber Haecker[3] für diese Weißfärbung, die bei den Alpentieren saisonmäßig, bei den Polartieren dagegen immerwährend ist (Eisbär, Eisfuchs, Schneeule) auf Grund sorgfältiger Untersuchungen eine andere Erklärung: Die von ihm untersuchten Vögel haben zweierlei Farbstoffe im Gefieder, nämlich dunkelbraune Eumelanine und rostfarbige oder rötlichgelbe Phäomelanine. In Kälte werden zuerst die Phäomelanine, dann die Eumelanine zurückgebildet; es tritt so erst ein Antagonismus von Schwarz und Weiß zutage, der schließlich mit dem Sieg der Weißfärbung endet (Jagdfalke, Schneeule). Wärme dagegen hemmt die Bildung der Eumelanine und begünstigt die Bildung der Phäomelanine; das ist nach Haecker der Grund, warum z. B. die mit unseren schwarzen Raben verwandten ägyptischen Raben bräunlich sind.

Manche Tiere ahmen nicht nur in Farbe, sondern auch in Form ihre Umwelt nach, die Stabheuschrecken z. B. dürre Ästchen, die Blattheuschrecken grüne Blätter; die letzteren werden sogar zu gewissen Zeiten dunkelgelb wie ein welkes Blatt. Besonders günstig wirkt formauflösende Zeichnung (Frischling, junges Reh, Rebhuhn); sogar die scheinbar auffallende Streifung des Zebra ist so zu deuten. Unter *Mimikry* versteht man die Nachahmung gut geschützter Tiere,

[1] Scilady, Z.: Festschrift des 2. Ferienhochschulkurses Hermanstadt **1921,** 65—84.
[2] Hess, C. v.: Z. Biol. **63,** 245—274 (1914).
[3] Haecker, V.: Verh. Klim. Tag. Davos 1925.

also schlecht schmeckender, giftiger, stachelbewehrter oder sonst gefährlicher Tiere, durch andere weniger gut geschützte Tiere. Die Fälle von Mimikry finden sich nicht nur, wie meist angenommen wird, im Insektenreich. So ähnelt z. B. unser Kuckuck in Größe, Zeichnung und Form dem Sperber. Das Männchen soll durch seine Sperberähnlichkeit die Singvögel aus dem Nest scheuchen, damit das Weibchen das Ei um so leichter in das Singvogelnest legen kann. Der indische Kuckuck *Hierococcyx varius* gleicht noch mehr dem indischen Sperber *Astur badius*, auch in der Art des Fluges. Vor ihm fliehen in der Tat die Singvögel.

Besonders eingehend ist die *Wespenmimikry* oder Sphekoidie studiert worden, die Nachbildung stachelbewehrter Wespen durch alle möglichen stachellosen Insekten, wie Bockkäfer, Fliegen, Schmetterlinge usw.; sowie die *Ameisenmimikry* oder Myrmekoidie. Die Entstehung der Nachahmungsfarben und -zeichnungen hat man mit Auslese zu erklären versucht. Die jeweils wespenähnlichsten Insekten überlebten ihre Artgenossen, pflanzten sich fort und steigerten so durch Auslese die wespenähnliche Färbung. Während DAHL[1], REH[2] und andere die Mimikryhypothese bis in die neueste Zeit verteidigen, hat HEIKERTINGER[3] durch eine Reihe von Untersuchungen, namentlich durch das Studium des Inhalts von Vogelmägen, den Nachweis zu bringen versucht, daß die Mimikryvorbilder gar nicht geschützt sind, sondern ebensooft von Vögeln gefressen werden wie ihre Nachahmer. HEIKERTINGER[4] und ebenso RÖBER[5] bringen Beispiele bei, wonach Insekten auch nicht durch die sog. Warnfarben geschützt sein sollen[6].

HEIKERTINGERS Einwände gegen die Mimikrylehre sind aber in allen Punkten durch WASMANN[7] widerlegt worden. WASMANN bringt nicht nur eine erdrückende Fülle von Beispielen von Mimikry bei Ameisengästen, sondern er zeigt auch, wie diese Mimikry entstanden sein mag. Es gibt nämlich heute noch mimetische Formen, die ihre gastgebenden Ameisen nur unvollkommen nachahmen und von diesen deshalb erkannt und getötet werden, während andere phylogenetisch weiter in der Mimikry fortgeschrittene Formen stets unerkannt bleiben.

Es ist das große Verdienst von C. v. HESS[8] als erster den Weg gewiesen zu haben, wie mit streng physikalischen Methoden die Ursachen der *Entstehung der sog. Hochzeitsfarben im Tierreich* — auffallende Färbung des Männchens, ,,um dem Weibchen zu gefallen" — einer Kritik unterzogen werden müssen. HESS wählte als Beispiel den Saibling, dessen Männchen sich zur Fortpflanzungszeit am Bauch lebhaft orange verfärbt. Nun laicht aber der Saibling manchmal in 40—60 m Tiefe, während nach HESS die langwelligen Lichter wie Orange in unseren Seen bereits in 5—10 m absorbiert werden. Außerdem dringt in einen See ja nur von oben Licht, der Bauch des Saiblings liegt demnach im tiefsten Schatten. Der Barsch, dessen Männchen ein schönes ,,Hochzeitskleid" anlegt, laicht in der Nacht.

Am wohlbegründetsten schien bisher die Lehre von den Hochzeitsfarben bei den Vögeln zu sein. Ich[9] habe eine Anzahl von fremden Beobachtungen zusammengestellt und diesen einige eigene hinzugefügt, wonach die Vogelweibchen, wenn ihnen die Wahl zwischen verschieden schön gefärbten Männchen gelassen wird, nie, wie die Theorie will, die schönsten auslesen, sondern daß überhaupt keine Auslese stattfindet und daß stets das stärkste Männchen, selbst wenn es

[1] DAHL, FR.: Naturwiss. Wschr. **20**, 70—75 (1921).
[2] REH, L.: Verh. zool.-bot. Ges. Wien **70**, 99—112 (1921).
[3] HEIKERTINGER, F.: Zool. Jb., Abt. f. System. **44**, 267—296 (1921) — Verh. zool.-botan. Ges. Wien **70**, 316—384 (1921) — Naturwiss. Wschr. **20**, 709—713 (1921).
[4] HEIKERTINGER, F.: Zool. Anz. **53**, 286—297 (1921); **44**, 30—47, 117—190 (1922); **55**, 1—10 (1922).
[5] RÖBER, J.: Entomol. Mitt. **10**, 23—30, 68—74 (1921).
[6] Zur Kritik des Mimikryproblems vgl. auch: PRZIBRAM, H.: Erg. Physiol. **19**, 391—447 (1921).
[7] WASMANN, E.: Die Ameisenmimikry. Berlin: Bornträger 1925.
[8] HESS, C. v.: Zool. Jb., Abt. f. allg. Zool. u. Physiol. **33**, 387—400 (1913) — Z. Biol. **63**, 245—274 (1914).
[9] ERHARD, H.: Zool. Jb. Abt. f. allg. Zool. u. Physiol. **41**, 489—552.

das am wenigsten schön gefärbte ist, zur Paarung kommt. Auch Albinos können neben normalen Tieren zur Paarung gelangen.

Ebenso hat man sich die im Gegensatz zur vorübergehenden Hochzeitsfarbe während des ganzen Jahres bestehende *geschlechtsverschiedene Färbung*, die besonders bei Vögeln vorhanden ist, deren Männchen häufig für das menschliche Auge sehr viel auffallender und schöner gefärbt sind, durch Auslese infolge von geschlechtlicher Zuchtwahl zu erklären versucht. Es gibt einige wenige Vögel, deren Weibchen lebhafter gefärbt sind als die Männchen, z. B. die Schnepfenralle auf Madagaskar; hier aber ist es das Weibchen, welches sich förmlich um das Männchen bewirbt. Oder der Regenpfeifer, weil hier das Männchen brütet und deshalb die unscheinbarere Schutzfärbung trägt.

Aber auch hier hat die Kritik der allerletzten Jahre eingesetzt. Der Pfauhahn zeigt z. B. nicht, wie man glauben sollte, seine schönere Vorderseite vor der Paarung dem Weibchen, sondern die Hinterseite. Unerklärlich bleibt ferner die sog. *Hahnenfedrigkeit* ganz alter Hennen, wobei diese mit der Verkümmerung ihrer Geschlechtsorgane männliche sekundäre Geschlechtsmerkmale, u. a. auch männliches Federkleid annehmen.

Nachdem Hess[1] den Beweis erbracht hatte, daß die von ihm untersuchten Tagvögel relativ blaublind sind, weil ihrer Netzhaut gelbe, orange und rote Ölkugeln vorgeschaltet sind, welche eindringende kurzwellige Strahlen absorbieren, untersuchte ich[2] mit dem Differentialpupilloskop und im Spektrumversuch eine größere Menge von Tagvögeln, die blau gefärbt sind oder deren Männchen sog. blaue „Schmuckfarben" haben. Auch diese erwiesen sich alle als relativ blaublind. Blau kann also hier keine Schmuckfarbe sein. In drei großen Sammlungen zählte ich das Verhältnis blauer Vögel und mit blauen sog. Schmuckfarben versehener männlicher Vögel zu anders gefärbten Vögeln. Die blauen und violetten Farben sind bei buntgefärbten Tagvögeln eher häufiger als alle übrigen bunten Farben.

Während man also früher recht einfache *Erklärungen für das Auftreten tierischer Pigmente* bei der Hand hatte, haben die Untersuchungen der allerletzten Jahre mindestens gezeigt, daß eine Verallgemeinerung dieser Theorien nicht immer zulässig ist. Wir leugnen heutzutage keineswegs das Bestehen oder den Vorteil bestimmter Färbungen, wie der Schutzfärbungen usw., aber wir glauben, daß es auch andere Ursachen für das Auftreten tierischer Farbkleidung gibt, als man bisher angenommen hat.

Eingehend ist z. B. die Ursache für das Auftreten von *Melanismus*[3] untersucht worden. Goldschmidt[4], Hasebroek[5] und Onslow[6] haben unabhängig von einander an verschiedenen Schmetterlingsarten die Beobachtung gemacht, wie in der Nähe von Großstädten dunkel gefärbte Tiere — Melanismus — alle übrigen verdrängen. Goldschmidt erklärt den Vorgang mit Auslese; der Darmkanal der Raupen der schwarzen Tiere sei widerstandsfähiger gegen die Beimischung

---

[1] Hess, C. v.: Lichtsinn. In Wintersteins Handb. d. vergl. Physiol. 1913. Jena: Gustav Fischer 1913.

[2] Erhard, H.: Zool. Jb., Abt. f. allg. Zool. u. Physiol. **41**, 489—552 (1924).

[3] Besonders bei Käfern kommt außer Melanismus und Albinismus noch ein völlig ungeklärter Rufinismus vor, d. h. sonst einfarbige dunkle Käferarten haben manchmal die Neigung, eine rote oder nur teilweise rote Färbung anzunehmen. Sehr selten ist bei Vögeln Flavismus. Rutilismus ist bei Säugetieren sehr selten. Am ehesten findet man ihn noch beim Maulwurf.

[4] Goldschmidt, R.: Z. Abstammgslehre **52**, 89—163 (1921).

[5] Hasebroek, K.: Zool. Jb. Abt. f. allg. Zool. u. Physiol. **37**, 279—292 (1920) —Arch. f. Dermat. **130**, 253—259 (1921) — Fermentforschg **5**, 1—40 (1921) — Biol. Zbl. **41**, 367—373 (1921).

[6] Onslow, H.: J. Genet. **9**, Nr 4, 339—346 (1920); **10**, 135—140 (1920); **11**, 293—298 (1921); **12**, 123—139 (1921).

der Nahrung mit schwefliger Säure. Nach Onslow ist das Merkmal „Melanismus‘, dominant. Das Auftreten melanistischer Formen entstehe nicht, wie man früher glaubte, in Anpassung an die dunkleren rußgeschwärzten Blätter, auf denen die Tiere sitzen, sondern melanistische Tiere haben eine kräftigere Konstitution und setzen sich deshalb an Orten mit ungünstigen Lebensbedingungen, wo der Kampf ums Dasein besonders groß ist, leichter durch. Hasebroek endlich erklärt den „Großstadtmelanismus" damit, daß in die Tracheen der Großstadtformen Staubextrakt eindringt. (Vgl. ferner S. 260). Dadurch wird eine „Stoffwechselumsteuerung" in den Schuppen herbeigeführt, die mit einer Anreicherung von dopaähnlichen Melaninvorstufen verbunden ist. Die später zu besprechenden experimentellen Arbeiten von Dürken, Przibram und Brecher haben wesentlich zur Klärung der Frage beigetragen (s. S. 221—224).

Eine bekannte Erscheinung ist ferner der sog. „*Inselmelanismus*", der oft besonders bei Insekten und Reptilien ausgesprochen ist. Er wurde früher allgemein auf die höhere Luftfeuchtigkeit der Inseln zurückgeführt; dem steht aber die Tatsache gegenüber, daß die Luft auf der Insel Kapri oder auf den Adriatischen Inseln, wo sich viele melanistische Eidechsen finden, besonders trocken ist. Mertens[1] fand, daß schwarz mutierende Eidechsen sich sehr oft dominant verhalten; bei Inselisolierung sich also die dominante Farbe leicht durchsetzen kann. Rensch[2] dagegen hält auf Grund von Beobachtungen an Mollusken daran fest, daß der Inselmelanismus durch hohe Luftfeuchtigkeit entstehe.

Zusammenfassend unterscheidet Goldschmidt[3] folgende Formen von Melanismus: 1. Sporadischen Melanismus. 2. Streng lokalen Melanismus. 3. Geographischen Melanismus, der nur in einem bestimmten geographischen Bezirk sich äußert. Dieser zerfällt: „a) in diskreten geographischen Melanismus: Stammform und melanistische Form bewohnen getrennte Gebiete (*Diaphora mendica* Cl.), b) gemischten geographischen Melanismus: beide Formen kommen durcheinander vor (*Spilosoma lubricipeda*)." 4. Progressiven Melanismus: der Melanismus breitet sich in der Gegenwart weiter aus (*Lymantria monacha*).

Wirbellose Tiere mit Ausschluß der Mollusken und Arthropoden.

Die lebhaften Farben zahlreicher *Protozoen* können beruhen entweder auf der Anwesenheit symbiontischer gelber oder grüner Pflanzen, der Zooxanthellen oder Zoochlorellen, oder auf gelben bis orange gefärbten Ölkugeln. Von einem Pigmentwechsel des Tieres selbst ist nichts bekannt. Man kann dagegen in Dunkelheit Tiere mit nur sehr wenig oder gar keinen symbiontischen Pflanzen züchten und durch Hunger bei Radiolarien und Trypanosomen die gelben Ölkugeln zum Verschwinden bringen.

Manche *Spongien* besitzen nach F. E. Schulze[4] in der Nähe der Geißelkammern amöboid bewegliche Zellen mit braunen Pigmentkörnern, welche wahrscheinlich exkretorische Funktion haben. Echte amöboide Pigmentzellen entdeckte dagegen v. Lendenfeld[5] in der Haut der Schwämme *Aplysilla violacea* und *sulfurea* sowie *Dendrilla aerophoba* und *rosea*. *A. violacea* ist violett, enthält in den Pigmentzellen violette Körner und wird bei Bestrahlung mit violettem Licht rötlich, *A. sulfurea* und *Dendrilla sulfurea* haben schwefelgelbe Körner,

---

[1] Mertens, R.: Zool. Anz. **68**, 323—335 (1926).
[2] Rensch, B.: Zool. Anz. **78**, 1—4 (1928).
[3] Goldschmidt, R.: Z. Abstammgslehre **34**, 229—244 (1924).
[4] Schulze, F. E.: Z. Zool. **33** (1880).
[5] Lendenfeld, R. v.: Z. Zool. **38** (1883).

die durch Alkohol kupferrot, beim Absterben blauschwarz werden, *D. rosea* besitzt rosenrotes, mit Alkohol bräunlich werdendes Pigment.

Actinien besitzen nach M. und R. Abeloos-Parize[1] im Falle roter, brauner oder grüner Grundfarbe dreierlei Pigmente in den Ektodermzellen: 1. ein körniges rot oder orange gefärbtes, 2. ein grünes körniges, 3. ein diffuses blaues. Da junge carotinfrei gefütterte Tiere das rote Pigment verlieren, so wird daraus der Schluß gezogen, daß das rote Pigment nicht synthetisch gebildet werde, sondern der Nahrung direkt entstamme (vgl. hierzu auch S. 196).

Ob bei *Medusen*, die häufig rötliche, gelbe, violette usw. Farben aufweisen, Farbwechsel vorkommt, ist nicht bekannt.

Planarien regenerieren bei Einschnittsversuchen im allgemeinen nicht das Pigment. Bei *Planaria alpina* konnte ich[2] unter den Exemplaren ein und desselben Alpenbaches zahlreiche Ganz- oder Halbalbinos beobachten. Hungertiere verlieren nach Voigt[3] erst nach langer Zeit das schwarze Pigment und behalten das gelbe. Der Schwund erfolgt in Kälte schneller, beginnt am Vorderende und wird manchmal durch fleckenweise Zusammenballung des Pigments eingeleitet. Leydig[4] hat das Pigment verschiedener *Hirudineen* untersucht; *Piscicola* besitzt z. B. in besonderen Zellen schwarze, rotbraune, schmutziggelbe, violette und grüne Farbkörner. Die Pigmentierung beginnt nach Rathke[5] bei *Nephelis* und *Clepsine* schon einige Tage nach der Geburt; erst entsteht das gelbbraune, dann das schwarze Pigment. Die meist gelbgrünen, mitunter aber auch gelben und braungelben Chloragogenzellen der *Anneliden* sind wohl Exkretionszellen.

Die Pigmente der *Echinodermen* sind zuerst von v. Uexküll[6] untersucht worden. Der weinrote, durch Alkohol ausgezogene Farbstoff des Seeigels *Sphaerechinus* wurde in Sonnenschein erst in Gelb, dann in Farblos überführt; im Dunkeln hält sich die Farbe unbegrenzt lange, durch Säuren wird sie rotgelb, durch Alkalien schwarz. Der Seeigel *Centrostephanus* hat im Licht verästelte schwarze Chromatophoren und entfärbt sich im Dunkeln durch Zusammenziehen der Farbzellen. *Arbacia pustulosa* ist im Dunkeln braun, im Licht schwarz. Die unbefruchteten Eier von *Arbacia* geben nach O. Glaser[7] an das Meereswasser ein Pigment ab, das erst bernsteingelb, später infolge von Echinochrom rötlichbraun ist. Crozier[8] kommt auf Grund mehrerer vergleichender Untersuchungen an Holothurien zur Ansicht, daß ihr Pigment weder als Schutz- noch Warnfarbe bezeichnet werden kann. Am meisten wechsle die Farbe von *Stichopus*. Das grüngelb fluorescierende Pigment mancher Seewalzen soll eine sensibilisierende Wirkung auf Licht haben.

Unter den *Aszidien* ist *Ascidia atra* nach Crozier[8] normal in der Sonne blauschwarz, im Dunkeln blaß durchscheinend. Da er aber blauschwarze Tiere in völlig lichtlosem Aquarium erhielt, so glaubt er, nicht das Licht, sondern ein anderer Faktor — vermutlich ungünstige Ernährung — sei die Ursache der Pigmentbildung.

[1] Abeloos-Parize, M. R.: C. r. Soc. Biol. Paris **94**, 560—562 (1926).
[2] Erhard, H.: Zool. Jb. Abt. f. allg. Zool. u. Physiol. **41**, 489—552 (1924).
[3] Voigt, W.: Zool. Jb. Abt. f. allg. Zool. u. Physiol. **45**, 293—316 (1928).
[4] Leydig, F.: Z. Zool. **1** (1849).
[5] Rathke, H.: Beiträge zur Entwicklungsgeschichte der Hirudineen, herausgeg. von Leuckart. Leipzig 1862.
[6] Uexküll, J. v.: Z. Biol. **34** (1896).
[7] Glaser, O.: Biol. Bull. Mar. biol. Labor. Wood's Hole **41**, 246—258 (1921).
[8] Crozier, W. J.: J. gen. Physiol. **3**, 57—59 (1920) — Biol. Bull. Mar. biol. Labor. Wood's Hole **41**, 98—120 (1924). — Vgl. auch Cl. S. Sunkins: Acta zool. (Stockh.) **5**, 425—438 (1924).

Mollusken.

Ein Farbwechsel kommt schon bei *Amphineuren* vor. *Echinomenia*, ein augenloses Tier, wird nach SIMROTH auf weißem Untergrund weiß, auf rotem rot. CROZIER[1] fand nur beim Weibchen von *Chiton tuberculatus* lachsfarbenes bis orangerotes Pigment, chemisch ein carotinähnliches Lipochrom. Es fehlt noch bei ganz jungen Weibchen. Die Stärke der Pigmentierung hängt in erster Linie von der Ausbildung des Eierstocks, in zweiter Linie von der Menge und Qualität der Algennahrung ab. Das Blut geschlechtsreifer Weibchen ist rotbraun bis dunkelorange, das der Männchen dunkelgelb.

Schnecken können nicht nur schwarze und gelbe, sondern nach CROZIER[2] auch blaue Pigmentkörner haben. Die normale Bänderung der Schneckenschale beruht wahrscheinlich auf der Wirkung einer Oxydase, denn VAN HERWERDEN[3] konnte künstlich an den Schalen junger *Limnaea ovata* durch das RÖHMANN-SPITZERsche Oxydasereagens dunkelblaue Bänderung hervorrufen. Nach R. WEBER[4] tritt bei *Limax agrestis* zuerst das rotbraune, später erst das schwarze Pigment auf. Auch bei geblendeten Tieren läßt sich durch Licht Farbänderung hervorrufen, doch ist die Wirkung nach Blendung weniger deutlich. Rotorange erzeugt Verdunkelung, Blauviolett Aufhellung. Ultraviolett ist die Ursache starker Expansion und Vermehrung der Chromatophoren, wobei das rotbraune Pigment als negativer, das schwarzbraune als positiver Photokatalysator wirkt. Sauerstoff und Feuchtigkeit veranlassen die Zunahme des rotbraunen Pigments, was im Gegensatz zu der Auffassung von RENSCH[5] steht, der die dunklere Färbung von *Ota vermiculata* und *Helix cincta* auf einer Insel bei Rovigno auf angeblich besonders hohen Feuchtigkeitsgehalt der Luft zurückführen will. PFEFFER[6] beobachtete, daß durch Ortsänderung (künstliche Aussetzung von Ingelheimer *Planorbis corneus*) im Laufe von 10 Jahren immer mehr Albinos entstehen. Er faßt diese Erscheinung aber nicht als Anpassung an die Umwelt, sondern als vererbbare Idiovariation auf.

Bei *Opistobranchiern*, *Flügelschnecken* und *Kielschnecken* finden sich bereits Pigmentzellen, an die besondere, von Nerven versorgte glatte Muskelfasern herantreten, wie wir sie noch bei Cephalopoden kennenlernen werden (s. S. 206). Von einem Farbwechsel bei *Lamellibranchiern* ist nichts bekannt.

Dagegen sind die *Cephalopoden* seit den Tagen des ARISTOTELES ein beliebtes Untersuchungsobjekt für den Farbwechsel. FUCHS[7] hat darüber eine umfangreiche Literatur zusammengestellt, so daß wir uns hier mit der Wiedergabe der wichtigsten Ergebnisse begnügen können.

Die *Cephalopoden* besitzen schwarze und gelbe Pigmentzellen sowie Iridocyten. Die letzteren erzeugen den Metallglanz der Tiere, und zwar sind die von ihnen hervorgerufenen Farben Interferenzfarben des 3. NEWTONschen Ringes vom Rot bis Violett. Im Zusammenwirken mit schwarzem und gelbem Pigment können sie blaue bis grüne Farbtöne veranlassen nach dem gleichen Prinzip, wie diese in der Amphibienhaut entstehen (s. S. 232). Das schwarze Pigment leitet sich nach TARCHINI und LANDREYT[8] von Chondriokonten ab, die nacheinander Chondriomiten, Mitochondrien und Körner, die sich dann schwärzen, bilden.

[1] CROZIER, W. J.: Amer. Naturalist **54**, 84—88 (1920).
[2] CROZIER, W. J.: J. gen. Physiol. **4**, Nr 3, 303—304 (1922) — Anat. Rec. **23**, 98 (1922).
[3] HERWERDEN, M. A. VAN: Biol. Zb. **43**, 129—131 (1923).
[4] WEBER, R.: Zool. Jb. Abt. f. allg. Zool. u. Physiol. **40**, 241—292 (1923).
[5] RENSCH, B.: Zool. Anz. **78**, 1—4 (1928).
[6] PFEFFER, J.: Arch. f. Mollusk.-K. **59**, 341—349 (1927).
[7] FUCHS, R. F.: Wintersteins Handb. d. vergl. Physiol. **3**. Jena: G. Fischer 1913.
[8] TARCHINI, J. u. F. LANDREYT: C. r. Soc. Biol. Paris **85**, Nr 33, 905—907 (1921).

Die an die Pigmentzellen zahlreicher Cephalopoden radiär herantretenden glatten Muskelzellen zeigen nach Rabl[1] im Gegensatz zu den glatten Muskeln des Mantels keine Doppelbrechung, auch sind ihre Kontraktionskurven von denjenigen der übrigen glatten Muskeln verschieden. Der Reiz des versorgenden Nerven bringt diese Radiärmuskeln zur Kontraktion, wodurch Ausdehnung der Chromatophoren, also dunkle Farbe, hervorgerufen wird. Erschlaffen die Muskeln, so kugelt sich die Farbzelle ab, das Tier wird heller.

Durch Lähmung der Muskeln mit Ammoniak erzielte F. B. Hofmann[2] Hellfärbung. Der Zustand der Expansion ist also der aktive, der der Kontraktion der passive. Die Wirkung einer großen Menge anderer chemischer Reize ist gleichfalls von Hofmann[3] untersucht worden; interessant ist dabei vor allem ein langdauerndes Pulsieren der Farbzellen nach subcutaner Injektion von Säuren. Sauerstoffmangel ruft Kontraktion der Chromatophoren hervor. Solange noch genügend Sauerstoff vorhanden ist, bewirkt Kohlendioxyd eine Ausdehnung der Pigmentzellen infolge von Dauererregung der Radiärmuskeln; in hoher Konzentration wirkt es jedoch lähmend. Man kann im übrigen die Chromatophoren direkt auch noch durch Licht, Elektrizität, Wärme oder mechanisch reizen. Die Erregbarkeit auf Druck ist nach dem Tode und während des Absterbens erhöht.

Außer der Erhellung und Verdunklung zeigen manche Cephalopoden eine Reihe interessanter anderer Farbveränderungen. Da wäre zu nennen die sich wellenförmig ausbreitende Bewegung der Chromatophoren bei Druck auf eine Hautstelle, wie sie von Rabl[4] am absterbenden Tier und Steinach[5] am abgeschnittenen Arm oder der gespannten Haut beschrieben wurde. Hofmann nennt diesen vom Zentralnervensystem unabhängigen Vorgang „*Wolkenwandern*". Nach Hofmann ist bei der Reizübertragung in diesem Falle das Nervensystem nicht oder fast nicht beteiligt, sondern die Kontraktion der Chromatophorenmuskeln der einen Zelle wirkt direkt als Dehnungsreiz auf die benachbarte Zelle. Zwei weitere von Hofmann entdeckte Reaktionsarten der Chromatophoren sind „*der dauernde Lokaleffekt*" und „der *flüchtige ausgebreitete Effekt*". „Der dauernde Lokaleffekt besteht darin, daß an einer bleichen, frisch gelähmten Hautstelle ein mechanischer Reiz entweder sofort oder kurze Zeit nach der Reizung eine allmählich zunehmende Dunkelung der gereizten Stelle hervorbringt, die je nach der Stärke des Reizes bis mehrere Minuten bestehen bleiben kann, um allmählich zu verschwinden" (Fuchs). „Der flüchtige ausgebreitete Effekt besteht darin, daß im Momente der mechanischen Reizung bestimmter Hautstellen plötzlich die Chromatophoren eines größeren Hautbezirkes sich expandieren, so daß ein die Reizstelle weit überschreitender dunkler Fleck entsteht" (Fuchs). Dieser Effekt tritt manchmal auch an entfernter liegenden Chromatophoren auf und überspringt die dazwischen gelagerten, er pflanzt sich oft nach einer Seite stärker fort als nach einer anderen, und er läßt sich nicht an allen Hautstellen hervorrufen. Hofmann schließt aus all dem, „daß es sich dabei um eine Erregung von Nervenbündeln handeln müsse, die vor dem Endplexus gelegen sind".

Im normalen Leben erfolgt die Kontraktion aller Radiärfasern einer Farbzelle gleichmäßig; durch überschwellige tetanische Reizung kann Ermüdung und Entartung der Chromatophoren eintreten[6]. Das absterbende und tote Tier

[1] Rabl, H.: Sitzgsber. ksl. Akad. Wiss. Wien, Math.-naturwiss. Kl. **109**, Abt. 3 (1900).
[2] Hofmann, F. B.: Pflügers Arch. **118** (1907).
[3] Hofmann, F. B.: Pflügers Arch. **132** (1910).
[4] Rabl, H.: Sitzgsber. ksl. Akad. Wiss. Wien., Math.-naturwiss. Kl. **109**, Abt. 3 (1900).
[5] Steinach, E.: Pflügers Arch. **87** (1901).
[6] Fröhlich, F. W.: Z. allg. Physiol. **11** (1910).

wird blaß, seine Chromatophorenbewegungen werden langsamer und können unkoordiniert werden[1].

Schon ARISTOTELES glaubte an einen Einfluß des Nervensystems auf den Farbwechsel der Cephalopoden, die, wie er sagte, „aus Furcht erblassen". Kämpfende Tintenfische färbten sich dunkel; HOFMANN[2] beobachtete als Schreckreflex bei *Sepia* Zebrastreifung. Diese wirkt formauflösend, dient also auch als Schutzfärbung.

Experimentell wurde der *Einfluß des Nervensystems auf den Farbwechsel* der Tintenfische in neuerer Zeit hauptsächlich von HOFMANN, FUCHS, FRÖHLICH, v. UEXKÜLL, FREDERICQ und PHISALIX untersucht. HOFMANN[3] durchschnitt einzelne vom Mantelnerven kommende Hautnervenstämmchen und erzielte damit Aufhellung in engumschriebenen Hautpartien. Reizte er die abgeschnittenen Nerven elektrisch, so verdunkelten sich diese Partien wieder. Doch griff die Verdunklung auf benachbarte Bezirke über, ein Beweis, daß sich die Innervationsgebiete der einzelnen Nervenstämmchen teilweise decken. „Bei schwacher elektrischer Reizung des Nerven tritt nur selten eine Expansion aller innervierten Chromatophoren auf; gewöhnlich expandieren nur einzelne Flecken. Es kommt zur Streifenbildung oder zum Auftreten dunkler Flecken, die oft durch nichterregte Hautfelder voneinander getrennt sind. Bei Verstärkung des Reizes ist oft ein sprungweises Auftreten der Färbung in entfernt liegenden Hautbezirken zu konstatieren, woraus HOFMANN schließt, daß eine Weiterleitung der Erregung in einem peripheren kontinuierlichen Nervennetz nicht stattfindet. Als weiteren Beweis für die Doppelinnervation der Chromatophoren führt HOFMANN an, daß bei chemischer Reizung eines Nervenstammes *alle* Chromatophoren eines Erregungsgebietes in Erregung kommen, aber durch elektrische Reizung eines benachbarten Nervenstammes wird die Wirkung der chemischen Reizung verstärkt. Für das Vorhandensein getrennter Innervationsbezirke spricht auch die normale Zeichnung von *Sepia*, insbesondere das Auftreten der sog. Augenflecken. Daß die Fortleitung der Erregung in der Haut unter normalen Verhältnissen auf dem Wege der Nervenbahn, allerdings in getrennten begrenzten Endnetzen, erfolgt, geht daraus hervor, daß nach tetanischer Reizung der Haut toter Loligines, bei denen die Reizung der Nervenstämmchen bereits erfolglos sich erweist, eine Expansion der Chromatophoren an der Reizstelle und in entfernten Inseln auftritt; damit ist eine direkte Weiterleitung der Erregung durch die Muskelfasern ebenso unvereinbarlich wie die Leitung in einem kontinuierlichen Nervennetz. Es ist vielmehr anzunehmen, daß jedes Neuron ein gesondertes Nervenendnetz bildet" (FUCHS).

FREDERICQ[4] durchschnitt bei *Octopus* den Mantelnerven und erzielte dadurch Aufhellung; allmählich stellt sich aber nach FUCHS[5] und HOFMANN die dunkle Farbe wieder her; zugleich nimmt die mechanische Reizbarkeit zu. Das Stellarganglion ist, wie die Ausschaltungsversuche von FUCHS beweisen, ein Hemmungszentrum, „das insbesondere die Lichtreaktion der Chromatophoren hemmend beeinflußt". Reizt man, wie dies COLASANTI[6] zuerst getan hat, elektrisch den Achsenstrang eines abgeschnittenen Arms, so dehnen sich die Farbzellen unter gleichzeitiger Kontraktion der Armmuskeln und Bewegung der Saugnäpfe aus. v. UEXKÜLL[7] reizte den Nerv in der Mitte; es erfolgte dann Armmuskel-

[1] PHISALIX, C.: Arch. Physiol. norm. et pathol., V. s. **4** (1892).
[2] HOFMANN, F. B.: Arch. mikrosk. Anat. u. Entw.mechan. **70** (1907).
[3] HOFMANN, F. B.: Arch. mikrosk. Anat. u. Entw.mechan. **70** (1907) — Pflügers Arch. **118** (1907).
[4] FREDERICQ, L.: Arch. de Zool. **7** (1878).
[5] FUCHS, R. F.: Arch. Entw.mechan. **30** (1910).
[6] COLASANTI, G.: Arch. f. Anat. **1876**.
[7] UEXKÜLL, J. v.: Z. Biol. **30** (1894).

kontraktion und Saugnapfbewegung an beiden Enden des Armstranges, Dunkelfärbung dagegen nur an seinem peripheren Ende, ein Beweis, daß die kolorato-
rischen Nerven die einzigen hier sind, die nur zentrifugal leiten.

STEINACH[1] bewies, daß das *Licht direkt imstande ist, die Chromatophoren zu
erregen.* Es zeigten nämlich auch solche Tiere, die geblendet waren oder denen
die Augennerven durchschnitten waren, den Farbwechsel; auch isolierte Arme
veränderten die Farbe. Wurde dagegen das cerebrale Färbungszentrum zerstört,
so war die Lichtreaktion stark herabgesetzt. Am stärksten wirksam waren grüne
Strahlen; Rot blieb dagegen wirkungslos.

HERTEL[2] ließ ultraviolette Strahlen von 280 $\mu\mu$, blaue Strahlen von 440 $\mu\mu$
und gelbe Strahlen von 558 $\mu\mu$ alle gleicher Intensität auf einen eng umschriebenen
Bezirk der Tintenfische so einwirken, daß das Auge nicht betroffen wurde. Ultraviolett rief sofort eine lokale Ausbreitung aller Farbzellen hervor, die sich bald
auf das ganze Tier ausdehnte. Durch blaues Licht kamen zuerst die gelben, viel
später erst die violettroten Chromatophoren zur Ausdehnung; auf gelbes Licht
sprachen zuerst die violettroten Zellen an. Im wesentlichen gleich verhielten
sich auch ausgeschnittene Hautstücke. Länger einwirkendes Ultraviolett tötet
die Chromatophoren ab. „Die verschiedene Reaktion auf verschiedene Strahlenarten erklärte sich aus der *verschiedenen Absorption der Zellen für die einzelnen
Strahlenarten,* die mit dem ENGELMANNschen Mikrospektrometer genau gemessen
werden konnte. Das von allen Zellen gleichmäßig stark, ja vollkommen absorbierte
ultraviolette Licht von 280 $\mu\mu$ brachte deshalb an allen Zellen eine Expansion
hervor, während die blauen Strahlen von 440 $\mu\mu$ nahe dem Absorptionsmaximum
der gelben Zellen lagen, das sich bei 460 $\mu\mu$ befand. Daher wirkten diese Strahlen
am intensivsten und raschesten auf die gelben Chromatophoren. Die violettroten
Zellen hatten ihr Absorptionsmaximum bei 558 $\mu\mu$, also sehr nahe bei den für sie
besonders wirksamen gelben Strahlen von 550 $\mu\mu$. Die intensive Wirkung des
ultravioletten Lichtes ist dadurch zu erklären, daß dieses Licht nicht nur von dem
pigmenthaltigen Teil, sondern auch von dem übrigen pigmentfreien Teil des Plasmas aufgenommen wird, während die anderen Strahlen ihre Wirkungen nur durch
das absorbierende Pigment ausüben, dessen Vermittlerrolle zur Entfaltung der
Reizwirkung dieser Strahlen notwendig ist" (FUCHS).

Der Beweis, daß es zur Reaktion *keiner Vermittlung des Nervensystems*
bedürfe, wurde von HERTEL dadurch erbracht, daß er durch Atropin die Nervenendigungen lähmte. Immerhin fand FUCHS[3] die Verdunkelung der Haut auf
Belichtung hin rascher am normalen Tier eintreten als an einem Tintenfisch, dem
der Mantelnerv durchschnitten war.

Die Fähigkeit der Tintenfische, sich der *Farbe des Untergrundes anzupassen,*
sollte nach KLEMENSIEWICZ[4] vom Auge aus reflektorisch ausgelöst werden;
PHISALIX[5] fand, daß sie dem geblendeten Tier abgeht. Nach den obengenannten
Beobachtungen von STEINACH ist aber eine Reaktion ohne Vermittlung der Augen
auch hier wahrscheinlich.

Auch das augentragende Tier reagiert, jedoch nicht auf die Farbe des
Untergrundes, wenn ihm, wie dies von STEINACH[6] geschehen ist, alle Arme und
die um die Mundöffnung stehenden Saugnäpfe abgetragen worden sind. Es ver-

[1] STEINACH, E.: Pflügers Arch. **87** (1901).
[2] HERTEL, E.: Z. allg. Physiol. **6** (1907).
[3] FUCHS, R. F.: Arch. Entw.mechan. **30** II (1910).
[4] KLEMENSIEWICZ, R.: Sitzgsber. ksl. Akad. Wiss. Wien, Math.-naturwiss. Kl. **78**, Abt. 3
(1878).
[5] PHISALIX, C.: Arch. Physiol. norm. et pathol., V. s. **4** (1892).
[6] STEINACH, E.: Pflügers Arch. **87** (1901).

laufen nämlich von den Saugnäpfen zentripetal zum Gehirn Nerven, welche hier die Färbungszentren erregen.

Crustaceen.

Die *Pigmentzellen* liegen bei den Crustaceen unterhalb der Schale in der Hypodermis; es können aber auch Farbzellen in der Muskulatur, dem Nerven-, Darm-System usw. vorkommen. Nach der *Beschaffenheit der Pigmente* teilt DEGNER[1] die Chromatophoren der Crustaceen in drei Klassen ein: 1. Zellen mit flüssigem (rotem, orange, gelbem, blauem oder violettem) Pigment, 2. Zellen mit gefärbtem flüssigem Plasma, in dem Körner von anderer Farbe sich befinden, 3. Zellen mit körnigem Pigment. KOLLER[2] fand bei *Crangon crangon* sepiabraune, weiße, gelbe und rote Pigmente. Bei Embryonen und Larven fehlt noch das weiße Pigment. Die ersten Chromatophoren treten an 14 Tage alten Embryonen auf.

Nach der *chemischen Beschaffenheit* unterscheidet VERNE[3] zwei Gruppen von Crustaceenpigmenten: 1. eine Stickstoffserie, 2. eine stickstofffreie Serie der Zooerythrine und Carotinoide. ABELOOS und FISCHER[4] leiten das Carotin direkt von der Nahrung ohne Umwandlung ab; nach Fütterung von *Carcinus maenas* mit Carotin tritt Carotin in der Schale auf; Krabben verlieren ihr Lebercarotin, wenn man sie mit carotinfreier Nahrung füttert.

Sehr häufig, namentlich bei Krebsen der Tiefsee, sind *rote Farbkörner*. Ihre Bedeutung ist uns unbekannt; vielleicht sind es Stoffwechselprodukte, da sie bei manchen Tieren zur Zeit der Geschlechtsperiode besonders häufig sind. Ganz unhaltbar ist die Lehre von MAX WEBER[5], welche diese roten Farbkörner in den Dienst der Wärmeregulation stellt. Nach WEBER sollten nämlich die Strahlen mit der größten Wellenlänge am besten in die Tiefe dringen. Rot sei aber besonders geeignet, die ultraroten Strahlen, die Wärmestrahlen, zu absorbieren. Genau das Gegenteil ist der Fall. In geringster Tiefe, schon in 5—10 m Tiefe, werden die langwelligen Strahlen im Wasser verschluckt; nur die kurzwelligsten, die ultravioletten Strahlen, dringen in größere Tiefe ein. Aber auch sie gelangen nicht mehr in Tiefen von 1000—2000 m, aus denen uns noch rotgefärbte Krustentiere bekannt sind.

SHOULEJKIN[6] maß mit einem neuen Apparat die Lichtzerstreuung im Wasser und stellte fest, daß die Farbe der Meerestiere zur Farbe der Strahlen, die sie beleuchten und die vorher eine bestimmte Wasserschicht durchdrungen haben, ergänzend tritt. — In Alpenseen sind die Crustaceen um so intensiver rot gefärbt, je kälter der betreffende See ist[7]. Kalte Seen sind aber auch durchsichtiger; es ist also fraglich, ob die Kälte oder das Licht die Ursache der Rotfärbung hier ist. Da jedoch in weniger durchsichtigen Seen und Tümpeln der Ebene oft bei Eintritt der kalten Jahreszeit niedere Krebse sich rot färben, so hat die Vermutung, die Kälte sei die Ursache der Rotfärbung, mehr Wahrscheinlichkeit für sich. BLAAS[8] fand in zwei benachbarten Tümpeln bei Innsbruck in dem einen, der mit kaltem Schmelzwasser gespeist und fauna- und florareich war, *Diaptomus vul-*

---

[1] DEGNER, E.: Z. Zool. **102** (1912).
[2] KOLLER, G.: Z. vergl. Physiol. **5**, 191—246 (1927).
[3] VERNE, J.: Arch. de Morph. **16**, 1—168 (1923).
[4] ABELOOS, M. u. E. FISCHER: C. r. Soc. Biol. Paris **96**, 374—375 (1927); **95**, 383—384 (1926). — FISCHER: Ebenda **97** (1927).
[5] WEBER, MAX: Arch. mikrosk. Anat. **19** (1881).
[6] SHOULEJKIN, W.: Ber. wiss. Meeresinst. Moskau, Liefg 10, S. 14 (1925).
[7] ERHARD, H.: Tierwelt der Alpen. Alpines Handbuch. Leipzig, Brockhaus (1929).
[8] BLAAS, E.: Arb. Zool. Inst. Innsbruck **1**, 1—18 (1924).

garis rot, in dem anderen, der sumpfig, flora- und faunaarm und trüb war, *Diaptomus vulgaris* opakweiß. Bei Übertragung behielten die Tiere ihre Farbe, doch starben die roten rascher ab.

Das *rote Pigment* der Crustaceen ist sehr beständig; so wird es z. B. durch Kochen nicht wie die übrigen Farbstoffe zerstört. Deshalb sehen gekochte Krebse rot aus. Newbigin[1] konnte es als rotes Pulver rein darstellen. Es verhält sich sowohl nach den Untersuchungen von Lewin und Stenger[2] wie nach denen von J. Verne[3] spektroskopisch und chemisch in allen Punkten wie Carotin. Verne gibt $C_{40}H_{56}$ als Bruttoformel an.

Die obengenannten Autoren heben übereinstimmend die große Ähnlichkeit des *gelben Crustaceenpigments* mit dem roten hervor; das gelbe sei nur ein Umwandlungsprodukt des roten. Nach Newbigin sei es identisch mit dem gelben Pigment der Mitteldarmdrüse (sog. Leber), dem Hepatochrom, das die Muttersubstanz aller Crustaceenfarbstoffe sei.

Das *gelblich-schwärzliche Pigment* der kurzschwänzigen Krebse entsteht, wie Verne[4] angibt, aus Mitochondrien der Mesenchymzellen in den dem Licht ausgesetzten Regionen. Es verhält sich chemisch wie ein Komplex von aminosauren Körpern und läßt sich experimentell durch Tyrosin in Melanin verwandeln, was auch in der Natur zutrifft. Zu seinem histologischen Studium eignet sich vor allem die Färbung mit del Rios Silberlösung[5].

Sehr unbeständig ist der *blaue Farbstoff der Crustaceen*, der sich entweder gelöst im Plasma oder in Körnerform vorfinden kann. Nach Newbigin soll er eine Verbindung des roten Farbstoffes mit einer organischen Base sein. Bauer und Degner[6] dagegen halten ihn nicht für ein Umwandlungsprodukt des roten Farbstoffes, wenngleich er stets in der Nähe von roten und gelben Chromatophorenästen auftritt. Manche Crustaceen färben sich, wie besonders Keeble und Gamble[7] beobachtet haben, durch Ausdehnung der blauen und Zusammenziehung der roten und gelben Chromatophoren periodisch jede Nacht blau, doch kann diese Färbung nicht auf Lichtmangel beruhen, da sie manchmal auch untertags eintritt. Daphniden, besonders Weibchen, werden zur Fortpflanzungszeit häufig blau.

Die *violetten Chromatophoren*, welche nach Pouchet[8] mit den gelben antagonieren, und die *weißen Farbzellen* sind noch nicht näher untersucht.

Die Pigmentzellen sind entweder monochromatisch braun oder polychromatisch, bis vier Pigmente können in einer einzigen Chromatophore vorkommen (Koller[9]).

Die *Farbzellen der Crustaceen* sind entweder einfache verästelte Gebilde nach Art der übrigen Chromatophoren oder es kommt ihnen, wie Keeble und Gamble nach Untersuchungen an Mysiden feststellten, folgender komplizierterer Bau zu: An die etwa kugelige Farbzelle setzen radiär 5—9 fibrilläre Zellen an; an dem zentralen Ende jeder Zelle liegt je ein Kern. Häufig stehen diese Chromatophoren in inniger Verbindung mit einem Drüsengewebe, doch ist es fraglich, ob dieses in funktionelle Beziehung zur Farbzelle tritt.

---

[1] Newbigin, M. J.: J. of Physiol. **21** (1897).
[2] Lewin, L. u. E. Stenger: Pflügers Arch. **178**, 80—90 (1920).
[3] Verne, J.: C. r. Soc. Biol. Paris **83**, Nr 22, 963—964 (1920).
[4] Verne, J.: C. r. Soc. Biol. Paris **83**, Nr 18, 760—762 (1920).
[5] Verne, J.: C. r. Soc. Biol. Paris **85**, 806—808 (1921).
[6] Bauer, V. u. E. Degner: Z. allgem. Physiol. **15**, 363—412 (1913).
[7] Keeble, F. W. u. F. W. Gamble: Proc. roy. Soc. Lond. **65** (1900) — Phil. Trans. Roy. Soc. Lond., Ser. B, **196** (1904).
[8] Pouchet, G.: Journ. d. l'Anat. et de la Physiol. norm. et pathol. **1876**.
[9] Koller, G.: Z. vergl. Physiol. **5**, 191—246 (1927).

Die *Expansion der Chromatophoren* beruht nach DEGNER nur auf der Pigmentverschiebung, nicht auf amöboider Beweglichkeit der Zelle. Die *Pigmentströmung*
dauert auch noch nach dem Tode des Tieres an. Sind in einer Chromatophore
verschiedenfarbige Pigmentkörner, so bewegt sich, wie KEEBLE und GAMBLE
beobachtet haben, ein und dasselbe Pigment immer nur in bestimmten Fortsätzen hin und her, was für präformierte Bahnen sprechen würde.

Der *Farbwechsel der Crustaceen* beruht entweder auf *Pigmentverschiebung*
innerhalb der Farbzelle oder auf *Neubildung bzw. Verminderung des Pigments*.
Er erfolgt meist langsam — der Vorgang kann mehrere Stunden dauern — am
kürzesten passen sich wohl *Hippolyte* und *Macromysis* dem Untergrunde an,
nämlich nach KEEBLE und GAMBLE in $^1/_2$ bis 1 Minute. Junge Tiere wechseln
die Farbe rascher als alte und kranke; niedrige Temperatur und erhöhte Salz-
wasserkonzentration verlangsamen den Farbwechsel, stärkeres Licht beschleunigt ihn.

Außer diesem auf der Tätigkeit der Chromatophoren beruhenden Farbwechsel ist von DOFLEIN[1] an *Leander treillanus* und *xiphias* eine milchweiße Verfärbung des Tieres auf einen Shock hin beobachtet worden, die nach $^1/_4 - ^1/_2$ Stunde
wieder verschwindet. BAUER[2] fand, daß die Ursache dieser Trübung der Übertritt von fein verteiltem Fett in das Blut ist.

Der Farbwechsel der Crustaceen kann durch verschiedene *Reize* hervorgerufen werden. SCHMANKEWITSCH[3] gibt an, *Daphnia rectirostris* sei im Süßwasser farblos oder gelblich, im Salzwasser rot; über die Wirkung von Säuren
und Alkalien liegen keine eindeutigen Versuche vor. Strychnin steigert die Erregbarkeit. Nach MENKE[4] kontrahiert sich das Pigment von *Idotea* bei einer
Temperatursteigerung auf 25°; darüber erfolgt Ausdehnung.

Der wichtigste Reiz für den Farbwechsel ist das *Licht*. Vom *Tag- und Nachtfarbwechsel*, den in geringem Maße auch der Flußkrebs zeigt, war schon die Rede.
KEEBLE und GAMBLE[5] konnten künstlich die Nachtfarbe hervorrufen, indem sie
die *Hippolyte* in weißen Porzellanschalen stark mit Gasglühlicht belichtet hielten.
Bis zu einem gewissen Grad verbleibt der periodische Tag- und Nachtfarbwechsel
auch bei Tieren, die dauernd hell oder dauernd dunkel gehalten werden, oder bei
geblendeten Tieren, nur verläuft dann der Farbwechsel langsamer. Bei sehr
langer ununterbrochenen Einwirkung von Dunkelheit jedoch hört die Periodizität
schließlich auf. Den Tag- und Nachtfarbwechsel zeigen schon junge Larven,
so daß es sich wohl um einen vererbten Rhythmus handelt. Dieser normale
Rhythmus läßt sich umdrehen, wenn man, wie dies MENKE getan hat, untertags
verdunkelt und bei Nacht belichtet. Solche an den umgekehrten Rhythmus
gewöhnte Tiere kehren in dauernder Dunkelheit zu ihrem normalen Rhythmus zurück.

Im *Licht* verhalten sich die *verschiedenfarbigen Chromatophoren* von *Hippolyte*
und *Palaemon* nach KEEBLE und GAMBLE[6], DOFLEIN[1] und FRÖHLICH[7] folgendermaßen: Am stärksten wird das rote Pigment, weniger stark das gelbe in das
Zentrum der Zelle zurückgezogen; dafür erhalten die Zellfortsätze blaues Pigment. Je weniger das gelbe Pigment retrahiert ist, desto mehr grün sieht das

[1] DOFLEIN, F.: Festschr. z. 60. Geburtstag R. Hertwigs **3**. Jena: G. Fischer 1910.
[2] BAUER, V.: Z. allgem. Physiol. **13** (1912).
[3] SCHMANKEWITSCH, WL.: Z. Zool. **29** (1877).
[4] MENKE, H.: Pflügers Arch. **140** (1911).
[5] GAMBLE, F. W. u. F. W. KEEBLE: Quart. J. microsc. Sci. **43** (1900). — KEEBLE, F. W.
u. F. W. GAMBLE: Proc. roy. Soc. Lond. **65** (1900) — Phil. Trans. Roy. Soc. Lond., B **196**
(1904).
[6] KEEBLE, F. W. u. F. W. GAMBLE: Phil. Trans. Roy. Soc. Lond. B **198** (1906).
[7] FRÖHLICH, A.: Arch. f. mikrosk. Anat. u. Entw.mechan. **29** (1910).

Tier aus, weil Gelb mit Blau Grün ergibt. Im Ganzen wird das Tier aufgehellt. Das blaue Pigment wird dabei, wie Keeble und Gamble berichten, nicht nur in seiner Lage verschoben, sondern bis zu einem gewissen Lichtoptimum wird blaues Pigment neu gebildet; sehr starkes Licht zerstört jedoch die blauen Farbkörner. Das Fett der Zelle verhält sich wie das blaue Pigment, d. h. es wird schon bei Einwirkung von schwachem Licht in die Zellfortsätze verfrachtet.

Verschieden ist die *Wirkung der Dunkelheit auf verschiedene Crustaceen.* *Idotea* nimmt, wie Bauer feststellte, in völliger Dunkelheit infolge mittlerer Ausdehnung der Chromatophoren — die er für deren Ruhezustand hält — eine mittelgraue Farbe an. In langedauernder Dunkelheit verschwindet nach Doflein und Fröhlich bei *Palaemon* der blaue (unter Umständen der gelbe) Farbstoff ganz; der rote dehnt sich dafür aus, so daß die Tiere leuchtend rot werden. In den Chromatophoren von *Hippolyte* dagegen beobachteten Keeble und Gamble im Dunkeln ein Schwinden erst des blauen, dann gelben und schließlich sogar roten Pigments. Solange noch Farbstoff vorhanden ist, liegt dieser zurückgezogen dicht geballt im Zentrum der Zelle, wo auch das Fett vereinigt ist. Mit dem Schwinden der Farbe schwindet auch das Fett, so daß das Tier schließlich ganz durchsichtig wird.

Über die *Wirkung von Licht verschiedener Wellenlänge* auf die Farbzellen der Crustaceen liegen zwar verschiedene Untersuchungen vor, doch wurden sie alle nicht mit den nötigen Vorsichtsmaßregeln angestellt. Nach Keeble und Gamble soll bei *Hippolyte* grünes Licht besonders wirksam sein und die Expansion des komplementären Farbstoffes, nämlich Rot, veranlassen.

Neuerdings hat C. Lehmann[1] einen merkwürdigen Farbwechsel am Flohkrebs *Hyperia galba* beobachtet. Dieses Tier lebt in Medusen und ist in deren Gallerte weiß, wird aber, herausgenommen, durch Ausdehnung der Chromatophoren rotbraun. Die Weißfärbung kommt wohl infolge der Absorption von (ultraviolettem?) Licht durch die Medusengallerte zustande, denn in völliger Dunkelheit werden die Tiere auch weiß.

Auf einem hellen *Untergrund* werden die untersuchten Crustaceen hell durch Retraktion des Pigments, auf einem dunklen Untergrund dunkel durch Expansion des Farbstoffes. Der Vorgang vollzieht sich nach Keeble und Gamble unabhängig von der jeweiligen Belichtung. Nach Parkins[2] kontrahiert sich auf weißem Untergrund das gelbe und rote Pigment von *Palaemonetes*, das blaue Pigment ergießt sich in die Gewebe und verschwindet nach 2 Stunden.

Über die *Wirkung der Farbe des Untergrundes* gehen die Ansichten auseinander. Gamble und Keeble[3] sowie Minkiewicz[4] behaupten, *Hippolyte* würde sich der Farbe des Untergrundes anpassen, Doflein und Megušar[5] bestreiten dies für *Palaemon*. Ich hielt an der Zoologischen Station Roscoff monatelang in einem gut durchlüfteten mit laufendem Meereswasser gespeisten Aquarium *Idotea*. Es waren darunter immer helle und dunkle Tiere, und die Farbe richtete sich nie nach dem jeweiligen Untergrund. Auffallend ist, daß Minkiewicz und Keeble und Gamble angeben, auf *Hippolyte* würde ein blauer Untergrund wie ein weißer, ein roter wie ein schwarzer wirken. Koller[6] fand, daß *Crangon* sich der Farbe der Umgebung nicht nach deren Helligkeitswert, sondern nach deren Wellenlänge anpaßt.

[1] Lehmann, C.: Biol. Zb. **43**, 173—175 (1922).
[2] Parkins, E. B.: J. of exper. Zool. **50**, 71—105 (1928).
[3] Gamble, F. W. u. F. W. Keeble: Quart. J. microsc. Sci. **55** (1901).
[4] Minkiewicz, R.: Bull. Acad. Sci. Cracowie, Cl. des Sc., math. e nat. Nov. 1908.
[5] Megušar, F.: Arch. f. mikrosk. Anat. u. Entw.mechan. **33** (1912).
[6] Koller, G.: Verh. dtsch. Zool. Ges. **30**, 126—138 (1925).

Was den *Einfluß der Augen auf den Farbwechsel* betrifft, so dehnte sich nach PERKINS[1] das Pigment isolierter Hautstücke im Hellen und Dunklen aus. Nur in völliger Dunkelheit kontrabierte es sich. Auf dunklem Grund erfolgte Expansion. Nach völliger Lackierung oder Abtragung der Augen durch BAUER[2] war keine Änderung der Farbe mehr wahrzunehmen. Tiere, denen die dorsale Hälfte der Augen lackiert war, verhielten sich nach BAUER wie Dunkeltiere; war $1/4$ des Auges lackiert, so oscillierten die Chromatophoren; war $1/8$ lackiert, so war die Wirkung des Lichtreizes vorhanden, jedoch verlangsamt. Einseitige Blendung ergab normalen Farbwechsel. Beiderseits geblendete Tiere zeigten noch den periodischen Tag- und Nachtfarbenwechsel.

BAUER fixierte *Idotea* so auf einem schwarzweißen Untergrund, daß der Kopf mit den Augen einmal auf Schwarz, einmal auf Weiß kam. Das ganze Tier nahm immer die Farbe des Untergrundes des Kopfes an, woraus BAUER schließt, die Chromatophoren könnten nicht direkt, sondern nur indirekt vom Auge aus erregt werden. Dem stehen die Beobachtungen von KEEBLE und GAMBLE[3] gegenüber, welche bei *Palaemon* und *Hippolyte* noch einen Farbwechsel isolierter Hautstückchen beobachteten. Sie nehmen einen doppelten Farbwechsel an: 1. Eine *direkte* Reaktion der Chromatophoren auf Licht, die rasch erfolgt und rasch vorübergeht, für die Schutzfärbung aber ohne Bedeutung ist. 2. Eine *indirekt* vom Auge aus veranlaßte Reaktion der Chromatophoren, die langsam verläuft, aber die dauernde zweckmäßige Schutzfärbung bedingt.

PERKINS[1] stellte fest, daß Anästhesierung, Durchschneidung und elektrische Reizung der Nerven keinen Einfluß auf den Farbwechsel von Krebsen habe. Dagegen veranlaßt der Extrakt der Augenstiele einer weiß adaptierten Garnele, in eine dunkle Garnele injiziert, die Kontraktion der Chromatophoren unabhängig von Untergrund und Lichtstärke. Extrakte von Augen dunkler Tiere rufen Kontraktion hervor, wenn das Tier eine Zeitlang dem Lichte ausgesetzt wird. Wenn die Arteria ophthalmica unterbunden war, dehnten sich die Farbzellen des ganzen Körpers aus; durch Unterbindung der Arteria abdominalis dorsalis wurde die abdominale Chromatophorenreaktion verhindert. PERKINS glaubt demnach, daß es nicht die Nervenleitung ist, welche die Kontraktion der Chromatophoren bedingt, sondern eine in den Augen entstehende endokrine Substanz, die durch das Blut an die Chromatophoren verfrachtet wird.

Mit diesen Versuchen an *Palaemonetes* stimmen diejenigen von KOLLER[4] an *Crangon* insofern überein, als hier Blut von Dunkeltieren in Helltiere eingespritzt Verdunkelung hervorrief. Bei Weißtieren wurde durch Injektion von Blut aus Gelbtieren Gelbfärbung erzielt, wobei neues gelbes Pigment gebildet worden war.

Zuweilen beobachtet man an verletzten und vernarbten Stellen von Krebsen eine starke Anhäufung braunen Pigments. SCORDIA[5] glaubt, daß diese Pigmentanhäufung den Zweck hat, die Wärmestrahlen des Lichtes zu sammeln und die Wärmeenergie für die nachfolgende Regeneration zu verwenden.

Der Pigmentreichtum wechselt in den einzelnen Lebenszeiten. Larven und Embryonen bilden die einzelnen Pigmente nicht gleichzeitig; bei *Crangon* entsteht z. B. erst nach der Larvenzeit das weiße Pigment nach KOLLER[6]. Im hohen Alter wird das Tier bei der Häutung dunkler.

[1] PERKINS, E. B.: Anat. Rec. **37**, 147 (1927) — J. of exper. Zool. **50**, 71—105 (1928).
[2] BAUER, V.: Z. allg. Physiol. **13** (1912). — KOLLER, G.: Verh. dtsch. Zool. Ges. **30**, 126—138 (1925).
[3] KEEBLE, F. W. u. F. W. GAMBLE: Phil. Trans. Roy. Soc. Lond. B, **196** (1904).
[4] KOLLER, G.: Zitiert auf S. 209.
[5] SCORDIA, C.: Boll. Ist. zool. Messina **1927**, Nr 8, S. 1—11.
[6] KOLLER, G.: Z. vergl. Physiol. **5**, 191—246 (1927).

Insekten.

Die verschiedenen *Pigmente der Insekten* werden neuerdings von Przibram und Brecher[1] nach Untersuchungen an der Stabheuschrecke *Dixippus morosus* in Gruppen eingeteilt, die sich folgendermaßen unterscheiden: 1. Durch die Menge des gebildeten Melanins. 2. Durch die Farben und Kombinationen der Lipochrome. 3. Durch die Stärke der Wirkung der Tyrosinasen. 4. Durch die Abscheidung von Chromogen. Die verschiedenen Farbtypen werden letzten Endes auf verschiedene Tyrosinasewirkung zurückgeführt.

Vollständiger ist die Art der Einteilung von Biedermann[2]. Dieser Autor sagt, im Laufe der ontogenetischen Entwicklung sei das Chitin zuerst farblos; die Farben entständen erst unter dem Einfluß von Luft und Licht. Wo kein Licht hinkommt, wie dies bei Höhlentieren der Fall ist, herrscht häufig Farblosigkeit. Man darf aber den Satz: Mangel an Licht bedingt Farblosigkeit, nicht verallgemeinern, denn Kopf, Freßwerkzeuge und Kaumägen der im Holz (also Dunkeln) bohrenden Insektenlarven sind braun gefärbt. In der Regel sind alle Chitinteile, die stark beansprucht werden, braun, und zwar um so dunkler, je stärker sie sind. Die Analyse dieses *Melanins* ergibt 48,9—60,0% C; 3,0—7,6% H; 8—13% N und 0—12% S. Das Verhältnis von N:H:C ist wie 1:5:5. Der zweite Farbstoff, der in der Regel die roten und gelben Färbungen bei Insekten bedingt, gehört zu den *Lipochromen*. Zopf[3] wies den carotinartigen Charakter dieser krystallisierbaren Lipochrome nach. Die Monocarotine haben ein einziges Absorptionsband, die Dicarotine zeigen zwei Bänder. Die gelbe Farbe kann aber auch durch *Farbstoffe aus der Purinreihe* hervorgerufen werden. So erhielt z. B. Hopkins[4] mit dem gelben Farbstoff des Citronenfalters *Gonopteryx rhamni* die Murexidprobe. Die schöne rote Farbe von *Vanessa* gibt einerseits *Eiweißreaktionen*, wie z. B. die Xanthoprotein- und die Millonsche Reaktion, andererseits aber auch die Gmelinsche *Gallenfarbstoffreaktion*. Endlich kommt bei Insekten ein roter Farbstoff vor, welcher chemisch *Beziehungen zum Chlorophyll* zeigt. Nach Schulz[5] gehört der rote Farbstoff der Blutlaus zu den Lipochromen. Schöpf und Wieland[6] fanden für das Leukopterin, das weiße Pigment im Flügel des Kohlweißlings, die Formel $C_5H_5O_3N_4$, die in Beziehung zur Harnsäure steht, ähnlich wie das Xanthopterin, das gelbe Pigment des Citronenfalters, zum Xanthin. Der Aufbau der Konstitutionsformel beweißt aber, daß der Purinstoffwechsel der Schmetterlinge anders verläuft als bei den Wirbeltieren. Die Pigmente einiger Schmetterlinge fluorescieren (Cockayne[7]), auch gibt es *Papilio*-Arten mit zweierlei Weibchen, von denen die einen fluorescieren, die anderen nicht. Die Biedermannsche Einteilung der Insektenfarbstoffe ist heute noch die empfehlenswerteste.

Eine eigenartige chemische Reaktion gibt G. Wolff[8] an. Er legte Schmetterlingsflügel unter völligem Lichtabschluß längere Zeit auf eine unbelichtete photographische Platte und erhielt beim Entwickeln ein im allgemeinen positives Bild der Zeichnung des beschuppten Flügels.

[1] Przibram, H. u. L. Brecher: Arch. mikrosk. Anat. u. Entw.mechan. **50**, 147—185 (1922).

[2] Biedermann, W.: Wintersteins Handb. d. vergl. Physiol. **3** I, 2. T., S. 157—1994. Jena: G. Fischer 1914.

[3] Zopf, W.: Beitr. z. Physiol. u. Morphol. niederer Organismen, H. 2, 12 (Leipzig 1892).

[4] Hopkins, F. G.: Phil. Trans. Lond. **186**, 661 (1893) — Nature **45**, 197 u. 581 (1892) — Proc. Chem. Soc. Lond. **5**, 117 (1889) — Proc. roy. Soc. Lond. **57**, Nr 340, 5 (1894).

[5] Schulz, Fr. N.: Biochem. Z. **127**, 112—119 (1922).

[6] Schöpf, Cl. u. H. Wieland: Ber. dtsch. chem. Ges. **59**, 2067—2072 (1926).

[7] Cockayne, E. A.: Trans. ent. Soc. Lond. **1924** I/II, 1—19.

[8] Wolff, G.: Biol. Zb. **40**, 248—259 (1920).

P. Schulze[1] hat die *Bildung des Carotingewebes* bei Chrysomeliden eingehend erforscht. Es entsteht in den Flügeldecken nach dem Schlüpfen durch Einwandern von Zellen, die sich direkt und indirekt teilen. Im nächsten Frühjahr, bei eintretender Geschlechtsreife, geht dieser Farbstoff durch fettige Degeneration zugrunde und das Carotinoid gelangt in den Körper.

Was das ontogenetische Auftreten der Färbung betrifft, so treten bei *Lymantria dispar* die später dunkelsten Zeichnungen zuerst auf (Reichelt[2]). Nach van Bemmelen[3] sind die mit Zeichnungsmuster versehenen Puppen des Kohlweißlings die ursprünglichsten. Es besteht eine weitgehende Übereinstimmung in der Färbung zwischen Raupe, Puppe und Imago; am längsten bleiben Kopf und Thorax ungefärbt, die bei der Imago am stärksten von der Raupe abweichen. Wie wir später sehen werden, beeinflußt Kälte, Wärme, Feuchtigkeit und Trockenheit auf die Puppe angewandt, die Färbung der Imago. Kühn[4] hat außerdem an *Habrobracon* gezeigt, daß hier schon ganz frühe Wachstumsvorgänge des Eies die spätere Pigmentierung der Imago beeinflussen. Nach Dampf[5] scheint bei der mexikanischen Wanderheuschrecke sogar ein psychischer Faktor für die Ausbildung des Farbkleides wirksam zu sein. Die Larven derselben sind im ersten Stadium schwärzlichgrau, vom zweiten Stadium an sehr bunt (schwarz und rotgelb). In Massenzucht gezogene Larven lieferten stets bunte, in Einzelzucht gezogene Larven stets helle Tiere.

Spektroskopisch verhält sich das Blut der Seidenraupe nach Vanez und Pelosse[6] ebenso wie der in Alkohol gelöste Kokonfarbstoff. Bei gelb gefärbtem Kokon ist die Lösung gelb, bei farblosem Kokon leicht grüngelb, eine Farbe, die nach Zusatz von Na_2CO_3 in Gelb umschlägt. Die Farbe der Seide hängt von der Farbe des Blutes ab; durch Füttern mit Indigo, Neutralrot, Sudan III und Methylenblau erhält man violette und rote Kokons. Diese Farbe teilt sich der ausschlüpfende Imago und sogar etwas deren Eiern mit. Die gleiche Wirkung erhielt Oudemans[7] bei Fütterung mit Neutralrot von Lepidopteren-, Dipteren-, Orthopteren- und Hymenopterenlarven, nicht dagegen Wanzenlarven.

Was die *Bildung des schwarzen Pigments* betrifft, so hatte man schon frühzeitig die Meinung geäußert, es würde durch einen besonderen Stoff, eine *Tyrosinase*, aus dem noch farblosen Propigment ausgefällt[8]. Neuerdings beobachtete Hollande[9], wie in den Leukocyten des Raupenblutes von *Gallerida mellonella* beim Fressen von Fremdkörpern und Koch-Bacillen durch Tyrosinase aus einem Chromogen schwarzes Pigment entsteht, dieses später aus den Leukocyten austritt, ins Blut gelangt und von den Pericardialzellen aufgezehrt wird.

Experimentell wurde die *Wirkung der Tyrosinase* bei Insekten vor allem von L. Brecher[10] untersucht. Przibram, Brecher und Dembowski hatten am Pilz Hallimasch, *Armillaria mellea*, eine farben- und temperaturempfindliche Tyrosinase nachgewiesen, die bei saurer Reaktion im Tyrosin violette Farbe,

[1] Schulze, P.: Sitzgsber. Ges. naturforsch. Freunde Berl. 8/9, 398—406 (1914).

[2] Reichelt, M.: Z. Morph. u. Ökol. Tiere 3, 477—525 (1925).

[3] Bemmelen, J. F. van: Verh. dtsch. Zool. Hes. 32, 169—183 (1928).

[4] Kühn, A.: Nachr. Ges. Wiss. Göttingen, Math.-physik. Kl. 1927, 407—421.

[5] Dampf, A.: Verh. 3. Int. Entomol. Kongr. 1925 2, 276—290 (1926).

[6] Vanez, Cl. u. J. Pelosse: C. r. Acad. Sci. Paris 174, Abt. 11, 1372—1374 u. 1566 bis 1568 (1922).

[7] Oudemans, J. Th.: Bijdr. Dierk. 22, 305—314 (1922).

[8] Vgl. W. Biedermann: Farbe u. Zeichnung der Insekten. Wintersteins Handb. d. vergl. Physiol. 3 I, 2. T., 1657—2041. Jena: G. Fischer 1914. — Gerould, J. H.: Anat. Rec. 29, 94 (1924). — Voinov, V. D.: C. r. Soc. Biol. Paris 92, 1478—1480 (1925). — Köhler, P.: Riv. Soc. ent. Argentina 1, 45—49 (1926).

[9] Hollande, A. Ch.: C. r. Soc. Biol. Paris 83, Nr 17, 726—727 (1920).

[10] Brecher, L.: Arch. mikrosk. Anat. u. Entw.mech. 43, 88—221 (1917).

bei alkalischer Reaktion dagegen rote Farbe hervorrief. Auf Säurezusatz wurde
Melanin ausgefällt. Schwache Ansäuerung förderte, stärkere Ansäuerung er-
schöpfte und hemmte schließlich ganz die Wirkung der Tyrosinase. Nun stellte
sich Przibram vor, entsprechend den Säuregraden würden die einzelnen Farben
auf die Tyrosinase wirken, und zwar Gelb ansäuernd, Blau und Ultraviolett
alkaleszierend, Ultrarot hyperalkaleszierend.

Brecher sucht damit folgende Beobachtungen an der Raupe des Kohlweißlings, *Pieris brassicae*, in Einklang zu bringen: Solange die Raupen noch fressen,
verfärbt die Tyrosinase schwach rosarot und es kommt noch zu keiner Ausfällung
von Melanin. In diesem Zustand reagieren die Raupen schwach sauer. Sobald
die Raupen, bevor sie sich zur Verpuppung anschicken, zu fressen aufhören,
kommen sie in das sog. sensible Stadium, wovon an anderer Stelle (s. S. 221)
näher die Rede sein soll.

Jetzt hat sich die Tyrosinase der Raupen stark rot gefärbt, das gebildete
Melanin fällt aber erst am nächsten Tag aus, wenn eine starke Ansäuerung eingetreten ist. Sobald sich dann die Raupe an der Unterlage festheftet, verfärbt
sich die Tyrosinase stark und das gebildete Melanin fällt aus. In der frischen
Puppe ist nur mehr eine sehr schwach violettfärbende Tyrosinase vorhanden,
und es fällt kein Melanin mehr aus, weil die saure Reaktion wieder abgenommen
hat. In der Tat erwies sich die Tyrosinase des sensiblen Raupenstadiums in vitro
am farbenempfindlichsten auf Bestrahlungen. Tyrosin aus Raupen, die auf
Schwarz, Rot oder in Finsternis gehalten wurden, mit Tyrosinase versetzt, ergab
die stärkste Schwärzung, während Tyrosin von Raupen, die auf Weiß, Gelb und
Gelbgrün gehalten wurden, mit Tyrosinase nur eine äußerst geringe Melaninbildung veranlaßte (vgl. S. 216—217 u. 249).

Vaney und Pelosse[1] fanden im Blut von Seidenraupenrassen mit ungefärb-
tem Kokon mehr Tyrosinase als im Blut solcher mit gefärbtem Kokon.

Neuerdings hat aber Przibram[2] eine andere Ansicht als früher geäußert.
Schon Dewitz[3] hatte gefunden, daß sich die Kokons mancher Schmetterlinge
nur in feuchter Atmosphäre dunkel färben. Er erklärt das damit, daß nur bei
Feuchtigkeit Tyrosinase und Chromogen aufeinander einwirken könne. Auch
Przibram erhielt auf Wasserzusatz eine dunkle Kokonfärbung. Als Ursache der
Schwarzfärbung nimmt er aber die Alkaleszenz der Spinnsäfte an. Die Schwärzung soll nicht durch den Einfluß der Tyrosinase auf die Melaninbildung, sondern
durch rasche *Oxydierung der Dopa* (s. S. 250—253) durch Wasser und Alkali geschehen. In der Tat gaben die Kokons alle typischen *Dopareaktionen*.

Auch Hasebroek[4] war es gelungen, in der Hämolymphe von verschiedenen
Puppenflügeln neben der Tyrosinase, welche gleichfalls schwärzt, eine *Dopaoxydase* nachzuweisen. Diese kommt schon in den Eiern vor. Weil früher Przibram, Brecher und Dembowski die Annahme einer Dopaoxydase als überflüssig
erklärt hatten, da Dopa sich rascher bei Zusatz von Alkali, aber noch rascher
bei Zusatz von Tyrosinase schwärze, so prüfte Hasebroek[5] weiterhin die Wirkung von Alkali auf Dopa. Er fand, daß Alkaliwirkung die Anwesenheit einer
Dopaoxydase nicht in Frage stellt. Endlich legte er[6] die Flügel einer normalen
und einer melanistischen Schmetterlingsform entweder in eine Dopa- oder in
eine Tyrosinlösung. Es gab keinen Unterschied zwischen der normalen und der

[1] Vaney, Cl. u. J. Pelosse: C. r. Acad. Sci. Paris 174, Abt. 11, 1372—1374 (1921).
[2] Przibram, H.: Biochem. Z. 127, 286—292 (1922).
[3] Dewitz, J.: Zool. Jb., Abt. f. Physiol. 38, 365—404 (1921).
[4] Hasebroek, K.: Biol. Zb. 41, 367—373 (1921).
[5] Hasebroek, K.: Fermentforschg 5, 297—333 (1922).
[6] Hasebroek, K.: Fermentforschg 5, 1—40 (1921).

melanistischen Form, dagegen schwärzte beide Male Dopa stärker als Tyrosin. Nun kam das Blut verschiedener Raupenstadien an die Reihe. Die ersten Stadien gaben mit Tyrosin keine Schwärzung, schwärzten sich dagegen mit Dopa; später erfolgte zwar mit Tyrosin eine Schwärzung, mit Dopa aber eine noch stärkere Schwärzung. Auch hier war kein Unterschied zwischen der normalen und der melanistischen Form. HASEBROEK schließt daraus, daß es *im Raupenstadium neben einer Tyrosinase noch eine Dopaoxydase gebe*; beim *erwachsenen Schmetterling* sei einzig und allein nur noch *Dopa* vorhanden. — Die Schwärzung beginnt in den Schuppenbälgen und zieht von hier über die Schuppenwurzel durch die Mittelrippe. Sie geht lokal von Orten der Sauerstoffversorgung durch die Tracheen aus.

Beim Farbwechsel mancher Insekten spielen *Bewegungen der Farbzellen* eine Rolle, wie dies SCHLEIP[1] für die Stabheuschrecke *Dixippus morosus* nachgewiesen hat.

Im übrigen ist das Insektenauge eines der besten Objekte für das Studium der *Pigmentwanderung*, wie dies schon KIESEL[2] und DEMOLL[3] festgestellt haben. Neuerdings hat sie besonders schön C. v. HESS[4] und MERKER am lebenden Libellenocell unter dem Mikroskop beobachtet. Dieses ist im Dunkeln weiß und bräunt sich im Licht in $1/2$—1 Minute. Die Pigmentwanderung erfolgt hier nicht wie sonst überall dem Licht entgegen, sondern senkrecht zu den einfallenden Lichtstrahlen wird das Pigment von der Seite wie ein Schleier vorgeschoben.

Die Farbenpracht der Insekten wird nicht nur durch die Körperfarben, sondern in hohem Maße auch durch *Strukturfarben* (oder optische Farben) — häufig in Verbindung mit den Pigmenten — hervorgerufen. Es ist das Verdienst von BIEDERMANN[5], zuerst die Entstehung der *Schillerfarben* bei den Insekten erklärt zu haben. Die *Schillerfarben der glasig durchsichtigen Flügel von Neuropteren, Dipteren und Hymenopteren sind ausschließlich Farben dünner Blättchen.* „Im durchfallenden Lichte gegen einen weißen Hintergrund gesehen, erscheinen die gegitterten trockenen Flügel häufig völlig farblos und durchsichtig. Betrachtet man sie jedoch bei gewisser Neigung gegen das einfallende Licht auf einem möglichst dunklen Grunde, so erglänzen sie in den lebhaftesten Farben, unter denen Rot, Grün und Violett vorzugsweise vertreten sind. Bei Lupenvergrößerung überzeugt man sich, daß bestimmte Gitterfelder, wenn sie unter den erwähnten Umständen farbig aufleuchten, auch immer in derselben Farbe erscheinen, die in diesem Falle mit wechselndem Einfallswinkel sich nur wenig ändert. Immer aber erfolgt, wenn überhaupt eine Änderung eintritt, dieselbe im gleichen Sinne, wie in allen solchen Fällen. So sah ich beispielsweise gelbgrün leuchtende Netzmaschen bei zunehmender Neigung der Flügelebene grün, blaugrün und schließlich blau werden. Immer aber sind die Farben außerordentlich gesättigt und glänzend." (BIEDERMANN).

Manche *schuppenlose Insekten*, z. B. Käfer, zeigen je nach dem Winkel unter dem das Licht einfällt und in dem man sie betrachtet, einen Wechsel der Färbung, der sich unter Umständen von Rot bis Violett erstreckt. Häufig ist namentlich Blaugrünwechsel. Dieser beruht auf einer Reliefstruktur der Flügeldecken, die zuerst PAUL SCHULZE[6] aufgeklärt hat. SCHULZE hielt die Decke der Cicindelen in warmer Kalilauge; dann löste sich die Struktur auf, und die Flügel-

[1] SCHLEIP, W.: Zool. Jb., Abt. f. allg. Zool. u. Physiol. **30**, 45—132 (1910).
[2] KIESEL, A.: Sitzgsber. ksl. Akad. Wiss. Wien. Math.-naturwiss. Kl. **53**, Abt. 3 (1894).
[3] DEMOLL, R.: Erg. u. Fortschr. d. Zool. **2**. Jena: G. Fischer 1910.
[4] HESS, C. v.: Z. Biol. **73**, 277—280 (1921).
[5] BIEDERMANN, W.: Festschr. zu Haeckels 70. Geburtstag. Jena: G. Fischer 1904 — Denkschr. d. Med.-nat. Ges. zu Jena **11**, 217ff. (1904).
[6] SCHULZE, P.: Verh. dtsch. zool. Ges. Bremen **1913**, 165.

decke entfärbte sich. Die Struktur besteht aus einzelnen untereinandergelegenen Blättchen, die jeweils aus zahlreichen sechseckigen Feldchen bestehen. An der brasilianischen Rutelide *Chrysina macropus* konnte Schulze die Decke in ihre einzelnen Bestandteile zerlegen. Er sagt darüber folgendes: „Die oberen Blättchen sind gelblich, die unteren farblos. Unter der Sekretschicht folgt eine dunkelbraune Lederschicht (Balkenlage). Die untersten unpigmentierten, zuerst gebildeten Lagen sind trübweißlich und erscheinen isoliert, bei durchfallendem Licht betrachtet, leicht bläulich, durch die darunter liegende braune Schicht wird dieses Blau verstärkt. Die oberen gelben Sekretlagen verwandeln das Blau in das schöne helle Grün, das der Käfer aufweist. Schabt man vorsichtig die oberste Schicht ab, so kommt unter ihr die intensiv blaue Färbung zum Vorschein."

Die *blaue Farbe*, welcher sehr lebhaft sein kann, beruht hier auf dem *Einfallswinkel des Lichtes*, also auf der Zerstreuung des Lichtes in die Spektralfarben. Biedermann gibt dafür folgendes Schema an: „In der großen Mehrzahl der Fälle findet man bei senkrechtem Aufblick die farbig reflektierenden Flächen kupferrot, bronzefarbig oder in verschiedenen Nuancen gelbgrün (goldgrün) glänzend. Sehr viel seltener erscheint Blau oder Violett. Mit wachsendem Einfallswinkel macht sich dann immer mehr ein Farbenwechsel bemerkbar, und zwar im Sinne der Aufeinanderfolge der Spektralfarben nach ihrer zunehmenden Brechbarkeit. Bildet Rot den Ausgangspunkt, so werden in der Regel alle Farbenstufen bis zum Violett durchlaufen."

Etwas anders entstehen die *Farben beschuppter Käfer* oder der *schuppentragenden Schmetterlinge*. Biedermann führte den wichtigsten Nachweis, daß die Schuppen, wenn sie *völlig* mit einer Flüssigkeit (Wasser, Alkohol, Glycerin oder Öl) durchtränkt wurden, farblos wurden oder wenigstens sehr an Farbenschönheit verloren. Auch die Farbe der schuppentragenden Insekten ist also eine Strukturfarbe, jedoch wird sie nicht nur wie bei schuppenlosen Insekten durch dünne Chitinblättchen erzeugt, sondern durch die dünne, zwischen zwei Chitinlamellen eingeschlossene Luftschicht, welche „nach Art des Newtonschen Farbenglases wirkt".

Das *Weiß* entsteht bei diesem Typus durch *diffuse Reflexion*. Der *Silberglanz* — wie er sich etwa bei Perlmutterfaltern findet — ist nach Süffert[1] nichts anderes als ein verstärktes Weiß. Der *Goldglanz* wird, wie Biedermann an der Noktuide *Plusia chrysitis* feststellte, folgendermaßen hervorgerufen: Die Schuppensubstanz selbst erweist sich nach Zusatz von Alkohol als blaßgelb. Jede Schuppe ist ihrer Länge nach wellblechartig gefaltet; außerdem hat sie längsgerichtete Leistchen. Bei schrägem Lichteinfall und schräger Betrachtung wird durch beide Strukturen in Vereinigung mit der Luftschicht das Licht total reflektiert und so das Blaßgelb zum Goldglanz gesteigert. Sieht man die Schuppe senkrecht von oben an, so verschwindet der Glanz, weil damit die diffuse Reflexion aufhört.

Auch hier gibt es nur drei Typen von Pigmenten: rotes, gelbes und schwarzbraunes bis schwarzes Pigment, das jeweils in seinem Glanz durch diffuse Reflexion gesteigert werden kann. Der *Wechsel der Farbe entsteht durch den Wechsel des Neigungswinkels, unter dem das Licht den lichtbrechenden Körper trifft*. Das lebhafteste Farbenspiel entsteht, wenn jede Schuppe außer den schon besprochenen Längsfalten und Längsleistchen noch Querleistchen hat, so daß die *Interferenz durch Beugung an feinen Gittern* hervorgerufen wird. Endlich kann die Schuppe selbst nicht eben, sondern im Längsschnitt S-förmig oder noch komplizierter gekrümmt sein. Dann trifft das Licht von der Spitze zur Basis stets in einem anderen Neigungswinkel auf die lichtbrechenden und reflektierenden Körper.

---

[1] Süffert, F.: Biol. Zbl. **42**, 382—388 (1922).

Auch hier ist *blaue Farbe* der Ausdruck einer diffusen Reflexion über einem dunklen Untergrund; *Grün* eine Kombination dieser Reflexion mit gelbem Farbstoff.

Mit dem *Glanz* der Insekten hat natürlich das *Leuchten* mancher Insekten nichts zu tun. Das letztere wird, wie BUCHNER[1] und PIERANTONI gezeigt haben, durch symbiontische Spaltpilze veranlaßt. Im Zweifel war man sich nur darüber ob die von der Bärenraupe *Arctia caja* am Vorderende des Thorax ausgeschiedenen Tropfen leuchten. Nun haben DINGLER[2] und AUE[3] gezeigt daß es sich hier um kein Leuchten, sondern nur um eine äußerst starke Lichtbrechung handelt.

Die Umwandlung des grünen Chlorophylls in das rote Pigment findet schon in dem Darmepithel statt. GEROULD[4] fand eine Mutation des Heufalters *Colias philodice* mit blaugrünen statt grasgrünen Raupen. Hier war das Gelb des Farbstoffes der Hämolymphe, das sich vom Xanthophyll der Nahrung ableitet, unterdrückt. Die Blaufärbung des Blutes tritt nach der 2. Häutung in Erscheinung. Von hier aus wird der Farbstoff durch das Blut verfrachtet. Die erste Ablagerung von Pigment erfolgt nach den Untersuchungen von Gräfin LINDEN[5] längs der sich verzweigten Blutbahnen, was besonders schön am Geäder der Flügel zu beobachten ist. Sie bezeichnet dabei allerdings die Haupt- oder Längsadern des Schmetterlingsflügels als „Queradern", die sie verbindenden Queradern als „Längsadern", wodurch nur Verwirrung angerichtet wird. Bleiben wir bei der allgemein üblichen Bezeichnung, so sind es in erster Linie die Längsadern, an denen sich das Pigment ablagert. Hier haben aber nicht alle Epithelzellen in gleichem Maße die Fähigkeit, Farbstoff zu speichern. So bleiben Lücken; an anderen Stellen dagegen breitet sich der Farbstoff mehr oder weniger schnell von der Ader über die umgebende Partie aus. Auf diese Weise kommt es, daß am fertigen Flügel der Ursprung der Zeichnung vom Geäder aus bisweilen völlig verwischt ist und uns nur noch die allerersten Entwicklungsstadien des Flügels Aufschluß über die Ursache der Flügelzeichnung geben.

Neuerdings beobachtete HASEBROEK[6] an den Puppen von melanistischen Formen des Nachtfalters *Cymatophora or F. ab. albigensis Warn.* 24 Stunden vor dem Ausschlüpfen eine gelbe Flügelfarbe, pigmentfreie Adern, aber in der Nähe der Adern Pigmenteinlagerungen.

GEBHARDT[7] hat die Theorie aufgestellt, „daß außer der zweifellos vorhandenen, phylogenetisch direkt wichtigsten Beeinflussung der Flügelzeichnung durch die Rippen auch von ganz anderen Faktoren abhängige lokale *epigenetische* Regulationsvorgänge die Verteilung des Zwischenrippenpigmentes mit Wahrscheinlichkeit bewirken". Er bringt dabei die Figuren mancher Schmetterlingszeichnungen in Vergleich mit den sog. *Liesegangschen Figuren*, die als Niederschläge in Gelen entstehen. LIESEGANG ließ u. a. zwei Salzlösungen unter Mitwirkung eines kolloidalen Vehikels aufeinander einwirken. Es entstehen dann „eine größere oder geringere Anzahl Ringe um den ursprünglichen Tropfen herum, welche abwechselnd durch Zonen maximalen und minimalen Niederschlags hervorgerufen werden". Nun fällt in der Tat die Ähnlichkeit der „Augenflecke" auf den Flügeln des Pfauenauges, von *Caligo Achilles, Morpho Helenor* u. a. mit

---

[1] BUCHNER, P.: Tier und Pflanze in intracellulärer Symbiose. Berlin: Bornträger 1921.

[2] DINGLER, M.: Biol. Zb. **42**, 495—496 (1922).

[3] AUE, A. U. E.: Biol. Zbl. **42**, 141—142 (1922).

[4] GEROULD, J. H. : J. of exper. Zool. **34**, 385—415 (1921) — Jear-Book Carnegie Inst. for 1921 **20**, 202—204 (1922).

[5] LINDEN, Gräfin M. v.: Z. Zool. **65**, 1ff. (1898) —Illustr. Z, f. Entomol. **3**, 321 (1898); **4**, 19 (1899) — Biol. Zbl. **21** (1901).

[6] HASEBROEK, K.: Arch. f. Dermat. **130**, 253—259 (1921).

[7] GEBHARDT, F. A.: Verh. dtsch. zool. Ges. zu Halle **22**, 179—204 (1912).

diesen Bildungen auf. Setzt man das verwandte Silbernitrat nicht in Tropfen-
form, sondern als Strich oder sonst beliebige Figur ab, so entstehen Achatstruk-
turen. Analoge Bildungen, finden sich z. B. auf der Unterseite des Flügels von
Callima Inachis.

Unter den Insekten kommt außer einer besonders starken Ausbildung des
schwarzen Pigments, die den *Melanismus* veranlaßt, noch ein Mangel an dunklem
Pigment vor, der die Ursache des *Albinismus* ist. Endlich gibt es Tiere, die normalerweise dunkelbraun oder schwarz gefärbt sind, aber durch eine Färbungs-
hemmung entweder nur an bestimmten Körperpartien oder am ganzen Körper
rostrot oder rotbraun sind. Wir nennen dies *Rufinismus* oder *Rutilismus* (vgl.
S. 202 u. 247).

In den meisten Fällen sehen sich Männchen und Weibchen der Insekten an
Gestalt und Farbe ähnlich. Ein *Geschlechtsdimorphismus*, bei dem die Geschlechter
einer Art verschieden gefärbt sind, ist namentlich häufig an Schmetterlingen zu
beobachten. So ist z. B. das Männchen des großen Schwammspinners *Lymantria
dispar* kleiner und dunkelbraun, das Weibchen größer, weißlich mit hellbraunen
Zickzacklinien. Die meisten Bläulinge sind im männlichen Geschlecht auf der
Oberseite himmelblau, im weiblichen Geschlecht dunkelbraun. (Nur im Hochgebirge sind auch die männlichen Bläulinge in der Regel braun.)[1] Unter den Käfern
ist z. B. das *Lymexylon navale* ♂ schwärzlich, das ♀ gelbbraun; das *Leptura
rubra* ♂ hat ledergelbe, das ♀ rote Flügeldecken usw. Manchmal betrifft der
Geschlechtsdimorphismus nur die Behaarung oder Beschuppung, wofür die
Bockkäfer *Cerambycidae* und die Nashornkäfer *Dynastidae* als Beispiel dienen
können. Endlich kann der Unterschied der Geschlechter darin bestehen, daß das
♂ allein einen Schiller aufweist, was beim Schillerfalter *Apatura iris* der Fall
ist. In den seltenen Fällen von *Hermaphroditismus lateralis*, die u. a. bei Schmetterlingen und Bienen beobachtet worden sind, ist die eine Körperhälfte männlich,
die andere weiblich gefärbt. Oft täuscht allerdings die äußere Erscheinung
Hermaphroditismus vor, während innen entweder nur männliche oder nur weibliche Geschlechtsdrüsen in rudimentärer Beschaffenheit vorhanden sind, was man
Gynandromorphie nennt. Diese ist besonders oft beim Schwammspinner *Lymantria dispar* und bei der Nonne *Lymantria monacha* beobachtet worden. Die
Nonne ist auch ein gutes Beispiel für *Variabilität der Farben*, denn sie kommt von
Weiß mit kaum merklicher Zeichnung bis nahezu Schwarz vor.

Schon lange wußte man, daß die im Hochgebirge lebenden Insekten eine
andere, zumeist dunklere Farbe haben als ihre Artgenossen in der Ebene. Da
entdeckte man in den 30er Jahren des vorigen Jahrhunderts den *Saisondimorphismus* von *Vanessa prorsa* bzw. *levana*. Bis dahin hatte man beide Formen
für verschiedene Arten gehalten; nun fand man, daß die schwarze *Vanessa
prorsa* mit ihrem breiten weißen Mittelband die Sommerform, die rostgelbe
Vanessa levana mit ihren schwarzen und weißen Flecken die Winterform ein und
derselben Schmetterlingsart sei. Aus einer überwinternden Puppe kriecht im
Frühling *Levana*, diese vermehrt sich, und so entsteht im Juli die erste *Prorsa*-
generation, aus dieser wiederum im August die zweite *Prorsa*generation.

Man gab der verschiedenen *Temperatur* die Schuld für die Ausbildung des
Saisondimorphismus. Schon der Vater des durch seine Züchtungsexperimente
berühmten Standfuss vermutete, die *Temperatur während der Puppenruhe* be-
stimme die spätere Färbung des Schmetterlings, war es ihm doch schon 1852
gelungen, aus einer im Keller gehaltenen Puppe eine Zwischenform zwischen
Levana und *Prorsa*, die *Vanessa ab. porima*, zu züchten. Durch Abkühlung auf

---

[1] Erhard, H.: Die Tierwelt der Alpen. Alpines Handb. Leipzig: Brockhaus 1929.

8—10° R konnte dann DORFMEISTER[1] gleichfalls aus Puppen der *Vanessa prorsa* die *Porima* züchten. WEISMANN[2] endlich, der auf 0—1° R abkühlte, erhielt von 20 Schmetterlingen 15 *Porima*, von denen 3 dem *Levana*typ fast zum Verwechseln ähnlich wären. Damit war der experimentelle Beweis dafür erbracht worden, daß die auf die Puppe einwirkende Kälte die Ursache des Entstehens der Winterform *Levana* sei. STANDFUSS[3] experimentierte an einer großen Anzahl von Schmetterlingsarten. Das allgemeine Ergebnis war: dunklere Färbung bei tieferer Temperatur, hellere Färbung bei höherer Temperatur während der Puppenruhe. Extreme Hitze dagegen erzeugt ähnliche Farben wie Frost. Die neuerworbenen Farben erwiesen sich als erblich.

Nach der Lehre WEISMANNS[2] kann nur dann eine Eigenschaft erblich sein, wenn sie das Keimplasma betrifft. Diese Theorie gab den Anlaß zu den Untersuchungen TOWERS[4] am Kartoffelkäfer *Leptinotarsa decemlineata*. Er setzte die Käfer während ihrer Entwicklung verschiedenen Temperaturen aus und erhielt dadurch stark abweichende Farbzeichnungen. Wurden die erwachsenen Käfer dann unter normalen Bedingungen gehalten, so nahmen deren Junge nicht ohne weiteres das von den Eltern neuerworbene Farbkleid an. Nur wenn die veränderten erwachsenen Käfer noch weiterhin während der Wachstums- und Reifeperiode ihrer Keimzellen den abnormen Temperaturen ausgesetzt blieben, dann traten auch bei ihren Jungen die neuerworbenen Eigenschaften auf. Es gibt eine besondere sensible Periode der Keimzellen. Wurden nämlich normale Käfer während der ersten Hälfte ihrer Fortpflanzungszeit den veränderten Temperaturen ausgesetzt, so waren daraufhin nur diejenigen Nachkommen, die aus Eiern dieser Zeit stammten, verändert gefärbt, nicht jedoch die aus den später gereiften Eiern hervorgegangenen Jungen.

So glaubte man in der Folgezeit, nur eine *direkte Veränderung des Keimplasma* und keine *indirekte Veränderung der Keimzellen auf dem Wege über das Soma* sei die Ursache der Vererbung einer neu erworbenen Eigenschaft. Dieser Satz wurde erst in jüngster Zeit durch die Experimente DÜRKENS[5] am Kohlweißling erschüttert. DÜRKEN setzte Kohlweißlingraupen verschiedenfarbigem Licht aus, fand die Pigmentierung der Imago unabhängig von der Pigmentierung der Puppe und die erworbene Grünfärbung in hohem Maße erblich. Aber die Keimzellen ließen sich während ihrer Wachstums- und Reifeperiode nicht direkt von dem abändernden Lichtfaktor beeinflussen. Es bleibt also nur die Annahme einer *Vererbung der neuerworbenen Färbung auf dem Wege hologener somatischer Induktion* übrig.

Die Farbe des Imagines ließ sich weder durch Halten der Raupen in Hell oder Dunkel, noch in irgendeiner Farbe beeinflussen.

Außer durch Kälte—Wärme, Licht—Dunkelheit, kann die Farbe auch durch *Feuchtigkeit—Trockenheit* geändert werden. DEWITZ[6] ließ auf kokonbildende Lasiocampiden und Saturniden Feuchtigkeit einwirken, wodurch sich der Kokon braun färbte. Die Hellfärbung der Kokons in Hitze und Dunkelfärbung in Kälte trat nach PRZIBRAM[7] auch dann ein, wenn die ersteren Tiere auf dunklem, die letzteren auf hellem Untergrund gehalten wurden.

---

[1] DORFMEISTER, G.: Mitt. d. Naturw. Ver. f. Steiermark **1879/1880**.

[2] WEISMANN, A.: Vorträge über Deszendenztheorie, 3. Aufl. Jena: G. Fischer 1913.

[3] STANDFUSS, M.: Handb. d. paläarktischen Großschmetterlinge, 2. Aufl. Jena: G. Fischer 1896.

[4] TOWER, W. L.: Proc. Amer. Assoc. Advance Science **49**, 225ff. (1900).

[5] DÜRKEN, B.: Nachr. Ges. Wiss. Göttingen, Math.-naturwiss. Kl. **1918, 1919, 1920** — Arch. Entw.mechan. **99**, 222—389 (1923).

[6] DEWITZ, J.: Zool. Jb., Abt. f. Physiol. **38**, 365—404 (1921).

[7] PRZIBRAM, H.: Biochem. Z. **127**, 286—292 (1922).

Bevor wir aber die Wirkung des Untergrundes auf die Färbung der Insekten erörtern, wollen wir die *Ursache der Braun- bzw. Schwarzfärbung* näher kennenlernen. Einige Arbeiten über den *Melanismus* von Goldschmidt, Hasebroek und Onslow wurden schon in der allgemeinen Einleitung besprochen (s. S. 202—203), es verbleibt uns also hier noch die Erwähnung der Experimente Harrisons, Brechers, Przibrams und Hasebroeks.

Harrison[1] erwähnt vorausgehende Versuche von Tutt. Dieser letztere erhielt erst nur bei kalter Feuchtigkeit melanistische Schmetterlinge, überzeugte sich später aber davon, daß doch auch in trockenen Gegenden Melanismus vorkommt. Nach Tutt soll die Feuchtigkeit die Felsen schwärzen; in der Umgegend von großen Städten würde diese Schwärzung noch durch den auf der feuchten Unterlage anheftenden Ruß verstärkt. Je schwärzer ein Schmetterling sei, um so leichter entgehe er auf diesem Untergrund den Nachstellungen. So werde durch natürliche Zuchtwahl allmählich der Melanismus herausgezüchtet. Demgegenüber beobachtete Harrison, daß Felsen oder Baumrinden durch Feuchtigkeit gar nicht geschwärzt werden. Die von ihm untersuchte *Oporbia* kommt in verschiedenen Gegenden melanistisch vor; der Melanismus ist erblich fixiert. Harrisons Theorie lautet: Veränderter Stoffwechsel, der die Widerstandsfähigkeit gegen ein mit Metallsalzen und anderen Verunreinigungen beschmutztes Futter begünstigt, ist die Ursache des Melanismus. Aus diesem Grunde kommt der Melanismus vor allem an folgenden zwei Stellen vor: 1. in der Nähe des Meeres, wo das Seewasser mit Salz die Pflanzen bedeckt; 2. in der Nähe von Städten, wo auf die Pflanzen Ruß fällt.

Experimentell erzielte Harrison[2] recessiv erblichen *Melanismus* der Falter durch Füttern der Raupen von *Selenia bilunaria* mit Manganchlorid. Desgleichen durch Anreichern der Futterpflanzen von Spannerarten mit Bleinitrat oder Mangansulfat (Harrison und Garrett[3]). Hasebroek[4] fütterte zur Erzielung von Melanismus bei den Faltern die Puppen mit Methan in Verbindung mit Ammoniak, ferner Ammoniak in Verbindung mit Pyridin und Chloroform, Pyridin sowie Schwefelwasserstoff und Schwefelwasserstoff mit Ammoniak und Pyridin. Den stärksten Melanismus erhielt er durch Sumpfgasgärung und Fäulnisgärung. Aber es sind nach Hasebroek nicht die Sumpfgase des Moores selbst, sondern es ist deren Fähigkeit, die in der Luft schwebenden Ausdünstungsstoffe anzusaugen, welche den Melanismus hervorruft. Schwefelwasserstoff erzeugt nicht nur in Großstädten Melanismus, sondern auch auf Wiesen am Land mit weidendem Vieh. Tiefer Barometerstand begünstigt das Eindringen der den Melanismus erzeugenden Gase in die Tracheen der Puppe. Je länger die Stoffe einwirken, um so ausgesprochener wird der Melanismus; er ist deshalb besonders groß bei überwinternden und überliegenden Puppen.

Nun gibt es bekanntlich im *Hochgebirge* auffallend viele melanistische Schmetterlinge; während in der Ebene die Männchen der Bläulinge blau, die Weibchen braun aussehen, sind im Hochgebirge beide Geschlechter braun gefärbt. Der „Hochgebirgsmelanismus" ließe sich also nach Hasebroek auch so erklären, daß hier der tiefe Barometerstand und das lange Überwintern und manchmal Überliegen der Puppen die schwarze Farbe begünstigen. Dazu könnte als weitere Ursache noch die hohe Bodenfeuchtigkeit zur Zeit der langen Schneeschmelze kommen. Dagegen ist es nicht richtig, wie dies vielfach geschieht, die Luftfeuchtigkeit für den Hochgebirgsmelanismus verantwortlich zu machen. Sind im Hoch-

---

[1] Harrison, J. W. H.: J. Genet. **9**, 195—280 (1920).
[2] Harrison, J. W. H.: Proc. roy. Soc. Lond. **102**, 338—347 (1928).
[3] Harrison, J. W. H. u. F. C. Garrett: Proc. roy. Soc. Lond. **99**, 241—263 (1926).
[4] Hasebroek, K.: Fermentforschg **8**, 197—226 (1925).

gebirge auch die Niederschläge in der Regel größer als in der Ebene, so ist doch die Luftfeuchtigkeit im Durchschnitt nicht größer, an manchen Orten sogar kleiner[1].

Die umfangreichen Versuche von L. Brecher[2] ergaben folgende Feststellungen: Die Raupen des Kohlweißlings *Pieris brassicae* befinden sich unmittelbar vor der Verpuppung, nachdem sie zu fressen aufgehört haben, in dem sog. *sensiblen Stadium*, d. h. man kann zu dieser Zeit — wie übrigens schon Poulton festgestellt hatte — die spätere Farbe der Puppe beeinflussen. (Nach neueren Untersuchungen von Gabritschewsky[3] soll es beim Schwalbenschwanz *Papilio machaon* sogar vier lichtempfindliche Zeiten geben: 1. wenn die Raupe nicht mehr frißt, sondern umherwandert, 2. bei Entleerung des Darms und Festsetzung auf dem Puppenplatz, 3. wenn die Raupe sich mit dem Gespinstfaden befestigt, 4. wenn die letzte Häutung zur Puppe erfolgt. Am empfindlichsten ist die Raupe im 2., am wenigsten empfindlich im 4. Stadium. Im 2. und 3. Stadium soll sie besonders auf Blau und Ultraviolett reagieren.) In der Natur kommen vier Haupttypen der Puppenfärbung vor. Es gibt helle, mittlere, dunkle und grüne Puppen. Die Farben werden auf dreierlei Weise bedingt. Zuoberst liegt ein schwarzes Pigment, darunter folgt weißes opalescierendes Chitin, das den Glanz der Puppe erzeugt; zuunterst liegt das grüne Pigment. Die Farbe der Puppe wird von der *Farbe des Untergrundes*, auf dem die Raupe während ihres sensiblen Stadiums gehalten worden ist, beeinflußt. Am hellsten wurden die Puppen auf Weiß, am dunkelsten auf Schwarz, grün auf Gelb, mittel auf Grau, auf Blau und in Finsternis. Die auffällige Tatsache, daß die Puppen im Hellen auf schwarzem Untergrund dunkler wurden als in völliger Finsternis, beruht nur auf der Reflexion von ultraviolettem Licht durch die schwarze Fläche. Wurde nämlich durch vorgeschaltetes Chininsulfat das Ultraviolett absorbiert, so entstanden hellere Puppen. Die Wirkung des weißen Untergrundes ist auf das darin vorhandene Ultrarot zurückzuführen, denn nach Entfernen des Ultrarot durch eine vorgeschaltete Lösung von Eisenvitriol-Rhodankalium wurden die Puppen nicht so hell. Raupen, die mit ultraviolettem Licht beleuchtet wurden, gaben selbst auf hellem Untergrund dunkle Puppen. Das durchgehende farbige Licht wirkte wie reflektiertes Licht. Der Befund von Dewitz, daß Wärme erhellend, Kälte verdunkelnd wirkt, wurde bestätigt.

Nun lackierte Brecher die *Augen von verpuppungsreifen Raupen*[4]. Wenn bei *Pieris brassicae, Vanessa io* und *urticae* die Augen mit gelbem Lack überstrichen waren, entstanden die für gelben Untergrund bezeichnenden grünen Puppen. Überstreichen mit blauem Lack gab mittlere Puppen wie auf blauem Grund. Aus der Tatsache, daß die Raupen auf gelbem Grund verschiedener Helligkeit stets grüne Puppen ergaben, wurde der Schluß gezogen, daß die Farbe und nicht die Helligkeit für die Umfärbung maßgebend sei. Die Versuche gelangen aber nur mit Gelb und Blau, nicht mit Rot und Grün. Die Wirkung des Tageslichtes wurde durch Überstreichen mit Lack nicht aufgehoben, wohl aber in Übereinstimmung mit Przibram durch völlige Blendung durch den Elektrokauster. Dabei konnte nicht der hiermit verbundene Blutverlust die Ursache des Versagens der Farbanpassung sein, denn die Puppen von Raupen, die durch Abschneiden des letzten Abdominalsegmentes entblutet waren, reagierten normal. Daß die durch den

---

[1] Erhard, H.: Die Tierwelt der Alpen. Alpines Handb. Leipzig: Brockhaus 1929.
[2] Brecher, L.: Arch. Entw.mechan. **43**, 88—221 (1917); **45**, 273 bis 322 (1919); **48**, 1—45, 46—139 (1921); **50**, 41—78 (1922) — Anz. d. Akad. d. Wiss. Wien., Math.-naturw. Kl. **1920**, Nr 14, 157—158.
[3] Gabritschewsky, E.: Rev. zool. russe **1922**, Nr 1/2, 98—123.
[4] Brecher, L.: Arch. mikrosk. Anat. u. Entw.mechan. **102**, 501—516, 517—548 (1924).

Elektrokauster erzeugte Wärme ohne Einfluß ist, wies dann Przibram nach[1]. Nach Przibram unterbleibt die Farbanpassung, wenn ein Bindfaden um den Kopf der Raupe gelegt und stark angezogen wird. Überstreichen der Augen mit gelbem oder blauem Lack soll die Puppenfarbe entsprechend beeinflußt haben. Die Farbanpassung erfolgt nach Brecher[2] also nur *vom Auge* aus.

Es müssen nun die grundlegenden *Untersuchungen an Stabheuschrecken* von Schleip[3] und Schmitt-Auracher[4] erwähnt werden.

In der Natur kommt die Stabheuschrecke *Dixippus morosus* in einer großen Anzahl von Farbvarietäten vor. Schleip unterscheidet einerseits zwischen einer grünen Varietät, die ihre Farbe nicht verändert, andererseits einer Varietät mit brauner Grundfarbe, die vom hellsten Gelb bis nahezu Schwarz abändern kann. Die Grundlage der Färbung bilden grüne, graue, gelbrote und sepiabraune Farbkörner in der Hypodermis. Dadurch, daß das gelbrote Pigment horizontal, das braune vertikal innerhalb der Hypodermiszellen wandert, entsteht der Farbwechsel. Przibram und Brecher[5] dagegen glauben den Farbwechsel dieser Stabheuschrecke nicht auf Wanderung der Pigmentkörner, sondern lediglich auf verschiedenes Mengenverhältnis der grünen, orange und schwarzbraunen Farbstoffkörner zurückführen zu müssen. Der braune Farbstoff kann nach Schleip auch durch vorgelagerte graue Körner verdeckt werden. In der Nacht werden alle veränderlichen Varietäten dunkel, untertags hell, außerdem kann die Farbe auch im Laufe der Entwicklung abändern. In dauerndem Licht bzw. dauernder Finsternis erhält sich noch eine Zeitlang der periodische Tag- und Nachtfarbenwechsel. Belichtet man die Tiere bei Nacht und verdunkelt sie bei Tag, so kann man dadurch den periodischen Farbwechsel schließlich umkehren. Auch diese neu erworbene Periodizität bleibt, wenn die Tiere in normale Verhältnisse zurückversetzt worden sind, eine Zeitlang erhalten. Monochromatisches rotes, grünes oder blaues Licht oder Dunkelheit, die während der Aufzucht eingewirkt hatten, sind von keiner besonderen Wirkung.

Der Farbwechsel kann nach Schleip aber auch durch andere Ursachen hervorgerufen werden. Er hängt ab von der Zeit der Nahrungsaufnahme, vom CO_2-Gehalt der Luft (nach Przibram und Brecher[5] soll außerdem die Farbe der Mutter maßgebend für die Nachkommenschaft sein), endlich von dem Untergrund, auf dem die Tiere sich befinden. Sie werden nach Schleip auf weißem Grund hell sandfarben, auf grünem Grund grün-hellbräunlich, auf blauem Grund dunkelgrau, auf rotem dunkelbraun und auf schwarzem schwarzbraun. Etwas abweichend sind die Angaben von Przibram und Brecher, die auf Weiß helle, auf Rot, Violett, Blau und Schwarz dunkelgraue, auf Grünlich, Gelb und Bräunlich grüne Tiere erhielten.

Die Untersuchungen Schleips werden wirkungsvoll ergänzt durch die an einem sehr großen Material durch ein Jahrzehnt ausgeführten Versuche von Schmitt-Auracher[4]. Diese unterscheidet an *Carausus morosus* und *Bacillus Rossii außer einer Verfärbung unmittelbar vor dem Tode dreierlei Formen von Farbwechsel:*

1. Eine *langsame*, erst in Wochen zustande kommende Farbänderung, die auf inneren Vorgängen beruht, und zwar auf Pigmentwanderung, Pigment-

[1] Przibram, H.: Arch. Entw.mechan. **50**, 203—208 (1922).
[2] Brecher, L.: Verh. zool.-bot. Ges. Wien **72**, 35—40 (1922).
[3] Schleip, W.: Zool. Jb., Abt. f. Physiol., **30**, 45—132 (1910); **35**. 225—232 (1915) — Zool. Anz. **52**, 151—160 (1921).
[4] Schmitt-Auracher, A.: Zool. Anz. **53**, 108—110 (1921) — Umschau **20**, Nr 34, 490 bis 492 (Aug. 1921) — Sitzgsber. Ges. Morph. u. Physiol. München **34**, 29—33 (1923).
[5] Przibram, H. u. L. Brecher: Anz. d. Akad. d. Wiss. Wien, Math.-naturwiss. Kl. **1920**, Nr 14, 164—165.

verlagerung und Pigmentvermehrung. Ausgelöst wird diese langsame Änderung der Farbe durch äußere Faktoren, nämlich durch Sonnenlicht, künstliches Licht oder Farbe des Untergrundes. Dauerbelichtung beschleunigt, Herabsetzung der Intensität des einwirkenden Lichtes verlangsamt die langsame Anpassung. Die Wirkung des Untergrundes ist folgende: Auf weißem Grund werden die Tiere hellsandfarben, auf grünem Grund und grauem Grund von für den Totalfarbenblinden gleicher Helligkeit dunkelsandfarben, auf kornblumenblauem Grund hellbraun, auf rotem Grund dunkelbraun und auf schwarzem Grund von genau der gleichen Färbung wie auf rotem Grund. Der langsame Farbwechsel wird *durch das Auge* vermittelt; nach Ausschalten des Auges unterbleibt er.

2. Ein „*rascher* Farbwechsel, weitgehend unabhängig von der Farbe des Grundes. Dieser rasche Farbwechsel ist anfänglich von relativ geringer Dauer, doch relativ großem Umfang. Alle Farbtpyen, welche das Resultat der langsamen Anpassung sind, fügen beim raschen Farbwechsel zur schon angenommenen Farbe eine gelbrote Komponente, deren roter Teil am auffallendsten in Erscheinung tritt. Dieser rasche Farbwechsel tritt auf, klingt wieder ab und kommt etwa zwischen dem 5. und 6. Monat zur Fixierung. Als Resultat der langsamen Anpassung + dem zur Fixierung gelangten raschen Farbwechsel werden Tiere auf weißem und gelbem Grund: hellgelbrot, Tiere auf grünem Grund und auf grauem Grund von (für den Totalfarbenblinden) gleicher Helligkeit wie das Grün: hellbraun mit einem Stich ins Rote, Tiere auf kornblumenblauem Grund: braun mit einem Stich ins Rote, Tiere auf schwarzem Grund: tiefdunkelholzbraun mit einem Stich ins Rote, also ganz wie die Tiere auf Rot."

Der auslösende Faktor für den raschen Farbwechsel ist die Minderung der kurzwelligen (blauen und ultravioletten) Strahlen im auffallenden Licht. Vermindert man die kurzwelligen Strahlen in einem Strahlengemisch, so rötet sich das Tier; in viel kurzwelligem Licht wird die Rötung beseitigt. Wird ein Teil des kurzwelligen Lichtes durch ein vorgeschaltetes Äsculinfilter beseitigt, so verzögert sich die Rötung.

3. „*Farbänderung vor der Häutung*, durch welche grüne Tiere vorübergehend gelblich werden, hellsandfarbene fast unverändert bleiben, dunkle vorübergehend grau gefärbt werden."

Ein weiteres Objekt, das eine sehr weitgehende *Farbenanpassung an den Untergrund* zeigt, ist das Wandelnde Blatt, *Phyllium*. Es bekommt, wie GRIMPE[1] berichtet, zuweilen sogar braune Randflecken, welche Blattbeschädigungen vortäuschen. Manchmal wird das sonst grüne Tier dunkelgelb wie Herbstlaub. In der Zucht von Frau Dr. SCHMITT-AURACHER sah ich diese Färbung aber auch außer der Herbstzeit und auf verschiedenfarbigem Untergrund spontan auftreten. Beobachtungen in der Heimat des Tieres in freier Natur liegen darüber nicht vor.

Die Frage, inwieweit beim Farbwechsel der Insekten das *Nervensystem beteiligt ist*, wurde von SCHLEIP[2] untersucht. In der Haut von *Dixippus morosus* finden sich nur Sinneszellen, dagegen kommen weder ein subepitheliales Nervennetz noch freie Nervenendigungen vor. Die *rhythmische Pigmentwanderung* kann entweder ganz ohne Mitwirkung des Zentralnervensystems erfolgen, indem die Hypodermiszellen direkt vom Licht erregt werden, oder sie kann — aber nur in mittelbarer Weise — unter der Mitwirkung des Zentralnervensystems sich vollziehen. „Man könnte sich vorstellen, daß unter der regelmäßig wechselnden Einwirkung natürlicher Helligkeit und Dunkelheit der Stoffwechsel regelmäßige periodische Änderungen erfährt, ja, dies muß sogar so sein, da die Tiere nur nachts

[1] GRIMPE, G.: Zool. Jb., Abt. f. System. **44**, 227—266 (1921).
[2] SCHLEIP, W.: Zool. Jb. Abt. f. allg. Zool. u. Physiol. **35**, 225—232 (1915).

fressen und sich bewegen. Nun könnte sich ein damit in Zusammenhang stehender Rhythmus im Zentralnervensystem einrichten. Dieser löst dann, sobald er einmal festgelegt ist, die periodische Änderung des Stoffwechsels, wenigstens eine Zeitlang, auch unter konstanten Außenbedingungen (in dauernder Dunkelheit) aus, und die periodischen Änderungen des Stoffwechsels könnten es sein, die die Impulse für die Pigmentwanderung in der Hypodermis liefern. Man kann als Stütze für diese Vermutung erstens anführen, daß, wie ich schon 1910 aussprach, die Farbenänderung von *Dixippus* oft so geringfügig ist, daß sie keine protektive Bedeutung haben kann, andererseits ist schon oft darauf hingewiesen worden, daß möglicherweise die Pigmente und die Pigmentverschiebung mit dem Stoffwechsel in Beziehung stehen und daß in manchen Fällen in dieser Beziehung die Hauptbedeutung der Pigmentwanderung zu suchen ist. Zweitens haben gerade bei *Dixippus* Einwirkungen, welche den Stoffwechsel verändern müssen, auch einen Einfluß auf den Färbungszustand, d. h. die Lage des Pigments in der Hypodermis[1]." Jedenfalls steht *die Pigmentwanderung nicht unter dem direkten Einfluß des Nervensystems.*

Die Angaben W. Finklers[2] über *Kopftransplantationen an Insekten* müssen hier nur deshalb erwähnt werden, weil sie die weiteste Verbreitung gefunden, das größte Aufsehen erregt haben und in weitesten Kreisen auch — geglaubt wurden. Da wurden nicht nur die Köpfe zwischen grünen, braunen und schwarzen *Carausus morosus* oder braunen und gelben Mehlwürmern ausgetauscht, sondern man setzte sogar manchen Insekten Köpfe von gar nicht verwandten anderen Insekten auf, einem *Dytiscus* z. B. einen *Hydrophilus*kopf. Immer sollte der Rumpf in der Farbe vom neuen Kopf beeinflußt worden sein. H. von Lengerken[3] sowie Blunck und Speyer[4] haben sich der Mühe unterzogen, all diese Versuche nachzumachen. In keinem einzigen Fall fanden sie einen Einfluß des angesetzten Kopfes auf das Farbkleid des Rumpfes, der Kopf wuchs natürlich auch gar nicht an und das Tier ging stets wie ein kopfloses nach einiger Zeit zugrunde.

Fische.

Das *erste Auftreten von Pigment* bei Fischen erfolgt nach den Feststellungen von Fr. Kurz[5] an Schollen, wo sich schwarze, gelbe und orange gefärbte Pigmentzellen finden, unabhängig vom Licht. Orange Pigmente entstehen hier aber nur, wenn die Eier bereits ein orangegelbes Lipochrom enthielten. Die Weiterentwicklung des Pigments wird dagegen vom Licht beeinflußt. Völlige Dunkelheit verhindert die Weiterentwicklung des farbigen Pigments und hemmt die des Schwarzpigments. Wie Dunkelheit wirkt langwelliges Licht, während Weiß und kurzwelliges Licht die weitere Bildung von Schwarz und Farbig fördert. Der schwarze Farbstoff entsteht unter dem Einfluß von Tyrosinase. Kudô[6] konnte künstlich Preßsäfte der Fischhaut an der Luft mit Tyrosinase, die nach der Methode von Fürth hergestellt war, schwärzen. Die Verdunklung der Fische beruht nach seinen Beobachtungen nicht nur auf der Expansion der Melanophoren, sondern auch auf der Zunahme der Melaninmenge. Die vollständige

---

[1] Schleip, W.: S. 230—231. Zitiert auf S. 225.

[2] Finkler, W.: Akad. Anz. Wien 18, Nr 67 u. 86 (1922) — Arch. mikrosk. Anat. u. Entw.mechan. 99, 104—118, 119—125, 126—133 (1923). — Vgl. auch H. Przibram: Ebenda 99, 1—14 (1923).

[3] Lengerken, H. v.: Biol. Zbl. 1924.

[4] Blunck, H. u. W. Speyer: Z. Zool. 123, H. 1 (1924).

[5] Kurz, Fr.: Zool. Jb. Abt. f. allg. Zool. u. Physiol. 37, 239—278 (1920).

[6] Kudô, J.: Arch. Entw.mechan. 50, 309—325 (1922).

Pigmentierung der Glasaale kann nach GANDOLFI-HORNYOLD[1] in warmem Wasser in weniger als 45 Tagen vollzogen sein.

Die *Histologie der Farbzellen und des Farbwechsels* bei Fischen hat durch BALLOWITZ[2] in einer größeren Anzahl von Arbeiten ein außerordentlich gründliches Studium gefunden. Die wichtigsten Ergebnisse sind: Es kommen bei Fischen vor: Rotzellen, Erythrophoren; Schwarzzellen, Melanophoren; Gelbzellen, Xanthophoren und Guaninzellen, Iridocyten. Nun können sich verschiedenfarbige Zellen zu Doppelzellen (besonders häufig sind schwarzrote Doppelzellen) oder zu ganzen Zellkomplexen zusammenschließen. Auf diese Weise entstehen folgende Kombinationen:

Rot- und Schwarzzellen, Erythromelanosome;
Rot- und Gelbzellen, Erythroxanthosome;
Rot- und Guaninzellen, Erythroiridosome;
Schwarz- und Guaninzellen, Melaniridosome.

Endlich sind dreifache Kombinationen möglich, wie z. B. Erythroiridosome mit Melanophoren, was zusammen Erythro-Melaniridosome gibt.

Die Lagerung der einzelnen Zellen zueinander kann dabei eine verschiedene sein. Sind z. B. Iridocyten mit Melanophoren kombiniert, so können entweder die Iridocyten netzartig verzweigt liegen, und überall, wo sie etwas dichter liegen, kann eine Melanophore vorhanden sein; oder die 5—10 Iridocyten können kreisförmig zu einem Iridosom abgegrenzt sein und in ihrer Mitte die Schwarzzelle haben. JOST[3] fand beim Leierfisch *Callionymus lyra L.* zweierlei Melanophoren, nämlich solche mit radiär angeordneten und solche mit unregelmäßig und baumförmig verästelten Fortsätzen.

Es gelang BALLOWITZ[4] kinematographische Aufnahmen von der Körnchenströmung in den Schwarzzellen der Gobiidenhirnhaut zu machen. Die Pseudopodien der Zelle bleiben auch dann bestehen, wenn das Pigment sich von ihnen zurückzieht und in der Mitte der Zelle zusammenballt. Das Protoplasma ist von radiär gestellten anastomosierenden Kanälchen durchzogen; die Wand dieser Kanälchen ist contractil, und durch diese Kontraktionen wird die in den Kanälchen befindliche Flüssigkeit, welche die Pigmentkörner verfrachtet, in Bewegung versetzt. Auf diese Weise entstehen lokale Strömungsrichtungen in der Zelle. Außer diesen *örtlich begrenzten* Bewegungen gibt es aber auch solche der *ganzen* Zelle. In diesem Fall erschlaffte der ganze zentrale Teil der Farbzelle, wodurch das Plasma mit den Körnchen in den Zelleib strömt. Zieht sich dann der Zelleib wieder zusammen, so wird dadurch das Pigment wieder in die Fortsätze getrieben. Die amöboide Beweglichkeit der Chromatophoren der Fische wird neuerdings u. a. auch von KERR[5] und GILSON jr.[6] beschrieben.

Von welchen Faktoren wird nun die Ausbreitung und Zusammenballung des Pigments, der Farbwechsel, bedingt? Als innere Faktoren kommen die *Drüsen mit innerer Sekretion* in Betracht.

Nach Fütterung von Forellenbrut mit Epiphyse, Hypophyse und Nebenniere sah GIANFERRARI[7], wie sich die Hautchromatophoren zusammenzogen.

---

[1] GANDOLFI-HORNYOLD, A.: Not. Res. Inst. españ. Oceanogr. Madrid **2**, 1—8 (1926).
[2] BALLOWITZ, E.: Anat. Anz. **42** (1912) u. Erg.-Heft zu **44**, 108—116 (1913) — Arch. mikrosk. Anat. u. Entw.mechan. **1**, **83** (1913); **93**, 375—403, 404—413 (1920) — Z. Zool. **104** (1913); **106** (1913); **110** (1914) — Biol. Zbl. **33**, Nr 5 (1913) — Hoppe-Seylers Z. **63**, H. 3 (1913) — Arch. exper. Zellforschg **12**, 553—557 (1914); **14**, 193—219, 413—416, 417—420 (1917).
[3] JOST, F.: Z. mikrosk.-anat. Forschg **7**, 461—502 (1926).
[4] BALLOWITZ, E.: Anat. Anz. **42**, Nr 7/8 (1912).
[5] KERR, J. GR.: Nature **115**, Nr 2883 (1925).
[6] GILSON, A. S. jr.: J. of exper. Zool. **45**, 415—455 (1926).
[7] GIANFERRARI, L.: Arch. di Sci. biol. **3**, 39—52 (1922).

Durch Injektion von Infundin und Extrakt des Hinterlappens der Hypophyse erzielte Abolin[1] an der Wiener Lokalrasse der Elritze Expansion der Melanophoren. Abweichend davon erhielt Spath und Hewer[2] bei der Elritze mit Hypophyse Kontraktion, ebenso mit Adrenalin Kontraktion.

Das Stichlingmännchen, *Gasterosteus aculeatus*, erhält seine „Hochzeitsfarbe" erst nach Beendigung der Spermatogenese. Unterbricht man das Laichgeschäft, so verschwinden nach Titschack[3] die Hochzeitsfarben. Courrier[4] stellte fest, daß mit dem Auftreten der schönen Farbe gleichzeitig die Interstitialdrüse zu sezernieren beginnt. Um zu entscheiden, ob die Keimdrüse oder die Interstitialdrüse die Umfärbung verursachen, hielt er Stichlinge im Winter bei 17° und reichlicher Nahrung; sie wurden auf diese Weise geschlechtsreif, ihre Zwischenzellen sonderten aber nicht ab, auch bekamen sie keine Hochzeitsfarbe, woraus er schloß, daß nur das Hormon der Zwischenzellen die Ursache der Hochzeitsfarbe sein kann. Genau das entgegengesetzte Resultat erhielt van Oordt[5]. Seine bei erhöhter Temperatur gezogenen Stichlinge wurden früher geschlechtsreif und brünftig; sie erhielten damit auch das Hochzeitskleid. Ihre Zwischenzellen entwickelten sich aber erst später, woraus er schließt, daß diese nichts mit der Hochzeitsfärbung zu tun haben.

Nachdem schon früher v. Frisch[6] den *Einfluß* des sympathischen *Nervensystems* auf den Farbwechsel an der Pfrille bewiesen hatte, bestätigten Kudô[7] und J. G. Schäfer[8] die Dunkelfärbung nach Durchschneidung des Sympathicus. Damit in Einklang steht auch die Beobachtung Hemmeters[9], nach welcher Epinephrin eine Kontraktion der Chromatophoren bewirkt, während Ergotoxin die Kontraktion hemmt. Von den typischen Sympathicusgiften expandiert nach J. G. Schäfer Nicotin die Chromatophoren, indem es dieselben lähmt; Adrenalin kontrahiert sie durch periphere Lähmung; Strychnin endlich expandiert sie, weil durch Strychnin der hemmende Einfluß des Rückenmarks keinen Einfluß hat, kann doch der obere Teil des Rückenmarks hemmend wirken. Das motorische Zentrum für Pigmentierung liegt, wie J. G. Schäfer bewies, in der Medulla oblongata. Eine Reizung aller Hirnteile und des Opticus bewirkt eine Kontraktion der Chromatophoren. Hewer[10] durchschnitt den Grenzstrang des Sympathicus von *Pleuronectes flesus* und *limanda*, wodurch Ausdehnung der Melanophoren erfolgen konnte. Durchschneidungsversuche des Rückenmarks beweisen, daß die den Farbwechsel verursachenden Nerven das Rückenmark in Höhe des 6. Wirbels verlassen. Durchschneidung des Ramus mandibularis des Trigeminus veranlaßte eine vorübergehende Verdunkelung des von ihm versorgten Gebietes; erst nach 12 Stunden erfolgte Aufhellung. 1 proz. Nicotinlösung auf das Ganglion des Grenzstranges gebracht, bewirkte Zusammenballung aller Farbzellen dieses Gebietes und damit Aufhellung. Ein Wattebausch mit Nicotin in die Peritonealhöhle in die Nähe des Grenzstranges gebracht, veranlaßt Hellfärbung erst dieses Bezirkes, später des ganzen Körpers. Auf der Haut dagegen ruft Nicotin eine lokale Schwarzfärbung hervor; intramuskulär ergibt es anfänglich Aufhellung

---

[1] Abolin, L.: Arch. mikrosk. Anat. u. Entw.mechan. **104**, 667—698 (1925).
[2] Hewer, H. R.: Brit. J. exper. Biol. **3**, 123—140 (1926).
[3] Titschack, E.: Zool. Jb. Abt. f. Physiol. **39**, 83—148 (1922).
[4] Courrier, R.: C. r. Acad. Sci. Paris **172**, 1316—1317 (1921); **174**, 70—72 (1922).
[5] Oordt, G. R. van: Versl. Akad. Wetensch. Amsterd., Wis- en natuurkd. Afd. **32**, 308—314 (1923).
[6] Frisch, K. v.: Zool. Jb. Abt. f. allg. Zool. u. Physiol. **34**, 43—68 (1913).
[7] Kudô, J.: Arch. Entw.mechan. **50**, 309—325 (1922).
[8] Schäfer, J. G.: Pflügers Arch. **188**, 25—48 (1921).
[9] Hemmeter, J. G.: Arch. néerl. Physiol. **7**, 165 (1922).
[10] Hewer, H. R.: Phil. Trans. roy. Soc. Lond. **215**, 177—200 (1926).

erst der benachbarten Segmente, dann des ganzen Körpers, schließlich Dunkelfärbung der Haut. Ebenso erzielte HEWER durch 0,1 proz. Adrenalin auf der Haut umschriebene Hellfärbung. Coffein verdunkelt intramuskulär erst lokal, später die ganze Haut. GILSON[1] stellt den allgemeinen Satz auf, daß diejenigen Substanzen, die eine Lähmung des zentralen oder sympathischen Nervensystems hervorrufen, wie geringe Dosen von Narkotica oder starke Dosen Alkaloide, wie Atropin, Physostigmin und Cocain, die Ausdehnung der Melanophoren bewirken, während Adrenalin sowie kleine Dosen von Cocain und Physostigmin die Melanophoren kontrahieren und damit eine Aufhellung bewirken.

HUBBS[2] behauptet, nach Zerstörung des linken Auges würden sich die Chromatophoren junger Felchen auf der linken Kopfseite schneller und stärker als auf der rechten zusammenziehen, und auch KUDÔ erwähnt die Dunkelfärbung geblendeter Tiere; nach BEHRE[3] verhindert vollständige Blendung den Farbwechsel der Fische, nicht dagegen einseitige Blendung. MURISIER[4] fand, daß die Melanophoren junger *Salmo lacustris* auf schwarzem Grund ausgebreitet, auf weißem zusammengezogen blieben. Belichtete er nur die obere Retinahälfte, so blieben die Melanophoren wie in absoluter Finsternis kontrahiert. Durch schwaches Licht oder solches, welches nur die untere Retinahälfte traf, wurden die Melanophoren ausgebreitet.

MAST[5] stellte in seinen sehr sorgfältigen Untersuchungen an Plattfischen fest, daß ein direkter Reiz in der Nähe der Chromatophoren unwirksam ist und daß ihre Bewegungen von Auge, Zentralnervensystem und Sympathicus beeinflußt werden.

Von *äußeren Faktoren* veranlaßt, wie schon v. FRISCH[6] an Pfrillen bewies, Wärme — lokal angewandt — Expansion, Kälte Kontraktion der schwarzen Pigmentzellen. Nach SCHNURMANN[7] wirkt aufhellend der Druck einer hohen Wassersäule. Narkose und Aussetzen an die Luft ergeben, wie KUDÔ berichtet, Dunkelfärbung. Am interessantesten sind die *Anpassungen* mancher Fische in Helligkeit, Farbe und Zeichnung an die Umwelt, wobei wir zwischen der Helligkeit und Farbe des Wassers einerseits, des Untergrundes andererseits unterscheiden müssen.

SCHNURMANN unterscheidet an Elritzen a) die gewöhnliche, durchschnittlich in etwa 40 Sekunden ablaufende Melanophorenkontraktion bzw. -expansion, b) eine noch langsamer verlaufende Helligkeitsänderung, welche wahrscheinlich auf Körnchenströmung innerhalb und außerhalb der Pigmentzelle beruht. Während v. FRISCH Xanthophorenexpansion bei Elritzen auf keinem anderen Untergrund als auf gelbem oder rotem beobachtete und daraus auf einen Farbensinn dieser Fische schloß, fand SCHNURMANN außerdem Expansion der Gelbzellen auch bei stark herabgesetzter Belichtung und bei völligem Lichtabschluß. Es muß also, sagt SCHNURMANN, nach einem diesen drei Bedingungen gemeinsamen Faktor gesucht werden. „Der gemeinsame Faktor ist das Fehlen der Lichtabsorption von seiten des Gelbfilters der dorsalen Netzhautschutzzone.

1. Das absolute Dunkel bedarf keiner Erläuterung.

2. Bei stark herabgesetzter Belichtung wird das Gelbfilter keine oder relativ sehr wenige Strahlen absorbieren können, weil es retrahiert ist.

[1] GILSON, A. S. jr.: J. of exper. Zool. **45**, 415—455 (1926).
[2] HUBBS, C. L.: Amer. Naturalist **55**, 286—288 (1921).
[3] BEHRE, E. H.: Anat. Rec. **37**, 142 (1927).
[4] MURISIER, P.: Rev. suisse de Zool. **28**, 45—97, 149—195, 243—300 (1921).
[5] MAST, S. O.: Bull. Bureau of Fisheries **34**, 174—238 (1914).
[6] FRISCH, K. v.: Biol. Zbl. **34**, 238—248 (1911).
[7] SCHNURMANN, F.: Z. Biol. **71**, 69—98 (1920).

3. Auch über gelbem oder vorwiegend gelbem, ja auch über rotgelbem Untergrund wird das Gelbfilter der dorsalen Netzhautzone keine bzw. relativ sehr wenige Strahlen absorbieren, vielmehr alle bzw. fast alle eindringenden Strahlen zur Sehzelle durchlassen.

Bei Lichtabsorption von seiten des gelben Pigments der dorsalen Netzhautzone kontrahieren sich die gelben Pigmentzellen der Haut, bei Mangel der Lichtabsorption verharren sie in expandiertem Zustande[1]".

Die Melanophoren reagieren nach Schnurmann auf dunklerem Rot wie auf hellerem Grau, auf hellerem Blau sowie auf dunklerem Grau. Dies scheint auf den ersten Blick der von Hess aufgestellten Lehre, die Fische verhielten sich wie der farbenblinde Mensch, zu widersprechen, denn gerade für den Farbenblinden hat Rot nur sehr geringen Helligkeitswert. Aber Schnurmann sagt[2]: „Der totalfarbenblinde Mensch sieht ein Rot heller, ein Blau dunkler als ein Grau von jeweils gleichem farblosen Helligkeitswerte, wenn er das Rot und das Blau durch ein gelbes Glas betrachtet. Dem gelben Glase entspricht im Fischauge das vorgewanderte Pigment." Der Fisch verhält sich also nach Schnurmann wie ein totalfarbenblinder Mensch mit gelber Brille. Im übrigen sei, was die Frage nach einem Farbensinn bei Fischen betrifft, auf die Arbeiten von Hess und Frisch selbst verwiesen.

In jüngster Zeit wendet sich nun v. Frisch[3] gegen Schnurmann mit folgenden Feststellungen: Er wählte „ein sehr dunkles Grau und ein so ungesättigtes Gelb, daß der gelbe Untergrund auch an kurzwelligen Strahlen mehr reflektiert als der graue Grund". Das Netzhautpigment müßte dann über dem gelben Grund mehr Strahlen absorbieren als über dem grauen; nach Schnurmann müßte also der Fisch auf grauem Grunde gelb werden. Dies traf aber nach v. Frisch nicht zu, sondern die Fische verfärbten sich auch unter diesen Bedingungen nur auf dem gelben Grunde gelb. Außerdem konnte v. Frisch die Angabe Schnurmanns (von der dessen Theorie ausgeht), die Elritze würde sich bei Dunkelheit in gleicher Weise gelb färben wie auf gelbem Grund, nicht bestätigen.

Nach Mast passen sich fast alle von ihm untersuchten amerikanischen Meeresfische in der *Helligkeit* dem Untergrunde an, in der *Farbe* viele, im *Muster* nur wenige, wie z. B. die Plattfische *Paralichtys* und *Ancylopsetta*, welche nach allen drei Richtungen hin dem Untergrund täuschend ähnlich werden. Nur Rot wird nicht genau wiedergegeben, es wirkt für sie am dunkelsten, soll aber eine andere Wirkung haben als Grau verschiedener Helligkeit. Auf Quadraten und Kreisen verschiedener Größe erhalten diese Tiere Muster entsprechender Größe, doch wird nicht, wie Pitkin[4] und Loeb[5] behauptet haben, auch die Form (Quadrat, Kreis) wiedergegeben. Die Zeit, welche für den Wechsel der Farbe nötig ist, ist meist länger als die für Hell und Dunkel. Anpassung an roten, blauen und grünen Untergrund hält monatelang an, die an Gelb und Braun viel kürzer. Durch oftmalige Wiederholung, läßt sich eine raschere Anpassung erzielen; für Weiß und Schwarz kann z. B. die Zeit von 5 Tagen auf 2 Minuten verkürzt werden. Auf weißem Untergrund werden die Tiere weiß, auf grauem grau, selbst wenn in letzterem Fall die Belichtung eine stärkere ist. Die Farbanpassung richtet sich, wie Mast glaubt, nach der Wellenlänge, nicht nach der Helligkeit des Lichtes.

---

[1] Slhnurmann, F.: S. 90. Zitiert auf S. 229.
[2] Schnurmann, F.: S. 96. Zitiert auf S. 229.
[3] Frisch, K. v.: Z. Biol. **80**, 223—230 (1924). — Vgl. auch Hämpel u. Kolmer: Biol. Zbl. **34**, 450—458 (1914).
[4] Pitkin, W. B.: The new Realism. New York 1912.
[5] Loeb, J.: The mechanistic conception of life: Biological essays. The Univ. of Chicago Press. Chicago 1912.

Die Tiere wählen jeweils denjenigen Untergrund, mit dem sie in Licht und Farbe übereinstimmen.

Das schwarze Pigment kann bei Hungertieren durch mononucleäre Leukocyten phagocytiert werden (MURISIER[1]). Diese Leukocyten sammeln sich in der Milz und im lymphoiden Gewebe der Niere; sie wandern dann in die Blutcapillaren ein.

Amphibien (und Reptilien).

Über die *Entwicklungsgeschichte* der Pigmentzellen bei Amphibien gehen die Ansichten auseinander. PRENANT[2] leitet entwicklungsgeschichtlich die Melanophoren von Xanthophoren ab, was NAGEOTTE[3] lebhaft bestreitet. Nach EYCLESHYMER[4] fallen zwar die ersten Pigmentbänder mit den Zügen der großen dorsolateralen Venen zusammen, die übrigen Pigmentstellen zeigen aber weder Beziehungen zu den Blutgefäßen noch zu den Hautsinnesorganen. HAECKER[5] hat dagegen schon früher auf Grund seiner Beobachtungen an Axolotllarven die Lehre aufgestellt, Pigmentzellen würden sich stets in der Mitte besonders stark wachsender Hautstellen ausbilden. Dies bestätigt SLUITER[6] für den Riesensalamander, wo das stärkere Hautwachstum sowohl in schräg nach hinten gerichteten Streifen als auch schachbrettartig erfolgt. FISCHEL[7] und ebenso SCHNACKENBECK[8] geben an, daß die Pigmentzellen an Ort und Stelle entstehen, diejenigen der Epidermis aus Ektoderm, diejenigen des Bindegewebes aus Mesodermzellen (und nicht aus Leukocyten). Die Chromatophoren teilen sich mitotisch. Es findet keine Einwanderung von Pigmentzellen aus der Epidermis in das Corium und umgekehrt statt. Das bestreitet freilich KORNFELD[9], der Pigmentbrücken zwischen Epidermis und Corium bei Laubfroschlarven als Ausdruck einer Pigmentwanderung von Epidermis zum Corium deutet. Er glaubt an zwei Arten von Pigmentwanderung: 1. Wanderung ganzer Melanophoren aus Epidermis in Cutis. 2. Abgabe von Pigment durch Zellfortsätze von Epidermis-Melanophoren an Coriumzellen. PRENANT[10] glaubt, daß die unter der Epidermis liegenden Pigmentzellen der Amphibienlarven aus vereinzelten Zellen des Unterhautbindegewebes stammen.

MILLOT[11] leitet die Guanophoren der Fische und Amphibien von Bindegewebszellen, manchmal sogar von Leukocyten ab (vgl. auch FRANKENBERGER[12]). Eine sorgfältige Untersuchung über die Genese der Melanophoren bei Amphibienlarven verdankt man BERWEGER[13]. Dieser Autor fand die ersten Melanophoren in den tieferen Schichten des Coriums der Salamanderlarve. Erst gegen Ende des Embryonalstadiums erscheinen auf der Rückenseite einzelne in der zweischichtigen Epidermis liegende Melanophoren. Die Melanophoren der Epidermis wandern teils aus dem Corium ein, teils sind sie durch mitotische Teilung in der Epidermis entstanden. Die Einwanderung der Melanophoren aus dem Corium hält bei Embryonen, Larven und auch noch bei metamorphosierten Tieren an. Unabhängig von den Chromatophoren können die Epidermiszellen Pigment bilden, das in Form von Kernkappen auftritt. Der Kern verändert sich dabei nicht in seiner Struktur, auch tritt kein Chromatin dabei aus. Bei der Häutung wird das Epithelpigment abgestoßen. Epithelzellen können sich nicht in Melanophoren umwandeln; die Melanophoren stammen aus dem mittleren Keimblatt. Die Lipophoren bilden sich embryonal im Corium aus und dringen zu dieser Zeit schon in die Epidermis ein. FARIS[14] sah die Entstehung des Pigments aus farblosem körnigem Chromogen, das er als einen Komplex auffaßt, von „1. Substanzen der Dotterverdauung, 2. intermediären Produkten des anabolischen Stoffwechsels, 3. Produkten des

[1] MURISIER, P.: Rev. suisse de Zool. **28**, 45—97, 149—195, 243—300 (1921).

[2] PRENANT, A.: C. r. Soc. Biol. Paris **83**, Nr 19, 839—842 (1920).

[3] NAGEOTTE, J.: C. r. Soc. Biol. Paris **83**, Nr 21, 919—920 (1920).

[4] EYCLESHYMER, A. C.: Anat. Anz. **46**, 1—13 (1914).

[5] HAECKER, V.: Entwicklungsgeschichtliche Eigenschaftsanalyse (Phänogenetik). Jena: G. Fischer 1918.

[6] SLUITER, C. PH.: Versl. Akad. Wetensch. Amsterd., Wis- en natuurkd. Afd. **22**, Nr 9/10, 954—961 (1920).

[7] FISCHEL, A.: Anat. H. I **174** 1—136 (1920).

[8] SCHNAKENBECK, W.: Z. Abstammgslehre **27**, 178—226 (1922).

[9] KORNFELD, W.: Verh. zool.-bot. Ges. Wien **69**, 158—160 (1920).

[10] PRENANT, A.: Arch. d'Anat. **2**, 461—504 (1923).

[11] MILLOT, J.: Bull. biol. France et Belg. **57**, 261—363 (1924).

[12] FRANKENBERGER, Z.: Zvláštui otisk z Biologickýsch Listů **10**, 1—8 (1924).

[13] BERWEGER, L.: Z. mikrosk.-anat. Forschg **7**, 231—294 (1926).

[14] FARIS, H. S.: Anat. Rec. **27**, 63—76 (1924).

katabolischen Stoffwechsels". Dauernd ausgedehnte Pigmentzellen des Salamanders vermehren sich nach Himmer[1] rascher als zusammengezogene.

Cahn[2] fand zwei Laichmassen von *Hyla triseriata* ausnahmsweise weiß statt schokoladebraun gefärbt. Er hielt einen Teil der weißen Laichmassen normal, den anderen im Dunkeln. Es schlüpften in beiden Fällen rein weiße Tiere aus; die Helltiere erhielten vom 2. Tag an Spuren von Pigment, die Dunkeltiere später.

Was das gelbe Pigment betrifft, so findet es sich nach Schmidt[3] bei allen niederen Wirbeltieren (Fischen, Amphibien und Reptilien) nur in der Cutis; eine Ausnahme macht nur der gefleckte Salamander, der in den Epithelzellen besondere Chromatophoren besitzt. Es kommen bei Amphibien vor rote und gelbe Farbzellen, die Schmidt als *Lip ophoren* zusammenfaßt, ferner *Guanophoren* und *Melanophoren*; von den letzteren gibt es bei *Rana fusca* kleinere epidermale und interepitheliale sowie große subepidermale. In der Bauchhaut können Rotzellen mit Melanin vorkommen, ja es kann sogar roter, schwarzer Farbstoff und Guanin in ein und derselben Zelle gelagert sein. Das rote Pigment ist im Gegensatz zum Lipochrom in den Fettlösungsmitteln unlöslich, gibt dagegen mit konz. H_2SO_4 gleichfalls blaues Lipocyan. (Die Chemie der schwarzen Farbzellen wurde schon früher geklärt [siehe Fuchs]; ebenso wurden Guaninkrystalle schon früher in den Guanophoren gefunden.)

Das *Zustandekommen der Farben* hat vor allem Schmidt[4] durch seine ausgezeichneten Untersuchungen an *Hyla arborea* und *Rana esculenta* geklärt: Das sog. Xantholeukosom der früheren Autoren ist eine Doppelzelle, zu oberst eine Gelbzelle, dann eine Guanophore. Darunter liegen die Schwarzzellen. Die grüne Färbung des Laubfrosches entsteht nun dadurch, daß das Guanin das kurzwellige Licht reflektiert, das langwellige jedoch auf die fläschenhaft ausgebreiteten Melanophoren hindurchläßt, deren Melanin diese Strahlen absorbiert. Das Guanin gibt also die Farbe von trüben Medien gegen einen schwarzen Hintergrund, also Blau durch Interferenz. Dieses Blau vereinigt sich mit dem gelben Licht, welches die darüber liegenden Lipophoren zurückwerfen, zu Grün. Haben die Lipophoren nur wenig gelben Farbstoff, wie dies z. B. bei *Rana esculenta* der Fall ist, so erscheint die Haut mehr grün. Mehr gelb sieht der Laubfrosch aus, wenn infolge starker Ballung des Melanins der Hintergrund großenteils von der hellen Cutis gebildet wird; dann wirft nämlich die Cutis die vom Guanin durchgelassenen langwelligen Strahlen zurück, die sich mit den von den Guaninzellen zurückgeworfenen kurzwelligen Strahlen zum Gesamteindruck „Weiß" vereinigen. Mit dem Gelb der dann mit ihrer Hauptmasse zwischen den Guanophoren eingekeilten Gelbzellen gibt dies Hellgelb. Sind nun die Gelbzellen noch tiefer, teilweise sogar unter die Guanophoren gewandert, hat sich dabei ihr Farbstoff ganz zusammengeballt und haben sich die Schwarzzellen so ausgebreitet, daß sie großenteils die Guanophoren einhüllen, so entsteht Grau. Das Gelb ist nämlich dabei großenteils ausgeschaltet, und zum Schwarz der Melanophoren kommt etwas Weiß der Guanophoren, das dem Grau einen Seidenglanz verleiht.

Albinismus kommt nach Haecker[5] beim Axolotl dadurch zustande, daß die Vermehrung der im Corium gelegenen Pigmentzellen zuerst verlangsamt wird und schließlich ganz aufhört. Den Albinismus bei Salamanderlarven führt dagegen Fischel[6] auf eine Anomalie des Nervensystems zurück, durch welche das Pigment dauernd geballt bleibt. Übrigens treten, wie Schnackenbeck[7] beobachtet, bei albinotischen sehr alten Axolotln manchmal an einigen Stellen schwarze Flecke in den obersten Epidermisschichten auf, welche nicht auf der Anhäufung von gewöhnlichem Pigment bestehen, sondern wohl als pathologische Alterserscheinungen zu bezeichnen sind.

---

[1] Himmer, A.: Arch. mikrosk. Anat. u. Entw.mechan. **100**, 83—110 (1923).
[2] Cahn, A. R.: Copeia **1926**, Nr 151, S. 107—109.
[3] Schmidt, W. J.: Anat. H. 1. Abt., **58**, 643—670 (1920) — Arch. mikrosk. Anat. I **93**, 415—455 (1920) — Jena. Z. Naturwiss. **57**, 219—228 (1921).
[4] Schmidt, W. J.: Arch. mikrosk. Anat. I **93**, S. 415—455 (1920) — Jena. Z. Naturwiss. **57**, 219—228 (1921).
[5] Haecker, V.: Z. Abstammgslehre **25**, 117—184 (1921).
[6] Fischel, A.: Arch. Entw.mechan. **46**, H. 2/3, 202—209 (1920).
[7] Schnackenbeck, W.: Zool. Anz. **56**, 119—127 (1923).

SCHMIDT[1] (vgl. auch HOOKER[2]) gibt folgende Arten von *Pigmentbewegungen* an: In den Schwarzzellen beruht Ausbreitung und Ballung von Pigment nur auf Körnchenströmung. In den Gelbzellen finden gleichfalls Körnchenströmungen statt. Außerdem können aber die Gelbzellen auch aktive amöboide Bewegungen ausführen oder passiv abgeplattet werden. Die Guanophoren werden nur passiv deformiert.

Pigmentzellen sind auch — gegenüber einer von PRZIBRAM[3] geäußerten Ansicht — befähigt, zu wandern. FISCHEL beobachtete, wie bei Anurenlarven, denen die Augen ohne die Hornhaut weggenommen war, Pigmentzellen aus der umgebenden Haut in die Hornhaut einwanderten.

Der *Einfluß der Drüsen mit innerer Sekretion* auf den Farbwechsel ist nirgends so eingehend studiert worden wie bei Amphibien.

GIUSTI und HOUSSAY[4] entfernten bei Kröten die Hypophyse: Die Rückenhaut wurde nach 3—10 Tagen schwarz bis tief broncefarbig, der Bauch grauschwarz bis braun. SWINGLE[5] transplantierte den Mittellappen der Hypophyse von erwachsenen Ochsenfröschen auf die neotenische Larve. Die epidermalen und subepidermalen Melanophoren der operierten Tiere dehnten sich maximal aus, wodurch diese ganz dunkel wurden. ATWELL[6] erzielte durch Entfernung des epithelialen Anteils der Hypophyse bei Kaulquappen in frühen Entwicklungsstadien silberfarbige oder albinotische Färbung. (PUENTE[7] fand bei hypophysektomierten Kröten abgerundete Chromatophoren und vergrößerte Guanophoren.) Dabei waren die „Xantholeukophoren" stark ausgebreitet, die epidermoidalen Melanophoren reduziert, die tieferen Melanophoren kontrahiert. Auf solche Tiere wirkte Extrakt aus den Hypophysenhinterlappen vorübergehend verdunkelnd durch Ausbreitung der tiefer liegenden Schwarzzellen. Entfernung der Zirbeldrüse allein hatte keine Wirkung. Wurde dagegen gleichzeitig der epitheliale Hypophysenanteil weggenommen, so färbten sich die Tiere silberglänzend. J. S. HUXLEY und HOGBEN[8] verfütterten Hypophyse an Axolotlembryonen. Ihre Melanophoren dilatierten sich zuerst, kontrahierten sich aber bald sehr stark. Adrenalinfütterung bewirkte Kontraktion. Zirbeldrüsenfütterung veranlaßte bei Froschlarven eine rasch vorübergehende Kontraktion, hatte dagegen beim Axolotl keine besondere Wirkung. Von den Hypophysepräparaten vermindert nach KŘIŽENECKÝ[9] das Pituitrin vorübergehend die Pigmentbildung, das Pituglandol dagegen hat keinen Einfluß auf das Pigment. Die Melaninbildung wird beim Axolotl nach SCHÜRMEYER[10] durch die Pars intermedia der Hypophyse hervorgerufen. BLACHER[11] erzielte beim hypophysektomierten Axolotl von neuem Pigmentierung durch Einspritzen von Hinterlappensubstanz der Hypophyse. WORONZOWA[12] und SNYDER[13] wiesen nach, daß hypophysektomierte Axolotl sich

---

[1] SCHMIDT, W. J.: Zool. Anz. **51**, 49—63 (1920) — Arch. exper. Zellforschg **15**, 269 bis 282 (1920).

[2] HOOKER, D.: Z. allgem. Physiol. **14**, 93—104 (1912) — Amer. J. Anat. **16**, 237—250 (1914).

[3] PRZIBRAM, H. u. J. DEMBOWSKY: Sitzgsber. Akad. Wiss. Wien, Math.-naturwiss. Kl. **1920**, Nr 14, 162—164.

[4] GIUSTI, L. u. A. HOUSSAY: C. r. Soc. Biol. Paris **85**, Nr 27, S. 597—598 (1921).

[5] SWINGLE, W. W.: J. of exper. Zool. **34**, 119—141 (1921).

[6] ATWELL, W. J.: Endocrinology **5**, 221—232 (1921).

[7] PUENTE, J. J.: Rev. Soc. argent. Biol. **3**, 321—343 (1927).

[8] HUXLEY, J. S. u. L. J. HOGBEN: Proc. roy. Soc. Lond. B **93**, Nr 649, 36—53 (1922).

[9] KŘIŽENECKÝ, J.: Arch. mikrosk. Anat. u. Entw.-mechan. **101**, 621—665 (1924).

[10] SCHÜRMEYER, A.: Klin. Wschr. **5**, 2311—2312 (1926).

[11] BLACHER, L. J.: Trudy Labor. eksper. Biol. moskov. Zooparka **3**, 37—81 (1926).

[12] WORONZOWA, M. A.: Trudy Labor. eksper. Biol. moskov. Zooparka **4**, 89—105 (1928).

[13] SNYDER, F. F.: Amer. J. Anat. **41**, 399—409 (1928).

wieder dunkler färben durch Zusatz von Hypophyse zum Wasser oder durch Einspritzung von physiologischer Kochsalzlösung oder destilliertem Wasser (Woronzowa) oder endlich mit Durchspülung von Ringerlösung mit Hypophyse vom Conus arteriosus aus (Snyder). Während Vogelaar und Munting[1] angeben, daß Fütterung von Froschlarven mit Nebennierenextrakt stets Aufhellung erzeugt habe, konnte Křiženecký[2] meist, aber nicht immer Depigmentierung auf diese Weise erzielen. Thymusfütterung verursacht nach Vogelaar und Munting[1] stets Dunkelfärbung durch Ausbreitung der Melanophoren.

Was den Einfluß des *Futters* auf das Farbkleid betrifft, so erhielt Millot[3] bei Lecithinfütterung von Froschlarven eine Hemmung der Melaninbildung und übermäßige Guaninbildung. Larven von *Triturus*, mit roten Daphnien gefüttert, wurden nach Wolterstorff[4] auf Ober- und Unterseite stark gelb und rötlich; Fütterung mit Enchytraen veranlaßte ein Abblassen.

M. Aron[5] gibt an, daß nach Galvanokauterisierung des interstitiellen Drüsengewebes im Hoden des Kammolches das *Hochzeitskleid* desselben verschwinde, während Champy[6] keine Beziehungen zwischen diesem Gewebe und dem Hochzeitskleide beim Alpenmolch fand. Das Auftreten des Hochzeitskleides fällt hier mit der Anwesenheit von Spermiencysten zusammen. Okamoto[7] fand in der Leber der Kröte am meisten Pigment zur Begattungszeit, dann im Winterschlaf. Nach Champy[6] soll es möglich sein, durch Hungernlassen eines männlichen Alpenmolches im Sommer während der Geschlechtsperiode diese zu unterdrücken; überfüttere man daraufhin das männliche Tier, so bilde es sich zum Weibchen mit weiblicher Färbung infolge dieser „alimentären Kastration" um. Umgekehrt erhielt er unter dem Einfluß der Gefangenschaft bei einigen Weibchen männliche Farbmerkmale, z. B. die schwarzen Punkte in den Flanken; nur das himmelblaue Pigment der Männchen fehlte. In den Eierstöcken dieser Tiere befanden sich nur ganz junge Ovocyten.

Die *Beziehungen des Nervensystems zum Farbwechsel* sind ähnliche wie bei Fischen. Die älteren Arbeiten finden sich bei Fuchs und Biedermann[8] zusammengefaßt. R. H. Kahn[9] gelang dazu folgender, für die Innervation der Pigmentzellen im allgemeinen wichtige neue Nachweis: Adrenalininjektion wirkte maximal aufhellend durch Ballung der Melanophoren, Nicotin, wie schon Fuchs gefunden hatte, verdunkelnd. Der Grad der Verdunkelung wechselt sehr; Pilocarpin endlich verdunkelt. Die Wirkungen bleiben bestehen, auch wenn das Zentralnervensystem oder die Nervenleitung zu den Melanophoren ausgeschaltet ist, ja selbst wenn das Gift direkt auf die beobachtete Schwimmhaut gebracht wird. Damit ist die periphere Wirkung desselben bewiesen. Mit der Ballung der schwarzen Pigmentkörner expandiert Adrenalin aber gleichzeitig die gelben Körner der Lipophoren; Pilocarpin expandiert die Melanophoren und ballt dabei die Lipophoren. Nun hat bekanntlich Adrenalin die Wirkung, welche man bei Reizung des Sympathicus, Pilocarpin dagegen diejenige, welche man bei Reizung des parasympathischen (autonomen) Nervensystems erhält. Es gibt also keinen „Ruhezustand" der Pigmentzellen, wie man bisher angenommen hat — die einen Forscher bezeichneten die Expansion, die anderen die Kontraktion als Ruhe-

[1] Vogelaar, J. P. M. u. W. Munting,: Nederl. Tijdschr. Geneesk. **71** II, 457—459 (1927).
[2] Křiženecký, J.: Arch. mikrosk. Anat. u. Entw.mechan. **101**, 558—620 (1924).
[3] Millot, J.: Bull. biol. France et Belg. **57**, 261—363 (1924).
[4] Wolterstorff, W.: Bl. Aquar.kde **35**, 66—70 (1924); **37**, 118—119 (1926).
[5] Aron, M.: C. r. Acad. Sci. Paris **173**, 57—59 (1921).
[6] Champy, Ch.: C. r. Acad. Sci. Paris **172**, 482—484, 1204—1207 (1921).
[7] Okamoto, H.: Frankf. Z. Path. **31**, 16—53 (1925).
[8] Biedermann, W.: Erg. Physiol. **8**, H. 1, 94 (1909).
[9] Kahn, R. H.: Pflügers Arch. **195**, 337—360 (1922).

zustand—, sondern es gibt nur einen *Gleichgewichtszustand*. Überwiegt z. B. die Wirkung der sympathischen Innervation, so kann, wie auch das Experiment lehrt, die Aufhellung so stark sein, daß jede Pilocarpinwirkung versagt. KAHN erkennt an, daß es neben dieser gegensätzlichen Innervation auch noch andere Faktoren gibt, welche die Färbung der Tiere beeinflussen: Licht, Feuchtigkeit, Temperatur, Blutversorgung, Stoffwechsel. Darüber ist bei FUCHS nachzulesen. KROPP[1] bekam an Amphibienlarven bei mechanischen Reizen lokale Kontraktion der Melanophoren, bei Durchschneidung der motorischen Pigmentnerven Ausdehnung der Melanophoren in der Schwimmhaut. Injizierte er kurz vor oder nach Unterbindung der Arteria ischiadica Adrenalin, so erhielt er wie bei Durchtrennung des Nervus ischiadicus Verdunkelung des Beines (wie HOUSSAY und UNGAR[2]). Äther und Chloroform bewirkten Verdunkelung, Reizung der peripheren Spinalnerven und der sympathischen Wurzeln, die den Plexus ischiadicus bilden, veranlaßte Zerfall der Melanophoren.

EYCLESHYMER[3] sah, wie sich nach der Enthauptung von *Necturus*larven deren Chromatophoren stark kontrahierten; im übrigen blieb die Pigmentverteilung die gleiche. Geblendete *Triton*larven wurden dagegen nach FISCHEL[4] dunkel, und zwar im Licht schneller als im Dunkel. Sie sind auch unter Tags dunkler als bei Nacht. Bei Blendung verästeln sich alle Melanophoren mehr und verschmelzen zu einem Syncytium. In entsprechender Weise werden nach PRZIBRAM und DEMBROWSKI[5] geblendete Larven des gefleckten Salamanders um so weniger gelb, je heller das auf sie einwirkende Licht ist.

Die älteren Untersuchungen über den *Einfluß äußerer Faktoren* wie der Nahrung, der Trockenheit, Feuchtigkeit, des Untergrundes, des Lichtes usw. auf den Farbwechsel mancher Amphibien, wie z. B. des Laubfrosches, können hier als bekannt vorausgesetzt werden. Mit ihnen stimmen die neuen Beobachtungen von HEWER[6] an *Rana temporaria* überein, nach denen Kälte Ausdehnung, mittlere Temperatur und O_2 Zusammenziehung des Pigments verursacht.

Gegenüber der früher von TORNIER gemachten Beobachtung gibt JOHNSON[7] an, daß die Menge der aufgenommenen *Nahrung* ohne Einfluß auf die Pigmentbildung beim Frosch und bei der Kröte sei. Dagegen sollen Tiere, welche reichlich mit Leber gefüttert wurden, dunkel, solche, die viel Eidotter bekamen, hell werden. Lecithin, der Nahrung beigemischt, verhindert oder hemmt die Pigmentbildung.

Der *Einfluß des einfallenden Lichts* auf die Larven des gefleckten Salamanders ist von KAMMERER[8] studiert worden. Wurden diese gleich nach der Geburt dem Licht ausgesetzt, so hatten sie bei der Metamorphose mehr Gelb als die Mutter und die Kontrolltiere. Bei den gelben Larven waren nicht nur die schwarzen Chromatophoren kontrahiert, sondern die Zahl der Schwarzzellen war auch geringer. In dunkelviolettem und dunkelblauem Licht wurden die Tiere nicht ganz so schwarz wie solche, die auf schwarzem Grunde gehalten worden waren. In hellem Licht wurden sie bei der Metamorphose auf gelbem Grund mehr gelb, auf schwarzem mehr schwarz. In Finsternis wurden sie mittelhell. Während also völlige Dunkelheit wirkungslos bleibt, beruht die Schwärzung auf dunklem Unter-

[1] KROPP, B.: J. of exper. Zool. **49**, 289—318 (1927).
[2] HOUSSAY, B. A. u. J. UNGAR: C. r. Soc. Biol. Paris **93**, 259—260 (1925).
[3] EYCLESHYMER, A. C.: Anat. Anz. **46**, 1—13 (1914).
[4] FISCHEL, A.: Anat. Hefte 1. Abt., H. 174, 1—136 (1920).
[5] PRZIBRAM, H. u. J. DEMBROWSKI: Anz. d. Akad. d. Wiss. Wien. Math.-naturw. Kl. **120**, 162—164 (1920).
[6] HEWER, H. R.: Proc. roy. Soc. Lond. **95**, 31—41 (1923).
[7] JOHNSON, M. E.: Univ. California Publ. Zool. 4, 53, 88 (1913).
[8] KAMMERER, P.: Arch. Entw.mechan. **50**, 79—107 (1922).

grund bei normalem Licht anscheinend auf der Reflexion von ultraviolettem Licht durch die schwarze Fläche. Die Haut und auch die Haut über dem Auge schwärzt sich beim Grottenolm *Proteus anguineus* nach Kammerer[1], wenn man ihn mehrere Jahre im Tageslicht hält. Grottenolme, die ich im Zoologischen Institut Gießen sah und die dort über 15 Jahre im Tageslicht gehalten wurden, sind in der Tat schwarz.

Wolterstorff[2] fand bei Kammolchlarven gleichfalls einen Einfluß der *Farbe des Untergrundes* auf die Farbe des Tiers; nach der Metamorphose ist der Einfluß nur noch gering. Auch E. G. Boulenger[3] beobachtete, wie Junge des gefleckten Salamanders auf gelbem Untergrund mehr gelb, auf schwarzem mehr schwarz sich färbten.

Der Farbwechsel der Salamanderlarve, der neuerdings genau von Pauli[4] beschrieben wurde, hat nach Herbst[5] zwar einen verdunkelnden Einfluß auf die Farbe des metamorphosierten Tieres, wenn die Larven auf dunklem Grunde gehalten worden sind. Dagegen ergaben die 5jährigen Weiterzuchten von Herbst, daß die anfänglichen großen Unterschiede sich im Laufe der Generationen ganz ausgleichen, die Umgebung dann gar keine Rolle mehr spielt und erwachsene Tiere auf gelbem Grund sogar schwärzer sein können als solche auf schwarzem. Herbst steht damit im Gegensatz zu v. Frisch, Przibram und Dembrowski[6].

Heftige Angriffe hat dann Kammerers Behauptung erfahren, es sei ihm gelungen, die durch verschiedenen Untergrund hervorgerufenen neuen Farbkleider von Amphibien weiterzuzüchten, es handle sich hier also um eine Vererbung einer erworbenen Eigenschaft, Sein eigener Schüler Megušar trat gegen ihn auf mit der Behauptung, er habe kein einziges beweiskräftiges Experiment während 10 Jahren in Kammerers Laboratorium gesehen, ja es wurde sogar der Nachweis geführt, Kammerer hätte künstlich Melanismus durch Einspritzen von Tusche vorgetäuscht[7].

Die *Farbe des Regenerats* wird nicht durch den Untergrund beeinflußt (Milojevic[8]).

Der *Einfluß des Auges auf die Pigmentierung* der Amphibien und Reptilien ist seit den klassischen Untersuchungen von Brücke[9] über den Farbwechsel des Chamäleons bekannt. Neuere Experimente haben folgendes ergeben: Hanover[10] hat gezeigt, daß schon eine künstliche Schädigung der Conjunctiva von 1—2 Jahre alten Kaulquappen von *Rana catesbeiana* genügt, um eine stärkere Schwarzfärbung durch epidermale Melanophoren zu veranlassen. Koppanyi[11] gibt an, durch Augentransplantationen folgende Ergebnisse erhalten zu haben: Bei Implantation von Tritonaugen in die Nackengegend von pigmentierten und von albinotischen Axolotllarven trat Pigmentierung der Augen auch in den albinotischen Trägern auf. Karauschenaugen, auf geschlechtsreife Salamander übertragen, wirkten verdunkelnd. Nach Übertragung von Forellenaugen auf larvale Salamander färbte sich die Iris golden statt silberig.

[1] Kammerer, P.: Naturwiss. **8**, 28—35 (1920).
[2] Wolterstorff, W.: Bl. Aquar.kde **33**, 99—101 (1922).
[3] Boulenger, E. G.: Proc. zool. Soc. Lond. **1921**, 99—102.
[4] Pauli, W.: Z. Zool. **128**, 421—508 (1926).
[5] Herbst, C.: Arch. mikrosk. Anat. u. Entw.mechan. **102**, 130—167 (1924).
[6] Przibram, H. u. J. Dembrowski: Arch. Entw.mechan. **50**, 108—146 (1922).
[7] Vgl. Baur, Fischer, Lenz: Menschliche Erblichkeitslehre, 2. Aufl., **1** (1927).
[8] Milojevic, B.: C. r. Soc. Biol. Paris **96**, 301—304 (1927).
[9] Brücke, E.: Sitzgsber. Akad. Wiss. Wien, Math.-naturwiss. Kl. **7** (1851) — Denkschr. Akad. d. Wiss. Wien. Math.-naturwiss. Kl. **4** (1852).
[10] Hanover, W. S.: Bull. Soc. exper. Biol. Med. **24**, 285—286 (1926).
[11] Koppanyi, Th.: Arch. mikrosk. Anat. u. Entw.mechan. **99**, 15—63, 76—81 (1923).

Wir beschränken uns darauf, die seit Fuchs erschienene Literatur über die *Entwicklung der Farbzellen bei Reptilien, die Ursache der Streifenzeichnung und des Melanismus* hier anzuführen, da man, was das Studium des Farbwechsels der Reptilien betrifft, nicht wesentlich über das, was bei Fuchs steht, hinausgekommen ist. Im Prinzip wird der Farbwechsel durch die gleichen Faktoren wie bei Amphibien hervorgerufen. (Vgl. vor allem Schmidt[1], ferner Geldern[2] und Blake[3].)

Die Melanosomen bei Geckonen gehen nach Schmidt[1] durch indirekte Teilung aus einer Mutterzelle hervor. Während van Rijnbeck, Winkler, Sherrinton, Bolk und Langelaan[4] annehmen, daß die Querstreifung der Reptilienhaut von der Metamerie des Körperbaues abhängt, schließt sich Sluiter[5] der zuerst von Haecker aufgestellten Lehre an, daß die Pigmentzellen in der Mitte besonders stark wachsender Hautstellen auftreten. Die Pigmentierung der spiralig eingerollten Reptilienembryonen ist nämlich auf der konvexen Seite immer stärker als auf der konkaven. Der fliegende Drache, *Draco volans*, hat eine Streifenzeichnung, die sich in der Richtung der am stärksten wachsenden Hautschuppen ausbildet.

Die Jugendformen vieler Eidechsen, so auch der *Lacerta vivipara*, sind nach Werner[6] fast schwarz. Die schwarze Farbe erstreckt sich nicht nur auf die Körperoberfläche; so gibt es z. B. bei der Gattung *Chamäleon* einige Arten, welche schwarzes, andere, welche pigmentiertes Peritoneum haben. Tornier[7] hat aus ähnlichen Beobachtungen den Schluß gezogen, daß nicht nur ontogenetisch, sondern auch phylogenetisch die Reptilien ursprünglich dunkel pigmentiert gewesen sein müssen. Dieser Ansicht pflichtet Mertens[8] bei: Die ursprüngliche schwarze Färbung hat sich bei all denjenigen Eidechsen erhalten, die auf Felseninseln vor Feinden geschützt sind, auf dem Festlande ist dagegen die dunkle Pigmentierung einer Schutzfärbung gewichen. Häufig mutieren Reptilien durch Rückbildung der Melanophoren, seltener der übrigen Pigmentzellen; im letzteren Fall können die Melanophoren sogar vermehrt sein (Mertens[9]). Mutationen sind oft dominant und setzen sich besonders bei Isolierung, wie dies auf Inseln zutrifft, durch. (Über abnorme Reptilienfärbung siehe weiter u. a. bei van Denburgh[10], Baumann[11], Boschma[12] und Krefft[13].)

Vögel.

Während Scily[14] annahm, daß das Pigment bei Vögeln aus dem Zellkern entstehe, indem der Kern unter Degenerationserscheinungen ein Granulum ausstoße, welches direkt zum Pigment werde, konnte D. T. Smith[15] nie Derartiges beobachten. Nach Smith wird das Pigment auch nicht vom Mitochondrium gebildet (entgegen Renyi[16]). Die späteren Pigmentgranula sind erst farblos, weniger lichtbrechend als die Mitochondrien, dagegen widerstandsfähiger gegen HCl und CH_3COOH; auch färben sie sich nicht mit Janusgrün, welches die Mitochondrien färbt. Die Bildung des Farbstoffes erfolgt also in zwei Etappen: 1. Bildung des farblosen Chromogens. 2. Bildung des Pigments, wahrscheinlich durch Fermentwirkung. Die von Giersberg[17] geäußerte Ansicht, das Pigment der Eischale stamme von zerfallenden Erythrocyten aus den Capillaren des Eileiters ab, wandere in den Uterus und schlage sich hier auf der sich bildenden Eischale nieder, hat dieser Autor später selbst

[1] Schmidt, W. J.: Arch. mikrosk. Anat. **90**, Abt. 1, 77—177 (1921).
[2] Geldern, Ch. v.: Proc. Califor. Acad. **10**, 77—117 (1921).
[3] Blake, S. F.: Proc. Univ. Massach. **59**, 463—469 (1922).
[4] Zitiert nach Sluiter auf S. 237.
[5] Sluiter, C. Ph.: Versl. Akad. Wetensch. Amsterd., Wis- en natuurkd. Afd. **22**, Nr 9 u. 10, 954—961 (1920).
[6] Werner: Zitiert nach Mertens auf S. 237.
[7] Tornier: Zitiert nach Mertens auf S. 237.
[8] Mertens, R.: Biol. Zbl. **36**, 77—81 (1914).
[9] Mertens, R.: Zool. Anz. **68**, 323—335 (1926).
[10] van Denburgh: Copeia **1922**, Nr 106, 38—39.
[11] Baumann, F.: Mitt. naturforsch. Ges. Bern **1924**, 1—17 (1925).
[12] Boschma, H.: Biol. Bull. Mar. biol. Labor. Wood's Hole **48**, 446—454 (1925).
[13] Krefft, P.: Bl. Aquar.kde **38**, 284—286 (1927).
[14] Scily: Zitiert nach Shmith auf S. 237.
[15] Smith, D. T.: Bull. Hopkins Hosp. **31**, Nr 353, S. 239—246 (1920).
[16] Renyi, G. S.: J. Morph. a. Physiol. **39**, 415—433 (1924).
[17] Giersberg, H.: Biol. Zbl. **41**, 252—268 (1921); **43**, 167—168 (1923).

widerrufen. Es entsteht durch Lymphoblasten des Mesoderms im Lumen des Eileiters. Jedenfalls sind nach Leydig[1] und W. J. Schmidt[2] die Pigmentzellen der Vogelhaut alle epidermalen Ursprungs. An Pigmentzellen der Chorioidea von 8—16 Tage alten Hühnerembryonen läßt sich nach Luna[3] gut die aktive Wanderung mit Protoplasmafortsätzen beobachten.

Bei allen Vögeln kommt — mit drei Ausnahmen, von denen noch die Rede sein soll — nur ein gelber bzw. roter Farbstoff einerseits, ein schwarzer andererseits vor. Die Entstehungsbedingungen für beide müssen verschiedene sein, denn bei Teilweise-Albinos fehlt bald der eine, bald der andere Farbstoff. Früher unterschied man die graugelben bis schwarzblauen alkalischwerlöslichen Melanine der Vögel von den hellgelben bis erdbraunen alkalilöslichen Melanoproteiden, doch läßt sich nach Haecker[4] bei Hühnern die Unterscheidung nur in manchen Fällen durchführen; beim Bankivahuhn gibt es alle Übergänge. Götz[5] unterscheidet Eumelanin und Phaeomelanin durch ihre verschiedene Widerstandsfähigkeit gegen Lösungsmittel. Krukenberg[6] hatte aus dem gleichzeitigen Vorhandensein von roten und gelben Farbzellen an nackten Hautstellen auf die Verschiedenartigkeit beider Pigmente geschlossen, Strong[7], Samuely[8] und die meisten anderen neueren Autoren fassen jedoch das rote Vogelpigment nur als ein Umwandlungsprodukt des gelben auf. Höchstens der von Krukenberg aufgefundene rotbraune Farbstoff des Paradiesvogels *Cicinnurus regius* könnte etwas Besonderes sein, da er unlöslich in den Lösungsmitteln der Lipochrome ist.

Nur bei den Helmvögeln findet sich ein rotvioletter amorpher Farbstoff, das Turacin, dessen Spektrum an dasjenige des Oxyhämoglobins erinnert (Church[9] Hammarsten[10]). Nach Laidlaw[11] erhält man Turacin, wenn man Hämatoporphyrin in verdünntem Ammoniak mit ammoniakalischer Kupferlösung siedet. Schon Verreaux[12], Enders[13] und Brehm[14] hatten gefunden, daß das Purpurviolett des Flügels beim Helmvogel durch Wasser ausgewaschen wird; wurde der Vogel naß, so spielte seine Färbung mehr ins Blaue; nachdem er trocken war, leuchtete er wieder purpurn. Während der Mauser färbte er bei weitem nicht so stark ab. — Als Abkömmling des Turacins wird das grüne Turacoverdin gedeutet; im übrigen gibt es nur sehr selten grünes Pigment bei Vögeln (außer bei den Helmvögeln bei *Eurylaemus javanicus*, einem Rabenvogel, und bei gewissen Enten der Gattung *Somateria*). (Nach Haecker[15]).

Die Vögel machen bekanntlich im Herbst eine echte Mauser durch, bei welcher das Gefieder erneuert wird, während bei der sog. Frühjahrsmauser lediglich eine Umfärbung des Gefieders erfolgt[16], was freilich Flöricke[17] bestreitet. Durch

---

[1] Leydig: Zitiert nach Schmidt auf S. 238.

[2] Schmidt, W. J.: Verh. Nat.-hist. Ver. d. preuß. Rheinlande u. Westfalens **75**, 169 bis 188 (1918).

[3] Luna, E.: Arch. ital. Anat. **18**, 146—155 (1920).

[4] Haecker, V.: Z. Abstammgslehre **25**, 177—184 (1921).

[5] Götz, W. H. J.: Verh. Orn. Ges. Bayern **16**, 193—225 (1925).

[6] Krukenberg, C. Fr. W.: Vergleichende physiologische Studien, 1. Reihe, Abt. 5, 72—99 (1881); 2. Reihe, Abt. 1, 151—171 (1882); 2. Reihe, Abt. 2, 1—42 (1882).

[7] Strong, R. M.: Bull. mus. comp. Zool. Harward Coll. Cambridge **40**, 147—186 (1902).

[8] Samuely, F.: Abderhaldens Biochem. Handlexikon **6**, 293—378 (1911).

[9] Church, A. H.: Chem. News. Amer. Reprint. **5**, 61 (1869) — Naturwiss. **48**, 209 bis 211 (1893).

[10] Hammarsten, O.: Lehrbuch d. physiol. Chemie, 8. Aufl. Wiesbaden: Bergmann 1918.

[11] Laidlaw, J. of Physiol. **31**.   [12] Verreaux: Zitiert nach Laidlaw.

[13] Enders: Zitiert nach Brehm auf S. 238.

[14] Brehm, A.: Tierleben, 3. Aufl. (Vögel), **2**. Leipzig-Wien 1891.

[15] Haecker, V.: Zool. Jb. Abt. f. System. **3**, 309—316 (1889).

[16] Meves, W.: J. f. Ornithol. **3**, 230—238 (1855). — Meerwarth, H.: Zool. Jb. Abt. f. System. **11**, 65—88 (1898).

[17] Flöricke, K.: Vogelbuch, 2. Aufl. Stuttgart u. Wiesbaden 1922.

Abreiben wird häufig die Schönheit des Vogels erhöht, indem die unscheinbar gefärbten Spitzen der Federn entfernt werden und so die lebhafter gefärbten Mittelstellen zum Vorschein kommen. Die Entstehung der Färbung und Zeichnung beim wachsenden Vogel kann hier nur in ihren Grundzügen geschildert werden. KERSCHNER[1] hatte nach Untersuchung an der Radfeder des Pfaus die verschiedenen Zeichnungsformen, besonders auch die Schmuckfärbungen aus einer diffusen Sprenkelung abzuleiten versucht; die Querstreifung entstehe dabei vor der Längsstreifung. Dagegen hatte EIMER[2] als Gesetzmäßigkeit für Säugetiere, Eidechsen und Vögel — zunächst für Raubvögel, man denke an das Jugendkleid des Habichts — die Längsstreifung als die ontogenetisch ältere Zeichnung angesehen. Von hinten nach vorne schreite die vollkommenere Zeichnung fort. HAECKER[3] bestätigt dies auf Grund umfassendster Untersuchungen: An der Dunenfeder tritt zuerst an der Spitze eine spießförmige Pigmentierung auf; sie gibt das Gesamtbild der Längsfleckung des Gefieders. Die Mittelpartie der Feder bleibt erst unpigmentiert, dagegen kann die Wurzelpartie ein sekundäres Pigmentzentrum bilden. Mit zunehmender ontogenetischer und phylogenetischer Entwicklung wird die Spitzenpigmentierung durch eine Randpigmentierung der Feder, die Längsfleckung durch eine Querbänderung der Gesamtzeichnung verdrängt.

Das *Zustandekommen der Farben des Vogelgefieders* hat HAECKER[3] mit seinen Schülern[4] durch eine Reihe ausgezeichneter Untersuchungen geklärt: Danach entsteht Braunfärbung durch Ablagerung von körnigem Pigment vorwiegend in der Rinde. Tritt das Pigment in den Fiedern 1. Ordnung zurück und ordnet es sich gruppenweise in den Fiedern 2. Ordnung an, so gibt dies graue Färbung. Häuft sich das dunkelbraune (in seltenen Fällen schwarze) Pigment, so entsteht Schwarz. Gelbe und rote körnige oder nichtkörnige Pigmente sind die Ursache der gelben oder roten Federfärbung. Nachdem BOGDANOW[5] bereits keinen blauen Farbstoff in der blauen Vogelfeder hatte auffinden können und er, FATIO[6] und GADOW[7] die Vermutung ausgesprochen hatten, die blaue Farbe in der Vogelfeder sei eine Strukturfarbe, brachte dafür erst HAECKER und HAECKER mit G. MEYER den experimentellen Beweis. Nach HAECKER wird die Blauerscheinung verursacht durch die Struktur der Federäste, und zwar bestehen diese von außen nach innen aus folgenden Schichten: 1. Die manchmal von einem Oberhäutchen (Epitrichium) überzogene hornartige pigmentlose Rindenschicht. 2. Die oberflächlich gelagerten besonders differenzierten mit dicken Wandungen versehenen Markzellen, die sog. Schirmzellenschicht. 3. Die tiefer gelagerten dünnwandigen, dunkel pigmentierten Markzellen, die sog. Pigmentschicht. Die Schirmzellen sind in der blau aussehenden Feder luftgefüllt; verdrängt man aus ihnen die Luft, so schwindet die blaue Farbe, ein Beweis, daß die Luftfüllung die Ursache

[1] KERSCHNER, L.: Arb. Zool. Inst. Graz 1, Nr 4, 1—18 (1886) — Humboldt 7, 1—13 (1888).

[2] EIMER, TH.: Jahresh. Ver. f. vaterl. Naturkunde Württemberg 1883, 556 — Humboldt 6, 556 (1887). — Vgl. auch H. RABL: Zbl. Physiol. 8, 256 (1894).

[3] HAECKER, V.: Arch. mikrosk. Anat. 35, 68—87 (1890) — Entwicklungsgeschichtliche Eigenschaftsanalyse (Phänogenetik). Jena: G. Fischer 1918. — HAECKER, V. u. G. MEYER: Zool. Jb., Abt. f. System. 15, 267—294 (1902). — HAECKER, V.: Verhandl. d. klimatol. Tag. Davos 1925. 174—186. Basel.

[4] KNIESCHE, G.: Zool. Jb., Abt. f. Anat. 38, 327—356 (1914). — SPÖTTEL, W.: Ebenda 38, 357—425 (1914).

[5] BOGDANOW, A.: Bull. Soc. Nat. Moscou. 29, 459—462 (1856) — Rev. Mag. Zool. I. S., 9, 511—514 (1857); 10, 180—181 (1858).

[6] FATIO, V.: Mém. Soc. Phys. et Hist. Nat. Geneve 18, 249—308 (1866).

[7] GADOW, H.: Proc. Zool. Soc. Lond. 1882, 409—421 — Arch. Naturgesch. 78, Abt A, 209—217 (1912).

Bedeutend einfacher ist das *Zustandekommen der Farben auf der nackten Haut* als dasjenige der Federn bei Vögeln zu erklären. Auch hier kommen gelbe (und rote) sowie schwarze Pigmentzellen vor, auch hier können die Farben entweder durch Pigmentfarben oder durch Strukturfarben hervorgerufen werden. Rot kann außerdem durch starke Blutfüllung erzeugt werden. Nach Krukenberg[1] rührt die rote Farbe des Hahnenkamms sowohl von der Blutfüllung als auch von einem roten Farbstoff her, Leydig[2] dagegen konnte darin kein rotes Pigment finden. Die sog. ,,Rose" des Auer- und Birkhahns soll dagegen nach Wurm[2] und Krukenberg nur durch roten Farbstoff, Tetronerythrin, rot gefärbt sein. Gelbes und rotes Pigment fanden Leydig und seine Schüler Souza Fontes[2] und Hanau[2] in den Schnäbeln, Füßen und um die Augen von Gänsen, Enten, Tauben und Auerhähnen; ein gelbes Lipochrom W. J. Schmidt[3] in der Mundhöhle junger Amseln in den Epithelzellen. Das Blau der nackten Kopfstellen des Kasuars entsteht nach Krukenberg als Strukturfarbe, indem Licht durch eine farblose Epidermis dringt, welche als trübes Medium über dem schwarzen Corium liegt. Auch die sog. Leuchtorgane australischer Prachtfinken (blaue Schnabelpapillen) entstehen auf die gleiche Weise; sie phosphorescieren in Wirklichkeit nicht, sondern sind in völliger Dunkelheit nach Chun[4] unsichtbar.

Experimentell ist noch wenig über die Frage: *Welche Ursachen bedingen die Färbung des Vogelgefieders?*, gearbeitet worden. Südamerikanischen Indianern war längst bekannt, daß man durch *Verabreichung bestimmter Nahrung* bei manchen Papageien eine intensive, z. B. gelbe, Farbe des Gefieders erzielen könne. Der Gimpel und manche andere Vögel werden schwarz, wenn man sie nur mit Hanfsamen füttert. Nach Doflein[5] nehmen die Eingeweide und das Fett der Cotingiden die Farbe des Saftes der Beeren und Früchte, welche diese Vögel fressen, an. W. Schultz[6] konnte bei gelb und schwarzweißen Hähnen durch örtliche Einwirkung von Kälte statt langer spitzer männlicher Federn kurze runde schwarzweiße weibliche Federn erzielen. Die ,,Hahnenfedrigkeit" sehr alter nicht mehr geschlechtsreifer Hennen, bei der diese in Form und Farbe männliches Gefieder annehmen, ist bekannt. Sie findet sich auch bei Wildhühnern; in dem Museum für Naturgeschichte in Freiburg, Schweiz, steht z. B. eine hahnenfedrige Auerhenne. Damit ist der *Einfluß der Geschlechtsdrüse auf die Färbung des Gefieders* erwiesen. In der Tat färben sich ja die Männchen mancher Vögel bekanntlich zur Brunft ganz besonders schön. Man hat diese Hochzeitsfarben meist als Anlockmittel für die Weibchen aufgefaßt, K. Günther[7] bezeichnet sie sogar als Einschüchterungsmittel. Ich[8] habe mehrere Beobachtungen zusammengestellt, aus denen hervorgeht, wie ganz gleichgültig bei Vögeln dem anderen Geschlecht die Farbe in der Regel ist. Färbt man z. B. Hähne oder Hühner künstlich anders, so gelangen sie ebenso zur Begattung wie ihre normal gefärbten Nebenbuhler. Ist unter mehreren männlichen Bewerbern um ein Weibchen zufällig der stärkste der am wenigsten schön gefärbte, so gelangt trotzdem nur dieser zur Paarung. Aber es ist wohl möglich, daß, da ja die Färbung unter dem Einfluß der Geschlechts-

[1] Krukenberg, C. F. W.: Vergleichend physiologische Studien, 1. u. 2. Reihe. Heidelberg: Winter 1881 u. 1882.

[2] Leydig, Wurm, Souza Fontes, Hanau: Zitiert nach W. J. Schmidt auf S. 242.

[3] Schmidt, W. J.: Verh. Naturhist. Ver. d. preuß. Rheinlande u. Westfalens **75**, 169 bis 188 (1918).

[4] Chun, C.: Zool. Anz. **27**, 61—64 (1904).

[5] Hesse-Doflein: Tierbau u. Tierleben **2**, 81. — Vgl. auch C. Sauermann: Arch. f. Anat. **1889**, 543—549.

[6] Schultz, W.: Arch. Entw.mechan. **1922**, 337—382.

[7] Günther, K.: Das Tierleben unserer Heimat **1**. Freiburg i. Br.: Fehsenfeld 1922.

[8] Erhard, H.: Zool. Jb., Abt. f. Zool. u. Physiol. **41**, 489—552 (1924).

drüse steht, in der Regel das sexuell tüchtigste Männchen, welches wiederum meist das stärkste oder temperamentvollste sein dürfte, das am schönsten gefärbte ist. Man darf sich aber nur nicht vorstellen, als würde hier das Weibchen sozusagen die Männchen alle Revue passieren lassen und sich das schönste heraussuchen, sondern das schönste gelangt, nachdem es die anderen Bewerber in die Flucht geschlagen hat, zur Paarung. Wie sehr das Temperament das Ausschlaggebende für die Paarung ist, lehren die Bastardierungsexperimente. Das Kanarienweibchen z. B. läßt sich mit ganz anders gefärbten Finkenvögeln bastardieren, am leichtesten mit dem Stieglitzmännchen, dann Girlitz, dann Zeisig, dann Gimpel. Die Stufenfolge richtet sich nicht nach der Farbe, sondern nur nach dem Temperament. Am temperamentvollsten ist der Stieglitz, am trägsten der Gimpel.

Was den *Einfluß der Drüsen mit innerer Sekretion auf die Färbung des Vogelgefieders* betrifft, so bewirkt nach TORREY und HORNING[1] Schilddrüsenfütterung beim Hahn, der Henne und dem Kapaun Vermehrung des Melanins. Nach HUTT[2] soll ein schilddrüsengefütterter Hahn die Farbe einer Henne bekommen haben. KRIZENECKY und PODHRADSKY[3] dagegen geben an, daß Thyreoidea-fütterung bei Hühnern zwar die Mauser und das Gefiederwachstum beschleunigt habe, dagegen zu Depigmentierung, schließlich zu völligem Albinismus geführt habe. HORNING und TORREY fanden, daß diese Depigmentierung erst nach übermäßiger Thyreoideafütterung eintritt. Auch ZAWADOWSKY und ROCHLIN[4] berichten, nur geringe Mengen von Schilddrüse würden bei Hühnern Vermehrung des schwarzen Pigments hervorrufen; der Hals der Hähne und der jungen Hühner wird gleichmäßig schwarz; ausgewachsene Hühner bekommen schwarze horizontale Streifen. Der Eierstock hat die entgegengesetzte Wirkung wie die Schilddrüse, was die Pigmentierung betrifft. TORREY und HORNING entfernten die Ovarien und erzielten damit bei einer Henne dunkle Schraffierung. NEUNZIG[5] rupfte Vögel außerhalb der Mauserzeit; es wuchsen dann bei schwarzen Vögeln teils pigmentlose, teils schwarze Federn nach.

An äußeren Faktoren sind von Einfluß auf die Farbe des Gefieders, wie HAGEN[6] an zahlreichen Beispielen erläutert hat, *Licht, Wärme, Kälte, Trockenheit, Feuchtigkeit* usw. Nach BANKS[7] wird die Abänderung der Färbung paläarktischer Vögel nur durch Temperatur und Luftdruck, nicht durch Regenmenge veranlaßt. NEUNZIG[8] fand, daß Lichtmangel die Ausbreitung der Melanine bei Käfigvögeln hemmt und die Entwicklung des roten Pigments bei Finken und Feuerwebern verhindert. Bekannt ist, daß tropische Arten in der Regel bunter gefärbt sind als paläarktische Formen. Auch bei Vögeln hat man Feuchtigkeit als Grund von *Schwarzfärbung* angegeben. Die rein schwarze Rabenkrähe und die schwarzgraue Nebelkrähe sind sich in ihrer Anatomie gleich, ihre Bastardformen sind fortpflanzungsfähig. Man[9] hat aus diesem Grund die Rabenkrähe, welche im feuchterem westlichen Europa heimisch ist, als eine melanistische Form der im trockeneren östlichen Europa vorkommenden Nebelkrähe bezeichnet. Diese Ansicht ist unhaltbar, denn noch weiter östlich, in dem noch trockeneren Sibirien, findet sich

---

[1] TORREY, H. B. u. B. HORNING: Anat. Rec. **31**, 330 (1925) — Biol. Bull. Mar. biol. Labor. Wood's Hole **53**, 221—232 (1927).

[2] HUTT, E. B.: Sci. Agr. Ottawa **7**, 257—260 (1927).

[3] KRIZENECKY, J. u. J. PODHRADSKY: Arch. Entw.mech. **112**, 577—593, 594—639 (1927).

[4] ZAWADOWSKY, B. M. u. M. ROCHLIN: Arch. Entw.mechan. **113**, 323—345 (1928).

[5] NEUNZIG, R.: Zool. Anz. **70**, 39—44 (1927).

[6] HAGEN, W.: Unsere Vögel und ihre Lebensweise. Freiburg i. Br.: Th. Fisher 1922.

[7] BANKS, G.: Proc. zool. Soc. Lond. **1925**, 311—322.

[8] NEUNZIG, R.: Zool. Anz. **70**, 39—44 (1927).

[9] Vgl. H. LÖNS: Aus Forst und Flur. Leipzig: Voigtländer.

wieder die Rabenkrähe. Haecker[1] hat gezeigt, daß durch Trockenheit die dunkelbraunen Eumelanine vermindert, die rötlichen Phaeomelanine gesteigert werden, das läßt sich z. B. am Kolkraben nachweisen. Aus diesem Grunde haben Steppen- und Wüstenvögel häufig eine gelbe Färbung. Umgekehrt; findet man in feuchten tropischen Gebieten, wie im nördlichen Südamerika, ,,besonders viele tief- und warmgefärbte, schwarze, tiefbraunschwarze, schokoladefarbige Formen; am Ostrande des Atlantischen Ozeans und ebenso in Ostasien ziehen sich diese Formen ziemlich weit nach Norden herauf, wie z. B. die im feuchten Klima der britischen Inseln lebende schwarze Bachstelze (*Motacilla lugubris Temm.*), welche dort unsere weiße Bachstelze (*Motacilla alba L.*) vertritt.'' Im regenreichen Himalaja kommt eine besonders dunkle Form des Zaunkönigs vor — hier mag auch noch die Kälte verdunkelnd wirken —, während im trockenen warmen Turkestan eine besonders blasse hellgraue Varietät dieses Vogels bezeichnend ist. Melanistisch wird das Gefieder beim Gimpel auch bei der Regeneration nach dem Rupfen (Larionov[2]). Sicher ist, daß der *Albinismus* der Vögel nicht vom Klima hervorgerufen wird, denn überall können albinistische Formen auftreten, wenn sie auch in manchen Gegenden besonders häufig sind, Ganzalbinos von Krähen z. B. bei Brünn, gescheckte Amseln nach L. Fulda[3] bei Berlin. Albinismus kann sich anscheinend vererben. Albinos sind meist von schwächerer Konstitution und öfters krank. Vollkommener Albinismus stellt eine Degenerationserscheinung dar (Rensch[4]).

In sehr hohen Breiten werden nach Haecker[5] vielfach auch die Eumelanine zurückgebildet. Es tritt dann ein Antagonismus von Schwarz und Weiß zutage, der schließlich mit dem Siege der Weißfärbung endigt (Jagdfalke, Schneeule).

Unter dem *Einfluß der Domestikation* verändert sich bekanntlich die Farbe vieler Vögel. Das Kanarienweibchen ist z. B. in der Freiheit am Rücken braungrau, das Männchen gelbgrün. Meist verliert das Gefieder in der Gefangenschaft die Lebhaftigkeit seiner Farben. Südamerikanische Indianer *färben künstlich* Vögel gelb, indem sie ihnen erst an manchen Stellen die Federn ausrupfen, dann in die Wundstellen das Hautsekret gewisser Kröten einspritzen. Das hier nachwachsende Gefieder wird dann gelb.

Bekannt ist die große *Variabilität* mancher, besonders domestizierter Vögel in Form und Farbe. Lowe[6] unterscheidet: 1. Mutational variations-geographische Spezies, d. h. Formen, die sich durch Einzelzeichnungen, z. B. einen Augenstreif, von der Grundform unterscheiden. 2. Environmental variations-Subspezies, d. h. Formen, welche durch Ton und Zeichnung des ganzen Gefieders von der Grundform abweichen; Verschiedenheiten, die nach seiner Auffassung durch äußere Faktoren wie Wärme, Kälte, Feuchtigkeit, Trockenheit usw., hervorgerufen werden.

Für alle *nicht erblichen Farbabweichungen der Vögel* schlägt Rensch[7] folgende Einteilung vor:

1. Hypochromatismus (Farbstoffmangel).

a) Albinismus, b) Schizochroismus (Ausfall eines Farbstoffes), c) Chlorochroismus (gleichmäßiges Abblassen aller Farben).

---

[1] Haecker, V.: Verhandl. d. klimatol. Tagung Davos 1925. Basel.
[2] Larionov, W. Th.: Trudy Labor. eksper. Biol. moskov. Zooparka **4**, 69—88 (1928).
[3] Fulda, L.: Zool. Beobachter **51**, 181 (1910).
[4] Rensch, B.: J. f. Ornithol. **73**, 514—539 (1925).
[5] Haecker, V.: Entwicklungsgeschichtliche Eigenschaftsanalyse (Phaenogenetik). Jena 1918.
[6] Lowe, P. R.: Ibis **4**, 179—185 (1922).
[7] Rensch, B.: J. f. Ornithol. **73**, 514—539 (1925).

2. Hyperchromatismus (Farbstoffausbreitung).
a) Melanismus, b) Lipochromatismus.
3. Mutative Änderungen komplizierter Natur.
a) Atavismus, b) Defektmutation, c) Gewinnmutation.

Säugetiere und Mensch.

Bei Säugetieren und beim Menschen kommen *gelbe* und *schwarzbraune Pigmente* vor. Die wenigen auffallenden Farben außer Gelb und Schwarz werden auf folgende Weise erzeugt: Das Weiß der Haare durch Luftfüllung, das Blau der Iris durch Interferenzwirkung, das Rot und Rotblau nackter Körperstellen durch Blutfüllung. Dagegen wird das selten bei Affen vorkommende Kornblumenblau der Wangenwülste (Mandrill) dadurch hervorgerufen, daß das Licht diffus über dem schwarz pigmentierten Corium reflektiert wird, ähnlich wie bei blauen Hautstellen der Vögel (Helmkasuar). In pathologischen Fällen entsteht gelbe Färbung — besonders an der Sclera zu sehen — bei Ikterus, indem die Galle sich staut und ins Blut gedrängt wird. Bronzefarbige Töne, wie sie für Addisonsche Krankheit bezeichnend sind, werden durch Ablagerung eines dunkelgelben Pigments hervorgerufen. Nicht ganz geklärt ist das eigenartige Grau der Haut, welches man bei schweren Carcinomfällen beobachtet.

Der *Pigmentreichtum* der Säugetiere und des Menschen ist während des individuellen Lebens nicht immer der gleiche. Man denke an das Umfärben des Sommer- und Winterkleides beim Schneehasen, Hermelin usw. Die Maus *Peromyscus* hat drei Haarkleider, ein erstes Jugendkleid, ein zweites Jugendkleid, das der Mauser der Vögel verglichen werden kann, und ein Fertigkleid. (COLLINS[1]). Der Eisfuchs wechselt nach ILJIN[2] nur im Frühjahr sein Kleid und wird auf diese Weise braun. Im Herbst dagegen bleibt das Haarkleid und färbt sich nur durch Verlust des Pigments in Weiß um. Die Veränderung geht auch vor sich, wenn kein äußerer Kältereiz stattfindet, kann aber durch einen solchen beschleunigt werden. Der auslösende Reiz ist wohl ursprünglich die Wärme bzw. Kälte gewesen. Aber der Wechsel bleibt auch dann noch jahrelang bestehen, wenn die Tiere bei gleichmäßiger Temperatur gehalten werden, um sich erst allmählich zu verwischen. Domestizierte Tiere wie Wollschafe haben gar keinen Haarwechsel mehr[3]. SCHUMACHER[4] fand die in der Nasenhaut mancher Säugetiere vorhandene „Pigmentdrüse" beim Schnee- und Feldhasen besonders reich mit Pigment beladen während des herbstlichen, dann während des Frühjahrsfarbwechsels. Dieses Pigmentbildungsorgan ist bei Kaninchen, Ratten und der Hausmaus rudimentär. (Dagegen beruht eine gelegentliche grünlichgelbe Färbung des Wiesels im Winter lediglich auf einer Verunreinigung durch das Sekret der Analdrüsen [v. SCHUMACHER][5]).

Auch von Säugetieren wird angegeben, daß *Hitze und Trockenheit* auf das Farbkleid aufhellend, *Kälte und Feuchtigkeit* dagegen verdunkelnd wirken. Die helle Färbung der Wüstentiere ist also nicht nur durch Auslese als Schutzfärbung entstanden. Die Säugetiere der Alpen[6] sind — wenn nicht eine Schutzfärbung nach Art des Schneehasen vorhanden ist — dunkler als ihre Verwandten der Ebene; so ist z. B. das Eichhörnchen in den Alpen in der schwarzgrauen Varietät

---

[1] COLLINS, H. H.: J. of exper. Zool. **38**, 45—108 (1923).
[2] ILJIN, N. A.: Tra. Labor. eksper. Biol. moskov. Zooparka **2**, 239—250 (1926).
[3] HESSE-DOFLEIN: Tierbau u. Tierleben **2**, 866.
[4] SCHUMACHER, S. v.: Anat. Anz. **50** (1919); **54**, 242—248 (1922).
[5] SCHUMACHER, S. v.: Z. Morph. u. Ökol. Tiere **11**, 229—234 (1928).
[6] ERHARD, H.: Tierwelt der Alpen. Alpines Handb. Leipzig: Brockhaus 1929.

viel häufiger als in der rotbraunen, auch ist das Winterfell zahlreicher Tiere wie das der Gemse oder des Hirsches dunkler. Morgan[1], Collins[2] und Sumner[3] haben besonders eingehend an der amerikanischen Weißfußmaus (*Peromyscus maniculatus*) den Nachweis erbracht, daß diese in warmen trockenen Gegenden stets hell, in kalten nassen Gegenden dagegen dunkel angetroffen wird, so daß sich hier förmliche geographische Rassen herausgebildet haben. Dabei können die durch das Klima bewirkten Umänderungen sehr dauerhaft sein, wie Sumner[3] gezeigt hat, denn die hellgefärbte ans Wüstenleben angepaßte Weißfußmaus von Nevada steigt hoch in das kalte niederschlagsreichere Gebirge, ohne ihre Hellfärbung einzubüßen. Das beste Beispiel für klimabedingte Farbenverteilung bietet wohl der Fuchs, der in Südeuropa fahlgelb ist, in Mitteleuropa gelbrot bis rostrot, im Norden lebt der Polarfuchs mit graubraunem bis schwarzen Sommerkleid, im nördlichen Nordamerika der Silberfuchs mit schwarzem, wegen der weißen Haarspitzen silbrig aussehenden Fell (W. Schultz[4]).

Mit den Beobachtungen in der freien Natur stimmen die *Experimente über den Einfluß von Kälte und Wärme, Trockenheit und Feuchtigkeit* überein. So berichtet Schultz[5], daß das erste Fell von Russenkaninchen im warmen Nest immer weiß ist und erst später nachdunkelt. In Hitze werden Russenkaninchen fast ganz weiß, in Kälte fast ganz schwarz[6]. Schultz entfernte bei erwachsenen Kaninchen die Haare lokal. Wurde die kahl gemachte Stelle dauernd kalt gehalten, so wuchsen hier statt der ehemaligen weißen Haare schwarze Haare nach. Er ließ hierauf unter Haarschutz neue Haare bis zu einer gewissen Höhe wachsen, entfernte dann den Haarschutz und setzte die Haarwurzeln der Kälte aus. Der proximale Teil des Haares wurde dann schwarz, die Spitze blieb weiß[7]. Sumner und Swarth[8] fanden die Arten *Onychomys leucogaster, Perognathus laevis, Citellus spilosoma obsidianus, Reithrodontomys megalotis* und *Peromyscus maniatus* zwar auf Vulkanboden dunkler als auf nahe gelegenem Wüstenboden, führen diesen Umstand aber lediglich auf die größere Niederschlagsmenge im Vulkangebiet zurück.

Von sonstigen Einflüssen sind noch die *Röntgenstrahlen* studiert worden. Hance und Murphy[9] verhinderten durch harte Röntgenstrahlen die Pigmentbildung in den Haarfollikeln der Maus. Schwarze Haare wurden weiß. Beim Menschen dagegen bewirken Röntgenschädigungen eine starke Pigmentanhäufung der Haut. *Wärmestrahlen* rufen eine eigenartig netzförmig angeordnete Pigmentierung hervor. *Dauernder Druck* kann zu Hyperpigmentierung führen, die besonders schön an den Stellen, an denen Bruchbänder, Gürtel und Korsettstäbe drücken, zu beobachten ist.

Nach Beobachtungen an kanadischen Rindern durch Hadwen[10] ist die isabellfarbige, rötliche und graue Wildfarbe für das Leben vorteilhafter als Schwarz; nur in Gegenden mit viel Wasser ist Schwarz vorteilhaft, während in den trockenen Gegenden Schwarz durch die starke Absorption der Wärmestrahlen eine zu starke Wasserabgabe bedingt. Auch gefleckte Tiere sind weniger wider-

---

[1] Morgan, Th. H.: Ann. New York Acad. Sci. **21** (1911).
[2] Collins, J.: J. of exper. Zool. **38** (1923).
[3] Sumner, J.: Amer. Natur. **57** (1923).
[4] Schultz, W.: Arch. Entw.mechan. **51** (1922).
[5] Schultz, W.: Z. Abstammgslehre **35**, 238—256 (1924).
[6] Vgl. ferner: L. Kaufmann: Biol. generalis (Wien) **1**, 7—20 (1925).
[7] Vgl. ferner Iljin, N. A.: Tra. Labor. eksper. Biol. moskov. Zooparka **1**, 130—181 (1926).
[8] Sumner, F. B. u. H. S. Swarth: J. of Mammalogy **5**, 81—113 (1924).
[9] Hance, R. T. u. I. B. Murphy: J. of exper. Med. Baltimore **44**, 339—342 (1926).
[10] Hadwen, S.: J. Hered. **1926**, 450—461.

standsfähig und leiden an den weißen Stellen an Sonnenbrand. Weiße Schweine erkranken beim Genuß mancher Pflanzen, weiße Renntiere sehen und hören schlechter, auch ist ihr Geruchsvermögen weniger entwickelt. Alte weiße Pferde leiden an melanotischen Tumoren. Während man sonst die hellere Bauchseite zahlreicher Säugetiere, z. B. des Fuchses, Eichhörnchens usw., als Schutzfärbung bezeichnet, weil dadurch die Schattenwirkung kompensiert wird, hat sie nach HADWEN lediglich die Bedeutung abzukühlen. Die an vielen kanadischen Tieren beobachtete stumpfere Färbung des Winterfells im Vergleich zum Sommerfell endlich soll die Bedeutung haben, daß im Sommer ein stärkeres Zurückwerfen der Wärmestrahlen durch das glänzendere Fell nötig sei.

FRANZ[1] hebt hervor, daß *abnorm gefärbte Säugetiere* von ihren Artgenossen gemieden werden und Raubvögeln leichter zum Opfer fallen. Augendefekte sind bei albinotischen Ratten häufiger als bei normalen (ADDISON[2], DETLEFSEN[3]). Relativ häufig ist *Albinismus* beim Maulwurf (HAUCHECORNE[4], ERHARD[5]) (im Gegensatz zu SAINT-PÉRIER[6]). *Rutilismus* entsteht hier durch Ausfall von schwarzem Pigment, da nächst diesem das gelbe am häufigsten ist. Abnorm gelb gefärbte Säugetiere neigen mehr zu Krankheiten als ihre Artgenossen; gelbe Mäuse haben z. B. die Neigung zur Fettsucht und Sterilität.

Beim Menschen findet sich Pigment schon lange vor der Geburt; nach BLOCH[7] entsteht sein Haarpigment schon im 5. Monat, das Hautpigment jedoch erst postembryonal, wahrscheinlich erst unter dem Einfluß der Belichtung. Unter dem Einfluß äußerer und innerer Faktoren kann dann auch im normalen Leben die Masse des Pigments sich vorübergehend vermehren; man denke nur an die bekannten Fälle der Sommersprossen und der Pigmentierung der Bauchdecken und der Brustwarzen in der Schwangerschaft. Im höheren Alter hört bekanntlich die Pigmentbildung im Haar allmählich auf; dagegen lagern sich gleichzeitig gelbe Pigmente in steigendem Maße in inneren Organen, vor allem in den Hirnhäuten und im Herzen ab.

Die Beziehungen zwischen *Haar- und Hautfarbe beim Menschen* sind bekannt. SCHWALBE[8] hat auf Grund entwicklungsgeschichtlicher und anatomischer Beobachtungen den Satz aufgestellt, das Epidermispigment sei ursprünglich ein Haarpigment. SCHULTZE[9] sagt: „Das melanotische Hautpigment findet sich in der Epidermis und in der Cutis in Form von feinen orangegelblichen bis gelbbraunen Körnern abgelagert. Nur das in der Epidermis liegende Pigment ist für die braune Farbempfindung bedeutungsvoll. Das in der Cutis liegende Pigment wird höchstens als grauer Schimmer wahrgenommen. Je nach der Menge und Dichte der Anordnung des Pigments wird die Haut als schwarz, braun, rotbraun, hellbraun, gelb, tiefgelb, braungelb, blaßgelb, gelbweiß und rötlichweiß bezeichnet. Bei der weißen Rasse finden wir das Pigment hauptsächlich in den Zellen des Stratum basale besonders um den distalen Pol des Kernes haubenartig gelagert; außerdem kommen verzweigte Pigmentzellen in der Epidermis und Cutis vor. Die stärkste Pigmentierung zeigt sich beim Erwachsenen außer an den dem Licht ausgesetzten Stellen um die Brustwarzen, an der Haut der Genitalien und der Crena ani.‟

---

[1] FRANZ, V.: Wild und Hund **33**, 571—573 (1927).
[2] ADDISON, W. H. F.: Anat. Rec. **29**, 344 (1924).
[3] DETLEFSEN, J. A.: Anat. Rec. **29**, 142 (1924).
[4] HOUCHECORNE, F.: Zool. palae arct. **1**, 67—72 (1923).
[5] ERHARD, H.: Z. Säugetierkde **1929**.
[6] SAINT-PÉRIER, R. DE: Feuille Natural. **46**, 74 (1925).
[7] BLOCH, B.: Arch. f. Dermat. **135**, 77—108 (1921).
[8] SCHWALBE: Zitiert nach W. SCHULTZE.
[9] SCHULTZE, W.: D. prakt. Arzt **11**, H. 5—7 (1926).

Früher nahm man an, daß das *Epidermispigment* nicht in der Epidermis, sondern in der Cutis entsteht. Als Beweis dafür diente das Kargsche Experiment, wonach es bei einem Neger, dem ein Stück weißer Haut transplantiert war, zur Pigmentierung der weißen Haut kam. Karg[1] nimmt an, daß verästelte Pigmentzellen an der Cutisepithelgrenze gegen die Epithelien Fortsätze ausstreckten und von den Intercellularräumen aus ihre Pigmentkörnchen an die weißen Epithelien abgaben. — Neuerdings nehmen aber zahlreiche Autoren eine autochthone Entstehung des Epidermispigments an; es sind im wesentlichen diejenigen weiter unten genannten Forscher, welche die celluläre Entstehung des Pigments vertreten. Einige glauben sogar, das Cutispigment sei eingewandertes Epidermispigment.

Bekanntlich ist die Übereinstimmung *eineiiger Zwillinge* ebenso wie die der *Doppelmißbildungen* in den allermeisten körperlichen Eigenschaften sehr groß (vgl. Baur, Fischer, Lenz)[2]. Dagegen sind nach Kröning[3] bei beiden, was die Zeichnung und die Größe der Scheckung betrifft, auf Grund von Untersuchungen am Kalb, Schwein, der Katze und Ziege die Unterschiede oft beträchtlich.

Bei der Kuh tritt das schwarze Pigment anscheinend früher auf als das rote — ein 5 Monate alter Embryo einer schwarzbunten Kuh zeigt nach Esskuchen[4] etwa gleichstarke Pigmentierung wie ein $6^1/_2$ Monate alter einer rotbunten Kuh —, und zwar reichlich in der Epidermis, vereinzelt dagegen erst in der Cutis. Nach der Geburt wird dann die Farbe durch starke Sonnenbestrahlung wieder gebleicht („Weidefarbe").

Alle Forscher nehmen heute an, daß dem *Säugetiermelanin* eine ungefärbte Muttersubstanz vorausgehe. Über den Ursprung derselben stehen sich heute noch zwei Ansichten schroff gegenüber. Die celluläre Hypothese, vertreten hauptsächlich durch R. Hertwig, Rössle, Meyrowsky, Jarisch, v. Szily und Kreibisch[5], nimmt eine Bildung der Muttersubstanz des Melanins in der *Zelle*, die humorale Hypothese von Bloch[6] dagegen in den *Körpersäften* an.

Die *celluläre Ansicht* wird folgendermaßen begründet: Wie R. Hertwig bei einem einzelligen Tier, dem Sonnentierchen, *Actinosphaerium*, Nucleolen aus dem Zellkern austreten sah, die sich dann im Zellplasma allmählich zu Farbkörnern umfärbten, so beobachtete Rössle häufig in Melanosarkomen des Menschen austretende Kernkörperchen, die sich dann schwarz verfärben sollen. Jarisch und v. Szily[7] leiten das Melanin von ausgestoßenem Kernchromatin, Mertsching[8] von Keratohyalin ab. Kreibisch[9] nimmt an, daß erst ein Gemisch aus Myelin, Nuclein und Nucleolin entsteht; aus diesem bilde sich ein Lipoid, und dieses endlich wandle sich in Pigment um. Demgegenüber weist Hueck[10] darauf hin, daß das Melanin kein Fett oder keinen fettähnlichen Körper enthält.

Die *humorale Hypothese* wurde wohl zuerst von Ehrmann aufgestellt, der glaubte, das Blut bzw. der Blutfarbstoff, würde das Pigment aus der mesoder-

---

[1] Karg: Zitiert nach W. Schultze.

[2] Baur, Fischer u. Lenz: Menschliche Erblichkeitslehre, 2. Aufl. München: Lehmann 1926.

[3] Kröning, F.: Z. Abstammgslehre **35**, 113—138 (1924).

[4] Esskuchen, E.: Züchtungskunde **2**, 337—351 (1927).

[5] Hertwig, R., Rössle, Meyrowsky, Jarisch, v. Szily u. Kreibisch: Zitiert nach O. Gans: Zbl. Hautkrkh. **4**, 1—12 (1922). Dieser Aufsatz wurde auch im folgenden zur Darstellung der Blochschen Theorie neben den Originalarbeiten vielfach benutzt.

[6] Bloch, B.: Arch. f. Dermat. **124** (1917); **136** (1921).

[7] Szily, v.: Arch. mikrosk. Anat. **77** (1911).

[8] Mertsching: Zitiert nach Gans.

[9] Kreibisch, C.: Arch. f. Dermat. **135**, 277—282 (1921).

[10] Hueck, W.: Beitr. path. Anat. **60** (1914).

malen Cutis in die Epidermis verfrachten. MEYROWSKY[1] dagegen schaltete den Blutkreislauf aus, indem er Hautstückchen vom Lebenden und von der Leiche 24—48 Stunden in der feuchten Kammer hielt; es trat dann häufig Pigmentvermehrung in der Basalzellenschicht der Epidermis — in einem Fall von ADDISONscher Krankheit noch nach Tagen — auf. Die ursprüngliche Auffassung MEYROWSKYS, es würde das durch Autolyse entstehende Abbauprodukt durch ein Ferment in Pigment umgewandelt, wurde später durch die Beobachtung widerlegt, daß auch an gekochten Hautstückchen Pigmentneubildung erfolgte.

„BAUER[2] fand, daß bei allen stärkeren Nephritisfällen eine verstärkte postmortale Pigmentierung eintrete, weshalb er auf den Gedanken kam, die Pigmentmuttersubstanz in Purinbasen zu suchen."

MEYROWSKYS[1] Anschauung stellt insofern eine Vermittlung zwischen der cellulären und der humoralen Hypothese dar, als nach seinen Beobachtungen an der überlebenden Haut des Menschen Kernkörperchen nicht nur aus dem Kern, sondern auch aus der Zelle austreten können, um außerhalb der Zelle dann Pigment zu bilden.

Die *Lehre von* BLOCH[3] hat eine außerordentlich umfangreiche Literatur für und wider in den wenigen Jahren ihres Bestehens gezeigt, sie hat den wohl wichtigsten Anstoß für zahlreiche hautphysiologische und -pathologische Untersuchungen gegeben, so daß sie hier eingehender erörtert werden muß.

Man hatte schon vor BLOCH die Ansicht vertreten, daß die Bildung des Pigments durch die Einwirkung von Oxydation erfolge; dafür sprachen vor allem die dermatologischen Erfahrungen über oxydative Vorgänge in der Haut bei Bestrahlungen[4]. Andere wiederum brachten seine Bildung mit den Drüsen mit innerer Sekretion in Zusammenhang; pathologische Pigmentbildungen bei Störungen, namentlich der Nebennieren, gaben Anlaß zu dieser Theorie. In der Hypophyse des Schweines fand SNYDER[5] eine die Melanophoren ausbreitende Substanz. TORREY[6] erzielte durch Einspritzen von Hypophysenextrakt bei Ratten und Mäusen Verdunkelung. Endlich trat die wohl von v. FÜRTH[7] nach Versuchen an Schmetterlingen zuerst geäußerte Lehre auf, das Pigment werde durch ein oxydierendes Ferment hervorgerufen, eine Ansicht, der sich MEYROWSKY[8], v. SCILY u. a. anschlossen. FL. DURHAM[9] dagegen glaubte eine Tyrosinase in der tierischen Haut nachgewiesen zu haben, welche die Ursache der Pigmentbildung sei. Später haben v. FÜRTH und LIEBEN[10] das Meloidin als Abkömmling des Tryptophans bezeichnet. Die Melanine selbst faßt O. v. FÜRTH[11] jetzt als Oxydationsprodukte aromatischer Bausteine des Eiweiß, besonders des Tyrosins und des Tryptophans auf. Die oxydierenden Fermente sind die Tyrosinase und die „Dopaoxydase".

---

[1] MEYROWSKY, E.: Über die Entstehung der sog. kongenitalen Mißbildungen der Haut. Wien u. Leipzig 1919.

[2] BAUER: Zitiert nach W. SCHULTZE.

[3] BLOCH, B.: Arch. f. Dermat. **135**, 77—108 (1921); **136**, 231—244 (1921) — Dermat. Z. **34**, 253—262 (1921).

[4] Vgl. W. HAUSMANN: Naturwiss. **11**, 945—948 (30. Nov. 1923).

[5] SNYDER, F. F.: Amer. J. Anat. **41**, 399—409 (1928).

[6] TORREY, H. B.: Science **66**, 380—381 (1927).

[7] FÜRTH, O. v. u. H. SCHNEIDER: Beitr. chem. Physiol. u. Path. **1**, 229 (1901). FÜRTH, O. v. u. E. JERUSALEM: Ebenda **10**, 131 (1907).

[8] MEYROWSKY, E.: Über die Entstehung der sog. kongenitalen Mißbildungen der Haut. Wien u. Leipzig 1919.

[9] DURHAM, FL.: Zitiert nach GANS S. 248.

[10] FÜRTH, O. v. u. F. LIEBEN: Biochem. Z. **116**, 224—231 (1921).

[11] FÜRTH, O. v.: Wien. med. Wschr. **70**, Nr 5, 226—232 u. Nr 6, 281—288 (1922).

BLOCH[1] gibt auf Grund umfassender Versuche an, daß in der Haut — der höheren Tiere und des Menschen wenigstens — keine Tyrosinase vorhanden sei. Dagegen wies er mit Dioxyphenylalanin ein intracelluläres Ferment nach, das er „Dopaoxydase" nannte. Dieses Ferment bewirkte eine Oxydation des Dioxyphenylalanins (abgekürzt „Dopa") „zu einem dunklen unlöslichen teils diffus, teils in Form von Granula im Protoplasma der Zellen abgelagerten Reaktionsprodukt" (aus GANS). Das Verfahren von BLOCH ist dabei folgendes: Er legt dünne in Agar eingebettete Gefrierschnitte für 24 Stunden bei Zimmertemperatur in eine 1proz. Dioxyphenylalaninlösung, worauf sich die Basalzellenschicht in der Epidermis tief schwarz färbt. (Dioxyphenylalanin ist eine von GUGGENHEIM aus *Vicia faba* gewonnene Verbindung des Orthodioxybenzols.)

Der fermentative Charakter der Dopaoxydase wird nach BLOCH durch folgende zwei Feststellungen bewiesen:

1. Alle diejenigen Einwirkungen, welche andere Fermente zerstören, vernichten auch die Wirkung der Dopaoxydase, als da sind: Schwefelwasserstoff, Toluol, die Fermentgifte, wie Blausäure, ferner Austrocknung, Hitze usw.

2. Dopa ist aber auch — ein bekanntes Charakteristicum aller Fermente — spezifisch. Nur die Pigmentbildung wird von Dopa beeinflußt, nicht aber Adrenalin, Tyrosin, Tryptophan usw.

3. Verändert man den chemischen Aufbau von Dopa nur ganz wenig, so hört sofort seine Wirkung auf.

Wie Injektionsversuche von INTROZZI[2] u. a. ergeben haben, wirken melaninbildend bei Albinos und Nicht-Albinos von Kaninchen, Mäusen und Menschen Pyrrol, α-Methylindol, Scatol und Indol. Man kann dann beobachten, wie das Melanin der Haut lokal epithelial entsteht. KAUFMANN[3] wies nach, daß Extrakt von gefärbten Fellen und H_2O_2 an rasierten vorher weißen Stellen des Himalajakaninchens Pigmentbildung veranlaßt. Alkali verdunkelt das Chromogen, auch bei Anwesenheit des Enzyms. Die Felltemperatur war dann an den dunklen Stellen niedriger als an den hellen, was der Verf. mit der H-Ionenkonzentration in Zusammenhang bringt, indem niedere Temperatur die Alkalinität steigert.

Unter den zahlreichen Arbeiten über das *erste Entstehen der Dopareaktion in embryonalen Säugetiergeweben* seien nur einige erwähnt: Während am Hühnchen im Auge MIESCHER[4] die erste Dopareaktion am 3 Tage alten Embryo fand, setzt sie im Epithel des Kaninchenauges erst zwischen dem 12. und 13. Tag ein, in der Chorioidea vom 17. Tag ab. STEINER-WOURLISCH[5] beobachtete die erste Dopaoxydase bei der 18 mm langen Hausmaus zuerst in den cutanen Zellen, in den Melanoblasten an Oberschnauze, Ohr, Sohle, Aftergegend und Schwanz. Das Pigment erscheint zuerst in Form von Stäbchen. Die cutanen Melanoblasten entsprechen den Zellen des Mongolenflecks beim Menschen und den cutanen Melanoblasten der Affen. Sie verhalten sich unabhängig von den Melanoblasten der Epidermis. Die Haarbulbi ergeben positive Dopareaktion, die Zellen des Bulbushalses dagegen, sowie die des Haarschaftes und der Papille, negative Reaktion. Die Dopareaktion verläuft wellenförmig: zeitweise positiv, zeitweise negativ. Bei jeder positiven Dopawelle steigt die Pigmentkurve an.

Beim menschlichen Embryo tritt nach BLOCH[6] Dopa in den Haaren bedeutend früher und stärker auf als in der Epidermis, was gleichfalls für seine melanin-

---

[1] BLOCH, B.: Arch. f. Dermat. **135**, 77—108 (1921).
[2] INTROZZI, P.: Giorn. ital. Dermat. **67**, 1414—1457 (1926).
[3] KAUFMANN, L.: Biol. generalis (Wien) **1**, 7—20 (1925).
[4] MIESCHER, G.: Arch. mikrosk. Anat. **105**, 677—720 (1925).
[5] STEINER-WOURLISCH, A.: Z. Zellforschg **2**, 453—479 (1925).
[6] BLOCH, R.: Arch. f. Dermat. **135**, 77—108 (1921).

bildende Wirkung spricht. Die Dopareaktion fällt schon positiv aus, bevor natives Pigment vorhanden ist; das *pigmentbildende Agens*, nicht das Pigment selbst, ist also die Ursache der Reaktion. Mit dem Ergrauen des Haares wird die Dopareaktion schwächer; im weißen Haar erlischt sie ganz, ein Beweis, daß die Dopaoxydase die Ursache des Ergrauens von Kopf- und Barthaar ist. Nur wo „Dopa" nachweisbar ist, da findet auch Pigmentbildung statt, ist der Schluß von BLOCH. Davon soll später (S. 251—252) noch die Rede sein. Die Dopareaktion ist insofern streng von der bisher zum Pigmentnachweis gebrauchten Silberreaktion zu unterscheiden, als die Silberreaktion erst bei Anwesenheit von *fertigem* Pigment positiv ausfällt, da das Silbersalz durch das Pigment reduziert wird. Das *Propigment* gibt also Dopareaktion positiv, Silberreaktion negativ. Das *fertige Pigment*, welches positiv auf Silber anspricht, kann im Alter in dem Augenblick, in dem nicht mehr *neues* Pigment gebildet wird, sogar dopanegativ sein.

Außer von BLOCH ist Dopa in zahlreichen Fällen von Pigmentbildung u. a. von SALKOWSKY[1], COULON[2], HEUDORFER[3], BITTORF[4], OBERNDORFER[5], NEUBÜRGER[6], KISSMEYER[7], GANS[8], vor allem aber von G. MIESCHER[9] und seiner Schule nachgewiesen worden. Die Dopalehre fand dadurch ihre Krönung, daß es MIESCHER gelang, aus Dopa künstliches Melanin herzustellen, welches chemisch sich genau wie das natürliche verhielt (vgl. auch SALKOWSKY[1] und v. FÜRTH[10]).

Die Gegner von BLOCH verteilen sich auf verschiedene Lager.

Die einen erwähnen, Dopa könnte höchstens für die Pigmentbildung beim *Säugetier* in Betracht kommen, nicht aber für die Pigmentbildung im Tierreich überhaupt. So konnte z. B. W. J. SCHMIDT[11] bei Amphibien (gefleckten Salamandern und Wassermolchen) keine Dopareaktion finden. Demgegenüber wies sie G. MIESCHER[12] bei Vögeln nach; der Hühnerembryo zeigt sie am 4. Tage bereits positiv, die Reaktion bleibt nur in den Wachstumszonen bestehen; beim Ausschlüpfen ist sie überall negativ.

Andere bezweifeln ihren fermentativen Charakter. So gibt HEUDORFER[13] an, wo Dopa positiv sei, könne man das gleiche mit Brenzkatechin erreichen, und die Dopareaktion werde durch Hitze nicht zerstört, was jedoch BLOCH[14] u. a. widerlegt haben. KREIBISCH[15] sagt, die Dopareaktion sei nicht spezifisch, denn die gleiche Reaktion könne man mit para-Dimethylphenylendiamin erzielen. BLOCH[14] erwidert darauf, diese letztere Reaktion sei bedeutend schwächer. BITTORF[16] gibt an, das Pigment der ADDISONschen Krankheit werde nicht nur durch Dopaoxydase, sondern auch durch Adrenalin gebildet. PRZIBRAM[17] mit seiner Schule (BRECHER, DEMBROWSKY) behauptet, die Pigmentbildung beruhe überhaupt nicht auf

---

[1] SALKOWSKI, E.: Virchows Arch. **228**, 468—475 (1920).
[2] COULON, A. DE: C. r. Soc. Biol. Paris **83**, 1451—1453 (1920).
[3] HEUDORFER, K.: Münch. med. Wschr. **68**, Nr 9, 266—267 (1920).
[4] BITTORF, A.: Dtsch. Arch. klin. Med. **136**, 314—322 (1921).
[5] OBERNDORFER, S.: Erg. Path. II **19**, 47—146 (1921).
[6] NEUBÜRGER, K.: Münch. med. Wschr. **67**, Nr 26, 741—743 (1920).
[7] KISSMEYER, A.: Brit. J. Dermat. **35**, Nr 14, 209—220 (1920) — Hosp.tid. (dän.) **63**, Nr 13, 193—204 u. Nr 14, 209—220 (1920).
[8] GANS, O.: Zbl. Hautkrkh. **4**, H. 1/2, 1—12 (1922).
[9] MIESCHER, G.: Klin. Wschr. **1**, Nr 4, 173—174 (1922).
[10] FÜRTH, O. v.: Wien. med. Wschr. **70**, Nr 5, 226—232 u. Nr 6, 281—288 (1922).
[11] SCHMIDT, W. J.: Dermat. Z. **27** (1919).
[12] MIESCHER, G.: Klin. Wschr. **68**, Nr 4, 173—174 (1922).
[13] HEUDORFER, K.: Münch. med. Wschr. **68**, Nr 9, 266—267 (1921) — Arch. f. Dermat. **134**, 339—360 (1921).
[14] BLOCH, B.: Arch. f. Dermat. **136**, 231—244 (1921).
[15] KREIBISCH, C.: Arch. f. Dermat. **135**, 277—282 (1921).
[16] BITTORF, A.: Dtsch. Arch. klin. Med. **136**, 314—322 (1921).
[17] PRZIBRAM, H.: Biochem. Z. **127**, 286—292 (1922).

einem „biologischen" Prozeß mit besonderer Mitwirkung der Zelle, sondern sei ein rein chemischer Prozeß. Nach Beobachtungen namentlich an der Pigmentbildung der Schmetterlingspuppen lasse sich nämlich Schwärzung auch durch Natronlauge erzielen. Dopa sei nichts anderes als ein Indicator. Übersäuerung und in manchen Fällen auch Überalkalität der Gewebe störe die Dopareaktion. (Das ist aber bekanntlich bei jeder Fermentwirkung so.)

Neuerdings ist die Dopareaktion vor allem auch dazu benützt worden, um den *Ort, an dem entwicklungsgeschichtlich* beim Menschen und den Säugetieren die Pigmentbildung in der Epidermis erfolgt, zu bestimmen. Die einen haben die Entstehung des Pigments in das Epithel (FELCHNER[1] z. B. im Stratum cylindricum und spinosum), die anderen in das Bindegewebe verlegt. Für die epitheliale Entstehung führte man die Pigmentbildung im Haar und in der Netzhaut des Auges an. Die sog. Übertragungstheorie dagegen sagt, auch im Haar entstände das Pigment nicht autochthon, sondern pigmentierte Bindegewebszellen würden aus dem Corium in die Epidermis wandern, sich dort auflösen, und das Pigment würde so an die haarbildenden Zellen abgegeben werden.

BLOCH[2] fand am Menschen, daß die Basalschicht der Epidermis dopapositiv sei, worauf er sie als pigmentbildend ansprach. Von hier aus soll das Pigment teils nach der Oberfläche hinaufgeschoben werden, wo es dann mit der Hornschicht abgeworfen wird, teils soll es aber auch tiefer, in die Cutis, gelangen. Durch Lymphspalten und durch bindegewebige Chromatophoren wird es hier aufgenommen. Diese Chromatophoren sind aber nach BLOCH nicht, wie man früher annahm, *Pigmentbildner*, sondern nur *Pigmentempfänger*, denn sie sind dopanegativ. Die einzigen pigmentbildenden Zellen sind die des Mongolenflecks, denn sie sind dopapositiv. Ebenso geben die Pigmentzellen der Cutis an den blauen Hautstellen der Affen eine positive Dopareaktion. MIESCHER[3] erklärt gleichfalls die Chromatophoren des Bindegewebes der Haut als Pigmentempfänger durch Phagocytose, da auch er sie dopanegativ bei Embryonen fand. Dagegen verhielten sich die gleichen Zellen der Chorioidea positiv auf Dopa, sollen also selbständige Pigmentbildner sein. HEINZ MEYER[4] glaubte als Hauptbildungsherd des Pigments gleichfalls das verhornte Epithel ansprechen zu müssen; von hier wandere ein Teil des Pigments durch die Lymphspalten in die Lymphdrüsen; außerdem sollen aber die Pigmentzellen der Cutis selbständig Pigment bilden können. BLOCH[5] erklärt die Bedingungen von H. MEYER als pathologisch.

Gegen die Annahme einer Abgabe von epithelialem Pigment an die Cutis, wie sie BLOCH annimmt, weisen MEIROWSKY[6] und SCHMIDT[7] darauf hin, daß das Cutispigment chemisch ein ganz anderer Farbstoff sei. Jedenfalls geben TORRACA[8] und SCHMIDT[7] nach Untersuchungen an Kaltblütern an, Chromatophoren könnten auch aus indifferenten Bindegewebszellen entstehen.

Neuerdings ist die *Dopalehre* auch für die Erklärung von gewissen Erscheinungen in der *Vererbungslehre* herangezogen worden. So erklärt SCHULTZ[9], auf dem Standpunkt von BLOCH stehend, daß positive Dopareaktion die Anwesen-

---

[1] FELCHNER, K.: Untersuchungen über die Lage des Pigmentes in der Haut des Pferdes mit Hilfe des „Dopa"-Verfahrens. Med. vet. Dissert. Berlin 1922.

[2] BLOCH, B.: Dermat. Z. **34**, 253—262 (1921).

[3] MIESCHER, G.: Klin. Wschr. **1**, Nr 4, 173—174 (1922).

[4] MEYER, H.: Dermat. Z. **32**, 348—355 (1921).

[5] MEYROWSKY: Münch. med. Wschr. **69**, 1710 (1922).

[6] MEYROWSKY: Über den Ursprung des melanotischen Pigmentes der Haut und des Auges. Leipzig 1908 — ,Dermat. Z. **24** (1917).

[7] SCHMIDT, W. J.: Dermat. Z. **27** (1919).

[8] TORRACA: Arch. Entw.mechan. **40** (1914).

[9] SCHULTZ, W.: Arch. Entw.mechan. **105**, 677—720 (1925).

heit des aktiven pigmentbildenden Ferments der Haut beweist, negative dagegen das Fehlen derselben, die Entstehung farbiger Kaninchen bei Paarung zweier weißer Rassen — (z. B. weißer blauäugiger Wiener und rotäugiger albinotischer Kaninchen) — entgegen CUÉNOT und BATESON folgendermaßen: Da beide negative Dopareaktion geben, kann die Entstehung der Farbe nicht auf dem Fehlen des Chromogens bei der einen Rasse, dem Fehlen des Ferments bei der anderen Rasse beruhen. Vielmehr fehlt bei der einen Rasse das Ferment, bei der anderen der Aktivator des Ferments.

Die *Zeichnung des Säugetierkörpers*[1] kann sein entweder eine mehr oder weniger regelmäßige Fleckung (Giraffe, Panther, Irbis, Tüpfelkatze, Serval, Jaguar, Tigerkatze, Langschwanzkatze, Pardelluchs, Gepard) oder eine Längsstreifung (Streifenwolf, Pampaskatze und teilweise Tibetkatze und Dachs) oder Querstreifung (Tiger, Wildkatze, Zibete, Zebramanguste, Surikate, Zebra, Kudu). Fast stets ist die Rückenseite dunkler gefärbt als die Bauchseite, doch gibt es Ausnahmen, zu denen z. B. der Dachs und Hamster gehört. Manchmal sind Säugetiere in ihrer ersten Jugend gefleckt, die später einfarbig sind, dazu gehört z. B. der Löwe und das Reh. Auch Jugendstreifung kommt häufig bei später einfarbigen Tieren vor; man denke an das Wildschwein. Sehr selten finden wir bei sonst einfarbigen oder diffus gescheckten Tieren regelmäßige Streifenzeichnung. So wurde während des Krieges im Baltikum ein „Panjepferdchen" entdeckt, welches am Kopf und an den Beinen zebroid gestreift ist und das HEYMONS[2] auf das europäisch-nordasiatische Wildpferd zurückzuführen glaubt.

Phylogenetisch leitet VAN BEMMELEN[3] die Zeichnung der Säugetiere in ihrer Anordnung von der Schuppenanordnung der Vorfahren der Säugetiere ab. Sie bestehe deshalb ursprünglich aus runden dunklen Flecken. Durch die Verschmelzung von Flecken, die in Reihen angeordnet sind, sollen sowohl die Längs- als auch die Querstreifen entstehen. In Längsreihen angeordnet sind die Flecken beim Damwild; als Übergang von Fleckung zu Längsstreifung kann man den Ozelot auffassen. Eine Fleckung mit längsverlaufendem Rückenstrich und Querstreifung des Schwanzes zeigt die Ginsterkatze, Fleckung mit mehreren Längsstreifen am Rücken der Palmenroller. Fleckung, Längs- und Querstreifung gleichzeitig findet sich bei der Tibetkatze. Die Zahl der Querreihen stimmt nach VAN BEMMELEN ursprünglich mit der Zahl der Körpersegmente überein. Nachträglich kann die Zahl der Fleckenreihen vermindert oder vermehrt werden, wodurch ihr segmentaler Charakter verwischt wird. Beim Zebra sind einige Querreihen verschwunden, andere haben sich verbreitert und haben sich zu Schattenstreifen verschmolzen.

Auch MEYROWSKY[4] kommt auf Grund ausgedehnter Untersuchungen zur Ansicht, daß sowohl Scheckung wie Streifung der Säugetiere und auch die Muttermäler des Menschen nichts anderes als ein Wiederhervortreten einer alten Anlage bedeuten. Färbungsanomalien sind bereits im Keimplasma angelegt[5]. Bei den Tieren haben sie noch normale Vorbilder. Beim Menschen sind sie allerdings nur noch selten und abnorm entwickelt, aber sie bevorzugen doch bestimmte Stellen des Körpers, und zwar solche, bei denen auch die Scheckung bei Tieren am häufigsten zu finden ist.

Zum Beweis der MEYROWSKYSchen Theorie führt LEVEN[6] folgenden Fall an: Ein 7 jähriges Kind hat einen Wolfsrachen und eine Hasenscharte sowie zugleich einen Naevus flammeus, der mit den Grenzen des Oberkieferfortsatzes und des Stirnfortsatzes zusammenfällt. VIRCHOW[7] würde diesen Fall als Spaltverschlußstörung aufgefaßt haben. LEVEN

---

[1] Vgl. F. PINKUS: Naturwiss. **10**, 951—960 (1922).

[2] HEYMONS, R.: Sitzsgber. Ges. naturforsch. Freunde Berl. **1920**, 235—254.

[3] BEMMELEN, J. F. v.: Bijdr. Direk. **22**, 161—168 (1922).

[4] MEYROWSKY, E.: Naturwiss. Wschr. **19**, 1—24 (1920). — MEYROWSKY, E. u. L. LEVEN: Tierzeichnung, Menschenscheckung und Systematisation der Muttermäler. Berlin: Julius Springer 1921 — Arch. f. Dermat. **134**, 1—79 (1921).

[5] Für die Anlage der Pigmentzeichnung im Keimplasma spricht auch die Tatsache, daß schon ganz junge Embryonen des Grauwals (*Grampus griseus*) genau die gleiche Verteilung des Pigments und der Chromatophoren haben wie erwachsene Tiere. [Nach P. KRÜGER: Arch. f. Dermat. **136**, H. 3, 408—415 (1921).]

[6] LEVEN, L.: Dermat. Z. **31**, 32—40 (1920).

[7] VIRCHOW: Zitiert nach LEVEN auf S. 253.

dagegen erklärt den Fall in Übereinstimmung mit Meyrowsky folgendermaßen: Die Knochenmißbildung grenzt sich deshalb wie der Naevus ab, weil infolge von Keimplasma-störung die Determinanten für das Wachstum der Oberkieferfortsätze gestört sind, dafür aber an der gleichen Stelle die Gefäßdeterminanten des Mesoderms sich besonders entfalten.

Ganz anders ist die Auffassung von Krieg[1]. Die Pigmentverteilung soll vom Zug und Druck, der auf den Körper einwirkt, abhängen. Dabei soll es unentschieden sein, ob Zug und Druck der äußeren Haut direkt die Pigmentverteilung veranlassen oder indirekt, indem sie die Verteilung der Blutgefäße beeinflussen und diese letzteren den Ausgangspunkt für die Pigmentbildung abgeben. Die Pigmentausbreitung bei Säugetieren schreitet dorsoventral fort. Für die Scheckung[2] sind ganz bestimmte Pigmentzentren charakteristisch; beim Hund z. B. auf Nase, Stirn, Schulter, Rücken und Schwanz. Die Pigmentzentren fließen oft in der Rückenmitte zusammen und bilden hier dann einen Längsstreif (nur selten ist die Rücken-mitte ohne Pigment). Wenn sich das Pigment am Rücken weiter ausbreitet, entsteht der sog. Aalstrich. Krieg[3] unterscheidet dreierlei Arten von Streifenzeichnung:

1. Eine vertikale Körperstreifung in Verbindung mit zirkulärer Extremitätenstreifung (Grevyzebra).

2. Longitudinale Körperstreifung, zirkuläre Extremitätenzeichnung (junge Schweine, Aalstrich bei Equiden).

3. Strömung. Die vertikalen Körperstreifen setzen sich auf die Beine fort (kommt nur bei Haustieren vor).

Die Hautfalten des neugeborenen Kaninchens entsprechen nun nach Krieg dem Typus 1. Die Einfaltung soll jeweils einen dunklen Streifen ergeben. Werden zur embryonalen Zeit durch Zug und Druck Längsfalten hervorgerufen, so entsteht der Typus 2. Die Fleckung ist nichts anderes als ein Übergang von 1 zu 2.

Eine dritte Auffassung wird von Haecker[4] vertreten, nämlich die, daß das Pigment immer an Stellen von besonders starkem Wachstum auftreten soll. Haecker führt dafür außer zahlreichen Beispielen aus dem Tierreich die Tatsache an, daß je nach der Krümmung des Embryos stets die am meisten konvexe Seite am stärksten pigmentiert wird.

Der *Pigmentreichtum* mancher Menschenrassen wurde früher auf die direkte Einwirkung der Sonnenstrahlen zurückgeführt, eine Lehre, die heute fast ganz verlassen ist[5]. Allerdings werden südländische Europäer in Ägypten dunkelbraun, Neger in Europa etwas heller, doch vererben sie ihre alte Hautfarbe. Berber und Kalyben sind in Afrika hell geblieben. Über die Ursache der *Pigmentarmut* der nordischen Rasse gehen die Ansichten auseinander. Paulsen[6] faßt sie als „konstitutionelle Abartung infolge Domestikation" auf. Röse[7] dagegen bringt den Farbstoffreichtum in Beziehung zur Ausbildung des Gehirns. Eine bessere Aus-bildung des Gehirns, wie sie für die nordische Rasse bezeichnend ist, bedinge stets eine Ver-minderung des Hautpigments.

Neuerdings vertritt allerdings Haecker[8] wieder die Lehre von der *art- und rassenbilden-den Wirkung des Klimas* — auch, was die Pigmentierung betrifft —, auf den Menschen. Die Befunde an Vögeln (s. S. 244) bringt er in Einklang mit der Lehre von Paudler[9], der in Europa ursprünglich zwei langköpfige helle Rassen annimmt: die prägermanische Cro-Magnonrasse mit grauen Augen und gelb- bis rotblondem Haar und die eigentliche nordische Rasse mit blauen Augen und aschblondem Haar. Danach hätte sich die rotblonde Cro-Magnonrasse mit ihren rötlichen Phäomelaninen (im Sinne Haeckers) im Steppenklima südlicherer Gegen-den, die aschblonde nordische Rasse mit ihren schwärzlichen Eumelaninen dagegen in höheren nördlichen Breiten konsolidiert. Demgegenüber ist darauf hinzuweisen, daß, wie schon Alexander von Humboldt[10] beobachtete und J. Ranke[11] zusammenfassend darstellt, bei den Indianern Zentralbrasiliens unabhängig von Örtlichkeit und Klima oft nahe beisammen die ganze Skala vom europäischen Weiß bis zu Schwarzbraun vorkommt. Haecker[8] sagt

[1] Krieg, H.: Anat. Anz. **54**, Erg.-Heft, 104—106 (1921) — Die Prinzipien der Streifung bei den Säugetieren. Vorträge u. Aufs. z. Entwicklungsmechanik. Berlin: Julius Springer 1922.

[2] Krieg, H.: Anat. Anz. **54**, 353—365 (1921).

[3] Krieg, H.: Ebenda S. 33—40.

[4] Haecker, V.: Entwicklungsgeschichtliche Eigenschaftsanalyse (Phänogenetik). Jena: G. Fischer 1918.

[5] Martin: Lehrbuch der Anthropologie. Jena: G. Fischer 1914.

[6] Paulsen: Korresp.bl. dtsch. Ges. Anthrop. **49** (1918).

[7] Röse: Zitiert nach Günther.

[8] Haecker, V.: Verhdl. d. klimatol. Tagung Davos 1925. S. 174—186. Basel.

[9] Paudler, F.: Die hellblonden Rassen und ihre Sprachstämme. Heidelberg: Winter 1924.

[10] Humboldt, A. v.: Kosmos. Stuttgart: Cotta.

[11] Ranke, J.: Der Mensch. 1. Leipzig: Bibliogr. Inst. 1920.

allerdings hierzu (a. a. O. S. 183): „Solche Erscheinungen finden nur dann eine Erklärung, wenn man eine verhältnismäßig große Perseveranz klimatisch bedingter Farbenmassen annimmt."

Für den *Lichtschutz durch das Pigment* spricht die Tatsache, daß die nordische pigmentarme Rasse sich für eine dauernde Besiedlung der Tropen nicht eignet. Nach GÜNTHER[1] ist schon der Nordfranzose ob seines stärkeren Gehalts an nordischer Rasse dort minder anpassungsfähig als der Südfranzose. Die Sterblichkeit blonder Kinder ist in heißen Sommern nach LUSCHAN[2] größer als die der braunen Kinder. Im übrigen sei hier auf die Ausführungen von Professor JODLBAUER in diesem Handbuch (Bd. 17, S. 305) verwiesen.

Häufig beobachtet man ein *Nachdunkeln des Haares* beim Menschen. Am auffälligsten ist dies bis zum 30. Lebensjahr, doch kann dieser Vorgang unter Umständen erst in hohem Alter zum Abschluß gelangen. GÜNTHER[3] sagt darüber folgendes: „Kinder werden in Europa oft dunkelhaarig geboren, stoßen dann das dunkle Haar ab und erhalten helles. Ob das helle Haar dann aber farbfest ist, wird sich erst im späteren Alter erweisen. Besonders in Deutschland mit seiner nordrassischen Durchmischung ist die Erscheinung des Nachdunkelns sehr häufig. In Preußen fand VIRCHOW[4] unter den Schulkindern 72% Reinblonde, unter den Soldaten nur noch 60%: Die Haare haben also bei 12% nachgedunkelt. In England fand man 51% blonde Knaben, hingegen 42% blonde Männer (ROBERTS[5]). Eine neuere Untersuchung von Schülern eines englischen Bezirks ergab ein Nachdunkeln bei 16% der ursprünglich blond gewesenen Knaben (GREY und Tochter im J. of the Anthrop. Institute 1900). Ein Zusammenhang der Haarfarbe mit Klima, Höhenlage oder Erdgebiet besteht nicht. Entscheidend über die rassische Zugehörigkeit eines Menschen in bezug auf die Farbe seines Haares ist also streng genommen erst das Haar seines mittleren Alters. In Europa wird aber das Nachdunkeln meist als ein Hinweis nordischer Blutbeimischung betrachtet werden müssen, auch bei Menschen, die sonst vorwiegend Merkmale nichtnordischer Herkunft haben. Auch bei dunkelhaarigen Rassen zeigt sich mit gewisses Nachdunkeln. Es ist möglich, daß vielen solchen Erscheinungen eine Rassenkreuzung zugrunde liegt."

E. FISCHER[6] sagt über das Nachdunkeln der Haarfarbe: „Diese bemerkenswerte Erscheinung eines völligen Wechsels der Haare ist wohl am besten erklärt, wenn man sie unter die Fälle sog. Dominanzwechsels zählt. Starkes Nachdunkeln ist also eine Folge der Bastardierung. Unter den Ahnen der betreffenden Individuen waren mit Sicherheit blonde und braune, da dominiert zuerst der Blondfaktor, nachher der Braunfaktor."

Was die *Naevi beim Menschen* betrifft, so hat HENNEBERG[7] auf Grund ausgedehnter Untersuchungen den Beweis geliefert, daß die auf den Muttermälern im Gesicht auftretenden Haare homolog mit den Sinushaaren der Säugetiere sind, wenn sie in der Augenbrauen- oder Bartgegend auftreten. Neuere Untersuchungen haben die HENNEBERGsche Lehre bestätigt. So findet BOECKE[8] das Pigment bei Embryonen von Fledermäusen nicht diffus verteilt, sondern in Flecken angeordnet. In der Flughaut stehen diese Flecken in Reihen. Auf jedem Pigmentfleck steht ein Stammhaar, um dieses eine Gruppe anderer Haare. Später zerstreuen sich die Haare und das Pigment diffus.

Als gesichertes Ergebnis dürfen wir also buchen, daß ein „funktioneller Reiz" letzten Endes die Ursache der Säugetierzeichnung ist. Dieser kann ein Sinnesreiz sein, welcher zur Ausbildung von Tasthaaren führt (HENNEBERG), oder es kann ein Wachstumsreiz sein (HAECKER und KRIEG). Atavistische Färbungen werden durch das Keimplasma übertragen (MEYROWSKY).

Über die *Sommersprossen* sagt H. F. K. GÜNTHER[9]: „Ob das Auftreten von Sommersprossen etwa auf nordisches Blut oder auf Mischungen mit nordischem Blut hinweist, hierüber liegen keine Beobachtungen vor. Allgemein ist die Beobachtung, daß Rothaarige oft sehr sommersprossig sind. Oft ist auch bei solchen Rothaarigen eine gewisse fettigglänzende Haut zu beobachten, während die

[1] GÜNTHER, H. F. R.: Rassenkunde des deutschen Volkes, 5. Aufl. München: Lehmann 1924.

[2] LUSCHAN, v.: Völker, Rassen, Sprachen. Berlin 1922.

[3] GÜNTHER: S. 60. Zitiert auf S. 255.

[4] VIRCHOW: Arch. f. Anthrop. **1886**.

[5] ROBERTS: Manuel of Anthropometry **1878**.

[6] BAUR, E., FISCHER, E. u. F. LENZ: Grundriß der menschlichen Erblichkeitslehre und Rassenhygiene, 2. Aufl. München: Lehmann 1923.

[7] HENNEBERG, B.: Anat. Hefte **52**, 145—180 (1915).

[8] BOECKE, J.: Bijdrag. Dierk. **22**, 299—303 (1922).

[9] GÜNTHER, H. F. K.: S. 55. Zitiert auf S. 255.

nordische Haut zwar nicht trocken, aber auch nicht fett ist; sie macht vielmehr, wenigstens bis in ein mittleres Alter, den Eindruck belebter kühler Frische. Sommersprossen habe ich bei reinblütig nordischen Menschen zwar öfters beobachtet, immer aber waren sie unauffällig, also nicht sehr dunkel. Bei nordisch-ostischen Mischlingen, vor allem bei solchen mit breitem Schädel und härterem blonden Haar, traf ich hingegen sehr oft jene dunkelbraunen Sommersprossen, die auch auf größere Entfernung sichtbar sind. Bei Menschen mit ausgesprochen unnordischer Haut fand ich Sommersprossen nie."

Unter *Mongolenfleck* versteht man einen dunkelblauen bis schieferblauen Fleck in der Kreuz-Steißgegend, der sich bei Kindern von Chinesen und Japanern, Indianern und Eskimos findet und der erst mit dem 5. bis 10. Lebensjahr allmählich schwindet. Mehr oder weniger ausgeprägt kommt er zuweilen auch bei europäischen Kindern vor, in Bulgarien zeigen ihn nach Günther[1] 0,6% der Kinder. Viel häufiger ist er wahrzunehmen bei dunkelhäutigen als bei hellhäutigen Kindern, speziell tritt er öfters in Gegenden mit mongolischem Einschlag, wie Ungarn, Mähren und Bulgarien, auf. Ob er überhaupt bei dunkelhaarigen und dunkelhäutigen Rassen, z. B. bei Negern, häufiger ist, ist nicht bekannt. Toldt[2] jun. deutet den Mongolenfleck als „Rest einer bei vielen Affenarten vorkommenden Coriumzeichnung".

Wir haben bisher nur von den äußerlich sichtbaren Zeichnungen der Säugetiere und des Menschen gesprochen. Es ist das Verdienst von K. Toldt jun.[2], darauf hingewiesen zu haben, daß bei Säugetieren die *tiefer gelegenen Farbzeichnungen der Haut* keineswegs mit den oberflächlichen übereinstimmen. Die Unterseite der präparierten Haut weist oft auch bei einfarbigen Tieren ausgedehnte Fleckenpartien auf. Allgemein bekannt sind die schwarzen Tupfen auf der Haut von Foxhunden mit weißem Fell. So kommt Toldt vor allem auf Grund von Untersuchungen an Affen zu folgender *Einteilung der Säugetierzeichnungen.* Es gibt:

1. Eine durch die Epidermis bewirkte Zeichnung.
2. Eine durch die Pigmentzellen im Corium hervorgerufene Zeichnung.
3. Eine Haarwachstums- oder Mauserzeichnung. Beim 3. Typus scheinen die pigmentierten Wurzeln der im Wachstum begriffenen Haare durch. Sie stehen in keinem Zusammenhang mit der Haarkleidzeichnung.

Bei den Affen kommt nur der 1. und 2. Typus vor. Die Epithelzeichnung ist bei den einzelnen Affen konstant, und zwar unabhängig von der Fellzeichnung. Von den normalen Epidermiszeichnungen leiten sich ab die normalen und manchmal auch die anormalen Epidermiszeichnungen in der Haut des Menschen.

Was die Coriumzeichnungen betrifft, so gibt es bei den einzelnen Affen verschiedene Typen; innerhalb ein und derselben Art bleiben sie aber stets dieselben. Aber das Pigment schwankt stark an Ausdehnung. Der Mongolenfleck der Kinder ist sicher ein Überbleibsel der Coriumzeichnung der Affen.

Die Zeichnung der Affen läßt sich folgendermaßen einteilen:

a) Die Epidermis ist ganz pigmentiert, das Corium soviel wie nicht pigmentiert (*Ateles*).

b) Die Epidermis ist gezeichnet, das Corium soviel wie nicht pigmentiert (*Lemur*).

c) Die Epidermis ist soviel wie nicht pigmentiert, das Corium ist gezeichnet (*Inuus*).

---

[1] Günther, H. F. K.: Rassenkunde des Deutschen Volkes, 5. Aufl. München: Lehmann 1924.

[2] Toldt, K. jun.: Mitt. Anthropol. Ges. Wien **51**, 161—183 (1921).

d) Epidermis und Corium sind gezeichnet (*Cercopithecus*).

e) Die Epidermis ist ganz pigmentiert, das Corium ist gezeichnet (*Orang*).

Nach Toldt gehören Kinder mit Mongolenfleck zum Typus e, erwachsene Menschen zu a, besonders helle Personen zu b.

Auch bei Säugetieren kommen bekanntlich *Teil- und Vollalbinos* vor. Nach G. und Ch. Davenport[1] wird die albinotische Anlage beim Menschen als recessives Merkmal nach der Mendelschen Regel übertragen. Jablonski[2] faßt den Albinismus der Säugetiere als Degenerationserscheinung auf, da er bei domestizierten Tieren und bei kränklichen und schwächlichen Menschen häufiger auftrete.

Rothaarigkeit beim Menschen hat man früher zuweilen als Kennzeichen einer besonderen Rasse aufgefaßt oder durch Rassenmischung mit der nordischen Rasse erklärt. Zur letzteren Deutung gab die Tatsache Anlaß, daß es von Goldblond bis zum roten Haar alle Übergänge gibt. Neuerdings deutet man die Rothaarigkeit, *Erythrismus* oder *Rutilismus*, die besonders häufig bei Juden vorkommt, als eine Degenerationserscheinung nach Art des Albinismus. So sagt Frizzi[3]: ,,Rutilismus ist eine selbständige Haarfarbenbildung, die unabhängig von blonden und braunen Farben auftritt." Rotes Haar ist in der Regel mit starker Sommersprossenbildung und fettreicher Haut vergesellschaftet. J. Bauer[4] und Hanhart[5] weisen ferner darauf hin, daß Rothaarige eine Disposition zu ganz bestimmten Formen von Tuberkulose haben und vielfach Minderwertigkeit in Form von gewissen Defekten der Psyche und der Sinnesorgane aufweisen. Dazu könnte man ferner noch das bekannte anormale Reagieren der Rothaarigen auf Lichtreize. Mir scheint, daß Rothaarige mehr zu Urticaria disponieren.

Der *Mongolenfleck vererbt sich* nach Ferreira[6] und Eyzaguirre[7] nach der Mendelschen Regel. Ein pigmentierter Fleck mit weißer und gelber Haarlocke erwies sich nach Pearson[8] durch 4 Generationen einfach dominant.

Auffallenderweise hat sich die Vererbungslehre bisher viel weniger mit der *Vererbung des Pigments beim Menschen* als derjenigen bei Tieren beschäftigt. Sehen wir von Besonderheiten ab — von der Vererbung des Mongolenflecks war schon die Rede —, so ist nach Günther[9] ,,in England und Dänemark wie in Deutschland eine Art geschlechtsgebundener Vererbung beobachtet worden: Daß nämlich in Mischgebieten mit nordischer Beimischung unter den Frauen mehr dunkle, unter den Männern mehr helle sind. Die Frauen scheinen so die dunklere Rasse des betreffenden Gebiets länger zu bewahren, die Männer mehr von der helleren Rasse im Erbvorgang an sich zu nehmen. Die Vererbung scheint also geschlechtsgebunden zu sein: Die Töchter eines Mischgeschlechts folgen mehr der dunkleren, die Söhne mehr der helleren Rasse." Bekanntlich ergeben sich bei Kreuzung verschiedenfarbiger Menschenrassen intermediäre Bastarde, was die Hautfarbe betrifft; der intermediäre Charakter vererbt sich dann weiter und spaltet sich nicht nach der Mendelschen Regel auf. Da bei Tieren bei nahverwandten Rassen meist die Mendelsche Regel Gültigkeit hat, bei Kreuzung weit

---

[1] Davenport, G. u. Ch.: Zitiert nach Jablonski auf S. 257. — Vgl. auch E. Pap: Z. Abstammgslehre **26**, 185—270 (1921).

[2] Jablonski, W.: Dtsch. med. Wschr. **46**, Nr 26, 708—711 (1920). — Vgl. auch S. Uscher: Biometrika (Lond.) **13**, 46—56 (1920).

[3] Frizzi: Anthropologie. Leipzig 1921.

[4] Bauer, J.: Die konstitutionellen Dispositionen zu inneren Krankheiten. 3. Aufl. Berlin 1924.

[5] Hanhart: Schweiz. med. Wschr. **1924**, Nr 30.

[6] Ferreira, Cl.: Arch. Méd. Enf. **25**, 23—24 (1922).

[7] Eyzaguirre, R.: Arch. Méd. Enf. **25**, 19—22 (1922).

[8] Pearson, K.: Biometrika (Lond.) **13**, 347—349 (1921).

[9] Günther: S. 213. Zitiert auf S. 256.

voneinander entfernten Arten oder Gattungen dagegen nicht aufspaltende intermediäre Bastarde entstehen, so würde das Verhalten der Menschenrassen bei der
Vererbung auf eine sehr entfernte Verwandtschaft derselben schließen lassen.
Nur in sehr seltenen Fällen kommt bei Kreuzung von Weißen und Schwarzen
statt des intermediären Mulatten der gescheckte, nach dem Mosaiktypus ver-
erbte „Elsterneger" zustande.

Experimentell konnte SCHULTZ[1] auf folgende Weise *Umfärbung* bei Säugetieren erzielen. Er zupfte dem Russenkaninchen (einer reinweißen Rasse mit
schwarzbraunen Ohren, Füßen, Schwanz und Nase) an einer Stelle die weißen
Haare aus. Wurde dann die Stelle der Kälte ausgesetzt, so wuchsen schwarze
Haare nach. Andere Faktoren als Kälte verursachten keine Farbänderung.
SCHULTZ glaubt, daß die Wirkung der Kälte keine direkte sei, sondern eine indirekte, indem sie latente Faktoren im Albino anrege. Der gleiche Versuch gelang
ihm später[2] am Russenmeerschweinchen; am schwarzen Thüringer Kaninchen
wuchsen gelbe Haare nach.

Den *Einfluß der Ernährung auf die Pigmentierung* hat FINDLAY[3] an Hühnern
und am Menschen untersucht. Schon in der Nebennierenrinde des Neugeborenen
fand er Lipochrom, nämlich Carotin und Xanthophyll, das später an Menge zunimmt, während Melanin hier erst beim $2^1/_2$ Jahre alten Kinde auftritt. Fütterte
er nun mit lipochromfreier Nahrung, nämlich poliertem Reis, so nahm das gelbe
Pigment der Nebenniere ab. Im Kriege trat nach RIEL[4] zuweilen beim Menschen
eine Melanose auf, deren Ätiologie man zuerst nicht erklären konnte, die aber dann
von HOFFMANN[4] auf den Genuß minderwertiger Fette und Öle zurückgeführt
wurde. VAN ORDT[4] wies zuerst auf Pigmentanhäufung infolge Einwirkung von
Kampfgasen, vor allem Gelbkreuzgas, hin.

Auf einen merkwürdigen *Farbwechsel beim Menschen nach Jahreszeiten*
macht HOEPKE[5] aufmerksam. Bei Ringelhaaren (mit abwechselnd lufthaltigen
und luftleeren Stellen) kann es vorkommen, daß im Sommer der Luftgehalt fehlt,
vielleicht auch das Pigment heller ist oder weniger entwickelt. Das Haar ist
dann im Sommer gleichmäßig blond, im Winter dagegen dunkel und weiß ge-
sprenkelt. HOEPKE glaubt, ohne einen Beweis dafür zu erbringen, daß der Farbwechsel durch eine Abnormität der inneren Sekretion des Hodens veranlaßt werde.

Was die *Wirkung des Lichtes auf die menschliche Haut* betrifft, so muß im
einzelnen hier auf die dermatologischen Bücher, vor allem auf das Lehrbuch
von JESIONEK verwiesen werden. Wenn wir den zusammenfassenden Arbeiten
von HAUSMANN[6] folgen, so wäre darüber folgendes zu sagen:

Alle Strahlen, etwa von 160 $\mu\mu$ bis 2000 $\mu\mu$ Wellenlänge, sind auf das Protoplasma der Zelle wirksam. Es haben nämlich alle diejenigen Strahlen nach dem
GROTTHUS-DRAPERschen Gesetz eine photobiologische Wirksamkeit, die absorbiert werden. Am intensivsten und allgemeinsten ist deshalb die Wirkung der
kurzwelligen (ultravioletten) Strahlen, da sie von allen unpigmentierten Geweben
verschluckt werden. Wenn Strahlen des langwelligen Spektrumendes oder gar
ultrarote Strahlen allgemein wirken sollen, so bedürfen sie einer weit höheren
Intensität. Im übrigen zeigt sich die Wirkung langwelliger Spektralstrahlen
am besten in ihrer Beeinflussung lichtabsorbierender Pigmente.

---
[1] SCHULTZ, W.: Arch. Entw.mechan. **47**, 43—75 (1920).
[2] SCHULTZ, W.: Arch. Entw.mechan. **51**, 337—382 (1922).
[3] FINDLAY, G. M.: J. of Path. **23**, 483—489 (1920).
[4] Zitiert nach W. SCHULTZE: D. prakt. Arzt **11**, H. 5—7 (1926).
[5] HOEPKE, H.: Anat. Anz. **54**, Erg.-Heft, 127—133 (1921).
[6] HAUSMANN, W.: Grundzüge der Lichtbiologie und Lichtpathologie. 8. Sonderband
zur „Strahlentherapie". Berlin-Wien: Urban & Schwarzenberg 1923 — Naturwiss. **11**,
H. 48—49, 954—958 (1923). — Vgl. auch L. PINCUSSEN: Erg. Physiol. **19**, 79 (1920).

Die Beeinflussung der menschlichen Haut durch Licht richtet sich nach dem Produkt aus Dauer und Intensität der Bestrahlung. Sie folgt also dem BUNSEN-ROSCOEschen Gesetz. Zwischen dem Beginn der Bestrahlung und ihrer sichtbaren Wirkung auf der Haut verstreicht eine Latenzzeit, welche um so kürzer ist, je intensiver die Bestrahlung ist. „Ihr Auftreten ist nicht unbedingt an die Lichtwirkung bestimmter Wellenlängen gebunden. Immerhin sind größere Latenzzeiten häufiger bei Einwirkung Lichtes kürzerer als von längerer Wellenlänge zu beobachten. Ein bekanntes Beispiel ist die sofort eintretende Rötung der menschlichen Haut nach Bestrahlung mit Wärmestrahlen, während das photochemische, auf ultraviolette Strahlen zurückzuführende Erythem erst nach einiger Zeit in Erscheinung tritt. Ultraviolette Strahlen bewirken die Lichtentzündung der menschlichen Haut, wie auch ganz allgemein die Entzündung rischer Gewebe durch kurzwelliges Licht zustande kommt [1,2,3]. Hierbei sind die wesentlichen Strahlenbezirke unterhalb der Wellenlänge von 360 $\mu\mu$ von Belang. Bei Bestrahlung mit isolierten Spektrallinien fand HAUSSER und VOHLE besonders die Linien zwischen $\lambda = 313$ bis $280\ \mu\mu$ wirksam" (aus HAUSMANN).

Neuerdings wurde gezeigt, daß stärkste und am längsten anhaltende Pigmentierung im Bereich von 302 bis 297 $\mu\mu$ erzielt wird. Sehr kurze Wellenlängen, etwa zwischen 265 und 254 $\mu\mu$ geben nur ein schwaches Erythem und nur nach sehr langer Belichtung eine schwache Pigmentierung. Ist die Haut bereits stark pigmentiert, so erfolgt auf Strahlen zwischen 302 und 297 $\mu\mu$ keine Erythembildung mehr. Nach ROLLIER verwandelt das Pigment als Transformator das kurzwellige Licht in längerwelliges.

Die *Rötung der Haut durch Bestrahlung*, das sog. *Lichterythem*, beruht bekanntlich auf einer Erweiterung der Hautcapillaren. Diese bleiben aber auch noch nach dem Verschwinden der eigentlichen Rötung monatelang ausgedehnt, und sie sind, namentlich durch Reiben der Haut, immer noch stärker reizbar als gewöhnlich.

„Durch Belichtung kann Pigmentbildung angeregt werden. Unter Umständen wird die Farbe des gebildeten Pigmentes von der Umgebungsfarbe weitgehend beeinflußt. Die Bildung des melanotischen Hautpigments erfolgt in denselben Spektralbezirken, durch die die Hautentzündung verursacht wird. Die Pigmentierung scheint nicht unbedingt an vorausgegangene Entzündung geknüpft zu sein. Natürliche Pigmente können unter physiologischen und pathologischen Bedingungen die Funktion haben, Lebewesen gegen Licht empfindlich zu machen. Im Gegensatz zu dieser *aktiven* Pigmentwirkung haben andererseits natürliche Pigmente oft die Aufgabe, tierische und pflanzliche Lebewesen gegen Lichtstrahlen aller Wellenlängen zu schützen (*Pigmentschutz*)." (Aus HAUSMANN).

Dem Hautpigment kommt auch bei *Aufnahme langwelliger Strahlen* eine wichtige Rolle zu. SCHULTZE[4] kommt auf Grund seiner Reflexionsbestimmungen an der menschlichen Haut zur Auffassung, „daß die Pigmentschicht regulierend wirkt bei der Aufnahme der langwelligen Strahlen, besonders im Gebiet des Gelbgrün und Orange, d. h. im Intensitätsmaximum der Zenitsonne. Hier wird

---

[1] In dieser allgemeinen Fassung ist dies nicht richtig, denn es gibt zahlreiche Gliedertiere, welche positiv oder negativ auf ultraviolettes Licht reagieren, ohne daß sie dabei Schädigungen zeigen. Das Auge vieler Arthopoden ist allerdings durch Fluorescenz gegen Ultraviolett geschützt; die Fluorescenz verwandelt die kurzwelligen Strahlen in längerwellige, und diese letzteren sind erst wirksam. BECHER hat aber gezeigt, daß das Auge mancher niederer Krebse, welche gleichfalls auf Ultraviolett reagieren, nicht fluoresciert.

[2] HESS, C. v.: Pflügers Arch. **174**, 245—281 (1919); **177**, 57—109 (1919); **185**, 281 bis 310 (1920). — ERHARD, H.: Zool. Jb., Abt. f. allg. Zool. u. Physiol. **39**, 65—82 (1921).

[3] BECHER, S.: Verh. dtsch. Zool. Ges. **28**, 52—55 (1922).

[4] SCHULTZE, W.: D. prakt. Arzt. **11**, H. 5—7 (1926).

das Pigment die Rolle eines Transformators spielen, indem es die eingestrahlte Energie in Hautwärme verwandelt, die durch bestimmte Änderungen an der pigmentierten Haut wieder leicht ausgestrahlt werden kann. Rothmann ist auf Grund seiner Blutzucker- und Blutdruckbestimmungen zu der Überzeugung gekommen, daß das Licht primär am Sympathicus angreift. Er vermutet, daß es an den oberflächlichsten Hautgefäßen zu einer Sympathicuslähmung kommt."

Die *Widerstandsfähigkeit der einzelnen Rassen, Krankheiten gegenüber*, ist bekanntlich eine sehr verschiedene, doch ist es fraglich, wie weit dabei das Pigment eine Rolle spielt. Im amerikanischen Bürgerkrieg erwies sich sowohl die weiße wie die schwarze Rasse Infektionskrankheiten gegenüber bedeutend widerstandsfähiger als die Mischlinge. Unter der „gelben Rasse" tritt Syphilis bei Chinesen stets sehr harmlos, bei Japanern und Malaien dagegen immer in schwerer Form auf, die Polynesier und Japaner sind für Scharlach unempfänglich (Ripley[1]). Bei Syphilis wäre allerdings zu untersuchen, wieweit die betreffenden Personen von Malaria befallen sind, da bekanntlich Malaria die Wirkung der Syphilis abschwächt. Für Europa liegen besonders eingehende Untersuchungen in England von Beddoe[2] vor. Nach Günther[3] ist das Ergebnis derselben folgendes: „In England zeigen im Stadtleben Kinder mit dunklen Farben eine größere Lebensfähigkeit als helle Kinder. Beddoe schließt daraus, daß sich bei dem Anwachsen der Städte die Zahlenverteilung der Rassen rasch zuungunsten der Nordrasse ändern werde. Die Blonden und Hellhäutigen führt das Stadtleben dem Rassentod entgegen. In Amerika hat man bei Blonden mehr Schwindsucht beobachtet, in England bei Dunkeln mehr Krebs. Das würde nach Beddoe das Verhältnis wieder zugunsten der Dunklen ändern: Die Schwindsüchtigen sterben oft, ehe sie Kinder gezeugt haben, die Krebsleidenden hingegen sind meist schon ältere Leute. Die nordische Rasse scheint der Malaria viel weniger zu widerstehen als die dunklen europäischen Rassen."

Auffallend ist, daß die meisten Städte, namentlich die Großstädte, eine dunklere Bevölkerung beherbergen als das umliegende Land, doch ist es sehr fraglich, ob man auch beim Menschen von einem „*Großstadtmelanismus*" sprechen darf. Besonders dunkler als ihre Umgebung sind nach Günther die Städte Aachen, Antwerpen, Breslau, Danzig, Erfurt, Köln, Liegnitz, Marburg a. d. Drau, Posen und Salzburg sowie wahrscheinlich die bayerischen Städte, nach Beddoe die Städte des Rheinlandes. Heller sind dagegen Bozen, Brünn, Görz, Iglau, Metz, Waidhofen und Wien. Wahrscheinlich ist ostische (in manchen Fällen vielleicht auch jüdische) Beimischung die Ursache der dunkleren Farbe.

Ebensowenig wie ein direkter Einfluß der Großstadt auf die Haut- und Haarfarbe des Menschen ist — in Analogie mit manchen Tieren (Reptilien) — ein *Einfluß der Luftfeuchtigkeit auf den Pigmentreichtum* des Menschen nachzuweisen. Man könnte ja versucht sein, die dunklere Haar- und Hautfarbe der Menschen in Moorgegenden darauf zurückzuführen. Die dunkleren Farben sind aber hier rein rassenbiologisch so zu erklären, daß die weniger tüchtige dunkle ostische Rasse jeweils von der hellen nordischen Rasse in die unfruchtbarsten Gebiete gedrängt wurde. Ich habe an den dunklen Bewohnern des Dachauer und Erdinger „Mooses" sowie der Chiemseemoore in Körperbau und Schädelform nicht nur ostische, sondern sogar mongolische Rassenmerkmale feststellen können. Noch vor 3 Jahrzehnten wurde in der Dachauer Gegend ein struppiges kleines Pferd gezogen, dessen Hufform ganz derjenigen der ehemaligen Ungarnpferde glich. Es ist deshalb anzunehmen, daß versprengte Haufen der Ungarneinfälle sich hier angesiedelt haben.

---

[1] Ripley: The Races of Europe. London 1910.
[2] Beddoe: The Races of Britain. London 1885.   [3] Günther: S. 139. Zitiert auf S. 256.

Es kann nicht Aufgabe dieser Zeilen sein, die *Pathologie des Pigments* beim Menschen eingehend zu erörtern. OBERNDORFER[1] hat die darüber erschienene neuere Literatur zusammengestellt. Dagegen seien einige für die Pigmentfrage im allgemeinen bedeutsame pathologische Fälle hier erwähnt.

Nach E. SALKOWSKY[2] gibt das aus Geschwülsten stammende Melanin dieselben Reaktionen wie Pepton; außerdem enthielt es aber noch Formaldehyd in sich und flüchtige Fettsäuren. Die Probe nach EHRLICH und ADAMKIEWICZ ergab Tryptophan im Melanin. Das normalen Lebern entnommene Melanin ist chemisch ganz verschieden vom pathologischen Melanin. Es ist in Alkohol löslich und wird durch Fäulnis zerstört. Ein Melanom aus der Pferdeleber gab nach COULON[3] die Dopareaktion, welche erst aufhörte, nachdem das Ferment durch 20 Minuten langes Kochen zerstört war. Auch HEUDORFER[4] wies im Pigment der ADDISONschen Krankheit Dopa nach, gibt aber an, daß hier die Reaktion nicht spezifisch sei, auch durch Brenzkatechin sich erzielen lasse und durch Kochen nur abgeschwächt werde, was BLOCH[5] bestreitet. BITTORF[6] behauptet, das Pigment beim ADDISON würde sowohl durch Dopaoxydase als auch durch Adrenalin gebildet.

Die Ursache der Pigmentierung bei der *ADDISONschen Krankheit* ist nach HEUDORFER darin zu suchen, daß durch die ausfallenden Nebennierenfunktionen ein Sinken des Blutdrucks verursacht wird; dadurch entsteht kompensatorisch ein Reiz zu gesteigerter Hauttätigkeit und damit zu Pigmentbildung.

Nicht zu verwechseln mit dem eigentlichen Melanin, das sich in vielen pathologischen Fällen — man denke vor allem an die Melanosarkome — findet, sind Farbstoffschollen, die bei manchen *Blutkrankheiten* entstehen. So treten z. B. nach Malaria tertiana große Pigmentmassen in Leber und Milz auf, welche nach SEYFARTH[7] wahrscheinlich „*Verdauungshämatin*" sind. Auch DOLLEY und GUTHRIE[8] fanden bei Vögeln und Säugetieren nach schweren Depressionszuständen solche sog. *Blutpigmente* im Herzmuskel abgelagert.

Aber auch die gewöhnlichen Pigmente nehmen bei *Depression* zu. DOLLEY und GUTHRIE wiesen in den Ganglienzellen erschöpfter Hühner und Säugetiere sowohl eine starke Ablagerung von Lipochrom (welches aus dem pflanzlichen Carotin der Nahrung bestehen soll), als auch von Melanin nach. Solche Depressionen bestehen in einer Funktionshemmung des Organismus, entstanden durch das Fehlen wesentlicher Lebensbedingungen wie Nahrung. Sauerstoff usw. Sie lassen sich experimentell durch Hitze und Morphium erzeugen.

Übrigens sind auch bei verschiedenen *akuten Krankheiten* nach FINDLAY[9] die Pigmente in manchen Organen vermehrt, so z. B. das Lipochrom (nicht aber das Melanin) in den Nebennieren. Bei chronischer Erkrankung sind hier die Lipochrome stark vermehrt und die Melanine sind dann sowohl in Rinde wie in Mark vorhanden. Hämolyse, Ikterus und viele andere Krankheiten beeinflussen das Verhalten der Pigmente vor allem auch in Milz, Leber und Niere[10]. Pigmentanomalien werden vor allem durch Lues, Morbus ADDISSON und Xeroderma

[1] OBERNDORFER, S.: Erg. Path. II **19**, 47—146 (1921).
[2] SALKOWSKY, E.: Virchows Arch. **228**, 468—475 (1920).
[3] COULON, A. DE: C. r. Soc. Biol. Paris **83**, 1451—1453 (1920).
[4] HEUDORFER, K.: Münch. med. Wschr. **68**, Nr 9, 266—267 (1921) — Arch. f. Dermat. **134**, 339—360 (1921).
[5] BLOCH, B.: Arch. f. Dermat. **136**, 231—244 (1921).
[6] BITTORF, A.: Dtsch. Arch. klin. Med. **136**, 314—322 (1921).
[7] SEYFARTH, C.: Zbl. Path. **31**, Erg.-Heft, 303—311 (1921).
[8] DOLLEY, D. H. u. F. V. GUTHRIE: J. Med. Res. **42**, 289—301 (1921).
[9] FINDLAY, G. M.: J. of Path. **23**, 483—489 (1920).
[10] LUZZATTO, A. M. u. ZANORANI, M.: Biochimica e Ter. sper. **8**, H. 10, 289—300 (1921).

pigmentosum erzeugt; das letztere kann sich bekanntlich zu einem Hautcarcinom entwickeln.

Wir haben schon davon gesprochen, daß sich beim Menschen im Alter in manchen Organen, vor allem dem Nervensystem[1] und dem Herzmuskel, Pigment, das sog. „Alterspigment", ablagert. Ob diese Erscheinung als pathologisch oder als normal aufzufassen sei, darüber gehen die·Anschauungen auseinander. Andererseits beobachtet man häufig, besonders bei dunkelhaarigen Menschen, daß auffallend spät ergrauende Personen mehr als andere zu Carcinom neigen. Damit soll natürlich nicht gesagt werden, daß direkte Beziehungen zwischen Pigmentstoffwechsel und Carcinom bestehen. Vielmehr scheint Pigmentanomalie sowohl als Carcinomdisposition Ausdruck einer Gesamtstoffwechselanomalie zu sein. Ähnlich scheint es mit der Neigung zu Tuberkulose bei Menschen mit pigmentarmer, alabasterartig durchsichtiger Haut zu sein.

Früher hat man übrigens dieses Pigment auch als *Reservestoff* gedeutet[2], während man es heute mit Cajal[3], Enriques[4], Schaffer[5], Obersteiner[6] u. a. allgemein für eine Alterserscheinung hält, wenngleich es in den Spinalganglienzellen des Kaninchens schon nach $2^1/_2$ Jahren auftritt[7].

Die sog. *Aufreibungstheorie* nimmt an, daß es der normale Ausdruck einer allmählichen Abnutzung der Gewebe sei; dagegen wendet sich aber Mühlmann[8] mit der Feststellung, daß bei Rechts- bzw. Linkshändigkeit „die mehr arbeitende Seite weniger Pigment hat". Nach seiner Auffassung, der u. a. auch Ribbert[9], Dolley[10], Athias[11] und Carrier[12] beigetreten sind, ist das bräunliche Pigment alter Ganglienzellen kein normales Stoffwechselprodukt, sondern ein Produkt der „pathologischen Physiologie", ja, es soll geradezu die Ursache des Todes und der Alterschwäche sein[13]. Mühlmann[14] (S. 378—379) faßt seine Lehre in folgende Worte zusammen: „Beim Menschen ist die Entwicklung von Fettkörperchen in den Nervenzellen als eine regelmäßige, vom 3. Lebensjahre an zu beobachtende Erscheinung festgestellt . . . Ich habe den Prozeß als einen degenerativen erklärt, als eine Modifikation der Fettmetamorphose, wie wir ihr in der Pathologie begegnen. Der Unterschied zwischen ihm und der echten Fettmetamorphose besteht darin, daß die Fettkörnchen in den menschlichen Nervenzellen an Pigment gebunden sind, daß sie sich in der Zelle des Erwachsenen nicht generalisieren, sondern vielmehr lokalisieren, und daß es schließlich hierbei nicht zur vollständigen Zerstörung der Zelle kommt. Den Prozeß der Fettpigmentbildung in den Nervenzellen zähle ich zu derjenigen Form der atrophischen Vorgänge im Organismus, welche normalerweise an andern Zellen und Geweben im Laufe des Lebens vom frühesten Alter an zur Beobachtung gelangen, wie z. B. die Keratinisation des Hautepithels, die Fettmetamorphose der Talgdrüsenepithelien, der Untergang der Eizellen, und welche ich zusammen unter dem Namen *nekroti-*

---

[1] Vgl. H. Erhard, Arch. Zellforschg **8**, 442—547 (1912).

[2] Obregia, A. u. S. Tatuses: C. r. Soc. Méd. Bukarest **1** (1898).

[3] Cajal, R. Y.: Textura del sistema nervioso del hombre y de los vertebrados **1**. Madrid 1899 — Histologie du système nerveux **1**. Paris: Maloine 1909.

[4] Enriques, P.: Riv. Science **2** (1909).

[5] Schaffer, J.: Sitzgsber. Akad. Wiss. Wien, Math.-naturwiss. Kl. III **105** (1896).

[6] Obersteiner, H.: Arb. neur. Inst. Wien **10** (1903); **11** (1904); **18** (1910).

[7] Mühlmann, M.: Anat. Anz. **19** (1901).

[8] Mühlmann, M.: Virchows Arch. **202** (1910).

[9] Ribbert: Zitiert nach Marchand auf S. 263.

[10] Dolley, D. H. u. F. V. Guthrie: J. Med. Res. **42**, 289—301 (1921).

[11] Athias, A.: Anatomia da cellula nervosa. Lisboa 1905.

[12] Carrier, M.: La cellule normale et pathologique. Paris: Masson 1904.

[13] Mühlmann, M.: Über die Ursachen des Alters. Wiesbaden: J. F. Bergmann 1901.

[14] Mühlmann, M.: Anat. Anz. **19** (1901).

sierende Atrophie gegenüber den zwei andern, gleichfalls normalerweise vorkommenden Atrophieformen, der plastischen und histogenetischen, vereinigte.
Alle drei Atrophieformen stellen unmittelbar Folgen des Wachstums dar, sind deshalb
vom ersten Lebenshauch, von der ersten Teilung der Zelle an zu beobachten,
und zwar so, daß zuerst die plastische, darauf die histogenetische und schließlich
die nekrotisierende Atrophie zustande kommt. Die Zeit des Auftretens jeder
Atrophieform ist in verschiedenen Zellen verschieden. Jede Atrophieform, sowohl
die plastische, als die histogenetische und die nekrotisierende, hat ihre Unter-
formen. Speziell für die Nervenzellen des Menschen stellt die Fettpigmentbildung
eben eine Unterform der nekrotisierenden Atrophie derselben dar."

OBERSTEINER unterscheidet im Nervensystem des Menschen ein hellgelbes
und ein dunkelbraunes Pigment. Das erstere nimmt im Alter zu, aber in manchen
Zellen, z. B. den PURKINJEschen Zellen und dem EDINGER-WESTPHALSchen Kern,
fehlt es oder fehlt es fast ganz bis ins hohe Alter. „Es besteht zum großen Teile
aus einem dem Fette nahestehenden Stoffe, und es darf wohl dieses hellgelbe Pigment mit Berechtigung als *Abfallprodukt des Stoffwechsels der Zelle* angesehen
werden, dessen Wegtransportierung, seiner chemischen Konstitution wegen,
Schwierigkeiten entstehen, so daß es im Zellkörper als Residuum deponiert
bleibt." (Aus OBERSTEINER 1910, 165.) Das dunkelbraune, dem Melanin ähnliche
Pigment tritt nach OBERSTEINER regelmäßig von einem bestimmten Lebensalter
im Gehirn des Menschen auf, nimmt aber dann, wenn es seine Ausbildung erreicht
hat, im höheren Alter nicht mehr zu. Seine Bedeutung ist OBERSTEINER rätselhaft.

MARCHAND[1] faßt die Ablagerung von braunem Pigment im Herzen und
Nervensystem als physiologische Alterserscheinung auf. Es sind „Schlacken ver-
brauchter Stoffe, die aber die Funktion der Teile nicht nachweislich stören."
Man ist also nicht berechtigt, das braune Pigment gar als die Ursache des Todes
anzugeben.

Die Erfahrungen der Kliniker bei der Behandlung der Tuberkulose haben
gelehrt, daß ein normaler *Abbau des Pigments* ebenso wichtig ist wie der Aufbau.
JESIONEK nimmt in seinem Lehrbuch bei Lichtbehandlung schon während des
Aufbaues gleichzeitig einen Abbau an; mit dem abgebauten Pigment wird dem
Körper ein Teil der Lichtenergie zugeführt.

Mit dem *Tode* des Menschen hört die Pigmentbildung ebensowenig wie etwa
das Haarwachstum auf. Bei Personen, welche an ADDISONscher Krankheit ge-
storben sind, entstehen noch weiter Pigmentvorstufen und schließlich Pigmente
in der Haut (HEUDORFER[2]). Leichen nach ADDISONscher Krankheit zeigten die
mit Hautbezirken in Verbindung stehenden Lymphdrüsen besonders pigment-
reich. Auch nach syphilitischem Leukoderm waren die Lymphdrüsen von Neger-
leichen pigmenterfüllt. Reich beladen sind bei menschlichen Leichen in der
Regel die Inguinaldrüsen mit Pigment. Dieses soll nach LIGNAC[3] aus der Haut
stammen und in den Lymphdrüsen zerstört werden[4].

---

[1] MARCHAND, F.: Arch. Entw.mechan. **51**, 256—283 (1922).

[2] HEUDORFER, K.: Arch. f. Dermat. **134**, 339—360 (1921).

[3] LIGNAC, G. O. E.: Zbl. Path. **32**, 201—205 (1921).

[4] Neuere zusammenfassende Arbeiten über Pigment beim Menschen: BIEDERMANN, W.:
Erg. Biol. **1**, 1—342 (1926); **3**, 354—540 (1927); **4**, 560—680 (1928). — DEJUST, L. H.: Bull.
Soc. Chim. biol. Paris **9**, 1165—1232 (1927). — UNNA, P. G. u. J. SCHUMACHER: Lebensvor-
gänge in der Haut des Menschen und der Tiere. Wien-Leipzig: F. Deuticke 1925.

Autotomie.

Von

WILHELM GOETSCH

München.

Mit 5 Abbildungen.

Zusammenfassende Darstellungen.

BARFURTH, D.: Regeneration und Transplantation. Wiesbaden 1917. — MORGAN, TH. H.: Regeneration. Deutsch v. Moszkowski. Leipzig 1907. — KORSCHELT, E.: Regeneration und Transplantation. Jena 1907; 2. Aufl. Berlin 1927. — PRZIBRAM, H.: Experimental-Zoologie. II. Regeneration. Leipzig u. Wien 1909. — RIGGENBACH, E.: Die Selbstverstümmelung der Tiere. Erg. Anat. **12** (1902). — DÜRKEN, B.: Lehrbuch der Experimental-Zoologie. Kap. 2. Berlin 1928. — SLOTOPOLSKY, B.: Beiträge zur Kenntnis der Verstümmelungs- und Regenerationsvorgänge am Lacertilierschwanz. Zool. Jb. **43** (1921/22).

Als Autotomie oder Selbstverstümmelung werden allgemein die Vorgänge bezeichnet, bei denen Teile des Körpers mehr oder weniger spontan losgelöst werden. Die Ursachen einer solchen Loslösung können ganz verschiedener Art sein. Zunächst kann es sich um normalphysiologische Vorgänge handeln, d. h. um die regelmäßige Ablösung von Körperbestandteilen, die durch bestimmte Organisation dazu befähigt sind. Derartige Vorgänge pflegen *nicht* als Autotomie bezeichnet zu werden, wenn es sich um periodisch wiederkehrende Erscheinungen handelt, wie Haar- und Federwechsel; doch gibt es zwischen ihnen und der echten Autotomie alle möglichen Übergänge. Die echte Autotomie, bei der spontan Teile des Körpers abgestoßen werden, kann bedingt werden durch Angriffe eines Feindes oder durch äußere widrige Umstände, und diese Formen der Selbstverstümmelung lassen sich allein als Schutzeinrichtungen bezeichnen. Andere Formen dagegen sind auf innere Ursachen zurückzuführen; solche Vorgänge berühren sich dann mit dem Gebiet der ungeschlechtlichen Fortpflanzung.

Aus einer solchen Feststellung ergeben sich von selbst 4 verschiedene Einteilungsgruppen, die jedoch nicht immer fest gegeneinander abgegrenzt werden können.

I. Übergangsglieder normalphysiologischer Erscheinungen zu wirklicher Autotomie.

Als Übergangsglieder normalphysiologischer Erscheinungen zu wirklicher Autotomie sind die Fälle anzusehen, bei denen in Angriff oder in Verteidigung gewisse Organe verloren gehen, um sofort wieder ersetzt zu werden. Bei den Cnidariern oder Nesseltieren, zu denen unter anderen unsere Süßwasserpolypen gehören, existieren bestimmt gebaute Nesselkapseln, die bei Annäherung einer Beute oder eines Feindes ausgeschleudert werden. Je nach ihrem Bau durchschlagen sie dann die Körperwand des Tieres, das sie im Vorbeischwimmen berührt haben (Penetranten) oder umwickeln dessen Körperanhänge (Volventen). In jedem Fall gehen diese Kapseln verloren, da sie von dem ergriffenen Tier herausgerissen werden: es kommt zu einer Ablösung von Körperbestandteilen, die bei den großen sog. Acontien der Actinien und den Wehrpolypen der Siphonophoren immerhin schon beträchtliche Ausmaße erreichen.

Ähnlich liegen die Verhältnisse bei den Echinodermen. Viele Seeigel und Seesterne besitzen auf ihrer Körperoberfläche eine große Anzahl kleiner Zangen, die sog. Pedicellarien, die durch besondere Muskeln geöffnet und geschlossen werden. Diese kleinen Zangen dienen in gleicher Weise wie die Nesselkapseln der Verteidigung sowohl wie dem Angriff; sie reagieren auf bestimmte Reize mit sofortigem Zuschnappen.

Je nach der Form verhalten sich die Pedicellarien verschieden; die, welche lediglich zum Packen der Beute dienen, werden nur passiv abgerissen. Andere Typen lösen sich jedoch regelmäßig ab, wenn sie ihre Wirksamkeit ausgeübt haben. Am besten untersucht sind die Verhältnisse bei den Giftpedicellarien von Echinocardium flavescens, einem irregulären Seeigel. Haben diese rotgefärbten Zangen ihre Beute gefaßt, so tritt ein sofort lähmendes Gift in die Wunde des Tieres; darauf kommt es zu einer regelmäßigen Ablösung an ganz bestimmter Stelle. An der Basis des Stiels der Pedicellarie findet sich eine präformierte Durchbruchsebene, an der die Loslösung erfolgt; und daß diese Loslösung nicht auf gewaltsame Weise vor sich geht, sondern durch bestimmte Vorgänge im Stielkörper selbst verursacht wird, lehren Experimente. Man kann durch Berühren mit einer Nadel oder durch Anspritzen mit Wasser den Nervenreiz auslösen, der die sofortige Lostrennung der Pedicellarien an der dazu bestimmten Stelle herbeiführt.

II. Echte Autotomie.

Eine solche Lostrennung von Körperteilen an bestimmter Stelle ist nun das Zeichen einer echten Autotomie, zu der es, wie man sieht, alle möglichen Übergänge gibt.

Die Echinodermen liefern noch eine Anzahl weiterer Fälle dafür, daß Körperteile autotomistisch abgelöst und wieder ersetzt werden. Die Seesterne brechen sehr leicht auseinander, wenn man sie an einem Arm in die Höhe hebt; besondere Muskelkontraktionen befördern dabei die Loslösung des ergriffenen Armes. Experimentelle Beeinflussung mechanischer, chemischer oder elektrischer Art kann denselben Erfolg haben. Auch bei den Schlangensternen (Ophiuriden) ist eine Lostrennung der Arme sowohl wie auch anderer Körperpartien (Dorsaldecke) gut zu beobachten, und Versuche haben gezeigt, daß die Autotomie häufig eine ultima ratio darstellt. Streift man einem Schlangenstern ein Stückchen Gummischlauch über den einen Arm, so versucht er zunächst durch schiebende Bewegungen die Behinderung zu entfernen; gelingt es ihm nicht, so wird der Arm autotomiert.

Es würde den Rahmen dieser Übersicht überschreiten, die Verhältnisse bei allen Echinodermen näher auszuführen; die Vorgänge bei manchen Holothurien müssen jedoch noch erwähnt werden. Reizt man gewisse Holothurienarten, so vermögen sie einen großen Teil ihrer Eingeweide loszulösen. Unter kräftigen Kontraktionen der Muskulatur reißt der Darm vorn unmittelbar nach dem Schlund und hinten unmittelbar an der Kloakenwand ab und wird nach außen geschleudert; die Stellen, an denen die Loslösung erfolgt, zeichnen sich häufig durch einen besonderen Gewebebau aus. Wie bei anderen automistischen Erscheinungen, geht von dieser Abrißstelle dann die Wiederherstellung des Verlorengegangenen vor sich.

Am besten studiert sind die Vorgänge der Selbstverstümmelung bei gewissen Arthropoden und einigen Wirbeltieren, bei denen sich durch Anordnung und Ausbildung der Skeletteile und Muskeln bestimmte Stellen geringerer Widerstandsfähigkeit ausgebildet haben — die sog. Bruchgelenke.

An einem Beispiel sollen diese Verhältnisse etwas näher erläutert werden. Die Ausbildung eines derartigen Bruchgelenkes zeigt die Abb. 47, die die beiden vorderen Brustbeine der Krabbe Carcinus maenas darstellt. Bei den Krabben sind die Baso- und Ischiopoditen der Thorakalfüße mit einander verschmolzen. An einer feinen Rille auf der Oberfläche dieses einheitlichen Schildes erkennt man aber die Stelle, an welcher das Bein abgebrochen wird. Die Rille ist dadurch hervorgerufen, daß an jener Stelle der Chitinpanzer nicht verkalkt ist. Zwei Membranen durchsetzen das Innere des Beines: eine festere in dem am Körper bleibenden Stummel, eine zartere in dem abgeworfenen Teil. Nur für Nerven, Arterie und Venen sind in den Membranen Durchbohrungen vorhanden. Beiderseits um die Trennungsnaht verläuft je eine leistenartige Verdickung des Panzers. Dazu kommt noch ein besonderer Muskel, der zwischen dem Streckmuskel des nächsten Gliedes und der durch die Naht laufenden Trennungsebene verläuft. Dieser Muskel kontrahiert sich auf Reiz, und indem er den distal gelegenen Teil des Beinskeletts zusammenzieht, verursacht er das Durchbrechen in der unverkalkten Naht. Er ist also ein regelrechter „Brechmuskel"[1].

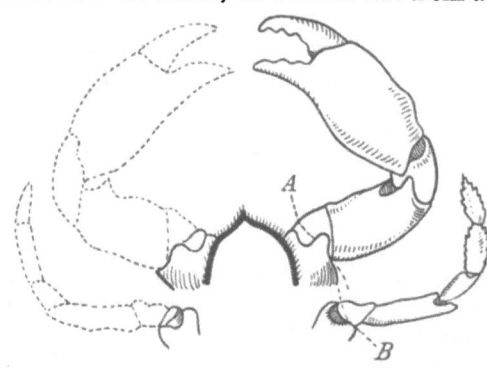

Abb. 47. Die beiden vordersten Brustbeine der Krabbe Carcinus maenas. Rechts die ganzen Beine, bei A und B durch die gestrichelte Linie die Bruchnaht angedeutet. Links nach Abwurf der punktiert angegebenen Beine. (Nach Fréдеricq).

Meist hängt beim Abbrechen das distale Ende noch mit dem verbleibenden Stummel zusammen, und die Krabbe drückt deshalb das Bein an den Rückenpanzer oder an irgendeinen anderen festen Gegenstand um es gänzlich abzuknicken. Häufig genügt zur Trennung aber schon die Tätigkeit des Brechmuskels, wie Wirén[2] und Frenzel[3] zeigen und Bethe[4] bestätigen konnte. „Zuerst reißen Nerv und Gefäße, wahrscheinlich durch eine in der Längsrichtung wirkende Zugbewegung, hierauf knickt der Brechmuskel den Beinpanzer, und wenn die Trennung unvollständig ist, vollendet ein Druck gegen den Cephalothorax die Separation"[5]. Bei diesem Trennungsakt geht infolge der Membran nur wenig Blut verloren, während sonst die Tiere, bei anderen Verletzungen, sehr leicht der Verblutung ausgesetzt sind.

Es scheint, daß die Weichteile immer vor dem Skelett zerrissen werden. Die Trennungsakte folgen sich jedoch so schnell, daß man sie einzeln gar nicht beobachten kann.

Selbstamputation findet auch statt, wenn man eine Krabbe mit mindestens zwei Beinen festbindet; sie wirft dann nach einiger Zeit an der prädisponierten Stelle die Gliedmaßen ab. „Diesen Selbstamputationsreflex kann man", wie

[1] Hesse-Doflein: Tierbau und Tierleben. 2. Aufl. S. 417.
[2] Wirén, A.: Selbstverstümmelung bei Carcinus maenas. Festschr. f. Lilljeborg. Upsala 1896.
[3] Frenzel, J.: Über Selbstverstümmelung. Pflügers Arch. **50**.
[4] Bethe, A.: Nervensystem von Carcinus maenas. Arch. mikrosk. Anat. **50**, 512 (1897).
[5] Riggenbach, E.: Selbstverstümmelung. Erg. Anat. **12**, 831—833 (1902).

BETHE[1] beschreibt, „auch hervorrufen, wenn man ein Bein zwischen dem ersten und dritten Glied abschneidet. Es wird dann der Stumpf bis zur prädisponierten, äußerlich gut erkennbaren Stelle abgeworfen."

Die spezielle morphologische Umbildung im Basoischiopodit befähigt die Krabbe zur Selbstverstümmlung, wie kaum ein anderes Tier. Der Vorgang ist so rasch, so leicht, daß eine bewußte Tätigkeit des Tieres von vornherein nicht angenommen werden kann. Trotzdem glaubt FRENZEL[2] annehmen zu müssen, daß das Autotomieren bei den Arthropoden ein Willensvorgang sei. FRÉDERICQS[3] Versuche haben jedoch gezeigt, daß es sich nur um reflektorische Akte handeln kann: denn geköpfte Tiere autotomieren wie unverletzte. Wird dagegen das Bauchmark zerstört, so geht die Fähigkeit der Selbstverstümmelung verloren. Das Reflexzentrum scheint demnach im Bauchmark zu liegen. „Damit Selbstamputation eintritt, muß sich der Reiz diesem, dem gemischten Nerv und dem Bewegungsnerv des Beines mitteilen. Nur wenn alle diese Teile des nervösen Apparates erregt sind, funktioniert der Brechmechanismus."[4]

Für Flußkrebse, Hummern und andere Macruren sind die Bedingungen der Autotomie ganz ähnlich wie bei den Krabben; nur sind dort die Bruchstellen am Ischiopodit kurz vor dessen Gelenkverbindung mit dem Basopodit, und die Muskeln dieser Teile spielen dann bei der Loslösung eine besondere Rolle.

Die Vorteile, welche den Krebsen aus dem Autotomievermögen erwachsen, sind nicht zu unterschätzen, und viele der Tiere vermögen sich zu retten, indem sie dem Feinde ein Bein opfern. Ferner ist bekannt, daß die Krebse oft schon bei geringfügigen Verletzungen verbluten. „Hauptsächlich sind aber die langen Beine Verwundungen ausgesetzt. Wenn diese nun, falls sie beschädigt werden, rechtzeitig vom Tiere amputiert werden, so ist jegliche Gefahr beseitigt, denn an der Amputationsnaht verhindern die Septen zu starken Blutverlust. Auch ist eine Infektion hier so gut wie ausgeschlossen."[4]

„Und wenn auch an einem Beine die Beschädigung nicht lebensgefährlich sein sollte, wäre es nicht vorteilhafter, für einige Zeit ein Glied gänzlich zu entbehren als es schwer beschädigt mit herumzuschleppen? Verletzte Beine nämlich regenerieren, soviel man weiß, nicht, amputierte dagegen werden bald durch neue ersetzt (WIRÉN[5]). Eine kleine Papille erscheint am Stummel, sie wächst in kurzer Zeit zu einer Appendix aus, die von einer cuticularen Membran umhüllt wird. Nunmehr treten Einschnürungen auf und zeigen die Bildung der Fußglieder an. Mit der ersten Häutung, die der Verstümmelung folgt, wird der neue Fuß bereits frei. Wenn auch noch beträchtlich kleiner, so gleicht er dann doch schon den normalen Gliedmaßen. Mit jeder Häutung nimmt er an Umfang zu, bis er zur normalen Größe gelangt ist."[4]

Außer bei den Krebsen konnte eine ganze Reihe von Beobachtern (FRÉDERICQ, BORDAGE, ANDREWS, GODELMANN u. a.) bei verschiedenen Insekten, besonders bei Gradflüglern, an der Basis der Extremitäten Einrichtungen feststellen, welche deren Ablösung erleichtern. „Eine solche Vorrichtung kann z. B. darin bestehen, daß ganz in der Nähe des proximalen Endes der Gliedmaßen eine dünne Stelle Chitinhaut vorhanden ist, die unter Umständen ringförmig um das Glied herumläuft und das Abbrechen an dieser Stelle erleichtert. Der Ring kann sich auch wohl als Furche vertiefen, zumal wenn er die Grenze zwischen Schenkelring und Oberschenkel darstellt. Erleichtert kann die Ablösung des Gliedes noch dadurch wer-

---

[1] BETHE, A.: Zitiert auf S. 266.   [2] FRENZEL, J.: Zitiert auf S. 266.
[3] FRÉDERICQ, L.: Amputation des pattes par mouvement réflexe. Arch. de Biol. **3**, 235—240 (1881) — Nouvelles récherches sur l'autotomie. Traveaux du laboratoire de L. Frédericq IV.
[4] RIGGENBACH, E.: Zitiert auf S. 266.   [5] WIRÉN, A.: Zitiert auf S. 266.

den, daß vom Hüftglied und Schenkelring keine Muskeln in den Femur sich erstrecken, wie dies die Abb. 48 von einer Phasmide zeigt. Durch alles dies kommt hier ein Locus minoris resistentiae zustande, durch welchen die Möglichkeit der Autotomie sehr befördert wird"[1] (Bordage, Godelmann).

Bei den Tracheaten leistet die Autotomie neben der Schutzfunktion häufig noch andere Dienste: Bordage[2] hat beobachtet, daß von 100 Phasmiden nur 69 unverletzt aus der Häutung hervorgingen. 9 verloren das Leben, 22 vermochten sich jedoch durch Preisgeben der in der alten Haut steckengebliebenen Glieder am Leben zu erhalten, so daß diese „Autotomie exuviale" hier eine wesentliche Rolle beim Häutungsvorgang spielt.

Abb. 48. Bein einer Phasmide (Monandroptera) mit den Muskeln, die in Sehnen übergehen und sich durch diese am Chitin festheften. *r—r* Rinne an der Tibia, an welcher das Durchbrechen erfolgt (= Bruchgelenk); *C* = Coxa ⧸ (Hüftgelenk); *T* = Trochanter (Schenkelring); *F* = Femur; *Ti* = Tibia; *Ta* = Tarsus. (Nach Bordage.)

Außer den hier angeführten Fällen wurde Autotomie noch bei einer ganzen Anzahl anderer Arthropoden beschrieben; einen Überblick darüber geben die eingangs angeführten Arbeiten. So sind z. B. bei vielen Spinnentieren präformierte Bruchgelenke vorhanden. Die Weberknechte (Phalangiden) haben schon früh die Aufmerksamkeit auf diese Verhältnisse gelenkt, da die abgetrennten Beine noch lange Zeit zuckende Bewegungen ausführen. Die Tiere tragen daher auch ihre volkstümlichen Namen, da man die rhythmischen Zuckungen der autotomierten Beine mit den Bewegungen mancher Handwerker verglich.

Ähnlich wie bei den Krebsen besteht bei den Spinnen eine das Loslösen der Extremität befördernde Vorrichtung. Sie stellt sich hier dar als ein weit in das Innere vorspringender Chitinfortsatz, der mit Hilfe des als Brechmuskel wirkenden Oberschenkelbeugers im Augenblick der Autotomie an die Oberseite des Trochanters herangedrückt wird und dadurch die Weichteile des Beins zerschneidet. Darauf erfolgt in einem Ring, der um den ganzen Trochanter herumläuft und einer Stelle von geringerer Widerstandsfähigkeit entspricht, die Abschnürung des Beins.

Kürzlich hat Rabaud[3] auch bei Bienen, denen im allgemeinen die Fähigkeit der Selbstverstümmelung fehlt, eine besondere Art der Autotomie beschrieben. Faßt man eine Biene oder Hummel an einem Bein an und hält sie fest, so dreht sie sich herum, bis durch die Drehung das Bein abreißt. Ob hier wirklich eine besondere Form der Autotomie vorliegt, bedarf noch weiterer Feststellungen.

Als autotomistischer Vorgang ist endlich auch das Abwerfen der Flügel bei den Geschlechtstieren staatenbildender Insekten aufzufassen, obwohl es sich hier nicht um eine Schutzeinrichtung handelt. Nach der Befruchtung, die in der Luft zu geschehen pflegt, fallen die Ameisenweibchen zu Boden und entledigen sich durch Hin- und Herbewegen des Körpers der Flügel, die an bestimmten Stellen leicht abbrechen. Den Königinnen, die in oder auf dem Nest begattet werden und dem eigenen Staat erhalten bleiben, sind die Arbeiterinnen bei dieser Selbstverstümmelung behilflich. Man nimmt im allgemeinen an, daß die präformierte Bruchstelle erst nach der Befruchtung gebildet wird; unbefruchtete

[1] Korschelt, E.: Regeneration S. 53.
[2] Bordage, E. M.: Regeneration des membres chez les mantides etc. C. r. Acad. Sci. Paris **128** (1889) — Phénomènes d'autotomie. Ebenda. 1897, 210 u. 378.
[3] Rabaud, E.: L'autotomic par torsion. C. r. Soc. Biol. Paris **89**.

Weibchen sollen sich zwar auch die Flügel nach und nach abwetzen, aber niemals so glatt abbrechen können, wie es die befruchteten Tiere tun.

Diese Angaben bedürfen indessen der Korrektur. Eigene Beobachtungen an Weibchen verschiedener Messor- und Myrmica-Arten zeigten nämlich, daß manchmal auch im künstlichen Nest geborene, ohne Anwesenheit von Männchen aufgezogene Königinnen die Flügel in derselben Weise abwerfen wie befruchtete Tiere; und daß bei befruchteten Exemplaren wiederum die Flügel häufig nicht mit der Exaktheit autotomieren, wie dies bei Formiciden (z. B. Camponotus) stets der Fall ist. Allem Anschein nach ist bei den Myrmiciden auch darin ein primitiverer Zustand zu beobachten.

Bei den Termiten brechen sowohl beim Männchen wie beim Weibchen nach erfolgter Kopulation an ganz bestimmter Stelle die Flügel ab, ehe die künftigen Gatten, nach eigenartiger förmlicher „Verlobungszeit", zum Nestbau schreiten[1].

Bei fast allen Arthropoden ist ein gewaltsames Abtrennen der Glieder viel schwerer auszuführen als echte Autotomie. Belastet man z. B. das Bein einer toten Gespenstheuschrecke (Phasmide), deren ganzer Körper 3 g wiegt, so reißt es erst, wenn 187 g an ihm ziehen, und zwar nicht an der Bruchnaht, sondern zwischen Hüfte und Thorax; die Autotomie erfolgt jedoch bei ganz geringen Reizen.

Im Anschluß an die Vorgänge der Autotomie bei Arthropoden sei noch einer Erscheinung gedacht, bei der zum Schutz des Tieres ebenfalls Körperbestandteile freiwillig abgegeben werden: Es ist das Blutspritzen (Autohämorrhöe). „Die Abgabe von Blut an verschiedenen Stellen des Körpers und anscheinend auf ganz verschiedenem Wege ist bei einer großen Zahl von höher und niederstehenden Insekten, zuletzt von Koncek bei Apterygoten beschrieben worden. Der Blutaustritt kann z. B. aus den Femurtibialgelenken erfolgen, wie es von Coccinella, Melöe, Lytta u. a. behauptet wird." Auch bei verschiedenen Hymenopteren, Dipteren, Hemipteren und Orthopteren sind ähnliche Vorgänge beobachtet worden. Das Blutspritzen kann durch vorgebildete Rißstellen erfolgen, die gewissermaßen einen Verschlußapparat gegen die Leibeshöhle vorstellen. Meist handelt es sich um eine dünne, oft von einem Chitinring verstärkte Membran, welche, dem Blutdruck folgend, in einem mittleren Spalt aufreißt und sich dann durch Zusammenlegen wieder schließt.

Ob alle als Autohämorrhöe beschriebenen Vorgänge sich ähnlich vollziehen, ist noch ungewiß; in manchen Fällen mag es sich auch um Drüsensekrete handeln, die dann natürlich nicht den Autotomieerscheinungen anzuschließen wären.

Das bekannteste Beispiel für Autotomie bei Wirbeltieren ist der sich loslösende Eidechsenschwanz. Da diese Erscheinung am bekanntesten sein dürfte, soll auf sie etwas ausführlicher eingegangen werden.

Frédericq[2] untersuchte als erster genauer die Bedingungen, unter denen bei Lacertiliern der Abwurf des Schwanzes erfolgt. Als Material diente ihm zunächst die Blindschleiche (Anguis fragilis). Um zu sehen, wie stark die Zugwirkung sein muß, die ein passives Abreißen der Extremität bewirkt, hängte er an den Schwanz einer Blindschleiche Gewichte an, bis sich der Schwanz löste; es war dies erst bei einer Zugwirkung von 490 g der Fall. Da das Tier 19 g gewogen hatte, betrug der zum Schwanzverlust notwendige Zug das 25fache des Körpergewichtes. Beim lebenden Tier erfolgt die Ruptur jedoch auch dann, wenn man die Schleiche am Schwanz emporhebt und diesen drückt oder verletzt. Es löst sich dann proximal von der gefaßten Stelle die Extremität vom Rumpf, und diese Prozedur ließ sich an ein und demselben Tier mehrmals wiederholen. Unmittelbar vor der

---

[1] Escherich: Die Termiten S. 33.
[2] Frédericq, L.: L'autotomie ou la mutilation active. Bull. Acad. Med. Belg. **26** (1893).

Ruptur waren dabei stets „mouvements de latralité" zu beobachten, d. h. charakteristische S-förmige Krümmungen des Schwanzes, die auch bei anderen Lacertiliern beobachtet wurden.

Bei einer frei herunterhängenden Blindschleiche wirkt natürlich nur das eigene Körpergewicht als Zug, und wenn auch durch die Bewegungen, welche das Tier bei seinen Befreiungsversuchen ausführt, das eigene der Zug des Körpergewichts verstärkt wird, so kann trotzdem nicht die Zugwirkung erreicht werden, die zu einem Abreißen nötig ist. Um ein passives Ausreißen kann es sich also nicht handeln.

Ähnliche Versuche machte Frenzel[1] an großen amerikanischen Echsen. Er versuchte einer toten Iguana ihren ca. 8 cm dicken Schwanz zu zerreißen, sah aber, daß seine Kraft hierzu nicht ausreichte, „und daß es ebenso schwer war, als eins der Beine zu zerreißen. Dennoch aber läßt eine Iguana niemals ein festgehaltenes Bein, stets dagegen den Schwanz zurück. Die Zugkraft müßte in diesem Falle eine ganz außerordentliche sein und fast einer Menschenkraft gleich kommen. Dagegen widerspricht aber jede Erfahrung"; denn wenn eine frischgefangene Iguana an einem Hinterbein festgehalten wurde, so zerrte sie zwar gewaltig, um zu entkommen, vermochte aber natürlich niemals das Bein auszureißen; am Schwanze festgehalten, entfloh die Echse dagegen mit einer fast spielenden Leichtigkeit, ohne daß bei der Ruptur irgendein wahrnehmbarer Ruck ausgeübt wurde.

Die Versuche von Frédericq wurden von Contejean[2] bestätigt; auch seine Experimente zeigten, daß die Zugkraft allein nicht genügte, um ein Ausreißen des Schwanzes zu erzielen.

Da demnach eine große Kraft nötig ist, um den Schwanz passiv zu zerreißen, so kann es sich bei dem Abwurf des Lacertilierschwanzes nicht um eine passive Verstümmelung handeln, sondern es liegt eine aktive Verstümmelung vor; d. h. das Tier wirft ihn durch besondere Muskelkontraktionen selbst ab.

Slotopolsky[3], der neuerdings die Verstümmelungs- und Regenerationsvorgänge am Lacertilierschwanze einer genauen Untersuchung unterzog, kritisiert die Annahmen der genannten Autoren und weist mit Recht auf eine Anzahl Unstimmigkeiten hin. Er beanstandet zunächst die von Frédericq aufgestellte Definition der Autotomie; sofern nämlich bei einer Verstümmelung eine Muskeltätigkeit des Tieres erfolgt, muß sie, damit man von Autotomie sprechen kann, besonders geartet sein und sich an dem zu verstümmelnden Körperteil selbst abspielen; dieser muß wirklich abgeworfen werden. Es geht nicht an, mit Frédericq als „Autotomie" das Phänomen zu bezeichnen, daß ein am Schwanze gefaßter wilder Vogel heftig zerrend einige Federn in unserer Hand zurückläßt, oder wie Frenzel es tut, ohne weiteres von Autotomie zu sprechen, wenn eine am Schwanzende gepackte Haselmaus entfliehend ein Stück ihrer Schwanzhaut freigibt"[4].

Ferner wird nach Slotopolsky die aktive Natur der Schwanzverstümmelung unter natürlichen Verhältnissen dadurch nicht bewiesen, daß bei der Blindschleiche zum passiven Zerreißen das 25fache Gewicht des Körpers notwendig ist; denn man müßte erst einmal die maximale Zugkraft der lebenden Blindschleiche kennen, um sie mit dem obigen Werte vergleichen zu können, während das Körpergewicht hier vollkommen irrelevant ist.

---

[1] Frenzel, J.: Zitiert auf S. 266.
[2] Contejean, Ch.: Sur l'autotomie. C. r. Acad. Sci. Paris **61** (1890).
[3] Slotopolsky, B.: Verstümmelungs- und Regenerationsvorgänge. Zool. Jb. **43**, 219 (1921).
[4] Slotopolsky, B.: Verstümmelungs- und Regenerationsvorgänge. Zool. Jb. **43**, 224 (1921).

Um eine Vorstellung über die maximale Zugkraft der Versuchstiere (Lacerta muralis) zu erhalten, befestigte SLOTOPOLSKY an den Rücken der in einem Laufkäfig befindlichen Tiere mittels Heftpflaster einen Faden mit anhängender Gewichtsschale; der Faden wurde dann über eine Rolle geführt und die Schale so lange belastet, daß das Tier gerade noch das Gleichgewicht zu halten vermochte Die gefundenen Werte waren recht schwankend und betrugen zwischen 55 und 110 g; sie blieben aber durchaus hinter dem Zug zurück, der notwendig ist, um den Schwanz einer toten Mauereidechse zu zerreißen. Da auch bei solch geringerem Zug eine Verstümmelung eintrat, so mußte es sich in diesen Fällen um eine echte Autotomie handeln; der Schwanz konnte nur infolge aktiver Muskelspannung abgestoßen worden sein.

Ist nun aber jede in der Natur vorkommende Schwanzverstümmelung als echte aktive Autotomie aufzufassen? SLOTOPOLSKY verneint diese Frage, da er zeigen konnte, daß auch bei toten Eidechsen ein Schwanzverlust eintritt, wenn man die gleichen mechanischen Bedingungen anwendet, wie sie beim lebenden Tiere herrschen, d. h. unter gleichzeitigem Druck eine Zugwirkung ausübt, die an sich nicht genügen würde, den Schwanz auszureißen. Wenn der Druck so stark gestaltet würde, wie ein Mensch oder eine Katze oder eine Schlange eine verfolgte Echse anpackt, so löst sich auch der Schwanz eines toten Tieres. Der wesentliche mechanische Faktor scheint also weniger der Zug als vielmehr der gleichzeitige Druck zu sein.

SLOTOPOLSKY kommt infolgedessen zu dem Schluß, daß nicht *jeder* Schwanzverlust einer Eidechse als aktive Autotomie infolge plötzlicher Muskelkontraktion aufzufassen ist, sondern daß es sich oftmals nur um eine passive Ruptur handelt. Es liegt dies daran, daß der Eidechsenschwanz ziemlich brüchig ist, und besonders an bestimmten Stellen der Wirbel stets eine zum Bruch präformierte Stelle besitzt; präformierte Bruchstelle und Locus minoris resistentiae fallen hier zusammen.

Um sich in echter, mit aktiver Muskelbewegung verbundener Autotomie lösen zu können, muß der Schwanz an zwei Stellen fixiert sein: einmal am Becken, und zweitens irgendwo weiter hinten. Fehlt der zweite Fixierungspunkt, so kann die Loslösung nicht erfolgen; an einem frei flottierenden Schwanz ist Autotomie nicht möglich.

Findet der Eidechsenschwanz jedoch noch außer der Befestigung am Becken einen zweiten Fixierungspunkt, so krümmt er sich zwischen diesen beiden Punkten S-förmig, und bricht dann an den präformierten Stellen durch.

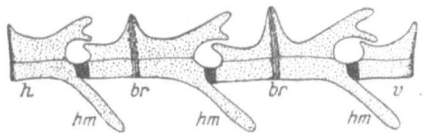

Abb. 49. 2 vollständige und 2 zerbrochene Schwanzwirbel einer Eidechse (Lacerta muralis). Die vollständigen Wirbel mit präformierten Bruchspalten (*br*). Hinterer und vorderer Wirbel in der Bruchspalte abgebrochen. *Hm* = Haemophysen. (Nach SLOTOPOLSKY).

Diese präformierten Stellen liegen, wie schon länger bekannt, nicht *zwischen* den einzelnen, sehr langen Wirbeln, sondern in deren *Mitte* (Abb. 49). Sie werden dadurch gebildet, daß dort eine quere Spalte vorhanden ist, die den Wirbel nicht ganz durchsetzt, und die beiden Spalthälften werden durch einen stellenweise durchbrochenen peripheren Knorpelring und durch isolierte Knochenstücke verbunden, so daß bei jeder Ruptur immer Knorpel mit verletzt werden muß. Auch die Querfortsätze sind gespalten, und der Wirbelbogen erhebt sich an der Teilungsstelle zu einem sekundären, gespaltenen Dornfortsatz; der Schwanz bricht stets zwischen den beiden Zacken der Querfortsätze und des sekundären Dornfortsatzes (Abb. 49).

Die Querteilung der Wirbel beginnt nicht, wie man bisher annahm, konstant am 7. Wirbel, wenigstens nicht bei den einheimischen Eidechsen. Die Verhältnisse variieren vielmehr sehr. Die Regel scheint ein Beginn am 6. Schwanzwirbel zu sein, doch kann auch schon der 5. Wirbel eine Spaltung aufweisen.

Ob die Vorgänge bei der aktiven Loslösung des Eidechsenschwanzes als einfacher Reflex aufzufassen oder aber vom zentralen Nervensystem des Hirns abhängig sind, darüber läßt sich mit Bestimmtheit nichts aussagen; besonders deshalb nicht, weil die Versuchsergebnisse der Autoren auseinandergehen. Frédericq[1] und Contejean[2] geben an, daß die Abwurfseinrichtung nicht dem Einfluß des Gehirns unterliegt, da auch geköpfte oder in der Mitte durchgeschnittene Tiere ganz wie normale Exemplare die Selbstverstümmelung vollziehen. Da der hemmende Reiz des Hirns fehlt, sollte die Autotomie sogar noch prompter erfolgen. Slotopolsky konnte jedoch an dekapitierten Tieren keine Loslösung des Schwanzes feststellen.

Der abgelöste Schwanz wird bei den Eidechsen ebenso wie die autotomierten Glieder bei den Arthropoden durch regenerative Prozesse wieder neugebildet. Er tritt jedoch stets nur als einfacher Knorpelstab auf, oft mit mancherlei

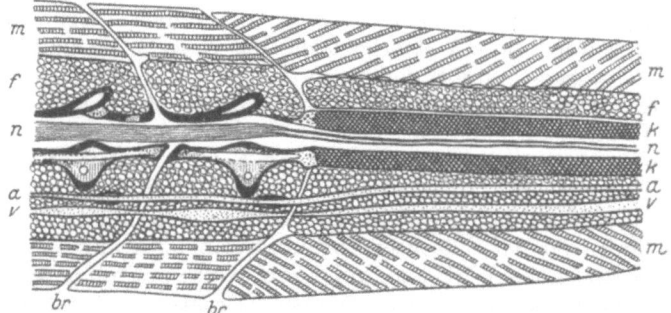

Abb. 50. Sagittalschnitt durch das Hinterende von einem Gecko (Hemidactylus flaviviridis) mit Regeneration. a = Schwanzarterie; br = Bruchstellen; f = Fettgewebe; k = Knorpelrohr (regeneriert); m = Muskulatur; n = Rückenmark, links innerhalb der beiden normalen Schwanzwirbel, rechts innerhalb des neugebildeten Knorpelrohrs; v = Schwanzvene. (Nach Woodland, aus Korschelt.)

Deformationen[3]. Eigentliche Wirbel werden nicht wieder gebildet; daher können auch regenerierte Schwanzteile nicht zum zweiten Male autotomiert werden. Jedoch können Reize, die auf das Regenerat wirken, eine neue Autotomie an Stellen auslösen, die noch echte Wirbel enthalten.

Ganz ähnlich wie bei den echten Lacerten liegen nach Woodland die Verhältnisse beim Gecko (Hemidactylus flaviviridis). Auch bei ihm erfolgt die Autotomie nur bei Reizung des Schwanzes selbst. Die Einrichtung zur Autotomie beginnt ein Stück hinter der Schwanzbasis und erstreckt sich über 30 Segmente (Abb. 50). „Die präformierten Bruchstellen durchsetzen in Form hyaliner Septen die ganze Dicke des Schwanzes; sie fallen mit den Ligamenta intermuscularia zusammen und gehen durch die Mitte der Wirbelkörper. Die Autotomie wird durch die Kontraktion der Beugemuskeln des Schwanzes bewirkt; zu Blutungen kommt es dabei kaum. Der regenerierte Schwanz hat weder äußerlich noch innerlich irgendeine Segmentierung; das Skelett besteht, wie bei Lacerta, aus einem hohlen, ungegliederten Knorpelstab, der in seinem Innern das regenerierte Rückenmark und Blutgefäße einschließt. Die oberflächlichen und inneren Schichten dieser Knorpelröhre verkalken. Künstliche Durchtrennung der unsegmentierten Schwanzbasis kann ebenfalls zur Regeneration führen"[1].

---

[1] Frédericq, L.: Zitiert auf S. 269.   [2] Contejean, Ch.: Zitiert auf S. 270.
[3] Goetsch, W.: Tierkonstruktionen 1924.

Die losgelösten Schwanzteile sind, wie bereits erwähnt, noch lange Zeit beweglich; ich konnte in einem Fall feststellen[1], daß der Schwanz einer Smaragdeidechse noch nach beinahe einer Stunde auf Reize reagierte. Diese Beweglichkeit des abgelösten Gliedes trägt wesentlich mit zur Zweckmäßigkeit der autotomischen Vorgänge bei; während der Feind den herumzappelnden Schwanz fängt und verschlingt, vermag sich die schwanzlose Eidechse zu retten.

Anderen Wirbeltieren scheint die Fähigkeit der Autotomie zu fehlen; doch nimmt eine neue Arbeit von SUMNER und COLLINS[2] die schon von FRÉDÉRICQ und HENNEBERG angegebene Erfahrung wieder auf, daß bei manchen Mäusen die Schwanzhaut sich sehr leicht ablöst, wenn man die Tiere daran ergreift. Bei den Versuchstieren der amerikanischen Forscher (Taschenmäuse der Gattung Peragnathus) handelt es sich jedoch nicht nur darum, daß die Tiere einen Teil ihrer Haut einbüßten; sie lassen vielmehr, ebenso wie die Eidechsen, ein ganzes Stück des kompletten Schwanzes zurück. Auf wirbelnde Bewegungen des ganzen Körpers sollen die Schwänze plötzlich abbrechen, „daß man sich verwundert fragt, wie es geschehen konnte".

Bei den Bilchen (Myoxiden) wird ebenfalls eine Art von Autotomie beschrieben, indem die Haut des Schwanzes bei rauhem Angriff leicht durchreißt und kappenförmig abgestoßen werden kann, während der Bilch mit blutigem Stumpf entflieht. Die nackte Schwanzspitze wird dann von dem Tiere abgenagt oder abgestoßen, worauf eine gewisse Regulation des Schwanzendes eintritt. THOMAS spricht dabei direkt von Regeneration; doch werden keine Wirbel neugebildet, sondern nur ein stielförmiger verknöcherter Fortsatz an den abgebrochenen Wirbeln. Daß es sich um eine Ausbildung einer abschließenden Schwanzspitze handelt, beweist die Behaarung; die typischen Schwanzbuschen (von Graphiurus) und die zwiefache Farbe (bei Eliomys) kann nämlich wiederhergestellt werden.

Es scheint demnach nicht ausgeschlossen, daß auch bei Säugern autotomische Erscheinungen in Verbindung mit Regeneration weiter verbreitet sind als man glauben möchte. Neue Untersuchungen wären daher sehr erwünscht, doch dürfte die Auffindung eines geeigneten Materials vom Zufall abhängen. Vorversuche, die ich an Gartenschläfern zur Klarstellung der strittigen Punkte unternahm, lieferten bisher keine positiven Ergebnisse.

Bei den Mollusken finden sich Vorgänge autotomistischer Art, die wegen ihrer Besonderheiten Erwähnung verdienen.

Manche Tintenfische haben den einen ihrer Arme als Begattungsorgan ausgebildet, mit einem als Penis dienenden fadenförmigen Ende und einem dorthin führenden Samenkanal. Dazu kommt dann noch zur Zeit der Begattung ein die Spermatophoren enthaltendes Säckchen, entstanden aus der Hülle, die sonst den ganzen Arm umschließt. Dieser Arm wird während der Begattung in die Mantelhöhle des Weibchens eingeführt und löst sich dabei ab. Bei manchen Tintenfischen (Argonauta u. a.) kann man dann im Weibchen häufig 1—4 derartige Arme antreffen, die in der Mantelhöhle noch längere Zeit beweglich bleiben und deshalb früher als selbständige Tiere angesehen und beschrieben wurden (Hectocotylus). Dieser abgelöste Hectocotylusarm soll sogar die Fähigkeit besitzen, schon vor den Liebeskämpfen der Tintenfische sich abzulösen und als ein „Penis auf Reisen" selbständig ein Weibchen aufzusuchen, in dessen Mantelhöhle er eindringt. Welche Vorgänge diese spontane Loslösung bedingen, ist noch nicht bekannt.

Unter den Schnecken beanspruchen vor allem die Nudibranchier Beachtung; es sind dies Tiere, die weder Mantel noch Schale besitzen und daher ganz schutz-

---

[1] GOETSCH, W.: Zitiert auf S. 272.
[2] SUMNER, F. B. and H. H. COLLINS: Autotomy of the tail of Rodents. Biol. Bull. Mar. biol. Labor. Wood's Hole **34** (1918).

los sind. Uns interessieren vor allem die Gattungen Aeolis und Tethys. Sie besitzen eigentümliche Körperanhänge, die als Kiemen funktionieren, und diese Körperanhänge lösen sich außerordentlich leicht ab. Es genügt, die Schnecke an ihnen anzufassen, um mit Sicherheit die Ablösung herbeizuführen.

Die Loslösung folgt dem Reiz unmittelbar nach, sofern es sich um gesunde Tiere handelt; eine Wunde ist dabei nicht wahrzunehmen, so daß man den Eindruck hat, als seien die Papillen überhaupt Fremdkörper gewesen, die mit dem Tiere gar nicht verwachsen waren. Da die abgelösten Papillen oft noch lange Zeit beweglich bleiben, wurden sie sogar für eigene Organismen gehalten; für Parasiten oder die äußerliche Brut der Schnecke.

Bei kranken Aeolidiern geht die Loslösung der Anhänge nicht in der exakten Weise vor sich, ein Zeichen dafür, daß es sich nicht um passives Abreißen, sondern eine aktive Tätigkeit der Schnecke handelt; wie der eigentliche Loslösungsprozeß vor sich geht, ist nicht bekannt.

Da die Schnecken der Verlust ihrer Anhänge nicht im mindesten berührt und durch Regeneration ein rascher Ersatz stattfindet, dient diese Einrichtung als Ersatz für die Schutzlosigkeit infolge des Verlustes von Mantel und Schale. Wenn ein Tier von einem Feinde angegriffen wird, erhascht dieser am ehesten die abstehenden Fleischlappen; dann erfolgt die Ablösung und die Schnecke kann das Weite suchen.

III. Selbstverstümmelung in widrigen Umständen.

Die Loslösung der Körperanhänge erfolgt bei Aeolis und Tethys nun nicht nur bei Berührungen; die Reize, welche die Autotomie auslösen, können vielmehr auch anderer Art sein: jede Art der Beeinträchtigung veranlaßt die Tiere zum Abwerfen der Anhänge. Diese Erscheinung leitet zu der weiteren Art von Autotomie über, zu der *Selbstverstümmelung in widrigen Umständen.* Wenn Protozoen Teile ihrer Pseudopodien und anderer Körperfortsätze, die beim Kriechen oder Schwimmen irgendwo festgeklebt oder eingekeilt werden, abstoßen, so fällt diese Art der Selbstverstümmelung zum Teil noch unter den vorhergehenden Begriff; und das Ausstoßen der Trichocysten bei Paramaecium wäre ebenfalls dorthin zu stellen oder als normalphysiologischer Vorgang der ersten Kategorie einzuordnen. Diese Reaktionen können aber auch dann auftreten, wenn diese Einzeller in ein Milieu gebracht werden, das dem gewohnten verschieden ist; die Tiere beantworten eben alle für sie unangenehmen Reize in derselben Weise. Häufig mag ein solches Abstoßen oder Abschleudern von Körperbestandteilen rein mechanisch erklärbar sein, da oftmals dann das ganze Tier der Auflösung verfällt. Als Schutzeinrichtung sind dann solche Vorgänge nicht aufzufassen. Wenn dagegen die auf langen contractilen Stielen sitzenden Vorticellen bei mechanischer, chemischer oder thermischer Reizung sich von ihrem Stengel lösen und davonschwimmen, so kann diese Selbstverstümmelung für sie von großer Wichtigkeit sein, da sie dadurch häufig widrigen Umständen entgehen und ihr Leben retten.

Bei Coelenteraten liegen die Verhältnisse ähnlich wie bei Protozoen. Hydren, die zu großer Wärme ausgesetzt werden, verlieren Stücke der Tentakel sowie Teile des Entoderms; in günstigere Umgebung zurückgebracht, können sie die Verluste wieder ergänzen. Ähnlich verhalten sich diese Tiere bei chemischen Veränderungen ihres Milieus. Polypen der Gattung Pelmatohydra, die ich nach und nach an Wasser der Ostsee zu gewöhnen versuchte, hielten Konzentrationen noch aus, die $^1/_3$ See- und $^2/_3$ Süßwasser entsprachen. Bei einer Verstärkung des Seewassergehalts wurden die Tentakeln reduziert und konnten ganz verschwinden. Die Tiere waren aber trotzdem befähigt, zu fressen. Sie ähnelten in diesem Zustand auffallend der jüngst wiederentdeckten Protohydra Leuckarti, die als Urform der Hydroiden gilt, vielleicht aber nur eine rückgebildete Hydraform ist (Abb. 51)[1].

Wurden die Hydren nicht allmählich an das Seewasser gewöhnt, so hielten sie auch geringere Zunahme des Salzgehaltes nicht aus; es konnte dann zu umfangreichen Abstoßungen des Ektoderms kommen (Abb. 51).

Die stockbildenden Hydroiden sind gegen äußere Einflüsse sehr empfindlich und reagieren darauf mit Abwerfen der Köpfchen. Schon eine Überführung aus dem natürlichen Lebensraum ins Aquarium wird mit derartiger Selbstverstümmelung beantwortet. An den rasch vernarbenden Wunden werden indessen bald wieder neue Köpfchen gebildet. Auch bei Eintritt der kalten Witterung oder nach Entwicklung der Keimdrüsen werfen manche Hydroiden (Tubularia) die Köpfe ab; welchem Zwecke diese Verstümmelung dient, ist ungewiß. Bei den freischwimmenden Medusen kommt es oft zu einem Abstoßen der herabhängenden Magenteile, die dann rasch wieder ergänzt zu werden pflegen.

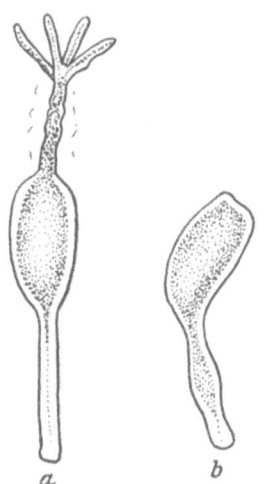

Abb. 51. Süßwasserpolyp (Pelmatohydra oligactis). a) Nach Überführung in Brackwasser; obere Teile des Ektoderms werden abgeworfen. b) Nach allmählicher Gewöhnung an Brackwasser; Tentakelverlust.

Da, wo die Möglichkeit einer Regeneration nicht gegeben ist, kommt es bei den Coelenteraten selten zu autotomistischen Vorgängen; den Rippenquallen fehlt Autotomie. Eine Ausnahme scheinen die Siphonophoren zu machen, die sehr empfindlich gegen die verschiedenartigsten Reize sind und darauf meist mit Selbstverstümmelung reagieren. So können manche Arten, z. B. Forskalia, nach Belieben größere oder kleinere Stücke des Stammes abschnüren, und bei den Cormidien haben die Deckblätter die größte Neigung zur Lostrennung. Da die Siphonophoren Tierstöcke sind und die einzelnen Teile ihres Körpers den Wert von ursprünglichen Individuen besitzen, ist die Auflösung in Einzelteile bei dieser Gruppe etwas anders zu beurteilen als alle die Fälle, bei denen Organteile abgestoßen werden.

Bei den Echinodermen, die so außerordentlicher Selbstverstümmelungen fähig sind, tritt die Autotomie bei äußeren Reizen häufig auch dann ein, wenn sie für das Tier zwecklos ist. Die Autotomie ist dann bereits derart Eigentum der Tiere geworden, daß sie auf jede Veränderung des Milieus eintritt. Man hat sogar bei Arten, wo eine stark präformierte Stelle vorkommt (die sog. Fissionsstruktur), die Ablösung einzelner Arme ohne äußerlich erkennbare Ursache beobachtet (z. B. bei Ophiaster, Brisinga, Asteracanthion u. a.).

Den Bryozoen dient die Selbstverstümmelung als eine Schutzeinrichtung gegen ungünstige Existenzverhältnisse. So werfen beispielsweise viele Moostierchen bei Eintritt der kalten Jahreszeit ihre Polypide ab und ersetzen sie im Frühjahr wieder. Bei Pedicellina wird die Ablösung vorbereitet, indem der Kelch vom Stiel durch eine Scheidewand getrennt wird.

Unter den Würmern zeichnen sich vor allem die Strudelwürmer oder Turbellarien dadurch aus, daß sie in ungünstigen Verhältnissen zerreißen, zerplatzen oder sonstige Teilungsvorgänge zeigen, die dann wieder repariert werden können, wenn die widrigen Umstände nicht zu lange andauern. Am genauesten

---

[1] LUTHER, A.: Protohydra Leuckarti. Act. Soc. pro Fauna et Flora Femura **52**, Nr 3 (1923).

wurde die Autotomie beobachtet bei den einheimischen Planarien[1]. Setzt man
Planaria gonocephala oder alpina hoher Temperatur oder andern schädigenden
Faktoren aus, so werden die Tiere unruhig und kriechen lebhaft umher. Die Unruhe wird nach und nach immer deutlicher bemerkbar, und schließlich treten
Krämpfe auf, in deren Verlauf das Körpergewebe einreißt. Durch Vergrößerung
der Rißwunde löst sich dann nach und nach das hintere Stück von dem vorderen
ab. Dauern die schädigenden Wirkungen weiter an, so kommt es zu Absterbungs-
erscheinungen; im anderen Fall ergänzen sich dann infolge eintretender Regene-
rationsprozesse Vorderende und Hinterende zu einem neuen Tier.

Die Fähigkeit der Autotomie ist bei den einzelnen Planariaarten verschieden
ausgebildet. Einigen Spezies fehlt sie völlig, z. B. Dendrocoelum lacteum und
den marinen Tricladen, Formen, die sich durch mangelndes Regenerationsvermögen auszeichnen. Bei anderen Arten tritt die Selbstverstümmelung auf
infolge ungünstiger Bedingungen, wie bei den oben angeführten Tieren; Polycelis
cornuta verhält sich ähnlich. Dieselbe Gruppe kann aber auch aus unbekannten
Ursachen in spontane Autotomie eintreten, die dann zur Vermehrung der Indi-
viduenzahl dient. Planaria vitta tut dies regelmäßig, mit Ausnahme der Sexual-
periode, das ganze Jahr hindurch, und Polycelis cornuta scheint an manchen
Orten sich nur auf diese Art zu vermehren, ohne je Geschlechtsprodukte auszubilden[2].

IV. Autotomie infolge innerer Ursachen.

Wir haben damit in den Planarien alle Übergangsformen zu der *vierten Art
von Autotomie, die auf innere Ursachen zurückgeführt werden* muß und mit den
Fortpflanzungserscheinungen in Beziehungen steht.

Die Würmer bieten dafür weitere Beispiele.

Verschiedene Regenwurmarten reagieren auf alle möglichen Reizungen mit
Selbstverstümmelungen. Es werden dabei nicht nur Körperanhänge (Tentakel,
Cirren, Elytren usw.) abgestoßen, sondern auch die ganzen Würmer in Stücke
zerteilt. Fortgesetzte Kontraktionen engen gewisse Stellen des Körpers immer
mehr ein, bis die Einschnürung den Darm trifft; dieser wird nicht durchschnitten,
sondern reißt dann zufällig. Sobald dies geschehen, schließt sich die Wunde,
und bei dem ganzen Vorgang kommt es kaum zu Blutverlust.

Diese Zerschnürungsprozesse können auch spontan vor sich gehen, und dann
bedeutet bei dem ausgesprochenen Regenerationsvermögen dieser Tiere die
Zerstückelung regelmäßig eine Vermehrung. Bei Lumbriculus, der durch seine
außerordentliche Fähigkeit zur Selbstverstümmelung am bekanntesten geworden
ist, liegt die Teilungsebene meist mitten im Segment, und ein möglichst rascher
Verschluß der Wunde soll dadurch erzielt werden, daß sich die Körperwand nach
innen, die Darmwand nach außen krümmt.

Bei der Autotomie der Oligochaeten liegen die Beziehungen zur Fortpflanzung insofern recht nahe, als diese Tiere die Fähigkeit der ungeschlechtlichen
Vermehrung durch Teilung an sich schon besitzen. Wagner nimmt deshalb an,
daß ein Zerreißen von Lumbriculus nicht als Autotomie im eigentlichen Sinne
aufgefaßt werden könne, sondern vielmehr als echte Querteilung, und alle
Fälle, in denen ein Zerfall in Einzelstücke auftritt, sind nach ihm nichts anderes
als vorzeitig ausgelöste Fortpflanzungsakte. Kennel dagegen will umgekehrt
die Fortpflanzung mittels Teilung durch gesteigerte Autotomie erklären, die
schließlich nicht nur auf äußere Reize hin vor sich ging, sondern auch unabhängig

---

[1] Steinmann-Bresslau: Strudelwürmer S. 107.
[2] Thienemann, A.: Hydrobiologische Untersuchungen an Quallen. Zool. Jb. **46** (1922).
— Goetsch, W.: Beiträge zum Unsterblichkeitsproblem. Biol. Zbl. **43** (1923).

davon eintrat, sobald der Organismus für sie reif war. Es mußte für das Tier von Wert sein, der Zerstückelung möglichst Vorschub zu leisten; das konnte am besten dadurch geschehen, daß der Zerfall vorbereitet und für die Existenzfähigkeit der Teilstücke gesorgt wurde.

Welche der beiden Auffassungen die richtigere ist, läßt sich schwer entscheiden; es können für beide Ansichten Beispiele angeführt werden.

Bei Lumbriculus sind irgendwelche Vorbereitungen für einen Zerfall nicht zu bemerken; bei Ctenodrilus läßt sich dagegen eine aufsteigende Reihe stetig fortschreitender Vorsorge innerhalb ein und derselben Gattung feststellen. Ctenodrilus monostylus begünstigt bereits durch das Auftreten von Ringfurchen die Zerstückelung; doch zerfällt der Wurm ebenso wie Lumbriculus noch in Teile, für deren Existenz in nichts vorgesorgt ist, ein drastisches Beispiel für eine „Teilung mit nachfolgender Regeneration" (ZEPPELIN[1]). Bei Cten. pardalis dagegen bemerkt man bereits regeneratorische Vorgänge, bevor der Zerfall beginnt, und Cten. serratus besitzt vor der Teilung schon sämtliche Anlagen des normal ausgewachsenen Tieres in mehr oder weniger hoher Ausbildung[2]; auch die Segmentierungen werden bereits angelegt und, im Hinterende wenigstens, neue Dissepimente gebildet.

Durch Auftreten von mehr als einer Teilungszone werden dann die Ketten gebildet, wie wir sie bei anderen Chaetopoden finden; so bei Chaetogaster diaphanus, Nais proboscidea, Nais barbata und Scyllis, wo die Ketten noch dadurch kompliziert werden, daß die Teile sich oft ihrerseits zur Vermehrung vorbereiten, ehe sie frei werden. Hier münden dann die Probleme der Autotomie in die der natürlichen Fortpflanzung ein.

Die hier wiedergegebene Übersicht über die Erscheinungen der Selbstverstümmelung konnte naturgemäß nur eine kleine Auswahl aller hierher gerechneten Vorgänge bieten. Sie sollte vor allem zeigen, daß die Autotomie in allen Tierklassen vertreten ist, und daß sich dabei Übergänge zu anderen Erscheinungen finden, die wir nicht unter dem Namen der Autotomie subsummieren.

Eine solche Feststellung zeigt schon, daß es sich bei der Selbstverstümmelung nicht um etwas Einheitliches handeln kann, das stets in ein und derselben Ursache wurzelt, sondern daß hier wie überall nur der menschliche Geist Definitionen schafft, in welche vielleicht ganz verschiedenartige Vorgänge eingeordnet werden. Eine solche Einsicht verbietet es eigentlich von vornherein, Ursache und Entstehung unter zusammenfassenden Gesichtspunkten zu betrachten. Versuche hierzu sind jedoch oftmals gemacht worden. WEISMANN glaubte, daß Autotomie stets mit regenerativen Vorgängen verbunden sei. Er sah infolgedessen in diesen Erscheinungen eine Anpassung an zukünftige Unglücksfälle und nahm an, daß diese Anpassung durch Naturzüchtung erworben sei.

Wie die Übersicht hier zeigte, ist wirklich meist mit Autotomie eine regenerative Wiederherstellung verbunden; in manchen Fällen stimmt aber diese Voraussetzung nicht. PRZIBRAM, der mit Gespenstheuschrecken experimentierte, fand bei den Schreitbeinen von Mantislarven Autotomie verbunden mit Regeneration, an den Vorderbeinen dagegen wohl regenerative Vorgänge, aber nicht die Fähigkeit der Selbstverstümmelung. Die Imagines derselben Heuschrecke zeigten an den Schreitbeinen wiederum Autotomie ohne Regenerationsmöglichkeit, und an den Vorderbeinen weder Regeneration noch Autotomie. Es ist somit an ein und demselben Objekt jede Kombinationsmöglichkeit realisiert, und

---

[1] ZEPPELIN, Graf M.: Bau und Teilung von Ctenodrilus monostylos. Z. Zool. **39** (1883).
[2] PETERS, N.: Verh. d. natürl. zur künstl. Teilung bei Ctenodrilus pardalis. Zool. Jb. **40** (1923).

Przibram kommt infolgedessen zu dem Schluß, daß die Regenerationsfähigkeit mit der Verlustwahrscheinlichkeit in keinerlei Zusammenhang steht.

Auch Morgan trat der Auffassung, daß es sich bei Regeneration und Autotomie um eine im Kampf ums Dasein erworbene Zweckmäßigkeit handeln könne, energisch entgegen und stützte seine Ansicht besonders auf Beobachtungen am Einsiedlerkrebs. Bei diesem Tier regenerieren nämlich auch die Extremitäten, die in der Schneckenschale dauernd geschützt sind; es kann sich also nicht darum handeln, daß die der Gefahr am meisten ausgesetzten Teile auch am besten zur Regeneration angepaßt sind.

Dürken gibt dem Gedanken Ausdruck, ,,daß die Fähigkeit der Autotomie einerseits, der Regeneration andererseits anfänglich unabhängige Parallelerscheinungen sein können, so daß jene nur zunächst das Abstoßen eines verletzten Teiles ohne Beziehung zu dieser ermöglichte. Erst sekundär wäre dann eine gewisse Bindung zwischen den beiden Fähigkeiten eingetreten". Es ist dies eine Ansicht, die große Wahrscheinlichkeit besitzt, aber noch durch Experimente einer Bestätigung bedarf.

Auch andere Regenerationstheorien nehmen auf die Vorgänge der Autotomie Bezug; es ist indessen hier nicht der Ort, auf derartige Hypothesen näher einzugehen. Überall spielt die Frage der Nützlichkeit eine große Rolle, und diese Frage wird bald mehr, bald weniger bejahend beantwortet.

Da die Vorgänge, welche zu einer Selbstverstümmelung führen, sicher nicht auf einheitliche Ursachen zurückzuführen sind, werden die aus ihnen resultierenden Vor- und Nachteile auch eine verschiedene Würdigung finden müssen. Die Auflösung des Ektoderms bei Hydren, welche auf physikalisch-chemische Weise erklärbar ist, wird beispielsweise anders zu werten sein als der auf Muskelkontraktion beruhende Abwurf einer Krebsschere, und die ohne äußere Gründe vor sich gehenden Abschnürungen von Körperteilen, welche der Vermehrung dienen, haben wiederum eine andere biologische Bedeutung. Als Schutzeinrichtung sind sicherlich die Erscheinungen, die als *echte* Autotomie bezeichnet werden können, für die damit begabten Tiere von außerordentlichem Vorteil. Die Preisgabe bestimmter Körperpartien kann bei Bewegungshemmungen, bei Verletzungen und bei Veränderungen in den allgemeinen Lebensbedingungen dem Organismus von großem Wert sein, und sie kann vor allem das Leben der Individuen dadurch retten, daß sie dem angreifenden Feind nur Einzelbestandteile überläßt, deren Verlust leicht zu tragen und oft leicht zu ersetzen ist.

Reaktionen auf Schädigungen (G).

1. Lokale Reaktionen.

Die Entzündung[1].

Von

MAX ASKANAZY

Genf.

Mit 9 Abbildungen.

Zusammenfassende Darstellungen.

ASCHOFF, L.: Warum kommt es zu keiner Verständigung über den Krankheits- und Entzündungsbegriff? Berl. klin. Wschr. **1917**, Nr 3 — Zur Begriffsbestimmung der Entzündung. Beitr. path. Anat. **68**, 1 (1921) — Über Entzündungsbegriffe und Entzündungstheorien. Münch. med. Wschr. **1922**, 655 — Aphorismen z. Entzündungsbegriff. Ebenda **1925**, Nr 16. — BAUMGARTEN, PAUL v.: Die Rolle der fixen Zellen in der Entzündung. Berl. klin. Wschr. **1900**, Nr 39/40 — Entzündung und Thrombose, Embolie und Metastase im Lichte neuerer Forschung. München: Lehmanns Verlag 1925 (Lit.). — BEITZKE, H.: Über den Entzündungsbegriff. Erg. Path. **20**, 2 (1924) (Lit.). — COHNHEIM, J.: Vorlesungen über allg. Pathologie. 2. Aufl. 1882. — DIETRICH, A.: Über d. Entzündungsbegrfif. Münch. med. Wschr. **1921**, 1071. — FISCHER, B.: Der Entzündungsbegriff. München: J. F. Bergmann 1924. — GERLACH, W.: Neue Deutsche Klinik, herausgegeben von Klemperer, II, 1929. — HERXHEIMER, C.: Über den Reiz-, Entzündungs- und Krankheitsbegriff. Beitr. path. Anat. **65**, 1 (1919). — HÜBSCHMANN, P.: Grundsätzliches zur Entzündungslehre. Klin. Wschr. **1926**, Nr 38. — JORES, L.: Frankf. Z. Path. **23** (1920). — KLEMENSIEWICZ, R.: Die Entzündung. Jena 1908. — LÉTULLE, M.: L'inflammation. Paris: Masson 1895. — LUBARSCH, O.: Virchows Entzündungslehre und ihre Weiterentwicklung bis zur Gegenwart. Virchows Arch. **235** — Referat über die Entzündung. Verh. dtsch. path. Ges. **19** (1923). — MARCHAND, F.: Prozeß der Wundheilung 1901 — Störungen der Blutverteilung. Handb. d. allg. Path. **2**, 1 (1912) — Der Entzündungsbegriff. Virchows Arch. **234** (1921) — Erwiderung auf Rickers Bemerkungen. Virchows Arch. **237** (1922) — Über Reizung und Reizbarkeit. Arch. Entw.mechan. **51** (1922) — Die örtlichen reaktiven Vorgänge. Handb. d. allg. Path. **4**, 1 (1924) (Lit.). — METSCHNIKOFF, E.: Leçons sur la Pathologie comparée de l'inflammation. Paris: Masson 1892. — NEUMANN, E.: Über den Entzündungsbegriff. Beitr. path. Anat. **5** (1889); **64** (1917). — RICKER u. REGENDANZ: Beitr. z. Kenntnis d. örtl. Kreislaufstörungen. Virchows Arch. **231** (1921). — ROESSLE, R.: Referat über Entzünd. Verh. dtsch. path. Ges. **19** (1923) (Lit.) — Die Bedeutung v. Transplantationsvers. f. d. Entzündungslehre. Zbl. d. Path. Festschr. f. M. B. Schmidt, Sonderbd. **33** (1923). — SAMUEL, S.: Entzündung. Erg. Path. **1**, 2 (1895) (ältere Lit.). — THOMA, R.: Über entzündl. Störungen d. Capillarkreislaufes b. Warmblütern. Virchows Arch. **74** (1878) — Die Entzündungsfrage und die Histophysik. Virchows Arch. **238** (1922).

1. Einleitung.

Es gibt in der menschlichen Sprache viel Begriffe, die eine jahrtausendalte Geschichte besitzen, die sich an Gegenstände und Vorgänge knüpfen, die sich dem Auge einprägen und den Geist beschäftigen, wie Haus und Krieg. Es gibt aber

---

[1] Dieser Aufsatz wurde in der vorgeschriebenen Länge von 2 Bogen im Sommersemester 1924 geschrieben als Darlegung der Grundprobleme und wesentlichen Erscheinungen der Entzündung für Biologen. Manche hier besonders betonte Leitgedanken sind inzwischen auch von einigen anderen mehr berücksichtigt worden. Im Beginne des Jahres 1929 sind mehrere Ergänzungen vorgenommen worden. Verf.

nicht viel medizinische Begriffe, die sich so lange gehalten haben wie die Entzündung und die zwar im Laufe der Zeiten in der Entwicklung der medizinischen
Wissenschaft an Umfang und Inhalt gewaltig gewonnen haben, ohne daß aber
die älteste Fassung ganz preisgegeben werden mußte. Mit dem Fortschritt der
biologischen Forschung ist man auch hier auf die Grundwahrheit gestoßen,
daß es in der Biologie keine scharfen Grenzen gibt, aber die von einigen Autoren
seit ANDRAL und THOMA geforderte Preisgabe des Wortes „Entzündung" ist
nicht nur in den Tatsachen unzureichend begründet, sondern sie würde sich
praktisch kaum durchführen lassen, da das Wort in allen Sprachen von je Heimats-
recht besaß. Wir dürfen schärfer umschreiben, aber nicht verwerfen, was sich so
lange im medizinischen Denken bewährt hat. Wir glauben, daß es auch heute
noch nicht viel Grundbegriffe der Allgemeinen Pathologie gibt, die sich grundsätzlich so vollständig und befriedigend umreißen lassen, wie die Entzündung,
trotz der verwirrenden Fülle ihrer Erscheinungsbilder. Gerade die vervollkomm-
neten histologischen und experimentellen Methoden des letzten Jahrhunderts
haben den Vorgang in seiner Feinheit und in seinem Sinne besser begreifen
gelehrt.

Man kann in den letzten Jahrzehnten beobachten, daß fast jeder Pathologe
und nach weiteren Gesichtspunkten strebende Kliniker sich einen eigenen Entzündungsbegriff zu schaffen trachtet, den sich der einzelne natürlich gern vom
Standpunkt seines hauptsächlichen Arbeitsgebiets, sei dieses Pharmakologie,
Nervenpathologie oder ein anderes Wirkungsfeld, ausbaut. Das ist möglich,
führt aber leicht zu Teildefinitionen, indem einzelne Phasen verschieden stark
betont oder übersehen werden. Daß auch heute noch fortgesetzt verschiedenartige,
ja entgegengesetzte Definitionen vorgetragen werden, liegt unseres Erachtens
in erster Linie daran: Man darf bei solchen Grundbegriffen der Pathologie wie bei
der Entzündung nicht die Tatsache vernachlässigen, daß wir uns bei der Erfassung allgemeinster Erscheinungen eng an die Grundbegriffe der Logik halten
sollen. Zwei Gesetze der Logik sind auch bei dieser Begriffsbildung besonders zu
berücksichtigen. Das eine betrifft die gegenseitigen Beziehungen zwischen
Umfang und Inhalt eines Begriffs und besagt, daß der eine wächst, wenn der
andere abnimmt. Da die reichen Kenntnisse, die wir über das sehr fein ergründete
Gebiet der Entzündung besitzen, uns seinen großen *Umfang* lehren, soll man
in den Inhalt des Begriffs nicht zuviel Einzelheiten hineinlegen, jedenfalls
keine Eigenschaften, die oftmals fehlen können. Das andere Gesetz legt den
Inhalt des Begriffs fest und bestimmt, daß dieser durch die *Gesamtheit* der wesentlichen Merkmale erschöpft und gekennzeichnet ist. So will es die Kritik der
reinen Vernunft, während die praktische Vernunft sich notgedrungen (weil wir
nicht mehr wissen) oder aus praktischen Sondergründen mit Teildefinitionen
abfindet, manchmal abfinden muß. Die große Zahl der von den einzelnen Autoren
vertretenen Fassungen des Entzündungsbegriffs erklärt sich durch die Nichtbeachtung der von der Logik geforderten Berücksichtigung *aller* wesentlichen
Merkmale. Der Gedanke verankert sich an die Genese, das Erscheinungsbild
und den „Zweck" oder die Funktion jedes Dinges, jeder Erscheinung. So setzt
sich der Entzündungsbegriff aus dem ätiologischen Merkmal, aus dem auf dem
Wege der Pathogenese entstehenden morphologischen Merkmal und dem funktionellen Merkmal zusammen, wobei sogleich zu bemerken ist, daß die Einzahl
des Merkmals nicht die Einzahl der Vorgänge bedeuten soll. Wenn alle Welt
die Definition mit den Worten der „biologischen Reaktion" beginnt, muß auch
die die Gegenwirkung auslösende Wirkung (Aktion) in ihrer Natur bestimmt werden, die Eigenart der Ätiologie genannt sein. Die Reaktion ist das leicht Sichtbare.
in der biologischen Erscheinung der Entzündung, aber ihre notwendige Voraus-

setzung ist der ursächliche, konditionale Eingriff in den normalen Lebensablauf der Körperstelle.

Die älteste Kennzeichnung der Entzündung geschah durch den am Kranken auffallenden örtlichen Befund, die Kardinalsymptome des Rubor, Tumor, Calor, Dolor haben in der Medizin zweier Jahrtausende ihren Platz behauptet, seit sie CELSUS festlegte und der Nachwelt übermittelte. Wenn GALEN diesen Eigenheiten der Entzündung noch die Functio laesa zugesellt, so ist dieser Zusatz, wie MARCHAND schon mit Recht bemerkt, nichts weniger als von der gleichen Bedeutung wie die anderen, da die Funktionsstörung überhaupt eine Eigentümlichkeit krankhafter Zustände darstellt. Man muß sich auch davor hüten, darin schon das Bestreben zu erblicken, dem Entzündungsbegriff einen funktionellen Inhalt zu geben, denn die Functio laesa ist eine Rückwirkung der Entzündung auf das befallene Organ oder Glied, aber nicht ein Leitmotiv des Vorgangs. Das Bedürfnis, die funktionelle Natur des Entzündungsvorgangs zu begreifen, ist erst jüngeren Ursprungs und ist gerade in den letzten Jahren mit besonderer Macht hervorgetreten, zum guten Teil unter der in dieser Epoche überhaupt erfolgreich durchdringenden Betonung der funktionellen Richtung auf allen Gebieten der Medizin. Es ist interessant zu sehen, wie wenig Erfolg E. NEUMANN mit seinem ersten, bedeutsamen Versuch zur Ergänzung und Krönung des Entzündungsbegriffs mit der besonderen Hervorhebung seiner „Zweckmäßigkeit" 1889 noch hatte, während wir heute auf zahlreiche Autoren stoßen, die zum Teil eine fast rein funktionelle Definition von der Entzündung geben wollen. Wir werden im entsprechenden Abschnitt darauf zurückkommen, bemerken schon hier, daß das nur eine Teildefinition sein würde. Die genetische, insbesondere ätiologische Betrachtungsweise gelangte wieder in jener Zeit besonders zur Blüte, als diese medizinische Forschungsrichtung ihre glänzendsten Triumphe feierte. Sie besitzt ihren Wert, bedeutet aber wieder nur eine Teildefinition. In vorbeugender Hinsicht, in der Prognose und in Beziehung auf die Heilung ist die ätiologische Seite der Entzündung ein wesentlicher, oft praktisch der wesentlichste Teil. BEHRING betont, daß man ohne diese Einstellung keine spezifischen Heilsera entdeckt und mit lebensrettender Wirkung angewandt hätte. Das ätiologische Merkmal kann öfters zur Sicherung der Diagnose, selbst einmal, z. B. bei Lepra, zur Erkennung des Entzündungsprozesses dienen. Aber es ist im allgemeinen weniger bedeutungsvoll als das Bild, das durch diese Ätiologie ins Dasein gerufen wird. Die morphologischen Vorgänge leiten uns im praktischen Leben am häufigsten und sichersten auf dem Wege der Entzündung. Allein weder die „beschreibende" noch die „bewertende" Begriffsbestimmung, wie LUBARSCH seine, die erste, und die ASCHOFFsche, die zweite, Definition voneinander trennt, genügen für sich, beide sind Teilerkenntnisse; für die Erfassung des ganzen Begriffsinhalts brauchen wir beide und noch die Berücksichtigung der Einflüsse, die den zusammengesetzten (komplexen) Vorgang auslösen. Denn es kommt nicht nur auf Teildefinitionen an, die uns in der praktischen Diagnose weiterhelfen und wie wir sie in der sicheren morphologischen Grundlage ja auch für echte Geschwülste (Blastome) besitzen. Und gerade der Vergleich mit dem Blastombegriff führt uns unsere Überlegenheit in der Kenntnis der Entzündung als abstrakten Begriff vor Augen, da wir uns bei ihr auch auf den Einblick in die Entstehungsbedingungen und den Sinn des Vorgangs beziehen können, was bei der Geschwulstdefinition noch nicht möglich ist. Denn darüber müssen wir uns klar sein, daß wir es hier mit dem Entzündungsvorgang als einer Abstraktion, dem Ergebnis der gedanklichen Zerlegung des Beobachteten zu tun haben und nicht mit der Entzündungskrankheit. Die entzündliche Krankheit führt u. a. zum Schmerz, zur Functio laesa an dem Organ, das Sitz des Entzündungsprozesses ist, sie ist mit mehr oder minder erheblichen allgemeinen Störungen vergesellschaftet, kann oft mit Fieber einhergehen, das wieder den Gesamtkörper in Mitleidenschaft zieht. Dagegen ist die Entzündung eine örtliche Erscheinung, die in einer *örtlichen Reaktion* zum Ausdruck gelangt, wenngleich natürlich ist, daß auch hier die Einheit des Organismus in mancher Hinsicht zur Geltung kommt. Vermag der örtliche Bedarf an Leukocyten auf andere Körperteile zurückzuwirken, wird Nerven- und Zirkulationsapparat über den Entzündungsherd hinaus beeinflußt, so sind diese Folgen wieder mehr der Entzündungskrankheit zur Last zu legen. Man darf von keiner allgemeinen Entzündung des Körpers sprechen. Es scheint sogar zwischen örtlicher entzündlicher Reaktion, z. B. in regionären Lymphdrüsen und allgemeiner Störung bis zur schwereren Allgemeinerkrankung ein gewisser Gegensatz zu bestehen, indem die Stärke der örtlichen Entzündung der Ausbreitung des die Krankheit erzeugenden Elements oft einen lebhafteren Widerstand entgegensetzt und das Zurücktreten der Entzündung oft die Voraussicht trübt. Die Entzündung bleibt im Wesen eine örtliche Lebenserscheinung unter besonderen, regelwidrigen Bedingungen. Sie ist wie das meiste in der Pathologie Übermaß auf- und abbauender Lebenserscheinungen bei übertriebener Einwirkung, Steigerung physiologischer Vorbilder (Speichelsekretion). Sie ist, wie das Marchand schon vor einem viertel Jahrhundert[1] äußerte, das Spiel eines Selbstregulierungsvorgangs, der heute mehr als je gewürdigten Selbststeuerungen des Körpers. Man setzt auch, um das „von selbst" noch stärker zu betonen, gern die Automatie der Reaktion ins rechte Licht. Um den Vorgang und seinen Sinn zu überschauen, ist es zweckmäßig, zuerst die Eigenart der 3 Merkmale zu betrachten: 1. der Entstehungsbedingungen, 2. der zu beobachtenden morphologischen Erscheinungen und 3. der in ihnen zum Ausdruck kommenden Funktionen, dann wird sich der Entzündungsbegriff besser herauslesen lassen.

2. Die ursächlichen Merkmale des Entzündungsbegriffs.

Man soll sie nicht als allein maßgebend in den Vordergrund stellen, aber auch nicht als nebensächlich oder selbstverständlich aus der Definition ausschalten, denn das medizinische Denken bleibt an die ursächlichen Zusammenhänge geknüpft. Es ist interessant zu beobachten, daß so mancher Autor erklärt, Entzündung ist Reaktion, deren Ursache nicht in den „Begriff" hineingehört. Und dann folgt die persönliche Formel, die so gut wie nie vergißt, die Gebundenheit an auslösende „Schädlichkeiten" mit zu erwähnen. Das ursächliche Merkmal stellt keine Einheit dar, aber es ist heute unsere Aufgabe, die gemeinsamen Züge und die Grenzen der entzündungserregenden Einwirkungen festzulegen und sie von anderen physiologischen und pathologischen „Reizen" abzutrennen. Besonders seit Virchows Bestrebungen auf diesem Gebiete bezeichnet man den Anlaß, der Entzündungen nach sich zieht, als Reiz (irritamentum). Man fügt also auch den Anlaß zu dieser „Reaktion" und ihre Folge in die allgemein-biologischen Eigenschaften der lebenden Substanz ein, zu deren wichtigsten und, wie wir noch immer sagen müssen, merkwürdigsten Besonderheiten ja die Reizbarkeit gehört. Es ist auch manchmal von der „Auslösung" gesprochen worden, namentlich von denen, die den lebenden Körpern keine Sonderstellung einräumen wollen und auch im Leben, in mechanischer Auffassung, nur die Äußerung physikalisch-chemischer Kräfte wie in einer leblosen Maschine zulassen. Sie nehmen ihr Wunschziel für die errungene Tat. In der Mechanik ist „Auslösung" der Anstoß zur Umsetzung potentieller in kinetische Energie, wobei sich äußere Ursache und Wirkung als Größe nicht decken. Ricker will unter Reizbarkeit

---

[1] Prozeß der Wundheilung **1901**, 79.

Beeinflußbarkeit alles Bestehenden durch Veränderung der Umwelt verstehen. Wir müssen aber zwischen Lebendem und Leblosem immer noch einen Unterschied machen und bedenken, daß wir bisher nicht imstande sind, eine große Zahl von Erscheinungen der Lebewesen mit unseren physikalisch-chemischen Kenntnissen kausal oder konditional zu deuten. Ob man, wie einige wollen, in den Lebensvorgängen neben den bekannten Energien aller Materie noch eine besondere Energieform vermutet oder ob man die bisher unauflösbaren Lebensäußerungen als Gruppen oder Komplexe hinstellt, die wir erst später als Summe der Wirkung der überall, auch in der unbelebten Natur schlummernden Kräfte zerlegen werden, wir kommen zur Zeit ohne die Abtrennung der biologischen Erscheinungen als Sonderheiten nicht aus. Bedeutet es doch schon einen Fortschritt in der Erkenntnis der allgemeinen Biologie und ihrer Einzelgebiete, wenn es gelingt, im lebenden Körper gewisse umschriebene Komplexe als regelmäßige Vorgänge zu erkennen, wie das z. B. W. Roux in seiner Entwicklungsmechanik gelang, wobei die Mechanik bekanntlich nicht lediglich im mechanistischen Sinne verstanden wird, sondern in bestimmten kausalen Abhängigkeiten, in biologischen Wechselbeziehungen. Wenn man nun im übertragenen Sinne einen entzündungserregenden „Reiz" eine Auslösung nennt, so ist das eine Analogie, ein Bild, das sich insofern gebrauchen läßt, als Umsetzungen von Energien ebenfalls im Spiele sind.

Der auf den lebenden Körper wirkende Reiz muß zur Erzielung eines örtlichen Erfolges auch *örtlich* wirken, was für die Entzündung im besonderen zutrifft. Wie wichtig die festgelegte Örtlichkeit ist, leuchtet auch daraus hervor, daß strömende Zellgemische wie das Blut sich nicht entzünden, sondern beim Vorhandensein von „Entzündungserregern" in der Blutströmung nur die umgebenden Kanalwände und weiteren festen Teile in die Reaktion eintreten. Die weitere Erklärung werden wir später in der Abwesenheit des „Stromas" kennenlernen. Wo kommt der Reiz her, um seine örtliche Einwirkung auszuüben? Man unterscheidet zunächst in gröberer Weise *äußere* Reize, die große Mehrzahl sind exogene Reize, und *innere*, endogene. Die letzteren stellt man den äußeren insofern gegenüber, als ihre Entstehung im Innern des Körpers erfolgt, sei es als Folge erblicher Krankheiten, wie der Gicht, sei es als Folge erworbener, mit Autointoxikation einhergehender Leiden, wie der Urämie, sei es als Beeinflussung seitens des Nervensystems, wie beim Herpes zoster nach Erkrankung von Spinalganglien (s.s p.). Die äußeren Entzündungsreize entstammen fast sämtlichen sog. äußeren Krankheitsursachen überhaupt, die teils physikalisch, teils chemisch, teils kombiniert sind und in die thermischen, elektrischen, aktinischen, mechanisch-traumatischen, chemisch-toxischen und — der komplizierteste, aber häufigste Fall — die infektiösen bzw. parasitären Einwirkungen geteilt werden können. Die Infektionsreize besitzen einen solchen Umfang in der Ätiologie der entzündlichen Krankheiten, daß man in der Blütezeit der bakteriologischen Forschung nach dem Vorgange von K. Hüter und K. Roser nur noch die mikroparasitären Entzündungen als wahre gelten lassen wollte und nicht einmal die von alters her als Urbild der Entzündung betrachtete Wirkung der Verbrennung, geschweige denn die nur histologisch nachweisbaren entzündlichen Reaktionen im Rahmen der „Entzündung" belassen wollte. Eine solche *Klassifikation* ist vom Standpunkte der Ätiologie, Therapie und Prognose der entzündlichen Krankheiten verständlich. Für die Definition des Entzündungsbegriffs ist diese Trennung aber unzulässig, da die kausale Seite auch bei der Wirkung belebter Keime durch physikalisch-chemische Kräfte weitgehend aufgeklärt wird und die Erscheinungen und in ihnen zum Ausdruck kommenden Funktionen von denen durch andere Entzündungsreize bedingten nur quantitativ verschieden sind. Um der Besonderheit der Entzündungsreize näherzu-

kommen, muß man sich daran erinnern, daß die genannten äußeren Krankheitsursachen oft nichts anderes sind als Steigerungen physiologischer Reize und daß
diese Steigerungen in gewissen Graden auch bei lokaler Einwirkung noch keine
Entzündung herbeizuführen brauchen. Der Reiz nimmt von der physiologischen
zur pathologischen, aber noch nicht entzündlichen und von dieser zur entzündlichen Reaktion ständig in seiner Wirkungsart zu. Wo liegt die Ursache des
Übergangs in den pathologischen Erfolgen und weiter in die besondere entzündliche Reaktion? Die physiologischen Reize sind artspezifisch, adäquat, fein und
funktionsgemäß abgestimmt. Ihr Erfolg wird durch die Reizbarkeit gewährleistet, die die Physiologie zuerst, seit Glisson und A. v. Haller als wesentlichste
Eigenschaft der Muskulatur erkannte, die dann in der Pathologie von Brown
und Andral auch auf andere Teile des Körpers, von Bichat und Reil auch auf
die einzelnen Gewebe übertragen wurde, bis Virchow sie als Reaktion auf äußere,
mechanische und chemische Einwirkung passiver Art seitens der Zelle selbst ansah,
die ihrerseits aktiv auf den Zellreiz erwidern[1]. Virchow, der die pathologische
Reizwirkung in erster Linie zu erklären suchte, teilte die Reize *nach ihrer Wirkung*
bekanntlich in nutritive, formative und funktionelle und bemühte sich, die pathologischen Zustände aus solchen, gegebenenfalls vereinten Reizwirkungen verständlich zu machen. Die genannten Reizwirkungen schließen sich nicht aus,
wie denn W. Roux von den trophischen Reiz der Funktion sprach und formative
Reize ohne gesteigerte Stoffzufuhr fruchtlos erscheinen. Wenn Virchow seine
Gedanken auch der Pathologie entnahm, so hat er doch die Beziehungen zwischen
physiologischen und pathologischen Reizen im Auge behalten, aber auch hier wieder
nach ihrem Wirkungsergebnis geurteilt, indem bei der physiologischen Reizung
die „Störung", d. h. Veränderung, vorübergeht, während sie bei der pathologischen „dauernd" fortbesteht. Dadurch, daß wir uns heute solche Veränderungen
in physikalisch-chemischer Umgestaltung denken, wird die Reizung zum guten
Teil ihres mystischen Charakters entkleidet. Daneben bleibt die ererbte Anlage
auch zur Funktion Voraussetzung. Auch sind wir nicht mehr auf die Zelle und
ihr Gebiet allein bei biologischen Reaktionen eingestellt, sondern auf die Ganz-
heit des Gewebes, da so lebende Einheiten entstehen, indem wir wissen, daß auch
die intercellulären Gebilde lebend sind, am Gewebsstoffwechsel teilnehmen und
mit der Zelle funktionieren. Wenn nun der die physiologische Reizung veran-
lassende Reiz nicht mehr in der alltäglichen Weise erfolgt, wenn die Lichtempf-
findung z. B. nicht mehr durch einfallendes Licht, sondern durch Druckwirkung
auf das Auge gemäß dem Gesetz der spezifischen Sinnesenergie zustande kommt,
befinden wir uns bereits an der Grenze der pathologischen Reizwirkung. Mit
dem Aufhören des Druckes verschwindet die Lichtempfindung, also ist wegen des
nicht zu starken *Reizgrades* keine pathologische Veränderung zu erwarten. Jede
physiologische Funktion ist mit gesteigerter Blutzufuhr verbunden. Sie wird
teils auf gleichzeitige zentral-nervöse Erregung von Organparenchym und Gefäßen bezogen, teils (und heute vorzugsweise) als Rückwirkung der bei der Arbeitsleistung erzeugten Stoffe auf das Verhalten des Gefäßapparates angesehen[2].
Man hat diese hyperämisierenden Stoffe zuerst in den Säuren erblickt, nachdem
schon vor einem halben Jahrhundert (Gaskell 1876) die gefäßerweiternde Wirkung der bei der Muskelkontraktion entstehenden Milchsäure festgestellt und ein
gleicher Erfolg für CO_2 und andere Säuren bestätigt war. Diese Säurewirkung wurde
dann im letzten Jahrzehnt dahin feiner bestimmt, daß es für die Gefäßerweite-

---

[1] Literatur bei F. Marchand: Über Reizung und Reizbarkeit. Arch. Entw.mechan.
51 (1922).
[2] Hess: Beitr. klin. Chir. **122** (1921). — Nähere Einzelheiten in ds. Handb. **7** (Tannen-
berg-B. Fischer).

rung im wesentlichen auf die aktuelle H'-Konzentration ankommt (ATZLER[1]), die durch erforderliche Puffergemische in der Blutflüssigkeit garantiert ist. Doch erkannte man bald, daß p_H nicht allein maßgebend ist, zumal auch Alkalireizung Hyperämie zur Folge haben kann. Beiden Reizquellen gemeinsam ist der heute besonders gewürdigte Einfluß der Produkte des Gewebsstoffwechsels auf die Gefäßerweiterung (HESS, EBBEKE u. a.), wobei in erster Linie an die N-haltigen Abbaustoffe zu denken ist. Ob diese Hyperämie zunächst durch Erregung von Gefäßnerven entsteht oder unmittelbar von den Gefäßmuskeln ausgelöst wird, ist immer noch unentschieden, so daß man mit MARCHAND vorsichtiger von einer Reaktion des neuromuskulären Systems spricht. Diese für das normale Gefäßspiel arbeitender Organe geltenden Beobachtungen und Schlüsse ändern sich nicht grundsätzlich (s. nächstes Kap.), wenn die Natur der Reize sich ändert. Nicht mehr physiologische Reize sind am Werke, wenn nach operativer oder pathologischer Zerstörung (z. B. durch Geschwülste) des Sympathicus länger währende Hyperämien zustande kommen oder wenn gesteigerte Blutdurchströmung durch mechanische, thermische, elektrische oder Strahlenbehandlung erzeugt ist. Falls solche physikalische oder zunächst geringe chemische Einwirkungen mit den physiologischen Reizen in ihrer Stärke etwa übereinstimmen, so wird die aktive Hyperämie wie unter dem Einfluß der letzten erfolgen, verlängert bei längerer Applikation, aber nach dem Aufhören des äußeren Reizes bald abklingen, falls nicht vorher bestehende pathologische Prozesse durch sie aktiviert sind. Gegenüber der physiologischen, funktionellen Hyperämie besteht indessen ein Unterschied noch darin, daß diese z. B. in den Drüsen oft nicht überall gleichmäßig entwickelt, sondern vielfach mehr insel- oder zonenförmig erscheint, entsprechend der Tatsache, daß die Drüsenteile nicht alle gleichzeitig oder gleichsinnig arbeiten. Dagegen ist die aktive pathologische Hyperämie an dem betroffenen Organteil meistens gleichmäßiger verteilt. RICKER hat mit seinen Versuchen gelehrt, daß viele Stoffe, die in höherer Dosis Gefäße verengern, in schwächerer Konzentration eine Gefäßerweiterung veranlassen. In den genannten Fällen ist die physiologische *Reizschwelle* nicht wesentlich überschritten, also hat der Reiz noch keinen störenden Eingriff in das Zelleben dargestellt und keine weitere pathologische Reaktion zur Folge. Wird die Reizdosis unter Umständen wieder etwas mehr gesteigert, so gelangen wir zunächst zu Reizgraden, die noch unter der Schwelle des Entzündungsreizes bleiben, soweit wir diesen auf einen gewöhnlichen („normergischen") Zustand (s. unten) eingestellt denken. Solche Reizgrade führen je nach der Reizart (Stoffnatur) zu ganz geringen oder auch recht starken gefährlichen Wirkungen, die aber nicht über den Weg der Entzündung zu führen brauchen. Dahin zählen wir die einfachen (also nichtentzündlichen) „Alterationen" der Parenchyme erzeugenden Stoffe, wie wir sie z. B. in ihrer Wirkung auf Leber und Nieren kennen.

Der durch den Blutstrom zugetragene und durch die ganze Blutmenge verdünnte stoffliche Reiz führt zu einer „Schädigung", die als innerer Reiz (s. unten) nicht genügt, um eine Entzündung in ihrem vollen Umfange auszulösen, oder eine solche nur so allmählich bewirkt, daß man die einzelne vorbereitende Phase eine Zeitlang allein sieht, wenn der Prozeß nicht in einer Prophase stehenbleibt. So ist das Bestreben entstanden, eine Nephrose von der Nephritis abzutrennen. (Gedanklich und praktisch muß man dieses Ausbleiben der Entzündung wegen Unterwertigkeit des Reizes von den später zu erwähnenden Anergie wegen Unterwertigkeit des Reaktionsbodens trennen.) An dieser Stelle sind auch die Einwirkungen vieler tierischer Parasiten, namentlich der Rund-

[1] ATZLER u. LEHMANN: Pflügers Arch. **193** (1922). — ATZLER: Dtsch. med. Wschr. **1923**, 1011.

würmer, zu erwähnen. Bei meinen Studien über diesen Gegenstand erschien mir
ihr planmäßiges Eindringen mitten in das lebende Gewebe ebenso unerwartet
und bemerkenswert wie das Ausbleiben fast jeder entzündlichen Reaktion. Dieser
Reaktionsmangel erklärt sich nicht nur durch den kurzen Aufenthalt im menschlichen Gewebe, sondern auch durch die geringe Reizwirkung der zooparasitären
Stoffwechselprodukte. Nur wenn sich der Wurm dauernd im Gewebe einnistet,
erzeugt er durch Summation der Reize als Reaktion eine bindegewebige Kapsel.
Stärkere entzündliche Veränderungen kommen nach meiner Erfahrung dann zustande, wenn die Parasiten im Gewebe absterben. — Wir müssen uns hier nur mit
einer Anspielung auf die zur Blastombildung nötige Reizwirkung begnügen, bei
der ja manchmal tierische Parasiten eine Rolle spielen. Auch dieser komplexe[1]
Reiz ist nicht notgedrungen an eine entzündliche Reaktion geknüpft. Endlich
sei das Beispiel der Gifte, also differente chemische Stoffe genannt, die mit der
wechselnden Dosis bis zur Reizschwelle entzündlichen Wirkung abzustufen sind.

Der Versuch, die phlogogene *Reizstärke* genauer zu bestimmen, kann unter-
nommen werden, wenn man sich darüber klar geworden ist, daß jede biologische
Reaktion wie ihr durchsichtigeres und exakter zu fassendes Seitenstück, die
chemische Reaktion, von der Wechselwirkung der beiderseits in Aktion tretenden
Elemente abhängig ist. Und schon bei der ätiologischen Betrachtung wird die
Tragweite der einwirkenden Energie von dem *ätiologischen Faktor an sich* und der
„Konstitution" des ihm ausgesetzten *lebenden Bodens* abhängen. Wir werden bei
den folgenden Darstellungen gedanklich immer auseinanderhalten müssen, daß
die entzündliche Äußerung und ihre Intensität von der auf das normergische,
also durchschnittliche Individuum bezogenen Reizgröße, aber auch von dem
anergischen, synergischen oder hyperergischen Zustand des beeinflußten Organs
oder Gesamtkörpers bestimmt wird. Wir ziehen zunächst die Verhältnisse bei
der regelrecht reagierenden Person in Betracht und haben dann die Umstellung
bei Allergie zu prüfen.

Die Feststellung der phlogogenen Reizstärke kann *zahlenmäßig* aber auch
biologisch mit Erfolg gemacht werden. Der Schwellenwert des entzündlichen
Reizes ist zunächst bei der Wärmewirkung auf die Haut *ziffernmäßig* in Tempe-
raturgraden (Samuel) ausgedrückt worden. Er liegt über 50° C, indem das
Eintauchen des Kaninchenohrs in Wasser von 54° C nach 3 Minuten langer
Brühwirkung das Schulbild der Entzündung hervorruft. Analog liegen die Verhältnisse für andere Tiere und den Menschen, wenn man dem Umstand Rechnung
trägt, daß die Dicke der Oberhaut je nach der Tierart wechselt und im geringeren
Grade je nach dem Individuum. Gessler[2] fand an der eigenen Haut 52° als
Schwellenwert der Entzündung. Hier kann vorausgreifend zugefügt werden,
daß nach vorausgehenden Hitzeeinwirkungen die verdickte Oberhaut Reizgrad
bzw. Reizdauer zur Erzeugung der Entzündung erhöht (E. Fuerst[3]). Es ist
bemerkenswert, daß sich viele Arten von Einzelzellen in isoliertem Zustande
hierin ziemlich gleich verhalten, denn die Temperaturgrenze um 50° ist auch
maßgebend für den Bestand der einzelnen Blutzellen, da die Erythrocyten darin
anfangen, in Einzelstücke zu zerstieben und die Leukocyten in Wärmestarre zu
verfallen. Der Hitzetod als Anstoß zur Entzündung läßt sich also graduell
festlegen. Auch Ricker beschäftigt sich in seinem Stufengesetz (s. später) mit
Temperaturgraden, allein er will dabei nicht die Stärke der entzündlichen Reaktion messen, ohne sich um den Schwellenwert ihres Beginns zu kümmern.
Gessler[2] beobachtete an ausgeschnittenen Hautstückchen, daß mit zunehmender

[1] Askanazy, M.: Wien. klin. Wschr. **1927**, Nr 19.
[2] Gessler: Klin. Wschr. **1923**, 1155.
[3] Fuerst, E.: Beitr. path. Anat. **24** (1898).

Erwärmung auf 40—48° ihr O_2-Verbrauch bis zum Doppelten sich steigert, um bei 52° mit dem Gewebstod aufzuhören. Bei 52° stellten sich Entzündungserscheinungen ein, die bei 54° energischer wurden (am Kaninchenohr). Für die Kältewirkung als Entzündungsreiz kommen ältere Versuche COHNHEIMS[1] in Betracht, der Hyperämie unter dem Einfluß schwachen Gefrierens bei —4° bis —12°, Eiterung und Brand bei Temperaturen von 18—20° unter Null auftreten sah. Bei Gefrierung durch Ätershpray hängt die Stärke der Wirkung von der Einwirkungszeit ab und wir wissen, daß das Gefrieren von Haut und Schleimhaut schon nach einer Äther- oder CO_2-Spraywirkung von wenigen Sekunden deutliche Entzündungsbilder liefert (E. FUERST[2], H. SCHMIDT[3]). Für die Röntgenwirkung hat man als Einheit die Hauteinheitsdosis angesehen, die Hauterythem erzeugt. Auch bei mechanischen Reizen ist es möglich, zahlenmäßig die Kraft festzulegen, die zur Entzündung führen muß. Die traumatische Schädigung läßt aus dem zertrümmerten Gewebe Capillargifte entstehen (DALE). Fremdkörper-Riesenzellen im Entzündungsgebiet setzen meistens eine bestimmte, freilich nicht nur mechanisch wirkende Größe der Partikel voraus. Hinsichtlich der infektiösen Reize läßt sich die Zahl der Keime ausfindig machen, die zur örtlichen Wirkung erforderlich ist, und auch für ihre Toxine und Endotoxine sind Einheitsmengen feststellbar und praktisch verwertet. Fein dosierbar sind die Mengen der Gifte, die für die verschiedenen biologischen Wirkungen bis zur Entzündung notwendig sind. W. HEUBNER[4] behandelte die Frage der „wirksamen Grenzkonzentration" der Gifte, die erforderlich ist, um auf verschiedene Gewebselemente pharmakologisch zu wirken. Die niedrigste Konzentration bestimmt dasjenige Element, das bei kleinen Dosen des Reizmittels allein, bei größeren am stärksten betroffen wird. So konnte er für Arsenik feststellen, daß es in einer Konzentration von 1 auf 40 Millionen das Wachstum der Protozoen um die Hälfte steigert, in einer Konzentration von 1 auf 100000 Paramäcien schädigt und in einer Stärke von 1 auf 800000 in elektiver Weise die Capillargefäße angreift und Hyperämie erzeugt, als „Grenzwert der Entzündung". Cantharidin ließ trotz seiner blasenziehenden Kraft eine solche Gefäßwirkung nicht erkennen. Die wirksame Reizsubstanz des spanischen Pfeffers führte auch bei wiederholter starker Nervenreizung nicht zur Entzündung. Chemische Reizstoffe setzen also an verschiedener Stelle an, haben auch je nach Angriffspunkt und Konzentration verschiedene Wirkung. Entzündungserregend betätigen sich nur solche Stoffe, die in etwa gleichem Maße Nerven, Capillaren und Gewebszellen „verändern", wie das Senföl.

Bei Vergiftungen kommt nun gerade sinnfällig die obenerwähnte Tatsache zur Geltung, die man bei der zahlenmäßigen Abschätzung der Entzündungsreize nie vergessen darf, nämlich die Eigenart der Entzündbarkeit des *Reizortes* am lebenden Wesen, wechselnd mit der „Konstitution", der angeborenen und erworbenen, abhängig von der *Lebensperiode*, von der *Tierart, von der örtlichen und allgemeinen Disposition* (Allergie im weitesten Sinne). — Entzündungen kommen im jüngsten Stadium des Fetallebens der Metazoen nicht leicht oder nicht deutlich zur Beobachtung, indem in dieser Embryonalzeit das Wachstum viele anderen Funktionen überragt, nur andeutungsweise aufkommen läßt. Gibt es doch Eizellen, die trotz ihres Befallenseins durch gewisse parasitäre Eindringlinge

---

[1] COHNHEIM: Neue Untersuchungen über die Entzündung. 1875.
[2] FUERST, E.: Zitiert auf S. 288.
[3] SCHMIDT, H.: Recherches histo-pathol. de l'action du froid sur les tissus de la cavité buccale. Thèse de Genève 1925. Der CO_2-Strom schwankte zwischen Temperaturen von —60 bis —70° und erzeugte nach 5 Sek. Entzündung.
[4] HEUBNER, W.: Verh. dtsch. path. Ges. **19**, 111 (1923).

eine ziemlich ungestörte Entwicklung nehmen können. Auch das ist zu beachten, daß in der frühsten Entwicklungsperiode der für die Entzündung so wichtige leukopoetische Apparat gegenüber dem erythropoetischen erheblich zurücksteht, die Leukocyten im Blute noch ganz selten und die hämoglobinfreien Zellen im Blute und in der blutbildenden Leber dann zumeist noch Proerythroblasten sind. In diesen Fetalzeiten führen manche örtliche Schädigungen, die nicht das Leben vernichten, unmittelbar zum Wiederersatz, wenn sie nicht Entwicklungshemmungen nach sich ziehen. In der weiteren Embryonalperiode sind die Bedingungen zur entzündlichen Reaktion eher gegeben, wenn auch nicht gerade häufig. An der Tatsache fetaler Entzündung kann aber nicht gezweifelt werden, da es angeborene akute und chronische infektiöse Entzündungsprozesse verschiedener Ätiologie, angeborene Bauchfellentzündung um frei in den Peritonealsack ausgetretenes Meconium, amniotische Verwachsungen u. a. mehr gibt. Man hat die Frage dieser Entzündbarkeit und entzündlichen Reaktionsform auch an ausgepflanzten Fetalgeweben geprüft, indem fortgezüchtete Leber- und Milzstückchen von 10 bis 12tägigen Kaninchenembryonen mit Croton- und Terpentinöl entzündlich gereizt wurden, wobei sich im Vergleich zu unbehandelten Kulturen eine stärkere Zellwanderung seitens der Erythroblasten und primärer „Stammzellen" ergab, während Granulocyten fehlten (Silberberg[1]). — Bezüglich des Verhaltens der *Tierart* gegenüber Entzündungsreizen ist zu bemerken, daß es keine Entzündung bei Urtieren gibt und bei Metazoen, wie Metschnikoff und Rössle in Anlehnung an ihn und in besonderer Würdigung seiner Leitgedanken betont, erst von dem Augenblick an, wo das Parenchym vom Interstitium geschieden, ein Mesoderm entstanden ist. Dabei muß man dem Entzündungsbegriff der allgemeinen Biologie zuliebe schon eine erweiterte Fassung geben. So kommt in der vergleichenden Pathologie der Entzündung eine im Verhältnis zu der verfeinerten, fast raffinierten Reaktion beim Säugetier noch rudimentäre Urform bei Coelenteraten zustande, gekennzeichnet durch die Ätiologie und die Antwort des Mesenchyms als Phagocytose im Sinne Metschnikoffs. Entwickelter wird der Vorgang, sobald bei gewissen Mollusken die Blutbahn ausgestaltet ist und diese ihre mobile Zellgarde in Gestalt gekörnter Leukocyten in den Dienst der Entzündung stellen kann. Unter den Wirbeltieren genießen dann die Amphibien bekanntlich bereits den Ruhm, das erste sehr gute experimentelle Beobachtungsmaterial zur Begründung und zur Erkenntnis der grundlegenden Vorgänge der Entzündung geliefert zu haben. Bei Säugetieren und beim Menschen gelangt die Wissenschaft schon zur feineren Beobachtung über die besonderen Züge der individuellen Reaktion, indem sich der Schwellenwert des Entzündungsreizes an der Hand der Konstitution, der Disposition von Geweben, Organen und Gesamtkörper einstellen läßt. Von den besonderen formalen Änderungen der Entzündungsbilder unter den Bedingungen der Allergie können wir hier absehen, zumal sie mehrfach weniger einschneidend sind als der Wechsel der Reaktionsstärke. Für die Entstehung der Entzündung überhaupt und für den Grad der Reaktion besitzen die Zustände der Allergie eine große Bedeutung, indem sie auf die Dosis des Reizes steigernd oder abschwächend einwirken. Die beiden extremen Vertreter der Allergie, Immunität (Unempfindlichkeit) und Anaphylaxie (Überempfindlichkeit) lassen in der Nuancierung ihre relative Natur erkennen, zwischen ihnen und der zur Entzündung führenden Reizstärke besteht ein umgekehrtes Verhältnis. Die Gewebsimmunität läßt sich auf thermische und toxische Prozesse ausdehnen. Gerade der Umstand, daß die Immunität sich lokal äußert und durch örtliche Einwirkung entstehen kann, setzt sie zur örtlichen Gewebsreaktion der Entzündung in so enge Beziehung. Die regio-

---

[1] Silberberg: Virchows Arch. **270** (1929).

näre Immunität kann eine natürliche sein. Man erinnere sich der relativen Feiung der normalen Kanalwand, namentlich der Schleimhaut des Verdauungskanals, gegen seine reiche Bakterienflora, obschon eine Durchgängigkeit für Bakterien besteht. Die Nieren der Igel sind gegen das beliebte entzündliche Reizmittel der Canthariden von Natur aus unempfindlich, und für die Nieren der Kaninchen zeigte A. ELLINGER, daß es erst dann gelingt, eine Cantharidennephritis zu erzeugen, wenn man den Urin durch Haferfütterung sauer macht. Wir treten ins Gebiet der erworbenen örtlichen Immunisierung ein, wenn wir PASTEURS künstliche Immunisierung der Hautdecken gegen Milzbrand bei fortbestehender Empfänglichkeit des Verdauungsapparates gegen die gleiche Infektion erwähnen. Die Tatsache, daß Tuberkulin nur bei Tuberkulösen eine entzündliche Herdreaktion am Sitze der Krankheitsprodukte oder irgendwo an der Peripherie des spezifisch allergischen Körpers auslöst, daß harmlose Sera im sensibilisierten Organismus zu Giften werden können, hat in der Lehre der Überempfindlichkeit seinen Schlüssel, in der Tatsache der örtlichen Reaktion seine Angliederung an das Entzündungsproblem gefunden. Im Versuch an Mensch und Tier hat man den Wechsel der Entzündbarkeit in Abhängigkeit vom *Allgemeinzustand* und von *örtlicher Vorbehandlung* seit den Studien SAMUELS bis auf unsere Tage geprüft, letzthin eindringlicher, histologisch entsprechend der allgemeinen Einstellung zur individualisierenden Medizin. Dabei ist zu bedenken, daß die örtliche Vorbehandlung eine Rückwirkung auf den Gesamtkörper haben kann. Es ist verständlich, daß diese Experimente und pathologischen Beobachtungen wegen der dauernden Möglichkeit der Kontrolle gern an der Haut vorgenommen wurden. Französische Autoren[1] zeigten in Anlehnung an SAMUELS Befunde (s. unten), daß die Hyperämie und Exsudation am Kaninchenohr, wie sie nach Einreibung von Crotonöl zustande kommt, verhindert werden kann, wenn man dem Tiere die löslichen Produkte des Bac. des blauen Eiters ins Blut spritzt (CHARRIN und GAMALEIA). Es käme dann nur zur venösen Stase. Nach ihnen liegt die entzündungswidrige Beeinflussung darin begründet, daß durch die intravenöse Einspritzung die Erregbarkeit der gefäßerweiternden Nerven herabgesetzt wird. In graphischer Darstellung legten CHARRIN und GLEY u. a. die Lähmung der Vasodilatatoren durch die entzündungshemmenden Stoffe dar, während S. ARLOING in Versuchen über die Produkte der Traubenkokken die Übererregbarkeit der vasomotorischen Zentren und ihrer peripheren Fasern durch diese Substanzen beobachtete. Betreffs des Einflusses der allgemeinen Körperumstimmung auf örtliche Gewebsreaktion sind die Untersuchungen über die Idiosynkrasie bedeutungsvoll, die sich in einer gesteigerten Bereitschaft der Haut zu entzündlichen Ausschlägen verschiedener Art (Erythem, Ekzem, Urticaria) zu erkennen gibt und anaphylaktischer Natur ist, bedingt durch individuelle Empfindlichkeit auf im Einzelfall bestimmte, aber im allgemeinen sehr wechselnde Reizstoffe. Wichtiger als die Besonderheit des Antigens ist die Reizempfindlichkeit der Zellen der Antigen-affinen Zellen (B. BLOCH[2]). Die Bestimmung der Reizschwelle von seiten des Gesamtzustandes prüfte man auch in Versuchen mit Cantharidinpflastern, die im Verlauf der Fieberstadien der Lungenentzündung aufgelegt wurden (F. KAUFFMANN[3]). Während des Fiebers ist die Reaktion anergisch, der Erguß zellarm, gelegentlich serofibrinös, nach dem Temperaturabfall ist er eitrig, hyperergisch, in der Rekonvaleszenz von neuem nur serofibrinös, um endlich in der 4. Phase die normale Entzündungsstärke wiederzugewinnen. Hier offenbart sich eine wechselnde Reaktion auf unspezifische Reize. Die Über- oder Unter-

---

[1] Vgl. J. COURMONT u. A. ROCHAIX: La maladie infectieuse. Traité de Pathologie Génerale von Bouchard-Roger. 2. Aufl. 1914.

[2] BLOCH, B.: Z. klin. Med. **99** (1923).   [3] KAUFFMANN, F.: Krkh.forschg **2** (1926).

empfindlichkeit kann sich nun in der Weise äußern, daß eine Reizart die Ansprechbarkeit für eine andere Reizart verändert, womit wir zur örtlichen Beeinflussung des entzündbaren Bodens gelangen. Hierhin gehört das ältere Experiment Samuels[1], das lehrte, daß die Entzündung des Kaninchenohrs nicht nur
milder verläuft, wenn man Crotonöl zum zweitenmal auf seine Haut aufstreicht,
sondern auch, wenn nach erstmaligem Überstehen der Crotonölentzündung das
Ohr der Verbrühung ausgesetzt wird. Danach kommt es nur zur Erweiterung der
Schlagadern. Diese Unterempfindlichkeit bleibt etwa 1 Monat bestehen. Entsprechende Ergebnisse erhielt E. Fuerst[2] nach wiederholter Einwirkung von
Temperaturen, Jadassohn[3] für chemische Reize und ultraviolettes Licht,
Ebbeke[4] u. a. für mechanische Einwirkungen, meistens in Experimenten, die
einen gleichartigen Reiz wiederholt zur Anwendung brachten. Hier schließt sich
das Problem der Entzündungsbehandlung mit entzündungserregenden Reizen
an (Strahlenbehandlung, Waetjen[5]). Schon früher hat Roessle[6] Studien begonnen, die er im Verein mit seinen Schülern Gerlach[7] und Klinge[8] methodisch
zur Vertiefung des Wesens der allergischen Reaktion verfolgte. Der wichtigste
Ausgangspunkt bestand im Arthusschen Phänomen, das sich zur histologischen
Erschließung der hyperergischen Entzündung besonders eignet. Der Prozeß,
der spezifisch auf den nämlichen wiederkehrenden Reiz des artfremden Serums
eingestellt ist, stellt die höchste Stufe der Entzündungsfähigkeit dar. Die entzündliche Reaktion wird beschleunigt, gesteigert und dabei ist die Resorption
des Antigens verzögert. Qualitativ bleibt die Entzündung als solche bestehen,
die anaphylaktische Reaktion führt keine anderen Zellformen in den Entzündungsherd als beim Normaltier, doch greift der Vorgang tiefer bis in die Zellen und
Fasern der Grundsubstanz ein, die Zellen schneller mobilisierend und auch vernichtend. Bei den sensibilisierten Tieren greift die erhöhte Ansprechbarkeit
der Zellen über die Örtlichkeit hinaus bis auf die gesteigerte Filtertätigkeit der
Stroma- und Gefäßzellen im Blutfilterapparat, dem sog. Reticuloendothelialsystem[9]. Die wiederholte Einwirkung von Entzündungsreizen kann sich auch
in Nachwirkungen auf Teilreaktionen äußern. So konnten Ricker und Regendanz[10] beobachten, daß nach einem durch mannigfache Reize hervorgerufenen
Bindehautkatarrh die Conjunctivalgefäße noch monatelang paradoxe Reaktion
zeigen, sich z. B. nach Suprarenineinträufelung erweitern oder 9 Tage nach
der Einwirkung von nur wenig entzündungserregendem 20proz. Campheröl
überhaupt nicht reagierten. Die örtliche Umstimmung der Entzündbarkeit
hat man nach diesen und früheren Versuchen der französischen Autoren in
einem veränderten Verhalten des Gefäßapparats einschließlich seines Nervensystems erblickt. Man konnte aber daneben auch an der Tatsache physikalisch-
chemischer Umwandlung des Bodens nicht vorbeigehen, zumal seitdem die
Kolloidchemie auf dem Gebiete der Entzündung in mancher Hinsicht klärend
mitspricht (s. später). Schon Versuche Samuels über die Beeinflussung der
Crotonölentzündung durch Eintauchen von anderen Körperteilen in kühles
Wasser (15°), die der Autor auf Lähmung der Leukocyten zurückführen wollte,
reihen sich eher in diesen Gedankengang ein. Es hat sich gezeigt, daß die Quaddel
der Urticaria sich durch geringeres Ödem auszeichnet oder gering ausfällt, wenn

[1] Samuel: Virchows Arch. 127 (1897).
[2] Fuerst, E.: Beitr. path. Anat. 24 (1898).
[3] Jadassohn: Klin. Wschr. 1923, Nr 36—38.
[4] Ebbeke: Klin. Wschr. 1923, Nr 37/38.   [5] Waetjen: Beih. z. med. Klin. 1927.
[6] Roessle: Verh. dtsch. path. Ges. 1914 und Referat ebendas. 1923.
[7] Gerlach: Virchows Arch. 247 (1923) und Verh. dtsch. path. Ges. 1925.
[8] Klinge: Krkh.forschg 3 (1926).   [9] Siegmund, Öller: Path. Ges. 1923.
[10] Ricker u. Regendanz: Virchows Arch. 231 (1921).

man zuvor Blut oder Hämoglobin einspritzt (TOEROEK, LEHNER und URBAN[1]) oder eine venöse Stauung bewerkstelligt (LEWIS[2]). Bei der eintretenden Anergie wird man Angriffspunkt und Angriffsart trennen. Übrigens soll am Schlusse dieser Betrachtung über Anergiequellen nicht die Anergie übergangen werden, die als Teilerscheinung der „vitalen Reaktionsschwäche" überhaupt auftritt und zu der gefürchteten Reaktionslosigkeit nach chirurgisch-traumatischen Einflüssen, z. B. bei alten Personen, führt. Alle allergischen Reaktionen rücken die Tatsache in das rechte Licht, daß erhöhte Entzündungsfähigkeit einer relativ gesteigerten Reizdosis beim Normalgischen gleichkommt.

Man muß bei der Beurteilung der Reizstärke der *Reizart* und *Reizdauer* gedenken. Aber die Reizart spricht mehr bei der Entzündungs*form* als bei der Umschreibung des Entzündungsbegriffes mit, und die Reizdauer, die in die Dauer der *primären, meistens äußeren und der folgenden inneren Reize* zu zerlegen ist, übt ebenso Einfluß auf die Dauer und Form der entzündlichen Reaktion als auf das ätiologische Wesen der Reaktion aus. — Um dieses zu verstehen, ist neben der bisher erörterten Reizstärke die *biologische Analyse* des Entzündungsreizes erforderlich. Entzündung ist pathologisches Geschehen, also muß der Reiz eine pathologisch-biologische Erregungstiefe besitzen. Das hat schon VIRCHOW ausgesprochen, als er das „Irritamentum" der Entzündung in einer „Schädigung" oder „Ernährungsstörung" der Zellen suchte. In der Tat liegt die Wesenheit des Entzündungsreizes darin, daß *der primäre Reiz, in wichtigere, folgenschwerere sekundäre und gegebenenfalls tertiäre usf. Reize umgesetzt wird,* indem der häufige äußere Reiz sofort zu einem inneren, im Gewebe erzeugten Reiz den Anstoß gibt, der gewöhnlich seinen morphologisch feststellbaren Ausdruck findet. Bei den infektiösen Entzündungen schließt sich der äußere Reiz ins lebende Gewebe ein, gebiert sich und die von ihm abstammenden äußeren Reize (Toxine, Endotoxine, Leukocidine, Hämolysine usw.) sowie die von diesen ausgehenden inneren Reize immer von neuem, tage- oder jahrelang. Aber auch die primären inneren Reize bei Gicht, Urämie, bei sog. neurogenen Entzündungen haben sekundäre innere Reize im Gefolge. Der äußere primäre Reiz ist artfremd, körperfremd oder ortsfremd (z. B. Bakterien des Darminhalts in der freien Bauchhöhle), der innere sekundäre Reiz ist körpereigen, aber die Folge einer vitalen Störung also in unphysiologischem Zustande wirksam. Welches ist der sichtbare Ausdruck dieser Einwirkung, ein Punkt, wo die Ätiologie der Entzündung mit der Pathogenese verschmilzt? In manchen Fällen sind die inneren Reize schon mit bloßem Auge sichtbar (bei Zerstörungen durch Gewalteinwirkung, Ätzungen usw.), in den meisten Fällen sind sie erst mikroskopisch zu erfassen und zu erforschen. E. NEUMANN prägte für sie das Wort der *Mikronekrosen.* Seitdem hat sich die Zahl der Entzündungen, als deren Vorspiel man histologisch Nekrosen im Gewebe am Angriffsort nachweisen konnte, noch vermehrt, so schon in den Fällen von Verbrennung 2. Grades, bei Erfrierungen, bei radiologischen, infektiösen Entzündungen usf. Wenn eine typische Nekrose nicht nachweisbar ist, können sich doch tiefgreifende Störungen im Gewebschemismus bemerkbar machen, die zum inneren sekundären Reiz werden. Daß solche ortsangehörigen oder ortsfremden Nekrosen aber für sich einen Entzündungsreiz abgeben, wird durch die, wenn auch schwächeren entzündlichen Reaktionen um Transplantate, Replantate, Implantate, um keimfreie Infarkte, um Blutergüsse, um Thromben bewiesen. Daß die Reizquelle in chemisch differenten Stoffen liegt, wird dadurch nahegelegt, daß Heteroplastiken zu stärkeren Reaktionen führen als Homoio- oder Autoplastiken. Die physikalisch-chemischen oder chemischen Individuali-

---

[1] TOEROEK, LEHNER u. URBAN: Krkh.forschg 1 (1925).
[2] LEWIS: Heart 2 (1924).

täten können in der veränderten Ionenkonzentration oder in Abbauprodukten der durch Auto- oder Histolyse (WEISMANN) zerlegten Eiweißkörper gesucht werden, die in entsprechender Konzentration wie Aminosäuren (RÖSSLE) entzündungserregend wirken. So wird die Entzündung vom ätiologischen Gesichtswinkel allein durch die sekundäre, innere Reizquelle zu einer Reaktionsform nach Gewebsvergiftung gestempelt. Die Fremdstoffe, welche die Gleichgewichtsstörung in dem Haushalt des Organteils erzeugen, können aber auch chemisch indifferente Fremdkörper sein, die sich im Gewebe einlagern wie unlösbare tote[1] Gebilde oder selbst manche lebenden tierischen Parasiten; dann muß der durch den mechanischen Reiz ausgelöste innere Reiz zur leichtesten Reaktion mit Abkapselung und cellulärem Entfernungsbestreben genügen. Immer aber muß der Entzündungsreiz so beschaffen sein, daß er neue Reizquellen im Gewebe erschließt, immer läßt er größere Energiebeträge in Wirksamkeit treten als physiologische Reize. Bei der Phosgenvergiftung verläuft die Lungenentzündung auch weiter, wenn die im Gewebswasser entbundene HCl neutralisiert ist (HEUBNER[2]). So können wir das ätiologische Merkmal der Entzündung in einer *Reizfolge*, aus äußeren und inneren Reizen zusammengesetzt, manchmal in einer langen *Reizkette* von zahlenmäßig oder biologischer meßbarer Stärke erblicken, gekennzeichnet durch Schaffung lokaler endogener Reize. Bei der mikroparasitären Entzündung verrät sich die ausschlaggebende Rolle der äußeren Reize in der Dauer der Erscheinung, die der Resistenz der Keime im infizierten Gebiet parallel geht.

3. Die morphologischen Merkmale der Entzündung.

Hier ist nicht nur das Zustandsbild der Entzündung, das Pathos, sondern auch ihre Entwicklung, die Pathogenese entwicklungsmechanisch und histogenetisch zu berücksichtigen.

Im Beginn der entzündlichen Reaktion am Organ oder Organteil erhebt sich die erste Frage nach dem *Angriffspunkt* des Entzündungsreizes. Hier meinen die einen von VIRCHOW bis zum heutigen Tage, daß der Reiz stets an *einem* Element im lebenden Teile einsetze, während die anderen die regelmäßige anfängliche Einwirkung auf ein bestimmtes Element im Organteil ablehnen, allerdings fast durchweg mit Recht dazu neigen (s. später), daß das Organstroma eine größere Rolle spielt als das Parenchym. Unter denen, die einen umschriebenen Angriffspunkt verlangen, kann man Autoren trennen, die die „Zelle" als solche ansehen, andere, die die *Gefäße*, und endlich solche, die die *Nerven* als solchen betrachten. Für VIRCHOW war, wie die meisten Probleme der pathologischen Biologie, auch die Entzündungslehre mit ein Baustein der Cellularpathologie. Nach ihm hat der Reiz eine „Ernährungsstörung" der Zelle zur Folge, die darauf aktiv durch Schwellung und Vermehrung antwortete und dadurch wie bei anderen Tätigkeiten eine gesteigerte Blutzufuhr herbeiführte (Attraktionstheorie). Wir erblicken aber heute zwischen Zelle und „Gefäß" keine so scharfe Grenze, da die Zelle mitsamt den paraplastischen bzw. Grundsubstanzen als lebende Einheiten reagieren und auch die Gefäße so gebaut sind, da andererseits die Gefäßreaktion so schnell und frühzeitig aufzutreten vermag (z. B. bei Conjunctivitis), daß wir sie kaum als zweite Erscheinung erklären dürfen. Auch ist man lange darüber einig, daß die Antwort der Zelle auf den Entzündungsreiz nicht allein in gesteigerter Ernährung und Bildungskraft sich äußert, wie schon aus den vielen Erörterungen über die sog. „parenchymatöse Entzündung" hervorgeht. Allein

---

[1] Einige solche Körper, wie Kohle, könnten durch Adsorption reizfähige Stoffe aufnehmen.
[2] HEUBNER: Klin. Wschr. **1922**, 1349.

man muß zugeben, daß VIRCHOW doch wieder in mehrfacher Hinsicht gegenüber denen recht behielt, die die aktive Reaktion der „Zellen" viel später einsetzen lassen wollten, als es VIRCHOW annahm. Zunächst erwies es sich als Irrtum, daß die erste, früheste Zellreaktion bei der Entzündung überall „degenerativer", passiver Natur wäre. Der Radius der Auswirkung der entzündlichen Reizfaktoren reicht in Gebiete hinein, wo die Zelltätigkeit nicht arg oder gar nicht zu Schaden kommt und von Anfang an Positives schafft. Dann hat man den Maßstab für das aktive Eingreifen der Zellen lange Zeit hindurch in dem Augenblick des Auftretens der ersten Mitose erblicken wollen und ging schon hier allmählich in der Ausdehnung der Zeitspanne etwas zurück, als die ersten Kernteilungsbilder sich doch schon unter Umständen in dem ersten halben Tage nach dem Beginn des Prozesses beobachten ließen. Die neueren Untersuchungen, besonders mit Plasmafärbungen (s. später), ließen aber in den Versuchen TH. ERNSTS[1] erkennen, daß Stromazellen schon 10 Minuten nach der Einwirkung des entzündungserregenden Stoffes (0,2 % Terpentinöl) in dem Zustand der Aktiviertheit morphologisch kenntlich sind und in den folgenden Minuten diesen histologischen Ausdruck der lebendigen Tätigkeit immer deutlicher zur Schau tragen. Nach dem Zeitpunkt der vitalen Betätigung kann man heute der VIRCHOWschen Attraktionstheorie nicht mehr so leicht bekommen. Aber umgekehrt bleibt die Geschwindigkeit der Gefäßeinstellung der Entzündung derart groß und pünktlich, daß schon diese Tatsache Bedenken einflößt, den Gefäßen nur Gefolgedienste zuzuerkennen. So hat man seit SAMUEL und COHNHEIM den Angriffspunkt des entzündlichen Reizes in den Gefäßen, in der Gefäßwand erblickt, und da sich eine Veränderung ihrer histologischen Elemente unter den damaligen Methoden oft nicht sicher erkennen ließ, von einer „molekulären Alteration" der Gefäßwand gesprochen. Es ist zweifellos, daß die Gefäße namentlich bei den akuten Entzündungen meist die erste Rolle im makroskopischen Bilde in zeitlichem und örtlichem Sinne spielen, daß ihre Veränderungen hier oft ein untrügliches Zeichen für das Vorliegen einer Entzündung darstellen. Aber es würde doch zu einseitig sein, die Gefäßwand immer als die erste Angriffsfläche bei Entzündungen zu betrachten, zumal es gefäßlose Häute, frische hämatogene und noch mehr ältere Entzündungen gibt, bei denen die Gefäße langsamer antworten oder zeitweise reaktionslos bleiben. Daß man aber auch dann, wenn die Gefäßreaktion von Anbeginn an die Aufmerksamkeit auf sich lenkt, die Kanalwand als solche nicht immer unmittelbar als getroffen ansieht, geht aus den neueren Studien hervor, die dem Vasomotorensystem sogar als den einzigen und ersten Angriffspunkt der Entzündungsreize ansehen wollen (RICKER). Mit der Herrschaft des Gefäßnervensystems im Bilde des entzündlichen Gefäßspiels wird seit langem auch schon bei SAMUEL gezählt, so z. B. wenn dieser Autor den Rückgang der Entzündung am Kaninchenohr beim Eintauchen der Extremitäten in kaltes Wasser feststellte. RICKER geht aber (s. unten) viel weiter, indem er das Nervensystem zum Beherrscher der entzündlichen Erscheinungen überhaupt machen will. Alle solche Einstellungen haben den relativen Wert, daß sie einen wesentlichen Umstand durch Übertreibung in ein helles, zu helles Licht rücken, aber sie müssen auf das biologische Maß, das Einseitigkeiten verbietet, zurückgeführt werden. Entzündungsreize sind, wie wir sahen, so oft Reize durch differente Stoffe, also Giftstoffe, deren Dosis wechselt, sich steigert. Nun sind die Angriffspunkte der Gifte nach Art und Konzentration einerseits, nach Angriffsorgan und Individuum andererseits verschieden. So entstehen die verschiedenen bunten *Entzündungsformen*, deren Beginn auch schon in einem verschiedenen Angriffspunkt

---

[1] ERNST, TH.: Über die ersten Stunden der Entzündung. Beitr. path. Anat. **75** (1926).

ausgesprochen sein kann oder ziemlich gleichzeitig an mehreren Elementen im Gewebe einsetzt. Für die Toxine von Diphtherie- und Dysenteriebacillen[1] ist gezeigt worden, daß die gleiche Dosis im gleichen Organ bei der gleichen Tierart je nach dem Individuum eine andere Entzündungsform zuwege bringt, was doch auf eine persönlich schwankende Angreifbarkeit der Gewebe hinzuweisen scheint. Unter allen Umständen ist es auch nicht möglich, den ganzen Ablauf des Entzündungsvorganges von einem Angriffspunkt aus zu beurteilen. In vielen Fällen ist das Inszenetreten der 3 lebenden Reagenzien: Stromazelle, Blutgefäß und Nerv ein so frühzeitiges, daß es ohne Belang erscheint, hier Prioritäten festzustellen. Bezieht man den Sinn des ,,Angriffspunktes" auf den Ort der ersteren Läsion, so ist zu bedenken, daß dieser mit der Stärke des Reizes an Ausdehnung gewinnt. So können bei Verbrennungen und toxischen Prozessen Parenchym und Stromazellen, Gefäße und Nerven gleichzeitig geschädigt sein.

Die *Morphologie* der Entzündung läßt sich von mehreren Gesichtswinkeln aus zergliedern. Einmal kann man einen mehr topographischen Überblick zu gewinnen suchen, indem man gesondert prüft, wie sich die Gefäße, das übrige Stroma und dann das Parenchym bei der entzündlichen Reaktion verhalten. Dann kann man eine allgemeine pathologische Einstellung der Erscheinungen vornehmen, indem man zuschaut, wie sich die Organteile insgesamt zu den großen Reaktionsgruppen der allgemeinen Pathologie verhalten, wieviel katabiotische, regressive, alterative und wieviel anabiotische, progressive Vorgänge ablaufen, wobei die Gefäßreaktionen einen Sonderplatz erhalten mußten. Das führte dann zu der Einteilung (Klassifikation) der Entzündungen in Reaktionstypen, also zu den *Entzündungsformen*, wie sie zuerst Virchow befürwortet und sich als praktisch für die Übersicht mit gewissen Abänderungen bis heute erhalten hat. Virchow[2] hat in dem Bestreben, das Wesen der Entzündung besser zu ergründen, 4 Arten der Entzündung unterschieden: die exsudative, die infiltrative, die alterative (vorher parenchymatöse genannt) und die proliferierende, so das Wechselnde in dem Symptomenbilde zur Anschauung bringend. Lubarsch wird mit guten Gründen diesem Bedürfnisse gerecht, wenn er auch heute noch in Aschoffs Lehrbuch eine alterative, eine exsudativ-infiltrative und eine produktive oder proliferative Entzündung voneinander absondert, was wir in dem Sinne annehmen können, daß die Bezeichnung a potiori erfolgt, nach der im Einzelfall hervorstechendsten morphologischen Veränderung. Daß diese besondere Erscheinungsform das Produkt von Reizart, Reizstärke und Reizort ist, wird noch zu würdigen sein. — Bei all diesen Betrachtungsweisen bleibt die Aufmerksamkeit am stärksten durch die *Gefäßreaktion* gefesselt, nicht nur, weil sie so oft die Szene einleitet, nicht nur weil sie für die reinste, klarste Form der *akuten* Entzündung fast pathognomonisch ist und nur im Gebiet gefäßloser Teile (Cornea, Herzklappen, Knorpel) natürlich im akuten Stadium fehlt oder in der exsudativen Quote auf Umwegen erfolgen muß, sondern weil sie in sich eine eigenartige biologische Stellung einnimmt. Aber die elementare, zentrale Stellung der vasculären Reaktion tritt noch deutlicher zutage, wenn man ihre Teilnahme an den altberühmten Kardinalsymptomen der Entzündung prüft. Daß der Rubor des entzündeten Teiles, von der Verquickung mit den bei akuten Entzündungen nicht seltenen Blutungen abgesehen, auf der Erweiterung der Gefäße und der Freigabe des ganzen Haargefäßnetzes für die Blutströmung beruht, ist klar. Der subjektiv und objektiv feststellbare Calor entstammt im wesentlichen der Wärme, die die vermehrte Blutflut durch das weitgeöffnete Strombett herbeischafft, und nur ein Bruchteil entsteht,

---

[1] Lotmar: Nissl-Alzheimers Arbeiten **6**, 2 (1913). — Anitschkow: Virchows Arch. **211** (1913).
[2] Virchow: Virchows Arch. **149**.

durch die gesteigerte Oxydation, die sich in gewissen peripheren Zonen des Ent-
zündungsgebietes abspielt (GESSLER[1]). Der Tumor entwickelt sich durch die
stärkere Gefäßfüllung und namentlich durch die dem Gefäßinhalt entnommenen
flüssigen oder gerinnenden und zelligen Ausscheidungen ins Gewebe, das sich dann
proliferierend an der Vergrößerung des Umfangs beteiligen kann. Der Entzündungsschmerz kann namentlich zu Beginn in gewissen Fällen auf Fremdkörper-
wirkung beruhen, er kann die direkte Folge bakterieller Reizung sein, aber in
der Regel wird er durch die Hyperämie und Exsudation am und im Nervenbereich
durch mechanische und chemische Irritation[2] zustande kommen. Die entspannende
Wirkung des Einschnitts wird als Beleg für die mechanische Druckwirkung auf
die eingeschlossenen schmerzempfindenden Fasern angesehen. So gibt es kein
klassisches Symptom der frischen Entzündung, in dem das entzündliche Gefäßspiel nicht eine wichtige, oft die entscheidende Rolle übernimmt.

Man hat diese *Gefäß*reaktion eine aktive Hyperämie nennen wollen und
braucht namentlich im französischen Sprachgebiet das Wort „Kongestion"
auch für Entzündung. Dann hat man neuerdings mehr Neigung, die Gefäßreaktion besonders nach der Anregung von RICKERS Studien in irritative und
paralytische Hyperämie zusammenfassen (GROLL). Das bedeutet einen Fortschritt, ist aber noch nicht erschöpfend, denn der *entzündlichen Hyperämie*
kommen weitere Eigenschaften und Folgezustände zu, die einer irritativen Hyperämie und paralytischen Hyperämie als solcher nicht angehören. Symptomatisch
bezeichnend für die entzündliche Hyperämie ist im Prinzip die Teilnahme
aller Blutgefäße an der Erweiterung der Capillaren und zumeist auch schnell
der Arteriolen, wenn die letzten auch nicht immer im Beginn der stets an dem
Orte der ersten Reizwirkung einsetzenden Gefäßfüllung durch Dilatation auffallen. Diese allgemeine Hyperämie ist von dem venösen Blutabfluß grundsätzlich unabhängig. Sie besteht, obwohl die großen Arterien sich zeitweise verschieden (s. unten) verhalten, aber schließlich in Dilatation von gewöhnlich para-
lytischer Natur verharren können. Der Blutstrom kann zeitweise beschleunigt
sein, weil eine größere Menge von Blut aus den Schlagadern zufließt, und so zeigt
die Entzündungsröte an der Körperoberfläche eine helle Färbung, wobei auch
das Venenblut noch heller sein kann als gewöhnlich. Auch die Lymphgefäße
sind erweitert und die Blutcapillaren sind bedeutender eröffnet als bei reiner
arterieller, kongestiver Hyperämie wie auch nach Sympathicuslähmung. Es
füllen sich viele vorher zusammengefallene leere oder nur plasmahaltige Capillaren
mit Blutkörperchen. Nun erfährt der Blutstrom aber bald eine andauernde
Verlangsamung, die neben der generellen Gefäßfüllung und dem Verhalten der
Leukocyten am meisten die Geister zur experimentellen Erforschung des Gefäßspiels im Entzündungsgebiet angeregt hat. Die Verlangsamung der Strömung
kann ort- und zeitweise bis zum Stillstand und zur *Stase* gehen, die durch die
anscheinende Verschmelzung (Konglutination) der Erythrocyten gekennzeichnet
ist. Daß die Verschmelzung zu einem homogen erscheinenden Zylinder hämo-
globinhaltiger Masse nur scheinbar ist, war lange zunächst aus den Bildern der
venösen Stauung geläufig, wo man nach Aufhebung der Stauungsursache die
Blutkörperchen sich sofort voneinander lösen sieht. THOMA hat dieses Verstreichen der Erythrocytengrenzen durch die Verkleinerung der Zwischenräume

---

[1] GESSLER: Klin. Wschr. **1923**, 1155 und Arch. f. exper. Path. **91** (1921; **92** (1922).

[2] v. GAZA und BRANDI zeigten in Versuchen am eigenen Körper, daß der Schmerz
von p_H abhängt, indem er in Geweben mit p_H zwischen 7,4 und 8,0 ausblieb, in Geweben
mit p_H unter 7,2 eintrat und mit steigender Säuerung anwuchs. Daher bekämpfen sie
den Entzündungsschmerz mit Einspritzung von Pufferlösungen alkalischer Reaktion.
Klin. Wsch. 1926 Nr. 25, 1927 Nr. 1.

zwischen den Blutkörpern infolge der Plasmaverminderung gedeutet, indem Unterbrechungen von weniger als 0,2 μ optisch nicht mehr wahrnehmbar sind. Den Baumgartenschen Versuch, in dem das Blut in der doppelt unterbundenen blutgefüllten Arterie flüssig bleibt, kann man nicht gut gegen diesen Erklärungsversuch anführen, da in ihm nicht immer weiterer Blutzufluß zur stagnierenden Blutsäule erfolgt. Schon 1837 zeigte H. Weber[1], daß gewisse Salze (FeCy$_6$K$_4$, Alkalisulfate, Zinkacetat) am unterbundenen Bein Stase erzeugen, während sie bei flotter Strömung fast wirkungslos bleiben. Die Stagnation genügt also gewiß nicht zur Stase, wenn sie auch meistens Vorbedingung ist. Das von Thoma, v. Recklinghausen, Krogh u. a. als ausschlaggebend angezogene Argument der Bedeutung der Wasserverarmung für die Stase behält seinen Wert. Daß der Stillstand und die Flüssigkeitsverminderung noch durch weitere Einflüsse in dem Folgezustand der Stasebildung unterstützt werden können, ist gerade im Entzündungsgebiet mit seinen besonderen kolloidchemischen, unten noch zu würdigenden Verhältnissen und mit seinem Gehalt an zuweilen different wirkenden chemischen exogenen und endogenen Abbaustoffen wohl anzunehmen. Auch Tannenberg[2] hat sich auf Grund seiner Versuche mit Einwirkung von Nitroglycerin und Wärme auf das Mesenterium des lebenden Kaninchens dahin ausgesprochen, daß die Stase ein kolloid-chemischer Vorgang ist, an dem Blutflüssigkeit (Viscosität, Oberflächenspannung, Globulinanreicherung des Plasmas) und Erythrocytenoberfläche zugleich beteiligt sind. Er versucht den Prozeß mit der Suspensionsstabilität der elektrisch geladenen Blutkörperchen in Beziehung zu setzen. In anderer Gedankenrichtung hatte Ricker die von ihm besonders gewürdigte Stase von einer Reizung oder Lämung der Strombahnnerven abhängig erklärt. Nach Ricker und Regendanz erzeugt ein plötzlich eintretender Arterienverschluß in dem zu ihr gehörigen Capillar- und Venengebiet Blutstillstand ohne folgende Stase. Tritt aber bei erweiterter Strombahn nachträglich infolge einer Reizwirkung starke Arterienverengerung oder völliger Arterienverschluß ein, so käme es zur Stase.

Gegen diese Deutung wendete Rössle schon ein, daß man dann eine gleichzeitige Stase in dem gesamten Capillargebiet der gesperrten Arterie erwarten müßte, was nicht zutrifft, und Tannenberg machte dagegen geltend, daß sich die Stase auch einstelle, wenn die Capillaren verengert sind, und daß die Verengerung der Schlagader auch Folge der Stase durch einen auf die Arterienwand ausgeübten Seitendruck sein könne. So dürfen wir die Stockung des Blutstroms, die quantitative und qualitative Veränderung des Bluts in Flüssigkeit und Körperchen als Quelle der Stase ansehen. Nun ist aber die Stase schon darum kein wesentlicher Faktor der Stromverlangsamung im Entzündungsgebiet, weil sie keineswegs eine regelmäßige Erscheinung der sich dabei ausbildenden Gefäßreaktion darstellt. Das Schwinden der Entzündungsröte durch leichten Druck auf die erkrankte Gegend gestattet die Stase auszuschließen, und das kann man unter manchen Umständen, so wie Marchand betont, auch an dem Ausschlag von Masern und Scharlach bewahrheiten. So lehnt es Marchand ebenso wie auch wir ab, die unter der Einwirkung von höheren oder niedrigeeren Temperaturen erfolgende Nekrose der Oberhaut grundsätzlich, wie es Ricker will, als Folge einer vorausgehenden Stase zu betrachten; erst bei noch höheren Temperaturgraden wird eine direkte Gefäßschädigung nicht ausbleiben.

Um das entzündliche Gefäßspiel zu analysieren, ist man seit Samuels Studien am verbrühten Ohr des Kaninchens und seit Cohnheims klassischem

---

[1] Weber: Arch. f. Anat. **1837**.
[2] Tannenberg: Vgl. bei Tannenberg und Fischer-Wasels, ds. Handb. 7 II, 1626 (1927).

Versuch am Mesenterium des Frosches, den ich nie in der Vorlesung über das Entzündungskapitel zu unterlassen wage, nicht müde geworden, neben den Beobachtungen am mikroskopischen Schnitt aus der Pathologie des Menschen die Feinheiten der Gefäßveränderungen am Lebenden zu verfolgen. Wenn auch heute am Menschen Studien der Blutströmung mit dem Capillarmikroskop (O. MÜLLER u. E. WEISS) möglich sind, so sind die eindringenderen Untersuchungen doch dem Tierexperiment vorbehalten. Auf diesen Wegen ist man nicht nur zur ununterbrochenen Beobachtung der Gefäßreaktion gelangt, die mit der Reizdosis in gewisser Hinsicht schwankt, sondern auch zur eifrigen Prüfung der lebhaft umstrittenen Primärfrage nach den Entstehungsbedingungen der entzündlichen Gefäßveränderung, zunächst ihrer Äußerung als Hyperämie. Ist diese, wie RICKER will, immer und allein abhängig von Reizung oder Lähmung des Gefäßnervensystems oder kann die Erweiterung der Haargefäße durch die unmittelbare Wirkung der Entzündungsreize auf die Wandelemente zustande kommen? Und wie erklärt sich das wechselnde Verhalten der Arterien, auf das oben hingedeutet wurde und dessen genauere Betrachtung durch RICKER und REGENDANZ in ihren wertvollen Versuchen in der Gegend der Bauchspeicheldrüse, am Ohrlöffel und Auge des lebenden Kaninchens verdienstvoll ist. SAMUEL hatte am Kaninchenohr während des Verbrühungsversuchs nur Arterienerweiterung beobachtet, dann zöge sich der Arterienstamm später infolge der „Verdampfung" zusammen, eine Verdunstungskontraktion, die bald wieder verschwindet und einer Erweiterung Platz macht, die meist über die bei der Sympathicuslähmung auftretenden hinausgeht. Dagegen stellen RICKER und REGENDANZ bei Anwendung mittelstarker Reize eine Verengerung der Arterien und Capillaren fest, eine Verengerung, die bei Zunahme der gleichen Reizart zum Verschluß von kleinen Arterien und Capillaren gedeihen kann, wodurch die Verff. den Stillstand des Venenstroms erklären. Bei schwachen und stärksten Reizen sei die Verengerung der Schlagadern noch nicht oder nicht mehr vorhanden. Die Wirkung der starken Reize gegenüber den Arterien zeige noch die Besonderheit, daß die Verengerung herzwärts nach Maßgabe der Abschwächung fortschreite, also der Vorgang einer „segmentären zentripetalen Erregung" der Arterien sich einstelle. Eine Verengerung der Venen wird selten beobachtet. So interessant das wechselnde Verhalten der Schlagadern und gelegentlich auch der Capillaren in bezug auf ihre Lichtungsweite ist, das häufigste und bezeichnendste Bild der akut entzündlichen Gefäßveränderung zeigt die Erweiterung und abnorm starke Blutfüllung der Gefäßkanäle. Was nun die Entstehungsweise der entzündlichen Gefäßerweiterung (mit Stromverlangsamung) betrifft, so ist in unseren Tagen die Frage besonders lebhaft studiert und erörtert worden, wieweit die primäre Veränderung (die Alteration) mit Erschlaffung der Wandgewebe, wieweit die nervöse Reizung oder Lähmung dabei beteiligt ist. Man prüft zu dem Zwecke die Funktion der Gefäße, ihre Reflexe unter den Bedingungen der Nervenausschaltung (s. unten) und in anatomischen Studien über die Innervation der Gefäße, zumal der Capillaren, darf aber darüber auch ihre histologische Beschaffenheit nicht vernachlässigen. Bezüglich der Capillarnerven, über die noch ein paar Einzelheiten folgen und über die die Akten noch nicht geschlossen sind, ist insofern eine neue Einstellung zu berücksichtigen, als die funktionelle Einwirkung der Nerven auf die Capillarwand nicht an die morphologische Verquickung von Nervenfaser bzw. Nervenendorgan und Wand der Haarröhrchen gebunden zu sein scheint. Denn nach den Untersuchungen v. FREYS[1] und ASHERS wirken Nervenreize dadurch auf die Gefäße, daß von den Gefäßnerven am Erfolgsort oder in der Erfolgsrichtung wirkende Substanzen

---

[1] FREY, v.: Literatur bei TANNENBERG und FISCHER-WASELS, ds. Handb. 7 II (1927).

erzeugt werden, die erst ihrerseits die Gefäßreaktion hervorrufen. LOEWY[1] und andere Forscher untersuchten diese Stoffe näher, LOEWY denkt an eine lösliche chemische Verbindung (Cholinester), andere schuldigen Ionenänderungen als wirksames Prinzip nach der Nervenerregung an. Wie nun die Nerventätigkeit auch auf die Gefäßwand zur Geltung komme, die Frage der nervösen Grundlage der Entzündung bleibt gestellt. Die alte neuroparalytische Theorie der an die Blutgefäße geknüpften Entzündungsvorgänge (HENLE, ROKITANSKY u. a.), die die Gefäßlähmung auf Reizung sensibler, in Antagonismus stehender Nerven zurückführt, wurde namentlich durch SAMUEL und COHNHEIM verworfen, durch den letzten mit weitgehender Ablehnung der Beteiligung des Nervensystems an dem Vorgang. COHNHEIM sah im Experiment Entzündung an Körperteilen, die nur noch mittels der Hauptgefäße mit dem übrigen Körper in Verbindung standen, ferner an der Froschzunge selbst dann, wenn das Gehirn mitsamt des verlängerten Marks ganz zerstört war. Daß Ganglien in der Gefäßwand mitsprächen, sei eine noch nicht erwiesene Möglichkeit. Im großen und ganzen läßt sich dann später verfolgen, daß man der Frage nach der Bedeutung des peripheren Nerveneinflusses auf Entstehung und Entwicklung der Entzündung zunächst auf dem Wege nachging, wie sich schmerzstillende Mittel im Kampf gegen die Entzündung verhielten, wobei man auch die Lokalanästhesie im Dienste der Entzündungsbekämpfung mit heranzog. Andererseits konnten die zentralnervösen Einwirkungen auf den Entzündungsablauf in Fällen untersucht werden, wo sich auf dem Boden einer Lähmung Besonderheiten in förderndem oder verschleppendem Sinne äußerten. Seit 1906 war dieses Problem durch die Mitteilung von SPIESS[2] wieder in Fluß gekommen, der die Entzündung als einen von sensiblen Nerven ausgelösten Reflexvorgang hinstellte, den man verhindern könne, wenn man die vom Entzündungsort ausgehenden, in den sensiblen Nerven verlaufenden Reflexe durch Anästhesierung ausschalte. Anästhesie führe auch zur Heilung schon bestehender Entzündung, wobei aber die (sympathischen) Vasomotoren nicht gestört werden dürften. Zum Teil erfuhr diese Auffassung eine Bestätigung durch BRUCE[3], der experimentell vorging und darlegte, daß das erste Stadium der Entzündung (arterielle Hyperämie und Durchlässigkeit der Gefäßwände) von der Unterdrückung der sensiblen Bahn (Durchschneidung des Rückenmarks, der hinteren Wurzeln oder sensiblen Nerven) unabhängig ist, solange die Nerven nicht degeneriert sind. Sind die sensiblen Fasern aber degeneriert oder durch Anästhesie ausgeschaltet, so erfolgt auf den Reiz (Senföl) keine Entzündung. Er erklärt die Entzündungserscheinungen im ersten Stadium als „Axonreflex" (im Sinne von LANGLEY und BEYLISS), bei dem die Reizerregung an der verzweigten sensiblen Faser von einem Schenkel auf den anderen übergeht.

So hat auch MARCHAND[4] für den Anfang der Gefäßreaktion der Reizung sensibler Nerven eine Rolle zugesprochen, wie sie sich namentlicher bei räumlicher Trennung zwischen Angriffspunkt der Schädigung (Hornhaut) und Gefäßbahn (Conjunctiva) aufdränge; EBBECKE[5] unterschied eine reflektorische Hyperämie, die durch Nervenausschaltung fortfällt, und eine örtliche, die auch nach Lokalanästhesie und Nervendegeneration bestehen bleibt. Sie entsteht wie die funktionelle Hyperämie durch Stoffwechselprodukte im Gewebe, die die Gefäße unmittelbar oder auf dem Wege der Gefäßnerven erweitern. Die Rolle der Gefäßnerven stellt EBBECKE in einer weiteren Mitteilung über die Hautquaddel ganz

---

[1] LOEWY: Naturwiss. **3** (1922).
[2] SPIESS: Münch. med. Wschr. **1906**, Nr 8 — Dtsch. med. Wschr. **1912**, Nr 21.
[3] BRUCE: Arch. f. exper. Path. **63** (1910).
[4] MARCHAND: Arch. f. exper. Path. **63** (1910).
[5] EBBECKE: Pflügers Arch. **169** (1917) — Münch. med. Wschr. **1921**, Nr 20 — Verh. dtsch. path. Ges. **19**, 99 (1923).

in den Hintergrund. Diese Quaddel ist eine lokale parenterale Reizkörperwirkung, die auch bei Lokalanästhesie ohne Beteiligung sensibler oder vasomotorischer Nerven entsteht. Auch das Capillargift Histamin erzeugt eine solche Haut-quaddel, wobei sich ergab, daß die Epidermis durchlässiger, primär gereizt wird und dann die Gefäßerweiterung und abnorme Durchlässigkeit auch für normale Ge-fäße nicht durchdringende Farbstoffe sich einstellt. BRESLAUERS[1] Untersuchungen führten zu entsprechenden Ergebnissen, wie die von BRUCE, indem Entzündung durch Senföl bei frischer Nervendurchschneidung zustande kam, bei eingetretener Nervendegeneration, nach Wochen, aber ausblieb, wenigstens trat keine aktive Gefäßerweiterung ein. Die passive Hyperämie, Emigration und Stase seien von der Sensibilität unabhängig. Nach BRESLAUER besteht eine unmittelbare Reflexbeziehung zwischen Haut- und Gefäßnerven. Auch bei Anästhesie ist die aktive Hyperämie im Entzündungsbereich vermindert. Durch den Ausfall der Sensibilität wird der Vorgang der Entzündung verändert und in die Länge ge-zogen, was ja auch aus vielen Beobachtungen der menschlichen Pathologie an unempfindlichen Teilen (Lepra, Syringomyelie usf.) zutage tritt. Eingehende Untersuchungen hat auch GROLL[2] angestellt, indem er die Einflüsse der Ischi-adicusdurchtrennung und vasoconstrictorische wie dilatatorische Reizmittel auf den Ablauf der Entzündung beim Frosch prüfte. Er kommt zu Ergebnissen, die von denen von SPIESS und BRESLAUER abweichen, indem weder die Anästhesie den Entzündungsvorgang beeinflusse, noch Nervendegeneration die Entwicklung des ersten Stadiums der Entzündung hemme. Nach GROLL wirken die vaso-motorischen Reizmittel direkt auf den peripheren neuromuskulären Vasomotoren-apparat. Der Autor will schon die anfängliche Hyperämie der Entzündung für neuroparalytisch halten und schließt sich KLEMENSIEWICZ an, der meint, daß die „entzündliche Hyperämie im Entzündungsgebiet in allen Fällen irgend beträchtlicher Entzündung eine paralytische ist". Die beim Warmblüter beob-achtete Wirkung der Anaesthetica auf die Entzündung wie das Ausbleiben der Hyperämie beruht nach GROLL wohl darauf, daß die reizende Substanz im anästhesierten Gebiet schwieriger vordringe. Die Nervendurchschneidung kann nur durch Hyperämie die Entzündung „gutartig" (SAMUEL) gestalten.

Übrigens war dem Gedanken, daß die tatsächlich zu beobachtende Ein-dämmung oder Beseitigung der Entzündung durch schmerzstillende Mittel dem Anaestheticum als solchem zu danken sei, schon bald ein Widersacher entstanden. STARKENSTEIN und WIECHOWSKI[3] konnten zeigen, daß die Erscheinung sich auch anders deuten ließ, als sie entsprechende antiphlogistische Erfolge mit Atophan erzielten, das wie Ca-Salze den Purinstoffwechsel beeinflußt, aber damit noch nicht in seinem Wirken geklärt ist. STARKENSTEIN[4] entfernte sich von der SPIESSschen Auffassung, daß die Unterdrückung des Schmerzes durch Läh-mung oder Narkose des peripheren Entzündungsapparates die Entzündung hemmen, zugunsten einer unspezifischen parenteralen Wirkung wie bei der sog. Proteinkörpertherapie, weil die Antiphlogistika chemisch bzw. pharmakologisch ganz verschiedener Natur wären. Ebensowenig haben die Beobachtungen über Abschwächung der Entzündung durch Lokalanästhesie die entscheidende Be-deutung des Mittels dargetan, und man konnte zeigen, daß die durch Salvarsan-einspritzung erzeugte Entzündung nicht nur durch Lokalnarkose, sondern auch durch injizierte Gummilösung (P. FREUND[5]) gehemmt werden kann. Sind doch

[1] BRESSLAUER: Berl. klin. Wschr. 1918, Nr 45 — Dtsch. Z. Chir. 150 (1919).
[2] GROLL: Beitr. path. Anat. 70 (1929).
[3] WIECHOWSKI: Münch. med. Wschr. 1913, 2135.
[4] STARKENSTEIN: Münch. med. Wschr. 1919, 203.
[5] FREUND, P.: Arch. f. exper. Path. 97.

auch Fälle bekannt, in denen die von mehr oder minder starker Empfindungs-
lähmung betroffenen Glieder eine Überempfindlichkeit auf Entzündungsreize an
den Tag legten. Auch an den „neurotischen Entzündungen" konnte man nicht
vorübergehen, in deren Mittelpunkt die noch immer unentschiedene Frage steht,
ob es besondere trophische Nervenfasern gibt, während an der „trophischen Funktion" des Nervensystems nicht gut zu zweifeln ist, ohne damit die Frage spezifisch
trophischer Reize zu entscheiden. Die Entzündungen, die sich so leicht auf dem
Boden der „Trophoneurosen" einstellen, sind an der Hand des Decubitus, der
Keratitis neuroparalytica, der Vaguspneumonie, der Gürtelrose und neuerdings
auch der Myositis ossificans geprüft werden. Man kann in dem Decubitus bei
Gelähmten eine durch Dauerkompression der Capillaren bedingte Nekrose erblicken, die durch äußere Schädlichkeiten in Entzündung versetzt wird. Man
kann die Keratitis nach Trigeminuslähmung auf Eintrocknung und Verletzung
der Hornhaut beziehen, die über Nekrose zur Entzündung führt. Die Vaguspneumonie ist durch Anästhesie des Kehlkopfes und Stimmbandlähmung er-
klärlicher als durch die Annahme des Verlusts der trophischen Wirkung des
Vagus. Der Herpes zoster, dessen Pathogenese in einer Erkrankung der Spinalganglien bzw. des sensiblen Neurons, mehrfach in Verbindung mit Poliomyelitis
posterior (Wohlwill[1]) besteht, kann in der Erörterung über die neurotische
Entzündung" ausgeschaltet werden, seit Landouzys[2] alter Gedanke von der
infektiösen Natur des Leidens durch klinische, histologische Untersuchungen und
Impfversuche mehr und mehr gestützt erscheint. Die Infektion und nicht die
Lokalisation im sensiblen Neuron liefert den Schlüssel zum Verständnis der
Entzündung. Wenn man endlich der Myositis ossificans das Attribut „neurotica"
beilegt, weil sie nach den Arbeiten des letzten Jahrzehnts (vgl. L. Pick[3]) zu
Muskelverknöcherungen auf neuropathischem Boden, in dem Bereiche von
Innervationsstörungen führt, so ist schon die Tatsache bemerkenswert, daß
solche metaplastischen Knochenbildungen — wie wir sie auch im Amputations-
neurom sahen — Seltenheiten auf dem Gebiete der Nervenkrankheiten darstellen,
einer individuellen Disposition unterliegen und damit durch die nervöse Komponente nicht erledigt sind. Nehmen wir all diese Feststellungen zusammen,
so kann man sagen, daß sie wenig geeignet sind, dem Einfluß des Nervensystems
im Bilde der Entzündung den ersten Rang zu sichern, ohne ihn jedoch (s. unten)
ganz auszuschließen. Unter solchen Umständen mußte die Auffassung Rickers
besonderes Aufsehen erregen, der auf Grund seiner mehrfach erwähnten, mit
Regendanz und anderen Schülern ausgeführten eingehenden Experimente in
der Mesenterialpankreasgegend, am Ohr und Auge des lebenden Kaninchens alle
Erscheinungen von der primären Reizung des örtlichen Nervenapparates abhängig machte und ihre Abhängigkeit von der Reizstärke in seinem vielbespro-
chenen „Stufengesetz" zum Ausdruck brachte. Dieses besagt, daß schwache
Reizung durch Dilatatorenreizung Erweiterung der Gefäße und Beschleunigung
der Strömung bewirkt; daß mittlere Reizung durch Constrictorenerregung die
— schon früher erwähnte — Verengerung und weiterhin Verschließung von Arterien
und Capillaren mit folgender Verlangsamung des Capillarstroms, Verlangsamung
oder evtl. Stillstand des Venenstroms herbeiführt; daß starke Reizung die Erregbarkeit der Constrictoren beseitigt, nur noch die längere erregbar bleibenden
Vasodilatatoren erregt, die zuletzt auch gelähmt werden. So entsteht Erweiterung und Beschleunigung der Blutströmung, wenn nicht eine vorgeschaltete
Arterienverengerung zur Verlangsamung und Stase veranlaßt. Ricker maß
die Reize so ab, daß die schwächsten manchmal noch unter der Schwelle oder

[1] Wohlwill: Z. Neur. 89 (1924).   [2] Landouzy: Semaine med. 1883.
[3] Pick, L.: Beitr. path. Anat. 69 (1921).

hart an der Schwelle der Entzündungsreize stehen, da sie zu keiner Exsudation oder Emigration führten. Er will dieses Stufengesetz auch gar nicht auf die entzündliche Reaktion beschränkt wissen, zumal er den Entzündungsbegriff aufgibt. Das Auffallende ist nun, daß er die Gefäßwand selbst intakt bleiben läßt und die an den Gefäßen und außerhalb der Gefäße sich abspielenden Entzündungserscheinungen allesamt von den Gefäßnervensystem abhängig macht. Bezüglich der letzten Punkte hat eine sofortige Ablehnung von anderer Seite nicht ausbleiben können, wie die Kritiken von MARCHAND, LUBARSCH, RÖSSLE, HUECK u. a. wohl im Sinne der meisten Pathologen erfolgt sind. Die Betonung der Stase und des „prästatischen Zustandes" der Gefäßbahn als wichtigste, im Mittelpunkt der Gefäßerscheinungen und der entzündlichen Stromverlangsamung stehende Phase ist manchen Bedenken (s. auch oben) begegnet, schon weil ihre Häufigkeit oder gar Regelmäßigkeit bei sicherer Entzündung beanstandet wird. Indessen haben die Untersuchungen von VAN EWEYK und SHIMURA im Institute von LUBARSCH das Stufengesetz RICKERS in manchen Befunden bestätigt. In seinem Referat von 1923 gibt LUBARSCH in Kürze die Untersuchungsergebnisse dieser Autoren über den Nerveneinfluß auf die Entzündung überhaupt wieder[1]. Es wird über eine Reihe von Versuchsanordnungen mit Rücksicht auf verschiedene nervöse Ausschaltungen und auf den Zeitpunkt des Eintritts der Entzündung berichtet. In der ersten Versuchsgruppe wurde die Wirkung der Anästhesie, in der zweiten die der frischen Nervenzerstörung vor der Entzündungserregung, in der dritten nach der Entzündungserregung, in der vierten der alten Nervenzerstörung vor der entzündlichen Reizung (nach 1 Woche bis 1 Monat), in der fünften endlich der Allgemeinnarkose und gleichzeitigen entzündlichen Reizung untersucht. Das Ergebnis lautete: das Anfangsstadium der Entzündung wird durch Nervenausschaltung verlangsamt und abgeschwächt, der weitere Verlauf aber verlängert und schwerer. Die Hyperämie zeigte in einem Falle wie im anderen makroskopisch und mikroskopisch gleiches Verhalten, gleiche Stärke. Das Nervensystem spielt „bei den zum Entzündungskomplex gehörenden Vorgängen keine beherrschende, sondern höchstens eine regelnde Rolle". Die Vorgänge laufen an Teilen, die dem zentralen und peripheren Nervensystem entzogen sind, höchstens dem Grade nach verschieden, aber grundsätzlich gleichartig ab. Es werden noch Versuche mit Berücksichtigung des örtlichen Gefäßnervenapparats in Aussicht gestellt. GROLL[2] hat nun den lähmenden Reiz auf die Gefäßwand selbst einwirken lassen, indem er durch fortgesetztes Beträufeln der Froschschwimmhaut mit Veronal oder Ammoniak eine neuroparalytische Hyperämie hervorrief und dann einen lokalen Entzündungsreiz (Durchstechung mit glühender Nadel oder Auftragen von 3proz. $AgNO_3$-Lösung auf eine Einstichstelle) anbrachte. Es entstand ein eindeutiges Entzündungsbild, trotz gelähmter Arterien trat auch die Leukocytenreaktion ein. GROLL schließt, daß dem nervösen Teil in der Einleitung des Entzündungsvorganges keine ausschlaggebende Bedeutung zukommt.

OHNO[3] ging im Institute ASCHOFFS an das Problem: Nervensystem und Entzündung vom Standpunkte des Vorhandenseins oder Fehlens von Capillarnerven heran und prüfte die Contractilität der Haargefäße besonders mit Rücksicht auf die Frage, ob sie unter der Herrschaft vasomotorischer Nerven ständen. Ihre Contractilität ist nicht nur durch das An- und Abschwellen des Endothels, sondern auch durch die Wirkung direkter elektrischer Reizung ihrer Wand und der Reizung des Sympathicus (früher STRICKER, neuerdings KROGH, STEINACH

---

[1] Die Arbeit SHIMURAS ist dann in Virchows Arch. **251**, 161 erschienen.
[2] GROLL: Verh. dtsch. path. Ges. **19**, 84 (1923).
[3] OHNO: Beitr. path. Anat. **72**, 722 (1924).

und Kahn) bewiesen. Das Suchen nach spezifisch contractilen Zellen hat zu viel Erörterungen geführt, die sich besonders an die Deutung der Rougetschen Zellen im nächsten Umfang des Endothelrohrs knüpfen. Entgegen der Ansicht von Rouget und S. Mayer, die diese Elemente als Muskelzellen ansprechen wollten, werden sie heute nach ihren morphologischen und embryologischen (Clark[1]) Verhalten als Abkömmlinge der Bindegewebszellen — Marchand dachte auch an ihren Ursprung vom Endothel — betrachtet, die beim Menschen übrigens noch bestritten, gerade durch ihre Lagebeziehung zu den elastischen Haargefäßen ihre Contractilität ganz besonders betätigen können, wie auch aus den späteren Beobachtungen Tannenbergs[2] am Mesenterium des Kaninchens hervorzugehen scheint. Er sah diese Zellen dadurch einen Einfluß auf die Gefäßweite gewinnen, daß sie sich spornartig gegen die Capillarwand vordrängend und diese raffend nur noch einen dürftigen Blutfaden vorbeisickern ließen. Dieser durch thermische und elektrische Reize ausgelöste Vorgang erfolgte nicht so schnell wie bei der Muskelkontraktion, sondern allmählich, gemäß dem Verhalten der allgemeinen protoplasmatischen Contractilität. Kroghs Schüler Vinstrup[3] maß 15 Minuten Latenzzeit. Ohno, Marchand, Tannenberg und Fischer-Wasels fassen die sich widersprechenden Angaben über Nerven und Nervenendigungen an den Capillaren zusammen, wobei Ohno über eigene positive Befunde berichtet, jedoch die Nervenfasern mehr als sensible bzw. sekretorische (im Sinne Heidenhains) deuten möchte. Abgesehen davon, daß gegen diese Auslegungen und selbst gegen die von v. Stoehr jr.[4] geschilderten Netze von Capillarnerven mit gelegentlichen knopfförmigen Nervenendigungen die Bedenken der unzuverlässigen Methodik geltend gemacht werden, muß man schließen: Ehe für die Capillaren eine von Vasomotoren abhängige Contractilität nicht sicher steht, kann eine solche direkt nervöse Funktion entgegen der Rickerschen Schule auch nicht in den Dienst der entzündlichen Reaktion gestellt werden. Nehmen wir aber physikalischchemische Zwischenschaltungen als Folge der Nervenreizung in weiterem Abstande (s. oben) an, so schlagen wir eine Brücke zu der unten gegebenen Auffassung. Tannenberg und Fischer-Wasels gehen aber noch weiter in der Anfechtung der Rickerschen Gedankengänge, indem sie das „Stufengesetz" im Tierversuch nachprüfend zu seiner Ablehnung kommen. Sie bestätigen an der Froschlunge die Grollschen Feststellungen an der Froschschwimmhaut unter dem Einfluß von Atropin und Pilocarpin und finden an Rickers Beobachtungsfeld der Mesenterial-Pankreasgegend des lebenden Kaninchens von dem Stufengesetz abweichende Reaktionen. Atropin erzeugte keine Gefäßkonstriktion, hätte überhaupt keine direkte Wirkung auf das Gefäßnervensystem, sondern wirke das Gewebe schädigend durch Verdrängung anderer auf Vasomotoren eingestellte Mittel (Adrenalin). Ebenso sei die Prüfung der Ohrgefäße des Kaninchenohres nach Wärme- und Kältereizen nicht im Sinne des Rickerschen Gesetzes ausgefallen und stimme auch mit der v. Freyschen Theorie der Nervenreize (s. oben) überein. Auch diese Versuche laufen wie so manche Befunde und Gedankenrichtungen des letzten Jahrzehnts auf die Erklärung hinaus, daß die entzündlichen Reize unmittelbar auf Gewebe, Gefäßwand und Blut einwirken. E. Neumann pflegte in seinen Vorlesungen den nervösen Ursprung der entzündlichen Hyperämie und Stromänderung mit dem Hinweise abzulehnen, daß der den Entzündungsherd umgebende Entzündungshof in seiner regelmäßigen ringförmigen Gestalt — im

---

[1] Clark: Vgl. das Referat Marchands in Zbl. Path. **36**, 503 (1925). (E. R. und E. L. Clark unterschieden aktive und passive Kontraktion der Capillaren).

[2] Tannenberg: Verh. path. dtsch. Ges. **20**, 375 (1925).

[3] Vinstrup: Vgl. Krogh: Anatomie und Physiologie der Capillaren. 2. Aufl. 1929.

[4] Stoehr jr.: Z. Anat. **1922—1926**.

Querschnittsbild — nicht dem Verlauf der Gefäßnerven entspreche. Niemand darf und wird die Bedeutung der Gefäßnerven im Spiel der entzündlich gereizten Gefäße ausschließen, nur die primäre Betrauung der Vasomotoren mit der ganzen Auslösung des Entzündungsvorgangs oder auch nur der Gefäßreaktion wird sonst nirgends gestützt. An den Endpunkten nähern sich die Ansichten insofern, als die Anfangsreaktion der Arterien von manchen Seiten auf primäre Nervenreizung bezogen wird und auch RICKER auf der Höhe der Entzündung mit starken Reizen mit einer Lähmung der Dilatatoren und Hyperämie passiver Art rechnet. Ebensowenig kann die Bedeutung der Nerven für reflektorische Vorgänge im Entzündungsbilde, für Ablauf und Dauer der Entzündung bestritten werden. Die Ausschaltung des Nervensystems kann also die entzündlichen Erscheinungen umgestalten, aber nicht unterdrücken, und unter manchen anderen Umständen, auch in den Gewebszüchtungen, sieht man die lebenden Zellen so selbständig reagieren, daß es unverständlich wäre, wenn sie Gewebs- und Gefäßzellen in dem in seinen Reizintensitäten schwankenden Entzündungsvorgang nur unter der Herrschaft der Nervenapparate reagierten.

Daß wir aber heute mehr denn je damit rechnen müssen, daß von den Entzündungsreizen direkte Einwirkungen auf die Zellen im Gewebe und auf Gefäßwände, namentlich auf kleine Gefäße und Capillaren ausgeübt werden, geht aus den neuen Erkenntnissen hervor, die durch die physiko-chemischen Untersuchungen und die histologischen, mit neueren Methoden ausgeführten Studien im ersten Beginn der Entzündung gewonnen sind. Das alte SAMUEL-COHNHEIMsche Schlagwort von der ,,Alteration" der entzündeten Gefäßwand, die man seither zur Erklärung der Stromverlangsamung heranzog, war von COHNHEIM schon als Ausdruck einer Veränderung chemischer Natur gedacht worden, und inzwischen ist die allgemeine Chemie in weitem Ausmaß Kolloidchemie geworden. Das Schicksal des Gefäßlumens und der Blutströmung wird ebenso wie die unten zu betrachtende Durchlässigkeit der Gefäßwand in erster Linie von dem physiko-chemischen Zustand der lebenden Stoffe, also kolloidaler Substanzen abhängig sein, den sie unter den veränderten Bedingungen der Entzündung erleiden. Mit diesem Worte ,,Erleiden" soll keineswegs ausgesprochen sein, daß diese Einflüsse die Zellen zur Passivität verurteilen. Die Beziehungen der kolloiden Membran des Endothels zum Gewebe durch Austausch von hüben nach drüben sind schon normal recht innige. Steigt im Gewebe die H'-Konzentration nur um 10% der Normalmenge, so erfolgt Gefäßerweiterung (FLEISCH[1]). Nun vergegenwärtige man sich den Gewebsabbau nach einem Trauma, die chemischen Reaktionen der Gifte, den Lebenskreis parasitierender Wesen mit ihrem besonderen Stoffwechsel und dann als sekundären Reiz die chemischen bzw. physikalisch-chemischen Umwandlungen im Schoße des entzündeten Gewebes selbst. Sie äußert sich als Veränderung der Isotonie schon durch den Zerfall größerer Moleküle in kleinere, in erheblicher Vermehrung der H'-Konzentration; zugleich ist die Steigerung der CO_2-Spannung zu nennen (SCHADE). Auf der einen Seite führt schon die Spaltung der Proteinstoffe zu differenten Stoffen, die physikalisch-chemische Veränderungen nach sich ziehen und Entzündung hervorrufen. Mit einzeln oder in Gemischen in die Gewebe eingebrachten Aminosäuren erzeugte KUCZINSKI[2] Entzündung. Auf der anderen Seite will man sich nur an die Säuerung als Reizquelle halten, deren Bestehen im Entzündungsgebiet von SCHADE zuerst festgestellt und seitdem mehrfach bestätigt ist, deren Einfluß auf die Kolloidstruktur nicht zu leugnen ist. ROHDES[3] berichtet von einer Stufenleiter zunehmender

[1] FLEISCH: Z. Physiol. **19** (1921).
[2] KUCZINSKI: Verh. dtsch. path. Ges. **19** (1923).
[3] ROHDES: Mitt. a. d. Grenzgeb. **40** (1926).

Gewebssäuerung, deren Grad mit der Steigerung der entzündlichen Affektion von Ödem bis zur Eiterung und zum Gewebstod zunimmt. GSELL[1] prüfte, nachdem er die Entzündung erregende Eigenschaft der Eiweißabbaustoffe (Mono- und Diaminosäuren, iso- und heterocyclische Produkte) auch schon in kleinen Dosen festgestellt hatte, ohne daß die einzelnen Aminosäuren wesentliche Unterschiede ergaben, ob sich zwischen p_H und Entzündungsstärke eine Beziehung ergibt. Er fand, daß die entzündlichen Erscheinungen mit der Alkalinität gleichmäßig zunahmen. Es zeigte sich aber auch, daß lokal geänderte Salzkonzentration als anisotonisches Depot Entzündung hervorruft. Nach ihm wäre die Verschiebung zugunsten der OH-Ionen das Moment des stärkeren Entzündungsausschlags, die Schaffung der Säuerung ein vorteilhafter Ausgleichsakt. Man kann die letzte also keinesfalls als *die* physikalisch-chemische Vorbedingung der Entzündungsreaktion ansehen (entgegen REGENBOGEN[2]). Es muß festgehalten werden, daß die Bedingungen zur Veränderung des kolloidal-vitalen Zustandes der Gefäße und Gewebe mannigfache sind, und in diesem Sinne sprechen auch andere Beobachtungen. Manches bleibt noch zu prüfen. So sind auch über die Störung der Na-K-Ca-,,Isoionie" noch Ermittelungen notwendig. Man kennt den günstigen Einfluß der Ca-Zufuhr auf die Entzündung (CHIARI und JANUSCHKE). Schon OVERTON hatte geschlossen, daß Ca-Entziehung die ,,Kittsubstanzen" lockert, Ca-Anreicherung sie festigt. Ca-Ionen zeigen gegenüber Kolloiden quellungshemmende Eigenschaft (PAULI und HANDOWSKY[3]). Einspritzungen von $CaCl_2$ verhindern durch Abdichtung Ödeme und Ergüsse in Körperhöhlen unter Umständen (NaJ-Vergiftung beim Tier, Jodismus beim Menschen), unter denen sie sonst zu erwarten sind (CHIARI und JANUSCHKE, V. D. VELDEN[4]). In Berücksichtigung der vorgenannten Erfahrungen ist es geboten, die bei der Auswirkung der Entzündungsreize erfolgende physiko-chemische Umwälzung am Ufer der Capillaren in ihrer Wirkung auf die Gefäßwandkolloide voranzustellen. Man muß namentlich nach dem gleich zu erwähnenden Durchtritt von Stoffen und nach dem schon oben genannten Durchtritt kolloider Farbstoffe (EBBECKE) annehmen, daß die aufgelockerten Kolloide in der Gefäßwand ihre ,,Porengröße" erheblich gesteigert haben. — Daß nun auch *morphologisch* die Stoffwechselveränderung im Entzündungsgebiet am Gefäßendothel in gewisser sichtbarer Form zum Ausdruck kommt, in ,,Schwellung" oder, wie man oft sagt, ,,in trüber Schwellung", ist schon lange bekannt. Aber zwei wichtige Punkte blieben bei der Wertung dieser morphologischen Reaktion unsicher oder unbeachtet: die Frage, ob die Schwellung der Zellen im Entzündungsrevier eine aktive Erscheinung oder stets regressiv ist und dann die andere, wie früh die Antwort der Bindegewebs- und Endothelzelle nach dem Einsetzen des Entzündungsreizes anhebt. Die letzte Zeit hat uns auch in diesen Dingen weitergebracht. Ist die im Entzündungsgebiet schwellende Zelle in den früheren Stadien aktiv oder passiv umgestaltet? Fast alle bestritten die VIRCHOWSche Formel von der aktiven Reizung, da ja die Entzündung mit einer ,,Alteration" als erste Reizfolge beginnen sollte. Man ließ sich noch nicht auf den Grad der Reizstärke und der individuellen Reizempfänglichkeit ein, auch noch nicht auf die mit der vom Zentrum des Entzündungsherdes abnehmenden schädlichen Wirkung. GESSLER hatte schon auf den erhöhten O_2-Verbrauch in der äußeren Zone des entzündlichen Herdes hingewiesen und diese Erscheinung als Ausdruck erhöhter Lebenstätigkeit eingeschätzt. Durchschlagend

---

[1] GSELL: Krkh.forschg **7** (1929).
[2] REGENBOGEN: Frankf. Z. Path. **35, 36** (1927/1928).
[3] HANDOWSKY: Biochem. Zbl. **24** (1910).
[4] VELDEN, V. D.: Münch. med. Wschr. **1912**, 1411 (RICKER, zitiert auf S. 292, will auch die Herabsetzung der Reflexwirkung durch $CaCl_2$ in Anschlag bringen).

waren die Untersuchungen GROLLS[1]. Er erzeugte beim Kaninchen geringe und stärkere Grade „trüber Schwellung" der Niere, die leichten Grade nach Entfernung einer Niere in der zurückbleibenden, kompensatorisch arbeitenden, die starken durch $HgCl_2$-Vergiftung der einzig erhaltenen Niere. Die herausgeschnittene erste Niere diente als Vergleichsorgan. Die chemische Untersuchung der leicht getrübten Niere in kompensatorischer Funktion ergab, daß sich ihre Rinde in ihrem Gehalt an H_2O, Trockensubstanz, Gesamt-N und gerinnungsfähigem N (bzw. Eiweiß) kaum wesentlich von der gesunden unterschied. Bei der $HgCl_2$-vergifteten, kompensatorisch wirkenden Niere zeigte die Rinde H_2O-Zunahme ohne Vermehrung oder sogar mit Verminderung des N (einschl. Eiweiß-) Gehalts. Danach gibt es „trübe Schwellung" mit und ohne H_2O-Zunahme, mit und ohne Eiweißansatz. Bei der Bestimmung des O_2-Verbrauchs der überlebenden Nierenrinde fand sich bei der vikariierend arbeitenden eine Atmungserhöhung von 35% in den ersten 24 Stunden, später nicht mehr. Und bei der $HgCl_2$-vergifteten Niere war die Atmung normal, solange Verfettung und Nekrosen fehlen. Es kann also „Trübung" — GROLL will den Ausdruck „trübe Schwellung" meiden, weil in seinen Beobachtungen eine Zellvergrößerung nicht bestand — bei progressiven und auch bei regressiven Lebensvorgängen auftreten. Wenn sich diese Untersuchungen auch besonders auf die Parenchymzellen beziehen, so haben sie doch für das Protoplasma im allgemeinen Bedeutung, also auch für entsprechende Vorgänge am Endothel. Es muß die „Trübung" als Störung des kolloidalen Gleichgewichts oder noch nicht erreichtes kolloidales Gleichgewicht betrachtet werden, deren reversible Natur stets anerkannt wurde. Es stehen die eben erwähnten Befunde durchaus mit der Vorstellung im Einklang, daß eine solche beginnende Ausfällung auch in der Phase erhöhter Zelltätigkeit einzutreten vermag. Jedenfalls steht die Erfahrung, daß die alte sog. trübe Schwellung — wir können auf den Ausdruck noch nicht verzichten — progressiven Charakter besitzen kann, in bestem Einvernehmen mit den morphologischen Befunden TH. ERNSTS[2], der auf meine Anregung die bis dahin etwas zu stiefmütterlich behandelten ersten Stunden der Entzündung namentlich mit koloristischen Färbreaktionen an Stromazellen einschließlich der Endothelien untersuchte. In früheren Studien war mir aufgefallen[3], daß in entzündlich proliferierenden Geweben neben den jungen Bindegewebszellen auch die Endothelien ein deutlich basophiles Protoplasma zeigen und daß diese durch Basophilie gekennzeichnete Jugendlichkeit und Aktivierung eine Phase darstellt, die auch bei den ansässigen Zellelementen wieder in Erscheinung treten kann. Aber methodische Untersuchungen über die Schnelligkeit dieser Aktivierung fehlten noch. TH. ERNST füllte diese Lücke durch Experimente aus, in denen er Ratten 0,2 ccm Terpentinöl unter die Haut spritzte und den sich einstellenden Entzündungsprozeß von der fünften Minute bis zur 24. Stunde in regelmäßigen, häufigen Zeitabständen unter dem Mikroskop verfolgte. Zur Kontrolle dienten die nicht gespritzten Stellen des gleichen Tiers, von größtem Werte waren die Färbungen nach UNNA-PAPPENHEIM und GIEMSA. Das auffallendste neue Ergebnis war die Tatsache, daß schon nach 15 Minuten an den Endothelien der Capillaren Schwellung und beginnende Basophilie ihres Protoplasmas vorhanden war. Daß in 30 Minuten das Protoplasma der Endothelzellen und der meisten Bindegewebszellen deutlich basophil ist, ersieht man aus umstehender Abbildung (Abb. 52), von einem neuhergestellten Präparate stammend, das die Befunde von ERNST bestätigt. Diese Erscheinung nimmt schnell im Entzündungsrevier zu, so daß 2 oder 3 Stunden

---

[1] GROLL: Verh. dtsch. path. Ges. **22** (1927).
[2] ERNST, TH.: Beitr. path. Anat. **75** (1926).
[3] Z. Path. **13**, Nr 10 (1902).

nach dem Einsetzen des Entzündungsreizes alle Gefäßendothelien eine in Pyronin rotgefärbte Membran bilden. Wie das Bild lehrt, verrät diese Umwandlung des Endothelrohrs keine Anzeichen der Schädigung, wofür der wohlgebildete Kern nebst Kernkörperchen mit Deutlichkeit spricht. Es liegt eine Aktivierung der Zellen vor, die schon nach dem morphologischen Bilde mit Lockerung des Gefüges der Endothelzellen untereinander und mit Lockerung der Zellkolloide einhergeht. Man mag diese Erscheinung in dem entzündlich ödematösen Gewebe — ödematöse Veränderung fiel in Ernsts Schnitten schon nach wenigen Minuten auf — nicht ungewöhnlich finden, wenn man an die Lockerung und Abschilferung der Deckzellen der serösen Häute, der Schleimhautepithelien, der Stromazellen (s. unten) bei der Entzündung denkt, nur daß im Gefäßkanal das vorbeiströmende Blut die Abstoßung der Endothelien mehr in Schranken hält.

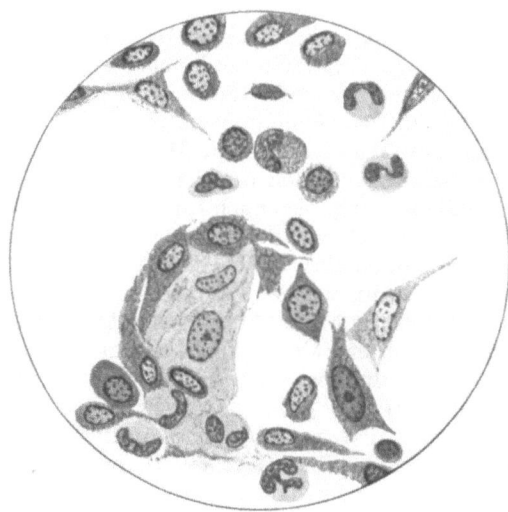

Abb. 52. Basophilie der Bindegewebs- und Endothelzellen. 30 Min. nach Terpentineinspritzung unter die Haut einer Ratte. Leukocyten-Plasma als Test nicht basophil. (Unna-Pappenheim-Färbung). Zeiss, Imm. $^1/_{12}$ Ok 4.

Einerseits sind diese Feststellungen an der Gefäßinnenseite eine Bekräftigung der Ansicht, daß die Veränderung der Gefäßwand bei der Verlangsamung der Blutströmung eine wichtige Rolle spielt. Andererseits erklären sie die abnorme Durchlässigkeit, die wesentliche Vorbedingung für die Erscheinungen der Exsudation. —

Die *Exsudationen* sind der bezeichnendste und sinnfälligste Vorgang der akuten Entzündungen, vielfach auch der chronischen. Die Ausscheidung der Flüssigkeit und die der zelligen Elemente verlangen gesonderte Betrachtung, weil sie nicht an ganz gleiche Entstehungsbedingungen geknüpft sind, wenn auch beide Vorgänge auf dem Boden der entzündlichen Gefäßveränderung erwachsen. Hyperämie, gesteigerte Durchlässigkeit der Capillarwand, Stromverlangsamung oft bis in die Nachbarschaft der Stase liefern diesen Boden. Schon oben wurde ausgeführt, daß diese Stase nicht nur durch die in der Gefäßbahn wirkenden mechanischen Kräfte, sondern auch durch die Veränderungen außerhalb der Gefäße und die Wechselbeziehungen zwischen Gewebe und Gefäßinhalt bedingt wird (s. oben). Plasmaentziehung bei Bildung des Ödems und später Behinderung der Capillarströmung von außen durch Gewebsödem kommen hinzu. Der Austritt der Exsudatflüssigkeit wird nach physikalischen und physikalisch-chemischen Regeln bestimmt, er stellt einen qualitativ und quantitativ veränderten Zustand des Flüssigkeitsaustausches zwischen Blut und Gewebe dar. Die Faktoren, die zur Ödembildung führen, können von der Blut- oder von der Gewebsseite aus wirken, je nach dem Verhalten des mechanischen Drucks, des Quellungs- und des osmotischen Druckes[1]. Ödem entsteht, wenn in den Capillaren der mechanische Druck steigt, der Quellungs- oder osmotische Druck abnimmt. Ödem entsteht aber auch, wenn im Bindegewebe die mechanische Spannung nachläßt oder der Quellungs- bzw. osmotische Druck sich steigert. Das durch exogene und endogene

---

[1] Vgl. H. Schade: Erg. inn. Med. **32**.

Stoffe veränderte Gewebe reißt Blutwasser an sich. Die meisten dieser Faktoren beeinflussen aber auch die kolloide Struktur der Gefäßwand. Entzündliches Ödem ist Exsudat in Gewebsmaschen, freie Ergüsse treten an die Oberfläche, sammeln sich in Körperhöhlen an. Die H'-Konzentration, von der schon früher die Rede war und von der noch bei der zelligen Exsudation zu sprechen sein wird und auf deren Lebenswichtigkeit unter normalen und pathologischen Umständen seit SVANTE ARRHENIUS besonders L. MICHAELIS und S. GRAEFF hingewiesen haben, nimmt auch bei der Ödembildung eine wichtige pathogenetische Stellung ein. Aber jedenfalls ist das Ödem keine einfache Säurequellung, denn es findet sich ja auch an Orten, wo kein quellbares Material vorhanden war, wie in den Lungenalveolen.

Das Exsudat kann serös, fibrinös, blutig, eitrig, bei Anwesenheit von anaeroben Bakterien jauchig sein oder in Mischformen auftreten (serös-fibrinös, fibrinös-eitrig); bei rein fibrinöser Ausscheidung wird das Entzündungsprodukt fest. Rinnt der Erguß auf und über die Schleimhäute, so erhält er durch Schleimbeimengung die Eigenschaft der „katarrhalischen Sekretion" (s. unten u. Abb. 59). Krystalloide und die viel bedeutsameren Kolloide treten aus den Gefäßen heraus. Der Gehalt an Krystalloiden weicht nicht wesentlich von dem des Blutplasmas (0,85%) ab; bei Wasserverlust kann er zunehmen. Daß dabei aber diesseits und jenseits der Gefäßwand die Ionenmenge nicht gleich sein muß, geht aus den Erfahrungen hervor, daß Harnstoff und Chlor im Blut und in anderen Körperflüssigkeiten verschieden verteilt sein können (MICHAUD[1]), was durch das Bestehen eines Donnangleichgewichts erklärt wird. Der entzündliche Erguß ist reicher an Eiweiß als die Flüssigkeitsansammlung bei Stauung ohne Entzündung, aber die Exsudatflüssigkeit kann noch sehr verschiedene Zusammensetzung zeigen, je nach Art und Stärke des Reizes, je nach dessen Wirkung auf Gewebe, Gefäßwand und Gefäßinhalt. Ihr oft erhöhtes spezifisches Gewicht kann zwischen 1009—1029 schwanken, in Abhängigkeit von zelliger Beimischung und der Eiweißmenge. Der Eiweißgehalt kann 1—6% betragen, in Verbrennungsblasen fand man 5%, in Vesicatorblasen 3—7% (s. bei MARCHAND). Die serösen Ergüsse der Tuberkulösen stehen nach Zellgehalt (s. unten), Fibrinmenge und weiterer chemischer Zusammensetzung oft den hydropischen Ergüssen näher; in Beziehung zur bacillären Reizart und ihrer Wirkung auf die Gefäßwände. Man erblickt in dem Vorhandensein verschiedener Eiweißkörper im Exsudat einen gewissen Maßstab für den Intensitätsgrad der Reizwirkung. Beim kolloidalen Ultrafilter gehen mit zunehmender Lockerung erst Albumine, dann Globuline, weiter Fibrinogene durch (BECHHOLD). Dieselbe Reihenfolge offenbart sich in der Chemie der Exsudate mit zunehmender Durchlässigkeit der veränderten Capillarhülse, die nach A. OSWALD weniger in mechanischer Lockerung des Zellverbands als in gesteigerter Permeabilität der Endothelien (wie anderer Körperzellen) für gelöste Blutbestandteile bestehen soll. Daß aber, wie schon oben bemerkt, auch die Lokkerung der Capillarendothelien untereinander eine große Rolle spielt, geht schon aus der Analogie mit dem Verhalten der körperlichen Elemente hervor. Fibrinöse Exsudate bezeugen die größte Porenweite im Ultrafilter der Capillarwand (s. bei SCHADE). Man findet im Erguß Albumin ohne die anderen Eiweißstoffe, aber nicht umgekehrt. Die schwächere oder stärkere Dispersität der Zellkolloide hängt von mehreren Bedingungen im Entzündungsrevier ab. Wichtig bleibt, daß die Entzündungsreize so leicht einen Erguß liefern, der eine so ausgesprochene Neigung zu Fibrinniederschlägen erkennen läßt. Man spricht von „spontaner" Gerinnung. Die mikroskopischen Befunde und die Topographie der fibrinösen Exsudate bringen weitere Aufklärungen. Das Exsudatfibrin besitzt das gleiche

---

[1] MICHAUD: Virchows Arch. **254** (1925).

morphologische und chemische Verhalten wie das Blutfibrin, wenn wir von gewissen Besonderheiten der Verbackung (s. unten) mit Gewebselementen absehen. Nadelförmig, fasrig, sich schnell meist engmaschig verfilzend und dann hyalin werdend, erscheint es noch seltener· körnig als das Fibrin in Gefäßen, bei dem man sich vor Verwechslung mit Blutplättchen zu hüten hat. Daß außer diesen Plättchen verschiedene geschädigte Zellen das Material liefern können, um Fibrinogen in den Gelzustand überzuführen — die kolloidchemische Auffassung drängt die der Fermentwirkung heute mehr und mehr zurück —, geht auch aus den mikroskopischen Bildern hervor, wie sie besonders seit G. Hauser[1] geschildert sind (Fibrinsterne um absterbende Exsudat- und Gewebszellen). Intra- und extravasculär kann man das oft zugleich sehen, wenn sich Entzündung mit Thromboangitis verbindet, die Gefäße selbst schwerer erkrankt sind (z. B. bei Tuberkulose[2]).

Das Exsudatfibrin kann sich in Gewebsmaschen, auf der Oberfläche der serösen Häute, auf Schleimhäuten als Croupmembranen und in Körperhöhlen niederschlagen. Es verklebt frühzeitig Wundränder auch an Orten, wo Gefäße und daher Blutungen fehlen, schließt Perforationslöcher, klebt Netzzipfel pflasterartig auf. Viel erörtert ist die Beziehung der Fibrinbildung zum Deckepithel der serösen Membranen und zum Oberflächenepithel der Schleimhäute. An den Oberflächen des Brustfells, des Herzbeutels, des Bauchfells kann das Epithel unter der Fibrinauflagerung erhalten, geschwollen, abgelöst oder schon abwesend sein, die Fibrinmasse aus der Tiefe zwischen den Epithelien vorgeschoben erscheinen. Interessant ist, daß die gleichen Bakterien, wie Streptokokken, bei der Zellgewebsphlegmone reiche Fibrinausscheidung bis zu brettharter Infiltration bedingen, während die Streptokokkenergüsse in den serösen Höhlen meistens äußerst fibrinarm sind. Da spricht wie auch sonst die Örtlichkeit mit, wie bei der Neigung der Lungen zu fibrinöser Entzündung, während die Alltäglichkeit der fibrinösen Entzündungsform bei Infektion mit Diphtheriebacillen wieder die Reizart und -stärke als belangreich hinstellt. Bei den Schleimhautentzündungen mit Bildung fibrinöser Pseudomembranen läßt sich oft bemerken, daß das Epithel der Oberfläche erkrankt, nekrotisch und abgestoßen manchmal dann noch in den Maschen des Fibrinbalkennetzes eingefangen ist (Abb. 53). Auch bei den durch verdünntes NH_4OH bei Kaninchen experimentell erzeugten croupösen Entzündungen der Luftwege (Oertel, Weigert) zeigt sich die Membranbildung an den Untergang des Epithels gebunden. Bei der genuinen Lungenentzündung ist das Alveolarepithel öfters geschwollen, auch abgeschilfert, aber seine Nekrose scheint keine notwendige Voraussetzung zur Gerinnung des Exsudates. Daß die Entzündungsform· wie der Entzündungssitz auch in hohem Grade von der Natur des belebten Reizes abhängig ist, zeigt sich am sinnfälligsten bei den spezifischen Entzündungen wie bei Tuberkulose, Lepra u. a. Die Krankheitsvorgänge, die die Diphtheriebacillen auslösen, beleuchten gut, wie sich die Verhältnisse der Fibrinabscheidungen verwickeln können, wenn nicht nur Oberflächenepithel, sondern auch tiefergelegene Gewebsteile abgetötet werden (s. unter Fibrinoidnekrose). Nun bekommen die entzündlichen Ausdrucksformen ihr sehr charakteristisches Gepräge durch die Zellen, die sich dem Exsudat schon von Beginn an beimischen. —

Wenn wir hier von *Exsudatzellen* sprechen, so denken wir in erster Linie an farblose Elemente, die aus dem Blute in die Ausscheidung hineingelangen. Es ist aber klar, daß auch andere Zellen in die entzündlichen Ergüsse aktiv oder passiv hineingeraten, unter denen man verschiedene Stroma- und manchmal auch Parenchymzellen unterscheiden kann, auf die wir später eingehen. Unter den

---

[1] Hauser, G.: Dtsch. Arch. klin. Med. **50**, 363.
[2] Vgl. M. Askanazy: Dtsch. Arch. klin. Med. **99**, 333 (1910).

Exsudatzellen aus dem Blutstrom nimmt der im Blut in der Mehrzahl kreisende Leukocyt den ersten Platz ein, dessen Austritt aus den Blutgefäßen seit COHN-HEIMS klassischem Versuch am Mesenterium des Frosches leicht zu beobachten ist. COHNHEIM erhob WALLERS unbeachtet gebliebene Feststellung (1846 an der Zunge des Frosches) zum wissenschaftlichen Allgemeingut. Zu diesem Experiment am Frosch und zu dem analogen am Säugetier kehren wir immer wieder zurück, wenn der nie ruhende Streit uns zu der erneuten Prüfung der Quellen einlädt. Der Vorgang beginnt, wenn der Blutstrom verlangsamt ist, mit der Erscheinung, daß die ungefärbten Blutkörperchen aus dem axialen roten Strom in die plasmatische Randzone einzeln übertreten, um sich hier mehr und mehr anzusammeln. Am schnellsten und reichlichsten beobachtet man den Ablauf

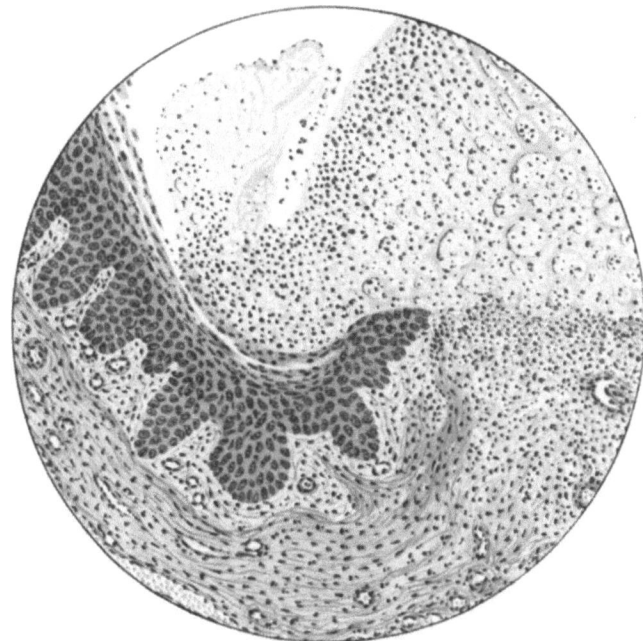

Abb. 53. Kehlkopfcroup. Das fibrinöse Oberflächenexsudat schlägt sich von der des Epithels beraubten Schleimhaut nur wenig über das Nachbarepithel hinweg. (VAN GIESON-Färbung.) Zeiss Ok. 4, Obj. AA.

dieser und der folgenden Erscheinungen an kleinen und kleinsten Venen. Aber auch in den Capillaren sehen wir sichere Seitenstücke zu dem Vorgang, bei deren Kleinheit eine Einscheidung des Blutstroms durch randständige Leukocyten-massen nicht zustande kommen kann, in denen man jedoch die einzelnen Leuko-cyten festgehalten, festgesaugt und Engen bilden sieht, an denen sich der Erythro-cyt vorbeidrücken muß. Von den Arterien hat COHNHEIM betont, daß schon wegen der Mechanik des Stroms die Randstellung der Leukocyten mit ihren Folgen nicht eintritt, was im allgemeinen zutrifft. Beobachtungen an Schnitten von Arterien aus Entzündungsherden des Menschen müssen mit Vorsicht beur-teilt werden, da Exsudatzellen leicht als Kunstprodukt in die leere Lichtung der Schlagadern hineinbefördert werden (z. B. bei Meningitis). Doch ist zuzugeben, daß unter bestimmten Bedingungen, z. B. wenn in den kleinen Arterien abnorm geringe Strömung, etwa gar nur ein Plasmastrom sickert, eine leukocytäre Rand-stellung eintreten kann (RÖSSLE, TANNENBERG in ausgetrockneter Schwimmhaut). Dann aber ist auch die Einwanderung in kranke Arterienstrecken zu bedenken.

An dem wichtigsten Schauplatz, den Venenlichtungen, läßt sich nun leicht feststellen, daß die farblose Blutzelle, nachdem sie noch ein oder einige Male eine
Strecke weit fortgerollt ist, früher oder später steckenbleibt. So wird die Innenwand von einzelnen Leukocyten oder Gruppen von solchen mehr und mehr
bedeckt; wie man beim Durchschauen durch den roten Blutstrom am lebenden
Tier feststellt, geschieht es im ganzen inneren Umfange des Gefäßrohres. Bald
nach ihrer Randstellung scheint der Leukocyt wie angeheftet, angeklatscht an
die Intima, zum Teil auch etwas mehr gestreckt, beim Schütteln des Präparats
verharrt er in seiner Lage. Die Ansammlung nimmt stetig zu, bis die ganze
Innenwand von einem ununterbrochenen Leukocytenzylinder wie austapeziert

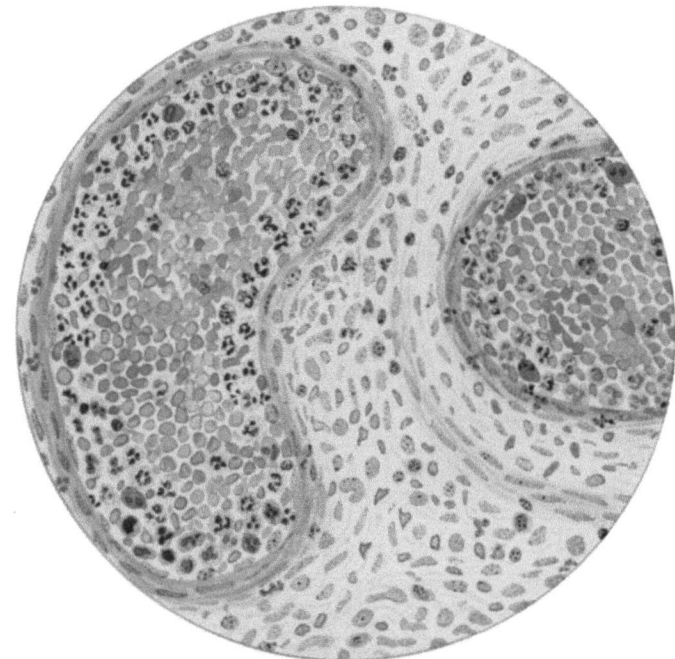

Abb. 54. Lebenswarm fixiert. Randstellung der Leukocyten in mehreren Lagen in kleinen Venen.
(Zeiss Ok. 4, Obj. DD.)

erscheint. Später kann die Leukocytenreihe mehrschichtig sein, es können 2
und 3 Schichten übereinandergetürmt sein (Abb. 54), bis zu Bildern, die man als
Leukocytenthromben oder als Leukostasen (RICKER) bezeichnet hat. Beide
Ausdrücke treffen nicht recht zu, denn, wenn auch mechanische Vorgänge bei
der Aufstellung dieser Leukocytenspaliere mitspielen, ist die Erscheinung doch
im Grunde nur eine Steigerung und Summation der Randstellung. Die fortschreitende Verdünnung des zentralen Blutfadens erleichtert die Aufreihung,
wie nach RICKER auch Verengerung der vorgeschalteten Arterien die „weiße
Stase" herbeiführen soll, die aber zur Entstehung des mehrschichtigen Leuko-
cytenbelags nicht erforderlich ist. Zum Unterschiede von der roten Stase liegen
die Leukocyten auch lockerer, ohne ihre Umrisse zu verlieren. Die Auswanderung
geht weiter vor sich, auch wenn das Gefäß nur Leukocyten enthält, was gegen
Thrombose ins Gewicht fällt. Es handelt sich um Fortwirkung und gelegentliche
Potenzierung der *Faktoren, die die Randstellung erzeugen.* Diese stellen sich im
wesentlichen in folgenden 3 Einflüssen dar. Seit den in HELMHOLTZS Labora-

torium ausgeführten Versuchen von SCHKLAREWSKY[1] (1868) wurde zunächst die physikalische Grundlage des Vorgangs hervorgehoben. Unter der Einwirkung der *verlangsamten Strömung* treten nach dieses Autors Experimenten mit Flüssigkeiten, die in einem Glasröhrensystem verschiedener Weite strömen und Körperchen verschiedenen spezifischen Gewichts in Suspension enthalten, die leichten Partikelchen an die Peripherie, dort haftend, weil sie den Reibungswiderstand der Wand nicht mehr überwinden können. Die schwereren Teilchen schwimmen im Achsenstrom. Nun sind die Leukocyten spezifisch leichter als die Erythrocyten, wie man z. B. an der Schichtenfolge zentrifugierten oder des im Reagensröhrchen aufgehobenen leukämischen Bluts erkennt. Ein zweiter Umstand ist in der seit langem gewürdigten *Viscosität* der Leukocyten begründet, die bei dem Vorgang Veränderungen der Oberfläche wie Lockerung der Zellkolloide überhaupt erfahren. Dieser gehen, wie oben bemerkt ist, entsprechende Veränderungen an dem Gefäßendothel

parallel, wodurch die „klebrigen" Teile leichter aneinander haften. Schon diese Erscheinung steht unter den Einflüssen, die die folgende Phase der Auswanderung beherrschen, unter der Aufnahme von Kräften bzw. Stoffen (s. unten) außerhalb der Gefäßbahn, die in die Zirkulation eintretend die örtliche Leukocytose herbeiführen und ihren oft spezifischen Charakter bestimmen. An die Randstellung schließt sich in der Regel bald der Austritt der Leukocyten aus dem Blutgefäß, womit sie zu Exsudatzellen geworden sind. Die Auswanderung aus der Blutbahn kann schon erfolgen, ehe die Randstellung einen höheren Grad erreicht hat. Sie ist am ergiebigsten im Bereiche der kleinen und kleinsten Venen, findet aber auch aus den

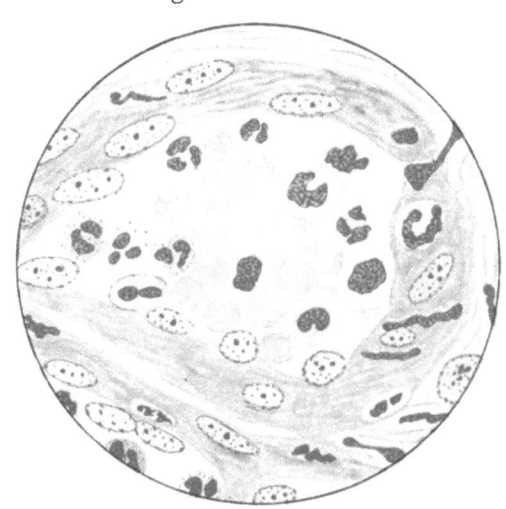

Abb. 55. Auswanderung der Leukocyten durch die Wand einer kleinen Vene. Erythrocyten in den Säuren entfärbt. (Vom Operationsmesser in FLEMMINGsche Lösung gebracht.) Saffraninfärbung. Zeiss, 1mm. $^1/_{12}$ Ok-Orthoskop. N 6.

Haargefäßen statt. Was die Arterien betrifft, so sieht man in ihrer Wand, namentlich auf Schnitten fixierten entzündeten Gewebes, nicht selten Leukocyten. Sie können von der Lichtung oder von außen in die Arterienwand eingedrungen sein, aber mehrfach überzeugt man sich dann davon, daß die Schlagaderwand selbst Sitz von Veränderungen (z. B. Nekrosen) ist, die wie Teile im übrigen Gewebe Leukocyten anlocken. Der Austritt der Leukocyten vollzieht sich so, daß der Zelleib und Zellkern langgestreckt wird (Abb. 55), wodurch schon hier bunte Zellformen entstehen, die zugleich oft zur Zerreißung der Chromatinbrücken zwischen den größeren Stücken des fragmentierten Kerns führen. Die Leukocyten treten in wechselnder Richtung durch die Wand, vielfach an einzelnen Punkten gruppenförmig vereinigt, auch entgegen der Stromrichtung. Wie man mit und ohne besondere mikroskopische Markierung der Zellgrenzen (Kittlinien) oft wahrnimmt, ziehen sie sich zwischen den Endothelzellen an die Außenfläche. Die Zunahme der Porengröße in der entzündeten Gefäßwand, die Lockerung des Endothelgefüges erleichtert den Austritt der Leukocyten, was sein Seiten-

---

[1] SCHKLAREWSKY: Pflügers Arch. **1**.

stück findet in dem Durchzug dieser Zellen durch die gedehnten, mikroskopisch leicht wahrnehmbaren Spalten zwischen den Stachelzellen des geschichteten Pflasterepithels. Die um das Endothelrohr gelagerte Membrana propria wird unter den lokalen physikalisch-chemischen Einwirkungen ebenfalls disperser, so daß sie dem Weiterrücken der Leukocyten nicht hinderlich ist. Förderlich wirkt in dieser Hinsicht auch die Dehnung der Glashaut durch Gefäßerweiterung und gegebenenfalls durch ödematöse Quellung der Wandgewebe. Die zunächst beim lebenden Kaltblüter festgestellte Auswanderung der farblosen Blutzellen betrifft, wie die nachträgliche Färbung der Zellen bekundet, vornehmlich oft fast oft allein die gelapptkernigen Leukocyten. Daß sie sich in derselben Art und mindestens gleichen Reichlichkeit beim Warmblüter und Menschen vollzieht, kann nach den unzählbaren Beobachtungen der Jahrzehnte als gesichert gelten. Immer wieder ist zu bestätigen, daß diese Zelle innerhalb und außerhalb der Gefäße, namentlich sinnfällig bei frischen Entzündungen und nicht zu geringer Reizstärke (s. unten) in Größe, Gestalt, neutrophiler Granulierung (beim Menschen), zunächst bestehendem Glykogengehalt, Oxydase- bzw. Peroxydasereaktion (Abb. 56) völlig übereinstimmt. Wir sehen höchstens am Kern, wie bemerkt, die „Polynucleären" wirklich nach Abschnürung der Kernstücke mehrkernig werden, was niemand als Hinweis auf eine andere Zellart deutet. An den den Pathologen heute so reichlich zufließenden, operativ gewonnenen und lebensfrisch fixierten Organstücken in verschiedenen Stadien der Entzündung

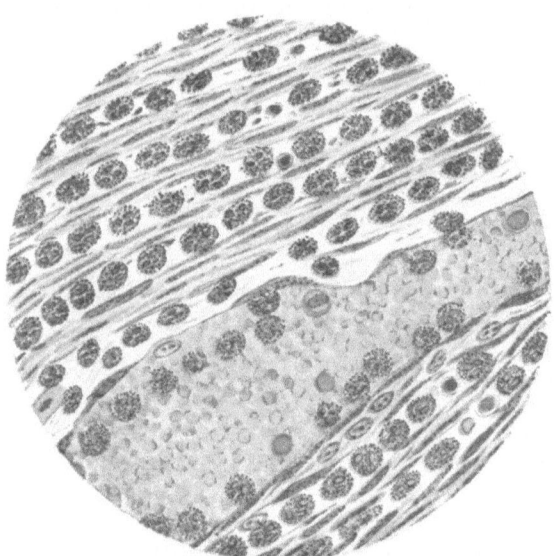

Abb. 56. Akute Wurmfortsatzentzündung. Peroxydase-Reaktion der Leukocyten in Randstellung in der Vene und in der glatten Muskulatur (Zeiss, Ok. 4, Obj. DD.).

kann man alle Phasen des Leukocytenaustritts von der Randstellung auch an menschlichen Geweben beobachten, wovon wir eine Musterkarte an dem Lebenden entnommenen Präparaten von der Iritis an bis zu Wurmfortsatzentzündungen, Tubenkatarrhen, Dermatitiden usw. besitzen. Schon COHNHEIM hat Carmineinspritzungen in die Blutbahn benutzt, um die Identität von Blut- und Exsudatzelle zu erhärten und die späteren Vitalfärbungen (RANVIER, ARNOLD, HABERLAND, WESTPHAL[1] unter E. KAUFMANN) ermöglichen die nämliche Kontrolle. Auch die gleichzeitige Prüfung vom Leukocytengehalt in den Arterien und Venen des Entzündungsherdes ergab, daß die Arterien mehr Leukocyten enthalten als die abführenden Venen (UNGER und WISOTZKI[2]). Auf die Bedeutung des negativen Beweises nach Unterdrückung der Blutleukocyten vor dem Akt der Entzündung kommen wir später zurück, ebenso auf die andere Frage, ob sich charakteristisch gestaltete gelapptkernige Leukocyten auch außerhalb der Gefäße im entzündeten Gewebe ausbilden können. Wie man sich zu dem letzten Punkte auch stellen mag, nie

[1] WESTPHAL: Frankf. Z. **30**, (1924).
[2] UNGER u. WISOTZKI: Dtsch. med. Wschr. **1921**, Nr 22.

wird die Abstammung der leukocytären Exsudatzellen aus dem Blute als nebensächlich betrachtet werden dürfen, wie es wenig neuere Autoren zu tun versuchen (s. später). Steht die Tatsache fest, so heißt es den Austritt der farblosen Blutzellen aus dem strömenden Blute erklären. Der von vornherein gewählte Ausdruck der „Emigration" wurde angegriffen und durch die Beziehung der „Diapedese der Leukocyten" ersetzt — wofür vor kurzer Zeit noch v. BAUMGARTEN eintrat —, weil HERING zuerst erkannte, COHNHEIM und KLEMENSIEWICZ bestätigten, daß die Auswanderung bei Unterbrechung der Zirkulation also beim Fehlen des Blutdrucks aufhört. COHNHEIM hielt aber an einer „Filtration" durch eine in ihrer physiologischen Beschaffenheit „veränderten" Gefäßwand fest. Der Unterschied gegenüber der Diapedese der Erythrocyten ist aber die Auswahl unter den Blutzellen, die Selektion unter den farblosen Elementen, die das Gefäßlumen verlassen. Ferner lassen sich aktive Bewegungserscheinungen an der auswandernden Zelle vor (LAVDOWSKY[1]), während und nach dem Durchtritt beobachten, läßt sich die Emigration nach Angabe und Deutung einzelner Autoren, die aber nicht unbestritten ist, durch Zellvergiftung (Chinin, Eucalyptol) verhindern. Ist Blutdruck und selbständige Bewegungsfähigkeit nun auch Voraussetzung und die letzte schon eine Begründung für die Berechtigung der Auffassung als „Emigration", so wird diese Anschauung unabweisbar, wenn wir sie biologisch und, soweit heute möglich, physikalisch-chemisch ins rechte Licht rücken. Daß die Anregung der aktiven Bewegung seitens bestimmter Stoffe erfolgt, durch *Chemotaxis*, wie der biologische Begriff seit PFEFFER lautet, kann nicht bezweifelt werden. Mit Recht stellt MARCHAND die „Reizbarkeit" des Protoplasmas als biologische Grundtatsache hin. Das geht schon daraus hervor, daß die Gestaltsveränderungen der Leukocyten besonders lebhaft und bunt bis zur Unkenntlichkeit werden, wenn die Zellen die Außenfläche des Gefäßrohrs erreichend frei ins Gewebe hinaustreten. Unter den chemotaktisch wirksamen Faktoren kommt nicht nur die Steigerung der H'-Konzentration (GRAEFF[2]), sondern eine Anzahl im Experiment positiv chemotaktisch sich erweisender Körper in Betracht, wie gewisse Eiweißspaltungsprodukte des tierischen Körpers[3] (Pepton, Nucleinsäuren usf.), Seifen, die Proteine zahlreicher Bakterienleiber und Bakteriengifte und mit den letzten auch Abkömmlinge pflanzlicher Zellen im gewöhnlichen Sinne. Daß sie Zentrum und Ausgangspunkt der Leukocytenanziehung sind, wird dadurch veranschaulicht, daß die Leukocyten sich zum größten Teil selbst dem Lymphstrom entgegen nach der Stelle hinbegeben, von wo der Entzündungsreiz ausgeht, z. B. nach dem Orte der Mikrobienansiedlung oder der Niststelle des Fremdkörpers. Ist dieser schwer oder unlöslich, so erfolgt die Anziehung durch die vom Fremdkörper hervorgebrachte Veränderung im Gewebsstoffwechsel, gegebenenfalls durch Stoffe, die vom Fremdkörper (Metalle, Kohle usf.) adsorbiert sind. Im letzten Fall kann die Auswanderung der Leukocyten gering oder gleich Null sein, wie die sog. Kohlemetastasen im Körper bezeugen. Auch im Bereich aseptischer Infarkte, durch Röntgen- und Radiumstrahlen erzeugter Nekrosen pflegt die leukocytäre Infiltration geringfügig zu sein. In Fällen bakterieller Kolonisierung ist die Emigration am lebhaftesten und oft stürmisch. MARCHAND unterstreicht noch die Eigenschaft der taktilen Reizbarkeit der Leukocyten, die sie veranlasse, in poröse Fremdkörper einzudringen. Die Kolloidchemie hat sich schon seit Jahren bemüht, die biologische Erscheinung der

---

[1] LAVDOWSKY: Virchows Arch. **97**.

[2] Daß die Wanderung nach dem Orte der stärksten p_H erfolgt, wird von anderen Untersuchern nicht bestätigt.

[3] Nach H. BUCHNER (Münch. med. Wschr. **1899**, Nr 39) wirken andere Abkömmlinge des Eiweißes, wie Ludzin, Tyrosin, Harnstoff, Ammoniak, negativ chemotaktisch.

Chemotaxis (des Chemotropismus) dem Verständnis durch physikalisch-chemische Auffassung näherzubringen. Rhumbler[1] hat die Erklärung zuerst für die Bewegung der Amöben herangezogen, die sich in gleicher Weise auf die amöboide Bewegung und andere Lebensvorgänge der Leukocyten übertragen läßt (Hamburger[2], Frei[3], Schade). Der Antrieb zur Bewegung und die Bewegungsrichtung wird danach bestimmt durch die von den „positiv" chemotaktischen Stoffen ausgehende Veränderung der Oberflächenspannung des Leukocytenkörpers. Man mag sie mit Michaelis (s. bei Ohno) als Verseifung auffassen oder als Zunahme der elektrischen Ladung oder in noch anderer Art: an der zuerst getroffenen Stelle der farblosen Blutzelle wird die Oberflächenspannung herabgesetzt, hier quillt das Protoplasma in amöboiden Ausläufern vor, und so wird die Zelle aus der ruhenden Kugelform gebracht und in die Richtung des reizspendenden Körpers gezwungen. Frei erklärt die negative Chemotaxis durch Stoffe, die die Oberflächenspannung einseitig erhöhen und sogar eine Abwanderung in entgegengesetzter Richtung veranlassen. Da die Stoffe sicher bis in die Gefäßlichtung hineingelangen, wird, wie oben angedeutet, auch schon die Wandhaftung der noch intravasculären Leukocyten durch veränderte Oberflächenspannung und dadurch bedingte Auflockerung und Klebrigkeit verständlicher. So kann auch schon die örtliche Leukocytose (L.-Ansammlung im Blut) mit veranlaßt sein. Sie könnte selbst bei der Entstehung der allgemeinen Leukocytose im Spiele sein. Eine solche braucht im allerersten Beginn noch nicht im ganzen Gefäßsystem vorzuliegen, denn es erfolgt zunächst nur eine ungleiche Verteilung der Leukocyten im Zirkulationsapparat, wie der Vergleich von Herzblut mit dem Blut des entzündeten Teiles beim Versuchstier (Guillermin[4]) zeigt. Dann dringen die Stoffe aus dem Entzündungsherd weiter vor und veranlassen als Ausdruck der „Entzündungskrankheit" eine Reizung des Knochenmarks[5], eine leukopoetische Überproduktion und gesteigerte Ausschwemmung der farblosen Blutzellen, die nicht an ihren vorausgehenden Untergang im Sinne Loewits geknüpft ist, sondern ein Seitenstück zu der der O_2-Spannung entsprechenden Hyperglobulie (der Roten) darstellt. Eine Rückwirkung vom Entzündungsherd auf den blutbildenden Apparat durch stoffliche, nicht nur nervöse Vermittlung drängt sich um so mehr auf, als zwischen der ins Gewebe auswandernden Blutzelle, entsprechender Anreicherung der Blutbahn mit gleichartigen Elementen und Ausfuhr aus dem blutzellbildenden System völlige Übereinstimmung herrscht. Die Ruhigstellung der Leukocyten und ihrer Stammzellen ist Voraussetzung dafür, daß von außen herantretende Einflüsse (Salze, saure Produkte usf.) an einer Oberflächenpartie angreifen. Das kann sich auch bei den am Ufer der Blutgefäße liegenden Myelocyten im Knochenmark, die mehr oder weniger weit zum spezifischen Leukocyten differenziert sind, geltend machen. Diese Grenzflächenaktivierungstheorie fördert das Verständnis, aber wie zum Verständnis aller Permeabilitätsprobleme müssen neben physikalischen Theorien (Poren-, Lipoidtheorie, Oberflächenaktivierung) weitere physikalische und chemische Vorstellungen (Lösungs-Adsorptionsvorgänge, Affinität u. a.) herangezogen werden, um die biologische Erscheinung zu erfassen. Sonst gelangen wir nicht zur naturwissenschaftlichen Erklärung der Tatsache, daß bei den Entzündungen in der Regel die polynucleären neutrophilen Leukocyten auswandern, in anderen Fällen und anderen Stadien aber eosinophile

[1] Rhumbler: Erg. Physiol. **1914**, 474.

[2] Hamburger: Physikalisch-chemische Untersuchungen über Phagocyten. Wiesbaden 1912.

[3] Frei: Berl. tierärztl. Wschr. **1916**, Nr 33.

[4] Guilllermin: Rev. med. Suisse rom. **1905**.

[5] Vgl. M. Askanazy: Knochenmark. Henke-Lubarschs Handb. d. spez. pathol. Anatomie **1**, II, 974, 958, 966.

Zellen oder Lymphocyten oder „Monocyten". Die jeweilige Auswahl hängt von der Reizart und Reizstärke ab, die ja noch durch die Reizbarkeit des Individuums beeinflußt wird. Am längsten wurde die Frage von der Selektion der extravasierenden Blutzellen für die Auswanderung der *Lymphocyten* und namentlich *Eosinophilen* am Menschen und Versuchstier studiert, während die nach den Bedingungen der Monocytose und des Monocytenübertritts ins Gewebe erst im Beginn der Erforschung steht (s. später). Bezüglich der Emigration der Lymphocyten, deren amöboide Bewegung wir selbst 1905[1] an menschlichen Lymphdrüsen im frischen Präparat sahen, lehrt die Erfahrung, daß eine solche in entzündeten Organen eine häufige Erscheinung ist. Nur beobachtet man ihren Durchtritt durch die Wand nicht an so zahlreichen Exemplaren wie den der Leukocyten. Daß auch hier eine chemotaktische Anlockung im Spiele ist, dürfte besonders aus dem Befund in Infektionskrankheiten hervorgehen, in denen die Lymphocyten im Exsudat und Infiltrat wie bei vielen tuberkulösen (entsprechend der Tuberkulinwirkung), bei gewissen Encephalitisformen vorherrschen. Man kann in solchen Fällen auch lokale Lymphocytose in Gefäßen des Entzündungsreviers wahrnehmen und die Bewegungsformen der Lymphocyten im Gewebe verfolgen. Das haben wir mehrfach auch im älteren Granulationsgewebe festgestellt. Für die Deutung der späteren lymphocytären Herde ist dann auch die Präexistenz lymphatischer Gewebsablagerungen zu berücksichtigen. Übrigens können sich einzelne Lymphocyten bei mancherlei akuten Entzündungen den auswandernden Leukocyten beimengen, während sie in anderen von vornherein vornehmlich oder ausschließlich vorhanden sind. Auf ihren Hinzutritt in etwas älteren Phasen der Entzündung wird noch später zurückzukommen sein in Hinblick auf die „lymphocytäre Reaktion" im allgemeinen. — Die Ansammlung von eosinophilen Zellen im Blute, auch die besonders im Gebiete der lokalen Gewebseosinophilien örtlich entwickelte, ist ebenfalls öfters von uns und anderen festgestellt, ebenso wie der Durchgang dieses Leukocytentypus durch die Gefäßwand. Ihrer reichlichen Anhäufung in bestimmten entzündlich gereizten Geweben oder Sekreten kann eine allgemeine Eosinophilie des Bluts entsprechen. Da ihre wesentliche Ursprungsquelle im Knochenmark liegt, bestehen Verhältnisse, die denen der neutrophilen Reaktion vergleichbar sind. Über die kurvenmäßige Darstellung der Beziehungen zwischen Gewebs-, Blut-, Markeosinophilie vergleiche man bei HOMMA[2]. Daß eine örtliche Vermehrung im Gewebe vorkommt, erklärt sich aus der Tatsache, daß bei Eosinophilie des Bluts neben den gelapptkernigen, namentlich zweikernigen, auch noch eosinophile Einkernige (Myelocyten) im Blute kreisen, die nach der Auswanderung proliferationsfähig bleiben. Gegen die Abstammung dieser spezifischen Granula aus Hämoglobin haben wir uns schon 1904 mit Bestimmtheit ausgesprochen[3], was heute von den meisten Untersuchern zugegeben wird. EHRLICH hat schon früh erkannt, daß sich die eosinophilen Leukocyten dann anschicken, das Blut zu verlassen, wenn gewisse krankhafte Zustände vorliegen oder bestimmte Organe (Haut u. a.) befallen sind, so daß an besonderen Reizwirkungen gedacht wird, die gerade durch die lokale Anhäufung an der reizliefernden Stelle nahegelegt wird. Neben der überwiegenden Stellung der tierischen Parasiten (Eier, Larven, erwachsene Tiere aus der Klasse der Würmer und Insekten) als Erzeuger von Eosinophilie spielt das Bronchialasthma mit seinem pathologischen entzündlichen Sekret der Bronchien und im allgemeinen die im Anschluß an akute infektiöse Entzündung („postinfektiös") auftretende lokale bzw. Bluteosinophilie eine besondere Rolle. Da bei den letzten wohl auch Stoffe aus dem tierischen Haushalt einwirken, die dem infektiösen Prozeß, nicht

[1] ASKANAZY: Zbl. Path. **16** (1905).   [2] HOMMA: Virchows Arch. **233** (1921).
[3] ASKANAZY: Münch. med. Wschr. **1904**, Nr 44/45.

den Erregern entstammen, könnte man dazu neigen, die eosinophile Leukocytose als zoogene der neutrophilen als mehr phytogene gegenüberzustellen. Der Begriff der konstitutionellen Eosinophilie stände dem nicht entgegen. Es bleibt aber immer noch eine Aufgabe, die „eosinotaktischen" Stoffe im einzelnen festzulegen. Auf die Monocyten kommen wir unten zurück. Ist die besondere Form der weißen Blutzellen, die bei der Entzündung alarmiert wird, von der Art und Phase des Entzündungsvorgangs abhängig, so handelt es sich bei der hier noch einmal kurz zu nennenden hämorrhagischen Beimengung auch um Rückwirkung der Blutströmung und der Gefäßwand. Stase des Blutinhalts und schwerere Schädigung des Gefäßrohrs begünstigen die reichliche Diapedese der Erythrocyten bei schweren Infektionen (Milzbrand, Pest), während der Austritt einzelner roter Blutkörperchen als ein häufiger Vorgang bei frischen Entzündungen zu bezeichnen ist. Bei blutigen Ergüssen in Körperhöhlen lenkt sich der Verdacht auf Tuberkulose oder Geschwulstbildung, weil beide Blutungen durch Gefäßalteration verschiedener Art begünstigen.

Nachdem bisher die Entzündungserscheinungen gewürdigt sind, die an die Blutgefäße und besonders an ihren Inhalt gebunden sind, gelangen wir zu dem *Verhalten des Stromas* bei der Entzündung, des Stütz- und Grundgewebes zwischen den Gefäßen, wobei aber zwischen der Gefäßwand und dem interstitiellen Nachbargewebe keine scharfe anatomische oder funktionelle Grenze gezogen ist. Die Adventitia schlägt die Brücke vom Gefäß zum *Stroma im engeren Sinne*, das in erster Linie durch Zellen und Intercellularsubstanz des kollagenen, elastischen und reticulären Gewebes gebildet wird, während im Zentralnervensystem die ektodermale Glia als vorherrschendes Stroma sich an die bindegewebige Adventitia angliedert und diesem Organ den Schatz eines zweifachen Stromaschutzes sichert. Aber übersehen wir nicht, daß auch in den übrigen Organen das Stroma in nicht ganz gleicher Art und Menge gestaltet, sondern in Abhängigkeit von dem Bau und der Funktion des Parenchyms entwickelt ist. Auch die Endothelien ihrer Gefäße sind ja nicht gleichartig ,wie schon die typische Form der Endothelien in den Blutfiltern (Leber, Milz, Knochenmark) dartut. Endothelien und weitere Wandteile der Gefäße teilen so oft das Schicksal des Stromas im engeren Sinne. Betrachten wir zunächst, dem obigen Gedanken weiter nachgehend, das Verhalten des Exsudats in der *Grundsubstanz* des Stromas, das es durchfluten muß, um das Ödem, die Phlegmone, den mit Gewebseinschmelzung verbundenen Absceß zu erzeugen oder an die freien Oberflächen zu gelangen. Die seröse Flüssigkeit durchdringt die Faserbündel, zersprengt die kollagenen Fasern, macht sie anschwellen. Diese Aufquellung wird durch die gesteigerte H-Ionenkonzentration und vielleicht auch durch Fermentwirkung bedingt, für deren Wirksamkeit im flüssigen Erguß v. Gaza[1] und Rössle sich aussprechen. Sie können zur Gewebsauflösung führen (vgl. besonders die Gliaerweichung) und könnten auch aus den Gewebszellen (s. später) stammen. Die früher weniger beachteten faserigen Grundsubstanzen erfahren verschiedene Veränderungen, ihre Färbbarkeit wechselt, teils indem sie ihre Affinität zur sauren Farbe (Eosin, Säurefuchsin) mehr und mehr einbüßen und selbst Basophilie aufweisen, was als Säureimprägnation der Fasern gedeutet ist, teils verhalten sie sich färberisch wie Fibrin. Dann ist das Fibrinogen aus den Gefäßen getreten, hat nach Einwirkung des aus verschiedenen Zellen stammenden Fibrinferments gallertigen, dann fädigen Fibrinbau erhalten und sich in oder auf dem Gewebe niedergeschlagen. Man dankt E. Neumann die Unterscheidung des in Gewebsspalten und auf Oberflächen ausfallenden Exsudats von der fibrinoiden Umwandlung, „der fibri-

---

[1] Gaza, v.: Verh. dtsch. path. Ges. **19** (1923).

noiden Degeneration" oder besser „fibrinoiden Nekrose" der Gewebe. In dem letzten Falle hat ein dem Fibrin in seinen Reaktionen meist ganz gleichendes Material Fasern, Faserbündel, Gefäßwände, Zellen durchdrungen und ersetzt. Vergleicht man das Gewebe mit fibrinösem Exsudat und solches mit fibrinoider Umwandlung, so erweist sich das letzte als kernlos, abgestorben. Wir müssen daraus schließen, daß das der Nekrose verfallende Gewebe und besonders auch seine Grundsubstanz das Fibrin adsorptiv bindet und durch diese Einlagerung fibrinoid aufquillt, ein optisch wahrnehmbares Zeichen für die Beziehung zwischen Grundsubstanz und Exsudat[1]. Der Flüssigkeitsstrom äußert sich aber zugleich gegenüber den Gewebszellen und in deutlicher Weise auf den *Zellstoffwechsel*, den wir nun von einem allgemeineren Gesichtspunkte aus zu betrachten haben. So sicher es ist, daß die Gefäßreaktionen die Gewebe in Mitleidenschaft ziehen, so wäre es doch verfehlt, wie es RICKER will, die Gewebsveränderungen regressiver und progressiver Art ganz oder fast allein von den entzündlichen Vorgängen in den Gefäßen herzuleiten. Es kann keinem Zweifel unterliegen, daß bei zahlreichen, besonders den starken entzündlichen Reizen mechanischer, thermischer, chemischer Natur und auch anderen das Gewebe teils zuerst, teils häufiger, fast gleichzeitig mit den Gefäßen getroffen wird. Man darf sich nur an Nekrosen durch Zertrümmerungen, Verbrennungen, Ätzungen durch chemische Stoffe erinnern, um die unmittelbare Beeinflussung des Gewebes zu erkennen, von den spezifischen Nekroseformen ganz zu schweigen (z. B. tuberkulöse Verkäsung). Diese Verkäsung hängt nicht von der Gefäßlosigkeit der Tuberkel ab, sie betrifft auch gut vascularisierte Granulationsgewebe, auch Exsudate. Sie ist direkte Wirkung der bacillären Gifte auf lebendes Gewebe und Ausscheidungen. Die im Stroma bei der cellulären Stoffwechselveränderung der Entzündung in Betracht kommenden Elemente, die mit großer Schnelligkeit und Regelmäßigkeit reagieren, sind sowohl die Zellen des Bindegewebes als auch die Endothelien der Gefäßbahnen und endlich die in ihrer Mittelstellung zwischen Stroma und Epithel vorhandenen Deckzellen der großen Körperhöhlen. Die Untersuchungen der letzten Jahrzehnte haben dazu geführt, daß die Endothelien in ihrer Bedeutung für die celluläre Reaktion bei der Entzündung höher eingeschätzt werden. Ist die Abgrenzung der Endothelien und der perivasculären Zellen in genetischer Hinsicht für manche Autoren unsicher, so sind wir doch seit langem durch die Einführung von kolloidalen Substanzen (Kollargol u. ähnl.) in die Blutbahn und die dann folgende Aufnahme von fremdartigen Körnchen seitens der Endothelien sicher imstande, die so gleichsam abgestempelten Elemente wiederzuerkennen (vgl. Abb. 57). Daß wir auch unter den Zellen des Bindegewebes noch Unterschiede vornehmen, wird aus dem folgenden zu ersehen sein. Die Stoffwechselveränderungen in den aktivierten oder geschädigten Zellen sind zum guten Teil durch chemische oder physikalisch-chemische, sich morphologisch darstellende Umwandlungen gekennzeichnet, sie können reversibel oder irreversibel sein, welch letzteren Zustand wir mit Sicherheit nur an Zellen zu erkennen vermögen, die durch die deutlichen Erscheinungen des Kernzerfalls und Kernschwund als nekrotisch hervortreten. Solche chemischen Einlagerungen in noch lebenden Zellen können die Zeugen *eines verminderten, aber auch eines gesteigerten* Zellebens sein, letztes z. B. wenn sie phagocytären Ursprungs sind. Der Wasserüberschuß im Gewebe führt manchmal zur Abscheidung von Tropfen in „Vakuolen"-Form im Zellprotoplasma, die Veränderung des kolloidalen Gleichgewichtszustandes mit Ausfällung von nicht immer identischen Stoffen im Zelleibe unter Aktivierung der autolytischen Fermente zum Bilde „der trüben Schwellung". Daß es sich dabei keineswegs immer

---

[1] ASKANAZY, M.: Virchows Arch. **234**, 124 (1921).

um katabiotische Erscheinungen handelt (Groll), wurde oben hervorgehoben. Fetttröpfchen können aus Gründen der gestörten Assimilation liegenbleiben oder phagocytär aufgenommen sein, Glykogen kann wegen des gehemmten Umsatzes (z. B. um Infarkte) nachweisbar sein, Lipoide können sich als besonders häufiger Befund in jüngeren und älteren Entzündungsherden bestimmter Herkunft (Tubengonorrhöe u. a.) im Protoplasma aufstapeln. Diese chemischen Stoffe können zugleich im Grundgewebe des Stroma sich ansammeln, kalkige Inkrustationen liegen gern im saftarm gewordenen interstitiellen Gewebe älterer Entzündungen. Eine viel konstantere und sich früh offenbarende Stoffwechselveränderung der Zellen im entzündeten Gewebe spricht sich in der Basophilie des Protoplasmas aller eingesessenen Zellelemente des Stromas einschließlich der äußeren und inneren Wandzellen der kleinen Gefäße aus. Sie ist mit Schwellung des Zellkörpers verbunden, mit Vergrößerung und Saftigerwerden des Kerns, mit Größenzunahme der Kernkörperchen und drückt die deutliche besondere Aktivität der Zellen aus. Sie bleibt im Wahrzeichen der aktivierten und jungen Zellen bis zum Übergang in den Ruhezustand[1]. Die vorstehenden Sätze waren geschrieben, ehe die im Genfer Pathol. Institut gemachten Beobachtungen Ernsts[2] über die ersten Stunden der Entzündung nach Versuchen an Ratten vorlagen. Sie lehrten die Schnelligkeit noch näher kennen, mit der diese Reaktion der Stromazellen sich einstellt, wenn Entzündungsreize (Terpentineinspritzung) auf sie einwirken. Die Färbungen mit basophilen Farbstoffgemischen (Unna-Pappenheim) geben anschauliche Vorstellungen von dem Vorgang (Abb. 52). Während die basophile Schwellung der Gefäßendothelien schon 5 Minuten nach der Injektion der Reizlösung erkennbar war, folgte die der Bindegewebszellen bald nach und ist in 30 Minuten auf den ersten Blick in voller Entwicklung festzustellen, indem sie zuvor schrittweise zur Ausbildung kam. Bei Einspritzung in die Unterhaut läßt sie sich schon dann in abnehmender Stärke bis in den Papillarkörper der Haut verfolgen. Auch Erscheinungen von Schädigung sind an einzelnen basophilen Zellen wahrzunehmen, die später auftretenden katabiotischen Veränderungen an gewissen Zellgebieten gehen mit Auslöschung der Basophilie einher. Die Erscheinungen sind ebenso gut im entzündeten Gewebe des Menschen zu beobachten, aber die Bestimmung der Reizart und Reizgröße und die Erkennung der Geschwindigkeit der Stromazellreaktion verleihen dem Tierversuch seinen Wert. Die vergrößerten Stromazellen lösen sich dann im entzündeten Gewebe mehr und mehr von dem fasrigen Grundgerüst, andererseits sondern sich die Gefäßinnenzellen aus dem Endothelverbande ab, um nach innen oder außen vorzutreten. So werden die Stromazellen im weiteren Sinne, d. h. Bindegewebs- und Gefäßwandzellen, frei beweglich und mobilisiert. Ihre Fähigkeit zur Ortsveränderung wird besonders gut durch ihr Eindringen in poröse Fremdkörper bewiesen. In bestimmten Phasen sieht man dann im Bindegewebe kaum eine Stromazelle, die an dieser Schwellung und Mobilisierung nicht teilnimmt. Solange diese Zellen in der ersten Entzündungsperiode in den verschiedenen Stadien der Loslösung in ziemlich regelmäßiger Verteilung im Gewebe daliegen, ist ihr unmittelbar histiogener Ursprung nicht schwer zu erkennen. Wenn der Prozeß aber weitergediehen ist und die Ansammlung verschiedener „Wanderzellen" das Entzündungsgebiet überschwemmend erfüllt, wird die Beurteilung schwieriger. Auf diesem Boden spielt sich der alte und neuerdings in einzelnen Punkten besonders lebhafte Streit ab, wieweit an diesen Infiltraten histiogene und hämatogene Elemente beteiligt sind. Verwickelter sind die Deutungen zunächst dadurch geworden, daß man den Monocyten des Bluts, den großen

---

[1] Askanazy, M.: Zbl. Path. **1902**, 369.
[2] Ernst, Th.: Beitr. path. Anat. **75** (1926).

einkernigen Elementen, die EHRLICH für Übergangsformen zu Leukocyten ansah, vielfach einen Ursprung aus gewissen Stromazellen, den Endothel- und Reticulumzellen der Blutbildungsorgane, aber auch aus anderen Organen zuschreibt, worüber die Akten nicht geschlossen sind. Da diese Monocyten bei Entzündungen auch an der Auswanderung teilnehmen, ist bei der Ableitung der mobilisierten großen mononucleären Zellen im Stroma besonders bei den als Makrophagen tätigen Vorsicht geboten, zumal die Monocyten sich auch im Blutstrom als Makrophagen erweisen. Läßt sich diese Tatsache in die Rechnung einstellen, so knüpft sich die weitere an, ob im normalen Organstroma nicht schon ruhende Zellen von verschiedenem Ursprung und wechselnder Funktion, ja Elemente mit mehrfacher Entwicklungsfähigkeit vorhanden sind. Solche Zellen sollten teils aus der Fetalzeit herstammende, polyvalente Mesenchymzellen, teils im Extrauterinleben zur Entwicklung oder Ansiedlung gekommene sein. Freilich läßt sich im normalen Bindegewebe des Menschen nicht leicht derartiges feststellen, wenn man von den sehr spärlichen hier und da einmal anzutreffenden unverkennbaren Lympho- und Leukocyten absieht. Bei Farbstoffeinbringung ins Bindegewebe kann oft eine elektive Tätigkeit unter den Zellen im Stroma beobachtet werden. Allein das kann ein Seitenstück zu den Beobachtungen KUPFFERS sein, der schon an den Sternzellen der Lebercapillaren eine alternierende Tätigkeit beschrieb. Hier wie dort werden mit der Steigerung der Fremdstoffmenge mehr und mehr Zellen in Anspruch genommen. Diese mit der Abfiltrierung der nicht Entzündung erregenden körperlichen betrauten Elemente sind aber die gleichen, die bei der Entzündung gleichsinnig funktionieren in potenzierter Reaktion. Die Ansicht, zwischen den jungen Bindegewebszellen, Fibroblasten und Makrophagen eine funktionelle Grenze zu ziehen, stammt von Ergebnissen mit Gewebskulturen, wo die sog. „Fibroblasten" aber undifferenzierte Embryonalzellen darstellen, die mit den Fibroblasten im aktivierten Bindegewebe des Extrauterinlebens nicht zu identifizieren sind. Ein Zelltypus, den man im entzündeten Gewebe wie im normalen besonders benannte, wird durch Elemente verkörpert, die RANVIER als „*Clasmatocyten*" bezeichnete. Die anfängliche Verwirrung bestand darin, daß RANVIER sie nicht von den *Mastzellen* des Bindegewebes trennte, die durch ihre basophilen, metachromatischen Körnelungen gekennzeichnet sind. An Namen für die großen einkernigen, nicht an die Grundsubstanz gehefteten Zellen in ihrem bunten Gestaltenwechsel hat es nicht gefehlt, MAXIMOW sprach mit Rücksicht auf ihre große Wandelbarkeit von *Polyblasten*, ASCHOFF wählte für diese Blut- und Stromaelemente den Ausdruck „*Histiocyt*", was manche Unklarheit verschuldet hat. MARCHAND hat lange Zeit von den „*Adventitialzellen*" gesprochen, seitdem er namentlich in Beobachtungen am Netze, aber auch an anderen Orten die Häufung der mobilisierten Zellen im Umfange der Gefäße bei der Entzündung studierte. Zuerst bildeten sie für ihn einen Zellkomplex unbestimmter Herkunft, später führte MARCHAND sie auf nach außen vorgeschobene Endothelien zurück. Aber man muß bedenken, daß die in der Adventitia gelegenen Stromazellen bei der Entzündung (wie im Granulationsgewebe) den aktivierten Endothelien recht ähnlich werden, auch noch dadurch, daß sie durch mechanische Wirkung mehr gestreckt und um den Gefäßkanal geordnet erscheinen. Im Netz können es auch Reste der aus der Embryonalzeit zurückbleibenden herstammenden Mesenchymzellen mit ihren mehrfachen Entwicklungsfähigkeiten sein. Da soll denn auch die Fähigkeit zur Erzeugung der Elemente des Blutbildungsparenchyms bestehen bleiben und zur Entfaltung kommen. Damit gelangen wir zu der alten nie zur Ruhe kommenden Frage, ob die Leukocyten auch im entzündeten Gewebe ihren Ursprung nehmen können, eine Ansicht, die, wie wir uns 1904 ausdrückten, von manchen, namentlich älteren Autoren

wie eine stille Liebe genährt wurde. Betreffs der „Exsudatzellen" ist zu wieder-
holen, daß sich den entzündlichen Ergüssen bzw. Absonderungen natürlich noch
andere Elemente als ausgewanderte Blutzellen beimengen (Erythrocyten, Stroma-,
Deck-, Parenchymzellen, s. unten). Die Frage lautet nur, ob aus den Geweben
Zellen hervorgehen können, die morphologisch und funktionell den ausgewanderten Leukocyten völlig entsprechen. Virchow hatte lange Zeit hindurch die
Eiterzellen von den Gewebszellen hergeleitet, aber seit Cohnheim hat die große
Zahl der Forscher den gelapptkernigen, neutrophilen Zellen im entzündlichen
Revier eine ausschließlich hämatogene Abkunft zugeschrieben. Aber es hat nie
an Stimmen gefehlt, die auch den Gewebszellen eine Teilnahme an der Bildung
der Leukocytenformen zuerkannten; einzelne gingen letzthin soweit, die ausgewanderten Leukocyten nur für die untergeordnete Zahl zu erklären (F. Kaufmann[1], v. Moellendorf[2], s. unten). Die unermüdlichsten Verteidiger der histiogenen Entstehung von „Leukocytenformen" sind zunächst Marchand und
P. Grawitz[3] gewesen und geblieben, obwohl sie im einzelnen sehr weit voneinander abweichen. Die ältesten Einwände knüpften teils an Beobachtungen aus
der Fetalzeit, die sich für das extrauterine Leben nicht als zwingend heraus-
stellen, teils an in diesem Sinne verwertbar erscheinende pathologische Zustände
an. Daß sich bei Leukämien mit massenhaften einkernigen Blutzellen in Entzündungsherden (Pneumonie u. a.) vornehmlich gelapptkernige Leukocyten im
Exsudat finden, wie leicht zu bestätigen ist, ist durch die Auswahl der hervor-
gelockten Blutzellen je nach dem chemotaktischen Reiz erklärlich. Die schnelle
Erzeugung großer Eitermengen ist nicht befremdend, wenn man die entzündliche Leukocytose — die gerade da zu fehlen pflegt, wo die Leukocyten im Entzündungsherd keine nennenswerte Rolle spielen, wie beim Typhus — und die
geschwinde anatomische Reaktion in der leukocytischen Blutbildungsstätte in
Betracht zieht. Schon früher sind Entzündungsversuche an gefäßlosen Häuten,
besonders an der Cornea begonnen und bis zur Stunde fortgesetzt wurden, die
im wesentlichen ergaben, daß sich zwischen die Hornhautlamellen unter den
in Spieß- und Gitterform auftretenden Zellelementen auch umgestaltete Gewebszellen finden können, wenn auch Leukocyten die Hauptmasse ausmachen, die
eingewandert sind und deren Einwanderung man durch Oberflächenberieselung
eindämmen kann. Eine Umbildung der Gewebszellen in typische gelapptkernige,
neutrophile Leukocyten ließ sich nicht dartun, die in Leukocyten mit typischem
eosinophilen Granula bleibt umstritten. In den letzten Jahrzehnten sind
neue biologische Forschungsmethoden zur Prüfung der alten Frage benutzt
worden. Zunächst wurden Versuche an Tieren angestellt, die man durch Einspritzung von Thorium X oder Benzol der Blutleukocyten beraubte und dann
Entzündungsprozesse durchmachen ließ. Unter solchen Bedingungen fand man
in der entzündeten Hornhaut keine Leukocyten, sondern einkernige Zellen, die
teils vorher vorhanden oder aus den Elementen des Hornhautgewebes gebildet
sein konnten, ohne daß eine deutliche Vermehrung der Hornhautzellen nachweisbar zu sein braucht (Lippmann und Brückner[4]). Ferner wurde aleukocytär
gemachten Tieren eine bakterielle Pleuritis beigebracht (Lippmann und Plesch[5]),
in der sich nur einkernige Rundzellen fanden, die von den Deckzellen des Brustfells abgeleitet werden, während sich im Bauchfelerguß auch polymorphkernige
Rundzellen zeigten, die wohl doch eingewandert sind, da eine vollständige Aleuko-

[1] Kauffmann, F.: Frankf. Z. **24** (1920).
[2] Moellendorf, v.: Münch. med. Wschr. **1927**, Nr 4.
[3] Grawitz, P.: Arch. klin. Chir. **136** (1925).
[4] Lippmann u. Brückner: Kongr. f. inn. Med. **1914**.
[5] Lippmann u. Plesch: Dtsch. med. Wschr. **1913**.

cythämie nicht leicht zu erzielen ist (SKLAWUNOS[1]). VEIT[2] vermißte bei den durch Benzol aleukocytär gemachten und mit Eiterkokken infizierten Kaninchen in den infektiösen Metastasen von Herz und Nieren Leukocytenansammlungen innerhalb der Nekrosen. WESTPHAL[3] stellte an mit Benzol behandelten Fröschen den COHNHEIMschen Versuch an und vermißte dann fast jede Auswanderung von Leukocyten, die vorher mit Neutralrot gefärbt waren. SKLAWUNOS[1] prüfte am Auge die Angaben von LIPPMANN und BRÜCKNER nach über die Abstammung von lymphoiden Rundzellen aus den Deckzellen der DESCEMETschen Membran bei Tieren mit höchstgradiger Thorium- oder Benzolleukopenie und nahm in den ersten 3 Tagen keinerlei Zellanhäufungen, auch keine Bildung lymphoider Zellen aus den Endothelien wahr. Neueste Versuche von W. GERLACH[4] verliefen in Hinsicht der Leukocytenbildung aus Stromazellen ebenfalls negativ, trotz der Anwendung einer anderen Technik durch mechanische Abschnürung des in Entzündung versetzten Körperteils (Bein, Ohr) von der allgemeinen Zirkulation. Alle diese Experimente führen zu dem interessanten Ergebnis, wie sich der Organismus mit den beweglich gemachten Gewebszellen allenfalls abfindet, wenn die hämatogenen Wanderzellen nicht eintreffen, sie stützen aber nicht die Ansicht von dem Ursprung der typischen Leukocytenformen aus Gewebszellen. — Ein weiterer, trotz gewisser künstlicher Bedingungen vielversprechender Weg ist zuerst von P. GRAWITZ[5] eingeschlagen worden, als er die Gewebsverpflanzungen in den Dienst der Entzündungslehre stellte. Durch 3 Generationen haben GRAWITZ OTTO BUSSE[6] und PAUL BUSSE[7] mit bemerkenswerter Ausdauer solche Studien besonders an Herzklappen angestellt, die im Autoserum bebrütet wurden. Sicher haben diese Beobachtungen zu Aufschlüssen über das Verhalten des Gewebes geführt, so auch die Tatsachen der Bildung lymphoider Rundzellen (s. unten), mannigfacher Lebensäußerungen der Gewebstätigkeit erkennen lassen, aber die Abstammung sicherer Leukocytenformen aus dem Gewebe der Klappen kann nicht als erwiesen betrachtet werden, da die lokale Bildung der neutrophilen Granula und Oxydasen nicht gezeigt ist, die Oxydasereaktion erst nach absichtlichem Zusatz von Peroxydase (Pflanzenpräparate WILLSTÄTTERs) zustande kam. Der Befund MAXIMOWS[8] von Lymphknoten in Gewebskulturen, in denen nach Zusatz von Knochenmarkextrakt granulierte, zumal eosinophil gekörnte Leukocyten sich entwickelten, lehrt nur, daß unter Umständen lymphoide Zellen die prosoplastische Potenz zur Bildung von eosinophilen Zellen entfalten können, aber auch dadurch ist der Übergang von Stromazellen in neutrophile Leukocytenformen nicht gewährleistet. Im letzten Jahrzehnt hat G. HERZOG[9] die entzündeten Gewebe histologisch und besonders mit Hilfe der Oxydasereaktionen auf die Beteiligung der ansässigen Zellen, zumal der adventitiellen Zellen MARCHANDS an der Erzeugung leukocytärer Zellen geprüft. Er fand dabei Elemente mit feinkörniger Oxydasegranula, von denen er Übergänge zu Leukocyten wahrzunehmen meint. Auch diese Beobachtungen können noch nicht von allen Zweifeln befreien, da die Oxydasereaktionen ja keine den Leukocyten und ihre Vorstufen

[1] SKLAWUNOS: Verh. dtsch. path. Ges. **19**, 82 (1923).

[2] VEIT: Beitr. path. Anat. **69** (1921).

[3] WESTPHAL: Verh. dtsch. path. Ges. **19**, 80 (1923).

[4] GERLACH, W.: Verh. dtsch. path. Ges. **20** (1925).

[5] GRAWITZ, P.: Letzthin Arch. klin. Chir. **136** (1925).

[6] BUSSE, OTTO: Virchows Arch. **229** (1920); **239** (1922) — Schweiz. med. Wschr. **1922**, Nr 28.

[7] BUSSE, PAUL: Z. exper. Med. **36** (1923) — Graefes Arch. **117** (1926) — Virchows Arch. **268** (1928) — Dtsch. med. Welt **1927**, Nr 24.

[8] MAXIMOW: Arch. mikrosk. Anat. **97** (1923).

[9] HERZOG, G.: Münch. med. Wschr. **1921**.

allein zukommende Eigenschaften sind, manchmal die Deutung vereinzelter Zellen im Schnitt nicht ganz leicht ist und eine Sekundärspeicherung verschiedenster Körnelungen durch Bindegewebszellen infolge Übernahme aus anderen Stammquellen sicher vorkommt (z. B. Melanin im Umfange der Melanome, Lipofuscin in der Leber und in Herzschwielen). F. Marchand hatte die Entstehung von lymphoiden und leukocytoiden Zellen aus Adventitialzellen und ihren Übertritt aus dem entzündeten Gewebe in die Gefäßbahn zugelassen, aber später selbst bemerkt, daß dieser Vorgang entgegen dem Exsudatstrom nicht leicht vonstatten gehen könne. Für die Entstehung der entzündlichen Leukocytose hat er zuletzt noch den Satz vertreten, daß für ihre Erklärung nur solche Theorien in Betracht kommen können, die „von einer vermehrten Bildung farbloser Zellen in den blutbildenden Organen, also im wesentlichen im Knochenmark und vermehrten Übertritt derselben in das zirkulierende Blut ausgehen". Bezüglich der lokalen Eosinophilie hat der gleiche Forscher im nämlichen Werke[1] sich dahin geäußert, daß ihr lokaler Ursprung durch Mitosenbefunde in „ungranulierten basophilen Zellen zwar kaum anzuzweifeln sei, in der Mehrzahl der Fälle aber die Annahme einer Auswanderung aus den Gefäßen schon viel näher liegt". Und so darf man den Standpunkt Marchands nur so auslegen, daß er neben der Auswanderung, die die Hauptquelle der granulierten Leukocyten im Entzündungsgebiet darstellt, der örtlichen Bildung „lymphoider und leukocytoider" Zellen nur einen gewissen Platz einräumte. Wir selbst gestehen, in vielen Beobachtungen an dem heute so reichen lebenswarm fixierten menschlichen Material entzündlicher Herde und im Tierversuch wenig angetroffen zu haben, was sich für eine Bildung solcher Zellen aus Stromazellen verwerten ließe. So konnten auch die jüngsten, so ganz anders klingenden Deutungen v. Moellendorffs auf Grund eigener Technik in einschlägigen Versuchen nur wenig Erfolg erringen. Dieser Forscher bestreitet die Auswanderungs„theorie" und läßt die Leukocyten aus den „Fibrocyten" des Bindegewebes und Gefäßwandzellen unter Vermittlung basophiler Zwischenstufen hervorgehen, indem er seine Untersuchungen nicht an Schnitten, sondern besonders an zarten Häutchen ausführte, die er der Drosselvene des Meerschweinchens und dem Bindegewebe überhaupt entnahm. Im Prinzip ist die Häutchenmethode an sich nicht neu, denn in Würdigung des Vorteils, eine unzerschnittene Membran zu durchmustern, hat man — wir ebenso wie andere — oft das normale und pathologische Netz als histologisches Beobachtungsfeld gewählt. v. Moellendorff stellte Beobachtungen an isolierten, doppelt unterbundenen, mit entzündungserregenden Stoffen gefüllten Venenstücken an, die teilweise in normalem Serum des Meerschweinchens im Brutschrank bebrütet wurden. Allein die Untersucher, die das gleiche Objekt nach den nämlichen Einwirkungen in verschiedener Methodik nachprüften (Gerlach[2], Fischer-Wasels[3] und Mitarbeiter, Maximow[4]), konnten die Übergänge von den genannten Stromazellen in Leukocyten nicht feststellen, sondern nur die Emigration der Leukocyten von neuem bestätigen. Alle heben dabei hervor, daß die Häutchenmethode manche Komplikationen mit sich bringt, die Fehldeutungen begünstigen kann. Auch die Behauptung Malyschews[5] von der Fähigkeit der Kupfferschen Sternzellen, sich in granulierte Leukocyten umzuwandeln, konnte bei Kontrolluntersuchungen an verschiedenen Tieren durch Fischer-Wasels und Gerlach

---

[1] Marchand, F.: Handb. d. allg. Pathologie 4 I, 364 (1924).
[2] Gerlach: Virchows Arch. 267 (1928) (mit A. Joras); 270 (1928) — Verh. dtsch. path. Ges. 1928.
[3] Fischer-Wasels: Klin. Wschr. 1928, Nr 43/44.
[4] Maximow: Wien. med. Wschr. 1928, Nr 47.
[5] Malyschew: Beitr. path. Anat. 78 (1927).

nicht bestätigt werden, was durchaus mit unseren eigenen Feststellungen an Lebern von Mensch und Tier übereinstimmt. Trotz all dieser jahrzehntelanger Arbeit bleibt doch nur die Tatsache sicher, daß die gekörnten Leukocyten im Entzündungsherd ausgewandert sind. — Wie verhalten sich nun die *Lymphocyten* im Entzündungsrevier genetisch zum Zellbestand des Stromas, also mit Ausschluß der oben gewürdigten Emigration aus Blutgefäßen und aus Lymphgefäßen? Daß sie aus ansässigem lymphatischen Gewebe hervorgehen können, wurde schon oben bemerkt und ist von RIBBERT, zunächst auf Kosten der Auswanderung betont worden. Die Schwierigkeit der Frage, ob Lymphocyten aus Stromazellen bei Entzündungen sich entwickeln können, liegt einerseits in dem unscharfen Begriff der „großen Lymphocyten", der bisher nicht immer sicheren möglichen Abgrenzung von „Monocyten" und mobilisierten Gewebszellen, andererseits in der später zu würdigenden Tatsache, daß Lymphocyten im Gegensatz zu Leukocyten nach gewisser Richtung hin einer Weiterentwicklung fähig sind. Auch nahm MARCHAND eine Beteiligung der Adventitialzellen an der Bildung von lymphocytoiden Elementen an. Daß aus den Bindegewebszellen Rundzellen hervorgehen können, die an lymphoide Elemente erinnern, lehren Entzündungsbilder und Gewebskultur. Aber in den meisten Fällen ist es doch möglich, echte Lymphocyten von diesen lymphoiden Gebilden histiogener Abkunft zu trennen, selbst bei basophiler Reaktion ihrer Protoplasmen, die übrigens bei den Lymphocyten und ihren Abkömmlingen, den Plasmazellen (s. unten), in der Regel lebhafter ist als bei Fibroblasten. Sie sind auch an der Phagocytose körperlicher Teilchen weniger beteiligt als Leukocyten und Monocyten sowie die direkten Abkömmlinge der aktivierten Stromazellen und Deckzellen. Man ist heute darüber einig, daß die Leukocyten nirgends eine Weiterentwicklung zu Gewebszellen durchmachen. Die neue, oft sehr reiche Zellbrut und das junge vascularisierte Stromagewebe stammt nach dem Erblichkeitsgesetz der Gewebe aus dem Material des alten. Nach Ausweis der Mitosen kann die Neubildung der Stromazellen, der Bindegewebszellen und Endothelien im Entzündungsgebiet schon am ersten Tage einsetzen, was von der Art und Stärke des Reizes mit beeinflußt wird. Die Proliferation dieser Zellen kann sogar einmal die Szene eröffnen, wie aus v. BAUMGARTENS experimentellen Beobachtungen über Tuberkelbildung und aus den Bildern der menschlichen Pathologie hervorgeht. So wurde die alte VIRCHOWsche Lehre von der durch den Entzündungsreiz angeregten Zellwucherung seit v. BAUMGARTENS Studien über Tuberkelbildung und Organisation des Thrombus auf Grund zahlreicher weiterer Beobachtungen wiederhergestellt, entgegen den übertriebenen Folgerungen, die aus COHNHEIMS und E. ZIEGLERS ersten Versuchen gezogen wurden. Fibroblast und Osteoblast entstehen aus den histiogenen „Granulationszellen" oft in bedeutender Menge, meistens so reichlich, daß ihre Entwicklung auf Kosten der Grundsubstanz zu geschehen scheint, indem die kollagenen Fasern ebenso wie die elastischen unter der Menge der Entzündungszellen zurücktreten. Man hat besonders an herdförmigen Zellinfiltraten Gelegenheit, den Schwund der Fasern festzustellen, auch wenn von Abscessen hier abgesehen wird. Es ist ein Verdienst von P. GRAWITZ und seinen Schülern, auf diesen Rückgang der elastisch-kollagenen Stützsubstanz im entzündlich infiltrierten Gewebe besonders hingewiesen, ihre Unabhängigkeit von leukocytärer Tätigkeit — auch in unserer Auffassung — betont und die Frage nach ihrem Verbleib und Schwund angeregt zu haben. Freilich haben diese Autoren eine Deutung gegeben, die wenig Anklang fand, indem sie die Zellneubildung selbst als Erzeugnis der fasrigen Grundsubstanz betrachten, da sie in den veränderten Fasern das Entstehen erst kleiner, dann größerer, sich allmählich deutlicher färbender Kerne und dann um die Kerne die Abgrenzung von Protoplasma aus dem Material der Fasern beschrieben. Die Tatsache, daß die Grundsubstanz im Verhältnis der Zunahme der Zellen schwindet, wurde von ihnen ebenso wie von Rhoda Erdmann auch an Plasmakulturen der Herzklappen festgestellt. An dem lebendigen Zustand der Grundsubstanz im organischen Verband mit den Zellen wird nicht gezweifelt. Für die materielle Beziehung zwischen Zelle und fasrigem Grundgewebe ist nun aber die Vorstellung wichtig, wie sich die Fasern bei ihrer Entstehung zum Protoplasma der Stammzelle verhalten. Entstehen die Fasern intra- oder extracellulär stets unter der biochemischen Beeinflussung der Zellfunktion? Früher wurde vielfach mit der intraprotoplasmatischen Ausbildung der Bindegewebsfibrillen und Knochengrundsubstanz gerechnet. Auch heute lassen manche Autoren (Hueck u. a.) die Fibrillen sich innerhalb eines Syncytiums ausdifferenzieren. Ich habe mich schon an obengenannter Stelle 1902 für die extracelluläre Entwicklung der Knochengrundsubstanz wegen der scharfen Abgrenzung des basophilen Protoplasmas der Osteoblasten von der oxyphilen Knochensubstanz ausgesprochen, und die neueren Untersuchungen, auch solche, die besonders über die Faserbildung in Gewebskulturen angestellt sind (Maximow[1], Plenk[2]), gelangen für die Bindegewebsfasern ebenfalls zur Ansicht ihrer extracellulären Anlage und Entwicklung. Die Vorstellung, daß bei Zellvermehrung im Bindegewebe die kollagene oder elastische Substanz nach Resorption der chemischen Bestandteile von Kollagen und Elastin Protoplasma zurücklasse, stößt also auf Schwierigkeiten. Die Entstehung der elastischen Faser wird vielfach durch eine fernere Einlagerung von Elastin in die primitive Fibrille („Silberfibrille" O. Rankes) gedeutet. Die Ausbildung von neuen, allmählich zum Vorschein kommenden Kernen (also kein nucleus e nucleo) innerhalb der in Quellung veränderten Grundsubstanz könnte auf dem Boden unseres sonstigen Wissens nur angenommen werden, wenn keine andere Deutung möglich wäre. Wir können aber zur Erklärung solcher kleinen Kerne oder Kernpartikel noch zwei andere Beobachtungen heranziehen. Einmal könnte es sich um Kernreste handeln, die pathologisch aus geschädigten Kernen hervorgegangen sind aber trotz der Karyorhexis ihre Vitalität nicht ganz eingebüßt haben, wie das auch Marchand für entsprechende Befunde an einem transplantierten Fettlappen zuläßt[3]. Oder wir denken an die an der Grenze der Sichtbarkeit stehenden reduzierten Kerne, wie man sie in alten entzündlich gewucherten Schwielen z. B. über Leber und Milz (Zuckergußorgane) finden kann, die dann bei frischer Entzündung wieder großen Umfang anzunehmen vermögen. Man kann „den zelligen Abbau der mesodermalen Gewebe" (Grawitz), soweit es sich nicht um Zerfaserung durch eingelagerte Zellbrut handelt, sondern um wirkliche Faserschmelzung, so deuten, daß die Fibroblasten wie die Osteoblasten die Fähigkeit besitzen, ihr spezifisches Gewebsprodukt wieder aufzuzehren, daß die einen zu Fibroklasten wie die anderen zu Osteoklasten werden können. Dabei ist die Durchtränkung der Gewebe mit Serum nicht zu übersehen. Von keiner Seite wird an der Neubildung von Zellen durch Karyokinese und in bescheidenerem Maße an Kern- oder Zellvermehrung durch Amitose gezweifelt. Schwieriger gestaltet sich die Erklärung für die die *entzündliche Neubildung* auslösenden Faktoren. Daß die Hyperämie mit ihren Begleit- und Folgeerscheinungen (Stoffzufuhr) die Hypertrophie und Teilung der Zellen erleichtert, steht außer Frage. Sie genügt aber nicht zum Verständnis der entzündlichen Proliferation. Man hat auch hier, wie gewöhnlich im Beginn der Deutung biologischer Erscheinungen, zuerst an mechanische Einflüsse gedacht (Weigert, Ribbert, Herxheimer), an Gewebsentspannung, die, wie

---

[1] Maximow: Zbl. Path. **43** (1928).
[2] Plenk: Erg. Anat. **27** (1927).
[3] Marchand, F.: Handb. d. allg. Pathologie **4** I, 399.

bei den Regenerationen überhaupt, zu denen manche auch die entzündliche Zell-
und Gewebsneubildungen insgesamt zählen wollten und noch heute wollen,
dem eingeborenen Wachstumsstreben Raum und Anstoß geben soll. Auch dieser
Faktor spielt eine Rolle. Anklänge daran äußern sich in der Tat bei der taktilen
Erregung und wenn Deckzellen die alten vom Zellbelag entblößten oder neu-
geschaffenen Oberflächen zu überziehen trachten, ferner wenn Fibroblasten
Fibrinbalken entlang fortwachsen. Das sind Einzelfälle. Es ist aber nicht befriedigend, die Bildung junger Zellmassen im Schoße des geschwollenen Gewebes
allein durch mechanistische Antriebe zu deuten und sich mit WEIGERTs Schülern
vorzustellen, daß kleine Zerstörungen elastischer Fasern zur Erzeugung zelliger
Knötchen wie der Tuberkel genügen. Wir kommen ohne die Annahme „formativer
Reize" (VIRCHOW) nicht aus, die allerdings erst nach ihrer Natur, Reizstärke
und nach der direkten oder indirekten Art ihrer Wirkungsweise zu bestimmen sind.
Ohne die Annahme solcher Reizstoffe ist die Hormonwirkung der innersekre-
torischen Drüsen als Wachstumsantrieb für andere, oft fernliegende Organe
schwer begreiflich, eine Wirkung, in der es sich vielleicht um Aktivierung von
Stoffwechselfermenten handelt (OPPENHEIMER). In einer gewissen schwächeren
Dosierung könnte der primäre Entzündungsreiz schon durch Änderung der
Zellkolloide so wirken. Auch Stoffe, die als sekundärer Reiz bei dem Untergang
von Gewebsteilen entstehen, könnten in entsprechender Verdünnung formativ
reizen, nicht nur dadurch, daß sie abgebautes, leicht assimilierbares Material
zum Aufbau zuführen, sondern auch durch hormonale Beeinflussung (vgl. „Rege-
nerationshormone A. BIERS[1]). Es ist sehr wohl möglich, daß die „Wundhormone",
die HABERLANDT[2] in Wunden pflanzlicher Gewebe fand, ihr Seitenstück in tierischen Geweben besitzen. HABERLANDT konnte zeigen, daß diese hormonalen
Stoffe an verletzten Pflanzenteilen (z. B. Kartoffelknollen) sehr reichlich Mitosen
nebst Zellteilungen hervorrufen und daß man solche Wachstumserregung auch
an verletzten Pflanzenhaaren beobachten kann, ohne daß Beseitigung von
mechanischen Wachstumshindernissen vorliegt. Auf Schnittflächen aufgetragener
Gewebsbrei liefert reichliche Zellteilungen, was die oben ausgesprochene Ansicht
von der formativen Reizwirkung der bei der Entzündung abgebauten Gewebe
(sekundäre Reize) zu stützen geeignet ist. Hier ist auch an die Versuche von
CARREL und EBELING[3] zu erinnern, die ergaben, daß Extrakte von embryonalen,
hämatopoetischen oder Drüsenzellen durch ihren Gehalt an Nährstoffen („Trephone") das Wachstum von Epithel und Bindegewebe unterhalten und daß
Zusatz von Leukocytenkolonien das Wachstum der Fibroblasten beschleunigt,
indem sie Trephone absondern. Die Autoren geben zugleich an, daß, wenn die
Wirkung des Lymphocytenzusatzes zur Fibroblastenkultur in 8 Tagen aufgehört
hat, zugesetztes Serum die Lymphocyten zu erneuter Trephonbildung anregt.
Diesen Befund werden wir bei der Bildung der Plasmazellen (s. unten) zu berücksichtigen haben. Heute wird man bei der Frage der formativen Reize auch an
die Wirkungen der sog. mitogenetischen Strahlen denken. Es liegen bei chemischer
Förderung der Zell- und Gewebssprossung teils Wirkungen geeigneter Stoffzufuhr vor, Stoffe, zu denen MARCHAND nicht ohne Grund auch das Fibrin des
Exsudats rechnet. Teils erscheinen die formativen Wirkungen hormonaler Art,
direkt oder indirekt den Kernapparat als Zentrum der Proliferation beeinflussend.
Man kann sich den Vorgang der Zellneubildung vielleicht so vorstellen, daß die

---

[1] BIER, A.: Dtsch. med. Wschr. 1917, Nr 27—33 — Münch. med. Wschr. 1921,
Nr 46 u. 47.
[2] HABERLANDT: Sitzgsber. preuß. Akad. Wiss., Physik.-math. Kl. 11 II, 21, Nr. 87.
— PRINGSHEIM: Naturwiss. 9, 26 (1921).
[3] CARREL u. EBELING: C. r. Soc. Biol. Paris 89, Nr 37, 1266 (1923).

veränderten und dann vermehrten Zellkolloide nicht mehr der Relation eines Kerns gewachsen sind und diesen zur Teilung veranlassen. J. Loebs Versuche über künstliche Parthenogenese wiesen schon auf die erregende Bedeutung physiko-chemischer Faktoren hin[1].

Die Zell- und Gewebsneubildung im Stroma betrifft Gefäßendothel, Stütz-substanzzelle und gelegentlich die Deckzellen. Ihre Erzeugnisse sind in Menge und Art von wechselnder Mannigfaltigkeit. Sie gehorchen wie alle pathologischen Wucherungen den Gesetzen der Gewebsspezifität, wie Billroth als einer der ersten erkannte und Bard 2 Jahrzehnte später in einer Formel ausdrückte. Die Neubildung gestattet nur unter gewissen Umständen Metaplasien in verwandte Gewebe (z. B. Knorpel- und Knochenbildung bei alter Endokarditis bei Anwesen-heit von Kalkdepots). Ebenso gilt das Gesetz, daß die Art der Neubildung das embryonale Verfahren der Gewebsbildung nachahmt, manchmal in gekürztem Ablauf, soweit pathologische Besonderheiten nicht gewisse Variationen bedingen (z. B. bei partiellen Zerstörungen von Muskelfasern). Das letzte Gesetz hat leider oft zu dem Fehlschluß geführt, daß die Gewebe zum Embryonalzustand zurück-kehren. Die Gefäßendothelien — und wie auch die verschiedenen neuen Unter-suchungsmethoden bestätigen, nur diese — schaffen neue Gefäßröhrchen zur Be-rieselung der neuen Gewebe und zur „Organisation" von Thromben, Nekrosen, Exsuda-ten, Blutungen. Interessant ist hierbei auch die mechanische Beeinflussung ihrer Wachs-tumsrichtung, wie die Arka-denbildung im Granulations-gewebe. Am sinnfälligsten tritt die Gefäßneubildung in den zuvor gefäßlosen Häuten des Körpers (Cornea, Knorpeltei-len) und in eingepflanzten fremdartigen Bildungen (z. B. entkalkten Schwämmen) her-vor. Aber dem Endothel stel-len die pathologischen Be-dingungen der Entzündung weitere Aufgaben. Es kann in Gefäßen jeder Größe zur Binde-gewebsentwicklung mit Ein-engung der Lichtung führen (v. Baumgarten). Ferner kann das Endothel am frühesten zur

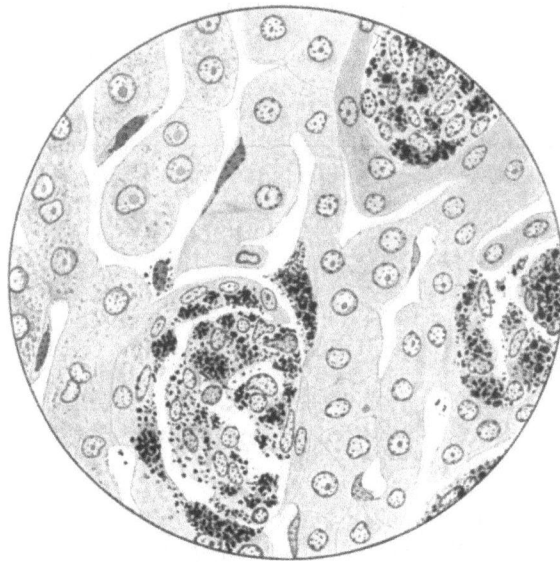

Abb. 57. Experimentelle Tuberkelbildung in der Kaninchenleber nach Kollargoleinspritzung und danach 10 Tage vor dem Ende von Tuberkelbazillus-Injektion in die Ohrvene. (Oppenheimer.) (Zeiss, Imm. ¹/₁₂ Ok. 2 Haematoxylin.)

Neuschaffung von Zellen und Zellknötchen Anlaß geben, mit Verzichtleistung auf die Neigung zur Kanalbildung. v. Baumgarten hat zuerst die Bedeutung der „fixen Gewebszellen" bei der Erzeugung der Knötchen in den spezifisch infektiösen Ent-zündungen erkannt. Unter ihnen spielen die Endothelien wieder eine wichtige Rolle. R. Oppenheimer[2] hat auf meine Veranlassung Tiere mit intravenösen Ein-

---

[1] Als Analogie darf hier angeführt werden, daß Hammar nach seinen pathologisch-anatomischen und experimentellen Erfahrungen annimmt, daß Diphtherie- und andere bak-terielle Toxine wie einige andere giftige Stoffe (nicht Drogenvergiftungen) die Neubildung Hassallscher Körper in der Thymusdrüse anregen. (D. Menschenthymus in Gesundheit und Krankheit. **1929** II, 67, 68, 79, 102.)

[2] Oppenheimer, R.: Virchows Arch. **225** Suppl. (1908).

spritzungen von Kollargol zur Wiedererkennung der KUPFFERschen Sternzellen in der Leber behandelt und dann hinterdrein mit Tuberkelbacillen infiziert, wonach sich die Lebertuberkel als endotheliale Erzeugnisse herausstellten (Abb. 57). Daß es auch „exsudative Tuberkel" gibt, ändert an der Tatsache nichts. Weiter hat FOOT[1] in entsprechender Weise Tieren kolloidale Kohlesuspensionen (mit Gelatinezusatz) eingespritzt und danach die durch Bacillen hervorgerufene Tuberkelbildung in vielen Organen, auch in dem für Entzündungsversuche so beliebten Objekte des Netzes verfolgt. FOOT ist sogar zur Ansicht gelangt, daß die durch die Kohle gestempelten Endothelien die wesentlichen, ja fast einzigen Träger der Neubildungsfunktion bei diesen Entzündungen sind. Allein er fand im Netz doch 6,5 unter 100 Mitosen in fixen Bindegewebszellen und an den Lungentuberkeln auch Wucherungen von Epithelien, die mehr „regenerativer als phagocytärer und kombattiver Natur" sein sollen. Auch MARCHAND hebt die überragende Wichtigkeit der Gefäßwandzellen für die Entstehung der entzündlichen Zellansammlungen „in und an den Gefäßen" hervor, „mit Ausnahme der ursprünglich aus dem Mesenchym stammenden Wanderzellen des Bindegewebes". Im Stroma nehmen die Bilder ein etwas verschiedenes Verhalten an, je nach seinem örtlichen Vorbilde. In den Organen der Blutfilter (Leber, Milz, Knochenmark), den Lymphknoten, ist neben dem Endothel die Reticulumzelle das aktive, hypertrophierende und proliferierende Element, in den serösen Höhlen auch die Deckzelle. Die Bindegewebsneubildung kommt auch in reichem Maße dem Reticulum mitsamt den Gitterfasern zu, während sie den Serosadeckzellen von manchen Seiten abgesprochen wird. Unter den Elementen, die aus diesen Stromazellen (einschließlich der Endothelien) hervorgehen, finden wir die junge Granulationszelle, die zum Fibroblasten in den tieferen Lagern des „Granulationsgewebes" heranreift, jenes Gewebes im Innern der entzündeten Stromaschichten oder auf freien Oberflächen, in dem sich die beiden Quellen, die Gefäß- und Stromazellsprossung, zu gemeinsamer Organisation vereinigen. Aus dieser gleichen Quelle fließen die epitheloiden Zellen, die „spezifischen Zellen", die Riesenzellen der entzündlichen Neubildungen. Die spezifischen Zellen erhalten ihr Gepräge durch die in ihnen chemisch wirksamen spezifischen Infektionserreger, die Leprazelle durch die Bündel der Leprabacillen, die Skleromzelle durch die Sklerombacillen mit ihrem mucoiden Produkt, die LANGHANSsche Riesenzelle durch den Tuberkelbacillus. Die letzte läßt schon die wesentliche Vorbedingung zur Entstehung der Riesenzelle überhaupt ersehen, den schwer zu resorbierenden geformten Fremdkörper. Die Bilder der spezifischen Entzündungen sind ohne Kenntnis der Ätiologie nicht verständlich, ebenso manche Eigenart ihrer Lokalisation (Lepra der Nerven). Es ist also unzutreffend, wenn man diese entzündlichen Reaktionen ganz ohne Rücksicht auf die exogenen Faktoren verstehen zu können vermeint. Die Fremdkörper-Riesenzellen stehen den Osteoklasten nahe in ihrer Form bis auf ihren Mangel an Basophilie des Protoplasmas, in ihrer Leistung von gewaltiger chemischer Energie. Wir sehen unter dem Mikroskop Seidenfäden, Chitin, Cellulose im Leibe der Riesenzellen aufgelöst werden, und es bleibt beachtenswert, daß Syncytien zu diesem Zwecke zu Hilfe kommen müssen (Abb. 58). Die Riesenzellen können noch in ihrem Protoplasma die Marken ihres Ursprungs tragen, z. B. Melanin in der Choroidea, Kohlenpigment in der Lunge.

Berücksichtigen wir endlich die morphologischen Erscheinungen der Entzündung im Gebiete der funktionell wichtigsten Organteile, des *Parenchyms*! Hier hat sich eine Verschiebung der Einstellung geltend gemacht, vor deren Über-

---

[1] FOOT: J. of exper. Med. **32**—**38** (1920—1923).

treibung zu warnen ist. Wie oben ausgeführt ist, hat man mit Recht die parenchymatöse Entzündung im Sinne Virchows aufgegeben, und ihr Rest als „alterative Entzündung" kann dann gerettet werden, wenn neben den klassischen Entzündungserscheinungen am Gefäß- bzw. Gefäßstromaapparat Parenchymverände-
rungen so stark entwickelt sind, daß sie das Bild beherrschen. Aber es ist auch
früher schon betont worden, daß manches, was man als katabiotische Schwellung
der Zellen wie Epithelien ansah, doch als Ausdruck unverminderter oder gar

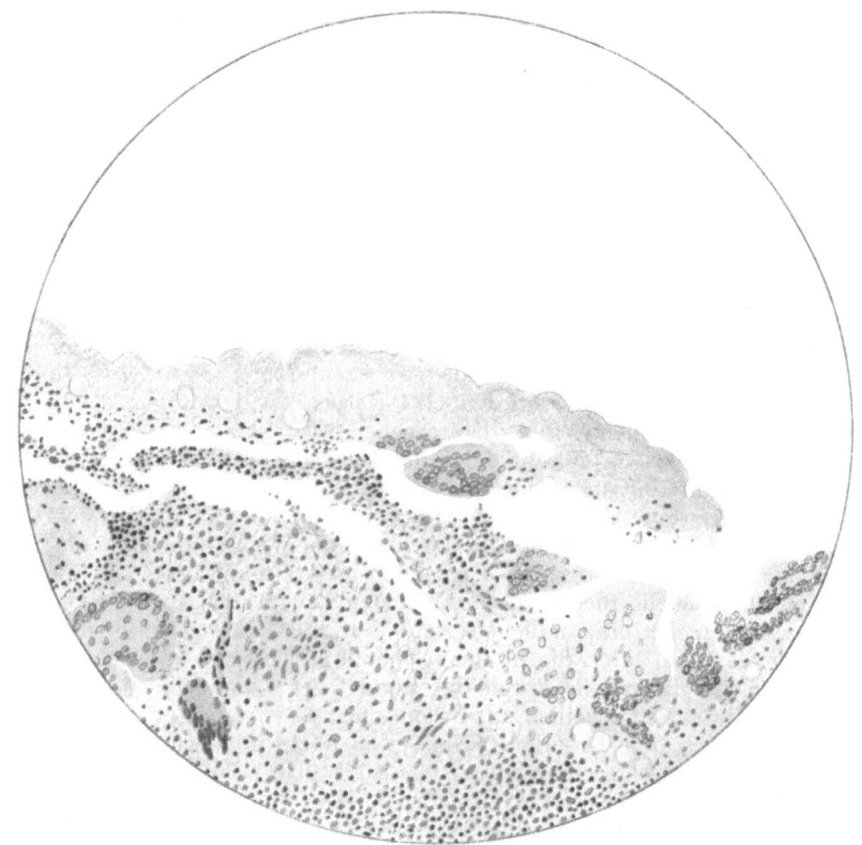

Abb. 58. Cysticercus am Boden der 4. Hirnkammer. Oben die Membran des Cysticercus, darunter Riesenzellen. Unten lymphocytäre Reaktion. (Zeiss, Obj. AA, Ok.-Orthoskop 6. Haematoxylin.)

gesteigerter Zelleistung erwiesen werden konnte. So haben wir auch in dem von
der Entzündung ergriffenen Parenchym passive und aktive Vorgänge zu trennen.
Das Exsudat dringt in die Epithelien und durch sie und zwischen ihnen an die
freien Oberflächen, im Zellinnern Ödem in Blasenform erzeugend, über ihm
Katarrhe oder croupöse Auflagerungen (Pneumonie) erzeugend. Am Epithel
der Drüsen und an der Oberfläche finden sich mannigfache regressive Veränderungen, Stoffwechselstörungen bis zur Nekrose wieder, die durch den primären
Reiz oder die sekundären Reize seitens der alterierten Gewebe veranlaßt werden,
sei es unmittelbar am Orte der ersten Entzündung, sei es als Wirkung der mit dem
Blutstrom verbreiteten und in Drüsen ausgeschiedenen Stoffe. Der Exsudatstrom kann die Epithelien lockern und ablösen, wenn die schrumpfende tote
Zelle nicht selbst den Boden verliert. Soweit es sich nur um katabiotische Er-

scheinungen handelt, kann man sie vom Standpunkt der entzündlichen „Reaktion" ausschließen wollen, wie denn mehrere Autoren bei der „Reaktion" nur noch mit dem Stroma nebst Gefäßen zählen wollen. Es kann aber nicht bezweifelt werden, daß Parenchymzellen bei der Entzündung aktiv reagieren können. Es seien in diesem Lichte die gesteigerte Schleimbildung beim Katarrh, die Reaktion durch Metaplasie, die Teilnahme der Epithelien an entzündlichen Reaktionsprodukten und an Riesenzellbildung hervorgehoben. Man hat die oft gewaltige Schleimbildung bei katarrhalischen Entzündungen als degenerativen Vorgang hinstellen wollen, weil es dabei auch zum Untergang und gesteigerten Verbrauch der Becherzellen, dieser einzelligen Drüsen, kommt. Daß es sich bei der gesteigerten Schleimbildung aber zugleich um eine funktionelle Umstellung handelt, geht aus der großen Zahl der neugebildeten Becherzellen und noch einleuchtender aus der Umwandlung der Flimmerepithelien in Becherzellen im Bereiche des Atmungskanals hervor. Das Flimmerepithel wirft seinen Cilienbesatz ab, modelt sich zur Becherzelle um und arbeitet mit den unter Nervenreizung stärker sezernierenden Schleimdrüsen um die Wette (Abb. 59). So steigert die Entzündung hier spezifische epitheliale Leistungen zum Teil unter funktioneller Umstimmung der Parenchymzellen. An manchen Orten folgt auf die katarrhalische Epitheldesquamation nicht Regeneration der alten Decke, sondern Bildung eines neuen, andersartigen Epithels auf dem gleichen Gewebsboden, aus den Basalzellen hervorkeimend, eine *Metaplasie* in Form eines der Schädlichkeit (meist Bakterien)

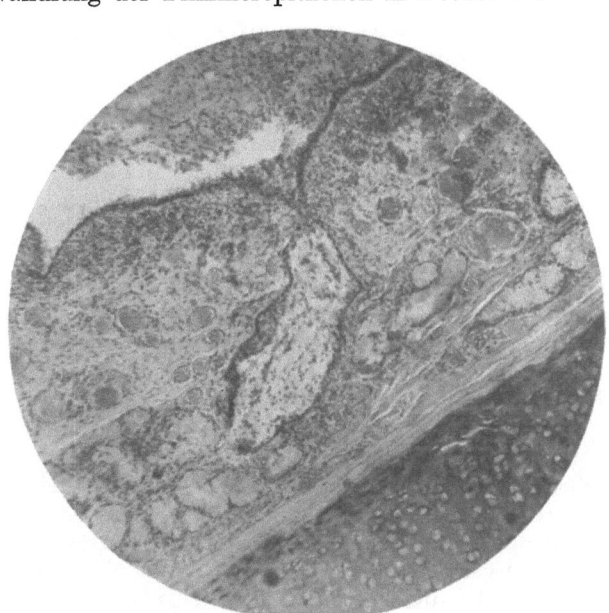

Abb. 59. Schwächere Vergr. Tracheitis catarrhalis. Schleimiges Sekret in der Luftröhre, starke Schleimbildung in den Drüsen, deren Ausführungsgang durch den Schleimstrom gedehnt ist.

mehr Widerstand leistenden geschichteten Pflasterepithels (Luftwege, Harnwege, Pankreasgänge, Gallenblase, Nebenhoden). Die meisten Metaplasien kommen auf entzündlichem Boden zustande. Ferner kann sich Epithel beim Entzündungsprozeß auch ohne den ausgesprochenen Regenerationsakt zu Hypertrophie und Hyperplasie anschicken, es kann sich in Spalten, selbst in atypischen Formen einsenken. Und so beteiligt sich Epithel auch an Knötchenbildungen bei der spezifischen Entzündung, wenn auch in viel bescheidenerem Maße als die Endothel- und Stromazellen. Die Teilnahme der Epithelien an Tuberkelbildung ist in drüsigen Organen, in Lungen, Genitaldrüsen, Schilddrüsen usw. nicht ganz selten zu beobachten. Die Fähigkeit der Epithelzellen zur Riesenzellbildung äußert sich nicht nur oft am Deckepithel des Bauchfells, sondern auch an den Alveolarepithelien der Lunge um Parasiten und andere Fremdkörper, ebenso bei Riesenzellbildung in Tuberkeln. Auch bei diesen epithelialen Reaktionen, bei Knötchen- und Riesenzellbau, verzichtet die spezifische Parenchym-

zelle auf ihre gewöhnliche Funktion (wie Endothel- und Bindegewebszelle bei der
Erzeugung von „Epitheloidzell"knötchen). Sie wird eine entdifferenzierte
protoplasmatische Zelle mit den Urfunktionen der lebenden Materie in freierer
Beweglichkeit und Phagocytose. Es braucht kaum hinzugesetzt zu werden, daß
ein guter Teil der Parenchymtätigkeit im Gebiet der Entzündung zur Regeneration der Verluste dient.

4. Die funktionellen Merkmale der Entzündung.

Da auf sie schon an mehreren Orten hingedeutet ist, kann hier eine kurz
zusammenfassende Darstellung genügen. Dabei zeigt sich auf Schritt und Tritt,
wie Reaktion und Funktion an physiologische Vorbilder sich anlehnen. Man
hat schon öfters von physiologischer Entzündung gesprochen, und Rössle hat
den Gedanken etwas zu scharf unterstrichen, aber dadurch doch gezeigt, wie
sich die entzündlichen Erscheinungen in Rückbildungserscheinungen bei niederen Tieren und in periodischen Vorgängen des menschlichen normalen Lebens
im kleinsten wiederspiegeln. Aber Entzündung ist Pathologie. Wenn die all-
tägliche Arbeitshyperämie der Organe auch durch die Produkte des Gewebsstoffwechsels mitbedingt wird, ist sie ein erster Auftakt zur entzündlichen Hyperämie, die erst durch Exsudat und Auswanderung sichergestellt wird. Aber auch
dazu finden wir in den normalen Funktionen Anklänge, wenn Wanderzellen aus
dem Blut- und Lymphstrom in den Schleimhäuten des Atemkanals, des Ver-
dauungsrohres, des menstruierenden Uterus, ja in den Sekreten (Speichelkörper-
chen) angetroffen werden. Am ehesten läßt sich noch die demarkierende Entzündung um den nekrotischen Nabelschnurrest als physiologisches Beispiel der
Entzündung hinstellen. Die entzündliche Reaktion ist anspruchsvoller in ihrer
Erscheinungsform und in ihren Aufgaben.

Die Funktion der entzündlichen Hyperämie spricht sich in erster Linie in
den Wirkungen der Exsudate und der extraversierten Blutzellen aus. Die seröse
Überflutung kann mechanische Schäden anrichten, aber sie wäscht den mit
differenten Stoffen des Entzündungsreizes und des gestörten Gewebschemismus
beladenen Boden aus und wird Gifte verdünnen. Dem Wundsekret kommen
bakterienvernichtende Eigenschaften zu, da in ihm meistens Keime vorhanden
sind, die belanglos bleiben (Wölffler und Schloffer[1]). Von Granulations-
flächen aus dringen Mikrobien nicht mehr in die Gewebe. Ferner ist allfällige
Acidose neben dem Schutzkörpergehalt ein Wachstumshemmnis für viele Mikroben.
Da wir auch ohne leukocytäre Reaktion organeigene Nekrosen oder eingepflanzte
absterbende Gewebe langsamer Resorption anheimfallen sehen, ist mit der Einwirkung schmelzender Fermente in den Flüssigkeiten zu rechnen, die besonders
Rössle von den örtlich wirksamen, aus Zellen stammenden Fermenten abtrennen
will. Diese Fermente des Serums werden in letztem Ursprunge auch auf celluläre
Tätigkeit zurückzuführen und noch genauer zu untersuchen sein. Das alkalische
Serum wirkt der H-Ionenkonzentration entgegen, aber die Acidose hält sich als
kennzeichnend lange aufrecht. Die Ausfällung des Fibrinogens schafft neue, wenn
auch vergängliche feste Strukturen in und auf den Geweben. Durch Erzeugung
von Verlötungen im Gewebe können sie den Saftstrom hemmen, durch Verkle-
bungen an der Oberfläche der Verbreitung der Entzündungsreize hinderlich sein.
Fibrin erleichtert durch Adsorption die Auflösung toter Gewebsteile, was wir auch
im Beginn miliarer Abscesse an der „fibrinoiden" Umwandlung der kollagenen
Fasern beobachten, die zugleich ihre Färbbarkeit in Säurefuchsin verlieren.

---

[1] Wölffler und Schloffer: Arch. klin. Chir. **57** (1898).

Es kann als Baumaterial dienen, regt die Gefäß- und Gewebsbildung an, und seine Bälkchen bestimmen als taktiler Reiz die Wegrichtung wachsender Epithellager. Die erweiterten Lymphgefäße erleichtern die Abfuhr des gesteigerten Flüssigkeitshaushalts, aber auch die Verbreitung von Infektionskeimen. Die Saftstauung kann zur Blutstase beitragen mit ihren ungünstigen Folgen für die Ernährung der Gewebe.

Unter den Exsudatzellen haben die neutrophilen Leukocyten auch seit Ablehnung der ältesten METSCHNIKOFFSchen Phagocytentheorie der Entzündung ihre große Bedeutung behalten, da ihre biologischen Leistungen zahlreich sind, wenn wir auch jetzt noch nicht alle, z. B. nicht die ihrer besonderen Körnelungen, kennen. Sie geben Fermente ab, schmelzen durch „Tryptasen" Eiweißstoffe ein, lösen Exsudatfibrin wieder auf und gestatten so in der Pneumonie den Wiedereintritt des O_2 in die Alveolen. Sie speichern auch gewisse gelöste Stoffe wie Metallsalze in ihrem Leibe auf, aber noch ins Auge fallender ist ihre Aufnahmefähigkeit geformter Elemente durch Phagocytose. Die Phagocytose kann durch „Opsonine", durch Narkotica und Ca-Ionen (HAMBURGER) gesteigert werden, sie kann durch endokrine Störung bei schilddrüsenlosen Tieren vermindert werden (L. ASHER[1]). Diese Funktion steht mit der Energie der amöboiden Bewegung im Zusammenhang, beide wieder mit Veränderungen der Oberflächenkolloide der Leukocyten. Die Aufnahme von Bakterien und Protozoen durch Leukocyten ist belangreich, auch wenn es sich oft nur um untergehende Mikroparasiten handelt, da die Wirkung körperfremder Substanzen (Toxine und Endotoxine) so umschrieben wird. Aus Leukocyten werden durch „Sekretion" oder Zellzerfall Stoffe („Leukine", SCHNEIDER und HÜRLER[2] u. a.) frei, die hitzebeständig sind und bactericid wirken. Den eosinophilen Leukocyten scheinen besondere Funktionen vorbehalten, ihre Granula sind sehr adsorptionsfähig (A. NEUMANN[3]), ihre Fähigkeit, im Experiment säurefeste Bacillen aufzunehmen, ist bemerkt worden (JACOBSTHAL[4]), während sie Zinnober weniger phagocytieren als die neutrophilen Zellen. Absterbend werden Leukocyten und auch Lymphocyten von Gewebszellen als Baumaterial aufgenommen, mit denen sie bei der Entzündung manche Leistung gemeinsam vollbringen. Eine besondere Stellung muß der *lymphocytären Reaktion* angewiesen werden. Wie man sich auch zu den genetischen Beziehungen zwischen Lympho- und Leukocyten stellen mag, die beiden Zelltypen haben eigene biologische und gesonderte chemische Leistungen. Die allgemeinen protoplasmatischen Fähigkeiten der amöboiden Beweglichkeit und Phagocytose kommen auch den Lymphocyten zu, aber in geringerer Energie als den Leukocyten. Es ist schon früher erwähnt, daß gewisse Entzündungsreize von vornherein Lymphocyten heranlocken. Man sucht nach Fermenten, die dem Lymphocyten vornehmlich zukämen. BERGELS Annahme, daß die Lymphocyten besondere lipolytische Fermente besitzen, verlor dadurch an Wert, daß er in den Exsudaten zwischen Lymphocyten und Deckzellen der Serosa keinen Unterschied machte. Ehe wir auf diesen biochemischen Wegen weiterkommen, empfiehlt es sich, die Funktion der Lymphocyten nach andern Gesichtspunkten zu prüfen. Wir lenkten die Aufmerksamkeit auf ihre Wirksamkeit als *Resorptionszelle für gewisse gelöste Stoffe.* Zur Stütze ist daran zu erinnern, daß die Lymphzellen Parenchymzellen in Lymphknoten und Knötchen sind, eingeschaltet in den Lymphstrom, um mit den Reticulumzellen die Lymphe mechanisch und chemisch zu sieben; daß die Lymphzellen und verwandte, den Plasmazellen

[1] ASHER, L.: Klin. Wschr. **1924**, Nr 8.
[2] SCHNEIDER u. HÜRLER: Arch. f. Hyg. **81** (1913).
[3] NEUMANN, A.: Biochem. Z. **148**, 150.
[4] JACOBSTHAL: Virchows Arch. **234** (1921).

mehr oder weniger nahestehende Zellen die wichtigsten Stromazellen des bedeu-
tendsten Resorptionsapparat des Körpers, des Magendarmkanals darstellen.
Bei vielen Entzündungen nimmt ihre Zahl mit der Zeit zu, in einer Phase, wo
nach dem ersten Ansturm der Leukocyten und Gewebszellderivate die Aufräumung durch Aufsaugung dringend wird. Bei chronischen spezifischen Entzündungen können sie mit den Plasmazellen das histologische Bild beherrschen.
Bei manchen leicht entzündlichen Reaktionen, z. B. um krebsige Infiltrate, beschränkt sich die Zellansammlung auf diese Elemente als Ausdruck der Antwort
auf ortsfremde Stoffe, bis der Organismus zur Anergie verurteilt ist. Die in allen

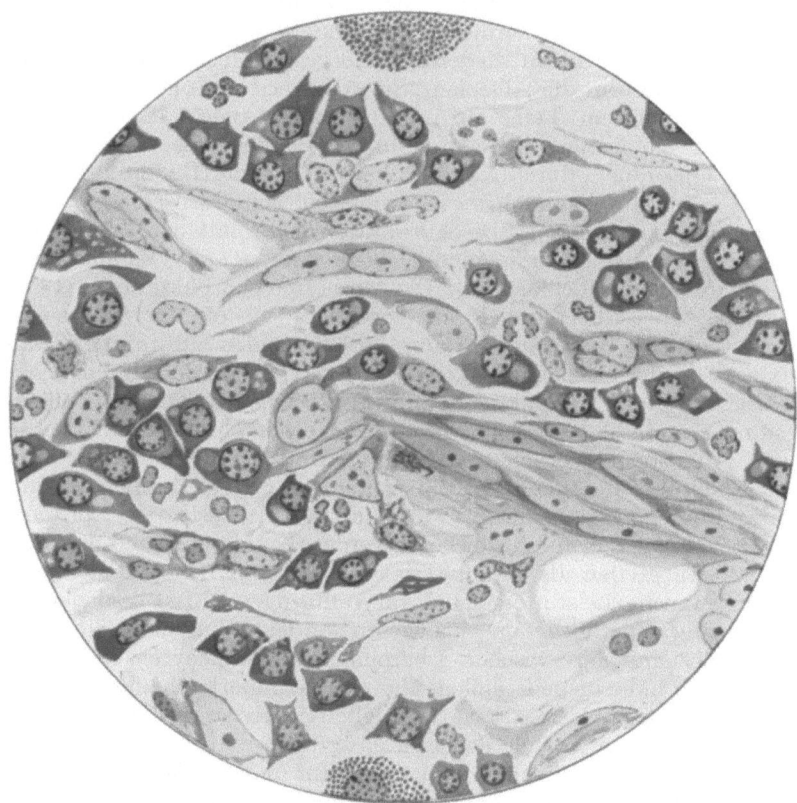

Abb. 60. Plasmazellen und schwach basophile Stroma- und Endothelzellen. Oben und unten eine halbe
Mastzelle. Unna-Pappenheim-Färbung. (Chron. Nebenhodenentzündung.)

diesen Fällen zu beobachtende räumliche Vereinigung von Lymph- und Plasmazellen wird fast durchweg als Übergang des Lymphocyten in Plasmazellen
(Abb. 60) gedeutet, der dadurch zustande kommt, daß das Lymphocytenplasma
sich reichlicher mit basophiler Substanz imprägniert, eine deutliche als „Vakuole"
bezeichnete Organelle differenziert und der Kern zur „Radform" saftreicher
umgebildet wird. Auch die in den Plasmazellen (Schridde) gelegentlich einmal
aufgestapelten (Russellschen) hyalinen Kugeln dürften kondensierte Resorptions-
produkte sein, die sich als sehr widerstandsfähig erweisen, z. B. in der autodige-
rierten Magenschleimhaut lange Zeit allein noch kenntlich bleiben. Die Plasmazellen können ihre Aktivität und Weiterentwicklung durch Mehrkernigkeit,
Mitosen, Zunahme des Zellvolumens bekunden. Es ist bezeichnend, daß mikro-

skopische Infiltrate von Zellen der Lymphocytenklasse in alten Narben und abgeklungenen Entzündungsherden noch zu einer Zeit am Werke sind, wo man nichts mehr von entzündlicher Reaktion vermuten würde. Wie weit dabei chemische Sonderleistungen in Erscheinung treten, wird weiter zu untersuchen sein. Man weiß übrigens, daß nicht jede Lymphocytenansammlung Entzündung bedeutet. — Was nun die Funktionen des *Stromas* nebst *Gefäßwandzellen* im Entzündungsprozeß angeht, so haben die neueren Untersuchungen gezeigt, daß sie zum guten Teile schon von Beginn an aktiven Charakter tragen können. Gewiß finden sich fast regelmäßig nachweisbare Stoffwechselveränderungen mit erhöhtem, aber auch völlig behindertem Stoffwechsel in ihren Zellen und Geweben, die zu Strukturveränderungen sowie zum Ausfall oder zum Rückhalt chemischer Spaltprodukte führen und über dieses Stadium hinweg oder ohne ein solches zum Tod von Zellen Anlaß geben können. Sie sind Teilerscheinung des Entzündungsbildes. Selbst durch den Gifttod kann die Stromazelle ihre Schwesterzellen vor gleichem Schicksal schützen. Oder die Stromazelle, Bindesubstanz-, Glia- und Endothelzelle räumt aktiv auf, füllt sich mit Fremdelementen und Zerfallsstoffen durch Synthese oder Phagocytose. Diese intracellulären Leistungen besitzen eine große Tragweite, knüpfen an die alltäglich physiologische oder pathologisch gesteigerte, aber noch nicht deutlich entzündliche Filter- oder Reinigungsfunktion der Stromazellen an, wie man sie beim Eintritt von körperlichen Elementen mancher Art sofort entfesselt sieht[1]. Am übersichtlichsten und klarsten ausgesprochen ist sie an den Endothel- und Reticulumzellen, zur Blutreinigung in den 3 Blutfiltern von Leber, Milz, Knochenmark, zur Lymphreinigung in dem lymphatischen Organsystem, zur Gewebsreinigung der Organe im allgemeinen in leicht mobilisierbaren Zellformationen im Stroma, die mit jenen im Blutlymphapparat gleichsinnig funktionieren. MALLORY sprach von endothelialen Leukocyten, ASCHOFF-KIONO rechnen sie zu dem reticulo-endothelialen Stoffwechselapparat, MARCHAND charakterisierte sie als Adventitialzellen. Sie verraten sich (außerhalb der eigentlichen Entzündung) durch das Festhalten exogener und endogener Pigmente; speichern morphologisch erkennbare Stoffe wie Lipoide und gewisse gut diffundierende vitale Farbstoffe („Pyrrolzellen" GOLDMANNS). Bei der Entzündung erreicht die Mobilisation solcher Stromazellen höhere und höchste Grade, dann finden sich auch Schädlinge (Bakterien, Protozoen) in ihrem Zellkörper und stempeln sie zu spezifischen Entzündungsstellen um. Beobachtung und Gedanke METSCHNIKOFFS und seiner Schüler, daß die „einkernigen" Blut- und Gewebszellen zu „Makrophagen" werden, war die brauchbare Grundlage für die folgenden Feststellungen von der harmonischen Arbeit der Monocyten, der Endothel- und Stützsubstanzzellen. Die Stromazellen nehmen auch noch Stoffe aus untergehenden Parenchymzellen auf, wie das Lipofuscin aus den Herzmuskelfasern in der myokardischen Schwiele, das der Ganglienzellen, das man in Gliazellen bei Encephalitis wiederfindet. Neben dieser Steigerung der Säuberungsfunktion ist eine Entfaltung fermentativer Leistungen der Stromazellen feststellbar, sei es, daß sie noch auf aktiver Stufe stehen in Gestalt ihrer resorptiven Leistung, sei es, daß sie sich im Niedergange befinden und autolytische Fermente frei werden lassen, die wie im Epithel zum Zellabbau führen. Bei erhöhter Aktivität schreiten Stromazellen zum Einschmelzen der Grundsubstanzen, bei ihrer Schädigung am Orte eines Abscesses verbinden sich Leukocyten- und Gewebszellfermente (vgl. v. GAZAS Isolyse) zur Auflösung des Stromas, zu der auch bakterielle Fermente beitragen können. Diese Höhlenbildung durch

---

[1] Vgl. M. ASKANAZY: Münch. med. Wschr. **1923**, Nr 34/35. — FRIEDHEIM, E.: Frankf. Z. **35** (1927). — Ebenso das Referat ROESSLES.

Grundsubstanzschmelzung und ihre Füllung mit Leukocyten ist das Wesen des Abscesses. Der spontane Durchbruch des Abscesses nach der Stelle des geringsten mechanischen Widerstands bezeugt das Mitspielen mechanischer Momente. Auch dann beteiligen sich die Stromazellen der Nachbarschaft an der Resorption. — Aber noch in einer anderen Richtung dürfte ihr Chemismus sich äußern, nämlich bei den Immunisierungsvorgängen, womit wir zugleich die Funktionen der Zellneubildung berühren. Wir sehen bei den Vorgängen der Immunbiologie anatomische und chemische oder physikalisch-chemische Erscheinungen auftreten, die ersten werden noch zuwenig gewürdigt und analysiert, die letzten haben in der Serologie Triumphe gefeiert. Den alten Gedanken Metschnikoffs, daß es sich bei Immunität um eine Leistung mesodermaler Verdauung zuerst durch die intracelluläre Verdauung in Mikro- und Makrophagen, dann auch durch die von ihnen ausgeschiedenen Enzyme, ,,Cytasen'', handelt, hat Rössle wieder aufgenommen und zu vertiefen gesucht. Wir sehen die Antikörper im Serum und suchen nach ihrer Herkunft, die, da sie nur dem Lebenden entstammen, in letzter Linie cellulärer Abstammung sind. Wir rechnen mit ihrer Bildung im Blutbildungsapparat, im spezifisch erkrankten Organ, auch an Ort und Stelle der Entzündung in dem überall vorhandenen Stroma. Es war interessant, nach der Typhusschutzimpfung in den nachbarlichen Lymphdrüsen zu beobachten, wie das Lymphzellenparenchym regressiv verändert war, während das Stroma in Endothel- und Reticulumzelle in Hypertrophie und Proliferation eintrat. Diese Stromazellen sind es wieder in erster Linie, die die Knötchen in granulierenden Entzündungen erzeugen und oft dem Infektionskeime vermehrte Stromazellprodukte entgegenwerfen. Die Allergie, als Über- oder Unterempfindlichkeit, als veränderte Reaktion hervortretend, gestaltet die Entzündungsform um. In der partiellen Immunisierung, Resistenzerhöhung, erblicken wir einen Schlüssel für den *chronischen* Charakter mancher Entzündungen, besonders infektiöser Natur. — Es geht also schon für das Stroma nicht an, seine Proliferation lediglich als Regeneration für verlorengegangenes Gewebe anzusprechen. Auch die Organisation als Stromafunktion zur Wiederbelebung toten, zu resorbierenden Materials ist keine einfache Regeneration, da sie auch an Oberflächen sthatt, wo keine zerstörte Substanz neu zu erzeugen ist. Daß regenerative Leistungen im Entzündungsprozeß nötig und tätig sind, steht außer Frage, aber man darf nicht zuviel auf ihre Rechnung setzen. Die Funktionen des Parenchyms bei der Entzündung dürfen, trotzdem das Stroma die Hauptrolle spielt, nicht übersehen werden. Unter den Stoffwechselveränderungen kann seine spezifische Funktion leiden oder vernichtet werden. Fett- oder Lipoidansammlungen in Parenchymzellen können Gifte binden. Seine spezifische Funktion kann bei Schleimsekretionen außerordentlich gesteigert werden. Seine morphologischen Veränderungen in den obenerwähnten Formen des Cilienabwurfs, der Becherzellbildung und Metaplasie sind anatomische Immunisierungserscheinungen. Mehr chemisch muten sie an, wenn Epithelien an Tuberkelbildung teilnehmen. Die Parenchymwucherung hat oft regenerativen Wert, aber doch nicht immer. Die entzündliche Proliferation ist mehrsinnig.

So häufen sich die Funktionen in der Entzündung. Obwohl Endothelien und Stromazellen selbst neben regressiven Vorgängen und gestörtem Stoffwechsel in gesteigertem Maße tätig sind, wandern noch Zellmassen herbei, um mit den mobilisierten Stromazellen und mit den auch ihrerseits da und dort einspringenden Parenchymzellen abzusondern und aufzusaugen, Abfälle zu beseitigen, Schutzstoffe zu liefern, zu neutralisieren und Gewebe für mancherlei Leistungen neu zu bilden.

5. Die Grenzen des Entzündungsbegriffs.

Nach dem vorstehenden Überblick über die wesentlichen Merkmale der Entzündung kehren wir zu der in der Einleitung aufgeworfenen Frage nach dem Entzündungsbegriff zurück. Die Begriffsbestimmung hängt von der Abgrenzung der Einzeltatsachen ab, die noch zur Entzündung gehören, und von ihrer Auslegung. Die Verschiedenheit der Auffassungen äußert sich nicht nur in der Betonung oder Ablehnung der drei Hauptmerkmale (oder Merkmalsgruppen), des ätiologischen, morphologischen, funktionellen, sondern auch in der Betonung oder Ablehnung der einzelnen 3 morphologischen Vorgänge als zur Entzündung selbst gehörig. Etwas schematisierend gelangen wir dahin, daß die Fassung des Entzündungsbegriffes bedingt wird durch die Bewertung von 5 verschiedenen Punkten, indem unter den 3 Hauptmerkmalen das morphologische Merkmal ersetzt wird durch die Stellungnahme zu 3 Faktoren: den Stoffwechselveränderungen, der Gefäßreaktion und der Gewebsneubildung im Gestaltenbilde der Entzündungen. Bezüglich des ätiologischen Merkmals finden wir wohl in den meisten Definitionen der Autoren den kurzen Vermerk, daß eine Schädlichkeit die Entzündung auslöst oder durch sie beseitigt werden soll. Aber sie befindet sich sozusagen in der Vorrede, und eine genauere Analyse des „entzündlichen Reizes" erfolgt nur seltener, von je bei NEUMANN, neuerdings bei HERXHEIMER und RÖSSLE. Wie wir oben auseinandersetzten, ist der springende Punkt die Reizfolge, bei der der primäre, oft äußere Reiz sich in die ebenso wichtigen, sekundären Reize umsetzt. Diese äußern sich aber oft bereits in Stoffwechselstörungen, die uns in das zweite Hauptmerkmal, das Erscheinungsbild, hineinführen. E. NEUMANN und MARCHAND, zwei Meister der Entzündungslehre, nehmen Anstand, diese Veränderungen schon in die entzündliche Reaktion einzureihen. Für E. NEUMANN ist die primäre Gewebsläsion — es ist nicht glücklich, Kontinuitätstrennung und Auflösung von Gewebsteilen (bzw. Nekrose) auf dieselbe Stufe zu stellen — noch keine Entzündung, sondern Entzündungsursache. Auch MARCHAND will in den regressiven Erscheinungen, Alterationen der Gewebe, wegen ihrer Passivität keine Reaktion erblicken, da diese Aktivität in sich schließt. Man hat demgegenüber schon mehrfach bemerkt (ASCHOFF, LUBARSCH, GROSS), daß wir nicht leicht imstande sind, die Stoffwechselabweichungen in den Zellen so zu übersehen, daß wir das aktive oder passive Verhalten der Zellen in ihren chemischen Reaktionen unterscheiden. Die Stoffwechselveränderung kann auch die Zelle zuerst aktiv arbeiten lassen, die schließlich erliegt. Die Stoffwechselstörung ist Folge des Reizes und weitere Ursache der entzündlichen Reaktion, z. B. in der Acidose usw. Wir schließen uns bei aller Würdigung der Bedenken der Gegner denen an, die die Stoffwechselveränderung in den Rahmen des Entzündungsvorgangs aufnehmen, auch noch darum, weil sie im Gesamtbilde eine wichtige Erscheinung darstellt. Das ist auch einer der Gründe, warum wir die Ätiologie in den Begriff der „entzündlichen Erscheinung" einfügen, wo diese „Reaktion" so lange fortläuft, bis die letzte in den Gewebsalterationen gelegene Reizwirkung abgeklungen ist. SCHADE erblickt das „Hauptcharakteristicum" der Entzündung in der „Stoffwechselsteigerung mit osmotischer Hypertonie und H-Hyperionie als selbständig weiterwirkender Störungen". Das ist nur eine Teildefinition, aber auch sie unterstreicht den Wert der Stoffwechselveränderung für den Gesamtvorgang. — Über die beherrschende Stellung der Gefäßreaktion unter den Merkmalen des Entzündungsbegriffs besteht kaum ein Zweifel. Daran wird auch nichts geändert, wenn ASCHOFF noch immer eine rein parenchymatöse Entzündung aufrechterhalten will, worin ihm wenige folgen werden, oder wenn RÖSSLE schon eine Entzündung bei niederen gefäßlosen Tieren mit METSCHNIKOFF

zuläßt, was sich im Sinne der vergleichenden Pathologie nach Ätiologie, Gewebsreaktion und Funktion rechtfertigen läßt. Die gefäßlosen Häute müssen bei
Nachbargefäßen oder die Herzklappen am vorbeiströmenden Blute eine Anleihe
machen. Die Gefäßreaktion hat durch die Untersuchungen der letzten Jahre
noch an Tragweite zugenommen, indem den Gefäßwandzellen eine aktivere
Rolle beim Phagocytismus und bei den Zellproliferationen zuerkannt werden
muß, wenn auch die genetische Stellung der Endothelien zur Lympho- und
Leukocytenbildung recht fraglich bleibt. Sehr lebhaft waren schon seit langem
die Erörterungen über die Frage, wieweit die Zell- und Gewebsproliferationen
zur entzündlichen Reaktion im engeren Sinne gehören und wie sie zu deuten
sind. Wir haben sowohl bei den Neubildungen im Stroma als bei denen im
Parenchym hervorgehoben, daß sie verschiedene Bedeutung besitzen. Seitens
*des Stromas, das ja Hauptsitz und wesentliches biologisches Reagens in der Ent-
zündung ist,* wuchert Endothel- und Stützsubstanzzelle im Sinne des Phagocytose
übenden Zellmaterials, der chemischen Abwehr in Knötchenbildung, auch die
Kapselbildung um Fremdkörper, die Organisation lebloser organischer fester Stoffe,
die Gefäßneubildung in gefäßlosen Häuten sind keine typischen Regenerationen.
Am Parenchym treffen wir Hypertrophie, Hyperplasie, Metaplasie, atypische
Wucherung. Natürlich kommt es dabei so gut wie immer auch zum Wiederersatz von
zerstörtem Gewebe[1], wobei freilich manchmal Narben die Stelle funktionierender
Teile einnehmen. Manche wollen die echte regenerative Neubildung nicht mehr
zur entzündlichen Reaktion rechnen, was gedanklich richtig ist. Da das Regene-
rationsbestreben aber früh einsetzt und die Grenzen gegen andere Proliferationen
nicht immer fest umrissen sind, wird es schwer angehen, wie es einst Ziegler
und jüngst noch Rössle vorschlug, die Regenerate aus dem Symptomenbilde
und dem Begriff der Entzündung ganz auszumerzen. Ist Granulationsgewebe in
einem tuberkulösen Herd spezifisch entzündlich oder regenerativ? Es kann sich
in beidem Sinne entwickeln. — Am eifrigsten ist in dem letzten Jahrzehnt die
funktionelle Seite des Entzündungsbegriffs durchdacht und erläutert worden.
Diese Frage ist darum so durchgreifend, weil sie die prinzipielle Auffassung des
ganzen Problems in sich birgt. Bis vor einem Menschenalter war die Virchowsche
Auslegung (s. bei Beitzke und Lubarsch) die fast allgemeine, daß die Entzündung
einen „degenerativen Charakter" besäße und trotz gesteigerter Ernährung zur
„Verminderung, wenn nicht gar zur Vernichtung der Funktion" führe. Als Neumann 1889 die Entzündungserscheinungen im Gegensatze dazu als zweckmäßige
Vorgänge zur lokalen Heilung hinstellte, trat ihm Ziegler sofort als Verteidiger
der alten Meinung entgegen. Schon vor Neumann hatte Marchand (1881)
gelegentlich gesagt, daß der Entzündungsvorgang „im Lichte einer zweckmäßigen
Einrichtung" erscheine, und auch später immer wie auch Leber diesen Standpunkt vertreten. Man darf eben die Ätiologie und die entzündliche Krankheit
nicht mit dem gesamten Wesen des Entzündungsbegriffs verwechseln. Inzwischen
sind die Einzelfunktionen des Vorgangs gründlicher erforscht, und man hat
gelernt, von der Frage der Zweckmäßigkeit zunächst abgesehen, den leitenden
Faden in dem Komplex der Geschehnisse besser herauszulesen. Es wurde schon
in der Einleitung gesagt, daß es heute auf dem Gebiet kaum noch eine Definition
ohne Würdigung der Funktion gibt. Keiner sagt der Entzündung einen im
Prinzip zerstörenden Charakter nach. Mit besonderem Eifer ist Aschoff der
funktionellen Seite nachgegangen bis zu der Hingabe, die Entzündungen funktionell in Unterabteilungen (regenerative, defensive) zu teilen, ja den Begriff

---

[1] Neumann sprach den Satz aus: Es gibt zwar keine Entzündung ohne Regeneration,
wohl aber eine Regeneration ohne Entzündung. [Beitr. path. Anat. **64**, 15 (1917).]

lediglich funktionell (defensio) zu definieren. Das läßt sich aber kaum durchführen, da viele, sehr viele pathologische Vorgänge defensiones sind, ohne entzündliche Natur zu besitzen (z. B. Niesen, Husten, Erbrechen, kompensatorische Hypertrophie, Kernwucherung bei Atrophien usf.). Der Gedanke, daß pathologische Reaktionen ungeeignete oder ungünstige Lebensäußerungen sind, ist eine ganz ungerechtfertigte Verallgemeinerung und meist irrtümlich, gewöhnlich die Folge von Verwechslung der Ursache und Wirkung. Auch die Klassifikation nach reparatio, purgatio und ähnlichen Prinzipien läßt sich nicht aufrechterhalten, da, wie wir sahen, die verschiedensten Funktionen meist verbunden sind. Auf eine Selbstreinigung und Wiederherstellung des regelrechten Stoffwechsels und der örtlichen Funktion laufen sie im erfolgreichen Falle hinaus. Die Vorgänge sind *planmäßig*, denn sie sind nur Steigerungen der normalen Vorgänge im Organisationsplan des lebenden Körpers, in seiner Durchführung am Säugetier. Da sie sich im großen als Abwehrvorgänge darstellen, sind sie im Prinzip nützlich für den Bestand der aus dem Gleichgewicht gebrachten, sich wehrenden lebenden Teile, ohne anthropozentrische Einstellung. Daß auch schädliche Folgen daneben eintreten, ist bei der Betrachtung der morphologischen und funktionellen Erscheinungen hervorgehoben. Das ist bei dem Durcheinander von Reiz und Reaktion nicht vermeidbar, bei der hyperergischen und mancher chronischen Entzündung oft noch ausgesprochener.

Entzündung ist eine pathologisch-biologische Erscheinung als Folge einer Reizstärke, die sich in allgemeinen Normen zahlenmäßig und durch Bildung sekundärer Reizfolgen im Gewebe bemessen läßt. Bei nicht durchschnittlicher Entzündungsbereitschaft besteht zwischen ihr und der Reizstärke ein umgekehrtes Verhältnis. Entzündung äußert sich in geweblichen Stoffwechselveränderungen, die nur zum Teil regressiver Art sind, in typischer Gefäßreaktion mit Ausscheidungen aus den Gefäßen, in Zell- und Gewebsneubau, eine Erscheinungsgruppe, deren im Einzelfall schwankender Anteil den Wechsel der Entzündungsformen bedingt. Ihre mehrfachen Funktionen sind zur Beseitigung der Reizfaktoren, zur Wiederherstellung des regelrechten Gewebsstoffwechsels und der örtlichen Normalfunktion angetan. Daß das Stroma mit seinen Gefäßen dabei die Hauptrolle spielt, liegt in einer seiner normalen Aufgaben begründet, als reinigendes Organfilter zu wirken.

Pharmakologie der Entzündung.

Von

E. STARKENSTEIN

Prag.

Zusammenfassende Darstellungen.

ASCHOFF, L.: Über Entzündungsbegriff und Entzündungstheorien. Münch. med.Wschr. **69**, 655 (1922). — ASKANAZY: Literatur über Definition der Entzündung, s. d. vorhergehenden Abschnitt. — BERGEL: Biologie der Entzündung. Klin. Wschr. **4**, 1673 (1925). — FISCHER, B.: Der Entzündungsbegriff. München 1924. — GAZA, VON: Über den formativen und über den Entzündungsreiz. Klin. Wschr. **1**, 1925 (1922). — GERLACH, W.: Studien über hyperergische Entzündungen. Virchows Arch. **247**, 294 (1923). — GESSLER, H.: Über Entzündung. Klin. Wschr. **2**, 1155 (1923). — LUBARSCH, O.: Einiges zur Entzündungsfrage. Klin. Wschr. **1**, 1810 (1922). — Über Entzündungsbegriff und Entzündungstheorien. Bemerkung zu ASCHOFFS Aufsatz. Münch. med. Wschr. **69**, 893 (1922). — Referat über Entzündung. 19. Tag. d. dtsch. pathol. Ges. Zbl. Path. **33**, Erg.-H., 3 (1923). — MARCHAND, F.: Über Molekularpathologie und Entzündung. Münch. med. Wschr. **71**, 208 (1924). — Die örtlichen reaktiven Vorgänge (Lehre von der Entzündung). Krehl-Marchands Handb. d. allg. Pathologie I **4**. — Über den Entzündungsbegriff. Eine kritische Studie. Virchows Arch. **23**, 245 (1921). — MEYER, R.: „Kausale" und „Teleologische" Anschauungen der Pathologie. Wien. klin. Wschr. **36**, 64 (1923). — RANKE, K. E.: Leben, Reiz, Krankheit und Entzündung. Münch. med. Wschr. **70**, 289, 330, 363 (1923). — RICKER, G.: Bemerkung zu ASCHOFFS Aufsatz. Münch. med. Wschr. S. 894. — RÖDER, F.: Zur Theorie der Entzündung. Erkenntnis-theoretische Auseinandersetzungen. Klin. Wschr. **1**, 1926 (1922). — ROESSLE: Referat über Entzündung. 19. Tag. d. Münch. dtsch. pathol. Ges. Göttingen. Zbl. Path. **33**, Erg.-H. S. 18 (1923). — ROESSLE: Die konstitutionelle Seite des Entzündungsproblems. Schweiz. med. Wschr. **53**, 1053 (1923). — SCHADE, H.: Die Molekularpathologie in ihrem Verhältnis zur Cellularpathologie und zum klinischen Krankheitsbild am Beispiel der Entzündung. Münch. med. Wschr. **71**, 1 (1924). — TANNENBERGS, J.: Experimentelle Untersuchungen über Vorgänge bei der Entzündung. Klin. Wschr. **2**, 1650 (1924). — WINTERNITZ, R.: Über Allgemeinwirkungen örtlich reizender Stoffe. Arch. f. exper. Path. **35**, 77 u. **36**, 212 (1895).

Die *Pharmakologie der Entzündung* umfaßt

1. die *Hervorrufung von Entzündung durch pharmakologisch wirkende Stoffe* und

2. die *Rückführung entzündeter Organe bzw. der durch Entzündung gestörten Organfunktionen zur Norm.*

Diese Abgrenzung des Umfanges einer Pharmakologie der Entzündung bedeutet zwar eine Ausschaltung der mechanischen und thermischen Entzündungsursachen, doch kommt diesen insofern in dem hier zu behandelnden Zusammenhange eine geringere Bedeutung zu, als diesen beiden primären Entzündungsursachen sekundäre pathologische Veränderungen folgen, die sich in nichts von denen unterscheiden, die durch andere Entzündungsursachen hervorgerufen werden. Da wir in die Aufgaben der „Pharmakologie der Entzündung" auch die Rückführung *aller* Entzündungen zur Norm einbeziehen, und zwar ohne Rücksicht auf deren Genese, so fallen natürlich auch die durch mechanische und thermische Ursachen hervorgerufenen Entzündungen hinsichtlich dieses zweiten Teiles in das hier zu behandelnde Gebiet.

Grundlegend für die Pharmakologie der Entzündung ist deren Pathologie. Aber gerade die von den Pathologen gegebene Definition der Entzündung ist heute sehr umstritten; der Streit gilt vornehmlich der Definition des *Gesamtbegriffes* und kann für die Pharmakologie der Entzündung unberücksichtigt bleiben, zumal er in dem vorhergehenden Abschnitte (ASKANAZY) seine ausführliche Behandlung und kritische Beleuchtung gefunden hat. Für die Pharmakologie der Entzündung ist diese Diskussion der Pathologen eben darum von untergeordneter Bedeutung, weil es dem Ziele der Pharmakologie widersprechen würde, sich bei der Rückführung pathologischer Funktionsstörungen zur Norm nur um das *vollausgebildete* Krankheitsbild zu kümmern.

Trotzdem bildet auch hier die Pathologie der Entzündungen die Grundlage für ihre pharmakologische Behandlung. Während aber für die Diskussion der Pathologen, wie erwähnt, die genetischen Momente ausschlaggebend sind, die zur Ausbildung des *Gesamtkomplexes* führen, sind für die *Pharmakologie* der Entzündung nicht die ätiologischen Momente des Gesamtkomplexes allein, sondern mehr noch die kausalen Ursachen der *Einzelsymptome* maßgebend, aus denen sich der ganze Symptomenkomplex zusammensetzt. Es wird folglich bei der Behandlung der *Pharmakologie der Entzündung* hier mehr den kausalen Momenten der Teilerscheinungen größere Bedeutung beizulegen sein.

I. Entzündungserregung.

Wie aus den Ausführungen ASKANAZYs im vorhergehenden Abschnitte über die Pathologie der Entzündungen hervorgeht, handelt es sich dabei stets um lokale biologische Veränderungen, um lokale reaktive Vorgänge, die sich als Folge von Reizen ausschließlich im *lebenden* Gewebe abspielen. Ausgangspunkt der Erscheinungen ist fast immer eine *primäre Gewebsschädigung*, die zu einer Änderung im Zustande der Strukturelemente des Gewebes führt, zu dem auch die Gefäße zu rechnen sind. Demgemäß wurde *Entzündung* als die *Summe aller lokalen Reaktionen des Gefäß- und Stützapparates*, also vor allem des *Gefäßbindegewebes* bezeichnet, die als Folge lokaler Gewebsschädigungen in Erscheinung treten. Das ätiologische Merkmal der Entzündung wird in einer *Reizfolge*, aus äußeren und inneren Reizen zusammengesetzt, manchmal in einer langen *Reizkette* von zahlenmäßig oder biologisch meßbarer Stärke erblickt, gekennzeichnet durch Schaffung lokaler, endogener Reize (ASKANAZY, S. 281).

Sowohl für die Entstehung der Entzündung, als auch für die Rückführung der Entzündung zur Norm, also für die Entzündungstherapie ist es von Wichtigkeit, den *Angriffspunkt eines jeden Entzündungsreizes* kennenzulernen, dann insbesondere die Aufeinanderfolge zu studieren, mit der die einzelnen Erscheinungen bei der Entstehung des Gesamtkomplexes aufeinanderfolgen. So nur wird es möglich, die übergeordnete Ursache von sekundären und tertiären Teilerscheinungen im Entzündungskomplex zu erkennen und durch Beseitigung der übergeordneten Symptome nachfolgende zu verhindern. Vom Gesichtspunkte der Pharmakologie aus besagt dies, daß von einer Entzündung auch dann schon gesprochen werden kann, wenn der vom Pathologen geforderte Gesamtkomplex noch gar nicht ausgebildet ist. Dabei gilt das pharmakologische Studium nicht nur der Rückführung bereits *ausgebildeter* Teilerscheinungen des Symptomenkomplexes, sondern auch deren Vorbeugung.

Bevor wir die Einzelheiten der *Pharmakologie der Entzündung* hinsichtlich der *Entzündungserregung* genauer besprechen, sei im folgenden eine *schematische Darstellung der Symptomgenese* der Entzündung gegeben, die im Sinne obiger Ausführungen einerseits den Angriffspunkt der die Entzündung hervorrufenden Schädigung zeigt, andererseits die Aufeinanderfolge und kausale Abhängigkeit der Teilerscheinungen des Entzündungskomplexes demonstriert[1].

Schematische Darstellung der Symptomgenese des Entzündungskomplexes.

Bakterio-toxische, chemische oder physikalische Schädigung. Einwirkung entweder direkt auf die Gewebe (Gefäßbindegewebe) oder indirekt durch Vermittlung von Nerven. (Vasomotorische und trophische Störungen.)

Alteration des physikalisch-chemischen Zustands der Kolloide des Gefäßbindegewebes, der intercellulären Zwischenschicht und schließlich der Plasmahaut und des Protoplasmas der Parenchymzellen: Lokale Reaktionen des Gefäß- und Stützapparates:

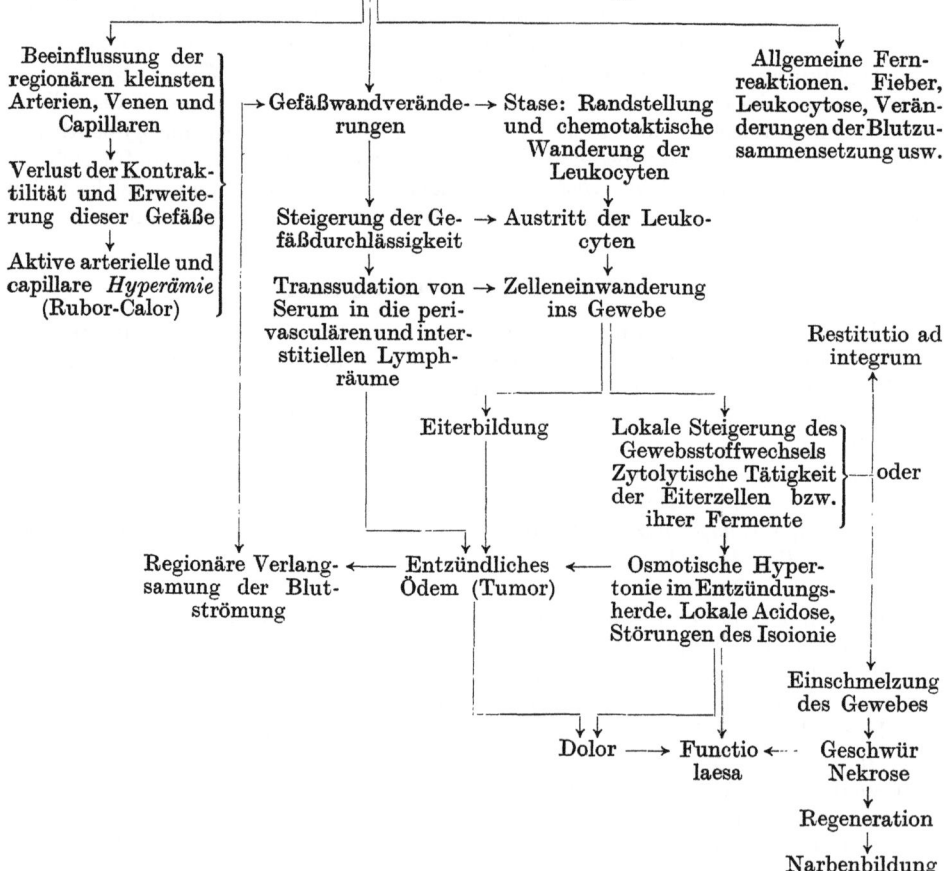

Wir haben in den bisherigen Ausführungen schon des öfteren erwähnt, daß seitens der Pathologen mit dem Begriff Entzündung ein voll ausgebildeter

---

[1] Dabei ist eine kurze Wiederholung einzelner, schon im vorangehenden Abschnitte behandelter Fragen mit Rücksicht auf die notwendige Anpassung der Pharmakologie an die Pathologie der Entzündung nicht zu umgehen.

Symptomenkomplex bezeichnet wird, während für die übergeordneten Teilerscheinungen häufiger die Ausdrücke „*Reizung*" und im speziellen Falle „*Ätzung*"
gebraucht werden.

Für die pharmakologische Beurteilung der Entzündung ist es nun von
prinzipieller Bedeutung, daß 1. *Ätzung* ebenso wie *Entzündung Folgezustände* von
„*Reizung*" sind, daß 2. „*Reizung*" immer die „*Reizbarkeit*" zur Voraussetzung
haben muß und daß 3. *Reizbarkeit* die Grundeigenschaft der *lebenden* Substanz
ist. Darauf ist das vollkommen verschiedene Wirkungsbild zurückzuführen,
das reizende, ätzende und entzündungserregende Stoffe einerseits bei intravitaler,
andererseits bei postmortaler Einwirkung hervorrufen.

Das Gewebe ist dauernd auch den physiologischen Reizen ausgesetzt, auf
die es immer in gleicher Art reagiert. Diese Reize werden als *gewebsspezifische*,
die Reaktionen auf diese Reize als *elektive, physiologische Funktionen des normalen
Gewebes* bezeichnet. Wird dagegen das Gewebe durch nichtgewebsspezifische,
im weiteren Sinne pathologische Reize getroffen, dann können statt der physiologischen Reaktionen elektive auftreten, die wir als Reizung und Entzündung
bezeichnen[1].

Pathologisch verändertes Gewebe reagiert auch auf physiologische Reize
anders als normales. Die pathologische Veränderung kann äußerlich sichtbar
sein, oder sie ist unsichtbar und wird erst durch die abnorme Reaktion auf physiologische Reize erkannt, wie dies bei konstitutionellen Anomalien (Idiosynkrasie)
der Fall ist. Schließlich besteht auch noch die Möglichkeit, daß zu starke physiologische Reize pathologische Reaktionen vom Wesen der Entzündung hervorrufen,
während umgekehrt auch durch bestimmte Eingriffe (unspezifische Änderung der
Empfindlichkeit u. ä.) eine Anpassung an nichtspezifische, also pathologische
Reize erworben werden kann[2].

Wie aus der schematischen Darstellung der Symptomgenese der Entzündung
(s. S. 342) ersichtlich ist, kann der *primäre Angriffspunkt reizender Stoffe* entweder
im *Parenchym* selbst liegen oder in den *Gefäßen* bzw. im *Gefäßbindegewebe* oder
im *Nerven;* von diesem primären Angriffspunkt hängt jeweils der weitere Ablauf
des Symptomenkomplexes bzw. die Art der Aufeinanderfolge der einzelnen Teilerscheinungen ab.

Bevor wir auf die Bedeutung dieser einzelnen Angriffspunkte näher eingehen,
seien kurz die Grundwirkungen besprochen, wie sie ganz allgemein bei der Einwirkung entzündungserregender Ursachen auf das lebende Gewebe in Erscheinung
treten. Diese *Grundwirkungen reizender, ätzender* und *entzündungserregender
Stoffe* sind *physikalischer, chemischer* und *physikalisch-chemischer* Natur. Zu den
dadurch gesetzten Veränderungen des Gewebes treten dann *intravital*, im unmittelbaren Anschluß an die primär gesetzte Veränderung, eine Reihe von reaktiven
Folgeerscheinungen, die erst in ihrer Gesamtheit den Komplex der Reizung,
Ätzung oder Entzündung zur Ausbildung bringen.

Sowohl die primäre Gewebsveränderung, als auch die Aufeinanderfolge der
sekundären und tertiären Erscheinungen sind abhängig von der Beschaffenheit
des Organs oder Organteils, auf den die entzündungserregende Ursache einwirkt,
d. h. von seiner Struktur, seinen spezifischen Funktionen und der dadurch
gegebenen Empfindlichkeit gegen Reize. Dadurch unterscheidet sich im wesentlichen der Verlauf einer Entzündung auf der äußeren Haut von jenem auf den
Schleimhäuten; und bei diesen wiederum bestehen, selbst bei Einwirkung gleicher
Reizstoffe, eben wegen der spezifischen funktionellen Verschiedenheit der Organe,

---

[1] WESTENHÖFER: Klin. Wschr. **2**, 1574 (1923).
[2] Vgl. hierzu M. STAEMMLER: Dtsch. med. Wschr. **48**, 966 (1922).

wesentliche Unterschiede zwischen dem Verdauungstrakte und den Respirations-
organen, den äußeren Schleimhäuten (Auge, Nase) usw.

Das Bild der Entzündung und die Art seiner Entwicklung vom Beginne
der erfolgten Reizung an ist weiterhin abhängig von der chemischen bzw. physikalisch-chemischen Beschaffenheit der einwirkenden Stoffe (Säuren, Laugen,
Salze): Dissoziationsgrad, kolloidaler Zustand, Lipoidlöslichkeit usw. und ganz
besonders von deren Aggregatzustand (fest, gelöst, gasförmig).

Alle diese Grundeigenschaften der entzündungserregenden Substanzen bedingen deren Schicksal im Körper, und hiervon ist im allgemeinen die primäre
lokale Einwirkung und dann nach evtl. erfolgter Resorption die Verteilung der
Substanz abhängig. Ausschlaggebend für die Weiterentwicklung des Bildes der
Entzündung ist die Empfindlichkeit des Organs, das von der Entzündung betroffen wird, z. B. Entzündung der Respirationsorgane durch Einwirkung in-
halierter Gase, Nierenschädigungen bei harnfähigen Reizstoffen (Sublimat),
dysenterieartige Erscheinungen bei Zufuhr von Stoffen, die in den Darm aus-
geschieden werden (Quecksilbersalze), Stomatitiden bei Giften, die durch die
Speicheldrüsen in die Mundschleimhaut zur Ausscheidung gelangen (chronische
Quecksilbervergiftung), Schleimhautentzündungen in der Nase (Bromschnupfen),
Hautausschläge bei Reizstoffen, die durch die Haut ausgeschieden werden
(Chloracne) usw.

Die physikalischen, chemischen und physikalisch-chemischen Wirkungen
entzündungserregender und ätzender Stoffe kommen insbesondere an den ektodermalen Gebilden zum Ausdruck, und diese Wirkungen lassen sich auch extra
corpus an Nägeln, Haaren sowie an Epidermisstücken studieren. Derartige
Untersuchungen Menschels[1] ergaben die außerordentliche Säurefestigkeit dieser
Gebilde, sowie deren bedeutende Alkaliempfindlichkeit; sie zeigten ferner die
durch Säuren (Essigsäure) auszulösende Retecytolyse, einen durch Quellung und
Peptisation im Rete Malpighi bedingten Vorgang. Weiter zeigt sich bei Einwirkung dieser Reizstoffe starke Quellwirkung auf die Hornalbumosen, nicht
dagegen auf die Keratinsubstanz.

Intravital werden diese Vorgänge weitgehend modifiziert, einerseits durch
die Zeitdauer der Einwirkung des Ätzgiftes (Verteilung im Gewebe), andererseits
durch Beeinflussung des Dissoziations- und Dispersionsgrades durch die Körpersäfte usw.

Die physikalisch-chemischen Veränderungen sind verschieden, je nachdem,
ob es sich um normales oder pathologisch verändertes Gewebe handelt. Die entzündete Schleimhaut zeigt eine geringere Quellbarkeit als die normale. Dies ist
einerseits durch Veränderungen der Kolloide in den Zellen bedingt, andererseits
dadurch, daß die Gewebe schon infolge der Entzündung gequollen sind, wodurch
eine entsprechend weitere Zunahme der Quellung verhindert wird[2].

Bei kurz dauernder Einwirkung an sich entzündungserregender Stoffe auf
ektodermale Gebilde können Veränderungen dieser Oberflächengebilde vor sich
gehen, ohne daß sich eine „Entzündung" anschließen muß; bei längerer Einwirkung gleichkonzentrierter Stoffe auf Schleimhäute, oder bei kürzerer Einwirkungszeit höherer Konzentrationen derselben Stoffe kann es dann zu den
primären Reaktionserscheinungen in den lebenden Gewebszellen kommen, die
vermutlich in Veränderungen des kolloiden Zustandes des Gefäßbindegewebes
und dann des Zellprotoplasmas ihre primäre Ursache haben.

Grundlegend für das Zustandekommen einer Entzündung scheint die primäre Veränderung im Organstroma zu sein, dem hierfür von seiten der Patho-

---

[1] Menschel: Arch. f. exper. Path. **110**, 1 (1925).
[2] Hauberisser: Klin. Wschr. **1**, 1369 (1922).

logen eine größere Rolle zugeschrieben wird, als Veränderungen im Parenchym selbst. Besondere Bedeutung kommt hierbei der durch die Entzündungsursache bewirkten *Verflüssigung und Auflösung der Intercellularsubstanz* zu, dem von RÖSSLE als „*Entleimung*" bezeichneten Prozesse, der von GERANDEL als wichtigstes Phänomen des Entzündungsvorganges überhaupt angesehen wird.

Auf diese primären Veränderungen im Zellprotoplasma bzw. im Organstroma, in der Intercellularsubstanz usw. folgen dann alle jene lokalen Reaktionen des Gefäß- und Stützapparates, die in ihrer Gesamtheit von den Pathologen als „Entzündung" bezeichnet werden.

Die einzelnen Phasen des sich nun entwickelnden Entzündungsprozesses sind immer noch am besten durch die Kardinalsymptome der Entzündung, wie sie von CELSUS aufgestellt wurden, charakterisiert: *Rubor, Calor, Tumor, Dolor.* Hinzutritt als 5. Symptom, entsprechend der Charakterisierung GALENs, noch die *Functio laesa* (vgl. hierzu den vorangehenden Abschnitt von ASKANAZY).

Die hier von mir gegebene schematische Darstellung der Symptomgenese der Entzündung versucht zu veranschaulichen, erstens wie diese Kardinalsymptome der Entzündung entstehen, und zweitens die Reihenfolge, in der sie ablaufen. Unter Hinweis auf diese schematische Darstellung auf S. 342 erübrigt sich eine weitere Ausführung der dort angegebenen Einzelheiten.

Eine *physiko-chemische Erklärung für das Zustandekommen der Kardinalsymptome der Entzündung* gibt SCHADE[1], und wir folgen hierbei am besten seiner eigenen zusammenfassenden Darstellung:

Das klinische und mikroskopische Bild der Entzündung beginnt im Anschluß an die *Einwirkung der entzündungserregenden Ursachen* auf das *Gewebe* mit einer anscheinend durch *vasomotorische Reizung* vermittelten *Hyperämie* des betroffenen Bezirkes. Die Hyperämie pflegt bald die für die Entzündung charakterisierenden Besonderheiten anzunehmen.

In den Gefäßen füllt sich die plasmatische *Randzone* mehr und mehr mit *Leukocyten;* man sieht, daß diese „wie durch Klebrigkeit" wandständig haftenbleiben und dann weiterhin, durch sog. „*Chemotaxis*" gelockt, eine Wanderung durch die Gefäßwand antreten, nach dem Orte hin, von dem die entzündungserregende Wirkung ausgeht. Das *wandständige Haftenbleiben der Leukocyten* wird als mechanische Folge einer geringen Kolloidänderung erklärt.

Für die Ausbildung der Entzündung ist weiterhin eine *Gefäßwandveränderung* im Sinne einer *erhöhten Permeabilität* charakteristisch, die sich in schweren Fällen sogar bis zur Durchlässigkeit der roten Blutkörperchen steigern kann. Diese abnorme Durchlässigkeit der Gefäßwand wird zur Ursache der Exsudation[2].

---

[1] SCHADE, H.: Münch. med. Wschr. **3**, 18 (1907) — Z. f. exper. Path. **11**, 369 (1912) — Jahreskurse f. ärztl. Fortbldg **3**, 76 (1913); **3**, 22 (1921) — Z. exper. Med. **24**, 11 (1921) — Münch. med. Wschr. **71**, 1 (1924) — Die physik. Chem. in d. inn. Medizin. 3. Aufl. Dresden u. Leipzig 1923.

[2] Siehe hierzu auch die folgenden Untersuchungen: HANZLIK: Nerve Mechanism in the Production and Treatment of certain Edemas, and the Role of the Adrenals in the Preventive Effect of Certain Drugs. California Med. January 1926.— LOEB, L.: Ödem. Medic. Monograph. **3** (1923). Studies in Endothelial Permeability. I. The Effect of Epinephrin on endothelial Permeability. — PETERSON-LEVINSON-HUGHES. J. of Immun. **8**, Nr 5, Sept. 1923. II. The Role of the Endothelium in Canine Anaphylactic Shock. PETERSEN-LEVINSON: Ebenda. — III. PETERSEN-JAFFÉ-LEVINSON-HUGHES: The Modification of the Thoracic Lymph Following Portal Blockade. Ebenda. — IV. The Modification of Canine Anaphylactic Shock by Means of Endothelial Blockade. Ebenda. — V. The Effect of Peptone on the Permeability of the Endothelium. Ebenda. — VI. Alterations of the Thoracic Lymph Following the Injection of old Tuberculin in Normal and Tuberculous Dogs. Ebenda. — TAINTER: Prevention of the Edema of Paraphenyle-Diamine by Drugs Acting on the Adrenals. J. of Pharmacol. **27**, Nr 3, April 1926.

Die Exsudate sind chemisch von den nicht entzündlichen Flüssigkeitsaustritten, den Transsudaten, außer durch die größere Menge an Gesamteiweiß auch dadurch unterschieden, daß bei der Entzündung die Globuline gegenüber den Albuminen stärker vermehrt sind· Bei den Transsudaten beträgt das Verhältnis etwa: 1:2,5—4, bei den Exsudaten dagegen 1:0,5—2. Nach A. Oswald[1] ordnen sich die einzelnen Eiweißarten nach Menge und Häufigkeit ihres Austrittes bei der Entzündung zu der Reihe: Albumin > Globulin [Euglobulin > Pseudoglobulin] > Fibrinogen. Der Durchtritt ist nach Oswald um so leichter, je weniger „viscös" die Eiweißart ist. Nach H. Bechhold[2] entspricht diese Reihe der Abstufung im Diffusionsvermögen durch kolloide Membranen. Die Gefäßwand bei der Transsudatbildung und die Gefäßwand bei der Entzündung verhalten sich zueinander wie zwei Ultrafilter verschiedener „Porengröße". Das dichtere Filter läßt fast nur die am leichtesten diffusiblen Eiweißkörper, die Albumine, durchtreten, das mehr gelockerte Filter der entzündlichen Gefäßwand läßt aber nicht nur überhaupt mehr Eiweiß hindurch, sondern gewährt auch neben den Albuminen, den schwerer diffundierenden Eiweißarten, den Globulinen und auch den Fibrinogen den Durchtritt.

Die bisher erwähnten 3 Vorgänge sind physiko-chemisch von gleicher Richtung. Es liegt nahe, sowohl für die Verminderung der Oberflächenspannung in den beiden ersten Fällen als auch für die Durchlässigkeitssteigerung der Gefäße eine gemeinsame Ursache zu vermuten. Die einfachste Annahme wäre, daß als Folge der entzündungserregenden Schädigung Substanzen (etwa autolytische Fermente) frei wurden, unter deren Einwirkung die Eiweißkörper zu Stoffen stärkerer Wasserbindung umgewandelt würden, eine Vermutung, die von Schade vorläufig als Arbeitshypothese aufgestellt wird.

Auf der Grundlage der lokalen Hyperämie der gesteigerten Gefäßdurchlässigkeit der vermehrten Kolloidverflüssigung und der Masseneinwanderung der Leukocyten baut sich der weitere physiko-chemische Ablauf der Entzündung auf. In den Vordergrund der Erscheinungen tritt nun die *lokale Steigerung des Gewebsstoffwechsels*, die in der „Autolyse des Eiters" zum Ausdruck kommt. Die einwandernden Leukocyten, namentlich die polynucleären, tragen reichlich Fermente, welche zu tiefgreifendem Abbau befähigen, dem Entzündungsherd zu. Mikroskopisch sichtbar schmilzt die Gewebsstruktur ein. Es werden Albumosen und Aminosäuren, sowie andere Abbauprodukte der Eiweißkörper gebildet. Auch Ammoniak entsteht in beträchtlicher Menge[3]. Lipasen und glycolytische Fermente besorgen eine gesteigerte Aufspaltung von Fetten und Zuckern.

Die Vermehrung der Lösungsteilchen führt zu „Osmotischer Hypertonie" des Entzündungsherdes, dem wesentlichsten Symptome der Entzündung. Mit ihrem „osmotischen Druckgefälle" greift die Entzündung von ihrem Zentrum aus allseits weit in das Gewebe hinein, über die Grenze desjenigen Bezirkes hinaus, der mikroskopisch verändert ist. Der Entzündungsherd ist das Zentrum eines ständig sich erneuernden Abstroms von starker hypertonischer Lösung in das Gebiet der normalen Isotonie.

Wenn künstlich irgendwo im Gewebe einer konzentrierten, sonst indifferenten Lösung ein hypertonischer Herd gesetzt wird, so findet, bevor noch merklich die resorptive Aufsaugung beginnt, ein lebhafter Zustrom von Flüssigkeit statt; der hypertonische Bezirk schwillt im rein physikalischen Bestreben des Ausgleichs der osmotischen Differenzen stark an[4]. Die entzündliche Hypertonie wird zur Ursache einer Schwellung, des „Tumors". Die osmotische Schwellung des Gewebes hat weitere Besonderheiten der Entzün-

---

[1] Oswald, A.: Z. exper. Path. u. Ther. 8, 226 (1910).
[2] Bechhold, H.: Biochem. Z. 6, 397 (1907) — Z. physiol. Chem. 60, 257 (1907).
[3] Winterberg, H.: Z. klin. Med. 35, 389 (1898).
[4] Wessely, S.: Arch. f. exper. Path. 49, 412 (1903).

dung im Gefolge. Von den Unterschieden der Gewebsschwellung abhängig ist die Blutzirkulation, die eine Stromverlangsamung in den Venen zeigt, dann Stasen und im extremen Falle, namentlich beim Einschluß der Entzündung durch starre Gewebswände, eine allgemeine Nekrose, die insbesondere dadurch zustande kommt, daß die Zirkulationshemmung auch auf das arterielle System übergreift. Diese Verhältnisse führen zu einer Beteiligung des Lymphapparates an der Entzündung.

Ähnlich wie hinsichtlich der osmotischen Konstanz geht die Entzündung auch hinsichtlich der H-OH-Isoionie mit schweren Störungen einher. Der osmotischen Hypertonie ist eine H-Hyperionie als gleichwertiges physiko-chemisches Symptom der Entzündung an die Seite getreten (SCHADE, NEUKIRCH und HALPERT). Im entzündlichen Bezirk entsteht eine Überschwemmung mit Substanzen sauren Charakters. Während bei der normalen Säureproduktion der Zellen die örtliche Gewebspufferung samt dem Abstrom nach den Gefäßen ausreicht, um die Reaktion des Gewebssaftes alkalisch zu erhalten, macht sich bei der Entzündung sehr bald eine örtliche Insuffizienz dieses Ausgleichs bemerkbar.

Es sei jedoch in diesem Zusammenhange auf die noch später zu besprechenden Ansichten verwiesen, nach denen Säurezufuhr in verschiedener Form (z. B. als Calciumchlorid) Entzündungsbekämpfung bewirke. (FREUDENBERG und GYÖRGY, vgl. hierzu S. 398).

Wahrscheinlich ist neben der H-Hyperionie bei der Entzündung auch eine Änderung der Na-K-Ca-Isoionie beteiligt. Als Beweis dafür, daß die H-Ionenkonzentration, ähnlich wie für die Größe der Lungenatmung, auch für das Maß der Blutversorgung im Gewebe das regulatorische Agens ist, gilt die Untersuchung von A. FLEISCH[1]. Jede Säuerung, ja schon jede Verminderung der Blutreaktion mit dem Schwellwert von $0,5 \cdot 10^{-7}$, hat experimentell eine Dilatation der Blutgefäße im betroffenen Gewebsbezirke zur Folge. Diese Gefäßerweiterung ist keine Lähmung, denn die Anspruchsfähigkeit für vasomotorische Reize bleibt erhalten. — Am Orte der Entzündung kommt es ferner noch zur *Hyperpoikilie*, d. i. eine Auffüllung des Gewebssaftes mit Stoffwechselabbauprodukten von großer Mannigfaltigkeit.

Hier sei auch auf später behandelte Fragen verwiesen (S. 390 ff.) die auch einen physiko-chemischen Einfluß *entzündungshemmender* Stoffe annehmen lassen.

Die bisher behandelten physiko-chemischen Vorgänge bei der Entzündung entsprechen den ersten drei Kardinalsymptomen der Entzündung: *Rubor, Calor und Tumor*. Aber auch *Dolor* und *Functio laesa* werden mit den physiko-chemischen Veränderungen in Zusammenhang gebracht. Als direkte Ursache des Schmerzes wird die Abweichung vom osmotischen Normaldruck angesehen, während die osmotische Hypertonie und die Störung der Isoionie zur Ursache der Functio laesa wird. Die Acidose kann Anlaß der „trüben Schwellung" und der fettigen Degeneration werden, die summarisch eine Lahmlegung der Zellenfunktion, schließlich ihre vollkommene Abtötung zur Folge haben kann.

So wirken rein chemische, rein physikalische, osmotische, dysionische, spezifisch-kolloidchemische und fermentativ-chemische Schädigungen zusammen und führen schließlich mannigfache Alterationen der Kolloide in der Zelle und am Protoplasma herbei. Mit der Aufräumung der Trümmerstätten von den dort entstehenden Kolloidschlacken durch die chemische Autolyse beginnt die Ausheilung

---

[1] FLEISCH, A.: Z. allg. Phys. **19**, 270 (1921).

der Entzündung. Entstehende Defekte werden durch Granulationsgewebe gedeckt. Auch an diesem Gewebe ist weiter der Ablauf spezifischer Kolloidprozesse
zu bemerken, die zur Narbenbildung führen.

Nach Schade ist das Gesamtproblem der Entzündung bisher von keiner der
bekannten Forschungsrichtungen in solcher Tiefe erfaßt worden, wie von der
physikalischen Chemie. —

Mit der Analyse der Entstehung des Schmerzes bei der Entzündung auf
physikalisch-chemischer Grundlage befaßten sich weiter v. Gaza und ·seine
Mitarbeiter. v. Gaza und Brandy[1] studierten in einer großen Versuchsreihe
den Einfluß der H-Ionenkonzentration auf die sensiblen Nerven der Cutis
und des Muskels am Menschen. Als Injektionsflüssigkeit kam Phosphat-Pufferlösung in den Reaktionsbreiten p_H 5,9—8,0 zur Anwendung. Osmotische Einflüsse der Injektionsflüssigkeit wurden durch Zusatz von Calciumsalzen ausgeschaltet.

Bei der intracutanen Injektion isotonischer Phosphat-Pufferlösung (0,2 ccm)
von der physiologischen H-Ionenkonzentration des Gewebssaftes ($p_H = 7,2$)
traten außer einem leichten Druckgefühl keine subjektiven Beschwerden auf.
Schmerzlos war die Injektion der Pufferlösung im alkalischen Gebiet ($p_H = 8,0$);
auch bei $p_H = 7,4$ und $p_H = 7,6$ wurden in der Regel keine unangenehmen Empfindungen angegeben. Dagegen lösten alle sauren Phosphatgemische ($p_H > 7,2$)
einen lebhaften Injektionsschmerz aus, der bei der steigenden H-Ionenkonzentration immer intensiver wurde und beim Werte $p_H = 5,9$ fast unerträglich war.
Dieser Schmerz trat nur bei schneller Injektion auf und verschwand nach einigen
Sekunden (Pufferlösung des Gewebssaftes). Sehr langsame Injektionen blieben
überhaupt schmerzlos. Bei der intramuskulären Injektion von Phosphatlösung
traten im neutralen und alkalischen Gebiete keine, im sauren Gebiete aber recht
unangenehme Empfindungen auf.

In weiterer Diskussion dieser Befunde gelangen v. Gaza und Brandy zu
der Schlußfolgerung, daß ebenso wie bei der rein mechanisch bedingten Gewebs-
ischämie der Schmerz bei der Infektionsentzündung in erster Linie auf H-Ionenwirkung zurückzuführen ist. Der Schmerz selbst wird als ein rein prämoni-
torisches Symptom des Gewebstodes aufgefaßt. Der Schmerz als H-Ionenwirkung soll gleichsam anzeigen, daß eine das Gewebsleben gefährdende Acidose
eingetreten ist, die durch die fehlende oder unzureichende Pufferung des Blutes
nicht mehr ausgeglichen wird. Die bei der Entzündung eintretende osmotische
Störung, die Quellung der Gewebskolloide und eine durch Exsudat ins Gewebe
erhöhte Gewebsspannung werden bei der Auslösung des Entzündungsschmerzes
als nicht mehr beteiligt angesehen. Nur indirekt vermögen sie durch Schädigung
der örtlichen Zirkulation den ischämischen Zustand zu steigern und die deletäre
Acidose herbeizuführen.

In weiteren Untersuchungen an klinischem Material[2] wurden die früheren
experimentellen Befunde bestätigt und erweitert. Es gelang den Autoren, durch
Gewebsalkalisierung bei einer Reihe infektiös entzündlich Erkrankter den
Schmerz schnell und mit einiger Dauerwirkung zu beseitigen. Entsprechend
der Arbeitshypothese, daß es durch Absättigung saurer Valenzen mit alkalischen
Pufferlösungen gelingen müsse, den Heilungsvorgang zu beschleunigen, konnten
in der Art und Weise Abscesse, abgesehen von Effekten der Schmerzstillung,
allein durch Alkalisierung zur Ausheilung gebracht werden, so daß nicht nur eine
physikalisch-chemische Erklärung für die Entzündung in ihren Teilerscheinungen

[1] Gaza, v., u. Brandy: Klin. Wschr. **5**, 1123 (1926).
[2] Gaza, v. u. Brandy: Klin. Wschr. **6**, 11 (1927).

gegeben werden konnte, sondern auch ein physikalisch-chemisches Heilprinzip darauf aufgebaut wurde.

HAEBLER und HUMMEL[1] vermuteten, daß die lokale Acidität nicht als die alleinige Ursache des Entzündungsschmerzes anzusehen sei, denn neben der Störung der H-OH-Isoionie findet sich insbesondere bei der Entzündung eine Störung der Na-K-Ca-Isoionie in dem Sinne, daß besonders in eitrigen Exsudaten eine Vermehrung des Kaliums vorhanden ist[2].

HAEBLER und HUMMEL haben mit der von v. GAZA und BRANDY angegebenen Methode Untersuchungen über die schmerzauslösende Wirkung intracutaner Injektionen blutisotonischer K-Phosphatpuffer verschiedener Acidität angestellt und mit der von Na-Phosphatpuffern gleicher Reaktion verglichen. Dabei wurden die Ergebnisse von v. GAZA und BRANDY bestätigt, daß H-Ionenvermehrung deutlich schmerzerregend wirkt. Während nun aber bei saurer Reaktion nur die Na-Phosphatpuffer Schmerzen erzeugen, treten bei sämtlichen, auch den alkalischen K-Phosphatpuffern Schmerzen auf, die um so intensiver sind, je saurer die Lösung ist. Immer aber sind unter sonst gleichen Bedingungen die Kaliumphosphatpuffer heftiger in ihrer schmerzerzeugenden Wirkung als die Na-Phosphatpuffer. Der Schmerz bleibt nach Injektion der kaliumhaltigen Lösung länger bestehen, und die dabei auftretende Hyperämie ist intensiver als bei den Na-Puffern, bei denen sie nur bei saurer Reaktion eintritt. Die niedrigste, eben noch Schmerz erzeugende Konzentration des K-Ions liegt ungefähr bei >12 mg%, also wenig höher als der Konzentration des Serums. In der Gegend der Konzentration des Serums ist eine schmerzlindernde Wirkung des Ca-Ions zu beobachten. Auf Grund des Vergleiches des klinischen Bildes der Entzündung und der Untersuchungsergebnisse an entzündlichen Exsudaten und Geweben mit den Injektionsversuchen wird der Schluß gezogen, daß die Störung der Na-K-Ca-Isoionie im Sinne einer K-Vermehrung neben der lokalen Acidität und der osmotischen Hypertonie eine wesentliche Rolle bei der Auslösung des Entzündungsschmerzes ausübt.

R. BALINT[3] untersuchte auch die Bedeutung der Reaktionswirkung der Gewebe und Gewebssäfte bei der Entzündung und fand, daß die saure Reaktion die exsudative Phase der Entzündung steigert und die Wundenheilung verzögert. Die saure Reaktion fördere die exsudativen, hemme dagegen die proliferativen Prozesse. Im Organismus wird diese Reaktionswirkung vom vegetativen Nervensystem geregelt, das unter hormonaler Wirkung stehe und im wesentlichen von den konstitutionellen Faktoren abhängig sei. Die Konstitution beeinflußt somit im Wege der chemischen Reaktionsregulierung die entzündlichen und proliferativen Prozesse. Hier seien auch die Untersuchungen von GROSSMANN und WOLLHEIM[4] erwähnt, die den Nachweis lieferten, daß dem Kalium und Calcium auch für die cellulären Reaktionen bei Entzündungs- und Wundbehandlung eine Bedeutung zukommt.

Eine größere Anzahl von Untersuchungen liegen über den *Chemismus des entzündeten Gewebes* vor. Von diesen seien die folgenden hier angeführt:

F. BRICKER und F. SUPONIZKA[5] kamen bei ihren Untersuchungen zu folgenden Ergebnissen: Im venösen Blute und in der Exsudationsgewebsflüssigkeit des

[1] HAEBLER u. HUMMEL: Klin. Wschr. **7**, 2151 (1928).

[2] LASSAR: Virchows Arch. **69**, 516 (1872). — SCHADE und Mitarbeiter: Z. exper. Med. **49**, 334 (1926). — TUTKEWITSCH, L.: Z. exper. Med. **54**, 342 (1927).

[3] BALINT, R.: Sitzungsber. d. Ges. d. Ärzte in Budapest. Med. Klin. **29**, 46 (1908).

[4] GROSSMANN u. WOLLHEIM: Experim. Untersuchungen über die Bedeutung von Kationen für die cellulären Reaktionen bei der Entzündung. Dtsch. med. Wschr. **52**, 1729 (1926).

[5] BRICKER, F. u. F. SUPONIZKA: Zur Lehre von der Entzündung. Arch. f. exper. Path. **129**, 107 (1927).

entzündeten Ohres findet sich mehr Zucker als im Venenblute des gesunden Ohres. Der amylotische Index im Venenblute des entzündeten Ohres ist größer als der im venösen Blute des gesunden Ohres. Die beiden letzten Feststellungen gestatten die Annahme, daß im entzündeten Gewebe eine verstärkte Glykosebildung aus höheren Kohlehydraten vor sich gehe. Insoweit der Atmungskoeffizient CO_2/O_2 stark herabgesetzt ist, läßt sich behaupten, daß der Zucker im entzündeten Gewebe nicht verbrennt. Gleichzeitig wird augenscheinlich der Zucker des arteriellen Blutes vom entzündeten Gewebe nicht resorbiert.

Weiter fand F. BRICKER[1], daß im entzündeten Gewebe ein verstärkter Eiweißabbau erfolgt, der durch die verstärkte Bildung initialer Spaltprodukte charakterisiert ist. Die tiefen Produkte der Eiweißmetamorphose (R-N) bilden sich im entzündeten Gewebe in einer Menge, die nicht der des abgebauten Eiweißes entspricht, sondern in einer viel geringeren Menge.

Die Sauerstoffatmung des Gewebes bei Gewebsalterationen, bei Entzündung und Reizung, bildet den Gegenstand einer Reihe von Untersuchungen, die von GROLL und seinen Mitarbeitern[2] ausgeführt wurden. Es wurde die Sauerstoffatmung des überlebenden Nierengewebes mit Hilfe der von WARBURG angegebenen Methode geprüft, welche bei der Stoffwechselmessung nicht mit der Gasanalyse des Blutes arbeitet, sondern eine direkte Messung des O_2-Bedarfes eines Organes in der Zeiteinheit ermöglicht, und zwar durch Einbringung eines kleinen überlebenden Organstückchens in einen luftdicht abgeschlossenen Raum. Als Versuchstiere dienten ausschließlich junge Meerschweinchen. Die Ergebnisse lassen sich folgendermaßen zusammenfassen: Bei der trüben Schwellung, wie sie durch Sublimatvergiftung am Nierenparenchym des Meerschweinchens hervorgerufen werden kann, findet sich keine Herabsetzung des Sauerstoffverbrauches. Erst wenn die Schädigung der Epithelien sehr weit fortgeschritten ist, wenn neben Verfettung vor allem Zellnekrosen nachweisbar sind, dann ist die Atmung deutlich herabgesetzt. Durch Natrium salicylicum kann nach vorübergehender Steigerung eine Herabsetzung des Sauerstoffverbrauches unter den Normalwert bewirkt werden, ohne daß jedoch morphologische Veränderungen der Nierenepithelien nachweisbar sind.

In Übereinstimmung mit den Untersuchungen von GESSLER[3] wurde weiter gefunden, daß bei Aufpinselung von Crotonöl oder Cantharidin ganz im Anfang eine Erhöhung der Atmung nachzuweisen ist, die in der ersten halben Stunde sich etwa auf gleicher Höhe hält, nach einer Stunde ihr Maximum erreicht, nach 2 Stunden wieder absinkt zu schwankenden Werten nahe der Norm. Bei Cantharidin erfolgt später nur noch ein geringes Absinken, beim Crotonöl dagegen das Erlöschen der Atmung, der Gewebetod. Bei Blaukreuzgas und Ameisensäure läßt sich die gleiche Wirkung — erst Erregung, dann Schädigung — nicht nur wie beim Crotonöl und Cantharidin durch Ausdehnung des Reizes auf einen längeren Zeitraum erzielen, sondern hier ist diese Wirkung auch durch Änderung der Intensität des Reizes zu erhalten. Die stärksten Verdünnungen der Reizmittel wirken erregend, sie erhöhen die Atmungswerte; die stärksten Konzentrationen schädigen, sie erniedrigen die Atmungswerte; stärkste Reize führen den Zelltod, das Erlöschen der Atmung herbei. Die gesteigerte Atmungstätigkeit beruht auf einem erhöhten Sauerstoffverbrauch der Gewebezellen selbst, und dieser ist als ein gesteigerter Lebensvorgang durch inäquate pathologische Reizung aufzufassen und als eine gleichwertige Komponente in dem gesamten ent-

---

[1] BRICKER, F.: Arch. f. exper. Path. **129**, 132 (1927).
[2] SCHIEFERDECKER, ILSE: Krankheitsforsch. **2**, H. 3, 195 (1926). — BORGER, G. u. H. GROLL: Ebendas. **2**, H. 3, 220 (1926). — GROLL, H.: Klin. Wschr. **6**, 30 (1927).
[3] GESSLER: Arch. f. exper. Path. **91** (1921).

zündlichen Reaktionsprozeß anzusehen. Während aber GESSLER zur unbedingten Annahme einer parenchymatösen Entzündung gelangte, lehnen BORGER und GROLL diese Ansicht ab. Mit BORST definieren sie die Entzündung ganz allgemein als „eine eigenartige Reaktion des Gefäßbindegewebsapparates auf pathologische Reize mit dem Charakter der Schädigung".

Alle diese Untersuchungen führten somit zu dem Ergebnis, daß für das weitere Studium der Pharmakologie der Entzündung von Bedeutung ist, daß die Reizung auch ohne Vermittlung des Gefäß- oder Nervensystems direkt an den Zellen selbst angreifen kann und daß eine Steigerung der Lebensvorgänge in der Zelle intensive Störungen des Stoffwechsels auch ohne morphologische Alteration der Zelle herbeizuführen imstande ist.

Gegen die rein physikochemische Auffassung der Entzündungsvorgänge, entsprechend der Anschauungen SCHADES, wendet sich MARCHAND[1]. Die physiko-chemische Darstellung und Erklärung der Entzündungsvorgänge könne trotz des großen in ihr liegenden Fortschrittes nicht ohne die Cellularpathologie und nicht ohne morphologische Vorstellungen auskommen. Eine Erhöhung der Temperatur im Entzündungsbereiche muß keineswegs durch die gesteigerte lokale chemische Umsetzung hervorgerufen sein. Die gesteigerte Durchströmung mit arteriellem Blute genügt völlig zur Erklärung des Calor; auch der Tumor, das entzündliche Ödem, ist nicht ausschließlich durch Erhöhung des osmotischen Druckes der Gewebsflüssigkeit zu erklären, sondern die bisherige Erklärung durch lokale Schädigung und vermehrte Durchlässigkeit der Gefäßwände sei durchaus befriedigend. Ähnlich stehe es mit der physiko-chemischen Auffassung der Begriffe der Stase, der Leukocytenausschwemmung, der Degenerations- und der Proliferationsvorgänge. So wünschenswert eine innige Verbindung der Pathologie mit der physikalischen Chemie sei, so dürfe man darüber noch nicht die morphologisch-physiologische Untersuchungsmethode unterschätzen. Im wesentlichen wendet sich MARCHAND auch gegen die Schlußfolgerung SCHADES, daß der Entzündungsvorgang als Reaktion auf eine die Gewebe treffende Schädigung, durch eine außerordentlich große, örtliche Stoffwechselsteigerung eingeleitet wird. Ohne die Richtigkeit der Messungen in Zweifel zu ziehen, werden lediglich die daraus gezogenen Folgerungen SCHADES bekämpft.

Vergleichen wir die pathologischen Vorstellungen, die viele Jahrzehnte, ja viele Jahrhunderte hindurch die Grundlage für die Beurteilung der Pathologie der Entzündung gebildet haben, mit den Änderungen der Anschauungen, wie sie durch die morphologisch-physiologische und physikalisch-chemische Betrachtungsweise in das Entzündungsproblem hineingetragen wurden, so sehen wir doch den großen Fortschritt, den dadurch das Entzündungsproblem gefunden hat. Wohl scheint es dieser Behauptung gegenüber paradox, wenn die Pathologen, heute mehr denn je, über das Wesen der Entzündung diskutieren, wenn gewissermaßen ein jeder Pathologe seine eigene Entzündungsdefinition hat, ja wenn von einzelnen der Entzündungsbegriff überhaupt geleugnet wird; aber all dies Gegensätzliche ist ja gerade der Weg zur Klärung, und es bezieht sich dies, wie ja einleitend hervorgehoben wurde und wie aus dem vorhergehenden Abschnitte genügend deutlich zum Ausdrucke gebracht wurde, auf die pathologische Definition der Entzündung in ihrer Gesamtheit. Gerade für die Pharmakologie der Entzündung ist aber, was immer wieder betont sei, die genaue Kenntnis der *Einzelheiten* des gesamten Symptomenkomplexes der Entzündung von Bedeutung. Gerade nach dieser Richtung hin, haben die erwähnten analytischen Methoden der Morphologie und der Physiologie sowie die physikalisch-chemischen Untersuchungen

---

[1] MARCHAND: Münch. med. Wschr. **71**, 208 (1924).

eine bedeutende Erweiterung unserer Kenntnisse gebracht. Sie haben insbesondere
den Angriffspunkt genauer gezeigt, an dem die entzündungserregenden Ursachen
angreifen, und sie haben den Angriffspunkt ermitteln lassen, in welchem nicht
nur die primäre Schädigung, sondern auch die sekundären und tertiären Veränderungen einsetzen. Sie haben, mit einem Worte, eine genaue Analyse einer
kausalen Symptomengenese der Entzündung ermöglicht.

Da diese Kenntnis der Angriffspunkte für die Pharmakologie der Entzündung
sowohl für die Einteilung der entzündungserregenden Stoffe als auch insbesondere
für die Rückführung der Entzündung oder ihrer Teilerscheinungen zur Norm von
grundlegender Bedeutung ist, seien im folgenden noch kurz jene Untersuchungen
besprochen, welche die Genese der Einzelsymptome im Symptomenkomplex der
Entzündung erschlossen haben.

Wie aus allem im vorhergehenden Besprochenen hervorgeht, nimmt der
Verlauf der Entzündung entweder von *primärer Gewebsschädigung* und nachfolgender sekundärer *Gefäßveränderung*, also vom *Gefäßbindegewebe*, seinen Ausgang, oder es kommt zu *primärer Einwirkung der entzündungserregenden Ursache
auf die Gefäße* und gleichzeitig oder nachfolgend zu Gewebsveränderungen; oder
es sind *primär* die *Nerven* der erste Angriffspunkt und *sekundär Gefäße und
Gewebe*. Es muß jedoch in Übereinstimmung mit *Askanazy* darauf hingewiesen
werden, ,,daß in vielen Fällen das Inszenetreten der drei lebenden Reagenzien:
Stromazelle, Blutgefäß und Nerv ein so frühzeitiges ist, daß es dann schwer
fällt, Prioritäten festzustellen".

Jede einzelne Entzündungsart kann zunächst unabhängig von ihrem Angriffspunkt verschieden starke Grade aufweisen und von einfacher Rötung über
Schmerz, Blasenbildung, Vereiterung und Gewebszertörung bis zur vollkommenen
Nekrose führen (vgl. die einzelnen Grade der Verbrennung.) Die auf die verschiedenen Angriffspunkte wirkenden Mittel können je nach Dauer der Einwirkung oder in Abhängigkeit in ihrer Konzentration die einzelnen Grade hervorrufen (s. darüber weiter unten). Unabhängig von diesen beiden erwähnten
Momenten, Dauer der Einwirkung und Konzentration, welche den Entzündungs-
grad bestimmen, kommt aber dem primären Angriffspunkt insofern eine Bedeutung zu, als der Entzündungseffekt vom Nerven über das Gefäßsystem zur
Gewebszelle fortschreitet. Der Verlauf der Einwirkung von Entzündungsreizen
auf die verschiedenen Angriffspunkte sei daher in dieser eben erwähnten Reihenfolge im folgenden kurz besprochen:

1. Mittelbare Entzündungserregung auf neurogenem Wege.

Eine neurologische Entzündungstheorie war schon von Henle vor langer
Zeit aufgestellt und dahin formuliert worden, ,,daß die mit den erregten sensiblen
Nerven sympathisch verbundenen Gefäßnerven durch Antagonismus eine Depression erleiden, deren Folge Erweiterung der Gefäße, verlangsamte Zirkulation
und vermehrte Ausscheidung ist." Diese Annahme konnte in den experimentell
erhobenen Befunden keine Stütze finden, aber trotzdem schien es sicher zu stehen,
daß das Zustandekommen von Entzündungen unter Nerveneinfluß möglich sei,
welcher die Leitung des Entzündungsreizes zu den Gefäßen vermittle. Als Beweis
dafür galt immer der Herpes zoster (die Gürtelrose) mit seinen verschiedenen
Formen: vesiculosus, bullosus, haemorrhagicus.

Eine zusammenfassende Darstellung dieser Frage verdanken wir K. Kreibich[1], dem es gelungen war, durch experimentelle und klinische Untersuchungen

---

[1] Kreibich, K.: Die angioneurotische Entzündung. Wien 1905. (Hier auch die ein-
schlägige Literatur.)

zur Lösung dieser Frage beizutragen. Mit Rücksicht darauf, daß diese Frage auch für die Pharmakologie der Entzündung von Bedeutung ist, sei die eigene Darstellung KREIBICHs hier angeführt.

„Im Jahre 1863 entdeckte BÄRENSPRUNG beim Zoster die Erkrankung des Spinalganglions. Hätte nicht 3 Jahre vorher SAMUEL die Hypothese der trophischen Fasern und den Satz aufgestellt: ‚Entzündung wird weder durch Lähmung noch durch Reizung der Gefäßnerven, noch durch die Alteration beider Vorgänge je erzeugt‘, so hätte BÄRENSPRUNG wahrscheinlich die Hautveränderungen beim Herpes zoster nicht unrichtig gedeutet. So aber erklärte er unter dem Einfluß der Lehre SAMUELS den Zoster durch Reizung der trophischen Fasern entstanden, deren Sitz eben mit Rücksicht auf den Zoster von SAMUEL im Spinalganglion angenommen wurde, und sein schöner Befund wurde natürlich in dem Moment angegriffen, als bei einem Zoster das Ganglion nicht erkrankt gefunden wurde; zudem blieb mit der bloßen Annahme gereizter trophischer Fasern die Entzündung unaufgeklärt. Daß aber Entzündung im Bilde des Zoster vorherrscht, hat EULENBURG besser als BÄRENSPRUNG gesehen, und er vertrat zur Erklärung dieser Erscheinung 1869 die Meinung, daß der Zoster als *Angioneurose* durch *direkte oder reflektorische Reizung vasomotorischer Nerven* entstehe.

Viel energischer und konsequenter als EULENBURG, dessen Meinung später zugunsten der trophischen Nerven umschlug, hat KAPOSI die Hypothese den klinischen Veränderungen untergeordnet. Ähnlich wie EULENBURG behauptet auch er, die entzündlichen Veränderungen des Herpes zoster seien *vasomotorischer Natur*; der Zoster könne aber nicht bloß nach Erkrankung des Spinalganglions, sondern auch durch Erkrankung des Rückenmarkes, vielleicht auch des Gehirnes entstehen, wenn nur vasomotorische Zentren getroffen würden. Die Veränderungen der Cutis seien das Primäre, die der Epidermis das Sekundäre. Die Nekrose führt KAPOSI hypothetisch auf Vernichtung einzelner Nervenfasern und auf den Ausfall trophischer Einflüsse zurück, wobei er aber eher geneigt scheint, den Vasomotoren trophische Einflüsse zuzuerkennen, als eigene trophische Fasern anzunehmen.

Der eingangs zitierte Satz SAMUELS einerseits, andererseits der negative Ausfall der Versuche von MAGENDIE, CLAUDE BERNARD, BÜTTNER, ROLLET u. a., durch Reizung und Durchschneidung von Gefäßnerven und Ganglien Entzündung und Nekrose zu erzeugen, verhinderten die allgemeine Annahme dieser Hypothese. Dazu kam noch, daß LESSER im Jahre 1881 die Entdeckung machte, daß schon die kleinsten Zosterbläschen Nekrose des Epithels aufweisen und daß ferner WEIGERT fand, die Zosterblase sei der Typus einer kolliquativen Blase, also einer solchen, bei welcher das Epithel schon abgestorben sein muß, wenn das Exsudat dasselbe durchdringt. Um nun diese Nekrose, welche anscheinend nicht der Effekt der Entzündung sein konnte, zu erklären, wurde wieder auf trophische Einflüsse rekuriert, und da man sich mittlerweile geeinigt hatte, daß trophische und vasomotorische Nerven nicht identisch seien, und man die trophische Leitung in die sensiblen Bahnen verlegte, so war zwar mit deren Reizung evtl. die Nekrose, nicht aber die Entzündung erklärt. Um nun die Entzündung zu erklären, nahm LESSER an, daß der durch trophische Einflüsse zum Absterben gebrachte Anteil eine Giftwirkung auf die Cutis ausübe, NEISSER glaubt an eine Art Mischinfektion, und v. WALDHEIM denkt an direkte oder reflektorische Proteinwirkung der abgestorbenen Teile auf die Cutisgefäße. Die trophischen Nerven, deren Reizung LESSER als Ursache der Nekrose ansieht, deren Ursprung er in das Spinalganglion und deren Verlauf er in die sensiblen Bahnen verlegt, nennt v. WALDHEIM ‚trophomotorische‘ und denkt den Gedanken der Trophik insofern zu Ende, als er annimmt, daß die Retezellen direkt von Nerven innerviert werden. Geringe Nervenerregung bewirke vorübergehende Lähmung der Stachelzellen und eine geringe Menge von Proteinsubstanzen, daher mäßig Exsudation; stärkere Erregung schädige auch die trophomotorisch innervierten Capillaren, es komme dadurch evtl. zum Blutaustritt, zum Z. haemorrhagicus. Schwerste Erregungen bewirken Absterben der Epithelzellen und der Capillaren den Z. gangraenosus. Beim H. zoster handelt es sich um Reizung trophomotorischer Zellen und Fasern im Spinalganglion, beim H. febrilis bloß um Reizung trophomotorischer Fasern, und zwar bereits an jenem Punkte, wo sie sich von den sensiblen getrennt haben, d. i. im Papillarkörper. Der H. febrilis sei also ein Zoster acroneuriticus.

Während beim Zoster wegen der vorherrschenden trophischen Störung der Einfluß der Vasomotoren von den meisten gering veranschlagt wurde, hat man exsudative Prozesse ohne schwerere Ernährungsstörung relativ bald dem *angioneurotischen* Einfluß unterstellt. Die von LANDOIS-EULENBURG stammende Hypothese, wonach durch vasomotorische Einflüsse Hautentzündung entstehen kann, wurde von LEWIN, AUSPITZ, H. v. HEBRA im weitesten Ausmaße auf die Klinik übertragen, und es wurde, wie dies bei Hypothesen eben leicht der Fall ist, dem Begriff ‚Angioneurose‘ mehr zuerkannt, als ihm zukommt.

Da aber die Versuche, durch Reizung von Vasomotoren Entzündung zu erregen, fortgesetzt negativ ausfielen, so war es naheliegend, daß man den Angioneurosenbegriff gern verließ, als man glaubte, in der Einwirkung von Toxin auf die Gefäße eine bessere Erklärung gefunden zu haben. Am weitesten sind in dieser Richtung TÖRÖK und PHIPPSON gegangen, welche den Begriff Angioneurose am liebsten eliminiert wissen wollen und sämtliche exsudative Prozesse, so auch die Urticaria, auf direkte toxische Gefäßschädigung ohne Nervenvermittlung zurückführen.

Ihnen am nächsten kommt Jarisch, der ebenfalls für exsudative Erytheme und für die meisten Urticariaformen toxische Gefäßschädigung beansprucht. Eine vermittelnde Stellung nimmt insofern Jadassohn ein, als er den Begriff Angioneurose nur für jene Prozesse reserviert, welche erfahrungsgemäß in ihrem Verlauf nicht zu dem führen, was wir als Entzündung bezeichnen. Bei allen entzündlichen Prozessen aber, und dazu rechnet er auch solche, welche den Keim der Entzündung in sich tragen, ohne alle Symptome derselben aufzuweisen, will er das Wort ‚Angioneurose‘ vermieden wissen. Einige haben immer an dem Begriff Angioneurose festgehalten, so Kaposi, Besnier und mit ihm der größte Teil der französischen Schule. Die gleiche Unsicherheit gibt sich kund bei der Beurteilung von Erkrankungen, die eigentlich ihrem Wesen nach Experimente darstellen, d. i. bei den Erythemen, Blaseneruptionen und Nekrosen nach Nervenverletzung, nach peripheren und zentralen Nervenerkrankungen. Man spricht von trophischen Störungen, von erhöhter Vulnerabilität, herabgesetzter Sensibilität, evtl. auch von vasomotorisch-trophischen Vorgängen, dem Begriff ‚angioneurotische Entzündung‘ geht man, dem Stande der Experimente folgend, vorsichtig aus dem Wege.‘‘

So stand die Frage bezüglich des Nerveneinflusses auf die Entzündung, als K. Kreibich die Frage klinisch und experimentell neuerlich in Angriff nahm und auf Grund seiner Untersuchungen zu folgendem Schlusse kam:

Es läßt sich jede Art von Entzündung, die nekrotisierende inbegriffen, durch funktionelle Reizung von Nerven erzeugen. Dieselben Versuche, die zu dieser Folgerung führten, hatten auch gezeigt, daß diese Entzündungen auf eine Weise zustande kommen, welche eben erst wieder viele Vorkommnisse erklärt. Schon die Höhe des entzündlichen Effektes in den zu beschreibenden Versuchen mußte angesichts jener Veränderungen auffallend erscheinen, welche man nach Durchschneidung, Reizung, Lähmung, kurz Erkrankung des Sympathicus und seiner Ganglien, beobachtete. Letztere gehen nicht viel über eine gesteigerte oder geschwächte Funktion hinaus, betreffen manchmal nur die Schweißfasern, oft ohne Beteiligung der Vasomotoren; bestenfalls kommt es zu Hyperämie oder Anämie, evtl. bei langer Wirkung zu Veränderungen an der Gefäßwand. Ein Zustandekommen von charakterisierten Efflorescenzen durch Reizung von sympathischen Nerven in ihrem Verlaufe erscheint bis jetzt nicht bewiesen, trotzdem gerade für diese Nerven wegen der Existenz peripherer Ganglien günstige Voraussetzungen bestehen würden. Die entzündlichen Veränderungen in den Versuchen Kreibichs konnten somit nicht darauf bezogen werden.

Aber auch dem Zustandekommen durch direkte Reizung sympathischer Ganglienzellen widerspricht Anordnung und Ablauf dieser Versuche, und selbst der Tierversuch, der gewiß mit groben Mitteln arbeitet, ergibt wieder nur gesteigerte Funktionen als Effekt der direkten Reizung von sympathischen Zellen. Weiter würden bei dieser Annahme viele pathologische Vorkommnisse nicht zu erklären sein, so u. a. nicht der Herpes zoster.

Kreibich leitet aber aus den *Hautveränderungen des Zoster* in allen ihren Formen deren *vasomotorische Natur* ab.

Es ist heute eine erwiesene Tatsache, daß beim Zoster das Spinalganglion erkrankt gefunden wird[1]. Dank zahlreicher Untersuchungen sind wir über die Ansicht hinaus, welche dem Spinalganglion sympathische Fasern aberkennt. Stricker und Gärtner fanden in den hinteren Wurzeln des Plexus sacralis vasodilatatorische Fasern für die untere Extremität, Biedl und Hasterlik haben nachgewiesen, daß in den hinteren Wurzeln des Nervus ischiadicus gefäßerweiternde Nerven verlaufen.

Nehmen wir an, es würden auch höhere Spinalganglien von sympathischen Fasern durchlaufen, oder es wären die Tierbefunde Langleys ohne weiteres auf den Menschen übertragbar, so würde es sich immer nur um Fasern und nicht um Zellen im erkrankten Ganglion

---

[1] „Sehr wesentliche Aufschlüsse verdanken wir einer sorgfältigen Untersuchung des Nervensystems, aus der sich ergibt, daß zumindest in der Überzahl der Fälle von Herpes zoster die Erkrankung eines oder mehrer benachbarter Spinalganglien vorliegt (Entzündung, Blutung ins Ganglion), an die sich allerdings auch aufsteigend und abfallend Degenerationen schließen. Daß gelegentlich der Prozeß von peripheren Herden oder vom Rückenmark ausgehen kann, ist damit nicht ausgeschlossen, doch haben wir als typische und gewöhnliche Voraussetzung des Herpes zoster eine Erkrankung des Spinalganglions und der hinteren Wurzeln anzunehmen. Für den Zoster des Gesichts konnte eine wesensgleiche Veränderung am Ganglion Gasseri festgestellt werden.‘‘ (Riecke: Lehrbuch 1923). Mit der Klärung des Sitzes dieser Alteration ist aber die Frage nach ihren Ursachen noch nicht beantwortet. Nach allem zu schließen, wird wohl mit den verschiedensten ursächlichen Faktoren zu rechnen sein, für deren Wirksamkeit im Sinne der Zosterprovokation ihr Angriffspunkt maßgebend ist.

handeln. Aber auch die von EHRLICH und DOGIEL beim Tier erhobenen Befunde, daß sich sympathische Fasern um gewisse Zellen, die KOHNSTAMM für das sensible Endneuron beansprucht, aufsplittern, könnten nicht jeden Zoster erklären. Selbst angenommen, unsere bisherigen anatomischen Kenntnisse wären unzureichende und das Spinalganglion würde vasomotorische Fasern und Zellen enthalten, die also bei einer Erkrankung desselben getroffen würden, so könnten durch direkte Reizung noch immer nicht Zosterfälle erklärt werden, welche auf der gegenüberliegenden Seite lokalisiert sind; es ließe sich bei Erkrankung eines Ganglions nicht der bilaterale Zoster erklären; wir würden nicht verstehen, warum ein Zoster in einer Operationsnarbe auftritt, warum sich der H. febrilis an keinen bestimmten Nerven hält und so häufig auf Narben des Ulcus molle rezidiviert; warum sich der Decubitus acutus häufiger auf der gesunden Seite lokalisiert, u. v. a.[1]. Kurz: eine Reihe von Vorgängen würde sich nicht erklären lassen, wenn nicht eben dieselben Versuche einen Vorgang aufgedeckt hätten, welcher für den Sympathicus in seinen höheren Leistungen typisch zu sein scheint, das ist: die *indirekte Reizung der sympathisch innervierten Zelle durch sensible Reize.*

Als rasch ablaufender Gefäßreflex gut gekannt, erscheinen seine höheren Leistungen mit dem großen Zeitintervall zwischen Reizung und Wirkung als „Spätreflex" zum ersten Male in der Pathogenese. Nicht der Sympathicus selbst ist krank und durch die Erkrankung getroffen, sondern bloß seine Funktion ist krankhaft gesteigert, einmal durch intensive Erkrankung sensibler Bahnen und Zellen, das andere Mal durch Erregung seiner Zentren, so daß jetzt schon schwache sensible Reize von höheren vasomotorischen Veränderungen beantwortet werden. Die Untersuchungen KREIBICHs führten ihn folglich einerseits zur *Erkenntnis der angioneurotischen Entzündung*[2], andererseits zur Folgerung, daß diese auf *spätreflektorischem* oder, was nicht zu trennen ist, auf *reflektorischem Wege* zustande kommt. Dabei wurde aber von KREIBICH nicht von vornherein jeder Effekt einer direkten Beeinflussung des Sympathicus geleugnet; denn da entsprechend der Ansicht NOTHNAGELS in dem aus sensiblen und vasomotorischen Nerven gebildeten Reflexbogen das Prinzip jeder Trophik liegt, muß ein Ausfall trophischer Impulse auch bei Leitungsunterbrechung im zentrifugalen Schenkel zugegeben werden; doch dürfte, abgesehen von der möglichen Vertretung durch andere Bahnen, der trophische Ausfall dann in einer langsam sich abspielenden Atrophie bestehen mit ähnlichen Veränderungen an den Gefäßen, wie sie LAPINSKY beim Tiere gefunden hat. Für auffallsweise Leistungen im Reflexbogen werden organisch gesunde, aber leichter und höher erregbare Sympathicusganglien vorausgesetzt.

EBBECKE[3] hielt die Annahme einer vasomotorischen Störung zur Erklärung des Zellverfalls und die Nekrose beim Herpes zoster nicht für ausreichend, wohl

---

[1] Inwieweit die letzten Untersuchungen über diese Frage, insbesondere die von LIPPSCHÜTZ, Aufklärung zu bringen geeignet sind, kann hier nicht weiter erörtert werden.

[2] S. RÓNA faßt den derzeitigen Stand der Angioneurosenfrage folgendermaßen zusammen: Die hämatogenen, circumscripten entzündlichen Hyperämien und Dermatitiden, das Erythema papulatum, tuberculatum, nodosum bilden jener Hautveränderungen, welche unter dem Namen „*Typische Angioneurosen*" zusammengefaßt wurden und welche noch jetzt viele nach LEWIN, AUSSPITZ, UNNA, SCHWIMMER, KAPOSI und BESNIER auf zentral bedingte angioneurotische Störung der Peripherie und nicht auf periphere lokale Einwirkung zurückführen. Dies ist jedoch ganz unbegründet, da das Exanthem der Morbilli, Rubeola, Scarlatina, des Typhus abdomin. und exanthem., des Malleus, der Pyämie, der Lues, der Tuberkulose, ferner die Mikrobiologie und die Lehre von den Metastasen schon lange auf den hämatogenen Ursprung hinweisen und da auch eine ganze Reihe von Autoren: BOHN (1868), KÖBNER (1877), BÄRENSPRUNG, RAYNAUD (1891), SABOURAUD und ORILLARD (1892), FINGER, UNNA (1894) sowie auch in neuerer Zeit: TOUTON, JADASSOHN, NEUMANN, TOMMASOLI, insbesondere PHILIPPSON, weiter TÖRÖK, TONEL und RAVIART, APOLANT u. a. teils mit dem lokalen Ausweis des Krankheitserregers, teils mit dem lokalen Nachweis der Entzündung für die medikamentöse, endotoxische, bakterielle peripherlokale Einwirkung unzweifelhafte Beweise erbrachten, so daß die heutige Auffassung der Entzündung der Theorie der Angioneurose nicht günstig ist. Siehe auch: UNNA: Histopathologie der Haut, z. B. 117, 120 (1894). — PHILLIPSON: Arch. f. Dermat. **51**, 33 (1900). — JADASSOHN: Berl. klin. Wschr. **1904**, Nr 37, 38. — TÖRÖK u. VAS: Festschrift für KAPOSI. — TÖRÖK u. HÁRI: Arch. f. Dermat. **1903**. — KREIBICH: Arch. f. Dermat. **1905**. Die hämatogene Urtica bildet den letzten Teil der Angioneurosen, welche die Autoren vom zentralen Nervensystem ableiten. Daß dies tatsächlich eine Erscheinung ist, die durch Agenzien hervorgerufen wurde, welch letztere auf hämatogenem Wege in die Haut gelangen und so lokal wirken, hat PHILIPPSON endgültig bewiesen, doch wogt der Streit noch weiter fort.

[3] EBBECKE: Pflügers Arch. **169**, 78 (1917).

aber die Annahme einer anormalen rückläufigen Erregung und Veränderung des Hautstoffwechsels. (S. hierzu auch die vorhergehenden Ausführungen Askanazys). Nach den experimentellen Versuchen von H. Dörner[1] würde eine von innen einwirkende toxische Ursache und nachfolgend eine lokale Steigerung der Reaktionsfähigkeit in einem bestimmten Nervengebiete zur Zostereruption notwendig sein.

Für die Beurteilung des *neurogenen Einflusses auf das Zustandekommen einer Enzündung* war die Feststellung von Bayliss[2] von großer Wichtigkeit, daß die Vasodilatatoren, welche die spinalen, zum Teil auch die cerebrospinalen Nerven, wie den Nervus trigeminus, begleiten, allem Anschein nach mit den sensiblen, im Spinalganglion synaptisch unterbrochenen zentripetalen Nerven identisch sind. Es würden somit die sensiblen Nerven nicht nur in zentripetaler, sondern auch in antidromer Richtung zentrifugale, d. h. vasodilatatorische Erregungen von der Stelle des gesetzten Reizes an die Gefäße vermitteln.

Diese Befunde und ihre Folgerungen werden zur Erklärung für die Anschauungen von Spiess[3] herangezogen, denen für die Beurteilung des Zustandekommens der Entzündung und der entzündlichen Hyperämie der Reizung sensibler Nerven eine wesentliche Rolle zukommt. Dies war seitens der Pathologen lange Zeit in Abrede gestellt worden mit Rücksicht auf die Virchowsche Darstellung der Entzündungslehre, die ihrem Wesen nach etwa nur als eine örtliche Ernährungsstörung betrachtet wurde. Zur Begründung seiner Lehre führt Spiess eine Beobachtung von Cramer an, nach der bei einer Kranken mit traumatischer Hysterie und kompletter linksseitiger Hemianalgesie und Hemianästhesie, als sie über und über von Mücken gestochen wurde, die Stiche auf der gesunden Seite von Anschwellungen gefolgt waren. Die empfindungslose Seite — und sie war empfindungslos durch eine *zentrale* Ausschaltung — reagierte auf dieselbe Schädlichkeit in keiner Weise.

Als Stütze für seine Theorie teilt Spiess eine Reihe von Erfolgen mit, die er von einer lokalen Anästhesierung der erkrankten Partien nicht nur bei entzündlichen Prozessen, sondern auch bei Verletzungen und Operationswunden sah. Namentlich gingen auch bei schwerer Kehlkopftuberkulose starke Schwellungen zurück, und operativ behandelte Infiltrate und Geschwüre blieben reizlos, wenn die Wunden möglichst dauernd schmerzlos gemacht wurden. Es gelang Spiess auch vielfach, einen Schnupfen durch rechtzeitige und wiederholte Einblasungen von Orthoform in das Cavum nasopharyngeum zu coupieren. Überhaupt ließ sich durch eine große Zahl von Tatsachen nachweisen, in welchem Maße die entzündliche Reizung von der Sensibilität der betreffenden Körperstelle abhängig ist.

Spiess kam zu folgenden *Schlußsätzen*: Eine Entzündung wird nicht zum Ausbruch kommen, wenn es gelingt, durch Anästhesierung die vom Entzündungsherd ausgehenden, in den zentripetalen sensiblen Nerven verlaufenden Reflexe auszuschalten.

Eine schon bestehende Entzündung wird durch Anästhesierung des Entzündungsherdes rasch der Heilung zugeführt.

Die Anästhesierung hat allein die sensiblen Nerven zu beeinflussen und darf das normale Spiel der sympathischen Nerven (Vasomotoren) nicht stören.

Alle bisher erwähnten Untersuchungen spielen ebenso wie die nachfolgenden eine große Rolle in der Frage der Entzündungsbekämpfung und sollen dort noch ihre weitere Besprechung finden.

---

[1] Dörner, H.: Arch. f. Dermat. **132**, 428 (1921).
[2] Bayliss: J. of Physiol. **26**, 173 (1919).
[3] Spiess, G.: Münch. med. Wschr. **1906**, Nr 6 — Arch. f. Laryngol. **21**.

Die Untersuchungen von Spiess haben für das Studium der Frage über die neurogene Entstehung der Entzündung einen neuen Anstoß gegeben, und es folgt eine ganze Anzahl von Untersuchungen, die sich zum Teil für, zum Teil gegen die Anschauungen von Spiess aussprechen.

Die Lehre, daß die Herabsetzung der Erregbarkeit den Ablauf entzündlicher Vorgänge im kranken Organismus günstig beeinflußt, hatte schon früher in O. Rosenbach[1] einen eifrigen Vertreter gefunden. Die Untersuchungen von Spiess veranlaßten Rosenbach[2], auf seine diesbezüglichen frühern Untersuchungen zurückzukommen. Bei seiner Empfehlung des *Morphins* zu diesem Zwecke hält Rosenbach aber nicht wie Spiess für ausschlaggebend, daß der zentripetale sensible Reiz unter dem Einfluß der Morphinwirkung im Sensorium eine geringere oder gar keine Wahrnehmung von Schmerzempfindung hervorruft; er nimmt vielmehr an, daß Morphin die besondere Erregbarkeit des protoplasmatischen Apparates, die von einer Veränderung (Reizung) der wesentlichen (innern) Arbeit ausgeht, derart beeinflußt, daß es die wesentliche Arbeit im Sinne der Wiederherstellung des Gleichgewichtes verstärkt, während es das Übermaß an unwesentlicher Empfindung ausschaltet. Die „innere Selbststeuerung des Stoffwechsels" im Sinne E. Herings[3] soll dadurch gefördert werden[4].

Alle diese Untersuchungen bringen einen alten Befund von Magendie[5] in Erinnerung, den dieser bei seinen Versuchen über den Einfluß des Nervus trigeminus auf die Ernährung des Auges erhoben hatte. Er fand als nächste Folge der Durchschneidung des Nerven auf einer Seite vollständige Unempfindlichkeit der Conjunctiva, so daß die Applikation von Ammoniak keinen Effekt hatte, während schon leichte Berührung des andern Auges starke Abwehrbewegungen des Tieres, krampfhaften Lidverschluß und reichlichen Tränenerguß zur Folge hatte; das gefühllose Auge blieb trocken, der Lidschlag hatte aufgehört, das Auge verhielt sich wie ein künstliches. Am folgenden Tage war Magendie überrascht, den Zustand noch ebenso und ohne eine Spur einer Entzündung zu finden, während das andere Auge sehr stark entzündet war. Diese Beobachtungen wiederholten sich bei mehreren Tieren[6]. Die von Magendie benützte Ammoniakapplikation führt nach Untersuchungen von Groll eine äußerst rasch eintretende maximale Dilatation der Schwimmhäutearterien des Frosches herbei, die nicht neuroparalytischer, sondern irritativer Art ist, und durch Atropin in eine neuroparalytische Constrictorenlähmung umgewandelt wird. Vielleicht ist auch diese eine später eintretende Folge der Ammoniakwirkung mit stärkster Dilatation und heftiger Entzündung[7].

Eine bedeutende Stütze fand die Annahme von Spiess durch die Untersuchungen von Bruce[8]. Bruce war auf Grund seiner experimentellen Untersuchungen zu folgenden Schlüssen gekommen. Die Anfangsstadien der Entzündung, Vasodilatation und vermehrte Durchlässigkeit der Gefäße, werden nicht beeinflußt: 1. durch Rückenmarksquerdurchschneidung, 2. durch Durchtrennung der hintern Wurzeln und 3. durch einfache Durchschneidung der sensiblen

---

[1] Rosenbach, O.: Deutsche Klinik am Eingange des 20. Jahrhunderts **1**, 213 (1903).

[2] Rosenbach, O.: Münch. med. Wschr. **1906**, Nr 18.

[3] Hering, E.: Lotos **9**. Prag 1888.

[4] Vgl. hierzu Weintraud: Über die Bedeutung der Bekämpfung des Schmerzes bei der Behandlung innerer Krankheiten. Wiesbaden. Festschrift zur Eröffnung des Kaiser-Friedrich-Bades, S. 195.

[5] Magendie: J. Physiol. expér. **4**, 176, 302 (1824).

[6] Zitiert nach Marchand: Lehre von der Entzündung zu Krehl-Marchands Handb. d. allg. Path. **1**. 4.

[7] Marchand a. a. O.

[8] Bruce, A. N.: Arch. f. exper. Path. **63**, 424 (1910).

Nerven peripher vom Ganglion ohne Degeneration der Nervenendigungen. Dagegen tritt Entzündung nicht auf: 1. wenn nach Durchtrennung der sensiblen Nerven die Degeneration der Nervenendigungen abgewehrt worden ist, 2. während der Dauer der Ausschaltung der sensiblen Nervenendigungen durch lokale Anästhesie (Alypinapplikation auf die Conjunctiva verhindert die Senfölentzündung). Die Vasodilatation erfolgt wahrscheinlich im Wege eines Axonreflexes, der von den Schmerzpunkten zu den kleinen Gefäßen hinüberleitet und diese zur Erweiterung bringt. Dieser· *Axonreflex* läuft vermutlich in einer Gabelung der sensiblen Faser, von der ein Schenkel zur Haut bzw. zu den Hautsinneskörperchen, der andere zu den Blutgefäßen bzw. zu den Capillaren geht. Der Reiz läuft folglich zentripetal in dem einen Schenkel bis zur Teilungsstelle und dann gleich im Wege eines kurzen Erregungsüberganges zentrifugal zu den Blutgefäßen. Deshalb ist die Durchschneidung zentral von der Gabelung ohne Wirkung, während die Ausschaltung der Endigungen durch Degeneration oder Anästhesie das Zustandekommen der Gefäßerweiterung verhindert. Spätere Untersuchungen von BRESLAUER[1] am Menschen und im Experimente ergaben, daß die lokale Reaktionsfähigkeit der Gefäße nach Einwirkung von Senföl auf die Haut bei frischer Nervendurchtrennung erhalten bleibt, bei älterer aber regelmäßig erloschen war. Die Applikation von Senföl hatte in diesem Falle weder lokale Hyperämie noch entzündliche Reaktion zur Folge, was mit den Angaben von BRUCE übereinstimmt. Dagegen wurde im Gegensatz zu der Behauptung von SPIESS bei Aufhebung der zentralen Schmerzempfindung durch allgemeine Narkose oder durch Unterbrechung der Leitung durch lokale Anästhesie eines peripheren Nervenstammes die lokale Reaktion nicht aufgehoben, wohl aber durch Oberflächenanästhesie der Haut durch Novocain. Demgegenüber kam H. GROLL[2] in ausgedehnten experimentellen Untersuchungen am Frosche zu dem Ergebnis, daß auch nach Ischiadicusdurchschneidung und Degeneration der peripheren Verzweigungen trotz völliger Anästhesie sowohl arterielle irritative wie neuroparalytische Hyperämie hervorgerufen werden kann. Versuche mit mikroskopischer Beobachtung und Messung der Gefäßweite in der Schwimmhaut von Fröschen ergaben arterielle irritative Hyperämie durch periphere Reizung der Dilatatoren, und zwar durch Pilocarpin, Physostigmin, wahrscheinlich durch Ammoniaklösung, unter Umständen durch Wärmeapplikationen. Neuroparalytische Hyperämie durch Lähmung der Constrictoren machen Veronal, Atropin (10%), Senföl-Tuberkulin, wahrscheinlich auch Veratrin, große Dosen Curarin, unter Umständen Wärme- und Kälteapplikationen. Diese Reize wirken direkt auf den peripheren neuromuskulären Vasomotorenapparat. Ein reflektorischer Vorgang ist nicht nötig. Trotz Degeneration des Ischiadicus läßt sich arterielle irritative und neuroparalytische Hyperämie erzeugen auch bei völliger Anästhesie. Analog wie beim Warmblüter kann trotz völliger Anästhesie durch Cocain eine entzündliche arterielle neuroparalytische Hyperämie erzeugt werden. Eine reflektorisch bedingte arterielle irritative Hyperämie spielt bei Beginn der Entzündung keine merkliche Rolle. Entzündliche Ödeme und entzündliche Exsudate können gleicherweise am anästhesierten wie am normalen innervierten Gebiete auftreten. Änderungen im Laufe der Entzündung nach Nervendurchtrennung sind unabhängig von einer bestehenden Anästhesie und sind indirekte Folge der Nervendurchtrennung. Sie können durch Anwendung geeigneter Reizmittel zum Teil in gleicher Weise hervorgebracht werden wie durch Nerventrennung.

[1] BRESLAUER: Berl. klin. Wschr. **1918**, 1073 — Dtsch. Z. Chir. **150**, 50 (1919).
[2] GROLL, H.: Münch. med. Wschr. **1921**, 869 — Zbl. Path. **21**, 562 (1921) — Beitr. path. Anat. **70**, 20 (1922).

In Übereinstimmung mit KLEMENSIEWICZ wird die entzündliche Hyperämie als eine paralytische angesehen. Sie tritt beim Warmblüter trotz der Anästhesie ein, wenn nur der Entzündungsreiz die Möglichkeit besitzt, bis zu den Gefäßen vorzudringen und die vasomotorischen Apparate direkt zu beeinflussen. In einem ausgesprochenen Gegensatz zu BRUCE stehen die Schlußfolgerungen von GROLL, daß alle Änderungen im Ablauf der Entzündungen nach Nervendurchschneidung (auch die entzündliche Zellinfiltration) unabhängig sind von bestehender Anästhesie; denn beim Meerschweinchen trat trotz völliger Anästhesierung durch Cocain nach Applikation von Senföl auf die Conjunctiva arterielle neuroparalytische Hyperämie ein. Das Ausbleiben einer stärkeren entzündlichen Schwellung (Chemosis) am anästhesierten Auge ist auch bei Anwendung verschiedener nichtanästhesierender Stoffe, wie Adrenalin, zu beobachten und muß daher auch im Falle der Cocainanwendung nicht zwingend auf die Ausschaltung sensibler Nerven bezogen werden, könne vielmehr durch Einwirkung auf Gewebe und Gefäße bedingt sein.

Im Sinne der Anschauungen von BRUCE deuten dagegen H. H. MEYER und P. FREUND[1] sowie P. FREUND[2] ihre Versuche, bei denen es ihnen gelang, die entzündungserregende Wirkung nach subcutaner Applikation von Digitoxin, Cymarin, Strophanthin, Neosalvarsan durch Zusatz lokalanästhesierender Stoffe wie Novocain, Alypin, Stovain usw. zu verhindern.

Die Frage der *Abhängigkeit der Entzündung vom Nervensystem* war seit den Mitteilungen von SPIESS vorwiegend nach Durchschneidung oder toxischer Ausschaltung peripherer Nerven untersucht worden. Die positive Richtung, daß durch Nervenreizung Entzündung hervorgerufen werden kann, schien wohl schon durch die Untersuchungen KREIBICHS entschieden zu sein, der den Nachweis erbracht hatte, daß tatsächlich neurogene Hautentzündungen vorkommen können. KAUFMANN hatte nun Versuche darüber angestellt, ob im Bereiche hyperalgetischer (HEADscher) Zonen Bedingungen für lebhaftere Entzündungserscheinungen nach Reizung der Haut mit Crotonöl oder Senfpflaster gegeben wären, doch haben diese Versuche zu einem negativen Resultat geführt, und es konnte auch niemals im Bereiche dieser Zonen, gegenüber gelegentlichen Befunden von BITTORF[3] und L. R. MÜLLER[4], von KAUFMANN eine vermehrte vasomotorische Erregbarkeit festgestellt werden. Daß aber die Reizbarkeit der kleinen Gefäße im Gebiete eines erkrankten Nerven erhöht sein kann, hat unter anderem auch EULENBURG[5] bei einem Falle von Trigeminusneuralgie nachgewiesen.

F. KAUFMANN und M. WINKEL[6] hatten einen Kranken beobachtet, bei welchem nach oraler Darreichung von Jodkali eine entzündliche Reaktion ausschließlich derjenigen Gewebspartien auftrat, welche das Innervationsgebiet eines erkrankten peripheren Nerven ausmachen: Bei einem ischiaskranken Patienten trat nach Verabreichung des Medikamentes eine schwere Dermatitis ausschließlich am kranken Bein auf und hier wiederum streng auf denjenigen Bezirk beschränkt, in welchem allgemeine Hypästhesie bestand. Versuche zur Aufklärung dieses Phänomens ergaben, daß bei Applikation der offizinellen Jodtinktur am gesunden Beine starke Rötung, am kranken, hypästhetischen große Blasen, bei Verwendung zweifach verdünnter Jodtinktur am gesunden Bein nur mehr geringe Rötung, am kranken noch große Blasen, schließlich bei vierfach verdünnter Jod-

---

[1] MEYER, H. H. und P. FREUND: Dtsch. med. Wschr. **48**, 1243 (1922).
[2] FREUND, P.: Arch. f. exper. Path. **97**, 54 (1923).
[3] BITTORF: Dtsch. med. Wschr. **1911**, 290.
[4] MÜLLER, L. R.: Dtsch. Z. Nervenheilk. **47/48**, 413 (1913).
[5] EULENBURG: Berl. klin. Wschr. **1883**, 321.
[6] KAUFMANN, F. u. M. WINKEL: Klin. Wschr. **1**, 12 (1922).

tinktur am gesunden Bein nur mehr sehr schwache Rötung, am kranken noch sehr starke Rötung auftrat. Das Ergebnis dieser Versuche steht nach Meinung von Kaufmann und Winkel in einem Gegensatze zu der Anschauung von Spiess, daß durch Anästhesie sensibler Nerven das Auftreten einer entzündlichen Hyperämie vermieden wird, insofern als hier, im Gegenteil, in den hypästhetischen Bezirken die Entzündungserscheinungen stürmischer verlaufen als in gesunden. Die *Erscheinung* wird hier als eine latente Überempfindlichkeit des Gewebes im Innervationsgebiet des erkrankten Nerven angenommen, der für den Ablauf der entzündlichen Reaktion eine weit größere Bedeutung zugeschrieben wird als der nachgewiesenen Hypästhesie, die im Zustand des unbeeinflußten Patienten die erhöhte Empfindlichkeit bzw. die gesteigerte Reizbarkeit gar nicht in Erscheinung treten, vielmehr erst nach Applikation des reizenden Stoffes die „gewebliche Überempfindlichkeit" manifest werden ließ.

Im Anschluß an diese Mitteilung von Kaufmann und Winkel bringt A. Kuttner[1] ein weiteres Beispiel, welches die Frage Entzündung und Nervensystem von der entgegengesetzten Seite beleuchtet:

Es wurden Fälle von Jodödem des Kehlkopfes bei einseitiger Recurrenslähmung beobachtet; der eine wurde von Arellis[2] mitgeteilt. Im zweiten, ganz entsprechenden Falle hat er selbst gesehen, daß nur die gesunde Seite das Ödem zeigte, während die kranke Seite vollständig frei blieb. Also auch hier ein unzweifelhafter Einfluß des erkrankten Nerven auf die Reaktion des Gewebes bei oraler Verabreichung von Jod. Aber während in dem Kaufmann-Winkelschen Falle das Jod in dem Verbreitungsgebiet des erkrankten Nerven eine verstärkte Reizung hervorrief, fehlte die Reaktion ganz und gar in den erwähnten Fällen, wo der Nerv gelähmt war. Diese Beobachtungen scheinen die Spiesssche Annahme, daß die Nerven, und die Kaufmann-Winkelsche Erweiterung derselben, daß der krankhafte Zustand der Nerven, in obigem Falle die Erkrankung eines motorischen Nerven, dem wahrscheinlich vegetative Fasern beigemischt sind, auf die Reaktion des von ihnen versorgten Gebietes auf entzündliche Reizung von Einfluß ist, fast in Gestalt eines Experimentum crucis zu bestätigen.

Gegen die Deutung des von Kaufmann und Winkel als Gegenbeweis für die Anschauungen von Spiess beschriebenen Falles nimmt Spiess[3] selbst Stellung. Er betont, daß Hypästhesie nicht gleichbedeutend sei mit Anästhesie. Wenn Spiess auch den Grad der Sensibilitätsherabsetzung nur so weit für nötig hält, daß der Reflexbogen auf die Vasomotoren nicht zur Auslösung kommt, weshalb er statt Anästhesie auch Arreflexie setzen zu können glaubte, so liegt doch hier sicher keine auch nur annähernd so starke Hypästhesie vor, daß die Reflexe aufgehoben sein könnten. Außerdem bezog sich der von Kaufmann und Winkel beobachtete Fall auf keinen rein sensiblen, vielmehr auf einen gemischten Nerven, den Ischiadicus, der sensible und trophische Fasern führt, folglich nicht in das von Spiess behandelte Gebiet einbezogen werden könne. Dem gegenüber wünscht Kaufmann[4], daß für die Frage der Abhängigkeit der Entzündung vom Nervensystem das Schwergewicht auf die Stärke der zentrifugalen Erregung gelegt werde, vornehmlich auf die der Vasomotoren, die vielseitiger Beeinflussung im Organismus, z. B. auch dem Einfluß afferenter, sensibler Reize, unterliegen. Auch H. H. Meyer[5] betont gegenüber dem Falle von Kaufmann und Winkel, daß hier die sensiblen Nervenendigungen weder gelähmt noch degeneriert, sondern

[1] Kuttner, A.: Klin. Wschr. **1**, 580 (1922).
[2] Arellis: Wien. med. Wschr. **1892**, Nr 64—68.
[3] Spiess: Klin. Wschr. **2**, 128 (1923).
[4] Kaufmann: Klin. Wschr. **2**, 128 (1923).
[5] Meyer-Gottlieb: Experim. Pharmakologie, 6. Aufl., S. 595 (1926).

nur dem hemmenden Einfluß ihrer Zentren durch Unterbrechung der Leitung entzogen waren.

In einem Widerspruche mit der Theorie von SPIESS findet auch K. SHIMURA[1] das Ergebnis seiner Versuche, über den Einfluß des zentralen und peripheren Nervensystems auf die Entzündung. Diese Versuche zerfallen in 3 Gruppen:

1. Auge: Anästhesie mit Cocain, Trigeminusdurchschneidung, Applikation von Entzündungsreizen: heiße Kochsalzlösung, Chloräthylsprey, Senföl.

2. Ohr und Hals: Sympathicusausräumung, Durchschneidung der Nn. auricular. maj. und min. oder Anästhesie mit Novocain, dann Wärme-Kälte-Reize, Senföl.

3. Bein. Excision am obern Ischiadicus, Kälte- und Wärmereize; Senföl. Die Entzündungsreize wurden sowohl sofort als auch nach einer Monatspause angewendet.

4. Senfölreizung der Konjunktion nach Narkose, Äther, Urethan, Calciumchlorid, Kaliumbromid. Versuchstiere: Kaninchen.

Die zahlreichen Versuche werden deshalb als im Widerspruch zur Theorie von SPIESS stehend angesehen, weil die Entzündung nach Anästhesierung meist schwerer verliefe, wenn auch der Eintritt am Anfange verzögert sei. Nur bei Ausschaltung des Halssympathicus verläuft infolge der Hyperämie die Entzündung auf der operierten Seite stürmischer, es tritt dann aber schnellere und bessere Heilung ein. Die Anästhesie allein verschlimmere die entzündliche Reaktion. KESTNER[2] sieht wohl in den positiven Angaben, daß Entzündungsvorgänge auch nach Ausschaltung des Nervensystems zustande kommen, einen Beweis, daß der Organismus über Ausgleichsmechanismen verfügt, die ihn befähigen, auch ohne Nervensystem auf einen empfindlichen Reiz zu reagieren; er glaubt aber, daß bei intaktem Nervensysteme diesem doch eine Rolle bei der Entzündung zukommt, und zeigt an dem Beispiele der bei der akuten Appendicitis auftretenden reflektorischen Bauchdeckenhyperämie, sodann bei der experimentellen umschriebenen, thermischen Entzündung des Kaninchenauges, daß bei leichter Entzündung reflektorische Vorgänge vorkommen. Solche die Entzündung begleitende reflektorische Vorgänge geben die Berechtigung zu einer antiphlogistischen Therapie. Aus Kaninchenversuchen wird weiter abgeleitet, daß die Chemotaxis ceteris paribus durch die Sympathektomie gesteigert wird. Es wird deshalb für möglich gehalten, daß auch beim Menschen der Grad der Chemotaxis und damit Schwankung in der Intensität der Eiterbildung vom Tonus des Sympathicus abhängt. KESTNER diskutiert schließlich die Frage, ob diese Beobachtung nicht schließlich dazu verwendet werden könnte, bei Entzündungen, bei denen die Eiterbildung ungenügend erscheint, z. B. beim malignen Oberlippenfurunkel, die Sympathektomie therapeutisch zu verwenden.

In Verbindung mit allen im vorstehenden mitgeteilten experimentellen Befunden, die im Zusammenhange mit der Frage nach der neurogenen Entstehung der Entzündung erhoben wurden, seien eigene Versuche mitgeteilt[3], die vielleicht bei späterer genauerer Analyse auch für die hier angeschnittene Frage nicht ohne Bedeutung sein dürften. Bei Untersuchungen über den hemmenden Einfluß verschiedener Gifte auf die Senfölentzündung am Kaninchenauge wurde auch *Nicotin* geprüft. Es zeigte sich, daß dieses Alkaloid in milligrammatischen Dosen den Eintritt der Senfölchemosis am Kaninchenauge stark verzögern, bisweilen vollständig verhindern kann. Mit Rücksicht darauf, daß es sich hier um ein universelles Synapsengift handelt, erhielten diese Befunde auch Beziehung

---

[1] SHIMURA, K.: Virchows Arch. **251**, 160 (1924).
[2] KESTNER: Klin. Wschr. **4**, 140 (1925).
[3] STARKENSTEIN, Unveröffentlichte Untersuchungen.

zu der hier behandelten Frage. Andererseits sei hier ein anschließender Versuch erwähnt, in welchem die Senfölapplikation ins Auge unmittelbar nach Exstirpation des Ganglion cervicale superius die Entzündung zwar langsamer, aber doch deutlich sichtbar zur Entwicklung kommen ließ. Diese Befunde seien hier lediglich erwähnt, eine genaue Analyse haben sie noch nicht gefunden. Daß hieraus keine zusammenhängenden Schlüsse für das Zustandekommen der Entzündungshemmung infolge Synapsenausschaltung gezogen werden können, geht daraus hervor, daß außer Nicotin noch zahlreiche andere nicht synapsenlähmende Stoffe gleichen hemmenden Einfluß auf die Senfölchemosis haben, infolgedessen die Frage offen bleibt, ob nicht auch Nicotin unabhängig von seiner Synapsenwirkung in die Gruppe dieser entzündungshemmenden Stoffe gehört.

Zum Schluß sei im Zusammenhange mit der Behandlung der Frage von Nerveneinfluß und Entzündung noch der Standpunkt von G. Ricker[1] erwähnt, der die Hauptrolle bei der entzündlichen Zirkulationsstörung ausschließlich auf die Reizung der Gefäßnerven bezieht, während er ausdrücklich ein direktes Angreifen der Entzündungsreize an den Zellen im Sinne der Cellularpathologie überhaupt ablehnt. Die Hauptrolle bei der entzündlichen Zirkulationsstörung wird dabei der *Stase* zugeschrieben. Die verschiedenen Arten der Zirkulationsstörungen hängen wiederum von der Stärke des Reizes ab, der auf die Gefäßnerven einwirkt.

Nach Ricker nimmt somit jede Entzündung von der primären Gefäßnervenreizung ihren Ausgang, und mit ihr stünden sämtliche Entzündungserscheinungen in kausalem Zusammenhange. Unter diesen Voraussetzungen würde sich für Ricker eine Änderung der schematischen Darstellung der Entstehung des gesamten Entzündungskomplexes ergeben gegenüber dem im obigen Schema (S. 342) zur Darstellung gebrachten.

Die Anschauung Rickers fand bei zahlreichen Pathologen (Marchand, Groll, Roessle u. a.) Ablehnung, und auch die pharmakologische Tatsache, daß Entzündungsreize auch unabhängig vom Nerveneinfluß direkt im Gewebe sowie direkt an den Gefäßen angreifen können, sprechen gegen die ausschließliche Richtigkeit dieser Auffassung Rickers.

Bezüglich der Stellungnahme anderer Pathologen, besonders Aschoffs und Lubarschs, sei auf die Behandlung dieser Frage bei Askanazy in diesem Bande verwiesen.

Wiewohl das bisher beigebrachte Tatsachenmaterial es als sicher erscheinen läßt, daß Entzündungsreize primär an den Nerven angreifen und von hier auf die Gefäße übergeleitet werden, gibt es doch andererseits eine Reihe von Möglichkeiten, wo dieser Angriffspunkt so weit verwischt ist, daß es schwer fällt, mit Sicherheit zu entscheiden, ob der Angriffspunkt noch im Nerven oder schon in den Gefäßen liegt. Für die Pharmakologie der Entzündung sind derartige fließende Fälle von geringerer Bedeutung (vgl. hierzu S. 341).

Bevor wir uns mit dem zweiten Angriffspunkte der Entzündungsreize, dem an den Gefäßen bzw. an den Capillaren, befassen, seien noch jene *Reizwirkungen* besprochen, die sich *ausschließlich auf die Nerven* beziehen, die aber insofern aus dem Bereiche der Entzündung herausfallen, als sie auch bei langdauernder sowie bei konzentrierter Einwirkung nicht zur Ausbildung einer Entzündung führen.

W. Heubner[2] konnte in Versuchen mit E. Ott und H. Staudinger feststellen, daß das Undecylensäurevanillylamid, welches der wirksame Bestandteil

---

[1] Ricker, G.: Z. exper. Path. **95** (1921). — Ricker, G. u. K. Regedanz: Virchows Arch. **231**, 1 (1921). — Ricker, G. u. G. Goerdeler: Z. exper. Med. **4**, 1 (1916).
[2] Heubner, W.: Klin. Wschr. **1923**, 2037.

des spanischen Pfeffers sein soll, trotz Erzeugung heftiger Reizempfindung keine Entzündungserscheinungen an der Haut hervorruft. Unabhängig von diesen Untersuchungen hatte Z. STARY[1] festgestellt, daß eine weitgehende gereinigte, im wesentlichen aus Capsaicin bestehende Fraktion der Paprikafruchtwand, in das Kaninchenauge eingebracht, keine Andeutung von Entzündungserscheinungen hervorrief, obwohl sie intensiv brennend empfunden wurde. Diese Beobachtung führte zur Analyse dieser subjektiven Empfindung und ergab folgende Schlußsätze: Der scharfe Geschmack der Paprika und ebenso des Pfeffers und der Ingwerwurzel ist nicht die Folge oder auch nur die Teilerscheinung einer entzündungserregenden Wirkung, sondern sie kommt durch Erregung der Wärmenervenendigungen zustande. Eine solche Erregung der Wärmenerven kann lokal so stark werden, daß es zur Schmerzempfindung kommt, ohne daß gleich oder nachfolgend objektiv sichtbare Zeichen erfolgter Reizung an der Haut oder an den Schleimhäuten sichtbar würden. Bei einzelnen wirklich entzündungserregenden Stoffen kann eine solche Wirkung auf die Wärmenerven zu Beginn der Wirkung subjektiv empfunden werden, sie führt aber dann koordiniert, nicht subordiniert, zu wirklicher Entzündung. Andererseits gibt es zahlreiche entzündungserregende Stoffe, denen diese primäre Erregung der Wärmenerven vollkommen fehlt. Eine derartige Reizung der Wärmenerven tritt außer bei den erwähnten Pflanzenstoffen auch nach Applikation von Kohlensäure in Erscheinung und steht gewissermaßen in einem Gegensatze zur Wirkung des Menthols, welches die Endigungen der Kältenerven elektiv erregt. Wiewohl eine derartige lokale innerliche „Erwärmung", vielleicht eine Art chemischer Diathermie, pharmako-therapeutisch bedeutungsvoll sein kann, gegebenenfalls vielleicht sogar der Hyperämie der Entzündung als angewandte therapeutische Maßnahme gleichkommt, unterscheidet sie sich doch in ihrem Wesen auch von dem ersten Stadium der Entzündung dadurch, daß dabei alle objektiven, äußerlich sichtbaren Folgeerscheinungen ausbleiben. Es kommt hierbei eben nur zur Reizung der Wärmenerven ohne jeden nachfolgenden vasomotorischen Effekt, so daß Zirkulationsstörungen und die sich daran anschließenden weiteren Teilerscheinungen der Entzündung ausbleiben.

2. Unmittelbare Entzündungserregung.

A. Angriffspunkte der Entzündungsreize in den Gefäßen (Wirkung der Capillargifte).

Eine direkte Nervenreizung beschränkt sich, wie wir gesehen haben, entweder nur auf die Wärmenerven und führt dann zu lokaler Wärmeempfindung, evtl. auf demselben Wege zu Schmerz. Handelt es sich um Reizung eines sensiblen Nerven, so wird auch hier Schmerz das erste manifeste Symptom des Empfindungsreizes werden; zur Entzündung kann aber die Nervenreizung nur dann führen, wenn sie im Wege der Vasomotoren zu den Gefäßen hinübergeleitet wird. Das erste manifeste Symptom der Entzündung ist dann die Hyperämie, die sich in nichts von jener Hyperämie unterscheidet, die durch direkte Reizung der Capillaren hervorgerufen wird. Bezüglich des unmittelbaren Angriffspunktes des Entzündungsreizes an den Gefäßen gilt begreiflicherweise die gleiche Schwierigkeit wie bezüglich des mittelbaren, der im Wege der Gefäßnerven erfolgt. Es sei diesbezüglich wieder auf das S. 352 Gesagte verwiesen.

Die Erkenntnis, daß die Gefäße am Zustandekommen der Entzündung beteiligt sind, geht auf JOHN HUNTER[2] zurück, der die Bedeutung der vermehrten Blutzufuhr für die Entstehung der Entzündungsröte und der Entzündungswärme schon frühzeitig erkannte. Er beobachtete auch als erster die Erweiterung der

---

[1] STARY, Z.: Arch. f. exper. Path. **105**, 76 (1925).
[2] HUNTER, JOHN: Treatise of Blood, Inflammation and Gunshot-wounds. London 1794.

kleinen und großen Gefäße in den entzündeten Teilen. Er sprach von der Erschlaffung der muskulösen Gefäßwände, welche das Vermögen der Kontraktion verloren zu haben scheinen. Da sich aber die Arterien stärker erweitern als bei einer gewöhnlichen Erschlaffung, muß eine „besondere Tätigkeit" der Erweiterung angenommen werden, infolge welcher eben eine größere Blutmenge durch den empfindlichen Teil ströme. Die entzündliche Hyperämie ist immer eine aktive arterielle und kommt zustande durch Erweiterung der kleineren und der größeren zuführenden Gefäße. Das Blut strömt schneller und in größerer Menge durch die entzündeten Teile und fließt auch in größerer, bisweilen doppelter Menge und mehr aus der Vene ab. Die genauere Lokalisierung des primären Entzündungsreizes in den Gefäßen bzw. in der Gefäßwand erfolgte durch Samuel und durch Cohnheim[1].

Die Entdeckung der Methode der Capillarmikroskopie durch O. Müller und Weiss ermöglichte es auch, den Beginn der entzündlichen Hyperämie bei direkter Capillarbeobachtung zu studieren. Untersuchungen von G. Morgans[2] ergaben, daß die Capillarschlingen in den blutarmen vom Herzen emanzipierten Gefäßgebiete auf Reize hin plötzlich verschwinden; um das anämisierte Gebiet herum entstand eine hyperästhetische Randzone, die anämische Zone zeigt vermehrten „Bluthunger"; eine nervöse Mitbeteiligung geht aus den Untersuchungen nicht hervor. Nach den Untersuchungen von Rajka[3] spielt sich die Hyperämie des Entzündungshofes vorwiegend in den Arteriolen ab, in welche bei totaler Unterbrechung der Blutströmung weder von der arteriellen noch von der venösen Seite Blut gelangen kann. Über die Entstehung des hyperämischen Entzündungshofes haben auch Török und Rajka[4] experimentelle Untersuchungen angestellt, die sie zu dem Schluß führten, daß das Zustandekommen der Hyperämie an die Intaktheit der Endverzweigungen der Nerven gebunden sei. Bei der reflektorischen Hyperämie handelt es sich um einen lokalen, kurzen Reflex (Axonreflex), der nur so weit zentralwärts geht, als sich eine vasodilatatorische Faser abzweigt und zum Gefäß geht[5].

---

[1] Cohnheim: Vorlesungen über Pathologie. Berlin 1892.
[2] Morgans, G.: Arch. klin. Chir. **120**, 96 (1922).
[3] Rajka: Klin. Wschr. **4**, 1024 (1925).
[4] Török u. Rajka: Wien. med. Wschr. **1925**, Nr 6 — Arch. f. Dermat. **147**, 559 (1924).
[5] Zur Beurteilung des Standes der Angioneurosenfrage in ihrer Beziehung zur Entzündung, speziell zur direkten und indirekten Beteiligung des Gefäßsystems mögen außer dem bei der Behandlung der Frage der mittelbaren (neurogenen) Entzündungserregung bereits Gesagten (s. S. 352ff.) noch folgende Referate dienen:
Kreibich: Zur Angioneurosenfrage. Klin. Wschr. **2**, Nr 8, 337. Nach wie vor ist die Quaddel das umstrittene Objekt. Mit Hilfe physikalisch-chemischer Vorstellungen kann man den Unterschied zwischen Quaddel und Entzündung darin sehen, daß bei der Quaddel eine Kolloidveränderung, eine Dyskolloidität, in der Endothelzelle nicht eintritt, während sie bei der Entzündung z. B. infolge eines stärkeren Reizes zustande kommt. Im ersten Falle käme es dann bloß zur Hyperextension der Wand, die rasch wieder zur Norm zurückkehrt, im zweiten Falle bleibt eine physikalisch-chemisch geschädigte Wand zurück.
Török, L., E. Lehner u. D. Kenedy: Untersuchungen über die Pathogenese und pathologische Anatomie der Urticaria. Arch. f. Dermat. **139**, H. 1, 141 (1922). Aus den Untersuchungen folgt 1., daß entgegen der Annahme Unnas auch die Brennesselquaddel einen entzündlichen Ursprung besitzt, d. h. daß der pathologische Prozeß, welcher durch die lokale Einwirkung des Brennesselgiftes auf die Blutgefäße der Haut verursacht wird und welcher zur Bildung einer Quaddel führt, eine Entzündung ist; 2., daß keine Tatsachen festzustellen sind, welche laut der Annahme Unnas das Vorhandensein eines Venenspasmus beweisen.
Der Verlauf der Brennesselquaddel läßt bloß die Annahme zu, daß eine vom Brennesselgifte ausgeübte lokale Schädigung der Blutgefäße der Lederhaut stattgefunden hat. Reiben und Kratzen der gereizten Stelle sind für die Entstehung der Brennesselquaddel nicht unbedingt nötig und daher nicht mitverantwortlich zu machen.

Die entzündliche Hyperämie kann folglich zustande kommen: 1. Durch die bereits besprochene reflektorische Reizung der Gefäßnerven als Folge der Schädigung, und zwar entweder durch Reizung der Dilatatoren (irritative Hyperämie) oder durch Lähmung der Constrictoren (paralytische Hyperämie). Die reflektorische Reizung kann ebenso im Wege des Zentralorgans oder im kurzen Wege als sog. Axonreflex auf dem Wege der hintern Wurzeln erfolgen. Das 2. ursächliche Moment der Hyperämie ist die unmittelbare Schädigung der Gefäßwände bzw. ihrer nervösen und muskulären Elemente. Dies alles führt dann im Sinne der einleitenden schematischen Darstellung zur Stase und den weiteren Folgeerscheinungen des Entzündungskomplexes.

Die entzündungserregenden Ursachen, deren Angriffspunkt unmittelbar die Gefäße sind, gehören fast durchweg in die Gruppe der chemisch nicht definierten Verbindungen vom Typus der Eiweißkörper. Es sind dies toxische Stoffe, häufig Stoffwechselprodukte der Bakterien, welche primär und in elektiver Weise die Gefäße schädigen und die daher als spezifische Gefäß- oder Capillargifte

---

Die Urticariaquaddel wird nicht durch eine Inkoordination im Kontraktionszustande der Arterien und Venen verursacht, sondern ist die Folge einer flüchtigen Entzündung der Hautgefäße. Die in der Quaddel enthaltene Flüssigkeit ist kein Transsudat, sondern ein Exsudat.

WIRZ, F.: Die Entstehung der urticariellen Quaddel und ihre Beziehungen zum Gefäßsystem. Arch. f. Dermat. **146**, 153 (1924). Es wird hingewiesen auf Überschätzung der Bedeutung des Gefäßsystems und seiner Reaktionen für das Zustandekommen der urticariellen Quaddeln, dabei Vernachlässigung der geweblichen Vorgänge. Andererseits darf auch in den letzteren allein nicht die Ursache der Quaddelbildung gesehen werden. Bei der Pathogenese der Urticarien sind zu trennen: 1. Die Begleiterscheinungen des irritativen Reflexerythems, die für die Entstehung der Quaddel nicht benötigt werden. 2. Betonung der vielseitigen Wechselbeziehungen und die gegenseitige Abhängigkeit aller übrigen Reizfolgeerscheinungen, die letzten Endes hervorgerufen und ausgelöst werden durch eine primäre gewebliche bzw. interstitielle Zustandsänderung, einen Stoffwechselvorgang also, die aber unbedingt auf die Mitwirkung des Gefäßsystems und dessen Reaktionen, mit andern Worten auf Blutflüssigkeit, Blutdruck und Flüssigkeitsausscheidungsvermögen angewiesen sind. Verf. betont weiter, daß von Entzündung nur bei Vereinigung von alterativen, exsudativen und proliferativen Vorgängen gesprochen werden kann. Die Ausdehnung des Entzündungsbegriffs auf Störungen, wie sie die Urticaria darstellt, wird als unzweckmäßig abgelehnt.

Nach EBBECKE ist die Urticaria überhaupt nur als lokale funktionelle Lymphorrhöe anzusehen. Sie sei die Folge einer lokalen parenteralen Reizkörperwirkung (s. hierzu auch das folgende Referat).

TÖRÖK, L. u. E. RAJKA: Beitrag zur Pathogenese der Hyperämie und des Ödems bei der Urticaria und der akuten Entzündung der Haut. Arch. f. Dermat. **147**, 559 (1924). Entzündliche Hyperämie bleibt während der ganzen Dauer der Entzündung bestehen, während der reflektorische hyperämische Hof bald vergeht. Kümmert man sich nicht weiter um die Bezeichnung: Entzündung, sondern achtet man auf das Wesen, so ist es leicht festzustellen, daß der Standpunkt von WIRZ und der von PHILIPPSON und TÖRÖK vertreten sich in einem Punkte begegnen. Sowohl für WIRZ als für PHILIPPSON und TÖRÖK ist der Prozeß beim Zustandekommen des flüchtigen Ödems der Lederhaut, welches die Grundlage der Urticariaquaddel bildet, im Wesen ein lokaler, in der Haut vor sich gehender. WIRZ verlegt die primäre Störung ins Gewebe, kann aber der Beihilfe des Blutstromes und der Blutgefäße nicht entraten. PHILIPPSON und TÖRÖK verlegten sie in die Blutgefäßwände, können natürlich nach den neueren Erfahrungen nicht in Abrede stellen, daß das Gewebe mit eine Rolle spielt. Beide Auffassungen stehen im Gegensatz zu der neuritischen Lehre, welche die Urticariaquaddel durch Einflüsse entstehen läßt, welche vom zentralen Nervensystem ausgehen. (Daß bei der Entzündung und Urticaria peripherische Nerveneinflüsse mitspielen, ja daß, solange die Reizleitung nicht unterbrochen ist, auch reflektorische Nerveneinflüsse mitwirken können, sei auch hier wieder angegeben und ist immer zugegeben worden.)

Die Hyperämie und das Ödem des Hautbezirkes, welcher von den chemischen und physikalischen Einwirkungen unvermittelt getroffen wird, kommt auch an Hautstellen zustande, deren Verbindung mit dem zentralen Nervensystem vollständig unterbrochen ist. Sie entstehen infolge der direkten Einwirkung der pathogenen Faktoren auf die Wände der Blutgefäße, in manchen Fällen, nach der Annahme von EBBECKE, infolge der Einwirkung von Substanzen, welche im gereizten oder entzündeten Gewebe produziert wurden, auf die Hautgefäße.

(Heubner[1]) bezeichnet werden können. So ist die primäre Wirkung des Fleckfieber-giftes auf eine elektive Schädigung der Gefäße gerichtet (Periarteriitis nodosa — Fränkel), und auch die progressive Paralyse zeigt elektive Lokalisationen an den Gehirngefäßen. Entzündungen dieser Art führen dann zu abnormer Durchlässig-keit der Gefäße und zum Durchtritt von Toxinen, Hämolysinen usw. In die Gruppe solcher eiweißartiger Gifte gehört das Fäulnisgift „Sepsin" (E. St. Faust), weiter das Tuberkulin[2], das Diphtherietoxin[3], das Abrin, ein Pflanzeneiweiß-körper aus den sog. Paternostererbsen (den Samen von Abrus praecatorius), das Ricin, ein gleichartiges Toxalbumin aus dem Ricinsamen, dann das Heu-fiebergift, aus Gramineenpollen[4], dann Schlangengifte, die Reizgifte verschie-dener Pflanzen (s. E. Rost[5]), wie Rhustoxicodendron (Ford), Daphne mezereum, Primula obconica[6], ferner das Bienengift[7], Pfeilgifte[8] u. v. a.

Obwohl diese elektiven Gefäßgifte fast durchweg in die Gruppe der Eiweiß-stoffe gehören, haben doch auch andere chemisch definierte Gifte die gleiche Wirkung und den gleichen Angriffspunkt. Ein Beispiel hierfür ist das Histamin[9] sowie *Morphin und Dionin*[10], das Colchicin[11], Paraphenylendiamin[12], Gold und Platin (Arsen, Antimon)[13]. Heubner hat durch experimentelle Untersuchungen den Angriffspunkt entzündungserregender Stoffe genau und quantitativ fest-gestellt, und es war ihm auf diese Weise möglich, wenigstens an einigen Beispielen eine genaue Gruppierung der einzelnen entzündungserregenden Gifte nach ihrem Angriffspunkt durchzuführen. Es stellte sich dabei heraus, daß eben die Reiz-wirkungen einiger Gifte auch bei starker Konzentration und langer Dauer nur auf die Nerven beschränkt bleiben, daß andere ihre Wirkung ausschließlich auf die Gefäße äußern und daß wieder andere teils auf Nerven und Gefäße, teils auf Ge-fäße und Gewebe und schließlich auf Gefäße, Nerven und Gewebe wirken. End-lich konnte durch diese Art der Untersuchung festgestellt werden, daß Gifte, wie das Cantharidin, das als ein entzündungserregender Stoff mit Gefäßwirkung an-gesehen wurde, keinerlei Wirkung auf den Gefäßapparat zeigt, die Entzündung hier vielmehr ausschließlich durch den Angriffspunkt des Giftes an den Gewebs-zellen bedingt sei.

B. Unmittelbarer Angriffspunkt entzündungserregender und nekrotisierender Stoffe in der Gewebszelle.

In die große Gruppe der unmittelbar schädigenden entzündungserregenden Gifte gehört die ganze Gruppe der Ätzmittel, deren Angriffspunkt das Eiweiß der Zellen ist, durch dessen Fällung oder Lösung der Schorf bei entsprechender Tiefenwirkung, die Nekrose, entsteht, die dann weiterhin als Reiz zur sekundären Ausbildung der demarkierenden Entzündung führt. Diese primäre Gewebsschädi-

---

[1] Siehe hierzu die erschöpfende Zusammenfassung der Frage der „Capillargifte" bei Heubner: Klin. Wschr. **2**, 1965, 2016 (1923).

[2] Pirquet: Erg. inn. Med. **1**, 420 (1908).

[3] Bingel: Münch. med. Wschr. **1909**, Nr 26.

[4] Wolf-Eisner: Das Heufieber. München 1906.

[5] Rost, E. in Starkenstein-Rost-Pohl: Toxikologie S. 114. Berlin-Wien 1929.

[6] Nestler: Hautreizende Primeln. Berlin 1904.

[7] Langer: Arch. f. exper. Path. **38**, 381 (1897) — Arch. internat. Pharmacodynamie **6**, 181 (1899). — Flury: Arch. f. exper. Path. **85**, 319 (1920). — Netolicky: Pharmazeutische Post 1916.

[8] Starcke: Arch. f. exper. Path. **38**, 428 (1897).

[9] Eppinger: Wien. med. Wschr. **1913**, 23 — Z. klin. Med. **78**, H. 5, 6.

[10] Sollmann u. Pilcher: J. of Pharmacol. **9**, 10 (1917). — Heubner: Verh. dtsch. path. Ges. **1923**, 111.

[11] Fühner u. Rüssemeyer, sowie Lipps: Arch. f. exper. Path. **85**, 235 (1920).

[12] Gibbs: J. of pharmacol **20**, 221 (1922).

[13] Heubner, Gelpke: Arch. f. exper. Path. **82**, 280 (1921).

gung, die allmählich unter dem Durchgang durch degenerative Zwischenstadien zum Gewebstode führt, wird häufig auch als *Nekrobiose* bezeichnet, als deren Endstadium die *Nekrose* gilt, d. i. der schließlich eintretende Zustand des Gewebstodes. W. Heubner[1] machte den Vorschlag, neben dieser Nekrobiose für bestimmte Wirkungen zellschädigender Stoffe auch den Ausdruck *Pathobiose* einzuführen; denn nach Entfernung des zellschädigenden Giftes bleiben häufig die betroffenen Elemente in einem Zustand zurück, der nicht völlig normal, aber auch nicht unmittelbar mit dem Tode verknüpft ist. Ohne daß es zur Nekrose kommt, kann allmählich Erholung und Rückkehr zur Norm erfolgen. Diesen abnormalen Zustand mit ungewissem Ausgang bezeichnet Heubner als Pathobiose. Als sinnfälligstes Beispiel pathobiotischer Vorgänge führt Heubner die Reaktionen der Haut auf Strahlungen an: Sonnenlicht (auch künstliche Höhensonne), Röntgenstrahlen, radioaktive Substanzen. Nach Entfernung der Strahlen zeigen sich oft keinerlei Veränderungen, und doch ist die Haut in eine vollkommen geänderte „Biose" gesetzt, die im Wege der Nekrobiose zum vollständigen Absterben der Gewebselemente oder nach einem vorübergehendem pathobiotischen Zustande zur Norm zurückführen kann. Der pathobiotische Zustand, der durch solche Entzündungsreize gesetzt wird, ist oft direkt gar nicht zu erklären, sondern tritt erst als geänderte Reaktion auf neuerliche Reize hin in Erscheinung. Als biologisches Beispiel einer solchen Pathobiose führt Heubner die Versuche von Oskar Hertwig an, die ergeben hatten, daß eine einzelne Ei- oder Samenzelle nach der Einwirkung radioaktiver Strahlung noch imstande sein kann, befruchtet zu werden oder zu befruchten und sich nach scheinbar normaler Zellteilung weiter zu entwickeln. Diese Entwicklung bleibt jedoch dann auf unvollkommener Stufe stehen und führt zu rudimentären Mißgebilden und wenig lebensfähigen Geschöpfen. Der endgültige Ausgang der ursprünglichen Einwirkung zeigt sich also erst an den Nachkommen der unmittelbar betroffenen Zelle.

Ein anderes Beispiel geänderter Reaktion ist jene Art von Pigmentbildung, die als Folge der Einwirkung der Strahlenenergie zustande kommt.

Eine in sich abgeschlossene Gruppe bilden lokal reizende und gewebsschädigende Stoffe, welche lange Zeit hindurch nach erfolgter Einwirkung zwar keinerlei Veränderungen am Gewebe erkennen lassen, aber nach einem längeren Intervalle ganz plötzlich zum Gewebszerfall, zum Zelltode, zur Nekrose führen. Hier hat sich also der nekrobiotische Prozeß vollkommen latent abgespielt. Diese Art von Gewebsschädigung kommt außer den Röntgenstrahlen und den radioaktiven Stoffen auch dem *Arsenik* zu, doch ist dabei zu berücksichtigen, daß derartige nekrotisierende Gifte nicht eine ausschließliche Wirkung auf Gewebe besitzen, sondern daß die Wirkung vielmehr von gleichzeitiger Schädigung der Capillaren, evtl. auch der Nerven begleitet sein kann. Bestimmend hierfür, ob die eine oder die andere Wirkung mehr in den Vordergrund tritt, ist meistens die Applikationsart und die Lokalisation der primären Einwirkungen. So finden wir im Vordergrund der akuten Arsenikvergiftung die universelle Capillargiftwirkung, während bei der lokalen Einwirkung von Arsenikpasten zwischen der Einwirkung und dem Auftreten der Erscheinungen eine Latenzperiode liegt, die Stunden, Tage und Wochen, ja sogar Monate dauern kann. Solche Wirkungen konnten auch bei einer Reihe von Kampfgasen, wie Dichlordiäthylsulfid (Thiodiglykolchlorid, auch Gelbkreuzstoff, Senfgas, Mustardgas, Yperit oder Lost genannt), beobachtet werden.

Wie bereits ausgeführt wurde, wird der spezifische Charakter von Reizung, Ätzung und Entzündung stets durch die physiologische Funktion des gereizten

---

[1] Heubner, W.: Nachr. Ges. Wiss. Göttingen, Math.-physik. Kl. 1922.

bzw. verätzten Organes bestimmt. Der Angriffspunkt im Organ ist aber weiter, wie auch schon ausgeführt wurde, vom physikalischen, chemischen bzw. physikalisch-chemischen Zustande des Ätzmittels, von seiner Lipoidlöslichkeit sowie von seinem Aggregatzustande abhängig. Wenn wir von diesen Feinheiten absehen, können wir doch, wie aus allen bisherigen Ausführungen hervorgeht, erkennen, daß die alte pharmakologische Einteilung der entzündungserregenden Stoffe in *Rubefacientia*, *Vesicantia* und *Suppurantia* vollkommen den Angriffspunkten der betreffenden Stoffe entspricht und daß hierbei Nerven- und Gefäßwirkung einerseits, Gewebsschädigung andererseits als Ursache der Verschiedenheit des sich entwickelnden pathologischen Bildes deutlich zum Ausdruck kommen.

Dem Zwecke dieser Darstellung folgend, soll hier von den Einzelheiten der pharmakologischen Wirkung aller entzündungserregenden Stoffe abgesehen und im folgenden nur der Grundcharakter der pharmakologischen Wirkung der einzelnen Gruppen zusammenfassend beschrieben werden.

Übersichtliche Darstellung der Gesamtwirkung entzündungserregender Stoffe[1].

Wiewohl die bisher geschilderten Wirkungen auf Nerven, Gefäße und Gewebszellen für die *Entwicklung* des gesamten Entzündungsbildes maßgebend sein können, wenn dieser primäre Angriffspunkt auch nicht immer deutlich zu erkennen ist, ist der Charakter der *ausgebildeten* Entzündung im besonderen, wie schon ausgeführt wurde, von den Organen abhängig, die vom Entzündungsreize betroffen werden, sowie vom Aggregatzustand und von physikalischen und physikalisch-chemischen Eigenschaften des entzündungserregenden Stoffes, die in ihrer Gesamtheit meist für die Verteilung des Entzündungserregers im Organismus bzw. in den Organteilen bestimmend sind. Von diesem Gesichtspunkt aus können wir die entzündungserregenden Stoffe in folgende *Gruppen* einteilen: 1. *Entzündungserregende Gase, Dämpfe und vernebelte, fein verteilte feste Stoffe.* Die entzündungserregenden Stoffe dieser Gruppe haben besonders durch ihre Verwendung als *Kampfgase* praktische Bedeutung erlangt.

Bei der Ausbildung der pathologischen Veränderungen, die dem Entzündungsreize folgen, können wir *drei Stadien* unterscheiden:

1. *Die primäre Schädigung.*
2. *Nachfolgende Funktionsstörungen.*
3. *Komplikationen durch Infektion usw.*

Die primäre Schädigung muß aber keineswegs immer unmittelbar gleich beim Kontakt des Giftes mit dem Gewebe einsetzen. Der Unterschied, der in dieser Hinsicht zwischen den einzelnen giftigen Gasen und Dämpfen besteht, kommt am besten in der Einteilung zum Ausdruck, die W. HEUBNER für die Kampfgaswirkung gegeben hat und die mit geringen Änderungen und Ergänzungen auch für alle örtlich giftigen Gase und Dämpfe Anwendung finden kann.

Danach lassen sich unter Zugrundelegung der Wirkungsart drei Gruppen unterscheiden.

1. *Direkt reizende Gase und Dämpfe, vernebelte und fein verstäubte feste Stoffe.*

Bei diesen kommt fast ausschließlich die lokale Giftwirkung zur Geltung, die von der Konzentration des Giftes abhängig ist und die meist schon bei Kontakt des Gewebes mit relativ geringer Konzentration dieser Stoffe eintritt. Die starke Reizwirkung auf die äußeren Schleimhäute (Auge, Nase, Mund und Rachen) führt oft schon reflektorisch zum Atemstillstand, Stimmritzenkrampf usw., wodurch eine Aufnahme des Giftes in die tieferen Atemwege zunächst verhindert werden kann, doch wird diese vermutlich im Atemzentrum reflektorisch ausgelöste Inspirationshemmung rasch wieder frei und das ätzende Gas' kann dann ungehindert durch den offenen Larynx in die Tiefe. In diese Gruppe gehören die Halogene, Chlor,

---

[1] Vgl. hierzu: STARKENSTEIN, ROST, POHL: Toxikologie. Berlin-Wien 1928.

Brom, Jod und die meisten halogen substituierten organischen Verbindungen, wie Chlor-, Brom- und Jodaceton, Bromxylol, Benzyljodid, Methyl- und Äthylschwefelsäurechlorid, Brom- und Jodessigester, ferner Schwefeldioxyd, Ammoniak.

2. *Stoffe mit besonderer Wirkung auf die tieferen Atemwege.*

Sie führen meist in mittleren Dosen zu schweren Lungenerkrankungen, insbesondere zu akuten entzündlichen Lungenödemen. Verätzung der oberen Atemwege folgt hier meistens nicht, weil die betreffenden Stoffe in den zur Wirkung kommenden Konzentrationen direkt nicht ätzen, sondern teils nach Spaltung, teils nach längerer Einwirkung das Vergiftungsbild auslösen. Hierher gehört vor allem das Phosgen, dann Arsentrichlorid, Chlorpikrin, Dimethylsulfat, Chlorameisensäureester, Nitrose Gase. Selbstverständlich werden auch die Stoffe der ersten Gruppe das gleiche Bild auslösen, wenn sie in die tieferen Atemwege gelangen. Während aber die direkte Reizung nur von der Konzentration des betreffenden Gases oder Dampfes abhängig ist, ist für die Entstehung der längeren Erkrankung die Gesamtmenge des Gases maßgebend, die in die Tiefe der Lunge eindringt.

3. *Gase und Dämpfe mit lokaler Wirkung, bei denen zwischen der Einwirkung und dem Auftreten der Erscheinungen eine Latenzperiode liegt*, die Stunden, Tage und Wochen, ja sogar Monate andauern kann.

Als Beispiel dieser Gruppe gilt das Dichlordiäthylsulfid (Thiodiglykolchlorid, als Kampfgas auch Gelbkreuzstoff, Senfgas, Mustardgas, Yperit oder Lost genannt). Dieser Stoff führt ebenso wie Arsenverbindungen, Röntgen- oder Radiumstrahlen, auch Gletscherbrand u. a. zu einem andauernden toxischen Gewebszerfall mit schleichendem Verlauf (Nekrobiose).

Obwohl sich die einzelnen Stoffe nach ihren Hauptwirkungen in diese drei Gruppen einordnen lassen, gibt es doch auch alle möglichen Übergänge zwischen den einzelnen Gruppen, insbesondere zwischen der ersten und zweiten.

Allgemeine Symptomatologie der durch reizende und ätzende Gase hervorgerufenen lokalen Wirkungen.

An der *äußeren Haut*, die mit dem Reizgift in direkte Berührung kommt, treten alle Verfärbungen von einfacher Rötung bis zu tiefer diffuser Feuerröte und Schwellung der Haarfollikel auf, dann in späteren Stadien als Ausdruck resorptiver Wirkung aschgraue Verfärbung (Phosgen), braune Verfärbung und Cyanose (von reduziertem Hämoglobin, kaum von Methämoglobin herrührend). Weiter finden sich oberflächliche Infiltrationen (Quaddeln), tiefe Infiltrationen, bisweilen verbunden mit Vergerbung der Epidermis, schließlich Blasenbildung, Vereiterung und alle weiteren Folgezustände. Bisweilen wurde unter dem Einflusse solcher Ätzgifte eine allgemeine oberflächliche Analgesie beobachtet.

Am *Auge*: Je nach Konzentration und Zeitdauer der Einwirkung des giftigen Gases oder Dampfes Lidkrampf, Lichtscheu, Tränenfluß, Conjunctivitis und Lidschwellung, Keratitis und Geschwürbildung auf der Hornhaut.

Die Reizung und Ätzung der *Nasenschleimhaut* kann primär durch Reizung der Trigeminusendigungen vorübergehenden reflektorischen Atemstillstand bewirken. Weiterhin kommt es zu länger dauernden Schnupfen, Niesen und schließlich zu pseudomembranöser Rhinitis.

Im *Munde* finden sich Geschwürbildungen an den Lippen und der Mundschleimhaut, die direkte Verätzung der *Pharynx*- und *Larynx*schleimhaut bewirkt Hustenanfälle, Atembeklemmung und kann zu Störungen der Stimmbandbeweglichkeit, zu pseudomembranöser Pharyngitis, Laryngitis und Tracheitis führen. Ein oft rasch zur Ausbildung kommendes Glottisödem kann infolge eintretender Erstickung zur Todesursache werden.

In den *Lungen* setzt rasch unter der Einwirkung ätzender Gase oder Dämpfe eine allgemein zunehmende Constriction der Bronchioli ein, die mit einer Volumabnahme der Lungen verbunden ist. Der gleichzeitig damit verbundenen Verengerung der Blutgefäße folgt dann rasch eine starke Erweiterung, die zu starker Durchblutung und Erweiterung der Bronchioli führt. Außer Bronchi-

tiden, die bei leichten Graden solcher lokalen Reizung folgen können, finden sich
hyaline Degenerationen, lobuläre oder lobäre serofibrinöse, hämorrhagische oder
eitrige Entzündungen, septische Vereiterungen und septische Bronchopneumonien,
andererseits Emphysem. Im akuten Vergiftungszustand kommt es meist zur
Bildung gewaltiger Mengen von Ödemflüssigkeit innerhalb des eigentlichen
Lungengewebes in den Alveolen, so daß das Gewicht der Lunge auf das 5—6fache
des normalen ansteigen kann. Der Tod kann dann infolge Erstickung eintreten.
Neben diesen lokalen Symptomen treten bisweilen gleich zu Beginn der Einwirkung von Reizgasen sofortige Bewußtlosigkeit und der Tod ein, andererseits sind
schon die lokalen von resorptiven Vergiftungserscheinungen begleitet.

So beobachtete man beim Platzen eines mit Ammoniak gefüllten Ballons
infolge der Einatmung des entweichenden Gases bewußtloses Hinstürzen und
rasch folgenden Tod. Vermutlich dürfte es sich in solchen Fällen weniger um eine
Shockwirkung als um eine *Herzwirkung* handeln, da ja das eingeatmete Gas
aus der Lunge direkt in den linken Herzventrikel kommt.

Auch die obenerwähnten Veränderungen der Farbe der äußeren Haut
und der Schleimhaut, die auf reduziertes Hämoglobin, evtl. auch auf Methämoglobinbildung zurückgeführt werden, sind ebenso resorptive Wirkungen wie die
nervösen Folgezustände, Kopfweh, Verdauungsstörungen usw.

Im Anschluß an die durch Gase und Dämpfe hervorgerufenen lokalen Vergiftungen ist noch eine Gruppe von Giften zu erwähnen, die unter Berücksichtigung der vorkommenden Vergiftungsformen — Inhalation des Staubes in feinst
verteilter Form — sich der Gasvergiftung anschließt. Es handelt sich hier um
die Gruppe der lokal reizenden *Arsenverbindungen.* Wiewohl die Gifte dieser
Gruppe nie in Gas- oder Dampfform auftreten, andererseits auch andere Metalle
in Staubform Ätzwirkungen hervorrufen, bildet diese Gruppe organischer Arsen
verbindungen unter Berücksichtigung der Gleichartigkeit der Wirkung und der
Organe, die bei der Vergiftung betroffen werden, doch eine eigene Gruppe.
Die gewebszerstörenden Arsenverbindungen schließen sich an die zuletzt besprochenen Gifte insofern an, als auch sie nicht unmittelbar bei der Berührung
die lokale Giftwirkung auslösen, sondern erst nach einer *Latenzzeit,* oft sogar
ohne akute Entzündungserscheinungen zu Nekrosen und im Anschluß daran
erst zu schweren Entzündungserscheinungen führen. Diese Wirkungen werden
schon von den geringsten Konzentrationen dieser Gifte ausgelöst. Sie äußern
sich wie bei den Gasen und Dämpfen auf der äußeren Haut, am Auge, den
Atemwegen und in der Lunge, wo oft das akut-toxische Lungenödem das
Endstadium herbeiführt. Die Giftwirkung beruht auf Capillarschädigung, Bildung von Pseudomembranen in der Luftröhre, Bindehautentzündung, Nekrose
des Hornhautepithels am Auge, unter Umständen auch Entzündung der äußeren
Haut mit Blasenbildung, Gewebszerstörung, bei gleichzeitig starker Reizung der
sensiblen Nerven. Diese Reizung übertrifft an Intensität die Wirkung aller bis
jetzt bekannten und chemisch genau definierten Verbindungen.

Unter den vielen entzündungserregenden Arsenverbindungen ist besonders
das Diphenylarsinchlorid $(C_6H_5)_2AsCl$ zu erwähnen, das als Blaukreuzkampfstoff
Clark im Kriege vielfach Anwendung gefunden hat.

Eine 2. Gruppe entzündungserregender Stoffe stellen Säuren, Alkalien und
Salze dar.

Säuren sind Verbindungen des Wasserstoffes (H) mit einem oder mehreren
Nichtmetallen (seltener mit einem Metall und einem Nichtmetall), deren H-Atome
beim Zusammentreffen mit einem Metall oder einem Metallhydroxyd (einer
Base) oder mit einem Metalloxyd (einem Basenanhydrid) ganz oder teilweise
durch die betreffenden Metallatome ersetzt werden können. Abgesehen von

ihrem sauren Geschmack und der sauren Reaktion sind Säuren dadurch definiert, daß sie bei der elektrolytischen Dissoziation teilweise oder ganz in Kationen des Wasserstoffes sowie in Anionen der Nichtmetalle oder in Atomgruppen, die aus Anionen bestehen, zerfallen. Der saure Geschmack und die saure Reaktion der Säuren sind durch die Wasserstoffionen bedingt.

Die *Stärke einer Säure*, die ihren toxischen Wirkungsgrad (Entzündungs- und Ätzeffekt) beeinflußt, ist bestimmt: 1. durch die Konzentration (Grammprozent oder richtiger Äquivalentgehalt = Normalität bzw. Titrationsacidität), 2. durch die Dissoziationsfähigkeit (Gehalt an freien $H^{\cdot}$-Ionen, Wasserstoffionenkonzentration). Eine 3,6proz. Salzsäure ist äquimolar und äquivalent einer 6proz. Essigsäure (Normallösungen). Die Wasserstoffionenkonzentration $[H^{\cdot}]$ der n-Salzsäure beträgt aber 0,8, ihr p_H 0,1, die der n-Essigsäure dagegen $4,3 \cdot 10^{-3}$, ihr p_H 2,366.

Da p_H mit steigernder Säuerung kleiner, $[H^{\cdot}]$ dagegen größer wird, so ergibt sich aus diesen Zahlen, daß die 3,6proz. Salzsäure wesentlich stärker ist als die 6proz. Essigsäure. Selbstverständlich ist aber eine stark konzentrierte Essigsäure (z. B. 30%) stärker wirkend als eine schwache (z. B. 5proz.) Salzsäure.

Außer durch die Stärke der Säuren ist deren toxischer Wirkungsgrad noch durch die Lipoidlöslichkeit, Eindringungsfähigkeit, Eiweißfällungsvermögen, Einfluß auf die Keratinsubstanz und Temperatur der Lösung bedingt.

Als toxische Effekte aller Säuren hinsichtlich ihrer lokalen Giftwirkung finden wir alle Stufen von Reizung, Ätzung und Entzündung bis zur Nekrose. Die Wirkung kommt fast immer durch *Eiweißfällung* zustande und äußert sich in Reizung der sensiblen Nerven (Schmerzen), Trübung der Epithelien und nachfolgender Zerstörung des lebenden Gewebes, das dann ein gekochtes oder gegerbtes Aussehen erlangt. Die Eiweißfällung bewirkt das Entstehen des sog. Ätzschorfes, der an der Stelle der Säureneinwirkung in Form pergamentartiger Membranen entsteht und oft das Tieferdringen der Säure verhindert. Die Farbe des Ätzschorfes ist bei einzelnen Säuren verschieden. Bei Anätzung der Gefäße, Zerstörung der roten Blutkörperchen und Veränderung des Blutfarbstoffes kann auch der Ätzschorf entsprechend verfärbt werden. Konzentrierte oder heiße Säuren mittlerer Konzentration können das lebende Eiweiß in Acidalbumin verwandeln, das gelöst ist und das erst beim Verdünnen wiederum ausfällt.

Im allgemeinen ist so das Bild der Säureätzung durch die sog. Koagulationsnekrose charakterisiert, ein Ausdruck, der sich auf die eben geschilderte Bildung eines ,,harten'' Schorfes bezieht.

Alkalien oder Basen sind die Hydroxylverbindung der Alkalimetalle (und der Gruppe $-NH_4$), welche bei der elektrolytischen Dissoziation teilweise oder ganz in Metall-Kationen und Hydroxylanionen zerfallen, welch letztere den laugenhaften Geschmack, die alkalische Reaktion und die toxische Lokalwirkung verursachen. So wie die Stärke der Säuren von der H-Ionenkonzentration abhängig ist, so ist auch die der Alkalien durch die Konzentration an OH-Ionen bedingt. Der toxische Wirkungsgrad der Ätzalkalien ist ähnlich wie bei den Säuren durch die von der OH-Konzentration abhängige Stärke der Base, durch ihre Konzentration und die übrigen bei den Säuren erwähnten Faktoren (Eindringungsfähigkeit, Temperatur der Lösung usw.) bestimmt. Die Chemie bezeichnet gewöhnlich nur die Alkalihydroxyde (NaOH und KOH) als Ätzalkalien. Da jedoch die dabei zum Ausdruck gebrachte *Ätzwirkung* keine chemische, sondern eine toxikologische Bezeichnung darstellt, haben wir nach dem eben Gesagten zu den Ätzalkalien zu rechnen:

1. Die Laugen, 2. einige alkalische Erden und die Carbonate der Alkalimetalle; denn in wässeriger Lösung bilden diese saure Salze und gleichzeitig dissoziieren auch hier freie OH-Ionen ab. Der weitaus geringeren Zahl an solchen Hydroxylionen entsprechend sind die Carbonate auch wesentlich schwächer

wirkende Gifte als die fixen Alkalien. Das gleiche gilt auch vom Ammoniak und seinen Salzen; der Unterschied gegenüber der Ätzwirkung der Laugen ist aber nur ein quantitativer und kein qualitativer.

Die *toxische Wirkung der Alkalihydroxyde* ist, wie bei den Säuren, eine *Ätzwirkung*. Der entsprechenden Schilderung bei den Säuren ist hier jene unterschiedliche Ergänzung hinzuzufügen, die sich auf das andersartige Verhalten der Alkalien gegenüber dem Eiweiß des Protoplasmas bezieht. Während nämlich die Säuren im allgemeinen Eiweiß *fällen, lösen* die Alkalien Eiweißkörper auf unter Bildung der Alkalialbuminate, und diese Eigenschaft beherrscht ganz die Ätzwirkung. Infolge dieses Auflösungsvermögens wird auch die Epidermisschicht epidermoidaler Gewebe leicht angegriffen. Unter Hinzutritt der sonstigen, mit den Säuren gemeinsamen Eigenschaften, wie Wasseranziehungsvermögen usw., kommt dann unter Verseifen von Fetten das Bild der Ätzwirkung zustande, das hier dadurch charakterisiert ist, daß die Gewebe der verätzten Stelle in eine grauweißliche, bräunlich verfärbte, breiige Masse umgewandelt werden. Im Gegensatz zum „harten Schorf" und zur Koagulationsnekrose der Säuren kommt es hier zur Bildung eines weichen Schorfs und dann zur sog. *Kolliquationsnekrose*. Während aber der bei der Säurevergiftung gesetzte Schorf dem Vordringen des Ätzmittels einen starken Widerstand entgegensetzt, fehlt dieser hier. Das Ätzmittel dringt dadurch unter Schaffung größerer Substanzverluste immer tiefer. Auch hier treten dann die Erscheinungen der reaktiven Entzündung hinzu. Kommt es zur Abheilung, dann bildet sich auch hier unter Luftzutritt aus der breiigen Masse ein dicker Schorf, der allmählich abgestoßen wird. Entsprechend der Tiefenwirkung haben wir hier auch wesentlich tiefere und ausgedehntere Narbenbildung und dementsprechend auch eine größere Gefahr der Strikturbildung als bei den Säuren.

Wie erwähnt sind bei den Alkalien nicht nur die Schleimhäute, sondern auch die äußeren Häute und die epidermoidalen Gebilde, Nägel und Haare der Auflösung ausgesetzt. Immerhin überwiegt aber die Wirkung auf die Schleimhäute, die dem Vordringen der ätzenden Lauge den geringsten Widerstand entgegensetzen. Äußerlich ist auch hier das Auge und seine Schleimhäute, innerlich Mundhöhle, Speiseröhre, Magen und Darm mit den gleichen Prädilektionsstellen wie bei den Säuren gefährdet.

Salze entstehen, wenn die vertretbaren Wasserstoffatome eines Säuremoleküls ganz oder teilweise durch Metallatome ersetzt werden. Zur Salzbildung kann es folglich ganz allgemein beim Zusammentreffen einer Base mit einer Säure oder bei der Einwirkung einer Säure auf ein Metall kommen.

Die *entzündungserregende Wirkung der Salze* kann bedingt sein:

1. durch die physikalisch-chemische Beschaffenheit des Salzes, 2. durch das Anion, 3. durch das Kation.

Die allgemeine Salzwirkung wird gewöhnlich als Störung örtlich-osmotischer Vorgänge gedeutet. Diese Störung kann die Grundeigenschaft der Körpersäfte: die *Isotonie*, die *Isohydrie* und die *Isoionie*, betreffen. Gelangen indifferente Neutralsalze in hoher Konzentration auf die Schleimhäute, dann rufen sie durch die erwähnten Störungen am Orte ihrer Einwirkung Veränderungen im Eiweiß des Zellprotoplasmas hervor, die zu einer Eiweißdenaturierung, meist Eiweißfällung, führen. Dadurch wird das Bild der Ätzung erzeugt, das sich in nichts von den durch andere Gifte hervorgerufenen Ätzungen unterscheidet.

Eine besondere Form regulärer Entzündungserregung ist die durch *Schwermetallsalze*. Man hat bisher immer den Schwermetallsalzen als allgemeine Reaktion die Fähigkeit zugeschrieben, mit Eiweißlösungen in chemische Wechselwirkung zu treten und darin Niederschläge hervorzurufen, die aus Metallalbuminaten bestehen sollen. Die dadurch bewirkte tiefgehende Veränderung des lebenden Gewebes, insbesondere die Zerstörung des Protoplasmas, macht besonders die hydrolytisch dissoziierten Salze der Schwermetalle zu energischen Ätzmitteln. Die Ätzung durch Schwermetalle setzt sich hier aus zwei Komponenten zusammen, und zwar aus der Wirkung des Metalloxyds, welches die Umwandlung des lebenden Organeiweißes in totes Metallalbuminat bewirkt, und aus der Wirkung der Säure, die in dem betreffenden Metallsalze eben durch die hydrolytische Spaltung jeweils in Freiheit gesetzt wird.

Hatte man früher allen Schwermetallen solche lokale Ätzwirkung zugeschrieben, so bedeutete schon die letzterwähnte Anschauung eine Beschränkung der Ätzwirkung auf die hydrolytisch dissoziierten Schwermetallsalze. Den tatsächlichen Verhältnissen entsprechend verlangt aber auch dieser Satz noch eine weitgehende Korrektur, denn die Ätzwirkung der Schwermetallsalze ist durch die hydrolytische Dissoziation allein noch nicht ausreichend determiniert.

Aufschluß hierüber brachten uns Untersuchungen über die Eiweißfällung durch Eisensalze (STARKENSTEIN[1]), die ergeben hatten, daß alle Ferrosalze, einerlei ob solche organischer oder anorganischer Säuren, selbst in hohen Konzentrationen nicht eiweißfällend wirken. Weiter verhalten sich alle komplexen Eisensalze und dann noch jene Ferriverbindungen, die durch Kolloide in Lösung gehaltenes Ferrihydroxyd darstellen, gegenüber Eiweiß indifferent. Dagegen wirken schon sehr geringe Konzentrationen aller echten Ferrisalze eiweißfällend und damit ätzend.

Von großer Bedeutung für die Beurteilung der Schwermetallätzwirkung ist die Frage, welcher Teil der Schwermetallsalzlösung Träger der Eiweißfällung ist. Da weder Salz- noch Schwefelsäure in den Konzentrationen, die bei der Lösung von Ferrichlorid oder Ferrisulfat entstehen, eiweißfällend wirken, so kann dem Säureanteil der Schwermetallsalzlösung, entgegen der früheren obenerwähnten Anschauung, nicht die Fähigkeit zur Ätzwirkung zugeschrieben werden. Da andererseits den nichtdissoziierten Ferriverbindungen kein Eiweißfällungsvermögen zukommt, so müssen wir die dissoziierten Ferriionen als die Träger der Ätzwirkung ansehen, während den dissoziierten Ferroionen jene Ätzwirkung fehlt. Dem entspricht es dann auch, daß von den dreiwertigen Metallionen, dem Ferrichlorid, Ferrisulfat, Ferrilactat, Ferricitrat usw. dann den gleichen Mangani-, Kobalti-, Nikeliverbindungen Eiweißfällung und Ätzwirkung zukommt, während dem Ferrosulfat, Ferrochlorid, Ferrocitrat und den gleichen Mangano-, Kobalto-, Nikelosalzen, dann aber auch dem komplexen Ferricitratnatrium und ähnlichen komplexen Schwermetallverbindungen jedes Eiweißfällungs- und Ätzvermögen fehlt.

Es ist folglich für das Ätzvermögen eines Schwermetalles nicht bloß die hydrolytische Spaltung, sondern in der Regel auch die jeweilige Oxydationsstufe des Metalles in der betreffenden Verbindung mitverantwortlich. Doch kann auch dieser Satz keine Verallgemeinerung finden; denn bei den zweiwertigen Metallen (Kupfer, Quecksilber) sind sowohl die Cupro- und Cupri- bzw. Mercuro- und Mercuriverbindungen eiweißfällend und wirken demzufolge schon in relativ geringen Konzentrationen reizend, ätzend und entzündungserregend. Mit der Reizwirkung dieser Metalle dürfte auch die brechenerregende Wirkung bei oraler Verabreichung zusammenhängen, und dadurch wird es auch verständlich, daß wohl Kupfersulfat, nicht aber Ferrosulfat, in den üblichen Mengen oral verabreicht, Erbrechen hervorruft.

Alles das, was hier über die Beziehungen von Schwermetallsalzen zur Eiweißfällung gesagt wurde, bezieht sich indes nur auf die Ätzung im engeren Sinne des Wortes, während die „Reizwirkung" dieser Metallsalze sicherlich auch noch von

---

[1] STARKENSTEIN: Arch. f. exper. Path. **118** (1926).

anderen Faktoren abhängig ist. Dafür spricht vor allem die Tatsache, daß auch
die Eiweiß nichtfällenden und infolgedessen nichtätzenden Ferrosalze doch noch
„reizend" wirken, was vor allem darin zum Ausdruck kommt, daß auch diese
Salze bei subcutaner oder intramuskulärer Injektion Schmerz erzeugen. Aber
selbst innerhalb der Gruppe der einfachen Ferrosalze bestehen noch Unterschiede:
So ist die Reizwirkung des Ferrosulfats stärker als die des Ferrochlorids, woraus
die besondere Beteiligung des Anions an dieser Reizwirkung hervorgeht. Diese
schmerzauslösenden Wirkungen solcher Metallsalze, die ohne jede sichtliche morphologische Veränderung eintreten können, stehen zu den Untersuchungen von
Schade, v. Gaza und Brandy[1], Haebler und Hummel[2] u. a. in Beziehung,
aus denen hervorgeht, daß der „Schmerz" bei Entzündungen einerseits auf eine
H-Ionenwirkung, andererseits auf eine Störung in der Kationen-Isoionie zurückzuführen ist (s. S. 347f.).

In eine *3. Gruppe* der entzündungserregenden Mittel lassen sich *organische
Stoffe* vereinigen, die neben sonstigen toxikologischen Wirkungen lokal entzün-
dungserregend wirken, wie Chloroform, Dimethylsulfat, Acrolein, Glycerin,
Chloralhydrat, Petroleum (Rohparaffinöl) u. a.

In eine *4. Gruppe* gehören die entzündungserregenden Pflanzenstoffe, wie
ätherische Öle und die diese enthaltenden Pflanzen: Brassica nigra (Senfsamen),
Thuja occidentalis, Tanacetum (Wurmfarm) Sabina (Sadebaum), Ruta graveolens,
Arnica montana. Ferner Glykoside, Säuren. Harze (Euphorbium) Bitterstoffe
usw., dann Crotonöl, Marattifett, Gummigutti (Gambogiasäure), Aloe, Koloquin-
ten, Jalappa, Scammonium: Saponine: Digitalis, Quillaja, Agrostemma Githago
(Kornrade), Solanin. Pflanzenstoffe mit schleimhautreizenden Eiweißkörpern
(Phytotoxine). Abrin, Ricin, Pollentoxin. Zum Teil werden hierher auch die
entzündungserregenden Bakterien und ihre Stoffwechselprodukte zu rechnen sein.

Sonstige hautreizende bzw. schleimhautreizende und entzündungserregende
Pflanzen: Rhus toxicodendron, Annacardium occidentale, Primula obconica.
Urtica urens und dioica, Euphorbiumarten (Gummiresina Euphorbium), Oenanthe
crocata, Asarum europ., Aristolochia Clematis, Bryonia alba, Lupinus.

Eine *5. Gruppe* umfaßt schließlich die entzündungserregenden Gifte aus dem
Tierreiche: Cantharidin, die giftigen Sekrete der Aculeaten (Biene, Hummel,
Wespe, Ameise, Mücke, Bremse), Spinnengifte, Fischgifte und Schlangengifte usw.

Die entzündungserregenden Stoffe aller hier aufgezählten Gruppen zeigen
alle Übergänge der Wirkung, von einfacher Reizung bis zur vollständigen Nekrose.
Sie können daher innerhalb einer jeden Gruppe nach ihrem Angriffspunkt in die
bereits angeführten drei Gruppen der Rubefacientia, Vesicantia und Suppurantia
eingeteilt werden. Von allen diesen Einzelheiten der Wirkung sei hier unter Hinweis auf die einschlägigen Lehrbücher der Pharmakologie und Toxikologie abgesehen[3].

II. Pharmakologische Entzündungsbekämpfung.

*(Verhinderung der Entzündung und Rückführung der durch Entzündung gestörten
Organfunktionen zur Norm.)*

Eine pharmakologische Beeinflussung der Entzündungsvorgänge lehnt sich
entsprechend den Grundsätzen, die für alle kausalen pharmako-therapeutischen

---

[1] Schade, v. Gaza u. Brandy: Klin. Wschr. **5**, 1123 (1926); **6**, 11 (1927).
[2] Haebler u. Hummel: Klin. Wschr. **7**, 215 (1928').
[3] Meyer-Gottlieb: Exper. Pharmakol. 7.Aufl.1925. — Starkenstein-Rost-Pohl: Lehrbuch der Toxikologie. Berlin-Wien 1929, dort auch weitere Literatur. — Flury-Zangger:
Lehrbuch der Toxikologie. Berlin 1928. — Meyer, J.: Die Gasstoffe und die chemischen
Kampfstoffe. Leipzig 1925. — Heubner, Flury, Wieland, Magnus u. Laqueur: Gas-
kampfstoffe. Z. exper. Med. **13**, 1 (1921).

Bestrebungen richtunggebend sein sollen, immer an die Pathogenese an. Aus diesem Grunde wurde im ersten Teile dem Angriffspunkte der entzündungserregenden Stoffe eine so große Bedeutung beigelegt, weil sich die Rückführung zur Norm um so erfolgreicher gestalten wird, je mehr es gelingt, den primären Angriffspunkt eines entzündungserregenden Stoffes antagonistisch zu beeinflussen und dadurch entzündungserregende Wirkungen sekundärer Art überhaupt zu verhindern. Wir haben als *Hauptangriffspunkte der Entzündungsreize Nerven, Gefäße* und *Gewebszellen* kennengelernt, und an diesen Angriffspunkten setzen auch die pharmakologischen Maßnahmen ein, die eine Entzündung kausal zu bekämpfen suchen.

In die *1. Gruppe* pharmakologischer entzündungshemmender Stoffe gehören alle jene Mittel, welche imstande sind, die *primären Reize zu mildern*, mögen diese auf die Nerven oder auf die Gefäße oder auf die Gewebszellen direkt gerichtet sein. Diese 1. Gruppe entzündungshemmender Mittel umfaßt die sog. **Emmolientia,** auch als *Mucilaginosa* oder *einhüllende Mittel* bezeichnet. Es handelt sich hier fast durchweg um schleimige Stoffe meist pflanzlichen Ursprungs, die im Wasser quellen und dabei dickflüssige, kolloide Pseudolösungen bilden. Die reizmildernde Wirkung dieser Stoffe wurde von SCHMIEDEBERG[1] und von TAPPEINER[2] studiert. Hierher gehören die Tubera Salep, die Wurzelknollen verschiedener Orchideen und der aus ihnen hergestellte Salepschleim: Mucilago Salep. Ferner Gummi Acaciae (Gummi arabicum), die Calciumverbindung der kolloiden Arabinsäure, dann der Tragant; ferner Carrageen, das sog. irländische Moos, eine Alge, Lichen Islandicus, das sog. ,,isländische Moos'', eine Flechte, ferner Stärke, Eibischwurzel (Radix Althaeae), Eibischblätter (Folia Althaeae) und Malvenblüten, Gelatine und die vielen Emulsionen, die mit Hilfe der kolloiden Bestandteile verschiedener Samen, vor allem der Mandeln hergestellt werden. Diese schleimigen Mittel sind imstande, Geschmacks-, Temperatur-, Schmerz- und Entzündungsreize herabzudrücken oder ganz aufzuheben. Experimentell läßt sich diese Wirkung an folgenden Versuchen zeigen. Bringt man den Hinterfuß eines dekapitierten Frosches (Reflexfrosches) in $1/10$ proz. Salzsäure, so zieht das Tier nach wenigen Sekunden das Bein an sich; setzt man einige Prozent Gummi zu, so wird das Bein zuweilen erst nach $1/2-1$ Minute, zuweilen gar nicht angezogen. Der starke Schmerz, den eine 5—6 proz. Kochsalzlösung auf einer offenen Wunde erzeugt, wird nur wenig gefühlt, wenn die Lösung statt mit reinem Wasser mit einer schleimigen Flüssigkeit bereitet ist. Füllt man eine abgebundene, lebende Darmschlinge mit Wasser, dem einige Tropfen Senföl zugesetzt sind, so ist nach einer Stunde die Schleimhaut stark gereizt, geschwollen und injiziert und der Darm mit einem eiweißreichen, entzündlichen Exsudat erfüllt; hat man dagegen vorher 10% Gummi zugesetzt, so beschränkt sich die Wirkung darauf, daß die Schleimhaut sich etwas rötet. Diese Reizmilderung und dadurch gegebene Entzündungshemmung kommt außer den genannten Stoffen aus gleichen Gründen den indifferenten Salben, Pflastern und Streupulvern bei ihrer Einwirkung auf die äußere Haut und die Schleimhäute der Atmungswege, des Magens und des Darmes zu. (Bezüglich der Bewertung von Salben als Antiphlogistica vgl. MONCORPS[3]).

Eine besondere Form der *Abhaltung von Entzündungsreizen* wird bewirkt durch *Lähmung peripher sensibler Nervenendigungen* und durch die damit zusammenhängende *Schmerzstillung*. Die Grundlagen hierfür sind aus der Tatsache abzuleiten, daß im Wege der Schmerznerven die Entzündungsreize zu den Gefäßen geleitet werden.

---

[1] SCHMIEDEBERG: Grundriß der Pharmakologie 1906.
[2] TAPPEINER: Münch. med. Wschr. **1899**, Nr 38, 39 — Arch. internat. Pharmacodynamie **10**, 67 (1902). — POULSSEN: Lehrbuch der Pharmakologie, 8. Aufl., 1928.
[3] MONCORPS: Arch. f. exper. Path. **141**, 1929.

Wir haben bereits bei der Besprechung der neurogenen Entzündungsursachen darauf hingewiesen (s. S. 356), daß Spiess durch Anästhesierung die Entstehung von Entzündung verhindert, andererseits bestehende Entzündungen rasch der Heilung zuführen konnte. Wir haben weiter die Versuche von Bruce besprochen (s. S. 357), die zeigten, daß der durch Senföl an der Konjunktiva des Kaninchenauges gesetzte Entzündungsreiz so lange unwirksam bleibt, als man die sensiblen Nervenendigungen dieses Gebietes durch Cocain, Alypin u. ä, Anaesthetica unter Anästhesie hält.

Spiess hebt hervor, daß der Schlaf, „in dem auch die Empfindungen herabgesetzt sind", die entzündlichen Erscheinungen der Schleimhaut beim gewöhnlichen katarrhalischen Schnupfen günstig beeinflußt, so daß die Sekretion oft während der ganzen Nacht sistiert, um nach dem Erwachen am andern Morgen von neuem zu beginnen. Daraus leitet Spiess · die Berechtigung ab, auch durch zentral wirkende Analgetica Entzündungshemmung zu beeinflussen. Er teilt eine Beobachtung mit, daß eine rechtzeitig vorgenommene Morphininjektion beim beginnenden Schnupfen ebenso entzündungswidrig wirkt wie die lokale Anästhesierung der Nasenschleimhaut mit Orthoform, mit der man die Erkrankung coupieren kann. Auch die zentrale Hypalgesie, wie sie durch die Gruppe der Antipyretica-Analgetica erreicht wird, bewirkt eine Hemmung der schmerzhaften entzündlichen Schleimhautprozesse.

Es unterliegt keinem Zweifel, daß alle die von Spiess gemachten Beobachtungen richtig sind, und sie finden auch vielfache Bestätigung. Unzutreffend aber ist es, den Effekt der *peripheren Anästhesierung* auf die Entzündung wesensgleich zu setzen der gleichartigen Wirkung zentraler Schmerzstillung. Denn hier sind zwei gleiche Effekte auf verschiedene Ursachen zurückzuführen.

Wir haben schon die Arbeiten von O. Rosenbach erwähnt (s. S. 357), der schon früher den Einfluß herabgesetzter, zentraler Erregbarkeit auf den Ablauf entzündlicher Vorgänge im kranken Organismus nachgewiesen hatte. Rosenbach hält aber die hierher gehörende Wirkung des Morphins nicht durch Beeinflussung des Sensoriums, sondern durch Beeinflussung der Erregbarkeit des protoplasmatischen Apparates bedingt (s. hierzu S. 390ff.).

Die bisher besprochenen entzündungshemmenden Mittel entfalten ihre Wirkung durch *lokale Beeinflussung des Entzündungsherdes*. Diesen schließt sich als weitere Gruppe lokal entzündungshemmender Stoffe die der sog. **Adstringentia** an. Wir verstehen darunter Stoffe, die mit den eiweißartigen Bestandteilen der Zellen und Zellsekrete mehr oder minder feste, in neutralen oder schwachsauren Medien unlösliche Kolloidverbindungen bilden.

Über das *Wesen der Adstrinktion* herrschte folgende Vorstellung[1]: „Je zäher und je weniger löslich diese kolloidalen Verbindungsprodukte sind, um so fester werden sie die Oberfläche, wo sie entstanden sind, dichten und um so wirksamer das weitere Eindringen des Adstringens wie auch eines jeden andern Stoffes in die unterliegenden Protoplasmateile und Zellen verhindern; etwa so, wie eine Niederschlagsmembran, die in der Wand einer beliebigen Diffusionszelle durch den Niederschlag von Ferrocyankupfer erzeugt wird, die Zelle für gelöste Stoffe undurchlässig macht. Die Koagulation und damit natürlich auch die Abtötung und Zerstörung von Protoplasma beschränkt sich daher bei den eigentlichen Adstringenzien ausschließlich auf die alleroberflächlichste Gewebsschicht, die verdichtet wird und nun eine Schutzdecke gegenüber chemischen, bakteriellen und mechanischen Angriffen und somit gegenüber allen sensiblen und entzündungserregenden Reizen bildet. Zugleich wird die Sekretion der oberflächlichen, von

---

[1] Meyer-Gottlieb: Die Exper. Pharmakologie, 7. Aufl. S. 258. (1925).

dem Mittel betroffenen Drüsen herabgesetzt und auch die Flüssigkeitsabsonderung aus Gewebsspalten verstopft, die in Wunden oder Granulationsgeweben zutage liegen; endlich werden auch die oberflächlichen Blutcapillaren oder Arteriolen verändert, ihre Wände werden undurchlässiger für Plasma und Leukocyten, indem die Kittsubstanz zwischen den Endothelien gedichtet wird; ihre Ringmuskulatur schrumpft durch die Koagulation der Oberfläche zusammen und macht die Gefäße enger[1]. Das betroffene Gewebe wird demnach wenigstens in seinen obersten Schichten blutärmer, dichter, trockener, weniger sensibel: Eigenschaften, die im ganzen denen des gelockerten und geschwellten, geröteten, stark sezernierenden und schmerzhaften, d. h. also des entzündeten Gewebes entgegengesetzt sind. Daher denn die Adstringenzien überall da, wo an Wunden oder Schleimhäuten die Symptome der Entzündung bestehen, zur Einschränkung dieser Symptome als entzündungswidrige Mittel Verwendung finden."

Zu einer andern Auffassung vom Wesen der Adstringierung kommt SCHADE[2]. Er geht von der Überlegung aus, daß fast alle adstringierenden Stoffe, wie die Salze der Thonerde, viele Salze der Schwermetalle und die Gerbsäure die gemeinsame Eigenschaft besitzen, Eiweißkörper, Schleime, Leim usw. unter Bildung entsprechender Metallalbuminate bzw. Tannate zu fällen. Auf Grund der physikochemischen Beobachtung, daß stets schon kleinste kolloidfällende Beeinflussungen des Zellprotoplasmas intensivste Störungen des Zellebens, oft bereits den Zelltod zur Folge haben, kann SCHADE der oben ausführlicher dargelegten Anschauung über das Wesen der adstringierenden Wirkung nicht beipflichten, daß es bei der Wirkung der Adstringenzien zu einer Koagulation und damit natürlich zur Abtötung und zur Zerstörung von Protoplasma der alleroberflächlichsten Gewebsschichten komme. Diese Annahme gebe zwar ein geeignetes Bild der Adstringierung einer frei liegenden Wundfläche, würde aber dadurch die Adstrinktion in das Gebiet der Verschorfungen verlegen. Nach SCHADE stellt sich das Wesen der Adstringierung folgendermaßen dar:

Wenn durch die Entzündung der Kolloidzustand des Gewebes krankhaft verändert, d. h. das Protoplasma gequollen, die Intercellularmasse gelockert und hierdurch das Epithel seines Schutzwertes für das tiefer gelegene Gewebe beraubt ist, so muß am meisten eine Wirkung von Nutzen sein, welche diese Kolloidänderung eben gerade zum Ausgleich bringt. Um eine größtmögliche Lebensbegünstigung für die Zelle zu erzielen, ist es Voraussetzung, die kolloidverdichtende Wirkung nur bis zu solchem Grade zur Geltung zu bringen, daß ein Ausgleich des Abnormen geschaffen wird, daß das Zuviel an Quellung und Lockerung, welches vorhanden ist, bis zum Normalstand und jedenfalls nicht wesentlich darüber hinaus korrigiert wird. Sehr demonstrative Versuche von J. LOEB[3], die allerdings zu gänzlich andern Zwecken angestellt wurden, können als eine erste Grundlage für diese Auffassung der Adstringierung dienen. Bringt man tierische Zellen (Funduluseier) durch geeignete Elektrolytwirkung (z. B. reine Kochsalzlösung) zu einer gesteigerten kolloiden Quellung, welche in einiger Zeit den Tod herbeiführen würde, so kann bekanntlich der nachträgliche Zusatz von Calciumionen durch antagonistische Kolloidwirkung den Normalzustand der Zellkolloide wiederherstellen und so den drohenden Tod abwenden. J. LOEB machte die „frappierende Entdeckung", daß die Lebenderhaltung solcher Zellen und die Weiterentwicklung zu Larven auch erreicht wird, wenn man die abnorme Kolloidquellung durch körperfremde, ja sogar durch an sich giftige Stoffe zum Ausgleich bringt. Es ist sehr bezeichnend, daß die günstige Wirkung nur eintritt, wenn diese Stoffe auf vorher abnorm gequollene Zellen einwirken; setzt man normale Zellen den gleichen Stoffen bei gleicher Konzentration aus, so werden sie stark geschädigt, die Weiterentwicklung der Eier ist total gehemmt. Eine solche Wirkung zeigten in diesen LOEBschen Versuchen alle Salze mit stark fällenden Metallionen: Mg, Ca, Sr, Ba, Ni, Mn, Pb, Zn, Al, Cr und Th u. a. Unter diesen Substanzen aber finden sich gerade diejenigen Stoffe, welche in der Therapie beim entzündlich gequollenen Gewebe als „Ad-

[1] HEINZ: Virchows Arch. **116** (1889).
[2] SCHADE: Die physikalische Chemie der innern Medizin, 3. Aufl., S. 283.
[3] LOEB, J.: Amer. J. of Physiol. **6**, 411 (1922) — Pflügers Arch. **88**, 68 (1901); **93**, 246 (1902).

stringentia" gebräuchlich sind, so namentlich die Schwermetalle und die Salze des Aluminiums. Es ist durch J. Loeb, Höber u. a. sichergestellt, daß hier eine reine Kolloidwirkung im Sinne der „Gerbung" den Zellschutz herbeiführt; sie wirkt dadurch, daß sie die abnorme Quellung der Eikolloide, welche unter der Wirkung des alleinigen Vorhandenseins von Na-Ionen auftritt, zur Kompensation bringt. Immer wirken nur minimale Mengen der fällenden Salze im günstigen Sinne. „Oberhalb eines sehr niedrigen Konzentrationsmaximums werden als Kongulationssymptome Trübungen in den Eiern sichtbar, und die Entwicklung wird beeinträchtigt[1]. In dem obigen Versuch des Aluminiumchlorids tritt das Optimum der Wirkung mit dem dann folgenden Abstieg schon zutage." Immerhin ist es erstaunlich, daß Salze, wie etwa die Blei- und Zinksalze, welche sonst als typische Protoplasmagifte gelten, überhaupt zur Aufbesserung der Lebensbedingungen nennenswert in Frage kommen. „Also nur Spuren sind wirksam, aber es ist auch darauf besonders zu achten, daß *schon* Spuren wirken." Verwandte Beobachtungen an andern Objekten beweisen, daß hier keine Einzelerscheinung, sondern ein Vorgang allgemeiner Art vorliegt. Schade sieht in diesen Befunden der Physiologen das kolloidchemische Vorbild der therapeutischen Adstringierung, soweit entzündlich gequollene, aber noch lebensfähige Zellen für die Behandlung in Frage kommen. Für die ärztliche Praxis wird eine strenge Unterscheidung der Ziele notwendig. Will man eine nekrotische oder geschwürige Fläche adstringieren, d. h. mit einer geronnenen Oberflächenschicht versehen, so bedarf es einer relativ hohen Konzentration des Adstringens, um unter bewußter Zerstörung der oberflächlichen Zellen eine wirksame Schutzdecke zu schaffen. Steht aber lediglich eine entzündlich gequollene und in ihrem Zellverband gelockerte Schleimhaut zur Beeinflussung, so ist die Zurückführung zum normalen Quellungszustand, nicht aber eine Gerinnung das Ziel. Auch für die Therapie gilt dann der obige Satz, daß *schon* Spuren wirken und daß *nur* Spuren wirken. Die Nichtbeachtung dieser Regel muß den Gesamterfolg in Frage stellen, sie wird dort einen nekrotischen Schorf setzen, wo kolloidchemisch noch eine direkte Restituierung möglich war. Mit der Adstringierung hat diese Wirkung nur wenig mehr gemeinsam. Am besten läßt sich diese Art der kolloiden Zellkorrektur, welche nur bei einer „geschwollenen" Zelle anwendbar ist und ihrem Wesen nach jede Niederschlagsbildung ausschließt, mit einem kurzen Worte als „*antionkische* Wirkung" (H. Schade) bezeichnen. Eine eigene Wortprägung (ὄγκος = die Schwellung) scheint Schade hier nützlich, um mit möglichster Schärfe die kolloide Sonderart und zugleich die spezielle Beschränkung der Wirkung auf die krankhaft gequollenen Zellen herauszuheben. Wie H. Schade in Gemeinschaft mit Th. Giesecke und St. Kielholz in Tierversuchen nachwies[2], ist eine solche antionkische Wirkung bei künstlich gequollenen Zellen ähnlich wie mit Metallsalzen auch mit Tannin erreichbar. Auf normale Zellen wirkt das Tannin in jeder Konzentration schädigend. Sind aber die Zellen durch H-Ionenbeeinflussung in einen Zustand abnormer Quellung versetzt, so wirkt das Tannin bei einer ersten sehr kleinen Konzentration deutlich lebensverlängernd. Schon bei $1:640000$ konnte mit Tannin eine Schutzwirkung erzielt werden. Dabei ließ sich zeigen, daß mit steigendem Quellungsgrad der Zellen auch die zur Schutzwirkung erforderliche Tanninkonzentration ansteigt. Immer aber bleibt die antionkische Wirkung an sehr niedrige Konzentrationen ($1:20000$ bis $1:5000$) gebunden. Nimmt man höhere Tanninkonzentrationen zu längerer Einwirkung, so wird stets nur Zellschädigung beobachtet. Um therapeutisch eine antionkische Wirkung im Darm zu erreichen, ist die reine Gerbsäure (= Tannin) wenig geeignet; sie kommt sofort im Magen mit ihrer ganzen Menge zur Reaktion, schafft daher in dem zuerst betroffenen Gebiet ein Übermaß der Kolloidwirkung, eine Adstringierung im alten Sinne; sie wird ferner durch die kolloide Bindung am Gewebe und aus andern Gründen schnell in ihrer Konzentration verringert, so daß zu dem anfänglichen Übermaß der Wirkung sehr bald in den abwärts gelegenen Abschnitten des Darms ein Versagen der Wirkung als zweiter Übelstand hinzukommt. Zu einer mehr gleichbleibenden, stets geringen Wirkung im Magendarmkanal sind am besten solche Präparate befähigt, bei denen die Hauptmasse der antionkischen Substanz in chemisch inaktiver Form dargereicht wird, um sich erst allmählich während der Passage des Verdauungskanals zu wirksamerer Form umzubilden. Physikochemisch lautet das Ziel: stets eine minimale Konzentration des aktuellen Teils der antionkischen Substanz, dazu zugleich als Vorrat für die ganze Länge des Darms eine relativ große Menge an potentieller Substanz. Beim Bismutum subnitricum und Bismutum subgallicum (= Dermatol) wird eine gleichbleibende Konzentration durch die nur minimale Löslichkeit erreicht. Beim ebenfalls fast wasserunlöslichen Tannigen (Acetylester der Gerbsäure) und Tannalbin (Additions- bzw. Adsorptionsverbindung der Gerbsäure mit Eiweiß) ist zudem die Bindung der Gerbsäure im Präparat eine relativ feste; sie gibt im Darm nur langsam Gerbsäure frei und begünstigt dadurch noch mehr die gleichmäßige Wirkung. Ähnliches gilt noch für einige weitere pharmazeutische Derivate des Tannins. Will man

---

[1] Höber, R.: Physikal. Chemie d. Zelle u. Gewebe. Leipzig 1922.
[2] Schade, H.: Münch. med. Wschr. **1922**, Nr 43, 149 — vgl. Th. Giesecke: Inaug.-Diss. Kiel 1921. — Kielholz, St.: Inaug.-Diss. Kiel 1922.

im Magendarmkanal geschwürige oder oberflächliche nekrotische Partien durch „Adstringierung" beeinflussen, wird man hohe Konzentration wählen, z. B. zur Beeinflussung möglichst des Magens allein auch gut Acidum tannicum verwenden können. Wünscht man aber eine „antionkische Wirkung", so sind nur geringe Konzentration der jeweils aktiven Masse brauchbar; dabei ist es wesentlich, für längere Zeit durch oft wiederholte kleine Gaben für die Gleichmäßigkeit der Wirkung zu sorgen. Wie man erkennt, hat die praktische Erfahrung am Kranken bereits weitgehend das Richtige herausfinden lassen. Gleichwohl gibt die schärfere Erkennung des Vorgangs für die Therapie auch praktische Hinweise. Sie rückt den therapeutischen Wert gerade der mildesten Adstringenzien, wie z. B. der Abkochungen von Blaubeeren (Fruct. Myrtilli) und Preißelbeeren, in eine besondere Beleuchtung; es erscheint verständlich, daß bei chronischen Reizzuständen namentlich des Magens und des Dickdarms, nachdem die „üblichen Adstringenzien" versagten, nicht selten durch Spülungen mit diesen Abkochungen noch gute Erfolge beobachtet werden konnten.

Die antionktische Wirkung aber weist weit über den Kreis der Adstringenzien hinaus. Unter den Zusätzen, welche J. LOEB für die gequollenen Zellen im Sinne einer lebenserhaltenden Kolloidkorrektur wirksam fand, ist klinisch vor allem noch das Magnesium von erheblichem Interesse. Die Magnesia usta, welche im Magendarmkanal zum Teil in lösliche Salze umgewandelt wird[1], hat als Abführmittel bei katarrhalischen Zuständen eine ungemein sanfte, fast „beruhigende" Wirkung; die Praxis hat es dem Rhabarber zur Milderung der Wirkung im sog. „Kinderpulver" beigefügt. Die Beobachtungen von J. LOEB[2] und ähnliche auch von v. EISLER[3] lassen es sehr wohl möglich erscheinen, daß auch hier eine antionkische Wirkung im Spiele ist. Die „antikatarrhalische Wirkung" ist ein alter Begriff in der Medizin; er ist seit langem, da ihm bei der cellularpathologischen Richtung der Medizin ein experimentell faßbarer Inhalt zu fehlen schien, von der wissenschaftlichen Forschung zurückgedrängt worden. In der antionkischen Wirkung scheint ihm eine scharf präzisierbare kolloidchemische Grundlage geschaffen zu sein.

HANDOVSKY und HEUBNER[4] fanden bei der Untersuchung der Gerbstoffwirkung an Einzelzellen, daß geringe Dosen von Tannin die Durchlässigkeit in roten Blutkörperchen vermindern, in größeren steigern. In weiteren Untersuchungen kommen HANDOVSKY und MASAKI[5] zu dem Schluß, daß Schwermetalle und Gerbstoffe infolge Erstarrung und Koagulation des Protoplasmas Zellabdichtung bewirken[6].

Pharmakologisch wirkende Stoffe aus der Gruppe der Adstringenzien sind in erster Linie die Gerbstoffe, und zwar die Gerbsäure (Acidum tanicum) und die gerbsäurehaltigen Drogen. Soll die Gerbsäure bis in den unteren Darmabschnitt gelangen, so verwendet man gerbstoffhaltige Drogen, in denen sie von Cellulose, Gummischleim oder andern einhüllenden Stoffen umschlossen und so vor der zu raschen Lösung und Resorption geschützt ist, z. B. Catechu, ein Extrakt aus Acacia catechu, Kino, den erhärteten Rindensaft von Pterocarpus Marsupium, Radix Ratanhiae von Krameria triandra im Dekokt oder Extrakt, Lignum Campechianum und von einheimischen Drogen außer Cortex Quercus, Fol. Juglandis, namentlich die an wirksamem Gerbstoff sehr reiche Rad. Geranii von Geranium macul. u. a. Arten. Rad. Bistortae von Polygonum bistorta, Rad. Tormentillae von Potentilla tormentilla, dann Fructus Myrtilli (Heidelbeeren) u. v. a.

Verbindungen der Gerbsäure nach Art des Tannalbins, Tannigens, Tannaforms fanden bereits Erwähnung. Von den Salzen der Schwermetalle werden als Adstringenzien besonders die Wismutsalze und Wismutdoppelsalze, dann die des Silbers (Argentum nitricum), besonders aber des Bleis und Alauns, essigsaure Tonerde, Ölsaures Aluminium (Olminal WIECHOWSKI[7]) verwendet. Eingehende Untersuchungen über die Adstringierwirkung des Aluminiumacetats

---

[1] Vgl. H. MEYER u. R. GOTTLIEB: Die exper. Pharmakologie, 7. Aufl. S. 171 (1925).
[2] LOEB, J.: Zitiert auf S. 377.
[3] EISLER, v.: Zbl. Bakter. **1**, 51, 546 (1909).
[4] HANDOVSKY u. HEUBNER: Arch. f. exper. Path. **99**, 123 (1923).
[5] HANDOVSKY u. MASAKI: Klin. Wschr. **2**, 1838 (1923).
[6] Siehe hierzu auch W. HEUBNER: Eiweißfällung und Gewebsdichtung. Klin. Wschr. **3**, 324 (1924). — Siehe weiter auch die im folgenden mitgeteilten Untersuchungsergebnisse von W. STRAUB und HAFFNER.
[7] WIECHOWSKI, W.: Münch. med. Wschr. **1921**, 1082.

führten W. Straub[1] zu folgenden Ergebnissen: 1. Die Reaktion des Aluminium-acetats mit Blutserum ist ein kolloidchemisches Phänomen. 2. Die Flockung des Serums ist der Aluminiumkonzentration nicht proportional, sie besitzt vielmehr ein Optimum bei einer ca. 9,8proz. Lösung. 3. Das Reaktionsprodukt ist eine Gallerte und nicht, wie bei den Schwermetallsalzen, ein Niederschlag. Die Konzentrationswirkung an elastischem Bindegewebe geht den Reaktionen im Blutserum parallel und besitzt ein Optimum der gleichen Konzentrationslage.

Auch das Calciumhydroxyd (Kalkwasser) wird als Adstringens vielfach verwendet[2].

Eine sehr gute, brauchbare Methode zur Bewertung adstringierender und gerbender Stoffe hat Kobert beschrieben[3]. Die Methode besteht darin, die Agglutination von Hammelblutkörperchen unter dem Einfluß adstringierender Drogen zu bestimmen. Die Agglutinationsstärke kann der adstringierenden gleichgesetzt werden.

Eine weitere Methode zur Prüfung der pharmakologischen Wirkung der Adstringenzien hat Haffner nach Versuchen von T. Komiyama angegeben (s. hierzu auch das oben von W. Straub Gesagte). Metallische Adstringenzien, besonders stark essigsaure Tonerde und Bleiwasser, bewirken im Gegensatz zu andern Eiweißfällungsmitteln (wie Alkohol, Phenol, Sublimat) eine Verkürzung der Sehne des Rattenschwanzes unter Verminderung ihrer Dehnbarkeit. Die Erscheinung ist zu messenden Versuchen über die „zusammenziehende" Wirkung metallischer Adstringenzien brauchbar und spricht außerdem für eine wesentliche *Mitbeteiligung des Bindegewebes* bei der Adstrinktion. Tannin macht keine erhebliche Verkürzung, wirkt jedoch der Säurequellung entgegen.

Die Dichtung, die bei der Anwendung der Adstringenzien zur Entzündungshemmung im Entzündungsherde erreicht wird, soll sich nicht nur auf die Intercellularsubstanz der Gewebszellen, sondern auch auf die der Gefäßendothelien beziehen. Damit soll die Gefäßdurchlässigkeit gemindert werden, was weiterhin dazu führen soll, alle weiteren Folgeerscheinungen der Entzündung zu unterdrücken. Diese Erklärung der lokalen Adstrinktion wurde auch herangezogen zur Erklärung der Wirkung von *Kalksalzen*, welche die Hemmung von Entzündungsvorgängen nicht nur am Orte der Entzündung selbst bewirken, sondern die auch nach parenteraler Applikation an entfernteren, lokal unzugänglichen Entzündungsherden innerer Organe antiphlogistische Wirkungen entfalten.

Die Kenntnis, daß Calcium ein „Antiphlogisticum" ist, geht auf die Untersuchungen von A. E. Wright[4] zurück. Wright berichtet bei seinen Versuchen über den Einfluß von Calciumsalzen auf die Blutgerinnung auch über Heilerfolge bei Urticaria und führt sogar die Entstehung der Urticaria auf eine Calciumverminderung zurück. In gleicher Weise konnte Wright die Ödembildung durch Calciumsalze hemmen. Eine Grundlage für die Erkenntnis des Wesens der entzündungshemmenden Wirkung des Calciums bildeten weiter die Untersuchungen von Kurt Herbst[5], der fand, daß die Kittsubstanz gewisser tierischer Zellen durch Calciumentziehung verbreitert und gelockert und durch Calciumzufuhr

---

[1] Straub, W.: Über die Adstringierwirkung des Aluminiumacetats. J. of Pharmacol. **29**, 1 (1926).

[2] Kobert, R.: Beiträge zur Geschichte des Gerbens und der Adstringenzien. Arch. Gesch. Math. usw. **7**, 185 (1916). — Kionka, H.: Klin. Wschr. **1**, 408 (1922).

[3] Kobert, R.: „Collegium" **1915**, Nr 545, 321 und in Abderhaldens Lehrbuch der biochemischen Arbeitsmethoden **9**.

[4] Wright, A. E.: Lancet **1896**, 153, 807.

[5] Herbst, Kurt: Arch. Entw.mechan. **9**, 424.

wieder verschmälert und gefestigt wird. Den weitestgehenden Einfluß auf die Erkenntnis der Bedeutung des Calciums für die Entzündungsvorgänge nahmen aber die Untersuchungen von H. H. MEYER und die seiner Schüler CHIARI und JANUSCHKE[1]. JANUSCHKE hatte bei seinem Versuch gefunden, daß die bei Jodverabreichung sich bildenden Pleuraexsudate durch Injektionen von Calciumsalzen zu hemmen sind. Diese Beobachtung wurde von CHIARI und JANUSCHKE einer genauen Analyse unterzogen und führte zu folgenden Ergebnissen: Pleuraergüsse, die durch Vergiftung mit Jodnatrium, Thiosinamin und Diphtherietoxin bei Hunden und Meerschweinchen entstehen, sind ebenso wie Ödeme der Conjunctiva des Kaninchenauges nach Senföl- oder Abrininstillation durch genügende Anreicherung des Organismus mit Calciumsalzen ganz zu verhindern oder abzuschwächen. Die intensivst hemmende Wirkung entfaltete das Calciumchlorid; diesem steht am nächsten das Lactat. Die exsudationshemmende Wirkung der Calciumsalze kommt bei intravenöser Injektion nach 3 Stunden zustande und ist nach subcutaner Injektion nach 24 Stunden wieder verschwunden; sie ist unabhängig von der gerinnungsfördernden Wirkung der Calciumsalze. Diese Untersuchungsergebnisse wurden bei geänderter Versuchstechnik im Zusammenhang mit anderen Untersuchungen über die Pharmakologie der Entzündungsvorgänge von STARKENSTEIN bestätigt und weiterhin auch nach der Richtung erweitert, daß die Versuchstiere, denen Calcium entzogen wird, eine erhöhte Entzündungsbereitschaft aufweisen. Dies konnte LUITHLEN schon an haferernährten Kaninchen zeigen, die dadurch Ca-ärmer werden als Grünfuttertiere und STARKENSTEIN[2] konnte zeigen, daß Ca-Entziehung durch Ca-fällende Säuren die Entzündungsbereitschaft steigert. Die experimentellen Tierversuche fanden auch bei therapeutischer Anwendung der Calciumsalze zur Hemmung der Sekretion bei Heuschnupfen, bei Rhinitiden, sowie bei Jodschnupfen, Bindehaut- und Kehlkopfkatarrhen usw. Bestätigung und seither weitgehende klinische Anwendung (s. auch LÉON BLUM[3]). Allerdings konnten nicht alle Nachprüfungen der Hemmung exsudativer Prozesse durch Calciumsalze diesen Befund bestätigen[4].

LEO[5], der die Angaben für die Senfölconjunctivitis nachgeprüft und bestätigt hat, kam zu den gleichen therapeutischen Folgerungen. Dagegen griff LEVY[6] einen Teil der Versuchsanordnung CHIARIS und JANUSCHKES entschieden an. Er wies darauf hin, daß der als Testobjekt verwendete Hydrothorax beim Meerschweinchen nach Diphtherietoxinvergiftung keineswegs konstant auftrete, so daß das Ausbleiben des Ergusses bei mit Kalk vorbehandelten Tieren nicht ohne weiteres als Kalkwirkung anzusprechen sei. Einige seiner Versuche, die im Sinne CHIARIS und JANUSCHKES ausfielen, hielt LEVY deshalb nicht für verwertbar, zumal auch innerhalb einer Versuchsreihe die Resultate sehr wenig konstant waren. Auch bei Diapedeseblutungen, die an Mäusen durch kleine Dosen Crotalusgift erzeugt worden waren, konnte er keine Gefäßwanddichtung durch Vorbehandlung mit Calciumchlorid erzielen.

In einer zweiten Arbeit hat LEVY[7] dann die entzündungshemmende Wirkung prophylaktischer subcutaner Calciumchloridinjektionen bei der Senfölconjunc-

[1] CHIARI u. JANUSCHKE: Wien. klin. Wschr. **1910**, Nr 12 — Arch. f. exper. Path. **65**, 120 (1911).
[2] STARKENSTEIN: Arch. f. exper. Path. **77** (1914).
[3] BLUM, LÉON: Presse med. **30**, 221 (1922).
[4] POHL: Ther. Mh. **1910**. — LEVY, R.: Berl. klin. Wschr. **48**, 1322. — LOEB, L., S. M. FLEISHER u. HOYT: Zbl. Physiol. **22**, 496.
[5] LEO: Dtsch. med. Wschr. **1911**, Nr 1, 5.
[6] LEVY: Berl. klin. Wschr. **1911**, Nr 29, 1322.
[7] LEVY: Dtsch. med. Wschr. **1914**, Nr 19, 948.

tivitis des Kaninchens ebenfalls nachweisen können. Dagegen verlief ein Versuch, die Ausbildung eines Hydrothorax bei einem mit Jodnatrium vergifteten Hund durch vorherige Calciumchloridgaben zu verhindern, im Gegensatz zu Chiaris und Januschkes Angaben, erfolglos. Aseptische, durch intrapleurale Terpentininjektion beim Kaninchen hervorgerufene Eiterung wurde bei subcutaner Vorbehandlung des Tieres mit Calciumchlorid allerdings vorübergehend gehemmt; im therapeutischen Versuch blieb aber eine entsprechende Wirkung vollständig aus, eher war eine Verstärkung der Exsudation gegenüber dem Kontrolltier wahrzunehmen. Zur Erklärung seiner abweichenden Ergebnisse verweist Levy auf frühere Versuche von Loeb, Fleisher und Hoyt[1], nach denen die Einverleibung von Calciumchlorid die Transsudation in die Peritonealhöhle bei intravenöser Zufuhr von Kochsalzlösung indirekt steigert, indem die Flüssigkeitsausscheidung durch die Nieren und den Darm verringert wird, direkt, indem nach Nephrektomie die Zugabe von Calciumchlorid zur infundierten Kochsalzlösung das Transsudat in der Bauchhöhle vermehrt. Aus dem Nachweis einer prophylaktischen Wirkung des Chlorcalciums auf die Senfölconjunctivitis und das entzündliche Terpentin-Pleuraexsudat des Kaninchens kann nach Levys Meinung eine Empfehlung zu therapeutischen Zwecken bei Exsudaten und Transsudaten des Menschen nicht hergeleitet werden.

Andere Autoren konnten wohl die entzündungshemmende Calciumwirkung bestätigen, doch lehnen sie die Erklärung des Zustandekommens dieser Wirkung durch Gefäßdichtung ab. Usener[2] fand bei Kindern von 4—9 Jahren die Reaktionen auf Pilocarpininjektion nach 4×1 g Calciumchlorid in zweistündigen Intervallen verändert oder aufgehoben. In gleicher Weise hemmte Calciumchlorid die Adrenalinglykosurie und Hyperglykämie. Da die Durchlässigkeit der Niere für Zucker bei alimentärer sowie bei Phloridzinglykosurie durch hohe Calciumgaben nicht beeinflußt werden konnte, lehnt Usener die Auffassung von der gefäßdichtenden Wirkung des Calciums ab.

Diesen Befunden gegenüber konnte G. Rosenow[3] durch eine geänderte Methodik eine Reihe experimenteller Tatsachen beibringen, die im Sinne der gefäßdichtenden Wirkung der Calciumsalze gedeutet wurden. Als Objekt diente die vordere Augenkammer des Kaninchens, an der die Frage studiert wurde, ob durch Calciumchloridverwendung die normalen Irisgefäße abgedichtet werden können.

Die zur Entscheidung dieser Frage angewandte Methodik geht auf ältere Untersuchungen Paul Ehrlichs[4] zurück. Ehrlich hatte gefunden, daß, wenn man einem Kaninchen subcutan einige Kubikzentimeter ziemlich konzentrierter Fluoresceinlösung injiziert, nach wenigen Minuten eine allgemeine Gelbfärbung, ein „Ikterus" des Tieres auftritt. Haut und sichtbare Schleimhäute erscheinen intensiv gelb gefärbt. Bald darauf (die Zeit schwankt je nach der Menge und Konzentration der verwendeten Fluoresceinlösung) erscheint plötzlich in der vorderen Augenkammer eine senkrecht verlaufende grün gefärbte Linie, die entsprechend der Hornhaut gekrümmt ist. Sie ist zunächst nur undeutlich sichtbar, wird aber schon auch nach wenigen Sekunden ganz scharf begrenzt und intensiver gefärbt. Diese Linie beginnt an einem oben gelegenen Punkt der Irisperipherie aufzutreten und setzt sich nach unten zu fort; gewöhnlich reicht sie nicht zum Scleralrande, sondern endet meist in der Höhe des untern Pupillenrandes.

---

[1] Loeb, Fleisher u. Hoyt: Zbl. Physiol. **16**, 496 (1908).
[2] Usener, W.: Berl. klin. Wschr. **57**, 1144 (1920) — Z. Kinderheilk. **27**, 262 (1921).
[3] Rosenow, G.: Berl. klin. Wschr. **57**, 1147 (1920 — Z. exper. Med. **4**, 427 (1916).
[4] Loeb, Fleisher u. Hoyt: Zbl. Physiol. **16**, 496 (1908).

Es handelt sich hierbei um einen Austritt des Farbstoffes aus den Irisgefäßen, wobei dahingestellt bleiben muß, ob ein reiner Diffusionsvorgang oder, was wahrscheinlicher ist, eine vitale, elektive Transsudation vorliegt. Wichtiger für die Beurteilung der hier angewandten Versuchsmethodik ist auch die Feststellung WESSELYs[1], daß der Fluoresceinaustritt aus den Irisgefäßen in einem Parallelismus zur Weite ihrer Gefäße steht. Werden nämlich die Irisgefäße vor der Farbstoffinjektion durch Adrenalin stark verengt, so bleibt die Linie aus, während umgekehrt bei allen Eingriffen, die Hyperämie im Auge erzeugen, der Farbstoffaustritt aus den erweiterten Irisgefäßen erheblich zunimmt.

Die erwähnten Versuche WESSELYs über die Abhängigkeit des Farbstoffaustritts von der Weite der Irisgefäße haben bewiesen, daß aus der Art der Zeit und des Auftretens der Linie Schlüsse auf die Weite der Gefäße gezogen werden können. Es wird somit eine Änderung der Gefäßwandbeschaffenheit im Sinne einer Dichtung oder einer Vermehrung der Durchlässigkeit ebenfalls sich in quantitativen und zeitlichen Änderungen des Fluoresceinaustritts zeigen.

Die Ausscheidung des Farbstoffes erfolgt beim Normaltier verschieden schnell, je nach der angewandten Applikationsart. Nach intravenöser Injektion ist schon nach 3—5 Stunden keine gelbliche Verfärbung von Haut- und Schleimhäuten mehr vorhanden. Auch die Augenmedien sind nach dieser Zeit wieder farblos. Subcutan gespritzte Tiere entleeren oft tagelang einen noch schwach fluorescierenden Harn, während die Haut- und Schleimhautfärbung nach längstens 24 Stunden verschwunden ist. Nach dieser Zeit besteht auch keine Fluorescenzerscheinung am Auge mehr.

In der überwiegenden Zahl der Versuche bei den mit Calcium (3 mal 4,6 ccm einer 5 proz. Lösung von krystallis. $CaCl_2$) angereicherten Tieren, war eine deutliche Verzögerung des Farbstoffaustritts in der Vorderkammer gegenüber dem Normalbefund festzustellen. Einigemal war der Unterschied außerordentlich groß, so in einem Versuch $28^{1}/_{2}$ Minuten, in einem zweiten 30 und in einem dritten 124 Minuten. Meist war allerdings die Verzögerung viel geringer und einigemal fehlte sie vollständig.

Um dem Einwand zu begegnen, daß nicht die Ausscheidung, sondern die Resorption des subcutan injizierten Farbstoffes durch das Calcium verhindert worden ist, wurden weitere Versuche mit intravenöser Einführung des Fluorescein vorgenommen, bei denen folglich der Resorptionsfaktor ganz wegfiel. Auch bei dieser Versuchsanordnung konnte eine Beeinflussung der Farbstoffausscheidung im Sinne einer Gefäßdichtung in einer Reihe von Fällen nachgewiesen werden. Versuche, eine Exsudatbildung in der Vorderkammer bei Vorbehandlung mit Calciumchlorid vollständig zu verhindern, gelangen zwar nicht, doch konnte ein deutlich verminderter Einfluß nachgewiesen werden. Während beim normalen Tier nach 24—36 Stunden stets eine deutlich eiterige Exsudation an einem in die Vorderkammer eingeführten Kupferdraht deutlich erkennbar ist, ist bei den Kalktieren zu dieser Zeit nur eine Fibrinabscheidung bzw. eine ganz geringfügige Eiterbildung vorhanden. Gleichzeitig mit ROSENOW hatte unabhängig von diesem auch STARKENSTEIN mit einer etwas abgeänderten Methodik den gefäßdichtenden Einfluß von Calciumsalzen auf die Fluoresceinausscheidung in die Vorderkammer des Auges untersucht. Es hatte sich in diesen Versuchen zweckmäßiger erwiesen, das Fluorescein nicht in so großen Konzentrationen zu verwenden, wie EHRLICH, oder ROSENOW, weil ein derart starker Effekt der Calciumsalze, der zur vollständigen Unterdrückung der Farbstoffausscheidung führen könnte, kaum zu erwarten war. In den Versuchen von STARKENSTEIN[2]

---

[1] WESSELY: Bericht über die 28. Vers. d. Ophthalm. Ges. Heidelberg 1901.
[2] STARKENSTEIN: Münch. med. Wschr. **1919**, Nr 8, 205 — Ther. Halbmh. **1921**, Nr 18, 585.

erhielten deshalb die Kaninchen eine Stunde nach subcutaner oder oraler Verabreichung der zu prüfenden Substanz 55 ccm einer 2,5proz. Fluoresceinnatriumlösung pro Kilogramm Tier subcutan injiziert. In einer zweiten Versuchsreihe erhielten die Kaninchen 0,025 g Fluorescein-Natrium intravenös injiziert. Es wurden dabei die zeitlichen Verhältnisse zwischen Ausscheidung des Fluoresceins aus der Blutbahn in die Vorderkammer, in die Gewebe und in den Harn untersucht und dabei auch gleichzeitig der Fluoresceingehalt des Blutes bestimmt. Die Menge der injizierten Farbstofflösung wurde derart gewählt, daß beim Kontrolltier der allgemeine Ikterus etwa nach einer Viertelstunde begann, die Grünfärbung der Vorderkammer nach $^3/_4$ Stunden deutlich und etwa nach 6 Stunden wieder vollkommen verschwunden war. Bei einem derart protrahierten Verlauf der Fluoresceinausscheidung zeigten die mit Calcium behandelten Versuchstiere in der gleichen Zeit kaum eine Andeutung des allgemeinen Ikterus, die Vorderkammer blieb meist gänzlich frei.

Bei einem normalen Kaninchen I, das das Fluoresceinnatrium in der Menge von 25 cg intravenös erhielt, erschien etwa 30 Minuten nach der intravenösen Injektion der Farbstoff im Harn und ungefähr zur gleichen Zeit trat der erste grünliche Schimmer in der Vorderkammer auf. Eine Stunde nach der Injektion war der Harn stark fluoresceinhaltig. Ikterische Verfärbung der Gewebe war sichtbar, aber nicht sehr stark. Kammerwasserfärbung nahm nicht mehr zu und war am nächsten Tage vollständig verschwunden, die Fluoresceinausscheidung in den Harn dagegen war bis zum 5. Tage nachweisbar.

Kaninchen II: Mit Calciumchlorid subcutan vorbehandelt. Intravenöse Fluoresceininjektion erfolgte $1^3/_4$ Stunden nach der Calciuminjektion. 30 Minuten nachher Harn stark fluorescierend, wesentlich stärker als beim Kontrolltier, von da an weitere starke Zunahme. Die Ausscheidung im Harn ist früher beendet als beim Normaltier. Ikterische Verfärbung am Auge und an der Haut war überhaupt nur in ganz geringem Grade zu konstatieren.

Durch diese Versuche Starkensteins erscheint die dichtende Calciumwirkung eindeutig nachgewiesen[1]: Calcium erschwert die Ausscheidung des Fluoresceins in die Gewebe und in die Vorderkammer des Auges; dagegen erscheint beim Calciumtier Fluorescein früher im Harn als beim Normaltier, eben wegen des hohen Fluoresceingehaltes des Blutes.

Rosenow deutete die die Ausscheidung verzögernde Wirkung des Calciumchlorids, wenigstens zu einem Teile, durch Verhinderung der Resorption; demgegenüber muß aber doch wohl angenommen werden, daß der allgemeine Ikterus beim Fluoresceintier nicht durch Kreisen des Farbstoffes in der Blutbahn, sondern durch Färbung der Zellen *nach* dem Austritte des Fluoresceinnatriums aus dem Gefäßsystem in das Gewebe zustande kommt. Daß tatsächlich die hemmende Wirkung des Calciums im Sinne einer Dichtung der Gefäße zu deuten ist, dafür spricht der in den Versuchen Starkensteins beobachtete schnelle Übertritt des Farbstoffes in den Harn, der eben um so schneller und reichlicher erfolgt, je höher die Konzentration des Farbstoffes im Blute und je geringer sie in den Geweben ist.

Es wäre schließlich noch an die Möglichkeit zu denken, daß unter dem Einfluß von $CaCl_2$ eine geänderte Verteilung des Farbstoffs im Gewebe erfolgt, vielleicht bedingt durch eine elektrische Umladung im Sinne der Versuche

---

[1] Daß jedoch die antiphlogistische Wirkung der Calciumsalze durch diese Gefäßdichtung allein nicht restlos erklärt werden kann, daß vielmehr Calciumsalze ohne nachweisliche Gefäßdichtung noch aus anderen Gründen entzündungshemmend wirken, konnte durch weitere Untersuchungen von Starkenstein erwiesen werden. Von diesen soll später im Zusammenhang mit anderen Teilfragen des Entzündungsproblems die Rede sein.

R. Kellers und seiner Mitarbeiter. Die Entscheidung hierfür soll durch daraufhin gerichtete Versuche erbracht werden.

Die Annahme, daß die entzündungshemmende Wirkung der Calciumsalze auf die Gefäßdichtung bzw. auf die Dichtung der intercellularen Kittsubstanz, somit auf Abdichtung der kleinsten Blut-, vielleicht auch Lymphgefäße zurückzuführen ist, fand eine weitere Stütze nicht nur in den obenerwähnten Versuchen von Herbst, sondern auch ebenso in den Untersuchungen von Hamburger[1], die zu dem Ergebnis kamen, daß Ca-Ionen die Gefäße dichten, dagegen K-Ionen lockernd wirken.

Groll[2] sieht die entzündungshemmende Wirkung des Ca durch dessen Eigenschaft bedingt, den Quellungsdruck herabzusetzen, d. h. das Wasserentziehungsvermögen der Gewebszellen zu vermindern. Ebbecke[3] konnte den Nachweis erbringen, daß Ca die Zellmembranen dichtet, während Kraus und Zondek[4] die Ursache der Ca-Entzündungshemmung in einer Beeinflussung des H-Ionengleichgewichtes sehen.

Lehner[5] brachte zur Prüfung der entzündungshemmenden Wirkung des Calciums dieses auf exogenem Wege in die Haut, und zwar einerseits durch intracutane Injektion, andererseits durch Iontophorese. Nach einiger Zeit wurde in die so vorbehandelte Stelle urticariogene Substanz injiziert, z. B. Morphin, Atropin u. a., um die Entzündungsbereitschaft dieser Hautstellen zu prüfen. Außerdem wurde eine Mischung von CaCl$_2$ und einer urticariogenen Substanz zu gleichen Teilen intracutan in eine andere Hautstelle injiziert. Diese Untersuchungen ergaben, daß das auf exogenem Wege in die Haut gebrachte und das auf endogenem Wege in die Haut gelangte Calcium die „Entzündungsbereitschaft" der Haut herabsetzt.

Bei intracutaner Ca-Anwendung ist diese entzündungshemmende Ca-Wirkung lokal auf den Applikationsort beschränkt, während schon in der unmittelbaren Umgebung die Reaktionsfähigkeit der Haut gegenüber Entzündungsreizen nicht beeinflußt ist. Nach intravenöser Injektion des Ca-Salzes ist dessen antiphlogistischer Effekt auf der ganzen Hautoberfläche nachweisbar.

Ein zweiter Stoff, der ebenfalls entfernt von der Applikationsstelle entzündungshemmend wirkt, ist die *Phenylcinchoninsäure*, das *Atophan*[6]. In den ersten darauf bezüglichen Untersuchungen konnte festgestellt werden, daß nach einer Dosis von 0,5 g Atophan pro Kilogramm Tier, subcutan eine Stunde vor einer Senfölinstillation ins Auge verabreicht, die sonst eintretende schwere Chemosis verhindert werden kann. Schon die ersten Analysen dieser Erscheinung, die dann weiter ausgeführt wurden[7], ergaben folgendes: Die beim Kaninchen nach Senfölinstillation mit Sicherheit auftretende Rötung, Schwellung und Chemosis tritt nach vorhergehender Atophanbehandlung des Tieres überhaupt nicht, oder doch nur in ganz verringertem Maße ein. Zur Erzielung dieses Effektes sind bei per os-Verabreichung größere Dosen des Atophans nötig, als bei subcutaner oder intravenöser Injektion. Die Atophanwirkung verhindert nicht den bei der Senfölinstallation eintretenden Schmerz; eine lokale Applikation des Atophans in den Conjunctivalsack hat keine Wirkung. Die Entzündungshemmung durch Atophan ist unabhängig von der durch Atophan bewirkten Temperaturherab-

[1] Hamburger: Biochem. Z. **1922**, 929.
[2] Groll: Münch. med. Wochenschr. **1921**, 6.
[3] Ebbecke: Pflügers Arch. **1922**, 195.
[4] Kraus u. Zondek: Klin. Wschr. **1922**, Nr 36.
[5] Lehner: Klin. Wschr. **4**, 2106 (1925).
[6] Starkenstein u. Wiechowski: Sitzgsber. d. wiss. Ges. dtsch. Ärzte in Böhmen. 6. Dez. 1912, Prag. med. Wschr. **1913**.
[7] Starkenstein: Biochem. Z. **106**, 186 (1920).

setzung, sowie von zentraler Lähmung. Denn Temperaturherabsetzung durch Papaverin verhindert die Entzündung ebensowenig wie Paraldehydnarkose. Ein aus dem Harn des Kaninchens dargestelltes Stoffwechselprodukt des Atophans, ein Oxyatophan, hatte prinzipiell die gleiche entzündungshemmende Wirkung. Katzen verhalten sich anders als Kaninchen. Der Eintritt der Entzündung wird durch das Atophan bei Katzen zwar wesentlich hinausgeschoben, sie tritt aber dann mit unverminderter Heftigkeit doch ein. Übrigens verläuft die Senf-ölentzündung bei der Katze überhaupt viel milder als beim Kaninchen. Die antiphlogistische Wirkung des Atophans ist demnach eine resorptive und keine lokale.

Im Hinblick auf die Annahme von Abel[1], daß die Grundwirkung des Ato-phans eine Lähmung sympathischer Nerven sei, wurde von Starkenstein in den oben zitierten Untersuchungen auch der Einfluß der degenerativen Exstir-pation des Ganglion cerv. sup. auf die Senfölentzündung des Kaninchenauges geprüft: sie wird durch diesen Eingriff nicht verhindert. Die Atophanantiphlogose hängt aber auch nicht mit einer lähmenden Wirkung des Atophans auf den Sym-pathicus zusammen.

Da das Atophan keine herabsetzende Wirkung auf die Schmerzempfindung hat, desgleichen keine Wirkung im Sinne einer Gefäßveränderung und auch keine adstringierende Wirkung besitzt, konnte es in keine der Gruppen der bisher be-kannten entzündungshemmenden Stoffe eingereiht werden. Es hatte vielmehr den Anschein, daß wir es hier mit einer bisher noch nicht bekannten Art der Entzün-dungshemmung zu tun haben[2]. Auffallend war die große Ähnlichkeit der ent-zündungshemmenden Wirkung des Atophans mit der der Calciumsalze, und da fast alle Teilwirkungen des Atophans (Wirkung auf die Tätigkeit des überlebenden Darms, auf die Körpertemperatur, auf zentrale Glykosurien, auf den Purinstoff-wechsel, die Senfölentzündung am Kaninchenauge und die Pupillenverengerung) denen von löslichen Calciumsalzen gleichen, lag es nahe, anzunehmen, daß auch die durch beide Stoffe veranlaßte Entzündungshemmung eine gemeinsame Grund-ursache habe.

Weitere Untersuchungen von Starkenstein[3] befassen sich mit der Frage, ob als Ursache der entzündungshemmenden Wirkung des Atophans, ebenso wie für die des Calciums eine gefäßdichtende Wirkung angenommen werden könne. Zur Beantwortung dieser Frage wurde gleichfalls die obenerwähnte Fluorescein-methode herangezogen. Es ergab sich, daß Kaninchen, die mit Atophannatrium subcutan vorbehandelt waren und dann $1-1\frac{1}{2}$ Stunden nachher Fluorescein intravenös erhielten, schon 30 Minuten nach der intravenösen Injektion des Farb-stoffes stark ikterische Verfärbung der Gewebe zeigten und deutliche Fluorescenz des Kammerwassers. Diese wurde dann derart intensiv, daß die Pupille kaum mehr zu erkennen war und selbst nach 24 Stunden war oft die Grünfärbung noch deut-lich sichtbar, während sie beim normalen Tier nach 6 Stunden verschwunden war, beim Chlorcalciumtier überhaupt nicht auftrat. Dabei war die Fluorescein-ausscheidung in den Harn der Norm gegenüber deutlich verzögert, erstreckte sich auf mehrere Tage und erreichte nie die Konzentration wie in der Norm. Die colorimetrischen Bestimmungen des Fluoresceins im Blute ergaben, daß dieser Farbstoff am schnellsten beim Atophantier aus dem Blute verschwindet. Schon Dosen von 0,1 g Atophan pro Kilogramm Tier subcutan, sowie 0,25—0,5 g per os, wirkten deutlich in diesem Sinne.

---

[1] Abel: Kongr. f. inn. Med. Wiesbaden 1914.
[2] Wiechowski: Prag. med. Wschr. 1913, Nr 3.
[3] Starkenstein: Münch. med. Wschr. 1919, Nr 8, 205. — Ther. Halbmh. 1921, Nr 18, 553.

Diese Wirkung des Atophans erscheint gegenüber seiner stark antiphlogistischen Wirkung direkt paradox. War mit Rücksicht auf die stark entzündungshemmende Wirkung des Atophans eine gefäßdichtende Wirkung dieses Stoffes erwartet worden, so hatte der Versuch direkt eine Steigerung der Durchlässigkeit als Folge der Atophanwirkung ergeben. Es ist wohl selbstverständlich, daß hierin kein ursächliches Moment für die Entzündungshemmung gelegen sein kann, sondern es ist höchstwahrscheinlich, daß *Entzündungshemmung und Steigerung der Gefäßdurchlässigkeit durch Atophan koordinierte Wirkungen* sind. Immerhin aber beweisen diese Versuche, daß die entzündungshemmende Wirkung der Calciumsalze sowie die des Atophans in Bezug auf Gefäßdichtung nicht wesensgleich sein können. Es wäre denkbar, daß auch hier durch das Atophan eine Umladung des elektrischen Ladungssinns des Fluoreszeins erfolgt, die der durch CaCl₂ bedingten entgegengesetzt sein müßte. Daraufhin gerichtete Untersuchungen sollen auch hierüber Aufschluß bringen (vgl. hierzu S. 384—385).

Da bisher kein einziger Angriffspunkt des Atophans gefunden wurde, von dem aus die entzündungshemmende Wirkung dieses Stoffes erklärt werden konnte, so legte dies schon die Annahme nahe, daß der Angriffspunkt in den letzten Erfolgsorganen, d. h. in der Zelle selbst bzw. im Zellprotoplasma gelegen sei und daß vielleicht die Atophanwirkung als Ausdruck einer, den Stoffwechsel und damit die Reizbarkeit aller Zellen herabsetzenden Protoplasmawirkung zu deuten wäre.

Für diese Annahme konnte weiterhin eine ganze Reihe von Anhaltspunkten gewonnen werden: Untersuchungen über die sog. *Proteinkörpertherapie* hatten ergeben, daß *als eine Teilerscheinung dieser Wirkung auch der entzündungshemmende Effekt zahlreicher hierhergehörender Mittel anzusehen ist* (STARKENSTEIN). Bei diesen Mitteln handelt es sich aber keineswegs um Proteinkörper allein; es konnte vielmehr gezeigt werden[1], daß diese Wirkung auch zahlreichen chemisch definierten Stoffen zukommt. Auch bei den Calciumsalzen tritt, ebenso wie beim Atophan, neben der sonstigen pharmakologischen Wirkung der entzündungshemmende Effekt entweder ausschließlich oder doch zum Teil als Ausdruck dieser „unspezifischen" der „Proteinkörpertherapie" analogen Wirkung in Erscheinung.

Bevor wir auf diese, für die Pharmakologie der Entzündung äußerst wichtigen Untersuchungen näher eingehen, haben wir noch andere Arten der Entzündungshemmung kennenzulernen, die ebenfalls entfernt von der Applikationsstelle zur Wirkung kommen.

Auf eine Gefäßwirkung wurde auch der entzündungshemmende Effekt des Adrenalins zurückgeführt. A. FRÖHLICH[2] hat gezeigt, daß durch intravenöse Injektion des andauernder wirkenden und weniger allgemein giftigen d-Adrenalins beim Kaninchen die Senfölentzündung der Conjunctiva ähnlich wie durch Calciumchloridbehandlung verhindert werden konnte. Dieser Effekt wurde auf einen anhaltenden Krampf der kontraktiven Elemente der Lymphcapillaren und dadurch bedingter Hemmung der entzündlichen Transsudation zurückgeführt.

R. SCHMIDT[3] sah vom Adrenalin ausgesprochene Entzündungshemmung bei Gelenkserkrankungen, und zwar auch nach subcutaner Injektion, und fand dabei auch deutliche analgetische Effekte des Adrenalins. Auch GAISBOECK[4] fand die analgetische Wirkung der Adrenalininjektion.

Die Erklärung der Entzündungshemmung des Adrenalins durch Gefäßverengerung dürfte aber kaum zur vollständigen Erklärung dieses Adrenalin-

---

[1] STARKENSTEIN: Münch. med. Wschr. **1919**, Nr 8, 205.
[2] FRÖHLICH, A.: Zbl. Physiol. **25**, 1 (1911).
[3] SCHMIDT, R.: Verh. d. wissensch. Ges. dtsch. Ärzte in Böhmen. 1914.
[4] GAISBOECK: Med. Klin. **1913**, Nr 11.

effektes ausreichen; denn die Gefäßwirkung ist bekanntlich gerade beim Adrenalin außerordentlich flüchtig, die Gefäßkontraktion so schnell vorübergehend, daß ein derartig nachhaltiger Effekt nicht auf diese Wirkung zurückgeführt werden kann. Auch die schmerzstillende Wirkung des Adrenalins kann aus dem gleichen Grunde nicht durch „Anämisierung" befriedigend erklärt werden. Unter Berücksichtigung der Stoffwechselwirkung, die das Adrenalin im Organismus hervorruft, erscheint es nicht unberechtigt, auch die entzündungshemmende sowie die schmerzstillende Wirkung des Adrenalins mit diesen in Verbindung zu bringen, mit denen es auch zeitlich mehr zusammenfällt als mit den reinen, rasch vorübergehenden Gefäßwirkungen. Wir werden daher das Adrenalin mit einem Teile seiner Wirkungen gleichfalls in die obenerwähnte Gruppe der Stoffe vom Typus der Proteinkörper einzureihen haben. Von diesem Gesichtspunkte aus kann auch die Adrenalinwirkung bei „Salvarsanschäden" beurteilt werden.

Ähnlich wie für das Adrenalin, konnte auch für das Pituitrin und einige andere Substanzen eine Exsudathemmung festgestellt werden[1]. Diese Wirkungen werden von den Autoren auf eine Beeinflussung des Reticuloendothelsystems zurückgeführt und basieren auf folgende Untersuchungsergebnissen: 1. Pituitrin und Salvarsan hemmen sehr stark die Exsudatbildung, schwächer die Ödembildung bei der experimentellen Senfölconjunctivitis, offenbar durch Beeinflussung des Reticuloendothelsystems, 2. Trypaflavin hemmt, wahrscheinlich auf gleichem Wege, nicht die Exsudation, wohl aber deutlich die Ödembildung, 3. die Kombination von Pituitrin und Salvarsan und ferner von Pituitrin und Trypaflavin verstärken die obengenannten Vorgänge.

Außer durch Beeinflussung der Blutgefäßkontraktion kann *Entzündungshemmung* auch *durch Beeinflussung des Blutes* selbst erreicht werden. Das Blut ist bei der Ausbildung des Entzündungseffektes insbesondere mit den Leukocyten beteiligt, die durch den chemotaktischen Reiz in den Entzündungsherd gelockt werden. Diese Teilerscheinung der Entzündung kann einerseits, wie wir gesehen haben, durch Minderung der Entzündungsreize im Entzündungsbereiche verhindert werden, andererseits durch Beeinflussung der Leukocyten selbst. So hat Binz[2] an entzündeten Geweben des Frosches nachweisen können, daß der Austritt von Leukocyten aus den Gefäßen durch Chinin gehemmt wird.

Schon bei einer Verdünnung des Chinins von 1:20000 werden die amöboiden Bewegungen der weißen Blutkörperchen deutlich verlangsamt und in stärkeren Lösungen werden sie fast augenblicklich granuliert und sterben ab. Legt man das Mesenterium eines gesunden Frosches bloß und injiziert ihm langsam geringe Mengen von Chinin, welche noch nicht herzschädigend wirken, so kommt es auf dem Mesenterium zu keiner Eiterentwicklung, während in dem Cohnheimschen Kontrollversuch das Mesenterium binnen wenigen Stunden ganz mit Eiter bedeckt ist. Hat man den Eiter sich entwickeln lassen und beginnt nun erst mit der Injektion des Chinins, so kann man deutlich sehen, daß der Durchtritt der farblosen Blutzellen durch die Gefäßwände immer seltener wird (Cohnheim). Die bereits ausgewanderten Zellen rücken im Mesenterium von der Gefäßwand weiter ab, ohne daß neue in nennenswerter Zahl nachrücken würden. So entsteht, während der Kreislauf in ruhigem, für die Eiterbildung günstigem Tempo weiter geht, eine freie Randschicht, die dem beobachteten Gefäße parallel läuft.

Rosenow[3] konnte zeigen, daß bei Tieren, die durch Injektion von Thorium X aller ihrer Blutleukocyten beraubt waren, ein aseptischer oder bakterieller

---

[1] Saxl u. Donath: Klin. Wschr. **4**, 39 (1925).
[2] Binz: Experimentelle Untersuchungen über das Wesen der Chininwirkung. Berlin 1868.
[3] Rosenow: Z. exper. Med. **3**, 42 (1914).

Entzündungsreiz lediglich zu einer Extravasation von roten Blutkörperchen und Fibrin führt. Die Gefäßwandalteration erfolgt also, auch ohne Anwesenheit der dem Gefäßinhalt fehlenden Leukocyten, unvermindert.

Unter Bezugnahme auf die angeführten Versuche bei BINZ war auch an die Möglichkeit zu denken, daß auch dem Atophan als einer Phenylchinolincarbonsäure ähnliche Wirkungen auf die Leukocyten zukommen[1]. IKEDA YASUR[2] fand bei der Untersuchung der Entzündungsvorgänge am Froschmesenterium, daß Atophan von 6,25 mg antiphlogistisch wirkt und bei 12,5 mg die Wanderung der Leukocyten vollkommen hindert, ohne den Blutkreislauf irgendwie zu beeinflussen. Selbst 75 mg Atophan schwächen den Kreislauf noch nicht wesentlich. Die Kombination von Chinin und Atophan, in an sich unwirksamen Grenzdosen, führt zu einer synergistischen hemmenden Wirkung auf die Leukocytenwanderung Auch B. MENDEL[3] sah eine Beeinflussung der Leukocyten durch Atophan und schloß auf eine direkte Auflösung dieser Zellen. Es ist jedenfalls nicht ausgeschlossen, daß auch diese Beeinflussung der Leukocyten durch Atophan am Zustandekommen der entzündungshemmenden Wirkung mitbeteiligt ist. Daß die Leukocytenlähmung aber weder beim Atophan noch beim Chinin das ausschlaggebende Moment sein kann, geht daraus hervor, daß beide Stoffe auch dann entzündungshemmend wirken, wenn keine Beeinflussung der Leukocyten festgestellt werden kann.

Den Leukocyten kommt bekanntlich auch in der Biologie der Entzündung eine besonders große Bedeutung bei der Phagocytose zu, ein Vorgang, der insofern auch die Pharmakologie der Entzündung berührt, als er durch äußere Angriffe beeinflußt werden kann. An sich würde die Lähmung der Leukocyten zu einer Verminderung der Phagocytose führen müssen, was den spontan regenerativen Vorgängen entgegenwirken würde. Daß aber gerade bei Stoffen, wie Chinin und Atophan, welche leukocytenlähmend wirken, die Entzündungshemmung so außerordentlich stark ist, beweist, daß für das Zustandekommen der Antiphlogose anderen Wirkungen dieser Stoffe eine größere Bedeutung zukommt. Übrigens läßt sich auch die Phagocytose durch äußere Eingriffe im fördernden Sinne beeinflussen. Nach Untersuchungen von WOLFF[4] ist die Phagocytose beim immunisierten Tiere viel stürmischer als beim normalen, und darauf wird es zurückgeführt, daß beim immunisierten Tiere die Entzündungserscheinungen in geringerem Grade auftreten als beim normalen.

Durch ASHER und FURUYA[5] wurde eine Abhängigkeit der Phagocytose von der inneren Sekretion, insbesondere von der Schilddrüse erbracht. Eine Bestätigung fanden diese Angaben in den Untersuchungen von W. FLEISCHMANN[6], die eine Hebung des phagocytären Vermögens von Exsudatleukocyten bei einem thyreopriven Tiere durch Implantation von Schilddrüse sowie durch Förderung des phagocytären Vermögens der Leukocyten thyreopriver Tiere durch Zusatz von Thyreoglandol Roche, Thyreoidea-Opton (nach ABDERHALDEN) oder Thyroxin in vitro ergaben.

Wir haben bei der bisherigen Besprechung der entzündungshemmenden Vorgänge gesehen, daß die antiphlogistische Wirkung einzelner Stoffe durch Beeinflussung bestimmter Angriffspunkte erklärt werden kann, daß aber andererseits

------

[1] STARKENSTEIN u. WIECHOWSKI: Zitiert auf S. 385.
[2] YASUR, IKEDA: J. of Pharmacol. 8, 101 (1916).
[3] MENDEL, B.: Dtsch. med. Wschr. 1922, Nr 25.
[4] WOLFF: Klin. Wschr. 2, 951 (1923).
[5] ASHER: Klin. Wschr. 3, 308 (1924) — FURUYA: Biochem. Z. 147, 410 (1924).
[6] FLEISCHMANN, W.: Pflügers Arch. 1927, 215.

diese Erklärungen nicht ausreichen, um die Gesamtwirkung dieser Stoffe hinsichtlich ihrer entzündungshemmenden Wirkung vollauf erklären zu können. Es wurde oben schon darauf hingewiesen, daß gerade bestimmten entzündungshemmenden Stoffen, wie den Calciumsalzen, dem Atophan u. a., noch eine besondere Wirkung zukommen muß, die außerhalb der bekannten Angriffspunkte gelegen ist. Da diese Wirkung gerade für die pharmakologische Beeinflussung der Entzündung von besonderer Bedeutung ist, sei sie zum Schlusse zusammenfassend dargestellt.

Unsere Arzneimittel lassen sich nach ihrem Angriffspunkte, von allfälligen ätiotropen Wirkungen abgesehen, nach folgenden Gesichtspunkten einteilen:
1. Organotrope Stoffe: Bei diesen läßt sich eine elektive Wirkung auf ein bestimmtes Organ erkennen, evtl. sogar auf einen bestimmtem Organteil (Herz, Herznerven, Reizerzeugung, Muskel, periphere sensible Nervenendigungen, Zentralnervensystem usw.).

2. Die organotrope Wirkung kann sich auf einen bestimmten Nerven beziehen, welcher dann als Vermittler der Wirkung fungiert, und zwar bei jenen Organen, die er selbst versorgt, so daß dann als Folge der einfachen organotropen Wirkung Funktionsänderungen in mehreren, voneinander ganz unabhängigen Organen eintreten können. So kann sich eine Wirkung auf den Vagus gleichzeitig am Herzen, Magen, Darm, in den Drüsen usw. äußern.

3. Bei einer Reihe von Arzneiwirkungen kann von einem zentral gelegenen Angriffspunkt aus eine Wirkung ausgelöst werden, die nicht zur Änderung einer elektiven Organfunktion führt, sondern ganz allgemein Stoffwechseländerungen zur Folge hat.

4. Schließlich kennen wir noch eine Gruppe von Arzneiwirkungen, bei der wir keine elektive Organwirkung unterscheiden, die aber auch nicht, wie etwa eine Stoffwechselwirkung, nach einer bestimmten Richtung hin abgegrenzt erscheint. Diese Wirkungen von Arzneistoffen sind mannigfaltigster Art und lassen sich zunächst nach keiner Richtung hin klassifizieren. Nach allen bisherigen Erfahrungen scheinen nicht nur alle Organe, sondern auch alle Organteile und alle Zellen an diesen Wirkungen gleichzeitig beteiligt zu sein. Wie bei der allgemeinen Stoffwechselwirkung scheint der Angriffspunkt dieser Stoffe im Protoplasma der Zelle selbst gelegen zu sein oder an der das Protoplasma von der übrigen Körperflüssigkeit abgrenzenden Zellmembran.

WEICHARD spricht bei einer Gruppe von Stoffen, deren Wirkung sich auf den ganzen Organismus und seine Vitalität erstreckt, von deren Eigenschaften, durch Protoplasmaaktivierung eine allgemeine Leistungssteigerung und· Förderung aller Funktionen zu ermöglichen. Diese Wirkung soll vorwiegend von eiweißartigen Körpern nach parenteraler Einverleibung kleinerer Dosen erreicht werden, während größere Dosen derselben Stoffe in entgegengesetztem Sinne wirken sollen.

Diese Anschauungen konnte STARKENSTEIN[1] wesentlich erweitern, und seine Untersuchungen führten vor allem zu dem Ergebnis, daß sich solche Wirkungen nicht allein auf Eiweißkörper beschränken, sondern Stoffen verschiedenster chemischer und pharmakologischer Gruppen zukommen.

Es scheint jedoch die Wirkung keineswegs immer mit einer Aktivierung gewisser Eigenschaften des Protoplasmas im fördernden Sinne verbunden zu sein, vielmehr scheint jede physikalisch-chemische Zustandsänderung im Protoplasma oder an den Membranen, ganz allgemein gesagt, jede Protoplasmaalteration derartige Wirkungen auszulösen.

---

[1] STARKENSTEIN: Münch. med. Wschr. **1909**, Nr 8, 205.

Diese pharmakologischen Wirkungen lassen sich, wie gesagt, nach keiner Richtung hin bestimmt definieren, sondern bewirken tatsächlich eine Änderung der gesamten Vitalität, eine Umstimmung des Organismus, die infolge Beeinflussung seiner Empfindlichkeit eine vollkommen geänderte Reagierfähigkeit desselben zur Folge hat. D. h. also, wenn wir Arzneistoffe dieser Art dem Organismus in kleinen Dosen einverleiben, dann sehen wir keinerlei Veränderungen der Organfunktionen. Trotzdem haben aber diese Stoffe eben durch ihren Angriffspunkt im Protoplasma aller Zellen diese in ihrer Vitalität geändert und ihre Empfindlichkeit u. a. gegen Entzündungsreize herabgesetzt, so daß ein nachfolgender Reiz nun ganz andere Erscheinungen zeitigen wird, als es der gleiche Reiz am unbeeinflußten Organismus zu tun vermag.

Unter den vielen im Experimente und bei der klinischen Beobachtung festgestellten Wirkungen, die diese Stoffe hervorzurufen imstande sind, steht *an erster Stelle* die *Beeinflussung von Entzündungsvorgängen.* Bei Untersuchungen über therapeutische Beeinflussung des Fleckfiebers ging STARKENSTEIN[1] von der Überlegung aus, daß es Aufgabe einer zweckmäßigen Therapie sein müßte, die Entzündungen an den Gefäßen zu bekämpfen, welche für das Fleckfieber charakteristisch sind und welche eine Steigerung der Gefäßdurchlässigkeit und damit sekundäre toxische Erscheinungen im Organismus bedingen. Da hier eine lokale Entzündungstherapie nicht in Frage kam, wurden alle bis dahin bekannten antiphlogistischen Stoffe, wie Calciumsalze, Atophan usw., — mit Erfolg — verwendet. Diese Untersuchungen lenkten auch die Aufmerksamkeit darauf, daß zwischen den Stoffen der sog. Proteinkörpertherapie und den entzündungshemmenden Mitteln mit sog. antiphlogistischer Fernwirkung gewissermaßen innere Beziehungen hinsichtlich ihrer Grundwirkungen zu bestehen scheinen. Dies gab Anlaß, eine Reihe weiterer Stoffe auf ihren präventiven und therapeutischen entzündungshemmenden Effekt zu prüfen.

Die Mittel, die ihren antiphlogistischen Effekt, gemessen an der Senfölentzündung am Kaninchenauge, an Entzündungen der Haut (RYBAK[2]) oder an Exsudationshemmung, nicht nach lokaler Applikation, sondern nach parenteraler Verabreichung äußern, gehören weder einer einheitlich chemischen noch einer einheitlich pharmakologischen Gruppe an. Diesen antiphlogistischen Effekt zeigten folgende Mittel: *Chinin*, ätherische Öle, *Calciumsalze, Atophan, Salicylate,* Antipyrin, Morphin, Magnesiumsulfat, Nicotin, Adrenalin, Serum, Plasma, Gelatine, Kieselsäure, Stärke. Um für die erwähnte Annahme, daß die bei der parenteralen Proteinkörperzufuhr auftretenden Symptome und der antiphlogistische Effekt der eben genannten Stoffe Teilerscheinungen einer gemeinsamen Grundwirkung sind, eine Stütze zu gewinnen, hat STARKENSTEIN zunächst weitere Stoffe aus der Reihe der Proteinkörper und der gleichartig wirkenden chemischen Körper hinsichtlich der Beeinflussung der Senfölchemosis am Kaninchenauge sowie bei Entzündungen der äußeren Haut auf ihre entzündungshemmende Wirkung geprüft.

Von den untersuchten Mitteln zeigte zunächst das Methylenblau eine deutliche Wirkung. Dosen von 0,2 g pro Kilogramm Tier, per os verabreicht, blieben unwirksam. Dosen von 0,3—0,5 g hemmten, 0,6 g verhinderten den Eintritt der Senfölentzündung fast vollkommen. Alle diese Dosen wurden von Tieren ohne Störungen des Allgemeinbefindens vertragen. Kaum wesentlich stärker als Methylenblau wirkte Methylenblau-Silber (Argochrom). Nach subcutaner Verabreichung von Methylenblau hemmten schon 0,1 g pro Kilogramm Tier fast vollkommen den Eintritt der Entzündung. Die Tiere gingen aber fast durchweg

[1] STARKENSTEIN: Wien. klin. Wschr. **30**, Nr 5 (1917) — Med. Klin. **1917**, Nr 29.
[2] RYBAK, O., Biolog. spisy vysoké školy zvěrolékařské Brno II. 1. B. 21. 1923.

innerhalb weniger Tage zugrunde, eine Erscheinung, die auch in gleicher Weise nach subcutaner Calciumchloridinjektion beobachtet wird.

Ganz ähnlich dem Methylenblau wirkt Fuchsin. Eosin zeigte eine wesentliche geringere Wirkung. Deutliche Hemmung der Entzündung zeigt weiter Jod (0,03 pro Kilogramm subcutan), Milch nach subcutaner und intramuskulärer sowie Kollargol nach intravenöser Injektion.

Auch die entzündungshemmende Wirkung von Chininabkömmlingen oder ihm verwandten Verbindungen (*Optochin*), dann die gewisser Acridinfarbstoffe (Rivanol) sind wohl hierher zu rechnen.

Eine besondere Beachtung verdienen in diesem Zusammenhange gewisse indifferente Pflanzenstoffe.

Es war durch Erfahrung bekannt, daß gewisse Pflanzenextrakte (Tricesin), insbesondere bei der Gonorrhöe einen starken antiphlogistischen Effekt hervorrufen. Durch systematische Untersuchungen von Wiechowski und Klausner konnte gezeigt werden, daß es sich dabei um Pflanzenstoffe handelt, die allem Anscheine nach in die Gruppe der Pflanzenglykoside gehören dürften. Das augenfälligste der Wirkungen dieser Stoffe ist, daß sie sowohl bei lokaler Applikation als auch bei parenteraler Injektion stark entzündungshemmend wirken, so daß hier sowohl einerseits lokal die Empfindlichkeit gegen den Entzündungsreiz als auch das gleiche als Folge einer allgemeinen Umstimmung des Organismus erreicht werden kann. Unter dem Namen Reargon werden solche Pflanzenstoffe aus der Rheumwurzel hergestellt, die nach mehrmaliger lokaler Applikation am Kaninchenauge eine nachfolgende Senfölentzündung verhindern und, vermutlich als Folge einer resorptiven Wirkung, auch die gleiche Entzündung am anderen nichtbehandelten Auge nach Senfölinstillation nicht eintreten lassen (Klausner). Auch der antigonorrhoische Effekt solcher Pflanzenstoffe, der sich in einem auffallend schnellen Stillstehen der Sekretionsprozesse äußert, dürfte in gleicher Weise mehr durch die antiphlogistische als durch eine antibakterielle Wirkung zustande kommen, womit jedoch nicht gesagt sein soll, daß nicht das Stillegen des Entzündungsprozesses auch sekundär auf den Infektionsprozeß selbst wirken würde, wie dies ja oben schon für andere Infektionskrankheiten angeführt wurde.

Solche pflanzliche Extraktivstoffe wurden von Wiechowski[1] aus einer ganzen Reihe von Pflanzen gewonnen. Zu diesen scheinen nach seinen und Junkmanns[2] Untersuchungen auch die glykosidischen Bitterstoffe zu gehören. Daraufhin gerichtete Untersuchungen ergaben, daß diese Stoffe eine Erregbarkeitssteigerung des Sympathicus hervorrufen. Berücksichtigen wir, daß dadurch schon unterschwellige Adrenalindosen zur vollen Wirkung gebracht werden können, andererseits Adrenalin, der typische sympathicotrope Stoff, auch entzündungshemmend wirkt, so erscheint es immerhin denkbar, daß diese Wirkung dieser pflanzlichen Extraktivstoffe mit auch deren antiphlogistischen Effekt bedingt.

Im besonderen kann als Beispiel solche Stoffe führender Pflanzen die Kamillenblüte (Flores Chamomillae) angeführt werden, deren entzündungshemmende Effekt vielfach klinisch und experimentell nachgewiesen wurde. Arnold[3], Junkmann und Wiechowski.

Weiter seien hier auch die Untersuchungen von R. Meyer-Bisch erwähnt, die eine solche auf Resistenzsteigerung beruhende entzündungshemmende Wirkung des *Schwefels* erbrachten[4].

Die bisher mitgeteilten Befunde erweiterten zunächst nur die Zahl jener Stoffe, die im Experimente entzündungshemmend wirken und die gleichzeitig

---

[1] Junkmann und Wiechowski: Arch. f. exper. Path. 143, 1929.
[2] Jungmann: Ebenda.   [3] Arnold: Arch. f. exper. Path. 123, 129. (1927).
[4] Meyer-Bisch, R.: Münch. med. Wschr. 1921, S. 516; Z. exper. Med. 25, 307 (1921).

auch der Gruppe der nach Art der Proteinkörper klinisch wirkenden Mittel angehören. Nun zeigte sich weiter, daß auch 50—80 ccm physiologische Kochsalzlösung pro Kilogramm Tier und noch mehr die gleiche Menge 3 proz. Kochsalzlösung die Entzündung zu hemmen imstande sind. Daß es sich dabei nicht um eine direkte Ionenwirkung der Natriumionen oder der entsprechenden Anionen handelt, beweist die gleichartige Wirkung von destilliertem Wasser. Vom Zeitpunkt der subcutanen Injektion von 50—80 sowie nach intravenöser Injektion von 20—30 ccm destillierten Wassers pro Kilogramm Kaninchen tritt die antiphlogistische Wirkung erst nach etwa einer Stunde ein und hält ungefähr eine weitere Stunde an. Aber selbst nach per os Verabreichung entsprechend großer Mengen von Salzlösungen oder von destilliertem Wasser (100 ccm pro Kilogramm) ist die gleiche entzündungshemmende Wirkung zu erzielen. Besonders bemerkenswert erscheint dabei die Tatsache, daß physiologische Kochsalzlösung schwächer entzündungshemmend wirkt als stark hyper- und stark hypotonische Lösung. Ähnlich wie Kochsalzlösungen wirken auch Natriumsulfat- und Natriumphosphatlösungen in gleicher Konzentration. Es ist naheliegend, die geschilderten Wirkungen mit den Beziehungen von Salzen zum Eiweiß, speziell mit der Bedeutung der Salze für den Quellungszustand der Kolloide, mit Beeinflussung des osmotischen Druckes und der Diffusionsvorgänge in der Zelle und deren Umgebung in Zusammenhang zu bringen. Wenn wir die große Zahl der angeführten Stoffe hinsichtlich ihrer pharmakologischen Wirkung, soweit dieselbe analysiert ist, näher betrachten, so finden wir, daß viele derselben neben andern Wirkungen starke allgemeine Stoffwechselwirkungen zeigen, ein Moment, das bei der Analyse der übrigen Stoffe weitgehende Berücksichtigung verdient. Es ist begreiflich, daß mehrfach nach den Ursachen gesucht wurde, auf die diese entzündungshemmende Wirkung zurückgeführt werden kann. Es wurden wohl eine Reihe von Veränderungen im Organismus gefunden, welche zur Wirkung dieser Stoffe in Beziehung gebracht wurden; so Veränderungen im Blute (Blutplättchenzerfall unter Freiwerden bestimmt wirkender Stoffe), H. FREUND[1], doch reichen derartige Einzelbefunde nicht aus, um den Gesamtkomplex zu erklären, der als Folge dieser unspezifischen Therapie in Erscheinung tritt. Das Augenfälligste, das durch die Verabreichung solcher Stoffe im Organismus erreicht wird, ist eine allgemeine auf Herabsetzung der Empfindlichkeit beruhende Resistenzsteigerung, die der Organismus durch diesen Eingriff momentan erfährt und die ihn, wenn auch nur kurz vorübergehend, selbst gegen stärkste Giftreize weniger empfindlich macht. Es wird so gewissermaßen die „vis medicatrix naturae" bzw. die innere Selbststeuerung des Stoffwechsels im Sinne HERINGS (vgl. S. 357) ad maximum gesteigert. Diese Wirkung spricht sich besonders bei Infektionskrankheiten aus, bei denen die Effekte dieser Therapie oft spezifisch ätiotrope Wirkungen vortäuschen. Doch zeigt sich bei genauer Analyse, daß nicht der Krankheitserreger, sondern der Organismus selbst im angedeuteten Sinne umgestimmt wird, so daß gewissermaßen der noch kranke Organismus momentan zum Bacillenträger wird, der dann ohne weiteren Schaden für sich, die für andere noch infektiöse Keime in sich trägt. Mit dieser Änderung der Reagierfähigkeit ändert sich auch das Verhalten des Körpers gegen eine Reihe anderer Störungen, vor allem, wie erwähnt, gegen Entzündungsreize.

Injektionen der in diese Gruppe gehörenden Stoffe sind imstande, die Senfölentzündung am Auge des Kaninchens in gleicher Weise zu beeinflussen wie Calciumsalze und Atophan. Sie können weiter die Resistenz des Kaninchenorga-

---

[1] FREUND, H.: Arch. exper. Path. **86** (1920) — Med. Klin. **1920**, Nr 17. — FREUND, H. u. R. GOTTLIEB: Arch. f. exper. Path. **93** (1922).

nismus derart beeinflussen, daß sie nachfolgende, an sich tödliche Strychnininjektionen entweder ganz ohne Erscheinung vertragen oder sich nach schnell vorübergehenden geringgradigen Krämpfen erholen, während die Kontrolltiere rasch absterben.

Es steht außer Zweifel, daß hier weder eine elektive Beeinflussung der durch das Gift getroffenen Organe vorliegen kann, noch daß die zu besprechenden „Heilmittel" hier mit dem „Gift" in irgendeine Beziehung im Sinne direkter ätiologischer Entgiftung treten können. Mit Rücksicht darauf, daß die Arzneimittel dieser Gruppe zu keinem Organe in Beziehung stehen, also keiner einheitlichen pharmakologischen Gruppe angehören, sich vielmehr der pharmakologische Wirkungseffekt in der *Umstimmung des ganzen Organismus* bzw. in der Umstimmung aller Zellen äußert, habe ich die Wirkung dieser Arzneimittel zum Unterschiede von den organotropen als *omnicelluläre* bezeichnet. Ihr Angriffspunkt liegt im Protoplasma selbst; sie wirken, wenigstens teilweise, *auf die Zellen des ganzen Organismus direkt* und nicht erst durch Vermittlung von Nerven oder andern Organteilen. Aber auch bei der organotropen Wirkung einzelner Arzneimittel, z. B. bei solchen, die ihren Effekt in der Reizung eines bestimmten Nerven äußern, müssen wir außerdem noch peripherer gelegene Wirkungen als Ursache für die in Erscheinung tretenden pharmakologisch sichtbaren Wirkungen annehmen; denn es stellt auch der Nerv nur die Leitung zu den eigentlichen Erfolgsorganen dar, und durch die Nervenreizung selbst werden eben erst im Protoplasma der Zelle Veränderungen hervorgerufen, die den sichtbaren Effekt unmittelbar veranlassen. Es ist nun sehr wohl denkbar, daß der gleiche Effekt, der hier durch die Tätigkeit des Nerven im Protoplasma ausgelöst wird, durch Arzneimittel hervorgerufen werden kann, die eben im Protoplasma selbst ihren Angriffspunkt haben.

Besteht eine solche Affinität eines Arzneimittels zum Protoplasma, dann wird die Wirkung solcher Stoffe sich eben nicht wie bei den elektiven organotropen Arzneimitteln auf ein bestimmtes Organ beschränken, sondern im ganzen Körper an allen Zellen, d. h. omnicellulär, zum Ausdruck kommen und so den Organismus nicht hinsichtlich einer einzigen Organfunktion, sondern in seiner ganzen Vitalität beeinflussen. Welcher Art diese Vorgänge sind, die sich hierbei in der Zelle abspielen, wissen wir noch nicht. Wir sind hier vielmehr nur auf Hypothesen angewiesen.

Es ist anzunehmen, daß insbesondere Änderungen des osmotischen Drucks, Änderungen der Diffusionsprozesse zelluläre Zustandsänderungen zur Folge haben müssen, und es erscheint naheliegend, in der Nervenreizung einen Anlaß hierfür zu suchen. Die Änderung des physikalisch-chemischen Zustandes des Zellprotoplasmas hinsichtlich Isotonie, Isohydrie und Isoionie würde sich so als die letzte Ursache der indirekten Giftwirkung im weitesten Sinne des Wortes hinstellen lassen. Aber auch ohne Vermittlung von Nerven müssen chemisch wirkende Substanzen von bestimmter Konzentration und bestimmten Eigenschaften, wenn sie in die Zelle eindringen, solche Zustandsänderungen hervorrufen, ja es ist nicht einmal das Eindringen in die Zelle notwendig, es genügt schon die Beeinflussung der Plasmahaut, um physikalisch-chemische Zustandsänderungen des kolloidischen Protoplasmas auszulösen (Hoeber).

Diese Zustandsänderung kann reversibel sein, und demgemäß wird es sich dabei um eine schnell vorübergehende oder länger anhaltende Vergiftung handeln.

Es können aber auch physiologisch vorkommende Ionen solche Zustandsänderungen herbeiführen, wenn sie in einer körperfremden Konzentration oder in einem *körper- oder ortsfremden* bzw. *organ- oder zellfremden Mischungsverhältnis* ans Zellprotoplasma herankommen. Es werden folglich sowohl hyper- als auch hypotonische Lösungen imstande sein, derartige Zustandsänderungen herbeizuführen. Die Veränderungen, die ein Organ unter dem Einflusse chemischer Stoffe erfährt, richten sich folglich letzten Endes nach dem Umfange der Zustandsänderung des Zellprotoplasmas. Ist diese Zustandsänderung bedeutend, dann hat sie eine allgemeine Schädigung, eine Vergiftung zur Folge[1]. Tritt sie aber nur in geringem Umfange auf, dann muß sie nicht nur mit keiner Herabsetzung der vitalen Energien verbunden sein, sie kann im Gegenteil dieselben in außerordentlicher Weise steigern.

Die Wirkung kleiner, an sich unschädlicher Mengen von chemisch differenten Stoffen im Sinne einer Funktionssteigerung bezeichnet WEICHARDT als Protoplasmaaktivierung. Er fand, daß diese Veränderungen nach parenteraler Einverleibung richtiger Dosen von Eiweiß und Eiweißspaltprodukten eintreten, und nimmt an, daß diese Veränderungen auch unter dem Einflusse anderer, nichteiweißartiger Stoffe entstehen, die sekundär die Bildung solcher Spaltstoffe veranlassen könnten. Diese Protoplasmaaktivierung hat dann nach seiner Anschauung eine Leistungssteigerung in den verschiedensten Organsystemen zur Folge und würde sich so als eine Schutzreaktion gegen andere vergiftende Prinzipien im Organismus darstellen.

Innere Zusammenhänge mit dieser Theorie weist die Theorie ABDERHALDENs über die Abwehrfermente auf. Nach ABDERHALDEN wehrt sich der Organismus und im besonderen jede einzelne Zelle gegen die Einwirkung fremder Stoffe durch die Erzeugung von Abwehrfermenten, die die fremden Stoffe möglichst bis zur unschädlichen einfachen chemischen Verbindung abbauen und dadurch Entgiftung herbeiführen. Diese Theorie kann sich in dieser Form naturgemäß nur auf die Giftwirkung von Eiweißkörpern beziehen. Doch glaubt ABDERHALDEN, daß jeder zusammengesetzte blutfremde Bestandteil zur Bildung von Abwehrfermenten Anlaß geben kann.

Der therapeutische Effekt, der sich nun durch Arzneistoffe mit solchen omnicellulären Wirkungen auslösen läßt, kann verschiedenster Art sein: So wurde bei Infektionskrankheiten nach Schüttelfrost und vorübergehendem Fieberanstieg vorübergehende oder andauernde Entfieberung beobachtet. Lokale Herdreaktionen traten auf, entzündliche Prozesse wurden verstärkt, *Entzündungsprozesse in den verschiedensten Organen heilend beeinflußt.* Im Blute wurde eine Zunahme der Zahl der Leukocyten, Anstieg des Blutzuckerspiegels, Erhöhung des Immunkörpertiters, Förderung der Narbenbildung, subjektive und objektive Besserung bei venerischen Erkrankungen usw. beobachtet.

Der Stoffwechsel, speziell der Purinstoffwechsel, erfährt eine lebhafte Steigerung, die Empfindlichkeit gegen die Adrenalinglykosurie steigt u. a. m.

Diese vielseitigen und in ihrem Wesen ganz verschiedene Reaktionen beweisen eben, daß sich dabei nicht um eine elektive pharmakologische Organwirkung oder für den Fall der Infektionskrankheiten gar um eine ätiologische Wirkung handeln kann, sondern daß tatsächlich der Körper in seiner ganzen Vitalität beeinflußt sein muß. Alle diese in Erscheinung tretenden Reaktionen können nur als Teileffekte der ganzen Vitalitätsänderungen angefaßt werden.

Das Wesen dieser Art von Entzündungshemmung ist so vor allem durch das vollkommen Unspezifische charakterisiert, da die sie bedingenden Wirkungen weder zu einem Organ oder gar zu einer Krankheitsursache eine Beziehung haben. Die Therapie selbst wird nun auch vielfach diesem Charakteristicum entsprechend als „unspezifische Therapie" bezeichnet, erscheint aber unter den verschiedensten Namen in der Literatur. Auf die Charakterisierung eines Teiles dieser Therapie

---

[1] Vgl. hierzu VEJNAROVA: Protoplasmahysterese bei Entzündungsvorgängen. Arch. mikrosk. Anat. **101** 499 (1924).

als *Resistenzsteigerung* (Pfeifer) wird heutzutage dieser Name auch auf die ganze Therapie übertragen. Den Angriffspunkt der Therapie charakterisiert ihre Bezeichnung als *Protoplasmaaktivierung* sowie als *unspezifische Leistungssteigerung* (Weichardt), *ergotrope Therapie* (v. Groer), *omnicelluläre Resistenzsteigerung* (Starkenstein). Die Beziehung zu einem Teile der noch zu besprechenden Arzneimittel dieser Gruppe drückt ihre Bezeichnung als *Proteinkörpertherapie* (R. Schmidt) aus. Die Beziehung zu *Änderung des kolloiden Zustandes in der Zelle* kommt in der Bezeichnung als *Kolloidtherapie* (Luithlen, H. H. Meyer) zum Ausdruck. Die *Erhöhung des Schwellenreizes für Resistenz und Reagierfähigkeit* soll der Ausdruck *Schwellenreiztherapie* (Zimmer[1]) bezeichnen. Die Beziehung zu den Entzündungsvorgängen, die einen Teileffekt der ursächlichen Momente der Therapie darstellen können, kommen in ihrer Bezeichnung als *Heilentzündung* (Bier) und als *phlogetische Therapie* (O. Fischer) zum Ausdruck. Die Beziehungen zu den osmotischen Vorgängen veranlaßte ihre Bezeichnung als Osmotherapie (Stejskal).

Da es sich bei diesen Stoffen, wie ausgeführt wurde, um keine auf bestimmte Organfunktion gerichtete *dynamische* Wirkung handelt, wurde von Wiechowski diese ganze Therapie eben im Gegensatz zu dynamisch wirkenden Arzneistoffen als *statische* bezeichnet[2]. Es ist jedoch nicht ausgeschlossen, daß sich auch diese, mit entsprechend geeigneter Methodik gemessen, als mikrodynamische Wirkungen erweisen werden. Dafür sprechen auch Untersuchungen, die unter W. Lipschitz im pharmakologischen Institut in Frankfurt ausgeführt wurden. Diese haben einen neuen Gesichtspunkt für die antiphlogistische Wirkung einer ganzen Reihe von analgetischen und zentralnarkotischen Substanzen gebracht. Es wurde gezeigt, daß der Senföleffekt an der rasierten Rückenhaut weißer Kaninchen durch *atmungsdämpfende* Dosen von Antipyriliminopyrin (Lipschitz und Osterroth), Urethan (Lipschitz, Peng und Guggenheim), Novonal und Bromid (Guggenheim und Winkler) gehemmt wird, ohne daß die Körpertemperatur einen halben Grad unterschreitet; umgekehrt ergab sich, daß die gleichzeitige Zufuhr von Cardiazol in Dosen, die für einige Stunden die Atmugsdämpfung kompensieren, die Entzündungshemmung im akuten Versuch aufhebt, und ebenso, daß die Entzündungshemmung ausbleibt, wenn die Atmungsdämpfung des Narkotikums durch künstliche Ventilation des Tieres hintangehalten wird. Das zentral analgetische aber beim Kaninchen atmungserregende *Pyramidon* wirkt im Widerspruch zur Spiessschen Theorie (s. S. 376) an dieser Tierart und bei dieser Versuchsanordnung nicht antiphlogistisch. Eine weitere wichtige Tatsache bringt die Beobachtung, daß die durch einmalige Gabe von Urethan hervorgerufene Entzündungshemmung dessen zentralnarkotische Wirkungen, speziell auch die Atmungsdämpfung, um Tage *überdauert*, nach einer Woche aber gleichfalls wieder verschwunden ist. Lipschitz drückt das so aus, daß das Narkotikum durch die Atmungsdämpfung Vorgänge induziert, die schwerer reversibel sind als die Atmungsdämpfung selbst. Der Schlüssel zum Verständnis dieser Vorgänge scheint nur darin zu liegen, daß (Lipschitz und Fröhlich) durch das Urethan oder Bromid — trotz der Erhöhung der alveolären und Blut-CO_2-Spannung — die aktuelle H˙-Konzentration des Blutes absinkt und das wahre CO_2-Bindungsvermögen ansteigt, also hyperkompensatorisch wahrscheinlich Trä-

---

[1] Zimmer: Vgl. hierzu die Abhandlung von Zimmer in Brugsch: Erg. Med. **4**.

[2] Vgl. hierzu auch Petersen: Die Proteintherapie. Berlin 1923. — Rolly: Über den therap. Effekt von lokalen Entzündunegn und Absceßbildung bei Sepsis. Münch. med. Wschr. **70**, 5 (1923). — Bier: Ebendas. **70**, 305 (1923). — Makay, E.: Förderung der Selbstheilung des Entzündungsprozesses durch Entzündungsprodukte. Dtsch. med. Wschr. **49**, 1147 (1923). — Piesbergen, H.: Zum Entzündungsproblem und den biolog. Grundlagen der Reizkörpertherapie. Münch. med. Wschr. **71**, 37 (1924). usw.

ger alkalischer Valenzen aus den Geweben ins Blut wandern und damit die Gewebe „saurer" werden oder vielleicht auch relativ reicher an Ca-Ionen gegenüber den K-Ionen. Mit dieser Auffassung stimmt aufs beste überein, daß Loewy und Pincussen[1] im Hochgebirge das Verhältnis Ca:K in den verschiedensten Organen von Ratten erhöht, Laubender und Lipschitz die Senfölentzündung an Albinokaninchen bereits nach 10 tägigem Aufenthalt in 2500 m Höhe gehemmt fanden.

Für die Beurteilung der entzündungshemmenden Stoffe ist die Tatsache von grundlegender Bedeutung, daß alle diese Stoffe weder einer einheitlichen chemischen noch einer einheitlichen pharmakologischen Gruppe angehören. Die verschiedenen Eigenschaften und die verschiedenen Angriffspunkte dieser Stoffe, lassen zunächst jeden Anhaltspunkt vermissen, der diese nach einer bestimmten Richtung hin gleichartige Wirkung erklären könnte. Da wir nun bei einzelnen dieser Stoffe in der *gefäßdichtenden* Wirkung einen Erklärungsgrund für die Entzündungshemmung gefunden haben (Calciumsalze), andererseits sahen, daß der gleiche entzündungshemmende Effekt trotz *Förderung der Gefäßdurchlässigkeit* vorhanden ist (*Atophan*), so erschien es zweckmäßig, verschiedene Stoffe mit unspezifischer Wirkung auch darauf hin zu prüfen. Diesbezügliche Untersuchungen von Starkenstein[2] ergaben, daß ebenso wie Chlorcalcium auch Milch, destilliertes Wasser, physiologische Kochsalzlösung nach subcutaner Verabreichung sowie 3 proz. Kochsalzlösung nach oraler Verabreichung die Ausscheidung des Fluoresceinnatriums aus den Irisgefäßen in die Vorderkammer des Auges deutlich hemmten, während 3 proz. Kochsalzlösung subcutan verabreicht, ebenso wie Atophan, den Farbstoffaustritt stark beschleunigen. Dies beweist, daß die *Gefäßdichtung allein für den entzündungshemmenden Effekt nicht verantwortlich gemacht werden kann, sondern daß umgekehrt, trotz gesteigerter Gefäßdurchlässigkeit die Entzündungshemmung ausgesprochen sein kann.* Aus obigen Experimenten kann auch ein bestimmter Schluß auf die Weite der Gefäße nicht gezogen werden, da auch Chloroformnarkose den Farbstoffdurchtritt hemmt, Äthernarkose ihn unbeeinflußt läßt, während andererseits Anylnitrit den Durchtritt fördert.

Wir müssen weiter berücksichtigen, daß Calciumchlorid ebenso wie andere Stoffe mit gleicher Wirkung außer der Entzündungshemmung noch zahlreiche andere Wirkungen im Organismus entfalten, die durch Gefäßdichtung in keiner Weise erklärt werden können. Wir sehen aber, daß diese Wirkungen andererseits auch von jenen Stoffen hervorgerufen werden, welche ebenso wie das Atophan die Gefäßdurchlässigkeit steigern. Da beide Gruppen trotz ihrer Verschiedenheit auf die Gefäße in gleicher Weise die Entzündung beeinflussen und in gleicher Weise in bezug auf verschiedene andere Symptome resistenzsteigernd wirken, so gestattet dies wohl die *Schlußfolgerung, daß diese entzündungshemmende Wirkung die Folge einer gemeinsamen, gleichartigen Wirkung aller dieser Stoffe ist.* Welcher Art diese Wirkungen sein könnten, wurde oben bei der Besprechung der unspezifischen Resistenzsteigerung schon ausgeführt. Es wurde bei dieser Gelegenheit auch betont, daß diese Wirkung auf die Blutplättchen zur Erklärung aller Erscheinungen nicht ausreicht, und es erscheint daher zweckmäßig, in diesem Zusammenhange noch auf alle Einzelwirkungen hinzuweisen, die von Calciumsalzen im Organismus gesehen wurden. Chiari und Januschke (l. c.) sowie Starkenstein[3] haben bei der Untersuchung der entzündungshemmenden Wirkung verschiedener Calciumsalze gezeigt, daß diese hinsichtlich ihres antiphlogistischen Wertes nicht gleichwertig

---

[1] A. Loewy und L. Pincussen: Biochem. Z. **212**, 22 (1929).
[2] Starkenstein: Münch. med. Wschr. **1919**, Nr 8, 205.
[3] Starkenstein: Ther. Halbmh. **1921**, H. 18, 553.

sind, sondern daß sich vielmehr Calciumchlorid am wirksamsten erwies, weniger wirksam dagegen das Lactat und das Acetat. Auch Göppert[1] und Blühdorn[2] hatten gefunden, daß eine erfolgreiche Calciumtherapie der Tetanie nicht durch alle Calciumsalze gleichwertig durchgeführt werden kann. Während 5—6 g Calciumchlorid erfolgreich wirkten, waren von Calciumlactat 22 g nötig. Starkenstein sah die Ursache dieser verschiedenen Wirkung im Anion des Salzes gelegen, denn während Calciumchlorid mit seinem unverbrennbaren Anion im Körper beständig und wenigstens teilweise ionisiert bleiben kann, werden die Calciumsalze mit verbrennbarem Anion, also vornehmlich die der organischen Säuren, durch Überführung in Phosphat oder Carbonat entionisiert und damit unwirksam. Für die stärkere pharmakologische und im besonderen entzündungshemmende Wirkung des Calciumchlorids ist das Anion auch insofern verantwortlich zu machen, weil das Chlorid die Lipoidlöslichkeit des $CaCl_2$ bedingt, was zu schneller Resorption schon vom Magen aus und weiterhin zu anderer Verteilung im Organismus führt.

Die überlegene $CaCl_2$-Wirkung findet eine andere Deutung durch Freudenberg und György[3, 4], sie glauben, daß die *Kalktherapie* eine larvierte *Säuretherapie* darstelle. (Vgl. hierzu auch das oben auf S. 395 u. f. Gesagte.)

Die Unwirksamkeit der Kalksalze mit organischen Anionen beruhe darauf, daß die organischen Säuren im Organismus zum Bicarbonat oxydiert werden und dadurch die acidotisch wirkende Calciumkomponente des zugeführten Salzes kompensieren, während bei der Darreichung anorganischer Ionen das Calciumion seine Wirkung ungestört entfalten kann. Die Autoren stützen sich dabei auf die Untersuchungen von R. Berg[5] sowie G. Fuhge[6], welche ebenfalls die acidotische Beeinflussung des Stoffwechsels unter der Einwirkung von Calciumchlorid betonen. Als weitere Argumente dafür führen sie die Herabsetzung der Zellatmung durch Kalk an, die von Loeb und Warburg[7] sowie von György[8] nachgewiesen wurden[9]. Ferner den Befund, daß die Kalkbindung an die Gewebe eine Erhöhung der H-Ionenkonzentration bedinge[10]. Schließlich, daß die K-Ionenkonzentration reiner Salz-Puffergemische unter dem Einfluß von Calciumionen stark zunimmt. Aus diesem Grunde wird die Kalkbehandlung als Säuretherapie der Salmiak- und Salzsäurezufuhr gleichgesetzt.

Unterstützend für diese Annahme sind Untersuchungen von Haldane, Hill und Luck[11], welche ebenfalls nachweisen, daß Calciumchlorid Acidose erzeuge und daß diese dadurch zustande komme, daß Bicarbonat nach und nach im Körper durch Chlorid ersetzt werde. Gamble, Ross und Tisdall[12] sowie Adlersberg[13] wiesen nach, daß 1 g Calciumchlorid dieselbe Wirkung habe wie 75 ccm $n/_{10}$-HCl. Das Chlorion werde in höherem Maße resorbiert als das Calciumion[14].

---

[1] Göppert: Med. Klin. 1914, Nr 24.
[2] Blühdorn: Mschr. Kinderheilk. 12 (1914).
[3] Freudenberg u. György: Klin. Wschr. 1, 1399 (1922).
[4] Freudenberg u. György: Biochem. Z. 110, 299 (1920); 115, 96 (1920); 118, 50 (1921); 121, 131, 142 (1921); 123, 315 (1921); 123, 315 (1921); 124, 299 (1921); 129, 134 (1922); 142, 407 (1923); 147, 191 (1924) — Klin. Wschr. 1, 410 (1921).
[5] Berg, R.: Münch. med. Wschr. 1917, 1803.
[6] Fuhge, G.: Arch. Kinderheilk. 1919, 67.
[7] Loeb u. Warburg: Erg. Physiol. 1914.   [8] György: Jb. Kinderheilk. 1922.
[9] Entzündungshemmung und Gewebsatmung. Vgl. auch Gessler: Arch. f. exper. Path. 11, 366.
[10] Pfaundler: Jb. Kinderheilk. 60 (1904).
[11] Haldane, Hill u. Luck: J. of Physiol. 57, 301 (1923).
[12] Gamble, Ross u. Tisdall: Amer. J. Dis. Childr. 25 (1923).
[13] Adlersberg: Klin. Wschr. 1924, 1556.
[14] Vgl. auch P. Carlier: C. r. Soc. Biol. Paris 89, 37, 1315 (1923).

Daß die bisherigen Erörterungen, die eigentlich mehr im Zusammenhange mit der Calciumtherapie der Tetanie erhoben wurden, auch für die antiphlogistische Wirkung der Calciumsalze eine Bedeutung haben, geht aus Befunden von H. WIELAND und R. SCHÖN[1] hervor. Fast unerträgliches Hautjucken und Urticaria, eitrige Erruptionen, die bei einer Versuchsperson im Anschluß an Morphineinspritzungen aufzutreten pflegten, konnten mit derselben Sicherheit durch Ammonchlorid- wie durch Calciumchloridgaben beseitigt werden. Mit der Frage der Verminderung der Entzündungsbereitschaft durch Säurezufuhr befaßten sich Untersuchungen von KÄTHE FUERST[2]. Diese Untersuchungen ergaben auch in Kaninchenversuchen, daß Säurezufuhr in derselben Art wie Calciumchlorid entzündungshemmend wirken. Obwohl durch alle diese Untersuchungen ein neuer Faktor über das Wesen der Wirkung unspezifischer Stoffe beigebracht wurde, so kann darin doch keine ausreichende Erklärung für das Wesen der antiphlogistischen Calciumchloridwirkung gesehen werden, dies um so weniger, als dadurch für die dem Wesen nach sicher ähnliche entzündungshemmende Wirkung des Atophans keine Erklärung gebracht werden kann. FUERST suchte dabei auch für das Atophan nach andern Erklärungsgründen und fand, daß durch Atophan eine stärkere Erniedrigung der Hauttemperatur erzielt werde. Dadurch wirke Atophan ebenso wie örtliche Abkühlung entzündungswidrig. Es wurde schon oben bei Besprechung der Untersuchungen von STARKENSTEIN darauf hingewiesen, daß der entzündungshemmende Effekt des Atophans unabhängig von seiner allgemeinen temperaturabsetzenden Wirkung erfolge, und auch dieser Befund der lokalen antipyretischen Atophanwirkung kann die Entzündungshemmung um so weniger erklären, als diese Temperaturherabsetzung der Haut von FUERST erst bei tödlichen Atophandosen beobachtet wurden, während, wie wir oben gesehen haben, die entzündungshemmende Wirkung schon nach viel kleineren Dosen eintritt.

Die festgestellten Beziehungen von Calcium- und Säuretherapie haben aber immerhin dadurch eine große Bedeutung erlangt, daß sie die Bedeutung von Anion und Kation für das Zustandekommen der Entzündung einerseits und der Entzündungshemmung andererseits besonders betonten. Es ist dies ein neuerlicher Beweis dafür, daß Störungen im Ionengleichgewichte, Störungen der Isoionie ebenso wie der Isotonie und der Isohydrie für Entzündungsbereitschaft und Entzündungshemmung in gleicher Weise von Bedeutung sind. Es zeigt sich hier wiederum ein Zusammenhang der Calciumchlorid-Säureantiphlogose mit der oben schon erwähnten antiphlogistischen Wirkung von hypo- und hypertonischen Salzlösungen, und dieser Zusammenhang weist eben auf die Grundwirkung hin, auf die alle diese verschiedenartigen antiphlogistisch wirkenden Stoffe hinzielen.

Wiewohl somit die verschiedenartigen Eingriffe, welche eine Störung im Ionengleichgewicht herbeiführen, auch auf die Entstehung von Entzündungen einerseits auf ihre Beeinflussung von Bedeutung sein müssen, so scheint doch andererseits gerade dem *Calcium*, nach beiden Richtungen hin, eine *überwiegende Bedeutung gegenüber den andern Ionen* zuzukommen.

Deutlich geht dies daraus hervor, daß alle *calciumfällenden Säuren*, wie Oxalsäure, Fluorwasserstoffsäure, Phosphorsäuren[3], die *Entzündungsbereitschaft erhöhen*; weiter wird die Bedeutung des Calciums für die Empfindlichkeit des Organismus gegenüber Entzündungsreizen auch aus besonderen Verhältnissen des Mineralstoffwechsels ersichtlich: Untersuchungen WIECHOWSKIs und seiner

---

[1] WIELAND, H. u. R. SCHÖN: Arch. f. exper. Pathol. **100**, 190 (1923).
[2] FUERST, KÄTHE: Arch. f. exper. Path. **105**, 238 (1925).
[3] STARKENSTEIN: Arch. f. exper. Path. **77**, 45 (1914).

Schüler, besonders O. Sgalitzer und E. Stransky, haben ergeben, daß ausschließlich mit Hafer ernährte Kaninchen, insbesondere, wenn sie daneben nur destilliertes Wasser zur Tränkung erhielten eine negative Kalkbilanz aufweisen. Dabei zeigten sie alle *auf Calciummangel zu beziehende Erscheinungen*: Höhere Temperatur, verlängerte Gerinnungszeit des Blutes, leichtere Narkosebereitschaft durch Magnesiumsalze und insbesondere eine *höhere Empfindlichkeit gegen Entzündungsreize*[1]. Einem *Calciummangel ist auch die Entionisierung des Calciums im Blute gleichzusetzen*, während umgekehrt die Säurezufuhr eine Vermehrung der Calciumionen im Blute bewirkt. So könnte auch die entzündungshemmende Wirkung von Säuren, speziell von Salmiak[2], von Ammonphosphat[3] und Salzsäure[4] schließlich doch auch als indirekte Calciumwirkung aufgefaßt werden.

Für die erhöhte Entzündungsbereitschaft des Organismus bei Calciummangel sprechen auch die Untersuchungen von Henselmann[5], der die Haut von Schwangeren gegen Entzündungsreize wesentlich weniger resistent fand.

Sie reagieren etwa 5mal heftiger als normale[6]. Leo, Carnap und Hesse[7] fanden, daß diese Wirkung aber merkwürdigerweise von Calciumchlorid, in entzündungshemmenden Dosen gleichzeitig gegeben, aufgehoben werden. Es dürfte hierbei wohl eine gegenseitige Ausfällung als Ursache der Aufhebung dieser Wirkung in Betracht kommen, da sich die Wirkungen der beiden Dosen wesentlich steigern, wenn das eine per os, das andere subcutan oder umgekehrt gegeben wird.

Wir haben oben erwähnt, daß nicht nur Calciumionen, sondern jede Verschiebung im Ionengleichgewicht des Organismus die Entzündungsbereitschaft sowie die Entzündungshemmung beeinflussen kann. Als indirekten Beitrag hierzu können die Untersuchungen von W. Jacobj[8] angesehen werden. Adrenalin in einer Verdünnung von 1:3000 bewirkt an der Froschschwimmhaut keine Gefäßkontraktion. Dagegen werden die Lösungen durch Zusatz von Veronalnatrium bis zu einer Verdünnung von 1:1000000 wirksam. Auf Grund von Kontrollversuchen mit Strychnin wird als Ursache dieser Verstärkung der Wirkung eine Verbesserung der Resorption angenommen. Diese Resorptionssteigerung wiederum wird als eine Erhöhung der Gefäßpermeabilität angesehen. Als Ursache der Wirkung, die reversibel ist, nimmt Jakobj eine OH-Wirkung an, da NaOH qualitativ gleichartig, wenn auch quantitativ schwächer wirkt. E. Andersen[9] vermutet auch einen Einfluß des Chlorions auf die Heilung der Entzündung. Er fand beim Erysipel eine erhebliche Vermehrung des Cl in der Haut. Eine solche Chlorretention erfolge überall im entzündlichen Gewebe, dadurch werde die Zelle in einen erhöhten Abwehrzustand versetzt. Bei zu hoher Chloranwendung verfällt die Haut der Nekrose. Es bestehen angeblich auch Beziehungen zwischen entzündlichen Geweben und malignen Tumoren. Bei der Röntgen- und Reizkörpertherapie nahmen, nach Andersen, die Zellen infolge des Reizes mehr Chlor auf, was die Heilungstendenz fördere. Die Untersuchungen lassen allerdings die Möglichkeit offen, daß hier auch oder nur das das Chlor begleitende Kation (Na, Ca?) mit von Bedeutung ist.

Wie schon aus diesen Untersuchungen hervorgeht, kommt auch der Röntgen-

---

[1] Vgl. Wiechowski: Mineralstoffwechsel und Ionentherapie. Tag. dtsch. Ges. inn. Med. Kissingen 1924.

[2] Freudenberg u. György: Zitiert auf S. 398.

[3] Adlersberg u. Porges: Klin. Wschr. 1922, 2024.

[4] Scheer: Jb. Kinderheilk. 97, 130 (1922).

[5] Henselmann: Klin. Wschr. 4, 2346 (1925).

[6] Vgl. hierzu auch E. Lehner u. E. Rajka: Klin. Wschr. 2, 2201 (1923).

[7] Leo, Carnap u. Hesse: Arch. f. exper. Path. 96, 133 (1923).

[8] Jacobj: Münch. med. Wschr. 68, 385 (1921).

[9] Andersen, E.: Münch. med. Wschr. 71, 933 (1922).

bestrahlung ein entzündungshemmender Effekt zu. Hierüber liegen zahlreiche Untersuchungen vor[1]. Der entzündungshemmende Effekt konnte nicht nur bei Röntgenstrahlen, sondern auch bei künstlicher Höhensonne sowie der Anwendung von radioaktiven Stoffen beobachtet werden. Er äußert sich in abgekürzter Heilungsdauer, Schmerzlinderung, Hebung des Allgemeinbefindens; große Infiltrate können rasch einschmelzen, allgemeine Erscheinungen, die der Entzündung folgen, oft in wenigen Stunden zurückgehen. Als Ursache der entzündungshemmenden Wirkung der Röntgenstrahlen wurden in Betracht gezogen: erhöhte lokale Bactericidie, Einwirkung auf das gesamte immunisatorische Verhalten, Entgiftung wirklich infektiöser Stoffe, Anregung des physiologischen Abwehrapparates zu vermehrter Leistung usw. Wie alle diese Vermutungen beweisen, gelingt es nicht, ein bestimmtes Organ oder eine bestimmte Funktion für das Zustandekommen des entzündungshemmenden Effektes verantwortlich zu machen, und es ist wohl nach allen den bisherigen Erfahrungen wahrscheinlich, daß unter dem Einfluß der Röntgenstrahlen im Organismus derartige Veränderungen vor sich gehen, wie wir sie bei der Injektion unspezifisch wirkender Stoffe entstehen sehen. Es wird darum wohl auch die entzündungshemmende Wirkung der Strahlen in das derzeit noch ungeklärte Gebiet der unspezifischen Resistenzsteigerung einzubeziehen sein, welche durch eine besondere Beeinflussung der Empfindlichkeit des Organismus gegen Entzündungsreize hervorgerufen wird[2].

Wir haben bisher fast ausschließlich die *Pharmakologie der akuten Entzündung* behandelt. Nur mit wenigen Worten sei ergänzend die *chronische Entzündung* erwähnt. Darunter werden krankhafte Vorgänge und Zustände zusammengefaßt, die sowohl mit andauernder Exsudatbildung als auch mit vorwiegender Gewebswucherung, besonders des Gefäßbindegewebes einhergehen und sich entweder aus akuten Entzündungen oder ohne solche bei andauernder Schädigung der Gewebe allmählich entwickeln. Die chronische Entzündung ist der akuten wesensverwandt und hauptsächlich nur graduell verschieden. Eine Entzündung kann entweder ihrem ganzen Wesen nach von Anfang an chronisch sein, oder sie kann chronisch werden; dies durch lange Dauer der Einwirkung der entzündungserregenden Ursache oder wenn während der akuten Entzündung die Gewebsfunktion derartig gestört wird, daß dann auch die normalen Stoffwechselvorgänge als pathologische Reize empfunden werden. Daraus geht hervor, daß bei der chronischen Entzündung unter Umständen die entzündungserregende Ursache viel geringer sein kann als bei der akuten und daß unter Umständen der Wirkungseffekt eines solchen Reizes nur von der Dauer der Wirkung abhängt. Dies wiederum kann zu lang andauernden, aber an Intensität geringfügigen Reaktionserscheinungen führen, welche an sich im Gegensatz zur akuten Entzündung nicht imstande sind, die Entzündungsnoxe zu beseitigen. Aus all dem ergeben sich für die *pharmakologische Beeinflussung* der *chronischen* Entzündung zwei Richtlinien: 1. Durch Anwendung stärkerer, aber adäquater Reize die chronische in eine akute überzuführen und 2. mit Rücksicht darauf, daß als Ursache der chronischen Entzündung eine geänderte Gewebsreaktion in Betracht kommt (pathologische Reaktion auf nicht pathologische Reize) die Reaktionsfähigkeit bzw. die Empfindlichkeit des Gewebes im Sinne einer Umstimmung abzuändern.

---

[1] Vgl. A. CEMACH: Mschr. Ohrenheilk. **56**, 535 (1922). — HEIDENHAIN: Klin. Wschr. **3**, 1001 (1924). — CRAMER, H. u. H. KALKBERNNER: Klin. Wschr. **4**, 1019 (1925). — BAUER, F.: Münch. med. Wschr. **1925**, Nr 16.
[2] STARKENSTEIN: Münch. med. Wschr. **1919**, Nr 8, S. 205.

2. Allgemeine Reaktionen.

___

Die Immunitätsvorgänge und deren Grundlagen.

Antigene und Antikörper.

Von

H. SACHS

Heidelberg.

Zusammenfassende Darstellungen.

ARRHENIUS, S.: Immunochemie. Leipzig: Akad. Verlag 1907 — Asher-Spiros Ergebnisse der Physiologie, 7. Wiesbaden 1908. — ASCHOFF, L.: Ehrlichs Seitenkettentheorie und ihre Anwendung auf die künstlichen Immunisierungsprozesse. Jena 1905. — ASCOLI, A.: Grundriß der Serologie, 3. Aufl. Wien u. Leipzig 1921. — BÄCHER, ST.: Konzentration und Reindarstellung der Antikörper. Handb. d. pathogen. Mikroorganismen (Liefg 6), 3. Aufl., 2 203 (1927). — BIELING, R.: Erzeugung der Antikörper .Ebenda (Liefg 6) 3. Aufl., 2, 133 (1927) — Reticulo-Endothel und Immunität. Zbl. Bakter. 110, Beih., 195 (1929). — BLUMENTHAL, G.: Hämolyse. Oppenheimers Handb. d. Biochemie, 2. Aufl., 3, 568 (1925). — BÖHME, A.: Bakteriolytische Sera. Kraus-Levaditis Handb. d. Techn. u. Method. d. Immunitätsforsch. 2 (1909). — BORDET, J.: Traité de l'immunité dans les maladies infectieuses. Paris 1920. — BORDET, J. u. F. P. GAY: Studies in immunity. New York 1909. — BROWNING, C. H.: Immunochemical Studies. London: Constable u. Co. 1925. — BRUCK, C.: Wesen, Bedeutung und experimentelle Stützen der Ehrlichschen Seitenkettentheorie. Moderne ärztliche Bibliothek H. 25. Berlin 1906. — CITRON, J.: Die Technik der Bordet-Gengouschen Komplementbindungsmethode in ihrer Verwertung zur Diagnostik der Infektionskrankheiten. Kraus-Levaditis Handb. d. Techn. u. Method. d. Immunitätsforsch. 2 (1909) — Die Methoden der Immunodiagnostik und Immunotherapie und ihre praktische Verwertung, 4. Aufl. Leipzig 1923. — DEUTSCH, L. u. C. FFISTMANTEL: Die Impfstoffe und Sera. Leipzig 1903. — DIEUDONNÉ, A. u. A. WEICHARDT: Immunität, Schutzimpfung und Serumtherapie, 11. Aufl. Leipzig 1925. — DOERR, R.: Allergie und Anaphylaxie. Handb. d. pathogen. Mikroorganismen, 2. Aufl., 2 (1913); 3. Aufl., 1, 759 (1929) — Neuere Ergebnisse der Anaphylaxieforschung. Weichardts Erg. Hyg. 1, 257 (1914) — Die Anaphylaxieforschung im Zeitraume 1914—1921. Ebenda 5, 71 (1922) — Die Idiosynkrasien. Handb. d. inn. Med. (v. BERGMANN-STAEHELIN) 4, 448 (1926). — DOLD, H.: Die Präcipitine und die Methoden der Präcipitation. Abderhaldens Handb. d. biol. Arbeitsmethoden (Liefg 19), Abt. 13 (1921). — DUNGERN, E. V.: Die Antikörper. Jena 1903. — EHRLICH, P.: Das Sauerstoffbedürfnis des Organismus. Berlin 1885 — On immunity with special reference to cell-life. Croonian lecture. Proc. roy. Soc. Lond. 66 (1901) — Schlußbetrachtungen. Nothagels Spezielle Pathol. u. Therap. 8 (1901) — Die Schutzstoffe des Blutes. Dtsch. med. Wschr. 1901 — Gesammelte Arbeiten zur Immunitätsforschung. Berlin 1904 — On immunity with special reference to the relations existing between the distribution and the action of antigens. The Harben lectures for 1907. London 1908 — Über Antigene und Antikörper. Kraus-Levaditis Handb. d. Techn. u. Method. d. Immunitätsforsch. 1. Jena 1908 — Über Partialfunktionen der Zelle. Münch. med. Wschr. 1909, Nr 5 — Beiträge zur experimentellen Pathologie und Chemotherapie. Leipzig: Akadem. Verlagsgesellschaft m. b. H. 1909 — Studies in immunity, 2. Aufl. New York 1910. — EHRLICH, P. u. J. MORGENROTH: Wirkung und Entstehung der aktiven Stoffe im Serum nach der Seitenkettentheorie. Handb. d. pathogen. Mikroorganismen, 1. Aufl., 4. Jena 1904. — FICKER, M.: Aktive Immunisierung und Herstellung von Antigenen. Ebenda (Liefg 6) 3. Aufl., 2, 1 (1927). — FORSSMAN, J.: Die heterogenetischen Antigene, insbesondere die sog. Forssman-Antigene und ihre Antikörper. Ebenda (Liefg 23) 3. Aufl., 3, 469 (1928). — FRIEDBERGER, E.: Die bactericiden Sera. Ebenda 2. Aufl., 2 (1913) — Technik und Wesen des Pfeifferschen Phänomens. Technik des bactericiden Reagensglasversuches. Abderhaldens Handb. d. biol. Arbeitsmeth. (Liefg 125), Abt. 13, II, 241 (1924). — FRIEDBERGER, E. u. R. PFEIFFER: Lehrbuch der Mikrobiologie. Jena 1919. — FRIEDBERGER, E. u. F. SCHIFF: Die Methoden des Tierversuchs. Kraus-Uhlenhuths Handb. d. mikrobiol. Technik 2, 1563

(1923). — Friedemann, U.: Anaphylaxie. Weichardts Jber. Immun.forschg 6, 31 (1911). — Gotschlich, E. u. W. Schürmann: Leitfaden der Mikroparasitologie und Serologie. Berlin 1920. — Graetz, F.: Über Probleme und Tatsachen aus dem Gebiete der biologischen Spezifität der Organantigene, in ihrer Bedeutung für Fragestellungen der normalen und pathologischen Biologie. Weichardts Erg. Hyg. 6, 397 (1923). — Hahn, M.: Natürliche Immunität (Resistenz). Handb. d. pathogen. Mikroorganismen (Liefg 21) 3. Aufl., 1, 663 (1928). — Hammerschmidt, J. (P. Th. Müller): Serologische Untersuchungstechnik. Jena: Gustav Fischer 1926. — Herzfeld, E. u. R. Klinger: Neuere eiweißchemische Vorstellungen in ihren Beziehungen zur Immunitätslehre. Weichardts Erg. Hyg. 4, 282 (1920). — Hirszfeld, L.: Die Konstitutionslehre im Lichte serologischer Forschung. Klin. Wschr. 1924, Nr 26 — Die Konstitutionslehre und ihre Anwendung in Biologie und Medizin. Naturwiss. 1926, Nr 2 — Über die Konstitutionsserologie im Zusammenhang mit der Blutgruppenforschung. Weichardts Erg. Hyg. 8, 367 (1926); vgl. auch Klin. Wschr. 1927, Nr 40 — Konstitutionsserologie und Blutgruppenforschung. Berlin: Julius Springer 1928. — Jacobsthal, E.: Bakteriologie und Serologie am Leichentisch. Handb. d. biol. Arbeitsmeth. (Liefg 214), Abt. 8 I, H. 5, 967 (1926). — Jacobsthal, E. u. A. Schuback: Morphologie und Serologie des Normalblutes der Laboratoriumstiere. Handb. d. pathogen. Mikroorganismen (Liefg 23), 3. Aufl., 3, 333 (1928). — Jacoby, M.: Immunität und Disposition und ihre experimentellen Grundlagen. Wiesbaden 1906 — Einführung in die experimentelle Therapie, 2. Aufl. Berlin 1919. — Karsner, H. T. u. E. E. Ecker: The Principles of Immunology. Philadelphia u. London: J. B. Lippincott Comp. 1921. — Kolle, W.: Aktive Immunisierung und Schutzimpfung. Zbl. Bakter. 104, Beih., 90 (1927). — Kolle, W. u. H. Hetsch: Die experimentelle Bakteriologie und die Infektionskrankheiten mit besonderer Berücksichtigung der Immunitätslehre, 7. Aufl. Berlin 1929. — Kolle, W. u. R. Prigge: Spezifität der Infektionserreger. Handb. d. pathogen. Mikroorganismen (Liefg 21), 3. Aufl., 1, 565 (1928) — Die Grundlage der Lehre von der erworbenen aktiven (allgemeinen und lokalen) und passiven Immunität. Ebenda 607 (1928). — Kraus, R.: Präcipitine. Ebenda 2. Aufl., 2 (1913); 3. Aufl., 2, in Vorbereitung. — Landsteiner, K.: Wirken Lipoide als Antigene? Weichardts Jber. Immun.forschg 6 (1910/11) — Kolloide und Lipoide in der Immunitätslehre. Handb. d. pathogen. Mikroorganismen, 2. Aufl., 2, 1241 (1913) [vgl. auch 3. Aufl., 1, 1069 (1929)] — Darstellungsmethoden von Antigenen und Antikörpern für immunchemische Untersuchungen. Abderhaldens Handb. d. biol. Arbeitsmeth. (Liefg 137), Abt. 13 II, 333 (1924) — Über komplexe Antigene. Klin. Wschr. 1927, Nr 3. — Lattes, L.: Die Individualität des Blutes. Berlin 1925 — Methoden zur Bestimmung der Individualität des Blutes. Handb. d. biol. Arbeitsmeth. (Liefg 221), Abt 13 II, H. 5, 719 (1927). — Laubenheimer, K.: Serumdiagnose der Syphilis. Handb. d. pathogen. Mikroorganism. (Liefg 13), 3. Aufl., 7, 216 (1927). — Levaditi, C. La nutrition dans ses rapports avec l'immunité. Paris 1904 — Antitoxische Prozesse. Jena 1905. — Levine, Ph.: Menschliche Blutgruppen und individuelle Blutdifferenzen. Erg. inn. Med. 34, 111 (1928). — Levinthal, W.: Neuere Forschungen über die Struktur der bakteriellen Antigene. Zbl. Bakter. 110, Beih., 30 (1929). — Liebermann, L. v. u. B. v. Fenyvessy: Über Serumhämolyse. Weichardts Jber. Immun.forschg 7, 2 (1911). — Loewit, M.: Infektion und Immunität. Berlin u. Wien 1921. — Madsen, Th.: Allgemeines über bakterielle Antigene. Toxine. Kraus-Levaditis Handb. d. Techn. u. Method. d. Immunitätsf. 1 (1908). — Manteufel, P.: Serologische Verfahren der Nahrungsmitteluntersuchung. Handb. d. biol. Arbeitsmeth. (Liefg 203), Abt. 4 VIII, H. 7, 1809 (1926). — Messerschmidt, Th.: Die Agglutination. Die Opsonine. Abderhaldens Handb. d. biol. Arbeitsmeth. Abt. 13 (1920). — Metschnikoff, E.: L'immunité dans les maladies infectieuses. Paris 1901; deutsche Übersetzung. Jena: G. Fischer 1902 — Die Lehre von den Phagocyten und deren experimentelle Grundlagen. Handb. d. pathogen. Mikroorganismen 4, 1. Jena 1904. — Michaelis, L.: Die Bindungsgesetze von Toxin und Antitoxin. Berlin 1905. — Miessner, H. u. Albrecht: Methodik zum Nachweis von Infektionskrankheiten in der Veterinärmedizin. Kraus-Uhlenhuths Handb. d. mikrobiol. Technik 2, 1463 (1923). — Much, H.: Pathologische Biologie, 4 u. 5. Aufl. Leipzig 1922. — Müller, P. Th.: Vorlesungen über Infektion und Immunität, 5. Aufl. Jena 1917. — Muir, R.: Studies of immunity. London 1909. — Neufeld, F.: Bakteriotropine und Opsonine. Handb. d. pathogen. Mikroorganismen, 2. Aufl., 2 (1913); 3. Aufl., 2, in Vorbereitung. — Neufeld, F. u. E. Ungermann: Technik und Methodik der Tropinuntersuchung. Kraus-Levaditis Handb. d. Techn. u. Method. d. Immunitätsforsch. Ergänzgs.-Bd. 1 (1911). — Oppenheimer, C.: Toxine und Antitoxine. Jena 1904. — Otto, R. u. H. Hetsch: Die Prüfung und Wertbestimmung der Sera und Impfstoffe. Arb. Staatsinst. exper. Ther. Frankf. 1927, H. 19 — Die Wertbemessung der Schutz- und Heilsera. Handb. d. pathogen. Mikroorganismen (Liefg 6), 3. Aufl., 2, 239 (1927). — Paltauf, R.: Die Agglutination. Ebenda 2. Aufl., 2 (1913). — Pfeiffer, H.: Die Arbeitsmethoden bei Versuchen über Anaphylaxie. Abderhaldens Handb. d. biol. Arbeitsmeth. (Liefg 19), Abt 13 (1921). — Pick, E. P. u. F. Silberstein: Biochemie der Antigene und Antikörper. Handb. d. pathogen. Mikroorganismen (Liefg 15), 3. Aufl., 2, 317 (1928). — Putter, E.: Antikörper gegen Biokolloide. Oppenheimers Handb. d. Biochemie, 2. Aufl., **3**, 357 (1925). — RICKETTS, H. TH.: Infection, immunity and serumtherapy. Chicago 1906. — RÖMER, P.: Die Ehrlichsche Seitenkettentheorie und ihre Bedeutung für die medizinischen Wissenschaften. Wien 1904. — RÖSSLE, R.: Fortschritte der Cytotoxinforschung. Lubarsch-Ostertags Ergebnisse **13** (1910). — ROSENTHAL, W.: Tierische Immunität. Braunschweig 1914. — SACHS, H.: Die Hämolysine und ihre Bedeutung für die Immunitätslehre. Lubarsch-Ostertags Ergebnisse d. pathol. Anatomie **7**. Wiesbaden 1902 — Die Cytotoxine des Blutserums. Biochem. Zbl. **1** (1903) — Die Hämolysine und die cytotoxischen Sera. Lubarsch-Ostertags Ergebnisse usw. **11**, 519 (1907) — Antigene tierischen Ursprungs. Handb. d. Technik u. Method. d. Immunitätsforsch. **1**. Jena 1908 — Hämolysine und Cytotoxine des Blutserums. Ebenda **2**. Jena 1909 — Hämolysine des Blutserums. Handb. d. pathogen. Mikroorganismen, 2. Aufl., **2** (1913); s. auch 3. Aufl. (1929) — Biologische Methoden zur Unterscheidung von Bakterienantigenen. Kraus-Uhlenhuths Handb. d. mikrobiol. Technik **2**, 1335 (1923) — Antigene und Antikörper. Handb. d. Biochemie, 2. Aufl., **3**, 1 (1924) — Probleme der Serodiagnostik. Jkurse ärztl. Fortbildg **16**, H. 10, 1 (1925) — Antigene und Antikörper unter besonderer Berücksichtigung der Toxinwirkung und der antitoxischen Immunität. Oppenheimers Handb. d. Biochemie, 2. Aufl., **3**, 1 (1925) — Antigene und Antikörper. Jkurse ärztl. Fortbildg **18**, Oktoberheft, 1 (1927) — Antigenstruktur und Immunisierungsvermögen. Zbl. Bakter. **104**, Beih., 140 (1927) — Serologische Funktionen der Lipoide. 10. Tag. d. dtsch. physiol. Ges. Ber. Physiol. **42** (1927) — Probleme der pathologischen Physiologie im Lichte neuerer immunbiologischer Betrachtung. Wien. klin. Wschr. **1928**, Nr 13/14 — Antigenstruktur und Immunisierungsvermögen. Weichardts Erg. Hyg. **9**, 1 (1928) — Experimentelle spezifische Diagnostik mittels Agglutination, Bactericidie (Lyse) und Komplementbindung. Handb. d. pathogen. Mikroorganismen (Liefg 23), 3. Aufl., **3**, 203 (1928). — SACHS, H. u. K. ALTMANN, Komplementbindung. Ebenda 1. Aufl., **2** (Erg.-Bd.), 455 (1909). — SACHS, H. u. A. KLOPSTOCK: Methoden der Hämolyseforschung. Abderhaldens Handb. d. biol. Arbeitsmeth. (Liefg 250), Abt. 13 II (1928) (auch separat Berlin-Wien 1928). — SCHIFF, F.: Die Technik der Blutgruppenuntersuchung. 2. Aufl. Berlin 1929. — SCHITTENHELM, A.: Über Anaphylaxie vom Standpunkt der pathologischen Physiologie u. d. Klinik. Jber. Immun.forschg **6**, 115 (1911). — SCHNÜRER: Die Schutzimpfung bei Tieren durch aktive Immunisierung. Zbl. Bakter. **104**, Beih., 115 (1927). — SELIGMANN, E. u. F. v. GUTFELD: Anaphylaxie und verwandte Erscheinungen. Oppenheimers Handb. d. Biochemie, 2. Aufl., **3**, 152 (1925). — SCHIFF, F.: Agglutination. 2. Aufl., **3**, 262 (1925) — Immunität gegen Bakterien und Protozoen. Ebenda 2. Aufl., **3**, 521 (1925). — SCHLOSSBERGER, H.: Antitoxine und Toxine. Ebenda 2. Aufl., **3**, 116 (1925). — SLESSWIJK, J. G.: Die Spezifität. Eine zusammenfassende Darstellung. Weichardts Erg. Hyg. **1**, 395 (1914). — SOBERNHEIM, G.: Die Lehre von der Immunität und von den natürlichen Schutzvorrichtungen des Organismus. Handb. d. allgemeinen Pathologie (KREHL-MARCHAND) **1**. Leipzig 1908. — SCHÜRMANN, W.: Methoden der Immunisierung, Antisera usw. Abderhaldens Handb. d. biol. Arbeitsmeth. (Liefg 5), Abt. 13 (1920). — THOMAS, B. A. u. R. H. IVY: Applied Immunology, 2. Aufl. Philadelphia u. London: Lippincott Comp. 1915/16. — UHLENHUTH, P.: Die serologischen Untersuchungsmethoden von Fleisch, Fleisch- und Wurstwaren, Eiern, Fischen und anderen tierischen Nahrungsmitteln. Handb. d. hyg. Untersuchungsmethoden **2**, 744 (1927). — UHLENHUTH, P. u. W. SEIFFERT: Die biologische Eiweißdifferenzierung mittels der Präcipitation mit besonderer Berücksichtigung der Technik. Handb. d. pathogen. Mikroorganismen (Liefg 23), 3. Aufl., **3**, 365 (1928). — UHLENHUTH, P. u. O. WEIDANZ: Technik und Methodik des biologischen Eiweißdifferenzierungsverfahrens. Kraus-Levaditis Handb. d. Technik u. Methodik d. Immunitätsforsch. **2** (1909). — VAUGHAN, V. C. u. F. G. NOVY: Cellular toxins or the chemical factors in the causation of disease. Philadelphia u. New York 1902. — VOLK, R.: Über Agglutination. Kraus-Levadita Handb. d. Techn. u. Method. d. Immunitätsforsch. **2** (1909). — WALBUM, L. E.: Toxine und Antitoxine. Handb. d. pathogen. Mikroorganismen (Liefg 15), 3. Aufl., **2**, 513 (1928). — WASSERMANN, A. v.: Antitoxische Sera. Ebenda **4**, 1. Jena 1904. — WASSERMANN, A. v. u. C. LANGE: Serodiagnostik der Syphilis. Ebenda 2. Aufl., **7** (1913). — WEIGERT, C.: Einige neuere Arbeiten zur Theorie der Antitoxin-Immunität. Lubarsch-Ostertags Erg. Path. **4**, 107 (1899). — WELLS, H. G.: The Chemical Aspects of immunity. New York: Chemical Catalog Comp. 1925 (deutsche Übersetzung von R. WIGAND; Jena: G. Fischer 1927) — Die chemischen Anschauungen über Immunitätsvorgänge. Jena: G. Fischer 1927. — ZINSSER, H.: Infection and resistance. 1923.

Die vorliegende Übersicht über Antigene und Antikörper soll eine Einleitung für die folgenden Sonderkapitel über Fragen der Immunitätslehre und Serologie darstellen. Es war daher nicht die Absicht, eine erschöpfende Zusammenstellung der einzelnen Tatsachen zu bieten. Vielmehr war das Bestreben vorherrschend, die allgemeinen Linien, die zur Zeit die Lehre von den Antigenen und Antikörpern beherrschen, zu zeichnen, ohne auch nur einigermaßen eine Vollständigkeit des Literaturnachweises anzustreben. Dementsprechend sind im Text nur die in den besonderen Zusammenhängen wichtiger erscheinenden Arbeiten in Fußnoten angeführt. Das vorangestellte Verzeichnis von Lehrbüchern und zusammenfassenden Darstellungen wird eine leichte Möglichkeit zum Auffinden der besonderen Literatur gewähren.

Die Lehre von den Antigenen und Antikörpern ist, wie die Immunitätswissenschaft überhaupt, aus der Bakteriologie hervorgegangen. Die Erforschung der Ätiologie der Infektionskrankheiten und die Erkenntnis der sie begleitenden oder ihnen folgenden Immunitätserscheinungen waren es, die zur Aufstellung des Antigenbegriffs und zur Entdeckung der Antikörperwirkungen geführt haben. Wenn heute die Behandlung dieses Forschungsgebietes in einem Handbuch der Physiologie bzw. der Pathologischen Physiologie nicht fehlen darf, so ist das durch die Entwicklung der Forschung zu ihrem heutigen Stand wohl begründet. Zunächst staunte man wohl über die zweckmäßige reaktive Tätigkeit der lebenden Organismen, die sich gegen das Eindringen pathogener Kleinlebewesen oder ihrer Gifte in so wundervoll abgestimmter Form durch die Bildung von spezifisch angepaßten Antikörpern schützen. Der Zweckmäßigkeitsbegriff in diesem Sinne konnte aber keine Anwendung mehr finden, als sich ergab, daß die Antikörperbildung ein ganz allgemeingültiger physiologischer Reaktionsmechanismus ist, der immer dann einsetzt, wenn artfremde — man kann heute sogar sagen: körperfremde — Materie in den tierischen oder menschlichen Körper hineingelangt. *Die Antikörperbildung ist also das Produkt einer biologischen Reaktionsfähigkeit des Organismus gegenüber körperfremder Substanz, gleichgültig, ob sie an und für sich schädlich ist oder nicht.*

I. Begriffe und Probleme.

Man kann dabei um so weniger von Immunitätsreaktionen im allgemeinen sprechen, als die reaktive Funktion des Organismus sogar unzweckmäßig erscheinen kann. Sie kann zu einer *Überempfindlichkeit* (Anaphylaxie) gegenüber der gleichen artfremden Materie führen, auch wenn die letztere an und für sich keinerlei Giftwirkung auf den Organismus ausübt. Allerdings ist die durch Antikörperwirkung bedingte anaphylaktische Erkrankung gewissermaßen eine Nebenwirkung des Naturgeschehens. Will man überhaupt eine Zweckmäßigkeit suchen, so kann man sie nur darin erblicken, *daß der Organismus in dem Bestreben, seine Arteigenheit aufrechtzuerhalten, sich gegen das Artfremde wehrt.* Das Abwehrmittel der Antikörper aber wird zu einer Gefahr, wenn sich der gleiche Vorgang wiederholt, und wenn als sekundäre Folge des nunmehr eintretenden unmittelbaren Zusammenpralls zwischen Antigen und Antikörper im lebenden Organismus jene kolloidalen Erschütterungen eintreten, die die Pathogenese der anaphylaktischen Erkrankung kennzeichnen. Die biologische Reaktionsfähigkeit der Organismen, die sich in der Antikörperbildung kundtut, erscheint daher als ein Ausdruck der Differenzierung der Arten, unter Umständen auch der Differenzierung der einzelnen Individuen, bzw. des Bestrebens des Organismus, seine Arteigenheit oder seine Individualität aufrechtzuerhalten.

So stellt also die Bildung der in praktischer Hinsicht zweckmäßig wirkenden Antikörper, die gegen Bakterien, Protozoen oder Toxine gerichtet sind, bei naturwissenschaftlicher Betrachtung nur einen Sonderfall dar, der zwar wegen der sich ergebenden praktischen Konsequenzen dem Mediziner am meisten imponiert, der aber von biologischen Gesichtspunkten aus zurücktritt gegenüber jener allgemeinen Funktion des Organismus, sich gegen die fremde Materie belebten Ursprungs überhaupt zu wenden. Denn es ist erstaunlicher, daß Antikörper gegen fremde Stoffe im allgemeinen entstehen können, als die Tatsache, daß auf das Eindringen von Krankheitsursachen oder von Giften die spezifische Blutveränderung erfolgt. *Im Lichte dieser Betrachtung kann das Antikörperbildungsvermögen als ein Indicator auf die biochemische Zusammensetzung der Zellen und Gewebe aufgefaßt werden,* und zwar gerade über die Grenzen desjenigen hinaus, was chemische und physikalische Methoden zu leisten vermögen. Die entstehenden Antikörper können ihrerseits als Reagenzien zur Erkennung des Aufbaus und besonderer Merkmale von Zellen und Geweben dienen, weil sie eben in spezifischer Weise mit den Antigenen, durch die sie entstanden sind, zu reagieren vermögen.

Unmittelbar ergibt sich hieraus die Einreihung der Lehre von den Antigenen und Antikörpern in das Gesamtgebiet der Physiologie. Daß aber auch die Analyse der Immunitätserscheinungen scharf die Probleme der Physiologie und Pathologie tangiert, zeigt eine einfache Betrachtung. Es bestehen Unterschiede in der natürlichen Immunität gegenüber Krankheitserregern und Giften bei verschiedenen Tierarten und ebenso bei verschiedenen Individuen einer und derselben Art. Die sich ergebende reziproke Fragestellung muß also zu ergründen suchen, wodurch die Differenzen, die zu so tiefgreifenden Unterschieden im Verhalten gegenüber Krankheiten oder Schädigungen führen, verursacht sind. Daß auch die durch Krankheitsüberstehung oder durch künstliche Schutzimpfung erworbene Immunität zum mindesten einen Gegenstand der pathologischen Physiologie darstellt, ist ebenso verständlich, da ja die Fähigkeit des Organismus, einen Schutz gegen schädliche Agenzien zu erlangen, zu den physiologischen Bedingtheiten gehören muß.

Wenn in diesem einleitenden Aufsatz zunächst die Antigene und Antikörper in ihren gegenseitigen Beziehungen behandelt werden sollen, so liegt hier ein Gebiet vor, das zugleich Geltungsbereich für das Verständnis der Immunitätserscheinungen beanspruchen darf. Muß auch die Immunität keineswegs allein auf Antikörperbildung zurückgeführt werden, so stellt die letztere doch einen Vorgang dar, der bei allen Immunisierungsformen gegeben ist. Wofern überhaupt körperfremde Stoffe, zumal aus der belebten Natur, in den Organismus gelangen, üben sie eben Antigenfunktionen aus und können zur Antikörperbildung führen. Seit EMIL v. BEHRINGS[1] grundlegender Entdeckung der Antitoxine (im Jahre 1890) wissen wir das, und die Entdeckung der Antitoxine stellt in diesem Sinne die Begründung der Lehre von den Antigenen und Antikörpern dar. Daß das Gebiet weit über die ursprüngliche enge Fragestellung herausgewachsen ist, habe ich schon erörtert. Das Beispiel der erworbenen Anaphylaxie zeigt außerdem, daß die veränderte Reaktionsfähigkeit, die der Organismus durch die Antikörperbildung gewinnt, sich keineswegs im Sinne von Immunität äußern muß. Man hat daher das veränderte Verhalten auch als *Allergie* bezeichnet, ein Terminus, der nicht präjudiziert, ob es sich um einen Zustand der Immunität oder der Anaphylaxie handelt, der vielmehr nur aussagt, daß der Organismus gegenüber dem normalen eine *andere* reaktive Tätigkeit besitzt, die durch das Entstehen der Antikörper gekennzeichnet ist.

Diejenigen Stoffe, denen die Fähigkeit zukommt, derart zur Antikörperbildung zu führen, hat man unter der Bezeichnung *Antigene* zusammengefaßt. Der Ausdruck ist insofern nicht ganz glücklich gewählt, als das Wort „Antigen" nach dem Sprachgebrauch bedeuten könnte, daß es sich um Stoffe handelt, aus denen die Antikörper entstehen. Diese Auffassung trifft, wie noch zu besprechen sein wird, nicht zu. Die Antikörper müssen vielmehr nach dem heutigen

[1] BEHRING, E. u. S. KITASATO: Über das Zustandekommen der Diphtherieimmunität und Tetanusimmunität bei Tieren. Dtsch. med. Wschr. **1890**, Nr 49.

Stand unserer Kenntnis als Reaktionsprodukte des Organismus aufgefaßt werden. Sie stehen also nicht in direkter genetischer Beziehung zu den Antigenen. Der Ausdruck Antigene hat sich aber durch langjährige Übung Bürgerrecht erworben, so daß er für die sprachliche Verständigung beibehalten werden muß.

Antigenfunktion können nun, wie schon erwähnt, alle genuinen Stoffe pflanzlicher oder tierischer Herkunft ausüben. Durch die Eignung zur Antigenfunktion erhalten also die Substanzen der belebten Welt besondere Charaktere. Es ergibt sich daher gewissermaßen eine neuartige Biochemie, *die Biochemie der Antigene.* Denn alle Organismen, alle Zellen und Gewebe können, abgesehen von ihren chemischen und physikalischen Eigenschaften, die Fähigkeit besitzen, als Antigene zu wirken. Im allgemeinen freilich kommt unter natürlichen physiologischen Bedingungen diese Antigenfunktion der Zellen und Gewebe nicht zur Geltung. Wäre es anders, so würden ständig gegen die eigenen Körperbestandteile Antikörper entstehen müssen. Da die letzteren deletär wirken oder jedenfalls durch ihre Reaktion mit den Antigenen schwerwiegende Veränderungen im Organismus hervorrufen können, würde es zu Zerstörungsvorgängen kommen, die einem unentrinnbaren Circulus vitiosus gleichkämen. Es ist ein Teilausdruck der Zweckmäßigkeit im Walten der Natur, daß das nicht der Fall ist. Ehrlich[1] hat von einem „*Horror autotoxicus*" gesprochen, der allen Organismen eigen ist und die Selbstschädigung durch Antikörperbildung gegen eigenes Gewebe, die eine Art der Autointoxikation bedeuten würde, verhindert.

Damit die allen Organismen und ihren Bestandteilen eigene Antigenfunktion manifest wird, damit die potentielle Energie der Antigene eine kinetische Form gewinnt, müssen besondere Bedingungen erfüllt sein. Man kann sie folgendermaßen formulieren:

1. Antigene üben allgemein Antigenfunktion aus, d. h. sie bewirken die Bildung von Antikörpern, wenn sie in den Organismus einer fremden Art hineingelangen. Man nennt die derart erzeugten Antikörper *Heteroantikörper*, weil sie gegen Antigene einer anderen Art gerichtet sind. Die Bildung von Heteroantikörpern tritt im weitesten Maße ein, wenn die Vorbedingungen für sie gegeben sind.

2. Antigene können aber unter Umständen auch dann Antikörper erzeugen, wenn sie in einen fremden Organismus gleicher Art gelangen. Man spricht in diesem Falle von *Isoantikörpern*. Der Bereich der Möglichkeit zur Isoantikörperbildung ist enger gezogen. Die Isoantikörperbildung deutet auf biochemische Differenzen der Individualstruktur hin. Die individuellen Unterschiede sind aber nicht so konstant und nicht in solchem Maße vorhanden wie die Artunterschiede. Es kommt hinzu, daß, wie noch zu besprechen sein wird, individualspezifische Antigene kaum vorhanden sind. Die Verteilung unter den einzelnen Individuen ist vielmehr eine *gruppenspezifische*, d. h. dasselbe Antigen kommt in der Regel bei einer mehr oder weniger großen Gruppe von Individuen einer und derselben Art gleichzeitig vor.

3. Antigene können aber in seltenen Fällen auch dann zur Ausübung ihrer antikörperbildenden Funktion gelangen, wenn sie in demselben Organismus, aus dem sie stammen, resorbiert werden. Man spricht dann von *Auto-Antikörpern*. Es ist nach dem bisherigen Stand nicht scharf zu definieren, ob es sich bei derartigen Auto-Antikörpern um Gegenstoffe handelt, deren Wirkung sich auch gegen Antigene im natürlichen Verbande richten kann. Einige Erfahrungen weisen darauf hin, daß ein derartiger Vorgang unter Umständen unter den Bedingungen pathologischen Geschehens erfolgen kann. Im übrigen wird die weitere Darstellung noch zeigen, daß es sich zwar bei einer Bildung von Auto-Antikörpern

---

[1] Ehrlich, P. u. J. Morgenroth: Über Hämolysine. V. Mitt. Berl. klin. Wschr. **1901,** Nr 10.

in der Regel um Antikörper handelt, die gegen Antigene aus dem eigenen Organismus gerichtet sind. Es ist aber zum mindesten zweifelhaft, ob diese Antigene unter physiologischen Bedingungen in einer für den Antikörper angreifbaren Form funktionsfähig sind.

Für die Analyse der Antigene und Antikörper und ihrer gegenseitigen Einwirkung ist die Frage von grundlegender Bedeutung, auf welchem Wege diese Stoffe bzw. ihre Funktionen nachweisbar sind. Denn wir können eigentlich nur von Funktionen sprechen, da uns im allgemeinen die materiellen Substrate, auf die wir die Wirkungen beziehen, unbekannt sind. Die Antikörper sind bisher allgemein einer Erkenntnis durch chemische und physikalische Methoden entzogen geblieben, und auch bei den Antigenen haben, abgesehen von gewissen Teilkomponenten sog. komplexer Antigene, die analytischen Methoden der exakten Naturwissenschaften versagt. Antigene und Antikörper erscheinen daher lediglich als Ausdruck einer gedanklichen Projektion, die die experimentell nachweisbare biologische Funktion in ein supponiertes materielles Substrat verlegt. Da demnach Antigene nur durch ihre Antikörperreaktionen und umgekehrt Antikörper nur durch ihre Antigenverbindungen nachweisbar sind, so deckt sich im Prinzip der Nachweis der Antigene mit demjenigen der Antikörper.

Die durch gegenseitiges Zusammenwirken erfolgende Reaktion kann nun nachweisbar werden:

A) *Direkt*, indem beim Zusammenwirken von Antigen und Antikörper äußerlich wahrnehmbare Zustandsänderungen des Reaktionsgemisches auftreten:

1. *In Form der Agglutination*; hierbei werden Zellen oder sonstige Suspensionen durch die Einwirkung der entsprechenden Antikörper zusammengeballt, agglutiniert.

2. *In Form der Präcipitation*; hierbei führen kolloidal gelöste Antigene, wie sie sich im Blutserum, in der Milch, in anderen Körperflüssigkeiten und in Gewebs- und Organextrakten finden, bei Einwirkung der entsprechenden Antikörper zu einer Niederschlagsbildung, der Präcipitation.

B) *Indirekt*, indem die unmittelbare Antigen-Antikörper-Reaktion nicht sichtlich ist oder man sich jedenfalls um die Wahrnehmung der direkten Erscheinung nicht bemüht, sondern durch Verwendung gewisser *Indicatoren* auf eine stattgehabte Antigen-Antikörper-Reaktion schließt. Als solche Indicatoren kommen in Betracht:

1. *Der lebende Tierkörper*. Der lebende Tierkörper ist der Indicator für die Antigen-Antikörper-Reaktion:

a) wenn die Antigene toxisch sind, wie das für die Toxine zutrifft. Man erkennt dann die Antikörperwirkung (die Entgiftung durch Antitoxine) daran, daß das Gemisch für den lebenden Organismus unschädlich geworden ist, bzw. daß das Antitoxin den lebenden Organismus gegenüber der später erfolgenden Intoxikation schützt;

b) bei ungiftigen Antigenen, hierbei dadurch, daß die im lebenden Organismus sich vollziehende Antigen-Antikörper-Reaktion unter geeigneten Bedingungen zu Krankheitserscheinungen führt. Das ist der Fall bei der Anaphylaxie.

2. *Isolierte Zellen*. Sie stellen den Indicator dar:

a) durch den Nachweis der *Antitoxinwirkung*, wenn es sich um Gifte handelt, die auf isolierte Zellen schädigend wirken (z. B. Hämolysine, Spermatozoengifte u. a.);

b) in Form der *Leukocyten*. Die Antikörper haben die Fähigkeit, Zellen, auf die sie wirken, aufnahmefähig für weiße Blutkörperchen zu machen. Es handelt sich um das Prinzip der Vermittlung der Phagocytose. Man spricht von cytotropen Antikörpern oder Opsoninen.

3. *Normales Blutserum* durch seine Fähigkeit, die *Komplementfunktion* aus-zuüben. Unter der Komplementfunktion verstehen wir die Fähigkeit des Blut-serums, Zellen unter dem Einfluß entsprechender Antikörper (Amboceptoren) aufzulösen. Diese lytische Fähigkeit des Komplements kann in zweierlei Art als Indicator für die Antigen-Antikörper-Reaktion benutzt werden:

a) *in Gestalt der direkten Cytolyse.* Die mit Antikörper beladenen, sensibili-sierten Zellen fallen unter dem Einfluß des Komplements der Auflösung bzw. der Abtötung (Cytocidie) anheim (Hämolyse, Bakteriolyse, Bactericidie);

b) *in der Gestalt der Komplementbindung.* Hierbei wird der Nachweis der Komplementfunktion bzw. des Komplementverbrauchs (Komplementbindung) beim Zusammenwirken mit dem Antigen-Antikörper-Komplex indirekt geführt. Später zugesetzte antikörperbeladene Blutzellen werden nicht mehr aufgelöst, wenn das Komplement durch die vollzogene Antigen-Antikörper-Reaktion seine lytische Funktion verloren hat.

Die Frage, ob der hier aufgezählten Vielheit von Antikörperwirkungen eine entsprechende *Vielheit von Serumstoffen* entspricht, ist keineswegs ohne weiteres zu bejahen. Man spricht zwar je nach der wahrnehmbaren Funktion von Agglu-tininen, Präcipitinen, Antitoxinen, anaphylaktischen Reaktionskörpern, cyto-tropen Antikörpern oder Opsoninen, lytischen und komplementbindenden Anti-körpern, muß sich aber bewußt sein, daß dieser Sprachgebrauch nicht auf fester experimenteller Grundlage beruht. In der Tat ist vielfach, so von Bordet[1], Friedberger[2] u. a., die Auffassung vertreten worden, daß man den verschiedenen Antikörperfunktionen eine einheitliche spezifische Veränderung des Serums als Folge der Immunisierung zugrunde legen könnte, die dann je nach der Beschaffen-heit der einzelnen Antigene und nach der zu befolgenden Versuchsanordnung zu verschiedenartigem Ausdruck gelangt. Auch ich neige dieser Auffassung zu. Freilich ist das vorhandene experimentelle Material vielleicht nicht ausreichend, um eine einwandfreie Entscheidung der Frage zu gewährleisten.

Der Umstand, daß es zuweilen zu gelingen scheint, durch Spaltung des Serums in einzelne Eiweißfraktionen Antikörperfunktionen zu trennen, spricht allerdings nicht gegen die unitarische Auffassung. Man muß hierbei berücksichtigen, daß für die einzelnen Antikörperwirkungen auch sekundäre Momente in Betracht kommen können. Vor allem ist hier an die physikochemische Beschaffenheit der Eiweißstoffe des Blutserums zu denken, die man unter dem Begriff der sog. *Kolloidlabilität* zusammenfassen kann. Sie kann in dem einen Fall (z. B. bei der Präcipitation und Agglutination) von maßgeblicher Bedeutung sein, in anderen Fällen (wie bei der Komplementbindung) gelegentlich eine untergeordnete Rolle spielen. Die Gesamtheit des vorhandenen Tatsachenmaterials dürfte jeden-falls kaum schwerwiegende Bedenken gegenüber der Auffassung ergeben, *daß es sich bei den verschiedenartigen Antikörperfunktionen um eine einheitliche materielle Substratsveränderung handelt.* Als eine Ausnahme können hierbei die Antitoxine betrachtet werden, wobei allerdings zu berücksichtigen ist, daß gerade die Toxine, obwohl sie die am längsten bekannten Antigene darstellen, heute in den wesent-lichsten Punkten weniger geklärt erscheinen als andere Antigenfunktionen.

II. Die Beziehungen zwischen Antigenen und Antikörpern.

Größere Einheitlichkeit der Auffassung besteht in bezug auf die Frage nach den *Beziehungen zwischen Antigenen und Antikörpern.* Es handelt sich hier um

[1] Bordet, J.: Traité de l'immunité dans les maladies infectieuses. Paris: Masson u. Co. 1920.
[2] Friedberger, E.: Die Anaphylaxie. Fortschr. med. Klin. **2.** Berlin 1912.

ein Problem, das von um so größerer Bedeutung ist, als die Reaktion zwischen Antigen und Antikörper den wesentlichen Maßstab für die Beurteilung der sich abspielenden Vorgänge bildet. Da Antigene und Antikörper an und für sich bisher nicht chemisch oder physikalisch determinierbar sind, ist das Hauptmerkmal für ihre Analyse die biologische Funktion. In dieser Hinsicht liegen also ähnliche Bedingungen vor, wie sie von der Erforschung der Fermente her bekannt sind. Die einzig feststellbare Wirkung des Antikörpers besteht darin, daß er auf das zugehörige Antigen einwirkt. Der Antikörper ist ohne Antigen in keiner Weise nachweisbar. Für die Antigene gilt im allgemeinen das gleiche. Eine Ausnahme bilden nur diejenigen Antigene, die zugleich eine Giftwirkung ausüben, die sog. Toxine. Sie sind, wie z. B. das Diphtherietoxin oder das Tetanustoxin, bereits an ihrer charakteristischen Giftwirkung erkennbar. Toxine sind aber nur eine beschränkte Untergruppe der Antigene, die zudem gerade in physiologischer Hinsicht gegenüber den übrigen Antigenfunktionen in den Hintergrund tritt. Bei allen anderen Antigenen ist der Nachweis erst ermöglicht durch die Folge-erscheinung, die die Antikörperreaktion der Antigene bedingt.

Den Reaktionen, die sich zwischen Antigen und Antikörper abspielen, liegt als gemeinsames Band die *Spezifität* der Erscheinung zugrunde. Es soll aber das spezifische Gepräge vorläufig als gegeben angenommen werden. Eine nähere Analyse unter Berücksichtigung der sich ergebenden Einschränkungen soll späterer Erörterung vorbehalten bleiben. Zunächst wird die Frage nach der *Natur der Antigen-Antikörper-Reaktion* zu beantworten sein.

In dieser Hinsicht nimmt die historische Entwicklung ihren Ausgangspunkt von der Analyse der Toxin-Antitoxin-Reaktionen. Durch den weiteren Ausbau der Lehre von den Antigenen und Antikörpern ist freilich vieles, was zunächst schwer zu entwirren schien, unmittelbar verständlich geworden. Es dürfte aber doch nicht ohne Interesse sein, bei der Darstellung dem geschichtlichen Hergang zu folgen, zumal die bei der Toxin-Antitoxin-Analyse gewonnenen Erfahrungen in dieser Hinsicht ohne weiteres auf das Gesamtgebiet der Antikörperreaktionen zu übertragen sind.

Zu einer Zeit, zu der man von den Antikörperfunktionen nur die Antitoxine kannte und die Erklärung der Antikörperwirkung sich mit der Deutung der antitoxischen Funktion deckte, war der insbesondere von ROUX[1] und H. BUCH-NER[2] vertretene Standpunkt erörterungsfähig, nach dem die Antitoxine indirekt im Sinne einer Resistenzerhöhung des Organismus bzw. einer Verminderung der Giftempfindlichkeit der Körperzellen wirken sollten. Demgegenüber haben aller-dings EHRLICH[3] und BEHRING[4] frühzeitig die Auffassung vertreten, daß die Antitoxine direkt auf die Toxine wirken und zu ihrer Entgiftung führen. Beweis-kräftig im Sinne dieser Betrachtung war zunächst die von EHRLICH[5] gefundene Gesetzmäßigkeit, daß die Entgiftung von Toxin durch Antitoxin im Reagensglas (bei nachfolgender Injektion der Gemische) *nach konstanten Proportionen* erfolgt (*Gesetz der Multipla*). Ein beliebiges Multiplum einer Toxinmenge, die durch

---

[1] ROUX, E. u. VAILLARD: Contribution à l'étude du tétanos. Ann. Inst. Pasteur **7**, 64 (1893). — ROUX, E. u. L. MARTIN: Contribution à l'étude de la diphthérie. Ebenda **8**, 609 (1894).

[2] BUCHNER, H.: Über Immunität und Immunisierung. Münch. med. Wschr. **1894**, Nr 37 u. 38.

[3] EHRLICH, P.: Experimentelle Untersuchungen über Immunität. Dtsch. med. Wschr. **1891**, Nr 12 u. 14 — Die Wertbemessung des Diphtherieheilserums. Klin. Jb. **6** (1897).

[4] BEHRING, E.: Die Blutserumtherapie. Wiesbaden 1892.

[5] EHRLICH, P.: Zur Kenntnis der Antitoxinwirkung. Fortschr. Med. **2** (1897) — Die Wertbemessung des Diphtherieheilserums und deren theoretische Grundlagen. Klin. Jb. **6** (1897).

eine gewisse Antitoxindosis neutralisiert wird, bedarf des äquivalenten Anti-
toxinmultiplums zur Entgiftung. Es liegt auf der Hand, daß bei einer indirekten
Art der Antitoxinwirkung dieser zahlenmäßige Zusammenhang zwischen Toxin
und Antitoxin schwer verständlich wäre. Im gleichen Sinne spricht die zuerst
von Aronson[1], Fraser[2], Martin[3] u. a. festgestellte Tatsache, daß die *stärkste
Antitoxinwirkung* dann erzielt wird, *wenn Toxin und Antitoxin vor der Injektion
im Reagensglas gemischt werden.* Würde es sich um eine indirekte resistenzerhöhende Wirkung handeln, so müßte man eigentlich erwarten, daß bei primärer Antitoxin- und nachfolgender Toxininjektion die günstigsten Bedingungen
erreicht würden, was eben nicht der Fall ist. Schließlich ist noch zu erwähnen,
daß nach alten Erfahrungen (Ehrlich[4], Knorr[5] u. a.) für die Entgiftung des
Toxins durch das Antitoxin im Reagensglas *ähnliche Bedingungen* (Abhängigkeit von der Konzentration, Temperatur, Salzgehalt usw.) gelten *wie für chemische
Reaktionen im allgemeinen.*

Vor allem aber waren es die Versuche Ehrlichs[6] über die neutralisierende
Wirkung des Antitoxins auf die *im Reagensglas* Blutkörperchen agglutinierende
Funktion des Ricins und Abrins, die der Theorie der indirekten Antitoxinwirkung
den Boden entzog. Denn hier zeigte sich, daß eine antitoxische Wirkung auch
dann in Erscheinung tritt, wenn ein Makroorganismus überhaupt nicht mehr in
Betracht kommt, wenn sich die Toxinwirkung vielmehr auf isolierte Zellen, wie
rote Blutkörperchen, erstreckt. Dieser seiner Zeit berühmte Reagensglasversuch
Ehrlichs ist in zahlreichen analogen Fällen bestätigt worden, und er ließ keinen
Raum für einen Zweifel daran, daß die Antitoxinwirkung auch dann zur Geltung
kommt, wenn der lebende Organismus nicht mehr beteiligt ist.

Heute benötigt man allerdings, wie schon erwähnt, diese Untersuchungen
nicht mehr als Beweismaterial für die direkte Art der Antikörperwirkung, da sich
ja gezeigt hat, daß die antitoxische Immunserumwirkung nur einen Sonderfall
darstellt und Antikörperfunktionen auch dann in Erscheinung treten, wenn nicht
einmal mehr isolierte Zellen an der Reaktion beteiligt sind, sondern, wie das z. B.
für die Präcipitation zutrifft, gelöstes Eiweiß als Antigen mit dem Antikörper
reagiert.

Aber auch unter Zugrundelegung einer direkten Einwirkung der Antikörper
auf das Antigen bleibt noch die Frage zu erörtern, *in welcher Weise sich diese
direkte Wirkung vollzieht.* Als lediglich die Antitoxine als einzige Antikörper
bekannt waren, hatte man an die Möglichkeit gedacht, daß das Antitoxin eine
Art von fermentativer Funktion ausübt und das Toxin derart zerstört. Heute
wissen wir, daß das nicht der Fall ist. Es hat jedoch eines langen Widerstreites
der Meinungen bedurft, bis eine hinreichende Klärung in dieser Hinsicht auf
experimenteller Grundlage erzielt war. Maßgebend für die jetzt geltende Auffassung war die Feststellung der Tatsache, daß es gelingt, *aus völlig neutralisierten
und lange Zeit gelagerten Gemischen von Antigen und Antikörper das Antigen,
unter Umständen auch den Antikörper, in quantitativ hinreichendem Ausmaße*

---

[1] Aronson, H.: Weitere Mitteilungen über Diphtherie und Diphtherieantitoxin. Berl.
klin. Wschr. **1894**, 356.
[2] Fraser, T. R.: Immunisation against serpents venon. Nature (April) — Brit. med.
J. **1896.**
[3] Martin, C. J.: Further observations concerning the relations of the toxins and antitoxins of snake venon. Proc. roy. Soc. **64** (1898).
[4] Ehrlich, P.: Zitiert auf S. 413 und Dtsch. med. Wschr. **1898**, Nr 38.
[5] Knorr, A.: Die Entstehung des Tetanusantitoxins im Tierkörper und seine Beziehung
zum Tetanusgift. Fortschr. Med. **1897**, Nr 17 — Münch. med. Wschr. **1898**, Nr 11 u. 12.
[6] Ehrlich, P.: Zur Kenntnis der Antitoxinwirkung. Fortschr. Med. **1897**, Nr 2 — Ges.
Charieté-Ärzte — Berl. klin. Wschr. **1898**, Nr 12.

wieder zu gewinnen. Die Schwierigkeiten derartiger Versuche waren zunächst in der großen Labilität der Antigene (zumal der Bakterientoxine) und Antikörper gelegen, die sie zahlreichen chemischen und physikalischen Einwirkungen gegenüber aufweisen. Für die grundlegenden Versuche über das Wesen der Antigen-Antikörper-Reaktion sind daher an erster Stelle die Schlangengifte herangezogen worden.

Die *Schlangengifte* sind nämlich durch eine relative Resistenz gegenüber höheren Temperaturen, zumal bei geeigneter (saurer) Reaktion des Mediums, ausgezeichnet und bleiben dadurch in ihrer Funktionsfähigkeit erhalten, während die Antikörper, die im allgemeinen mit der Denaturierung der Serumeiweißstoffe ihre Wirkung einbüßen, vernichtet werden. Durch Verwendung von Schlangengift ist nach früheren tastenden, aber in ihrer Beweiskraft keineswegs einwandfreien Versuchen von CALMETTE[1], WASSERMANN[2] u. a. die Wiedergewinnung des Antigens aus der neutralen Antikörperverbindung zuerst von MORGENROTH[3] mit Sicherheit erwiesen worden. Zugleich konnte MORGENROTH[4] zeigen, daß die hierbei aufgefundene Gesetzmäßigkeit auch für andere Toxine bzw. ihre Antitoxinverbindungen Geltungsbereich hat. Nach MORGENROTH gelingt es nämlich, lange Zeit gelagerte Toxin-Antitoxin-Gemische *durch saure Reaktion* des Mediums wieder zu zerlegen, so daß sich bei geeigneter Versuchsanordnung beide Komponenten quantitativ wieder gewinnen lassen. Wegen der schon erwähnten Stabilität der Schlangengifte ist bei ihnen die Restitution der Toxine besonders einfach. Wird ein Gemisch von Schlangengift und Antitoxin angesäuert und dann aufgekocht, so tritt primär durch die saure Reaktion des Mediums die Spaltung des Toxin-Antitoxin-Komplexes ein. Sekundär werden durch die Temperatureinwirkung die frei gewordenen Antitoxine zerstört, während das Toxin durch die saure Reaktion sogar eine erhöhte Resistenz erfahren hat. Bei folgender Neutralisation erhält man daher das Toxin isoliert in funktionsfähigem Zustand.

Durch diese Versuche MORGENROTHs ist der endgültige und zwingende Beweis dafür erbracht worden, *daß das Antitoxin jedenfalls im Reagensglas keine zerstörende oder fermentative Wirkung auf das Toxin entfaltet, daß vielmehr in dem Toxin-Antitoxin-Gemisch ein Komplex vorliegt, der auch nach langer Zeit in seine Komponenten spaltbar ist.* Es handelt sich hierbei aber nicht etwa um eine besondere Eigenschaft der sauren Reaktion. Durch die Untersuchungen von SACHS[5] und SCAFFIDI[6] ist festgestellt, daß *auch durch alkalische Reaktion* des Mediums das gleiche Ergebnis wie durch saure Reaktion zu erreichen ist. Erwähnt sei schließlich, daß geeignete Alkalescenz oder Acidität des Mediums, ebenso wie sie die vollzogene Toxin-Antitoxin-Reaktion wieder rückgängig macht, so auch den Eintritt der Antitoxinverbindung der Toxine verhindert. Was für die Toxin-Antitoxin-Reaktion gilt, trifft in gesetzmäßiger Weise die übrigen Antigen-Antikörper-Verbindungen. Für die gegen Zellen gerichteten amboceptorartigen Antikörperfunktionen, die erst unter Vermittlung des Komplements zur lytischen Wirkung

---

[1] CALMETTE, A.: Contribution à l'étude des vénins, des toxines et des sérums antitoxiques. Ann. Inst. Pasteur **9**, 225 (1895).

[2] WASSERMANN, A.: Experimentelle Beiträge zur Serumtherapie vermittels antitoxisch und bactericid wirkender Serumarten. Dtsch. med. Wschr. **1897**, Nr 17.

[3] MORGENROTH, J.: Über die Wiedergewinnung von Toxin aus seiner Antitoxinverbindung. Berl. klin. Wschr. **1905**, Nr 50.

[4] MORGENROTH, J. u. K. WILLANEN: Über die Wiedergewinnung des Diphtherietoxins aus seiner Verbindung mit dem Antitoxin. Virchows Arch. **190**, 371 (1907).

[5] SACHS, H.: Über die Wirkung von Alkali auf die Antitoxinverbindung der Toxine. Dtsch. med. Wschr. **1914**, Nr 11.

[6] SCAFFIDI, V.: Über die Wirkung von Alkali auf die Antitoxinverbindung des Cobraneurotoxins. Z. Immun.forschg **21**, 17 (1914).

gelangen, ist das durch die Untersuchungen von v. Liebermann[1], Rondoni[2] u. a. gezeigt worden, und auch bei den anderen Typen der Antikörperwirkungen bestehen grundsätzlich die nämlichen Bedingungen. Man kann daher allgemein sagen, *daß das Zustandekommen der Antigen-Antikörper-Reaktion von der Beschaffenheit des Mediums abhängt, durch Alkalescenz oder Acidität behindert wird, und daß der Antigen-Antikörper-Komplex bei geeigneter Reaktion des Mediums wieder in seine Komponenten zerfällt.*

Erwähnt sei, daß es unter Umständen auch durch andere Methoden möglich ist, die Antigene aus den Antikörperverbindungen wiederzugewinnen. In gewissen Fällen hat man zeigen können, daß es durch Einwirkung proteolytischer Fermente gelingt, die Toxine wieder funktionsfähig zu erhalten. In dieser Hinsicht liegen Versuche von Danysz[3] über die Einwirkung von Fermenten auf Gemische von Ricin und Antiricin, sowie Versuche von Teruuchi[4] über die fermentative Spaltung der Antitoxinverbindung des Schlangengiftes vor. In diesen Fällen ist der Antikörper der fermentativen Einwirkung erheblich leichter zugängig als das Antigen. Im übrigen kann man besonders bei den auf Zellen wirkenden Antikörpern (Agglutinine, Amboceptoren) teils durch Temperaturverschiebung, teils durch Veränderung der Zusammensetzung des Mediums (verschiedenartige Elektrolyte, elektrolytfreies Medium) innerhalb gewisser Grenzendie an das Antigen gebundenen Antikörper wieder absprengen. Aus der Gesamtheit der Erscheinungen ergibt sich |jedenfalls die zwingende Schlußfolgerung, *daß der Antikörper an und für sich keinerlei verändernde Wirkung auf das Antigen ausübt.* Die von Ehrlich[5] vertretene Auffassung, nach der die Antikörperfunktion lediglich eine distributive (monotrope) und nicht eine pharmakodynamische ist, hat dadurch ihre experimentelle Sicherung erfahren.

Will man weiterhin die Frage erörtern, *welcher Art die zwischen Antigen und Antikörper bestehenden Beziehungen sind*, so wird der Gedankengang beherrscht von der *Spezifität* der Erscheinungen. Die Spezifität der Antikörperwirkung war es vornehmlich, die Ehrlich[3] zu seiner strukturchemischen Betrachtungsweise führte und ihn bereits auf Grund der Toxin-Antitoxin-Analyse zu der Ansicht gelangen ließ: ,,Man wird annehmen müssen, daß diese Fähigkeit, Antikörper zu binden, auf die Anwesenheit einer spezifischen Atomgruppe des Giftkomplexes zurückzuführen ist, der zu einer bestimmten Atomgruppe des Antitoxinkomplexes eine maximale spezifische Verwandtschaft zeigt und sich an sie leicht anfügt wie Schlüssel und Schloß nach einem bekannten Vergleich von Emil Fischer.'' Derart hat Ehrlich eine rein chemische Auffassung der Beziehungen, die zwischen Antigenen und Antikörpern bestehen, vertreten. Bei der Anwendung dieses Prinzips der Betrachtung auf die Antigen-Antikörper-Reaktionen im allgemeinen muß man also folgern, daß die spezifische Verwandtschaft zwischen den beiden Komponenten durch bestimmte Atomgruppierungen bedingt ist, die einerseits dem Antigen, andererseits dem Antikörper die spezifische Reaktionsfähigkeit zu einander gewährleisten. Das materielle Substrat dieser chemischen Avidität im

---

[1] Liebermann, L. v. u. B. v. Fenyvessy: Über Hämagglutination und Hämatolyse. Biochem. Z. **4** (1907` — Arch. f. Hyg. **62** (1907) — Zbl. Bakter. **47** (1908).

[2] Rondoni, P.: Über den Einfluß der Reaktion auf die Wirkung hämolytischer Sera. Z. Immun.forschg **7**, 515 (1910).

[3] Danysz, J.: Contribution à l'étude des propriétés et de la nature des mélanges des toxines avec leurs antitoxines. Ann. Inst. Pasteur **1902**.

[4] Teruuchi, Y.: Die Wirkung des Pankreassaftes auf das Hämolysin des Cobragiftes und seine Verbindungen mit dem Antitoxin und Lecithin. Hoppe-Seylers Z. **51**, 478 (1907).

[5] Ehrlich, P.: Über die Beziehungen von chemischer Konstitution, Verteilung und pharmakologischer Wirkung. Leyden-Festschr. **1902**.

Antigen hat EHRLICH[1] auch als *Receptor*, bzw. bei den Toxinen als *haptophore Gruppe* bezeichnet[2].

In bezug auf die chemische Grundlage steht der EHRLICHschen Betrachtungsweise eine von ARRHENIUS und MADSEN[3] aufgestellte Theorie nahe. Das Gemeinsame beider Auffassungen ist darin zu erblicken, daß sie in den Antigen-Antikörper-Verbindungen chemische Reaktionen sehen. Der Unterschied ist darin gelegen, daß EHRLICH Reaktionen von starker Avidität annahm, so daß die Verbindung von Antigen und Antikörper hiernach rasch und vollständig eintreten müßte, während ARRHENIUS und MADSEN den Reaktionsmechanismus in reversiblen Reaktionen mit schwacher Affinität erblicken. EHRLICH[4] war bei der Analyse der Toxin-Antitoxin-Reaktion unter Zugrundelegung von Reaktionen mit starker Affinität genötigt, eine komplexe Konstitution der Giftlösung anzunehmen. Er vindizierte der Giftlösung mehrere Giftkomponenten von differenter Toxizität und verschiedener Affinität zum Antitoxin, eine Annahme, die in der Tat zu einer hinreichenden Erklärung der Erscheinungen führte. Ohne auf die Einzelheiten hier näher einzugehen, mag es genügen darauf hinzuweisen, daß ARRHENIUS und MADSEN[3] im Gegensatz zu EHRLICH eine Reaktion zwischen einem *einheitlichen* Toxin und Antitoxin angenommen haben, die eben mit schwacher Affinität nach dem Typus der reversiblen Reaktionen verlaufen soll, und für deren Gleichgewichtszustand das GULDBERG-WAAGEsche Gesetz gelten würde. Durch die derart immer frei bleibenden Reste von Antigenen und Antikörpern wollen ARRHENIUS und MADSEN jene Erscheinungen erklären, die EHRLICH auf die komplexe Konstitution der Gifte zurückzuführen sucht.

Man weiß heute — für die Antitoxinverbindungen waren besondere Untersuchungen von MORGENROTH[5] hierfür maßgebend —, daß die Antigen-Antikörper-Reaktionen durchaus nicht immer sehr rasch verlaufen, und man wird ohne weiteres zugeben, daß die Massenwirkung bzw. die Konzentration, in der die Gifte an der Reaktion teilnehmen, für die Reaktionsgeschwindigkeit von Bedeutung ist. Andererseits aber hat die nähere Analyse gezeigt, daß man keineswegs die Antigen-Antikörper-Reaktion als einfachen reversiblen Vorgang betrachten kann, dessen Gleichgewichtszustand einer streng zahlenmäßigen Analyse zugängig ist. Auf das Für und Wider hier einzugehen, würde zu weit führen. Ein wesentlicher Faktor, der gegen die Auffassung von ARRHENIUS und MADSEN spricht, ist bereits das nach seinen ersten Beobachtern sog. DANYSZ[6]-DUNGERNsche[7] Phänomen.

---

[1] EHRLICH, P.: Über Partialfunktionen der Zelle. Münch. med. Wschr. **1909**, Nr 5.

[2] Die Bezeichnung Receptor ist ursprünglich dadurch entstanden, daß EHRLICH im Receptor, d. h. in einer bestimmten Atomgruppierung der Zellen das Organ für die Empfindlichkeit oder Empfänglichkeit (recipere) für Toxinwirkungen erblickte. Das Toxin kann durch seine spezifische haptophore Gruppe einerseits mit dem Zellreceptor, andererseits mit dem Antitoxin reagieren. Dadurch entsteht die Antitoxinwirkung. In der weiteren Entwicklung ist aber der Receptorbegriff allgemein auf Antigenfunktionen angewandt worden. Antigene stellen ja in den meisten Fällen keine einheitlichen Stoffe dar, sondern sie bestehen, wie noch bei der Besprechung der Spezifität zu erörtern sein wird, aus einer Reihe von Partialantigenen oder Partialfunktionen, die erst die biologischen Einheiten darstellen und als solche als Receptoren bezeichnet werden.

[3] ARRHENIUS, S. u. TH. MADSEN: Anwendung der physikalischen Chemie auf das Studium der Toxine und Antitoxine. Z. physik. Chem. **44** (1903).

[4] EHRLICH, P.: Über die Giftkomponenten des Diphtherietoxins. Berl. klin. Wschr. **1903**, Nr 35—37 — Die Bindungsverhältnisse zwischen Toxin und Antitoxin. Univ. rec. **9** (1904).

[5] MORGENROTH, J.: Untersuchungen über die Bindung von Diphtherietoxin und Antitoxin. Berl. klin. Wschr. **1904**, Nr 20 — Z. Hyg. **48** (1904).

[6] DANYSZ, J.: Contribution à l'étude des propriétés et de la nature des mélanges des toxines avec leurs antitoxines. Ann. Inst. Pasteur **1902**.

[7] DUNGERN, E. v.: Beitrag zur Kenntnis der Bindungsverhältnisse bei der Vereinigung von Diphtheriegift und Antiserum. Dtsch. med. Wschr. **1904**, Nr 8/9.

Hierbei handelt es sich um die Erkenntnis der Tatsache, daß in der Regel das Gleichgewicht bei den Antigen-Antikörper-Reaktionen durchaus differiert, je nachdem das Gemisch auf einmal einzeitig angesetzt wird oder die Zugabe des Antigens zu einer bestimmten Antiserummenge in mehreren zeitlich getrennten Fraktionen erfolgt. — Bei der letzteren Versuchsanordnung enthält das Gemisch mehr freies Antigen als bei sofortigem Ansatz der Gesamtmenge. Bei der Toxin-Antitoxin-Reaktion äußert sich das in einer geringeren Entgiftung.

Die Erscheinung ist also in dem Sinne zu verstehen, daß das Toxin mehr Antitoxin binden kann, als zu seiner Entgiftung notwendig ist. EHRLICH[1] erklärt das durch die Annahme von ungiftigen Toxinmodifikationen in der Giftlösung, sog. „Toxoiden", die mit verschiedener Affinität Antitoxin zu binden vermögen, aber eine Giftwirkung nicht mehr ausüben. Man kann aber von vornherein den Vorgang auch dahin formulieren, daß man dem Toxinkomplex eine große Zahl von Antitoxin bindenden Komponenten zuschreibt, deren partielle Absättigung bereits zur Entgiftung oder zur Abschwächung des Toxins hinreicht. Eine derartige beträchtliche Bindungskapazität gegenüber den Antikörpern entspricht auch den Erfahrungen, die bei der Analyse andersartiger Antigene, z. B. von roten Blutkörperchen oder Bakterien, gewonnen worden sind. Wie aber auch die Erklärungen sein mögen, so steht die Tatsache als solche jedenfalls im Widerspruch zu der Annahme, daß es sich bei den Antigen-Antikörper-Verbindungen um reversible Reaktionen zwischen einheitlichen Substanzen von schwacher Affinität handelt, wie das ARRHENIUS und MADSEN annehmen zu sollen glaubten. Denn in diesem Falle müßte eben durch die Reversibilität der Gleichgewichtszustand schließlich immer derselbe sein, unabhängig davon, in welcher Weise die Gemische bereitet werden. Da das aber nach dem DANYSZ-DUNGERNschen Phänomen nicht der Fall ist, reicht die einfache zahlenmäßige Betrachtungsweise von ARRHENIUS und MADSEN nicht aus, um den Tatsachen gerecht zu werden.

Dagegen gelangt man ohne weiteres zu einem Verständnis der Erscheinungen, wenn man in der Terminologie EHRLICHS eine sekundäre „*Verfestigung*" der einmal stattgehabten Antigen-Antikörper-Reaktion annimmt. Die Verbindung zerfällt eben unter den einfachen Einflüssen der Massenwirkung keineswegs ohne weiteres in ihre Komponenten. Daß es dagegen durch alterierende Einflüsse (Veränderung der Reaktion des Mediums) möglich ist, den Komplex zu spalten, ist schon erwähnt worden; eine Reversibilität im eigentliche Sinne aber besteht nicht. Daß immerhin ein geringfügiger Grad von Reversibilität nicht auszuschließen ist, ergibt sich insbesondere aus den Versuchen über den Übergang („Transgression") von gebundenen Antikörpern auf intakte Antigene. MORGENROTH[2] und MUIR[3] haben hier gezeigt, daß Blutkörperchen, die mit einem Überschuß ihrer Antikörper beladen sind, auf zugefügte native rote Blutkörperchen einen Teil dieser Antikörper abgeben. Die Abgabe ist daran erkenntlich, daß sich nach Zusatz von frischem normalem Serum (Komplement) die gesamten Blutkörperchen auflösen. Eine einfache Reversibilität ist aber auch hierbei nicht vorhanden. Denn die Zwischenflüssigkeit enthält, wofern nicht neue Blutkörperchen zugefügt werden, keine Antikörper, bzw. sie sind dann nur in so geringer Menge in freiem Zustande vorhanden, daß der Nachweis nicht möglich ist. Erst bei Zusatz von frischen roten Blutkörperchen wird der geringfügige freie Anteil gebunden, und die hierdurch bedingte Gleichgewichtsveränderung veranlaßt wiederum, daß ein weiterer Antikörperanteil losgeprengt und von den intakten

---

[1] EHRLICH, P.: Die Wertbemessung des Diphtherieheilserums. Klin. Jb. **6** (1897).
[2] MORGENROTH, J.: Über die Bindung hämolytischer Amboceptoren. Münch. med. Wschr. **1903**, Nr 2.
[3] MUIR, R.: On the action of hemolytic sera. Lancet **1903**.

Blutkörperchen verbraucht wird. So entsteht ein Vorgang, den MORGENROTH mit dem „Abbluten" der Farbstoffe verglichen hat, und der zugleich zeigt, *daß der gebundene Antikörper keine Veränderung erleidet und in funktionsfähigem Zustand wieder gewonnen werden kann.*

In jedem Falle ergibt sich, daß *die Antigene allgemein einen mehr oder weniger großen Überschuß von Antikörpern binden können.* EHRLICH[1] erblickt die Erklärung für eine derartige Bindungskapazität in der Beschaffenheit des Receptorenapparates. Je nach der vorhandenen Vielheit von bindenden Atomgruppierungen (Receptoren) im Antigensubstrat variieren die Bindungsverhältnisse. Von anderer Seite, zuerst mit besonderem Nachdruck von BORDET[2], ist demgegenüber versucht worden, die Beziehungen zwischen Antigen und Antikörper mehr vom kolloidchemischen Standpunkt aus zu betrachten und sie in den Bereich der Adsorptionsverbindungen zu verweisen. Neben BORDET ist diese Auffassung besonders von LANDSTEINER[3], TRAUBE[4], SAHLI[5] u. a. vertreten worden. Auf die Einzelheiten der Betrachtung und ihre Stützen näher einzugehen, würde zu weit führen. Es ist wohl zweifellos, daß man einen großen Teil der Erscheinungen auch mit der Adsorptionstheorie, nach der es sich mehr um kolloidchemische Vorgänge handelt, in Einklang bringen könnte. Die Frage, die sich aber von einem derartigen Standpunkt aus entgegenstellt, ist die, ob sich die in ihrer Spezifität unermeßlich variierenden Antikörperwirkungen einer derartigen Vorstellung einfügen lassen. Überblickt man die Verhältnisse, so erscheint zweifellos die strukturchemische Betrachtungsweise EHRLICHS dem Verständnis zunächst am leichtesten zugängig. Trotz allen Versuchen, der chemischen Struktur der Antigene die maßgebliche Bedeutung abzusprechen, führt doch gerade die neuere Forschung, die auch gelehrt hat, daß rein chemische Atomgruppierungen maßgebend für die Antigenfunktion sein können, zu der ursprünglichen Auffassung EHRLICHS zurück. Eine andere Frage ist es freilich, ob man zur Erklärung der *Sinnfälligkeit der Antigenfunktionen* mit einer rein chemischen Betrachtungsweise auskommt. Diese Frage ist sicherlich zu verneinen. Denn wie noch zu besprechen sein wird, folgen der primären Antigen-Antikörper-Reaktion sekundäre Veränderungen, die erst zur Erfüllung der Antigenfunktion führen. Jedenfalls ergibt sich bei aller Verschiedenheit der Meinungen als gesicherter Bestand die Tatsache, *daß sich Antigen und Antikörper direkt vereinigen, daß diese Vereinigung bei Verwendung von Toxinen als Antigen zu einem physiologisch neutralen unwirksamen Komplex führt, und daß aus dem letzteren durch geeignete Maßnahmen die beiden Komponenten in funktionsfähigem Zustand wiedergewonnen werden können. Das Charakteristicum dieses Geschehens ist die Spezifität der Erscheinungen.*

III. Der Nachweis der Antigen-Antikörper-Reaktionen.

Um Antigene bzw. ihre Antikörperverbindungen nachzuweisen, muß eine sinnfällige Veränderung mit dem Abreagieren der beiden Komponenten verbunden sein. Am einfachsten liegen in dieser Hinsicht die Bedingungen bei den giftigen

---

[1] EHRLICH, P.: On immunity with special reference to the relations existing between the distribution and the action of antigens. The Harben lectures for 1907. London 1908.

[2] BORDET, J.: Mode d'action et origine des substances actives des sérums préventifs et des sérums antitoxiques. 13. Congrès internat. d'hygiène. Brüssel 1903.

[3] LANDSTEINER, K. u. N. JAGIĆ: Über die Verbindungen und die Entstehung von Immunkörpern. Münch. med. Wschr. **1903**, Nr 18.

[4] TRAUBE, J.: Die Resonanztheorie, eine physikalische Theorie der Immunitätserscheinungen. Z. Immun.forschg **9**, 246 (1911).

[5] SAHLI, H.: Über das Wesen und die Entstehung der Antikörper. Schweiz. med. Wschr. **1920**, Nr 50 u. 51.

Antigenen, den Toxinen, insofern, als eben hier bereits dem Antigen eine biologische Eigenschaft, die Giftigkeit, zukommt. Antitoxine können also daran erkannt werden, daß sie das zugehörige Toxin entgiften. Da die Antitoxinwirkungen, wie die Antikörperwirkungen überhaupt, spezifisch sind, ergibt sich aus der Entgiftung eine hinreichende Schlußfolgerung auf die Art des Toxins. Der Nachweis der Antitoxinwirkung kann im lebenden Organismus geführt werden, bei solchen Toxinen, die auf Versuchstiere tödlich wirken (Diphtherietoxin, Tetanustoxin, Botulimustoxin, Dysenterietoxin, Schlangengifte u. a. tierische Toxine, Pflanzentoxine, wie Ricin, Abrin u. a.). Man spritzt hierbei die Toxin-Antitoxin-Gemische in den lebenden Organismus und überzeugt sich durch geeignete Kontrollversuche, daß eine Entgiftung eingetreten ist. In gleicher Weise kann die entgiftende Wirkung der Antitoxine auch im Reagensglas festgestellt werden bei solchen Toxinen, die auf isolierte Zellen deletär wirken. Hierbei handelt es sich vor allem um Blutgifte (Agglutinine und Hämolysine), wie sie Schlangengifte, pflanzliche Gifte, so Ricin, Abrin, und Bakteriengifte repräsentieren.

Bei allen anderen Antigenen, die gerade in physiologischer bzw. biochemischer Hinsicht von Interesse sind, fällt diese Nachweismöglichkeit fort, weil die Antigene nicht direkt nachweisbar sind, vielmehr erst durch ihre Antikörperverbindungen sich als solche dokumentieren. Wenn man hierbei die Gesamtbedingungen überblickt, so handelt es sich übereinstimmend nach dem heutigen Stand unserer Kenntnisse wohl darum, *daß der Antigen-Antikörper-Komplex bei Gegenwart von Elektrolyten eine sekundäre Alteration herbeiführt,* für die man die vorhandenen Eiweißstoffe, und zwar ihre labilsten Globulinkomponenten als wesentlich mitbeteiligt verantwortlich machen kann. Die Globulinteile, die derart für die Sinnfälligkeit der Erscheinung in Betracht kommen, können entweder vom Serum (dem Antiserum) oder vom Antigen geliefert werden. Das letztere ist augenscheinlich bei Verwendung von Zellen als Antigene der Fall. Denn es ist für die cellulär gerichteten Antikörperreaktionen charakteristisch, daß die Antiserumwirkung noch in außerordentlich geringen Mengen ausgeübt wird, während die Zellen immerhin in einer gewissen Konzentration zur Anwendung gelangen müssen. Dieses Verhalten gilt für die agglutinierenden und für die amboceptorartigen, lysierenden Antikörperwirkungen. In diesen Fällen erstreckt sich die Empfindlichkeit der Antigen-Antikörper-Reaktion auf die Antiserumkomponente.

Umgekehrt liegen die Verhältnisse in der Regel dann, wenn die Antigene in gelöstem bzw. kolloidal gelöstem Zustand vorhanden sind, wie das bei der Präcipitation und meistens auch bei der Komplementbindung der Fall ist. Hierbei benötigt man eine verhältnismäßig große Antiserumdosis, während die Antigene noch in außerordentlich geringen Mengen nachweisbar sind. Die Empfindlichkeit der Antigen-Antikörperreaktion betrifft also hierbei das Antigen.

Die Komplementbindung gehört bereits ebenso wie die cytolytische Antiserumwirkung zu den *indirekten* Methoden des Antikörpernachweises. Charakteristisch ist beiden, daß die sog. *Komplementfunktion des normalen Blutserums* als Indicator benutzt wird. Bei der Cytolyse liegen die Bedingungen so, daß der an das Zellantigen gebundene Antikörper (Amboceptor) eine Alteration herbeiführt, die den Komplex der lytischen Komplementfunktion zugängig macht. Im Grunde genommen liegt primär der gleiche Vorgang vor. Der Antigen-Antikörper-Komplex führt unter Elektrolyteinfluß zu einer Globulinalteration, die sich auf die labilen Globuline des als Komplementträger fungierenden normalen Blutserums überträgt. Dieser primären Vorbereitung folgt der Schlußakt der Lyse, die Zellauflösung, über dessen Wirkungsart noch keine hinreichende Klärung besteht. Experimentell läßt sich nachweisen, daß die Komplementfunktion des normalen Serums durch Ausfällung der Labilglobuline mittels verdünnter

Salzsäure oder Dialyse in 2 Fraktionen gespalten wird, von denen jede an und für sich unwirksam ist, die aber vereint die Komplementwirkung wieder herbeiführen. Man hat den Globulinanteil als „Mittelstück", den Rest als „Endstück" bezeichnet, weil es zum Eintritt der Cytolyse erforderlich ist, daß zunächst die Globulinkomponente von den antikörperbeladenen Zellen gebunden wird, bevor sich die sog. Endstückfunktion entfalten kann. Die Reaktion der Globulinkomponente mit den amboceptorbeladenen Zellen ist also als Primum movens experimentell festgestellt. Man darf daher in den Mittelpunkt der Auffassung die Tatsache stellen, daß die antikörperbeladene Zelle bei der Auflösung durch das Komplement zunächst mit den Globulinen des Serums in Reaktion tritt.

Ebenso liegen die Verhältnisse bei der *Komplementbindung*. Auch hierbei wird durch den Antigen-Antikörper-Komplex primär die Alteration bzw. die Absorption der labilen Globuline herbeigeführt. Der derart bedingte Schwund der Labilglobuline genügt bereits, um zur Komplementinaktivierung bzw. Komplementbindung zu führen. Denn der Rest, der im Serum übrig bleibt (Albumin und Pseudoglobulin), reicht eben zur Komplementfunktion nicht mehr aus. Daher ergibt sich bei diesem Verfahren als Zeichen der stattgehabten Antigen-Antikörper-Reaktion das Ausbleiben der Cytolyse von später zugefügten amboceptorbeladenen Zellen (sog. hämolytisches System)[1].

In ähnlicher Weise kann man den Vorgang der *Phagocytose* als Indicator der Antigen-Antikörper-Reaktion betrachten. Der Komplex bzw. die amboceptorbeladene Zelle erscheint so alteriert, daß er der Freßtätigkeit der Leukocyten zugängig gemacht wird.

Schließlich liegen bei der Erkennung der Antigen-Antikörper-Reaktion durch den *Anaphylaxieversuch* grundsätzlich gleichartige Bedingungen vor. Die Antigen-Antikörperverbindung hat bei Gegenwart von Elektrolyten und Globulinen eine grobe physikochemische Alteration zur Folge, und diese äußert sich, wenn der Vorgang in oder an den geeigneten Zellen verläuft, in jenen Krankheitserscheinungen, die den anaphylaktischen Symptomenkomplex bedingen.

IV. Die Spezifität der Antigen-Antikörper-Reaktionen.

Bei den verschiedenen Methoden zum Nachweis der Antigen-Antikörper-Verbindung ist die Spezifität der Erscheinung das gemeinsame Band. Zwar wird der Spezifitätsfrage ein besonderes Kapitel dieses Handbuches gelten. Die Grundgesetze der Antikörperspezifität und die Begrenzung des Spezifitätsbegriffs können jedoch auch in dieser einleitenden Betrachtung nicht entbehrt werden. Bei historischem Rückblick begegnet man zunächst der Auffassung der Antigen- und Antikörperspezifität im Sinne der Differenzierung der Arten.

Auf gewisse Ausnahmen wurde man freilich schon frühzeitig aufmerksam. CALMETTE[2] gab an, daß das durch Immunisierung mit Schlangengift gewonnene

---

[1] Es sei darauf hingewiesen, daß die sog. *Thermolabilität der Komplementfunktion* durch diese Betrachtung eine einfache Erklärung erfährt, ohne daß man etwa, wie die früher angenommen wurde, gezwungen ist, thermolabile einheitliche Substanzen als Träger der Komplementfunktion verantwortlich zu machen. Durch die sog. Inaktivierung ($\frac{1}{2}$stündiges Erhitzen auf 55°) erfahren nämlich die labilen Eiweißstoffe des Blutserums eine Stabilisierung, die sie zu einer trägen oder fehlenden Reaktionsfähigkeit verurteilen. Es läßt sich das bereits dadurch demonstrieren, daß inaktiviertes Serum im Gegensatz zum aktiven beim Verdünnen mit destilliertem Wasser keine Trübung oder Niederschlagsbildung aufweist. Ebenso wie hier in dem erhitzten Serum die Fällbarkeit im salzarmen Medium nicht mehr vorhanden ist, so erlischt durch die Inaktivierung auch die Reaktionsfähigkeit des Serums mit dem Antigen-Antikörper-Komplex, und dadurch erscheint die Komplementfunktion aufgehoben.

[2] CALMETTE, A.: Contribution à l'ét des venins, des toxines et des sérums antitox. Ann. Inst. Pasteur **9**, 225 (1895).

antitoxische Serum auch gegenüber dem Skorpionengift wirksam ist, und ein ähnliches Übergreifen der Antitoxinwirkung findet nach Ehrlichs[1] Beobachtungen gegenüber zwei Giften pflanzlichen Ursprungs, dem Ricin und Robin statt. Der tiefere Einblick, den heute die Definition der Antikörperspezifität beherrscht, wurde allerdings erst gewonnen, als man die Zellen und Gewebe tierischer Makroorganismen als Immunisierungsmaterial, als Antigene, verwandte.

Methodologisch weisen dabei insbesondere die lytischen Antikörperwirkungen einen wesentlichen Vorteil auf. Wie schon erwähnt, führt hier die Bindung des Antikörpers (des Amboceptors) an das Antigen zu keiner sinnfällig erkennbaren Wirkung. Für die Cytolyse ist vielmehr die Mitwirkung des Komplements erforderlich. Die antikörperbeladene Zelle ist gewissermaßen „sensibilisiert", so daß sie der Wirkung der auf das Komplement zurückgeführten normalen Serumfunktion anheimfällt. Bei Verwendung von roten Blutkörperchen als Antigen ist dieser Vorgang durch drastische Sinnfälligkeit ausgezeichnet, indem die Folge der kombinierten Antikörper-Komplementwirkung die Hämolyse ist.

Beim Studium dieser immunisatorisch gewonnenen hämolytischen Antisera zeigte sich nun zuerst in Untersuchungen von Ehrlich und Morgenroth[2], daß die Antiserumwirkung nicht streng artspezifisch ist. Es findet in den meisten Fällen ein mehr oder weniger starkes Übergreifen auf nahe verwandte Blutarten statt. So reagieren Antisera, die durch Vorbehandlung mit Hammelblut gewonnen sind, mehr oder weniger stark auch mit Ziegen- oder Rinderblut. Hämolytische Menschenbluantisera bewirken auch die Hämolyse von Affenblutkörperchen usw. Man könnte freilich von vornherein annehmen, daß derartig nahe verwandten Blutarten in bezug auf die Antigenfunktion eine identische biochemische Struktur besitzen. Gegen diese Auffassung sprechen zwei gewichtige Momente.

Zunächst der Umstand, daß man bei der Vorbehandlung verschiedener Tierindividuen mit einer und derselben Blutart Antisera erhält, die bei quantitativem Vergleich im Grad des Übergreifens auf verwandte Blutarten weitgehende Schwankungen aufweisen. Bei einer Identität der biochemischen Struktur müßte man aber stets die gleiche quantitative Relation erwarten. Dagegen werden die quantitativen Unterschiede verständlich, wenn man annimmt, daß den nahe verwandten Blutarten nur ein Teil ihrer biochemischen Eigenschaften gemeinsam ist. Die verschiedene Stärke, die diese gemeinsame Quote in bezug auf die Antikörperbildung aufweist, wäre dann dem Verständnis zugängig unter der Voraussetzung, daß die Reaktionsfähigkeit des Organismus zur Antikörperbildung gegen die einzelnen biochemischen Strukturen individuelle Variationen aufweisen kann.

Für die sich derart bereits aufdrängende *pluralistische Auffassung* spricht nun mit aller Prägnanz die Analyse der Antiserumwirkung durch das von Ehrlich und Morgenroth[2] eingeführte *Verfahren der elektiven Absorption, der spezifischen Bindung.* Werden nämlich Blutzellen mit einem „homologen" Antiserum, d. h. mit einem solchen, das durch Vorbehandlung mit den entsprechenden Blutkörperchen erhalten worden ist, digeriert, so verschwindet der gesamte Antikörpergehalt des Antiserums. Der durch Abzentrifugieren der Blutkörperchen erhaltene Abguß wirkt weder auf die „homologe" noch auf die verwandte „heterologe" Blutart ein, wenn Komplement hinzugefügt wird. Wiederholt man aber den gleichen Versuch unter Verwendung heterologer Blutkörperchen, d. h. solcher, die nicht zur Herstellung des Antiserums gedient haben, auf die aber das

---

[1] Ehrlich, P.: Ges. d. Charité-Ärzte — Berl. klin. Wschr. **1898**, Nr 12.
[2] Ehrlich, P. u. J. Morgenroth: Über Hämolysine. 6. Mitt. Berl. klin. Wschr. **1901**, Nr 21/22.

Antiserum übergreift, so verschwindet diese heterologe übergreifende Antikörperfunktion vollständig. Dagegen behält das derart vorbehandelte Antiserum, wenn auch zuweilen in mehr oder weniger abgeschwächtem Grade, die Fähigkeit, auf die homologen Blutkörperchen bei Komplementzusatz zu wirken. *Es tritt also durch die Behandlung des Antiserums mit dem heterologen Antigen eine relative Spezifitätssteigerung ein.* Der Versuch ist von grundlegender Bedeutung und ohne weiteres auf die Antikörperfunktionen im allgemeinen in seinem Geltungsbereich übertragbar. Er zeigt, *daß man, um die Erscheinungen zu begreifen, die Antigenfunktion der Zellen in mehrere Partialfunktionen zerlegen muß.* Nicht anders ist der Befund zu erklären. Die Blutkörperchen enthalten eine Antigenfunktion, die artspezifisch ist, und eine zweite, die auch verwandte Blutarten besitzen. Beide Komponenten lassen bei der Immunisierung Antikörper entstehen.

Der eine artspezifisch gerichtete Antikörper wirkt spezifisch, der andere Antikörper wirkt auch auf verwandte Blutarten, die die gleiche Partialstruktur wie die Blutkörperchen, die zur Immunisierung gedient haben, besitzen. Daneben werden natürlich diese heterologen Blutkörperchen über besondere Partialreceptoren verfügen. Man gelangt also mit EHRLICH auf Grund dieser Betrachtung und gestützt durch die zwingende Beweiskraft des Experiments zur Feststellung von *Partialantigenen, von denen jedes einzelne eine besondere biologische Funktion ausübt. Das supponierte materielle Substrat der Antigeneinheit bezeichnet man seither mit Ehrlich als Receptor.* Der Receptorbegriff ist daher der Analyse der Antigen-Antikörper-Reaktion im Sinne der biologischen Einheit zugrunde zu legen. *Spezifisch sind in diesem Sinne lediglich die Beziehungen der Receptoren zu den ihnen entsprechenden Partialantikörpern.*

Das sich so ergebende Grundgesetz ist auf die gesamte Lehre von den Antigenen und Antikörpern mutatis mutandis zu übertragen. Ein Beispiel mag die Verhältnisse noch illustrieren.

Wenn man durch Vorbehandlung eines Kaninchens mit Menschenblut ein Antiserum erhält, das auch auf Affenblut wirkt, und umgekehrt bei der Vorbehandlung mit Affenblut ein Antiserum, das zugleich gegen Menschenblut gerichtet ist, so ist die Ursache folgendermaßen zu erklären. Das Menschenblut enthält 2 Receptoren A und B[1]. A ist für Menschenblut spezifisch, B ist gleichzeitig auch im Affenblut enthalten. Das Affenblut enthält neben diesem gemeinsamen Partialreceptor B andererseits den artspezifischen Receptor C. Jeder Partialreceptor übt nun die immunisierende Antigenfunktion aus. Behandelt man demnach ein Kaninchen mit Menschenblut, so entstehe die Antikörper a und b. Der Antikörper a wirkt nur auf Menschenblut, da A im Affenblut fehlt. b dagegen wirkt sowohl auf Menschenblut wie auf Affenblut, weil der korrespondierende Receptor B beiden Blutarten gemeinsam ist. So wird es verständlich, daß das durch Menschenblut gewonnene Antiserum durch Behandlung mit Menschenblut den gesamten Antikörpervorrat $(a + b)$ verliert, während die Vorbehandlung mit Affenblut nur den Antikörper b entfernt, den Antikörper a aber unbeeinflußt läßt. Berücksichtigt man fernerhin den Umstand, daß die quantitative Verhältnis zwischen den Receptoren individuelle Variationen aufweisen kann, und daß die immunisatorische Reaktionsfähigkeit der einzelnen Partialreceptoren je nach der Individualität des zur Immunisierung dienenden Versuchstieres Schwankungen ausgesetzt ist, so ergibt sich aus der Receptorkonzeption der zuverlässige Pfadfinder in der anscheinend verschlungenen Vielheit der Erscheinungen.

Wenn nun die Analyse der Antigen-Antikörperwirkungen eine vorher nicht nachweisbar gewesene durchgängige biochemische Differenzierung der einzelnen Arten gelehrt hat, so mußte sich die Frage ergeben, ob denn derartige biochemische Differenzierungsmöglichkeiten nicht auch bei verschiedenen Individuen einer und derselben Art bestehen. Von diesem Gesichtspunkte aus sind EHRLICH und

---

[1] In Wirklichkeit ist natürlich anzunehmen, daß es eine weit größere, vielleicht unübersehbare Zahl von Einzelreceptoren enthält. Es genügt aber, um die oben zu erörternde Erscheinung verständlich zu machen, der Einfachheit halber zwei Receptoren A und B zu supponieren, die wahrscheinlich nur eine Summe von Unterreceptoren bedeuten.

Morgenroth[1] wiederum unter Verwendung von roten Blutkörperchen als Antigen zu dem Problem der *Isoimmunisierung* gelangt. Während man die durch Immunisierung mit artfremdem Antigen entstehenden Antikörper als *Heteroantikörper* bezeichnet, würde man die durch Vorbehandlung mit arteigenen, aber individuumfremden Antigenen erhaltenen Antikörper als *Isoantikörper* bezeichnen. Daß in der Tat auch derartige Isoantikörper gebildet werden können, haben zuerst Ehrlich und Morgenroth in Immunisierungsversuchen an Ziegen mit individuumfremden Ziegenblutkörperchen gezeigt. Der Versuch lieferte ohne weiteres ein demonstratives Ergebnis dadurch, daß Ziegenimmunsera, erhalten durch Vorbehandlung der Ziegen mit fremden Ziegenblutkörperchen, eine lytische Wirkung auf manche Ziegenblutkörperchen, vor allem diejenigen des Blutspenders, bei Komplementzusatz ausüben, dagegen die eigenen Blutkörperchen des vorbehandelten Individuums nicht aufzulösen vermögen. Es entstehen also isolytische, aber nicht autolytische Antikörper. Schon dieser Befund lehrt, daß individuelle Differenzen zwischen den einzelnen Blutkörperchen vorhanden sind. Er erlaubt aber nicht etwa die Schlußfolgerung, daß die Blutkörperchen jedes Individuums besonders charakterisierte Eigenschaften besitzen. Auch hier muß man die pluralistische Betrachtung der Receptorenlehre zugrunde legen. Neben artspezifischen Receptoren sind besondere Partialreceptoren vorhanden, deren Verteilung bei den einzelnen Individuen derselben Art von vornherein nicht bestimmbar ist und sich nur durch sorgfältige Experimentalanalyse einigermaßen übersehen läßt, ohne daß damit die Möglichkeiten der Variation erschöpft werden könnten. Es handelt sich also hierbei weder um artspezifische, noch um individualspezifische, sondern um *gruppenspezifische* Receptoren.

Bei schematisierender Betrachtung kann man sich die Verhältnisse derart vorstellen, daß die Blutkörperchen (das gleiche würde natürlich auch für andere Zelltypen gelten) neben der Masse von artspezifischen Receptoren gruppenspezifische Receptoren enthalten, die mit a, b, c, d, e, f usw. bezeichnet werden könnten. Das Blut eines Individuums kann dann z. B. die Receptoren a — b — c, dasjenige eines zweiten die Receptoren a — c — d, dasjenige eines dritten etwa die Receptoren b — e — f usw. enthalten. Bei der Immunisierung von Individuen gleicher Art mit diesen Bluttypen können nun nur diejenigen Receptoren zur immunisatorischen Entfaltung gelangen, die dem Organismus des geimpften Individuums fehlen. So wird es verständlich, daß die durch Vorbehandlung verschiedener Individuen mit einem und demselben Blut erhaltenen Isotisera in ihrem Wirkungsbereich durchaus nicht identisch sein müssen. Wenn z. B. mit Blutkörperchen, die über die Iso-Receptoren a — b — c verfügen, verschiedene Individuen derselben Art vorbehandelt werden, so brauchen überhaupt keine Antikörper zu entstehen. Wenn aber eine Antikörperbildung stattfindet, so können Anti-a oder Anti-b oder Anti-c bzw. Anti-a und Anti-b, oder Anti-a und Anti-c, oder Anti-b und Anti-c, oder endlich Anti-a und Anti-b und Anti-c gebildet werden. Es ergeben sich also schon beim Vorhandensein von 3 Isoreceptoren 8 verschiedene Möglichkeiten der Zusammensetzung des Antiserums. Zugleich zeigt diese Betrachtung, daß die Isoreceptoren durchaus keinen Individualcharakter besitzen. Sie kommen bei verschiedenen Individuen in ungleicher (*gruppenspezifischer*) Verteilung vor. *Der Individualcharakter der Antigenfunktion wird vielmehr erst bestimmt durch das Mosaik der verschiedenen, an und für sich nicht individualspezifischen Receptoren.*

Beim Menschen sind derartige Immunisierungsversuche natürlich nicht gangbar. Wenn es trotzdem beim Menschen eine bedeutsame *Blutgruppenanalyse* gibt, auf die in dem Kapitel Spezifität näher eingegangen werden wird, so liegt das daran, daß die Isoantikörper, ebenso wie die Antikörper überhaupt, im normalen Serum ihre *physiologischen* Analoga haben. Es handelt sich hier um den Ausdruck einer allgemeinen, von Ehrlich[2] erkannten Gesetzmäßigkeit, nach der

---

[1] Ehrlich, P. u. J. Morgenroth: Über Hämolysine. 3. Mitt. Berl. klin. Wschr. **1900**, Nr 21.
[2] Ehrlich, P. u. J. Morgenroth: Zur Theorie der Lysinwirkung. Berl. klin. Wschr. **1899**, Nr 1.

die immunisatorisch bedingte Antikörperbildung im Grunde genommen nur eine durch den Immunisierungsprozeß verursachte excessive Steigerung physiologischen Geschehens darstellt. Die gruppenspezifische Differenzierung des Blutes beim Menschen erfolgt in der Regel unter Benutzung der agglutinierenden Funktion der normalen, im menschlichen Blutserum vorhandenen Isoantikörper. Es handelt sich hier um ein Gebiet, das, durch die Untersuchungen von LANDSTEINER[1] v. DUNGERN und HIRSZFELD[2] eröffnet, heute im Mittelpunkt der Betrachtung steht. An dieser Stelle mag es genügen, zu erwähnen, daß es sich beim Menschen im wesentlichen um die *Unterscheidung von 4 Blutgruppen* handelt, denen iso-agglutinierende Antikörper im menschlichen Blutserum entsprechen. Im allgemeinen hat man zwei Isoantigene des normalen Menschenblutes anzunehmen, die mit A und B bezeichnet werden. Durch die verschiedenen Kombinationsmöglichkeiten ergeben sich 4 Blutgruppen:

1. mit Blutkörperchen, die weder A noch B enthalten (Gruppe O),
2.   „   „ nur A enthalten   („ A),
3.   „   „ „ B   „   („ B),
4.   „   „ A + B   „   („ AB).

Im Serum fehlen die korrespondierenden Antikörper. Dagegen sind die Isoantikörper (α und β) im Serum vorhanden, wenn der entsprechende Isoreceptor in den roten Blutkörperchen fehlt. Daraus ergibt sich die Grundlage für die gruppenspezifische Unterscheidung des Menschenblutes.

Es war im vorstehenden bereits erwähnt worden, daß bei der Isoimmunisierung niemals Antikörper entstehen, die gegen körpereigene Receptoren gerichtet sind. Würde eine derartige Antikörperbildung eintreten, so würde es sich um Auto-Antikörper handeln. EHRLICH und MORGENROTH[3] haben angenommen, daß eine derartige Auto-Antikörperbildung nicht erfolgt, daß ihr vielmehr Regulationsmechanismus entgegenstehen, die sie als „horror autotoxicus" bezeichnet haben. Die Frage der Auto-Antikörperbildung steht freilich heute erneut im Mittelpunkt des Interesses. Schon die frühzeitig von UHLENHUTH[4] entdeckte Tatsache, daß man durch Vorbehandlung mit der Augenlinsensubstanz Antisera erhält, die durchaus *organspezifisch* gerichtet sind und unabhängig von der Tierart, von der die Linse stammt, wirken, spricht dafür, daß die im lebenden Organismus entstehenden Antikörper nicht ausschließlich gegen individuumfremdes Material gerichtet sein müssen. Denn ein Augenlinsenantiserum wirkt auch auf die Linsensubstanz desjenigen Versuchstieres, von dem das Antiserum gewonnen worden ist.

Die Frage, die sich auf Grund dieser Feststellung ergibt, ist nur die, ob derartig entstehende Antikörper in dem Sinne Auto-Antikörper sind, daß sie auch unter physiologischen Lebensbedingungen auf die Antigene des eigenen Individuums einwirken können. Bei der Linse kann man von vornherein annehmen, daß sie durch die mangelhafte Vascularisierung ihres Gewebes gewissermaßen ein Eigenleben im Organismus führt und dadurch unter natürlichen Verhältnissen den Gefahren, denen sie bei einer Auto-Antikörperwirkung ausgesetzt wäre, entgeht. Eine Sonderstellung nimmt aber die Augenlinse in diesem ausgesprochenen

---

[1] LANDSTEINER, K.: Über Agglutinationserscheinungen normalen menschlichen Blutes. Wien. klin. Wschr. **1901**, 1137 — vgl. auch Zbl. Bakter. **27**, 361 (1900).

[2] DUNGERN, E. v. u. L. HIRSZFELD: Über eine Methode, das Blut verschiedener Menschen serologisch zu unterscheiden. Münch. med. Wschr. **1910**, 741 — vgl. auch Z. Immun.forschg **4**, 531; **6**, 284 (1910); **8**, 526 (1911).

[3] EHRLICH, P. u. J. MORGENROTH: Über Hämolysine. 5. Mitt. Berl. klin. Wschr. **1901**, Nr 10.

[4] UHLENHUTH, P.: Zur Lehre von der Unterscheidung verschiedener Eiweißarten mit Hilfe verschiedener Sera. Koch-Festschrift. Jena 1903.

Verhalten heute keineswegs mehr ein. Wir wissen durch die Untersuchungen von Witebsky und Steinfeld[1], daß das Gehirn sich durchaus in entsprechender Weise verhält. Dabei ist allerdings noch ein zweites Moment zu berücksichtigen. Es könnte sein, daß derartige Antigene, auf die gewissermaßen Auto-Antikörper wirken, erst durch postmortale Vorgänge oder durch willkürliche Maßnahmen des Experimentators funktionsfähig würden. Sie könnten im Organismus selbst in einer larvierten Form vorhanden sein und erst durch Kunstgriffe disponibel werden. Daß es derartige Antigenfunktionen gibt, ist aus dem Verhalten der *Lipoide* als Antigene bekannt, auf die noch an späterer Stelle eingegangen werden wird. Man müßte dann den Begriff der Auto-Antikörper gabeln und könnte einerseits unter Auto-Antikörpern solche Antikörper verstehen, die auf isolierte Bestandteile des eigenen Organismus im Reagensglas wirken können, und andererseits könnten Auto-Antikörper auch derart ihre Funktion ausüben, daß sie im lebenden Körper unmittelbar auf Antigene einwirken können. Im letzteren Falle würde die Antikörperwirkung ein pathogenetisches Agens darstellen, im ersteren Falle wäre sie an und für sich harmlos, könnte aber immerhin unter dem Einfluß pathologischer Veränderungen, denen die Gewebe unterliegen, im schädlichen Sinne funktionsfähig werden.

Die neuere Forschung hat in erweitertem Ausmaße organspezifische Gewebsstrukturen kennen gelehrt. Man hat daher auch daran gedacht, daß das Maßgebende für die Entfaltung der Antigenfunktion nicht die Artfremdheit bzw. die Individuumfremdheit, sondern die Blutfremdheit sein könnte (Hirszfeld[2]). Die näheren Einzelheiten werden in dem Sonderkapitel über Spezifität Besprechung finden. Zu berücksichtigen ist, daß der organspezifische Charakter von Antigenen in reinster Form vorhanden sein kann, derart, daß die Spezifität sich lediglich auf das Organ bezieht und die Organe aller Tierarten gemeinsam trifft. Es sind aber auch organspezifische Antigenfunktionen feststellbar, die zugleich durch eine Artspezifität differenziert sind. Um ein Beispiel anzuführen, können die roten Blutkörperchen Antigene enthalten, die sich lediglich in den roten Blutkörperchen vorfinden, aber bei jeder Tierart besonders differenziert sind.

Jedenfalls ergibt sich das Vorhandensein von artspezifischen, organspezifischen und gruppenspezifischen Antigenfunktionen. Das Vorkommen gruppenspezifischer Antigene bei Gruppen von Individuen einer und derselben Art ist nur ein Beispiel von der gruppenspezifischen Verteilung der Antigene. Neben dem Übergreifen der Antigenfunktion innerhalb verwandter Arten auf Grund der sich bei phylogenetischer Betrachtung ergebenden Zusammenhänge gibt es auch *gruppenspezifische Antigenfunktionen, die innerhalb des Tierreichs verteilt sind, und zwar in einer Weise verteilt, für deren Ordnung bisher nicht die gedankliche Analyse, sondern die reine Empirie entscheidet.* Die Erforschung derartiger gruppenspezifischer Antigenfunktionen nimmt ihren Ausgangspunkt von der Entdeckung des sog. Forssmanschen *heterogenetischen Antigenes.* Man bezeichnet derartige gruppenspezifische Antigene bzw. deren Antikörper auch als *heterogenetisch,* weil die gruppenspezifische Verteilung Antikörperfunktionen herbeiführt, die auf anscheinend ganz andere Antigene wirken wie diejenigen, durch die sie erzeugt sind. Man kann auch der Blutgruppenanalyse beim Menschen diese Betrachtung zugrunde legen. Denn es handelt sich ja von vornherein hierbei um inidviduelle Unterschiede. Die Antikörper, die zum Nachweis dieser Antigene dienen, wirken aber auch auf die Antigene ganz anderer Individuen. Von diesem Gesichtspunkte

[1] Witebsky, E. u. J. Steinfeld: Untersuchungen über spezifische Antigenfunktionen von Organen. 1. Mitt. Z. Immun.forschg **58**, 271 (1928).
[2] Hirszfeld, L.: Konstitutionsserologie und Blutgruppenforschung. Berlin 1928.

aus könnte man sie heterogenetisch nennen. Die Ursache der heterogenetischen Antikörperwirkung ist die gruppenspezifische Verteilung des Antigens. In gleicher Weise liegen die Verhältnisse bei dem FORSSMANschen Antigen. Der Unterschied besteht nur darin, daß hier die gruppenspezifische Verteilung nicht innerhalb einer und derselben Art besteht, sondern die verschiedenen Arten betrifft.

Der wesentliche Tatbestand ist kurz folgender: Werden z. B. Kaninchen mit Meerschweinchenorgansuspensionen oder Meerschweinchenorganextrakten nach dem Vorgange FORSSMANS[1] vorbehandelt, so enthalten die derart gewonnenen Antisera hämolytische Antikörper (Amboceptoren) für Hammelblut und Ziegenblut. In quantitativer Hinsicht unterscheiden sich derartige Meerschweinchenorganantisera nicht von Hammelblutantisera in bezug auf hämolytische Wirkung gegenüber Hammelblut. Eine völlige Identität der Antigenfunktionen des Hammelblutes und der Meerschweinchenorgane liegt natürlich nicht vor. Man kann sich durch Bindungsversuche (ORUDSCHIEW[2]) leicht davon überzeugen, daß nur eine *partielle* Receptorengemeinschaft zwischen Meerschweinchenorganen und Hammelblutkörperchen besteht. Aber diese partielle Receptorengemeinschaft ist von größtem Interesse. Die Verhältnisse liegen nicht etwa so, daß diese Partialreceptoren ubiquitär im Tierreich verbreitet sind. Sie finden sich vielmehr bei der vergleichenden Prüfung verschiedener Arten nur in den Organen bestimmter Tierarten vor. Man hat diese Tierarten unter der gemeinsamen Bezeichnung „*Meerschweinchentypus*" zusammengefaßt. Außer dem Meerschweinchen gehören z. B. Pferd und Maus zum Meerschweinchentypus. Im Gegensatz dazu werden unter der Bezeichnung „*Kaninchentypus*" diejenigen Tierarten zusammengefaßt, bei denen in den Organen die FORSSMANschen Receptoren fehlen. Zum Kaninchentypus gehören außer dem Kaninchen z. B. Schwein, Rind, Mensch u. a.

Die Einteilung, die sich in bezug auf *gruppenspezifische* Verteilung dieser FORSSMANschen Receptoren derart ergibt, ist zunächst eine empirische und provisorische. *Das wesentliche ist, daß die Verteilung, ohne daß sich irgendwelche systematischen Zusammenhänge erkennen lassen, gruppenspezifisch ist.* Da demnach durch Organe oder Gewebe der einen Art Antikörper hervorgerufen werden, die auf eine ganz andere Art wirken, werden die derart entstehenden Antikörper *heterogenetisch* genannt. Man kann ihnen z. B. die typischen artspezifischen Antikörper als *isogenetische* Antikörper gegenüberstellen. Aus diesem Grunde spricht man nach dem Vorgange von FRIEDBERGER[3] bei den hier behandelten Partialreceptoren von heterogenetischen Antigenen und dementsprechend von heterogenetischen Antikörpern.

Es ist bei einer Übersicht über die in der Natur vorliegenden Bedingungen charakteristisch, daß derartige gruppenspezifische bzw. heterogenetische Receptoren weit verbreitet sind. Man darf dabei berücksichtigen, daß die gruppenspezifischen Receptoren in ihrem Vorkommen bei verschiedenen Arten des Tierreiches durchaus den gruppenspezifischen Receptoren innerhalb einer und derselben Art bei verschiedenen Individuen entsprechen, wie sie in der *Blutgruppenanalyse beim Menschen* zum Ausdruck kommen. Denn auch bei den Blutgruppenmerkmalen des Menschen handelt es sich, wie schon erörtert wurde, um gruppen-

---

[1] FORSSMAN, J.: Die Herstellung hochwertiger spezifischer Schafhämolysine ohne Verwendung von Schafblut. Ein Beitrag zur Lehre von der heterologen Antikörperbildung. Biochem. Z. **37**, 78 (1911).

[2] ORUDSCHIEW, D.: Über die Beziehungen der hämolytischen Hammelblutamboceptoren zu den Receptoren des Meerschweinchens. Z. Immun.forschg **16**, 268 (1913).

[3] FRIEDBERGER, E. u. F. SCHIFF: Über heterogenetische Antikörper. Berl. klin. Wschr. **1913**, Nr 34 u. 50.

spezifische und, wenn man so sagen will, um heterogenetische Receptoren. Stellt man ein Antiserum gegenüber diesen gruppenspezifischen menschlichen Merkmalen her, so wirkt das Antiserum auf diejenigen Individuen, die das gleiche Blutgruppenmerkmal besitzen, also eigentlich auch heterogenetisch. Daß daneben die Zellen und Gewebe natürlich auch besondere Antigene, die man dann eben als isogenetisch bezeichnet, besitzen, ist selbstverständlich, und es ergeben sich derart recht komplizierte Verhältnisse bei der Übersicht über die Gesamterscheinungen.

Ein Beispiel wird das vielleicht verständlicher machen. Wenn man Kaninchen mit Hammelblutkörperchen vorbehandelt, so entstehen einerseits isogenetische, andererseits heterogenetische Antikörper, weil die Hammelblutkörperchen auch die heterogenetischen Receptoren besitzen. Spritzt man aber das Hammelblut einer Tierart ein, die, wie das Meerschweinchen selbst, über das heterogenetische Antigen verfügt, so wird entsprechend dem schon erörterten Gesetz des „horror autotoxicus" die Bildung von derart heterogenetischen Antikörpern ausgeschlossen, und man erhält ein rein isogenetisches Antiserum. Das Beispiel lehrt zugleich, daß die Zusammensetzung der von verschiedenen Tierarten durch gleichartige Vorbehandlung gewonnenen Antisera in bezug auf Beschaffenheit und Gehalt an Partialantikörpern weitgehend differieren kann.

Man hat früher geglaubt, daß diejenigen Tierarten, die heterogenetische Antigene in den Organen enthalten, Blutkörperchen besitzen, in denen das heterogenetische Antigen fehlt, und umgekehrt, daß beim Vorhandensein von heterogenetischem Antigen in den Blutkörperchen die Organe frei von heterogenetischen Antigenen sind. Diese Differenzierung hat sich nicht aufrecht erhalten lassen. Die neuere Forschung hat immer mehr Ausnahmen von einer derartigen scharfen Trennung kennen gelehrt. Daß sie dem Nachweis entgehen konnten und auch heute noch entgehen können, liegt an Verhältnissen, auf die später noch einzugehen sein wird. Es handelt sich dabei einerseits darum, daß die Antigenfunktionen im natürlichen Verbande larviert sein können und erst durch besondere Methoden manifest werden, andererseits um das Prinzip der *Konkurrenz der Antigene*. Es kann nämlich die eine Antigenfunktion die andere bei der Vorbehandlung von Tieren in ihrer immunisatorischen Wirkung mehr oder weniger stark unterdrücken, so daß nur das eine Partialantigen in der entstehenden Antikörperbildung zum Ausdruck kommt.

Die Forssmansche gruppenspezifische Receptorengemeinschaft ist bisher die am meisten studierte. Zahlreiche Arbeiten liegen über sie vor. Besonders sei auf die Untersuchungen von Forssman[1], Orudschiew[2], Doerr und Pick[3] Friedberger und Schiff[4], Sachs und Nathan[5], Bail und Margulies[6], Friedemann[7], Tsuneoka[8], Georgi und Seitz[9], Sachs und Georgi[10], W. Georgi[11], Sachs

[1] Forssman, J.: Herstellung hochwertiger spezifischer Schafhämolysine ohne Verwendung von Schafblut. Biochem. Z. **37**, 78 (1911).

[2] Orudschiew, D.: Über die Beziehungen der hämolytischen Hammelblutamboceptoren zu den Receptoren des Meerschweinchens. Z. Immun.forschg **16**, 268 (1913).

[3] Doerr, R. u. R. Pick: Primäre Toxizität der Antisera. Biochem. Z. **50**, 129 (1912).

[4] Friedberger, E. u. F. Schiff: Über heterogenetische Antikörper. Berl. klin. Wschr. **1913**, Nr 34 u. 50.

[5] Sachs, H. u. E. Nathan: Immunisierungsversuche mit gekochtem Hammelblut. Z. Immun.forschg **19**, 235 (1913).

[6] Bail, O. u. A. Margulies: Untersuchungen über die Absorption von Schafbluthämolysinen durch Meerschweinchenorgane. Z. Immun.forschg **19**, 185 (1913).

[7] Friedemann, U.: Über heterophile Normalamboceptoren. Biochem. Z. **80**, 333 (1917).

[8] Tsuneoka, R.: Über heterogenetische Antikörper. Z. Immun.forschg **22**, 567 (1914).

[9] Georgi, W. u. A. Seitz: Immunisatorische Erzeugung und Bindung hämolytischer Amboceptoren durch die Organe des Meerschweinchens. Z. Immun.forschg **26**, 545 (1917).

[10] Sachs, H. u. W. Georgi: Die Verwertbarkeit der Amboceptorbindung durch koktostabile Receptoren zur Erkennung von Fleischarten. Z. Immun.forschg **21**, 342 (1914).

[11] Georgi, W.: Studien über das serologische Verhalten der Hammelblutreceptoren in den Organen. Arb. Inst. exper. Ther. Frankf. **1919**, H. 9.

und GUTH[1], SORDELLI und PICO[2], SORDELLI und FISCHER[3], SCHMIDT[4], TANI-GUCHI[5], LANDSTEINER[6], MEYER[7], NIEDERHOFF[8], F. GEORGI[9], LANDSTEINER und SIMMS[10], TAKENOMATA[11] u. a., sowie zugleich auf die zusammenfassende Darstellung von H. SCHMIDT[12] verwiesen. Daß auch andere heterogenetische Receptoren-gemeinschaften vorkommen, ist zweifellos. So ist u. a. von WITEBSKY[13] eine be-sondere heterogenetische Receptorengemeinschaft zwischen Mensch und Schwein nachgewiesen worden.

Im einzelnen soll an dieser Stelle auf die näheren Bedingungen nicht eingegangen werden, da es sich hier nur darum handelt, die Grundlagen der Spezifität im allgemeinen zu erörtern, während die Spezifität der Antigenfunktionen im besonderen in einem späteren Kapitel dieses Bandes besprochen werden wird.

Wenn man das spezifische Gepräge der Antigen- bzw. Receptorfunk-tionen überblickt, so wird man wohl dazu gedrängt, die Ursache der spezi-fischen Beziehungen zwischen Antigenen und Antikörpern in der *chemischen Affinität* zu suchen. Eine derartige Auffassung wird zur Notwendigkeit, wenn man ältere und neuere Untersuchungen über Antikörperreaktionen betrachtet, bei denen die Spezifität der Wirkung zweifellos durch die chemische Kon-stitution bedingt erscheint. Dabei ist zugleich der Umstand von besonderem Interesse, daß das spezifische Gepräge, wie es unter normalen Bedingungen den Körperbestandteilen von Antigennatur eigen ist, durchaus nicht starr und un-veränderlich sein muß. Damit soll nicht ausgedrückt sein, daß zahlreiche Antigen-funktionen überhaupt labiler Natur sind und durch physikalische, insbesondere thermische, sowie chemische Eingriffe ihre Wirksamkeit einbüßen, vielmehr handelt es sich hier um Bedingungen, die seit den Arbeiten von OBERMAYER und PICK[14] das Interesse außerordentlich fesseln.

Schon durch die Untersuchungen von OBERMAYER und PICK ist bekannt, daß es durch chemische Eingriffe (Jodieren, Nitrieren, Diazotieren) möglich ist,

---

[1] SACHS, H. u. F. GUTH: Eine spezifische Ausflockungsreaktion zum Nachweis der alkohollöslichen Receptoren des Hammelblutes und ihrer Antikörper. Med. Klin. **1920**, Nr 6.

[2] SORDELLI, A. u. E. F. PICO: Sobre anticuerpos heterogenéticos. Rev. Inst. bacter. Buenos Aires **2**, 261 (1919) — vgl. auch C. r. Soc. Biol. Paris **84**, 174 (1921).

[3] SORDELLI, A. u. G. FISCHER: Sobre hemolisinas heterogenéticas. Rev. Inst. bacter. Buenos Aires **1**, 229 (1918).

[4] SCHMIDT, H.: Zur Biologie der Lipoide. Leipzig 1922 — vgl. auch Beitr. Klin. Tbk. **47**, 433 (1923).

[5] TANIGUCHI, T.: Studies on heterophile antigens and antibodies. J. of Path. **24**, 217, 241, 456 (1921).

[6] LANDSTEINER, K.: Über heterogenetisches Antigen und Hapten. Biochem. Z. **119**, 294 (1921).

[7] MEYER, K.: Zur Kenntnis des heterogenetischen Hammelblutantigens. Biochem. Z. **122**, 225 (1921).

[8] NIEDERHOFF, P.: Zur Frage der antigenen Eigenschaften von Organlipoiden. Dtsch. med. Wschr. **1921**, Nr 43.

[9] GEORGI, F.: Beiträge zur Kenntnis der heterogenetischen Antigen-Antikörper-Reak-tionen. Z. Immun.forschg **37**, 285 (1923).

[10] LANDSTEINER, K. u. S. SIMMS: Production of heterogenetic antibodies with mixtures of the binding part of the antigen and protein. J. of exper. Med. **38**, 127 (1923).

[11] TAKENOMATA, N.: Über die Erzeugung heterogenetischer Antisera durch Vorbehand-lung mit alkoholischem Pferdenierenextrakt und Schweineserum. Über einige Eigen-schaften der derart erhaltenen Immunsera. Z. Immun.forschg **41**, 190 (1924).

[12] SCHMIDT, H.: Die heterogenetischen Hammelblutantikörper und ihre Antigene. Leipzig: Kabitzsch 1924.

[13] WITEBSKY, E.: Über die Antigenfunktion der alkohollöslichen Bestandteile mensch-licher Blutkörperchen verschiedener Gruppen. 2. Mitt. Eine neue heterogenetische Recep-torengemeinschaft. Z. Immun.forschg **49**, 1 (1926).

[14] OBERMAYER, F. u. E. P. PICK: Über die Grundlagen der Arteigenschaften der Eiweiß-körper. Wien. klin. Wschr. **1906**, Nr 12.

die Artspezifität von tierischen Antigenen zum Erlöschen zu bringen und dafür eine neue *konstitutive* Spezifität oder *Chemospezifität* in Erscheinung treten zu lassen. Derart chemisch veränderte Antigene reagieren spezifisch in bezug auf ihre chemische Struktur und nicht mehr in bezug auf die Herkunft des Materials von einer bestimmten Tierart. Um ein Beispiel anzuführen: Behandelt man Kaninchen mit jodiertem Pferdeserum vor, so bilden sie Antisera, die auf alle jodierten Sera wirken, aber nicht mehr auf unverändertes Serum. Diese künstlich hervorgerufene Chemospezifität entspricht also etwa den natürlichen Bedingungen, wie sie in der Augenlinse und im Gehirn normalerweise vorliegen. Die Kenntnisse über chemospezifische Antigenfunktionen in dem hier erörterten Sinne sind besonders durch die Untersuchungen Landsteiners[1, 2, 3, 4] und seiner Mitarbeiter sowie durch die Arbeiten von Klopstock und Selter[5] aus meinem Laboratorium erweitert und vertieft worden. Es hat sich dabei gezeigt, daß chemische Verbindungen an und für sich Antigenwirkungen ausüben können, aber allein nicht funktionsfähig sind, sondern erst verstärkender Faktoren zur Entfaltung ihrer Antigenwirkung benötigen. Es wird im nächsten Abschnitt bei der Besprechung der sog komplexen Antigene hierauf näher einzugehen sein. Jedenfalls dürfte die chemische Konstitution eine dominierende Rolle bei der Gestaltung des spezifischen Gepräges der Antigenfunktion spielen. Von besonderem Interesse erscheinen in dieser Hinsicht neuere Untersuchungen von Landsteiner und van der Scheer[6], nach denen die räumliche Konfiguration einen wesentlichen, die serologische Spezifität bedingenden Faktor darstellt, derart, daß eine serologische Differenzierung von isomeren Verbindungen möglich ist.

Vom Gesichtspunkt der pathologischen Physiologie aus eröffnen sich gerade durch das Studium der chemospezifischen Antigene interessante Ausblicke auf das pathologische Geschehen. Man kann einerseits annehmen, daß unter pathologischen Einflüssen Veränderungen der Artspezifität von Organen und Geweben eintreten können. Kommt auf diese Weise eine konstitutive Spezifität zustande, so ist der Möglichkeit Raum gegeben, daß Antigenfunktionen als Folge von Krankheitsvorgängen Wandlungen aufweisen, die unter Umständen von weittragender Bedeutung sein können. Andererseits leitet aber die Lehre von den chemospezifischen Antigenwirkungen unmittelbar über zum Verständnis der Idiosynkrasieerscheinungen beim Menschen.

Jedenfalls beherrscht die pluralistische Betrachtungsweise, wie sie in der Ehrlichschen Theorie oder Partialfunktionen oder Receptoren zum Ausdruck

---

[1] Landsteiner, K.: Über die Antigeneigenschaften von methyliertem Eiweiß. Z. Immun.forschg **26**, 122 (1917) — Spezifische Serumreaktionen mit einfach zusammengesetzten Substanzen von bekannter Konstitution. Biochem. Z. **104**, 280 (1920) — Experiments on anaphylaxis to azoproteins. J. of exper. Med. **39**, 631 (1924).

[2] Landsteiner, K. u. C. Barron: Über die Einwirkung von Säure und Lauge auf Serumeiweißantigen (Restitution der Antigeneigenschaften). Z. Immun.forschg **26**, 142 (1917).

[3] Landsteiner, K. u. B. Jablons: Über die Bildung von Antikörpern gegen verändertes arteigenes Serumeiweiß. Z. Immun.forschg **20**, 618 (1914) — Über die Antigeneigenschaften von acetyliertem Eiweiß. Ebenda **21**, 193 (1914).

[4] Landsteiner, K. u. H. Lampl: Über die Einwirkung von Formaldehyd auf Eiweißantigen. Z. Immun.forschg **26**, 133 (1917) — Über Antigene mit verschiedenen Acylgruppen. Ebenda **26**, 258 (1917) — Über die Antigeneigenschaften von Azoproteinen. Ebenda **26**, 293 (1917) — Über die Abhängigkeit der serologischen Spezifität von der chemischen Struktur. (Darstellung von Antigenen mit bekannter chemischer Konstitution der spezifischen Gruppen.) Biochem. Z. **86**, 343 (1918).

[5] Klopstock, A. u. G. E. Selter: Über die Reaktionsfähigkeit chemisch definierter Substanzen bei der Anaphylaxie. Klin. Wschr. **1927**, Nr 35 — Zur Kenntnis komplexer Antigenwirkungen. Zbl. Bakter. **104** (Beih.), 140 (1927) — Über chemospezifische Antigene. 1., 2. und 3. Mitt. Z. Immun.forschg **55**, 118, 450; **57**, 174 (1928).

[6] Landsteiner, K. u. J. van der Scheer: Serological differentiation of steric isomers. J. of exper. Med. **48**, 315 (1928).

kommt, das Gesamtgebiet der Erscheinungen. *Die Spezifität der Antikörper-wirkung ist der Ausdruck der Beziehungen zwischen dem einzelnen Partialantigen oder Partialreceptor und dem korrespondierenden Partialantikörper.* Diese Erkenntnis bildet die Grundlage des Verständnisses der Phänomene, die sich aus dem Studium der Antigene und Antikörper ergeben. Sie wird daher auch bei den folgenden Erörterungen leitend sein müssen.

V. Antigenstruktur und Antigenfunktion.

Die Spezifität, die zwischen Antigenen und Antikörpern besteht, dokumentiert sich in zweierlei Richtung, einerseits in der Fähigkeit, Antikörper im lebenden Organismus entstehen zu lassen (Immunisierungsvermögen), andererseits in derjenigen mit dem gebildeten Antikörper zu reagieren (Antikörperbindungsvermögen). Diese beiden Funktionen werden nach den Vorstellungen EHRLICHS, wie sie in der später zu besprechenden Seitenkettentheorie zum Ausdruck kommen, einem einheitlichen materiellen Anteil des Antigensubstrats, dem Receptor, vindiziert.

Was das besondere Verhalten der Antigenfunktion gegenüber physikalischen und chemischen Einflüssen anlangt, so besteht bei vielen Antigenen eine merkliche Labilität; insbesondere werden zahlreiche Antigenfunktionen, wie z. B. diejenigen tierischer Gewebsflüssigkeiten oder Organe und diejenigen der meisten Toxine durch thermische Einflüsse, zumal die Siedetemperatur, aufgehoben. Es fehlt aber nicht an hinreichenden Ausnahmen, so daß man in dieser Labilität keineswegs ein einheitliches Kriterium für die Antigennatur erblicken darf. Um einige Beispiele anzuführen, sei erinnert an die erhebliche Kochbeständigkeit vieler Bakterienantigene, an die Kochbeständigkeit des Milchkaseins als Antigen sowie an diejenige der Schlangengifte. Man glaubte, daß der Verlust der Antigenfunktion eine Folge der irreversiblen Koagulation sei, und DOERR[1] hat in diesem Sinne versucht, die Regel darin zu erblicken, daß die Wasserlöslichkeit eine Vorbedingung für die Antigennatur wäre. Erwähnt sei, daß auch durch Einwirkung von chemischen Stoffen (Oxydationsmitteln, Alkali, Säure) die Antigene beeinflußt werden können, sei es, daß es sich dabei um eine vollständige Aufhebung der Antigenfunktion handelt, sei es, daß, wie bei den Toxinen, Modifikationen entstehen (Toxoide, Anatoxine), die bei aufgehobener Giftigkeit noch die Fähigkeit, Antitoxin zu erzeugen und zu binden, besitzen.

Was die *chemische Natur der Antigene* anlangt, so hat man früher angenommen, daß Antigenfunktionen ausschließlich von Eiweißstoffen ausgeübt werden. Will man vorsichtig sein, so kann man nur sagen, daß die Antigenfunktion in zahlreichen Fällen an Eiweißstoffe gebunden ist. Dabei scheint keineswegs die Möglichkeit ausschließbar, daß das eigentliche Antigen nur in einem engen, bisher nicht bekannten Zusammenhang mit den Eiweißstoffen steht. Wenn man also von Eiweißantigenen spricht, so muß man die Einschränkung machen, daß in derartigen Fällen zwar Eiweißstoffe die Antigenfunktion ausüben, daß aber nicht mit Sicherheit zu entscheiden ist, ob das Eiweißmolekül als solches das Antigen darstellt, oder ob das chemisch unbekannte Antigen nur den Eiweißstoffen innig adhäriert.

Die Forschung der letzten Zeit hat aber gezeigt, daß die ausschließliche Verknüpfung der Antigenfunktion mit den Eiweißstoffen in dem erwähnten mittelbaren oder unmittelbaren Sinne keineswegs dem jetzt vorhandenen Tatsachenmaterial gerecht wird. Wir wissen heute, daß die schon früher von BANG und

---

[1] DOERR, R.: Anaphylaxieforschung. Weichardts Erg. Hyg. **5**, 71 (1922).

Forssman[1], Much[2], Kleinschmidt[3], K. Meyer[4] u. a. vertretene Auffassung, nach der auch fettartige Stoffe, die Lipoide, Antigene sein können, zu Recht besteht. Außerdem kommt nach Erfahrungen amerikanischer Autoren hinzu, daß auch durch komplexe Kohlehydrate Antigenwirkungen ausgeübt werden können. *Es scheinen also grundsätzlich Vertreter der drei wichtigsten organischen Stoffe, die das Aufbaumaterial für den lebenden Organismus bilden, zugleich Antigene sein zu können, mit der Einschränkung, daß man es auch hier dahingestellt lassen muß, ob sie selbst die Antigenfunktion ausüben, oder ob ihnen das Antigensubstrat nur in vorläufig untrennbarer Form anhaftet.* Bei diesen Antigenen nicht eiweißartiger Natur kommt aber als neues Moment der Umstand hinzu, daß die Vollantigene, charakterisiert durch die gleichzeitige Fähigkeit zur Antikörperbildung und Antikörperbindung, zerlegbar sind. Sie lassen dabei Komponenten entstehen, die entweder nur im Reagensglas Antikörperwirkungen ausüben, ohne immunisierend zu wirken — Landsteiner[5] hat sie *Haptene* genannt —, oder Komponenten, die weder immunisierend wirken, noch sinnfällige Antikörperreaktionen ergeben, vielmehr nur eine Affinität zum Antikörper erkennen lassen — sie sind von Sachs[6] als *Halbhaptene* bezeichnet worden. *Der Aufbau des Gesamtantigens ist daher in derartigen Fällen durch eine komplexe Konstitution determiniert.*

a) Komplexe Antigene.

Die Lehre von den komplexen Antigenen nimmt ihren Ausgangspunkt von der weiteren Analyse des schon besprochenen Forssmanschen heterogenetischen Antigens. Im Gegensatz zu den meisten übrigen tierischen Antigenen hat sich für dieses heterogenetische Antigen eine außerordentliche Resistenz gegenüber thermischen Eingriffen als charakteristisch erwiesen. Dieser Thermoresistenz entspricht die seit den Untersuchungen von Doerr und Pick[7], Friedberger und Suto[8], Sachs und Georgi[9], W. Georgi[10] und vielen anderen erkannte *Alkohollöslichkeit der wirksamen Substanz.* Aber die Antigenfunktion im Alkoholextrakt ist nur beschränkt nachweisbar. Man kann sie durch die Fähigkeit, heterogenetische Antikörper zu binden, ermitteln, sowie durch direkte Ausflockung des Alkoholextraktes bei Zusatz von heterogenetischem Antiserum (Sachs und Guth[11],

---

[1] Bang, J. u. J. Forssman: Untersuchungen über die Hämolysinbildung. Zbl. Bakter. **40** (1905) — Beitr. chem. Physiol. u. Path. **8** (1906).

[2] Much, H.: Nastin, ein reaktiver Fettkörper, im Lichte der Immunitätsforschung. Münch. med. Wschr. Nr 36 (1909) — Von Lipoiden und ihrer biologischen Bedeutung. Ebenda **1925**, Nr 49 u. 50; daselbst ältere Literatur über die Arbeiten Muchs.

[3] Kleinschmidt, H.: Bildung komplementbindender Antikörper durch Fette und Lipoidkörper. Berl. klin. Wschr. **1910**, Nr 2.

[4] Meyer, K.: Untersuchungen über antigene Eigenschaften von Lipoiden. Z. Immun.-forschg **9**, 530 (1911) — vgl. auch **7**, 732 (1910).

[5] Landsteiner, K.: Über heterogenetisches Antigen und Hapten. Biochem. Z. **119**, 294 (1921).

[6] Sachs, H.: Probleme der pathologischen Physiologie im Lichte neuerer immunbiologischer Betrachtung. Wien. klin. Wschr. **1928**, H. 13/14 — Antigenstruktur und Antigenfunktion. Weichardts Erg. Hyg. **9**, 1 (1928).

[7] Doerr, R. u. R. Pick: Über den Mechanismus der primären Toxizität der Antisera und die Eigenschaften ihrer Antigene. Biochem. Z. **50**, 129 (1912).

[8] Friedberger, E. u. F. Schiff: Über heterogenetische Antikörper. Berl. klin. Wschr. **1913**, Nr 34 u. 50.

[9] Sachs, H. u. W. Georgi: Die Verwertbarkeit der Amboceptorbindung durch koktostabile Receptoren zur Erkennung von Fleischarten. Z. Immun.forschg **21**, 342 (1914).

[10] Georgi, W.: Studien über das serologische Verhalten der Hammelblutreceptoren in den Organen. Arb. Staatsinst. exper. Ther. Frankf. **1919**, H. 9.

[11] Sachs, H. u. F. Guth: Eine spezifische Ausflockungsreaktion zum Nachweis der alkohollöslichen Receptoren des Hammelblutes und ihrer Antikörper. Med. Klin. **1920**, Nr 6.

SORDELLI und PICO[1]). Dagegen gelingt es nicht, wie die Untersuchungen von SORDELLI und FISCHER[2], SCHMIDT[3], TANIGUCHI[4], LANDSTEINER[5], MEYER[6], NIEDERHOFF[7], F. GEORGI[8] gezeigt haben, durch Vorbehandlung von Kaninchen mit den alkoholischen Extrakten der heterogenetischen Antigene Antikörper zu erzeugen.

Hier liegt also ein Verhalten vor, das zunächst die grundsätzliche biologische Regel, nach der Immunisierungsvermögen und Antikörperbindung von einem einheitlichen Substrat, dem Receptor, ausgeübt werden, zu durchbrechen scheint. Die Betrachtungsweise EHRLICHS ist aber, wie die weitere Analyse gezeigt hat, keineswegs aufzugeben. Man muß ihr nur eine präzisere Fassung geben in dem Sinne, *daß für die Immunisierung dieselbe Gruppe, derselbe Receptor, erforderlich ist, der im Reagensglas mit dem Antikörper in spezifischer Weise reagiert. Der Receptor allein muß aber die Antikörperbildung noch nicht gewährleisten.*

1. Lipoide.

Daß es tatsächlich gelingt, auch durch alkoholische Extrakte des heterogenetischen Antigens die Bildung heterogenetischer Antikörper auszulösen, haben LANDSTEINER und SIMMS[9] gezeigt. Sie haben erkannt, daß der alkoholische Bestandteil des heterogenetischen Antigens auch immunisierend wirkt, wenn er nur mit einem artfremden Eiweißantigen, z. B. Schweineserum, Menschenserum, Rinderserum (aber auch andere Antigene sind hierfür geeignet), vor der Injektion im Reagensglas gemischt wird. Zur Erklärung dieses eigentümlichen Verhaltens hat LANDSTEINER angenommen, daß in dem nativen heterogenetischen Antigen ein unspezifischer Eiweißanteil die Immunisierungsfähigkeit bewirkt, daß aber durch Alkoholeinwirkung eine die spezifische Struktur enthaltende Lipoidkomponente abgetrennt wird, die ausschließlich im Reagensglas mit dem Antikörper reagiert, ohne allein zur Antikörperbildung zu führen. Diesen spezifischen, nur im Reagensglas wirkenden Anteil hat LANDSTEINER als *„Hapten"* bezeichnet. So ist LANDSTEINER zu dem Verfahren der sog. *Kombinationsimmunisierung* gelangt, bei der zwei Komponenten, einerseits das Hapten, andererseits die unspezifische Eiweißkomponente, von denen jede an und für sich zur Lipoid-Antikörperbildung unfähig ist, vereint die Antikörperbildung bewirken. Die Richtigkeit der LANDSTEINERschen Angaben ist von TAKENOMATA[10], DOERR und HALLAUER[11] u. a. bestätigt worden, so daß für einen Zweifel an ihnen nicht Raum vorhanden ist.

[1] SORDELLI, A. u. E. F. PICO: Sobre anticuerpos heterogenéticos. Rev. Inst. bacter. Buenos Aires **2**, 261 (1919).
[2] SORDELLI, A. u. G. FISCHER: Sobre hemolisinas heterogenéticas. Rev. Inst. bacter. Buenos Aires **1**, 229 (1918).
[3] SCHMIDT, H.: Zur Biologie der Lipoide. Leipzig 1922.
[4] TANIGUCHI, T.: Studies on heterophile antigens and antibodies. J. of Path. **24**, 217, 241, 456 (1921).
[5] LANDSTEINER, K.: Zitiert auf S. 429.
[6] MEYER, K.: Zur Kenntnis des heterogenetischen Hammelblutantigens. Biochem. Z. **122**, 225 (1921).
[7] NIEDERHOFF, P.: Zur Frage der Antigeneigenschaften von Organlipoiden. Dtsch. med Wschr. **1921**, Nr 43.
[8] GEORGI, F.: Beiträge zur Kenntnis der heterogenetischen Antigen-Antikörperreaktionen. Z. Immun.forschg **37**, 285 (1923).
[9] LANDSTEINER, K. u. S. SIMMS: Production of heterogenetic antibodies with mixtures of the binding part of the antigen and protein. J. of exper. Med. **38**, 127 (1923).
[10] TAKENOMATA, N.: Über die Erzeugung heterogenetischer Antisera durch Vorbehandlung mit alkoholischem Pferdenierenextrakt und Schweineserum. Z. Immun.forschg **41**, 190 (1924).
[11] DOERR, R. u. C. HALLAUER: Über die Antigenfunktion des Forssmanlipoids und anderer lipoider Haptene. Z. Immun.forschg **45**, 170 (1925); **47**, 291 (1926).

Die Benutzung dieses von Landsteiner eingeführten *Prinzips der Kombinationsimmunisierung* hat nun in den Untersuchungen von Sachs, Klopstock und Weil[1] zu Ergebnissen geführt, die weit über den Sonderfall des heterogenetischen Antigens hinausgehen und dartun, daß sich alkoholische Organextrakte ganz allgemein ebenso verhalten wie die alkoholischen Extrakte des heterogenetischen Antigens. Es hat sich nämlich gezeigt, daß *jeder beliebige alkoholische Organextrakt*, wenn seine Bestandteile zunächst im Reagensglas mit einem artfremden Eiweißantigen, z. B. Blutserum, gemischt sind, zur Bildung von Antikörpern führt. Die derart erzeugten Antikörper äußern ihre Wirkung darin, daß sie mit Organextrakten beliebiger Herkunft Komplementbindung oder Präcipitation (Ausflockung) ergeben. Die gleiche Antikörperbildung tritt sogar ein, wenn Kaninchen mit arteigenen alkoholischem Kaninchenorganextrakt im Verein mit fremdartigem Blutserum vorbehandelt werden. *Es liegt also hier offenkundig eine Antikörperbildung gegen ubiquitär verbreitete Lipoide vor*, die sich in den alkoholischen Extrakten aller Organe vorfinden. Der Lipoidbegriff muß nur eine Einschränkung insofern erfahren, als hierunter alkohollösliche Bestandteile der Organe zu verstehen sind, ohne daß zunächst etwas darüber auszusagen ist, ob es sich wirklich um chemische Individuen, die in die Klasse der Lipoide gehören, handelt. Bemerkenswert ist aber immerhin der Umstand, daß es nach Sachs und Klopstock[2] auch möglich ist, mit käuflichen Lipoiden oder Lipoidfraktionen, so mit Lecithin oder mit Cholesterin, unter den Bedingungen der Kombinationsimmunisierung Antisera zu erhalten, die sogar eine scharfe serologische Differenzierung von Lecithin und Cholesterin erlauben.

Unter diesen Umständen wird man aus dem vorhandenen Tatsachenmaterial die Schlußfolgerung unter der erwähnten Einschränkung ziehen müssen, *daß es auch Lipoidantikörper gibt, daß also auch die Lipoide Antigenfunktionen ausüben können*. Das Eigenartige dieser Lipoidantigenfunktionen ist nur, daß sie an und für sich nicht zur Bildung von Lipoidantikörpern führen Behandelt man nämlich Kaninchen mit alkoholischen Organextrakten oder auch Lipoiden, wie Lecithin und Cholesterin, ohne weiteren Zusatz vor, so entstehen keine Lipoidantikörper, obwohl die alkoholischen Lipoidlösungen auch an und für sich sämtlich Antikörperreaktionen im Reagensglas ergeben. Hier liegt also eine völlige Analogie vor zu dem Verhalten des heterogenetischen Antigens, indem in beiden Fällen der alkoholische Extrakt nur im Reagensglas Antikörperreaktionen ergibt, also ein Hapten im Sinne Landsteiners darstellt, während die immunisatorische Funktion erst durch Zusatz von Eiweißantigenen manifest wird.

Die sich derart ergebenden Verhältnisse beanspruchen erhebliches Interesse. Landsteiner hat bei den heterogenetischen Antigenen angenommen, daß es sich um komplexe Antigene in dem Sinne handelt, daß eine Verbindung von Lipoidkomponente und Eiweißstoff entsteht, die das eigentliche immunisierungsfähige Antigen darstellt. Gegen diese Auffassung spricht bereits, daß die Eiweißkomponente *artfremder* Herkunft sein muß. Es ist dabei gleichgültig, ob das fremdartige Eiweiß durch tierisches Gewebe dargestellt wird, oder ob es von Mikroorganismen, wie Bakterien (Doerr und Hallauer, Kraus[3] und Mera[4]),

---

[1] Sachs, H., A. Klopstock u. A. J. Weil: Die Entstehung der syphilitischen Blutveränderung. Dtsch. med. Wschr. **1925**, Nr 15 — Die Reaktionsfähigkeit des Organismus gegenüber Lipoiden. Ebenda **1925**, Nr 25.

[2] Sachs, H. u. A. Klopstock: Die serologische Differenzierung von Lecithin und Cholesterin. Biochem. Z. **159**, 491 (1925).

[3] Doerr, R. u. C. Hallauer: Über die Antigenfunktion des Forssmannschen Lipoids und anderer lipoider Haptene. Z. Immun.forschg **47**, 291 (1926).

[4] Mera, R.: Über hemmende und fördernde Faktoren auf die homogenetische und heterogenetische Antikörperbildung. Z. Immun.forschg **46**, 438 (1926).

stammt. Nur eine Vorbedingung muß, wie es scheint, immer erfüllt sein; die zur Immunisierung notwendige Eiweißkomponente muß *artfremd* sein. Außerdem ist, wie sich gezeigt hat, in gesetzmäßiger Weise noch ein weiterer Faktor zu berücksichtigen: Der alkoholische Extrakt muß vor der Injektion mit der artfremden Eiweißkomponente *gemischt* werden, um zur vollen Antigenfunktion zu gelangen. Bei gleichzeitiger, aber getrennter Injektion der beiden Komponenten bleibt die Antikörperbildung aus.

Unter Berücksichtigung dieser für die Lipoidantikörperbildung charakteristischen Momente haben SACHS, KLOPSTOCK und WEIL die Vorstellung vertreten, daß die Eiweißantigenkomponente bei der Lipoidantikörperbildung gleichsam wie ein *Schlepper* wirkt (Schleppertheorie). Die Lipoide an und für sich gehen leicht mit den Eiweißstoffen komplexe Verbindungen ein und werden dadurch umhüllt, so daß sie in ihrer biologischen Funktion gleichsam larviert werden. Spritzt man daher Lipoide allein in die Blutbahn, so verschluckt das körpereigene Bluteiweiß gewissermaßen die Lipoide, so daß ihre Antigenwirkung nicht zur Geltung kommen kann. Kuppelt man aber vor der Injektion die Lipoide an artfremdes Eiweiß, so fungiert das artfremde Eiweiß als Schlepper derart, daß es die Lipoide durch die körpereigenen Stoffe hindurchsteuert bis zu jenen Stellen, an denen die Antikörperbildung erfolgt. Sind die Lipoide erst einmal an diesen Ort geführt worden, so setzt neben der Eiweißantikörperbildung auch die Lipoidantikörperbildung ein.

Bemerkenswert ist dabei, daß die Lipoidantikörperbildung bei der Kombinationsimmunisierung häufig eine trägere ist als die Eiweißantikörperbildung. Sie wird erst später manifest und erreicht ihre Akme erst zu späterer Zeit. Daß in der Tat bei dieser Art der Kombinationsimmunisierung eine Doppelnatur der Antikörperbildung besteht, ergibt sich einerseits aus dem gekennzeichneten völlig unabhängigen Verlauf der beiden Antikörperkurven (WEIL[1]) sowie aus dem Umstand, daß es durch Bindungsversuche gelingt, jede der beiden Antikörperfraktionen (Lipoidantikörper und Eiweißantikörper) elektiv aus dem Antiserum zu entfernen, so daß ein reines Lipoidantiserum bzw. ein reines Eiweißantiserum als Rest übrig bleibt (DOERR und HALLAUER[2], HEINSHEIMER[3], SELTER[4]). Der Gesamtheit der Erscheinungen wird die Schleppertheorie völlig gerecht. Es wird verständlich, daß nur artfremdes und nicht arteigenes Eiweiß als Komponente für die Kombinationsimmunisierung tauglich ist. Man begreift auch, daß der vorherige Kontakt zwischen beiden Komponenten im Reagensglas erforderlich ist, um die Antikörperbildung gegen die alkohollösliche Lipoidfraktion zu gewährleisten. Das artfremde Eiweißantigen wirkt also tatsächlich wie ein Schlepper oder eine Schiene, und die Schlepperfunktion in diesem Sinne kann nicht erfüllt werden, wenn Lipoid und Eiweiß getrennt, wenn auch gleichzeitig, zur Injektion gelangen. Dabei ist keineswegs auszuschließen, daß die Eiweißkomponente zugleich im Sinne einer für den Immunisierungsakt erforderlichen Komplexvergröberung wirkt. Aber mit dieser Annahme allein kommt man nicht aus, da in diesem Falle ja auch arteigenes Eiweiß für die Kombinationsimmunisierung geeignet sein müßte.

---

[1] WEIL, A. J.: Experimentelle Grundlagen der Antikörperbildung gegen arteigene Lipoide. Z. Immun.forschg **46**, 81 (1926).

[2] DOERR, R. u. C. HALLAUER: Die Antigenfunktion des Forssmanschen Lipoids und anderer lipoider Haptene. Z. Immun.forschg **45**, 170 (1925); **47**, 291 (1926).

[3] HEINSHEIMER, S.: Über die Unabhängigkeit von Lipoid- und Eiweißantikörpern in den durch die Kombinationsmethode erhaltenen Immunseris. Z. Immun.forschg **48**, 438 (1926).

[4] SELTER, G. E.: Über das Verhalten der Lipoidantikörper bei der Fraktionierung des Serums durch Säurefällung. Z. Immun.forschg **54**, 113 (1927).

Nach Fraenkel und Tamari[1] soll es freilich durch geeignete physikochemische Eingriffe (Vergröberung der Korngröße, Herabsetzung der elektrischen Ladung) möglich sein, Lipoide so zu verändern, daß sie auch ohne Eiweißschlepper zur Antikörperbildung führen. Insbesondere haben das Fraenkel und Tamari für kolloidale Lecithin-Cholesterin-Lösungen beschrieben. Sollten sich diese Angaben bestätigen, so würden auch sie für die Richtigkeit unserer Schleppertheorie sprechen. Denn die Schleppertheorie setzt ja voraus, daß die Lipoide eigentlich Vollantigene sein könnten, wenn sie nur einen geeigneten Komplex darstellen, der sie der larvierenden Wirkung des körpereigenen Eiweißes entzieht. In diesem Sinne wären auch Befunde von K. Meyer[2] zu deuten, nach denen bestimmte Fraktionen von Bandwurmlipoiden an und für sich ohne weiteren Zusatz zur Lipoidantikörperbildung führen.

Älteren Angaben der Literatur über Lipoidantikörperbildung durch Injektion von Lipoiden allein muß man freilich mit einer gewissen Skepsis begegnen, seitdem man weiß, daß schon geringste Mengen bakterieller Bestandteile als Schlepper fungieren können. Damit steht nicht im Gegensatz, daß tatsächlich manche Alkoholextrakte auch an und für sich eine Lipoidantikörperbildung auszulösen geeignet sind. Man kann zur Erklärung einerseits annehmen, daß, wie ich schon eben erwähnte, die Lipoide in einer geeigneten, sich der maskierenden Funktion der Körpersäfte entziehenden Form vorhanden sind. Man muß aber andererseits auf Grund der Untersuchungen von Klopstock und Witebsky[3] berücksichtigen, daß in alkoholischen Extrakten zugleich Bestandteile mit Schlepperfunktion vorhanden sein können. Es trifft dies für alkoholische Bakterienextrakte zu, in denen Klopstock[4] immunisatorisch Stoffe nachweisen konnte, die im Verein mit alkoholischen Extrakten heterogenetischer Antigene die Bildung von heterogenetischen Antikörpern vermitteln. Es ist also zweifellos, daß in derartigen Fällen zwei alkohollösliche Komponenten, eine spezifische und eine unspezifische, sich ergänzen, daß ein immunisierungsfähiges Lipoidantigen entsteht. Möglicherweise sind auch von Guggenheim[5] erhobene Befunde, nach denen alkoholische Eigelbextrakte ohne weiteren Zusatz die Entstehung von Lipoiden veranlassen, in gleichem Sinne zu werten.

Die derart gedeuteten Ausnahmen von der Regel würden also die allgemeine Gesetzmäßigkeit unberührt lassen, nach der Lipoide bzw. alkoholische Gewebs- und Organextrakte im allgemeinen nur Haptene sind bzw. Haptene sein können. Das Haptenstadium der Antigene ist dadurch charakterisiert, daß es nur im Reagensglas Antikörperreaktionen ergibt, aber nicht zur Antikörperbildung führt. Die Zerlegungsmöglichkeiten sind aber mit dem Haptenstadium keineswegs erschöpft. Denn die Reaktionsfähigkeit alkoholischer Organextrakte oder der Lipoide mit ihren Antikörpern im Reagensglas ist weitgehend *von ihrer physikochemischen Beschaffenheit abhängig*. Es handelt sich hier um eine durchgreifende Gesetzmäßigkeit, die schon seit den Untersuchungen von Sachs und Rondoni[6] über die Serodiagnostik der Syphilis bekannt ist. Durch Verdünnen mit physiologischer Kochsalzlösung erhält man aus alkoholischen Lipoidlösungen kolloidale Lösungen, deren kolloidale Beschaffenheit aber je nach der Verdünnungsart stark variiert. Führt man z. B. eine rasche Verdünnung derart aus, daß man in physiologische Kochsalzlösung die alkoholische Lipoidlösung rasch hineinbläst, so ist diese Lipoidverdünnung weit heller und klarer, als wenn man zu

---

[1] Fraenkel, E. u. L. Tamari: Versuche zur Erzeugung antigener Eigenschaften bei Lipoiden durch physikalische Beeinflussung. Klin. Wschr. 1927, Nr 24 u. 52.

[2] Meyer, K.: Lipoide als Vollantigene. Z. Immun.forsch 57, 42 (1928).

[3] Klopstock, A. u. E. Witebsky: Zur Kenntnis der Antigenfunktion von Bakterienlipoiden. Klin. Wschr. 1927, Nr 3.

[4] Klopstock, A.: Über die Eignung von alkoholischen Bakterienextrakten zur immunisatorischen Entfaltung der Antigenfunktion von Lipoiden. Klin. Wschr. 1927, Nr 3.

[5] Guggenheim, A.: Über Antigenfunktionen der Lipoide des Eidotters. Z. Immun.forsch 61, 361 (1929).

[6] Sachs, H. u. P. Rondoni: Beiträge zur Theorie und Praxis der Wassermannschen Syphilisreaktion. Berl. klin. Wschr. 1908, Nr 44.

einer gegebenen Menge der alkoholischen Lösung die Kochsalzlösung langsam unter Schütteln zufließen läßt (fraktionierte Verdünnung). Im letzteren Falle entsteht eine mehr oder weniger stark opaleszente Verdünnung. Entsprechend den äußerlich sichtbaren Verschiedenheiten differiert auch die Fähigkeit dieser Lipoidverdünnungen, mit ihren Antikörpern zu reagieren. Die rasch hergestellten Verdünnungen sind schwach oder auch gar nicht wirksam. Die fraktioniert hergestellten Verdünnungen weisen eine starke Reaktionsfähigkeit auf. Für immunisatorisch erzeugte Lipoidantikörper hat sich die allgemeine Gültigkeit des Phänomens aus den Untersuchungen von K. MEYER[1], W. GEORGI[2], SACHS und GUTH[3], WEIL[4], FREIWIRTH[5] ergeben.

Daß aber die rasch bereiteten Lipoidverdünnungen, wenn sie auch nicht zu sinnfälligen Antikörperreaktionen führen, *trotzdem eine Affinität zu den Antikörpern* besitzen, haben neuerdings SACHS und BOCK[6] gezeigt. Es hat sich ergeben, daß die rasch hergestellten Lipoidverdünnungen die Antikörper mit Beschlag belegen, und zwar in spezifischer Weise, so daß sie mit fraktioniert hergestellten Lipoidverdünnungen nicht mehr reagieren können, d. h. also, *die rasch hergestellte, fein disperse Lipoidverdünnung bindet den Antikörper, ist aber nicht in der Lage, durch ihre Reaktion mit dem Antikörper eine sinnfällige Zustandsänderung herbeizuführen.* Die grob disperse, fraktioniert hergestellte Verdünnung aber wirkt mit dem Antikörper derart zusammen, daß der sichtbare Antikörpereffekt resultiert. Auf Grund dieser Erfahrungen gelangt man zu einer *weiteren Zerlegung des Haptenbegriffs.* Zur Haptenfunktion im Reagensglas gehört einerseits das Vorhandensein der spezifischen Komponente, deren Wesen in einer chemischen Konfiguration zu erblicken ist, andererseits aber die geeignete physikochemische Beschaffenheit des Substrates in hinreichend grob disperser Form. Fehlt das letztere Moment, so reagiert der chemische Kern nur in invisibler Form mit dem Antikörper, wie das bei der rasch hergestellten, fein dispersen Lipoidverdünnung der Fall ist. Ich[7] habe daher ein derartiges Stadium, das nur durch die Affinität zum Antikörper ohne sinnfälliges Reaktionsvermögen gekennzeichnet ist, als *Halbhapten*stadium bezeichnet. Es ist daher zu unterscheiden:

1. *Das Halbhapten;* es hat nur Affinität zum Antikörper.

2. *Das Hapten;* es unterscheidet sich von dem Halbhapten durch geeignete physikochemische (kolloidale) Beschaffenheit. Dadurch wird es geeignet, als Folge seiner Affinität zum Antikörper auch eine sinnfällige Antigen-Antikörper-Reaktion zu ergeben.

3. *Das Antigen;* es ist zugleich durch die Fähigkeit, die Antikörperbildung auszulösen, charakterisiert.

---

[1] MEYER, K.: Über Antikörperbildung gegen Bandwurmlipoide. Z. Immun.forschg **20**, 367 (1913).

[2] GEORGI, W.: Studien über das serologische Verhalten der „Hammelblutreceptoren" in den Organen. Arb. Staatsinst. exper. Ther. Frankf. **1919**, H. 9.

[3] SACHS, H. u. F. GUTH: Eine spezifische Ausflockungsreaktion zum Nachweis der alkohollöslichen Receptoren des Hammelblutes und ihrer Antikörper, zitiert auf S. 429 — vgl. auch F. GUTH: Z. Immun.forschg **30**, 517 (1920).

[4] WEIL, A. J.: Experimentelle Grundlagen der Antikörperbildung gegen arteigene Lipoide. Z. Immun.forschg **46**, 81 (1926).

[5] FREIWIRTH, E.: Über die Bedeutung von Dispersität und Salzgehalt für die Reaktionsfähigkeit von Lipoiden mit ihren Antikörpern. Z. Immun.forschg **46**, 157 (1926).

[6] SACHS, H. u. G. BOCK: Zur Kenntnis der Beziehungen zwischen Antigenstruktur und Antigenfunktion bei Lipoiden. Arb. Staatsinst. exper. Ther. Frankf. Kolle-Festschrift **1928**, H. 21.

[7] SACHS, H.: Antigenstruktur und Immunisierungsvermögen. Zbl. Bakter. **104** (Beih.), 128 (1927) — Antigenstruktur und Antigenfunktion. Weichardts Erg. Hyg. **9**, 1 (1928).

Durch die hier gekennzeichneten Bedingungen hat ein wichtiges Kapitel der praktischen Serodiagnostik seine Aufklärung gefunden, nämlich *das Wesen des serologischen Luesnachweises*. Bei der Serodiagnostik der Syphilis handelt es sich nämlich, gleichgültig, ob die WASSERMANNsche Reaktion oder die Ausflockungsreaktionen angewandt werden, um eine charakteristische Reaktionsfähigkeit des syphilitischen Blutserums mit Lipoidextrakten. Während man früher nicht verstehen konnte, daß hierbei eine Antigen-Antikörperreaktion vorliegen sollte, weil die als Reagens dienenden Lipoidextrakte lediglich im Reagensglas mit dem syphilitischen Blutserum reagieren, ohne zur entsprechenden Antikörperbildung bei Immunisierungsversuchen zu führen, ist heute durch die Erkenntnis der Lipoidantigene und ihrer Eigenart der Weg für die Übersicht geebnet. Durch die Untersuchungen von SACHS, KLOPSTOCK und WEIL[1], die dartaten, daß man bei Verwendung des Kombinationsverfahrens durch Vorbehandlung von Kaninchen mit jedem beliebigen Organextrakt Lipoid-Antikörperbildung hervorrufen kann, ist jeder Zweifel daran beseitigt, daß der WASSERMANNschen Reaktion und den ihr entsprechenden Flockungsmethoden eine Lipoidantikörperwirkung zugrunde liegt. Fraglich kann nur sein, ob die Lipoidantikörper unter den Bedingungen der syphilitischen Infektion beim Menschen derart entstehen, daß durch Gewebszerfall Lipoide frei werden und diese sich mit Spirochätenbestandteilen zu dem immunisierungsfähigen Vollantigen kuppeln, oder ob die Lipoidantikörper das direkte Reaktionsprodukt des Organismus auf die Syphiliserreger, die Spirochäten, sind, wie das F. KLOPSTOCK[2] annimmt. Beide Vorstellungen sind gedanklich durchführbar, ohne daß bisher eine einwandfreie Entscheidung möglich ist.

Abgesehen von dem eben herangezogenen Fall, der nur ein Beispiel darstellt von der Bedeutung der Lipoidantigene und ihrer Antikörper für das pathologisch-physiologische Geschehen, ist die Erkenntnis der Lipoidantigene und ihrer komplexen Konstitution natürlich auch für zahlreiche Fragen der Physiologie und Biochemie von außerordentlichem Interesse. Denn die Lipoidantikörperbildung ermöglicht die Analyse neuartiger biochemischer Strukturen. Auf die interessanten Verhältnisse, die sich hierbei gerade beim Studium gruppenspezifischer und auch organspezifischer Antigene ergeben, wird beim Kapitel „Biologische Spezifität" näher einzugehen sein.

2. Restantigene.

Die komplexe Konstitution, die die Lehre von den Lipoidantigenen charakterisiert, beherrscht auch das Verständnis der Erscheinungen bei anderen Antigenfunktionen. Amerikanische Forscher (ZINSSER und PARKER[3], AVERY, HEIDELBERGER[4] und ihre Mitarbeiter, PERLZWEIG und STEFFEN[5] u. a.) konnten aus Bakterienextrakten eiweißfreie Lösungen erhalten, die in spezifischer Weise mit den homologen Antiseris reagieren, ohne daß es möglich war, mit diesen Präparaten vom Kaninchen Antikörper zu gewinnen. Äußerlich also augenscheinlich ein weitgehender Parallelismus mit dem Verhalten der Lipoide. Es handelt sich aber um resistente, relativ niedrig molekulare Stoffe, die von ZINSSER[6] als *Restantigene* bezeichnet wurden, und die in bezug auf ihr chemisches Verhalten vielfach als *hochmolekulare Polysaccharide* aufgefaßt werden. Derart eiweißfreie kohlehydratartige Restantigene lassen sich anscheinend aus vielen Bakterienarten gewinnen und sind für die Differenzierung der einzelnen Typen unter Umständen von großer Bedeutung. So haben AVERY und HEIDELBERGER[7]

[1] SACHS, H., A. KLOPSTOCK u. A. J. WEIL: Die Entstehung der syphilitischen Blutveränderung. Dtsch. med. Wschr. **1925**, Nr 15.

[2] KLOPSTOCK, F.: Die Entstehung der syphilitischen Blutveränderung und ihr Nachweis mittels alkoholischen Spirochätenextraktes. Dtsch. med. Wschr. **1926**, Nr 6 u. 35; **1927**, Nr 30.

[3] ZINSSER, H. u. J. T. PARKER: Further studies on bacterial hypersusceptibility. J. of exper. Med. **37**, 275 (1923).

[4] HEIDELBERGER, M. u. O. T. AVERY: The soluble specific substance of pneumococcus. J. of exper. Med. **38**, 73 (1923); **40**, 301 (1924). — Vgl. auch HEIDELBERGER u. Mitarbeiter: Ebenda **42**, 701, 709, 727 (1925).

[5] PERLZWEIG, W. A. u. G. J. STEFFEN: Studies on pneumococcus immunity. III. The nature of pneumococcus antigen. J. of exper. Med. **38**, 163 (1923).

[6] ZINSSER, H.: Studies on the tuberculin reaction and on specific hypersensitiviness in bacterial infection. J. of exper. Med. **34**, 495 (1921).

[7] AVERY, O. T. u. M. HEIDELBERGER: Immunological relationships of cell constituents of pneumococcus. J. of exper. Med. **38**, 81 (1923); **42**, 367 (1925).

gezeigt, daß man die Unterschiede der einzelnen Typen der Pneumokokken an isolierten Restantigenen nachweisen kann. Gerade den Restantigenen scheint die Typenspezifität anzuhaften, während die eiweißhaltigen Bestandteile offenbar durch Artspezifität ausgezeichnet sind. Untersuchungen über entsprechende Antigenfunktionen im Tierreich liegen bisher allerdings kaum vor. Immerhin haben LANDSTEINER und LEVENE[1] angegeben, daß aus dem FORSSMANschen heterogenetischen Antigen eine wirksame Substanz gewonnen werden kann, die in Wasser löslich ist und bei der hydrolytischen Spaltung Fettsäuren und Kohlehydrate liefert.

Die polysaccharidartigen Restantigene unterscheiden sich allerdings von den Lipoiden darin, daß sie trotz ihrer spezifischen Reaktionsfähigkeit im Reagensglas auch bei Kombination mit Schlepperantigenen, wie z. B. Schweineserum, nach den bisherigen Angaben Antikörperbildung nicht ergeben. Bei Mäusen sollen die aus Pneumokokken gewonnenen typenspezifischen Restantigene freilich zu einer aktiven Immunität führen (PERLZWEIG und STEFFEN[2], MEYER[3], SCHIEMANN und CASPER[4]). Hier liegt also augenscheinlich noch ein ungeklärtes Moment vor. Über alle Einzelheiten orientiert vorzüglich die neuere Darstellung von LEVINTHAL[5].

3. Chemospezifische Antigene.

Eindeutiger erscheint die Analyse der komplexen Konstitution bei den *chemospezifischen Antigenen*. Es handelt sich um die OBERMAYER und PICK[6] sowie LANDSTEINER und seinen Mitarbeitern[7] zu dankenden Feststellungen, nach denen durch Behandlung von Eiweißstoffen mit chemischen Substanzen eine Antigenfunktion resultieren kann, die lediglich durch die chemische Komponente gekennzeichnet ist. Das Ergebnis ist von größter Wichtigkeit für die Auffassung der Beziehungen von Antigenen und Antikörpern überhaupt. Denn wenn in bestimmten Fällen nachweisbar ist, daß die Antikörperaffinität sich gegen chemische Atomgruppierungen oder chemische Konfigurationen richtet, so darf man, ohne die Grenzen erlaubter Erweiterung zu überschreiten, auch mit großer Wahrscheinlichkeit die Schlußfolgerung ziehen, daß die Antigene im allgemeinen ihr spezifisches Verhalten der chemischen Konstitution verdanken.

LANDSTEINER[8] hat nun geglaubt, auch die durch Kuppelung von Eiweißstoffen (Blutserum) mit höher molekularen Chemikalien (Atoxyl, Sulfanilsäure, Metanilsäure bzw. ihren Diazoniumkörpern) erhaltenen Antigene in dem Sinne deuten zu sollen, daß das Eiweißmolekül chemisch charakteristische Substitutionen erfährt, die die *ursprüngliche originäre* Spezifität des Eiweißantigens in eine *chemospezifisch* gekennzeichnete *konstitutive* Spezifität umwandelt. Nach den Untersuchungen von KLOPSTOCK und SELTER[9] in meinem Laboratorium glaube ich eine etwas abweichende Auffassung vertreten zu sollen. Während nämlich

[1] LANDSTEINER, K. u. P. A. LEVENE: Observations on the specific part of the heterogenetic antigen. J. of Immun. **10**, 731 (1925) — On the heterogenetic haptene. Proc. Soc. exper. Biol. a. Med. **23**, 343 (1926).

[2] PERLZWEIG, W. A. u. G. E. STEFFEN: Studies on pneumococcus immunity. III. The nature of pneumococcus antigen. J. of exper. Med. **38**, 163 (1923).

[3] MEYER, H.: Über aktive Immunisierung von Mäusen durch in Natrium taurocholicum gelöste Pneumokokken. Z. Hyg. **107**, 416 (1927).

[4] SCHIEMANN, O. u. W. CASPER: Sind die spezifisch präcipitalen Substanzen der 3 Pneumokokkentypen Haptene? Z. Hyg. **108**, 220 (1927).

[5] LEVINTHAL, W.: Neuere Forschungen über die Struktur der bakteriellen Antigene. Zbl. Bakter. **110** (Beih.), 30 (1929).

[6] OBERMAYER u. PICK: Zitiert auf S. 429.

[7] LANDSTEINER u. Mitarbeiter: Zitiert auf S. 430.

[8] LANDSTEINER, K.: Über komplexe Antigene. Klin. Wschr. **1927**, Nr 3.

[9] KLOPSTOCK u. SELTER: Zitiert auf S. 430.

Landsteiner durch Zusammenwirken der diazotierten chemischen Stoffe mit Blutserum Azoproteine herstellte und in diesen Azoproteinen einheitliche und neuartige Antigene erblickte, hat sich uns ergeben, daß die *einfache Mischung* der diazotierten Chemikalien mit Blutserum genügt, um im Reagensglas mit chemospezifischen Antikörpern zu reagieren und zur Bildung von chemospezifischen Antikörpern zu führen. Im Gegensatz zu dem Verhalten der Azoproteine, die im wesentlichen nur als chemospezifische Antigene wirken, sind die Gemische von diazotiertem Chemikal und Blutserum oder auch andersartigem Eiweiß aber zugleich chemospezifisch und artspezifisch. Es ist daher kein Zweifel, daß der Verlust der originären Artstruktur für die Manifestation der chemospezifischen Antigenfunktion nicht notwendig ist. Wir glauben daher annehmen zu sollen, daß die Eiweißkomponente zugleich die Rolle eines *Verstärkers* spielt und zu dem geeigneten kolloidalen Zustand führt, der für die Manifestation der Antigenfunktion erforderlich ist. Daß die Diazotierung erforderlich ist, weist vielleicht auf die Interferenz einer chemischen Kupplung an das Eiweiß hin. Es steht mit dieser Annahme im Einklang, daß man, wenigstens im Reagensglas, die Eiweißkomponente auch durch Lipoide (Lecithin) ersetzen kann, ohne daß das Gemisch aus Lipoid und chemischer Substanz allerdings Antikörper erzeugend wirkt.

Folgt man aber der erörterten Annahme, so gelangt man zu der Schlußfolgerung, *daß die isolierte chemische Substanz bereits die spezifische Affinität zum chemospezifischen Antikörper besitzt*, also im weiteren Sinne das Antigen darstellt. Wenn sie trotzdem keine sinnfällige Reaktionsfähigkeit im Reagensglas ergibt, so ist sie zu vergleichen mit den sog. Halbhaptenen, die bereits am Beispiel der rasch hergestellten Lipoidlösungen besprochen worden sind. Daß in der Tat die chemischen Stoffe sich derart verhalten, haben Untersuchungen von Landsteiner[1] sowohl, wie von Klopstock und Selter[2] gezeigt, nach denen chemische Stoffe, wie z. B. Atoxyl, Metanilsäure, die zu komplexen Antigenen führen, an und für sich wirklich bereits Affinität zum chemospezifischen Antikörper besitzen, indem ein Überschuß des freien Chemikals die zwischen Antikörper und chemospezifischem komplexen Antigen erfolgende Reaktion im Reagensglas zu hemmen vermag und ebenso im Tierversuch bei der Anaphylaxie desensibilisierend wirkt, d. h. also auch in vivo den chemospezifischen Antikörper absättigt und ihn so seiner sinnfälligen Reaktionsfähigkeit entzieht.

Nach unserer Auffassung wären daher gewisse chemische Stoffe, wie Atoxyl, Metanilsäure usw., an und für sich bzw. nach ihrer Diazotierung eigentliche Antigene. Sie können aber ihre Antigenfunktion erst sinnfällig zum Ausdruck bringen, wenn sie durch Mischung mit Eiweiß in einen hinreichend groben Zustand gebracht sind. Es handelt sich dabei nicht eigentlich um eine Schlepperfunktion der Eiweißstoffe, wie sie für die Entfaltung der Lipoidantigenfunktion erforderlich ist. Denn zum Unterschied von dem Verhalten der Lipoidantigene ist bei den chemischen Stoffen auch arteigenes Eiweiß wirksam, um die Antigenfunktion im Reagensglas und im lebenden Organismus in Erscheinung treten zu lassen. Dementsprechend müssen auch keineswegs bei der Herstellung von chemospezifischen Antiseris zweierlei Antikörpertypen entstehen, wie das bei der Kombinationsimmunisierung mit Lipoiden der Fall ist. Das Chemikal genügt vielmehr an und für sich bereits zur Antikörperbildung.

Daß auch das Ergebnis des Experiments dieser Folgerung entspricht, zeigen Versuche von Klopstock und Selter[3] über die schon früher von

---

[1] Landsteiner: Zitiert auf S. 430.

[2] Klopstock u. Selter: Zitiert auf S. 430.

[3] Klopstock, A. u. G. E. Selter: Über die Reaktionsfähigkeit chemisch definierter Substanzen bei der Anaphylaxie. Klin. Wschr. **1927**, Nr 35.

LANDSTEINER[1], MEYER und ALEXANDER[2] beschriebene chemospezifische Anaphylaxie. Es hat sich dabei ergeben, daß man durch subcutane oder intraperitoneale Vorbehandlung von Meerschweinchen mit den Diazoniumkörpern des Atoxyls und der Metanilsäure ohne weiteren Zusatz eine chemospezifische Anaphylaxie erzeugen kann. Es ist charakteristisch, daß die intravenöse Vorbehandlung nicht zum Ziele führt. Augenscheinlich muß also den chemischen Stoffen erst Gelegenheit gegeben werden, sich mit körpereigener Substanz zu einem hinreichend groben Komplex zu koppeln. Dem entspricht es auch, daß bei sensibilisierten Tieren zur Auslösung des Shocks bei intravenöser Injektion die Einverleibung der chemospezifischen Gemische bzw. von Azoproteinen erforderlich ist, während chemospezifische anaphylaktische Lokalreaktionen, die sich in tiefgreifenden Nekrosen äußern, auch bei subcutaner oder intracutaner Reinjektion erhalten werden können. Die Bedingungen der chemospezifischen Anaphylaxie sind insofern von besonderem Interesse, als sie zeigen, daß die chemische Komponente zwar im Reagensglas nur wie ein Halbhapten wirkt, aber trotzdem bei geeigneter Applikation sowohl als Hapten als auch sogar als Vollantigen zu fungieren geeignet ist. Freilich ist hierbei zu berücksichtigen, daß eben nach der Injektion durch die Reaktionsfähigkeit mit körpereigenen Stoffen das Halbhapten die notwendige Vergröberung erfährt. Es ergibt sich aber hieraus, daß *unter Umständen Stoffe, die im Reagensglas ihre Antigenfunktion nicht ohne weiteres sinnfällig erkennen lassen, trotzdem im lebenden Organismus immunisierend wirken können.*

Hierin unterscheidet sich das Verhalten der chemospezifischen Antigene von demjenigen der Lipoidantigene. Zwar ist es, wie die Untersuchungen von KLOPSTOCK[3] gezeigt haben, auch möglich, eine Lipoidanaphylaxie zu erhalten. Jedoch muß hierbei die Vorbehandlung mit Gemischen von Lipoiden und artfremdem Serum erfolgen, und bei der Reinjektion bietet sogar erst die Benutzung des gleichen Schleppers optimale Bedingungen. Auch das wird verständlich, wenn man annimmt, daß bei der Lipoidanaphylaxie das gleiche Schlepperantigen die Führung übernehmen muß und durch seine Affinität zum Eiweißantikörper das Lipoid erst an die Reaktionsstelle heranführt.

Überblickt man das Gesamtmaterial über die komplexe Konstitution, insbesondere der Lipoide und der chemospezifischen Antigene, so eröffnen sich zu gleicher Zeit interessante Ausblicke auf das Verständnis der sog. idiosynkrasischen Erkrankungen beim Menschen. Es ist wiederholt, insbesondere von DOERR[4] und LANDSTEINER[5], auf die Analogien zwischen Idiosynkrasie und Anaphylaxie hingewiesen worden. Bei der Idiosynkrasie sind nun häufig Stoffe, wie Chemikalien, die krankheitsauslösende Ursache, denen man früher auf Grund des Tierexperiments eine Antigenfunktion absprechen mußte. Nach den neueren Kenntnissen über die komplexe Konstitution der Antigene ist es aber kaum möglich, bestimmte Grenzen für die Antigenfunktion zu umschreiben. Wenn wir jetzt wissen, daß das eigentliche Antigen in ein Hapten oder sogar Halbhapten aufgelöst werden kann, und daß sich „synthetisch" wieder geeignete Kombinationsprodukte herstellen lassen, so ist für die Möglichkeiten einer Sensibilisierung und

---

[1] LANDSTEINER, K.: Experiments on anaphylaxis to Azoproteins. J. of exper. Med. **39**, 631 (1924).

[2] MEYER, K. u. M. E. ALEXANDER: Versuche über die anaphylaktogene Wirkung krystalloider Substanzen. Biochem. Z. **146**, 217 (1924).

[3] KLOPSTOCK, A.: Untersuchungen über Anaphylaxie gegenüber Lipoiden. Z. Immun.-forschg **48**, 97, 141 (1926).

[4] DOERR, R.: Die Idiosynkrasien. Schweiz. med. Wschr. **1921**, Nr 41 — Die Anaphylaxieforschung. Weichardts Erg. Hyg. **5**, 71 (1922) — Die Idiosynkrasien. Handb. d. inn. Med. (von BERGMANN u. STAEHELIN) **4**, 448 (1926).

[5] LANDSTEINER, K.: Über komplexe Antigene. Klin. Wschr. **1927**, Nr 3.

einer Idiosynkrasie beim Menschen weiterer Spielraum gegeben. Wir haben gesehen, daß z. B. die Applikationsstelle oder die Art des Schlepperantigens von
wesentlicher Bedeutung für das Zustandekommen der Anaphylaxie und die
Auslösung der anaphylaktischen Erkrankung sein können. So ergeben sich mannig
fache Wege für die Genese bisher häufig unverständlicher Formen pathologisch-
physiologischen Geschehens. Jedenfalls aber spricht die chemische Natur von
Stoffen nicht mehr dagegen, daß sie unter geeigneten Bedingungen Antigenfunktionen annehmen können. Der zukünftigen Forschung ist damit ein weites
Feld eröffnet. Die Gesamtheit der Erscheinungen spricht unbedingt dafür, daß
die chemische Konstitution der Antigene bzw. ihrer spezifisch reaktionsfähigen
Stoffe in den Mittelpunkt der Betrachtung zu stellen ist, worauf besonders auch
zahlreiche Arbeiten Landsteiners[1] hinweisen. Es ergibt sich aber zugleich,
daß die chemische Konstitution allein noch nicht zur Manifestation der Antigenfunktion ausreichen muß. Sekundäre Einflüsse, die offenbar in das Gebiet
kolloidchemischer Vorgänge gehören, sind hier von maßgeblichem Einfluß. Dazu
kommen aber noch zwei Faktoren biologischer Art, die im folgenden zu besprechen sein werden, *das konstitutionelle Verhalten des Organismus* und *die
Konkurrenz der Antigene.*

b) Das konstitutionelle Moment bei der Entfaltung der Antigenfunktion (Konstitutionsserologie).

Wie ich schon erwähnte, hat Ehrlich[2] in der Antikörperbildung gewissermaßen die pathologische Übertreibung eines normalen Vorganges erblickt und
in den normalen Antikörpern des Blutserums die physiologischen Analoga für die
immunisatorisch erzeugbaren Antikörper gesehen. Ältere Erfahrungen wiesen
auch bereits darauf hin, daß die Antikörperbildung leichter erfolgen kann, wenn
der Organismus bereits physiologischer Weise über die entsprechenden Antikörper
verfügt. Man ist daher wohl fast allgemein zu der Auffassung gelangt, daß es
sich bei der durch den immunisatorischen Akt herbeigeführten Antikörperbildung grundsätzlich nicht um eine Epigenese, sondern um eine *Präformation*
handelt. Einen markanten Ausdruck hat diese Auffassung in neuerer Zeit durch
die von Hirszfeld[3] vertretene *konstitutionsserologische* Betrachtungsweise
erlangt. Ihr liegt die Annahme zugrunde, daß die Antikörperbildung präformierten Reaktionsbahnen folgt, daß mit anderen Worten der Erfolg des spezifischen
Antigenreizes abhängt von der Konstitution des einzelnen Organismus und damit
konstitutionell bedingt ist. Es sprechen in der Tat zahlreiche Erfahrungen dafür,
daß man hierin der Führung Hirszfelds folgen kann, ohne fürchten zu müssen,
fehl zu gehen. Am markantesten kommen diese Verhältnisse vielleicht zum Ausdruck bei einer Übersicht über die *Blutgruppenlehre* beim Menschen.

Weist schon das Verhalten der menschlichen Blutgruppenunterschiede an

---

[1] Vgl. insbesondere auch K. Landsteiner u. J. v. d. Scherr: Serological differentiation
of steric isomeres. J. of exper. Med. 48, 315 (1928).

[2] Ehrlich, P.: Schlußbetrachtungen zu „Die Erkrankungen des Blutes und die blut-
bildenden Organe". Nothnagels Handb. d. exp. Pathologie u. Therapie 8. Wien 1901 — Die
Schutzstoffe des Blutes. Dtsch. med. Wschr. 1901 — Die Seitenkettentheorie und ihre
Gegner. Münch. med. Wschr. 1901, Nr 52 — Toxin und Antitoxin. Ebenda 1903, Nr 33/34.
— Ehrlich, P. u. H. Sachs, Kritiker der Seitenkettentheorie im Lichte ihrer experimentellen
und literarischen Forschung. Ebenda 1909, Nr 49/50.

[3] Hirszfeld, L.: Die Konstitutionslehre im Lichte serologischer Forschung. Klin.
Wschr. 1924, Nr 26 — Die Konstitutionsserologie und ihre Anwendung in der Biologie und
Medizin. Naturwiss. 1926, Nr 2 — Die Konstitutionsserologie im Zusammenhang mit der
Blutgruppenforschung. Weichardts Erg. Hyg. 8, 367 (1926) — Über die Konstitutionssero-
logie im Zusammenhang mit der Blutgruppenforschung. Klin. Wschr. 1927, Nr 40 —
Konstitutionsserologie und Blutgruppenforschung. Berlin: Julius Springer 1928.

und für sich mit Nachdruck darauf hin, daß es sich hier um konstitutionell bedingte Merkmale handelt, daß also augenscheinlich auch die Entstehung der physiologischen Isoantikörper beim Menschen konstitutionell bedingt ist, so ergeben sich sehr drastische Einblicke, wenn man versucht, von Kaninchen oder auch von anderen Tierarten Antikörper zu gewinnen, die gruppenspezifisch gegen menschliche Merkmale gerichtet sind. Hier spielt das menschliche Blutmerkmal A bisher eine dominierende Rolle, vielleicht deshalb, weil es leichter ist, gruppenspezifische Anti-A-Antikörper zu gewinnen, vielleicht aber auch deswegen, weil sich die Forschung in quantitativer Hinsicht mehr mit dem Blutmerkmal A beschäftigt hat. Behandelt man Kaninchen mit menschlichen Blutkörperchen der Gruppe A vor, so können lediglich artspezifische Antikörper für Menschenblut entstehen. Mehr oder weniger häufig erhält man aber Antisera, die gruppenspezifisch auf menschliche Blutkörperchen der Gruppe A wirken, sei es, daß sie unmittelbar eine derartige gruppenspezifische Funktion aufweisen, sei es, daß man erst nach dem Digerieren des Antiserums mit menschlichen Blutkörperchen der Gruppe O die gruppenspezifische Quote nachweisen kann.

Das Bemerkenswerte ist aber, daß keineswegs alle Kaninchen derart gruppenspezifische Anti-A-Antikörper liefern, vielmehr, wie die Untersuchungen von DÖLTER[1], WITEBSKY[2] u. a. gezeigt haben, nur ein gewisser Teil, und zwar derjenige, bei dem man schon vor der Vorbehandlung gruppenspezifische A-Antikörper, wenn auch häufig nur in sehr geringen Mengen, nachweisen kann. Die Schlußfolgerung, die sich daraus ergibt, ist also, daß in derartigen Fällen bereits eine Präformation der Antikörper physiologischer Weise vorhanden sein muß, wofern die Vorbehandlung mit bestimmten Antigenen zur Antikörperbildung führt. Es besteht kein Zweifel, daß auch bei anderen Formen der Antikörperbildung diesem konstitutionsserologischen Moment der Präformation besondere Beachtung zu schenken ist, und allgemein ergibt sich daher, *daß die gleichartige Vorbehandlung verschiedener Tierindividuen mit dem gleichen Antigen durchaus differente Ergebnisse zeitigen kann.*

Freilich ist zu bedenken, daß jede Immunisierungsform zugleich einen unspezifischen Reiz für den Organismus bedeutet, der physiologische Fähigkeiten, wie sie sich in dem normalen Vorhandensein von Antikörpern widerspiegeln, mehr oder weniger stark zu steigern imstande ist. Man könnte also auch — eine von HIRSZFELD[3] vertretene Vorstellung — an eine *unspezifische* Mobilisierung vorhandener Reaktionsbahnen denken, die zu einer unspezifischen Steigerung des physiologischen Antikörperspiegels führen würde. Aber es wird in der Regel leicht sein, eine derartige unspezifische Antikörpersteigerung, die zweifellos vorkommt, von einer echten Immunisierung abzugrenzen. Einerseits werden bereits die quantitativen Bedingungen es entscheidbar erscheinen lassen, ob eine wirkliche Antikörperbildung oder nur eine unspezifische Reizwirkung vorliegt, da der Erfolg der letzteren nicht eine derartige Steigerung bewirkt, wie der spezifische Immunisierungsakt. Andererseits steht bei einem echten Immunisierungseffekt als Kriterium der Bindungsversuch zur Verfügung. Die gebildeten Antikörper müssen von dem zur Vorbehandlung dienenden Antigen spezifisch gebunden werden.

Allerdings gibt es auch Beispiele dafür, daß durch die Vorbehandlung mit einem Antigensubstrat Antikörper entstehen, die auf ein anderes Antigensubstrat

---

[1] DÖLTER, W.: Untersuchungen über die gruppenspezifischen Receptoren des Menschenblutes und ihre Antikörper. Z. Immun.forschg **43**, 95 (1925).

[2] WITEBSKY, E.: Über die Antigenfunktion der alkohollöslichen Bestandteile menschlicher Blutkörperchen verschiedener Gruppen. Z. Immun.forschg **48**, 369; **49**, 1, 517 (1926).

[3] HIRSZFELD, L.: Zitiert auf S. 442.

wirken, ohne daß das letztere imstande ist, Antikörperbildung gegen das erstere Antigensubstrat zu bewirken. In derartigen Fällen denkt nun Hirszfeld[1] insbesondere an eine unspezifische Mobilisierung von präformierten Reaktionsbahnen. Er nimmt zur Deutung an, daß der eine Antikörper präformiert ist und dadurch in jedem Falle durch die Vorbehandlung mit verschiedenen Antigensubstraten eine Steigerung erfährt. Man kann aber die Dinge — und ich neige zu dieser Auffassung — auch andersartig erklären, wenn man nämlich die Annahme von zwei Partialantigenen zugrunde legt. Das eine Antigensubstrat würde dann die Partialantigene X und Y besitzen, das andere Antigensubstrat nur das Partialantigen Y. So würde durch Immunisierung mit Y natürlich ein Antikörper entstehen, der auch auf das Antigensubstrat $X + Y$ wirkt. Wird aber mit dem Antigen $X + Y$ immunisiert, so entsteht nur ein Antikörper X, und zwar deswegen, weil in einem Antigengemisch ein Partialantigen über ein anderes so dominieren kann, daß es allein zur Entfaltung seiner immunisatorischen Funktion gelangt. Man nennt den biologischen Vorgang, der einem derartigen Wettstreit der Antigene zugrunde liegt, die *Konkurrenz der Antigene*.

c) Die Konkurrenz der Antigene.

Das Prinzip der Konkurrenz der Antigene ist bereits in Untersuchungen von Friedberger[2], L. Michaelis[3], Benjamin und Witzinger[4], Doerr und Berger[5] u. a. erkannt worden. Es handelt sich dabei nicht um spekulative Vorstellungen, die etwa einer Umschreibung von Tatsachen gleich kämen, sondern es liegen hier zweifellos Ergebnisse vor, die zur Annahme der Konkurrenz der Antigene als wesentlichen Faktor bei der Antikörperbildung zwingen. Experimentell ergibt sich das schon daraus, daß zahlreiche Fälle bekannt sind, in denen von 2 verschiedenen Antigenen jedes an und für sich ohne weiteres zur Antikörperbildung führt, während das Gemisch beider Antigene nur einen von beiden Antikörpern entstehen läßt oder die Bildung des anderen Antikörpers jedenfalls so unterdrückt, daß er nur in sehr geringem Ausmaße auftritt. Es handelt sich also um eine biologische Selektion der immunisierenden Antigenfunktion, die außerordentlich wichtig ist für die Beurteilung der Beziehungen zwischen Antigen und Antikörper. Man muß dabei berücksichtigen, daß man in den meisten Fällen nicht mit isolierten Partialantigenen arbeitet, sondern mit einem mehr oder weniger undurchsichtigen Gemisch von Antigenfunktionen, die gerade durch das Prinzip der Konkurrenz der Antigene zu einem ganz verschiedenartigen Ausdruck gelangen können.

Auf Grund des bereits besprochenen konstitutionellen Moments ist es ohne weiteres verständlich, daß auch die Konkurrenz der Antigene nicht in jedem Organismus zu der gleichen Auslese führen muß. Da nämlich die Antikörperbildung konstitutionell bedingt ist und in mehr oder weniger hohem Maße abhängt von der Präformation physiologischer Antikörper, so werden die Bedingungen natürlich von Fall zu Fall bei jedem Individuum andere sein können. *Denn der Effekt ist die Resultante einerseits der Dominanz der Antigenfunktion,*

[1] Hirszfeld, L.: Zitiert auf S. 442.
[2] Friedberger, E.: Über die Intensität der Cholera-Amboceptorenbildung beim Kaninchen unter dem Einfluß der Alkoholisierung und der Mischimpfung. Berl. klin. Wschr. **1904**, Nr 10.
[3] Michaelis, L.: Weitere Untersuchungen über Eiweißpräcipitine. Dtsch. med. Wschr. **1904**, Nr 34.
[4] Benjamin, E. u. O. Witzinger: Die Konkurrenz der Antigene in Klinik und Experiment. Z. Kinderheilk. **3**, 73 (1912) — vgl. auch **2**, 123 (1911).
[5] Doerr, R. u. W. Berger: Immunologische Analyse der komplexen Struktur des Serumeiweißes. Z. Hyg. **96**, 191, 258 (1922) — Biochem. Z. **131**, 13 (1922).

andererseits aber der Präformation von Reaktionsbahnen im Organismus. So kann es vorkommen, daß das eine Individuum den einen, das andere den anderen Partialantikörper bei gleicher Immunisierungsart entstehen läßt. Sehr markant ist in dieser Hinsicht das Verhalten chemospezifischer Gemische bei der Immunisierung nach den Versuchen von KLOPSTOCK und SELTER[1]. Behandelt man nämlich Kaninchen mit Gemischen von Chemikalien, z. B. diazotiertem Atoxyl, und artfremdem Blutserum vor, so entstehen bei dem einen Tier lediglich chemospezifische, bei dem zweiten Tier lediglich artspezifische und bei dem dritten Tier zugleich artspezifische *und* chemospezifische Antikörper. Es kann also bei dem einen Organismus das chemospezifische, bei dem anderen das artspezifische Antigen überwiegen, d. h. die Konkurrenz der Antigene ist in ihrem Effekt abhängig von der konstitutionellen Bedingtheit der Reaktionsbahnen in jedem einzelnen Individuum.

Die Konkurrenz der Antigene stellt in gewisser Hinsicht geradezu die Achse der ganzen Lehre von den Antigenen und Antikörpern dar. Nur durch die Berücksichtigung dieses Prinzips ist es überhaupt verständlich, daß trotz allen phylogenetischen und ontogenetischen Übergängen, denen wir auch bei der Analyse der Antigenfunktionen begegnen, es gelingt, praktisch spezifisch wirkende Antisera zu erhalten. Spezifische Antigenstrukturen, seien sie artspezifischer, gruppenspezifischer oder organspezifischer Natur, können eben derart über andere Partialantigene dominieren, daß spezifisch wirkende Antisera gewonnen werden. Diese spezifisch wirkenden Antisera sind aber zugleich die Reagenzien für den Nachweis von Antigenen und ihrer biochemischen Verteilung im Organismus oder im Tierreich.

Besonders eindrucksvoll ist die Interferenz der Antigenkonkurrenz auch bei der Bildung von Lipoidantikörpern. Bereits das methodologische Verfahren der Kombinationsimmunisierung gibt hier zu Überlegungen Anlaß, da es sich ja dabei immer um komplizierte Antigengemische handelt, einerseits die Bestandteile der alkoholischen Lösung, andererseits die Eiweißantigene. Daß tatsächlich bei derartigen Kombinationen die Konkurrenz der Antigene bedeutungsvoll sein kann, zeigen neuere Versuche von KRAUS, IMAI[2], MERA[3] und KOVÁCS[4], nach denen die Bildung antibakterieller Antikörper nach Vorbehandlung mit Gemischen von Bakterien und Blutserum gehemmt wird. Man versteht daher ohne weiteres, daß die Erzeugung von Lipoidantikörpern bei der Kombinationsimmunisierung erschwert ist und häufig erst nach intensiver Vorbehandlung, nicht selten auch gar nicht in Erscheinung tritt.

Aber auch zahlreiche Sonderbefunde über das Verhalten von Lipoidantiseris finden durch die Konkurrenz der Antigene Aufklärung. Wenn man z. B. FORSSMANsche heterogenetische Antikörper erhält, ohne daß gleichzeitig Antikörper gegenüber den ubiquitär verbreiteten Lipoiden im Immunserum nachweisbar sind, so ist das zunächst überraschend. Denn die Antigengemische, mit denen FORSSMANsche Antikörper erhalten werden, üben im Reagenzglas zugleich auch unspezifische Lipoidantigenfunktionen aus. Durchsichtig wird aber das Verhalten, wenn man berücksichtigt, daß die heterogenetischen gruppenspezi-

[1] KLOPSTOCK, A. u. G. E. SELTER: Über chemospezifische Antigene. Z. Immun.forschg **55**, 118, 450; **57**, 174 (1928).

[2] IMAI, K.: Studien über Beeinflussung der Antikörperbildung in Gemischen von Antigenen (Konkurrenz der Antigene). Z. Immun.forschg **43**, 312 (1925).

[3] MERA, R.: Über hemmende und fördernde Faktoren auf die homogenetische und heterogenetische Antikörperbildung. Z. Immun.forschg **46**, 439 (1926).

[4] MERA, K. u. N. KOVÁCS u. R. KRAUS: Über antikörperhemmende Wirkungen normaler Sera bei Immunisierung mit homogenetischen Antigenen. Z. Immun.forschg **45**, 1 (1926).

fischen Antigene stärker wirksam sind als die ubiquitär verbreiteten Lipoide. Und daß das der Fall ist, läßt sich durch besondere Versuche (Heimann[1], Klopstock[2] u. a.) ohne weiteres erweisen. Um noch ein weiteres Beispiel anzuführen, sei nochmals auf die Entstehung hirnspezifischer Lipoidantikörper hingewiesen (Witebsky und Steinfeld[3]). Es ist nicht etwa so, daß das Zentralnervensystem nur hirnspezifische Antigenstrukturen besitzt. Es enthält zweifellos auch undifferenzierte Lipoidantigene, wie sich im Reagenzglas leicht feststellen läßt. Wenn die letzteren trotzdem unter geeigneten Bedingungen nicht zur immunisatorischen Funktion gelangen, so liegt das nur daran, daß sie von den organspezifischen besonderen Hirnantigenen unterdrückt werden.

Die angeführten Beispiele werden genügen, um die Bedeutsamkeit der Konkurrenz der Antigene für die Antikörperbildung klar zu machen. Sie lassen erkennen, daß auf Grund der Konkurrenz der Antigene ein paradoxes Verhalten insofern entstehen kann, als Antigenfunktionen eines bestimmten Substrates sich unter Umständen nur im Reagenzglas nachweisen lassen, während die Antigenfunktion in bezug auf die Antikörperbildung im lebenden Organismus versagt.

Fassen wir die Betrachtung über Antigenstruktur und Antigenfunktion zusammen, so gelangen wir zu dem Ergebnis, daß die geeignete Antigenstruktur natürlich die Vorbedingung für die Entfaltung von Antigenwirkungen ist. Je nachdem aber die Struktur nur ein Halbhaptenstadium oder ein Hapten- bzw. Antigenstadium determiniert, können sich die Funktionen unterscheiden. Aber auch wenn die Antigenstruktur die Vollantigenfunktion an und für sich gewährleistet, braucht die letztere nicht in Erscheinung zu treten. Denn für die Entfaltung der Antigenfunktion im lebenden Organismus ist, wenigstens in zahlreichen Fällen, das konstitutionelle Moment, die Präformation der Reaktionsbahn, eine notwendige Vorbedingung, und andererseits kann trotz vorhandener Reaktionsbahn die immunisatorische Antigenfunktion unterdrückt werden durch die Konkurrenz höher wertiger Antigene, die gleichzeitig in dem Antigengemisch vorhanden sind.

d) Die Disponibilität von Antigenfunktionen.

Noch ein weiteres Moment ist bei den Beziehungen zwischen Antigenstruktur und Antigenfunktion zu beachten. Es erscheint von vornherein selbstverständlich. Die Antigene müssen nämlich, um ihre Funktion ausüben zu können, sei es im Reagenzglas, sei es im lebenden Organismus, in einer *disponiblen* Form vorhanden sein. Das ist nun keineswegs immer der Fall. Die Analyse in diesem Sinne spielt bei den Eiweißantigenfunktionen kaum eine Rolle. Sie erfordert aber Aufmerksamkeit bei der Erforschung komplexer Antigene, und zwar insbesondere der Lipoide. Es war bereits darauf hingewiesen worden, daß man auch solche Lipoidantikörper gewinnen kann, die gegenüber ubiquitär verbreiteten Lipoiden wirksam sind, also auch gegenüber Lipoidantigenen des eigenen Organismus. Wenn trotzdem bei der Gewinnung derartiger Lipoidantikörper Schädigungen durch eine Lipoidantigen-Antikörperreaktion nicht in Erscheinung treten, so ist das offenbar dadurch bedingt, daß

---

[1] Heimann, F.: Über die Konkurrenz von Antigenwirkungen bei der Immunisierung mit Lipoiden. Z. Immun.forschg **50**, 525 (1927).

[2] Klopstock, A.: Über die Eignung von alkoholischen Bakterienextrakten zur immunisatorischen Entfaltung der Antigenfunktion von Lipoiden. Klin. Wschr. **1927**, Nr 3 — Zur Kenntnis der Konkurrenz von Lipoidantigenen. Z. Immun.forschg **55**, 304 (1928).

[3] Witebsky, E. u. J. Steinfeld: Untersuchungen über spezifische Antigenfunktionen von Organen. Z. Immun.forschg **58**, 271 (1928).

die Lipoide im eigenen Organismus häufig nicht frei vorhanden sind, vielmehr durch komplexe Verbindung mit Eiweißstoffen in einem larvierten Zustande, der ihre Antigenfunktion nicht aufkommen läßt. Es sei daran erinnert, daß auf dieser leichten Reaktionsfähigkeit der Lipoide mit körpereigenen Eiweißstoffen ja auch die Notwendigkeit eines artfremden Schleppers zur Kombinationsimmunisierung beruht.

Tatsächlich ergeben sich bei der Prüfung verschiedener Organe und Gewebe die größten Differenzen in bezug auf Disponibilität und Maskierung der Lipoidantigene. Vielfach sind die Lipoide im natürlichen Verbande so gepeichert, daß die Vorbehandlung auch mit artfremden Organen oder Blutserum nicht zur Lipoidantikörperbildung führt, wogegen die in denselben Substraten vorhandnen Lipoidantigene leicht nach der Alkoholextraktion und der Kombination mit einem artfremden Schlepper nachweisbar werden. Das Studium der Antigenfunktionen gibt also zugleich, insbesondere bei den Lipoiden, über die Art der Speicherung Auskunft. Gerade die Analyse der Lipoidantikörperreaktionen ist daher in doppelter Hinsicht von biologischem Interesse. Einerseits läßt sie überhaupt das Vorhandensein von Lipoidantigenen und ihre Differenzierung erkennen, andererseits eröffnet sie zugleich die Möglichkeit, in die Form der Lipoidspeicherung einen näheren Einblick zu erlangen (vgl. SACHS[1]).

VI. Die Entstehung der Antikörper.

Den vorangehenden Ausführungen war bereits die Prämisse zugrunde gelegt worden, daß die Antikörper ein biologisches Reaktionsprodukt des lebenden Organismus darstellen, eine Auffassung, die durchaus nicht von Anfang an vertreten worden ist. Gerade der spezifische Charakter der Beziehungen zwischen Antigen und Antikörper hatte ursprünglich die Annahme nahegelegt, daß Antigene und Antikörper in einem direkten genetischen Zusammenhang stehen. Besonders von BUCHNER[2], bis zu einem gewissen Grade auch von METSCHNIKOW[3] und GRUBER[4] ist daher die Auffassung vertreten worden, daß die Antikörper Umwandlungsprodukte der Antigene seien. Demgegenüber sind BEHRING[5] und EHRLICH[6] stets dafür eingetreten, daß es sich bei der Antikörperbildung um die Folge einer Reaktionsfähigkeit des lebenden Organismus handelt.

Betrachtet man das vorhandene Tatsachenmaterial, so sprechen zweifellos eine Reihe von experimentellen Erfahrungen dafür, *daß der Antikörper nicht ein einfach verändertes Antigen sein kann, daß vielmehr zum mindesten eine Mitbeteiligung des Organismus, in den das Antigen gelangt und zur Antikörperbildung führt, angenommen werden muß.* Ganz abgesehen davon, daß eine Herstellung von Antikörpern aus Antigenen im Reagenzglas auf chemischem oder physikalischem Wege trotz vielfacher Bemühungen noch nicht gelungen ist, sind besonders folgende Gesichtspunkte anzuführen:

1. *Der Unterschied im Verhalten der Antikörper bei aktiver und passiver Immunisierung.* Unter aktiver Immunisierung ist dabei die Einverleibung von

---

[1] SACHS, H.: Antigenstruktur und Antigenfunktion. Weichardts Erg. Hyg. **9**, 1 (1928) — Über die serologische Reaktionsbereitschaft der Lipoide im Organismus. Arch. Verdgskrkh. **42**, 253 (1928).

[2] BUCHNER, H.: Bakteriengifte und Gegengifte. Münch. med. Wschr. **1893**, 449 — Zur Kenntnis der Alexine sowie der spezifisch-bactericiden und spezifisch-hämolytischen Wirkung. Ebenda **1900**, 277.

[3] METSCHNIKOFF, E.: L'immunité dans les maladies infectieuses. Paris 1901.

[4] GRUBER, M.: Zur Theorie der Antikörper. Münch. med. Wschr. **1901**, 1827, 1880.

[5] BEHRING, E.: Allgemeine Therapie der Infektionskrankheiten. Berlin u. Wien 1899 bis 1900.

[6] EHRLICH, P.: Die Wertbemessung des Diphtherieheilserums. Klin. Jb. **6** (1897).

Antigenen in den fremdartigen Organismus zu verstehen, die die Antikörperbildung auslöst. Die Antikörper entstehen dann, wie schon aus den Untersuchungen Ehrlichs[1] bekannt ist, nicht sofort. Es geht vielmehr ein Latenzstadium von etwa 5—8 Tagen (je nach der Art der Einverleibung der Antigene) dem Erscheinen der Antikörper im Blute voraus. Der Antikörpergehalt erreicht verhältnismäßig rasch (nach 8—12 Tagen) den Höhepunkt, um dann eine gewisse Zeit lang bestehen zu bleiben und allmählich abzusinken. Bei der passiven Immunisierung hingegen handelt es sich um die einfache Übertragung (Transfusion) der Antikörper durch das Blut eines aktiv immunisierten Individuums auf ein normales Individuum. Hierbei folgt das Höchstmaß des Antikörpergehalts fast unmittelbar der Transfusion, und die passiv übertragenen Antikörper verschwinden in kurzer Zeit (2—3 Wochen) wieder aus dem Organismus.

Der Unterschied im Verhalten der durch aktive Immunisierung entstandnen und durch passive Immunisierung übertragenen Antikörper ist also eklatant. Würde es sich nur um eine Umwandlung der Antigene in Antikörper handeln, so wäre diese Differenz unverständlich. Sie erscheint dagegen erklärlich durch die Annahme, daß die Antikörperbildung der Ausdruck einer Reaktionsfähigkeit des aktiv immunisierten Organismus ist. Die einmal angefachte Antikörperproduktion bleibt eben mehr oder weniger lange Zeit bestehen, und im Blute ist dementsprechend ein dynamisches Gleichgewicht vorhanden, das die Resultante von Antikörperschwund und Antikörperneubildung darstellt. Im passiv immunisierten Organismus kommt dagegen eine Neubildung nicht in Betracht. Der isolierte Faktor des Antikörperschwundes läßt daher den Antikörpern nur eine Persistenz von kurzer Dauer.

2. Gegen einen direkten genetischen Zusammenhang zwischen Antigen und Antikörper ist fernerhin angeführt worden *das große Mißverhältnis, das zwischen der zur Immunisierung benutzten Antigenmenge und dem entstandenen Antikörpervorrat besteht.* Zahlreiche Erfahrungen sprechen in diesem Sinne. Es sei nur auf ältere Versuche von Knorr[2] hingewiesen, nach denen Pferde bei der Immunisierung gegen Tetanusgift das hunderttausendfache Multiplum derjenigen Antitoxinmenge produzieren können, die zur Neutralisierung der einverleibten Toxindose ausreichen würde. Bei einer derartigen Diskrepanz ist es in der Tat schwer, an eine einfache Umwandlung des Toxins in Antitoxin zu denken. Man braucht fernerhin in diesem Zusammenhange nur daran zu erinnern, wie geringe Mengen abgetöteter Bakteriensubstanz genügen, um bei Tieren und Menschen einen erheblichen Antikörpergehalt des Blutes hervorzurufen, wie das Kolle[3] bei der experimentellen Begründung der Choleraschutzimpfung beim Menschen, Friedberger[4] sowie Friedberger und Dorner[5] bei der Immunisierung von Tieren mit Bakterien und Blutkörperchen gezeigt haben.

3. Wenn die Antikörper Umwandlungsprodukte der Antigene wären, so müßte es gelingen, durch excessiven *Aderlaß* den Antikörpergehalt der immunisierten Tiere zu beseitigen oder doch wenigstens herabzumindern. Das ist aber,

---

[1] Ehrlich, P.: Über Toxine und Antitoxine. Ther. Gegenw., N. F. **3**, 193 (1901).

[2] Knorr, A.: Das Tetanusgift und seine Beziehungen zum tierischen Organismus. Münch. med. Wschr. **1898**, Nr 11/12.

[3] Kolle, W.: Experimentelle Untersuchungen zur Frage der Schutzimpfung des Menschen gegen Cholera asiatica. Dtsch. med. Wschr. **1897**, 4.

[4] Friedberger, E.: Über die Immunisierung von Kaninchen gegen Cholera durch intravenöse Injektion minimaler Mengen abgetöteter Vibrionen. von-Leyden-Festschrift **2**, 435 (1902).

[5] Friedberger, E. u. Dorner: Über die Hämolysinbildung durch die Injektion kleinster Mengen von Blutkörperchen und über den Einfluß des Aderlasses auf die Intensität der Bildung hämolytischer Amboceptoren beim Kaninchen. Zbl. Bakter. **38**, 544 (1905).

wie schon die alten Versuche von Roux und Vaillard[1] sowie von Salomonsen und Madsen[2] gezeigt haben, nicht der Fall. *Es tritt vielmehr nach ausgiebigem Aderlaß eine rasche Regeneration des Antikörpergehaltes ein*, die unbedingt auf eine reaktive Veränderung des Organismus schließen läßt. Wie wir durch die Untersuchungen von Friedberger und Dorner[3], Hahn und Langer[4], Joetten[5], Cohn[6] u. a. wissen, können Aderlässe als Ursache unspezifischer Reize sogar die Antikörperbildung steigern.

Der Antikörpergehalt des Blutes bleibt jedenfalls nach der aktiven Immunisierung mehr oder weniger lange Zeit im dynamischen Gleichgewicht. Nur so ist es zu verstehen, daß die Antikörperfunktionen nach Schutzimpfung oder nach dem Überstehen von Infektionskrankheiten Monate und Jahre lang persistieren. Für die Verwendung der Antikörperreaktionen zur klinischen Serodiagnostik bei Infektionskrankheiten, wie das z. B. für die Gruber-Widalsche Reaktion auf Typhus oder die Weil-Felixsche Reaktion auf Fleckfieber gilt, bedeutet dieses Moment eine Einschränkung der Verwertbarkeit. Die Serodiagnostik in diesem Sinne zeigt, streng genommen, nur an, daß in den Organismus die betreffenden Krankheitserreger in lebender oder abgetöteter Form einmal hineingelangt sind, sagt aber nichts darüber aus, ob der Organismus noch krank ist. Sie hat also an und für sich eine *retrospektive, aber keine aktuelle Bedeutung*.

4. Als weiterer Gesichtspunkt, der gegen die Umwandlungshypothese spricht, wäre anzuführen, *daß nach stattgehabter Immunisierung der Organismus auch dann, wenn die durch den Immunisierungsprozeß entstandenen Antikörper aus dem Blute verschwunden sind, eine veränderte Reaktionsfähigkeit zurückbehält*. Diese als „Allergie" bezeichnete Umstimmung des Organismus äußert sich, abgesehen von Zell- und Gewebsreaktionen, darin, daß bei erneuter Zufuhr des gleichen Antigens, das früher zur Immunisierung gedient hatte, die Antikörperbildung rascher und intensiver eintritt. Die Latenzzeit, d. h. das Intervall zwischen Antigeninjektion und erstem Erscheinen der Antikörper im Blute ist abgekürzt, und es genügen außerdem geringere Dosen als bei der ersten Immunisierung zur Antikörperbildung. Der Organismus hat also eine größere Bereitschaft zur Antikörperbildung erworben, er besitzt gewissermaßen eine größere potentielle Energie, die vielleicht als ein wesentlicher Faktor für die lange andauernde Immunität betrachtet werden darf.

5. Als Beweis für die reaktive Tätigkeit des Organismus bei der Antikörperbildung sind weiterhin zahlreiche Erfahrungen heranzuziehen, *nach denen man die Antikörperbildung durch unspezifische Reizmittel verschiedener Art steigern oder sogar nach dem Schwund der Antikörper aus dem Blute eine Neubildung wieder anfachen kann*. Seitdem Salomonsen und Madsen[7] wohl als die ersten gezeigt hatten, daß das durch Pilocarpininjektion gelingt, haben zahlreiche Autoren auf die Steigerung der Antikörperbildung durch die verschiedenartigsten Mittel aufmerksam gemacht. Auch bei der Analyse der Wirkung unspezifischer Reizstoffe, wie sie zur unspezifischen Reiztherapie Verwendung finden, ist wiederholt

[1] Roux, E. u. Vaillard: Contribut. à l'ét. du tétanus. Ann. Inst. Pasteur 7, 64 (1893).
[2] Salomonsen, C. u. T. Madsen: Sur la réproduct. de la subst. antitoxique après des fortes saignées. Ann. Inst. Pasteur 12, 763 (1898).
[3] Friedberger, E. u. Dorner: Über den Einfluß des Aderlasses auf die Intensität der Bildung hämolytischer Amboceptoren beim Kaninchen. Zbl. Bakter. 38, 546 (1905).
[4] Hahn, M. u. H. Langer: Über das Verhalten der Immunkörper bei täglich wiederholter Blutentziehung. Z. Immun.forschg 26, 199 (1917).
[5] Joetten, K. W.: Der Einfluß wiederholter Aderlässe auf die Antikörperbildung. Arb. Reichsgesdh.amt 52, 626 (1920).
[6] Cohn, H.: Ein Beitrag zur unspezifischen Antikörperbildung. Z. Hyg. 104, 680 (1925).
[7] Salomonsen, C. u. Th. Madsen: Influence de quelques poisons sur le pouvoir antitoxique du sang. C. r. Acad. Sci. Paris 126, 1229 (1898).

Steigerung der Antikörperbildung, so von Weichardt[1] u. a. beschrieben worden. In die gleiche Gruppe von Erscheinungen gehören auch Erfahrungen über erhöhte Antikörperproduktion durch chemotherapeutische Mittel (Arsenverbindungen, Salvarsan), über die von Agazzi[2], Friedberger und Masuda[3], Strubell[4] Böhncke[5] u. a. berichtet wurde, und schließlich die interessanten Beobachtungen von Madsen[6] Walbum[7], Mörch[8] u. Schmidt[9] über den Einfluß von Mangansalzen auf das Antikörperbildungsvermögen.

Man darf also annehmen, daß der Organismus, der einmal durch Antigenzufuhr in den spezifischen Reizzustand versetzt war, *auch auf unspezifische Reize mit derjenigen Reaktion, auf die er früher gewissermaßen ein spezifisches Training erworben hatte, antwortet.* Für die praktische Serodiagnostik ist es von Bedeutung, daß auch Krankheitszustände zu den derart unspezifisch wirkenden Reizen gehören. So kann es vorkommen, daß ein Patient, der früher einen Typhus durchgemacht hatte oder der Typhus-Schutzimpfung unterworfen war, durch eine ganz andersartige Erkrankung, z. B. eine Pneumonie, von neuem zur Bildung von Typhusantikörpern angeregt wird. Die Antikörperbildung hat also hier wiederum eine *retrospektive oder anamnestische Bedeutung.* Man spricht daher in solchen Fällen nach dem Vorgange von Conradi und Bieling[10] sehr treffend von einer *„anamnestischen Reaktion"*.

6. Als letzter Punkt in dieser Reihe von Beweisgründen ist anzuführen, *daß zahlreiche Analoga der immunisatorisch erzeugten Antikörper schon physiologischer Weise im Blute vorkommen.* In physiologischer Hinsicht beansprucht dieses Moment vielleicht das größte Interesse. Es ist schon an früherer Stelle bei der Begründung der konstitutionsserologischen Bedingtheit der Antikörperbildung erörtert worden. Zu einer Zeit, zu der man normale Antikörper nur gegenüber bakteriellen Toxinen oder Infektionserregern kannte, konnte man wohl geneigt sein, ihre Gegenwart als Folge zufälliger Immunisierungseffekte bzw. „stummer" Infektionen, wie man es heute nennt, aufzufassen. Tatsächlich können aber, wie wir wissen, die verschiedenartigsten Antikörperfunktionen bereits im Blute von normalen Tieren physiologisch präformiert sein. Es gilt dies keineswegs nur für Antitoxine, sondern ebenso für agglutinierende, amboceptorartige Antikörperwirkungen, gleichgültig, ob sie gegen pathogene Agentien oder gegen völlig harmlose artfremde Antigene gerichtet sind. Wenn auch Unterschiede im Verhalten dieser normalen Antikörper und demjenigen der immunisatorisch erzeugten

[1] Weichardt, W.: Unspezifische Immunität. Jena: Gustav Fischer 1926.

[2] Agazzi, B.: Über den Einfluß einiger Arsenpräparate auf die Intensität der Bildung von bakteriellen Antikörpern bei Kaninchen. Z. Immun.forschg 1, 736 (1909).

[3] Friedberger, E. u. Masuda: Über den Einfluß des Salvarsans auf die Intensität der Antikörper beim Kaninchen. Ther. Mh. 25, 288 (1911).

[4] Strubel, A.: Die pharmakologische Beeinflussung des opsonischen Index. Berl. klin. Wschr. 1912, Nr 23.

[5] Boehncke, K. E.: Über die Bedeutung des Salvarsans für die Steigerung des Wertgehalts der Immunsera. Berl. klin. Wschr. 1912, 1176, Nr 25 — vgl. auch Z. Chemother. 1, 136 (1912).

[6] Madsen, Th.: Antitoxinbildung und Antitoxintherapie. Med. Klin. 1924, Nr 29.

[7] Walbum, L. E.: Action exercée par le chlorure de manganèse et d'autres sels métalliques sur la formation de l'antitoxine diphthérique et l'agglutinine du B-coli. C. r. Soc. Biol. Paris 85, 761 (1921).

[8] Walbum, L. E. u. J. R. Mörch: L'importance des sels métalliques dans l'immunisation et en particulier dans la production de l'antitoxine diphthérique et de l'agglutinine pour le B-coli. Ann. Inst. Pasteur 37, 396 (1923).

[9] Walbum, L. E. u. S. Schmidt: Die Bedeutung der Metallsalze für die Amboceptorbildung. Z. Immun.forschg 42, 32 (1925).

[10] Conradi, C. u. R. Bieling: Über Fehlerquellen der Gruber-Widallschen Reaktion. Dtsch. med. Wschr. 1916, Nr 42.

in bezug auf Thermolabilität, verzögerte Reaktionsgeschwindigkeit usw. bestehen können (vgl. KRAUS[1] und DOERR[2], KRAUS und LIPSCHÜTZ[3], LANDSTEINER und REICH[4] u. a.), so imponieren diese Differenzen bei näherer Betrachtung doch *mehr gradueller als prinzipieller Art,* und sie berechtigen nicht, einen grundlegenden Unterschied zwischen normalen und immunisatorisch erzeugten Antikörpern zu postulieren.

Wenn man aber normale und immunisatorisch erzeugte Antikörper als Produkte eines grundsätzlich gleichartigen biologischen Geschehens auffaßt, so spricht das physiologische Vorhandensein der Antikörper mit aller Deutlichkeit dafür, daß die Antikörper keine Umwandlungsprodukte der Antigene sein können. In diesem Sinne hat EHRLICH[5] in der Antikörperbildung nur einen gewissermaßen pathologisch gesteigerten physiologischen Vorgang erblickt. Es steht in Übereinstimmung hiermit, daß, wie ich gleichfalls schon erwähnt habe, die Bedingungen für die Antikörperbildung günstiger oder unter Umständen auch ausschließlich gegeben sind, wenn die zu immunisierenden Individuen bereits über einen physiologischen Antikörpergehalt verfügen. Schon ältere Angaben von RÉMY[6] sprechen hierfür. Auch SAHLI[7] hat einen grundsätzlichen Zusammenhang zwischen normalen Antikörpern und Immunisierungsfähigkeit erblickt und sogar, wie später noch zu besprechen sein wird, in dem Vorhandensein normaler Antikörper die unmittelbare Ursache für die Antikörperbildung gesehen.

Auf Grund der insbesondere von HIRSZFELD[8] vertretenen konstitutionsserologischen Betrachtung können derart physiologische Antikörper häufig erst während des Lebens entstehen. HIRSZFELD hat in diesem Sinne von einer *serologischen Reifung* des Organismus gesprochen. Wofern man überhaupt an einen Zusammenhang zwischen physiologischem Antikörpergehalt und natürlicher Immunität denkt, eine Annahme, die in manchen Fällen, wenn auch nicht immer, zutreffend sein mag, so ergibt sich hieraus, daß auch die natürliche angeborene Immunität erst während des Lebens allmählich entstehen kann. Sie würde dann parallel mit der serologischen Reifung manifest werden. Immunität und Antikörperbildungsvermögen wären also genotypisch bedingt, aber unter Umständen in den frühen Lebensjahren noch nicht manifest.

Zusammenfassend ergibt sich jedenfalls aus den angeführten Gründen, daß zweifellos bei der Antikörperbildung der lebende Organismus eine dominierende Rolle spielen muß. Läßt man dementsprechend die Auffassung, nach der die Antikörper umgebildete Antigene sein sollen, fallen, so stößt man freilich bei der Erklärung der Spezifität der Antikörperbildung zunächst auf unüberwindliche Schwierigkeiten. Will man sich nicht mit der Auffassung des Vorganges als eines

---

[1] KRAUS, R.: Über ein akut wirkendes Bakterientoxin. Zbl. Bakter. **34**, 488 (1903).
[2] KRAUS, R. u. R. DOERR: Über Dysenteriantitoxin. Wien. klin. Wschr. **1907**, 1905.
[3] KRAUS, R. u. B. LIPSCHÜTZ: Über Bakteriohämolysine und Antihämolysine. Z. Hyg. **46**, 49 (1904).
[4] LANDSTEINER, K. u. M. REICH: Über Unterschiede zwischen normalen und durch Immunisierung entstandenen Stoffen des Blutserums. Zbl. Bakter. **39**, 712 (1905) — Über den Immunisierungsprozeß. Z. Hyg. **58**, 213 (1907).
[5] EHRLICH, P.: Die Schutzstoffe des Blutes. Dtsch. med. Wschr. **1901**, Nr 51/52.
[6] RÉMY, L.: Contribution à l'étude des substances actives des sérums normaux. Ann. Inst. Pasteur **17** (1903) — Contribution à l'étude des substances actives des sérums. Sur la pluralité des alexines. Bull. Acad. Méd. Belg. **1903** — Contribution à l'étude des sérums hémolytiques. Ann. Inst. Pasteur **1905**, Nr 12 (1906).
[7] SAHLI, H.: Über das Wesen und die Entstehung der Antikörper. Schweiz. med. Wschr. **1920**, Nr 50 u. 51.
[8] HIRSZFELD, L.: Zitiert auf S. 442.

„Mysteriums", wie das z. B. bei der Darstellung Bordets[1] der Fall ist, begnügen, so muß man auch heute noch zu bildlichen Vorstellungen mehr oder weniger spekulativer Art greifen, für die der reale Boden fehlt. Man wird sich aber zunächst begnügen können, wenn eine Theorie, die den Vorgang dem Verständnis zugängig machen will, der weiteren Forschung eine heuristische Basis bietet. Das ist zweifellos in hohem Maße der Fall gewesen bei der von Ehrlich[2, 3, 4] zur Erklärung der Antikörperbildung aufgestellten

Seitenkettentheorie.

Man muß bei der Seitenkettentheorie eigentlich zwei Teile unterscheiden. Auf der einen Seite handelt es sich um die von Ehrlich zur Erklärung der Antigen-Antikörperreaktionen bevorzugte strukturchemische Betrachtungsweise. In ihr wird, wie schon erwähnt, die einzelne Antigen-Antikörperfunktion auf ein supponiertes materielles Substrat projiziert, und sie findet so in dem Receptorbegriff die Basis des Verständnisses.

Auf der anderen Seite aber sucht die Seitenkettentheorie die Frage, ob die Antikörper prinzipiell neuartige Gebilde sind, die erst durch den Immunisierungsakt entstehen, oder ob es sich um eine Präformation der Antikörper im Organismus handelt, im letzteren Sinne zu beantworten. Legt man das bereits erwähntte Vorhandensein von physiologischen Antikörpern im Blute der Betrachtung zugrunde, so handelt es sich in der Ehrlichschen Theorie nur darum, die präformierten Analoga der Antikörper, gewissermaßen ihre Matrix in die Zellen zu verlegen.

In der Zelle, dem Zellprotoplasma sind es die *Seitenketten* der von Ehrlich als Molekül gedachten lebenden Substanz, die die Achse des zur Antikörperproduktion führenden biologischen Vorganges bilden und so der Theorie ihren Namen gegeben haben. Nach der Vorstellung Ehrlichs hat man bei der lebenden Substanz zu unterscheiden die *Zentralgruppe* oder den *Leistungskern* und die Nebengruppierungen, die *Seitenketten*. Der Leistungskern ist gewissermaßen der Sitz des Lebens. Seine Integrität ist für die biologische Funktion eine Conditio sine qua non. Die Seitenketten aber, die dieser Leistungskern trägt, dienen den Funktionen der Ernährung, der Nährstoffaufnahme und der Assimilation. Ehrlich nannte sie daher auch *Receptoren* und wegen ihrer besonders den physiologischen Lebenserscheinungen zugeschriebenen Funktion *Nutriceptoren*.

Gelangen nun körperfremde oder blutfremde Substanzen, die eine entsprechende Affinität oder Atomgruppierung besitzen, wie diejenigen Stoffe, die normalerweise mit den Seitenketten reagieren, in den Organismus, so werden sie von den entsprechenden Seitenketten verankert. Es sind die Antigene. Wenn diese Antigene nicht assimilationsfähig sind, so können sie in zweierlei Weise auf das Zellprotoplasma bzw. auf den Leistungskern wirken. Toxine können hierbei die Struktur des Zellprotoplasmas vergiften, erschüttern und zum Absterben der Zellen führen. Reicht aber die Giftigkeit hierzu nicht aus, oder handelt es sich um ungiftige Antigene, so wird trotzdem die Besetzung der Nutriceptoren durch diese Antigene einen Schaden für das Protoplasma bedeuten. Denn die Nutriceptoren sind durch ihre Besetzung mit nicht assimilationsfähigen Stoffen dann ihrer physiologischen Funktion entzogen. Für die Zellen bedeutet daher dieser funktionelle Verlust einen Defekt. Sie suchen ihn nach allgemeinen biologischen

---

[1] Bordet, J.: Traité de l'immunité dans les maladies infectieuses. Paris: Masson u. Cie 1920.
[2] Ehrlich, P.: Die Wertmessung des Diphtherieheilserums. Klin. Jb. **6** (1907).
[3] Ehrlich, P.: Das Sauerstoffbedürfnis des Organismus. Berlin 1885.
[4] Ehrlich, P.: Die Schutzstoffe des Blutes. Dtsch. med. Wschr. **1901**, Nr 51 u. 52.

Prinzipien durch Regeneration zu ersetzen. Die Regeneration macht aber beim Ersatz nicht halt; sie geht in eine *Überregeneration* über, um schließlich gewissermaßen in einen *Sekretionsprozeß* auszuarten. Die derart sezernierten Receptoren gelangen in die Säfte und stellen hier die Antikörper dar. Die so entstandenen Antikörper müssen antürlich spezifisch sein, da sie ja nur einem ganz bestimmten Receptordefekt ihre Entstehung verdanken. Alle anderen Receptoren, die zu den übrigen Antigenen Beziehung haben, werden durch die Vorgänge der Regeneration und Sekretion nicht getroffen, so daß die Spezifität der Antikörper als unmittelbare Folge der geschilderten Zusammenhänge erscheint.

Es ist bei dieser Betrachtung auch ohne weiteres verständlich, daß die als Antikörper sezernierten Receptoren, wofern die Antigene giftig oder pathogen sind, zu einer Immunität führen müssen. Sie sind eben in ihrer chemischen Affinität zu den Antigenen identisch mit den cellulären Receptoren, die die Ursache der Vergiftung sind. Bei der Toxinwirkung wird also, um einer Formulierung BEHRINGS[1] zu folgen, auf Grund der Seitenkettentheorie dieselbe Substanz (die Seitenkette oder der Receptor), die in der Zelle Ursache der Vergiftung ist, Träger des Schutzes sein, wenn sie (als Antikörper) frei in den Säften zirkuliert. Die Antikörper im lebenden Organismus wirken daher im Sinne der EHRLICHschen Betrachtungsweise als Folge einer Veränderung der distributiven Momente. Nach einem berühmt gewordenen Vergleich ähnelt der sessile celluläre Receptor einem schlecht angelegten Blitzableiter, der das schädliche Agens direkt an die Zelle heranführt, während der Antikörper wie ein gut angelegter Blitzableiter funktioniert, indem er durch die Veränderung der distributiven Kräfte die Gefahr von der Zelle fern hält.

Trotz den Beziehungen, die derart zwischen Toxinempfindlichkeit und Antitoxinbildungsvermögen besteht, muß die Giftempfindlichkeit der Zellen und Gewebe keineswegs eine Voraussetzung der Antikörperentstehung sein. Die Annahme eines derartigen Parallelismus kommt heute schon deswegen nicht in Betracht, weil ja auch ungiftige Antigene zur Antikörperbildung führen. Eine zu starke Giftigkeit bzw. eine erhöhte Giftempfindlichkeit könnte sogar die Antikörperbildung vereiteln, indem die Vergiftung dann zu einem Aufhören der Lebenserscheinungen führt und so die reaktive Tätigkeit des Organismus als Voraussetzung der Antikörperbildung ausgeschlossen werden würde.

Macht man sich den Receptorbegriff zu eigen, so ergibt sich daraus, daß je nach der Verteilung und Lokalisation der Receptoren im Organismus die Bedingungen sowohl in bezug auf Giftwirkung als auch in bezug auf Antikörperbildung variieren müssen. Demonstrativ sind in dieser Hinsicht ältere Versuche über das differente Verhalten der verschiedenen Tierarten gegenüber der Tetanusvergiftung (ROUX und BORREL[2], DÖNITZ[3] u. a.). Als Beweis für die funktionelle Identität der Zellreceptorwirkung mit der Antitoxinwirkung ist früher ein Versuch von WASSERMANN und TAKAKI[4] viel erörtert worden, nach dem die Hirnsubstanz imstande ist, Tetanustoxin im Reagensglas zu entgiften. Auf den Widerstreit der Meinungen, der sich anschloß (BLUMENTHAL[5], DANYSZ[6], DÖNITZ[7],

---

[1] BEHRING, E.: Über Heilprinzipien. Dtsch. med. Wschr. **1898**, Nr 5.

[2] ROUX, E. u. BORREL: Tétanos cérébral. Ann. Inst. Pasteur **12**, 225 (1898).

[3] DÖNITZ, W.: Über das Antitoxin des Tetanus. Dtsch. med. Wschr. **1897**, 478.

[4] WASSERMANN, A. u. T. TAKAKI: Über tetanus-antitoxische Eigenschaften des normalen Zentralnervensystems. Berl. klin. Wschr. **1898**, Nr 5.

[5] BLUMENTHAL, F.: Über die Veränderungen des Tetanusgiftes im Tierkörper und seine Beziehung zum Antitoxin. Dtsch. med. Wschr. **1898**, 185.

[6] DANYSZ, J.: Contr. à l'ét. de l'act. de la toxine tétan. sur le tissu nerveux. Ann Inst. Pasteur **13**, 156 (1899).

[7] DÖNITZ, W.: Deutsche Klinik zu Beginn des 20. Jahrhunderts **1** (1903).

Marie[1], Marx[2], Metschnikow[3], Milchner[4], Behring und Ransom[5], Zupnik[6], Studensky[7] u. a.) sei hier nur hingewiesen. Es handelt sich hauptsächlich um die Erörterung, ob die unbestrittene Entgiftung durch das Zentralnervensystem die Folge einer spezifischen Bindung oder einer unspezifischen Adsorption ist. Die Entscheidung ist heute nicht mehr von maßgeblicher Bedeutung, weil zahlreiche Versuche im Reagensglas gezeigt haben, daß zweifellos im allgemeinen ein enger Parallelismus zwischen Bindungsvermögen, Entgiftung und Giftempfindlichkeit besteht.

Auf Grund der Seitenkettentheorie mußte man erwarten, daß bei der Immunisierung dem Immunitätszustand ein Stadium der *Überempfindlichkeit*, gekennzeichnet durch die noch zellständige Regeneration der Receptoren, vorangeht. Ältere Beobachtungen von Behring[8] und Kitashima[9], Brieger[10] u. a., nach denen Pferde während der Behandlung mit Tetanusgift auf geringe, für normale Pferde nicht tödliche Dosen zugrunde gehen können, sprechen in diesem Sinne. Es handelt sich bei dieser Überempfindlichkeit aber nicht um jenes Phänomen, das man unter der Bezeichnung „Anaphylaxie“ zusammenzufassen pflegt. Die Anaphylaxie im allgemeinen ist der Ausdruck einer im lebenden Organismus erfolgenden Antigen-Antikörper-Reaktion. Das Antigen spielt bei ihr nicht eine direkte funktionelle Rolle. Es hat vielmehr nur die Fähigkeit, mit dem Antikörper zu reagieren und durch diese Reaktion jene sekundären Vorgänge auszulösen, die die anaphylaktische Erkrankung bedingen. Der anaphylaktische Symptomenkomplex ist dementsprechend völlig unabhängig von der Art des angewandten Antigens. Die anaphylaktische Erkrankung stellt eine Krankheit sui generis dar. Im Gegensatz dazu äußert sich die Toxinüberempfindlichkeit in denjenigen Wirkungen, die das Toxin an und für sich hervorruft; bei einer Überempfindlichkeit gegenüber Tetanustoxin geht also das Tier an Starrkrampf zugrunde. Man muß demnach diese Toxinüberempfindlichkeit von der Anaphylaxie trennen und kann in der Tat durch die Annahme einer Vermehrung sessiler Receptoren, wie sie die Seitenkettentheorie postuliert, eine Erklärung finden. Sogar bei gleichzeitigem Antitoxingehalt des Blutes können derartige Überempfindlichkeitserscheinungen erzielt werden, wobei man als Erklärung die Massenwirkung oder auch eine höhere Affinität der sessilen Gewebsreceptoren gegenüber dem Antitoxin angenommen hat. Nach Kretz[11] können sogar neutralisierte Toxin-Antitoxin-Gemische, die für normale Tiere ungiftig sind, bei immunisierten Individuen unter Umständen eine Giftwirkung veranlassen.

---

[1] Marie, A.: Rech. sur les propriétés antitét. des centres nerveux de l'animal sain. Ann. Inst. Pasteur **12**, 91 (1898).

[2] Marx, E.: Über die Tetanusgift neutralisierenden Eigenschaft des Gehirns. Z. Hyg. **40**, 231 (1902).

[3] Metschnikow, E.: Rech. sur l'infl. de l'organisme sur les toxines. Ann. Inst. Pasteur **11**, 801 (1897); **12**, 81, 263 (1898).

[4] Milchner, R.: Nachweis der chemischen Bindung vom Tetanusgift durch Nervensubstanz. Berl. klin. Wschr. **1898**, 369.

[5] Behring, E.: Über Heilprinzipien, insbesondere über das ätiologische und das isopathische Heilprinzip. Dtsch. med. Wschr. **1898**, 65.

[6] Zupnik, L.: Prag. med. Wschr. **1899**, Nr 14/15.

[7] Studensky, A.: Sur l'act. antitox. du carmin. Ann. Inst. Pasteur **13**, 126 (1899).

[8] Behring, E.: Allgemeine Therapie der Infektionskrankheiten. Berlin-Wien 1899 bis 1900.

[9] Behring, E. u. Kitashima: Über Verminderung und Steigerung der ererbten Giftempfindlichkeit. Berl. klin. Wschr. **1901**, 157.

[10] Brieger, L.: Weitere Erfahrungen über Bakteriengifte. Z. Hyg. **19**, 101 (1895).

[11] Kretz, R.: Über die Beziehungen zwischen Toxin und Antitoxin. Z. Heilk. **22**, 4 (1901); **23**, 10 (1902).

Andererseits fehlt, wie KRETZ[1] und REHNS[2] gezeigt haben, neutralisierten Toxin-Antitoxin-Gemischen die Fähigkeit zur Antitoxinbildung. Es ist das verständlich, wenn man eben berücksichtigt, daß durch die Antitoxinverbindungen der Toxine zugleich die Fähigkeit zur Giftwirkung wie auch zur Immunisierung aufgehoben wird. Es handelt sich hier um allgemeine Gesetzmäßigkeiten, die sich auch unter Verwendung andersartiger Antigene (rote Blutkörperchen, Bakterien usw.) nachweisen lassen (v. DUNGERN[3], SACHS[4], NEISSER und LUBOWSKI[5], PFEIFFER und FRIEDBERGER[6], FICHERA[7] u. a.). Die spezifische Fähigkeit zur Bildung und Bindung der Antikörper kommt eben einer *einheitlichen* Beschaffenheit des Antigens zu. Es widerspricht dem nicht, daß, wie früher erörtert wurde, bei den komplexen Antigenen eine Zerlegung möglich ist, so daß Komponenten (Haptene bzw. Halbhaptene) gewonnen werden können, die nicht mehr zur Antikörperbildung befähigt sind, aber noch im Reagensglas mit dem Antikörper reagieren. Diese Teilstücke stellen trotzdem eine conditio sine qua non für die Antikörperbildung dar; sie reichen nur an und für sich nicht zur Immunisierung aus.

Wenn andererseits in den erwähnten Versuchen von KRETZ[1] Toxin-Antitoxin-Gemische, die für normale Tiere neutralisiert erscheinen, bei immunisierten Individuen noch eine Reaktion veranlassen können, so ist dieser zunächst paradox erscheinende Befund damit zu erklären, daß entweder die Vermehrung der sessilen Receptoren, sei es durch Massenwirkung, sei es durch erhöhte Affinität, zu einer Dissoziation der Toxin-Antitoxin-Verbindung führt, oder daß Milieubedingungen zu einer Trennung des Antigen-Antikörper-Komplexes Anlaß geben. Wenn man berücksichtigt, daß das Zustandekommen der Antigen-Antikörper-Reaktion und ebenso ihr Bestand bereits von der Reaktion des Mediums abhängt und durch Verschiebung nach der sauren oder alkalischen Seite hin beeinträchtigt wird, so kann man wohl annehmen, daß auch die Eigenschaften der Körperflüssigkeiten in diesem Sinne Einfluß ausüben können. So dürfte es sich erklären, daß Toxin-Antitoxin-Gemische, die für eine Tierart neutralisiert erscheinen, es für eine andere Tierart nicht unbedingt sein müssen. Berücksichtigt man dazu, daß durch den Immunisierungsprozeß auch unspezifische Veränderungen der Plasmaqualität (Veränderung des Eiweißquotienten, relative Zunahme der grobdispersen Eiweißphasen) eintreten können, so kann man wohl auch unter diesem Gesichtspunkte verstehen, daß die Reaktionsfähigkeit von Antigen-Antikörper-Gemischen die erwähnten Differenzen aufweisen kann.

Eine weitere Frage ist allerdings, ob die Bindung des Antigens mittels einer spezifisch adaptierten Atomgruppierung zur Antikörperbildung, d. h. zur Auslösung der Antikörpersekretion ausreicht. Daß eine spezifische Konfiguration mit ausgesprochen chemischer oder physikalischer Kraft unerläßlich ist, dürfte außer Zweifel sein. Daneben ist aber die Frage erörterungsfähig, ob diese spezifische Bindung genügt. Man könnte annehmen, daß außer dieser spezifischen Bindung an die Gewebsreceptoren noch ein besonderer *Reiz* erforderlich ist, um

[1] KRETZ, R.: Zitiert auf S. 454.

[2] REHNS, J.: L'immunité active et les toxines diphthériques surcompensées. C. r. Soc. Biol. Paris 53, 141 (1901).

[3] DUNGERN, E. v.: Beiträge zur Immunitätslehre. Münch. med. Wschr. 1900, Nr 20.

[4] SACHS, H.: Immunisierungsversuche mit immunkörperbeladenen Erythrocyten. Zbl. Bakter. 30 (1901).

[5] NEISSER, M. u. R. LUBOWSKI: Läßt sich durch Einspritzung der agglutinierten Typhusbacillen eine Agglutininproduktion hervorrufen? Zbl. Bakter. 30 (1901).

[6] PFEIFFER, R. u. E. FRIEDBERGER: Über das Wesen der Bakterienvirulenz nach Untersuchungen an Choleravibrionen. Berl. klin. Wschr. 1902, 581.

[7] FICHERA, G.: Zur Kenntnis der Immunisierungsverhältnisse der Choleravibrionen. Zbl. Bakter. 41, H. 5 u. 6 (1906).

das biologische, zur Antikörperbildung führende Geschehen in Gang zu bringen. In diesem Sinne haben schon EHRLICH und MORGENROTH[1] von einem *Ictus immunisatorius* gesprochen, und ebenso haben WASSERMANN[2], PFEIFFER[3], v. DUNGERN[4] u. a. dem Reizmoment eine besondere Bedeutung zuerkannt (*„Bindungsreiz"*). Keineswegs wird man aber den Bindungsreiz in einer besonderen Giftigkeit des Antigens erblicken müssen. Denn eine derartige Deutung wäre ja nur für die Toxine, also eine Sondergruppe unter den Antigenen, anwendbar. Da aber die Antigenfunktion, das Immunisierungsvermögen, keineswegs von der Giftigkeit abhängt, vielmehr weit verbreitet ist, so muß man wohl das Reizmoment in anderen Faktoren suchen. Eine Präzisierung ist vorläufig kaum möglich. Es sei auch an dieser Stelle daran erinnert, daß unspezifische Reizstoffe die Antikörperbildung verstärken können und sogar die sistierte Antikörperbildung wieder anzufachen geeignet sind.

Die früher erörterte Möglichkeit der Spaltung komplexer Antigene (Lipoide, chemospezifische Antigene, bakterielle Kohlehydrate) in Komponenten, die nur im Reagensglas wirken, aber nicht an und für sich immunisierungsfähig sind, kommt zur Erklärung in dem hier besprochenen Sinne nicht in Betracht, wenn man nicht gewillt ist, das Reizmoment nur in dem hinreichend groben Komplex oder der Molekulargröße zu erblicken. Denn daß nicht etwa bei der Kombinationsimmunisierung die sog. Schlepperkomponente eine Reizwirkung ausübt, ergibt sich daraus, daß nur der im Reagensglas durch Mischung hergestellte Komplex immunisierend wirkt, während die getrennte Injektion beider Komponenten nicht zur Antikörperbildung führt. Man könnte also den Sachverhalt nur dahin ausdrücken, daß das Hapten den Bindungsreiz oder den Ictus immunisatorius nicht auszuüben imstande ist, die Kombination mit dem nativen Eiweiß aber zur Gestaltung des erforderlichen Reizmomentes führt.

Man muß sich darüber klar sein, daß das eigentliche Wesen der Antikörperbildung bisher der experimentellen Analyse nicht zugänglich ist und daher vorläufig in Dunkel gehüllt bleibt. Theorien über die Antikörperentstehung müssen daher zu einem mehr oder weniger großen Teil spekulativen Charakter haben. Sie haben ihren Zweck erfüllt, wenn sie das zur Zeit vorhandene Tatsachenmaterial zu übersehen und zu ordnen erlauben, unter Darbietung eines heuristischen Weisers für die weitere Forschung. In diesem Sinne darf man die Seitenkettentheorie EHRLICHS als eine ausgezeichnete Ausdrucksform anerkennen. Daß sie vielfache Gegnerschaft erfahren hat, ist ebenso verständlich. Dabei ist aber das, was man an ihre Stelle zu setzen versucht hat, keineswegs besser fundiert. In wesentlichen Punkten der Auffassung nähern sich sogar andersartige Vorstellungen sehr der Seitenkettentheorie. So trifft das für eine von SAHLI[5] vorgeschlagene Betrachtungsweise zu, wie insbesondere M. NEISSER[6] und W. KOLLE[7] hervorgehoben haben. In Übereinstimmung mit der Seitenkettentheorie ist auch nach SAHLI das Primum movens für die Antikörperbildung ein Defekt, der von einer übermäßigen Regeneration gefolgt ist. Während aber EHRLICH den Defekt in der Besetzung der Zellreceptoren durch das Antigen erblickt, kommt

[1] EHRLICH, P. u. J. MORGENROTH: Über Hämolysine. 3. Mitt. Berl. klin. Wschr. 1900, Nr 21 — Seitenkettentheorie und Immunität. Emmerich-Fröhlichs Anleitung zu hygienischen Untersuchungen, 3. Aufl. München 1902.

[2] WASSERMANN, A.: Mode d'action et origine des substances actives des sérums préventivs et des sérums antitoxiques. Ber. d. XIII. intern. Kongr. f. Hygiene. Brüssel 1903.

[3] PFEIFFER, R.: Mode d'action et origine des substances actives des sérums préventivs et des sérums antitoxiques. Ber. d. XIII. intern. Kongr. f. Hyg. Brüssel 1903.

[4] DUNGERN, E. v.: Die Antikörper. Jena 1903.

[5] SAHLI, H.: Über das Wesen und die Entstehung der Antikörper. Schweiz. med. Wschr. 1920, Nr 50 u. 51.

[6] NEISSER, M.: Bemerkungen zu der Arbeit von Sahli über das Wesen und die Entstehung der Antikörper. Schweiz. med. Wschr. 1921, Nr 12.

[7] KOLLE, W.: Einleitung zu Otto und Hetsch: Die staatliche Prüfung der Heilsera und des Tuberkulins. Arb. Inst. exper. Ther. Frankf. 1921, H. 13.

Sahli zu der Auffassung, daß der auslösende Vorgang sich im Blute abspielt. Nach ihm sind es, wie schon erwähnt, die im Blute vorhandenen physiologischen Antikörper, die, durch das Antigen gebunden, infolge des derart bedingten Schwundes sodann im Übermaß ersetzt werden. Ich hatte schon darauf hingewiesen, daß in dem Postulat des Vorhandenseins physiologischer Antikörper ein weitgehender Parallelismus zu der Annahme Ehrlichs besteht, der ja die immunisatorische Antikörperbildung als eine exzessive Steigerung physiologischen Geschehens auffaßt. Den Reiz, der zum Ersatz bzw. zur übermäßigen Regeneration der normalen Antikörper erforderlich ist, erblickt Sahli in dem Sinken des normalen Antikörpergehaltes durch die Verbindung mit dem Antigen. Der Unterschied besteht also im wesentlichen nur darin, daß der erste Akt der Handlung nach Ehrlich in den Zellen und Geweben, nach Sahli in den Säften sich abspielt.

Allerdings glaubt Sahli zugleich, der Ehrlichschen strukturchemischen Betrachtungsweise mehr *kolloidchemische Vorstellungen* gegenüberstellen zu sollen. In dieser Hinsicht nähert er sich früheren von Landsteiner[1, 2] vertretenen Vorstellungen, die die Antikörperbildung vom kolloidchemischen Standpunkt aus zu erklären suchen. Es würde sich hiernach um kolloidale Gleichgewichtsreaktionen handeln, die die durch die Antigenverbindung verursachte Störung wieder aufheben sollen. Hierbei liegt aber ebenso wie bei einer von Traube[3] vertretenen Auffassung (vgl. hierzu auch die Betrachtungen von Bordet[4] und Zangger[5]), im Grunde genommen, nur eine Übertragung der Ehrlichschen Theorie in das Gebiet kolloidchemischer Vorstellungen vor. Ob damit irgendein Vorteil gewonnen ist, erscheint zum mindesten zweifelhaft. Gerade bei der Besprechung der komplexen Antigene ist bereits darauf hingewiesen worden, *daß die neuesten Fortschritte der Forschung immer mehr zu der chemischen Betrachtungsweise Ehrlichs zurückführen und dazu zwingen, die Ursachen der Spezifität in bestimmten chemischen Atomgruppierungen zu suchen. Daß sekundäre kolloidchemische Momente für die Reaktionsfähigkeit und für das Immunisierungsvermögen eine Rolle spielen, ist durchaus denkbar, ja sogar wahrscheinlich.*

Grundsätzlich kehrt auch in der von Kassowitz[6] sowie von v. Liebermann[7] („Selektionshypothese") vertretenen Vorstellung der Gedanke der Seitenkettentheorie wieder; es mag daher genügen, auf diese Betrachtungen zu verweisen.

Die bisher besprochenen Auffassungen stimmen jedenfalls darin überein, daß sie eine reaktive Tätigkeit des Organismus als Ursache der Antikörperbildung annehmen. Demgegenüber sucht eine von Herzfeld und Klinger[8] aufgestellte Theorie, der ursprünglichen Betrachtungsweise Buchners folgend, wenigstens teilweise einen direkten genetischen Zusammenhang zwischen Antigen und Antikörper anzunehmen. Ich möchte auf diese experimentell vorläufig nicht gestützte Hypothese, die mit den eiweißchemischen Vorstellungen von Herzfeld und

[1] Landsteiner, K. u. N. Jagic: Über die Verbindung und die Entstehung von Immunkörpern. Münch. med. Wschr. **1903**, Nr 18.

[2] Landsteiner, K. u. M. Reich: Über den Immunisierungsprozeß. Z. Hyg. **58**, 213 (1907).

[3] Traube, J.: Die Resonanztheorie. Eine physikalische Theorie der Immunitätserscheinungen. Z. Immun.forschg **9**, 246 (1911).

[4] Bordet, J.: Traité de l'immunité dans les maladies infectieuses. Paris: Masson u. Cie. 1920.

[5] Zangger, H.: Deutung der Eigenschaften und Wirkungsweise der Immunkörper. Korresp.bl. Schweiz. Ärzte **1904**, Nr 3 — vgl. auch Z. Immun.forschg **1**, 193 (1909).

[6] Kassowitz, M.: Metabolismus und Immunität. Wien 1907.

[7] Liebermann, L. v.: Selektionshypothese. Versuch einer einheitlichen Erklärung der Immunität, Gewebsimmunität und Immunitätserscheinungen. Dtsch. med. Wschr. **1918**, Nr 12 — Biochem. Z. **91**, 46 (1918).

[8] Herzfeld, E. u. R. Klinger: Neuere eiweißchemische Vorstellungen in ihren Beziehungen zur Immunitätslehre. Weichardts Erg. Hyg. **4**, 282 (Berlin 1920).

Klinger in engem Zusammenhang steht, nur kurz verweisen und die Autoren in den wesentlichen Punkten selbst sprechen lassen. Sie stellen sich vor, „daß die Antigenteilchen aus sehr vielen aneinandergereihten und spezifisch gebauten Elementarscheiben bestehen, welche im Tierkörper auseinanderfallen und nun von zahllosen Eiweißteilchen adsorbiert werden". „Alle Teilchen, welche Antigenstücke adsorbiert haben, tragen daher zugleich eine oder mehrere der für das Antigen spezifischen Elementarflächen frei mit herum. So kommt dasjenige zustande, was wir als spezifisch gebaute Antikörper kennen, und sein dem injizierten Eiweißkörper genau entsprechender Bau ist jetzt ohne weiteres verständlich, *ja geradezu eine aus seiner Herkunft sich ergebende Notwendigkeit.*" Verwandt und zugleich vermittelnd dürfte eine neuerdings von Kapsenberg[1] vertretene Vorstellung sein, nach der noch spezifisch konfigurierte Spaltprodukte des Antigens in die Zellen diffundieren und intracellulär zu neuen Molekulen aufgebaut werden sollen, die dann an Globulin gebunden als Antikörper ins Blut gelangen.

Kehren wir nun noch einmal zur Seitenkettentheorie kurz zurück, so sagt sie uns freilich an und für sich über den *Ort der Antikörperbildung im Organismus* nichts aus. Denn sie beschränkt sich darauf, festzustellen, daß die Antikörper überall dort entstehen können, wo Zellreceptoren als Matrix des Antikörpers vorhanden sind.

Kurz erwähnt sei, daß die Fähigkeit zur Antikörperbildung weit verbreitet ist und auch bei Kaltblütern besteht (Noguchi[2]). In manchen Versuchen an Kaltblütern, Arthropoden, Aktinien ließ sich eine Antikörperbildung nicht feststellen (v. Dungern[3], Metschnikow[4], Mesnil[5]). Auch scheint die Antikörperbildung von sekundären Bedingungen abhängen zu können. Hierfür sprechen ältere Beobachtungen von Metschnikow[4], nach denen Antitoxinbildung beim Alligator in der Wärme, aber nicht in der Kälte eintritt, und Beobachtungen von Hausmann[6], nach denen winterschlafende Fledermäuse im Gegensatz zu wachen Fledermäusen Antikörper nicht produzieren. Nach Untersuchungen von Kreidl und Mandl[7] kann bereits der fetale Organismus in der letzten Zeit des intrauterinen Gewebes Antikörper bilden.

Für den Aufschluß über besonders zur Antikörperbildung fähige Organe sind im allgemeinen 2 Wege eingeschlagen worden. Man hat einerseits versucht, in bestimmten Organen oder Geweben das Vorhandensein von Antikörpern festzustellen, bevor sie im Blute nachweisbar werden, andererseits hat man Organe bzw. Gewebe operativ entfernt oder funktionell ausgeschaltet, um festzustellen, ob durch die Exstirpation das Antikörperbildungsvermögen eine Veränderung erfährt. Auf Grund des ersteren Weges sind bereits Pfeiffer und Marx[8], Wassermann[9], Deutsch[10] u. a. zu der Auffassung gelangt, daß die Antikörper im wesent-

---

[1] Kapsenberg, S.: Globulinantikörper und die Ehrlichschen Seitenketten. Nederl. Tijdschr. Geneesk. **1928 II**, 3492.

[2] Noguchi, H.: A study of immuniz. haemolysins, agglutinins, precipitins and coagulins in coldblooded animals. University of Penna — Med. Bull. (November 1902).

[3] Dungern, E. v.: Die Antikörper. Jena 1903.

[4] Metschnikoff, E.: L'Immunité dans les maladies infectieuses. Paris 1901 (in deutscher Übersetzung Jena 1902).

[5] Mesnil, F.: Rech. sur la digestion intracellulaire et les diastases des actinies. Ann. Inst. Pasteur **15**, 352 (1901).

[6] Hausmann, W.: Über den Einfluß der Temperatur auf die Inkubationszeit und Antitoxinbildung nach Versuchen an Winterschläfern. Pflügers Arch. **113**, 317 (1906).

[7] Kreidl, A. u. L. Mandl: Über den Übergang der Immunhämolysine von der Frucht auf die Mutter. Wien. klin. Wschr. **1904**, Nr 22.

[8] Pfeiffer, R. u. E. Marx: Die Bildungsstätten der Choleraschutzstoffe. Z. Hyg. **27**, 227 (1898) — vgl. auch Dtsch. med. Wschr. **1898**, 47.

[9] Wassermann, A.: Weitere Mitteilungen über Seitenkettenimmunität. Berl. klin. Wschr. **1898**, 209.

[10] Deutsch, L.: Contribution à l'étude de l'orginie des anticorps typhiques. Ann. Inst. Pasteur **13**, 689 (1899).

lichen in den hämatopoetischen Organen gebildet werden (vgl. hierzu auch LEVADITI[1], KRAUS und LEVADITI[2], KRAUS und SCHIFFMANN[3], CANTACUZÈNE[4], RAUTMANN[5] u. a.), wogegen von SICK[6], JONES[7] auch andersartige Organe als Antikörperbildungsstellen angenommen wurden.

Was die Organexstirpation anlangt, so ergaben schon Versuche von PFEIFFER und MARX[8], DEUTSCH[9], JAKUSCHEWITSCH[10], BREZINA[11], daß die Antikörperproduktion keineswegs an die Anwesenheit der Milz gebunden ist. Immerhin erscheinen Befunde von DEUTSCH von Interesse, nach denen die Antikörperbildung eine Herabsetzung erfährt, wenn die Milzexstirpation erst nach der Immunisierung erfolgt. Die Versuche würden also in dem Sinne zu werten sein, daß die Milz vielleicht eine wesentliche Bildungsstätte darstellt, aber andere Organe und Gewebe nach ihrer Entfernung vikariierend für sie eingreifen können. Dabei bestehen augenscheinlich Unterschiede zwischen den einzelnen Tierarten und auch individueller Art. Das ergibt sich aus Angaben von LONDON[12], LUZZATTO[13], WEISZ und STERN[14], STANDENATH[15], RUSS und KIRCHNER[16], BIELING, ISAAC und GOTTSCHALK[17, 18, 19, 20, 21] u. a., die Abnahme oder Ausbleiben der Antikörperbildung nach Milzexstirpation sahen.

Diese relative Bedeutung der Milz für die Antikörperbildung wird verständlich, wenn man den neuerdings im Vordergrunde stehenden Auffassungen folgt,

[1] LEVADITI, C.: Sur l'origine des anticorps antispirilliques. C. r. Soc. Biol. Paris **56**, 880 (1904).

[2] KRAUS, R. u. C. LEVADITI: Sur l'origine des précipitines. C. r. Acad. Sci. Paris **138** (5. April 1904).

[3] KRAUS, R. u. SCHIFFMANN: Zur Frage der Bildungsstätte der Antikörper. Wien. klin. Wschr. **1905**, Nr 14.

[4] CANTACUZÈNE, J.: Recherches sur l'origine des précipitines. Ann. Inst. Pasteur **22**, 54 (1908).

[5] RAUTMANN, H.: Experimentelle Untersuchungen über die Funktion der Milz. Dtsch. med. Wschr. **1922**, 1504.

[6] SICK, K.: Über Herkunft und Wirkungsweise der Hämagglutinine. Dtsch. Arch. klin. Med. **80** (1904).

[7] JONES, F. S.: The liver as a source of bacterial agglutinin. J. of exper. Med. **41**, 767 (1925).

[8] PFEIFFER, R. u. E. MARX: Die Bildungsstätte der Choleraschutzstoffe. Z. Hyg. **27**, 272 (1898) — vgl. auch Dtsch. med. Wschr. **1898**, 47.

[9] DEUTSCH, L.: Contribution à l'étude de l'origine des anticorps typhiques. Ann. Inst. Pasteur **13**, 689 (1899).

[10] JAKUSCHEWITSCH, E.: Über Hämolysine bei den entmilzten Tieren. Z. Hyg. **47**, 407 (1904).

[11] BREZINA, E.: Zur Frage der Bildungsstätte der Antikörper. Wien. klin. Wschr. **1905**, Nr 35.

[12] LONDON: Arch. wiss. Biol. **1891**, 328.

[13] LUZZATTO: Atti Accad. Fisiocritici Siena **14**, 247 (1922).

[14] WEISZ, ST. u. E. STERN: Über Hämolysinbildung nach Milzexstirpation. Wien. klin. Wschr. **1922**, Nr 6.

[15] STANDENATH, F.: Untersuchungen über die Bildungsstätte der Präcipitine. Z. Immun.-forschg **38**, 19 (1924).

[16] RUSS, V. u. L. KIRCHNER: Experimentelle Studien über die Funktion der Milz bei der Agglutininproduktion. Z. Immun.forschg **32**, 113 (1921).

[17] BIELING, R.: Die Bedeutung der Milz für die Wirkung der Antigene im Körper. Z. Immun.forschg **38**, 193 (1923).

[18] BIELING, R., A. GOTTSCHALK u. S. ISAAC: Untersuchungen über die Beeinflussung des Eiweißabbaus in der Leber durch unspezifische und spezifische Reize. Klin. Wschr. **1922**, 1560.

[19] BIELING, R. u. A. GOTTSCHALK: Die Verteilung der Toxine im Körper. Z. Hyg. **99**, 125, 142 (1923).

[20] BIELING, R. u. S. ISAAC: Untersuchungen über intravitale Hämolyse. Z. exper. Med. **25**, 1 (1921); **26**, 251 (1922).

[21] BIELING, R. u. S. ISAAC: Die Bedeutung des Reticuloendothels. Z. Hyg. **98**, 180 (1922).

nach denen der gesamte reticulo-endotheliale Apparat im Mittelpunkt des Geschehens bei der Antigenspeicherung und der Antikörperbildung steht. Es sei in dieser Hinsicht insbesondere auf die Arbeiten von Bieling und seinen Mitarbeitern[1], sowie auf Bielings[2] zusammenfassende Darstellung verwiesen. Bei der weiten Verbreitung der reticulo-endothelialen Zellen im Organismus ist es operativ kaum möglich, sie gänzlich auszuschalten. Man hat daher experimentell versucht, durch Blockade mit Tusche, Eisenzucker oder Farbstoffen das Reticuloendothel seiner Funktion zu entziehen. Aber auch hierbei dürfte das ideale Ziel einer völligen Blockade kaum erreichbar sein. So sind die Ergebnisse wechselnd. Gay und Clark[3] erzielten durch Blockade eine Herabsetzung der Antikörperbildung, während in anderen Fällen sogar ein begünstigender Reiz resultieren kann (Rosenthal und Holzer, Moses, Petzal[4, 5]). Immerhin hat sich in derartigen Versuchen erweisen lassen, daß die Kombination von Milzentfernung und Blockade der Reticuloendothelien zu einer erheblichen Reduktion des Antikörperbildungsvermögens führt (Bieling[6], Neufeld und Meyer[7], Meyer[8]). Allerdings liegen im Gegensatz zu diesen an Mäusen erhobenen Befunden negative Ergebnisse von Rosenthal[4] und seinen Mitarbeitern am Kaninchen vor.

Verständlich ist, daß verhältnismäßig rasch eine Kompensation bzw. Wiederherstellung der ausgeschalteten Funktion stattfindet und daher bei wiederholten Antigeninjektionen die zunächst eingetretene Hemmungswirkung wieder schwindet (Russ u. Kirchner[9], Kobayashi[10]).

Vereinbar mit der Bedeutung des Reticuloendothels für die Antikörperbildung dürfte auch die *lokale Entstehung* von Antikörpern sein, wie sie sich schon aus den Untersuchungen Römers[11] über Antitoxinbildung im Bindehautsack nach Einträufeln in das Auge ergeben hat. In analogem Sinne sprechen die älteren Versuche von Wassermann und Citron[12] über lokale Antikörperbildung bei intraperitonealer und subcutaner Injektion. Neuere Untersuchungen von Besredka[13] würden in gleicher Hinsicht zu werten sein. Auf eine nähere Erörterung des Problems der lokalen Immunisierung und der lokalen Immunität soll an dieser

[1] Bieling, R. u. Mitarbeiter: Zitiert auf S. 459.
[2] Bieling, R.: Reticuloendothel und Immunität. Zbl. Bakter. **110** (Beih.), 195 (1929).
[3] Gay, F. u. A. Clark: The reticulo-endothelial system in relation to antibody formation. Proc. Soc. exper. Biol. a. Med. **22**, 1 (1924).
[4] Rosenthal, F. u. P. Holzer: Über die nervöse Beeinflussung des Agglutininspiegels, zugleich ein Beitrag zum Mechanismus der leistungssteigernden parenteralen Reiztherapie. Berl. klin. Wschr. **1921**, Nr 25, 675.
[5] Rosenthal, F., A. Moses u. E. Petzal: Weitere Untersuchungen zur Frage der Blockade des reticulo-endothelialen Apparates. Z. exper. Med. **41**, 405 (1924).
[6] Bieling, R.: Die Bedeutung der Milz für die Wirkung der Antigene im Körper. Z. Immun.forschg **38**, 193 (1923).
[7] Neufeld, F. u. H. Meyer: Über die Bedeutung des Reticuloendothels für die Immunität. Z. Hyg. **103**, 595 (1924).
[8] Meyer, H.: Weitere Untersuchungen über die Bedeutung des Reticuloendothels für die Immunität. Z. Hyg. **106**, 124 (1926).
[9] Russ, V. u. L. Kirchner: Experimentelle Studien über die Funktion der Milz bei der Agglutininproduktion. Z. Immun.forschg **32**, 113 (1921).
[10] Kobayashi, K.: Recherches sur la formation des agglutinines. C. r. Soc. Biol. Paris **94**, 599 (1926).
[11] Römer, P.: Experimentelle Untersuchungen über Abrin-Immunität. Graefes Archiv **52**, 72 (1901).
[12] Wassermann, A. v. u. J. Citron: Über die Bildungsstätten der Typhusimmunkörper. Ein Beitrag zur lokalen Immunität der Gewebe. Z. Hyg. **1905** — vgl. auch Dtsch. med. Wschr. **1905**, Nr 15.
[13] Besredka, A.: L'Immunisation locale et ses applications pratiques. Presse méd. Nr 86 (Okt. 1926) — Bull. Inst. Pasteur **22**, 217, 265 (1924).

Stelle verzichtet werden, da sie mehr in die Handbücher der pathogenen Mikroorganismen und der Immunitätslehre gehört.

In dem vorliegenden Zusammenhang sei aber erwähnt, daß auch Angaben
über *Antikörperbildung in vitro* durch künstliche Gewebskulturen vorliegen (CAR-
REL und INGEBRIGTSEN[1], LÜDKE[2], REITER[3], PRZYGODE[4], SCHILF[5] u. a.). Die
Untersuchungen erstrecken sich im wesentlichen auf Kulturen von Milz, Knochenmark von Kaninchen; sie würden gleichfalls mit der Rolle des reticulo-endothelialen Apparates vereinbar sein, wofür insbesondere die Versuche von MEYER
und LOEWENTHAL[6] über Antikörperbildung in Kulturen von Elementen des reticuloendothelialen Systems sprechen.

Was die *sekundäre Bedeutung* der einzelnen Organe für die Antikörperbildung
und die allgemeinen Veränderungen im Organismus bei der Immunisierung anlangt, so sei auf die zusammenfassenden Darstellungen, insbesondere diejenige
von BIELING[7], verwiesen. Nicht unerwähnt sei schließlich die Frage, ob unter
Umständen auch eine Antikörperbildung durch eine *Fortleitung des Reizes* von
der Injektionsstelle aus erfolgt. Es sind in diesem Sinne Versuche gedeutet
worden, nach denen nach Injektion des Antigens in das Kaninchenohr und so-
fortiger Amputation des Ohrs trotzdem Antikörperbildung eintrat (OSHIKAWA[8],
REITLER[9] u. a.). Eine Klärung ist bisher kaum anzunehmen, da augenscheinlich
die Resorption genügender Antigenquantitäten außerordentlich rasch erfolgen
kann (DÖLTER und KLEINSCHMIDT[10]). Über die Bedingungen der Resorption vgl.
hierzu COHN[11].

In bezug auf den Zeitpunkt des Erscheinens der Antikörper im Blute ist
seit den grundlegenden Untersuchungen EHRLICHS[12] bekannt, daß dem Anti-
körperanstieg ein Latenzstadium vorangeht und dann der Antikörpergehalt
rasch bis zur Akme steigt, um verhältnismäßig langsam abzusinken. Auf die
näheren Einzelheiten der verschiedenen Immunisierungsformen und ihrer Folgen braucht nicht weiter eingegangen zu werden, da es sich an dieser Stelle im
wesentlichen um die Erörterung der Beziehungen zwischen Antigenen und Antikörpern handelt. Die Handbücher der pathogenen Mikroorganismen und der

[1] CARREL, A. u. R. INGEBRIGTSEN: Production d'anticorps par des tissues vivantes en
dehors de l'organisme. C. r. Soc. Biol. Paris **72**, 220 (1912) — vgl. auch J. of exper. Med.
15, 287 (1912).
[2] LÜDKE, H.: Über Antikörperbildung in Kulturen lebender Körperzellen. Berl.
klin. Wschr. **1912**, 1034.
[3] REITER, H.: Studien über Antikörperbildung in vivo und in Gewebskulturen. Z.
Immun.forschg **18**, 5 (1913).
[4] PRZYGODE, P.: Über die Bildung spezifischer Agglutinine in künstlichen Gewebskulturen. Wien. klin. Wschr. **1913**, 841.
[5] SCHILF, F.: Die Bildung von Bakteriolysinen in künstlichen Gewebskulturen. Zbl.
Bakter. **97**, 219 (1926).
[6] MEYER, K. u. H. LOEWENTHAL: Untersuchungen über Antikörperbildung in Gewebe-
kulturen. Z. Immun.forschg **54**, 409 (1928).
[7] BIELING, R.: Erzeugung der Antikörper. Handb. der pathogenen Mikroorganismen,
3. Aufl., **2**, 133 (1927).
[8] OSHIKAWA, K.: Beziehungen zwischen Antigen und Antikörperbildung. Z. Immun.-
forschg **33**, 306 (1922).
[9] REITLER, R.: Die Immunkörperbildung als Reflexvorgang. Wien. klin. Wschr.
1924, 267 — vgl. auch Z. Immun.forschg **44**, 511 (1925).
[10] DÖLTER, W. u. K. KLEINSCHMIDT: Zur Frage der Antikörperbildung. Z. Immun.forschg
44, 531 (1925).
[11] COHN, H: Erfolgt die Antikörperbildung als Reflex oder nach Resorption des Antigens? Z. Hyg. **106**, 209 (1926).
[12] EHRLICH, P.: Experimentelle Untersuchungen über Immunität. Dtsch. med. Wschr.
1891, Nr 32 u. 44. — BRIEGER, L. u. P. EHRLICH: Beitr. zur Kenntnis der Milch immunisierter
Tiere. Z. Hyg. **13**, 336 (1893).

Immunitätsforschung geben leicht Auskunft. Erschöpfend ist das Wesen der Immunisierung und der Antikörperbildung bisher keineswegs aufgeklärt. Aber eine Reihe von bestehenden Bedingungen sind doch hinreichend umgrenzt, um einen Überblick zu gewähren. Im Mittelpunkt der Betrachtung muß auch bei der Antikörperbildung ebenso wie bei der Antikörperfunktion die Spezifität der Erscheinung stehen. Der spezifische Antigenreiz bildet zweifellos die Voraussetzung des Erfolges, wenn auch sekundär eine Reihe von unspezifischen Momenten die Reizwirkung steigern können. Die spezifisch abgestimmte Reaktionsfähigkeit des Organismus ist eine Funktion, die an und für sich größtes physiologisches Interesse gewährt. Durch ihre Erfüllung liefert sie zugleich in den Antikörpern jene Reagenzien, welche die biochemische Analyse der Antigenstrukturen in den Organen und Geweben ermöglichen.

Antifermente und Fermente des Blutes.

Von

M. JACOBY
Berlin.

Zusammenfassende Darstellungen.

ABDERHALDEN, EMIL: Die Abderhaldensche Reaktion. 5. Aufl. der „Abwehrfermente". Berlin: Julius Springer 1922. — v. EULER, HANS: Chemie der Enzyme. 2. Aufl. München: J. F. Bergmann 1920. — GUGGENHEIMER, HANS: Die Bedeutung der Fermente für physiologische und pathologische Vorgänge im Tierkörper. Erg. inn. Med. **20** (1920). — OPPENHEIMER, CARL: Die Fermente und ihre Wirkungen. 5. Aufl. Leipzig: Georg Thieme 1924.

Mehr noch als bei den Organen muß man beim Blut beachten, daß viele Fermentwirkungen, welche sich nachweisen lassen, nichts mit der Funktion zu tun haben. Besonders bei der Blutflüssigkeit ist damit zu rechnen, daß manche Enzyme nur auf dem Transport von einem Organ zu einem anderen im Blute angetroffen werden. Bei den Zellen des Blutes wird man dagegen annehmen müssen, daß sie wie alle tierischen und pflanzlichen Zellen mit einem vollkommenen Fermentapparat ausgerüstet sind, den sie für ihre physiologischen Funktionen nicht entbehren können. Wenn man die Funktionen der Blutfermente in den Vordergrund stellt, welche mit spezifischen Blutfunktionen in Beziehung stehen, wird man in der Hauptsache an die Fermente der Sauerstoffübertragung und der Blutgerinnung denken. Über die Blutgerinnung wird an anderer Stelle des Handbuches berichtet. Hier sei nur darauf hingewiesen, daß die Existenz von Gerinnungsfermenten noch diskutiert wird. Auch wird die Ansicht vertreten, daß die Blutgerinnung — soweit sie enzymatischer Natur ist — auf proteolytische Fermentwirkungen zurückgeführt werden muß.

Inwiefern Fermente bei der Sauerstoffübertragung durch die roten Blutzellen beteiligt sind, ist noch durchaus unklar. Immerhin muß mit ihrer Mitwirkung gerechnet werden. Zu erörtern ist die Rolle der Blutkatalase und die der Peroxydase.

Die Katalase ist in den roten Blutkörperchen in sehr wirksamer Form vorhanden. Hervorzuheben ist, da es physiologisch beachtenswert ist, daß sie in der Tat auf die Zellen beschränkt ist und in der Blutflüssigkeit durchaus fehlt. Mit dem Hämoglobin hat sie nichts zu tun, sie ist von dem Blutfarbstoff vollkommen abtrennbar. Aus neueren Untersuchungen von TSUCHIHASHI[1], die in JACOBYS Laboratorium ausgeführt worden sind, geht unzweifelhaft hervor, daß die Katalase der roten Blutzellen sich gänzlich vom Hämoglobin trennen läßt und daß sie praktisch eiweißfrei dargestellt werden kann. Es gelang das durch Kombination der Reinigung der Katalase mit Hilfe von Chloroform mit der Anwendung der Adsorption durch Calciumphosphat. Am besten bewährte sich folgende Methode: Frisch geschlagenes Blut wird vom Serum befreit, die Blutkörperchen

---

[1] TSUCHIHASHI, MITSUTARO: Zur Kenntnis der Blutkatalase. Biochem. Z. **140**, 63 (1923).

werden dreimal mit physiologischer Kochsalzlösung gewaschen, dann werden sie durch Verdünnen mit destilliertem Wasser auf das Zehnfache hämolysiert. Die filtrierte Lösung wird mit Chloroform geschüttelt, der wässerige Anteil filtriert. Diese Lösung wird mit einer Aufschwemmung von dreibasischem Calciumphosphat ausgefällt, der gut mit Wasser gewaschene Niederschlag wird mit zweibasischem Natriumphosphat eluiert. So erhält man die Blutkatalase in sehr wirksamer Form und sehr weitgehend von Beimengungen befreit.

Es kann keinem Zweifel unterliegen, daß die Katalase an den chemischen Umsetzungen der Blutzellen maßgebend beteiligt ist. Trotzdem kann an dieser Stelle aus zwei Gründen die biologische Rolle der Katalase nicht erörtert werden: Einmal deswegen, weil noch ganz erhebliche, vorläufig nicht zu beseitigende Unklarheiten bestehen. Hauptsächlich aber, weil noch nicht zu erkennen ist, inwiefern die Katalase bei der Funktion der Blutzellen eine Rolle spielt, welche in charakteristischer Art von der Einfügung der Katalasewirkung in die Funktionskette aller Zellen unterschieden ist. Daß die Katalase immer dort und dann eingreifen muß, wenn irgendwo intermediär Wasserstoffsuperoxyd entsteht, ist ja selbstverständlich.

Obwohl wir scharf formuliert haben, daß man über die Eingruppierung der Katalase in den Stoffwechsel der Blutzellen nichts Sicheres weiß, wären doch Untersuchungen von Bedeutung, welche den Parallelismus zwischen quantitativer Katalasewirkung und bestimmten Zuständen prüfen und daraus Rückschlüsse auf die funktionelle Bedeutung der Katalase versuchen. Solches Material hat in der Tat Burge in großem Umfange beizubringen versucht. Nach Burge nimmt bei körperlicher Arbeit die Katalasewirkung des Blutes zu. Aber es genügt auch schon die Vermehrung der Eiweißernährung, insofern sie den Grundumsatz steigert. Nach Burge soll die Katalase überall, wo sie sich findet, von der funktionellen Inanspruchnahme der Organismen abhängig sein. So soll bei Kaninchen die Blutkatalase im Sommer am wenigsten wirksam sein, wenn das Wetter am heißesten ist und am wirksamsten im Winter, wenn das Wetter am kältesten ist. Wenn das Wetter beim Übergang vom Sommer zum Winter kälter wird, nimmt die Blutkatalase schrittweise zu und beim Übergang vom Winter zum Frühling und Sommer, wenn es wärmer wird, nimmt die Blutkatalase allmählich ab. Sportliche Übungen bewirken eine Zunahme der Katalasewirkung des Blutes. Während einer mehrmonatigen Sportsaison stieg allmählich bei den Mannschaften der Katalasegehalt des Blutes[1].

Nun ist aber hervorzuheben, daß die Einzelbeobachtungen von Burge sich keineswegs in vollem Umfange haben bestätigen lassen, was zunächst nötig wäre, wenn sie eine Grundlage für eine Theorie der Blutkatalasewirkung sein sollen. Aber darüber hinaus ist es klar, daß selbst ein absoluter Parallelismus zwischen der Oxydationsleistung des Organismus und Katalasewirkung des Blutes noch keineswegs beweisen oder auch nur wahrscheinlich machen würde, daß die Katalasevermehrung die Ursache der erhöhten Oxydationsleistung ist[2].

Auch durch das Studium pathologischer Vorgänge hat man versucht, Klarheit darüber zu gewinnen, ob die Katalase eine physiologische Funktion hat. Einen Fortschritt bei der klinischen Untersuchung der Katalasewirkung bedeuten Untersuchungen von v. Thienen. Nach v. Thienen[3] kann man sich mit der

---

[1] Burge, W. E. u. J. M. Leichsenring: The effect of warm and cold weather on the blood catalase. J. Labor. a. clin. Med. 8, Nr 1, 33 (1922). — Burge, W. E.: The effect of gymnasium exercises and athletic contest on the blood catalase. Amer. J. Physiol. 63, Nr 3, 431 (1923).

[2] Morgulis, S.: Die Katalase. Erg. Physiol. 23, 1 (1924).

[3] Thienen, G. J. van: Onderzoekingen over de Bloedkatalase. Diss. Groningen 1917 — Dtsch. Arch. klin. Med. 131 (1920).

einfachen Bestimmung der Katalasewirksamkeit des Blutes nicht begnügen. Sicherlich werden im allgemeinen die roten Blutzellen eine bestimmte Katalasewirkung haben. Soweit das der Fall ist, besagt dann die Feststellung der Katalasewirkung nicht mehr und nicht weniger als die Zählung der roten Blutzellen. Für die Beurteilung pathologischer Zustände, wie z. B. die Bewertung von Anämien, ist es aber von Interesse, ob der relative Katalasegehalt der Blutzellen verändert ist. So kam v. THIENEN dazu, den sog. Katalaseindex einzuführen, der einfach das Verhältnis

$$\frac{\text{Katalasezahl}}{\text{Millionenzahl der roten Blutzellen}}$$

vorstellt.

v. THIENEN u. a. zeigten nun, daß bei schweren, perniziösen Anämien häufig, wenn auch wohl nicht konstant, der Katalaseindex sich ändert, und zwar in der Richtung, daß auf das einzelne Blutkörperchen mehr Katalasewirkung kommt. Man gewinnt den Eindruck, daß hier ein Versuch der Kompensation vorliegt, durch den die infolge der Anämie zustande kommende Verminderung der Katalasewirkung des Gesamtblutes ausgeglichen werden kann. Aus diesen Erfahrungen der Pathologie kann man vielleicht einen physiologischen Schluß ziehen. Denn im allgemeinen sind es in der Norm funktionierende Mechanismen, bei denen der durch die Schädigung bedingte Reiz eine Kompensation bewirkt.

Neben der Katalasewirkung entfalten die Erythrocyten noch eine ausgesprochene Enzymwirkung, die für die Übertragung von Sauerstoff von Bedeutung ist, nämlich eine echte Peroxydasewirkung. Diese Peroxydase ist darum von größtem Interesse, weil, wie WILLSTÄTTER und POLLINGER[1] neuerdings überzeugend dargelegt haben, diese Enzymwirkung mit Sicherheit eine Funktion des O-Hämoglobins selbst ist. Krystallisiert man das O-Hämoglobin mehrfach um, so ändert sich seine Peroxydasewirkung nicht. Einmal krystallisiertes und öfters umkrystallisiertes Oxyhämoglobin aus dem Blut einer bestimmten Tierart ergeben genau übereinstimmende Werte. Das Oxyhämoglobin ist im Vergleich mit den hochwirksamen pflanzlichen Peroxydasen kein sehr wirksames Enzym. Es ist 10—30 tausendmal schwächer als die bisher von WILLSTÄTTER und seinen Mitarbeitern dargestellten Präparate. Qualitativ scheint es sich bei den Oxyhämoglobinen der verschiedenen Tierarten um dasselbe Enzym zu handeln. Aber die Oxyhämoglobine der einzelnen Arten sind quantitativ verschieden wirksam. Wenn 1000 mg Hämoglobin-O_2 mit 50 mg H_2O_2 auf 5 g Pyrogallol 5 Minuten lang einwirken, so ergibt

1 mg Oxyhämoglobin aus Pferdeblut	0,152 mg Purpurogallin
1 ,, ,, ,, Hundeblut	0,115 ,, ,,
1 ,, ,, ,, Rinderblut	0,114 ,, ,,
1 ,, ,, ,, Schweineblut	0,093 ,, ,,

Worauf diese Differenzen in der Peroxydasewirkung der Hämoglobine der verschiedenen Spezies beruhen, ist nicht ganz durchsichtig. WILLSTÄTTER und POLLINGER denken in erster Linie daran, daß die Wirkung der spezifisch wirksamen Gruppe, der sog. prosthetischen Gruppe von der Assoziation mit dem Globinmolekül abhängt. Und es scheint so, als ob die Globine aus den verschiedenen Blutarten ungleich konstituiert sind. Aber es könnten auch andere Gründe für die quantitative Verschiedenheit der Wirksamkeit verantwortlich sein. Wenn man annimmt, daß der kolloide Komplex, der auf die Wirkung der rein chemisch aktiven Gruppe von Einfluß ist, bei den Hämoglobinen sich unterscheidet, so hätte man hier einen physikalisch-chemischen Hinweis darauf, wie die Artspezi-

---

[1] WILLSTÄTTER, RICHARD u. ADOLF POLLINGER: Über die peroxydatische Wirkung der Oxyhämoglobine. Hoppe-Seylers Z. **130**, 281 (1923).

fität zustande kommt. Ausschließen kann man wohl, daß das Eisen des Hämoglobins für seine Peroxydasewirkung von Bedeutung ist, da WILLSTÄTTER bei
den pflanzlichen Oxydasen durch fortschreitende Reinigung den Eisengehalt bis
auf 0,06% ohne Schädigung der Enzymwirkung herabdrücken konnte.

Wenn man auch weder bei der Peroxydase noch bei der Katalase Beweise
für ihre physiologische Bedeutung hat, so muß man doch wohl damit rechnen,
daß beide Enzyme in den roten Blutzellen physiologische Funktionen erfüllen.

Da die Blutzellen wie andere Zellen atmen, so werden sie auch über das von
WARBURG[1] neuerdings in seinem Wesen erkannte Atmungsferment verfügen.
Dieses Ferment hat zwar in seiner Konstitution eine gewisse Beziehung zu dem
Häminanteil des Hämoglobins, ist aber selbstverständlich mit dem Hämoglobin
weder in der Gesamtkonstitution noch in der Funktion identisch. Da die Zellatmung auf Kosten des Zellzuckers vor sich geht, ist es notwendig, daß in den
Blutzellen nach dem Maße der Blutatmung eine Glykolyse stattfindet. Wenn
auch in etwas anderem Sinne hat man seit CLAUDE BERNARD schon immer sein
Augenmerk auf die Glykolyse des Blutes gerichtet. CLAUDE BERNARD hatte
gefunden, daß im Blute extra corpus die Menge des Zuckers abnimmt, LÉPINE
hatte angenommen, daß das durch die Wirkung eines im Blute vorhandenen,
oxydierenden Enzyms zustande kommt, welches den Zucker zerstört. Da nun
Zucker gegen Mikroorganismen sehr labil ist und es schien, als ob die Glykolyse
des dem Körper entnommenen Blutes unterblieb, wenn man Bakterienwirkung
sorgfältig ausschaltete, war man geneigt, die Glykolyse des Blutes als Kunstprodukt aufzufassen. Nachdem schon vorher mehrere Arbeiten es wahrscheinlich
gemacht hatten, daß eine enzymatische Glykolyse des Blutes besteht, behauptete
BÜRGER[2] auf Grund eingehender Untersuchung, daß die Hämoglykolyse ein
normaler, jederzeit reproduzierbarer Vorgang ist, wenn man nur die Versuchsbedingungen hinreichend genau ermittelt hat.

Auch eine Diastase kommt im Blutserum vor. Ihre Menge ist von physiologischen Bedingungen abhängig. Es scheint, als ob die Blutdiastase im Bedarfs-
falle aus dem Blute in die Organe wandern kann. So geht die Adrenalin- und
Morphinhyperglykämie parallel mit einer Abnahme der Blutdiastase und Zunahme der Leberdiastase, ebenso wirkt die Insulinhypoglykämie. Bei schweren
Pankreaserkrankungen, bei denen bekanntlich im Harn sehr hohe Diastasewerte
gefunden werden, ist häufig auch die Blutdiastasewirkung erhöht[3].

Die im Blutserum in wirksamer Form anzutreffende Lipase oder Esterase,
welche Monobutyrin oder Tributyrin in Glycerin und Buttersäure spaltet, ist
durch die stalagmometrische Methode von MICHAELIS und RONA der quantitativen Bestimmung einfach zugänglich.

Die Methode von MICHAELIS und RONA erfordert nur wenig Serum, sie zeitigt
auch schnell und sicher Resultate, indem man nur das geeignet hergestellte Gemisch von Lipase und Ester aus einer Capillare austropfen läßt und in bestimmten
Zeitabständen die Tropfenzahl bestimmt. So verfolgt man die Änderung der
Oberflächenspannung und kann aus der Änderung auf die eingetretene Ester-
spaltung rückschließen.

Das Studium der Serumlipase hat methodisch noch eine große Zukunft,
da RONA im Anschluß an WARBURGS Methodik es ermöglicht hat, mit minimal-

---

[1] WARBURG, O. u. E. NEGELEIN: Über den Einfluß der Wellenlänge auf die Verteilung
des Atmungsferments (Absorptionsspektrum des Atmungsferments). — KREBS, H. A.: Über
die Wirkung von Kohlenoxyd und Licht auf Häminkatalysen. Biochem. Z. **193** (1928).

[2] BÜRGER, M.: Untersuchungen über Hämoglykolyse. Z. exper. Med. **31** (1923).

[3] COHEN, S. J.: Studies in blood diastases. Amer. J. Physiol. **69**, Nr 1, 125; Nr 2, 334
(1924). — v. STRASSER: Untersuchungen über die diastatischen Fermente im Blute. Dtsch.
Arch. klin. Med. **151**, Nr 1/2, 110 (1926).

sten Substanzmengen durch Messung von Druckdifferenzen quantitativ die Wirkung von Lipasen zu verfolgen[1].

Die Menge oder die Wirksamkeit der Lipase des Blutserums scheint ziemlich konstant zu sein. So ändern reichliche und fortgesetzte Fettmahlzeiten ihre Wirksamkeit nicht. Andererseits ist der quantitative Nachweis der Lipase durch das Milieu sehr beeinflußbar, in dem die Prüfung vorgenommen wird. Man muß daher genau beachten, ob die Zusammensetzung des zu prüfenden Serums auch nicht etwa in einer Weise gegen die Norm geändert ist, welche für die quantitative Prüfung der Lipasewirksamkeit von Bedeutung ist. Das ist insofern besonders wichtig, weil die Methodik gerade auch gegenüber Blutbestandteilen wie dem Cholesterin empfindlich ist, bei denen man gern erfahren würde, ob neben ihrer Anhäufung sich eine Änderung des Lipasegehaltes des Blutes nachweisen läßt.

Die Blutlipase ist sehr empfindlich gegen Gifte. Schon sehr geringe Mengen von Chinin oder Atoxyl verändern die Serumlipase so, daß sie Tributyrin nicht mehr spaltet. Da die in den Organen vorkommenden Lipasen sich in bezug auf Giftfestigkeit von der Serumlipase unterscheiden und das Milieu auf dieses Verhalten nach RONA nicht von Einfluß ist, kann man mit der Vergiftungsmethode erkennen, ob im Serum neben der Serumlipase bei Krankheiten sich Organlipasen finden.

Jedoch ist es nach den Untersuchungen WILLSTÄTTERS[2] wahrscheinlich, daß nicht die Lipasen selbst verschieden sind, sondern daß nur das Milieu in den verschiedenen Fundstätten des Enzyms sich unterscheidet und dieses Milieu in spezifischer Weise durch die Gifte verändert wird.

Auch in den cellulären Bestandteilen des Blutes ist Lipase nachweisbar. Insbesondere die weißen Blutzellen wurden daraufhin untersucht. BERGEL nahm an, daß die Lipase sich nur in den Lymphocyten, aber nicht in den Leukocyten findet. Jedoch haben neuere Untersuchungen das nicht bestätigt, RESCH[3] und NEES[4] fanden, daß zwischen Leukocyten und Lymphocyten in bezug auf Lipasewirkung kein sicherer Unterschied besteht.

Eine Cholesterinase scheint dem Blute zu fehlen[5]. Es steht auch noch garnicht fest, ob das Blutserum die Neutralfette, die etwa nach der Resorption das Blut passieren, zu spalten vermag. Nach AMAKI[6] kann das Blutserum diese Neutralfette überhaupt nicht spalten, ältere Angaben sollen durch methodische Mängel ihre Erklärung finden. Jedoch spalten die Blutkörperchen die Cholesterinester, was das Serum nicht kann[7].

Nach verschiedener Richtung ist die Proteolyse des Blutes von Interesse. In den Blutzellen ist Proteolyse nachweisbar. Jedoch wird das Vorkommen von proteolytischen und lipolytischen Fermenten in den Blutplättchen des Kaninchens und des Hundes neuerdings von ROSKAM[8] bestritten.

Das proteolytische Vermögen des Blutserums ist viel umstritten worden. Das hängt damit zusammen, daß die proteolytischen Enzyme sich nicht in

---

[1] RONA, P. u. A. LASNITZKI: Eine Methode zur Bestimmung der Lipase in Körperflüssigkeiten und im Gewebe. Biochem. Z. **152**, 504 (1924).

[2] WILLSTÄTTER, RICHARD u. FRIEDRICH MAMMAN: Vergleich von Leberesterase mit Pankreaslipase; über die stereochemische Spezifität der Lipasen. Hoppe-Seylers Z. **138** (1924).

[3] RESCH, ALFRED: Z. klin. Med. **92** (1921).

[4] NEES, FRIEDRICH: Biochem. Z. **124** (1921).

[5] NOMURA, TOSHIHARA: Tohoku J. exper. Med. **4**, Nr 6, 677 (1924).

[6] AMAKI, JUNKICHI: Zur Frage des lipolytischen Vermögens des Serums und der Organextrakte usw. Tohoku J. exper. Med. **5**, Nr 1, 13 (1924).

[7] CYTRONBERG, S.: Biochem. Z. **45** (1912).

[8] ROSKAM, JAQUES: Les globulins (plaquettes de Bizzozero) contiennent-ils des ferments protéolytiques et lipolytiques? C. r. Soc. Biol. Paris **91**, Nr 24, 373 (1924)

manifester Form im Serum finden. So ist im Serum nicht Pepsin, wohl aber Pepsinogen nachweisbar[1]. Wie wir später sehen werden, hemmt das Serum deutlich proteolytische Vorgänge. Es liegt daher nahe, daran zu denken, daß durch die Hemmungswirkungen die eigene Proteolyse des Serums verdeckt wird. Nach Stephan wird das Serum durch alle Eingriffe proteolytisch wirksam, die eine gleichmäßige, feinste Trübung des Serums im Gefolge haben, ohne gleichzeitig durch chemische Adsorptions- oder Hitzewirkung das Ferment zu schädigen. In jedem Serum findet sich ein Trypsin, dessen Wirkung durch den kolloiden Aufbau des Serums gesperrt ist. Auch Okubo[2] spricht sich dahin aus, daß jedes Serum eine Protease enthält, die aber in ihrer Wirksamkeit durch Hemmungen infolge der physikalischen Bedingungen verdeckt ist. Behandelt man das Serum mit Aceton oder Chloroform, so kann man die Störung der proteolytischen Wirksamkeit beseitigen. Hier muß auf den Parallelismus hingewiesen werden, der zwischen Blutgerinnung und Proteolyse des Blutes besteht. Schon Pawlow und Parastschuk hatten die Vermutung geäußert, daß zwischen Blutgerinnung und Proteolyse ein ähnlicher Zusammenhang besteht, wie die Autoren ihn zwischen der Labgerinnung und den proteolytischen Enzymen des Magendarmkanals angenommen hatten. Für die enge Beziehung zwischen Proteolyse und Blutgerinnung spricht nach Stephan, daß beide Faktoren durch verschiedene Eingriffe parallel geschädigt werden. Wenn es noch diskutiert wird, ob die Blutgerinnung ein enzymatischer Vorgang ist, so ist es bereits als sicher anzusehen, daß der als Hämolyse bezeichnete Austritt des Blutfarbstoffs aus den Zellen nicht als eine Enzymwirkung aufzufassen ist. Jedoch können der eigentlichen Hämolyse Prozesse vorausgehen, welche fermentativer Natur sind und die Hämolyse vorbereiten.

Von neueren Anschauungen über das Wesen der proteolytischen Enzyme des Serums müssen die Angaben von H. J. Fuchs und v. Falkenhausen erwähnt werden. Nach Fuchs baut das Serumtrypsin nur artfremdes und nicht arteigenes Fibrin ab. Das Selektionsvermögen des Serums soll sehr weit gehen, so daß artgleiches, normales Fibrin gegen den Eingriff des Enzyms geschützt ist, aber nicht artgleiches, pathologisches Fibrin. Selbst eine Rassenspezifität haben die Autoren beim Serumtrypsin beschrieben. Wenn sich diese Beobachtungen in der Richtung entwickeln, wie Fuchs und v. Falkenhausen annehmen, so wären auf diesem Wege wesentliche Einblicke in pathologische Beziehungen zu gewinnen und wären diagnostische Möglichkeiten gegeben[3].

Natürlich finden sich neben den bisher beschriebenen Fermenten noch zahlreiche andere im Blute, z. B. auch eine Phenolase, welche nur befähigt ist, zweifach hydroxylierte Benzolderivate zu oxydieren, nicht dagegen solche mit einer Hydroxylgruppe[4].

Die Blutfermente sind in den letzten Jahrzehnten besonders wegen ihrer Beziehung zur Abderhaldenschen Reaktion interessant geworden. Die betreffenden Untersuchungsreihen gingen von Problemen der Immunitätslehre aus. Aus ihr wußte man, daß im Blutserum, wenn man dem Organismus Antigene zu-

---

[1] Gottlieb, Erik: Sur la teneur normale du sang et de l'urine en pepsinogène. C. r. Soc. Biol. Paris **90**, Nr 15, 1175 (1924).

[2] Okubo, Kuhei: Beiträge zur Kenntnis der Serumprotease. Tohoku J. exper. Med. **4/5** (1924).

[3] Fuchs, H. J.: Über proteolytische Fermente im Serum. I. Biochem. Z. **170**, 76 (1926) — II. ebenda **175**, 185 (1926). — Fuchs, H. J. u. M. v. Falkenhausen: III. ebenda **176**, 92 (1926). — Fuchs, H. J.: IV. ebenda **178**, 152 (1926). — Fuchs, H. J. u. M. v. Falkenhausen: V. ebenda **178**, 155 (1926) — VI. ebenda **181**, 438 (1927).

[4] Hizuma, Kanzaburo: Zur Kenntnis der Phenolasen im Blute. Biochem. Z. **147**, 216 (1924).

führt, Antikörper auftreten. Sehr bald war es klar, daß die dabei zu beobachtende Blutveränderung keineswegs eine streng spezifische zu sein braucht, die lediglich das Auftreten von Antikörpern bewirkt. Man erkannte, daß dem Blutserum durch die Revolution, die infolge der Antigenzufuhr in den Organen ausgelöst wird, auch andere Substanzen als Antikörper zugeführt werden. Unter diesen ins Blut übertretenden Organsubstanzen können natürlich neben anderen Organbestandteilen auch Fermente sein. So ist es auch leicht verständlich, daß bei der Proteinkörpertherapie, also bei bewußt unspezifischer Beeinflussung des Organismus sich der Fermentbestand des Blutserums ändert.

Aber über diese mehr allgemeinen Beziehungen hinaus wurde von WEIN-LAND, ABDERHALDEN, HEILNER, PFEIFFER und MITA, RÖHMANN und KUMAGAI angenommen, daß es ein spezifisches immunisatorisches Fermentauftreten im Serum gibt, welches durchaus in Parallele mit dem Antikörperauftreten zu setzen ist. Danach würden nach Zufuhr von Eiweißkörpern proteolytische, von Kohlehydraten Kohlehydrate spaltende Fermente usw. im Serum auftreten. Sehr schnell stellte sich heraus, daß von irgendeinem Umfang derartiger Prozesse und von einer Regelmäßigkeit des Auftretens spezifischer Fermente experimentell keine Rede ist. Was z. B. die proteolytischen Serumenzyme angeht, bei denen man auf den Abbau blutfremder Eiweißkörper gefahndet hat, so steht es nicht einmal fest, ob es sich nicht etwa lediglich um den Abbau von Serumeiweiß und gar nicht von fremdem Eiweiß gehandelt hat[1]. Die mannigfachen Beobachtungen lassen sich auch erklären, wenn man sich mit der Annahme des Übertritts von Gewebsfermenten, mit einer Aktivierung oder einem Manifestwerden von Serumfermenten und damit zusammenhängend mit physikalisch-chemischen Vorstellungen begnügt.

Wenn man im Serum Enzyme findet, welche ein ganz bestimmtes Organeiweiß abbauen, so ist es berechtigt, daran zu denken, daß diese Enzyme aus dem betreffenden Organ stammen, in dem sie spezifisch auf das Substrat eingestellt sind. Dazu paßt die Feststellung von ABDERHALDEN[2], daß es z. B. nach Entfernung der Schilddrüse nicht gelingt, durch Zufuhr von Schilddrüseneiweiß auf das Eiweiß dieses Organs eingestellte Enzyme im Serum manifest zu machen. Jedoch ist auch die Vorstellung von PFEIFFER und MITA, H. SACHS und KUPELWIESER und WASTL diskutierbar, daß durch die Reaktion des betreffenden, einem Antigen vergleichbaren Stoffes mit einem im Serum vorhandenen Antikörper eine Hemmung der autogenen Serumproteolyse beseitigt wird, die Organfermente also ganz unbeteiligt sind[3].

Die Modifikation der ABDERHALDENschen Reaktion durch LÜTTGE und v. MERTZ, welche einige Zeit von den geburtshilflichen Kliniken zur Diagnostik der Schwangerschaft versucht worden ist, bedeutet keine prinzipielle Abweichung von dem Vorgehen ABDERHALDENs und führt wohl auch nicht wesentlich weiter als die ABDERHALDENsche Reaktion selbst[4].

Ob auf immunisatorischem Wege, also auf den Reiz eines Antigens hin, im Blutserum in spezifischer Weise Fermente auftreten, ist also eine noch keineswegs sicher festgestellte Tatsache. Dagegen besteht darüber kein Zweifel, daß Fermente als Antigene den Anlaß geben können, daß im Blutserum Antifermente

---

[1] KUPELWIESER, ERNST: Versuche über die Nachweisbarkeit immunisatorisch bedingter Fermentprozesse I. — KUPELWIESER, ERNST u. H. WASTL: Versuche über usw. II. Biochem. Z. **145**, 492 (1924).

[2] ABDERHALDEN, E. u. E. WERTHEIMER: Fortgesetzte Studien über das Wesen der sog. Abderhaldenschen Reaktion. IX. Mitt. Fermentforschg **6**, 263 (1922).

[3] OKUBO, KUHEI [Beitr. z. Kenntnis der Serumprotease. Tohoku J. exper. Med. **5**, 165 (1924)] fand auch, daß die Serumprotease als Antigen zugeführtes Eiweiß nicht spaltet.

[4] Klin. Wschr. — Dtsch. med. Wschr. **1925**.

auftreten, daß das Serum also in höherem Grade die vorher gar nicht oder nur in mäßigem Grade vorhandene Eigenschaft gewinnt, beim Mischen mit einem bestimmten Ferment die Wirksamkeit desselben aufzuheben. Ohne daß es notwendig ist, sich irgendwie eine besondere Vorstellung von dem Mechanismus zu machen, mit dessen Hilfe unter dem Einfluß der Fermentzufuhr diese neue Serumfunktion zustande kommt, steht es jedenfalls fest, daß hier eine gewisse Analogie zu dem Auftreten von Antikörpern nach der Zufuhr von Antigenen vorliegt. Man kann sogar noch strenger sich dahin formulieren, daß nach der Definition der Antigene und der Antikörper durch die vorliegenden Beobachtungen die Fermente und die Antifermente sich in die Gruppe der Antigene und Antikörper einreihen.

Da über die Art der Einwirkung der Antikörper auf ihre Antigene keine abschließenden Vorstellungen bestehen, ist es auch vorläufig nicht dringend, sich bei den Fermenten und Antifermenten spezielle Anschauungen in dieser Beziehung schon zu bilden. Es genügt, die wesentlichsten Beobachtungen zu registrieren und über den Umfang der Einwirkung sich ein Bild zu machen.

Nach einigen Vorläufern — Hildebrandt hatte Tiere gegen Emulsin immunisiert, v. Dungern Antienzyme nach experimenteller Zufuhr proteolytischer Bakterienenzyme beobachtet — begann zuerst Morgenroth[1] mit planmäßiger Methodik die experimentelle Erzeugung eines Antilabfermentes im Serum. Ganz wie bei anderen Antigenen gelang das auch nicht gleichmäßig bei allen Tierarten. Bei Ziegen wurde eine starke Antilabwirkung des Serums erzielt, aber auch hier waren große, individuelle Unterschiede zu beobachten. Während das Serum der Versuchsziege vor der Immunisierung keinen Einfluß auf die Labgerinnung zeigte, war das durch fortgesetzte Labinjektionen beeinflußte Serum sehr wirksam. Um die gleiche Milchmenge zur Labung zu bringen, war die 200 fache Menge Lab notwendig, wenn man die gleiche Menge Immunserum und Normalserum anwandte. Das Antilab, das man in dem Immunserum annehmen muß, ohne irgend etwas über die chemische Natur des der Wirkung zugrunde liegenden Körpers auszusagen, scheint ziemlich labil zu sein. Das zeitliche Auftreten des Antilabs nach der subcutanen Injektion des Labs ist ziemlich typisch, so daß es sich kurvenmäßig festlegen läßt. Morgenroth fand schon am ersten Tage nach der Injektion des Labs einen beträchtlichen Antilabgehalt im Serum und vermißte bei der Immunisierung die bei anderen Antigenen häufig zur Beobachtung gelangende, zunächst einsetzende Senkung des Antikörpergehalts nach den einzelnen Immunisierungen. Ein bedeutsamer Unterschied ist nicht zu verkennen: Niemals gelingt es mit so kleinen Mengen des Antigens, wie es bei den Toxinen der Fall ist, sehr hohe Antilabwerte des Serums zu erzielen.

In den Versuchen Morgenroths handelt es sich um ein spezifisches Antilab, das sich durchaus wie ein echter Antikörper verhält. Die Spezifität geht sogar erstaunlich weit. Morgenroth immunisierte eine Ziege mit einem Labpräparat, das aus den Blüten von Cynara cardunculus gewonnen war. Das von dieser Ziege erhaltene Immunserum wirkte nur dem zur Immunisierung benutzten Lab entgegen, aber versagte gegenüber dem tierischen Lab. Eine kleine Einschränkung muß hier gemacht werden, die für spätere Erörterungen noch Bedeutung gewinnen wird. Schon das normale Serum dieser Ziege wirkte — in allerdings kleinem Umfange — beiden Labfermenten entgegen. Während jedoch die Hemmungswirkung gegenüber dem pflanzlichen, zur Immunisierung verwandten Präparat während der Immunisierung außerordentlich zunahm, zeigte die Hemmungswirkung gegenüber dem tierischen Lab eher eine Verringerung.

---

[1] Morgenroth, J.: Über den Antikörper des Labenzyms. Zbl. Bakter. I **26** (1899) — Zur Kenntnis der Labenzyme und ihrer Antikörper. Ebenda **27** (1900).

Jedenfalls ersieht man aus diesen Versuchen, daß man auf immunisatorischem Wege in ganz spezifischer Weise im Serum eine Antifermenteigenschaft wirksam machen kann, die vorher garnicht und auf keinen Fall quantitativ in diesem Grade vorhanden war.

Wesentlich ist, daß man sich durch geeignete Versuchsanordnung davon überzeugen kann, daß immunisatorisch Antifermente entstehen können. Jedoch scheint die Fähigkeit der Organismen, immunisatorisch Antifermente zu bilden, nicht sehr groß zu sein. Denn es liegen in der Literatur zwar Versuche mit den verschiedensten Fermenten vor, aber der Grad der erreichten Antifermentkonzentration ist im allgemeinen nur gering und die Konstanz der Befunde nicht immer vorhanden. In konsequenter Durchführung der Vorstellung, daß ein körperfremdes Antigen bei geeigneten Bedingungen zum Auftreten eines Antikörpers Anlaß gibt, hat KORSCHUN versucht, durch Immunisierung einer Ziege mit Pferdeserum, das Antilabwirkungen entfaltet, ein Anti-Antilab herzustellen. Das war in der Tat möglich. Derartiges Ziegenserum hemmt die Antilabwirkung von Pferdeserum.

Nachdem verhältnismäßig ausführlich die echten Antifermente des Serums besprochen worden sind, können wir uns über die Antifermente des Normalserums kurz fassen. Denn es hat nur bedingt biologische Bedeutung, ob und inwieweit die im normalen Blutserum vorhandenen Substanzen Fermentwirkungen hemmen. Zwei Momente haben in dieser Richtung Interesse. Zunächst sind die normalen Antifermente nur dann beachtenswert, wenn diese Hemmungsstoffe des Serums nach ihrer Konzentration und unter physiologischen Bedingungen imstande sind, die betreffenden Fermentwirkungen zu hemmen und ob sie überhaupt insofern dazu Gelegenheit haben, als die entsprechenden Enzyme das normale Blut passieren. Daneben können diese Antifermente eine Bedeutung für die Pathologie haben, als ihre Konzentration aus irgendwelchen, mehr oder weniger spezifischen Gründen bei Krankheitszuständen verändert ist. Besonders eifrig sind die antiproteolytischen Antifermente untersucht worden, sie sollen daher hier als Beispiele der normalen Antifermente besprochen werden.

Die Trypsinwirkung wird deutlich und regelmäßig durch normales Menschen- und Tierserum gehemmt. Das kann mit den verschiedensten Methoden des Trypsinnachweises einwandfrei festgestellt werden, indem man bestimmte Mengen von Serum zu einer gut wirksamen Fermentdosis zufügt und prüft, wieviel Serum eine genau charakterisierte Fermentwirkung hemmt. Bei Krankheiten, die mit kachektischen Zuständen einhergehen, und bei experimentellen Eingriffen wie z. B. der Anaphylaxie findet man dann Antitrypsinwerte, welche von der Norm abweichen.

Die chemische Natur des Antitrypsins kennt man nicht. Man hat die Eiweißkörper, Eiweißspaltungsprodukte und die Lipoide für die Hemmungswirkung verantwortlich gemacht. Bei der Aussalzung der Eiweißkörper durch Ammonsulfat wird das Antitrypsin mitausgesalzen, es ist kaum dialysabel und ziemlich thermolabil. Ob eine chemische Einwirkung einer Serumsubstanz auf das Trypsin stattfindet, ist auch nicht ausgemacht. Vielleicht wird nur die Trypsinwirkung durch Adsorption an die Serumeiweißkörper beeinflußt, wodurch eine chemische Neutralisation dann nur vorgetäuscht würde. Nach den Untersuchungen von OKUBO hängt die Wirksamkeit der eigenen Protease des Serums sehr von ihrem Milieu ab. So ist es denn auch plausibel, daß die Serumbestandteile auch die Wirksamkeit zugesetzten Trypsins verändern können.

Auch die neuesten Untersuchungen zeigen, daß man noch nicht mehr weiß, als daß Trypsin durch eine Substanz des Serums gehemmt wird. Anscheinend sind es nicht einfach die Serumproteine und auch nicht die Reaktion des Serums.

Auf was für Eigenschaften bestimmter Serumstoffe aber die antitryptische Funktion des Serums beruht, bleibt vorläufig noch offen[1].

Ob es ein normales Antipepsin gibt, war bis zu den Untersuchungen von Jacoby und Oguro überhaupt zweifelhaft, obwohl immunisatorisch schon Sachs bei der Gans ein Antipepsin erzielt hatte und man auf das Vorhandensein eines normalen Antipepsins rechnen mußte, wenn man mit Pawlow und Parastschuk nahe, molekulare Beziehungen zwischen Pepsin und Lab annimmt, da es im normalen Serum ein Antilab gibt. Der Nachweis des Antipepsins gelingt erst, wenn man durch eine besondere Methodik die Einwirkung des Serums auf das Pepsin von der Wirkung des Pepsins auf das Eiweiß zeitlich trennt. Das hängt damit zusammen, daß die Reaktion des Antipepsins mit dem Pepsin nicht bei saurer, die des Pepsins mit dem zu spaltenden Eiweiß nur bei saurer Reaktion zustande kommt.

Welche Substanzen im Serum antipeptisch wirksam sind, ist noch nicht geklärt. Wahrscheinlich kommt nicht ein einzelner Stoff für die antipeptische Serumwirkung in Frage; einen extremen Standpunkt nimmt Lorber[2] ein, der das Bicarbonat des Serums als Antipepsin in Anspruch nimmt, während Stolz[3] die antipeptische Wirkung des Serums auf die Albumine zurückführt. Gottlieb[4] hat gezeigt, daß man bei der Bewertung des antipeptischen Serumvermögens berücksichtigen muß, daß das Pepsin des Serums in der Form des Pepsinogens vorhanden ist.

---

[1] Utkin-Ljubowzow, L.: Weitere Untersuchungen über das Antitrypsin des normalen Serums. Biochem. Z. **194**, 292 (1928).

[2] Lorber, L.: Über das Wesen der antipeptischen Wirkung des Blutserums. Biochem. Z. **148**, 49 (1924).

[3] Stolz, Ernst: Über das Antipepsin. Biochem. Z. **141**, 483 (1923).

[4] Gottlieb, Erik: Untersuchungen über die Propepsinmengen im Blut und Harn. Skand. Arch. Physiol. (Berl. u. Lpz.) **46** (1924).

Biologische Spezifität.

Von

ERNST WITEBSKY

Heidelberg.

Mit 6 Abbildungen.

Zusammenfassende Darstellungen.

ASCOLI, A.: Grundriß der Serologie. Deutsch von R. ST. HOFFMANN. Wien u. Leipzig: Joseph Safar 1921. — BÄCHER, ST.: Konzentration und Reindarstellung der Antikörper. Handb. d. pathog. Mikroorganismen 3. Aufl., **2**, 203 (1929). — BIELING, R.: Erzeugung der Antikörper. Ebenda 3. Aufl., **2**, 133 (1929). — BORDET, J.: Traité de l'immunité. Paris: Masson & Co. 1920. — BROWNING, C. H.: Immunochemical studies. London: Constable & Co. Limited 1925. — CLAIRMONT, P., R. VON DER VELDEN u. P. WOLFF: Die Bekämpfung des Blutverlustes durch Transfusion und Gefäßfüllung. (Therapie in Einzeldarst.) Leipzig: Thieme 1928. — DOLD, H.: Die Präcipitine und die Methoden der Präcipitation. Handb. d. biol. Arbeitsmethoden (ABDERHALDEN) XIII, **2**, H. 1 (1921). — FICKER, M.: Aktive Immunisierung und Herstellung von Antigenen. Handb. d. pathog. Mikroorganismen 3. Aufl., **2**, 1 (1929). — FORSSMAN, J.: Die heterogenetischen Antigene, insbesondere die sog. FORSSMANschen Antigene- und Antikörper. Ebenda Lfg 23, **3**, 469 (1928). — GRAETZ, F.: Über Probleme und Tatsachen aus dem Gebiete der biologischen Spezifität der Organantigene in ihrer Bedeutung für Fragestellungen der normalen und pathologischen Biologie. Weichardts Erg. d. Hyg. **6**, 397 (1924). — HIRSZFELD, L.: Konstitutionsserologie und Blutgruppenforschung. Berlin: Julius Springer 1928. — KRAUS, R.: Bakterienpräcipitation und Bakterienpräcipitine. Handb. d. pathog. Mikroorganismen 3. Aufl., **2 II**, 1141 (1929). — LATTES, L.: Die Individualität des Blutes in der Biologie, in der Klinik und in der gerichtlichen Medizin. Berlin: Julius Springer 1925. Übersetzt v. F. SCHIFF, Berlin, französische Ausgabe, Masson u. Cie. Paris 1929. — LEVINE, P.: Menschliche Blutgruppen und individuelle Blutdifferenzen. Erg. inn. Med. **34**, 111 (1928). — MANTEUFEL: Serologisches Verfahren der Nahrungsmitteluntersuchung. Handb. d. biol. Arbeitsmethoden (ABDERHALDEN) IV, **8** Urban & Schwarzenberg). — PICK, E. P. u. F. SILBERSTEIN: Biochemie der Antigene und Antikörper. Handb. d. pathog. Mikroorganismen **2**, 317 (1929). — PUTTER, E.: Antikörper gegen Biokolloide. Oppenheimers Handb. d. Biochem. **3**, 357 (1925). — SACHS, H.: Antigene und Antikörper. Ebenda **3**, 1 (1928) — Antigenstruktur und Antigenfunktion. Weichardts Erg. d. Hyg. **9**, 1 (1928). — Experimentelle spezifische Diagnostik mittels Agglutination, Bakterizidie und Komplementbindung. Handb. d. pathog. Mikroorganismen 3. Aufl., **3**, 203 (1928). — Hämolytische Serumwirkung und Komplementbindung. Ebenda 3. Aufl., **2 II**, 779 (1929). — SCHIFF, F.: Agglutination. Oppenheimers Handb. d. Biochem. **3**, 262 (1925). — SCHMIDT, H.: Die heterogenetischen Hammelblutantikörper und ihre Antigene. Leipzig: Curt Kabitsch 1924. — TORIKATA, R.: Die volumetrische Komplementbindungsreaktion. Beitrag zur Lehre der Komplementbindungsreaktion auf Grund neuerer Untersuchungsmethoden und zur Lehre des Koktoantigens bzw. Koktoimmunogens. Jena: Gustav Fischer 1928. — UHLENHUTH, P. u. W. SEIFFERT: Die biologische Eiweißdifferenzierung mittels der Präcipitation mit besonderer Berücksichtigung der Technik. Handb. d. pathog. Mikroorganism. Lfg 23, **3**, 365 (1928). — WELLS, H. G.: The chemical aspeckts of immunity. New York 1925 (the chemical catalog comp.). Deutsch v. R. WIGAND. Jena: Gustav Fischer 1927.

A. Einleitung.

Die Verschiedenheit der tierischen und pflanzlichen Lebewesen in ihrem äußeren Aussehen ist derartig groß, daß man mit Leichtigkeit nicht nur zahlreiche Klassen, sondern sogar Individuen unterscheiden kann. Gegenüber der ungeheuren Mannigfaltigkeit der Organismen in äußerer Gestalt und Funktion ihrer Organsysteme ist aber der analytische Chemiker völlig machtlos, wenn er bei dem hohen Stand seiner Wissenschaft eine auf chemischer Analyse begründete Differenzierung der belebten Welt vorzunehmen versucht. Immer wieder stößt er auf hochmolekulare Komplexe, und er muß sich damit begnügen, festzustellen, ob es sich um Eiweißkörper, Fette oder Kohlehydrate handelt, ohne daß sich ihre Herkunft durch chemische Reaktionen erkennen ließe. Der lebende Organismus dagegen ist imstande, eine weitgehende Unterscheidung von Zellen und Geweben der verschiedensten Arten vorzunehmen. Denn er antwortet auf die parenterale Zufuhr von fremdartigem Eiweiß, sei es nun pathogen oder nichtpathogen, mit der Bildung von Antikörpern, die zur Erhaltung der Arteigenheit wie zum Ausmerzen von Schädlichkeiten mit dem Antigen der Vorbehandlung in Reaktion treten.

Man unterscheidet nach der Art des zur Vorbehandlung dienenden Antigens dreierlei Formen von Antikörpern:

1. Heteroantikörper. Darunter versteht man solche Antikörper, die auf die Einverleibung artfremden Materials entstehen.

2. Isoantikörper, die auf die Einverleibung von artgleichen, aber individuumfremden Substanzen entstehen, und

3. Autoantikörper, d. h. Antikörper gegen individuumeigene Bausteine.

Die Antikörperwirkung des Immunserums dokumentiert sich in verschiedenen Formen, als Präcipitation bei gelösten Stoffen, als Agglutination oder als Lyse bei zelligen Antigenen. Diese Differenzen sind aber im wesentlichen wohl durch die Art des Antigens und das Milieu begründet, in dem die Antigen-Antikörperreaktionen ablaufen. Es liegt heute auf Grund der experimentellen Untersuchungen zunächst kein Anlaß vor, einen prinzipiellen Unterschied zwischen den verschiedenen Antikörpertypen anzunehmen. Da sich aber die Bezeichnungen Präcipitine, Agglutinine, Hämolysine, Opsonine usw. allgemein eingebürgert haben, so werden sie auch hier beibehalten werden. Doch ist die folgende Darstellung bewußt unter dem Gesichtspunkt der unitarischen Auffassung von Antikörperreaktionen wiedergegeben (BORDET, FRIEDBERGER; vgl. H. SACHS, ds. Bd., über Antigene und Antikörper).

B. Artspezifität.

1. Nachweis artspezifischer Antigenstrukturen.

Die Lehre von den Antigenen und den Antikörpern, der die Immunitätsforschung erst ihre experimentellen Unterlagen verdankt, nimmt ihren Ausgangspunkt von der Entdeckung der Antitoxine durch BEHRING und KITASATO. Aber vorwiegend durch die Untersuchungen von BORDET zeigte sich, wie auch gegen nichtpathogene Stoffe im Serum Antikörper auftreten, wofern nur die Bedingung ihrer Artfremdheit erfüllt ist. So konnte unter einem Antigen ein Körper verstanden werden, der die Fähigkeit besitzt, Antikörper zu erzeugen. Eine wichtige Etappe auf dem Wege zur Analyse immunbiologischer Phänomene bildet die Anwendung der Präcipitine, die seit der Entdeckung der präcipitablen Bakterienbestandteile durch R. KRAUS das Interesse erweckten. So fand kurze Zeit danach UHLENHUTH (s. zusammenfassende Darstellung) und unabhängig von ihm, aber später, auch WASSERMANN und SCHÜTZE[1], daß mittels der Prä-

---

[1] WASSERMANN, A. v. u. SCHÜTZE: Berl. klin. Wschr. 1901, Nr 7, S. 187 — Phys. Ges. Berlin, 8. Febr. 1901 — Dtsch. med. Wschr. 1900, Nr 30, Vereinsbeilage, S. 181; 1902, Nr 27, S. 483; 1903, Nr 11, S. 192.

cipitation eine Unterscheidung des Blutes der verschiedenen Spezies möglich ist. Die nach Injektion von artfremdem Serum auftretenden Präcipitine reagieren spezifisch mit dem artfremdem Serum, das zur Vorbehandlung gedient hat. Man hat hiermit ein einfaches Mittel in der Hand, zwischen den Bestandteilen der verschiedenen Tierarten zu unterscheiden, ein Weg, von dem die chemische Analyse bisher noch weit entfernt ist. Durch UHLENHUTH und seine Mitarbeiter BEUMER, STEFFENHAGEN und WEIDANZ wurde das Verfahren der Präcipitation dann derart ausgebaut, daß es Eingang in die forensische Praxis finden konnte und nunmehr allgemein von den Gerichten als sichere Methode anerkannt wird, tierisches Eiweiß seiner Herkunft nach zu differenzieren. Die Methode der Präcipitation ist zur biologischen Differenzierung der Arten weitgehend herangezogen worden (vgl. v. WASSERMANN[1]).

Freilich ist die Möglichkeit serologischer Unterscheidung keineswegs auf die Präcipitation beschränkt, sondern gilt für alle Arten des Antikörpernachweises überhaupt. So ist als weitere wichtige Methode zur Differenzierung der Arten die Komplementbindung herangezogen worden. Bekanntlich beobachteten BORDET und GENGOU als erste bei dem Abreagieren von antibakteriellen Sera mit ihren homologen Bakterien ein Schwinden des Komplements, jener thermolabilen Serumfunktion, die durchweg im frischen Serum vorhanden ist. Der Komplementverbrauch entsteht in statu nascendi von Antigen-Antikörperreaktionen (SACHS), also im Anfangsstadium, während die Präcipitation das definitive Endstadium darstellt. NEISSER und SACHS[2] haben die Methode der Komplementbindung zum erstenmal für die biologische Eiweißdifferenzierung und für die forensische Praxis empfohlen (vgl. SACHS und BAUER[3], FRIEDBERGER[4]). Prinzipiell werden mit der Komplementbindung wie mit der Präcipitation gleichsinnige Resultate erhalten. Aber nicht selten erzielt man noch Komplementbindung mit solchen Substanzen, die zur Präcipitation ungeeignet sind, während auch umgekehrt mitunter Antigene zum Komplementbindungsverfahren durch irgendwelche Umstände unbrauchbar sind. Auch die quantitativen Bedingungen variieren, indem die Komplementbindung häufig noch bei kleinsten millionenfachen Verdünnungen nachweisbar ist, in denen eine Präcipitation nicht mehr auftritt. In qualitativer Hinsicht ist ihre Spezifität besonders hervorzuheben. Die Technik der Komplementbindung ist komplizierter als die der Präcipitation. Infolgedessen sind auch mehr Fehlerquellen möglich, wofern ihnen nicht die erforderliche Aufmerksamkeit geschenkt wird. Aber in der Hand des Geübten übertrifft das Komplementbindungsverfahren an Sinnfälligkeit, Reichweite und Spezifität häufig alle übrigen immunbiologischen Reagensglasmethoden.

2. Verwandtschaftsreaktionen.

Die Artspezifität der Antikörperwirkungen ist nun keineswegs eine absolute. Vielmehr entsteht durch präcipitierende Antisera häufig ein Niederschlag mit Eiweißbestandteilen, die von verwandten Spezies und nicht nur von der homologen Tierart herrühren. So geben z. B. Menschenblutantisera unter Umständen mit dem Blute von Affen einen Niederschlag, und zwischen den verschiedensten im zoologischen System nahestehenden Spezies sind Verwandtschaftsreaktionen

---

[1] WASSERMANN, A. v.: Verhandl. d. 5. internat. Kongr. f. angew. Chemie. Berlin 1903, Bericht 4 — Dtsch. med. Wschr. **1904**, Nr 12, S. 417.

[2] NEISSER, M. u. H. SACHS: Berl. klin. Wschr. **1905**, Nr 44, S. 388; **1906**, Nr 3, S. 67.

[3] SACHS, H. u. BAUER: Arb. Inst. exper. Ther. Frankf. **1907**, H. 3.

[4] FRIEDBERGER, E.: Dtsch. med. Wschr. **1906**, Nr 15, S. 578

zu beobachten (vgl. Bruck[1], Steinicke[2], Neresheimer[3], Otto und Cronheim[4], Schadauer[5], Watermann[6]).

Nuttal[7] und seine Mitarbeiter haben in umfassenden Untersuchungen die verwandtschaftlichen Beziehungen des zoologischen Systems bei den verschiedensten Tieren untersucht und kommen bis zu einem gewissen Grade auch auf serologischem Wege zu Erkenntnissen, die der Lehre von der Deszendenztheorie entsprechen (vgl. Mollison[8], Wettstein[9]). In den Versuchen von Nuttal gab das Blut der sog. Menschenaffen, wie Gorilla, Schimpanse, Orang Utan und Gibbon, mit Menschenblutantiserum deutliche Präcipitation, während die Affen der neuen Welt und die Halbaffen so gut wie gar nicht reagieren.

Freilich ist die Methode der Präcipitation, so leicht sie auch in ihrer technischen Ausführung erscheint, durchaus eine Methode, die kritischer Einstellung bedarf (vgl. Friedberger[10]; Friedberger und Jarre[11], Friedberger und Lasnitzki[12], Friedberger und Meissner[13], Manteufel und Beger[14], Meissner[15], Reeser[16]). Nach längerem Digerieren von Präcipitin und Präcipitinogen entstehen häufig Trübungen unspezifischer Natur, so daß die Zeit bei der Ablesung der Präcipitation eine wesentliche Rolle spielt. Besonders wichtig ist die quantitative Austitrierung bei dem Verfahren der Präcipitation. Erhält man doch häufig gerade in stärkerer Konzentration übergreifende Reaktionen, die bei größerer Verdünnung verschwinden.

Von Ehrlich und Morgenroth sind grundlegende Untersuchungen über die Spezifität von Hämolysinen ausgeführt worden. Wenn auch in ihren Versuchen vorwiegend artspezifische Hämolysine entstanden, so wurde doch das Prinzip der Artspezifität mitunter durchbrochen. Mittels der von Ehrlich und Morgenroth eingeführten Methode der elektiven Absorption gelingt es aber, die einzelnen Antikörperquoten eines „übergreifenden" Antiserums zu trennen. Wenn man z. B. ein Kaninchen mit Menschenblutkörperchen vorbehandelt, so entstehen auch Hämolysine gegen Affenblut. Durch kurzes Digerieren eines Sediments von Menschenblutkörperchen mit dem Antiserum erhält man einen Abguß, der keinerlei Hämolysine mehr enthält, während nach Digerieren mit der gleichen Menge Affenblutsediment in dem Abguß ein mehr oder weniger großer Rest einer Antikörperwirkung übrigbleibt, die spezifisch gegen Menschenblut gerichtet ist. Auch bei präcipitierenden Antisera läßt sich eine derartige Absorption durchführen, jedoch lauten die Angaben der Literatur darüber nicht ganz einheitlich (vgl. Ascoli, Fürth[17], Landsteiner und van der Scheer[18]).

Das Verständnis für die Spezifität der Arten überhaupt in gleicher Weise wie für die übergreifenden Reaktionen ist der geistvollen, Ehrlichs Receptorentheorie zugrundeliegenden Durchdringung immunbiologischer Phänomene zu

---

[1] Bruck, C.: Berl. klin. Wschr. 1907, H. 26.
[2] Steinicke: Naturwissensch. 13, 853 (1925).
[3] Neresheimer, E.: Allg. Fischerz. 1908, Nr. 24, S. 542.
[4] Otto u. Cronheim: Z. Hyg. 105, 181 (1926).
[5] Schadauer: Z. Fleisch- u. Milchhyg. 23, 409 (1913).
[6] Watermann: Chem. Weekbl. 11, 120 (1914).
[7] Nuttal: Proc. roy. Soc. Lond. 69, 15 (1901) — Brit. med. J. 1, 1141 (1901) — Amer. Naturalist 35, 927 (1901) — University Press. Cambridge 1904.
[8] Mollison, Th.: Tagber. d. Dtsch. anthropol. Ges. 1926, 588.
[9] Wettstein: Z. f. indukt. Abst. u. Vererbungslehre 36, 4381 (1925).
[10] Friedberger, E.: Zbl. Bakter. Ref. 81, 92 (1926).
[11] Friedberger, E. u. Jarre: Z. Immun.forschg 30, 351 (1920).
[12] Friedberger, E. u. L. Lasnitzki: Biochem. Z. 137, 312 (1923).
[13] Friedberger, E. u. Meissner: Z. Immun.forschg 36, 233 (1923).
[14] Manteufel u. Beger: Z. Immun.forschg 33, 348 (1922).
[15] Meissner: Zbl. Bakter. 100, 258 (1926).
[16] Reeser: Z. Immun.forschg 34, 355 (1922).
[17] Fürth: Arch. f. Hyg. 92, 158 (1924).
[18] Landsteiner, K. u. J. v. d. Scheer: J. exper. med. 40, 91 (1924).

danken. Die Aufspaltung des Antigenbegriffs in kleinste biologische Energien, die Receptoren, erscheint der Fülle der Beobachtungen gerecht zu werden. Danach besteht die Grundlage der spezifischen Reaktion in der Avidität des Antikörpers zu seinem homologen Partialreceptor, die ineinanderpassen wie der Schlüssel in sein Schloß. Ein Mosaik von Partialreceptoren, das Gefüge von tausenden hochmolekularen Komplexen bedingt das jeweilige spezifische Gepräge. Es ist demnach durchaus verständlich, wenn der eine oder andere Molekularsplitter und Baustein bei verschiedenen Spezies vorkommt. Die pluralistische Hypothese über die Vielheit der Receptoren ist nicht zu verwechseln mit der unitarischen Auffassung über die Antikörperwirkungen. Denn wie schon oben ausgeführt wurde, liegt zunächst wenigstens kein zwingender Anlaß vor, grundlegende Unterschiede der verschiedenen Antikörpertypen anzunehmen.

Einen interessanten Weg zur Herstellung streng spezifischer Antisera hat UHLENHUTH mit der Methode der kreuzweisen Immunisierung angegeben. Wenn z. B. Affen Menschenblut eingespritzt wird, entsteht eine Serumveränderung, die ausschließlich gegen Menscheneiweiß, nicht dagegen gegen Affeneiweiß gerichtet ist. Denn nach dem von EHRLICH aufgestellten Prinzip des „Horror autotoxicus" vermeidet es der lebende Organismus, Antikörper auszubilden, die gegen eigene Bestandteile gerichtet sind. Derart können die dem Menscheneiweiß und Affeneiweiß gemeinsamen Receptoren, einem Affen injiziert, nicht zur Funktion gelangen, da sonst die Antikörper gegen körpereigene Bestandteile des Affen gerichtet wären. Nur die fremden, für Menscheneiweiß spezifischen Partialantigene sind zur Entfaltung ihrer Antigenfunktion befähigt. Nicht immer gelingt die kreuzweise Immunisierung, so z. B. bei der Vorbehandlung von Pferden mit Eselblut. Nach der Auffassung UHLENHUTHS ist eine kreuzweise Immunisierung bei denjenigen Tierarten nicht möglich, unter denen eine Kreuzung gelingt.

Versuche von BRUCK über die Differenzierung einzelner Menschenrassen konnten von anderen Autoren nicht bestätigt werden. Vielleicht beruhen seine positiven Resultate sowie diejenigen anderer Autoren über die Differenzierung einzelner Menschen untereinander auf gruppenspezifischen Unterschieden, über die weiter unten berichtet wird.

3. Unterscheidung von Pflanzeneiweiß.

Nur anhangsweise kann hier über Versuche berichtet werden, in Analogie zur Differenzierung des tierischen Eiweißes eine solche der Pflanzen vorzunehmen (JAUCHEN[1]). Versuche von KOWARSKI[2], führten zu dem Ergebnis, daß zwar die Getreidearten sich serologisch von Gräsern und anderen pflanzlichen Eiweißkörpern unterscheiden lassen, daß aber die serologische Differenzierung der Flora sich keineswegs so gut durchführen läßt wie diejenige der Fauna. LAKE, OSBORNE und WELLS[3, 4], vor allem MEZ[5] haben die Präcipitation herangezogen, um zur Aufstellung eines Stammbaumes der Pflanzen zu gelangen. Hierzu schienen ihnen die Verwandtschaftsreaktionen in besonderem Maße geeignet zu sein (vgl. auch BÄRNER[6], ZARNACK[7]). Wenn auch sicherlich manche interessante Ergebnisse erhalten wurden, so konnten doch insbesondere die Versuche von MEZ von anderen Autoren teilweise nicht bestätigt werden. Denn der von MEZ eingeschlagene Weg, mittels quantitativer Unterschiede verwandtschaftliche Be-

---

[1] JAUCHEN: Die Methodik der biologischen Eiweißdifferenzierung in ihrer Anwendung auf die Pflanzensystematik. Wien 1913.
[2] KOWARSKI: Dtsch. med. Wschr. 1901, Nr 27, S. 442.
[3] LAKE, OSBORNE u. WELLS: J. inf. Dis. 14, 364 (1914).
[4] WELLS u. OSBORNE: Siehe zusammenfass. Darstellung von H. G. WELLS.
[5] MEZ, C.: Naturwiss. u. Landw. 1925, H. 4.
[6] BÄRNER: Bibl. Botanica 1927, H. 94.
[7] ZARNACK, H. G.: Inaug.-Diss. Berlin 1927.

ziehungen festzustellen, ist natürlich nur unter Heranziehung einer erheblichen
Anzahl von Antisera und Extrakten möglich, da ja bekanntlich jedes einzelne
Antiserum und jeder einzelne Extrakt an und für sich Individuen sind und sich
allgemeingültige Erkenntnisse nur bei der Kongruenz zahlreicher Beobachtungen
aufstellen lassen (vgl. auch OTTENSOOSER[1]).

4. Das materielle Substrat artspezifischer Differenzierung.

Träger des artspezifischen Gepräges sind vorwiegend Proteine. *Offenbar ist
die artspezifische Stigmatisierung mit den meisten Zellen und Zellbestandteilen
proteiner Natur untrennbar verbunden.* In jüngster Zeit haben wir auch artspezifische Lipoide kennengelernt, die aber an Bedeutung für die Artspezifität im
allgemeinen hinter den Proteinen zurücktreten. Die Rolle der Lipoide und
Kohlehydrate für die Erscheinungsformen serologischer Reaktionen steht zur
Zeit im Vordergrund des Interesses (vgl. H. SACHS: Antigene und Antikörper,
in ds. Bd.). Forschungen amerikanischer Autoren haben ergeben, daß mitunter
die feinsten Grade spezifischer Differenzen durch Polysaccharide bedingt sein
können. Nur kurz sei hier auf die Untersuchungen über Pneumokokken verwiesen, bei denen man 4 verschiedene Typen unterscheidet. Das der Typen-
differenzierung der Pneumokokken zugrunde liegende Substrat sind Substanzen
aus der Gruppe der Kohlehydrate, während das artspezifische Gepräge der Pneumokokken an Proteine gebunden ist. Soweit Lipoide für spezifische biologische
Phänomene verantwortlich zu machen sind, werden sie noch in den einzelnen
Kapiteln eingehend beschrieben werden.

Jedenfalls ergeben sich aus der verschiedenartigen chemischen Zusammensetzung biologischer Funktionen Divergenzen, die sich vor allem nach Einwirkung von äußeren physikalischen, chemischen und thermischen Einflüssen auf
die Zellen äußern. Werden die Proteine durch Erhitzen koaguliert, so verlieren
sie im allgemeinen ihr originäres, spezifisches Gepräge, während Kohlehydrate
und Lipoide kochbeständig sind. Dementsprechend sehen wir beim Kochen im allgemeinen ein Erlöschen artspezifischer Funktionen, während gruppenspezifische
und organspezifische Funktionen, die häufig durch Kohlehydrate und Lipoide
bedingt sind, durch Erhitzen auf 100° mitunter nicht geschädigt werden (im einzelnen vgl. H. SACHS in ds. Handb.). Die mit erhitzten Proteinen erhaltenen
Antisera, sog. Koktoantisera, verhalten sich aber auch bisweilen durchaus spezifisch in dem Sinne, daß sie mit dem Antigen der Vorbehandlung, dem Kokto-
antigen, in spezifische Reaktion treten. Das ursprünglich artspezifische Gepräge
ist allerdings meistens verwischt (vgl. FUJIWARA und KYOYETSURO[2], FÜRTH[3],
ROSENBERG[4], SELIGMANN und GUTFELD[5], SCHMIDT[6], ZINSSER[7], MANTEUFEL[8]).
Einige Proteine, vorwiegend solche, die durch die Hitze nicht koaguliert werden,
können ihre spezifische Funktion, besonders nach kürzerem Digerieren bei
100° erhalten, z. B. Casein.

Mannigfache, sich vielfach widersprechende Hypothesen sind aufgestellt
worden, die das Rätsel der biologischen Spezifität zu klären versuchen. Während
die einen glauben, daß vorwiegend die physikalisch-chemische Struktur des

[1] OTTENSOOSER, F.: Z. Immun.forschg **43**, 79 (1925).
[2] FUJIWARA u. KYOYETSURO: Dtsch. Z. gerichtl. Med. **1**, 562 (1922).
[3] FÜRTH: J. of Immunol. **10**, 777 (1925)
[4] ROSENBERG: Zb. Bakter. I. Orig. **98**, 259 (1926).
[5] SELIGMANN, E. u. F. v. GUTFELD: Berl. klin. Wschr. **1919**, 964.
[6] SCHMIDT, W. A.: Biochem. Z. **14**, H. 3, 4, S. 294.
[7] ZINSSER: J. of Immun. **9**, 227 (1924).
[8] MANTEUFEL: Arb. Reichsgesdh.amt **57**, 41 (1926).

kolloidalen Eiweißkörpers diese Spezifität bedingt, halten andere ausschließlich an chemischen Affinitäten als Ursache des spezifischen Gepräges fest. Sicherlich sind Dispersität und Molekulargröße eine notwendige Voraussetzung zur Entfaltung antigener Funktionen. Maßgebend aber für die spezifische Richtung der resultierenden Antikörperreaktionen sind ohne Zweifel bestimmte, noch nicht faßbare materielle Substrate. Dabei spielt das Prinzip der Konkurrenz der Antigene (BENJAMIN und WITZINGER[1], DOERR und BERGER[2]) eine außerordentlich wichtige Rolle, ebenso wie die Individualität des Antikörperspenders. In dem Wettstreit der Antigene setzen sich diejenigen Antigenstrukturen durch, die in qualitativer wie in quantitativer Hinsicht dominieren. Bei unbefangener Betrachtungsweise sind im Grunde gerade die übergreifenden Antikörperwirkungen zu erwarten. Die Tatsache der biologischen Spezifität dagegen ist etwas durchaus Erstaunliches und nur als die Resultante der beiden genannten biologischen Prinzipien, des Wettstreits der Antigene und der individuellen Reaktion des lebenden Organismus, zu verstehen.

Durch das Studium der chemospezifischen Antigene sind spezifische Antikörperwirkungen erkannt worden, die gegen chemisch genau definierte Substanzen gerichtet sind. OBERMAYER und PICK[3] sowie LANDSTEINER und seine Mitarbeiter[4-7] haben in grundlegenden Arbeiten zeigen können, daß durch Jodierung, Nitrierung und Diazotierung von Serumeiweiß die ursprüngliche artspezifische „originäre" Struktur durch eine neue sog. „konstitutive" Spezifität ersetzt wird (vgl. FREUND[8], SCHITTENHELM und STRÖBEL[9], WELLS[10], PICK und YAMANUCHI[11], K. MEYER und ALEXANDER[12]). Antisera, die durch Vorbehandlung mit derartigen komplexen Antigenen erhalten werden, reagieren nur mit solchen chemospezifischen Antigenen, die das gleiche Chemikal, das zur Vorbehandlung gedient hat, enthalten, wobei die Herkunft der Eiweißkomponente vollkommen gleichgültig bleibt. Die Reaktionsweise solcher Antisera ist also ausgesprochen chemospezifisch. KLOPSTOCK und SELTER[13] haben im Laboratorium von SACHS gezeigt, daß die komplizierte Einführung des Chemikals in den Eiweißkörper nicht nötig ist, daß vielmehr eine einfache Mischung der beiden Komponenten genügt, um chemospezifische Antikörper zu erhalten. Antisera, hergestellt durch Injektion chemospezifischer Gemische, enthalten mitunter nebeneinander sowohl artspezifische wie chemospezifische Antikörper. Während die isolierten chemischen Substanzen mit den chemospezifischen Antikörpern im Reagensglas nicht in Reaktion treten können, genügt nach KLOPSTOCK und SELTER sogar einfaches Mischen mit Lipoiden, um brauchbare Vitroantigene zu erhalten. Offenbar besitzen also auch bestimmte Chemikalien Antigenfunktion. Sie bedürfen nur einer Stütze zur Entfaltung ihres Immunisierungsvermögens wie zu ihrem direkten Nachweis im Reagensglas. Ob dieses Adjuvans zur Erhöhung des Dispersitäts-

[1] BENJAMIN, E. u. O. WITZINGER: Z. Kinderheilk. 2, 123 (1911); 3, 73 (1912).
[2] DOERR, R. u. W. BERGER: Biochem. Z. 131, 13 (1922).
[3] OBERMAYER u. PICK: Wien. klin. Wschr. 1906, H. 12.
[4] LANDSTEINER, K.: Biochem. Z. 93, 106 (1919).
[5] LANDSTEINER, K. u. BARRON: Z. Immun.forschg 26, 142 (1917).
[6] LANDSTEINER, K. u. PRASEK: Z. Immun.forschg 20, 211 (1914).
[7] LANDSTEINER, K. u. H. LAMPL: Z. Immun.forschg 26, 123, 133, 258, 293 (1917) — Biochem. Z. 86, 343 (1918); 104, 280 (1920) — J. exper. Med. 39, 631 (1924) — Klin. Wschr. 1927, H. 3 — Biochem. Z. 119, 294 (1921).
[8] FREUND, H.: Biochem. Z. 20, 503 (1909).
[9] SCHITTENHELM, A. u. H. STRÖBEL: Z. exper. Path. u. Ther. 11, H. 1 (1912).
[10] WELLS, G. H.: J. inf. Dis. 5, 449 (1908).
[11] PICK, E. P. u. YAMANOUCHI: Z. Immun.forschg 1, 676 (1909).
[12] MEYER, K. u. M. E. ALEXANDER: Biochem. Z. 146, 217 (1924).
[13] KLOPSTOCK, A. u. G. E. SELTER: Z. Immun.forschg 55, 118, 450; 57, 174 (1928).

grades oder als Schutz vor Larvierung aufzufassen ist, muß zunächst dahingestellt bleiben. Der Schritt von dem bekannten chemischen Stoffe zu den komplizierten, der biologischen Spezifität zugrunde liegenden Substraten ist sicherlich ein recht großer. Die ungeheure Mannigfaltigkeit spezifischer Reaktionen kann aber keineswegs ausschließlich durch physikalisch-chemische Veränderungen erklärt werden. Die primäre spezifische Reaktion ist vielmehr nur denkbar als Folge von Affinitäten, wie sie auch sonst chemische Reaktionen beherrschen. Sekundär sind sicherlich die physiko-chemischen Bedingungen von ausschlaggebender Bedeutung, indem ihre Interferenz von vornherein das Zustandekommen der primären spezifischen Reaktion verhindern kann, indem sie aber vor allem zur sinnfälligen Manifestation (als Präcipitation, Agglutination oder Lysis usw.) eine unerläßliche Voraussetzung darstellen. Die Analogie chemospezifischer und biospezifischer Antigenfunktionen ist nicht nur erlaubt, sondern entspricht vielmehr dem dringenden Bedürfnis eines jeden, der das geheimnisvolle Spiel biologischer Spezifität zu analysieren versucht.

C. Heterogenetische Systeme.

1. Das Forssmansche Antigen.

Schon Ehrlich hat mit Nachdruck darauf hingewiesen, daß neben den artspezifischen Receptoren noch andere mehr oder weniger weitverbreitete Receptoren vorkommen. Aber erst Forssman entdeckte auf immunisatorischem Wege eigenartige, gesetzmäßige Receptorengemeinschaften zwischen Tierarten, die nach dem zoologischen System keineswegs miteinander verwandt sind. Forssman und seine Mitarbeiter Hintze und Wiedén (s. zusammenfassende Darstellung) erhielten durch Vorbehandlung von Kaninchen mit wässerigen Organsuspensionen von Meerschweinchen sowie von Pferden und Katzen Hämolysine gegen Blutkörperchen vom Hammel. Heterogenetisch (oder heterophil nach Friedemann) nannten Friedberger und Schiff[1] die derart erzeugten Hammelbluthämolysine deswegen, weil sie gegen Antigene gerichtet sind, die mit dem zur Vorbehandlung dienenden Antigen in keinerlei Beziehung stehen (vgl. Friedberger und seine Mitarbeiter[2-5]). Als Prototyp solcher heterogenetischen Antigene gilt das Forssmansche Antigen, das im Tierreich weitverbreitet ist. Nach dem Vorgang von Bail und Margulies[6] spricht man geradezu von den Tierarten des „Meerschweinchentypus", denen die Tierarten des „Kaninchentypus" gegenüberstehen.

Zu den Tierarten des Meerschweinchentypus gehören: Meerschweinchen, Hammel, Ziege, Pferd, Katze, Hund, Kamel, Hamster, Maus, Fasan, Huhn, Strauß, Truthahn, Walfisch, Schildkröte, Aal, Hecht, Karpfen, Schleie, außerdem manche Stämme von Shigabakterien. Zum Kaninchentypus gehören: Kaninchen, Rind, Schwein, Hirsch, Reh, Ratte, Taube, Gans, Kreuzschnabel, Kuckuck, Turmfalke, Hering, Kabeljau, Schellfisch, Frosch, Schabe.

Merkwürdigerweise hat sich im Pflanzenreich das Forssmansche Antigen bisher nicht nachweisen lassen, bis auf wenige Bakterienarten (vgl. Jijima[7], K. Meyer[8], Powell[9]). Die Rubrizierung des Menschen, der, wie man bis vor kurzem annahm, kein Forssmansches Antigen aufweisen sollte, stößt heute auf

[1] Friedberger, E. u. F. Schiff: Berl. klin. Wschr. **50**, 1557, 2328 (1913).
[2] Friedberger, E. u. A. Collier: Z. Immun.forschg **28**, 237 (1919).
[3] Friedberger, E. u. G. Meissner: Z. Immun.forschg **36**, 233 (1923).
[4] Friedberger, E. u. E. Putter: Z. Immun.forschg **38**, 356 (1923).
[5] Friedberger, E. u. K. Suto: Z. Immun.forschg **28**, 217 (1919).
[6] Bail, O. u. Margulies: Z. Immun.forschg **19**, 185 (1913).
[7] Jijima, T.: J. of Path. **26**, 518 (1923).
[8] Meyer, K.: Z. Immun.forschg **45**, 97 (1925).
[9] Powell, H. M.: J. of Immun. **12**, 1 (1926).

Schwierigkeiten. Sicher enthalten die Zellen von Menschen mit dem Merkmal A Forssmansches Antigen, während die Zellen von Menschen der übrigen Gruppen höchstens unbedeutende Splitter des Forssmanschen Antigens aufweisen (vgl. Schiff und Adelsberger[1], Dölter[2], Witebsky[3], Hirszfeld und Halber[4], Kritschewski und Messik[5]. In bezug auf die quantitative Verteilung des Forssmanschen Antigens bestehen zwischen den einzelnen Organen erhebliche Unterschiede. Am meisten enthalten Niere, Lunge und Milz, während im Gehirn relativ wenig Forssmansches Antigen vorhanden ist. Man nahm früher ein gegensätzliches Verhalten der Organzellen und der Blutzellen in ihrem Gehalt an Forssmanschem Antigen an. Tatsächlich entstehen durch Injektion von Meerschweinchenblutkörperchen keine oder nur geringfügige Hammelbluthämolysine, und ebenso ist durch Injektion von Organzellen des Hammels sowie der Ziege eine Hämolysinbildung kaum zu beobachten. Doch ist bei manchen Tieren (Hund, Huhn, Katze und Schildkröte) im Blute wie in den Organen Forssmansches Antigen nachweisbar (Kritschewski, Friede, Friede und Grünbaum s. S. 483).

Bei einer erneuten Analyse der Meerschweinchenerythrocyten hat sich aber ergeben, daß tatsächlich das Forssmansche Antigen auch im Meerschweinchenblut enthalten ist (Witebsky[6]). Trotzdem entstehen durch Injektion von Meerschweinchenblutkörperchen vorwiegend artspezifische Meerschweinchenblutantikörper. Dieses Ergebnis ist nur als Resultante der „Konkurrenz der Antigene" zu verstehen, bei der die biologisch stärkere artspezifische Blutquote über das Forssmansche Antigen bei dem Akt der Immunisierung dominiert. Auch der Nachweis des Forssmanschen Antigens im Serum heterogenetischer Tierarten wurde bisher nicht einheitlich beurteilt. Man erhält nur selten durch Injektion von Meerschweinchenserum oder von Pferdeserum heterogenetische Hammelbluthämolysine (Orudschiew[7]). Doch haben in neuester Zeit Landsteiner und van der Scher[8] sowie A. J. Weil[9] gefunden, daß das Forssmansche Antigen regelmäßig in dem Serum heterogenetischer Tierarten vorhanden ist, daß es nur offenbar durch die Eiweißkörper des Serums larviert ist. Nach Fällung der Eiweißkörper durch Alkohol ist das Forssmansche Antigen in den alkoholischen Serumextrakten ohne weiteres nachweisbar.

Die wichtigsten Eigenschaften Forssmanscher heterogenetischer Antisera sind kurz folgende:

1. Sie enthalten Hammelbluthämolysine.

2. Sie reagieren im Reagensglas mit den wässerigen Organsuspensionen der Tierarten des Meerschweinchentypus im Sinne einer spezifischen Bindung.

3. Sie geben mit den alkoholischen Organextrakten der Tierarten des Meerschweinchentypus eine spezifische Ausflockung und Komplementbindung.

4. Sie lösen bei Meerschweinchen auf intravenöse Injektion hin einen typischen anaphylaktischen Shock aus (vgl. die Ausführungen von Doerr über Allergische Phänomene).

5. Sie bewirken nach intracarotaler Injektion bei Meerschweinchen charakteristische Störungen des Gleichgewichts und der Augenmuskeln.

[1] Schiff, F. u. L. Adelsberger: Z. Immun.forschg **40**, 335 (1924).
[2] Dölter, W.: Z. Immun.forschg **43**, 95, 128 (1925).
[3] Witebsky, E.: Z. Immun.forschg **51**, 161 (1927).
[4] Hirszfeld, L. u. W. Halber: Z. Immun.forschg **53**, 419 (1927).
[5] Kritschewski u. Messik: Z. Immun.forschg **56**, 130 (1928).
[6] Witebsky, E.: Z. Immun.forschg **48**, 369 (1926); **49**, 1, 517 (1927); **59**, 139 (1928).
[7] Orudschiew, D.: Z. Immun.forschg **16**, 268 (1913).
[8] Landsteiner, K. u. J. van der Scheer: J. of exper. Med. **42**, 123 (1925).
[9] Weil, A. J.: Z. Immun.forschg **47**, 316 (1926).

Das Studium des Forssmanschen heterogenetischen Antigens hat die Immunitätsforschung im letzten Jahrzehnt zu fruchtbarster Analyse angeregt (vgl. [1-11]). Doerr und Pick[12] erkannten, daß das Forssmansche Antigen koktostabil ist. Die Thermoresistenz des Forssmanschen Antigens ist dabei eine recht erhebliche (vgl. Sachs und Nathan[13], Gutfeld[14]). W. Georgi[15] sowie Taniguchi[16], Sordelli und seine Mitarbeiter[17, 18, 19], Gutfeld[20] fanden, daß das Forssmansche Antigen alkohollöslich ist. Nach Landsteiner und Levene[21] dürften Substanzen von der Art der Kohlehydrate als wichtige Träger des spezifischen Gepräges des Forssmanschen Antigens in Betracht kommen. Beim Studium der alkoholischen Extrakte aus heterogenetischen Organen stieß man auf das merkwürdige Phänomen, daß derartige alkoholische Extrakte zwar Vitroantigene sind, daß sie aber keineswegs in vivo zur Auslösung heterogenetischer Antikörper befähigt sind. Die alkoholischen Organextrakte geben also eine spezifische Komplementbindung (vgl. Sachs und Guth[22, 23]) und Ausflockung. Sie binden auch spezifisch in Absorptionsversuchen Hammelbluthämolysine, ohne daß aber die Injektion derartiger alkohollöslicher spezifischer Substanzen zur Antikörperbildung führt. Dieses widerspruchsvolle Verhalten bildete lange Zeit ein Rätsel, bis Landsteiner und Simms[24] dessen Auflösung in einfacher Weise gelang (vgl. Takenomata[25], Doerr und Hallauer[26]). Durch Vorbehandlung von Kaninchen mit Gemischen aus alkoholischen Forssmanschen Organextrakten und fremdartigem Eiweiß (Schweineserum) erhielt Landsteiner Antisera, die außer Schweineserumpräcipitinen typische heterogenetische Antikörper enthielten. Landsteiner[27] nannte derartige Stoffe Haptene (vgl. H. Sachs über Antigene und Antikörper in diesem Band).

Das Forssmansche Antigen dürfte wohl ein großes Mosaik vorstellen, das aus einzelnen charakteristischen Bausteinen zusammengesetzt ist. Diese Bausteine können entweder als mehr oder weniger selbständige biochemische Ein-

[1] Sachs, H. u. W. Georgi: Z. Immun.forschg 21, 342 (1914).
[2] Morgenroth, J. u. R. Bieling: Biochem Z. 68, 85 (1915).
[3] Georgi, W. u. A. Seitz: Z. Immun.forschg 26, 545 (1917).
[4] Schiff, F.: Z. Immun.forschg 20, 336 (1914).
[5] Georgi, F.: Z. Immun.forschg 37, 285 (1923).
[6] Mutermilch, S.: C. r. Acad. Sci. Paris 178, 2134 (1924).
[7] Otto, R. u. N. Sukiennikowa: Z. f. Hyg. 101, 398 (1924).
[8] Schmidt, H.: Z. Immun.forschg 40, 139 (1924).
[9] Rubinstein, P. L.: Z. Immun.forschg 50, 114 (1927).
[10] Halber, W.: Z. Immun.forschg 39, 282 (1924).
[11] Halber, W. u. L. Hirszfeld: Z. Immun.forschg 42, 459 (1925).
[12] Doerr, R. u. R. Pick: Z. Immun.forschg 19, 251 (1913).
[13] Sachs, H. u. E. Nathan: Z. Immun.forschg 19, 235 (1913).
[14] Gutfeld, F. v.: Z. Immun.forschg 33, 197 (1922).
[15] Georgi, W.: Arb. Inst. exper. Ther. Frankf. 1919, H. 9, 33.
[16] Taniguchi, T.: J. of path. 24, 217, 241, 456 (1921); 25, 77 (1922).
[17] Sordelli, A. u. H. Fischer: Revista del Inst. bact. del depart. Nacionale de Hyg. Buenos Aires 1, Nr 3, 229 (1918).
[18] Sordelli, A., H. Fischer, R. Wernicke u. C. Pico: C. r. Soc. Biol. Paris 84, 173 (1921) — Rev. Inst. bacter. Buenos Aires 4, 15 (1925).
[19] Wernicke, R. u. C. Pico: C. r. Soc. Biol. Paris 84, 174 (1921).
[20] Gutfeld, F. v.: Z. Immun.forschg 33, 461; 34, 524 (1922).
[21] Landsteiner, K. u. P. A. Levene: J. of Immun. 10, 731 (1924) — Proc. Soc. exper. Biol. a. Med. 22, 343 (1926); 24, 693 (1927) — J. of Immun. 14, 81 (1927).
[22] Sachs, H. u. F. Guth: Med. Klin. 1920, Nr 6, 157.
[23] Guth, F.: Z. Immun.forschg 30, 517 (1920).
[24] Landsteiner, K. u. S. Simms: J. of exper. Med. 38, 127 (1923).
[25] Takenomata, N.: Z. Immun.forschg 41, 190 (1924).
[26] Doerr, R. u. C. Hallauer: Z. Immun.forschg 45, 170; 47, 291 (1926).
[27] Landsteiner, K.: Biochem. Z. 119, 294 (1921).

heiten aufgefaßt werden, man kann sie aber auch als Partialreceptoren eines gemein-
schaftlichen großen Antigenkomplexes bezeichnen. Unter Zugrundelegung dieser
Vorstellung sind die vorliegenden experimentellen Erfahrungen leicht zu verstehen.
Denn bei manchen Tierarten des FORSSMANschen Tierkreises scheinen bestimmte
Partialreceptoren gesetzmäßig zu fehlen, die bei anderen wieder gehäuft vorhanden
sind. Als Indicator aber dafür, daß es sich bei den scheinbar durchaus verschiedenartigen Substraten dennoch um Teile des gleichen, nämlich FORSSMANschen Antigens handelt, dienen die aufgezählten Eigenschaften FORSSMANscher Antisera. Gewiß ist das FORSSMANsche Antigen kein einheitliches Antigen etwa in dem Sinne
artspezifischer oder organspezifischer Strukturen. Doch läßt sich sein Vorkommen
in typischen und charakteristischen Reaktionen nachweisen. Es hat auch den Anschein, als ob das FORSSMANsche Antigen viel verbreiterter ist, als man ursprünglich annahm. Zum mindesten sind kleine Splitter des FORSSMANschen Antigens im
Tierreich außerordentlich häufig vorzufinden. Werden dann solche Tiere, die nur
kleine Bruchteile des FORSSMANschen Antigens in ihren Organen enthalten, mit
FORSSMANschem Antigen vorbehandelt, so können, dem horror autotoxicus folgend,
nur solche FORSSMANschen Partialantikörper ausgebildet werden, die gegen diejenigen Teile des FORSSMANschen Mosaiks gerichtet sind, die dem Organismus des Antikörperspenders selbst fehlen (vgl. FRIEDE[1]). Derart erklären sich leicht die häufig erheblichen Differenzen FORSSMANscher Antigene sowohl wie FORSSMANscher Antisera.

2. Weitere heterogenetische Antigene.

Weitere heterogenetische Systeme sind von KRITSCHEWSKI und seinen Mitarbeitern[2-4] angegeben worden, ohne daß allerdings bisher von den genannten
Autoren ein sicherer experimenteller Beweis dafür erbracht worden ist, daß die
von ihnen aufgefundenen heterogenetischen Systeme von dem Forssmanantigen
zu trennen sind. LANDSTEINER und VAN DER SCHEER (s. S. 481) fanden, daß ein
Teil ihrer Pferdeblutantisera mitunter mit Rattenblut deutlich ausflockten, und
ebenso sahen sie, wie manche Affenantisera mit Schweineblutextrakt angaben.
Die Autoren diskutieren dabei die Frage, ob ihre neu aufgefundenen heterogenetischen Reaktionen darauf beruhen, daß in den angeführten Blutextrakten
identische oder ähnliche Substanzen enthalten sind, oder ob vielleicht ein einheitlicher Antikörper mit verschiedenen Substanzen reagieren kann.

In jüngster Zeit ist aber ein neues heterogenetisches System bekannt geworden, das sich von dem FORSSMANschen System mit Sicherheit trennen läßt.
Im Gegensatz zum FORSSMANschen System tritt es nicht bei ganzen Tierarten
als solchen auf, sondern es ist in gruppenspezifischer Verteilung über die verschiedensten Tierarten sowohl vom „Meerschweinchentypus" wie vom „Kaninchentypus" verstreut. Man nennt es am besten vielleicht kurz das „A-System".
Der Zellgruppenreceptor A, der ihm zugrundeliegt, ist, ebenso wie das FORSSMAN-
sche Antigen, zu einem wesentlichen Teil alkohollöslich. Gruppenspezifische
Antisera, hergestellt durch Injektion von Menschenblutkörperchen der Gruppe A,
reagieren, nach Absorption der FORSSMANschen Antikörper durch Hammelblut
gruppenspezifisch ausschließlich mit Organbestandteilen mancher Schweine,
Rinder, Hämmel und Kaninchen, und wahrscheinlich werden sich noch eine ganze
Anzahl weiterer Tierarten gleichsinnig verhalten.

[1] FRIEDE, K. A.: Zbl. Bakter. Orig. **96**, 136 (1925).
[2] KRITSCHEWSKY, L.: J. of exper. Med. **24**, Nr 3, 233 (1916) — J. of inf. Dis. **32**, 192
(1923) —Z. Immun.forschg **36**, 1 (1923).
[3] FRIEDE, K. A.: Zbl. Bakter. Orig. **96**, 154 (1925).
[4] FRIEDE, K. A. u. GRÜNBAUM: Klin. Wschr. **1925**, 1778 — Z. Immun.forschg **44**,
314 (1925).

D. Die Lehre von den Blutgruppen.

1. Die 4 Blutgruppen des Menschen (Landsteiner sche Regel).

Ehrlich und Morgenroth[1] haben durch Injektion von Blutkörperchen einer Ziege A bei einer Ziege B Antikörper gegen Blutkörperchen der Ziege A erzeugt. Es handelt sich demnach um Isoantikörper, die durch Injektion von artgleichem, wenn auch individuumfremdem Materials entstehen. Auch bei anderen Tierarten gelingt die immunisatorische Erzeugung gruppenspezifischer Isoantikörper.

Nachdem schon im Jahre 1876 Landois gesehen hatte, daß normales menschliches Serum mitunter Blutkörperchen fremder Tierarten agglutinieren kann, wurde schließlich von zahlreichen Autoren über die Beobachtung berichtet, daß unter Umständen das Serum von Kranken imstande ist, Blutkörperchen anderer Menschen zu agglutinieren. Doch erst Landsteiner[2] hat in einer grundlegenden Untersuchung die physiologische Gesetzmäßigkeit der Verteilung von Isoantikörpern und isoagglutinablen Substanzen erkannt. Bei den Blutgruppen des Menschen handelt es sich um 2 Blutkörpercheneigenschaften, die kurz mit A und B bezeichnet sind. Dementsprechend bestehen 4 Möglichkeiten:

1. Die Blutkörpercheneigenschaften fehlen, *Blutgruppe O,*
2. die Blutkörpercheneigenschaft A ist vorhanden, *Blutgruppe A,*
3. die Blutkörpercheneigenschaft B ist vorhanden, *Blutgruppe B,*
4. die Blutkörpercheneigenschaften A und B sind in gleicher Weise vorhanden, *Blutgruppe AB.*

Das Serum enthält nun jeweils Agglutinine gegen diejenigen Blutkörpercheneigenschaften, die gerade dem Individuum selbst fehlen. So enthält also ein Serum der Gruppe A ein Agglutinin Anti-B (β), während ein Serum der Gruppe B ein Agglutinin Anti-A (α) enthält. Ein Serum der Gruppe O enthält beide Agglutinine (α und β), während einem Serum der Gruppe AB jegliche agglutinierende Funktion fehlt. Diese leicht durchsichtigen Gesetzmäßigkeiten werden nach ihrem Entdecker als Landsteinersche Regel bezeichnet. Jansky und Moss haben die vier Blutgruppen besonders numeriert. Doch haben diese Angaben vielfach Verwirrung hervorgerufen (Verzar[3], Moritsch[4]), so daß man jetzt nach dem Vorschlage von Hirszfeld die Blutgruppen nach ihren Blutkörpercheneigenschaften mit den Buchstaben O, A, B und AB bezeichnet. Diese Verhältnisse seien kurz in einer kleinen Tabelle 1 wiedergegeben:

Tabelle 1.

	Jansky	Moss	Hirszfeld	Blutkörperchen-eigenschaften	Serum-eigenschaften
Gruppe	I	IV	O	— —	α, β
,,	II	II	A	A, —	— β
,,	III	III	B	— B	α —
,,	IV	I	A B	A + B	— —

Die Blutgruppe verändert sich niemals während des ganzen Lebens. Andersartige Ergebnisse sind wohl auf technische Fehlerquellen zurückzuführen (vgl. Poehlmann[5]).

2. Vererbungsmodus der Blutgruppenmerkmale.

Jahrelang wurden die Beobachtungen Landsteiners nicht entsprechend ihrer großen Bedeutung gewürdigt. Im Jahre 1910 erkannten von Düngern

---

[1] Ehrlich, P. u. J. Morgenroth: Berl. klin. Wschr. **1900**, 453.
[2] Landsteiner, K.: Wien. klin. Wschr. **14**, 1132 (1901).
[3] Verzar: Klin. Wschr. **1927**, Nr 8, 347.
[4] Moritsch, P.: Wien. klin. Wschr. **1927**, Nr 8, 256.
[5] Poehlmann, A.: Münch. med. Wschr. **1929**, 413.

und HIRSZFELD[1,2], daß die Blutgruppen sich nach bestimmten Gesetzen, den MENDELschen Regeln entsprechend, vererben. Damit erhielt die Blutgruppenforschung einen neuen Impuls. Nach v. DUNGERN und HIRSZFELD sind die Eigenschaften A und B dominant vererbliche Merkmale, denen das Fehlen der Eigenschaften „Nicht-A" und „Nicht-B" als recessive Merkmale gegenübersteht. Dabei findet zugleich ein Parallelismus zwischen den recessiven Zellmerkmalen „Nicht-A" und „Nicht-B" und dem Auftreten der entsprechenden Serumeigenschaften „Anti-A" und „Anti-B" statt. Es kann also niemals ein Kind eine Blutkörpercheneigenschaft besitzen, die nicht mindestens einer seiner beiden Eltern ebenfalls aufweist. Ohne weiteres ergibt sich daraus die Verwendungsmöglichkeit für gerichtliche Zwecke im Sinne eines Vaterschaftsausschlusses. Denn bei feststehender Mutterschaft läßt sich gegebenenfalls dann eine Aussage über die Vaterschaft machen, wenn das Kind ein Blutmerkmal aufweist, das weder die Mutter noch der vermeintliche Vater besitzt. Eine positive Aussage etwa in dem Sinne, daß ein der Vaterschaft Verdächtigter auch der Vater sein muß, ist auf Grund der bisher bekannten Gruppenunterschiede vollkommen ausgeschlossen. Denn es handelt sich nicht um individuelle Eigenschaften, sondern um Gruppeneigenschaften. In gleicher Weise wie für den Vaterschaftsausschluß läßt sich die Blutgruppenbestimmung auch für den eventuellen Mutterschaftsausschluß in Fällen von Kindesunterschiebungen usw. verwenden. Hier muß freilich die Vaterschaft feststehen. Auf die Diskussion, die gerade in der Tagespresse und Fachpresse über die Frage der gerichtlichen Verwertbarkeit in Alimentationsprozessen usw. entbrannt ist, kann an dieser Stelle nicht weiter eingegangen werden. Es sei in diesem Zusammenhange auf die ausführlichen Darstellungen von LATTES, SCHIFF und HIRSZFELD verwiesen.

In neuerer Zeit wurden noch mehrere andere Vererbungsschemen angegeben. Denn die Praxis hat ergeben, daß AB-Mütter nicht oder außerordentlich selten O-Kinder bzw. O-Mütter so gut wie nie AB-Kinder erzeugen. Nach dem Vererbungsschema von v. DUNGERN und HIRSZFELD müßte ein derartiger Fall rein rechnerisch häufiger eintreten. So hat BERNSTEIN[3] eine Vererbungsregel aufgestellt, bei der drei multiple Allelomorphe als Grundlage des Vererbungsmodus angesehen werden: R, A und B. Danach darf allerdings niemals die geschilderte Kombination AB-Mutter mit O-Kind bzw. O-Mutter mit AB-Kind vorkommen. Nach der BERNSTEINschen Regel kommt also eine neue Ausschlußmöglichkeit hinzu, denn es könnte niemals ein AB-Vater ein O-Kind erzeugt haben. Ein einziger solcher einwandfrei untersuchter Fall müßte allerdings die BERNSTEINsche Auffassung erschüttern. Die folgende Tabelle 2 dient zur Erläuterung der von v. DUNGERN und HIRSZFELD einerseits und BERNSTEIN andererseits angegebenen Vererbungsregeln. Zur Erklärung sei nochmals hinzugefügt, daß nach BERNSTEIN die Vererbung der Gruppenmerkmale an eine einzige Eigenschaft geknüpft ist, während nach v. DUNGERN und HIRSZFELD die Vererbung der Blutgruppe durch zwei verschiedene Eigenschaften bzw. Eigenschaftenpaare bedingt wird. In bezug auf die hier angewandte Nomenklatur sei auf den Beitrag von LENZ in diesem Handbuch (Bd. 17) verwiesen.

Zu diesen beiden Vererbungsschemen, die sich prinzipiell unterscheiden, gesellen sich weitere Vererbungsschemata hinzu, so von SNYDER[4] und FURUHATA[5].

[1] DUNGERN, E. v.: Münch. med. Wschr. **1910**, 293.

[2] DUNGERN, E. v. u. L. HIRSZFELD: Z. Immun.forschg 4, 531 (1910); **6**, 284; 8, 526 (1911).

[3] BERNSTEIN, F.: Klin. Wschr. **1924**, Nr 33, 1495 — Z. indukt. Abstammungs- u. Vererbungslehre **37**, 237 (1925).

[4] SNYDER: J. amer. med. Assoc. **88**, 562 (1927).

[5] FURUHATA: Jap. med. World **7**, Nr 7 (1927).

Tabelle 2.
Die sich ergebenden Ausschlußmöglichkeiten sind durch stärkeren Druck markiert.

Monogen (nach BERNSTEIN)						Digen (nach v. DUNGERN und HIRZFELD)					
Mutter	Kind	Vater				Mutter	Kind	Vater			
O	*O*	*O*	*A*	*B*	**A B**	*O*	*O*	*O*	*A*	*B*	*A B*
	A	**0**	*A*	**B**	*A B*		*A*	**0**	*A*	**B**	*A B*
	B	**0**	**A**	*B*	*A B*		*B*	**0**	*A*	*B*	*A B*
	[A B]¹	**[0]**	**[A]**	**[B]**	**[A B]**		*A B*	**0**	*A*	*B*	*A B*
A	*O*	*O*	*A*	*B*	**A B**	*A*	*O*	*O*	*A*	*B*	*A B*
	A	*O*	*A*	*B*	*A B*		*A*	*O*	*A*	*B*	*A B*
	B	**0**	**A**	*B*	*A B*		*B*	**0**	*A*	*B*	*A B*
	A B	**0**	**A**	*B*	*A B*		*A B*	**0**	*A*	*B*	*A B*
B	*O*	*O*	*A*	*B*	**A B**	*B*	*O*	*O*	*A*	*B*	*A B*
	A	**0**	*A*	**B**	*A B*		*A*	**0**	*A*	**B**	*A B*
	B	*O*	*A*	*B*	*A B*		*B*	**0**	*A*	*B*	*A B*
	A B	**0**	*A*	**B**	*A B*		*A B*	**0**	*A*	**B**	*A B*
A B	**[0]**¹	**[0]**	**[A]**	**[B]**	**[A B]**	*A B*	*O*	*O*	*A*	*B*	*A B*
	A	*O*	*A*	*B*	*A B*		*A*	*O*	*A*	*B*	*A B*
	B	*O*	*A*	*B*	*A B*		*B*	*O*	*A*	*B*	*A B*
	A B	**0**	*A*	*B*	*A B*		*A B*	*O*	*A*	*B*	*A B*

O, A, B, A B = kann sein. — **O, A, B, A B** = kann nicht sein.

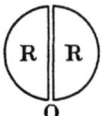
Abb. 61. Homogametische Zygote.

Abb. 62. Heterogametische Zygote.

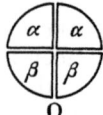
Abb. 63. Homogametische Zygote

Abb. 64. Heterogametische Zygote

Die erste Theorie von FURUHATA ähnelt durchaus der Theorie von BERNSTEIN, ist aber später, wenn auch unabhängig von BERNSTEIN erschienen. Die zweite Vererbungstheorie von FURUHATA berücksichtigt dagegen im Gegensatz zu der ersten Theorie auch die Isoagglutinine. Danach sind das Gen-*A* (für den Receptor *A*) und das Gen *b* (für das Auftreten des normalen Isoagglutinins Anti-*B*) zwei verschiedene, aber stark gekoppelte Gene. Trotz dieser starken Koppelung kann nach FURUHATA ein crossing-over zwischen den stark gekoppelten Genen stattfinden. In jüngster Zeit gelangte BAUER[2] unabhängig von der zweiten Theorie FURUHATAS zu einer ähnlichen Vorstellung, indem er von den in der Literatur bekannten, dem BERNSTEINschen Vererbungsschema widersprechenden Ausnahmen von *AB*- bzw. *O*-Kindern aus *AB/O* Ehen ausgeht. BAUER kommt auf die ursprüngliche Theorie von v. DUNGERN und HIRSZFELD zurück, die auch zwei Genpaare bei der Vererbung der Blutgruppenmerkmale annimmt. Nur glaubt er, daß *A* und *b* weitgehend gekoppelt sind, ähnlich wie FURUHATA II, daß aber mitunter ein Faktorenaustausch stattfinden kann. Der Faktorenaustausch nach BAUER sei hier kurz schematisch dargestellt.

Der Faktorenaustausch vollzieht sich in der Richtung des angegebenen Pfeiles. Es ergibt sich hieraus ohne weiteres, wie ohne Faktorenaustausch aus einer Ehe *O/AB* nur *A*- oder *B*-Kinder hervorgehen. Findet dagegen ein crossing-over statt, so müssen *O*- oder *AB*-Individuen entstehen. BAUER nimmt an, daß dies in

---

[1] Die eingeklammerten Kombinationen sind unmöglich.
[2] BAUER: Klin. Wschr. **1928**, Nr 34. S. 1588.

etwa 10 % der Fälle tatsächlich zutrifft. Dem widerspricht THOMSEN[1], der an der ursprünglichen BERNSTEINschen Theorie festhält. Nach THOMSEN handelt es sich um 3 multiple Allelomorphe, R, A und B. Das Gen A besitzt aber nach THOMSEN zwei Fähigkeiten:

1. die Entwicklung des Receptors A,
2. die Unterdrückung des Isoagglutinins α.

Ebenso verhält sich das Gen B. Fehlen dagegen beide Gene A und B, so findet keine Unterdrückung der Isoagglutinine statt. Derart werden nach THOMSEN auch die Isoagglutinine bei der Vererbung der Gruppeneigenschaften herangezogen.

Abb. 65. I. Vor dem Faktorenaustausch.

Abb. 66. II. Nach dem Faktorenaustausch.

Jedenfalls sei aber hier ausdrücklich betont, daß die bisher noch bestehenden Meinungsverschiedenheiten auf dem Gebiete der Vererbung der Gruppenmerkmale nur die in der Praxis relativ seltene Kombination AB/O betreffen. Die nach dem von v. DUNGERN und HIRSZFELD aufgestellten Vererbungsmodus sich ergebenden Ausschlußmöglichkeiten werden dadurch keineswegs berührt und von den Autoren, die sich damit ernsthaft beschäftigt haben, in gleicher Weise anerkannt.

3. Bedeutung der Gruppenunterschiede für die Klinik.

Die Erkenntnisse der Blutgruppenforschung müssen für Transfusionszwecke weitgehend berücksichtigt werden (vgl. PANISSET und VERGE[2], JERVELL[3] und SACHS[4], BREITNER[5], CLAIRMONT[6]). Dabei ist es nicht unbedingt notwendig, daß Spender und Empfänger der gleichen Blutgruppe angehören. Es genügt vielmehr meist, darauf zu achten, daß die Blutkörperchen des Spenders nicht von dem Serum des Empfängers agglutiniert werden. Die Individuen der Gruppe O sind als Universalspender bzw. Universalnichtempfänger bezeichnet worden, da ihre Blutkörperchen von keinem Serum agglutiniert werden, während umgekehrt ihr Serum die Blutkörperchen aller übrigen Gruppen agglutiniert. Dementsprechend sind die Menschen der Gruppe AB Universalempfänger bzw. Universalnichtspender, da ihr Serum keinerlei Agglutinine enthält, während ihre Blutkörperchen von dem Serum aller übrigen Gruppen agglutiniert werden.

Auch für die Transplantation (vgl. DEUCHER und OCHSNER[7]), dürfte die Blutgruppe eine wesentliche Rolle spielen, um so mehr, als nach neueren Untersuchungen die Gruppeneigenschaften sich nicht nur auf die Zellen des Blutes, sondern auch auf die Zellen der übrigen Organsysteme beziehen. Nachdem schon früher v. DUNGERN und HIRSZFELD sowie BROKMANN in tierischen Organen gewisse Gruppenmerkmale gefunden hatten, haben neuerdings YAMAKAMI[8]

[1] THOMSON, O.: Münch. med. Wschr. **1928**, Nr 45, 1921.
[2] PANISSET u. VERGE: C. r. Acad. Sci. Paris **174**, 1649 (1922).
[3] JERVELL, F.: Acta path. scand. (Stockh.) **1**, 301 (1924).
[4] SACHS, H.: Münch. med. Wschr. **1927**, Nr 1, 4 — Zbl. inn. Med. **48**, 1154 (1927).
[5] BREITNER: Die Bluttransfusion. Berlin: Julius Springer 1925.
[6] CLAIRMONT: Vgl. zusammenfassende Darstellung.
[7] DEUCHER, W. u. A. E. OCHSNER: Arch. klin. Chir. **132**, 470 (1924).
[8] YAMAKAMI, K.: J. of Immun. **12**, 185 (1926).

sowie LANDSTEINER und LEVINE[1] in menschlichen Spermatozoen die gleichen Gruppenmerkmale wie im Blute nachgewiesen. Von WITEBSKY[2], teilweise in Gemeinschaft mit OKABE[3], wurden in alkoholischen Organextrakten, vor allem in solchen der Gruppe A, gruppenspezifische Zellelemente gefunden. Die quantitativen Bedingungen beim Nachweis gruppenspezifischer Zellstrukturen sind aber durchaus verschieden und ähneln dem des Forssmanantigens. Am meisten enthält das Nierengewebe sowie Tumormaterial von Individuen der Gruppe A, während z. B. das Gehirn keine alkohollöslichen gruppenspezifischen Bausteine enthält. Es ist deswegen richtiger, statt von ,,Blutgruppen'' von ,,Zellgruppen'' oder von ,,Gruppenmerkmalen'' zu sprechen. Nach WICHELS und LAMPE[4] enthalten auch weiße Blutkörperchen das gleiche Gruppenmerkmal wie die roten Blutkörperchen.

KRITSCHESKI und SCHWARZMANN[5] haben später mittels einer anderen Methode, durch Absorption mit wässerigen Organsuspensionen, gruppenspezifische Bestandteile auch im Gehirn von Individuen der Gruppe A sowie in den Organen der Gruppe B nachgewiesen. Die Absorption mit Organsuspensionen ist aber wegen der dabei häufig auftretenden unspezifischen Ergebnisse keineswegs leicht zu beurteilen. Daher bedürfen die Ergebnisse von KRITSCHEWSKI und SCHWARZMANN noch kritischer Nachprüfung.

Man hat sich häufig die Frage nach der physiologischen Funktion gruppenspezifischer Qualitäten vorgelegt, ohne daß bis heute eine befriedigende Antwort gegeben werden kann. Dementsprechend sind auch Versuche, Beziehungen zwischen Pathogenese und Blutgruppe abzuleiten, trotz zahlreicher Bemühungen keineswegs eindeutig gelungen. Es gibt wohl kaum eine Krankheit, die nicht nach der Aussage mancher Autoren bei bestimmten Gruppen gehäuft bzw. vermindert vorkommen soll. Doch konnten die meisten derartigen Ergebnisse einer genaueren Nachprüfung nicht standhalten, vielmehr sind die irrtümlichen Schlußfolgerungen in vielen Fällen auf den Fehler der zu kleinen Zahl zurückzuführen. Denn will man statistisch begründete Schlüsse ziehen, so muß eine möglichst große Anzahl, mehrere hundert oder tausend Fälle, untersucht werden. Diese Voraussetzung wird aber leider von vielen, die sich damit beschäftigten, nicht erfüllt. Aus theoretischen Erwägungen dürfte noch am ehesten an eine Beziehung von Gruppenmerkmalen zu bestimmten Formen der Anämien gedacht werden, ohne daß aber auch hier bisher sichere experimentelle Beweise erbracht werden konnten[6-10].

Nach HIRSZFELD[11-13] ist die Vererbung der Diphtherieimmunität an die Blutgruppe gekoppelt. Danach sind Kinder mit der Blutgruppe diphtherieempfindlicher Eltern häufig ebenfalls diphtherieempfindlich (gemessen an der SCHICKschen Probe). Dagegen ist ein großer Teil der Kinder mit der Blutgruppe diphtherieimmuner Eltern ebenfalls diphtherieimmun, während ein kleinerer Teil — vorwiegend jüngere Kinder diphtherieimmuner Eltern — noch diphtherieempfindlich ist. HIRSZFELD nimmt an, daß bei diesen

[1] LANDSTEINER, K. u. PH. LEVINE: J. of Immun. **12**, Nr 5, 415 (1926).
[2] WITEBSKY, E.: Z. Immun.forschg **49**, 517 (1927) — Klin. Wschr. **1928**, Nr 3, 118.
[3] WITEBSKY, E. u. K. OKABE: Z. Immun.forschg **52**, 359 (1927).
[4] WICHELS u. LAMPE: Klin. Wschr. **1928**, Nr 37, 1741.
[5] KRITSCHEWSKI u. SCHWARZMANN: Klin. Wschr. **1927**, Nr 44, 2081.
[6] DECASTELLO u. STURLI: Münch. med. Wschr. **49**, 1090 (1902).
[7] MACKENZIE, G.: Proc. Soc. exper. Biol. a. Med. **22**, 276 (1923).
[8] HOCHE, O. u. P. MORITSCH: Mitt. Grenzgeb. Med. u. Chir. **38**, 652 (1925).
[9] KUBANYI, A.: Klin. Wschr. **1927**, Nr 32, 1517.
[10] WITEBSKY, E.: Klin. Wschr. **1928**, Nr 1, 20.
[11] HIRSZFELD, L.: Klin. Wschr. **1924**, Nr 46, 2084.
[12] HIRSZFELD L. u. H. u. BROKMANN: C. r. Soc. Biol. Paris **90**, 1198 (1924); Klin. Wschr. **1924**, 1308; Med. doświadcz i społ. (poln.) **11**, 125 (1924).
[13] HIRSZFELD, L. u. H. u. BROKMANN: J. of Immun. **9**, 571 (1924).

Kindern die normalen Diphtherie-Antitoxine erst in einem späteren Altersabschnitt erscheinen und er bezeichnet mit dem treffenden Ausdruck „Serogenese" die konstitutionell bedingte Serumreifung. Dagegen konnten SNYDER[1] THOMSEN[2] und ROSLING[3] den Befunden HIRSZFELDs nicht beistimmen. In gleicher Weise wie bei der SCHICKschen Reaktion wurden Untersuchungen über die DICKsche Reaktion bei Scharlach angestellt (vgl. JAKOBOWITZ[4] und KACZYNSKI[5]).

Neuerdings werden Zusammenhänge zwischen der Blutgruppe und dem raschen bzw. langsamen Verschwinden der positiven WASSERMANNschen Reaktion bei Syphilitikern angenommen. Auch hier dürften noch langjährige Erfahrungen nötig sein, um zu einer endgültigen Klärung des Phänomens zu gelangen (vgl. STRASZYNSKI[6] und GUNDEL[7], AMSEL und HALBER[8]).

Eine gruppenspezifische Differenzierung ist schon bei Embryonen vom 3. Monat an, vielleicht sogar noch früher, festzustellen. Beim Nachweis der Gruppenmerkmale in embryonalen Blutkörperchen müssen starke Testsera verwandt werden, da die Empfindlichkeit der embryonalen Blutkörperchen gegenüber den Isoagglutininen des Erwachsenenserums nach Untersuchungen von KEMP[9] wesentlich herabgesetzt ist. Dagegen sind die Isoagglutinine im embryonalen Serum ebenso wie die meisten normalen Antikörper noch nicht entwickelt. Auch die Blutkörperchen der Neugeborenen sind noch relativ schwer agglutinabel im Vergleich zu den Blutkörperchen der Erwachsenen, wenn auch leichter als diejenigen von Embryonen. Bei einem Teil der Neugeborenen sind dagegen die Isoagglutinine bereits nachweisbar. Im allgemeinen aber treten sie erst im ersten bis zweiten Lebensjahr auf[10-18].

Wenn Mutter und Kind der gleichen Blutgruppe angehören, spricht man von homospezifischer Schwangerschaft, dagegen von einer heterospezifischen Schwangerschaft, wenn Mutter und Kind verschiedenen Gruppen angehören. Ob das Bestehen heterospezifischer Schwangerschaften einen ungünstigen Einfluß auf Mutter und Kind ausübt, scheint bisher nicht erwiesen. Besonders bei der Eklampsie wurde auf die Bedeutung heterospezifischer Schwangerschaften hingewiesen (OTTENBERG[19]). Doch ist diese Angabe nicht unwidersprochen geblieben. Die meisten Untersucher konnten einen Zusammenhang zwischen Schwangerschaftstoxikosen und heterospezifischer Schwangerschaft nicht erkennen. Experimentelle Unterlagen für die Annahme einer besonderen Durchlässigkeit der Placenta für die Isoagglutinine des Serums bei der Eklampsie liegen jedenfalls nicht vor

[1] SNYDER, L. H.: Z. Immun.forschg 49, 464 (1927).
[2] THOMSEN, O.: Acta path. scand. (Københ.). 4, 45 (1927).
[3] ROSLING, E.: Z. Immun.forschg 59, 521 (1928).
[4] JAKOBOWITZ: Z. klin. Med. 99, 515 (1924).
[5] KACZYNSKI, R.: C. r. Soc. Biol. Paris 95, 933 (1926).
[6] STRASZYNSKI, A.: Klin. Wschr. 1925, 1962.
[7] GUNDEL: Klin. Wschr. 1927, Nr 36, 1703.
[8] AMSEL, R. u. W. HALBER: Z. Immun.forschg 42, 89 (1925) — C. r. Soc. Biol. Paris 91, 1479 (1924) — Med. doswiadcz. i spot. (poln.) 5, H. 3—4 (1925).
[9] KEMP, T.: C. r. Soc. Biol. Paris 99, 417, 419 (1928).
[10] ZETTERMANN, Y. u. E. WILDNER: Acta obstetr. scand. (Stockh.) 3, 122 (1924).
[11] GANTHER, R.: Zbl. Gynäk. 49, 1948 (1925).
[12] HARA, MINORU u. RIMPEI WAKAO: Jb. Kinderheilk. 114, 313 (1926).
[13] AUGSBERGER: Klin. Wschr. 1927, Nr 42, 1992.
[14] BARSKI: Dnepropetwowsk. med. J. 1927, H. 1/2.
[15] COLLON, N. C.: C. r. Soc. Biol. Paris 96, 144 (1927).
[16] DEBRÉ, R. u. M. HAMBURGER: C. r. Soc. Biol. Paris 97, Nr 20 (1927).
[17] PREGER: Z. Immun.forschg 53, H. 2, 192 (1927).
[18] WIECHMANN, E. u. H. PAAL: Münch. med. Wschr. 1927, Nr 7, 271.
[19] OTTENBERG, R.: J. amer. med. Assoc. 81, 295 (1923).

(vgl. LAZAREVIC und ZBOROWSKI[1]). Dagegen sind sichere Fälle von Eklampsie bekannt, die bei Gruppengleichheit von Mutter und Kind auftraten.

In diesem Zusammenhange ist das Verhalten der Placenta in bezug auf ihren Gehalt an Gruppenmerkmalen von Interesse. Es hat sich gezeigt (v. OETTINGEN und WITEBSKY[2]), daß alle Placentarorgane (ebenso wie das Gehirn) frei von Gruppenmerkmalen sind im Gegensatz zu der Decidua, die das mütterliche Gruppenmerkmal enthält. Die Placenta ist also als ein neutrales Organ zwischen Mutter und Kind eingeschaltet — ein höchst zweckmäßiger Vorgang. Denn es müßte zu deletären Zuständen für Mutter und Kind kommen, wenn die Placenta gruppenspezifische Bestandteile enthielte, die dem Angriff der Isoantikörper des Blutes ausgesetzt wären.

4. Gruppenspezifische Antisera.

Durch Immunisierung von Kaninchen mit Blutkörperchen der verschiedenen Gruppen erhält man gruppenspezifische Antisera. Allerdings entstehen häufig auch artspezifische Antikörper, so daß die gruppenspezifischen Antikörper erst nach Absorption der artspezifischen in Erscheinung treten (vgl. HOOKER u. ANDERSON[3], KOLMER u. TRIST[4], DÖLTER[5], LANDSTEINER, V. D. SCHEER u. WITT[6], OKABE[7]).

Interessanterweise bilden häufig gerade diejenigen Kaninchen gruppenspezifische Antikörper, die bereits ein gruppenspezifisches Isoagglutinin α vorgebildet haben. HIRSZFELD und HALBER glaubten deswegen, daß auch unspezifische Reize die gruppenspezifische Antikörperproduktion bei geeigneten Kaninchen hervorrufen, während SACHS und WITEBSKY die gruppenspezifische Antikörperbildung besonders im Hinlick auf die Höhe des Titers für den Effekt einer spezifischen Immunisierung halten. Diese Auffassung wird wohl noch dadurch weitgehend gestützt, daß die Injektion von A-Blutkörperchen zu einer gruppenspezifischen Lipoidantikörperwirkung (außer der gruppenspezifischen Agglutination) führt, die nach Vorbehandlung mit heterologem Material niemals beobachtet wurde. Doch dürfte es sich bei den Kaninchen, die gruppenspezifische Antikörper ausbilden können, weniger um die Auswirkung vorgebildeter Bahnen handeln, die sicherlich bei der Antikörperentstehung im allgemeinen eine bedeutsame Rolle spielt. Hier aber liegt umgekehrt bei manchen Kaninchen, die auf die Injektion von A-Blut keine gruppenspezifischen Antikörper ausbilden, ein konstitutionelles Hindernis zur Ausbildung gruppenspezifischer Antikörper vor. Denn es konnten mittels Komplementbindung in zahlreichen alkoholischen Organextrakten von Kaninchen gruppenspezifische A-Bestandteile nachgewiesen werden. Dem Horror autotoxicus entsprechend tritt dann eine Antikörperbildung bei diesen Tieren nicht ein (vgl. WITEBSKY[8]).

Über das chemische Substrat der gruppenspezifischen isoagglutinablen Substanzen ist noch nicht viel bekannt. Wesentliche gruppenspezifische Elemente sind sicherlich äther- und alkohollöslich, gehören also zur Gruppe der Lipoide. BRAHN u. SCHIFF[9] haben aber auch gruppenspezifische Eiweißkörper nachgewiesen (vgl. VORSCHÜTZ[10], SCHÜTZ u. WÖHLISCH[11], SKADOWSKY u. SCHRÖDER, SCHRÖDER[12], KONIKOV[13], WAGNER[14], EISLER u. MORITSCH[15], WITEBSKY u. OKABE[16]).

[1] LAZAREVIC u. ZBOROWSKI: C. r. Soc. Biol. Paris **95**, 1213 (1926).
[2] OETTINGEN, KJ. v. u. E. WITEBSKY: Münch. med. Wschr. **1928**, Nr 9, 385.
[3] HOOKER u. ANDERSON: J. of Immun. **6**, 419 (1921).
[4] KOLMER u. TRIST: J. of Immun. **5**, 89 (1920).
[5] DÖLTER, W.: Z. Immun.forschg **43**, 95 (1925).
[6] LANDSTEINER, K., J. VAN DER SCHEER u. D. H. WITT: Proc. Soc. exper. Biol. a. Med. **22**, 289 (1925).
[7] OKABE, K.: Z. Immun.forschg **58**, 22 (1928).
[8] WITEBSKY: Z. Immun.forschg **59**, 139 (1928).
[9] BRAHN u. SCHIFF: Klin. Wschr. **1926**, Nr 32, 1455.
[10] VORSCHÜTZ, J.: Z. klin. Med. **96**, 383 (1923).
[11] SCHÜTZ u. WÖHLISCH: Z. Biol. **82**, 265 (1924).
[12] SCHRÖDER, V.: Pflügers Arch. **215**, 32 (1926).
[13] KONIKOW, A.: Z. eksper. Biol. i Med. (russ.) **1926**, Nr 9, 128.
[14] WAGNER: J. of exper. Biol. **1926**, Nr 3, 102.
[15] EISLER, M. u. MORITSCH: Z. Immun.forschg **57**, 421 (1928).
[16] WITEBSKY, E. u. K. OKABE: Z. Immun.forschg **54**, 131 (1927).

Schiff und Adelsberger haben nach Immunisierung von Kaninchen mit Blutkörperchen der Gruppe A ein Antiserum erhalten, das außer den gruppenspezifischen Agglutininen noch Forssmansche heterogenetische Hammelbluthämolysine enthält. Die Angaben von Schiff und Adelsberger wurden inzwischen bestätigt. Nach ihrer Auffassung enthält der A-Receptor eine Partialquote des Forssmanschen Antigens, während Hirszfeld unter Anerkennung des experimentellen Ergebnisses von Schiff und Adelsberger zwei selbständige, nebeneinander bestehende unabhängige biochemische Einheiten annimmt. Die durch Injektion von A-Blut entstehenden Hammelbluthämolysine können durch A-Blut sowohl wie durch Hammelblut spezifisch entfernt werden, nicht dagegen durch O- oder B-Blut. Man hat auch Forssmansche Antisera kennengelernt, die mit allen menschlichen Blutextrakten in mehr oder weniger starke Reaktion treten können. Es ist daher möglich, daß auch Blutkörperchen der anderen Gruppen gelegentlich kleine Splitter des Forssmanschen Mosaiks enthalten. Dafür spricht der Umstand, daß gelegentlich durch Injektion von Blutkörperchen der Gruppe O auftretende Hammelbluthämolysine durch O-Blut spezifisch absorbiert werden können. Freilich ist der Titer der hierbei beobachteten Hammelbluthämolysine nur ein geringer und nicht zu vergleichen mit demjenigen, der durch Injektion von A-Blut entsteht.

Durch intravenöse Injektion eines Gemisches von alkoholischem Blutextrakt und artfremdem Eiweiß entstehen Lipoidantikörper. Dabei sind gruppenspezifische Lipoidantisera, hergestellt durch Injektion einer Mischung von alkoholischen Extrakten aus A-Blut und Schweineserum, mitunter imstande, native Blutkörperchen der Gruppe A zu agglutinieren und zu hämolysieren, im Gegensatz zu den übrigen Blutlipoidantisera, denen ein Einfluß auf die nativen Blutzellen nicht zukommt (vgl. Witebsky[1]).

5. Anthropologie und Blutgruppen[2].

Das Ehepaar Hirschfeld hat auf dem mazedonischen Kriegsschauplatz die interessante Feststellung erhoben, daß die 4 Gruppen in verschiedenen Ländern keineswegs in gleichem Prozentsatz vertreten sind. Die Anthropologie hat sich nun mit großem Interesse der unterschiedlichen Verteilung der Blutgruppen zugewandt, und es sind fast in der ganzen Welt statistische Erhebungen über ihre zahlenmäßige Verbreitung angestellt worden. Hier seien einige Ergebnisse in umstehender Tabelle zusammengestellt, die dem Buche Hirszfelds über „Konstitutionsserologie" entnommen sind.

Hirszfeld bezeichnet das Verhältnis von A zu B als biochemischen Rassenindex. Bei der Betrachtung vorstehender Tabelle sind 4 verschiedene Typen zu unterscheiden. Der erste Typ ist durch ein Überwiegen der Gruppe A gegenüber der Gruppe B gekennzeichnet. Der biochemische Rassenindex ist daher über 1. Bei dem zweiten Typ halten sich A und B etwa die Waage, während sich bei dem dritten Typ das Verhältnis deutlich verschiebt und die Gruppe B über die Gruppe A dominiert. Hier ist der biochemische Index unter den Wert 1 gesunken. Im Norden und im Westen Europas gibt es demnach wesentlich mehr Vertreter der Gruppe A als solche der Gruppe B. Je weiter man aber nach Süden und vor allem nach Osten fortschreitet, um so mehr verschieben sich die Verhältnisse zugunsten der Gruppe B auf Kosten der Gruppe A. Auffällig muß das Verhalten des vierten Typus erscheinen. Denn die Indianer sowohl wie die Eskimos haben so gut wie gar keine Individuen der Gruppe B und relativ wenig Individuen der Gruppe A, wogegen die weitaus größte Mehrzahl ihrer Population

---

[1] Witebsky, E.: Z. Immun.forschg **48**, 369 (1926); **49**, 1, 517 (1927).
[2] Vgl. die zusammenfassende Darstellung von L. Hirszfeld.

Tabelle 3.

Verfasser	Volksgruppen	Zahl der Unter- suchten	Gruppen in Prozent			
			O	A	B	A B
	I					
Schött	Lappen (Schweden) . .	404	28,9	62,6	4,46	3,96
L. u. H. Hirszfeld . . .	Engländer	500	46,4	43,4	7,2	3,1
Sandford.	Nordamerikaner . . .	3000	44,5	42,3	8,7	4,5
Culpepper u. Ableson . .	Nordamerikaner . . .	5000	44,4	36.0	14,2	5,1
Tebbutt.	Engländer (Australien)	1176	52,6	36,8	7,4	3,0
Tebbutt u. McConnel . .	Uraustralier	1176	52,6	36,9	8,5	2,0
J. Cleland-Burton . . .	Süd-Australien	101	46,0	54,0	—	—
Lindberger.	Schweden	500	33,5	51,0	10,0	5,5
Jervell	Norweger	436	35,6	49,8	10,3	4,3
Johannsen	Dänen	512	43,0	42,0	12,0	3,0
Streng u. Ryti	Finnen zusammen . .	5134	32,8	43,5	17,0	6,7
Gundel	Deutsche Schl.-Holst.	3156	40,7	41,3	12,5	5,3
Schiff u. Ziegler	„ Berlin . . .	2500	35,0	44,6	15,0	6,0
Kruse	„ Heidelberg .	1000	42,3	45,5	9,1	3,1
Sucker, Zili, Arnold . .	„ Leipzig . . .	6000	37,1	42,9	15,5	4,5
Hoche u. Moritsch . . .	„ Wien	1000	33,1	39,9	20,1	6,9
Verzar-Weszeczky . . .	Ungarn	1500	31,0	38,0	18,8	12,2
Clairmont	Schweizer	2500	38,2	45,8	12,3	3,7
L. u. H. Hirszfeld. . . .	Franzosen	500	42,2	42,6	11,2	3,0
L. u. H. Hirszfeld. . . .	Italiener	500	47,2	38,0	11,0	3,8
Halber u. Mydlarski . .	Polen (Sold.) zus. . . .	11488	32,5	37,6	20,9	9,0
L. u. H. Hirszfeld. . . .	Russen gem.	1000	40,7	31,2	21,8	6,3
L. u. H. Hirszfeld. . . .	Serben	500	38,0	41,8	15,6	4,6
L. u. H. Hirszfeld. . . .	Araber.	500	43,6	32,4	19,0	5,0
	II					
Bais u. Verhoef.	Javaner	1346	39,9	25,7	29,0	5,4
L. u. H. Hirszfeld. . . .	Senegalneger	500	43,2	22,4	29,2	5,0
Furuhata u. Kishi . . .	Japaner (Kanazawa) .	775	26,2	36,0	23,4	14,4
Grove, Ella	Ainos in Hokaido . . .	304	15,8	31,3	30,9	22,0
Coca u. Deibert	Chinesen	1111	29,0	32,0	29,0	10,1
	III					
L. u. H. Hirszfeld. . . .	Inder	1000	31,3	19,0	41,2	8,5
Verzàr	Zigeuner	385	34,2	21,1	38,9	5,8
Tschinkin	Burjäten	1542	30,4	21,9	37,8	9,9
Grove, Ella	Samal, Moros (Philipp.)	501	25,9	18,1	44,9	11,1
	IV					
Heinbäcker u. Pauli . .	Eskimos in Grönland .	124	80,6	12,9	2,4	4,0
Coca u. Deibert	Indianer	862	77,7	20,2	2,1	—
Snyder	Indianer (rein)	458	91,3	7,7	1,3	—

der Gruppe *O* angehört. Besonders deutlich tritt diese Erscheinung in der Untersuchung von Snyder über reine Indianer hervor. Die Tabelle weist aber auch gleichzeitig darauf hin, mit welcher Vorsicht die Ergebnisse der Blutgruppenuntersuchung für anthropologische Zwecke gewertet werden müssen. So ist in der ersten Abteilung, in der Individuen der Gruppe *A* wesentlich die der Gruppe *B* überwiegen, zu bemerken, daß den Bewohnern Nordeuropas z. B. die Ureinwohner Australiens in gleicher Weise zuzurechnen sind. Andererseits ist interessant, daß unter den Zigeunern relativ viel Vertreter der Gruppe *B* zu finden sind, sie gehören daher zum indisch-asiatischen Typ. Wenn es sich also auch bei den Zellgruppen um konstitutionell bedingte Merkmale handelt, so darf man doch bei der Betrachtung nicht vergessen, daß sie keineswegs mit anderen Rassenmerkmalen parallel zu verlaufen brauchen. Es gibt weiße, schwarze und gelbe Vertreter der Gruppe *A* in gleicher Weise wie solche der Gruppe *B*, nur daß die jeweilige Anzahl relativ verschieden ist. Es wäre deswegen sehr zu bedauern, sollte durch eine unsachverständige Betrachtungsweise der höchst interessanten und wertvollen anthropologischen Beziehungen die Bedeutung der Blutgruppen-analyse geschmälert werden. Besonders sei hier ausdrücklich darauf hingewiesen, daß die bisherigen experimentellen Untersuchungen keineswegs dazu berechtigen, irgendeiner Blutgruppe einen besonderen Selektionswert zuzuschreiben.

6. Gruppenmerkmale bei Tieren.

Auch die Tatsache, daß im Tierreich gruppenspezifische Differenzen stark verbreitet sind, mahnt zur Vorsicht in dem Bestreben, die Zellgruppenanalyse beim Menschen anthropologisch nach einer falschen Richtung hin zu betreiben. So wurden bereits in den älteren Arbeiten von v. DUNGERN und HIRSZFELD gruppenspezifische Qualitäten im Tierreich festgestellt, wenn auch die Frage der Identität der tierischen gruppenspezifischen Merkmale mit den menschlichen dabei noch nicht geklärt wurde. LANDSTEINER und MILLER[1] haben bei den Primaten gruppenspezifische Merkmale gefunden, die mit menschlichen weit-gehend übereinstimmen. Irgendwelche Schlüsse in bezug auf die Deszendenz-theorie dürften sich aber hieraus nicht ergeben, hat es sich doch, wie oben erwähnt wurde, gezeigt, daß ein dem menschlichen A-Receptor sehr ähnlicher Receptor auch beim Schwein, Hammel, Rind und Kaninchen vorkommt. Allerdings ist ein dem menschlichen B-Receptor ähnlicher Receptor im Tierreich, abgesehen von bestimmten Affenarten, bisher nicht bekannt geworden (vgl. BROKMANN[2], BIALOSUKNIA und KACZKOWSKI[3], SZYMANOWSKI, STETKIEWICZ und WACHLER[4, 5], WITEBSKY und OKABE[6]).

7. Untergruppen.

Das ganze Menschengeschlecht läßt sich ohne Zweifel in das 4-Gruppen-Schema einordnen. Wenn dessen ungeachtet in der letzten Zeit häufig von Untergruppen die Rede ist, so kann das an der prinzipiellen Gültigkeit des Vier-Gruppen-Schemas nichts ändern. LATTES und CAVAZZUTI[7] sowie MINO[8] weisen mit Recht darauf hin, daß ein großer Teil der Beobachtungen, die sich auf Untergruppen beziehen, durch die verschiedene Agglutinabilität der Blut-körperchen sowie durch die Differenzen in dem Agglutiningehalt der einzelnen Sera bedingt ist. Demgegenüber hält aber LANDSTEINER daran fest, daß auch Untergruppen vorkommen, eine Auffassung, die sich auf Absorptionsversuche stützt. LANDSTEINER und LEVINE[9] sind eben damit beschäftigt, eine erhebliche Anzahl von Untergruppen zu analysieren. Sie bezeichnen die neu aufgefundenen Blutkörpercheneigenschaften mit M, N und P, die jeweils zu den 4 bekannten Blutkörperchentypen O, A, B und AB hinzutreten können. Die Blutkörperchen-merkmale M, N und P können nur durch geeignete Antisera, nicht dagegen mit normalen Menschensera nachgewiesen werden. Berücksichtigt man dann

---

[1] LANDSTEINER, K. u. PH. MILLER: Proc. Soc. exper. Biol. a. Med. **22**, 100 (1924) — J. of exper. Med. **42**, 841, 853, 863 (1925) — Science (N. Y.) **61**, 492 (1925).
[2] BROKMANN: Z. Immun.forschg **9**, 87 (1911).
[3] BIALOSUKNIA u. KACZKOWSKI: J. of Immun. **9**, 6, 593 (1924).
[4] SZYMANOWSKI, Z., ST. STETKIEWICZ u. B. WACHLER: C. r. Soc. Biol. Paris **94**, 204 (1926).
[5] SZYMANOWSKI, Z. u. B. WACHLER: Med. doświadcz. i społ. (poln.) **7**, 37 (1927).
[6] WITEBSKY, E. u. K. OKABE: Klin. Wschr. **1927**, Nr 23, 1095 — Z. Immun.forschg **54**, 181 (1927).
[7] LATTES, L. u. S. CAVAZZUTI: J. of Immun. **9**, 407 (1924).
[8] MINO, P.: L'art méd. **1924**, Nr 8.
[9] LANDSTEINER, K. u. PH. LEVINE: J. of exper. Med. **47**, Nr 5, 757 (1928).

noch, daß der Receptor A in 2 verschiedene Untergruppen A_1 und A_2 zerfällt, so ergeben sich eine große Anzahl Kombinationen, von denen LANDSTEINER und LEVINE bisher 36 gefunden haben. Allerdings sind bei dem Nachweis der Untergruppen besonders die Temperaturverhältnisse zu berücksichtigen. So ist offenbar Brutschranktemperatur weniger geeignet zum Nachweis der Untergruppen-Antikörper als Zimmertemperatur und Kälteeinwirkung. Eine genauere Differenzierung der Kälteagglutinine im Hinblick auf die Untergruppen ist noch weiteren Studien vorbehalten (vgl. LANDSTEINER und WITT[1], LANDSTEINER und LEVINE[2], GUTHRIE, PESSEL und HUCK[3,4,5], LI CHEN PIEN[6], KLINE, ECKER und YOUNG[7]). Derartige Untersuchungen berechtigen zu der Hoffnung, daß die gruppenspezifischen Differenzen beim Menschen weiterhin ausgebaut werden können und daß damit ihre Brauchbarkeit zur Feststellung der Identität bzw. zum Ausschluß der Identität von Persönlichkeiten beträchtlich erhöht wird. Freilich — und dies muß ausdrücklich betont werden — lassen sich dessen ungeachtet alle Menschen in das 4 Gruppen-Schema einordnen. Die hier angeführten Untergruppen sind nur als zusätzliche Momente, nicht etwa als dem 4 Gruppen-Schema widersprechende Befunde, aufzufassen. Ganz seltene Ausnahmen sind in der Literatur beschrieben worden, nach denen Blutgruppeneigenschaften insofern nicht vollständig ausgebildet waren, als ein zu erwartendes Isoagglutinin nicht nachweisbar erschien. Im Hinblick auf die oben beschriebene Serogenese faßt man derartige unvollständige Gruppen als eine Hemmungsmißbildung auf, wie sie auch sonst in der belebten Welt vielfach gefunden wird. Ob allerdings der beschriebene Mangel an Isoagglutininen in einzelnen Fällen nicht doch auf unvollkommener Technik beruht, läßt sich freilich nur vermuten, aber nicht mit Sicherheit aussagen. Gelegentlich wurde darüber berichtet, daß nach wiederholter Transfusion gruppengleichen Spenderblutes anaphylaktische Erscheinungen auftraten. Wenn auch nur gar zu oft nachträglich festgestellt werden mußte, daß die Blutgruppenbestimmung nicht richtig durchgeführt wurde, so bestehen doch ohne Zweifel einige derartige Beobachtungen zu Recht. LANDSTEINER, LEVINE und JANES[8] haben nun nach wiederholter Transfusion gruppengleichen Blutes, ja sogar von Menschen der Gruppe O, im Blute des Empfängers Isoagglutinine gegen die Spenderblutkörperchen nachgewiesen. Sie fassen die derart immunisatorisch erzeugten Isoagglutinine als die exzessive Steigerung schon präformierter normaler Isoagglutinine auf. Vielleicht besteht hier ein Zusammenhang mit den genannten Untergruppen. GYÖRGY und WITEBSKY[9] sahen in einem Falle nach wiederholter Transfusion väterlichen Blutes der Gruppe O bei einem Kinde der Gruppe O einen schweren anaphylaktischen Schock eintreten, bei dem sie das Interferieren von Isoagglutininen ausschließen konnten. Der anaphylaktische Shock ist vielmehr hier durch immunisatorisch erzeugte, im Reagensglas nachweisbare Serumisoantikörper entstanden. Man wählt deswegen zweckmäßig bei wiederholter Transfusion Blut von verschiedenen Spendern aus, selbst bei Gruppengleichheit von Spender und Empfänger.

[1] LANDSTEINER, K. u. D. H. WITT: Proc. Soc. exper. Biol. a. Med. 21, 389 (1924) — J. of immunol. 11, 221 (1926).

[2] LANDSTEINER, K. u. PH. LEVINE: J. of Immun. 12, 441 (1926) — Proc. Soc. exper. Biol. a. Med. 24, 600, 941 (1927).

[3] GUTHRIE, C. G. u. J. F. PESSEL: Bull. Hopkins Hosp. 3, 81 (1924).

[4] GUTHRIE, PESSEL u. HUCK: Bull. Hopkins Hosp. 35, 221 (1924).

[5] HUCK u. GUTHRIE: Bull. Hopkins Hosp. 35, 23 (1924).

[6] LI CHEN PIEN: J. of Immun. 11, 297 (1926).

[7] KLINE, B. S., E. E. ECKER u. A. M. YOUNG: J. of Immun. 10, 595 (1925).

[8] LANDSTEINER, K., PH. LEVINE u. M. L. JANES: Proc. Soc. exper. Biol. a. Med. 25, 672 (1928).

[9] GYÖRGY, P. u. E. WITEBSKY: Münch. med. Wschr. 1929, Nr 5, 195.

8. Das Phänomen von Thomsen-Friedenreich.

Vereinzelte Angaben der Literatur liegen vor, nach denen das Verhalten mancher Blutkörperchen aus dem 4 Gruppen-Schema derart herausfällt, daß mitunter menschliche Blutkörperchen von allen menschlichen Seren agglutiniert werden. Thomsen[1] konnte durch Digerieren „normaler" Blutkörperchen mit solchen veränderten Blutkörperchen auch die gesunden Blutkörperchen zu „infizieren". Friedenreich ist unmittelbar darauf in veränderten Blutkörperchen der Nachweis eines apathogenen Bakteriums gelungen, das auf den üblichen Nährböden unter Bildung gelblicher Kulturen wächst. Nach Thomsen und Friedenreich wird durch die Tätigkeit des gelben Bakteriums ein besonderer Receptor frei, der die Ursache der veränderten Agglutinabilität darstellt. Solche veränderte Blutkörperchen sind sogar durch individuumeigenes Serum agglutinabel unter der Voraussetzung, daß die Blutkörperchensuspension bei einer besonders geeigneten Temperatur, zwischen 10 und 15°, gehalten wird. Auch bei 37° wächst das Friedenreichsche Bakterium, ohne daß aber dann die Blutkörperchenveränderung eintritt. Neuerdings ist auch von Friedenreich[2] eine Spirille beschrieben worden, die Blutkörperchen in gleicher Weise verändert wie das „gelbe" Bakterium, während bei allen übrigen untersuchten Bakterienstämmen keinerlei ähnliche Eigenschaften entdeckt wurden. Das Thomsen-Friedenreichsche Phänomen dürfte auch für die Praxis große Beachtung verdienen, können doch unheilvolle Fehlbestimmungen erfolgen, wenn dieser offenbar durchaus verbreitete Keim in den Blutkörperchenaufschwemmungen wächst. Durch Vornahme der Agglutination bei 37° wird die mögliche Interferenz des Thomsen-Friedenreichschen Bakteriums ausgeschaltet (vgl. Hirota[3]).

9. Technik der Blutgruppenbestimmung.

Die Technik der Blutgruppenbestimmung entspricht der üblichen Agglutinationstechnik. Die einfachste Methode ist die sog. Objektträgermethode, bei der je ein Tropfen des zu untersuchenden verdünnten Blutes mit je 1—2 Tropfen bekannter Sera, sog. Testsera, gemischt wird. In positiven Fällen entsteht dann eine Agglutination. Auch mit dem Mikroskop läßt sich die Agglutination deutlich erkennen, obwohl bei zu starker Vergrößerung durch kleine, dem bloßen Auge sonst unsichtbare Aggregate ein positives Ergebnis vorgetäuscht werden kann. Die wichtigste Methode ist aber ohne Zweifel die Reagensglasmethode, in der Serum und Blutkörperchen gegenseitig ausgewertet werden. Ohne hier näher auf die Technik eingehen zu können (s. Schiff, Technik der Blutgruppenbestimmung), sei nur an dieser Stelle ausdrücklich hervorgehoben, daß wohl für statistische anthropologische Studien die Blutgruppenbestimmung auf dem Objektträger genügen mag, daß aber zur Bluttransfusion und für gerichtliche Zwecke die gegenseitige Auswertung von Serum und Blutkörperchen im Reagensglas die Methode der Wahl ist. In derartigen Fällen gehört die Blutgruppenbestimmung unbedingt in die Hand eines in der serologischen Technik speziell Vorgebildeten. Denn auch für die Blutgruppenbestimmung gilt leider die Erfahrung, je leichter die Methode, um so größer und zahlreicher werden die Fehler, die bei ihrer Ausführung unterlaufen (vgl. Goroncy[4], Kline, Ecker und Young, Oppenheimer und Voigt[5], Starlinger und Strasser[6], Kernbach[7]).

Von besonderer Schwierigkeit ist häufig die Blutgruppenbestimmung in Blutflecken, wie sie in gerichtlichen Fällen von großer Bedeutung sein kann. Freilich darf man nicht vergessen, zunächst einmal festzustellen, ob es sich bei dem Blutfleck um menschliches Eiweiß handelt, und darf erst in zweiter Linie die Gruppendiagnose zu stellen versuchen. Die Schwierigkeiten, die sich einem derartigen Bestreben entgegenstellen, sind aber ganz erheblich.

[1] Thomsen, O.: C. r. Soc. Biol. Paris **96**, 556 (1927); **97**, Nr 20, 198.
[2] Friedenreich, V.: C. r. Soc. Biol. Paris **96**, 1079 (1927); **98**, 894 (1928) — Acta path. scand. (Kobenh.) **5**, 59 (1928) — Z. Immun.forschg **55**, 84 (1928).
[3] Hirota, Y.: Z. Immun.forschg **58**, 78 (1928).
[4] Goroncy: Dtsch. Z. gerichtl. Med. **6**, 9 (1925).
[5] Oppenheim u. Voigt: Krkh.forschg **30**, 306 (1926).
[6] Starlinger, W. u. U. Strasser: Wien. Arch. inn. Med. **11**, 399 (1925).
[7] Kernbach, M.: Ann. Méd. lég. etc. **1927**, Nr 1, 1.

Man kann einerseits versuchen, die Isoagglutinine des Serums nachzuweisen, um dadurch zur Gruppenbestimmung zu kommen. Auf der anderen Seite aber muß der Nachweis der Gruppenreceptoren versucht werden. Dies geschieht nach dem Verfahren von Lattes[1]. Es gelingt aber auch bisweilen auf direktem Wege, in alkoholischen Extrakten, insbesondere bei der Gruppe *A*, unter Heranziehung von Immunsera zur Gruppenbestimmung zu gelangen (Witebsky[2]).

E. Organspezifität.

1. Die Unterscheidung der Bestandteile des Blutes.

Die Frage der Organspezifität ist Gegenstand einer großen Anzahl von Untersuchungen gewesen. Die Ergebnisse der einzelnen Untersucher widersprechen sich aber häufig derart, daß es bei dem vorliegenden Material bisweilen schwer wird, Richtiges vom Falschen zu scheiden. Die Differenzen erklären sich zum Teil durch die Verschiedenartigkeit der Technik, vor allem aber durch die Tatsache, daß jedes Antiserum an und für sich ein Individuum ist. Gesetzmäßigkeiten können aber nur bei der Kongruenz einer großen Anzahl von Beobachtungen erhoben werden.

Antisera gegen Serumeiweiß lassen sich bis zu einem gewissen Grade von Antisera gegen Blutzellen unterscheiden. Denn während durch Injektion von Serumeiweiß vorwiegend artspezifische Präcipitine auftreten, bedingt die Injektion von Blutzellen häufig andersartige Serumveränderungen. So hat Klein[3] die Erythropräcipitine beschrieben. Dieser Befund ist vielfach bestätigt, aber ebenso oft ist ihm widersprochen worden. Offenbar ist das Ergebnis durchaus abhängig von der Individualität des erhaltenen Antiserums. Denn durch Injektion von fremdartigem Serum können auch bisweilen Hämagglutinine und Hämolysine entstehen, während umgekehrt hämolytische Antisera gleichzeitig artspezifische Präcipitine in mehr oder weniger hohem Grade enthalten. Auch bei der Vorbehandlung mit Organsuspensionen bilden sich häufig Hämolysine, deren Auftreten von manchen Autoren auf den Gehalt der Organsuspensionen an geringen Mengen von roten Blutkörperchen zurückgeführt wird. Da aber auch durch Injektion von blutkörperchenfreien Suspensionen (z. B. auch durch Milch) artspezifische Hämolysine und Agglutinine auftreten, so begegnet die Abgrenzung hämolytischer Antikörper von anderen artspezifischen Antikörpern erheblichen Schwierigkeiten.

Untersuchungen über Hämoglobinantisera (Heidelberger und Landsteiner[4], Hekton und Schulhoff[5], Yasui[6,7], Ottensooser und Strauss[8]) ergaben, daß das Hämoglobin organspezifisch charakterisiert ist. Auch verändertes Hämoglobin, so das CO-Hämoglobin, das Cyanhämoglobin, reagiert in gleicher Weise wie das Oxyhämoglobin. Hämoglobin-Antisera sind gleichzeitig in ihrer Wirksamkeit artspezifisch begrenzt. Auch sind Verwandtschaftsreaktionen festzustellen, ebenso wie bei den artspezifischen Präcipitinen und Hämolysinen. Nach Untersuchungen von Browning und Wilson[9] gelingt es, gegen den Globulinbestandteil des Hämoglobins spezifische Antisera herzustellen, die mit dem Globin, nicht dagegen mit dem Hämoglobin oder dem Blutserum der entsprechenden Tierart reagieren.

[1] Lattes, L.: Dtsch. Z. gerichtl. Med. **9**, 402 (1927).
[2] Witebsky, E.: Münch. med. Wschr. **1927**, Nr 37, 1581.
[3] Klein, A.: Wien. klin. Wschr. **1902**, 16.
[4] Heidelberger, M. u. K. Landsteiner: J. of exper. Med. **38**, 561 (1923).
[5] Hektoen, L. u. K. Schulhoff: J. inf. Dis. **31**, 32 (1922); **33**, 224 (1925).
[6] Yasui: Z. Immun.forschg **63**, 215 (1929).
[7] Ishikawa Sakurabayashi: Tohoku J. exper. Med. **6**, 395 (1925).
[8] Ottensooser, F. u. E. Strauss: Biochem. Z. **193**, 426 (1928).
[9] Browning, C. H. u. G. H. Wilson: J. of Immun. **5**, 417 (1920).

Ein wichtiges Differenzierungsmoment zwischen Serumantiserum und zwischen Blutzellenantiserum besteht in dem Nachweis von Lipoidantikörpern. Nach Untersuchungen von LANDSTEINER und VAN DER SCHEER (s. S. 481) ergeben manche Erythrocytenantisera artspezifisch mit alkoholischen Extrakten aus den entsprechenden Blutkörperchenarten eine Ausflockung. An dem Beispiel von Meerschweinchenblutantisera konnte gezeigt werden (WITEBSKY[1]), daß diese artspezifische Antikörperwirkung bisweilen gleichzeitig organspezifisch begrenzt ist insofern, als durch Injektion von Meerschweinchenblut vorwiegend Lipoidantikörper gegen Blutlipoide, nicht aber gegen Organ- oder Serumlipoide entstanden. Der Nachweis von Lipoidantikörpern ist also für die Differenzierung von Antikörpern gegen Serum und Blutzellen von ausschlaggebender Bedeutung. Die Blutlipoidantikörper lassen sich sowohl durch Injektion von nativen Blutkörperchen als auch durch kombinierte Immunisierung von Blutlipoid und fremdartigem Eiweiß erzeugen. Durch Vorbehandlung mit alkoholischen Extrakten ohne Zusatz eines fremdartigen Eiweißes bleibt dagegen jegliche Antikörperbildung wie bei allen bisher bekannten Organlipoiden aus.

Während dem Studium der roten Blutkörperchen großes Interesse entgegengebracht wurde, sind serologische Untersuchungen über weiße Blutkörperchen verhältnismäßig wenig angestellt worden. Schon die Gewinnung der für serologische Untersuchungen notwendigen größeren Mengen von Leukocyten setzt gewisse methodologische Anforderungen voraus. BIERRY[2] behandelte verschiedene Tiere intraperitoneal mit Leukocyten verschiedener Tierarten. Vor allem aber hat LESCHKE[3] Kaninchen mit Menschen- und Pferdeleukocyten immunisiert. Dabei entstanden durch Vorbehandlung mit Leukocyten artspezifische Leukocyten-Antikörper, die durch Agglutination und Komplementbindung nachgewiesen wurden. Auch eine partielle Leukocytenauflösung war zu beobachten. In neuerer Zeit ist von MENNE[4] angegeben worden, daß sich die Leukocytenantisera von denjenigen gegen Blutplättchen und gegen andere Blutbestandteile unterscheiden lassen. Demgegenüber ergaben Versuche von WITEBSKY und KOMIYA (noch nicht veröffentlicht), daß durch Immunisierung von Kaninchen mit fremdartigen Leukocyten, die durch ein besonderes Verfahren gewonnen wurden, organspezifische Leukocytenantisera erhalten werden, die organspezifisch mit Leukocytensuspensionen reagieren. Derartige Kaninchenleukocytenantisera reagieren mitunter (aber nicht regelmäßig) auch mit Kaninchenleukocyten selbst. Die Antiserumwirkung erstreckt sich auch auf gekochte Leukocytensuspensionen. Bei der Prüfung gegen alkoholische Extrakte ergab sich ein anderes Bild. So schienen z. B. Meerschweinchenleukocyten-Antisera zunächst nur FORSSMANsche heterogenetische Antikörper zu enthalten. Nach Absorption mit Hammelblut blieb jedoch ein Abguß übrig, der ausschließlich mit den alkoholischen Leukocyten- und Milzextrakten des Meerschweinchens (also artspezifisch begrenzt) Komplementbindung ergab.

DOERR und BERGER (s. S. 479) sind bei Immunisierungsversuchen von Kaninchen mit Albumin- und Globulinfraktionen des Serums auf das Prinzip der Konkurrenz der Antigene gestoßen, das in diesem Falle von quantitativen Versuchsbedingungen beherrscht wurde. Nach HEKTOEN und WELKER[5] sind die Euglobulin-, Pseudoglobulin- und Albuminfraktionen des Serums serologisch

---

[1] WITEBSKY, E.: Z. Immun.forschg **51**, 161 (1927).
[2] BIERRY: C. r. Soc. Biol. Paris **1902**, Nr 26.
[3] LESCHKE: Z. Immun.forschg **16**, 627 (1913).
[4] MENNE: J. inf. Dis. **31**, 455 (1922).
[5] HEKTOEN, L. u. W. WELKER: Precipitin reactions of serum proteins. J. inf. Dis. **35**, 295 (1924).

voneinander zu unterscheiden, wobei jeder der genannten Eiweißkörper an und für sich artspezifisch stigmatisiert ist. Durch Vorbehandlung mit dem nativen Serum entstehen Antikörper gegen alle 3 Serumfraktionen. Hieraus wird geschlossen, daß das Albumin und die Globuline als selbständige unabhängige Individuen des Blutserums aufzufassen sind. Ganz anders verhält sich das Fibrinogen. Dem Fibrinogen des Blutes scheint mehr oder weniger bei allen Säugetierarten das artspezifische Gepräge zu fehlen. Denn nach Hektoen und Welker[1] handelt es sich bei dem Fibrinogen um einen relativ organspezifischen Eiweißkörper ähnlich wie bei dem Thyreoglobulin.

2. Organspezifität der Linse.

Die Linse gilt seit den grundlegenden Untersuchungen Uhlenhuths (s. Zusammenfassende Darstellung) als das klassische Organ zum Studium organspezifischer Strukturen. Im Gegensatz zu allen übrigen Organen entsteht in Linsensuspensionen nach Zusatz artspezifischer Antisera keinerlei Trübung und Ausflockung. Auch Antisera mit hohem Präcipitintiter verhalten sich der Linse gegenüber meistens negativ, während sie in Lösungen von anderen Augenorganen, z. B. von Glaskörpern und von Kammerwasser eine deutliche Ausflockung hervorrufen. Durch Vorbehandlung von Kaninchen mit Linsensuspension entstehen Antisera, die ausschließlich mit Linsensuspension, nicht oder nur unregelmäßig dagegen mit anderen Organsuspensionen reagieren. Der organspezifische Wirkungsbereich geht aber über die Grenze hinaus, die das artspezifische Gepräge bedeutet, von dem das Linsenmaterial stammt. Vielmehr treten die Linsensuspensionen sämtlicher Säugetierarten, ja sogar die des Antikörperspenders (des Kaninchens) selbst mit dem Linsenserum in Reaktion[2—5]). Während die organspezifische Wirkung der Säugetierlinsenantisera auch auf Vogellinsen, ja sogar auf die Linsen der Amphibien und Reptilien übergreift, enthält die Linse der Fische noch andersartige Linsenantigene. Bei Embryonen ist die Organspezifität der Linse augenscheinlich noch nicht zur Ausbildung gelangt, vielmehr sind hier vorwiegend artspezifische Strukturen zu finden (v. Szilly[6]). Offenbar treten demnach die organspezifischen Linsenbestandteile erst nach der Funktionsübernahme auf. Dagegen ist in den Linsen der Erwachsenen kein artspezifisches Eiweiß vorhanden, nur in den Linsen von Kataraktkranken konnte Hektoen[7] in 4% der Fälle artspezifisches Serumeiweiß nachweisen. Eine geringe artspezifische Antikörperwirkung kann indessen bei intensiver Immunisierung auch bei Linsenantisera beobachtet werden, wenn sie auch quantitativ gegenüber der organspezifischen Komponente zurücktritt. Eine Zerlegung der Linsensubstanz in α- und β-Krystalline wurde schon von Wörner angegeben. Hektoen und Schulhoff[8] konnten die α- und β-Krystalline serologisch unterscheiden, allerdings wird ihren Ergebnissen zum Teil von Dold, Flössner, Kutscher[9] und Kakita[10] widersprochen.

---

[1] Hektoen, L. u. W. Welker: The precipitin reaction of fibrinogen. J. amer. med. Assoc. **85**, 434 (1925).
[2] Königstein: Arch. Augenheilk. **68**, 414 (1911).
[3] Hurley u. Carr-Saunders: Brit. J. exper. Biol. **1**, 215 (1924).
[4] Finlay, S. F.: Brit. J. exper. Biol. **1**, 201 (1924).
[5] Krusius: Z. Immun.forschg **5**, 699 (1910) — Zusammenk. d. Ophthalmol. Ges. Heidelberg 1910 — Z. Augenheilk. **24**, Nr 3, 257 (1910).
[6] v. Szily: Klin. Mbl. Augenheilk. **12**, 150 (1911).
[7] Hektoen, L.: J. inf. Dis. **31**, 72 (1922).
[3] Hektoen, L. u. K. Schulhoff: J. inf. Dis. **34**, 433 (1924).
[9] Dold, Flössner u. Kutscher: Z. Immun.forschg **46**, 50 (1926).
[10] Kakita: J. of Kumamoto, Med. soc. **3**, Nr 2 (1927).

UHLENHUTH und seine Mitarbeiter berichten, daß arteigenen Linsen jegliches Immunisierungsvermögen fehlt (SHIBATA[1]). Es besteht also ein Gegensatz in dem antigenen Verhalten der Linse in vitro gegenüber demjenigen in vivo. Denn die Kaninchenlinsensuspensionen sind Vitroantigene, wenn sie mit Linsenantisera digeriert werden, dagegen fehlt ihnen jegliches Immunisierungsvermögen. Allerdings glauben manche Autoren, eine spezifische Überempfindlichkeit bei Meerschweinchen nicht nur durch arteigene Linsen, sondern sogar durch die individuumeigene Linse erhalten zu haben[2-4]. RÖMER[5] hat auf Grund dieser experimentellen Befunde versucht, die Entstehung der Katarakt beim Menschen zu erklären. Danach sollte die Entstehung der Katarakt auf eine Auto-Antikörperwirkung zurückzuführen sein. Doch ist vor allem der Nachweis von Linsenantikörpern im menschlichen Serum von Kataraktkranken durchaus mißlungen, ihre hypothetische Entstehung könnte auch nicht erklärt werden. Aber auch bei Kaninchen, die Linsenantikörper in ihrem Blute enthalten, sind keine Zeichen von Kataraktbildungen zu erkennen. Dies ist allerdings leicht verständlich, da durch die anatomischen Verhältnisse der Linse Linsenantikörper des Serums keineswegs ohne weiteres zu der Linse selbst gelangen dürften. Sollten aber Linsenantikörper trotzdem einen Weg zur Linse finden, dann wäre allerdings eine Wirkung der Linsenantikörper auf die Linse selbst durchaus denkbar.

Das eigenartige Verhalten der Linse wird vielleicht durch die Beobachtung erklärt, daß Linsenantisera mit alkoholischen Extrakten aus Linsenmaterial Komplementbindung ergeben (WITEBSKY und STEINFELD[6, 7]). Diese Lipoidantikörperwirkung ist streng organspezifisch gebunden, da nur die alkoholischen Extrakte aus Linsenmaterial, nicht dagegen diejenigen der übrigen Organe mit Linsenantisera reagieren. Sicherlich sind also nicht nur, wie man bisher annahm, Eiweißkörper für das organspezifische Verhalten der Linse verantwortlich zu machen, sondern auch Lipoide. Ob freilich ausschließlich Lipoidantigene in Frage kommen, oder ob daneben noch organspezifische Linseneiweißkörper in Betracht zu ziehen sind, läßt sich vorläufig noch nicht entscheiden. Stellt man sich aber auf den Standpunkt, daß vorwiegend Lipoidantigene Träger der Organspezifität der Linse sind, so könnte das bisher undeutbare Verhalten arteigener Linsensuspensionen in einfacher Weise geklärt werden. Da nämlich bekanntlich alkoholische Organextrakte an und für sich keine Vollantigene sind, sondern erst im Verein mit artfremdem Eiweiß zur Entfaltung ihrer immunisatorischen Funktion gelangen, ist es verständlich, wieso durch Injektion von arteigenem Linsenmaterial keine Linsenantikörper entstehen können. Denn die arteigenen Linsen enthalten wohl das charakteristische Lipoidantigen, das sie zu ihrer Reaktionsfähigkeit in vitro befähigt. Es fehlt ihnen aber das artfremde Eiweißantigen, das zur Antikörperauslösung notwendig ist.

Die Linsen von Tierarten des Meerschweinchentypus enthalten das Forssmanantigen. Bei der Vorbehandlung von Kaninchen mit Meerschweinchenlinsen entstehen vorwiegend FORSSMANsche heterogenetische Antikörper, ohne daß Linsenantikörper zu beobachten sind. Vielleicht ist dem FORSSMANschen Lipoid eine größere antigene Stärke zuzusprechen als dem Linsenlipoid, das durch das FORSSMANsche Antigen bei dem Akt der Immunisierung unterdrückt wird.

Jedenfalls ist bei der Betrachtung der Organspezifität der Linse wichtig zu bedenken, daß es sich hierbei um ein ektodermales, weitgehend selbständiges

[1] SHIBATA: Klin. Mbl. Augenheilk. **78**, 770 (1927).
[2] UHLENHUTH u. HÄNDEL: Z. Immun.forschg **4**, 761 (1910).
[3] ANDREJEW: Arb. ksl. Gesdh.amt **30** (1909).
[4] KAPSENBERG: Z. Immun.forschg **15**, 518 (1912).
[5] RÖMER, P.: Arch. Augenheilk. **56**, Erg.-H. 284 (1907).
[6] WITEBSKY, E. u. J. STEINFELD: Zbl. Bakter. Orig. **104**, 144 (1927).
[7] WITEBSKY, E.: Z. Immun.forschg **58**, 297 (1928).

Organ handelt, das vor dem Kontakt mit dem Blute durchaus bewahrt ist. Diese Betrachtung ist auch maßgebend und führend für die Auffassung der gleich zu besprechenden Organspezifität des Zentralnervensystems.

3. Organspezifität des Gehirns.

Merkwürdigerweise ist die Kenntnis von den organspezifischen Strukturen des Zentralnervensystems erst neuesten Datums. Ältere Angaben über ein mehr oder weniger organspezifisches Verhalten des Gehirns wurden schon früher bei Lyssastudien erhoben, ohne daß sich aber aus ihnen ein Weg zu weiterer experimenteller Analyse ergeben hatte. Bei der Kombinationsimmunisierung mit alkoholischen Organextrakten, wie sie LANDSTEINER und SIMMS für das FORSSMANsche Antigen, SACHS, KLOPSTOCK und WEIL für WASSERMANN-Antigene zum erstenmal anwandten, wurden organspezifische Lipoidantikörper gegen die Lipoide von Leber, Niere und Hirn beobachtet (WEIL[1], HEIMANN und STEINFELD[2], BRANDT, GUTH und MÜLLER[3]).

Die Vorbehandlung von Kaninchen mit nativer Hirnsuspension stieß zunächst auf technische Schwierigkeiten, da die intravenöse Vorbehandlung bei den bekannten toxischen Eigenschaften wässeriger Organsuspensionen für Kaninchen nicht ungefährlich ist. Unter Innehaltung besonderer Kautelen gelang es (WITEBSKY und STEINFELD[4]) durch Immunisierung von Kaninchen mit fremdartigen Hirnsuspensionen organspezifische Hirnantikörper zu erhalten. Dabei wurden nach Vorbehandlung mit Rinderhirnsuspension zweierlei Antikörpertypen unterschieden. Der erste weitaus häufigere Typ von Hirnantisera reagierte nicht nur mit der Hirnsuspension der homologen Tierart, sondern mit allen untersuchten Säugetierhirnsuspensionen. Weitere Untersuchungen mit den Gehirnen anderer Tierarten stehen noch aus. Die Hirnantisera reagieren aber nicht nur mit nativen Hirnsuspensionen, sondern auch mit gekochten Hirnsuspensionen. Die Resistenz der organspezifischen Hirnantigene gegen Kochen führte zu der Vermutung, es könnte sich hier um Lipoidantigene handeln. Tatsächlich gelang der Nachweis organspezifischer Lipoidantikörper in Hirnantisera, indem sich die alkoholischen Hirnextrakte als Vitroantigene bewährten. Dabei ist es gleichgültig, von welcher Tierart der alkoholische Hirnextrakt herrührt. Für die hier beschriebene organspezifische Wirkung der Hirnantisera sind also Lipoidantigene bzw. Lipoidantikörper maßgebend. Ob ausschließlich Lipoidantigene das organspezifische Gepräge des Gehirns charakterisieren, oder ob noch gleichzeitig organspezifische Eiweißkörper interferieren, läßt sich zunächst genau so wenig wie bei der Linse entscheiden, um so weniger, als gelegentlich, wenn auch selten, ein zweiter Typ von Hirnantisera beobachtet wurde. Dieser zweite Typ reagierte organspezifisch nur mit nativen, nicht dagegen mit gekochten Hirnsuspensionen. Im Gegensatz zu den eben beschriebenen Hirnantisera war die Antiserumwirkung des zweiten Typs artspezifisch begrenzt. Lipoidantikörper waren in solchen Hirnantisera nicht nachzuweisen. Hier handelt es sich demnach offenbar um einen art- und organspezifischen Eiweißantikörper.

Interessant ist wiederum das Verhalten von Hirnsuspensionen FORSSMANscher heterogenetischer Tierarten. Denn durch Vorbehandlung mit Meerschweinchenhirnsuspension treten im Serum der Kaninchen sowohl FORSSMANsche Hammelbluthämolysine wie organspezifische Hirnantikörper auf. Eine Konkurrenzwirkung zwischen diesen beiden Antigenen ist also nicht zu beobachten. Es gelingt leicht, durch Absorption mit Hammelblut einen Abguß zu erhalten, der ausschließlich Hirnantikörper enthält.

---

[1] WEIL, A. J.: Z. Immun.forschg 58, 172 (1928).
[2] HEIMANN, F. u. J. STEINFELD: Z. Immun.forschg 58, 181 (1928).
[3] BRANDT, GUTH u. MÜLLER: Klin. Wschr. 1926, Nr 15, 655.
[4] WITEBSKY, E. u. J. STEINFELD: Z. Immun.forschg 58, 271 (1928).

·Artspezifische Quoten treten bei den Hirnantisera ebenso wie bei den Linsenantisera in den Hintergrund, sind allerdings in den meisten Fällen nachweisbar. Zur Darstellung rein organspezifischer Hirnantisera empfiehlt es sich, Kaninchen mit gekochten Hirnsuspensionen vorzubehandeln, da durch das Kochen die Giftigkeit der Organsuspension erheblich reduziert wird und gleichzeitig die artspezifischen Eiweißantigene vernichtet werden.

Bei der Betrachtung der organspezifischen Hirnstrukturen gelten ähnliche Überlegungen wie bei der Linse. Hirn wie Linse sind ektodermaler Herkunft. Auf die eigenartigen anatomischen Bedingungen der Linse wurde schon hingewiesen. Auch das Zentralnervensystem ist durch die Blut-Liquor-Schranke besonders charakterisiert, und der Ausdruck „zirkulationsfremd" (HIRSZFELD) trifft zweifellos ursächliche Bedingungen für das Zustandekommen der organspezifischen Strukturen von Linse und Hirn.

Die organspezifische Hirnantikörperwirkung erstreckt sich auch auf das Hirn des Antiserumspenders (des Kaninchens selbst), ohne daß die Tiere, deren Serum Hirnantikörper enthalten, Zeichen einer Hirnveränderung bieten. Allerdings stehen histologische Untersuchungen noch aus. Aber offenbar können Hirnantikörper des Serums nicht ohne weiteres in den Liquor übertreten, die Hirnzellen sind also vor der Einwirkung von Hirnantikörpern geschützt. Sollten aber im Liquor Hirnantikörper auftreten, so können sie vermutlich mit den Hirnzellen reagieren. Denn die organspezifischen Hirnelemente sind disponibel, d. h. sie treten in vitro auch bei weitgehender Verdünnung mit Hirnantikörpern in spezifische Reaktion und sind umgekehrt ohne weiteres in der Lage, die Bildung von Antikörpern immunisatorisch auszulösen. Disponibilität und Spezifität sind aber charakteristische Merkmale antigener Wertigkeiten. Sie sind für die biochemische Gestaltung und biochemische Funktion verantwortliche Prinzipien. In völliger Analogie zur Linse ist es bisher nicht möglich gewesen, mit Kaninchenhirnsuspension bei Kaninchen die Bildung organspezifischer Hirnantikörper auszulösen. Wenn auch das Kaninchenhirn selbst zweifellos das organspezifische Hirnlipoid enthält, wie der Reagensglasversuch zeigt, so fehlt ihm doch die unbedingt notwendige artfremde Eiweißkomponente, um die Bildung von Hirnantikörpern im lebenden Organismus auszulösen.

4. Betrachtungen zur Pathogenese metasyphilitischer Erkrankungen.

Dem im vorigen Kapitel beschriebenen Versuch von RÖMER, die Kataraktbildung der Linse als Ursache des Ablaufs einer Antigen-Antikörper-Reaktion gegen die eigenen Linsenbestandteile zurückzuführen, konnte aus den geschilderten Gründen nicht gefolgt werden. Anders liegt es aber bei bestimmten Erkrankungen des Zentralnervensystems. Wenn nämlich tatsächlich Hirnantikörper in unmittelbaren Zusammenhang mit der Hirnsubstanz treten, so sind ohne Zweifel die Hirnzellen zur Bindung der Hirnantikörper befähigt. Die Blut-Liquor-Schranke scheint aber den Durchtritt der Hirnantikörper aus dem Serum zu verhindern. Daher müßten die Hirnantikörper schon unmittelbar in dem Liquor cerebrospinalis vorhanden sein. Ohne daß hier weiter auf nähere Einzelheiten eingegangen werden kann, sei nur auf die mögliche Bedeutung von Hirnlipoidantikörpern für die pathologische Physiologie metasyphilitischer Veränderungen verwiesen. Denn dabei treten im Liquor tatsächlich Lipoidantikörper auf, wie der positive Ausfall der WASSERMANNschen Reaktion im Liquor verrät. Unter diesen Lipoidantikörpern sind auch Hirnlipoidantikörper. Die Entstehung derartiger Antikörper im Liquor kann man sich entweder mit SACHS, KLOPSTOCK und WEIL dadurch vorstellen, daß sich das fremdartige Spirochäteneiweiß bei der Persistenz der Spirochäten im Gehirn mit Hirnlipoiden verbindet und sie dadurch zu Vollantigenen aktiviert. Man kann aber auch mit FELIX KLOPSTOCK annehmen, daß die Lipoidantikörper im Liquor durch die Spirochätenlipoide selbst verursacht sind. Es hat sich nämlich gezeigt, daß durch Vorbehandlung von Kaninchen mit Spirochätenextrakten mitunter ein Antiserum entsteht, das außer spezifischen Antikörpern gegen Spirochätenlipoide selbst und einer kleinen allgemeinen Lipoidantikörperquote vorwiegend Hirnantikörper enthält, ebenso wie manchmal ein Hirnantiserum vorwiegend mit Spirochätenextrakt reagieren kann. Demnach haben vielleicht Spirochäte und Hirn einen gemeinsamen Baustein, der vermutlich ein cholesterinähnlicher Körper ist. Unter diesen Umständen könnte man also die Liquorveränderung bei metasyphilitischer Veränderung des Zentralnervensystems nicht nur als Indicator, sondern gleichzeitig als ätiologisches Moment für das Zustandekommen des pathologischen Hirnprozesses auffassen. Die hier vertretene Hypothese sagt freilich nichts über die Frage aus, wieso Spirochäten in das Gehirn gelangen, sondern sie soll nur gleichsam den möglichen Mechanismus pathologischen Geschehens bei metasyphilitischen Veränderungen zu beleuchten versuchen (GEORGI und FISCHER[1], WITEBSKY[2]).

5. Organspezifität der Organe meso- und entodermalen Ursprungs.

Zahlreiche Angaben über ein mehr oder weniger organspezifisches Verhalten parenchymatöser Organe können nicht darüber hinwegtäuschen, daß bei den genannten Organsystemen vorwiegend die artspezifischen Quoten dominant sind und nur gelegentlich durch besondere Eingriffe organspezifische Strukturen erkannt werden können. E. K. WOLF[3] hat nach Entfernung der Lipoide im Soxhletapparat eine organspezifische Differenzierung von Niere und Leber vornehmen können, ohne daß weitere Untersuchungen mittels der WOLFschen Methode bekanntgeworden sind. In neueren Versuchen von LANDSTEINER und VAN DER SCHEER ließen sich Trachealzellen, Schilddrüsenzellen u. a. voneinander serologisch unterscheiden. Gelegentliche Differenzen konnten wohl bei der intravenösen Vorbehandlung von Kaninchen mit fremdartiger Nieren- und Lebersuspension in den Versuchen von WITEBSKY und STEINFELD beobachtet werden, ohne daß sie das Gepräge absoluter Unterschiede beanspruchen dürften. Allerdings traten nach Injektion von Lebersuspension gelegentlich Antikörper auf, die ein artspezifisches Gepräge mit organspezifischer Dominanz aufwiesen. Auch sind Lebersuspensionen vielleicht besser zur Lipoidantikörperbildung geeignet als Nierensuspensionen. Solche Lipoidantikörper sind mitunter ebenfalls von artspezifischer Wirkung mit organspezifischer Dominanz. Durch Injektion von Suspensionen drüsiger Organe, Pankreas, Milz, Parotis, Ovar, Hoden konnte MORAN (noch unveröffentlichte Versuche) keine sicheren organspezifischen Antikörper erhalten. Nur durch Injektion von Schilddrüsensuspension wurden gelegentlich Antisera beobachtet, die mehr oder weniger organspezifisch reagierten und organspezifische Lipoidantikörper enthielten. Auch hier war die Wirkung artspezifisch gebunden (BIBERSTEIN und JADASSOHN[4], FLEISHER und MAYER[5] sowie zusammenfassende Darstellung GRÄTZ).

6. Das Thyreoglobulin.

HEKTOEN und SCHULHOFF[6] beschrieben ein organspezifisches Verhalten des Thyreoglobulins. Es handelt sich hier um den jodhaltigen Eiweißkörper der

---

[1] GEORGI u. FISCHER: Klin. Wschr. **1927**, 948, 2031, 2278, 2328, 2423.
[2] WITEBSKY, E.: Münch. med. Wschr. **1927**, Nr 45, 1914.
[3] WOLF, E. K.: Klin. Wschr. **1923**, 1304.
[4] BIBERSTEIN u. JADASSOHN: Z. Immun.forschg **42**, 149 (1925).
[5] FLEISHER u. S. MAYER: J. of Immun. **7**, 51 (1922).
[6] HEKTOEN, L. u. K. SCHULHOFF: Proc. nat. Acad. Sci. U.S.A. **11**, Nr 8, 481 (1925).

Schilddrüse, der nach der Methode von Ostwald dargestellt wird. Nach den Versuchen von Hektoen und Schulhoff entstehen durch Injektion von Thyreoglobulin beim Kaninchen Antikörper, die mit dem Thyreoglobulin von verschiedenen durchaus nicht verwandten Säugetierarten reagieren. Merkwürdigerweise lassen aber manche Thyreoglobuline eine Reaktionsfähigkeit vermissen, ohne daß es bisher gelungen wäre, ein ordnendes Prinzip in der Fülle der Beobachtungen zu erkennen. Auffälligerweise konnte auch das Kaninchen-Thyreoglobulin beim Kaninchen selbst organspezifische Antikörper auslösen. Nach Untersuchungen von Witebsky und Bock (noch im Druck) scheint bei längerer Immunisierung das Übergreifen organspezifischer Wirkung auf die Thyreoglobuline anderer Tierarten deutlicher hervorzutreten, während nach den ersten Injektionen die organspezifische Wirkung häufig noch mehr oder weniger artspezifisch begrenzt ist. Da das Thyreoglobulin aber auch artspezifische Quoten enthält, wie Reagensglasversuche mit artspezifischen Antisera beweisen, so ist die organspezifische Wirkung von Thyreoglobulin-Antisera nur durch die Konkurrenz der Antigene zu erklären, durch die in diesem Falle die artspezifische Quote mehr oder weniger unterdrückt wird. Gegenüber gekochten Thyreoglobulinen bleibt die organspezifische Wirkung erhalten, ähnlich wie beim Casein. Die Globuline aus anderen Organen lassen neben artspezifischen Globulinantikörpern ebenfalls relativ organspezifische Wirkungen erkennen, die beim Kochen der Globuline erhalten bleiben, während die artspezifische Reaktionsfähigkeit schwindet. Auch auf die Zufuhr von Kaninchenorganglobulin entstehen Globulinantikörper. Lipoidantigene spielen dabei keinerlei Rolle. Die weitere Analyse der Organglobuline verspricht noch zu interessanten Erkenntnissen zu führen.

7. Differenzierung pathologisch veränderter Organe.

Auf die zahlreichen älteren, größtenteils vergeblichen Versuche, pathologisch veränderte Organe serologisch zu differenzieren, sei hier nur kurz eingegangen. Soweit sie fermentative Vorgänge betreffen, sei auf den Beitrag von Jacoby über Fermente in diesem Bande verwiesen. Jedenfalls gelang es früher nicht mit Sicherheit, Tumorgewebe von normalem Gewebe serologisch zu trennen, da die artspezifischen Quoten auch bei Tumoren überwiegen. Es sei nur erwähnt, daß in Tumoren von Tierarten des Meerschweinchentypus, Mäusetumoren, Hühner-, Katzen- und Hundetumoren usw. das Forssmansche Antigen in reichlichem Maße enthalten ist. Ebenso ist es gelungen, in Carcinomen von Menschen der Gruppe A die Gruppenqualität A festzustellen. Nach Immunisierung von Kaninchen mit Suspensionen des Rattensarkoms (Jenssen) entstehen charakteristische Serumveränderungen (Witebsky[1]). Denn schon nach wenigen Injektionen ist eine stürmische Lipoidantikörperbildung im Serum der vorbehandelten Kaninchen nachzuweisen, die immerhin als typisch, wenn auch nicht als absolut tumorspezifisch anzusehen ist. Denn derartige Antisera reagieren artspezifisch ausschließlich mit Rattenorganextrakten und besonders stark mit alkoholischen Rattentumorextrakten. Dabei sind keineswegs alle Rattenorganextrakte in gleicher Weise reaktionsfähig. Vielmehr verhalten sich Rattenleber- und Hirnextrakte völlig negativ im Gegensatz zu den Milz- und Lungenextrakten, die deutlich mit reagierten. Da die Vorbehandlung einer erheblichen Anzahl von Kaninchen immer wieder dasselbe Bild bot, dürfte wohl hier von einem gesetzmäßigen Verhalten gesprochen werden. Die Verteilung des im Rattensarkom festgestellten Lipoids erinnert an die Verteilung des Forssmanlipoids und an diejenige des gruppenspezifischen A-Lipoids, die ja auch beide in Hirn und Leber

---

[1] Witebsky, E.: Z. Immun.forschg **62,** 35 (1929).

in relativ geringem Ausmaße vorhanden sind. Nach Vorbehandlung von Kaninchen mit menschlichem Tumormaterial hat WITEBSKY (s. S. 503) neuerdings mitunter carcinomspezifische Lipoidantikörper erhalten. Die Wirkung solcher Antisera erstreckte sich vorwiegend auf das Antigen der Vorbehandlung, bzw. auf dessen alkoholischen Extrakt, wobei gelegentlich noch manche andere Carcinomextrakte mitreagierten. Artspezifische Lipoidantikörper sind in solchen Antisera nicht oder nur spärlich vorhanden. Vielleicht fördert das vorherige Kochen der Ca-Suspension die Ca-spezifische Antikörperbildung[1].

Abgesehen von der Verwendung von Antikörperreaktionen im engeren Sinne hat man auch andere Verfahren herangezogen, um in die Möglichkeiten biologischer Spezifität einen näheren Einblick zu erhalten. Es handelt sich hierbei im wesentlichen um die Frage, ob unter dem Einfluß von Abweichungen von der Norm, so während der Gravidität oder bei verschiedenartigen Krankheitsprozessen, neuartige biologische Strukturen in den in Frage kommenden Geweben entstehen, die dann ihrerseits zu entsprechend reaktiven, sich im Blute widerspiegelnden Veränderungen des Organismus führen können. Es dürfte nicht die Aufgabe dieses Aufsatzes sein, auf die außerordentlich große Zahl von Arbeiten, die sich mit dieser Frage beschäftigt haben, näher einzugehen. Es sei nur auf die umfassende Literatur hingewiesen, die die ABDERHALDENsche Entdeckung der Abwehrfermente zur Folge hatte. Sowohl mit den von ABDERHALDEN begründeten Verfahren wie auch mit zahlreichen Modifikationen ist ein derartiger Weg versucht worden. Im wesentlichen handelt es sich immer darum, daß das Serum auf das betreffende neuartige oder veränderte Organ, so in der Schwangerschaft auf das Placentargewebe, bei Geschwulstprozessen auf das Tumorgewebe, bei Störungen endokriner Systeme auf das Drüsengewebe, in einer charakteristischen Form einwirken kann. In praktischer Hinsicht scheint allerdings die Sicherheit diagnostischer Versuche noch nicht hinreichend zu sein.

Von Interesse sind dabei auch die Untersuchungen von FREUND und KAMINER[2], nach denen das Serum von Carcinomkranken im Gegensatz zum normalen Serum nicht imstande ist, Carcinomzellen aufzulösen. Auch mit diesem Verfahren haben FREUND und KAMINER versucht, eine Serodiagnostik des Carcinoms anzustreben. Freilich werden die Aussichten schon dadurch geschmälert, daß auch dem Serum von Graviden und Tuberkulösen die Fähigkeit, Carcinomzellen aufzulösen, nicht regelmäßig zuzukommen scheint. Vielleicht führen aber neuere Untersuchungen von LEHMANN-FACIUS[3] und KLOPSTOCK und LEHMANN-FACIUS[4] in dieser Richtung weiter. Nach der Auffassung dieser Autoren ist die wirksame Substanz amboceptorartiger Natur und läßt sich unter geeigneten Bedingungen auch im Serum von Carcinomkranken nachweisen. Unter Benutzung besonderer Methodik scheint es hierbei möglich zu sein, carcinomzellenspezifische Strukturen durch die Methode der FREUND-KAMINERschen Reaktion nachzuweisen.

8. Differenzierung von Eigelb und Eiweiß.

Eigelb und Eiweiß lassen sich serologisch differenzieren. UHLENHUTH gelang es zum erstenmal, chemisch differente Eiweißkörper ein und desselben Eies auch serologisch zu unterscheiden. Allerdings geben besonders hochwertige Dotter-

---

[1] *Anmerkung bei der Korrektur:* Während der Korrektur erscheint eine Mitteilung von HIRSFELD, HALBER und LASKOWSKI, nach der die genannten Autoren ebenfalls carcinomspezifische Lipoidantikörper erhalten haben (Klin. Wschr. **1929**, 1563).

[2] FREUND, E. u. G. KAMINER: Biochemische Grundlagen der Disposition für Carcinom. Wien: Julius Springer 1925.

[3] LEHMANN-FACIUS: Z. Immun.forschg **59**, 185 (1928).

[4] KLOPSTOCK, A. u. H. LEHMANN-FACIUS: Klin. Wschr. **1928**, Nr 23, 1085.

antisera mitunter artspezifische Reaktionen, wenn auch die quantitativen Differenzen sehr deutlich sind. Die Dotterantisera sind nicht nur von artspezifischer Wirkung, sondern greifen auch auf den Eidotter anderer Eier über. Über das Substrat des organspezifischen Verhaltens des Eigelbs ist noch nichts bekannt. Da durch Extraktion mit lipoidlöslichen Mitteln die organspezifische Reaktionsfähigkeit des Eidotters verschwindet, dürften auch hier die Lipoide vielleicht eine Rolle spielen (EMMERICH[1], SENG[2]).

9. Differenzierung von Geschlechtszellen.

Von FARNUM[3] und STRUBE[4] sind Spermaantisera hergestellt worden. Allerdings enthielten ihre Antisera auch artspezifische Antikörper. PFEIFFER[5] gewann aus den Nebenhoden des Rindes Spermatozoen, mit denen er Kaninchen immunisierte. Die derart hergestellten Antisera reagierten außer mit Spermatozoen nur noch mit Nierensuspensionen. Mittels elektiver Absorption erhielt PFEIFFER einen Abguß, der ausschließlich mit Sperma- und Hodensuspension, nicht dagegen mit den übrigen Organsuspensionen reagierte. Auffallend ist eine Angabe von GUYER, der nach Vorbehandlung mit arteigenen Spermatozoen beim Kaninchen ein Spermatozoenantiserum erhalten haben will. Unter der Annahme der Zirkulationsfremdheit (HIRSZFELD) von Spermatozoen wäre es interessant, festzustellen, ob tatsächlich, wie GUYER behauptet, die Spermatozoen von Kaninchenböcken durch Immunisierung mit arteigenen Spermatozoen geschädigt werden (vgl. HEKTOEN[6], HEKTOEN und MANLY-LEONHARD[7], TSUKAHARA[8]). Angaben, nach denen Antispermasera mit männlichem Normalserum eine stärkere Präcipitation geben als mit weiblichem Normalserum, harren noch der Bestätigung.

DUNBAR[9] hat versucht, bei Tieren sowohl wie bei Pflanzen eine Differenzierung von Geschlechtszellen vorzunehmen. Besonders deutlich lassen sich Sperma und Rogen von Fischen unterscheiden. Dabei sollen sich z. B. die Geschlechtszellen der Forelle gegenüber dem Fleisch der Forelle wie artfremdes Eiweiß verhalten. Nach der Auffassung DUNBARs lassen sich demnach die Geschlechtszellen gegenüber den Zellen des übrigen Organismus serologisch scharf differenzieren.

10. Differenzierung von Sekreten und Exkreten.

Harn. Immunisierungsversuche mit normalem Harn führen nach den Angaben von LANDSTEINER und EISLER[10] sowie FRIEDENTHAL[11] zur Bildung von Harnpräcipitinen. DOERR und PICK[12] haben durch Vorbehandlung mit dem Harn verschiedenster Tierarten Antikörper erhalten und harnspezifische Eiweißkörper angenommen. Dem widersprechen Versuche von KAMEKURA[13] aus UHLENHUTHS Laboratorium, der keine harnspezifischen, sondern nur artspezifische Antikörper fand. Durch Immunisierung mit eiweißhaltigem Harn wurden Antisera erhalten, die zum Nachweis von Eiweiß im Urin benutzt werden konnten. Ob das Eiweiß im Urin sich von dem Serumeiweiß serologisch unterscheiden läßt, muß nach den vorliegenden Untersuchungen demnach noch offen gelassen werden.

[1] EMMERICH, E.: Z. Immun.forschg **17**, 299 (1913).
[2] SENG: Z. Immun.forschg **20**, 355 (1914).
[3] FARNUM: Trans. Chicago path. Soc. **5**, Nr 3, 1901.
[4] STRUBE: Dtsch. med. Wschr. **1902**, Nr 4, 24.
[5] PFEIFFER, H.: Verh. Ges. dtsch. Naturforsch. Meran **1905**, Nr 24.
[6] HEKTOEN, L.: J. amer. med. Assoc. **78**, 704 (1922).
[7] HEKTOEN, L. u. S. MANLY-LEONHARD: J. inf. Dis. **32**, 167 (1923).
[8] TSUKAHARA: Z. Immun.forschg **34**, 444 (1922).
[9] DUNBAR: Z. Immun.forschg **4**, 740; **7**, 454 (1910).
[10] LANDSTEINER u. v. EISLER: Wien. klin. Wschr. **1903**, Nr. 1.
[11] FRIEDENTHAL: Berl. klin. Wschr. **1904**, Nr. 12.
[12] DOERR, R. u. PICK: Z. Immun.forschg **21**, 463 (1914).
[13] KAMEKURA: Z. Immun.forschg **42**, 439 (1925).

Dagegen läßt sich der Bence-Jonessche Eiweißkörper im Urin von dem Serumeiweiß unterscheiden. Auf Grund der serologischen Untersuchung muß man annehmen, daß es verschiedene Eiweißkörper von der Art des Bence-Jonesschen Eiweißkörpers gibt. Auch ein von Noell-Paton zuerst beschriebener Eiweißkörper läßt sich sowohl von dem Serumeiweiß wie von dem Bence-Jonesschen Eiweißkörper serologisch trennen (vgl. Massini[1], Hektoen und Welker[2], Bayne-Jones und Wilson[3], Everett, Bayne-Jones und Wilson[4]).

Kot. Nach Brezina[5] (vgl. auch Brezina und Ranzi[6]) reagieren Kotantisera spezifisch mit ihrem homologen Antigen und zeigen Verwandtschaftsreaktionen, enthalten aber nur geringe artspezifische Antikörper (Wilenko[7]). Auch das Mekonium wurde von Sohma und Wilenko[8] untersucht und mehr oder weniger spezifische Reaktionen beobachtet (vgl. auch Citron[9]).

Milch. Das Casein und die Molkenproteine der Milch lassen sich serologisch grundsätzlich differenzieren. Die Untersuchungen über die Antigenfunktion der verschiedenen Milcheiweißkörper gehen auf das von Bordet angegebene Lactoserum zurück. Antisera, hergestellt durch Vorbehandlung mit roher Milch, reagieren in gleicher Weise mit ungekochter wie mit gekochter Milch (Kudicke und Sachs[10]). Die Reaktionsfähigkeit von Milchantisera gegenüber gekochter Milch wird vor allen Dingen dem Casein zugeschrieben (Graetz, vgl. zusammenfassende Darstellung). Antisera, hergestellt durch gekochte Milch, reagieren daher in gleicher Weise mit roher wie mit gekochter Milch, wenn auch häufig besser mit dem homologen Antigen. Derartige Koktoantisera lassen im allgemeinen übergreifende artspezifische Antikörper vermissen. Das Casein unterscheidet sich demnach in seinem resistenten Verhalten gegenüber thermischen Eingriffen markant von den meisten sonst bekannten Eiweißkörpern. Das Casein ist also organspezifisch und zugleich artspezifisch stigmatisiert. Denn die Caseinantisera reagieren nur mit dem Casein der Vorbehandlung, nicht dagegen mit dem Casein anderer Milcharten, wenn auch Verwandtschaftsreaktionen beschrieben wurden. Die Molkenproteine dagegen, insbesondere das Lactoglobulin, entsprechen den Blutserumproteinen[11]. Daher sind sie artspezifisch stigmatisiert, so daß Kuhmilch und Frauenmilch (Schlossmann und Moro[12, 13]) auch dementsprechende Differenzen aufweisen. Nach Bauer[14] können mittels Komplementbindung Milch und Blutserum differenziert werden.

Nach Felix Klopstock[15] bedingt die Vorbehandlung von Kaninchen mit Milch und Butter die Entstehung einer positiven Wassermannschen Reaktion. Vor allem aber entstehen durch Injektion von Milch Milchlipoidantikörper. Übergreifende Reaktionen können, abgesehen von den Verwandtschaftsreaktionen, zum Teil auf die Interferenz derartiger Lipoidantikörper zurückgeführt werden. Dabei ist nach den Untersuchungen von v. Baeyer[16]

[1] Massini: Dtsch. Arch. klin. Med. **104**, 29 (1911).
[2] Hektoen u. Welker: J. inf. Dis. **34**, 440 (1924).
[3] Bayne-Jones, S. u. D. W. Wilson: Bull. Hopkins Hosp. **33**, 119 (1922).
[4] Everett, H. S., S. Bayne-Jones u. D. W. Wilson: Bull. Hopkins Hosp. **34**, 385 (1923).
[5] Brezina, E.: Wien. klin. Wschr. **1907**, Nr 19, 650.
[6] Brezina, E. u. E. Ranzi: Z. Immun.forschg **4**, 375 (1910).
[7] Wilenko: Wien. klin. Wschr. **1908**, Nr 48 — Z. Immun.forschg **1**, H. 2, 218 (1909).
[18] Sohma u. Wilenko: Z. Immun.forschg **3**, Nr 1, 1 (1909).
[19] Citron, H.: Arb. ksl. Gesdh.amt **36**, H. 1, 48 (1911).
[10] Kudicke u. H. Sachs: Z. Immun.forsch **20**, 316 (1914).
[11] Wells u. Osborne: J. inf. Dis. **29**, 200 (1921).
[12] Moro: Wien. klin. Wschr. **1901**, Nr 44 — Münch. med. Wschr. **1906**, Nr 49, 214 u. 2383.
[13] Schlossmann u. Moro: Münch. med. Wschr. **1903**, Nr 14, 597.
[14] Bauer: Berl. klin. Wschr. **1910**, Nr 18, 830.
[15] Klopstock, F.: Zbl. Bakter. Orig. **107**, 127 (1928).
[16] Baeyer, E. v.: Z. Immun.forschg **56**, 241 (1928).

vorwiegend gekochte Milch zur Auslösung von Lipoidantikörpern geeignet. Nach FREI und GRÜNMANDEL[1] sowie v. BAEYER enthält die Ziegenmilch das FORSSMANsche Antigen. Denn Ziegenmilchantisera reagieren vorwiegend mit alkoholischen Extrakten heterogenetischer Tierarten, nicht dagegen mit denjenigen der Tierarten des Kaninchentypus. Auch enthalten Ziegenmilchantisera Hammelbluthämolysine. Freilich ist der direkte Nachweis des FORSS-MANschen Antigens in der Ziegenmilch noch nicht eindeutig gelungen, da offenbar nur geringe Mengen des FORSSMANschen Antigens in der Ziegenmilch enthalten sind. Es war deswegen naheliegend, die Entstehung der Ziegenmilchanämie bei Kindern auf den Gehalt der Ziegenmilch an FORSSMANschem Antigen zurückzuführen (FREI und GRÜNMANDEL, WISKOTT und WITEBSKY[2]). Sicher ist das Auftreten der Ziegenmilchanämie nach den Untersuchungen der genannten Autoren jedoch nicht an eine bestimmte Blutgruppe gebunden.

F. Schlußbetrachtung.

Nur in kurzen Zügen konnte hier über die Bedingungen biologischer Spezifität berichtet werden. Keineswegs kann und will die vorliegende Darstellung einen Anspruch auf Vollständigkeit erheben. Zum Schluß sei nur noch kurz die Auswirkung der Erkenntnis biologischer Spezifität für die Verwertung in praktischer Hinsicht gestreift. Denn auf die mannigfachsten Gebiete der Naturwissenschaften und Medizin erstreckt sich ihre Bedeutung. Zunächt hat die rein naturwissenschaftliche Erkenntnis der Arteigenheit, der Artfremdheit sowie der verwandtschaftlichen Beziehungen der verschiedenen Arten und Organsysteme der biologischen Forschung neuartige Wege eröffnet. Weit über chemische und physikalische Methoden hinaus erkennen wir ein Differenzierungsvermögen des lebenden Organismus, das in seiner Einfachheit und seiner Prägnanz ganz erstaunlich ist. Hieraus ergeben sich Möglichkeiten für die Diagnostik und für die Therapie. Die diagnostischen Methoden bedienen sich als Reagens der Serumveränderungen, die bei dem Eindringen fremdartiger Materie entstehen. Die Therapie andererseits wird bestrebt sein, die potentielle Energie des lebenden Körpers, Gegenstoffe zu bilden, sich in weitgehendstem Maße nutzbar zu machen.

Bei Nahrungsmittelverfälschungen ist es häufig möglich, die wahre Natur und die Herkunft des verfälschten Materials mit Sicherheit festzustellen. Auf serologischem Wege gelingt es, zu entscheiden, von welcher Herkunft z. B. ein Blutfleck ist, eine Frage, die mit anderen Methoden kaum zu beantworten ist. Die Blutgruppenforschung endlich hat das Interesse weitester Kreise hervorgerufen. Die Bedeutung der Blutgruppe bei Transfusion und Transplantation steht fest. Durch die Erkenntnis der Vererbung der Blutgruppenqualitäten sind neuartige Wege für den Vaterschaftsausschluß sowie für Fragen der Abstammung erschlossen worden.

So hat die relativ junge Lehre von der biologischen Spezifität in den letzten Jahrzehnten ein großartiges Gebäude errichten können, das geeignet erscheint, manchen tiefen Einblick in biologisches Geschehen zu gestatten.

---

[1] FREI u. GRÜNMANDEL: Klin. Wschr. **1927**, 1608.
[2] WITEBSKY, E.: Klin. Wschr. **1928**, Nr 1, 20.

Immunität.

Von

H. SCHLOSSBERGER

Berlin-Dahlem.

Zusammenfassende Darstellungen.

ABDERHALDEN, E.: Die ABDERHALDENsche Reaktion. Berlin: Julius Springer 1922. — ABELS, H.: Die Dysergie als pathogenetischer Faktor beim Skorbut. Erg. inn. Med. **26**, 733 (1924). — ALLEN, R. W.: Die Vaccintherapie. Dresden u. Leipzig: Th. Steinkopff 1914. — ANDREWES, F. W., W. BULLOCH, S. R. DOUGLAS, G. DREYER, A. D. GARDNER, P. FILDES, J. C. G. LEDINGHAM u. C. G. L. WOLF: Diphtheria, its bacteriology, pathology and immunology. London: Published by His Majesty's stationary office 1923. — ARON, H. u. R. GRALKA: Vitamine und akzessorische Nährstoffe. Handb. d. Biochemie, hrsg. von C. OPPENHEIMER, 2. Aufl. **6**, 345. Jena: G. Fischer 1926. — ARRHENIUS, S.: Immunochemie. Leipzig: Akad. Verlagsges. m. b. H. 1907. — ARTHUS, M.: De l'anaphylaxie à l'immunité. Paris: Masson et Cie. 1921. — ASCHOFF, L.: Das reticulo-endotheliale System. Erg. inn. Med. **26**, 1 (1924). — ASCOLI, A.: Grundriß der Serologie. Wien u. Leipzig: J. Safář 1921. — BABES, V.: Traité de la rage. Paris: J. B. Baillière et fils 1912. — BAIL, O.: Das Problem der bakteriellen Infektion. Leipzig: W. Klinkhardt 1911. — BANG, J.: Biochemie der Zellipoide. Erg. Physiol. Hrsg. von L. ASHER u. K. SPIRO. **6** (1907); **8**, 463 (1909). — BAUER, J.: Die konstitutionelle Disposition zu inneren Krankheiten. Berlin: Julius Springer 1917. — BAUMGARTEN, P. v.: Lehrbuch der pathogenen Mikroorganismen. Die pathogenen Bakterien. Leipzig: S. Hirzel 1911. — BEHRING, E. v.: Gesammelte Abhandlungen zur ätiologischen Therapie von ansteckenden Krankheiten. Leipzig: G. Thieme 1893 — Allgemeine Therapie der Infektionskrankheiten I u. II. Berlin u. Wien: Urban & Schwarzenberg 1899 u. 1900 — Einführung in die Lehre von der Bekämpfung der Infektionskrankheiten. Berlin: A. Hirschwald 1912 — Gesammelte Abhandlungen. Neue Folge. Bonn: A. Marcus & E. Weber 1915. — BESREDKA, A.: Immunisation locale, pansements spécifiques. Paris: Masson et Cie. 1925. — BOERNER-PATZELT, D., A. GOEDEL u. F. STANDENATH: Das Reticuloendothel. Leipzig: G. Thieme 1925. — BORDET, J.: Studies in immunity. New York: J. Wiley and sons 1909 — Geschichtlicher Überblick und allgemeine Anschauungen über Immunität. Handb. d. Immunitätsforschg u. exp. Therapie. Hrsg. von R. KRAUS u. C. LEVADITI. **1** (nur. 1. Liefg. erschienen), 1. Jena: G. Fischer 1914 - - Traité de l'immunité dans les maladies infectieuses. Paris: Masson et Cie. 1920. — BRAUN, H.: Über den jetzigen Stand der Anaphylaxiefrage. Fol. serologica **5**, 113 (1910). — BUSSON, B.: Sero-, Vaccine- u. Proteinkörpertherapie. Wien: Julius Springer 1924. — CALMETTE, A.: L'infection bacillaire et la tuberculose chez l'homme et chez les animaux. 2. Aufl. Paris: Masson et Cie. 1922. — CARMALT JONES, D. W.: Organic substances, sera and vaccines in physiological therapeutics. London: W. Heinemann 1924. — CASPARI, W.: Der parenterale Eiweißstoffwechsel. Handb. d. Biochemie. Hrsg. von C. OPPENHEIMER. 1. Aufl. Erg.-Bd. S. 708. Jena: G. Fischer 1913 — Biologische Grundlagen zur Strahlentherapie der bösartigen Geschwülste. Dresden u. Leipzig: Th. Steinkopff 1922. — CITRON, J.: Die Methoden der Immunodiagnostik u. Immunotherapie und ihre praktische Verwertung. 3. Aufl. Leipzig: G. Thieme 1919. — DEEKS, W. E.: Diet and disease. Amer. J. trop. Med. **7**, 111, 149 (1927). — DEUTSCH-DETRE, L. u. C. FEISTMANTEL: Die Impfstoffe und Sera. Leipzig: G. Thieme 1903. — DIEUDIONNÉ, A. u. W. WEICHARDT: Immunität, Schutzimpfung und Serumtherapie. 10. Aufl. Leipzig: J. A. Barth 1920. — DOERR, R.: Allergie und Anaphylaxie. Handb. d. pathog. Mikroorganismen. 3. Aufl. Hrsg. von W. KOLLE, R. KRAUS u. P. UHLENHUTH. **1**, 759. Jena, Berlin u. Wien 1929. S. auch Erg. Hyg. **1**, 257 (1914); **5**, 71 (1922). — DOPTER u. VEZEAUX DE LAVERNGE: Epidémiologie. Paris: J. B. Baillière 1926. — DUNGERN, E. v.: Die Antikörper. Jena: G. Fischer 1903. — EHRENBERG, E.: Theoretische Biologie vom Standpunkt der Irreversibilität des elementaren Lebensvorganges. Berlin: Julius Springer 1923. — EHRLICH, P.: Die Wertbemessung des Diphtherieserums und deren theoretische Grundlagen.

Klin. Jb. **6**, 299 (1898) — Gesammelte Arbeiten zur Immunitätsforschung. Berlin: A. Hirschwald 1904 — Über Partialfunktionen der Zelle. Nobelvortrag. Münch. med. Wschr. **56**, Nr 5, 217 (1909) — Les Prix Nobel en 1908. Stockholm: Imprimerie Royale, P. A. Norstedt et fils 1909. — FAUST, E. ST.: Tierische Gifte. Biochem. Handlexikon. Hrsg. von E. ABDERHALDEN **5**, 453. Berlin: Julius Springer 1911. — FRANCIS, E.: Tularämie. Handb. d. pathogen. Mikroorganismen. 3. Aufl. Hrsg. v. W. KOLLE, R. KRAUS u. P. UHLENHUTH **6**, 207. Jena, Berlin u. Wien 1929. — FRIEDBERGER, E. u. R. PFEIFFER: Lehrbuch der Mikrobiologie. 2 Bde. Jena: G. Fischer 1919. — FRIEDEMANN, U.: Infektion und Immunität. Handb. der Hygiene. Hrsg. von M. RUBNER, M. v. GRUBER u. M. FICKER **3**, I, 663. Leipzig: S. Hirzel 1913 — FUNK, C.: Die Vitamine. 3. Aufl. München u. Wiesbaden: J. F. Bergmann 1924. — GURD, F. B.: Infection, immunity and inflammation. London: H. Kimpton 1924. — GJÖRUP, E.: Investigations into d'Hérelles phenomenon. Inaug.-Diss. Kopenhagen: Arnold Busck 1925. — HAHN, M.: Natürliche Immunität (Resistenz). Handb. der pathog. Mikroorganismen. 3. Aufl. Hrsg. von W. KOLLE, R. KRAUS u. P. UHLENHUTH **1**, 663. Jena, Berlin u. Wien 1929. — HEIM, L.: Lehrbuch der Bakteriologie mit besonderer Berücksichtigung der Untersuchungsmethoden, Diagnostik u. Immunitätslehre. 6. u. 7. Aufl. Stuttgart: F. Enke 1922. — d'HÉRELLE, F.: Der Bakteriophage und seine Bedeutung für die Immunität. Braunschweig: F. Vieweg u. Sohn 1922 — Le Bactériophage et son comportement. 2. Ed. Paris: Masson et Cie. 1926. — HERTER, C. A.: The common bacterial infections of the digestive tract and the intoxications arising from them. New York: Macmillan Company 1907. — HERZFELD, E. u. R. KLINGER: Neuere eiweiß-chemische Vorstellungen in ihren Beziehungen zur Immunitätslehre. Erg. Hyg. **4**, 282 (1920). — HUTYRA, F. v. u. J. MAREK: Spezielle Pathologie und Therapie der Haustiere. 5. Aufl. 2 Bde. Jena: G. Fischer 1920. — JACOBY, M.: Immunität und Disposition. Wiesbaden: J. F. Bergmann 1906. — JOCHMANN, G.: Lehrbuch der Infektionskrankheiten. 2. Aufl., neu bearbeitet von C. HEGLER. Berlin: Julius Springer 1924. — KAZNELSON, P.: Die Grundlagen der Proteinkörpertherapie. Erg. Hyg. **4**, 249 (1920) — KOLLE, W.: Die Grundlagen der Lehre von der erworbenen (aktiven, allgemeinen und lokalen sowie passiven) Immunität. Handb. der pathog. Mikroorganismen. Hrsg. von W. KOLLE u. A. v. WASSERMANN. 2. Aufl. **1**, 905. Jena: G. Fischer 1912 — Aktive Immunisierung und Schutzimpfung. Zbl. Bakter. Orig. I **104**, 90 (1927). — KOLLE, W. u. H. HETSCH: Die experimentelle Bakteriologie und die Infektionskrankheiten. 7. Aufl. 2 Bde. Berlin u. Wien: Urban & Schwarzenberg 1929 — Schutzimpfung. Aktive und passive Immunität sowie ihre Anwendungsgebiete. Handb. der gesamten Therapie. Hrsg. von N. GULEKE, F. PENZOLDT u. R. STINTZING. 6. Aufl. **1**, 106. Jena: G. Fischer 1926. — KOLMER, J. A.: A practical textbook of infection, immunity and biologic therapy with special reference to immunologic technic. 3. Aufl. Philadelphia u. London: W. B. Saunders Company 1924. — KRAUS, F.: Fieber und Infektion. Handb. der Pathologie des Stoffwechsels. Hrsg. von C. v. NOORDEN. 2. Aufl. **1**, 578. Berlin: A. Hirschwald 1906. — KRUSE, W.: Allgemeine Mikrobiologie. Leipzig: F. C. W. Vogel 1910. — KUDICKE, R.: Die Blutprotozoen und ihre nächsten Verwandten. Handb. der Tropenkrankheiten. Hrsg. von C. MENSE. 2. Aufl. **4**, 301. Leipzig: J. A. Barth 1923. — LATTES, L.: Die Individualität des Blutes in der Biologie, in der Klinik und in der gerichtlichen Medizin. Berlin: Julius Springer 1925. — LAURENT, E.: Das Virulenzproblem der pathogenen Bakterien. Epidemiologische und klinische Studien, von der Diphtherie ausgehend. Jena: G. Fischer 1910. — LAVERAN, A. u. F. MESNIL: Trypanosomes et trypanosomiases. 2. Ed. Paris: Masson et Cie. 1912. — LEHMANN, F. M.: Die Lösung des Immunitätsproblems. Berlin: S. Karger 1924. — LEVADITI, C.: Ectodermoses neurotropes. Poliomyélite, encéphalite, herpès. Paris: Masson et Cie. 1925. — LOEFFLER, F.: Grundzüge der Lehre von der Infektion und Immunität. Handb. der prakt. Hygiene. Hrsg. von R. ABEL. **1**, 580. Jena: G. Fischer 1913. — LÖHNIS, F.: Vorlesungen über landwirtschaftliche Bakteriologie. Berlin: Gebr. Borntraeger 1913. — LUSTIG, A. u. P. RONDONI: Immunità naturale e immunità acquisita. In A. LUSTIG, Malattie infettive dell' uomo e degli animali **1**, 77, 91. Mailand: F. Vallardi 1922. — MARXER, A.: Technik der Impfstoffe und Heilsera. Braunschweig: F. Vieweg u. Sohn 1915. — METSCHNIKOFF, E.: Immunität bei Infektionskrankheiten. Jena: G. Fischer 1902. — MUCH, H.: Die pathologische Biologie (Immunitätswissenschaft). 4. u. 5. Aufl. Leipzig: C. Kabitzsch 1922. — MÜLLER, P. TH.: Vorlesungen über Infektion und Immunität. 5. Aufl. Jena: G. Fischer 1917. — OTTO, R. u. H. MUNTER: Bakteriophagie (D'HÉRELLEsches Phänomen). Erg. Hyg. **6**, 1, 592 (1923) — Bakteriophagie. Handb. d. pathog. Mikroorganismen. 3. Aufl. Hrsg. von W. KOLLE, R. KRAUS u. P. UHLENHUTH **1**, 353. Jena, Berlin u. Wien 1929. — PALDROCK, A.: Die Senkungsreaktion und ihr praktischer Wert. Dorpat 1925. — PETERSEN, W. F.: Protein therapy and non-specific resistance. New York: Macmillan Company 1922. — PFAUNDLER, M., Biologisches u. allgemein Pathologisches über die frühen Entwicklungsstufen. Handb. d. Kinderheilkunde. Hrsg. von M. v. PFAUNDLER u. A. SCHLOSSMANN. 3. Aufl. **1**, 12. Leipzig: F. C. W. Vogel 1923. — PFEIFFER, H.: Allgemeine u. experimentelle Pathologie. Berlin u. Wien: Urban & Schwarzenberg 1924. — PICK, E. P.: Biochemie der Antigene. Handb. der pathog. Mikroorganismen. Hrsg. von W. Kolle u. A. v. Wassermann. 2. Aufl. **1**, 685. Jena: G. Fischer 1912 — Auch als Monographie erschienen. Jena: G. Fischer 1912. — Pick, E. P. u. F. Silberstein: Biochemie der Antigene und Antikörper. Handb. der pathog. Mikroorganismen. 3. Aufl. Hrsg. von W. Kolle, R. Kraus u. P. Uhlenhuth. **2**, 317. Jena, Berlin u. Wien 1928. — Pirquet, C. v.: Allergie. Erg. inn. Med. **1**, 420 (1908). — Pirquet, C. v. u. B. Schick: Die Serumkrankheit. Leipzig u. Wien: F. Deuticke 1905. — Reiter, H.: Vaccinetherapie u. Vaccinediagnostik. Stuttgart: F. Enke 1913. — Richet, Ch.: Die Anaphylaxie. Leipzig: Akad. Verlagsges. m. b. H. 1920 — L'anaphylaxie. Paris: F. Alcan 1921. — Römer, P. H.: Über den Übergang von Toxinen und Antikörpern in die Milch und ihre Übertragung auf den Säugling durch die Verfütterung solcher Milch. Handb. d. Milchkunde. Hrsg. von P. Sommerfeld, S. 472. Wiesbaden: J. F. Bergmann 1909. — Rogers, L. u. E. Muir: Leprosy. Bristol: J. Wright and Sons Ltd. 1925. — Rondoni, P.: Allergische Entzündung. Immunität, Allergie u. Infektionskrkh. **1**, 295 (1929). — Rosenthal, W.: Tierische Immunität. Braunschweig: F. Vieweg & Sohn 1914. — Sachs, H.: Zur Frage der Proteinkörpertherapie. Therap. Halbmonatsh. **34**, Nr 14, 379, Nr 15, 405 (1920) — Antigene und Antikörper. Handb. d. Biochemie. Hrsg. von C. Oppenheimer. 2. Aufl. **3**, 1. Jena: G. Fischer 1925 — Antigenstruktur und Immunisierungsvermögen. Zbl. Bakter. Orig. I **104**, 128 (1927). — Sachs, H. u. A. Klopstock: Methoden der Hämolyseforschung. Berlin u. Wien: Urban & Schwarzenberg 1928. — Schlossberger, H.: Das d'Hérellesche Phänomen. Zbl. Hautkrkh. **4**, 401 (1922) — Antitoxine u. Toxine. Handb. der Biochemie. Hrsg. von C. Oppenheimer. 2. Aufl. **3**, 116. Jena: G. Fischer 1925. — Schlossberger, H. u. K. Ishimori: Tierische Toxine. Handb. der Biochemie. Hrsg. von C. Oppenheimer. 2. Aufl. **1**, 909. Jena: G. Fischer 1924. — Schmidt, H.: Zur Biologie der Lipoide. Mit besonderer Berücksichtigung ihrer Antigenwirkung. Leipzig: C. Kabitzsch 1922. — Seligmann, E. u. F. v. Gutfeld: Anaphylaxie u. verwandte Erscheinungen. Handb. d. Biochemie. Hrsg. von C. Oppenheimer. **3**, 152. Jena: G. Fischer 1925. — Shiga, K.: Die klinische Bakteriologie u. die Immunitätslehre (japanisch). 7. Aufl. Tokyo: Nanzando 1920. — Simon, Ch. E.: An introduction to the study of infection and immunity. Philadelphia u. New York: Lea & Febiger 1912. — Tobler, L. u. G. Bessau: Krankheiten durch abnormen Ablauf der Ernährungsvorgänge und des Stoffwechsels. Abschn. VIII: Immunität u. Ernährung. Handb. der allgem. Pathologie u. pathol. Anatomie des Kindesalters. Hrsg. von H. Brüning u. E. Schwalbe. **1**, **II**, 896. Wiesbaden: J. F. Bergmann 1914. — Wassermann, A. v. u. F. Keysser: Wesen der Infektion. Handb. der pathog. Mikroorganismen. Hrsg. von W. Kolle u. A. v. Wassermann. 2. Aufl. **1**, 555. Jena: G. Fischer 1912. — Weichadrt, W.: Die Leistungssteigerung als Grundlage der Proteinkörpertherapie. Erg. Hyg. **5**, 275 (1922) — Unspezifische Immunität. Jena: G. Fischer 1926. — Wells, H. G.: The chemical aspects of immunity. New York: Chemical Catalog Comp. 1925. — Westergren, A.: Die Senkungsreaktion. Erg. inn. Med. **26**, 577 (1924). — Wolff-Eisner, A.: Klinische Immunitätslehre u. Serodiagnostik. Jena: G. Fischer 1910. — Wright, A. E.: Studien über Immunisierung u. ihre Anwendung in der Diagnose und Behandlung von Bakterieninfektionen. Jena: G. Fischer 1909. — Zeissler, J.: Die Gasödeminfektionen des Menschen. Handb. der pathog. Mikroorganismen. 3. Aufl. Hrsg. von W. Kolle, R. Kraus u. P. Uhlenhuth. **4**, 1097. Jena, Berlin u. Wien 1928. — Zinsser, H.: Infection and resistance. 3. Aufl. New York: Macmillan Company 1923.

Schon den Ärzten des Altertums war es auf Grund ihrer Beobachtungen bei den verschiedenen Epidemien bekannt, daß die Empfänglichkeit der einzelnen Menschen und Tiere gegenüber infektiösen Erkrankungen beträchliche Unterschiede aufweist, daß insbesondere Individuen, welche eine Infektionskrankheit überstanden hatten, bei neuerlichem Auftreten derselben Seuche vielfach verschont blieben, daß also der Organismus eine erhöhte Widerstandsfähigkeit, eine sog. *Immunität* gegenüber bestimmten übertragbaren Krankheiten besitzen oder erwerben kann. Andererseits ließ die Erscheinung, daß Fäulnisprozesse erst nach dem Tode auftreten, eine gewisse natürliche Resistenz des lebenden Körpers gegenüber den fäulniserregenden „Miasmen", in denen man in früheren Zeiten die Ursache der Seuchen erblickte, vermuten. Ebensowenig war den alten Autoren auch die Tatsache entgangen, daß der Mensch und in gleicher Weise manche Tierarten von gewissen, für andere Tierspezies verderblichen infektiösen Erkrankungen niemals ergriffen werden, während andere vorzugsweise bei Tieren vorkommende Infektionskrankheiten auch für den Menschen gefährlich werden können. Alle diese und ähnliche Feststellungen deuteten darauf hin, daß hinsichtlich der Empfänglichkeit für übertragbare Erkrankungen nicht nur individuelle Unterschiede bestehen, daß sich vielmehr auch die einzelnen Tierarten, zum Teil sogar die einzelnen Rassen in dieser Beziehung verschieden verhalten können. Aber ebenso, wie etwa der einzelne Mensch durch das Überstehen einer ansteckenden Krankheit eine erhöhte Widerstandsfähigkeit nur gegen diese eine, nicht aber gleichzeitig gegenüber anderen Infektionen erwirbt, zeigte sich, daß auch die natürliche Unempfänglichkeit einer Tierart für die eine oder andere Seuche keineswegs eine herabgesetzte Empfindlichkeit gegenüber infektiösen Erkrankungen überhaupt in sich schließt. Vielmehr ergab sich, daß eine Tierspezies A, welche für eine bestimmte Infektionskrankheit beispielsweise wesentlich empfänglicher ist als die Tierart B, gegenüber einer anderen seuchenartigen Erkrankung eine erheblich höhere Widerstandsfähigkeit besitzen kann als jene. Diese Tatsache, daß es allgemein infektionsempfindliche bzw. infektionsunempfindliche Tierarten nicht gibt, deutete auf eine erst später durch die grundlegenden Untersuchungen ROBERT KOCHS nachgewiesene Vielheit biologisch differenter krankmachender Agentien und eine Spezifität der durch sie ausgelösten Erscheinungen hin.

Es ist verständlich, daß man schon frühzeitig diese empirischen Feststellungen, vor allem die nach Abheilung mancher Infektionskrankheiten zu beobachtende Immunität gegen eine nochmalige Erkrankung, wissenschaftlich zu ergründen und den praktischen Zwecken der Seuchenbekämpfung dienstbar zu machen sich bemühte. Ein wirklicher Erfolg, der allerdings eine der bedeutsamsten Entdeckungen auf diesem Gebiete überhaupt darstellt, war diesen Bestrebungen indessen nur gegenüber den Pocken beschieden. Auf Grund der Erfahrungstatsache, daß das einmalige Überstehen auch einer leichten Pockeninfektion in der Regel vor einer nochmaligen Erkrankung schützt, sowie von der Erkenntnis ausgehend, daß das Pockenvirus nach Einimpfung in die Haut seltener eine tödlich verlaufende Krankheit hervorruft als nach natürlicher Ansteckung (durch Einatmung), suchte man in Indien und China schon in den ersten Jahrhunderten unserer Zeitrechnung, später auch in Europa durch Einimpfung des Pustelinhalts von leichten Pockenfällen in die Haut gesunder Individuen diesen einen wirksamen Schutz gegen die gefürchtete Seuche zu verleihen. Während aber dieses als Variolation bezeichnete Verfahren vor allem wegen seiner Gefährlichkeit wenig Anklang und Verbreitung fand, konnte EDWARD JENNER (1796) durch ausgedehnte Untersuchungen den Beweis dafür erbringen, daß auch die Übertragung des Pustelinhalts von natürlichen Kuhpocken den geimpften Menschen einen langdauernden Schutz gegen die Blattern verleiht, ohne die Gefahr einer Allgemeinerkrankung in sich zu schließen. Diese sog. Vaccination, die in der Folgezeit noch gewisse Modifikationen erfuhr, hat sich als eine der wertvollsten prophylaktischen Maßnahmen im Kampfe gegen die infektiösen Erkrankungen bis auf den heutigen Tag aufs beste bewährt. Eine wissenschaftliche Erklärung für das Zustandekommen des nach der JENNERschen Vaccination eintretenden Impfschutzes, wie auch der sonst beobachteten Immunitätsphänomene überhaupt war bei dem damaligen Stande der Heilkunde, speziell bei den in früheren Zeiten herrschenden Vorstellungen über die Ätiologie der infektiösen Erkrankungen naturgemäß nicht möglich.

Erst nach den fundamentalen Entdeckungen LOUIS PASTEURS und ROBERT KOCHS und den daran anschließenden Arbeiten einer großen Reihe anderer Autoren konnte die wissenschaftliche Bearbeitung der Immunitätsprobleme erfolgreich in Angriff genommen werden. Der Nachweis der Spezifität der Bakterienarten und ihrer ätiologischen Bedeutung für die Entstehung der Infektionskrankheiten, sowie der Ausbau der mikrobiologischen Untersuchungs- und Differenzierungsmethoden, insbesondere die Herstellung von Reinkulturen bestimmter Krankheitserreger und die Möglichkeit, mittels dieser Reinkulturen die entsprechenden infektiösen Prozesse bei Versuchstieren hervorzurufen, bildeten den Ausgangspunkt für die experimentellen Untersuchungen, die nunmehr in großem Maßstabe zur Klärung des Wesens von Infektion und Immunität durchgeführt wurden. Wenn auch in Anbetracht unserer ungenügenden Kenntnisse über das Wesen der Lebensvorgänge der den Abwehrmaßnahmen des infizierten Körpers zugrundeliegende Mechanismus in seinen Einzelheiten auch heute noch in ein fast undurchdringliches Dunkel gehüllt erscheint, so war es doch vor allem mit Hilfe des Tierversuchs möglich, den Komplex dieser defensiven Bestrebungen des Organismus gegenüber eindringenden oder eingedrungenen Krankheitserregern durch das Studium seiner Wirkungen zu erforschen und wenigstens bis zu einem gewissen Grade in seine einzelnen Komponenten zu zerlegen und aus den derart gewonnenen Erkenntnissen gewisse Rückschlüsse auch auf das Zustandekommen der Erscheinungen und ihren Zusammenhang mit anderen Äußerungen der Zelltätigkeit zu ziehen.

Durch die besonders mit den Namen von Pasteur, Koch, v. Behring, Ehrlich, Metschnikoff, R. Pfeiffer u. a. aufs engste verknüpfte rasche Entwicklung dieses dadurch zur selbständigen Wissenschaft gewordenen Spezialzweigs der Bakteriologie wurde eine Fülle ungeahnter Tatsachen festgestellt, durch welche in die komplizierten biologischen Vorgänge, welche wir unter dem Begriffe der Immunität zusammenfassen, einiges Licht geworfen wurde. Neben zahlreichen praktischen Erfolgen, welche die Heilkunde diesem Einblick in den Mechanismus der Immunitätsvorgänge verdankt, vor allem den Schutzimpfungsverfahren gegen eine Reihe von infektiösen Erkrankungen, den serumtherapeutischen und serumdiagnostischen Methoden, wurde auch das Studium zahlreicher biologischer Probleme allgemeinerer Natur durch die Bearbeitung der Immunitätsphänomene in einschneidender Weise beeinflußt und gefördert. So haben z. B. durch den mit Hilfe von Immunitätsreaktionen erbrachten Nachweis des artspezifischen Aufbaus der von Tieren und Pflanzen stammenden Eiweißstoffe unsere Kenntnisse über die Struktur der Proteine eine auf chemischem Wege bisher noch nicht faßbare Erweiterung erfahren (Neisser und Sachs, Uhlenhuth, v. Wassermann). Vor allen Dingen hat aber Paul Ehrlich durch die Konzeption des Receptorenbegriffs und durch die Aufstellung seiner Seitenkettentheorie, die in bisher nicht übertroffener Weise den Mechanismus, vor allem die Spezifität der Immunitätserscheinungen und ihren innigen Zusammenhang mit den Vorgängen der Zellernährung dem Verständnis näherbringt, dem Studium der Biochemie der Zelle neue Anregungen gegeben.

Im nachfolgenden soll ein Überblick über den heutigen Stand der Forschung auf diesem Gebiete gegeben werden. Da die speziellen Fragen der Immunitätswissenschaft, vor allem die Antikörperbildung und die cellulären Schutzreaktionen des Organismus, ferner die Überempfindlichkeitserscheinungen sowie die Spezifität der Immunitätsvorgänge in besonderen Kapiteln dieses Handbuchs in extenso abgehandelt werden, beschränkt sich die vorliegende Darstellung auf eine Besprechung der allgemeinen Immunitätslehre. Sie wird sich dementsprechend mit einer Definition der verschiedenen Formen von Immunität, mit den für ihr Zustandekommen in Betracht kommenden Faktoren und ihren Wirkungen auf den Gesamtorganismus zu beschäftigen haben.

I. Allgemeines über Immunität.

Als Immunität bezeichnete man, wie bereits erwähnt, ursprünglich die im Vergleich mit Individuen derselben oder einer anderen Art erhöhte Widerstandsfähigkeit eines Organismus gegen das Eindringen und die Ansiedlung bestimmter Infektionserreger. Wie ebenfalls schon angedeutet wurde, kann dieser Zustand vollkommener oder relativer Unempfänglichkeit gegenüber manchen Arten von Krankheitskeimen einerseits als Art- oder Rassenmerkmal und auch als individuelle Eigenschaft angeboren sein. Man spricht in diesem Falle von *natürlicher Immunität* oder nach dem Vorgang von H. BUCHNER und M. HAHN von *natürlicher Resistenz*; das Gegenstück hierzu bildet die natürliche *Disposition*, die Empfänglichkeit eines Individuums, einer Tierrasse oder einer Tierart für eine bestimmte Infektionskrankheit.

Andererseits kann aber bei Individuen einer für eine bestimmte Infektion empfänglichen Tierart bzw. -rasse durch Überstehen der betreffenden Erkrankung oder auch durch künstliche spezifische Schutzimpfung ein mehr oder weniger lang andauernder Zustand vollkommener oder relativer Unempfänglichkeit gegen eine weitere Ansteckung mit denselben Krankheitserregern sich ausbilden. Auf Grund unserer heutigen Kenntnisse müssen wir annehmen, daß dieselben Faktoren, welche unter natürlichen Bedingungen eine Infektionskrankheit zur Ausheilung bringen, auch für die nach Überstehen der Erkrankung zurückbleibende spezifische Unempfänglichkeit des Organismus verantwortlich zu machen sind[1]. Man bezeichnet diese Form der naturgemäß stets auf das Einzelindividuum beschränkten erhöhten spezifischen Widerstandsfähigkeit gegenüber einer bestimmten Infektionskrankheit als *aktiv erworbene Immunität*. Gelingt es, diese aktive Immunität durch Verimpfen von Blut auf andere Individuen derselben oder einer anderen Art zu übertragen, so spricht man von *passiv erworbener Immunität*.

Da wenigstens mit den uns zur Verfügung stehenden Hilfsmitteln zwischen den Organen und Zellen immuner und nichtimmuner Individuen einer an sich empfänglichen Tierart keinerlei Unterschiede in histologischer Hinsicht erkennbar sind, da also ein *anatomisches Substrat* für das verschiedene Verhalten des immunen und des nichtimmunen Organismus krankmachenden Stoffen gegenüber nicht nachgewiesen werden kann, ist anzunehmen, daß es sich bei den Immunitätsphänomenen vorzugsweise oder ausschließlich um Erscheinungen einer *besonderen Lebenstätigkeit* des Organismus in seiner Gesamtheit oder einzelner seiner Bestandteile handelt. Der Umstand, daß der lebende tierische Körper sowohl auf seiner äußeren Oberfläche als auch in seinen mit der Außenwelt in direkter Verbindung stehenden Partien, vor allem im Nasen-Rachen-Raum, in der Mundhöhle, im Magen-Darm-Kanal usw. regelmäßig Mikroorganismen der verschiedensten Art beherbergt, ohne daß dieselben in die inneren Organe vorzudringen vermöchten, daß dagegen unmittelbar nach dem Tode, manchmal sogar schon während der Agonie, also jedenfalls zu einer Zeit, in der noch keine gröberen Veränderungen chemischer oder physikalischer Art in den Körperzellen und -säften eingetreten sind, eine Überschwemmung der Gewebe mit diesen Keimen stattfindet, läßt den *funktionellen* Charakter der unter dem Begriff „Immunität" subsummierten Abwehrmaßnahmen des Organismus deutlich erkennen. Damit sind aber auch gleichzeitig die außerordentlichen Schwierigkeiten, welche einem experimentellen Studium dieser besonders labilen Funktionen des lebenden Protoplasmas entgegenstehen bzw. die Grenzen, die einer solchen Erforschung gezogen sind, gekennzeichnet.

---

[1] Dieser auf Immunitätsvorgängen beruhenden natürlichen Ausheilung kann die „künstliche" Ausheilung infektiöser Erkrankungen, wie sie erstmals EHRLICH mit Hilfe chemischer Substanzen erfolgreich zur Durchführung brachte, gegenübergestellt werden. Durch frühzeitige Anwendung geeigneter chemotherapeutischer Substanzen gelang es ihm, Protozoeninfektionen kleiner Versuchstiere, besonders die Rekurrenserkrankung der weißen Mäuse, unter Ausschluß immunisatorischer Vorgänge von seiten des Organismus zu kupieren.

Während die zur Erforschung der natürlichen Resistenz unternommenen Untersuchungen zwar gewisse Faktoren, welche unter Umständen zu einer Steigerung oder Herabsetzung dieser angeborenen relativen oder absoluten Unempfänglichkeit führen können, aufgedeckt, aber den eigentlichen Mechanismus dieser Erscheinungen bis jetzt noch wenig geklärt haben, bereitete das Phänomen des aktiv erworbenen Schutzes der experimentellen Analyse wenigstens zunächst geringere Schwierigkeiten. War es doch hier möglich, die im Verlauf natürlicher oder künstlicher Infektionskrankheiten oder im Anschluß an die Zufuhr geeigneter Impfstoffe in einem ursprünglich empfänglichen Organismus sich allmählich entwickelnde *Ausbildung* des Zustandes der spezifischen Unempfänglichkeit und gewisse dabei im Körper vor sich gehende Änderungen fortlaufend zu verfolgen.

Aus diesen Untersuchungen, die zur Erkennung der *cellulären* und *humoralen Schutzkräfte* des Organismus und ihrer Bedeutung für die Immunitätserscheinungen geführt haben, ergab sich die besonders für Zwecke der Schutzimpfung praktisch wichtige Tatsache, daß der tierische und entsprechend auch der menschliche Körper nicht nur auf das Eindringen oder die künstliche Einverleibung *lebender Krankheitserreger*, sondern in derselben oder in prinzipiell gleichartiger Weise auf die Zufuhr *abgetöteter* Mikroorganismen (Roux und Chamberland[1], Salmon und Smith[2], Pfeiffer und Kolle[3]) oder der von gewissen Bakterienarten und auch von den sog. giftigen Tieren (insbesondere Schlangen, Skorpione, Spinnen usw.) sowie von manchen Pflanzenarten gebildeten keimfreien *Giftstoffe* (Behring und Kitasato[4]) mit spezifischen Abwehrmaßnahmen antwortet. Besonders bedeutsam für die weitere Entwicklung der Immunitätslehre war jedoch die Feststellung, daß analoge Immunitätsvorgänge im Organismus auch dann zu beobachten sind, wenn an sich *absolut unschädliche artfremde Zellen* oder *gelöste Eiweißstoffe* tierischer oder pflanzlicher Abkunft in seine Säfte eingebracht werden (Bordet). Die Immunitätsvorgänge sind also keineswegs, wie man zunächst annahm, ausschließlich als eine Abwehrmaßnahme des Organismus gegenüber vermehrungsfähigen und krankmachenden Agenzien („antiparasitäre" oder „antiinfektiöse Immunität") oder deren Giften („Giftfestigkeit" oder „antitoxische Immunität") aufzufassen, vielmehr handelt es sich hierbei um *physiologische Reaktionen* des tierischen Körpers, die offenbar dazu dienen, die durch die Gegenwart *artfremder Materie* ganz allgemein bedingten Störungen des Ablaufs der Lebensvorgänge auszugleichen. Die Immunitätsphänomene stellen also *Regulationserscheinungen* von seiten des lebenden Organismus dar, die, wie H. Sachs treffend sagt, letzten Endes als ein Ausdruck der „Differenzierung der Arten" und des „Bestrebens der Organismen, die Arteigenheit zu erhalten", aufgefaßt werden müssen. Da nach dem heutigen Stande unserer Kenntnisse sämtliche zur Auslösung derartiger Immunitätsreaktionen von seiten des Organismus befähigten Agenzien, die nach dem Vorgang von Deutsch-Detre zusammenfassend als *Antigene* bezeichnet werden, eiweißartiger Natur sind oder sich wenigstens in einer Bindung mit Proteinen befinden müssen (vgl. Pick[5]),

---

[1] Roux u. Chamberland: Ann. Pasteur 1, 561 (1887); 2, 405 (1888).

[2] Salmon, D. E. u. Th. Smith: Zbl. Bakter. I 2, 543 (1887).

[3] Pfeiffer, R. u. W. Kolle: Z. Hyg. 21, 203 (1896).

[4] Behring, E. u. S. Kitasato: Dtsch. med. Wschr. 16, Nr 49, 1113 (1890).

[5] Ganz besonders gilt dies auch für die *Lipoide*, die offenbar nur in Form von Lipoid-Eiweiß-Komplexverbindungen im Organismus antigene Wirkungen entfalten. K. Landsteiner u. S. Simms: J. of exper. Med. 38, 127 (1923). H. Sachs, A. Klopstock u. A. J. Weil: Dtsch. med. Wschr. 51, Nr 15, 589; Nr 25, 1017 (1925) — s. auch H. Sachs: Klin. Wschr. 4, Nr 34, 1630 (1925). F. Klopstock: Klin. Wschr. 6, Nr 15, 685 (1927). E. Witebsky: Seuchenbekämpfung 6, 110 (1929), Pick und Silberstein, sowie das Kapitel „Antigene und Antikörper" ds. Handb.; vgl. außerdem Much, H. Schmidt.

decken sich also die von der Immunitätsforschung zu untersuchenden biologischen Vorgänge zum Teil mit den Erscheinungen des parenteralen Eiweißstoffwechsels im weitesten Sinne.

Auf Grund der im Anschluß an frühere Arbeiten von EHRLICH und MORGENROTH, v. DUNGERN und HIRSZFELD, LANDSTEINER u. a. neuerdings durchgeführten Untersuchungen von L. HIRSZFELD[1] (s. auch L. HIRSZFELD und H. ZBOROWSKI[2]) über die Frage der sog. *Isoantikörper*, die im Blute von Individuen einer bestimmten Tierart gegen Substanzen anderer Individuen derselben Spezies normalerweise vorhanden sein oder immunisatorisch erzeugt werden können, ist der Begriff des Antigens etwas weiter zu fassen, als dies eben geschehen ist. Danach entscheidet nicht nur die Artfremdheit, sondern die „*Körper-*" bzw. „*Zirkulationsfremdheit*" einer Substanz über ihre antigene Wirksamkeit, d. h. ein Organismus enthält oder bildet nur solche Antikörper, die *unter physiologischen Bedingungen* „an den in der Zirkulation vorhandenen zirkulierenden und nichtzirkulierenden Zellen" nicht angreifen können (vgl. auch Kap. „Antigene und Antikörper" ds. Handb., sowie SACHS und KLOPSTOCK).

Erscheinungen von Gewöhnung des Organismus an *chemisch definierbare Giftsubstanzen*, wie sie z. B. nach längerem, besonders habituellem Gebrauch von Morphin, Arsenikalien u. dgl. beobachtet werden, müssen von der nach ein- oder mehrmaliger Einverleibung untertödlicher Dosen antigen wirkender Toxine eintretenden antitoxischen Immunität vorläufig streng abgetrennt werden. Einerseits lassen sich zwischen den beiden Erscheinungen erhebliche quantitative Differenzen feststellen, die darin bestehen, daß eine Gewöhnung an chemisch bekannte Gifte nur in eng begrenztem Maße möglich ist, die antitoxische Immunität aber gegen ein Vielfaches der sicher tödlichen Toxinmenge absoluten Schutz verleiht. Daneben bestehen aber in qualitativer Hinsicht prinzipielle Unterschiede zwischen diesen beiden Formen von erhöhter Giftresistenz. Im Gegensatz zu der sog. *Giftgewöhnung*, die, soweit wir darüber orientiert sind, vornehmlich auf einer Steigerung der normalerweise schon vorhandenen cellular-chemischen Entgiftungsvorgänge, speziell auf einer Änderung der Resorptions-, Abbau- und Ausscheidungsprozesse beruht, ist die antitoxische Immunität im allgemeinen durch die Gegenwart spezifisch eingestellter Immunstoffe im Blut und in den Geweben charakterisiert. Wir kennen zwar auch Fälle von antitoxischer Immunität, in denen der Nachweis solcher spezifischer Schutzstoffe in den Körperflüssigkeiten der toxinresistenten Individuen nicht gelungen ist; vor allem gilt dies für die angeborene Giftfestigkeit mancher Tierarten besonders gegenüber tierischen Toxinen (Lit. s. bei SCHLOSSBERGER und ISHIMORI). Immerhin läßt sich aber ein Toxin dahin definieren, daß es, abgesehen von seiner unbekannten chemischen Zusammensetzung, nach Einverleibung subletaler Dosen in einem geeigneten empfänglichen Organismus die Bildung spezifischer Antitoxine auslöst. Dabei muß es allerdings dahingestellt bleiben, ob diese antigene Wirkung der Toxine nicht lediglich durch die Bindung eines chemisch allerdings noch nicht faßbaren giftigen, an sich nicht antigen wirkenden Agens an Eiweißstoffe und die dadurch bedingte kolloide Natur des Gesamtkomplexes verursacht ist (vgl. FLURY[3]). So ist es z. B. durch die Untersuchungen von OBERMAYER und PICK sowie von LANDSTEINER (s. insbesondere PICK, DOERR sowie SACHS) bekannt, daß die antigenen Eigenschaften von Eiweißkörpern durch Jodieren und andere chemische Eingriffe derart verändert werden können, daß die nach ihrer Einverleibung vom tierischen Organismus gebildeten Antikörper nicht etwa auf die nativen, sondern nur auf entsprechend chemisch veränderte Eiweißkörper spezifisch eingestellt sind (sog. „konstitutive Spezifität") (vgl. insbes. auch WELLS[4]).

Bei dieser Betrachtungsweise, die also die eigentliche Ursache der Immunitätsvorgänge in einer Beeinträchtigung vitaler Funktionen durch artfremde lebende oder unbelebte Agenzien erblickt, findet auch die empirisch festgestellte und experimentell bewiesene Tatsache, daß nachweisbare Reaktionserscheinungen von seiten des Organismus nur bei einer gewissen Intensität der durch die Antigeneinverleibung gesetzten Störungen zu beobachten sind, eine plausible Erklärung. Es ist wohl anzunehmen, daß der Organismus derartige Störungen geringeren Grades mit Hilfe der ihm von Haus aus zur Verfügung stehenden Regulationseinrichtungen ohne irgendwelche Abänderung der lebenswichtigen Zellfunktionen zu beseitigen vermag. Wenn aber diese präformierten regulativen Einrichtungen, deren Summe in der Immunitätsforschung als *natürliche Resistenz* bezeichnet

---

[1] HIRSZFELD, L.: Klin. Wschr. **3**, Nr 26, 1180 (1924).
[2] HIRSZFELD, L. u. H. ZBOROWSKI: Klin. Wschr. **4**, Nr 24, S. 1152 (1925).
[3] FLURY, F.: Naturwissensch. **7**, Nr 34, 613 (1919).
[4] WELLS, H. G.: J. of Immun. **9**, 291 (1924).

wird, zur Aufrechterhaltung der normalen Zelltätigkeit nicht ausreichen, ist der
Organismus gezwungen, sich den veränderten Verhältnissen *anzupassen*, um auf
diese Weise den geregelten Ablauf der Lebensvorgänge, speziell der Stoffwechselprozesse, zu gewährleisten. Naturgemäß wird diese in ihrem Endeffekt als *erworbene Immunität* bezeichnete Umstellung, durch die sich also der Organismus
der Wirkung der Noxe zu entziehen sucht, und die, wie jeder Anpassungsvorgang,
den der Körper ausführt, *spezifischen Charakter* besitzt, um so stärker sein und
um so schneller erfolgen müssen, je geringer die natürliche Resistenz des betreffenden Individuums gegenüber dem betreffenden Agens, d. h. je eingreifender
und nachhaltiger die durch die Gegenwart der artfremden Materie bedingte
Beeinträchtigung der Zelltätigkeit ist. Die Ausbildung einer solchen veränderten
Reaktionsfähigkeit, einer „*Allergie*" (v. Pirquet) des Organismus ist aber andererseits nur bei erhaltener Funktionstüchtigkeit der beteiligten Zellen oder Organe
denkbar. Erfolgt durch das Antigen eine rasche Lahmlegung sämtlicher Zellfunktionen, wie dies z. B. bei manchen rasch zum Tode führenden infektiösen
Erkrankungen oder nach Einverleibung letaler Dosen stark wirksamer Toxine
der Fall ist, so können die als reaktive Leistung des Organismus aufzufassenden
Immunitätsvorgänge fast vollkommen fehlen oder nur in geringem Maße in die
Erscheinung treten. Man bezeichnet diesen Zustand als „*Anergie*" des Organismus.
    Die Auslösung der als Reaktion auf eine Beeinträchtigung oder Verhinderung
vitaler Vorgänge aufzufassenden Abwehrmaßnahmen von seiten des Organismus
ist, wie sich zum Teil bereits aus dem bisher Gesagten ergibt, nur in der Weise
vorstellbar, daß die artfremde Materie mit den Säften oder mit Zellen bzw.
Zellbestandteilen des Körpers *in direkte Beziehung tritt*, wenn also das betreffende
Agens in die *Säfte oder Organe des Körpers hineingelangt*. Während die lebenden
Krankheitserreger unter geeigneten Bedingungen von sich aus auf Grund der
ihnen eigenen *Invasionsfähigkeit* in das Innere des Organismus vorzudringen und
dort die mit den Erscheinungen der Infektion aufs engste verknüpften Immunitätsprozesse hervorzurufen vermögen, sind die meisten unbelebten Antigene
hierzu nicht imstande. Nur von einigen wenigen pflanzlichen Giften (Ricin,
Abrin) sowie vom Toxin des Bacillus botulinus ist es bekannt, daß sie den Verdauungsfermenten widerstehen und die unverletzte Schleimhaut des Magen-
Darmkanals passieren und auf diese Weise unverändert in das Blut und in die
Gewebe des Organismus übertreten können. Die übrigen Toxine vermögen ihre
krankmachenden und ebenso auch ihre antigenen Wirkungen nur dann zu entfalten, wenn sie, wie dies z. B. bei der Diphtherie- oder der Tetanusinfektion der
Fall ist, von den im Gewebe sitzenden Erregern sezerniert oder wenn sie rein
passiv durch Biß, Stich oder auf künstlichem Wege, d. h. durch parenterale
Zufuhr, direkt in die Gewebe und in den Säftestrom des Organismus eingeführt
werden. Dasselbe gilt naturgemäß auch für artfremde Eiweißstoffe u. dgl., die
unter natürlichen Bedingungen nur bei einer pathologisch erhöhten Durchlässigkeit der Magen-Darmwand unverändert in das Innere des Organismus hineingelangen können.
    Über die Art und Weise, in welcher die in das Innere des Organismus hinein-
gelangten belebten oder unbelebten Antigene mit den Körpersäften und -zellen
in Reaktion treten, sind wir bis jetzt nur unvollkommen orientiert. Gewisse
Aufschlüsse über den Wirkungsmechanismus der unbelebten Antigene verdanken
wir vor allem dem Studium der Toxine, deren giftige Eigenschaften einen brauchbaren Indicator bei der Analyse ihrer Verteilung und Wirkungsweise im Organismus abgeben. Da die Ergebnisse dieser Forschungen in dem vorhergehenden
Kapitel „Antigene und Antikörper" dieses Handbuches eine eingehende Würdigung erfahren haben, da außerdem auf diese Befunde weiter unten nochmals

ausführlicher zurückzukommen sein wird, sei hier des Zusammenhangs halber lediglich erwähnt, daß wir uns die Wirkung der Antigene auf die Gewebe in Anbetracht ihres streng spezifischen Charakters nach dem Vorgange EHRLICHS nur durch die Annahme einer Wechselwirkung chemischer Affinitäten, d. h. durch eine chemische Bindung der Antigene an entsprechenden Protoplasmabestandteilen vorstellen können. Ob sich diese durch spezifische Verwandtschaft bedingten Verankerungsvorgänge vorwiegend, wie dies offenbar bei den Toxinen der Fall ist, in Zellen abspielen oder ob bei andersartigen Antigenen die entsprechenden Vorgänge etwa auch ausschließlich in den Körpersäften eintreten können, wie dies SAHLI[1] für jede Art der Antigenwirkung annimmt, muß vorderhand dahingestellt bleiben. Jedenfalls muß man aber, wie dies als erster EHRLICH in seiner Seitenkettentheorie ausgesprochen hat, annehmen, daß durch den auf diese Weise bedingten Ausfall gewisser Protoplasmafunktionen eine Störung der Lebensvorgänge, d. h. des Zellstoffwechsels, bewirkt wird, die bei genügender Intensität einen Reiz vielleicht nicht nur auf die betroffenen Zellen selbst, sondern unter Umständen auch auf andere, mehr indirekt in Mitleidenschaft gezogene Gewebspartien des Organismus ausübt. Naturgemäß werden diese Reizwirkungen und die dadurch ausgelösten Reaktionserscheinungen von seiten der Zelle, soweit diese durch das betreffende Antigen in ihrer Reaktionsfähigkeit nicht zu sehr geschwächt ist, ceteris paribus um so stärker sein, je größer die Menge des auf die Zelle wirkenden artfremden Agens ist und je lebenswichtiger die beeinträchtigten Funktionen der betroffenen Zellen bzw. Organe sind. So wissen wir, daß von manchen Antigenen schon geringste in die Säfte des Organismus eingebrachte Mengen ausreichen, um einen *„Immunisierungsreiz"* auszuüben, während von anderen Substanzen, die auf Grund ihrer eiweißartigen Beschaffenheit und ihrer kolloidalen Eigenschaften eigentlich als Antigene anzusprechen wären, wie z. B. Gelatine, selbst größte parenteral einverleibte Quantitäten nicht ausreichen, um eine spezifische Umstimmung der Zelltätigkeit zu bewirken (s. S. 610).

Stellen schon die Vorgänge, die sich beim Zusammenwirken zwischen unbelebten Antigenen und den Körpergeweben abspielen, außerordentlich komplizierte Erscheinungen dar, deren eigentlichen Mechanismus wir nur ahnen können, so ist dies in noch weit höherem Maße dann der Fall, wenn es sich um die Analyse der das Wesen der *Infektion* darstellenden Wechselwirkungen zwischen belebten Agenzien, d. h. Krankheitserregern einerseits, den Zellen und Säften des infizierten Organismus andererseits handelt. Während die durch die Gegenwart von unbelebten, also von sich aus unveränderlichen Substanzen, wie Toxinen, abgetöteten Bakterien, artfremden Zellen oder Eiweißstoffen im Organismus ausgeübten spezifischen Wirkungen einen gleichbleibenden Charakter aufweisen, besitzen, worauf weiter unten ausführlicher einzugehen sein wird, die lebenden Infektionserreger (im Gegensatz zu den saprophytischen Mikroorganismen) in ähnlicher Weise wie der von ihnen befallene Makroorganismus mehr oder weniger die Fähigkeit, sich durch entsprechende Umstellung ihrer Funktionen den Abwehrmaßnahmen des Gegners anzupassen und zu entziehen. Aus dieser Korrelation entsteht also gewissermaßen ein Wettlauf; d. h. sowohl am Erreger, wie an der Wirtszelle findet ein Reaktionsablauf (vgl. EHRENBERG) statt. Der endliche Sieg des Parasiten, d. h. seine allmähliche völlige Anpassung an die Abwehrkräfte der Zelle, führt zu deren Tod, während umgekehrt der Sieg der Zelle, d. h. ihre als aktiv erworbene Immunität bezeichnete restlose Adaptation an den Erreger zur vollkommenen Ausheilung des Krankheitsprozesses führt. Zwischen diesen beiden „Ablaufsendpunkten", dem Tod der Zelle bzw. dem Tod des Er-

---

[1] SAHLI, H.: Schweiz. med. Wschr. **50**, 1129, 1153 (1920); **51**, 269 (1921).

regers, sind die verschiedenartigsten Zwischenstufen, wie sie insbesondere durch
die chronische, die latente und die abortive Infektion repräsentiert werden,
möglich.

II. Natürliche Immunität.

Der lebende tierische und auch pflanzliche Organismus verfügt über eine
Reihe von Eigenschaften und Möglichkeiten, die das Eindringen infektiöser
Mikroorganismen, ihre Ansiedelung und Vermehrung in seinen Organen und die
Entfaltung ihrer krankmachenden Wirkungen zu erschweren oder völlig zu verhindern vermögen. Wenn wir auch infektiöse Erkrankungen bei Mensch, Tieren
und Pflanzen kennen, die in einem hohen Prozentsatz oder sogar regelmäßig
den Tod des Individuums zur Folge haben, so lassen sich doch auch in den rasch
tödlich endigenden Fällen Abwehrerscheinungen von seiten des befallenen Organismus, deren unzureichende Intensität den deletären Verlauf des Prozesses
allerdings nicht aufzuhalten vermag, nachweisen. Der lebende tierische oder
pflanzliche Körper ist also selbst den ausgesprochen krankmachenden Bakterien
oder Protozoen keineswegs schutzlos preisgegeben. Entgegen der früheren, besonders nach der Entdeckung der Spezifität der Infektionserreger vielfach
geäußerten Annahme ist keineswegs jeder Kontakt mit pathogenen Mikroorganismen gleichbedeutend mit Krankheit, vielmehr ist es eine feststehende Tatsache, daß
neben der Anwesenheit von infektionstüchtigen pathogenen Keimen noch andere
Bedingungen, die man unter dem Begriff „Disposition" des Individuums zusammenfaßt, erfüllt sein müssen, damit eine infektiöse Erkrankung zustande kommen kann.
Das Angehen und in gleicher Weise auch der Verlauf infektiöser Prozesse werden
also einerseits durch die Funktionstüchtigkeit des dem Makroorganismus zur Verfügung stehenden Abwehrapparates, andererseits durch die Intensität der krankheitserregenden Eigenschaften der betreffenden Mikroorganismen bedingt.

Wie sich aus den Ausführungen in dem vorhergehenden Abschnitte bereits
ergibt, setzen sich die dem Makroorganismus gegenüber Infektionserregern zur
Verfügung stehenden Abwehrkräfte aus zwei, ihrer Entstehungsweise nach verschiedenen Faktorengruppen, nämlich einmal aus der ihm angeborenen natürlichen
Widerstandsfähigkeit oder Resistenz und weiterhin aus den erst unter der Wirkung des Infektionsstoffs ausgebildeten Defensivmaßnahmen zusammen. Die
Intensität dieser letztgenannten, als aktive Immunitätsvorgänge bezeichneten
Abwehrerscheinungen, vor allem auch die Schnelligkeit ihres Auftretens sind
nun ihrerseits sehr wesentlich von den krankmachenden Wirkungen des betreffenden Erregers abhängig, während andererseits der pathogene Mikroorganismus
sich den Schutzvorrichtungen des befallenen Körpers zu entziehen, d. h. durch
entsprechende Anpassung oder Veränderung seiner biochemischen Struktur und
damit auch seiner Angriffsmöglichkeiten und krankmachenden Eigenschaften
die seiner Ansiedelung und Vermehrung entgegenstehenden Widerstände zu
überwinden sucht. In Anbetracht dieser den Verlauf der Immunitätsvorgänge
bestimmenden Wechselwirkung zwischen Wirtsorganismus und Krankheitserreger ist es für das Verständnis der weiteren Ausführungen notwendig, zunächst
die *Erscheinungen der Infektion*, soweit sie für die Fragen der allgemeinen Immunitätslehre in Betracht kommen, insbesondere die Eigenschaften der Krankheitserreger, kurz zu besprechen.

A. Die Krankheitserreger, Begriff der Virulenz.

Ganz allgemein gesprochen versteht man unter Krankheitserregern Mikroorganismen, welche die Fähigkeit besitzen, in die Säfte und Gewebe eines lebenden
tierischen oder auch pflanzlichen Organismus einzudringen, sich dort anzusiedeln

und zu vermehren, und durch ihre Proliferation oder durch die Produktion giftig wirkender Substanzen Störungen im Ablauf der Lebensvorgänge des befallenen Organismus hervorzurufen, deren Summe bei genügender Intensität als *Krankheit* in die Erscheinung tritt. Fehlt diese letztgenannte schädigende Wirkung von seiten der eingedrungenen und sich vermehrenden Mikroorganismen, so spricht man von *Symbiose*, einer Erscheinung, die in ausgeprägter Form besonders im Pflanzenreich häufiger anzutreffen ist (z. B. die stickstoffassimilierenden sog. Knöllchenbakterien, Bact. radicicola, bei Leguminosen; s. LÖHNIS). Aber auch im tierischen Organismus können ähnliche Phänomene beobachtet werden, z. B. die Infektion der Ratten mit dem Trypanosoma Lewisi, das trotz reichlicher Vermehrung im Blute der befallenen Tiere meist keinerlei Krankheitserscheinungen hervorruft. Infektion und Infektionskrankheit sind also keineswegs identische Begriffe (BAIL, FRIEDEMANN). Auch die als latente Infektion (s. S. 537 u. 602) bezeichnete Erscheinung, die dadurch charakterisiert ist, daß Krankheitserreger im Organismus enthalten sind, ohne krankmachend zu wirken, kann als eine Form von Symbiose aufgefaßt werden.

In Gegensatz zu diesen *parasitisch* lebenden Bakterien und Protozoen sind die saprophytischen Mikroorganismen dadurch charakterisiert, daß sie nur auf abgestorbenem oder im Absterben begriffenem organischem Substrat zu gedeihen vermögen. Damit ist allerdings nicht gesagt, daß saprophytische Keime nicht auch, allerdings verhältnismäßig selten, zur Ursache einer infektiösen Krankheit werden könnten. So kennen wir z. B. eine bei Feldarbeitern beobachtete und als Hackensplitterkrankheit bezeichnete schwerste Panophthalmie, die dadurch zustande kommt, daß Hackensplitter ins Auge geschleudert werden und daß die in diesen enthaltenen, sonst vollkommen harmlosen Kartoffelbacillen sich im Glaskörper ansiedeln und vermehren. Andere saprophytische Bakterienarten können dann zu Krankheitserregern werden, wenn sie sekundär in solchen Gewebspartien des lebenden Organismus, die durch eine *vorausgegangene primäre Schädigung* ihrer Vitalität ganz oder teilweise beraubt wurden, festen Fuß fassen und proliferieren. Durch die Erfahrungen des Weltkriegs ist es z. B. bekannt, daß die verschiedenen, als Erreger des Gasbrandes oder Gasödems beschriebenen, von Haus aus im Erdboden oder im Darminhalt mancher Tiere saprophytisch vegetierenden Bakterienarten in den abgestorbenen oder „nekrobiotischen" Bezirken zerfetzter Wunden die für ihre Vermehrung notwendigen Bedingungen vorfinden und dann von dort aus durch die Produktion nekrotisierend wirkender Substanzen progrediente Gewebsschädigungen verursachen (KOLLE, RITZ und SCHLOSSBERGER[1], WEINBERG und GINSBOURG[2], ZEISSLER u. a.). Auch die Pathogenese sonstiger bei Menschen und Tieren beobachteter, durch an sich saprophytische Fäulniserreger bedingter gangränöser Erkrankungen ist in gleicher Weise auf vorhergegangene Gewebsläsionen, wie sie durch primäre Infektionen mit echten Krankheitserregern (z. B. putride Bronchitis), durch Stoffwechselstörungen (z. B. diabetische Gangrän), durch thermische oder chemische Einwirkungen (z. B. Röntgenulcus, Stomatitis mercurialis) u. dgl. zustande kommen können, zurückzuführen. Dieser Kategorie von Infektionserregern, die BAIL als „*Nekroparasiten*", KOLLE, RITZ und SCHLOSSBERGER als „*toxigene Saprophyten*" bezeichnen, weil sie im lebenden Organismus höherer Tiere nur dann zur Ansiedelung kommen, wenn sie an ihrer Eintrittsstelle nekrotisches Gewebe vorfinden, sind, streng genommen, worauf BAIL sowie ZINSSER hinweisen, auch die Erreger des Tetanus und der Diphtherie zuzuteilen, da beide Bakterienarten im allgemeinen nicht in die Ge-

---

[1] KOLLE, W., H. RITZ u. H. SCHLOSSBERGER: Med. Klin. **14**, 281, 594, 854 (1918).
[2] WEINBERG, M. u. B. GINSBOURG: Ann. Pasteur **39**, 652 (1925) — Données récentes sur les microbes anaérobies et leur rôle en pathologie. Paris: Masson et Cie. 1927.

webe des Organismus vorzudringen vermögen, sondern in nekrotischen Partien am Orte der Infektion liegen bleiben und von hier aus den Körper mit ihren giftigen, die Krankheitserscheinungen bedingenden Sekretionsprodukten überschwemmen.

Während die saprophytischen Mikroorganismen die durch die natürliche Resistenz oder, wie BAIL es ausdrückt, die „Lebensundurchdringlichkeit" des lebenden Gewebes bedingten Widerstände nicht zu brechen vermögen, sind, wie eben dargelegt wurde, die eigentlichen krankmachenden Keime dadurch gekennzeichnet, daß sie primär, d. h. von sich aus ohne vorausgegangene andersartige Gewebsschädigung, gegen diese Hindernisse, welche der lebende Organismus ihrem Eindringen und ihrer Vermehrung in seinen Zellen und Säften entgegensetzt, mehr oder weniger anzukämpfen und dieselben unter Umständen zu überwinden imstande sind. So ist es von zahlreichen exquisit pathogenen Mikroorganismenarten, den sog. *obligaten Parasiten*, die stets von Individuum zu Individuum übertragen werden und die außerhalb des tierischen Körpers rasch zugrunde gehen, bekannt, daß vielfach schon ein einziger Keim hinreicht, um in einem empfänglichen Organismus die betreffende Erkrankung hervorzurufen. Eine scharfe Grenze zwischen diesen ausgesprochen parasitisch und den zuvor erwähnten rein saprophytisch lebenden Mikroorganismen besteht indessen nicht, vielmehr lassen sich zwischen den beiden Extremen die verschiedensten Zwischenstufen und Übergänge feststellen. Abgesehen von den bereits angeführten „Nekroparasiten" gehört hierher die ebenfalls von BAIL aufgestellte Gruppe der sog. „Halbparasiten", die im allgemeinen erst nach Einverleibung einer relativ großen Zahl von Keimen pathogene Wirkungen im infizierten Organismus zu entfalten vermögen; da sie im Gegensatz zu den „obligaten Parasiten" auch außerhalb des lebenden Tierkörpers sich halten und ein saprophytisches Leben ohne wesentlichen Verlust ihrer krankmachenden Eigenschaften führen können, werden sie auch als „*fakultative Parasiten*" bezeichnet.

Die Tatsache, daß einerseits nur eine verhältnismäßig geringe Anzahl der zahllosen bekannten Bakterien- und Protozoenarten zu einem *parasitischen* Leben in höher organisierten Lebewesen befähigt ist, daß andererseits die nächsten Verwandten dieser den verschiedensten Gruppen angehörenden krankmachenden Arten ein saprophytisches Dasein führen, deutet darauf hin, daß das Vorhandensein pathogener Eigenschaften als Anpassungserscheinung an ein andersartiges Milieu, nämlich die Gewebe des lebenden Organismus, aufzufassen ist. Vor allem spricht dafür auch der schon erwähnte Umstand, daß die verschiedenen pathogenen Mikroorganismenarten ihre krankmachenden Wirkungen nur in ganz bestimmten Tierspezies zu entfalten vermögen. So besitzt, um nur einige Beispiele anzuführen, der dem Choleravibrio außerordentlich nahestehende, morphologisch und kulturell von ihm nicht zu unterscheidende Vibrio Metschnikovii zwar eine außerordentlich hohe Pathogenität für Tauben und junge Hühner, ist jedoch für den Menschen apathogen; zahlreichen anderen saprophytischen Vibrionenarten fehlen krankmachende Eigenschaften überhaupt. Weiterhin ist es bekannt, daß der Gruppe der säurefesten Bakterien neben verschiedenen saprophytisch lebenden auch einige pathogene Arten angehören, von denen der Leprabacillus und der Tuberkelbacillus des Typus humanus vor allem auf den menschlichen, der Tuberkelbacillus des Typus bovinus und der sog. Paratuberkelbacillus (Erreger der Enteritis hypertrophica bovis specifica) auf den Rinderorganismus, der Tuberkelbacillus des Typus gallinaceus und die verschiedenen Kaltblütertuberkelbacillen auf den Organismus des Huhns bzw. bestimmter Fische, Amphibien und Reptilien eingestellt sind. Ähnliche, wohl als Ausdruck einer *biochemischen Differenzierung* aufzufassende Erscheinungen einer tierspezifischen Abstimmung von Mikroorganismen sind ferner bei der Gruppe der Typhus- und Paratyphusbacillen, in der sich menschenpathogene, tierpathogene und apathogene Arten unterscheiden lassen, festgestellt worden (ANDREWES[1], SAVAGE und WHITE[2], UHLENHUTH[3]). P. B. WHITE[4]

[1] ANDREWES, F. W.: J. of Path. **25**, 505 (1922); **28**, 345 (1925).
[2] SAVAGE, W. G. u. P. B. WHITE: An investigation of the Salmonella group with special reference to food poisoning. Med. Research Council, London, Spec. Report Ser. Nr. 91 (1925).
[3] UHLENHUTH, P.: Paratyphus. Referat, erstattet auf d. 11. Vers. d. dtsch. Vereinig. f. Mikrobiologie, Frankfurt a. M. 1925. Zbl. Bakter. Orig. I **97**, Beih. 219 (1926).
[4] WHITE, P. B.: Patholog. Soc. of Great Britain and Ireland, 9. u. 10. Jan. 1925.

konnte hier nachweisen, daß die spezifische Anpassung der Angehörigen dieser Bakteriengruppe an bestimmte Tierarten, z. B. des Bact. abortus equi an den Organismus des Pferdes oder des Typhusbacillus an den menschlichen Körper, mit einer Reduktion bestimmter physiologischer Funktionen verbunden ist. Analoge Erscheinungen einer spezifischen Einstellung auf bestimmte Tierarten ließen sich weiterhin auch bei den Rauschbranderregern konstatieren; nach den Angaben von MIESSNER und ALBRECHT[1], sowie RAEBIGER und SPIEGEL[2] fehlt in den mit Schafrauschbrand verseuchten Bezirken der Rinderrauschbrand, und umgekehrt kommt in den Gegenden, in denen der Rinderrauschbrand endemisch ist, der Schafrauschbrand nicht vor. Ähnliche Beobachtungen konnten AUBLANT, DUBOIS, LAFENÊTRE und LISBONNE[3] hinsichtlich des Vorkommens des infektiösen Aborts bei Wiederkäuern in den verschiedenen Bezirken Frankreichs machen. Es zeigte sich nämlich, daß der infektiöse Abort bei Ziegen und Schafen, bemerkenswerterweise auch Maltafieber beim Menschen nur in den am Mittelmeer liegenden Departements endemisch sind, daß dagegen bei Rindern Erkrankungen an infektiösem Abort nur in den übrigen Departements vorkommen. Ähnlich liegen die Verhältnisse in Italien; in Oberitalien, wo Maltafieber kaum vorkommt, ist der infektiöse Abort beim Rindvieh sehr häufig, während in Süditalien gerade das Umgekehrte der Fall ist (LUSTIG und VERNONI[4] u. a.). Ebenso wissen wir, daß der von dem Virus der menschlichen Schlafkrankheit (Trypanosoma gambiense) morphologisch nicht unterscheidbare Erreger der Tsetsekrankheit der Rinder (Trypanosoma brucei) keinerlei pathogene Eigenschaften für den Menschen besitzt (s. bei LAVERAN und MESNIL, KUDICKE). Die Zahl derartiger Beispiele einer mehr oder weniger spezifischen Einstellung krankheitserregender Mikroorganismen auf den Organismus bestimmter Tierarten ließe sich an Hand der pathogenen Vertreter sämtlicher übrigen Bakterien- und Protozoengruppen beliebig vermehren. Im Laboratoriumsversuch ist es trotz zahlreicher Versuche bisher noch nicht mit Sicherheit gelungen, freilebenden, rein saprophytischen Mikroorganismenarten eine Tierpathogenität bzw. pathogenen Keimen krankmachende Eigenschaften für eine vorher nicht empfängliche Tierart künstlich anzuzüchten, wenn auch mancherlei Beobachtungen, z. B. die von anderer Seite allerdings bestrittenen Feststellungen von KOLLE, SCHLOSSBERGER u. PFANNENSTIEL[5] mit säurefesten Bakterien, die Tierversuche von ZUELZER[6] mit Wasserspirochäten, sowie vor allem verschiedene aus der Seuchengeschichte bekannte Beispiele eines plötzlichen Auftretens zuvor unbekannter infektiöser Erkrankungen auf die Möglichkeit derartiger Umwandlungen hinweisen (STRONG[7], GOTSCHLICH[8], NEUFELD[9], UHLENHUTH[10]).

In diesem Zusammenhange wäre dann noch die ebenfalls für eine tierspezifische Anpassung sprechende Tatsache zu erwähnen, daß Infektionsstoffe, welche in verschiedenen Tierarten ihre krankmachenden Wirkungen zu entfalten vermögen, durch Passage in Individuen einer dieser Spezies unter Umständen ihre pathogenen Eigenschaften für die anderen Arten verlieren. So konnten schon PASTEUR und THUILLIER[11] nachweisen, daß der Schweinerotlaufbacillus durch Kaninchenpassage für Schweine avirulent wird; dieselbe Beobachtung machte PRETTNER[12] mit den durch Mäuse geschickten Schweinerotlaufbacillen. Nach den Angaben von PETRUSCHKY[13] wird ein ursprünglich menschenpathogener Streptokokkus, nach den Befunden von MARX[14] (s. auch BABES) das Lyssavirus durch Kaninchenpassage für

[1] MIESSNER u. ALBRECHT: Dtsch. tieräztl. Wschr. 32, Nr 2, 13; Nr 5, 49; Nr 31, 443 (1924); 33, Nr 12, 179 (1925).

[2] RAEBIGER, H. u. A. SPIEGEL: Z. Inf.krkh. Haustiere 26, 208 (1924).

[3] AUBLANT, DUBOIS, LAFENÊTRE u. LISBONNE: Rev. d'Hyg. 47, 1090 (1925).

[4] LUSTIG, A. u. G. VERNONI: Maltafieber. Handb. der pathog. Mikroorganismen. 3. Aufl. Herausg v. W. KOLLE, R. KRAUS u. P. UHLENHUTH 4, 511. Jena, Berlin u. Wien 1928.

[5] KOLLE, W., H. SCHLOSSBERGER u. W. PFANNENSTIEL: Dtsch. med. Wschr. 47, Nr 16, 437 (1921) — Arb. Staatsinst. exper. Ther. Frankf. 1921, H. 12, 29.

[6] ZUELZER, M.: Zbl. Bakter. I. Orig. 89, Beih., 171 (1922); 110, Beih., 57 (1929). S. auch A. SHIGA: Z. Immun.forschg 40, 148 (1924).

[7] STRONG, R. P.: The development of pathogenicity and parasitism in saprophytic microorganisms through changed environment. Proceedings of the international conference on health problems in tropical America, held at Kingston, Jamaica, B. W. J. 22. Juli bis 1. Aug. 1924, S. 914. Boston Mass. 1924, United Fruit Company.

[8] GOTSCHLICH, E.: Zbl. Bakter. I. Orig. 93, Beih., 2 (1925).

[9] NEUFELD, F.: Zbl. Bakter. I. Orig. 93, Beih., 81 (1925).

[10] UHLENHUTH, O.: Zitiert auf S. 520.

[11] PASTEUR u. THUILLIER: C. r. Acad. Sci. Paris 97, 1163 (1883).

[12] PRETTNER, M.: Berl. tierärztl. Wschr. 1901, Nr 45, 669.

[13] PETRUSCHKY, J.: Z. Hyg. 22, 485 (1896).

[14] MARX: Dtsch. med. Wschr. 26, Nr 29, 461 (1900).

den Menschen weniger pathogen. Kudicke[1] konnte beobachten, daß ein in der Maus aufgetretener Rezidivstamm eines Tsetsetrypanosoms die Pathogenität für Ziegen, die der Ausgangsstamm besaß, vollkommen eingebüßt hatte. Malariaplasmodien, die immer wieder von Mensch zu Mensch verimpft wurden (bei der Paralysebehandlung) sind nicht mehr imstande, Stechmücken (Anopheles) zu infizieren (Barzilai-Vivaldi u. Kauders[2]). Ebenso konnte schon häufig festgestellt werden, daß Recurrensspirochäten nach langdauernder Fortzüchtung in Mäusen vielfach ihre krankmachenden Eigenschaften für den Menschen verlieren. Wenn auch im allgemeinen Infektionserreger dadurch, daß sie passagenweise in Individuen einer empfindlichen Tierart fortgezüchtet werden, eine Steigerung ihrer Virulenz für diese Tierart erfahren, so kann doch auch gelegentlich das Gegenteil im Verlauf der Passagen eintreten. Thomson und Robertson[3] berichten über derartige Beobachtungen, die sie bei Fortzüchtung mehrerer Stämme des Trypanosoma gambiense in Ratten gemacht haben (vgl. S. 525).

Aus dem Gesagten ergibt sich zunächst, daß sich die als *Infektiosität* oder *Virulenz* bezeichneten Eigenschaften, welche die krankmachende Wirkung eines Mikroorganismus ausmachen, aus zwei, ihrem eigentlichen Wesen nach allerdings noch unbekannten, aber trotzdem unterscheidbaren Faktoren, nämlich aus seiner Invasionsfähigkeit und seinem Vermögen, sich in den Zellen oder Säften des lebenden Organismus anzusiedeln und zu vermehren, zusammensetzen.

Wir kennen verschiedene Arten von Krankheitserregern, so vor allem die Pestbacillen (österreichische und deutsche Pestkommission; Weichselbaum, Albrecht und Ghon[4], Kolle[5]), die Rotzbakterien und das Lyssavirus (Galtier[6], Conte[7]; s. auch Babes), die Mäusetyphus- und Hühnercholerabacillen (Neufeld[8], Lange[9]) sowie die Tularämiebakterien (Francis), welche wahrscheinlich die unverletzte Haut und die intakten Schleimhäute eines empfänglichen Individuums ohne wesentliche Beeinträchtigung ihrer krankmachenden Eigenschaften zu passieren und in seinen Organen zu proliferieren vermögen. Zahlreichen als Krankheitserreger in Betracht kommenden Mikroorganismen ist indessen diese Fähigkeit, die normalen Integumente des Organismus zu durchdringen, nur in beschränktem Maße eigen, d. h. sie können nur durch ganz bestimmte Eingangspforten in den Organismus hineingelangen, so z. B. die Cholera- und Ruhrbacillen nur durch die Darmschleimhaut, die Erreger des Trachoms durch die Augenbindehaut usw., wieder andern fehlt sie überhaupt. Die Angehörigen dieser letzteren Gruppe von pathogenen Mikroorganismen können nur dann krankmachend wirken, wenn irgendwelche lokalen Schädigungen des Epithelbelags infolge eines Traumas, infolge veränderter Blutverteilung (z. B. „Erkältung") u. dgl. ihr Eindringen in die tieferen Schichten gestatten. Es ist eine bekannte Tatsache, daß der gesunde tierische oder menschliche Körper vielfach pathogene Keime, die bei geeigneten Versuchstieren nach parenteraler Einverleibung die spezifischen Infektionsprozesse verursachen, auf seiner äußeren Oberfläche oder auf seinen Schleimhäuten beherbergt, ohne daß es indessen zum Ausbruch der entsprechenden infektiösen Erkrankungen kommen würde. So werden häufig vollvirulente Streptokokken oder Staphylokokken auf der äußeren Haut, Pneumokokken oder Meningokokken in den Sekreten der oberen Luftwege, Diphtheriebacillen auf den Tonsillen gesunder Menschen gefunden; ebenso lassen sich nicht selten im Darminhalt mancher Menschen und Tiere, besonders zu Zeiten von Epidemien, virulente Krankheitserreger der verschiedensten Arten vorübergehend oder längere Zeit hindurch nachweisen, ohne daß die betreffenden Individuen jemals auch nur leichte Anzeichen der entsprechenden Erkrankungen darbieten müßten. Eine manifeste infektiöse Erkrankung kann aber in solchen Fällen, wie gesagt, dann zustande kommen, wenn die durch die äußere Haut oder die Schleimhäute gebildete Barriere (s. S. 550) infolge akzidenteller Schädlichkeiten funktionsuntüchtig geworden ist und dadurch der Übertritt der ursprünglich ein saprophytisches Dasein führenden pathogenen Mikroorganismen in die Tiefe der Gewebe ermöglicht wird, oder auch, wenn die Virulenz der Erreger aus unbekannter Ursache plötzlich weiter ansteigt. Zu dieser Gruppe von Krankheitserregern, welcher eine Invasionsfähigkeit vollkommen oder fast vollkommen mangelt,

---

[1] Kudicke, R.: Zbl. Bakter. I. Orig. **61**, 113 (1911).

[2] Barzilai-Vivaldi, G. u. O. Kauders: Z. Hyg. **103**, 744 (1924).

[3] Thomson, J. G. u. A. Robertson: J. of trop. Med. **29**, 403 (1926).

[4] Weichselbaum, A., H. Albrecht und A. Ghon: Wien. klin. Wschr. **12**, Nr 50, 1247 (1899).

[5] Kolle, W.: Z. Hyg. **36**, 397 (1901).

[6] Galtier, V.: C. r. soc. de Biol. 22. Febr. 1890.

[7] Conte: Rev. vétér. **18**, 568 (1893).

[8] Neufeld, F.: Dtsch. med. Wschr. **50**, Nr 1, 1 (1924).

[9] Lange, B.: Z. Hyg. **102**, 224 (1924).

gehören endlich noch verschiedene Parasitenarten, welche unter natürlichen Bedingungen nur durch den Stich oder Biß infizierter Tiere übertragen und auf diese Weise direkt in das subcutane Gewebe oder in die Blutbahn eingebracht werden. Dieser Übertragungsmodus findet sich vor allem bei der Mehrzahl der durch pathogene Protozoen bedingten Infektionskrankheiten, wie Malaria, Gelbfieber, Schlafkrankheit, Rückfallfieber, Fleckfieber usw.

Die experimentelle Bearbeitung der Frage, inwieweit Krankheitskeime von sich aus befähigt sind, die normale Haut oder Schleimhaut zu durchdringen, stößt auf erhebliche Schwierigkeiten, und zwar vor allem deshalb, weil mit der künstlichen Bakterienapplikation auch direkte Schädigungen des Gewebes gesetzt werden, die bei positivem Ausfall des Versuchs eine eindeutige Beurteilung vielfach unmöglich machen. So wurde die Penetrationsfähigkeit der Erreger durch die äußere Haut allgemein in der Weise geprüft, daß Bacillenemulsionen, deren Keimgehalt zudem von den natürlichen Verhältnissen meist sehr weit entfernt war, in die unversehrte oder enthaarte Bauchhaut geeigneter Versuchstiere eingerieben wurden. Wie aber KOLLE[1] hervorhebt, werden schon durch das Verreiben, vor allem aber durch das Enthaaren kleine Epitheldefekte gesetzt, die auch an sich wenig oder nicht invasionsfähigen Mikroorganismen den Übertritt in die tieferen Hautschichten gestatten können. So soll z. B. nach den Angaben von FRAENKEL[2], KOENIGSFELD[3] u. a. der Tuberkelbacillus imstande sein, durch die *unverletzte* Haut, nach den Mitteilungen anderer Autoren von den *intakten* Atmungswegen aus in den Organismus einzudringen. Gegen eine solche Annahme spricht insbesondere die Tatsache, wie manche Ziegen und Meerschweinchen, bei denen nach *parenteraler* Zufuhr von Tuberkelbacillen regelmäßig rasch fortschreitende Krankheitsprozesse sich entwickeln, trotz Infektionsgelegenheit spontan nur selten an Tuberkulose erkranken.

Weiterhin geht schon aus den bisherigen Ausführungen hervor, daß die als Infektiosität oder Virulenz bezeichnete Eigenschaft der verschiedenen pathogenen Mikroorganismen in einem direkten Abhängigkeitsverhältnis zu der Resistenz des betreffenden Makroorganismus steht. Beide Begriffe, Resistenz und Virulenz, sind reziprok und korrelativ, d. h. je größer die natürliche Resistenz eines Individuums einer an sich empfänglichen Spezies einem bestimmten Mikroorganismus gegenüber ist, um so größer wird dessen Infektiosität sein müssen, damit er in den Organismus eindringen und sich dort vermehren kann, und umgekehrt wird ein pathogener Keim die seinem Eindringen und seiner Ansiedlung entgegenstehenden Widerstände von seiten eines Organismus um so leichter zu überwinden vermögen, je höher die ihm eigene Virulenz ist. Daraus ergibt sich aber weiterhin, daß die oft gegensätzlich gebrauchten Begriffe „Krankheitserreger" und „Saprophyt" in diesem Sinne stets nur eine relative Bedeutung besitzen, denn ein Mikroorganismus, dessen infektiöse Eigenschaften zwar nicht ausreichen, um die Schutzvorrichtungen eines bestimmten Organismus zu überwinden, der also dementsprechend für diesen Organismus einen „Saprophyten" darstellt, ist unter Umständen zur Ansiedlung in einem anderen, weniger resistenten Individuum befähigt. Ausschlaggebend für das Angehen und den Verlauf einer Erkrankung ist neben der Virulenz der Infektionskeime auch noch ihre in den Organismus eingedrungene *Menge*. Dies gilt vor allem für die von BAIL als Halbparasiten bezeichneten Krankheitserreger, während von den obligaten Parasiten, wie bereits hervorgehoben wurde, vielfach schon ein einzelner Keim zum Zustandekommen der spezifischen Erkrankung eines empfänglichen Individuums ausreicht. Der Umstand, daß die Virulenz eines Mikroorganismenstamms unter sonst gleichen Bedingungen um so höher ist, je weniger Keime zur Erzeugung der betreffenden Infektionskrankheit in empfänglichen Individuen derselben Tierart notwendig sind bzw. je rascher die Erkrankung nach Applikation einer bestimmten Infektionsdosis sich ausbildet und verläuft, bildet die Grundlage der in der Bakteriologie zur vergleichenden Virulenzbestimmung pathogener Mikroorganismen üblichen Methoden.

---

[1] KOLLE, W.: Z. Hyg. **36**, 397 (1901).
[2] FRAENKEL, C.: Hyg. Rdsch. **20**, 817 (1910).
[3] KOENIGSFELD, H.: Zbl. Bakter. I. Orig. **60**, 28 (1911).

Vielfach werden, worauf hier besonders hingewiesen sei, die beiden Begriffe „*Virulenz*" und „*Pathogenität*" zu Unrecht als Synonyma verwendet. Unter Pathogenität versteht man die Fähigkeit eines Mikroben, in Individuen einer bestimmten Tierart *krankhafte Prozesse* zu verursachen, während als Virulenz, wie eben auseinandergesetzt wurde, die *Intensität* der krankheitserregenden Eigenschaften eines Kleinwesens bezeichnet wird. Die Verschiedenheit der beiden Begriffe läßt sich nach dem Vorgang von Schweinburg[1] am deutlichsten durch Gegenüberstellung des bei der Pasteurschen Schutzimpfung gegen Tollwut verwendeten Virus fixe und des zur Schutzimpfung gegen Tuberkulose nach Calmette dienenden abgeschwächten Tuberkelbacillenstamms BCG. (s. S. 595) demonstrieren. Im Gegensatz zum sog. Straßenvirus, das beim Kaninchen bei intracerebraler und auch bei subcutaner Einimpfung nach einem von der Virulenz des betreffenden Virus abhängigen, 10—200 Tage und darüber währenden Inkubationsstadium nicht nur paralytische, sondern vor allem auch rasende Wut erzeugt, die mehrere Tage lang dauert, handelt es sich beim Virus fixe um ein Tollwutvirus, das in langen Kaninchenpassagen durch fortgesetzte Weiterimpfung von Gehirnsubstanz eine charakteristische Änderung erfahren hat, die nach Busson[2] (s. auch Babes) darin besteht, daß eine zur Erkrankung führende Übertragung im allgemeinen nur auf intracerebralem Wege möglich ist, daß bei den damit geimpften Kaninchen die Krankheitssymptome nach einer stets gleichen und konstanten Inkubationszeit auftreten, daß die Krankheitsdauer meist nur 1—2 Tage beträgt, und daß es niemals zum Krankheitsbilde der rasenden Wut, vielmehr immer zu ausgesprochen paralytischen Erscheinungen ohne Differenzierung einzelner Krankheitsstadien kommt. Mit der Ausbildung dieser im Kaninchenversuch feststellbaren gleichbleibenden *Virulenz* und einer damit verbundenen organspezifischen Einstellung auf das Zentralnervensystem (Busson) geht ein *Verlust der Pathogenität* für den Menschen einher, der das Virus fixe zur Verwendung als Impfstoff bei infizierten Individuen als geeignet erscheinen läßt.

Im Gegensatz zum Virus fixe, das also *virulent* ist, sogar hochvirulent sein und in seiner Virulenz gesteigert werden kann (Busson, Schweinburg), aber keine Pathogenität für den Menschen besitzt, hat der bovine Tuberkelbacillenstamm BCG. durch langjährige Fortzüchtung auf gallehaltigen Nährböden seine Virulenz eingebüßt und erlangt dieselbe nach dem übereinstimmenden Urteil der meisten Autoren (Ascoli[3], Kraus[4], Jensen, Mörch u. Orskov[5], Okell u. Parish[6], Igersheimer u. Schlossberger[7], L. Lange u. Clauberg[8], B. Lange u. Lydtin[9] u. viele andere) auch bei längerem Aufenthalt in einem empfindlichen Tierorganismus offenbar nicht wieder. Er ist aber, wie Schweinburg auf Grund der vorliegenden Experimentalbefunde weiter hervorhebt, noch *pathogen*, d. h. er setzt in dem geimpften Organismus eine spezifisch tuberkulöse pathologisch-anatomische Veränderung, die ihrerseits eine gewisse Immunität („Infektionsimmunität") des betreffenden Individuums gegenüber virulenten Tuberkelbacillen bedingt (s. S. 596). Dadurch wird es verständlich, daß der Stamm BCG. in abgetötetem Zustand keine Schutzwirkung mehr entfaltet, da hier die Entstehung tuberkulösen Gewebes ausbleibt.

Während also zur Schutzimpfung gegen Tuberkulose nur ein Impfstoff in Betracht kommt, der nicht mehr virulent ist, da er ja sonst eine fortschreitende tuberkulöse Infektion hervorrufen würde, der aber noch pathogene Eigenschaften besitzt, muß das Virus fixe bei seiner Anwendung stets apathogen sein, da bei der Lyssa das Auftreten einer pathologischen Veränderung wahrscheinlich mit Krankheitsausbruch gleichbedeutend ist. Bemerkenswert ist schließlich noch, daß im Gegensatz zum Stamm BCG. das Virus fixe ebenso wie manche virulenten Bakterien (Typhus, Cholera; s. S. 589) auch nach schonender Abtötung noch eine immunisierende Wirkung entfaltet (Alivisatos[10], Puntoni[11], Herrmann[12] u. a.; Literatur s. bei Lubinski u. Prausnitz[13]). Daraus folgt aber, daß hier die zur Auslösung eines ausreichenden

[1] Schweinburg, F.: Wien. klin. Wschr. **41**, Nr 32, 1149 (1928); **42**, Nr 6, 164 (1929).

[2] Busson, B.: Wien. klin. Wschr. **41**, Nr 32, 1145 (1928).

[3] Ascoli, A.: La vaccination antituberculeuse avec les bacilles vivants chez les animaux et chez l'homme. Istituto editoriale cisalpino. Mailand u. Varese 1928.

[4] Kraus, R.: Wien. klin. Wschr. **41**, Nr 13, 441 (1928).

[5] Jensen, K. A., Mörch, J. R. u. J. Orskov: Ann. Inst. Pasteur **43**, 785 (1928).

[6] Okell, C. C. u. H. J. Parish: Brit. J. exper. Path. **9**, 34 (1928).

[7] Igersheimer, J. u. H. Schlossberger: Med. Klin. **24**, Nr 49, 1898 (1928). — Schlossberger: Zbl. Bakter. I Orig. **110**, Beiheft, 187 (1929).

[8] Lange, L. u. K. W. Clauberg: Beitr. Klin. Tbk. **70**, 346 (1928).

[9] Lange, B. u. K. Lydtin: Z. Tbk. **50**, 45 (1928).

[10] Alivisatos, G. P.: Zbl. Bakter. I Orig. **98**, 394 (1926).

[11] Puntoni, V.: I vaccini antirabici fenicati e loro odierne applicazioni. Rom: S. Bucciarelli 1927 — Seuchenbekämpfg **3**, 260 (1926); **4**, 210 (1927).

[12] Herrmann, O.: Zbl. Bakter. I Orig. **96**, 131 (1925).

[13] Lubinski, H. u. C. Prausnitz: Lyssa. Erg. Hyg. **8**, 1. Berlin: Julius Springer 1926.

„Immunisierungsreizes" erforderlichen Eigenschaften des Impfstoffs, deren Intensität aufs engste mit dem Virulenzgrad der zur Herstellung verwendeten Vira zusammenhängt, nicht an deren Vitalität gebunden zu sein brauchen.

Ebenso wie die Resistenz eines Makroorganismus keineswegs eine konstant bleibende unveränderliche Eigenschaft darstellt, vielmehr, worauf weiter unten einzugehen sein wird (s. S. 555), erheblichen Schwankungen unterworfen ist, wechselt auch die Virulenz eines für eine bestimmte Tierart pathogenen Mikroorganismus innerhalb gewisser Grenzen (s. insbesondere KRUSE, v. WASSERMANN und KEYSSER, LAURENT, GOTSCHLICH[1], NEUFELD[2]). So ist es z. B. eine bekannte Erscheinung, daß sog. Laboratoriumsstämme mancher an sich hochpathogener Bakterienarten durch die langdauernde Fortzüchtung auf künstlichen Nährböden vielfach einen teilweisen oder gar vollständigen Verlust ihrer krankmachenden Eigenschaften erleiden, während umgekehrt z. B. durch geeignete Tierpassagen unter Umständen eine Steigerung der Virulenz abgeschwächter Kulturen erzielt werden kann. Aber auch unter natürlichen Verhältnissen werden, wie z. B. der verschiedenartige Verlauf epidemisch auftretender Infektionskrankheiten erkennen läßt, derartige Virulenzschwankungen regelmäßig festgestellt. Während bei Vorhandensein reichlich empfänglicher Individuen, welche die Vorbedingung der seuchenartigen Ausbreitung gewisser infektiöser Erkrankungen darstellen, das krankmachende Virus durch die Übertragung von Organismus zu Organismus wohl infolge von Anpassungs- und Selektionsvorgängen vielfach eine Virulenzsteigerung erfährt, kann ein Infektionsstoff infolge Passage durch einen allzu resistenten Körper umgekehrt eine Abschwächung seiner krankmachenden Eigenschaften erfahren, die ihrerseits dann wieder zu einem Nachlassen der Seuche führen kann. So konnte GOTSCHLICH[3] aus dem Auswurf geheilter Lungenpestkranker wenig infektiöse Pestbacillen züchten und DANYSZ[4] beobachtete in ähnlicher Weise bei dem von ihm gefundenen, der Paratyphusgruppe angehörenden Rattenbacillus nach Rattenpassage gelegentlich einen Virulenzverlust des Bacteriums, der offenbar auf eine schädigende Einwirkung der Säfte und Zellen des Makroorganismus zurückzuführen ist (s. S. 552). Ähnliche Feststellungen machten, wie bereits erwähnt (s. S. 522), THOMSON und ROBERTSON bei einem Teil ihrer in Ratten fortgezüchteten Stämme des Schlafkrankheitserregers (Trypanosoma gambiense) sowie FREUND bei einem Pasteurellastamm (s. S. 551). Hinsichtlich der Abschwächung der Virulenz des Pestbacillus im Organismus winterschlafender Tiere vgl. S. 539.

Aber nicht nur in quantitativer Hinsicht können die krankmachenden Eigenschaften einer bestimmten Mikroorganismenart zum Teil beträchtliche Unterschiede aufweisen, vielmehr sind die lebenden Infektionserreger durch eine außerordentliche Plastizität ihres Protoplasmas gekennzeichnet, durch welche sie in mehr oder weniger ausgesprochenem Maße befähigt sind, sich der ihnen feindlichen Abwehrmaßnahmen des von ihnen befallenen Körpers zu erwehren. Die als Krankheitserreger in Betracht kommenden Bakterien- und Protozoenarten stellen, worauf neuerdings H. BRAUN[5] wieder hingewiesen hat, also entgegen der früheren Annahme keineswegs „Lebewesen von konstanten, unveränderlichen physiologischen Eigenschaften" dar. In gleicher Weise, wie der infizierte Organismus sich durch Umstellung gewisser vitaler Funktionen und durch Mobilisierung seiner Schutzkräfte der schädlichen Wirkung des krankmachenden Virus zu ent-

---

[1] GOTSCHLICH, E.: Zbl. Bakter. I. Orig. **93**, Beih., 2 (1925).
[2] NEUFELD, F.: Zbl. Bakter. I. Orig. **93**, Beih., 81 (1925).
[3] GOTSCHLICH, E.: Z. Hyg. **32**, 402 (1899).
[4] DANYSZ, J.: Ann. Pasteur **14**, 193 (1900).
[5] BRAUN, H.: Klin. Wschr. **4**, Nr 25, 1193 (1925).

ziehen strebt, sucht dieses durch entsprechende Abänderung seiner Protoplasma- tätigkeit sich den durch die Immunitätsvorgänge des Wirtskörpers veränderten Lebensbedingungen *fortlaufend* anzupassen und durch Entfaltung geeigneter Angriffswaffen sein Fortkommen zu ermöglichen. Diese Adaption der Krank- heitserreger ist also, wie besonders Eisenberg[1], Bail, sowie Braun annehmen, die Folge eines gegenseitigen Aufeinanderwirkens und wird um so vollkommener und zweckmäßiger sein, je länger diese wechselseitige Beeinflussung dauert. Die wenig resistenten Individuen unter den Infektionserregern werden in diesem Kampfe, dessen Ausgang letzten Endes von der Anpassungsfähigkeit jedes der beiden Kontrahenten abhängt, der Wirkung der Defensivmaßnahmen, vor allem der Immunstoffe des Makroorganismus erliegen; den resistenteren Keimen kann es aber, wenn die humoralen und cellulären Abwehreinrichtungen des befallenen Körpers zu ihrer Abtötung nicht ausreichen, gelingen, sich weiter zu vermehren und anzupassen.

Von den bei krankheitserregenden Mikroorganismen unter der Wirkung der ihnen feind- lichen Schutzkräfte des infizierten Organismus eintretenden Anpassungs- und Abwehr- erscheinungen sind uns eine Reihe verschiedener Formen bekannt. So wissen wir z. B. vom Milzbrandbacillus, vom Pneumokokkus, vom Streptococcus mucosus und von dem neuer- dings durch G. W. McCoy und C. W. Chapin (s. bei E. Francis) entdeckten menschen- pathogenen Bacterium tularense, daß sie sich im tierischen Körper mit Kapseln[2] umgeben, durch welche sie vor der Einwirkung der cellulären und humoralen Schutzeinrichtungen des Wirtsorganismus in weitgehendem Maße geschützt sind. In andern Fällen sucht sich der Infektionserreger durch vermehrte Bildung giftiger Substanzen („Aggressine" Bails) der deletären Wirkung der Körpersäfte und -zellen zu entziehen. Auch der bei pathogenen Protozoen, z. B. beim Schizotrypanum Cruzi, dem Erreger der südamerikanischen Chagas- krankheit des Menschen zu beobachtende Wechsel zwischen Blut- und Gewebsparasitismus ist, worauf Kudicke hinweist, wohl als eine Form der Anpassung an die im Körper gebildeten Schutzstoffe aufzufassen, denn es ist anzunehmen, daß die intracellulär gelagerten Parasiten der Einwirkung der im Blute kreisenden Abwehrstoffe entzogen sind.

Vor allen Dingen zeigte es sich aber, daß die pathogenen Bakterien und Proto- zoen größtenteils die Fähigkeit besitzen, ihren Antigenapparat abzuändern und sich dadurch den auf sie eingestellten spezifischen Schutzstoffen des Makroorganis- mus zu entziehen versuchen, daß sie also, mit anderen Worten ebenso wie der infi- zierte Körper eine spezifische Immunität gegen die auf sie einwirkenden Schäd- lichkeiten erwerben können. Derartige immunisatorische Umwandlungen, die auf weitgehende Veränderungen der biochemischen Struktur des Zellprotoplasmas hinweisen, sind uns von einer Reihe von Krankheitserregern bekannt.

Schon Hafkine[3] sowie Kionka[4] konnten nachweisen, daß frisch aus dem infizierten Organismus gezüchtete Typhusbacillen gegenüber den spezifischen bactericiden Serumstoffen bedeutend resistenter sind, als die auf künstlichen Nährböden fortgezüchteten Laboratoriums- kulturen. Diese Erscheinung, die in der Folgezeit noch von zahlreichen anderen Autoren (Pfeiffer und Kolle[5], Leclef[6], Bordet[7], Nadoleczny[8], Courmont und Lesieur[9], Petter- son[10], Eisenberg[11], Friedberger und Moreschi[12], Besserer und Jaffé[13], Eppenstein und

---

[1] Eisenberg, P.: Zbl. Bakter. I. Orig. **34**, 739 (1904); **45**, 44, 134 (1908).
[2] Hinsichtlich der Hüllenbildung bei freilebenden einzelligen Lebewesen unter der Wirkung von Noxen vgl. E. Bresslau, Die Ausscheidung von Schutzstoffen bei einzelligen Lebewesen. 54. Bericht der Senkenbergischen naturf. Ges., Frankfurt a. M., **1924**, H. 3, 49.
[3] Hafkine, W. M.: Ann. Pasteur **4**, 363 (1890).
[4] Kionka, K.: Zbl. Bakter. I **12**, 321 (1892).
[5] Pfeiffer, R. u. W. Kolle: Z. Hyg. **21**, 203 (1896).
[6] Leclef, J.: Cellule **10**, 379 (1894).
[7] Bordet, J.: Ann. Pasteur **9**, 462 (1895).
[8] Nadoleczny, M.: Arch. f. Hyg. **37**, 277 (1900).
[9] Courmont, J. u. Ch. Lesieur: J. Physiol. et Path. gén. **5**, 331 (1903).
[10] Petterson, A.: Zbl. Bakter. I Orig. **38**, 73 (1905).
[11] Eisenberg, P.: Zbl. Bakter. I Orig. **34**, 739 (1904).
[12] Friedberger, E. u. C. Moreschi: Berl. klin. Wschr. **42**, Nr 45, 1409 (1905).
[13] Besserer, A. u. J. Jaffé: Dtsch. med. Wschr. **31**, Nr 51, 2044 (1905).

KORTE[1], GOTSCHLICH[2], SCHLEMMER[3], LAUBENHEIMER[4], NEUFELD und LINDEMANN[5]) bei verschiedenen Bakterienarten (Typhus, Cholera, Pyocyaneus, Kaninchensepticämie) beobachtet wurde, wird nach dem Vorgang von FRIEDBERGER und MORESCHI als „Serumfestigkeit" bezeichnet. Dieser Ausdruck bedeutete ursprünglich, wie erwähnt, lediglich eine erhöhte Widerstandsfähigkeit eines Bacteriums gegenüber den *bactericiden* Serumstoffen; als Ursache des veränderten Verhaltens der Bakterien nahmen bereits die beiden genannten Autoren Verschiedenheiten des Receptorenapparats an. BRAUN und FEILER[6] (s. auch BRAUN[7], FEILER[8]; vgl. auch CANTACUZÈNE[9]) zeigten sodann, daß sich bei Typhusbacillen eine Festigkeit gegen bactericide Stoffe und auch gegen Agglutinine und zwar unabhängig voneinander ausbilden kann. Die durch Züchtung im aktiven Serum erworbene Baktericidiefestigkeit geht bei Kultivierung des Stamms auf künstlichen Nährböden sofort wieder verloren, während die mit Geißelverlust verbundene Agglutininfestigkeit bei Fortzüchtung des betreffenden Stamms in flüssigen Nährmedien nur allmählich verschwindet, auf festen Nährböden sogar lange Zeit hindurch unverändert erhalten bleibt. STERN und KORTE[10] (s. auch STERN[11]), sowie JÜRGENS[12] beschrieben Typhusfälle, bei denen trotz eines hohen bactericiden Titers des Blutserums Rezidive auftraten und EPPENSTEIN und KORTE konnten direkt nachweisen, daß die im bakteriolysinhaltigen Patientenblut enthaltenen Typhusbacillen sich darin auch in vitro üppig vermehren, daß dagegen eingesäte Typhusbakterien, die von Laboratoriumskulturen stammten, der auflösenden Wirkung der bactericiden Stoffe anheimfielen. Nach den Angaben von TOYODA und YANG[13] können auch Tuberkelbacillen eine derartige Baktericidiefestigkeit erwerben.

Ähnliche Beobachtungen wurden dann noch besonders bei manchen durch protozoische Krankheitserreger, besonders Trypanosomen (ROUGET[14], EHRLICH und SHIGA[15], EHRLICH, ROEHL und GULBRANSEN[16], MESNIL und BRIMONT[17], LEVADITI und MUTERMILCH[18], LEVADITI und MCINTOSH[19], NEUMANN[20], KUDICKE[21], BRAUN und TEICHMANN[22], ROSENTHAL[23], RITZ[24] u. a.), Recurrensspirochäten (LEVADITI und ROCHÉ[25], MANTEUFEL[26], JANCSÓ[27], CASTELLI[28], KUDICKE und FELDT[29], TOYODA[30], CUNNINGHAM[31], KROÓ[32], BRUSSIN[33]), sowie die Spirochaeta icterogenes s. icterohaemorrhagiae (UHLENHUTH und GROSSMANN[34]) bedingten Infektionskrankheiten

[1] EPPENSTEIN u. KORTE: Münch. med. Wschr. **53**, Nr 24, 1149 (1906).
[2] GOTSCHLICH, F.: Z. Hyg. **53**, 281 (1906).
[3] SCHLEMMER: Z. Immun.forschg Orig. **9**, 149 (1911).
[4] LAUBENHEIMER, K.: Bruns' Beitr. **74**, 192 (1911).
[5] NEUFELD, F. u. E. A. LINDEMANN: Zbl. Bakter. I Ref. **54**, Beih., 229 (1912).
[6] BRAUN, H. u. M. FEILER: Z. Immun.forschg Orig. **21**, 447 (1914).
[7] BRAUN, H.: Ther. Mh. **31**, Nr 1, 1 (1917).
[8] FEILER, M.: Z. Immun.forschg Orig. **24**, 411 (1916).
[9] CANTACUZÈNE J.: C. r. Soc. Biol. **92**, 1461 (1925).
[10] STERN, R. u. W. KORTE: Berl. klin. Wschr. **41**, Nr 9, 213 (1904).
[11] STERN, R.: Zbl. Bakter. I Ref. **35**, 617 (1904).
[12] JÜRGENS: Berl. klin. Wschr. **42**, Nr 6, 141 (1905).
[13] TOYODA, H. u. Y. YANG: Zbl. Bakter. I Orig. **89**, 225 (1923); **92**, 271 (1924).
[14] ROUGET, J.: Ann. Pasteur **10**, 716 (1896).
[15] EHRLICH, P. u. K. SHIGA: Berl. klin. Wschr. **41**, Nr 13, 329; Nr 14, 362 (1904).
[16] EHRLICH, P., W. ROEHL u. R. GULBRANSEN: Z. Immun.forschg Orig. **3**, 296 (1909).
[17] MESNIL, F. u. F. BRIMONT: Ann. Pasteur **23**, 219 (1909).
[18] LEVADITI, C. u. ST. MUTERMILCH: C. r. Soc. Biol. Paris **68**, 49 (1909).
[19] LEVADITI, C. u.J. MC INTOSH: Bull. Soc. Path. exot. Paris, **3**, 368 (1910).
[20] NEUMANN, R.: Z. Hyg. **69**, 109 (1911).
[21] KUDICKE, R.: Zbl. Bakter. I Orig. **61**, 113 (1911).
[22] BRAUN, H. u. E. TEICHMANN: Versuche zur Immunisierung gegen Trypanosomen. Jena: G. Fischer 1912.
[23] ROSENTHAL, F.: Z. Hyg. **74**, 489 (1913).
[24] RITZ, H.: Dtsch. med. Wschr. **40**, Nr. 27, 1355 (1914) — Arch. Schiffs- u. Tropenhyg. **20**, 397 (1916).
[25] LEVADITI, C. u. J. ROCHÉ: C. r. Soc. Biol. Paris **62**, 815 (1907).
[26] MANTEUFEL: Arb. ksl. Gesdh.amt **27**, 327 (1908); **29**, 337 (1908).
[27] JANCSÓ, N.: Zbl. Bakter. I Orig. **81**, 457 (1918).
[28] CASTELLI, G.: Boll. Ist. sieroter. milan. **1**, 57 (1920).
[29] KUDICKE, R. u. A. FELDT: Arb. Staatsinst. exper. Ther. Frankf. **1921**, H. 12, 3.
[30] TOYODA, H.: Kitasato Arch. for exper. Med. **40**, 4 (1920).
[31] CUNNINGHAM, J.: Trans. roy. Soc. trop. Med. Lond. **19**, 11 (1925).
[32] KROÓ, H.: Klin. Wschr. **4**, Nr 28, 1355 (1925).
[33] BRUSSIN, A. M.: Z. Immun.forschg **44**, 328 (1925).
[34] UHLENHUTH, P. u. GROSSMANN: Zbl. Bakter. I Orig. **97**, Beih., 73 (1926).

erhoben. Es zeigte sich nämlich, daß bei diesen meist schubweise verlaufenden chronischen Erkrankungen die bei Rückfällen auftretenden Parasiten (sog. „Rezidivstämme") ohne Verminderung ihrer Pathogenität eine Resistenz gegen die von dem betreffenden Wirtsorganismus im Verlauf des vorhergehenden Anfalls gebildeten Schutzstoffe des Blutes erworben haben, ohne daß irgendwelche morphologischen Besonderheiten nachzuweisen wären, während die zur ursprünglichen Infektion benutzten, aber in normalen Tieren fortgezüchteten Erreger durch das Serum beeinflußt werden. Jeder einzelne Rezidivstamm ist durch eine besondere derartige Modifikation seines Antigenapparates charakterisiert, wenn auch vielfach die Neigung zum Rückschlag in den Ausgangsstamm besteht (Braun und Teichmann, Neumann, Ritz). So konnten z. B. von Ritz 22 immunisatorisch verschiedene Modifikationen eines und desselben Trypanosomenstamms erhalten werden, so daß die Zahl der möglichen Varianten zwar nicht als unbeschränkt, so doch sicherlich als recht groß angenommen werden muß. Bemerkenswerterweise läßt sich diese als Serumfestigkeit bezeichnete biologische Veränderung der Parasitenzelle, die, wie gesagt, keineswegs mit einer Beeinträchtigung der Lebensfähigkeit oder Pathogenität des Protozoons verknüpft ist, unter bestimmten Kautelen durch jahrelange Tierpassage erhalten.

Daß es sich bei der Ausbildung einer solchen Serumfestigkeit bei Bakterien und Protozoen tatsächlich um Vorgänge handelt, die mit den Immunitätsprozessen bei Metazoen in Parallele gestellt werden dürfen, ergibt sich ferner daraus, daß bei diesen Lebewesen, wenigstens soweit Protozoen in Frage kommen, eine Anpassung nicht nur an die Immunstoffe des Wirtsorganismus, sondern auch an sonstige antigen wirkende, ihnen schädliche Stoffe gelingt. So ist es seit den Untersuchungen von Laveran[1], sowie von Mesnil und Leboeuf[2] (s. auch Laveran und Mesnil) bekannt, daß das Blutserum des Menschen und einiger Affenarten die Trypanosomen der Tsetsekrankheit des Rindes (Trypanosoma brucei) abzutöten vermag. Wie nun aber Jacoby[3], Mesnil und Leboeuf, sowie Collier[4] zeigten, ist es durch Verwendung langsam steigender Dosen möglich, die im Mäuseorganismus fortgezüchteten Trypanosomen gegen die für sie toxischen Serumarten vollkommen und dauernd zu festigen. Aber auch bei freilebenden Protozoen, z. B. Infusorien sind derartige Erscheinungen einer erworbenen spezifischen Widerstandsfähigkeit schon beobachtet worden; so hat Rössle[5] festgestellt, daß Paramäcien eine langdauernde Festigkeit gegenüber einem auf sie eingestellten spezifischen Immunserum erwerben können.

Hierher gehört ferner auch die von verschiedenen Autoren (d'Hérelle, Bordet und Ciuca, Gildemeister, Gratia, Otto und Munter, Krimura[6], Katzu[7] u. a.; weitere Literatur s. bei Schlossberger, Otto und Munter, Giörup) gemachte Feststellung, daß Bakterien eine Unempfindlichkeit gegen das sog. *bakteriophage Agens* erwerben können. Wenn auch die Natur dieses auf die empfindliche Bakterienzelle lytisch wirkenden Stoffs, der nach Ansicht der einen Autoren als belebtes ultravisibles Virus, d. h. als Krankheitserreger der Bakterien, nach der Meinung anderer Forscher als Ferment anzusprechen ist, noch keineswegs als geklärt angesehen werden kann, so muß doch trotzdem der Eintritt einer Festigung bei zuvor empfindlichen Bakterien als Ausdruck einer spezifischen Anpassung betrachtet werden (vgl. S. 554).

Da man früher die Immunitätserscheinungen ausschließlich durch die Wirkung humoraler Immunstoffe zu erklären versuchte und dementsprechend die Bezeichnung „Antigen" für solche Stoffe reservierte, die zur Auslösung einer spezifischen Antikörperbildung befähigt sind, ist es verständlich, daß man damals die bei Mikroorganismen beobachteten rein cellulär bedingten Anpassungsphänomene von den immunisatorischen Vorgängen bei höher entwickelten Lebewesen als etwas andersartiges abgrenzte. Nachdem nun aber besonders in den letzten Jahren, worauf weiter unten des Näheren zurückzukommen sein wird, auch bei Metazoen das Vorkommen ausschließlich cellulär bedingter Immunitäts-

---

[1] Laveran, A.: C. r. Acad. Sci. Paris **134**, 735 (1902); **137**, 15 (1903); **138**, 450 (1904); **139**, 177 (1904); **153**, 1112 (1911).

[2] Mesnil, F. u. A. Leboeuf: C. r. Soc. Biol. Paris **69**, 382 (1910); **72**, 505 (1912).

[3] Jacoby, M.: Med. Klin. **5**, Nr 7, 252 (1909) — Z. Immun.forschg Orig. **2**, 689 (1909).

[4] Collier, W. A.: Arch. Schiffs- u. Tropenhyg. **28**, 484 (1924).

[5] Rössle: Verh. dtsch. path. Ges. 13. Tag. Leipzig 1909, S. 158. Jena: G. Fischer 1909.

[6] Krimura, S.: Z. Immun.forschg **42**, 507 (1925).

[7] Katzu, S.: Z. Immun.forschg **44**, 247 (1925).

erscheinungen nachgewiesen werden konnte, hat eine derart scharfe Trennung zwischen den bei einzelligen und den bei vielzelligen Organismen zutage tretenden Immunitätsphänomenen keine Berechtigung mehr. Im Gegenteil erscheint es nicht ausgeschlossen, daß sich durch ein vergleichendes experimentelles Studium der immunisatorischen Vorgänge bei den beiden großen Gruppen von Lebewesen der eigentliche Kernpunkt des Immunitätsproblems eher erfassen läßt und daß auf diese Weise die durch die weitgehende Differenzierung und die damit einhergehende Arbeitsteilung der Zellen des metazoischen Organismus bedingten akzessorischen Erscheinungen als solche erkannt werden können.

Durch die neueren Untersuchungen von H. BRAUN und seinen Mitarbeitern (s. insbesondere BRAUN und NODAKE[1], HOFMEIER[2]) hat es sich aber weiterhin gezeigt, daß die antigenen Eigenschaften der Infektionserreger sich auch unter bestimmten Ernährungsbedingungen und unter der Einwirkung von Schädlichkeiten ändern können. Diese Autoren konnten nämlich bei peritrich begeißelten Bakterienarten (vor allem bei Proteus) mit Hilfe der Agglutination, der Serumbactericidie und der Phagocytose den Nachweis erbringen, daß der *ektoplasmatische Geißelapparat* biochemisch anders gebaut ist, als das *Endoplasma* dieser Mikroorganismen. Da die Entwicklung des Ektoplasmas nur unter günstigen Lebensbedingungen erfolgt, dagegen durch Unterernährung und durch Giftwirkung (Carbolsäure) unterdrückt wird, da zudem die Fähigkeit, Ektoplasma auszubilden, verschiedenen Stämmen einer und derselben Bakterienart in ungleichem Maße eigen ist, ist anzunehmen, daß dieser offenbar *nicht lebensnotwendige ektoplasmatische* Bestandteil des Bakterienkörpers auch im infizierten Organismus während des Infektionsprozesses in verschiedenem Grade ausgebildet wird. Für die Immunitätsvorgänge ist nun naturgemäß die Beschaffenheit der Oberfläche eines Bacteriums, da sie die erste Angriffsfläche darstellt, von besonderer Wichtigkeit. Die Immunität eines Organismus gegenüber derartigen Krankheitserregern (Typhus-, Paratyphusbacillen usw.) beruht nun zwar in erster Linie offenbar auf dem Vorhandensein von Antikörpern, welche auf die lebenswichtigen endoplasmatischen Bakterienbestandteile eingestellt sind. Da aber andererseits nach den Befunden von BRAUN und seinen Mitarbeitern bei Fehlen ektoplasmatischer Antikörper das Ektoplasma die Bakterien gegen die bactericide Wirksamkeit der endoplasmatischen Immunstoffe schützt, setzt eine in allen Fällen ausreichende Immunität gegenüber solchen peritrich begeißelten Krankheitserregern auch die gleichzeitige Anwesenheit ektoplasmatischer Antikörper voraus.

B. Allgemeines über Resistenz.

Unter dem nunmehr zu besprechenden Begriffe der natürlichen Immunität oder Resistenz (H. BUCHNER, M. HAHN) faßt man alle diejenigen Schutz- und Abwehreinrichtungen eines Organismus gegenüber bestimmten Krankheitserregern bzw. deren Giften zusammen, welche dem betreffenden Individuum *angeboren* sind, also nicht, wie die Erscheinungen der aktiv erworbenen Immunität einer Wechselwirkung zwischen dem Antigen und den Zellen des betreffenden Organismus ihre Entstehung verdanken. Die natürliche Widerstandsfähigkeit kann, wie bereits erwähnt, ein *Characteristikum der Tierart oder Rasse*, welcher das betreffende Individuum angehört, darstellen; sie kann aber auch, wie die epidemiologischen Erfahrungen zeigen, als eine *individuelle* Eigenschaft in Erscheinung treten.

---

[1] BRAUN, H. u. R. NODAKE: Klin. Wschr. **3**, Nr 30, 1363 (1924) — Zbl. Bakter. I Orig. **92**, 429 (1924). — NODAKE, R.: Z. Immun.forschg **41**, 336 (1924).
[2] HOFMEIER, L.: Z. Immun.forschg **50**, 71 (1927).

In manchen Fällen von Artresistenz ist die Widerstandsfähigkeit eine absolute. So ist z. B. bekannt, daß der Mensch niemals an Rinderpest, Texasfieber, Schweinepest oder Geflügelcholera erkrankt oder daß andererseits gewisse Infektionskrankheiten des Menschen, wie Scharlach, Masern, Keuchhusten, Gonorrhöe auf Tiere nicht übertragen werden können. Für die durch ein ultravisibles Virus hervorgerufene Agalaktie der Ziegen sind nach den Feststellungen von Flückiger[1] Schafe vollkommen unempfänglich und Mäuse lassen sich auch nach Milzexstirpation mit Rattentrypanosomen (Tryp. lewisi) nicht infizieren (Regendanz u. Kikuth[2]). Nach den Angaben von Kolmer ist die weiße Maus gegenüber Rotzbacillen absolut immun, während die ihr nahestehende Hausmaus eine geringe und die Feldmaus eine hochgradige Empfänglichkeit für diese Infektion besitzen. Auch die Tatsache, daß die Malariaplasmodien sich nur in bestimmten Arten der Gattung Anopheles, nicht aber in anderen Moskitoarten vermehren können, muß als Ausdruck einer besonderen Speciesdisposition bzw. -resistenz betrachtet werden.

In der Mehrzahl der Fälle gewährt jedoch die angeborene Resistenz gegenüber bestimmten Infektionserregern nur einen relativen Schutz, der zudem, worauf hernach zurückzukommen sein wird, von äußeren und inneren Momenten weitgehend abhängig und daher vielfach recht beträchtlichen Schwankungen unterworfen ist. So zeigen, um auch hierfür einige Beispiele anzuführen, Ratten und Mäuse eine erhebliche Resistenz gegen Diphtheriebacillen und deren Gift (Kolle und Schlossberger[3], Coca, Russell und Baughman[4], Glenny und Allen[5], Wolff[6], Sbarsky[7], Schmidt[8] u. a.; Literatur s. bei Andrewes und seinen Mitarbeitern), während der Igel beträchtliche parenteral einverleibte Mengen Schlangengift anstandslos vertragen kann. Gegen Tuberkulose sind Hunde und Katzen (Haentjens[9], Calmette), gegen Milzbrand Tauben, Ratten und Füchse (Giusti[10]), gegen Tetanus Hühner und Kaltblüter relativ unempfindlich. Young und Pao Yung Liu[11] konnten feststellen, daß der gestreifte Hamster (Cricetulus griseus), der Riesenhamster (Cricetulus triton), die Feldmaus (Microtus sp.) und die chinesische Hausmaus (Mus wagneri) nach Infektion mit Leishmania donovani, dem Erreger der indischen Kala-Azar tödlich erkranken, während dieselben Parasiten bei anderen nahestehenden Nagerarten, nämlich bei der Hausratte (Mus rattus), der weißen Ratte (Mus norvegicus albinus) und der weißen Maus (Mus musculus albinus) nur leichte vorübergehende Krankheitserscheinungen hervorrufen.

Vielfach werden die Erscheinungen von natürlicher Immunität auch als *unspezifische* Resistenz bezeichnet und den durch strenge Spezifität gekennzeichneten Vorgängen der erworbenen Immunität gegenübergestellt. Wenn auch tatsächlich jedes Lebewesen dem Eindringen artfremder belebter oder unbelebter Agentien aller Art einen gewissen Widerstand entgegenzusetzen vermag (sog. „Lebensundurchdringlichkeit" der Zelle, Bail) und wenn auch bei der natürlichen Immunität der Metazoen gewisse Charakteristica der erwor-

---

[1] Flückiger, G.: Schweiz. Arch. Tierheilk. **67**, 53 (1925).

[2] Regendanz, P. u. W. Kikuth: Zbl. Bakter. I Orig. **103**, 271 (1927).

[3] Kolle, W. u. H. Schlossberger: Z. Hyg. **90**, 193 (1920).

[4] Coca, A. F., E. F. Russell u. W. H. Baughman: J. of Immun. **6**, 387 (1921).

[5] Glenny, A. T. u. K. Allen: J. of Hyg. **21**, 96 (1922).

[6] Wolff, E. K.: Virchows Arch. **238**, 237 (1922).

[7] Sbarsky, B.: Biochem. Z. **169**, 113 (1926).

[8] Schmidt, H.: Z. Immun.forschg **54**, 518 (1928).

[9] Haentjens, A. H.: Nederl. Tijdschr. Geneesk. **2**, 419 (1907) — Z. Tbk. **11**, 230 (1907).

[10] Giusti, G.: Riv. Igiene e Sanita publ. **16**, Nr 10 (1905).

[11] Young, Ch. W. u. Pao-Yung Liu: Proc. Soc. exper. Biol. a. Med. **23**, 392 (1926) — Siehe auch Ch. W. Young, H. J. Smyly u. C. Brown: Amer. J. of Hyg. **6**, 254 (1926) — Meleney, H. E.: Amer. J. Path. **1**, 147 (1925) — Proc. roy. Soc. Med. (Sect. Trop. Diseases and Parasitol.) **18**, 33 (1925).

benen Unempfänglichkeit, vor allem die in den Körperflüssigkeiten nachweisbaren Antikörper häufig fehlen oder die streng spezifische Einstellung vermissen lassen, so ist doch die Bezeichnung „unspezifische" Resistenz streng genommen nicht richtig, denn, wie ja schon die wenigen oben angeführten Beispiele zeigen, tritt diese angeborene Widerstandsfähigkeit eines bestimmten Organismus verschiedenen Krankheitserregern gegenüber in ganz verschieden hohem Maße in die Erscheinung. In gleicher Weise, wie man bei Infektionserregern von einer tierspezifischen Anpassung spricht und diese als den Ausdruck einer biochemischen Differenzierung betrachtet (s. S. 520), muß man logischerweise auch das Gegenstück hierzu, nämlich das unterschiedliche Verhalten der höheren Lebewesen gegenüber verschiedenen Krankheitsstoffen als *spezifische* Eigenschaften bezeichnen. Eine erhöhte oder verminderte Resistenz gegenüber einer bestimmten Art von pathogenen Mikroorganismen bedingt keineswegs auch eine entsprechende Veränderung der Empfänglichkeit für andere Virusarten (Topley, Wilson und Lewis[1] u. a.). Richtig ist nur, daß sich, wie dies weiter unten (s. S. 581) auszuführen sein wird, die angeborene Resistenz eines Individuums bestimmten Erregern gegenüber durch unspezifische Reize der verschiedensten Art vorübergehend steigern, aber auch herabsetzen läßt, während die erworbene Immunität durch derartige Eingriffe in ihrer Intensität nicht oder nur wenig beeinflußt wird.

Auf Grund der neueren experimentellen Untersuchungen erscheint es nicht ausgeschlossen, daß manche Erscheinungen von rasseeigener oder individueller *hoher* Widerstandsfähigkeit gegenüber bestimmten Infektionserregern, die man seither lediglich als Ausdruck einer angeborenen Resistenz betrachtet hat, auf eine im Kindesalter in leichter oder symptomloser Form durchgemachte und deshalb dem Nachweis entgangene spezifische Infektion und eine dadurch bedingte *aktiv erworbene Immunität* zurückzuführen sind. So nimmt z. B. R. G. Smith[2] (s. auch Reymann[3]) an, daß die Immunität höherer Lebewesen gegenüber den im Darme lebenden Keimen auf das Durchwandern verhältnismäßig geringer Bakterienmengen durch die Darmwand und auf die dadurch ausgelösten spezifischen Reaktionsvorgänge zu beziehen ist. Diese Annahme ist dann weiterhin insbesondere von P. H. Römer[4] (s. auch Joseph[5]) sowie neuerdings von Ten Broeck und Bauer[6] zur Erklärung des gelegentlichen Vorkommens von Tetanusantitoxin im Blute älterer Rinder bzw. des Menschen herangezogen worden. Ebenso nahm man schon an, daß das im Blute nicht vorbehandelter Pferde häufig nachweisbare Diphtherie-Antitoxin dipbtherischen Wundinfektionen seine Entstehung verdankt (Schoening[7]). Vor allem hat man aber die Tatsache, daß nur ein gewisser Prozentsatz der Menschen an Diphtherie, Scharlach usw. erkrankt (s. S. 537), durch das Vorkommen abortiv und deshalb meist unbemerkt verlaufener Infektionen zu erklären versucht. Weiterhin weist z. B. Rosenthal[8] (s. auch Hahn) darauf hin, daß die Unempfänglichkeit der Tropenbewohner gegenüber Malaria wohl durch ein Überstehen dieser Erkrankung vielleicht in abortiver Form während der Kindheit bedingt ist. Allerdings nimmt auch er, ebenso wie verschiedene andere Autoren (Reiter[9] u. a.), welche die Ursache zahlreicher Fälle von scheinbar angeborener Immunität in symptomlos verlaufenen früheren Erkrankungen erblicken, an, daß der gutartige oder abortive Verlauf einer solchen, zur Ausbildung einer Immunität führenden Infektion eine gewisse, durch die jahrhundertelange Durchseuchung der Bevölkerung bedingte *angeborene Resistenz* voraussetzt. Dasselbe gilt wohl auch von der Tuberkulose, die beim erwachsenen Europäer im allgemeinen einen ausgesprochen

---

[1] Topley, W. W. C., J. Wilson u. E. R. Lewis: J. of Hyg. **23**, 421 (1925).
[2] Smith, R. G.: Proc. Linnean Soc. N. S. Wales **1**, 149 (1905).
[3] Reymann, G. C.: C. r. Soc. Biol. Paris **83**, 1167 (1920) — J. of Immun. **5**, 227 (1920).
[4] Römer, P. H.: Z. Immun.forsch. Orig. **1**, 363 (1909).
[5] Joseph, K.: Z. Inf.krkh. Haustiere **7**, 97 (1910).
[6] Broeck, C. ten u. J. H. Bauer : Proc. Soc. exper. Biol. a. Med. **20**, 399 (1923).
[7] Schoening, W. H.: J. amer. vet. med. Assoc. **14**, 286 (1922).
[8] Rosenthal, W.: Arch. Schiffs- u. Tropenhyg. **24**, 142 (1920).
[9] Reiter, H.: Dtsch. med. Wschr. **51**, Nr 27, 1102 (1925).

chronischen, beim Neger dagegen einen akuten oder subakuten Verlauf nimmt (Cummins[1], Calmette[2], Borrel[3], Fornara[4], Opie[5], Grandy[6], Fowler[7] u. a.), von der Lepra (Wade[8]), ferner vom Scharlach, für welchen die angelsächsische Rasse eine höhere Empfänglichkeit besitzt als die Neger (Vaughan[9]) und die Angehörigen der gelben Rasse (Zoeller[10]), von der Diphtherie, für welche die Eingeborenen auf den Philippinen (Gomez, Navarro u. Kapauan[11]) und in Honduras (Taliaferro[12]) offenbar eine geringere Empfänglichkeit aufweisen als die Angehörigen der weißen Rasse, sowie von den Masern, dem Fleckfieber und anderen Infektionskrankheiten, die, wenn sie in eine undurchseuchte Bevölkerung eingeschleppt werden, zu schweren Seuchen mit hohen Mortalitätsziffern Veranlassung geben können. Eines der interessantesten Beispiele hierfür ist die große Masernepidemie auf den Faröer-Inseln, die im Jahre 1846 unter einer seit 1781 von Masern verschonten Bevölkerung ausbrach und mit großer Schnelligkeit 6000 Personen von 7782 Einwohnern ergriff (s. bei Jochmann u. Hegler). Ähnliche auf eine „Durchseuchungsresistenz" (Petruschky) zu beziehende Erscheinungen sind weiterhin bei manchen Infektions- bzw. Intoxikationserkrankungen von Tieren gemacht worden. So konnten Eberbeck[13] sowie Poppe[14] feststellen, daß der Rotz bei russischen Pferden, die infolge des endemischen Vorkommens dieser Seuche in ihrer Heimat eine erhebliche angeborene Widerstandsfähigkeit gegen die Infektion besitzen, vielfach gutartig verläuft; ebenso wie bei der chronischen Tuberkulose des erwachsenen Europäers kommt es hier häufig zu einer Verkalkung der Rotzknötchen und damit zu einer Ausheilung der Erkrankung, während bei den viel hinfälligeren deutschen Pferden die Rotzinfektion meist einen akuten Verlauf nimmt. Ebenso ist wohl auch die schon von der englischen Pestkommission beobachtete, neuerdings besonders von Piccininni[15] sowie Malone, Avari und Naidu[16] studierte Erscheinung, daß in Pestbezirken die erwachsenen Ratten eine beinahe absolute Resistenz gegen Pest aufweisen, während ihre aus pestfreien Gegenden stammenden Artgenossen eine hohe Empfänglichkeit für diese Infektion besitzen, durch eine solche Durchseuchung von Populationen zu erklären. Das gleiche trifft endlich wohl auch für die von Wilson[17] gemachte Beobachtung zu, daß gewisse Wüstentiere (Gerbilus pyramidum, Jaculus jaculus, Vulpes zerda, Ictonix lybica, Erinaceus auritus, Varanus cinereus, Acomys cahirinus), welche häufig Skorpionenstichen ausgesetzt sind, im Gegensatz zu ihren nächsten in skorpionenfreien Gegenden lebenden Verwandten gegenüber dem Skorpionengift fast unempfänglich sind.

[1] Cummins, S. L.: Trans. roy. Soc. trop. Med. Lond. 5, 245 (1912), daselbst ältere Literatur.

[2] Calmette, A.: Ann. Inst. Pasteur 26, 497 (1912).

[3] Borrel, A.: Ann. Pasteur 34, 105 (1920).

[4] Fornara, A.: Rev. méd. Angola 5, 221 (1923).

[5] Opie, E. L.: Amer. Rev. Tbc. 10, 265 (1924).

[6] Grandy, C. R.: Amer. Rev. Tbc. 10, 275 (1924).

[7] Fowler, J. K.: Proceedings of the international conference on health problems in tropical America, Kingston, Jamaica B. W. J., 22. 7. bis 1. 8. 1924, S. 796, 806. Boston: United Fruit Comp. 1924.

[8] Wade, H. W.: J. Philippine Islands med. Assoc. 6, 37 (1926); — Indian med. Rec. 44, 258 (1926).

[9] Vaughan, V. C.: Epidemiology and Public Health. St. Louis: C. V. Mosby Co. 1922.

[10] Zoeller, C.: C. r. Soc. Biol. Paris 91, 1315 (1924).

[11] Gomez, L., Navarro, R. u. A. M. Kapauan: Philippine J. Sci. 20, 323 (1923).

[12] Taliaferro, W. H.: J. prevent. Med. 2, 213 (1928).

[13] Eberbeck, K.: Z. Vet.kde 28, 353 (1916).

[14] Poppe, K.: Berl. tierärztl. Wschr. 1919, Nr 21, 173 — Zbl. Bakter. I Orig. 89, 29 (1922).

[15] Piccininni, F.: Ann. Igiene 30, 484 (1920).

[16] Malone, R. H., C. R. Avari u. B. P. B. Naidu: Indian J. med. Res. 13, 121 (1925).

[17] Wilson, W. H.: J. of Physiol. 31, 48 (1904).

Was das Zustandekommen einer individuell erhöhten Widerstandsfähigkeit anlangt, so wurde früher vielfach angenommen, daß hierfür eine *Übertragung von Antikörpern* von der aktiv oder auch passiv immunisierten Mutter, sei es durch das Placentarblut, sei es durch die Milch stattfindet. Insbesondere glaubte man die Tatsache, daß Säuglinge vielfach eine auffallende Unempfindlichkeit gegen manche Infektionskrankheiten (Masern, Scharlach, typhöse Erkrankungen, Fleckfieber usw.) besitzen, wenigstens zum Teil auf solche Vorgänge zurückführen zu sollen. Die von zahlreichen Autoren angestellten diesbezüglichen Untersuchungen haben diese Annahme jedoch nur bedingt bestätigen können.

Es zeigte sich zwar durch die Arbeiten von EHRLICH[1] (s. auch EHRLICH und HÜBENER[2]) und einer großen Reihe weiterer Forscher (WERNICKE[3], RÖMER[4], RÖMER und MUCH[5], RÖMER und SAMES[6], DE BLASI[7], TH. SMITH[8], STÄUBLI[9], KLEINE und MÖLLERS[10], POLANO[11], ANDERSON[12], BAUEREISEN[13], KARASAWA und SCHICK[14], SÜDMERSEN und GLENNY[15], v. GRÖER und KASSOWITZ[16], REYMANN[17], KONRÁDI[18], SATO[19], LEBAILLY[20], BOURQUIN[21], WICHELS[22], SILFVAST[23], KUTTNER und RATNER[24], TEN BROECK und BAUER[25], RIBADEAU-DUMAS[26], EGUCHI[27] u. a.), daß ein derartiger Übergang spezifischer Immunstoffe auf die Nachkommenschaft tatsächlich, wenn auch nicht regelmäßig stattfindet. Wie jedoch schon EHRLICH und HÜBENER an den Jungen tetanusimmuner weiblicher Mäuse und Meerschweinchen experimentell feststellten, hernach u. a. SÜDMERSEN und GLENNY an der Nachkommenschaft diphtherieimmunisierter weiblicher Meerschweinchen bestätigen konnten, ist der durch das Placentarblut bzw. die Milch vermittelte Schutz nur von *sehr beschränkter Dauer*. Dieselbe Beobachtung machten weiterhin KARASAWA und SCHICK, sowie RIBADEAU-DUMAS und zahlreiche andere Autoren beim Menschen. Da die Antikörper im allgemeinen schon 2—3 Monate nach der Geburt aus dem Blute der Nachkommen immunisierter Mütter wieder verschwinden und da außerdem die weiteren Abkömmlinge dieser Nachkommen keine erhöhte Widerstandsfähigkeit mehr erkennen lassen, handelt es sich, wie dies schon EHRLICH angenommen hat, bei diesen Vorgängen nicht um die Vererbung einer echten Immunität, sondern um eine rein passive Übertragung von Immunstoffen („passive Immunität", s. S. 627). Dafür spricht auch, daß bei Hühnern eine derartige Vererbung einer erworbenen Immunität nicht stattfindet (LUSTIG[28]).

[1] EHRLICH, P.: Z. Hyg. **12**, 183 (1892).

[2] EHRLICH, P. u. W. HÜBENER: Z. Hyg. **18**, 51 (1894).

[3] WERNICKE, E.: Festschrift z. 100jähr. Stiftungsf. d. Friedr.-Wilh.-Universität 1895, S. 525.

[4] RÖMER, P. H.: Berl. klin. Wschr. **38**, Nr 46, 1150 (1901) — Z. Immun.forschg Orig. **1**, 171 (1909).

[5] RÖMER, P. H. u. H. MUCH: Jb. Kinderheilk. **63**, 684 (1906).

[6] RÖMER, P. H. u. TH. SAMES: Z. Immun.forschg Orig. **3**, 49 (1909).

[7] BLASI, DE: Zbl. Bakter. I Ref. **36**, 353 (1905).

[8] SMITH, TH.: J. med. Res. **13**, 341 (1905); **16**, 359 (1907).

[9] STÄUBLI, C.: Münch. med. Wschr. **53**, Nr 17, S. 798 (1906).

[10] KLEINE, F. K. u. B. MÖLLERS: Z. Hyg. **55**, 179 (1906).

[11] POLANO, O.: Z. Geburtsh. **53**, 2 (1905).

[12] ANDERSON, J. F.: Maternal transmission of immunity to diphtheria toxin. Bull. Nr 30, Hyg. Laborat. U. S. Publ. Health Serv., Washington D. C. 1906.

[13] BAUEREISEN, A.: Die Beziehungen zwischen dem Eiweiß der Frauenmilch und dem Serumeiweiß von Mutter und Kind. Habil.-Schrift, Marburg 1910.

[14] KARASAWA, M. u. B. SCHICK: Jb. Kinderheilk. **72**, 264 (1910).

[15] SÜDMERSEN, H. J. u. A. T. GLENNY: J. of Hyg. **11**, 220, 423 (1911); **12**, 64 (1912).

[16] GRÖER, F. v. u. K. KASSOWITZ,: Z. Imun.forsch. **28**, 327 (1919).

[17] REYMANN, G. C.: C. r. Soc. Biol. Paris **83**, 1167 (1920) — J. of Immun. **5**, 227, 391, 455 (1920).

[18] KONRÁDI, D.: Zbl. Bakter. I Orig. **85**, 359 (1921).

[19] SATO, K.: Z. Immun.forschg **32**, 481 (1921).

[20] LEBAILLY, C.: C. r. Soc. Biol. Paris **84**, 180 (1921).

[21] BOURQUIN, H.: Amer. J. Physiol. **59**, 122 (1922).

[22] WICHELS, P.: Klin. Wschr. **1**, Nr 28, 1401 (1922) — Z. exper. Med. **41**, 447, 452 (1924).

[23] SILFVAST, J.: Klin. Mbl. Augenheilk. **69**, 815 (1923).

[24] KUTTNER, A. u. B. RATNER: Amer. J. Dis. Childr. **25**, 413 (1923).

[25] BROECK, C. TEN u. J. H. BAUER: Proc. Soc. exper. Biol. a. Med. **20**, 399 (1923).

[26] RIBADEAU-DUMAS, M. L.: Nourrisson **12**, 175 (1924).

[27] EGUCHI, CH.: Z. Hyg. **105**, 265 (1925).

[28] LUSTIG, A.: Arch. ital. de Biol. (Pisa) **41**, Nr 2 (1904) — Zbl. Path. **15**, 210 (1904).

Wenn auch die von einigen früheren Autoren (Tizzoni und Centanni[1], Charrin und Gley[2], neuerdings O. Hermann[3]) angenommene Vererbung einer erworbenen Immunität (gegen Tollwut bzw. Pyocyaneusinfektion) vom Vater, also durch das Keimplasma auf die Nachkommenschaft von anderer Seite, insbesondere von Ehrlich und Hübener[4] vollkommen abgelehnt wurde, so haben doch schon frühzeitig einige Forscher die Vermutung geäußert, daß weniger das Fehlen oder Vorhandensein von Antikörpern, als vielmehr *konstitutionelle, vererbbare Faktoren* für das unterschiedliche Verhalten von Individuen einer Art gegenüber bestimmten Infektionserregern und deren Giften verantwortlich gemacht werden müssen. So hat schon Wassermann[5] die Annahme ausgesprochen, daß der Gehalt oder Mangel des Blutes an spezifischen Antitoxinen wohl nicht die einzige Ursache der verschiedenen persönlichen Disposition für die Diphtherie darstellt. Weiterhin wurden von Anderson[6] zur Erklärung seiner Beobachtung, daß die aktiv erworbene Diphtherieimmunität weiblicher Meerschweinchen nicht regelmäßig auf die Nachkommenschaft übertragen wird, und zur Interpretation der Tatsache, daß bei Pferden erhebliche Unterschiede hinsichtlich des Antitoxinbildungsvermögens bestehen, ferner von Th. Smith[7] derartige Überlegungen, daß nämlich die Reaktionsfähigkeit eines Individuums auf infektiöse Reize als eine *vererbbare konstitutionelle Eigenschaft* anzusprechen sein dürfte, angestellt. Die Richtigkeit derartiger Vermutungen wurde in der Folgezeit noch durch die Untersuchungen von Karasawa und Schick[8] (s. auch Schick[9], sowie v. Gröer und Kassowitz[10]) wahrscheinlich gemacht, die nachweisen konnten, daß der erwachsene Mensch auch ohne vorhergegangene Diphtherieerkrankung Diphtherieschutzstoffe in seinem Blute enthalten kann und daß andererseits die spezifischen Antitoxine bei einem gewissen Prozentsatz der Individuen und zwar trotz wiederholter Diphtherieerkrankung fehlen. War es schon naheliegend, die relativ hohe Resistenz zahlreicher Tierarten gegenüber bestimmten Infektionsstoffen trotz Fehlens spezifischer Antikörper in den Körperflüssigkeiten [z. B. angeborene Immunität der Füchse gegen Milzbrand (Giusti) oder der Mäuse und Ratten gegen Diphtherie (Kuprianow[11], Kolle und Schlossberger[12], Coca, Russell und Baughman[13]) als eine an das Idioplasma der Keimzelle gebundene Eigenschaft zu betrachten, so wurde dies durch die Untersuchungen von Halban und Landsteiner[14], sowie v. Fellenberg und Döll[15], nach denen ein Übergang der mütterlichen *Normalantikörper* auf die Frucht überhaupt nicht stattfindet, direkt bewiesen. Nach diesen Autoren ist vielmehr anzunehmen, daß diese als Teilfaktor der natürlichen Resistenz anzusprechenden Normalantikörper im Fetus bzw. im Neugeborenen autochthon entstehen, daß also ihre Bildung eine natürliche Funktion der Körperzelle darstellt.

[1] Tizzoni, G. u. E. Centanni: Zbl. Bakter. I **13**, 81 (1893).
[2] Charrin, A. u. E. Gley: Arch. Physiol. norm et path. **25**, 75 (1893); **26**, Nr 1 (1894) — Gley, E. u. A. Charrin: C. r. Soc. Biol. Paris **45**, 883 (1893).
[3] Hermann, O.: Zbl. Bakter. I Orig. **98**, 81 (1926).
[4] Ehrlich u. Hübener. Zitiert auf S. 533.
[5] Wassermann, A.: Z. Hyg. **19**, 408 (1895).
[6] Anderson: Zitiert S. 533.
[7] Smith, Th.: J. of med. Res. **16**, 359 (1907).
[8] Karasawa, M. u. B. Schick: Jb. Kinderheilk. **72**, 264, 460 (1910).
[9] Schick: Verh. d. 27. Vers. d. Ges. f. Kinderheilk. **1910**, 212.
[10] Gröer, F. v. u. K. Kassowitz: Z. Immun.forschg Orig. **28**, 327 (1919).
[11] Kuprianow, J.: Zbl. Bakter. I **16**, 415 (1894).
[12] Kolle, W. u. H. Schlossberger: Z. Hyg. **90**, 193 (1920).
[13] Coca, A. F., E. F. Russell u. W. H. Baughman: J. of Immun. **6**, 387 (1921).
[14] Halban, J. u. K. Landsteiner: Münch. med. Wschr. **49**, Nr 12, 473 (1902).
[15] Fellenberg, R. v. u. A. Döll: Z. Geburtsh. **75**, 285 (1913).

Weitere Anhaltspunkte für diese Auffassung vom Zustandekommen der angeborenen erhöhten Widerstandsfähigkeit und gegen die seither vielfach geäußerte Annahme, daß das Vorhandensein von empfindlichen und unempfindlichen Individuen gegenüber bestimmten Infektionskrankheiten innerhalb einer Population ausschließlich durch zufällige Schwankungen einer bei allen Angehörigen einer Art ursprünglich gleichen Resistenz bedingt sei, bilden die Ergebnisse der neueren Untersuchungen von H. und L. HIRSZFELD und H. BROKMAN[1] (s. auch L. HIRSZFELD[2]) über die Vererbung der Diphtherieempfindlichkeit, und der Arbeiten von AMZEL und HALBER[3], sowie STRASZYNSKI[4] über das wechselnde Verhalten der WASSERMANNschen Reaktion, bzw. über die differente Disposition verschiedener Individuen für gewisse Hautkrankheiten (Prurigo, Psoriasis). Nach den Befunden dieser Forscher würde das Vorkommen einer individuell erhöhten Resistenz auf konstitutioneller Anlage beruhen. Sie geben nämlich an, daß die Krankheitsanlage des Individuums mit den gruppenspezifischen Eigenschaften der roten Blutkörperchen (s. auch LATTES, SACHS u. KLOPSTOCK) in Korrelation steht und zusammen mit diesen genotypisch bedingten Merkmalen nach dem MENDELschen Gesetz vererbbar ist. So konnte z. B. bei heterocygoten Nachkommenschaften nachgewiesen werden, daß die zur Feststellung der Diphtherieempfindlichkeit viel verwendete SCHICKsche Cutanprobe bei denjenigen Kindern, welche die Blutgruppe des schickpositiven Elters aufweisen, positiv ist und umgekehrt, daß Kinder mit der Blutgruppe des schicknegativen Elters auf die intracutane Injektion mit Diphtheriegift in der Regel negativ, selten auch positiv reagieren. Während nun Kinder mit der Blutgruppe des schickpositiven Elters offenbar während ihres ganzen Lebens und zwar auch dann, wenn sie einmal oder häufiger an Diphtherie erkranken, schickpositiv bleiben (s. auch KARASAWA und SCHICK[5]), also aus konstitutionellen Gründen keine Diphtherieimmunität erwerben können („recessive Eigenschaft"), ist bei den Kindern mit der Blutgruppe des schicknegativen Elters vielfach zunächst eine positive Hautreaktion zu erzielen, die sich indessen in späteren Jahren nicht mehr reproduzieren läßt („verspäteter Rhythmus"); das Vorhandensein einer Disposition für Diphtherie wäre also hier nicht ein konstitutioneller, sondern nur ein vorübergehender Zustand. HIRSZFELD und seine Mitarbeiter nehmen daher an, daß das Auftreten der Unempfindlichkeit gegen Diphtherie und entsprechend auch gegen manche andere Infektionsstoffe bei entsprechend veranlagten Lebewesen in „einem bestimmten, konstitutionell bedingten, für das betreffende Individuum charakteristischen Alter" erscheint (vgl. HALBAN und LANDSTEINER[6], GEWIN[7], ASCHENHEIM[8], KAUMHEIMER[9], BAUER und NEUMARK[10], SCHICK[11], DÉTRÉ und SAINT-GIRONS[12], REYMANN[13], BAILEY[14]; s. auch SACHS[15]), unter Umständen jedoch durch spezifische

[1] HIRSZFELD, H. u. L. u. H. BROKMAN: Klin. Wschr. 3, Nr 29, 1308 (1924) — C. r. Soc. Biol. Paris 90, 1198 (1924).
[2] HIRSZFELD, L.: Klin. Wschr. 3, Nr 46, 2084 (1924) — Erg. Hyg. 8, 367 (1926).
[3] AMZEL, R. u. W. HALBER: C. r. Soc. Biol. Paris 91, 1479 (1924).
[4] STRASZYNSKI, A.: C. r. Soc. Biol. Paris 91, 1481 (1924).
[5] KARASAWA, M. u. B. SCHICK: Jb. Kinderheilk. 72, 460 (1910).
[6] HALBAN, J. u. K. LANDSTEINER: Münch. med. Wschr. 49, Nr 12, 473 (1902).
[7] GEWIN, J.: Z. Immun.forschg Orig. 1, 613 (1909).
[8] ASCHENHEIM, E.: Zbl. Bakter. I Orig. 49, 124 (1909).
[9] KAUMHEIMER, L.: Zbl. Bakter. I Orig. 49, 208 (1909).
[10] BAUER, J. u. K. NEUMARK: Arch. f. Kinderheilk. 53, 101 (1910).
[11] SCHICK: Verh. d. 27. Vers. d. Ges. f. Kinderheilk. 1910, 212.
[12] DÉTRÉ, G. u. F. SAINT-GIRONS: C. r. Soc. Biol. 72, 338 (1912).
[13] REYMANN, G. C.: C. r. Soc. Biol. Paris 83, 1167 (1920) — J. of Immun. 5, 227, 391, 455 (1920).
[14] BAILEY, C. E.: Amer. J. Hyg. 3, 370 (1923).
[15] SACHS, H.: Zbl. Bakter. I Orig. 34, 686 (1903).

oder unspezifische (vgl. Pinner und Ivančevic[1]) Reize frühzeitig geweckt werden ·kann. Zutreffendenfalls würden die Schlußfolgerungen Hirszfelds, deren Richtigkeit zwar neuerdings von Thomsen[2] bestritten wird, die bei durch-·seuchten Populationen häufig zu beobachtende geringere Widerstandsfähigkeit junger Individuen, z. B. die Pestempfänglichkeit junger Ratten in pestinfizierten Hafenstädten (Piccininni[3]) in plausibler Weise erklären.

Nach diesen experimentell wohlbegründeten Vorstellungen würde also das Zustandekommen einer erhöhten individuellen Resistenz als das Resultat ·eines Selektionsvorgangs aufzufassen sein, indem man entsprechend der Darwinschen Lehre annimmt, daß diejenigen Angehörigen einer Population, welche eine hohe Empfänglichkeit einer Seuche gegenüber besitzen, allmählich aussterben, während die zufällig widerstandsfähigeren Individuen sich weiter zu vermehren vermögen (s. auch Neufeld[4]). Durch die Ergebnisse von Webster[5] (s. auch Flexner[6], Amoss[7]), sowie von Topley[8] und seinen Mitarbeitern, die im Verlauf ausgedehnter experimentell-epidemiologischer Versuche an Mäusen mit Mäusetyphusbacillen und Mäusepasteurellose eine successive Resistenzsteigerung der Nachkommen-schaft der überlebenden Tiere beobachteten, erfährt diese Auffassung eine wesent-liche Stütze.

Nach den Feststellungen von Topley, Ayrton und Lewis[9] (s. auch Topley und Ayrton[10] sowie Webster[11]), die bei den eine Enteritisinfektion überlebenden Tieren einerseits die Fäces und die inneren Organe auf die Gegenwart von Infektionserregern, andererseits ihr Blut auf das Vorhandensein spezifischer Agglutinine untersuchten, kann die angeborene Resistenz der Mäuse gegenüber einer peroralen Verimpfung von Mäusetyphusbacillen verschiedene Grade aufweisen. Es zeigte sich nämlich, daß manche als besonders resi-stent anzusprechende Individuen sich der Infektion gegenüber absolut refraktär ver-halten, d. h. es konnten weder Bacillen in ihren Organen (Milz, Blut) und in den Ausscheidungen, noch spezifische Agglutinine, die allerdings nach den Befunden bei den übrigen Tieren keinerlei Rückschlüsse hinsichtlich der Immunität zulassen, aber doch als Zeichen einer Reaktion des Organismus eine gewisse Bedeutung besitzen, nachge-wiesen werden. Bei einem andern Teil der überlebenden Tiere, bei denen die Aggluti-nationsprobe teils positiv, teils negativ ausfiel, ließen sich die Erreger und zwar in vollvirulentem Zustand kürzere und längere Zeit hindurch nur in den Fäces („Bacillen-träger"), bei wieder andern nach der Tötung in der Milz, zum Teil auch vorher schon im Darminhalte feststellen, ohne daß es indessen zu manifesten Krankheitserscheinungen oder zu pathologischen Veränderungen gekommen wäre („latente Infektion") (vgl. auch Oerskov, Jensen und Kobayashi[12]). Aber auch bei den gestorbenen Tieren waren An-zeichen von Resistenzunterschieden, die sich durch den verschiedenartigen, teils akuten, teils subakuten, teils chronischen Verlauf der Erkrankung zu erkennen gaben, nachweis-bar; u. a. kam es auch vor, daß Mäuse lange Zeit hindurch Bacillen ausschieden, plötz-lich aber der Infektion erlagen. Bemerkenswert ist die Beobachtung, daß chronisch in-fizierte Tiere einer Superinfektion gegenüber weniger widerstandsfähig waren als latent kranke Mäuse. Ferner zeigte sich, daß nicht nur die Mortalitätsziffer, sondern auch das Vor-kommen von Bacillenträgern und von latenten Erkrankungen bei den überlebenden Indi-viduen mit dem Ansteigen der Infektionsdosis zunimmt und daß bei häufiger Verabreichung

¹ Pinner, M. u. J. Ivančevic: Z. Immun.forschg **30**, 542 (1920).
² Thomsen, O.: Acta path. scand. (Københ) **4**, 45 (1927) — Seuchenbekämpfg **6**, 131, 161 (1929).
³ Piccininni, F.: Ann. Igiene **30**, 484 (1920).
⁴ Neufeld, F : Dtsch. med. Wschr. **51**, Nr 9, 341 (1925).
⁵ Webster, L. T.: J. of exper. Med. **39**, 129, 879 (1924).
⁶ Flexner, S.: J. of exper. Med. **36**, 9 (1922).
⁷ Amoss, H. L.: J. of exper. Med. **36**, 25, 45 (1922).
⁸ Topley, W. W. C.: J. of Hyg. **21**, 226 (1923). — Topley, W. W. C., J. Wilson u. E. R. Lewis: J. of Hyg. **23**, 421 (1925) — Greenwood, M. u. W. W. C. Topley: J. of Hyg. **24**, 45 (1925) — Topley, W. W. C.: Seuchenbekämpfg **6**, 188 (1929).
⁹ Topley, W. W. C., J. Ayrton u. E. R. Lewis: J. of Hyg. **23**, 223 (1925).
¹⁰ Topley, W. W. C. u. J. Ayrton: J. of Hyg. **22**, 234 (1924); **23**, 198 (1925).
¹¹ Webster, L. T.: J. of exper. Med. **39**, 129 (1924).
¹² Oerskov, J., K. A. Jensen u. K. Kobayashi: Z. Immun.forschg **55**, 34 (1928).

kleiner Bakterienmengen die Zahl der Bacillenträger erheblich ansteigt. Alle diese Feststellungen erscheinen besonders deshalb bedeutungsvoll, weil sie erkennen lassen, daß selbst gegenüber derart hochinfektiösen Erregern, wie sie die Enteritisbacillen für Mäuse darstellen, erhebliche Differenzen im Verhalten der Einzelindividuen einer Population vorkommen. Es ist daher wohl zu verstehen, daß bei der Verbreitung der weniger foudroyant, besonders der chronisch verlaufenden Infektionskrankheiten des Menschen und der Tiere der konstitutionelle Faktor noch in erheblich höherem Grade zur Geltung kommt.

Die Frage der *abortiv* und vor allem der *gänzlich symptomlos verlaufenden Infektionen* steht heute zweifellos im Vordergrund des Interesses (s. auch S. 591 u. 602). Während man zu Beginn der bakteriologischen Ära annahm, daß jeder Kontakt eines nicht durch vorausgegangene Erkrankung oder Schutzimpfung aktiv immunisierten Individuums mit einem pathogenen Mikroorganismus die entsprechende Erkrankung im Gefolge habe, wissen wir heute, daß bei einer Reihe von Krankheitskeimen die *latente Infektion die Regel, die manifeste Erkrankung dagegen die Ausnahme* darstellt (FRIEDEMANN[1]). So gibt, um nur einige Beispiele anzuführen, KISSKALT[2] an, daß von 38 Kindern, welche Diphtheriebacillen in ihrem Rachen beherbergten, nur eines manifest an Diphtherie erkrankte; nach den Berechnungen von FRIEDEMANN kommen in Berlin auf einen Fall von Diphtherieerkrankung sogar etwa 535 Bacillenträger. Ähnliche Feststellungen wurden auch bei der epidemischen Meningitis (SIMIČ[3]; daselbst weitere Literatur), ferner beim Typhus, wo nach den Angaben REITERS[4] von 100 Infizierten nur etwa 33 manifest erkranken, beim Scharlach, bei der Poliomyelitis, bei der WEILschen Krankheit, bei der Syphilis, bei der Tuberkulose, bei der Lepra und bei einer Anzahl anderer Infektionen erhoben. Nach den Angaben von ZEISSLER und RASSFELD[5], daß von 200 teils aus kultiviertem, teils aus nichtkultiviertem Boden stammenden Erdproben, die im Frühjahr 1917 an allen Abschnitten der damaligen Fronten der Heere der Mittelmächte gesammelt worden waren, nahezu 100% den FRAENKELschen Gasbrandbacillus, etwa 45% den NOVYschen Bacillus des malignen Ödems (Bac. oedematiens), 7% den Vibrion septique (Pararauschbrandbacillus) und 26% den Tetanusbacillus enthielten, ist anzunehmen, daß jede mit Erde beschmutzte Wunde mit pathogenen anaeroben Bakterien infiziert ist; die relative Seltenheit anaerober Wundinfektionskrankheiten beweist aber, daß auch hier Infektion nicht mit Erkrankung gleichbedeutend ist. Die Tatsache, daß trotz vorhandener Infektionsmöglichkeit nur ein Teil der einer solchen Ansteckung ausgesetzten Individuen manifest erkrankt oder daß nur bei einem kleinen Prozentsatz der mit Variolavaccine geimpften Kinder die gefürchteten Erscheinungen der postvaccinalen Encephalitis (s. bei GILDEMEISTER[6], SOBERNHEIM[7]; vgl. S. 578) auftreten, hat zwangsläufig zu der Annahme geführt, daß bei dem Zustandekommen infektiöser Erkrankungen „dem Makroorganismus eine größere Bedeutung zukommt, als dem Infektionserreger", daß letzterer „gewissermaßen nur eine Voraussetzung der Infektion" schafft, sie aber nicht bedingt (REITER).

Die schon des öfteren ventilierte Frage, ob trotz der negativen Ergebnisse der meisten früheren Autoren nicht doch vielleicht eine, wenn auch im Einzelfalle nur geringgradige und deshalb nicht nachweisbare *echte Vererbung einer erworbenen Immunität* für das Vorkommen höherer Grade von spezifischer Resistenz

[1] FRIEDEMANN, U.: Zbl. Bakter. I Orig. **110**, Beiheft, 2 (1929).
[2] KISSKALT, K.: Münch. med. Wschr. **74**, Nr 22, 918 (1927).
[3] SIMIČ, T.: Immunität usw. **1**, 173 (1929).
[4] REITER, H.: Klin. Wschr. **7**, Nr 46, 2181 (1928).
[5] ZEISSLER, J. u. L. RASSFELD: Die anaerobe Sporenflora der europäischen Kriegsschauplätze 1917. Jena: Gustav Fischer 1928.
[6] GILDEMEISTER, E.: Zbl. Bakter. I Orig. **110**, Beiheft, 120 (1929).
[7] SOBERNHEIM, G.: Immunität usw. **1**, 135 (1929).

neben Selektionsvorgängen verantwortlich gemacht werden kann (s. insbesondere Zinsser), ist, wie das Problem der Vererbung erworbener Eigenschaften über- haupt, heute noch nicht spruchreif. Erwähnt sei nur, daß manche Beobachtungen an die Möglichkeit der Vererbung einer als *physiologisch-chemische Konstellation* aufzufassenden spezifisch veränderten Reaktionsfähigkeit des Organismus gegen- über bestimmten Infektionsstoffen denken lassen. So stellten Guyer und Smith[1] bei den Deszendenten typhusimmunisierter Kaninchen eine von Generation zu Generation zunehmende Fähigkeit zur Agglutininbildung fest. In ähnlicher Weise hat dann Metalnikov[2] bei Raupen der Wachsmotte (Galleria mellonella) dadurch, daß er mehrere aufeinanderfolgende Generationen mit Choleravibrionen aktiv immunisierte, schließlich eine vererbbare Immunität beobachten können.

C. Faktoren der Resistenz.

Die Gesamtheit der die natürliche Resistenz eines Organismus bedingenden Faktoren stellt eine *Eigenschaft der lebenden Zelle* dar, die Bail mit dem treffenden Ausdruck „*Lebensundurchdringlichkeit*" bezeichnet hat. Wie Bail ausführt, werden die im Wasser lebenden Froscheier trotz der Menge der in ihrer Umgebung lebenden saprophytischen Keime von diesen nicht infiziert; sterben sie aber infolge irgendwelcher Einwirkungen ab, dann siedeln sich die Bakterien sofort in ihnen an. Ebenso ist es eine bekannte, schon eingangs erwähnte Tatsache, daß der menschliche oder tierische Organismus sofort nach dem Tode besonders von den im Darme lebenden Fäulnisbakterien überschwemmt wird. In Anbe- tracht unserer geringen Kenntnisse vom Wesen des Zelltodes ist es heute nicht möglich, das Wesen dieses mit dem Absterben der Zelle einhergehenden Resistenz- verlustes des Gewebes zu erfassen. Änderungen der Wasserstoffionenkonzen- tration (Zinsser), der elektrischen Leitfähigkeit und Permeabilität (Osterhout[3]), die als Anzeichen des eintretenden oder eingetretenen Zelltodes betrachtet werden, vermögen naturgemäß das eigentliche Wesen des Vorgangs nicht zu erklären. Dagegen haben aber doch die ausgedehnten Untersuchungen auf diesem Gebiete, besonders die eingehenden Studien über die einzelnen Momente, welche zusam- men den Komplex der angeborenen Schutzvorrichtungen des Organismus dar- stellen, dazu geführt, daß wir uns ein ungefähres, wenn auch zweifellos recht unvollständiges Bild von dem Mechanismus der natürlichen Resistenz machen können (s. auch Hahn, Ledingham[4]).

A priori müssen wir annehmen, daß ein Mikroorganismus sich nur dann in den Zellen oder Körperflüssigkeiten eines anderen Lebewesens ansiedeln kann, wenn er dort die für sein Fortkommen nötigen Bedingungen vorfindet. Indi- viduen, die diesen vitalen Ansprüchen eines Infektionserregers nicht genügen, sind daher diesem gegenüber immun. So ist es zweifellos naheliegend, die Tat- sache, daß z. B. gewisse an den Säugetierorganismus angepaßte Parasitenarten in den Geweben von poikilothermen Tieren oder von Vögeln nicht zu proliferieren vermögen, auf die abweichende, ihrer Vermehrung nicht zuträgliche *Temperatur* zurückzuführen. Daß eine bestimmte Körperwärme an sich einen gewissen Schutz gegen die Infektion mit manchen pathogenen Mikroorganismen bedingen kann, erscheint nach den Feststellungen zahlreicher Autoren, die durch künst- liche Änderung der Körpertemperatur eine Aufhebung der natürlichen Wider- standsfähigkeit resistenter Tiere erzielen konnten, möglich, wenn auch die

---

[1] Guyer, M. F. u. E. A. Smith J. inf. Dis. **33**, 498 (1923).
[2] Metalnikov, S.: C. r. Acad. Sci. Paris **179**, 514 (1924).
[3] Osterhout, W. J. V.: J. gen. Physiol. **3**, 15, 145, 415, 611 (1921); **4**, 1, 275 (1922).
[4] Ledingham, J. C. G.: Lancet II **1922**, 898.

Schwere des experimentellen Eingriffs in manchen dieser Fälle eine andersartige Deutung wahrscheinlich macht (Löwit)[1].

So konnten schon Pasteur, Joubert und Chamberland[2] beobachten, daß Hühner, deren Körpertemperatur durch Eintauchen in Wasser von 42° auf 37—38° künstlich herabgesetzt wird, ihre natürliche Immunität gegen die bei 42—44° nur kümmerlich gedeihenden Milzbrandbakterien verlieren. Dagegen gelang es nicht, Tauben durch kalte Bäder ihrer natürlichen Resistenz gegen Milzbrand zu berauben (London[3]). Andererseits machten Gibier[4], Metschnikoff[5], Lubarsch[6], Nuttall[7], Petruschky[8] u. a. Frösche dadurch milzbrandempfindlich, daß sie die Tiere im Brutschrank bei 35—37° hielten, und Sibley[9] gibt an, daß Schlangen dann an Tuberkulose erkranken können, wenn sie der Temperatur des Säugetierkörpers ausgesetzt sind. Abgesehen davon, daß dieser letzteren Angabe wegen des Vorkommens von Kaltblütertuberkulose nur geringere Bedeutung zukommen dürfte, stellte aber schon Lubarsch[10] fest, daß eine Vermehrung der Milzbrandbacillen im Organismus des Frosches nicht ausschließlich durch die Temperaturänderung bedingt ist, vielmehr nur dann erfolgt, wenn bei den Tieren eine als Folge des plötzlichen Temperaturwechsels anzusprechende, auch ohne Milzbrandimpfung zum Tode führende Alteration des gesamten Stoffwechsels eintritt; wurden nämlich die Frösche allmählich an die Säugetiertemperatur gewöhnt, so war auch bei 35—37° keine Milzbrandproliferation in den Organen der Tiere nachweisbar. Dagegen kommt den Ergebnissen von Ernst[11], der die gegenüber dem Bacterium ranicida, dem Erreger der sog. Frühjahrsseuche resistenten Sommerfrösche durch Abkühlen auf 10° empfänglich machen konnte, eine erhöhte Beweiskraft zu. Auch die Erscheinungen, daß Frösche bei Temperaturen über 20° an Tetanus erkranken können (Courmont und Doyon[12], Morgenroth[13]) und daß tetanusinfizierte winterschlafende Tiere (Haselmäuse, Murmeltiere) infolge ihrer niedrigen Körpertemperatur keine Krankheitserscheinungen zeigen, dagegen beim Erwachen tetanisch werden (Billinger[14]), die nach Morgenroth darauf zurückzuführen sind, daß das Tetanustoxin vom Zentralnervensystem zwar bei niedriger Temperatur gebunden wird, aber erst bei höheren Wärmegraden seine Giftwirkung ausübt (s. auch Madsen[15], Lemaire[16], Hausmann[17]), lassen die Bedeutung der Körpertemperatur für die natürliche Resistenz mancher Tierarten gegenüber gewissen Infektionsstoffen erkennen. In demselben Sinne spricht auch die Feststellung von Dujardin-Beaumetz und Mosny[18], A. A. Tschurilina sowie N. A. Gaisky (s. bei Zabolotny[19]; vgl. S. 606), daß bei winterschlafenden Murmeltieren und Zieselmäusen (Spermophilus citellus) die experimentelle Pestinfektion außerordentlich verzögert verläuft. Die während des Winterschlafs infizierten Tiere zeigten zunächst weder Reaktionen an den Impfstellen noch Drüsenschwellungen und erkrankten erst nach dem Erwachen. Bemerkenswerterweise verloren die Pestbacillen durch den Aufenthalt im Organismus winterschlafender Tiere teilweise ihre Virulenz (Gaisky; vgl. S. 525).

Umgekehrt wurde auch, wie schon hier erwähnt sei, versucht, durch Änderung der Körpertemperatur empfänglicher Individuen die Wachstumsbedingungen für bestimmte Krankheitserreger zu verschlechtern und dadurch den Verlauf der durch diese bedingten infektiösen Erkrankungen aufzuhalten. So haben früher Walther[20] sowie Rovighi[21] dadurch,

[1] Löwit, M.: Vorlesungen über allgemeine Pathologie. Jena: G. Fischer 1897.
[2] Pasteur, Joubert u. Chamberland: Bull. Acad. Med. Paris ,II. s. 7, 432 (1878).
[3] London, E. S.: C. r. Acad. Sci. Paris 122, 1278 (1896) — Arch. Sci. biol. St. Pétersbourg 5, 88, 197 (1897).
[4] Gibier, P.: C. r. Acad. Sci. Paris 94, 1605 (1882).
[5] Metschnikoff, E.: Virchows Arch. 97, 502 (1884).
[6] Lubarsch, O.: Fortschr. Med. 6, Nr 4 (1888).
[7] Nuttall, G.: Z. Hyg. 4, 353 (1888).
[8] Petruschky, J.: Beitr. path. Anat. 3, 357 (1888) — Z. Hyg. 7, 75 (1889).
[9] Sibley, W. K.: Brit. med. J. 1891, 11.
[10] Lubarsch. Zitiert oben [6].
[11] Ernst, P.: Beitr. path. Anat. 8, 203 (1890).
[12] Courmont, J. u. M. Doyon: Le tétanos. Paris: J. B. Baillière et fils 1899.
[13] Morgenroth, J.: Arch. internat. Pharmacodynamie 7, 265 (1900).
[14] Billinger, O.: Wien. klin. Rundsch. 11, Nr 45, 769 (1896).
[15] Madsen, Th.: Z. Hyg. 32, 214 (1899).
[16] Lemaire, A.: Arch. internat. Pharmacodynamie 5, 225 (1899).
[17] Hausmann, W.: Pflügers Arch. 113, 317 (1906).
[18] Dujardin-Beaumetz, E. u. E. Mosny: C. r. Acad. Sci. Paris 155, 329 (1912).
[19] Zabolotny, D.: Zbl. Bakter. I Orig. 106, 397 (1928).
[20] Walther, P.: Wratsch 1890, Nr 37—40 — Arch. f. Hyg. 12, 529 (1891).
[21] Rovighi, A.: Lavori dei congressi di Medicina interna. Secondo congresso tenuto in Roma nell'octobre 1889 (Roma 1890, Edit. Vallardi). Riforma med. 6, 656 (1890).

daß sie mit Pneumoniebacillen bzw. den Erregern der Kaninchensepticämie und des Milzbrands infizierte Kaninchen und Meerschweinchen durch Einsetzen in den Brutschrank künstlich überhitzten, eine Verzögerung des Krankheitsverlaufs erzielen können. In ähnlicher Weise beobachteten Löwy und Richter[1], sowie Engelhardt[2] bei Kaninchen, die mit verschiedenartigen Krankheitserregern (Pneumokokken, Hühnercholerabacillen, Schweinerotlaufbacillen bzw. Staphylokokken) experimentell infiziert worden waren, unter dem Einfluß des Fieberstichs einen verlangsamten Ablauf der Erkrankung (s. dagegen Barankeieff[3]), während Kraus[4] keine Wirkung des künstlichen Fiebers (durch Fieberstich nach Aronsohn und Sachs oder durch Injektion von Albumosen) auf die akut verlaufende Streptokokkensepticämie des Kaninchens und auf die Diphtherieintoxikation des Meerschweinchens nachweisen konnte. Weichbrodt und Jahnel[5] stellten dagegen fest, daß bei syphilitischen Kaninchen durch künstliches hohes Fieber (im Brutschrank) die Spirochäten zum Verschwinden und die spezifischen Manifestationen zum Abheilen gebracht werden. Die therapeutische Wirkung dieser zur Steigerung der Körperwärme angewandten Maßnahmen ist indessen in allen angeführten Fällen wohl kaum auf eine direkte Schädigung der Krankheitserreger durch die erhöhte Temperatur zurückzuführen (Löwit[6]); vielmehr ist auf Grund unserer heutigen Vorstellungen anzunehmen, daß es sich hierbei um eine Beeinflussung des Wirtsorganismus, d. h. um Vorgänge mehr indirekter Art handelt, die dem Gebiete der sog. Protoplasmaaktivierung durch unspezifische Eingriffe (Weichardt, Caspari; s. a. Greving[7]) angehören. Nach den Angaben von Friedberger und Bettac[8] ist beim Kaninchen unter der Wirkung des Fieberstichs keine Veränderung des Komplementgehalts im Serum, dagegen eine mit dem Fieber parallel verlaufende beträchtliche Steigerung des hämolytischen Normalamboceptors gegen Ziegenblut nachzuweisen.

In gleicher Weise, wie die spezifische Körperwärme kann naturgemäß auch die biochemische Zusammensetzung eines Organismus unter Umständen die Ansiedelung und Vermehrung gewisser Keime innerhalb der Gewebe unmöglich machen und es ist anzunehmen, daß z. B. der Mangel gewisser für das Fortkommen bestimmter Mikroorganismen unentbehrlicher Nährstoffe, eine zu große oder zu geringe Sauerstoffspannung in den Geweben und andere derartige Momente als Ursache einer absoluten oder relativen Unempfänglichkeit für gewisse Infektionen in Frage kommen. Ehrlich hat für einen derart bedingten Schutz des Individuums, den er besonders bei seinen Geschwulstforschungen realisiert fand (vgl. Apolant[9]), die Bezeichnung „athreptische Immunität" geprägt. Es zeigte sich nämlich, daß bei Mäusen, bei denen sich ein Impftumor spontan wieder zurückbildete, eine Reimplantation von Tumormaterial nicht zur Geschwulstbildung führt; da bei derartigen Individuen keinerlei Abwehrreaktionen im Anschluß an die zweite Impfung nachzuweisen waren, nahm Ehrlich in ähnlicher Weise wie früher Pasteur und Klebs zur Erklärung der erworbenen antiinfektiösen Immunität (sog. „Erschöpfungstheorie") an, daß das Ausbleiben eines Impferfolges in diesem Falle darauf beruht, daß der primäre Tumor die betreffenden Nährsubstanzen vollkommen an sich gerissen hat, so daß für die nachgeimpften Geschwulstzellen davon nichts mehr übrig bzw. nichts mehr verfügbar geblieben ist. Wenn es sich auch bei dieser Beobachtung, die zur Aufstellung des

---

[1] Loewy, A. u. P. F. Richter: Dtsch. med. Wschr. **21**, Nr 15, 240 (1895) — Virchows Arch. **145**, 49 (1896).

[2] Engelhardt, G.: Z. Hyg. **28**, 239 (1898).

[3] Barankeieff, V.: Z. klin. Med. **68**, 285 (1909).

[4] Kraus, R.: Arch. internat. Pharmacodyn. **6**, 345 (1899).

[5] Weichbrodt, R. u. F. Jahnel: Dtsch. med. Wschr. **45**, Nr 18, 483 (1919). — S. auch J. F. Schamberg u. A. Rule: Arch. of Dermat. **14**, 243 (1926); **17**, 322 u. 350 (1928). — Bessemans, A., F. de Potter u. R. Hacquaert: C. r. Soc. Biol. Paris **99**, 1610 (1928). — Bessemans, A. u. R. Hacquaert: Ebenda **99**, 1613 (1928). — Bessemans, A. u. F. de Potter: Ebenda **99**, 1616 (1928).

[6] Löwit, M.: Vorlesungen über allgemeine Pathologie. Jena: G. Fischer 1897.

[7] Greving, R.: Dtsch. med. Wschr. **48**, Nr 50, 1673; Nr 51, 1696 (1922).

[8] Friedberger, E. und E. Bettac: Z. Immun.forschg Orig. **12**, 29 (1912).

[9] Apolant, H.: Die experimentelle Erforschung der Geschwülste. Handb. d. pathog. Mikroorganismen. Hrsg. von W. Kolle u. A. v. Wassermann. 2. Aufl. **3**, 167. Jena: G. Fischer 1913.

Begriffs der athreptischen Immunität führte, nicht um eine angeborene, sondern um eine durch die Erstimpfung *erworbene* Unempfänglichkeit der Individuen handelte, so erscheint es trotzdem, vor allem auf Grund der neueren Untersuchungen von BRAUN[1] und seinen Mitarbeitern über den *Verwendungsstoffwechsel* einiger Bakterienarten und der dabei festgestellten artspezifischen Besonderheiten sehr wahrscheinlich, daß die *biochemische Zusammensetzung* eines Makroorganismus in manchen Fällen schon primär die Ansiedlung bestimmter Infektionserreger verhindert.

So ist z. B. die Schwierigkeit der Ansiedlung „darmfremder" Bakterien im Intestinaltraktus, sowie die Verschiedenheit der Bakterienflora in den einzelnen Darmabschnitten wohl auf die chemische und physikalische Beschaffenheit des Mediums, die nur bestimmten Keimarten optimale Wachstumsbedingungen bietet, zurückzuführen (BRAUN und CAHN-BRONNER[2], VAN DER REIS[3], ADAM[4]). Dasselbe gilt in gleicher Weise für die in der Mund-Nasen-Rachenhöhle und in der Vagina normalerweise vorhandene Bakterienflora, welche wohl hauptsächlich infolge der wechselnden Zusammensetzung der Sekrete bei den einzelnen Individuen recht verschiedenartig kombiniert sein kann. Trotzdem die beiden Körperhöhlen dem freien Keimzutritt ausgesetzt sind, können sich darin doch nur ganz bestimmte Mikrobenarten halten und vermehren. Es ist anzunehmen, daß durch die Gegenwart mancher saprophytisch lebender Bakterien und durch die bei deren Proliferation auftretenden Stoffwechselprodukte die Ansiedlung gewisser anderer Mikroorganismenarten erst ermöglicht, die Etablierung wieder anderer, auch krankmachender Spezies aber verhindert wird (KRANZ und SCHLOSSBERGER[5], BRAÏLOVSKY-LOUNKEVITCH[6]).

Weiterhin ist nach den Angaben von ZINSSER für die Züchtung des Gonokokkus auf künstlichen Nährböden wenigstens für die ersten Passagen das Vorhandensein von menschlichem Eiweiß in den Kulturmedien erforderlich, und es erscheint daher nicht ausgeschlossen, daß die mangelnde Pathogenität dieses Mikroorganismus für andere Tierarten auf seiner Unfähigkeit, andersartige Proteinstoffe zu assimilieren, beruht. Dasselbe dürfte wohl auch für die Malariaparasiten zutreffen, die sich nur in den roten Blutkörperchen des Menschen zu vermehren vermögen (MORGENROTH[7]). Auch die bei anderen Krankheitserregern vorhandene artspezifische Anpassung ist wohl, wenigstens zum Teil durch derartige Faktoren bedingt. So hat z. B. COLLIER[8] durch Selbstversuch nachgewiesen, daß die Unfähigkeit des Tsetsetrypanosoms (Trypanosoma brucei), sich im Menschenkörper anzusiedeln und zu vermehren, überhaupt nicht oder nicht ausschließlich durch die trypanociden Stoffe des menschlichen Blutes bedingt sein kann, da auch ein durch allmähliche Anpassung gegenüber diesen Substanzen gefestigter Stamm dieser Trypanosomenart im menschlichen Körper keine Proliferation erkennen ließ; man wird daher wohl annehmen müssen, daß das an den Organismus des Rindes angepaßte Tsetsetrypanosom im menschlichen Körper die für sein Fortkommen notwendigen Nahrungsstoffe nicht vorfindet. Endlich ist auch die schon oben (siehe S. 521) erwähnte Tatsache, daß Mikroorganismen durch Passage in einer Tierart ihre ursprünglich vorhandene Pathogenität für andere Tierspezies dauernd verlieren können, vielleicht auf einen Verlust der Fähigkeit, die in Organismen der letzteren Art zur Verfügung stehenden Nährstoffe zu verwerten, zurückzuführen (vgl. auch S. 553).

Aus dem Gesagten ergibt sich, daß eine derartige natürliche Resistenz, die also darauf beruht, daß bestimmte Infektionserreger die für ihre Fortpflanzung notwendigen Voraussetzungen in einem Organismus nicht vorfinden, und die daher als rein *passiv* zu betrachten ist, in erster Linie als *Artcharacteristikum* vorkommt. Inwieweit derartige Faktoren als solche bei den Erscheinungen der *individuellen* Resistenz eine Rolle spielen können, läßt sich indessen heute noch nicht sagen.

---

[1] BRAUN, H.: Zbl. Bakter. I Orig. **93**, Beih., 183 (1924) — Krkh.forschg **1**, 251 (1925). — BRAUN, H. u. S. KONDO: Klin. Wschr. **3**, Nr 1, 10 (1924). — BRAUN, H. u. K. HOFMEIER: Ebenda **6**, Nr 15, 699 (1927). — BRAUN, H. u. F. MÜNDEL: Zbl. Bakter. I Orig. **103**, 182 (1927); **112**, 347 (1929). — WICHMANN, F. W.: Arb. Staatsinst. exper. Ther. Frankf. **21**, 362 (1928).
[2] BRAUN, H. u. C. E. CAHN-BRONNER: Zbl. Bakter. I Orig. **86**, 1, 196, 380 (1921).
[3] REIS, V. VAN DER: Erg. inn. Med. **27**, 77 (1925).
[4] ADAM, A.: Jb. Kinderheilk. **110**, 186 (1925).
[5] KRANZ, P. u. H. SCHLOSSBERGER: Dtsch. Mschr. Zahnheilk. **39**, 494 (1921).
[6] BRAÏLOVSKY-LOUNKEVITCH, Z. A.: Ann. Inst. Pasteur **29**, 379 (1915).
[7] MORGENROTH, J.: Dtsch. med. Wschr. **44**, Nr 35, 961; Nr 36, 988 (1918).
[8] COLLIER, W. A.: Arch. Schiffs- u. Tropenhyg. **28**, 484 (1924).

Wir wissen zwar, worauf weiter unten (s. S. 557) des näheren einzugehen sein wird, daß durch eine zweckmäßige Ernährung die Konstitution des Organismus und damit auch seine Resistenz gegenüber verschiedenartigen Infektionserregern gehoben wird, während bei Unterernährung, bei Stoffwechselstörungen u. dgl. die Widerstandsfähigkeit des Körpers eine Einbuße erfahren kann. So liegen z. B. experimentelle Untersuchungen zahlreicher Autoren (Bujwid[1], Leo[2], P. Th. Müller[3], Da Costa und Beardsley[4] u. a.) vor, die eine erhöhte Empfänglichkeit diabetischer und urämischer Individuen für manche Krankheitskeime erkennen lassen; damit würde auch die von Fischel[5] allerdings nicht bestätigte Angabe Behrings[6], daß die besonders hohe Resistenz einzelner Ratten gegenüber Milzbrand auf einem abnorm hohen Alkaleszenzgrad ihres Blutes beruhen soll, übereinstimmen. Auch wäre es, wie Braun und Kondo[7] ausführen, denkbar, daß das die Entwicklung der Tuberkelbacillen begünstigende reichliche Vorkommen niederer Kohlenstoffquellen bei Diabetes, Alkoholismus und Hunger für die bei diesen Zuständen erhöhte Tuberkuloseempfänglichkeit verantwortlich zu machen ist. Es läßt sich indessen auf Grund der vorliegenden Angaben nicht entscheiden, inwieweit die bei einwandfreier Ernährung erhöhte, bei Stoffwechselstörungen verminderte Widerstandsfähigkeit auf einer solchen Veränderung des Nährsubstrates beruht und inwieweit hierfür eine Beeinflussung der aktiven Abwehrmaßnahmen des Körpers als Ursache in Betracht kommt (s. auch S. 625). Andererseits hat aber die Möglichkeit, daß ein Mikroorganismus, der sich zunächst in den Geweben von Individuen einer bestimmten Tierart nicht zu vermehren vermag, diese Fähigkeit durch Anpassung erwerben kann, in Anbetracht der den Bakterien und Protozoen eigenen Variabilität eine große Wahrscheinlichkeit für sich und kann vielleicht als Ursache der Entstehung neuer Infektionskrankheiten in Frage kommen.

Ebenso wie in den vorstehend besprochenen Fällen die angeborenen Widerstandsfähigkeit des Makroorganismus gegenüber gewissen Krankheitserregern darauf beruht, daß diese keine geeigneten Angriffspunkte in den Geweben vorfinden, ist es aber auch möglich, daß die natürliche Widerstandsfähigkeit eines Individuums gegenüber unbelebten Infektionsstoffen, d. h. gegenüber Toxinen dadurch bedingt ist, daß diese Substanzen von den Zellen des betreffenden Körpers nicht verankert werden und deshalb nicht zur Wirkung gelangen können. Man bezeichnet diese angeborene Giftresistenz eines Individuums als *Immunität infolge von Receptorenmangel*.

Während nämlich z. B. das Tetanusgift nach parenteraler Einverleibung bei hochempfänglichen Tieren, wie Meerschweinchen und Mäusen, rasch aus dem Blute verschwindet und von den elektiv giftempfindlichen Zellen des Zentralnervensystems gebunden wird (Dönitz[8], s. auch Wassermann[9] sowie Wassermann und Takaki[10]), ist es durch die Untersuchungen Metschnikoffs bekannt, daß bei den gegen Tetanus immunen Eidechsen das Gift lange Zeit im Blute kreist, ohne von den Organen verankert zu werden. Bei Skorpionen, die ebenfalls eine natürliche Resistenz gegenüber diesem bakteriellen Toxin besitzen, verschwindet das Gift zwar auch rasch aus dem Blute, häuft sich aber in der Leber an; in Anbetracht des Umstands, daß man mit der Leber solcher Tiere Mäuse in typischer Weise vergiften kann, ist indessen anzunehmen, daß das Gift in diesem Organ nicht gebunden, sondern nur gespeichert

[1] Bujwid, O.: Zbl. Bakter. I **4**, 577 (1888).

[2] Leo, H.: Z. Hyg. **7**, 505 (1889).

[3] Müller, P. Th.: Arch. f. Hyg. **51**, 365 (1904).

[4] Da Costa, J. C. u. E. J. G. Beardsley: Amer. J.med. Sci. **136**, 361 (1908).

[5] Fischel, F.: Fortschr. d. Med. **11**, Nr 2 (1891).

[6] Behring, E.: Zbl. klin. Med. **9**, 681 (1888).

[7] Braun, H. u. S. Kondo: Klin. Wschr. **3**, Nr 1, 10 (1924).

[8] Dönitz, W.: Dtsch. med. Wschr. **23**, Nr 27, 428 (1897).

[9] Wassermann, A.: Berl. klin. Wschr. **35**, Nr 1, 4 (1898).

[10] Wassermann u. Takaki: Berl. klin. Wschr. **35**, Nr 1, 5 (1898).

wird. Kaninchen wiederum zeigen bei subcutaner Injektion von Tetanusgift eine gewisse natürliche Immunität, die sich dadurch zu erkennen gibt, daß bei dieser Applikationsweise zur Erzielung einer akuten Giftwirkung größere Toxinmengen, als bei intracerebraler Einspritzung benötigt werden, während bei Mäusen und Meerschweinchen die Art der parenteralen Einverleibung keine Rolle spielt (ROUX und BORREL[1]). Dieser Unterschied rührt daher, daß beim Kaninchen das Tetanusgift von allen parenchymatösen Organen gebunden und dadurch bei nicht zu hoher Dosierung und subcutaner Zufuhr von dem der Giftwirkung gegenüber besonders empfindlichen Gehirn ferngehalten wird („Immunität infolge besonderer Lokalisation der Receptoren"). Ein ähnlicher Mechanismus liegt nach STOUDENSKY[2]) der Tetanusresistenz der Cochenillelaus (Coccionella) zugrunde; nach seinen Befunden wird das Tetanusgift durch das in den Organen dieser Laus enthaltene Carmin, nach WALBUM[3] (siehe auch METSCHNIKOFF) durch dessen wachsartige Komponente, das Coccerin abgefangen und gebunden und kann deshalb nicht auf die Zellen des Zentralnervensystems einwirken.

In der Literatur sind dann noch Angaben einiger Autoren niedergelegt, nach denen die Unempfindlichkeit isolierter Zellen, speziell der roten Blutkörperchen mancher Tierarten gegenüber bestimmten Toxinen vielfach auf einen Receptorenmangel im Sinne EHRLICHS zurückzuführen ist (vgl. auch das Kap. Antigene und Antikörper ds. Handb.). So sind die Erythrocyten von Hund und Meerschweinchen nach SACHS[4] gegenüber Arachnolysin, dem Gift der Kreuzspinne, nach JACOBY[5] auch gegenüber dem pflanzlichen Toxin Crotin (aus dem Samen von Croton Tiglium) infolge Fehlens spezifischer Haftgruppen immun, während die Resistenz der roten Blutkörperchen von Schaf, Rind und Ziege gegenüber dem Cobragift darauf zurückzuführen ist, daß die Lipoide dieser Erythrocytenarten der lipoidspaltenden Wirkung des Brillenschlangengifts nicht zugänglich sind (KYES und SACHS[6]; weitere Literatur bei SCHLOSSBERGER und ISHIMORI).

Von dieser vorwiegend als Artmerkmal in die Erscheinung tretenden, durch die Temperaturverhältnisse des Organismus und seinen biochemischen Aufbau bedingten natürlichen Immunität lassen sich bis zu einem gewissen Grade diejenigen Erscheinungen von angeborener Resistenz gegenüber Infektionsstoffen abgrenzen, die als *Ausdruck bestimmter Lebensäußerungen* des gefährdeten Individuums betrachtet werden müssen. Während die eben diskutierten Fälle von Unempfänglichkeit darauf zurückzuführen sind, daß eine Vermehrung nicht angepaßter Mikroorganismen infolge gewisser physiologischer Eigentümlichkeiten des Makroorganismus nicht stattfinden kann, ist die nunmehr zu besprechende Form der Resistenz dadurch charakterisiert, daß der Organismus in seiner Zusammensetzung zwar den für das Fortkommen der betreffenden Erreger erforderlichen Bedingungen mehr oder weniger entspricht, daß er indessen durch die Entfaltung gewisser Funktionen die eindringenden oder eingedrungenen Infektionskeime abzutöten oder wenigstens ihrer krankmachenden Eigenschaften zu berauben vermag. Die Intensität dieser Abwehrmaßnahmen stellt jedoch ebenso wie diejenige der Lebensäußerungen des Protoplasmas überhaupt, keineswegs eine konstante Größe dar. Da sie vielmehr einerseits von der Menge bzw. Virulenz der betreffenden Mikroorganismen, andererseits von äußeren und inneren Einflüssen der verschiedensten Art abhängig ist und aus diesen Gründen zum Teil erhebliche Schwankungen aufweist, die sich selbst bei den unter möglichst einheitlichen Bedingungen durchgeführten Laboratoriumsexperimenten nicht vermeiden lassen, handelt es sich bei dieser Form der angeborenen Resistenz naturgemäß nicht um eine absolute, sondern nur um eine relative Unempfänglichkeit des Organismus. Es ist daher, wie dies LUBARSCH[7] ausführt, auch verständlich, daß durch bestimmte, zum Teil innerhalb der physiologischen Grenzen

[1] ROUX, E. u. A. BORREL: Ann. inst. Pasteur **12**, 225 (1898).

[2] STOUDENSKY, A.: Ann. inst. Pasteur **13**, 126 (1899).

[3] WALBUM, L. E.: Z. Immun.forschg Orig. **7**, 544 (1910).

[4] SACHS, H.: Hofm. Beitr. Physiol. **2**, 125 (1902).

[5] JACOBY, M.: Hofm. Beitr. Physiol. **4**, 212 (1903).

[6] KYES, P. u. H. SACHS: Berl. klin. Wschr. **40**, 21, 57, 82 (1903).

[7] LUBARSCH, O.: Infektionswege und Krankheitsdisposition. Erg. Path. Hrsg. von LUBARSCH u. OSTERTAG. I **1896**, 217.

liegende Veränderungen des Organismus ein nur relativ empfängliches in ein absolut empfängliches Individuum umgewandelt werden kann (s. auch B. Lange[1]).

Inwieweit die zwischen Individuen verschiedener, nicht absolut resistenter Tierspezies bestehenden Differenzen in der Durchschnittsempfänglichkeit bzw. Durchschnittsresistenz gegenüber einer bestimmten Art von pathogenen Mikroorganismen auf Unterschiede in der Intensität dieser Abwehrmaßnahmen zurückzuführen sind und inwieweit dabei andere Momente, wie z. B. der oben besprochene biochemische Aufbau eine Rolle spielen, läßt sich im Einzelfalle allerdings nicht entscheiden. Wir können zwar z. B. diejenigen Infektionsmengen verschiedener Stämme eines bestimmten Krankheitserregers ermitteln, die unter festgelegten Bedingungen bei der Mehrzahl oder bei sämtlichen zum Versuch verwendeten Tieren verschiedener Arten tödlich verlaufende Erkrankungen herbeiführen, und daraus gewisse Rückschlüsse hinsichtlich der relativen Resistenz dieser Spezies den verwendeten Stämmen gegenüber ziehen. Die Frage, inwieweit die dabei festgestellten Abweichungen durch besonders intensive Abwehrvorgänge der betreffenden Individuen oder aber durch eine artspezifische Anpassung des einen oder andern Stammes bedingt sind, wird sich jedoch schwerlich beantworten lassen, da ja, wie bereits mehrfach hervorgehoben wurde, die an sich schon fluktuierende relative Resistenz eines Einzelindividuums oder mehrerer Individuen einer Art gegenüber einem bestimmten Mikroorganismus keinerlei Anhaltspunkte hinsichtlich der Widerstandsfähigkeit derselben Lebewesen anderen Erregern gegenüber bietet.

Ebenso wie eine scharfe Unterscheidung zwischen der auf biochemischen Eigentümlichkeiten und Temperaturverhältnissen beruhenden herabgesetzten Empfänglichkeit und der durch aktive Abwehrmaßnahmen des Organismus bedingten Resistenz nicht möglich ist, läßt sich auch, wie schon hier bemerkt sei, eine Abgrenzung der letztgenannten Erscheinungen von den eigentlichen Immunisierungsprozessen, die in ihrem Endeffekt als *erworbene Immunität* bezeichnet werden, nicht durchführen. Es ist daher wohl anzunehmen, daß es sich bei diesen Phänomenen nicht um Äußerungen verschiedenartiger Wechselwirkungen handelt, daß diese vielmehr, wie insbesondere das progressive Ansteigen der spezifischen Schutzstoffe im Blute und auch die durch die Untersuchungen von Kraus und Doerr[2], Eisenberg[3], Landsteiner und Reich[4], Lüdke[5], P. Th. Müller[6], Bailey[7] u. a. nachgewiesene Aviditätszunahme der Antikörper im Verlauf des Immunisierungsprozesses erkennen lassen, lediglich verschiedene Phasen einer zwischen Krankheitserreger und Wirtsorganismus sich abspielenden biorheutischen Konkurrenz im Sinne von Ehrenberg darstellen, die je nach der Abwehrbereitschaft und Reaktionsfähigkeit des infizierten Körpers bzw. der Virulenz der Mikroorganismen in verschiedenen Stadien zum Stillstand kommen kann.

Mit dem Gesagten deckt sich auch die durch die Untersuchungen zahlreicher Autoren erhärtete Tatsache, daß gleichartige äußere Einwirkungen die Resistenz von Individuen einer Species gegenüber verschiedenartigen Infektionsstoffen unter Umständen in gegenteiligem Sinne beeinflussen können. Daraus folgt aber notwendigerweise, daß die Erscheinungen, welche wir zusammenfassend als Resistenzvorgänge bezeichnen, keineswegs als Ausdruck einer bestimmten, *einheitlichen Lebensäußerung* des Organismus betrachtet werden dürfen, daß es sich dabei vielmehr um ein Zusammenwirken verschiedenartiger nicht näher analysierbarer Kräfte handeln muß. Die in früheren Jahren meist nur mit einer Bakterienart und zwar vorzugsweise mit Milzbrandbacillen angestellten Untersuchungen über die Beeinflussung der natürlichen Resistenz dürfen daher keinesfalls, wie dies früher üblich war, verallgemeinert werden.

[1] Lange, B.: Dtsch. med. Wschr. **51**, Nr 48, 1975 (1925).
[2] Kraus, R. u. R. Doerr: Wien. klin. Wschr. **18**, Nr 7, 158 (1905).
[3] Eisenberg, P.: Zbl. Bakter. I Orig. **41**, 96, 240, 358, 459, 539, 651, 752, 823, 864 (1906).
[4] Landsteiner, K. u. M. Reich: Z. Hyg. **58**, 213 (1907).
[5] Lüdke, H.: Zbl. Bakter. I Orig. **42**, 69, 150, 255 (1907).
[6] Müller, P. Th.: Arch. f. Hyg. **64**, 62 (1908).
[7] Bailey, C. E.: Amer. J. Hyg. **3**, 370 (1923).

So stellten z. B. Charrin und Roger[1] fest, daß weiße Ratten durch Übermüdung (in der Tretmühle) ihre natürliche Resistenz gegen Milzbrand verlieren, während neuerdings Oppenheimer und Spaeth[2], sowie Nicholls und Spaeth[3] (s. auch Spaeth[4]) bei derselben Tierart unter derselben Einwirkung eine Steigerung der Resistenz gegenüber Tetanusgift und Pneumokokken nachweisen konnten. Dasselbe gilt auch, worauf zum Teil weiter unten noch zurückzukommen sein wird (s. S. 555) für die verschiedenartigsten sonstigen endo- und exogenen Einwirkungen, wie z. B. den Einfluß des Alters und des Geschlechts, der Ernährung, interkurrierender Erkrankungen u. dgl. mehr. So wissen wir, daß der jugendliche Organismus gegenüber manchen Infektionen eine größere Hinfälligkeit besitzt als erwachsene Individuen derselben Art (Czaplewski[5], Müller[6], Südmersen und Glenny[7], Amoss[8], Chesney[9], Neufeld[10], Eguchi[11] u. a.). Umgekehrt verlaufen aber verschiedene Erkrankungen im Kindesalter im allgemeinen viel leichter als im vorgeschrittenen Alter (Keuchhusten, Scharlach, Masern, Fleckfieber, Cholera, Recurrens) (Lubarsch[12], Moll[13], Pfaundler, Lindig[14], Feldt und Schott[15], Yoshitomi[16] u. a.). Von der Lepra ist es bekannt, daß sie Kinder unter 5 Jahren nur sehr selten befällt (Neff[17]); andere Erkrankungen wie z. B. das Carcinom fehlen im Kindesalter überhaupt so gut wie ganz. Bei wieder anderen infektiösen Krankheiten ist hinsichtlich der Resistenz kein Unterschied zwischen jugendlichen und erwachsenen Angehörigen einer und derselben Art festzustellen (z. B. Tuberkulose beim Hunde; Haentjens[18]).

Was das Wesen der in Form aktiver Abwehrmaßnahmen von seiten des Organismus in die Erscheinung tretenden Resistenzvorgänge anlangt, so bestand in dieser Hinsicht in der Anfangszeit der immunologischen Forschung ein scharfer Gegensatz zwischen der sog. *cellulären* und der sog. *humoralen* Richtung. Der Begründer der ersteren Theorie war Metschnikoff[19]; auf Grund seiner Untersuchungen über das Wesen der Entzündung, in deren Verlauf er die phagocytären Eigenschaften gewisser Körperzellen mesenchymalen Ursprungs, nämlich einerseits der polymorphkernigen Leukocyten („*Mikrophagen*"), andererseits der von ihm als *Makrophagen*, neuerdings von Aschoff als *Histiocyten* bezeichneten Elemente feststellen konnte, nahm er an, daß die angeborene Immunität eines Individuums auf der Fähigkeit dieser Freßzellen, die eingedrungenen Krankheitserreger aufzunehmen und zu vernichten, beruhe (vgl. Levaditi[20]). Nuttall[21], Buchner[22] u. a., die eine bakterientötende Wirkung des zellfreien Blutserums und anderer Körperflüssigkeiten im Reagensglase nachwiesen, vertraten im Gegensatz zu Metschnikoff den Standpunkt, daß die angeborene Immunität ausschließlich eine humoral bedingte Eigenschaft des Organismus darstelle und an die Gegenwart der von Buchner als *Alexine* bezeichneten thermo-

[1] Charrin, A. u. G. H. Roger: Semaine méd. 10, Nr 4, 29 (1890) — Arch. Physiol. 22, Nr 2 (1890).
[2] Oppenheimer, E. H. u. R. A. Spaeth: Amer. J. Physiol. 59, 467 (1922).
[3] Nicholls, E. E. u. R. A. Spaeth: Amer. J. Hyg. 2, 527 (1922).
[4] Spaeth, R. A.: Amer. J. Hyg. 5, 839 (1925).
[5] Czaplewski, E.: Z. Hyg. 12, 348 (1892).
[6] Müller, K.: Fortschr. Med. 11, 225, 309 (1893).
[7] Südmersen, H. J. u. A. T. Glenny: J. of Hyg. 9, 399 (1910).
[8] Amoss, H. L.: J. of exper. Med. 36, 25, 45 (1922).
[9] Chesney, A. M.: J. of exper. Med. 38, 627 (1923).
[10] Neufeld, F.: Z. Hyg. 103, 471 (1924).
[11] Eguchi, Ch.: Z. Hyg. 104, 241 (1925).
[12] Lubarsch, O.: Erg. Path. Hrsg. von Lubarsch u. Ostertag. I 1896, 217.
[13] Moll, L.: Jb. Kinderheilk. 68, 1 (1908).
[14] Lindig, P.: Münch. med. Wschr. 67, Nr 34, 982 (1920).
[15] Feldt, A. u. A. Schott: Z. Hyg. 105, 241 (1925).
[16] Yoshitomi, J.: J. of orient. Med. 8, 103 (1928).
[17] Neff, E. A.: J. trop. Med. 29, 146 (1926).
[18] Haentjens, A. H.: Neederl. Tijdschr. Geneesk. II 1907, 419 — Z. Tbk. 11, 230 (1907).
[19] Metschnikoff, E.: Virchows Arch. 97, 502 (1884); 109, 176 (1887); 114, 465 (1888).
[20] Levaditi, C.: Die Phagocytentheorie der Immunität. Erg. wiss. Med. 1, Nr 10, 397 (1910). Leipzig: W. Klinkhardt.
[21] Nutall, G.: Z. Hyg. 4, 353 (1888).
[22] Buchner, H.: Zbl. Bakter. I 5, 817 (1889); 6, 1 (1889).

labilen baktericiden Substanzen im Blut usw. geknüpft sei. Da sowohl die
Erscheinungen der Alexinwirkung, wie auch die cellulären Abwehrreaktionen
des Organismus in den Abschnitten „Antigene und Antikörper" bzw. „Phagocytose" dieses Handbuchs eine ausführliche Darstellung erfahren und daher an
dieser Stelle in ihren Einzelheiten nicht besprochen zu werden brauchen, sei hier
nur erwähnt, daß durch die ausgedehnten Untersuchungen der anfänglich be-
standene Gegensatz zwischen den beiden Forschungsrichtungen überbrückt
worden ist. Es zeigte sich nämlich, daß die im Blute und in anderen Körperflüssigkeiten des Menschen und der meisten Tiere in wechselnder Menge enthaltenen, auf verschiedene Bakterienarten und auch auf artfremde Zellen (Hämolysine usw.) wirkenden Stoffe, die zum Teil Amboceptorcharakter aufweisen
(vgl. insbesondere Neisser[1], Trommsdorff[2], Marshall[3], Zinsser[4], Pfaundler,
Dresel und Keller[5], Dresel[6] u. a.), durch Zerfall oder Sekretion zelliger Elemente entstehen (Hankin[7], Montuori[8], Hahn[9], Löwit[10], van de Velde[11], Conradi[12], Gruber und Futaki[13], Freund[14], Dresel und Freund[15], Jelin[16] u. a.).
Irgendwelche gesetzmäßigen Beziehungen zwischen der angeborenen Immunität
eines Individuums gegenüber einer bestimmten Infektion und der baktericiden
Kraft seines Serums gegenüber den entsprechenden Erregern in vitro bestehen indessen nicht (Metschnikoff[17], Lubarsch[18], Behring und Nissen[19], Rosatzin[20]
Trommsdorff[2], Bull und Bartual[21]); die nach der heute üblichen Nomenklatur
zum größten Teil als Normalantikörper zu bezeichnenden baktericiden Stoffe
des Normalserums dürfen daher wohl kaum als die alleinigen oder hauptsächlichen
Träger der natürlichen Resistenz angesprochen werden. Immerhin ist aber anzunehmen, daß sie die cellulären Abwehrmaßnahmen des Organismus gegenüber
den Krankheitserregern wirksam zu unterstützen vermögen (s. insbesondere
Hahn). Insbesondere zeigte es sich durch die Untersuchungen von Wright und
zahlreichen anderen Autoren (Gruber und Futaki[13], Neufeld und Hüne[22],

---

[1] Neisser, M.: Dtsch. med. Wschr. 26, Nr 49, 790 (1900).
[2] Trommsdorff, R.: Zbl. Bakter. I Orig. 32, 439 (1902).
[3] Marshall, H. T.: J. of exper. Med. 6, 347 (1905).
[4] Zinsser, H.: J. of med. Res. 22, 397 (1910).
[5] Dresel, E. G. u. W. Keller: Z. Hyg. 97, 151 (1922).
[6] Dresel, E. G.: Z. Hyg. 100, 113 (1923).
[7] Hankin, E. H.: Zbl. Bakter. I 12, 777, 809 (1892); 14, 852 (1893).
[8] Montuori, A.: Rendiconti della R. accad. delle scienze fisiche e nat. 1892, Nr 7 —
Riforma med. 1893, Nr 40, 41.
[9] Hahn, M.: Arch. f. Hyg. 25, 105 (1895).
[10] Löwit, M.: Zbl. Bakter. I 23, 1024 (1898).
[11] Velde, H. van de: Zbl. Bakter. I 23, 692 (1898).
[12] Conradi, H.: Hofm. Beitr. Physiol. 1, 193 (1902).
[13] Gruber, M. u. K. Futaki: Münch. med. Wschr. 54, Nr 6, 249 (1907) — Dtsch. med.
Wschr. 33, Nr 39, 1588 (1907).
[14] Freund, H.: Arch. f. exper. Path. 91, 272 (1921).
[15] Dresel, E. G. u. H. Freund: Arch. f. exper. Path. 91, 317 (1921).
[16] Jelin, W.: Zbl. Bakter. I Orig. 96, 227, 232 (1925).
[17] Metschnikoff. Zitiert auf S. 545.
[18] Lubarsch, O.: Zbl. Bakter. I Orig. 6, 481, 529 (1889) — Zur Theorie der Infektionskrankheiten. In Lubarsch, Zur Lehre von den Geschwülsten u. Infektionskrankheiten.
S. 175. Wiesbaden: J. F. Bergmann 1899.
[19] Behring, E. u. F. Nissen: Z. Hyg. 8, 412 (1890).
[20] Rosatzin, Th.: Untersuchungen über die bakterientötenden Eigenschaften des Blutserums und ihre Bedeutung für die verschiedene Widerstandsfähigkeit des Organismus.
In O. Lubarsch: Zur Lehre von den Geschwülsten u. Infektionskrankheiten, S. 77. Wiesbaden: J. F. Bergmann 1899.
[21] Bull, C. B. u. L. Bartual: J. of exper. Med. 31, 233 (1920).
[22] Neufeld, F. u. Hüne: Arb. ksl. Gesdh.amt 25, 164 (1907) — Zbl. Bakter. I Ref.
38, Beih., 27 (1906).

LEVADITI und INMAN[1], ROBERTSON und SIA[2] u. a.; s. auch LÖHLEIN[3]), daß die phagocytären Prozesse, besonders wenn es sich um die Aufnahme vollvirulenter Bakterien durch polymorphkernige Leukocyten handelt, vielfach erst nach einer vorausgegangenen „Präparierung" dieser Mikroorganismen durch gewisse Stoffe des Blutserums (Opsonine) eintreten. Es ist daher anzunehmen, daß die cellulären und humoralen Vorgänge voneinander abhängig sind und sich in ihrer Wirkung gegenseitig ergänzen; sie sind also als *verschiedenartige*, aber *koordinierte Ausdrucksformen eines komplizierten Abwehrmechanismus* aufzufassen.

Die als Ausdruck der natürlichen Resistenz betrachteten aktiven Abwehrmaßnahmen von seiten des infizierten Organismus stehen, wie schon METSCHNIKOFF, weiterhin HAHN, v. WASSERMANN und KEYSSER, SIEGMUND[4], ASCHOFF, OELLER[5], GURD u. a. hervorgehoben haben, in engstem Zusammenhang mit den Erscheinungen der *Entzündung*, welche die Gesamtheit der durch artfremde Agenzien im Gewebe verursachten pathologischen Veränderungen umfaßt. Ohne auf das Wesen des in seinen Einzelheiten an anderer Stelle dieses Handbuchs abgehandelten Problems des Entzündungsvorgangs näher einzugehen, sei hier des Zusammenhangs halber nur hervorgehoben, daß der Organismus wohl infolge der Reizwirkung der Mikroorganismen und ihrer Produkte auf das Gewebe durch Konzentrierung seiner Abwehrkräfte, vor allem durch Ansammlung gewisser, in ihrer Hauptmenge aus dem myelogenen und lymphogenen Gewebe stammender zelliger Elemente am Orte der Infektion die eingedrungenen Erreger in ihrem weiteren Vordringen in die Tiefe der Gewebe zu hindern, gleichzeitig aber auch zu eliminieren (Abscößbildung), sucht. Der Zusammenhang dieser Reaktionsvorgänge mit der natürlichen Resistenz ergibt sich vor allem auch aus der Tatsache, daß bei herabgesetzter Widerstandsfähigkeit eines Organismus (z. B. infolge ungenügender Ernährung) entzündliche Erscheinungen nur in vermindertem Maße zu beobachten sind oder überhaupt vollkommen fehlen (vgl. PRAUSNITZ und SCHILF[6], BIELING[7] u. a.). Bei den Entzündungsreaktionen handelt es sich aber offenbar keineswegs nur um einen Versuch des Organismus, die Infektion durch rein mechanische Abkapselung der betreffenden Mikroorganismen zu lokalisieren, vielmehr ist anzunehmen, daß das entzündliche Gewebe die Fähigkeit besitzt, gewisse Krankheitserreger abzutöten oder wenigstens in ihrer Virulenz abzuschwächen und in ihrer Entwicklung zu hemmen, so daß der Infektionsprozeß unter Umständen am Weiterschreiten verhindert wird. So reichen z. B. beim Kaninchen, dessen Gewebe auf die parenterale Einverleibung von Tuberkelbacillen der verschiedenen Typen in prinzipiell *gleichartiger* Weise reagieren (LEWIS und SANDERSON[8]), die an der Infektionsstelle ausgelösten entzündlichen Vorgänge im allgemeinen aus, um menschliche Tuberkelbacillen in ihrem weiteren Vordringen zu hemmen und den Infektionsprozeß zu lokalisieren, während Perlsuchtbacillen (Typus bovinus) infolge ihrer höheren Virulenz das Hindernis zu durchbrechen imstande sind. Aber auch gegenüber denjenigen pathogenen Mikroorganismen, die infolge ihrer hohen Infektiosität, z. B. infolge Absonderung von Aggressinen u. dgl. oder infolge ihrer großen Zahl die durch die lokale Ent-

---

[1] LEVADITI u. INMAN: C. r. Soc. Biol. **62**, 683, 725, 817, 869 (1907).

[2] ROBERTSON, O. H. u. R. H. P. SIA: J. of exper. Med. **46**, 239 (1927).

[3] LÖHLEIN, M.: Die Gesetze der Leukocytentätigkeit bei entzündlichen Prozessen. Jena: G. Fischer 1913.

[4] SIEGMUND, H.: Klin. Wschr. **1**, Nr 52, 2566 (1922) — Münch. med. Wschr. **70**, Nr 1, 5 (1923) — Verh. 19. Tag. d. dtsch. path. Ges. S. 114. Jena: G. Fischer 1923.

[5] OELLER, H.: Dtsch. med. Wschr. **49**, Nr 41, 1287 (1923) — Krkh.forschg **1**, 28 (1925).

[6] PRAUSNITZ, C. u. F. SCHILF: Dtsch. med. Wschr. **50**, Nr 4, 102 (1924).

[7] BIELING, R.: Z. Hyg. **101**, 442 (1924); **102**, 568 (1924); **104**, 518 (1925).

[8] LEWIS, P. A. u. E. S. SANDERSON: J. of exper. Med. **45**, 291 (1927).

zündungsreaktion gebildete Barriere zu überwinden vermögen, besitzt der Körper im Lymphgefäßsystem (Phisalix[1], Manfredi[2], Schmidt-Ott[3] u. a.) und in dem über den ganzen Organismus verteilten sog. reticulo-endothelialen Apparat Abwehreinrichtungen, die durch ihre filtrierende und baktericide bzw. virulenz-abschwächende Wirkung die in die Lymphbahnen oder in die Blutgefäße eingedrungenen Krankheitserreger von den lebenswichtigen Parenchymzellen fernzuhalten suchen.

Das Auftreten entzündlicher Reaktionen an der Eintrittspforte der Erreger setzt, wie eben erwähnt wurde, offenbar eine durch die Mikroorganismen oder die von diesen gebildeten Giftstoffe bewirkte *Irritation des Gewebes* voraus. Fehlt diese Reizwirkung, so kann die Entstehung eines entzündlichen „Primäraffektes" an der Infektionsstelle vollkommen ausbleiben. So ist es z. B. von der Tuberkulose bekannt, daß am Orte der Infektion nicht unbedingt eine Läsion zu entstehen braucht, daß dagegen die nächsten Lymphdrüsen stets ergriffen werden und tuberkulöse Veränderungen aufweisen, ehe es zu einer Ausbreitung der Tuberkulose kommt (Cornet[4]). Ähnliche Erscheinungen wurden auch bei zahlreichen anderen Infektionskrankheiten beobachtet. So gibt z. B. Francis[5] an, daß die als seuchenartige Erkrankung wildlebender Nagetiere in Nordamerika vorkommende Tularämie, die nicht selten auch auf den Menschen übertragen und durch das Bacterium tularense hervorgerufen wird, häufig bei anscheinend intakter Haut zunächst als Lymphdrüsenschwellung manifest wird. Ebenso fehlt auch bei der syphilitischen Infektion des Menschen und der Versuchstiere nicht selten die Schankerbildung; die Erreger etablieren sich in solchen Fällen zunächst in den regionären Lymphdrüsen und überschwemmen von hier aus den Organismus (Kolle und Evers[6]). Regelmäßig findet sich dieser Infektionsverlauf bei der Syphilis (Spirochaeta pallida) und auch bei der Framboesie (Spirochaeta pertenuis) der weißen Mäuse, bei denen sich die Spirochäten hernach in den Drüsen und anderen inneren Organen, einschließlich des Gehirns nachweisen lassen (Kolle und Schlossberger[7], Schlossberger[8]).

Das Ausbleiben einer entzündlichen Reaktion an der Infektionsstelle kann in derartigen Fällen einmal durch die geringe Menge oder auch durch die schwache Virulenz der eingedrungenen Erreger bedingt sein. In der Mehrzahl der Fälle handelt es sich bei dieser dem Individuum zweifellos *häufig nachteiligen* Erscheinung aber wohl um eine konstitutionell oder konditionell bedingte Unterempfindlichkeit des Integumentes gegenüber dem durch das Eindringen bestimmter Mikroorganismen ausgeübten Reiz. So ist z. B. das eben geschilderte Verhalten der weißen Mäuse gegenüber den Erregern der Syphilis und der Framboesie wohl als *Artmerkmal* aufzufassen. Dagegen beruht nach den Untersuchungen von Kolle und Evers[6], Manteufel und Richter[9], sowie Prigge und Rothermundt[10] das bei einem kleinen Prozentsatz syphilisinfizierter Kaninchen, bei den sog. „Nullern" zu beobach-

[1] Phisalix, C.: Arch. Med. expér. Anat. pathol. I. s. 3, 159 (1891).

[2] Manfredi, L.: Virchows Arch. 155, 335 (1899).

[3] Schmidt-Ott, A.: Z. Hyg. 107, 441 (1927).

[4] Cornet, G.: Tuberkulose. Handb. d. pathog. Mikroorganismen. 2. Aufl. Hrsg. von W. Kolle u. A. v. Wassermann 5, 481. Jena: G. Fischer 1913.

[5] Francis, E.: Tularämie. Handb. d. pathog. Mikroorganismen. 3. Aufl. Hrsg. von W. Kolle, R. Kraus u. P. Uhlenhuth 6, 207. Jena: Berlin u. Wien: G. Fischer und Urban & Schwarzenberg 1927.

[6] Kolle, W. u. E. Evers: Dtsch. med. Wschr. 52, Nr 14, 557 (1926).

[7] Kolle, W. u. H. Schlossberger: Dtsch. med. Wschr. 52, Nr 30, 1245 (1926); 54, Nr 4, 129 (1928).

[8] Schlossberger, H.: 12. Vers. d. dtsch. Verein. f. Mikrobiologie. Wien 1927. Zbl. Bakter. I Orig. 104, 237 (1927) — Paidoterapia, Barcelona 6, 3207 (1927) — Med. Klin. 25, Nr 8, 307 (1929) — Srpski Arch. Lekarst. 31, 24 (1929) — Arch. argent. Neur. 4, 54 (1929) — Arb. Staatsinst. exper. Ther. Frankf. 21, 344 (1928).

[9] Manteufel, P. u. A. Richter: Dtsch. med. Wschr. 52, Nr 50, 2113 (1926).

[10] Prigge, R. u. M. Rothermundt: Dermat. Z. 50, 169 (1927).

tende Ausbleiben der Schankerbildung stets oder wenigstens häufig auf einer nur *vor-übergehend* herabgesetzten Empfindlichkeit oder verminderten Reaktionsfähigkeit der Haut gegenüber dem Syphilisvirus. Es zeigte sich nämlich, daß bei einem Teil dieser von KOLLE als Nuller bezeichneten Kaninchen, die nach der Einimpfung syphilitischen Materials monatelang keinerlei Symptome dargeboten hatten, noch nach längerer Zeit plötzlich typische Primäraffekte an der Impfstelle auftreten. In demselben Sinne spricht ferner die Feststellung, daß auch diejenigen syphilisinfizierten Kaninchen, die bei längerer Beobachtung keine spezifischen Erscheinungen an der Impfstelle aufweisen, auf eine mehrere Monate später erfolgende Nachimpfung mit demselben Syphilisstamm unter Umständen in üblicher Weise mit der Entwicklung eines typischen Primäraffektes am Orte der Infektion antworten. Nun hat sich aber, wie schon hier erwähnt sei, ferner ergeben, daß bei Kaninchen, welche auf eine syphilitische Infektion hin mit typischer Schankerbildung reagiert hatten, eine nach 90 Tagen oder noch später erfolgende Reinfektion mit demselben Syphilisstamm fast *niemals* zur Entwicklung eines neuen Primäraffektes führt (s. S. 597), daß aber trotzdem auch hier ein Eindringen der bei der Nachimpfung eingebrachten Spirochäten in den Organismus stattfindet. Die Frage, ob dieser durch die manifeste spezifische Erkrankung erworbenen „*Schankerimmunität*" (KOLLE) ein andersartiger Mechanismus zugrundeliegt, als der meist nur temporär herabgesetzten Reaktionsfähigkeit der „Nuller" oder ob es sich bei beiden Erscheinungen lediglich um graduelle Abstufungen eines und desselben Phänomens handelt, läßt sich vorderhand noch nicht entscheiden. In beiden Fällen ist jedoch, wie nochmals hervorgehoben sei, das Ausbleiben des Primäraffektes in erster Linie auf ein verändertes Verhalten der Haut zu beziehen, also nicht als Ausdruck einer Unempfindlichkeit oder Unterempfindlichkeit des gesamten Organismus anzusehen. Nach den früheren Ausführungen ist im Gegenteil die Annahme berechtigt, daß die Schankerbildung eine *Schutzmaßnahme* des infizierten Organismus darstellt, daß also durch das Ausbleiben eines Primäraffektes an der Infektionsstelle die Verbreitung der Erreger im Körper erleichtert wird.

Sowohl bei den lokalen Entzündungsprozessen, wie auch bei den in den Lymphdrüsen und in den inneren Organen sich abspielenden Vorgängen sind es vor allen Dingen Elemente des reticuloendothelialen Systems, die die antiinfektiösen Wirkungen entfalten. Durch die Arbeiten zahlreicher Autoren (Literatur s. bei ASCHOFF, sowie BOERNER-PATZELT, GOEDEL und STANDENATH) hat es sich einerseits ergeben, daß die durch eine hohe chemotaktische Sensibilität ausgezeichneten Histiocyten, die nach KYONO[1] teils aus dem Blute, teils aus dem Gewebe präexistierender Zellen, u. a. den Plasmocyten des Bindegewebes, den Reticuloendothelien der Milz, der Lymphdrüsen und des Knochenmarks und vor allem aus den KUPFFERschen Sternzellen der Leber stammen, die Fähigkeit besitzen, im ganzen Körper zu wandern und sich besonders an Orten pathologischen Geschehens anzusiedeln. Andererseits wurde durch WYSSOKOWITSCH[2], METSCHNIKOFF[3], SCHWARZ[4], NATHAN[5], WEIL[6], JOEST und EMSHOFF[7], EVANS, BOWMAN und WINTERNITZ[8], BULL[9], BARTLETT und OSAKI[10], HOPKINS und PARKER[11], W. ROSENTHAL[12], MEYER, NELSON und FEUSIER[13], PICKOF[14], MAXIMOW[15], PERMAR[16],

---

[1] KIYONO, K.: Die vitale Carminspeicherung. Jena: G. Fischer 1914.

[2] WYSSOKOWITSCH, W.: Z. Hyg. **1**, 3 (1886.)

[3] METSCHNIKOFF, E.: Virchows Arch. **109**, 176 (1887) u. **113**, 63 (1888).

[4] SCHWARZ, C.: Z. Heilk. **26**, (1905).

[5] NATHAN, M.: C. r. Soc. Biol. **63**, 326 (1907).

[6] WEIL, E.: Z. Hyg. **68**, 346 (1911).

[7] JOEST, E. u. E. EMSHOFF: Virchows Arch. **210**, 188 (1912).

[8] EVANS, H. M., F. B. BOWMAN u. M. C. WINTERNITZ: J. of exper. Med. **19**, 283 (1914). — Zbl. Bakter. I Orig. **65**, 403 (1912).

[9] BULL, C. G.: J. of exper. Med. **22**, 475 (1915).

[10] BARTLETT, C. J. u. Y. OSAKI: J. of med. Res. **35**, 465 (1916).

[11] HOPKINS, J. G. u. J. T. PARKER: J. of exper. Med. **27**, 1 (1918).

[12] ROSENTHAL, W.: Z. Immun.forschg **31**, 372 (1921).

[13] MEYER, K. F., N. M. NELSON u. M. L. FEUSIER: J. inf. Dis. **28**, 408 (1921).

[14] PICKOF, F. L.: J. inf. Dis. **32**, 232 (1923); **33**, 230 (1923).

[15] MAXIMOW, A. A.: J. inf. Dis. **34**, 549 (1924); **37**, 418 (1925) — Arch. Path. a. Labor. Med. **4**, 557 (1927).

[16] PERMAR, H. H.: Amer. Rev. Tbc. **9**, 507 (1924).

Jacob[1], Darzine[2], Oliver[3] u. a. nachgewiesen, daß sowohl diesen am Aufbau jedes Granulationsgewebes beteiligten „Wanderhistiocyten", als auch ihren in den verschiedenen Organen und Organsystemen verteilten Mutterzellen, den „Histioblasten" (Kiyono) oder „Ortshistiocyten" (Gräff) die besonders stark ausgeprägte Eigenschaft zukommt, neben Fremdkörpern aller Art (Farbstoffpartikel, Metallkolloide usw.) vor allem auch Mikroorganismen zu phagocytieren und diese, soweit es sich nicht um besonders virulente Keime handelt, auch abzutöten oder in ihrer Infektiosität abzuschwächen, (s. insbesondere Manfredi[4], Weil[5], Bartlett und Osaki[6], Hopkins und Parker[7], W. Rosenthal[8], Pickof[9], Neufeld[10], Domagk[11], Jelin[12]). Vor allen Dingen sind diese Zellelemente, worauf weiter unten (s. S. 631) einzugehen sein wird, am Zustandekommen der erworbenen Immunität, speziell bei der Bildung der Antikörper hervorragend beteiligt.

In diesem Zusammenhange ist noch kurz die Frage der Schutzwirkung der Integumente eines Organismus gegenüber Infektionserregern zu erörtern. Die Tatsache, daß sowohl auf der äußeren Haut, als auch auf den Schleimhäuten der Atmungs- und Verdauungswege usw. des Menschen und der Tiere häufig vollvirulente Erreger angetroffen werden, ohne daß die betreffenden Individuen jemals auch nur leichte Anzeichen der entsprechenden Erkrankungen darbieten (vgl. S. 522), hat man früher in erster Linie durch eine rein mechanisch bedingte Undurchlässigkeit der normalen Haut und der intakten Schleimhäute für die meisten Mikroorganismenarten und deren Gifte zu erklären versucht. Man nahm dementsprechend an, daß derartige Keime nur dann in die inneren Organe eindringen und dort ihre krankmachenden Wirkungen zu entfalten vermögen, wenn durch Unterbrechung der schützenden Epithelschicht infolge mangelhafter Ausbildung oder infolge irgendwelcher akzidenteller Schädlichkeiten, z. B. entzündlicher oder traumatischer Art, die anatomische Möglichkeit eines solchen Übertritts gegeben ist. So führte z. B. Löffler[13] seine Beobachtung, daß sich junge Meerschweinchen von der unverletzten Vagina aus mit Diphtheriebacillen infizieren lassen, während dies bei älteren Tieren nicht gelingt, auf eine verschiedene Dichtigkeit des Epithelbelages zurück. Nachdem schon durch die Untersuchungen Uffenheimers[14] die Annahme von v. Behring, sowie Disse[15], daß die Häufigkeit intestinaler tuberkulöser Infektionen im Kindesalter auf die unvollkommen entwickelte Epithelstruktur des Magendarmkanals zurückzuführen sei, als widerlegt angesehen werden kann, wurden insbesondere durch die Arbeiten von Neufeld[16] und seinen Mitarbeitern B. Lange und Killian neue experimentelle Beweise für die Unzulänglichkeit der früheren Anschauungen beigebracht.

Schon früher hatten Ficker[17], Hilgermann[18], Moro[19] u. a., dann weiterhin Soli[20] eine bactericide und auch entgiftende Wirkung der normalen Schleimhaut

---

[1] Jacob, G.: Z. exper. Med. **47**, 652 (1925).

[2] Darzine, E.: C. r. Soc. Biol. Paris **94**, 623 (1925).

[3] Oliver, J.: J. of exper. Med. **43**, 233 (1926).

[4] Manfredi: Zitiert auf S. 548.   [5] Weil: Zitiert auf S. 549.

[6] Bartlett u. Osaki: Zitiert auf S. 549.   [7] Hopkins u. Parker: Zitiert auf S. 549.

[8] Rosenthal: W. Zitiert auf S. 549.   [9] Pickof: Zitiert auf S. 549.

[10] Neufeld, F.: Dtsch. med. Wschr. **51**, Nr 9, 341 (1925).

[11] Domagk, G.: Virchows Arch. **253**, 594 (1924).

[12] Jelin, W.: Zbl. Bakter. I Orig. **96**, 227, 232 (1925); **98**, 86 (1926).

[13] Löffler, F.: Mitt. ksl. Gesdh.amt **2**, 451 (1884).

[14] Uffenheimer, A.: Arch. f. Hyg. **55**, 1 (1906).

[15] Disse: Berl. klin. Wschr. **40**, Nr. 1, 4 (1903).

[16] Neufeld, F.: Dtsch. med. Wschr. **50**, Nr 1, 1 (1924); **51**, Nr 9, 341 (1925).

[17] Ficker, M.: Arch. f. Hyg. **52**, 179 (1905); **53**, 50 (1905); **54**, 354 (1905); **57**, 56 (1906).

[18] Hilgermann, R.: Arch. f. Hyg. **54**, 335 (1905).

[19] Moro, E.: Arch. Kinderheilk. **43**, 340 (1906).

[20] Soli, U.: Atti Accad. naz. Lincei **29**, 330 (1920).

des Intestinal- und des Respirationstraktus angenommen und den insbesondere bei jugendlichen Individuen sowie bei Ernährungsstörungen, entzündlichen Prozessen, Übermüdung u. dgl. beobachteten Übertritt von Darmbakterien bzw. inhalierten Mikroorganismen auf eine noch ungenügende Ausbildung bzw. ein Darniederliegen dieser Schutzkräfte zurückgeführt. B. LANGE[1] (s. auch LANGE und YOSHIOKA[2]) konnte nun experimentell zeigen, daß bei weißen Mäusen schon kleine Mengen Mäusetyphus- und Hühnercholerabacillen nach Verreibung auf der unversehrten Haut, sowie nach Einatmung oder Verfütterung eine tödlich verlaufende Septicämie hervorrufen, während Schweinerotlaufbakterien zwar die Haut sehr leicht, die Schleimhäute der Atmungs- und Verdauungswege dagegen nur sehr schwer zu durchdringen vermögen. Streptokokken töteten nach Fütterung oder nach Verreiben großer Dosen auf der Haut die Mäuse teils akut, teils chronisch; nach Inhalation starb indessen nur ein kleiner Teil der Tiere. Die geringste Invasionsfähigkeit wiesen die Pneumokokken auf, die, trotz maximaler Virulenz bei subcutaner Infektion, nur bei einem Drittel der mit großen Kulturmengen cutan infizierten Mäuse, bei den stomachal oder durch Inhalation infizierten Tieren sogar nur äußerst selten eine Septicämie hervorzurufen vermochten (vgl. auch UCHIDA[3]). NEUFELD schließt aus diesen und andern Feststellungen, daß sowohl rein saprophytische, als auch hochinfektiöse Mikroorganismen an sich zwar ausnahmslos auf allen natürlichen Wegen in den Organismus einzudringen vermögen, daß jedoch die einzelnen Arten eine auch hinsichtlich der einzelnen Infektionswege verschiedene Invasionsfähigkeit besitzen. Den Grund für dieses verschiedenartige Verhalten der einzelnen Bakterienarten erblickt er in antiinfektiösen Einflüssen, denen die Mikroorganismen beim Durchtritt durch die Haut oder die Schleimhäute und die anschließenden Lymphbahnen (s. auch MANFREDI[4]) unterliegen. Er nimmt an, daß die saprophytischen Keime hierbei rasch abgetötet werden, während die meisten hochvirulenten Erreger eine mehr oder weniger starke Virulenzabschwächung erleiden. Als Beweis für diese Erklärungsweise führt NEUFELD die Versuchsergebnisse von BERNHARDT und PANETH[5], SCHMITZ[6], sowie KILLIAN[7] an, die in Bestätigung der Angaben von JACOBSTHAL[8], GRÄF[9], GROSSMANN und RADICE[10] u. a. bei Diphtheriebacillen, die sie aus inneren Organen diphtherieinfizierter Individuen herauszüchteten, einen Verlust der Virulenz nachweisen konnten. In ähnlicher Weise ließ sich auch durch Fütterung von Mäusen mit Streptokokken, Pneumokokken und Paratyphusbacillen feststellen, daß die Keime, soweit sie die Schleimhaut der Verdauungswege zu passieren vermögen, vielfach einen starken Virulenzverlust und sonstige Zeichen einer herabgesetzten Lebensfähigkeit aufweisen (KILLIAN, SCHNITZER und MUNTER[11], SEIFFERT[12]). Ebenso konnte auch FREUND[13] anläßlich einer unter Meerschweinchen herrschenden Stallseuche aus dem Nasenschleim und den Trachealdrüsen überlebender Tiere („Keimträger") Pasteurellastämme züchten, die im

[1] LANGE, B.: Z. Hyg. **102**, 224 (1924); **103**, 1 (1924).
[2] LANGE, B. u. M. YOSHIOKA: Z. Hyg. **101**, 451 (1924).
[3] UCHIDA, Y.: Z. Hyg. **106**, 96, 275, 281 (1926).
[4] MANFREDI, L.: Virchows Arch. **155**, 335 (1899).
[5] BERNHARDT u. PANETH: Zbl. Bakter. I Ref. **57**, Beih., 83 (1913) — Z. Hyg. **79**, 179 (1915).
[6] SCHMITZ, K. E. F.: Zbl. Bakter. I Orig. **77**, 369 (1916).
[7] KILLIAN, H.: Z. Hyg. **102**, 262 (1924).
[8] JACOBSTHAL, E.: Zbl. Bakter. I Ref. **54**, Beih., 65 (1912).
[9] GRÄF: Zbl. Bakter. I Ref. **57**, Beih., 78 (1913).
[10] GROSSMANN, W. u. L. RADICE: Klin. Wschr. **2**, Nr 46, 2126 (1923).
[11] SCHNITZER, R. u. F. MUNTER: Z. Hyg. **93**, 96 (1921); **94**, 107 (1921).
[12] SEIFFERT, W.: Arch. Hyg. **101**, 117 (1929).
[13] FREUND, R.: Z. Hyg. **106**, 627 (1926).

Vergleich zu Kulturen, welche aus den der Seuche erlegenen Meerschweinchen gewonnen worden waren, eine stark verminderte Infektiosität aufwiesen. Auch die Feststellung von Hartoch, Muratowa, Joffe und Berman[1], daß bei Meerschweinchen nach intracutaner Einimpfung des 250fachen Multiplums der vom Peritoneum aus tödlich wirkenden Menge eines vollvirulenten Paratyphusbacillenstammes nur eine Lokalreaktion auftritt, läßt die virulenzabschwächende Wirkung der Haut deutlich erkennen.

Diese Umwandlung, die nach den vorhergehenden Ausführungen wohl auf lokale entzündliche Vorgänge zurückzuführen sein dürfte, bildet nach Neufelds Ansicht das wichtigste Schutzmittel, das der Organismus gegen das Eindringen hochvirulenter Erreger besitzt. Nur diejenigen Mikroorganismen, die diesem Einfluß nicht oder nur in geringem Maße unterliegen, sind zur natürlichen Infektion auf dem betreffenden Wege befähigt, d. h. die Infektion verläuft hier ebenso, wie nach parenteraler Einverleibung der Mikroorganismen. Bei vollständigem Schutz geht die Infektion überhaupt nicht an und bei unvollkommen wirkendem Schutz kommt es infolge partieller Abschwächung der Virulenz der eingedrungenen Keime zur Ausbildung einer latenten oder chronischen Erkrankung. Entsprechend der bereits erwähnten Auffassung von Ficker und Hilgermann (vgl. auch Ganghofner und Langer[2]) nehmen auch Neufeld[3] sowie Eguchi[4] an, daß die bei jugendlichen Individuen erhöhte Durchlässigkeit der Schleimhäute des Intestinal- und Respirationstraktus für manche Krankheitserreger auf eine noch unvollkommene Ausbildung der antiinfektiösen Abwehrkräfte dieser Integumente zu beziehen ist.

Wenn man sich auf diesen von Neufeld vertretenen Standpunkt stellt, wird es verständlich, daß z. B. bei einer durch Erkältung in ihrer Reaktionsfähigkeit geschädigten Schleimhaut die Schutzfunktionen versagen, so daß die auf der Schleimhautoberfläche vegetierenden Pneumo- oder Streptokokken, die unter normalen Verhältnissen für den Organismus ungefährlich sind, unverändert in die Tiefe vordringen und eine Infektion hervorrufen können (s. auch Grawitz und de Bary[5]). Die von Koenigsfeld[6] u. a. hervorgehobene Tatsache, daß die experimentelle Tuberkuloseinfektion des Meerschweinchens bei cutaner Infektion im allgemeinen gutartig verläuft, dürfte wohl auf einem Virulenzverlust, den die Erreger in der Haut erfahren, beruhen. Auch die für Zwecke der Schutzimpfung gegen manche Infektionskrankheiten wichtige Tatsache, daß manche Krankheitserreger (Cholera, Lungenseuche der Rinder, Pocken) vom Unterhautzellgewebe aus keine Allgemeinerkrankung hervorzurufen vermögen (Ferràn[7], Haffkine[8], L. Willems[9]), ist vielleicht entgegen der seitherigen Annahme, die in erster Linie schlechte Wachstumsbedingungen für die ausbleibende Generalisation verantwortlich machte, durch eine solche Herabsetzung der Infektiosität bedingt. Die schützende Wirkung der Integumente kommt weiterhin auch darin zum Ausdruck, daß Infektionen des menschlichen und tierischen Organismus mit Krankheitserregern, die direkt in die Blut- oder Lymphbahnen, z. B. durch

---

[1] Hartoch, O., K. Muratowa, W. Joffe u. W. Berman: Zbl. Bakter. I Orig. **93**, 528 (1924).
[2] Ganghofner u. J. Langer: Münch. med. Wschr. **51**, Nr 34, 1497 (1904).
[3] Neufeld, F.: Z. Hyg. **103**, 471 (1924).
[4] Eguchi, Ch.: Z. Hyg. **104**, 241 (1925).
[5] Grawitz, P. u. W. de Bary: Virchows Arch. **108**, 67 (1887).
[6] Koenigsfeld, H.: Zbl. Bakter. I Orig. **60**, 28 (1911).
[7] Ferràn, J.: L'inoculation préventive contre le choléra morbus asiatique. Paris 1893, Société d'éditions scientifiques.
[8] Haffkine: Bull. méd. **1892**, Nr 67, 1113.
[9] Willems, L.: Mémoire sur la péripneumonie épizootique du gros bétail. Brüssel 1852.

Insektenstich (Pest, Trypanosomenerkrankungen, Fleckfieber, Gelbfieber, Malaria usw.) oder durch Biß (Tollwut), also unter Umgehung des Abwehrapparates der Haut und der Schleimhäute übertragen werden, in einem wesentlich höheren Prozentsatz angehen, als dies bei solchen Erkrankungen, deren Erreger zuvor die durch die Haut bzw. die Schleimhaut gebildete Barriere zu passieren haben, der Fall ist. Auch findet durch den Nachweis dieser durch Haut und Schleimhäute ausgeübten Schutzwirkung gegenüber Infektionskeimen die Tatsache, daß gewisse Tierarten an manchen infektiösen Erkrankungen, z. B. Ziegen und Meerschweinchen an Tuberkulose (s. auch bei RABINOWITSCH-KEMPNER[1]), wildlebende Klauentiere (Rehe, Gemsen, Hirsche usw.) an Maul- und Klauenseuche (FLÜCKIGER[2]) trotz Infektionsgelegenheit spontan außerordentlich selten oder überhaupt nicht, nach parenteraler Einimpfung des betreffenden Virus dagegen sehr leicht und schon nach Einverleibung kleinster Erregermengen erkranken, eine befriedigende Erklärung. (Hinsichtlich der sog. Depressionsimmunität vgl. S. 593.)

Schon oben (S. 542) wurde bei Besprechung der natürlichen Giftresistenz darauf hingewiesen, daß z. B. das Tetanustoxin eine Prädilektion für die Nervensubstanz besitzt und daß andere Gewebe, soweit sie das Gift zu verankern vermögen, wie z. B. die parenchymatösen Organe des Kaninchens dadurch nicht oder nur in bedeutend geringerem Maße, als die nervösen Zentralorgane beeinflußt werden. Ähnliche Erscheinungen einer *organspezifischen Einstellung* lassen sich auch bei lebenden Krankheitserregern beobachten. Während manche Gewebe eines Organismus einer bestimmten Mikroorganismenart gegenüber absolut unempfänglich sind, werden andere Organe durch denselben Erreger in schwerster Weise geschädigt. So weisen WASSERMANN und CITRON[3] darauf hin, daß das Bacterium coli, das für die Darmschleimhaut des erwachsenen Menschen vollkommen unschädlich ist, schwerste Entzündungen der Schleimhäute des uropoetischen Apparates hervorrufen kann. Weiterhin läßt der Choleravibrio eine streng spezifische Anpassung an das Darmepithel erkennen (s. besonders ISSAEFF und KOLLE[4]), während der Ruhrbacillus an die Dickdarmschleimhaut (CONRADI[5]), der Leprabacillus, das Lyssa-, Encephalitis- und Herpesvirus an Organe ektodermalen Ursprungs, der Poliomyelitiserreger an die graue Substanz des Rückenmarkes (LEVADITI), der Milzbrandbacillus (beim Meerschweinchen) an die Haut (BESREDKA[6]), die Malariaplasmodien an die Erythrocyten spezifisch adaptiert, für andere Organe dagegen ungefährlich sind. Wenn auch die Unempfindlichkeit des normalen Darms gegenüber Colibacillen vielleicht, wie WASSERMANN und CITRON annehmen, auf einer durch den immerwährenden Kontakt bewirkten lokalen Immunität beruht, so ist doch in den übrigen Fällen das Wesen der Organresistenz gegenüber manchen Mikroorganismenarten bzw. die Ursache der organspezifischen Anpassung dieser Keime noch vollkommen ungeklärt. Es liegt natürlich trotz des Fehlens experimenteller Unterlagen nahe, als Ursache dieser Erscheinungen gewisse *biochemische Besonderheiten* (Fermente u. dgl.) der betreffenden Organe anzunehmen. In diesem Sinne sprechen neuere, von anderer Seite noch nicht bestätigte experimentelle Untersuchungen von MILLER und BOJARSKAJA[7] über die elektive Lokalisation der Bakterien im Organismus.

---

[1] RABINOWITSCH-KEMPNER, L.: Z. Tbk. **50**, 110 (1928) — Ann. Méd. **25**, 287 (1929).
[2] FLÜCKIGER, G.: Schweiz. Arch. Tierheilk. **1924**, Nr 16, 479.
[3] WASSERMANN, A. u. J. CITRON: Dtsch. med. Wschr. **31**, Nr 15, 573 (1905).
[4] ISSAEFF u. W. KOLLE: Z. Hyg. **18**, 17 (1894).
[5] CONRADI, H.: Dtsch. med. Wschr. **29**, Nr 2, 26 (1903).
[6] BESREDKA, A.: Ann. inst. Pasteur **35**, 421 (1921) — Bull. Pasteur **20**, 473 (1922); **22**, 217, 265 (1924) — Presse méd. **32**, Nr 56 (1924).
[7] MILLER, A. A. u. W. G. BOJARSKAJA: J. experim. Biol. i. Mediziny **1928**, Nr 22, 84 (russisch).

Durch 20—60 Tage lang fortgesetzte Züchtung von Staphylokokken und Typhusbacillen in einer mit kleinen Stückchen bestimmter Organe beschickten Ringerlösung wurden Bakterienstämme erhalten, die bei nachfolgender Verimpfung
an Versuchstiere sich elektiv in denjenigen Organen ansiedelten, die zur Herstellung des Nährbodens benutzt worden waren. Es gelang so Staphylokokken-
stämme, die eine besondere Affinität zu Leber- bzw. zu Nierengewebe aufwiesen,
und einen Typhusbacillenstamm, der sich elektiv im Gehirngewebe ansiedelte,
zu züchten. Sodann konnte Schlossberger[1] durch scrotale Verimpfung von
Gehirnmaterial einer syphilisinfizierten Maus auf ein Kaninchen, bei dem es
hernach zur Schankerbildung kam und davon ausgehend durch fortlaufende
intratestikuläre Weiterimpfung von Gehirnbrei den verwendeten Syphilisstamm
in 5 Gehirnpassagen in Kaninchen, die jeweils typische Primäraffekte bekamen,
fortführen. Da entsprechende Versuche mit dem in der üblichen Weise durch
Verimpfung von Schankerstückchen in Kaninchen gehaltenen Ausgangsstamm
stets ein negatives Ergebnis hatten, hält es Schlossberger für wahrscheinlich,
daß die Spirochäten im Zentralnervensystem der Maus *neurotrope* Eigenschaften
erworben haben, und daß vielleicht auch der bei einem gewissen Prozentsatz
syphilitischer Menschen sich ausbildenden Paralyse und Tabes eine ähnliche
Anpassung der Syphilisspirochäten an das Zentralnervensystem zugrunde liegt
(eingehende kritische Besprechung der verschiedenen zur Erklärung der Para-
lyseentstehung aufgestellten Theorien s. bei Jahnel[2]). Auf ähnlichen Vorgängen beruht vielleicht auch die gehirnspezifische Einstellung des Virus fixe
(Busson; s. S. 524). Ferner wäre noch zu erwähnen, daß Rosenow[3] (s. auch
Crowe[4]) die verschiedenartige Lokalisation der Streptokokkeninfektionen im
Organismus auf organspezifische Besonderheiten der einzelnen Stämme zurückführt. Es erscheint sehr wohl möglich, daß die besonders von H. Braun eingeleiteten Untersuchungen (vgl. auch Kondo[5], Hirsch[6]) über den *Verwendungs-*
stoffwechsel der Bakterien zur Klärung dieser Fragen wesentlich beitragen werden.

Schließlich wäre hier noch auf die von D'Hérelle angenommene Bedeutung
des sog. *Bakteriophagen* für die Resistenz eines Organismus gegenüber bestimmten
Infektionserregern hinzuweisen (Literatur s. bei D'Hérelle, Schlossberger,
Otto und Munter, Giörup). Dieses in der Natur weitverbreitete bakteriolytische Agens, das wegen seiner Fähigkeit, sich in lebenden Kulturen entsprechender Keime zu vermehren, von seinem Entdecker D'Hérelle als belebter Parasit
der Bakterien angesprochen wird, findet sich nach der Annahme D'Hérelles
in zeitlich schwankender Menge und Wirksamkeit im Intestinaltraktus von
Menschen und Tieren als Parasit der saprophytischen Darmbakterien (Bact. coli),
soll aber die Fähigkeit besitzen, nach Eindringen pathogener Bakterien in den
Organismus sich an dieselben spezifisch anzupassen. Wie D'Hérelle auf Grund
von Beobachtungen bei seuchenartigen Erkrankungen (bacilläre Ruhr, Typhus
und Paratyphus, Büffelseuche, Hühnercholera usw.) weiter annimmt, kann der
Bakteriophage dann den Ausbruch einer infektiösen Erkrankung verhindern,
wenn diese Anpassung an die betreffenden Infektionskeime genügend rasch
erfolgt, so daß dieselben vernichtet werden, bevor sie eine Festigkeit gegenüber

[1] Schlossberger, H.: Arb. Staatsinst. exper. Ther. Frankf. **21**, 344 (1928) — Srpski
Arch. Lekarst. **31**, 24 (1929) — Arch. argent. Neur. **4**, 54 (1929).
[2] Jahnel, F.: Allgemeine Pathologie u. pathologische Anatomie der Syphilis des
Nervensystems. Handb. d. Haut- u. Geschlechtskrankheiten, herausgeg. von J. Jadassohn
17, 1. Berlin: Julius Springer 1929.
[3] Rosenow, E. C.: J. amer. med. Assoc. **65**, 1087 (1915) — J. dent. Res. **1**, 205 (1919).
[4] Crowe, H. W.: Ann. Pickett-Thomson Res. Labor. **4**, Tl 2, 443. London: Baillière,
Tindall and Cox 1929.
[5] Kondo, S.: Z. Hyg. **104**, 714 (1925).   [6] Hirsch, J.: Z. Hyg. **109**, 387 (1928).

dem Bakteriophagen (s. S. 528) erwerben konnten. Aber auch bei ausgebrochener Infektion ist nach D'HÉRELLE das Verhalten, d. h. die Virulenz des Bakteriophagen für den Verlauf der Erkrankung von ausschlaggebender Bedeutung. Da besonders bei leichten Darminfektionen eine vorübergehende rasche Vermehrung und starke Wirksamkeit des bactericiden Agens im Darm festzustellen war, glaubte er, daß der abortive Verlauf auf solche besonders intensiv wirkende bakterienfeindliche Stoffe zurückzuführen sei und brachte derart ihr Auftreten mit den Abwehr- und Heilungsvorgängen bei Infektionskrankheiten in ursächlichen Zusammenhang. In dem Auftreten resistenter Bakterienstämme erblickt D'HÉRELLE unter anderem die Ursache für die Rückfälle bei Ruhr und Typhus sowie den Grund für die Entstehung von Bacillenträgern. Er nimmt an, daß im Organismus die Ausbildung einer Festigkeit bei den Krankheitserregern dann zustande kommt, wenn infolge ungünstiger Verhältnisse im Darm die für die Anpassung und Vermehrung des bakteriophagen Virus notwendigen Vorbedingungen nicht gegeben sind. Der Verlauf bakterieller Infektionskrankheiten ist seiner Ansicht nach also das Resultat eines im Organismus stattfindenden Kampfes zwischen den Erregern und dem lytischen Mikroben. Geht die Krankheit in Heilung aus, so findet man zu Beginn der Rekonvaleszenz stark lytisch wirkende Stoffe im Stuhl, auf welche er das Verschwinden der Krankheitskeime zurückführt. Erliegt dagegen der Patient der Infektion, so fehlt der spezifische Bakteriophag im Intestinaltraktus. Das Erlöschen einer Epidemie tritt nach D'HÉRELLE dann ein, wenn alle empfänglichen Individuen das wirksame bakteriophage Virus enthalten. Die Immunität bei bakteriellen Infektionen beruhe demnach nicht nur auf einer spezifischen Umstimmung des Organismus, sondern auch auf der Anpassung des im Darm vorhandenen Bakteriophagen an die betreffenden Krankheitserreger und auf dessen Aktivität.

Die im vorstehenden geschilderte Auffassung D'HÉRELLES von der Rolle des Bakteriophagen bei den Erscheinungen der natürlichen Resistenz und auch der erworbenen Immunität eines Individuums kann aber ebenso wie seine Vorstellung von der Natur des bakteriolytischen Agens noch keineswegs als bewiesen angesehen werden, bedarf vielmehr noch weiterer eingehender Untersuchung. So konnten TOPLEY, WILSON und LEWIS[1] keinen Anhaltspunkt dafür finden, daß der plötzliche Abfall einer von ihnen beobachteten Paratyphusepidemie in einer Mäusepopulation durch das Auftreten spezifischer Bakteriophagen bedingt sei. Auch die Brauchbarkeit der von D'HÉRELLE empfohlenen prophylaktischen oder therapeutischen Applikation spezifisch eingestellter Bakteriophagen an gefährdete bzw. infizierte Individuen, auf die hier im einzelnen nicht eingegangen werden kann, ist noch keineswegs anerkannt (vgl. insbesondere OTTO und MUNTER).

D. Die Beeinflussung der natürlichen Resistenz durch endogene und exogene Einwirkungen.

Die Intensität der durch das Eindringen oder die parenterale Einverleibung artfremder Agenzien, insbesondere lebender Mikroorganismen im menschlichen oder tierischen Körper bewirkten Abwehrerscheinungen ist, wie bereits mehrfach hervorgehoben wurde, weitgehend von *endogenen und exogenen Momenten* abhängig. Unter den ersteren sind es neben dem Alter und vielleicht auch dem Geschlecht (s. S. 545 u. 550) vor allen Dingen die *Stoffwechselvorgänge*, denen, wie die Untersuchungen zahlreicher Autoren über die Einwirkung verschiedener Ernährungs- bzw. differenter Diätformen beweisen, ein entscheidender Einfluß

---

[1] TOPLEY, W. W. C., J. WILSON u. E. R. LEWIS: J. of Hyg. **24**, 17 (1925).

auf die natürlichen Schutzvorrichtungen eines Individuums gegenüber Infektionserregern und deren Giften zukommt. Spaeth[1] geht sogar soweit, daß er die natürliche Resistenz als eine Funktion der Assimilationsvorgänge bezeichnet. Neben diesen und andern endogenen Momenten vermögen aber vor allem äußere Einwirkungen der verschiedensten Art die Resistenz eines Individuums gegenüber bestimmten Infektionsstoffen herabzusetzen oder zu steigern.

a) Abhängigkeit der Resistenz von dem Allgemeinzustand des Organismus.

Von endogenen Faktoren, denen ein direkter Einfluß auf die Widerstandsfähigkeit des Einzelindividuums gegenüber Infektionsstoffen zukommt, ist zunächst das *Alter* zu nennen (vgl. S. 535 u. 545). Die Reaktionsfähigkeit des Organismus auf antigene Reize ist, wie bereits mehrfach hervorgehoben wurde, während des ganzen Lebens nicht gleichmäßig stark; abgesehen davon, daß sie auch beim Erwachsenen dauernden Schwankungen unterworfen ist, ergab sich durch die Untersuchungen zahlreicher Autoren (Moll[2], v. Gröer und Kassowitz[3], Rohmer[4], Frankenstein[5] u. a.), daß der Neugeborene manchen infektiösen Agenzien gegenüber unter- oder gar unempfänglich ist (s. S. 533). So reagiert nach Moll der jugendliche Organismus (Kaninchen) auf parenterale Injektionen von artfremdem Eiweiß oder gewissen Bakterien (Cholera) schwächer als der Körper des Erwachsenen, weil er von der gleichen Antigendosis offenbar weniger geschädigt wird als dieser und es somit nicht nötig hat, auf einen solchen Reiz mit gleich starken Abwehrmaßnahmen zu antworten. Dementsprechend ist auch, wie schon hier erwähnt sei, die immunisatorische Bildung spezifischer Antikörper beim Neugeborenen und Säugling nur gering (Schkarin[6], J. Bauer[7], Ossinin[8], Moll[2], Frankenstein[5], Glenny, Pope, Waddington und Wallace[9] u. a.). Pfaundler führt diese Erscheinungen auf einen „*Differenzierungsrückstand*" zurück, d. h. auf eine noch ungenügende Ausbildung des gesamten Receptorenapparates, der erst im Laufe der extrauterinen Entwicklung zur vollen Entfaltung gelangt. Nach Frankenstein ist allerdings eine wirksame Immunisierung des Säuglings gegen Pocken wohl möglich; diese Immunität ist jedoch in Anbetracht des Fehlens von viruliziden Antikörpern rein histogener und nicht humoraler Art. Ebenso spricht auch die bereits besprochene bekannte Tatsache (s. S. 545), daß jugendliche Individuen eine hohe Empfänglichkeit für manche Infektionskrankheiten besitzen, dafür, daß beim Neugeborenen manche Receptoren schon vollkommen entwickelt sind. Man muß daher entsprechend der Auffassung von L. Hirszfeld[10] (s. insbesondere S. 535), der in der Antikörperbildung nur eine Verstärkung und Entfaltung der genotypisch bedingten Zellfähigkeiten erblickt, wohl annehmen, daß die verschiedenartigen Receptoren in verschiedenen Lebensaltern — manche schon während des fetalen Lebens (Scaglione[11], Bailey[12]), manche erst nach der Geburt — in die Erscheinung treten, was ja auch durch die zahlreichen Untersuchungen über das sukzessive Auftreten der Normalanti-

[1] Spaeth, R. A.: Amer. J. Hyg. **5**, 839 (1925).
[2] Moll, L.: Jb. Kinderheilk. **68**, 1 (1908).
[3] Gröer, F. v. u. K. Kassowitz: Erg. inn. Med. **13**, 349 (1914).
[4] Rohmer, P.: Berl. klin. Wschr. **51**, Nr 29, 1349 (1914).
[5] Frankenstein, C.: Z. Kinderheilk. **25**, 12 (1920); **32**, 25 (1922).
[6] Schkarin, A.: Arch. Kinderheilk. **46**, 357 (1907).
[7] Bauer, J.: Wien. klin. Wschr. **21**, Nr 36, 1259 (1908).
[8] Ossinin, A.: Arch. Kinderheilk. **59**, 98 (1913).
[9] Glenny, A. T., C. G. Pope, H. Waddington u. U. Wallace: J. of Path. **28**, 333 (1925).
[10] Hirszfeld, L.: Klin. Wschr. **3**, Nr 46, 2084 (1924).
[11] Scaglione, S.: Fol. gynaecol. **14**, 339 (1921).
[12] Bailey, C. E.: Amer. J. Hyg. **3**, 370 (1923).

körper wahrscheinlich gemacht wird (HALBAN und LANDSTEINER, SACHS, GEWIN, ASCHENHEIM, KAUMHEIMER, BAUER und NEUMARK, SCHICK, DÉTRÉ und SAINT-GIRONS, REYMANN u. a.; vgl. S. 535). Zu erwähnen wäre noch, daß LINDIG die erhöhte Resistenz des Neugeborenen gegenüber gewissen Krankheitserregern auf den nur während der ersten Lebensmonate nachweisbaren starken Gehalt des Serums an caseinspaltenden Fermenten, denen er bactericide Eigenschaften zuschreibt, zurückführt. (Hinsichtlich der erhöhten Durchlässigkeit der Schleimhäute des jugendlichen Organismus für Krankheitserreger vgl. S. 550.) Nach KOLPAKOWA[1] beruht die Unempfindlichkeit, welche erwachsene Kaninchen im Gegensatz zu jungen Individuen dieser Tierart gegenüber der natürlichen Coccidieninfektion (Eimeria stiedae) aufweisen, auf der andersartigen Zusammensetzung des Magensaftes.

Ferner hat auch die *Schwangerschaft* einen erheblichen Einfluß auf die natürliche Resistenz des Organismus gegenüber Infektionsstoffen. Nach LÖFFLER[2], sowie BEHRING und NISSEN[3] wird durch die Gravidität die Empfänglichkeit weißer Ratten für die Milzbrandinfektion gesteigert. Auch nach den mit den verschiedenartigsten Krankheitserregern angestellten Tierversuchen von BOSSI[4], sind schwangere Individuen gegenüber Infektionen meist viel empfindlicher als nicht trächtige Tiere der betreffenden Art und zwar ist die Empfänglichkeit um so größer, je weiter die Schwangerschaft vorgeschritten ist; bei beginnender Gravidität ließ sich noch kein Unterschied gegenüber den Kontrolltieren nachweisen. Nur gegenüber dem Diphtherietoxin und der Diphtheriebacilleninfektion besitzen nach den Angaben BOSSIS schwangere Tiere eine höhere Resistenz als nichtschwangere Individuen.

Was weiterhin den Einfluß des *Stoffwechsels* auf die Resistenz des Organismus gegenüber Infektionskrankheiten anlangt, so ist es eine den Klinikern und Pathologen, insbesondere den Kinderärzten seit langem bekannte Tatsache, daß die Widerstandsfähigkeit eines Individuums gegenüber derartigen Erkrankungen bis zu einem gewissen Grade von der *Ernährungsweise* bzw. von dem *Ernährungszustand* des betreffenden Individuums abhängt. So hat schon VIRCHOW[5] darauf hingewiesen, daß durch Hunger die Resistenz des Menschen gegenüber der Fleckfiebererkrankung herabgesetzt wird; andererseits zeigt die Scharlachinfektion bei fetten Kindern einen besonders ungünstigen Verlauf. Die auf empirischer Erfahrung beruhende Erkenntnis, daß der wohlernährte menschliche Körper der tuberkulösen Infektion im allgemeinen wirksameren Widerstand entgegensetzen kann, als ein unter- oder überernährter Organismus bildet mit die Grundlage der heute üblichen hygienisch-diätetischen Behandlung der Tuberkulose. Ebenso ist es eine auch statistisch längst erhärtete Tatsache, daß Brustkinder gegenüber infektiösen Prozessen eine wesentlich höhere Resistenz aufweisen als die ausschließlich mit der artfremden und in ihrer Zusammensetzung dem Organismus weniger zusagenden Kuhmilch oder einseitig mit Kohlehydraten ernährten Säuglinge, und daß bei den meisten Säuglingen, die infolge von Ernährungsstörungen sterben, Infektionen, die sich erst auf Grund dieser alimentären Intoxikationen haben entwickeln können, die eigentliche Todesursache bilden (vgl. auch L. F. MEYER[6]).

[1] KOLPAKOWA, J.: Revue de Microbiologie et d'Epidémiologie. Saratov. Vestn. Zubovroračev. (russ.) **4**, Nr 3, 10, 83 (1925).
[2] LÖFFLER, F.: Mitt. ksl. Gesdh.amt **1**, 134 (1881).
[3] BEHRING, E. u. F. NISSEN: Z. Hyg. **8**, 412 (1890).
[4] BOSSI : Arch. Gynäk. **68**, 310 (1903).
[5] VIRCHOW, R.: Virchows Arch. **3**, 154 (1851).
[6] MEYER, L. F.: Klin. Wschr. **4**, Nr 31, 1481 (1925).

Czerny[1] hat beispielsweise darauf hingewiesen, daß neugeborene Kinder eine natürliche Immunität gegen die Soorinfektion besitzen, daß diese aber schon bei leichten Ernährungsstörungen verlorengeht; wird die Ernährungskrankheit korrigiert, so wird dadurch die Immunität wiederhergestellt und der Soor erlischt ohne jede sonstige Behandlung von selbst. Man hat dementsprechend bei der Behandlung der Infektionskrankheiten ganz allgemein, besonders aber solcher Prozesse, die einer spezifischen Behandlung nicht zugänglich sind, das Hauptaugenmerk auf eine Stärkung der Widerstandsfähigkeit des ergriffenen Organismus durch eine zweckmäßig geleitete Ernährung gerichtet, um auf diese Weise die natürliche Resistenz der Gewebe gegenüber den eingedrungenen Krankheitskeimen zu erhalten bzw. die zur Ausheilung notwendigen Immunisierungsvorgänge zu ermöglichen und zu fördern.

Ob neben den *individuellen* Resistenzunterschieden auch die zwischen den *Tierarten* und *Tierrassen* bestehenden Differenzen in der Empfänglichkeit für gewisse Infektionen zum Teil auf Verschiedenheiten in der Ernährungsweise zurückzuführen sind, ist noch völlig unentschieden. Auffallend ist jedenfalls die von Tobler und Bessau hervorgehobene Tatsache, daß Fleischfresser gegenüber manchen Bakterienarten, insbesondere Milzbrand- und Tuberkelbacillen, eine wesentlich höhere Resistenz besitzen als Pflanzenfresser.

Die experimentelle Forschung hat sich schon frühzeitig mit den hier zu besprechenden Problemen des Einflusses der Ernährung auf die natürliche Widerstandsfähigkeit des Organismus und auf das Zustandekommen einer aktiven Immunität gegenüber infektiösen Keimen beschäftigt. Ein genaueres Studium dieses Zusammenhangs zwischen Infektionsverlauf und Immunitätsvorgängen einerseits und der Ernährungsweise bzw. dem Ernährungszustande andererseits setzte jedoch erst in neuerer Zeit ein, nachdem durch die Untersuchungen zahlreicher Autoren die Bedeutung der *Zusammensetzung* der Nahrung für die Entwicklung und die Konstitution des Organismus, vor allem die wichtige Rolle der Vitamine, erkannt worden war. Dabei ergab sich, daß nicht nur eine quantitativ, sondern auch eine qualitativ insuffiziente Ernährungsform die Disposition des Organismus für mancherlei Infektionen steigert. So wurde bereits darauf hingewiesen, daß Mastkuren die Resistenz des Körpers gegen Tuberkulose herabsetzen und daß Säuglinge bei unzweckmäßiger künstlicher Ernährung, besonders bei Zufuhr großer Kohlehydratmengen, trotz einer, allerdings meist nur durch Wasserretention vorgetäuschten Gewichtszunahme zu Infektionen der verschiedensten Art besonders prädisponiert sind (Czerny[1] u. a.). Auch der endemischen Verbreitung der Lepra wird durch eine quantitativ und qualitativ ungenügende Nahrung weitgehend Vorschub geleistet (Hutchinson[2], Muir[3]).

Der Wirkungsmechanismus einer solchen mangelhaften oder einseitigen Ernährung auf die Schutzvorrichtungen des Organismus gegenüber Infektionserregern ist heute allerdings eine noch vollkommen offene Frage. Zweifellos handelt es sich, worauf auch die zwischen den Angaben der Autoren vielfach bestehenden Widersprüche hinweisen, um ein Ineinandergreifen der verschiedenartigsten chemischen und physikalischen Faktoren, deren Analyse mittels der uns zur Verfügung stehenden biologischen Methoden nur in beschränktem Maße möglich erscheint. Eine besondere Komplikation bildet der Umstand, daß gerade auf dem Gebiete der Immunitätsforschung weder Analogieschlüsse von einer Tierspecies auf die andere zulässig sind, noch die bei einer Infektionskrankheit gemachten Beobachtungen verallgemeinert werden dürfen.

Die Annahme, daß die Reaktionsfähigkeit der als Träger der Abwehrmaßnahmen des Körpers in Betracht kommenden Organe und Zellen durch die Ernährungsweise und den Ernährungszustand *unmittelbar* beeinflußt wird, ist

---

[1] Czerny, A.: Med. Klin. **9**, Nr 23, 895 (1913).
[2] Hutchinson, J.: On leprosy and fish eating. London: Constable 1906.
[3] Muir, E.: Indian J. med. Res. **15**, 1 (1927).

zweifellos naheliegend und berechtigt, trotzdem sich über die Art dieser Einwirkung nur Vermutungen anstellen lassen. So ist die bei *schweren* Ernährungsstörungen nachweisbare Resistenzverminderung gegenüber gewissen Infektionen, wie TOBLER und BESSAU ausgeführt haben, wohl durch das Darniederliegen der Funktionstüchtigkeit aller Organe und Zellen, somit auch derjenigen, welche mit den eigentlichen Abwehrmaßnahmen betraut sind, bedingt. Dafür spricht auch die Angabe von UNDRITZ[1], der bei hungernden Kaninchen eine herabgesetzte Reaktionsfähigkeit des Lymphdrüsenapparates bei der Staphylokokkeninfektion beobachtete.

Eine Einwirkung des Stoffwechsels auf die Schutzorgane und ein dadurch bedingtes verändertes Verhalten des Organismus gegenüber eingedrungenen Krankheitserregern kann durch eine *Änderung der Reaktion der Körpersäfte und -gewebe* zustande kommen (vgl. RONDONI). So führte z. B. BEHRING die besonders hohe Milzbrandresistenz mancher Ratten auf einen gesteigerten Alkalescenzgrad des Blutes zurück (s. S. 542). In ähnlicher Weise konnte FODOR[2] bei Versuchstieren durch künstliche Steigerung des Alkaligehalts im Blute die Resistenz gegenüber Milzbrand-, Typhus-, Tuberkelbacillen und Streptokokken erhöhen. Umgekehrt wurde nachgewiesen, daß bei einer künstlich durch Säurezufuhr oder infolge Inanition bzw. alimentärer Intoxikation, ferner bei Diabetes, Urämie usw. eintretenden relativen Acidose die Widerstandsfähigkeit des Organismus gegenüber manchen Infektionskeimen, vor allem Eitererregern und Tuberkelbacillen herabgesetzt ist (NEUMANN[3], FERMI und SALSANO[4], CASTELLINO[5], PASINI und CALABRESE[6], LONDON[7], DA COSTA und BEARDSLEY[8], CZERNY[9], IRALA[10], TEALE[11], MUCH[12], ROSTOCK[13], LANGE und YOSHIOKA[14], FREUND[15])[16]. Demgegenüber gibt SAUERBRUCH[17] (s. auch HERRMANNSDORFER[18]) an, daß saure Kost im Gegensatz zu alkalischer Diät eine auffallend günstige Wirkung auf die Wundheilung und auch auf die Tuberkulose ausübt. Er nimmt an, daß die Herabsetzung der Alkali-

---

[1] UNDRITZ, W. F.: Verh. d. Ges. für Ohren-, Hals- u. Nasenkrankh., St. Petersburg 1922. Ref. Ber. Physiol. **15**, 319 (1923).

[2] FODOR, J. v.: Zbl. Bakter. I **17**, 225 (1895).

[3] NEUMANN, H.: Z. klin. Med. **19**, Suppl. 122 (1891).

[4] FERMI, C. u. T. SALSANO: Zbl. Bakter. I **12**, 750 (1892).

[5] CASTELLINO, P.: Rivista d'igiene e sanità pubbl. **1893**, 461.

[6] PASINI, S. u. A. CALABRESE: Gazz. Osp. **15**, 51 (1894).

[7] LONDON, E. S.: C. r. Acad. Sci. Paris **122**, 1278 (1896) — Arch. Sci. Biol., St. Pétersbourg **5**, 88, 197 (1897).

[8] DA COSTA, J. C. und E. J. G. BEARDSLEY: Amer. J. med. Sci. **136**, 361 (1908).

[9] CZERNY: Zitiert auf S. 558.

[10] IRALA, J.: Ann. Igiene **30**, 28 (1920).

[11] TEALE, F. H.: Lancet **199**, Nr 6, 279 (1920).

[12] MUCH, H.: Dtsch. med. Wschr. **47**, Nr 22, 621 (1921).

[13] ROSTOCK, P.: Dtsch. med. Wschr. **47**, Nr 44, 1323 (1921).

[14] LANGE, B. u. M. YOSHIOKA: Dtsch. med. Wschr. **47**, Nr 44, 1322 (1921).

[15] FREUND, J.: Z. Hyg. **97**, 363 (1923).

[16] Die Angabe von MUCH (zitiert oben [12]), daß Versuchstiere durch Milchsäureinjektionen auch für saprophytische Bakterien (B. subtilis, B. mesentericus) empfindlich werden, wurde indessen von LANGE u. YOSHIOKA (zitiert oben [14]), J. FUCHS [Z. Immun.forschg **36**, 122 (1923)], R. H. LEE, u. L. ARNOLD [J. Labor. a. clin. Med. **8**, 462 (1923)] nicht bestätigt; dagegen gibt G. HEUER, [Z. Immun.forschg **44**, 364 (1925)] an, daß ihm eine derartige „Aktivierung" saprophytischer Bacillen mehrfach gelungen sei [vgl. auch S. ZLATOGOROFF, M. ZECHNOWITZER u. M. KOSCHKIN: Z. Hyg. **105**, 583 (1926)].

[17] SAUERBRUCH, F.: Münch. med. Wschr. **71**, Nr 38, 1299 (1924). — SAUERBRUCH, F., HERRMANNSDORFER, A. u. M. GERSON: Ebenda **73**, Nr 2, 47 u. Nr 3, 108 (1926). — SAUERBRUCH, F. u. A. HERRMANNSDORFER: Ebenda **75**, Nr 1, 35 (1928).

[18] HERRMANNSDORFER, A.: Arch. klin. Chir. **138**, 396 (1925) — Med. Klin. **25**, Nr 32, 1235 (1929). — Siehe auch S. BOMMER u. L. BERNHARDT: Dtsch. med. Wschr. **55**, Nr 31, 1298 (1929). — JESIONEK, A.: Münch. med. Wschr. **76**, Nr 21, 867 (1929).

reserve des Blutes bei eiternden Wunden und die saure Reaktion des Granulationsgewebes (vgl. Schade[1]) nicht' den Ausdruck einer Schädigung des Körpers
durch den Entzündungsprozeß, sondern die Voraussetzung des Heilungsvorgangs
darstellen. Bei zahlreichen Fällen von Lupus vulgaris, Drüsen-, Weichteil-,
Urogenital-, Knochen- und Gelenktuberkulose gelang es ihm und seinen Mitarbeitern, durch eine vitaminreiche, vorwiegend pflanzliche kochsalzfreie Kost
und durch eine gleichzeitige Überschwemmung des Körpers mit anderen Minera-
lien, vor allem Calcium- und Magnesiumsalzen, die eine Verschiebung des Säure-
basenhaushalts nach der sauren Seite hin und dadurch eine Entwässerung des
Organismus bewirken, überraschende Heilerfolge zu erzielen. Nach den an Säuglingen ausgeführten Untersuchungen von Nothmann[2] kann durch eine geeignete
Diät die Reaktion des Urins geändert und dadurch die lokale Resistenz der
Harnwege gegenüber gewissen Infektionserregern gesteigert werden. Bekannt ist
ferner die Erfahrungstatsache, daß die an sich pathologische Superacidität des
Magensafts einen gewissen Schutz gegen Cholerainfektion bedingt (Rob. Koch).

Nach den Untersuchungen zahlreicher Autoren (Ness van Alstyne und Beebe[3],
Sweet, Corson-White und Saxon[4], W. Caspari[5] u. a.; vgl. auch O. Warburg[6]) sind gewisse Ernährungsformen imstande, das Wachstum von Geschwülsten oder die Empfänglichkeit des Organismus für solche Tumoren zu beeinflussen. Da die zur Acidose führende allgemeine Unterernährung eine erhebliche Hemmung des Geschwulstwachstums bewirkt,
diskutiert Caspari die Frage, ob die von ihm, sowie von Sweet, Corson-White und Saxon
festgestellte hohe Geschwulstimmunität bei Mäusen, die mit Casein bzw. Gluten, also
exquisit sauren Proteinkörpern als einziger Eiweißquelle ernährt worden waren, nicht auf
die saure Reaktion der Ernährung zurückzuführen ist. Auch wenn hierbei keine ausgesprochene Acidose eintritt, so wird doch bei einem so stark sauren Futter die Kohlensäure-
bindung im Blute herabgesetzt, und es tritt eine Dyspnoe der Gewebe ein, die nach den Untersuchungen von Schwarz[7] eine ausgesprochene Immunität gegen Krebsimpfung auslöst.

Außerdem ist es möglich, daß gewisse *Stoffwechselprodukte*, vor allem mine-
ralische Bestandteile die Resistenz des Organismus und seine Reaktionsfähigkeit
gegenüber eingedrungenen Infektionskeimen in dieser oder jener Richtung beeinflussen. So ist es bei einseitiger Kost sehr wohl möglich, daß die *veränderte*
Bakterienflora des Darms (vgl. Herter, Torrey[8], Hess und Scheer[9], Cannon[10],
Cannon und McNease[11], Guerrini[12], Hudson und Parr[13], Hoffstadt und
Johnson[14], Deeks u. a.) und dadurch unter Umständen entstehende und zur
Resorption gelangende toxische Stoffwechsel- oder Sekretionsprodukte für eine
etwaige Resistenzverminderung des Organismus verantwortlich gemacht werden
müssen. Ob die von Löwenstein[15] (s. auch Da Costa und Beardsley[16]) konsta-
tierte, von Trommsdorff[17] jedoch nicht bestätigte verminderte bactericide
Wirksamkeit des Diabetikerserums auf der Vermehrung des Blutzuckergehalts

---

[1] Schade, H.: Die physikalische Chemie in der inneren Medizin. Dresden u. Leipzig:
Th. Steinkopff 1921.
[2] Nothmann, H.: Berl. klin. Wschr. **49**, Nr 39, 1848 (1912).
[3] Ness, van Alstyne, E. van, u. S. P. Beebe: J. of med. Res. **29**, 217 (1914).
[4] Sweet, J. E., E. P. Corson-White u. G. J. Saxon: J. of biol. Chem. **15**, 181 (1913).
[5] Caspari, W.: Fortschr. Ther. **1**, Nr 20/21 (1925).
[6] Warburg, O.: Naturwiss. **12**, 1131 (1924).
[7] Schwarz, E.: Z. Krebsforschg **21**, 472 (1924).
[8] Torrey, J. C.: J. of med. Res. **39**, 415 (1919).
[9] Hess, R. u. K. Scheer: Arch. Kinderheilk. **69**, 370 (1921).
[10] Cannon, P. R.: J. inf. Dis. **29**, 369 (1921).
[11] Cannon, P. R. u. W. J. McNease: J. inf. Dis. **32**, 175 (1923).
[12] Guerrini, G.: Ann. Igiene **31**, 597 (1921).
[13] Hudson, P. R. u. L. W. Parr: J. inf. Dis. **34**, 621 (1924).
[14] Hoffstadt, R. E. u. S. J. Johnson: Amer. J. Hyg. **5**, 709 (1925).
[15] Löwenstein, E.: Dtsch. Arch. klin. Med. **76**, 93 (1903).
[16] Da Costa u. Beardsley. Zitiert auf S. 559.
[17] Trommsdorff, R.: Zbl. Bakter. I Orig. **32**, 439 (1902).

beruht, wie PASINI und CALABRESE[1] auf Grund von Reagensglasversuchen annehmen, muß in Anbetracht der negativ verlaufenen Nachprüfung von HANDMANN[2] (s. auch ROCKWOOD und BEELER[3]) immerhin zweifelhaft erscheinen, zumal ja nach den neueren Untersuchungsergebnissen der Immunisierungsprozeß häufig mit einer vorübergehenden, wohl auf Zellzerfall beruhenden Hyperglykämie einhergeht (s. S. 619). Ebenso bieten auch die Versuche von BUJWID[4], LEO[5], PREYSS[6], SWEET[7], P. TH. MÜLLER[8], die bei Tieren durch Applikation von Phlorrhizin oder durch Pankreasexstirpation Glykosurie erzeugten und dann eine verminderte Widerstandsfähigkeit bzw. eine herabgesetzte Antikörperbildung gegenüber manchen pathogenen Bakterienarten nachwiesen, keine Anhaltspunkte hinsichtlich des Zustandekommens der verminderten Resistenz des Diabetikers, da die genannten Eingriffe an sich schon eine schwere Schädigung des Organismus bedeuten.

Eine besondere Bedeutung für die natürliche Resistenz und die Reaktionsfähigkeit des Organismus kommt offenbar den *Schwankungen des Wassergehalts* der Gewebe zu. So nimmt WEIGERT[9] an, daß zwischen natürlicher Widerstandskraft und Wassergehalt des Organismus ein Kausalnexus besteht derart, daß durch eine Retention großer Wassermengen, wie sie insbesondere nach Zufuhr reichlicher oder überreicher Kohlehydratmengen zu beobachten ist, für Invasion und Ansiedelung pathogener Bakterien günstigere Bedingungen geschaffen werden. Da nach seinen Untersuchungen einerseits das Bakterienwachstum auf künstlichen Nährböden bei einem Trockensubstanzgehalt derselben von über 33% allmählich erlischt, da andererseits der durchschnittliche Wassergehalt des erwachsenen Menschen etwa 67%, derjenige des Neugeborenen aber ungefähr 72% beträgt, glaubt er auf diese Weise die relativ geringe Resistenz des Säuglings gegenüber gewissen Infektionen erklären zu können. Diese auch von CZERNY[10] vertretene Auffassung, daß der durch falsche Ernährung bedingte abnorme Wasserreichtum der Gewebe eine Resistenzverminderung des Organismus verursacht, hat aber nur für gewisse Infektionserreger Gültigkeit, denn es ist ja bekannt, daß gerade der Neugeborene trotz seines hohen Wassergehalts gegenüber verschiedenen infektiösen Erkrankungen eine wesentlich höhere Widerstandsfähigkeit besitzt als der Erwachsene (LINDIG[11] u. a.; s. S. 533 u. 556).

Außer einseitiger Kohlehydraternährung führt nach CZERNY auch der Mangel an resorbierbaren *Kalksalzen* in der Nahrung, hauptsächlich infolge der bei reichlicher Kuhmilchzufuhr im Darm der Säuglinge auftretenden Kalkseifenbildung und das dadurch bedingte Überwiegen der die Quellung begünstigenden Natrium- und Kaliumsalze, zu einer Erhöhung des Wassergehalts der Gewebe. Bei derartigen Störungen der Fettassimilation kann auch Acidose auftreten, die, wie bereits erwähnt, eine gewisse Disposition für manche Infektionen bedingt.

Aber auch beim Erwachsenen ist der *Mineral-*, vor allem der *Kalkstoffwechsel*, dessen Regulierung vielleicht eine Funktion der Nebennieren bildet, offenbar von erheblichem Einfluß auf die natürliche Widerstandsfähigkeit des Organismus gegenüber manchen Infektionskrankheiten. Wenn wir auch über die hier bestehenden Zusammenhänge noch recht wenig orientiert sind, so wissen

[1] PASINI, S. u. A. CALABRESE: Gazz. Osp. **15**, 51 (1894).
[2] HANDMANN, E.: Dtsch. Arch. klin. Med. **102**, 1 (1911).
[3] ROCKWOOD, R. u. C. BEELER: J. inf. Dis. **34**, 625 (1924).
[4] BUJWID, O.: Zbl. Bakter. I **4**, 577 (1888).   [5] LEO, H.: Z. Hyg. **7**, 505 (1889).
[6] PREYSS, A.: Münch. med. Wschr. **38**, Nr 24, 418; Nr 25, 440 (1891).
[7] SWEET, J. E.: J. of med. Res. **10**, 255 (1903).
[8] MÜLLER, P. TH.: Arch. f. Hyg. **51**, 365 (1904).
[9] WEIGERT, R.: Jb. Kinderheilk. **61**, 178 (1905) — Berl. klin. Wschr. **44**, Nr 38, 1209 (1907).
[10] CZERNY: Zitiert auf S. 558.
[11] LINDIG, P.: Münch. med. Wschr. **67**, Nr 34, 982 (1920).

wir doch durch statistische Erhebungen, daß die in Kalkbrennereien und ähnlichen Betrieben beschäftigten Arbeiter, die reichliche Calciummengen durch die Lungen aufnehmen, selten an Tuberkulose erkranken (TACKRAH[1] u. a.; Literatur bei LINNEKOGEL[2]). Nach den Angaben mancher Autoren (FERRIER[3], TESAURO[4], LICHTFIELD[5] u. a.) findet bei Tuberkulösen und auch bei Leprösen eine vermehrte Calciumausscheidung durch den Urin statt, die zu einer Demineralisation des Organismus führt. Mir selbst sind einige Fälle von Furunculose bekannt, bei denen die Erkrankung nach innerlicher Kalkzufuhr (milchsaures Calcium) innerhalb kürzester Zeit verschwand (vgl. auch SAUERBRUCH u. HERRMANNSDORFER, s. S. 559).

Neben derartigen Momenten, die vorwiegend direkt die Schutzorgane des Organismus beeinflussen, kann aber auch eine mehr *indirekte Wirkung des Stoffwechsels* auf die Abwehrkräfte in Frage kommen. So ist es nach den Untersuchungen von FICKER[6] sowie MORO[7] denkbar, daß bei Unterernährung eine *erhöhte Durchlässigkeit des Intestinaltraktus* für saprophytische Darmbakterien und durch deren Ansiedelung in inneren Organen, vor allem in Lymphdrüsen eine Schädigung des Körpers bewirkt wird, die sich in einer verminderten Resistenz bzw. Reaktionsfähigkeit gegenüber Krankheitserregern zu erkennen geben kann. Auch ist es, wie TOBLER und BESSAU hervorheben, möglich, daß bei Ernährungsstörungen *Änderungen in der Blutverteilung* eintreten und daß auf diese Weise die Ansiedelung pathogener Mikroorganismen in gewissen inneren Organen, vor allem in den Lungen gefördert wird.

Über die *Beeinflussung der Abwehrvorgänge durch den Stoffwechsel* liegt ein umfangreiches experimentelles Material vor. Diese Einzelbeobachtungen, über die im nachfolgenden kurz berichtet werden soll, gestatten indessen nur einen unvollkommenen Einblick in die komplizierten Beziehungen, welche zwischen Ernährungsweise bzw. Ernährungszustand und den Schutzvorrichtungen des Organismus gegenüber infektiösen Prozessen bestehen. Dies beruht neben den bereits angeführten Gründen besonders auch darauf, daß die Untersuchungen der einzelnen Autoren unter den verschiedenartigsten Bedingungen ausgeführt wurden, die erhaltenen Resultate infolgedessen nur mit einer gewissen Reserve verglichen werden können.

Was zunächst die Wirkung des *vollständigen Nahrungsentzuges* auf die Schutzmaßnahmen des Organismus anlangt, so liegen darüber Experimentalergebnisse schon aus den ersten Zeiten bakteriologischer Forschung vor. Daß durch mehrtägiges Hungern oder Dürsten die relative natürliche Immunität der Tauben und Hühner, nicht aber der Ratten gegenüber Milzbrand aufgehoben oder herabgesetzt wird, wurde von CANALIS und MORPURGO[8], später von PERNICE und ALESSI[9], SACCHI[10], ROSATZIN[11], ARLOING u. DUFOURT[12] sowie CORDA[13] nachgewiesen.

---

[1] TACKRAH: Mortality in trades and professions. Edinbourgh 1860.

[2] LINNEKOGEL, H.: Die Behandlung der Tuberkulose mit Calcium-Silicium. München: J. F. Lehmann 1925.

[3] FERRIER, P.: Bull. Acad. Med. Paris **92**, 825 (1924).

[4] TESAURO, G.: Arch. Ostetr. **11**, 385 (1924).

[5] LICHTFIELD, H. R.: Arch. of Pediatr. **44**, 99 (1927).

[6] FICKER, M.: Arch. f. Hyg. **54**, 354 (1905).

[7] MORO, E.: Arch. Kinderheilk. **43**, 340 (1906).

[8] CANALIS, P. u. B. MORPURGO: Rivista d'igiene e sanità pubbl. **1890**, Nr 9/10 — Fortschr. Med. **8**, Nr 18, 693; Nr 19, 729 (1890).

[9] PERNICE, B. u. G. ALESSI: Riforma Med. **1891**, 829, 846.

[10] SACCHI, G.: Gazz. Osp. **1892**, Nr 11.

[11] ROSATZIN, TH. s. LUBARSCH: Zur Leher von den Geschwülsten u. Infektionskrankheiten, S. 77. Wiesbaden: J. F. Bergmann 1899.

[12] ARLOING, F. u. A. DUFOURT: C. r. Soc. Biol. **89**, 235 (1923).

[13] CORDA, L.: Z. Hyg. **100**, 129 (1923).

Ähnliche Beobachtungen machten Castellino[1] bei der Infektion der Kaninchen mit Vibrio Metschnikoff und Preyss bei der experimentellen Meerschweinchen-tuberkulose; bei den hungernden Tieren verlief die Krankheit wesentlich rascher als bei den normal ernährten Kontrollen. Umgekehrt liegen jedoch nach den Versuchen von Teissier und Guinard[2] sowie Roger und Josué[3] die Verhältnisse bei der Diphtherie-, Pneumonie- und Colibacilleninfektion; diese Autoren konnten nämlich an Hunden und Kaninchen nachweisen, daß durch die Nahrungsent-ziehung die natürliche Widerstandskraft der Tiere gegenüber den genannten Erregern nicht nur nicht herabgesetzt, sondern sogar gehoben wird. In gleicher Weise stellte Spaeth[4] an Meerschweinchen fest, daß durch zeitweise Unterernäh-rung die Resistenz dieser Tiere gegenüber Pneumokokken eine Steigerung erfährt. Auch Arloing und Dufourt[5] konnten bei ihren Versuchstieren (Tauben) durch Hungern eine Erhöhung der Empfänglichkeit nur für Milzbrand, nicht aber für Pneumokokken und Pyocyaneusbacillen feststellen. Im Gegensatz zu Teissier und Guinard fanden jedoch Valagussa und Ranelletti[6] bei hungernden oder schlecht ernährten Kaninchen, Meerschweinchen und Hühnern eine erhöhte Empfindlichkeit gegenüber dem Diphtheriegift. Ebenso steht die Beobachtung von Ferrannini[7], daß bei hungernden Kaninchen, die mit Colibacillen geimpft wurden, die Bakterien noch 14 Tage nach der Infektion im Blute nachweisbar waren, während sie bei den normalen Kontrollen rasch verschwanden, in einem gewissen Widerspruch zu den Angaben von Roger und Josué.

Von Bedeutung ist die von Rosatzin[8] sowie Meltzer und Norris[9] (s. auch Ficker[10]) gemachte, allerdings mit den älteren Angaben von Bakunin und Boccardi[11] im Widerspruch stehende Feststellung, daß die durch den Nahrungsentzug bedingte Herabsetzung der natür-lichen Immunität mancher Tierarten gegenüber gewissen Infektionen nicht mit einer Vermin-derung der entsprechenden bactericiden Stoffe des Serums einhergeht. Nach den Kaninchen-versuchen von Ortoleva[12] erfährt dagegen der Gehalt des Blutes an Opsoninen gegenüber Typhusbacillen bei völligem Hungern und auch bei unzureichender Ernährung eine mehr oder weniger weitgehende Verringerung. Ebenso gaben Rankin und Martin[13] an, daß bei einem gesunden Menschen, der 9 Tage lang keinerlei Nahrung zu sich nahm, während dieser Periode ein kontinuierliches Absinken des opsonischen Index gegenüber Staphylococcus aureus festzustellen war. Auch der Komplementgehalt des Serums wird nach den von Lüdke[14] an fastenden Kaninchen, von Bentivegna und Carini[15] sowie Hilgers[16] an hungernden und unterernährten Meerschweinchen erhobenen Befunden durch vollständigen oder teilweisen Nahrungsentzug vielfach, wenn auch nicht immer herabgesetzt.

Was die Beeinflussung der angeborenen Resistenz durch *qualitative Ände-rungen der Nahrung* anlangt, so hat als erster Feser[17] darüber berichtet. Er konnte beobachten, daß die natürliche relative Immunität der Ratten gegen Milzbrand durch Fleischfütterung eine Steigerung erfährt. Diese Angabe wurde

[1] Castellino, P.: Riv. d'igiene e sanità pubbl. **1893**, 461.
[2] Teissier, J. u. L. Guinard: C. r. Acad. Sci. Paris **124**, 371 (1897) — Semaine méd. **17**, 67 (1897).
[3] Roger u. Josué: C. r. Soc. Biol. Paris **52**, 696 (1900).
[4] Spaeth, R. A.: Amer. J. Hyg. **5**, 839 (1925).
[5] Arloing u. Dufourt; Zitiert auf S. 562.
[6] Valagussa, F. u. A. Ranelletti: Zbl. Bakter. I **24**, 752 (1898).
[7] Ferrannini, A.: Riforma Med. **1896**, Nr 253, 254.
[8] Rosatzin. Zitiert auf S. 562.
[9] Meltzer, S. J. u. C. Norris: J. of exper. Med. **4**, 131 (1899).
[10] Ficker, M.: Arch. f. Hyg. **54**, 354 (1905).
[11] Bakunin, S. u. G. Boccardi: Riforma med. **1891**, Nr 188, 445.
[12] Ortoleva, V.: Ann. clin. med. **12**, 81 (1922).
[13] Rankin, A. C. u. A. A. Martin: Proc. Soc. exper. Biol. a. Med. **4**, 81 (1907).
[14] Lüdke, H.: Münch. med. Wschr. **52**, Nr 43, 2065; Nr 44, 2126 (1905).
[15] Bentivegna u. Carini: Sperimentale **54**, 490 (zitiert nach M. Ficker).
[16] Hilgers, W. E.: Zbl. Bakter. I Orig. **89**, 217 (1922) — Z. Immun.forschg **36**, 68 (1923).
[17] Feser: Adams Wschr. Tierheilk. **23**, 105 (1879).

dann später trotz der negativen Resultate von Lubarsch[1] und Strauss[2] von
K. Müller[3] bestätigt. Während nämlich von seinen nur mit Brot ernährten
Ratten 87% einer experimentellen Milzbrandinfektion erlagen, war bei den mit
Fleisch gefütterten Tieren nur eine Mortalität von 33,3% festzustellen; Müller
vertritt die Ansicht, daß die gesteigerte Resistenz durch eine erhöhte Zufuhr von
Kaliumsa zen und den dadurch bedingten energischeren Stoffwechsel bewirkt sei.
Weigert[14] hat dann weiterhin durch Versuche an Ferkeln desselben Wurfs
nachgewiesen, daß eine experimentelle Tuberkuloseinfektion bei denjenigen
Tieren, die vor und auch nach der Bacilleneinverleibung überwiegend mit Kohle-
hydraten gefüttert worden waren, wesentlich rascher verlief als bei solchen Tieren,
die bei gleicher Stickstoffzufuhr durch reichliche Fettmengen gemästet wurden.
Eingehend wurde sodann die Bedeutung der Ernährung für den Infektionsverlauf
noch durch Thomas[5] (s. auch Hornemann[6] sowie Hornemann und Thomas[7]), und
zwar ebenfalls bei der experimentellen Tuberkuloseinfektion der Ferkel studiert.
Nach seiner Meinung muß die Frage der Beeinflussung einer schon bestehenden
Infektion durch eine bestimmte Ernährung von der Frage des Verlaufs einer
Infektion bei oder nach einem bestimmten Ernährungszustand scharf getrennt
werden. Während nämlich von tuberkulös infizierten Ferkeln, die teils mit
eiweiß-, teils mit fett- und teils mit kohlehydratreicher Nahrung (bei gleichem
Gehalt an Mineralbestandteilen und Calorien) gefüttert wurden, bei der gleichzeitig nach 8 Wochen vorgenommenen Obduktion die Eiweißtiere nur vereinzelte
Tuberkel, die beiden anderen Kategorien, besonders die Kohlehydrattiere dagegen
ausgedehntere Krankheitsveränderungen aufwiesen, konnte bei Ferkeln, die vor
der Infektion etwa 4 Wochen lang vorzugsweise mit Eiweiß bzw. Fett bzw.
Kohlehydraten in isodynamen Mengen, nach der Bacillenimpfung jedoch mit
einer für alle Gruppen gleichmäßigen Kost ernährt wurden, kein Einfluß der
vorangegangenen Ernährungsform auf den Krankheitsverlauf festgestellt werden.
Ostertag und Zuntz[8], die die Wirkung verschiedener Fütterungsweisen, speziell
fettreicher Nahrung einerseits, kohlehydratreicher andererseits auf die Resistenz
der Ferkel gegenüber einer Infektion mit Schweinepest und Schweineseuche
untersuchten, konnten keinerlei Unterschiede zwischen den einzelnen Versuchsreihen nachweisen. Endlich stellten Ness van Alstyne und Beebe[9] sowie
Caspari, Ottensooser, Fauser und Blothner[10] fest, daß kohlehydratfrei ernährte Mäuse eine stark erhöhte Resistenz gegenüber Impftumoren besitzen.

Entsprechend der früher üblichen Annahme, daß die natürliche Widerstands-
fähigkeit des Organismus gegenüber infektiösen Prozessen in erster Linie von dem
Gehalt des Blutes an Normalantikörpern und vor allem an Komplement
(„Alexine") abhängig sei, wurde vielfach, besonders von pädiatrischer Seite
(Pfaundler u. a.), versucht, das Verhalten dieser Serumfunktion als Anhalts-
punkt für die Änderungen der Resistenz unter dem Einfluß verschiedenartiger
Ernährung zu verwenden. Die hierbei gemachten Erfahrungen sind jedoch

[1] Lubarsch, O.: Erg. Path. I **1**, 217 (1896).
[2] Strauss, J.: Le charbon des animaux et de l'homme. Paris: Delahaye u. Lecrosnier 1887.
[3] Müller, K.: Fortschr. Med. **11**, 225, 309 (1893).
[4] Weigert: Zitiert auf S. 561.
[5] Thomas, E.: Biochem. Z. **57**, 456 (1913) — Z. Kinderheilk. Orig. **24**, 235 (1920).
[6] Hornemann, O.: Biochem. Z. **57**, 473 (1913).
[7] Hornemann, O. u. E. Thomas: Dtsch. med. Wschr. **39**, Nr 48, 2345 (1913).
[8] Ostertag u. Zuntz: Landw. Jb. **37**, 201 (1908).
[9] Ness van Alstyne, E. van u. S. P. Beebe: J. of med. Res. **29**, 217 (1914.)
[10] Caspari, W., Ottensooser, F., Fauser, M. u. E. Blothner: Z. Krebsforschg **29**, 334 (1929).

keineswegs einheitlich. MORO[1] sowie PFAUNDLER[2] fanden bei Brustkindern im allgemeinen einen höheren Komplementgehalt als bei künstlich ernährten Säuglingen. Nach KAUMHEIMER[3] ist der Komplementbestand bei günstiger Anlage des Kindes häufig hoch, bei weniger günstiger Konstitution oft niedrig; bei alimentärer Intoxikation steigt er jedoch nicht selten vorübergehend stark an (s. auch KOCH[4]). Auch im Tierversuch konnten, wie die schon erwähnten Beobachtungen von BENTIVEGNA und CARINI, HILGERS, sowie LÜDKE, ferner die Untersuchungen von HEIMANN[5] zeigen, keine konstanten Beziehungen zwischen Ernährungsweise bzw. Ernährungszustand und Komplementgehalt des Serums festgestellt werden. Die von PFAUNDLER vertretene Annahme eines nahen Zusammenhangs zwischen dem Verhalten der Säuglinge gegen arteigene und artfremde Ernährung sowie gegen Infektionen einerseits und dem Gehalt ihres Serums an hämolytischem Komplement andererseits hat daher nur beschränkte Gültigkeit (FINDLAY, FUA und NOEGGERATH[6] u. a.).

Eingehend wurde das Auftreten von Normalantikörpern, speziell von hämolytischen Amboceptoren beim Säugling, unter der Wirkung verschiedenartiger Ernährung studiert. Nach den Untersuchungen von ASCHENHEIM[7] (siehe auch HALBAN und LANDSTEINER[8]) besitzt das Blutserum des Neugeborenen nur ein Lösungsvermögen für Pferde- und Meerschweincherythrocyten; die auf andere Blutarten eingestellten Hämolysine treten dagegen erst im Laufe des extrauterinen Lebens auf und nehmen dann allmählich an Menge zu (vgl. S. 556). Während nun, wie GEWIN[9], ASCHENHEIM, BAUER und NEUMARK[10] feststellten, bei gesunden Brustkindern diese Antikörper erst in der zweiten Hälfte des ersten Lebensjahres auftreten, waren sie bei unnatürlich ernährten und kranken Kindern schon in den ersten Lebensmonaten in erheblicher Menge nachweisbar. Da bei älteren Ammenkindern auch nach einiger Zeit lang fortgesetzter Kuhmilchernährung keine Hammelblutamboceptoren im Blute vorhanden waren, nehmen BAUER und NEUMARK an, daß das frühzeitige Auftreten der hämolytischen Zwischenkörper nicht auf der künstlichen Ernährung an sich beruht; sie machen vielmehr den Umstand, daß unnatürlich Genährte häufiger Infektionen durchmachen, in erster Linie dafür verantwortlich und glauben dementsprechend, daß die hämolytischen Amboceptoren als „Mitantikörper" unter dem Einfluß der Bakterieninvasion gebildet werden. Im Gegensatz hierzu vertritt L. HIRSZFELD, wie oben (S. 535) ausgeführt wurde, den Standpunkt, daß die Normalantikörper nicht durch einen spezifischen Immunisierungsprozeß gebildet werden, sondern einen konstitutionellen Faktor darstellen; entsprechend seiner Auffassung hätte man anzunehmen, daß für das frühere Auftreten der Normalantikörper bei Flaschenkindern ein durch die künstliche Ernährung bewirkter unspezifischer Reiz verantwortlich zu machen ist.

Die Bedeutung der *Vitamine* (vgl. FUNK, STEPP[11], ARON und GRALKA, DEEKS) für die Widerstandskraft und Reaktionsfähigkeit des Organismus gegen-

---

[1] MORO: Mschr. Kinderheilk. **6**, 60, 340 (1907).
[2] PFAUNDLER, M.: 80. Vers. dtsch. Naturf. u. Ärzte, Köln 1908. Ref. Münch. méd. Wschr. **55**, Nr 41, 2159 (1908).
[3] KAUMHEIMER, L.: Zbl. Bakter. I Orig. **49**, 208 (1909).
[4] KOCH, H.: Arch. Kinderheilk. **50**, 385 (1909).
[5] HEIMANN, A.: Z. exper. Path. u. Ther. **5**, 50 (1909).
[6] FINDLAY, L., R. FUA u. C. T. NOEGGERATH: Jb. Kinderheilk. **70**, 732 (1909).
[7] ASCHENHEIM, E.: Zbl. Bakter. I Orig. **49**, 124 (1909).
[8] HALBAN, J. u. K. LANDSTEINER: Münch. med. Wschr. **49**, Nr 12, 473 (1902).
[9] GEWIN, J.: Z. Immun.forschg I Orig. 613 (1909).
[10] BAUER, J. u. K. NEUMARK: Arch. Kinderheilk. **53**, 101 (1910).
[11] STEPP, W.: Erg. inn. Med. **23**, 66 (1923).

über infektiösen Prozessen, auf die hier noch kurz einzugehen ist, wurde durch die klinischen Beobachtungen und experimentellen Arbeiten einer Reihe Autoren bewiesen.

Was zunächst den Einfluß des *Vitaminmangels* anlangt, so haben Petragnani[1], Guerrini[2] sowie Setti[3] gezeigt, daß *totale Vitaminentziehung* bei Hunden und Tauben einen Verlust der natürlichen Immunität gegen Milzbrand und auch gegen Schweinerotlauf bewirkt. D'Asaro Biondo[4], der im Anschluß an diese Feststellungen die Folgen *partieller Vitaminentziehung* für die natürliche Resistenz untersuchte, konnte nachweisen, daß das Fehlen der Vitamine A und C die Resistenz der Tauben gegen Milzbrand nicht beeinflußt, daß dagegen die Tiere bei Vitamin B-freier Ernährung, wenn sie frühestens am 8. Tag nach Beginn der Diät infiziert werden, innerhalb von 38—95 Stunden an Milzbrandsepticämie eingehen, eine Angabe, die hernach auch von Corda[5] bestätigt wurde. Ähnliche Beobachtungen machte ferner Werkman[6] an Ratten und Tauben, die nach seinen Befunden allerdings nicht nur bei Fehlen von Vitamin B, sondern auch bei Vitamin A-freier Ernährung ihre natürliche Resistenz gegenüber Milzbrandbacillen und auch Pneumokokken einbüßen. Auch die relative Unempfindlichkeit der Kaninchen gegenüber diesen beiden Infektionserregern geht nach Werkman bei Mangel an Vitamin B und auch A verloren. Vitamin B-frei ernährte Tauben lassen sich, wie weiterhin Findlay[7] nachweis, außer mit Pneumokokken auch noch mit verschiedenen anderen, für normal ernährte Individuen dieser Tierart unschädlichen Bakterien (Meningokokken, Bact. coli, Bact. enteritidis) infizieren. Nach McCarrison[8], der bei Tauben durch Fütterung mit geschältem Reis Polyneuritis erzeugte, die er dann durch geeigneten Futterwechsel zum Verschwinden brachte, zeigen derart vorbehandelte Tiere offenbar infolge ihres durch die vorausgegangene Erkrankung geschwächten Ernährungszustandes und der dadurch gestörten Funktionen des endokrinen Apparates eine erhöhte Empfänglichkeit für die Infektion mit Epithelioma contagiosum. Nach den Angaben von Bassett-Smith und Gloyne[9] wird der Verlauf der experimentellen Meerschweinchentuberkulose durch reichliche Zufuhr von Vitamin B nicht beeinflußt.

Während, wie eben erwähnt, durch eine Vitamin C-freie Kost die natürliche Immunität mancher Tierarten gegenüber Milzbrandbacillen keine Herabsetzung erfährt, bewirkt das Fehlen des antiskorbutischen Faktors in der Nahrung bei anderen Tierspecies zweifellos eine Verminderung der Widerstandsfähigkeit gegenüber gewissen infektiösen Prozessen. So konnten Abels[10] sowie Findlay[11] beobachten, daß bei Vitamin C-frei ernährten und hernach mit Pneumokokken, Streptokokken, Staphylokokken oder Colibacillen infizierten Meerschweinchen die Krankheitserscheinungen erheblich rascher auftreten als bei den normal ernährten Kontrolltieren. Auch nach den Untersuchungen von Werkman, Nelson und Fulmer[12] wird durch eine Vitamin C-freie Ernährung die Widerstandsfähigkeit der Meerschweinchen gegen Pneumokokken- und Milzbrandinfektion

[1] Petragnani, G.: Policlinico **28**, 415 (1921).
[2] Guerrini, G.: Ann. Igiene **31**, 597 (1921).
[3] Setti, C.: Biochimica e Ter. sper. **9**, 197 (1922).
[4] D'Asaro Biondo, M.: Policlinico **29**, 3 (1922).
[5] Corda, L.: Z. Hyg. **100**, 129 (1923).
[6] Werkman, C. H.: J. inf. Dis. **32**, 255 (1923).
[7] Findlay, G. M.: J. of Path. **26**, 485 (1923).
[8] McCarrison, R.: Brit. med. J. **1923**, Nr 3266, 172.
[9] Bassett-Smith, P. W. u. S. R. Gloyne: Tubercle. **5**, 420 (1924).
[10] Abels, H.: Wien. klin. Wschr. **33**, Nr 41, S. 899 (1920) — Erg. inn. Med. **26**, 733 (1924).
[11] Findlay, G. M.: J. of Path. **26**, 1 (1923).
[12] Werkman, C. H., V. E. Nelson u. E. J. Fulmer J. inf. Dis. **34**, 447 (1924).

etwas herabgesetzt. Über analoge Ergebnisse berichten NASSAU und SCHERZER[1], die bei trypanosomeninfizierten Meerschweinchen nach Einleitung einer Vitamin C-freien Fütterung einen beschleunigten Eintritt der skorbutischen Krankheitserscheinungen und des Todes im Vergleich mit den nichtinfizierten Kontrollen feststellten. Umgekehrt sollen nach den Versuchsergebnissen von MOURIQUAND, ROCHAIX und MICHEL[2] skorbutkranke Meerschweinchen bei der Infektion mit Pyocyaneusbacillen und — im Gegensatz zu den eben erwähnten Angaben von WERKMAN — auch mit Milzbrand viel weniger schwer ergriffen werden als normal ernährte Individuen dieser Tierart; auch ließ sich eine ungünstige Beeinflussung des Skorbuts durch diese Infektionen nicht feststellen. Bei der experimentellen Diphtherieinfektion der Meerschweinchen konnten die genannten Autoren keinen Unterschied zwischen den normal und den Vitamin C-frei ernährten Tieren beobachten. Dagegen stellte BIELING[3] fest, daß skorbutkranke Meerschweinchen im allgemeinen eine größere Empfindlichkeit gegenüber dem Diphtheriegift besitzen; bemerkenswerterweise fehlten bei den gestorbenen Tieren die für den akuten Diphtherietod charakteristischen Ödeme im Unterhautzellgewebe und Exsudate in Brust- und Bauchhöhle.

Hinsichtlich der Bedeutung des Vitamins C für den Verlauf der tuberkulösen Infektion gehen die Ansichten der Autoren noch erheblich auseinander. MOURIQUAND, MICHEL und BERTOYE[4], sowie MOURIQUAND, ROCHAIX u. MICHEL[5] konnten bei tuberkulös infizierten Meerschweinchen während der ersten Monate nach der Infektion keinen nachteiligen Einfluß einer Vitamin C-armen Ernährung auf die Entwicklung der pathologischen Veränderungen feststellen; chronisch skorbutische Tiere zeigten in den ersten Wochen sogar eine etwas erhöhte Resistenz gegenüber einer starken Infektion (s. auch MOURIQUAND, ROCHAIX und DOSDAT[6]). Erst in der späteren Periode war eine erheblich stärkere Ausbreitung des tuberkulösen Prozesses und ein früherer Tod als bei den Kontrolltieren zu beobachten. Demgegenüber geben aber PRAUSNITZ und SCHILF[7] (s. auch SCHILF[8]) an, daß in ihren Versuchen die mittlere Lebensdauer skorbutkranker tuberkulöser Meerschweinchen nur 17,2 Tage betrug, während nicht infizierte Skorbuttiere durchschnittlich 24 Tage und normal ernährte tuberkulöse Meerschweinchen über 32 Tage lang lebten. Auch BIELING[9] konnte feststellen, daß Meerschweinchen mit einer chronischen tuberkulösen Infektion nach Entziehung von Vitamin C rasch zugrunde gehen, häufig ohne einen Gewichtsverlust aufzuweisen. Frisch mit Tuberkelbacillen infizierte und Vitamin C-frei ernährte Tiere starben früher als nicht infizierte skorbutkranke Meerschweinchen, ohne daß etwa eine stärkere Ausdehnung des tuberkulösen Prozesses nachzuweisen gewesen wäre. Bemerkenswert ist die Angabe von PRAUSNITZ und SCHILF (s. auch BIELING), daß die Vitamin C-frei ernährten tuberkulösen Meerschweinchen auf intracutane Tuberkulininjektionen nur ganz schwach reagierten; sie erblicken in dieser deutlichen Herabsetzung der Reaktionsfähigkeit der skorbutkranken Tiere den Ausdruck einer durch den Vitaminmangel bedingten Zellschädigung (s. S. 570). Auf eine solche, durch die Vitaminentziehung bedingte herabgesetzte Reaktionsfähigkeit des Organismus weist auch der Befund von ZOLOG[10] hin, der zur Auslösung des anaphylaktischen Shocks bei Vitamin C-frei ernährten sensibilisierten Meerschweinchen achtmal höhere Antigendosen injizieren mußte, als bei normal gefütterten Kontrolltieren.

Weiterhin sprechen die klinischen Beobachtungen von CANEGALY[11], der bei vorgeschrittenen Phthisikern durch eine regelmäßige Zufuhr eines von N. BEZSSONOFF hergestellten Vitamin C-Präparats eine Besserung des Allgemeinbefindens, besonders eine Erhöhung des Körpergewichts erzielen konnte, dafür, daß der Gehalt der Nahrung an antiskorbutischem

[1] NASSAU, E. u. M. SCHERZER: Klin. Wschr. 3, Nr 8, 314 (1924).
[2] MOURIQUAND, G., A. ROCHAIX u. P. MICHEL: C. r. Soc. Biol. Paris 89, 247 (1923).
[3] BIELING, R.: Z. Hyg. 104, 518 (1925).
[4] MOURIQUAND, G., P. MICHEL u. P. BERTOYE: C. r. Soc. Biol. Paris 87, 854 (1922).
[5] MOURIQUAND, G., A. ROCHAIX u. P. MICHEL: C. r. Soc. Biol. Paris 91, 205 (1924).
[6] MOURIQUAND, G., A. ROCHAIX u. L. DOSDAT: C. r. Soc. Biol. Paris 93, 901 (1925).
[7] PRAUSNITZ, C. u. F. SCHILF: Dtsch. med. Wschr. 50, Nr 4, 102 (1924).
[8] SCHILF, F.: Zbl. Bakter. I Orig. 91, 512 (1924).
[9] BIELING, R.: Z. Hyg. 101, 442 (1924); 102, 568 (1924).
[10] ZOLOG, M.: C. r. Soc. Biol. Paris 91, 215 (1924).
[11] CANEGALY, P. R.: Contribution à l'étude des régimes alimentaires au cours des tuberculoses évolutives. Paris: Thèse 1924.

Vitamin für die Abwehrmaßnahmen des menschlichen Organismus gegenüber der Tuberkulose-infektion eine gewisse Bedeutung besitzt (s. auch Rénon[1], Muthu[2], Dutton[3], Richet[4], Schröder[5] u. a.). Bei der ziemlich akut verlaufenden experimentellen Tuberkulose des Meer-schweinchens gelang es Verf. (uned.) allerdings nicht, durch reichliche Zufuhr von Vitamin C eine Beeinflussung des Krankheitsprozesses zu erzielen.

Wie zum Teil bereits erwähnt, sind bei manchen Tierarten die Abwehrmaß-nahmen des Organismus gegenüber bestimmten Infektionserregern auch von einer genügenden Zufuhr an fettlöslichem Vitamin A weitgehend abhängig. So setzt nach den vorwiegend an Säuglingen gewonnenen klinischen Erfahrungen (Peiser[6], Niemann und Foth[7], Kleinschmidt[8], Rietschel[9], Aron[10], Stolte[11], L. F. Meyer[12] u. a.) eine Vitamin A-arme Ernährung die Widerstandsfähigkeit des Menschen gegenüber Grippe, Diphtherie, Scharlach und andere Infektionen herab, während eine reichliche Zufuhr dieser Nährstoffe ausgesprochen resistenz-erhöhend wirkt. Ebenso konnte Drummond[13] feststellen, daß fettfrei ernährte Ratten im Vergleich mit gleichartig, aber unter Zulage von Butter gefütterten Kontrolltieren eine auffallend hohe Empfindlichkeit gegenüber infektiösen Prozessen besitzen und häufig an Pneumonien eingehen. Glenny und Allen[14] (vgl. auch Book und Trevan[15]) beobachteten eine unter Vitamin A-frei ernährten Meerschweinchen ausgebrochene Epizootie mit einem Bacterium der Gärtner-gruppe und mit Bacillus faecalis alkaligenes, die ohne jegliche Isolierungsmaß-nahmen nach Einleitung der Grünfütterung sofort zum Stillstand kam. Webster und Pritchett[16] stellten fest, daß Mäuse, die mit einer von McCollum an-gegebenen butterhaltigen Nahrung gefüttert wurden, eine wesentlich höhere Resistenz gegenüber Mäusetyphusbacillen und auch gegenüber dem Toxin des Bac. botulinus besitzen, als die in üblicher Weise ernährten Tiere.

Weiterhin sprechen die zahlreichen klinischen und tierexperimentellen Untersuchungen über die ursächliche Bedeutung des Mangels an Vitamin A für die Entstehung der Kerato-malacie (Funk, Aron und Gralka, Book und Trevan, Cramer, Drew und Mottram[17], Cramer und Kinsbury[18]; daselbst weitere Literatur), die dadurch zustande kommt, daß an sich apathogene Bakterien wohl infolge einer durch die Ernährungsstörung bedingten lokalen Gewebsschädigung zur Entwicklung kommen können, sowie vor allem die seit langem be-kannte, zum Teil sicherlich auf dem Gehalt an Vitamin A beruhende therapeutische Wirk-samkeit des Lebertrans bei der Tuberkulose des Menschen (Literatur bei Funk sowie Smith[19]) dafür, daß auch der fettlösliche Faktor einen Einfluß auf gewisse Abwehrmaßnahmen des Organismus ausübt. Daß bei der experimentellen Meerschweinchentuberkulose, die hinsicht-lich ihres Verlaufs und ihrer Lokalisation sehr erheblich von der menschlichen Tuberkulose abweicht, Lebertran, wie M. J. Smith feststellte, ohne therapeutische Wirkung ist, könnte

---

[1] Rénon, L.: Bull. gén. Thér. **168**, 91 (1914).

[2] Muthu, C.: Brit. med. Assoc., 88. Meeting — Brit. med. J. II **1920**, 160.

[3] Dutton, A. S.: Presse méd. **109**, 313 (1920).

[4] Richet, Ch.: C. r. Acad. Sci. Paris **178**, 1660 (1924).

[5] Schröder, G.; Rev. médica Hamb. **6**, 216 (1925).

[6] Peiser, J.: Berl. klin. Wschr. **51**, Nr 25, 1165 (1914).

[7] Niemann u. K. Foth; Dtsch. med. Wschr. **45**, Nr 27, 741 (1919).

[8] Kleinschmidt, H.: Berl. klin. Wschr. **56**, Nr 29, 673 (1919).

[9] Rietschel, H.: Med. Klin. **15**, Nr 46, 1161 (1919).

[10] Aron, H.: Berl. klin. Wschr. **51**, Nr 21, 972 (1914) — Nährstoffmangel und Nähr-schaden. Erg. Med. Hrsg. von Th. Brugsch **3**, 125. Berlin u. Wien: Urban & Schwarzen-berg 1922.

[11] Stolte, K.: Dtsch. med. Wschr. **48**, Nr 31, 1036 (1922).

[12] Meyer, L. F.: Klin. Wschr. **4**, Nr 31, 1481 (1925).

[13] Drummond, J. C.: Biochem. J. **13**, 81 (1919).

[14] Glenny, A. T. u. K. Allen: Lancet **1921** II, 1109.

[15] Book, E. u. J. Trevan: Biochem. J. **16**, 780 (1922).

[16] Webster, L. J. u. J. W. Pritchett: J. of exper. Med. **40**, 397 (1924).

[17] Cramer, W., A. H. Drew u. J. C. Mottram: Proc. roy. Soc., Ser. B **93**, 449 (1922).

[18] Cramer, W. u. A. N. Kinsbury: Brit. J. exper. Path. **5**, 300 (1924).

[19] Smith, M. J.: Amer. Rev. Tbc. **7**, 33 (1923).

entsprechend der Annahme einer gewissen Organspezifität der Vitaminwirkung, wie sie vor allem CRAMER, DREW und MOTTRAM[1] vertreten, vielleicht durch die Tatsache, daß die Affinitäten der Krankheitserreger zu bestimmten Organen und damit ihre Lokalisation je nach der Tierart wechseln können, teilweise erklärt werden.

Nach den Untersuchungen von CRAMER[2] erfährt die Entwicklung von Impftumoren (Carcinom, Sarkom) bei Vitamin A- oder B-frei ernährten Mäusen und Ratten keine Beeinträchtigung; das Wachstum war im Gegenteil trotz der Kachexie der Tiere beschleunigt. Dagegen sollen Mäuse, die 10—12 Tage lang absolut vitaminfrei ernährt und dann mit Carcinom geimpft werden, nach den Befunden von LUDWIG[3] eine hohe Geschwulstimmunität besitzen; ein Einfluß der vitaminfreien Ernährung auf das schon entwickelte Mäusecarcinom konnte jedoch nicht festgestellt werden (s. auch oben S. 564).

Zusammenfassend ergibt sich aus den experimentellen Untersuchungen trotz der vielfach noch bestehenden Unklarheiten jedenfalls die Tatsache, daß den Vitaminen eine erhebliche Bedeutung für die Abwehrmaßnahmen des Organismus gegenüber Infektionsstoffen zukommt und daß der Einfluß der einzelnen Faktoren A, B und C je nach der *Tierart* und der *Infektion* wechselt. Eine Bestätigung hierfür bildet auch die Beobachtung der klinischen Autoren (s. bei FUNK), daß der Verlauf akuter und chronischer Infektionskrankheiten des Menschen sehr wesentlich von der Diät abhängig ist, daß speziell bei qualitativ unzureichender vitaminarmer Ernährung die Genesung verzögert, die Mortalität erhöht wird. Über das Zustandekommen der durch Entziehung der akzessorischen Nährstoffe häufig bedingten Resistenzverminderung des Organismus gegenüber gewissen Infektionen lassen sich in Anbetracht der nicht vergleichbaren und sich vielfach widersprechenden Angaben der Autoren vorläufig allerdings nur Vermutungen anstellen.

Bei Vitamin A-, B- oder C-frei ernährten Ratten ist, wie SMITH und WASON[4] nachwiesen, eine beträchtliche Herabsetzung der normalen Serumbactericidie für Typhusbacillen vorhanden. Nach FINDLAY und MACKENZIE[5] erfahren der Opsoningehalt des Blutes und die phagocytären Eigenschaften der Leukocyten für Staphylokokken und Colibacillen bei Ratten durch Vitamin A- oder B-freie Ernährung, bei Meerschweinchen durch eine Vitamin C-freie Kost keine Verminderung im Vergleich mit den normal ernährten Kontrolltieren. Dagegen bewirkt nach den Befunden von D'ASARO BIONDO[6] das Fehlen des Faktors B in der Nahrung bei Tauben ein starkes Absinken des opsonischen Index für Milzbrandbacillen und andere Bakterien, während der Mangel an Vitamin A oder C hier ohne Einfluß ist. WERKMAN[7] konnte bei Kaninchen, Ratten und Tauben unter der Wirkung von Vitamin A-Mangel und auch, allerdings in geringerem Grade, einer Vitamin B-freien Ernährung eine Verminderung der phagocytären Energie feststellen. SMITH und WASON[4], die bei Ratten den Einfluß einer Vitamin A-, B- bzw. C-freien Diät auf die bakteriotropen Fähigkeiten des Serums untersuchten, fanden dagegen keine deutlichen Unterschiede zwischen minderwertig und normal ernährten Tieren; der Komplementgehalt war bei beiden Versuchsserien fast gleich (s. auch ZILVA[8]). Nach den an Säuglingen erhobenen Befunden von LEICHTENTRITT[9] ist endlich bei Vitamin C-armer Ernährung eine Verminderung der trypanociden Serumstoffe zu beobachten.

FINDLAY, D'ASARO BIONDO, WERKMAN und CRAMER, DREW und MOTTRAM stimmen darin überein, daß durch eine vitaminfreie Ernährung die *blutbildenden Organe* stark geschädigt werden und daß es dadurch zu einer Änderung des Blutbildes, vor allem zu einer Verminderung der Leukocytenzahl kommt. Gegen die Annahme, daß etwa dieser Leukopenie als solcher die ausschlaggebende Rolle bei der Resistenzverminderung zukommt, sprechen indessen u. a. die erwähnten

---

[1] CRAMER, W., A. H. DREW u. J. C. MOTTRAM: Lancet **1921** II, 1202.

[2] CRAMER, W.: Dietary deficiencies and the growth of cancer. Eighth scientific report on the investigations of the imperial cancer research fund, S. 17. London 1923.

[3] LUDWIG, F.: Schweiz. med. Wschr. **54**, Nr 10, 232 (1924).

[4] SMITH, G. H. und J. M. WASON: J. of Immun. **8**, 195 (1923).

[5] FINDLAY, G. M. und R. MACKENZIE: Biochem. J. **16**, 574 (1922).

[6] D'ASARO BIONDO, M.: Policlinico **29**, 3 (1922).

[7] WERKMAN, C. H.: J. inf. Dis. **32**, 263 (1923).

[8] ZILVA, S. S.: Biochem J. **13**, 172 (1919).

[9] LEICHTENTRITT, B.: Z. exper. Med. **29**, 658 (1922).

wenig einheitlichen Angaben der Autoren über die Beeinflussung der Phago-
cytentätigkeit durch eine vitaminfreie Diät. Vielmehr ist wohl anzunehmen,
daß die bei vitaminfreier oder vitaminarmer Ernährung zu beobachtende Herabsetzung der Resistenz, worauf Stolte[1], Corda[2], Smith und Wason[3], McCarrison[4] u. a. im Gegensatz zu Guerrini[5] hinweisen, in erster Linie auf die durch
die einseitige Kost bedingte allgemeine Entkräftung, vielleicht infolge Darnieder-
liegens der oxydativen Vorgänge (Hess[6]) und die dadurch bewirkte Modifikation
der Zelltätigkeit zurückzuführen ist. Darauf deutet auch die Tatsache hin, daß
bei Mangel an akzessorischen Nährstoffen Eiweiß-, Fett-, Kohlehydrat- und
Mineralstoffwechsel erheblich in Mitleidenschaft gezogen werden. Nach Stolte
erfahren die Zellen verschiedener Organe bei einer vitaminarmen Ernährung
eine wohl mit Herabsetzung der Leistungsfähigkeit verbundene Verkleinerung und
Strukturänderung. So wird nach den Rattenversuchen von Cramer, Drew und
Mottram[7] bei Vitamin B-Mangel das Lymphgewebe atrophisch, während bei
ungenügender Zufuhr des Faktors A eine Atrophie der Darmschleimhaut, vor
allem aber eine Abnahme der Blutplättchenzahl festzustellen ist, während die
übrigen Organe keinerlei Zeichen einer primären Schädigung aufweisen.

Zu erwähnen wäre noch, daß nach den Befunden von Ishido[8] sowie Abels
bei vitaminfrei ernährten Tieren infolge der herabgesetzten geweblichen Resistenz,
der sog. „Dysergie" (Abels), die Heilung künstlich gesetzter Hautverletzungen
verzögert eintritt. Einerseits ist nämlich bei solchen Individuen eine mangelhafte
Verklebung der Wundränder wie auch das Fehlen einer nennenswerten Neigung
zur Bindegewebsneubildung zu beobachten; es kommt sehr leicht zur Flüssigkeitsansammlung am Wundboden, zu Höhlenbildungen und Nekrosen. Dadurch
wird aber nicht nur die Heilung erschwert, sondern auch die Möglichkeit einer
Infektion begünstigt.

Neben einer Schwächung der mit den Abwehrmaßnahmen betrauten Organe
und Zellen des Körpers kann vielleicht aber auch eine *Virulenzsteigerung der
Krankheitserreger* als Ursache des bei vitaminfrei oder vitaminarm ernährten
Individuen zu beobachtenden beschleunigten Verlaufs mancher Infektionskrankheiten in Betracht kommen. Da sich die aus vitaminfrei ernährten und an Milzbrand oder Schweinerotlauf gestorbenen Tauben reingezüchteten Bakterienstämme
nach dieser einmaligen Passage auch für normal ernährte und gegen die Infektion
mit nichtpassierten Laboratoriumsstämmen immune Tauben als virulent erwiesen,
führt Setti[9] die Erkrankung der vitaminfrei ernährten Tiere nicht auf eine erhöhte
Empfindlichkeit zurück, macht vielmehr eine Erhöhung der Bakterienvirulenz
dafür verantwortlich (s. auch Hofer[10]). Dieselbe Anschauung vertritt auch
Ascoli[11], der Milzbrandbacillen durch Züchtung auf einem vitaminfreien Nährboden (Abkochung von geschliffenem Reis mit 0,5% Kochsalz) in ihrer Virulenz
derart steigern konnte, daß normal ernährte Tauben an Milzbrandsepsis zugrunde
gingen, während von den Kontrolltieren dieselbe von einem vitaminhaltigen

---

[1] Stolte: Zitiert auf S. 568.   [2] Corda: Zitiert auf S. 566.
[3] Smith u. Wason: Zitiert auf S. 569.   [4] McCarrison: Zitiert auf S. 566.
[5] Guerrini: Zitiert auf S. 566.
[6] Hess, W. R.: Z. physiol. Chem. 117, 284 (1921).
[7] Cramer, W., A. H. Drew und J. C. Mottram: Lancet 1921 II, 1202 — Proc. roy. Soc.,
Ser. B 93, 449 (1922).
[8] Ishido, B.: Ach. pathol. Anat. 240, 241 (1923).
[9] Setti, C.: Biochimica e Ter. sper. 9, 197 (1922); 10, 149 (1923).
[10] Hofer, H.: Tierärztl. Rdsch. 1922, Nr 45 — Inaug.-Diss. Modena 1922.
[11] Ascoli, A.: Conferenza tenuta in seno della sezione di Trento dell'associazione vete-
rinaria italiana, 26. März 1922. Pubblicazione per cura del consiglio prov. d'agricoltura di
Trento. Trento 1922, Tipografia Nazionale — Z. physiol. Chem. 130, 259 (1923) — Igiene
mod. 1923, Nr 7.

Nährboden stammende Kulturmenge anstandslos vertragen wurde. Auch bei einem für Tauben avirulenten Stamm eines zur Gruppe der hämorrhagischen Septicämieerreger gehörenden Bacteriums (Bact. bipolare multocidum) konnte Ascoli durch abwechselnde Züchtung auf Reiswasser und Serumagar die Virulenz derart erhöhen, daß damit infizierte Tauben tödlich erkrankten. Die Ursache dieser Virulenzsteigerung erblickt Ascoli in einer in den vitaminfreien Nährböden enthaltenen krystalloiden, dialysierbaren und hitzebeständigen Substanz, die er „Exaltin" nennt (s. auch Setti[1]). Eine Stütze für diese Auffassung wird in der Feststellung erblickt, daß die Empfänglichkeit vitaminfrei ernährter Tauben für bakterielle Gifte (Diphtherie-, Dysenterie- und Tetanustoxin) nicht größer ist, als diejenige der in üblicher Weise gefütterten Kontrolltauben (Morselli[2]).

Endlich wäre noch entsprechend der Annahme von Findlay[3] daran zu denken, daß beim Zustandekommen der durch einen Mangel an akzessorischen Nährstoffen bedingten erhöhten Empfindlichkeit des Organismus für manche Infektionen auch die besonders bei Vitamin B-freier Ernährung zu beobachtende *Herabsetzung der Körperwärme* eine gewisse Rolle spielt. Findlay hält es für möglich, daß durch diese Temperaturerniedrigung die Wachstumsbedingungen für gewisse Infektionserreger begünstigt, die Abwehrmaßnahmen des Organismus (Phagocytose, Bactericidie) abgeschwächt werden (vgl. S. 576).

In Anschluß an die Besprechung des Einflusses der Ernährung auf die Abwehrmaßnahmen des Organismus gegenüber infektiösen Agenzien wäre hier noch kurz auf die *Bedeutung der Lipoide* für die natürliche Resistenz einzugehen. Nach Bacmeister und Henes[4], Small[5], Denis[6], Stepp[7], Chauffard, Laroche und Grigaut[8], Stern[9], Henes[10], Kipp[11], Laporte und Rouzaud[12], Sisto[13], van Gehuchten[14], Leupold und Bogendörfer[15] (s. auch Leupold[16]) ist bei akuten Infektionskrankheiten fast stets eine von der Schwere der Erkrankung abhängige Verminderung des Cholesterinspiegels im Blute (Hypocholesterinämie), die mit der Erhöhung der Körpertemperatur ziemlich parallel verläuft, festzustellen. Sobald das Fieber nachläßt, steigt der Cholesteringehalt des Blutes wieder an, und zwar unter Umständen, besonders bei Typhus, sogar über die Norm. Mit dieser Hypercholesterinämie geht meist auch ein Ansteigen der Leukocytenzahl Hand in Hand (Denis u. a.). Bei Tuberkulose und Carcinom ist nach den Angaben von Bacmeister und Henes häufig eine anfängliche Erhöhung, im Stadium der Kachexie regelmäßig ein Abfallen des Cholesteringehaltes im Blute nachzuweisen. Auch bei Leprakranken geht die Verschlechterung des Allgemeinbefindens mit einem Absinken des Cholesterinspiegels im Blute einher (Balbi[17], Boyd und

---

[1] Setti, C.: Biochimica e Ter. sper. **10**, 187 (1923); **11**, 234 (1924).

[2] Morselli, G.: Biochimica e Ter. sper. **11**, 1 (1924).

[3] Findlay, G. M.: J. of Path. **26**, 485 (1923).

[4] Bacmeisetr und Henes: Dtsch. med. Wschr. **39**, Nr 12, 544 (1913).

[5] Small, J. C.: J. Labor. a. clin. Med. **1**, Nr 11, (1916).

[6] Denis, W.: J. of biol. Chem. **29**, 93 (1917).

[7] Stepp, W.: Münch. med. Wschr. **65**, Nr 27, 781 (1918).

[8] Chauffard, A., G. Laroche und A. Grigaut: Ann. Méd. **8**, 69 (1920).

[9] Stern, G.: Z. Kinderheilk. Orig. **25**, 129 (1920).

[10] Henes, E.: Arch. internat. Med. **25**, 411 (1920).

[11] Kipp, H. A.: J. of biol. Chem. **44**, 215 (1920).

[12] Laporte und Rouzaud: C. r. Soc. Biol. Paris **83**, 3)2 (1920).

[13] Sisto, P.: Riv. osped. **10**, 475 (1920).

[14] Gehuchten, P. van: C. r. Soc. Biol. Paris **84**, 459 (1921). — Ann. inst. Pasteur **35**, 396 (1921).

[15] Leupold, E. u. L. Bogendörfer: Dtsch. Arch. klin. Med. **140**, 28 (1922).

[16] Leupold, E.: Zbl. Path. **33**, Sonderbd., 8 (1923).

[17] Balbi, E.: Giorn. ital. Dermat. **66**, 427 (1925).

Roy[1]). Klausner[2] stellte bei Syphilis eine Vermehrung der Gesamtlipoide des Serums fest; McFarland[3] fand dagegen im syphilitischen Blutserum mittlere und niedere Cholesterinwerte.

Nach Stepp, Stern, sowie Leupold und Bogendörfer ist das Sinken des Cholesterinspiegels im Blute durch den Infekt selbst bedingt und von dessen Begleiterscheinungen (Fieber, Unterernährung) unabhängig. Es darf jedenfalls als hinreichend gesicherte Tatsache gelten, daß das Stadium der Hypocholesterinämie der Periode der stärksten Resistenzverminderung des infizierten Organismus entspricht, während, wie schon hier erwähnt sei, mit dem Wiederanstieg des Cholesterinspiegels das Einsetzen nachweisbarer Immunitätsvorgänge zeitlich etwa zusammenfällt. Damit im Einklang stehen auch die Befunde von Rouzaud und Cabanis[4], die nach der Typhusschutzimpfung dieselben Schwankungen des Cholesteringehalts im Blute, die sie als Ausdruck der durch den toxischen Reiz in einem empfänglichen Organismus ausgelösten Reaktion auffassen, wenn auch in wesentlich geringerem Grade feststellen konnten; bei der 3. Injektion des Typhusimpfstoffs waren nur noch geringe, und bei der 4. Einspritzung entsprechend der nunmehr erreichten vollständigen Immunität keine das Maß der normalen Schwankungen übersteigenden Veränderungen des Cholesterinspiegels mehr nachzuweisen.

In Anbetracht dieser Feststellungen ist es verständlich, daß man den Einfluß der Lipoide auf die Widerstandsfähigkeit des Körpers einem eingehenden Studium unterzog. Wenn auch die bisher mitgeteilten Versuchsresultate in Anbetracht der zwischen den Angaben der Autoren vielfach bestehenden Widersprüche noch keine eindeutige Beurteilung der Bedeutung dieser Substanzen für die Abwehrmaßnahmen des Organismus zulassen, so bilden sie doch eine gewisse Grundlage für die weitere, zweifellos aussichtsreiche Bearbeitung der in Diskussion stehenden Probleme.

Nach den Versuchen von Leupold und Bogendörfer[5] zeigten Mäuse, Ratten, Meerschweinchen und Kaninchen, deren Blut nach langdauernder Cholesterinfütterung einen gesteigerten Cholesteringehalt aufwies, gegenüber experimentellen Infektionen mit Pneumokokken, Pyocyaneus- und Milzbrandbacillen, sowie gegen Diphtheriegift eine erhöhte Widerstandsfähigkeit. Bemerkenswert ist auch die Angabe von Westphal[6], daß bei genuiner Hypertonie, die wahrscheinlich auf endokrine Störungen zurückzuführen ist und die mit einer Hypercholesterinämie einhergeht, ein gewisser Schutz des Individuums gegen infektiöse Erkrankungen der verschiedensten Art verbunden ist. Hinsichtlich des Mechanismus dieser auch von anderen Autoren angenommenen resistenzerhöhenden Wirkung des Cholesterins gehen indessen die Ansichten noch auseinander. Während Arkin[7] (vgl. auch P. Th. Müller[8]) angibt, daß Cholesterin den Phagocytosevorgang nicht beeinflußt, wird dieser nach Walbum[9] durch Cholesterin stark gefördert, dagegen nach Stuber[10] erheblich, nach Leupold und Bogendörfer nur ganz unbedeutend herabgesetzt; Stuber gibt außerdem noch an, daß Lecithin die hemmende Wirkung des Cholesterins auf die Freßtätigkeit der Leukocyten aufzuheben vermag. Nach den Untersuchungen von Tunnicliff[11] ist die Beeinflussung der Phagocytose sehr wesentlich von den verwendeten Cholesterinmengen abhängig; stärkere Konzentrationen des Lipoids wirken hemmend, schwächere dagegen fördernd. Die bactericide Kraft des Blutes ist von dem Cholesteringehalt offenbar unabhängig (Leupold und Bogendörfer). Dagegen scheint den Lipoiden eine entgiftende Wirkung auf bakterielle Toxine zuzukommen. Im Anschluß an die bekannten Untersuchungen Wassermanns[12] (s. auch

[1] Boyd, T. C. u. A. C. Roy: Indian J. med. Res. **15**, 643 (1928).
[2] Klausner, E.: Biochem. Z. **47**, 36 (1912) — Wien. klin. Wschr. **25**, Nr 21, 786 (1912).
[3] McFarland, A. R.: Arch. of Dermat. **6**, 39 (1922).
[4] Rouzaud u. Cabanis: Presse méd. **21**, 197 (1913).
[5] Leupold u. Bogendörfer: Zitiert auf S. 571.
[6] Westphal, K.: Z. klin. Med. **101**, 584 (1925).
[7] Arkin, A.: J. inf. Dis. **13**, 408 (1913).
[8] Müller, P. Th.: Z. Immun.forschg Orig. **1**, 61 (1909).
[9] Walbum, L. E.: Z. Immun.forschg Orig. **7**, 544 (1910).
[10] Stuber, B.: Biochem. Z. **51**, 211 (1913); **53**, 493 (1913).
[11] Tunnicliff, R.: J. inf. Dis. **33**, 285 (1923).
[12] Wassermann, A.: Berl. klin. Wschr. **35**, Nr 1, 4 (1898). — Wassermann, A. u. T. Takaki: Ebenda **35**, Nr 1, 5 (1898).

MARX[1]) über die tetanustoxinneutralisierende Eigenschaft des Gehirns konnten zahlreiche Autoren feststellen, daß die verschiedenartigsten Lipoidstoffe (Lecithin, Cholesterin, Seifenemulsionen, Galle, Lipoide der weißen und grauen Gehirnsubstanz u. a.) bakterielle und tierische Toxine in wechselnden Mengen zu binden vermögen (KEMPNER und SCHEPILEWSKY[2], STOUDENSKY[3], METSCHNIKOFF, NOGUCHI[4], FLEXNER und NOGUCHI[5], P. TH. MÜLLER[6], LANDSTEINER und v. EISLER[7], LANDSTEINER und BOTTERI[8], PASCUCCI[9], VINCENT[10], TAKAKI[11], PETIT[12], DE WAELE[13], RAUBITSCHEK u. RUSS[14], ALMAGIÀ[15], WALBUM[16], BRUSCHETTINI u. CALCATERRA[17], LOEWE[18], WADSWORTH und VORIES[19], TUNNICLIFF[20], SURÁNYI u. JARNO[21] u. a.). Auch LEUPOLD und BOGENDÖRFER nehmen auf Grund ihrer Tierversuche mit Diphtheriegift in Übereinstimmung mit den Angaben anderer Autoren (s. unten) an, daß die Bakterientoxine mit dem Cholesterin des Blutes eine Bindung eingehen, wodurch einerseits die Toxine unschädlich gemacht werden, andererseits aber das Blutcholesterin verbraucht wird. Sie glauben derart den bei den meisten Infektionskrankheiten in Erscheinung tretenden Cholesterinverlust des Blutes erklären zu können und nehmen weiter an, daß bei zu geringem Gehalte des Blutes an Cholesterin nicht die Gesamtmenge der kreisenden Toxine entgiftet werden kann, daß es dementsprechend in diesem Falle zu einer Verankerung der Giftstoffe in den Organen und zu Krankheitserscheinungen kommt. Diese Annahme der beiden Autoren, daß die Widerstandsfähigkeit des Organismus bakteriellen Toxinen gegenüber lediglich vom Cholesteringehalt des Blutes abhängt, erscheint indessen etwas zu weitgehend. Wie nämlich MARIE[22] nachweisen konnte, ist der Cholesteringehalt im Blute immunisierter Tiere, das eine stark entgiftende Wirkung auf die entsprechenden Bakterientoxine ausübt, vielfach erheblich herabgesetzt und nach den Untersuchungen von KOLDAJEFF[23] besteht bei antitoxischen Diphtherieheilseris keinerlei Zusammenhang zwischen Toxinneutralisierungsvermögen und Cholesteringehalt. In gleicher Weise beruht aber auch die natürliche Giftresistenz eines Individuums zweifellos nicht allein auf dem Lipoidgehalt des Blutes und ebenso wird man auch die Verankerung bakterieller und tierischer Toxine durch gewisse Organe, vor allem durch Milz, Leber, Nebennieren, Gehirn usw. (CHVOSTEK[24], IGNATOWSKY[25], BRUNTON und BOCKENHAM[26], FERMI[27], DIETRICH[28], DIETRICH und KAUFMANN[29], HAHN und SKRAMLIK[30], BIELING und GOTTSCHALK[31], MEYER und ROMINGER[32], WÜLFING[33] u. a.) in Anbetracht der Spezifität des Vorganges nicht lediglich auf

[1] MARX, E.: Z. Hyg. **40**, 231 (1902).
[2] KEMPNER, W. u. E. SCHEPILEWSKY: Z. Hyg. **27**, 213 (1898).
[3] STOUDENSKY, A.: Ann. Past. **13**, 126 (1899).
[4] NOGUCHI, H.: Zbl. Bakter. I Orig. **32**, 377 (1902) — Bull. Univ. Pennsylvania **15**, 327 (1902).
[5] FLEXNER, S. u. H. NOGUCHI: J. of exper. Med. **6**, 277 (1902).
[6] MÜLLER, P. TH.: Zbl. Bakter. I Orig. **34**, 567 (1903).
[7] LANDSTEINER, K. u. M. v. EISLER: Wien. klin. Wschr. **17**, Nr 24, 676 (1904) — Zbl. Bakter. I Orig. **39**, 309 (1905).
[8] LANDSTEINER, K. u. A. BOTTERI: Zbl. Bakter. I Orig. **42**, 562 (1906).
[9] PASCUCCI, O.: Beitr. chem. Physiol. u. Path. **6**, 543, 552 (1905).
[10] VINCENT, H.: Ann. Past. **22**, 341 (1908).
[11] TAKAKI, K.: Beitr. chem. Physiol. u. Path. **11**, 288 (1908).
[12] PETIT, L.: C. r. Soc. Biol. Paris **64**, 811 (1908).
[13] WAELE, H. DE: Z. Immun.forschg Orig. **3**, 478 (1909).
[14] RAUBITSCHEK, H. u. V. K. RUSS: Z. Immun.forschg Orig. **1**, 395 (1909).
[15] ALMAGIÀ, M.: Boll. R. Accad. Med. Roma **34**, Nr 4 (1909).
[16] WALBUM: Zitiert auf S. 572.
[17] BRUSCHETTINI, A. u. E. CALCATERRA: Pathologica **2**, 362 (1910).
[18] LOEWE, S.: Biochem. Z. **33**, 225 (1911).
[19] WADSWORTH, A. B. u. R. VORIES: J. of Immun. **6**, 413 (1921).
[20] TUNNICLIFF: Zitiert auf S. 572.
[21] SURANYI, L. u. L. JARNO: Z. Immun.forschg **57**, 199 (1928).
[22] MARIE, A.: C. r. Soc. Biol. Paris **88**, 76 (1923).
[23] KOLDAJEFF, B. M.: Russk. Physiol. J. **3**, 139 (1921).
[24] CHVOSTEK, F.: Pathologische Physiologie der Nebennieren. Erg. Path., herausg. von O. LUBARSCH u. R. OSTERTAG II **9**, 243 (1903).
[25] IGNATOWSKY, A.: Zbl. Bakter. I Orig. **35**, 4 (1904).
[26] BRUNTON, L. u. T. J. BOCKENHAM: J. of Path. **10**, 50 (1905).
[27] FERMI, C.: Zbl. Bakter. I Orig. **46**, 68, 168 u. 259 (1908).
[28] DIETRICH: Zbl. allg. Pathol. **29**, 169 (1918).
[29] DIETRICH, A. u. E. KAUFMANN: Z. exper. Med. **14**, 357 (1921).
[30] HAHN, M. u. E. v. SKRAMLIK: Biochem. Z. **112**, 151 (1920).
[31] BIELING, R. u. A. GOTTSCHALK: Z. Hyg. **99**, 125, 142 (1923).
[32] MEYER, H. u. E. ROMINGER: Arch. f. exper. Path. **104**, 23 (1924).
[33] WÜLFING, M.: Virchows Arch. **253**, 239 (1924).

eine Bindung der Gifte durch Organlipoide zurückführen dürfen, vielmehr wird man hierfür in erster Linie die Interferenz spezifischer Haftgruppen eiweißartiger Bestandteile[1] (Antikörper, Organreceptoren) verantwortlich machen müssen (s. auch Landsteiner und v. Eisler[2], Marie und Tiffenau[3], Sachs).

Inwieweit bei der Giftverankerung durch Organe die spezifischen Receptoren und inwieweit dabei die pseudoantitoxisch wirkenden Lipoidstoffe (s. bei Sachs[4]) beteiligt sind, läßt sich heute allerdings noch nicht entscheiden. Für die Bedeutung der Lipoide für die natürliche Widerstandsfähigkeit des Organismus gegenüber Toxinen, vielleicht auch gegenüber andersartigen Infektionsstoffen, spricht zweifellos der insbesondere von Mulon und Porak[5], Dietrich[6], Dietrich und Kaufmann[7], Clevers und Goormaghtigh[8], sowie Leupold und Bogendörfer[9], zum Teil auf Grund älterer Angaben von Gourfein und Chvostek[10] experimentell erbrachte Nachweis, daß die nach Injektion gewisser Toxine, vor allem des Diphtheriegifts im empfänglichen Organismus eintretende Cholesterinverarmung des Blutes durch eine Bindung des Cholesterins an die toxischen Substanzen zustandekommt. Einerseits infolge dieses Sinkens des Blutcholesterinspiegels, das seinerseits eine vermehrte Ausschwemmung von Cholesterin aus den inneren Organen zur Folge hat, andererseits aber auch durch unmittelbare örtliche Einwirkung des im Blute kreisenden Toxins, kommt es nach Angabe der genannten Autoren zu einer mit Degeneration und entzündlichen Vorgängen verbundenen Cholesterinverarmung der als Cholesterindepots vielleicht auch als Cholesterinbildungsstätten dienenden Organe, vor allem der Nebennierenrinde [s. auch Lusena[11], Marenghi[12], O. Köhler (bei Wacker und Hueck[13]), van Gehuchten[14], Laroche[15], Wülfing[16]]. Entsprechend den Ehrlichschen Vorstellungen nimmt Dietrich daher an, daß die Nebennierenrinde, deren physiologische Bedeutung er in erster Linie in der Bindung und Unschädlichmachung giftiger Substanzen erblickt, als primärer Angriffspunkt bestimmter Toxine und auch anderer Infektionsstoffe bei gesteigerter Giftwirkung infolge Insuffizienz zuerst dem Untergang anheimfällt.

Zu erwähnen wäre noch, daß nach den Befunden von Robertson und Burnett[17], durch Cholesterinzufuhr das Wachstum des transplantablen Ratten-

---

[1] Nach neueren Angaben von Sbarsky und seinen Mitarbeitern [Sbarsky, B.: Biochem. Z. **135**, 21 (1923). — Sbarsky, B. u. L. Subkowa: Ebenda **172**, 40 (1926). — Sbarsky, B. u. Z. Jermoljewa: Ebenda **182**, 180 (1927)] besitzen auch manche Aminosäuren, vor allem das Tyrosin, die Eigenschaft, Diphtherie- und Tetanustoxin in vitro zu entgiften; andere Aminosäuren seien dagegen nur wenig oder überhaupt nicht wirksam. Durch prophylaktische Thyrosineinverleibung gelang es angeblich, Mäuse gegen eine nachfolgende Tetanusintoxikation zu schützen.

[2] Landsteiner u. v. Eisler: Zitiert auf S. 573.

[3] Marie, A. u. M. Tiffenau, Ann. Past. **26**, 318 (1912).

[4] Sachs: Zitiert auf S. 510.

[5] Mulon, P. u. R. Porak: C. r. Soc. Biol. Paris **77**, 273 (1914).

[6] Dietrich: Zitiert auf S. 573.

[7] Dietrich u. Kaufmann: Zitiert auf S. 573.

[8] Clevers, J. u. N. Goormaghtigh: Le rôle du cortex surrénal et de la glande thyroide au cours de la vaccination antivariolique. Brüssel: Goemare 1922. — Vgl. auch J. Clevers u. N. Goormaghtigh: Bull. Acad. Méd. Belg. (September 1921).

[9] Leupold u. Bogendörfer: Zitiert auf S. 571.

[10] Chvostek: Zitiert auf S. 575; daselbst die ältere Literatur.

[11] Lusena, G.: Boll. Accad. med. di Genova **18**, Nr 1 (1903).

[12] Marenghi, G.: Rendiconti del R. Istituto lombardo di Scienze e Lettere II. S., **34**, 1193 (Milano 1903).

[13] Wacker, L. u. W. Hueck: Arch. f. exper. Path. **71**, 373 (1913).

[14] Gehuchten, P. van: C. r. Soc. Biol. Paris **84**, 459 (1921) — Ann. Past. **35**, 396 (1921).

[15] Laroche, G.: Rev. franç. Endocrin. **1**, 185 (1923).

[16] Wülfing: Zitiert auf S. 573.

[17] Robertson, T. B. u. T. C. Burnett: J. of exper. Med. **17**, 344 (1913).

carcinoms beschleunigt wird. Im Gegensatz hierzu verringert Lecithin die Tendenz zur Metastasenbildung, evtl. auch das Wachstum des primären Tumors.

Was den Einfluß *konstitutioneller Erkrankungen* auf die natürlichen Abwehrvorrichtungen des Organismus anlangt, so wurde im vorstehenden bereits auf die Bedeutung der Stoffwechselerkrankungen, vor allem der Unterernährung, des Diabetes und der verschiedenen Avitaminosen hingewiesen. Auch wurde bereits hervorgehoben daß bei derartigen Krankheitszuständen, insbesondere bei den durch Vitaminmangel bedingten Prozessen, die Schädigung der blutbildenden Organe, vor allem auch des Lymphgewebes, eine konstante Erscheinung darstellt und bei der dabei zu beobachtenden Resistenzverminderung als ursächlicher Faktor in Betracht kommen dürfte (vgl. insbesondere PHISALIX[1], MANFREDI[2], BUSSE[3], MELNIKOWA und WERSILOWA[4], LIPPMANN[5], LIPPMANN und PLESCH[6], BUSSON[7], BIELING und ISAAC[8]). Diese Interpretation die mit der im vorhergehenden Abschnitt kurz dargelegten Auffassung über die Rolle der Entzündung bei der Abwehr von Infektionserregern im Einklang steht, findet auch in der durch klinische und experimentelle Beobachtungen ermittelten Tatsache, daß anämische Zustände jeder Ätiologie, besonders solche schwereren Grades, vielfach eine Herabsetzung der Widerstandsfähigkeit des Organismus gegenüber Infektionsstoffen im Gefolge haben, eine Stütze. So geben PAROU und LAUBRY[9] an, daß bei der perniziösen Anämie, welche die schwerste Schädigung des hämatopoetischen Apparates darstellt, die phagocytären Vorgänge und der Gehalt des Blutes an Opsoninen beträchtlich herabgesetzt sind. Auch bei chlorotischen Individuen nahmen nach den Angaben v. NOORDENS[10] infektiöse Erkrankungen häufig einen verhältnismäßig schweren Verlauf. Nach LUBARSCH[11] (s. auch BUCHNER[12]) wirkt Anämie prädisponierend besonders bei Mikroben, welche die Fähigkeit besitzen, rote Blutkörperchen zu zerstören, wie Milzbrand- und Hühnercholerabacillen. Nach stärkerer Blutentziehung konnte GÄRTNER[13] einen beschleunigten Verlauf der experimentellen Staphylokokkeninfektion des Kaninchens nachweisen. GOTTSTEIN[14] sowie MYA und SANARELLI[15] stellten bei Tieren, bei denen sie durch Injektion eines Blutgiftes (Acetylphenylhydrazin) einen Teil der roten Blutzellen zur Auflösung gebracht hatten, einen Verlust der natürlichen Resistenz gegenüber bestimmten Infektionen (Meerschweinchen gegen Hühnercholerabacillen, Tauben und Ratten, nicht aber Hunde gegen Milzbrandbacillen) fest (s. auch ROSATZIN[16]). Daß allerdings neben der Erythrocytenzerstörung hier noch andere Wirkungen des Chemikales für den beobachteten Effekt verantwortlich zu machen sind, wird durch die Angaben von BAKUNIN und BOCCARDI[17]

[1] PHISALIX, C.: Arch. Méd. expér. Anat. pathol., I. S., **3**, 159 (1891).
[2] MANFREDI, L.: Virchows Arch. **155**, 335 (1899).
[3] BUSSE, W.: Arch. Gynäk. **85**, 1 (1908).
[4] MELNIKOWA, F. J. u. M. A. WERSILOWA: Zbl. Bakter. I Orig. **66**, 525 (1912).
[5] LIPPMANN: Z. Immun.forschg Orig. **24**, 107 (1916).
[6] LIPPMANN u. PLESCH: Z. Immun.forschg Orig. **17**, 348 (1913).
[7] BUSSON, B.: Z. exper. Med. **9**, 315 (1919).
[8] BIELING, R. u. S. ISAAC: Z. exper. Med. **25**, 1 (1921).
[9] PAROU, M. u. CH. LAUBRY: C. r. Soc. Biol. Paris **66**, 1080 (1909).
[10] NOORDEN, K. v.: Die Bleichsucht. Nothnagels Handb. der speziellen Pathologie u. Therapie 8. Wien: A. Hölder 1897.
[11] LUBARSCH, O.: Zbl. Bakter. I **6**, 481, 529 (1889).
[12] BUCHNER, H.: Zbl. Bakter. I **5**, 817 (1889); **6**, 1 (1889).
[13] GÄRTNER, F.: Beitr. path. Anat. **9**, 276 (1891).
[14] GOTTSTEIN, A.: Dtsch. med. Wschr. **16**, Nr 24, 524 (1890).
[15] MYA, G. u. G. SANARELLI: Fortschr. Med. **9**, Nr 4 (1891).
[16] ROSATZIN, TH.: Siehe bei O. LUBARSCH: Zur Lehre von den Geschwülsten u. Infektionskrankheiten, S. 77. Wiesbaden: J. F. Bergmann 1899.
[17] BAKUNIN, S. u. G. BOCCARDI: Riforma med. **1891**, Nr 188.

wahrscheinlich gemacht, die bei Tauben nach Blutentziehung keine Verminderung ihrer natürlichen Milzbrandresistenz nachweisen konnten. (Hinsichtlich der Bedeutung des hämatopoetischen Systems für die Immunisierungsvorgänge und des Einflusses der Aderlässe auf die Immunkörperbildung s. S. 630 u. 608.)

In diesem Zusammenhange sei noch erwähnt, daß durch eine *Veränderung der Blutverteilung im Körper* die lokale Resistenz bestimmter Organe gegenüber Infektionserregern eine Steigerung oder Herabsetzung erfahren kann. So ist es z. B. eine dem Kliniker bekannte Tatsache, daß der bei Pulmonarstenose verminderte Blutgehalt der Lungen für Tuberkulose prädisponiert, während umgekehrt die für Mitralstenose charakteristische Blutüberfüllung der Lungen diesen einen Schutz gegenüber der genannten Infektion verleiht. Durch histologische Untersuchungen bei Fällen von Knochen- und Gelenkstuberkulose konnte B. FISCHER[1] nachweisen, daß unter der Wirkung der auf dieser Erfahrungstatsache beruhenden künstlichen *Stauungshyperämie* nach BIER eine stärkere Entzündung des in der Nähe der Tuberkel liegenden Gewebes und auch fibröse Veränderungen in den Krankheitsherden eintreten, die unter Umständen zur Vernarbung und Abkapselung von Tuberkeln führen können (vgl. auch HONIGMANN u. SCHÄFFER[2]).

Die Beeinflussung der Resistenz durch *Abkühlung* ("Erkältung") ist offenbar als Folge einer durch die Kälteeinwirkung bedingten Zirkulationsstörung und einer veränderten Blutverteilung in den Schleimhäuten aufzufassen. Dadurch kommt es zu örtlichen Gewebsschädigungen, die ihrerseits das Eindringen und die Ansiedelung gewisser, ursprünglich auf der Schleimhautoberfläche saprophytisch vegetierender Mikroben begünstigten. Inwieweit dabei eine Abnahme der Phagocytose (SANARELLI[3], TROMMSDORF[4], ROLLY und MELTZER[5], LEDINGHAM[6]) oder der bactericiden Schutzstoffe des Blutes (LISSAUER[7]; s. dagegen LONDON[8], GRAZIANI[9]) eine Rolle spielen, ist noch nicht einwandfrei geklärt. (Hinsichtlich der Beeinflussung der natürlichen Resistenz durch Fieber vgl. S. 539.)

Eine besondere Bedeutung für die Widerstandsfähigkeit eines Individuums gegenüber bestimmten Mikroorganismen kommt weiterhin vorausgegangenen oder gleichzeitig bestehenden andersartigen *Infektionskrankheiten* zu. Schon oben (s. S. 519) wurde darauf hingewiesen, daß saprophytische Keime unter Umständen dann zu Krankheitserregern werden können, wenn ihnen durch vorher bestehende infektiöse Prozesse das Eindringen in den Organismus und ihre Vermehrung in den durch die primäre Erkrankung geschädigten Geweben ermöglicht wird. In der klinischen und bakteriologischen Literatur sind zahlreiche Feststellungen niedergelegt, welche eine derartige begünstigende Wirkung gewisser infektiöser Prozesse für die Ansiedelung andersartiger Krankheitserreger, d. h. die Ausbildung eines Locus minoris resistentiae durch die Erstinfektion erkennen lassen. Ohne im einzelnen auf das noch wenig geklärte Zustandekommen der *Misch- und Sekundärinfektionen* (vgl. insbesondere v. WASSERMANN und KEYSSER[10])

---

[1] FISCHER, B.: Frankf. Z. Path. **3**, 926 (1909).
[2] HONIGMANN, F. u. J. SCHÄFFER: Münch. med. Wschr. **54**, Nr 36, 1769 (1907).
[3] SANARELLI: Ann. Inst. Pasteur **7**, 225 (1893).
[4] TROMMSDORFF, R.: Arch. Hyg. **59**, 1 (1906).
[5] ROLLY, F. u. MELTZER: Dtsch. Arch. klin. Med. **94**, 335 (1908).
[6] LEDINGHAM, J. C. G.: Proc. roy. Soc. Lond. B **80**, 188 (1908).
[7] LISSAUER, M.: Arch. Hyg. **63**, 331 (1907).
[8] LONDON, E.: C. r. Acad. Sci. Paris **122**, 1278 (1896) — Arch. Sc. Biol. St. Pétersbourg **5**, 88, 197 (1897).
[9] GRAZIANI, A.: Gazz. Osp. **27**, Nr 96 (1906).
[10] WASSERMANN, A. v. u. F. KEYSSER: Misch- und Sekundärinfektion. Handb. der pathogenen Mikroorganismen; herausg. von W. KOLLE und A. v. WASSERMANN, 2. Aufl., **1**, 632. Jena: G. Fischer 1912. — Siehe auch A. SEITZ: Misch- und Sekundärinfektion. Handb. der pathogenen Mikroorganismen, 3. Aufl., herausg. von W. KOLLE, R. KRAUS u. P. UHLENHUTH **1**, 505. Jena, Berlin u. Wien 1929.

einzugehen, seien nur einige Beispiele angeführt, welche die gemeinschaftliche Wirkung verschiedenartiger Infektionsstoffe auf den Organismus demonstrieren.

Roux und Yersin[1] sowie Valagussa und Ranelletti[2] stellten fest, daß die Resistenz der Meerschweinchen gegenüber der Diphtherieinfektion bzw. dem Diphtheriegift durch eine experimentelle Infektion mit Streptokokken eine erhebliche Herabsetzung erfährt. R. Pfeiffer[3] gibt auf Grund von Versuchen Friedbergers an, daß bei Kaninchen die Ausbildung einer Choleraimmunität (durch Injektion abgetöteter Choleravibrionen) erheblich beeinträchtigt wird, wenn gleichzeitig geringe Mengen anderer Bakterien (Typhusbacillen, Erreger der Kaninchensepticämie) in abgetötetem Zustande injiziert werden. Nach Brandenberg[4] verschwindet bei gleichzeitig bestehender Tuberkulose- und Scharlacherkrankung, nach Karasawa und Schick[5] während des Masernexanthems nicht selten die als Zeichen einer Allergie des Organismus gegen Tuberkelbacillen aufzufassende Pirquetsche Hautreaktion, während der Gehalt des Blutes an Diphtherieschutzstoffen keine Veränderung erfährt. Bekannt ist ferner, daß sich beim Menschen im Anschluß an Masern, Keuchhusten, Pneumonie oder Grippe infolge der dadurch bedingten Resistenzverminderung häufig eine manifeste Tuberkulose ausbildet. Auch Malaria setzt die Widerstandskraft des Organismus gegen Tuberkulose herab (Steudel[6]). Während bei normalen Kaninchen die experimentelle Recurrensinfektion nur wenige Tage lang dauert, sind die Rückfallfieberspirochäten bei syphilis- und framboesieinfizierten Individuen dieser Tierart mehrere Wochen lang in den Schankern neben den Lues- bzw. Framboesieerregern (Spirochaeta pallida bzw. pertenuis) nachzuweisen (Schlossberger und Prigge[7], Nicolau[8]). Ferner konnte Catanei[9] feststellen, daß bei Kanarienvögeln, die gleichzeitig mit Hühnerspirochäten (Spirochaeta gallinarum) und mit den Erregern der Vogelmalaria (Plasmodium relictum) infiziert wurden, die beiden Infektionen einen wesentlich schwereren Verlauf nehmen, als dies sonst der Fall ist. Das gleiche ist bei Kaninchen der Fall, die zur selben Zeit mit Syphilis (am Hoden) und mit Vaccine (in die rasierte Haut) geimpft werden (Pearce[10]). Ebenso zeigt nach Beobachtungen von Duffau[11] die gleichzeitige Erkrankung des Menschen an Bacillen- und Amöbenruhr einen besonders bösartigen Charakter; durch die Mischinfektion verläuft die bacilläre Dysenterie unter dem Bilde einer schweren Septicämie. Weiterhin konnten Delorme und Anderson[12] bei Mäusen, die eine experimentelle Recurrensinfektion überstanden hatten und 2 Monate später mit Naganatrypanosomen (Tryp. brucei) infiziert wurden, ein neues Auftreten der Rückfallfieberspirochäten im Blute, d. h. eine Mobilisierung einer latenten Infektion beobachten. Einen ähnlichen Mechanismus, nämlich die Aktivierung eines im Körper des

[1] Roux, E. u. A. Yersin: Ann. Inst. Pasteur 4, 332 (1890).

[2] Valagussa, F. u. A. Ranelletti: Zbl. Bakter. I 24, 752 (1898).

[3] Pfeiffer, R.: Mode d'action et origine des substances actives des sérums préventifs et des sérums antitoxiques. 13e Congrès intern. d'Hyg. et de Demogr. Bruxelles 1903. C. r. du Congrès 2 (1903).

[4] Brandenberg, F.: Dtsch. med. Wschr. 36, Nr 12, 561 (1910).

[5] Karasawa, M. u. B. Schick: Jb. Kinderheilk. 72, 460 (1910).

[6] Steudel, E.: Arch. Schiffs- u. Tropenhyg. 29, Beiheft Nr 1, 391 (1925).

[7] Schlossberger, H. u. R. Prigge: Med. Klin. 22, Nr 32, 1227. 1926 — Mikrobiol. Ž. (russ.) 2, 185 (1926). — Siehe auch J. L. Kritschewski: Klin. Wschr. 8, Nr 27, 1259 (1929).

[8] Nicolau, S.: C. r. Soc. Biol. Paris 96, 36 (1927).

[9] Catanei, A.: Arch. Inst. Pasteur Algérie 3, 111 (1925).

[10] Pearce, L.: Proc. Soc. exper. Biol. a. Med. 24, 739 (1927) — J. of exper. Med. 47, 611 (1928); 48, 125, 363 (1928).

[11] Duffau, H. E.: Arch. Inst. Pasteur Algérie 1, 151 (1923).

[12] Delorme, A. u. T. E. Anderson: C. r. Soc. Biol. Paris 98, 1183 (1928).

Impflings vorhandenen sichtbaren oder unsichtbaren Virus durch die Schutz-pockenimpfung ist man geneigt, zur Erklärung des Zustandekommens der post-vaccinalen Encephalitis anzunehmen; allerdings wird von einigen Autoren mit der Möglichkeit gerechnet, daß das Vaccinevirus selbst die Ursache dieser ge-fürchteten Komplikation darstellt, wenngleich der Nachweis des Vaccinevirus im Gehirn, wie er Turnbull und McIntosh[1] sowie Aldershoff[2] in einigen Erkrankungsfällen dieser Art gelungen ist, nicht ohne weiteres als Beweis für eine solche Annahme gelten kann (s. bei Gildemeister[3]; vgl. S. 537 u. 591).

Umgekehrt ist es aber auch möglich, daß durch die Misch- oder Sekundär-infektion der primäre Krankheitsprozeß zur *Heilung* oder zum *Stillstand* gebracht wird. So ist es z. B. bekannt, daß tuberkulöse Prozesse oder inoperable maligne Geschwülste unter der Wirkung eines Erysipels geheilt oder wesentlich gebessert wurden (Literatur bei Kaznelson). Fürst[4] stellte fest, daß bei Kaninchen nach Einverleibung eines Gemischs von virulentem Vaccinematerial und Milzbrand-sporen das Angehen der Milzbrandinfektion protrahiert oder verhindert wird. Ähn-liche Beobachtungen machte ferner Fukuda[5], der Ratten mit Milzbrandbacillen und gleichzeitig mit Naganatrypanosomen oder Pyocyaneusbacillen infizierte; in beiden Fällen war meistens, wenn auch nicht regelmäßig, eine Verzögerung der Milzbrandinfektion nachzuweisen. Weiterhin wird nach den Befunden von Uhlenhuth, Hübener und Woithe[6], sowie Kudicke, Feldt und Collier[7] der Krankheitsverlauf bei trypanosomeninfizierten Ratten (Tryp. equiperdum) bzw. Mäusen (Tryp. brucei) durch eine etwa gleichzeitige Infektion mit Recurrens-spirochäten erheblich verzögert. Galliard[8] konnte sogar bei Mäusen, die gleichzeitig mit Trypanosomen (Tryp. brucei) und Recurrensspirochäten (Spir. crocidurae) infiziert worden waren, nicht nur einen abortiven Verlauf, sondern eine vollständige Ausheilung der Trypanosomeninfektion feststellen. Weich-brodt[9] (s. auch Metzger[10]) konnte bei einem Paralytiker, der gleichzeitig mit Malaria und Recurrens infiziert worden war, feststellen, daß klinisch zunächst nur die Malaria in Erscheinung trat, trotzdem im Blute des Patienten, wie durch Verimpfung auf Mäuse nachgewiesen wurde, dauernd Recurrensspirochäten vor-handen waren; diese konnten sich erst nach Abheilen der Malaria (durch Chinin) voll entwickeln und die Erscheinungen des Rückfallfiebers auslösen. Weiterhin berichten Correa Netto[11], sowie Muir, Landeman, Roy und Santra[12] über Leprafälle, die durch interkurrierende akute Infektionskrankheiten, nämlich Pocken und Kala Azar, zur klinischen Ausheilung kamen.

Während man derartige Erscheinungen früher durch einen *Antagonismus der Erreger* zu erklären versuchte, nimmt man heute wohl allgemein an, daß die Unterdrückung einer Infektion durch eine andere nicht auf einer solchen gegen-

---

[1] Turnbull, H. M. u. J. McIntosh: Brit. J. of exper. Path. **7**, 181 (1926) — s. auch Report of the committee on matters relating to the preparation, testing and standardisation of vaccine lymph etc. London: Ministry of Health 1928.

[2] Aldershoff, H.: Onderzoekingen naar Aanleiding van een Geval van Encephalitis post vaccinationem. Meded. Rijksinst. serol. Utrecht 1929.

[3] Gildemeister, E.: Zbl. Bakter. I Orig. **110**, Beiheft, 120 (1929) — Dtsch. med. Wschr. **55**, Nr 33, 1372 (1929).

[4] Fürst, Th.: Arb. Reichsgesdh.amt **52**, 93 (1920).

[5] Fukuda, F.: Zbl. Bakter. I Orig. **84**, 516 (1920).

[6] Uhlenhuth, Hübener u. Woithe: Arb. Reichsgesdh.amt **27**, 256 (1907).

[7] Kudicke, R., Feldt, A. u. W. A. Collier: Z. Hyg. **102**, 135 (1924).

[8] Galliard, H.: Bull. Soc. Path. exot. Paris **21**, 315 (1928).

[9] Weichbrodt, R.: Dtsch. med. Wschr. **51**, Nr 47, 1949 (1925).

[10] Metzger, E.: Z. Immun.forschg **47**, 545 (1926).

[11] Netto, O. Correa: Brazil Medico **37**, 315 (1923).

[12] Muir, E., Landeman, E., Roy, T. N. u. J. Santra: Indian J. med. Res. **11**, 543 (1923). — Siehe auch E. Muir: Lancet **1925** I, 169.

seitigen Beeinflussung der beiden Mikroorganismenarten beruht, daß es sich vielmehr um eine *Steigerung der natürlichen Abwehrkräfte* des Organismus durch den „stärkeren", d. h. mehr akut verlaufenden der beiden Infektionsprozesse handelt. Für diese Auffassung, die also das Phänomen in das Gebiet der *Protoplasmaaktivierung* nach WEICHARDT (s. auch KAZNELSON) verweist, spricht u. a. die Beobachtung, daß eine ähnliche, wenn auch schwächere Depression der Recurrensinfektion, die sich in einer Verlängerung der Inkubationszeit zu erkennen gab, auch nach parenteraler Injektion abgetöteter Proteusbacillen zu beobachten war, sowie die Feststellung, daß die aus dem Blute des gleichzeitig mit Malaria und Rückfallfieber infizierten Paralytikers durch Verimpfung auf Mäuse wiedergewonnenen Recurrensspirochäten keine Verminderung ihrer Virulenz erkennen ließen (WEICHBRODT).

Von Interesse ist ferner die Angabe von L. ROGERS[1], daß das endemische Vorkommen der Lepra unter der mit Tuberkulose hochgradig durchseuchten Bevölkerung des westlichen Europas und der gemäßigten Zone von Nordamerika (ungefähr 90% sämtlicher Individuen über 15 Jahre geben eine positive PIRQUETsche Hautreaktion) außerordentlich selten ist. Dagegen sind in China, Indochina und Indien, wo nur etwa die Hälfte der Bewohner positive Tuberkulinreaktionen geben, etwa 1⁰/₀₀, und in den von Tuberkulose verhältnismäßig sehr wenig durchseuchten Gebieten (Ozeanien, tropisches Afrika; nur bei 7—15% der Bewohner positive Hautreaktion) sogar 5—60⁰/₀₀ der Bevölkerung an Lepra erkrankt. Diese Beobachtung deutet darauf hin, daß die Tuberkuloseresistenz einen gewissen Schutz gegen Lepra verleiht, während jedoch umgekehrt die Phthise die häufigste und gefürchtetste Komplikation der Lepraerkrankung darstellt.

Die Annahme liegt sehr nahe, daß die im vorstehenden geschilderten Einflüsse des Alters, der Schwangerschaft, der Ernährung und des Stoffwechsels, sowie konstitutioneller und akzidenteller Erkrankungen auf die natürliche Resistenz des Organismus wenigstens zum größten Teil in Beziehungen zum *endokrinen Haushalt des Organismus* stehen (vgl. insbesondere SWEET, CORSON-WHITE und SAXON[2], CRAMER, DREW und MOTTRAM[3], STOLTE[4], MCCARRISON[5], BROWN und PEARCE[6], JAFFÉ[7], LOTZ und JAFFÉ[8], WESTPHAL[9] u. a.). Damit ist keineswegs gesagt, daß es sich im Einzelfalle um eine direkte Einwirkung auf eine bestimmte endokrine Drüse (bzw. gewisse Bestandteile derselben, z. B. Cholesterin u. dgl.), die den beobachteten Effekt hervorruft, handeln muß. Im Gegenteil ist anzunehmen, daß die Bestrebungen verschiedener Autoren, die Bedeutung bestimmter Organe für die Widerstandsfähigkeit des Körpers gegenüber Infektionsstoffen durch Exstirpation oder Ausschaltung einzelner endokriner Drüsen, z. B. des Hodens (ROSATZIN[10], TORELLI[11]), der Thyreoidea (CHARRIN, zitiert nach LUBARSCH[12], ROSATZIN[10], BUSSO[13], MELNIK[14], PEARCE und VAN ALLEN[15]), der Neben-

[1] ROGERS, L.: Brit. J. Tbc. **19**, 69 (1925).
[2] SWEET, J. E., CORSON-WHITE, E. P. u. G. J. SAXON: J. of biol. Chem. **15**, 181 (1913).
[3] CRAMER, W., DREW, A. H. u. J. C. MOTTRAM: Lancet **1921 II**, 1202.
[4] STOLTE, K.: Dtsch. med. Wschr. **48**, Nr 31, 1036 (1922).
[5] MC CARRISON, R.: Brit. med. J. **1923**, Nr 3266, 172.
[6] BROWN, W. H. u. L. PEARCE: Ann. clin. Med. **3**, 1 (1924) — Proc. Soc. exper. Biol. a. Med. **20**, 476 (1923).
[7] JAFFÉ, R.: Fortschr. Med. **42**, Nr 2, 15 (1924).
[8] LOTZ, A. u. R. JAFFÉ: Z. Konstit.lehre **10**, 99 (1924).
[9] WESTPHAL, K.: Z. klin. Med. **101**, 584 (1925).
[10] ROSATZIN, TH.: Untersuchungen über die bakterientötenden Eigenschaften des Blutserums und ihre Bedeutung für die verschiedene Widerstandsfähigkeit des Organismus. In O. LUBARSCH: Zur Lehre von den Geschwülsten u. Infektionskrankheiten, S. 77. Wiesbaden: J. F. Bergmann 1899.
[11] TORELLI, Q.: Riforma med. **29**, 1289 (1913).
[12] LUBARSCH, O.: Infektionswege u. Krankheitsdisposition. In LUBARSCH-OSTERTAG: Erg. allg. Path. I **3**, 217 (1896).
[13] BUSSO, R. R.: C. r. Soc. Biol. Paris **92**, 820 (1925).
[14] MELNIK, M.: C. r. Soc. Biol. Paris **92**, 474, 944 (1925).
[15] PEARCE, L. u. CH. M. VAN ALLEN: J. of exper. Med. **43**, 297 (1926).

nieren (Lusená[1], Marenghi[2], Chvostek[3], Cerfoglia[4]), der Milz (v. Kurlow[5], Bardach[6], Martinotti und Barbacci[7], Soudakewitsch[8], Blumreich und Jacoby[9], Courmont und Duffau[10], Rosatzin[11], Levin[12], Nicolas, Froment und Dumoulin[13], Lewis und Margot[14], Foot[15], Bieling[16] u. a.; s. auch A. Meyer[17]) darzutun, bei dem komplexen Mechanismus der endokrinen Vorgänge nicht imstande sein dürften, ein klares Bild der Wirkungsweise zu geben, was auch durch die sich zum Teil widersprechenden Versuchsergebnisse nahegelegt wird. Immerhin weisen aber zahlreiche klinische Beobachtungen darauf hin, daß gewisse, wohl auf Störungen des endokrinen Haushalts beruhende konstitutionelle Krankheitszustände, wie z. B. der Status thymico-lymphaticus oder die exsudative Diathese die Resistenz des Individuums gegenüber manchen infektiösen Erkrankungen entscheidend beeinflussen können (vgl. insbesondere J. Bauer; s. auch Schröder[18]). Hierher gehört auch die Angabe verschiedener älterer Autoren (Sauter[19], Flechner[20], Hamburger[21]; vgl. Susani[22], sowie Fischer[23]), daß gewisse Formen von Struma, speziell der endemische Cystenkropf, dem betreffenden Individuum einen weitgehenden Schutz gegen eine tuberkulöse Erkrankung verleihen (siehe dagegen Sloan[24]).

Zu erwähnen wäre hier noch, daß bei Infektionen des Intestinaltraktus zweifellos die *Sekretion der Verdauungsdrüsen* eine große Rolle spielt. So wurde bereits oben auf die erstmals von Robert Koch gemachte Beobachtung, daß die Resistenz zahlreicher Menschen gegen Cholera auf einem erhöhten Salzsäuregehalt ihres Magensaftes beruht, hingewiesen. Weiterhin können Sekretionsstörungen der Speicheldrüsen, Stauungen in den Gallenwegen, Störungen in der Urinabsonderung, ferner auch Flüssigkeitsansammlungen in den Körperhöhlen, Thrombosen, Blutergüsse u. dgl. als begünstigende Momente bei der Entstehung infektiöser Erkrankungen in Betracht kommen.

b) Resistenz und exogene Einflüsse.

Dieser Abschnitt, in welchem von der Beeinflussung der natürlichen Resistenz durch äußere Einwirkungen die Rede sein wird, steht, wie gleich vorweg bemerkt sei, keineswegs in einem inneren Gegensatz zu dem vorigen. Die gesonderte Besprechung der exogenen Einflüsse ist lediglich darin begründet, daß wir hier die

---

[1] Lusena: Zitiert auf S. 574.   [2] Marenghi: Zitiert auf S. 574.
[3] Chvostek: Zitiert auf S. 573.
[4] Cerfoglia, V.: Riforma med. **30**, 146 (1914).
[5] v. Kurlow: Arch. f. Hyg. **9**, 450 (1889).
[6] Bardach, J.: Ann. Inst. Pasteur **3**, 450 (1889); **5**, 40 (1891).
[7] Martinotti, G. u. O. Barbacci: Zbl. Path. **1**, Nr 2 (1890).
[8] Soudakewitsch, J.: Ann. Inst. Pasteur **5**, 545 (1891).
[9] Blumreich, L. u. M. Jacoby: Z. f. Hyg. **29**, 419 (1898).
[10] Courmont u. Duffau: Arch. Méd. expér. **10**, Nr 9 (1898).
[11] Rosatzin: Zitiert auf S. 579.   [12] Levin, J.: J. of med. Res. **8**, 116 (1902).
[13] Nicolas, J., Froment, J. u. F. Dumoulin: J. Physiol. et Path. gén. **6**, 302 (1904).
[14] Lewis, P. A. u. A. G. Margot: J. of exper. Med. **19**, 187 (1914).
[15] Foot, N. C.: J. of exper. Med. **38**, 263 (1923).
[16] Bieling, R.: Z. Immun.forschg **38**, 193 (1923).
[17] Meyer, A.: Beitrag zur Kenntnis der Milzfunktion. Zbl. Grenzgeb. Med. u. Chir. **18**, 41 (1915).
[18] Schröder, G.: Dtsch. med. Wschr. **53**, Nr 24, 993 (1927).
[19] Sauter, A.: M. Jb. d. österreich. Staates **19**, 57 (1839).
[20] Flechner, A. E.: M. Jb. d. österreich. Staates **32**, 1 (1840).
[21] Hamburger, W.: Vorschläge zur Heilung der Lungenschwindsucht. Dresden u. Leipzig 1843.
[22] Susani, O.: Mitt. Grenzgeb. Med. u. Chir. **40**, 146 (1927).
[23] Fischer, J.: Wien. klin. Wschr. **40**, Nr 29, 948 (1927).
[24] Sloan, E. P.: J. amer. med. Assoc. **88**, Nr 25, 1954 (1927).

Momente kennen, welche eine Änderung des Allgemeinzustandes hervorrufen, während wir z. B. bei dem Einfluß der Schwangerschaft nicht wissen, welche Vorgänge im einzelnen das veränderte Verhalten des Organismus gegenüber Infektionskrankheiten bedingen. Die Trennung zwischen endo- und exogenen Faktoren wurde im übrigen nicht strenge durchgeführt; so wurde z. B. über die Ernährung und die Abkühlung in Anbetracht ihres engen Zusammenhangs mit den Stoffwechselvorgängen bzw. mit den Zirkulationsstörungen schon im vorhergehenden Abschnitt berichtet.

Ebenso wie alle vitalen Prozesse sind auch die Erscheinungen der Resistenz weitgehend von *äußeren* Einwirkungen jeglicher Art abhängig und können dementsprechend auch künstlich durch die verschiedenartigsten Einflüsse in ihrer Intensität abgeschwächt oder gesteigert werden. Dieser letztere Umstand bildet die Grundlage der heute ausgiebig angewendeten, in ihrem Wesen allerdings noch wenig bekannten sog. unspezifischen Reiztherapie, die durch eine als *„Protoplasmaaktivierung"* bezeichnete *„Anregung der gesamten Lebensvorgänge"* eine Steigerung der Abwehrmaßnahmen des von einer infektiösen Erkrankung befallenen Organismus anstrebt (vgl. insbesondere WEICHARDT[1], R. SCHMIDT[2], KAZNELSON, SACHS, MUCH[3], CITRON[4], CLAUS[5], CASPARI[6], PETERSEN, ARNOLDI[7]). Letzten Endes beruht die Wirkung aller hier zu besprechenden äußeren Einflüsse auf die Widerstandskraft des Individuums darauf, daß durch das betreffende ursächliche Agens z. B. infolge einer Einwirkung auf die Blutzirkulation, das vegetative Nervensystem, die endokrinen Drüsen usw. im Körper Vorgänge ausgelöst werden, die neben sonstigen Veränderungen oder Störungen der Organfunktionen, speziell des Stoffwechsels im weitesten Sinne auch ein andersartiges Verhalten der Zellen und Gewebe gegenüber infektiösen Stoffen zur Folge haben können. Daraus geht aber schon hervor, daß die verschiedenen, nach derartigen äußeren Einwirkungen im Organismus sich abspielenden und mittels geeigneter Methoden zum Teil nachweisbaren Vorgänge nicht oder wenigstens nicht notwendigerweise als Ursache der Resistenzänderung, vielmehr ebenso wie diese als Äußerungen der Reaktion des Organismus auf den betreffenden Reiz anzusprechen sind. So wurde bereits oben darauf hingewiesen, daß die nach Phloridzinverabreichung nachweisbare Resistenzverminderung nicht unbedingt auf den dabei gleichzeitig auftretenden Diabetes zu beziehen ist oder daß die natürliche Milzbrandresistenz des Froschs, der durch künstliche Erhöhung seiner Körperwärme für diese Infektion empfänglich gemacht werden kann, deshalb noch nicht auf seiner niederen Körpertemperatur zu beruhen braucht. In gleicher Weise liegt aber die Annahme nahe, daß die z. B. nach parenteraler Einverleibung artfremder Eiweißkörper oder anderer Substanzen zu beobachtenden Änderungen der Leucocytenwerte, des Reststickstoff-, Kochsalz-, Blutzucker- usw. Gehalts des Blutes, des Blutdrucks, der Stickstoffausscheidung u. dgl. mehr zum größten Teil oder ausschließlich Begleiterscheinungen und nicht etwa die Ursache der veränderten Widerstandsfähigkeit des Organismus darstellen. Dafür spricht vor allem auch die schon mehrfach erwähnte Feststellung, daß durch irgendeinen

[1] WEICHARDT, W.: Münch. med. Wschr. **62**, Nr 45, S. 1525 (1915); **65**, Nr 22, 581 (1918); **67**, Nr 4, 91 (1920) — Dtsch. med. Wschr. **47**, Nr 31, 885 (1921) — Klin. Wschr. **1**, Nr 35, 1725 (1922); **6**, Nr 33, 1555 (1927) — Wien. klin. Wschr. **37**, Nr 29, 709 u. Nr 30, 732 (1924).
[2] SCHMIDT, R.: Verh. d. 32. dtsch. Kongr. f. inn. Med., S. 50. Dresden 1920.
[3] MUCH, H.: Dtsch. med. Wschr. **46**, Nr 18, 483 (1920).
[4] CITRON, J.: Z. ärztl. Fortbildg **18**, 241 (1921).
[5] CLAUS, M.: Über unspezifische Therapie, mit besonderer Berücksichtigung der Proteinkörper. Erg. Hyg. **5**, 329. Berlin: Julius Springer 1922.
[6] CASPARI, W.: Z. Krebsforschg **19**, 74 (1922) — Strahlenther. **15**, 831 (1923).
[7] ARNOLDI, W.: Z. exper. Med. **42**, 502 (1924).

Reiz die Resistenz eines Organismus gegenüber verschiedenartigen Infektionsstoffen keineswegs gleichermaßen gesteigert oder herabgesetzt wird, daß vielmehr das betreffende Individuum zwar gegenüber der einen Gruppe von Krankheitserregern widerstandsfähiger geworden ist, für andere Parasitenarten jedoch eine gegenüber der Norm erhöhte Empfänglichkeit aufweisen kann. In dieser Hinsicht besonders instruktiv ist die im vorhergehenden Abschnitt hervorgehobene Tatsache, daß ein infektiöser Prozeß durch eine akzidentelle Infektionskrankheit, die gewissermaßen einen *„unspezifischen Dauerreiz"* für die Ersterkrankung darstellt, unter Umständen zur Latenz oder zur Ausheilung, unter Umständen aber auch zum akuten Aufflackern und zum Fortschreiten gebracht werden kann. Prinzipiell gleichartige Erscheinungen werden aber auch bei der unspezifischen Reiztherapie täglich beobachtet und können vielleicht als Anhaltspunkt zur Erklärung der dem Kliniker wohlbekannten Tatsache, daß ein bestimmtes Präparat bei manchen Patienten günstige Wirkungen entfaltet, bei anderen Kranken indessen versagt oder schädlich wirkt, dienen. Eine sehr wesentliche Rolle spielen dabei zweifellos auch die quantitativen Verhältnisse, und zwar nicht die absolute Höhe des Reizes an sich, sondern die Relation der Reizdosis zur Reaktionsfähigkeit des Organismus. Es ist daher wohl nicht ganz berechtigt, ganz allgemein von einer „Protoplasmaaktivierung" zu sprechen, zumal auch die verschiedenen Zellen eines und desselben Organismus auf einen bestimmten Reiz sicherlich nicht gleichartig reagieren. Dadurch, daß der beobachtete Effekt nicht nur von den Eigenschaften des Reizes in qualitativer und quantitativer Hinsicht, sondern auch von den dauernden Schwankungen unterworfenen individuellen Umständen abhängt, erfährt das Problem eine weitere Komplikation, die eine eindeutige Beurteilung der unter den verschiedenartigsten Bedingungen erhaltenen Versuchsergebnisse vorderhand unmöglich macht. Die nachfolgenden Ausführungen beschränken sich daher lediglich auf eine kurze Registrierung der auf dem Gebiete der Resistenzbeeinflussung durch äußere Einwirkungen bisher gesammelten Beobachtungen (Literatur s. bei Hahn).

Es ist eine allgemein bekannte Tatsache, daß die Widerstandsfähigkeit des Organismus gegenüber manchen infektiösen Krankheiten weitgehend von dem *Klima* abhängig ist (Kestner[1]). Dementsprechend wird auch die Ausheilung verschiedener infektiöser Erkrankungen (z. B. Keuchhusten, Tuberkulose) durch geeigneten Klimawechsel und die damit einhergehende Anregung des Stoffwechsels häufig wesentlich beschleunigt. Speziell beim Höhenklima, dessen resistenzerhöhende Wirkung eingehender studiert wurde, spielt die Intensität des Sonnenlichts, vor allem der gelben und der ultravioletten Strahlen (Stäubli[2], Potthoff und Heuer[3], Irala[4], Sonne[5], Hansen[6], Rost[7], v. Schroetter[8], Rauch[9], Brown und Pearce[10]) eine bedeutsame Rolle. Immerhin gibt es aber auch Krankheiten, gegenüber denen das Höhenklima nicht resistenzerhöhend wirkt. So gibt z. B. Ramsay[11] an, daß unter den Gebirgsbewohnern Assams die Framboesie mehr verbreitet ist und häufiger in der tertiären Form vorkommt, als

[1] Kestner, O.: Naturwiss. **12**, Nr 47, 1075. 1924.
[2] Stäubli, C.: Das Höhenklima als therapeutischer Faktor. Erg. inn. Med. **11**, 72 (1913).
[3] Potthoff, P. u. G. Heuer: Zbl. Bakter. I Orig. **88**, 299 (1922).
[4] Irala, J.: Ann. Igiene **30**, 28 (1920).
[5] Sonne, C.: Acta med. scand. (Stockh.) **54**, 336 (1921); **56**, 619 (1922).
[6] Hansen, Th.: Klin. Wschr. **1**, Nr 29, 1469 (1922).
[7] Rost, G. A.: Strahlenther. **16**, 1 (1924).
[8] Schroetter, H. v.: Strahlenther. **16**, 96 (1924).
[9] Rauch, G.: Zbl. Bakter. I Orig. **98**, 246 (1926).
[10] Brown, W. H. u. L. Pearce: J. of exper. Med. **45**, 497 (1927).
[11] Ramsay, G. C.: J. trop. Med. **28**, 85 (1925).

unter den Bewohnern der Ebene. Nach den Feststellungen von GORDON[1], sowie besonders von ROGERS[2] in Indien ist die Tuberkulosemorbidität in Gegenden mit vorwiegend feuchten Luftströmungen erhöht. Ebenso haben auch die *Witterung* bzw. die *Jahreszeit* einen erheblichen Einfluß auf die natürliche Resistenz des Körpers. Es sei hier vor allem an das gehäufte Auftreten der sog. Erkältungskrankheiten bei Witterungswechsel und an die jahreszeitlichen Schwankungen im Vorkommen zahlreicher anderer infektiöser Erkrankungen erinnert (vgl. insbesondere ROSENAU[3]) (betr. Abkühlung s. S. 576, Erwärmung s. S. 539). ROGERS[4] gibt z. B. an, daß die Leprainfektion durch feuchte Hitze begünstigt wird; nach den Befunden von SÜDMERSEN und GLENNY[5] sind Meerschweinchen gegenüber Diphtheriegift im Sommer weniger empfindlich als im Winter.

Ein weiteres, für die Widerstandsfähigkeit des Organismus wichtiges Moment bilden die *Unterkunftsverhältnisse*; so ist die Häufigkeit mancher Infektionskrankheiten bei engem Zusammenwohnen nicht nur auf den innigen Kontakt, sondern auch auf eine durch den Raummangel und dessen Begleitumstände (Feuchtigkeit, Dunkelheit, Mangel an guter Luft usw.) bedingte Schädigung der einzelnen Individuen zu beziehen. Hinsichtlich der *Ermüdung* wurde bereits (s. S. 545) darauf hingewiesen, daß der Einfluß derselben auf die Resistenz des Organismus gegenüber verschiedenartigen Infektionsstoffen kein gleichartiger ist. Während übermüdete Ratten nach CHARRIN und ROGER eine verminderte Widerstandsfähigkeit gegen Milzbrandbacillen aufweisen, besitzen sie nach den Befunden von OPPENHEIM und SPAETH, sowie NICHOLLS und SPAETH (s. auch SPAETH) gegenüber Tetanusgift und Pneumokokken eine gesteigerte Resistenz. VALAGUSSA und RANELLETTI[6] geben an, daß übermüdete Meerschweinchen, Kaninchen und Hühner nach parenteraler Einverleibung geringer, für die normalen Kontrolltiere gut erträglicher Diphtherietoxinmengen zugrunde gehen. Zu erwähnen wäre noch die Beobachtung FICKERS[7], daß bei künstlich ermüdeten Hunden die Durchlässigkeit des Darms für Bakterien eine Steigerung erfährt.

Weiterhin wurde bereits darauf hingewiesen, daß *traumatische* Schädigungen mechanischer oder thermischer Art eine Resistenzverminderung der Gewebe im Gefolge haben, die bei starker Intensität sogar die Ansiedlung an sich rein saprophytischer Keime ermöglichen kann (s. S. 519). Auch die nach *Verlust größerer Blutmengen* eintretende Herabsetzung der Widerstandsfähigkeit des Organismus gegenüber manchen Infektionskrankheiten wurde schon oben (s. S. 575) erwähnt. Meerschweinchen, bei denen durch Eintauchen der hinteren Extremitäten in heißes Wasser schwere Verbrühungen der Haut erzeugt wurden, weisen nach den Angaben von SALVIOLI[8] eine Verminderung des Normalantikörper- und Komplementgehalts im Blute auf. Die nach chirurgischen Eingriffen eintretende sog. postoperative Leukocytose ist, wie BOCKENHEIMER[9], sowie BUSSE[10] feststellten, mit einer Steigerung der Serumbactericidie gegenüber Colibacillen verbunden; diese Erscheinungen sind vielleicht als Ausdruck von Regenerationsvorgängen in den blutbildenden Organen anzusprechen.

[1] GORDON, W.: Brit. med. J. **1924 II**, 983.
[2] ROGERS, L.: Brit. med. J. **1925 I**, 256.
[3] ROSENAU, M. J.: The seasonal prevalence of disease. Proceedings of the international conference on health problems in tropical America, Kingston, Jamaica B. W. J., 22. Juli bis 1. Aug. 1924, S. 28. Boston Mass.: United Fruit Company 1924.
[4] ROGERS, L.: Brit. J. Tbc. **19**, 69 (1925).
[5] SÜDMERSEN, H. J. u. A. T. GLENNY: J. of Hyg. **9**, 399 (1910).
[6] VALAGUSSA, F. u. A. RANELLETTI: Zbl. Bakter. I **24**, 752 (1898).
[7] FICKER, M.: Arch. f. Hyg. **57**, 56 (1906).
[8] SALVIOLI, G.: Haematologica (Palermo) **3**, 75 (1922).
[9] BOCKENHEIMER, P.: Arch. klin. Chir. **83**, 97 (1907).
[10] BUSSE, W.: Arch. Gynäk. **85**, 1 (1908).

Ebenso wie durch mechanische oder thermische Insulte kann die lokale
Gewebsresistenz und auch die Widerstandsfähigkeit des Gesamtorganismus
gegenüber bestimmten Infektionserregern durch *Applikation chemischer Stoffe*
weitgehend beeinflußt werden. So geben z. B. Grawitz und de Bary[1] an, daß
bei Kaninchen und Hunden Staphylokokken von der normalen Haut aus keine
Infektion hervorrufen, daß indessen eine vorhergehende lokale Einwirkung von
Ammoniak oder Crotonöl die Ansiedelung dieser Mikroorganismen und damit die
Entstehung subcutaner Entzündungen und Eiterungen ermöglicht. Auf die
Beeinflussung der natürlichen Resistenz durch Blutgifte sowie durch Phloridzin
(künstlicher Diabetes) wurde bereits oben hingewiesen. Klein und Coxwell[2]
(s. auch Lanz[3]) konnten durch kurzdauernde Mischnarkose (Äther-Chloroform)
die natürliche Milzbrandimmunität von Fröschen und Ratten aufheben; eine
Verminderung der anthrakociden Serumstoffe tritt indessen bei Tauben und
Kaninchen auch durch langdauernde Chloroformnarkose nicht ein (London[4]).
Nach den Befunden von Eichhoff und Pfannenstiel[5] werden beim Kaninchen
die bactericiden Serumstoffe gegen Typhusbacillen durch Chloroform- und
Äthernarkose sowie durch Morphiuminjektion gesteigert. Tauben sollen nach
den Befunden von Platania durch Chloralhydrat, Frösche ebenfalls durch
Chloralhydrat sowie durch Curare ihre Widerstandsfähigkeit gegen Milzbrand
verlieren. Auch nach innerlicher Darreichung von Alkohol konnte bei Individuen verschiedener Tierarten ein Verlust der natürlichen Resistenz gegenüber manchen Infektionskrankheiten festgestellt werden (Platania[6], Thomas[7],
Abbott[8], Abbott und Bergey[9], Valagussa und Ranelletti[10], Laitinen[11],
Goldberg[12], Trommsdorff[13]); nach Fraenkel[14] sowie Arkin[15] bewirken einmalige kleinere Alkoholgaben eine Steigerung des Normalantikörpergehalts des
Blutes bzw. der phagocytären Vorgänge, während größere Dosen sowie länger
dauernde Behandlung den gegenteiligen Effekt hervorrufen. Antipyretica haben
nach Schütze[16] keinen nachteiligen Einfluß auf die Abwehrmaßnahmen des
Organismus gegenüber Krankheitserregern. Freund[17] beobachtete, daß vorher
gesunde Kaninchen, welche Bakterien der hämorrhagischen Septicämie als
harmlose Schleimhautbewohner beherbergten, nach Einträufeln von 1 proz.
Höllensteinlösung und von Senföl in die Nasenhöhle bzw. in den Bindehautsack
infolge der dadurch bedingten Schädigung der Schleimhäute unter den typischen
Erscheinungen erkrankten und eingingen.

Im Anschluß an die hernach von verschiedenen Autoren (Literatur s. bei
Kaznelson) bestätigte Beobachtung von Klein[18], daß Meerschweinchen nicht
nur durch die parenterale Einverleibung abgetöteter Choleravibrionen, sondern

[1] Grawitz, P. u. W. de Bary: Virchows Arch. **108**, 67 (1887).
[2] Klein, E. u. C. F. Coxwell: Zbl. Bakter. I **11**, 464 (1892).
[3] Lanz, O.: Dtsch. med. Wschr. **19**, Nr 10, 224 (1893).
[4] London, E. S.: C. r. Acad. Sci. Paris **122**, 1278 (1896) — Arch. Sci. biol., St. Pétersbourg **5**, 88, 197 (1897).
[5] Eichhoff, E. u. W. Pfannenstiel: Zbl. Bakter. I Orig. **106**, 31 (1928).
[6] Platania: Giorn. internat. Sc. med. **1889**, Nr 12.
[7] Thomas: Arch. f. exper. Path. **32**, 38 (1893).
[8] Abbott, A. C.: J. of exper. Med. **1**, 447 (1896) — Med. Rec. **1896**, 9. Mai.
[9] Abbott, A. C. u. D. H. Bergey: Zbl. Bakter. I Orig. **32**, 260 (1902).
[10] Valagussa, F. u. A. Ranelletti: Zbl. Bakter. I **24**, 752 (1898).
[11] Laitinen, F.: Z. Hyg. **34**, 206 (1900).
[12] Goldberg, S. J.: Zbl. Bakter. I **30**, 696, 731 (1901).
[13] Trommsdorff, R.: Arch. f. Hyg. **59**, 1 (1906).
[14] Fraenkel, C.: Berl. klin. Wschr. **42**, Nr 3, 53 (1905).
[15] Arkin, A.: J. inf. Dis. **13**, 408 (1913).
[16] Schütze, A.: Z. Hyg. **38**, 205 (1901).   [17] Freund, R.: Z. Hyg. **106**, 627 (1926).
[18] Klein, E.: Zbl. Bakter. I **13**, 426 (1893).

auch andersartiger Bakterien (Coli, Prodigiosus) gegen eine experimentelle Cholera-infektion geschützt werden können, hat vor allem Issaeff[1] (s. auch Pfeiffer und Issaeff[2], sowie Pfeiffer und Kolle[3]) nachgewiesen, daß nicht nur hetero-loge Bakterien, sondern auch Blutserum oder Harn gesunder und kranker Men-schen, Nucleinsäure sowie Bouillon den damit intraperitoneal vorbehandelten Meerschweinchen einen allerdings nur wenige Tage lang anhaltenden Schutz gegen eine nachfolgende intraperitoneale Injektion mehrfach tödlicher Mengen einer virulenten Cholerakultur verleihen. Dieses Phänomen, welches Pfeiffer im Gegensatz zur spezifischen Immunität als *Resistenzsteigerung* bezeichnete, wurde in der Folgezeit durch zahlreiche Autoren (Hahn[4], Busse[5], Tromms-dorff[6], Busson[7]; weitere Literatur bei Busse und Kaznelson) erfolgreich nachgeprüft. Insbesondere ergab sich dabei, daß außer den angeführten Sub-stanzen noch die verschiedenartigsten sonstigen chemischen Stoffe, wie Arseni-kalien, Thorium (Lippmann[8], s. auch Lippmann und Plesch[9]), Kochsalz, Pilo-carpin (Loewy und Richter[10]), vor allem aber Eiweißstoffe und Eiweißspalt-produkte sowie Metallsalze (Walbum[11]), ferner auch Einflüsse physikalischer Art, wie Erwärmung (s. S. 539) und Bestrahlung (Röntgen- und Radiumstrahlen, ultraviolettes Licht usw.) (Petersen und Saelhof[12], Caspari[13], Timm[14]) bei geeigneter Dosierung eine Erhöhung der Widerstandsfähigkeit des Individuums gegenüber Infektionserregern bedingen können. Daß die genannten Agenzien unter Umständen keine Wirkung oder sogar eine Resistenzverminderung, d. h. einen beschleunigten Infektionsverlauf zur Folge haben (vgl. Kross[15], Kligler und Weitzman[16]) wurde bereits oben hervorgehoben.

Um das Zustandekommen der durch Einverleibung chemischer Stoffe be-wirkten Resistenzänderung zu klären, wurden vielfach Untersuchungen über die Beeinflussung der bactericiden Schutzkräfte des Organismus und der phago-cytären Vorgänge durch derartige Substanzen angestellt. So wird z. B., wie Arkin[17] mitteilt, durch Chinin, Calciumchlorid, Magnesiumchlorid, Calomel, colloidale Metalle, schwach konzentrierte Peptonlösungen (s. auch P. Th. Müller[18]) Nucleinsäure, Jodkali, Natriumjodoxybenzoat, Strychnin, Salvarsan und andere Arsenikalien die Phagocytose in vitro und in vivo gesteigert, während Substanzen, welche die Oxydationsprozesse hemmen, wie Äther, Chloralhydrat, Morphin, Cyankali, diese Vorgänge beeinträchtigen. Walbum[19] gibt an, daß durch Injek-tionen von Manganchlorür (bei Ziegen) die bactericide Kraft des Serums (gegen

[1] Issaeff: Z. Hyg. **16**, 286 (1894).
[2] Pfeiffer, R. u. Issaeff: Z. Hyg. **17**, 355 (1894).
[3] Pfeiffer, R. u. W. Kolle: Z. Hyg. **21**, 203 (1896).
[4] Hahn, M.: Arch. f. Hyg. **28**, 312 (1897).
[5] Busse, W.: Arch. Gynäk. **85**, 1 (1908).
[6] Trommsdorff, R.: Arch. f. Hyg. **59**, 1 (1906).
[7] Busson, B.: Z. exper. Med. **9**, 315 (1919).
[8] Lippmann: Z. Immun.forschg Orig. **24**, 107 (1916).
[9] Lippmann u. Plesch: Z. Immun.forschg Orig. **17**, 348 (1913).
[10] Loewy, A. u. P. F. Richter: Virchows Arch. **145**, 49 (1896).
[11] Walbum, L. E.: C. r. Soc. Biol. Paris **90**, 888 (1924) — Acta path. scand. (Kobenh.) **1**, 378 (1925); **3**, 449 (1926) — Dtsch. med. Wschr. **51**, Nr 29, 1188 (1925); **52**, Nr 25, 1043 u. Nr 27, 1126 (1926) — Z. Immun.forschg **43**, 433 (1925); **47**, 213 (1926); **49**, 538 (1927) — Seuchenbekämpfg **3**, 198 (1926) — Z. Tbk. **48**, 193 (1927) — Immunität usw. **1**, 21 (1929).
[12] Petersen, W. F. u. C. C. Saelhof: J. amer. med. Assoc. **76**, 718 (1921) — Amer. J. Roentgenol. **8**, 175 (1921).
[13] Caspari: Zitiert auf S. 581.   [14] Timm, C.: Beitr. Klin. Tbk. **48**, 195 (1921).
[15] Kross, J.: J. med. Res. **43**, 29 (1922).
[16] Kligler, J. J. u. J. Weitzman: J. of exper. Med. **44**, 409 (1926).
[17] Arkin, A.: J. inf. Dis. **13**, 408 (1913).
[18] Müller, P.: Zbl. Bakter. I **29**, 175 (1901).
[19] Walbum, L. E.: C. r. Soc. Biol. Paris **89**, 1007 (1923); **90**, 1171 (1924).

Colibacillen) erheblich gesteigert wird. Ähnliche Feststellungen machten Colebrook, Eidinow und Hill[1] bei Kaninchen, die sie in verschiedener Weise (Quarz-
lampe, Bogenlampe, Sonnenlicht) bestrahlten. Pfeiler[2] sowie Genner[3] konnten
dagegen bei Pferden und Kaninchen nach Einspritzung von Eiweißpräparaten
bzw. nach Bestrahlung mit ultraviolettem Licht keine oder nur eine geringe
Beeinflussung der baktericiden Serumwirkung feststellen. Beim Kaninchen
konnten Pinner und Ivančevic[4] nach Injektion verschiedenartiger Agenzien
(Meerschweinchengalle, Tuberkulin, Luftbakterien) das Auftreten von Antikörpern gegen Bakterien der Typhus-Ruhrgruppe beobachten. Über ähnliche
Befunde berichten auch Ohtaki, Sukegawa und Sawaguchi[5], die nach Einspritzung von Glucose oder Glykogen Typhusantikörper im Blute der Kaninchen
nachwiesen. Weiterhin hat man auch sonstige Abweichungen der Blutzusammen-
setzung für die Änderung der Resistenz verantwortlich gemacht. So hat man z. B.
die nach Anwendung geeigneter Substanzen in entsprechenden Dosen häufig
beobachtete Erhöhung der Widerstandsfähigkeit mit den dabei nachweisbaren
Schwankungen des Blutlipoidgehalts (Gabbe[6] u. a.; s. S. 612), ferner mit dem Auftreten von Fermenten (Lindig[7], Shaw-Mackenzie[8]), vor allem aber von Abbau-
oder Zellzerfallsprodukten im Blute (Freund, Caspari, Weichardt), deren
Entstehung Arkin[9] auf eine Beschleunigung der Oxydationsprozesse durch die
als Katalysator wirkende Substanz zurückführt, in Zusammenhang gebracht.
Nach den Befunden von Freund[10] sowie Dresel und Freund[11] (s. auch Dresel[12])
treten beim Kaninchen nach Einverleibung verschiedenartiger Proteinstoffe
(Caseosan, Typhusimpfstoff), aber auch nach kleinen Aderlässen sowie kurzen
Röntgenbestrahlungen, die ebenfalls als unspezifische Reize wirken können,
anthrakocide Stoffe in vermehrter Menge im Blute auf; schwangere und kranke
(Coccidiose) Tiere weisen schon an sich eine solche erhöhte Anthrakocidie des
Blutes auf. Da nach Gruber und Futaki[13] diese auf Milzbrandbacillen wirkenden
Stoffe durch Blutplättchenzerfall entstehen, nehmen Dresel und Freund an,
daß die unspezifische Reiztherapie über den Blutplättchenzerfall wirkt. Man
könnte sich, wie dies Abderhalden[14] auf Grund von Beobachtungen über syn-
ergetische Wirkungen von Inkretstoffen annimmt, vorstellen, daß durch solche
Abbau- oder auch Sekretionsprodukte der Körperzellen die durch die Krankheitserreger ausgeübten Reizwirkungen in ihrer Intensität verstärkt oder abgeschwächt
werden. Siegmund[15] führt die Reizkörperwirkung zu einem wesentlichen Teil
auf eine Aktivierung mesenchymatischer Zellen (*Reticuloendothelien*) zurück,
womit auch die Angabe von R. Schmidt[16], sowie Seiffert[17], daß die wirksamen

---

[1] Colebrook, L., Eidinow, A. u. L. Hill: Brit. J. exper. Path. **5**, 54 (1924).
[2] Pfeiler, O.: Arch. f. Hyg. **91**, 217 (1922).
[3] Genner, V.: Acta radiol. (Stockh.) **5**, 172 (1926).
[4] Pinner, M. u. J. Ivančevic: Z. Immun.forschg **30**, 542 (1920).
[5] Ohtaki, M., Sukegawa, K. u. S. Sawaguchi: Jap. med. World **2**, 288 (1922).
[6] Gabbe, E.: Münch. med. Wschr. **68**, Nr 43, 1377 (1921).
[7] Lindig, P.: Münch. med. Wschr. **67**, Nr 34, 982 (1920).
[8] Shaw-Mackenzie, J. A.: J. trop. Med. **24**, 161 (1921).
[9] Arkin, A.: J. inf. Dis. **16**, 350 (1915).
[10] Freund, H.: Arch. f. exper. Path. **91**, 272 (1921).
[11] Dresel, E. G. u. H. Freund: Arch. f. exper. Path. **91**, 317 (1921).
[12] Dresel, E. G.: Z. Hyg. **100**, 113 (1923).
[13] Gruber, M. u. K. Futaki: Münch. med. Wschr. **54**, Nr 6, 249 (1907) — Dtsch. med.
Wschr. **33**, Nr 39, 1588 (1907).
[14] Abderhalden, E.: Med. Klin. **19**, Nr 13, 409 (1923).
[15] Siegmund, H.: Münch. med. Wschr. **70**, Nr 1, 5 (1923).
[16] Schmidt, R.: Dtsch. Arch. klin. Med. **131**, 1 (1920) — Verh. d. 32. dtsch. Kongr.
inn. Med. Dresden 1920, S. 50.
[17] Seiffert, W.: Berl. klin. Wschr. **58**, Nr 31, 873 (1921).

Agenzien im erkrankten Organismus vor allem von den Zellen entzündlich veränderter Gewebspartien aufgenommen werden und hier zur Wirkung gelangen,
übereinstimmen würde. Wie indessen bereits oben ausgeführt wurde, läßt es
sich heute noch nicht entscheiden, inwieweit diesen verschiedenen Phänomenen
eine ursächliche Bedeutung für die in Frage stehenden Vorgänge zuzuerkennen
ist (vgl. auch S. 581).

III. Aktiv erworbene Immunität[1].

Aus den bisherigen Ausführungen ergibt sich, daß das Resultat eines Aufeinanderwirkens von Makro- und Mikroorganismus einerseits durch den Virulenzgrad
der betreffenden Keime, andererseits durch die Intensität der Schutzkräfte und
Abwehrmaßnahmen des von der Infektion bedrohten oder befallenen Körpers
bestimmt wird. Da sowohl die infektiösen Eigenschaften der Mikroorganismen, wie
auch die mehr defensiven Fähigkeiten des Makroorganismus *keine konstanten
Größen* darstellen, vielmehr Schwankungen unterworfen sind, ist es verständlich,
daß zwischen der vor allem durch die biochemische Zusammensetzung der Gewebe
bedingten angeborenen absoluten Immunität und dem durch ein vollkommenes
Darniederliegen oder durch einen mehr oder weniger vollständigen Mangel
geeigneter Abwehrmittel gekennzeichneten Zustand der hochgradigen Disposition
eines Individuums unzählige Zwischenstufen möglich sind. Ist ein Erreger auf
Grund seiner artspezifischen Einstellung von Haus aus imstande, in die Gewebe
eines bestimmten Individuums einzudringen, dort Fuß zu fassen und sich zu
vermehren, oder erwirbt er z. B. als Schleimhautsaprophyt durch Anpassung
oder infolge einer Resistenzverminderung des Makroorganismus diese Fähigkeit,
so antwortet der betreffende Organismus mit *aktiven* Abwehrmaßnahmen, deren
Intensität einerseits von dem Grade der Empfindlichkeit und dem Reaktionsvermögen der Körperzellen, andererseits von der Stärke des durch die eindringenden oder eingedrungenen Mikroorganismen ausgeübten „Reizes" abhängen dürfte.
Bei parenteral einverleibten saprophytischen Keimen oder auch bei geringen
Mengen eingedrungener Krankheitserreger genügen unter Umständen die lokalen
Entzündungsprozesse an der Impfstelle bzw. an der Invasionspforte oder die
gewissermaßen als Riegelstellungen dienenden sonstigen natürlichen Abwehrvorrichtungen (Lymphdrüsen, Retikuloendothelien der inneren Organe), um
ein weiteres Vordringen der Mikroorganismen und damit eine Beeinträchtigung
der Lebensvorgänge zu verhindern. Je nachdem die Schutzkräfte des Individuums
zur vollständigen Vernichtung der Mikroorganismen ausreichen oder nur eine Entwicklungshemmung oder eine Virulenzabschwächung der Erreger zu bewirken vermögen, bleibt der Organismus von der Infektion gänzlich verschont oder aber es
bildet sich eine latente oder chronische Erkrankung aus. Ist indessen der Organismus infolge Insuffizienz seines Abwehrapparates bzw. wegen der hohen Virulenz oder
der großen Anzahl der eingedrungenen bzw. eingeimpften Keime nicht imstande,
die Infektion gleich einzudämmen, so kann es zur akuten Erkrankung kommen.
Während die latente Infektion durch die Ausbildung eines gewissen *Gleichgewichtszustandes* zwischen den Angriffswaffen des Erregers und den Abwehrmaßnahmen
des Organismus gekennzeichnet ist (s. S. 602), ist der Verlauf akuter und chronischer
Erkrankungen letzten Endes von der Fähigkeit des befallenen Körpers, sich den
durch die eingedrungenen Erreger veränderten Lebensbedingungen anzupassen
und die zu ihrer Vernichtung oder Unschädlichmachung erforderlichen Maßnah-

---

[1] Da die sog. passive Immunität in dem Kapitel „Antigene und Antikörper" ds. Handb.
abgehandelt wird, beschränkt sich die vorliegende Darstellung auf eine Besprechung der
Erscheinungen der *aktiv* erworbenen Immunität.

men zu ergreifen, abhängig. Diese Vorgänge weisen mit steigender Intensität auch eine *zunehmende Spezifität* auf, die im allgemeinen an der fortschreitenden Vermehrung spezifischer Antikörper im Blute zu erkennen ist.

In der Immunitätsforschung ist es von jeher üblich gewesen, die im Anschluß an das Eindringen oder an die experimentelle Einimpfung von Mikroorganismen eintretenden reaktiven Erscheinungen, vor allem die entzündlichen Vorgänge am Orte der Infektion noch als Ausdruck der natürlichen Resistenz des Organismus aufzufassen und den Beginn des eigentlichen Immunisierungsprozesses im Auftreten spezifischer Antikörper in den Körperflüssigkeiten zu erblicken. Diese künstliche Trennung, die aus traditionellen Gründen auch in der vorliegenden Darstellung beibehalten wurde, hat indessen keine Berechtigung, da der Übertritt von Antikörpern in das Blut, wie hernach auseinanderzusetzen sein wird, zweifellos als sekundärer Vorgang aufzufassen ist. Wie sich auch schon aus den obigen Darlegungen ergibt, stellt die Ausbildung einer erworbenen Immunität einen *allmählich* sich vollziehenden Abwehrvorgang dar, dessen Beginn mit dem Zeitpunkt zusammenfallen dürfte, in welchem der durch die eingedrungenen Erreger ausgeübte Reiz einen von der Empfindlichkeit des Wirtsorganismus abhängigen unteren Schwellenwert überschreitet, wenn auch die Entzündungsvorgänge an der Eintrittspforte der Erreger mit den uns zur Verfügung stehenden Methoden kein spezifisches Gepräge erkennen lassen und spezifische Reaktionsprodukte während des Initialstadiums in den Körpersäften noch nicht festgestellt werden können. Vor allem spricht in diesem Sinne der Umstand, daß dieselben Gewebselemente, nämlich die Reticuloendothelien, welche bei den lokalen Entzündungsprozessen vorwiegend in Funktion treten, nach den neueren Forschungen auch als Bildungsstätte der Antikörper anzusprechen sind.

A. Erscheinungsformen der aktiven Immunität.

Entsprechend dem eben Gesagten ist es verständlich, daß unter natürlichen Bedingungen Immunitätsvorgänge besonders rasch und in besonders starkem Maße im allgemeinen dann eintreten, wenn ein Organismus von einer *akuten* Infektionskrankheit befallen wird. Die für derartige Erkrankungen charakteristische üppige Vermehrung der Erreger, ihre hauptsächlich auf dem Blutwege erfolgende Verbreitung innerhalb des ganzen Körpers und die plötzliche Überschwemmung des Organismus mit giftig wirkenden Sekretions- und Abbauprodukten bedingen eine unvermittelt einsetzende weitgehende Beeinträchtigung der gesamten Organfunktionen, deren Erhaltung dem Organismus nur bei maximaler Entfaltung sämtlicher Abwehrmöglichkeiten gelingen kann. Wird der Organismus durch die Infektion bzw. Intoxikation in seiner Reaktionsfähigkeit nicht zu sehr geschwächt, d. h. gelingt es dem Körper, sich den durch die Gegenwart des krankmachenden Agens veränderten Verhältnissen anzupassen, so geht der Krankheitsprozeß im allgemeinen durch Vernichtung sämtlicher Erreger bzw. durch Neutralisation der toxischen Substanzen in Heilung aus und hinterläßt meist einen Zustand der spezifischen Unempfänglichkeit („*erworbene Immunität*"). Bei verschiedenen akuten Infektionskrankheiten bleibt diese Umstimmung des Organismus lange Zeit, bei manchen sogar zeitlebens erhalten. So wissen wir z. B. vom Keuchhusten, von den Masern, vom Scharlach, daß sie den Menschen, wenn überhaupt, so in der Regel nur einmal in seinem Leben befallen. Der durch das Überstehen anderer infektiöser Erkrankungen, z. B. von Pocken, Fleckfieber, Typhus erworbene spezifische Schutz ist zwar nicht von unbegrenzter Dauer, doch zeigen die relativ selten zu beobachtenden Wiedererkrankungen solcher Individuen meist einen verhältnismäßig leichten Verlauf. Wieder andere Infektionskrankheiten hinterlassen dagegen nach ihrer Abheilung häufig nur eine verhältnismäßig kurz dauernde Immunität; besonders gilt dies für die sog. Intoxikationskrankheiten (Diphtherie, Tetanus; vgl. auch die Befunde von L. HIRSZFELD, s. S. 535) sowie für die durch Kokken (Pneumokokken, Streptokokken, Staphylokokken usw.) bedingten Prozesse. Reichen indessen bei einem von einer akuten Infektionskrankheit ergriffenen Individuum die Immunitätsvorgänge zur vollständigen Abtötung sämtlicher Krankheitserreger nicht aus, oder gelingt es einem Teil derselben, sich den Abwehrmaßnahmen des befallenen Körpers zu entziehen, so kann sich eine latente Infektion ausbilden, die unter Umständen zu Rezidiven Veranlassung gibt (s. S. 603).

Vielfach lassen sich die starken antigenen Wirkungen der virulenten Erreger akuter Infektionskrankheiten auch dann nachweisen, wenn die Keime in *abgetötetem* Zustande empfänglichen Individuen parenteral einverleibt werden (s. S. 524). So hat es sich insbesondere durch die Untersuchungen von PFEIFFER und KOLLE[1], sowie KOLLE[2] (s. auch FRIEDBERGER[3], BASSENGE und RIMPAU[4], WEBER[5] u. a.) gezeigt, daß minimale Mengen schonend abgetöteter Cholera- und Typhusbakterien Menschen und Versuchstieren einen erheblichen Schutz gegen die entsprechende Infektion mit lebenden Erregern zu verleihen vermögen. Nach den Feststellungen von YOSHIOKA[6], sowie KILLIAN[7] ergeben auch abgetötete virulente Strepto- und Pneumokokken sehr gute, lebende avirulente Keime dieser Arten dagegen sehr schlechte Immunisierungsresultate. Während nach den Ergebnissen von WEBER[5], NEUFELD[8] sowie TSUNEKAWA[9] bei der aktiven Immunisierung von Meerschweinchen und Mäusen gegen Cholera, Typhus und Mäusetyphus der durch abgetötete Erreger erzielte Impfschutz mit der Steigerung der Impfdosis, d. h. der resorbierten Antigenmenge (vgl. auch COOK[10]) gesetzmäßig zunimmt, ergeben bei Pneumokokken große Impfstoffmengen deutlich schlechteren Erfolg als kleine Quantitäten (YOSHIOKA[6]). In ähnlicher Weise genügen auch von Toxinen vielfach sehr geringe Mengen zur Auslösung immunisatorischer Vorgänge (KNORR[11]).

Wie diese immunisierende Wirkung geringer Antigenmengen (vgl. auch FRIEDBERGER u. DORNER[12]) zu erklären ist, läßt sich heute noch nicht entscheiden. Immerhin ist es interessant, daß bei Verwendung geeigneter Antigene nicht nur *minimale Quantitäten*, sondern auch ein *ganz kurz dauernder Kontakt* mit dem Cutis- bzw. Subcutisgewebe zur Auslösung spezifischer Immunisierungsvorgänge ausreichen (OSHIKAWA[13], FRIEDBERGER u. TINTI[14], FRIEDBERGER u. HUANG[15], FRIEDBERGER u. TORII[16]). REITLER[17], der Kaninchen nach völliger Abschnürung eines Ohrs an dessen Spitze mit verschiedenartigen Bakterien (Coli, Mesentericus, Typhus, Paratyphus, Proteus X 19, Dysenterie, Staphylokokken) infizierte und dann das Ohr abtrennte, konnte im Serum dieser Tiere einen gesteigerten Gehalt an Agglutininen und

[1] PFEIFFER, R. u. W. KOLLE: Dtsch. med. Wschr. **22**, Nr 46, 735 (1896).
[2] KOLLE, W.: Dtsch. med. Wschr. **23**, Nr 1, 4 (1897).
[3] FRIEDBERGER, E.: v. Leyden-Festschrift **2**, 435 (1902).
[4] BASSENGE, R. u. W. RIMPAU: Festschrift zum 60. Geburtstag Robert Kochs, S. 315. Jena: G. Fischer 1903.
[5] WEBER, R.: Z. Hyg. **82**, 351 (1916).
[6] YOSHIOKA, M.: Z. Hyg. **96**, 520 (1922); **97**, 232, 386, 408 (1923).
[7] KILLIAN, H.: Z. Hyg. **102**, 179 (1924); **103**, 924 (1924); **104**, 489 (1925) — Klin. Wschr. **4**, Nr 45, 2166 (1925).
[8] NEUFELD, F.: Z. Hyg. **101**, 466 (1924).
[9] TSUNEKAWA, S.: Z. Hyg. **103**, 649 (1924).
[10] COOK, M. W.: J. of Immun. **5**, 39 (1920).
[11] KNORR, A.: Münch. med. Wschr. **45**, Nr 11, 321 u. Nr 12, 362 (1898).
[12] FRIEDBERGER u. DORNER: Zbl. Bakter. I Orig. **38**, 544 (1905).
[13] OSHIKAWA, K.: Z. Immun.forsch **33**, 306 (1921).
[14] FRIEDBERGER, E. u. M. TINTI: Z. Immun.forschg **39**, 452 (1924).
[15] FRIEDBERGER, E. u. HUANG: Z. Immun.forschg **39**, 459 (1924).
[16] FRIEDBERGER, E. u. T. TORII: Z. Immun.forschg **39**, 462 (1924).
[17] REITLER, R.: Wien. klin. Wschr. **37**, Nr 11, 267 (1924) — Z. Immun.forsch **40**, 453 (1924).

komplementbindenden Antikörpern nachweisen. Er nimmt dementsprechend an, daß das Antigen zur Auslösung der Immunstoffbildung offenbar gar nicht im Organismus zu zirkulieren braucht, daß die immunisatorischen Prozesse vielmehr als *reflektorische Vorgänge* anzusprechen sind. Dölter und Kleinschmidt[1], die ebenfalls eine Antikörperbildung auch nach rascher Entfernung des Antigendepots feststellen konnten, halten es indessen für nicht ausgeschlossen, daß doch auch bei der von Reitler gewählten Versuchsanordnung geringe Antigenmengen zur Resorption gelangen und durch direkte Beeinflussung der betreffenden Zellen zur Antikörperbildung führen können. Aber auch in diesem Falle kommt den Versuchsergebnissen von Reitler zweifellos eine gewisse Bedeutung zu, weil sie die Tatsache, daß minimalste Antigenmengen zur Auslösung der Immunitätsvorgänge ausreichen können, aufs neue beweisen (s. a. S. 624).

Andererseits ist aber, wie die ausgedehnten Schutzimpfungsversuche ergeben haben, die wirksame Immunisierung eines Individuums gegen manche Infektionskrankheiten, wie z. B. Pest (Kolle und Otto[2]; s. auch Dieudonné und Otto[3]), Pocken (Groth[4], Matsuda[5], Murata[6]; s. auch Sobernheim[7]), Fleckfieber (Breinl[8]; s. auch Weil und Breinl[9]), Rinderpest (Kolle und Turner[10]), Tuberkulose (v. Behring[11], P. H. Römer[12], R. Kraus[13], Calmette[14], Selter[15], Ascoli[16] u. a.) usw., nur bei Verwendung der *lebenden* Erreger möglich. Um Impfverluste zu vermeiden, geht man hier in der Weise vor, daß man das lebende Virus entweder nach geeigneter Abschwächung (durch Tierpassage, durch Züchtung bei bestimmten Temperaturen, durch Zusatz von chemischen Stoffen oder von Immunserum u. dgl.) oder aber an irgendeiner Körperstelle, welche dem betreffenden Erreger ein weiteres Vordringen in die Gewebe unmöglich macht (s. S. 552), dem zu immunisierenden Organismus parenteral einverleibt. Ob die Erfahrungstatsache, daß derartige Krankheitskeime nur dann die Ausbildung einer aktiven Immunität bewirken, wenn sie im Organismus gehaftet und sich auch vermehrt haben, lediglich durch die Resorption großer Antigenmengen erklärt werden kann, oder ob dabei, was zweifellos wahrscheinlicher ist, noch andere, an die *Vitalität* der Erreger und die damit zusammenhängende Wechselwirkung zwischen Mikro- und Makroorganismus geknüpfte Faktoren eine ursächliche Rolle spielen, muß vorderhand dahingestellt bleiben. In dem letzteren Sinne

[1] Dölter, W. u. K. Kleinschmidt: Z. Immun.forschg **44**, 531 (1925).

[2] Kolle, W. u. R. Otto: Dtsch. med. Wschr. **29**, Nr 28, 493 (1903) — Z. Hyg. **45**, 507 (1903).

[3] Dieudonné, A. u. R. Otto: Pest. Handb. der pathogenen Mikroorganismen, 3. Aufl., herausgeg. von W. Kolle, R. Kraus u. P. Uhlenhuth **4**, 179. Jena, Berlin u. Wien: G. Fischer und Urban & Schwarzenberg 1928.

[4] Groth, A.: Z. Immun.forschg **36**, 534 (1923).

[5] Matsuda, T.: Z. Immun.forschg **41**, 44 (1924).

[6] Murata, H.: Z. Immun.forschg **40**, 278 (1924).

[7] Sobernheim, G.: Die neueren Anschauungen über das Wesen der Variola- und Vaccineimmunität. Erg. Hyg. **7**, 133. (1925).

[8] Breinl, F.: Acta med. scand. (Stockh.) **61**, 498 (1925).

[9] Weil, E. u. F. Breinl: Z. Immun.forschg **37**, 441 (1923).

[10] Kolle, W. u. G. Turner: Z. Hyg. **29**, 309 (1898).

[11] Behring, E. v.: Die Serumtherapie in der Heilkunde und Heilkunst. Nobel-Vorlesung 1901. Stockholm 1904. Imprimérie royale, P. A. Norstedt et Fils — Nord. med. Ark. (schwed.) **1901 II**, Nr 18 — Z. Tiermed. **6**, 321 (1902) — Verh. d. 75. Vers. dtsch. Naturforsch. Kassel 1903 (Allgemeiner Teil).

[12] Römer, P. H.: Münch. med. Wschr. **55**, Nr 27, 1462 u. Nr 35, 1857 (1908).

[13] Kraus, R. u. S. Grosz: Zbl. Bakter. I Orig. **47**, 298 (1908) — Wien. klin. Wschr. **20**, Nr 26, 795 (1907). — Kraus, R. u. R. Volk: Ebenda **22**, Nr 47, 1654 (1909); **23**, Nr 19, 699 (1910) — Zbl. Bakter. I Ref. **47** (Beiheft), 180 (1910) — Kraus, R.: Z. Immun.forschg **51**, 230 (1927) — Siehe auch S. 524 u. 596.

[14] Calmette, A.: Ann. Inst. Pasteur **41**, 201 (1927); **42**, 1 (1928) — La vaccination préventive contre la tuberculose par le „BCG". Paris 1927.

[15] Selter, H.: Dtsch. med. Wschr. **51**, Nr 23, 933 (1925).

[16] Ascoli, A.: La vaccination antituberculeuse avec les bacilles vivants chez les animaux et chez l'homme. Mailand u. Varese: Istituto Editoriale Cisalpino 1928.

spricht z. B. die Generalisierung des cutan applizierten Vaccinevirus im Organismus des Impflings, wie sie besonders von Ohtawara[1] sowie Gins, Hackenthal und Kamentzewa[2] (vgl. auch Turnbull u. McIntosh, Aldershoff; s. S. 578) in Übereinstimmung mit den Ergebnissen des Tierversuchs (Gins u. Weber[3], Ohtawara, Huon u. Placidi[4], Gildemeister[5] u. a.) nachgewiesen wurde (weitere Literatur bei v. Wasielewski u. Winkler[6]).

Reagiert der Organismus auf das Eindringen von Erregern einer akuten Infektionskrankheit sehr rasch mit spezifischen Abwehrmaßnahmen, so kann die Erkrankung in *abortiver* Form oder sogar völlig *symptomlos* („inapparente Infektion") verlaufen. Wie die Erfahrungen bei Typhus, Cholera, Fleckfieber, Scharlach und anderen akuten infektiösen Krankheiten zeigen, reicht ein derartiger abgekürzt oder überhaupt unbemerkt verlaufener Infektionsprozeß vielfach zur Erzielung einer langdauernden Unempfänglichkeit des betreffenden Individuums aus. Experimentell konnte Reiter[7] durch geeignete Versuchsanordnung bei Mäusen symptomlos verlaufende, sog. „stumme" Recurrensinfektionen erzeugen, die durch die zurückbleibende spezifische Immunität der Tiere gegenüber einer Reinfektion als solche erkannt wurden. Die Annahme Reiters, daß manche Fälle von erworbener oder scheinbar angeborener Immunität auf solche stumme Infektionen zurückzuführen sind, erscheint daher zweifellos berechtigt. Andererseits brauchen aber, wie Topley, Reiter, Manteufel und Richter, Prigge und Rothermundt (vgl. S. 536 u. 549) und andere Autoren experimentell festgestellt haben und wie auch durch Untersuchungen bei Epidemien nachgewiesen werden konnte, symptomlose Infektionen nicht zu irgendwelchen Immunitätserscheinungen zu führen. Ganz allgemein lassen sich also, wie dies Reiter ausgeführt hat, 4 Formen des Infektionsverlaufs, nämlich die manifeste typische Erkrankung, die atypische (abortive) Erkrankung, die symptomlose („stumme") Infektion mit Immunitätsvorgängen und die symptomlose („stumme") Infektion ohne nachweisbare Immunitätserscheinungen unterscheiden (s. S. 537 u. 597).

Im Gegensatz zu den akuten infektiösen Erkrankungen sind *chronische Infektionskrankheiten* durch ein *Darniederliegen der aktiven Immunitätsvorgänge* gekennzeichnet; andernfalls müßten ja, worauf Neufeld[8] hinweist, alle Infektionen, soweit sie nicht zum akuten Tode führen, durch Selbstimmunisierung heilen und eine Immunität hinterlassen. Ganz allgemein dürfen wir annehmen, daß die Erreger chronischer Infektionskrankheiten nur eine verhältnismäßig schwache Virulenz besitzen und daß derart wenig infektiöse Krankheitskeime vielfach nur geringe antigene Wirkungen auf den Organismus ausüben (Raphael[9], Ornstein[10], Neufeld[8], Killian[11], Webster[12] u. a.). Dementsprechend ist es auch verständlich, daß Schutzimpfungsversuche gegenüber derartigen chronischen

---

[1] Ohtawara, T.: Sci. Rep. Gov. Inst. inf. Dis. (Tokyo Imperial University) 1, 203 (1922) — Jap. med. World 2, Nr 9 (1922); 3, Nr 1 (1923).

[2] Gins, H. A., Hackenthal, H. u. N. Kamentzewa: Zbl. Bakter. I Orig. 110, Beiheft, 115 (1929).

[3] Gins, H. A. u. R. Weber: Z. Hyg. 82, 143 (1916).

[4] Huon u. Placidi: C. r. Soc. Biol. Paris 91, 308 (1924).

[5] Gildemeister, E.: Arb. Reichsgesdh.amt 57, 290 (1926). — Gildemeister, E. u. G. Heuer: Zbl. Bakter. I Orig. 105, 86 (1927).

[6] Wasielewski, Th. v. u. W. J. Winkler: Das Pockenvirus. Erg. Hyg. 7, 1 (1925).

[7] Reiter, H.: Dtsch. med. Wschr. 51, Nr 27, 1102 u. Nr 34, 1400 (1925) — Klin. Wschr. 5, Nr 30, 1356 (1926); 7, Nr 46, 2181 (1928).

[8] Neufeld, F.: Dtsch. med. Wschr. 50, Nr 1, 1 (1924).

[9] Raphael, A.: Ann. Inst. Pasteur 34, 25 (1920).

[10] Ornstein, O.: Z. Hyg. 96, 70 (1922).

[11] Killian, H.: Z. Hyg. 102, 262 (1924).

[12] Webster, L. T.: J. of exper. Med. 39, 129 (1924).

Erkrankungen, wie Tuberkulose, Syphilis, Trypanosomenkrankheiten· u. a. bisher fast keine brauchbaren Ergebnisse gezeitigt haben.

Soweit sich aus den bisherigen experimentellen und klinischen Feststellungen ersehen läßt, zeigt eine infektiöse Erkrankung unter Umständen dann einen *chronischen Verlauf*, wenn der infizierte Organismus den betreffenden Erregern gegenüber eine *relativ hohe, aber nicht* absolute *Resistenz* aufweist. Durch diese dem Körper angeborenen Schutz- und Abwehrvorrichtungen wird offenbar die Intensität der krankmachenden Wirkungen bestimmter Infektionserreger auf den Organismus herabgesetzt, sei es, daß ihre Ansiedelung oder Vermehrung in den Geweben erschwert oder auf bestimmte Organe beschränkt wird, sei es, daß sie, wie insbesondere die bereits (s. S. 552) besprochenen Untersuchungen NEU-FELDS und seiner Mitarbeiter YOSHIOKA, LANGE und KILLIAN zeigen, Änderungen biochemischer Art erleiden bzw. ihrer Angriffswaffen (Toxine, Aggressine u. dgl.) teilweise verlustig gehen oder daß diese keine geeigneten Angriffspunkte in den Körperzellen finden. In dem bestimmten Erregern gegenüber resistenten Organismus können daher bei nicht zu massiver Infektion die für akut verlaufende Erkrankungen charakteristischen, plötzlich eintretenden Störungen der Lebensvorgänge fast vollständig fehlen; infolgedessen ist es aber nach dem oben Gesagten verständlich, daß auch die aktiven Immunitätsvorgänge, welche durch einen solchen *shockartigen Reiz* in besonders starkem Maße ausgelöst werden, bei chronischen Erkrankungen nur in geringem Grade oder überhaupt nicht in Erscheinung treten. So ist es, um nur ein Beispiel anzuführen, von der Lepra des Menschen bekannt, daß der fast atoxische Erreger dieser exquisit chronischen Infektionskrankheit durch seine Ansiedelung und Proliferation in weniger lebenswichtigen Organen, vor allem der Haut und gewissen Schleimhautbezirken, zwar ausgedehnte pathologische Veränderungen bedingt, aber trotz allerdings ganz allmählich erfolgender enormer Vermehrung fast keinerlei Wirkung auf den Gesamtorganismus ausübt, so daß erst in vorgeschrittenen Krankheitsstadien, wenn schon erhebliche Substanzverluste eingetreten sind, Immunitätsvorgänge nachgewiesen werden können (ROGERS[1], DE RIVAS[2], MUIR[3], ROGERS und MUIR).

Durch die Untersuchungsbefunde von NEUFELD und seinen Mitarbeitern kann es zwar als bewiesen angesehen werden, daß manche vollvirulente Krankheitserreger (vor allem Streptokokken und Pneumokokken) bei ihrem Eindringen in den Organismus auf natürlichem Wege infolge eines in seinen Einzelheiten nicht näher definierbaren Schutzmechanismus der Haut bzw. Schleimhäute eine mit Virulenzabschwächung einhergehende Verminderung oder unter Umständen, wie KILLIAN[4] feststellte, auch eine Veränderung ihrer antigenen Eigenschaften erfahren können. Trotzdem ist jedoch die Tatsache nicht ohne weiteres verständlich, daß die eingedrungenen Infektionskeime im Organismus nicht, wie auf Grund der den Mikroorganismen eigentümlichen Variabilität, besonders in Anbetracht der ungenügenden aktiven Immunitätsvorgänge im befallenen Tierkörper eigentlich zu erwarten wäre, wieder eine Zunahme ihrer krankmachenden Eigenschaften erwerben, zumal durch die Versuche KILLIANs erwiesen ist, daß derart abgeschwächte Krankheitserreger durch geeignete Tierpassagen (mittels parenteraler Einverleibung) ihre ursprüngliche volle Virulenz wieder erlangen können. Eine Erklärung dieser außerordentlich komplizierten Vorgänge ist vorläufig offenbar nur durch die Annahme möglich, daß vielleicht ähnliche Wirkungen, wie sie im geschilderten Falle der Haut bzw. der Schleimhaut zuzuschrei-

---

[1] ROGERS, L.: Ann. trop. Med. **18**, 267 (1924) — Lancet **206**, Nr 26, 1297, 1321 (1924).
[2] RIVAS, D. DE: Proc. path. Soc. Philad. **26**, 70 (1924).
[3] MUIR, E.: Lancet **206**, 277 (1924).
[4] KILLIAN: Zitiert auf S. 591.

ben sind, hernach auch von den inneren Organen auf die eingedrungenen Erreger ausgeübt werden, daß also der infizierte Körper unter bestimmten Umständen über die Fähigkeit verfügt, eine Virulenzsteigerung wenig infektiöser Keime, insbesondere ihre schrankenlose Vermehrung und ihre Verbreitung in seinen Geweben zu verhindern.

Wir haben es hier offenbar mit Vorgängen zu tun, die der von MORGENROTH genauer untersuchten und als besondere Immunitätsform beschriebenen sog. *Depressionsimmunität* (MORGENROTH, BIBERSTEIH und SCHNITZER[1], SCHNITZER und v. KÜHLWEIN[2], MORGENROTH und ABRAHAM[3]) nahestehen oder mit ihr zu identifizieren sind. Die Aufstellung dieses Begriffs gründet sich auf Beobachtungen, die MORGENROTH und seine Mitarbeiter anläßlich von Superinfektionsversuchen bei streptokokkeninfizierten Mäusen machen konnten. Die Autoren benutzten zur Erstinfektion der Versuchstiere schwach virulente, d. h. einen chronischen Infektionsverlauf bei Mäusen bedingende Streptokokkenstämme. Zur Nachimpfung wurden dieselben in defibriniertem Blute gezüchteten Stämme verwendet, die durch Kultivierung in diesem Milieu die Eigenschaft erlangt hatten, bei nicht vorbehandelten Mäusen nach parenteraler Einverleibung akut verlaufende Infektionen zu bewirken. Es zeigte sich nun, daß bei Mäusen, die mit einem schwach virulenten Stamm infiziert worden waren, die etwa 24 Stunden später erfolgende Superinfektion mit der virulenten Passagekultur desselben oder eines anderen Streptokokkenstammes in der Regel nicht zu einer akuten Infektion führte, daß vielmehr die Krankheit den durch die primäre Infektion bedingten chronischen Verlauf nahm. Da sich die beiden zur Erst- und zur Superinfektion benützten Stämme kulturell unterscheiden ließen, konnte ferner nachgewiesen werden, daß die zur Nachimpfung verwendeten, akut wirkenden Streptokokken nicht etwa vernichtet, daß sie vielmehr unter dem Einflusse einer durch die Erstinfektion bedingten Immunität in die „chronische" Form übergeführt wurden und den Körper in genau derselben Weise wie der chronische Stamm durchsetzten.

Das Wesen der Depressionsimmunität ist nach MORGENROTH demzufolge durch die Fähigkeit des Organismus, eine Verminderung, eine *Depression* der krankmachenden Wirkung eingedrungener Krankheitserreger herbeizuführen, gekennzeichnet. Um einen tatsächlichen dauernden Virulenzverlust der Keime braucht es sich dabei nach den Untersuchungen von SCHNITZER und v. KÜHLWEIN nicht zu handeln; es gelang nämlich diesen Autoren aus entsprechend vorbehandelten und sodann mit einem akuten Stamm nachinfizierten Mäusen noch nach 17 Tagen den akut wirkenden Streptokokkus als solchen herauszuzüchten und durch Verimpfen an normale Mäuse den Beweis für seine vollkommen erhaltene Virulenz zu erbringen. Der Virulenzverlust in der vorbehandelten Maus ist also unter Umständen nur ein scheinbarer und dauert dann nur so lange an, als der Krankheitserreger unter der Depressionswirkung des immunen Organismus steht. Andererseits konnten MORGENROTH und ABRAHAM[4] aber auch das Eintreten eines tatsächlichen, mit „Vergrünung" des Streptokokkus einhergehenden Virulenzverlustes beobachten. Es ist daher wohl anzunehmen, daß je nach der Intensität der Depressionsimmunität nur eine temporäre oder aber eine nachhaltigere Wirkung auf den betreffenden Erreger ausgeübt werden kann. Da nach Untersuchungsergebnissen von SCHNITZER und MUNTER[5] schon der normale

[1] MORGENROTH, J., H. BIBERSTEIN u. R. SCHNITZER: Dtsch. med. Wschr. **46**, Nr 13, 337 (1920). Vgl. auch M. MIURA, Japan. J. exp. Med. **7**, 379 (1929).
[2] SCHNITZER, R. u. M. v. KÜHLWEIN: Z. Hyg. **92**, 492 (1921).
[3] MORGENROTH, J. u. L. ABRAHAM: Z. Hyg. **94**, 163 (1921).
[4] MORGENROTH, J. u. L. ABRAHAM: Z. Hyg. **100**, 323 (1923).
[5] SCHNITZER, R. u. F. MUNTER: Z. Hyg. **93**, 96 (1921); **94**, 107 (1921).

Mäuseorganismus bei parenteraler Zufuhr virulenter Streptokokken eine wenn auch nur geringgradige und rasch vorübergehende Depressionswirkung auf die Infektiösität dieser Krankheitskeime auszuüben vermag, würden die Beobachtungen Morgenroths auf eine durch die Wirkung der chronischen Infektion bedingte Erhöhung dieser dem Organismus angeborenen Fähigkeit hinweisen. Ebenso könnte man aber auch annehmen, daß die in den früher besprochenen Versuchen Neufelds und seiner Mitarbeiter zutage getretene nachhaltige Virulenzabschwächung vollvirulenter Pneumokokken und Streptokokken bei percutaner und stomachaler Einverleibung als ein Spezialfall der Depressionsimmunität aufzufassen und auf eine Beeinflussung des Körpers durch gewisse in der Haut bzw. in der Darmschleimhaut beim Durchpassieren der Infektionskeime sich abspielende Prozesse wohl entzündlicher Natur zurückzuführen ist. Ob es sich in den genannten Fällen lediglich um eine quantitative Verstärkung der natürlichen Schutzkräfte des Tierkörpers, d. h. um eine Resistenzsteigerung (vgl. Kolle und Hetsch) oder aber um eine spezifische Umstimmung des Organismus handelt, muß vorderhand dahingestellt bleiben. Für die Spezifität des Vorgangs, d. h. für eine echte aktive erworbene Immunität spricht der Umstand, daß in den angeführten Versuchen der erworbene Schutz des Organismus gegen Keime der homologen Art gerichtet ist. Andererseits wurde aber schon in dem vorhergehenden Abschnitt (s. S. 578) darauf hingewiesen, daß derartige Depressionserscheinungen auch zwischen Erregern verschiedener Arten vorkommen.

Nach den bisherigen Feststellungen läßt sich die als Depressionsimmunität bezeichnete Erscheinung, daß nämlich durch eine chronische Infektionskrankheit im Organismus eine Veränderung bewirkt wird, welche eine hinzukommende akute Infektion ebenfalls chronisch werden läßt, offenbar nicht in allen Fällen auf einen einheitlichen gleichartigen Mechanismus zurückführen. Vielmehr ist wohl anzunehmen, daß das Phänomen auf verschiedene Weise zustande kommen kann. Bei solchen infektiösen Erkrankungen, die nur nach Eindringen verhältnismäßig großer Erregermengen zum Ausbruch kommen, denen gegenüber der betreffende Organismus also von Haus aus eine relativ hohe Resistenz besitzt, genügt unter Umständen wohl schon eine unspezifische Steigerung dieser natürlichen Abwehrkräfte zur Auslösung des Depressionsphänomens. Handelt es sich jedoch um Krankheitserreger, von denen bei Individuen empfindlicher Tierarten schon ein einzelner Keim zum Zustandekommen einer Infektion genügt, z. B. um Trypanosomen, Schweinerotlauf- oder Hühnercholerabacillen, so liegt der Depressionswirkung dagegen wohl eine mit Antikörperbildung einhergehende spezifische Immunität zugrunde. In diesem Sinne spricht vor allem die Tatsache, daß gewisse Immunantikörper, nämlich die sog. Antiaggressine (Bail) auf die entsprechenden pathogenen Keime nicht abtötend, sondern nur depressiv wirken. Wird nämlich z. B. eine mit Schweinerotlaufimmunserum passiv immunisierte Maus mit Schweinerotlaufbacillen infiziert, so bleibt das Tier zunächst gesund; sobald jedoch die passiv übertragenen Schutzstoffe den Organismus verlassen haben, sobald also die Depressionswirkung der Antikörper auf die Erreger aufhört, kann die Infektionskrankheit zum Ausbruch kommen (vgl. W. Spät[1], Kolle u. Leupold, Schlossberger u. Hundeshagen[2]). In wieder anderen Fällen ist es denkbar, daß die Depressionsimmunität durch ein Zusammenwirken beider Faktoren, also durch eine Steigerung der natürlichen Abwehrmaßnahmen und durch gleichzeitige oder anschließende spezifische Immunitätsvorgänge, bewirkt wird.

Was die Bedeutung der Depressionsimmunität für den Verlauf der durch andersartige Erreger hervorgerufenen Infektionskrankheiten anlangt, so ist es in Anbetracht der wenigen bis jetzt vorliegenden experimentellen Untersuchungsbefunde noch nicht möglich, ein abschließendes Urteil darüber abzugeben. Nagasawa[3] teilt mit, daß er bei der Milzbrandinfektion der Mäuse ähnliche Beobachtungen wie Morgenroth mit Streptokokken machen konnte, und Kudicke und Feldt[4] nehmen an, daß das verzögerte oder fehlende Angehen einer Superinfektion

---

[1] Spät, W.: Z. Hyg. **69**, 463 (1911).
[2] Kolle, W. u. F. Leupold, Schlossberger, H. u. K. Hundeshagen: Arb. Inst. exper. Ther. Frankf. **1921**, H. 14, 43.
[3] Nagasawa, D.: Z. Immun.forschg **32**, 355 (1921).
[4] Kudicke, R. u. A. Feldt: Arb. Staatsinst. exper. Ther. Frankf. **1921**, H. 12, 3.

bei recurrensinfizierten, zu Beginn der Erkrankung chemotherapeutisch geheilten Mäusen auf eine Depressionswirkung des Organismus im MORGENROTHschen Sinne zu beziehen ist. Weiterhin liegt es aber nahe, manche Feststellungen, wie sie besonders anläßlich von Schutzimpfungsversuchen durch frühere Autoren erhoben worden sind, mit den Beobachtungen MORGENROTHs in Verbindung zu bringen. Vor allem wäre daran zu denken, daß solchen Erscheinungen von erworbener Immunität, die infolge Fehlens virulicider Antikörper im Blute auf rein celluläre Vorgänge zu beziehen sind, ein ähnlicher Wirkungsmechanismus zugrunde liegt, wie ihn MORGENROTH zur Erklärung der von ihm beobachteten Phänomene angenommen hat. So könnte z. B. die von v. BEHRING u. a. erwiesene Tatsache, daß Rindern durch parenterale Einverleibung lebender humaner Tuberkelbacillen, die bei dieser Tierart keine Allgemeinerkrankung zu bewirken vermögen, ein erheblicher temporärer Schutz gegen eine später erfolgende, nicht zu massive Infektion mit vollvirulenten Rindertuberkelbacillen verliehen wird, in der Weise interpretiert werden, daß die durch die Erstimpfung bewirkte lokal bleibende Infektion eine Virulenzherabsetzung der hernach einverleibten bovinen Tuberkelbacillen bewirkt. Ebenso wäre dann wohl die nach dem Vorgange UHLENHUTHs als „Infektionsimmunität" bezeichnete relative Unempfindlichkeit z. B. des tuberkulös oder auch des syphilitisch infizierten menschlichen oder tierischen Organismus gegen nicht zu starke Superinfektionen mit Erregern der homologen Art in diesem Sinne zu deuten (s. S. 596 u. 599).

Dieser besonders oder ausschließlich bei chronischen Infektionskrankheiten vorkommende Zustand der latenten oder *Infektionsimmunität* [„Immunitas non sterilisans", auch „labile Immunität" (C. SCHILLING)] ist durch die auf den ersten Blick paradoxe Erscheinung charakterisiert, daß der infizierte Körper gegen eine nicht zu massive Superinfektion mit gleichartigen Erregern zwar gefeit ist, jedoch seinen eigenen Erregern gegenüber mehr oder weniger schutzlos preisgegeben sein kann. Die erste Beobachtung dieser Art stammt von ROBERT KOCH[1], der nachweisen konnte, daß tuberkulöse Meerschweinchen, welche mit Tuberkelbacillen subcutan superinfiziert wurden, an der Impfstelle eine rasch einsetzende aber nur kurz dauernde entzündliche Reaktion aufwiesen, während bei den gesunden Kontrolltieren nach der subcutanen Bakterieneinimpfung erst nach mehreren Tagen eine an Umfang immer mehr zunehmende Schwellung entstand, die schließlich zur Bildung eines bis zum Tode der Tiere bestehenden Geschwürs führte. Es entsteht also bei den auch mit schwach virulenten Tuberkelbacillen vorbehandelten Tieren unter dem Einfluß der dadurch bedingten tuberkulösen Erkrankung eine Umstimmung des Organismus, die, wie hernach P. H. RÖMER[2] feststellte, nicht nur gegenüber einer nochmaligen subcutanen Bacillenzufuhr, sondern auch gegenüber einer nachfolgenden Fütterungs- oder Inhalationsinfektion Schutz verleiht. In ähnlicher Weise ist wohl auch der Schutz des erwachsenen Europäers gegen tuberkulöse Infektionen durch das Vorhandensein alter abgekapselter, aber noch bacillenhaltiger tuberkulöser Herde in seinem Organismus bedingt.

Lebende avirulente sowie auch abgetötete Tuberkelbacillenkulturen sind dagegen nach den Untersuchungen von P. H. RÖMER, KRAUS und GROSZ, KRAUS und VOLK[3] u. a. nicht imstande, eine nachweisbare Immunität gegenüber lebenden virulenten Tuberkelbacillen zu erzeugen. Eine Ausnahme von dieser experimentell hinreichend begründeten Regel bildet auch nicht der von CALMETTE und GUÉRIN (s. CALMETTE[4]) zur peroralen Immunisierung von Säuglingen verwendete bovine Tuberkelbacillenstamm BCG, der nach den

---

[1] KOCH, R.: Dtsch. med. Wschr. **16**, Nr 46a, 1029 (1890); **17**, Nr 3, 101 (1891).
[2] RÖMER, P. H.: Zitiert auf S. 590.
[3] RÖMER, P. H., KRAUS u. GROSZ, KRAUS u. VOLK: Zitiert auf S. 590.
[4] CALMETTE, A.: Zitiert auf S. 590.

Angaben dieser Autoren durch langdauernde Fortzüchtung auf einem gallehaltigen Kartoffel-nährboden seine krankmachenden Eigenschaften vollkommen eingebüßt haben soll. Kraus[1], Gerlach[2], Schuurmans Stekhoven[3] u. a. (s. S. 524) konnten nämlich nachweisen, daß der Stamm BCG bei den damit geimpften Tieren typische pathologische Veränderungen, die aller-dings nicht progredient sind, sondern lokal bleiben und sich allmählich zurückbilden, aber zur Ausbildung einer Immunität ausreichen, hervorruft. Der Impfschutz dauert aber ver-mutlich nur so lange, als lebende Tuberkelbacillen im Organismus vorhanden sind. Kraus und Grosz sowie Kraus und Volk konnten nämlich an Affen nachweisen, daß spontan in Heilung übergehende tuberkulöse Prozesse, wie sie nach intracutaner Impfung mit dem abge-schwächten Tuberkelbacillenstamm Courmont entstehen, keine Immunität hinterlassen. Unter Berücksichtigung des oben über Depressionsimmunität Gesagten und im Hinblick auf die bei der Superinfektion bei Syphilis erhobenen Befunde (s. S. 597) besteht aber hinsichtlich der Dauer des mit dem Stamm BCG. erreichbaren Impfschutzes beim Menschen immerhin noch eine andere Möglichkeit. Auf Grund der genannten Beobachtungen und der klinischen Erfahrungen muß es nämlich als sehr wahrscheinlich bezeichnet werden, daß die durch einen tuberkulösen Herd verursachte Umstimmung des spontan infizierten oder mit einem ge-eigneten Impfstoff vorbehandelten Organismus („Infektionsimmunität") nicht eine *Ab-tötung* neu eingedrungener Tuberkelbacillen zu bewirken vermag; vielmehr dürfte die Schutz-wirkung, wie schon oben (s. S. 595) bei Erwähnung des v. Behringschen Impfverfahrens angedeutet wurde, in *beiden* Fällen nur in einer „*Depression*" (Virulenzabschwächung, Ent-wicklungshemmung o. dgl.) der in den Körper hineingelangten Erreger bestehen. Da nun aber der Mensch, besonders in Großstädten, häufig oder dauernd tuberkulösen Infektionen ausgesetzt ist, könnte man sich bei dieser Betrachtungsweise weiter vorstellen, daß der zu-nächst durch den Stamm BCG. bewirkte Schutz eines Individuums durch die *fortgesetzten Neuinfektionen*, soweit diese ein bestimmtes Höchstmaß nicht überschreiten, eine *ständige Erneuerung* und vielleicht auch *Konsolidierung* erfährt. Da bekanntlich das Schicksal eines Individuums wesentlich von dem „*Charakter*" des durch die tuberkulöse *Erstinfektion* bedingten pathologischen Prozesses abhängt, ist es zweifellos verständlich, wenn Calmette, wie er dies in den von ihm veröffentlichten Richtlinien dargelegt hat, eine *möglichst früh-zeitige* Anwendung des avirulenten BCG.-Impfstoffs empfiehlt, da dadurch seiner Meinung nach an Stelle einer zur *Generalisierung* neigenden spontanen Erstinfektion mit virulenten Tuberkelbacillen ein *lokal* bleibender Krankheitsherd im Körper des Neugeborenen ge-schaffen wird, der diesem einen, wenn auch nur relativen Schutz gegen virulente Tuberkel-bacillen verleiht (vgl. auch Kaletcheff[4]).

Wie C. Schilling und Friedrich[5] feststellten, kommt es auch bei *Hundepiroplasmose* (Piroplasma canis) nur zu einer Infektionsimmunität; sobald das Blut seine Infektiosität ver-liert, wie durch Übertragung von Proben auf frische Tiere festgestellt werden kann, ist die Immunität gegen Neuinfektion erloschen. Nach den Untersuchungen von Breinl[6] ist auch beim *Rocky Mountain Spotted Fever* die Immunität an die Gegenwart des lebenden, zu den Rickettsien gehörigen Virus im Organismus geknüpft. Ähnlich liegen die Verhältnisse auch bei der *Malaria* des Menschen (Christophers[7]) und der Kanarienvögel (Plasmodium relictum; Ed. u. Et. Sergent[8]).

Auch bei der Syphilis des Menschen und der Versuchstiere hat man ähnliche Beobachtungen machen können. Nach den Superinfektionsversuchen von Ehrmann[9], Finger und Landsteiner[10] u. a. am Menschen lassen sich zwar auch in den späteren Stadien der Lues durch die Einimpfung des Virus syphi-litische Veränderungen erzielen; diese entsprechen aber dem augenblicklichen Krankheitsstadium, stellen also keine Primäraffekte dar. Besonders eingehend

---

[1] Kraus, R.: Z. Immun.forschg 51, 230 (1927); 60, 346 (1929).
[2] Gerlach, F.: Z. Immun.forschg 51, 256 (1927).
[3] Stekhoven, W. Schuurmans: Kritische Beschouwingen en enkele Proeven over de Entstof van Calmette en Guérin ter voorbehoedende Onvatbaarmaking tegen de Tuberculose. Inaug.-Dissert. Utrecht 1926.
[4] Kaletcheff, A.: Preuves statistiques de l'efficacité de la vaccination préventive de la tuberculose par le BCG. Paris: N. Maloine 1929.
[5] Schilling, C. u. Friedrich: Z. Immun.forschg Orig. 14, 706 (1912).
[6] Breinl, F.: Z. Immun.forschg 46, 123 (1926).
[7] Christophers, S. R.: Indian J. med. Res. 12, 273 (1924).
[8] Sergent, Et. u. Ed.: Arch. Inst. Pasteur d'Afrique 1, 1 (1921).
[9] Ehrmann: Verh. dtsch. dermat. Ges., 9. Kongr. in Bern 1906. S. 265. Berlin: Julius Springer 1907.
[10] Finger, E. u. Landsteiner: Verh. dtsch. dermat. Ges. 1906, S. 251.

wurde die Frage der Möglichkeit einer Superinfektion bei der experimentellen Kaninchensyphilis geprüft. In Bestätigung und Fortsetzung früherer Beobachtungen von TOMACZEWSKI[1] sowie UHLENHUTH und MULZER[2] konnte KOLLE[3] mittels des TRUFFISchen Syphilisstamms an einem großen Tiermaterial nachweisen, daß bei syphilitischen Kaninchen, die manifeste Krankheitserscheinungen aufweisen oder aufgewiesen haben, eine nochmalige Infektion mit dem homologen Syphilisstamm dann, wenn sie innerhalb der ersten 60 Tage nach der Erstimpfung vorgenommen wird, in 50—60%, wenn sie zwischen dem 60. und 90. Tag erfolgt, gelegentlich und wenn sie später als 90 Tage nach der erstmaligen Einverleibung des syphilitischen Virus gesetzt wird, niemals zur Bildung eines typischen Primäraffektes führt. Gelingt es durch einen therapeutischen Eingriff, z. B. durch eine intensive Salvarsanbehandlung die Krankheitserreger im Anfangsstadium der Erkrankung restlos abzutöten, so bleibt, wie KOLLE weiter nachwies, die Ausbildung der Infektionsimmunität aus, d. h. das „abortiv" behandelte Kaninchen verhält sich einer syphilitischen Neuinfektion gegenüber wie ein normales Individuum dieser Tierart (weitere Literatur s. bei SCHLOSSBERGER[4]). ABE[5] konnte bei der experimentellen *Rattenbißkrankheit* des Kaninchens, die durch ein Spirillum (Spirillum minus var. morsus muris) hervorgerufen wird, ähnliche Beobachtungen machen.

Die Annahme KOLLEs, daß jeder syphilitisch infizierte Organismus von einem bestimmten Zeitpunkt nach der Infektion ab bis zum Lebensende auf eine Nachimpfung mit dem homologen Syphilisstamm nicht mehr mit Schankerbildung antwortet, hat in letzter Zeit allerdings eine gewisse Einschränkung erfahren. So wurde schon oben (S. 548) darauf hingewiesen, daß ein gewisser Prozentsatz symptomlos mit Syphilis infizierter Kaninchen (sog. „Nuller") auch auf eine mehr als 3 Monate nach der Erstimpfung vorgenommene homologe Reinfektion mit der Bildung eines Primäraffektes reagiert, daß also die Tiere ihre ursprüngliche Resistenz verlieren können und trotz der in ihrem Organismus vorhandenen Syphiliserreger keine „Schankerimmunität" aufzuweisen brauchen. Die Syphilisspirochäten können also in einem tierischen Körper vorhanden sein, ohne daß sie jemals einen *antigenen Reiz auf die Zellen des Wirtsorganismus ausüben* („stumme Infektion ohne Immunität" im Sinne von REITER; s. S. 591). Nach den Feststellungen einiger Autoren kann die Syphilis nun aber nicht nur von vornherein in derart symptom- und reizloser Form verlaufen, vielmehr besteht offenbar auch die Möglichkeit, daß eine ursprünglich mit *manifesten* Erscheinungen einhergegangene syphilitische Erkrankung sich mit der Zeit zu einer für den befallenen Organismus anscheinend indifferenten Infektion spontan zurückbilden und daß es infolgedessen zu einem *allmählichen Abklingen der Immunitätserscheinungen* („Schankerimmunität") von seiten des Körpers kommen kann. In dieser Weise ist wohl die Angabe von MANTEUFEL und WORMS[6] zu erklären, daß in ihren Versuchen bei einem mit dem Stamm Nichols scrotal infizierten und hernach typisch erkrankten Kaninchen die nach $1/_2$ Jahr vorgenommene homologe Reinfektion zur Bildung eines neuen typischen Primäraffektes führte. In der gleichen Richtung weisen auch die Befunde von MULZER und NOTHHAAS[7], nach denen der bei scrotal geimpften Kaninchen bestehende Schutz

[1] TOMACZEWSKI, E.: Berl. klin. Wschr. **47**, Nr 31, 1447 (1910).

[2] UHLENHUTH, P. u. P. MULZER: Arb. Reichsgesdh.amt **44**, 307 (1913).

[3] KOLLE, W.: Dtsch. med. Wschr. **48**, Nr 39, 1301 (1922); **50**, Nr 37, S. 1235 (1924).

[4] SCHLOSSBERGER, H.: Fortschr. Ther. **1**, Nr 19, 637 (1925).

[5] ABE, M.: The experimental study of rat-bite fever in rabbits. Monogr. Actorum Dermat. B, Nr 2 (Kyoto 1927).

[6] MANTEUFEL, P. u. W. WORMS: Zbl. Bakter. I Orig. **102**, 23 (1927).

[7] MULZER, P. u. NOTHHAAS: Arb. Reichsgesd.amt **57**, 155 (1926).

gegen eine homologe Reinokulation am Auge vom 6. Monat nach der Erstimpfung an nicht mehr nachweisbar ist, und daß von diesem Zeitpunkte ab die
Reinfektionsprodukte vollkommen den primären okularen Impfprodukten
normaler Kaninchen gleichen. Wenn auch die Cornea an den im Organismus
sich abspielenden Immunitätsvorgängen relativ wenig beteiligt ist, so deuten
doch diese Beobachtungen, zusammen mit dem Einzelbefund von Manteufel
und Worms und den ähnlichen Feststellungen von Schöbl[1] an framboesieinfizierten Affen darauf hin, daß der antigene Reiz, den die Syphilis- bzw. die
Framboesiespirochäten auf die Zellen des infizierten Organismus ausüben,
unter gewissen Umständen nachlassen, und daß auf diese Weise eine manifeste
Syphiliserkrankung spontan in eine „stumme Infektion ohne Immunität" (Reiter)
übergehen kann.

Wenn man demnach annehmen darf, daß selbst bei *unbehandelten* syphilitischen Kaninchen im Verlaufe der Erkrankung wenigstens in Ausnahmefällen eine derartige mit Rückgang der Immunitätsvorgänge verbundene *Abdrosselung* der Infektion stattfinden kann,
so ist die Vermutung zweifellos berechtigt, daß bei Anwendung geeigneter chemotherapeutischer Mittel, soweit diese eine vollständige Vernichtung der Erreger nicht zu bewirken
vermögen, häufiger eine solche *Depression der Infektion* eintritt. Dafür, daß dies tatsächlich
der Fall sein kann, sprechen vor allem die Feststellungen von Kolle[2] über den Wirkungsmechanismus der Wismutpräparate, die selbst im Anfangsstadium der Syphilisinfektion
nicht zu einer restlosen Abtötung, sondern nur zu einer Entwicklungshemmung der Spirochäten führen. In diesem Sinne spricht auch die Feststellung von Frei[3], daß bei syphilitischen
Kaninchen, die etwa vom 18. bis 23. Tage nach der Impfung an mit mehrfachen sicher nicht
sterilisierenden Quecksilberinjektionen (Sublimat oder Kalomel) behandelt und 9 Wochen
nach der Erstinokulation, d. h. zu einer Zeit, in der unbehandelte Tiere sich bereits als
refraktär erwiesen, nochmals infiziert wurden, ausnahmslos spezifische Erscheinungen
(Primäraffekte) an der Impfstelle auftraten. Auf Grund der von Manteufel und Worms
mitgeteilten positiven Reinfektion eines im *Spätstadium* der Infektion mit einem organischen
Arsenpräparat behandelten Kaninchens sowie analoger, noch nicht veröffentlichter Feststellungen der Verf. (mit Neosalvarsan) ist weiterhin anzunehmen, daß auch die Arsenobenzol-
derivate selbst dann, wenn sie die in einem syphilitischen Körper vorhandenen Erreger nicht
restlos abtöten, doch eine *Virulenzabschwächung* der am Leben gebliebenen Restspirochäten
und damit einen wenn auch vielleicht nur temporären Gleichgewichtszustand im Sinne von
Warthin (s. S. 601), Reiter u. a. herbeiführen können, der bei genügend langer Dauer die
durch die manifeste Erkrankung bewirkte Umstimmung des Organismus zum Verschwinden
bringen kann. In ähnlicher Weise ist wohl auch das positive Ergebnis einer syphilitischen
Nachimpfung bei einem zuvor ausgiebig mit Salvarsan behandelten Paralytiker zu erklären,
über das Jahnel[4] als erster berichten konnte (hinsichtlich der früheren negativ verlaufenen
Reinfektionsversuche bei Paralytikern von Hirschl, H. W. Siemens, C. Levaditi u. A. Marie
vgl. Jahnel[5]).

Während es beim syphilisinfizierten Menschen von einem gewissen Zeitpunkt nach der Erstinfektion ab im Anschluß an eine zweite Syphilisinfektion
(auch mit einem heterologen Stamm) in der Regel nicht mehr zur Schankerbildung kommt („Panimmunität"), ergaben weitere von Kolle[6] angestellte
Versuche, daß syphilitische oder auch framboesiekranke Kaninchen, die, wie
eben erwähnt wurde, vom 4. Monat nach der Infektion ab, und zwar nach Reinfektion mit dem *homologen* Virus im allgemeinen nicht mehr mit Schankerbildung reagieren, nach Einimpfung mit einem *anderen* Syphilis- oder Framboesie-
stamm in einem gewissen *Prozentsatz* mit der Bildung eines typischen *Primär-*

---

[1] Schöbl, O.: Philippine J. Sci. **35**, 209 (1928).
[2] Kolle, W.: Dtsch. med. Wschr. **50**, Nr 32, 1074 (1924).
[3] Frei, W.: Arch. f. Dermat. **144**, 365 (1923).
[4] Jahnel, F.: Z. Neur. **101**, 210 (1926). — Jahnel, F. u. J. Lange: Münch. med.
Wschr. **73**, Nr 45, 1875 (1926).
[5] Jahnel, F.: Allgemeine Pathologie u. pathologische Anatomie der Syphilis des
Nervensystems. Handb. der Haut- u. Geschlechtskrankheiten, herausgeg. von J. Jadassohn, **17 I**, 1. Berlin: Julius Springer 1929.
[6] Kolle, W.: Dtsch. med. Wschr. **52**, Nr 1, 11 (1926).

affektes antworten. Aber auch bei denjenigen syphilitischen Tieren, bei denen nach Einimpfung des heterologen Virus keine pathologischen Veränderungen an der Impfstelle nachzuweisen sind, führt, wie KOLLE und SCHLOSSBERGER[1] durch Identifizierung der in den Lymphdrüsen enthaltenen Spirochäten fest-stellten, der zur Superinfektion der Tiere benutzte Stamm trotzdem zu einer neuen, allerdings symptomlosen *Allgemeininfektion.* Eine derartige noch-malige Überschwemmung des Organismus tritt, wie hernach KOLLE und PRIGGE[2] konstatierten, auch dann ein, wenn syphilitische Kaninchen später als 3 Monate nach der Erstimpfung mit dem *homologen* Stamm reinfiziert werden. Das Ausbleiben des Primäraffektes ist also nicht als Zeichen eines Schutzes des Gesamtorganismus gegen Neuinfektion aufzufassen, sondern durch eine veränderte Reaktionsweise der Haut zu erklären, die KOLLE als „*Schanker-immunität*" bezeichnet und die, ganz allgemein gesprochen, als eine durch die Erstinfektion erworbene Unempfindlichkeit der Haut gegenüber den eindrin-genden homologen, zum Teil auch heterologen Spirochäten aufzufassen ist (s. S. 549).

Es ist aber schon im Hinblick auf den durch *verschiedene Stadien charakteri-sierten* Krankheitsverlauf und auf die Tatsache, daß die Syphiliserkrankung beim Menschen und auch beim Kaninchen (s. insbesondere JANTZEN[3], BLUM[4], MANTEUFEL u. BEGER[5], MUTERMILCH u. NICOLAU[6], LAUBENHEIMER u. HÄMEL[7], REITER[8], WAKERLIN u. CARROLL[9], LÉPINE[10] u. a.) mit *serologischen Veränderungen* einhergeht, wohl anzunehmen, daß nicht nur die Haut, sondern auch die sonstigen Zellen des syphilitischen Körpers an der durch das Eindringen, die Verbreitung und Vermehrung der Spirochaeta pallida hervorgerufenen „Umstimmung" partizipieren. Wenn auch diese Immunitätsvorgänge wohl nur verhältnismäßig schwach sind und infolgedessen entgegen der Annahme von CHESNEY[11], UHLEN-HUTH und GROSSMANN[12], BREINL und WAGNER[13] u. a. vermutlich weder zu einer Sterilisierung des infizierten Organismus noch zu einem Schutze des Individuums gegen Neuinfektion ausreichen, so führen sie doch, wie bereits erwähnt, offenbar zu einer *Depression* der Infektion, die sich durch eine Verminderung der Erreger und durch einen Rückzug der übrigbleibenden Spirochäten in gewisse Schlupf-winkel zu erkennen gibt.

Eine derart langdauernde, vermutlich lebenslängliche Persistenz der Erreger im Zentralnervensystem findet man in besonders ausgesprochenem Maße bei *aku-ten* Spirochätenerkrankungen, vor allem beim Rückfallfieber (PLAUT u. STEINER[14],

[1] KOLLE, W. u. H. SCHLOSSBERGER: Dtsch. med. Wschr. **52**, Nr 30, 1245 (1926).
[2] KOLLE, W.: Klin. Wschr. **6**, Nr 12, 569 (1927). — KOLLE, W. u. R. PRIGGE: Dtsch. med. Wschr. **53**, Nr 36, 1499 (1927).
[3] JANTZEN, W.: Z. Immun.forschg **33**, 156 (1922).
[4] BLUM, K.: Z. Immun.forschg **40**, 195 (1924).
[5] MANTEUFEL, P. u. H. BEGER: Dtsch. med. Wschr. **50**, Nr 9, 269 (1924).
[6] MUTERMILCH, S. u. S. NICOLAU: C. r. Soc. Biol. Paris **93**, 1497 (1925).
[7] LAUBENHEIMER, K. u. J. HÄMEL' Z. Hyg. **104**, 591 (1925).
[8] REITER, H.: Zbl. Bakter. I Orig. **94**, 276 (1925).
[9] WAKERLIN, G. E. u. P. H. CARROLL: Arch. of Dermat. **12**, 670 (1925) — J. inf. Dis. **38**, 327 (1926).
[10] LÉPINE, P.: C. r. Soc. Biol. Paris **99**, 612 (1928).
[11] CHESNEY, A. M.: Immunity in syphilis. Medicine **5**, 463 (1926).
[12] UHLENHUTH, P. u. H. GROSSMANN: Zbl. Bakter. I Orig. **104**, Beiheft, 166 (1927) — Z. Immun.forschg **55**, 380 (1928).
[13] BREINL, F. u. R. WAGNER: Z. Immun.forschg **60**, 23 (1929).
[14] PLAUT, F. u. G. STEINER: Arch. Schiffs- u. Tropenhyg. **24**, 33 (1920). — STEINER, G. u. J. STEINFELD: Klin. Wschr. **4**, Nr 42, 1995 (1925); **5**, Nr 12, 499 (1926). — STEINER, G. u. H. SCHAUDER: Ebenda **4**, Nr 48, 2288 (1925). — STEINER, G., HENNING u. STEINFELD: Ebenda **5**, Nr 35, 1599 (1926).

Buschke u. Kroó[1], Kritschewsky u. Ljass[2], Tomioka[3], Jahnel[4], Prigge[5], Schauder[6], Schlossberger u. Wichmann[7], Levaditi u. Anderson[8] u. a.) sowie bei der durch das Spirillum minus var. morsus muris hervorgerufenen Rattenbißkrankheit (Schlossberger[9]). Es zeigte sich nämlich bei Mäusen, Ratten, Meerschweinchen und Kaninchen, die mit den Erregern des afrikanischen (Sp. Duttoni), des osteuropäischen (Sp. Obermeieri) und des spanischen Rückfallfiebers (Sp. hispanica) oder mit der der Sp. Duttoni nahestehenden Sp. crocidurae infiziert worden waren, daß trotz reichlichen Antikörpergehalts des Blutes das Gehirn der Tiere noch lange Zeit nach Ablauf der Krankheitserscheinungen und Verschwinden der Erreger aus dem Kreislauf fast regelmäßig virulente Spirochäten enthält. In ähnlicher Weise erwies sich auch das Gehirn rattenbißinfizierter Mäuse stets als infektiös. Diese Erscheinungen sind allem Anschein nach darauf zurückzuführen, daß die Erreger im Zentralnervensystem vor den im Blute zirkulierenden Antikörpern weitgehend geschützt sind.

Die experimentell schon vielfach bearbeitete Frage, ob zwischen Syphilis (Spirochaeta pallida) und Framboesie (Spirochaeta pertenuis) immunisatorische Beziehungen bestehen, ist noch nicht definitiv geklärt. Während manche Autoren bei derartigen kreuzweisen Versuchen in einem gewissen Prozentsatz der Fälle ein Ausbleiben der Schankerbildung beobachteten (Levaditi u. Nattan-Larrier[10], Kolle[11], Kolle u. Schlossberger[12], Jahnel u. Lange[13], Manteufel u. Worms[14]), besteht nach Ansicht anderer Forscher kein solcher Zusammenhang zwischen den beiden Erkrankungen (Neisser, Baermann u. Halberstaedter[15], Nichols[16], Goodman[17], Schamberg u. Klauder[18], McKenzie[19], Matsumoto, Ikegami u. Takasaki[20]). Eine gewisse Verwandtschaft in immunisatorischer Hinsicht wird auch zwischen manchen ultravisiblen Krankheitserregern, z. B. zwischen Pocken- und Herpesvirus (Gildemeister u. Herzberg[21]) sowie zwischen Pocken- und Lyssavirus (Busson[22]; s. dagegen Gildemeister u. Karmann[23]) angenommen. Hinsichtlich der Bedeutung der Tuberkulosedurchseuchung als Schutz gegen Lepraerkrankungen vgl. S. 579.

---

[1] Buschke, A. u. H. Kroó: Klin. Wschr. 1, Nr 47, 2323 u. Nr 50, 2470 (1922); 2, Nr 13, 580 (1923) — Zbl. Bakter. I Orig. 95, 188 (1925) — Med. Klin. 21, Nr 34, 1276 u. Nr 35, 1313 (1925). — Kroó, H.: Dtsch. med. Wschr. 52, Nr 33, 1375 (1926) — Z. Hyg. 108, 617 (1928).
[2] Kritschewsky, J. L. u. M. A. Ljass: Arch. Schiffs- u. Tropenhyg. 29, 422 (1925).
[3] Tomioka, Y.: Zbl. Bakter. 92, 41 (1924). — Manteufel, P.: Ebenda I Orig. 96, 12 (1925).
[4] Jahnel, F.: Münch. med. Wschr. 73, Nr 48, 2015 (1926). — Jahnel, F. u. F. Lucksch: Med. Klin. 23, Nr 52, 2003 (1927).
[5] Prigge, R.: Dtsch. med. Wschr. 52, Nr 9, 356 (1926) — Dermat. Z. 47, 1 (1926). — Prigge, R. u. M. Rothermundt: Z. Hyg. 108, 398 u. 621 (1928).
[6] Schauder, H.: Arch. Schiffs- u. Tropenhyg. 32, 1 (1928).
[7] Schlossberger, H. u. F. W. Wichmann: Z. Hyg. 109, 493 (1929).
[8] Levaditi, C. u. T. E. Anderson: C. r. Acad. Sci. Paris 186, 653 (1928).
[9] Schlossberger, H.: Z. Hyg. 108, 627 (1928).
[10] Levaditi, C. u. L. Nattan-Larrier: Ann. Inst. Pasteur 22, 260 (1908).
[11] Kolle: Zitiert auf S. 598.   [12] Kolle u. Schlossberger: Zitiert auf S. 599.
[13] Jahnel, F. u. J. Lange: Münch. med. Wschr. 72, Nr 35, 1452 (1925) — Klin. Wschr. 5, Nr 45, 2118 (1926); 7, Nr 45, 2133 (1928) — Münch. med. Wschr. 74, Nr 35, 1487 (1927) — Z. Neur. 106, 416 (1926). — Siehe auch F. Jahnel: Naturwiss. 14, 1194 (1926); 17, 587 (1929).
[14] Manteufel, P. u. W. Worms: Zbl. Bakter. I Ref. 84, 473 (1927). — Siehe auch P. Manteufel: Syphilis in den Tropen. Handb. der Haut- u. Geschlechtskrankheiten, herausgeg. von J. Jadassohn 17 III, 351. Berlin: Julius Springer 1928.
[15] Neisser, A., G. Baermann u. Halberstaedter: Münch. med. Wschr. 53, Nr 28, 1337 (1906).
[16] Nichols, H. J.: J. of exper. Med. 14, 202 (1911) — Amer. J. trop. Med. 5, 429 (1925).
[17] Goodman, H.: Arch. of Dermat. 2, 6 (1920) — Ann. Mal. vénér. 16, 510 (1921).
[18] Schamberg, J. F. u. J. V. Klauder: Arch. of Dermat. 3, 49 (1921).
[19] McKenzie, A.: Lancet 1924 II, 1280.
[20] Matsumoto, S., Y. Ikegami u. S. Takasaki: Acta dermat. (Kyoto) 9, 113 (1927).
[21] Gildemeister, E. u. K. Herzberg: Dtsch. med. Wschr. 51, Nr 40, 1647 (1925); 53, Nr 4, 138 (1927).
[22] Busson, B.: Wien. klin. Wschr. 39, Nr 41, 1183 (1926); 40, Nr 14, 449 (1927).
[23] Gildemeister, E. u. P. Karmann: Zbl. Bakter. I Orig. 106, 63 (1928).

Aus den angeführten Feststellungen ergibt sich, daß der als Infektionsimmunität bezeichnete Zustand sich im Laufe der Erkrankung allmählich ausbildet, also erst nach längerdauernder Anwesenheit und Vermehrung der betreffenden Erreger im Körper manifest wird. Diese vor allem durch eine veränderte Reaktionsfähigkeit des Organismus, gleichzeitig aber auch noch durch das Auftreten von Serumveränderungen (z. B. WASSERMANNsche Reaktion bei Syphilis; vgl. insbesondere SACHS[1]) erkennbare Umstimmung der Zellen des infizierten Körpers kann zwar zur Ausbildung eines Gleichgewichtszustandes zwischen Makroorganismus und den infizierenden Mikroorganismen, d. h. zur sog. Latenz führen; sie reicht indessen zur restlosen Vernichtung der Infektionserreger im allgemeinen offenbar nicht aus. Wird daher bei latenter Infektion das zwischen Organismus und Krankheitserregern bestehende Gleichgewicht durch exogene oder endogene Einwirkungen erheblich gestört, so kann es zu einem Aufflackern und Fortschreiten des Krankheitsprozesses kommen. Andererseits könnte man sich aber vorstellen, daß die sog. Infektionsimmunität, welche ihrem Wesen nach nichts anderes als eine infolge des geringen Antigenreizes nur *partiell ausgebildete* und darum *unzureichende aktive Immunität* darstellen dürfte, unter der Wirkung derartiger interkurrenter Faktoren unter Umständen auch umgekehrt eine *Steigerung* erfahren und zur Ausheilung des Krankheitsprozesses führen kann. Für eine solche Möglichkeit sprechen insbesondere die günstigen Resultate, die gelegentlich bei geeigneten Fällen von Tuberkulose und auch Syphilis (besonders Paralyse) mittels der sog. Reiztherapie erzielt werden und wohl auf eine Aktivierung der entzündlichen Erscheinungen zu beziehen sind. Eine *Sterilisierung* des infizierten Organismus dürfte allerdings auch auf diese Weise wenigstens in der Mehrzahl der Fälle nicht zu erreichen sein, wie beispielsweise die bemerkenswerten Befunde von WARTHIN[2] zeigen, der bei zahlreichen Fällen von *klinisch nicht erkannter inaktiver* Syphilis und von klinisch und serologisch *anscheinend vollkommen ausgeheilter* Syphilis des Menschen Spirochäten in inneren Organen, besonders im Myocardium, in der Aorta, in den Nebennieren und in der Bauchspeicheldrüse färberisch nachweisen konnte. Auf Grund dieser Feststellungen ist WARTHIN[1] der Meinung, daß die Syphilis ebenso wie die Malaria oder die Tuberkulose überhaupt *niemals restlos ausheile,* daß sich vielmehr im günstigsten Falle gewissermaßen ein *Gleichgewichtszustand* zwischen den Erregern und dem befallenen Organismus ausbilde.

Ähnliche Feststellungen, die einen gewissen Schutz des infizierten Individuums gegen eine Superinfektion mit dem homologen Virus erkennen lassen, sind fernerhin auch noch mit verschiedenen anderen pathogenen Bakterien, wie Hühnercholera- und Paratyphusbacillen, Streptokokken und Pneumokokken, die als Erreger akuter Infektionskrankheiten gelten, erhoben worden (DENYS[3], KUTSCHER u. MEINICKE[4], CITRON[5], WOLF[6], MORGENROTH, BIBERSTEIN u. SCHNITZER[7], LANGE[8] u. a.; vgl. oben S. 593). Nach den Untersuchungsergebnissen von LANGE tritt indessen eine deutliche Immunität gegen Superinfektionen hier offenbar nur bei Verwendung solcher Krankheitserreger rasch ein, die auch in abgetötetem Zustand eine starke Antigenwirkung entfalten. Das Vorhandensein eines Schutzes wäre daher in

---

[1] SACHS, H.: Dtsch. med. Wschr. **51**, Nr 1, 16 (1925).

[2] WARTHIN, A. S.: Amer. J. med. Sci. **152**, 508 (1916) — Illinois med. J. (Juni 1917) — Amer. J. Syph. **2**, Nr 3 (1918).

[3] DENYS: Historisches über Bakteriotropine. Handb. der Immunitätsforschung u. experimentellen Therapie, herausgeg. von R. KRAUS u. C. LEVADITI **1** (nur 1. Lieferung erschienen), 140. Jena: G. Fischer 1914.

[4] KUTSCHER u. E. MEINICKE: Z. Hyg. **52**, 301 (1906).

[5] CITRON, J.: Z. Hyg. **53**, 515 (1906).

[6] WOLF, K.: Münch. med. Wschr. **55**, Nr 6, 270 (1908).

[7] MORGENROTH, J., H. BIBERSTEIN u. R. SCHNITZER: Dtsch. med. Wschr. **46**, Nr 13, 337 (1920).

[8] LANGE, B.: Z. Hyg. **94**, 135 (1921).

diesen Fällen weniger als Ausdruck einer sog. Infektionsimmunität anzusehen, sondern auf eine beschleunigt eingetretene echte Immunität zu beziehen.

Bei infektiösen Erkrankungen läßt sich, wie eben erwähnt, neben der akuten und der chronischen Verlaufsform noch der Zustand der sog. *Latenz* unterscheiden, der dadurch charakterisiert ist, daß pathogene Mikroorganismen zwar in dem Organismus eines einer empfänglichen Tierart angehörenden Individuums lange Zeit hindurch vorhanden sind, aber keinerlei Krankheitserscheinungen hervorrufen. So ist es z. B. von der Lepra bekannt, daß Infektion und Auftreten manifester Erscheinungen meist durch eine sehr lange Zeitspanne voneinander getrennt sind; nach Angaben der Autoren sind hier Inkubationsstadien bis zu 40 Jahren festgestellt worden (Walker, Liston und Dawson[1]). Außerdem kommt es aber bei leprainfizierten Menschen offenbar häufig überhaupt nicht zum nachweisbaren Ausbruch der Erkrankung (Noel[2], Serra[3]). Ebenso wissen wir auch von der Tuberkulose, daß die meisten Menschen in Europa und Nordamerika von ihr ergriffen werden, ohne daß der größte Teil jemals irgendwelche Anzeichen einer Erkrankung darbieten würde. Auch sind schon Erkrankungen an Malaria festgestellt worden, die erst nach mehrere Jahre lang dauernder Latenzperiode manifest geworden sind (Fossati und Salvo[4]). Ähnliche Beobachtungen über latente Infektionen sind dann vor allem während des Weltkriegs erhoben worden; es zeigte sich häufig, daß verschmutzte Wunden trotz der Gegenwart von Wundinfektionserregern in Heilung übergingen, daß aber später die „schlummernden" Keime z. B. durch Nachoperationen mobilisiert wurden und zum Ausbruch von Krankheitserscheinungen führten (Loeser[5], Melchior und Rosenthal[6], Wolfsohn[7]; vgl. auch Teale[8], Teale u. Bach[9], Shearer[10]). Verschiedene Autoren (Roncali[11], Tarozzi[12], Canfora[13], Francis[14], Reymann[15], Walbum[16]) hatten zum Teil schon früher nachgewiesen, daß Kaninchen, Meerschweinchen und Mäuse, die mit nichttödlichen Mengen von Tetanussporen infiziert worden waren, die Sporen monatelang in ihrem Organismus beherbergen, ohne irgendwelche Krankheitserscheinungen darzubieten, daß sie aber an akutem Tetanus eingehen, wenn ihnen irgendwelche andere Infektionserreger, z. B. Staphylokokken, die an sich keine Krankheitserscheinungen auslösen, injiziert werden. Neuerdings haben ferner Kolle und Evers[17] experimentell nachgewiesen, daß eine derartige primäre latente Infektion auch bei der Syphilis vorkommt; sie konnten feststellen, daß mit Syphilismaterial am Hoden infizierte Kaninchen, die keinerlei Zeichen einer syphilitischen Erkrankung darbieten (sog. „Nuller"), in ihren Lymphdrüsen (Poplitealdrüsen) häufig lebende infektionstüchtige

---

[1] Walker, N., G. Liston u. J. W. Dawson: Lancet **207**, Nr 11, 542 (1924).
[2] Noel, P.: Rev. prat. Mal. Pays chauds **1**, Nr 2, 50 (1923).
[3] Serra, A.: Giorn. ital. Dermat. **67**, 1109 (1926).
[4] Fossati, V. u. C. Salvo: Rev. Sud-Amer. Endocrin. **1925**, 871.
[5] Loeser, A.: Dtsch. med. Wschr. **43**, Nr 20, 618 (1927).
[6] Melchior, E. u. F. Rosenthal: Berl. klin. Wschr. **57**, Ni 13, 293 (1920).
[7] Wolfsohn, G.: Berl. klin. Wschr. **57**, Nr 27, 636 (1920).
[8] Teale, F. H.: Lancet **199**, Nr 6, 279 (1920).
[9] Teale, F. H. u. E. Bach: J. of Path. **23**, 315 (1920).
[10] Shearer, C.: J. of Hyg. **19**, 72 (1920).
[11] Roncali, D. B.: Boll. Soc. Naturalisti Napoli **7**, Nr 1 u. 2. (1895).
[12] Tarozzi, C.: Zbl. Bakter. I Orig. **40**, 305, 451 (1906).
[13] Canfora, M.: Zbl. Bakter. I Orig. **45**, 495 (1908).
[14] Francis, E.: Laboratory studies in tetanus. U. S. A. Hyg. Laborat. Washington D. C., Bull. Nr 95 (1914).
[15] Reymann, H. C.: Z. Immun.forschg **50**, 31 (1927).
[16] Walbum, L. E.: Z. Tbk. **48**, 193 (1927).
[17] Kolle, W. u. E. Evers: Dtsch. med. Wschr. **52**, Nr 14, 557 (1926). — Siehe auch W. Kolle: Zbl. Bakter. I Orig. **97**, Beiheft, 71 (1926).

Syphilisspirochäten enthalten. Bei Mäusen verläuft die Syphilis und auch die Framboesie überhaupt *ausschließlich* in Form der symptomlosen Infektion (KOLLE u. SCHLOSSBERGER[1], ZIH[2], KRITSCHEWSKI u. HERONIMUS[3], JAHNEL u. PRIGGE[4], LÉPINE[5]). Auch die Tuberkulose kann bei dieser Tierart völlig symptomlos (lediglich als Bacillendeponierung in den Organen) verlaufen (WALBUM[6]).

Von besonderem theoretischen Interesse ist ferner die von M. MAYER[7] beschriebene *Bartonellen*-Infektion der Ratten, die im allgemeinen nur nach Entmilzung manifest wird und dann zu einer meist tödlich endigenden Anämie führt. Schließlich wäre noch zu erwähnen, daß nach den Feststellungen von HEILIG und HOFF[8] latente *Herpes*-Infektionen beim Menschen durch psychische Traumen manifest werden können. (Über Aufflackern latenter Infektionen unter der Wirkung andersartiger Infektionen vgl. auch S. 577.)

Andererseits kennen wir auch zahlreiche Infektionskrankheiten, bei denen sich das Stadium der Latenz erst *sekundär* im Anschluß an manifeste Krankheitserscheinungen ausbildet. Derartige Erscheinungen werden besonders häufig bei Protozoeninfektionen, wie Malaria, Piroplasmosen, Trypanosomen- und Spirochätenerkrankungen beobachtet, kommen aber auch bei manchen durch bakterielle Erreger (Typhusbacillen, Gonokokken, Diphtheriebakterien, Eitererreger, Tuberkelbacillen u. a.) hervorgerufenen Erkrankungen vor (KRUSE, v. WASSERMANN[9]). Diese latente Infektion kann dann zeitlebens bestehen bleiben, so z. B. die Leptospiren- (SCHÜFFNER[10]) oder die Tularämieinfektion der Ratten (DIETER und RHODES[11]) oder die Infektion des Menschen mit Tuberkulose oder Syphilis (s. S. 601). Die im Blute oder meist in inneren Organen lokalisierten Parasiten können dann unter gewissen Umständen nach Ablauf eines gewissen Intervalls (Latenzstadium) wieder zu manifesten Krankheitserscheinungen führen (Rezidive; vgl. Rezidivstammbildung, s. S. 528), in anderen Fällen (z. B. Typhusbacillen in der Gallenblase bei sog. Dauerausscheidern) unterschieden sie sich in ihrem Verhalten zum Wirtsorganismus kaum von harmlosen Saprophyten.

Was das Wesen dieser *latenten* oder *kryptogenetischen Infektion* anlangt, so handelt es sich hierbei offenbar um einen Gleichgewichtszustand zwischen den Abwehreinrichtungen des Organismus und den Angriffsmitteln des betreffenden Krankheitserregers oder, wie v. WASSERMANN[9] sich ausdrückt, um eine temporäre oder dauernde „Kompensation" des Infektes durch die angeborenen oder erworbenen Schutzkräfte des Organismus. Temporär ist der Zustand offenbar dann, wenn es dem Mikroorganismus gelingt, sich den Abwehrstoffen des befallenen Makroorganismus anzupassen. Für das Zustandekommen der oben als „primäre latente Infektion" bezeichneten Erscheinung kann man entweder eine Infektion mit abgeschwächtem Virus oder aber eine erhöhte Resistenz des betreffenden Wirtskörpers als ursächliches Moment annehmen. Soweit es sich um latente Infektionen im Verlauf von Epidemien, bei denen ein großer Teil der infizierten

[1] KOLLE, W. u. H. SCHLOSSBERGER: Dtsch. med. Wschr. **52**, Nr 30, 1245 (1926); **54**, Nr 4, 129 (1928). — SCHLOSSBERGER, H.: Zbl. Bakter. I Orig. **104**, Beiheft, 237 (1927), s. auch S. 548.

[2] ZIH, A.: Med. Klin. **25**, Nr 11, 431 (1929).

[3] KRITSCHEWSKI, J. L. u. E. S. HERONIMUS: Klin. Wschr. **7**, Nr 52, 2472 (1928).

[4] JAHNEL, F. u. R. PRIGGE: Dtsch. med. Wschr. **55**, Nr 17, 694 (1929).

[5] LÉPINE, P.: C. r. Soc. Biol. Paris **101**, 777 (1929).

[6] WALBUM: Zitiert auf S. 602.

[7] MAYER, M.: Arch. Schiffs- u. Tropenhyg. **25**, 150 (1921). — Siehe auch M. MAYER, W. BORCHARDT u. W. KIKUTH: Ebenda **31**, Beiheft, 4 (1927).

[8] HEILIG, R. u. H. HOFF: Wien. klin. Wschr. **24**, Nr 38, 1472 (1928).

[9] WASSERMANN, A. v.: Festschrift der Kaiser Wilhelm-Gesellschaft zur Förderung der Wissenschaften, S. 236. Berlin 1921.

[10] SCHÜFFNER, W.: Arch. Schiffs- u. Tropenhyg. **29**, Beiheft, Nr 1, 333 (1925).

[11] DIETER, L. V. u. B. RHODES: J. inf. Dis. **38**, 541 (1926).

Individuen manifeste Krankheitserscheinungen darbietet, oder um Laboratoriums-
versuche handelt, bei denen von gleichmäßig infizierten Tieren nur ein bestimmter
Teil in typischer Weise erkrankt (z. B. Syphilis), dürfte in Anbetracht der gleichartigen Beschaffenheit des Infektionsstoffes im allgemeinen die individuelle
Resistenz als Ursache des Phänomens in Betracht kommen. Dasselbe gilt wohl
auch für solche Fälle, bei denen abgekapselte Wundinfektionserreger wieder
mobilisiert werden. Das Zustandekommen der latenten Infektion ist in solchen
Fällen offenbar weitgehend von der Beschaffenheit des lebenden Gewebes abhängig; wird dessen Lebensfähigkeit durch irgendwelche Einflüsse, z. B. durch
eine Nachoperation, beeinträchtigt, so kann die latente Infektion manifest werden.
Der „sekundären Latenz" liegen dagegen aktive Immunitätsvorgänge zugrunde,
die infolge ungenügender Intensität nicht zur vollständigen Sterilisierung des
Organismus geführt haben.

B. Aktive Immunität und Stoffwechsel.

Da ein anatomisches Substrat als Träger der erworbenen Immunität eines
Organismus nicht nachgewiesen werden kann, ist, wie bereits angedeutet, anzunehmen, daß die im Verlauf immunisatorischer Vorgänge im Körper eintretenden
Veränderungen rein *funktioneller* Art sind. Nun ist aber der Stoffwechsel die
hervorstechendste Äußerung des lebenden Protoplasmas, und in der Tat konnte
auch, wie hernach auszuführen sein wird, festgestellt werden, daß die Ausbildung
einer erworbenen Immunität mit erheblichen Änderungen des Zellmetabolismus
einhergeht. Dabei muß es allerdings noch unentschieden bleiben, inwieweit die
im Laufe der aktiven Immunisierung zu beobachtenden, von der Norm abweichenden Erscheinungen von seiten des Stoffwechsels einen integrierenden Bestandteil und inwieweit sie nur Begleitphänomene des immunisatorischen Prozesses darstellen.

Da es sich bei der Ausbildung einer aktiven Immunität um einen Prozeß
handelt, der, wie alle Anpassungsvorgänge des Organismus, *spezifisches* Gepräge
aufweist, kann es sich hier naturgemäß nicht etwa um eine einfache Steigerung
des normalen Zellstoffwechsels handeln. Wie oben (s. S. 585) hervorgehoben wurde,
wird zwar durch die verschiedenartigsten Einwirkungen chemischer und physikalischer Art, welche zu einer allgemeinen „Protoplasmaaktivierung" im Sinne
von Weichardt und damit zu einer Steigerung der Stoffwechselvorgänge führen,
auch die Empfänglichkeit des Organismus für manche Infektionskrankheiten
herabgesetzt. Im Gegensatz zu diesem von R. Pfeiffer als „Resistenzsteigerung",
von Much als „unabgestimmte Immunität" bezeichneten Phänomen ist jedoch die
aktiv erworbene Immunität durch ihre meist *sehr lange Dauer* und vor allem
durch ihre *streng spezifische Einstellung* auf ein bestimmtes Antigen charakterisiert. Auch die von W. Rosenthal[1] hervorgehobene Tatsache, daß die natürliche
Resistenz durch interkurrente Krankheiten, Wochenbett, Verletzungen, Blut-
verluste und andere Faktoren der verschiedensten Art entscheidend beeinflußt
werden kann, während bei der aktiv erworbenen Immunität keine derart erheblichen Schwankungen unter der Wirkung der genannten und anderer Einflüsse zu beobachten sind, weist auf eine im Verlauf des Immunisierungsprozesses
eintretende Änderung des Zellebens hin.

Der erste, der den Zusammenhang zwischen Stoffwechsel- und Immunitätsvorgängen unter Berücksichtigung der Spezifität des Erscheinungskomplexes
präzisiert und zur Grundlage eines Erklärungsversuchs vom Wesen der Immunität

---

[1] Rosenthal, W.: Arch. Schiffs- u. Tropenhyg. **24**, 142 (1920).

genommen hat, war EHRLICH[1]. Sein in der Seitenkettentheorie (betr. Einzelheiten vgl. insbesondere das Kapitel Antigene und Antikörper dieses Handbuchs) niedergelegter Gedankengang wurzelt in der Konzeption, daß die Immunitätsprozesse dadurch eingeleitet werden, daß bestimmte, der Ernährung dienende Funktionen des Zellprotoplasmas, die er als *Nutriceptoren* bezeichnet, durch das körperfremde und daher nicht assimilierbare Agens, also z. B. durch das Gift eines Krankheitserregers, auf Grund zufälliger chemischer Verwandtschaft mit Beschlag belegt werden. Entsprechend dem von WEIGERT[2] formulierten Regenerationsgesetz nimmt EHRLICH nun weiter an, daß die Zelle, soweit sie durch den Krankheitsstoff in ihrer Vitalität nicht schon zu sehr geschwächt ist, die durch diesen Ausfall bewirkte Schädigung ihres Stoffwechsels durch Neubildung entsprechender Gruppierungen nicht nur ausgleicht, sondern sogar überkompensiert und daß schließlich die derart im Überschuß gebildeten Receptoren von der Zelle abgestoßen werden und als Antikörper in die Körpersäfte übertreten. Nach dieser Theorie würde also der Immunisierungsvorgang darin bestehen, daß durch eine unter der Wirkung des Antigens *einseitig* gesteigerte Lebenstätigkeit der Zelle eine Überproduktion *präformierter*, auf das betreffende Agens spezifisch eingepaßter Protoplasmabestandteile, die schon beim nichtimmunisierten Individuum in geringer Menge auch im Blute als sog. Normalantikörper vorhanden sein können, stattfindet. EHRLICH steht demnach auf dem neuerdings auch von SAHLI[3] vertretenen Standpunkt, daß einerseits die Immun- und die Normalantikörper wesensgleich sind und daß andererseits die Antikörper in ihrer Gesamtheit die unter dem Begriff der Immunität zusammengefaßten Abwehrvorrichtungen des Organismus repräsentieren. Auch HIRSZFELD[4] ist, wenigstens hinsichtlich der Diphtherieimmunität, der Meinung, daß die Fähigkeit, Immunantikörper zu produzieren, eine konstitutionell bedingte Eigenschaft des Organismus darstellt, daß also die Immunstoffbildung nur als eine Entfaltung und Verstärkung der genotypisch bedingten Zellfähigkeiten anzusprechen ist. Allerdings ist darauf hinzuweisen, daß die Vorstellungen EHRLICHs über die Entstehung der Antikörper vorwiegend oder ausschließlich auf den Ergebnissen von Toxinversuchen aufgebaut sind und daher, streng genommen, nur zur Erklärung der Antitoxinbildung herangezogen werden dürfen. Die Frage, welcher Mechanismus der Ausbildung einer Immunität gegenüber intakten lebenden Infektionserregern zugrunde liegt, wird dadurch eigentlich nicht berührt.

Im Gegensatz zu den Anschauungen EHRLICHs stehen andere Autoren, wie LANDSTEINER und REICH[5], BAILEY[6] u. a. (vgl. auch S. 544) auf Grund experimenteller Untersuchungen auf dem Standpunkt, daß die immunisatorisch erzeugten Antikörper eine höhere Spezifität und eine stärkere Avidität zu dem betreffenden Antigen, als die entsprechenden Normalantikörper aufweisen, daß also die Immunstoffbildung nicht auf einer einseitigen Steigerung, sondern auf einer qualitativen *Abänderung* normaler Prozesse beruhe. Nach ihrer Ansicht stellen die Immunstoffe neugebildete Substanzen dar, die ihre Beschaffenheit auch noch während des Verlaufs der Immunisierung ändern; der Immunisierungsprozeß wäre danach als ein aus einzelnen Reaktionen sich zusammensetzender echter *Anpassungsvorgang* anzusehen, der schließlich zur Bildung spezifisch adaptierter Antikörper

---

[1] EHRLICH, P.: Die Wertbemessung des Diphtherieserums und deren theoretische Grundlagen. Klin. Jb. **6**, 299 (1898).

[2] WEIGERT, C.: Dtsch. med. Wschr. **22**, Nr 40, 635 (1896).

[3] SAHLI, H.: Schweiz. med. Wschr. **50**, 1129, 1153 (1920); **51**, 269 (1921).

[4] HIRSZFELD, L.: Klin. Wschr. **3**, Nr 46, 2084 (1924) — s. a. S. 535.

[5] LANDSTEINER, K. u. M. REICH: Z. Hyg. **58**, 213 (1907).

[6] BAILEY, C. E.: Amer. J. Hyg. **3**, 370 (1923).

führt. Für eine solche, auch nach Wegfall des spezifischen Reizes vielfach lange Zeit oder dauernd bestehen bleibende Umänderung der Zelltätigkeit spricht die Tatsache, daß bei früher gegen irgendwelche Antigene aktiv immunisierten Individuen, die keine Immunstoffe mehr im Blute aufweisen, häufig durch Einverleibung kleinster Dosen des homologen Antigens, die keinerlei Reaktionserscheinungen von seiten eines nicht vorbehandelten Organismus bewirken (s. S. 646), ja selbst durch unspezifische Reize der verschiedensten Art (Obermayer und Pick[1], Dieudonné[2], Dreyer und Walker[3], Conradi und Bieling[4], Fleckseder[5], Weichardt und Schrader[6], Tsukahara[7], Jaggi[8], Matsuda[9], Mackenzie und Frühbauer[10] u. a.) die erneute Ausschwemmung großer Antikörpermengen ins Blut bewirkt werden kann. Auch der Umstand, daß die erworbene Immunität gegenüber manchen Infektionskrankheiten in Anbetracht des Fehlens spezifischer Antikörper im Blute von manchen Autoren als histogen betrachtet wird, würde zutreffendenfalls darauf hindeuten, daß während des Immunisierungsprozesses in den Körperzellen erhebliche *funktionelle Umstellungen* eintreten. Ein derartiges qualitativ verändertes Verhalten des Organismus läßt sich insbesondere im Verlaufe chronischer Infektionskrankheiten feststellen; so konnten z. B., wie bereits erwähnt (s. S. 596) Ehrmann, sowie Finger und Landsteiner eine fortschreitende Umstimmung des syphilitisch infizierten Organismus, die sich nicht ausschließlich durch eine Steigerung präformierter Zellfunktionen erklären lassen dürfte, nachweisen.

Wenn auch die definitive Entscheidung dieser Frage weiteren Untersuchungen vorbehalten bleiben muß, so gewähren doch die Ergebnisse der ausgedehnten Untersuchungen über den Einfluß der immunisatorischen Prozesse auf die Funktionen der Zellen und Organe, speziell auf den Stoffwechsel, einen interessanten Einblick in die unter der Wirkung eines Antigens im Organismus sich abspielenden komplizierten Vorgänge. Auf den engen Zusammenhang der beiden Erscheinungen weist insbesondere die Tatsache hin, daß die verschiedenartigsten Einflüsse, welche die Stoffwechselvorgänge fördern bzw. beeinträchtigen, auch eine analoge Wirkung auf die Immunitätsprozesse ausüben. So erfahren Stoffwechsel- und Immunitätsvorgänge z. B. im Höhenklima (Stäubli[11], Potthoff und Heuer[12]) oder bei künstlicher Bestrahlung mit ultraviolettem Licht (Irala[13], Koenigsfeld[14]) bzw. mit kleinen Dosen von Röntgenstrahlen (Hektoen[15], Petersen und Saelhof[16], Theilhaber[17], Konrich[18]) vielfach eine erhebliche Steigerung, andererseits während des Winterschlafs eine beträchtliche Reduktion (Hausmann[19],

[1] Obermayer, F. u. E. P. Pick: Wien. klin. Wschr. 17, Nr 10, 265 (1904).
[2] Dieudonné, A.: Med. Klin. 2, Nr 22, 575 (1906).
[3] Dreyer, G. u. E. W. A. Walker: J. of Path. 14, 28 (1910).
[4] Conradi, H. u. R. Bieling: Dtsch. med. Wschr. 42, Nr 42, 1280 (1916).
[5] Fleckseder, R.: Wien. klin. Wschr. 29, Nr 21, 637 (1916).
[6] Weichardt, W. u. E. Schrader: Münch. med. Wschr. 66, Nr 11, 289 (1919).
[7] Tsukahara, J.: Z. Immun.forschg 32, 410 (1921).
[8] Jaggi, M.: Z. Immun.forschg 36, 482 (1923).
[9] Matsuda, T.: Z. Immun.forschg 41, 44 (1924).
[10] Mackenzie, G. M. u. E. Frühbauer: Proc. roy. Soc. Biol. a. Med. 24, 419 (1927).
[11] Stäubli, C.: Das Höhenklima als therapeutischer Faktor. Erg. inn. Med. 11, 72 (1913).
[12] Potthoff, P. u. G. Heuer: Zbl. Bakter. I Orig. 88, 299 (1922).
[13] Irala, J.: Ann. Igiene 30, 28 (1920).
[14] Koenigsfeld, H.: Z. exper. Med. 38, 410 (1923).
[15] Hektoen, L.: J. inf. Dis. 27, 23 (1920).
[16] Petersen, W. F. u. C. C. Saelhof: J. amer. med. Assoc. 76, 718 (1921) — Amer. J. Roentgenol. 8, 175 (1921).
[17] Theilhaber, A.: Strahlenther. 15, 605 (1923).
[18] Konrich: Zbl. Bakter. I Orig. 95, 237 (1925).
[19] Hausmann, W.: Pflügers Arch. 113, 317 (1906).

ZABOLOTNY[1]; s. auch CHAHOVITCH[2]). Dementsprechend bewirkt auch bei einem unter der Einwirkung eines Antigens stehenden Organismus die Einverleibung von Protoplasma- und Stoffwechselgiften, wie z. B. länger dauernde Alkoholzufuhr (DELÉARDE[3], P. TH. MÜLLER[4], C. FRAENKEL[5] u. a.), größere Dosen von Salicylsäure (SWIFT[6]), Injektion von Phloridzin (P.TH.MÜLLER[7]) oder von Dichloräthylsulfid (HEKTOEN und CORPER[8]), sowie Einatmung von Chlorgas oder schwefeliger Säure (RONZANI[9]) eine Verminderung der immunisatorischen Erscheinungen.

Zu erwähnen wäre noch in diesem Zusammenhange, daß dieselben Einflüsse chemischer und physikalischer Art, die beim nicht vorbehandelten Individuum eine Steigerung der natürlichen Resistenz gegenüber gewissen Infektionsstoffen hervorrufen können (s. S. 585), beim immunisierten Organismus vielfach einen erhöhten Gehalt des Blutes an spezifischen Immunstoffen zu bewirken vermögen. Nach HORGAN[10] besteht sogar ein gewisser Zusammenhang zwischen dem natürlichen Antikörperbildungsvermögen eines Organismus und dem Grad seiner Fähigkeit, auf solche unspezifische Reize zu reagieren. So wurde festgestellt, daß durch Einverleibung zahlreicher chemischer Substanzen, wie Pilocarpin (SALOMONSEN u. MADSEN[11], LITARCZEK[12]), geringe Alkoholmengen (FRAENKEL[13], FUKUHARA[14]), zimtsaures Natrium (P. TH. MÜLLER[7], KHANOLKAR[15]), Jodoxybenzoesäure (ARKIN[16]), Arsenpräparate (Literatur bei SCHLOSSBERGER[17]), Farbstoffe (FÜRST[18]), Metallsalze und kolloidale Metalle (WALBUM[19], WALBUM u. MÖRCH[20], WALBUM u. SCHMIDT[21], MADSEN[22], REYMANN[23], H. SCHMIDT[24], PICO[25], PACHECO[26], HORGAN[27], S. SCHMIDT[28]), Proteinkörper und heterologe Impfstoffe (PANE[29], FUKUHARA[14], FLECKSEDER[30], JÖTTEN[31], LÖHR[32], SCHULTZ[33], SEIFFERT[34], RUSS u. KIRSCHNER[35], THOMPSON[36], REITLER[37], MATSUDA[38] und viele andere), ferner durch BIERsche Stauung

[1] ZABOLOTNY, D.: Zbl. Bakter. I Orig. **106**, 397 (1928). Vgl. S. 539 u. 624.
[2] CHAHOVITCH, X.: C. r. Soc. Biol. Paris **84**, 731 (1921).
[3] DELÉARDE, A.: Ann. Inst. Pasteur **11**, 837 (1897).
[4] MÜLLER, P. TH.: Wien. klin. Wschr. **17**, Nr 11. 300 (1904).
[5] FRAENKEL, C.: Berl. klin. Wschr. **42**, Nr 3, 53 (1905).
[6] SWIFT, H. F.: J. of exper. Med. **36**, 735 (1922).
[7] MÜLLER, P. TH.: Arch. f. Hyg. **51**, 365 (1904).
[8] HEKTOEN, L. u. H. J. CORPER: J. inf. Dis. **28**, 279 (1921).
[9] RONZANI, E.: Arch. f. Hyg. **67**, 287 (1908).
[10] HORGAN, E. S.: Brit. J. exper. Path. **6**, 108 (1925).
[11] SALOMONSEN, C. J. u. TH. MADSEN: C. r. Acad. Sci. Paris **126**, 1229 (1898).
[12] LITARCZEK, S.: Z. exper. Med. **46**, 656 (1925).
[13] FRAENKEL, C.: Berl. klin. Wschr. **42**, Nr 3, 53 (1905).
[14] FUKUHARA, Y.: Arch. f. Hyg. **65**, 275 (1908).
[15] KHANOLKAR, V. R.: J. of Path. **27**, 181 (1924).
[16] ARKIN, A.: J. inf. Dis. **16**, 350 (1915).
[17] SCHLOSSBERGER, H.: Die experimentellen Grundlagen der Salvarsantherapie. Handb. der Salvarsantherapie, herausgeg. von W. KOLLE u. K. ZIELER **1** 19. Berlin u. Wien: Urban & Schwarzenberg 1924.
[18] FÜRST, TH.: Arch. f. Hyg. **89**, 161 (1920).
[19] WALBUM, L. E.: Biol. meddels **3**, Nr 6, 1 (1921) — C. r. Soc. Biol. Paris **80**, 761 (1921).
[20] WALBUM, L. E. u. J. R. MÖRCH: Ann. Inst. Pasteur **37**, 396 (1923).
[21] WALBUM, L. E. u. S. SCHMIDT: Z. Immun.forschg **42**, 32 (1925).
[22] MADSEN, TH.: J. State Med. **31**, 51 (1923) — Z. Hyg. **103**, 447 (1924).
[23] REYMANN, G. C.: Z. Immun.forschg **39**, 15 (1924).
[24] SCHMIDT, H.: Zbl. Bakter. I Orig. **95**, 74 (1925).
[25] PICO, C. E.: Rev. Inst. bacter. Depart. Nacional de Hig. (Buenos Aires) **4**, 63 (1925).
[26] PACHECO, G.: C. r. Soc. Biol. Paris **91**, 839 (1924).
[27] HORGAN, E. S.: Brit. J. exper. Path. **6**, 108 (1925).
[28] SCHMIDT, S.: Z. Immun.forschg **45**, 305 (1925).
[29] PANE, N.: Zbl. Bakter. Orig. **60**, 274 (1911).
[30] FLECKSEDER, R.: Wien. klin. Wschr. **29**, Nr 21, 637 (1916).
[31] JÖTTEN, K. W.: Arb. Reichsgesdh.amt **52**, 626 (1920).
[32] LÖHR, H.: Z. exper. Med. **24**, 57 (1921).
[33] SCHULTZ, M.: Arch. f. Dermat. **135**, 350 (1921).
[34] SEIFFERT, W.: Berl. klin. Wschr. **58**, Nr 31, 873 (1921).
[35] RUSS, V. K. u. L. KIRSCHNER: Z. Immun.forschg **32**, 131 (1921).
[36] THOMPSON, H. L.: J. of med. Res. **43**, 37 (1922).
[37] REITLER, R.: Z. Immun.forschg **40**, 453 (1924).
[38] MATSUDA, T.: Z. Immun.forschg **41**, 44 (1924).

(Klieneberger[1]), durch künstliche Erhöhung der Körpertemperatur (Lissauer[2], Rolly u. Meltzer[3], Fukuhara[4], Lüdke[5], Aronsohn u. Citron[6]), durch Hautverbrennungen (Flu[7]), vor allem auch durch andersartige Krankheitsprozesse (Conradi u. Bieling[8], Fleckseder[9] u. a.) spezifische Antikörper häufig, wenn auch nicht regelmäßig und offenbar nur bei der Immunisierung mit bestimmten Antigenen (vgl. insbesondere die negativen Ergebnisse von Hofmann[10], Hajós u. Sternberg[11], Joachimoglu u. Wada[12], Mc Intosh u. Klingsbury[13], Hartley[14], O'Brien[15], Konrich[16], Inoue[17]) in vermehrter Menge im Blute auftreten. Es handelt sich hierbei offenbar um eine unter der Wirkung der genannten Reize auf die antikörperbildenden Zellen eintretende gesteigerte Produktion und eine dadurch bedingte vermehrte Ausschwemmung von Immunstoffen ins Blut. Auch die Tatsache, daß der Antikörpergehalt des Blutes selbst nach erheblichen Aderlässen vielfach ohne vorübergehende Remission sich ziemlich konstant erhält oder selbst ansteigt (Roux u. Vaillard[18], Salomonsen u. Madsen[19], R. Pfeiffer[20], Friedberger u. Dorner[21], Lüdke[22], Schroeder[23], O'Brien[24], Spiethoff[25], Hahn u. Langer[26], Langer[27], Jötten[28], Olsen[29], Reymann[30], Iwata[31]), daß sogar bei früher immunisierten Individuen, in deren Körpersäften keine Antikörper mehr nachzuweisen sind, nach unspezifischen Reizen Immunstoffe wieder in beträchtlicher Menge im Blute auftreten können, spricht dafür, daß die Antikörper, wie dies Pfeiffer und Friedberger[32] ausdrücken, nicht etwa als die Residuen eines akuten, in wenigen Tagen sich abspielenden Prozesses aufzufassen sind, daß sie vielmehr die Produkte eines durch den Immunisierungsreiz angeregten Sekretionsprozesses, der langsam abklingend längere Zeit hindurch fortdauert, darstellen.

Ob es sich bei dieser nach unspezifischen Reizen gelegentlich beobachteten vermehrten Ausschwemmung von Antikörpern ins Blut um eine tatsächliche Erhöhung der spezifischen Unempfänglichkeit des betreffenden Organismus handelt, muß allerdings noch fraglich erscheinen. Die Entscheidung dieser Frage ist davon abhängig, welchen Standpunkt man hinsichtlich der theoretischen Vorstellung von dem Zustandekommen der spezifischen Immunisierung einnimmt. Folgt man den obenerwähnten Anschauungen Ehrlichs, so müßte man eigentlich zu dem Schlusse kommen, daß zwischen der spezifischen Immunität und der einfachen Resistenzsteigerung nur ein quantitativer Unterschied besteht. In beiden Fällen würde es sich dann um eine Steigerung einer präformierten Zelleigenschaft, die einmal einseitig und im Zusammenhang damit nach dieser Richtung stärker ausgeprägt ist, in dem anderen Fall zusammen mit einer Verstärkung anderer Zellfunktionen eintritt und quantitativ ein geringeres Ausmaß aufweist, handeln. Die im aktiv immunisierten Organismus unter der Wirkung unspezifischer Reize gelegentlich zu beobachtende vermehrte Ausschwemmung

[1] Klieneberger, C.: Mitt. Grenzgeb. Med. u. Chir. **19**, 836 (1909).

[2] Lissauer, M.: Arch. f. Hyg. **63**, 331 (1907).

[3] Rolly, F. u. Meltzer: Dtsch. Arch. klin. Med. **94**, 335 (1908).

[4] Fukuhara: Zitiert auf S. 607.

[5] Lüdke, H.: Dtsch. Arch. klin. Med. **95**, 425 (1909).

[6] Aronsohn, E. u. J. Citron: Z. exper. Path. 8, 13 (1911).

[7] Flu, P. C.: Z. Hyg. **100**, 302 (1923).

[8] Conradi, H. u. R. Bieling: Dtsch. med. Wschr. **42**, Nr 42, 1280 (1916).

[9] Fleckseder: Zitiert auf S. 607.   [10] Hofmann, A.: Z. Hyg. **93**, 18 (1921).

[11] Hajós, K. u. F. Sternberg: Z. Immun.forschg **34**, 218 (1922).

[12] Joachimoglu, G. u. Y. Wada: Arch. f. exper. Path. **93**, 269 (1922).

[13] Mc Intosh, J. u. A. N. Klingsbury: Brit. J. exper. Path. **5**, 18 (1924).

[14] Hartley, P.: Brit. J. exper. Path. **5**, 306 (1924).

[15] O'Brien, R. A.: Brit. med. J. **1924**, 13. Dezember.

[16] Konrich: Zitiert auf S. 606.   [17] Inoue, M.: Verh. jap. Ges. inn. Med. **1927**, 6.

[18] Roux, E. u. Vaillard: Ann. Inst. Pasteur **7**, 64 (1893).

[19] Salomonsen, C. J. u. Th. Madsen: Ann. Inst. Pasteur **12**, 763 (1898); **13**, 262 (1899).

[20] Pfeiffer: XIIIe Congrès internat. d'Hygiène et de Demogr., Brüssel 1903. C. r. congrès **2** (1903).

[21] Friedberger u. Dorner: Zbl. Bakter. I Orig. **38**, 544 (1905).

[22] Lüdke, H.: Zbl. Bakter. I Orig. **37**, 288, 419 (1905); **40**, 576 (1906).

[23] Schroeder, K.: Om Aareladningens Indflydelse paa Blodets Aglutinin-Holighed. Inaug.-Dissert. Kopenhagen 1909.

[24] O'Brien, R. A.: J. of Path. **18**, 89 (1913) — J. of Hyg. **13**, 353 (1913).

[25] Spiethoff, B.: Med. Klin. **12**, Nr 47, 1223 u. Nr 48, 1252 (1916).

[26] Hahn, M. u. H. Langer: Z. Immun.forschg **26**, 199 (1917).

[27] Langer, H.: Z. Immun.forschg **31**, 290 (1921).   [28] Jötten: Zitiert auf S. 607.

[29] Olsen, O.: Z. Immun.forschg **31**, 284 (1921).   [30] Reymann: Zitiert auf S. 607.

[31] Iwata, A.: Acta Scholae med. Kyoto **9**, 485 (1927).

[32] Pfeiffer, R. u. E. Friedberger: Zbl. Bakter. I Orig. **37**, 131 (1905).

spezifischer Antikörper ins Blut würde dementsprechend im Sinne der EHRLICHschen Theorie eine weitere Steigerung der Immunitätsvorgänge darstellen. Wenn man sich dagegen der von anderen Autoren (LANDSTEINER u. REICH u. a.; s. S. 605) vertretenen Annahme anschließt, daß die erworbene Immunität nicht auf einer einseitigen Steigerung, sondern auf einer qualitativen Änderung der Zelltätigkeit beruht, so würde es sich um prinzipiell verschiedene Vorgänge handeln. Man hätte hier anzunehmen, daß der durch bestimmte endo- oder exogene Einwirkungen bedingte vermehrte Antikörpergehalt des Blutes eines immunisierten Individuums in gleicher Weise, wie die unter ähnlichen oder denselben Einflüssen auftretende Resistenzsteigerung eines nicht vorbehandelten Organismus lediglich eine quantitative Erhöhung gewisser, dem betreffenden *Zustand* des Körpers entsprechender Zellleistungen, also nicht etwa eine Verstärkung oder Beschleunigung der qualitativen Veränderungen der Protoplasmatätigkeit repräsentiert. Dafür würde auch die Feststellung von HORGAN[1] sprechen, daß die unspezifischen Reize (Manganchlorür) nur eine vorübergehende Steigerung des Antikörpergehaltes des Bluts bewirken. Einer scharfen Trennung der spezifischen und unspezifischen Vorgänge auf experimentellem Wege stehen in solchen Fällen zweifellos recht erhebliche Schwierigkeiten im Wege. Vor allen Dingen ist daran zu denken, daß in einem Organismus, der noch das betreffende Antigen enthält, die Reaktionsabläufe unter der Wirkung des unspezifischen Reizes auch in qualitativer Hinsicht eine Veränderung erfahren können (O'BRIEN[2] u. a., vgl. auch LUITHLEN[3], BIELING[4]).

Die Analyse der durch infektiöse Prozesse oder durch Antigenzufuhr im Organismus ausgelösten Wirkungen auf den Stoffwechsel hat durch die Untersuchungen zahlreicher Autoren über das Schicksal parenteral einverleibter *artfremder Proteine* und durch das Studium der durch diese und durch ihre Abbauprodukte im Tierkörper bewirkten Vorgänge eine wesentliche Förderung erfahren. Besonders bedeutsam sind in dieser Hinsicht die Ergebnisse der *Anaphylaxieforschung*, sowie die zur Begründung und Erklärung der neuerdings in den Vordergrund des Interesses gerückten sog. *unspezifischen Therapie* (Proteinkörpertherapie, Kolloidtherapie, Reiztherapie usw.; vgl. insbesondere WEICHARDT, KAZNELSON, SACHS, PETERSEN, BUSSON, CARMALT JONES) unternommenen Untersuchungen. Da indessen sowohl die Fragen des parenteralen Eiweißstoffwechsels (vgl. auch CASPARI) und dessen Beziehungen zur Anaphylaxie (vgl. DOERR, sowie SELIGMANN und v. GUTFELD), als auch die Änderungen des Gesamtstoffwechsels unter pathologischen Bedingungen (vgl. F. KRAUS) an anderen Stellen dieses Handbuchs eingehend diskutiert werden, kann ich mich unter Bezugnahme auf diese ausführlichen Darstellungen hier auf eine kurze Zusammenfassung der über den Einfluß der Immunitätsvorgänge auf den Stoffwechsel bisher vorliegenden Experimentalbefunde beschränken.

Es ist eine alte, schon durch die Erfahrungen bei der Pockenimpfung begründete Annahme, daß die häufig mit Fieber und sonstigen Begleiterscheinungen verbundene Immunisierung mittels abgeschwächter oder abgetöteter Krankheitserreger, die ja ihrem Wesen nach nichts anderes als eine abortiv oder lokal verlaufende Infektionskrankheit darstellt, ebenso wie diese — wenn auch in wesentlich geringerem Grade — die gesamten Funktionen des Organismus und damit auch die Stoffwechselvorgänge beeinflußt. In Bestätigung dieser ursprünglich rein empirischen Feststellungen hat nun aber die experimentelle Forschung zeigen können, daß nicht nur die mit solchen, an sich toxischen Substanzen meist bakterieller Herkunft arbeitenden Impfverfahren Umwälzungen der Stoffwechselvorgänge im weitesten Sinne des Wortes bewirken, daß vielmehr in analoger Weise auch bei der Behandlung des Menschen- und Tierkörpers mit an sich ungiftigen artfremden Eiweißstoffen, z. B. bei der Heilserumtherapie, die sich ja fast ausschließlich des Serums immunisierter Pferde bedient, oder bei der

---

[1] HORGAN, E. S.: Brit. J. exper. Path. **6**, 108 (1925).

[2] O'BRIEN, R. A.: Brit. med. J. **1924** (13. Dezember).

[3] LUITHLEN, F.: Wien. klin. Wschr. **29**, Nr 9, 253 (1916) — Münch. med. Wschr. **66**, Nr 16, 447 (1919).

[4] BIELING, R.: Klin. Wschr. **2**, 1245 (1923).

39

Proteinkörperbehandlung derartige Reaktionen, die man als Ausdruck einer Umstimmung des Organismus auffassen darf, eintreten. Nach den Ausführungen
von Pick scheint diese Alteration des Stoffwechsels für den Immunisierungseffekt
sogar unbedingt notwendig zu sein, da „alle jene Substanzen, welche im intermediären Stoffwechsel durch die normalerweise den Zellen zur Verfügung stehenden Hilfskräfte verarbeitet werden können, keine antigenen Eigenschaften aufweisen". Immunisatorische Vorgänge treten danach also nur dann ein, wenn
heterogene, für den intermediären Stoffwechsel differente Stoffe in genuiner
Form, d. h. unter Umgehung des im Intestinaltraktus normalerweise stattfindenden fermentativen Abbaus, d. h. bei parenteraler Zufuhr oder bei erhöhter
oder abnormer Durchlässigkeit der Magen-Darmschleimhaut auch von den Verdauungswegen aus (Ehrlich[1], van Ermengem[2], Uhlenhuth[3], Ascoli[4], Michaelis[5], Ganghofner und Langer[6], P. H. Römer[7], Schkarin[8], Uffenheimer[9]
u. a.) in die Blutbahn gelangen und infolge ihrer Artfremdheit einen Reiz, den
sog. *„Immunisierungsreiz"*, auf den Organismus ausüben (vgl. S. 517).

Wenn wir auch über die durch den immunisatorischen Eingriff bewirkte Beeinflussung
des Stoffwechsels einiges wissen, so sind doch unsere Kenntnisse über den eigentlichen
Mechanismus dieser durch die Antigenzufuhr im Organismus eingeleiteten Vorgänge noch
recht mangelhaft. Vor allem gehen hinsichtlich der Frage, wie weit diese Stoffwechseländerungen bei der spezifischen Immunisierung direkt mit den Schutzmaßnahmen des
Organismus zusammenhängen, die Ansichten der Autoren auseinander. Es ist noch eine
offene Frage, ob die wohl als primäre Reaktion auf die Antigeneinverleibung anzusprechende
Änderung des Eiweiß- und des Lipoidstoffwechsels als auslösender Faktor der Immunitätsphänomene zu betrachten ist, oder ob die insbesondere im Blute nachweisbaren Reaktionserscheinungen, über welche wir genauer unterrichtet sind, das ausschlaggebende Moment
darstellen. Es sind zur Erklärung dieser komplizierten Verhältnisse dementsprechend auch
verschiedene Hypothesen, von denen hernach im geeigneten Zusammenhange die Rede
sein wird, aufgestellt worden.

Durch die Untersuchungen von Oppenheimer[10], Friedemann und Isaac[11],
Hamburger und Sluka[12], Abderhalden und seinen Mitarbeitern, Schittenhelm und Weichardt[13], Heilner[14], Arnoldi[15] u. a. wurde festgestellt, daß vielfach schon nach erstmaliger parenteraler Einverleibung der Antigene nachweisbare Änderungen des Stoffwechsels, besonders eine Erhöhung des *Eiweißumsatzes*,
eintreten. Diese Erscheinungen erfahren, wie die Beobachtungen der genannten
Autoren weiter zeigen, bei einer nach einem bestimmten Intervall erfolgten
Wiederholung der Antigeninjektion eine erhebliche, häufig mit schweren Krankheitssymptomen verbundene Steigerung, die sich vor allem in einer Mehrausscheidung von inkoagulablen Stickstoffsubstanzen zu erkennen gibt. Abgesehen
davon, ob es sich um eine erstmalige oder um eine wiederholte Antigeninjektion

---

[1] Ehrlich, P.: Dtsch. med. Wschr. **17**, Nr 32, 976 u. Nr 44, 1218 (1891).
[2] van Ermengem: Z. Hyg. **26**, 1 (1897).
[3] Uhlenhuth: Dtsch. med. Wschr. **26**, Nr 46, 734 (1900).
[4] Ascoli, M.: Münch. med. Wschr. **49**, Nr 10, 398 (1902).
[5] Michaelis, L.: Dtsch. med. Wschr. **28**, Nr 41, 733 (1902).
[6] Ganghofner u. J. Langer: Münch. med. Wschr. **51**, Nr 34, 1497 (1904).
[7] Römer, P. H.: Berl. klin. Wschr. **38**, Nr 46, 1150 (1901) — Z. Immun.forschg **1**, 171
(1909).
[8] Schkarin, A.: Arch. Kinderheilk. **46**, 357 (1907).
[9] Uffenheimer: Diskussionsbemerkungen. Mschr. Kinderheilk. **6**, 60 (1908).
[10] Oppenheimer, C.: Beitr. chem. Physiol. u. Path. **4**, 263 (1904).
[11] Friedemann, U. u. S. Isaac: Z. exper. Path. **1**, 513 (1905); **3**, 209 (1906).
[12] Hamburger, F. u. E. Sluka: Wien. klin. Wschr. **18**, Nr 50, 1323 (1905).
[13] Schittenhelm, A. u. W. Weichardt: Münch. med. Wschr. **57**, Nr 34, 1769 (1910);
58, Nr 16, 841 (1911); **59**, Nr 2, 67 u. Nr 20, 1089 (1912).
[14] Heilner, E.: Z. Biol. **58**, 333 (1912).
[15] Arnoldi, W.: Z. exper. Med. **42**, 502 (1924).

handelt, ist der Grad der ausgelösten Stoffwechselveränderung noch von der Menge, vor allen Dingen aber, wie insbesondere die Erfahrungen mit der Vaccinations- und Proteinkörpertherapie lehren, von der Art des betreffenden Antigens abhängig. Während einmalige Einspritzungen auch relativ hoher Dosen an sich ungiftiger Eiweißstoffe den Stoffwechsel des gesunden Organismus meist nur wenig beeinflussen, vielmehr lediglich eine rasch vorübergehende Mehrausscheidung an Stickstoff, deren Menge ungefähr dem parenteral einverleibten Stickstoffquantum entspricht, bewirken (FRIEDEMANN und ISAAC[1], LOMMEL[2], DE WAELE und VANDEVELDE[3], SCHITTENHELM und WEICHARDT[4]), sind bei Verwendung gewisser, besonders an sich toxischer Antigene schon nach der erstmaligen parenteralen Applikation Stickstoffwerte im Harne festzustellen, deren Höhe die Zufuhr erheblich übertrifft (s. auch MICHAELIS und RONA[5]). So konnten z. B. SCHITTENHELM und WEICHARDT an Kaninchen und besonders an Hunden schon nach einmaliger subcutaner Einspritzung geringster Mengen von Colibacilleneiweiß Steigerungen der Stickstoffausscheidung hervorrufen, wie sie selbst bei Anwendung toxischer Eiweißspaltprodukte (z. B. Pepton) erst nach Einverleibung verhältnismäßig großer Mengen zu beobachten waren. Auch MALMBERG[6], der neuerdings die Beeinflussung des Stoffwechsels durch die Pocken- und Typhusschutzimpfung bei Kindern eingehend studierte, stellte bei beiden Eingriffen eine verschlechterte Stickstoffretention infolge erhöhter Ausscheidung von inkoagulablen Stickstoffsubstanzen durch den Harn, außerdem noch eine Abnahme der gebundenen Faecesfettsäuren (Seifen) und eine verschlechterte Retention der Mineralbestandteile fest.

Neben dem Eiweißstoffwechsel ist es offenbar hauptsächlich der *Lipoidstoffwechsel*, der, wie besonders die Untersuchungen über die Veränderungen der Blutlipoide infolge immunisatorischer Vorgänge zeigen, durch die Antigeneinverleibung erheblich in Mitleidenschaft gezogen wird. Es ist natürlich nicht ausgemacht, daß Veränderungen im Lipoidgehalt des Blutes stets als Ausdruck von Stoffwechselvorgängen im eigentlichen Sinne des Wortes zu betrachten sind; es ist hier vielmehr auch an die Möglichkeit zu denken, daß es sich einfach um Verteilungsunterschiede handelt. Soweit allerdings diese Vorgänge, wie noch zu erörtern sein wird, auf Zellzerstörung zurückzuführen sind, wird man sie wohl mit Recht unter dem Gesichtspunkt der Stoffwechselveränderung betrachten.

Unsere diesbezüglichen Kenntnisse sind jedoch noch recht unvollständig, da eingehendere Studien über die hier bestehenden Beziehungen erst in den letzten Jahren eingesetzt haben. Der Grund hierfür ist vor allem darin zu suchen, daß bis vor kurzem keine praktisch brauchbaren Methoden zur Verfügung standen, die eine Trennung und hinreichend exakte Mengenbestimmung der Lipoide auch in kleinen Flüssigkeitsquanten gestattet hätten. Da die unter dem Einfluß infektiöser oder besonders immunisatorischer Vorgänge eintretenden Steigerungen der schon normalerweise vorhandenen Schwankungen des Lipoidgehalts, speziell des Cholesterins im Blute vielfach nur von kurzer Dauer sind, ist weiterhin wohl anzunehmen, daß die zwischen den Angaben der einzelnen Autoren zum Teil noch bestehenden Unterschiede hauptsächlich darauf zurückzuführen sind, daß die Lipoidbestimmungen in verschiedenen Phasen des Reaktionsablaufs vorgenommen wurden. Daneben müssen aber auch die Verschiedenheiten der zum quantitativen Lipoidnachweis benutzten Methoden, ferner der Umstand, daß manche Autoren den Gehalt des Blutes an bestimmten Lipoiden, vor allem an Cholesterin zu ermitteln suchten, während andere auf die Feststellung der Gesamtlipoidmenge sich beschränkten, für die mangelnde Übereinstimmung der vorliegenden Versuchsergebnisse verantwortlich gemacht werden.

[1] FRIEDEMANN, U. u. S. ISAAC: Zitiert auf S. 610 — Z. exper. Path. **4**, 830 (1907).
[2] LOMMEL, F.: Arch. f. exper. Path. **58**, 50 (1908).
[3] WAELE, H. DE u. A. J. J. VANDEVELDE: Biochem. Z. **30**, 227 (1911).
[4] SCHITTENHELM, A. u. W. WEICHARDT: Z. exper. Path. **10**, 412, 448 (1912); **11**, 69 (1912).
[5] MICHAELIS, L. u. P. RONA: Pflügers Arch. **121**, 163 (1908).
[6] MALMBERG, N.: Acta paediatr. (Stockh.) **2**, 209 (1923).

Nach parenteraler Zufuhr von Eiweißstoffen in kleinen Mengen stellte Gabbe[1] ein Ansteigen, bei höheren Dosen zunächst ein mit Steigerung der Körpertemperatur verbundenes Absinken des Blutlipoidgehalts, dann eine Vermehrung desselben über die ursprüngliche Menge hinaus fest. Auch Stern und Reiss[2] konnten an Hunden nach sensibilisierenden Injektionen von inaktiviertem Rinderserum eine sehr erhebliche Steigerung der Blutlipoide, und zwar sowohl der Petroläther- als auch der Alkoholfraktion beobachten. Der nach Reinjektion eintretende anaphylaktische Shock war von einem raschen und steilen Absinken des Lipoidspiegels im Blute gefolgt, womit die Angaben von Dold und Rhein[3], daß Cholesterin einen hemmenden Einfluß auf die Anaphylatoxinbildung ausübt, und von Achard und Flandin[4] sowie Duprez[5], daß Injektionen von Lecithin oder Lipoidgemischen (z. B. alkoholischer Rinderherzextrakt) das Auftreten des anaphylaktischen Shocks zu verhindern vermögen, im Einklang stehen.

Soweit die wenigen bisher vorliegenden, zum Teil sich widersprechenden Angaben über die Beeinflussung der Blutlipoide bei Tieren durch Immunisierungsprozesse Schlüsse zu ziehen erlauben, ist die hier in Frage stehende Reaktionsweise weitgehend von der betreffenden Tierart und von dem zur Immunisierung gewählten Antigen abhängig. Nach Marie[6] ist es nicht ganz leicht, die beim Menschen festgestellten Phasen im Tierversuch zu reproduzieren, da die schweren Intoxikationserscheinungen hier meist nur von kurzer Dauer sind. Beim Kaninchen beobachtete Marie nach parenteraler Zufuhr bakterieller Antigene erhebliche Steigerungen oder starke Verminderungen des Cholesterinspiegels im Blute. So war nach Einspritzung von Typhusbacillen, Staphylo- und Streptokokken sowie Lyssavirus eine Zunahme des Blutcholesterins auf etwa das 3—4fache, und zwar nach Einverleibung tödlicher Dosen schon wenige Stunden nach der Injektion nachweisbar (s. auch Danysz-Michel und Laskownicki[7]). Dagegen trat nach Tetanusgifteinspritzungen mit dem Erscheinen der Krankheitssymptome ein Absinken des Blutcholesterins ein. Während Koldajeff[8] bei diphtherieimmunisierten Pferden normale Cholesterinwerte im Blute, also keinerlei Beziehungen zwischen der Höhe des antitoxischen Titers und dem Cholesteringehalt nachweisen konnte, fand Marie[9], daß bei Pferden durch die langdauernde Behandlung mit Diphtherie- oder Tetanusgift ein Absinken des Serumcholesterins von normalerweise 0,04% auf 0,02—0,038%, und zwar vielfach umgekehrt proportional dem Antitoxingehalt eintritt. Im Laufe der Diphtherieimmunisierung ist, wie Marie auf Grund von Untersuchungen an Pferden weiter angibt, im Anschluß an die erste Injektion eine Hypercholesterinämie, der dann mit dem Ansteigen des Titers eine Verminderung des Blutcholesterins folgt, zu beobachten. Bei schlechten Antitoxinbildnern tritt häufig eine erhebliche Steigerung des Blutcholesterins während der Immunisierung ein. Die frühere Angabe von Takaki[10], der im Serum tetanusimmuner Pferde eine Zunahme chloroformextrahierbarer Substanzen festgestellt hatte, dürfte vielleicht darauf beruhen, daß Takaki zufällig Serum eines im Stadium der Hypercholesterinämie befindlichen Pferdes untersuchte. Bei Kaninchen, die mit Hammelblutkörperchen

[1] Gabbe, E.: Münch. med. Wschr. **68**, Nr 43, 1377 (1921).
[2] Stern, W. u. M. Reiss: Z. exper. Med. **29**, 388 (1922).
[3] Dold, H. u. M. Rhein: Z. Immun.forschg Orig. **20**, 520 (1914).
[4] Achard, Ch. u. Ch. Flandin: C. r. Soc. Biol. Paris **71**, 91 (1911).
[5] Duprez, Ch.: C. r. Soc. Biol. Paris **86**, 285 (1922); **89**, 420 (1923).
[6] Marie, A.: Ann. Inst. Pasteur **37**, 921 (1923); **38**, 945 (1924).
[7] Danysz-Michel u. S. Laskownicki: C. r. Soc. Biol. Paris **91**, 632 (1924).
[8] Koldajeff, B. M.: Russk. fiziol. Ž. **3**, 139 (1921).
[9] Marie, A.: C. r. Soc. Biol. Paris **88**, 76, 875 (1923); **89**, 504 (1923).
[10] Takaki, K.: Beitr. chem. Physiol. u. Path. **11**, 288 (1908).

immunisiert wurden, konnte endlich PRIGGE[1] zum Teil einen deutlichen Parallelismus zwischen dem Hämolysingehalt und der Höhe des Cholesterinspiegels im Blute beobachten; bei dem größten Teil der Tiere war jedoch infolge der Eigenschwankungen des Blutcholesterins keinerlei Zusammenhang zwischen den beiden Erscheinungen nachzuweisen.

Die im vorstehenden geschilderten Stoffwechselveränderungen, vor allem die nach wiederholten Injektionen ungiftiger artfremder Eiweißkörper oder schon nach erstmaliger Einspritzung von Bakterienproteinen zutage tretende vermehrte Stickstoffausscheidung, die ihrem Wesen nach mit den besonders bei fieberhaften infektiösen Prozessen erhöhten Stickstoffwerten (vgl. insbesondere KREHL und MATTHES[2]) in Analogie gesetzt werden darf, aber auch die Veränderungen des Blutlipoidgehalts deuten darauf hin, daß das Primäre bei den Immunisierungsvorgängen ein *Zellzerfall* ist. Die Ursache und das Zustandekommen dieser Einschmelzung körpereigener Substanz sind aber ihrerseits offenbar aufs engste mit dem Schicksal des Antigens im Organismus verknüpft. Da wir über diese Frage einigermaßen orientiert sind, lassen sich an Hand des darüber vorliegenden Tatsachenmaterials auch hinsichtlich des Zellzerfalls gewisse Rückschlüsse ziehen.

Die *Verteilung* der dem Organismus parenteral zugeführten Antigene ist weitgehend von dem physikalischen Charakter der betreffenden Lösung abhängig. Gröbere Suspensionen, also z. B. Aufschwemmungen von Bakterien oder Blutkörperchen werden zunächst von Zellen des reticuloendothelialen Apparates aufgenommen, also bei intravenöser Einverleibung hauptsächlich in den KUPFFERschen Sternzellen der Leber und in den Reticuloendothelzellen der Milz deponiert (s. S. 631). Gelöste Eiweißkörper, zu denen unter anderem auch die bakteriellen, tierischen und pflanzlichen Toxine gehören, werden dagegen nach erfolgter Resorption, deren Schnelligkeit abgesehen von der Diffusibilität des betreffenden Antigens, noch von der Permeabilität der Zellmembranen abhängt (COOK[3]), meist durch den Blutstrom im Körper verteilt und teilweise oder restlos im Gewebe fixiert (s. S. 542). Der Ablauf dieses Vorgangs ist vor allen Dingen von dem Vorhandensein entsprechender Zellreceptoren und von der Avidität dieser und der Antigenreceptoren abhängig. So verschwinden z. B. intravenös injizierte Toxine in einem empfänglichen Organismus sehr rasch aus der Blutbahn, da sie hier quantitativ in gewissen inneren Organen festgehalten werden, während sie bei Tierarten, in deren Gewebe infolge Receptorenmangels eine derartige Giftbindung nicht stattfindet, noch lange Zeit im Blute nachgewiesen werden können (Näheres s. bei SACHS). Ähnliche Feststellungen hat man auch nach parenteraler Einverleibung an sich ungiftiger artfremder Eiweißstoffe gemacht; es zeigte sich nämlich, daß das zugeführte artfremde Serum u. dgl. im Kreislauf entsprechend immunisierter oder sensibilisierter Tiere kürzere Zeit verweilt als im Blute nichtvorbehandelter Individuen derselben Art (COOK[3], MACKENZIE und LEAKE[4], MACKENZIE[5], OPIE[6]), bei denen es zum Teil unverändert durch die Nieren wieder ausgeschieden (FRIEDEMANN und ISAAC[7] u. a.), zum Teil aber als solches, vielleicht nach vorausgegangener Änderung seiner physikalischen Eigenschaften (durch Polymerisation, durch Adsorption von Plasmabestandteilen od. dgl.), ebenfalls als Zelleinschluß, vor allem in der Leber gespeichert wird (s. bei CASPARI).

---

[1] PRIGGE, R.: Z. Hyg. **105**, 299 (1926).
[2] KREHL, L. u. MATTHES: Arch. f. exper. Path. **40**, 436 (1898).
[3] COOK, M. W.: J. of Immun. **5**, 39 (1920).
[4] MACKENZIE, G. M. u. W. H. LEAKE: J. of exper. Med. **33**, 601 (1921).
[5] MACKENZIE, G. M.: J. of exper. Med. **37**, 491 (1923).
[6] OPIE, E. L.: J. of exper. Med. **39**, 659 (1924).
[7] FRIEDEMANN, U. u. S. ISAAC: Z. exper. Path. **1**, 513 (1905); **3**, 209 (1906).

Wenn man zunächst die oben geschilderten Veränderungen des Eiweißstoffwechsels nach Antigenzufuhr mit den hier kurz skizzierten Feststellungen über das Schicksal der parenteral einverleibten Antigene vergleicht, so ergibt sich, daß zwischen der Schnelligkeit der Antigenfixierung an die Gewebsreceptoren und der Intensität der Störung des Eiweißstoffwechsels ein gewisser Parallelismus besteht. Während nämlich an sich ungiftige Antigene, also z. B. artfremdes Serum oder Eiereiweiß im nichtvorbehandelten Organismus trotz langdauernden Kreisens in der Blutbahn gar keine oder nur eine geringe Mehrausscheidung an inkoagulablen Stickstoffsubstanzen verursachen, bewirkt die Injektion von Bakterientoxinen oder die nach entsprechendem Intervall vorgenommene Reinjektion artfremder Eiweißstoffe, die beide von einer raschen Antigenverankerung an die entsprechenden Zellen gefolgt sind, auch eine mehr oder weniger erhebliche Veränderung des Stickstoff-Stoffwechsels. Daraus folgt nun aber mit einer gewissen Wahrscheinlichkeit, daß in diesen Fällen der Zellzerfall und die dadurch bedingte Mehrausscheidung an inkoagulablem Stickstoff als *primäre* Folge der durch die Antigenfixierung ausgelösten Störung des Gleichgewichts der Zellkolloide zu betrachten ist.

Eine Bestätigung für diese Annahme, daß die geschilderten, besonders nach Einverleibung von Toxinen eintretenden Stoffwechselveränderungen primär durch einen Zellzerfall bedingt sind, bilden auch die wenigen bisher vorliegenden Untersuchungsbefunde über die dabei zu beobachtenden Störungen des Lipoidstoffwechsels. Schon oben (s. S. 573) wurde darauf hingewiesen, daß das Diphtheriegift durch seine Bindung an das Cholesterin des Blutes und besonders der Nebennierenrinde eine weitgehende Cholesterinverarmung des Organismus bedingt[1]. Damit ist natürlich keineswegs gesagt, daß die auch nach Einverleibung sonstiger Antigene eintretenden Stoffwechseländerungen in gleicher Weise zustande kommen, wie dies hier für das Diphtheriegift beschrieben worden ist. In Anbetracht der mannigfachen Reaktionsmöglichkeiten, über welche der Organismus verfügt, besteht, wie dies ja auch zum Teil aus den keineswegs einheitlichen Angaben der Autoren hervorgeht, im Gegenteil die Wahrscheinlichkeit, daß je nach der Natur und den spezifischen Affinitäten des dem Körper zugeführten Antigens ganz verschiedene Zellkomplexe primär und hauptsächlich oder ausschließlich beeinflußt werden. Dabei ist es offenbar keineswegs erforderlich, die auslösende Ursache des Zellzerfalls in allen Fällen in einer spezifischen Verankerung der einverleibten Antigene durch korrespondierende Zellreceptoren zu erblicken. Man kann sich vielmehr sehr wohl vorstellen, daß die im Blute kreisenden oder etwa von bestimmten Zellen phagocytierten körperfremden Substanzen auch auf Grund ihrer physikalisch-chemischen Eigenschaften Störungen des Gleichgewichts der Blut- oder Zellkolloide mit nachfolgender Einschmelzung körpereigenen Eiweißes bewirken können.

Die Bedeutung physikalischer Einflüsse für das biologische Verhalten der Zellen und Säfte des Organismus wurde hauptsächlich durch die experimentellen Untersuchungen über das Zustandekommen des *anaphylaktischen Shocks* und über das Wesen der Abderhaldenschen *Abwehrfermente* (s. S. 621) erkannt. Sachs[2] (s. auch Ritz und Sachs[3], Sachs und v. Oettingen[4]) hat als erster die

[1] Hinsichtlich der Verminderung des *Adrenalingehalts* der Nebennieren durch Diphtheriegift vgl. F. Luksch [Wien. klin. Wschr. **18**, Nr 14, 345 (1905) — Virchows Arch. **223**, 290 (1917)], A. Marie [Ann. Inst. Pasteur **27**, 294 (1913)], J. Ritchie u. N. Bruce [Quart. J. exper. Physiol. **4**, 127 (1917)], S. Mikami [Tohoku J. exper. Med. **6**, 299 (1925)], Chalier, Brochier, Chaix u. Grandmaison [J. Méd. Lyon **165**, 1 (1927)] sowie G. Mouriquand, A. Leulier u. P. Sédallian [C. r. Acad. Sci. Paris **184**, 1359 (1927)].

[2] Sachs, H.: Berl. klin. Wschr. **53**, Nr 52, 1381 (1916) — Kolloid-Z. **24**, 113 (1919).

[3] Ritz, H. u. H. Sachs: Berl. klin. Wschr. **48**, Nr 22, 987 (1911).

[4] Sachs, H. u. K. v. Oettingen: Klin. Wschr. **1**, Nr 45, 2223 (1922).

Vermutung ausgesprochen, daß im Blute präformierte proteolytische Fermente enthalten sind, die normalerweise durch antagonistische Einflüsse in ihrer Funktion gehemmt werden, daß aber durch geeignete physikalische Eingriffe, wie sie z. B. die parenterale Einverleibung genügender Mengen artfremder Proteinstoffe darstellt, eine Adsorption und dadurch eine Ausschaltung dieser antagonistisch wirkenden Stoffe und damit die Einleitung fermentativer Vorgänge bewirkt werden kann. Diese Annahme, die in der Folgezeit durch die Untersuchungen verschiedener Autoren (DE WAELE[1], BRONFENBRENNER[2] u. a.) bestätigt und erweitert wurde, steht auch in gewisser Übereinstimmung mit der von FREUND[3] sowie von CASPARI[4] vertretenen Auffassung. Diese beiden Autoren nehmen an, daß es gewisse Formelemente des Blutes, nämlich die Blutplättchen bzw. die Leukocyten, speziell die Lymphocyten sind, die als die labilsten Zellelemente nach parenteraler Zufuhr von artfremdem Eiweiß zuerst dem Untergang verfallen. Für diese Vorstellung, auf die weiter unten nochmals zurückzukommen sein wird, spricht vor allem die nach Einverleibung entsprechender Mengen von Eiweißsubstanzen, bakteriellen Antigenen usw. nachweisbare vorübergehende *Leukopenie* und *Blutplättchenverminderung* (s. auch MAIXNER und DECASTELLO[5], ARNOLDI[6]), die auf eine Beeinflussung dieser Elemente und auch ihrer Bildungsstätten hinweisen. Ferner ist es ja bekannt, daß sowohl die Leukocyten als auch die Blutplättchen proteolytische Fermente enthalten und diese bei ihrem Zerfall in Freiheit setzen (ABDERHALDEN und DEETJEN[7], JOCHMANN und LOCKEMANN[8]). Immerhin läßt sich aber bei dem heutigen Stande unseres Wissens die Frage, ob der Zerfall der geformten Blutbestandteile auf einer unmittelbaren primären Beeinflussung durch die Antigene beruht oder ob er erst durch die im Plasma sich abspielenden Vorgänge veranlaßt wird, nicht mit Sicherheit entscheiden.

Ebenso lassen sich über die Beeinflussung des Stoffwechsels, speziell des Stickstoffumsatzes durch das in den Zellen des *reticuloendothelialen Apparates* zur Ablagerung kommende Antigen, vorderhand nur Vermutungen anstellen. Es ist wohl anzunehmen, daß diese als Histiocyten oder Makrophagen bezeichneten Zellen die von ihnen aufgenommenen Partikel (Bakterien, Blutplättchen, Eiweißkörper) durch einen Verdauungsprozeß abzubauen versuchen. Dabei besteht aber, besonders wenn es sich um bakterielle Antigene handelt, zweifellos die Möglichkeit, daß toxische Stoffe (Endotoxine usw.) aus dem Antigen in Freiheit gesetzt werden, die zunächst die Funktion der Zellen schädigen und diese evtl. zum Absterben bringen, hernach aber vielleicht ins Blut ausgeschwemmt und von giftempfindlichen Geweben auf Grund spezifischer Affinitäten verankert werden. Für die Berechtigung dieser Annahme spricht auch die Tatsache, daß lebende septicämieerzeugende Bakterien nach parenteraler, insbesondere auch nach intravenöser Einverleibung, zunächst aus der Blutbahn verschwinden, von den Reticuloendothelien aufgenommen werden, dann aber nach Ablauf eines gewissen Latenzstadiums, also offenbar nach vorausgegangener Zerstörung der als Schutzorgane dienenden Zellen in das Blut ausgeschwemmt werden (KOLLE u. LEUPOLD, SCHLOSSBERGER u. HUNDESHAGEN[9], OERSKOV, JENSEN u. KOBAYASHI[10]).

[1] WAELE, H. DE: Z. Immun.forschg Orig. **22**, 170 (1914).
[2] BRONFENBRENNER, J.: J. of exper. Med. **21**, 221 (1915).
[3] FREUND, H.: Med. Klin. **16**, Nr 17, 437 (1920) — Arch. f. exper. Path. **91**, 272 (1921).
[4] CASPARI, W.: Z. Krebsforschg **19**, 74 (1922) — Strahlenther. **15**, 831 (1923).
[5] MAIXNER, E. u. A. v. DECASTELLO: Med. Klin. **11**, Nr 1, 14 (1915).
[6] ARNOLDI, W.: Z. exper. Med. **42**, 502 (1924).
[7] ABDERHALDEN, E. u. H. DEETJEN: Hoppe-Seylers Z. **53**, 280 (1907).
[8] JOCHMANN, G. u. G. LOCKEMANN: Beitr. chem. Physiol. u. Path. **11**, 449 (1908).
[9] KOLLE, W. u. F. LEUPOLD, SCHLOSSBERGER, H. u. K. HUNDESHAGEN: Zitiert auf S. 627.
[10] OERSKOV, J., JENSEN, K. A. u. K. KOBAYASHI: Z. Immun.forschg **55**, 34 (1928).

Einen besonderen Beweis für die Einschmelzung körpereigenen Eiweißes im Laufe des Immunisierungsprozesses bilden ferner die Untersuchungen von Hashimoto und Pick[1] (s. auch Pick u. Hashimoto[2]) und die im Anschluß daran ausgeführten Versuche von Löhr[3], Freund[4] (s. auch Freund u. Rupp[5]), Bieling[6] sowie Arnoldi[7]. Diese Autoren konnten nämlich nachweisen, daß im lebenden Organismus nach parenteraler Injektion von Pferdeserum und anderen artfremden Eiweißsubstanzen eine im Vergleich mit der Norm erhebliche Änderung des *intracellulären* Stoffwechsels stattfindet. Diese drückt sich unter anderem darin aus, daß die schon normalerweise vorhandene Leberproteolyse vom 3. bis 5. Tage, nach Freund schon vom 1. Tage nach der Antigeneinspritzung an eine im allgemeinen progressive, nach Hashimoto und Pick am 14. bis 16. Tag ihren Höhepunkt erreichende Steigerung bis um das 3—4fache erfährt. Dagegen konnten Hashimoto und Pick in anderen Organen keine bemerkenswerte Änderung im Gehalt des unkoagulablen Stickstoffs gegenüber der Norm feststellen; vor allem haben sich im Gegensatz zu den Angaben von Abelous und Bardier[8] sowie Soula[9] keinerlei Anhaltspunkte für eine Steigerung der Proteolyse im Zentralnervensystem der mit artfremdem Eiweiß vorbehandelten Meerschweinchen ergeben.

Was die Ursache dieser Steigerung der autolytischen Vorgänge in der Leber im Anschluß an die Antigenzufuhr anlangt, so kann man zunächst einmal daran denken, daß das im reticuloendothelialen System, also in den Kupfferschen Sternzellen als Zelleinschluß gespeicherte Antigen eine Beschleunigung der Einschmelzungsvorgänge bedingt. Für eine derartige Annahme würde z. B. die Tatsache sprechen, daß im tuberkulösen Organismus nach parenteralem Zufuhr von Eiweißstoffen eine als Herdreaktion imponierende vermehrte Gewebseinschmelzung in den zum größten Teil aus Histiocyten bestehenden Tuberkeln stattfindet. Bei dieser Art der Interpretation würde allerdings die Feststellung von Hashimoto und Pick, daß nach Seruminjektionen in anderen histiocytenreichen Organen, vor allem in der Milz, eine nennenswerte Vermehrung des Reststickstoffs gegenüber der Norm nicht eintritt, unberücksichtigt bleiben. Da bei Meerschweinchen, denen vor oder nach der Serumzufuhr die Milz exstirpiert worden war, eine Erhöhung der Leberautolyse infolge der Antigeneinverleibung gar nicht oder nur in geringfügigem Umfange festzustellen war, nehmen Hashimoto und Pick indessen an, daß die Milz für die Aktivierung eines nach ihrer Meinung aus den Leberzellen stammenden und im Anschluß an die parenterale Seruminjektion in gesteigerter Menge gebildeten Ferments notwendig ist. Wenn man von der obenerwähnten Annahme Casparis ausgeht, daß nämlich nach parenteraler Zufuhr von Eiweißstoffen zunächst die Leukocyten, besonders die Lymphocyten und deren Bildungsstätten in größerem Umfange geschädigt werden, könnte man sich auch vorstellen, daß die Leberautolyse sekundär durch die von ihm als „Nekrohormone" bezeichneten Leukocytenzerfallsprodukte in Gang gebracht wird; der Einfluß der Milzexstirpation würde also bei dieser Erklärungsweise in einer Verminderung der Zellzerfallsprodukte zu suchen sein. Eine Stütze findet diese Auffassung in den Versuchsresultaten von Kapsenberg[10] sowie Herzfeld[11], nach denen Eiweißabbauprodukte die Proteolyse und damit den weiteren Eiweißzerfall anzuregen imstande sind.

Die durch den Immunisierungsprozeß bewirkten Störungen der Stoffwechselvorgänge dokumentieren sich weiterhin noch durch verschiedene dabei nachweisbare Änderungen der *physikalischen und chemischen Eigenschaften des Blutes*, die offenbar als Folge der nach Antigenzufuhr im Organismus eintretenden Einschmelzung körpereigener Substanz aufzufassen sind. Dabei muß es allerdings unentschieden bleiben, ob und inwieweit diese im nachfolgenden aufgeführten Blutveränderungen mit den eigentlichen Immunitätsvorgängen, vor allem mit der Antikörperbildung, zusammenhängen.

Schon v. Szontagh und Wellmann[12] geben an, daß antitoxische Diphtheriesera regelmäßig eine Abnahme der Gefrierpunktserniedrigung und eine erhöhte Leitfähigkeit aufweisen. Beljaeff[13] konnte indessen im Gegensatz hierzu keinen Zusammenhang zwischen

[1] Hashimoto, M. u. E. P. Pick: Arch. f. exper. Path. 76, 89 (1914).
[2] Pick, E. P. u. M. Hashimoto: Z. Immun.forschg 21, 237 (1914).
[3] Löhr, H.: Z. exper. Med. 30, 344 (1922).   [4] Freund, Klin. Wschr. 2, Nr 2, 99 (1923).
[5] Freund, H. u. F. Rupp: Arch. f. exper. Path. 99, 137 (1923).
[6] Bieling, R.: Klin. Wschr. 2, Nr 27, 1245 (1923).
[7] Arnoldi, W.: Z. exper. Med. 42, 502 (1924).
[8] Abelous, J. E. u. E. Bardier: C. r. Acad. Sci. Paris 154, 1529 (1912).
[9] Soula, L. C: C. r. Acad. Sci. Paris 156, 1258 (1913).
[10] Kapsenberg, G.: Z. Immun.forschg Orig. 12, 477 (1912).
[11] Herzfeld, E.: Biochem. Z. 70, 262 (1915).
[12] Szontagh, F. v. u. O. Wellmann: Dtsch. med. Wschr. 24, 421 (1898).
[13] Beljaeff, W.: Zbl. Bakter. I Orig. 33, 293, 369 (1903).

den spezifischen Eigenschaften verschiedener antitoxischer und antiinfektiöser Immunsera und einer Reihe einfacher physikalischer Konstanten der entsprechenden Serumart nachweisen. Dagegen ist nach den neueren Angaben von WHIPPLE und COOKE[1], WHIPPLE, COOKE und STEARNS[2], WHIPPLE und VAN SLYKE[3], McQUARRIE und WHIPPLE[4] sowie KANAI[5] nach Proteinkörper- und Bakterieninjektionen der Reststickstoff des Blutes erhöht. Damit Hand in Hand geht eine Vermehrung und anschließende Verminderung der Wasserstoffionenkonzentration im Serum (MENDELEEF[6], ROHDENBURG, KREHBIEL und BERNHARD[7], ARNOLDI[8]) sowie eine Beschleunigung der Blutkörperchensenkung (GRAM[9], GYÖRGY[10], LEENDERTZ[11], LÖHR[12], RICHTER[13], SHINTAKE[14], CONNERTH[15]; vgl. auch WESTERGREN, PALDROCK), die ja auch als Ausdruck eines vermehrten Eiweißabbaus und einer dadurch bedingten Labilität der Eiweißkörper des Blutplasmas (SACHS und v. OETTINGEN[16], v. OETTINGEN[17]) angesehen werden muß.

v. SZONTAGH und WELLMANN[18] sowie BUTJAGIN[19] haben weiterhin angegeben, daß Sera diphtherieimmuner Pferde etwa 0,25% mehr *Gesamteiweiß* enthalten sollen, als Sera unbehandelter Tiere. LANGSTEIN und MAYER[20], die das Plasma von Kaninchen, welche mit verschiedenen bakteriellen Krankheitserregern (Typhus-, Dysenterie-, Cholera-, Schweinerotlaufbacillen, Pneumokokken, Streptokokken) vorbehandelt waren, untersuchten, wiesen ebenfalls eine deutliche Erhöhung des Gesamteiweißgehaltes im Laufe der Immunisierung nach. Auch nach den Befunden von DOERR und BERGER[21], BERGER[22], ABDERHALDEB und WERTHEIMER[23], BÄCHER und KOSIAN[24] sowie SORDELLI und MAZZOCCO[25] tritt schon nach einmaliger parenteraler Zufuhr artfremder Eiweißstoffe eine Steigerung des Gesamtproteingehaltes des Blutes ein.

SENG[26], HISS und ATKINSON[27], ATKINSON[28] PICK[29], JOACHIM[30], MOLL[31], LANGSTEIN und MAYER[20], GLAESSNER[32], LEDINGHAM[33], BANZHAF und GIBSON[34], RIGHETTI[35], HURWITZ und

[1] WHIPPLE, G. H. u. J. V. COOKE: J. of exper. Med. **25**, 461 (1917).
[2] WHIPPLE, G. H., J. V. COOKE, u. T. STEARNS: J. of exper. Med. **25**, 479 (1917).
[3] WHIPPLE, G. H. u. D. D. VAN SLYKE: J. of exper. Med. **28**, 213 (1919).
[4] McQUARRIE, J. u. G. H. WHIPPLE: J. of exper. Med. **29**, 421 (1919).
[5] KANAI, T. J.: Biochem. Z. **132**, 26 (1922).
[6] MENDELEEF, P.: C. r. Soc. Biol. Paris **87**, 391, 393 (1922).
[7] ROHDENBURG, G. L., O. F. KREHBIEL, u. A. BERNHARD: Amer. J. med. Sci. **164**, 361 (1922).
[8] ARNOLDI: Zitiert auf S. 616.   [9] GRAM, H. C.: C. r. Soc. Biol. Paris **84**, 1045 (1921).
[10] GYÖRGY, P.: Münch. med. Wschr. **68**, Nr 26, 808 (1921).
[11] LEENDERTZ, G.: Dtsch. Arch. klin. Med. **137**, 234 (1921).
[12] LÖHR, H.: Z. exper. Med. **27**, 1 (1922).
[13] RICHTER, L.: Biochem. Z. **141**, 28 (1923).
[14] SHINTAKE, T.: Arch. Schiffs- u. Tropenhyg. **28**, 62 (1924).
[15] CONNERTH, O.: Dtsch. med. Wschr. **51**, Nr 37, 1525 (1925).
[16] SACHS, H. u. K. v. OETTINGEN: Münch. med. Wschr. **68**, Nr 12, 351 (1921).
[17] OETTINGEN, K. v.: Biochem. Z. **118**, 67 (1921).
[18] v. SZONTAGH u. WELLMANN: Zitiert auf S. 616.
[19] BUTJAGIN, P. W.: Hyg. Rdsch. **12**, 1193 (1902).
[20] LANGSTEIN, L. u. M. MAYER: Beitr. chem. Physiol. u. Path. **5**, 69 (1904).
[21] DOERR, R. u. W. BERGER: Z. Hyg. **93**, 147 (1921).
[22] BERGER, W.: Z. exper. Med. **28**, 1 (1922).
[23] ABDERHALDEN, E. u. E. WERTHEIMER: Pflügers Arch. **197**, 85 (1922).
[24] BÄCHER, ST. u. M. M. KOSIAN: Biochem. Z. **145**, 324 (1924).
[25] SORDELLI, A. u. P. MAZZOCCO: C. r. Soc. Biol. Paris **92**, 827 (1925).
[26] SENG, W.: Z. Hyg. **31**, 513 (1899).
[27] HISS, P. H. u. J. P. ATKINSON: J. of exper. Med. **5**, 47 (1901).
[28] ATKINSON, J. P.: J. of exper. Med. **4**, 649 (1899); **5**, 67 (1901).
[29] PICK, E. P.: Beitr. chem. Physiol. u. Path. **1**, 351 (1902).
[30] JOACHIM, J.: Pflügers Arch. **93**, 558 (1902).
[31] MOLL, L.: Beitr. chem. Physiol. u. Path. **4**, 578 (1904).
[32] GLAESSNER, K.: Z. exper. Path. **2**, 154 (1906).
[33] LEDINGHAM, J. C. G.: J. of Hyg. **7**, 65 (1907).
[34] BANZHAF, E. J. u. R. B. GIBSON: Collected Studies, Research Labor., Department of Health, City of New York **4**, 86 (1909).
[35] RIGHETTI, H.: Univ. California Publ. Path. **2**, 205 (1916).

Meyer[1], Meyer, Hurwitz und Taussig[2], Reitstötter[3], Doerr und Berger[4], Berger[5], Reymann[6], Bächer und Kosian[7] sowie Sordelli und Mazzocco[8] konnten im Serum oder Plasma immunisierter Tiere vielfach einen erhöhten Gehalt an *Globulinen* mit gleichzeitiger Verminderung der Albuminfraktion, also eine Verschiebung der Eiweißzusammensetzung im Sinne einer Erhöhung der Labilität nachweisen. Bächer und Kosian beobachteten eine derartige Veränderung allerdings nur bei Pferden, die mit Diphtheriegift immunisiert wurden; bei Verwendung einiger anderer Antigene sowie bei der Diphtherieimmunisierung von Rindern waren nach ihren Angaben keine analogen Verschiebungen in der Fällbarkeit der Serumeiweißfraktionen festzustellen. Offenbar verhalten sich also die verschiedenen Tierarten in dieser Hinsicht nicht gleichartig; auch spielt offenbar die Art des zur Immunisierung verwendeten Antigens eine wesentliche Rolle. Jedenfalls muß in Anbetracht der zwischen den Angaben der Autoren noch bestehenden Widersprüche die Frage, ob die Globulinvermehrung als *konstante* Begleiterscheinung des Immunisierungsprozesses aufgefaßt werden darf, vorderhand noch offengelassen werden. Ein Zusammenhang zwischen Antikörper- und Globulingehalt besteht bei den Immunseris nach den Befunden von Glaessner, Hurwitz und Meyer, Reymann, Bächer und Kosian u. a. jedenfalls nicht. Nach Glaessner läßt sich die Globulinvermehrung durch vorsichtige Immunisierung sogar vollkommen vermeiden. Dagegen sollen nach den Feststellungen von Hurwitz und Meyer bei Tieren, die auf Antigenzufuhr mit einer starken Globulinvermehrung antworten, hernach auch sehr reichliche Schutzstoffe im Blute nachweisbar sein. Der Globulinanstieg wäre also nach diesen Autoren ein Maßstab für die Reaktion des Organismus. Für diese Annahme würde auch die Beobachtung von Bächer und Kosian sprechen, die im Verlauf der Diphtherieimmunisierung einen hohen Eiweißquotienten, also einen relativ hohen Globulingehalt des Serums im Vergleich zur Albuminfraktion, häufig bei solchen Pferden feststellten, die stärkere Fieberreaktionen aufwiesen. Da die Serumglobuline die Träger der antitoxischen bzw. der antiinfektiösen Funktionen der Immunsera darstellen (Lit. bei Schlossberger), nahm Ledingham an, daß bei Tieren, deren Serum an sich globulinreich ist, eine weitere starke Steigerung des Globulingehalts und damit eine wesentliche Erhöhung des Antikörpertiters nicht möglich sei, weil der Globulingehalt eine physiologische Grenze nicht überschreiten könne. Im Gegensatz hierzu sind nach den Angaben von Bächer und Kosian solche Pferde, die normalerweise eine gewisse Labilität im Eiweißaufbau, also einen hohen Eiweißquotienten des Serums aufweisen, für Zwecke der Diphtherieantitoxingewinnung gerade als besonders geeignet anzusehen. Auch Sachs[9] führt die im infizierten Organismus nach parenteraler Einverleibung von artfremden Proteinstoffen eintretenden starken Reaktionen auf die bei Infektionsprozessen erhöhte Labilität der Bluteiweißkörper zurück. Reymann nimmt an, daß die Globulinsteigerung auf einem vermehrten Erythrocytenzerfall beruht; den Beweis hierfür erblickt er, abgesehen von der nach Antigenzufuhr häufig eintretenden Verminderung der Blutkörperchenzahl, vor allem in dem durch Feigl und Deussing[10] bei Infektionskrankheiten beobachteten Vorkommen von Hämatin im Blute sowie in der bei infektiösen Prozessen eintretenden Verminderung des Blutcholesterins (siehe S. 571). Nach Mayer[11] zeigt auch das Blutplasma trypanosomeninfizierter Tiere eine Zunahme des Gesamtglobulins und eine Abnahme des Albumingehalts. Ähnliche Erscheinungen wurden endlich noch u. a. bei der Kala-Azar-Infektion (Sia u. Wu[12], Sia[13], Ray[14]), bei Schistosomiasis japonica (Paterson[15], Meleney u. Wu[16]) sowie bei der Lepra des Menschen Frazier u. Wu[17]) festgestellt.

[1] Hurwitz, S. H. u. K. F. Meyer: J. of exper. Med. **24**, 515 (1916).
[2] Meyer, K. F., S. H. Hurwitz, u. L. Taussig: J. inf. Dis. **22**, 1 (1918).
[3] Reitstötter, J.: Z. Immun.forschg **30**, 468 (1920).
[4] Doerr u. Berger: Zitiert auf S. 617.
[5] Berger: Zitiert auf S. 617.
[6] Reymann, G. C.: C. r. Soc. Biol. Paris **89**, 614 (1923) — Z. Immun.forschg **39**, 15 (1924); **41**, 209, 265, 284 (1924).
[7] Bächer u. Kosian: Zitiert auf S. 617.
[8] Sordelli u. Mazzocco: Zitiert auf S. 617.
[9] Sachs, H.: Ther. Halbmh. **34**, Nr 14, 379; Nr 15, 405 (1920).
[10] Feigl, J. u. R. Deussing: Biochem. Z. **85**, 212 (1918).
[11] Mayer, M.: Z. exper. Path. **1**, 539 (1905).
[12] Sia, R. H. P. u. H. Wu: China med. J. **35**, 527 (1921).
[13] Sia, R. H. P.: China med. J. **38**, 35 (1924).
[14] Ray, C.: Indian med. Gaz. **56**, 9 (1921).
[15] Paterson, J. L. H.: China med. J. **36**, 89 (1922).
[16] Meleney, H. E. u. H. Wu: China med. J. **38**, 357 (1924).
[17] Frazier, Ch. N. u. H. Wu: Amer. J. trop. Med. **5**, 297 (1925).

Als eine weitere Folge der durch den Eiweißzerfall beeinflußten Organfunktionen darf wohl auch der während des Immunisierungsprozesses (mit bakteriellen Antigenen oder mit Proteinkörpern) vielfach nachweisbare gesteigerte *Fibrinogen- und Fibrinfermentgehalt* des Blutes angesehen werden (LANGSTEIN und MAYER[1], VON DEN VELDEN[2], FRISCH und STARLINGER[3], vgl. auch COMBIESCO[4]; weitere Literatur bei KAZNELSON). Nach P. TH. MÜLLER[5], der den Fibrinogen-, Globulin- und Albumingehalt des Blutplasmas und des Knochenmarks vergleichend untersuchte, weist das Knochenmark bei Kaninchen, welche mit Typhusbacillen vorbehandelt worden waren, eine beträchtliche Erhöhung des Gesamteiweißgehalts sowie eine besonders auffällige absolute und relative Vermehrung der Fibrinogenfraktion auf. Dagegen war bei Kaninchen, die mit Staphylokokken immunisiert wurden, nur eine geringe Vermehrung des Fibrinogens, jedoch auffallenderweise eine erhebliche Zunahme des *Albumingehalts* festzustellen. Da diese mit Knochenmarksextrakten erhobenen Befunde mit den entsprechenden, jedoch wesentlich niedrigeren Ergebnissen der Blutplasmaanalysen parallel verliefen, nimmt MÜLLER an, daß die unter dem Einfluß des Immunisierungsprozesses nach Zufuhr mancher Antigene zu beobachtende Zunahme des Fibrinogengehalts im Blute auf eine gesteigerte Produktion des lymphadenoiden Gewebes im Knochenmark zu beziehen ist. Demgegenüber glauben FOSTER und WHIPPLE[6], daß wahrscheinlich die Leber als Hauptquelle des Fibrinogens anzusehen sei, daß also die bei Zellschädigung, Entzündung u. dgl. nachweisbaren erhöhten Fibrinogenwerte im Blute durch einen Anreiz der Leberfunktionen zustande kommen.

Auch der *Blutzuckergehalt* wird, wie aus den vorliegenden spärlichen Angaben hervorgeht, durch die Immunisierungsvorgänge beeinflußt. Bei akuten Infektionskrankheiten und ebenso nach parenteraler Zufuhr von Proteinen konnte LÖWY[7] regelmäßig eine Hyperglykämie feststellen, deren Ursache er in dem toxischen Eiweißzerfall erblickt. Er nimmt an, daß dadurch eine Anregung glykogenspaltender Fermente und derart eine vermehrte Umwandlung von Glykogen in Traubenzucker bewirkt wird (s. auch POLLAK[8], JACOBOWSKY[9]). Es ist zweifellos naheliegend, den erhöhten Blutzuckergehalt mit der von HASHIMOTO und PICK (s. S. 616) festgestellten Steigerung der autolytischen Vorgänge in der Leber in Verbindung zu bringen, da doch bei einem Zerfall der Leberzellen Glykogen frei werden muß. Nach der Annahme von KANAI[10] beruht der hyperglykämische Zustand dagegen stets auf einer Funktionssteigerung der Nebennieren. Die verschiedenen Krankheitserreger verhalten sich nach seinen Befunden in dieser Hinsicht nicht gleichartig; während Pneumokokken und Colibacillen die Nebennierentätigkeit anregen und derart eine Hyperglykämie bewirken, haben Typhusbacillen die entgegengesetzte Wirkung. Im Gegensatz hierzu konnte HIRCH[11] bei Kaninchen nach intravenöser Injektion verschiedener pathogener Bakterien, u. a. Typhus-, Paratyphus- und Colibacillen, sowie Pneumo- und Streptokokken, eine mit Abfall der Alkalireserve und mit Leukopenie ver-

[1] LANGSTEIN, L. u. M. MAYER: Beitr. chem. Physiol. u. Path. **5**, 69 (1904).

[2] VELDEN, R. VON DEN: Dtsch. Arch. klin. Med. **114**, 298 (1914).

[3] FRISCH, A. u. W. STARLINGER: Z. exper. Med. **24**, 142 (1921).

[4] COMBIESCO, D.: C. r. Soc. Biol. Paris **87**, 416 (1922).

[5] MÜLLER, P. TH.: Sitzgsber. ksl. Akad. Wiss. Wien., Math.-naturwiss. Kl. III **114** (1905).

[6] FOSTER, D. P. u. G. H. WHIPPLE: Amer. J. Physiol. **58**, 407 (1922).

[7] LÖWY, J.: Dtsch. Arch. klin. Med. **120**, 131 (1916).

[8] POLLAK, L.: Biochem. Z. **127**, 120 (1922).

[9] JACOBOWSKY, B.: Uppsala Läk. för. Förh. **28**, 215 (1923).

[10] KANAI, T. J.: Biochem. Z. **132**, 26 (1922).

[11] HIRCH, E. F.: J. inf. Dis. **29**, 40 (1921).

laufende, rasch vorübergehende Hyperglykämie nachweisen (s. auch Rohdenburg und Pohlmann[1], Rohdenburg, Krehbiel und Bernhard[2], Tachigara[3]).
Nach Lüttichau tritt beim Hunde nach intravenöser Zufuhr von Eiereiweiß
oder Casein, nicht aber von Pferdeserum eine Blutzuckervermehrung ein. W. und
H. Löhr[4] endlich konnten überhaupt keinerlei Zusammenhang zwischen Blut-
zuckerspiegel und Immunitätsvorgängen beobachten.

Die bereits hervorgehobene Tatsache, daß die nach Einverleibung ungiftiger
artfremder Eiweißstoffe nachweisbaren Änderungen des Stoffwechsels bei sensibilisierten Tieren eine erhebliche, vielfach mit schweren akuten Krankheitserscheinungen verbundene Steigerung aufweisen, wurde vielfach mit den durch
die Antigenzufuhr ausgelösten Immunitätsvorgängen in einen kausalen Zusammenhang gebracht, indem man annahm, daß der Organismus unter dem Einfluß der Immunität die Fähigkeit der Assimilierung des parenteral zugeführten
Eiweißes gewinnt. Dafür, daß der Organismus parenteral einverleibte Antigene
durch einen in seinen Säften und Zellen stattfindenden Verdauungsprozeß abzubauen und zu assimilieren oder auszuscheiden sucht, sprechen ja auch die
früheren Versuche Gamaleias[5], sowie vor allem die klassischen Untersuchungen
R. Pfeiffers über Bakteriolysine und die daran sich anschließenden Arbeiten
von Bordet u. a., die den Nachweis dafür erbrachten, daß Krankheitserreger im
aktiv oder passiv immunisierten Organismus der Auflösung durch die Körpersäfte
verfallen. Auch steht diese Vorstellung mit dem in der Seitenkettentheorie niedergelegten Gedankengang Ehrlichs, der die aktive Immunisierung als einen gesteigerten Stoffwechselprozeß und die Antikörper als abgestoßene *nährstoffassimi-
lierende* Faktoren, als sog. *Nutriceptoren* der Zelle auffaßte, in Übereinstimmung.

In der Tat gelang es auch Heilner[6], vor allem aber Abderhalden und seinen
Mitarbeitern (Abderhalden und Pincussohn[7] u. a.), im Blute der mit artfremden
Eiweißstoffen parenteral vorbehandelten Tiere das Auftreten *proteolytischer
Fermente* nachzuweisen. Nach Digerieren des betreffenden Antigens mit dem
Serum vorbehandelter Tiere traten dialysierbare Eiweißabbauprodukte in dem
Gemisch auf, die sich mittels chemischer oder optischer Methoden nachweisen
ließen. Abderhalden zog daraus den Schluß, daß der Organismus die Anwesen-
heit „plasmafremder" Substanzen, deren Verarbeitung normalerweise im Darmtraktus zu geschehen hätte, im Blute mit der Bildung spezifischer Fermente,
die er als *Abwehrfermente* bezeichnete, beantwortet.

Die auf den ersten Blick naheliegende *Identifizierung* dieser Abwehrfermente
mit den im Anschluß an denselben Eingriff auftretenden Immunstoffen hat sich
indessen als nicht berechtigt erwiesen. Es zeigte sich nämlich durch die Untersuchungen Grubers[8] und anderer Autoren (Literatur s. bei Pick, Doerr), daß
Auftreten und Verschwinden dieser Fermente *unabhängig* von den Immunitätsvorgängen erfolgt; auch sind die Fermente, welche durch Erwärmen auf 56 bis
60° ihre Wirksamkeit verlieren, im Gegensatz zu den eigentlichen Immunstoffen
wahrscheinlich nicht reaktivierbar. Weiter ergab sich, daß auch die Zufuhr von
nichtantigen wirkenden Substanzen, z. B. Kohlehydraten (Weinland[9], Abder-

[1] Rohdenburg, G. L. u. H. F. Pohlmann: Amer. J. med. Sci. **159**, 853 (1920).
[2] Rohdenburg, G. L., Krehbiel, O. F. u. A. Bernhard: Amer. J. med. Sci. **164**, 361 (1922).
[3] Tachigara, S.: Mitt. med. Fak. Tokyo **28**, 125 (1921).
[4] Löhr, W. u. H. Löhr: Z. exper. Med. **31**, 19 (1923).
[5] Gamaleia, N.: Ann. Inst. Pasteur **2**, 229 (1888).
[6] Heilner, E.: Z. Biol. **50**, 26 (1907); **58**, 333 (1912).
[7] Abderhalden, E. u. L. Pincussohn: Hoppe-Seylers Z. **61**, 200 (1909).
[8] Gruber, G. B.: Z. Immun.forschg Orig. **7**, 762 (1910).
[9] Weinland, E.: Z. Biol. **47**, 279 (1907).

HALDEN und KAPFBERGER[1]) oder Peptonen (ABDERHALDEN, s. auch POZERSKI und POZERSKA[2]), wenn sie unter Umgehung des Magen-Darmkanals in den Organismus erfolgt, die Bildung zuckerspaltender bzw. peptolytischer Fermente veranlaßt. Vor allen Dingen sind es aber die bei den eigentlichen Antigenwirkungen im Vergleich mit den Abwehrfermentreaktionen viel *feiner nuancierten Spezifitätsunterschiede*, welche gegen eine Identität beider Prozesse sprechen (Näheres s. im Abschnitt „Antigene und Antikörper" ds. Handb.). GRUBER, der im Blute stark abgemagerter Kaninchen oder kachektischer Menschen (z. B. bei Tumoren) auch ohne jede Vorbehandlung proteolytische Fermente nachweisen konnte, ist daher der Meinung, daß diese Stoffe ganz allgemein dann im Blute auftreten, wenn der Organismus ein anderes, als das gewöhnliche Nahrungseiweiß verarbeiten muß, sei es, daß ihm artfremdes, also an sich nicht assimilierbares Eiweiß zugeführt wird, sei es, daß bei konsumierenden Erkrankungen das eigene Körpereiweiß angegriffen werden muß.

Während man nach diesen Erklärungsversuchen das Auftreten der sog. Abwehrfermente und den eigentlichen Immunisierungsprozeß als zwei voneinander ziemlich unabhängige, etwa gleichzeitig verlaufende Vorgänge zu betrachten hätte, weisen aber doch die zum Teil schon geschilderten Experimentalergebnisse über die nach Antigenzufuhr im Organismus eintretende, mit einem Zerfall körpereigener Substanz verbundene Änderung der chemischen und physikalischen Eigenschaften des Blutplasmas auf einen gewissen inneren Konnex beider Erscheinungen hin. Vor allem sind es die teilweise bereits erwähnten Untersuchungen von SACHS[3] (s. auch SACHS und v. OETTINGEN[4]), DE WAELE[5], BRONFENBRENNER[6], STEPHAN[7] u. a. über das Wesen der ABDERHALDENschen Reaktion, die zur Klärung dieses Zusammenhangs beigetragen haben (vgl. S. 614). Danach besteht nämlich die große Wahrscheinlichkeit, daß die im Dialysierversuch nach Mischen der abbaufähigen Substanz mit dem zu untersuchenden Serum im Dialysat auftretenden diffusiblen Abbauprodukte nicht oder nur zum geringsten Teile durch einen fermentativen Abbau des betreffenden Antigens entstehen, daß es sich vielmehr vorwiegend oder ausschließlich um einen autolytischen Zerfall der Eiweißstoffe des zugesetzten Serums handelt, der hauptsächlich durch präformierte fermentative Funktionen nach Elimination antagonistischer Einflüsse in Gang kommt. So konnten PLAUT[8], sowie DE WAELE u. a. in Übereinstimmung mit früheren Versuchen von RITZ und SACHS[9] zeigen, daß schon der Zusatz von anorganischen, nicht abbaufähigen Substanzen (Kaolin, Bariumsulfat, Talkum, Kieselgur, Ammonsulfat usw.) zu normalem Serum das Auftreten von Abbaustoffen im Dialysat veranlaßt. Ferner stellte SACHS fest, daß Meerschweinchenserum ohne weiteren Zusatz im Dialysierversuch an destilliertes Wasser als Außenflüssigkeit weit mehr Abbaustoffe abgeben kann, als bei der Dialyse gegen physiologische Kochsalzlösung. Er nimmt dementsprechend an, daß die im Hülseninhalt bei der Dialyse gegen Wasser entstehende Globulinfällung das auslösende Moment darstellt, indem durch diese Veränderung der physikalischen Serumstruktur der Vorgang der Serumautolyse eingeleitet oder gefördert wird. Die starke proteolytische Wirkung des Serums entsprechend vorbehandelter

[1] ABDERHALDEN, E. u. G. KAPFBERGER: Hoppe-Seylers Z. **69**, 23 (1910).
[2] POZERSKI, E. u. POZERSKA: C. r. Soc. Biol. Paris **70**, 444, 592 (1911); **71**, 80 (1911).
[3] SACHS, H.: Berl. klin. Wschr. **53**, Nr 52, 1381 (1916) — Kolloid-Z. **24**, 113 (1919).
[4] SACHS, H. u. K. v. OETTINGEN: Klin. Wschr. **1**, Nr 45, 2223 (1922).
[5] WAELE, H. DE: Z. Immun.forschg Orig. **22**, 170 (1914).
[6] BRONFENBRENNER, J.: J. of exper. Med. **21**, 221 (1915).
[7] STEPHAN, R.: Dtsch. med. Wschr. **48**, Nr 9, 282 (1922).
[8] PLAUT, F.: Münch. med. Wschr. **61**, Nr 5, 238 (1914).
[9] RITZ, H. u. H. SACHS: Berl. klin. Wschr. **48**, Nr 22, 987 (1911).

Tiere wäre also demgemäß auf die durch den Immunisierungsprozeß bedingten einschneidenden physikalischen Änderungen des Blutplasmas im Sinne einer Labilitätserhöhung zu beziehen. Außerdem darf man aber wohl annehmen, daß durch den nach Antigenzufuhr eintretenden Zellzerfall, der ja vermutlich ebenfalls auf einer Gleichgewichtsstörung der Protoplasmakolloide beruht, auch noch aus den Organen stammende verschiedenartige Fermente ins Blut ausgeschwemmt werden; so konnten z. B. Rona, Petow und Schreiber[1] bei pathologischen Leberveränderungen einen Übertritt von Leberlipase ins Blut konstatieren.

Mit dieser Auffassung würde u. a. auch die erstmals von Oppenheimer[2] erhobene Feststellung, daß die Intensität der Immunitätsvorgänge mit der Stickstoffausscheidung durch den Harn in keinem direkten Zusammenhange steht, übereinstimmen. Die noch nicht entschiedene Frage, ob die Wirkung der durch physikalische Einflüsse (z. B. auch Antigen-Antikörperverbindungen; vgl. Sachs u. v. Oettingen) manifest gewordenen fermentativen Stoffe ausschließlich gegen das körpereigene Eiweiß oder auch gegen das Antigen gerichtet ist, ob also der bei dem Immunisierungsprozeß mehr ausgeschiedene unkoagulable Stickstoff ausschließlich aus eingeschmolzener körpereigener Substanz stammt, oder ob auch das einverleibte Antigen im Organismus einer Desamidierung anheimfällt (vgl. auch Caspari), ist für diese Erklärungsweise von untergeordneter Bedeutung. Ob nach parenteraler Antigenzufuhr außer den genannten Fermenten etwa noch spezifische Fermente, die manche Autoren (Pfeiffer u. Mita[3]) festgestellt haben wollen und als Ursache des anaphylaktischen Shocks ansprechen, auftreten und ob das Komplement, wie Friedberger zur Erklärung der anaphylaktischen Erscheinungen annimmt, nach Fixierung durch den spezifischen Amboceptor fermentative Wirkungen auf das Antigen zu entfalten imstande ist (s. bei Doerr sowie Seligmann u. v. Gutfeld), läßt sich heute noch nicht mit Sicherheit sagen; zwingende Beweise liegen für beide Auffassungen vorläufig nicht vor (s. auch de Waele[4]).

Ist schon über die durch die Antigenzufuhr bedingte Änderung des chemischen Stoffwechsels bis jetzt verhältnismäßig nur wenig bekannt, so liegen hinsichtlich der *Beeinflussung des Energiestoffwechsels* durch die Immunitätsvorgänge nur Untersuchungen über die Wirkung artfremder Proteine, nicht aber bakterieller Antigene vor. Diese gewissermaßen einseitige Behandlung des Gegenstandes dürfte wohl zum Teil auf das der Proteinkörpertherapie in den letzten Jahren entgegengebrachte Interesse zurückzuführen sein, vor allem auch deshalb, weil Weichardt[5] als der Vorkämpfer der Lehre von der unspezifischen Resistenzsteigerung eine allgemeine Leistungssteigerung als Ursache dieser Vorgänge annimmt.

Loening[6], der Meerschweinchen Pferdeserum injizierte, konnte bei unvorbehandelten Tieren keine erheblichen Schwankungen in der Körpertemperatur- und der Gaswechselkurve konstatieren; es ließen sich nur geringe Abweichungen im Sinne einer *Steigerung der wärmebildenden Prozesse* feststellen. Dagegen zeigten sensibilisierte Tiere im Zustande der Überempfindlichkeit bei dem nach Reinjektion des homologen Serums eintretenden Shock einen erheblichen Rückgang der oxydativen Leistungen des Gesamtorganismus. Abderhalden und Wertheimer[7] fanden bei Tauben, denen sie Rinderserum, das für diese Tierart allerdings schon an sich giftig ist, parenteral einverleibten, schon nach der ersten Einspritzung eine, wenn auch im Vergleich mit reinjizierten Tieren geringe *Herabsetzung* der Körpertemperatur und des Gaswechsels. Auch war die Gewebsatmung des Gehirns bei diesen Tieren leicht vermindert, während die Unter-

[1] Rona, P., Petow, H. u. H. Schreiber: Klin. Wschr. 1, Nr 48, 2366 (1922).
[2] Oppenheimer, C.: Beitr. chem. Physiol. u. Path. 4, 263 (1904).
[3] Pfeiffer, H. u. S. Mita: Z. Immun.forschg Orig. 6, 18 (1910).
[4] Waele, H. de: Z. Immun.forschg 22, 170 (1914).
[5] Weichardt, W.: Münch. med. Wschr. 62, Nr 45, 1525 (1915); 65, Nr 22, 581 (1918); 67, Nr 4, 91 (1920) — Wien. klin. Wschr. 37, Nr 29, 709 u. Nr 30, 732 (1924).
[6] Loening, F.: Arch. f. exper. Path. 66, 84 (1911).
[7] Abderhalden, E. u. E. Wertheimer: Pflügers Arch. 196, 429 (1922).

suchung der Gewebsatmung für den Herzmuskel, die übrige Muskulatur und die Leber Werte ergab, die im Gegensatz zu den Befunden bei anaphylaktischen Tauben, im Bereich des Normalen lagen. SAENGER[1] konnte bei Kaninchen, denen er 1—2 ccm frischer Milch pro Kilogramm Körpergewicht intravenös injizierte, eine vorübergehende, 6—8 Stunden lang dauernde Steigerung der Körperwärme und des respiratorischen Gaswechsels feststellen. Ebenfalls bei Kaninchen fand endlich AMSTADT[2] nach intravenöser, in kürzeren Abständen mehrfach wiederholter Einspritzung von Pferdeserum anfänglich eine Verminderung des Grundumsatzes um 30% gegen die Norm, dann eine gleichgradige Erhöhung desselben.

Aus diesen Versuchen ergibt sich also, daß die Einwirkung artfremder Proteine auf den Energiestoffwechsel je nach der Art der Substanz und je nach der Art ihrer Anwendung eine verschiedene ist. Wie von vorneherein zu erwarten war, ist bei einmaliger Injektion artfremder Eiweißstoffe in den meisten Fällen ein *Anstieg des Grundumsatzes* festzustellen, während dort, wo ein anaphylaktischer Shock und ein starker Temperatursturz eintritt, auch der Grundumsatz eine Herabsetzung erfährt. Umgekehrt kann auch die Verminderung des Gesamtstoffwechsels von einer gleichgradigen Erhöhung gefolgt sein.

Zusammenfassend kann man also sagen, daß die parenterale Zufuhr antigen wirkender Stoffe Änderungen des Stoffwechsels im Gefolge hat, die ihrem Wesen nach als eine *Steigerung autolytischer Prozesse* zu charakterisieren ist und deren Ursache in einer Änderung der physikalischen Struktur der Blut- und Zellkolloide erblickt werden kann. Je nach den Eigenschaften des betreffenden Antigens bestehen in dieser Hinsicht jedoch weitgehende Unterschiede nicht nur quantitativer, sondern auch qualitativer Art, die zum Teil wohl auf einer Verschiedenheit der Angriffspunkte im Organismus beruhen dürften.

In Anbetracht der Tatsache, daß die Erscheinungen von seiten des Stoffwechsels schon im unmittelbaren Anschluß an die Antigeneinverleibung eintreten, die spezifischen Reaktionsprodukte, nämlich die Antikörper, jedoch erst nach einer gewissen Inkubationszeit in nachweisbaren Quantitäten im Blute erscheinen und dann, offenbar weitgehend unabhängig von dem Verlauf der Stoffwechseländerung, allmählich an Menge zunehmen, ist der zwischen beiden Vorgängen zweifellos bestehende Zusammenhang auf den ersten Blick allerdings nicht ohne weiteres ersichtlich. Abgesehen davon, daß die Ausschwemmung der Antikörper ins Blut, wie an anderer Stelle auseinandergesetzt wird, als sekundärer Vorgang aufzufassen ist, der jeweilige Antikörpergehalt des Blutes dementsprechend keinen sichern Rückschluß auf den Immunitätsgrad zuläßt, ist aber auf Grund des vorliegenden Tatsachenmaterials anzunehmen, daß der nach Einverleibung von Antigenen eintretende Zellzerfall und die dadurch bedingte Steigerung oder Störung des intermediären Stoffwechsels lediglich oder vornehmlich als Reiz wirken und den eigentlichen Immunisierungsvorgang nur in Gang bringen. Diese Annahme, daß die Einschmelzung der körpereigenen Substanz als solche nicht mit dem eigentlichen Immunisierungsprozeß identisch, vielmehr nur als auslösendes oder als Begleitmoment zu betrachten ist, wird durch die Tatsache gestützt, daß nicht nur nach Zufuhr antigen wirkender Substanzen, sondern auch z. B. nach Einverleibung anorganischer Salze und anderer Nichtantigene ein Zellzerfall im Organismus stattfindet. Da jedoch bei Verwendung von Antigenen der zur Ausbildung einer Immunität offenbar notwendige Reiz von seiten des Stoffwechsels gerade durch gleichzeitige Applikation nicht antigen wirkender Stoffe, sowie durch sonstige Eingriffe, wie Bestrahlung, Aderlässe, Temperatur-

---

[1] SAENGER, J.: Z. Biol. **76**, 301 (1922).
[2] AMSTADT, E.: Biochem. Z. **145**, 168 (1924).

änderungen in seiner Wirkung unter Umständen gesteigert werden kann (s. S. 608), ist anzunehmen, daß der Zellzerfall direkt oder indirekt die Ausbildung der Immunität, vor allem die Antikörperproduktion anregt. Dafür spricht auch die Feststellung, daß bei herabgesetztem Stoffwechsel und dadurch bedingter verminderter Reaktionsfähigkeit des Organismus, z. B. bei winterschlafenden Tieren, die Antikörperbildung aufgehoben oder mindestens sehr verlangsamt ist, während bei einer gewissen Steigerung des Stoffwechsels, z. B. im Höhenklima oder im Vogelorganismus (Detre[1]), die Antikörperkurve vielfach zwar einen im Vergleich mit der Norm rascheren Anstieg, aber auch einen kürzeren Verlauf aufweist (vgl. oben S. 606).

Andererseits genügt aber bei empfindlichen Tierarten, wie aus den Untersuchungen von Knorr[2] mit Tetanusgift, von Kolle[3], sowie Friedberger[4] mit Choleravibrionen, von Pinner und Ivančevic[5], sowie Oshikawa[6] mit Proteusbacillen, von Reitler[7] mit Coli- und Mesentericusbacillen und von Friedberger und Dorner[8] mit Blutkörperchen hervorgeht, schon eine *verhältnismäßig geringe Antigenzufuhr*, um den zur Immunstoffproduktion ausreichenden Reiz im Organismus auszuüben. Man könnte daran denken, daß es nur eines Anstoßes bedarf, der durch Einwirkung kleinster Antigenmengen gegeben sein kann, um den Immunitätsprozeß auszulösen, daß aber ein einmal in Gang gebrachter Immunitätsvorgang dann unter Umständen automatisch weiter abläuft. Eine derartige Auffassung würde mit den Vorstellungen, wie sie Ehrenberg in seiner Lehre von den Lebensvorgängen gegeben hat, in guter Übereinstimmung stehen und vielleicht auch zum Verständnis der unter dem Begriffe der unspezifischen Resistenzsteigerung zusammengefaßten Vorgänge, bei denen es sich ja um die Wirkung von Abbauprodukten handelt, beitragen können. Nach den Versuchen von Reitler ist es, wie bereits erwähnt (s. S. 589), zur Agglutinin- und Amboceptorbildung sogar überhaupt nicht notwendig, daß das Antigen in die Blutbahn übertritt; er nimmt daher an, daß die Immunkörperbildung als ein durch einen spezifischen Reiz ausgelöster Reflexvorgang aufzufassen ist.

Mit der Feststellung, daß von manchen Antigenen geringste Mengen zur Auslösung spezifischer Immunitätsvorgänge ausreichen, stehen auch die Angaben verschiedener Autoren, nach denen die bei Überschreiten einer gewissen Antigendosis eintretende *Erhöhung der Körpertemperatur* zur Erzielung eines Immunisierungseffektes nicht erforderlich ist, in Einklang (Kretz[9] ,Krehl[10], Lemaire[11], Schütze[12], Bächer und Kosian[13], Malmberg[14]; s. auch Hort und Penfold[15]). Jedenfalls wird man also auf Grund der vorliegenden Experimentalbefunde schließen dürfen, daß die Intensität der nach Antigenzufuhr eintretenden

[1] Detre, L.: Zbl. Bakter. I Orig. **97**, Beih., 174 (1926).
[2] Knorr, A.: Münch. med. Wschr. **45**, Nr 11, 321 u. Nr 12, 362 (1898).
[3] Kolle, W.: Dtsch. med. Wschr. **23**, Nr 1, 4 (1897).
[4] Friedberger, E.: v. Leyden-Festschrift **2**, 435 (1902).
[5] Pinner, M. u. J. Ivančevic: Z. Immun.forschg **30**, 542 (1920).
[6] Oshikawa, K.: Z. Immun.forschg **33**, 306 (1921).
[7] Reitler, R.: Wien. klin. Wschr. **37**, Nr 11, 267 (1924) — Z. Immunforschg **40**, 453 (1924).
[8] Friedberger u. Dorner: Zbl. Bakter. I Orig. **38**, 544 (1905).
[9] Kretz, R.: Jb. Wien. k. k. Krankenanst. II **5**, 449 (1896).
[10] Krehl, L.: Arch. f. exper. Path. **35**, 222 (1895).
[11] Lemaire, A.: Arch. internat. Pharmacodynamie **5**, 225 (1899).
[12] Schütze, A.: Z. Hyg. **38**, 205 (1901).
[13] Bächer u. Kosian: Zitiert auf S. 617.
[14] Malmberg, N.: Acta paediatr. (Stockh.) **2**, 209 (1923).
[15] Hort, E. C. u. W. J. Penfold: J. of Hyg. **12**, 361 (1912).

Stoffwechseländerungen keinen Rückschluß auf den eintretenden Immunitätsgrad bzw. die Stärke der Antikörperbildung gestattet; vielmehr ist sogar anzunehmen, daß die nach Einverleibung zu hoher Antigendosen eintretenden Umwälzungen im Bereich des intermediären Stoffwechsels eine Herabsetzung der Reaktionsfähigkeit des Organismus bedeuten.

Was schließlich noch die Bedeutung der *Ernährung* für die Ausbildung einer Immunität anlangt, so wäre zunächst zu erwähnen, daß durch Nahrungsentzug die Fähigkeit eines Individuums, auf die Zufuhr von Antigenen mit spezifischen Immunitätsvorgängen zu antworten, ebenso wie auch die natürliche Resistenz des Organismus (s. S. 557), je nach der Art des verwendeten Antigens verschieden beeinflußt wird. P. TH. MÜLLER[1] konnte feststellen, daß hungernde Tauben bei der aktiven Immunisierung mit Ruhrbakterien, Vibrionen (Vibrio Metschnikovi) und Proteusbacillen weniger, dagegen bei Vorbehandlung mit Typhus- und Pyocyaneusbacillen reichlicher spezifische Agglutinine produzieren, als die entsprechenden, in üblicher Weise gefütterten Kontrolltiere. Nach den Meerschweinchenversuchen TROMMSDORFFS[2] wird durch Hunger die Bakteriolysinproduktion gegenüber Typhusbacillen herabgesetzt. Dagegen konnte HEKTOEN[3] hinsichtlich der Bildung heterogenetischer Antikörper keinen Unterschied zwischen normal und mangelhaft ernährten Ratten feststellen. Diese Beobachtungen sprechen im Sinne P. TH. MÜLLERs dafür, daß der Hunger ebenso wie andere Eingriffe in den Chemismus der Zellen einerseits gewisse celluläre Leistungen begünstigen, andererseits bestimmte Funktionen des lebenden Protoplasmas beeinträchtigen und herabsetzen (vgl. a. S. 542 u. 559).

Auf diese Tatsache sind wohl auch die Widersprüche zu beziehen, welche zwischen den Angaben der Autoren hinsichtlich der immunisatorischen Bildung spezifischer Antikörper unter dem Einfluß verschiedenartiger Ernährung bestehen. So konnte P. TH. MÜLLER[1] zeigen, daß Tauben, die mit einer eiweiß- und fettreichen, aber kohlehydratarmen Kost gefüttert worden waren, bei Immunisierung mit Pyocyaneusbakterien wesentlich mehr Agglutinine bildeten als Tauben, denen reichlich Kohlehydrate, jedoch wenig Fett und Eiweißstoffe zugeführt wurden. Dagegen ließen entsprechende Untersuchungen mit Proteusbacillen bezüglich der Agglutininproduktion keine deutlichen Unterschiede zwischen den beiden Versuchsreihen erkennen. KLEINSCHMIDT[4] fand bei jungen Hunden eines Wurfs, die unter die verschiedenartigsten Ernährungsbedingungen (einseitige Bevorzugung des Fettes bzw. der Kohlehydrate, künstliche Ernährung mit Milch oder gemischter Kost) gesetzt und dann teils mit Hammelblutkörperchen, teils mit Typhusbacillen immunisiert wurden, keine nennenswerten Unterschiede in der Hämolysin-, Agglutinin- und Bakteriolysinproduktion. Eine vorübergehende Beeinträchtigung der Hämolysinbildung war nur bei Ernährungsstörungen infolge von Verdauungskrankheiten zu konstatieren; nach deren Behebung wurde die Antikörperproduktion wieder normal. OSSININ[5] fand, daß bei jungen, künstlich ernährten Kaninchen nach Zufuhr artfremden Eiweißes spezifische Präcipitine wesentlich später im Blute nachweisbar waren als bei den natürlich ernährten Kontrolltieren. Andererseits gibt SCHKARIN[6] an, daß neugeborene Kaninchen, die sofort nach der Geburt mit Kuhmilch ernährt wurden, wohl infolge der noch bestehenden Durchgängigkeit des Darmes für artfremdes Eiweiß, frühzeitig spezifische Präcipitine bildeten. Während ZILVA[7] bei Typhusimmunisierung von Ratten und Meerschweinchen, WERKMAN[8] sowie WERKMAN, NELSON und FULMER[9] bei Immunisierung von Ratten, Kaninchen, Meerschweinchen und Tauben mit verschiedenen Antigenen keine wesentliche Herabsetzung der Antikörperbildung (Agglutinine, Amboceptoren) unter der Wirkung einer längeren totalen oder partiellen Vitaminentziehung fest-

---

[1] MÜLLER, P. TH.: Wien. klin. Wschr. **17**, Nr 11, 300 (1904) — Arch. f. Hyg. **51**, 365 (1904).

[2] TROMMSDORFF, R.: Arch. f. Hyg. **59**, 1 (1906).

[3] HEKTOEN, L.: J. inf. Dis. **15**, 279 (1914).

[4] KLEINSCHMIDT, H.: Mschr. Kinderheilk. **12**, 423 (1913).

[5] OSSININ, A.: Arch. Kinderheilk. **59**, 98 (1913).

[6] SCHKARIN, A.: Arch. Kinderheilk. **46**, 357 (1907).

[7] ZILVA, S. S.: Biochemic. J. **13**, 172 (1919).

[8] WERKMAN, C. H.: J. inf. Dis. **32**, 247 (1923).

[9] WERKMAN, C. H., NELSON, V. E. u. E. J. FULMER: J. inf. Dis. **34**, 447 (1924).

stellten, verlieren nach den Angaben von Guerrini[1] Tauben bei absolut vitaminfreier Ernährung die Fähigkeit, antibakterielle Immunstoffe (Agglutinine) zu bilden. Bei vitaminfrei ernährten Ratten und Meerschweinchen konnte endlich Bieling[2] eine verminderte Antitoxinbildung nach Zufuhr bakterieller Gifte (Tetanus- und Diphtherietoxin) nachweisen.

C. Wesen der aktiv erworbenen Immunität.

a) Humorale und celluläre Immunität.

Der Umstand, daß im Verlaufe der meisten infektiösen Erkrankungen oder im Anschluß an die parenterale Zufuhr geeigneter Impfstoffe oder sonstiger Antigene im Blute der betreffenden Individuen vorher nicht vorhandene neuartige Substanzen auftreten, die auch außerhalb des Körpers in eigenartiger spezifischer Weise mit dem Infektionsstoff bzw. dem zur Vorbehandlung gewählten Agens zu reagieren vermögen, führte zu der Annahme, daß diese offenbar unter der Wirkung der artfremden belebten oder unbelebten Materie entstandenen sog. *Antikörper* die eigentlichen Träger des veränderten Zustandes des Organismus darstellen, daß also die Immunität ganz allgemein an die Gegenwart von Antikörpern im Blut und den sonstigen Körperflüssigkeiten gebunden sei. Diese Auffassung gründete sich insbesondere auf die erstmals von Behring und Kitasato[3] festgestellte Tatsache, daß einerseits die Übertragung des Blutserums von Tieren, welche mit Diphtherie- oder mit Tetanusgift immunisiert worden waren, auf gesunde unvorbehandelte Individuen diesen einen wirksamen spezifischen Schutz gegen eine nachfolgende Diphtherie- bzw. Tetanusinfektion zu verleihen vermag (,,passive Immunität''), daß andererseits diphtherie- oder tetanuskranke Menschen und Tiere durch ein solches antitoxisches Immunserum bei frühzeitiger Anwendung geheilt werden können. Die im Anschluß an diese Entdeckung der Antitoxine eingeleiteten Untersuchungen, welche zur Auffindung noch einer Reihe andersartiger Immunstoffe, vor allem der auf bakterielle Krankheitserreger selbst wirkenden Antikörper, der Agglutinine, Bakteriolysine, Opsonine und Bakteriotropine führten, schienen die Ansicht zu bestätigen, daß der durch das Überstehen einer infektiösen Erkrankung oder durch eine ihr biologisch gleichzusetzende künstliche Antigeneinverleibung vielfach bewirkte Schutz des Individuums gegen Neuinfektion durch die im Blute kreisenden Antikörper bedingt sei, daß also die Menge dieser Immunstoffe einen brauchbaren Maßstab für den Grad der Immunität darstelle. Da auch im Normalserum sämtlicher untersuchter Tierarten geringe Mengen verschiedenartiger Antikörper (vgl. Hahn, Sachs; s. auch S. 546) nachzuweisen sind, hat man, wie erwähnt, mehrfach angenommen, daß auch die angeborene Resistenz gegenüber bestimmten Infektionserregern und deren Giften vorwiegend oder wenigstens zum Teil durch das Vorhandensein solcher Normalantikörper bedingt sei.

Schon die Tatsache, daß die gegenüber manchen Infektionsstoffen wirksame passive Übertragung von Antikörpern, z. B. von Diphtherie- oder Tetanusantitoxin, den behandelten Tieren nur einen zeitlich recht beschränkten Schutz gegen eine später erfolgende spezifische Infektion verleiht (Behring, Bornstein[4], Bulloch[5], Ransom[6], Kolle und Turner[7], Jörgensen und Madsen[8], Schütze[9],

[1] Guerrini, G.: Ann. Igiene **31**, 597 (1921).
[2] Bieling, R.: Z. Hyg. **104**, 631 (1925).
[3] Behring, E. u. S. Kitasato: Dtsch. med. Wschr. **16**, Nr 49, 1113 (1890).
[4] Bornstein: Zbl. Bakter. I **22**, 587 (1897).
[5] Bulloch, W.: J. of Path. **5**, 274 (1898).   [6] Ransom, F.: J. of Path. **6**, 180 (1900).
[7] Kolle, W. u. G. Turner: Z. Hyg. **29**, 309 (1898).
[8] Jörgensen, A. u. Th. Madsen: Festschr. d. Statens Seruminstitut, herausgeg. von C. J. Salomonsen. Kopenhagen: O. C. Olsen u. Co 1902.
[9] Schütze, A.: Festschr. z. 60. Geburtstage Robert Kochs, S. 657. Jena: G. Fischer 1903.

PFEIFFER und FRIEDBERGER[1], LEVIN[2], LÜDKE und ORUDSCHIEW[3], LEVADITI und
MUTERMILCH[4], RÖMER und VIERECK[5], KOLMER und MOSHAGE[6], KOLLE und LEU-
POLD, SCHLOSSBERGER und HUNDESHAGEN[7], GLENNY und HOPKINS[8] und viele
andere; Literatur s. u. a. bei ANDREWES und seinen Mitarbeitern, sowie bei
SACHS), deutete darauf hin, daß für die im Gegensatz hierzu meist lange Zeit
hindurch herabgesetzte Empfänglichkeit aktiv immunisierter Organismen in
erster Linie der Nachschub der wirksamen Substanzen ausschlaggebend ist.
In demselben Sinne spricht auch die Erfahrungstatsache, daß eine passive Übertragung von immunstoffhaltigem Serum aktiv immunisierter Individuen zu
therapeutischen Zwecken („Serumtherapie") nur bei einigen wenigen Infektionskrankheiten, und auch hier bloß im Anfangsstadium der Erkrankungen, befriedigende Resultate liefert. Vor allem zeigte sich aber, daß die verminderte Empfänglichkeit des aktiv immunisierten Organismus auch nach Verschwinden der
Antikörper aus dem Blute vielfach fortbesteht (PFEIFFER und KOLLE[9], PFEIFFER
und FRIEDBERGER[1]), und daß bei immunisierten Tieren selbst nach erheblichen
Aderlässen nur eine vorübergehende, meist geringgradige Verminderung des
Antitoxingehalts des Blutes eintritt (ROUX und VAILLARD u. a.; s. S. 608). Diese
Tatsachen waren, ebenso wie das erneute Auftreten spezifischer Antikörper unter
der Wirkung spezifischer oder unspezifischer Reize nur in der Weise zu erklären,
daß weniger das Vorhandensein spezifischer Antistoffe in den Körpersäften, als
vielmehr eine unter der Wirkung der artfremden Materie erfolgte *veränderte Ein-
stellung des Körpers* in seiner Gesamtheit oder wenigstens gewisser Organe oder
Zellkomplexe eine erhöhte Reaktionsbereitschaft und damit eine herabgesetzte
Empfänglichkeit des Organismus einer erneuten Zufuhr des betreffenden krankmachenden Agens gegenüber bedingen (s. auch TROMMSDORFF[10]), daß also die
Antikörper als Produkte einer abnormalen Zellsekretion zu betrachten sind.

In richtiger Erkenntnis dieser Tatsachen nahm, wie schon oben (S. 605)
ausgeführt wurde, EHRLICH an, daß der Immunisierungsvorgang auf eine *primäre
Beeinflussung bestimmter Körperzellen* und zwar auf eine durch spezifische Affinitäten vermittelte Verankerung des betreffenden Antigens an lebenswichtige
Protoplasmabestandteile zurückzuführen ist. Die erworbene Immunität würde
entsprechend den von EHRLICH in seiner Seitenkettentheorie niedergelegten Vorstellungen darauf beruhen, daß die geschädigten Zellen infolge der Ausschaltung
lebenswichtiger Funktionen die Fähigkeit erwerben, die betreffenden Receptoren
in vermehrter Menge zu bilden und als Antikörper ins Blut abzustoßen. Das
Wiederauftreten von Immunstoffen bei früher immunisierten Individuen unter
der Wirkung spezifischer oder unspezifischer Reize (s. S. 606) wäre dann durch
eine erhöhte Erregbarkeit der betreffenden Zellen zu erklären.

Das eigentliche Wesen der erworbenen Immunität würde demnach in einem
veränderten Reizzustand des gesamten Organismus oder wenigstens gewisser
Gewebspartien (s. unten) dem spezifischen Antigen gegenüber bestehen. Da die
Ausbildung einer Immunität nicht mit einem Schlage, sondern allmählich erfolgt,

[1] PFEIFFER, R. u. E. FRIEDBERGER: Zbl. Bakter. I Orig. **37**, 131 (1905).
[2] LEVIN, E. J.: Z. Immun.forschg Orig. **1**, 3 (1909).
[3] LÜDKE, H. u. D. ORUDSCHIEW: Beitr. Klin. Inf.krkh. **1**, 87 (1913).
[4] LEVADITI, C. u. S. MUTERMILCH: C. r. Soc. Biol. Paris **75**, 92 (1913).
[5] RÖMER, P. H. u. H. VIERECK: Z. Immun.forschg Orig. **21**, 32 (1914).
[6] KOLMER, J. A. u. E. L. MOSHAGE: Amer. J. Dis. Childr. **9**, 189 (1915).
[7] KOLLE, W., LEUPOLD, F., SCHLOSSBERGER, H. u. K. HUNDESHAGEN: Arb. Staatsinst.
exper. Ther. Frankf. **1921**, H. 14, 43.
[8] GLENNY, A. T. u. B. E. HOPKINS: J. of Hyg. **21**, 142 (1923); **22**, 12, 37, 208 (1924).
[9] PFEIFFER, R. u. W. KOLLE: Z. Hyg. **21**, 203 (1896).
[10] TROMMSDORFF, R.: Arch. f. Hyg. **59**, 1 (1906).

ist entsprechend den früheren Ausführungen anzunehmen, daß dieser „Reaktionsablauf" nur dann vollkommen stattfindet, daß also z. B. die Sterilisierung eines
infizierten Organismus nur dann eintritt, wenn der antigene Reiz, der die Umstimmung der Körperzellen bewirkt, hinsichtlich seiner Stärke einen unteren
Schwellenwert, der seinerseits von der individuellen Resistenz des betreffenden
Organismus abhängt, überschreitet und wenn er genügend lange anhält. Bei
dieser Betrachtungsweise wird es verständlich, daß bei künstlicher Immunisierung
vielfach eine mehrfache Zufuhr des betreffenden Impfstoffs zur Erzielung des
gewünschten Effekts erforderlich ist. Andererseits findet die Tatsache, daß bei
solchen Infektionskrankheiten, die, sei es infolge einer relativ hohen Resistenz
des befallenen Organismus, sei es infolge einer geringen Virulenz der betreffenden
Erreger einen chronischen Verlauf aufweisen, die Immunitätsvorgänge nur in
geringem Grade in die Erscheinung treten, durch die Annahme, daß der auf die
Körperzellen wirkende antigene Reize hier zu gering ist, eine plausible Erklärung.

Nebenbei sei hier erwähnt, daß die Ausbildung einer Immunität im Sinne der Seitenkettentheorie auch in der Weise möglich ist, daß die unter der Wirkung eines ihr schädlichen
Antigens stehende Zelle die betreffenden besetzten Receptoren nicht wieder ersetzt oder
gar überregeneriert, daß sie sich ihrer vielmehr, wenigstens vorübergehend, vollkommen
erledigt. Dem betreffenden Antigen fehlt infolgedessen der zur Entfaltung seiner Wirkung
notwendige Angriffspunkt, während die Zelle den Ausfall ihrer Funktionen durch Neubildung
andersartiger Receptoren ausgleicht. Ehrlich (s. auch Ehrlich, Roehl u. Gulbransen[1])
führt die bei Trypanosomen im infizierten Organismus sich ausbildende Serumfestigkeit
(Rezidivstammbildung) auf derartige Vorgänge zurück. Eingehendere Untersuchungen
darüber, ob auch bei Metazoen ein solcher Receptorschwund immunisatorisch eintreten kann,
liegen bisher nicht vor. Immerhin läßt aber die Tatsache, daß manche Fälle von natürlicher
Giftresistenz auf einem Receptormangel beruhen (s. S. 542), sowie die Feststellung, daß bei
höheren Lebewesen durch die Immunisierung des Organismus die roten Blutkörperchen
gegenüber Hämolysinen und Hämotoxinen (Ehrlich u. Morgenroth[2], Kossel[3], Camus u.
Gley[4], Tchistovitch[5], Carra[6]), andere Organe (Herz, Darm) gegenüber Cobragift (Gunn
u. Heathcote[7]) eine herabgesetzte Empfindlichkeit erwerben können, an eine solche Möglichkeit denken (vgl. auch Metalnikov[8]).

Die Annahme Ehrlichs, daß die Verankerungsstelle des Antigens auch die
Antikörperbildungsstätte darstellt, wird allerdings von verschiedenen Autoren
nicht anerkannt. So konnten z. B. Meyer und Ransom[9] nachweisen, daß bei
tetanusimmunisierten Kaninchen die Cerebrospinalflüssigkeit weniger Antitoxin
enthält, als das Blut. Auch Vernoni[10] gibt an, daß das Nervensystem sich weder
auf aktivem noch auf passivem Wege gegen Tetanus immunisieren läßt. Da
parenteral einverleibte bakterielle Toxine, speziell auch das Tetanusgift, zum
größten Teil in den parenchymatösen Bauchorganen angehäuft werden und nur
geringe Giftmengen in das Gehirn gelangen, nehmen Bieling und Gottschalk[11]
(s. auch Bieling[12]) in Übereinstimmung mit der Auffassung von Meyer und
Ransom an, daß das Gehirn als Bildungsstätte des Tetanusantitoxins nicht in
Frage kommt, daß die Immunisierungsvorgänge sich vielmehr vor allen Dingen

[1] Ehrlich, P., Roehl, W. u. R. Gulbransen: Z. Immun.forschg Orig. **3**, 296 (1909).
[2] Ehrlich, P. u. J. Morgenroth: Berl. klin. Wschr. **37**, Nr 21, 453 (1900).
[3] Kossel, H.: Berl. klin. Wschr. **35**, Nr 7, 152 (1898).
[4] Camus, L. u. E. Gley: Arch. internat. Pharmacodynamie **5**, 247 (1899) — Ann. Inst.
Pasteur **13**, 779 (1899).
[5] Tchistovitch, Th.: Ann. Inst. Pasteur **13**, 406 (1899).
[6] Carra, J.: Z. Immun.forschg **39**, 383 (1924).
[7] Gunn, J. A. u. St. A. Heathcote: Proc. roy. Soc. Lond. B **92**, 81 (1921).
[8] Metalnikov, S.: Ann. Inst. Pasteur **40**, 787 (1926).
[9] Meyer, H. u. F. Ransom: Arch. f. exper. Path. **49**, 369 (1903).
[10] Vernoni, G.: Arch. Pat. e Clin. med. **1**, 231 (1922).
[11] Bieling, R. u. A. Gottschalk: Z. Hyg. **99**, 125, 142 (1923).
[12] Bieling, R.: Z. Immun.forschg **38**, 193 (1923).

in der Milz abspielen, womit auch die alten, von anderer Seite (BENARIO[1]) allerdings nicht bestätigten Angaben von TIZZONI und CATTANI[2], daß eine Immunisierung entmilzter Kaninchen gegen Tetanus nicht möglich ist, in Einklang stehen würde. Ebenso weisen auch die Angaben von SCHÜRER[3] sowie KASSOWITZ[4] (s. auch FREUND[5]), daß Menschen, trotzdem ihr Serum relativ reichliche Mengen spezifischen Antitoxins enthält, eine positive SCHICKsche Hautreaktion geben und an Diphtherie erkranken können, darauf hin, daß die Produktionsstätte der Antikörper und der Hauptangriffspunkt des entsprechenden Infektionsstoffs nicht identisch zu sein brauchen (s. auch O'BRIEN, OKELL u. PARISH[6]).

Auch an der Produktion der übrigen Antikörper, die als innere Sekrete im Sinne ASHERS[7] (vgl. auch PFAUNDLER) anzusprechen sind, ist die Milz offenbar in hervorragender Weise beteiligt. Als erste konnten PFEIFFER und MARX[8] den Nachweis erbringen, daß bei choleraimmunisierten Kaninchen in der Milz, außerdem noch im Knochenmark, in den Lymphdrüsen und auch in den Lungen schon 24 Stunden nach Einverleibung des Impfstoffs ein Überschuß von spezifischen Antikörpern im Vergleich mit dem Blute vorhanden ist, während die übrigen Organe bedeutend geringere Immunstoffmengen aufwiesen. Im Anschluß daran von A. WASSERMANN[9], M. WASSERMANN[10], DEUTSCH[11], PAWLOWSKY[12], sowie CASTELLANI[13] mit verschiedenen andern Infektionserregern durchgeführte entsprechende Untersuchungen hatten ein analoges Ergebnis. Diese Feststellungen, welche die Entstehung bestimmter Antikörper in den lymphoiden, blutbereitenden Organen erkennen ließen, wurden in der Folgezeit durch zahlreiche Autoren bestätigt und erweitert.

Da die Frage der *Antikörperentstehung* und die zu ihrer Erklärung aufgestellten Theorien in dem Kapitel „Antigene und Antikörper" dieses Handbuchs eingehend behandelt werden, erübrigt es sich, auf die Ergebnisse der vielen experimentellen Arbeiten über diesen Gegenstand hier im einzelnen näher einzugehen. Des Zusammenhangs halber sei nur erwähnt, daß man die Frage nach der Antikörperbildungsstätte, d. h. nach dem Sitze der Immunität auf die verschiedenste Art zu klären versuchte. Da, wie früher (S. 613) erwähnt wurde, intravenös injizierte Bakterien zu einem großen Teil in der Milz abgelagert werden, da außerdem die verschiedenartigsten Infektionskrankheiten mit einer Anschwellung der Milz einhergehen, ist es verständlich, daß über die Rolle dieses Organs bei der Ausbildung einer Immunität besonders ausgedehnte Untersuchungen vorliegen. Insbesondere suchte man durch Exstirpation der Milz, die teils längere, teils kürzere Zeit vor der Antigeneinverleibung, teils im Verlauf des Immunisierungsvorgangs vorgenommen wurde (TIZZONI u. CATTANI[2], FOÀ u. SCABIA[14], KANTHACK[15], BENARIO[1], BLUMREICH u. JACOBY[16], DEUTSCH[11], LEVIN[17], HEKTOEN[18], BIELING[19],

[1] BENARIO: Dtsch. med. Wschr. **20**, Nr 1, 8 (1894).
[2] TIZZONI, G. u. G. CATTANI: Zbl. Bakter. I **11**, 325 (1892).
[3] SCHÜRER, J.: Z. exper. Med. **10**, 225 (1920).
[4] KASSOWITZ, K.: Z. exper. Med. **41**, 160 (1924).
[5] FREUND, P.: Z. exper. Med. **42**, 400 (1924).
[6] O'BRIEN, R. A., OKELL, C. C. u. H. J. PARISH: Lancet **1**, 149 (1929).
[7] ASHER, L.: Klin. Wschr. **1**, Nr 3, 105 (1922); **3**, Nr 8, 308 (1924).
[8] PFEIFFER, R. u. MARX: Z. f. Hyg. **27**, 272 (1898).
[9] WASSERMANN, A.: Berl. klin. Wschr. **35**, Nr 10, 209 (1898).
[10] WASSERMANN, M.: Dtsch. med. Wschr. **25**, Nr 9, 141 (1899).
[11] DEUTSCH, L.: Ann. Inst. Pasteur **13**, 689 (1899).
[12] PAWLOWSKY, A. D.: Z. Hyg. **33**, 261 (1900).   [13] CASTELLANI, A.: Z. Hyg. **37**, 381 (1901).
[14] FOÀ u. SCABIA: Gazz. med. Torino **1892**, Nr 13/15.
[15] KANTHACK, A. A.: Zbl. Bakter. I **12**, 227 (1892).
[16] BLUMREICH, L. u. M. JACOBY: Z. Hyg. **29**, 419 (1898).
[17] LEVIN, J.: J. med. Res. 8, 116 (1902).   [18] HEKTOEN, L.: J. inf. Dis. **27**, 23 (1920).
[19] BIELING: Zitiert auf S. 628 — s. auch Zbl. Bakter. I Orig. **110**, Beiheft, 195 (1929).

Russ und Kirschner[1], Motohashi[2], Stefani[3], Luzzatto[4], Gay und Clark[5], Kritschewski und Rubinstein[6] u. a.), ferner auch durch vergleichende Bestimmung des Antikörpergehalts im Milzvenenblut und in dem aus andern Venen und aus Arterien entnommenen Blute immunisierter Tiere (Rautmann[7]), sowie durch Röntgenbestrahlung (Hektoen[8]), weiter durch Transplantation der Milzen von Tieren, die mit Antigen vorbehandelt waren, auf normale Individuen (Deutsch[9], Reiter[10]) und endlich noch durch künstliche Züchtung von Milzgewebe immunisierter Tiere in vitro nach der Methode von Carrel (Reiter[10], Centanni[11]) oder durch Zusatz des betreffenden Antigens zu Plasmakulturen normalen Milzgewebes (Przygode[12], Schilf[13]) die Bedeutung des Organs für den Immunisierungsprozeß festzustellen. Als übereinstimmendes Resultat der Mehrzahl dieser mit den verschiedenartigsten Antigenen durchgeführten Versuche läßt sich wohl sagen, daß der Milz eine nicht unwesentliche Rolle als Bildungsstätte der Immunstoffe zukommt, daß jedoch diese Tätigkeit von andern Organen vikariierend übernommen werden kann (vgl. auch Helly[14], sowie Meyer[15]). In diesem Sinne spricht auch die Feststellung von Reiter[10], daß nicht nur Milzgewebe, sondern auch Knochenmark, Niere und Leber (vgl. auch Jones[16]) immunisierter Tiere nach Transplantation auf normale Individuen oder auch in künstlicher Kultur die Bildung spezifischer Antikörper in vivo bzw. in vitro erkennen lassen. Nach Oshikawa[17] ist sogar nach Transplantation kleiner Hautläppchen von immunisierten Kaninchen auf nicht vorbehandelte Angehörige dieser Tierart bei den Empfängertieren regelmäßig die Erzeugung von Antikörpern nachzuweisen. In Anbetracht dieser Feststellungen, sowie auf Grund der Befunde zahlreicher Autoren (Murata[18], Bieling und Isaac[19], Bieling[20], Paschkis[21], Siegmund[22], H. Pfeiffer u. Standenath[23], Standenath[24], Vannucci[25], Oeller[26],

[1] Russ, V. K. u. L. Kirschner: Z. Immun.forschg **32**, 131 (1921).

[2] Motohashi, S.: J. med. Res. **43**, 419 u. 473 (1922).

[3] Stefani, A.: Sperimentale **76**, 361 (1923).

[4] Luzzatto, A.: Atti Accad. Fisiocritici Siena **14**, 247 (1922).

[5] Gay, F. P. u. A. R. Clark: Proc. Soc. exper. Biol. a. Med. **22**, 1 (1924) — J. amer. med. Assoc. **83**, 1296 (1924).

[6] Kritschewski, J. L. u. P. Rubinstein: Z. Immun.forschg **51**, 27 u. 56 (1927) — Arb. Mikrobiol. Inst. Volksunterrichtskommissariats Moskau **3**, 393 (1928). — Lisgunowa, A. W. u. A. P. Butjagina: Ebenda **3**, 394 (1928). — Kritschewksi, J. L. u. S. L. Schapiro: Ebenda **4**, 360 (1929). — Lisgunowa, A. W.: Ebenda **4**, 361 (1929). — Rubinstein, P. L.: Ebenda **4**, 362 (1929). — Kritschewski, J. L.: Ebenda **4**, 365 (1929).

[7] Rautmann, H.: Dtsch. med. Wschr. **48**, Nr. 45, 1504 (1922).

[8] Hektoen: Zitiert auf S. 629. [9] Deutsch: Zitiert auf S. 629.

[10] Reiter, H.: Z. Immun.forschg, Orig. **18**, 5 (1913).

[11] Centanni, E.: Arch. exper. Zellforschg **6**, 181 (1928).

[12] Przygode, P.: Wien. klin. Wschr. **27**, Nr. 9, 201 (1914).

[13] Schilf, F.: Zbl. Bakter., Abt. 1., Orig. **97**, 219 (1926).

[14] Helly, K.: Zbl. Path. **31**, Erg.-H., 6 (1921).

[15] Meyer, A.: Zbl. Grenzgeb. Med. u. Chir. **18**, 41 (1915).

[16] Jones, F. S.: J. of exper. Med. **41**, 767 (1925).

[17] Oshikawa, K.: Z. Immun.forschg **33**, 297 (1921).

[18] Murata, M.: Mitt. med. Ges. Osaka **17** (1918).

[19] Bieling, R. u. S. Isaac: Z. exper. Med. **25**, 1 (1921); **26**, 251 (1922); **28**, 154 u. 180 (1922); **35**, 181 (1923).

[20] Bieling, R.: Z. Immun.forschg **38**, 193 (1923) — Zbl. Bakter. I Orig. **110**, Beiheft, 195 (1929).

[21] Paschkis, K.: Wien. klin. Wschr. **35**, Nr. 43, 839 (1922) — Z. exper. Med. **43**, 175 (1924).

[22] Siegmund, H.: Klin. Wschr. **1**, Nr 52, 2566 (1922) — Münch. med. Wschr. **70**, Nr 1, 5 (1923); **72**, Nr 16, 639 (1925) — Verh. dtsch. path. Ges., 19. Tagg **1923**, S. 114.

[23] Pfeiffer, H. u. F. Standenath: Z. exper. Med. **37**, 184 (1923).

[24] Standenath, F.: Z. Immun.forschg **38**, 19 (1923).

[25] Vannucci, D.: Sperimentale **78**, 23 (1924).

[26] Oeller, H.: Dtsch. med. Wschr. **49**, Nr 41, 1287 (1923) — Krkh.forschg **1**, 28 (1925).

NEUFELD und MEYER[1], GAY und CLARK[2], vgl. auch ASCHOFF, GAY und RUSK[3], MEYER, NELSON und FEUSIER[4], CARY[5], J. KOCH[6], EASTWOOD[7], MURPHY und STURM[8], JUNGEBLUT und BERLOT[9], GAY[10], KRITSCHEWSKI[11], NIKOLAEFF und TICHOMIROFF[12], GOLDMAN[13] u. a.) über die Wirkung einer „Blockade" des retikulo-endothelialen Apparats mittels geeigneter kolloidaler Lösungen (saure Farbstoffe, Metallkolloide u. dgl.) ist wohl entsprechend der Auffassung METSCHNI-KOFFS anzunehmen, daß die Zellen dieses über den ganzen Körper verteilten Systems, welche in Anbetracht ihrer Fähigkeit, eingedrungene Krankheitserreger in sich aufzunehmen, als hauptsächliches Schutzorgan des Organismus gegen infektiöse Erkrankungen angesehen werden müssen (vgl. S. 549), auch an der Antikörperbildung wesentlich beteiligt sind. In diesem Sinne sprechen auch die Angaben von OELLER[14] sowie von OERSKOV, JENSEN und KOBAYASHI[15] u. a., daß bei immunen Tieren eine spezifisch erhöhte Reaktivität der fixen Endothel-zellen, speziell eine Beschleunigung und Steigerung der Phagocytose und der bakteriolytischen Vorgänge festzustellen ist, sowie die Befunde von EPSTEIN[16], nach denen unter dem Einfluß des Immunisierungsprozesses eine Vermehrung und auch eine morphologische Umwandlung des Retikuloendothels stattfindet. Ob diese Zellelemente die ausschließliche Bildungsstätte der Immunstoffe dar-stellen, muß allerdings nach neueren Untersuchungen von LACASSAGNE und PAU-LIN[17] sowie BRUYNOGHE und COLLON[18], die durch eine Blockade des retikulo-endothelialen Systems mit Polonium bzw. Trypanblau keine Hemmung der Antikörperproduktion (gegen Diphtherietoxin bzw. Recurrensspirochäten) er-zielen konnten, fraglich erscheinen. Auch ist nach den Befunden von KRIT-SCHEWSKI und SCHWARZMANN[19] bei der Trypanosomen- und bei der Rattenbiß-infektion der Mäuse und Ratten das Retikuloendothel an den Abwehrmaßnahmen des infizierten Organismus offenbar nicht oder nur wenig beteiligt. Nach SIMITCH[20] wird durch eine Blockade auch die Anaphylaxie beim Meerschwein-chen nicht beeinflußt.

Was die „Blockierungs"- und Entmilzungsversuche anlangt, so ist deren Beurteilung allerdings doch nicht ganz so einfach, als es zunächst den Anschein haben könnte, da wir über das Wesen dieser Eingriffe vorläufig noch recht wenig unterrichtet sind. Durch ein-malige oder wiederholte Zufuhr geeigneter Lösungen oder Suspensionen (Tusche, Eisen-

[1] NEUFELD, F. u. H. MEYER: Z. Hyg. **103**, 595 (1924). — MEYER, H.: Ebenda **106**, 124 (1926).

[2] GAY, F. P. u. A. R. CLARK: Zitiert auf S. 630.

[3] GAY, F. P. u. G. Y. RUSK: Transactions of the 15th intern. Congress on Hygiene and Demography, Washington D. C., 23.—28. Sept. 1912.

[4] MEYER, K. F., N. M. NELSON u. M. L. FEUSIER: J. inf. Dis. **28**, 408 (1921).

[5] CARY, W. E.: J. med. Res. **43**, 399 (1922).

[6] KOCH, J.: Zbl. Bakter. I Orig. **89**, 243 (1922).

[7] EASTWOOD, A.: J. Hyg. **22**, 355 (1924).

[8] MURPHY, J. B. u. E. STURM: J. exper. Med. **41**, 245 (1925).

[9] JUNGEBLUT, C. W. u. J. BERLOT: J. exper. Med. **43**, 613 (1926); **43**, 797 (1926); **44**, 129 (1926). — JUNGEBLUT, C. W.: J. exper. Med. **46**, 609 (1927); **47**, 261 (1928).

[10] GAY, F. P.: Arch. Path. a. Labor. Med. **1**, 590 (1926).

[11] KRITSCHEWSKI, J. L.: Zitiert auf S. 630.

[12] NICOLAEFF, N. u. D. TICHOMIROFF: Z. exper. Med. **58**, 556 (1927).

[13] GOLDMAN, A.: Zbl. Bakter. I Orig. **105**, 333 (1928).

[14] OELLER, H.: Krankheitsforschg **1**, 28 (1925).

[15] OERSKOV, J., JENSEN, K. A. u. K. KOBAYASHI: Zitiert auf S. 615.

[16] EPSTEIN, E.: Zbl. Bakter. I Orig. **110**, Beiheft, 223 (1929).

[17] LACASSAGNE, A. u. A. PAULIN: C. r. Soc. Biol. Paris **94**, 327 (1926).

[18] BRUYNOGHE, R. u. N. COLLON: C. r. Soc. Biol. Paris **96**, 213 (1927). — COLLON, N. G.: Ebenda **96**, 429 (1927).

[19] KRITSCHEWSKI, J. L. u. L. A. SCHWARZMANN: Z. Immun.forschg **56**, 322 (1928) — Arb. Mikrobiol. Inst. Volksunterrichtskommissariats Moskau **4**, 367 (1929).

[20] SIMITCH, T. V.: C. r. Soc. Biol. Paris **94**, 23 (1926).

zucker, kolloidale Farbstoffe u. dgl.) werden zwar die Zellen des Reticuloendothels mit den betreffenden Substanzen mehr oder weniger vollgepfropft. Dabei muß es aber nach H. Siegmund, L. Aschoff, W. Schulemann, F. Rosenthal, A. Moses und E. Petzal und zahlreichen anderen Autoren (Literatur s. bei Aschoff, Bieling[1], Schlossberger[2]) dahingestellt bleiben, inwieweit auf diese Weise eine *Funktionshemmung* oder gar eine *Funktionsausschaltung* des Zellsystems erzielt werden kann. Die Feststellung von Siegmund sowie von Rosenthal und seinen Mitarbeitern, daß Reticuloendothelzellen trotz außerordentlich hochgetriebener Blockierung mit einem elektronegativen Kolloid auf die nachfolgende Injektion eines weiteren anodischen Kolloids hin sich auch mit diesem reichlich beladen, spricht wohl gegen die Möglichkeit einer weitgehenden und besonders einer länger anhaltenden Beeinträchtigung des reticuloendothelialen Systems mit Hilfe kolloidaler Lösungen. Insbesondere geben Siegmund sowie F. Standenath an, daß die Reticuloendothelzellen durch vorausgegangene Ablagerungen sogar im Gegenteil eine gesteigerte resorptive Leistungsfähigkeit offenbar als Folge einer *Reizung* des mesenchymatischen Zellsystems erkennen lassen. Auch Aschoff, Schulemann u. a. weisen darauf hin, daß durch eine wirksame Blockade höchstens eine *vorübergehende Hypofunktion* bewirkt wird, die besonders wegen der dadurch bedingten Überregeneration im Weigertschen Sinne ein Stadium der *Hyperfunktion* zur Folge hat. Aber selbst dann, wenn durch irgendwelche künstlich eingebrachten fremden Massen die Speicherungsfähigkeit des Systems tatsächlich bis zum äußersten in Anspruch genommen würde, braucht nach Aschoff nicht notwendigerweise eine Unterdrückung der sonstigen Funktionen des Zellsystems einzutreten. Ebenso ist es aber auch denkbar, daß die Milzexstirpation eine erhöhte Leistung des durch diesen Ausfall eingeengten Reticuloendothels und nicht eine Funktionsuntüchtigkeit dieses Zellsystems zur Folge haben kann. Schließlich ist noch zu bedenken, daß das *Reticuloendothel nicht ein selbständiges Zellsystem darstellt, sondern als Teil des Gesamtorganismus* betrachtet werden muß. Es ist daher wohl nicht zulässig, daß die Folgen einer Blockierung oder Entmilzung ausschließlich als Reizung oder Lähmung der mesenchymatischen Zellen gedeutet werden, vielmehr ist dabei in Anbetracht der offenbar vielseitigen Funktionen des Reticuloendothels auch an eine Beeinflussung der in *anderen* Organen vor sich gehenden vitalen Vorgänge zu denken.

In Anbetracht der weiten Verbreitung der Histiocyten im Körper und infolge ihrer Eigenschaft, sich an Orten pathologischen Geschehens anzusammeln, erscheint es sehr wahrscheinlich, daß unter natürlichen Bedingungen *jedes* Organ als Antikörperbildungsstätte in Frage kommen kann. Auch ist die Annahme wohl berechtigt, daß schon die an der Eintrittspforte der Erreger oder in den regionären Lymphdrüsen usw. sich abspielenden entzündlichen Reaktionsvorgänge von seiten des infizierten Organismus den Beginn der Immunitätsvorgänge darstellen. Man muß sich dann vorstellen, daß der ursprünglich rein lokale Abwehrprozeß, sei es infolge direkter Einwirkung der Krankheitskeime oder deren Gifte auf Teile des übrigen Körpers, sei es aber infolge gewisser, vom Primärherd ausgehender hormonartiger oder nervöser Reize (s. S. 590) allgemeineren Charakter annimmt, daß also nicht nur die zunächst beteiligten Zellelemente, sondern auch andere, direkt oder indirekt in Mitleidenschaft gezogene Gewebspartien an den Defensivmaßnahmen des Organismus partizipieren (vgl. Zironi[3]).

Für diese Auffassung spricht die von manchen Autoren gemachte Feststellung, daß Immunisierungsvorgänge zunächst oder überhaupt lokal bleiben können, daß also andere Teile des Organismus wenigstens anfangs keine Änderung ihrer spezifischen Empfänglichkeit erfahren und daß auch keine Immunstoffe in den Körpersäften aufzutreten brauchen. Man spricht in solchen Fällen von *cellulärer* Immunität. Dieser Ausdruck ist allerdings schon insofern nicht ganz korrekt, als ja nach dem eben Gesagten auch die mit Antikörperausschwemmung einhergehende Form der aktiven Immunität ebenfalls histogenen Ursprungs ist. Weiterhin erscheint es jedoch nach den bisher vorliegenden, sich vielfach widersprechenden Angaben der Autoren keineswegs als ausgemacht, daß es sich

[1] Bieling: Zbl. Bakter. I Orig. **110**, Beiheft, 195 (1929).
[2] Schlossberger, H.: Zbl. Bakter. I Orig. **110**, Beiheft, 210 (1929) — Arb. II. Abt. wiss. Stefan-Tisza-Ges. Debrecen **3**, 155 (1929).
[3] Zironi, A.: Boll. Ist. sieroter. milan. **3**, 249 (1924); **4**, 35 (1925); **6**, 1 (1927).

bei dieser sog. Gewebsimmunität und der im Gegensatz hierzu als Antikörperimmunität bezeichneten Form der erworbenen Unempfindlichkeit um prinzipiell verschiedenartige Vorgänge handelt. Im Gegenteil deuten die Ergebnisse der neueren Untersuchungen, z. B. auf dem Gebiet der Pockenimmunität (s. insbesondere SOBERNHEIM[1]), die man seither als typisches Beispiel einer rein cellulär bedingten Immunität betrachtete, daraufhin, daß es sich auch hierbei um eine Wirkung spezifischer Schutzstoffe handelt, die sich allerdings weniger oder überhaupt nicht in den Körpersäften, sondern vorwiegend oder ausschließlich an oder in den Körperzellen abspielt. Immerhin weisen die Resultate dieser Forschungen darauf hin, daß die Antikörperausschwemmung *keine konstante Begleiterscheinung* der Immunitätsvorgänge darstellt, daß vielmehr das Auftreten spezifischer Immunstoffe im Blut vor allem von der Art und den Eigenschaften des betreffenden Antigens und auch von dem Orte der Einverleibung desselben weitgehend abhängig ist.

Bei dieser Betrachtungsweise ist es erklärlich, daß auch dann, wenn es sich um Krankheitserreger handelt, welche eine auf Antikörperwirkung beruhende Immunität des infizierten oder schutzgeimpften Organismus bewirken, keine konstanten Beziehungen zwischen dem Immunstoffgehalt des Blutes und der Immunität des Individuums bestehen. So kann z. B. nach den Befunden von GLENNY und SÜDMERSEN[2] eine Diphtherieimmunität auch vorhanden sein, ohne daß spezifische Antikörper im Blute nachweisbar sind. Ähnliche Feststellungen, die keinen Zusammenhang zwischen einer bestehenden aktiven Immunität und dem Gehalte des Blutes an entsprechenden Immunstoffen erkennen lassen, machten u. a. noch v. LIEBERMANN und ACÉL[3] bei typhusimmunen Meerschweinchen, WEBSTER[4] bei Mäusen und TENBROECK[5] bei Kaninchen, die mit Bakterien der Paratyphusgruppe vorbehandelt waren, MALONE, AVARI und NAIDU[6] bei pestimmunen Ratten, CECIL und STEFFEN[7] bei pneumokokkeninfizierten Affen. Nach den Angaben von SINGER und ADLER[8] (s. auch ADLER[9]) sind zwar bei Tieren, die mit Pneumokokken vom Typus I oder II immunisiert worden waren, reichlich Antikörper im Blut nachweisbar; dagegen spielt sich nach ihren Beobachtungen in Übereinstimmung mit den früheren Befunden von CHICKERING[10], COLE und MOORE[11] CECIL und BLAKE[12], YOSHIOKA[13], sowie TILLETT[14] die Immunität gegen Pneumokokken von Typus III ohne Auftreten humoraler Antikörper ab. Diese Feststellungen machen auch die Widersprüche verständlich, welche zwischen den Angaben der Autoren hinsichtlich des Auftretens von Immunstoffen im Blute und deren Zusammenhang mit dem Zustandekommen der sog. *Krise* bei manchen akuten Infektionskrankheiten, vor allem bei croupöser Pneumonie (NEUFELD[15],

---

[1] SOBERNHEIM, G.: Die neueren Anschauungen über das Wesen der Variola- und Vaccineimmunität. Erg. Hyg. **7**, 133 (1925).

[2] GLENNY, A. T. u. H. J. SÜDMERSEN: J. of Hyg. **20**, 176 (1921). — Siehe auch A. T. GLENNY u. K. ALLEN: Ebenda **21**, 100 (1922).

[3] LIEBERMANN, L. v. u. D. ACÉL: Dtsch. med. Wschr. **43**, Nr 28, 867 (1917).

[4] WEBSTER, L. T.: J. of exper. Med. **39**, 129 (1924).

[5] TENBROECK, C.: J. of exper. Med. **26**, 441 (1917).

[6] MALONE, R. H., C. R. AVARI u. B. P. B. NAIDU: Indian J. med. Res. **13**, 121 (1925).

[7] CECIL, R. L. u. G. J. STEFFEN: J. of exper. Med. **34**, 245 (1921).

[8] SINGER, E. u. H. ADLER: Z. Immun.forschg **41**, 468 (1924).

[9] ADLER, H.: Z. Hyg. **101**, 140 (1924).

[10] CHICKERING, H. T.: J. of exper. Med. **20**, 599 (1914).

[11] COLE, R. u. H. E. MOORE: J. of exper. Med. **26**, 537 (1917).

[12] CECIL, R. L. u. F. G. BLAKE: J. of exper. Med. **31**, 657 u. 685. 1920.

[13] YOSHIOKA, M.: Z. Hyg. **96**, 520 (1922); **97**, 232, 386 u. 408 (1923).

[14] TILLETT, W. S.: J. of exper. Med. **46**, 343 (1927).

[15] NEUFELD, F.: Z. Hyg. **40**, 54 (1902).

JEHLE[1], SELIGMANN und KLOPSTOCK[2], SELIGMANN[3], NEUFELD und HAENDEL[4], STROUSE[5], TCHOURILINA und VVEDENSKAIA[6], EGGERS[7], DOCHEZ[8], CHICKERING[9], TILLGREN[10], WEIL und TORREY[11], E. F. MÜLLER[12], CLOUGH[13], LISTER[14], SIA, ROBERTSON und WOO[15]; s. auch EASTWOOD[16]), sowie bei Rückfallfieber (LEVADITI und ROCHÉ[17], BERGEY[18], C. SCHILLING[19], SERGENT und FOLEY[20], KUDICKE, FELDT und COLLIER[21], CH. NICOLLE[22]) bestehen. So lassen sich bei der letztgenannten Krankheit, wie C. SCHILLING angibt, die Antikörper erst nachweisen, wenn die Zahl der Spirochäten im peripherischen Blute bereits abnimmt, die Krise also schon begonnen hat. Auch nach den Befunden von F. PLAUT[23] beruht die Immunität bei Recurrens nicht auf der Gegenwart von spezifischen Schutzstoffen im Blute.

Vollkommen ungeklärt ist auch die Tatsache, daß im Verlaufe mancher Infektionskrankheiten Antikörper gegenüber Mikroorganismen, die mit der Krankheit selbst wahrscheinlich oder sicherlich gar nichts zu tun haben, mit großer Regelmäßigkeit im Blute der Patienten auftreten. Das bekannteste Beispiel hierfür ist das Fleckfieber, dessen Erreger bis jetzt noch nicht mit Sicherheit festgestellt ist. Hier sind vielfach schon am 3. und 4. Krankheitstage, vom 10. Krankheitstage ab in 100% der Fälle Agglutinine, bakteriolytische und komplementbindende Antikörper, die streng spezifisch auf einen bestimmten Typus des Proteusbacillus (Typus X 19) eingestellt sind, im Blute der Erkrankten nachzuweisen (WEIL und FELIX, KOLLE und SCHLOSSBERGER u. v. a.), trotzdem dieser Mikroorganismus als Fleckfiebererreger wohl kaum in Frage kommen dürfte (Literatur s. bei WOLFF[24]). Ebenso merkwürdig ist auch die hernach von anderen Autoren bestätigte Beobachtung von FRANCIS und EVANS[25], daß bei der Tularämieerkrankung des Menschen zunächst regelmäßig Agglutinine gegenüber dem Erreger (Bact. tularense), dann aber bei der Mehrzahl der Patienten auch Agglutinine gegenüber dem Bact. abortus Bang (Ursache des ansteckenden Aborts bei Wiederkäuern) und dem Bact. melitense (Ursache des Maltafiebers), nicht aber gegenüber anderen Mikroorganismenarten auftreten. Umgekehrt zeigte es sich, daß das Serum von Maltafieberkranken nicht nur Maltafieber- und Abortusbacillen, sondern auch die Tularämiebakterien zur Verklumpung bringt. Bemerkenswert ist ferner die Feststellung, daß Kaninchen und Meerschweinchen, die mit Abortus- oder Melitensisbacillen immunisiert worden waren und einen hohen Agglutiningehalt gegenüber diesen beiden Mikroorganismenarten und auch gegenüber dem Tularämieerreger aufwiesen, trotzdem keine Spur

[1] JEHLE, L.: Wien. klin. Wschr. 16, Nr 32, 917 (1903).
[2] SELIGMANN, E. u. F. KLOPSTOCK: Z. Immun.forschg Orig. 4, 103 (1909).
[3] SELIGMANN, E.: Z. Immun.forschg Orig. 9, 78 (1911).
[4] NEUFELD u. HAENDEL: Arb. ksl. Gesdh.amt 34, 166 (1910).
[5] STROUSE, S.: J. of exper. Med. 14, 109 (1911).
[6] TCHOURILINA, A. A. u. N. E. VVEDENSKAIA: Arch. des Sci. biol. (St. Pétersbourg) 16, 368 (1911).
[7] EGGERS, H. E.: J. inf. Dis. 10, 48 (1912).
[8] DOCHEZ, A. R.: J. of exper. Med. 16, 680 (1912).
[9] CHICKERING, H. T.: Zitiert auf S. 633.
[10] TILLGREN, J.: Zbl. Bakter. I Orig. 76, 537 (1915); 77, 74 u. 84 (1915).
[11] WEIL, R. u. J. C. TORREY: J. of exper. Med. 23, 1 (1916).
[12] MÜLLER, E. F.: Z. Hyg. 97, 26 (1922).
[13] CLOUGH, P. W.: Bull. Hopkins Hosp. 24, 295 (1913); 30, 167 (1919).
[14] LISTER, F. S.: Publ. S. afric. Inst. med. Res. 1913, Nr 3.
[15] SIA, R. H. P., ROBERTSON, O. u. S. T. WOO: J. of exper. Med. 48, 513 (1928).
[16] EASTWOOD, A.: Reports on Public Health and Medical Subjects, Ministry of Health, London, Nr 13, 46 (1922).
[17] LEVADITI, C. u. J. ROCHÉ: C. r. Soc. Biol. Paris 62, 619 (1907).
[18] BERGEY D. H.: Univ. Pennsyl. med. Bull. 23, 617 (1911).
[19] SCHILLING, C.: Zbl. Bakter. I Ref. 53, 359 (1912) — Dtsch. med. Wschr. 53, Nr 37, 1543 (1927).
[20] SERGENT, EDM. u. H. FOLEY: C. r. Soc. Biol. Paris 77, 261 (1914).
[21] KUDICKE, A., A. FELDT u. W. A. COLLIER: Z. Hyg. 102, 135 (1924).
[22] NICOLLE, CH.: Arch. Inst. Pasteur Tunis 16, 207 (1927).
[23] PLAUT, F.: Dtsch. med. Wschr. 54, Nr 11, 424 (1928).
[24] WOLFF, G.: Die Theorie, Methodik und Fehlerquellen der WEIL-FELIXschen Reaktion. Erg. Hyg. 5, 532 (1922).
[25] FRANCIS, E. u. A. C. EVANS: Publ. Health Rep. 41, 1273 (1926).

von Immunität gegenüber einer Tularämieinfektion erkennen ließen, vielmehr nach Einimpfung von infektiösem Material ebenso rasch wie die nicht vorbehandelten Kontrolltiere eingingen.

Das anfängliche oder dauernde *Lokalbleiben einer Immunität* kann, abgesehen von den Eigenschaften des betreffenden Antigens, auf speziellen histologischen Verhältnissen des primär beeinflußten Organs beruhen. Vor allen Dingen gilt dies für die *Cornea*; die besonderen Zirkulationsverhältnisse dieses Organs machen es verständlich, daß ein Übergreifen der daselbst sich abspielenden Immunisierungsvorgänge auf andere Organe des Körpers unter Umständen eine Verzögerung erfährt und daß auch umgekehrt bei Immunitätsprozessen in sonstigen Gewebspartien des Organismus eine entsprechende Umstimmung der Hornhaut häufig erst verspätet festgestellt werden kann (vgl. WESSELY[1], MIYASHITA[2], SOBERNHEIM[3]; daselbst weitere Literatur. (Vgl. auch S. 598).

Die erste derartige Beobachtung stammt von LÖFFLER[4], der bei Kaninchen, welche er mit Mäusesepticämiebacillen immunisierte, einen verzögerten Eintritt der Cornealimmunität nachweisen konnte. Weiterhin hat dann PASCHEN[5] mit Vaccine festgestellt, daß cutan immunisierte Kaninchen für die Hornhautimpfung empfänglich bleiben, und daß umgekehrt corneal geimpfte Tiere zwar eine Immunität der vaccinierten Corneastelle, nicht aber der Haut und der anderen Cornea aufweisen. Durch die Untersuchungen von GRÜTER[6] (s. auch SÜPFLE und EISNER[7], SATO[8] sowie besonders SOBERNHEIM[3]) hat es sich indessen gezeigt, daß zwischen der Vaccineimmunität der Haut und der Cornea doch keine derart scharfe Scheidung besteht, daß also in beiden Fällen, wenn auch nur allmählich, eine vollständige Generalisierung der Unempfänglichkeit eintritt. Ähnliche zeitliche Unterschiede hinsichtlich des Auftretens und der Dauer der Vaccineimmunität zwischen einzelnen Organen (Haut, Gehirn, Hoden, Ovarium, Lungen), die auf einen lokalen Ablauf der immunisatorischen Vorgänge hinweisen, wurden dann noch von LEVADITI und NICOLAU[9] (s. auch CAMUS[10], OHTAWARA[11]) festgestellt.

Was die sonstigen Beobachtungen über lokale Immunität anlangt, so wären zunächst die Befunde von P. RÖMER[12] zu erwähnen. Dieser Autor, der Kaninchen von der Conjunctiva des einen Auges aus mit Abrin immunisierte, fand, daß dieses Auge nach einer wiederholten Instillation des Jequirityinfuses eine viel geringere Reaktion zeigte, als bei der ersten Pinselung, während das unbehandelte Auge noch deutlich auf dieselbe Giftdosis, die vom behandelten Auge schon vertragen wurde, reagierte. Da indessen nicht nur Extrakte der behandelten Conjunctiva, sondern auch von Milz und Knochenmark einen gewissen antitoxischen Schutzwert aufwiesen, ist hierbei auch eine Wirkung auf den übrigen Organismus anzunehmen. Auch konnte REHNS[13], der die Versuche RÖMERS bestätigte, bei Kaninchen, die am einen Auge conjunctival mit Abrin immunisiert worden waren, ein vorübergehendes Auftreten von Antiabrin im Blute feststellen; das behandelte Auge war aber zu einer Zeit, als das Antitoxin aus dem Blute wieder verschwunden

[1] WESSELY: Auge und Immunität. Berl. Klin. **1903**, H. 182.

[2] MIYASHITA, S.: Z. Immun.forschg Orig. **9**, 541 (1911).

[3] SOBERNHEIM, G.: Erg. Hyg. **7**, 133 (1925).

[4] LÖFFLER, F.: Mitt. ksl. Gesdh.amt **1**, 134 (1881).

[5] PASCHEN, E.: Über den Erreger der Variolavaccine. Immunitätsverhältnisse bei Variolavaccine. Handbuch der Technik und Methodik der Immunitätsforschung, Erg.bd **1**, 465. Hrsg. von R. KRAUS und C. LEVADITI. Jena: G. Fischer 1911.

[6] GRÜTER, W.: Ber. d. 36. Vers. d. ophthalmol. Ges. Heidelberg 1910, 31. Wiesbaden: J. F. Bergmann 1911.

[7] SÜPFLE, K. u. G. EISNER: Zbl. Bakter. I Orig. **60**, 298 (1911).

[8] SATO, K.: Z. Immun.forschg **32**, 481 (1921).

[9] LEVADITI, C. u. S. NICOLAU: C. r. Acad. Sci. Paris **173**, 794 (1921); **174**, 778 (1922); **176**, 1768 (1923); **177**, 466 (1923) — C. r. Soc. Biol. Paris **86**, 228, 233 u. 563 (1922).

[10] CAMUS, L.: J. de Physiol. **11**, 629 (1909).

[11] OHTAWARA, T.: Jap. med. World **3**, 1 (1923).

[12] RÖMER, P.: Arch. f. Ophthalm. **52**, 72 (1901).

[13] REHNS, J.: C. r. Soc. Biol. Paris **56**, 329 (1904).

und das unbehandelte Auge wieder empfindlich geworden war, noch immun. Weiterhin konnte v. Dungern bei Kaninchen, denen er Blutserum einer Krabben-art in die vordere Augenkammer injizierte, eine lokale Bildung von Präcipitinen (im Kammerwasser) bewirken. Auch Leber[1] gibt an, daß sich nach subcon-junctivaler Einimpfung eines sterilen Pneumokokkenextraktes eine lokale Im-munität der Cornea des behandelten Auges gegen eine Pneumokokkeninfektion ausbilde. Miyashita[2] stellte ebenfalls eine anfänglich lokale spezifische Immuni-tät des mit Pneumokokken oder Schweinerotlaufbakterien geimpften Auges fest. Dagegen war nach den Untersuchungen von Hektoen[3], der Hunden Ziegen-erythrocyten in die vordere Augenkammer einspritzte und spezifische Hämolysine im Humor aqueus des behandelten und in geringeren Mengen auch im Kammer-wasser des unbehandelten Auges fand, der Antikörpergehalt des Blutes stets höher. Weiterhin gibt Bowen[4] an, daß Meerschweinchen, die intraokular mit geringen Mengen von Diphtheriegift oder abgetöteten Diphtheriebacillen be-handelt wurden, eine lokale Immunität der Bindehaut gegenüber starken Dosen hochvirulenter Diphtheriebacillen aufwiesen.

Außer den Ergebnissen dieser vorzugsweise am Auge durchgeführten Unter-suchungen liegen aber noch zahlreiche weitere Experimentalbefunde zur Frage der lokalen Immunität an andern Körperstellen vor, die trotz der negativen Resultate anderer Autoren zum Teil ebenfalls dafür sprechen, daß unter gewissen Umständen die Immunisierungsvorgänge wenigstens zunächst lokalisiert bleiben können. So wies Robert Koch[5] schon im Jahre 1882 anläßlich einer kritischen Besprechung des Pasteurschen Schutzimpfungsverfahrens gegen Milzbrand darauf hin, daß Schafe, die durch subcutane Einverleibung des Impfstoffs eine Immunität gegen eine künstliche subcutane Infektion erworben hatten, trotzdem einer natürlichen Milzbrandinfektion von den Verdauungswegen aus erliegen können. Weiterhin fanden Wassermann und Citron[6] bei Kaninchen, die sie intraperitoneal oder intrapleural mit Typhusbacillen behandelten, daß die an den Injektionsorten hervorgerufenen Exsudate im Vergleich mit dem Blute einen vermehrten Antikörpergehalt aufwiesen. Auch Turró und Domingo[7] wiesen bei Meerschweinchen, die sie intratracheal mit Typhusbacillen immuni-sierten, in der Bronchialschleimhaut und im Lungengewebe Agglutinine früher und in größerer Menge nach als im Blute (hinsichtlich der intratrachealen Immu-nisierung vgl. auch Besredka[8], Pfenninger[9], Clark und Murphy[10], D'Aunoy[11], Bronfenbrenner und Knights[12], Sanarelli[13]; vgl. auch Lange und Keschi-schian[14], sowie Lange und Nowosselsky[15]). Da bei intratracheal mit Di-phtheriegift immunisierten Pferden der Antitoxingehalt des venösen Blutes stets höher war als derjenige des arteriellen Bluts, nimmt dagegen Kaneko[16] an,

[1] Leber, A.: Arch. f. Ophthalm. **64**, Nr 3 (1906) — Berl. ophthalm. Ges., 16. Dez. 1909.
[2] Miyashita, S.: Zitiert auf S. 635.
[3] Hektoen, L.: J. inf. Dis. **9**, 103 (1911).
[4] Bowen, J. A.: J. inf. Dis. **36**, 501 (1925).
[5] Koch, R.: Gesammelte Werke **1**, 224. Leipzig: G. Thieme 1912.
[6] Wassermann, A. u. J. Citron: Z. Hyg. **50**, 331 (1905).
[7] Turró, R. u. P. Domingo: C. r. Soc. Biol. Paris **88**, 410 (1923).
[8] Besredka, A.: Ann. Inst. Pasteur **34**, 361 (1920).
[9] Pfenninger, W.: Ann. Inst. Pasteur **35**, 237 (1921).
[10] Clark, P. F. u. E. J. Murphy: J. inf. Dis. **31**, 51 (1922).
[11] D'Aunoy, R.: J. inf. Dis. **30**, 347 (1922).
[12] Bronfenbrenner, J. u. E. Knights: Proc. Soc. exper. Biol. a. Med. **19**, 336 (1922).
[13] Sanarelli, G.: C. r. Soc. Biol. Paris **91**, 1302 (1924).
[14] Lange, B. u. K. H. Keschischian: Z. Hyg. **103**, 569 (1924).
[15] Lange, B. u. W. Nowosselsky: Z. Hyg. **104**, 648 (1924).
[16] Kaneko, R.: Z. Immun.forschg **34**, 424 (1922).

daß in der Lunge nicht eine lokale Antitoxinproduktion stattfindet, daß hier vielmehr Immunstoffe abgefangen und festgehalten werden. Dagegen weist die Beobachtung von Th. Smith, Orcutt und Little[1], daß bei Kühen nach direkter Infektion des Euters mit dem Abortusbacillus der Agglutiningehalt der Milch bedeutend höher ist als bei natürlicher Infektion, auf eine lokale Antikörperbildung am Orte der Infektion hin. Auch Noon[2] ist in Anbetracht seiner Feststellung, daß bei Kaninchen nach subcutaner Injektion toter oder lebender Pseudotuberkulosebakterien spezifische Antikörper (Opsonine) viel früher im Blute erscheinen als nach intravenöser oder intraperitonealer Einverleibung, geneigt, die verschiedene Lokalisation der Erreger für die beobachteten Unterschiede verantwortlich zu machen. Ebenso nehmen Klauder und Kolmer[3] auf Grund ihrer serologischen Untersuchungen von Speichel, Sperma, Exsudaten, Transsudaten usw. syphilitischer Personen an, daß die Wassermann-Reagine auch lokal entstehen können. Paetsch[4], der die Angaben von Wassermann und Citron mit El Tor-Vibrionen an Kaninchen nachprüfte, sowie Hektoen[5], der analoge Versuche mit Ziegenblutkörperchen an Hunden anstellte, fanden indessen keinen Anhaltspunkt für eine Immunstoffproduktion an der Impfstelle; nach ihren Befunden war der Antikörpergehalt im Peritoneum bzw. in der Pleura niemals höher, vielmehr meist geringer als im Blute. Auch Mutermilch[6] konnte bei intraperitoneal mit Trypanosomen infizierten Meerschweinchen keine lokale Immunstoffbildung in der Bauchhöhle der Tiere nachweisen.

Die Möglichkeit der Ausbildung einer *lokalen Immunität des Darmtraktus* beim Mäusetyphus und auch bei den Darminfektionen des Menschen wurde erstmals von Loeffler[7] angenommen. Neuerdings vertritt Besredka[8] den Standpunkt, daß die Immunität eines Individuums gegen solche Infektionskeime, die, wie vor allem Typhus-, Paratyphus-, Ruhr- und Choleraerreger ausschließlich (beim Kaninchen) vom Darm aus ihre krankmachenden Wirkungen entfalten, in Wirklichkeit nur eine rein cellulär bedingte lokale Immunität des Intestinaltraktus, vor allem eine Umstellung des follikulären lymphatischen Gewebes der Darmschleimhaut darstellt. So sind nach seinen Mitteilungen z. B. Kaninchen nach Fütterung mit abgetöteten Dysenteriebacillen, soweit sie nicht an Intoxikation eingehen, gegenüber einer nachträglichen intravenösen Injektion lebender homologer Keime geschützt, ohne daß im Serum der Tiere Antikörper nachzuweisen wären. Mit anderen Worten wird also hier und ebenso bei Erregern, welche durch die Luftwege (Lungen) oder die Haut in den Organismus eindringen, nach der Auffassung Besredkas die scheinbare allgemeine Immunität durch eine lokale Immunität der empfindlichen Organe vorgetäuscht.

Auch nach den Befunden von Alivisatos und Jovanovic[9] führt eine perorale Zufuhr abgetöteter Shiga-Krusescher Bacillen zu einer lokalen Immunität des Darms, ohne daß spezifische Antikörper im Blute der behandelten Tiere nachzuweisen sind. Auch besitzen derartige Kaninchen eine Immunität gegen eine intravenöse Infektion. Da solche Tiere indessen nach intravenöser Ein-

---

[1] Smith, Th., M. L. Orcutt u. R. B. Little: J. of exper. Med. 37, 153 (1923).

[2] Noon, L.: J. of Hyg. 9, 181 (1909).

[3] Klauder, J. V. u. J. A. Kolmer: J. amer. med. Assoc. 76, 1635 (1921).

[4] Paetsch: Zbl. Bakter. I Orig. 60, 255 (1911).

[5] Hektoen, L.: Zitiert auf S. 636.

[6] Mutermilch, S.: Ann. Inst. Pasteur 25, 776 (1911).

[7] Loeffler, F.: v. Leuthold-Gedenkschrift 1, 247. Berlin: A. Hirschwald 1906.

[8] Besredka, A.: Ann. Inst. Pasteur 33, 301 u. 882 (1919) — Bull. Inst. Pasteur 20, 473 (1922); 22, 217 u. 265 (1924) — C. r. Soc. Biol. Paris 89, 1156 (1923) — Presse méd. 32, Nr 56 (1924).

[9] Alivisatos, G. P. u. M. Jovanovic: Zbl. Bakter. I Orig. 98, 311 (1926).

verleibung von Toxin der Shiga-Kruse-Bacillen sehr verzögert sterben und unter Umständen nur geringe Veränderungen im Darmtraktus aufweisen, da außerdem durch subcutane Injektion des Impfstoffs eine mit dem Auftreten von Antikörpern im Blut einhergehende allgemeine Immunität erzielt werden kann, nehmen Alivisatos und Jovanovic im Gegensatz zu Besredka an, daß außer dem Darm auch noch andere Organe des Kaninchenkörpers eine Affinität für das Ruhrgift besitzen und daß diese nur von der Blutbahn aus erreicht und immunisiert werden können. Auch Vaz[1] gibt an, daß eine Immunisierung des Kaninchens mit toten Shiga-Kruse-Bacillen per os möglich ist; da er im Blute der immunen Tiere zwar keine Agglutinine, aber Antitoxine nachweisen konnte, nimmt er jedoch an, daß es sich dabei nicht lediglich um eine lokale Immunität der Darmschleimhaut, sondern um eine allgemeine Immunität handelt. Denselben Standpunkt vertreten auch Gratia und Rhodes[2] sowie Korobkova[3] auf Grund von Immunisierungsversuchen an Meerschweinchen mit Choleravibrionen bzw. an Kaninchen mit Typhusbacillen. Nach den mit den Angaben von Ciuca und Balteanu[4] in Einklang stehenden Befunden von Gratia und Rhodes ist hier die cutane Applikation des Impfstoffs ebenso wirksam, wie die intraperitoneale Einverleibung; im Gegensatz zu den genannten Autoren konnten jedoch Gratia und Rhodes sowie Korobkova in beiden Fällen die entsprechenden spezifischen Antikörper im Blute der behandelten Tiere feststellen. Dagegen steht die Angabe von Neuhaus und Prausnitz[5], daß bei Kaninchen, die intracutan oder intravenös mit El Tor-Vibrionen immunisiert werden, die Haut als Bildungsstätte der Bakteriolysine und Agglutinine nicht in Betracht kommt, mit den Anschauungen Besredkas in gewisser Übereinstimmung.

Die Wirksamkeit der *peroralen Schutzimpfung* des Menschen gegen Ruhr und auch gegen Maltafieber wurde u. a. von Nicolle und Conseil[6] erwiesen (vgl. auch Dold[7]). Ebenso ist auch bei Mäusen eine perorale Immunisierung gegen Mäusetyphus möglich (Ornstein[8], Webster[9]). Da indessen peroral vorbehandelte Mäuse sowohl eine Immunität gegen die stomachale, wie auch gegen die intraperitoneale Infektion mit Mäusetyphusbacillen besitzen, kann es sich dabei nicht um einen nur auf den Darm beschränkten Umstimmungsvorgang handeln (Webster). Lusena und Rovida[10] konnten bei einem Teil ihrer mit abgetöteten Typhus- und Paratyphusbacillen stomachal behandelten Kaninchen eine Immunität gegen eine nachfolgende intravenöse Infektion feststellen, ohne daß spezifische Antikörper im Blute dieser Tiere nachzuweisen waren. Andererseits wiesen einige der vorbehandelten Kaninchen gegenüber den lebenden Infektionserregern eine ausgesprochene Überempfindlichkeit, wie sie übrigens auch bei der natürlichen oder künstlichen parenteralen Immunisierung zu beobachten ist (vgl. S. 646), auf. Nach der Ansicht der beiden Autoren sind die Resultate der peroralen Immunisierung zu unregelmäßig, so daß die Methode ihrer Meinung nach für praktische Zwecke vorläufig nicht in Frage kommen dürfte.

Die Erscheinung, daß die allgemeine Immunität eines Organismus lediglich durch eine lokale Immunität seiner empfindlichen Organe bedingt ist, trifft nach

[1] Vaz, E.: Mem. Inst. Butantan (port.) **2**, 99 (1925).
[2] Gratia, A. u. B. Rhodes: C. r. Soc. Biol. Paris **91**, 797 (1924).
[3] Korobkova, E.: Rev. Microbiol. et Epidémiol. Saratov **4**, Nr 1, 30 u 85 (1925).
[4] Ciuca, M. u. J. Balteanu: C. r. Soc. Biol. Paris **90**, 315 (1924).
[5] Neuhaus, C. u. C. Prausnitz: Zbl. Bakter. I Orig. **91**, 444 (1924).
[6] Nicolle, C. u. E. Conseil: C. r. Acad. Sci. Paris **174**, 724 (1922).
[7] Dold, H.: Fortschr. Ther. **1**, 140 (1925).
[8] Ornstein, O.: Z. Hyg. **96**, 48 (1922).
[9] Webster, L. T.: J. of exper. Med. **36**, 71 (1922).
[10] Lusena, M. u. G. Rovida: Boll. Ist. sieroter. milan. **5**, 19 (1926).

BESREDKA[1] vor allem für den Milzbrand der Meerschweinchen zu. Er gibt an, daß diese Versuchstiere für Milzbrand nur bei Einverleibung der Bazillen auf dem Hautwege empfänglich sind. Erwerben daher Meerschweinchen durch cutane oder intracutane Applikation einer geeigneten Milzbrandvaccine eine spezifische, ohne Antikörperbildung einhergehende lokale Immunität der Haut, so sind sie damit gegen Milzbrand überhaupt unempfindlich. Nach ZIRONI[2] beruht die elektive Empfänglichkeit der Haut des normalen Meerschweinchens oder Kaninchens für Milzbrand auf dem Fehlen anthrakocider Stoffe in den Epidermiszellen und in den zwischen diesen kreisenden Säften. Die Milzbrandbacillen können sich daher hier ansiedeln und vermehren, wobei sie gleichzeitig eine gesteigerte Widerstandsfähigkeit gegenüber den ihnen feindlichen Agenzien des Bluts und der inneren Organe (bakteriolytische Stoffe, Phagocyten) erwerben. Der milzbrandimmune Organismus antwortet im Gegensatz hierzu infolge der Allergie seiner Haut auf die cutane oder subcutane Einimpfung lebender Milzbrandbacillen mit einer ausgesprochenen Reaktion, die in einer Konzentrierung anthrakocider Faktoren besteht und zur Abtötung der eingebrachten Mikroorganismen führt.

Von anderer Seite wurden die Angaben BESREDKAS nicht oder nur bedingt bestätigt. So konnten MARINO[3], SOBERNHEIM und MURATA[4], KATZU[5], sowie KRITSCHEWSKY und BRUSSIN[6] und eine Reihe anderer Autoren beim Meerschweinchen auch nach intravenöser oder intraperitonealer Einverleibung von Milzbrandbacillen ein Angehen der Infektion beobachten; eine ausschließliche Empfänglichkeit des Hautorgans für die Milzbrandinfektion kann also beim Meerschweinchen nicht angenommen werden. Auch gelingt die cutane Immunisierung dieses Versuchstiers, die sich nach BESREDKA, sowie BAUTZ und AMIRASLANOW[7] sehr leicht erreichen lassen soll, nach den Angaben von GLUSMAN[8], KATZU u. a. nur gelegentlich. Interessant ist allerdings die Feststellung von MARINO[3], daß Meerschweinchen, welche durch mehrfache Injektionen von Milzbrandvaccine in die Blutbahn, die Trachea, die Peritonealhöhle oder in Organe (Leber, Lunge, Niere, Milz, Hoden, Muskel) immunisiert worden waren, niemals gegen die subcutane Milzbrandinfektion immun sind und daß umgekehrt subcutan immunisierte Meerschweinchen vom Peritoneum aus sich infizieren lassen. Im Gegensatz hierzu und auch zu den Mitteilungen BESREDKAS gibt jedoch GRATIA[9] an, daß bei cutan geimpften Meerschweinchen anthrakocide Stoffe im Blute auftreten, die im Mischversuch (Serum + Milzbrandbacillen) bei normalen Meerschweinchen das Angehen der Infektion zu verhindern vermögen.

Weiterhin sind mehrfach Untersuchungsbefunde veröffentlicht worden, welche die Ausbildung einer *lokalen Gewebsimmunität der Haut* gegenüber Streptokokken und Staphylokokken möglich erscheinen lassen. So konnte LEVADITI[10] bei Kriegsverletzten beobachten, daß die Heilung mehrerer gleichzeitig bestehender und mit Streptokokken infizierter Wunden nicht gleichmäßig erfolgte und daß diejenigen Wunden, in welchen die Erreger nicht mehr nachzuweisen waren,

[1] BESREDKA, A.: C. r. Soc. Biol. Paris 83, 769 (1920) — Ann. Inst. Pasteur 35, 421 (1921).
[2] ZIRONI, A.: Boll. Ist. sieroter. milan. 3, 181 (1924).
[3] MARINO, F.: C. r. Soc. Biol. Paris 86, 342 (1922) — J. Physiol. et Path. gén. 22, 349 (1924).
[4] SOBERNHEIM, G. u. H. MURATA: Z. Hyg. 103, 691 (1924).
[5] KATZU, S.: Zbl. Bakter. I Orig. 94, 165 (1925).
[6] KRITSCHEWSKY, J. u. A. BRUSSIN: Arb. mikrobiol. Inst. Volksunterrichtskomm. Moskau 1, 349 (1925).
[7] BAUTZ, TH. u. CH. AMIRASLANOW: Z. Immun.forschg 56, 1 (1928).
[8] GLUSMAN, M. P.: Z. Hyg. 102, 218 (1924).
[9] GRATIA, A.: C. r. Soc. Biol. Paris 91, 795 (1924).
[10] LEVADITI, C.: C. r. Soc. Biol. Paris 81, 409 u. 1059 (1918).

die Eigenschaft erworben hatten, beträchtliche Mengen der homologen Streptokokken rasch zu vernichten. Wurden nämlich die Verbände noch infizierter Wunden auf sterile Verletzungen desselben Individuums aufgelegt, so waren innerhalb kurzer Zeit keine Erreger mehr nachzuweisen. Ferner gibt GAY[1] auf Grund von Kaninchenversuchen mit Streptokokken an, daß die Tiere durch intracutane Injektion der Erreger eine spezifische Unempfänglichkeit der Haut erwerben, daß sie aber nach intravenöser Injektion der für unvorbehandelte Kaninchen tödlichen Dose ebenso rasch wie diese an Septicämie eingehen und daß umgekehrt bei intravenös immunisierten Kaninchen sich im Anschluß an eine intracutane Infektion ein typisches Erysipel entwickelt (vgl. außerdem BESREDKA[2], BASS[3], KIMLA[4]). RIVALIER[5] konnte jedoch durch cutane Streptokokkenimpfung weder lokale noch allgemeine Immunität erzeugen, dagegen stellte er eine gewisse lokal immunisierende Wirkung intracutaner Injektionen von Streptokokkenkulturfiltraten fest. Die Entscheidung der Frage, ob es sich bei dieser lokal gesteigerten Unempfänglichkeit der Haut lediglich um eine unspezifische Resistenzerhöhung im Sinne von PFEIFFER und ISSAEFF handelt, wie GRATIA[6] annimmt, muß weiteren Untersuchungen vorbehalten bleiben. Die Ergebnisse neuerer, von AMOSS und BLISS[7] durchgeführter Untersuchungen sprechen allerdings gegen diese von GRATIA vertretene Auffassung. Die beiden genannten Autoren konnten nämlich feststellen, daß intracutan mit Streptokokken infizierte Kaninchen am Orte der Einimpfung eine relative Unempfänglichkeit erwerben, die durch *Wiederholung* der Behandlung so *gesteigert* wird, daß schließlich fast gar keine Reaktion auf eine weitere Bakterienzufuhr an der Infektionsstelle stattfindet. Die normale Gegenseite bleibt dabei zunächst auch normal empfänglich; erst später, mit der Ausbildung der allgemeinen Immunität, wird auch die nicht vorbehandelte Seite relativ immun.

Auch mancherlei andere schon länger bekannte Tatsachen, sowie verschiedene in neuerer Zeit mitgeteilte Untersuchungsbefunde deuten darauf hin, daß die *Haut* als Sitz immunisatorischer Vorgänge und als Antikörperbildungsstätte unter Umständen eine erhebliche Rolle spielen kann. Abgesehen von den lokalen Reaktionserscheinungen, die z. B. bei sensibilisierten Individuen nach cutaner Applikation des betreffenden Antigens (ARTHUS[8] u. a.; vgl. das Kap. ,,Anaphylaxie" ds. Handb.) oder bei tuberkulösen Individuen nach cutaner oder intracutaner Tuberkulinapplikation (v. PIRQUET u. a.) zu beobachten sind, ist es eine bekannte Tatsache, daß durch die Lokalisation einer infektiösen Erkrankung in der Haut die übrigen Organe des betreffenden Körpers einen gewissen Schutz gegen ein Übergreifen des Krankheitsprozesses erwerben. So bleibt z. B. bei Lupuskranken die tuberkulöse Erkrankung im allgemeinen auf die Haut beschränkt, und auch von der Syphilis wird vielfach angenommen, daß ausgedehnte Hautaffektionen eine erhebliche Immunität der übrigen Teile des befallenen Organismus im Gefolge haben (vgl. S. 548). Auch der Umstand, daß spezifische Hautreize (GLENNY und ALLEN[9]) und auch unspezifische Einwirkungen der verschiedensten Art, die in erster Linie das Integument betreffen, wie Bestrahlung,

---

[1] GAY, F. P.: J. of Immun. 8, 1 (1923).
[2] BESREDKA, A.: C. r. Soc. Biol. Paris 89, 7 (1923) — Ann. Inst. Pasteur 38, 565 (1924) — Bull. Inst. Pasteur 22, 217 u. 265 (1924).
[3] BASS, A.: C. r. Soc. Biol. Paris 89, 9 (1923).
[4] KIMLA, R.: Čas. lék. česk. 1924, 411.
[5] RIVALIER, E.: C. r. Soc. Biol. Paris 89, 711 (1923).
[6] GRATIA, A.: C. r. Soc. Biol. Paris 89, 826 (1923).
[7] AMOSS, H. L. u. E. A. BLISS: J. of exper. Med. 45, 411 (1927).
[8] ARTHUS, M.: C. r. Soc. Biol. Paris 55, 817 (1903); 60, 1143 (1906).
[9] GLENNY, A. T. u. K. ALLEN: J. of Hyg. 21, 104 (1922).

Wärme, Kälte, cutane Applikation chemischer Stoffe u. dgl. mehr, einen starken
Einfluß auf den Ablauf infektiöser Prozesse bzw. die Immunitätsvorgänge aus-
üben können, sowie die Feststellung, daß geringe Hautreize häufig eine erhebliche
Wirkung auch auf entfernter liegende Krankheitsherde bedingen, lassen die
Bedeutung der Haut für die immunisatorischen Vorgänge, gleichzeitig aber auch
eine gewisse immunbiologische Sonderstellung dieses Organs erkennen, deren
Wesen uns allerdings vorläufig noch vollkommen unbekannt ist (HOFFMANN[1],
BÖHME[2], MÜLLER[3]; vgl. auch S. 550).

So deuten die Untersuchungsbefunde zahlreicher Autoren darauf hin, daß die Haut,
wenigstens bei Verwendung bestimmter Antigene, als Antikörperbildungsstätte fungiert
(BALTANEO[4], HARTOCH, MURATOWA, JOFFE und BERMAN[5], GERNEZ[6], FERNBACH und HÄSSLER[7]).
In derselben Richtung weisen auch die Angaben von KÖHLER und HEILMANN[8], nach denen
eine Sensibilisierung der Haut des Menschen gegen Kaninchenserum bei intracutaner Injektion regelmäßiger und meist auch in höherem Grade eintritt, als nach intravenöser Einverleibung des Antigens. Zu erwähnen wäre hier auch noch die erstmals von TERNI, dann
von WALDMANN und TRAUTWEIN[9] festgestellte Tatsache, daß bei Maul- und Klauenseuche
die Hautimmunität früher eintritt und früher erlischt, als die Allgemeinimmunität.

Die wenigen angeführten Beispiele, deren Zahl sich indessen noch erheblich
vermehren ließe, sowie die früher besprochenen Tatsachen lassen es als sicher
erscheinen, daß die verschiedenen Organe eines unter der Wirkung eines Antigens
stehenden Körpers an den Immunitätsvorgängen *nicht gleichmäßig* partizipieren.
Auf Grund der vorliegenden Experimentalbefunde ist wohl anzunehmen, daß
die hierbei zu beobachtenden Unterschiede durch die Lokalisation des betreffenden
Agens, die ihrerseits einmal von dessen ,,Tropie'' zu bestimmten Geweben des
Organismus (vgl. insbesondere auch die Untersuchungen über Encephalitis und
Herpes; LEVADITI u. a.; s. S. 553), andererseits auch von der Eintrittspforte
bzw. der Impfstelle abhängig ist, bedingt sind. Damit ist jedoch keineswegs
gesagt, daß die auf Grund derartiger Überlegungen neuerdings empfohlenen
stomachalen und intratrachealen Immunisierungsverfahren den seither üblichen
parenteralen Methoden überlegen sind. Abgesehen davon, daß der von BESREDKA
angenommene rein lokale Charakter der erworbenen Unempfänglichkeit des Organismus gegenüber manchen Infektionserregern von den meisten Autoren nicht
bestätigt wurde, kann es bisher auch noch nicht als bewiesen gelten, daß sich
durch die lokale Antigenapplikation etwa ein besonders dauerhafter oder stärkerer
Impfschutz als mit den anderen Verfahren erzielen läßt (vgl. auch NEUFELD[10]).

Was ferner die Bedeutung der sog. *endokrinen Drüsen* für die Immunitätsvorgänge anlangt, so ist in Anbetracht der wenigen bisher vorliegenden Untersuchungsergebnisse und der zwischen den Angaben der Autoren vielfach bestehenden Widersprüche, die wohl großenteils auf Verschiedenheiten der Versuchsanordnung, vor allem auch der gewählten Antigene beruhen, eine bestimmte
Stellungnahme heute noch nicht möglich. Immerhin dürfte aber auf Grund der
bisherigen Ausführungen, vor allem der Tatsache, daß die Immunitätsphänomene
als *Lebensäußerungen* zu betrachten sind, die Annahme, daß zwischen der Funk-

[1] HOFFMANN, E.: Dermat. Z. **28**, 257 (1919).
[2] BÖHME, W.: Dtsch. med. Wschr. **49**, Nr 36, 1182 (1923).
[3] MÜLLER, E. F.: Münch. med. Wschr. **67**, Nr 1, 9 (1920) — Med. Klin. **16**, Nr 22, 579 (1920).
[4] BALTANEO, J.: C. r. Soc. Biol. Paris **88**, 943 (1923).
[5] HARTOCH, O., K. MURATOWA, W. JOFFE u. W. BERMAN: Zbl. Bakter. I Orig. **93**, 528 (1924).
[6] GERNEZ, CH.: Ann. Inst. Pasteur **38**, 892 (1924).
[7] FERNBACH, H. u. E. HÄSSLER: Zbl. Bakter. I Orig. **95**, 81 (1925).
[8] KÖHLER, O. u. G. HEILMANN: Zbl. Bakter. I Orig. **91**, 112 (1923).
[9] WALDMANN, O. u. C. TRAUTWEIN: Zbl. Bakter. I Orig. **89**, 162 (1922).
[10] NEUFELD, F.: Z. Hyg. **101**, 466 (1924).

tionstüchtigkeit des endokrinen Apparats und dem Verhalten des Organismus gegenüber belebten oder unbelebten Antigenen nahe Beziehungen bestehen müssen, keinem Zweifel begegnen (vgl. auch Munk[1], sowie Harrower[2]). Da zudem bei tödlich verlaufenden Infektionskrankheiten häufig schwere Veränderungen in den endokrinen Drüsen, vor allem in der Rinden- und Marksubstanz der Nebennieren, sowie in der Schilddrüse gefunden werden (Literatur bei van Gehuchten[3]; vgl. auch S. 574 u. 579), geht man wohl kaum fehl, wenn man den inneren Sekreten, deren regulierender Einfluß auf die sonstigen Organfunktionen, insbesondere die Stoffwechselvorgänge, hinreichend erwiesen ist, auch eine wesentliche Rolle beim Zustandekommen der immunisatorischen Prozesse zuschreibt. Über die Art dieser Wirkung sind wir allerdings vorläufig noch vollkommen im unklaren.

Bei ihren experimentellen Untersuchungen über die Bedeutung einzelner endokriner Drüsen für die aktive Ausbildung einer Immunität gingen die Autoren im allgemeinen in der Weise vor, daß sie Versuchstiere verschieden lange Zeit nach Exstirpation der betreffenden Organe mit irgendwelchen Antigenen behandelten und daß sie dann nach einem gegebenen Intervall den Antikörpergehalt des Blutes im Vergleich zu demjenigen entsprechend präparierter, aber nicht operierter Kontrolltiere bestimmten. Auf diese Weise ließ sich feststellen, daß sowohl die *Hypophyse* (Cutler[4]), als auch das *Hodengewebe* (Glusman[5], Weyrauch[6]) keinen nachweisbaren Einfluß auf die Immunstoffbildung ausüben; dagegen bewirkt bei Kaninchen nach den Angaben Ashers[7] die Entfernung der *Ovarien* eine Herabsetzung der Freßtätigkeit der Leukocyten und Makrophagen. Launoy und Lévy-Brühl[8], Také[9], sowie Glusman[5] konnten keine einheitliche oder deutliche Wirkung der *Schilddrüsenexstirpation* auf die Antikörperproduktion nachweisen. Dagegen gibt eine Reihe anderer Autoren (Garibaldi[10], Clevers[11], Ecker und Goldblatt[12], Weyrauch[13], Melnik[14]) an, daß bei thyroidektomierten Kaninchen und Hunden eine verstärkte Antikörperbildung festzustellen ist. Zur Erklärung dieser Erscheinung nimmt Garibaldi an, daß die Körperzellen durch die Schilddrüsenentfernung wohl infolge des Wegfalls eines regulatorischen oder hemmenden Einflusses eine gesteigerte Sensibilität aufweisen und daß sie auf Grund dieser erhöhten Reizbarkeit in stärkerem Maße auf die antigen wirkenden Stoffe ansprechen. In einem gewissen Gegensatz hierzu steht die von anderer Seite erhobene, von Appelmans[15] allerdings nicht bestätigte Feststellung, daß sich thyroidektomierte Meerschweinchen gegen artfremdes Eiweiß überhaupt nicht (Pistocchi[16], Lanzenberg und Képinow[17], Houssay

---

[1] Munk, F.: Charité-Ann. **37**, 46 (1913).

[2] Harrower, H. R.: New York med. J. **115**, 348 (1922).

[3] Gehuchten, P. van: C. r. Soc. Biol. Paris **84**, 459 (1921) — Ann. Inst. Pasteur **35**, 396 (1921).

[4] Cutler, E. C.: J. of exper. Med. **35**, 243 (1922).

[5] Glusman, M. P.: Z. Hyg. **102**, 428 (1924).   [6] Weyrauch: Z. klin. Med. **101**, 524 (1925).

[7] Asher, L.: Klin. Wschr. **3**, Nr 8, 308 (1924).

[8] Launoy, L. u. Levy-Brühl: C. r. Soc. Biol. Paris **83**, 90 (1920).

[9] Také, N. M.: J. inf. Dis. **32**, 138 (1923).

[10] Garibaldi, A.: C. r. Soc. Biol. Paris **83**, 15 u. 251 (1920) — C. r. Acad. Sci. Paris **176**, 1341 (1923).

[11] Clevers, J.: C. r. Soc. Biol. Paris **85**, 659 (1921).

[12] Ecker, E. E. u. H. Goldblatt: J. of exper. Med. **34**, 275 (1921).

[13] Weyrauch, F.: Münch. med. Wschr. **72**, Nr 25, 1029 (1925).

[14] Melnik, M.: C. r. Soc. Biol. Paris **92**, 474 u. 944 (1925).

[15] Appelmans, R.: C. r. Soc. Biol. Paris **87**, 1242 (1922).

[16] Pistocchi, G.: Arch. Sci. med. **44**, 91 (1921).

[17] Lanzenberg, A. u. L. Képinow: C. r. Soc. Biol. Paris **86**, 204 (1922). — L. Képinow u. A. Lanzenberg: C. r. Soc. Biol. Paris **86**, 906 (1922); **88**, 165 (1923).

und SORDELLI[1]) oder in geringerem Grade als normale Tiere (PARHON und BALLIF[2]) sensibilisieren lassen. Da sich indessen nach den Ergebnissen von HOUSSAY und SORDELLI bei Hunden der anaphylaktische Zustand nach Entfernung der Schilddrüse in gleicher Weise wie bei nicht operierten Individuen erzeugen läßt, sind vielleicht die an schilddrüsenlosen Meerschweinchen gemachten Beobachtungen durch ein abweichendes Verhalten dieser Tierart zu erklären. Zu erwähnen wäre noch, daß nach den Befunden ASHERS[3] bei thyroidektomierten Kaninchen die phagocytären Vorgänge eine erhebliche Herabsetzung aufweisen. Was weiterhin die *Nebenschilddrüsen* anlangt, so ist deren teilweise Entfernung (bei Kaninchen) nach den Angaben von ECKER und GOLDBLATT[4] ohne Einfluß auf die Antikörperproduktion; durch vollständige Exstirpation der Schilddrüse und der Nebenschilddrüsen erfahren indessen die Tiere, soweit sie den Eingriff überstehen, eine erhebliche Beeinträchtigung ihrer Fähigkeit, Immunstoffe zu produzieren. Durch die Entfernung der *Thymus* wird, wie PARHON und BALLIF[2] feststellten, die Sensibilisierung von Meerschweinchen gegen artfremdes Eiweiß nicht beeinflußt. Weiterhin geben TAKÉ und MARINE[5] an, daß bei Kaninchen, die nach Exstirpation der *Nebennieren* mit Hammelblutkörperchen immunisiert wurden, höhere Hämolysinmengen im Blute nachzuweisen waren als bei den Kontrolltieren. In ähnlicher Weise, wie GARIBALDI die Wirkung der Schilddrüsenentfernung auf die Antikörperproduktion zu erklären versucht, nehmen auch TAKÉ und MARINE an, daß die immunstoffbildenden Zellen infolge des Wegfalls der Nebennierensekrete eine gesteigerte Erregbarkeit aufweisen. PERLA und MARMORSTON-GOTTESMAN[6] stellten dagegen nach Nebennierenexstirpation (beim Kaninchen) eine verminderte Hämolysinproduktion fest.

Schließlich wäre noch zu erwähnen, daß nach den spärlichen, bisher vorliegenden Untersuchungsergebnissen zweifellos auch das *Zentralnervensystem* einen erheblichen Einfluß auf die Immunitätsvorgänge ausübt. Schon oben (siehe S. 589) wurde darauf hingewiesen, daß vielfach schon kleinste Antigenmengen die Bildung spezifischer Immunstoffe auslösen können, daß sogar nach den Untersuchungen von REITLER eine Antikörperproduktion einsetzen kann, ohne daß das betreffende Antigen in die Blutbahn gelangt und daß dieser Autor infolgedessen die Immunkörperbildung auf reflektorische Vorgänge zurückführt. Für eine weitgehende Beteiligung des Zentralnervensystems an den Immunitätsprozessen spricht weiterhin die Feststellung von BOGENDÖRFER[7], daß bei Hunden mit durchschnittenem Halsmark und somit aufgehobener Wärmeregulation eine Agglutininbildung, die bei normalen Tieren prompt auftrat, fehlte. Im Gegensatz hierzu wurde durch eine Durchtrennung des Brustmarks die Agglutininbildung nicht aufgehoben.

b) Immunität und Überempfindlichkeit.

Mit der Annahme, daß die immunisatorischen Vorgänge in ihrer Eigenschaft als Schutz- und Abwehrreaktionen des Organismus gegen Infektionsstoffe und andere art- oder körperfremde Substanzen vom teleologischen Standpunkt aus eine durchaus zweckmäßige Einrichtung darstellen, steht die Beobachtung in *scheinbarem* Widerspruch, daß sie unter bestimmten Bedingungen zu einer

---

[1] HOUSSAY, B. A. u. A. SORDELLI: C. r. Soc. Biol. Paris **88**, 354 (1923).
[2] PARHON, C. J. u. L. BALLIF: C. r. Soc. Biol. Paris **88**, 544 (1923); **89**, 1063 (1923).
[3] ASHER, L.: Zitiert auf S. 642.
[4] ECKER, E. E. u. H. GOLDBLATT: Zitiert auf S. 642.
[5] TAKÉ, N. M. u. D. MARINE: J. inf. Dis. **33**, 217 (1923).
[6] PERLA, D. u. J. MARMORSTON-GOTTESMAN: J. of exper. Med. **47**, 723 (1928); **50**, 87 (1929). — MARMORSTON-GOTTESMAN, J. u. D. PERLA: Ebenda **48**, 225 (1928); **50**, 93 (1929).
[7] BOGENDÖRFER, L.: Arch. f. exper. Path. **124**, 65 (1927).

sogar tödlich verlaufenden Schädigung der Zelltätigkeit Veranlassung geben können. Es handelt sich hierbei um die besonders nach Einführung der Behandlung der Diphtherie mit antitoxinhaltigem Pferdeserum beobachtete, in ihrem Wesen zunächst von Richet, Arthus[1], v. Pirquet und Schick[2], Th. Smith[3], Otto[4] u. a. studierte Erscheinung, daß der mit einem bestimmten Antigen parenteral vorbehandelte tierische oder menschliche Organismus auf eine nochmalige parenterale Zufuhr derselben Substanz häufig mit schweren, vielfach shockartigen Krankheitssymptomen antwortet. Auf Grund der Ergebnisse zahlreicher experimenteller Untersuchungen, auf welche hier im einzelnen nicht eingegangen werden kann, ist diese als *Überempfindlichkeit* oder „*Anaphylaxie*" bezeichnete veränderte Reaktionsweise des Körpers, ebenso wie die Immunität als Teilerscheinung der durch die erstmalige Antigenzufuhr bedingten spezifischen Umstimmung, der *Allergie* des Organismus, anzusehen. Die früher schon vertretene Anschauung, daß Überempfindlichkeit und ausgebildete Immunität zwei voneinander unabhängige Phänomene darstellen, die nebeneinander bestehen können, hat nur wenig Wahrscheinlichkeit für sich. Die meisten Autoren, die sich mit dem Problem der Überempfindlichkeit des Organismus gegenüber antigen wirkenden Stoffen beschäftigt haben, nehmen vielmehr an, daß das Zustandekommen der beiden in ihren Wirkungen auf den Körper so verschiedenartigen Erscheinungen durch denselben Mechanismus, nämlich ein Zusammenwirken des Antigens mit den entsprechenden Protoplasmabestandteilen des Organismus bedingt sei. Dagegen ist die Frage, ob es sich bei der Anaphylaxie um eine regelmäßige Begleiterscheinung jedes Immunisierungsprozesses handelt, oder ob die Ausbildung einer solchen Überempfindlichkeit nur unter besonderen Umständen stattfindet, noch keineswegs entschieden.

Da die Erscheinungen und das Zustandekommen des anaphylaktischen Zustandes und die zahlreichen zu seiner Erklärung aufgestellten Theorien Gegenstand des nachfolgenden Kapitels dieses Handbuchs sind (vgl. auch die zusammenfassenden Darstellungen von H. Braun, Doerr sowie von Seligmann und v. Gutfeld), ist hier nur dieser noch nicht ganz geklärte Zusammenhang der Überempfindlichkeitsphänomene mit den Immunitätsprozessen kurz zu besprechen.

Die ersten Beobachtungen über das Vorkommen einer spezifischen Überempfindlichkeit nach Antigenzufuhr wurden von Behring[5], Wladimiroff[6], Brieger[7] u. a. bei der Immunisierung von Pferden, Ziegen und Meerschweinchen mit Tetanus- und Diphtheriegift erhoben. Es zeigte sich nämlich, daß die Tiere im Anfangsstadium der Behandlung, solange die sog. „*Grundimmunität*" noch nicht erreicht war, nach mehrmaliger Injektion kleiner Giftmengen, deren Gesamtsumme die einfach krankmachende Dosis noch nicht erreicht hatte, vielfach trotz Anwesenheit spezifischen Antitoxins in ihrem Blute unter den typischen Erscheinungen der betreffenden Toxinvergiftung schwer erkrankten oder sogar eingingen. So konnten z. B. v. Behring und Kitashima[8] feststellen, daß Meerschweinchen, denen in ein- bis zweitägigen Abständen kleinste, allmählich steigende Diphtheriegiftmengen (beginnend mit ca. $^1/_{400\,000}$ der einfach tödlichen Menge) subcutan eingespritzt wurden, nach Injektion von $^1/_{700}$ bis $^1/_{800}$ der tödlichen Minimaldosis unter den typischen Erscheinungen der Diphtheriever-

---

[1] Arthus, M.: C. r. Soc. Biol. Paris **55**, 817 (1903).

[2] Pirquet, C. v. u. B. Schick: Wien. klin. Wschr. **16**, Nr 26, 758 (1903).

[3] Smith, Th.: J. amer. med. Assoc. **47**, 1010 (1906).

[4] Otto, R.: v. Leuthold-Gedenkschrift **1**, 153 (1906) — Münch. med. Wschr. **54**, Nr 34, 1665 (1907).

[5] Behring: Dtsch. med. Wschr. **19**, Nr 48, 1253 (1893).

[6] Wladimiroff, A.: Z. Hyg. **15**, 405 (1893).

[7] Brieger, L.: Z. Hyg. **19**, 101 (1895).

[8] Behring, E. v. u. Kitashima: Berl. klin. Wschr. **38**, Nr 6, 157 (1901).

giftung zugrunde gingen; da die Gesamtmenge des den Tieren im Verlauf von etwa 2 Wochen einverleibten Giftes nur ungefähr $1/_{400}$ der einfachen Dosis letalis betrug, kann es sich hierbei also nicht um eine kumulative Toxinwirkung im Sinne einer bloßen Addition der einzelnen Giftdosen handeln (s. auch ZIRONI[1]). KRETZ[2] konnte sodann feststellen, daß auch äquilibrierte Toxin-Antitoxingemische, welche von normalen Tieren reaktionslos vertragen wurden, bei solchen Individuen, welche zuvor gegen das betreffende Bakteriengift aktiv immunisiert worden waren, schwere Vergiftungen auslösen können („paradoxes Phänomen"). Der Umstand, daß bei passiv immunisierten Tieren, denen also antitoxinhaltiges Serum eines aktiv immunisierten Individuums einverleibt worden war, nach Injektion kleiner Dosen des entsprechenden Toxins keine derartigen Überempfindlichkeitserscheinungen festzustellen sind, deutet darauf hin, daß das Zustandekommen dieser paradoxen Reaktionen auf den unter der Wirkung der aktiven Immunisierungsvorgänge im Organismus sich vollziehenden Änderungen beruht. Bemerkenswerterweise lieferten nach den Angaben der obengenannten Autoren diejenigen Tiere, welche im Laufe des Immunisierungsprozesses solche Überempfindlichkeitserscheinungen (s. auch LOEWI und MEYER[3]) überstanden hatten, hernach häufig ein besonders hochwertiges antitoxisches Serum. Auch bei der neuerdings vielfach versuchten aktiven Immunisierung des Menschen gegen Diphtherie mit Toxin-Antitoxingemischen sind gelegentlich ernstere Zwischenfälle beobachtet worden, die vielleicht, wenigstens zum Teil, durch eine spezifische Toxinüberempfindlichkeit der betreffenden Individuen bedingt waren (vgl. DENKS[4]).

Was das Wesen der erhöhten Giftempfindlichkeit anbelangt, so nimmt man heute entsprechend der ursprünglichen Auffassung v. BEHRINGS an, daß die unter dem Einfluß der Toxininjektionen erfolgende immunisatorische *Vermehrung* der entsprechenden Zellreceptoren (vgl. S. 648) und deren *Zellständigkeit* für die beschriebenen Phänomene verantwortlich zu machen sind. Man stellt sich vor, daß im Laufe der Immunisierung die Zahl der an den giftempfindlichen Organen haftenden Receptoren und auch ihre *Avidität* zum Toxin eine Steigerung erfahren, so daß trotz Vorhandenseins spezifischer Antitoxine im Blute von einem einverleibten Toxinquantum ein größerer Bruchteil am giftempfindlichen Gewebe verankert wird als sonst. Für diese Auffassung, daß die Toxinüberempfindlichkeit auf eine Vermehrung und Aviditätssteigerung der sessilen Receptoren zurückzuführen ist, sprechen unter anderem die angeführten Befunde von KRETZ („paradoxes Phänomen"), die auf eine Zerlegung des injizierten ausbalancierten Toxin-Antitoxingemischs hinweisen, sowie die Ergebnisse von Untersuchungen, die BRUCK[5] mit einem alten vollständig in Toxoid umgewandelten Tetanusgift angestellt hat. Es zeigte sich hierbei nämlich, daß Meerschweinchen, welche mit solchen ungiftigen Tetanustoxoiden vorbehandelt worden waren, zunächst eine herabgesetzte Empfindlichkeit gegen wirksames Tetanustoxin aufwiesen. Wurde dagegen die Injektion des wirksamen Giftes erst längere Zeit (24 Stunden und mehr) nach Einverleibung der präparierenden Toxoiddose vorgenommen, so erkrankten die Tiere schon nach Einspritzung von Toxinmengen, welche von Kontrolltieren symptomlos vertragen wurden. Zur Erklärung dieser Beobachtungen nimmt BRUCK an, daß die empfindlichen Receptoren der Nervenzellen durch die Toxoide, deren „haptophoren" Gruppen noch vollkommen erhalten sind, besetzt werden, so daß das kurze Zeit hernach injizierte wirksame Tetanustoxin keine Angriffspunkte im Zentralnervensystem vorfindet. Da nun aber selbst bei den mit größten Toxoiddosen behandelten Tieren keine spezifischen Antitoxine im Blute nachgewiesen werden konnten, glaubt BRUCK, daß die hernach auftretende Giftüberempfindlichkeit der vorbehandelten Meerschweinchen darauf beruht, daß zwar die mit Toxoid besetzten Receptoren überregeneriert, aber nicht ins Blut abgestoßen werden, und daß dementsprechend die Zellständigkeit dieser neugebildeten Receptoren als Ursache der gesteigerten Toxinempfindlichkeit der Tiere anzusprechen ist. Da nach Vorbehandlung von Kaninchen mit einem anderen abgelagerten Tetanusgift, bei welchem indessen die Umwandlung in Toxoid noch nicht

---

[1] ZIRONI, A.: Boll. Ist. sieroter. milan. **1**, 301 (1920).
[2] KRETZ, R.: Z. Heilk. **23**, 137 u. 400 (1902).
[3] LOEWI, O. u. H. MEYER: Arch. f. exper. Path., Suppl.-Bd **1908**, 355.
[4] DENKS: Dtsch. med. Wschr. **51**, Nr 40, 1655 (1925).
[5] BRUCK, C.: Z. Hyg. **46**, 176 (1904); **48**, 1 (1904).

völlig stattgefunden hatte, welches also noch geringe Mengen wirksamen Toxins enthielt, Antitoxine im Blute nachzuweisen waren, nimmt Bruck an, daß die Abstoßung der über-regenerierten Receptoren von seiten der Zelle nur auf einen durch die „toxophore" Gruppe ausgelösten Reiz („Ictus immunisatorius" Ehrlichs) hin erfolgt. Demgegenüber haben allerdings die neueren Arbeiten zahlreicher Autoren über die aktive Immunisierung des Menschen und der Versuchstiere gegen Diphtherie- und Tetanusgift sowie andere Toxine mit Hilfe von Giftlösungen, die durch Formalinzusatz ihrer Giftigkeit vollkommen beraubt sind (Salkowski[1]), ergeben, daß auch Toxoide eine beträchtliche spezifische Immunität hervorzurufen vermögen (Löwenstein[2], Glenny und Südmersen[3], Glenny, Allen und Hopkins[4], Ramon[5], Bächer, Kraus und Löwenstein[6] u. a.).

Nun zeigte es sich aber weiterhin, daß auch bei der Immunisierung von Tieren mit anderen, auch *ungiftigen Antigenen* Überempfindlichkeitsphänomene auftreten, ja daß derartige Erscheinungen offenbar einen integrierenden Bestand-teil des Immunisierungsvorgangs bzw. der Immunität darstellen. Eine der ersten diesbezüglichen Beobachtungen stammt von v. Dungern, der nachweisen konnte, daß bei Kaninchen, die längere Zeit vorher mit dem Blutplasma ver-schiedener Krebsarten (Maja squinado, Octopus vulgaris) vorbehandelt worden waren, und zwar auch bei solchen Tieren, in deren Blut keine spezifischen Immun-stoffe mehr nachgewiesen werden konnten, nach erneuter parenteraler Zufuhr des homologen Antigens die spezifischen Antikörper nicht nur rascher, sondern außerdem in erheblich größerer Menge als bei erstbehandelten Tieren im Blute auftraten. Ebenso konnte hernach Cole[7] feststellen, daß im Blute typhus-immunisierter Kaninchen, dessen Agglutinintiter auf Null gesunken war, schon nach Einimpfung kleinster Typhusbacillenmengen, die bei frischen Tieren keinerlei Reaktion mehr auslösen, große Immunstoffmengen im Blute erscheinen. Ähn-liche Beobachtungen über verstärkte, wenn auch nicht beschleunigte Antikörper-bildung bei vorbehandelten Individuen nach Reinjektion des homologen Antigens wurden in der Folgezeit u. a. von Bieling[8] bei ruhr- und typhusimmunen Kanin-chen, von Tsukahara[9] an Kaninchen, die mit Typhus-, Paratyphus-, Ruhr- und Cholerabakterien immunisiert worden waren, sowie von Glenny und Allen[10] (vgl. auch Glenny und Südmersen[11]) an diphtherieimmunen Kaninchen und Meerschweinchen erhoben.

Hierher gehören auch die erstmals von Robert Koch[12] festgestellten Erscheinungen von spezifischer Überempfindlichkeit, die von seiten des tuberkulös infizierten Organismus nach parenteraler Zufuhr der giftigen Bestandteile des Tuberkelbacillus zu beobachten sind. Es zeigte sich nämlich, daß tuberkulöse Meerschweinchen nach Injektion lebender oder abgetöteter Tuberkelbacillen oder auch geringer Dosen des aus Tuberkelbacillen gewonnenen Tuberkulins, das selbst in großen Mengen vom normalen Meerschweinchenorganismus glatt ertragen wird, unter akuten Vergiftungserscheinungen innerhalb von 24—48 Stunden ein-gehen. Analoge Reaktionen, deren Intensität vor allen Dingen von der Ausdehnung und dem Charakter des tuberkulösen Krankheitsprozesses und der Menge des parenteral ein-verleibten Tuberkelbacillenmaterials abhängt, sind dann auch beim tuberkulös infizierten Menschen und bei tuberkulösen Tieren, vor allem bei perlsüchtigen Rindern beobachtet worden. Inwieweit diese Phänomene mit den eben geschilderten Überempfindlichkeits-erscheinungen zusammenhängen, ist allerdings noch nicht ganz klar. Da auf Grund der

[1] Salkowski, E.: Berl. klin. Wschr. **35**, Nr 25, 545 (1898).
[2] Löwenstein, E.: Z. exper. Path. u. Ther. **15**, 281 (1914).
[3] Glenny, A. T. u. H. J. Südmersen: J. of Hyg. **20**, 176 (1921).
[4] Glenny, A. T., K. Allen u. B. E. Hopkins: Brit. J. exper. Path. **4**, 19 (1923).
[5] Ramon, G.: Ann. Inst. Pasteur **38**, 1 (1924) — Immunität usw. **1**, 313 (1929).
[6] Bächer, St., R. Kraus u. E. Löwenstein: Z. Immun.forschg **42**, 350 (1925); **45**, 86 u. 93 (1925).
[7] Cole, R. J.: Z. Hyg. **46**, 371 (1904).
[8] Bieling, R.: Z. Immun.forschg **28**, 246 (1919).
[9] Tsukahara, J.: Z. Immun.forschg **32**, 410 (1921).
[10] Glenny, A. T. u. K. Allen: J. of Hyg. **21**, 100, 104 (1922).
[11] Glenny, A. T. u. H. J. Südmersen: J. of Hyg. **20**, 176 (1921).
[12] Koch, R.: Dtsch. med. Wschr. **17**, Nr 3, 101 (1891).

Arbeiten zahlreicher Autoren das Tuberkulin offenbar keine antigenen Eigenschaften besitzt, betrachten manche Forscher, vor allem SELTER[1], die nach Injektion von Tuberkulin oder — was im vorliegenden Falle im Prinzip auf dasselbe hinauskommen dürfte — von lebenden oder toten Tuberkelbacillen im tuberkulösen Organismus eintretenden akuten Reaktionen als *Reizerscheinungen* des dafür empfindlichen tuberkulösen Gewebes. Eine solche Reizwirkung des Tuberkulins ist aber andererseits in Anbetracht der *Spezifität* des Vorgangs nur durch eine *direkte Verankerung* der wirksamen Substanz an giftempfindlichen Zellen des Organismus auf Grund spezifischer Affinitäten denkbar; ein prinzipieller Unterschied zwischen den eben besprochenen Überempfindlichkeitserscheinungen und den durch Tuberkulin ausgelösten Reaktionen würde demnach trotz der fehlenden antigenen Eigenschaften dieses Tuberkelbacillenprodukts nicht bestehen. Einen Ausweg aus dem Dilemma bietet vielleicht eine Beobachtung ZINSSERS[2], der durch geeignete Extraktion einmal aus Tuberkelbacillen einen abiureten tuberkulinartig wirkenden Stoff darstellte, außerdem aber aus verschiedenen Bakterienarten (Influenzabacillus, Meningokokkus, Pneumokokkus, Gonokokkus) abiurete Substanzen gewinnen konnte, die zwar nicht mehr antigen wirkten, d. h. keine Antikörperbildung mehr auslösten, die jedoch mit spezifischen Immunseris noch typische Präcipitationsreaktionen gaben, also ihre Bindungsfähigkeit mit den Receptoren entsprechender Antikörper nicht verloren haben. Für den Fall, daß sich diese Befunde bei der Nachprüfung reproduzieren lassen, würden sie eine Bestätigung der „*Haptentheorie*" von LANDSTEINER[3] (vgl. auch MORO und KELLER[4], v. GRÖER, PROGULSKI und REDLICH[5]) sowie der insbesondere von FAUST[6] sowie FLURY[7] hinsichtlich der tierischen Toxine vertretenen Anschauung darstellen, daß nämlich die antigenen Eigenschaften dieser Stoffe lediglich durch die Kombination der an sich nicht eiweißartigen wirksamen Substanzen mit Proteinstoffen bedingt sind.

Besonders bedeutungsvoll und für die weitere Erforschung der Überempfindlichkeitserscheinungen richtungsbestimmend war indessen die von ARTHUS[8] sowie TH. SMITH[9] erhobene, hernach von zahlreichen anderen Autoren (OTTO[10], H. BRAUN, FRIEDBERGER, DOERR, SACHS, COCA und viele andere; Literatur s. bei DOERR sowie SELIGMANN und v. GUTFELD) studierte Feststellung, daß Tiere, und zwar vor allem Meerschweinchen, welche mit geringen Dosen *artfremden Eiweißes*, z. B. mit $1/10000$ ccm oder noch kleineren Mengen Serums einer anderen Tierart vorbehandelt waren, nach einer frühestens 10—12 Tage später erfolgenden parenteralen, besonders intravenösen Einverleibung höherer Dosen (0,01 bis 0,03 ccm) des homologen Antigens unter schweren Shockerscheinungen eingehen. Diese als „*anaphylaktischer Zustand*" bezeichnete streng spezifische Überempfindlichkeit der durch die Vorbehandlung „sensibilisierten" Tiere kann monatelang, ja jahrelang bestehen bleiben.

Inwieweit die Erscheinungen, wie sie besonders bei wiederholter Injektion von an sich ungiftigen Eiweißstoffen oder auch von Bakterienproteinen (ROSENAU und ANDERSON[11]) beobachtet werden, ihrem Wesen nach mit der von v. BEHRING u. a. beobachteten Toxinüberempfindlichkeit zusammenhängen, läßt sich heute noch nicht sagen. Ohne der diesbezüglichen Darstellung im nachfolgenden Kapitel dieses Handbuchs irgendwie vorgreifen zu wollen, sei hier nur erwähnt, daß zwischen beiden Phänomenen zwar mancherlei Analogien, insbesondere hinsichtlich der Ausbildung des Zustandes der Überempfindlichkeit bestehen, daß aber trotzdem gewichtige Gründe gegen ihre Gleichstellung bzw. Identifizierung geltend

[1] SELTER, H.: Münch. med. Wschr. **71**, Nr 15, 462 (1924).
[2] ZINSSER, H.: Diskussionsbemerkungen, Conference on the chemical researches now being conducted on grants from the national tuberculosis association. Amer. Rev. Tbc. **10**, 460 (1924).
[3] LANDSTEINER, K.: Biochem. Z. **119**, 294 (1921).
[4] MORO, E. u. W. KELLER: Dtsch. med. Wschr. **51**, Nr 25, 1015 (1925).
[5] GRÖER, F. v., ST. PROGULSKI u. F. REDLICH: Klin. Wschr. **5**, Nr 10, 414 (1926).
[6] FAUST, E. ST.: Tierische Gifte. Biochem. Handlexikon **5**, 453. Berlin: Julius Springer 1911.
[7] FLURY, F.: Tierische Gifte. Naturwiss. **7**, 613 (1919).
[8] ARTHUS, M.: Zitiert auf S. 644.
[9] SMITH, TH.: Zitiert auf S. 644.
[10] OTTO: Zitiert auf S. 644.
[11] ROSENAU, M. J. u. J. F. ANDERSON: Bull. Nr 36, Hyg. Laborat., U. S. Public Health and Marine-Hospital Service, Washington D. C. 1907.

gemacht werden müssen. Die Zusammengehörigkeit beider Phänomene kommt vor allem durch die neueren, hauptsächlich von Weil[1], Doerr, Dale[2] u. a. vertretenen Anschauungen über das Zustandekommen der anaphylaktischen Erscheinungen zum Ausdruck. Die genannten Autoren führen nämlich das Wesen des anaphylaktischen Zustandes in gleicher Weise, wie ursprünglich Behring sowie Kretz u. a. den Mechanismus der Toxinüberempfindlichkeit, auf eine *Zellständigkeit der spezifischen Receptoren* zurück. Der Umstand, daß die durch Toxinüberempfindlichkeit bedingten Krankheitserscheinungen das Bild der betreffenden Intoxikation darbieten (s. auch Loewi und Meyer[3]), während die typische Eiweißanaphylaxie auch bei Verwendung der verschiedenartigsten Antigene durch eine gewisse Gleichförmigkeit des Symptomenkomplexes gekennzeichnet ist, würde nicht unbedingt für die Verschiedenheit beider Phänomene sprechen, denn wir kennen auch echte Toxine, wie z. B. das Kobragift, die nach der Reinjektion an spezifisch sensibilisierte Tiere typische anaphylaktische Erscheinungen hervorrufen (Arthus[4]). Man könnte sich vorstellen, daß die zwischen beiden Erscheinungskomplexen bestehenden symptomatologischen Differenzen ebenso wie die quantitativen Unterschiede zwischen den zu ihrer Auslösung erforderlichen Antigenmengen durch das Vorhandensein der spezifischen Wirkungsgruppe in den Toxinmolekülen bedingt sind. Andererseits besteht aber zwischen beiden Phänomenen der Eiweißanaphylaxie und der Toxinüberempfindlichkeit insofern ein wesentlicher Unterschied, als der anaphylaktische Zustand durch Verimpfen von Blutserum eines sensibilisierten Tieres auf normale Individuen *passiv übertragen* werden kann, während eine solche passive Übertragung der Giftüberempfindlichkeit noch nicht geglückt ist. Während also, entsprechend den eben angeführten neueren Anschauungen die passive Anaphylaxie darauf zurückzuführen ist, daß die einem Organismus zugeführten Eiweißantikörper eines anderen Individuums zu sessilen Receptoren aller möglicher Organzellen werden können, ist dies bei den passiv übertragenen Antitoxinen offenbar nicht der Fall. Auch die Tatsache, daß der Organismus gegenüber Eiweißstoffen niemals eine echte Immunität, sondern immer nur eine Überempfindlichkeit, gegenüber Toxinen jedoch eine Unempfindlichkeit erwerben kann, spricht gegen die vollkommene Gleichsetzung beider Erscheinungen.

Alle diese und ähnliche Feststellungen, deren Zahl sich noch erheblich erweitern ließe, weisen nun zweifellos, wie dies erstmals v. Pirquet, neuerdings u. a. Rondoni[5], Klinkert[6], Jaffé und Löwenstein[7] sowie besonders Zironi[8], Metalnikov[9], Lusena u. Rovida[10] und auch Belonowski[11] ausgeführt haben, darauf hin, daß bei der Immunisierung eines Individuums gegen Infektionserreger nicht ein Zustand der *Unempfindlichkeit*, sondern der veränderten Reaktionsfähigkeit des Organismus geschaffen wird, der darin besteht, daß der immunisierte Körper eine *Überempfindlichkeit* gegenüber den Leibesbestandteilen und Stoffwechselprodukten des Krankheitskeims erwirbt und infolgedessen schon auf geringste spezifische Reize, die im normalen Organismus keinerlei Gegenwirkung auslösen, antwortet (vgl. auch oben S. 646). Während demgemäß geringe Antigenmengen, wie sie z. B. bei der natürlichen Infektion mit pathogenen Mikroorganismen in Aktion treten, im normalen Körper zunächst keinerlei Abwehrerscheinungen hervorrufen, bewirken sie in dem durch eine vorausgegangene gleichartige Erkrankung oder durch eine entsprechende Schutzimpfung spezifisch umgestimmten, d. h. spezifisch überempfindlich gewordenen Organismus eine rasch einsetzende Reaktion (Entzündung, Antikörperbildung), die bei genügender

[1] Weil, R.: J. metabol. Res. 27, 497 (1913).

[2] Dale, H. H.: Proc. roy. Soc. Lond. B 91, 126 (1920).

[3] Loewi, O. u. H. Meyer: Arch. f. exper. Path., Suppl.-Bd 1908, 355.

[4] Arthus, M.: C. r. Acad. Sci. Paris 154, 1363 (1912).

[5] Rondoni, P.: Sperimentale 70, Nr 1 (1916).

[6] Klinkert, D.: Berl. klin. Wschr. 58, Nr 16, 373 (1921) — Nederl. Tijdschr. Geneesk. 65 I, Nr 13, 1685 (1921).

[7] Jaffé, R. H. u. E. Löwenstein: Beitr. Klin. Tbk. 50, 129 (1922).

[8] Zironi, A.: Boll. Ist. sieroter. milan. 3, 249 (1924); 7, 145 u. 455 (1928); 8, 575 (1929).

[9] Metalnikov, S.: Ann. Inst Pasteur 40, 787 (1926) — Z. Immun.forschg 61, 27 (1929).

[10] Lusena, M. u. G. Rovida: Zitiert auf S. 638.

[11] Belonowski: Zbl. Bakter. I Orig. 110, Beiheft, 184 (1929).

Intensität zur Vernichtung der eingedrungenen Krankheitserreger führt[1]. So beruht z. B. nach R. Pfeiffer[2] die erworbene Choleraimmunität eines Organismus auf dessen Fähigkeit, die eingedrungenen Choleravibrionen rasch abzutöten, ehe sie sich vermehren und den Körper mit ihren Giftstoffen überschwemmen. Ist die Allergie des Körpers sehr groß und die eingedrungene bzw. einverleibte Erregermenge nicht zu massiv, so werden die Krankheitskeime schnell abgetötet, ohne daß wahrnehmbare Reaktionserscheinungen von seiten des Gewebes auftreten. Bei nicht kompletter Immunität oder bei zu hoher Bakteriendosis kann es dagegen zu Reaktionserscheinungen kommen. Je nachdem die Ausbildung der spezifischen Umstimmung des dadurch immunen Organismus kürzere oder längere Zeit zurückliegt, können dann die durch das erneute Eindringen bzw. die wiederholte Einverleibung des artfremden Agens ausgelösten Gegenmaßnahmen als „sofortige" oder als „beschleunigte" Reaktion (v. Pirquet) in Erscheinung treten. So wissen wir z. B., daß gegen Pocken schutzgeimpfte Individuen sich eine gewisse Zeit lang einer erneuten Zufuhr des Impfstoffs gegenüber refraktär verhalten, daß aber bei den nach einem längeren Intervall Revaccinierten die intracutane Einverleibung der Kuhpockenlymphe eine beschleunigte Reaktion auslöst (v. Pirquet). Wie aber bereits hervorgehoben wurde, involviert diese Überempfindlichkeit unter natürlichen Bedingungen keineswegs eine erhöhte Hinfälligkeit des Organismus gegenüber den betreffenden Infektionskeimen; vielmehr ist anzunehmen, daß durch die im Vergleich zur Norm gesteigerte Sensibilität eine erhöhte Abwehrbereitschaft des Körpers gegenüber eindringenden Krankheitserregern und dadurch eine Verhinderung oder wenigstens eine Abschwächung und Verkürzung der Infektionskrankheit bewirkt wird (s. auch Römer[3]). Im Gegensatz hierzu ist zur Auslösung einer Abwehrreaktion von seiten des normalen Körpers ein erheblich stärkerer „Immunisierungsreiz", d. h. eine größere Antigenmenge erforderlich. Da der „unabgestimmte" Organismus aber außerdem zu seiner Anpassung an die veränderten Lebensbedingungen eine gewisse Zeit benötigt, ist es erklärlich, daß hier die Immunitätsvorgänge erst nach einer gewissen Latenzperiode nachzuweisen sind und daß ihre Ausbildung nicht schlagartig, sondern nur allmählich erfolgt.

---

[1] In diesem Sinne spricht vielleicht auch die neuerdings von H. D. Wright (Pathological Soc. of Great Britain and Ireland, 9. u. 10. Januar 1926) mitgeteilte Beobachtung, daß bei Ratten, die gegen Pneumokokken immunisiert worden waren, injizierte lebende homologe Keime sehr rasch aus dem Blute verschwinden. Diese Erscheinung war nach den Angaben des Autors selbst bei Tieren, die er mit abgetöteten Pneumokokken impfte und denen er schon wenige Stunden später die lebenden Erreger einverleibte, allerdings nur in geringem Grade nachzuweisen. Durch die Vorbehandlung der Ratten mit abgetöteten Typhusbacillen wurde das Verschwinden der Pneumokokken nicht beschleunigt, was auf eine Spezifität des Vorgangs schließen läßt (vgl. auch S. 631).

[2] Pfeiffer, R.: Z. Hyg. **18**, 1 (1894) [s. auch Z. Hyg. **16**, 268 (1894)].

[3] Römer, P. H.: Beitr. Klin. Tbk. **11**, 79 (1908).

Allergische Phänomene.

Von

R. DOERR
Basel.

Mit 4 Abbildungen.

Zusammenfassende Darstellungen.

ARTHUS, M.: De l'anaphylaxie à l'immunité. Paris: Masson 1921. — BESREDKA, A.: Handb. d. Technik u. Methodik d. Immunitätsforsch., herausgeg. von KRAUS-LEVADITI, Erg.-Bd. **1**, 209 (1911) — Anaphylaxie et Antianaphylaxie. Bases expérimentales. Paris: Masson 1917 — Traité de Phys. norm. et path. **7**, 425 (1927). — BIEDL u. KRAUS: Handb. d. Technik u. Methodik d. Immunitätsforsch., Erg.-Bd. **1**, 255 (1911). — COCA, A.: Hypersensitiveness. F. Tice's Practice of medic. **1**, 107. New York 1920. — DALE, H. H.: Bull. Hopkins Hosp. **31**, 310 (1920). — DOERR, R.: Wien klin. Wschr. **21** (1908) — Handb. d. Technik u. Methodik d. Immunitätsforsch. **2**, 856 (1909) — Z. Immun.forschg, Ref. **2**, 49 (1910) — Handb. d. path. Mikroorg., herausgeg. von KOLLE u. WASSERMANN, 2. Aufl., **2**, 947 (1913) — Weichardts Erg. Immun.forschg **1**, 257 (1914); **5**, 71 (1922) — Handb. d. path. Mikroorg., herausgeg. von KOLLE, KRAUS u. UHLENHUTH, 3. Aufl., **1**, 759 (1929). — FRIEDBERGER, E.: Fortschr. dtsch. Klin., herausgeg. von LEYDEN u. KLEMPERER **2**, 619 (1911). — MORO: Erg. path. Anat., herausgeg. von LUBARSCH-OSTERTAG **14** (1910). — PFEIFFER, H.: Das Problem der Eiweißanaphylaxie. Jena: Fischer 1910. — v. PIRQUET: Allergie. Berlin: Julius Springer 1910. — RICHET, CH.: L'anaphylaxie. Paris 1911. — SELIGMANN, E.: Handb. d. Biochemie, herausgeg. von OPPENHEIMER, Erg.-Bd. (1913). — SELIGMANN u. GUTFELD: Ebenda, 2. Aufl., **3** (1924). — ZINSSER, H.: Infection and Resistance, 3. Aufl., S. 404—518. New York 1923. — Eine Reihe anderer zusammenfassender Darstellungen ist im Text zitiert.

Einleitung.

Um auch dem Fernstehenden eine rasche, von unübersichtlichem Detail freie, aber alle fundamentalen Tatsachen und wichtigeren Probleme umspannende Orientierung in diesem großen Gebiete pathologischen Geschehens zu ermöglichen, wähle ich als konkreten Ausgangspunkt ein besonders genau untersuchtes Einzelphänomen, *den anaphylaktischen Shock des Meerschweinchens*. Aus der Schilderung sowie aus der experimentellen und begrifflichen Analyse des Spezialfalles sollen sich automatisch jene allgemeineren Vorstellungen ergeben, die als Richtlinien für die Beurteilung und Angliederung ähnlicher Erscheinungen dienen können.

Einem Meerschweinchen von mittlerem Körpergewicht (ca. 200—400 g) kann man einige Kubikzentimeter abgelagerten Pferdeserums in eine Vene injizieren, ohne daß sich im unmittelbaren Anschluß an diesen Eingriff irgendwelche sinnfällige Zeichen einer schweren Schädigung des Tieres einstellen würden. Ein Meerschweinchen dagegen, dem man schon früher einmal Pferdeserum eingespritzt (parenteral einverleibt) hat, reagiert auf die intravenöse Zufuhr von Pferdeserum mit äußerst intensiven Symptomen, die innerhalb von wenigen

Minuten zum Exitus führen können; die tödlich wirkende Dosis Pferdeserum beträgt unter optimalen Versuchsbedingungen nur 0,005—0,02 ccm. Es läßt sich leicht zeigen, daß die Länge des zwischen die erste (*sensibilisierende* oder *präparierende*) und die zweite oder *Erfolgsinjektion* eingeschalteten Zeitintervalles, die sog. *Inkubationsperiode*, den Ausfall des Experimentes entscheidend beeinflußt. Ist diese Zeitspanne zu kurz (4 Tage oder weniger), so verhält sich das vorbehandelte Tier nicht anders als ein normales (nicht sensibilisiertes); erst vom 5. Tage an (gerechnet vom Moment der sensibilisierenden Injektion) erzielt man deutliche Reaktionen, die aber zunächst noch nicht maximal sind und nur durch große Dosen Pferdeserum hervorgerufen werden können; wartet man noch länger zu, so bekommt man schließlich den beschriebenen Maximaleffekt (den „*akuten Shocktod*"), wobei die tödliche Dosis Pferdeserum allmählich sinkt, bis ein bestimmtes (von der Art der Sensibilisierung und von anderen, zum Teil unbekannten Faktoren abhängiges) Minimum erreicht ist.

Dieser Sachverhalt, welcher in der Immunitätslehre als ein *aktiv anaphylaktisches Experiment* bezeichnet wird, beweist, daß sich während der Inkubationsperiode und infolge des durch die präparierende Injektion gesetzten Impulses eine progrediente Veränderung vollzieht, welche in einer früher nicht vorhandenen eigenartigen Reaktivität auf die intravenöse Injektion von Pferdeserum ihren Ausdruck findet. Die allgemein übliche Formulierung, das Meerschweinchen sei „gegen Pferdeserum überempfindlich" geworden, ist hingegen — wie Doerr auseinandergesetzt hat — unrichtig. Die Erscheinungen, welche beim sensibilisierten Tiere schon durch 0,02—0,005 ccm Pferdeserum ausgelöst werden, lassen sich beim normalen überhaupt nicht hervorrufen, selbst wenn man mit der Dosis bis an die äußerste Grenze geht, welche dem Injektionsvolum durch die Größe des Versuchstieres naturgemäß gezogen ist. Es liegt somit *keine Überempfindlichkeit* d. h. keine gegen die Norm rein quantitativ gesteigerte Empfindlichkeit gegen Pferdeserum vor, sondern *eine neu entstandene Reaktionsqualität*, die sich auf die Norm überhaupt nicht beziehen läßt. Strenge genommen erlaubt das aktiv anaphylaktische Experiment nur die Aussage, daß das Tier „*gegen die Zufuhr*" bzw. *die intravenöse Injektion von Pferdeserum empfindlich geworden ist*; die Abkürzung „gegen Pferdeserum" ist nicht minder unkorrekt wie die Einführung des Begriffes der Überempfindlichkeit, da in beiden Fällen die Schlußfolgerung über das Versuchsresultat hinausgeht. Daß zwischen der „Zufuhr von Pferdeserum" und „Pferdeserum" eine beträchtliche Differenz bestehen *kann*, lehrt ein Beispiel, das den Toxikologen schon seit etwa 80 Jahren bekannt ist. Bernard injizierte in die Jugularvene eines Kaninchens eine Amygdalinlösung und bald darauf Emulsin; das Tier verendete infolge einer Blausäurevergiftung, während Kontrollen, die nur Amygdalin oder nur Emulsin erhalten hatten, keine Erscheinungen zeigten. Es ist klar, daß man den Zustand des mit Amygdalin vorbehandelten Kaninchens nicht als „Überempfindlichkeit gegen Emulsin" charakterisieren darf, und daß es auch nicht richtig wäre, von einer „Sensibilisierung" des Tieres gegen Emulsin zu sprechen. Für den pathologischen Effekt kommt nur *eine* „Empfindlichkeit" in Betracht, die Empfindlichkeit gegen Blausäure, und diese ist bei dem mit Amygdalin vorbehandelten Kaninchen gerade so groß wie bei einem nicht vorbehandelten. Daß die Amygdalininjektion eine Empfindlichkeit *gegen die Zufuhr* von Emulsin bedingt, ließe sich als bloße Beschreibung des beobachteten Effektes immerhin aufrechterhalten; nur wird diese Fassung nichtssagend, sobald man erfährt, daß Amygdalin in wässeriger Lösung durch Emulsin unter Blausäurebildung gespalten wird, und daß dieser Vorgang — in die Blutbahn verlegt — das Resultat des Bernardschen Versuches allein verursacht.

Im Hinblick auf derartige völlig durchsichtige Verhältnisse darf man auch das Ergebnis des aktiv anaphylaktischen Experimentes nur in den Satz kleiden, daß sich das mit Pferdeserum präparierte Meerschweinchen im Gegensatze zum normalen gegen die Zufuhr (intravenöse Reinjektion) von Pferdeserum empfindlich erweist. Gerade diese vorsichtige Ausdrucksweise läßt die Notwendigkeit einer Erklärung des durch die Präparierung veränderten Zustandes scharf hervortreten, ein Ziel, zu welchem offensichtlich zunächst zwei Wege führen können, nämlich erstens die eingehendere *Untersuchung der durch die intravenöse Zufuhr von Pferdeserum ausgelösten Störungen* und zweitens die *Feststellung der Eigenschaften des Pferdeserums oder anderer Stoffe* bzw. Stoffgemenge, *welche sich im aktiv anaphylaktischen Experiment ebenso wie Pferdeserum verhalten.*

Bei Meerschweinchen, welche innerhalb weniger Minuten nach einer intravenösen Erfolgsinjektion von Pferdeserum verenden, findet man nur eine einzige anatomische Veränderung, welche als Todesursache betrachtet werden kann: *die Immobilisierung der stark geblähten Lungen*, welche teilweise das Herz überlagern, blaß, fast weiß (mit einem Stich ins Bläuliche) sind und nach Eröffnung des Thorax, selbst wenn sie in toto herausgenommen werden, nicht kollabieren. Im gefärbten Schnittpräparat erweisen sich die Alveolarräume als enorm dilatiert, ihre Septa erscheinen schmal, die Capillaren blutleer, die Schleimhaut der Bronchien ist häufig in Längsfalten gelegt, welche gegen das Lumen stark vorspringen und dasselbe beträchtlich verengen; capillare Hyperämie, Hämorrhagien und Ödeme werden in unkomplizierten Fällen vermißt (GAY u. SOUTHARD[1], AUER u. LEWIS[2], BIEDL u. KRAUS[3], LÖWIT[4], DOERR, FRIEDBERGER[5], SCHULTZ u. JORDAN[6] u. v. a.). Dieser Obduktionsbefund lehrt, daß das Meerschweinchen an Erstickung zugrunde geht, womit auch die intra vitam auftretenden Symptome (Dyspnoe, Erstickungskrämpfe, Cyanose) und andere postmortale Zeichen übereinstimmen (das dunkle, flüssige Blut in den großen Gefäßen). Die Ursache des Starrwerdens der Lungen im maximal geblähten Zustand ist zweifellos *in einer anfänglichen Stenosierung und schließlichen Okklusion der Lumina der Bronchien kleineren und mittleren Kalibers* zu suchen; zunächst ist offenbar der Austritt der Luft aus den Alveolen stärker behindert als der Eintritt, bis schließlich auch der inspiratorische Luftzutritt (infolge der bereits maximalen Lungenblähung) unmöglich wird und die Lungen in extremer Inspirationsstellung fixiert erscheinen.

Weder die klinischen Erscheinungen noch die bei der Sektion festgestellte „Lungenblähung" gestatten nun einen bestimmten Schluß auf die Natur des pathogenen Agens. Sie können durch intravenöse Injektion der verschiedensten Substanzen, wie z. B. Wittepepton, Histamin, Methylguanidin, $CuSO_4$, Tannin, Agargallerte, durch verschiedene primär toxische Normal- und Immunsera usw. beim normalen Meerschweinchen hervorgerufen werden (DOERR u. MOLDOVAN[7], FRIEDBERGER u. GRÖBER[8], V. D. HEYDE, DALE[9], BORDET[10], HANZLIK u. KARSNER[11]

[1] GAY u. SOUTHARD: J. medical. Res. **16**, 43 (1907).
[2] AUER u. LEWIS: J. amer. med. Assoc. **53** (1909). — J. of exper. Med. **12** (1910).
[3] BIEDL u. KRAUS: Zbl. Bakter. I Ref. (Beihefte) **47** (1910) — Wien. klin. Wschr. **1910**, 385 — Dtsch. med. Wschr. **1911**, Nr 28 — Handb. d. exper. Technik u. Methodik d. Immun.forschg, herausgeg. von KRAUS-LEVADITI, 1. Ergänzungsband. Jena 1911.
[4] LÖWIT: Arch. f. exper. Path. **73**, 1 (1913).
[5] FRIEDBERGER: Zbl. Bakter. I Ref. (Beihefte) **54** (1912).
[6] SCHULTZ u. JORDAN: J. of Pharmacol. **2**, 375 (1911).
[7] DOERR u. MOLDOVAN: Z. Immun.forschg **7** (1910).
[8] FRIEDBERGER u. GRÖBER: Z. Immun.forschg **9** (1911).
[9] DALE: Brit. med. J. **1921**, 689 — Brit. J. exper. Path. **1**, 103 (1920).
[10] BORDET, J.: C. r. Soc. Biol. Paris **74**, 877 (1913).
[11] HANZLIK u. KARSNER: J. of Pharmacol. **14**, 379, 425, 449 (1920); **23**, 173 (1924).

u. a.), sind also zunächst nicht mehr als der allgemeine Ausdruck einer dem Meerschweinchenorganismus eigentümlichen Reaktionsweise auf eine große Zahl heterogener, vom Blute aus zur Wirkung gelangender Schädlichkeiten, sie sind für einen speziellen Angriffspunkt verschiedener Noxen, nicht aber für eine bestimmte Art von Noxen charakteristisch. In Beziehung auf den Angriffspunkt konnte aber die außerordentlich wichtige Feststellung gemacht werden, *daß sämtliche Bedingungen für das Zustandekommen einer anaphylaktischen Lungenblähung in der Lunge des sensibilisierten Meerschweinchens selbst vorhanden sein müssen.* Die älteren Experimente, welche diesen Beweis durch Curarisierung, Durchschneidung der Vagi, Exstirpation des Großhirnes usw. zu erbringen suchten, sind durch die Tatsache überholt worden, daß auch die ausgeschnittene, von der Art. pulmonalis aus mit warmer Ringerlösung durchströmte und künstlich geatmete Lunge eines sensibilisierten Meerschweinchens gebläht und starr wird, wenn man der Perfusionsflüssigkeit die shockauslösende Substanz, in unserem Beispiel Pferdeserum, zusetzt (DALE[1], MANWARING u. KUSAMA[2], TAKEDA[3]). Die der Blähung zugrunde liegende Bronchostenose muß also auf der Reizung bzw. auf der Reaktion eines in der Lunge befindlichen Gewebes (Organes) beruhen. Schon AUER und LEWIS dachten — bevor noch die Versuche an überlebenden isolierten Organen begonnen hatten — an eine *tetanische Kontraktion der Bronchialmuskulatur,* die beim Meerschweinchen im Vergleich zu anderen Tierspezies sehr stark entwickelt ist (SCHULTZ u. JORDAN, JORDAN); für diese Annahme sprach auch der Antagonismus des Atropins (AUER[4], BIEDL u. KRAUS[5]). Zur Gewißheit wurde aber der spastische Charakter der Bronchostenose erst, als W. H. SCHULTZ[6] und in besonders exakter Weise DALE[7] den Nachweis erbrachten, daß die glatten Muskeln aktiv präparierter Meerschweinchen mit maximalen Kontraktionen antworten, wenn man auf sie die shockauslösende Substanz (Pferdeserum) in beträchtlicher Verdünnung einwirken läßt. Man kann hierzu mit besonderem Vorteil das Uterushorn präparierter virgineller Meerschweinchen (DALE) oder Dünndarmsegmente (DALE, MASSINI[8]) benutzen, indem man dieselben in warmer, von O durchperlter Ringerlösung derart suspendiert, daß die Muskelverkürzung auf einen Schreibhebel übertragen wird, welcher den ganzen Bewegungsvorgang als Funktion der Zeit auf einer rotierenden Trommel verzeichnet. Die auslösende Substanz wird dem Ringerbad, in welches das überlebende Test-

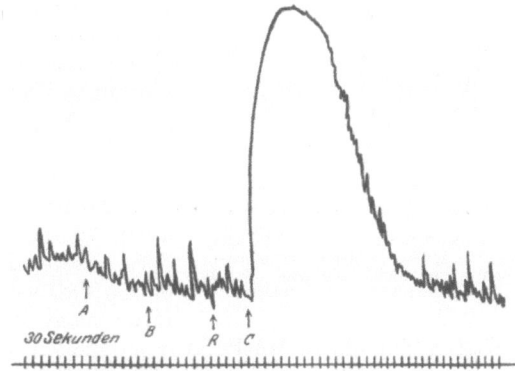

Abb. 67. Isoliertes Horn des virginellen Uterus eines Meerschweinchens, welches 14 Tage vorher durch subcutane Injektion von Pferdeserum aktiv präpariert worden war. Das Volum des Ringerbades betrug 250 ccm. Bei *A* wurden dem Bade 0,5 ccm Hammelserum, bei *B* 0,5 ccm Katzenserum zugesetzt. Bei *R* wurde das Bad gewechselt (durch frische Ringerlösung ersetzt). Bei *C* erfolgte der Zusatz von 0,1 ccm Pferdeserum.

[1] DALE: Bull. Hopkins Hosp. **31**, 310 (1920).
[2] MANWARING u. KUSAMA: J. of Immun. **2**, 157 (1917).
[3] TAKEDA: Mitt. med. Fak. Tokyo **32**, 347 (1925).
[4] AUER: J. of Physiol. **26**, 439 (1910) — Z. Immun.forschg **12**, 235 (1912).
[5] BIEDL u. KRAUS: Zbl. Bakter. I, Ref. (Beihefte) **47** (1910).
[6] SCHULTZ, W. H.: J. of Pharmacol. **1**, 549 (1910); **2**, 221; **3**, 299 — Hyg. Labor. Bull. Nr 80 (1912).
[7] DALE: J. of Pharmacol. **4**, 167 (1913).
[8] MASSINI: Z. Immun.forschg **25**, 179 (1916).

organ eintaucht, in einem bestimmten Zeitpunkte zugesetzt; aus dem Volumen des Bades, das bekannt sein muß, und dem Volumen der (als Lösung) zugesetzten auslösenden Substanz ergibt sich die auf den glatten Muskel einwirkende *Konzentration* der letzteren. Die in Abb. 67 dargestellte Kurve (aus DALE: The anaphylactic reaction of plain muscle in the guinea-pig[1]) veranschaulicht das Ergebnis eines solchen Versuches; die speziellen Details sind der Erklärung der Abb. 67 ohne weiteres zu entnehmen, insbesondere auch die Pferdeserumverdünnung, welche in diesem Falle die Kontraktion des Uterushornes bewirkt hatte (1:2500).

Bei der Betrachtung der Kurve fällt es auf, daß die Reaktion des Uterusmuskels fast unmittelbar nach dem Zusatz des Pferdeserums zum Ringerbad einsetzt. Noch deutlicher tritt dieses Verhalten, auf welches DALE schon in seinen ersten Publikationen nachdrücklich aufmerksam machte, zutage, wenn man die Umdrehungsgeschwindigkeit der Registriertrommel beschleunigt und auf der Zeitabszisse kleinere Zeitintervalle als Einheiten aufträgt (s. Abb. 68 aus DALE[2]). Die Latenzperiode scheint nach Abb. 68 abgeschätzt, allerdings noch ca. 10 Sekunden zu betragen. Aber DALE hebt hervor, daß das Pferdeserum, welches dem Bad an einem vom Organ entfernten Punkte zugesetzt wird, immerhin einige Zeit braucht, bis es mit dem Uterus in Kontakt kommt, und daß zweitens die glatte Muskulatur des Uterushornes vom Peritoneum bedeckt ist. Berücksichtigt man diese Umstände, so werde es klar, *daß überhaupt keine eigentliche Latenz existiert, sondern daß die Kontraktion beginnt, sobald das Pferdeserum zu den glatten Muskelzellen* (oder ihren myoneuralen Verbindungen) *gelangt.* Daß dies zutrifft, zeigen die neueren Experimente von KENDALL und VARNEY[3] am *Dünndarm* sensibilisierter Meerschweinchen, wo man den auslösenden Stoff mit Hilfe besonderer Apparaturen sowohl auf die äußere peritoneale als auch auf die innere, von der Schleimhaut bekleidete Fläche der Darmwand applizieren kann. Im ersten Fall setzt die Kontraktion der Darmmuskulatur nach 10 Sekunden ein und strebt mit der größten (für glatte Muskulatur möglichen) Geschwindigkeit dem Maximum zu, im zweiten Falle verstreichen 30—60 Sekunden, bevor die Verkürzung beginnt, und die Zusammenziehung erfolgt nicht brüsk, sondern in erheblich verlangsamtem Tempo. Offenbar wird diese Differenz von der verschiedenen Durchlässigkeit der Serosa und der Mucosa für den auslösenden Stoff bedingt und der Muskel reagiert, sobald diese Schranke passiert d. h. sobald der direkte Kontakt zwischen Muskelzelle und auslösendem Stoff hergestellt ist, sofort. So wie der Uterus und der Darm sensibilisierter Meerschweinchen verhalten sich die gleichnamigen Organe normaler Meerschweinchen, wenn sie unter analogen Versuchsbedingungen der Einwirkung des mächtigen Muskelreizgiftes *Histamin* (β-Imidazolyläthylamin) exponiert werden; am Dünndarm lassen sich die eben be-

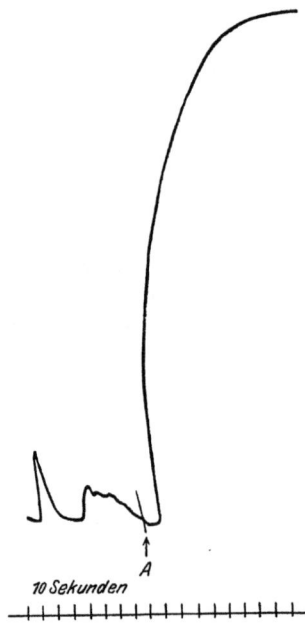

10 Sekunden

A

Abb. 68. Uterus eines vor 14 Tagen aktiv präparierten Meerschweinchens. Volum des Bades 250 ccm. Bei *A* Zusatz von 0,5 ccm Pferdeserum.

---

[1] DALE: J. of Pharmacol. **4**, 177 (1913).
[2] DALE: J. of Pharmacol. **4**, 178 (1913).
[3] KENDALL u. VARNEY: J. inf. Dis. **41**, 156 (1927).

schriebenen Unterschiede zwischen seröser und muköser Applikation in ganz analoger Form nachweisen (DALE[1], KENDALL u. VARNEY[2]).

Dieses Fehlen jeder Latenz bei der anaphylaktischen Kontraktion des isolierten glatten Muskels aktiv präparierter Meerschweinchen schließt die Möglichkeit aus, daß aus dem (an sich unwirksamen) Pferdeserum infolge eines chemischen (fermentativen) Prozesses ein „Muskelgift" neu gebildet wird. Vielmehr drängt sich erneut der Gedanke auf, den wir zunächst beiseite geschoben haben, *der Muskel sei infolge der Präparierung gegen das Pferdeserum als solches empfindlich geworden.* Diese Vorstellung wird durch ein weiteres, gleichfalls von DALE festgestelltes Moment gestützt. Wenn man nämlich durch die Gefäße der unteren Körperhälfte eines aktiv präparierten Meerschweinchens solange Ringerlösung leitet, bis dieselbe völlig klar abfließt, und den Uterus erst nach einer solchen Auswaschung des Blutes aus den Gefäßen herausschneidet und im isolierten Zustande mit der auslösenden Substanz (z. B. Pferdeserum) in Kontakt bringt, so erfolgt eine typische Kontraktion; man braucht zu diesem Zweck keineswegs höhere Konzentrationen des auslösenden Stoffes, als wenn man einen nichtausgewaschenen Uterus, in dessen Gefäßen das Blut verblieben ist, prüfen würde. Die in Abb. 67 abgebildete Kurve wurde mit dem Horn eines blutfrei gewaschenen Uterus gewonnen; man kann aber am perfundierten Organ noch mit weit stärkeren Verdünnungen (z. B. mit 10000—1000000fach verdünntem Pferdeserum) kräftige Reaktionen erzielen. Wie lange man die Auswaschungsprozedur fortsetzt, erweist sich — sofern nur der Muskel reizbar bleibt — als irrelevant. Diese absolute „*Perfusionsfestigkeit*" (die von zuverlässigen Experimentatoren übereinstimmend bestätigt wurde) scheint darauf hinzudeuten, daß die infolge der aktiven Präparierung geänderte Reaktivität an den Muskelzellen selbst untrennbar hafte. Doch ist dieser Schluß anfechtbar. Es ist nämlich nicht möglich, das Blut aus den Gefäßen mittels Durchleitung von Ringerlösung vollständig zu entfernen (LARSON u. BELL[3]), und selbst wenn dies der Fall wäre, bliebe noch immer die Gewebsflüssigkeit (Lymphe) übrig, welche durch die Auswaschung mit Ringerlösung sogar vermehrt wird; der perfundierte Uterus hat ein deutlich gequollenes, ödematöses[4] Aussehen (DALE). Völlig entkräften ließen sich diese Einwände nur, wenn man an *isolierten, überlebenden Zellen* aktiv präparierter Meerschweinchen ein geändertes Verhalten gegen den auslösenden Stoff nachweisen könnte (DOERR[5]); doch wurden bisher noch keine derartigen Versuche

---

[1] DALE: Brit. J. exper. Path. **1**, 103 (1920).

[2] KENDALL u. VARNEY: J. inf. Dis. **41**, 143 (1927).

[3] LARSON u. BELL: J. inf. Dis. **24**, 185 (1919).

[4] FRIEDBERGER und SEIDENBERG [Z. Immun.forschg **51**, 276 (1927)] verwendeten als Testobjekt nicht den Uterus, sondern die abgetrennte untere Körperhälfte von Meerschweinchen, durch deren Gefäße warme Ringerlösung unter bestimmtem Druck geleitet wurde; stammte ein solches „Gefäßpräparat" von einem aktiv präparierten Meerschweinchen, so hatte der Zusatz des auslösenden Stoffes zur Durchströmungsflüssigkeit eine *Gefäßkontraktion* zur Folge, welche eine Verminderung des Abflusses aus der Cava inferior bewirkte und durch Messung der in der Zeiteinheit abtropfenden Flüssigkeitsmenge dem Grade nach bestimmt werden konnte. Auch FRIEDBERGER und SEIDENBERG mußten sich überzeugen, daß sich die anaphylaktische Reaktivität eines Gefäßpräparates selbst durch eine noch so lange Zeit fortgesetzte Durchspülung der Gefäße nicht beseitigen läßt, behaupten aber, daß dies der Fall ist, wenn man das infolge der Perfusion entstehende mächtige Ödem aus dem entsprechend gelagerten Gefäßpräparat spontan abtropfen läßt. Diese Angabe, welche zur Annahme eines materiellen Trägers der anaphylaktischen Reaktivität in der Gewebs- bzw. Ödemflüssigkeit führen würde, ist jedoch durch die Experimente von FRIEDBERGER und SEIDENBERG nicht genügend begründet [KRITSCHEWSKY u. HERONIMUS: Z. Immun.- forschg **58**, 497 (1928) — DOERR: Handb. d. path. Mikroorg., 3. Aufl., **1**, 836 (1929)].

[5] DOERR: 14. Kongreß d. Dtsch. Dermatolog. Ges., Leipzig 1925 (Verhdlgn im Arch. f. Dermat.).

ausgeführt und man ist daher einstweilen auf den zweiten Weg verwiesen, um einen klareren Einblick in die Sachlage zu gewinnen: *auf die Betrachtung der zur aktiven Präparierung geeigneten Substanzen.*

Als ARTHUS[1] am 16. Juni 1903 mitteilte, daß man aktiv anaphylaktische Experimente (an Kaninchen) mit Pferdeserum anstellen kann, war es längst bekannt, *daß Pferdeserum (ebenso wie andere „artfremde Proteine") im Kaninchenorganismus Antigenfunktionen entfaltet.* Seit den ersten Veröffentlichungen von TSCHISTOWITSCH und BORDET aus dem Jahre 1899 war die Lehre von den Präcipitinen mächtig ausgebaut worden und es galt namentlich die Spezifität der Immunpräcipitationen, welche R. KRAUS 1897 nur für die Bakterienpräcipitine festgestellt hatte, schon als allgemeines, wenn auch gewissen Einschränkungen unterworfenes Gesetz. ARTHUS fand nun, daß man Kaninchen mit Pferdeserum nicht gegen Kuhmilch präparieren kann und umgekehrt, sondern daß die auslösende Substanz mit der zur Präparierung verwendeten identisch sein muß. Ausgedehnte Nachprüfungen, die sich auf eine sehr große Zahl von Eiweißkörpern erstreckten und die auch an anderen Versuchstieren, besonders an Meerschweinchen, ausgeführt wurden, haben diese *„Spezifität der Anaphylaxie"* in weitem Umfange bestätigt und Zweifel an diesem Sachverhalt, wie sie merkwürdigerweise nachträglich von M. ARTHUS[2] selbst, dann auch von LESNE und DREYFUS, P. FABRY[3] geäußert wurden, sind nicht gerechtfertigt. Der in Abb. 67 dargestellte Versuch zeigt, daß auch die anaphylaktischen Reaktionen der isolierten glatten Muskeln aktiv präparierter Meerschweinchen spezifischen Charakter haben. Bedenkt man 1., daß die präparierenden Stoffe Antigene sind, 2. daß die Inkubationsperiode der aktiven Anaphylaxie, d. h. die Zeit, welche zwischen der Präparierung und dem Manifestwerden des anaphylaktischen Zustandes verstreicht, dem allgemeinen Termin der Antikörperbildung entspricht und 3., daß die durch die Präparierung geänderte Reaktivität im Vergleich zur Norm etwas Neues, vorher nicht Vorhandenes darstellt, so ergibt sich, daß die präparierende sowohl als die auslösende Wirkung des Pferdeserums nichts anderes sein können als besondere Ausdrucksformen seiner Antigenfunktionen, und daß sich demzufolge der anaphylaktische Zustand vom normalen durch das Vorhandensein von Antikörper im Meerschweinchenorganismus unterscheidet. Dieser Schluß wurde denn auch von fast allen Autoren, welche sich bald nach den ersten grundlegenden Arbeiten von RICHET (1902) und ARTHUS (1903) mit der Anaphylaxie beschäftigten, gezogen (v. PIRQUET u. SCHICK, WOLFF-EISNER, OTTO, ROSENAU u. ANDERSON, BESREDKA, FRIEDBERGER, DOERR u. a.); er erfuhr eine eindrucksvolle Bestätigung durch eine eigenartige Umformung des anaphylaktischen Versuches, die man als *das passiv anaphylaktische Experiment* bezeichnet (v. PIRQUET u. SCHICK[4], NICOLLE[5], CH. RICHET[6], GAY u. SOUTHARD[7], OTTO[8], FRIEDEMANN[9], ROSENAU u. ANDERSON[10]).

Unter Antikörpern versteht man in der Immunitätslehre Wirkungsqualitäten, welche das Blutplasma (Blutserum) von Tieren zeigt, die man mit Antigenen parenteral vorbehandelt hat; die subcutane Präparierung eines Meerschwein-

[1] ARTHUS, M.: C. r. Soc. Biol. Paris **55**, 817 (1903).
[2] ARTHUS, M.: C. r. Soc. Biol. Paris **89**, 128 (1923).
[3] FABRY: C. r. Soc. Biol. Paris **92**, 467 (1925).
[4] v. PIRQUET u. SCHICK: Die Serumkrankheit. Wien 1905.
[5] NICOLLE: Ann. Inst. Pasteur **21** (1907).
[6] RICHET, CH.: L'anaphylaxie. Paris 1911.
[7] GAY u. SOUTHARD: J. medical. Res. **16**, 143 (1907).
[8] OTTO: Münch. med. Wschr. **1907**, Nr 34.
[9] FRIEDEMANN: Münch. med. Wschr. **1907**, Nr 49.
[10] ROSENAU u. ANDERSON: Hyg. Labor. Bull. Nr 50. Washington 1909.

chens mit Pferdeeiweiß (Pferdeserum) *ist* eine parenterale Antigenzufuhr, und wir dürfen daher erwarten, daß im Serum solcher Meerschweinchen der Antikörper zu finden ist, den wir nach den obigen Ausführungen als notwendige und hinreichende Bedingung des anaphylaktischen Zustandes zu betrachten haben. Ist dies richtig, so müßte also das Serum eines aktiv präparierten Meerschweinchens imstande sein, ein normales sofort in den anaphylaktischen Zustand zu versetzen; die in der Inkubationsperiode des aktiv anaphylaktischen Versuches erfolgende *Produktion des Antikörpers* wäre einfach durch die *passive Einverleibung von fertigem Antikörper* ersetzt und damit auch die Bedingung der anaphylaktischen Reaktivität — auf eine andere Art — erfüllt. Die Ausführung solcher Versuche ergibt (von den Einschränkungen wird später die Rede sein) positive Resultate. Der Shock eines „passiv präparierten" Meerschweinchens unterscheidet sich weder qualitativ noch auch hinsichtlich seines Intensitätsmaximums vom Shock eines aktiv vorbehandelten; in beiden Fällen scheint es sich um eine pathologische Auswirkung einer im Organismus ablaufenden Reaktion zwischen Antikörper und zugehörigem Antigen zu handeln, *wobei der Organismus die Rolle eines bloßen Indicators des Reaktionsgeschehens übernimmt.* Von diesem Standpunkte aus betrachtet werden zwei Tatsachen zu banalen Selbstverständlichkeiten, für die man im Laufe der Zeit verschiedene und meist recht gezwungene Erklärungen gesucht und gegeben hat, nämlich

1. daß der Shock des Meerschweinchens immer dieselbe Eigenart bekundet, gleichgültig, ob man das anaphylaktische Experiment mit Pferdeserum oder irgendeinem anderen Antigen anstellt. Um nur immunologische Indicatoren zum Vergleich heranzuziehen, sei darauf hingewiesen, daß die bei der Präcipitinreaktion eintretende Eiweißflockung ebenfalls den stets gleichbleibenden Indicator darstellt, welcher den Reaktionsablauf zwischen den verschiedensten Präcipitinogenen und ihren Antikörpern anzuzeigen vermag;

2. daß im Charakter der anaphylaktischen Erscheinungen Änderungen eintreten *können*, wenn man nicht Meerschweinchen, sondern andere Tierspezies, z. B. Hunde, Kaninchen, weiße Mäuse usw. als Testobjekte verwendet. Verschiedene Organismen werden eben durch ein identisches Agens oft in sehr differenter Weise beeinflußt, und es sind im Prinzip alle Abstufungen zwischen maximaler Ansprechbarkeit und völlig refraktärem Verhalten denkbar. So kann es auch nicht befremden, daß gewisse Tierarten wie Affen (UHLENHUTH u. HÄNDEL[1], YAMANOUCHI[2], ZINSSER[3], DRINKER u. BRONFENBRENNER[4], E. F. GROVE[5]) oder Ratten (ARTHUS[6], UHLENHUTH u. HÄNDEL[7], TROMMSDORFF[8], LONGCOPE[9], F. u. J. T. PARKER, M. K. EBERT[10], W. GERLACH[11], FRIEDBERGER u. SEIDENBERG[12]) sowohl im aktiv wie im passiv anaphylaktischen Experiment völlig oder fast völlig versagen. Von den zahlreichen toxikologischen Beispielen, welche diese Verhältnisse widerspiegeln, sei das in anderem Zusammenhange bereits erwähnte *Histamin* angeführt, das beim Meerschweinchen schon in der Dosis von 0,3 mg pro kg Körpergewicht, intravenös injiziert, akuten broncho-

---

[1] UHLENHUTH u. HÄNDEL: Zbl. Bakter. I Ref. (Beihefte) **47** (1910).
[2] YAMANOUCHI: C. r. Soc. Biol. Paris **68**, Nr 21 (1910).
[3] ZINSSER: Proc. Soc. exper. Biol. a. Med. **18**, 57 (1920).
[4] DRINKER u. BRONFENBRENNER: J. of Immun. **9**, 387 (1924).
[5] GROVE: J. of Immun. **15**, 3 (1928).
[6] ARTHUS: C. r. Soc. Biol. Paris **60**, 819 (1903).
[7] UHLENHUTH u. HÄNDEL: Zbl. Bakter. I Ref. (Beihefte) **47**, 67 (1910).
[8] TROMMSDORFF: Arb. ksl. Gesdh.amt **32** (1909).
[9] LONGCOPE: J. of exper. Med. **36**, 627 (1922).
[10] EBERT, M. K.: Z. Immun.forschg **51**, 79 (1927).
[11] GERLACH, W.: Virchows Arch. **247**, 295 (1923).
[12] FRIEDBERGER u. SEIDENBERG: Z. Immun.forschg **51**, 276 (1927).

spastischen Shocktod bewirkt, während die Dosis letalis für weiße Ratten 300, für Frösche 2000 mg beträgt (W. G. SCHMIDT u. STÄHELIN[1], C. VOEGTLIN u. H. A. DYER[2]); die Symptome der Histaminvergiftung variieren überdies je nach der Tierspezies (Meerschweinchen, Hund, Kaninchen, Taube, weiße Maus) in ganz ähnlicher, zum Teil sogar identischer Art wie die klinischen Bilder der anaphylaktischen Störungen.

Daß die anaphylaktischen Erscheinungen von einer Tierart zur anderen differieren *müssen*, ist dagegen *a priori* nicht einzusehen, ja unwahrscheinlich. Es ist anzunehmen, daß sich die pathologische Auswirkung der Antigen-Antikörperreaktion unabhängig von der Tierspezies *auf gleiche Gewebe* erstreckt oder erstrecken kann, und daß sich daher neben gewissen Unterschieden auch Ähnlichkeiten der anaphylaktischen Syndrome ausfindig machen lassen müssen. Das trifft auch de facto zu, und zwar in sehr weitem Umfange. Die einseitige Überschätzung der vorhandenen Differenzen ist ein Produkt des Entwicklungsganges der Anaphylaxieforschung, welche als Testobjekte zunächst Hunde (CH. RICHET) und Kaninchen (M. ARTHUS), dann Meerschweinchen (TH. SMITH, OTTO) benutzte, drei Spezies, von denen jede zufälligerweise durch einen besonderen Typus des anaphylaktischen Shocks ausgezeichnet ist (vgl. das Kapitel über die Symptomatologie und die pathologische Physiologie der anaphylaktischen Störungen). Aber schon zwischen dem protrahierten Shock des Meerschweinchens und des Hundes dominieren die Ähnlichkeiten, der akute Shock des Huhnes und der Taube gleichen einander fast völlig, und die sog. *„lokale Anaphylaxie"* hat bei allen Tierarten, bei welchen sie beobachtet wurde, das gleiche Gepräge einer aseptischen, mit Ödembildung einhergehenden, oft bis zur örtlichen Gewebsnekrose gesteigerten *Entzündung* (ARTHUS u. BRETON[3], R. RÖSSLE[4], W. GERLACH[5] u. a.). Man kann daher auch nicht behaupten, das Variieren der klinischen Erscheinungen je nach der Tierspezies sei ein Kriterium der anaphylaktischen und der mit ihnen verwandten Phänomene (COCA[6], G. H. WELLS[7]); abgesehen von der Unrichtigkeit dieser Formulierung besäße das angebliche begriffsbestimmende Merkmal weder erkenntnistheoretischen noch klassifikatorischen Wert (DOERR).

Das passiv anaphylaktische Experiment gestattet eine in mancher Beziehung und namentlich auch in dem hier erörterten Konnex wichtige Variante. Man kann die Antikörperproduktion und die shockauslösende Antigen-Antikörperreaktion in zwei verschiedenen Tierarten ablaufen lassen. Konkret ausgedrückt würde sich ein solcher *„heterolog passiver"* Versuch so gestalten, daß man z. B. ein *Kaninchen* mit Pferdeeiweiß parenteral injiziert und das Serum dieses Kaninchens (nach erfolgter Antikörperbildung) dazu benützt, um ein *Meerschweinchen* passiv zu präparieren. Das Resultat ist positiv (OTTO[8], WEIL-HALLÉ u. LEMAIRE[9], DOERR u. RAUBITSCHEK[10], DOERR u. RUSS[11]), d. h. das mit dem Kaninchenimmunserum injizierte normale Meerschweinchen wird (innerhalb einer kurzen Frist, die wir hier vorerst vernachlässigen wollen) anaphylaktisch, es reagiert

[1] SCHMIDT, W. G. u. STÄHELIN: Z. Immun.forschg **60**, 222 (1929).
[2] VOEGTLIN, C. u. A. DYER: J. of Pharmacol. **24**, 101 (1925).
[3] ARTHUS u. BRETON: C. r. Soc. Biol. Paris **1903**.
[4] RÖSSLE, R.: Verh. d. 17. Tagung dtsch. path. Ges. in München **1914**, 281.
[5] GERLACH, W.: Virchows Arch. **247**, 295 (1923).
[6] COCA u. COOKE: J. of Immun. 8, 163 (1923).
[7] WELLS, G. H.: The chemical aspects of immunity. New York 1925.
[8] OTTO: Münch. med. Wschr. **1907**, Nr 34.
[9] WEIL-HALLÉ u. LEMAIRE: C. r. Soc. Biol. Paris **65**, 141 (1908).
[10] DOERR u. RAUBITSCHEK: Berl. klin. Wschr. **1908**, Nr 33.
[11] DOERR u. RUSS: Z. Immun.forschg 3 (1909).

auf die intravenöse Erfolgsinjektion mit Pferdeeiweiß (Pferdeserum) mit akut tödlichem Shock. Der Leser dürfte vermutlich die Bemerkung als überflüssig bezeichnen, daß dieser Shock nicht die Kennzeichen des anaphylaktischen Shocks der Kaninchen aufweist, sondern genau so als bronchostenotische Erstickung verläuft wie bei einem aktiv oder „homolog passiv" (mit antikörperhaltigem Meerschweinchenserum) präparierten Meerschweinchen. Wenn jedoch die Tatsache so selbstverständlich wäre, würde man in der älteren und neueren Literatur nicht der Aussage begegnen, „daß sich der anaphylaktische Zustand mit dem Serum überempfindlicher Tiere auf normale Tiere der gleichen oder einer anderen Spezies übertragen läßt". Man scheint eben doch aus dem passiven Experiment (in der heterologen Ausführung) noch nicht die strenge Folgerung ableiten zu wollen, daß weder ein „Zustand", noch eine „Reaktivität", noch eine „Überempfindlichkeit" übertragen wird, sondern eine Komponente für die pathogene Immunitätsreaktion (der Antikörper). Daß aber die Folgerung richtig ist, erhellt auch aus der völlig gesicherten Beobachtung, daß Meerschweinchen, welche selbst gegen Antigeninjektionen refraktär sind (s. unter Antianaphylaxie), große Mengen von passiv präparierendem Antikörper in ihrem Blutserum haben können; führt man mit einem solchen Serum den passiv anaphylaktischen Versuch aus, so versetzt man den Serumempfänger in einen Zustand, welcher dem des Serumspenders geradezu entgegengesetzt ist (Otto, Rosenau u. Anderson, Anderson u. Frost[1]).

Kehren wir nun zu dem Verhalten der isolierten, überlebenden und vor der Isolierung möglichst blutfrei gespülten Organe (Gewebe) aktiv präparierter Meerschweinchen zurück. Wir konstatierten, daß sich der Uterusmuskel, in Ringerlösung suspendiert, mächtig kontrahiert, wenn man zu dem Ringerbade das Antigen in der erforderlichen (zur Herstellung einer bestimmten Konzentration notwendigen) Menge zusetzt; die Kontraktion erfolgt sofort, nachdem der Kontakt zwischen Muskelzelle und Antigen hergestellt ist, so daß man den unmittelbaren Eindruck erhält, der glatte Muskel selbst sei infolge der Präparierung des Meerschweinchens gegen Pferdeserum empfindlich geworden. Eine am Gewebe haftende („histogene") Empfindlichkeit könnte aber nicht durch Serum auf normale Individuen übertragen werden; zwischen dem Verhalten des blutfrei gespülten Organs und der Möglichkeit des passiv anaphylaktischen Experimentes scheint somit ein Widerspruch zu bestehen, dessen Beseitigung von zwei Seiten her angestrebt werden kann. Am nächsten liegt natürlich die Prüfung isolierter glatter Muskeln von passiv (homolog oder heterolog) präparierten Meerschweinchen; es zeigt sich, daß sie auf Antigenkontakt ebenso prompt und kräftig reagieren wie die Muskeln aktiv präparierter Tiere (Dale), obzwar die passive Versuchsanordnung naturgemäß die Vorstellung ausschließt, daß die Gewebe durch eine erste Antigeneinwirkung „umgestimmt" d. h. gegen eine Wiederholung dieser Einwirkung „sensibilisiert" werden. Es bliebe also nur noch die Kombination übrig, daß der Antikörper, gleichgültig, ob er aktiv produziert oder passiv zugeführt wird, die Fähigkeit besitzen könnte, das normale Gewebe oder wenigstens bestimmte normale Gewebe wie die glatten Muskeln des Meerschweinchens gegen die Berührung mit Antigen empfindlich zu machen. Was hat man sich aber unter diesem Vorgang zu denken? Darüber gibt bis zu einem gewissen Grade ein weiterer Versuch Aufschluß. Wenn nämlich der isolierte Uterusmuskel eines aktiv oder passiv präparierten Meerschweinchens auf den Antigenkontakt mit einer maximalen Zusammenziehung geantwortet hat, erweist er sich (falls gewisse quantitative Bedingungen erfüllt wurden) als „de-

---

[1] Anderson u. Frost: Hyg. Labor. Bull. Nr 64. Washington 1910.

sensibilisiert", er reagiert — obwohl noch vollkommen reizbar — auf eine erneute Berührung mit Antigen nicht mehr. Die durch den Antikörper veränderte spezifische Reaktivität des glatten Muskelgewebes adhäriert demselben also nicht als eine unveränderliche Eigenschaft; sie kann aufgehoben werden, und zwar durch den Kontakt der Muskelzellen mit Antigen, von dem wir wissen, daß es sich mit dem Antikörper zu verbinden und ihn zu „neutralisieren", d. h. unwirksam zu machen vermag. *Somit erscheint der Schluß unvermeidlich, daß der isolierte Muskel anaphylaktischer Meerschweinchen gegen Antigen empfindlich ist, weil und solange als er Antikörper enthält.*

Präpariert man ein Meerschweinchen passiv (durch die Injektion von homologem oder heterologem Immunserum), so kann der im Immunserum befindliche Antikörper zu den glatten Muskelzellen des Uterus, des Darmes, der Blase, der Bronchialwände usw. nur auf „hämatogenem Wege", d. h. durch die Blutzirkulation, gelangen; würde er im Blutstrome bleiben, so müßte eine restlose Auswaschung des Blutes aus den Gefäßen des Muskelgewebes eine vollständige Entfernung des Antikörpers und damit eine Auslöschung der anaphylaktischen Reaktivität, gewissermaßen eine „mechanische Desensibilisierung", zur Folge haben. Leitet man aber durch die Gefäßbahnen stundenlang Ringerlösung, so bewahren die Organe — *auch wenn sie von einem passiv präparierten Meerschweinchen herrühren* — ihre volle Empfindlichkeit gegen Antigenkontakt. Es wurde bereits auseinandergesetzt, daß die Verwertbarkeit dieser Beobachtung durch die Unmöglichkeit eingeschränkt wird, das Blut wirklich restlos aus den Gefäßen fortzuspülen; immerhin wäre zu erwarten, daß die Auswaschung der Hauptmenge des Blutes in einer deutlichen Herabminderung der spezifischen Antigenempfindlichkeit zum Ausdruck kommt, falls der im Blutstrom kreisende Antikörper für diese Empfindlichkeit maßgebend ist. Die „Perfusionsfestigkeit" des Antikörpers spricht doch dafür, daß zwischen Muskelgewebe und Antikörper im präparierten Tiere eine andere, innigere Beziehung besteht, daß der Antikörper irgendwie im Gewebe fixiert ist. Diese Annahme konnte übrigens noch durch andere Tatsachen gestützt werden, von denen an dieser Stelle nur eine einzige angeführt werden soll. Wenn man Meerschweinchen durch eine einmalige subcutane Injektion von Pferdeserum aktiv präpariert, bleiben sie mindestens ein Jahr lang derart anaphylaktisch, daß die intravenöse Reinjektion mit einigen Zehnteln Kubikzentimeter Pferdeserum akuten Shocktod herbeiführt (Auer[1], Thomsen[2], Rosenau u. Anderson[3]); das Blut solcher Tiere wird aber nach längstens 9 Wochen antikörperfrei, d. h. es verliert seine präparierende Fähigkeit für normale Meerschweinchen gänzlich (R. Weil, Kellaway u. Cowell[4]), so daß dann durch 10 Monate oder noch länger ein Zustand besteht, der nicht auf zirkulierendem Antikörper beruhen kann und der doch zweifellos durch das Vorhandensein von Antikörper im Organismus bedingt sein muß. Suchen wir den Antikörper in den Organen, so gibt der Versuch am überlebenden, möglichst blutfrei gespülten Uterus ein positives Resultat: das Uterushorn reagiert auf die Berührung mit Pferdeserum mit einer Kontraktion und erweist sich nach Ablauf derselben als desensibilisiert. Solche und analoge Erfahrungen bilden das Fundament der Lehre, *daß der Antikörper nur in der in den Geweben verankerten Form* (als „*fixer*" Antikörper) *die hinreichende und notwendige Bedingung des anaphylaktischen Zustandes repräsentiert,* daß dagegen die Reaktion von zirkulierendem („*freiem*" Antikörper) mit zugeführtem Antigen die anaphylakti-

---

[1] Auer, J.: J. of Pharmacol. **13**, 511 (1919).
[2] Thomson: Z. Immun.forschg **26**, 213 (1917).
[3] Rosenau u. Anderson: Hyg. Labor. Bull. Nr 50. Washington 1909.
[4] Kellaway u. Cowell: Brit. J. exper. Path. **4**, 255 (1923).

schen Störungen nicht auszulösen vermag (sog. „*celluläre Theorie*" oder Hypothese von der „*Zellständigkeit*" der anaphylaktischen Antigen-Antikörperreaktion). Diese schon von BESREDKA[1] (1907) und FRIEDBERGER[2] (1909) vertretene, von R. WEIL[3], DALE[4], COCA[5], DOERR u. RUSS[6], v. FENYVESSY u. J. FREUND[7] u. a. experimentell gestützte Auffassung hat indes mit der Schwierigkeit zu kämpfen, daß sie über den Zustand des am Gewebe haftenden Antikörpers keine befriedigende positive Aussage machen kann.

Man hält es zwar ziemlich allgemein für das Wahrscheinlichste, daß der Antikörper von Zellen produziert und sekundär, gewissermaßen als Sekret, an das strömende Blut abgegeben wird. Es ist vorstellbar, daß der Antikörper schon vor der Abstoßung in den Zellen in derselben Form, in welcher er dann im Blutplasma zu finden ist, vorhanden sein und daß er diese Lokalisation durch sehr lange Zeit beibehalten kann (sog. „sessile Receptoren" P. EHRLICHS). Diese „Erklärung" muß jedoch als völlig unzulänglich bezeichnet werden; der Antikörper im Uterusmuskel eines passiv sensibilisierten Meerschweinchens ist ja gleichfalls „perfusionsfest" gebunden, und zwar im nämlichen Gewebe wie beim aktiv präparierten Tiere, obwohl er nicht neu gebildet, sondern im fertigen Zustande einverleibt wird. Die Lücke, welche die celluläre Theorie in dem eben diskutierten Punkte aufweist, wird von mehreren Autoren (FRIEDBERGER[8], BORDET[9]) als Argument für die Richtigkeit humoraler Auffassungen bewertet, welche die auslösende Antigen-Antikörperreaktion in die Blutbahn verlegen, Auffassungen, die sich ja als die natürlichen und unmittelbaren Konsequenzen des passiv anaphylaktischen Experimentes darstellen und daher schon in den Frühperioden der Anaphylaxieforschung überzeugte Anhänger gewannen (v. PIRQUET u. SCHICK[10], WOLFF-EISNER[11], RICHET[12], M. NICOLLE[13]). Die humoralen Hypothesen sind aber bisher die Antwort auf eine ganze Reihe wichtiger Fragen schuldig geblieben, so z. B. warum Tiere, welche reichlich Antikörper im Blute haben, selbst nicht anaphylaktisch sind, und warum umgekehrt bei Tieren mit antikörperfreiem Blute maximale Grade des anaphylaktischen Zustandes festgestellt werden oder warum der blutfrei gewaschene Uterusmuskel eines präparierten Meerschweinchens sofort reagiert, nicht nur wenn man Antigen in seine Gefäße bringt, wie das für eine humorale Reaktion erforderlich wäre, sondern auch wenn man das Antigen auf die von der Serosa überzogene Außenfläche des Organs einwirken läßt. So harrt das hier nur skizzierte *Problem „des Sitzes der anaphylaktischen Reaktion"* einstweilen auf eine allseits anerkannte Lösung. Es ist aber keineswegs die einzige prinzipiell bedeutungsvolle und nichterledigte Aufgabe, vor welche uns ein scheinbar so einfaches Phänomen gestellt hat.

Man betrachtet allgemein die anaphylaktischen Störungen als pathologische Auswirkungen einer im Organismus gewisser Tierspezies ablaufenden Antigen-Antikörperreaktion. Diese Aussage ist aber in zwei Richtungen unbestimmt;

---

[1] BESREDKA: Über Anaphylaxie. Handb. d. Technik u. Methodik d. Immun.forschg, Erg.-Bd. **1** (1911).

[2] FRIEDBERGER: Z. Immun.forschg **2**, 208 (1909).

[3] WEIL, R.: J. medical. Res. **27**, 497 (1913).

[4] DALE: J. of Pharmacol. **4**, 167 (1913).

[5] COCA: Z. Immun.forschg **20**, 618 (1914).

[6] DOERR u. RUSS: Z. Immun.forschg **3**, 181 (1909).

[7] v. FENYVESSY u. FREUND: Z. Immun.forschg **22**, 59 (1914).

[8] FRIEDBERGER: Siehe u. a. Z. Immun.forschg **39**, 395 (1924) u. **51**, 276 (1927).

[9] BORDET, J.: C. r. Acad. Sci. Paris **179**, 243 (1924).

[10] v. PIRQUET u. SCHICK: Die Serumkrankheit. Wien 1905.

[11] WOLFF-EISNER: Zbl. Bakter. Orig. **37** (1904).

[12] RICHET: L'anaphylaxie. Paris 1911 — C. r. Soc. Biol. Paris **66**, 810 (1909).

[13] NICOLLE, M.: Ann. Inst. Pasteur **23** (1908).

sie enthält nämlich keine Angabe *über die Phase* des Reaktionsablaufes, welcher der pathogene Effekt zugeordnet werden soll, und gibt keine Aufklärung, *warum* eine Antigen-Antikörperreaktion die Gewebe reizen oder schädigen kann, zwei Punkte, die natürlich in engerer Beziehung zueinander stehen dürften.

Spricht man von Antigen-Antikörperreaktionen, so wird stets nur der endgültige Gleichgewichtszustand gemeint, der nach dem vollständigen Ablauf des Reaktionsgeschehens resultiert; *nur dieser terminale Zustand ist einer serologischen Prüfung zugänglich*, welche stets darin besteht, daß man die erfolgte totale oder partielle Absättigung der Reaktionskomponenten feststellt d. h. den Verlust an Antigen oder an Antikörper, welcher mit seinem Antagonisten zu reagieren vermag. Sind die Antigene Toxine, so kommt noch die Einbuße ihrer Toxizität als ein weiteres Bestimmungsmittel der Endphase hinzu. In dieser Begrenzung der immunologischen Forschungsmethoden ist wohl die Hauptursache zu suchen, warum man auch bei der Anaphylaxie, von Ausnahmen (BESREDKA) abgesehen, nicht den „Reaktionsablauf", sondern die „abgelaufene Reaktion" bzw. *das Reaktionsprodukt* ins Auge faßte, eine Betrachtungsweise, welche die Konsequenz hatte, daß diesem Reaktionsprodukt die Eigenschaften eines Giftes, des „anaphylaktischen Giftes", zuerkannt wurden. Die Einführung dieses neuen, zunächst hypothetischen Momentes wird dagegen a limine überflüssig, wenn man sich die pathologische Auswirkung mit dem Reaktionsablauf verknüpft denkt (DOERR[1]). Welcher von beiden Standpunkten der richtige oder derzeit wahrscheinlichere ist, soll an anderer Stelle ausführlicher erörtert werden. Meines Erachtens entspricht es aber dem Zweck dieser orientierenden Einleitung, wenn einige Auseinandersetzungen schon hier Platz finden, welche dem Leser eine persönliche Stellungnahme ermöglichen sollen.

Im Verhalten des isolierten Uterushornes spiegelt sich der anaphylaktische Zustand aktiv oder passiv präparierter Meerschweinchen sowie eine etwa stattgehabte Desensibilisierung getreu wider (DALE)[2]; wir dürfen daher versuchen, ob die Beobachtung dieses Objektes in der gedachten Richtung Aufschlüsse bietet. Da wird es vor allem klar, daß die anaphylaktische Kontraktion des glatten Muskels nicht durch eine bestimmte Menge Antigen, sondern durch eine *Antigenkonzentration* ausgelöst wird, nämlich durch jene Konzentration, die das Antigen in der den Muskel umspülenden Ringerlösung annimmt. Es kann gar nicht die Rede davon sein, daß diejenige Menge Antigen, welche wir dem Ringerbade zusetzen *müssen*, um eine Kontraktion zu erzielen, „verbraucht" („gebunden" oder „neutralisiert") wird; indes könnte man sich immerhin denken, daß die Herstellung einer Minimalkonzentration nötig ist, um an die Oberfläche des Muskels rasch eine gewisse Quote der absoluten Antigenmenge heranzubringen, die dann an diesem Orte doch zur Absättigung gelangt. Diese Deutung wird aber durch das Verhalten des Antikörpers hinfällig. Eine Neutralisation des im Uterusmuskel enthaltenen und die Ursache seiner spezifischen Reizbarkeit darstellenden Antikörpers dürfen wir erst annehmen, wenn diese Reizbarkeit abnimmt oder erlischt. Nach den Untersuchungen von R. WEIL, FRIEDLI[3] und namentlich von WALZER und GROVE[4] sind aber hierzu bei Antigenen von hoher Aktivität (großer Reaktionsfähigkeit) 10—15 Minuten, bei Antigenen von geringer Reaktionsfähigkeit, wie z. B. Hämoglobin, Pollensubstanzen, bis zu 60 Minuten und mehr erforderlich; wird das sensibilisierte Uterushorn vor Ablauf dieser Fristen ein zweites Mal mit der gleichen Antigenkonzentration in

---

[1] DOERR, R.: Naturwiss. **12**, 1018 (1924) — Arch. f. Dermat. **150**, 509 (1926).
[2] DALE: Bull. Hopkins Hosp. **31**, 310 (1920).
[3] FRIEDLI: Z. Hyg. **104**, 233 (1925).
[4] WALZER, M. u. E. F. GROVE: J. of Immun. **10**, 483 (1925).

Kontakt gebracht, welche die erste Kontraktion hervorrief, so ist keine Abnahme seiner Empfindlichkeit festzustellen. Da wir aber andererseits wissen, daß die Kontraktion des anaphylaktischen Muskels sofort nach der Berührung mit Antigen einsetzt oder höchstens nach einer Latenz von wenigen Sekunden, ist es nicht zulässig, die „Neutralisation des Antikörpers" bzw. die Entstehung eines Neutralisationsproduktes als kontraktionserregenden Reiz aufzufassen.

Verwendet man als Testobjekt nicht isolierte überlebende Organe, sondern das ganze Tier (Meerschweinchen), so wird man leicht durch den Umstand getäuscht, daß man für die auslösende Injektion ganz bestimmte absolute Antigenquanten („Dosis letalis minima") benötigt, um den Tod im akuten Shock zu erzielen. De facto sind aber die Verhältnisse im Prinzip dieselben wie im Versuche am Uterusmuskel, speziell wenn man berücksichtigt, daß die auslösenden Injektionen intravenös ausgeführt werden; das absolute Antigenquantum dient eben dazu, um im Blute des Tieres mit der erforderlichen Geschwindigkeit die kontraktionserregende Minimalkonzentration herzustellen. In letzter Zeit hat DOERR auf eigentümliche quantitative Beziehungen zwischen dem im Meerschweinchenorganismus vorhandenen Antikörper und der intravenös tödlichen Antigendosis aufmerksam gemacht, welche zu demselben Schluß führen wie das Studium der zeitlichen Verhältnisse der Kontraktion und der Antikörperneutralisation isolierter glatter Muskeln.

Ein konkretes Beispiel mag dies illustrieren. Um die Menge des im Organismus vorhandenen Antikörpers zu kennen, wählt man die passive Präparierung z. B. mit einem Antimenschenserum vom Kaninchen. Man präpariert 4 Serien von gleich schweren Meerschweinchen, die erste mit 0,1 ccm, die zweite mit 0,2, die dritte mit 0,4 und die vierte mit 0,8 ccm des Immunserums und ermittelt dann für jede Serie die intravenös tödliche Dosis Antigen (Menschenserum). In einem derartigen Versuch fand DOERR

für 0,1 ccm Antiserum als Dosis min. let. des Antigens 0,1 ccm
„ 0,2 „ „ „ „ „ „ „ „ 0,02 „
„ 0,4 „ „ „ „ „ „ „ „ 0,02 „
„ 0,8 „ „ „ „ „ „ „ „ 0,006 „

Dieses Resultat (ähnliche Erfahrungen wurden von BURCKHARDT[1], ARMIT[2], O. THOMSEN[3], R. WEIL, COCA u. KOSAKAI[4] u. a. veröffentlicht) ist mit der Voraussetzung unvereinbar, daß der Shock zustande kommt, wenn eine bestimmte Menge Antikörper mit einer „äquivalenten" Menge Antigen abreagiert; wäre diese Prämisse richtig, dann müßte die Shockdosis immer dieselbe sein, gleichgültig mit welcher Antikörperquantität (mit welchem Volumen Antiserum) die Tiere präpariert wurden, und könnte nicht so beträchtlich absinken wie in dem obigen Beispiel, weil sich daraus die absurde Konsequenz ergäbe, daß größere Antikörperquanten kleinere Antigenmengen für ihre Absättigung erfordern. Im gleichen Sinne läßt sich die Beobachtung verwerten, daß man bei passiv sensibilisierten Meerschweinchen unter Umständen weit mehr Antigen braucht, um den Shock hervorzurufen, als zur Neutralisation der in Betracht kommenden Antikörpermenge in vitro notwendig ist (R. WEIL, DOERR u. BLEYER[5]), ferner das von COCA und KOSALAI[4] beobachtete, von WALZER und GROVE[6] bestätigte

[1] BURCKHARDT, J. L.: Z. Immun.forschg 8, 87 (1910).
[2] ARMIT: Z. Immun.forschg 6 (1910).
[3] THOMSON, O.: Z. Immun.forschg 26, 213 (1917).
[4] COCA u. KOSAKAI: J. of Immun. 5, 297 (1920).
[5] DOERR u. BLEYER: Z. Hyg. 106, 371 (1926).
[6] WALZER u. GROVE: J. of Immun. 10, 483 (1925).

Phänomen, daß die shockauslösende Dosis für präparierte und partiell desensibilisierte Meerschweinchen wesentlich, z. B. 100mal größer ist als für gleichartig präparierte, aber nicht partiell desensibilisierte Tiere.

Damit erscheint indes die Frage nach der pathogenen Phase der Antigen-Antikörperreaktion nicht beantwortet. Man entfernt sich sogar von der Lösung insofern, als man die einzige Möglichkeit, auf welche sich die Methoden der immunologischen Analyse anwenden lassen, ablehnt; denn andere Mittel stehen — wenn man von der chemischen Beeinflußbarkeit der Antigenspezifität (Obermayer u. E. P. Pick, K. Landsteiner) absieht — nicht zur Verfügung, um in die Relativität Antigen-Antikörper einen tieferen Einblick zu gewinnen. Nicht einmal die Bildungsstätten der Antikörper sind mit Sicherheit ermittelt worden; ihr Wesen, ihr genetisches Verhältnis zu den Antigenen, die Ursache ihrer spezifischen Einstellung auf diese Antigene sind unbekannt, und die Alternative, ob einem chemisch einheitlichen Antigen ein einziger oder mehrere Antikörper (von gleicher Spezifität) entsprechen, wird noch immer umstritten. Solange diese Situation unverändert bleibt, ist kaum zu erwarten, daß man die pathogene Phase der Antigen-Antikörperreaktion genau feststellen wird; auch der Mechanismus ihrer zellreizenden oder zellschädigenden Auswirkung ist bisher nur Gegenstand von Hypothesen gewesen, welche durch die außerordentliche Verschiedenheit ihres Inhaltes das Fehlen einer zuverlässigen Basis verraten.

Die großen Lücken unseres Wissens gerade in prinzipiell wichtigen Beziehungen müssen naturgemäß die *Fixierung der begriffsbestimmenden Merkmale anaphylaktischer Phänomene* erschweren. H. G. Wells[1] verlangt:

1. Daß die Toxizität der shockauslösenden Substanzen von der Sensibilisierung des Tieres abhängen muß; die Substanzen dürfen auf das nichtsensibilisierte Tier nicht in ähnlicher Weise wirken.

2. Die hervorgerufenen Symptome müssen für die anaphylaktische Reaktion charakteristisch sein und jenen Symptomen gleichen, welche man durch lösliche Proteine erzeugen kann; sie müssen für alle Antigene bei derselben Tierspezies identisch sein, dagegen von Spezies zu Spezies in typischer Weise differieren.

3. Es soll möglich sein, mit dem Serum aktiv sensibilisierter Tiere normale passiv zu präparieren.

4. Die verwendete Substanz muß auf den überlebenden virginalen Uterus sensibilisierter Meerschweinchen kontraktionserregend wirken.

5. Atropin und Adrenalin müssen den bronchospastischen Shock des Meerschweinchens antagonistisch beeinflussen.

6. Thrombosen und Embolien als Ursachen der beobachteten Symptome müssen ausgeschlossen werden.

7. Nach Ablauf einer Shockreaktion muß sich unter geeigneten Bedingungen ein Zustand der Desensibilisierung nachweisen lassen.

Ob nicht einzelne von diesen Forderungen, wie z. B. der antagonistische Einfluß des Adrenalins oder die so stark betonte Notwendigkeit des Differierens der Symptome von Spezies zu Spezies, schon aus dem Grunde anfechtbar sind, weil sie mit der tatsächlichen Beobachtung in Widerspruch stehen, kommt für die Beurteilung der Wellsschen Postulate erst in zweiter Linie in Betracht; im Vordergrund steht das unverkennbare Bestreben, nirgends über den rein empirischen Rahmen der anaphylaktischen Grundversuche (des aktiv und des passiv anaphylaktischen Experimentes sowie der Desensibilisierung) hinauszugehen und die Benutzung hypothetischer Elemente streng zu vermeiden. In letzterer Beziehung sind jedoch Inkonsequenzen zu verzeichnen, da von der

---

[1] Wells, G. H.: The chemical aspects of immunity. New York 1925.

,,Toxizität" der reaktionsauslösenden Substanzen, vom ,,Sensibilisieren" und ,,Desensibilisieren" usw. die Rede ist; derartige Ausdrücke sind, wie auseinandergesetzt wurde, keineswegs einfache Umschreibungen der experimentellen Ergebnisse. Jedenfalls aber repräsentiert der Standpunkt von WELLS ein auf die Dauer ohnehin unhaltbares Provisorium. Man kann sich nicht damit abfinden, daß das Wesen der anaphylaktischen Erscheinungen durch eine bestimmte Zahl experimenteller Bedingungen charakterisiert wird, *ohne irgendeine Gewähr zu besitzen, daß diese Bedingungen die einzigen sind, unter welchen sich derartge Phänomene realisieren.* Schon heute befriedigt übrigens die streng empirische Abgrenzung der Anaphylaxie in der oben wiedergegebenen Form nicht mehr alle sichergestellten Tatsachen; es ist jedoch fraglich, was man an ihre Stelle zu setzen hat.

Mehrfache Gründe, in erster Linie das passiv anaphylaktische Experiment, zwingen uns, mit der Auffassung der Anaphylaxie als histogener Überempfindlichkeit zu brechen und jene Vorgänge, auf welche sich dieser Begriff anwenden läßt, abzutrennen, auch dann, wenn die beteiligten Substanzen dem serologischen Antigenbegriff entsprechen.

So ist die *,,Toxinüberempfindlichkeit"*, die v. BEHRING[1] schon 1893 beschrieben hatte, keine anaphylaktische Erscheinung. Man versteht darunter die Tatsache, daß verschiedene Tiere (Pferde, Schafe, Ziegen, Kaninchen, Meerschweinchen) im Laufe der Behandlung mit Diphtherie- oder Tetanustoxin ihre Reaktivität oft in ganz unerwarteter Weise ändern; Einzeldosen, welche für normale Tiere noch relativ unschädlich sind, rufen starke Reaktionen oder Exitus hervor. Die für ein bestimmtes Toxin überempfindlichen Tiere reagieren aber auf Toxininjektionen nicht mit den für die betreffende Spezies typischen anaphylaktischen Symptomen, sondern mit denselben Störungen, die man am normalen Tiere beobachtet und welche *durch die Natur des Giftes* bedingt sind; zweitens bleibt die Toxinüberempfindlichkeit aus, wenn man die Tiere mit ungiftigen, aber spezifisch antigenen Toxinderivaten (Toxoiden oder Antitoxinen) behandelt, was den Schluß erlaubt, daß nicht die antigene Funktion, sondern *die wiederholte Giftwirkung* die Überempfindlichkeit erzeugt; und drittens läßt sich der Zustand nicht passiv mit dem Serum der überempfindlichen Tiere auf normale übertragen. Diese Sachlage hat durch neuere experimentelle Arbeiten (ST. BÄCHER[2]) und durch Untersuchungen über die cutane Reaktivität von Menschen auf lokale Anatoxineinwirkung (ZOELLER[3], RAMON, TZANCK, WEISMAN-NETTER und DALSACE[4], BARANSKI und BROCKMANN, REDLICH und RONCHI usw.) keine Änderung, sondern eine Bestätigung erfahren (vgl. die Kritik von DOERR[5]).

Ebensowenig kann dem von PFEIFFER und BESSAU so genannten *,,dynamischen Immunitätszustand"* der Charakter eines anaphylaktischen Phänomens zuerkannt werden. Es ist eine bekannte und technisch wichtige Tatsache, daß die Antigene bei wiederholter Zufuhr intensiver wirken als bei erstmaliger, d. h. daß die Antikörperbildung durch kleinere Antigenmengen ausgelöst wird und daß sie rascher und in wesentlich gesteigertem Ausmaße vor sich geht. Hier handelt es sich offenbar um eine *wahre Antigenüberempfindlichkeit der antikörperproduzierenden Gewebe; demgemäß ist auch dieser Zustand nicht ,,passiv übertragbar"* und schon dadurch von der anaphylaktischen Kondition scharf abgegrenzt. Führt man ferner bei einem Tier eine Antigeninjektion aus, so entwickelt sich die erhöhte Reizbarkeit der antikörperbildenden Gewebe gegen eine erneute Zufuhr weit früher als der anaphylaktische Zustand; schließlich gibt es Tierspezies (Ratten, Affen), bei welchen zwar der dynamische Immunitätszustand beobachtet wird, bei denen aber anaphylaktische Störungen überhaupt nicht auftreten.

Verfehlt ist endlich die Anwendung des Anaphylaxiebegriffes auf die verminderte Giftresistenz, die man bei verschiedenen einzelligen Organismen wie Bakterien, Schimmelpilzen, Paramäcien beschrieben hat. Müssen sich solche Protisten in Gegenwart keimschädigender Stoffe (Thalliumnitrat, Sublimat, Chinin, Optochin, Phenol usw.) vermehren, so sollen die ,,vorbehandelten" Kulturen auf die erneute Einwirkung des schädigenden Agens mit einer stärkeren Herabsetzung ihrer biologischen Leistungen (Wachstumsfähigkeit, Pigmentbildung, Produktion von Fermenten) reagieren als die nichtvorbehandelten Aus-

---

[1] v. BEHRING s. bei WLADIMIROFF: Z. Hyg. **15**, 405 (1893).
[2] BÄCHER, ST.: Zbl. Bakter. I Orig. **104**, 510 (1927).
[3] ZOELLER, CHR.: C. r. Soc. Biol. Paris **91**, 165 (1924).
[4] TZANK, WEISMANN-NETTER u. DALSACE: C. r. Soc. Biol. Paris **94**, 17 (1926).
[5] DOERR: Handb. d. path. Mikroorg., 3. Aufl., **1**, 784f.

gangskulturen (Ch. Richet[1] und seine Mitarbeiter, F. Arloing und Thévenot[2], A. Schna-bel[3], C. W. Jungeblut, E. Bachrach[4], Davenport und Neal u. a.). Die Beobachtungen konnten von M. Lesbros[5] nicht bestätigt werden; wenn sie aber auch richtig sind, was in Anbetracht der übereinstimmenden Befunde zahlreicher namhafter Autoren anzunehmen ist, zeigen sie keine, nicht einmal eine äußerliche Ähnlichkeit mit anaphylaktischen Vor-gängen (Doerr[6], Seligmann und Gutfeld[7]). In den erwähnten Versuchsanordnungen kommt es, und zwar weit regelmäßiger, zu einer Giftfestigung (M. Lesbros), und einzelne Autoren geben an, daß sich in ein und derselben Kultur der Übergang der verminderten in die erhöhte Gifttoleranz feststellen läßt (A. Schnabel u. a.). Man hat daraus die Vorstel-lung ableiten wollen, daß jede Zelle auf dem Wege zur Immunität (dem teleologisch ver-ständlichen Endziel) eine Phase „verminderten Schutzes", ein Stadium der Überempfind-lichkeit passieren muß; zwischen der Anaphylaxie (der Name wurde von Richet im Sinne von „Schutzlosigkeit" gebraucht) und der Immunität gegen primäre toxische Antigene sollen nach einer auch heute noch nicht ausgerotteten Ansicht analoge Beziehungen bestehen. Die Anaphylaxie ist aber — wie schon Wolff-Eisner vor mehr als 20 Jahren klar aus-einandergesetzt hat — kein Vorstadium der antitoxischen Immunität, sondern, da sie auf dem Vorhandensein von Antikörpern beruht, *eine Konsequenz einer bereits bestehenden Im-munität gegen eine bestimmte Kategorie von Antigenen*, welche primär, d. h. für normale Tiere ungiftig sein können. Auch zeigt die Anaphylaxie schon im Bereich der Säugetiere alle Ab-stufungen von maximalster Ausprägung bis zum völligen oder fast völligen Fehlen und kann somit nicht als eine allgemeine Eigenschaft aller Organismen gelten.

Mit Recht wurde besonderes Gewicht auf die Tatsache gelegt, daß eine Reaktion zwischen Antikörper und Antigen das auslösende Moment darstellt, da sie eine — wenn auch nur immunologische — Erklärung für die wichtigsten Beobachtungen (Inkubation der aktiven Anaphylaxie, Spezifität, Möglichkeit der passiven Präparierung, Desensibilisierung) bietet. Daß aber diese Aussage in mehrfacher Hinsicht unzulänglich ist, wurde bereits auseinandergesetzt; hier sei noch ergänzend bemerkt, daß sie auch keine Angaben über die Art der zu definierenden Störungen enthält. Daß die anaphylaktischen Erscheinungen bei einer und derselben Tierart stets den gleichen, von der besonderen Beschaffenheit des Antigens unabhängigen Typus aufweisen und daß sie andererseits von einer Spezies zur anderen differieren müssen (G. H. Wells), ist nur mit bedeutenden Einschränkungen richtig; auch läßt sich dieses Kriterium nicht gut anwenden, wenn es sich um die Beurteilung der Beziehungen handelt, welche zwischen der an Laboratoriumstieren erzeugten experimentellen Anaphylaxie und gewissen pathologischen Zuständen des Menschen (Idiosynkrasien, infektiöse oder invasive Allergien, Serumkrankheit) bestehen. Nun ist aber die anaphylaktische Reaktivi-tät nur insofern von der Beschaffenheit der auslösenden Substanzen unabhängig, als identische Symptome durch die verschiedensten Stoffe *bei verschiedenartig präparierten Tieren* hervorgerufen werden können; *beim einzelnen Tier* ist sie kraft ihrer Spezifität an ganz besondere Eigenschaften des auslösenden Stoffes gebunden; *und dieser Widerspruch ist in der Tat so eigenartig, daß er sehr wohl auch dann als maßgebend gelten darf, wenn der auslösende Stoff dem immuno-logischen Begriff eines Antigens nicht entspricht* (Doerr). Die Antithese „Spezifität der Auslösbarkeit der Störungen und Aspezifität der ausgelösten Störungen" zwingt eben zur Annahme, daß die auslösenden Stoffe nicht direkt auf die Zellen einwirken, sondern mit einer spezifisch abgestimmten, im Organismus vor-handenen Komponente abreagieren und daß erst diese Reaktion Zellreizung

[1] Richet, Bachrach u. Cardot: C. r. Acad. Sci. Paris **172**, 512 (1921).
[2] Arloing u. Thévenot: C. r. Soc. Biol. Paris **87**, 12 (1922).
[3] Schnabel, A.: Dtsch. med. Wschr. **48**, 654 (1922) — Klin. Wschr. **3** (1924) — Z. Hyg. **96**, 351 (1922).
[4] Bachrach: Arch. internat. Physiol. **26**, 147 (1926).
[5] Lesbros, M.: Ref. Bull. Inst. Pasteur **26**, 145 (1928).
[6] Doerr: Handb. d. path. Mikroorg., 3. Aufl., **1**, 780.
[7] Seligmann u. Gutfeld: Handb. d. Biochemie d. Menschen a. d. Tiere. 2. Aufl., **3**, 260 (1924).

oder Zellschädigung bedingt. Vom pathologisch-physiologischen Standpunkte aus ist eine kurze und einheitliche Charakteristik der anaphylaktischen Erscheinungen vorläufig nicht möglich; die Ursache liegt wohl *in den Angriffspunkten der anaphylaktischen Noxe*, welche *in den glatten Muskeln* und *in den Gefäßendothelien* zu suchen sind und die naturgemäß eine von der Tierspezies und von der Einverleibungsart der auslösenden Stoffe abhängige Mannigfaltigkeit der pathologischen Effekte bedingen.

Die nun folgende detailliertere Darstellung der Anaphylaxie und der hauptsächlichsten mit ihr verwandten Phänomene soll — in steter Anlehnung an die eben entwickelten Grundgedanken — den aktuellen Stand der Forschungsergebnisse und der Hypothesenbildung möglichst scharf kennzeichnen; eine auch nur einigermaßen vollständige Übersicht über die Literatur der behandelten Gebiete war nicht beabsichtigt und in dem mir zur Verfügung gestellten Raume nicht erreichbar. Dem Zwecke dieses Handbuches entsprechend, kam die Immunologie (Serologie) nur in dem unvermeidbaren Umfang zu Wort; was an den hier besprochenen Erscheinungen rein serologisch erfaßt werden kann, hat für die pathologische Physiologie geringeres Interesse.

Die Anaphylaxie.

Geschichtliches: Der Name Anaphylaxie wurde 1902 von Ch. Richet in die Terminologie eingeführt und sollte (als Gegensatz von Prophylaxis) soviel wie verminderter Schutz oder Schutzlosigkeit bedeuten. Richet experimentierte mit eiweißhaltigen Extrakten aus Seerosen an Hunden und stellte schon in seinen ersten Arbeiten die wichtigsten Gesetzmäßigkeiten der aktiv anaphylaktischen Versuchsanordnung fest. Arthus benützte als Versuchstiere Kaninchen, als präparierende und auslösende Substanzen artfremde Proteine (Pferdeserum, Kuhmilch); er erkannte die Spezifität der Anaphylaxie sowie die Möglichkeit, je nach der Einverleibungsart des auslösenden Stoffes (intravenös bzw. subcutan) allgemeine oder lokale Reaktionen hervorzurufen (1903). Die Ermittelung des für anaphylaktische Experimente optimal geeigneten Meerschweinchens geht auf Theobald Smith[1], R. Otto[2] sowie Rosenau und Anderson[3] (1906) zurück; die passive Form des anaphylaktischen Versuches wurde mit positivem und reproduzierbarem Erfolge im Jahre 1907 von Nicolle an Kaninchen, von Ch. Richet an Hunden, von Otto, Gay und Southard sowie von Friedemann an Meerschweinchen angewendet[4]. Ausführlichere historische Daten siehe bei Doerr[5].

I. Technik und Methodik der anaphylaktischen Versuchanordnungen.

A. Der aktiv anaphylaktische Versuch.

Der aktiv anaphylaktische Versuch gliedert sich in *drei Etappen: die Vorbehandlung*, das *Inkubationsstadium* und die *Probe* auf das Bestehen und den Grad des anaphylaktischen Zustandes.

1. Die Vorbehandlung.

Die *Vorbehandlung* („*aktive Sensibilisierung*" oder „*aktive Präparierung*") besteht in der *parenteralen Zufuhr* von Substanzen, deren anaphylaktogene Fähigkeiten bereits bekannt sind oder erst geprüft werden sollen.

Die *parenterale* Zufuhr verfolgt den Zweck, die betreffenden Substanzen in *unverändertem* Zustande in die Blut- oder Lymphzirkulation zu bringen; die Einverleibung per os (*die enterale Zufuhr*) kann diese Absicht vereiteln, sei es,

---

[1] Zitiert nach Otto: Gedenkschr. f. Leuthold **1** (1906).
[2] Otto: Ebenda.
[3] Rosenau u. Anderson: Hyg. Labor. Bull. Washington **1906**, Nr 29.
[4] Siehe S. 656.
[5] Doerr: Handb. d. path. Mikroorg., 3. Aufl., **1**, 761—778.

daß die Magendarmschleimhaut für den Stoff impermeabel ist oder daß er von den Verdauungsfermenten angegriffen und in andere Verbindungen umgesetzt wird. Die einfachste und eine exakte Dosierung gestattende Methode der Umgehung des Darmkanales ist die *Injektion*; sie wird meist subcutan, seltener intramuskulär, intraperitoneal oder intravenös ausgeführt. Es kann sein, daß die intraperitoneale oder intravenöse Injektion besser bzw. regelmäßiger präpariert als die subcutane, doch liegen ganz zuverlässige Beobachtungen hierüber nicht vor. Einen besonderen (noch unbekannten) Grund muß der umgekehrte, von A. Klopstock und G. E. Selter[1] beschriebene Fall haben: Meerschweinchen lassen sich wohl durch subcutane, nicht aber durch intravenöse Einspritzungen von diazotiertem Atoxyl spezifisch sensibilisieren.

Infolge der Durchlässigkeit der Haut und der verschiedenen Schleimhäute (Conjunctiva, Tracheal- und Bronchialmucosa, Schleimhaut der Urethra, der Vagina, des Rectums) läßt sich eine aktive Präparierung auch erreichen, wenn man die betreffenden Substanzen auf die genannten Flächen aufbringt, z. B. durch Einträufeln in den Bindehautsack, durch Inhalation versprayter Lösungen (Busson[2], Busson und Ogata[3], Sewall[4], Arloing und Langeron[5]), durch Einreiben in die Haut (Clough[6], Pierret und Gernez[7]) oder auch durch bloßes Auflegen von mit dem sensibilisierenden Stoff getränkten Kompressen (Golovanoff[8]). Die mannigfach variierten Versuche, welche in dieser Richtung unternommen wurden (vgl. auch die Angaben über „nasale" Sensibilisierung von Sewall und Powell, Petragnani[9], Gianni, Ratner, Jackson und Gruehl[10]), wollten die Möglichkeiten einer aktiven Präparierung *unter natürlichen Lebensbedingungen*, d. h. ohne willkürlichen Eingriff ermitteln, eine Frage, die für die Entstehung der sog. Idiosynkrasien Bedeutung hat; wie man sieht, sind diese Möglichkeiten sehr zahlreich.

Übrigens ist auch die Magendarmschleimhaut keine unter allen Umständen funktionierende Barriere, welche den Übertritt hochmolekularer Eiweißkörper (dazu gehört die überwiegende Mehrzahl der Anaphylaktogene) aus dem Darmvolumen in die Zirkulation verhindert; ja dieser Durchtritt scheint nach neueren Untersuchungen weit häufiger zu erfolgen, als man früher anzunehmen geneigt war, und zwar nicht nur wenn die Darmwand erkrankt, ihres schützenden Epithels beraubt ist (Kassowitz[11], Makaroff[12], Arloing und Langeron[13], Martin und Spassitsch), sondern auch bei gesunden Menschen und Tieren (Ascoli, Hahn, Kleinschmidt[14], Inouye[15], Hollande und Gate[16], Shin Maie[17], Shibayama, Stoicesco, van Alstyne und Grant[18], Walzer[19] u. v. a.). Namentlich der Darm jugendlicher Individuen scheint sich durch eine ganz besondere Permeabilität auszuzeichnen (Mayerhofer und Pribram[20], Makaroff u. a. m.). Unter diesen Umständen und in Anbetracht der minimalen, für eine aktive Präparierung ausreichenden Substanzmengen kann es nicht befremden, daß „enterale" oder „alimentäre" Sensibilisierungen von Kaninchen, insbesondere aber von Meerschweinchen, nun schon wiederholt gelungen sind, teils durch Sondenfütterung mit bestimmten Proteinen, teils durch Beimischung derselben zur spontan

---

[1] Klopstock, A. u. Selter: Zbl. Bakter. I Orig. **104**, 140 (1927).
[2] Busson: Wien. klin. Wschr. **1911**, Nr 43.
[3] Busson u. Ogata: Wien. klin. Wschr. **1924**, 820; **1925**, 219.
[4] Sewall u. Powell: J. of exper. Med. **24**, 69 (1916).
[5] Arloing u. Langeron: C. r. Soc. Biol. Paris **88**, 508 (1923).
[6] Clough: Arb. ksl. Gesdh.amt **31**, 431 (1911).
[7] Pierret u. Gernez: C. r. Soc. Biol. Paris **92**, 795 (1925); **93**, 633.
[8] Golovanoff: C. r. Soc. Biol. Paris **94**, 6 (1926).
[9] Petragnani: Policlinica, sez. med. **29**, 446 (1922).
[10] Ratner, Jackson u. Gruehl: Proc. Soc. exper. Biol. a. Med. **23**, 17 (1925); **26**, 127 (1928).
[11] Kassowitz: Z. Kinderheilk. **5** (1912).
[12] Makaroff: C. r. Soc. Biol. Paris **89**, 286 (1923).
[13] Arloing u. Langeron: C. r. Soc. Biol. Paris **89**, 1293 (1923).
[14] Kleinschmidt: Mschr. Kinderheilk., Orig. **11** (1913).
[15] Inouye: Dtsch. Arch. klin. Med. **75**, 378 (1903).
[16] Hollande u. Gate: C. r. Soc. Biol. Paris **78**, 514 (1915).
[17] Shin Maie: Biochem. Z. **132**, 311 (1922).
[18] van Alstyne u. Grant: J. medical. Res. **25**, 399 (1911).
[19] Walzer, M.: J. of Immun. **11**, 249 (1926); **14**, 143 (1927).
[20] Mayerhofer u. Pribram: Wien. klin. Wschr. **22**, 875 (1909).

aufgenommenen Nahrung (ROSENAU und ANDERSON[1], RICHET[2], CITRON[3], FUKUHARA[4], LA-ROCHE, RICHET FILS und ST. GIRONS[5], ISHIKAWA[6], SHIN MAIE, G. H. WELLS[7], HETTWER und KRIZ[8], MAKAROFF, ARLOING und LANGERON, KOCH, MARTIN und SPASSITSCH u. v. a.).

Die *für eine parenterale Sensibilisierung ausreichende Substanzmenge* wird beeinflußt: 1. durch die zu sensibilisierende Tierspezies; 2. innerhalb der Tierspezies durch die Individualität des Versuchstieres; 3. durch die Natur (die „antigene Aktivität") der verwendeten Substanz; 4. durch die Zeit, welche man bis zur „Probe" verstreichen lassen will (Inkubationsstadium), und durch die Empfindlichkeit dieser Probe bzw. durch den Grad des anaphylaktischen Zustandes, den man zu erreichen beabsichtigt; 5. durch die Art der Einverleibung; 6. durch den Umstand, ob man die gesamte Substanzmenge *auf einmal* oder *auf 2, 3 oder mehr Dosen verteilt in 5—7tägigen Intervallen einspritzt*, und 7. durch den Reinheitsgrad des benutzten Eiweißstoffes bzw. durch die Anwesenheit anderer, sein Sensibilisierungsvermögen „konkurrenzierender" Proteine. Soweit die Bedeutung dieser Faktoren nicht ohne weiteres verständlich ist, soll sie später noch eingehender erörtert werden. Hier sei hervorgehoben:

a) Daß *die kleinste sensibilisierende Dosis* (Dosis sensibilisans minima) für besonders günstige Verhältnisse wie für empfindliche Tiere (Meerschweinchen) und für Substanzen von hoher antigener Aktivität einen sehr geringen Wert annehmen kann. Meerschweinchen von 200—300 g Körpergewicht lassen sich schon durch eine einmalige Subcutaninjektion von 0,00005 mg Ovalbumin (WELLS[9]), 0,0001 mg Edestin (WELLS[10]), 0,0005 mg Globulin aus Cucurbita maxima (WELLS und OSBORNE[11]), 0,0004 mg Euglobulin aus Pferdeserum (DOERR und BERGER[12]) aktiv präparieren. Im Bereich solcher Minimaldosen macht sich jedoch die Individualität der Tiere sehr stark geltend; man hat negative Resultate zu gewärtigen und die erzielten Grade des anaphylaktischen Zustandes sind zuweilen nur mäßig.

b) Die optimalen Präparierungsdosen liegen wesentlich höher als die minimalen. Für krystallisiertes Ovalbumin (einmalige Subcutaninjektion von Meerschweinchen) verlangt WELLS 0,1 mg [vgl. sub a)]. Im dosologischen Intervall zwischen den minimalen und optimalen Mengen sinkt mit steigender Dosis die Inkubationszeit, während der Grad des erreichten anaphylaktischen Zustandes zunimmt und die Zahl der Versager abnimmt (beim Meerschweinchen bis auf Null).

c) Wird das Optimum beträchtlich überschritten, so erfährt die Inkubation wieder eine Verlängerung, und die anaphylaktische Reaktivität bleibt oft dauernd schwach ausgeprägt; durch wiederholte Injektionen sehr großer Dosen kann man das Zustandekommen des anaphylaktischen Zustandes völlig verhindern. Diese Beobachtungen konnten sowohl an *Meerschweinchen* (REMLINGER[13], NICOLLE,

[1] ROSENAU u. ANDERSON: Hyg. Labor. Bull. Washington **1906**, Nr 29; **1907**, Nr 36.
[2] RICHET: Ann. Inst. Pasteur **25**, 581 (1911) — C. r. Soc. Biol. Paris **70** (1911).
[3] CITRON: Arb. ksl. Gesdh.amt **36** (1911).
[4] FUKUHARA: Z. Immun.forschg. Ref. **2** (1910).
[5] LAROCHE, RICHET FILS u. ST. GIRONS: Gaz. Hôp. Paris **85**, 1969 (1912) — C. r. Soc. Biol. Paris **70**, 169 (1911).
[6] ISHIKAWA: Z. Immun.forschg **22**, 517 (1914).
[7] WELLS, G. H.: J. inf. Dis. **9** (1911).
[8] HETTWER u. KRIZ: Amer. J. Physiol. **73**, 539 (1925).
[9] WELLS: J. inf. Dis. **5**, 449 (1908).
[10] WELLS: J. inf. Dis. **6** (1909).
[11] WELLS u. OSBORNE: J. inf. Dis. **8** (1911).
[12] DOERR u. BERGER: Z. Hyg. **96**, 190, 258 (1922).
[13] REMLINGER: C. r. Soc. Biol. Paris **62** (1907).

Besredka[1], R. Weil[2], Dale[3], Thomsen, Wells und Osborne, Brack[4]) als auch an *Hunden* (Manwaring und seine Mitarbeiter[5]) gemacht werden.

d) Handelt es sich um Stoffe von geringem Präparierungsvermögen, so kann man eine kräftige Sensibilisierung in manchen Fällen dadurch erzielen, daß man *mehrmals* (3—4mal) *mit eingeschalteten 3—6tägigen Intervallen* injiziert. Systematische Versuche von Briot und Aynaud[6] mit artfremdem Serum, vor allem aber Vergleiche, welche J. H. Lewis[7] zwischen der ein-, zwei- und dreimaligen Sensibilisierung von Meerschweinchen mit gleichen Quantitäten von Kaninchenerythrocyten angestellt hat, beweisen die Vorteile dieser „fraktionierten" Präparierungsmethode, die auf einem bekannten Gesetze der Antikörperproduktion (v. Dungern[8]) beruht.

Als Anhaltspunkte für die aktive Präparierung der häufiger verwendeten Versuchstiere mögen folgende Daten dienen:

Meerschweinchen: Tiere von 250—350 g; *einmalige Subcutaninjektion* von 0,01—0,05 ccm Pferde-, Menschen-, Kaninchenserum (eigene, ausgedehnte Erfahrungen) oder von 0,1 mg Ovalbumin (Wells).

Hunde: Als *optimal* gilt das Schema von R. Weil[9]: 5 ccm Pferdeserum (0,5 ccm pro Kilo Körpergewicht) *subcutan*, nach 3 Tagen die gleiche Dosis *intravenös*; 95% der Hunde erweisen sich bei der nach weiteren 18—21 Tagen vorgenommenen Probe als anaphylaktisch, 25% in dem Grade, daß ein letaler Shock ausgelöst werden kann.

Die *einmalige Subcutaninjektion* von 0,5 ccm Pferdeserum (pro Kilo Hund) gibt nur bei 70—80% der Hunde ein positives Resultat (Biedl und Kraus[10], Manwaring). Verwendet man statt Pferdeserum äquivalente Dosen Ziegenserum, so wird nur ein Drittel der vorbehandelten Hunde anaphylaktisch, und Hühnereiereiweiß soll in gleichwertiger Menge ganz versagen (Manwaring, Marino, McCleave und Boone[11]); doch steht die letzte Angabe in Widerspruch mit den Ergebnissen deutscher Autoren, z. B. von G. Denecke[12], welcher Hunde durch intravenöse Injektion von 1—3 ccm Hühnereiklar oder durch einmalige Subcutaninjektion von 5 ccm zu sensibilisieren vermochte.

Kaninchen: Keine der empfohlenen Methoden gibt konstante Resultate. Junge Tiere (750—900 g) sind vorzuziehen, wenn man letalen Shock erzielen will (U. Friedemann[13], Friedberger, Drinker und Bronfenbrenner[14] u. a.); ältere eignen sich für das Studium der lokalen Anaphylaxie, des sog. Phänomens von Arthus, besser.

Eine *einmalige* (subcutane oder intravenöse) Injektion von 3—5 ccm Pferdeserum wirkt nur bei einem geringen Prozentsatz junger Tiere (Friedberger, Arthus[15], Scott[16] u. a.); erst durch eine *mehrmalige* Präparierung läßt sich die Zahl der Versager in nennenswertem Grade reduzieren. Scott injiziert 5 ccm Serum pro Kilo subcutan und zwischen dem 10. und 20. Tage 3 ccm intravenös; überleben die Tiere diese zweite Injektion, so reagieren sie nach weiteren 7 Tagen auf eine dritte intravenöse Injektion meist maximal. Drinker und Bronfenbrenner empfehlen tägliche Injektionen von 0,5 ccm Hammelserum, und zwar in 3 Perioden zu 3—5 Tagen, wobei zwischen die einzelnen Perioden immer eine dreitägige Ruhepause eingeschaltet wird; die Probe soll 10—14 Tage nach der letzten sensibilisierenden Injektion vorgenommen werden. Coca schlug vor, täglich oder in Intervallen zu injizieren und den Präcipitingehalt des Serums der in Behandlung stehenden Tiere

[1] Besredka: Antianaphylaxie. Jber. Immun.forschg **8**, 66 (1912).
[2] Weil, R.: Proc. Soc. exper. Biol. a. Med. **10**, Nr 5 (1913).
[3] Dale: J. of Pharmacol. **4**, 167 (1913).
[4] Brack, W.: Z. Immun.forschg, Orig. **31**, 407 (1921).
[5] Manwaring, Shumaker, Wright, Reeves u. Moy: J. of Immun. **13**, 59 (1927).
[6] Briot u. Aynaud: C. r. Soc. Biol. Paris **74**, 180 (1913).
[7] Lewis, J. H.: Z. Hyg. **108**, 336 (1928).
[8] v. Dungern: Die Antikörper. Jena 1903.
[9] Weil, R.: J. of Immun. **2**, 525 (1917).
[10] Biedl u. Kraus: Technik u. Methodik d. Immunitätsforsch., Erg.-Bd. **1**, 255 (1911).
[11] Manwaring, Marino, McCleave u. Boone: J. of Immun. **13**, 357 (1927).
[12] Denecke, G.: Z. Immun.forschg **20**, 501 (1914).
[13] Friedemann, U.: Z. Immun.forschg **2**, 591 (1909); **3**, 726 (1909).
[14] Drinker u. Bronfenbrenner: J. of Immun. **9**, 387 (1924).
[15] Arthus: Arch. internat. Physiol. **7** (1909); **9** (1910) — De l'anaphylaxie à l'immunité. Paris: Masson & Cie. 1921.
[16] Scott: J. of Bacter. a. Path. **15**, 31 (1910).

fortlaufend zu kontrollieren; ist ein Titer von 1:6000 erreicht, so darf man auf einen genügend starken anaphylaktischen Zustand schließen.

Weiße Mäuse: Mehrmalige (2—3malige) intraperitoneale Injektionen von 0,3—0,5 ccm Pferdeserum mit eingeschalteten 3—4tägigen Intervallen liefern recht konstante Resultate (RITZ[1], O. SCHIEMANN und H. MEYER[2]). Kleine Dosen (0,01 ccm oder weniger) sind ganz unwirksam (RITZ, SARNOWSKY[3]), einmalige Injektionen großer Mengen (bis 0,5 ccm pro Maus) präparieren nur 50% der Versuchstiere (RITZ).

Tauben: Die einmalige subcutane oder besser intravenöse Präparierung genügt; als optimale Dosen werden 0,25 ccm Hundeserum (GAHRINGER) oder 0,2—0,5 ccm Pferdeserum (F. DE EDS[4], HANZLIK und STOCKTON[5]) genannt.

Frösche: Einmalige Injektion von 0,1—0,5 ccm Hammelserum (FRIEDBERGER und MITA[6]), 0,1 ccm Kaninchenserum oder 0,05 ccm defibrinierten Kaninchenblutes (FRIEDE und EBERT[7]) in eine Bauchvene oder in den dorsalen Lymphsack.

2. Die Inkubationszeit (präanaphylaktische Periode).

Der Übergang aus dem normalen in den aktiv anaphylaktischen Zustand erfolgt *allmählich*. Wann der anaphylaktische Zustand nachweisbar wird, hängt natürlich von der Empfindlichkeit der „Probe" ab; doch muß jede Probe zunächst negative, dann zweifelhafte, dann positive und schließlich maximale Resultate liefern. Im Experiment begrenzt man die Inkubationszeit willkürlich durch den Termin, an welchem die verwendete Probe einen deutlichen, der subjektiven Bewertung des Experimentators nicht mehr unterliegenden Ausschlag gibt. Es ist also nicht notwendig, die Probe gerade im Zeitpunkt der maximalen Entwicklung des anaphylaktischen Zustandes vorzunehmen; praktisch ließe sich diese Forderung übrigens gar nicht befriedigen, da die exakte Ermittlung des Maximums einen ganz enormen Aufwand von Versuchstieren erfordert und wegen der Unmöglichkeit der Konstanthaltung aller Faktoren stets aufs neue vorgenommen werden müßte.

O. THOMSEN[8] sensibilisierte eine sehr große Zahl von 350 g schweren Meerschweinchen am gleichen Tage mit je 0,004 ccm einer bestimmten Probe Pferdeserum subcutan und stellte die intravenös tödliche Minimaldosis desselben Pferdeserums nach verschiedenen Zeitintervallen fest; sie betrug

am 12. Tage	0,035 ccm	am 40. Tage	0,04 ccm	am 110. Tage	0,1 ccm
„ 18. „	0,025 „	„ 50. „	0,06 „	„ 200. „	0,2 „
„ 25. „	0,02 „	„ 80. „	0,08 „	„ 285. „	0,3 „

Um die funktionale Abhängigkeit des Sensibilisierungsgrades von der seit der Präparierung verflossenen Zeit graphisch darzustellen, nahm THOMSEN an, daß die intravenös tödlichen Reinjektionsdosen dem Grade des anaphylaktischen Zustandes umgekehrt proportional seien, und trug ihre reziproken Werte auf einer Zeitabszisse als Ordinaten auf. So sind die in Abb. 69 abgebildeten Kurven zustande gekommen, von welchen die ausgezogene dem oben in Zahlen angegebenen Versuch, die gestrichelte einem zweiten Experiment entspricht, in welchem die Meerschweinchen mit dem gleichen Pferdeserum, aber mit einer größeren Dosis (0,1 ccm) präpariert worden waren.

Die Länge der Inkubationszeit (in dem oben erörterten Sinne) hängt von der Größe der Präparierungsdosis ab. Daß exzessive Dosen verlängernd wirken, wurde bereits hervorgehoben; nach den Angaben von THOMSEN (s. Abb. 69) dürfte schon eine relativ geringe Steigerung über das jeweilige Optimum hinaus die Erreichung des Sensibilitätsmaximums verzögern, und nach mittleren Mengen

---

[1] RITZ: Z. Immun.forschg **9**, 321 (1911).

[2] SCHIEMANN u. MEYER: Z. Hyg. **106**, 607 (1926).

[3] SARNOWSKY: Z. Immun.forschg **17**, 577 (1913).

[4] DE EDS, F.: J. of Pharmacol. **28**, 451 (1926).

[5] HANZLIK u. STOCKTON: J. of Immun. **13**, 395 (1927).

[6] FRIEDBERGER u. MITA: Z. Immun.forschg **10** (1911).

[7] FRIEDE u. EBERT: Z. Immun.forschg **49**, 329 (1927).

[8] THOMSEN, O.: Z. Immun.forschg **26**, 213 (1917).

(0,5—1,0 ccm Pferdeserum) ist dieser Hemmungseffekt jedenfalls schon ziemlich ausgeprägt.

Interessanter ist *die ganz beträchtliche Verlängerung des Inkubationsstadiums nach der einmaligen Präparierung mit minimalen Antigenquanten* (z. B. mit 0,00001—0,001 ccm artfremden Serums); sie wurde zuerst von Rosenau und Anderson[1] sowie von Doerr und Russ[2] beobachtet, später wiederholt bestätigt, und läßt sich nur so deuten, daß mit der einverleibten Antigendosis (innerhalb eines bestimmten dosologischen Bereiches) nicht nur das Ausmaß, sondern auch die Geschwindigkeit der Antikörperproduktion abnimmt. Mit der Theorie, daß der Antikörper aus dem Antigen entsteht, ist diese Aussage aber nicht gut vereinbar. Man muß vielmehr annehmen, daß die Antikörper von Zellen gebildet werden, wobei das Antigen als spezifischer Reiz wirkt. Die Antikörperproduktion erstrekt sich allerdings beim Meerschweinchen über mehrere Wochen, nach „Minimalsensibilisierungen" sogar über Monate, sie wird also, wenn sie einmal in Gang gesetzt ist, *autonom*, d. h. vom Antigenreiz unabhängig und erreicht ihr Ende infolge von Bedingungen, die nicht mehr im Reiz, sondern nur in den gereizten Zellen gesucht werden können, eine Erscheinung, die durchaus nicht vereinzelt dasteht, sondern z. B. bei der Röntgenreizung der Hautgewebe, bei der experimentellen Erzeugung von Teercarcinomen beschrieben wurde. Eine Verlängerung des Inkubationsstadiums der aktiven Anaphylaxie wird demzufolge auch eintreten, wenn man zur Sensibilisierung Antigene von geringer Aktivität (schwacher Reizwirkung auf die antikörperproduzierenden Gewebe) oder Stoffe verwendet,

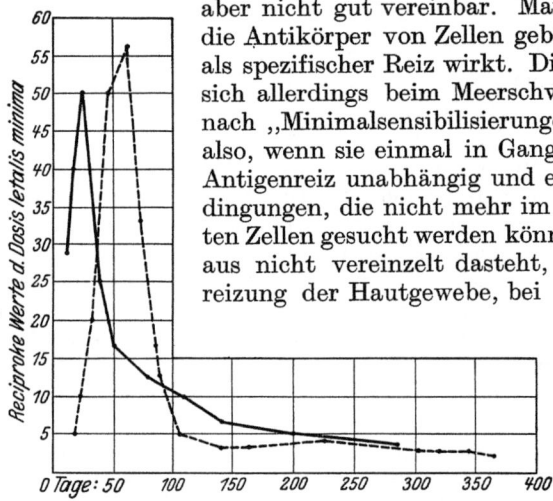

Abb. 69 Abhängigkeit der intravenös letalen Reinjektionsdosis von der nach einmaliger subkutaner Präparierung (mit 0,004 ccm bzw. 0,1 ccm Pferdeserum) verstrichenen Zeit. Nach O. Thomsen.

die im nativen Zustande kräftig präparieren, die aber durch verschiedene Eingriffe (Erhitzen, koagulierende Agenzien, ultraviolettes Licht usw.) partiell „denaturiert" wurden. Als Belege seien die Versuche von Uhlenhuth und Händel[3] mit Ölen, Insekteneiweiß, Mumienmaterial u. dgl., von Doerr und Russ[4] mit erhitztem Rinderseum, von Dale und Hartley[5], Doerr und Berger[6] mit Pferdeserumalbumin angeführt.

Bei allen aktiv präparierbaren Tierspezies klingt die Sensibilität nach erreichtem Maximum wieder ab. Die verschiedenen Tierarten unterscheiden sich aber einerseits durch die Frist, welche von der Präparierung bis zum Sensibilitätsmaximum verstreicht, andererseits durch die Geschwindigkeit der Sensibilitätsabnahme und den Termin, an welchem der anaphylaktische Zustand unter die Grenze der Nachweisbarkeit herabsinkt. Zweifellos wird ferner nicht nur die aufsteigende, sondern auch die absinkende Phase durch die Dosis und die Natur der zur Präparierung benutzten Antigene beeinflußt.

Beim Meerschweinchen wartet man mit der Probe *3 Wochen*; weiß man oder vermutet man, daß inkubationsverlängernde Momente in Betracht kommen, so muß man 4—6 Wochen

[1] Rosenau u. Anderson: Zitiert nach Pfeiffer, Probl. d. Eiweißanaph. S. 36 (1911).
[2] Doerr u. Russ: Z. Immun.forschg 2, 109 (1909).
[3] Uhlenhuth u. Händel: Z. Immun.forschg 4 (1909).
[4] Doerr u. Russ: Z. Immun.forschg 2, 109 (1909).
[5] Dale u. Hartley: Biochemic. J. 10, 408 (1916).
[6] Doerr u. Berger: Z. Hyg. 96, 190, 258 (1922).

verstreichen lassen, falls man nicht die mehrmalige Sensibilisierung, die meist rascher zum Ziele führt, vorzieht. Die Dauer des anaphylaktischen Zustandes ist beim Meerschweinchen sehr beträchtlich; O. THOMSEN konnte noch 365 Tage nach der Präparierung mit 0,01 ccm Pferdeserum akut letalen Shock und sogar nach 1121 Tagen noch leichte Symptome auslösen. Doch gilt das nicht für alle Antigene; die aktive Anaphylaxie gegen Schildkrötenserum soll schon am 30. Tage nicht mehr nachweisbar sein (NINNI[1]), und jene gegen artfremde Erythrocyten nach 45—60 Tagen erlöschen (ZOLOG[2]).

Beim *Hunde* wird das Maximum etwas rascher, zwischen dem 18. und 21. Tage erreicht; vom 24. Tage an setzt die Abnahme ein und nach Ablauf von 7 Wochen verhalten sich etwa 70% der sensibilisierten Hunde wieder wie normale (CH. RICHET, R. WEIL).

Bei der *Taube* dagegen kann man schon am 4. Tage nach der einmaligen Präparierung mit einer optimalen Dosis Hundeserum (0,25 ccm) Allgemeinsymptome hervorrufen. Die Sensibilität steigt dann rasch bis zum 10. Tage, erreicht am 16. das Maximum und sinkt dann ab, um zwischen dem 60. und 70. Tage (von vereinzelten Ausnahmen abgesehen) ganz zu verschwinden (GAHRINGER[3]).

Bei anderen Tierarten (Kaninchen, Maus, Frosch usw.) bemißt man das Intervall zwischen einmaliger Sensibilisierung und Probe mit 14—21 Tagen (z. T. in schematischer Anlehnung an die für das Meerschweinchen ermittelten Verhältnisse) und erzielt damit befriedigende Resultate. Präpariert man mittels mehrerer Injektionen mit zwischengeschalteten Intervallen, so läßt man nach der letzten sensibilisierenden Injektion noch 14 Tage verstreichen.

Nach SCOTT soll das Kaninchen insofern eine Sonderstellung einnehmen, als es nach einmaliger Präparierung sehr rasch, innerhalb von 20 Tagen, zum normalen Verhalten zurückkehrt d. h. die anaphylaktische Reaktivität einbüßt. Die Angabe dürfte indes auf der Anwendung minder empfindlicher Proben beruhen; für Kaninchen, welche durch wiederholte Antigeninjektionen sensibilisiert wurden, stimmt sie sicher nicht, da in diesem Falle noch nach 4—6 Wochen starke Reaktionen auslösbar sind (AUER[4], DOERR und R. PICK[5]).

3. Die Probe.

Sie besteht in der erneuten Zufuhr des zur Präparierung verwendeten Stoffes [oder eines Antigens von ähnlicher immunologischer Spezifität, falls die immunologische Verwandtschaft der beiden zur Präparierung und zur Probe benutzten Substanzen geprüft werden soll]. Der Erfolg der Probe wird beurteilt a) nach dem Verhalten des ganzen Tieres; b) nach dem Verhalten einzelner, in situ belassener und der Beobachtung zugänglich gemachter Organe oder c) nach dem Verhalten einzelner, isolierter (vom Tiere abgetrennter) überlebender Organe. Die Methodik ist in diesen drei Fällen verschieden.

a) Die Probe am intakten Tiere

geht entweder darauf aus, eine *lokale* oder eine *allgemeine* anaphylaktische Reaktion zu erzielen. Da die „lokale Anaphylaxie" an anderer Stelle abgehandelt werden soll, sei hier nur *die Auslösung von Allgemeinreaktionen* erörtert. Diese Allgemeinreaktionen zeigen shockartigen Charakter, und *die Erfahrung* hat gelehrt, *daß sie das Maximum der Intensität annehmen, wenn eine bestimmte Antigenkonzentration plötzlich in der Blutbahn hergestellt wird, daß dagegen jede Verlangsamung dieses Vorganges die Symptome abschwächt. Die Injektion* ist also hinsichtlich ihrer auslösenden Wirkung den anderen Möglichkeiten der parenteralen Antigenzufuhr weit überlegen, und unter den verschiedenen Injektionsarten liefert *die direkte Einspritzung der erforderlichen Menge in das kreisende Blut* die besten Resultate.

Gelangt das antigene Eiweiß auf eine unverletzte Schleimhautfläche, so erfolgt der Übertritt in die Zirkulation meist viel zu träge, als daß ein typischer

[1] NINNI: Riforma med., 2. März 1912.
[2] ZOLOG, M.: C. r. Soc. Biol. Paris **90**, 146 (1924).
[3] GAHRINGRE: J. of Immun. **12**, 477 (1926).
[4] AUER: Zbl. Physiol. **24**, 957 (1911) — J. of exper. Med. **14** (1911).
[5] DOERR u. R. PICK: Zbl. Bakter. I Orig. **62**, 146 (1912).

Shock zustande kommen könnte. Das gilt namentlich, wenn man die auslösende Substanz *per os* zuführt; sie wird zwar resorbiert und sättigt den im Organismus vorhandenen Antikörper ab, denn die Tiere erweisen sich später als desensibilisiert, aber die Shocksymptome bleiben aus (Besredka[1], Richet[2], G. H. Wells, Grineff[3], H. Kleinschmidt[4], Shin Maie[5] u. a.) und es kommt höchstens zu Darmstörungen, die aber nicht als Allgemeinerscheinungen, sondern als lokale anaphylaktische Reaktionen der Darmwand aufzufassen sind (Schloss[6], Cesa-Bianchi und Vallardi[7], Bartenstein). Günstiger gestalten sich die Bedingungen für eine genügend rasche Antigenresorption von der Respirationsschleimhaut aus. Durch intratracheale Einbringung oder durch Inhalation von verspraytem Antigen konnten von mehreren Experimentatoren (Besredka, Ishioka[8], Sewell[9], Busson und Ogata[10], Arloing und Langeron[11], Alexander, Becke und Holmes[12]) positive Resultate erzielt werden. Um in solchen Versuchen intensive Shockwirkungen zu erhalten, muß man allerdings hochgradig sensibilisierte Meerschweinchen und Antigene von hoher Aktivität, d. h. Kombinationen wählen, für welche die von der Blutbahn aus letale Antigendosis ein Minimum wird; selbst dann hat man noch immer einen erheblichen Prozentsatz von Versagern, vielleicht weil nicht immer ausreichende Antigenquanten bis in die tieferen, besser resorbierenden Luftwege eindringen (Alexander, Becke und Holmes).

Die Einspritzung des Antigens in das strömende Blut kann in Form von *intravenösen, intraartiellen* (intracarotalen) oder *intracardialen* Injektionen vorgenommen werden. Am einfachsten sind die intravenösen Injektionen; man injiziert entweder percutan in eine oberflächliche, durch die Haut sichtbare Vene (Ohrvene der Kaninchen oder langohriger Hunde, Schwanzvene der Mäuse, Flügelvene der Vögel) oder in ein durch einen Hautschnitt freigelegtes venöses Gefäß (Jugularis oder Hinterfußvene von Meerschweinchen, Bauchvene von Fröschen); die Technik wird heute von jeder geschulten Laborantin beherrscht, so daß eine detaillierte Beschreibung (Doerr[13], H. Pfeiffer[14], Friedberger[15] u. a.) überflüssig erscheint.

Nur zwei Bemerkungen mögen hier Platz finden. Das *Injektionsvolum* ist der Größe der verwendeten Tierspezies anzupassen, bei kleinen Versuchstieren möglichst niedrig und in vergleichenden (titrierenden) Reihenversuchen gleich zu halten. Tasawa sensibilisierte gleichschwere Meerschweinchen mit je 0,02 ccm Hammelserum; am 21. Tage betrug die intravenös tödliche Reinjektionsdosis 0,025 ccm, wenn diese Menge in 1,0 ccm Flüssigkeitsvolum, dagegen 0,09 ccm Hammelserum, wenn sie in 4,0 ccm eingespritzt wurde. Die Beobachtung läßt sich verschieden erklären (nach Friedberger und Mita[16] durch die langsamere

[1] Besredka: C. r. Soc. Biol. Paris **65**, 478 — Théories de l'anaphylaxie in Traité de phys. normale et path. **7**. Masson & Cie. 1927.

[2] Richet, Ch.: C. r. Soc. Biol. Paris **70**, 252 (1911).

[3] Grineff: C. r. Soc. Biol. Paris **72**, 344 (1913).

[4] Kleinschmidt: Mschr. Kinderheilk., Orig. **11** (1913).

[5] Shin Maie: Biochem. Z. **132**, 311 (1922).

[6] Schloss: Amer. J. Dis. Childr. **19**, 433 (1920).

[7] Cesa-Bianchi u. Vallardi: Z. Immun.forschg **15**, 370 (1912).

[8] Ishioka: Dtsch. Arch. klin. Med. **107**, 500 (1912).

[9] Sewell, H.: Arch. internat. Med. **13**, 856 (1914).

[10] Busson u. Ogata: Wien. klin. Wschr. **37**, 820 (1924).

[11] Arloing u. Langeron: C. r. Soc. Biol. Paris **88**, 508 (1923).

[12] Alexander, Becke u. Holmes: J. of Immun. **11**, 175 (1926).

[13] Doerr: Handb. d. path. Mikroorg., 2. Aufl., **1**, 986.

[14] Pfeiffer: Die Arbeitsmethoden beim Versuch über Anaphylaxie, in Abderhaldens Handb. d. biochem. Arbeitsmethoden Abt. XIII, 2. Teil.

[15] Friedberger: Z. Immun.forschg **11**, 389 (1911).

[16] Friedberger u. Mita: Dtsch. med. Wschr. **1911**. — S. auch Tasawa: Z. Immun.-forschg **19**, 458 (1913).

Injektion des größeren Flüssigkeitsquantums, durch die antagonistische Wirkung, welche das in der Verdünnungsflüssigkeit enthaltene NaCl auf den Shock ausübt usw.); die versuchstechnischen Konsequenzen sind jedoch vom Mechanismus der Erscheinung unabhängig und bestehen eben darin, *niedrige* und *stets gleiche* Injektionsvolumina zu wählen.

Zweitens: die kleinste Antigenmenge, welche sich unter bestimmten Bedingungen als wirksam erweist, nennt man die *shockauslösende Minimaldosis* oder die *tödliche Minimaldosis*, falls man auf den Exitus als Shockfolge abstellt; durch Zusätze wie „intravenös", „intraperitoneal", „intracerebral" tödliche Minimaldosis pflegt man noch die Injektionsart zu charakterisieren, für welche die Angabe gilt. Man sagt z. B., für hochgradig sensibilisierte Meerschweinchen könne die intravenöse Dos. min. letalis auf 0,005 ccm Pferdeserum (DOERR) oder auf 0,000001 g krystallisiertes Ovalbumin (WELLS) absinken. Diese Ausdrucksweise verschleiert aber die Tatsache, daß das injizierte *absolute* Antigenquantum nur *durch die rasche Herstellung einer bestimmten Antigenkonzentration* im Blute des Versuchstieres zur Geltung kommt, und erweckt den Eindruck, als ob das Antigen für das sensibilisierte Tier „toxisch" wäre. In der Tat substituieren viele Autoren der shockauslösenden Minimaldosis die „toxische Minimaldosis" und seit FRIEDBERGER hat sich sogar das in der experimentellen Pharmakologie übliche Umrechnen der Dosen des reinjizierten Antigens auf das Kilogramm Körpergewicht eingebürgert, ein Vorgehen, das für die herrschende Unklarheit der Begriffe sehr bezeichnend und auch aus anderen Gründen unzulässig ist; ganz junge und sehr große Meerschweinchen erfordern bei gleichartiger Präparierung relativ hohe, Meerschweinchen von mittlerem Körpergewicht relativ niedrige Reinjektionsdosen (FRIEDBERGER[1], SACHS, O. THOMSEN[2]).

Die *intracerebrale* oder *subdurale* Injektion des Antigens (BESREDKA[3]) kann nur beim Meerschweinchen angewendet werden; beim Kaninchen und beim Hunde, wahrscheinlich auch bei allen anderen in Betracht kommenden Tierspezies gibt sie negative Resultate (ARTHUS u. a.), vermutlich deshalb, weil es nur bei hochgradig sensibilisierten Meerschweinchen möglich ist, die notwendigen Antigenmengen auf diesem Wege einzuverleiben. In Anbetracht ihrer Umständlichkeit und Ungenauigkeit wurde diese Methode übrigens auch beim Meerschweinchen (abgesehen von BESREDKA) ganz aufgegeben; theoretisch bietet sie insofern Interesse, als die tödlichen Minimaldosen für die intracerebrale bzw. subdurale Probe nur wenig größer sind als für die intravenöse (BESREDKA[4], FRIEDBERGER[5]), ein Umstand, der BESREDKA veranlaßte, den anaphylaktischen Shock auf eine brüske Desensibilisierung lebenswichtiger Teile des Zentralnervensystems zu beziehen. Diese Deutung kann indes nicht richtig sein. Denn die *intraspinale* Probe, beim Meerschweinchen im Bereiche des unteren Rückenmarkes ausgeführt, ist dosologisch der intracerebralen gleichwertig (BESREDKA und LISOFSKI[6]) und die Shocksymptome, die nach intracerebraler Antigeninjektion auftraten, zeigen keinen cerebralen, sondern bronchostenotischen Charakter; der „Erfolgs- oder Shockorgan" (DOERR) ist auch hier gerade so wie nach der intravenösen Reinjektion die Lunge. Man muß also annehmen, daß in den Liquor bzw. in das Gehirn injizierte Substanzen besonders leicht und rasch in das Blut übertreten, selbst wenn sie kolloide Beschaffenheit haben. W. G. SCHMIDT und A. STÄHELIN[7] konnten zeigen, daß beim Histamin ähnliche Verhältnisse bestehen; die subdural tödliche Histamindosis ist für das Meerschweinchen nur 2—3mal größer als die intravenös-letale, und der Tod erfolgt nach beiden Arten der Giftzufuhr durch Immobilisierung der Lunge im geblähten Zustande.

[1] FRIEDBERGER u. SIMMEL: Z. Immun.forschg **19**, 460 (1913).
[2] THOMSEN, O.: Z. Immun.forschg **26**, 213 (1917).
[3] BESREDKA u. E. STEINHARDT: Ann. Inst. Pasteur **21**, 117 (1907).
[4] BESREDKA u. BRONFENBRENNER: Ann. Inst. Pasteur **25** (1911).
[5] FRIEDBERGER: Z. Immun.forschg **8**, 339 (1911).
[6] BESREDKA u. LISSOFSKI: C. r. Soc. Biol. Paris **68**, 1110 (1910) — Ann. Inst. Pasteur **24**, 935 (1910).
[7] SCHMIDT, W. G. u. STÄHELIN: Z. Immun.forschg **60**, 222 (1929).

Intraperitoneale oder *subcutane* Probeinjektionen können ebenfalls Allgemeinerscheinungen auslösen, die aber abgeschwächten und protrahierten Verlauf nehmen, und — wenn überhaupt — erst in $1/2$—2 Stunden zum Tode führen. Die minimalen Shockdosen sind selbst für hochgradig sensibilisierte Meerschweinchen und sehr aktive Antigene enorm, 12—20 ccm Pferdeserum subcutan (J. H. Lewis[1]) oder 4—6 ccm intraperitoneal (Otto[2], Besredka, Rosenau und Anderson, H. Pfeiffer[3], O. Thomsen[4] u. a.); für krystallisiertes Ovalbumin fand G. H. Wells jedoch als Dos. min. leti 0,0005 g, was mit der leichten Resorbierbarkeit dieses Proteins vom Peritoneum aus zusammenhängen muß. Denn man kann wohl mit Bestimmtheit behaupten, daß sich an der Auslösung der Shocksymptome nur jene Antigenquote beteiligt, welche genügend schnell in das Blut aufgenommen wird; so erklärt sich auch die Beobachtung von J. H. Lewis[1], daß das Einspritzen großer Flüssigkeitsvolumina unter hohem Drucke oder das Massieren der Injektionsstellen die Wirksamkeit subcutaner Erfolgsinjektionen steigert. Als *Methode der Wahl* kommt die intraperitoneale Probe nur beim Meerschweinchen und auch nur dann in Frage, wenn sich die intravenöse Zufuhr der verwendeten Stoffe wegen ihrer blutschädigenden (hämagglutinierenden, hämolysierenden, koagulierenden) Eigenschaften als unmöglich erweist; sie wurde aus diesem Grunde von Wells und Osborne[5] bei ihren anaphylaktischen Experimenten mit Phytoproteinen mit Vorteil benutzt. In vielen Fällen lassen sich jedoch derartige „primäre Toxizitäten" der Antigene durch einfache Eingriffe (Erwärmen auf 56—60° C, längeres Stehenlassen u. dgl.) beseitigen, ohne das shockauslösende Vermögen zu reduzieren; das entgiftete Material kann dann ohne weiteres direkt ins Blut injiziert werden, wie das zuerst von Doerr und Raubitschek[6] für das im frischen Zustande hochgiftige Aalserum, später für die Sera von verschiedenen Säugetieren, für manche Organextrakte, für frisches defibriniertes Blut (Moldovan[7]) festgestellt wurde.

Die klinischen Allgemeinsymptome können alle Abstufungen von den Zeichen leichten Unbehagens bis zum schwersten, letal endigenden Shock zeigen. Ist dies mit der Fragestellung vereinbar, so wählt man ein *Maximum der Wirkung* (nicht zu verwechseln mit dem Sensibilitätsmaximum, welches durch die Größe der shockauslösenden Dosis mitbestimmt wird) als konventionellen Grenzwert: für das Meerschweinchen und die intravenöse Probe wurde von Doerr und Russ[8] der akute, in 3—10 Minuten zum Exitus führende Shock als Kriterium des Versuchserfolges vorgeschlagen, was gegenwärtig auch allgemein befolgt wird. Sollen beim Meerschweinchen auch schwächere Grade des anaphylaktischen Zustandes nachgewiesen werden oder experimentiert man an Tierspezies, die nicht oder nicht regelmäßig im Shock verenden, so muß man sich entweder an klinische Symptome von geringerer Intensität oder an andere Kennzeichen der anaphylaktischen Reaktion halten wie an das Absinken des arteriellen Druckes, den Temperatursturz, die verminderte oder aufgehobene Koagulabilität des Blutes, an Veränderungen des cytologischen Blutbildes u. a., ist aber bei der Benutzung solcher Kriterien zahlreichen objektiven und subjektiven Fehlerquellen ausgesetzt.

---

[1] Lewis, J. H.: J. amer. med. Assoc. 76, 1342 (1921) — J. of exper. Med. 10 (1908).
[2] Otto: Münch. med. Wschr. 54, 1665 (1907).
[3] Pfeiffer u. Mita: Z. Immun.forschg 4, 410 (1910).
[4] Thomsen, O.: Z. Immun.forschg 1, 741 (1909); 3, 539 (1909).
[5] Wells u. Osborne: J. inf. Dis. 8, 120 (1911).
[6] Doerr u. Raubitschek: Berl. klin. Wschr. 1908, Nr 33.
[7] Moldovan: Dtsch. med. Wschr. 1910, Nr 52.
[8] Doerr u. Russ: Z. Immun.forschg 2, 109 (1909).

Für die zweckmäßige Bemessung der für intravenöse Probeinjektionen verwendeten Antigenmengen kann in Anbetracht der Vielzahl der bestimmenden Faktoren kein brauchbares Schema aufgestellt werden. Von dem für anaphylaktische Versuche so häufig gebrauchten *Pferdeserum* gelten für sensibilisierte *Meerschweinchen* 0,5—1,0 ccm als große, 0,2—0,5 als mittlere, 0,005 bis 0,2 ccm als kleine Probedosen. Für die Erfolgsinjektion bei Hunden braucht man 5—10 ccm, beim Kaninchen 2—5 ccm, bei Katzen oder Opossums etwa ebensoviel, bei Mäusen 0,2—0,5 ccm, bei Tauben 0,5—1,0 ccm, bei Hühnern 1,0—2,0 ccm, bei Fröschen 0,1—0,5 ccm Pferdeserum bzw. gleiche Mengen anderer artfremder Sera. Kontrollversuche, welche die Wirksamkeit der benutzten Probedosis sicherstellen, sind unter allen Umständen notwendig.

b) Probe an bestimmten, in situ belassenen Organen.

Gemeinsame Voraussetzung ist, daß das Organ im Shock eine sinnfällige oder leicht konstatierbare Veränderung erleidet. Beispiele:

1. Die *Leber sensibilisierter Hunde.* Die Leber wird freigelegt, eine zuführende Kanüle in die Vena portae, eine abführende in die untere Hohlvene eingebunden; die Arteria hepatica und die obere Hohlvene werden ligiert. Als Perfusionsflüssigkeit kann man normales Hundeblut oder warme (38° C) Ringer-Locke-Lösung benutzen; Perfusionsdruck 10—15 mm Hg = dem normalen Pfortaderdruck der Hunde. Zusatz des shockauslösenden Antigens zur Perfusionsflüssigkeit bewirkt *Schwellung* und *Cyanose* der Leber sowie *eine sehr starke Reduktion der abströmenden Flüssigkeitsmengen;* durchgeleitetes normales Hundeblut wird *inkoagulabel* (NOLF[1], R. WEIL[2], R. WEIL und EGGLESTON[3], MANWARING, CHILCOTE und HOSEPIAN[4] u. v. a.).

2. Die *Lunge* von sensibilisierten Meerschweinchen, Hunden, Kaninchen.

Bei Hunden empfehlen MANWARING und W. H. BOYD[5] das Einbinden der zuführenden Kanüle in die obere Hohlvene, der abführenden in den Zipfel des linken Herzohres. Die Lungen werden bis zur respiratorischen Mittelstellung aufgeblasen, die Trachea abgeklemmt. Perfusionsdruck 25 mm Hg. Zusatz von Antigen zur Perfusionsflüssigkeit reduziert die Durchströmungsmenge binnen 3 Minuten auf ein Viertel ihrer ursprünglichen Größe. Die Lungen werden nach 5 Minuten ödematös und kollabieren nicht, wenn man die Trachealklemme löst.

Beim Meerschweinchen bindet man die zuführende Kanüle in die Art. Pulmonalis ein, die abführende befestigt man in einem Schlitz des linken Ventrikels. Die natürliche wird durch die künstliche Atmung ersetzt. Nach Zusatz von Antigen zur Durchströmungsflüssigkeit ist die Verringerung des Abflusses aus den Pulmonalvenen im Gegensatz zur Hundelunge entweder gar nicht oder nur in geringem Grade zu konstatieren (MANWARING und KUSAMA[6]); dagegen blähen sich die Lungen auf und werden alsbald im geblähten Zustande starr (DALE[7], MANWARING und KUSAMA).

3. *Die Harnblase von sensibilisierten Hunden oder Meerschweinchen.* Die Blase wird mit warmer NaCl-Lösung gefüllt und der intravesikuläre Druck durch ein Hg-Manometer gemessen; injiziert man dem Tiere Antigen, so steigt der Druck infolge der Kontraktion der glatten Blasenmuskulatur beim Meerschweinchen auf 35 mm Hg innerhalb von $1^1/_2$, beim Hunde auf 50 mm Hg innerhalb von $2^1/_2$ Minuten. Beim Kaninchen soll diese Reaktion nicht eintreten (MANWARING und seine Mitarbeiter[8]).

[1] NOLF, R.: Arch. internat. Physiol. **10**, Nr 37 (1910).
[2] WEIL, R.: J. of Immun. **2**, 525 (1917).
[3] WEIL u. EGGLESTON: J. of Immun. **2**, 571 (1917).
[4] MANWARING, CHILCOTE u. HOSEPIAN: J. of Immun. **8**, 233 (1923).
[5] MANWARING u. W. H. BOYD: J. of Immun. **8**, 131 (1923).
[6] MANWARING u. KUSAMA: J. of Immun. **2**, 157 (1917).
[7] DALE: J. of Pharmacol. **4**, 167 (1913).
[8] MANWARING u. Mitarbeiter: J. of Immun. **10**, 567 (1925); **13**, 69 (1927).

4. *Der Kropf sensibilisierter Tauben.* In den durch Fasten entleerten Kropf wird von außen eine Fischblase eingeführt und durch Luft aufgebläht; Antigeninjektionen bewirkt eine Kontraktion der Ringmuskulatur bzw. eine Kompression der Fischblase, und die Kompression läßt sich graphisch auf einer rotierenden Trommel verzeichnen (Hanzlik und Stockton[1]).

c) Die Probe an isolierten überlebenden Organen.

Manche der sub b) angeführten Methoden können auch in der Weise abgeändert werden, daß man das zuerst in situ blutfrei gespülte Organ vollständig abtrennt (ausschneidet) und unter geeigneten Bedingungen feststellt, wie es sich verhält, wenn man seine Gefäße von antigenhaltiger Flüssigkeit durchfließen läßt. Solche Experimente wurden mit positivem Ergebnis an der Leber sensibilisierter Hunde angestellt (Volumszunahme und Gewichtszunahme des Organs, Drosselung des Durchflusses der Perfusionsflüssigkeit); für die ausgeschnittene und im Warmbad gehaltene Meerschweinchenlunge wurde ein besonderer Apparat von Manwaring und Kusama angegeben, welcher die Kombination von künstlicher Atmung mit Perfusion des kleinen Kreislaufs gestattet und auf diese Weise das Zustandekommen der charakteristischen Lungenblähung ermöglicht. Doch dienen diese Verfahren (ebenso wie die sub b) genannten) dem Studium der Pathogenese der Shockphänomene; als „Proben" wären sie viel zu umständlich, namentlich, wenn eine große Zahl von Einzelversuchen in kurzer Zeit erledigt werden soll. Zu diagnostischen Zwecken bis zu einem gewissen Grade brauchbar ist dagegen die von W. H. Schultz und namentlich von H. H. Dale eingeführte und vervollkommnete Technik, welche als Testobjekte ausgeschnittene, überlebende, an glatten Muskeln reiche Organe verwendet, in erster Linie den Uterus virgineller Meerschweinchen (Dale) oder Dünndarmsegmente (Schultz, Dale, Friedberger und Kumagai[2], Massini, Kendall und Varney[3]), und das Antigen nicht von den Gefäßen des zu prüfenden Gewebes aus einwirken läßt, sondern einfach in der Art, daß das Gewebe in einer Flüssigkeit (Warmbad von Lockelösung, durchperlt von O) suspendiert und das Antigen diesem Bade in der erforderlichen Menge zugesetzt wird. Die durch den Antigenkontakt ausgelösten Muskelkontraktionen werden in der üblichen Weise graphisch registriert (s. Abb. 67 und Abb. 68). Die Einzelheiten der Methode und die nötigen Apparaturen findet man bei Dale und Laidlaw[4], Guggenheim und Löffler[5], Walzer und Grove[6], Kendall und Varney[7] u. a.

Die Schultz-Dalesche Technik wird so gut wie ausschließlich für die Prüfung der anaphylaktischen Reaktivität des Meerschweinchens verwendet und gilt hier als eine empfindliche und zuverlässige Probe, empfindlich, weil sie schon deutlich positive Resultate liefert, wenn die intravenöse Injektion beim lebenden Meerschweinchen nur leichte und zweideutige Symptome auslöst (Walzer und Grove[8]), zuverlässig, weil sich in ihren Ergebnissen das Verhalten des ganzen Tieres getreu widerspiegelt (Dale[9], Kellaway und Cowell[10]). In

---

[1] Hanzlik u. Stockton: J. of Immun. **12**, 395 (1927).
[2] Friedberger u. Kumagai: Z. Immun.forschg **22**, 269 (1914).
[3] Die Literaturangaben über Schultz, Dale, Massini, Kendall und Varney s. S. 653 u. 654.
[4] Dale u. Laidlaw: J. of Pharmacol. **4** (1912).
[5] Guggenheim u. Löffler: Biochem. Z. **72** (1916).
[6] Walzer u. Grove: J. of Immun. **10**, 483 (1925).
[7] Kendall u. Varney: J. inf. Dis. **41**, 156 (1927).
[8] Walzer u. Grove: J. of Immun. **10**, 483 (1925).
[9] Dale: Zitiert auf S. 653.
[10] Kellaway u. Cowell: Brit. J. exper. Path. **3**, 268 (1922).

der letzten Beziehung existieren jedoch einige Ausnahmen, die noch nicht aufgeklärt sind. Wenn man nämlich Meerschweinchen mit exzessiven Antigendosen vorbehandelt, so werden sie nicht oder nur in verringertem Grade anaphylaktisch; aber ihr Uterus zeigt oft eine ganz bedeutende Empfindlichkeit gegen Antigenkontakt (DALE[1], MANWARING und KUSAMA, MOORE). Auch gibt es Eingriffe, welche die anaphylaktische Reaktivität von sensibilisierten Meerschweinchen auf unspezifischem Wege reduzieren ohne die spezifische Reaktionsfähigkeit des Uterus zu beeinflussen (zit. nach MANWARING[2]).

Auf das Prinzip, das Antigen als Zusatz zu einer Perfusionsflüssigkeit vom Gefäßlumen aus in Aktion treten zu lassen, sind außer den schon früher erwähnten Verfahren noch aufgebaut:

α) Die Untersuchung des isolierten überlebenden, von der Aorta aus durchströmten *Herzens.* Zusatz von Antigen soll Änderungen der Schlagfolge und des Schlagvolums, kürzeren oder längeren Stillstand der Herzaktion zur Folge haben; die von verschiedenen Autoren gemachten Angaben lauten aber sehr widersprechend, und die am isolierten Herzen durch Antigen ausgelösten Störungen spielen zum Teil, d. h. bei gewissen Tierarten, keine Rolle im Symptomenkomplex des anaphylaktischen Shocks (GLEY und PACHON[3], CESARIS DEMEL[4], LAUNOY[5], ZLATOGOROFF und WILLANEN[6], MANWARING, MEINHARD und DENHART[7], LEYTON, A. S. und H. G. und SOWTON[8], DEMOOR und RYLANT, MENDELEJEFF, HANNEVART und PLATUNOFF[9] u. v. a.).

β) Die Verwendung der sogenannten *Gefäßpräparate,* d. h. bestimmter überlebender Körperteile oder Organe, welche von warmer LOCKEscher Lösung durchströmt werden; Zusatz von Antigen zur Perfusionsflüssigkeit hat eine meßbare Verminderung des Abflusses aus der ableitenden Vene zur Folge, eine Erscheinung, die aber vieldeutig ist, da sie sowohl auf einer Drosselung der Zufuhr (Arteriospasmus) als auf einer Sperre des Abflusses (Venenkontraktion), als auch auf einer Veränderung des Kalibers der Capillaren oder schließlich auf einer Kombination dieser Vorgänge beruhen kann; doch hätte der Mechanismus der Zirkulationshemmung natürlich nichts mit ihrer Brauchbarkeit für die Feststellung anaphylaktischer Zustände zu tun, wenn nicht anderweitige Einwände geltend gemacht werden könnten, was de facto der Fall ist. Selbstverständlich sind die Perfusionsexperimente an der Leber sensibilisierter Hunde sowie an der Lunge sensibilisierter Hunde oder Kaninchen ebenfalls dieser Gruppe von Verfahren zuzurechnen; man versteht jedoch unter „Gefäßpräparaten" meist nur

$\alpha\alpha$) das *isolierte Kaninchenohr,* zum Studium von Gefäßgiften benutzt von KAUFMANN, PISSEMSKY, KRAWKOW, für die Analyse der anaphylaktischen Reaktivität herangezogen von FRIEDBERGER und SEIDENBERG[10] (daselbst Angaben über die Technik), W. GERLACH[11], GENES und DINERSTEIN[12] usw.

---

[1] DALE: Zitiert auf S. 653.
[2] MANWARING: Technique of experimentation in anaphylaxis; in Newer Knowledge of Bact. a. Immunol., edit. by Jordan & Falk, Chicago Press, 1928, S. 998.
[3] GLEY u. PACHON: C. r. Acad. Sci. Paris **149**, 813 (1909).
[4] CESARIS-DEMEL: R. Accad. Med. di Torino, 18. Febr. 1910.
[5] LAUNOY: C. r. Soc. Biol. Paris **72**, 425, 815 (1912).
[6] ZLATOGOROFF u. WILLANEN: Berl. klin. Wschr. **1912**, 683.
[7] MANWARING, MEINHARD u. DENHART: Proc. Soc. exper. Biol. a. Med. **13**, 174 (1916).
[8] LEYTON, A. S. u. H. G., u. SOWTON: J. of Physiol. **50**, 265 (1916).
[9] MENDELEJEFF, HANNEVART u. PLATUNOFF: Arch. internat. Physiol. **24**, 145 (1925).
[10] FRIEDBERGER u. SEIDENBERG: Z. Immun.forschg **51**, 276 (1927).
[11] GERLACH, W.: Verh. dtsch. path. Ges. **1925**, 272.
[12] GENES u. DINERSTEIN: Z. exper. Med. **58**, 629 (1927).

$\beta\beta$) die *untere Körperhälfte* von Fröschen (Arnoldi und Leschke[1], von Hunden (Manwaring und Boyd[2], Manwaring, Chilcote und Hosepian[3]) oder von Meerschweinchen (Friedberger und Seidenberg[4], Kritschewsky und Heronimus[5] u. a.).

B. Der passiv anaphylaktische Versuch.

Die typische passive Versuchsanordnung besteht aus folgenden Phasen: 1. der Erzeugung eines passiv präparierenden Antiserums durch Behandlung eine Tieres A mit einem bestimmten Antigen; 2. der Übertragung dieses Serums auf ein Tier B, welches derselben oder einer anderen Spezies wie A angehören kann (*homologe* oder *heterologe* passive Anaphylaxie); 3. der Probe auf das Bestehen einer anaphylaktischen Reaktivität bei B durch Zufuhr des zur Behandlung von A benutzten Antigens.

1. Die Erzeugung passiv präparierender Antisera (Immunsera)

scheint bei allen Tierspezies möglich zu sein, welche sich aktiv sensibilisieren lassen. Positive Angaben liegen vor für Meerschweinchen, Kaninchen, Hunde, weiße Mäuse (Schiemann und H. Meyer[6]), Ratten (J. P. Parker und F. Parker[7]), Pferde, Menschen, Tauben und *Frösche* (Friede und Ebert[8]). Optimale Resultate gibt das Kaninchen (Doerr und Russ[9]). Die Immunisierung der Serumspender erfolgt durch parenterale Zufuhr des gewählten Antigens, und zwar nach den für die Gewinnung sämtlicher antikörperhaltigen Sera als zweckmäßig erkannten Regeln, d. h. durch wiederholte, in entsprechenden Zeitintervallen ausgeführte Antigeninjektionen. Theoretisch ist es aber nicht unwichtig, daß der anaphylaktische (d. h. passiv präparierende) Antikörper schon nach einer einzigen Antigeneinspritzung im Serum auftritt bzw. auftreten kann, beim Kaninchen sowohl, als auch beim Meerschweinchen, beim Hunde, beim Menschen usw.; praktisch macht man von dieser Möglichkeit keinen Gebrauch, da die auf diese Weise erhaltenen Antisera einen niedrigen Titer besitzen d. h. erst in sehr großen Dosen passiv präparieren, was in vieler Hinsicht einen Nachteil bedeutet.

Der Spender eines passiv präparierenden Antiserums muß sich zur Zeit der Blutentnahme nicht im aktiv anaphylaktischen Zustand befinden (Otto[10], Iwanoff[11] u. v. a.). Es ist daher auch denkbar, daß ein passiv präparierendes Serum von einer Tierart gewonnen werden kann, die sich aktiv nicht oder nur in geringem Grade sensibilisieren läßt; doch existiert m. W. nur eine einzige derartige Angabe von Uhlenhuth und Händel, derzufolge Affen bei der Behandlung mit menschlichen Serumproteinen ein Antiserum liefern, mit welchem man Meerschweinchen passiv gegen die genannten Proteine präparieren kann, obwohl die Affen selbst nicht anaphylaktisch werden.

Das Optimum des passiven Präparierungsvermögens der Antisera hängt von zahlreichen Faktoren, vor allem auch von der Natur des Antigens, von der Spezies des zu präparierenden Tieres und — wie schon betont — von der Spezies des Serumspenders ab. Um Ziffern zu nennen, kann man von Kaninchen Sera

---

[1] Arnoldi u. Leschke: Dtsch. med. Wschr. **46**, 1018 (1920).

[2] Manwaring u. Boyd: Zitiert auf S. 677.

[3] Manwaring, Chilcote u. Hosepian: Zitiert auf S. 677.

[4] Friedberger u. Seidenberg: Zitiert auf S. 679.

[5] Kritschewsky u. Heronimus: Z. Immun.forschg **58**, 497 (1928).

[6] Schiemann u. Meyer: Z. Hyg. **106**, 607 (1926).

[7] Parker, J. T. u. F. Parker: J. med. Res. **44**, 263 (1924).

[8] Friede u. Ebert: Z. Immun.forschg **49**, 329 (1927).

[9] Doerr u. Russ: Z. Immun.forschg **2**, 109 (1909).

[10] Otto: Münch. med. Wschr. **54**, 1665 (1907).

[11] Iwanoff: Z. Hyg. **107**, 781 (1927).

bekommen, welche in Mengen von 0,05—0,1 ccm Meerschweinchen derart präparieren, daß sie auf eine intravenöse Probe mit akutem Shocktod reagieren;
auch von Meerschweinchen wurden Antisera von ähnlich hoher Wirksamkeit
gelegentlich erhalten (FRIEDBERGER und SEIDENBERG, SCHWARZMANN[1], DOERR
und BLEYER[2]).

2. Die Übertragung des Antiserums,

d. h. die „passive Präparierung" erfolgt durch subcutane, intraperitoneale oder
intravenöse Injektion. Die von OTTO bevorzugte intraperitoneale Präparierung
ist schonender, weil sie die sog. „primäre Toxizität" intravenös injizierter Antisera umgeht; die intravenöse gibt aber, da sie von den Resorptionsverhältnissen
in der Bauchhöhle unabhängig ist, konstantere Resultate und ist für eine ganze
Reihe von theoretisch bedeutungsvollen Fragestellungen unentbehrlich, besonders
für die Entscheidung, welches Intervall vom Momente der Einverleibung des
Antiserums bis zu dem Zeitpunkt verfließt, in welchem die Probe ein hinreichend
intensives Resultat (schweren oder letalen Shock) liefert. Ein solches Intervall
wurde aber bei einer ganzen Reihe von passiv präparierbaren Tierspezies, so
vor allem beim Meerschweinchen, beim Hunde, bei der Ratte (J. T. und
F. PARKER[3]), von einigen Autoren auch beim Kaninchen konstatiert und wird
als *Latenzstadium der passiven Anaphylaxie* bezeichnet. Das Latenzstadium ist
auch nach intravenöser Zufuhr des Antiserums voll ausgeprägt (DOERR und
RUSS[4]) und wird ebensowohl bei der heterologen wie bei der homologen Versuchsanordnung beobachtet (SCHWARZMANN[1], DOERR und BLEYER[2]). Der Übergang vom Latenzstadium in den manifesten (nachweisbaren) passiv anaphylaktischen Zustand vollzieht sich allmählich, derart, daß die Probe (mit identischen
Antigenmengen, aber selbstverständlich an verschiedenen, mit derselben Dosis
Immunserum sensibilisierten Tieren ausgeführt) zunächst schwach positive, dann
immer stärkere Reaktionen auslöst (DOERR und RUSS); das Maximum der
passiven Sensibilisierung (nicht nur durch den Erfolg der Probe, sondern auch
durch die Größe der shockauslösenden Minimaldosis bestimmt) wird im allgemeinen in 24—48 Stunden, beim Meerschweinchen nach KELLAWAY und COWELL
noch später erreicht; versuchstechnisch genügt es indes auch beim Meerschweinchen vollständig, wenn man die Probe 48 Stunden nach der (intraperitonealen)
oder intravenösen) Injektion des Antiserums vornimmt.

Die *maximale Dauer des passiv anaphylaktischen Zustandes* ist nur für das
Meerschweinchen genauer bekannt; sie ist für die homologe und für die heterologe Präparierung außerordentlich verschieden. Hat man Kaninchenantiserum
für die Präparierung verwendet, so verschwindet der abnorme Zustand schon
zwischen dem 6. bis 10. Tage; nach der Präparierung mit homologem Meerschwein-
chenantiserum bleiben die Tiere 30 Tage, ja oft 60—70 Tage anaphylaktisch
(WEIL, COCA uns KOSAKAI).

Wichtig, aber bisher wenig oder gar nicht beachtet ist die Tatsache, daß
man bei keiner der bisher untersuchten Tierspezies durch die passive Präparierung mehr erreichen kann als durch aktive Sensibilisierung; obwohl man es
im ersten Falle in der Hand hat, beliebig große Antikörpermengen einzuverleiben, kann man dadurch weder die Art, noch die Intensität der Symptome
ändern, welche man bei der aktiven Versuchsanordnung beobachtet. Das Meerschweinchen ist nicht nur für das aktive, sondern auch für das passive Experi-

---

[1] SCHWARZMANN: Z. Hyg. **106**, 113 (1926).
[2] DOERR u. BLEYER: Z. Hyg. **106**, 371 (1926).
[3] PARKER, J. T. u. F.: Zitiert auf S. 680.
[4] DOERR u. RUSS: Z. Immun.forschg **3**, 181 (1909).

ment ein optimales Objekt; umgekehrt können Ratten oder Affen auch durch passiv zugeführten Antikörpern nicht oder nicht in nennenswertem Grade anaphylaktisch gemacht werden. Das differente Verhalten der verschiedenen Tierspezies in der aktiven Versuchsanordnung kann somit nicht ausschließlich, ja nicht einmal der Hauptsache nach auf Unterschieden im Ausmaß der Antikörperproduktion beruhen. Da ferner die passive Sensibilisierbarkeit eine für jede Tierspezies von vornherein limitierte Größe darstellt, gewinnt man den Eindruck, daß die passive Präparierung nicht einfach in der Einverleibung des Antikörpers bestehen dürfte, sondern daß zugeführter Antikörper und Organismus in eine (ihrer Natur nach unbekannte) Wechselbeziehung treten müssen, welche erst, nachdem sie perfekt geworden, das Wesen des passiv anaphylaktischen Zustandes ausmacht. Für die Richtigkeit dieser Vermutung sprechen außer der schon erwähnten Latenzperiode der passiven Anaphylaxie, auch noch andere Beobachtungen, von denen an dieser Stelle nur zwei erwähnt werden sollen.

Erstens schwankt die passive Präparierbarkeit auch bei gleich schweren Tieren derselben Spezies in gewissen Grenzen. Präpariert man mehrere Serien von Meerschweinchen mit steigenden Dosen eines und desselben Antiserums (derart, daß die Tiere innerhalb jeder Serie die gleiche Dosis erhalten), so erzielt man bei der intravenösen Probe zunächst nur einen bescheidenen Prozentsatz positiver Resultate, der aber von Serie zu Serie (d. h. mit steigender Antiserumdosis) wächst, bis schließlich 100 Prozent positiver Einzelversuche erreicht werden. Zwischen der Antiserummenge, welche gerade noch ausnahmsweise passiv zu präparieren vermag, und der *sicher* präparierenden Minimaldosis besteht also ein Intervall, das von WALZER und GROVE[1] als „border zone" bezeichnet wurde; anders ausgedrückt heißt das, daß die passive Präparierbarkeit von individuellen Faktoren beeinflußt wird.

Zweitens gelingt das *heterologe* passiv anaphylaktische Experiment nicht unter allen Umständen, sondern nur, wenn Spender und Empfänger des Antiserums zueinander in einem bestimmten, nicht näher angebbaren Verhältnis stehen. So ist es nicht möglich, Meerschweinchen durch Antisera von Hühnern passiv zu sensibilisieren (UHLENHUTH und HÄNDEL[2], N. P. SHERWOOD und DOWNS[3]) und die umgekehrte Versuchsanordnung (Präparierung von Hühnern oder Tauben durch Kaninchenantiserum) liefert ebenfalls negative Resultate (FRIEDBERGER und HARTOCH[4], N. P. SHERWOOD[5]). Schildkröten werden durch Antiserum von Schildkröten und Hühnern, nicht aber durch Antiserum vom Kaninchen passiv anaphylaktisch (N. P. SHERWOOD und DOWNS[3]). Auch wenn Spender und Empfänger Säugetiere sind, können sich „unmögliche Kombinationen "ergeben; die ältere Literatur, die sehr unzuverlässige Angaben über heterolog passive Experimente enthält, weiß davon allerdings nichts, aber in neuerer Zeit mehren sich die einschlägigen Berichte. Mit Antiserum von Ratten konnten z. B. Meerschweinchen nicht passiv präpariert werden (LONGCOPE[6], SPAIN und GROVE[7]), F. NISSL vermochte die Malleïnüberempfindlichkeit, die wahrscheinlich einen anaphylaktischen Zustand darstellt, vom Meerschweinchen auf Meerschweinchen, nicht vom Pferde auf Meerschweinchen übertragen, nach

---

[1] WALZER, M. u. E. F. GROVE: J. of Immun. **10**, 483 (1925).
[2] UHLENHUTH u. HÄNDEL: Z. Immun.forschg **4**, 761 (1909).
[3] SHERWOOD u. DOWNS: J. of Immun. **15**, 73 (1928).
[4] FRIEDBERGER u. HARTOCH: Z. Immun.forschg **3**, 581 (1909).
[5] SHERWOOD: J. of Immun. **15**, 65 (1928).
[6] LONGCOPE: J. of exper. Med. **36**, 627 (1922).
[7] SPAIN u. GROVE: J. of Immun. **10**, 433 (1925).

O. T. Avery und W. S. Tillett[1] lassen sich Meerschweinchen mit Antipneumokokkenserum vom Kaninchen, nicht aber vom Pferde passiv anaphylaktisch machen, und Coca und Grove[2] waren nicht imstande, mit Kaninchenantiserum lokale anaphylaktische Reaktionen auf der Haut von Menschen zu erzeugen. Wenn also gesagt wird, das passive Präparierungsvermögen beruhe auf seinem Gehalte an „anaphylaktischem" Antikörper, ist diese Formulierung ungenau und irreführend. Der in einem Antiserum vom Kaninchen enthaltene Antikörper ist für das Kaninchen und für das Meerschweinchen ein anaphylaktischer Antikörper, für das Huhn, die Schildkröte, den Menschen ist er es nicht. Das, was man als passives Präparierungsvermögen bezeichnet, ist somit eine Relativität, eine Beziehung des antikörperhaltigen Immunserums zu bestimmten Tieren bzw. zu ihren Geweben. Das Wesen dieser Beziehung ist — wie schon angedeutet — nicht bekannt. Friedberger und Hartoch nahmen, um die unmöglichen Säuger-Vogel-Kombinationen zu erklären, an, daß Vogelkomplement nicht auf Säugeramboceptoren passe und umgekehrt, eine Erklärung, die auf der Prämisse aufgebaut war, daß die Beteiligung des im Blute der Versuchstiere vorhandenen Komplementes an der Antigen-Antikörper-Reaktion für das Zustandekommen der anaphylaktischen Störungen notwendig sei; diese Voraussetzung hat sich jedoch als unhaltbar erwiesen. Im Blute der Taube ist nach Petragnani[3] und Castelli[4] kein Komplement vorhanden; nichtsdestoweniger reagiert die Taube sowohl im aktiv wie im passiv anaphylaktischen Experiment. Nach Castelli läßt sich übrigens der in einem Immunserum von Tauben enthaltene Amboceptor ohne weiteres durch Meerschweinchenkomplement aktivieren, wonach die generelle Annahme, auf welcher die Friedbergersche Erklärung fußt, auch sachlich nicht zutreffen würde.

Die passive Präparierung ist auch am isolierten Organ möglich, sei es durch die Durchleitung von antikörperhaltigem Immunserum durch die Gefäße oder durch bloßes Eintauchen in ein solches Immunserum. Solche Versuche konnte Dale am isolierten Uterushorn von Meerschweinchen unter gewissen Bedingungen ausführen, und in jüngster Zeit berichtete N. P. Sherwood[5], daß sich das schlagende Herz ganz junger (3—4 Tage alter) Hühnerembryonen in vitro durch Immunserum von Hühnern passiv sensibilisieren läßt.

3. Die Probe,

ob das passiv präparierte Tier tatsächlich anaphylaktisch ist, wird nach den für die aktive Versuchsanordnung geltenden Normen vorgenommen. Soll die Probe am isolierten Organ erfolgen, und ist der Eintritt des passiv anaphylaktischen Zustandes bei der betreffenden Tierspezies an den Ablauf einer Latenzperiode gebunden, so muß man diesen Termin abwarten, bevor man die Durchspülung der Gefäße und die Abtrennung des Testorganes vornimmt (Dale, Kellaway und Cowell).

C. Die lokale Anaphylaxie.

Unter diesem von M. Arthus[6] eingeführten Ausdruck versteht man *pathologische Veränderungen begrenzter Gewebsbezirke*, welche bei spezifisch vorbehandelten (sensibilisierten) Tieren am Orte der Applikation des Antigens auftreten. Um die Beobachtung zu erleichtern, läßt man das Antigen auf Gewebe einwirken, welche von außen zugänglich bzw. sichtbar sind, wie z. B. auf die Haut, das Unterhautzellgewebe, die Conjunctiva oder das subconjunctivale

---

[1] Avery u. Tillett: J. of exper. Med. **49**, 251 (1929).

[2] Coca u. Grove: J. of Immun. **10**, 445 (1925).

[3] Petragnani: Sperimentale **77** (1923).

[4] Castelli, Ag.: Boll. Ist. sieroterap. milan. H. 2, Februar 1928.

[5] Sherwood: J. of Immun. **15**, 65 (1928).

[6] Arthus, M.: C. r. Soc. Biol. Paris **55**, 817 (1903).

Gewebe, auf die Cornea (Wessely[1]) oder die Innenauskleidung des Bulbus; das Antigen wird also nach Art der von Ponndorf angegebenen Tuberkulin-probe in die scarifizierte Haut eingerieben oder intracutan, subcutan, subcon-junctival, intracorneal, intraokulär injiziert, in den Bindehautsack eingeträufelt (sog. Ophthalmoreaktion) u. dgl. Damit ist aber nicht gesagt, daß man lokale Reaktionen nicht auch an anderen Körperstellen, wie auf der Respirationsschleim-haut, im Parenchym innerer Organe usw., hervorrufen kann. Am genauesten studiert ist das sog. Arthussche Phänomen, womit man — was historisch nicht richtig ist — die lokale Reaktion der Subcutis vorbehandelter Kaninchen auf eine örtliche Antigeninjektion bezeichnet.

Nach den grundlegenden Beobachtungen von Arthus reagiert das Kanin-chen auf wiederholte subcutane Injektionen größerer Dosen konzentrierten Pferdeserums (1—5 ccm), welche in Intervallen von 5—7 Tagen vorgenommen werden, derart, daß die ersten drei Einspritzungen innerhalb weniger Stunden resorbiert werden, ohne daß eine stärkere lokale Veränderung nachweisbar ist; nach der 4. Injektion bilden sich Infiltrate, welche 2 Tage lang persistieren, nach der 5. bis 7. Injektion kommt es zur örtlichen Nekrose bzw. zur Hautgangrän und zur Sequestration des abgestorbenen Hautbezirkes. Man kann zwecks leichterer Verständigung die ersten Injektionen, welche reaktionslos ablaufen, als *präparierende* und jene, durch welche örtliche Entzündungen leichteren oder schwereren Grades ausgelöst werden, als *Erfolgsinjektionen* (W. Gerlach[2]) be-zeichnen. Die präparierenden Injektionen müssen nicht subcutan, sondern können ebensogut intraperitoneal oder intravenös vorgenommen werden (Arthus). Was die subcutanen Erfolgsinjektionen anlangt, ist die Wahl der Injektions-stelle nicht gleichgültig. An der Bauchhaut treten die schwersten Veränderungen (umfangreiche Nekrosen) auf, an der Rückenhaut verläuft der Prozeß ceteris paribus etwas schwächer, und am Ohre beobachtet man fast nie Nekrosen, sondern nur Ödeme, die sich wieder zurückbilden (Arthus, W. Gerlach[2], Opie[3]), ein ausgezeichneter Beweis für die Tatsache, daß die Art sämtlicher anaphylaktischer Reaktionen nicht durch die Eigenart der Noxe, sondern durch die besondere Beschaffenheit des geschädigten Gewebes bestimmt wird.

Ganz analoge, zum Teil ebenso intensive, zum Teil schwächere Lokal-reaktionen der Subcutis und der bedeckenden Haut hat man auch bei Ziegen, bei Meerschweinchen (M. Nicolle[4], Lewis[5]) und beim Menschen (Makai[6], Bouché und Hustin[7], v. Pirquet und Schick[8], Lucas und Gay[9], Hegler[10]) nach wiederholten subcutanen Injektionen von Pferdeserum beobachtet. W. Gerlach erzielte außer an Kaninchen, Meerschweinchen und Menschen, auch an Hunden und Ratten positive Reaktionen, befindet sich aber mit den zwei letztgenannten Angaben im Widerspruche zu Longcope[11] und zu E. L. Opie, welche bei Ratten bzw. Hunden nur völlig negative Ergebnisse erzielten; doch hat Gerlach den Erfolg seiner Versuche im Gegensatze zu den amerikanischen Autoren nicht nur auf Grund des makroskopischen Befundes, sondern unter

---

[1] Wessely: Münch. med. Wschr. 1911, Nr 32.
[2] Gerlach, W.: Virchows Arch. 247, 295 (1923).
[3] Opie, E. L.: J. of Immun. 9, 255, 247, 231, 259 (1924).
[4] Nicolle, M.: Ann. Inst. Pasteur 21 (1907).
[5] Lewis, J. H.: J. of exper. Med. 10 (1908).
[6] Makai, E.: Dtsch. med. Wschr. 1922.
[7] Bouché u. Hustin: Presse méd. 29 (1921).
[8] v. Pirquet u. Schick: Die Serumkrankheit. Wien 1905.
[9] Lucas u. Gay: J. of med. Res. 1909, Nr 20.
[10] Hegler: Klin. Wschr. 1923, 698.
[11] Longcope: J. of exper. Med. 36, 627 (1922).

Zuhilfenahme histologischer Methoden beurteilt. Die Intensität des pathologischen Prozesses in der Subcutis wird — abgesehen von dem bereits erwähnten
Einfluß des Ortes der Erfolgsinjektion — noch durch folgende Faktoren bestimmt:

1. Durch die *Tierspezies*. Nekrosen sind am häufigsten bei Kaninchen,
seltener beim Menschen oder beim Meerschweinchen; bei der Ratte oder beim
Hunde werden sie nicht beobachtet (W. GERLACH).

2. Innerhalb derselben Tierspezies durch die *Individualität* (für das Kaninchen von M. ARTHUS und von W. GERLACH festgestellt).

3. Durch die *Art der Vorbehandlung. Mehrmalige* Vorbehandlung verstärkt
den Effekt der Erfolgsinjektion bei allen Tierarten. Schon ARTHUS sah, daß
die Intensität der Lokalreaktion mit jeder Subcutaninjektion sukzessive bis
zum Maximum zunimmt; derselbe Schluß ergibt sich aus den von MAKAI am
Menschen angestellten Experimenten. Doch konnte GERLACH zeigen, daß schon
die *einmalige intraperitoneale Präparierung* mit 0,01 ccm Pferdeserum genügt,
um bei Kaninchen, Meerschweinchen, Hunden, Ratten und Menschen durch
subcutane Erfolgsinjektion kleiner Antigenmengen deutliche Lokalreaktionen
zu erhalten; nur muß das Intervall entsprechend (auf 2—5 Wochen) verlängert
werden, und zur Erfolgsinjektion darf man nur sehr geringe Antigendosen
(0,005—0,00005 ccm Pferdeserum) benutzen. Die Angaben GERLACHS, welche
den Menschen betreffen und aus den Ergebnissen von Selbstversuchen abgeleitet sind, harmonieren aufs beste mit den an zahlreichen Individuen angestellten Beobachtungen von PARK[1], HOOKER[2], KÖHLER und HEILMANN[3], BESSAU
und DETERING[4] u. v. a., aus denen hervorgeht, daß beim Menschen schon eine
einmalige Injektion von 0,01—0,0001 ccm Pferde- oder Kaninchenserum genügt,
um die früher negative Cutanreaktion in eine positive zu verwandeln.

4. Bei intensiv vorbehandelten Tieren derselben Spezies durch die *Dosierung des Antigens* bei der subcutanen Erfolgsinjektion. Hochsensibilisierte
Kaninchen reagieren auf 2,0—0,6 ccm Pferdeserum mit Nekrose, auf 0,005 ccm
nur mehr mit Infiltratbildung oder Ödem (W. GERLACH); die gerade noch wirksamen Minimaldosen sind aber auch für intensiv vorbehandelte Tiere (Hunde,
Kaninchen, Ratten) klein und bewegen sich zwischen 0,005 und 0,00005 ccm artfremden Serums.

5. Durch *die seit der Erfolgsinjektion verstrichene Zeit*. Starke Reaktionen
lassen sich schon nach wenigen Minuten feststellen, sehr schwache (z. B. nach
einmaliger Sensibilisierung mit kleinen Antigenmengen) erst nach Ablauf einer
Stunde (W. GERLACH); dagegen zeigen starke Reaktionen einen progredienten
Charakter und bilden sich — auch wenn sie nicht zur Nekrose der Haut führen —
oft erst in 2—6 Tagen zurück, schwache Reaktionen sind weit flüchtiger und
können in relativ kurzer Zeit abklingen.

Der Nachweis der Reaktion kann makroskopisch oder durch die histologische Untersuchung einer exzidierten Gewebspartie erfolgen. Unerläßlich sind
Kontrollen, ob die Injektion des Antigens nicht schon beim normalen Tiere
entzündliche Veränderungen in der Subcutis hervorruft, was namentlich bei
gewissen artfremden Serumarten im frischen Zustande der Fall ist; durch ein-
stündiges Erwärmen auf 56° C läßt sich diese „primäre Giftigkeit" oft auf ein
Minimum reduzieren. Flüssigkeitsmengen von 0,5 ccm und darüber wirken schon
an sich reizend, selbst wenn man arteigenes Serum oder physiologische NaCl-

---

[1] PARK: J. of Immun. **9**, 17 (1924).
[2] HOOKER: J. of Immun. **9**, 7 (1924).
[3] KÖHLER, O. u. G. HEILMANN: Zbl. Bakter. I Orig. **91**, 112 (1923).
[4] BESSAU u. DETERING: Zbl. Bakter. I Orig. **106**, 11 (1928).

Lösung einspritzt; W. Gerlach empfiehlt daher, die reaktionsauslösende Dosis in kleinem Volum (0,05—0,2 ccm) zu injizieren. Als das „blandeste", für die meisten Versuchstiere am wenigsten gewebsschädigende Antigen gilt allgemein das Pferde serum. Die Angabe von Hartwich[1], daß nach Injektion von Pferdeserum überhaupt keine geweblichen Veränderungen auftreten, wurde jedoch von E. F. Müller[2] und von W. Gerlach bestritten; allerdings ist der reaktive Prozeß beim normalen Tier geringgradig und zeigt einen trägeren zeitlichen Verlauf, so daß die Abgrenzung von leichten anaphylaktischen Reaktionen sensibilisierter Tiere doch gut durchführbar ist (W. Gerlach).

Durch die Einverleibung von Antiserum werden *normale* Kaninchen befähigt, auf Antigeninjektionen mit einer lokalen anaphylaktischen Reaktion zu antworten (Nicolle, Opie); es ist das eine *passive* Versuchsanordnung, die sich nur durch die besondere Art der reaktionsauslösenden Zufuhr des Antigens von den bereits früher besprochenen unterscheidet.

Wie erwähnt, kann man lokale anaphylaktische Reaktionen auch durch andere als subcutane Erfolgsinjektionen hervorrufen. Hierher gehören die Erscheinungen, welche Stanculeanu und Nita[3] beim Menschen durch wiederholte subconjunctivale Einspritzungen erzeugten, die entzündlichen Prozesse, welche Ströbel[4] und Opie bei sensibilisierten Meerschweinchen und Kaninchen durch direkte Injektion von Antigen ins Lungenparenchym erzielten, die Cutanreaktionen, die manche interessante, noch später zu besprechende Einzelheiten aufweisen u. a. m.

Zur Histologie des Arthusschen Phänomens vgl. S. 734.

D. Organausschaltungen und Organeinschaltungen.

Um zu ermitteln, ob ein bestimmtes Organ für das Zustandekommen der anaphylaktischen Allgemeinerscheinungen (Shockphänomene) notwendig ist, kann man in verschiedener Weise vorgehen:

1. In gewissen Fällen läßt sich das Organ einfach *exstirpieren*. Die Exstirpation wird erst kurz vor der Probe (Erfolgsinjektion) vorgenommen, auch wenn das Tier die Entfernung des Organs längere Zeit überleben würde. Exstirpiert man nämlich das Organ schon *vor* der Sensibilisierung oder in zu kleinem Intervall *nach* derselben, so muß man mit der Möglichkeit rechnen, daß der Eingriff die Antikörperproduktion bzw. die Entwicklung des anaphylaktischen Zustandes verhindert oder hemmt und das Ausbleiben des Shocks bei der Probe hätte dann natürlich einen ganz anderen Grund. Splenektomierte Hunde lassen sich z. B. nach H. Mauthner[5] nicht aktiv präparieren; entfernt man aber die Milz bei einem schon sensibilisierten Hunde, so reagiert derselbe auf eine intravenöse Antigeninjektion ebenso stark wie ein nichtentmilzter.

2. Man kann das Organ im Körper belassen, *aber aus der Zirkulation ausschalten*. Diese Methode wird auf *die Leber sensibilisierter Hunde* angewendet, indem man eine Ecksche Fistel anlegt, durch welche das Pfortaderblut mit Umgehung der Leber direkt in die untere Hohlvene geleitet wird; die Technik der Eckschen Fisteloperation wurde von Dale und Laidlaw[6] verbessert und vereinfacht.

Die Ausschaltung aus der Zirkulation des sensibilisierten Tieres läßt sich auch in der Weise bewerkstelligen, daß man durch die Gefäßbahnen des in situ belassenen Organs das

[1] Hartwich, A.: Virchows Arch. **240** (1922).
[2] Müller, E. F.: Arch. f. Dermat. **131**, 237 (1921).
[3] Stanculeanu u. Nita: C. r. Soc. Biol. Paris **67** (1909).
[4] Ströbel: Münch. med. Wschr. **59**, 1538 (1912).
[5] Mauthner, H.: Arch. f. exper. Path. **82** (1917).
[6] Dale u. Laidlaw: J. of Physiol. **52**, 351 (1918).

Blut eines normalen Tieres derselben Art mit Hilfe geeigneter, durch paraffinierte Schläuche hergestellter Anastomosen leitet. So versorgten PEARCE und EISENBREY[1] den Schädel sensibilisierter Hunde durch das Blut normaler Hunde und stellten fest, daß die Antigeninjektion bei ersteren typische Blutdrucksenkung hervorruft, obwohl das Antigen nicht in das Gehirn gelangen könnte.

3. Endlich kann man die Organe sensibilisierter Tiere in den Kreislauf normaler Tiere derselben Art einschalten. MANWARING, HOSEPIAN, O'NEILL und MOY[2] verbanden die Pfortader und die untere Hohlvene eines sensibilisierten Hundes mit der Carotis und der Jugularvene eines normalen, so daß das Blut des normalen Hundes durch den in der Carotis herrschenden Druck durch die sensibilisierte Leber durchgetrieben wurde. Die Arteria hepatica und die Cava superior wurden sodann beim sensibilisierten Tiere abgeklemmt oder unterbunden. Injiziert man nun dem normalen Hunde Antigen intravenös, so können

a) *Veränderungen an der sensibilisierten Leber* auftreten (in dieser Hinsicht böte die Versuchsanordnung keinen besonderen Vorteil gegenüber einer einfachen Perfusion des isolierten oder in situ belassenen Organes mit antigenhaltiger Flüssigkeit) oder es können außerdem

b) *Störungen im Organismus des normalen Hundes* manifest werden, die dann daraufhin zu prüfen sind, ob sie selbstverständliche Rückwirkungen der Reaktion der eingeschalteten sensibilisierten Leber repräsentieren oder ob sie ohne Annahme hypothetischer Zwischenglieder (z. B. besonderer, von der Leber im Shock sezernierter, an das durchfließende Blut abgegebener Gifte) nicht zu erklären sind.

Solche Einschaltungen eines einem sensibilisierten Individuum angehörigen Organs in den Kreislauf eines normalen lassen sich somit zur Beantwortung von Fragen heranziehen, über welche das anaphylaktische Experiment in seiner gewöhnlichen Form (am intakten Tier oder am isolierten Organ ausgeführt) keinen direkten Aufschluß gibt. MANWARING hat das Prinzip der „*Organstransplantation*", wie er es nennt, in besonders großem Umfange angewendet und mannigfach variiert, namentlich auch in dem Sinne, daß er *normale* Organe in den Kreislauf *sensibilisierter* Tiere einschaltete und feststellte, ob dieselben an einer anaphylaktischen Reaktion der sensibilisierten Tiere partizipieren; so läßt sich z. B. das Colon descendens oder die Harnblase normaler Hunde in die Zirkulation sensibilisierter Hunde einpflanzen, wobei wieder zur Herstellung der Gefäßkoppelungen paraffinierte Gummischläuche dienen[3]. In diese Kategorie gehört auch das Experiment am abgetrennten, in den Kreislauf eines lebenden Hundes transplantierten Hundekopfes; der isolierte Kopf kann von einem normalen oder einem sensibilisierten Tier stammen, und der Blutspender kann seinerseits ein normaler oder ein sensibilisierter Hund sein, woraus sich drei Kombinationen ergeben, deren Prüfung durch Injektion von Antigen in den Kreislauf einen Sinn hat (HEYMANS und DALSACE[4]).

Im übrigen entlehnt die Anaphylaxieforschung ihre experimentelle Methodik anderen Gebieten, der Serologie, der pathologischen Histologie, der physiologischen Chemie, der Lehre von den Eigenschaften und den Reaktionen der Kolloide usw.; darauf genauer einzugehen, erscheint mir schon aus dem Grunde nicht zweckmäßig, weil hier ein beständiger Wechsel herrscht und im Interesse fortschreitender Erkenntnis herrschen soll. Wo dies notwendig ist, finden sich im Text die erforderlichen Angaben und literarischen Nachweise.

---

[1] PEARCE u. EISENBREY: J. inf. Dis. **7**, 565 (1910).
[2] MANWARING, HOSEPIAN, O'NEILL u. MOY: J. of Immun. **10**, 575 (1925).
[3] MANWARING: J. of Immun. **10**, 575 (1925).
[4] HEYMANS u. DALSACE: C. r. Soc. Biol. Paris **97**, 741 (1927).

II. Die Komponenten der anaphylaktischen Versuchsanordnungen.

A. Reagierende Organismen.

Anaphylaktische Versuche sind an einer großen Zahl *warmblütiger* Tierarten mit positivem Erfolge ausgeführt. In der Literatur werden als anaphylaktisch reagierende Spezies bezeichnet: Menschen, Pferde, Rinder, Schafe, Ziegen, Schweine, Hunde, Katzen, Kaninchen, Meerschweinchen, weiße Mäuse, Opossums, Tauben, Hühner, Enten und Gänse. Ratten und Affen gelten als refraktär oder fast refraktär (s. S. 657). Von *Kaltblütern* sollen Frösche (Friedberger und Mita[1], Kritschewsky und Birger[2], A. Fröhlich[3], A. Goodner[4], Friede und Ebert[5], Kritschewsky und Friede[6]) und Schildkröten (C. M. Downs[7], Sherwood und Downs[8]) positive Resultate geben.

Die Angaben über Anaphylaxie bei *Avertebraten*, z. B. bei Cnethocampa pityocampa (S. Metalnikoff) oder bei Regenwürmern (S. G. Ramsdell[9]), sind nicht hinreichend beglaubigt. Daß man *höhere Pflanzen* durch tierische Blutsera sensibilisieren und durch Reinjektion der gleichen Proteine „anaphylaktische Erscheinungen" (Verwelken von Blättern, Absterben von Hyacinthenknollen usw.) auslösen kann (Lumiere und Couturier[10]), konnten Otto und Herrig[11] nicht bestätigen.

Die Eignung der verschiedenen Tierspezies für anaphylaktische Versuche wird beurteilt: a) nach der Leichtigkeit, mit welcher die Sensibilisierung gelingt, b) nach der Intensität (Sinnfälligkeit) der Symptome, bei der Probe und c) nach dem stark oder schwach ausgeprägten Einfluß individueller Faktoren.

In allen drei Beziehungen zeigt das *Meerschweinchen* ein optimales Verhalten. Individuelle Differenzen kommen jedoch auch hier vor und treten namentlich dann in Erscheinung, wenn man die aktive Präparierung mit sehr kleinen Antigendosen vornimmt oder wenn man zur passiven Präparierung geringe Quantitäten Antiserum verwendet (s. S. 669 und S. 682). Der Umstand, daß sich derartige Unterschiede sowohl in der aktiven wie in der passiven Versuchsanordnung nachweisen lassen, beweist, daß sie auf verschiedenen Ursachen beruhen müssen. Der Hauptsache nach kommen für die Erklärung individueller Differenzen innerhalb einer und derselben Tierspezies *zwei* Momente in Betracht: *die individuelle Befähigung zur Antikörperproduktion* und *die variable Empfindlichkeit der Shockgewebe gegen die anaphylaktische Noxe.* Diese beiden Möglichkeiten lassen sich nur bis zu einem gewissen Grade auseinanderhalten. Das aktiv anaphylaktische Experiment gibt über ihre relative Beteiligung keinen Aufschluß, da sie das Resultat der Probe gleichsinnig beeinflussen. Ob und in welcher Menge Antikörper gebildet wurden, läßt sich zwar durch Untersuchung des Blutes (Blutserums) aktiv präparierter Tier feststellen; der im Blute vorhandene („freie") Antikörper entspricht aber nicht der Totalität, sondern nur einer Quote des im Organismus anwesenden Antikörpers, und ist — wie man mit Bestimmtheit weiß — für den Grad der anaphylaktischen Reaktivität nicht maßgebend (s. S. 660). Es bleibt somit nur die passive Versuchsanordnung übrig, die insofern eindeutig ist, als einer der beiden Faktoren, die Antikörperproduktion,

[1] Friedberger u. Mita: Zitiert auf S. 671.
[2] Kritschewsky u. Birger: J. of Immun. **9**, 339 (1924).
[3] Fröhlich, A.: Z. Immun.forschg **20**, 276 (1914).
[4] Goodner, K.: J. of Immun. **11**, 335 (1926).
[5] Friede u. Ebert: Zitiert auf S. 671.
[6] Kritschewsky u. Friede: Z. Immun.forschg **50**, 489 (1927).
[7] Downs, C. M.: J. of. Immun. **15**, 77, (1928).
[8] Sherwood u. Downs: Zitiert auf S. 682.
[9] Ramsdell, S. G.: J. of Immun. **13**, 385 (1927).
[10] Lumiere u. Couturier: Ann. Inst. Pasteur **36**, 632 (1922).
[11] Otto u. Herrig: Z. Immun.forschg **53**, 487 (1927).

ganz ausgeschaltet erscheint; der Antikörper wird ja in diesem Falle nicht „produziert", sondern im fertigen Zustande einverleibt. Durch diese Überlegungen ist der Weg vorgezeichnet, um den Wirkungsmechanismus jener Einflüsse zu analysieren, welche die anaphylaktische Reaktivität innerhalb derselben Tierspezies steigern oder vermindern, wie das Alter der Versuchstiere, die Ernährung (Inanition, Vitaminmangel), Schwangerschaft, Intoxikationen und Infektionen verschiedener Art, Dysfunktionen endokriner Drüsen (Athyreosis) usw. Findet man z. B., daß neugeborene Meerschweinchen im aktiven Versuch schlechter reagieren als solche von 250—300 g, während die Differenz im passiv anaphylaktischen Experiment nicht nachweisbar ist, so wird es wahrscheinlich, daß die neugeborenen Tiere wegen der geringeren Antikörperbildung versagen (Friedberger und Simmel[1]).

Die individuelle Anlage zur Antikörperproduktion scheint wenigstens zum Teile erblich bedingt zu sein. Der Vorschlag, durch fortgesetzte Paarung von Tieren mit stark ausgeprägter Antikörperbildung (Sensibilisierbarkeit) Stämme (Sippen) zu züchten, in welchen diese Fähigkeit als hereditärer Idiotypus konstant auftritt (C. Leers, Doerr[2]), ist bisher zwar nicht in exakter Form zur Ausführung gelangt; doch berichteten Lewis und Loomis[3], daß man durch Inzucht leichter und schwerer sensibilisierbare Meerschweinchenfamilien erhalten kann. Jedenfalls wird aber *nur die Anlage* zur Antikörperproduktion durch den Erbgang übertragen, und es unterliegt keinem Zweifel, daß eine Reihe von exogenen und endogenen Faktoren imstande sind, diese Anlage während der individuellen Existenz zu modifizieren.

Für das differente Verhalten *der verschiedenen Tierarten* kommen Unterschiede der Antikörperproduktion höchstens in untergeordnetem Maße in Betracht; *denn es ist nicht möglich, bei irgendeiner Tierspezies durch die passive Versuchsanordnung mehr zu erreichen als durch die aktive.*

B. Anaphylaktogene.

Unter „*Anaphylaktogenen*" versteht man Antigene, mit welchen man anaphylaktische Experimente mit einwandfrei positivem Ergebnis ausführen kann. Jedes Anaphylaktogen ist also ein Antigen d. h. eine Substanz, welche im Organismus die Bildung von Antikörpern hervorruft und mit bereits vorhandenem Antikörper in vitro und in vivo spezifisch abreagiert. Dagegen muß sich nicht jedes Antigen zu anaphylaktischen Versuchen eignen, weil bei der Probe, welche jeden derartigen Versuch naturgemäß abschließt, nicht das rein immunologische Geschehen (die Antigen-Antikörper-Reaktion), sondern nur seine Auswirkung auf den Organismus, in welchem es statthat, beobachtet wird; das Zustandekommen und die Feststellbarkeit dieser Auswirkung sind aber an gewisse Eigenschaften der Antigene gebunden. „Anaphylaktogen" ist somit ein engerer Begriff als „Antigen", aber ein Begriff von ausschließlich versuchstechnischer Bedeutung.

Zu den Antigenen, welche in anaphylaktischen Experimenten versagen, gehören gewisse Koktoantigene (G. H. Wells[4]), die Plasteine (v. Knaffl-Lenz und E. P. Pick[5]), die aus Hämoglobinen dargestellten Globine (F. Ottensooser und E. Strauss[6]) u. a. Bis vor kurzer Zeit wurde auch den sog. *Exotoxinen der Bakterien* (*Diphtherie-, Tetanus-, Botulismustoxin*) der anaphylaktogene Charakter abgesprochen, weil es nicht gelingen wollte, mit denselben den aktiven oder passiven Fundamentalversuch einwandfrei auszuführen (Doerr[7]). Nachdem aber leistungsfähige Methoden bekannt wurden, um „Toxine" ohne wesentliche Beeinträchtigung ihrer Antigenfunktionen zu entgiften oder — wie der Terminus technicus

---

[1] Friedberger u. Simmel: Zitiert auf S. 675.
[2] Doerr: Naturwiss. **12**, 1018 (1924).
[3] Lewis u. Loomis: J. of exper. Med. **41**, 327 (1925).
[4] Wells, G. H.: J. inf. Dis. **5**, 449 (1908).
[5] v. Knaffl-Lenz u. E. P. Pick: Arch. f. exper. Path. **71** (1913).
[6] Ottensooser, F. u. E. Strauss: Biochem. Z. **193**, 426 (1928).
[7] Doerr: Weichardts Erg. Hyg. **1**, 262; **5**, 103.

lautet — in „*Anatoxine*" (auch „*Atoxine*", „*Toxoide*" usw. genannt) umzusetzen, hat St. Bächer[1] mitgeteilt, daß man Meerschweinchen mit Diphtherieanatoxin sensibilisieren und durch Reinjektion dieses Anatoxins oder auch einer nativen (nicht entgifteten) Diphtherietoxinlösung schweren, ja tödlichen Shock auslösen kann. Ferner reagieren manche Menschen auf die intracutane oder subcutane Injektion von Diphtherieantitoxin mit lokalen Erscheinungen, zuweilen schon auf die erste, *häufig aber erst auf eine wiederholte Einwirkung* („*Anatoxinreaktion*"), und Tzanck, Weisman-Netter und Dalsace[2] konnten Meerschweinchen mit dem Serum eines solchen hochgradig empfindlichen Individuums heterolog passiv gegen Anatoxin sensibilisieren. Diese Angaben genügen indes noch nicht, um die Existenz einer *Toxinanaphylaxie* im Gegensatze zu den früheren Ansichten als bewiesen anzusehen. Es müßte unbedingt gezeigt werden, daß in den hier zitierten und ähnlichen Beobachtungen resp. Experimenten das Toxin als Anaphylaktogen, das Antitoxin als anaphylaktischer Antikörper fungierte; denn die als „Toxine" bezeichneten Lösungen enthalten außer dem spezifischen Gift auch noch andere Stoffe, die dem Nährsubstrat oder den darin gezüchteten Bakterien entstammen und von denen namentlich die letztgenannten die Rolle des Antigens im anaphylaktischen Versuch sehr wohl übernehmen könnten. Die (theoretisch nicht unwichtige) Frage sollte daher erneut, und zwar von diesem Gesichtspunkt aus, bearbeitet werden.

Die Anaphylaktogene können in Form von *Lösungen* oder von *Zellsuspensionen* (z. B. als Aufschwemmungen von Erythrocyten, Bakterien, Spermatozoen, Pflanzenpollen usw.) verwendet werden, und zwar nicht nur für die aktive Präparierung oder für die Gewinnung von passiv sensibilisierendem Antiserum, sondern *auch für die Probe*. Das gilt jedoch nur, wenn die Probe am intakten Tiere durch intravenöse Antigeninjektion vorgenommen wird. Prüft man hingegen den Uterus eines gegen artfremde Erythrocyten oder gegen Bakterien sensibilisierten Meerschweinchens mit Hilfe der Daleschen Technik, so bewirkt der Zusatz der genannten Zellen zum Ringerbad keine anaphylaktische Kontraktion; um einen positiven Erfolg zu erhalten, muß man gelöste Zellen (Zellextrakte) als Prüfungsantigene benutzen (Zinsser und Parker[3], Friedli[4]). Daraus geht hervor, daß im intakten Tiere eine rapide Auflösung der intravenös injizierten Zellen stattfinden muß, da ja sonst der Shock, der beim Meerschweinchen auf einer spastischen Zusammenziehung glatter Muskeln beruht, ausbleiben müßte. In der Tat vermochte W. Gerlach[5] diesen als notwendig angenommenen Prozeß mikroskopisch zu konstatieren, indem er Meerschweinchen mit den (wegen ihrer Kernhaltigkeit leicht nachweisbaren) Hühnerblutkörperchen aktiv präparierte und diese Zellen bei der Probe intravenös einspritzte; es fand *eine stürmische Hämolyse* des Fremdblutes statt, die nicht nur zum Austritt von Hb, sondern auch zum Poröswerden und zum Zerfall der Stromata führte und oft schon in 2 Minuten beendet war.

Die weitaus überwiegende Mehrzahl der experimentellen Untersuchungen über anaphylaktische Phänomene wurde und wird mit *artfremdem Serum, Milch, Eiereiweiß, Organextrakten, artfremden Blutkörperchen, Spermatozoen, Bakterien, Pflanzenpollen* usw. ausgeführt; solche Substrate sind aber immunologisch als *Gemenge* zu betrachten, d. h. sie enthalten nicht ein einziges, sondern *mehrere voneinander abtrennbare, durch ihre Spezifität sowie auch durch ihre sonstigen Eigenschaften verschiedene* Antigene. Die Immunisierung (Präparierung) mit solchen „zusammengesetzten" („komplexen") Antigenen liefert in der Regel eine Vielheit von Antikörpern.

So finden sich im *Blutserum* — wenn man nur die Proteine berücksichtigt — Euglobulin, Pseudoglobulin, zwei verschiedene Albumine, Serummucoid (Doerr und Russ[6], Dale und

---

[1] Bächer, St.: Zitiert auf S. 665.
[2] Tzank, Weisman-Netter u. Dalsace: Zitiert auf S. 665.
[3] Zinsser u. Parker: J. of exper. Med. **26**, 411 (1917).
[4] Friedli: Z. Hyg. **104**, 233 (1925).
[5] Gerlach, W. u. W. Finkeldey: Krkh.forschg **4** (1926).
[6] Doerr u. Russ: Z. Immun.forschg **2**, 109 (1909).

HARTLEY[1], DOERR und BERGER[2], LEWIS und WELLS u. a.); im Blutplasma kommt noch das Fibrinogen als ein weiteres mit besonderer Spezifität ausgestattetes Antigen hinzu (BAUER und ENGEL[3], HEKTOEN und WELKER[4], DAVIDE[5]). — Die *Milch* enthält mindestens 4 (KLEINSCHMIDT[6], HEUNER[7], BAUER und ENGEL, WELLS und OSBORNE[8], F. EISENBERGER[9]), das Hühnerei 5 verschiedene Antigene (G. H. WELLS[10]). — In den *Erythrocyten* ist das Hb. von dem Protein sowie natürlich auch von den Lipoiden der Stromata verschieden, und aus *Bakterienzellen* diverser Arten konnten ebenfalls mehrere Antigene abgesondert werden (WEIL und FELIX, SACHS und SCHLOSSBERGER, BRAUN und NODAKE, AVERY und seine Mitarbeiter[11], R. LANCEFIELD[12] u. v. a.). — Welche bunten Gemische unter diesen Umständen die „Organextrakte" repräsentieren, die ja außer den für das Organ charakteristischen Elementen alle möglichen akzidentellen Beimengungen (Blut, Lymphe, Gefäßwandungen, Nerven usw.) führen müssen, ist ohne weiteres klar.

Mit den natürlichen zusammengesetzten Antigenen (artfremdem Serum, Hühnereiereiweiß, Erythrocyten usw.) läßt sich eine große Zahl von Fragestellungen experimentell bearbeiten; sie bieten den Vorteil, daß sie dem tierischen oder pflanzlichen Organismus auf einfache Weise entnommen werden können. Es gibt aber auch Probleme, wie z. B. die exakte Ermittlung der quantitativen Beziehungen der Antigene zu ihren Antikörpern oder die genaue Analyse der Spezifitätsverhältnisse und ihrer Grundlagen, welche ihrer Natur nach die Verwendung *einheitlicher* („reiner") Anaphylaktogene verlangen (G. H. WELLS[13], WELLS und OSBORNE, R. WEIL[14], DOERR[15] u. a.). Bei der Zerlegung der natürlichen zusammengesetzten Antigene in ihre Komponenten muß man allerdings mit der Möglichkeit rechnen, daß *Kunstprodukte* entstehen, welche im Ausgangsmaterial nicht vorhanden waren; diese Gefahr besteht besonders dann, wenn die Fraktionierung nicht durch mechanische oder physikalische Verfahren (Abzentrifugieren, Dialyse, Aussalzung), sondern durch chemisch wirksame Agenzien (Säuren, Laugen, Fettsolvenzien usw.) erfolgt.

Zwischen den Antigenen und ihren Antikörpern bestehen bekanntlich *spezifische Beziehungen*. Obwohl diese Erscheinung nur als *Relativität* faßbar, der Untersuchung zugänglich ist, hat doch die Frage Berechtigung, *welcher Anteil jeder der beiden Bezugskomponenten am Spezifitätseffekt zukommt*. Es ist klar, daß man das Hauptgewicht auf das Antigen zu verlegen hat. Wie immer man das genetische Verhältnis zwischen Antigen und Antikörper auffassen will, steht man doch stets vor der Tatsache, daß die Spezifität des Antikörpers insofern *sekundär* ist, als sie von den besonderen Eigenschaften des Antigens abhängt; auch versuchstechnisch liegt die Sache so, daß nur ein Weg zur Spezifität des Antikörpers führt, der Weg über das Antigen.

Die Spezifität der Antigene ist *durch ihren chemischen Aufbau* bestimmt (OBERMAYER und E. P. PICK[16], G. H. WELLS[17], LANDSTEINER[18]). Daß ein und der-

---

[1] DALE u. HARTLEY: Biochemic. J. **10**, 408 (1916).
[2] DOERR u. W. BERGER: Z. Hyg. **96**, 190, 258 (1922).
[3] BAUER u. ENGEL: Biochem. Z. **42**, 399 (1912).
[4] HEKTOEN u. WELKER: J. inf. Dis. **40**, 706 (1927).
[5] DAVIDE, H.: Acta med. scand. (Stockh.) Suppl. **13** (1925).
[6] KLEINSCHMIDT: Mschr. Kinderheilk. **10**, 402 (1911).
[7] HEUNER: Arch. Kinderheilk. **56**, 358 (1911).
[8] WELLS u. OSBORNE: J. inf. Dis. **29**, 200 (1921).
[9] EISENBERGER: Z. Immun.forschg **36**, 291 (1923).
[10] WELLS: J. inf. Dis. **9**, 147 (1911); **6**, 506 (1909).
[11] AVERY u. HEIDELBERGER: J. of exper. Med. **42**, 367 (1925).
[12] LANCEFIELD, R.: J. of exper. Med. **47** (1928).
[13] WELLS: Chemical aspects of immunity. New York 1925.
[14] WEIL, R.: Proc. Soc. exper. Biol. a. Med. **13**, 200 (1916).
[15] DOERR, R.: Weichardts Ergebnisse **5**, 123 (1922).
[16] OBERMAYER u. E. P. PICK: Wien. klin. Wschr. **1906**, Nr 12.
[17] WELLS: The chemical aspects of immunity. New York 1923.
[18] LANDSTEINER: Biochem. Z. **86**, 343 (1918).

selbe Stoff je nach seinem *physikalischen Zustand* (Dispersitätsgrad, elektrische Aufladung usw.) verschiedene Spezifitäten aufweisen kann, ist bisher nicht exakt bewiesen (vgl. Doerr[1]).

Daß jedoch die Spezifität des Antikörpers nicht ausschließlich durch das Antigen bestimmt wird, geht schon aus dem Umstande hervor, daß der Antikörper fast immer eine gewisse *Reaktionsbreite* besitzt, d. h. daß er nicht nur mit dem Antigen, welchem er seine Entstehung verdankt, sondern auch mit anderen Antigenen von ähnlicher chemischer Struktur zu reagieren vermag. Im Antikörper spiegelt sich somit die spezifische Beschaffenheit des Antigens nur unvollkommen ab. Dieser beim „Übergang" von Antigen in Antikörper stattfindende *Spezifitätsverlust* ist eine Leistung des antikörperproduzierenden Organismus und als solche bei gleichbleibendem Antigen bis zu einem gewissen Grade variabel.

Diese kurzen Bemerkungen genügen, um zu verstehen, daß die Anaphylaxie oder, wie man richtiger sagen sollte, *die Auslösbarkeit anaphylaktischer Störungen* spezifisch sein muß und in welchem Grade sie spezifisch sein kann. Unter geeigneten Bedingungen läßt sich das anaphylaktische Experiment mit Vorteil heranziehen, um selbst sehr ähnliche Eiweißkörper voneinander zu differenzieren (Uhlenhuth und seine Mitarbeiter[2], R. Otto und Cronheim[3], Wells und Osborne[4], Dale und Hartley[5], C. Schilling und Hackenthal[6], Wu, Ten Broeck und Li[7] u. v. a.), speziell wenn man die Probe nicht einfach qualitativ, sondern *quantitativ*, d. h. *mit Rücksicht auf die Größe der auslösenden Antigendosis (Antigenkonzentration)* anstellt und wenn man überdies das anaphylaktische Experiment noch in der Weise ergänzt, daß man den eingetretenen Desensibilisierungszustand durch eine zweite Probe feststellt (s. auch unter „Antianaphylaxie").

Mit Weizengliadin sensibilisierte Meerschweinchen reagieren z. B. auch auf Hordein aus Gerste und umgekehrt; aber nur das homologe (zur Vorbehandlung benutzte) Protein desensibilisiert vollständig, das heterologe nur partiell, d. h. derart, daß noch ein Rest des anaphylaktischen Zustandes gegen das homologe Antigen zurückbleibt (Wells und Osborne).

Andererseits erscheint es begreiflich, daß die Anaphylaxie nicht bei allen Tierspezies denselben Spezifitätsgrad aufzuweisen braucht. Das Kaninchen produziert Antikörper von oft erheblich größerer Reaktionsbreite als das Meerschweinchen oder der Hund, und es kann demgemäß auch die Auslösbarkeit der anaphylaktischen Erscheinungen beim Kaninchen weniger scharf auf das zur Sensibilisierung verwendete Antigen eingestellt sein als bei den beiden anderen Tierarten (M. Arthus[8], Lesné und Dreyfus, P. Fabry[9]). Absolut spezifisch ist aber die Anaphylaxie auch beim Meerschweinchen nicht (R. Weil[10], Doerr und Bleyer[11], Dale, H. Rösli[12]), und vielleicht beruhen die Differenzen nicht so sehr auf der Art der antikörperproduzierenden (sensibilisierbaren) Tiere als auf der Methode der Präparierung. Es ist eine den Immunologen bekannte Tatsache, daß sich die Spezifität des Antikörpers infolge massiver oder oft wieder-

---

[1] Doerr: Handb. d. path. Mikroorg., 3. Aufl., **1**, 792f. (1929).

[2] Uhlenhuth u. Händel: Erg. wiss. Med. **2**, 1 (1910).

[3] Otto u. Cronheim: Z. Hyg. **105**, 181 (1925).

[4] Wells u. Osborne: J. inf. Dis. **12**, 341 (1913); **19**, 183 (1916).

[5] Dale u. Hartley: Zitiert auf S. 691.

[6] Schilling, C. u. Hackenthal: Dtsch. med. Wschr. **52**, 1373 (1926) — Z. Hyg. **104**, 619 (1925).

[7] Wu, Ten Broeck u. Li: Chin. J. Physiol. **1**, 277 (1927).

[8] Arthus: C. r. Soc. Biol. Paris **89**, 128 (1923).

[9] Fabry: C. r. Soc. Biol. Paris **92**, 467 (1925).

[10] Weil, R.: Z. Immun.forschg **20**, 199 (1913).

[11] Doerr u. Bleyer: Z. Hyg. **106**, 371 (1926).

[12] Rösli, H.: Zbl. Bakter. I Orig. **112**, 151 (1929).

holter Antigendosen verbreitert, und G. MEISSNER[1] hat diese empirisch gefundene Erscheinung in neueren Versuchen genauer verfolgt; Kaninchen werden aber (zwecks aktiver Sensibilisierung oder um passiv präparierende Antikörper zu gewinnen) wiederholt und mit großen Antigenquanten behandelt, während man Meerschweinchen in der Regel durch eine einzige Subcutaninjektion minimaler Antigengaben in den anaphylaktischen Zustand versetzt.

Sensibilisiert man Meerschweinchen mit *mehreren* Antigenen, so bilden sich in der Regel ebenso viele voneinander unabhängige Antikörper; man kann daher sowohl am intakten Tiere als auch am isolierten Organ durch Einwirkung jedes einzelnen Antigens anaphylaktische Reaktionen auslösen (FRIEDBERGER und seine Mitarbeiter[2], DALE, MASSINI[3], BRACK[4], LUMIÈRE und COUTURIER[5] u. a.). Da aber jeder dieser Antikörper außer mit seinem homologen noch mit einer bestimmten Zahl von heterologen Antigenen zu reagieren vermag, kann durch „multiple" Präparierung ein „aspezifischer" Zustand vorgetäuscht werden. P. FABRY will sogar beim Kaninchen durch Vorbehandlung mit stetig gewechselten Proteinen einen effektiven völligen „Spezifitätsverlust" erzielt haben; doch sind seine experimentellen Ergebnisse durch H. RÖSLI[6] als Irrtümer erkannt worden, und es kann gar keine Rede davon sein, daß man die immunologische Spezifität in eine allgemeine Antigen- oder Eiweißspezifität umzusetzen vermag, die etwa der Spezifität der eiweißspaltenden Fermente gleichgestellt werden könnte. H. RÖSLI konstatierte allerdings, daß die anaphylaktische Reaktivität bei multipel sensibilisierten Meerschweinchen einen Grad von Aspezifität aufweist, den man durch die einzelnen Präparierungsantigene nicht erhält; ihre Versuche sind aber in mancher Beziehung unvollständig und beweisen vorläufig nicht, daß der Antikörper Spezifitäten aufweisen kann, die in den zugeführten Antigenen nicht vorgebildet sind. Für die tatsächlich nachgewiesenen Spezifitätsverluste durch wiederholte oder multiple Präparierung stehen andere immunologische Erklärungen zur Verfügung (DOERR[7]).

Die Antigene stammen ohne Ausnahme von Tieren oder Pflanzen ab. Eine „*Antigensynthese*" ist bis jetzt noch nicht in einwandfreier Weise gelungen; zur Zeit besitzt nur der Organismus die Fähigkeit, Antigene in seinem Stoffwechsel aus nichtantigenen Bruchstücken aufzubauen. Dagegen ist es möglich, die Spezifität natürlicher (genuiner) Antigene *künstlich* abzuändern, und zwar entweder in der Weise, daß das Derivat eine völlig neue, nur durch die Art des künstlichen Eingriffes bestimmte Spezifität zeigt, oder daß die originäre Spezifität des Ausgangsmateriales mit der künstlich aufgeprägten zu einer neuen Kombination („*Fusionsspezifität*") verschmilzt.

Die Spezifität der natürlichen Antigene kann ein Produkt des *normalen* oder des *pathologischen* Stoffwechsels sein. Schon unter physiologischen Verhältnissen kommen in jedem Organismus, mag er ein- oder vielzellig sein, *mehrere voneinander verschiedene Antigene* vor; mit fortschreitender Differenzierung steigt diese Mannigfaltigkeit und erreicht im Menschen ein Maximum. Vergleicht man „*homologe Antigene*", d. h. Stoffe von gleicher anatomischer Lokalisation bzw. gleicher Funktion, die aber verschiedenen Individuen oder verschiedenen Arten entstammen, hinsichtlich ihrer Spezifität untereinander, so beobachtet man ein dreifaches Verhalten, nämlich Identität innerhalb einer Art, Variabilität inner-

---

[1] MEISSNER, G.: Z. Immun.forschg **36**, 272 (1923).

[2] FRIEDBERGER, SZYMANOWSKI, KUMAGAI usw.: Z. Immun.forschg **14** (1912).

[3] MASSINI: Z. Immun.forschg **25**, 179 (1916); **27**, 15, 213 (1918).

[4] BRACK: Z. Immun.forschg **31**, 407 (1921).

[5] LUMIÈRE u. COUTURIER: C. r. Acad. Sci. **173**, 800 (1921).

[6] RÖSLI, H.: Zitiert auf S. 692.

[7] DOERR: Handb. d. path. Mikroorg., 3. Aufl., **1**, 794—798.

halb der gleichen Spezies oder schließlich Identität bzw. weitgehende Ähnlichkeit bei mehreren im natürlichen System weit voneinander entfernten Arten.

Nachstehendes Schema bietet eine Übersicht über diese verschiedenen *Möglichkeiten des Vorkommens bzw. Ursprunges der Spezifitäten* nebst einigen konkreten Beispielen, welche zum größten Teile der Anaphylaxieliteratur entnommen wurden.

I. Natürliche („originäre", „genuine") Spezifitäten.
A. Physiologische Formen.

a) *Die variable Spezifität homologer Antigene innerhalb derselben Art*; sie wird als „Rassen"- oder „Gruppen"-, wohl auch als „Typen"spezifität bezeichnet und vererbt sich beim Menschen nach den Mendelschen Regeln.

Das bestbekannte Beispiel sind die *gruppenspezifischen Isoagglutinogene der menschlichen Erythrocyten*, die sich im anaphylaktischen Experiment jedoch schwer nachweisen lassen, weil ihre Anwesenheit durch den Gehalt der Blutkörperchen an artspezifischen Antigenen völlig maskiert wird. Sensibilisiert man Meerschweinchen z. B. mit Menschenerythrocyten der Gruppe II, so reagieren sie auf die intravenöse Probe mit Menschenerythrocyten von beliebiger Gruppenzugehörigkeit gleich gut (Friedli und Homma[1]). In jüngster Zeit isolierte aber C. Hallauer aus Erythrocyten der Gruppe III durch Waschen mit physiologischer NaCl-Lösung das darin enthaltene gruppenspezifische Agglutinogen B und gewann mit demselben von Kaninchen ein Antiserum von streng gruppenspezifischer Reaktionsbreite; mit diesem Serum konnten Doerr und Hallauer[2] Meerschweinchen passiv präparieren derart, daß die Probe mit Erythrocyten der Gruppe III einen akut letalen anaphylaktischen Shock auslöste. Ein weiterer Ausbau dieses für die Transfusionspathologie wichtigen Experimentes ist jedoch bisher nicht erfolgt.

b) *Die Artspezifität*, d. h. die Identität homologer Antigene bei allen Individuen derselben Spezies. Die Hämoglobine der Rinder sind z. B. untereinander gleich, von den gleichbenannten Eiweißkörpern der Pferde, der Hunde, der Menschen usw. verschieden. Die Artspezifität findet aber auch in der Tatsache einen Ausdruck, daß homologe Antigene von Arten, die einander im natürlichen System nahestehen, immunologische Ähnlichkeiten aufweisen oder — wie man sich meist ausdrückt — *Verwandtschaftsreaktionen* geben. Bei eng benachbarten Spezies kann der Nachweis der Artspezifität durch den anaphylaktischen Versuch oder durch andere Immunitätsreaktionen schwierig, ja unmöglich werden; so sind die Unterschiede zwischen Rinder- und Schafserum (Uhlenhuth und Weidanz), zwischen Mäuse- und Rattenserum (Uhlenhuth und Weidanz[3], Trommsdorff[4], R. Otto und Cronheim[5]) minimal, und die Blutsera oder Hämoglobine von Pferd, Maultier und Esel lassen sich überhaupt nicht sicher abgrenzen (P. Uhlenhuth, K. Landsteiner und Heidelberger[6], F. Ottensooser und Strauss[7]).

Wie schon an anderer Stelle betont wurde (s. S. 690), sind die in einem und demselben Organismus vorhandenen bzw. für eine bestimmte Art charakteristischen Antigene untereinander verschieden, was man auch so formulieren kann, daß im Rahmen jeder Artspezifität eine Schar von „Sonderspezifitäten" möglich ist. Daß jede Artspezifität auf einer bestimmten chemischen Struktur be-

---

[1] Friedli u. Homma: Z. Hyg. **104**, 67 (1925).

[2] Hallauer, C.: Schweiz. med. Wschr. **59**, 121 (1929) — Z. Immun.forschg 63, 287 (1929).

[3] Uhlenhuth u. Weidanz: Arb. ksl. Gesdh.amt **30**, 434 (1909).

[4] Tromsdorff: Arb. ksl. Gesdh.amt **32**, 560 (1909).

[5] Otto u. Cronheim: Z. Hyg. **105**, 181 (1926).

[6] Landsteiner u. Heidelberger: J. of exper. Med. **38**, 561 (1923).

[7] Ottensooser u. Strauss: Zitiert auf S. 689.

ruht, und daß die Sonderspezifitäten nur Varianten dieser gemeinsamen Grundlage repräsentieren, ist nicht sicher bewiesen, sondern nur in Anbetracht der Verwandtschaftsreaktionen bis zu einem gewissen Grade wahrscheinlich. Im übrigen
sind die bisher angestellten Untersuchungen insofern lückenhaft, als man zwar
in größerem Umfang die Fragen geprüft hat, ob heterologe Antigene derselben
Spezies Differenzen oder homologe verschiedener Spezies Identitäten bzw. Ver-
wandtschaften erkennen lassen, während Vergleiche zwischen heterologen Antigenen verschiedener Spezies nicht angestellt und mit den beiden erstgenannten
Beziehungen nicht in quantitative Relation gesetzt wurden.

c) *Spezifitäten, welche bei mehreren „biologisch" nicht verwandten Arten vorkommen.* Hierher gehören die beiden von MÖRNER[1] als α- und β-Krystallin
bezeichneten Proteine der Augenlinse, welche sich bei sehr verschiedenen Tierspezies (Säugetieren, Vögeln, ja gewissen Fischen) immunologisch gleich oder
ähnlich verhalten (UHLENHUTH[2], KRAUS, DOERR und SOHMA[3], ANDREJEW[4],
KRUSIUS[5], RÖMER und GEBB[6], KAPSENBERG[7], KODAMA[8], HEKTOËN und SCHUL-
HOF[9] u. a.). Man kann z. B. Meerschweinchen mit einem Extrakt aus Schweine-
linsen sensibilisieren und durch Kaninchen- oder Menschenlinsenextrakt den
anaphylaktischen Shock auslösen. Völlige Identität zeigen allerdings auch die
Linsenproteine nicht, da die mit einer bestimmten Linsenart präparierten Meer-
schweinchen auf die Probe mit dem gleichen Material stärker reagieren als auf
Linsen anderer zoologischer Provenienz (KAPSENBERG). Inwieweit sich α- und
β-Krystalline aus derselben Linsenart immunologisch differenzieren lassen, ist
noch nicht ganz eindeutig entschieden (HEKTOËN und SCHULHOF, DOLD, FLÖSS-
NER und KUTSCHER[10]).

Da die Krystalline hinsichtlich ihres Vorkommens nicht an die Art, sondern
an ein bestimmtes *Organ* gebunden sind, hat man diese Form der Spezifität
als „Organspezifität" bezeichnet und so gedeutet, daß sich die Linsenproteine
aus artspezifischen Eiweißkörpern durch einen bei verschiedenen Tierarten
identischen Umwandlungsprozeß entwickeln, welcher (ähnlich wie bei den
künstlichen „Chemospezifitäten") die Spezifität gleichsinnig abändert (KRUSIUS).
Ein gewisser Grad von Organspezifität wurde ferner bei Stoffen nachgewiesen,
welche bei verschiedenen Tierarten identische Funktionen zu erfüllen haben,
so beim Casein, bei der Galle, den Mucinen, den Fibrogenen der Blutsera, den
Thyreoglobulinen der Schilddrüse, den ektodermalen Horngebilden; doch wird
von keinem dieser Stoffe das Extrem der Linsenproteine erreicht, und die experimentellen Befunde, auf welche sich die Aussagen stützen, sind auch zum Teil
dringend einer kritischen Nachprüfung bedürftig. Die Vorstellung, daß jedes
Organ mit einer besonderen Funktion auch ein besonderes, mehreren oder
vielen Tier- oder Pflanzenarten gemeinsames Antigen enthält, ist jedenfalls
unrichtig; vielmehr sind die Spezifitäten der Organantigene im allgemeinen
nur als „Sonderspezifitäten im Rahmen der Artspezifität" zu qualifizieren
(s. DOERR[11]).

[1] MÖRNER: Z. physiol. Chem. **18**, 61 (1894).
[2] UHLENHUTH: Z. Immun.forsch **4**, 761 (1910).
[3] KRAUS, DOERR u. SOHMA: Wien. klin. Wschr. **1908**, Nr 30.
[4] ANDREJEW: Arb. ksl. Gesdh.amt **30**, H. 2 (1909).
[5] KRUSIUS: Z. Immun.forschg **5**, 699 (1910) — Arch. Augenheilk. **47** (1910).
[6] RÖMER u. GEBB: Graefes Arch. **82**, 504 (1912).
[7] KAPSENBERG: Z. Immun.forschg **15**, 518 (1912).
[8] KODAMA: J. inf. Dis. **28**, 48 (1921).
[9] HEKTOËN u. SCHULHOF: J. inf. Dis. **34**, 433 (1924).
[10] DOLD, FLÖSSNER u. KUTSCHER: Z. Immun.forschg **46**, 50 (1926).
[11] DOERR: Handb. d. path. Mikroorg., 3. Aufl., **1**, 802ff..

B. Pathologische Formen.

a) *Im Gefolge von spontanen Erkrankungen auftretende*, unter physiologischen Lebensbedingungen fehlende Antigene. Aus diesem noch wenig durchforschten, obgleich sehr aussichtsreichen Gebiet sind nur spärliche Beispiele bekannt wie das Amyloid (H. Raubitschek[1]) und die pathologischen von Bence-Jones und von Noel-Paton beschriebenen Harnproteine (Massini[2], Micheli[3], Hektoën[4], Bayne-Jones und Wilson[5], Hektoën und Welker[6], Everett, Bayne-Jones und Wilson[7]). Ob solche mit pathologischen Spezifitäten ausgestattete Antigene im krankhaft veränderten Stoffwechsel direkt, d. h. durch Synthese aus nicht-antigenen Verbindungen z. B. Aminosäuren entstehen, ist nicht sicher bekannt; im Prinzip existiert noch eine zweite durch Analogien gestützte Möglichkeit, nämlich:

b) Die Umformung von körpereigenem Material durch autolytische, degenerative oder sonstige Prozesse, welche den körpereigenen Substanzen den Stempel der Körperfremdheit aufdrücken und damit die fehlende Antigenfunktion nebst einer abnormen Spezifität verleihen. Centanni nennt solche Stoffe *,,Metantigene"*, und Manwaring[8] versucht neuerdings, derartige Ansichten auch auf die von außen zugeführten, a priori art- und körperfremden Proteine auszudehnen, indem er sich vorstellt, daß dieselben im Körper des Tieres infolge chemischer Alterationen in *,,Sekundärantigene"* umgesetzt werden, welche zahlreiche, aber mit den gewöhnlichen Methoden nicht nachweisbare Antikörper erzeugen.

II. Künstliche, durch Eingriffe an natürlichen Antigenen hervorgerufene Spezifitäten.

Je nach der Natur des Eingriffes kann *die chemische Grundlage* der neuen Spezifität *bekannt* oder *unbekannt* sein.

a) *Künstliche Spezifitäten mit bekannter chemischer Grundlage, sog. ,,Chemospezifitäten"*.

Landsteiner[9] kuppelte diazotiertes p-arsanilsaures Na (diazotiertes Atoxyl) mit Pferdeserum und sensibilisierte Meerschweinchen mit diesem ,,Azoprotein"; zur Reinjektion, welche in einem gewissen Prozentsatz der Versuche zum akut letalen Shock führte, wurde ein mit diazotiertem Atoxyl gekuppeltes Hühnerserum benutzt. Gleiche Resultate erhielten K. Meyer und M. E. Alexander[10]. Da Pferdeserum nicht gegen Hühnerserum zu präparieren vermag, hängt die Spezifität nur von der angekuppelten Diazoverbindung, nicht aber von der Proteinkomponente ab; in der Tat läßt sich zeigen, daß schon geringfügige Änderungen der Diazogruppe die Spezifität erheblich beeinflussen, während man den Eiweißkörper sogar durch arteigenes, an und für sich nichtantigenes Meerschweinchenserum substituieren kann, ohne den positiven Ausfall des obigen Experimentes zu beeinträchtigen (H. Sachs[11], Klopstock und Selter[12]).

[1] Raubitschek, H.: Verh. dtsch. path. Ges., 14. Tagung (1910).
[2] Massini: Dtsch. Arch. klin. Med. **104**, 29 (1911).
[3] Micheli: Haematologica (Palermo) **2**, 1 (1921).
[4] Hektoën: J. amer. med. Assoc. **76**, 929 (1921).
[5] Bayne-Jones u. Wilson: Bull. Hopkins Hosp. **33**, 119 (1922).
[6] Hektoën u. Welker: J. inf. Dis. **34**, 440 (1924).
[7] Everett, Bayne-Jones u. Wilson: Bull. Hopkins Hosp. **34**, 385 (1923).
[8] Manwaring, Marino, McCleave u. Boone: J. of Immun. **13**, 357 (1927).
[9] Landsteiner, K.: J. of exper. Med. **39**, 631 (1924).
[10] Meyer u. Alexander: Biochem. Z. **146**, 217 (1924).
[11] Sachs, H.: Antigenstruktur und Antigenfunktion. Weichardts Ergebnisse **9**, 1 (1928).
[12] Klopstock u. Selter: Klin. Wschr. **6**, 1662 (1927).

b) *Künstliche Spezifitäten, deren chemische Grundlage nicht bekannt ist.* Hierher gehören die durch Kochen, Säuren, Laugen, Alkohol, durch Andauen (Einwirkung von Proteasen) usw. hervorgerufenen Spezifitätsänderungen. Im anaphylaktischen Experiment (am intakten Tier wie auch am Uterusmuskel) haben Wu, Ten Broeck und Li[1] die Spezifität von Derivaten sorgfältig untersucht, welche sie aus krystallisiertem Ovalbumin durch $^n/_{20}$-HCl, $^n/_{20}$-NaOH, durch Alkoholfällung, durch Erhitzen nach vorherigem Abdialysieren der Salze, durch kombinierte Einwirkung von Hitze und Säure oder Alkali erhielten; es ergab sich, *daß alle diese „Denaturierungsprodukte" untereinander engste immunologische Beziehungen aufwiesen, daß ihre Spezifität aber von der des Ausgangsproteins völlig verschieden war.* Spezifitätsdifferenzen zwischen nativem und erhitztem Pferdeserum konstatierte auch Furth[2], und K. Landsteiner[3] gewann durch peptische Verdauung von weitgehend gereinigtem Ovalbumin eine Substanz, die sich im aktiv anaphylaktischen Experiment am Meerschweinchen vom Ovalbumin deutlich abgrenzen ließ.

Im anaphylaktischen Experiment treten Antigene *in dreifacher Art* in Aktion: 1. sie *„sensibilisieren"* oder rufen die Produktion von freiem (passiv präparierendem) Antikörper hervor; 2. *sie lösen beim sensibilisierten Tier pathologische Reaktionen aus;* und 3. sie vermögen sensibilisierte Tiere zu *desensibilisieren.* Diese 3 Funktionen sind voneinander bis zu einem gewissen Grade unabhängig; allen gemeinsam ist jedoch die spezifische Beziehung zum Antikörper. Bei anderen Immunitätsreaktionen z. B. bei der Präcipitation, kennen wir *nur zwei Auswirkungen* der Antigene genauer, nämlich das *„Immunisierungsvermögen",* d. h. die Fähigkeit, im Organismus die Bildung von Antikörper anzuregen, und das *„Bindungsvermögen",* d. h. die Eigenschaft, mit bereits vorhandenem Antikörper unter Neutralisierung desselben abzureagieren; auch diese beiden Wirkungsqualitäten sind nicht zwangläufig miteinander verbunden. Es ist klar, daß die sensibilisierende Funktion der Antigene im aktiv anaphylaktischen Versuch auf dem Immunisierungsvermögen beruhen muß, während die auslösenden und desensibilisierenden Effekte nur besondere Manifestationen des Bindungsvermögens sein können. Das ergibt sich unter anderem auch aus den Untersuchungen von Tomcsik, Tomcsik und Kurotschkin[4] sowie R. C. Lancefield[5] über die aus verschiedenartigen Bakterien isolierten *Polysaccharide;* um konkrete Anhaltspunkte für die folgenden Ausführungen zu bieten, sei als Paradigma eine Versuchsreihe von J. Tomcsik etwas ausführlicher wiedergegeben.

J. Tomcsik immunisierte Kaninchen mit einem Stamme von *Bact. lactis aerogenes* und gewann so ein Antiserum. Aus den gleichen Bakterien stellte er eine kohlehydratartige Substanz dar, welche keine Eiweißreaktionen gab und mit dem eben erwähnten Antiserum noch in sehr hohen Verdünnungen (1 : 500000) ausflockte; sie verhielt sich also in vitro ganz wie ein mit hoher Affinität zum Antikörper ausgestattetes Präcipitinogen. Wurden aber Kaninchen statt mit Vollbakterien mit dem Kohlehydrat behandelt, so blieb die Antikörperbildung (Entstehung von Präcipitin) vollständig aus. Dem Kohlehydrat mangelte somit das Immunisierungsvermögen; das Bindungsvermögen war ihm in hohem Grade eigen. Dementsprechend war Tomcsik nicht imstande, Meerschweinchen mit dem spezifischen Kohlehydrat aktiv zu sensibilisieren. Wurden dagegen die Tiere mit dem (durch Immunisierung mit Vollbakterien vom Kaninchen gewonnenen) Antiserum passiv präpariert, so wirkte die intravenöse Injektion des Kohlehydrates akut tödlich (Dos. let. min. = 0,000033 g), und der Uterus passiv sensibilisierter Meerschweinchen reagierte im Daleschen Versuch auf eine Verdünnung von 1 : 20000000 mit einer maximalen Kontraktion.

---

[1] Wu, Ten Broeck u. Li: Chin. J. Physiol. **1**, 277 (1927).
[2] Furth, J.: J. of Immun. **10**, 777 (1925); **11**, 215 (1926).
[3] Landsteiner: Proc. Soc. exper. Biol. a. Med. **23**, 540 (1926).
[4] Tomcsik u. Kurotschkin: J. of exper. Med. **47**, 379 (1928).
[5] Lancefield, R. C.: Zitiert auf S. 691.

Nach dem Vorschlage von K. LANDSTEINER nennt man Stoffe, welche sich so wie das Aerogenes-Polysaccharid in dem obigen Beispiel verhalten, „*Haptene*"; andere Autoren gebrauchen als Synonyma die Ausdrücke „*Halbantigene*" oder — was namentlich auf die anaphylaktischen Versuchsanordnungen gut paßt — „*Prüfungsantigene*". In den Vollbakterien sind die Haptene nicht als solche enthalten, sondern als „*Immunisierungs- oder Vollantigene*", d. h. in einer aktiven und mit der nämlichen Spezifität ausgestatteten Form; der Haptenzustand ist, soweit sich das aus der Beobachtung heraus beurteilen läßt, ein Artefakt, ein Produkt der zwecks Isolierung der Polysaccharide angewendeten Methode. Eine Rekonstruktion des genuinen Antigens, d. h. eine Reaktivierung solcher mikrobieller Kohlehydrate zu Vollantigenen ist bisher nicht geglückt; wohl aber gelang dies LANDSTEINER 1921 bei einem Hapten anderer Provenienz, das in der immunologischen Literatur als FORSSMANsches Antigen (abgekürzt „F.A.") bekannt ist und am einfachsten durch Extraktion verschiedener Organparenchyme (z. B. Pferdeniere) mit Alkohol dargestellt werden kann. Das Ausgangsmaterial enthält diesen Stoff in aktiver, zur Antikörperbildung befähigter Form; Kaninchen, mit *wässerigen* Auszügen aus Pferdeniere immunisiert, produzieren lytische Amboceptoren für Hammelerythrocyten, sog. *heterogenetische Hammelhämolysine*, wie zuerst FORSSMAN gezeigt hat. *Im Alkoholextrakt weist dagegen das F.A. die definitionsgemäßen Charaktere eines Haptens auf*, indem es beim Kaninchen die Bildung seines Antikörpers (des heterogenetischen Hammelhämolysins) nicht oder (nach neueren Angaben von LANDSTEINER) nur selten und in sehr geringem Ausmaße anregt, obwohl es in vitro eben diesen Antikörper neutralisiert (bindet). Das F.A. kann nun aus der Haptenform ohne weiteres in ein Vollantigen (Immunisierungsantigen) übergeführt werden, wenn man dasselbe einfach mit irgendeinem beliebigen anderen Vollantigen, z. B. mit artfremdem Serum, mit Bakterien usw. vermischt; die Behandlung von Kaninchen mit solchen Gemengen (die „*Kombinationsimmunisierung*") liefert hochwertige heterogenetische Hammelhämolysine und nebenbei auch noch immer einen zweiten selbständigen Antikörper, der sich gegen das als Aktivierungsmittel benutzte Zusatzantigen richtet (LANDSTEINER und SIMMS[1], TAKENOMATA[2], HEIMANN[3], DOERR und HALLAUER[4], MERA[5], A. KLOPSTOCK, SACHS, KLOPSTOCK und WEIL[6], HEINSHEIMER[7] u. v. a.). Das Wesen der Kombinationsimmunisierung bzw. der Mechanismus der Reaktivierung des Haptens zum Vollantigen ist vorläufig noch nicht klargestellt; soweit die bisherigen Untersuchungen ein abschließendes Urteil gestatten, scheint nur festzustehen, daß Nichtantigene nicht aktivierend wirken, daß auch gewisse Antigene mit besonderen physikalischen Eigenschaften diese Fähigkeit nicht oder nur in minimalem Grade besitzen, und daß sich der Aktivierungsprozeß in vitro abspielt, d. h. daß man wirksame Kombinationen nur dann erhält, wenn man das Hapten und das aktivierende Zusatzantigen im Reagensglase in Kontakt bringt, während die getrennte intravenöse Injektion von Hapten und „Aktivator" erfolglos bleibt (LANDSTEINER und SIMMS, DOERR und HALLAUER u. a.). Die Haptenform des F.A. wurde wegen ihrer Alkohollöslichkeit (DOERR und R. PICK[8], SACHS und seine Mitarbeiter[9], SORDELLI,

---

[1] LANDSTEINER u. SIMMS: J. of exper. Med. **38**, 127 (1923).
[2] TAKENOMATA: Z. Immun.forschg **41**, 190 (1924).
[3] HEIMANN, F.: Z. Immun.forschg **44**, 44 (1925).
[4] DOERR u. HALLAUER: Z. Immun.forschg **45**, 170 (1925); **47**, 291 (1926).
[5] MERA: Z. Immun.forschg **46**, 439 (1926).
[6] SACHS, KLOPSTOCK u. WEIL: Dtsch. med. Wschr. **1925**, Nr 15.
[7] HEINSHEIMER: Z. Immun.forschg. **48**, 438 (1926).
[8] DOERR u. R. PICK: Biochem. Z. **50**, 129 (1913).
[9] SACHS u. GUTH: Med. Klin. **1920**, Nr 6. — S. auch SACHS: Weichardts Erg. **9**, 1—53 (1928).

FISCHER, WERNICKE und PICO[1], W. GEORGI[2] u. a.) für ein Lipoid gehalten; nach LANDSTEINER und LEVENE[3] sprechen jedoch die Löslichkeitsverhältnisse und die chemischen Reaktionen gereinigter Präparate eher für einen polysaccharid-artigen Körper.

Mit dem F.A. wurden von mehreren Autoren (AMAKO[4], KRITSCHEWSKY[5], HYDE[6]) anaphylaktische Versuche angestellt, und zwar anscheinend mit positivem Ergebnis. Sie zeigen insofern eine eigenartige Anordnung, als man zur Sensibilisierung und zur Reinjektion verschiedenartige, aber F.A.-haltige Zellen benutzte, um die Wirkung der anderen das F.A. begleitenden Anaphylaktogene auszuschalten. So reagieren z. B. Kaninchen mit heftigem oder letalem Shock, wenn man sie mit *Hühnererythrocyten* aktiv präpariert und die Probe (intravenöse Erfolgsinjektion) mit *Hammelerythrocyten* ausführt; die beiden genannten Erythrocytenarten sind nämlich durch ihren Gehalt an F.A. ausgezeichnet, stammen aber von so weit voneinander entfernten Tierspezies ab, daß man nicht mehr mit Verwandtschafts-reaktionen der anderen („artspezifischen") Antigene zu rechnen hat. Man hat die auf diese Weise erzielten shockartigen Störungen als *heterogenetische Anaphylaxie* bezeichnet. Es herrschen aber auf diesem Gebiete zahlreiche Widersprüche, die zunächst bereinigt werden müßten, bevor man zu der Frage definitiv Stellung nimmt (vgl. DOERR[7], außerdem auch noch FREI und GRÜNMANDEL[8] sowie K. A. FRIEDE[9]). Mit dem F.A. in Haptenform wurde noch nicht experimentiert; es läßt sich daher auch nicht sagen, ob ihm shockauslösende Fähigkeiten ebenso zukommen wie den bakteriellen Polysacchariden. Eine Notwendigkeit, daß sich die Analogie auch auf diesen Punkt erstrecken müßte, existiert, wie noch später auseinandergesetzt werden soll, nicht.

Die Nachweisbarkeit eines Haptens, welches weder aktiv präpariert noch passiv sensibilisierenden Antikörper erzeugt, sondern nur auslösend oder de-sensibilisierend wirkt, erscheint — wie aus dem oben zitierten Versuche von J. TOMCSIK erhellt — an die Voraussetzung gebunden, daß ein Vollantigen mit identischer oder sehr ähnlicher Spezifität bekannt ist oder daß sich das Hapten in irgendeiner Weise in ein Vollantigen umsetzen läßt, z. B. auf dem eben be-schriebenen Wege der „Kombinationsimmunisierung" oder durch Kuppelung an einen Eiweißkörper, falls das Kuppelungsprodukt die Spezifität des Haptens annimmt. Es ist aber sehr wohl denkbar, daß sich keines der beiden Postulate erfüllen läßt, und zwar lediglich infolge der Lückenhaftigkeit unseres theoretischen Wissens und technischen Könnens, d. h. daß es Haptene gibt, die sich dem Nach-weis mit Hilfe anaphylaktischer Experimente oder anderer Immunitätsreaktionen entziehen; mit dieser Möglichkeit zu rechnen, zwingen uns Beobachtungen aus dem Gebiete der *Idiosynkrasien*, aus denen hervorgeht, daß sehr viele Substanzen existieren, welche spezifisch auslösende und desensibilisierende Fähigkeiten besitzen, die aber weder im Versuch am Menschen noch am Tiere ein einwand-freies und regelmäßiges Präparierungs- (Immunisierungs-) Vermögen bekunden. Auf welche Art der Organismus, auf den die betreffenden Stoffe spezifisch aus-lösend wirken, sensibilisiert wird bzw. warum sich in demselben Antikörper entwickeln, ist natürlich eine andere Frage; jedenfalls können aber die jeweiligen Grenzen des Experimentes enger gezogen sein als jene natürlicher Vorgänge.

Wenn auch nicht sicher bewiesen, ist es doch sehr wahrscheinlich, daß Haptene eine einfachere Beschaffenheit haben als Vollantigene von identischer Spezifität. *Als theoretisches Minimalerfordernis für ein „Prüfungsantigen" wäre*

[1] SORDELLI, FISCHER, WERNICKE u. PICO: C. r. Soc. Biol. Paris **84**, 173, 174 (1921).
[2] GEORGI, W.: Arb. Staatsinst. exper. Ther. Frankf. **1919**, H. 9.
[3] LANDSTEINER u. LEVENE: Proc. Soc. exper. Biol. a. Med. **23**, 343 (1926) — J. of Immun. **14**, 81 (1927).
[4] AMAKO: Z. Immun.forschg **22**, 641 (1919).
[5] KRITSCHEWSKY: J. inf. Dis. **32**, 196 (1923).
[6] HYDE, R. R.: J. of Immun. **12**, 309 (1926).
[7] DOERR: Handb. d. path. Mikroorg., 3. Aufl. **1**, 875.
[8] FREI u. GRÜNMANDEL: Klin. Wschr. **6**, 2412 (1927).
[9] FRIEDE: Zbl. Bakter. I Orig. **109**, 462 (1928).

das Vorhandensein der die Spezifität (bzw. die spezifische Affinität zum Antikörper) *bestimmenden chemischen Konfiguration anzusehen*; die Erfahrung lehrt aber, daß diese Bedingung schon für die in vitro ablaufenden Immunitätsreaktionen nicht völlig ausreicht.

LANDSTEINER[1] stellte durch Immunisierung von Kaninchen mit Azoprotein ein präcipitierendes Antiserum her und ließ dasselbe im Reagensglase 1. mit Azoprotein, 2. mit azotierten Albumosen, 3. mit azotierten Peptonen und Aminosäuren und 4. mit den reinen Azostoffen reagieren. Mit Azoprotein bekam er reichliche, mit azotierten Albumosen schwache, mit den anderen Substanzen gar keine Präcipitate, wohl aber wirkten auch die reinen Azostoffe in einer Mischung des Antiserums mit Azoprotein spezifisch flockungshemmend, d. h. so wie im Überschuß zugesetztes Azoprotein.

In erhöhtem Maße gilt dies *für das auslösende Vermögen*, das zweifellos nicht nur von dem Besitz einer die Spezifität bedingenden chemischen Konstitution, sondern — zumindest im anaphylaktischen Experiment — noch von einer Reihe anderer Faktoren abhängt. So kann man z. B. in dem auf S. 696 zitierten Versuch als Prüfungsantigen *nicht einfach diazotiertes Atoxyl* verwenden, sondern muß, um den anaphylaktischen Shock zu erzielen, die intravenöse Erfolgsinjektion entweder mit den nach LANDSTEINERS Angaben hergestellten Azoproteinen (LANDSTEINER, MEYER und ALEXANDER) oder mit Gemischen von diazotiertem Atoxyl und Serum (KLOPSTOCK und SELTER) ausführen. Eine vollständige Angabe aller jener Eigenschaften, welche in ihrer Gesamtheit die Qualifikation zum auslösenden und besonders zum shockauslösenden Antigen repräsentieren, ist derzeit nicht möglich. Der Grad der Avidität zum Antikörper spielt sicher eine bedeutsame Rolle; DOERR und MOLDOVAN[2] sowie in neuester Zeit WU, TEN BROECK und LI vermochten zu zeigen, daß man durch verschiedene denaturierende Eingriffe die Reaktionsgeschwindigkeit von Eiweißantigenen in vitro (bei der Immunpräcipitation) gleichzeitig mit dem shockauslösenden Vermögen (geprüft im anaphylaktischen Versuch) erheblich reduzieren kann. Ferner müssen die betreffenden Stoffe in Wasser löslich sein und dürfen mit dem Blutplasma der Versuchstiere keine Fällungen geben, und schließlich ist auch der Mangel höherer Grade von „primärer Toxizität" zu verlangen; löst eine Substanz schon beim normalen Tiere in relativ kleinen Dosen „anaphylaktoide" Erscheinungen aus oder wirkt sie schon in niedrigen Konzentrationen auf den überlebenden normalen Uterusstreifen kontraktionserregend, so eignet sie sich eo ipso wenig oder überhaupt nicht für anaphylaktische Experimente. Es ist auf Grund dieser Ausführungen leicht einzusehen, *daß auch einem Immunisierungsantigen unter Umständen das shockauslösende Vermögen mangeln kann*, oder daß der Nachweis dieses Vermögens aus technischen Gründen unmöglich wird; um den antigenen Charakter derartiger Stoffe zu erkennen, müssen dann andere Immunitätsreaktionen herangezogen werden, in welchen die Auswirkung als Prüfungsantigen an weniger strenge bzw. an andere Bedingungen geknüpft ist. So kann z. B. ein „*Koktoeiweiß*", das selbst in großen Dosen keinen Shock hervorruft, mit einem wirksamen Präcipitin noch starke Flockungen geben, und die *Globine* funktionieren als Prüfungsantigene wohl bei der Präcipitation und bei der Komplementablenkung, nicht aber im anaphylaktischen Versuch am Meerschweinchen (OTTENSOOSER u. STRAUSS[3]); ähnlich wie die *Globine* verhalten sich die nur in alkalischen Medien löslichen *Plasteine* (v. KNAFFL-LENZ u. E. P. PICK[4]).

Die minimale shockauslösende Antigendosis (in der Regel als intravenös tödliche Minimaldosis für sensibilisierte Meerschweinchen bestimmt) *nimmt*

---

[1] LANDSTEINER, K.: Biochem. Z. **93**, 106 (1919).
[2] DOERR u. MOLDOVAN: Wien. klin. Wschr. **24**, Nr 16 (1911).
[3] OTTENSOOSER u. STRAUSS: Zitiert auf S. 689.
[4] v. KNAFFL-LENZ u. E. P. PICK: Zitiert auf S. 689.

innerhalb eines gewissen quantitativen Intervalles mit der Menge des im Organismus vorhandenen Antikörpers ab; diese Beziehung tritt in der passiv anaphylaktischen Versuchsanordnung klar zutage, wie man aus dem auf S. 663 angeführten Beispiel ohne weiteres ersehen kann. Es wurde daselbst auseinandergesetzt, daß diese Erscheinung die herrschende Vorstellung widerlegt, daß der Shock zustande kommt, wenn eine bestimmte Menge Antikörper mit einer äquivalenten Menge Antigen abreagiert. Das Verhalten der Shockdosen ist aber noch in einer anderen Hinsicht bemerkenswert und läßt sich nicht als banale Selbstverständlichkeit auslegen, indem man einfach konstatiert, daß mit der Menge des Antikörpers die „Empfindlichkeit" des Tieres gegen Antigenzufuhr wachsen müsse und daß diese erhöhte Empfindlichkeit nur im Absinken der auslösenden Antigenmengen einen meßbaren Ausdruck finden könne. Aus der passiven Versuchsanordnung erfließt vielmehr die logische Konsequenz, daß die Empfindlichkeit des Tieres nichts anderes sein kann als eine Empfindlichkeit des Antikörpers, daß man also die anscheinend physiologische Empfindlichkeit eines lebenden Organismus auf die physikalische Empfindlichkeit eines unbelebten Stoffes zurückzuführen hat. Das ist aber, wie DOERR[1] vor kurzem zeigen konnte, de facto in gewisser Beziehung möglich.

Die übliche Methode der Präcipitinauswertung besteht nämlich darin, daß man je 0,1 ccm Antiserum mit fallenden Antigenkonzentrationen überschichtet und feststellt, ob sich in der Berührungszone ein „Trübungsring" bildet. Die *schwächste* Antigenkonzentration, welche den Effekt liefert, wird als Maß für die „Menge" des Präcipitins angesehen. Antisera von „höherem Präcipitingehalt" geben mit niedrigeren Antigenkonzentrationen Niederschläge. Es ist aber längst erwiesen, daß die spezifischen Präcipitate der Hauptmasse nach nicht aus dem Antigen, sondern aus dem „Präcipitin", d. h. aus dem mit Antikörper beladenen Eiweiß des Immunserums bestehen. Bei der Auswertung eines Präcipitins mit Hilfe der UHLENHUTHschen Ringprobe wird somit die Flockungsempfindlichkeit der antikörperhaltigen Proteinpartikel des Immunserums durch die schwächste (eben noch wirksame) Antigenkonzentration gemessen, und damit ist im Prinzip auch das Modell für das anaphylaktische Experiment gegeben, speziell wenn man noch im Auge behält, daß für das Resultat der Probe — mag sie nun an intakten Tiere oder am isolierten Muskel ausgeführt werden — ebenfalls *Antigenkonzentrationen und nicht absolute Antigenquanten* ausschlaggebend sind (s. S. 662 ff.). — Flockt man eine gegebene Menge Präcipitin durch ein unterneutralisierendes Quantum Präcipitinogen aus und entfernt den Niederschlag, so kann man in der überstehenden Flüssigkeit, welche den Präcipitinrest enthält, wohl eine zweite Flockung hervorrufen, braucht aber zu diesem Zwecke weit mehr Antigen als das erstemal; dementsprechend wächst im anaphylaktischen Versuch die shockauslösende Dosis *durch partielle Desensibilisierung* beträchtlich (bis auf das Hundertfache und mehr), statt, wie man im Sinne früherer Ideen annehmen sollte, zu fallen (COCA und KOSAKAI, WALZER und GROVE, vgl. auch S. 663).

Die Regel, daß die minimale Shockdosis abnimmt, wenn die Menge des im Körper vorhandenen Antikörpers wächst, gilt, wie schon betont, nur innerhalb eines begrenzten dosologischen Intervalles und hat auch in diesem Intervall nicht die Form einer mathematisch definierbaren Beziehung; die Ursachen für dieses irreguläre Verhalten sind bis jetzt nicht genauer analysiert worden (J. L. BURCKHARDT, FRIEDBERGER, R. WEIL, O. THOMSEN, R. DOERR u. a.[2]).

Aus den Arbeiten von TOMCSIK und KUROTCHKIN[3] sowie von R. LANCEFIELD[4] erhellt, daß *auch nichtproteide Stoffe* in hohem Grade, d. h. in sehr kleinen Gaben bzw. in starken Verdünnungen auslösende Wirkungen entfalten können, was insofern wichtig ist, als damit jenen Hypothesen der Boden entzogen wird, welche die anaphylaktischen Störungen als Folgen eines toxigenen Zerfalls der bei der Reinjektion einverleibten Eiweißantigene hinstellen wollen. Aber gerade diese, von TOMCSIK und LANCEFIELD untersuchten bakteriellen Kohlehydrate sind nur

---

[1] DOERR: Handb. d. path. Mikroorg., 3. Aufl., **1**, 821 f. (1929).
[2] Zitiert auf S. 663.
[3] TOMCSIK u. u. KUROTCHKIN: Zitiert auf S. 697.
[4] LANCEFIELD, R.: Zitiert auf S. 691.

Haptene, und es erhebt sich daher die Frage, ob die zweite fundamentale Antigenfunktion, das Immunisierungsvermögen, nicht etwa an den Eiweißcharakter
der betreffenden Stoffe oder an die Mithilfe von Eiweiß (z. B. bei der Kombinationsimmunisierung) gekettet ist. Sicher verneinen läßt sich diese Frage
vorläufig noch nicht.

A. KLOPSTOCK u. G. E. SELTER[1] vermochten allerdings Meerschweinchen mit reinem
(eiweißfreiem) diazotiertem Atoxyl zu sensibilisieren und durch die intracutane Probe mit
demselben Material anaphylaktische Reaktionen (lokale Kokardreaktionen) zu erzeugen,
die sich u. U. bis zur Nekrose des Hautgewebes nach Art des Phänomens von ARTHUS steigerten.
Die Präparierung gelang jedoch nur, wenn das diazotierte Atoxyl subcutan oder intraperitoneal, *nicht aber, wenn es intravenös eingespritzt wurde*; ferner reagierten sensibilisierte
Meerschweinchen nicht mit Shock, wenn man zur intravenösen Probe das bloße chemische
Präparat benutzte. Der Ersatz des diazotierten Atoxyls durch ein *Gemisch dieser Substanz
mit arteigenem Serum* (d. h. Meerschweinchenserum) ermöglichte hingegen sowohl die intravenöse Präparierung wie die Auslösung des Shocks durch intravenöse Erfolgsinjektion; die
Gemische des Atoxyls mit Serum erwiesen sich aber erst nach längerem Stehen als brauchbar,
und darin dürfte wohl die Erklärung dieser eigenartigen Ergebnisse zu suchen sein. Offenbar
kommt bei subcutaner Zufuhr des Atoxyls das Kupplungsprodukt mit arteigenem Serumeiweiß im Organismus zustande, während dies nach intravenöser Injektion aus irgendwelchen,
erst genauer zu bestimmenden Gründen nicht eintritt.

B. WALTHARD[2] gibt an, daß weiße Ratten auf das Betupfen der Haut mit hochkonzen-
trierten Extrakten aus den Blättern der *Primula obconica* regelmäßig mit einer, dem Bilde
des akuten Ekzems beim Menschen entsprechenden Dermatitis reagieren und daß die Erscheinungen nach zweimaligem Betupfen weit stärker ausgeprägt sind. Ob man jedoch die
erzielten Hautveränderungen als anaphylaktische Störungen auffassen darf, ist mehr als
zweifelhaft; einmal wegen der Spezies der Versuchstiere, dann aber auch wegen der ausgesprochenen primären Wirksamkeit der Primelsubstanzen (die nach B. BLOCH und KARRER[3]
keine Eiweißkörper sind), die sich qualitativ von der Einwirkung auf die „sensibilisierte"
Rattenhaut in keiner Weise unterscheidet.

Diesen spärlichen Anhaltspunkten stehen ungezählte negative (zum Teil
anaphylaktische) Versuche älteren und jüngeren Datums gegenüber, ferner die
Tatsache, daß die vollwertigen (d. h. nicht nur auslösenden, sondern auch sensibilisierenden) Anaphylaktogene durchweg Proteine sind und daß der tryptische,
peptische oder hydrolytische Abbau genuiner Eiweißantigene in der Regel nichtantigene Spaltprodukte liefert. Synthetische Polypeptide (geprüft bis zum
Oktodekapeptid) vermögen Meerschweinchen nicht aktiv zu sensibilisieren
(ABDERHALDEN und WEIL[4], eigene Untersuchungen). Andererseits kennt man
aber auch eine nicht geringe Zahl von Eiweißstoffen, denen die Fähigkeit der
Antikörperbildung fehlt, wie z. B. die Histone, die Protamine und vor allem die
in dieser Richtung besonders sorgfältig geprüfte Gelatine (STARIN[5]), und vermag
nicht mit Sicherheit anzugeben, wodurch sich nichtantigenes und antigenes Eiweiß
voneinander unterscheiden: die abgegebenen Erklärungen sind durchweg hypothetischer Natur und nicht einmal einheitlich, indem der Mangel der Antigenfunktion bald auf ein zu kleines Molekulargewicht, bald auf das Fehlen bestimmter Aminosäuren im Proteinmolekül, bald wieder wie bei den racemisierten
Eiweißkörpern (Alkalialbuminaten) auf den Verlust der fermentativen Spalt-
barkeit (G. H. WELLS[6], TEN BROECK[7], E. P. PICK und SILBERSTEIN[8] usw.) bezogen wurde. Zudem läßt sich die Richtigkeit der sachlichen Grundlagen zum

[1] KLOPSTOCK u. SELTER: Klin. Wschr. **6**, 1662 (1927).
[2] WALTHARD, B.: Arch. f. Dermat. **156**, 173 (1928).
[3] BLOCH u. KARRER: Vjschr. naturforsch. Ges. Zürich **1927**, Beibl., Nr 13.
[4] ABDERHALDEN: Hoppe-Seylers Z. **81**, 315, 322 (1912). — ABDERHALDEN u. WEIL:
Ebenda **109**, 289 (1920).
[5] STARIN: J. inf. Dis. **23**, 139 (1918).
[6] WELLS, G. H.: J. inf. Dis. **9**, 147 (1911).
[7] TEN BROECK: J. of biol. Chem. **17**, 369 (1914).
[8] PICK, E. P. u. SILBERSTEIN: Handb. d. path. Mikroorg., 3. Aufl., **2**, 322 (1928).

Teil anfechten; die bisherigen Auffassungen über die Molekulargewichte der Proteine (vgl. ED. J. COHN[1]) sind durch die Untersuchungen von THE SVEDBERG[2] über das Hämocyanin ins Wanken geraten, und was die racemisierten Eiweißkörper anlangt, konnte LANDSTEINER[3] zeigen, daß acetyliertes Eiweiß in der Eprouvette weder von Pepsin noch von Trypsin angegriffen wird, daß es aber trotzdem im Kaninchen Präcipitinbildung hervorruft, daß also mit anderen Worten Verlust der Fermentierbarkeit und der Antigenfunktion nicht notwendig miteinander verknüpft sein müssen. Die Beziehungen zwischen Eiweißstruktur und Immunisierungsvermögen sind uns somit *nur als Ergebnisse experimenteller Erfahrung* bekannt, und gerade dieser Umstand läßt es nicht als gerechtfertigt erscheinen, wenn man eine andere Quelle empirischen Wissens, die Beobachtung natürlicher Vorgänge, einfach vernachlässigen wollte; in dieser Hinsicht lehren aber die *Berufsidiosynkrasien*, daß wiederholte Kontakte mit bestimmten nichtproteiden Substanzen zur Entstehung spezifischer Sensibilisierungszustände und zur Bildung antikörperartiger Reagine führen (s. unter „Idiosynkrasien“).

Das Immunisierungsvermögen der Eiweißantigene zeigt *quantitative Abstufungen*, die man *Aktivitätsgrade* nennt (WELLS, DALE und HARTLEY[4], DOERR und BERGER[5], RUPPEL[6], G. FISCHER[7], DOERR u. a.).

Die *Messung der Aktivität* kann erfolgen:

1. durch Bestimmung der Menge des produzierten Antikörpers;

2. durch die Größe der Dosis sensibilisans minima (der aktiv präparierenden Minimaldosis) im aktiv anaphylaktischen Versuch am Meerschweinchen; sie beträgt z. B. für Ovalbumin 0,00005 mg (WELLS), für Euglobulin aus Pferdeserum 0,0004 mg, für Albumin aus dem gleichen Serum 0,0039 mg (DOERR und BERGER);

3. durch die Inkubationsperiode der aktiven Meerschweinchenanaphylaxie, welche mit zunehmender Aktivität abnimmt (DALE und HARTLEY, DOERR und BERGER);

4. durch die gegenseitige Beeinflussung der immunisierenden (sensibilisierenden) Funktionen zweier miteinander zu vergleichender Antigene im selben Organismus (sog. „*Konkurrenz der Antigene*“).

Man hat hierbei nach DOERR[8] zwei Fälle prinzipiell zu unterscheiden, die *quantitative* und die *qualitative* Konkurrenz. Eine quantitative (dosologische) Konkurrenz findet auch zwischen Antigenen von gleicher Aktivitätsstufe statt. Sensibilisiert man z. B. Meerschweinchen mit einem Gemisch von 0,01 ccm Rinderserum und 1,0 ccm Pferdeserum, so wird die Entwicklung des anaphylaktischen Zustandes gegen Rinderserum verzögert, abgeschwächt oder bei noch bedeutenderem quantitativen Mißverhältnis ganz verhindert (BENJAMIN und WITZINGER[9], J. H. LEWIS[10]). Aktivitätsbestimmungen können *nur mit Hilfe der qualitativen Konkurrenz* ausgeführt werden, wie sie zuerst von DOERR und BERGER[11] festgestellt wurde. Diese Autoren präparierten Meerschweinchen gleichzeitig mit Euglobulin und Albumin aus Pferdeserum und fanden, daß ein Überschuß von Euglobulin

[1] COHN, ED. J.: J. of biol. Chem. **63** (1925).
[2] THE SVEDBERG u. CHIRNOAGA: J. amer. chem. Soc. **50**, 1399 (1928).
[3] LANDSTEINER u. BARRON: Z. Immun.forschg **26**, 142 (1917).
[4] DALE u. HARTLEY: Biochem. J. **10**, 408 (1916).
[5] DOERR u. BERGER: Z. Hyg. **96**, 190, 258 (1922).
[6] RUPPEL, ORNSTEIN u. LASCH: Z. Hyg. **97**, 188 (1922).
[7] FISCHER, G.: Z. Hyg. **103**, 659 (1924).
[8] DOERR: Handb. d. path. Mikroorg., 3. Aufl., **1**, 808ff. (1929).
[9] BENJAMIN u. WITZINGER: Z. Kinderheilk. **2**, 3 (1911) — Münch. med. Wschr. **57**, 1619 (1910).
[10] LEWIS, J. H.: J. inf. Dis. **17**, 241 (1915).
[11] DOERR u. BERGER: Zitiert auf S. 691.

das Zustandekommen einer Albuminanaphylaxie völlig verhindert, daß dagegen selbst ein 100faches Multiplum von Albumin die sensibilisierende Wirkung des Euglobulins nicht beeinträchtigt. Es muß betont werden, daß sich der auf diesem Wege gefundene Aktivitätsunterschied zwischen den beiden genannten Proteinen auch durch andere Methoden (Bestimmung der Dosis sensibilisans minima und der Inkubationsperiode) nachweisen läßt.

Die Aktivität der Eiweißantigene wird zweifellos (zum Unterschiede von der Spezifität) von physikalischen Eigenschaften weitgehendst beeinflußt.

Ovalbumin sensibilisiert nach Falk u. Caulfield[1] in weit kleineren Dosen, wenn es elektropositiv geladen d. h. in einer Flüssigkeit gelöst ist, die eine höhere H·-Konzentration besitzt, als dies dem isoelektrischen Punkte des Proteins ($p_H = 4,8$) entspricht; elektronegatives oder elektroneutrales Ovalbumin ist als aktiv präparierendes Antigen erst in wesentlich größeren Mengen wirksam. Ähnliche Beobachtungen stammen von Neuweiler[2], ferner von jenen Autoren, welche über beträchtliche Reduktionen der Aktivität nach verschiedenen denaturierenden Eingriffen (Erhitzen, Alkalien, ultraviolettes Licht usw.) berichten, wobei allerdings der rein physikalische Charakter der gesetzten Veränderung in Anbetracht der auftretenden Spezifitätsänderungen (Wu, ten Broeck und Li) in Zweifel gezogen werden kann.

Systematische Untersuchungen über die Aktivität genuiner Antigene liegen nicht vor. Als *hochaktiv* sind auf Grund der vorliegenden Erfahrungen anzusehen die Globuline der Blutsera, das Ovalbumin, manche Phytoproteine (Edestin, Globuline und sog. Proteosen aus Pflanzensamen). Serumalbumine sind weniger aktiv als Serumglobuline (Doerr und Russ, Doerr und Berger, Dale und Hartley). Mäßige Aktivität bekunden die Linsenproteine (Kapsenberg, Shibata[3], Witebsky[4]), die Anaphylaktogene artfremder Erythrocyten (Thomsen[5], Moldovan, Zolog und Tirica[6], G. Fischer[7], J. H. Lewis[8]); als schwach aktiv gelten Hämoglobine, Ovo- und Seromucoide, Mucine (Wells[9], Elliott[10], Goodner[11], Lewis und Wells[12]), Pollensubstanzen (Alexander, Walzer und Grove[13]), ferner zahlreiche Derivate, die man aus hochaktiven Antigenen durch künstliche Eingriffe erhalten kann. *Artefizielle Aktivitätssteigerungen* sind gleichfalls beschrieben worden. Aus dem schwach aktiven Hämoglobin geht durch Abspaltung der prosthetischen Hämatingruppe das stark aktive Globin hervor (Ottensooser und Strauss[14]), und aus nichtantigenem Alkalialbuminat erhielten Landsteiner und Barron[15] durch Behandlung mit HNO_3 antigenes Xantho-protein.

Einer kurzen Erwähnung bedarf schließlich noch die *Lipoidanaphylaxie*. Daß eiweißfreie Lipoide weder Antikörper bilden noch auch sensibilisieren, darf als gesichert gelten. Die Lipoide könnten sich aber wie Haptene verhalten, und von dieser Möglichkeit ausgehend, hat man versucht, durch die Landsteinersche Methode der Kombinationsimmunisierung die Produktion von spezifischen Lipoidantikörpern zu erzwingen. Als Aktivator („Eiweißschlepper" oder „Eiweißschiene") benutzte man in Anlehnung an die ersten grundlegenden Experimente von Landsteiner (s. S. 698) Schweineserum, dem vielfach besondere

[1] Falk u. Caulfield: Proc. Soc. exper. Biol. a. Med. **20**, 199 (1923).
[2] Neuweiler: Die Milchanaphylaxie. Preisschr. d. Univ. Bern 1923.
[3] Shibata, zitiert nach Uhlenhuth: Zbl. Bakter. I Orig. **104**, 189 (1927).
[4] Witebsky: Zbl. Bakter. I Orig. **104**, 144 (1927).
[5] Thomsen, O.: Z. Immun.forschg **3**, 539 (1909).
[6] Moldovan, Zolog u. Tirica: C. r. Soc. Biol. Paris **89**, 341 (1923).
[7] Fischer, G.: Z. Hyg. **103**, 659 (1924).
[8] Lewis, J. H.: Z. Hyg. **108**, 336 (1928).
[9] Wells: J. inf. Dis. **9**, 168 (1911).
[10] Elliott: J. inf. Dis. **15**, 501 (1914).
[11] Goodner: J. inf. Dis. **37**, 285 (1925).
[12] Lewis u. Wells: J. inf. Dis. **40**, 316 (1927).
[13] Walzer u. Grove: J. of Immun. **10**, 835 (1925).
[14] Ottensooser u. Strauss: Zitiert auf S. 689.
[15] Landsteiner u. Barron: Z. Immun.forschg **26**, 142 (1917).

Vorzüge vor anderen Antigenen nachgerühmt werden (GEORGI[1], HEIMANN[2], FRÄNKEL und TAMARI[3]), als „Lipoide" MERCKsches Lecithin oder Cholestearin (SACHS und A. KLOPSTOCK[4], HALBER und HIRSZFELD[5], POLETTINI[6]) oder alkoholische Extrakte aus verschiedenen Organen und Zellarten (LANDSTEINER und VAN DER SCHEER[7], L. und D. H. WITT, SACHS und seine Mitarbeiter[8] u. v. a.). Es gelang in der Tat, „Antilipoidsera" zu gewinnen, welche mit den betreffenden Lipoiden mehr oder minder spezifische Flockungen oder Komplementbindungsreaktionen gaben. In den meisten dieser Versuche wurde die Annahme gemacht, daß man alkoholische Organextrakte einfach als eiweißfreie Lipoidlösungen betrachten dürfe, was selbstverständlich nicht zulässig ist; das MERCKsche Ovolecithin wurde als „rein" bezeichnet, während spätere Nachprüfungen ergaben, daß Lecithine von hohem Reinheitsgrade oder die synthetischen Lecithine von GRÜN und LIMPÄCHER weder allein noch mit Hilfe eines Kombinationsantigens (Schweineserum) spezifische Antikörper erzeugen (H. SACHS und A. KLOPSTOCK[4], LEVENE, LANDSTEINER und VAN DER SCHEER[9], ORNSTEIN[10], E. BERGER[11]). Die Frage der Lipoidantikörper ist also noch nicht befriedigend geklärt. Sicher ist jedenfalls, daß einwandfreie Beweise für eine Lipoidanaphylaxie, d. h. für die Möglichkeit, durch Lipoid-Antilipoid-Reaktionen anaphylaktische Störungen auszulösen, *nicht erbracht wurden*. Weder die alten Experimente von BOGOMOLEZ[12], STÜBER, K. MEYER[13] u. a. (vgl. hierzu auch DOERR[14] sowie B. WHITE[15]) halten sachlicher Kritik stand noch die neueren Versuche von A. KLOPSTOCK[16], B. POLETTINI[6], L. HENNING[17], bei welchen das Prinzip der Kombinationsimmunisierung in Anwendung gebracht wurde. Natürlich darf man aber daraus nicht den Schluß ziehen, daß den Lipoiden der Haptencharakter abzusprechen ist; das Versagen einer Substanz im anaphylaktischen Versuch kann sehr verschiedene Ursachen haben und wird sogar bei Vollantigenen (Plastein, Globin usw.) beobachtet.

C. Der anaphylaktische Antikörper (Reaktionskörper).

Der anaphylaktische Antikörper tritt in *freiem* Zustande im Blute von Menschen oder gewissen Tierspezies auf, die mit Eiweißantigenen („Anaphylaktogenen") parenteral vorbehandelt (immunisiert) werden. Die besondere Benennung („anaphylaktischer" Antikörper) besagt bei dem jetzigen Stande des Wissens nicht mehr, *als daß er im Blute nur mit einer einzigen Methode, nämlich durch das passiv anaphylaktische Experiment, nachgewiesen werden kann*. Ergibt dieses Experiment ein negatives Resultat, so wird angenommen, daß die betreffende Blutprobe keinen anaphylaktischen Antikörper enthält, ein Schluß, der mit Rücksicht auf die begrenzte Leistungsfähigkeit des Prüfungsverfahrens nur bedingte Gültigkeit besitzen kann. Außer dem passiven Präparierungsvermögen kennt man keine andere Eigenschaft, welche den anaphylaktischen Antikörper als solchen auszeichnet und ihn von anderen Antikörpern (Präcipitinen, komplementbindenden Amboceptoren usw.) unterscheiden würde; der anaphylaktische Antikörper gleicht vielmehr allen anders benannten in der einzigen, als fundamental zu bezeichnenden Beziehung, daß er sich mit dem zugehörigen Antigen kraft einer spezifischen Affinität unter gegenseitiger Neutralisation verbindet. Dieser Tatbestand ist für die provisorische Beantwortung der

[1] GEORGI, F.: Z. Immun.forschg **37**, 285 (1923).
[2] HEIMANN: Zitiert auf S. 698.
[3] FRÄNKEL u. TAMARI: Klin. Wschr. **1927**, Nr 24 u. 52.
[4] SACHS u. KLOPSTOCK: Biochem. Z. **159**, 491 (1925).
[5] HALBER u. HIRSZFELD: Z. Immun.forschg **48**, 69 (1926).
[6] POLETTINI: Boll. Ist. sieroter. milan. **5**, 163 (1926); **6**, 93 (1927).
[7] LANDSTEINER u. VAN DER SCHEER: J. of exper. Med. **41**, 41 (1925).
[8] SACHS: Zitiert auf S. 696.
[9] LEVENE, LANDSTEINER u. VAN DER SCHEER: J. of exper. Med. **46**, 197 (1927).
[10] ORNSTEIN: Wien. klin. Wschr. **39**, 785 (1926).
[11] BERGER, E.: nicht publiziert.
[12] BOGOMOLEZ: Z. Immun.forschg **5**, 121 (1910); **6**, 332 (1910).
[13] MEYER, K.: Z. Immun.forschg **21**, 654 (1914).
[14] DOERR: Handb. d. path. Mikroorg., 2. Aufl., **2**, 1000.
[15] WHITE, B.: J. med. Res. **30**, 393 (1914).
[16] KLOPSTOCK, A.: Z. Immun.forschg **48**, 97 u. 141 (1926).
[17] HENNING, L.: Z. Immun.forschg **55**, 19 (1928).

Frage nach der „*Sonderstellung des anaphylaktischen Antikörpers*" entscheidend. Zahlreiche Immunologen betrachten ihn als einen Immunkörper sui generis, hauptsächlich aus dem Grunde, weil das passive Präparierungsvermögen der Immunsera keine qualitative oder quantitative Übereinstimmung mit anderen Antikörperfunktionen (dem „Gehalt" an Präcipitin oder komplementbindenden Amboceptoren) aufweist (Hamburger und Moro, v. Pirquet und Schick, Otto, Biedl und Kraus, v. Dungern und Hirschfeld, Longcope, R. Weil u. v. a.), eine Beweisführung, welche offenbar von der Voraussetzung ausgeht, daß das passive Präparierungsvermögen eine absolute Eigenschaft des anaphylaktischen Antikörpers darstellt; das trifft aber, wie die Erfahrung lehrt, nicht zu.

Präpariert man eine Reihe von gleichgewichtigen Meerschweinchen mit gleichen aber relativ kleinen Dosen antikörperhaltigen Immunserums vom Kaninchen passiv, so reagiert ein Teil der Tiere auf die intravenöse Erfolgsinjektion von Antigen maximal, ein Teil nur mäßig stark, der Rest gar nicht; mit der sukzessiven Erhöhung der präparierenden Serumdosis steigt der Prozentsatz der positiv reagierenden Meerschweinchen, bis schließlich ein fast 100proz. gleichmäßiger Versuchsausfall erreicht ist (Walzer und Grove[1]). In der Literatur findet man ferner zahlreiche Angaben über passiv anaphylaktische Experimente an Hunden, Kaninchen, weißen Mäusen usw., welche unter absolut identischen Bedingungen ausgeführt, eine gewisse Quote von negativen Resultaten gaben; es darf sogar bezweifelt werden, ob überhaupt irgendeine Versuchsanordnung dieser Art existiert, bei welcher Versager völlig ausgeschlossen sind. Im Bereiche der heterologen passiven Anaphylaxie existieren endlich sog. „unmögliche Kombinationen"; so lassen sich Meerschweinchen durch Antisera von Hühnern nicht passiv präparieren (Uhlenhuth und Händel[2], N. P. Sherwood und C. M. Downs[3]), Hühner, Tauben und Schildkröten nicht durch Antisera von Kaninchen (Friedberger und Hartoch, N. P. Sherwood[4], Sherwood und Downs[3]). Der in einem Immunserum vom Kaninchen enthaltene Antikörper ist also für das Meerschweinchen ein „anaphylaktischer" Antikörper, für das Huhn und die Schildkröte aber nicht; das, was man als passives Präparierungsvermögen bezeichnet, ist somit eine Relativität, eine Beziehung der antikörperhaltigen Immunsera zu bestimmten Tieren oder — da die passive Präparierung auch am isolierten Organ bewerkstelligt werden kann — zu bestimmten Geweben. Das Wesen dieser Relativität kennt man nicht; da sie aber de facto besteht und aus der Reaktivität der Antikörper mit ihren Antigenen oder mit Komplement (Friedberger[5], Friedberger und Scimone[6]) nicht befriedigend erklärt werden kann, liegt vorderhand kein zwingender Anlaß vor, den anaphylaktischen Antikörper als ein besonderes „Quale" von den anders benannten Antikörpern abzutrennen. Bordet, M. Nicolle, Doerr, Zinsser, Dean u. a. vertreten daher die unitarische Hypothese, welche besagt, daß einem einheitlichen Antigen nur ein einziger Antikörper entspricht, und daß die verschiedenen Bezeichnungen („anaphylaktischer" Reaktionskörper, Präcipitin, Amboceptor usw.) nur eine Aussage über die Art seines Nachweises, d. h. über die vom Experimentator gewählte spezielle Form der Antigen-Antikörper-Reaktion enthalten (Näheres s. bei Doerr[7] und G. H. Wells[8]).

Statt des Vollblutes (immunisierter Tiere) kann man zur passiven Präparierung auch defibriniertes Blut, Blutplasma (Citrat- oder Heparinplasma) oder Serum verwenden; meist wird das durch spontane Blutgerinnung abgeschiedene Serum benutzt.

Äquivalente Volumina von Vollblut, defibriniertem Blut oder von aus defibriniertem Blut abgesonderten bzw. durch spontane Koagulation gewonnenem Serum müssen nicht notwendig dasselbe passive Präparierungsvermögen besitzen.

Manwaring und Azevedo[9] ersetzten das Blut normaler Hunde zur Hälfte durch das Blut aktiv anaphylaktischer Hunde; 75% der normalen Hunde wurden passiv anaphylaktisch und reagierten auf die Probe mit Antigen typisch und maximal, wobei es gleichgültig war,

---

[1] Walzer u. Grove: Zitiert auf S. 682.
[2] Uhlenhuth u. Händel: Zitiert auf S. 682.
[3] Sherwood, N. P. u. C. M. Downs: Zitiert auf S. 682.
[4] Sherwood, N. P.: Zitiert auf S. 682.
[5] Friedberger u. Hartoch: Z. Immun.fosschg **3**, 581 (1909).
[6] Friedberger u. Scimone: Z. Immun.forschg **36**, 386 (1923).
[7] Doerr: Handb. d. path. Mikroorg., 3. Aufl., **1**, 838.
[8] Wells, G. H.: The chemical aspects of immunity, S. 88—94 (1925).
[9] Manwaring u. Azevedo: J. amer. med. Assoc. **91**, 386 (1928).

ob der Blutaustausch durch Gefäßkopplung gleich schwerer Tiere oder durch Transfusion von Vollblut bzw. von defibriniertem Blut bewerkstelligt wurde. Die passive Präparierung mit äquivalenten oder sogar doppelt so großen Mengen des Serums der aktiv vorbehandelten Hunde gab dagegen nur 33% positiver Resultate; der passiv anaphylaktische Zustand war überdies selbst in den positiven Fällen nur schwach ausgeprägt, und die auslösbaren Symptome erwiesen sich als atypisch, indem sie mehr den Erscheinungen der Kaninchenanaphylaxie glichen. Der von MANWARING und AZEVEDO gezogene Schluß, daß der sog. anaphylaktische Antikörper, wie er im Vollblut der aktiv sensibilisierten Hunde vorhanden ist, bei der üblichen Art der Serumabscheidung quantitative, vielleicht sogar qualitative Veränderungen erleidet, erscheint gerechtfertigt und wird durch alte Angaben von DREYER und WALKER[1] sowie durch neuere Untersuchungen von TSCHERIKOWER und GRÜNBAUM[2] gestützt, aus welchen hervorgeht, daß auch andere Antikörper (Agglutinine, Thrombocytobarine, Präcipitine, Hämolysine, Bakteriolysine) im Plasma, in dem durch Defibrinieren und dem durch Koagulation gewonnenen Serum in verschiedenen Mengen enthalten sein, d. h. daß die betreffenden Immunitätsreaktionen sehr verschiedene Ergebnisse liefern können, je nachdem man Plasma, Defibrinierungs- oder Gerinnungsserum (dargestellt aus derselben Probe Immunvollblut) als antikörperführende Substrate verwendet. Solange diese Phänomene nicht genauer analysiert sind, bleiben ihre Ursachen Gegenstand bloßer Vermutungen, die hier nicht erörtert werden können; es sei jedoch auf eine Mitteilung von H. C. FREY verwiesen[3], welche einen Zusammenhang zwischen der Entstehung der Antikörper und dem Zerfall der Thrombocyten bzw. der Produktion der Thrombocyten durch die Megakaryocyten des Knochenmarkes herzustellen sucht. Vielleicht eröffnen sich hier neue Wege, um der Lösung einiger wichtiger Probleme (Ort und Art der Antikörperbildung, Wesen der Antikörper) näherzutreten. Darüber hinaus könnten die beschriebenen Erscheinungen Beziehung zu Untersuchungen gewinnen, welche sich mit dem Verhältnis der Antikörper zu den Proteinen der Immunsera beschäftigen.

Die *Albumine* der Immunsera sind nämlich stets antikörperfrei, gleichgültig, welches Verfahren zu ihrer Abscheidung aus dem betreffenden Serum gedient hat; für den anaphylaktischen Antikörper wurde dieser Nachweis von DOERR und HALLAUER[4] erbracht. Die Antikörper haften also an den *Globulinen*; fraktioniert man aber die Globuline, was in der Regel durch Aufspaltung in eine leichter fällbare, wasserunlösliche „Euglobulin''- und eine schwerer fällbare, wasserlösliche „Pseudoglobulin''-Fraktion geschieht, so konstatiert man ein wechselndes Verhalten (E. P. PICK, LANDSTEINER und CALVO, LAUBENHEIMER und VOLLMAR[5], OTTO und Mitarbeiter[6], DOERR und HALLAUER[7], A. BECK[8], LOCKE, F. HIRSCH[9], KAPSENBERG u. RISPENS[10], H. KRÖGER und HEKTOËN[11], OTTO und IWANOFF[12], O. ORNSTEIN[13], A. MALLARDO u. a.), indem sich der Antikörper (auch der anaphylaktische) bald ausschließlich in der Euglobulin-, bald lediglich in der Pseudoglobulinfraktion findet, bald wieder auf beide Fraktionen verteilt, wobei der Hauptanteil einmal hier, das andere Mal dort nachzuweisen ist. Die angewendeten Fraktionierungsmethoden (Aussalzung, Elektroultrafiltration, Elektroosmose) sind zwar in manchen Fällen an der Differenz der Ergebnisse beteiligt, und zwar dann, wenn die Aufspaltung der Globuline eines und desselben Immunserums je nach der benutzten Technik verschiedene Resultate liefert; sie sind aber sicher nicht ausschlaggebend (DOERR und HALLAUER, OTTO und IWANOFF, ORNSTEIN). Die Fällungsgrenzen der Antikörper sind also von

---

[1] DREYER u. WALKER: Brit. med. J. **1908**, 151.
[2] TSCHERIKOWER u. GRÜNBAUM: Zbl. Bakter. I Orig. **112**, 108 (1929).
[3] FREY, H. C.: Dtsch. Arch. klin. Med. **162**, H. 1 u. 2.
[4] DOERR u. HALLAUER: Z. Immun.forsch **47**, 363 (1926).
[5] LAUBENHEIMER u. VOLLMAR: Z. Hyg. **106**, 202 (1926).
[6] OTTO u. SHIRAKAWA: Z. Hyg. **101**, 426 (1924). — OTTO u. SUKIENNIKOWA: Z. Hyg. **103**, 119 (1924).
[7] DOERR u. HALLAUER: Z. Immun.forschg **51**, 463 (1927).
[8] BECK, A.: Z. Immun.forschg **46**, 295 (1926).
[9] HIRSCH, F.: J. inf. Dis. **35**, 519 (1924).
[10] KAPSENBERG u. RISPENS: Z. Immun.forschg **52**, 227 (1927).
[11] KRÖGER u. HEKTOËN: Proc. Soc. exper. Biol. a. Med. **24**, 352 (1927).
[12] OTTO u. IWANOFF: Z. Immun.forschg **54**, 496 (1928).
[13] ORNSTEIN: Z. Immun.forschg **57**, 507 (1928).

Immunserum zu Immunserum variabel und decken sich weder mit dem Flok-
kungsbereich der Euglobuline noch mit jenem der Pseudoglobuline (Doerr und
Hallauer). Vergleicht man den Antikörpergehalt eines Immunserums, der
aus demselben dargestellten Gesamtglobuline und ihrer Fraktionen mit Hilfe
der in der Immunologie üblichen quantitativen Meßverfahren untereinander,
so können 3 Fälle beobachtet werden: 1. der Antikörpergehalt der Fraktionen
entspricht jenem des Ausgangsserums oder 2. die Absonderung der Globuline
bzw. ihrer Fraktionen hat zu einem Antikörperverlust geführt, ein Ereignis,
das als Regel bezeichnet werden kann (Friedberger, Schiff und Moore[1], Doerr
und Hallauer, Otto und Iwanoff u. a.) oder 3. der Antikörpergehalt der
Derivate übertrifft den „Titer" des Ausgangsserums, ein Resultat, das zwar
selten, aber einwandfrei konstatiert wurde (Doerr und Hallauer, A. Beck,
Otto und Iwanoff). Die Analogien zu den Schicksalen der Antikörper bei der
„Fraktionierung" von Immunvollblut durch Abscheidung von Plasma oder von
Serum (s. oben) sind unverkennbar, und es wäre möglich, daß beide Erscheinungs-
komplexe auf gleichartigen Prozessen beruhen. Es ist ferner durchaus verständ-
lich, daß die Fraktionierung eines Immunserums nicht alle Antikörperfunktionen
in gleicher Weise in Mitleidenschaft ziehen muß, da diese resp. die Arten ihres
Nachweises von verschiedenen Bedingungen abhängen. Otto und Shirakawa,
Otto und Iwanoff bekamen z. B. bei der elektroosmotischen Aufspaltung von
„präcipitierenden" und gleichzeitig passiv präparierenden Kaninchenimmunsera zuweilen eine Dissoziation beider Wirkungsqualitäten derart, daß nur der
Euglobulinanteil mit dem Antigen in vitro ausflockte (die Präcipitinreaktion gab),
aber kein passives Präparierungsvermögen besaß, während sich die Pseudoglobuline in beiden Beziehungen umgekehrt verhielten. Abgesehen davon, daß
so vollständige Dissoziationen nicht die Regel, sondern seltene, nur bei wenigen
Immunsera mögliche und von unbekannten Faktoren abhängige Erscheinungen
darstellen (Doerr und Hallauer, Otto und Iwanoff), berechtigen sie auch
aus anderen Gründen nicht zu der Aussage, daß das Präcipitin vom anaphylaktischen Antikörper verschieden sei (Otto und Shirakawa); das geht aus den
obigen Auseinandersetzungen über die speziellen Bedingungen des passiven
Präparierungsvermögens klar hervor.

Der „anaphylaktische" Antikörper verträgt das einstündige Erwärmen auf
56° C oder das längere Aufbewahren; im verdünnten Zustande lassen sich passiv
präparierende Antisera auf 70° C erhitzen, ohne ihre Wirksamkeit völlig einzubüßen (R. Weil[2]).

Die Menge des in der Volumeinheit Immunserum enthaltenen Antikörpers
kann titriert werden: 1. durch die in vitro neutralisierende oder 2. die in vivo
desensibilisierende Antigenmenge oder 3. durch die Feststellung des kleinsten
Antiserumvolumens, welches ein Meerschweinchen eben noch passiv zu präparieren vermag (Doerr und Russ[3]). Die minimale intravenös-tödliche Shockdosis liefert dagegen kein brauchbares Maß für die Menge des Antikörpers
(s. S. 701).

Das Wesen der Antikörper und die Ursachen ihrer spezifischen Affinität
zum Antigen sind unbekannt; nach den herrschenden Vorstellungen werden sie
von lebenden Zellen produziert und an das umgebende flüssige Medium (Gewebslymphe, Blutplasma) abgegeben; als produktionsauslösendes Moment gilt der
spezifische „Antigenreiz". Das genetische Verhältnis des „Antigenreizes" zum
produzierten Antikörper konnte bisher nicht festgestellt werden; man weiß nur,

[1] Friedberger, Schiff u. Moore: Z. Immun.forschg 22, 609 (1914).
[2] Weil, R.: J. of Immun. 1, 1 (1916).
[3] Doerr u. Russ: Z. Immun.forschg 3, 181 (1909).

daß die Antikörperproduktion nach dem Aufhören des Reizes, d. h. nach dem Schwund des Antigens aus dem Organismus noch lange als „*autonom gewordene Reizfolge*" andauert und daß die einmalige Einwirkung eines spezifischen Antigenreizes die Reaktivität der antikörperproduzierenden Apparate verändert, und zwar im Sinne einer *Leistungssteigerung*; wiederholte identische Antigenreize können anscheinend zur *Ermüdung* oder *Erschöpfung* führen d. h. zum Versiegen der Antikörperproduktion, vielleicht nur bei gewissen Antigenen (zu welchen die klassischen Anaphylaktogene gehören dürften) und unter bestimmten, nicht genauer analysierten Bedingungen. Welche Organe oder Zellformen an der Bildung der Antikörper beteiligt sind, ist nicht entschieden. In der letzten Zeit konzentrierten sich die Hypothesen immer mehr auf gewisse Uferzellen des Blutstromes (Gefäßendothelien, Reticuloendothelien), ohne daß experimentelle Untersuchungen eine sichere Basis für diese Annahme zu schaffen vermochten; die Versuche, durch Organexstirpationen, durch Schädigungen bestimmter Gewebe (mit Röntgenstrahlen, Thorium usw.), durch die sog. Blockade der Reticuloendothelien mit phagocytierbaren Partikeln, wie Tusche, Eisenoxydteilchen, feindispersen Farbstoffen, Bakterien usw., die Produktion von Antikörpern (bzw. im aktiv anaphylaktischen Experiment die Sensibilisierung der Versuchstiere) zu verhindern, ergaben ebensowenig eindeutige Resultate wie dies Studium der Antikörperbildung in Explantaten, d. h. in künstlichen Gewebskulturen. Es besteht daher keine Notwendigkeit, auf das umfangreiche Schrifttum dieser Spezialfrage hier kritisch einzugehen; einen Überblick über die wichtigsten Arbeiten, von denen aus eine weitere Orientierung leicht möglich ist, gibt DOERR[1], ferner K. M. HOWELL[2].

Das Erscheinen und Verschwinden des anaphylaktischen Antikörpers in bzw. aus der Blutzirkulation *aktiv präparierter Tiere* folgt in zeitlicher und quantitativer Hinsicht den durch v. DUNGERN mit Hilfe der Präcipitinreaktion ermittelten Gesetzen (WEIL-HALLÉ und LÉMAIRE[3], DOERR und RUSS[4]). Die ermittelten Daten hängen selbstverständlich von der Empfindlichkeit der Reaktion ab, die man zum Nachweis des Antikörpers im Blute verwendet; so kann man z. B. das Vorhandensein von Antikörper im Blute bzw. Serum aktiv vorbehandelter Meerschweinchen mit Hilfe der lokalen passiven Sensibilisierung der Haut normaler Meerschweinchen schon zu einer Zeit (am 6. Tage nach der Präparierung) feststellen, zu welcher es meist noch nicht gelingt, das passiv anaphylaktische Experiment in der gewöhnlichen Form (Auslösung einer Shockreaktion durch intravenöse Erfolgsinjektion) auszuführen (S. G. RAMSDELL[5]). Der Termin des Antikörperschwundes aus der Blutbahn aktiv präparierter Tiere wird von der Tierspezies und innerhalb derselben Tierart von der Methode der Präparierung beeinflußt. Für das Meerschweinchen wurden diese Verhältnisse genauer untersucht; es ergab sich, daß der Antikörper im Blute von Meerschweinchen, welche durch eine einzige Injektion einer kleinen Antigenmenge aktiv vorbehandelt wurden, nach Ablauf von 9 Wochen nicht mehr nachweisbar ist (R. WEIL, KELLAWAY und COWELL), daß er sich aber nach wiederholter Antigenzufuhr (7 Dosen von krystallisiertem Pferdeserumalbumin à 1 mg) bis zum 4. Monate halten kann (KELLAWAY und COWELL[6]).

[1] DOERR: Handb. d. path. Mikroorg., 3. Aufl., **1**, 829ff.
[2] HOWELL, K. M.: The Newer Knowledge of Bact. and Immunology, S. 1035—1048. Chicago Press 1928.
[3] WEIL-HALLÉ u. LÉMAIRE: C. r. Soc. Biol. Paris **65**, 141 (1908).
[4] DOERR u. RUSS: Zbl. Bakter. I Orig. **59**, 73 (1911).
[5] RAMSDELL, S. G.: J. of Immun. **16**, 133 (1929).
[6] KELLAWAY u. COWELL: Brit. J. exper. Path. **4**, 255 (1923).

Passiv einverleibter Antikörper verschwindet im allgemeinen rascher aus dem strömenden Blute, speziell wenn er *heterolog* ist, d. h. wenn Erzeuger und Empfänger des Antikörpers verschiedenen Tierspezies angehören, in welchem Falle die Elimination schon in wenigen Tagen, ja Stunden beendet sein kann. Injiziert man *homologen* Antikörper, d. h. antikörperhaltiges Immunserum der gleichen Spezies intravenös, so erfolgt zwar anfänglich ebenfalls eine starke Konzentrationsabnahme, doch bleibt meist ein niedrigeres Antikörperniveau durch längere Zeit hindurch (bis zu mehreren Wochen) fortbestehen. Diese Vorgänge sind namentlich für intravenös injizierte Agglutinine und Antitoxine sorgfältig geprüft worden; sie scheinen sich aber in der nämlichen Form abzuspielen, wenn es sich um anaphylaktische Antikörper s. s. handelt (R. WEIL[1], FENYVESSY und FREUND[2]).

Ist somit der Antikörper kein natürliches Produkt des Organismus, so wird er für jeden Fall als „zirkulationsfremde" Substanz empfunden und aus dem strömenden Blute ausgeschieden, gleichgültig ob er im Körper selbst entstanden ist oder von außen zugeführt wurde; variabel ist nur das Tempo der Elimination, das ein Maximum erreicht, wenn der Antikörper an artfremdem Eiweiß (wie im heterologen Immunserum) haftet. Wäre der Schwund des Antikörpers aus der Zirkulation gleichbedeutend mit seiner Zerstörung, d. h. mit seinem Schwunde aus dem Organismus, so müßte die anaphylaktische Reaktivität, die ja nur auf dem Vorhandensein von Antikörper beruhen kann, mit der sinkenden Antikörperkonzentration des Blutes abnehmen und in dem Momente erlöschen, in welchem das Blut völlig antikörperfrei wird. Das ist aber nicht der Fall. Meerschweinchen, die durch eine einmalige Subcutaninjektion kleiner Dosen Pferdeserum aktiv sensibilisiert wurden, reagieren noch nach 365 Tagen mit akut letalem Shock, nach 1121 Tagen mit leichten Symptomen (O. THOMSEN[3], AUER[4]), obwohl das Blut schon nach 63 Tagen keinen nachweisbaren Antikörper enthält; nach mehrmaliger Präparierung mit Pferdeserumalbumin findet man zwar bis zum 4. Monate geringe Antikörperkonzentrationen im Kreislauf (s. oben), aber die Meerschweinchen selbst bzw. ihre Uterusmuskeln reagieren noch nach 8 Monaten deutlich (KELLAWAY und COWELL[5]). Auch bei der passiv anaphylaktischen Versuchsanordnung läßt sich eine erhebliche Diskrepanz zwischen dem Antikörpergehalt im Blutstrom und dem Verhalten der passiv induzierten Reaktivität feststellen. Injiziert man nämlich homologes oder namentlich heterologes Immunserum normalen Meerschweinchen intravenös, so sinkt der Antikörpertiter des Blutes schon in den ersten Stunden und dann noch bis zum Ende des 1. oder 2. Tages rapide in Form einer Hyperbel ab; die anaphylaktische Reaktivität nimmt aber in diesem Zeitintervall nicht ab, sondern zu, erreicht erst nach 24—48 Stunden das Maximum (DOERR und RUSS, R. WEIL, FENYVESSY und FREUND) und ist noch voll ausgeprägt, wenn der Antikörper längst aus der Zirkulation ausgeschieden ist; die Dauer der homologen passiven Anaphylaxie beträgt beim Meerschweinchen 60—70, jene der heterologen 6—14 Tage (R. WEIL, COCA und KOSAKAI).

Der Antikörper wird also sowohl beim aktiv wie beim passiv vorbehandelten Tiere nicht nur aus dem Blute ausgestoßen, sondern de facto zerstört bzw. in eine unwirksame Modifikation übergeführt; die beiden Prozesse fallen aber zeitlich nicht zusammen, vielmehr stellt der erste einen Vorläufer des zweiten dar,

---

[1] WEIL, R.: J. med. Res. **27**, 497 (1913).
[2] FENYVESSY u. FREUND: Z. Immun.forschg **22**, 59 (1914).
[3] THOMSEN, O.: Zitiert auf S. 673.
[4] AUER: Zitiert auf S. 660.
[5] KELLAWAY u. COWELL: Brit. J. exper. Path. **3**, 268 (1922).

und es erhebt sich daher zunächst die Frage, wie man sich den Zustand bzw. die Lokalisation des Antikörpers im Zeitraum zwischen der Ausscheidung aus der Blutbahn und der endgültigen Zerstörung vorzustellen hat. Man muß wohl annehmen, daß der Antikörper in dieser Periode in bestimmten Organen (Geweben) vorhanden und dort in irgendeiner Weise fixiert bzw. gespeichert ist, so daß er durch den Blutstrom nicht mehr fortgeschwemmt werden kann. Gestützt wird dieser Schluß einerseits durch Experimente, aus welchen hervorgeht, daß man das Blut sensibilisierter Tiere (bzw. isolierter Organe von sensibilisierten Tieren) durch das Blut normaler Tiere oder durch Ringerlösung zu ersetzen vermag, ohne dadurch die anaphylaktische Reaktivität aufzuheben oder auch nur zu beeinträchtigen (MANWARING[1], PEARCE und EISENBREY[2], COCA[3], FENYVESSY und FREUND, KRITSCHEWSKY und FRIEDE[4], FRIEDBERGER und SEIDENBERG[5], KRITSCHEWSKY und HERONIMUS[6]).

Aus der Möglichkeit, das anaphylaktische Experiment an verschiedenen isolierten und vom Blute durch Spülung der Gefäße weitgehend befreiten Organen auszuführen, ergibt sich, daß die Speicherung in verschiedenen Organen (Geweben) erfolgen kann, beim Meerschweinchen z. B. in der Lunge und im Uterus, beim Hunde in der Leber.

Nach neueren Untersuchungen soll die Geschwindigkeit und die Perfusionsfestigkeit der Speicherung bei einem und demselben Tiere von Organ zu Organ differieren. J. FREUND[7] sowie FREUND und WHITNEY[8] injizierten Kaninchen agglutinierende Kaninchenimmunsera intravenös und fanden, daß die Agglutinine in der Leber und in der Milz schon innerhalb 10 Minuten die maximale Konzentration erreichen, daß sie aber aus diesen Organen durch Gefäßspülung wieder ausgewaschen werden können, daß dagegen die Speicherung im Uterus und in der Haut erst in mehreren Stunden perfekt wird, und daß sie sich an diesen Orten als perfusionsfest erweist. Die genannten Autoren halten es auf Grund ihrer Versuche für wahrscheinlich, daß das Zustandekommen der Perfusionsfestigkeit nur ein Ausdruck der speziellen Bedingungen ist, welche den Austausch zirkulationsfremder Stoffe zwischen Blut und Gewebsflüssigkeit beherrschen, ein Austausch, der einem Gleichgewichtszustand zustrebt und nach Erreichung desselben aufhört. Danach wäre der perfusionsfeste Antikörper in der Gewebslymphe frei vorhanden und nur durch seine extravasale Lokalisation, nicht aber durch seine Bindung an fixe Gewebszellen dem Einfluß der Gefäßdurchspülung entzogen, ein Gedanke, den in gewissem Sinne auch FRIEDBERGER und SEIDENBERG ausgesprochen haben (s. S. 655). Gegen die Beweiskraft der Versuche von J. FREUND lassen sich jedoch Einwände erheben. Der Nachweis der gespeicherten Agglutinine, gleichgültig ob sie perfusionsfest waren oder nicht, wurde durch bloße Extraktion der zerriebenen Organe mit NaCl-Lösung und Prüfung der agglutinierenden Wirkung der Extraktionsflüssigkeit erbracht; es ist aber mehr als zweifelhaft, ob sich auf diesem Wege die Totalität des gespeicherten Antikörpers erfassen läßt, d. h. ob nicht eine bestimmte Quote des Antikörpers (und zwar gerade die an Zellen fixierte) nicht mehr „extrahiert" werden kann. In Organextrakten aktiv anaphylaktischer Meerschweinchen konnte bisher Antikörper durch keine einzige der zur Verfügung stehenden Methoden festgestellt werden; und doch zeigen die betreffenden Organe im isolierten, überlebenden und blutfreien Zustande eine Reaktivität, die sich nur auf das Vorhandensein von Antikörpern beziehen läßt. Wäre ferner die Lokalisation des Antikörpers in der Gewebslymphe die einzige Ursache der Perfusionsfestigkeit, so könnte die Lymphe der Kaninchenleber nicht Antikörper (Bakterienagglutinine) in besonders hoher Konzentration enthalten, obwohl der gespeicherte Antikörper gerade aus diesem Organ durch Gefäßspülung rasch und vollständig herausgeholt werden kann (FREUND und WHITNEY[9]). Wenn schließlich der Antikörper in gewissen Perioden der anaphylaktischen Reaktivität nur in den isolierten und überlebenden Organen nachweisbar ist, im Blute aber (soweit die

[1] MANWARING: Z. Immun.forschg **8**, 1 (1911).
[2] PEARCE u. EISENBREY: J. inf. Dis. **7**, 565 (1910).
[3] COCA: Z. Immun.forschg **20**, 622 (1914).
[4] KRITSCHEWSKY u. FRIEDE: Z. Immun.forschg **50**, 489 (1927).
[5] FRIEDBERGER u. SEIDENBERG: Zitiert auf S. 655.
[6] KRITSCHEWSKY u. HERONIMUS: Zitiert auf S. 655.
[7] FREUND, J.: J. of Immun. **14**, 101 (1927).
[8] FREUND u. WHITNEY: J. of Immun. **15**, 369 (1928).
[9] FREUND u. WHITNEY: J. of Immun. **16**, 109 (1929).

Technik des Nachweises hierüber Aufschluß gibt) völlig fehlt, kann dieser Zustand nicht als ein bestehendes „Gleichgewicht" der Antikörperverteilung zwischen Blut und Gewebsflüssigkeit definiert werden.

J. Freund[1] hat kürzlich noch weitere Versuche mitgeteilt, in welchen homologer anaphylaktischer Antikörper (Antieiereiweißserum vom Kaninchen) normalen Kaninchen intradermal injiziert wurde in der Absicht, die betreffenden Hautstellen lokal passiv zu sensibilisieren; die Probe, d. h. die Injektion von Eiereiweiß in die vorbehandelten Hautpartien rief nur dann eine entzündliche Reaktion (das sog. Arthussche Phänomen) hervor, wenn sie *innerhalb der ersten 4 Stunden* nach der lokalen Präparierung ausgeführt wurde. Später ergaben die Erfolgsinjektionen negative Resultate, weil der Antikörper — wie Parallelversuche mit Agglutininen lehrten — inzwischen die Depotstelle verlassen hatte und durch Resorption in die Blutbahn übergetreten war. Auch in diesen Ergebnissen sieht J. Freund ein Argument gegen die Bindung der Antikörper an die Gewebe, ein Argument, das sich jedoch höchstens für den untersuchten Spezialfall (Kaninchenhaut und bestimmte Kaninchenantikörper oder richtiger bestimmte antikörperhaltige *Blutsera* vom Kaninchen) verwerten läßt. Für andere Kombinationen (Menschenhaut und idiosynkrasische Antikörper des Menschen) ist eine rasche und anhaltende Fixation lokal applizierter Antikörper durch die Gewebsstrukturen der Haut sicher erwiesen, und diese feststehende Tatsache besitzt weit größere Bedeutung wie die negativen Resultate von Freund, da sie mit den für das anaphylaktische Experiment ermittelten Verhältnissen der Antikörperverteilung im Organismus in Übereinstimmung und nicht in Gegensatz steht; kann doch die Fähigkeit der Antikörperspeicherung verschiedener Gewebe von einer Tierspezies zur anderen variieren, ganz abgesehen davon, daß Serumantikörper und Blut- oder Plasmaantikörper nicht unbedingt gleiche Eigenschaften haben müssen (Manwaring und Azevedo[2]).

Ist somit das Problem der Antikörperspeicherung im extravasalen Gebiet weder im allgemeinen noch im besonderen gelöst, so können Aussagen über seine Beziehungen zur anaphylaktischen Reaktivität selbstverständlich nur hypothetisch sein.

Daß der gespeicherte (in Organen lokalisierte) Antikörper eine *hinreichende* Bedingung der anaphylaktischen Reaktivität darstellt, d. h., daß Tiere oder isolierte Organe anaphylaktisch reagieren *können*, wenn sie den Antikörper nur in dieser Form enthalten, wird eigentlich von keiner Seite bestritten und kann auch nicht bestritten werden, solange sich die zahlreichen Befunde, denen zufolge die Existenz des anaphylaktischen Zustandes mit Antikörperfreiheit des Blutes kompatibel ist, nicht auf eine insuffiziente Methodik zurückführen lassen. Diskutabel erscheint vorläufig nur das Verhältnis des gespeicherten Antikörpers zu den interstitiellen Gewebsflüssigkeiten bzw. zu bestimmten fixen oder mobilen geformten Gewebselementen. Die bisherigen Bemühungen, die Bindung des Antikörpers an Zellen durch den Nachweis einer anaphylaktischen Reaktivität an isolierten sensibilisierten Zellen sicherzustellen, d. h. das anaphylaktische Experiment am „Ein-Zell-Modell" zu reproduzieren, haben entweder negative oder zweifelhafte Resultate gezeigt (Versuche von K. Meyer und H. Löwenthal[3] an explantierten Fibroblasten, Gefäßendothelien usw., Angaben von S. G. Ramsdell[4] über passive Sensibilisierung von lebenden Paramäcien durch den Aufenthalt in antikörperhaltigen Flüssigkeiten, d. h. in Medien, denen Antieiereiweißserum vom Kaninchen zugesetzt war).

· Inwiefern ist aber der in bestimmten Organen gespeicherte Antikörper *notwendig*, d. h. unerläßliche Voraussetzung des anaphylaktischen Zustandes? Die Beantwortung ist auf zweifachem Wege versucht worden. Für das Meerschweinchen konnte vornehmlich durch Dale[5] gezeigt werden, daß das intakte Tier immer dann und nur dann auf die Erfolgsinjektion reagiert, wenn isolierte, überlebende und blutfrei gespülte Organe, z. B. der Uterus, das gleiche

[1] Freund, J.: J. of Immun. **16**, 515 (1929).
[2] Manwaring u. Azevedo: Zitiert auf S. 706.
[3] Meyer, K., u. H. Löwenthal: Z. Immun.forschg **54**, 420 (1928).
[4] Ramsdell: J. of Immun. **14**, 197 (1927).
[5] Dale: Anaphylaxis. Bull. Hopkins Hosp. **31**, 310 (1920).

abnorme Verhalten gegen Antigenkontakt bekunden. Diese Behauptung wurde von WALZER und GROVE[1], KELLAWAY und COWELL[2] u. v. a. bestätigt und erlitt eine für das Wesen der zu beweisenden These nicht wesentliche Einschränkung nur in der Richtung, daß eine relativ geringe Reaktivität des intakten Tieres unter gewissen Umständen (Präparierung mit massiven oder oft wiederholten Antigendosen) mit einer hochgradigen Hypersensibilität der blutfrei gespülten Shockorgane (des Uterus und der Lunge der Meerschweinchen) einhergehen kann (DALE[3], MANWARING und KUSAMA[4], MOORE[5]), eine Erscheinung, welche man nach dem Vorschlage von DOERR als „maskierte" oder „potentielle" Anaphylaxie bezeichnet und die auf unbekannten Faktoren beruht. Danach würde also beim Meerschweinchen der anaphylaktische Zustand an den Gehalt der Shockgewebe an perfusionsfest gespeichertem Antikörper zwangsläufig gebunden sein. Zweitens kann man untersuchen, ob das Vorhandensein von Antikörper im Blute genügt, um dem Organismus die abnorme Reaktivität zu verleihen oder, was als gleichbedeutend betrachtet wird, ob der Ablauf einer Antigen-Antikörperreaktion im kreisenden Blut einen Shock auszulösen vermag. Die angestellten Experimente gestatten aber in dieser Beziehung noch kein sicheres und einheitliches Urteil. Die ermittelten Tatsachen lassen sich in folgenden Punkten subsummieren:

1. Antigen-Antikörperreaktionen üben in vitro keinen Einfluß auf Zellen oder Organe aus, welche im Reaktionsmilieu anwesend sind, auch dann nicht, wenn es sich um Organe handelt, deren Reizung im anaphylaktischen Shock außer Frage steht. So kontrahiert sich z. B. der glatte Muskel des Meerschweinchens nicht, wenn man zu der Ringerlösung, in welche er eintaucht, zuerst Antipferdeserum vom Kaninchen und dann Pferdeserum zusetzt (DALE und KELLAWAY[6]). Ebensowenig reagieren überlebende, in warmer Ringerlösung suspendierte Dünndarmsegmente normaler Meerschweinchen, wenn man im Ringerbad eine Hämolyse (durch Einbringen von amboceptorbeladenen Erythrocyten und Meerschweinchenkomplement) ablaufen läßt (eigene Beobachtung).

2. Injiziert man normalen Hunden oder Meerschweinchen homologes oder heterologes antikörperhaltiges Immunserum intravenös, so läßt sich eine anaphylaktische Reaktion erst nach Ablauf einer gewissen Frist auslösen, die man als *Latenzperiode der passiven Anaphylaxie* (s. S. 681) bezeichnet (OTTO[7], DOERR und RUSS[8], MANWARING, HOSEPIAN, O'NEILL und MOY[9], DOERR und BLEYER[10], SCHWARZMANN[11] u. v. a.).

Von den Anhängern der „cellulären" Theorien wird diese Latenzperiode als die Zeit aufgefaßt, welche notwendig ist, damit der in das Blut eingebrachte Antikörper in den Shockorganen gespeichert („zellständig") wird, während jene Autoren, welche eine „humorale" bzw. eine in der Blutzirkulation ablaufende Antigen-Antikörperreaktion als shockauslösenden Reiz für möglich halten, die Latenzperiode auf die „antianaphylaktische" Wirkung der Sera beziehen wollen, welche den passiv präparierenden Antikörper enthalten. Für die erstgenannte

---

[1] WALZER u. GROVE: J. of Immun. **10**, 483 (1925).
[2] KELLAWAY u. COWELL: Brit. J. exper. Path. **3**, 268 (1922).
[3] DALE: J. of Pharmacol. **4**, 167 (1913).
[4] MANWARING u. KUSAMA: J. of Immun. **2**, 157 (1917).
[5] MOORE: Proc. Soc. exper. Biol. a. Med. **12**, 175 (1915).
[6] DALE u. KELLAWAY: J. of Physiol. **54**, 143 (1921).
[7] OTTO: Münch. med. Wschr. **1907**, Nr 34.
[8] DOERR u. RUSS: Z. Immun.forschg **2**, 181 (1909).
[9] MANWARING, HOSEPIAN, O'NEILL u. MOY: J. of Immun. **10**, 575 (1925).
[10] DOERR u. BLEYER: Z. Hyg. **106**, 371 (1926).
[11] SCHWARZMANN: Z. Hyg. **106**, 119 (1926).

Vorstellung würden Versuche von DALE sprechen, nach denen die Latenzperiode des passiv präparierten Meerschweinchens annähernd mit der Zeit übereinstimmt, welche verstreichen muß, bevor sich die blutfrei gespülten Organe des Tieres gegen Antigenkontakt als empfindlich erweisen, bevor also der Antikörper in den Shockgeweben perfusionsfest wird; die an zweiter Stelle präzisierte Deutung beruft sich darauf, daß die Latenzperiode der passiven Anaphylaxie beim Kaninchen und bei der weißen Maus (SCHIEMANN und MEYER[1]) nicht zu konstatieren ist, daß sie somit ein nicht für alle anaphylaktisch reagierenden Tierspezies gültiges Gesetz darstellt, zweitens auf die Tatsache, daß ein bestehender anaphylaktischer Zustand durch intravenöse Einspritzung homologer oder heterologer *Normalsera* de facto temporär aufgehoben werden kann (FRIEDBERGER und HJELT[2], FRIEDBERGER und SEIDENBERG[3], DOERR und BLEYER[4], DALE und KELLAWAY, KELLAWAY und COWELL[5]), eine Erscheinung, die in der Literatur als „Auslöschphänomen" bekannt ist. Exakt bewiesen ist keine der beiden Annahmen; was speziell das „Auslöschphänomen" anlangt, konnten KELLAWAY und COWELL auf Grund einer sehr sorgfältigen Analyse zeigen, daß die schützende (antianaphylaktische bzw. „auslöschende") Wirkung intravenös injizierter Sera nicht auf eine Hemmung der humoralen Antigen-Antikörperreaktion, sondern auf eine Annullierung bzw. Verminderung der Reizbarkeit der Shockgewebe (der glatten Muskeln des Meerschweinchens), d. h. auf einen zellständigen Vorgang bezogen werden muß.

3. Würde der anaphylaktische Shock auf einer „humoralen" Antigen-Antikörperreaktion beruhen, so könnte man erwarten, daß das passiv anaphylaktische Experiment umkehrbar ist, d. h. daß eine typische Reaktion ausgelöst werden kann, wenn man zuerst das Antigen und im zweiten Akt das antikörperhaltige Immunserum intravenös injiziert.

Beim Meerschweinchen ergaben alle derartigen Versuche bisher negative Resultate, beim Kaninchen erzielten E. L. OPIE und J. FURTH[6], bei der weißen Maus SCHIEMANN und MEYER positive Ergebnisse, aber unter ganz eigenartigen quantitativen Bedingungen, die sich erheblich von jenen der gewöhnlichen Form des passiv anaphylaktischen Experimentes entfernten, so daß es nicht ohne weiteres zulässig ist, hier wie dort den gleichen reaktionsauslösenden Vorgang anzunehmen.

4. Beim Meerschweinchen kann in der Zirkulation reichlich passiv präparierender Antikörper nachweisbar sein, obwohl das Tier selbst auf die Probe mit Antigen nicht anaphylaktisch reagiert, so z. B. in der präanaphylaktischen Periode (OTTO, IWANOFF[7]) und in späteren Phasen des antianaphylaktischen Zustandes; hierher kann auch die Latenzperiode der passiven Anaphylaxie in gewissem Sinne gerechnet werden.

Damit ist der gegenwärtige Stand des Problems des Sitzes der anaphylaktischen Antigen-Antikörperreaktion in seinen Hauptumrissen charakterisiert. Erschwert wird seine Lösung durch die mangelnde Einsicht in das Wesen der Antikörper überhaupt und des anaphylaktischen insbesondere, für dessen Nachweis nur der passiv anaphylaktische Versuch mit seinen eigenartigen Bedingungen zur Verfügung steht.

---

[1] SCHIEMANN u. MEYER: Z. Hyg. **106**, 607 (1926).
[2] FRIEDBERGER u. HJELT: Z. Immun.forschg **39**, 395 (1924).
[3] FRIEDBERGER u. SEIDENBERG: Zitiert auf S. 655.
[4] DOERR u. BLEYER: Zitiert auf S. 681.
[5] KELLAWAY u. COWELL: Zitiert auf S. 715.
[6] OPIE u. FURTH: J. of exper. Med. **43**, 469 (1926).
[7] IWANOFF: Z. Hyg. **107**, 781 (1927).

Welche Überraschungen auf diesem Gebiete möglich sind, lehren Angaben von Kellaway und Cowell[1]. Sie bestimmten im Blute (Serum) von aktiv (mit Pferdeserum) präparierten Meerschweinchen den Titer des Präcipitins sowie des anaphylaktischen Antikörpers und injizierten hierauf 3 ccm normalen Meerschweinchenserums (arteigenen Serums) intravenös. 15 Minuten nach der Injektion sank der Antikörpergehalt des Serums beträchtlich ab, blieb etwa 20 Stunden auf dem niedrigen Niveau und stieg erst dann allmählich an, so daß die frühere Höhe nach 48 Stunden noch nicht völlig erreicht war. Der „zellständige" Antikörper (bestimmt durch die Reaktivität der glatten Uterusmuskeln gegen Antigenkontakt) nahm langsamer ab, erreichte das Minimum nach 1—2 Stunden und war schon nach 4 Stunden regeneriert. Das Verhalten der intakten Tiere entsprach den Schwankungen des zellständigen, nicht aber jenes des humoralen Antikörpers, so daß man hierin ein Argument für die celluläre Theorie der Anaphylaxie erblicken darf. Was soll man sich aber unter einem „Antikörper" vorstellen, der durch intravenöse Einspritzung von arteigenem Serum temporär verschwindet und spontan wiedererscheint? Werden die Gerinnungsverhältnisse des Blutes geändert, so daß „Serum" vor und nach der Injektion nicht mehr identische Produkte sind (Manwaring und Azevedo, Tscherikower und Grünbaum[2])? Und warum schwindet die Reaktivität des glatten Muskels, die man ja nur mit dem Gehalt an gespeichertem Antikörper und nicht mit den Modalitäten der Blutgerinnung in Beziehung setzen kann?

III. Die Vererbbarkeit des anaphylaktischen Zustandes.

Die Paarung anaphylaktischer männlicher Meerschweinchen mit normalen Weibchen gibt normale Nachkommen (Otto[3], Ratner, Jackson und Gruehl[4]); aus der Paarung aktiv anaphylaktischer Weibchen mit normalen Männchen gehen dagegen sensibilisierte Junge hervor (Rosenau und Anderson[5], Gay und Southard[6], Otto[3], Lewis[7], Schenk[8], Belin[9], Mori[10], Vaughan und Wheeler, Scaffidi[11], Ratner, Jackson und Gruehl[4], Cionini[12]). Es kann sich also nicht um eine wahre (germinative) Vererbung handeln; vielmehr muß eine Sensibilisierung der Frucht im Uterus des Weibchens erfolgen, sei es, daß *antikörperhaltiges Plasma* oder *Antigen* aus dem Blute der Mutter durch die Placenta in die Zirkulation des Fetus übertritt; der Übergang von Antikörper müßte eine passive, der Übergang von Antigen eine aktive Präparierung bedingen.

Um diese Alternative zu entscheiden, wurde zunächst die verschiedene Dauer der aktiven und der homologen passiven Anaphylaxie älterer Meerschweinchen herangezogen, die im ersten Falle 12 oder mehr Monate beträgt, im zweiten auf längstens 2—2$\frac{1}{2}$ Monate beschränkt ist. Da der anaphylaktische Zustand der von aktiv präparierten Weibchen stammenden Jungen binnen 2—2$\frac{1}{2}$ Monaten nach der Geburt regelmäßig erlischt (Otto, Scaffidi, Ratner, Jackson und Gruehl), nahm man allgemein eine placentare Passage von Antikörper, d. h. eine *passive Sensibilisierung der Feten* in utero an. Injiziert man aber einem graviden Meerschweinchen kurz (2—3—4 Tage) vor dem Partus Antigen, so erweisen sich die neugeborenen Jungen ebenfalls als anaphylaktisch, obzwar die Mutter selbst zur Zeit der Ausstoßung der Früchte noch nicht sensibilisiert sein kann und obwohl ihr Blut noch keinen Antikörper enthält (Scaffidi, Ratner, Jackson und Gruehl, Cionini); die Jungen reagieren ferner auf die Probe nicht unmittelbar nach der Geburt, sondern erst nach Ablauf von einem Monat oder

[1] Kellaway u. Cowell: Brit. J. exper. Path. **3**, 268 (1922).
[2] Tscherikower u. Grünbaum: Zitiert auf S. 707.
[3] Otto: Münch. med. Wschr. **54**, 1665 (1907).
[4] Ratner, Jackson u. Gruehl: J. of Immun. **14**, 249, 267, 275, 291 u. 303 (1927).
[5] Rosenau u. Anderson: Hyg. Labor. Bull., Washington **1906**, Nr 29, 73.
[6] Gay u. Southard: J. med. Res. **11**, 143 (1907).
[7] Lewis: J. of exper. Med. **10**, 1 (1908).
[8] Schenck, F.: Münch. med. Wschr. **57**, 2514 (1910).
[9] Belin: C. r. Soc. Biol. Paris **68**, 906 (1910).
[10] Mori, A.: Biochimica e Ter. sper. **2**, 26 (1910).
[11] Scaffidi: Riforma med. **29**, 1296 (1913).
[12] Cionini: Pathologica (Genova) **19**, 478 (1927).

mehr, ein Termin, welcher der Inkubationsperiode der aktiven Anaphylaxie nach der Präparierung mit sehr kleinen Antigenmengen entspricht (Ratner, Jackson und Gruehl); schließlich gab A. Cionini an, daß sich der anaphylaktische Zustand der neugeborenen Meerschweinchen innerhalb der ersten 20 bis 25 Tage nach ihrer Geburt passiv auf normale männliche Meerschweinchen übertragen läßt. Diese Beobachtungen sprechen entschieden dafür, daß die Frucht im Uterus aktiv (durch Eindringen von Antigen in ihre Blutbahn) sensibilisiert wird, um so mehr, als die Passage artfremder Proteine durch die Placenta mit Hilfe der Präcipitinreaktion von Ascoli[1] und von Holford[2] direkt festgestellt werden konnte. Um den Widerspruch, der hier vorzuliegen scheint, zu lösen, müßte man erwägen, ob die Dauer der aktiven Anaphylaxie bei den in utero sensibilisierten Tieren nicht etwa kürzer ist als nach extrauteriner Präparierung älterer Meerschweinchen, in welchem Falle natürlich die früheren, auf dieses Moment aufgebauten Folgerungen ganz oder zum Teile unrichtig wären. Es wäre übrigens sehr wohl möglich, daß man sowohl aktiv als passiv oder unter Umständen auch aktiv *und* passiv anaphylaktische Jungen erhalten kann, je nachdem die Mutter kurz vor dem Partus oder in frühen Perioden der Tragzeit (bzw. vor der Konzeption) oder in einer mittleren Phase der Gravidität sensibilisiert wird und je nach der Natur und der Menge des zur Sensibilisierung benutzten Antigens. Vollständig geklärt sind diese Verhältnisse noch keineswegs. Unter anderem fanden Ratner, Jackson und Gruehl, daß ein durch eine einzige Injektion von Antigen aktiv präpariertes Meerschweinchenweibchen mehrmals hintereinander anaphylaktische Junge werfen kann; in einer Versuchsserie erzielten die Autoren von einem Muttertier 4 Würfe, und die Jungen des 4. Wurfes reagierten auf die Antigenzufuhr ebenso stark wie jene des ersten. Nach unseren jetzigen Kenntnissen ist es aber ausgeschlossen, daß sich Antigen oder Antikörper so lange Zeit im kreisenden Blute der Mutter erhält; wie werden also die Jungen der späteren Würfe sensibilisiert? Etwa durch den gespeicherten Antikörper der Uteruswand, von dem allein eine derartig langfristige Persistenz im Organismus des Meerschweinchens bekannt ist?

Da das Placentarfilter bei verschiedenen Tierspezies eine verschiedene Permeabilität besitzt (Literatur bei Ratner, Jackson und Gruehl), dürfte die „Vererbbarkeit" der Anaphylaxie (in dem oben präzisierten Sinne) bei jeder Tierart besonderen Gesetzen folgen, welche von den beim Meerschweinchen ermittelten Regeln wahrscheinlich stark abweichen können; dazu kommt noch, daß auch die Persistenz von Antigen und Antikörper im Blute je nach der Tierart variabel ist, ja daß innerhalb derselben Art, z. B. beim Menschen, sehr beträchtliche individuelle Unterschiede konstatiert wurden. Hier ist somit noch viel Arbeit zu leisten, deren Ergebnisse in mehrfacher Hinsicht Bedeutung gewinnen können, nicht zuletzt auch für die Aufklärung von Fällen, in welchen Kinder schon auf eine erste Zufuhr von artfremdem Eiweiß mit anaphylaktoiden Störungen reagieren.

IV. Symptomatologie, pathologische Anatomie und experimentelle Analyse der anaphylaktischen Reaktionen.

1. Meerschweinchen.

a) Der akute Shock.

Wird einem genügend stark sensibilisierten Meerschweinchen eine ausreichende Dosis Antigen intravenös (in die Vena jugularis oder in eine Vene der

---

[1] Ascoli, A.: Z. phys. Chem. **36**, 498 (1902).
[2] Holford, zitiert nach Ratner, Jackson u. Gruehl: Zitiert auf S. 715.

hinteren Extremität), intraarteriell (in die Carotis communis) oder intrakardial injiziert, so treten nach kurzdauernden *Prodromalerscheinungen* (eigentümlichen Würgebewegungen, heftigem, durch intensiven Juckreiz bedingtem Kratzen der Schnauze, der Ohren und der Pfoten, Absetzen von Kot und Harn) *Erstickungssymptome* auf, welche oft, und zwar schon innerhalb weniger Minuten (3—6) zum Exitus führen. Die asphyktischen Konvulsionen verlaufen meist in mehreren, an Intensität zunehmenden Schüben, zwischen welchen sich das Tier so weit erholt, daß es sich wieder für einige Augenblicke auf seinen Extremitäten aufrichten kann, bis es ein erneuter Anfall zu Boden schleudert; sistieren die Paroxysmen, bevor der Erstickungstod erfolgen konnte, so setzen auch alle anderen Störungen in der Regel rasch aus, und der eben noch so bedrohliche Zustand geht alsbald in ein anscheinend völlig normales Verhalten über.

Der Obduktionsbefund der verendeten Meerschweinchen und der Mechanismus der Erstickung wurden schon in der Einleitung mit genügender Ausführlichkeit besprochen (s. S. 652ff.). Es wurde hervorgehoben, daß die „akute Lungenblähung", richtiger die Immobilisierung der Lungen im maximal geblähten Zustande, nur auf einer Stenosierung der Lumina der Bronchien kleinen und mittleren Kalibers beruhen kann. Dies läßt sich auch dadurch nachweisen, daß man in die Trachea solcher geblähter (und zum Vergleich auch normaler) Lungen geeignete erstarrende Massen unter gelindem Drucke einfließen läßt und sodann das Lungengewebe durch Korrosion entfernt; die erhaltenden Ausgüsse des Bronchialbaumes der anaphylaktischen Shocklunge lassen alle feineren Ramifikationen vermissen und bekunden auf diese Weise die völlige Okklusion der tieferen Luftwege.

Die Bronchostenose wird durch eine spastische Kontraktion der glatten Bronchialmuskulatur bewirkt. Diese Aussage stützt sich 1. auf die Tatsache, daß auch andere glatte Muskeln sensibilisierter Meerschweinchen (Uterus, Darm, Harnblase) maximal gereizt werden, wenn man sie in isoliertem Zustande mit genügenden Antigenkonzentrationen in Kontakt bringt (W. Schultz, Dale, Massini, Manwaring und Marino[1] u. a.); 2. auf die Symptome des akuten Shocks, unter denen sich auch solche Erscheinungen finden, welche auf Spasmen der glatten Muskulatur extrapulmonaler Organe, z. B. des Darmes und der Harnblase, bezogen werden müssen (Abgang von Harn und Kot, Nachweis der vermehrten Darmperistaltik im Röntgenbild durch Schlecht und Weiland[2], des Blasenkrampfes durch Manwaring und Marino); 3. auf den Parallelismus, der zwischen der Antigenempfindlichkeit eines beliebigen extrapulmonalen glatten Muskels (Uterus) und der Fähigkeit des intakten Meerschweinchens, auf eine Antigeninjektion mit Lungenblähung zu reagieren, besteht (Dale[3], Walzer und Grove[4], Kellaway und Cowell[5] usw.); 4. auf den Antagonismus von Giften (Atropin), welche auf die parasympathisch innervierte glatte Muskulatur lähmend wirken und imstande sind, den durch Antigen auslösbaren Krampf sensibilisierter glatter Muskeln zu verhindern oder zu coupieren (Auer[6], Friedberger und Mita, Karsner und Nutt[7], Stoland und Sherwood[8]).

Nur P. Schmidt[9] und seine Mitarbeiter bestreiten den Bronchospasmus und nehmen als Ursache der Bronchostenose ein plötzlich einsetzendes Ödem der Bronchialschleimhaut

---

[1] Manwaring u. Marino: J. of Immun. **13**, 69 (1927).
[2] Schlecht u. Weiland: Z. exper. Path. u. Ther. **13**, 334 (1913).
[3] Dale: Zitiert auf S. 653.   [4] Walzer u. Grove: Zitiert auf S. 713.
[5] Kellaway u. Cowell: Zitiert auf S. 715.
[6] Auer: Amer. J. Physiol. **26**, 439 (1910) — Z. Immun.forschg **12**, 235 (1912).
[7] Karsner u. Nutt: J. amer. med. Assoc. **57**, 1023 (1911).
[8] Stoland u. Sherwood: J. of Immun. **8**, 91 (1923).
[9] Schmidt, P. u. H. Happe: Z. Hyg. **94**, 253 (1921) — Schmidt u. Barth: Ebenda **101**, 388 (1924) — Arch. f. Hyg. **94**, 209 (1924).

an; in letzter Zeit vertritt auch H. T. Karsner die Ansicht, daß das Ödem neben dem
Bronchospasmus eine Rolle spielen dürfte, und gibt, im Gegensatze zu anderen Autoren,
zu welchen übrigens auch P. Schmidt gehört, an, daß sich der Austritt von Ödemflüssigkeit in die Wand und in das Lumen der Bronchien 2. Ordnung direkt im mikroskopischen
Präparat feststellen lasse. Diese Theorie ist indes nicht zureichend begründet. Allerdings
darf man sich nicht vorstellen, daß die Bronchien einfach durch einen bloßen Muskelkrampf
ringförmig abgeschnürt werden. Die Bronchialschleimhaut ist vielmehr am Zustandekommen
der Bronchostenose sicher beteiligt — wie schon Auer, der Begründer der bronchospastischen
Lehre, betonte —; sie liegt nämlich beim Meerschweinchen der Innenwand der Bronchien
nicht glatt an, sondern bildet *Längsfalten*, die sich auf Querschnitten als zottenartige Vorsprünge darstellen und sich infolge der lockeren Beschaffenheit des submucösen Zellgewebes
u. U. stärker von der Unterlage abheben können, so daß sich ihre Kämme bis zur gegenseitigen Berührung annähern. Auf diese Weise kann sehr wohl eine Art *Ventilverschluß*
(P. Schmidt) entstehen, welchen nurmehr forcierte, durch Lufthunger bedingte Inspira-
tionsbewegungen zu überwinden vermögen, ein Ventilverschluß, der auch dann noch fort-
zuwirken vermag, wenn der initiale Muskelkrampf infolge der Erschlaffung der Broncho-
constrictoren weggefallen ist, wie z. B. nach dem Tode des Tieres oder noch während der
Shockdauer selbst. Diese Auffassung nötigt aber nicht dazu, einen Muskelspasmus als
primären Prozeß abzulehnen; im Lungengewebe ist jedenfalls in unkomplizierten Fällen
keine Spur von Ödem zu sehen, und ein ausschließlich auf die Bronchialmucosa beschränkter
Austritt von Flüssigkeit aus den Gefäßen wäre schwer verständlich.

Der „akute Shocktod" des Meerschweinchens erfolgt demnach durch eine
rein mechanische Erstickung; es läßt sich darüber streiten, ob der von Besredka
(auf Grund anderer Vorstellungen) eingeführte Ausdruck „Shock" auf einen
derartigen Vorgang paßt.

Die Mitwirkung anderer Organe (Herz, Zentralnervensystem, Leber, Gefäße
des kleinen oder großen Kreislaufes) ist weder nachgewiesen noch auch theoretisch erforderlich, da die (als Todesursache ausreichende) Immobilisierung
der geblähten Lunge auch am ausgeschnittenen, überlebenden Organ sensibilisierter Meerschweinchen durch Einleitung antigenhaltiger Ringerlösung in die
Pulmonalarterie hervorgerufen werden kann (Dale, Manwaring und Kusama;
Takeda). Dieser Sachverhalt wird gewöhnlich, wenn auch nicht ganz richtig,
in den Satz gekleidet: „Das ,Shockorgan' des Meerschweinchens ist die Lunge."
Damit ist aber nicht gesagt, daß nicht auch andere Veränderungen im akuten
Shock eintreten können; sie wurden vielmehr in großer Zahl nachgewiesen und
sind entweder

a) *sekundäre Folgen der Erstickung* und der dieselbe begleitenden Krämpfe
der quergestreiften Körpermuskulatur; hierher gehören die (auch elektrokardio-
graphisch untersuchten) Störungen der Herztätigkeit (Auer und Lewis[1],
Königsfeld und Oppenheimer[2], Höfer und Kohlrausch[3]), die schollingen
Zerklüftungen und wachsartigen Degenerationen quergestreifter Muskeln
(Benecke und Steinschneider[4], v. Worzikowsky-Kundratitz[5]), ferner
gewisse Veränderungen des Blutes, vor allem seine ausgesprochen venöse Beschaffenheit.

b) *Sekundäre Folgen der im Organismus bzw. in der Blutbahn ablaufenden
Antigen-Antikörper-Reaktion*; dazu wäre die Abnahme des Komplementes im
Serum der reagierenden Meerschweinchen zu rechnen, welche von Michaelis
und Fleischmann[6], Friedemann, Scott, Sleeswijk[7], Friedberger und

---

[1] Auer u. Lewis: J. of exper. Med. 12 (1910).
[2] Königsfeld u. Oppenheimer: Z. exper. Med. 28, 106 (1922).
[3] Höfer u. Kohlrausch: Klin. Wschr. 1, 1893 (1922).
[4] Beneke u. Steinschneider: Z. allg. Path. u. path. Anat. 23, 529 (1912) — Beitr.
path. Anat. 63, 633 (1917).
[5] v. Worzikowsky-Kundratitz: Arch. f. exper. Path. 73, 33 (1913).
[6] Michaelis u. Fleischmann: Med. Klin. 1906.
[7] Sleeswijk: Z. Immun.forschg 2, 133 (1909); 5, 580 (1910); 7, 661 (1910).

HARTOCH[1], OTTO, TSURU[2], BUSSON und TAKAHASHI[3], THOMSEN, ARLOING und LANGERON[4], ZOLOG und TIRICA[5], LÖFFLER[6], LOEWIT und BAYER[7] u. v. a. studiert und als ein inkonstantes, der Intensität des Shocks nicht parallel gehendes, daher auch für die Auslösung des Shocks nicht notwendiges Phänomen erkannt wurde, das bei dem Amboceptorcharakter des anaphylaktischen Antikörpers a priori zu erwarten ist (vgl. hierzu S. 705). Die mit anscheinend positivem Erfolge ausgeführten Experimente, den Shock durch *künstliche* Ausschaltung der Komplementwirkung antagonistisch zu beeinflussen (FRIEDBERGER und HARTOCH, HARTOCH und SIRENSKIJ, LÖFFLER[6], v. DUNGERN und HIRSCHFELD, FRIEDBERGER und SCIMONE[8] usw.), lassen sich auch in anderer Weise als durch die essentielle Teilnahme des Serumkomplementes an der pathogenen Antigen-Antikörperreaktion erklären, und an Meerschweinchen, welche durch *natürlichen* Komplementmangel ausgezeichnet sind (MOORE[9], COCA und ECKER), wurden die anaphylaktischen Fundamentalversuche bisher noch nicht angestellt; diese Lücke wird übrigens durch die anaphylaktische Reaktivität der „komplementfreien" Taube (PETRAGNANI[10], CASTELLI[11], SEIDENBERG[12]) theoretisch ausgefüllt.

c) *Primäre Wirkungen der pathogenen Antigen-Antikörperreaktion bzw. der anaphylaktischen Noxe,* welche aber nicht die Bronchialmuskulatur, sondern andere (extrapulmonale) Organe oder Gewebe betreffen, wie die (schon erwähnten) Kontraktionen der Darm- und Blasenmuskulatur und der offenbar äußerst intensive Juckreiz an peripheren Hautstellen, den die Meerschweinchen in der initialen Shockphase empfinden und der auf Reizungen der Gefäßendothelien bzw. der die Haut versorgenden Nerven zurückzuführen ist (ein Analogon des urticariellen Juckens, das bei serumkranken oder idiosynkrasischen Menschen das Aufschießen der Quaddeln einleitet und begleitet).

d) *Wirkungen der intravenösen Erfolgsinjektion, welche nicht oder nicht ausschließlich vom Sensibilisierungszustand des reagierenden Tieres abhängen* und daher zum Teile schon an normalen (nicht präparierten) Kontrollmeerschweinchen zu beobachten sind. Abgesehen davon, daß das Injektionsgut an und für sich „toxische" Effekte entfalten kann, ist zu bedenken, daß für jeden Fall artfremde oder zirkulationsfremde Proteine, NaCl und relativ große Flüssigkeitsmengen plötzlich in die Blutbahn gebracht werden, welche nicht nur die Blutbeschaffenheit ändern müssen, sondern auch reizend auf die Uferzellen des Blutstromes einzuwirken vermögen.

Es ist in Anbetracht dieser Komplexität des Geschehens oft schwierig, tatsächlich festgestellte Veränderungen in eine der eben aufgezählten Kategorien einzureihen, um so mehr, da es sich auch um Kombinationen mehrerer pathogenetisch verschiedener Vorgänge handeln kann. Das gilt in besonderem Grade für die mannigfachen Alterationen, welche das Blut im Shock erleidet und die sich sowohl auf das Blutplasma als auch auf die geformten Elemente erstrecken: Herabsetzung der Blutgerinnbarkeit (WEISS und TSURU[13], FRIEDBERGER, M. LOE-

[1] FRIEDBERGER u. HARTOCH: Z. Immun.forschg **3**, 581 (1909).
[2] TSURU: Z. Immun.forschg **4**, 612 (1910).
[3] BUSSON u. TAKAHASHI: Zbl. Bakter. I Orig. **65**, 507 (1912).
[4] ARLOING u. LANGERON: C. r. Soc. Biol. Paris **85**, 95 (1921).
[5] ZOLOG u. TIRICA: Cluj. med. (rum.) **4**, 69 (1923).
[6] LÖFFLER, F. C.: Z. Immun.forschg **8**, 129 (1910).
[7] LÖWIT u. BAYER: Arch. f. exper. Path. **69**, 315 (1912).
[8] FRIEDBERGER u. SCIMONE: Z. Immun.forschg **36**, 386 (1923).
[9] MOORE: J. of Immun. **4**, 425 (1919).
[10] PETRAGNANI: Zitiert auf S. 683.
[11] CASTELLI: Zitiert auf S. 683.
[12] SEIDENBERG: Nicht publiziert.
[13] WEISS u. TSURU: Z. Immun.forschg **5**, 516 (1910).

wit, Sirenskij[1], L. Hirschfeld und Klinger[2] u. a.), Vermehrung des Gesamt-
eiweißes und Verschiebung des Albumin-Globulinquotienten (Wittkower[3]),
Störungen des Elektrolytgleichgewichtes, insbesondere Zunahme der Ca-, Na-
und P-Ionen (Wittkower, Zunz und la Barre, Condorelli[4], A. Azzi[5]) und
Abnahme der K-Ionen (Schittenhelm, Erhardt und Wernat[6]), Änderungen
der physikalischen Konstanten des Blutplasmas bzw. Serums, wie Abnahme der
Oberflächenspannung (Kopaczewski[7], Zunz und la Barre[8], Homés[9]), Erhöhung
der H-Ionenkonzentration (M. Segale, Eggstein[10], Mendelejeff[11], Zunz und
la Barre[12], Dautrebande und Spehl[13] u. a.), und Herabsetzung der Senkungs-
geschwindigkeit der Erythrocyten (Wittkower), Leukopenie (sog. Leuko-
cytensturz) verbunden mit Zunahme der Eosinophilen (Weiss und Tsuru,
Schlecht[14], Wittkower u. a.), Abnahme bis völliger Schwund der Thrombocyten usw. Wenn Widal und ihm folgend andere Autoren die (hier nicht
vollständig aufgezählten) Blutveränderungen unter dem Titel der *„Erschütterung
des Gleichgewichtes der Blutkolloide"* oder der *„Kolloidoklastischen bzw. hämo-
klastischen Krise"* zusammenfassen, so wird damit der ursächlichen Aufklärung der einzelnen Phänomene in bedenklicher Weise vorgegriffen und ein
Zusammenhang präjudiziert, der höchstwahrscheinlich gar nicht besteht;
als Rechtfertigung könnte höchstens dienen, daß die Mehrzahl dieser Befunde
auch bei anderen Tierspezies sowie beim Menschen als Folge anaphylaktischer
oder anaphylaktoider (idiosynkrasischer) Reaktionen beobachtet wurde, und
daß daher ein klinisches Bedürfnis besteht, die Vielheit der Prozesse mit
einem bequemen provisorischen Ausdruck zu bezeichnen ohne Rücksicht darauf, ob sich dieser Ausdruck ungezwungen auf sämtliche Teilerscheinungen
anwenden läßt.

Als „Kolloidoklasien" oder „Erschütterungen des kolloiden Gleichgewichtes"
könnten strenggenommen nur die Veränderungen an den Proteinen des Blutplasmas gelten wie die von Sirenskij behauptete Abnahme des Fibrinogens,
die von Wittkower beobachtete Verschiebung des Albumin-Globulin-Quotienten
sowie die Hyperproteinämie und namentlich die mit verschiedenen Instrumenten
(Nephelometer, Tyndallometer, Agglutinoskop) festgestellten Flockungen der
Plasmaproteine (Dold[15], Lumière[16], Kopaczewski und Bem[17], G. Ramsdell und
C. C. Kast[18], P. Schmidt[19] u. a.); als unmittelbare Ursachen des akuten Shocks
des Meerschweinchens (Widal, Dold[20], Lumière[16], Kopaczewski, P. Schmidt,

---

[1] Sirenskij: Z. Immun.forschg 12, 328 (1912).
[2] Hirschfeld, L. u. Klinger: Z. Immun.forschg 24, 235 (1916).
[3] Wittkower: Z. exper. Med. 34, 108 (1923).
[4] Condorelli, L.: Giorn. Batter. 2, 583 (1927).
[5] Azzi, A.: Arch. Sci. med. 45, 356 (1922).
[6] Schittenhelm, Erhardt u. Varnat: Z. exper. Med. 58, 662 (1928).
[7] Kopaczewski, W.: C. r. Soc. Biol. Paris 82, 590 (1919).
[8] Zunz u. la Barre: C. r. Soc. Biol. Paris 95, 722 (1926). — Zunz: Bull. Acad. Méd.
Belg. 5, 334 (1925).
[9] Homés: C. r. Soc. Biol. Paris 97, 1173 (1927).
[10] Eggstein: J. Labor. a. clin. Med. 6, 555 (1921).
[11] Mendelejeff: C. r. Soc. Biol. Paris 87, 391, 393 (1922).
[12] Zunz u. la Barre: C. r. Soc. Biol. Paris 91, 126 (1924).
[13] Dautrebande u. Spehl: C. r. Soc. Biol. Paris 91, 889 (1924).
[14] Schlecht: Arch. f. exper. Path. 67, 137 (1912). — Schlecht u. Schwenker: Dtsch.
Arch. klin. Med. 98 (1910).
[15] Dold: Dtsch. med. Wschr. 1920, 62.
[16] Lumière, A.: Le problème de l'anaphylaxie. Paris: O. Doin 1924.
[17] Kopaczewski u. Bem: J. Physiol. et Path. gén. 19, 542 (1921).
[18] Ramsdell u. Kast: J. of Immun. 15, 343 (1928).
[19] Schmidt, P.: Z. Hyg. 83, 89 (1917).
[20] Dold: Arch. f. Hyg. 89, 101 (1920).

HANZLIK[1] u. a.) können sie ebensowenig betrachtet werden wie die anderen im Shock auftretenden Änderungen der normalen Blutbeschaffenheit, da sie nicht konstant und dem Grade nach der Intensität des Shocks nicht proportional sind, da sie auf andere Art und ohne Auslösung eines typischen akuten Shocks hervorgerufen werden können, und endlich, weil anaphylaktische Reaktionen auch dann eintreten, wenn die Mitwirkung des normalen Blutes ausgeschlossen ist (Experimente an isolierten, blutfrei gespülten bzw. von Ringerlösung durchströmten Organen).

b) Der protrahierte Shock.

Er kann sich entweder an einen akuten Shock anschließen oder als selbständige Reaktionsform auftreten; den ersten Fall beobachtet man hauptsächlich nach intravenöser, den zweiten nach subcutaner oder intraperitonealer Erfolgsinjektion. Der protrahierte Shock hält 15 Minuten bis 2 oder mehr Stunden an und endet mit Exitus oder Erholung.

Im Vordergrund steht eine starke Depression, welche alle Abstufungen von leichter Somnolenz bis zum schweren Koma zeigen kann. Die Tiere sträuben den Pelz, schließen die oft stark tränenden Augen, taumeln, als wenn sie schlaftrunken wären, fallen um und bleiben auf einer Seite liegen, wobei die Cornealreflexe jedoch erhalten sind und heftige Hautreize mit Abwehrbewegungen beantwortet werden. Die Atmung ist erhalten, ihr Rhythmus regelmäßig, die Atembewegungen erscheinen zuweilen vertieft (dyspnoisch), häufiger abgeflacht und weniger frequent als in der Norm. Die Erholung macht oft den Eindruck des Erwachens aus einem tiefen Schlaf, indem das Tier die Lider öffnet, sich mit einem Ruck aufrichtet, umherläuft und dargebotene Nahrung wieder aufnimmt. Dieses Syndrom ähnelt der typischen Reaktionsform des Hundes in mehrfacher Beziehung außerordentlich; ihm entspricht der autoptische Befund, welcher negativ durch das Fehlen der Lungenblähung, positiv durch das Auftreten von Ödem und Hämorrhagien in der Lunge, nach R. WEIL[2] durch Kongestionierung der Leber, nach HAJÓS und NEMETH[3], MARTIN und CROIZAT[4] durch histologisch feststellbare Veränderungen an den Leberzellen (Chondriolyse, Nekrosen) ausgezeichnet ist, welche nach dem Abklingen des Shocks fortschreiten, da sie in besonders starker Ausprägung bei Meerschweinchen gefunden werden, die den Shock 8—14 Tage überleben.

Zu den „Shockorganen", deren Funktionsstörung klinisch und anatomisch das Bild der protrahierten Reaktion des Meerschweinchens liefert, gehört somit allem Anscheine nach *die Leber* in erster Linie; daß sie aber den einzigen primären Angriffspunkt der anaphylaktischen Noxe darstellt, kann derzeit nicht behauptet werden.

Zunächst läßt sich leicht nachweisen, daß sich *die peripheren Arterien* im Shock stark kontrahieren; es ist nicht möglich, von einem im Shock stehenden Meerschweinchen durch Abkappen der Ohrmuscheln oder selbst durch Durchtrennung der Aa. femorales bedeutendere Blutmengen zu gewinnen (NOVY und DE KRUIF u. a.). Der Arteriospasmus ist aber von der Leber (wie auch vom Zentralnervensystem) unabhängig, da er am isolierten „Gefäßpräparat" (s. S. 679) erzeugt werden kann, wenn man zur Durchströmungsflüssigkeit Antigen zusetzt (FRIEDBERGER und SEIDENBERG, INTROZZI[5] u. a.).

---

[1] HANZLIK, P. J.: J. amer. med. Assoc. **82**, 2001 (1924).
[2] WEIL, R.: J. of Immun. **2**, 525 (1917).
[3] HAJÓS u. NEMETH: Z. exper. Med. **45**, 513 (1925).
[4] MARTIN u. CROIZAT: C. r. Soc. Biol. Paris **96**, 1317; **97**, 95 (1927).
[5] INTROZZI: Z. Immun.forschg **55**, 167 (1928).

Auf der Verengerung der peripheren Gefäße soll die von mehreren Autoren (Arthus[1], Schürer, Friedberger[2], Loewit[3], Auer[4]) konstatierte *initiale Erhöhung des Blutdruckes* beruhen. Sie wird alsbald — weit früher, als man nach der Dauer des am isolierten Gefäßpräparat ausgelösten Arteriospasmus (20 bis 30 Minuten) annehmen sollte — durch eine *starke Blutdrucksenkung* abgelöst, welche während des ganzen Shocks anhält. Es muß also dem Arteriospasmus ein anderer Vorgang entgegenwirken, der wohl in einer *Erweiterung bestimmter Gefäßbezirke, vermutlich der Capillaren,* bestehen dürfte, da Störungen der Herztätigkeit nicht in Betracht kommen. In der Kongestionierung der Lunge, der Bauchorgane und insbesondere der Leber finden diese Vasodilatationen auch einen anatomischen Ausdruck; sie lassen sich jedoch am isolierten Gefäßpräparat nicht reproduzieren, da man nach Zusatz von Antigen zur Durchströmungsflüssigkeit nie eine Steigerung der Durchflußgeschwindigkeit, sondern stets nur eine Abnahme (entsprechend dem Arteriospasmus) beobachten kann (Geneś und Dinerstein[5]). Der Mechanismus des Absinkens der arteriellen Pression bzw. die primäre Ursache der Capillarerweiterung sind vorläufig noch nicht sicher aufgeklärt. Nach Manwaring soll die Leber vasodilatierende Stoffe an das Blut abgeben, welche die direkte arteriospastische Wirkung des Antigens auf indirektem Wege in das Gegenteil verkehren; davon sieht man aber am intakten Tiere nichts, da hier die periphere arteriospastische Ischämie nach eigenen und anderen Erfahrungen annähernd ebensolange währt wie am isolierten, von Antigen durchströmten Gefäßpräparat, so daß die hypothetischen Lebersubstanzen eine spezifische Aktivität für die Capillarwände besitzen müßten. Dale und Richards[6], Dale und Laidlaw[7] glauben, daß die Capillarerweiterung durch direkte Reizung der Endothelzellen zustande kommt, welche gleichzeitig zu einer Permeabilitätssteigerung der Capillarwand und damit zur Ödembildung führt; diese Theorie steht aber wieder mit den Experimenten am Gefäßpräparat in Widerspruch.

Es hat nicht an Bemühungen gefehlt, den Endothelien die Rolle des „Shockgewebes" zuzuweisen. Soweit es sich um den *akuten* Shock des *Meerschweinchens* handelt, sind sie höchstwahrscheinlich a priori als verfehlt anzusehen, da kein Anhaltspunkt dafür vorliegt, daß das Endothel etwas mit der Kontraktion isolierter glatter Muskeln im Schultz-Daleschen Experiment zu schaffen hat und gerade dieser Versuch das Modell des Bronchospasmus, der über das Schicksal des Tieres entscheidet, repräsentiert. Eine Reihe von Autoren (Pico[8], Musante, Schittenhelm und Erhardt[9], Klopstock[10], Moldovan und Zolog[11], Fujoka[12], Klinge[13], H. Meyer) behauptete zwar, daß der akute Shock durch „Blockade des Reticuloendothels" kurz vor der intravenösen Erfolgsinjektion verhindert oder abgeschwächt werden kann; den positiven Resultaten stehen jedoch absolut negative (Jungeblut und Berlot[14], Isaacs[15]) gegenüber, und die positiven er-

[1] Arthus, M.: De l'anaphylaxie à l'immunité. Paris: Masson 1921.
[2] Friedberger u. Gröber: Z. Immun.forschg **9**, 220 (1911).
[3] Loewit, M.: Arch. f. exper. Path. **68**, 83 (1912).
[4] Auer u. Lewis: J. of exper. Med. **12**, 151 (1910).
[5] Geneś u. Dinerstein: Z. exper. Med. **58**, 629 (1927).
[6] Dale u. Richards: J. of Physiol. **52**, 110 (1919).
[7] Dale u. Laidlaw: J. of Physiol. **52**, 355 (1919).
[8] Pico: C. r. Soc. Biol. Paris **91**, 1049 (1924).
[9] Schittenhelm u. Erhardt: Z. exper. Med. **45**, 75 (1925).
[10] Klopstock, A.: Klin. Wschr. **4**, 312 (1925).
[11] Moldovan u. Zolog: C. r. Soc. Biol. Paris **89**, 1239, 1242 (1923).
[12] Fujioka: Ref. in Jap. med. World **5**, 319 (1925).
[13] Klinge, F.: Krkh.forschg **5**, 308 (1927) — Zbl. Path. **40**, Erg.-Heft (1927).
[14] Jungeblut u. Berlot: J. of exper. Med. **44**, 129 (1926).
[15] Isaacs: Proc. Soc. exper. Biol. a. Med. **23**, 185 (1925).

lauben keinen bestimmten Schluß, da sich der Shock durch Injektion der verschiedensten Stoffe antagonistisch beeinflussen läßt. Wenn das Endothel im akuten Shock wirklich primär affiziert wird (Hautjucken), so ist dies doch nur eine akzidentelle Erscheinung, und der „Erfüllungsort" bleibt, soweit sich das jetzt beurteilen läßt, der Bronchialmuskel. Wesentliche Bedeutung — allerdings in einer ganz anderen Beziehung — gewinnt das Endothel, speziell das Reticuloendothel der Leber, im akuten Shock nur in einem Falle: *wenn das auslösende Antigen nicht in Form einer Lösung, sondern einer Zellsuspension intravenös injiziert wird.* Die Kontraktion isolierter glatter Muskeln von Meerschweinchen, welche mit Erythrocyten oder Bakterien sensibilisiert wurden, bleibt nämlich aus, wenn man die genannten Zellen als solche dem Ringerbad, von welchem der Muskel umgeben ist, zusetzt; nur *Extrakte* der Zellen wirken in dieser Versuchsanordnung als Reiz (ZINSSER und PARKER[1], FRIEDLI[2]). Das intakte Tier reagiert dagegen auch auf die Injektion der Zellen mit dem typischen Bronchospasmus, so daß angenommen werden muß, daß die injizierten Zellen im sensibilisierten Organismus rasch in die allein wirksame Lösungsform übergeführt werden. Diese zunächst nur theoretisch zu postulierende stürmische Lyse ist nun auch mikroskopisch in anaphylaktischen Experimenten mit (kernhaltigen) Hühnerblutkörperchen nachgewiesen worden (W. GERLACH[3], TÖPPICH[4], DOMAGK[5], OELLER[6], JAKOB, ERHARDT und GARCIA-FRIAS[7]); sie erfolgt (nach W. GERLACH) hauptsächlich in der Leber, und zwar durch Vermittlung von Stoffen, welche von den Reticuloendothelien sezerniert werden. Shockauslösend wirkt daher nur jene Antigenquote, welche als Lösung die Leber verläßt und in die Lunge gelangt; ein Teil des zelligen und des gelösten Antigens wird in der Leber zurückgehalten (MANWARING und CROWE[8], GERLACH und FINKELDEY), so daß dieses Organ den akuten Shock einerseits durch Lösung antigenhaltiger Zellen ermöglichen bzw. fördern, andererseits durch Antigenretention antagonistisch beeinflussen kann. In der Tat braucht man beim Meerschweinchen mehr Antigen (Pferdeserum), um von der Pfortader aus (Erfolgsinjektion in eine Mesenterialvene) als durch intrajugulare Einspritzung den akut letalen Shock zu provozieren (FALLS[9]).

Im protrahierten Shock scheidet die glatte Muskulatur der Bronchien als maßgebendes Erfolgsorgan aus, und es ist daher denkbar, daß hier ein wesentlicher Teil der zu beobachtenden Störungen der Reizung oder Schädigung der Endothelien zur Last fällt; die Läsionen der Leberzellen (s. oben) könnten Folgen einer primären Alteration anrainender Zellen der Gefäßwand sein. Da sicher nicht alle Endothelien physiologisch gleichwertig sind, bestünde kein Widerspruch zwischen der „Leber als Shockorgan" und den „Endothelien als Shockgewebe". Wie aber die Endothelien oder bestimmte Endothelien in den Gang der Ereignisse eingreifen (durch aktive oder passive Formänderungen, Lockerungen des Zusammenhanges, pathologische Funktionen, Abgabe von Stoffen), muß späterer Forschung vorbehalten bleiben.

Mit dem Blutdruck sinkt die Körpertemperatur oft ganz beträchtlich, im schweren, langdauernden protrahierten Shock um mehrere Celsiusgrade (2—4,

---

[1] ZINSSER u. PARKER: Zitiert auf S. 690.
[2] FRIEDLI: Zitiert auf S. 690.
[3] GERLACH, W. (z. T. mit FINKELDEY u. HAASE): Krkh.forschg 4, 29 (1926); 6, 131, 143, 279 (1928).
[4] TÖPPICH: Krkh.forschg 2 (1926).
[5] DOMAGK, G.: Virchows Arch. 253 (1924).
[6] OELLER, H.: Krkh.forschg 1 (1925).
[7] ERHARDT u. GARCIA-FRIAS: Z. exper. Med. 58, 725 (1928).
[8] MANWARING u. CROWE: Proc. Soc. exper. Med. 14, 174 (1917).
[9] FALLS, F. H.: J. inf. Dis. 22, 83 (1918).

ja 7—9, in extremen Fällen um 11—13°). Diese von H. Pfeiffer[1] als „anaphylaktischer Temperatursturz" bezeichnete Hypothermie wird auch im protrahierten Shock anderer Tierspezies (Kaninchen, Hunde) beobachtet und geht
nach den Untersuchungen von Scott, Loening[2], Abderhalden und Wertheimer[3]
E. Leschke[4] mit einer Herabsetzung des respiratorischen Gaswechsels (Verminderung der O-Aufnahme und der CO_2-Abgabe), mit einer Reduktion der
inneren Gewebsatmung (Loening, Abderhalden und Wertheimer) und verringertem N-Umsatz (E. Leschke) einher; sie ist nicht die Ursache, sondern
eine Folge des Shocks, da sie mit der Dauer desselben zunimmt und oft noch zu
einer Zeit minimal ist, wo die klinischen Zeichen des Shocks bereits voll entwickelt sind. Beim Hunde vermochte Leschke schwere Symptome auszulösen,
ohne daß die Körperwärme eine nachweisbare Erniedrigung erfuhr.

Geht man mit der zur Erfolgsinjektion benutzten Antigendosis sukzessive
herunter, so gelangt man schließlich an eine Grenze, jenseits welcher Shock und
Temperatursturz ganz ausbleiben. Eine weitere Erniedrigung der auslösenden
Antigenquanten hat aber eine Umkehrung der Wirkung zur Folge, indem nunmehr transitorische, einige Stunden anhaltende Temperatursteigerungen von
1—3° C auftreten (Friedberger und Mita[5]). Friedberger[6] unterscheidet
daher 1. eine Minimaldosis für Temperatursturz, 2. eine obere Konstanzgrenze
gleich jener Antigenmenge, welche die Körperwärme nicht beeinflußt, 3. eine
pyrogene (fiebererzeugende) Dosis und 4. die untere Konstanzgrenze, unterhalb
welcher der pyrogene Reiz zu schwach ist, um als meßbares Fieber zum Ausdruck
zu kommen. Wichtig ist, daß sich nach Friedberger und Mita normale Tiere
(Meerschweinchen) genau so verhalten wie spezifisch sensibilisierte, mit dem
einzigen Unterschied, daß alle 4 Antigendosen erheblich höher sind. Diese Angaben bilden die Grundlage der Lehre vom „anaphylaktischen Fieber" und haben
in ihrem weiteren Ausbau große Bedeutung für die Theorie des infektiösen
Fiebers und des Fiebers überhaupt erlangt (vgl. Krehl[7], ferner Doerr[8], endlich
den betreffenden Artikel in ds. Handb.); obwohl vielfach nachgeprüft und
bestätigt, sollten sie doch einer experimentellen Revision (speziell am Menschen
als Versuchsobjekt) unterzogen werden, da sich die vorliegenden Resultate
zum Teil auf Tiere mit labiler Körperwärme (Meerschweinchen) beziehen, da sie
mit sehr verschiedenen, oft mit primär stark pyrogen wirkenden Antigenen
gewonnen wurden und da es sich schließlich doch um ihre allgemeine Gültigkeit
bzw. um die Zulässigkeit ihrer Anwendung auf die menschliche Pathologie
handelt. Im allgemeinen herrscht die Tendenz, Fieber und Temperatursturz als
identische, nur dem Grade nach verschiedene Prozesse, und zwar als *Reizungen
oder Lähmungen der thermoregulatorischen Zentren im Zwischenhirn* aufzufassen,
welche die Wärmeproduktion durch Steigerung oder Herabsetzung des Stoffwechsels der Organe (Loening, Abderhalden und Wertheimer) erhöhen bzw.
vermindern. Damit würde übereinstimmen, daß dem Temperatursturz im Shock
des Hundes eine Steigerung der Körpertemperatur vorausgeht (Richet), daß die

---

[1] Pfeiffer, H.: Wien. klin. Wschr. **1909**, Nr 1.

[2] Loening: Arch. f. exper. Path. **66**, 84 (1911).

[3] Abderhalden u. Wertheimer: Pflügers Arch. **195**, 487; **196**, 429, 440; **197**, 85
(1922).

[4] Leschke, E.: Z. exper. Path. u. Ther. **15**, 23 (1914).

[5] Friedberger u. Mita: Z. Immun.forschg **10**, 216 (1911).

[6] Friedberger: Verh. d. 30. Dtsch. Kongr. f. inn. Med., Wiesbaden **1913**, 88 — Berl.
klin. Wschr. **1910**, Nr 42 — Dtsch. med. Wschr. **1911**, Nr 11. — Ferner Friedberger,
Schern, Neuhaus u. Ishikawa: Z. Immun.forschg **22**, 451 (1914).

[7] Krehl: Handb. d. allg. Pathologie von Marchand u. Krehl **4** I, 1—73.

[8] Doerr: Erg. Hyg. **1** (1914).

operative Ausschaltung des Zwischenhirnes das anaphylaktische Fieber verhindert (CITRON und E. LESCHKE[1]), und daß HASHIMOTO[2] durch diesen Eingriff bereits bestehende Temperaturveränderungen anaphylaktisch reagierender Tiere (Kaninchen) wieder rückgängig machen konnte. Die (von anderer Seite bestrittene) Annahme von H. HORST MEYER[3], daß im Zwischenhirn neben dem sympathischen „*Wärmzentrum*" noch ein autonomes parasympathisches „*Kühlzentrum*" existiert, wäre geeignet, das sonst kaum verständliche Vorhandensein der oberen Konstanzgrenze als antagonistisches Gleichgewicht zu erklären. Indes ist hier noch das meiste problematisch. Insbesondere weiß man nicht, *wodurch* die thermoregulatorischen Zentren gereizt bzw. gelähmt werden. Daß durch rapiden fermentativen Abbau des injizierten Eiweißantigens pyrogene Spaltprodukte entstehen (KREHL[4], MATHES[5], VAUGHAN[6], FRIEDBERGER, SCHITTENHELM, CENTANNI[7], CITRON, HEYDE u. a.), ist als endgültig widerlegt anzusehen, weil der Shock auch durch Kohlehydrate ausgelöst werden kann (J. TOMCSIK). Die Vorstellung von HASHIMOTO, daß das Wärmzentrum selbst sensibilisiert ist und auf Antigenkontakt mit Reizung (Fieber) oder rascher Erschöpfung (Temperatursturz), ja nach der Stärke des Reizes, d. h. je nach der Antigendosis, reagiert, ist experimentell nicht zureichend begründet (vgl. die Kritik von DOERR[8]).

Daß man im protrahierten Shock manchen Veränderungen begegnet, welche den akuten Shock begleiten (Juckreiz, Kontraktionen der Darm- und Blasenmuskulatur, Leukopenie, Herabsetzung der Blutgerinnbarkeit, hochgradige Komplementverarmung des Serums usw.), ist natürlich; sie treten zum Teil sogar deutlicher hervor, weil sie nicht durch die Erstickung überdeckt werden und weil ihnen Zeit zur Entwicklung gegönnt ist. Meines Erachtens ist es überhaupt nicht ganz richtig, die beiden Reaktionsformen prinzipiell voneinander zu sondern. Der akute Shock kann als eine protrahierte Reaktion aufgefaßt werden, welche schon im Beginne durch den letalen Bronchospasmus unterbrochen wird. Tatsächlich geht ja unter geeigneten Versuchsbedingungen der initiale Bronchospasmus in den protrahierten Shock über, und wenn das nicht immer der Fall ist, d. h. wenn sich die Meerschweinchen nach dem Abklingen der anfänglichen Erstickungssymptome rasch und vollständig erholen, so mag daran die geringe, leicht abzusättigende Antigendosis schuld sein, welche man zwecks Auslösung eines akuten Shocks intravenös injiziert.

Die Leberzellen von im Shock getöteten Meerschweinchen sollen im Gegensatz zu den Leberzellen normaler Tiere nur eine minimale oder gar keine postmortale Autolyse zeigen; das Phänomen läßt sich angeblich auch in vitro demonstrieren, indem Zusatz von Antigen zu einem autolysierenden Brei aus der Leber sensibilisierter Meerschweinchen die Autolyse sistiert. PICK und HASHIMOTO[9], von welchen diese Versuche ausgeführt wurden, nehmen an, daß die in den Leberzellen enthaltenen autolytischen Fermente im anaphylaktischen Shock ihre Funktion einstellen (sog. „*Fermentshock*"). Die Befunde wären jedoch nachzuprüfen. Eine andere, mit der Frage des Fermentshocks eng zusammenhängende Behauptung von HASHIMOTO und E. P. PICK, die „*intravitale Leberautolyse*" (d. h. die Erscheinung, daß der inkoagulable N in der Leber des Meerschweinchens infolge einer bloßen Sensibilisierung mit 0,01—0,001 ccm Pferdeserum beträchtlich — von 8 auf 19—24% des Gesamt-N — ansteigt), konnte nicht oder nicht im vollen Umfange bestätigt werden (FENYVESSY und

[1] CITRON u. LESCHKE: Verh. d. 30. Kongr. f. inn. Med., Wiesbaden **1913**, 65.
[2] HASHIMOTO, M.: Arch. f. exper. Path. **78**, 370, 394 (1918).
[3] MEYER, HANS H.: Verh. d. 30. Kongr. f. inn. Med., Wiesbaden **1913**, 15.
[4] KREHL: Verh. d. 30. Kongr. f. inn. Med., Wiesbaden **1913**, 26.
[5] MATTHES: Verh. d. 30. Kongr. f. inn. Med., Wiesbaden **1913**, 106.
[6] VAUGHAN: Die Phänomena der Infektion. Weichardts Erg. Hyg., N. F. **1**, 372 (1914).
[7] CENTANNI: 8. Tagung der Società ital. di Path., Pisa, März 1913.
[8] DOERR: Handb. d. path. Mikroorg., 3. Aufl., **1**, 853.
[9] HASHIMOTO, M. u. E. P. PICK: Arch. f. exper. Path. **76**, 89 (1914).

Freund[1], Bieling, J. R. Wigand[2] u. a.) und ist auch a priori höchst unwahrscheinlich, da die angebliche, monatelang dauernde „Auflösung" des wichtigen Organs symptomlos verlaufen müßte (J. R. Wigand).

2. Hunde.

Beim Hunde kennt man nur einen *protrahierten Shock*, der entweder letal oder mit Erholung endigt. Durch intensive Präparierung und Erhöhung der Reinjektionsdosen läßt sich nicht mehr erreichen, als daß der Exitus in einem hohen Prozentsatz der Versuche und nach relativ kurzer Shockdauer (30 Minuten) eintritt.

Die Hunde werden kurz nach der intravenösen Erfolgsinjektion unruhig, erbrechen wiederholt und kopiös (Hunde erbrechen bekanntlich überhaupt sehr leicht!) und entleeren Harn und Kot; daran schließt sich ein typisches Depressionsstadium, die Tiere schwanken und taumeln, knicken infolge von Muskelschwäche in den Hinterbeinen ein, fallen schließlich um und verharren in tiefer Somnolenz oder Koma bei erhaltenen Haut- und Cornalreflexen. Die Erholung erinnert an das Erwachen aus einer Narkose. Die Atmung kann entweder ungestört oder stark dyspnoisch sein.

Die Sektion ergibt als wesentlichste Befunde eine beträchtliche, durch kongestive Hyperämie bedingte Schwellung und bläulichrote Verfärbung der *Leber*, Hyperämie der anderen Baucheingeweide, Petechien des serösen Überzuges der Abdominalorgane, Ödem und Hämorrhagien der Darmschleimhaut sowie zuweilen schleimigen, mit Blut vermengten Darminhalt („Enteritis anaphylactica" nach Schittenhelm und Weichardt[3]); dazu gesellen sich Hyperämie und Blutungen in den Lungen und als mikroskopische Veränderungen Degenerationen (trübe Schwellung, fettige Degeneration), zuweilen auch Nekrosen der Leberzellen (namentlich im Zentrum der Acini) und des Epithels der Harnkanälchen (R. Weil[4], Jaffé und Přibram[5]).

Der *Blutdruck* sinkt jäh und beträchtlich, in der Arteria femoralis gemessen von 120—150 auf 40—80 mm Hg (Richet[6], Biedl und Kraus[7], Pearce und Eisenbrey[8], Nolf[9], Manwaring[10] u. a.). Der Drucksturz kann weder auf eine Störung der Herzaktion zurückgeführt werden, wie die Untersuchungen von Biedl und Kraus, Pearce und Eisenbrey, Robinson und Auer[11] gezeigt haben, noch auch auf eine Konstriktion der Lungengefäße, d. h. auf verminderten Blutzufluß zum linken Ventrikel (Drinker und Bronfenbrenner[12]); er ist ferner unabhängig vom Vasomotorenzentrum in der Medulla oblongata (Biedl und Kraus, Pearce und Eisenbrey, Sollmann), kommt also offenbar durch einen peripheren Vorgang zustande, und zwar hauptsächlich durch eine Störung im Leberkreislauf bzw. durch die infolge des stark reduzierten Blutabflusses aus den Lebervenen verminderte Speisung des rechten Herzens. Schaltet man nämlich die Leber (durch Exstirpation oder durch Umleitung des Pfortaderblutes) aus der Zirkulation aus, so wird die Drucksenkung verhindert

---

[1] Fenyvessy u. Freund: Biochem. Z. **96**, 223 (1919).

[2] Wigand, J. R.: Arch. f. exper. Path. **132**, 1, 28 (1928).

[3] Schittenhelm u. Weichardt: Münch. med. Wschr. **1911**, Nr 16.

[4] Weil, R.: J. of Immun. **2**, 525 (1917).

[5] Jaffé u. Přibram: Virchows Arch. **220**, 213 (1915).

[6] Richet: L'anaphylaxie. Paris: Alcan 1911.

[7] Biedl u. Kraus: Wien. klin. Wschr. **1909**, Nr 11 — Die experimentelle Analyse der anaphylaktischen Vergiftung, im Handb. d. Technik u. Methodik d. Immun.forschg (Kraus-Levaditi) Erg.-Bd. **1**, 255 (1911) (mit zahlreichen Blutdruckkurven).

[8] Pearce u. Eisenbrey: J. inf. Dis. **17**, 565 (1910).

[9] Nolf: Arch. internat. Physiol. **9** (1910).

[10] Manwaring, W. H.: Z. Immun.forschg **8**, 1 (1911).

[11] Robinson u. Auer: J. of exper. Med. **18**, 556 (1913).

[12] Drinker u. Bronfenbrenner: J. of Immun. **9**, 387 (1924).

(Manwaring[1], Voegtlin und Bernheim[2], Simonds[3], Simonds und Brandes[4]); daß im Shock nur relativ sehr geringe Blutquantitäten die Leber verlassen, kann sowohl am intakten Tier (Manwaring) als auch am isolierten Organ (Einleitung von Antigen in die künstlich durchströmte Leber sensibilisierter Hunde [Mauthner und E. P. Pick[5], Simonds und Brandes, Manwaring und seine Mitarbeiter]) durch direkte Messung des Abflusses aus den Lebervenen nachgewiesen werden. Das durch die Pfortader zuströmende Blut wird also in der Leber zurückgehalten, die de facto im Shock eine sehr beträchtliche Volumszunahme erfährt und eine bläulich-cyanotische Färbung annimmt (R. Weil[6], Weil und Eggleston[7]); man erzielt übrigens denselben Effekt, sowohl was die Blutanschoppung in der Leber als auch die Drucksenkung im großen Kreislauf anlangt, wenn man einfach bei einem normalen Hunde die Lebervenen abklemmt (Simonds und Brandes, Manwaring und seine Mitarbeiter), so daß an der Richtigkeit des geschilderten Zusammenhanges nicht gezweifelt werden kann. Über den Mechanismus der im Shock eingeschalteten „Lebersperre", welche so resistent sein muß, daß sie durch den Pfortaderdruck nicht mehr überwunden werden kann, herrschen indes verschiedene Ansichten; es ist ferner fraglich, ob die Lebersperre als der einzige blutdrucksenkende Faktor interveniert oder ob noch andere peripher ausgelöste Prozesse kooperieren.

Mauthner und E. P. Pick, Simonds und Ranson[8], Simonds u. a. nehmen einen *Gefäßkrampf* in den mit einer starken Ringmuskulatur ausgestatteten (Arey[9], Simonds[10], H. Mauthner[11]) feineren Verzweigungen der Lebervenen an; der Venenspasmus soll beim sensibilisierten Hunde einfach durch Antigenkontakt ausgelöst werden, so daß der protrahierte Shock des Hundes hinsichtlich des „Shockgewebes" mit dem *akuten* Shock des Meerschweinchens auf eine Linie gerückt würde und nur das „Shockorgan" bzw. die Lokalisation der gereizten glatten Muskeln verschieden wäre. Alle anderen Veränderungen innerhalb der Leber (Capillarerweiterung, Ödem) oder außerhalb derselben (kongestive Hyperämie der übrigen Bauchorgane usw.) werden von Mauthner und E. P. Pick als bloß sekundäre Folgen der Rückstauung des Blutes infolge der muskulären Lebersperre aufgefaßt; auf denselben Mechanismus wird auch die bereits von Calvary[12] festgestellte, von Petersen und Levinson[13], Petersen, Jaffé, Levinson und Hughes[14] genauer studierte Steigerung der Lymphbildung (Vermehrung der aus dem Ductus thoracicus abfließenden Lymphmenge auf das $5^1/_2$fache der Norm) zurückgeführt, was insofern berechtigt erscheint, als die gleiche Erscheinung auch bei normalen Hunden auftritt, wenn man den Blutabfluß aus der Leber auf rein mechanischem Wege hemmt (Petersen und seine Mitarbeiter, Simonds und Brandes[15]).

[1] Manwaring: Zitiert auf S. 726.
[2] Voegtlin u. Bernheim: J. of Pharmacol. **2**, 507 (1911).
[3] Simonds: J. inf. Dis. **19**, 746 (1916) — J. of exper. Med. **27**, 539 (1918).
[4] Simonds u. Brandes: Amer. J. Physiol. **72**, 320; **75**, 201 (1925) — J. of Immun. **13**, 1, 11 (1927).
[5] Mauthner, H. u. E. P. Pick: Münch. med. Wschr. **1915**, 1141 — Biochem. Z. **127**, 72 (1922).
[6] Weil, R.: Zitiert auf S. 726.
[7] Weil u. Eggleston: J. of Immun. **2**, 571 (1917).
[8] Simonds u. Ranson: J. of exper. Med. **38**, 275 (1923).
[9] Arey u. Simonds: Anat. Rec. **18**, 219 (1920).
[10] Simonds: J. amer. med. Assoc. **73**, 1437 (1919).
[11] Mauthner, H.: Klin. Wschr. **3**, 2321 (1924) — Wien. Arch. inn. Med. **7**, 251 (1923).
[12] Calvary: Münch. med. Wschr. **1911**, Nr 13.
[13] Petersen u. Levinson: J. of Immun. **8**, 347 (1923).
[14] Petersen, Jaffé, Levinson u. Hughes: J. of Immun. **8**, 361, 377 (1923).
[15] Simonds u. Brandes: J. of Immun. **13**, 11 (1927).

Dale und Laidlaw sowie namentlich Manwaring beziehen dagegen das Zirkulationshindernis in der Leber auf eine *primäre Endothelreizung*, welche eine aktive Capillarerweiterung und infolge der erhöhten Permeabilität der Capillarwände auch perivasculäre Ödeme bewirkt. „Shockgewebe" wäre also das Endothel der Lebergefäße, und der protrahierte Shock des Hundes würde dem *protrahierten* Shock des Meerschweinchens weitgehend angenähert, mit dem er klinisch jedenfalls mehr Ähnlichkeit aufweist. Manwaring sowie Simonds und Brandes halten es ferner für wahrscheinlich, daß sich an der anaphylaktischen Blutdrucksenkung nicht nur die Behinderung des Blutabflusses aus der Leber beteiligt, sondern daß als unterstützendes Moment noch eine *allgemeine periphere Vasodilatation* hinzutritt, die aber erst dann zustande kommen kann, wenn Antigen die Leber des sensibilisierten Hundes passiert hat bzw. wenn Blut aus der Shockleber in den großen Kreislauf gelangt. Klemmt man nämlich bei einem sensibilisierten Hunde die Lebervenen ab, so sinkt der Blutdruck auf ein bestimmtes Niveau, das durch intravenöse Injektion von Antigen nicht weiter erniedrigt werden kann; lüftet man nun die Venensperre für 10 bis 20 Sekunden, sodaß Blut aus der Leber abfließen kann, und legt die Klemme erneut an, so kommt es zu einem abermaligen Drucksturz, der aber in der Regel *stärker* ist als der durch den bloßen mechanischen Venenverschluß bedingte. Das Blut scheint also in der von Antigen durchströmten sensibilisierten Leber neue vasodilatierende Eigenschaften anzunehmen, wie Manwaring[1] glaubt, infolge der Abgabe einer „histaminähnlichen" Substanz („*Leberanaphylatoxin*"), welche auch auf die glatten Muskeln der Blase, des Darmes und des Uterus reizend einwirkt. In den von Manwaring und von Simonds vertretenen Vorstellungen fungiert — wie ohne weiteres ersichtlich — die Leber nicht nur als primäres, die Drucksenkung mechanisch verursachendes Shockorgan, sondern überdies als Produzent einer „Shocksubstanz", die als solche, d. h. kraft ihrer besonderen chemisch-physiologischen Qualitäten, eine Reihe der am Shock beteiligten Störungen hervorzurufen vermag. Unentschieden bliebe zunächst nur der Anteil, den die beiden prinzipiell verschiedenen Auswirkungen der anaphylaktischen Leberreaktion am Gesamtgeschehen nehmen; Simonds verlegt das Hauptgewicht auf die Lebersperre, Manwaring auf den aus der Shockleber in das Blut übertretenden hypothetischen Stoff, dessen reale Existenz er durch eine Reihe besonderer Experimente nachzuweisen versuchte.

Nach Manwaring, Hosepian, Enright und Porter[2] unterdrückt oder hemmt die Ausschaltung der Leber aus der Zirkulation nicht nur die Drucksenkung, sondern auch die Kontraktionen der Blase, des Darmes und des Uterus; der direkte Antigenkontakt soll daher (nach Ansicht dieser Autoren) nicht genügen, um die extrahepatische glatte Muskulatur intensiv zu reizen — wenigstens nicht bei dem gewöhnlich zu geringen Sensibilisierungszustand aktiv präparierter Hunde. Kuppelt man dagegen die Zirkulation eines normalen und eines sensibilisierten Hundes derart, daß das Blut des normalen die Leber des sensibilisierten Tieres passieren muß, und injiziert man nunmehr dem normalen Hunde intravenös Antigen, so reagiert dieser mit Blutdrucksenkung, Kontraktionen der Blasen- und Darmmuskulatur und Verlust der Blutgerinnbarkeit (Manwaring, Hosepian, O'Neill und Moy). Das in der sensibilisierten Leber freiwerdende „Anaphylatoxin" erweist sich somit als ausreichend, um die hauptsächlichsten Phänomene des Hundeshocks — allerdings in schwächerem Grade, wie Manwaring selbst betont — auszulösen. Um diese Behauptung zu stützen, injizierte Manwaring überdies in eine Mesenterialvene eines sensibilisierten

---

[1] Manwaring, Hosepian, O'Neill u. Moy: J. of Immun. **10**, 575 (1925).
[2] Manwaring, Hosepian, Enright u. Porter: J. of Immun. **10**, 567 (1925).

Hundes Antigen und sammelte das aus den Lebervenen in den drei ersten Shock-
minuten austretende Blut; 100 ccm desselben riefen bei normalen Hunden
intravenös injiziert die oben genannte Symptomentrias hervor. SOLARI[1], der
einen Teil der geschilderten Versuche MANWARINGS einer Nachprüfung unterzog, erzielte jedoch keine eindeutigen Resultate; er schätzt die Bedeutung des
sog. Leberanaphylatoxins sehr gering ein und hält dessen Existenz überhaupt
noch nicht für sicher bewiesen.

Im Blute beobachtet man Leukopenie, Verminderung der Thrombocyten und eine
(gerade beim Hunde sehr hochgradige) Herabsetzung der Blutgerinnbarkeit (BIEDL und
KRAUS[2], ATHUS[3], NOLF, MODRAKOWSKI[4], R. WEIL u. a.); ferner chemische Veränderungen,
wie Abnahme der Lipoide (W. STERN und M. REISS[5]), Änderungen des Albumin-Globulin-
quotienten, Acidose, Erhöhung des Blutzuckers, an welche sich eine Hypoglykämie anschließen kann (ZUNZ und LA BARRE[6], McGUIGAN, HIRSCH und WILLIAMS[7], ZECKWER und
GOODELL[8], McCULLOUGH und O'NEILL[9]), usw. Ein Teil dieser Umwälzungen im Blute, wie
die Herabsetzung der Blutkoagulabilität, sind wahrscheinlich hepatischen Ursprunges (NOLF,
DOYON, DE WAELE, R. WEIL, MANWARING, BIEDL und KRAUS), andere könnten auf der
gestörten Funktion extrahepatischer Endothelien oder auf der so stark vermehrten Lymph-
produktion beruhen.

Die cerebralen Symptome des Depressionsstadiums erklärten BIEDL und
KRAUS durch die Hirnanämie, welche durch das Absinken des Blutdruckes
und durch die Verminderung der extrahepatischen Blutmenge tatsächlich entstehen muß; vermag doch die Leber des Hundes im Shock nach R. WEIL bis
zu 60% des sonst extrahepatischen Blutes aufzunehmen. Vielleicht sind aber
doch andere Momente beteiligt oder sogar noch maßgebender wie z. B. die
reduzierte innere Atmung des Hirngewebes oder die veränderte Beschaffenheit
des im Gehirn kreisenden Blutes; die (freilich nicht ohne weiteres verständ-
lichen) Experimente von C. HEYMANS und J. DALSACE[10], welche am abgeschnittenen, mit Blut gespeisten Kopf sensibilisierter Hunde „anaphylaktische"
Reaktionen hervorzurufen vermochten, könnten über diese und andere Fragen
Aufschluß bieten, wenn sie bestätigt und weiter ausgebaut würden.

3. Kaninchen.

Kaninchen können nach einer intravenösen Erfolgsinjektion entweder *akut*
innerhalb von wenigen Minuten eingehen oder *protrahierte*, oft Stunden dauernde
Shocksymptome zeigen, die mit Exitus oder Erholung endigen.

Der akute Shock setzt mit heftigster Dyspnoe ein; die Kaninchen stürzen,
oft nach vorherigem ziellosen Herumrennen, zusammen, werden von heftigen
Krämpfen der Streckmuskeln des Kopfes, Rückens und der Extremitäten
befallen, stoßen häufig einen oder mehrere gellende Schreie aus und verenden
unter Atemstillstand. Der Kopf erscheint weit gegen den Nacken zurückgezogen,
die Bulbi sind vorgetrieben. — Im protrahierten Shock beherrschen die Dyspnoe
und die Muskelschwäche das Bild; Erscheinungen cerebraler Depression sind
nicht vorhanden oder nur ganz rudimentär ausgeprägt.

Der arterielle Blutdruck sinkt im akuten Shock rasch und bis auf sehr
niedrige Werte (in der Carotis in 2—3 Minuten auf 10—20 mm Hg und weniger),

[1] SOLARI: C. r. Soc. Biol. Paris **97**, 1039 (1927).
[2] BIEDL u. KRAUS: Zitiert auf S. 726.
[3] ARTHUS, M.: Arch. internat. Physiol. **9**, 179 (1910).
[4] MODRAKOWSKI: Arch. f. exper. Path. **69**, 67 (1912).
[5] STERN, W. u. M. REISS: Z. exper. Med. **29**, 388 (1922).
[6] ZUNZ u. LA BARRE: C. r. Soc. Biol. Paris **91**, 121, 126 (1924); **93**, 1042 (1925).
[7] HIRSCH u. WILLIAMS: J. inf. Dis. **30**, 175 (1922).
[8] ZECKWER u. GOODELL: J. of exper. Med. **42**, 57 (1925).
[9] McCULLOUGH u. O'NEILL: J. inf. Dis. **37**, 225 (1925).
[10] HEYMANS u. DALSACE: C. r. Soc. Biol. Paris **97**, 741 (1927).

im protrahierten Shock langsamer und nicht so beträchtlich (Arthus[1], Scott[2], Friedberger und seine Mitarbeiter[3], Manwaring, Auer[4], Drinker und Bronfenbrenner[5], Bally[6]).

Auch beim Kaninchen erfolgt die Drucksenkung unabhängig vom Zentralnervensystem (Auer, Löwit[7]). Eine muskuläre Lebersperre kommt nicht in Betracht, da beim Kaninchen wie bei allen Herbivoren die Ringmuskulatur der Lebervenen fehlt (H. Mauthner); die Kaninchenleber vergrößert sich auch nicht im anaphylaktischen Shock, und am isolierten, durchströmten Organ bewirkt die Einleitung von Antigen in die Pfortader keine Drosselung des Abflusses aus den Venae hepaticae (H. Mauthner und E. P. Pick). Coca[8], Airila[9], Drinker und Bronfenbrenner nehmen als Ursache des Drucksturzes und — sofern man diesen als zentrales Shockphänomen auffassen darf — als Ursache des Shocks einen *Krampf der Pulmonalarterien* an, der durch Stauung im kleinen Kreislauf zur Dilatation und zum Versagen des rechten Ventrikels führt; unterstützend könnte eine gleichzeitige spastische Verengerung der Coronararterien wirken, die eine schlechtere Blutversorgung des Myokards und der in der Herzwand liegenden nervösen Apparate zur Folge hat (G. H. Wells). Daß das rechte Herz in der ersten Phase des Shocks gegen einen erhöhten Widerstand arbeitet, erscheint durch das anfängliche Steigen des Druckes in der Pulmonalarterie von 14—20 auf 30—40 mm Hg bewiesen (Airila, Drinker und Bronfenbrenner); nach Coca soll ferner die Einleitung von Antigen in die künstlich durchströmte Lunge sensibilisierter Kaninchen einen fast völligen Verschluß der pulmonalen Strombahnen hervorrufen, der nur durch eine ganz beträchtliche Steigerung des Perfusionsdruckes überwunden werden kann, was ebenso wie die antagonistische Wirkung von Amylnitrit (Drinker und Bronfenbrenner) für den arteriospastischen Charakter des Zirkulationshindernisses sprechen würde. Manwaring, Marino und Beattie[10] vermochten sich aber bei einer Nachprüfung der Versuche Cocas von der Existenz einer „Lungensperre" nicht zu überzeugen. Manwaring meint, daß die glatten Muskeln für die Pathogenese der Shocksymptome des Kaninchens völlig bedeutungslos sind, da sich bei dieser Tierspezies (im Gegensatze zum Meerschweinchen und zum Hund) auch die Harnblase nicht an der anaphylaktischen Reaktion beteiligt (Manwaring und Marino[11], Bally[6]); physiologisch ist indes dieser Analogieschluß weder im allgemeinen noch im besonderen zulässig — im besonderen nicht, weil das Auftreten arteriospastischer Gefäßkrämpfe im großen Kreislauf von Shockkaninchen sowohl durch direkte Beobachtung der Ohren (Doerr und R. Pick, Bally) wie durch das Experiment am isolierten Kaninchenohr (Friedberger und Seidenberg, Geneś und Dinerstein) festgestellt werden konnte.

Manwaring setzt an die Stelle der von ihm bekämpften Theorie der arteriospastischen Lungensperre keine andere Erklärung. Dagegen hatte Auer schon vor dem Auftauchen dieser Auffassung *das Herz* als primäres Shockorgan des Kaninchens bezeichnet; es soll durch den Kontakt mit Antigen in gleicher Weise

[1] Arthus: De l'anaphylaxie à l'immunité. Paris: Masson 1921 — Arch. internat. Physiol. 7, 471 (1908/09).
[2] Scott: J. of Path. 15, 31 (1911).
[3] Friedberger u. Gröber: Z. Immun.forschg 9, 216 (1911).
[4] Auer: J. of exper. Med. 14, 476 (1911).
[5] Drinker u. Bronfenbrenner: J. of Immun. 9, 387 (1924).
[6] Bally: J. of Immun. 17, 223 (1929).
[7] Löwit: Arch. f. exper. Path. 68, 83 (1912).
[8] Coca: J. of Immun. 4, 219 (1919).
[9] Airila: Skand. Arch. Physiol. (Berl. u. Lpz.) 31, 388 (1914).
[10] Manwaring, Marino u. Beattie: Proc. Soc. exper. Biol. a. Med. 21, 202 (1924).
[11] Manwaring u. Marino: J. of Immun. 13, 69 (1927).

gereizt bzw. geschädigt werden wie die glatten Muskeln sensibilisierter Meerschweinchen. Sicher ist, daß das Herz des im Shock verendeten Kaninchens bei
einer unmittelbar post mortem vorgenommenen Autopsie im Stillstand gefunden
wird (im Gegensatze zum Meerschweinchen und zum Hunde) und daß es auch
durch elektrische Reize nicht mehr zum Schlagen gebracht werden kann (AUER);
doch könnte dieser irreversible Herztod auch eine sekundäre Konsequenz der
Stauung im kleinen Kreislauf sein, um so mehr als eventuelle anatomische Veränderungen (Konsistenzverminderung und Verfärbung des Myokards) in der
Wand des *rechten* Ventrikels lokalisiert sind. Die zahlreichen und zum Teil positiv
ausgefallenen Versuche, am isolierten überlebenden Herzen sensibilisierter Kaninchen durch Perfusion mit Antigen Störungen des spontanen Rhythmus hervorzurufen (GLEY und PACHON, CESARIS-DEMEL, ZLATOGOROFF und WILLANEN,
A. S. LEYTON, H. G. LEYTON und SOWTON, DEMOOR und RYLANT[1]), haben
bisher keine Entscheidung gebracht.

Im Darme konstatiert man ähnliche Veränderungen wie beim Hunde:
venöse Hyperämie, Ödeme und Blutungen der Schleimhaut, Epitheldesquamation und in späteren Stadien des Shocks oberflächliche Nekrosen (WOLFF-
EISNER, SCOTT, MANWARING und MCBRIDE[2]).

Über die Vorgänge im Blute und die anaphylaktischen Temperaturreaktionen der
Kaninchen geben die korrespondierenden Ausführungen über den Shock des Meerschweinchens Aufschluß (s S. 719f.).

4. Mäuse[3].

Der Exitus tritt nach intravenöser Erfolgsinjektion nur selten schon nach 7—10 Minuten,
meist erst nach 15—40 Minuten, zuweilen nach 1—1½ Stunden ein. Symptome sind Sträuben
des Pelzes, Tränenfluß, Dyspnoe, heftige, in Schüben auftretende allgemeine Krämpfe und
lähmungsartige Schwäche der hinteren Extremitäten („Froschstellung"); sie sind nicht
charakteristisch und können auch bei anderen Erkrankungsformen weißer Mäuse (Vergiftung
mit Dysenterietoxin) beobachtet werden (v. SARNOWSKI, SCHIEMANN und MEYER, R. DOERR).
Als inkonstante Obduktionsbefunde wurden Lungenemphysem sowie Hyperämie der Leber
und Milz beschrieben (RITZ, SCHIEMANN und MEYER). Als „Shockgewebe" gilt das Reticuloendothel, weil die „Blockierung" desselben mit bestimmten septischen phagocytablen Bakterien (EHMER und HAMMERSCHMIDT[4]) oder mit Tusche, Lithioncarmin, Eisenzucker
(H. MEYER[5]) den Shock verhindert; diese Beweisführung erscheint indes anfechtbar
(R. DOERR).

5. Andere Säugetiere.

Ziegen verhalten sich klinisch wie Hunde; eine experimentelle Analyse des
Shocksyndroms liegt nicht vor.

Katzen und *Opossums* bilden insofern eine eigene Gruppe, als sie schon
im normalen (nichtsensibilisierten) Zustande gegen die klassischen anaphylaktischen Antigene, speziell auch gegen Pferdeserum, äußerst empfindlich sind;
intravenöse Erstinjektionen relativ kleiner Dosen erzeugen heftigen, unter Umständen letalen Shock, plötzliche Blutdrucksenkung und anschließende Herz-
insuffizienz (für die Katze von BRODIE, MANWARING, W. H. SCHULTZ, EDMUNDS,
DRINKER und BRONFENBRENNER[6], für das Opossum von EDMUNDS[7] festgestellt).
Wie man sich dieses Verhalten immunologisch zurechtlegen soll, ist leider noch
durchaus rätselhaft; hängt doch die „primäre Toxizität" der artfremden Pro-

---

[1] Literatur s. S. 679.
[2] MANWARING, BEATTIE u. MCBRIDE: J. amer. med. Assoc. **80**, 1437 (1923).
[3] Literatur s. S. 671.
[4] EHMER u. HAMMERSCHMIDT: Klin. Wschr. **7**, 931 (1928).
[5] MEYER, H.: Z. Hyg. **106** (1926).
[6] DRINKER und BRONFENBRENNER: Zitiert auf S. 730.
[7] EDMUNDS: Z. Immun.forschg **22**, 181 (1914).

teine nicht nur von der Natur derselben, sondern — wenigstens bei der Katze — auch von der Individualität der Tiere ab, indem nur Pferdeserum, Kaninchen- und Meerschweinchenserum sowie Hühnereiweiß für alle Katzen primär giftig sind, Hammel- und Hundeserum dagegen bloß für bestimmte Exemplare und für diese sogar in besonders hohem Grade (Drinker und Bronfenbrenner). Versuchstechnisch ist es nicht leicht, derartige Erstwirkungen von anaphylaktischen Reaktionen — die ja definitionsgemäß an eine vorausgegangene Sensibilisierung gebunden sind — abzugrenzen, weder quantitativ durch die Größe der auslösenden Dosis (W. H. Schultz[1], Edmunds) noch auch qualitativ durch das Studium der Reaktionsform; nur beim Opossum ist die anaphylaktische Reaktion als solche durch eigenartige Erscheinungen charakterisiert, und zwar durch verstärktes Inspirium, abgeschwächtes Exspirium und ein 5 Minuten lang anhaltendes Lungenemphysem, welches zu deutlicher Thoraxerweiterung führt — Symptome, welche auf eine spastische Kontraktion der bei dieser Tierart gut ausgebildeten Bronchialmuskulatur bezogen werden dürfen (Edmunds, Jordan), die aber in Anbetracht ihrer Auswirkungen, ihrer geringen Intensität und ihrer kurzen Dauer nicht die eigentliche Ursache des Shocks und der Blutdrucksenkung darstellen können, so daß sich auch hier der wesentlichste Teil des Syndroms von dem Bereich der Erstwirkungen nicht scharf genug abhebt. Wie der Shock der Katze zustande kommt, ist nicht sicher und konnte auch durch vergleichsweise Heranziehung des Histaminshocks dieser Tierspezies (Mauthner und E. P. Pick, Dale und Richards[2], A. R. Rich[3]) nicht bestimmt beantwortet werden; die Hypothesenbildung hat die verschiedensten Kombinationselemente, die sich aus der Analyse des Shocks anderer Tierarten ergaben (Lebersperre, Lungensperre, primäre Herzlähmung, Capillarerweiterung im großen Kreislauf), benutzt, ohne zu einem definitiven Resultat zu gelangen.

Beim *Pferd*, beim *Rind* und beim *Menschen* können Erstinjektionen (nicht nur intravenöse, sondern auch subcutane) artfremder Sera ebenfalls einen intensiven, nicht selten letal ablaufenden Shock hervorrufen; es besteht aber ein gewisser Unterschied gegenüber der Katze und dem Opossum, indem die primäre Serumempfindlichkeit nie zum Speziesmerkmal wird, *sondern stets nur einzelnen Individuen eigen ist* und durch diese Art des natürlichen Vorkommens den Charakter der sogenannten *Idiosynkrasien* annimmt. Ob außerdem noch andere, tiefer greifende Differenzen zwischen den beiden Tierkategorien existieren, muß einstweilen dahingestellt bleiben. Zweifellos können aber Pferde (M. Retzenthaler[4]) und Menschen (Park, Hooker, Köhler und Steinmann, W. Gerlach, Stanculeanu und Kita, Makai, Bouché und Hustin, v. Pirquet und Schick, Lucas und Gay, Hegler u. a.[5]), welche vorher auf die Injektion artfremder Sera *nicht* reagiert haben, durch eine spezifische Vorbehandlung (Präparierung) sensibiliert werden, derart, daß nunmehr die Reinjektion des betreffenden Antigens typische allgemeine oder lokale anaphylaktische Symptome auslöst. Die Erörterung der Beziehungen zwischen idiosynkrasischer und anaphylaktischer Reaktivität, welche vorläufig nur beim Menschen eingehender geprüft wurden, soll an anderer Stelle erfolgen.

Als Symptome des (idiosynkrasischen bzw. anaphylaktischen) Shocks bei Pferden und Rindern werden von F. Gerlach[6], F. Wittmann[7] und M. Retzenthaler angegeben:

---

[1] Schultz, W. H.: J. of Pharmacol. **3**, 299 (1911/12).
[2] Dale u. Richards: J. of Physiol. **52**, 110 (1919).
[3] Rich, A. R.: J. of exper. Med. **33**, 287 (1921).
[4] Retzenthaler, M.: Arch. internat. Physiol. **24**, 54 (1924).
[5] Literatur auf S. 684f.
[6] Gerlach, F.: Z. Immun.forschg **34**, 75 (1922).
[7] Wittmann, F.: Berl. tierärztl. Wschr. **41**, 781 (1925).

Dyspnoe, Absetzen von Kot und Harn, intensiver Juckreiz und ausgedehnte Quaddel-eruptionen, Tränen der Augen, eine (oft exzessive) Speichelabsonderung, Cyanose, Ödeme und Blutungen der sichtbaren Schleimhäute, Ödeme der Haut, Zusammenstürzen. Die Sektion eines Rindes, das 1 Stunde nach einer Subcutaninjektion und wenige Minuten nach dem Beginn der Symptome verendet war, ergab außer Haut- und Schleimhautödemen akutes Lungenemphysem und Petechien der Pleura (F. GERLACH).

6. Vögel.

Die Symptomatologie des anaphylaktischen Shocks der Taube wurde von F. DE EDS[1] und von J. E. GAHRINGER[2] beschrieben. Akuter Exitus kann durch intravenöse Erfolgsinjektion je nach den gewählten Bedingungen, vermutlich auch je nach den benutzten Taubenrassen in einem wechselnden Prozentsatz der Einzelversuche erzielt werden (nach DE EDS bis zu 50%). Man beobachtet, wenn die Reaktion genügend intensiv ist, inspiratorische Dyspnoe, an welche sich heftige Polypnoe (bis zu 200 Inspirationen in der Minute!) anschließt, Husten, Salivation, profusen Tränenfluß, Absetzen von wässerigen, reichlichen Exkrementen und allgemeine Muskelschwäche, welche die Taube zwingt, die Balance des Körpers durch Aufstützen der gespreizten Flügel auf dem Boden aufrechtzuerhalten, bis auch das nicht genügt, um das Umfallen des Tieres auf eine Seite zu verhindern.

Verwertbare Angaben über die Pathogenese des anaphylaktischen Shocks der Vögel fehlen vorderhand. Die tatsächlich erhobenen Befunde (Bluteindickung, vermehrte Blutgerinnbarkeit, Temperatursturz und Beteiligung der glatten Kropfmuskulatur bei der Taube [DE EDS, ABDERHALDEN und WERT-HEIMER, HANZLIK und STOCKTON[3]], anaphylaktische Störungen des embryonalen Hühnerherzens [N. P. SHERWOOD[4]]) sind zwar im Hinblick auf das Verhalten der Säugetiere von Interesse, gewähren aber keinen Einblick in die physiologischen Grundlagen der klinischen Erscheinungen.

7. Kaltblüter[5].

Sensibilisierte *Schildkröten* reagieren auf die intrakardiale Injektion des Antigens in 30% der Fälle mit Verlangsamung und Abschwächung der Schlagfolge des Herzens, zuweilen auch des Ventrikels; das diastolische Intervall ist beträchtlich verlängert, und das Herz füllt sich strotzend mit Blut. In situ belassen erholt sich das Herz binnen 5—10 Minuten und erweist sich sodann als desensibilisiert (C. A. DOWNS).

Bei sensibilisierten *Fröschen* soll nach der Injektion des Antigens in eine Bauchvene lähmungsartige Schwäche (die Tiere können nicht mehr hüpfen, sondern nur noch kriechen) und schließlich Exitus eintreten; die Erscheinungen entwickeln sich aber erst nach einer mehrstündigen, völlig symptomfreien Latenz, und der Tod erfolgt meist nicht vor Ablauf von 24—36 Stunden. (FRIEDBERGER und MITA, FRIEDE und EBERT, KRITSCHEWSKY und FRIEDE). Nichtvorbehandelte Kontrollen zeigen angeblich nichts Auffälliges und überleben die intravenöse Einspritzung der verwendeten Antigendosen. Mit Rücksicht auf die negativen Ergebnisse anderer Autoren (KRITSCHEWSKY und BIRGER, SKARCZYNSKA, GOODNER) wäre das Verhalten der Frösche nochmals zu überprüfen. GOODNER z. B. gibt zwar zu, daß sich Frösche aktiv sensibilisieren lassen, nur manifestiert sich dieser Zustand nach seinen Versuchen nicht durch klinische Symptome, welche nach der Erfolgsinjektion am intakten Tier in Erscheinung treten, sondern lediglich durch die (schon von FRIEDBERGER und MITA sowie von KÖNIGSFELD[6] nachgewiesene) Empfindlichkeit des isolierten Herzens gegen Antigenkontakt. Das durch Antigen gereizte Herz des sensibilisierten Frosches nimmt aber nach KÖNIGSFELD in längstens 80 Minuten wieder seine normale Tätigkeit auf, so daß sich kein Konnex zwischen der Herzstörung und den Spätsymptomen bzw. Spättoden herstellen läßt, welche namentlich KRITSCHEWSKY und seine Mitarbeiter in so großer Häufigkeit beobachtet

[1] DE EDS: J. of Pharmacol. 28, 451 (1926).
[2] GAHRINGER: J. of Immun. 12, 477 (1926).
[3] HANZLIK u. STOCKTON: J. of Immun. 13, 395 (1927).
[4] SHERWOOD: J. of Immun. 15, 65 (1928).
[5] Literatur s. S. 688 und 671.
[6] KÖNIGSFELD, H.: Z. exper. Med. 44, 723 (1925).

haben wollen; für sie fehlt jede Erklärung, und sie entsprechen auch nicht dem Begriff einer Shockreaktion, der nur auf die sofort einsetzende Störung der Herzfunktion angewendet werden könnte. Schließlich sei auch noch darauf verwiesen, daß die von GOODNER am Frosch erzielten Resultate mit dem von C. A. DOWNS beschriebenen Verhalten der Schildkröten besser übereinstimmen.

8. Die lokalen anaphylaktischen Reaktionen.

Sie zeigen histologisch kein pathognomonisches, nur dieser Art von Veränderungen zukommendes Bild (ARTHUS und BRETON[2], W. GERLACH, OPIE); zeitlich sind sie durch den schnellen Ablauf und durch die Intensität, welche sie erreichen können, ausgezeichnet. Bei der mikroskopischen Untersuchung der paradigmatischen lokalen Anaphylaxie der Subcutis des Kaninchens kann man nach W. GERLACH eine zentrale Partie des Reaktionsherdes und eine dieselbe umgürtende Randzone unterscheiden. Im Zentrum sieht man [ein *Ödem* und eine rasch fortschreitende (schon innerhalb einer Stunde nach der Erfolgsinjektion entwickelte) *Verquellung des Bindegewebes*, welche durch Capillarkompression zur *lokalen Ischämie* führt; in späteren Stadien kommt es zur *Nekrose* und zu *Blutungen*, von denen aber zumindest die erstgenannte höchstwahrscheinlich nicht als unmittelbarer Ausdruck des „lokalen Gewebsshocks" aufzufassen ist, sondern als eine sekundäre Auswirkung der durch die primären Vorgänge bedingten Veränderungen wichtiger Elemente des Unterhautzellgewebes. Der das Zentrum umschließende Gürtel ist von massenhaften, polymorphkernigen, neutrophilen Leukocyten durchsetzt, welche sich namentlich um die Gefäße zu mächtigen Mänteln gruppieren, die Gefäßwände selbst infiltrieren und um so größere Neigung zum Absterben bekunden, je näher sie dem Reaktionszentrum liegen; die Gefäße sind in dieser Zone durch Stase erweitert, zum Teil von hyalinen Thromben erfüllt, die Bindegewebsfasern durch Ödem, Fibrinablagerungen und Hämorrhagien auseinandergedrängt. Ausführlichere Beschreibungen und Diskussionen der Befunde vom pathologisch-physiologischen Standpunkt findet man bei OPIE und W. GERLACH, Abbildungen histologischer Präparate bei W. GERLACH und bei R. DOERR[3], dem die GERLACHschen Originale zur Verfügung standen.

V. Antianaphylaxie.

Dieser 1907 von BESREDKA eingeführte Ausdruck wird heute angewendet:

1. auf jede Verminderung oder totale Beseitigung eines *bereits vorhandenen* anaphylaktischen Zustandes ohne Rücksicht auf die Natur des Eingriffes, durch welchen dieser Erfolg erzielt wird, und

2. auf die Verhinderung der *Entwicklung* des anaphylaktischen Zustandes unter Umständen, welche sonst (d. h. abgesehen von dem hemmenden Eingriff) den Eintritt dieses Zustandes bewirken.

Es ist klar, daß eine derartig weite, aus der rein etymologischen Bedeutung des Fremdwortes abgeleitete Interpretation den außerordentlich verschiedenen genetischen und kausalen Bedingungen des „antianaphylaktischen Verhaltens" nicht gerecht werden kann. Versuche, die hierher gehörigen Erscheinungen auf Grund solcher Gesichtspunkte in bestimmte Kategorien zu sondern (DOERR, COCA, WELLS, BESREDKA u. a.), haben noch nicht zu durchaus befriedigenden

---

[1] Literatur s. S. 683—686.
[2] ARTHUS u. BRETON: C. r. Soc. Biol. Paris **55**, 1478 (1903).
[3] DOERR, R.: Handb. d. path. Mikroorg., 3. Aufl., **1** (1929).

Resultaten geführt. Doerr[1] hat kürzlich vorgeschlagen, folgende Einteilung
bis auf weiteres durchzuführen:

a) *Die spezifische Desensibilisierung,* die entweder *spontan* durch Schwund
des aktiv erzeugten oder passiv einverleibten Antikörpers erfolgt (s. S. 672 u. 710)
oder *willkürlich* bewirkt werden kann, indem man den im Organismus vorhandenen Antikörper durch Zufuhr von Antigen absättigt (neutralisiert).

Die Absättigung des Antikörpers ist in demselben Umfange wie andere
Immunitätsreaktionen, z. B. die Präcipitation dem Spezifitätsgesetz unterworfen.
Ob die Desensibilisierung total oder partiell ausfällt, hängt beim homologen
(zur Darstellung des Antikörpers verwendeten) Antigen von der Dosierung
desselben ab; heterologe (mit dem homologen Antigen immunologisch „verwandte") Antigene desensibilisieren auch in relativ großer Menge meist nur
unvollständig. Die spezifische Desensibilisierung läßt sich sowohl am intakten
Tiere als auch an isolierten überlebenden Organen, am Uterushorn, am Dünndarm, am Gefäßpräparat usw. demonstrieren (Dale, Massini, Brack, Friedberger und Seidenberg, N. P. Sherwood, Downs u. v. a.). Werden Tiere mit
zwei Antigenen präpariert und mit einem von beiden desensibilisiert, so bleiben
sie in der Regel gegen das andere anaphylaktisch (Friedberger und seine Mitarbeiter[2], Lumière und Couturier[3]); auch dieses Phänomen kann am isolierten
Organ reproduziert werden (Dale, Dale und Hartley, Massini[4], Brack[5],
Ban[6] u. a.). Desensibilisierte Tiere (Meerschweinchen) können unter Umständen
sofort resensibilisiert, d. h. durch Zufuhr von antikörperhaltigem Immunserum
passiv anaphylaktisch gemacht werden (R. Weil und Coca[7], Koessler).

Bei der *umgekehrten Anaphylaxie* (s. S. 714) werden die Tiere (Kaninchen oder weiße
Mäuse) durch die vorherige Einspritzung von Antigen empfindlich gegen die folgende Injektion von Immunserum; ist die Reaktion abgelaufen, so sind sie „desensibilisiert", d. h.
sie reagieren auf eine zweite Injektion von Immunserum nicht mehr (Opie und Furth,
Schiemann und Meyer). Vielleicht beruht dies auf einer Absättigung der anderen Reaktionskomponente, nämlich des Antigens.

b) Die Abschwächung des anaphylaktischen Shocks durch Behinderung oder
Verzögerung der auslösenden Antigen-Antikörper-Reaktion.

Dieser Fall liegt vor, wenn man eine sonst letale Antigendosis langsam oder in sehr
starker Verdünnung oder fraktioniert injiziert (Friedberger und Mita[8], Besredka[9],
J. H. Lewis[10] u. a.); der Shock bleibt entweder ganz aus oder wird deutlich gemildert. Ferner
kann man durch verschiedene Eingriffe am Antigen (Erhitzen, Behandlung mit Alkalien,
Bestrahlung mit ultraviolettem Licht, Zusatz von Photosensibilisatoren, wie Eosin, Erythrosin
usw.) die Reaktionsfähigkeit desselben mit dem Antikörper und damit gleichzeitig auch
seine shockauslösende Wirkung reduzieren (Besredka, Doerr und Moldovan[11], Wu,
ten Broeck und Li[12], Bisceglie[13], Girard und Peyre[14]). Theoretisch muß endlich noch

[1] Doerr, R.: Handb. d. path. Mikroorg., 3. Aufl., 1 (1929).
[2] Friedberger u. Mitarbeiter: Zitiert auf S. 693.
[3] Lumière u. Couturier: C. r. Acad. Sci. Paris 173, 800 (1921).
[4] Massini: Zitiert auf S. 693.
[5] Brack: Zitiert auf S. 693.
[6] Ban: Untersuchungen über Anaphylaxie mittels der Darmmethode. Inaug.-Dissert.
Basel 1918.
[7] Weil, R. u. Coca: Z. Immun.forschg 17, 141 (1913).
[8] Friedberger u. Mita: Dtsch. med. Wschr. 38, 205 (1912).
[9] Besredka: Ann. Inst. Pasteur 1907, 950 — C. r. Soc. Biol. Paris 67, 266 (1909) —
Bull. Inst. Pasteur 1909, Nr 17 — „Théories de l'anaphylaxie" in Traité de Physiol. norm.
et Path. 7. Paris: Masson 1927.
[10] Lewis, J. H.: J. amer. med. Assoc. 72, 329 (1919).
[11] Doerr u. Moldovan: Wien. klin. Wschr. 24 (1911).
[12] Wu, ten Broeck u. Li: Chin. J. Physiol. 1, 277 (1927).
[13] Bisceglie: Boll. Soc. med.-chir. Modena 1927, 15.
[14] Girard u. Peyre: C. r. Soc. Biol. Paris 95, 179, 181 (1925) — C. r. Acad. Sci. Paris
183, 84 (1926).

mit der Möglichkeit gerechnet werden, daß zwar Antikörper und Antigen quantitatív und qualitativ völlig reaktionsfähig sind, daß aber die Reaktion selbst gehemmt wird, und zwar durch Veränderungen des Milieus, in welchem sie stattfindet. Diese Konzeption verträgt sich indes nur mit der Hypothese, daß die auslösende Antigen-Antikörper-Reaktion „humoral", in der Blutbahn abläuft, eine Annahme, die noch nicht bewiesen ist. Es ist daher noch unklar, warum präventive intravenöse Injektionen von NaCl (Friedberger und Hartoch[1], Löwit[2], Ritz[3], Richet, Brodin und St. Girons[4]), von gallensauren Salzen (Kopaczewski[5]), von Alkalien (Billard, Galup, Kopaczewski und Roffo[6], K. Iwanoff[7], Combiesco und Brauner u. a.), von Lipoiden (Achard und Flandin[8], Duprez[9], Kopaczewski, Seki[10] u. a.) usw. antianaphylaktische Effekte entfalten; daß die genannten Agenzien gewisse Immunitätsreaktionen, in erster Linie die Präcipitation, *in vitro* antagonistisch beeinflussen, kann nicht als Beweis für die analoge Wirkungsweise im Organismus gelten (Doerr, Ritz).

c) *Die Abschwächung des Shocks durch Verminderung der Empfindlichkeit der Shockorgane (Shockgewebe) gegen die Einwirkung der anaphylaktischen Noxe.*

Hier wären in erster Linie Pharmaka zu nennen, welche die Angriffspunkte der anaphylaktischen Noxe in entgegengesetztem Sinne beeinflussen; zu diesen pharmakodynamischen Antagonisten des Shocks gehören das Atropin, das Adrenalin und das Bariumchlorid. Ob die shockverhütende Wirkung der Narkotica und Anaesthetica (Äther, $CHCl_3$, Urethan, Chloralhydrat, Chloralose, Alkohol, Cocain, Stovain) auf demselben Prinzip beruht, ist fraglich; die Ansichten hierüber differieren beträchtlich (vgl. Doerr[11]). Als erledigt darf nur die ursprüngliche Theorie von Besredka betrachtet werden, daß der Shock vom Zentralnervensystem abhängig ist und demgemäß durch die herabgesetzte Erregbarkeit der nervösen Zentren gehemmt werden muß; der Narkoseeffekt kommt vielmehr peripher (ohne Vermittlung des Gehirns) zustande. Es besteht kein Parallelismus zwischen der Tiefe der Allgemeinnarkose und der Hemmung des Shocks (Kopaczewski und seine Mitarbeiter), der antianaphylaktische Zustand überdauert bei der protrahierten Urethanvergiftung des Meerschweinchens die Narkose um mehrere Stunden (Seki), intravenös injizierte Anaesthetica können den Shock ebenso unterdrücken wie Allgemeinnarkosen mit Äther oder Urethan (Kopaczewski und seine Mitarbeiter[12]), und die physikalische Narkose durch den elektrischen Strom erweist sich als wirkungslos (Toussain[13]). Wo aber die zutreffende Erklärung zu suchen ist und ob ein einheitlicher Mechanismus für sämtliche Narkotica bzw. Anaesthetica angenommen werden darf, bleibt vorläufig in Schwebe.

Der Uterus oder der Darm von Meerschweinchen, die mit zwei Antigenen von verschiedener Spezifität präpariert wurden, kann seine Reaktivität gegen das eine Antigen völlig oder partiell einbüßen, wenn vorher eine Reaktion mit dem anderen Antigen ausgelöst wurde (Dale, Massini[14], Brack[15] u. a.). Der gleiche Versuch läßt sich mit identischem Erfolge an intakten, mit zwei Anti-

---

[1] Friedberger u. Hartoch: Z. Immun.forschg **3**, 581 (1909) — Friedberger u. Langer: Ebenda **15**, 535 (1912).

[2] Löwit: Arch. f. exper. Path. **65**, 337 (1911).

[3] Ritz: Z. Immun.forschg **12**, 644 (1912).

[4] Richet, Brodin u. St. Girons: Rev. Méd. **37**, 7 (1920).

[5] Kopaczewski: Ann. Méd. **8**, 291 (1920).

[6] Kopaczewski u. Roffo: C. r. Soc. Biol. Paris **83**, 837 (1920).

[7] Iwanoff, K.: Z. Hyg. **108**, 152 (1927).

[8] Achard u. Flandin: C. r. Soc. Biol. Paris **73**, 25 (1912).

[9] Duprez: C. r. Soc. Biol. Paris **86**, 285 (1922).

[10] Seki: Z. Immun.forschg **40**, 1 (1924).

[11] Doerr: Zitiert auf S. 735.

[12] Kopaczewski, A. H. Roffo u. L. H. Roffo: C. r. Acad. Sci. Paris **170**, 1409 (1920).

[13] Toussain: C. r. Soc. Biol. Paris **88**, 154 (1923).

[14] Massini: Z. Immun.forschg **27**, 213 (1918).

[15] Brack, W.: Z. Immun.forschg **31**, 407 (1921).

genen präparierten Meerschweinchen ausführen (PFEIFFER und MITA[1], BESSAU[2], THOMSEN, R. WEIL, H. T. KARSNER und E. ECKER[3] u. a.) und wird in dieser Form meist (wenn auch nicht zutreffend) als *„unspezifische Desensibilisierung"* bezeichnet. Es liegt natürlich nahe, an eine Ermüdung bzw. Erschöpfung zu denken. Dem widerspricht jedoch die lange Dauer des refraktären Zustandes, sowie die Angabe von BRACK, daß das Phänomen auch dann beobachtet wird, wenn man eine brüske Kontraktion des doppelt sensibilisierten glatten Muskels bei der Einwirkung des ersten Antigens vermeidet und auf diese Weise eine besonders intensive Arbeitsleistung ausschaltet. Vielleicht handelt es sich um eigenartige, ihrem Wesen nach unbekannte Veränderungen der Shockgewebe (BRACK), wie sie von KELLAWAY und COWELL zur Erklärung der Auslöschphänomene (s. sube) herangezogen wurden.

Mit dem Auftreten des Masernexanthems erlischt ferner bei sensibilisierten Menschen die cutane Reaktivität gegen artfremdes Serum ebenso wie eine vorhandene Überempfindlichkeit der Haut gegen Tuberkulin oder Vaccine; mit dem Abblassen des Ausschlages kehrt der frühere Zustand wieder zurück (v. PIRQUET, PREISICH, HAMBURGER, BESSAU[4], SCHWENKE und PRINGSHEIM, COCA). BESSAU nimmt eine temporäre Erhöhung der Resistenz gegen anaphylaktische Schädigungen aller Art d. h. gegen die zellreizende Wirkung von Antigen-Antikörper-Reaktionen an.

Endlich wäre noch folgende Beobachtung an dieser Stelle zu erwähnen: Wenn man bei einem „idiosynkrasischen" Menschen durch intracutane Injektion des auslösenden Stoffes eine Quaddelreaktion hervorruft, wird die betreffende Hautstelle nicht nur gegen eine erneute Injektion dieses Stoffes, sondern gegen jeden beliebigen urticariogenen Reiz (Histamin, Kälte, Hitze usw.) refraktär (TH. LEWIS[5], LEWIS und GRANT[6], HARE[7]). Die erzeugte lokale Reaktionsunfähigkeit ist somit wie alle „antianaphylaktischen" Zustände dieser Gruppe *unspezifisch.* Nach der Theorie von TH. LEWIS wirken die urticariogenen Reize nicht unmittelbar, sondern dadurch, daß sie die Gewebszellen zur Abgabe histaminähnlicher Substanzen veranlassen; von dieser Voraussetzung ausgehend, könnte man die beschriebene lokale Resistenz als Erschöpfung d. h. als Unfähigkeit zu einer nochmaligen Histaminabgabe deuten.

d) Die *Antisensibilisierung* (R. WEIL[8]). Meerschweinchen lassen sich mit heterologem Immunserum vom Kaninchen nicht passiv anaphylaktisch machen, wenn man 4—10 Tage vor der passiven Präparierung Normalserum vom Kaninchen (oder auch Hunde-, Menschen- oder Hammelserum) subcutan einspritzt. Verwendet man statt des heterologen *homologes* Immunserum (vom Meerschweinchen), so bleibt der Hemmungseffekt aus und die präparierten Tiere reagieren auf die Erfolgsinjektion des Antigens in typischer Art; die Antisensibilisierung muß somit irgendwie davon abhängen, daß dem Organismus zweimal artfremdes Serum zugeführt wird, zuerst als Normalserum und nach einem entsprechenden Intervall als Immunserum, und die Notwendigkeit des Intervalls spricht dafür, daß das Normalserum als Antigen wirkt. Andererseits braucht

---

[1] PFEIFFER u. MITA: Z. Immun.forschg **4**, 434 (1910).
[2] BESSAU: Zbl. Bakter. I Orig. **60**, 637 (1911).
[3] KARSNER u. ECKER: J. inf. Dis. **30**, 333 (1922).
[4] BESSAU, G.: Jb. Kinderheilk. **81**, 183 (1915).
[5] LEWIS, TH.: The blood vessels of the human skin and their responses. London: Shaw & Sons 1927.
[6] LEWIS, TH. u. GRANT: Heart **11**, 119 (1924); **13**, 219 (1926).
[7] HARE, R.: Heart **13**, 227 (1926).
[8] WEIL, R.: Z. Immun.forschg **20**, 199 (1913); **23**, 1 (1914) — J. of med. Res. **28**, 243 (1913).

anscheinend zwischen den Proteinen des schützenden Normalserums und jenen des passiv präparierenden Immunserums keine Spezifitätsbeziehung zu bestehen, und dieser Umstand erschwert eine befriedigende Erklärung (R. Weil, R. Doerr[1], Coca und Kosakai[2], J. Lewis[3]).

e) Als „*Auslöschphänomen*" wird die Tatsache bezeichnet, daß aktiv oder passiv präparierte Meerschweinchen auf die intravenöse Erfolgsinjektion des Antigens nicht oder nur abgeschwächt reagieren, wenn man kurz vorher artfremdes oder artgleiches Normalserum in die Blutbahn eingespritzt hat (Friedberger und Hjelt[4], Friedberger und Seidenberg[5], Dale und Kellaway, Kellaway und Cowell[6], Doerr und Bleyer[7]).

Die schützende Normalserumdosis beträgt ein bis mehrere Kubikzentimeter; verschiedene Normalsera, ja verschiedene Proben derselben Serumart zeigen, namentlich in quantitativer Hinsicht, ein differentes Verhalten. Die Schutzwirkung wird erst nach 15 Minuten nachweisbar, erreicht nach 1 Stunde das Maximum und beginnt nach etwa 3 Stunden wieder abzunehmen; nach 24—48 Stunden ist sie wieder verschwunden. Kellaway und Cowell vermochten zu zeigen, daß die Reizbarkeit des isolierten glatten Muskels (z. B. des Uterus) durch Antigenkontakt getreu alle Phasen der Schutzwirkung widerspiegelt, welche man am intakten Meerschweinchen durch die intravenöse Erfolgsinjektion feststellen kann. Humorale Prozesse kommen nach den Untersuchungen dieser Autoren nicht in Betracht; sie sind geneigt, die herabgesetzte Reaktivität des Shockgewebes auf einen reversiblen physikalischen Vorgang in den glatten Muskelzellen zurückzuführen, welcher entweder die Vereinigung des im Muskel enthaltenen (fixen) Antikörpers mit dem von außen herantretenden Antigen verhindert oder die physiologische Folge dieser Vereinigung (die Muskelkontraktion) hemmt.

Daß die *Latenzperiode der passiven Anaphylaxie* nichts anderes vorstellt als eine besondere Form des Auslöschphänomens (Friedberger), ist auf Grund der bisher ermittelten zeitlichen und quantitativen Bedingungen beider Phänomene abzulehnen (vgl. die Kritik von Doerr[8]).

f) Die sogenannte „*Immunität*" d. h. das Ausbleiben oder die mangelhafte Entwicklung des anaphylaktischen Zustandes nach der Behandlung (Präparierung) mit massiven und besonders mit oft wiederholten höheren Antigendosen.

Sie wurde sowohl beim Meerschweinchen wie beim Hunde beobachtet (Otto[9], R. Weil[10], Wells und Osborne[11], Wells, Dale[12], Thomsen, Brack[13], Manwaring, Shumaker, Wright, Reeves und Moy[14] u. a.). Auf dem Mangel an *zirkulierendem* (*freiem*) Antikörper kann sie nicht beruhen, da das Blut der „immunen" Tiere oft ein bedeutendes passives Präparierungsvermögen besitzt. Der fixe (zellständige) Antikörper verhält sich verschieden: die isolierten überlebenden Shockorgane (Shockgewebe) reagieren entweder auf Antigenkontakt ebensowenig wie das ganze Tier auf die intravenöse Probe (Brack, Manwaring und seine Mitarbeiter[15]) oder sie zeigen eine deutliche, zuweilen sogar sehr hochgradige Empfindlichkeit (Dale[12], Manwaring und Kusama[16], Moore). Unter

---

[1] Doerr, R.: Weichardts Erg. **5**, 152—154 (1922).
[2] Coca u. Kosakai: J. of Immun. **5**, 297 (1920).
[3] Lewis, J.: J. inf. Dis. **17**, 241 (1915).
[4] Friedberger u. Hjelt: Z. Immun.forschg **39**, 395 (1924).
[5] Friedberger u. Seidenberg: Zitiert auf S. 655.
[6] Kellaway u. Cowell: Brit. J. Path. **3**, 268 (1922).
[7] Doerr u. Bleyer: Z. Hyg. **106**, 371 (1926).
[8] Doerr: Handb. d. path. Mikroorg., 3. Aufl. **1**, 895.
[9] Otto: Münch. med. Wschr. **54**, 1665 (1907).
[10] Weil, R.: Zitiert auf S. 670.
[11] Wells u. Osborne: J. inf. Dis. **9**, 147 (1911).
[12] Dale: Zitiert auf S. 713.
[13] Brack: Zitiert auf S. 693.
[14] Manwaring, Shumaker usw.: Zitiert auf S. 670.
[15] Manwaring u. Mitarbeiter: Zitiert auf S. 679.
[16] Manwaring u. Kusama: J. of Immun. **2**, 157 (1917).

welchen speziellen Bedingungen die eine oder die andere Form der „anaphylaktischen" Immunität auftritt, ist nicht systematisch geprüft worden; daß sie aber vorläufig voneinander abzutrennen sind, kann nicht in Frage gestellt werden. DOERR[1] hat für den zweiten Fall (hohe Empfindlichkeit der Shockorgane kombiniert mit einem refraktären Zustand des intakten Tieres) die Bezeichnung „maskierte" oder „potentielle" Anaphylaxie vorgeschlagen, da man ja zur Annahme gezwungen ist, daß die Reaktivität der Shockgewebe im lebenden Tiere durch irgendeinen Faktor verdeckt, gewissermaßen verschleiert wird. R. WEIL[2] suchte diesen Faktor im freien (zirkulierenden) Antikörper, der intravenös eingespritztes Antigen absättigt, bevor es zu den Shockgeweben gelangen und mit dem zellständigen (fixen) Antikörper abreagieren kann; im isolierten, blutfrei gespülten Organ müßte der hemmende Einfluß des freien Antikörpers selbstverständlich wegfallen. Ein Modellversuch von DALE und KELLAWAY[3] scheint diese Ansicht zu bestätigen. Bringt man nämlich den Uterus sensibilisierter Meerschweinchen in eine mit antikörperhaltigem Immunserum versetzte Ringerlösung, so löst der Zusatz von Antigen keine Kontraktion aus und bewirkt auch keine Desensibilisierung. Ob man aber dieses Experiment ohne weiteres auf die Verhältnisse im lebenden Tier übertragen darf, ist diskutabel, und die „Schutzwirkung des zirkulierenden Antikörpers" im Sinne der EHRLICHschen Theorie kann in ihrer Anwendung auf anaphylaktische Phänomene noch nicht als exakt bewiesene Hypothese bewertet werden (DOERR, MANWARING).

MOLDOVAN[4] sowie MANWARING[5] und ihre Mitarbeiter setzen sich neuerdings für die Existenz anderer humoraler (im Blute auftretender) Hemmungsstoffe (shockverhütender Substanzen) ein.

MOLDOVAN hält sie für ein Produkt abnorm gereizter Reticuloendothelien („*Reticulin M*" — das „M" bedeutet eine Huldigung für METSCHNIKOFF), spricht sich aber über ihren Wirkungsmechanismus nicht aus; MANWARING läßt ihren Ursprung unentschieden, nimmt dagegen an, daß sie einen gegen das „anaphylaktische Gift" gerichteten, dieses neutralisierenden Antikörper (ein „Antianaphylatoxin") darstellen. Die Versuchsanordnungen waren bei beiden Autoren verschieden. MOLDOVAN gewann sein Reticulin-M, indem er Kaninchen endothelblockierende Partikel (z. B. Tusche) intravenös injizierte; das Serum dieser Kaninchen sollte auf präparierte Meerschweinchen shockverhütend wirken. MANWARING transfundierte das Blut immuner Hunde sensibilisierten Hunden und konstatierte, daß die letzteren gegen Antigen unempfindlich werden — jedoch auffallenderweise erst 48 Stunden nach der Transfusion und nicht unmittelbar oder kürzere Zeit nach dem Eingriff. Die mitgeteilten Ergebnisse reichen jedenfalls nicht für die sichere Fundierung der weitgehenden und — soweit MANWARING in Betracht kommt — auch unwahrscheinlichen Schlußfolgerungen aus.

So bleibt als sichergestellte Tatsache nicht mehr übrig, als daß die Überlastung des Blutes und der Gewebe mit einem bestimmten Eiweißantigen die anaphylaktische Reaktivität des Gesamtorganismus und eventuell auch seiner Shockorgane antagonistisch beeinflußt. Es ist denkbar, daß derartige Antigenüberschüsse nicht vollständig aufgearbeitet werden und daß Reste von unverändertem oder von modifiziertem Antigen im Blute fortbestehen, welche auch durch den auftretenden Antikörper nicht beseitigt werden und die anaphylaktische Reaktivität mindern (FRIEDBERGER, G. H. WELLS, R. WEIL u. a.); nur versteht man eben nicht, warum die Antigenüberlastung bald zu einer maximalen, bald zu einer herabgesetzten Empfindlichkeit der Shockgewebe führt (DOERR).

---

[1] DOERR: Weichardts Erg. **5**, 198 (1922).
[2] WEIL, R.: J. of med. Res. **27**, 497 (1913).
[3] DALE u. KELLAWAY: J. of Physiol. **54**, 143 (1921).
[4] MOLDOVAN: C. r. Soc. Biol. Paris **98**, 1617 (1928). — MOLDOVAN u. ZOLOG: Ebenda S. 728. — MOLDOVAN, SLAVOACA u. ZOLOG: Ebenda S. 1619. — MOLDOVAN u. SLOVOACA: Ebenda **94**, 1305 (1926).
[5] MANWARING u. Mitarbeiter: J. of Immun. **13**, 59, 63, 319 (1927).

g) Die totale oder partielle Unterdrückung der Antikörperproduktion bei Tieren, welchen das Antigen zwecks aktiver Präparierung in sonst wirksamer Form einverleibt wurde.

Daß dieser Sachverhalt tatsächlich vorliegt, kann natürlich nicht lediglich aus der Unempfindlichkeit der Versuchstiere gegen Antigeninjektion gefolgert werden; es muß vielmehr festgestellt werden, daß im Blute kein passiv präparierender Antikörper vorhanden ist, daß auch die isolierten Shockorgane auf Antigenkontakt nicht reagieren und schließlich, daß sich die refraktären Tiere ohne weiteres passiv präparieren lassen, daß also kein anderer Grund für das „antianaphylaktische Verhalten" angenommen werden kann, als eben das Fehlen des Antikörpers. Nur wenige der sehr zahlreichen einschlägigen Angaben berücksichtigen diese strengen Postulate. Mit diesem Vorbehalt seien als Faktoren, welche die aktive Sensibilisierung durch Hemmung der Antikörperbildung verhindern, angeführt: die Exstirpation der Milz beim Hunde (Mauthner[1]), der Schilddrüse beim Meerschweinchen (Képinow und Lanzenberg[2], Houssay und Sordelli[3], Fleisher und Wilhelmj[4], Pistocchi[5], Lüttichau[6] u. a.), hochgradige tuberkulöse Infektionen (E. Seligmann[7]) oder Infektionen mit Naganatrypanosomen beim Meerschweinchen (Hartoch und Sirenskij[8]), kachektische Zustände verschiedener Genese z. B. exzessive Inanition (Lesné u. Dreyfus[9], Konstansoff[10]), oder vitaminarme Ernährung (Zolog[11]) usw.

Wie Doerr selbst betont, lassen sich nicht alle antianaphylaktischen Effekte in das hier diskutierte Schema einreihen, sei es, daß das Schema nicht alle Möglichkeiten umfaßt, sei es, daß die Effekte selbst nicht genügend analysiert wurden, um eine zuverlässige Zuteilung zu einer der aufgestellten Kategorien zu gestatten. Zu diesen antianaphylaktischen Agenzien mit unbekanntem Wirkungsmechanismus gehören u. a. das *Chinin* (M. J. Smith[12]), das $CaCl_2$, das Natriumhyposulfit (Lumière und Chevrotier[13]), das Formaldehydnatriumsulfoxylat (Brodin und Huchet[14]), das Germanin-Bayer 205 (Steppuhn, Zeiss und Brychowenkow, Makarowa und Zeiss, H. Schmidt, K. Iwanoff[15]), Diuretin und Agurin (U. Hirata), Antipyrin (M. Matsuda[16]), starke Abkühlung der Versuchstiere (Auer u. Lewis, Friedberger), präventive Trepanationen (Friedberger und Gröber), ausgiebige Aderlässe (Lumière, A. Rodet[17]), Atmen in verdünnter Luft (Lumière und Couturier[18]) u. v. a.

VI. Hypothesen über den Mechanismus der anaphylaktischen Reaktionen.

Als unveränderlicher Fixpunkt muß die Tatsache angesehen werden, daß die klinischen Erscheinungen auf einer *Antigen-Antikörper-Reaktion* beruhen und daß diese Reaktion *eine Reizung bestimmter Gewebe (der glatten Muskeln und der Gefäßendothelien)* bewirkt oder vielmehr *bewirken kann*, da ja *nicht alle „in*

---

[1] Mauthner, H.: Arch. f. exp. Path. **82** (1917).
[2] Képinow u. Lanzenberg: C. r. Soc. Biol. Paris **86**, 906 (1922); **87**, 409, 494 (1922).
[3] Houssay u. Sordelli: C. r. Soc. Biol. Paris **88**, 354 (1923).
[4] Fleisher, Moyer u. Wilhelmj: Z. Immun.forschg **51**, 115 (1927).
[5] Pistocchi: Arch. Sci. med. **44**, 91 (1921) — Sperimentale **78**, 105 (1924).
[6] Lüttichau: Boll. Sci. med. Bologna **1**, 342 (1923).
[7] Seligmann: Z. Immun.forschg **14**, 419 (1912).
[8] Hartoch u. Sirenskij: Z. Immun.forschg **12**, 85 (1912).
[9] Lesné u. Dreyfus: C. r. Soc. Biol. Paris **71**, 153 (1911).
[10] Konstansoff: C. r. Soc. Biol. Paris **72**, 263 (1912).
[11] Zolog: C. r. Soc. Biol. Paris **91**, 217 (1928).
[12] Smith, M. J.: J. of Immun. **5**, 239 (1920).
[13] Lumière u. Chevrotier: C. r. Acad. Sci. Paris **171**, 741 (1920).
[14] Brodin u. Huchet: C. r. Acad. Sci. Paris **173**, 865 (1921).
[15] Iwanoff: Z. Hyg. **108**, 152 (1927).
[16] Matsuda: Z. Immun.forschg **59**, 319 (1928).
[17] Rodet, A.: C. r. Soc. Biol. Paris **91**, 682 (1924).
[18] Lumière u. Couturier: C. r. Acad. Sci. Paris **176**, 1019 (1923).

vivo" ablaufenden Antigen-Antikörper-Reaktionen zu manifesten, krankhaften Störungen führen. Alles, was über diese Aussage hinausgeht, liegt bereits im hypothetischen Bereich, so daß der Spekulation ein ungewöhnlich weiter und — wie die umfangreiche Literatur lehrt — auch voll ausgenützter Spielraum zur Verfügung steht. Man hat zwar noch den *Eiweißcharakter der Antigene* als gesicherte Prämisse betrachtet und daraus wichtige Schlüsse abzuleiten versucht; hier handelt es sich aber um eine Verwechslung der beiden Funktionen, welche dem Antigen im anaphylaktischen Experiment zufallen, der sensibilisierenden bzw. antikörperbildenden Wirkung mit dem shockauslösenden Vermögen. Nur die erstgenannte Fähigkeit hängt entweder völlig oder doch in hohem Grade von der proteiden Natur der als Antigene verwendeten Stoffe ab; der Shock kann dagegen auch durch die Injektion nichtproteider Substanzen, z. B. von diazotiertem Atoxyl oder von Polysacchariden hervorgerufen werden (KLOP-STOCK[1], J. TOMCSIK, TOMCSIK und KUROTSCHKIN[2], R. LANCEFIELD[3], WEIGMANN und LIESE[4]) u. a., sofern dieselben eine spezifische Affinität zu einem im sensibilisierten Versuchstier oder in seinen Organen bereits vorhandenen Antikörper besitzen. Benutzt man daher Eiweiß zur Auslösung anaphylaktischer Phänomene — wie das ja in der Regel geschieht —, so ist nicht das Eiweiß als solches für den positiven Erfolg maßgebend, *sondern lediglich seine immunologische Reaktivität mit einem zugehörigen Antikörper*; dementsprechend wird auch die Spezifität der Anaphylaxie in diesem Falle nicht notwendigerweise durch die Spezifität des Eiweißes bestimmt, sondern kann durch relativ kleine, mit dem Eiweiß verbundene, nicht proteide chemische Gruppen eindeutig determiniert sein (LANDSTEINER[5], MEYER und ALEXANDER[6], H. SACHS[7], Klopstock und SELTER[8] u. a.). Diese Überlegung ergibt also offenbar nur wieder das Resultat, daß eine Antigen-Antikörper-Reaktion *die erste Etappe jedes anaphylaktischen Prozesses* darstellt; sie ist jedoch zweifellos in erkenntniskritischer Hinsicht wertvoll, *weil sie gestattet, sämtliche Hypothesen abzulehnen, welche vom Eiweißcharakter der reaktionsauslösenden Stoffe ausgehen*.

Prinzipiell wichtig ist ferner noch eine andere Betrachtung. Die *Reizeffekte*, welche wir im anaphylaktischen Versuch am lebenden Tiere oder am isolierten Organ feststellen, sind selbstverständlich nur von der *Intensität des Reizes* und von den *besonderen Funktionen (Leistungsenergien) der gereizten Zellen, nicht aber von der Reizqualität* abhängig. Dieselben Störungen, welche eine Antigen-Antikörper-Reaktion hervorruft, können somit auch durch andere Faktoren erzeugt werden, falls diese auf die gleichen Zellen und in gleicher Stärke reizend einwirken. Es muß also die Möglichkeit zugegeben werden, daß eine Reihe von pathologischen Erscheinungen existiert, die den nämlichen physiologischen Mechanismus besitzen wie die anaphylaktischen Prozesse und von diesen nur durch die Art des auslösenden Reizes abweichen, d. h. durch ein für die Pathogenese der Symptome irrelevantes Moment. Zweitens sieht man sofort ein, daß die experimentelle Analyse derartiger „anaphylaktoider" Phänomene die fundamentale Frage nicht beantworten kann, *warum eine Antigen-Antikörper-Reaktion auf bestimmte Zellen reizend oder schädigend wirkt*; wohl läßt sich der Reizeffekt auf diesem Wege weitgehender aufklären als durch die bloße Be-

---

[1] KLOPSTOCK: Zitiert auf S. 696.
[2] TOMCSIK u. KUROTSCHKIN: Zitiert auf S. 697.
[3] LANCEFIELD, R.: Zitiert auf S. 691.
[4] WEIGMANN u. LIESE: Klin. Wschr. 7, 313 (1928).
[5] LANDSTEINER: Zitiert auf S. 696.
[6] MEYER u. ALEXANDER: Zitiert auf S. 696.
[7] SACHS, H.: Zitiert auf S. 696.
[8] KLOPSTOCK u. SELTER: Zitiert auf S. 696.

trachtung anaphylaktisch reagierender Tiere, aber der ursächliche Konnex zwischen Reiz und Reizerfolg wird durch solche Erkenntnis nicht berührt und bleibt unserer Einsicht verschlossen. Nun ist gerade die Lösung dieses Problems bei allen Formen physiologischer und pathologischer Zellreizung außerordentlich schwierig, und man hat sich daher bei der Anaphylaxie zunächst weniger mit dem „Warum" als mit dem „Wie" beschäftigt und in erster Linie festzustellen versucht, *unter welchen Bedingungen eine Antigen-Antikörper-Reaktion zellreizende oder zellschädigende Auswirkungen entfalten kann.*

Innerhalb und außerhalb des Organismus ist jede Zelle, die man in lebendem Zustande untersuchen will, von Flüssigkeit umgeben. Alle Beobachtungen können sich daher nur auf diesen Komplex (Zelle plus extracelluläres flüssiges Milieu) beziehen. Faßt man die örtliche Verteilung der beiden Komponenten einer Antigen - Antikörper - Reaktion ins Auge, so sind offenbar drei Fälle denkbar:

1. Die Zelle enthält das Antigen, und der Antikörper tritt plötzlich in der Umgebungsflüssigkeit auf;

2. die Zelle enthält den Antikörper, und das Antigen wird an dieselbe herangebracht;

3. die Zelle enthält weder Antigen noch Antikörper und beide Reaktionskomponenten stoßen extracellulär aufeinander.

Es ist klar, daß die erste Kombination weder der aktiven noch der passiven anaphylaktischen Versuchsanordnung entspricht. Wir wissen jedoch, daß die verschiedensten antigenhaltigen Zellen (Erythrocyten, Leukocyten, Spermatozoen, Bakterien, Protozoen usw.) tatsächlich pathologisch beeinflußt werden, wenn Antikörper von außen an dieselben herantreten (sog. cytolytische oder cytotoxische Immunitätsreaktionen); ferner, daß die Injektion eines Immunserums, welches Antikörper gegen die Zellbestände eines Versuchstieres enthält, bei diesem anaphylaxieartige Erscheinungen hervorruft, deren Art und Lokalisation durch die Einverleibungsart des Antikörpers d. h. durch die Zellformen bestimmt wird, mit welchen man den Antikörper in brüsken, unmittelbaren Kontakt bringt; nach subcutaner Injektion entstehen an der Applikationsstelle Ödeme, Entzündungen und Nekrosen, nach intravenöser Shocksymptome genau wie im typischen anaphylaktischen Experiment. Es läge daher nahe, für die Anaphylaxie einfach eine umgekehrte Verteilung der Reaktionskomponenten anzunehmen (Fall 2 des Schemas); das tun die *„cellulären Theorien"*, welche somit *den Sitz der auslösenden Antigen-Antikörper-Reaktion* in die Zellen bzw. in ihre Grenzschichten (Membranen) oder wenigstens an ihre Oberflächen verlegen. Die *humoralen Hypothesen* halten dagegen den dritten Fall für wahrscheinlicher oder gar für allein möglich; die Zellen sollen also durch eine „Umgebungsreaktion" sekundär gereizt oder geschädigt werden, ohne sich am primären Vorgang durch eigene immunologische Reaktionsfaktoren zu beteiligen. Die Argumente, welche in der Diskussion über die Berechtigung der beiden gegensätzlichen Auffassungen vorgebracht wurden, sind bereits an anderen Stellen ausführlich erörtert worden (s. S. 713). Hier sei nur ergänzend bemerkt, daß nur wenige Versuche angestellt wurden, um die humoralen Hypothesen durch Reduktion auf einfachere Verhältnisse zu verifizieren. Man kann ja lebende Zellen oder Gewebe (z. B. den Uterus oder Dünndarmsegmente von normalen Meerschweinchen) ohne weiteres in Flüssigkeiten halten, in welchen man eine Antigen-Antikörper-Reaktion ablaufen läßt, und prüfen, ob die Zellen bzw. Gewebe durch eine solche „Umgebungsreaktion" in Mitleidenschaft gezogen werden; es steht nichts im Wege, zu diesem Zwecke passiv präparierenden d. h. im engsten Wortsinne „anaphylaktischen" Antikörper und das zugehörige „Anaphylaktogen" zu benutzen, da man weiß, daß zwischen diesen beiden Komponenten tatsächlich eine Vitroreaktion stattfindet (s. S. 708). Derartig angeordnete Experimente von Dale und Kellaway[1] sowie von Doerr[2] lieferten jedenfalls bisher völlig negative Ergebnisse.

Entschieden ist der Streit um den Sitz der anaphylaktischen Antigen-Antikörper-Reaktion noch nicht. Wie Doerr in letzter Zeit wiederholt betonte, muß die Möglichkeit zugegeben werden, daß beide Hypothesen richtig sind, jedoch jede nur innerhalb eines speziellen Bedingungskomplexes; zu dieser aprioristischen Konzession nötigt vor allem die Überlegung, daß der Reizeffekt von der Reizqualität unabhängig ist und daß daher humorale und an die Zellen gebundene Antigen-Antikörper-Reaktionen dieselben Störungen hervorrufen könnten, sofern sich ihre reizende Auswirkung auf die gleichen Zellformen erstreckt. Auch die durch die experimentelle Analyse zutage geförderten Tatsachen würden eine solche provisorische, vermittelnde Stellungnahme rechtfertigen; sie sprechen bald mehr für die celluläre, bald mehr für die humorale Theorie (wie die neueren Arbeiten über die „umgekehrte Anaphylaxie" der Mäuse und Kaninchen [s. S. 750)], und es dürfte daher vielleicht verfehlt sein, aus einzelnen Fakten die ausschließliche Gültigkeit des einen oder des anderen Standpunktes zu folgern, statt die Geltungsbereiche durch Fixierung der besonderen Voraussetzungen eines positiven Erfolges voneinander abzugrenzen.

Die zur Zeit noch bestehende Ungewißheit über den Sitz der Reaktion beeinflußt natürlich auch die Auffassungen über den Zusammenhang zwischen Reiz und Reizeffekt. G. H. Wells[3] schreibt: „... we cannot escape the fact that the manifestations of anaphylactic shock resemble in all respects those of an acute intoxication". In allen Perioden der Anaphylaxieforschung hat diese Vorstellung eine unverkennbare Vorherrschaft ausgeübt. Sie läßt im Rahmen des hier entwickelten Gedankenganges eine doppelte Ausdeutung zu:

a) Das hypothetische Gift („Anaphylatoxin") ist ein Produkt der Antigen-Antikörper-Reaktion; nicht diese, sondern das Gift wirkt zellreizend bzw. zellschädigend;

b) die Antigen-Antikörper-Reaktion stellt selbst das zellreizende Agens dar, und die gereizten Zellen liefern das Gift, dessen Aktion in den anaphylaktischen Symptomen zum Ausdruck gelangt.

Verschieden wäre also die Giftquelle bzw. der Ort der Giftbidung, und es braucht nicht näher begründet zu werden, daß die erste Konzeption den humoralen Sitz der Antigen-Antikörper-Reaktion voraussetzt oder doch von dieser Annahme als der weitaus wahrscheinlicheren ausgehen muß, während sich die zweite besser mit den cellulären Theorien verträgt; de facto haben sich die beiden Ideenrichtungen auf der a priori vorgezeichneten Basis entwickelt.

Betrachtet man die Antigen-Antikörper-Reaktion als den toxigenen Prozeß, so könnte die Matrix des Giftes nur *im Antigen* oder *im Blute des Tieres* gesucht werden, in welchem die Reaktion abläuft. Eine Giftbildung aus dem Antigen müßte aber durch eine chemische Veränderung desselben, etwa durch eine fermentative, rapid verlaufende Aufspaltung erfolgen, und es ist nicht gelungen, bei den in vitro vorsichgehenden Immunitätsreaktionen solche „Antigenzersetzungen" nachzuweisen. Das Antigen ist vielmehr im Antigen-Antikörper-Komplex in unverändertem Zustande enthalten und kann durch Dissoziation des Komplexes wieder mit seinen ursprünglichen Eigenschaften frei gemacht werden. In Anbetracht der Gleichartigkeit der anaphylaktischen Erscheinungen

---

[1] Dale u. Kellaway: Zitiert auf S. 713.
[2] Doerr: Zitiert im Handb. d. path. Mikroorg., 3. Aufl., **1**, 901.
[3] Wells: The chemical aspects of immunity, S. 208 (1925).

trotz Verschiedenheit der auslösenden Antigene, müßte man ferner zugeben, daß aus Proteinen, Kohlehydraten (Polysacchariden), diazotiertem Atoxyl usw. stets dasselbe Gift entsteht, und das darf wohl als ausgeschlossen bezeichnet werden. Die Behauptung, daß das zirkulierende Blut eines Tieres giftig werden kann, wenn in demselben eine Antigen-Antikörper-Reaktion stattfindet, würde sich natürlich mit dem Postulat eines *einheitlichen* Anaphylatoxins ohne weiteres vertragen; die Lehre von der ,,Blutgiftung" vermag aber — ganz abgesehen von ihrer exklusiv humoralen Einstellung — zwei wichtige Einwände nicht zu widerlegen: Erstens ist der Beweis, daß das Blut im Shock toxische Eigenschaften annimmt d. h. daß das Shockblut beim normalen Tiere anaphylaktische Symptome hervorruft, bisher mißglückt, und zweitens reagieren auch die blutfrei gespülten Organe sensibilisierter Tiere auf den Kontakt mit Antigen, obwohl hier die supponierte Giftquelle fehlt oder bis auf minimale Reste reduziert ist.

Die Abstoßung eines Giftes durch sensibilisierte und durch Antigenkontakt gereizte Zellen wurde von Manwaring[1] und seiner Schule sowie von Th. Lewis angenommen und zu begründen versucht. Manwaring stützt sich auf Versuche, denen zufolge das aus der Leber des Hundes im anaphylaktischen Shock austretende Blut toxisch d. h. fähig wird, bei normalen Hunden (intravenös injiziert) das typische Syndrom (Blutdrucksenkung, Kontraktionen der Blasen- und Darmmuskulatur) zu erzeugen. Diese Angabe konnte jedoch von Solari[2] nicht in vollem Umfange bestätigt werden (s. S. 729), und im *Carotisblut* des Shockhundes vermochte Manwaring ebensowenig wie früher R. Weil[3] ein Shockgift zu finden, obwohl sehr große Mengen solchen Blutes normalen Hunden transfundiert wurden. Auf das Meerschweinchen läßt sich der von Manwaring gezogene Schluß auf die Existenz eines in der Leber produzierten ,,Anaphylatoxins" überhaupt nicht übertragen; denn der isolierte glatte Muskel des sensibilisierten Meerschweinchens kontrahiert sich, sobald er von Antigen berührt wird, also ohne jede Mitwirkung der Leber. Th. Lewis[4] hat sich mit der Pathogenese der *Quaddeln* beschäftigt, welche bei gegen Pferdeserum, Eiereiweiß, Fischextrakt usw. überempfindlichen Menschen auftreten, wenn man die betreffenden Substanzen intracutan oder cutan appliziert. Die Quaddelreaktion, die als lokaler ,,Gewebsshock en miniature" aufgefaßt werden kann, wird nicht nur beim sensibilisierten Menschen durch Antigen, sondern auch bei normalen Personen durch Histamin oder durch Kälte oder Hitze, bei manchen Individuen durch mechanische Reize, z. B. durch bloßes Streichen über die Haut (Urticaria factitia) hervorgerufen. Nach Th. Lewis wirken nun sämtliche urticariogene Reize nicht unmittelbar, sondern dadurch, daß sie die Zellen (Hautepithelien, Gefäßendothelien) zur Abgabe histaminähnlicher Stoffe (,,H-Substanzen") veranlassen, welche auf die Capillaren erweiternd wirken, die Permeabilität ihrer Wandungen steigern und die lokalen Nervenendigungen erregen, wodurch außerdem eine reflektorische Dilatation der Arteriolen im Reaktionsgebiet zustande kommt. Für die urticariogenen Effekte des Histamins selbst hat diese Auffassung keinen ersichtlichen Sinn; sie bedeuten sogar einen gewissen Widerspruch, weil das Histamin ein Reizgift für Endothelien ist und man daher vor der Alternative steht, daß entweder gerade dieser Reiz nicht zur Abstoßung von neuem Histamin bzw. von ,,H-Substanz" führt, oder daß nicht nur das *injizierte* Histamin die lokale Veränderung erzeugt, sondern daß sich an dem Effekt *ein pharmako-*

---

[1] Manwaring: Zitiert auf S. 728.
[2] Solari: Zitiert auf S. 729.
[3] Weil, R.: J. of Immun. **2**, 525 (1917).
[4] Lewis, Th.: The blood vessels of the human skin and their responses. London: Shaw & Sons 1927.

dynamisch identischer, aber von den Zellen gelieferter Stoff beteiligt. Im Gewebs-saft der Quaddeln konnten LEWIS und GRANT die hypothetische H-Substanz in Form von Histamin weder chemisch noch biologisch nachweisen. LEWIS und HARMER[1] erzeugten aber bei Menschen mit Urticaria factitia durch mecha-nische Reizung großer Partien der Rumpfhaut ausgedehnte Quaddeleruptionen und konstatierten, daß nun bestimmte Allgemeinerscheinungen auftraten (Rötung des Gesichtes, Erhöhung der Hauttemperatur, geringe Blutdrucksenkung), welche beim normalen Individuum in ganz gleicher Art und Kombination durch subcutane Einspritzung kleiner Histamindosen (0,3 mg) auslösbar sind. LEWIS schließt aus diesen Beobachtungen, daß die Quaddelbildung mit dem Frei-werden histaminähnlicher Stoffe im Hautgewebe einhergeht bzw. kausal ver-knüpft ist. Ferner fand H. KALK[2], daß Menschen mit Dermographismus auf starkes Bürsten der Haut mit vermehrter Magensaftsekretion und erheblicher Steigerung der HCl-Absonderung reagieren, eine Erscheinung, welche für die Wirkung von subcutan injiziertem Histamin charakteristisch sind. TH. LEWIS ist geneigt, seine vorerst nur für die Urticariogenese aufgestellte Theorie auch auf die anaphylaktischen Reaktionen anzuwenden; sie hatte vor der Auffassung von MANWARING den prinzipiellen Vorzug, daß sie die Histaminabstoßung nicht auf ein einziges Organ (die Leber) beschränkt, sondern diese Fähigkeit Zell-formen zuschreibt, welche im Organismus weitverbreitet sind (Epithelien und Endothelien). Die Theorie von TH. LEWIS stößt indes im Bereiche der Ana-phylaxie auf mehrfache Widersprüche, auf welche vor kurzer Zeit DOERR auf-merksam machte[3], und vor allem konnte der exakte Nachweis von Histamin im anaphylaktischen Shockblut noch nicht erbracht werden.

Sowohl MANWARING wie TH. LEWIS vermuten, daß das Gift entweder Histamin selbst ist oder eine dem Histamin chemisch verwandte und mit ihm hinsichtlich der pharmako-dynamischen Leistung identische Substanz. Die Ähnlichkeit der anaphylaktischen Reaktionen mit den lokalen und allgemeinen Wirkungen des Histamins (Abkürzung für „β-Imidazolyl-äthylamin" oder „4 [5]-Aminoäthylimidazol") ist in der Tat auffallend, um so mehr, als sie sich auf alle im Experiment untersuchten Tierspezies erstreckt; es sind nicht nur die klini-schen Symptome (einschließlich ihres physiologischen Mechanismus) im allgemeinen[4] gleich-artig, sondern es konnte gezeigt werden, daß ein weitgehender Parallelismus zwischen der Histaminempfindlichkeit der verschiedenen Tierarten und ihrer anaphylaktischen Reak-tivität besteht. Sehr instruktiv ist in dieser Beziehung folgende, der wiederholt zitierten Abhandlung von DOERR entlehnte, aus den Arbeiten von DALE und LAIDLAW, LESCHKE, SIEBURG, SCHENK, M. GUGGENHEIM[5], C. VOEGTLIN und H. A. DYER[6], W. G. SCHMIDT und A. STAEHELIN[7] u. a. zusammengestellte Tabelle (s. S. 746), in welcher die tödlichen Minimal-dosen von Histaminchlorhydrat bzw. Histaminphosphat pro 1 kg Körpergewicht ange-geben werden.
Isolierte, überlebende Organe normaler Tiere (Uterus oder Dünndarmsegment vom Meerschweinchen, Gefäßpräparate von Kaninchen oder Meerschweinchen, Leber des Hundes) verhalten sich gegen Histamin qualitativ so wie die gleichen Organe sensibilisierter Tiere gegen Antigenkontakt. Die anaphylaktische Kontraktion des glatten Muskels wird ferner durch niedrige Formaldehydkonzentrationen (1 : 750 oder weniger) verhindert oder, falls sie

---

[1] LEWIS u. HARMER: Heart **13**, 337 (1926).
[2] KALK, H.: Klin. Wschr. 8, 64 (1929).
[3] DOERR: Handb. d. path. Mikroorg., 3. Aufl., **1**, 916—918.
[4] Im einzelnen sind jedoch von FRIEDBERGER und seinen Mitarbeitern, HEYDE, MAS-SINI, MODRAKOWSKI, SMITH, HANKE und KÖSSLER u. a. Unterschiede festgestellt worden; in neueren, am Kaninchen ausgeführten vergleichenden Untersuchungen kommt L. H. BALLY [J. of Immun. **17**, 191, 207, 223 (1929)] zu dem Schluß, daß der anaphylaktische Shock bei dieser Tierart nicht auf eine plötzliche Histaminentwicklung zurückgeführt werden kann, da die experimentelle Analyse der Symptome zu große Differenzen ergab.
[5] GUGGENHEIM: Die biogenen Amine (Monographien Physiol.), 2. Aufl. Berlin: Julius Springer 1924 (daselbst die übrigen Literaturangaben!).
[6] VOEGTLIN, C. u. H. A. DYER: Zitiert auf S. 658.
[7] SCHMIDT, W. G. u. A. STAEHELIN: Zitiert auf S. 658.

bereits besteht, sofort rückgängig gemacht, genau so wie die Reizwirkung des Histamins (A. J. Kendall, Alexander und Holmes[1]).

Daß Histamin aus verschiedenen Geweben wie Leber, Lunge, Haut usw. in reinem Zustande und unter sicherem Ausschluß einer bakteriell-fermentativen Zersetzung der Gewebsproteine dargestellt werden kann, läßt sich nach den Untersuchungen von Best, Dale, Dudley und Thorpe[2], von Harris u. a. nicht bezweifeln; die gewonnenen Mengen waren z. T. recht beträchtlich und ausreichend, um intravenös injiziert beim normalen Tiere schweren Shock auszulösen. Die Behandlung der Gewebe, welche das Histamin frei machte, bestand in bloß mechanischer Verarbeitung (Verbreiung, Zellzertrümmerung); dementsprechend beruht die physiologische Wirkung mancher frischer Organextrakte nach Dale auf ihrem Gehalt an liberiertem Histamin und dem ähnlich toxischen Cholin. Dale nimmt daher an, daß Histamin und Cholin in den lebenden Zellen bereits präformiert seien, vielleicht in Form von leicht zerfallenden, an sich unwirksamen Verbindungen, und daß sie leicht an die umgebenden Flüssigkeiten abgegeben werden; diese Abgabe müßte nicht notwendig an die

Tierspezies	Einverleibungsart			
	intravenös	intracerebral	subcutan	intraperitoneal
	Dosis minima letalis in Milligrammen			
Meerschweinchen	0,3	0,9	12—20	12—20
Hund	3,0	—	—	—
Taube	1,5	—	—	—
Kaninchen	3,0	—	15	—
Weiße Maus	250,0	—	2000	—
Weiße Ratte	300,0	—	—	—
Katze	—	—	34	—
Affe	—	—	52	—
Frösche	2000,0	—	3000,0	3000,0

Zerstörung der Zellform gebunden sein, sondern könnte auch durch Reize von genügender Intensität in Gang gesetzt werden. Abel und Kubota[3] vertraten sogar schon 1919 den Standpunkt, daß Histamin normalerweise in allen Geweben auftritt und im Organismus physiologische Funktionen als Reizstoff für die Magen-Darm-Muskulatur und die Capillargefäße zu erfüllen habe; es wäre also ein „Inkret" und der anaphylaktische Shock im Sinne dieser Deduktionen eine Folge seiner brüsk gesteigerten Ausschüttung in die Blutbahn. Daß die Abstoßung von Histamin nicht mit dem Untergang der Zellen verknüpft sein kann — falls sie wirklich die Ursache der anaphylaktischen Phänomene wäre —, ergibt sich schon daraus, daß sich Tiere nach dem Überstehen eines schweren Shocks meist außerordentlich rasch erholen und durchaus normale Funktionen zeigen.

Es wurde betont, daß die Histamintheorie, selbst in der bestechenden Fassung, die ihr Th. Lewis verliehen hat, die Summe der durch Beobachtung und Experiment gesicherten Tatsachen nicht befriedigt. Schon das Verhalten des isolierten glatten Muskels sensibilisierter Meerschweinchen widerstrebt dieser Hypothese. Der vom Peritoneum überkleidete Uterus zieht sich auf Antigenkontakt ebenso schnell zusammen wie auf die Berührung mit Histamin, und am Dünndarm zeigt die Kontraktion in beiden Fällen die gleiche kurze oder verlängerte Latenz, je nachdem man Antigen bzw. Histamin auf die seröse Außenfläche oder die innere Schleimhautfläche aufbringt (Kendall und Varney[4]). Welche Zellen sollen also bei der anaphylaktischen Reaktion Histamin ausstoßen? Die glatten Muskelfasern? Und wenn man den Uterus eines mit mehreren Antigenen sensibilisierten Meerschweinchens prüft, kann man bekanntlich oft zwei oder mehrere gleich starke anaphylaktische Kontraktionen nacheinander hervorrufen; warum erschöpft sich der „Histaminvorrat" des kleinen Gewebsstückes nicht schon infolge des ersten Reizes, obzwar die folgenden mindestens

---

[1] Kendall, Alexander u. J. Holmes: J. inf. Dis. **41**, 137 (1927).

[2] Best, Dale, Dudley u. Thorpe: J. of Physiol. **62**, 397 (1927).

[3] Abel u. Kubota: J. of Pharmacol. **13**, 243 (1919).

[4] Kendall u. Varney: Zitiert auf S. 654.

qualitativ, ja, soweit man das zu beurteilen vermag, auch quantitativ adäquat sind?

Gerade die fast inkubationslose (s. S. 654) Kontraktion des sensibilisierten und vom Antigen getroffenen isolierten glatten Muskels muß den Eindruck erwecken, daß die Vermittlung eines Giftes zwischen Antigen-Antikörper-Reaktion und Reizeffekt ein überflüssiges hypothetisches Element repräsentiert, und daß ein *physikalischer Prozeß*, z. B. eine Störung der Lösungsbedingungen der Zellkolloide (DALE[1]) oder eine Änderung des elektrostatischen Potentials der Zellen (R. WEIL), völlig ausreicht, um die Reizfolge zu erklären. Es ist durchaus nicht notwendig, die Antigen-Antikörper-Reaktion selbst in das Innere der Zellen zu verlegen; sie könnte ebensogut *in den oberflächlichsten Grenzschichten* des Zellprotoplasmas stattfinden (Membranhypothese von DOERR[2]), an welche ja das Antigen zuerst herantritt, während ein rasches Eindringen des letzteren in den Zell-Leib schon in Anbetracht seiner hochkolloiden Beschaffenheit kaum denkbar ist. Wie bereits an anderer Stelle (s. S. 662) auseinandergesetzt wurde, ist es überhaupt nicht die definitive Absättigung des Antikörpers durch das Antigen, welche den anaphylaktischen Reiz darstellt, sondern ein derselben vorausgehendes Reaktionsstadium, das man sich wohl — ganz im Sinne der Membranhypothese — als ein seinem Wesen nach noch unbekanntes „Kontaktphänomen" vorzustellen hat. Sind die Reaktionskomponenten umgekehrt lokalisiert, befindet sich also das Antigen in der Zelle, und wird der Antikörper von außen an die Zelle herangebracht, so wird die eintretende Zellschädigung jedenfalls nicht auf ein Gift, speziell auf Histamin, bezogen. Paramäcien sind selbst für hohe Histaminkonzentrationen nicht empfindlich (HOPKINS[3]); durch Antiparamaecienserum werden sie aber trotzdem gereizt oder gelähmt (RÖSSLE[4], MASUGI[5] u. a.). Die Verlegung des Ortes der anaphylaktischen Antigen-Antikörper-Reaktion in die Zellen bzw. in ihre Grenzschichten (die celluläre Theorie der Anaphylaxie) würde sich daher einer Inkonsequenz schuldig machen, wenn sie zu einem vermittelnden Gift ihre Zuflucht nimmt und die weit wahrscheinlicheren physikalischen Veränderungen von vornherein als belanglos betrachtet.

Die theoretische Eliminierung eines anaphylaktischen Giftes im chemischen Wortsinne kann natürlich auch in der Weise erfolgen, daß man zwar physikalische Veränderungen als den eigentlichen Zellreiz betrachtet, den Schauplatz derselben jedoch von den Zellen weg und in die Blutbahn verlegt. Durch die im Blute ablaufende Antigen-Antikörper-Reaktion sollen Flockungen bzw. Dispersitätsänderungen der Plasmaproteine („Erschütterungen des kolloiden Gleichgewichtes", „Kolloidoklasien") hervorgerufen werden, welche reizend auf die Uferzellen des Blutstromes (die Endothelien) wirken (WIDAL und seine Mitarbeiter, LUMIÈRE[6], KOPACZEWSKI[7], P. SCHMIDT[8], HANZLIK, DE EDS, EMPEY und FARR[9] u. v. a.). Diese humoral orientierten physikalischen Hypothesen stützen sich auf folgende Tatsachen: 1. daß der Shock durch intravenöse Erfolgsinjektion ausgelöst wird; 2. daß der anaphylaktische Antikörper bzw. die den-

---

[1] DALE: Bull. Hopkins Hosp. **31**, 310 (1920).

[2] DOERR, R.: 14. Kongr. d. dtsch. Dermat. Ges., Leipzig 1925, gedruckt im Arch. f. Dermat.

[3] HOPKINS, zitiert nach GUGGENHEIM: Die biogenen Amine, S. 222.

[4] RÖSSLE, R.: Verh. dtsch. path. Ges., 13. Tag., Leipzig **1909**, 158.

[5] MASUGI: Krkh.forschg **5**, 375 (1928).

[6] LUMIÈRE, A.: Le problème de l'anaphylaxie. Paris: G. Doin 1924.

[7] KOPACZEWSKI: Rev. Méd. **39**, 129, 211 (1922).

[8] SCHMIDT, P.: Zitiert auf S. 720.

[9] HANZLIK, DE EDS, EMPEY u. FARR: J. of Pharmacol. **32**, 273 (1928).

selben enthaltenden Immunsera meist mit dem Antigen in vitro ausflocken; 3. daß man durch intravenöse Injektion von Immunpräcipitaten oder anderen feindispersen Stoffen beim normalen Tiere anaphylaktoide Symptome zu erzeugen vermag; und 4. daß man im Blutplasma anaphylaktisch reagierender Tiere (Meerschweinchen) mannigfache Veränderungen, darunter auch Flockungen und andere optisch faßbare Zustandsänderungen der Plasmakolloide (Kopaczewski und Bem[1], G. S. Ramsdell und C. C. Kast[2] u. a.) beobachtet hat. Keines dieser Argumente ist jedoch eindeutig und beweisend. Alle derartigen Auffassungen sind nicht imstande, das Verhalten der isolierten, blutfrei gespülten Shockgewebe (Shockorgane) zu erklären, und über diese Schwierigkeit hilft auch nicht die (mit sicheren Tatsachen in Widerspruch stehende) Behauptung von P. Schmidt hinweg, daß sich die glatten Muskeln an der anaphylaktischen Shockreaktion des intakten Tieres überhaupt nicht beteiligen, weder beim Meerschweinchen noch bei irgendeiner anderen Tierspezies; für jeden Fall fehlt in diesen Versuchsanordnungen *das normale, zirkulierende Blut*, dessen physikalische Umwandlung den auslösenden Reiz für die Endothelien bilden soll.

Durch die vorstehenden Auseinandersetzungen sind nur die Grundlinien gezogen, auf welchen sich die Hypothesen über den intimen Mechanismus der anaphylaktischen Reaktionen bewegen. Daß in diesem Rahmen zahlreiche Varianten Platz gefunden haben, ist begreiflich; ihre ausführliche Kritik erscheint indes nicht erforderlich, um so mehr, als vielfach ganz oberflächliche Analogien (wie z. B. mit dem d'Herelleschen Bakteriophagenphänomen, W. Gohs'[3]) herangezogen oder bereits widerlegte Ansichten (namentlich die fermentative Aufspaltung der proteiden Antigene) aufs neue ins Treffen geführt wurden. Die meisten der aufgestellten Theorien greifen überdies aus dem Komplex der einwandfreien Versuchsergebnisse einzelne Fakten und Befunde heraus und machen gar keinen Versuch, *allen* Resultaten experimenteller Forschung gerecht zu werden; eine Hypothese, welche diese Forderung erfüllt, liegt noch trotz aller aufgewendeten Arbeit im Felde der Zukunft. Dieser unbefriedigende Zustand erschwert selbstverständlich die Beurteilung, ob und in welchem Umfange pathologische Erscheinungen, welche hinsichtlich ihrer experimentellen oder natürlichen Entstehungsbedingungen vom Typus der klassischen anaphylaktischen Versuche abweichen, zur Anaphylaxie zu rechnen sind. Das folgende Kapitel gewährt einen Überblick über diese auch für die klinische Pathologie wichtigen Fragen.

VII. Die mit der Anaphylaxie verwandten Phänomene[4].

Je nach der Ansicht, die man sich über das Wesen und den Mechanismus der unzweifelhaft anaphylaktischen Prozesse gebildet hat, kann das Gebiet der „*anaphylaktoiden*" Erscheinungen enger oder weiter begrenzt werden. Die Theorie von Th. Lewis z. B. besagt, daß es zu den spezifischen Leistungen der Endothelien gehört, auf Reize mit einer Histaminabgabe zu antworten, und daß nicht die Endothelreizung, sondern das frei werdende Histamin der wesentliche pathogene Faktor ist; hält man es für minder wichtig, ob das Histamin im

---

[1] Kopaczewski u. Bem: Zitiert auf S. 720.
[2] Ramsdell, G. S. u. C. C. Kast: Zitiert auf S. 720.
[3] Gohs, W.: Z. Immun.forschg **45**, 141 (1926.
[4] Da die Darstellung in diesem Abschnitt der Abhandlung auf die vorausgehenden Kapitel aufgebaut ist, werden die an früheren Stellen bereits angeführten Literaturangaben nicht wiederholt.

Organismus entsteht oder von außen zugeführt wird, so könnte man die exogene Histaminvergiftung selbst miteinbeziehen und sie mit demselben Recht als „Anaphylatoxinwirkung" definieren, wie man das bei anderen toxischen Stoffen ohne weiteres getan hat, sobald man sie als die eigentliche Ursache der anaphylaktischen Störungen betrachtete. Noch umfangreicher wird das Gebiet für jene Hypothesen, welche ohne Gift auszukommen versuchen und die Endothelreizung als ausreichendes pathogenetisches Moment bezeichnen. Menschen, Meerschweinchen, Katzen, Kaninchen, Hunde, Ziegen, Tauben, Ratten reagieren auf die intravenöse Injektion der verschiedensten, physikalisch und chemisch völlig differenten Stoffe wie Wittepepton, Agarsol, wässerige Organextrakte, $CuSO_4$-Lösung, $BaSO_4$-Suspension, Kongorot usw. mit akutem Shock (J. BORDET[1], BIEDL und KRAUS, LUMIÈRE, NOVY und DE KRUIF[2], KOPACZEWSKI, HANZLIK und KARSNER[3], HANZLIK[4], H. T. KARSNER[5] u. v. a.). Daß die Gefäßendothelien durch solche Eingriffe gereizt werden, darf wohl angenommen werden; Histamin wird aber dabei nicht frei, denn im Symptomenkomplex fehlen (von Ausnahmen abgesehen, die wahrscheinlich auf den Gehalt der zur Injektion verwendeten Präparate an fertigem Histamin zu beziehen sind wie beim Wittepepton und manchen Organextrakten) die für dieses Vergiftungsbild charakteristischen Spasmen der glatten Muskulatur, und der isolierte glatte Muskel (Meerschweinchenuterus) wird durch die überwiegende Mehrzahl dieser Substanzen auch in vitro nicht beeinflußt (HANZLIK und KARSNER). Der Standpunkt, daß diese Erscheinungen und die anaphylaktischen Vorgänge eine gemeinsame Basis haben, läßt sich vertreten, wenn man eine physikalische Endothelreizung in den Vordergrund der Betrachtung stellt, und es bleibt dann gleichgültig, ob die als Reiz wirkende physikalische Veränderung in die Endothelien selbst oder in das zirkulierende Blut projiziert wird; daß die Reizung der glatten Muskulatur bei den meisten anaphylaktoiden Reaktionen im Gegensatz zu den anaphylaktischen ausbleibt, sucht HANZLIK so zu erklären, daß die intravenös injizierten Stoffe infolge ihrer Beschaffenheit nicht fähig sind, in die Muskelzellen einzudringen und die Muskelsubstanz physikalisch zu beeinflussen.

Im allgemeinen herrscht aber doch die Tendenz, nur jene Phänomene in Relation zur Anaphylaxie zu bringen, bei denen eine Antigen-Antikörper-Reaktion als erste Phase des Reaktionsgeschehens mit Sicherheit oder Wahrscheinlichkeit angenommen werden darf. Dieser Forderung genügen zahlreiche pathologische Prozesse, die entweder nur als Folgen bestimmter Anordnungen von Laboratoriumsexperimenten bekannt und untersucht sind oder nach therapeutischen Eingriffen am Menschen auftreten (Transfusionszufälle, Serumkrankheit), oder auch unter natürlichen Verhältnissen (bei spontanen Infektionen, nach der Ansiedelung von höher organisierten Parasiten [Entozoen] oder bei den sogenannten Idiosynkrasien) zur Beobachtung gelangen. Scharf geschieden sind diese drei Kategorien natürlich nicht, da die Einteilung ja nur auf dem äußeren Anlaß beruht, der zur Erörterung des anaphylaktischen Charakters derartiger Krankheitsformen geführt hat; die nachstehenden Ausführungen benutzen dieses Prinzip auch bloß, um die sich darbietende Mannigfaltigkeit einigermaßen zu sichten.

[1] BORDET, J.: C. r. Soc. Biol. Paris 74, 877 (1913).
[2] NOVY u. DE KRUIF: J. inf. Dis. 20, 499—776, insbes. 629 (1927).
[3] HANZLIK u. KARSNER: J. of Pharmacol. 14, 229, 379, 425, 449, 463, 470 (1919/20).
[4] HANZLIK. P. J.: J. amer. med. Assoc. 82, 2001 (1924).
[5] KARSNER in The Newer Knowledge of Bact. a. Immun., S. 966—988. Chicago Press 1928.

1. Die inverse (umgekehrte) Anaphylaxie.

Sie stellt eine Umkehrung des typischen passiv anaphylaktischen Versuches dar; es wird also zuerst das Antigen und in einem zweiten Akt das antikörperhaltige Immunserum eingespritzt.

Wie bereits auf S. 714 hervorgehoben wurde, scheiterten bisher alle Bemühungen, beim *Meerschweinchen* auf diesem Wege typischen Shock zu erzeugen. Dagegen lieferten derartige Experimente an Kaninchen (v. Pirquet und Schick[1], E. L. Opie[2], Opie und Furth[3]) sowie an weißen Mäusen (Schiemann und Mayer) positive Resultate, doch waren die quantitativen Bedingungen der Inversion wesentlich von jenen der gewöhnlichen passiven Versuchsanordnung verschieden, und es mußten bedeutende Quanten Immunserum intravenös injiziert werden, um den Erfolg zu erzwingen. Opie und Furth z. B. wählten ganz kleine Kaninchen (von 190—500 g Körpergewicht), injizierten denselben zuerst das Antigen (Pferdeserum oder Hühnereiereiweiß) subcutan oder intraperitoneal und nach 20 Stunden 8—20 ccm eines korrespondierenden Antiserums vom Kaninchen in die Ohrvene. Diese Antisera gaben in vitro mit hohen Verdünnungen ihrer Antigene massige Präcipitate, und man muß sich daher die Frage vorlegen, ob diese „inverse Anaphylaxie" anders zu bewerten ist als die Shockphänomene und die lokalen Veränderungen, die man durch intravenöse oder subcutane Injektion von gewaschenen Präcipitaten (s. weiter unten) hervorzurufen vermag. Opie und Furth geben allerdings an, daß nach der *intravenösen* Injektion des Antigens eine Latenzperiode von 4—7 Stunden verstreichen muß, bevor die Auslösung des Shocks durch eine gleichfalls intravenöse Injektion von Immunserum möglich ist, und man sieht zunächst nicht ein, warum unter diesen Umständen die Flockung im Blute nicht eintreten soll. Restlos aufgeklärt sind aber die Verhältnisse keineswegs, und die Identifizierung des passiv anaphylaktischen Experimentes mit seiner Umkehrung erscheint einstweilen — auch mit Rücksicht auf das von Opie und Furth bestätigte abweichende Verhalten des Meerschweinchens — sehr fraglich.

Hält man die inverse Anaphylaxie trotz dieser hier nur angedeuteten Bedenken für eine (an bestimmten Tierspezies) erwiesene Tatsache, so müßte der bisherige Begriff der Sensibilisierung (aktive Erzeugung oder passive Zufuhr von Antikörper) fallen. Als sensibilisiert wäre dann ein Tier zu bezeichnen, wenn eine der beiden Reaktionskomponenten, sei es nun der Antikörper oder das Antigen, in seinem Organismus in genügender Menge und in geeignetem Zustande (diese Einschränkung ergibt sich aus der Latenzperiode der passiven Anaphylaxie und ihrer Umkehrung) vorhanden ist; als desensibilisiert, wenn die vorhandene Reaktionskomponente durch ihren immunologischen Antagonisten abgesättigt und die auf ihr beruhende Reaktivität auf diese Weise beseitigt wird. In der Tat konnten Opie und Furth sowie Schiemann und Mayer zeigen, daß Kaninchen und Mäuse, welche einen invers anaphylaktischen Shock überstanden haben, auf eine zweite intravenöse Injektion großer (sonst letaler) Dosen Antiserum nicht mehr reagieren. Die theoretische Konsequenz, die sich hieraus ergeben würde, ist klar; die „Sensibilisierung" kann nicht darauf beruhen, daß der anaphylaktische Antikörper die besondere Fähigkeit besitzt, die Gewebe „überempfindlich" zu machen, da die präventive Einverleibung des Antigens (unter Ausschluß der Antikörperbildung im Organismus!) denselben Effekt hat. Antigen und Antikörper wirken vielmehr lediglich durch ihre Anwesenheit (oder höchstens dadurch, daß sie gewisse Lagebeziehungen zu bestimmten Zellen gewinnen) und so die Reaktion mit der zweiten von außen zugeführten Komponente ermöglichen; gegen die Reaktion selbst sind die Gewebe des „sensibilisierten" Tieres ebenso empfindlich wie die des normalen. Dieser von E. L. Opie gezogene Schluß läßt sich übrigens schon aus der gewöhnlichen passiven Versuchsanordnung ableiten (Doerr).

---

[1] v. Pirquet u. Schick: Die Serumkrankheit. Wien 1905.
[2] Opie: J. of Immun. **9**, 255 (1924).
[3] Opie u. Furth: J. of exper. Med. **43**, 469 (1926).

2. Der passiv anaphylaktische Versuch unter Substitution des immunisatorisch erzeugten durch einen präexistenten Normalantikörper.

Im Plasma von Menschen oder Tieren können bekanntlich *normale Antikörper* vorhanden sein, welche sich gegen die Plasmaproteine anderer Tierspezies (Normalpräcipitine) oder gegen Erythrocyten anderer Tierarten bzw. gegen die Erythrocyten anderer Individuen der gleichen Art richten (normale Hetero- und Isoagglutinine, normale Hetero- und Isolysine). Injiziert man dem den Normalantikörper besitzenden Tier das korrespondierende Antigen intravenös, so treten Shocksymptome auf, die zweifellos durch die Antikörper-Antigen-Reaktion bedingt sind; darf man sie als anaphylaktische Prozesse betrachten oder nicht? Die Beantwortung dieser Frage hängt offenbar zunächst davon ab, ob man dem anaphylaktischen Antikörper eine Sonderstellung einräumen und ihm Eigenschaften zuschreiben will, welche seine Abtrennung von den Präcipitinen, Hämagglutininen und Hämolysinen rechtfertigen (s. S. 706); tut man dies nicht, so entfällt natürlich vorerst dieser immunologische Einwand. Zweitens könnte man vom Standpunkt der cellulären Theorie geltend machen, daß der Normalantikörper im Plasma, also humoral lokalisiert ist, und daß daher seine Reaktion mit dem Antigen in der Blutbahn ablaufen muß; es wäre indes möglich, daß auch die Zellen des reagierenden Tieres den Normalantikörper enthalten, da dieser wahrscheinlich ebenso ein Sekretionsprodukt der Zellen darstellt wie jeder immunisatorisch erzeugte. Drittens muß für den Fall, daß Erythrocyten die Rolle des Antigens übernehmen, erwogen werden, ob nicht die beobachteten Erscheinungen als *einfache mechanische Folgen* einer im Blute stattfindenden Hämagglutination aufzufassen sind; daß massige, schwere Zirkulationsstörungen verursachende Agglutinationen im strömenden Blute eintreten können, was früher mehrfach bezweifelt wurde, konnte SEIDENBERG[1] in meinem Laboratorium am Frosch und am Meerschweinchen durch mikroskopische Beobachtung geeigneter Gefäßgebiete direkt optisch nachweisen (nicht veröffentlicht). Dieses Bedenken bildet jedenfalls das wichtigste Hindernis für die anaphylaktische Interpretation der beim Menschen nach *Transfusion* „*unverträglichen*" *Blutes* shockartig einsetzenden Symptome; andererseits sprechen aber doch manche Argumente zugunsten einer solchen Auffassung.

Vor allem steht es fest, daß man in den typisch anaphylaktischen Versuchsanordnungen Erythrocyten als shockauslösende Antigene verwenden kann, sowohl beim Meerschweinchen wie beim Hunde und beim Kaninchen (U. FRIEDEMANN[2], MOLDOVAN, ZOLOG und TIRICA[3], G. FISCHER[4], HOMMA und FRIEDLI[5] FRIEDLI[6], KRITSCHEWSKI und FRIEDE[7], J. H. LEWIS, HYDE[8], W. GERLACH und seine Mitarbeiter u. a.), und daß in diesem Falle Shock und Shocktod nicht durch die mechanischen Auswirkungen intravasaler Erythrocytenverklumpung oder Hämolyse zu erklären sind. C. HALLAUER[9] gab der passiven Erythrocytenanaphylaxie des Meerschweinchens noch eine andere Form, welche eine weitere Annäherung an die Verhältnisse der Transfusion bezweckte. Er injizierte normalen Meerschweinchen ein Antiserum vom Kaninchen, welches gruppenspezifische Agglutinine für menschliche Erythrocyten enthielt, derart, daß es nur Blutkörperchen der Gruppe III, die bekanntlich das mit „B" bezeichnete Agglutinogen führen, zu verklumpen vermochte; die so vorbehandelten Meerschweinchen reagierten auf die intravenöse Erfolgsinjektion von B-Erythrocyten mit

[1] SEIDENBERG: Nicht publiziert.
[2] FRIEDEMANN, U.: Z. Immun.forschg **2**, 591 (1909).
[3] MOLDOVAN u. ZOLOG: C. r. Soc. Biol. Paris **91**, 217 (1924); **94**, 299 (1926).
[4] FISCHER, G.: Z. Hyg. **103**, 659 (1924).
[5] FRIEDLI u. HOMMA: Z. Hyg. **104**, 67 (1925).
[6] FRIEDLI: Z. Hyg. **104**, 233 (1925).
[7] KRITSCHEWSKI u. FRIEDE: Zbl. Bakter. I Orig. **96**, 56, 68 (1925).
[8] HYDE, R. R.: J. of Immun. **12**, 309 (1926).
[9] HALLAUER, C.: Schweiz. med. Wschr. **59**, 121 (1929).

letalem Shock, und bei der Obduktion wurde die charakteristische umkomplizierte Lungenblähung festgestellt. Wurden *beide* Reaktionskomponenten intravenös eingespritzt, so war ein maximales Resultat nur zu erzielen, wenn ein Intervall (entsprechend der Latenzperiode der passiven Anaphylaxie) eingeschaltet wurde, was nicht zu verstehen wäre, wenn die mechanischen Folgen einer intravasalen Hämagglutination die Todesursache bilden sollen. Thrombosen ließen sich gleichfalls ausschließen, weil das Blut der Meerschweinchen durch Heparin ungerinnbar gemacht werden konnte, ohne daß der Shock dadurch beeinträchtigt wurde (spätere, nicht publizierte Experimente von Seidenberg). Noch eindeutiger würde allerdings die Sachlage, wenn man im Versuche von Hallauer die B-Erythrocyten durch das reine, von den Erythrocyten abgespaltene B-Agglutinogen ersetzen könnte; die Abspaltung ist zwar, wie u. a. auch Hallauer zeigen konnte, in einfacher Weise möglich, die gewonnenen Agglutinogenlösungen müßten dagegen erheblich eingeengt werden, um sie für intravenöse Erfolgsinjektionen zu benutzen, und diese technische Forderung ist bisher noch nicht realisiert worden. Die Bedeutung, welche diese Variante im Falle eines positiven Resultates gewinnen würde, beschränkt sich nicht auf die Transfusionspathologie; auch die Theorie der Anaphylaxie und das Dogma von der Sonderstellung des anaphylaktischen Antikörpers müßten daraus die unvermeidbaren Konsequenzen ziehen.

Die Transfusionsfolgen selbst zeigen übrigens manche Eigentümlichkeiten, die ihre anaphylaktische Natur bis zu einem gewissen Grade wahrscheinlich machen. Der Transfusionsshock kann, falls er überstanden wird, auffallend rasch und vollständig in ein normales Verhalten bzw. in den Zustand vor der Transfusion übergehen. Es ist ferner bekannt, daß die Transfusion artgleichen, aber gruppenverschiedenen Blutes dem Menschen nur dann gefährlich wird, wenn der Empfänger den Antikörper für die Blutkörperchen des Spenders besitzt, daß aber die Umkehrung (agglutinable Erythrocyten des Empfängers und Agglutinine im Blutplasma des Spenders) erfahrungsgemäß als harmlos gilt. Man pflegt dies so zu erklären, daß die Isoagglutinine des Plasmas bzw. des Serums meist nur einen niedrigen „Titer" haben, d. h. daß sie nur in der natürlichen Konzentration oder in ganz schwachen Verdünnungen kräftig verklumpend wirken; wird — wie das bei der oben präzisierten Umkehrung der Fall ist — agglutininhaltiges Blut transfundiert, so erfährt der Antikörper in der Zirkulation des Empfängers eine derartige Dilution, daß seine Wirksamkeit dadurch annulliert werden muß. M. E. kommt jedoch auch der Umstand in Betracht, daß das passiv anaphylaktische Experiment und seine Inversion in allen bisher untersuchten Beispielen (s. S. 714 und 750) differenten quantitativen Bedingungen unterstehen und daß die Inversion weit größere Mengen Antikörper erfordert. Der Schweizer Chirurg de Quervain machte mich ferner in einer Diskussion aufmerksam, wie gering die Blutmengen sind, welche *bei der gefährlichen Kombination* genügen, um höchst bedrohliche Erscheinungen hervorzurufen; das entspricht durchaus den Daten, die man bei der Erythrocytenanaphylaxie des Meerschweinchens ermittelt hat, wo das präparierte Tier schon durch die intravenöse Injektion von einigen Millionen roter Blutkörperchen getötet werden kann (G. Fischer, Friedli und Homma).

Vielleicht ist es verfehlt, alle Transfusionszufälle von einem Standpunkt aus erfassen zu wollen. Es wurden z. B. Fälle beschrieben, in welchen eine erste Transfusion gruppengleichen oder doch „verträglichen" Blutes ohne alle Folgen blieb, während eine nach mehrtägigem Intervall wiederholte Transfusion der gleichen oder einer anderen verträglichen Blutart schwersten, ja letal ablaufenden Shock auslöste (S. A. Wolfe[1], A. Böttner[2], Bowcock[3], P. Clough und M. C. Clough, Kordenath und Smithies[4], Zerner[5] u. a.). Ferner wäre es möglich, daß manche Transfusionsfolgen, insbesondere jene, welche klinisch und hinsichtlich ihrer Inkubation der Serumkrankheit gleichen, nicht auf die Antigene der einverleibten Erythrocyten, sondern auf die Wirkung des zugeführten körperfremden Serums zu beziehen sind (Bayliss[6]). Daß beim Menschen nach der Injektion von artgleichem, aber individuumfremdem Serum lokale, entzündlich-ödematöse Veränderungen (Debré und Bonnet[7]) sowie typische

---

[1] Wolfe, S. A.: New York med. J. **115**, 35 (1922).
[2] Böttner: Dtsch. med. Wschr. **1924**, 599.
[3] Bowcock: Bull. Hopkins Hosp. **32**, 83 (1921).
[4] Kordenath u. Smithies: J. amer. med. Assoc. **85**, 1193 (1925).
[5] Zerner: Z. Krebsforschg **23**, 9 (1926).
[6] Bayliss: Brit. J. exper. Path. **1**, 1 (1920).
[7] Debré u. Bonnet: C. r. Soc. Biol. Paris **93**, 331 (1925).

Serumexantheme (A. Netter[1], P. L. Marie[2]) auftreten können, erscheint durch zuverlässige, wenn auch vereinzelte Beobachtungen gesichert.

3. Der invers anaphylaktische Versuch unter Substitution des von außen zugeführten durch ein bereits normalerweise vorhandenes (körpereigenes) Antigen.

Das körpereigene Antigen kann im Blutplasma, in den Blutzellen (speziell in den Erythrocyten) oder in fixen Gewebszellen (z. B. in den Endothelien) des Tieres, welchem man das antikörperhaltige Serum intravenös oder subcutan einspritzt, vorhanden sein; die subcutane Injektion erzeugt in allen Fällen Entzündungen und Nekrosen, die intravenöse einen mehr oder minder anaphylaxie-ähnlichen Shock. Es ist im Prinzip gleichgültig, ob der als reaktionsauslösende Komponente verwendete Antikörper immunisatorisch gewonnen wird oder ob er ein natürliches Produkt, einen Normalantikörper darstellt; da man beide Arten von Antikörper praktisch nur als antikörperhaltige *Sera* kennt und die pathologischen Phänomene durch Injektion solcher Sera hervorgerufen werden, hat man diese Wirkungen in wenig passender Weise als *„primäre Toxizität" der Normal- und Immunsera* bezeichnet. Das ist in doppelter Beziehung unrichtig. Wenn nämlich die Reaktion des injizierten antikörperhaltigen Serums mit einem im Organismus vorhandenen Antigen der pathogene Faktor ist, so darf man nicht das Serum selbst „toxisch" nennen; es enthält ebensowenig ein „Gift" wie z. B. Pferdeserum oder Ovalbumin, welche beim spezifisch vorbehandelten (aktiv oder passiv sensibilisierten) Tier einen letalen Shock bewirken. Andererseits kennt man eine ganze Reihe von pathologischen Effekten, welche nach der Injektion verschiedener Normal- und Immunsera bei normalen Tieren auftreten und auf welche sich dieses Schema nicht übertragen läßt, weil die betreffenden Sera keinen Antikörper enthalten, dem ein Antigen im Organismus des reagierenden Tieres entsprechen würde. So gehen z. B. Kaninchen oder Meerschweinchen im akuten Shock ein, wenn man ihnen *arteigenes* oder *körpereigenes* frisch defibriniertes Blut oder ganz frisches Serum intravenös einspritzt (Köhler, J. Moldovan[3], H. Freund[4]), Katzen sind gegen die intravenöse Injektion von normalem, frischem oder auch inaktiviertem Pferdeserum äußerst empfindlich (s. S. 731), homologe oder heterologe Immunsera werden von Meerschweinchen, Kaninchen und Tauben stets viel schlechter vertragen als die betreffenden Normalsera, auch wenn sie mit Antigenen dargestellt wurden, welche im Körper der reagierenden Tiere nachweislich nicht vorkommen (Pick und Yamanouchi, v. Dungern und Hirschfeld, Friedberger[5], Doerr[6], Graetz, Biedl und Kraus, Opie und Furth[7] u. v. a.) usw. Durch den Ausdruck „primäre Serumtoxizität" werden diese, schon unter sich differenten Wirkungen miteinander wie auch mit der erstgenannten Gruppe zu einer Einheit zusammengeschweißt auf Grund einer ganz oberflächlichen Betrachtung einer einzigen Versuchsbedingung und ihrer unmittelbar zu beobachtenden Folgen.

Auf *alle* Formen „primärer Serumtoxizität" kann hier nicht eingegangen werden; nur jene Fälle, in welchen eine Antigen-Antikörper-Reaktion im Spiele

[1] Netter: C. r. Soc. Biol. Paris **78**, 505, 651 (1915).
[2] Marie, P. L.: C. r. Soc. Biol. Paris **79**, 149 (1916).
[3] Moldovan: Zitiert auf S. 676.
[4] Freund, H.: Arch. f. exper. Path. **86**, 266 (1920); **88**, 39 (1920).
[5] Friedberger: Z. Immun.forschg **4**, 664 (1910). — Friedberger u. Castelli: Ebenda **6**, 179 (1910).
[6] Doerr u. Weinfurter: Zbl. Bakter. I Orig. **63**, 401 (1912).
[7] Opie u. Furth: J. of exper. Med. **43**, 469 (1926).

ist oder sein könnte, mögen hier übersichtlich zusammengestellt werden. Es sei ausdrücklich betont, daß eine bestimmte Aussage über die Lokalisation bzw. die Natur des Antigens, mit welchem der injizierte Antikörper in Reaktion tritt, meist nicht möglich ist, weil die verschiedenen Antigene eines und desselben Organismus untereinander immunologisch verwandt sind, so daß auch ein einheitlicher Antikörper mit mehreren Antigenen zu reagieren vermag; dazu kommt, daß die Immunsera meist nicht einen, sondern mehrere Antikörper enthalten, weil sie nicht durch Immunisierung mit einem einheitlichen (reinen) Antigen, sondern mit oft sehr komplexen Antigengemischen (Serum, Organbrei usw.) gewonnen werden. Unter diesem Vorbehalt sei angeführt:

a) Immunisiert man eine Tierspezies A mit dem Blutserum einer Spezies B, so erhält man von A ein Immunserum, welches in vitro mit den Serumproteinen von B ausflockt (Präcipitinreaktion) und B (intravenös injiziert) shockartig tötet; für A = Kaninchen und B = Meerschweinchen wurde dieser Sachverhalt von Uhlenhuth und Händel, Doerr und Moldovan[1], Turro und Gonzalez[2], Ssacharoff[3] festgestellt, während die Umkehrung (A = Meerschweinchen und B = Kaninchen) nach Ssacharoff kein Resultat liefern soll, was aber noch zweifelhaft erscheint. Die Deutung des immunologischen Mechanismus und die Todesursache sind unsicher.

b) Immunisiert man A mit den Erythrocyten von B, so wirken die Immunsera der A-Tiere auf die B-Erythrocyten agglutinierend oder lösend und erzeugen, wenn man sie subcutan einspritzt, lokale Entzündungen bzw. Nekrosen, intravenös injiziert akuten Shock (Belfanti und Carbone[4], Bordet, Gruber[5], Kraus und Sternberg[6], H. Pfeiffer, Doerr und Moldovan[7] u. a.). Obwohl bei der Autopsie der verendeten Tiere wiederholt Thrombosen gefunden wurden (was übrigens auch bei der sub a) geschilderten Kombination zutrifft), kann man durchaus nicht behaupten, daß Shock und Exitus gesetzmäßig auf diesem Vorgange oder auf intravasalen Agglutinationen beruhen; ebensowenig ist es entschieden, daß man diesen Fall als inverse Erythrocytenanaphylaxie zu betrachten hat (Friedemann[8], Friedberger, Doerr[9] u. a.).

c) Ersetzt man die Erythrocyten in der Kombination b) durch bestimmte Organe (Gehirn, Leber, Niere usw.) bzw. durch die aus solchen Organen hergestellten Zellsuspensionen oder Extrakte, so liefern die mit derartigem Material immunisierten Tiere Antisera, welche „cytotoxische Amboceptoren" enthalten und infolgedessen mit dem als Antigen benutzten Substrat in vitro Komplement binden. Diese Antisera sind aber nicht reine „Neuro-, Hepato-, Nephrotoxine", d. h. sie bekunden keine streng spezifische Affinität zu Hirn-, Leber- oder Nierenzellen, sondern wirken auch auf andere Zellformen der Tiere, von welchen die Organe stammen, u. a. auf die roten Blutkörperchen. Zum Teil beruht dies darauf, daß in den als „Antigene" fungierenden Organbreien und Organextrakten neben den für das betreffende Organ charakteristischen Zellen Erythrocyten, Leukocyten, Blutplättchen, Endothelien, Elemente der mesenchymalen Stützgewebe, also mehr oder weniger ubiquitäre Zellformen vorhanden sind, so daß die gewonnenen Sera mehrere, voneinander unabhängige Antikörper führen; andererer-

---

[1] Doerr u. Moldovan: Z. Immun.forschg 5, 161 (1910).
[2] Turro u. Gonzalez: C. r. Soc. Biol. Paris 72, 567 (1912).
[3] Ssacharoff: Virchows Arch. 261, 751 (1926).
[4] Belfanti u. Carbone: Giorn. R. Accad. Torino 1898.
[5] Gruber, M.: Münch. med. Wschr. 1901.
[6] Kraus u. Sternberg: Zbl. Bakter. I Orig. 32, 903 (1902).
[7] Doerr u. Moldovan: Siehe oben.
[8] Friedemann: Z. Immun.forschg 3, 726 (1909).
[9] Doerr: Z. Immun.forschg, Referate, 2, 117 (1910).

seits können die Antigene der für die verschiedenen Organe einer Tierart charak-teristischen Strukturen immunologisch verwandt sein (s. S. 694). Der zweite Umstand läßt sich naturgemäß nicht ausschalten, wohl aber der erste, indem man einerseits die Immunisierung mit einem möglichst einheitlichen Material durchführt und andererseits die gewonnenen Antisera durch elektive Adsorption von den nicht erwünschten Antikörpern befreit. Es ist in der Tat gelungen, auf diesem Wege Immunsera herzustellen, denen eine schärfere Einstellung auf eine bestimmte Zellart bzw. auf ein bestimmtes Organ einer Tierspezies zuer-kannt werden durfte (JOANNOVICS[1], PEARCE[2], PEARCE und EISENBREY[3], WOLT-MANN, FLEISHER, HALL und ARNSTEIN[4], WILSON und OLIVER[5], M. MASUGI[6] u. v. a.), nicht nur auf Grund von im Reagenzglase angestellten Vitroreaktionen, sondern auch mit Rücksicht auf die pathologischen Veränderungen, welche solche Sera im lebenden Tiere hervorrufen und die sich elektiv in dem Organ lokali-sieren können, welches zur Antigenbereitung gedient hat. Alle diese Immun-sera, mögen sie sonst als Hepato-, Nephrotoxine usw. legitimiert sein, erzeugen aber auch subcutan injiziert Entzündungen und Nekrosen, intravenös einge-spritzt akuten Shock, Wirkungen, die mit der spezifischen Affinität zu Leber-, Nierenzellen usw. nicht in Konnex gebracht werden können; sie müssen also zumindest noch eine weitere Antikörperkomponente besitzen, welche sich höchst-wahrscheinlich gegen die Elemente der Gefäßwände, vielleicht auch gegen die mesenchymalen Stützgewebe kehrt. M. MASUGI immunisierte Kaninchen mit Rattenleber oder Rattenniere; die intraperitoneale Injektion der so erhaltenen Antisera führte bei Ratten zu pathologischen Prozessen in der Leber oder Niere, die intravenöse rief akuten Shocktod (unter Dyspnöe, Cyanose und intensivem Lungenödem) hervor. Durch die Absättigung der Antileber- und Antinierensera mit Rattenleber oder Rattenniere wurde die spezifisch hepato- bzw. nephro-toxische Wirkung derselben ganz aufgehoben, während die Absättigung mit anderen Organen (Geweben) diese cytotoxischen Effekte nicht beeinflußte. Die shockauslösende Fähigkeit dagegen ließ sich durch Adsorption mit beliebigen Geweben, besonders gut durch Adsorption mit quergestreiftem Muskel oder mit subcutanem Bindegewebe beseitigen. Sind die Angaben von MASUGI in allen Punkten richtig, so wären sie ein Beweis für die Auffassung, daß sämtliche Organantisera ihre anaphylaktoiden (lokalen und allgemeinen) Wirkungen ihrem Gehalt an besonderen Antikörpern verdanken, die man nach der üblichen Terminologie als „*Endotheliolysine*" zu bezeichnen hätte (DOERR) oder, wenn man den Begriff weiter fassen will, als „mesenchymspezifische" Amboceptoren.

Diese Ansicht läßt sich auch auf einen theoretisch wichtigen Spezialfall applizieren: die sogenannte primäre Toxizität der „isogenetischen und hetero-genetischen Hammelhämolysine", die mit der Lehre vom FORSSMANschen Antigen innig zusammenhängt (s. S. 698f.). J. FORSSMAN hat in der 3. Auflage des Handbuchs der path. Mikroorganismen[7] alle Daten über die von ihm ent-deckte Substanz in großer Ausführlichkeit referiert; der Leser sei auf diese Quelle verwiesen. Hier sei nur kurz hervorgehoben, daß das „F. A." im Organismus bestimmter Tierspezies (Kaninchen, Rind, Gans, Taube) vollständig fehlt, im Körper anderer Tierarten (Meerschweinchen, Hund, Pferd, Katze, Schaf, Ziege, Huhn, Schildkröte) dagegen vorhanden ist, und zwar in fixen Gewebszellen

---

[1] JOANNOVICS: Wien. klin. Wschr. **1909**, 228
[2] PEARCE: J. of med. Res. **12**, 1 (1904).
[3] PEARCE, KARSNER u. EISENBREY: J. of exp. Med. **14**, 44 (1911).
[4] FLEISHER, HALL u. ARNSTEIN: J. of Immun. **5**, 437 (1920); **6**, 223 (1921).
[5] WILSON u. OLIVER: J. of exper. Med. **32**, 183 (1920).
[6] MASUGI, M.: Mitt. med. Ges. Chiba **6**, H. 12 (1928).
[7] FORSSMAN, J.: Handb. d. path. Mikroorg., 3. Aufl., **3**, 469—526.

sowohl [u. a. auch in den Endothelien (Halber[1], Halber und Hirszfeld[2])] als in den roten Blutkörperchen (des Hammels, der Ziege, des Huhnes). Man pflegt darnach eine „Kaninchen-" und eine „Meerschweinchen"-Gruppe zu unterscheiden. Die Immunisierung eines Tieres der Kaninchengruppe mit irgendeinem F.A.-haltigen Material liefert nun Antisera, welche 1. im Verein mit Komplement Hammelblutkörperchen in vitro lösen und 2. für Tiere der Meerschweinchengruppe „primär toxisch" sind, indem sie subcutan injiziert Entzündungen (Nekrosen), intravenös einverleibt Shock erzeugen (Forssman[3], Forssman und Hintze[4], Doerr und R. Pick[5], R. R. Hyde[6], Amako[7], Sachs und Nathan[8], Orudschiew[9], Redfern[10], Frei und Grünmandel[11] u. a.).

Die Einteilung in „isogenetische" und „heterogenetische" Hammelhämolysine (Friedberger) berücksichtigt den Umstand, ob zur Immunisierung Hammelblutkörperchen oder F.-A.-haltige Zellen anderer Art und Provenienz verwendet werden; sie ist für die Zwecke dieser Darstellung belanglos.

Der Mechanismus des durch diese Antisera auslösbaren Shocks ist am *Meerschweinchen* genauer untersucht worden. Bei der Obduktion findet man hauptsächlich starkes Ödem und Hämorrhagien der Lungen, und die Trachea ist häufig von feinblasigem rötlichem Schaum erfüllt (Taniguchi[12], Redfern, R. R. Hyde u. a.); die reine, unkomplizierte Lungenblähung scheint nur selten vorzukommen. Die Lunge ist also zwar wie bei der typischen Anaphylaxie das „*Shockorgan*"; aber der Bronchialmuskelkrampf spielt — wenn überhaupt — nur eine untergeordnete Rolle, vielmehr dürfte ein akut einsetzendes Ödem infolge der gesteigerten Permeabilität der Lungencapillaren und der Haargefäße der Bronchialschleimhaut den Ausschlag geben. „*Shockgewebe*" sind somit anscheinend nicht die glatten Muskeln, sondern *die Gefäßendothelien*; in der Tat reagiert der isolierte überlebende Uterus des normalen Meerschweinchens nicht auf den Kontakt mit heterogenetischem Hammelhämolysin (Redfern) und auf das Gefäßpräparat des normalen Meerschweinchens wirkt die Durchleitung solcher Sera (im inaktivierten d. h. komplementfreien Zustande) nicht als arteriospastischer Reiz (Friedberger und Seidenberg). In gleichem Sinne läßt sich folgende Beobachtung verwerten: Alle diese Sera werden durch Asorption mit beliebigen F.-A.-haltigen Zellen „entgiftet", indem der als Träger der Wirkung fungierende Antikörper auf diese Weise entfernt wird. Man kann zu diesem Zwecke jedoch nicht nur Hammelerythrocyten, Meerschweinchen-, Pferde- oder Katzenniere verwenden, sondern es bleibt auch — soweit die nicht sehr zahlreichen derartigen Versuche Schlüsse erlauben — bis zu einem gewissen Grade gleichgültig, ob man die Adsorption mit der Lunge, der Niere, der Leber, dem Herzen oder den quergestreiften Muskeln eines Tieres der Meerschweinchengruppe, z. B. des Meerschweinchen selbst, ausführt (Forssman und Hintze, Doerr und R. Pick). Es muß also wohl eine im Körper dieser Tiergruppe weitverbreitete Zellart sein, welche den Angriffspunkt des Antikörpers bildet; die Erythrocyten kommen beim Meerschweinchen, da sie kein F.-A. enthalten und

[1] Halber u. Hirschfeld: Z. Immun.forschg **42**, 459 (1926).
[2] Halber: Z. Immun.forschg **39**, 282 (1924).
[3] Forssmann, J.: Biochem. Z. **110**, 133 (1920).
[4] Forssmann u. Hintze: Biochem. Z. **44**, 336 (1912).
[5] Doerr u. R. Pick: Biochem. Z. **50**, 129 (1913).
[6] Hyde, R. R.: Zitiert auf S. 699.
[7] Amako: Z. Immun.forschg **22**, 641 (1919).
[8] Sachs u. Nathan: Z. Immun.forschg **19**, 235 (1913).
[9] Orudschiew, D.: Z. Immun.forschg **16**, 268 (1913).
[10] Redfern: Amer. J. Hyg. **6**, 276 (1926).
[11] Frei u. Grünmandel: Klin. Wschr. **6**, 2412 (1927).
[12] Taniguchi: J. of Path. **25**, 77 (1922).

im Adsorptionsexperiment auch nicht entgiftend wirken, nicht in Betracht, und so konzentriert sich die Vermutung auch hier auf die Endothelien, deren F.-A.-Gehalt von HALBER sowie HALBER und HIRSZFELD festgestellt wurde.

Eine andere Frage ist es natürlich, ob man die pathologischen Wirkungen der cytotoxischen Antisera im allgemeinen und jene der Hammelhämolysine im besonderen als invers anaphylaktische Prozesse auffassen darf. Die Antwort kann bejahend (FORSSMAN, DOERR und MOLDOVAN, ursprünglich auch FRIED-BERGER), verneinend (SELIGMANN und GUTFELD[1], REDFERN, FRIEDBERGER und SEIDENBERG) oder unentschieden (H. SCHMIDT[2]) lauten, je nach den Ansichten, welche man über das Wesen und den Sitz anaphylaktischer Reaktionen sowie über die reale Existenz einer inversen Anaphylaxie (in dem auf S. 750 präzisierten Sinne) hegt. Wichtiger als diese oft recht müßigen und aneinander vorbeizielenden Diskussionen wäre ein vertieftes Studium der bisher ziemlich vernachlässigten anaphylaktoiden Phänomene, da es die Theorie der Anaphylaxie selbst befruchten könnte. Sichergestellte Tatsachen sind auf diesem Gebiete — auch wenn sie noch nicht völlig aufgeklärt werden konnten — jedenfalls von Bedeutung, und es sei daher noch kurz zweier Einzelheiten gedacht, welche die Analyse der „primären Toxizität" der Hammelhämolysine zutage förderte.

Hühner sterben im akuten Shock, wenn man ihnen genügende Dosen eines von Kaninchen gewonnenen heterogenetischen Hammelhämolysins im inaktivierten (komplementfreien) Zustande intravenös injiziert (DOERR und R. PICK). Der im Kaninchenserum vorhandene Amboceptor findet im Organismus des Huhnes kein passendes Komplement (WECHSBERG u. a.); für die shockauslösende Fähigkeit des Antikörpers — mag man dieselbe wie immer deuten — ist es also nicht notwendig, daß er sich (nach Art der hämolytischen Amboceptoren) mit Komplement zum komplexen „Cytolysin" verbindet. Denselben Schluß kann man aus den Arbeiten von R. R. HYDE und R. KIMURA[3] ziehen.

FORSSMAN[4] legte beim Meerschweinchen an einer Carotis communis eine Ligatur an und injizierte in den zentralen Stumpf heterogenetisches Hammelhämolysin; es trat *ein eigenartiges Syndrom* (der sog. *carotale Symptomenkomplex*) auf, welches durch Manegebewegungen, Rollen des Körpers um die Längsachse, Strabismus, Exophthalmus und Temperatursturz charakterisiert war, und die Tiere verendeten nicht akut, sondern innerhalb von Stunden. Das Phänomen wurde von FORSSMAN und seinen Mitarbeitern[5], FRIEDBERGER und OSHIKAWA[6], FRIEDBERGER und SCHRÖDER[7] u. a. untersucht; es ergab sich, daß der Effekt durch den *Weg* bedingt wird, den das Injektionsgut (das Antiserum) unter diesen Umständen zu nehmen gezwungen ist, ein Weg, der beträchtliche Mengen der eingespritzten Flüssigkeit durch die Aa. vertebrales der Medulla oblongata und dem Kleinhirn zuleitet, und zwar so, daß die Verteilung auf die rechte und die linke Seite der genannten Organe eine *asymmetrische* ist. Statt Hammelhämolysin kann man auch andere „primär toxische" Sera mit dem gleichen Erfolg „central-carotal" einspritzen, z. B. normales Rinder-, Schweine- oder Aalserum oder Immunsera, welche sich kraft ihrer Darstellungsart gegen die Serumproteine oder die Erythrocyten des Versuchstieres richten sollten (FRIEDBERGER mit OSHIKAWA und mit MEISSNER[8]); ferner läßt sich der carotale Symptomenkomplex auf die beschriebene Art durch Lycopodium- oder Stärkesuspensionen (FORSSMAN), durch Agarserotoxin (P. SCHMIDT und BARTH) sowie durch Histamin (W. G. SCHMIDT und STÄHELIN[9]) auslösen. Dagegen reagieren aktiv sensibilisierte Meerschweinchen auf zentral-carotale Erfolgsreaktionen des Antigens mit den gewöhnlichen anaphylaktischen, aber nie mit den typischen carotalen Erscheinungen, eine Tatsache, welche gegen die anaphylaktische Natur des carotalen Syndroms sowie in weiterer Folge auch der anderen Wirkungen heterogenetischer

---

[1] SELIGMANN u. GUTFELD: Anaphylaxie und verwandte Erscheinungen, in Oppenheimers Handb. d. Biochemie d. Menschen u. d. Tiere, 2. Aufl., **3** (1924).

[2] SCHMIDT, H.: Die heterogenen Hammelblutantikörper und ihre Antigene, in Moderne Biologie H. 6. Leipzig: Kabitzsch 1924.

[3] KIMURA, R.: Z. Immun.forschg **55**, 501 (1928).

[4] FORSSMAN: Biochem. Z. **110**, 164 (1920).

[5] FORSSMAN u. SKOG: C. r. Soc. Biol. Paris **93**, 145 (1925).

[6] FRIEDBERGER u. OSHIKAWA: Berl. klin. Wschr. **1921**, 221.

[7] FRIEDBERGER u. SCHRÖDER: Z. exper. Med. **26**, 287 (1922).

[8] FRIEDBERGER u. MEISSNER: Z. Immun.forschg **36**, 367 (1923).

[9] SCHMIDT u. STÄHELIN: Z. Immun.forschg **60**, 222 (1929).

Hammelhämolysine geltend gemacht werden kann. In gleicher Richtung lassen sich schließlich auch die bereits zitierten Experimente von M. MASUGI bewerten: Immunsera gegen Rattenniere oder Rattenleber töten Ratten binnen 20 Minuten (intravenös injiziert), während sich die Ratte in den typisch-anaphylaktischen Versuchsanordnungen völlig oder doch in hohem Grade refraktär verhält.

Analoge Gesichtspunkte wie für jene Immunsera, welche Antikörper gegen die im Tiere von Haus aus vorhandenen Antigene enthalten, lassen sich auch auf manche „primär toxische" *Normalsera* anwenden. Durch vitro-Reaktionen kann gezeigt werden, daß solche Normalsera auf die Plasmaproteine oder die Erythrocyten oder die Organzellen der Tiere, für welche sie „giftig" sind, wirken, oder immunologisch ausgedrückt, daß sie Normalpräcipitine, normale Hämagglutinine bzw. Hämolysine oder Normalamboceptoren gegen die Antigene fixer Gewebszellen enthalten und daß unter den letzteren auch die Antikörper des F.-A. (FORSSMAN, FRIEDEMANN[1], ARONSON[2]) in Form von „normalen Hammelhämolysinen" vertreten sind. Sättigt man diese Antikörper im Reagensglase ab, z. B. durch Adsorption an die Gewebszellen der empfindlichen Tiere (DOERR und R. PICK, ARONSON, FORSSMAN, FRIEDEMANN) oder durch Ausflockung mit gelöstem Eiweißantigen (D. JAUMAIN[3]), so büßen sie ihre entzündungserregenden (nekrotisierenden) und ihre shockauslösenden Eigenschaften ein, während die Behandlung mit nichtantigenem Material bzw. mit Material von nichtempfindlichen Tieren resultatlos bleibt. Immunologischer und physio-pathologischer Mechanismus sind indes hier vielfach noch unsicherer als bei den korrespondierenden Kategorien der primären Toxizität der Immunsera.

4. Die Verlegung der Antigen-Antikörper-Reaktion aus dem Organismus in das Reagensglas.

Diese Varianten fußen auf der Vorstellung, daß der Vitroprozeß ein toxisches Produkt liefert, welches mit dem in vivo entstehenden „anaphylaktischen Gift" identisch ist. Die Existenz eines „anaphylaktischen Giftes" ist aber eine unbewiesene Hypothese, und die Annahme, daß es sich aus den Komponenten der Antigen-Antikörper-Reaktion bildet bzw. bilden könnte, ist nicht nur unbewiesen, sondern in hohem Grade unwahrscheinlich (s. S. 743). Wenn man ferner durch die subcutane oder intravenöse Injektion von in vitro entstandenen Reaktionsprodukten lokale oder allgemeine Erscheinungen anaphylaktoiden Charakters auszulösen vermag — was tatsächlich der Fall ist —, muß der Träger der Wirkung nicht notwendig ein „Gift" im chemischen Wortsinne sein und noch viel weniger ein Gift, das in der Eprouvette erzeugt und in fertigem Zustande einverleibt wird. Es gibt keinen sicheren Anhaltspunkt, der die Aussage gestatten würde, daß die im Reagensglase ablaufenden Antigen-Antikörper-Reaktionen mit chemischen Zersetzungen einhergehen; vielmehr ist die Abwesenheit derartiger Vorgänge wiederholt einwandfrei konstatiert worden. Schließlich ist die fundamentale Abänderung der Bedingungen anaphylaktischer Experimente a priori geeignet Zweifel zu erwecken, ob die pathologischen Auswirkungen der Reaktionsprodukte ohne weiteres als anaphylaktische Phänomene gelten können.

Dem Vitroprozeß hat man verschiedene Formen verliehen, und zwar

a) Antigen und Immunserum wurden vermengt und die Gemische normalen Tieren intravenös injiziert. Beim Meerschweinchen bleibt meist jeder

---

[1] FRIEDEMANN, U.: Biochem. Z. **80**, 333 (1917). — S. auch K. MEYER: Z. Immun.-forschg **24**, 235 (1922) und GUTFELD: Ebenda S. 524.
[2] ARONSON: J. of Immun. **13**, 289 (1927); **15**, 465 (1928).
[3] JAUMAIN: C. r. Soc. Biol. Paris **88**, 1213 (1923).

Effekt aus (GAY und SOUTHARD, NICOLLE, WEIL-HALLÉ und LEMAIRE). Über positive Resultate beim Kaninchen berichteten FRIEDEMANN, bei Hunden CH. RICHET[1], KRITSCHEWSKY und DUKELSKY[2], bei weißen Mäusen SCHIEMANN und MEYER. Da die zahlreichen Fehlerquellen in der Regel nicht berücksichtigt wurden, ist die kritische Beurteilung der Ergebnisse außerordentlich erschwert. Meines Wissens liegen keine Angaben vor, daß der Kontakt mit Antigen-Antikörper-Gemischen an isolierten, überlebenden Organen normaler Tiere (Uterusmuskel des Meerschweinchens, Leber des Hundes usw.) irgendwelche Reaktionen auslöst.

b) Antigen und Immunserum wurden vermengt, die eintretende Flockung abgewartet und die entstandenen Immunpräcipitate (nach vorherigem Waschen auf der Zentrifuge) entweder Meerschweinchen intravenös (DOERR und RUSS) oder Kaninchen subcutan (OPIE[3]) eingespritzt. Beim Meerschweinchen trat nur protrahierter Shock, beim Kaninchen eine abgeschwächte (transitorische und nie bis zur Nekrose fortschreitende) Lokalreaktion auf, woraus man folgern könnte, daß der Reaktionsablauf in der Eprouvette den für die anaphylaktischen Störungen wesentlichen Teil der Antigen-Antikörper-Reaktion ausschaltet, indem er ihn gewissermaßen vorwegnimmt. Auch dieser Schluß ist jedoch gewagt, weil die intravenöse Injektion von anorganischen, feindispersen Suspensionen beim Meerschweinchen ganz ähnliche Folgen hat — von anderen Bedenken ganz abgesehen. Auf Kaninchen soll übrigens die intravenöse Injektion von gewaschenen Immunpräcipitaten überhaupt nicht wirken (SSACHAROFF[4]).

c) Man ließ Antigen (Erythrocyten oder gelöstes Eiweiß) mit Immunserum abreagieren, brachte die entstandenen Reaktionsprodukte (die amboceptorbeladenen Blutkörperchen oder die gewaschenen Immunpräcipitate) mit größeren Mengen frischen, komplementhaltigen Normalserums in Kontakt und prüfte die Wirkung dieses Serums nach dem Abzentrifugieren der Erythrocyten bzw. der Präcipitate an tauglichen, d. h. für anaphylaktische Versuche geeigneten Tieren (FRIEDEMANN[5], FRIEDBERGER[6]). Kaninchen und Meerschweinchen verenden nach intravenöser Injektion solcher Sera im akuten Shock, bei Hunden konnte bisher — vielleicht infolge von ungenügender Dosierung (FRIEDBERGER) — kein Effekt erzielt werden (BIEDL und KRAUS), und Ratten erwiesen sich als völlig refraktär (NOVY und DE KRUIF[7]).

FRIEDBERGER nannte diese Sera „Anaphylatoxine", weil er von der Voraussetzung ausging, daß sie das hypothetische „anaphylaktische Gift" enthalten, welches sich im Reagensglase (wie im Organismus anaphylaktisch reagierender Tiere) durch Einwirkung des Komplementes auf den Antigen-Antikörper-Komplex (durch proteolytische Aufspaltung des Antigens) bilden soll. Da sich diese Auffassung als unhaltbar erwies, hat sich später die von WELLS, JOBLING[8] u. a. verwendete Bezeichnung „Serotoxine" eingebürgert.

Die Serotoxine wirken auf den isolierten virginalen Uterus normaler Meerschweinchen nicht stärker kontraktionserregend als die zu ihrer Darstellung benutzten frischen Normalsera (DALE und KELLAWAY[9]). Andererseits bieten die im Serotoxinshock akut eingegangenen Meerschweinchen in einem gewissen Prozentsatz der Einzelversuche das typische Bild der unkomplizierten Lungenblähung, wenn auch oft genug Lungenödeme und Lungenblutungen im autop-

[1] RICHET, CH.: C. r. Soc. Biol. Paris 66, 810, 1005 (1909).
[2] KRITSCHEWSKY u. DUKELSKY: Zbl. Bakter. I Orig. 96, 68 (1925).
[3] OPIE: J. of Immun. 9, 264 (1924).
[4] SSACHAROFF: Zitiert auf S. 754.
[5] FRIEDEMANN: Zitiert auf S. 751.
[6] FRIEDBERGER: Z. Immun.forschg 3, 692 (1909).
[7] NOVY u. DE KRUIF: J. inf. Dis. 20 (1917).
[8] JOBLING u. PETERSEN: J. of exper. Med. 19, 480 (1914).
[9] DALE u. KELLAWAY: Philos. Transact. roy. Soc. Lond. B 221, 273 (1922).

tischen Befund stärker hervortreten als die Fixierung der Lunge im geblähten
Zustande. Es sind verschiedene Erklärungen dieses Widerspruches möglich.
Die Blähung und Immobilisierung der Meerschweinchenlunge im Serotoxinshock
muß z. B. nicht unbedingt auf einem aktiven Bronchospasmus beruhen, sondern
könnte durch ventilartige Bronchostenosen (infolge von Ödem der Bronchialschleimhaut oder passiver Bronchiolarkompression) zustande kommen. Oder
das Serotoxin wirkt nur von den Gefäßen aus muskelreizend, nicht aber wenn
es mit einem von Serosa bekleideten Muskel in äußere Berührung gebracht wird;
oder es enthält kein Muskelreizgift und dieses entsteht erst im Körper des Tieres,
dem man das Serotoxin intravenös einspritzt usw. Was wirklich zutrifft, ist
bisher unbekannt; ebensowenig konnte die Natur des Trägers der Serotoxinwirkung ermittelt werden, und es steht vor allem nicht fest, ob es sich um eine
chemische Substanz oder um *rein physikalische Zustandsänderungen* handelt,
welche im Serum bei der Serotoxindarstellung tatsächlich auftreten (Bordet,
Kopaczewski, Dold, P. Schmidt).

Besser ist man über die *Entstehungsbedingungen der Serotoxine* orientiert,
und gerade diese sprechen entschieden dagegen, daß man in den Serotoxinen
das gesuchte anaphylaktische Gift zu sehen hat bzw. daß die anaphylaktischen
Phänomene als Serotoxinvergiftungen aufzufassen sind, bei welchen das Blutplasma des reagierenden Tieres die Rolle übernimmt, welche dem komplementhaltigen Serum im Vitroprozeß zukommt. In dem ursprünglichen Schema von
Friedemann und von Friedberger hat sich sowohl der Antikörper wie auch
das Antigen als überflüssig erwiesen; statt des Antigen-Antikörper-Komplexes
kann man als „*Kontaktsubstanzen*" (d. h. als Stoffe, die, mit komplementhal-
tigem Normalserum in Berührung gebracht, dasselbe in komplementfreies Serotoxin verwandeln) nicht nur natives oder gekochtes Eiweiß, Bakterien, Spirochäten, sondern auch „Peptone" verschiedener Provenienz, Agar-Agar, Stärke
Inulin, ja nach einigen, allerdings angefochtenen Angaben sogar anorganische
Stoffe (Kaolin, $BaSO_4$, Kieselsäuregel) verwenden, also jedenfalls nicht-antigenes
Material (Agar-Agar, Pararabin). Daraus geht einerseits hervor, daß die beiden
integrierenden Faktoren aller anaphylaktischen Prozesse für die Serotoxinbildung nicht notwendig sind; andererseits, daß der mit der Serotoxinbildung
einhergehende „Komplementschwund" nicht mit dem immunologischen Phänomen der Komplementbildung durch Antigen-Antikörper-Komplexe identi-
fiziert werden darf. „Sowohl der Komplementgehalt der Ausgangssera[1] als die
Komplementfreiheit der fertigen Serotoxine können auch sekundärer Natur sein,
d. h. Eigenschaften, in welchen die Eignung (der Sera) für die Reaktion (scil.
die Serotoxinbildung) bzw. der Reaktionsablauf einen zufälligen Ausdruck
finden, die aber für die Reaktion selbst irrelevant sind" (Doerr).

---

[1] Mit inaktivierten (1 Stunde auf 56° C erwärmten) Normalsera erhält man in der
Regel kein oder nur ausnahmsweise ein schwach wirksames Serotoxin (Friedberger [Z.
Immun.forschg **18**, 254ff. (1913), Friedberger und Cederberg [ebenda S. 284]), Seitz
[ebenda **11** (1911); **14** (1912)], Kruse, Friedemann und Herzfeld, Lurà [Ebenda **17**, 233
(1913)] u. a.). Wie aber Doerr betont, „zerstört" das Inaktivieren durch Erhitzen nicht
nur das Komplement, sondern ruft im Serum auch andere, und zwar sehr beträchtliche
Veränderungen hervor, so daß man nicht behaupten kann, daß gerade die Ausschaltung
der Komplementfunktion das Ausbleiben der Serotoxinbildung verursacht. Man sollte hier
andere Versuchsanordnungen zu Rate ziehen. Nach den Berichten von Moore, Coca und
Ecker gibt es Meerschweinchenzuchten, die sich durch natürlichen Komplementmangel
auszeichnen, und R. R. Hyde konnte dem Serum solcher Tiere die fehlende Komplementwirkung verleihen, wenn er ihnen erhitztes oder frisches Menschen- oder Meerschweinchenserum intravenös injizierte. Es wäre daher zu prüfen, wie sich die Sera solcher Meerschweinchen im natürlichen (komplementfreien) und im künstlich induzierten komplementhaltigen
Zustande bei der Serotoxindarstellung verhalten.

Schon die Mannigfaltigkeit der Kontaktsubstanzen legt den Gedanken nahe, daß die in der Serotoxinwirkung zum Ausdruck gelangende Veränderung frischer Normalsera in diesen Sera selbst stattfindet und daß die Kontaktsubstanzen nur den Anstoß zu dem Prozeß der „Serumgiftung" liefern; man kann das auch so formulieren, daß die Sera und nicht die Kontaktsubstanzen die Matrix der Serotoxine darstellen. Unterstützt wird diese Annahme durch die quantitativen Bedingungen der Serotoxinproduktion, zu welcher man stets größere Quanten Normalserum, dagegen nur ganz minimale Mengen von Kontaktsubstanzen (nach BORDET und ZUNZ[1], NOVY und DE KRUIF genügen 5 mg Pararabin oder 0,0025 mg Agar) benötigt. Selbst die minimalen Mengen werden nicht verbraucht und erfahren anscheinend auch keine sonstige Veränderung, da man mit ein und derselben Portion Kontaktstoff mehrere (bis zu 20 und mehr) Volumina Normalserum in Serotoxin umsetzen kann. *Die Kontaktsubstanzen verhalten sich somit wie reaktionsbeschleunigende Katalysatoren*, und von diesem Gesichtspunkte aus gewinnen die Versuche erhöhte Bedeutung, die Kontaktsubstanzen ganz auszuschalten, d. h. also den Serotoxinprozeß ohne Katalysator in Gang zu bringen; in der Tat geben manche Autoren an, daß frische Sera auch durch Schütteln bis zur eintretenden Trübung, durch langes Lagern usw. „giftig" werden (LÖWIT[2], DOLD[3], JOBLING und PETERSEN), doch lieferten solche Experimente inkonstante und zum Teil nicht reproduzierbare Ergebnisse.

Manche Kontaktsubstanzen erzeugen intravenös injiziert ähnliche Shocksymptome wie die in vitro hergestellten Serotoxine z. B. Agar oder Bakteriensuspensionen. Es ist aber sehr fraglich, ob diese Effekte auf eine plötzliche Serotoxinbildung im *Plasma* des zirkulierenden Blutes zu beziehen sind. Die Entstehung des Serotoxins in der Eprouvette vollzieht sich in einem abgemessenen, keiner kontinuierlichen Verdünnung ausgesetzten Volumen *Serum*, viele in vitro geeignete Kontaktsubstanzen wie z. B. normales Pferdeserum lösen — normalen Meerschweinchen intravenös injiziert — keine Reaktion aus, und die Geschwindigkeit der Serotoxinbildung im Reagensglase ist zwar sehr variabel, konnte aber bisher nicht *gesetzmäßig* so weit gesteigert werden, als das für den Shock gefordert werden müßte, der beim Meerschweinchen (BORDET, NOVY und DE KRUIF) oder beim Pferde (BOQUET[4]) durch intravenöse Agareinspritzung *konstant* hervorgerufen werden kann.

Daß der anaphylaktische Shock auf einer Serotoxinvergiftung beruht, wurde von DOERR, COCA, DALE, G. H. WELLS, E. L. OPIE, BESREDKA, SELIGMANN und GUTFELD u. v. a. mit ausführlicher Motivierung abgelehnt. Es ist nicht nachgewiesen, daß das Blut anaphylaktisch reagierender Tiere die Eigenschaften der Serotoxine annimmt. Übrigens reagieren die blutfrei gespülten, überlebenden Organe sensibilisierter Tiere auf die Einleitung von antigenhaltiger Ringerlösung in ihre Gefäße, ja schon auf die bloße Berührung der äußeren Oberflächen mit Antigen (Uterushorn, Darm), d. h. unter Umständen, welche eine Entstehung von Gift aus Plasma oder Serum ausschließen (s. S. 748). Das Überstehen einer Serotoxinvergiftung hinterläßt ferner eine oft beträchtliche Resistenz gegen eine erneute Serotoxininjektion (BORDET), verleiht dagegen keinen Schutz gegen eine anaphylaktische Reaktion (DALE und KELLAWAY) usf. Dazu kommen die bereits erörterten Bedenken, die sich aus den Modalitäten der Serotoxinbildung in vitro ergeben. Daß aber infolge dieser Stellungnahme das Interesse an den Serotoxinen in den letzten Jahren so stark abgeflaut ist, muß

[1] BORDET u. ZUNZ: Z. Immun.forschg **23**, 42, 49 (1914).
[2] LÖWIT u. BAYER: Arch. f. exper. Path. **74**, 164 (1913).
[3] DOLD: Klin. Wschr. **5**, Nr 28 u. 32 (1926).
[4] BOQUET: C. r. Soc. Biol. Paris **82**, 1127 (1919).

bedauert werden; dieses in den wichtigsten Punkten unerledigte Problem würde einen erneuten Arbeitsaufwand sicher in mehrfacher Beziehung verdienen.

5. Die Serumkrankheit.

Nach der Injektion von artfremdem Serum (Pferde-, Rinder-, Hammel-, Kaninchen-, Hühnerserum) können beim Menschen und bei gewissen größeren Haustieren (vgl. auch S. 732) zwei klinisch' verschiedene Typen der Reaktion auftreten: der *Shock* oder die *Serumkrankheit im engeren Sinne* („ordinary serum disease" nach Coca).

Der *Shock* zeigt selten — vermutlich nur bei den für diese spezielle Reaktionsform anatomisch und physiologisch prädisponierten Asthmatikern — *rein bronchospastischen Charakter;* in der Regel dominieren *Kreislaufsstörungen* (Absinken des Blutdruckes, kleiner, kaum fühlbarer und frequenter Puls, Blässe der Haut und der sichtbaren Schleimhäute), von welchen auch ein Teil der übrigen Symptome wie die Cyanose, die Dyspnoe, die Kollapserscheinungen (Hypothermie, hochgradigstes Schwächegefühl, Bewußtseinsverlust) abhängig gemacht werden kann. Gelegentlich werden Erbrechen, Leibschmerzen und Durchfälle, heftiges Niesen und Husten, Ödeme der Gesichtshaut, terminales Lungenödem mit Austritt von schaumiger Flüssigkeit aus dem Munde usw. beobachtet.

Die *Serumkrankheit* (im engeren Sinne) ist durch universelle Exantheme, Fieber, Gelenk- und Muskelschmerzen, Drüsenschwellungen, Albuminurie, verminderte NaCl- und Wasserausscheidung im Harne gekennzeichnet, Symptome, die sich in verschiedener Weise zu einem mehr oder minder typischen Krankheitsbild kombinieren; Exanthem und Fieber gehören zu den konstantesten Erscheinungen.

Weder der Shock noch die Serumkrankheit hinterlassen — falls sie überstanden werden — irgendwelche pathologische Folgezustände; sie „heilen restlos ab" (A. Schittenhelm[1]).

Der Shock setzt unmittelbar nach der Seruminjektion ein, besonders wenn das Serum intravenös oder intraspinal, zuweilen aber auch, wenn es subcutan eingespritzt wird; in letzterem Falle ermöglichen wahrscheinlich zufällige Verletzungen von Gefäßen den unmittelbaren Eintritt in die Blutbahn (G. Mackenzie[2]). Die Serumkrankheit wird dagegen erst nach einer längeren, meist mehrtägigen Inkubation manifest. Es sind aber Ausnahmen beschrieben worden, und zwar einerseits Fälle, in welchen sich der Shock erst nach einer längeren Inkubation entwickelte und einen schweren, ja tödlichen Verlauf nahm (A. Schittenhelm, Fawcett und Ryle[3], P. Scholz[4], Etienne und Richard u. a.), andererseits typische Serumkrankheiten, welche unmittelbar oder doch so kurze Zeit nach der Seruminjektion zum Ausbruch kamen, daß das (nur einige Stunden betragende) Intervall auf die resorptive Aufnahme des (subcutan eingespritzten) Serums in das Blut bezogen werden durfte (v. Pirquet, Ustvedt[5], Schittenhelm, Melsanowitsch[6] u. a.). Da sich ferner Shock und Serumkrankheit auch miteinander im Einzelfalle kombinieren können, erscheint es nicht zulässig, aus dem Verhalten der Inkubation zu folgern, daß beide Reaktionstypen einen verschiedenen Mechanismus besitzen müssen (Coca[7], Wyard[8], Ustvedt[5] u. a.).

[1] Schittenhelm: Serumkrankheit. Bergmann-Stähelins Handb. d. inn. Med., 2. Aufl., 1 (1925).

[2] Mackenzie: J. amer. med. Assoc. 76, 1563 (1921).

[3] Fawcett u. Ryle: Lancet 204, 325 (1923).

[4] Scholz, G.: Med. Klin. 18, 1585 (1922).

[5] Ustvedt, U.: Norsk Mag. Laegenvidensk. 81, 625 (1920).

[6] Melsanowitsch, zitiert nach Schittenhelm.

[7] Coca: Hypersensitiveness. in F. Tice: Practice of medic., New-York, 1, 107 (1920).

[8] Wyard: J. of Path. 25, 191 (1922).

Shock und Serumkrankheit werden beim Menschen *sowohl nach Erst-injektionen* wie nach Reinjektionen eines bestimmten artfremden Serums beobachtet. Der Shock ist aber — wenn man nur die ausgeprägte, das Leben bedrohenden Grade ins Auge faßt — sowohl nach Erst- wie nach Reinjektionen eine außerordentliche Seltenheit; nach den Erfahrungen von USTVEDT, PFAUND-LER[1], KOLMER[2], PARK[3] u. a. entfällt ein Shock auf 20000—100000 Seruminjektionen. Die Serumkrankheit ist hingegen weit häufiger, ja sie kann als *die gesetz-mäßige Injektionsfolge* bezeichnet werden. Das Verhältnis der Serumkranken zu den Injizierten nimmt allerdings je nach der Art und Menge des parenteral einverleibten Serums sowie je nach der Einverleibungsart des Serums (intravenös, intramuskulär oder subcutan), ferner je nachdem es sich um erst- oder reinjizierte Individuen handelt (v. PIRQUET und SCHICK, USTVEDT u. a.), sehr verschiedene Werte an (1:10—1:77,5); nach den Versuchen von COCA, DEIBERT und MENGER[4] werden aber nicht weniger als 90% aller Angehörigen der weißen Rasse serumkrank, wenn man ihnen sehr große Dosen Pferdeserum *ein erstes Mal* intravenös einspritzt, und es ist anzunehmen, daß diese Ziffer durch Reinjektionen noch überboten werden könnte.

Diese aus der klinischen Praxis gewonnenen und durch eine Reihe von Zufalls-faktoren beeinflußten Daten ergeben folgendes Schema:

Reaktionsform:	*Erst- oder Reinjektion:*	*Frequenz:*
1. Shock	Erstinjektion	äußerst selten
2. Shock	Reinjektion	desgleichen
3. Serumkrankheit	Erstinjektion	häufig, unter optimalen Bedingungen steigerungsfähig bis zu 90%
4. Serumkrankheit	Reinjektion	häufig, unter identischen nichtoptimalen Bedingungen frequenter als die Serumkrankheit der Erstinjizierten

Der Shock ist die anaphylaktische Reaktionsform, die Reinjektion entspricht der Anordnung des aktiv anaphylaktischen Experimentes; legt man diesen Maßstab an, so ist sofort ersichtlich, daß nur dem Fall 2 eine engere Beziehung zur Anaphylaxie zuerkannt werden dürfte. Ebenso klar ist aber, daß Fall 4 lediglich wegen der Reaktionsform, Fall 1 ausschließlich wegen der Versuchs-anordnung bzw. wegen der genetischen Bedingungen der Reaktion ausscheiden müßte, daß also die beiden Kriterien bald im Zusammenhalt, bald einzeln das Urteil bestimmen. Der nach beiden Richtungen legitimierte Fall 2 kann überdies auch Bedenken erwecken, weil der Reinjektionsshock (nach klinischen Zu-fallsbeobachtungen bemessen!) eine Ausnahme darstellt, welche mit der Regel-mäßigkeit des anaphylaktischen Shocks gewisser Tierspezies (Meerschweinchen, Hund, Taube) in starkem Kontrast steht.

Der radikalste Ausweg aus diesen Widersprüchen besteht darin, daß man auch den zweiten Fall einfach streicht und — ohne den Shock oder die Serum-krankheit zu erklären — annimmt, daß der Mensch ebenso wie der Affe oder die Ratte zu jenen Tierspezies gehört, welchen die Fähigkeit der anaphylaktischen Reaktivität völlig oder fast völlig mangelt. Das ist indes bestimmt unrichtig. Nach den Untersuchungen von KÖHLER und STEINMANN, HOOKER, PARK, STANCULEANU und NITA, W. GERLACH, MAKAI, BOUCHE und HUSTIN, v. PIRQUET und SCHICK, LUCAS und GAY, HEGLER u. a.[5] lassen sich Menschen durch die

[1] PFAUNDLER: Münch. med. Wschr. 68, 781 (1921).
[2] KOLMER, J. A.: Infection, immunity and biologic therapie, 3. Aufl. Philadelphia u. London 1924.
[3] PARK: J. of Immun. 9, 17 (1924).
[4] COCA, DEIBERT u. MENGER: J. of Immun. 7, 201 (1922).
[5] Literaturangaben zitiert auf S. 684—686.

Vorbehandlung mit den klassischen Anaphylaktogenen, namentlich auch mit Pferdeserum, sogar auffallend leicht, d. h. schon durch eine einmalige parenterale Zufuhr kleiner Dosen „sensibilisieren", derart, daß *cutane, intracutane* oder *subcutane* Proben (Erfolgsinjektionen) des betreffenden Antigens lokale Veränderungen hervorrufen, welche an den normalen (nicht sensibilisierten) Individuen nicht auslösbar waren. Der Effekt einer subcutanen Erfolgsinjektion kann durch genügend intensive Präparierung ohne weiteres bis zum Maximum des ARTHUSschen Phänomens, bis zur örtlichen Nekrose, gesteigert werden. Die Seltenheit des Shocks beim spezifisch vorbehandelten und *intravenös* oder *intraspinal* reinizierten Menschen ist daher höchstwahrscheinlich nicht mehr als ein natürliches Ergebnis der Bedingungen, unter welchen die Serumreinjektionen im klinischen Betrieb ausgeführt werden, Bedingungen, welche hinsichtlich der Präparierung, des zwischen Erst- und Reinjektion eingeschalteten Zeitintervalles und der Dosis des reinizierten Antigens nicht dem für die Anaphylaxie des Menschen gültigen Optimum entsprechen. Daß für sämtliche anaphylaktisch reagierende Tierspezies solche oft ziemlich scharf begrenzte Optima existieren, daß sie von einer Tierart zur anderen variieren, und daß ihre Ermittlung mit bedeutenden, auch heute noch nicht völlig überwundenen Schwierigkeiten zu kämpfen hatte, sind jedem Kenner dieses Gebietes vertraute Tatsachen; am Menschen können aus begreiflichen Gründen jene Experimente, auf welchen die jetzige Technik des anaphylaktischen Tierversuches ruht, nicht angestellt werden. Um so wichtiger erscheinen jene wenigen verläßlichen und eindeutigen Berichte über Personen, welche auf eine erste Injektion von Pferdeserum überhaupt nicht oder nur mit „Serumkrankheit" reagierten, während die Reinjektion einen schweren, ja letal verlaufenden Shock nach sich zog (P. SCHOLZ, DEAN[1], PÉHU und BERTOYE[2], PÉHU und DURAND[3], MELSANOWITSCH u. a.); hier hatte sich eben die zufällige Konstellation den optimalen Prämissen der „allgemeinen" Anaphylaxie des Menschen genügend weit angenähert. Es wäre weder vom rein empirischen noch von irgendeinem theoretischen Standpunkt aus zu verstehen, wollte man solchen Ereignissen den immunologischen oder pathogenetischen Mechanismus der Anaphylaxie absprechen. Anders liegt die Sache in den Fällen 1, 3 und 4 des obigen Schemas. Fall 1 (die Shockreaktion der Erstinjizierten) wird von COCA und anderen Autoren unter die „Idiosynkrasien" eingereiht und soll demgemäß im folgenden Abschnitt diskutiert werden; hier hat sich also die kritische Betrachtung nur noch mit der *Serumkrankheit der Erst- und Reinjizierten* zu beschäftigen.

Es kann keinem Zweifel unterliegen, daß jene Komponente der artfremden Sera, welche die Serumkrankheit erzeugt oder — richtiger ausgedrückt — deren parenterale Zufuhr die Serumkrankheit herbeiführt, im *Serumeiweiß* zu suchen ist. Injiziert man statt Vollserum das aus demselben isolierte Protein oder eine Fraktion desselben (z. B. das Pseudoglobulin), so kommt die „Serumkrankheit" gleichfalls, und zwar in einem erheblichen Prozentsatz, zum Ausbruch (PARK und THRONE[4], COCA[5]).

Im Blutserum sind mehrere Eiweißkörper von differenter Aktivität und verschiedener Spezifität enthalten (s. S. 691). Jeder von ihnen kann die Serumkrankheit hervorrufen. Injiziert man nur ein einziges artfremdes Serumprotein (z. B. Pseudoglobulin aus Pferdeserum), so verläuft die Serumkrankheit in einem

---

[1] DEAN, H. R.: J. of Path. **25**, 305 (1922).
[2] PÉHU u. BERTOYE: J. Méd. Lyon **2**, 1111 (1921).
[3] PÉHU u. DURAND: Ann. Méd. **7**, 196 (1920).
[4] PARK u. THRONE: Zitiert nach COCA, s. 5.
[5] COCA: Zitiert auf S. 762.

Schub (PARK und THRONE, COCA); spritzt man das natürliche Proteingemisch
in Form von Vollserum ein, so kann es vorkommen, daß nach einer einmaligen
Injektion zwei, drei oder sogar vier Anfälle von Serumkrankheit (Exanthem-
perioden) aufeinanderfolgen, die unter Umständen sogar durch längere ein- oder
mehrtägige Intervalle geschieden sind (SWIFT, DAUT[1], MACKENZIE[2], GOODALL[3],
AKSSENOW[4], NETTER und COSMOVICI[5], SCHITTENHELM).

Die Proteine artfremder Blutsera sind Antigene und besitzen sowohl die
sensibilisierenden wie die shockauslösenden Fähigkeiten, welche das aktiv
anaphylaktische Experiment erfordert, in besonders hohem Grade. Es erhebt
sich daher die Frage, ob sie auch bei der Serumkrankheit *als Anaphylaktogene*
wirken, indem sie zunächst die Produktion eines Antikörpers anregen und dann
mit diesem Antikörper unter Auslösung der pathologischen Erscheinungen abreagieren. Diese Vorstellung, welche zuerst v. PIRQUET und SCHICK entwickelten,
hat zur Voraussetzung, daß das durch eine einzige Injektion einverleibte Antigen
in der ersten Phase, welche der Sensibilisierung des aktiv anaphylaktischen
Experimentes gleichkäme, nicht oder nicht völlig „verbraucht" wird, sondern
daß Reste desselben im Blute oder wenigstens im Organismus zurückbleiben,
welche mit dem inzwischen gebildeten Antikörper in Reaktion treten können.

Für die Richtigkeit dieser Auffassung sprechen folgende Tatsachen:

a) Die Inkubation der Serumkrankheit entspricht dem durchschnittlichen
Termin der Antikörperbildung und ist wie dieser bei reinjizierten Individuen
kürzer als bei Erstinjizierten (v. PIRQUET und SCHICK).

b) Die Frequenz der Serumkrankheit erstinjizierter Individuen steigt deutlich mit der Größe der einverleibten Serummenge und nimmt nach intravenösen
Injektionen einen höheren Wert an als nach intramuskulären oder gar nach
subcutanen; die gleichen Faktoren sind bekanntlich auch für die Intensität der
Antikörperproduktion nach einmaliger Antigenzufuhr maßgebend.

c) Im Blute von Menschen, die an Serumkrankheit leiden oder die eine
Serumkrankheit überstanden haben, lassen sich häufig Antikörper gegen die
Proteine des injizierten Serums nachweisen, und zwar nicht nur *Präcipitine*
(HAMBURGER und MORO[6], LÉMAIRE, v. PIRQUET und SCHICK, MARFAN und
le PLAY[7], R. WEIL[8], CL. W. WELLS[9], LONGCOPE und RACKEMANN[10], MACKENZIE
und LEAKE[11], L. TUFT und S. G. RAMSDALL[12] u. a.), sondern auch anaphylaktische
Antikörper im engeren Sinne, d. h. es gelingt, mit dem Serum serumkranker
Menschen Meerschweinchen passiv gegen Pferdeeiweiß (Pferdeserum) zu präparieren (NOVOTNY und SCHICK[13], ROSENAU und ANDERSON, ANDERSON und FROST,
R. WEIL, LONGCOPE und RACKEMANN, L. TUFT und S. G. RAMSDELL u. a.).
Im allgemeinen geht starke Antikörperproduktion mit schwerer Serumkrankheit
einher, während umgekehrt im Serum von Patienten, bei denen die Serumkrankheit ausbleibt oder rudimentär verläuft, keine Antikörper gefunden werden;
bei der ersten Gruppe schwindet meist das Antigen (das „Pferdeeiweiß") mit dem

[1] DAUT: Jb. Kinderheilk. **44**, 289 (1897).
[2] MACKENZIE, G. M.: Proc. N. Y. path. Soc. **20**, 91 (1920).
[3] GOODALL: J. of Hyg. **7**, 607 (1907).
[4] AKSSENOFF, W.: Jb. Kinderheilk. **78**, 565 (1913).
[5] NETTER u. COSMOVICI: C. r. Soc. Biol. Paris **82**, 1152 (1919).
[6] HAMBURGER u. MORO: Wien. klin. Wschr. **1903**, Nr 15.
[7] MARFAN u. le PLAY: Bull. Soc. méd. Hôp. Paris **1905**.
[8] WEIL, R.: Proc. Soc. exper. Biol. a. Med. **14**, 60 (1916).
[9] WELLS, CL.: J. inf. Dis. **16**, 63 (1915).
[10] LONGCOPE u. RACKEMANN: J. of exper. Med. **27**, 341 (1918).
[11] MACKENZIE, G. M. u. LEAKE: J. of exper. Med. **33**, 601 (1921).
[12] TUFT, L. u. RAMSDELL: J. of Immun. **16**, 411 (1929).
[13] NOVOTNY u. SCHICK: Z. Immun.forschg **3**, 671 (1909).

Auftreten des Antikörpers rasch und vollständig aus der Zirkulation, bei der zweiten kann es sich bis zu 67 Tagen und darüber in immunologisch unveränderter Form im Kreislauf halten (Longcope und Rackemann, Longcope und Mackenzie, Mackenzie und Leake).

d) Mit dem Serum serumkranker Individuen kann man die Haut normaler Menschen *lokal passiv sensibilisieren*, derart, daß die passiv vorbehandelte Hautstelle auf eine folgende intracutane Injektion von Pferdeserum reagiert, und zwar unter Umständen mit einer mächtigen, mit pseudopodienartigen Ausläufern versehenen Urticariaquaddel (Cooke und Spain[1], Tuft und Ramsdell, Arent de Besche[2]). Da die generalisierte Urticaria zu den häufigen Formen der Serumexantheme gehört, darf man den beschriebenen Effekt als *„lokale passive Serumkrankheit"* auffassen. Die allgemeine Serumkrankheit auf passivem Wege zu erzeugen, hat man bisher nicht versucht; es wäre zu erwarten, daß sie in diesem Falle ohne Inkubation einsetzt. Die lokale Übertragung, welche dem Modell des Praussnitz-Küsterschen Experimentes (s. S. 775) nachgebildet ist, erscheint indes geeignet, diese Lücke auszufüllen.

e) Wie bereits erwähnt, kann die Serumkrankheit nach einer einmaligen Injektion von Pferdeserum *„fraktioniert"*, *in mehreren Schüben* verlaufen. Dale und Hartley führen dies darauf zurück, daß die Antikörperbildung gegen die verschiedenen Spezialproteine des Pferdeserums (Euglobulin, Pseudoglobulin, Albumin) nicht immer gleichzeitig, sondern zuweilen sukzessive, d. h. nach differierender Inkubation erfolgt; daher fehlen die Schübe („Rückfälle"), wenn man statt Vollserum z. B. Pseudoglobulin einspritzt, da eben hier nur ein einziger Antikörper infolge des einheitlichen Antigenreizes entsteht. Nach Dale und Hartley sowie Doerr und W. Berger nimmt die Inkubation der Antikörperbildung in der Reihe Euglobulin, Pseudoglobulin, Albumin von links nach rechts zu; verläuft die Serumkrankheit in 3 Absätzen, so wäre also der erste auf eine Euglobulin-Antieuglobulin-Reaktion, der zweite auf eine Pseudoglobulin-Antipseudoglobulin-Reaktion, der dritte auf eine Albumin-Antialbumin-Reaktion zu beziehen. W. T. G. Davidson[3] schloß aus klinischen Beobachtungen, daß sich diese 3 Reaktionen nicht nur durch ihre Inkubation, sondern auch durch ihre Wirkung auf die menschliche Haut unterscheiden: die Euglobulinreaktion (mit einer durchschnittlichen Latenz von 9 Tagen) soll das urticarielle, die Pseudoglobulinreaktion nach durchschnittlich 12 Tagen das morbilliforme und die Albuminreaktion nach 14 Tagen das ringförmige Exanthem erzeugen. Werden in der Serotherapie gereinigte Serumpräparate verwendet, welche nur Pseudoglobulin, aber kein Euglobulin enthalten, so beobachtet man nach Davidson keine urticariellen Exantheme. Eine wertvolle Bestätigung dieser Ansichten bilden die interessanten Untersuchungen von S. B. Hooker[4]. Dieser Autor injizierte einer gegen Pferdeserum überempfindlichen Person 0,1 ccm Pferdeserum intracutan und erhielt eine dreiphasige Reaktion; die erste Phase entwickelte sich binnen 20 Minuten und war nach 1 Stunde abgelaufen, die zweite setzte nach 5 Stunden ein und dauerte 2 Stunden, die dritte trat erst nach 12 Stunden auf und hielt längere Zeit an. Am gleichen Individuum wurden nun Proben mit den isolierten Fraktionen der Pferdeserumproteine angestellt, wobei sich nicht nur analoge Unterschiede der Latenz, sondern auch qualitative (symptomatologische) Differenzen ergaben, indem z. B. die Pseudoglobulinreaktion von Juckreiz begleitet war, die Albuminreaktion nicht.

---

[1] Cooke u. Spain: Trans. Soc. amer. Phys. **42**, 330 (1927).
[2] de Besche: Acta path. et microb. scand. **6**, 115 (1929).
[3] Davidson, W. T. G.: Glasgow med. J. **91**, 321 (1919); **92**, 20, 75, 129, 182.
[4] Hooker, S. B.: J. of Immun. **8**, 469 (1923).

Wenn auch diese wichtigen Fragen noch weiterer intensiver Bearbeitung bedürfen, so gestatten doch die vorliegenden Ergebnisse den Schluß, daß sich die Antigene des Pferdeserums als solche an der Genese der Serumkrankheit beteiligen, was schon aus Punkt c) mit großer Sicherheit gefolgert werden kann. Darüber hinaus gewinnt man einen Einblick in die Ursachen der wechselnden Inkubation der Serumkrankheit, in den Mechanismus ihres fraktionierten Typus und die Gründe ihrer — speziell hinsichtlich der Erkrankungsformen der Haut — variablen Symptomatologie, die nunmehr auf die besonderen Antigen-Antikörper-Paare bezogen werden kann, welche im Einzelfall in Aktion treten. Daß sich hier Aussichten auf die Lösung zahlreicher Probleme (Hautreaktionen, Pathologie der Exantheme, Theorie der Entzündung usw.) eröffnen, ist wohl einleuchtend; leider muß es sich der Verfasser versagen, darauf ausführlicher einzugehen.

Gegenüber dieser Beweisführung fallen die Argumente, welche man gegen den anaphylaktischen Mechanismus der Serumkrankheit ins Treffen geführt hat, kaum in die Waagschale. Erwähnt sei:

a) Daß man im Blute von Serumkranken nicht immer *freie* Antikörper nachzuweisen vermochte, sondern daß ein gewisser Prozentsatz derartiger Untersuchungen völlig negative Resultate lieferte (ST. WYARD u. a.); umgekehrt kann nach einer Seruminjektion im Blute der Injizierten Antikörper auftreten, ohne daß sich eine Serumkrankheit entwickelt. Analogien für beide Kombinationen sind aus der Anaphylaxieforschung zur Genüge bekannt; das Fehlen von Antikörper im Blute beweist vor allem nicht sein Fehlen im Organismus und, was den zweiten Fall betrifft, ist nicht zu vergessen, daß die Theorie für das Zustandekommen der Serumkrankheit nicht nur die Produktion von Antikörper, sondern *die Persistenz von reaktionsfähigem Antigen* fordert.

b) Der letztgenannte Umstand kann auch zur Erklärung der Angabe herangezogen werden, daß die typische Serumkrankheit nur nach Injektionen artfremder Sera auftreten soll; parenterale Einspritzungen anderer Eiweißantigene, wie sie bei der „Proteinkörpertherapie" häufig vorgenommen werden, sollen wohl Fieber, Ödeme, gelegentlich auch Exantheme hervorrufen, aber nicht das klassische, dem Kliniker seit v. PIRQUET und SCHICK wohlbekannte Syndrom (SCHITTENHELM). Ist diese Behauptung in vollem Umfange richtig — was noch exakter zu prüfen wäre, so hätte man auch zu bedenken, daß die Symptome — speziell die Exantheme — von der Natur der Antigene abhängen (DAVIDSON, HOOKER), und daß die Serumproteine in dieser Beziehung eine Sonderstellung einnehmen könnten.

6. Die Idiosynkrasien.

Unter „Idiosynkrasie" versteht man einen unter natürlichen Lebensbedingungen auftretenden abnormen Zustand gesteigerter und qualitativ geänderter Reaktivität, der nach der Einverleibung bestimmter Stoffe (der „auslösenden Substanzen") in Form besonderer krankhafter Erscheinungen (der „idiosynkrasischen Reaktionen") manifest wird; von der chemischen Beschaffenheit und der physiologischen Wirkungsweise der auslösenden Substanzen ist der klinische Typus der ausgelösten Störungen vollkommen unabhängig (DOERR[1]).

Der Symptomenkomplex der Idiosynkrasien zeigt neben rein quantitativen Intensitätsabstufungen auch qualitative, durch die Verschiedenheit der reagierenden Organe bedingte Differenzen, die sich jedoch in einige wenige *Reaktionstypen* (*klinische Grundformen*) einordnen lassen. Diese Grundformen treten entweder isoliert oder in mannigfacher Weise miteinander kombiniert in Erscheinung (einfach oder mehrfach lokalisierte [bzw. generalisierte] Idiosynkrasien). Als hauptsächlichste Reaktionstypen gelten:

1. die bronchiale Form (das idiosynkrasische Asthma);

2. die Reaktion der Conjunctival- und Nasenschleimhaut (idiosynkrasischer Schnupfen, Heufieber);

---

[1] DOERR: Die Idiosynkrasien. Im Handb. d. inn. Med. **4**, 448 (1926). Herausgeg. von BERGMANN u. STÄHELIN.

3. die gastrointestinale Form;

4. die idiosynkrasischen Hauterkrankungen, die sehr mannigfaltig sind, unter denen aber die *Urticaria* und das *angioneurotische Ödem* besonderes Interesse beanspruchen, und

5. der *Shock*, der bei Idiosynkrasikern mit verschiedenem Reaktionstypus gelegentlich als schwere Allgemeinreaktion auftreten kann, wenn der Grad der gesteigerten Reaktivität besonders hoch und die Einwirkung des auslösenden Stoffes genügend intensiv ist.

Neben diesen Hauptformen beobachtet man auch noch andere Krankheitsbilder wie Migräne, Schwindel und Menièresches Syndrom, Lähmungen und Parästhesien, Nierenkoliken und Blasenbeschwerden, cyclisches Erbrechen, Prurigo, anaphylaktoiden Gelenkrheumatismus usw.; nicht in allen derartigen Fällen, welche in der kasuistischen Literatur beschrieben wurden, ist der idiosynkrasische Charakter mit genügender Sicherheit oder Wahrscheinlichkeit festgestellt worden. Dagegen muß es als willkürlich bezeichnet werden, wenn Coca[1] nur die beiden ersten Haupttypen (das Asthma und das Heufieber) definitiv anerkennen will und hinsichtlich der anderen Formen, zu welchen z. B. die idiosynkrasischen Ekzeme, die sog. Arznei- und Nahrungsmittelidiosynkrasien gehören, Vorbehalte macht.

Die klinische Symptomatologie, die Diagnostik, Prophylaxe und Therapie der idiosynkrasischen Störungen kann hier nicht besprochen werden; der Leser sei auf die zusammenfassenden Darstellungen und Monographien von Doerr[2], Duke[3], Kämmerer[4], J. A. Kolmer[5], R. Cranston Low[6], Storm van Leeuwen[7], H. Wiedemann[8] u. a. verwiesen.

Wichtig ist aber die Tatsache, *daß sich die häufigsten idiosynkrasischen Symptome im anaphylaktischen Tierexperiment reproduzieren lassen,* falls man die Versuchsanordnung entsprechend variiert, und daß umgekehrt alle Formen der anaphylaktischen Reaktion in der Symptomatologie der Idiosynkrasien wiederkehren. In beiden Fällen sind die beobachteten Wirkungen „histaminartig" und auf die Reizung derselben Gewebe (der glatten Muskeln und der Capillarendothelien) zu beziehen. Bei der Anaphylaxie wie bei der Idiosynkrasie besteht ferner zwischen der Reaktivität und der reaktionsauslösenden Substanz *die Beziehung der Spezifität,* und *hier wie dort hat die besondere Beschaffenheit der reaktionsauslösenden Substanz keinen Einfluß auf den klinischen Charakter der auslösbaren Störung.* Diese drei Argumente nötigen in ihrem Zusammenhalt dazu, einen identischen immunologischen und physio-pathologischen Mechanismus zu supponieren (Doerr); vorhandene Differenzen sind im Sinne dieser fundamentalen Annahme aufzuklären — ein Weg, den die Idiosynkrasieforschung seit ihren ersten Anfängen tatsächlich verfolgt hat — und berechtigen nicht, zwischen Idiosynkrasie und Anaphylaxie eine möglichst scharfe Trennungslinie zu ziehen, ein Bestreben, das namentlich in den Arbeiten von A. F. Coca bis in die jüngste Zeit unverkennbar zum Ausdruck kommt[9]. Die folgenden Ausführun-

---

[1] Coca u. Cooke: J. of Immun. 8, 163 (1923). — Coca: Arch. Path. a. Labor. Med. 1, 96 (1926) — „Atopy", in The Newer Knowledge of bact. a. immunol., S. 1004. Chicago Press 1928.

[2] Doerr: Zitiert auf S. 767 — s. auch Schweiz. med. Wschr. 2, 937 (1921) — Naturwiss. 12, 1018 (1924).

[3] Duke, W. W.: Allergy, Asthma, Hay-fever etc. St. Louis 1925.

[4] Kämmerer: Allergische Diathese und allergische Erkrankungen. München 1926.

[5] Kolmer, J. A.: Zitiert auf S. 763.

[6] Low, R. C.: Anaphylaxis and sensitization. London.

[7] Storm van Leeuwen: Allergische Krankheiten. Berlin: Julius Springer 1926.

[8] Wiedemann, H.: Z. f. ärztl. Fortbildg 18, 22 (1921).

[9] Coca, A. F.: Artikel „Atopy", in The newer Knowledge of Bacter. a. Immun., S. 1004 bis 1015. Chicago Press 1928.

gen sollen dem Kliniker, dem Physiologen und dem Pathologen einen Einblick in den gegenwärtigen Stand der Lehre von den Idiosynkrasien verschaffen, ohne allzusehr auf minder wichtige Einzelheiten einzugehen; um die Übersicht zu erleichtern, wurde eine Gliederung in mehrere Abschnitte vorgenommen.

a) Das Vorkommen der Idiosynkrasien und die Faktoren, welche ihre Frequenz beim Menschen beeinflussen.

Legt man die eingangs gegebene Definition zugrunde, so kann es keinem Zweifel unterliegen, daß idiosynkrasische Zustände nicht nur beim Menschen, sondern auch bei bestimmten Tierspezies (Katzen, Rindern, Pferden) beobachtet werden. Einzelne Individuen der genannten Spezies reagieren auf die intravenöse oder subcutane Injektion artfremder Sera mit Shock, Ödemen, urticariellen Exanthemen, und zwar ohne daß eine spezifische Sensibilisierung (aktive Präparierung) mit den betreffenden Serumproteinen vorausgegangen wäre; die individuelle Reaktivität muß sich demnach unter den natürlichen Lebensbedingungen entwickelt haben. Reagine (s. S. 774ff.) hat man allerdings bei solchen Tieren noch nicht nachzuweisen versucht; eben deshalb besteht vorläufig kein Anlaß, die idiosynkrasische Natur ihrer scheinbar spontan auftretenden individuell gesteigerten Reaktionsfähigkeit zu leugnen (COCA).

In menschlichen Populationen wird unter den natürlichen Lebensbedingungen stets nur ein gewisser, relativ niedriger Prozentsatz idiosynkrasisch. Unter den Weißen Nordamerikas soll die Zahl der Idiosynkrasiker 7% betragen (COOKE und VAN DER VEER[1]), wovon nach COOKE und SPAIN[2] 3,5% auf Asthma und Heufieber entfallen; für andere Länder werden andere Ziffern angegeben, indem z. B. in Holland 8% der Einwohner an Asthma leiden (STORM VAN LEEUWEN), in der Schweiz dagegen nur 0,82% an Heufieber (R. REHSTEINER[3]).

Die Idiosynkrasien zeigen *eine familiäre Häufung* und scheinen somit auf einer *vererbbaren Anlage* zu beruhen. Alles, was über diese ziemlich unbestimmte Aussage hinausgeht, ist vorläufig bloße Vermutung.

Die Angaben über die Erblichkeit der Idiosynkrasien sind aufgebaut einerseits auf die Untersuchung einzelner Stammbäume, andererseits auf die statistische Ermittlung des Einflusses erblicher Belastung auf die Frequenz der Idiosynkrasien in einer gemischten Bevölkerung. In beiden Fällen werden nur die ausgeprägten Formen berücksichtigt, welche ihren Trägern bewußt sind, ihnen erheblichere Beschwerden bereiten und Gegenstand ärztlicher Behandlung werden. Man darf es jedoch als sicher betrachten, daß „okkulte" und „rudimentäre" Idiosynkrasien in großer Zahl vorkommen, so daß also nicht ein phänotypisches Merkmal, sondern bloß gewisse Grade desselben auf ihre genotypische Bedingtheit geprüft wurden.

Die Untersuchung einzelner Stammbäume zeigt nicht nur die familiäre Häufung hochgradiger klinisch manifester Idiosynkrasien, sondern erlaubt zwei negative, aber bedeutungsvolle Folgerungen, nämlich, *daß in der Regel die Spezifität der Idiosynkrasien ebensowenig vererbt wird wie der klinische Reaktionstypus*. Die Eltern können z. B. an Urticaria nach Genuß von Erdbeeren, die Kinder an einem durch Aspirin auslösbaren Asthma leiden. Es kommt jedoch auch vor, daß bei Aszendenten und Deszendenten dieselbe spezifische Einstellung und der gleiche klinische Reaktionstypus auftritt (GELPKE, LAROCHE,

---

[1] COOKE u. VAN DER VEER: J. of Immun. **1**, 201 (1916).
[2] COOKE u. SPAIN: J. of Immun. **9**, 521 (1924).
[3] REHSTEINER: Schweiz. Z. Gesdh.pfl. **1926**.

Richet Fils und St. Girons, Lehner und Rajka[1], Clarke, Donally und Coca[2] u. a.).

Die Resultate der statistischen Erhebungen in gemischten Bevölkerungsgruppen sind zum Teil widerspruchsvoll und vererbungstheoretisch schwer zu deuten.

Cooke und van der Veer, June Adkinson[3], Spain und Cooke gingen so vor, daß sie bei einer großen Zahl lebender Individuen das Vorhandensein oder Fehlen einer Idiosynkrasie feststellten und für beide Gruppen die erbliche Belastung zu ermitteln suchten, wobei drei Kategorien unterschieden wurden: Auftreten von Idiosynkrasien sowohl in der mütterlichen als auch in der väterlichen Ahnenreihe (*bilaterale Belastung*), Idiosynkrasien in einer der beiden Ahnenreihen (*unilaterale Belastung*) und negative Familiengeschichten (*fehlende bzw. nicht nachweisbare Belastung*). Die erhaltenen Ziffern wurden auf Grund von Überlegungen, die in den Originalarbeiten nachzulesen sind, korrigiert und ergaben nachstehendes Gesamtresultat:

Belastung	Absolute Zahl der untersuchten Individuen	Absolute Zahl	Prozentsatz
		der Idiosynkrasiker	
Bilateral	153	106	69,5%
Unilateral	816	460	58,0%
Nicht nachweisbar	920	370	41,1%

Die ersten zwei Horizontalreihen wurden von Spain und Cooke dahin interpretiert, daß ein Mendelscher Erbgang vorliegt und daß sich der Erbfaktor wie ein *dominantes Gen* verhält; die gefundenen und überdies durch die erwähnte Korrektur im Sinne der aufgestellten Hypothese geänderten Prozentzahlen entsprechen aber nicht der Annahme, da man bei bilateraler Belastung 75, bei unilateraler nur 50% Idiosynkrasiker erwarten müßte, so daß das theoretische Intervall von 25% hier auf 11,5% reduziert erscheint. Adkinson, der bei der Untersuchung einzelner Stammbäume fand, daß im Falle bilateraler Belastung alle Kinder eines Elternpaares früher oder später idiosynkrasisch werden, hält den Erbfaktor für rezessiv. Ein einheitlicher dominanter Erbfaktor würde auch, wie Spain und Cooke selbst betonen, den hohen Prozentsatz der Idiosynkrasiker ohne nachweisbare Belastung nicht erklären; unter dieser Voraussetzung bliebe es ferner unverständlich, daß die hereditäre Belastung nicht nur die Frequenz der Idiosynkrasien unter den Nachkommen beeinflußt, sondern auch das Lebensalter, in welchem diese Zustände manifest werden.

Vor dem 10. Lebensjahr entwickelt sich die Idiosynkrasie im Falle bilateraler Belastung bei 72% der idiosynkrasisch werdenden Individuen, im Falle unilateraler Belastung bei 35 und in der Gruppe der negativen Familiengeschichten nur bei 20%. In den zwei letzten Kategorien kann das Leiden auch noch nach dem 40. Lebensjahr auftreten, in der ersten nicht (Cooke und van der Veer, Spain und Cooke).

Wie bei jeder Vererbung kann auch bei der Idiosynkrasie nur eine *Anlage* von den Eltern auf die Nachkommen übertragen werden und aus dieser Anlage entwickelt sich erst im Laufe der ontogenetischen Existenz und unter dem Einfluß exogener und endogener Faktoren das im Phänotypus realisierte Merkmal. Der wissenschaftlichen Erforschung zugänglich sind der Vererbungsgang, das auf seinen hereditären Ursprung zu untersuchende Merkmal und zum Teil die Realisationsfaktoren, welche die Umsetzung der Anlage in die fertige Eigenschaft des Phänotypus ermöglichen; das Wesen der Anlage kann immer nur indirekt und auf dem Wege von Abstraktionen bis zu einem gewissen Grade erschlossen werden.

Der *Vererbungsgang* konnte — wie aus den obigen Daten erhellt — bisher nicht mit Sicherheit festgestellt werden. Vor allem ist es durchaus fraglich, daß es sich um ein Genepaar von der Form „idiosynkrasisch-nicht-idiosynkrasisch" handelt wie bei anderen genau untersuchten, pathologischen, mendelnden Varianten, z. B. bei der Kurzfingrigkeit. Es wäre sehr wohl möglich, daß alle

---

[1] Lehner u. Rajka: Arch. f. Dermat. **146**, 253 (1924).
[2] Clarke, Donally u. Coca: J. of Immun. **15**, 9 (1928).
[3] Adkinson, J.: Genetics **5**, 363 (1920).

oder sehr viele Menschen die fragliche Anlage besitzen, und daß nur bei den höheren Graden derselben hereditäre Einflüsse mitwirken; nur für diese höheren Grade gilt ja der Nachweis der familiären Häufung.

Das „*Merkmal*" ist keine Eigenschaft, welche ohne weiteres den Idiosynkrasiker vom Nichtidiosynkrasiker unterscheidet, sondern eine *Krankheitsbereitschaft*, welche nur fallweise und nur dann in Erscheinung tritt, wenn eine „auslösende Substanz" auf ein idiosynkrasisches Individuum einwirkt. Es erhebt sich daher die Frage, worauf diese Krankheitsbereitschaft beruht bzw. was man sich als reales Substrat derselben vorzustellen hat; davon soll später die Rede sein (s. S. 774ff.).

Die Existenz und die Bedeutung der Realisationsfaktoren ergibt sich schon aus der bloßen Beobachtung des Auftretens der Idiosynkrasien unter den natürlichen Lebensbedingungen des Menschen. Man hat sich dabei an folgende Tatsachen zu halten:

a) Idiosynkrasien entwickeln sich bei einem hohen Prozentsatz von erblich nicht nachweisbar belasteten Menschen (Individuen mit negativer Familiengeschichte), nach SPAIN und COOKE bei 41,1%.

b) Sie sind bei der Geburt in der Regel noch nicht vorhanden, sondern treten erst in späterer Zeit auf, und zwar nicht in einer bestimmten, sondern *in jeder beliebigen Epoche der extrauterinen Existenz* (vom 1. bis zum 40., ja 70. Lebensjahr).

c) Wiederholte Einwirkungen von Substanzen, welche zunächst reaktionslos vertragen werden, können schließlich zu klinisch typischen Idiosynkrasien führen, und diese Idiosynkrasien sind dann spezifisch auf die betreffenden Substanzen eingestellt.

Getreidehändler, Bäcker, Müller werden gegen Mehlstaub, Arbeiter in Serumfabriken gegen Pferdeserum, Apotheker gegen Ipecacuanhapulver, Fellfärber gegen Ursol, Friseure, Perückenmacher, Pelzhändler und Tierwärter gegen bestimmte Haararten empfindlich (*Berufsidiosynkrasien*). Arzneiidiosynkrasien stellen sich erfahrungsgemäß oft erst nach längerem Gebrauch der betreffenden Medikamente ein, Heufieber nach längerem Aufenthalt in einer mit bestimmten Pollenarten geschwängerten Luft usw. Ferner nehmen die Idiosynkrasien nachweislich oft mit der Dauer (Wiederholung) solcher Einwirkungen an Intensität zu. Die besondere Lokalisation der idiosynkrasischen Reaktivität richtet sich endlich zwar nicht ausnahmslos, aber doch ziemlich häufig nach dem Orte der Einwirkung der sensibilisierenden Kontakte. So kann die „Nickelkrätze" auf die unbedeckten Körperteile (SCHITTENHELM und STOCKINGER[1]), die Idiosynkrasie gegen Meerschweinchenhaare auf jene Hautstellen, die mit diesen Haaren in Berührung kamen, die alimentäre Idiosynkrasie auf den Magendarmkanal, das Heufieber auf die den Pollenkontakten exponierten Schleimhäute beschränkt bleiben.

Zwischen „sensibilisierender" und „reaktionsauslösender" Substanz besteht somit hier dieselbe Identitätsbeziehung wie im aktiv anaphylaktischen Experiment. Der Erwerb des anaphylaktischen Zustandes erfolgt aber bei allen Individuen einer Tierspezies mit großer Regelmäßigkeit, die sich bei manchen Tierarten und unter geeigneten Bedingungen bis zur *absoluten Konstanz* steigern läßt, z. B. beim Meerschweinchen; die Frequenz der „induzierten Idiosynkrasien" nimmt dagegen unter Umständen sehr niedrige Werte an. Dieser von vielen Autoren für prinzipiell gehaltene Gegensatz tritt indes nur in Erscheinung, wenn man beiderseits lediglich die Extremfälle der Beurteilung zugrunde legt.

Das aktiv anaphylaktische Experiment liefert schon beim Meerschweinchen inkonstante Ergebnisse, wenn man zur Sensibilisierung minimale Antigendosen verwendet und wenn man die Erfolgsinjektion nach einer relativ kurzen Inkubationsperiode vornimmt (DOERR und RUSS u. v. a.); beim Hund, beim Kaninchen, bei der Taube, bei der Schildkröte hat man selbst unter optimalen Be-

---

[1] SCHITTENHELM u. STOCKINGER: Z. exper. Med. **45**, 58 (1925).

dingungen mit einem gewissen, oft erheblichen Prozentsatz von Versagern zu rechnen. Die Frequenz der induzierten Idiosynkrasien schwankt andererseits innerhalb weiter Grenzen und hängt zunächst von der Natur der sensibilisierenden Stoffe ab: von Arbeitern in Chininfabriken werden nur 2% gegen Chinin idiosynkrasisch (Dold[1]), von Fellfärbern 10% gegen Ursol, die Überempfindlichkeit gegen Toxicodendronarten trifft man bei 60% aller Erwachsenen (Spain) und die Nickelkrätze entwickelt sich bei allen Individuen, welche genügend lange in Vernickelungsanstalten beschäftigt sind (Schittenhelm und Stockinger); ebenso berichtet Ancona[2], daß fast alle Menschen Asthma bekommen, wenn sie längere Zeit mit dem Staub von Getreide zu tun haben, welches durch die Larven von *Pediculoides ventricosus* verunreinigt ist.

Für die Frequenz der induzierten Idiosynkrasien ist ferner die Art und die Zahl der sensibilisierenden Kontakte und die Länge der zwischen dieselben eingeschalteten Zeitintervalle maßgebend; die individuelle Anlage kommt dabei insofern zur Geltung, als die abnorme Reaktivität nicht bei allen Personen zur selben Zeit, sondern nach verschiedener Dauer der Einwirkung der Kontaktstoffe manifest wird, wie Schittenhelm und Stockinger für die Nickelkrätze, Ancona für das Getreideasthma, R. L. Mayer[3] für das Ursolekzem und das Ursolasthma festgestellt haben, Bloch und Steiner-Wourlisch[4] sowie Dannenberg[5] für die experimentell erzeugte Primelidiosynkrasie (s. w. u.). R. L. Mayer gibt weiter an, daß die Zeit, welche vom Beginn der Ursolarbeit bis zum Ausbruch der Erkrankung verstreicht, für das Ursolekzem im allgemeinen kürzer ist wie für das Ursolasthma, was ausgezeichnet mit der Beobachtung harmoniert, daß sich zu einem in der Jugend auftretenden Heufieber häufig erst im späteren Alter Asthma hinzugesellt.

Die verschiedenen klinischen Formen der Idiosynkrasie sind — wie zum Teil aus den eben zitierten Untersuchungen von R. L. Mayer und dem Verhalten der zwei Haupttypen der Pollenidiosynkrasie hervorgeht — verschieden leicht induzierbar; das Optimum ist wohl in den *idiosynkrasischen Ekzemen der Haut* gegeben. Dementsprechend gelingt anscheinend *die experimentelle Umwandlung beliebiger nichtidiosynkrasischer Menschen in typische Idiosynkrasiker* auf besonders einfache Art und mit bemerkenswerter Regelmäßigkeit, wenn es sich um die Erzeugung dieser speziellen Reaktionsformen handelt. Das am besten bekannte Beispiel sind die experimentellen *Primelidiosynkrasien*.

Es gibt Individuen, welche schon unter natürlichen Verhältnissen auf die bloße Berührung mit den Blättern der *Primula obconica* mit einer akuten Dermatitis reagieren. Der stark juckende, bläschenförmige Ausschlag braucht sich nicht auf die Kontaktstelle zu beschränken, sondern kann sich über große Hautpartien ausdehnen. Das Leiden tritt bei Gärtnern, Blumenverkäufern, Blumenliebhabern usw., also als Berufsidiosynkrasie, auf, befällt aber nicht alle, sondern nur einige der den Primelkontakten exponierten Menschen; es zeigt somit jene Art der Verbreitung, welche bei den anderen Idiosynkrasien dazu geführt hat, auf die individuelle Disposition (die Anlage) das Hauptgewicht zu legen und die Mitwirkung exogener Realisationsfaktoren zu leugnen oder als unwesentlich hinzustellen. Reibt man aber in die verletzte oder unverletzte Haut beliebiger normaler Personen die Substanz der Primelblätter ein, so entwickelt sich infolge dieser Sensibilisierung eine Reaktionsbereitschaft, welche in jeder Hinsicht dem Zustande der natürlichen Primelidiosynkrasiker gleicht: sie bleibt dauernd erhalten, die klinischen Erscheinungen sind nach Art und Ausbreitung dieselben, und die bloße Berührung mit Primelblättern genügt, um eine intensive Dermatitis

[1] Dold, H.: Arch. f. Hyg. **96**, 167 (1925).
[2] Ancona: Sperimentale **76**, 270 (1922) — J. of Immun. **12**, 263 (1926) — S. auch Frugoni und Ancona: Policlinico, sez. med. **1925**, Nr 14.
[3] Mayer, R. L.: Arch. f. Dermat. **156**, 331 (1928) — Med. Klin. **24**, 193 (1928) — Klin. Wschr. **1928**, 1958.
[4] Bloch u. Steiner-Wourlisch: Arch. f. Dermat. **152**, 283 (1926).
[5] Dannenberg: Inaug.-Dissert. Berlin 1927.

auszulösen (KIRK[1], PIZA, NESTLER, NAEGELI, R. CRANSTON LOW, ROST, BR. BLOCH und STEINER-WOURLISCH, H. DANNENBERG). BR. BLOCH und STEINER-WOURLISCH stellten aus Primelblättern Präparate her, welche das wirksame Prinzip in konzentriertem Zustande enthielten und mit welchem 100% der Versuchspersonen zu Idiosynkrasikern gemacht werden konnten.

Aus dem Vergleich der spontanen mit den experimentellen Primelidiosynkrasien erhellt, daß die Verschiedenheit der Disposition durch Intensivierung der Exposition ausgeglichen werden kann oder — wie sich DOERR ausdrückt — daß sich wenigstens in diesem speziellen Falle der Idiosynkrasiker vom Nichtidiosynkrasiker nur graduell, nicht aber prinzipiell unterscheidet; das geht übrigens auch schon aus der Tatsache 100prozentiger Berufsidiosynkrasien klar hervor. Die Primelversuche erlauben aber noch den weiteren Schluß, daß zwischen der spontanen Sensibilisierung durch zufällige Kontakte und der experimentellen Sensibilisierung durch absichtlich herbeigeführte Einwirkungen geeigneter Substanzen ein erheblicher Unterschied bestehen kann, und dieser Umstand mahnt entschieden zu vorsichtiger Bewertung der Frequenz der natürlichen Idiosynkrasien, solange nicht zuverlässige Daten über die optimalen Bedingungen und die numerischen Erfolge der willkürlichen Hervorrufung idiosynkrasischer Zustände gegen die in Frage stehenden Substanzen vorliegen. Da die letztgenannte Forderung bisher größtenteils nicht erfüllt ist, kann man sich auch nicht bestimmt über den Anteil äußern, der jeweils den beiden genetischen Komponenten der Idiosynkrasien, der angeborenen Anlage und dem Realisationsfaktor (der spezifischen Sensibilisierung) zuzuerkennen ist. Bei dem gegenwärtigen Stand unseres Wissens müssen wir zwei Extreme als möglich zugeben: die autonome Realisierung der Anlage ohne Sensibilisierung und das Ausbleiben der Entwicklung idiosynkrasischer Zustände, wenn die vorhandene Anlage nicht durch spezifisch sensibilisierende Einflüsse aktiviert wird. Sicher ist nur, daß die autonome Entstehung der Idiosynkrasien nicht der einzige Fall sein kann, der tatsächlich vorkommt, und daß andererseits die Auswirkung der sensibilisierenden Kontakte im Bereiche der natürlichen Idiosynkrasien einige vorläufig nicht erklärbare Eigentümlichkeiten aufweist.

So ist es noch unklar, warum ein bestimmtes Individuum, obwohl es der Berührung mit den verschiedenartigsten Stoffen ausgesetzt ist, gerade nur gegen eine einzige Substanz idiosynkrasisch wird, die anscheinend nicht einmal besonders oft oder intensiv eingewirkt hat. Wir verstehen ferner nicht, warum die „Shockorgane" der Idiosynkrasiker auch dann differieren, wenn die Art der sensibilisierenden Kontakte für die verschiedene Lokalisation der auslösbaren pathologischen Erscheinungen nicht verantwortlich gemacht werden kann. Aspirin wird z. B. verschluckt und durch Resorption ins Blut aufgenommen; es gibt aber Aspirinidiosynkrasiker, welche mit Asthma, andere, die mit Exanthemen und wieder andere, die mit Ödemen des Unterhautzellgewebes reagieren, ja es kann sich ereignen, daß eine idiosynkrasische Reaktivität, für welche ein enteraler bzw. hämatogener Sensibilisierungsmodus angenommen werden müßte, auf einzelne Bezirke der Haut beschränkt bleibt (fixe Antipyrinexantheme).

Endlich vermögen wir keine völlig befriedigende Erklärung für die einwandfrei festgestellte Tatsache zu geben, daß sich nicht an jede gelungene Sensibilisierung im weiteren Wortsinne die Entwicklung einer klinisch und durch ihre Auslösbarkeit typischen, langdauernden Idiosynkrasie anschließt.

Menschen lassen sich durch die parenterale Zufuhr der verschiedensten Stoffe sensibilisieren derart, daß die Haut spezifisch überempfindlich bzw. daß die vorher negative Cutanreaktion deutlich, ja stark positiv wird; derartige Versuche sind nicht nur mit typischen Antigenen, z. B. mit artfremdem Serum (s. S. 684) oder mit Milch, sondern auch mit Tricho-

---

[1] Literatur bei DANNENBERG, C. LOW, BLOCH u. STEINER-WOURLISCH.

phytonextrakt, Tuberkulin, ja mit chemisch definierten Stoffen wie Salvarsan (W. Frei[1]), Morphium, Atropin usw. (Lehner und Rajka[2]), angestellt worden. Der Prozentsatz der positiven Erfolge war abhängig von der Individualität der Versuchspersonen, von der Beschaffenheit der zur Sensibilisierung benutzten Stoffe und vom Sensibilisierungsmodus; Lehner und Rajka legen ein besonderes Gewicht auf den dritten Faktor, da sie fanden, daß die Steigerung der Hautreaktivität auch mit Substanzen, welche im Sensibilisierungsexperiment versagen, erzielt werden kann, falls man täglich oder jeden 2. Tag in dieselbe Stelle der Haut gleiche Mengen injiziert (sog. ,,*Depot-Injektionsmethode*``) oder falls man die an sich unwirksamen Stoffe mit geeigneten Aktivatoren (,,Schleppersubstanzen``) versetzt, z. B. mit Menschenserum, Cholesterin oder Traubenzuckerlösung. Weiter ist es bekannt, daß relativ viele Menschen unter natürlichen Verhältnissen, d. h. ohne absichtliche Sensibilisierung auf die Cutanprobe mit bestimmten, aber oft zahlreichen und verschiedenartigen Stoffen positiv reagieren. Von diesen Individuen mit künstlich hervorgerufener oder auf natürliche Weise entstandener ,,Hautallergie`` werden zweifellos nur sehr wenige idiosynkrasisch in dem Sinne, welchen der Kliniker mit diesem Ausdruck verbindet; im Gegenteil, die abnorme Reaktivität der Haut bildet sich, speziell wenn sie gegen artfremde Proteine gerichtet ist, häufig innerhalb einer relativ kurzen Frist wieder zurück (Schloss, zitiert nach Coca[3]). Darf man derartige Umstimmungen des Hautorgans ohne weiteres als besonders lokalisierte und noch nicht zur vollen Entwicklung gelangte Phasen der Idiosynkrasiogenese auffassen? Diese Frage läßt sich noch nicht mit Bestimmtheit bejahen.

W. Berger[4] fand allerdings, daß von 37 Müllern und Bäckern 15 eine sehr starke, 15 eine schwache oder fragliche und nur 6 eine absolut negative Reaktion auf die Cutanprobe mit ,,Cerealien`` gaben, während von 17 Kontrollpersonen (Soldaten) nur eine einzige positiv reagierte; da die untersuchten Berufsklassen das Hauptkontingent der Mehlstaubidiosynkrasiker stellen, könnte man immerhin einen Zusammenhang zwischen Hautsensibilisierung und späterer Idiosynkrasie konstruieren. Aus den Arbeiten von Br. Bloch[5], Storm van Leeuwen und Varekamp[6], W. Berger u. v. a. geht ferner hervor, daß die Haut von idiosynkrasischen Personen gegen zahlreiche in der Nahrung, in der Atemluft, in Krankheitsherden usw. vorkommende Substanzen allergisch ist, in weit höherem Prozentsatz als die Haut nichtidiosynkrasischer Individuen. W. Berger prüfte die Hautreaktivität von Asthmatikern und von normalen Kontrollpersonen durch intracutane Injektion von etwa 40—50 verschiedenen ,,Allergenen`` (Tierhaaren, Vogelfedern, Eidotter und Eiklar, Milch, Cerealien, diversen Fleisch- und Gemüsearten, verschiedenen Schimmelpilzsporen usw.) und stellte fest, daß die Asthmatiker meist auf viele Stoffe positiv reagieren; bei den Kontrollfällen erwies sich die Haut nur selten als sensibilisiert, das ,,Spektrum der Hautidiosynkrasie`` (so nennt W. Berger die graphische Darstellung aller bei einem Menschen erzielbaren Intracutanproben) war auffallend ,,leer``. Aber auch bei den Asthmatikern ,,wandelt sich in der Regel nur eine spezielle Hautallergie in die Idiosynkrasie um``, d. h. nur eine der Substanzen, gegen welche die Haut allergisch ist, vermag den asthmatischen Anfall auszulösen, und so steht man abermals vor dem Zugeständnis, daß zwischen einer bloßen Sensibilisierung und einer ausgeprägten Idiosynkrasie vorläufig eine Kluft gähnt, die sich in der Mehrzahl der Fälle nicht so vollständig ausfüllen läßt wie bei der Primelidiosynkrasie oder beim Ascaridenasthma (s. S. 788).

b) Das Substrat des idiosynkrasischen Zustandes und der Mechanismus der idiosynkrasischen Störungen.

Doerr hatte — auf die Analogie mit der Anaphylaxie gestützt — schon 1921 mit Bestimmtheit angenommen, daß im Organismus des Idiosynkrasikers *ein Antikörper* vorhanden sein muß, dessen spezifische Reaktion mit dem auslösenden Stoff die für das pathologische Geschehen maßgebende Zellreizung oder Zellschädigung bewirkt. Der effektive Nachweis dieses Antikörpers stieß zunächst auf Schwierigkeiten, die aber bald durch eine neue, von Prausnitz und Küster[7]

---

[1] Frei, W.: Klin. Wschr. 7, 539, 1026 (1928).
[2] Lehner u. Rajka: Klin. Wschr. 8, 1724 (1929).
[3] Coca: Arch. Path. a. Labor. Med. 1, 96 (1926).
[4] Berger, W.: Verh. d. 40. Kongr. d. Dtsch. Ges. f. inn. Med., Wiesbaden 1928.
[5] Bloch, Br.: Schweiz. med. Wschr. 53, 629 (1923) — Klin. Wschr. 1, 153 (1922).
[6] Leeuwen, Storm van, Varekamp u. Bien: Münch. med. Wschr. 1922, 849 — Klin. Wschr. 1, 37 (1922) — Münch. med. Wschr. 1922, 1690 — Z. Immun.forschg 37, 77 (1923) — Klin. Wschr. 5, 1023 (1926) u. a.
[7] Prausnitz u. Küster: Zbl. Bakter. I Orig. 86, 160 (1921).

angegebene Methode größtenteils beseitigt wurden. Im Prinzip sind sämtliche Verfahren des Antikörpernachweises dem passiv anaphylaktischen Experiment und seinen Varianten nachgebildet; was somit im Falle eines positiven Ergebnisses festgestellt wird, ist immer nur *„freier"* Antikörper d. h. *Antikörper im Blutserum des untersuchten Individuums.* Für den *„fixen", an Gewebe gebundenen Antikörper* wurde die Technik des isolierten, überlebenden, blutfrei gespülten Organs noch nicht in brauchbarer Form nutzbar gemacht; seine Existenz und seine Identität mit dem freien Antikörper können aber mit großer Sicherheit aus einer Reihe eindeutiger Beobachtungen abgeleitet werden.

Für den Nachweis von Antikörper im Blutserum idiosynkrasischer Individuen stehen folgende Methoden zur Disposition:

1. Man injiziert oder transfundiert normalen Menschen größere Mengen Serum oder Vollblut von Idiosynkrasikern und prüft die Reaktivität der so vorbehandelten Versuchspersonen gegen die Substanz, welche auf den Idiosynkrasiker auslösend wirkt und die natürlich genau bekannt sein muß; zwischen die passive Präparierung und die Probe wird ein Intervall von 24 Stunden eingeschaltet. Die Probe besteht in einer intracutanen Injektion des „Allergens" oder in einer einfachen Aufbringung desselben auf zugängliche Schleimhäute, wobei man sich an die Form der Allergenzufuhr zu halten pflegt, welche für die natürliche Auslösung der Störungen beim Idiosynkrasiker in Betracht kommt. Wie bei der Anaphylaxie (s. S. 657) läßt sich auch hier nur die spezifische Überempfindlichkeit, nicht aber der klinische Typus der Reaktion des Serumspenders übertragen; Haut und Schleimhäute eines mit Asthmatikerserum passiv präparierten Menschen reagieren zwar allergisch, die Probe mit dem Allergen erzeugt jedoch keinen asthmatischen Anfall; die wenigen gegenteiligen Angaben sind nicht einwandfrei begründet (RAMIREZ[1], FRUGONI[2], BASTAI, FORNARA und MORACCHINI[3]).

2. Die Methode von PRAUSNITZ und KÜSTER wird in der Regel so ausgeführt, daß man einer normalen Versuchsperson auf der Beugefläche des Vorderarmes 0,1 ccm Idiosynkrasikerserum intradermal injiziert und nach 24—48 Stunden das Allergen an der gleichen Stelle in möglichst kleinem Injektionsvolum ebenfalls intracutan einspritzt. Die lokale Reaktion kann verschiedene Intensitätsabstufungen von leichter diffuser Rötung und Schwellung bis zur Bildung einer ausgedehnten, mit pseudopodienartigen Fortsätzen versehenen und von einem breiten, erythematösen Hofe umgebenen, heftig juckenden Quaddel zeigen; sie entwickelt sich in der Regel innerhalb einer kurzen, nach Minuten bemessenen Frist nach der Allergeninjektion. Die Versuchsanordnung gestattet mehrfache Abänderungen, indem man entweder die Menge des Idiosynkrasikerserums oder jene des Allergens variiert oder indem man das Intervall zwischen der lokalen passiven Präparierung und der Probe sukzessive verkürzt, bis schließlich beide Komponenten gleichzeitig (miteinander vermischt) injiziert werden oder indem man die Reihenfolge der beiden Injektionen umkehrt (Inversion des PRAUSNITZ-KÜSTERschen Verfahrens).

c) Der PRAUSNITZ-KÜSTERsche Versuch kann statt am normalen Menschen an Tieren ausgeführt werden. Schimpansen geben völlig negative Resultate, bei niederen Affen waren die Ergebnisse ebenfalls — wenn auch nicht so eindeutig — negativ (E. F. GROVE); auch die Berichte über das Verhalten anderer Tierspezies (Meerschweinchen, Kaninchen) erlauben kein günstiges Urteil über die Verwendbarkeit dieser Modifikationen zur Prüfung des Antikörpergehaltes

---

[1] RAMIREZ, M. A.: N. Y. State J. Med. **112**, 115 (1920).
[2] FRUGONI, C.: Beitr. Klin. Tbk. **61**, 203 (1925) — Policlinico, sez. med. **32**, 161 (1925).
[3] BASTAI, FORNARA u. MORACCHINI: Minerva med. **5** (1925).

idiosynkrasischer Sera. In jüngster Zeit haben Lehner und Rajka jedoch eine weitere Variante angegeben, die nicht nur von ihnen, sondern auch von Pisani und von Adelsberger als brauchbar bezeichnet wird.

In ein Kaninchenohr wird das Idiosynkrasikerserum intracutan eingespritzt, die entstandene Schwellung (Depotstelle) oberflächlich scarifiziert und das Allergen — falls es nicht intracutan nachinjiziert werden kann — mit Hilfe von Gaze und einem Leukoplastverband auf die scarifizierte Partie aufgelegt; das andere Ohr des Kaninchens wird für die Kontrollen mit normalem Menschenserum und Allergen verwendet. Als positiv wird das Ergebnis betrachtet, wenn am „Versuchsohr" eine stärkere und länger dauernde Entzündung auftritt als am „Kontrollohr".

d) Man injiziert normalen Meerschweinchen das Idiosynkrasikerserum intravenös oder intraperitoneal und nach 24—48 Stunden das Allergen intravenös, in der Erwartung, einen akut letalen oder doch schweren Shock auszulösen, eine Erwartung, die insofern gerechtfertigt ist, als der Shock zu den typischen idiosynkrasischen Reaktionsformen gehört. Die Resultate waren jedoch meist völlig negativ, und viele als positiv bewertete Ergebnisse halten einer objektiven Kritik nicht stand; in der Literatur gibt es indes doch vereinzelte Berichte über gelungene Experimente dieser Art, gegen welche sich keine begründeten Einwände erheben lassen (de Besche[1], Baagoë[2]). Versuche, bei normalen *Menschen* durch passive Vorbehandlung mit Idiosynkrasikerserum und intravenöse Reinjektion des betreffenden Allergens Shock hervorzurufen, sind mir nicht bekannt (vgl. hierzu S. 775); es ist daher denkbar, daß die Mißerfolge am Meerschweinchen *auf der heterologen Versuchsanordnung* beruhen, um so mehr, als sich ja auch die Anaphylaxie nicht beliebig von einer Tierspezies auf eine andere übertragen läßt (s. S. 682).

In der Immunitätslehre werden bekanntlich die Antikörper nach den Reaktionen benannt, die zu ihrem Nachweise dienen, bzw. nach den Folgen, welche der Reaktionsablauf in der jeweils verwendeten Versuchsanordnung nach sich zieht (Präcipitation, Agglutination, Hämolyse, Komplementbindung usw.). Geht man auch hier in derselben Weise vor, so ist es klar, daß man mit keiner der angeführten Methoden ein „*Idiosynkrasin*" in dem eben präzisierten Sinne feststellen kann, da sowohl die Versuchsanordnung (die passive Übertragung) als auch die Reaktionsfolgen (lokale Quaddel, Entzündung, Shock) in gleicher Weise den sog. „*anaphylaktischen*" Antikörper charakterisieren. Um aber die prinzipielle Abtrennung der Idiosynkrasie von der Anaphylaxie, die durch die gemeinsame Grundlage der Antigen-Antikörper-Reaktion in Frage gestellt wird, aufrechtzuerhalten, hat man dem Umstand besondere Bedeutung beigemessen, daß sich die Eigenschaften der beiden Reaktionskomponenten idiosynkrasischer und anaphylaktischer Phänomene nicht völlig decken, und diese Differenzen auch in der Nomenklatur zum Ausdruck gebracht: nur bei der Anaphylaxie spricht man von „Antigen" und „Antikörper", bei der Idiosynkrasie hingegen von „*Allergenen*" (der von Coca vorgeschlagene Terminus „*Atopene*" ist mit Recht fast allgemein abgelehnt worden) und von „*Reaginen*". Der gegenwärtige Stand unserer Kenntnisse über Allergene und Reagine läßt sich kurz zusammengefaßt in folgender Form darstellen.

α) *Die Reagine.*

Wie bereits betont wurde, werden nicht die Reagine als solche, sondern stets nur *reaginhaltige Blutsera* untersucht. Gegenstand der Untersuchung können

---

[1] Besche, A. de: Amer. J. med. Sci. **166**, 265 (1923) — Acta path. scand. (Københ.) **6**, 115 (1929).

[2] Baagoë, K.: Ugeskr. Laeg. (dän.) **85**, 301 (1923); **86**, 577 (1924) — Acta path. scand. (Københ.) **1927**, 302.

sein: 1. *Reaktionen der Reagine mit den korrespondierenden Allergenen in vitro*, wobei der Reaktionsablauf lediglich durch Veränderungen kontrolliert wird, welche schon im Reagensglase auftreten; 2. *das passive Präparierungsvermögen der reaginhaltigen Sera* unter natürlichen oder experimentellen Bedingungen; 3. *die Kombination von 1 und 2*, indem man prüft, ob und in welcher Weise das passive Präparierungsvermögen durch eine vorherige Vitroreaktion beeinflußt wird. Die an erster Stelle genannte Versuchsanordnung hat bisher insofern negative Resultate ergeben, als beim Vermischen reaginhaltiger Sera mit Allergen keine Flockung (Präcipitation) erfolgt (COCA und GROVE[1], W. JADASSOHN[2] u. a.). Reiche Ausbeute lieferte hingegen die zweite und die dritte Fragestellung.

Reaginhaltige Sera besitzen im allgemeinen die Widerstandsfähigkeit aller anderen bekannten Serumantikörper; sie können monatelang aufbewahrt, $1/2$—1 Stunde auf 56° erwärmt, mit 0,5% Phenol oder mit 5% $CHCl_3$ versetzt werden, ohne ihr passives Präparierungsvermögen einzubüßen. Die Reagine sind adialysabel und stehen daher mit den Proteinen der Sera vermutlich in ähnlicher Verbindung wie andere Antikörper (COCA und GROVE, W. JADASSOHN, BASTAI, FORNARA und MORACCHINI).

Zur Feststellung und Messung des passiven Präparierungsvermögens benutzte man in den letzten Jahren fast ausschließlich die Methode von PRAUSNITZ und KÜSTER, einerseits wegen ihrer Einfachheit, andererseits, weil sie bis zu einem gewissen Grade konstante und — bei Einhaltung der vorgeschriebenen Kontrollen und kritischer Bewertung des Versuchsausfalles — auch zuverlässige Ergebnisse gewährleistet.

Es hat sich zunächst gezeigt, daß die lokale passive Sensibilisierung der Haut nicht bei allen normalen Menschen möglich ist; wird der PRAUSNITZ-KÜSTERsche Versuch mit ein und demselben reaginhaltigen Serum an einer größeren Zahl von Versuchspersonen angestellt, so hat man mit ca. 20% „Versagern" zu rechnen (COCA und GROVE, W. JADASSOHN und BIBERSTEIN, A. DE BESCHE u. a.). Diese Tatsache, die im gelegentlichen Mißlingen passiv anaphylaktischer Experimente ein Analogon findet (DOERR), mahnt natürlich zur Vorsicht bei der Beurteilung negativer Resultate der PRAUSNITZ-KÜSTERschen Methode. Leider ist man den Ursachen dieser höchst auffälligen Erscheinung nicht weiter nachgegangen und hat sich mit der bloßen Registrierung des „Faktums" begnügt; vielleicht könnte gerade hier der Schlüssel für das Verständnis mancher Eigentümlichkeiten verborgen sein, welche die Frequenz der spontanen und experimentellen Idiosynkrasien aufweist.

Wird eine Hautstelle eines normalen Individuums durch reaginhaltiges Serum passiv sensibilisiert, so bewahrt sie ihre Empfindlichkeit gegen nachträgliche Allergenzufuhr durch mehrere Tage, ja durch mehrere Wochen (W. JADASSOHN und BIBERSTEIN, COCA und GROVE u. a.). Da die geänderte Reaktivität auf die präparierte Stelle beschränkt bleibt, nehmen COCA und GROVE an, daß die Reagine an die Gewebe gebunden und daselbst festgehalten werden. COCA und GROVE, CLARKE und GALLAGHER[3], HAJOS[4] u. a. sehen in dieser Verankerung des Reagins an die Gewebe *eine notwendige Bedingung der passiven Sensibilisierung*; als Beweise werden angeführt, daß die lokale Reaktivität zwar schon 1 Minute nach der intracutanen Reagininjektion nachweisbar wird, daß sie aber um diese Zeit noch nicht maximal ist und in der Folge an Intensität zunimmt, ferner daß die Injektion von Reagin-Allergen-Gemischen keine Wirkung auf die

---

[1] COCA u. GROVE: J. of Immun. **10**, 445 (1925).
[2] JADASSOHN, W.: Arch. f. Dermat. **156**, 690 (1928).
[3] CLARKE u. GALLAGHER: J. of Immun. **12**, 461 (1926); **15**, 103 (1928).
[4] HAJOŚ, K.: Klin. Wschr. **5**, 1330 (1926).

Haut normaler Menschen ausübt (Coca und Levine[1], W. Jadassohn). Die Unwirksamkeit der Gemische wurde aber von anderer Seite bestritten, ja es wurde sogar behauptet, daß die Umkehrung der Injektionsfolge (zuerst Allergen und in einem zweiten Akt Reagin) positive Resultate gibt. Es wiederholen sich somit hier jene Experimente und Argumente, welche in der Diskussion über den Sitz der anaphylaktischen Reaktion geltend gemacht wurden. Die Eigenart der Prausnitz-Küsterschen Versuchsanordnung verschafft uns aber jedenfalls eine unmittelbare Gewißheit über die Fixierung von passiv einverleibten Antikörpern (Reagin) an normale Gewebsstrukturen, eine Gewißheit, die wir vorläufig im Bereiche der anaphylaktischen Phänomene in dieser überzeugenden Art noch nicht besitzen; Versuche von Freund, die gleiche Beweisführung auf das Gebiet der Anaphylaxie zu übertragen, d. h. die dauernde lokale Bindung von homologem, passiv zugeführtem anaphylaktischem Antikörper in der Kaninchenhaut festzustellen, sind gescheitert (s. S. 712).

Man darf voraussetzen, daß die Fähigkeit der Reaginbindung nicht nur den Geweben der meisten normalen Menschen, sondern auch jenen der Idiosynkrasiker zukommt und daß sie sich nicht ausschließlich auf die Elemente der Körperdecken erstreckt. Da aus dem Prausnitz-Küsterschen Versuch mit verlängertem Injektionsintervall zweifellos hervorgeht, daß das fixe („zellständig" gewordene) Reagin zumindest als eine *hinreichende* Bedingung für die idiosynkrasische Reaktivität zu betrachten ist, wären manche Beobachtungen verständlich, welche sich durch das Vorhandensein freier, im Blutplasma zirkulierender Reagine nicht erklären lassen: die Fälle idiosynkrasischer Zustände, bei welchen im Blutserum kein spezifisches Reagin gefunden werden konnte, das Fehlen der abnormen Reaktivität trotz der Anwesenheit von Reagin in der Blutbahn, der Mangel eines Parallelismus zwischen der Intensität der idiosynkrasischen Störungen und dem „Reagintiter" des Serums, die wechselnde Lokalisation der pathologischen Erscheinungen, wie sie uns in besonders eigenartiger Form in den fixen, auf bestimmte Hautpartien beschränkten idiosynkrasischen Exanthemen (Apolant, Nägeli, Markley[2] u. a.) entgegentritt, die Tatsache, daß Idiosynkrasiker, bei welchen die auslösende Substanz sicher bekannt ist, keine positive Cutanreaktion zeigen, oder daß Heufieberpatienten einen positiven „Schleimhauttest", aber einen negativen „Hauttest" geben (L. B. Baldwin[3]) u. a. m. Sicher ist hier noch manches unklar, wie unter anderem die Ursache, warum die für den klinischen Typus der Idiosynkrasien als maßgebend angenommene Verankerung des Reagins einmal in diesem, daß andere Mal in jenem Organ stattfinden soll. Man hat aber drei Dinge im Auge zu behalten, erstens, daß sich die Haut normaler Menschen anscheinend hinsichtlich der Reaginbindung verschieden verhält (s. S. 777), zweitens, daß die angeführten, einer humoralen Auffassung widerstrebenden Beobachtungen auch bei der Anaphylaxie gemacht wurden, und drittens, daß es sich um eine Mehrzahl gleichsinniger Phänomene handelt, die, wenn auch nicht einzeln, so doch im Zusammenhalt geeignet erscheinen, die überragende, vielleicht sogar ausschließliche Bedeutung der fixen Reaginphase für die idiosynkrasische Reaktivität zu beweisen. Weiter zu gehen, ist nicht möglich, solange das Wesen und die Bedingungen der Reaginbindung noch nicht erforscht sind.

Coca vertritt die Ansicht, daß sich der Idiosynkrasiker vom Nichtidiosynkrasiker durch den Besitz einer besonderen erblichen Anlage unterscheidet. Sieht man in den Reaginen die wesentliche Grundlage der idiosynkrasischen Reaktivität,

---

[1] Coca u. Levine: J. of Immun. **11**, 411, 435 (1926).
[2] Markley, A. J.: Arch. of Dermat. **2**, 722 (1920).
[3] Baldwin, L. B.: J. of Immun. **13**, 345 (1927).

so führt die COCAsche These notwendigerweise zu der Annahme, daß nur der Idiosynkrasiker befähigt ist, Reagine zu produzieren. Diese Konsequenz hat COCA tatsächlich gezogen; er stellt sich vor, daß die Reagine in anderen Organen gebildet werden wie die anaphylaktischen Antikörper und daß das, was in Idiosynkrasikerfamilien vererbt wird, das „reaginogene" Organ sei. Die experimentellen und die beruflichen Idiosynkrasien lehren aber, daß die generelle Fassung der Prämisse unrichtig ist; daher kann auch die Ableitung nicht den Tatsachen entsprechen. De facto hat sich herausgestellt, daß im Prinzip jeder normale Mensch imstande ist, Serumstoffe zu produzieren, *welche sich in jeder Hinsicht wie typische Reagine verhalten.*

Mit Hilfe der PRAUSNITZ-KÜSTERschen Technik konnten Reagine gegen Pferdeserumeiweiß im Blute zahlreicher Individuen nachgewiesen werden, welche infolge einer Pferdeseruminjektion unter den Symptomen der „Serumkrankheit" erkrankt waren (COOKE und SPAIN, ARENT DE BESCHE, L. TUFT und S. G. RAMSDELL). Nach den Angaben von TUFT und RAMSDELL treten diese Reagine 3 Tage nach der Serumkrankheit auf, erreichen die maximale Konzentration zwischen dem 3. und 14. Tage, um dann wieder abzunehmen und gegen den 23. Tag völlig zu verschwinden. Durch die Infektion mit Ascaris lumbricoides oder durch fortgesetztes Manipulieren mit Ascariden erwerben die meisten Menschen eine Hyperreaktivität gegen Ascaridensubstanz, die sich oft nur durch den positiven Intracutantest offenbart, in manchen Fällen aber auch die Form einer typischen Idiosynkrasie mit verschiedenartiger Lokalisation (Rhinoconjunctivitis, Asthma, generalisierte Urticaria) annimmt, wobei der Anfall durch flüchtige Berührungen, Einatmen der spezifischen Stoffe usw. ausgelöst werden kann. Auch das Serum von Personen, welche auf Ascaridenantigen stark reagieren, zeigt im PRAUSNITZ-KÜSTERschen Versuch die Eigenschaften eines Reagins, wobei zu berücksichtigen ist, daß es sich bei den Serumspendern um „induzierte" oder „Expositionsallergien" handelt, für deren Zustandekommen die erbliche Veranlagung nicht maßgebend sein kann.

Die Reagine werden durch die zugehörigen Allergene in vitro und in vivo abgesättigt; in vitro, indem ein Gemenge von reaginhaltigem Serum und genügenden Mengen Allergen im PRAUSNITZ-KÜSTERschen Versuch nicht mehr passiv sensibilisierend wirkt, in vivo, indem sich eine durch Reagin passiv präparierte Hautstelle durch lokale Allergeninjektion desensibilisieren läßt (COCA und GROVE, LEVINE und COCA, CLARKE und LAUGHLIN, CLARKE und GALLAGHER, W. JADASSOHN und BIBERSTEIN[1], W. JADASSOHN, SPIVACKE und GROVE[2], W. STORM VAN LEEUWEN und seine Mitarbeiter[3] u. a.). Daß sich das Allergen an der spezifischen Absättigung des Reagins beteiligt, d. h. daß es in die Reaktion eingeht und infolgedessen seine auslösende Wirkung auf die Haut des Idiosynkrasikers oder auf passiv präparierte Hautstellen normaler Individuen einbüßt, konnten STORM VAN LEEUWEN sowie W. JADASSOHN feststellen; wenn die Prüfung der Allergenneutralisation zuweilen auch negative Resultate ergab, indem die auslösende Fähigkeit des Allergens trotz Zusatz großer Reaginmengen erhalten blieb (LEVINE und COCA, W. JADASSOHN und BIBERSTEIN), ist dies darauf zurückzuführen, daß die Absättigung des Allergens entweder nicht restlos erfolgt oder daß der Allergen-Reagin-Komplex im Organismus wieder dissoziiert wird. Das Antigen wird ja bei keiner der bekannten Immunitätsreaktionen „zerstört", sondern ist im Reaktionsprodukt stets in unverändertem, dissoziablen Zustande enthalten. Jedenfalls zeigt die Reagin-Allergen-Reaktion keine Besonderheiten, die nicht auch bei den Reaktionen der Anaphylaktogene und der anaphylaktischen Antikörper beobachtet worden wären. (DOERR).

Die Reagine gleichen somit den anaphylaktischen Antikörpern in allen fundamentalen Beziehungen, namentlich aber mit Rücksicht auf das im Vorder-

---

[1] BIBERSTEIN u. W. JADASSOHN: Klin. Wschr. **1923**, 970.

[2] SPIVACKE u. GROVE: J. of Immun. **10**, 465 (1925).

[3] LEEUWEN, STORM VAN (z. T. mit K. KRAUSE, TISSOT VAN PATOT u. VAN NIEKERK): Z. Immun.forschg **62**, 360, 390, 405, 410 (1929).

grund jeder derartigen Erwägung stehende passive Präparierungsvermögen. Ob sie immer nur infolge eines spezifischen Antigenreizes entstehen oder ob sie auch autonom nach Analogie der normalen Antikörper auftreten können, ist für die anaphylaktische Interpretation des Mechanismus der idiosynkrasischen Störungen irrelevant.

Was diesen Mechanismus anlangt, hat sich die Spekulation bis in die neueste Zeit aller Anhaltspunkte bemächtigt, welche sich aus dem jeweiligen Stande der Anaphylaxieforschung ergaben.

So stoßen wir auch hier auf das Dilemma, ob der Ablauf der Reaktion zwischen Reagin und Allergen das zellschädigende bzw. zellreizende Agens darstellt oder das Reaktionsprodukt. Die Wirksamkeit der in vitro hergestellten Gemische auf die Haut normaler Menschen ist vorläufig noch kontrovers (s. S. 778); es besteht aber meines Erachtens kein Zweifel, daß jene Versuchsanordnungen, welche den Ablauf der Reaktion in den Organismus verlegen, weit stärkere und konstantere Resultate geben, wie das auch beim Arthusschen Phänomen des Kaninchens der Fall ist, wo sich ein Maximaleffekt durch subcutane Einspritzung von Antigen-Antikörper-Gemengen (bzw. von gewaschenen Immunpräcipitaten) nicht erzielen läßt (E. L. Opie). Ein zwingender Beweis, daß die Zellschädigung auf giftige Eigenschaften des Reaktionsproduktes zu beziehen ist, wäre durch den sicheren Nachweis einer abgeschwächten Wirksamkeit der Reagin-Allergen-Gemische auf normale Gewebe nicht erbracht; ist es doch gerade hier besonders schwer zu entscheiden, ob sich die Reaktion in der Eprouvette vollständig vollzieht und zu einem definitiven, auch im Organismus irreversiblen Endzustand führt. Bei der Vermischung von reaginhaltigem Serum und Allergen in vitro müßte das toxische Reaktionsprodukt auf humoralem Wege entstehen; wie soll man sich aber dann die Tatsache zurechtlegen, daß der klinische Typus der Idiosynkrasien (die besondere Lokalisation der Störungen) so verschieden sein kann, auch wenn es sich um das gleiche Reagin und dasselbe Allergen handelt und wenn die Art der auslösenden Allergenzufuhr für die spezielle Form der pathologischen Manifestationen keine Erklärung bietet? Es scheint, daß man diesen naheliegenden Einwand nicht berücksichtigt hat, weil sich die experimentelle Analyse der idiosynkrasischen Phänomene allzu einseitig mit den versuchstechnisch so bequemen lokalen Hautreaktionen befaßte; diese zeigen allerdings einen auffallend uniformen Charakter, so daß ihr ausschließliches Studium zur Annahme eines einheitlichen Giftes ebenso verleiten kann wie die (innerhalb der gleichen Tierspezies) konstante Symptomatologie des anaphylaktischen Shocks.

Von dieser Fehlerquelle hat sich auch Th. Lewis bei der Formulierung seiner Theorie nicht ferngehalten. Nach Th. Lewis (s. auch S. 744) entsteht die allergische Hautreaktion (die von einem roten Hof umgebene Quaddel) so, daß antikörperhaltige Hautzellen, wenn sie durch die Berührung mit Antigen gereizt werden, Histamin bzw. einen histaminähnlichen Stoff (die „H-Substanz") abgeben; dieser Stoff besitzt drei voneinander unabhängige Wirkungsqualitäten: 1. eine erweiternde auf die kleinsten Gefäße mit endothelialer Wandung; 2. eine die Permeabilität eben dieser Gefäße steigernde und 3. eine reizende Wirkung auf die lokalen Nervenendigungen, welche zu einer reflektorischen Dilatation der Arteriolen führt. Der erste und zweite Effekt bedingen die primäre Rötung der Injektionsstelle und das lokale Ödem (die eigentliche Quaddel), der dritte verursacht nach Lewis den roten Hof. In seinem Werke „The bloodvessels of the human skin and their responses", S. 115. London 1927, hat Lewis den Vorgang, wie er sich nach seiner Auffassung abspielt, durch eine Skizze illustriert, die hier in Abb. 70 a reproduziert sei. Abb. 70 b, derselben Quelle mit unwesentlichen Änderungen entnommen, stellt die Verhältnisse für den Fall dar, daß man die

Hypothese einer vermittelnden H-Substanz verwirft und annimmt, daß die Reizung antikörperhaltiger Hautzellen durch Antigenkontakt für die Bildung der lokalen Quaddel ausreicht. Das Schema a hält LEWIS für unwahrscheinlich, da es zu zwei Konzessionen nötige: es müßten nämlich die durch Antigenkontakt in sensibilisierten Zellen erzeugten Veränderungen identisch sein mit jenen, welche Histamin in normalen Zellen hervorruft, und zweitens müßten alle jene und nur jene Gewebselemente vom Antigen angegriffen werden, auf welche Histamin zu wirken vermag. W. STORM VAN LEEUWEN und TISSOT VAN PATOT[1] haben sich neuerdings, ohne die Beweisführung von LEWIS zu diskutieren, für das Schema b, also gegen die Theorie von LEWIS entschieden. Sie führten bei Patienten mit spezifischer Hautallergie lokale Desensibilisierungen durch, indem sie das betreffende Allergen (Hausstaubextrakt) wiederholt und in kurzen Intervallen an der gleichen Stelle intracutan injizierten; es zeigte sich, daß unter Umständen eine partielle Desensibilisierung in der Weise erfolgte, daß sich zwar noch eine

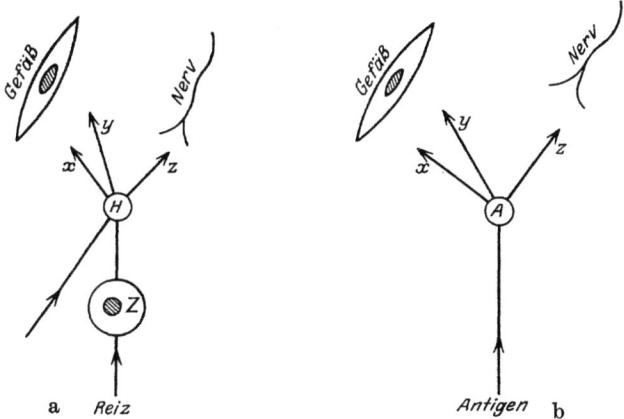

Abb. 70a und b. Der mit x bezeichnete Pfeil markiert die dilatierende Wirkung auf die Capillaren, y die permeabilitätssteigende Wirkung, z die Reizwirkung auf die peripheren Nervenendigungen. Z = Zelle, H = H-Substanz, A = Antigen. (Nach LEWIS).

Quaddel, aber nicht mehr ein roter Hof, entwickelte, was sich mit der Annahme einer für beide Reaktionsfolgen verantwortlichen „H-Substanz" nicht verträgt. Muß man aber zu so komplizierten Experimenten seine Zuflucht nehmen, um die Hypothese des Einheitsgiftes zu widerlegen? Wenn man nicht bloß die allergische Quaddel, sondern die Totalität der idiosynkrasischen Krankheitserscheinungen ins Auge faßt, gewiß nicht; ein und dasselbe durch Zellreizung frei werdende, leicht resorbierbare Gift kann nicht Ekzeme, Urticaria, QUINCKEsche Ödeme, Rhinoconjunctivitis, Shock, Asthma usw. usw. erzeugen, selbst wenn man von der Voraussetzung ausgeht, daß es nicht überall, sondern nur an den bestimmten und jeweils verschiedenen Orten entsteht, wo die Antikörper (Reagine) an Zellen gebunden sind, und daß es in loco nascendi die stärksten Effekte entfaltet. COCA injizierte zwei Patienten, die dasselbe Reagin im Blute hatten, von denen aber der eine an reinem Heufieber, der andere an reinem Asthma litt, die auslösende Pollensubstanz *subcutan*; die Reaktion bestand aber beim ersten wieder in reinem Heufieber, beim zweiten in einem reinen Asthmaanfall. Die Schwierigkeiten lassen sich auch nicht durch die Annahme mehrerer Gifte beheben; denn im PRAUSNITZ-KÜSTERschen Versuch entsteht eine Quaddel, gleichgültig, ob das verwendete reaginhaltige Serum von einem an Asthma oder einem an Urticaria

---

[1] LEEUWEN, W. STORM VAN u. TISSOT VAN PATOT: Zitiert auf S. 779.

leidenden Idiosynkrasiker stammt. Der Gegensatz zwischen der Mannigfaltigkeit der idiosynkrasischen Symptome und der Uniformität der lokalen Quaddelreaktion ist eben nur zu verstehen, wenn man nicht von vermittelnden Giften, sondern von der Verschiedenheit der reagierenden Organe ausgeht; auf der Haut bildet sich immer die Quaddel („lokale Urticaria"), *weil diese Form der Reaktion dem Organ eigentümlich ist.* Tatsächlich kann ja die Quaddelreaktion — wie aus den Untersuchungen von Lewis u. v. a. hervorgeht — durch sehr verschiedenartige Reizqualitäten (mechanische, thermische, toxische Einflüsse) hervorgerufen werden. Wenn wir beobachten, daß sich der glatte Muskel auf die Berührung mit Histamin ebenso kontrahiert wie auf elektrische oder mechanische Reizung, sehen wir in der Identität der Reizfolge keinen Beweis dafür, daß auch im 2. und 3. Fall Histamin der eigentlich wirksame Faktor sein muß.

So bleibt vorläufig das „Schema b", das der von Doerr 1921 formulierten und in der Folgezeit wiederholt verteidigten Theorie entspricht, die beste, wenn auch keineswegs allseits befriedigende Lösung des Idiosynkrasieproblems, eine Lösung, auf welche ich später die notwendig gewordene Reform des verschwommenen Allergiebegriffes basiert habe: als allergische Phänomene sollen alle und nur jene pathologischen Erscheinungen gelten, welche dadurch zustande kommen, daß antikörperhaltige Zellen (Gewebe) durch Antigenkontakt direkt gereizt werden. Anaphylaxie und Idiosynkrasie wären danach als Spezialfälle des allergischen Reaktionsmechanismus aufzufassen, ebenso die noch zu besprechenden Allergien des infizierten oder von höher differenzierten Parasiten (Entozoen) besiedelten Organismus und die Serumkrankheit. Die Einwände, welche gegen die Anwendung dieser Lehre auf die angeführten Reaktionsanomalien erhoben werden können, sind an verschiedenen Stellen dieser Abhandlung so ausführlich erörtert, daß dem Verfasser wie dem Leser eine Wiederholung erspart werden darf; die jüngste Schöpfung dieses hypothesenreichen Gebietes, die Allergietheorie von Lehner und Rajka, vermochte sie nicht aus dem Wege zu räumen.

Nach Lehner und Rajka sind für jede allergische Reaktion 3 Komponenten notwendig: Allergen, Reagin und „entzündungsvermittelnde" Substanzen; als akzessorische Faktoren sollen außerdem noch spezifische „Dereagine" und nichtspezifische „entzündungsschwächende" Substanzen in Aktion treten. Die Reagine und ihre Antagonisten, die „Dereagine", sind nach Lehner und Rajka nur im allergischen, die „entzündungssteigernden" und „entzündungsschwächenden" Substanzen auch im normalen Organismus, und zwar im Blutserum durch bestimmte Methoden nachweisbar. Die Reaktionskörper (unter welcher Bezeichnung „Reagine" und „Dereagine" zusammengefaßt werden) sollen zellständig sein und aus den Zellen erst sekundär in die Blutbahn gelangen. Die Ausführungen der Autoren über das gegenseitige Kräftespiel der 5 von ihnen angenommenen Reaktionskomponenten sind zu kompliziert und in vielen Beziehungen auch zu unklar, um eine kurze und präzise Wiedergabe zu gestatten; auch ist es zur Zeit nicht möglich, ein Urteil über die tatsächliche Existenz der „Dereagine" und der „entzündungsschwächenden" Substanzen (die in mancher Hinsicht an die „Reticuline" von Moldovan und die „Antianaphylatoxine" von Manwaring erinnern) zu fällen, solange die von Lehner und Rajka zu ihrem Nachweis benutzten Methoden nicht experimentell und kritisch überprüft worden sind. Wie man aber schon aus den Ausdrücken „entzündungssteigernde bzw. schwächende" Substanzen erkennt, haben sich auch Lehner und Rajka nur mit den allergischen Hautreaktionen beschäftigt, da ja Shock oder Asthma nicht als Entzündungen definiert werden können; ihre Hypothese ist daher mit den gleichen Mängeln behaftet wie die Histamintheorie von Th. Lewis, an welche sie sich anlehnt.

β) Die Allergene.

Die Stoffe, welche auf idiosynkrasische Individuen auslösend wirken können, sind so zahlreich und nach ihrer Provenienz und chemischen Beschaffenheit so mannigfaltig, daß ihre vollständige Aufzählung schwer und zwecklos, ihre Klassifikation nach irgendeinem durchgreifenden Prinzip unmöglich erscheint.

Eine brauchbare Übersicht über das relativ häufiger Vorkommende findet man bei DOERR[1].

STORM VAN LEEUWEN[2] will die Allergene „grob schematisch" in folgende Gruppen einteilen: 1. Pollen von Gräsern und Blumen, 2. Nahrungs- und Arzneimittel, 3. Produkte der tierischen Haut, 4. Klimaallergene, 5. Bakterientoxine (gemeint sind Leibessubstanzen der Bakterien). Die „Klimaallergene" läßt er in Hausallergene (Bettfedern-, Schimmelpilz-, Milbenstoffe, Hausstaub usw.) und Außenallergene zerfallen, je nachdem sie in der Luft bewohnter Räume oder in der freien Atmosphäre vorkommen. Selbst als „grobes Schema" ist indes diese Einteilung abzulehnen, da sie manche auslösende Substanzen, z. B. die artfremden Sera oder die Entozoenallergene, nicht umfaßt und da man andererseits zahlreiche der tatsächlich berücksichtigten Substanzen beliebig einreihen kann; die Pflanzenpollen z. B. gehören zweifellos zu den Klimaallergenen und zwar zu den Außenallergenen, die Produkte der tierischen Haut (Schuppen, Haare, Federn von Pferden, Hunden, Katzen, Meerschweinchen, Kaninchen, Hühnern, Gänsen, Papageien usw.) lassen sich als „Hausallergene" definieren usf.

Mit Rücksicht auf die Beziehungen zwischen Idiosynkrasie und Anaphylaxie hat man dem Umstand besondere Bedeutung beigelegt, daß die typischen Anaphylaktogene durchweg Eiweißkörper sind, und zwar Eiweißkörper, deren antigene Funktion auch durch andere Immunitätsreaktionen nachweisbar ist, während jene Stoffe, welche idiosynkrasische Störungen auszulösen vermögen, nur zum Teil zu den Eiweißantigenen gehören (wie z. B. die artfremden Blutsera), zum Teil aber Proteide ohne Antigencharakter (Peptone, Albumosen) oder chemisch definierte Substanzen (Jod, Jodkalium, Jodoform, Formalin, Salvarsan, Pyramidon, Veronal, Aspirin, Antipyrin, Phenacetin, Veramon, Nirvanol, Hg- oder Hg-Verbindungen, Chinin, Morphium, Codein, Nickelsalze usw.) darstellen. Hierzu ist zu bemerken:

a) Daß es oft sehr schwierig ist, ein vorgelegtes auslösendes Material als Antigen oder Nichtantigen, ja auch nur als Protein- oder Nichtprotein zu agnoszieren.

Substrate wie Nahrungsmittel, Pflanzenpollen, Epithelien und Haare, Produkte von Milben und Insekten, Wohnungsstaub u. dgl. sind als Gemenge vieler heterogener Substanzen zu betrachten. Sucht man aus denselben das eigentlich wirksame Prinzip abzuscheiden, so können die angewendeten Isolierverfahren die im Ausgangsmaterial vorhandenen Stoffe chemisch beeinflussen, ihren physikalischen Zustand modifizieren oder sorptive bzw. chemische Kopplungen sprengen. Für alle diese Möglichkeiten kennen wir heute zuverlässig analysierte Beispiele und wissen, daß durch solche Vorgänge Antigene in Antigene von anderer Spezifität, in Haptene (s. S. 698) oder Nichtantigene umgesetzt werden, und daß die Eiweißfreiheit der dargestellten Endprodukte nicht beweist, daß der wirksame Stoff im Ausgangsmaterial mit Eiweiß in keiner Beziehung gestanden hat. Bei den als gelungen bezeichneten Isolierungen handelt es sich übrigens nicht um die Darstellung chemisch definierter Körper, sondern um die Eliminierung einer größeren oder geringeren Quote der akzessorischen Stoffe, wobei die auslösende Wirkung des Endproduktes im Vergleich zum Ausgangssubstrat steigen, gleichbleiben oder abnehmen kann; auf die biologische und qualitativ-chemische Untersuchung des Endproduktes gründet sich dann die Aussage über die antigene bzw. nichtantigene oder die proteide bzw. nichtproteide Natur der im übrigen unbekannten auslösenden Substanz. Daß diese Aussagen vorsichtig zu bewerten sind, ist klar und geht auch daraus hervor, daß man eine ganze Reihe solcher auslösender Substanzen ursprünglich als Nichtantigene oder Nichtproteide bezeichnete, während spätere Autoren zu dem gegenteiligen Schlusse gelangten. So sind z. B. die auslösenden Stoffe in Pferdeschuppen nach O'BRIEN, LONGCOPE und PERLZWEIG[3], COOKE, FLOOD und COCA, BUSSON und OGATA[4], LONGCOPE, GROVE und COCA, A. DE BESCHE, in Gänsefedern (FARMER LOEB), in Pflanzenpollen (ULRICH[5] PARKER[6], WALZER

---

[1] DOERR: Handb. d. inn. Med. von BERGMANN u. STÄHELIN 4, 458 (1926).
[2] LEEUWEN, STORM VAN: Z. Immun.forschg 62, 360 (1929).
[3] O'BRIEN, PERLZWEIG u. LONGCOPE: J. of Immun. 11, 253, 271 (1926); 10, 599 (1925).
[4] BUSSON u. OGATA: Wien. klin. Wschr. 37, 820 (1924).
[5] ULRICH: J. of Immun. 3, 453 (1918).   [6] PARKER: J. of Immun. 9, 575 (1924).

und Grove, Harrison[1], Armstrong[2], Kössler, Alexander[3], Farmer Loeb[4], A. H. W. Caul-field, Cohen und Eadie[5]) Eiweißkörper, mit welchen das aktiv anaphylaktische Experiment mit einwandfrei positivem Erfolge ausgeführt werden kann.

b) Wenn man feststellt, daß eine chemisch definierte Verbindung auslösend wirkt, ist damit noch nicht gesagt, daß der betreffende Idiosynkrasiker gegen diesen Stoff allergisch ist; es muß mit der Möglichkeit gerechnet werden, daß sich der auslösende Stoff in den Geweben des Organismus in einen anderen verwandelt oder mit Eiweiß verbindet oder daß sich chemische Umsetzung und Eiweißkopplung kombinieren. Die interessanten Untersuchungen von R. L. Mayer[6] gewähren einen Einblick in den Mechanismus solcher zum Teil schon von Wolff-Eisner vermuteten Prozesse.

R. L. Mayer geht von den bekannten zuerst von H. Curschmann[7] genauer studierten Allergien der Pelzfärber aus. Zum Färben der Pelze verwendet man Ursol (salzsaures p-Phenylendiamin), welches unmittelbar auf den Fellen durch geeignete Oxydationsmittel in dunkle die beabsichtigte Färbung verursachende chinhydronartige Verbindungen übergeführt wird; nebenher entstehen farblose Stoffe wie Chinondiimin und Chinondichlorimin, und diese Chinonverbindungen sind es, welche die „Ursoldermatitis" und das „Ursolasthma" auslösen. Die Haut der Individuen, welche infolge der Beschäftigung mit gefärbtem Pelzwerk eine berufliche Idiosynkrasie erworben haben, reagiert aber auch auf Aminophenole und p-Phenylendiamine, sofern diese in Form freier Basen appliziert werden, und zwar — wie Wurster, Joseph und R. L. Mayer in besonderen Versuchen festgestellt haben — deshalb, weil der Organismus (das lebende Gewebe) auf diese Stoffe oxydierend wirkt, so daß sie in Körper von Chinonstruktur umgesetzt werden. Daß der Ursolidiosynkrasiker auch gegen manche Azofarbstoffe, z. B. Pellidol, sensibilisiert ist, hat man sich nach R. L. Mayer so zu erklären, daß die lebenden Zellen diese Azofarbstoffe reduzieren, wobei unter Aufspaltung der Azogruppe Aminophenole und p-Phenylendiamine entstehen, aus welchen dann sekundär durch Oxydation die Chinonverbindungen hervorgehen. Nun sind die Chinonkörper Gerbmittel, welche sich mit Eiweiß (Zelleiweiß) zwangläufig verbinden, und R. L. Mayer nimmt an, daß im idiosynkrasischen Organismus Antikörper vorhanden sind, welche mit dem Chinon-Eiweiß-Komplex chemospezifisch reagieren, Antikörper, welche dem normalen Menschen fehlen. Innerhalb der Gruppe der Chinonspezifität vermochte R. L. Mayer Sonderspezifitäten gegen Chinone, Chinonimine und Chinondiimine nachzuweisen, welche ebenso fein abgestimmt waren wie die Chemospezifitäten der von Landsteiner in vitro dargestellten Azoproteine. Es ergäbe sich also folgendes Schema:

In den Organismus eingeführte Substanz	Umsetzungen im Organismus	Antikörper (Reagine)
1. Chinone, Chinonimine, Chinondiimine	Kopplung an arteigenes Eiweiß	Spezifisch für die im Organismus gebildeten
2. Aminophenole, p-Phenylendiamine	Oxydation zu Chinonkörpern und Kopplung dieser an Eiweiß	Chinon-Chinonimin-Chinondiimin- } Eiweiß-komplexe
3. Azofarbstoffe	Reduktion zu Aminophenolen und p-Phenylendiaminen, Oxydation der letzteren zu Chinonkörpern und Kopplung dieser an Eiweiß	

c) Auch im anaphylaktischen Experiment muß der auslösende Stoff kein Eiweißkörper sein und braucht auch nicht die volle Antigenfunktion zu besitzen; diese Eigenschaften sind nur für die aktive Sensibilisierung bzw. für die Erzeugung von passiv präparierendem Antikörper erforderlich (vgl. hierzu S. 702 ff.). Man hat daher auch bei den Idiosynkrasien und ähnlichen Allergien zunächst zu

[1] Harrison: Public Health Rep. 39, 1261 (1924).
[2] Armstrong: Public Health Rep. 39, 2422 (1924).
[3] Alexander: J. of Immun. 8, 457 (1923).
[4] Loeb, Farmer: Biochem. Z. 203, 226 (1928).
[5] Caulfield, Cohen u. Eadie: J. of Immun. 12, 153 (1926).
[6] Mayer, R. L.: Arch. f. Dermat. 156, 331 (1928).
[7] Curschmann, H.: Münch. med. Wschr. 1921, 195.

unterscheiden, ob von der als spezifisches Allergen in Betracht kommenden Substanz nicht mehr bekannt ist als die auslösende Wirkung d. h. — immunologisch ausgedrückt — die Fähigkeit, mit *bereits vorhandenem* Antikörper (Reagin) zu reagieren, oder ob ihr sensibilisierende Kraft zuerkannt werden muß.

In letztgenannter Beziehung hat das Studium der beruflichen und der experimentellen Idiosynkrasien allerdings unzweifelhaft ergeben, daß auch nichtantigene und nichtproteide Stoffe imstande sind, bei vorher normalen Individuen einen spezifisch allergischen Zustand zu erzeugen.

Das Primelantigen z. B. ist nach den Untersuchungen von P. KARRER und BR. BLOCH[1] eine N-freie, wasserunlösliche, in Äther, Alkohol usw. leicht lösliche, rhombisch oder in gelben Nadeln krystallisierende, leicht sublimierbare Verbindung von der wahrscheinlichen Formel $C_{14}H_{18}O_3$ oder $C_{14}H_{20}O_3$; es vermag normale Menschen derart zu sensibilisieren, daß sie sich genau wie die natürlichen Primelidiosynkrasiker verhalten (BR. BLOCH und STEINER-WOURLISCH, KARRER und BLOCH). Künstliche Sensibilisierungen sind ferner gelungen mit Salvarsan (W. FREI, NATHAN und MUNK[2]), mit Sublimat (H. BIBERSTEIN), mit Nirvanol-Phenyläthylhydantoin (W. LESIGANG[3]) usw., und nach den Angaben von LEHNER und RAJKA[4] soll es sogar möglich sein, jedes Individuum mit jeder beliebigen Substanz zu sensibilisieren, z. B. mit Morphium, Atropin, Histamin usw., wenn man sich zu diesem Zwecke geeigneter Methoden bedient (s. S. 774).

Um diese Differenz zu überbrücken, stehen mehrere zum Teil schon sub a) und b) erörterte Kombinationen zu Gebote:

α) Der Stoff kann im sensibilisierenden Ausgangsmaterial an Eiweiß gekoppelt sein (s. sub a).

β) Das sensibilisierende Material ist zwar eiweißfrei, die nichtproteide Substanz verbindet sich aber im Organismus mit Eiweiß (Theorie von WOLFF-EISNER), wie sub b) auseinandergesetzt wurde.

γ) Der nichtproteide Stoff vermag als solcher ohne „Eiweißschiene" die Produktion von Antikörpern (Reaginen) anzuregen, eine Annahme, die sich auf die Angabe von SCHIEMANN und CASPER stützen könnte, daß man weiße Mäuse mit eiweißfreien Pneumokokkenpräparaten aktiv gegen die Pneumokokkeninfektion immunisieren kann.

δ) Der Gegensatz zwischen den negativen anaphylaktischen Experimenten und den gelungenen Sensibilisierungen des Menschen mit nichtproteiden, zum Teil chemisch definierten Substanzen könnte zum Teil in der Verschiedenheit der Versuchsanordnung, speziell in der differenten Art der aktiven Präparierung und in der verschiedenen Art der auslösenden Probe (des zur Reaktion gebrachten Organs) begründet sein.

Bei einer großen Zahl von experimentellen und beruflichen Idiosynkrasien wirken die sensibilisierenden Kontakte auf die Haut ein. A. KLOPSTOCK und SELTER geben nun an, daß reines diazotiertes Atoxyl im aktiv anaphylaktischen Versuch am Meerschweinchen nur dann sensibilisierende Effekte entfaltet, wenn es *subcutan* oder *intraperitoneal*, nicht aber, wenn es *intravenös* injiziert wird. Diese Beobachtung könnte darauf beruhen, daß nicht das diazotierte Atoxyl als solches, sondern seine Verbindung mit arteigenem Eiweiß als Anaphylaktogen fungiert, und daß die Entstehung des Atoxyl-Protein-Komplexes eine gewisse Zeit erfordert, die eben nur zur Verfügung steht, wenn das diazotierte Atoxyl im Unterhautzellgewebe oder im Peritonealcavum gewissermaßen „*deponiert*" wird. Ist das richtig, so fände die bevorzugte Stellung der Haut als „Sensibilisierungsort" des Idiosynkrasikers durch bestimmte, mit Eiweiß kupplungsfähige, nichtproteide Stoffe eine einfache Erklärung; die von LEHNER und RAJKA behauptete Überlegenheit der intracutanen „Depotinjektionsmethode" (s. S. 774) ließe sich z. T. in gleichem Sinne deuten. Ähnliche Gesichtspunkte ergeben sich für die auslösenden Proben, bei welchen das nichtproteide oder chemisch definierte Allergen auf die Haut appliziert oder intracutan bzw. subcutan eingespritzt wird. Auch hier bieten die Versuche von A. KLOPSTOCK und SELTER eine instruktive Analogie. Die

[1] BLOCH u. KARRER: Vjschr. naturforsch. Ges. Zürich **1927**, Beiblatt, Nr 13.
[2] NATHAN u. MUNK: Klin. Wschr. **1929**, Nr 29.
[3] LESIGANG, W.: Mschr. Kinderheilk. **40**, 289 (1928).
[4] LEHNER u. RAJKA: Zitiert auf S. 774.

genannten Autoren fanden (konform mit früheren Ergebnissen von K. Landsteiner sowie K. Meyer und Alexander), daß sich bei spezifisch sensibilisierten Meerschweinchen nur dann ein Shock auslösen läßt, wenn man den Atoxyl-Eiweißkomplex intravenös injiziert, während das reine diazotierte Atoxyl keinen Effekt hervorruft; nach der subcutanen oder intracutanen Probe mit dem bloßen Chemikal entstehen dagegen anaphylaktische Lokalreaktionen ("Kokardreaktionen"), die sich unter Umständen bis zur Nekrose des Hautgewebes nach Art des Arthusschen Phänomens steigern lassen (A. Klopstock und Selter). Bei den Cutanproben darf man schließlich auch die enormen Unterschiede der Reaktivität der menschlichen und der tierischen Haut nicht vernachlässigen. Um nur eine markante Tatsache anzuführen: die Haut des (gegen intravenöse Histamininjektionen so empfindlichen) Meerschweinchens reagiert selbst auf Histaminkonzentrationen von 1 : 100 überhaupt nicht (Lamson und Pope[1])!

c) Die Desensibilisierung.

Nach dem Überstehen eines idiosynkrasischen Anfalles kann die abnorme Reaktivität für kürzere oder längere Zeit aufgehoben sein; gleichzeitig werden die früher positiven Cutan- oder Ophthalmoreaktionen plötzlich oder allmählich negativ. Diese Reaktionsunfähigkeit darf auf eine Absättigung der Reagine durch spezifisches Allergen bezogen und mit der anaphylaktischen Desensibilisierung auf eine Stufe gerückt werden:

1. weil die Reagine in vitro durch das zugehörige Allergen neutralisiert werden können und weil für die Vollständigkeit dieser Neutralisation die Menge des zugesetzten Allergens maßgebend ist (Levine und Coca);

2. weil sich die durch reaginhaltiges Serum passiv präparierte Hautstelle eines normalen Menschen durch lokale Allergeninjektion unempfindlich machen läßt (s. S. 779);

3. weil eine bestimmte Hautstelle eines Idiosynkrasikers durch wiederholte intracutane Allergeninjektion ihrer abnormen Reaktivität beraubt werden kann (lokale Desensibilisierung), falls nicht, was durchaus verständlich erscheint, eine allgemeine Desensibilisierung der gesamten Hautdecke bei dieser Gelegenheit erfolgt (Storm van Leeuwen[2]). Ist der Idiosynkrasiker gegen mehrere Allergene A, B, C ... überempfindlich, so kann eine durch A desensibilisierte Hautstelle unter Umständen noch auf B und C reagieren (Storm van Leeuwen[2]), ein Ergebnis, aus dem hervorgeht, daß man die aufgehobene oder reduzierte Empfindlichkeit gegen A nicht auf eine unspezifische Reaktionsunfähigkeit der behandelten Hautstelle, sondern auf die Absättigung eines einzelnen der voneinander unabhängigen Reagine zurückzuführen hat. Der gleiche Versuch läßt sich auch in der sub 2. angegebenen Form an passiv präparierten Hautstellen normaler Individuen ausführen, wenn man zur passiven Präparierung das Serum eines "polyvalenten" Idiosynkrasikers verwendet (Coca).

Es kommt jedoch auch vor, daß die lokale Desensibilisierung mit einem Allergen A die Reaktivität für alle anderen Allergene auslöscht, obwohl die betreffende Hautstelle noch immer für den Histaminreiz empfindlich bleibt, so daß eine Reaktionsunfähigkeit im weitesten Sinne nicht in Betracht kommt (Török, Lehner und Urban[3], Storm van Leeuwen[2]); das ist besonders dann der Fall, wenn es sich um passiv präparierte Hautstellen handelt. Aus solchen Beobachtungen wollten einige Autoren schließen, daß die Desensibilisierung ein aspezifisches Phänomen sei, das mit der spezifischen Reaginneutralisation nichts zu schaffen hat, eine Ansicht, die in weiterer Folge dazu führen kann, auch die Spezifität der Cutanprobe am allergischen Individuum oder an passiv sensibilisierten Hautpartien normaler Personen (Versuch von Prausnitz und Küster) anzuzweifeln (Anthony[4], Hajoś und Koranyi[5], Török, Lehner und Urban[3]). Mit Recht nehmen Kämmerer[6], Storm van

[1] Lamson u. Pope: J. of Immun. **14**, 365 (1927).
[2] Storm van Leeuwen: Zitiert auf S. 779.
[3] Török, Lehner u. Urban: Krkh.forschg **1**, 371 (1925).
[4] Anthony: Klin. Wschr. **1927**, 2141.
[5] Hajoś u. Koranyi: Z. exper. Med. **53**, 389 (1926).
[6] Kämmerer: Z. Hals- usw. Heilk. **20**, 38 (1928).

Leeuwen[1] u. v. a. gegen diese Richtung Stellung, welche mit einer großen Zahl von Untersuchungen (die in Anbetracht der angewendeten Kontrollen als einwandfrei anzusehen sind) in eklatantem Widerspruch steht. Viele Versuche, welche die Aspezifität der Hautallergien wie der lokalen Desensibilisierung beweisen sollen, vernachlässigen den Umstand, daß die benutzten „Allergene" unbekannte Substanzgemische sind, und daß daher oft genug ein mit A bezeichnetes Allergen — um den Sachverhalt schematisch auszudrücken — auch die Allergene B und C enthalten kann. So wissen wir durch die Arbeiten von A. Kern[2], A. Rowe[3], Spivacke und Grove[4], Coca und Grove[5], P. A. Cooke[6], Ramsdell und Waltzer[7], Coca und Milford[8], Rackemann und King[9], G. P. Meyer[10], Peshkin[11], Storm van Leeuwen, Krause und Tissot van Patot[1], daß _der Hausstaub_ relativ häufig das auslösende Material für idiosynkrasisches Asthma repräsentiert, und daß die Haut solcher Menschen auf Cutanproben mit Hausstaub oder Hausstaubextrakten stark positiv reagiert; im Hausstaub können aber sehr verschiedene Stoffe vorhanden sein, z. B. Schimmelpilzsporen, Bakterien, Fragmente von Insekten, Milben, Bettfedern, allerlei Tierhaaren usw., Stoffe, die man nur zum Teil kennt, so daß sich die „Hausstauballergie" nicht restlos in Partialallergien gegen die einzelnen „Hausallergene" auflösen läßt. Tatsache ist aber, daß Überempfindlichkeiten gegen die — wenigstens ihrer Provenienz nach — bekannten Hausallergene häufig miteinander kombiniert auftreten (Storm van Leeuwen). Die Frage der Allergenspezifität, von welcher selbstverständlich die Spezifität der Reagine und damit auch der idiosynkrasischen (allergischen) Reaktivitäten abhängt, ist selbst für chemisch definierte Körper nicht immer leicht zu beantworten. Nach Br. Bloch[12] reagieren manche Jodoformidiosynkrasiker nicht nur auf Jodoform, sondern auch auf Dichloroform, Bromoform, Methylenjodid sowie auf eine Reihe von Methylverbindungen, so daß eigentlich eine Hyperreaktivität gegen Alkyle und nicht ausschließlich gegen CHJ_3 vorzuliegen scheint. Hinter der „aspezifischen" Allergie gegen Pellidol, Ursol und gegen gewisse photographische Entwickler (p-Aminophenol, Metol u. a.) verbirgt sich eine chemospezifische Allergie gegen die Chinonstruktur, innerhalb welcher noch feiner abgestimmte chemisch bedingte Sonderspezifitäten unterscheidbar sind (s. S. 784). Dagegen sind Aspirinasthmatiker refraktär gegen Salicylsäure, Benzoesäure, Antipyrin, essigsaures Natrium und Methylsalicylat (Cooke[13]), Chininidiosynkrasiker gegen Euchinin und andere Chinaalkaloide (O'Malley und Richey). Die Spezifität kann somit entweder nur auf bestimmten, im Molekül enthaltenen chemischen Partialstrukturen oder auf der Gesamtkonfiguration des Moleküls beruhen; im ersten Falle wird eine geringere Spezifität bzw. eine größere Spezifitätsbreite vorgetäuscht, wenn man die Resultate der biologischen Prüfung auf die untersuchten Körper bezieht.

Der Streit um die Spezifität der Anaphylaxie und der Antianaphylaxie ist — wie man sieht — im Gebiete der Allergien auferstanden; am Pro und Contra hat sich dabei nichts geändert. Wichtiger als diese vielfach müßigen Diskussionen ist meines Erachtens die Tatsache, daß sämtliche Phänomene der Spezifität und der sog. Antianaphylaxie bei den Idiosynkrasien (Allergien) erneut festgestellt werden konnten. Es existiert da keine Beobachtung, die nicht in der Anaphylaxieforschung ihr Pendant fände, und diese durchgängige Übereinstimmung ist geeignet, die Beziehungen zwischen Idiosynkrasie und Anaphylaxie, die seit jeher allgemein anerkannt wurden, noch inniger zu gestalten.

Auch jene Form der Antianaphylaxie, die man als „_Immunität_" bezeichnet (s. S. 738), scheint bei den Idiosynkrasien vorzukommen. Levine und Coca untersuchten das Serum von Heufieberpatienten und Asthmatikern vor und nach einer spezifischen Behandlung mit Allergen; obwohl die Kuren erfolgreich, d. h.

---

[1] Storm van Leeuwen, Krause u. Tissot van Patot: Zitiert auf S. 779.
[2] Kern, A.: Med. Clin. N. Amer. 5, 751 (1921).
[3] Rowe, A.: Arch. int. Med. 39, 498 (1927).
[4] Spivacke u. Grove: J. of Immun. 10, 465 (1925).
[5] Coca u. Grove: J. of Immun. 10, 445 (1925).
[6] Cooke, P. A.: J. of Immun. 7, 147 (1922).
[7] Ramsdell u. Waltzer: J. of Immun. 14, 207 (1927).
[8] Coca u. Milford: J. of Immun. 15, 1 (1918).
[9] Rackemann u. King: Boston med. J. 195, 347 (1926).
[10] Meyer, G. P.: Atlantic med. J. 27, 59 (1923).
[11] Peshkin: J. Labor. a. clin. Med. 13, 67 (1927).
[12] Bloch, B.: Med. Klin. 1911, Nr 16 — Z. exper. Path. u. Ther. 9, 509 (1911).
[13] Cooke: J. amer. med. Assoc. 73 (1919).

die Idiosynkrasiker „desensibilisiert" waren, konnte keine Verminderung des Reagintiters im Blute, bei einzelnen Personen sogar eine deutliche Zunahme konstatiert werden. Dieses Verhalten (die Unempfindlichkeit desensibilisierter Tiere trotz Vorhandensein von freiem Antikörper im Blute) entspricht den auf S. 738 beschriebenen „antianaphylaktischen" Zuständen. Idiosynkrasien — auch solche höheren Grades — können sich bisweilen ohne erkennbare Ursache nach jahrzehntelangem Bestande zurückbilden (Doerr). Diese „spontane Desensibilisierung" ist höchstwahrscheinlich nicht der gleichbenannten Erscheinung bei aktiv anaphylaktischen Tieren (s. S. 735) adäquat, da sie nach meinen Erfahrungen auch beobachtet wird, wenn die sensibilisierenden Kontakte fortgesetzt einwirken; vielleicht hat man es auch hier mit einer Art „Immunität" zu tun, doch liegen keine Angaben vor, ob das Blut des „spontan desensibilisierten" Idiosynkrasikers noch Reagine enthält oder nicht.

7. Die Allergien gegen Entozoen (Helminthen).

Da es sich hier nicht um Infektionen im üblichen Wortsinne, sondern *um das Eindringen von höher organisierten Parasiten in die Gewebe eines Wirtes* handelt, habe ich für diese Gruppe den Terminus „*Invasionsallergien*" gewählt, ein Ausdruck, der auf Widerspruch stoßen könnte, weil man als „Invasion" schließlich auch andere Vorgänge (z. B. eine Injektion abgetöteter Bakterien) bezeichnet, und weil es nicht richtig ist, daß die hierher zu rechnenden Allergien immer nur bei Individuen auftreten, in deren Organen sich Entozoen angesiedelt und entwickelt haben.

So findet man typische Idiosynkrasien gegen *Ascaridensubstanzen* auch bei Personen (Zoologen usw.), welche nicht mit Ascaris infiziert sind, sondern nur mit Ascariden manipulieren (Goldschmidt[1], W. Jadassohn[2] u. a.). Die Hautallergie gegen Ascarisantigen ist ferner so allgemein verbreitet, daß man nicht ohne weiteres annehmen kann, daß alle diese Menschen an Spulwürmern leiden oder gelitten haben. W. Jadassohn bekam bei 80% aller untersuchten Personen zwischen 2 und 40 Jahren eine urticarielle Frühreaktion auf die Intracutanprobe mit Ascarisantigen; nur Kinder unter einem Jahr reagierten stets negativ. Zu ähnlichen Resultaten kamen andere Autoren in anderen Ländern (W. Jadassohn hat seine Untersuchungen in der Schweiz ausgeführt). Diese Frequenz der cutanen Ascarisallergie ist jedoch gewiß auffallend, aber sie ist m. E. nicht ganz eindeutig. Wenn es auch nicht wahrscheinlich ist, daß der hohe Prozentsatz durch eine Summation von Spulwurminfektionen und äußeren sensibilisierenden Kontakten mit ascarishaltigem Material zustande kommt, muß man doch in Betracht ziehen, daß die überwiegende Mehrzahl der Ascarisinfektionen nicht zur Kenntnis der infizierten Individuen gelangt, weil sie keine Beschwerden machen und weil daher die Stühle nicht auf das Vorhandensein von Würmern und noch weniger von Wurmeiern untersucht werden. Ich kenne einen Fall, in welchem die Stühle eines Kindes 4 Jahre hindurch sorgfältig makroskopisch kontrolliert wurden; ein einziges Mal wurde ein Ascarisexemplar festgestellt, später nie wieder, und die mikroskopische Prüfung auf Ascariseier, die nach dem Erscheinen des einen Wurmes in den Exkrementen wiederholt stattfand, fiel ausnahmslos negativ aus. Wie leicht also die Ascarisinfektionen der Feststellung entgehen, selbst wenn es zur Entwicklung einzelner Würmer im Darme kommt, ist klar; nach unseren heutigen Kenntnissen über die Wanderungen der Ascarislarven im menschlichen Organismus wäre es aber sehr wohl möglich, daß trotz stattgehabter Infektion überhaupt keine geschlechtsreifen Endstadien im Darmlumen auftreten. Aus den beruflichen Ascaridenidiosynkrasien darf man weiter folgern, daß minimale Mengen der wirksamen Ascaridensubstanz für die Sensibilisierung ausreichen, und daß die Allergie, wenn sie einmal vorhanden ist, sehr lange anhält; dafür sprechen ja auch die Beobachtungen, die Br. Bloch und Steiner-Wourlisch bei den experimentellen Sensibilisierungen mit Primelantigen gemacht haben. Unter Berücksichtigung aller dieser Umstände verlieren die Aussagen über „Ascaridenallergien ohne Ascaridenbekanntschaft" bis auf weiteres ihre Beweiskraft. Man kann derzeit nicht mit Bestimmtheit behaupten, daß diese abnormen Reaktivitäten, seien es nun typische Idiosynkrasien oder bloße cutane Allergien, autonomen Charakter

---

[1] Goldschmidt: Münch. med. Wschr. **57**, 1991 (1910).
[2] Jadassohn, W.: Arch. f. Dermat. **156**, 690 (1928).

haben können, und daß sich dann die spezifischen Reagine wie Normalantikörper (z. B. wie die Normalhammelhämolysine des menschlichen Blutserums) verhalten. Für die Beurteilung dieser Frage kommt natürlich auch in Betracht, ob das Ascaridenantigen streng spezifisch oder ob es mit anderen Helminthenantigenen oder mit Allergenen nichthelminthischer Provenienz immunologisch verwandt ist. Gerade in dieser Hinsicht geben die Resultate der bisherigen Untersuchungen nur lückenhafte Auskunft. Immerhin fand MATTHEW BRUN-NER[1], daß auch Menschen, welche mit dem Hackenwurm, mit Trichiuris trichiuria, Oxyuris vermicularis, Trichinella spiralis infiziert sind, auf die Intracutanprobe mit Ascarisantigen positiv reagieren, daß also die *Nematodenantigene* eine Gruppe mit teilweise identischen spezifitätsbestimmenden Strukturen repräsentieren. Daraus geht ebenfalls hervor, daß man aus der großen Zahl der positiv reagierenden Individuen allein keinen zuverlässigen Schluß auf „Helminthenallergien ohne Sensibilisierung" ziehen darf, weil sich zu den oben aufgezählten Fehlerquellen noch die Vernachlässigung *„heterologer" Sensibilisierungen* gesellt.

Die Anwesenheit von Cestoden im Darmlumen (Taenia solium, Dibothriocephalus latus) wirkt gleichfalls sensibilisierend auf die Haut des Bandwurmträgers; die Antigene der zwei genannten Cestoden sind voneinander und von den Nematodenantigenen verschieden (M. BRUNNER).

Das Ascaridenantigen hat W. JADASSOHN genauer untersucht und bezeichnet dasselbe als eine nichtproteide Substanz, weil man mit eiweißfreien Präparaten aus Ascaris lumbricoides positive Cutanreaktionen auszulösen vermag. Die sensibilisierende Fähigkeit derartiger eiweißfreier Produkte wurde jedoch meines Wissens noch nicht geprüft, und man kann daher auch nicht entscheiden, ob sie nicht Artefakte von Haptencharakter sind, welche im Ausgangsmaterial nicht als solche, sondern in Verbindung mit Eiweiß vorkommen, und ob es nicht gerade diese eiweißhaltigen Komplexe sind, denen das Sensibilisierungsvermögen ausschließlich eigen ist; die reaktionsauslösenden Haptene wären in diesem Falle lediglich die Träger der Spezifität und der Affinität zu bereits vorhandenen Antikörpern.

Die Antikörper der Helminthenantigene besitzen die Eigenschaften der *Reagine*; ihr Vorhandensein im Blutserum läßt sich mit Hilfe der PRAUSNITZ-KÜSTERschen Versuchsanordnung leicht nachweisen, und zwar nicht nur bei Individuen, die an typischen Idiosynkrasien leiden, sondern auch bei allen Menschen, welche auf die Intracutanprobe mit einem Helminthenantigen stark positiv reagieren (RACKEMANN und STEVENS[2], M. BRUNNER, W. JADASSOHN, COVENTRY und TALIAFERRO[3]). Die Helminthenreagine geben mit ihren Antigenen in vitro keine spezifische Präcipitation (für Ascaris- und Echinantigen festgestellt von RACKEMANN und STEVENS).

Mit einer Ausnahme, welche die Echinokokkenallergie betrifft und gesondert besprochen werden soll, tritt die lokale Reaktion wenige Minuten nach der intracutanen Injektion des Helminthenantigens ein und präsentiert sich in der Form einer juckenden, urticariaartigen Quaddel mit breitem erythematösem Hof, die sich innerhalb kurzer Zeit wieder vollständig zurückbildet. Zeitlich und klinisch entspricht sie somit den cutanen Lokalreaktionen der Heufieberkandidaten, der Asthmatiker und anderer Idiosynkrasiker; quantitative Abstufungen der Reaktionsintensität kommen bei beiden Kategorien allergischer Zustände vor und zeigen die gleichen Charaktere. Der Typus der Lokalreaktion nach intracutaner Injektion von Helminthenantigen ist derselbe, gleichgültig ob man die Probe am allergischen Individuum selbst oder an einer passiv präparierten Hautstelle einer normalen Versuchsperson anstellt; es gibt aber einzelne Personen, welche auf den Cutanrest (mit Ascaridenantigen) mit mehr oder minder schweren Allgemeinerscheinungen antworten (RANSOM[4], RACKEMANN und STEVENS, M. BRUN-

[1] BRUNNER, M.: J. of Immun. **15**, 83 (1928). — Vgl. hierzu auch FÜLLEBORN: Arch. Schiffs- u. Tropenhyg. **30**, 732 (1926).
[2] RACKEMANN u. STEVENS: J. of Immun. **13**, 389 (1927).
[3] COVENTRY u. TALIAFERRO: J. prevent Med. **2**, 273 (1928).
[4] RANSOM: J. of Parasitol. **9**, 42 (1923).

ner, W. Jadassohn, O. Hegglin[1]) und andere, die nicht nur auf intracutane Injektionen, sondern schon auf Berührungen oder auf Inhalation von Ascarisstoffen mit allgemeiner Urticaria, mit Rhinoconjunctivitis oder mit einem schweren, asthmatischen Anfall reagieren (Goldschmidt, W. Jadassohn, M. Brunner u. a.). Die letztgenannte Kategorie verhält sich in jeder Beziehung wie die Idiosynkrasien gegen Stoffe nichthelminthischen Ursprunges, z. B. wie das Heufieber, das Pollenasthma usw. (W. Jadassohn), so daß sich hier fließende Übergänge von beginnender Sensibilisierung des Hautorgans bis zu allgemeiner Überempfindlichkeit und bis zu den lokalisierten hochgradigen Idiosynkrasien im engeren Wortsinne konstatieren lassen. Erwähnt sei, daß nicht jeder Cestoden- oder Nematodenträger auf die Intracutanprobe positiv reagiert (M. Brunner), d. h. daß das Zustandekommen der Hautallergie von individuellen Faktoren abzuhängen scheint.

Der Shock, welcher nach spontaner Ruptur, nach der Punktion oder bei der operativen Entfernung von *Echinokokkencysten* der Bauch- oder Brustorgane auftreten kann und der nicht selten letal verläuft, wurde schon 1909 von Chauffard, Boidin und Laroche[2] als ein anaphylaktisches Phänomen aufgefaßt. Man nahm an, daß der Cysteninhalt ein spezifisches Parasiteneiweiß enthält, welches durch die Cystenwand diffundiert und den Wirtsorganismus sensibilisiert, indem es einen anaphylaktischen Antikörper erzeugt; tritt nun Cysteninhalt in größerer Menge in die Brust- oder Bauchhöhle aus oder gelangt er — was ja bei Spontanrupturen oder Operationen leicht möglich ist — in die Blutbahn, so wäre dieses Ereignis gleichbedeutend mit der Probe (Erfolgsinjektion) im aktiv anaphylaktischen Experiment.

Die Echinokokkenflüssigkeit (der Cysteninhalt) ist aber häufig sehr eiweißarm und oft auch ganz eiweißfrei (Magnusson, van der Hoeden[3], G. Hosemann[4], J. H. Botteri[5], Méhu, Mehlhose, Flössner[6], Flössner und Keller[7] u. a.). Wenn sie Eiweiß enthält, muß es sich nicht um Echinokokkeneiweiß handeln; das Eiweiß könnte auch Wirtseiweiß sein, speziell dann, wenn die Gewinnung des Cysteninhaltes nicht auf einwandfreiem Wege geschah oder wenn in die Cysten Bakterien eingedrungen waren, welche zu Entzündungen oder gar zu Vereiterungen geführt haben (Mehlhose). Ferner soll die Cystenflüssigkeit zuweilen in größeren Dosen primär toxisch sein[8]. Diese Momente spielen bei der Beurteilung der zahlreichen Tierversuche eine Rolle, welche angestellt wurden, um die oben formulierte Theorie experimentell zu begründen. In Anlehnung an den Echinokokkenshock wurden Meerschweinchen mit Cysteninhalt oder mit Extrakten aus der inneren oder äußeren Echinokokkenmembran (Cystenwand) sensibilisiert und mit denselben Substraten intravenös, intrakardial, intracerebral oder intraperitoneal reinjiziert; es trat in einem gewissen, meist sehr niedrigen Prozentsatz der Fälle schwerer oder letaler Shock ein (Ghedini und Zamorani[9], Weinberg und Ciuca[10], Chauffard, Boidin und Laroche, Puntoni[11], Pesci[12],

---

[1] Hegglin, O.: Schweiz. med. Wschr. **59**, 11 (1929).
[2] Chauffard, Boidin u. Laroche: C. r. Soc. Biol. Paris **67**, 499 (1909).
[3] van der Hoeden: Münch. med. Wschr. **1924**, 77; **1925**, 1022.
[4] Hosemann, G.: Klin. Wschr. **6**, 259 (1927).
[5] Botteri, J. H.: Z. exper. Med. **30** (1922); **37** (1923); **44** (1925).
[6] Flössner: Münch. med. Wschr. **1923**, 1340 — Z. Biol. **80**, 255 (1924).
[7] Flössner u. Keller: Münch. med. Wschr. **1924**, 1427.
[8] Vgl. G. Blumenthal: Echinokokkenkrankheit, im Handb. d. path. Mikroorg. **6**, 1225 bis 1290.
[9] Ghedini u. Zamorani: Zbl. Bakter. I Orig. **55** (1910).
[10] Weinberg u. Ciuca: C. r. Soc. Biol. Paris **74**, 958, 1318 (1913); **75**, 21 (1913); **76**, 340 (1914).
[11] Puntoni: Boll. Sci. med. **1911**.   [12] Pesci: Riforma med. **1921**, 151.

DELUCA[1], JOEST, BOTTERI[2], CASONI, CANTELLI, FONTANO u. a.). Die Zahl der negativen Ergebnisse war aber auffallend groß, und manche Autoren (LURIDIANA und BACCHI[3] hatten überhaupt kein positives Resultat — ganz im Gegensatz zu dem sonstigen Verhalten des Meerschweinchens im aktiv anaphylaktischen Versuch. Die Behauptung von GRAETZ[4], daß die positiven Experimente auf eine Sensibilisierung mit dem für das Meerschweinchen artfremden Wirtseiweiß zu beziehen sind (die Echinokokkencysten stammten ja immer von anderen Tierspezies her), suchten zwar WEINBERG und CIUCA, DELUCA u. a. dadurch zu widerlegen, daß sie zur Sensibilisierung und zur Erfolgsinjektion Cystenmaterial aus zwei verschiedenen Wirten (z. B. vom Menschen und vom Rinde) verwendeten, deren Serumproteine im anaphylaktischen Experiment keine Verwandtschaftsreaktionen geben; auch solche „gekreuzte" Anordnungen fielen ab und zu positiv aus. Es bleibt aber trotzdem unaufgeklärt, warum die Sensibilisierung — auch mit großen Dosen Cysteninhalt oder Membranextrakt — so selten gelingt, warum man zur auslösenden Erfolgsinjektion anscheinend nicht mehr benötigt, als zur Sensibilisierung, warum die intracerebrale Reinjektion nach den Angaben einzelner Experimentatoren (z. B. DELUCA) der intravenösen dosologisch überlegen ist usw. Meines Erachtens müßten diese Widersprüche doch erst beseitigt werden, bevor man sich für die Anwesenheit eines typischen, vom Parasiten herrührenden Anaphylaktogens in der Hydatidenflüssigkeit bzw. in der Cystenwand definitiv entscheidet.

Auch die passiv anaphylaktischen Experimente vermögen nicht restlos zu überzeugen. Sie strebten meist den Nachweis von anaphylaktischen Antikörpern im Blutserum von Echinokokkenträgern an und wurden in der Weise ausgeführt, daß man Meerschweinchen mit größeren Mengen solcher Sera (einigen Kubikzentimetern) passiv präparierte und 48—60 Stunden später die „Probe" mit Cystenflüssigkeit tierischer Provenienz (z. B. Cysteninhalt vom Schafe) vornahm. Wieder stehen hier negative Resultate positiven gegenüber (Literatur s. bei BLUMENTHAL[5]); auf eine detaillierte Kritik muß ich verzichten.

Es bleiben somit noch die Versuche *am Menschen* übrig, die in mehrfacher Beziehung beachtenswert sind.

Der cystentragende Mensch reagiert auf *die intracutane Probe* mit menschlicher oder tierischer Hydatidenflüssigkeit in verschiedener Weise. Schon CASONI[6], der diese Probe (I.D.R. = Intradermoreaktion) zuerst zu diagnostischen Zwecken empfahl, unterschied „Frühreaktionen" von „Spätreaktionen", eine Differenzierung, an der auch heute alle erfahrenen Kliniker festhalten; nur die Ansichten über die diagnostische Bewertung gehen auseinander, wobei aber doch einer gut ausgeprägten Spätreaktion eine höhere Beweiskraft zuerkannt wird als einer bloßen, rasch abklingenden Frühreaktion.

Die *Frühreaktion* tritt schon nach 10 Sekunden bis 10 Minuten auf und blaßt in einigen Stunden völlig ab, wenn sie nicht kontinuierlich in eine Spätreaktion übergeht. Eigene Erfahrungen über reine Frühreaktionen stehen mir nicht zu Gebote, und die Beschreibungen sind so mangelhaft, daß man sich keine klare Vorstellung machen kann; nach den Mitteilungen von RACKEMANN und STEVENS[7] besteht indes kein Zweifel, daß solche „Früh- oder Immediatreaktionen" durchaus den Charakter der lokalen Urticaria zeigen können. Es ist wichtig, daß RACKEMANN und STEVENS mit dem Serum solcher Cystenträger den PRAUSSNITZ-KÜSTERschen Versuch auszuführen vermochten, und daß sich an den passiv präparierten Hautstellen

[1] DELUCA: C. r. Soc. Biol. Paris **88**, 346 (1923).
[2] BOTTERI, J. H.: Zitiert auf S. 790.
[3] LURIDIANA u. BACCHI: Fol. med. (Napoli) **1922**, 309.
[4] GRAETZ, FR.: Z. Immun.forschg **15**, 60 (1912).
[5] BLUMENTHAL: Zitiert auf S. 790.
[6] CASONI, T.: Fol. clin. chim. et microsc. (Bologna) **4**, 5 (1911—1912).
[7] RACKEMANN und STEVENS: Zitiert auf S. 789.

der normalen Versuchspersonen nach der Probe mit menschlicher Cystenflüssigkeit ebenfalls eine typische urticarielle Immediatreaktion einstellte.

Ganz anders die *Spätreaktion*, die sich auch ohne vorhergehende Frühreaktion entwickelt und in solchen „reinen" Fällen *nach einem symptomfreien Intervall von 5—7 Stunden einsetzt*, in 24 Stunden den Höhepunkt erreicht und erst nach 2—3 weiteren Tagen zur Rückbildung gelangt. Sie ist gut geschildert worden und in dem Werke von Hosemanh, Schwarz, Lehmann und Posselt[1] in farbiger Darstellung abgebildet. Die Spätreaktion präsentiert sich im Maximalstadium als eine ausgedehnte, manchmal bis handtellergroße, heiß anzufühlende Rötung, die sich mit entzündlicher Infiltration und ödematöser Durchtränkung des Hautgewebes verbindet; die Rötung kann zuweilen gering sein oder fehlen oder kann sich früher rückbilden als die stets vorhandene Infiltration (N. Dabowsky[2]). Histologisch findet man Ödem, perivasculäre Infiltration und lokale Eosinophilie (J. H. Botteri). Eine gewisse Ähnlichkeit mit dem Arthusschen Phänomen (der lokalen anaphylaktischen Hautreaktion) des Menschen ist nicht zu verkennen; sie kann gesteigert werden, wenn man hochgradig sensibilisierten Cystenträgern die Hydatidenflüssigkeit nicht intracutan, sondern subcutan einspritzt. Im Prausnitz-Küsterschen Versuch konnte J. H. Botteri die Spätreaktion nicht erzielen, obzwar er zur passiven Präparierung große Mengen Patientenserum oder Citratplasma von Echinokokkenkranken benutzte (5 ccm), die er nach seiner Angabe intracutan, vermutlich aber subcutan injizierte, da die intracutane Einspritzung derartiger Flüssigkeitsvolumina technisch kaum möglich ist, selbst wenn man das Quantum auf zahlreiche benachbarte Einstichstellen verteilt. Es sind natürlich noch Nachprüfungen notwendig; sollten dieselben jedoch die Angaben von Botteri bestätigen, so läge ein Gegensatz zu den positiven Resultaten von Rackemann und Stevens vor, dessen Ursache wohl im verschiedenen Charakter der beiden Reaktionstypen bzw. der an denselben beteiligten Antigene und Antikörper gesucht werden müßte. Vorläufig konkurrieren hier zwei Analogien miteinander: das Ausbleiben der passiven lokalen anaphylaktischen Reaktion beim Kaninchen, wenn man zwischen die lokale passive Präparierung und die Probe — wie im Prausnitz-Küsterschen Versuch — ein längeres Intervall einschaltet, und die Schwierigkeit bzw. Unmöglichkeit der passiven Übertragung der infektiösen Allergien (z. B. der Tuberkulinüberempfindlichkeit), die ja gleichfalls durch den Typus cutaner „Spätreaktionen" ausgezeichnet sind.

Injiziert man einem Cystenträger Hydatidenflüssigkeit *intravenös*, so schießt nach wenigen Minuten eine *generalisierte Urticaria* auf; gleichzeitig besteht auch Blutandrang zum Kopf (Rötung des Gesichtes und der Conjunctiven), und zuweilen entwickelt sich *ein typischer Shock* (Blutdrucksenkung, Dyspnoe, Erbrechen, Stuhldrang). Die Symptome schwinden rasch, die Versuchspersonen erholen sich vollständig und erweisen sich zuweilen als „*desensibilisiert*", indem die Cutanprobe entweder temporär (3—7 Tage lang) oder dauernd negativ wird. Mit Cysteninhalt heterologer (tierischer) Provenienz konnte der Shock nicht ausgelöst werden (J. H. Botteri).

Überblickt man dieses Tatsachenmaterial, so wird es zunächst klar, daß der Cysteninhalt spezifische reaktionsauslösende Stoffe enthalten muß, denen antikörperartige Stoffe im Organismus des Echinokokkenträgers entsprechen. Der Umstand, daß die Cutanprobe bald eine urticarielle Immediatreaktion, bald eine anaphylaktoide Spätreaktion oder auch eine Kombination der beiden Reaktionstypen gibt, läßt im Hinblick auf die „fraktionierte Serumkrankheit" und besonders auf die bedeutungsvollen Beobachtungen von S. B. Hooker nur den weiteren Schluß zu, daß nicht ein einziges Antigen-Antikörper-Paar existiert, sondern daß die Cystenflüssigkeit mehrere voneinander verschiedene Antigene enthalten muß oder richtiger ausgedrückt, enthalten kann, und daß umgekehrt der Echinokokkenträger mehrere diesen Antigenen korrespondierende Antikörper zu produzieren vermag. Der Reaktionstypus wird somit im Einzelfalle sowohl vom „Antigenspektrum" der in ihrer Zusammensetzung variablen Cystenflüssigkeit wie vom „Antikörperspektrum" des Echinokokkenträgers abhängig sein; in welchem Ausmaße sich diese beiden Faktoren am Effekt beteiligen, kann in

---

[1] Hosemann, Schwarz, Lehmann u. Posselt: Die Echinokokkenkrankheit. Stuttgart 1928.

[2] Dabowsky: Z. exper. Med. **61**, 716 (1928).

Ermanglung einer genauen immunologischen Analyse der Cystenflüssigkeiten nicht bestimmt beantwortet werden. Sicher ist jedoch, daß sich nicht jede Hydatidenflüssigkeit zur Anstellung von Cutanproben eignet, was BOTTERI veranlaßte, biologisch geprüfte Flüssigkeiten (das sog. in Ampullen verfüllte „Echinantigen") für klinisch-diagnostische Zwecke zu empfehlen.

Über die chemische Natur der reaktionsauslösenden Substanzen im Cysteninhalt liegen Untersuchungen von BOTTERI sowie von LÉMAIRE, THIODET und DERRIEN[1] vor. Sie haben keine eindeutigen Ergebnisse geliefert; vor allem konnte nicht entschieden werden, ob es sich um proteide Stoffe handelt. Entfernt man aus der Hydatidenflüssigkeit das koagulierbare Eiweiß, falls solches überhaupt vorhanden ist, so kann man mit der Restfraktion positive Cutanproben erzielen; ferner reagiert die Haut des Echinokokkenträgers auch auf chemisch eiweißfreie Cystenflüssigkeiten, unter anderem auf die Cystenflüssigkeit vom Rinde, obwohl sich in dieser weder mit der Sulfosalicylsäure- noch mit der Biuretreaktion Eiweiß nachweisen läßt und nur die Ninhydrinreaktion einen positiven Ausschlag gibt (J. H. BOTTERI). Andererseits glaubt BOTTERI doch einen gewissen Parallelismus zwischen der Stärke der Cutanreaktionen und dem Eiweißgehalte der benutzten Cystenflüssigkeiten beobachtet zu haben und gibt ferner an, daß „Euglobuline" am stärksten, „Pseudoglobuline" schwächer, „Albumine" fast gar nicht wirken. Die reaktionsauslösende Fähigkeit ist indes nicht einmal im anaphylaktischen Experiment zwangläufig an Eiweiß gebunden, und man hat daher auch hier wieder das Sensibilisierungsvermögen gesondert zu prüfen.

Der normale Mensch kann nun mit homologer wie mit heterologer Cystenflüssigkeit aktiv sensibilisiert werden derart, daß die Cutanprobe positiv wird und die intravenöse Injektion von Cystenflüssigkeit die auf S. 792 beschriebenen Erscheinungen (Urticaria und Shock) hervorruft (PONTANO[2], LURIDIANA und BACCHI[3], GOUDSMIT[4], BOTTERI). Die Sensibilisierung kommt nach subcutaner oder intracutaner Vorbehandlung leicht und schon nach einmaliger Zufuhr kleiner Antigenmengen (2 ccm Cystenflüssigkeit) zustande, während sie auf endovenösem Wege schwer und nur mit wiederholten großen Dosen zu erreichen ist; die gleiche Beobachtung hat auch WEINBERG im anaphylaktischen Meerschweinchenexperiment gemacht, eine Beobachtung, die an das Verhalten des diazotierten Atoxyls (s. S. 702) erinnert und den Gedanken nahelegt, daß die Antigene der Cystenflüssigkeit den „Haptenen" nahestehen könnten, die erst nach erfolgter Kopplung an das Eiweiß des zu sensibilisierenden Individuums die Antikörperproduktion anzuregen vermögen. Diese Feststellungen und Vermutungen gelten natürlich nur für die experimentelle Sensibilisierung normaler (echinokokkenfreier) Menschen mit Hydatidenflüssigkeit. Beim Echinokokkenträger könnten sich die Verhältnisse anders gestalten, da es ja keineswegs erwiesen ist, daß in diesem Falle nur der nach außen diffundierende Cysteninhalt die Sensibilisierung bewirkt; es kommen auch Stoffe der Cystenmenbran und vor allem der Scolices in Betracht, welche dieselbe Spezifität wie die Substanzen des flüssigen Cysteninhaltes besitzen, sich aber von diesen dadurch unterscheiden, daß sie von vornherein (im genuinen Zustande) an Proteine gekettet sind und infolgedessen die Funktionen eines Vollantigens entfalten. Die Haptene der Hydatidenflüssigkeit würden sich dann zu den Vollantigenen der Scolices verhalten wie das FORSSMANsche Antigen im alkoholischen Auszug einer Pferdeniere zum F.A. im wässerigen Auszug desselben Organs (s. S. 698).

C. H. KELLAWAY[5], an den sich die vorstehenden Ausführungen in den wesentlichsten Punkten anlehnen, konnte dieser Auffassung eine zuverlässigere Basis verschaffen, indem er gleich früheren Autoren auf das anaphylaktische Experiment am Meerschweinchen zurück-

[1] LÉMAIRE, THIODET u. DERRIEN: C. r. Soc. Biol. Paris **95**, 1485 (1926).
[2] PONTANO: Policlinico, sez. med. **1920**, 405.
[3] LURIDIANA u. BACCHI: Zitiert auf S. 791.
[4] GOUDSMIT: Nederl. Tijdschr. Geneesk. **1924**, 1235.
[5] KELLAWAY, C. H.: Brit. J. exper. Path. **10**, 115 (1929).

griff, die Probe auf die eingetretene Sensibilisierung jedoch nicht in Form der Reinjektion des lebenden Tieres vornahm, sondern die Reaktivität des isolierten Uterus gegen Antigenkontakt mit Hilfe der Schultz-Daleschen Technik prüfte. Da diese Methode einige Fehlerquellen eliminiert, stellen die Ergebnisse Kellaways gleichzeitig eine Kontrolle der auf S. 791 besprochenen, am intakten Meerschweinchen erzielten Versuchsresultate dar. Kellaway fand — um nur die wichtigeren Befunde hervorzuheben —, daß sich der mit NaCl-Lösung hergestellte Extrakt aus Echinokokkenscolices in jeder Beziehung wie ein typisches Anaphylaktogen verhält. Sensibilisiert man ein weibliches Meerschweinchen mit einem derartigen Extrakt, so reagiert sein Uterus auch auf Hydatidenflüssigkeit; die Umkehrung war aber nicht möglich, d. h. der Uterus eines mit Hydatidenflüssigkeit vorbehandelten Meerschweinchens konnte durch den NaCl-Auszug der Scolices nicht zur Kontraktion gebracht werden, ein Verhalten, das zu erwarten ist, wenn die Hydatidenflüssigkeit nur die Haptenform, die Scolices dagegen das Vollantigen enthalten. Kellaway versuchte ferner, das Hapten aus den Scolices künstlich durch Verwendung anderer Extraktionsmittel (Alkohol, Aceton) abzusondern, was aber insofern mißlang, als die gewonnenen Extrakte noch immer sensibilisierend wirkten; dabei stellten sich eigenartige Beziehungen heraus, die in der folgenden Tabelle zusammengestellt sind, deren Verständnis die Kenntnis des Umstandes erfordert, daß Echinokokkenscolices vom Schafe als Ausgangsmaterial benutzt wurden.

Extraktionsmittel des zur Sensibilisierung benutzten Präparates	Der Uterus reagierte auf den Kontakt mit		
	NaCl-Extrakt	Hydatidenflüssigkeit	Blutserum vom Schaf
100 proz. Alkohol	positiv	negativ	negativ
60—80 proz. Alkohol . .	positiv	positiv	negativ
40 proz. Alkohol	positiv	positiv	positiv
Aceton	negativ	positiv	negativ

Kellaway schließt daraus, daß in den Scolices mehrere „Partialantigene" vorhanden sein müssen. Die sensibilisierenden Fähigkeiten der absolut alkoholischen und acetonischen Auszüge werden darauf zurückgeführt, daß sich die extrahierten Stoffe im Meerschweinchenkörper mit arteigenem Eiweiß verbinden und dadurch antikörperbildende Eigenschaften erlangen. Über die Provenienz des in den wässerigen Scolicesextrakten mit dem Spezifitätsträger gekoppelten Proteins will sich Kellaway nicht bestimmt aussprechen, meint aber, dasselbe könnte aus der Hydatidenflüssigkeit stammen, deren Beimengung bei der mechanischen Absonderung der Scolices aus den Cysten unvermeidbar ist; m. E. ist das aber nicht wahrscheinlich, weil die Hydatidenflüssigkeit ja selbst spezifisch reaktionsauslösende Stoffe enthält und nicht einzusehen wäre, warum diese nicht schon im Cysteninhalt die aktivierende Verbindung mit Eiweiß eingehen, falls dieses überhaupt vorhanden ist.

Manche Einzelheiten erheischen weitere Untersuchungen. Die anscheinend regelmäßige Sensibilisierung normaler Menschen durch Hydatidenflüssigkeit kontrastiert mit dem (zumindest sehr häufigen) Versagen der Hydatidenflüssigkeit als sensibilisierendes Antigen im aktiv anaphylaktischen Meerschweinchenversuch; ferner weiß man nicht, ob der Cystenträger de facto durch die Vollantigene der Scolices oder doch durch die Stoffe des Cysteninhaltes zur Antikörperproduktion angeregt wird. Es läßt sich aber auch bei dem gegenwärtigen Stande der Forschung nicht bezweifeln, daß die gesteigerte Reaktivität gegen spezifische Echinokokkensubstanzen unter allen bekannten allergischen Phänomenen der tierexperimentellen Anaphylaxie am nächsten steht. So ist es J. H. Botteri gelungen, in zwei Versuchen normale Menschen durch subcutane oder intravenöse Injektion großer Mengen Serum von Echinokokkenträgern (130 bzw. 300 ccm) in den Zustand einer allgemeinen passiven „Überempfindlichkeit" zu versetzen, so daß die Cutanprobe eine typische Spätreaktion gab und die endovenöse Injektion von Hydatidenflüssigkeit Urticaria und leichten Shock hervorrief. Leider sind die Angaben von Botteri über diese Beobachtungen nicht ausführlich genug; doch wird mitgeteilt, daß die Cutanprobe (nach intravenös-passiver Präparierung) schon am 4. Tage wieder negativ wurde, was mit der Dauer der homologen passiven Anaphylaxie (6—9 Wochen) nicht übereinstimmt, ebensowenig allerdings mit den Erfahrungen, die man beim

PRAUSNITZ-KÜSTERschen Versuch gemacht hat, wo sich die lokale passive
Präparierung mit reaginhaltigem Serum in hohem Grade beständig erwies (siehe
S. 777). Gerade solche Differenzen sollten eifrig verfolgt werden; ihr Studium
wird sicher dazu führen, die Bedeutung der mannigfaltigen Unterschiede zwischen
den einzelnen allergischen Reaktionsformen in das rechte Licht zu rücken und
sowohl vor Über- wie Unterschätzung zu bewahren.

Die künstliche aktive Sensibilisierung normaler Menschen ist im allgemeinen — nach dem Ausfall der Intracutanprobe beurteilt — von relativ kurzer
Dauer; sie kann nach einigen Wochen wieder schwinden. Der allergische Zustand des Cystenträgers kann dagegen auch nach radikaler Exstirpation des
Parasiten monate-, ja jahrelang (bis zu 10 oder sogar 22 Jahren nach BOTTERI)
fortbestehen; das ist natürlich auch der Grund, warum sich die Intracutanprobe
zur Feststellung eines Rezidivs nicht eignet (HERCUS[1], P. ESCUDERO[2] u. a.).
Doch kommen Ausnahmen nach beiden Richtungen vor. Die künstlich indu-
zierte Hautallergie kann durch Jahre hindurch anhalten, weshalb *nur eine erst-
malige Intracutanprobe* entscheidenden diagnostischen Wert hat (G. BLUMEN-
THAL), und andererseits kann die auf natürlichem Wege (durch Ansiedelung
von Echinokokken) entstandene abnorme Reaktivität der Haut nach radikaler
Operation, nach Aushusten eines Lungenechinokokkus, nach Vereiterung oder
Verkalkung der Cysten infolge spontaner Desensibilisierung völlig schwinden
(Kasuistische Literatur bei BLUMENTHAL[3]). Interessant ist, daß die negative
Cutanreaktion von Cystenträgern nach Punktionen, Operationen oder Rup-
turen positiv werden (und bleiben) kann, offenbar infolge des freien Austrittes
von Parasitenstoffen in die Wirtsgewebe; es sind somit nicht alle Cysten so
beschaffen, daß sie im geschlossenen Zustande den Übergang der sensibilisierenden Substanzen in die Säftezirkulation des Trägers ermöglichen.

8. Die infektiösen Allergien.

Wenn dieses wichtige Kapitel scheinbar zu kurz kommt, kann sich der
Verfasser damit rechtfertigen, daß er es nur als seine Aufgabe betrachtete, jene
gesicherten Tatsachen darzustellen, welche den Zusammenhang der „Überempfindlichkeitserscheinungen" bei Infektionskrankheiten mit anderen allergischen Phänomenen beweisen oder wahrscheinlich machen; solcher Tatsachen
gibt es wenige. Sämtliche Hypothesen kritisch zu analysieren, welche zwar
von dem — mehr oder minder verschwommen erfaßten — Allergiebegriff ausgehen, aber andere Probleme der Infektionspathologie zu lösen versuchen, lag
nicht in meiner Absicht; die Uferlosigkeit der Spekulation einerseits, der viel
zu knappe verfügbare Raum andererseits zwangen mich von vornherein, nur
die fundamentalen Gesichtspunkte kurz zu formulieren.

Will man die Beziehungen der Anaphylaxie zu den infektiösen Allergien
feststellen, so taucht in erster Linie die Frage auf, ob das anaphylaktische Experiment mit Infektionserregern, speziell mit Bakterien oder mit aus Bakterien
gewonnenen Produkten (Extrakten, Autolysaten usw.) ausgeführt werden kann.
Bestanden früher in dieser Hinsicht Zweifel (P. TH. MÜLLER[4]), so müssen sie
heute auf Grund der Arbeiten von R. WEIL, SMITH[5], ZINSSER und PARKER[6],

---

[1] HERCUS: New Zealand med. J. **25**, 323 (1926).
[2] ESCUDERO, P., A. ESCUDERO u. G. PECO: Semana méd. **33**, 585 (1926).
[3] BLUMENTHAL: Zitiert auf S. 790.
[4] MÜLLER, P. TH.: Z. Immun.forschg **10**, 164 (1911); **11**, 200 (1911); **14**, 426 (1912).
[5] SMITH, G. H.: J. of Immun. **7**, 47 (1922).
[6] ZINSSER u. PARKER: J. of exper. Med. **26**, 411 (1917).

Zinsser und Mallory[1], Sherwood und Stoland[2], Tomscik und Kurotschkin, C. G. Bull und Mc Kee[3], R. Lancefield, Baldwin[4], Krause[5], Friedberger und Mita[6], Fleishner, Meyer und Shaw, Austrian[7], Thiele und Embleton[8], Zinsser, Dold u. v. a. als völlig beseitigt gelten. Es existieren allerdings gewisse Schwierigkeiten, welche in der sog. „primären Toxizität" mancher Bakteriensuspensionen bzw. der aus ihnen dargestellten Extrakte (Autolysate) gegeben sind, d. h. in dem Umstande, daß derartige Präparate, endovenös injiziert, schon normale Meerschweinchen shockartig töten und daß sie in der Schultz-Daleschen Versuchsanordnung auf den normalen Meerschweinchenuterus kontraktionserregend wirken. Aber diese Schwierigkeiten lassen sich entweder dosologisch umgehen oder in der Weise, daß man minder toxische Präparate, z. B. Autolysate aus Pneumokokken (C. G. Bull und Mc. Kee), eiweißhaltige Extrakte aus Tuberkelbazillen (Baldwin, Krause u. a.) oder spezifische Polysaccharide aus verschiedenen Bakterien (Tomcsik und Kurotschkin, R. Lancefield) als reaktionsauslösende Antigene verwenden.

Ferner wissen wir, daß der natürliche Ablauf einer chronischen oder akuten Infektion zur Entwicklung eines in jeder Hinsicht typischen aktiv anaphylaktischen Zustandes führen kann. Das tuberkulöse Meerschweinchen reagiert auf die endovenöse Injektion von „Tuberkuloproteinen" bzw. eiweißhaltigen Präparaten aus Tuberkelbazillen mit anaphylaktischen Shocksymptomen (Babes, Römer, Bail, Krause u. a.) und sein Uterus oder Darm wird im Schultz-Daleschen Versuch durch Tuberkuloproteinkonzentrationen gereizt, welche auf den normalen glatten Muskel nicht wirken (Zinsser, C. Schilling und Hackenthal). Kaninchen, die eine Pneumokokkeninfektion überstanden haben, können nach einer endovenösen Injektion von Pneumokokkenautolysat im akuten Shock eingehen (C. G. Bull und Mc. Kee).

Soviel über die „Bakterienanaphylaxie", die nicht nur durch die Zellform des Antigens, sondern auch durch gewisse versuchstechnische Einzelheiten (Zinsser und Parker, Friedli) Berührungspunkte mit der Anaphylaxie gegen artfremde Erythrocyten aufweist.

Unter infektiöser Allergie versteht man — sofern man sich nur an das in der Erfahrung unmittelbar Gegebene hält — die Erscheinung, daß Menschen oder Tiere, welche an akuten oder chronischen Infektionen leiden bzw. gelitten haben, auf die parenterale Zufuhr der Erregersubstanzen oder verschiedener aus den Erregern gewonnener Produkte (Tuberkulin, Mallein, Typhoidin, Abortin, Trichophytin usw.) reagieren, normale Individuen dagegen nicht. Die infektiösen Allergien sind in demselben Sinne und in gleichem Ausmaß spezifisch wie alle anderen Allergien einschließlich der Anaphylaxie, worauf ihre ausgedehnte und erfolgreiche Anwendung in der ätiologischen Diagnostik beruht. Sie werden durchwegs erworben, kommen also durch Sensibilisierung zustande und die Spezifität läßt sich daher nur durch die immunologische Identität der sensibilisierenden mit den reaktionsauslösenden Stoffen erklären; da die reaktionsauslösenden Stoffe Zellbestandteile oder Produkte der Erreger sind, müssen notwendigerweise auch die „Sensibilisinogene" aus dieser Quelle stammen. Damit ist aber natürlich nicht gesagt, daß der tuberkulöse Organismus durch „Tuber-

---

[1] Zinsser u. Mallory: J. of Immun. 9, 75 (1924).
[2] Sherwood, Noble u. Stoland: J. of Immun. 8, 141 (1923); 10, 643 (1925).
[3] Bull, C. G. u. McKee: Amer. J. Hyg. 9, 666 (1929).
[4] Baldwin: J. med. Res. 22, 189 (1910).
[5] Krause, A.: Amer. Rev. Tbc. 1, 65 (1917—1918).
[6] Friedberger u. Mita: Z. Immun.forschg 10, 453 (1911).
[7] Austrian: Bull. Hopkins Hosp. 23, 1 (1912).
[8] Thiele u. Embleton: Z. Immun.forschg 16, 411 (1913).

kulin", das rotzkranke Tier durch „Mallein" sensibilisiert wird usw., da man unter der „immunologischen Identität" in diesem Falle nur die Identität der spezifitätsbestimmenden Gruppen, nicht aber die chemische Identität der ganzen Molekularstruktur zu verstehen hat. Die Dinge liegen hier genau so wie bei den von Tomcsik und Kurotschkin sowie von R. Lancefield studierten Polysacchariden der Bakterien. Durch Immunisierung von Kaninchen mit Vollbakterien gewinnt man ein Antiserum, welches Meerschweinchen gegen die Polysaccharide passiv anaphylaktisch macht; die Immunisierung mit Polysacchariden liefert hingegen ein völlig negatives Resultat, woraus hervorgeht, daß das antikörperbildende Antigen in den Vollbakterien nicht das Polysaccharid als solches sein kann, sondern eine andere, aber mit gleicher Spezifität ausgestattete Substanz (höchstwahrscheinlich ein Kohlehydrat-Proteinkomplex).

Das Alttuberkulin ist ein durch eingreifende Prozeduren dargestelltes Laboratoriumsprodukt. Wenn man sich vergeblich bemüht hat, normale Menschen und Tiere durch Behandlung mit Alttuberkulin in denselben Zustand der „Tuberkulinüberempfindlichkeit" zu versetzen, den das tuberkulöse Individuum zeigt, bedeutet dies nicht mehr, als daß im Wirtsorganismus aus den lebenden und sich vermehrenden Tuberkelbacillen andere Stoffe frei werden, welche das eigentliche sensibilisierende Agens repräsentieren und die mit dem Tuberkulin nur die (durch die gleiche Provenienz bedingte) Spezifität gemein haben. Man kommt den Verhältnissen im Organismus näher, wenn man statt Tuberkulin *abgetötete Tuberkelbacillen* verwendet, obgleich auch die zur sicheren Abtötung benutzten Verfahren (starkes Erhitzen) mit immunochemischen Veränderungen verbunden sein können, und obwohl der lebende und der tote Tuberkelbacillus im Sinne der Fragestellung nicht ohne weiteres als gleichwertig anzusehen sind. De facto ist es aber in zahlreichen Einzelversuchen gelungen, normale Menschen oder Tiere durch Injektion von sicher abgetöteten Tuberkelbacillen „tuberkulinempfindlich" zu machen (Bessau[1], Wolff-Eisner[2], Ungermann[3], Boecker und Nakayama[4, 5], Zinsser und Petroff[6], Selma Meyer[7], Yu[8], Langer[9], Moro[10], Much und Loeschke, Petroff[11], Branch und Jennings[12], Fernbach, Lange und Freund[13] u. a.). Ferner wurden positive Ergebnisse mit abgetöteten Bakterien anderer Art oder mit aus solchen Bakterien hergestellten Präparaten erzielt. So berichten Zinsser und seine Mitarbeiter[14], daß man Meerschweinchen mit Nucleoproteiden aus Pneumobacillen, Staphylo- und Streptokokken, Abortusbacillen (auch aus Tuberkelbacillen) sensibilisieren kann derart, daß die mit diesen Produkten angestellte Intracutanprobe Lokalreaktionen liefert, welche spezifisch sind und qualitativ sowie durch ihren zeitlichen Ablauf dem Typus der Tuberkulinreaktion (s. weiter unten) entsprechen. Am Kaninchen vermochten C. G. Bull und Mc. Kee durch Behandlung mit abgetöteten Pneumokokken-Kulturen eine spezifische Haut-

[1] Bessau: Berl. klin. Wschr. **1916**, 801.
[2] Wolff-Eisner: Z. Immun.forschg **35**, 215 (1923).
[3] Ungermann: Arb. ksl. Gesdh.amt **48**, 381 (1915).
[4] Nakayama: Z. Hyg. **102**, 581 (1925).
[5] Boecker u. Nakayama: Z. Hyg. **101**, 11 (1923).
[6] Zinsser u. Petroff: J. of Immun. **9**, 85 (1924).
[7] Meyer, S.: Z. Hyg. **97**, 433 (1923).
[8] Yu: Med. Klin. **1925**, Nr 11.
[9] Langer, H.: Klin. Wschr. **1924**, 1944 — Dtsch. med. Wschr. **1925**, 513.
[10] Moro: Münch. med. Wschr. **1925**, 172.
[11] Petroff: J. of Immun. **9**, 309 (1924).
[12] Petroff, Branch u. Jennings: Z. Tbk. **49**, 197 (1928).
[13] Lange u. Freund: Z. Hyg. **105**, 571 (1926); **107**, 426 (1927).
[14] Zinsser u. Tamiya: J. of exper. Med. **44**, 753 (1926).

allergie zu erzeugen, welche der durch Pneumokokken-Infektion hervorgerufenen
— abgesehen von einer etwas geringeren Intensität — durchaus glich. Daß
diese mit totem Material bewirkten Sensibilisierungen zum Teil transitorischen
Charakter haben und weniger hochgradig sind wie die Allergien, welche sich
im Gefolge einer Infektion entwickeln, ist an sich nicht merkwürdig, da man
dieser Erscheinung u. a. auch bei der Echinokokkenallergie (s. S. 795) begegnet,
und da der Sensibilisierungsmodus, vermutlich auch die Beschaffenheit der
sensibilisierenden Stoffe in beiden Fällen verschieden ist. Wie bei der Echinokokkenallergie gibt es übrigens auch hier Ausnahmen in doppelter Beziehung.
NAKAYAMA sensibilisierte Meerschweinchen durch subcutane Injektionen abgetöteter Tuberkelbacillen und bekam noch nach 250 Tagen positive Reaktionen
auf den Intracutantest. Andererseits exstirpierten BAHRDT[1] (bei Meerschweinchen) und KLEMPERER[2] (bei Kaninchen) lokale (experimentell erzeugte) tuberkulöse Infektionsherde und konstatierten, daß die vorher stark positive Tuberkulinreaktion nach der Operation an Intensität abnimmt oder völlig erlischt.

Es besteht somit kein zwingender Anlaß, für die Entstehung der infektiösen
Allergien andere Faktoren verantwortlich zu machen und den Infektionsablauf
oder die Bildung von „*Infektionsherden*" als notwendige Bedingungen zu betrachten. Solche Ansichten, die namentlich von BESSAU und KLEMPERER formuliert und ausgebaut wurden, sind hauptsächlich darauf zurückzuführen, daß
sich die hypothetischen Erklärungsversuche nicht auf die Gesamtheit der infektiösen Allergien, sondern lediglich auf die Tuberkulinüberempfindlichkeit
erstreckten. Die Tuberkulose kann allerdings vom pathologisch-anatomischen
Standpunkte als eine „Herderkrankung" bezeichnet werden, und da der tuberkulöse Herd in seiner einfachsten Form (als Miliartuberkel) einen typischen
histologischen Aufbau erkennen läßt, vermochte sich gerade hier die Vorstellung
zu entwickeln, daß dem „tuberkulösen Gewebe" auch in funktioneller Beziehung
besondere Eigenschaften zukommen, welche normale Gewebe nicht besitzen,
eine Vorstellung, die bei BESSAU[3] in der Annahme von mit speziellen Leistungsenergien begabten „*Tuberkulocyten*" gipfelt.

Nach BESSAU reagiert das normale Mesenchym auf die Einlagerung von Tuberkelbacillensubstanz in konzentrierter und schwer resorbierbarer Form mit der Neubildung
besonderer Gewebselemente (der „Tuberkulocyten"). Nur die Tuberkulocyten haben die —
den normalen Mesenchymzellen nicht zukommende — Fähigkeit, auf den Kontakt mit
Tuberkulin sofort zu reagieren; ihre Anwesenheit wäre also die Voraussetzung jeder Tuberkulinreaktion. Daß normale Menschen und Tiere nach der Injektion abgetöteter Tuberkelbacillen
gegen Tuberkulin überempfindlich werden, gilt nicht als stichhaltiger Einwand, sondern vielmehr als Beweis, da man aus den Untersuchungen von HODENPYLL, C. STERNBERG[4], BESSAU,
BOQUET und NÈGRE, UNGERMANN, LEWANDOWSKY u. a. weiß, daß in der Umgebung der
abgetöteten Bacillen tuberkulöse Gewebsveränderungen auftreten. Die sog. „Herdreaktionen"
sowie das „*Wiederaufflammen*" abgelaufener Cutanreaktionen nach einer erneuten Tuber-
kulininjektion fügen sich gleichfalls der BESSAUschen Theorie, da in beiden Fällen die Prämisse
— das Vorhandensein von tuberkulösem Gewebe bzw. von „Tuberkulocyten" — erfüllt
erscheint. Wohl aber bleibt es unverständlich, warum die normale Haut oder Conjunctiva
tuberkulöser Individuen auf die lokale Applikation von Tuberkulin typisch reagiert. BESSAU
greift zu einer Hilfshypothese: die Bildung von Tuberkulocyten an irgendeiner Stelle des
Organismus soll das gesamte Mesenchym in der Weise umstimmen, daß dieses nunmehr
imstande ist, an jedem beliebigen Orte sofort mit der Neuproduktion von Tuberkulocyten
zu antworten, falls es vom Tuberkulinreiz getroffen wird; erst die neu entstandenen Tuberkulocyten vermitteln die lokale Reaktion. Es ist allerdings bekannt, daß am Orte lokaler
Tuberkulinreaktionen tuberkuloide histologische Veränderungen auftreten können; es ist
aber nicht erwiesen, daß dies immer der Fall ist, und noch viel weniger, daß derartige Ver-

[1] BAHRDT: Arch. klin. Med. **86** (1906); **93** (1908).
[2] KLEMPERER: Beitr. Klin. Tbk. **30**, 433 (1914).
[3] BESSAU: Klin. Wschr. **4**, 337, 385 (1925).
[4] STERNBERG, C.: Zbl. Bakter. I Ref. **32**, 645 (1903).

änderungen zeitlich dem Einsetzen der Reaktion vorausgehen. Eigens zu diesem Zweck angestellte histologische Untersuchungen excidierter reagierender Haut- oder Conjunctival-partien machen es wahrscheinlich, daß die tuberkuloiden Strukturen als Folgen und nicht als Ursache der Reaktion zu betrachten sind (KOOPMANN, STANCULEANU, SIEGRIST u. a.). Eine Erweiterung auf sämtliche infektiöse Allergien läßt die BESSAUsche Theorie nicht zu; man kann mangels jedes Anhaltspunktes nicht so weit gehen, daß man für jede der zahlreichen mit spezifischer Hautallergie einhergehenden Infektionen die Neubildung besonderer und in jedem Falle anderer Zellkategorien konzediert.

Eine Schwäche der Tuberkulocytentheorie liegt ferner auch darin, daß sie von den morphologischen Charakteren des tuberkulösen Gewebes ausgeht und aus ihnen die Möglichkeit funktioneller Eigentümlichkeiten ableitet, dann aber die letzteren zur selbständigen, ihren Ursprung verleugnenden Hypothese erhebt, weil der Einwand nicht widerlegbar ist, daß der Bau des tuberkulösen Gewebes nicht als spezifisch betrachtet werden kann, weder hinsichtlich der einzelnen Zellformen (Epitheloidzellen, Riesenzellen), noch mit Rücksicht auf die Gesamtstruktur des Miliartuberkels. Die histologischen Befunde, auf welche sich dieser Einwand stützt, sind u. a. von BLUMENBERG[1] zusammengestellt worden; in neuerer Zeit konnten RÖSSLE und ROULET[2] an der Pleura von Meerschweinchen, die mit artfremdem Blute vorbehandelt waren, durch Reinjektion desselben Materials Knötchen erzeugen, welche „in vieler Hinsicht (Epitheloidzellenwucherung, Riesenzellen) an das tuberkulöse Granulom erinnern."

Warum der Tuberkulocyt mit Tuberkulin reagiert, läßt BESSAU unentschieden; die Frage nach dem *Mechanismus der Reaktion* bleibt somit unbeantwortet, nur glaubt BESSAU, daß die Zellschädigung nicht durch die Reaktion zwischen Tuberkulocyt und Tuberkulin bewirkt wird, sondern durch ein infolge dieser Reaktion entstehendes *Gift*. Ähnliche Anschauungen vertritt ZINSSER; auch er nimmt an, daß die Zellen des tuberkulös infizierten Individuums derart umgestimmt werden, daß sie erstens eine erhöhte Affinität für Tuberkelbacillensubstanzen erwerben, und zweitens imstande sind, aus dem durch celluläre Bindung fixierten Material durch einen enzymartigen Prozeß Gift abzuspalten; dem „tuberkulösen Gewebe" sollen beide Eigenschaften in besonders hohem Grade zukommen. Nun ist aber gerade dieses Prinzip der Giftabspaltung aus dem auslösenden Stoff bei anderen Allergieformen (Anaphylaxie, Idiosynkrasie, Helminthenallergien) als völlig unhaltbar erkannt worden, und wir stoßen daher in neuerer Zeit auf Versuche, sich von dieser Vorstellung zu emanzipieren und eine einfache Antigen-Antikörper-Reaktion als Primum movens hinzustellen, eine Idee, die auf WASSERMANN und BRUCK (1906) zurückgeht, die, obwohl vielfach bekämpft, stets Anhänger hatte (NEUFELD, DOERR), und die auch bisher durch keine befriedigendere Hypothese ersetzt werden konnte. Damit würden die infektiösen Allergien den anderen abnormen Reaktivitäten dieser Kategorie angenähert werden, und DIENES[3] hat es unternommen, in diesem Rahmen nicht nur die Differenzen zwischen Anaphylaxie und Tuberkulinüberempfindlichkeit aufzuklären, sondern auch die Bedeutung des „tuberkulösen Gewebes" für die Unterschiede von einer andern Seite her zu beweisen. Bevor auf die Experimente von DIENES und die aus denselben abgeleiteten theoretischen Deduktionen ausführlicher eingegangen werden kann, erscheint es indes notwendig, *die Manifestationen der infektiösen Allergien im allgemeinen und der Tuberkulinüberempfindlichkeit im besonderen* ins Auge zu fassen.

Wie bei der Anaphylaxie hängen die pathologischen Erscheinungen *von der Art der Einverleibung der reaktionsauslösenden Stoffe* ab. Gelangt das Allergen

---

[1] BLUMENBERG: Beitr. Klin. Tbk. **61** (1925).
[2] RÖSSLE u. ROULET: Verh. dtsch. path. Ges., 24. Tagung, Wien **1929**, 19, 240.
[3] DIENES: Amer. Rev. Tbc. **20**, 92 (1929).

rasch und in größerer Menge in den Blutstrom (intravenöse oder intraperitoneale Injektion), so treten *Allgemeinsymptome* auf; wird es lokal z. B. auf die Haut oder die Conjunctiva appliziert, so entwickeln sich *lokale Reaktionen* (Cutan- oder Ophthalmoreaktionen). Der Charakter der ausgelösten Störungen weicht aber klinisch von den typischen anaphylaktischen Phänomenen ab, und zwar in folgenden Punkten:

1. Wenn man einem tuberkulösen Meerschweinchen eine größere Dosis Alttuberkulin endovenös einspritzt, verendet das Tier nicht im akuten, broncho-spastischen Shock, sondern geht erst nach längerer Zeit (mehreren Stunden) ein (J. BAUER, LANDMANN, BALDWIN u. a.). Die Ursachen des protrahierten „*Tuberkulinshocks*" sind unbekannt. G. DOMAGK[1] infizierte Kaninchen mit einem avirulenten Stamm vom Typus bovinus und reinjizierte zwei Monate später virulente Bacillen vom gleichen Typus intravenös; die Mehrzahl der Versuchstiere starb innerhalb von 24 Stunden, also nicht im akut-anaphylak-tischen Shock, sondern — wie PAGEL richtig bemerkt — unter den zeitlichen Bedingungen des Tuberkulintodes der Meerschweinchen. Wichtig ist, daß man diese Reaktionsform auch bei nicht-tuberkulösen Meerschweinchen beobachtet, die durch Injektionen abgetöteter Tuberkelbacillen „sensibilisiert" wurden, wichtig, weil man in diesem Falle zwar nicht die Existenz von „tuberkulösem Gewebe", wohl aber eine „Infektion" im allgemein anerkannten Sinn des Wortes ausschließen kann.

Da die shockauslösende Wirkung eines Antigens im anaphylaktischen Experiment von besonderen Eigenschaften abhängt (s. S. 700), könnte man das Fehlen dieser Qualitäten dafür verantwortlich machen, daß Alttuberkulin lebende oder abgetötete Tuberkelbacillen, wenn sie einem tuberkulösen oder anderweitig sensibilisierten Tier endovenös injiziert werden, nur einen „protrahierten Shock" hervorzurufen vermögen, um so mehr, als der protrahierte Ablauf des Shocks auch in zweifellos anaphylaktischen Versuchsanordnungen eintreten kann und vorläufig keine sicheren Kriterien zu Gebote stehen, um diesen protrahierten anaphylak-tischen Shock (des Meerschweinchens) vom Tuberkulinshock abzugrenzen. In demselben Sinne lassen sich ferner andere Tatsachen verwerten, wie z. B. daß man einen typischen bronchospastischen und akut letal endigenden Shock auch beim tuberkulösen Meerschwein-chen erzeugen kann, wenn man die endovenöse Erfolgsinjektion nicht mit Alttuberkulin, sondern mit wässerigen Extrakten aus Tuberkelbacillen ausführt (s. S. 796), oder daß sich Stoffe, welche in dieselbe Gruppe gehören wie das Tuberkulin, hinsichtlich ihrer shock-auslösenden Fähigkeiten wie typische Anaphylaktogene verhalten, wie das für das Typhoidin von SHERWOOD und STOLAND, für das Mallein von F. NISSL gezeigt wurde. Mit Bestimmtheit kann man jedoch derzeit nicht behaupten, daß der Tuberkulintod nichts anderes ist als ein protrahierter anaphylaktischer Shock, für dessen Ablauf nur die Beschaffenheit der reaktionsauslösenden Stoffe maßgebend ist.

2. *Die Lokalreaktionen der Haut* treten bei den infektiösen Allergien nach einer mehrstündigen Inkubationsperiode auf, erreichen ihre maximale Ent-wicklung in 18—48 Stunden und bilden sich erst innerhalb von mehreren Tagen völlig zurück; selbst wenn der reagierende Hautbezirk klein ist, kann man *schwerere Gewebsschädigungen* nachweisen (Hämorrhagien, Nekrosen). Diese protrahierten Reaktionen („delayed reactions") stehen im Gegensatze zu den *unmittelbaren Reaktionen* („immediate reactions"), welche sich bei anaphylak-tischen Tieren oder Menschen nach intracutaner oder subcutaner Injektion des zur Sensibilisierung benutzten Antigens entwickeln und die daher (wie das ARTHUSsche Phänomen) als lokale Anaphylaxie aufzufassen sind. Die ana-phylaktischen Lokalreaktionen setzen wenige Minuten nach der Antigenzufuhr ein (vgl. u. a. W. GERLACH), und es ist insbesondere das für diesen Reaktionstyp charakteristische *Ödem*, welches sich rasch bildet und in kurzer Frist einen hohen Grad erreicht; Gewebsschädigungen, vor allem Nekrosen, werden zwar ebenfalls beobachtet wie beim ARTHUSschen Phänomen des Kaninchens, können

---

[1] DOMAGK: Verh. dtsch. path. Ges., 24. Tagung, Wien **1928**, 235.

aber bei anderen Tierspezies (Meerschweinchen) oder nach intracutanen Erfolgs-injektionen auch fehlen, und in diesen Fällen erfolgt die Rückbildung in schnellerem Tempo. Da die cutane Tuberkulinreaktion als Repräsentant der infektiös-allergischen Lokalreaktionen gilt, wäre noch hervorzuheben, daß sie beim tuber-kulösen Meerschweinchen im allgemeinen viel intensiver ausfällt als beim tuber-kulösen Kaninchen, während das ARTHUSsche Phänomen das entgegengesetzte Verhalten zeigt; der Mensch jedoch gibt nicht nur maximale lokale Tuberkulin-reaktionen, sondern zeigt auch das ARTHUSsche Phänomen ebenso regelmäßig und in gleicher Stärke wie das Kaninchen, wodurch die Antithese Kaninchen-Meerscheinchen entwertet wird.

Bevor man aus diesen, durch die vorstehenden Ausführungen möglichst scharf präzisierten Unterschieden irgendwelche Schlüsse zieht, muß man sich darüber Rechenschaft ablegen, welche Erfahrungen über *die Hautreaktivität bei anderen allergischen Zuständen* existieren. Obgleich die betreffenden Kapitel dieser Abhandlung hierüber Aufschluß geben, seien die wesentlichen Momente nochmals übersichtlich rekapituliert:

α) Ein und dasselbe Individuum kann auf verschiedene Stoffe verschieden reagieren. So hat S. B. HOOKER gezeigt, daß die Inkubation der Cutanreaktion auf Pferdeserumproteine bei einer bestimmten Versuchsperson 20 Minuten, 1, 5 oder 7 Stunden betragen kann, je nachdem man Vollserum, Euglobuline, Pseudoglobuline oder Albumine für den Intracutantest verwendet, daß die Albuminreaktion das Maximum später erreicht und langsamer abblaßt als die Globulinreaktionen und daß die einzelnen Reaktionen auch klinisch differieren. In diesem Falle sind wir geneigt, die Ursache in der besonderen Beschaffenheit der auslösenden Stoffe zu suchen, eine Vorstellung, die auch dadurch gestützt wird, daß bestimmte Substanzen (Rhuspflanzen, Primelantigen, Jodoform) immer akutes Ekzem (beim sensibilisierten bzw. idiosynkrasischen Menschen) erzeugen, andere, wie die Pollen oder das Ascarisantigen, hingegen urticarielle Immediatreaktionen.

β) Verschiedene Individuen können auf dieselbe Substanz verschieden reagieren. Kamillen oder Ipeacuanha wirken auf manche Idiosynkrasiker ekzematogen, auf andere urticariogen (W. JADASSOHN und ZARUSKI). Die differente Reaktivität der Haut scheint hier von der Individualität der reagierenden Personen abzuhängen. Neben individuellen Unterschieden muß auch *die reagierende Tierspezies* eine maßgebende Rolle spielen, wie sich aus der verschiedenen Intensität des ARTHUSschen Phänomens beim Kaninchen, Menschen, Meer-schweinchen, beim Hunde, beim Huhn und bei der Ratte ergibt (s. S. 685). Speziesdifferenzen beobachtet man übrigens auch bei der Tuberkulinreaktion (s. oben) und die tuberkulös infizierte Ratte reagiert auf den Intracutantest mit Tuberkulin überhaupt nicht (BOQUET, NÈGRE und VALTIS).

γ) Substanzen, welche urticarielle Immediatreaktionen auslösen, können Proteine (Anaphylaktogene), Nichtproteine, ja auch einfach gebaute, chemisch definierte Verbindungen sein (Idiosynkrasien, die Experimente von KLOPSTOCK und SELTER mit diazotiertem Atoxyl).

δ) Die Form der lokalen Hautreaktion ist von der speziellen Kategorie, in welche man den betreffenden allergischen Zustand einreiht, unabhängig. Im-mediatreaktionen (lokale Urticaria) beobachten wir bei Serumkranken, bei der Anaphylaxie, bei den Idiosynkrasien, den Allergien gegen Helminthenantigene, und umgekehrt können bei derselben Allergieform verschiedene Typen der Cutan-reaktion auftreten (die Beobachtungen von HOOKER, der Polymorphismus der Serumexantheme, ekzematöse und urticarielle Reaktionen der Idiosynkrasiker, Früh- und Spätreaktionen der Echinokokkenträger). Bestehen somit, wie viele

Autoren annehmen, wesentliche Unterschiede zwischen den einzelnen Allergieformen, so lassen sie sich nicht mit Differenzen der cutanen Reaktivität begründen.

Auch die Tatsache, daß sich an der Stelle einer Tuberkulinreaktion „tuberkulöses
Gewebe" entwickelt, ist nicht mehr geeignet, die Sonderstellung der Tuberkulinüberempfindlichkeit zu beweisen, seit Rössle und Roulet gezeigt haben, daß diese Erscheinung auch
in einer zweifellos anaphylaktischen Versuchsanordnung (ohne Tuberkelbacillen oder tuberkulöse Infektion) reproduziert werden kann (s. S. 799).

ε) Die Urticariaquaddel kommt sowohl bei der Anaphylaxie wie bei den
Idiosynkrasien zustande. Wenigstens in *diesem* Falle sind die besonderen Eigenschaften des Antikörpers (anaphylaktischer „Antikörper" oder „Reagin") für
den Reaktionstypus irrelevant.

ζ) Nur die urticarielle Immediatreaktion und das Arthussche Phänomen
sind mit dem Blutserum der sensibilisierten Individuen auf normale „passiv
übertragbar" in dem Sinne, daß der passiv präparierte Organismus auf die intracutane oder subcutane Injektion des Antigens in der gleichen Weise reagiert
wie der Serumspender.

Die Spätreaktion der Echinokokkenträger würde nach den Versuchen von Botteri
scheinbar eine Ausnahme bilden, falls es sich hier nicht — was sehr wahrscheinlich ist —
um ein in die Cutis verlegtes Arthussches Phänomen handelt. Um eine passive Spätreaktion
zu erzielen, muß man übrigens große Mengen des passiv präparierenden Serums intravenös
einspritzen; der Prausnitz-Küstersche Versuch gibt entweder ein negatives Resultat
(Botteri) oder es entsteht eine typische Urticariaquaddel (Rackemann und Stevens).

Das idiosynkrasische Ekzem ist nicht passiv übertragbar, worin man eben
nur einen Spezialfall des allgemeinen Gesetzes zu erblicken hat, daß bei allen
derartigen Übertragungen nicht die Reaktionsform vom Serumspender auf den
Empfänger übergeht, sondern lediglich der freie, im Serum vorhandene Antikörper, dessen bloße Anwesenheit im Organismus für die Reaktionsform nicht
maßgebend ist (s. S. 658 und 775).

Wie man erkennt, bestehen zwischen einzelnen dieser rein empirischen
(aus Beobachtung und Experiment erfließenden) Feststellungen Widersprüche,
und es ist ferner ersichtlich, daß sich diese Widersprüche nicht beseitigen lassen,
selbst wenn man alle für spekulative Erklärungsversuche derzeit verfügbaren
Elemente heranzieht: die verschiedene Beschaffenheit der Antikörper, ihre verschiedene Lokalisation, die Verschiedenheit der antikörperproduzierenden Gewebe, die differenten Eigenschaften der Antigene, Unterschiede im Ablauf der
Reaktion zwischen Antikörper und Antigen und schließlich noch die Eigenart
des Organismus, die bei allen Allergien eine unleugbar bedeutsame Rolle spielt.
Im Bereiche der Tuberkulinüberempfindlichkeit stößt das Problem, das klinische
Gepräge der pathologischen Manifestationen auf die drei Faktoren Antigen,
Antikörper und Organismus zurückzuführen, auf einen besonderen Widerstand,
der sich bei anderen Allergieformen nicht oder nicht in diesem Ausmaße fühlbar
macht: wir besitzen keine Methode, welche als Forschungsmittel dem passiv
anaphylaktischen Experiment oder dem Prausnitz-Küsterschen Versuch
adäquat wäre und gestatten würde, den Einfluß des Antikörpers auf den Reaktionstypus isoliert (unter Ausschaltung der anderen Faktoren) und systematisch zu
prüfen. Dieser Sachverhalt wird in der Regel so formuliert, daß man sagt, die
Tuberkulinüberempfindlichkeit sei passiv nicht übertragbar, oder man geht
noch einen Schritt weiter und behauptet, im Serum tuberkulöser oder gegen
Tuberkulin empfindlicher Menschen und Tiere sei der Antikörper nicht vorhanden, welcher die lokale, die herdförmige und eventuell auch die allgemeine
Tuberkulinreaktion vermittelt. Meines Erachtens sollte man sich jedoch streng an
das Gegebene halten, und da können wir nicht mehr konstatieren, als *daß der
Reaktionstypus passiv nicht übertragen werden kann.*

Diese vorsichtigere Fassung ist auch deshalb am Platze, weil im Blutserum tuberkulöser Menschen und Tiere de facto Antikörper (Agglutinine, Präcipitine, komplementbindende Amboceptoren, Anticutine usw.) auftreten, welche in letzter Zeit auch diagnostische Verwertung gefunden haben. Selbst wenn man an der unbewiesenen Hypothese festhält, daß diesen verschiedenen Benennungen prinzipielle Verschiedenheiten entsprechen, darf man aus der Unmöglichkeit der passiven Übertragung nicht folgern, daß sich keiner der im tuberkulösen Serum nachweisbaren Antikörper an der Tuberkulinreaktion beteiligt (s. S. 706); das Gelingen oder Mißlingen passiver Experimente hängt auch bei der Anaphylaxie und bei den Idiosynkrasien nicht ausschließlich davon ab, ob in dem zur passiven Vorbehandlung benutzten Serum Antikörper vorhanden sind oder nicht. Die Untersuchungen von LÖWEN-STEIN und PICKERT über die „Anticutine"[1] könnte man sogar als einen Beweis für die Annahme betrachten, daß der bei der Tuberkulinreaktion intervenierende Antikörper in freier (humoraler) Form im Serum des tuberkulösen Menschen vorkommt. LÖWENSTEIN gibt nämlich an, daß solche Sera imstande sind, Tuberkulin zu „neutralisieren", so daß die Gemische auf die Haut tuberkulöser Menschen entweder gar nicht oder nur abgeschwächt wirken; er bezieht diese neutralisierende Fähigkeit auf die Gegenwart besonderer Antikörper (der „Cutanantikörper" oder „Anticutine"); er konnte umgekehrt die Anticutine in vivo durch Tuberkulin absättigen, indem er feststellte, daß das Serum tuberkulöser Personen nach der Injektion einer entsprechenden Dosis Tuberkulin seine neutralisierende Eigenschaft verliert. LÖWENSTEIN meint[1], daß Stoffe von der Wirkungsart der Anticutine „bei der Anaphylaxie bis jetzt vollkommen unbekannt sind"; das ist indes nicht richtig, da sowohl eine Neutralisation des shockauslösenden Vermögens der Anaphylaktogene durch anaphylaktische Antikörper (M. LUGINBÜHL[2]) als auch eine Allergenneutralisation durch reaginhaltiges Idiosynkrasikerserum (STORM VAN LEEUWEN und KREMER[3], W. JADASSOHN[4]) de facto nachgewiesen werden konnte.

Der Tuberkelbacillus enthält ferner Antigene, und zwar wie andere Zellen *eine Mehrzahl von Antigenen*, die sich voneinander durch ihre chemische Beschaffenheit unterscheiden, indem sie zum Teil Eiweißcharakter besitzen, zum Teil (wenigstens was die spezifitätsbestimmenden Strukturen betrifft) zu den Lipoiden (MUCH[5], K. MAYER[6], BOQUET und NÉGRE[7], PINNER[8], DIENES[9]) oder zu den Kohlehydraten (H. J. MÜLLER[10], LAIDLAW und DUDLEY[11]) gehören (LÖWENSTEIN[1] und DIENES[9]). Die Immunisierung mit diesen Antigenen liefert — sofern es sich nicht um Haptene handelt — Antikörper, die nicht nur im tuberkulösen, sondern auch im normalen Organismus produziert werden. Eine Ausnahme sollen nach LÖWENSTEIN nur die Anticutine, höchstwahrscheinlich auch die komplementbindenden Immunstoffe bilden, die nur dort durch den spezifischen Antigenreiz erzeugt werden können, „wo sich auf Grund einer längere Zeit bestehenden Infektion eine gewisse Überempfindlichkeit entwickelt hat, d. h. also nur im Körper eines tuberkulösen Individuums". Worauf soll aber diese besondere Fähigkeit des tuberkulös infizierten Körpers beruhen? Eine Verschiedenheit der wirksam werdenden Antigene ist nicht wahrscheinlich. Die Partialantigene werden allerdings in vitro durch Fraktionierung der Tuberkelbacillensubstanz hergestellt, und es ist keineswegs notwendig, daß die vom Tuberkelbacillus im lebenden Gewebe abgegebenen oder abgespaltenen Antigene die Beschaffenheit dieser künstlichen Fraktionierungsprodukte haben.

[1] Siehe LÖWENSTEIN: Tuberkuloseimmunit. Handb. d. path. Mikroorg., 3. Aufl., **5**, 854ff. (1928).

[2] LUGINBÜHL, M.: Z. Immun.forschg **34**, 246 (1922).

[3] LEEUWEN, STORM VAN: Z. Immun.forschg **50**, 462 (1927).

[4] JADASSOHN, W.: Arch. f. Dermat. **156**, 690 (1928).

[5] MUCH, H.: Beitr. Klin. Tbk. **20**, 341 (1911).

[6] MEYER, K.: Z. Immun.forschg **15**, 245 (1912).

[7] BOQUET u. NÉGRE: Ann. Inst. Pasteur **37**, 787 (1923).

[8] PINNER: Amer. Rev. Tbc. **15**, 714 (1927); **17**, 86 (1928).

[9] DIENES u. SCHÖNHEIT: Amer. Rev. Tbc. **8**, 73 (1923). — Ferner DIENES: J. of Immun. **17**, 85, 157, 173 (1929).

[10] MÜLLER, H. J.: J. of exper. Med. **43**, 1, 9 (1926).

[11] LAIDLAW u. DUDLEY: Brit. J. exper. Path. **6**, 197 (1925).

Aber wir wissen, daß die Haut des tuberkulösen Menschen und Tieres auf solche, ohne Zuhilfenahme des tuberkulösen Organismus gewonnene Präparate (Alttuberkulin, eiweißhaltige Fraktionen des Alttuberkulins, Fraktionen der Tuberkelbacillensubstanz) typisch reagiert und müssen daher annehmen, daß die im tuberkulösen Menschen in Aktion tretenden Antigene zumindest die gleiche Spezifität haben wie die Vitroprodukte. Sind die Angaben von LÖWENSTEIN richtig, so kann man sogar noch weiter gehen; er fand, daß gerade die Anticutine besonders häufig und reichlich im Blute auftreten, wenn man tuberkulöse Menschen zu therapeutischen Zwecken mit Neu- oder Alttuberkulin immunisiert, so daß hier das außerhalb des tuberkulösen Körpers erzeugte Tuberkelbacillenderivat die Funktion eines Vollantigens übernimmt. Man wird somit auch auf dem von LÖWENSTEIN eingeschlagenen Weg vor die Alternative gestellt, daß der tuberkulöse Organismus entweder über besondere antikörperproduzierende Apparate verfügt — und das könnten nur die tuberkulösen Gewebe sein — oder daß die Antikörperproduktion zwar in denselben Organen (wie die Bildung aller anderen Antikörper) erfolgt, daß sich dieselben aber in einem, durch die tuberkulöse Infektion bedingten „dynamischen Immunitätszustand" (s. S. 665) befinden. ZINSSER entscheidet sich für die erste Möglichkeit; da er seine Theorie auf alle infektiösen Allergien ausdehnt, stellt er sich vor, daß die Antikörper bei diesen Reaktionsformen nur im entzündeten Gewebe (im „Herd") erzeugt werden, und daß der restliche, normale Gewebsbestand *passiv* sensibilisiert wird. Mit der Tatsache, daß ein unbedeutender Herd in einem Lymphknoten eine gesteigerte Sensibilität des gesamten Hautorgans zur Folge hat, könnte sich nach ZINSSERs Ansicht nur noch die Hypothese abfinden, daß nur das entzündete Gewebe imstande ist, aus den Erregern das Material frei zu machen, welches dann den ganzen Körper *aktiv* sensibilisiert, was auf eine Entstehung von „Metantigenen" (CENTANNI) im Infektionsherd hinauslaufen würde. Keine der beiden Varianten ist indes bisher experimentell bewiesen; es liegen keine Versuche vor, aus welchen hervorgehen würde, daß dem entzündeten Gewebe in einer der beiden Richtungen Energien zukommen, welche dem normalen Gewebe fehlen.

DIENES, auf den ich nunmehr zurückkomme (s. S. 799), schließt sich an LÖWENSTEIN, ZINSSER und zahlreiche, hier nicht genannte Autoren insofern an, als auch er die Tuberkulinphänomene (wenn auch nicht mit Bestimmtheit, so doch mit großer Wahrscheinlichkeit) auf Antigen-Antikörper-Reaktionen zurückführen möchte. Ob ein besonderer *Antikörper* beteiligt ist, erscheint ihm ungewiß; doch ist er geneigt, diese Frage eher zu verneinen. Daß dagegen spezielle Eigenschaften der *Antigene* die Ursache der klinischen Charaktere der Tuberkulinreaktionen (DIENES beschränkt sich auf die lokalen Reaktionen der Haut) sein könnten, wird dezidiert in Abrede gestellt; nach DIENES sind diese nur der Ausdruck *eines eigenartigen Sensibilisierungsmodus, welcher durch die Anwesenheit von tuberkulösem Gewebe ermöglicht wird.*

DIENES basiert diese Aussage auf Meerschweinchenversuche. Wenn man normale Meerschweinchen mit Eiereiweiß, Pferdeserum, Schafserum, Ovoglobulin, Timotheepollen sensibilisiert, reagiert ihre Haut auf die Probe mit diesen Antigenen mit rasch entstehenden und vergehenden Veränderungen („evanescent type of sensitiveness"). Das tuberkulöse Meerschweinchen hingegen liefert, mit denselben Antigenen sensibilisiert und geprüft, ausgedehnte nekrotisierende Lokalreaktionen, die sich von intensiven Tuberkulinreaktionen nicht unterscheiden lassen. Mit dem Serum tuberkulöser und beispielsweise mit Eiereiweiß sensibilisierter Meerschweinchen konnte nur der erstgenannte Reaktionstypus, nicht aber der Tuberkulintypus auf normale Tiere passiv übertragen werden. So resümiert erwecken die Ergebnisse tatsächlich den Eindruck, als ob die als lokale Tuberkulinüberempfindlichkeit der Haut definierte Reaktionsweise vom auslösenden Antigen unabhängig und nur durch das Bestehen einer tuberkulösen Infektion bestimmt wäre. Geht man aber auf die Einzelheiten der DIENESschen Versuche ein, so tauchen sofort Zweifel an der Zuverlässigkeit dieses Schlusses auf. Eine ausführliche Besprechung kann hier nicht erfolgen, wäre auch, so lange keine Nachprüfungen vorliegen, verfrüht; einige Hinweise mögen genügen. Die tuberkulöse Infektion wurde durch Injektion von bacillenhaltigem Material in die Inguinaldrüsen vorgenommen. War die Infektion in den Lymphknoten genügend entwickelt, so wurden die sensibilisierenden Substanzen (Eiereiweiß, Pferdeserum usw.) *in die geschwollenen Lymphknoten*, und zwar fast immer wiederholt mit eingeschalteten Intervallen, eingespritzt; die auslösende Injektion gab nur ausnahmsweise den „Tuberkulineffekt", wenn das Eiweißantigen subcutan, meist nur, wenn es ebenfalls direkt in den tuberkulösen Herd injiziert wurde. In anderen Fällen wurde vor die Probe mit Eiweißantigen noch eine ein- oder zweimalige Injektion großer Dosen abgetöteter Tuberkelbacillen (wieder in den tuberkulösen Herd) vorgeschaltet. In der Mehrzahl der Versuchsreihen, und zwar gerade in den durch andere Eingriffe (z. B. durch die Injektion abgetöteter Bacillen) nicht komplizierten, waren die Resultate, wie DIENES selbst betont, außerordentlich inkonstant; die erzielten Reaktionen zeigten ferner nicht immer die Charaktere eines Tuberkulineffektes, sondern glichen häufig eher dem ARTHUSschen Phänomen des Kaninchens (bei welchem der Ausgang in Gewebsnekrose ja gleichfalls vorzukommen pflegt), eine Ähnlichkeit, die auch DIENES aufgefallen war. Meines Erachtens ist daher ein überzeugender Beweis nicht erbracht worden, daß man am tuberkulösen Tier durch Sensibilisierung mit verschiedenen Eiweißantigenen unter Umständen eine spezifische, d. h. gegen diese Antigene gerichtete Allergie zu erzeugen vermag, welche das klinische Gepräge der Tuberkulinüberempfindlichkeit aufweist. Hält man die mitgeteilten Ergebnisse jedoch für ausreichend, so müßte man sich im Sinne der Hypothese von DIENES fragen, warum die Versuche so unregelmäßige Resultate geben, während doch der tuberkulöse Organismus praktisch ausnahmslos auf den Intracutantest mit Tuberkulin typisch reagiert; wenn die Anwesenheit von tuberkulösem Gewebe wirklich die Reaktionsform bedingt, müßte dieser Faktor auf die Sensibilisierung mit Tuberkelbacillenantigen einen ganz anderen Einfluß haben wie auf die Sensibilisierung mit beliebigen Eiweißstoffen.

Aus demselben Grunde können die Ansichten von DIENES nicht auf die Hautreaktivität des Menschen übertragen werden. Die tuberkulöse Durchseuchung der Kulturnationen wird zwar verschieden eingeschätzt; daß sie aber hochgradig ist, und daß demgemäß die Tuberkulinreaktion bei einem großen Prozentsatz aller Individuen positiv ausfällt, wird allgemein zugegeben. Es ist aber nicht bekannt, daß mit Pferdeserum sensibilisierte Menschen oder Idiosynkrasiker, z. B. Heufieberpatienten mit positiver Tuberkulinreaktion, auch dann den Tuberkulineffekt geben, wenn man die Hautprobe mit Pferdeserum bzw. mit dem betreffenden Allergen anstellt.

Über den kausalen Zusammenhang zwischen tuberkulösem Gewebe und Tuberkulinüberempfindlichkeit spricht sich DIENES nicht präzis aus. Er lehnt nur auf Grund besonderer Versuche die Annahme ab, daß die für die Sensibilisierung der Haut verantwortlichen Antikörper im tuberkulösen Gewebe produziert werden. Das tuberkulöse Gewebe soll nur dadurch wirken, daß es die Aktivität hindurchpassierender Antigene auf eine noch rätselhafte Art („in a way at present obscure") verstärkt, so daß diese nun fähig werden, periphere normale Gewebe oder bestimmte Elemente derselben (die Histiocyten) aktiv zu sensibilisieren, wobei der Antikörper in den Zellen verbleibt und nicht an die umgebende Gewebsflüssigkeit abgestoßen wird. Fehlt die aktivierende Passage durch den tuberkulösen Herd — wie bei der Sensibilisierung eines nichttuberkulösen Tieres durch ein Eiweißantigen —, so wird die Haut (das periphere Gewebe) entweder nur passiv sensibilisiert (durch freien, in der Gewebsflüssigkeit nachweisbaren Antikörper) oder es findet zwar eine aktive Präparierung statt, die sich aber auf andere Zellen (Capillarwände) erstreckt.

Doch sind das, wie DIENES selbst betont, nur Vermutungen, und es wiederholen sich hier zum Teil Auffassungen, welche schon früher von anderer Seite vertreten wurden, wie z. B. die Vorstellung, daß sich an der Tuberkulinreaktion zellständige Antikörper (die „fixen Receptoren EHRLICHs") beteiligen, Antikörper, deren Existenz man durch verschiedene Versuchsanordnungen auch nachzuweisen versuchte, ohne einen entscheidenden und allgemein anerkannten Erfolg zu erzielen (BAIL[1], ONAKA[2], ZINSSER und MÜLLER[3], FELLNER[4], H. KÖNIGS-

---

[1] BAIL: Z. Immun.forschg **12**, 451 (1912).
[2] ONAKA: Z. Immun.forschg **5** (1910); **7** (1910).
[3] ZINSSER u. MÜLLER: J. of exper. Med. **41**, 159 (1925).
[4] FELLNER, B.: Wien. klin. Wschr. **32**, 936 (1919).

FELD[1], R. WEIL[2], H. ZINSSER[3], C. SCHILLING und HACKENTHAL[4], R. BIELING, FRIEDBERGER und seine Mitarbeiter u. a.; vgl. auch DOERR[5]). Eindeutig und nicht nur für die Tuberkulinempfindlichkeit, sondern auch für andere Hautallergien wichtig sind hingegen die interessanten Mitteilungen von BESSAU und DETERING[6], welche lehren, daß sich bei Menschen nach intracutaner Injektion kleiner Dosen (0,1 mm) artfremder Sera stets eine deutliche und spezifische Überempfindlichkeit der Haut entwickelt, obwohl sich im Blutserum selbst mit den empfindlichsten Methoden kein freier Antikörper nachweisen läßt. Die Sensibilisierung des Hautorgans folgt also besonderen Gesetzen und steht nicht in zwangsläufiger Abhängigkeit vom Auftreten der Antikörper in der Zirkulation; sie koinzidiert ferner nicht mit dem Manifestwerden einer allgemeinen Überempfindlichkeit, sondern kann als isoliertes Phänomen bestehen, eine Tatsache, die sich aus zahlreichen übereinstimmenden Beobachtungen aus den Gebieten der Anaphylaxie, der Idiosynkrasien, der Allergien gegen Helminthenantigene und schließlich auch der Tuberkulose mit unmittelbarer Evidenz ergibt.

––––––––––

Die gegenwärtige Form des Problems der infektiösen Allergien läßt sich auf Grund der vorstehenden Ausführungen folgendermaßen kennzeichnen:

Die Annahme, daß diesen Reaktionen eine Antigen-Antikörper-Reaktion zugrunde liegt, stützt sich:

1. darauf, daß die infektiösen Allergien erworben werden;

2. auf die Tatsache, daß sie spezifisch sind, d. h. daß zwischen den sensibilisierenden und den reaktionsauslösenden Substanzen eine immunologische Identität besteht;

3. auf die Erscheinung, daß die ausgelösten Störungen dieselben sind, gleichgültig, welche Substanzen zur Auslösung verwendet werden, und

4. auf die aus dem Studium anderer Allergieformen gewonnene Erkenntnis, daß die sub 2. und 3. angeführten Eigenschaften nur zu erklären sind, wenn im allergischen Organismus infolge der Sensibilisierung Immunkörper (Reagine) auftreten, welche eine spezifische Affinität zu den auslösenden Substanzen besitzen und mit diesen in einer hinsichtlich ihrer pathologischen Auswirkung stets identischen Art reagieren.

Dagegen müssen wir zugestehen:

1. daß der exakte Nachweis des Antikörpers bei den meisten infektiösen Allergien und speziell bei der Tuberkulinüberempfindlichkeit noch nicht erbracht wurde; nur die Malleinüberempfindlichkeit soll sich nach F. NISSL vom rotzkranken Meerschweinchen mit Hilfe des Serums auf gesunde passiv übertragen lassen;

2. daß wir den engeren Konnex zwischen der supponierten Antigen-Antikörper-Reaktion und den ausgelösten Störungen nicht kennen, eine Situation, in der wir uns jedoch auch bei jenen Allergieformen befinden, bei denen die Antigen-Antikörper-Reaktion als primäre Etappe des pathologischen Geschehens keine Hypothese, sondern mit Sicherheit festgestellt ist (vgl. den Abschnitt „Theorien der Anaphylaxie").

Will man andererseits eine Antigen-Antikörper-Reaktion ausschließen, so setzt man sich über sämtliche Argumente, welche zugunsten dieser Voraussetzung

[1] KÖNIGSFELD, H.: Zbl. Bakter. I Orig. **106**, 111 (1928).

[2] WEIL, R.: J. amer. med. Assoc. **68**, 972 (1917).

[3] ZINSSER, H.: J. of exper. Med. **34**, 495 (1921) — Proc. Soc. exper. Biol. a. Med. **18**, 135 (1921).

[4] SCHILLING, C. u. HACKENTHAL: Zitiert auf S. 692.

[5] DOERR: Handb. d. path. Mikroorg., 3. Aufl., **1**, 964—966.

[6] BESSAU u. DETERING: Zbl. Bakter. I Orig. **106**. 11 (1928).

sprechen, hinweg und landet entweder bei ganz vagen Kombinationen oder bei einem Allergiebegriff, der nicht mehr enthält als die (durch das Fremdwort maskierte) banale Aussage, daß eine geänderte Reaktivität vorliegt (DOERR).

Aus der Antigen-Antikörper-Hypothese erfließt die selbstverständliche Konsequenz, daß zwischen den infektiösen Allergien und anderen Allergieformen enge Beziehungen existieren müssen. Sie treten tatsächlich überall zutage, nicht nur, wenn man als Vergleichsobjekt die Helminthenallergien heranzieht, die ja ebenfalls auf dem Eindringen von Parasiten in einen Wirtsorganismus beruhen, sondern auch, wenn man den Blick auf die Anaphylaxie richtet. Das braucht nicht nochmals eingehend erörtert zu werden, soweit es sich um fundamentale Analogien handelt. Von Einzelheiten seien nur angeführt, daß Ratten, welche im anaphylaktischen Experiment versagen, im tuberkulös infizierten Zustande keine cutane Überempfindlichkeit zeigen (BOQUET, NÉGRE und VALTIS[1]) und daß das Masernexanthem beim Menschen sämtliche cutanen Allergien, die vaccinale, die Überempfindlichkeit gegen Tuberkulin und die anaphylaktische Reaktivität der Haut gegen artfremdes Serum gleichzeitig auslöscht (v. PIRQUET, PREISICH, HAMBURGER und seine Mitarbeiter, BESSAU, SCHWENKE und PRINGSHEIM, COCA).

Dieser enge Zusammenhang ist indes nicht so zu verstehen, daß alle allergischen Phänomene anaphylaktische Prozesse sensu strictiori sein müssen. Schon bei v. PIRQUET begegnen wir der Tendenz, dem Allergiebegriff einen weiteren Umfang zu geben, und wenn sich auch die PIRQUETsche Definition in der Folge als zu unbestimmt und als praktisch unhaltbar erwies, stehen doch heute viele Autoren auf dem Standpunkt, daß man im Rahmen der Allergie d. h. der gewebsschädigenden Antigen-Antikörper-Reaktionen (DOERR) mehrere Spezialfälle zu unterscheiden hat, von denen die Anaphylaxie nur einen einzigen repräsentiert (DOERR, COCA, LÖWENSTEIN u. a.). Es ist aber zweifellos verfehlt und fortschreitender Erkenntnis keineswegs förderlich, ausschließlich die Differenzen zu betonen und zu analysieren, und von diesem Standpunkte aus verlieren die unausgesetzten Bemühungen, die Kluft zwischen den infektiösen Allergien und der Anaphylaxie möglichst zu erweitern (KRAUS, LÖWENSTEIN und VOLK, RÖMER und JOSEPH, SORGO, ARONSON, LANDMANN, SELTER, BESSAU, COCA u. a.) ihre früher stark überschätzte Bedeutung.

Neuerdings wird unter anderem Gewicht auf Experimente gelegt, aus welchen hervorgeht, daß der anaphylaktische Shock beim tuberkulösen und mit typischen Eiweißantigenen (artfremdem Serum) sensibilisierten Meerschweinchen nur schwer, d. h. durch hohe Reinjektionsdosen (E. SELIGMANN[2]) oder auch gar nicht (W. PAGEL[3]) ausgelöst werden kann. Die tuberkulöse Infektion scheint somit einen „antianaphylaktischen Zustand" zu schaffen. Das gilt jedoch nur für die höheren, mit Kachexie einhergehenden Grade, nicht für die Initialstadien; hier konnte DIENES nicht nur durch intravenöse Erfolgsinjektionen des Antigens (Eiereiweiß) akut letalen Shock erzeugen, sondern sogar durch Einspritzung des auslösenden Stoffes in die tuberkulösen Herde (die infizierten Inguinaldrüsen), während subcutane Antigeninjektionen beim sensibilisierten und nichttuberkulösen Meerschweinchen bekanntlich nur unter ganz besonderen Umständen diesen Erfolg haben (J. H. LEWIS[4]). Die Tuberkulinüberempfindlichkeit entwickelt sich aber schon in den Frühstadien der tuberkulösen Infektion und kann, wenn es zu ausgeprägter Kachexie kommt, erlöschen (sog. „Anergie"), so daß von einem gegensätzlichen Verhalten der Anaphylaxie und der Tuberkulinüberempfindlichkeit im tuberkulösen Organismus keine Rede sein kann. Außerdem ist es nicht zulässig, die allgemeine anaphylaktische mit der cutanen Reaktivität gegen Tuberkulin zu vergleichen (s. S. 806).

---

[1] BOQUET, NÉGRE u. VALTIS: C. r. Soc. Biol. Paris 97, 1665 (1927).
[2] SELIGMANN, E.: Zitiert auf S. 740.
[3] PAGEL: Klin. Wschr. 8, 742 (1929).
[4] LEWIS, J. H.: J. amer. med. Assoc. 76, 1342 (1921).

Zahlreiche akute Infektionskrankheiten sind durch *gewisse Gesetzmäßig keiten des Ablaufes*, durch ein „*cyclisches Verhalten*" ausgezeichnet; sie setzen nach einer „*normierten*" *Inkubation* ein, die nur in engen Grenzen schwankt, die Krankheit selbst, ja ihre einzelnen klinischen Phasen haben eine bestimmte Dauer, die Fieberkurve zeigt einen, für die betreffende Infektion charakteristischen Typus, manche Symptome (z. B. die Exantheme) treten mit großer Regelmäßigkeit in konstantem Zeitabstand vom Krankheitsbeginn auf, und der Übergang des Krankseins in die Heilung bzw. in einen Zustand spezifischer Immunität vollzieht sich ebenfalls unter identischen klinischen Erscheinungen (Krise oder Lyse). Als Beispiele seien das Fleckfieber, die Pocken, die Masern, der Abdominaltyphus, die Dengue und das Phlebotomenfieber genannt. v. Pirquet erkannte, daß hier Analogien zur Serumkrankheit vorliegen, die ebenso wie die Infektionen durch das einmalige Eindringen einer Fremdsubstanz verursacht wird mit dem einzigen Unterschied, daß das Serum nicht organisiert bzw. nicht vermehrungsfähig ist; da er die Symptome der Serumkrankheit auf die Reaktion von neuproduziertem Antikörper mit dem im Organismus verbliebenen Antigen (dem artfremden Pferdeserumeiweiß) zurückfürte (s. S. 765), nahm er an, daß die Phänomene der Infektionskrankheiten denselben Mechanismus besitzen. Das cyclische Verhalten der Infektionskrankheiten erscheint somit bei v. Pirquet nicht als Funktion der Parasiten, sondern als Leistung des Wirtes, als Ausdruck einer gesetzmäßigen „Abwehrreaktion". Daß diese Abwehrreaktion zunächst pathologische Auswirkungen hat und erst auf diesem Umweg zur Heilung und zur Immunität führt, wurde im Hinblick auf die Anaphylaxie nicht als Widerspruch empfunden; die Beseitigung der anaphylaktischen Reaktivität mußte ja auch — sofern sie durch Antigenzufuhr bewerkstelligt werden sollte — um den Preis einer unter Umständen gefährlichen Desensibilisierung erkauft werden. Friedberger[1] baute in der Folge diese Ansichten zu einer großangelegten Theorie aus. Er suchte die gesamte Infektionspathologie in ein Wechselspiel von Erregerantigen und produziertem Antikörper aufzulösen, zu denen sich als dritter Faktor das „Komplement" des Blutplasmas hinzugesellt; aus diesen Komponenten soll sich nach Friedberger das anaphylaktische Einheitsgift (das „Anaphylatoxin", s. S. 759) bilden und die Infektionen wären als *protrahierte Intoxikationen* mit diesem Stoff aufzufassen. Daß sich die verschiedenen Infektionskrankheiten durch ihre Symptomatologie unterscheiden, daß aber jede einzelne einen für sie typischen Verlauf nimmt, erklärte Friedberger durch die Differenzen bzw. durch die Gesetzmäßigkeiten der Entstehung des einheitlichen Giftes. Je nach dem Ansiedlungsort und der Vermehrungsgeschwindigkeit der Erreger und je nach den zeitlichen und quantitativen Verhältnissen der Antikörperproduktion müssen auch die Menge des gebildeten Anaphylatoxins, der Zeitpunkt seiner Entstehung und der Ort seiner gewebsschädigenden Effekte (die spezielle Lokalisation der anatomischen Veränderungen) bei verschiedenen Infektionen variieren, bei jeder einzelnen dagegen vorgezeichneten Bahnen folgen. Während v. Pirquet als Ausgangspunkte die Inkubation und die akuten Exantheme wählte, griff Friedberger *das infektiöse Fieber* heraus und wollte an diesem Paradigma die Richtigkeit seiner Auffassungen theoretisch und experimentell erweisen. Friedbergers Leistung auf diesem Gebiete soll nicht verkleinert werden; seine Hypothese bot die erste umfassende, im Spiegel jener Zeit zu wertende Erklärung für die pathologischen Erscheinungen infektiöser Ätiologie, welche sich nicht auf Exotoxine oder Endotoxine der Erreger beziehen lassen. Die Basis seiner Theorie hat sich jedoch

---

[1] Friedberger: Zahlreiche Publikationen; vgl. die zusammenfassende Darstellung: Die Anaphylaxie, in Fortschr. dtsch. Klin. **2**, 619—726.

in der Folge nicht als tragfähig erwiesen. Es ist heute mehr als fraglich, ob die anaphylaktischen Prozesse Giftwirkungen sind, und direkt unwahrscheinlich, daß das Anaphylatoxin (Serotoxin) das hypothetische anaphylaktische Gift repräsentiert; es liegt ferner kein Beweis vor, daß im infizierten Organismus Serotoxin entsteht und daß ein einziges Gift die Mannigfaltigkeit des krankhaften Geschehens bei Infektionen zu verursachen vermag. Die spekulative Kombination von drei bloß angenommenen begrifflichen Elementen (Zeit, Ort und Menge der Giftbildung) eröffnet allerdings die Möglichkeit, viele Erscheinungen einem Prinzip zu unterordnen; das bedeutet aber keinen Vorzug, sondern eine Schwäche der FRIEDBERGERschen Lehre.

Indes könnte in den Ansichten von PIRQUET und von FRIEDBERGER doch ein zutreffender, von jeder theoretischen Stellungnahme zum Anaphylaxieproblem unabhängiger Gedanke enthalten sein. Die Existenz der infektiösen Allergien beweist, daß der infizierte Organismus auf die Zufuhr von Erregersubstanzen pathologisch reagiert, der normale nicht. Die Infektion „sensibilisiert" also spezifisch, und es ist (auch im Hinblick auf die Serumkrankheit) ohne weiteres zuzugeben, daß auf das sensibilisierte Individuum auch Substanzen reizend oder gewebsschädigend einwirken können, welche nicht von außen zugeführt werden, sondern im Wirtskörper selbst durch das Wachstum, den Stoffwechsel und das Absterben der Erreger entstehen. Es läßt sich aber im Einzelfalle nur schwer, meist gar nicht entscheiden, welche Quote der krankhaften Symptome tatsächlich oder auch bloß wahrscheinlich eine allergische Genese hat, da weder die intra vitam beobachteten Funktionsstörungen noch die anatomischen Läsionen eindeutige Schlüsse gestatten. Bei manchen akuten Infektionen, bei welchen das cyclische Verhalten besonders ausgeprägt ist, erscheint die allergische Interpretation einzelner Erscheinungen immerhin bis zu einem gewissen Grade gerechtfertigt, und hier begegnen wir auch in letzter Zeit erneuten Bemühungen, diese Hypothese wieder zur Geltung zu bringen und experimentell zu stützen.

Ein aktuelles Beispiel ist die *Encephalitis postvaccinalis*, die sich in einem ziemlich konstanten Intervall von ca. 10 Tagen an eine vorausgegangene Kuhpockenimpfung anschließt, so daß ein kausaler Konnex zwischen Hirnläsion und Vaccineinfektion anzunehmen ist. Da aber im Gehirn so gut wie kein Vaccinevirus nachgewiesen werden konnte und auch kein anderer Erreger festzustellen war, vertritt GLANZMANN[1] die Ansicht, daß die encephalitischen Prozesse durch eine Reaktion zwischen Vaccinevirus und viruliciden Antikörpern verursacht werden, und bezeichnet diesen Vorgang direkt als ein anaphylaktisches Phänomen. Jene Autoren, welche die Streptokokkenätiologie der Scarlatina für gesichert halten, betrachten das Scharlachfieber und insbesondere das Exanthem als allergische Reaktionen auf Streptokokkenproteine und berufen sich auf Versuche, in welchen es gelang, Meerschweinchen oder Kaninchen gegen toxische Filtrate von Streptokokkenbouillonkulturen zu sensibilisieren (DABNEY[2], BRISTOL[3], DOCHEZ und STEVENS[4], DOCHEZ und SHERMAN[5] u. a.). SWIFT und seine Mitarbeiter[6] infizierten Kaninchen cutan mit nichthämolytischen Streptokokken, die sie aus Fällen von akutem Gelenkrheumatismus isoliert hatten; nachdem die Streptokokken in den lokalen Infektionsherden völlig abgestorben waren, traten an den gleichen Hautstellen Exacerbationen der bereits abgelaufenen Entzündung (Rötungen und Schwellungen) auf, welche durch eine Reaktion der inzwischen sensibilisierten Gewebe auf die an Ort und Stelle verbliebenen Streptokokkensubstanzen bezogen werden. Es sei ferner auf die Periodizität des Rückfallfiebers und das mit derselben synchrone Erscheinen und Verschwinden der Recurrensspirochäten im Blute verwiesen, die man gleichfalls als Antikörpereffekte gedeutet hat, auf die Untersuchungen von ZINSSER und seinen Mitarbeitern u. v. a.

---

[1] GLANZMANN: Schweiz. med. Wschr. **8**, 145 (1927).
[2] DABNEY: J. amer. med. Assoc. **82**, 956 (1924).
[3] BRISTOL: Amer. J. med. Sci. **166**, 853 (1926).
[4] DOCHEZ u. STEVENS: J. of exper. Med. **46**, 481 (1927).
[5] DOCHEZ u. SHERMAN: Proc. Soc. exper. Biol. a. Med. **22**, 282 (1925).
[6] SWIFT (mit DERICK und ANDREWES): J. of exper. Med. **44**, 35, 55 (1926) — Proc. Soc exper. Biol. a. Med. **25**, 222, 224 (1927).

Die chronischen Infektionen bieten naturgemäß weit schwierigere Verhältnisse. Hier sind auch die cyclischen Gesetzmäßigkeiten des Ablaufes nicht so markant und nur in einzelnen Fällen wie bei der Syphilis deutlicher zu erkennen; bei der Tuberkulose, dem klassischen Repräsentanten der infektiösen Allergien, sind sie verwischt. K. E. RANKE in erster Linie, dann auch LIEBERMEISTER und ED. SCHULZ haben zwar gezeigt, daß auch in dem verschwommenen Bild der Tuberkulose gewisse Verlaufseigentümlichkeiten, die für ein cyclisches Verhalten sprechen, hervortreten, und wollen den gesamten tuberkulösen Infektionsprozeß *in mehrere Etappen zerlegen*, die mit den Entwicklungsphasen der Allergie in Zusammenhang gebracht werden (die drei bekannten Allergiestadien RANKES). Es wird aber gegenwärtig ziemlich allgemein anerkannt, daß hier eine durch die klinische Beobachtung und durch die anatomischen Befunde nicht durchaus gerechtfertigte Schematisierung am Werke war. Vor allem aber vermögen wir nicht zu bestimmen, welche Teilvorgänge der tuberkulösen Infektion auf allergischer Grundlage ruhen, und es ist diesem Umstande hauptsächlich zuzuschreiben, daß man den Allergiebegriff gerade bei der Tuberkulose mit größter Willkür interpretiert und überdies noch, ohne ihn exakt zu definieren, durch Einführung neuer Termini (primäre und sekundäre Allergie, Parallergie, Prot- und Metallergie usw.) nach Bedarf aufspaltet; so hat sich auf diesem Gebiete ein Schrifttum entwickelt, dessen Umfang mit seinem wissenschaftlichen Wert in umgekehrtem Verhältnis steht. Das wird von objektiv denkenden Klinikern und Pathologen anerkannt; ich verweise auf die Verhandlungen der 24. Tagung der Deutschen pathologischen Gesellschaft (Jena 1929) und entnehme denselben folgende Bemerkungen von R. RÖSSLE: „Die sehr suggestive Hypothese K. E. RANKEs hat, soweit sie mit sonst festgelegten Begriffen der Immunbiologie (Allergie, Immunität, Überempfindlichkeit) arbeitet, keine anatomisch gesicherte Unterlage. Über seine Annahme hinaus sind andere mit Vorstellungen gegangen, die jeder Berechtigung entbehren; solche Auffassungen von der Beziehung bestimmter Erscheinungen im Bilde der Tuberkulose als Ausdruck wechselnder Immunitätslage sind sehr verbreitet und können bei den ungenügenden Kenntnissen vom Wesen der Allergie und der vermutbaren Immunität bei Tuberkulose nur Verwirrung stiften."

Sucht man (ganz allgemein) bestimmte pathologische Phänomene der Infektionskrankheiten als allergische Vorgänge zu deuten d. h. als gewebsschädigende Auswirkungen von Antigen-Antikörper-Reaktionen, so bewegt man sich insofern noch auf gesichertem Boden, als dieser Konnex bei der Anaphylaxie und anderen Allergieformen (Serumkrankheit, Idiosynkrasien, Helminthenallergien) einwandfrei oder mit großer Zuverlässigkeit erwiesen ist. Seit aber R. KOCH gezeigt hat, daß das tuberkulöse und gegen Tuberkulin überempfindliche Meerschweinchen gegen eine cutane Reinfektion geschützt ist und daß sich an der Reinfektionsstelle (im Gegensatz zur cutanen Erstinfektion) eine rasch einsetzende, intensive und schnell abheilende Entzündung entwickelt, ist zu dem obigen, empirisch beglaubigten Prinzip eine weitere, ihm wenigstens äußerlich entgegengesetzte Hypothese einzutreten: die infektiöse Allergie soll nicht nur die Ursache pathologischer Prozesse sein, sie soll auch Schutz gegen Reinfektion gewähren, eventuell zur Heilung führen, mit einem Worte: eine „Immunität" im engeren Wortsinne bedingen. Diese Annahme ist speziell von der Tuberkuloseforschung adoptiert und in weitestem Umfange verwertet worden; bewiesen ist sie aber nicht, und es existieren sowohl für die Tuberkulose wie für andere Infektionen Beobachtungen und experimentelle Untersuchungen in großer Zahl, aus denen hervorgeht, daß Allergie (gemessen an der Reaktivität des Hautorgans) und antiinfektionelle Immunität keineswegs parallel gehen müssen, ja daß Allergie ohne Immunität und Immunität ohne Allergie sehr wohl bestehen kann (RÖMER, F. FISCHL[1], PHILIBERT, A. und F. CORDEY[2], v. PIRQUET, G. M. MACKENZIE[3], H. S. WILLIS[4], BALDWIN, A. K. KRAUSE, CALMETTE u. v. a.). Wenn in die Gewebe eines spezifisch vorbehandelten (infizierten) Organismus lebende Infektionskeime eindringen und an der Eintrittspforte zugrunde gehen, so daß die Infektion bzw. Reinfektion nicht haftet, und wenn andererseits die in Lösung gehenden Erregersubstanzen an der gleichen Stelle eine allergische Reaktion auslösen, wie das im KOCHschen Experiment der Fall ist, muß der erste Vorgang nicht notwendig eine Folge des zweiten sein; es kann sich ebensogut um einen zufälligen Koeffekt handeln (DOERR).

Die Infektionspathologie wird allzusehr von der Idee des Kampfes zwischen dem Erreger und seinem Wirte beherrscht und betont bei der Analyse dieses Antagonismus in einseitiger Weise das Verhalten des Wirtes. Wenn sich auch diese Vorstellungen als fruchtbar erwiesen haben, sind sie doch, vom naturwissenschaftlichen Standpunkt betrachtet, nur bedingt richtig und lassen sich nicht restlos durchführen, gleichgültig, ob man die Tatsachen rein mechanistisch, teleologisch oder entwicklungsgeschichtlich zu erfassen und zu einer einheitlichen Auffassung zu verschmelzen sucht. Die Infektion ist und bleibt ein Spezialfall des Parasitismus, und dieser beruht nicht auf einem Kampf des Parasiten gegen den Wirt, sondern auf einer weitgehenden Anpassung an den Wirt, einer Anpassung, welche die individuelle Existenz des Parasiten und vor allem die Erhaltung seiner Art ermöglicht (DOERR). Schädigung und Vernichtung des Wirtes sehen wir daher vermieden, wo sie die Erreichung dieses Zieles gefährden würden; es gäbe keine Malaria, wenn die Anophelesmücke im Stadium der gewaltigen Oocystenbildung am Magen zugrunde ginge oder auch nur soweit in ihren Lebensfunktionen beeinträchtigt wäre, daß sie keine weiteren Blutmahlzeiten aufzunehmen vermag. Die Infektionskrankheit erschöpft daher nicht das Wesen der Infektion; sie ist nicht mehr als eine Begleiterscheinung, die überdies oft genug erkennen läßt, daß sie der Erhaltung der Parasiten dienstbar gemacht ist, und sie kann auch ganz fehlen; von der für den Wirt gefährlichen oder tödlichen Infektion zur leichten, die aber mit massenhafter Vermehrung der „Erreger" im Wirt einhergehen kann, und von da zur völlig latenten und schließlich zur Symbiose, die dem Wirt wie dem Parasiten in gleicher Weise förderlich ist, führen fließende Übergänge. Auch dort, wo sich die Infektion im Wirt krankheitserregend auswirkt, muß der Erreger mehr als bisher berücksichtigt werden, und man wird dieser Forderung nicht gerecht, wenn man ihm rätselhafte, nicht definierbare Eigenschaften („Virulenz", „Aggressivität") zuschreibt, die in der bildhaften Vorstellung des Kampfes wurzeln.

Schlußbemerkung.

Die lückenhaften Kenntnisse über den Mechanismus der verschiedenen Allergieformen (Anaphylaxie, Serumkrankheit, Idiosynkrasien, Helminthenallergien, infektiöse Allergien) bringen es mit sich, daß sie sich vorläufig nicht scharf voneinander abgrenzen und noch weniger klassifizieren lassen; wir können sie vorläufig nur als *koordinierte Glieder einer einzigen Reihe* betrachten, welche der übergeordnete Begriff der *„Allergie"* umspannt, für den ich, den Gesamtkomplex aller Erfahrungen verwertend, folgende Kriterien aufgestellt habe:

[1] FISCHL, F.: Arch. f. Dermat. **148**, 402 (1925).
[2] PHILIBERT u. CORDEY: Ann. méd. **17**, 5 (1925).
[3] MACKENZIE, G. M.: J. of exper. Med. **41**, 53 (1925).
[4] WILLIS, H. ST.: Amer. Rev. Tbc. **17**, 240 (1928).

1. *die Abweichung von der Norm*, die im früheren Verhalten desselben Individuums, bei angeborenen Formen im Verhalten anderer Individuen derselben Art gegeben ist;

2. *die Spezifität*;

3. *die Symptomatologie der Reaktionen:* Die klinischen Erscheinungen müssen von den chemischen und pharmakodynamischen Eigenschaften der auslösenden Stoffe unabhängig sein und von solcher Art, daß sie sich in anaphylaktischen Versuchsanordnungen am Tiere oder Menschen reproduzieren lassen;

4. *der Nachweis besonderer spezifischer Gegenstoffe* (Antikörper, Reagine), welche die abnorme Reaktionsbereitschaft bedingen, mit Hilfe der für diesen Zweck in der Anaphylaxieforschung verwendeten Methoden (passive Übertragung der Reaktivität durch Blutserum, Prüfung der Reaktivität isolierter Organe bzw. Gewebe, spezifische Desensibilisierung oder auch immunologische Identität der sensibilisierenden mit den reaktionsauslösenden Substanzen).

Inwieweit sämtliche Postulate bei den einzelnen Allergieformen erfüllt sind bzw. wo sie nur partiell befriedigt werden konnten, so daß man auf Analogieschlüsse angewiesen ist, geht aus den betreffenden Kapiteln dieser Abhandlung hervor. Über die Vorgeschichte dieser Kriterien orientieren mehrere Artikel von Coca[1], Coca und Cooke[2] und von Doerr[3].

---

[1] Coca: Hypersensitiveness, in F. Tice: Practice of medecin, S. 107. New York 1920 — J. of Immun. **5**, 363 (1920) — Arch. Path. a. Labor. Med. **1**, 96 (1926) — Med. Klin. **21**, 57 (1925).

[2] Coca u. Cooke: J. of Immun. **8**, 163 (1923).

[3] Doerr: Weichardts Erg. **5**, 74 (1922) — 14. Kongr. d. Dtsch. dermat. Ges., Leipzig 1925 — Arch. f. Dermat. **150**, 509 (1926) — Handb. d. path. Mikroorg., 3. Aufl., **1**, 969 (1929).

Zusammenfassende Darstellungen.

Böhme: Opsonine und Vaccinationstherapie. Erg. inn. Med. **12**, 1 (1913). — Denys: Compte-rendu des travaux exécutés sur le streptocoque pyogène. Zbl. Bakter. (Orig.) **24**, 685 (1898) — Ref. auf d. Intern. Hygienekongr. Brüssel 1903. — Fleischmann: Die physiologischen Lebenserscheinungen der Leukocytenzelle. Erg. Physiol. **27**, 1 (1928). — Gruber: Über Opsonine. Zbl. Bakter. (Ref.) **44**, 2. Beiheft (1909). — Hamburger: Physikalisch-chemische Untersuchungen über Phagocytose. Wiesbaden 1912. — Levaditi: Über Phagocytose, S. 279. Über Opsonine, S. 342. Kraus-Levaditis Handb. d. Technik u. Methodik d. Imm.-Forschg. **2** und Ergänzungs-Bd. **1**. Jena 1908. — Lubarsch: Über Phagocytose und Phagocyten. Klin. Wschr. **4**, 1248 (1925). — Metschnikoff: L'immunité dans les maladies infectieuses. Paris 1901. Immunität bei Infektionskrankheiten. Jena 1902 — Fortschritte in der Lehre über die Immunität bei Infektionskrankheiten. Lubarsch-Ostertag: Erg. Path. XI 1, 645 (1906) — Die Lehre von den Phagocyten und deren experimentelle Grundlagen. Kolle-Wassermanns Handb. d. pathog. Mikroorg. 2. Aufl. **2**, 655. Jena 1913. — Michaelis: Grundlagen und Technik der experimentellen, spezifischen Bakteriotherapie (Opsonine). Kolle-Wassermanns Handb. d. pathog. Mikroorg. 2. Aufl. **3**, 143. — Neufeld: Bakteriotropine und Opsonine. Kolle-Wassermanns Handb. d. pathog. Mikroorg. 2. Aufl. **2**, 401; 3. Aufl. **2**, 929 (1929) — Über die Grundlagen der Wrightschen Opsonintheorie. Berl. klin. Wschr. **45**, 993 (1908). — Philipsborn, v.: Ergebnisse der wichtigsten Phagocytoseversuche der letzten Jahre. Klin. Wschr. **1926**, 373. — Sauerbeck: Neue Tatsachen und Theorien in der Immunitätsforschung. Lubarsch-Ostertag: Erg. Path. XI 1, 690 (1906). — Schiff: Phagocytose. Handb. d. Biochemie **3**, 544 (1925). — Wright: Studies on Immunisation. London 1909 — Studien über Immunisierung. Jena 1910 — Technik von Gummisaugkappe und Glascapillare. Jena 1910 — Nouveaux principes d'immunisation appliqués à la thérapeutique vaccinante. Ann. Pasteur **37**, 107 (1923). — Wright u. Colebrook: Technique of the teat and capillary glass tube. London 1921.

Die Begründung der Phagocytenlehre durch Metschnikoff.

Die Fähigkeit der Zelle, zu Nahrungszwecken corpusculäre Elemente in sich aufzunehmen und zu verdauen, ist der zoologischen Wissenschaft seit langer Zeit bekannt. So beobachtete Ehrenberg die Aufnahme von Algen durch Amöben und Infusorien. In der Mitte des vorigen Jahrhunderts fand dann Häckel ganz ähnliche Vorgänge bei Zellen wirbelloser Tiere. Zu gleicher Zeit etwa — der Periode des Aufblühens der tierischen Entwicklungsgeschichte — wurde von Weismann[1] (1864) die Beobachtung gemacht, daß bei der Metamorphose der Fliegen die larvalen Organe — besonders die Muskulatur — in eigenartiger Weise in zahllose gekörnte Zellen zerfallen. Später erst erkannte Kowalewsky[2] — der Lehrer Metschnikoffs — (1887), daß diese „Körnchenkugeln" nicht Zerfallsprodukte der Gewebe sondern Blutkörperchen sind, durch deren Tätigkeit die larvalen Organe zerstört wurden. In den „Körnchen" ließ die seit Weismann weit vorgeschrittene mikroskopische Technik unschwer Reste der Gewebe — wie quergestreifte Muskelsubstanz — erkennen. Das Ergebnis dieser Untersuchungen konnte keine Überraschung mehr hervorrufen, bestätigte und erweiterte es doch nur die Entdeckung Metschnikoffs[3] (1883), daß die Verwandlung der Pluteusform der Echinodermen in die Seesternform unter Resorption der larvalen Gewebe durch mobile, fressende Zellen vor sich geht. Metschnikoff nahm an, daß zu einem bestimmten Zeitpunkt der Entwicklung die Phagocyten in gesteigerte Erregung gerieten und sich so auf gewisse sie anlockende Gewebe stürzten und zur Auflösung brächten. Dieser Deutung des Mechanismus der Phagocytose bei der tierischen Metamorphose können wir heute nicht mehr folgen. Wir nehmen vielmehr an, daß die larvalen Gewebe im Verlauf des natürlichen Alterungsprozesses allmählich so verändert werden, daß sie reif zur Phagocytose werden. — Um ähnliche Erscheinungen handelt es sich offenbar auch beim Pigment-

---

[1] Weismann: Z. Zool. **14** (1864).   [2] Kowalewsky: Z. Zool. **45** (1887).
[3] Metschnikoff: Arb. zool. Inst. Wien **5** (1883) — Biol. Zbl. **1883**.

Zusammenfassende Darstellungen.

Böhme: Opsonine und Vaccinationstherapie. Erg. inn. Med. **12**, 1 (1913). — Denys: Compte-rendu des travaux exécutés sur le streptocoque pyogène. Zbl. Bakter. (Orig.) **24**, 685 (1898) — Ref. auf d. Intern. Hygienekongr. Brüssel 1903. — Fleischmann: Die physiologischen Lebenserscheinungen der Leukocytenzelle. Erg. Physiol. **27**, 1 (1928). — Gruber: Über Opsonine. Zbl. Bakter. (Ref.) **44**, 2. Beiheft (1909). — Hamburger: Physikalisch-chemische Untersuchungen über Phagocytose. Wiesbaden 1912. — Levaditi: Über Phagocytose, S. 279. Über Opsonine, S. 342. Kraus-Levaditis Handb. d. Technik u. Methodik d. Imm.-Forschg. **2** und Ergänzungs-Bd. **1**. Jena 1908. — Lubarsch: Über Phagocytose und Phagocyten. Klin. Wschr. **4**, 1248 (1925). — Metschnikoff: L'immunité dans les maladies infectieuses. Paris 1901. Immunität bei Infektionskrankheiten. Jena 1902 — Fortschritte in der Lehre über die Immunität bei Infektionskrankheiten. Lubarsch-Ostertag: Erg. Path. XI 1, 645 (1906) — Die Lehre von den Phagocyten und deren experimentelle Grundlagen. Kolle-Wassermanns Handb. d. pathog. Mikroorg. 2. Aufl. **2**, 655. Jena 1913. — Michaelis: Grundlagen und Technik der experimentellen, spezifischen Bakteriotherapie (Opsonine). Kolle-Wassermanns Handb. d. pathog. Mikroorg. 2. Aufl. **3**, 143. — Neufeld: Bakteriotropine und Opsonine. Kolle-Wassermanns Handb. d. pathog. Mikroorg. 2. Aufl. **2**, 401; 3. Aufl. **2**, 929 (1929) — Über die Grundlagen der Wrightschen Opsonintheorie. Berl. klin. Wschr. **45**, 993 (1908). — Philipsborn, v.: Ergebnisse der wichtigsten Phagocytoseversuche der letzten Jahre. Klin. Wschr. **1926**, 373. — Sauerbeck: Neue Tatsachen und Theorien in der Immunitätsforschung. Lubarsch-Ostertag: Erg. Path. XI 1, 690 (1906). — Schiff: Phagocytose. Handb. d. Biochemie **3**, 544 (1925). — Wright: Studies on Immunisation. London 1909 — Studien über Immunisierung. Jena 1910 — Technik von Gummisaugkappe und Glascapillare. Jena 1910 — Nouvaux principes d'immunisation appliqués à la thérapeutique vaccinante. Ann. Pasteur **37**, 107 (1923). — Wright u. Colebrook: Technique of the teat and capillary glass tube. London 1921.

Die Begründung der Phagocytenlehre durch Metschnikoff.

Die Fähigkeit der Zelle, zu Nahrungszwecken corpusculäre Elemente in sich aufzunehmen und zu verdauen, ist der zoologischen Wissenschaft seit langer Zeit bekannt. So beobachtete Ehrenberg die Aufnahme von Algen durch Amöben und Infusorien. In der Mitte des vorigen Jahrhunderts fand dann Häckel ganz ähnliche Vorgänge bei Zellen wirbelloser Tiere. Zu gleicher Zeit etwa — der Periode des Aufblühens der tierischen Entwicklungsgeschichte — wurde von Weismann[1] (1864) die Beobachtung gemacht, daß bei der Metamorphose der Fliegen die larvalen Organe — besonders die Muskulatur — in eigenartiger Weise in zahllose gekörnte Zellen zerfallen. Später erst erkannte Kowalewsky[2] — der Lehrer Metschnikoffs — (1887), daß diese „Körnchenkugeln" nicht Zerfallsprodukte der Gewebe sondern Blutkörperchen sind, durch deren Tätigkeit die larvalen Organe zerstört wurden. In den „Körnchen" ließ die seit Weismann weit vorgeschrittene mikroskopische Technik unschwer Reste der Gewebe — wie quergestreifte Muskelsubstanz — erkennen. Das Ergebnis dieser Untersuchungen konnte keine Überraschung mehr hervorrufen, bestätigte und erweiterte es doch nur die Entdeckung Metschnikoffs[3] (1883), daß die Verwandlung der Pluteusform der Echinodermen in die Seesternform unter Resorption der larvalen Gewebe durch mobile, fressende Zellen vor sich geht. Metschnikoff nahm an, daß zu einem bestimmten Zeitpunkt der Entwicklung die Phagocyten in gesteigerte Erregung gerieten und sich so auf gewisse sie anlockende Gewebe stürzten und zur Auflösung brächten. Dieser Deutung des Mechanismus der Phagocytose bei der tierischen Metamorphose können wir heute nicht mehr folgen. Wir nehmen vielmehr an, daß die larvalen Gewebe im Verlauf des natürlichen Alterungsprozesses allmählich so verändert werden, daß sie reif zur Phagocytose werden. — Um ähnliche Erscheinungen handelt es sich offenbar auch beim Pigment-

---

[1] Weismann: Z. Zool. **14** (1864).   [2] Kowalewsky: Z. Zool. **45** (1887).
[3] Metschnikoff: Arb. zool. Inst. Wien **5** (1883) — Biol. Zbl. **1883**.

schwund der Haare durch Phagocytose und bei phagocytischen Prozessen im Zentralnervensystem (Neuronophagie).

Wenn die Freßfähigkeit der Zelle ihr so zur Nahrungsaufnahme und zur Beseitigung von Ballastsubstanzen dient, konnte sie nicht auch eine Rolle bei der Abwehr ihrer Feinde, als welche die junge Bakteriologie gerade die Spaltpilze erkannt hatte, spielen?

Diese Möglichkeit als tatsächlich bestehend zu erweisen, diente METSCHNIKOFF[1] (1884) eine Erkrankung der Daphnien, einer kleinen Krebsgattung, die durch einen hefeähnlichen Pilz verursacht wird; das Versuchsobjekt bot den großen Vorteil, daß bei den durchsichtigen Tierchen alle Stadien des Krankheitsverlaufs am lebenden Tier unter dem Mikroskop beobachtet werden konnten. Die Infektion erfolgt derart, daß die Daphnien mit der Nahrung Sporen des Pilzes, die eine nadelförmige Gestalt zeigen, aufnehmen. In den Darmtractus gelangt, durchbohrt die Spore die Darmwand und gelangt so in die Leibeshöhle des Wirtstieres. Bald nähern sich der Nadel Blutkörperchen, welche sie aufzufressen beginnen; die Blutkörperchen können dabei ihre Selbständigkeit erhalten oder zu größeren plasmodialen Verbänden zusammenfließen. Die Spore quillt auf, zerbricht und ist schließlich nur noch in Form von Körnern in dem Blutkörperchen erkennbar. Nicht immer ist der Verlauf des Kampfes für die Daphnie ein so glücklicher. Ist die Infektion zu schwer, so können die Sporen von den Blutkörperchen nicht bewältigt werden, sondern keimen aus und ein dichtes Pilzgeflecht bringt die Daphnie zum Erliegen.

Unmittelbar anschließend an diese Arbeit unternahm METSCHNIKOFF[2] den nächsten Schritt, die Beteiligung von Freßzellen — Phagocyten, wie er sie nun nennt — beim Kampf des Organismus gegen Infektionserreger zu beweisen, indem er das Verhalten höherer Tiere bei bakteriellen Infektionen studierte. Der Erreger des Milzbrands — pathogen für eine Anzahl von Tierarten, für andere wieder unschädlich — wurde von ihm in seinem Verhalten bei experimenteller Infektion untersucht. Es zeigte sich, daß natürlich immune Tiere — wie Frosch und Hund — die Überschwemmung der Körperflüssigkeit mit Bakterien mit einer lebhaften Aufnahme der Parasiten durch phagocytierende weiße Blutkörperchen beantworten, Meerschweinchen und Mäusen dagegen, die einer Milzbrandinfektion erliegen, steht das Kampfmittel der Phagocytose nicht zur Verfügung.

Nun waren die Bilder, die METSCHNIKOFF von Leukocyten, die mit Bakterien vollgestopft waren, bringen konnte, nicht vollkommen neu, aber ihre Deutung war bisher eine gänzlich andere gewesen: als Angreifer, nicht als Besiegte sollten die Bakterien in die Leukocyten gelangen. Das neue war eben METSCHNIKOFFS Erklärung der phagocytischen Tätigkeit von Zellen gegenüber Bakterien als Ausdruck eines Abwehrvorganges. Die Tatsache, daß nicht alle Bakterienarten gefressen werden, erklärte METSCHNIKOFF, indem er den Phagocyten ein Wahlvermögen zuschrieb; diese Auffassung erhielt eine gewisse Unterlage durch die Entdeckung der chemotaktischen Wirkung von Bakterienstoffen auf Leukocyten.

Nach METSCHNIKOFFS Auffassung würde es von der verschiedenen Beschaffenheit der Phagocyten abhängen, wenn sich eine Tierart als widerstandsfähig gegen gewisse Bakterien erweist, die für eine andere Spezies höchst gefährlich sind. Ebenso wie die *natürliche* Widerstandsfähigkeit sollte auch die *erworbene* Immunität auf der Verschiedenheit der Freßzellen, also auf einer erworbenen Veränderung derselben beruhen. Wenn z. B. ein von Natur für Milzbrand empfängliches Tier nach PASTEURS Vorgang durch mehrmalige Vorbehandlung zuerst mit weitgehend abgeschwächter Milzbrandkultur (I Vaccin), dann mit mäßig abgeschwächter (II Vaccin) allmählich soweit immunisiert wird, daß es schließlich die für ein

---

[1] METSCHNIKOFF: Virchows Arch. **96**, 177 (1884).
[2] METSCHNIKOFF: Virchows Arch. **97**, 502 (1884).

normales Tier der gleichen Art sicher tödliche Einspritzung des virulenten Milzbrandes übersteht, so nahm Metschnikoff an, daß die Leukocyten sich im Kampf mit den ungefährlichen, abgeschwächten Erregern die nötige Übung erworben, daß sie es „gelernt" hätten, auch die hochvirulenten Keime anzugreifen und zu vernichten. Als dann die Entdeckung gemacht wurde, daß sich die erworbene Immunität durch das Serum eines immunisierten Tieres passiv auf ein anderes übertragen läßt, stellte Metschnikoff die Hypothese auf, daß das Immunserum „Stimuline" enthält, die die Zellen zur Phagocytose anregen.

Die Entstehung der spezifischen Antikörper wurde nach Ehrlichs Vorgang allgemein auf die Tätigkeit bestimmter Zellen zurückgeführt und als ein Sekretionsvorgang gedeutet; Metschnikoff sah in den von ihm als Makrophagen bezeichneten großen Zellen des Gefäßbindegewebes (Histiocyten, Reticuloendothelien) die Quelle der Antikörper, und neuere Untersuchungen haben für diese Auffassung die experimentellen Grundlagen geliefert. Wenig glücklich war dagegen Metschnikoffs Versuch, auch bei der antitoxischen und der bakteriolytischen Immunität den Phagocyten eine entscheidende Rolle zuzuschreiben. Zusammen mit seinen Schülern hat er hartnäckig die Ansicht verfochten, daß eine extracelluläre Abtötung und Auflösung von Bakterien überhaupt nur dann zustande kommen sollte, wenn das normalerweise im Innern der Leukocyten befindliche Komplement (Alexin) z. B. im Tierexperiment nach Einspritzung großer Mengen von Bakterien infolge von „Phagolyse" beim Absterben der Zellen ausnahmsweise in die Körpersäfte gelangt.

Diese Versuche, alle Immunitätsvorgänge, sogar die antitoxischen, unter die Phagocytosetheorie zu subsummieren, haben wohl am meisten dazu beigetragen, daß zahlreiche Bakteriologen (Baumgarten[1], Pfeiffer[2] u. a.) sich gegen die ganze Lehre ablehnend verhielten; sie gingen dabei ihrerseits zum Teil ebenso einseitig vor, indem sie den Phagocyten nur die Rolle von „Totengräbern" oder „Hyänen des Schlachtfeldes" zuerkannten, welche die durch die bactericide Wirkung des Serums bereits vernichteten Keime beiseite schaffen sollten.

Einwände gegen Metschnikoffs Theorie. — Klärung der Anschauungen durch die Phagocytoseversuche in vitro.

Besonders in Deutschland wurde die Lehre Metschnikoffs bekämpft und ihre Schwächen aufgedeckt, vor allem ihre viel zu weit gehende Verallgemeinerung, die Vernachlässigung der in der Blutflüssigkeit und den anderen Körpersäften zweifellos vorhandenen bakterienfeindlichen Kräfte und schließlich die Unmöglichkeit, die weitgehende Spezifität der Immunitätsreaktionen ungezwungen zu erklären. Gerade hierin feierte die „humorale" Immunitätstheorie ihre Triumphe: die Entdeckung der Antitoxine eröffnete ein ungeahntes Forschungsgebiet von außerordentlicher praktischer Bedeutung, in dem für celluläre Abwehrvorgänge überhaupt kein Raum blieb, und Pfeiffers Entdeckung der spezifischen Bakteriolysine lieferte an dem klassischen Beispiel der Choleraimmunität den unwiderleglichen Beweis, daß auch antibakterielle Immunitätsvorgänge sowohl im aktiv wie passiv, d. h. durch Serum, immunisierten Organismus ohne Mitwirkung von Zellen ablaufen können. Das Verständnis des Vorganges der Bakteriolyse und das Interesse daran wurde vertieft durch die davon ausgegangenen Studien von Bordet, v. Dungern und vor allem von Ehrlich und seinen Mitarbeitern über die Hämolysine, und bald lernte man in der Agglutination (Gruber), der Präcipitation (Kraus) und der Komplementablenkung (Bordet) weitere Immunitätsvorgänge rein humoraler Natur kennen, die alsbald eine große praktische Bedeutung gewannen. Alle diese mannigfaltigen Erscheinungen fanden in der genialen Konzeption der Ehrlichschen Seitenkettentheorie eine einheitliche Erklärung von so bestechender Einfachheit, daß ihr Grundgedanke wohl bei allem Wandel der Anschauungen im einzelnen immer bestehen bleiben wird.

---

[1] Baumgarten: Jahresb. über pathog. Mikroorg. **1905**, 144 Anm. — Biochem. Z. **11**, 21 (1908) — Münch. med. Wschr. **1908**, 1473.
[2] Pfeiffer: Zbl. Bakter., Ref. Beiheft zu **38**, 39, 42 (1906).

Diese Auffassung ließ aber keinen Raum für METSCHNIKOFFS[1] Vorstellung, daß bei der aktiven Immunität die Phagocyten allmählich zum Kampf gegen die Eindringlinge „erzogen" werden, und daß im Serum eines immunisierten Tieres Antikörper entstehen sollten, die nicht gegen die jeweiligen Erreger sich richten, sondern anregend auf die Freßzellen eines fremden Organismus wirken.

Durch alle diese Momente wurde die Phagocytosetheorie jahrelang in den Hintergrund gedrängt; in Deutschland fand sie fast gar kein Interesse, und auch heute sind die Nachwirkungen der damals geführten wissenschaftlichen Kämpfe bei uns noch nicht völlig überwunden. Dabei kann es keinem Zweifel unterliegen, daß damit das Lebenswerk METSCHNIKOFFS sehr zu unrecht verkannt wurde. Die antitoxische und die bakteriolytische Immunität spielen nur bei einem Teil, vielleicht nur bei dem kleineren Teil der Infektionskrankheiten die entscheidende Rolle. Nicht nur, daß die natürliche Widerstandskraft gegen zahlreiche Mikroorganismen offenbar auf der Tätigkeit von Freßzellen beruht, sondern bei sehr vielen Infektionskrankheiten sehen wir auch im Verlauf der Immunisierung eine spezifisch gesteigerte Phagocytose eintreten, zum Teil als einzige erkennbare Veränderung im Verhalten des Organismus gegenüber den Erregern, zum Teil neben bakteriolytischen und antitoxischen Vorgängen. Die Bedeutung der Phagocytose läßt sich auch nicht durch die Bezeichnung der Phagocyten als „Totengräber" abtun, da die Aufnahme und Vernichtung lebender hochvirulenter Keime mit aller Sicherheit nachgewiesen ist.

Eine ganz neue Grundlage erhielt die Phagocytosetheorie durch die in den Jahren 1895—1898 veröffentlichten Versuche von DENYS[2] und seinen Mitarbeitern über Phagocytose im Reagensglas, die den eindeutigen Beweis lieferten, daß die Steigerung der Phagocytose im Verlauf der Immunisierung auf einer Veränderung des Serums, nicht der Leukocyten beruht und damit den Weg wiesen, auf dem sich die Phagocytose den Grundgedanken von EHRLICHS Immunitätstheorie zwanglos einfügen ließ. Leider verhielt sich METSCHNIKOFF selbst ablehnend gegen die bedeutsamen Entdeckungen von DENYS, und im übrigen Ausland wurden die in der wenig verbreiteten Belgischen Zeitschrift „La Cellule" und in den Sitzungsberichten der Brüsseler Akademie erschienenen Originalarbeiten von DENYS kaum bekannt; so kam es, daß seine Arbeiten erst 1904 von NEUFELD und RIMPAU[3] nachgeprüft und fortgesetzt wurden.

Am meisten haben aber die Arbeiten von A. E. WRIGHT und seinen Mitarbeitern DOUGLAS[4] und REID[5] (1903/04), die die phagocytoseerregende Wirkung des Serums von normalen, von kranken und von spezifisch behandelten Menschen eingehend untersuchten, dazu beigetragen, die allgemeine Aufmerksamkeit wieder auf die Phagocytenlehre zu lenken. Die Autoren knüpften bezüglich der Technik sowohl wie der Fragestellung an die Versuche von LEISHMAN[6] (1902) an, der, offenbar ohne Kenntnis von DENYS Arbeiten, in vitro die Phagocytose von Staphylokokken durch die Leukocyten des menschlichen Blutes und ihre Steigerung nach Injektion eines Impfstoffes aus abgetöteten Staphylokokken beobachtet hatte. Zum Teil war das Aufsehen, das WRIGHTS Arbeiten im Gegensatz

---

[1] METSCHNIKOFF: L'immunité dans les maladies infectieuses. Paris 1901.

[2] DENYS: vgl. zusammenfassende Darstellungen; ferner DENYS u. MENNES: Bull. Acad. Méd. Belg. **1896** u. **1898**. Weiter DENYS u. LECLEF sowie DENYS u. MARCHAND, zitiert auf S. 821.

[3] NEUFELD u. RIMPAU: Dtsch. med. Wschr. **1904**, 1458 — Z. Hyg. **51**, 283 (1905).

[4] WRIGHT u. DOUGLAS: Proc. roy. Soc. Lond., Ser. B, **72**, 357 (1903); **73**, 128 (1904); **74**, 147 (1904); **74**, 159 (1904).

[5] WRIGHT u. REID: Proc. roy. Soc. Lond. Ser. B **77**, 194 (1906); 211. — Vgl. ferner die zusammenfassenden Darstellungen WRIGHTS.

[6] LEISHMAN: Brit. med. J. **1**, 73 (1902).

zu denen von Denys erregten, wohl bedingt durch die weitgehenden praktischen Folgerungen, die er daran für die Diagnose und die spezifische Behandlung von Infektionskrankheiten knüpfte. Diese Erwartungen haben sich nicht erfüllt; wir verdanken Wright aber neben einer Fülle von wertvollen neuen Beobachtungen über Phagocytose die Entdeckung der phagocytoseerregenden Stoffe des Normalserums und die Schaffung einer exakten Methode zur quantitativen Bestimmung der Phagocytose durch die Leukocyten des menschlichen Blutes.

Die Bedeutung der Phagocytose für die natürliche Immunität.

Die natürliche Widerstandsfähigkeit des menschlichen und tierischen Organismus gegen das Eindringen von Mikroorganismen beruht zweifellos zwar nicht ausschließlich aber doch zu einem großen Teil auf der phagocytären Tätigkeit seiner Zellen. Sie bilden nach Gruber[1] die „dritte Barriere" der Abwehr, während die Haut und die Schleimhäute bei der Infektion auf den natürlichen Wegen die erste, die Blutflüssigkeit und Gewebslymphe die zweite Verteidigungslinie darstellen. Die bedeutsamen Abwehrkräfte, die ihren Sitz in der Haut und Schleimhaut haben, sind der Erforschung am schwersten zugänglich und erst neuerdings experimentell näher untersucht worden, während die bakterienfeindlichen Wirkungen der normalen Blut- und Lymphflüssigkeit seit den grundlegenden Beobachtungen von Fodor[2], Nissen[3], Behring[4] vielfach studiert wurden.

Spritzt man Bakterien intravenös, intraperitoneal oder subcutan ein, so kann man fast in allen Fällen beobachten, daß sie zum größten Teil schnell von Leukocyten oder fixen Freßzellen aufgenommen werden (Metschnikoff[5], Bordet[6], u. a.); eine Ausnahme machen eigentlich nur solche Keime, die wie z. B. maximal virulente Strepto- und Pneumokokken bei hochempfänglichen Tieren (Maus, Kaninchen) sich nach Einspritzung kleinster Mengen sofort lebhaft vermehren und in jedem Fall zu einer akut tödlichen Krankheit führen. In den meisten Fällen läßt sich auch feststellen, daß die gefressenen Bakterien im Innern der Zellen allmählich aufgelöst werden.

Das gilt u. a. für Cholera-, Typhus-, Paratyphus-, Ruhrbacillen, für Strepto-, Pneumo- und Meningokokken, nicht aber für Tuberkelbacillen, von denen schon Koch annahm, daß sie im Innern von Leukocyten nach entfernten Stellen verschleppt und dort zu neuen Herden werden können; auch bei Staphylokokken ist es sehr zweifelhaft, ob sie in den Zellen zugrunde gehen. Nun könnte man z. B. für die Cholera- und Typhusbacillen annehmen, daß sie schon vor ihrer Aufnahme in die Zellen durch die bactericiden Serumstoffe abgetötet oder mindestens geschädigt seien; aber die vitro-Versuche zeigen, daß diese Erreger auch dann der intracellulären Auflösung unterliegen, wenn die Leukocyten durch mehrfaches Waschen von allen Serumresten befreit und in Kochsalzlösung aufgeschwemmt sind. Bei Strepto- und Pneumokokken, die durch das Serum vieler Tierarten gar nicht geschädigt werden, sondern sich bei kleinster Einsaat ungehemmt darin entwickeln, ist es von vornherein klar, daß die Freßzellen diese Keime ohne Mitwirkung von Serumstoffen auflösen.

Im Gegensatz zu der Abtötung von Bakterien (und der „Hämolyse" der roten Blutkörperchen) durch das Komplement des Serums, wo es anscheinend stets nur zum Zerfall in die Pfeifferschen „Granula", nicht aber zur völligen Auflösung (bzw. bei Blutkörperchen nur zum Austritt des Hämoglobins) kommt, geht der Prozeß innerhalb der Zellen weiter bis zur restlosen Auflösung der Bakterien (bzw. der Stromata und Kerne der Erythrocyten); die intracelluläre Lösung, die nach Metschnikoff bei saurer Reaktion vor sich geht und wohl einer enzymatischen Verdauung entspricht, unterscheidet sich also schon morphologisch von der extracellulären.

---

[1] Gruber u. Futaki: Münch. med. Wschr. **1906**, 249.
[2] Fodor: Dtsch. med. Wschr. **1886**, 617; **1887**, 745.
[3] Nissen: Z. Hyg. **6**, 487 (1889).
[4] Behring: Zbl. klin. Med. **1888** — Z. Hyg. **6**, 117, 467 (1889).
[5] Metschnikoff: Leçons sur la pathologie comparée de l'inflammation. Paris 1892.
[6] Bordet: Ann. Pasteur **11**, 177 (1897).

Auch die gegen die Bakteriolysine des Serums resistenten Sporen werden intracellulär abgetötet und aufgelöst, so nach VAILLARD, VINCENT und ROUGET[1] Tetanussporen, nach LECLAINCHE und VALLÉE[2] und BESSON[3] die Sporen des Rauschbrandes und des malignen Ödems. Zweifellos spielt die Phagocytose bei der Abwehr dieser gefährlichen, meist durch Wunden eindringenden Erreger eine sehr wichtige Rolle; der Schutz versagt daher, sobald die Freßzellen durch gleichzeitig eingeführtes Toxin oder andere Bakterien oder Fremdkörper (Sand, Erde) gelähmt oder mechanisch daran gehindert werden, zu den Sporen zu gelangen. Schließt man solche sekundären Beeinträchtigungen der Zellen aus, indem man zur Infektion Reinkulturen verwendet, die vorher durch Waschen von dem anhaftenden Toxin befreit sind, so kann man empfänglichen Tieren ohne Schaden große Mengen von Tetanussporen injizieren, während mit Sicherheit eine Infektion eintritt, wenn man mit Tetanusaufschwemmung getränkte Holzsplitter einführt.

Ein anderes Beispiel für die Wirksamkeit der cellulären Abwehrvorgänge bietet die Vernichtung der Keime, die dauernd mit der Atemluft in die Lungen gelangen; es kann wohl keinem Zweifel unterliegen, daß dieselben zum großen Teil von in der Alveolenwand befindlichen Zellen (FR. J. LANGs Septumzellen) aufgenommen und vernichtet werden.

Nun verdanken wir WRIGHT und DOUGLAS[4] den Nachweis, daß die Phagocyten durchaus nicht immer aus eigener Kraft imstande sind, die eindringenden Bakterien anzugreifen, sondern daß es dazu in der überwiegenden Mehrzahl der Fälle einer Mitwirkung von Serumstoffen bedarf, die das Bakterium erst zur Phagocytose vorbereiten: es sind das die thermolabilen Opsonine, die sich im normalen Serum des Menschen und zahlreicher darauf untersuchter Tiere (auch Kaltblüter und Wirbellose) finden und denen wir eine überaus wichtige Rolle bei der Abwehr von Infektionen zuschreiben müssen.

Daß die von ihnen entdeckte Wirkung des Serums nicht auf einer Stimulierung der Phagocyten, sondern auf einer Veränderung der Bakterien beruht, bewiesen WRIGHT und DOUGLAS durch folgenden Versuch. Sie ließen frisches Serum einige Zeit auf Staphylokokken einwirken und erhitzten die Mischung auf 60°. Setzten sie nun Leukocyten zu, so trat, obwohl das Serum mit den Leukocyten erst in Berührung kam, nachdem es durch Erhitzen unwirksam geworden war, starke Phagocytose ein, während diese ausblieb, wenn das Serum auf 60° erhitzt wurde, bevor die Kokken zugesetzt wurden.

Das menschliche Serum enthält solche Normalopsonine gegen zahlreiche Bakterien u. a. Typhus-, Paratyphus-, Ruhr-, Cholerabacillen, Gono- und Meningokokken, Tuberkelbacillen und Staphylokokken. Von Pneumo- und Streptokokken werden dagegen nur avirulente Stämme unter dem Einfluß des opsonischen Normalserums (zum Teil auch schon spontan in Kochsalzlösung) gefressen, nicht aber virulente Stämme (UNGERMANN[5], ROBERTSON und SIA[6], TODD[7] u. a.).

Besonders beweisend für den Zusammenhang zwischen natürlicher Immunität und Opsoningehalt des Serums sind die eingehenden Untersuchungen von ROBERTSON und seinen Mitarbeitern[8] und von BULL und McKEE[9] an Tieren, deren

[1] VINCENT u. ROUGET: Ann. Pasteur **1891**, 1; **1892**, 385.
[2] LECLAINCHE u. VALLÉE: Ann. Pasteur **1900**, 202.
[3] BESSON: Ann. Pasteur. **1895**, 179.
[4] WRIGHT u. DOUGLAS: Proc. roy. Soc. Lond., Ser. B, **72**, 357 (1903); **73**, 128; **74**, 147, 159 (1904).
[5] UNGERMANN: Arb. ksl. Gesdh.amt **36**, 341 (1911).
[6] ROBERTSON u. SIA: J. of exper. Med. **46**, 239 (1927).
[7] TODD: J. of exper. Path. 8, 1, 289 (1927).
[8] ROBERTSON, SIA, WOO, CHEER u. KING: J. of exper. Med. **39**, 219; **40**, 467, 487; **43**, 623, 633; **46**, 239; **47**, 317; **48**, 513 (1924—1928).
[9] BULL u. McKEE: Amer. J. Hyg. **1**, 284 (1921).

Verhalten gegen die benutzten Pneumokokkenstämme experimentell geprüft wurde: während das Serum der empfindlichen Kaninchen (und des Menschen) keine Opsonine gegen einen (für Kaninchen und Mäuse) hochvirulenten Pneumokokkus (Typ I) enthielt, fanden sich solche reichlich im Serum der natürlich resistenten Tierarten, nämlich Katzen, Hunde, Schafe, Pferde, Schweine und Hühner. Dagegen verhielten sich die *Leukocyten* der resistenten Tierarten nicht anders wie die der empfänglichen; beide vermochten Pneumokokken nur dann zu fressen, wenn sie durch ein opsoninhaltiges Serum vorbereitet waren.

Weitere mittels des unten (S. 823) beschriebenen ,,Agitators" durchgeführte Untersuchungen derselben Autoren zeigen, daß das opsoninhaltige Serum zusammen mit Leukocyten in vitro erhebliche Mengen der für die betreffende Tierart avirulenten Pneumokokken restlos abtötet; dieselbe Wirkung zeigt in etwas geringerem Maß das defibrinierte oder mit Citrat versetzte Vollblut, während in reinem Serum auch allerkleinste Mengen der Kokken sich ungehemmt vermehren. Das gleiche hat Todd[1] in Wrights Laboratorium für Streptokokken nachgewiesen. *Man kann also in diesen Fällen aus Opsonin- und Bactericidieversuchen — entsprechend dem Grundgedanken, von dem Wright ausgegangen ist — in der Tat einen Rückschluß auf die Empfänglichkeit des Serumspenders — bzw. auf die Virulenz des betreffenden Keimes — machen.*

Die Opsonine sind ebenso wie die lytischen Serumstoffe (Bakteriolysine, Hämolysine) komplexer Natur, d. h. sie bestehen aus einem thermostabilen, gegen Erwärmung auf $56-60°$ resistenten und einem thermolabilen Bestandteil, der bei dieser Temperatur unwirksam wird. Der letztere, der seinerseits wieder aus mehreren Bestandteilen[2] (Endstück, Mittelstück) besteht, ist mit dem Komplement identisch, das auch bei der Bakteriolyse und Hämolyse durch Serum in Wirksamkeit tritt. Die hitzebeständigen Stoffe, die bei der Phagocytose durch Normalserum mitwirken, und die als ,,opsonische Amboceptoren" bezeichnet werden, sind dagegen nicht mit den bakteriolytischen bzw. cytolytischen Amboceptoren zu identifizieren, sondern als Antikörper eigener Art anzusehen.

Alle diese Versuche beweisen, daß die Leukocyten befähigt sind, voll lebenskräftige Keime, die durch das Serum zur Phagocytose vorbereitet, aber nicht im mindesten in ihrer Entwicklungsfähigkeit geschädigt werden, zu vernichten; sie zeigen ferner, daß die Wirkung der Opsonine eine völlig andere ist, wie die der Bakteriolysine, obwohl in beiden Fällen das Komplement mitwirkt. Es ist daher von vornherein wahrscheinlich, daß auch in solchen Fällen, wo ein Normalserum, wie z. B. auf Cholera- und Typhusbacillen sowohl stark bactericid wie opsonisch wirkt, beide Wirkungen durch verschiedene Serumstoffe vermittelt werden, daß wir also hier einerseits bactericide, andererseits opsonische Amboceptoren annehmen müssen. Auf Ruhr- und Colibacillen wirkt frisches Menschenserum nur wenig, auf Pestbacillen, Tuberkelbacillen, Maltafieberkokken, Staphylokokken und, wie schon ausgeführt, auf avirulente Strepto- und Pneumokokken oft gar nicht bactericid oder entwicklungshemmend, während alle diese Erreger (und eine Reihe anderer) stark opsonisiert werden. Hiernach ist die Opsoninwirkung viel umfassender als die abtötende Wirkung des Normalserums. Wir dürfen der Phagocytose aber auch deswegen eine größere Bedeutung für die natürliche Immunität zuschreiben, weil sie den Organismus zugleich vor der Giftwirkung der Erreger schützt. Diese Wirkung tritt auch dann ein, wenn die Erreger, wie die Tuberkel- und die Leprabacillen und anscheinend auch die Staphylokokken in den Zellen nicht abgetötet werden; auch hier dürfen wir daher die Phagocytose wohl als vorteilhaft für den Organismus ansehen.

---

[1] Todd: Brit. J. exper. Path. **8**, 289 (1928).
[2] Vgl. Ledingham u. Dean: J. of Hyg. **12**, 152 (1912).

Die Bedeutung der Phagocytose für die erworbene Immunität.

Das klassische Objekt für das Studium der phagocytären Immunität bilden die Streptokokken- und Pneumokokkeninfektionen; an ihnen hat DENYS in Gemeinschaft mit LECLEF, MARCHAND und MENNES zuerst den Nachweis geführt, daß im Serum immunisierter Tiere phagocytosebefördernde Antikörper auftreten, und daß auf ihnen die Immunität des betreffenden Tieres selbst ebenso wie die Schutz- und Heilwirkung seines Serums beruht. Schon vorher hatte BORDET[1] an Strepto- und TSCHISTOWITSCH[2] an Pneumokokken beobachtet, daß die Erreger in der Bauchhöhle und in der Lunge immunisierter Tiere lebhaft von Phagocyten aufgenommen wurden, während bei unbehandelten Tieren die Phagocytose ausblieb; diesen Unterschied hatte, wie oben ausgeführt, METSCHNIKOFF dadurch erklärt, daß die Leukocyten im Verlauf der Immunisierung eine Veränderung erfahren. Diese Anschauung widerlegten DENYS und LECLEF[3] durch ein experimentum crucis, indem sie in vitro isolierte (aus der Brusthöhle von Kaninchen gewonnene) Leukocyten, und zwar solche von normalen wie von immunisierten Kaninchen, einerseits in Normal-, andererseits in Immunserum aufschwemmten; nunmehr setzten sie Streptokokken hinzu und stellten durch wiederholte mikroskopische Beobachtung im Verlauf der folgenden Stunden das Eintreten oder Ausbleiben von Phagocytose und gleichzeitig durch Plattenaussaaten die Vermehrung bzw. Entwicklungshemmung und Abtötung der Keime fest. Es ergab sich, daß in den Röhrchen, welche Immunserum enthielten, jedesmal starke Phagocytose und Hand in Hand damit Abtötung der eingesäten Kokken stattfand, gleichviel ob die zugesetzten Leukocyten von normalen oder immunisierten Tieren stammten — auch quantitativ war nicht der mindeste Unterschied zugunsten der Röhrchen mit „Immunleukocyten" zu erkennen —, dagegen trat in den Röhrchen mit Normalserum keine oder eine minimale Phagocytose und Entwicklungshemmung ein, gleichviel ob Leukocyten eines Immun- oder eines unbehandelten Tieres zugegen waren. *Also tritt bei der Immunisierung eine Veränderung des Serums, nicht aber eine solche der Leukocyten ein* — ein Ergebnis, das WRIGHT und DOUGLAS später am Menschen bestätigt haben.

Was die passive Übertragung der Immunität betrifft, so haben NEUFELD und RIMPAU[4] bewiesen, daß das Immunserum nicht, wie METSCHNIKOFF und seine Schüler angenommen hatten, stimulierend auf die Leukocyten, sondern ausschließlich auf die Bakterien einwirkt. Nach dem Vorgang von EHRLICH und MORGENROTH ließen sie das Strepto- und Pneumokokkenimmunserum einerseits auf die Kokken, andererseits auf die Leukocyten einwirken, entfernten dann durch Zentrifugieren und Waschen das Serum und setzten in Kochsalzlösung oder Normalserum aufgeschwemmte Zellen bzw. Kokken zu: waren die *Kokken* mit dem Immunserum in Berührung gekommen, so erfolgte lebhafte Phagocytose, während sie völlig ausblieb, wenn das Serum *auf die Zellen* eingewirkt hatte.

Dafür, daß die Wechselwirkung ausschließlich zwischen dem Immunserum und den Bakterien stattfindet, während die Phagocyten eigentlich nur als Indicator für die an den Bakterien stattgefundene Umstimmung dienen, spricht auch die von DENYS und MARCHAND[5] gemachte und vielfach bestätigte Feststellung, daß ein Immunserum die Erreger, gegen die es sich richtet, in der Regel ebenso gut zur Aufnahme durch die Freßzellen einer fremden wie der eigenen Tierart präpariert. Sogar Zellen von niederen Wirbeltieren, Echinodermen, Würmern, Arthropoden vermögen in vitro Bakterien zu fressen, die durch Warmblüterserum sensibilisiert sind (RÜDIGER und DAVIS[6]); dabei fressen die Leukocyten des Frosches etwa gleich gut bei 0—40°, die der Warmblüter am besten bei der Körpertemperatur ihrer Spezies (MADSEN und WULFF[7]).

---

[1] BORDET: Ann. Pasteur **11**, 177 (1897).

[2] TSCHISTOWITSCH: Ann. Pasteur **3**, 337 (1889); **4**, 285 (1890); **5**, 450 (1891).

[3] DENYS u. LECLEFF: Cellule **11**, 177 (1895).

[4] NEUFELD u. RIMPAU: Dtsch. med. Wschr. **1904**, Nr 40 — Z. Hyg. **51**, 283 (1905).

[5] DENYS u. MARCHAND: Bull. Acad. Med. Belg. **1896, 1898.**

[6] RÜDIGER u. DAVIS: J. inf. Dis. **1907**, 333.

[7] MADSEN u. WULFF: Ann. Pasteur **1919.** 437.

Das Ergebnis eines Phagocytoseversuchs in vitro nach der Denysschen Technik (in der Modifikation von Neufeld und Hüne[1]) zeigen die Abb. 71 u. 72.

Welcher Art die Umstimmung ist, die der Erreger unter dem Einfluß des Immunserums erfährt, dafür gibt eine Beobachtung von Marchand gewisse Anhaltspunkte. Marchand[2] machte die wichtige Feststellung, daß hochvirulente Streptokokken im Gegensatz zu avirulenten in Normalkaninchenserum nicht gefressen werden, auch dann nicht, wenn sie vorher sorgfältig gewaschen und durch Hitze oder Antiseptika abgetötet waren, ihre Resistenz gegen die Phagocytose beruht also nicht auf einer Absonderung von Abwehrstoffen (Aggressinen nach Bail) und ist nicht an das Leben der Keime geknüpft, sondern ist von ihrer physikalischen Beschaffenheit abhängig, die durch das Immunserum verändert wird. Wie jetzt allgemein angenommen wird, handelt es sich dabei um die Oberflächeneigenschaften der Bakterienzelle (vgl. unten).

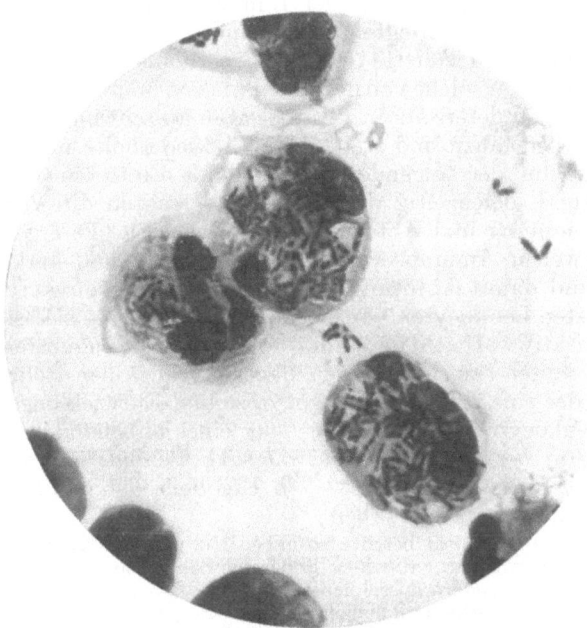

Abb. 71. Phagocytose von Diphtheriebacillen in inaktivem, verdünntem antibacillärem Kaninchenimmunserum.

Die phagocytoseerregenden Antikörper der Immunsera, die von Neufeld und Rimpau als Tropine (Bakteriotropine, Hämo-, Cytotropine), von den englischen Autoren meist als Immunopsonine bezeichnet werden, sind im Gegensatz zu den Opsoninen des Normalserums thermostabil und nicht komplexer Natur; ihre Wirkung wird daher durch Erhitzen auf 56—60° nicht abgeschwächt. An sich haben diese Stoffe keinerlei schädigende Wirkung; wie Barber[3] nachgewiesen hat, wachsen einzelne Pneumokokken, die man mittels eines Mikromanipulators in einen Tropfen von reinem unverdünnten Antiserum bringt, darin ungehemmt aus und teilen sich sogar ebenso schnell wie in einem guten Nährboden, während andererseits auch hier durch Versuche von Robertson und Sia[4], Todd[5] und Hare[6] nachgewiesen ist, daß durch Immunserum und Leukocyten zusammen — und ebenso durch das (defibrinierte oder mit Citrat versetzte) Vollblut — große Mengen von maximalvirulenten Pneumokokken in einigen Stunden vollkommen vernichtet werden. Diese Versuche liefern zugleich den unwiderleglichen Beweis dafür, daß in der Tat eine völlige Abtötung von lebenden und maximalvirulenten Keimen innerhalb der Phagocyten ohne Mitwirkung von bakteriziden Stoffen des Serums oder Plasmas stattfindet.

[1] Neufeld u. Hüne: Arb. ksl. Gesdh.amt **25**, 164 (1907).
[2] Marchand: Arch. internat. Med. exper. **1898**.
[3] Barber: J. of exper. Med. **30**, 569 (1919).
[4] Robertson u. Sia: J. of exper. Med. **40**, 467 (1924).
[5] Todd: Brit. J. exper. Path. **8**, 289 (1927).
[6] Hare: Brit. J. exper. Path. **9**, 337 (1928).

Diese Beobachtungen wurden ermöglicht durch eine verbesserte Technik[1], indem nämlich die mit Serum, Bakterien und Leukocyten beschickten Röhrchen durch einen besonderen Apparat (ROBERTSONS „Agitator", TODDS „Mixingmachine") im Brutschrank bewegt werden, so daß ihr Inhalt dauernd hin und her fließt. Nur so ist es möglich, die Bakterien in genügendem Maße mit den Leukocyten in Kontakt zu bringen, um die Aufnahme sämtlicher Keime durch Zellen sicherzustellen; ein einzelner Keim, der der Phagocytose entgeht, würde zu einer reichlichen Kultur auswachsen und das Ergebnis trüben.

Auch bei dem gewöhnlichen Phagocytoseversuch in vitro geht die Phagocytose in derartigen „Mischmaschinen" schneller und intensiver vor sich als bei der üblichen Versuchsanordnung, wo je eine kleine Menge, meist 0,05—0,1 ccm des (nach Bedarf verdünnten) Serums mit je einem oder einigen Tropfen der Bakterien — und Leukocytenaufschwemmung gemischt und die Mischung in kleinen Glasröhrchen sich selbst überlassen wird. Die Zellen senken sich dann alsbald zusammen mit einem Teil der Bakterien zu Boden und schlagen sich an der Wand des Glases nieder. Immerhin liefert diese einfache Versuchsanordnung für die meisten Zwecke genügend klare Ergebnisse, die zuweilen noch verbessert werden, wenn man zuerst die Bakterien mit dem Serum digeriert und dann erst die Leukocyten hinzufügt.

Die Bedeutung der Bakteriotropine für die erworbene Immunität ist bei den Strepto- und Pneumokokkeninfektionen besonders klar zu erkennen, weil empfängliche Tierarten gegen hochvirulente Stämme dieser Erreger gar keine Abwehrkräfte besitzen; ihr Serum enthält dementsprechend keine Spuren von phagocytoseerregenden Stoffen, bei der Immunisierung tritt also nicht eine Vermehrung schon vorhandener, sondern eine Bildung völlig neuer Antistoffe ein.

Gegenüber vielen anderen Erregern enthalten dagegen menschliche und tierische Normalsera, wie oben ausgeführt, bereits phagocytär wirksame Stoffe, nämlich die thermolabilen Opsonine.

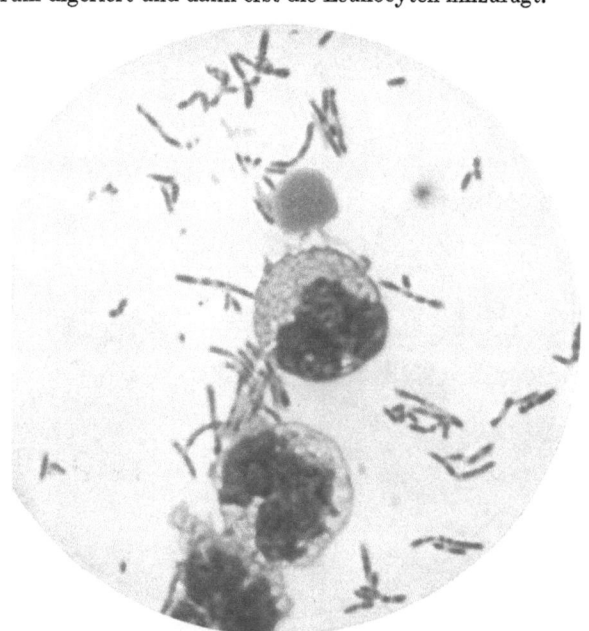

Abb. 72. Diphtheriebacillen. Kontrolle im Normalserum.

Immunisiert man aber Tiere gegen solche Erreger, z. B. gegen Cholera- oder Typhusbacillen, so wird die phagocytosebefördernde Wirkung ihres Serums außerordentlich verstärkt, so daß sie noch in Verdünnungen von 1:1000 oder 10 000 deutlich in die Erscheinung tritt[2,3]. Die Endverdünnung, in der noch eine (im Vergleich mit Normalserum deutliche) Steigerung der Phagocytose eintritt, gibt den Titer des Immunserums an. Ein Beispiel für die Wirkung abgestufter Serumverdünnungen geben die Abb. 73 u. 74.

Diese Immunstoffe sind jedoch im Gegensatz zu den vorher im Normalserum vorhandenen thermostabil, und es scheint sich daher auch in diesen Fällen zum mindesten in der Hauptsache ebenfalls um eine Neubildung, nicht um bloße Vermehrung normaler Antikörper zu handeln.

---

[1] ROBERTSON u. Mitarbeiter: J. of exper. Med. 39, 219; 40, 487 (1924). — TODD: Brit. J. exper. Path. 8, 1 (1927).

[2] GRUBER u. FUTAKI: Münch. med. Wschr. 1906, 249.

[3] NEUFELD u. HÜNE: Arb. ksl. Gesdhts.amt 25, 164 (1907).

Die naheliegende Erklärung, daß die opsonischen Amboceptoren im Normalserum in schwacher Konzentration vorhanden sind und daher einer Verstärkung durch das Komplement bedürfen, während sie im Immunserum konzentriert genug sind, um für sich allein zu wirken, ist nicht haltbar: viele Normalsera wirken noch in erheblichen Verdünnungen opsonisch und werden trotzdem beim Erhitzen völlig unwirksam, andererseits wiesen Robertson, Sia und Woo[1] im Serum von Pneumonierekonvaleszenten im Beginn der Krisis Tropine gegen Pneumokokken nach, die thermostabil, aber so schwach waren, daß sie nur zur Geltung kamen. wenn die Kokkenaufschwemmung mit dem vielfachen Volumen des unverdünnten Serums digeriert wurde.

Die Ansichten der Autoren über das Verhältnis zwischen Opsoninen und Bakteriotropinen gehen aber vorläufig ebenso auseinander wie über die Frage, ob die Bakteriotropine mit den bakteriolytischen Amboceptoren identisch oder von ihnen verschieden sind (vgl. hierzu die Monographien von Neufeld und von Levaditi). Für die Verschiedenheit der genannten Antikörper sprechen vor allem die Beobachtungen von Neufeld und Bickel[2] an Kaninchen, die mit Erythrocyten vorbehandelt wurden, und die Untersuchung von Neufeld und Hüne[3] an Typhuskranken; danach treten die phagocytären und die lytischen Immunstoffe nicht immer gleichzeitig, sondern unabhängig voneinander auf.

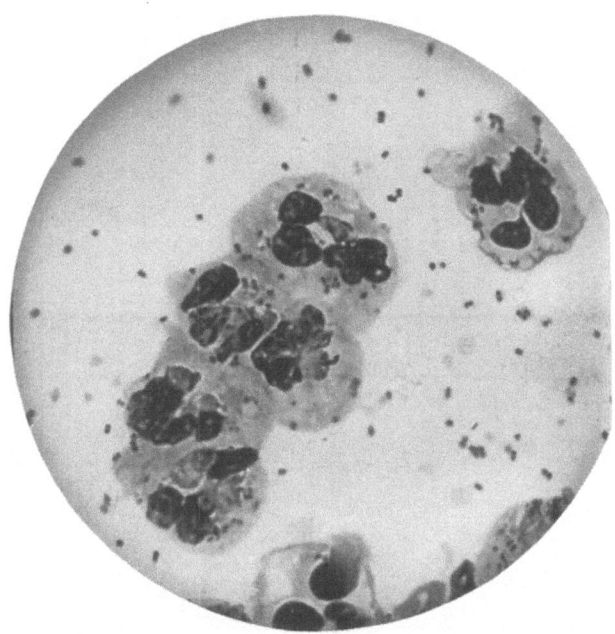

Abb. 73. Schwache Phagocytose von Meningokokken bei Zusatz von 0,0002 Immunserum.

Die naheliegende Vorstellung, daß giftbildende Bakterien die Phagocyten durch ihr Toxin von sich fernhalten und daß sie gefressen werden, wenn das Toxin durch Antitoxin neutralisiert wird, ist sowohl für Diphtheriebacillen wie für Scharlachstreptokokken durch das Experiment widerlegt. Ob Scharlachstreptokokken in Normalserum gefressen werden oder nicht, hängt nicht von ihrem Toxinbildungsvermögen, sondern ausschließlich von ihrer (an der Maus geprüften) Virulenz, d. h. ihrer Fähigkeit, sich im Tierkörper zu vermehren, ab (Todd[4]). Andererseits wird die Phagocytose von Diphtheriebacillen nur durch antibakterielle Immunsera, die mit entgifteten Bakterienleibern hergestellt sind, bewirkt, nicht durch die antitoxischen Heilsera (Lindemann[5]), vgl. oben Abb. 71 und 72.

Hiernach müssen wir die Tropine als Immunstoffe eigener Art und die phagocytäre Immunität als völlig unabhängig sowohl von der bacericiden wie von der antitoxischen Immunität ansehen. Sie ist offenbar umfassender wie die beiden anderen Arten der spezifischen Immunität, indem sich fast gegen alle Bakterien, bei denen man es versucht hat, phagocytosebefördernde Immunsera haben herstellen lassen.

[1] Robertson, Sia u. Woo: J. of exper. Med. **48**, 513 (1928).
[2] Neufeld u. Bickel: Arb. ksl. Gesdhts.amt **27**, 310 (1907).
[3] Neufeld u. Hüne: Arb. ksl. Gesdhts.amt **25**, 164 (1907).
[4] Todd: Brit. J. exper. Path. **8**, 289 (1927).
[5] Lindemann: Arb. ksl. Gesdh.amt **36**, 163 (1911).

Von besonderem praktischen Interesse sind die Tropine, auf denen die Wirkung des Genickstarreheilserums beruht; sie werden, da hier der Tierversuch versagt, zur Wertbestimmung des Serums benutzt (NEUFELD[1]), vgl. die Abb. 73 und 74.

Ebenso wie gegen Bakterien lassen sich auch gegen tierische Parasiten (Trypanosomen) durch entsprechende Vorbehandlung spezifische Tropine erzeugen, ferner gegen artfremde Zellen, wie Blutkörperchen und Spermatozoen (Hämotropine, Cytotropine). NEUFELD und HÄNDEL[2] gewannen durch Vorbehandlung von Kaninchen mit Milch und Hühnereiweiß Antisera, die die Phagocytose von Milchkügelchen bzw. von mit Hühnereiweiß emulgierten Fetttröpfchen anregten; hier richtet sich der Antikörper gegen die antigenen Stoffe, die in der Caseinhülle der Milchkügelchen und der Haptogenmembran der Emulsionstropfen enthalten sind. Solche Haptogenmembranen haben in biologischer Hinsicht nahe Analogien mit den Hüllschichten der tierischen und pflanzlichen Zellen (HÖBER[3]). Sie sind insofern für die Betrachtung immunologischer Probleme von Bedeutung, als neuere Forschungen gezeigt haben, daß die Wirkung der Immunsera auf die Antigene zu einem wesentlichen Teil in einer Veränderung der Oberflächeneigenschaften der Zelle zu erblicken ist (vgl. S. 826).

Die Bestimmung des opsonischen Index nach WRIGHT *und seine Bedeutung für die Klinik.*

Zur Bestimmung des Opsoningehaltes menschlicher Sera haben WRIGHT und DOUGLAS[4] eine Methode angegeben, die es gestattet, den Phagocytoseversuch mit sehr kleinen Mengen von Serum und Leukocyten anzustellen.

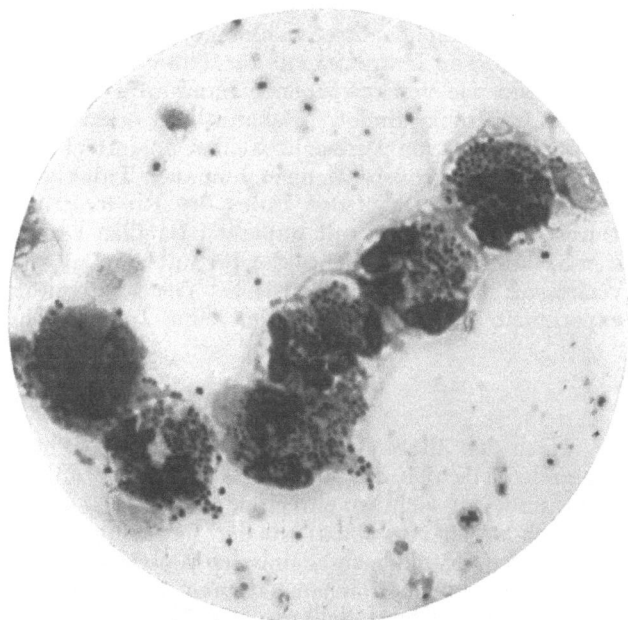

Abb. 74. Starke Phagocytose von Meningokokken bei Zusatz von 0,001 Immunserum.

Zur Serumgewinnung nimmt man aus der Fingerbeere des zu untersuchenden Patienten mit einer Glascapillare einige Tropfen Blut ab und läßt das Serum sich vom Blutkuchen abscheiden. In ähnlicher Weise werden die Leukocyten aus dem mit Citrat versetzten Blut eines gesunden Menschen durch Zentrifugieren gewonnen. Wegen der Einzelheiten der Methodik, für die WRIGHT eine minutiöse Apparatur angegeben hat, muß auf WRIGHTS zusammenfassende Darstellung der Technik[4] verwiesen werden.

Das Untersuchungsergebnis wird durch Zählung der von 100 Leukocyten gefressenen Bakterien und nachfolgende Division durch 100 festgestellt. Die so erhaltene „Freßzahl" des untersuchten Serums wird in Beziehung gesetzt zu der „Freßzahl" eines Normalserums. Diese Verhältniszahl wird als opsonischer Index bezeichnet. Haben z. B. 100 Leukocyten im

---

[1] NEUFELD: Arb. ksl. Gesdh.amt **34**, 266 (1910) — Med. Klin. **1908**, 1158.

[2] NEUFELD u. HÄNDEL: Arb. ksl. Gesdh.amt **28**, 527 (1908).

[3] HÖBER: Physikalische Chemie der Zelle und der Gewebe. 5. Aufl. Leipzig 1922.

[4] WRIGHT u. DOUGLAS: Proc. roy. Soc. Lond. Ser. B **72**, 357, vgl. auch WRIGHT: Technik von Gummisaugkappe und Glascapillare. Dtsch. Übers. Jena 1910.

untersuchten Serum 150 Bakterien gefressen, so ist die Freßzahl 1,5; zeigt die gleichzeitig mit denselben Leukocyten angestellte Kontrolle mit Normalserum eine Freßzahl von 3,0, so ist der opsonische Index 0,5.

Von Wright und seiner Schule wurde dem opsonischen Index eine hohe praktische Bedeutung zugemessen. Bei Kranken — besonders wurden Staphylokokkenkrankheiten und Tuberkulose untersucht — wurde vielfach ein niedriger, in anderen Fällen ein unregelmäßig schwankender Index festgestellt. Aus abgetöteten Bakterien hergestellte Impfstoffe bewirkten eine Steigerung des opsonischen Index, deren Höhe und Dauer als Maßstab für den Erfolg der Therapie angesehen wurde. Leider sind die großen Hoffnungen, die man für Diagnose, Prognose und Therapie der Infektionskrankheiten eine Zeitlang hegte, nicht in Erfüllung gegangen. Es steht heute fest, daß der opsonische Index nicht nur den Gehalt an spezifischen Antikörpern anzeigt, sondern auch von unspezifischen Faktoren (Komplementschwankungen) beeinflußt wird. Auch zeigen Tierversuche, z. B. von Ungermann[1] für Tuberkulose, daß ein hoher Grad sowohl von natürlicher wie von erworbener Immunität nicht immer im opsonischen Index seinen Ausdruck findet. Bekanntlich erkranken Rinder nach Einspritzung mäßiger Dosen von Perlsuchtbacillen an fortschreitender Tuberkulose, während sie gegen weit größere Mengen humaner Tuberkelbacillen resistent sind: trotzdem fand Ungermann den Index des Rinderserums gegen beide Typen gleich. Durch Vorbehandlung mit humanen Bacillen kann man Rinder soweit immunisieren, daß sie ein Vielfaches der für unbehandelte Tiere tödlichen Perlsuchtdosis vertragen; ein derart immunisiertes Tier zeigte zu der Zeit, wo seine Immunität experimentell festgestellt wurde, keine Indexerhöhung.

Mechanismus der Phagocytose.

Nach den älteren Anschauungen geht die Phagocytose so vor sich, daß die fressende Zelle den aufzunehmenden Körper mittels Pseudopodienbildung umfließt und ihn sich so einverleibt. Der Mechanismus der Phagocytose wäre demnach wesensverwandt dem der Bewegung der lebenden Substanz. Die aufkommende physikalisch-chemische Betrachtung der Lebensvorgänge suchte im Wechsel der Oberflächenspannung das die Bewegung beherrschende Prinzip. Erinnert sei an die Modellversuche Rhumblers mit einem auf einer Schellackunterlage wandernden Chloroformtropfen; letzterer — im Wasser befindlich — „phagocytiert" sogar einen Schellackfaden und rollt ihn ganz ebenso auf, wie etwa eine Amöbe einen verspeisten Algenfaden.

In der Tat konnte gezeigt werden (Hamburger[2]), daß schwache Konzentrationen fettlöslicher Stoffe, wie Chloroform, phagocytosefördernd wirken, indem sie die Oberflächenspannung der Hüllschicht der Phagocyten herabsetzen. Phagocytoseversuche mit anorganischen Substanzen zeigten jedoch (Fenn[3]), daß trotz gleicher Oberflächenenergieverhältnisse der Ausfall bei ungleichem Material verschieden ist. Aus einem Gemisch von Kohle- und Quarzpartikelchen werden fast ausschließlich erstere phagocytiert. Verschiedenartige elektrische Ladung ist vielleicht die Ursache des unterschiedlichen Verhaltens.

So wichtige Aufschlüsse uns auch Modellversuche mit anorganischen Substanzen etwa über den Einfluß der Kollisionshäufigkeit (Fenn), der Wasser-

---

[1] Ungermann: Arb. ksl. Gesdh.amt **34**, 286 (1910).

[2] Hamburger: Physikalisch-chemische Untersuchungen über Phagocytose. Wiesbaden 1912.

[3] Fenn: J. gen. Physiol. **5**, 311 (1923); The mechanism of phagocytosis. In: Jordan u. Falk: The newer knowledge of bacteriology and immunology. Chicago 1928.

stoffionenkonzentration (HAMBURGER u. a.) und anderer Faktoren auf die Phagocytose gegeben haben, so können wir doch von ihnen keine Erklärung der uns ja
in erster Linie interessierenden Phänomene der Phagocytose von Bakterien
unter Mitwirkung von Serumstoffen erwarten. Es ist daher zu begrüßen, wenn
in jüngster Zeit Ansätze auch in dieser Richtung gemacht worden sind.

Rote Blutkörperchen sowie Bakterien (säurefeste Stäbchen) erfahren durch
die Behandlung mit den spezifischen Immunseren Veränderungen der Oberflächeneigenschaften, deren Ausmaß parallel geht mit ihrer Eignung zur Phagocytose.
Vermehrte Kohäsion, veränderte Benetzbarkeit, sowie langsamere Wanderung
bei der Kataphorese sind Anzeichen einer Minderung der Oberflächenenergie
und damit wohl Wegbereiter der Phagocytose (FENN[1], MUDD[2] u. a.).

REINER und seine Mitarbeiter[3] fassen die Wirkung der Immunsera auf das
Antigen im Sinne einer Dehydratation auf; in ihren Versuchen ersetzt Vorbehandlung roter Blutkörperchen mit Tanninlösung die Wirkung hämolytischen
Immunserums in bezug auf Agglutination, Hämolyse und Phagocytose. In Fort-
führung dieser Untersuchungen zeigten NEUFELD und ETINGER-TULCZYNSKA[4],
daß auch hochvirulente Pneumokokken — bei denen Spontanphagocytose nicht
vorkommt — nach Behandlung mit Tanninlösung agglutiniert und phagocytiert werden. Die gleiche phagocytosefördernde Wirkung auf Pneumokokken,
Typhusbacillen und rote Blutkörperchen üben auch Salze 4wertiger (Th),
3wertiger (Al, Fe, Cr, Ce) Kationen sowie von 2wertigen Pb aus, ferner basische
Farbstoffe wie Methylenblau und Safranin, nicht aber Aceton, Alkohol und
Formalin; auch säureagglutinierte Bakterien werden nicht gefressen. Hiernach
dürften neben Entquellungs- auch Entladungsvorgänge beim Zustandekommen
der Phagocytose beteiligt sein. In vivo scheinen diese chemischen Stoffe aber
nicht die gleiche Wirkung zu entfalten wie spezifische Immunsera. Auch die
Präcipitation wird neuerdings von WO. OSTWALD und HERTEL[5] auf die Entwässerung eines Kolloids durch ein stärker hydrophiles zurückgeführt; zu dieser Anschauung führten Beobachtungen über den Entmischungsprozeß bei Gelatine-
und Stärkesolen.

Beeinflussung der Phagocytose durch chemische Substanzen.

In dem uns gebotenen Rahmen war die Phagocytose hauptsächlich in ihrer
Aufgabe als Abwehrreaktion des Körpers zu schildern. Darüber hinaus hat der
Phagocytoseversuch mit Leukocyten eine weitergehende Bedeutung für die
Physiologie gewonnen. Bietet er doch die Möglichkeit, unter einfachen Be-
dingungen die Lebensäußerungen der Zellelemente auch der höheren Lebewesen,
sowie die Beeinflussung derselben durch Faktoren physikalischer und chemischer
Natur zu beobachten.

Als erster hat HAMBURGER[6] in klassischen Arbeiten den Phagocytoseversuch
zu quantitativen Untersuchungen über den Einfluß äußerer Faktoren auf die
Zellfunktion herangezogen. Pferdeleukocyten werden in Ringerlösung, in der
Kohlepartikel suspendiert sind, gebracht; es wird der Prozentsatz der Leukocyten, die sich mit Kohlepartikeln beladen, festgestellt. Die optimale Reaktion

---

[1] FENN: Zitiert auf S. 826.
[2] MUDD u. Mitarbeiter: J. of exper. Med. **49**, 779, 797, 815 (1929).
[3] REINER u. KOPP: Z. Immun.forschg **61**, 397 (1929) und weitere Arbeiten ebenda.
[4] NEUFELD u. ETINGER-TULCZYNSKA: Zbl. Bakter. Orig. **114** (1929).
[5] OSTWALD, Wo. u. HERTEL: Kolloid-Z. **47**, 357 (1927).
[6] HAMBURGER: Physikalisch-chemische Untersuchungen über Phagocytose. Wiesbaden 1912. — HAMBURGER u. DE HAAN: Biochem. Z. **24**, 304, 470 (1910). — HAMBURGER
u. HEKMA: Ebenda **3**, 88; **7**, 102 (1907); **9**, 275 (1908).

für Phagocytose ist die normale p_H. Ersatz des Chlors der Kochsalzlösung durch J wirkt stark phagocytosehemmend, durch Br in geringerem Maße. Ersetzt man nach Radsom[1] Na durch K oder Rb, wird die Phagocytose nicht beeinflußt, während Cs und besonders Li hemmend wirken. Die Ionenanordnungen folgen demnach — wenn auch nicht streng — den Hofmeisterschen lyotropen Reihen (Höber[2]); die Ionenwirkung auf die Phagocytose dürfte also in Zusammenhang mit Quellungszustand und Permeabilität der Zellgrenzschichten stehen (Höber l. c., Gellhorn[3]). Das Verhalten der Leukocyten in Lösungen der verschiedenen Bluteiweißkörper wurde von Höber und Kanai[4] untersucht; es ergab sich, daß Vermehrung des Globulinanteils die Phagocytose fördert, sie ist demnach am stärksten in Fibrinogen — schwächer in Pseudoglobulin — und am geringsten in Albuminlösungen. Da bei entzündlichen Prozessen die Globulinfraktion vermehrt ist, ist die phagocytosefördernde Wirkung des Globulins von großer Bedeutung. Nicht minder „zweckmäßig" ist die phagocytosebegünstigende Wirkung der Milchsäure (Bechhold[5]), die von den Phagocyten infolge ihres glykolytischen Vermögens selbst gebildet wird. Höber erblickt in der phagocytosefördernden Wirkung der Globuline zumindest einen Teil der Wirkung der Opsonine und Tropine; eine Erklärung der Spezifität der phagocytosefördernden Serumwirkung vermag diese Anschauung allerdings nicht zu geben.

Eine Reihe von Stoffen, die in stärkerer Konzentration Gifte für die Leukocyten sind, üben, wie Neisser und Guerrini[6] fanden, in geringer Dosis eine anregende Wirkung auf die Phagocyten aus; zu diesen „Leukostimulantien" gehören u. a. Pepton und besonders Nucleinsäure. Auch Cholesterin ist nach Walbum[7] hierher zu rechnen.

Untersuchungen über den Einfluß der Absonderungsprodukte der endokrinen Drüsen gehen von Fragestellungen klinischer oder physiologischer Art aus. Besonders eingehend ist die Wirkung des Schilddrüsenhormons auf die Phagocytose untersucht worden. Achard, Bénard und Gagneux[8] stellten fest, daß bei Patienten mit Myxödem ein niedriger, bei solchen mit Morbus Basedow ein erhöhter opsonischer Index besteht. Vitroversuche Marbés[9] bestätigten diesen Befund; derselbe Autor[10] fand bei hyperthyreotischen Tieren einen phagocytären Index von 2,4, bei thyreopriven einen solchen von 0,5. Umfassende Untersuchungen Ashers[11] und seiner Mitarbeiter zeigten, daß Schilddrüsenentfernung beim Kaninchen zu einer starken Herabsetzung des Phagocytosevermögens führt, während Milz-, Ovar- oder Hodenexstirpation kaum einen Einfluß ausübt. Werden solche Tiere mit Schilddrüsensubstanz gefüttert, so erhöht sich das Phagocytosevermögen wieder bis zur Norm. Fütterung normaler Kaninchen führt zu einer geringen Herabsetzung des Freßvermögens der Leukocyten. Fleischmann[12] konnte diese Befunde bestätigen; weiter fand er, daß Zusatz von Schilddrüsensubstanz (Thyreoglandol oder Thyreoopton) in vitro auf Leukocyten normaler Tiere keine Wirkung ausübt, während bei den sonst

---

[1] Radsom: Arch. néerl. Physiol. 4, 197 (1920).
[2] Höber: Physikalische Chemie der Zelle und der Gewebe. 5. Aufl. Leipzig 1922.
[3] Gellhorn: Neuere Ergebnisse der Physiologie. Leipzig 1926.
[4] Höber u. Kanai: Klin. Wschr. 1923, 209. — Kanai: Pflügers Arch. 198, 401. 1923.
[5] Bechhold: Münch. med. Wschr. 1908, 1777.
[6] Neisser u. Guerrini: Arb. Inst. exper. Ther. Frankf. 1908, H. 4, 1.
[7] Walbum: Z. Immun.forschg 7, 544. (1910).
[8] Achard, Bénard u. Gagneux: C. r. Soc. Biol. Paris 67, 636 (1909).
[9] Marbé: C. r. Soc. Biol. Paris 66, 1073 (1909).
[10] Marbé: C. r. Soc. Biol. Paris 66, 432 (1909); 69, 462 (1910).
[11] Asher: Klin. Wschr. 1924, 308. — Abe: Biochem. Z. 166, 295 (1925). — Furuya ebenda 147, 410 (1924).
[12] Fleischmann: Pflügers Arch. 215, 273 (1926) — Erg. Physiol. 27, 1 (1928).

nur schwach phagocytierenden Blutkörperchen thyreopriver Tiere nach Zusatz
des Hormons Steigerung der Phagocytose erfolgt.

Die starke Infektionsbereitschaft des Diabetikers war schon früher mit
einem herabgesetzten Phagocytosevermögen seiner Blutkörperchen in Verbindung
gebracht worden. Die Darstellung des Insulins ermöglichte dann die exakte
Prüfung dieser Frage. In der Tat bewirkt Insulin in vivo wie in vitro Steigerung
der Phagocytose (BAYER und FORM[1]). Hingegen erfolgt keine Beeinflussung
derselben durch den Antagonisten des Insulins, das Adrenalin (JOSUÉ und PAIL-
LARD[2]).

Die Vitaminarbeiten der letzten Jahre haben ergeben, daß Beziehungen
zwischen Infektionsbereitschaft und Ernährung bestehen. Wieweit durch
Vitaminschäden das Phagocytosevermögen betroffen wird, ist mehrfach Gegenstand der Untersuchung gewesen. WERKMAN[3] findet Herabsetzung des Phagocytosevermögens bei Mangel an A-Vitamin, in geringerem Maße auch bei Mangel
an B. Ähnlich beschreiben PARRINO und LEPANTO[4] schwaches Phagocytosevermögen C-frei ernährter Meerschweinchen sowie B-frei ernährter Tauben;
nach Darreichung von Vitamin steigt das Phagocytosevermögen wieder an
(PARRINO und SCARPELLA[5]).

Die bei der Phagocytose beteiligten Zellformen. —
Phagocytosebeobachtungen in Gewebskulturen.

Die Einteilung der an der Phagocytose beteiligten Zellen nach METSCHNIKOFF
in Mikrophagen und Makrophagen läßt sich im großen und ganzen auch heute
noch aufrechterhalten. Den Hauptanteil an der Gruppe der Mikrophagen haben
die neutrophilen, polymorphkernigen Leukocyten des strömenden Blutes und der
Exsudate; auch die eosinophilen Leukocyten werden hierher gerechnet. Den
Mikrophagen schrieb METSCHNIKOFF die Führerrolle bei der Vernichtung in den
Organismus eingedrungener Bakterien zu.

Die Makrophagen sollten besonders zur Beiseiteschaffung von toten Zellen,
Zelltrümmern sowie zur Resorption und im Experiment auch zur Phagocytose
lebender Zellen dienen. Die Makrophagen sind genetisch eine durchaus unein-
heitliche Gruppe, nur ein sehr kleiner Teil derselben befindet sich im Blut, auch
in Exsudaten treten sie in größerer Menge erst auf, wenn die akute Entzündung
in eine mehr chronische übergeht. Ihr Mutterboden ist das System der fixen
Makrophagen (METSCHNIKOFF), das sich im wesentlichen mit dem deckt, was wir
heute reticulo-endotheliales System nennen.

Auch von einem andern Blickpunkt aus ist ja dieses System in den letzten
Jahren für den Immunitätsforscher von großem Interesse geworden. Haben
doch BIELING[6] und seine Mitarbeiter gezeigt, daß das Reticuloendothel der Ur-
sprungsort der Antikörper ist.

Versuche, Antikörperbildungsvermögen und Phagocytose durch diese Zellen
isoliert zu untersuchen, scheinen deshalb von besonderem Interesse. Die Gewebe-
züchtung hat uns hier die gewünschte Methodik zur Verfügung gestellt. So
konnte BLOOM[7] feststellen, daß Makrophagen der Lunge normaler Kaninchen

---

[1] BAYER u. FORM: Dtsch. med. Wschr. 1926, 784, 1338.
[2] JOSUÉ u. PAILLARD: C. r. Soc. Biol. Paris 68, 657 (1910).
[3] WERKMAN: J. inf. Dis. 32, 263 (1923).
[4] PARRINO u. LEPANTO: Boll. Ist. sieroter. milan. 6 (1925).
[5] PARRINO u. SCARPELLA: Riv. Pat. sper. 2, 22 (1927).
[6] BIELING u. ISAAK: Z. exper. Med. 28 (1922).
[7] BLOOM: Arch. Path. a. Labor. Med. 3, 608 (1927).

in der Gewebekultur nur ausnahmsweise zugesetzte Taubenblutkörperchen fressen; setzt man aber etwas Serum eines mit Taubenblut vorbehandelten Kaninchens zu, so erfolgt lebhafte Phagocytose. Gewebsmakrophagen immunisierter Kaninchen fressen dagegen zugesetzte Taubenblutkörperchen ohne Immunserumzusatz.

Von Loewenthal und Micseh[1] wurde das Verhalten von Gewebsmakrophagen aus der Milz normaler und immunisierter Kaninchen gegenüber Pneumokokken untersucht. Sie fanden, daß die Makrophagen der Milz normaler Kaninchen avirulente Pneumokokken nur in Gegenwart von frischem Normalserum, virulente nur unter dem Einfluß von spezifischem Immunserum aufnehmen; die Milzmakrophagen verhalten sich also ebenso wie die Leukocyten aus dem Blut und aus Exsudaten. Makrophagen der Milz immunisierter Kaninchen phagocytierten dagegen — im Gegensatz zu den Exsudat- und Blutleukocyten

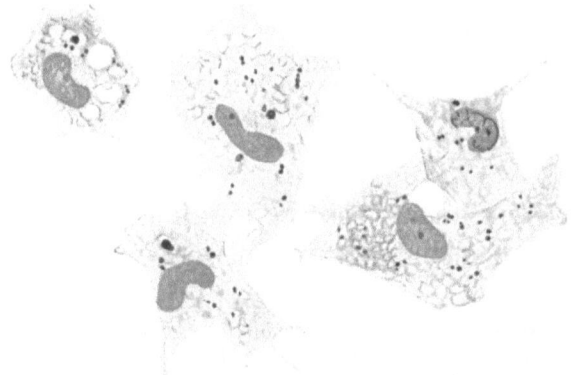

Abb. 75. Fünf Tage in vitro gezüchtete Makrophagen der Milz eines gegen Pneumokokken immunisierten Kaninchens. Lebhafte Phagocytose nach Zusatz virulenter Pneumokokken.

vorbehandelter Tiere — sowohl avirulente wie virulente Pneumokokken ohne jeden Serumzusatz (vgl. Abb. 75). Sie verloren aber diese Fähigkeit, wenn sie nach Verlauf von mehreren Tagen in der Gewebskultur umgebettet worden sind; sie verhielten sich dann wie die Makrophagen normaler Tiere.

Von einer Reihe von Autoren ist der Nachweis geführt worden, daß Gewebskulturen, die reticulo-endotheliale Elemente enthalten, die Fähigkeit besitzen, Antikörper gegen ein zugesetztes Antigen zu bilden. So beobachteten Carrel und Ingebrigtsen[2] die Bildung von spezifischen Hämolysinen gegen Ziegenblut in Kulturen von Lymphknoten und Knochenmark von Kaninchen, Przygode[3] die Entstehung von Präcipitinen gegen Pferdeserum und von Typhusagglutininen in Milzzellen des Kaninchens, Schilf[4] die Bildung von Choleralysinen, Meyer u. Loewenthal[5] von Typhusagglutininen in Gewebsstückchen von Kaninchenmilz und Lymphdrüsen; der höchste Agglutinintiter wurde dabei bereits am 3. Tage erreicht und nach dem 5. Tage erfolgte keine Neubildung von Antikörpern mehr. Meyer und Loewenthal zeigten, daß auch Kulturen der Milchflecken des Netzes die Fähigkeit haben, Antikörper zu bilden. Da diese nur Makrophagen und Fibroblasten enthalten, Reinkulturen von Fibroblasten aber kein Antikörperbildungsvermögen zeigten, so war damit der Beweis geliefert, daß hier nur die Makrophagen, also Elemente des reticulo-endothelialen Systems, die Antikörperbildner sind.

Hiernach enthalten also die Makrophagen immunisierter Tiere spezifische Antikörper, in unserem Fall Tropine. Ob sie dadurch schon befähigt werden,

[1] Loewenthal u. Micseh: Z. Hyg. 110, 150 (1929).
[2] Carrel u. Ingebrigtsen: J. of exper. Med. 15, 287 (1912).
[3] Przygode: Wien. klin. Wschr. 1913, 841; 1914, 201.
[4] Schilf: Zbl. Bakter. I 97, 219 (1926).
[5] Meyer u. Loewenthal: Z. Immun.forschg 54, 409 (1928).

die virulenten Pneumokokken zu fressen, oder ob sie diese Antikörper zunächst nach außen abgeben, wo sie dann von den Pneumokokken verankert werden, ist nach den bisherigen Versuchen nicht zu entscheiden.

Im ersteren Fall würde es sich um eine Veränderung phagocytärer Zellen im Verlauf der Immunisierung handeln, wodurch dieselben befähigt würden, virulente Erreger, die für die Zellen des normalen Tieres unangreifbar sind, zu fressen und zu vernichten; damit wäre also, zum ersten Male, ein Vorgang festgestellt, wie er METSCHNIKOFF bei Übertragung seiner Phagocytentheorie auf die erworbene Immunität vorgeschwebt hat. Dann würde aber die Zelle ihre Fähigkeit nur dem darin enthaltenen spezifischen Antikörper verdanken, der entsprechend der Theorie EHRLICHS intracellulär entsteht und später in das Blut und die Körpersäfte übergeht, — auch hier wäre der Gegensatz zwischen der humoralen und der cellulären Theorie überbrückt.

Gewöhnung an Gifte.

Von

Fritz Hildebrandt
Gießen.

Zusammenfassende Darstellungen.

Hausmann, W.: Die Gewöhnung an Gifte. Erg. Physiol. **6**, 58 (1907) — Handbuch der pathogenen Mikroorganismen. Hrsg. von Kolle u. Wassermann. Jena: G. Fischer — Handbuch der pathogenen Protozoen. Hrsg. von Prowazek. Leipzig — Handbuch der experimentellen Pharmakologie. Hrsg. von Heffter. Berlin: Julius Springer. — Lewin: Die Nebenwirkungen der Arzneimittel. 3. Aufl. Berlin 1899. — Joel, Ernst: Zur Pathologie der Gewöhnung. Ther. Gegenw. **1923**, November/Dezember-Heft. — Kunkel, A. J.: Handbuch der Toxikologie. Jena 1899. — Gunn, J. A.: Cellular Immunity: Congenital and acquired tolerance to non-protein substances. Physiologic. Rev. **3**, 41 (1923).

A. Einleitung.

Die Giftgewöhnung einzelliger Organismen, höherer Tiere und des Menschen bildet den Gegenstand des vorliegenden Kapitels.

Sowohl der Begriff „Gift", wie der „Gewöhnung" bedürfen zunächst einer kurzen Erläuterung, um eine Abgrenzung des Gebietes zu ermöglichen.

Faßt man den Begriff „Gift" allgemein, im Sinne eines schädigenden Agens, so fallen hierunter nicht nur die Gifte, die vermöge ihrer chemischen Qualität zu mehr oder minder schweren Funktionsänderungen der Zelle führen, sondern auch die von einem physikalischen Agens gesetzten Schädigungen. Diese letzteren sind hier außer Betracht gelassen, so daß unter Giften in dem hier angewandten Sinne zunächst einmal nur chemische Agenzien anorganischer und organischer Natur verstanden sind.

Von organischen Giften sind die Gifte noch abzutrennen, die ihrer Natur nach Eiweißkörper darstellen. Bekanntlich tritt die Immunität gegen Toxine und Bakterien oder überhaupt gegen Eiweißsubstanzen dadurch ein, daß im Blut des Warmblüters und in den Zellflüssigkeiten spezifische Gegenkörper gebildet werden. Bei Giften nichteiweißartigen Charakters fehlt eine solche Antikörperbildung; der Grund der Resistenzsteigerung gegen diese beruht auf anderen Ursachen, wie weiter unten ausgeführt werden soll.

Was den Begriff „Gewöhnung" anbelangt, so verstehen wir darunter die verminderte Reaktion oder Reaktionsfähigkeit von Lebewesen gegenüber einem Gift, mit dem das Individuum kürzere oder längere Zeit in Kontakt gewesen ist. Teleologisch betrachtet handelt es sich hierbei um einen Zweckmäßigkeitsvorgang: der Organismus reagiert auf die abnormen, unphysiologischen Reize qualitativ oder quantitativ anders in einer Weise, daß diese Reize den Organismus nicht mehr so stark schädigen. Daraus resultiert dann eine relative erworbene Giftfestigkeit. Der Grund für eine solche kann auf verschiedenen Ursachen beruhen: verminderte Resorption, beschleunigte Ausscheidung, erhöhte Zerstörung des Giftes oder Herabsetzung der Empfindlichkeit entweder einzelner Organe oder des gesamten Organismus.

Bei der Einteilung des Stoffes wurde so vorgegangen, daß zunächst die Giftgewöhnung von Protozoen besprochen wurde, sodann die von Bakterien und Hefe. Den zweiten Teil bildet die Gewöhnung höherer Tiere und des Menschen an Gifte anorganischer und organischer Natur.

Von der älteren Literatur sind nur die grundlegenden Arbeiten angeführt, weitere Angaben finden sich in der Abhandlung von Hausmann[1] „Die Gewöhnung an Gifte" aus dem Jahre 1907. Die neuere Literatur wurde möglichst vollständig bearbeitet; dabei wurden vor allem diejenigen Gewöhnungen berücksichtigt, die experimentell gestützt sind.

---

[1] Hausmann, W.: Die Gewöhnung an Gifte. Erg. Physiol. **6**, 58 (1907).

B. Gewöhnung bei Einzelligen.

I. Protozoen.

Bei der Giftgewöhnung von Protozoen müssen in erster Linie die klassischen Untersuchungen EHRLICHS und seiner Schule genannt werden. Vorausgeschickt sei hier, daß nach Ansicht des Referenten die tatsächliche Existenz der EHRLICH-schen Chemoreceptoren nicht erwiesen ist. Doch ist dies insofern gleichgültig, als es sich dabei weniger um die Frage der eigentlichen Existenz dieser Körper handelt, als vielmehr um ein Mittel, sich eine möglichst plastische Vorstellung von den sich abspielenden Vorgängen zu machen, also um eine Art Arbeitshypothese. Als ordnendes Prinzip haben sich die Chemoreceptoren sehr gut bewährt; es ist auch bisher nicht gelungen, der EHRLICHschen Theorie eine ihr ebenbürtige Anschauungsweise gegenüberzustellen.

EHRLICH hatte in gemeinschaftlicher Arbeit mit FRANKE, RÖHL und BROWNING festgestellt, daß es durch Verfütterung von Fuchsin gelingt, Naganatrypanosomen lange Zeit aus dem Blut der infizierten Mäuse zum Verschwinden zu bringen. Nach Wochen erschienen dieselben jedoch wieder und konnten durch eine zweite Fuchsinfütterung abermals beseitigt werden. Schließlich kam aber ein Zeitpunkt, in dem die freien Intervalle immer kürzer wurden, bis schließlich der Erfolg der Fütterung ganz ausblieb. Die Frage, ob diese Erscheinung auf einer Gewöhnung des Wirtskörpers und daraus resultierender erhöhter Zerstörung des Fuchsins oder auf einer Änderung der Empfindlichkeit der Parasiten beruhe, ließ sich dadurch entscheiden, daß die Trypanosomen von einem derartigen Tier auf andere normale Mäuse übertragen und diese dann mit Fuchsin behandelt wurden. Dabei stellte sich heraus, daß die Parasiten in der Tat eine erhöhte Resistenz gegen Fuchsin erlangt hatten. Die Fuchsinfestigkeit war vererbbar und konnte sich durch viele hundert Passagen hindurch ungeschwächt erhalten. Sie war aber *nicht* etwa der *Ausdruck einer allgemeinen Resistenzerhöhung* schädigenden Einflüssen gegenüber, *sondern* erwies sich als *spezifisch gerichtet*, und zwar, wie die weiteren Untersuchungen EHRLICHS[1] und seiner Mitarbeiter FRANKE, RÖHL und BROWNING ergaben, *gegen die ganze Gruppe der chemotherapeutisch wirksamen Substanzen, denen der betreffende Farbstoff angehörte.* So konnten feste Rassen gezüchtet werden 1. gegen *Benzidinfarbstoffe*, 2. gegen *Farbstoffe* der *Triphenylmethanreihe*, 3. gegen die *Derivate* der *Phenylarsinsäure*.

Der Mechanismus der Arzneifestigkeit bei Trypanosomen beruht nach EHRLICH[2] darauf, daß in den Trypanosomen bestimmte chemische Gruppierungen, Chemoreceptoren, vorhanden sind, welche zu bestimmten Arzneistoffen eine gewisse spezifische Affinität besitzen. So gibt es Receptoren, die zu dem Radikal des dreiwertigen Arsens Verwandtschaft haben, wieder andere, die charakteristische Gruppierungen, die den basischen Triphenylmethanfarbstoffen eigen sind, oder aber die Gruppe der Trypanrotfarbstoffe an sich reißen. Die künstlich erzeugte Festigkeit ist nun darauf zurückzuführen, daß die Avidität der Receptoren zu den betreffenden Gruppierungen allmählich immer mehr bis zu einer gewissen Grenze herabgemindert wird. Dem erreichbaren Grade der künst-

---

[1] EHRLICH, P.: Chemotherapeutische Trypanosomenstudien. Berl. klin. Wschr. **1907**, 233, 280, 310, 341. — BROWNING, C.: Chemotherapy in Trypanosome Infections. J. of Path. **12**, 166 (1908) — Experiment. Chemotherapy in Trypanosome Infect. Brit. med. J. **1907**, 16. Nov.

[2] EHRLICH, P.: Über die neuesten Ergebnisse der Trypanosomenforschung. Arch. Schiffs- u. Tropenhyg. **13**, Beiheft, 91 (1909). — EHRLICH, P. u. R. GONDER: Chemotherapie. Handb. d. pathog. Mikroorganismen **3**, 337 (1913). Hrsg. von KOLLE u. WASSERMANN — Experimentelle Chemotherapie. Prowazeks Handb. d. pathog. Protozoen I, 752. Leipzig 1914.

lichen Festigung sind indessen dadurch Schranken gezogen, daß die trypanociden Mittel auch toxisch auf den Wirtskörper wirken. Die höchste Stufe ist dann erreicht, wenn die Parasitotropie gegenüber der Organotropie 0 geworden ist. Von dieser Grenze an nimmt der Parasit nichts mehr von dem Arzneimittel auf und damit ist die Möglichkeit einer weiteren Steigerung, die ja nur auf der Aufnahme des zugeführten Chemikales beruhen kann, ausgeschlossen. Wenn es gelänge, Trypanosomen in Nährmedien fortzuzüchten, so wäre es gut denkbar, daß die Festigung noch bedeutend gesteigert werden könnte. Reagensglasversuche sind nur in der Weise möglich, wie sie Neven[1] unter Ehrlichs Leitung angestellt hat: Mischung von trypanosomenhaltigem Blut mit den verschiedenen Chemikalien und mikroskopische Feststellung der Immobilisierung oder Abtötung der Parasiten. Mit Hilfe dieser Anordnung kann man die Resistenz eines Ausgangsstammes mit der eines gefestigten gegenüber trypanociden Agenzien vergleichen. Nach Nevens Untersuchungen ist zur Abtötung der gegen Arsen gefestigten Stämme je nach dem Grad der Gewöhnung eine 10—100mal so hohe Konzentration nötig als zur Abtötung des Ausgangsstammes. Bei diesen Mischversuchen ergab sich nun weiter, daß die fünfwertigen Arsenverbindungen (z. B. Atoxyl), obgleich sie im Tierkörper sehr stark trypanocid wirken, in vitro keinen nennenswerten Einfluß auf die Parasiten ausüben. Dagegen töten Derivate der Arsenilsäure, in denen das fünfwertige Arsen in das ungesättigte dreiwertige übergeführt ist, die Trypanosomen schon in den allerextremsten Verdünnungen. Ehrlich deutet dies so, daß der Arsenoceptor nur auf das dreiwertige Arsen eingestellt ist und nur solches zu verankern vermag. Auch im Tierkörper wirken nach seiner Auffassung die fünfwertigen Arsenverbindungen nicht als solche, sondern erst ihr Reduktionsprodukt, das dreiwertige Arsen, eine Anschauung, die auch Voegtlin[2] und Mitarbeiter vertreten.

Daß die Giftfestigkeit eine allgemeine Eigenschaft aller Individuen eines Stammes ist, geht aus Versuchen von Oehler[3] hervor, der Einzellenübertragungen bei Trypanosomen vornahm. Es gelang ihm, einen derartigen, aus einem Einzelindividuum hervorgegangenen Stamm von Trypanosoma Brucei bei Behandlung mit Salvarsan im Wirtskörper so weit zu festigen, daß die Salvarsanempfindlichkeit schließlich nur noch den 12. Teil der Anfangsempfindlichkeit betrug.

Die ferneren Untersuchungen Ehrlichs zeigten bald, daß das ganze Problem der Arzneifestigkeit weit komplizierter ist, als es zuerst den Anschein gehabt hatte. Bei der Prüfung eines gegen p-Amidophenylarsinsäure (Atoxyl) gefestigten Trypanosomenstammes auf seine Festigkeit gegen andere Arsenikalien ergab sich, daß dieser zwar gegen eine Reihe anderer Arsenverbindungen unempfindlich war, so gegen die p-Oxyverbindung, gegen die Harnstoffverbindung, die Benzylidenverbindung und eine Reihe von Säurederivaten, nicht aber gegen Arsenophenylglycin und andere Arsenikalien, die das Radikal der Essigsäure enthalten. Erst nach systematischer Behandlung mit Arsenophenylglycin gelang es, auch gegenüber dieser Substanz die Festigung zu erzielen. Durch arsenige Säure indessen, die nach Ehrlich die größte Avidität zu den Arsenoceptoren besitzt und auch trotz Einziehung der Receptoren noch wie „die Beißzange auf den Stummel" angreift, war der Stamm noch leicht abzutöten. Es gelang erst nach jahrelanger Arbeit, einen weiteren Stamm zu züchten, der auch gegen dieses fest war.

---

[1] Neven, Otto: Über die Wirkungsweise der Arzneimittel bei Trypanosomiasis. Inaug.-Dissert. Bern 1909.

[2] Voegtlin, Carl u. H. W. Smith: Quantitative studies in chemotherapy. J. of Pharmacol. **15**, 475 (1920).

[3] Oehler: Zur Gewinnung reiner Trypanosomenstämme. Zbl. Bakter. I Orig. **70**, 110 (1913).

Wenn sich somit Ausnahmen in der Gruppe der Arsenikalien ergeben hatten, so zeigte sich andererseits auch, daß die Festigung der Parasiten gegen die eine Gruppe der trypanociden Heilmittel auch eine erhöhte Resistenz gegen Chemikalien mit sich brachte, die einer ganz anderen Kategorie angehörten. Weitere Untersuchungen ergaben nämlich, daß Arsenstämme auch gegen Farbstoffe vom *orthochinoiden Typus* (Pyronin-Acridin- und Oxazinreihe) fest waren, d. h. daß der Arsenoceptor auch mit diesen reagierte („orthochinoide Zwinge"). Ja der Pyroninfarbstoff festigte sogar stärker und schneller — KUDICKE[1] gelang es durch *einmalige* Behandlung mit Acridin einen Trypanosomenstamm arsenfest zu machen — als manche Arsenikalien. Interessant ist dabei, daß es mit einigen dieser Farbstoffe gelang, die Verminderung der Avidität auch dem Auge sichtbar zu machen[2]. Während sich nämlich normale Trypanosomen sehr schnell noch während des Lebens färbten und bald in den Farblösungen abstarben, drang der Farbstoff in die arsenfesten Stämme vital überhaupt nicht ein und die Parasiten blieben viel länger am Leben. Erst nach dem Absterben färbten sie sich.

Auch an den Blepharoblasten der Trypanosomen kann eine Arzneifestigkeit demonstriert werden (LEUPOLD[3]): bei Entfaltung seiner trypanociden Wirkung führt Trypaflavin zu einem Verlust derselben. Liegt dagegen ein arsenfester Stamm vor, so bleibt diese Wirkung aus, und umgekehrt fehlt auch bei trypaflavinfesten Stämmen die Arsenwirkung auf die Blepharoblasten. Diese Veränderung ist aber doch bis zu einem gewissen Grade spezifisch, denn gegen Antimon oder Bayer 205 gefestigte Trypanosomen verlieren ihre Blepharoblasten genau so wie normale, wenn sie mit Arsen in Kontakt gebracht werden.

Die Arsenfestigkeit bedingt ferner auch noch eine Unempfindlichkeit der Trypanosomen gegen *Antimon.* So konnten MORGENROTH und HALBERSTÄTTER[4] durch ausschließliche Behandlung mit Arsacetin einen Naganastamm züchten, der gleichzeitig mit maximaler Festigkeit gegen dieses Mittel auch eine maximale Festigkeit gegen Brechweinstein aufwies. Nach Aussetzen der Arsacetinbehandlung ging die Antimonfestigkeit verloren, während die Resistenz gegen Arsazetin sich nicht nachweisbar änderte. Durch einmalige Behandlung mit Brechweinstein konnte die Antimonfestigkeit im vollen Umfange wiedergewonnen werden. Eine Festigung gegen Antimon hatten früher schon MESNIL und BRIMONT[5] erzielt und dabei gefunden, daß der Trypanosomenstamm auch im Mischversuch in vitro sehr resistent gegen Antimon war. Zum gleichen Resultat gelangte auch NEVEN[6]. Indessen stimmen die Erfahrungen aller Autoren, die sich mit Versuchen über eine Festigung von Trypanosomen gegen Antimon beschäftigt haben, darin überein, daß durch Behandlung mit Brechweinstein *allein* ohne vorhergehende Behandlung mit Arsenverbindungen eine irgendwie erhebliche Resistenz nicht gewonnen werden kann[7]. Von Interesse ist, daß eine, wenn auch vorübergehende Beeinflussung der Antimonempfindlichkeit durch eine an sich nicht trypanocide

[1] KUDICKE: Beiträge zur Biologie der Trypanosomen. Zbl. Bakter. I Orig. **61**, 113 (1911).

[2] GONDER, R.: Handbuch der pathogenen Mikroorganismen **3**, 337 (1913). Hrsg. von KOLLE u. WASSERMANN.

[3] LEUPOLD, F.: Die Bedeutung der Blepharoblasten als Angriffspunkt chemotherapeutischer Substanzen. Z. Hyg. **104**, 641 (1925).

[4] MORGENROTH, J. u. J. HALBERSTÄTTER: Zur Kenntnis der Arzneifestigkeit der Trypanosomen. Arch. Schiffs- u. Tropenhyg. **15**, 237 (1911).

[5] MESNIL u. BRIMONT: Sur une race de Trypanosomes resistant à l'émétique. C. r. Soc. Biol. Paris **64**, 820 (1908) — Ann. Inst. Pasteur **22**, 856 (1908); **23**, 129 (1909).

[6] NEVEN, OTTO: Über die Wirkungsweise der Arzneimittel bei Trypanosomiasis. Inaug.-Dissert. Bern 1909.

[7] MORGENROTH, I.: Über Anpassungserscheinungen bei Mikroorganismen. Med. Klin. **1912**, Nr 35.

Tantalverbindung, das Kaliumhexatantalat, hervorgerufen werden kann[1], eine
Erscheinung, die Morgenroth als „*Chemoflexion*" bezeichnet und die im Gegensatz zu der im Laufe von Wochen zu erreichenden Arzneifestigkeit sich binnen
kürzester Zeit vollzieht. Diese ungemein rasche Umwandlung hat im Grunde
genommen mehr Ähnlichkeit mit der Serumfestigkeit der Trypanosomen, bei der
sich die erworbene Unempfindlichkeit gegen spezifische Antikörper gleichfalls
nach ganz kurzer Berührung mit diesem einzustellen vermag. Die durch Chemoflexion bedingte Änderung ist im Gegensatz zur Arzneifestigkeit von kurzer Dauer
und bildet sich nach einer begrenzten Anzahl von Generationen zurück (J. Morgenroth). Ein plötzliches Eintreten der Arzneifestigkeit durch einmalige Behandlung mit einem Arzneistoff hat auch Ehrlich[2] festgestellt, und zwar durch
Behandlung mit Derivaten der Phenylarsinsäure z. B. mit einem Kondensations-
produkt aus *p*-Oxymetaamidophenylarsenoxyd + Resorcylaldehyd und als
„mutative Festigung" bezeichnet.

　　Aus dem bisher Gesagten erhellt, daß es *drei* Wege gibt, die zur Arzneifestigkeit der Trypanosomen führen: 1. *eine durch eine lange Reihe von Generationen
hindurch fortgesetzte Behandlung mit Arzneistoffen*, 2. *eine schnelle durch orthochinoide Farbstoffe* und 3. *eine mutative Festigung* (Ehrlich), *Chemoflexion*
(Morgenroth).

　　Eine gewisse Ergänzung hat die Ehrlichsche Receptorentheorie durch die
neuesten Arbeiten Voegtlins[3] und seiner Mitarbeiter erfahren. Sie waren zu
salvarsanfesten Trypanosomenstämmen dadurch gelangt, daß sie als Passagetiere
Ratten verwandten, die *zuvor* subletale Salvarsandosen erhalten hatten. Die
bereits nach wenigen Passagen eingetretene Festigkeit bezog sich auch auf andere
organische Arsenverbindungen; sie war aber nur durch solche auszulösen, die vom
Wirtskörper eine Zeitlang retiniert werden (Salvarsan), während verhältnismäßig schnell ausscheidbare Substanzen wie Atoxyl, Arsacetin, Tryparsamid und
andere fünfwertige As-Verbindungen bei dieser Methode keine Resistenzsteigerung
bewirkten; mit anderen Worten: es genügen die im Wirtskörper zurückgehaltenen
minimalen Salvarsanmengen, um die Trypanosomen gegen das Gift zu festigen.
In weiteren Versuchen ergab sich die beachtenswerte Tatsache, daß ein durch
Rattenpassage gefestigter Trypanosomenstamm seine normale Empfindlichkeit
gegen Salvarsan zurückerhält, wenn er durch Kaninchen oder Hunde hindurch-
geschickt wird, um bei Rückimpfung auf Ratten nach einer Reihe von Passagen
die früher erlangte Toleranzsteigerung erneut zu erreichen. Änderungen des
Milieus werden von Voegtlin für diese Erscheinungen verantwortlich gemacht,
die den Stoffwechsel und vielleicht auch die Permeabilität der Parasiten beeinflussen. Ähnliche Erfahrungen hatten schon Mesnil und Beaumont[4] bei Überimpfung eines atoxylfesten Trypanosomenstammes von Mäusen auf Ratten
gemacht: auch hier war bei Änderung des Passagetieres eine Abschwächung der
Toleranzsteigerung zu verzeichnen gewesen. Jedenfalls dürfte auch dem Wirtsorganismus und damit dem Nährboden der Parasiten eine größere Rolle zukommen, als man bisher anzunehmen gewohnt ist.

　　Zur Erklärung der Arzneifestigkeit ist öfters die Frage der „natürlichen Auslese" in Erwägung gezogen worden. Dieser Begriff bedeutet, daß derselbe Stamm

　　[1] Morgenroth, I.: Über die neuere Entwicklung der Chemotherapie. Ber. dtsch.
pharmaz. Ges. **1917**. — Morgenroth, I. u. F. Rosenthal: Experimentell-therapeutische
Studien bei Trypanosomeninfektionen. Z. Hyg. **68**, 506 (1911).
　　[2] Ehrlich, P. u. R. Gonder: Chemotherapie. Handb. d. pathog. Mikroorganismen
3, 351. 2. Aufl. Hrsg. von Kolle u. Wassermann. Fischer 1913.
　　[3] Voegtlin, C., H. Dyer u. W. Miller: On Drug-Resistance of Trypanosomes with
particular Reference to Arsenic. J. of Pharmacol. **23**, 55 (1924).
　　[4] Mesnil u. Beaumont: Ann. Inst. Past. **22**, 856 (1908).

von Individuen mit verschiedener Giftempfindlichkeit gebildet wird und daß bei Kontakt mit dem Gift die empfindlicheren abgetötet werden, während die relativ unempfindlicheren der Giftwirkung trotzen. Bei Erhöhung der Dosen würde dann immer ein gewisser, besonders resistenter Teil übrigbleiben, der dann zur Fortentwicklung der Parasiten dienen würde. Möglicherweise könnte gerade das Alter der verschiedenen Parasiten eine Rolle spielen oder auch Verschiedenheiten des Nährmediums. Derartige Einflüsse sind an und für sich nicht ganz von der Hand zu weisen, denn auch bei Abtötungskurven von Desinfektionsmitteln beobachtet man, daß bei einer gewissen Giftkonzentration nicht plötzlich alle Parasiten abgetötet werden, sondern ein Teil überlebt. Andererseits aber dürften diese individuellen Unterschiede doch nicht einen so hohen Grad erreichen, daß dadurch Resistenzsteigerungen gegen ein Mehr-, ja Vielfaches der ursprünglichen abtötenden Grenzkonzentration erreicht werden.

Schwierig zu beantworten ist die Frage nach dem Mechanismus, durch den die verminderte Giftempfindlichkeit zustande kommt. Für Permeabilitätsänderungen bestehen keine eindeutigen Anhaltspunkte, und so ist VOEGTLIN geneigt, eine Stärkung der natürlichen Abwehrkräfte gegen das Gift anzunehmen. Er denkt hierbei vor allem an Protoplasmabestandteile mit gewissen Sulphhydrilgruppen (Cystein, Glutathion), die als Überträger von aktivem Wasserstoff im Zellstoffwechsel eine wichtige Rolle spielen. Eine Vermehrung dieser Sulphhydrilgruppen würde die Parasiten zu einer erhöhten Entgiftung von Arsenikalien befähigen. Diese Annahme erfährt eine experimentelle Stütze durch den von VOEGTLIN erbrachten Nachweis, daß Arsenoxyde (von der Formel $R \cdot As = 0$) ihre Giftwirkung auf Trypanosomen verlieren, wenn gleichzeitig Glutathion oder Cystein zugeführt wird. Auch mit andern Tatsachen läßt sich VOEGTLINS Hypothese gut in Einklang bringen: die gleichzeitige Resistenzsteigerung gegen orthochinoide Farbstoffe könnte auf der Überführung derselben in ihre Leukobasen durch die Sulphhydrilgruppen beruhen.

Was die Dauer der Arzneifestigkeit anbelangt, so wurde eingangs schon erwähnt, daß sie sich durch viele Trypanosomengenerationen hindurch erhält, ohne daß die geringste Änderung sich dabei einstellt[1]. Dagegen bringt nach GONDERS Untersuchungen[2] an Trypanosoma Lewisii die Befruchtung in der Rattenlaus, dem natürlichen Überträger der Parasiten, die Festigkeit zum Verschwinden.

Interessante Beobachtungen über die *Durchbrechung der Arzneifestigkeit* verdanken wir MORGENROTH. Derselbe hatte in Gemeinschaft mit ROSENTHAL[3] Trypanosomen gegen Chinin und seine Derivate Hydrochinin und Äthylhydrocuprein (Optochin) in vivo wie in vitro gefestigt. Bei lang anhaltender Chininbehandlung war dabei eine Chininfestigkeit aufgetreten, die sich in 15 Passagen konstant erwies, während es in manchen Fällen schon nach einmaligem Kontakt zur Ausbildung einer „Halbfestigkeit" kam, die durch ein Zurückschlagen zur normalen Empfindlichkeit nach wenigen Passagen charakterisiert war. In einzelnen Fällen gelang es nun, die bestehende Chininfestigkeit durch Behandlung mit Salvarsan oder Brechweinstein zu durchbrechen, wobei sogar eine Chininüberempfindlichkeit resultierte. Ähnlichen Erscheinungen werden wir später bei der Arzneifestigkeit von Bakterien begegnen.

---

[1] EHRLICH, P.: Über Chemotherapie. Zbl. Bakter. I Orig. **50**, Beiheft, 94 (1911).

[2] GONDER, R.: Untersuchungen über arzneifeste Mikroorganismen. Zbl. Bakter. I Orig. **61**, 102 (1911).

[3] MORGENROTH, I. u. F. ROSENTHAL: Experimentell-therapeutische Studien bei Trypanosomeninfektionen, 3. Mitt. Z. Hyg. **71**, 501 (1912).

Zu erwähnen sind hier noch die neuesten Untersuchungen über das Trypano-
somenmittel „*Bayer 205*". Mayer und Zeiss[1] sprachen sich zuerst dahin aus,
daß es nicht mit Sicherheit gelinge, auch nicht durch wiederholte Behandlung
mit kleinen Dosen „Bayer 205"-feste Stämme von Trypanosoma Brucei equiperdum, gambiense oder rhodesiense zu erhalten. Kleine und Fischer[2] dagegen
beobachteten eine schnelle Gewöhnung von Nagana-Trypanosomen, mit denen
sie Affen infiziert hatten. Ebenso gelangte Freund[3] zu einem hochgradig und
andauernd gegen „205" resistenten Naganastamm, der zugleich auch gegen
Trypanblau fest war. Nach der Ansicht von Morgenroth ist die Festigkeit
deshalb sehr schwer zu demonstrieren, weil das Mittel spezifisch die Fähigkeit
der Trypanosomen, serumfest zu werden, d. h. in einen Rezidivstamm überzugehen, vernichtet.

Außer den Trypanosomen lassen sich auch andere Protozoen an Gifte gewöhnen. Die Anpassung an Änderungen des Salzgehaltes der Umgebungsflüssigkeit sei hier nur gestreift[4]. Die Resistenzsteigerungen können hier außerordentlich hohe Grade erreichen.

Als ein Beispiel hierfür sei nur angeführt, daß Engelmann Seewasserprotozoen an
einen Salzgehalt von 10%(!) gewöhnen konnte. Französische Forscher haben sogar in salz-
gesättigten Tümpeln Elsaß-Lothringens, auf deren Grund sich eine Schicht von Salzkrystallen
befand, lebende Flagellaten gefunden. Bei diesen Anpassungserscheinungen handelt es sich
um eine Änderung der osmotischen Eigenschaften.

Die ersten Versuche über die Frage, ob sich in Analogie gegen Änderungen
des osmotischen Druckes auch gegen Gifte eine Resistenzsteigerung erzielen
ließe, stammen von Davenport und Neal[5]. Es gelang ihnen, *Stentorien* gegen
Sublimat und *Chinin* so zu festigen, daß sie z. B. nach einem zweitägigen Aufenthalt in einer 0,00005proz. Sublimatlösung viermal solange Zeit einer tödlichen
Sublimatmenge widerstanden als die in gewöhnlichem Brunnenwasser befindlichen. Sehr gründliche Versuche hat ferner Neuhaus[6] mit Kolpidien und Paramäcien angestellt; ihr Wert wird indessen dadurch etwas beeinträchtigt, daß die
Züchtung der Infusorien in der Giftlösung zum Zwecke der Angewöhnung nur
wenige Tage betrug. Bei längerer Dauer der Vorbehandlung wären die Resultate wohl noch eklatanter ausgefallen. Bei Kolpidien konnte Neuhaus eine
Festigung gegen arsenige Säure (organische Arsenpräparate wie Arsacetin erwiesen sich als zu wenig toxisch) nicht erzielen, wohl aber gegen Antimon. Paramäcien zeigten schon nach wenigen Tagen eine deutliche Erhöhung ihrer Resistenz
gegen arsenige Säure. Bei den Versuchen mit Sublimat ergab sich die bemerkenswerte Tatsache, daß nur bei Vorbehandlung mit ganz verdünnten Lösungen eine
Festigung eintrat, während die Vorbehandlung mit stärkeren Konzentrationen
oder mit Arsacetin zu einer ausgesprochenen Empfindlichkeitssteigerung gegenüber Quecksilber führte. Den höchsten Grad der Festigung erreichte Neuhaus

---

[1] Mayer, M. u. H. Zeiss: Versuche mit einem neuen Trypanosomenheilmittel (Bayer205)
bei menschen- und tierpathogenen Trypanosomen. Arch. Schiffs- u. Tropenhyg. **24**, 257 (1920).

[2] Kleine u. Fischer: Bericht über die Prüfung von „Bayer 205" in Afrika. Dtsch.
med. Wschr. **1922**, 1693; **1923**, 1039.

[3] Morgenroth, I. u. R. Freund: Über die Wirkungsweise von „Bayer 205" bei der
experimentellen Trypanosomeninfektion der Maus. Klin. Wschr. **1924**, 53.

[4] Cohn, Ferd., Massart, Balbiani, Gruber, vgl. Hausmann: Die Gewöhnung an
Gifte. Erg. Physiol. **6**, 65 (1907), und weitere Literatur bei Neuhaus: Versuche über Ge-
wöhnung an Arsen, Antimon, Quecksilber und Kupfer bei Infusorien. Arch. internat.
Pharmacodynamie **20**, 393 (1910).

[5] Davenport und Neal: On the Acclimatisation of Organisms to Poissonous Chemical
Substances. Arch. Entw.mechan. **2**, 564 (1896).

[6] Neuhaus: Versuche über Gewöhnung an Arsen usw. bei Infusorien. Arch. internat.
Pharmacodynamie **20**, 393 (1910).

gegen Kupfer und zwar gegen das Doppelsalz Kupferoxydnatriumtartrat. Die in diesem Fall beobachtete relative Unempfindlichkeit hielt er aber nicht für eine spezifische, da auch ein mit Arsen vorbehandelter Stamm eine gewisse Festigkeit gegen Kupfer, aufwies. Ähnliche Versuche hat JOLLOS[1] an Paramäcien mit arseniger Säure angestellt. Er züchtete die Kulturen während mehrerer Wochen unter Einwirkung von etwa der Hälfte der gerade tödlichen Dosis und steigerte dann in regelmäßigen Intervallen die Konzentration für kurze Zeit bis über die tödliche Dosis hinaus, um sie nach Abtötung eines großen Teils der Paramäcien wieder herabzusetzen. Auf diese Weise erhielt er fünf arsenfeste Stämme. Während die Anfangsstämme stets bei einer Konzentration von $0,8-1,1$ auf 100 As_2O_3 innerhalb 48 Stunden zugrunde gingen, konnten durch dieses monatelang fortgesetzte Verfahren Stämme gewonnen werden, die noch gegen $3-3,5:100$ resistent waren. Ein sechster giftfester Stamm, der sich „spontan" aus einer durch Hinzufügung einer etwas zu großen Giftmenge gebildet hatte, vertrug sogar noch die Konzentration von $5:100$, ohne erkennbar geschädigt zu sein. Die Arsenfestigkeit der Paramäcien blieb etwa 7 Monate lang unverändert bestehen, von da ab klang sie langsam ab und erreichte nach $10^1/_2$ Monaten wieder die Norm.

Das Problem, ob *Malariaparasiten* gegen *Chinin* eine erhöhte Resistenz gewinnen können, ist noch scharf umstritten. Während viele Autoren das Vorkommen einer Chininfestigkeit völlig ablehnen, glauben andere besonders aus Kriegserfahrungen heraus auf ein sehr häufiges Vorkommen dieser Erscheinung schließen zu sollen. Mit Recht hebt MÜHLENS[2] hervor, daß vieles, was in der Literatur mit „Chiningewöhnung" oder „Chininabstumpfung" und als „Chininresistenz" oder „Chininfestigkeit" bezeichnet wird, eigentlich gar nicht unter diese Begriffe paßt und daß eine Chininfestigkeit unter Umständen dadurch vorgetäuscht werden kann, daß die Abwehrtätigkeit des Organismus (Immunkörperproduktion) infolge äußerer Umstände (Unterernährung u. dgl.) herabgesetzt ist. TEICHMANN[3] sowie NEUSCHLOSZ[4] glaubten, die relative Chininunempfindlichkeit von Malariaparasiten darauf zurückführen zu sollen, daß bei längerem Chiningebrauch die Chininausscheidung im Harn infolge erhöhter Zerstörung abnehme, und daß infolgedessen die zur Abtötung der Parasiten im Blute nötige Giftkonzentration nicht mehr erreicht werde. Ihre Resultate wurden aber von verschiedenen Seiten angegriffen und widerlegt[5].

Eine Entscheidung darüber, worauf das in vielen Fällen beobachtete Versagen der Chinintherapie zurückzuführen ist, dürfte wohl jetzt noch nicht möglich sein. Der experimentelle Beweis für eine *durch direkte Blutüberimpfung übertragbare Chininfestigkeit* der Malariaparasiten — in Analogie der Arsenfestigkeit der Trypanosomen — ist bisher *noch nicht erbracht*. MÜHLENS und KIRSCHBAUM[6], die derartige Versuche an Paralytikern anstellten, kamen zu dem Resultat, daß

---

[1] JOLLOS: Experimentelle Untersuchungen an Infusorien. Z. Abstammgslehre **12**, 14 (1914) — Biol. Zbl. **33**, 222 (1913).

[2] MÜHLENS, PETER: Die Plasmodien. Handb. d. pathog. Protozoen, S. 1592. 10. Lief. Hrsg. von PROWAZEK †, fortgeführt von NÖLLER. Leipzig 1921.

[3] TEICHMANN: Klinische und experimentelle Studien über die Chiningewöhnung. Dtsch. med. Wschr. **1917**, 1092.

[4] NEUSCHLOSZ: Über die kombinierte Neosalvarsan-Chinintherapie bei tropischer Malaria. Münch. med. Wschr. **1917**, 1217, 1284.

[5] GIEMSA u. HALBERKAM: Über das Verhalten des Chinins im menschlichen Organismus. Dtsch. med. Wschr. **1917**, 1501. — SCHOLZ: Zur Frage der Chiningewöhnung. Ebenda **1918**, 965. — HARTMANN u. ZILA: Über die sog. Chiningewöhnung. Münch. med. Wschr. **1917**, Nr 50. — EUGLING: Über die Chininfestigkeit der Malariaparasiten. Wien klin. Wschr. **1918**, 1341.

[6] MÜHLENS, P. u. W. KIRSCHBAUM: Parasitologische und klinische Beobachtungen bei künstlichen Malaria- und Recurrensübertragungen. Z. Hyg. **94**, 1 (1921).

eine „sicher übertragbare Chininfestigkeit sich nicht nachweisen ließ, indem andere Passagen des gegen Chinin scheinbar widerstandsfähigen Stammes prompt auf Chinin reagierten".

In vitro dagegen ist eine Chininfestigung bei verschiedenen Protozoen öfters gelungen. So haben Giemsa und Prowazek[1] Kolpidien an Chinin gewöhnen können, ebenso Eugling. Die Festigung ging bei Übertragung der gewöhnten Protozoen in giftfreies Medium schnell wieder verloren und war auf die nächsten Generationen nicht übertragbar. Analoge Untersuchungen stellte Neuschlosz[2] an Paramäcien an. Auch hier wurde durch langsame Steigerung der Giftkonzentration eine hochgradige Festigkeit gegen Chinin erzielt, was Neuschlosz auf eine gesteigerte Chininzerstörung zurückführte. Aus den seiner Arbeit beigefügten Tabellen ist zu ersehen, daß der Chiningehalt der Lösung, in der die Paramäcien sich aufhielten, bei normalen nur im Durchschnitt um 4,5% bei Chiningewöhnten dagegen um 80% abnahm. Interessant ist, daß durch Hinzufügen von an sich unschädlichen Mengen von Na_3AsO_3 die Chininfestigkeit gebrochen werden konnte, wobei in Parallele damit auch die Chininzerstörung wieder zurückging. Dieses eigentümliche Verhalten könnte den im Jahre 1911 von Bilfinger[3] erhobenen Befund erklären, der durch Salvarsan die Chininfestigkeit eines Malariastammes aufheben konnte. Ähnliche Erfahrungen hatten, wie früher erwähnt, Morgenroth und Rosenthal an Naganatrypanosomen gemacht.

Versuche über Gewöhnung von *Protozoen* an *Farbstoffe* hat Neuschlosz[4] angestellt. Er behandelte Paramäcien durch mehrere Wochen mit steigenden Konzentrationen von Methylenblau, Trypanblau und Fuchsin und verglich dann ihre Empfindlichkeit gegen eben diese Farbstoffe mit der von normalen Paramäcien. Die gewöhnten Protozoen blieben in den betreffenden Farblösungen annähernd doppelt so lange am Leben, als die ungewöhnten. Zu ähnlichen Ergebnissen führten Versuche, die der gleiche Autor[5] an Paramäcien mit Arsen und Antimon anstellte. Die mit Arsen oder Antimon vorbehandelten Infusorien lebten in der Giftlösung erheblich länger als normale. Eine Festigung gegen Antimon brachte auch gleichzeitig eine solche gegen Arsen mit sich, während die Empfindlichkeit für Trypanblau durch die Vorbehandlung nicht geändert wurde. Die erworbene Resistenzsteigerung soll dabei auf einer Überführung des giftigen dreiwertigen Arsens und Antimons in die ungiftige fünfwertige Form beruhen. Bei der Wichtigkeit dieses Befundes wären Nachprüfungen sehr erwünscht.

Bei den den Trypanosomen in pathogenetischer Hinsicht nahestehenden Spirochäten ist eine Arzneifestigung ungleich schwerer zu erreichen; von manchen Seiten wird das Vorkommen einer solchen sogar in Abrede gestellt[6]. Es lassen sich jedoch immerhin Anhaltspunkte dafür finden, daß eine Festigung experimentell erzielbar ist. So gelang es Gonder[7] als erstem, eine erhöhte Resistenz gegen

---

[1] Giemsa, G. u. Prowazek: Wirkung des Chinins auf die Protistenzelle. Arch. Schiffs- u. Tropenhyg. **1912**, Beiheft, 88.

[2] Neuschlosz, S.: Das Wesen der Chininfestigkeit bei Protozoen. Pflügers Arch. **176**, 223 (1919).

[3] Bilfinger: Über Beeinflussung der Chininfestigkeit durch Salvarsan bei Malaria. Med. Klin. **1911**, 486.

[4] Neuschlosz, S.: Die Festigkeit der Protozoen gegen Farbstoffe. Pflügers Arch. **178**, 61 (1920).

[5] Neuschlosz, S.: Das Wesen der Festigkeit von Protozoen gegen Arsen und Antimon. Pflügers Arch. **178**, 69 (1920).

[6] Literatur bei Nathan: Über salvarsanresistente Syphilis. Klin. Wschr. **1927**, 2147 u. 2194.

[7] Gonder, R.: Untersuchungen über arzneifeste Mikroorganismen. Zbl. Bakter. I Orig. **62**, 168 (1912) — Experimentelle Studien über Spironema Gallinarum. Z. Immun.forschg **21**, 309 (1914).

Salvarsan zu erzeugen. Die Festigung trat nach ganz allmählicher und vorsichtiger Steigerung der Dosen im Tierkörper ein und blieb auch in 10—20 Mäusepassagen ohne Kontakt mit Salvarsan unverändert erhalten. Sie verschwand auch nicht bei Passage durch Zecken, die natürlichen Überträger der Spironemen. Den Unterschied gegenüber den arsenfesten Trypanosomen, bei denen ja die Festigkeit durch Befruchtung in der Rattenlaus gebrochen wird, führt GONDER darauf zurück, daß die Spirochäten in der Zecke keine Amphimixis durchmachen wie die Trypanosomen in der Rattenlaus. Einer neueren Arbeit von HOFFMANN und ARNUZZI[1] ist zu entnehmen, daß die im menschlichen Körper vorhandene hochgradige Salvarsanresistenz bei Überimpfung der Parasiten auf Kaninchen verloren geht.

Gegenüber *Quecksilber* konnte OPPENHEIM[2] eine deutliche Resistenzsteigerung nachweisen. Im Blut von Patienten, die sich gegen Hg-Behandlung refraktär verhielten, waren die Spirochäten in vitro selbst durch Zusatz von Sublimat in 1 proz. Konzentration bei einer Einwirkungsdauer von 1 Stunde nicht zu beeinflussen, während sie im Beginn der Kur schon durch $1^0/_{00}$ Sublimat nach kurzer Zeit abgetötet worden waren. Zu ähnlichen Resultaten gelangte vor kurzem FANTL[3]. Es bleibt indessen die Frage, ob die Hg-Festigkeit in diesen Fällen nicht der Ausdruck einer *allgemeinen* Resistenzsteigerung der Spirochäten war. ZIEMANN[4] hält es für möglich, daß es sich bei den gegen Hg-Behandlung refraktären Fällen weniger um eine Gewöhnung der Spirochäten handelt, als vielmehr darum, daß eine schon vorher bestehende sehr große Widerstandsfähigkeit der betreffenden Rasse vorliegt. Indessen sprechen Versuche mit Spirochäten-*kulturen* doch auch für die erste Möglichkeit. So haben AKATSU und NOGUCHI[5] Reinkulturen von Treponema pallidum, Treponema microdentium und Spirochaeta refringens an den Zusatz steigender Mengen von Salvarsan, Neosalvarsan, Sublimat und LUGOLscher Lösung zu Ascitesorganbouillon gewöhnt. Die beiden ersteren vertrugen nach 3—4 Monaten das $5^1/_2$fache, Spir. pall. das 3fache der ursprünglich tolerierten Dosis. Gegen Sublimat war die erreichte Giftfestigkeit noch wesentlich höher: sie betrug bei Treponema pall. schon nach 10 Wochen das 35—70fache, bei Trep. microdentium das 10fache und bei Spirochaeta refringens das 30fache der ursprünglichen. Auf giftfreies Medium gebracht, verloren die Spirochäten nach einigen Überimpfungen diese Eigenschaft.

Gegen Wismut scheint nach den Untersuchungen von GIEMSA[6] bei der Spirochaeta pallida nur eine begrenzte, später stationär bleibende Gewöhnung einzutreten, die auch beim Übertragen auf andere Tiere erhalten bleibt.

Wie bei dem Problem der Chininfestigkeit der Malariaplasmodien schon hervorgehoben wurde, ist die Frage, ob eine erhöhte Widerstandsfähigkeit der Krankheitserreger tatsächlich vorliegt, nicht leicht zu entscheiden. Es mehren sich die Stimmen[7], die speziell an den älteren Untersuchungen die Rolle der reinen

[1] HOFFMANN u. ARNUZZI: Experimentelle Untersuchungen über salvarsanresistente Syphilisspirochäten. Dtsch. med. Wschr. **1927**, Nr 2.

[2] OPPENHEIM, M.: Über Hg-Festigkeit der Syphilisspirochäten. Wien. klin. Wschr. **1910**, 1307.

[3] FANTL, GUSTAV: Zur Frage der Giftfestigkeit der Spirochäten. Dermat. Wschr. **70**, 86 (1920).

[4] ZIEMANN, H.: Zum Problem der Resistenz der Syphilisspirochäten. Dtsch. med. Wschr. **1921**, 1483.

[5] AKATSU u. NOGUCHI: Die Giftfestigkeit von Spirochäten gegen Arsen-, Quecksilber- und Jodverbindungen in vitro. J. of exper. Med. **25**, 349.

[6] GIEMSA, G.: Läßt sich die Spirochaeta pallida an Wismut gewöhnen? Münch. med. Wschr. **1925**, 377.

[7] Vgl. darüber das Referat von I. MORGENROTH: „Die Bedeutung der Variabilität der Mikroorganismen für die Therapie", gehalten auf der 10. Tagung der Dtsch. Ges. f. Mikrobiol., Göttingen 1924. Zbl. Bakter. I Orig. **93**, Beiheft, 94 (1924).

Passivität des Wirtskörpers in Abrede stellen und nicht nur bei der Chininfestigkeit der Malariaparasiten, sondern auch z. B. bei der Quecksilber- oder Salvarsanfestigkeit der Spirochäten[1] auch dem *Wirtskörper* eine entscheidende Rolle zusprechen wollen. Die erhöhte Resistenz der Krankheitserreger soll zum Teil dadurch vorgetäuscht werden, daß die aktive Abwehrtätigkeit des die Erreger beherbergenden Organismus abnimmt. Das wird auch zweifellos in einer Reihe von Fällen zutreffen, besonders dann, wenn durch die Intoxikation der ganze Organismus stark geschädigt ist; andererseits würde man aber zu weit gehen, wenn man das Vorkommen einer echten Resistenzsteigerung von Protozoen gegen Gifte völlig leugnen wollte.

Die Entscheidung, welche Schuld an dem Zustandekommen der verminderten Giftempfindlichkeit dem Wirtskörper zukommt und inwieweit die Krankheitserreger selbst beteiligt sind, ist aber unter Umständen außerordentlich schwierig.

II. Bakterien.

Über Gewöhnung von *Bakterien* an Gifte liegen zahlreiche Arbeiten vor. Bei den älteren Untersuchungen wurden die verschiedensten Gifte den Nährböden von Bakterien zugesetzt und durch allmähliche Steigerung der Giftkonzentration eine Festigung zu erzielen gesucht. Die Resultate waren wechselnd. In vielen Fällen trat nur ein geringer Grad von Resistenzsteigerung ein, öfters wurde allerdings auch eine erstaunlich hohe Anpassungsfähigkeit festgestellt. Es muß indessen hervorgehoben werden, was auch REICHENBACH[2] ausgesprochen hat, daß der Begriff der Festigkeit oft in ganz verschiedenem Sinne von den einzelnen Autoren gebraucht wird. Einmal wird darunter die Unempfindlichkeit gegen *entwicklungshemmende* Einflüsse eines Mittels verstanden, ein anderes Mal Resistenz gegen *abtötende* Kraft. Infolgedessen sind die Angaben über die Möglichkeit, Bakterien gegen ein Gift zu festigen, zum Teil widersprechend und zwar je nachdem, ob als Prüfstein die Entwicklungshemmung oder die abtötende Wirkung genommen ist.

Auch muß wohl nach den neuesten Feststellungen MORGENROTHS[3] unterschieden werden zwischen einer *echten Festigung* und einer sog. *Pseudofestigung*. Die erstere zeichnet sich durch eine Spezifität in chemischer Hinsicht aus, während die Pseudofestigung hierin ohne scharfe Spezifität ist und als Folge des unspezifischen Virulenzsturzes angesehen werden muß. Dieser Virulenzsturz bedingt dann Änderungen in der Reaktion auf Gifte.

KOSSIAKOFF[4] hat wohl als erster versucht, *Milzbrandbakterien* an *Borax*, *Borsäure* und *Sublimat* zu gewöhnen. Die Unterschiede zwischen normalen und vorbehandelten waren aber geringfügig (bei Sublimat z. B. lag die wachstumshemmende Konzentration für ungewöhnte Milzbrandbakterien bei 1:20000, bei gewöhnten bei 1:14000). DANYSZ[5] beobachtete bei ähnlichen Versuchen, daß die Milzbrandbakterien sich mit einer Schleimhülle umgaben. Analoge Erscheinungen traten auch bei Immunisierung gegen Rattenserum auf. Der Autor

---

[1] NATHAN: Über salvarsanresistente Syphilis. Klin. Wschr. **1927**, 2147 u. 2194.

[2] REICHENBACH: Diskussionsbemerkung auf der 10. Tagung d. dtsch. Ver. f. Mikrobiol. in Göttingen 1924. Zbl. Bakter. I Orig. **93**, Beiheft, 115 (1924).

[3] MORGENROTH, I.: Die Bedeutung der Variabilität der Mikroorganismen für die Therapie. Referat auf der 10. Tagung d. Dtsch. Ver. f. Mikrobiol. in Göttingen 1924. Zbl. Bakter. I Orig. **93**, Beiheft, 94 (1924).

[4] KOSSIAKOFF, M. G.: De la propriété que possèdent les microbes de s'accomoder aux milieux antiseptiques. Ann. Inst. Pasteur **1**, 465 (1887).

[5] DANYSZ: Immunisation de la bacteridie charboneuse. Ann. Inst. Pasteur **14**, 649 (1900).

glaubt darin eine Abwehrvorrichtung sehen zu müssen, die den Eintritt des Giftes in die Bakterienleiber hindert. Nach neueren Untersuchungen von KÖHNE[1] können diese Bakterien auch gegen *Salvarsan* deutlich gefestigt werden; amerikanische Autoren[2] berichteten vor kurzem auch von Resistenzsteigerungen gegenüber Farbstoffen der Triphenylmethanreihe.

An *Typhus-* und *Paratyphusbacillen* sind Versuche über Gewöhnung an *Arsen* und *Chinin* angestellt worden. Die bis zu einem gewissen Grade mögliche Resistenzsteigerung erfolgt dabei nicht gleichmäßig progressiv, sondern in Etappen. MARKS[3] gelang es nach dreijähriger Arbeit einen Paratyphusstamm gegen arsenige Säure so weit zu festigen, daß die eben noch das Wachstum ermöglichende Giftkonzentration von 1:27000 auf 1:3500 ansteig; gleichzeitig mit der Arsenfestigkeit erwarb der Stamm auch eine solche gegen *Antimon.* Dieselbe war sogar wesentlich höher, denn während der Ausgangsstamm eben noch auf einem Antimonagar von 1:12000 gewachsen war, vertrug der arsenfeste die Konzentration von 1:250. Die Resistenzsteigerung gegen Antimon betrug also das 40fache, gegen Arsen das 8fache. An *Chinin* erfolgt nach HÄNDEL und BÄRTHLEIN[4] die Anpassung von Typhus- und Paratyphuskulturen ebenfalls etappenweise. Diese Autoren stellten nach 2 Jahren eine Resistenzsteigerung bei Typhus bis zum 28fachen, bei Paratyphus bis zum 14fachen der ursprünglich tolerierten Giftkonzentration fest. Die relative Unempfindlichkeit ging allmählich wieder zurück und zwar anscheinend in der gleichen zeitlichen Stufenfolge, in der ursprünglich auch die Gewöhnung erfolgt war. Gegen *Sublimat* und *Phenol* läßt sich bei Typhusbacillen nach den Versuchen von JUNGEBLUT[5] und REGENSTEIN[6] nur eine geringe Resistenzsteigerung erzielen, die bei längerer Züchtung sogar in das Gegenteil umzuschlagen vermag.

REGENSTEIN untersuchte ferner die Anpassung von *Colibacillen* an *Sublimat* und *Phenol.* Auch bei diesen Bakterien war nur eine schwache Steigerung der Toleranz zu beobachten (innerhalb $2^1/_2$ Monaten Gewöhnung an das 1,3fache von Phenol und das 1,6fache von Sublimat). Nach Versuchen von ALTMANN und RAUTH[7] treten beim Zusatz von Carbolsäure zu Nährböden beim Bacterium Coli Veränderungen auf, die sich mit Hilfe der Immunitätsreaktionen nachweisen lassen. KLEIN[8] konnte eine etwas höhere Giftfestigkeit gegen Carbolsäure bei Colibakterien erzielen (6fache der ursprünglich tolerierten Giftkonzentration), gegen *Malachitgrün* sogar eine sehr ausgesprochene (das 100fache der ursprünglich entwicklungshemmenden Dosis). Seine Experimente stehen im Einklang mit den Untersuchungen von SEIFFERT[9], der ebenfalls Colistämme durch systematische Gewöhnung an Malachitgrün und chemisch verwandte Stoffe giftfest machen

[1] KÖHNE, W.: Beitrag zur Kenntnis arzneifester Bakterienstämme. Z. Immun.forschg **20**, 531 (1914).

[2] BURKE u. SKINNER: Resistance of bacterial spores to the triphenylmethan dyes. J. of exper. Med. **41**, 471 (1925).

[3] MARKS, LEWIS H.: Über einen arsenfesten Bakterienstamm. Z. Immun.forschg **6**, 293 (1910).

[4] HÄNDEL u. BÄRTHLEIN: Über chininfeste Bakterienstämme. Zbl. Bakter. II Ref. **57**, Beiheft, 196 (1913).

[5] JUNGEBLUT, CLAUS: Über Festigungsversuche an Bakterien. Z. Hyg. **99**, 254 (1923).

[6] REGENSTEIN, HANS R.: Studien über die Anpassung an Desinfektionsmittel. Zbl. Bakter. I Orig. **63**, 281 (1912).

[7] ALTMANN, K. u. A. RAUTH: Experimentelle Studien über Erzeugung serologisch nachweisbarer Mutationen. Z. Immun.forschg **7**, 629 (1910).

[8] KLEIN, J.: Über die sog. Mutation und die Veränderlichkeit des Gärvermögens bei Bakterien. Z. Hyg. **73**, 87 (1912).

[9] SEIFFERT, G.: Studien zur Biologie der Darmbakterien. Dtsch. med. Wschr. **1911**, 1064 — Über Mutationserscheinungen bei künstlich giftfest gemachten Colistämmen. Z. Hyg. **71**, 561 (1912).

konnte. Beide Autoren heben hervor, daß es sich um eine dauernd vererbbare, neuerworbene Eigenschaft der Stämme handele, die auch bei Züchtung auf giftfreiem Medium nicht verschwinde. Auch in vivo bleibt die Giftfestigkeit anscheinend erhalten, denn sie wird durch 10fache Passage durch Mäuse nicht abgeschwächt.

Ähnliche Experimente hat Shiga[1] an *Choleravibrionen* angestellt. Es gelang ihm relativ rasch, eine gewisse Giftfestigung gegen *Methylenblau*, *Trypaflavin* und *Äthylviolett* zu erreichen. Auch hier erfolgt die Steigerung der Festigkeit gegenüber höheren Farbstoffkonzentrationen oft sprungweise. Die Gewöhnung an den einen Farbstoff bringt auch eine solche gegen die anderen untersuchten Farbstoffe mit sich. Die Festigung von Choleravibrionen gegen *Sublimat* scheint schwieriger zu sein[2]. Immerhin gelang es neuerdings Jungeblut, Cholera-vibrionen nach 30 Passagen an das 20fache der Ausgangssublimatkonzentration zu gewöhnen; diese Resistenzsteigerung wurde indessen nach längerer Züchtung durch eine Resistenzverminderung abgelöst.

Auch an *Staphylo-* und *Streptokokken* sind Versuche angestellt worden, wie weit sie sich an verschiedene Gifte zu gewöhnen vermögen. Regenstein[3] beob-achtete innerhalb $2^1/_2$ Monaten nur ein geringes Ansteigen ihrer Resistenz gegen *Phenol* und *Sublimat;* nach Abbott[4] soll der erreichbare Resistenzgrad gegen diese Gifte ein hoher sein, sich aber bei Fortzüchtung auf gewöhnlichem Agar allmählich wieder verlieren. Interessent ist dabei, daß die Bakterien während der relativen Giftfestigkeit ihre ursprünglichen Eigenschaften bezüglich Aggluti-nierbarkeit, Gelatineverflüssigungsvermögen wie Farbstoffbildung ändern und gleichzeitig mit der Rückkehr zur normalen Giftempfindlichkeit ihre ursprüng-lichen Eigenschaften wieder annehmen. Engeland[5] beobachtete, daß bei Zu-satz von *Brechweinstein* zu Agar nach kurzer Zeit eine erhöhte Resistenz der Staphylokokken eintrat, die 4 Monate nachweisbar bleibt. Die Gewöhnung von Staphylokokken verläuft nach Jungeblut[6] ungleichmäßig, indem die steil ansteigende Festigungskurve oft durch einen bis weit unter das Normale gehen-den Abfall unterbrochen wird. Dieser Sturz stellt eine *unspezifische Resistenz-verminderung* dar. Da sich in Parallele zur Festigung Veränderungen des physi-kalisch-chemischen Gleichgewichts regelmäßig ergeben, glaubt Jungeblut, daß diese Vorgänge mit dem Prozeß der künstlichen Festigung verknüpft sind.

Bezüglich der Resistenzsteigerung von Staphylokokken gegen *Chinaalkaloide* sind die Angaben geteilt. Während Morgenroth und Tugendreich[7] die Mög-lichkeit einer künstlichen Festigung in vitro gegen Chinaalkaloide bestreiten, kommt Mayeda[8] zu dem Resultat, daß die maximale Widerstandsfähigkeit gegen Vucin erheblich gesteigert werden könne. Sie erschien allerdings nur bei einigen Fällen spezifisch gegen Vucin, während sie bei anderen allgemeiner Natur war.

[1] Shiga, K.: Über Gewöhnung der Bakterien an Farbstoffe. Z. Immun.forschg **18**, 65 (1913).

[2] Jungeblut, Claus: Über Festigungsversuche an Bakterien. Z. Hyg. **99**, 254 (1923).

[3] Regenstein, Hans: Studien über die Anpassung an Desinfektionsmittel. Zbl. Bakter. I Orig. **63**, 281 (1912).

[4] Abbott, A. C.: On induced variations in bacterial functions. J. metabol. Res. **26**, 513 (1912).

[5] Engeland, Otto: Über Säurebildung der Staphylokokken. Zbl. Bakter. I Orig. **72**, 260 (1914).

[6] Jungeblut, Claus: Über Festigungsversuche an Bakterien. Z. Hyg. **99**, 254 (1923).

[7] Morgenroth, J. u. J. Tugendreich: Über die spez. Desinfektionswirkung der China-alkaloide. Biochem. Z. **79**, 257 (1917).

[8] Mayeda, Tomusuke: Über die Vucinfestigkeit der Staphylokokken. Z. Bakter. I Orig. **88**, 222 (1922).

Festigungsversuche an *Streptokokken* wurden von MORGENROTH, SCHNITZER und AMSTER, sowie von JUNGEBLUT angestellt und zwar gegen *Acridinfarbstoffe* (Trypaflavin und Rivanol). Die ersteren Autoren[1] fanden, daß durch „Vergrünung" frischer hämolytischer Streptokokken eine erhebliche Empfindlichkeitsverminderung gegen *Rivanol* eintritt. Zur Abtötung der vergrünten Stämme ist eine 4—8mal so hohe Rivanolkonzentration nötig, als zur Abtötung normaler hämolytischer Streptokokken. Die Resistenz gegen *Chinaalkaloide* (Vucin) ist dabei teils gesteigert, teils herabgesetzt. Sie glauben, daß es sich hier nicht um eine Arzneifestigkeit im Sinne EHRLICHS handelt, sondern um eine *scheinbare* Festigung: die Streptokokken sind aus dem hämolytischen in den avirulenten Zustand, der durch anhämolytisches Wachstum mit grüner Verfärbung des Blutagars gekennzeichnet ist, übergegangen und haben bei dieser Zustandsänderung auch eine Umstimmung ihrer spezifischen Empfindlichkeit gegen chemotherapeutische Agentien erfahren. In einer später erschienenen Arbeit bringt SCHNITZER[2] weitere Stützen für seine Anschauungen: sechs verschiedene Stämme von Streptococcus hämolyticus wurden in Serumbouillon gezüchtet, die steigende Konzentration von Rivanol (1:640000 bis 1:80000) enthielt. Die schon nach wenigen Überimpfungen eingetretene Resistenzsteigerung war begleitet von einem Virulenzsturz auf den 100. bis 1000. Teil, gleichzeitig erwiesen sich die Stämme auch gegenüber dem biologisch anders wirkenden Trypaflavin als relativ fest, während sie einem dem Rivanol biologisch sehr nahestehenden Präparat (seiner Isoamylverbindung) gegenüber voll empfindlich blieben. Wurden die Streptokokken wieder auf normale Nährböden gebracht, so blieb die Unempfindlichkeit auch nach längerer Fortzüchtung bestehen. Offenbar handelt es sich bei diesen Vorgängen um Zustandsänderungen der Bakterien, die mit Änderung der Virulenz und Änderung der Giftempfindlichkeit einhergehen. Zu ähnlichen Ergebnissen gelangte JUNGEBLUT[3]; auch er fand eine deutliche Abnahme der Pathogenität hämolytischer Streptokokken bei Gewöhnung an Trypaflavin.

Die Frage der Arzneifestigkeit von *Pneumokokken* wurde vor allem von MORGENROTH und seinen Mitarbeitern in Angriff genommen. MORGENROTH und KAUFMANN[4] waren die ersten, die versuchten, die bei der Chemotherapie der Trypanosomen gewonnenen Erfahrungen auf Experimente mit bakteriellen Krankheitserregern zu übertragen. Sie beobachteten schon nach vier Passagen durch Mäuse eine Festigung der Pneumokokken gegen *Optochin*, die sich in weiteren Tierpassagen monatelang erhielt und auch die Konservierung der Bakterien in eingetrocknetem Zustande überdauerte. TUGENDREICH und RUSSO[5] gelang anschließend der Nachweis, daß auch Pneumokokken*kulturen* durch geeignete Behandlung die gleiche Festigkeit gegen Optochin erlangen können wie im Tierkörper. Zu ähnlichen Ergebnissen führten Untersuchungen von KÖHNE[6], der bei Versuchen in vitro allerdings nur eine partielle Festigung von Pneumokokken gegen Optochin erreichen konnte. JUNGEBLUT[7] dagegen stellte vor kurzem fest,

---

[1] MORGENROTH, J. u. R. SCHNITZER: Zur chemotherapeutischen Biologie der Mikroorganismen. Z. Hyg. **97**, 77 (1922); **99**, 221 (1923). — SCHNITZER, R. u. S. AMSTER: Z. Hyg. **102**, 287 (1924).

[2] SCHNITZER, R.: Über die scheinbare Arneifestigkeit hämolytischer Streptokokken gegenüber Rivanol. Z. Hyg. **104**, 506 (1925).

[3] JUNGEBLUT, KLAUS: Über Festigungsversuche an Bakterien. Z. Hyg. **99**, 254 (1923).

[4] MORGENROTH, J. u. M. KAUFMANN: Arsenfestigkeit bei Bakterien. Z. Immun.forschg **15**, 610 (1912).

[5] TUGENDREICH, J. u. C. RUSSO: Über die Wirkung von Chinaalkaloiden auf Pneumokokkenkulturen. Z. Immun.forschg **19**, 156 (1913).

[6] KÖHNE, W.: Beitrag zur Kenntnis arzneifester Bakterienstämme. Z. Immun.forschg **20**, 531 (1914).

[7] JUNGEBLUT, CLAUS: Über Festigungsversuche an Bakterien. Z. Hyg. **99**, 254 (1923).

daß Pneumokokken in vitro sehr schnell gegen Optochin so unempfindlich gemacht werden können, daß sie noch in einer Konzentration von 1:2000 gut
gedeihen, während die Ausgangsempfindlichkeit 1:100000 betragen hatte. Die
Resistenzsteigerung ist dabei spezifisch gegen Optochin und mit einer deutlichen
Verminderung der Pathogenität der Bakterien für Mäuse verbunden. Die Spezi-
fität der Optochinfestigkeit war Gegenstand weiterer Untersuchungen von
Morgenroth[1]. Nach diesen ist sie so spezifisch, daß z. B. ein gegen Optochin
gefestigter Stamm sowohl gegenüber den Äthylapohydrochinidin (dem optischen
Isomeren des Optochins) wie gegenüber dem Vucin (dem höheren Homologen
des Optochins von gleicher sterischer Konfiguration) die Empfindlichkeit des
Normalstammes bewahrt. Das gleiche gilt nach Lewy[2] auch für Chinin und
Hydrochinin, gegen die ein optochinfester Stamm[3] ebenfalls nur in geringem
Grade resistenter wird.

Erwähnt sei hier noch die merkwürdige Beobachtung von Schnitzer und
Berger[4], daß eine Optochinfestigkeit von Pneumokokken auch dadurch erzielt
werden kann, daß man die Stämme in Hefe- oder kohlehaltiger Serumbouillon
züchtet. Es ist indessen die Frage, ob bei dieser künstlichen Festigung der gleiche
Prozeß vorliegt wie bei der Festigung durch Optochin. Es ist gut denkbar, daß der
gleiche Endzustand auf verschiedenen Wegen erreicht werden kann. Ein end-
gültiges Urteil ist zur Zeit über diese Frage wohl nicht abzugeben, es muß weiteren
Untersuchungen überlassen werden, Klarheit in dieses komplizierte Problem zu
bringen.

Das gleiche Verhalten wie gegen Optochin zeigen Pneumokokken auch
gegenüber Campher. Die *Campherfestigkeit* ist rasch auslösbar und läßt sich dann
nicht nur im Tierkörper, sondern auch in vitro demonstrieren[5].

Zu erwähnen wären hier noch die älteren Untersuchungen von Trambusti
über Sublimatgewöhnung von Friedländerschen Pneumoniebacillen[6]. Er beobachtete, daß normale zugrunde gehen, wenn sie in Bouillon gebracht werden,
die 1:15000 *Sublimat* enthält, während sublimatgewöhnte noch eine Konzentration von 1:2000 vertragen.

Über Gewöhnung von *Milchsäurebacillen* an Gifte haben Richet[7] und seine
Mitarbeiter Versuche angestellt. Die Resistenzsteigerung gegen *Arsen, Cadmium*
und *Thallium* erfolgt auch hier sprungweise und spezifisch gegen das betreffende
Gift. Es gelang aber auch, eine gleichzeitige Gewöhnung an zwei der Gifte herbeizuführen. Als Maß des Gewöhnungsgrades betrachten die Autoren die Höhe
der Milchsäureproduktion, die bei dem Zusatz der Gifte zu den Nährböden zuerst
abgenommen hatte, dann aber mit fortschreitender Resistenzsteigerung wieder

[1] Morgenroth, J.: Zur Kenntnis der Arsenfestigkeit. Zbl. Bakter. **89**, 110 (1923).

[2] Lewy, F.: Die Beziehungen zwischen chemischer Konstitution und Arzneifestigkeit.
Z. Immun.forschg **43**, 243 (1925).

[3] Die besten Resultate in der Züchtung optochinresistenter Pneumokokken werden
nach Lewy [Zur Methodik der Festigung gegen Optochin. Z. Immun.forschg **43**, 196 (1925)]
dadurch erhalten, daß man zwischen jede Optochineinwirkung eine Mäusepassage zwischen-
schaltet. Man gelangt so zu Stämmen, die eine 80fach höhere Optochinkonzentration ertragen als der normale Stamm.

[4] Schnitzer, R. u. E. Berger: Über die Wirkungsweise des Optochins gegenüber
Pneumokokken. Zbl. Bakter. I Orig. **93**, Beiheft, 292 (1924).

[5] Rosenthal, F. u. E. Stein: Zur experimentellen Chemotherapie der Pneumokokkeninfektion. Z. Immun.forschg **20**, 572 (1914).

[6] Trambusti: Dell'adattamento dei microorganismi ai mezzi antisettici. Sperimentale
1892. — Zitiert nach Hausmann: Die Gewöhnung an Gifte. Erg. Physiol. **6**, 68 (1907).

[7] Richet, Charles: Milchsäuregärung und Thalliumsalze. Ann. Inst. Pasteur **31**, 51
(1916). — Ferner Richet, Bachrach u. Cardot: L'accoutumance du ferment lactique aux
poisons. C. r. Acad. Sci. Paris **174**, 345 u. 842 (1922).

zunimmt. Die Festigkeit bleibt dabei lange bestehen, auch wenn der betreffende Stamm auf normalem Nährboden fortgezüchtet wird.

Ein weiteres Gebiet haben PULST[1] und MEISSNER[2] unter Leitung von PFEFFER bearbeitet. Ersterer suchte verschiedene Schimmelpilze — Mucor mucedo, Aspergillus niger, Botrytis cinerea und Penicilium glaucum — an Metallgifte zu gewöhnen. Die günstigste Wirkung auf Akkomodation war durch eine stufenweise, parallel zur Anzahl der Generationen erfolgende Steigerung des Metallgiftgehaltes erreicht. Am widerstandsfähigsten erwies sich Penicillium glaucum gegen Kupfersulfat. Dieses Metallgift wurde nicht oder wenigstens nicht in wesentlicher Menge aufgenommen, offenbar weil die Plasmahaut dieses Pilzes für diese Metallsalze impermeabel ist. Die Anpassung ist nach PULST nur so lange möglich, als die Plasmahaut durch die Berührung mit dem Giftstoff nicht geschädigt wird. MEISSNER untersuchte die Akkommodationsfähigkeit der gleichen Schimmelpilze an *Chinin, Morphin, Strychnin, Phenol, Alkohol, Fluornatrium, Salicylsäure* und *Pyrogallussäure*. In der Mehrzahl der Fälle ließ sich eine bedeutende Resistenzsteigerung nachweisen, in manchen eine geringere, während gegenüber einzelnen Giften die Empfindlichkeit die gleiche blieb, auch wenn sie längere Zeit mit dem Gift in Kontakt gestanden hatten.

Interessante Beobachtungen über Giftgewöhnung von *Hefe* verdanken wir EFFRONT[3]. Die Resistenzsteigerung gegen Fluorammonium beruht nach seinen Versuchen darauf, daß die an Fluor gewöhnte Hefe das in die Zelle eindringende Fluorid in unlösliches Fluorcalcium überführt und so unschädlich macht. Nach neueren Untersuchungen des gleichen Autors[4] kann Hefe auch gegen Arsen gefestigt werden. Bei systematischer Steigerung der Dosen wird schließlich die dreifach tödliche Konzentration vertragen. Der Mechanismus der Resistenzsteigerung soll dabei darauf beruhen, daß die Hefe je nach ihrer Rasse Schwefelwasserstoff oder einen anderen Stoff produziert, der die Giftwirkung des Arsens aufhebt.

C. Gewöhnung der Metazoen und des Menschen.

Während bei den einzelligen Mikroorganismen die Entscheidung über eine vorliegende Gewöhnung verhältnismäßig einfach ist, da entweder die gesteigerte Resistenz gegen die entwicklungshemmende oder abtötende Wirkung eines Giftes als Maßstab dient, ist die Frage bei höheren Tieren und speziell beim Menschen ganz erheblich komplizierter. Verhältnismäßig einfach scheinen die Verhältnisse da zu liegen, wo vom giftgewöhnten Organismus die letale Dosis glatt vertragen wird. Nun besteht zwar beim Tier ein ziemlich enger Bereich für diese — trotzdem auch hier recht große individuelle Schwankungen nach oben wie nach unten vorliegen —, beim Menschen dagegen stoßen wir auf Schwierigkeiten. Wie auch schon HAUSMANN[5] hervorgehoben hat, ergeben die von der gerichtlichen Medizin angegebenen letalen Dosen für den Menschen zu niedrige Werte, da der Gerichtsarzt die geringste Dosis feststellt, die überhaupt töten *kann*. Diese Werte sind demnach nur als extreme Fälle aufzufassen, die eigentlich nicht als Maß für eine erworbene Giftimmunität dienen dürften, da sie zu sehr zu-

---

[1] PULST, KARL: Die Widerstandsfähigkeit einiger Schimmelpilze gegen Metallgifte. Dissert. Leipzig 1902.

[2] MEISSNER, KURT: Akkommodationsfähigkeit einiger Schimmelpilze. Dissert. Leipzig 1902.

[3] S. bei HAUSMANN: Die Gewöhnung an Gifte. Erg. Physiol. **6**, 70 (1907).

[4] EFFRONT, JEAN: L'acclimatation de la levure de bière à l'arsenic. C. r. Soc. Biol. Paris **83**, 806 (1920).

[5] HAUSMANN, W.: Die Gewöhnung an Gifte. Erg. Physiol. **6**, 58 (1907).

gunsten derselben gedeutet werden können. Noch wesentlich schwieriger wird die Beurteilung, wenn nicht die Reaktion des Gesamtorganismus, sondern die einzelner Organe den Gewöhnungsgrad anzeigen soll. Hier kann man unter Umständen zu direkt entgegengesetzten Resultaten gelangen, je nach dem Angriffspunkt, der als Testobjekt dient: nähme man z. B. beim Morphin als Indicator das Atemzentrum, so ergäbe sich ein außerordentlich hoher Grad von Gewöhnung, da dieses an die 1800fache ursprünglich wirksame Dosis gewöhnt werden kann, während im Gegensatz hierzu die Pulsverlangsamung fast keine Gewöhnung anzeigen würde, da sich die Empfindlichkeit des Vaguszentrums gegen das Gift auch bei lange fortgesetzter Zufuhr nicht zu ändern scheint.

Von allgemeinen Vergiftungssymptomen entgehen uns im Tierexperiment eine ganze Reihe, vor allem diejenigen, die psychischer Natur sind. Eine Abnahme der Euphorie bei längerer Morphindarreichung läßt sich hier z. B. nicht nachweisen, während die klinische Beobachtung beim Menschen feinste Symptome und deren Ausfall oder Änderung erkennen läßt.

Noch ein sehr wesentlicher Punkt muß hier hervorgehoben werden. Bei einer Anzahl von Giften, hauptsächlich den sog. Genußgiften, wird der Ausdruck „Gewöhnung" bisweilen in einem anderen, streng genommen unrichtigen Sinne gebraucht. Es wird darunter oft der *gewohnheitsmäßige Mißbrauch* verstanden, die Sucht nach Morphin, Cocain o. dgl. Mit der Gewöhnung im echten Sinne hat dies nichts zu tun, vielmehr wird es sich im Laufe der Besprechungen ergeben, daß es sich bei einigen Giften zwar um einen gewohnheitsmäßigen Mißbrauch, aber nicht um eine Gewöhnung handelt. Eine *echte Gewöhnung liegt nur dann vor, wenn die Anfangsdosen nach einiger Zeit unwirksam werden und zur Erzielung des gleichen Effekts eine Steigerung der Gaben notwendig wird.*

I. Gewöhnung an anorganische Gifte.

Arsen.

Während gegen organische Gifte verhältnismäßig häufig eine Gewöhnung höherer Tiere und des Menschen beobachtet wird, ist Arsen fast die einzige anorganische Substanz in dieser Hinsicht.

In dem Referat von HAUSMANN[1] findet sich eine übersichtliche Zusammenstellung der älteren Literatur, insbesondere über die „Arsenikesser" in Steiermark; aus ihr geht hervor, daß vom Arsengewöhnten Giftdosen ohne Krankheitserscheinungen eingenommen werden können, die den Normalen schwer vergiften würden.

Die Erklärung für diese eigentümliche Erscheinung hoffte man im Tierexperiment zu finden. CLOETTA[2] fütterte einen Hund mit langsam ansteigenden Mengen von Arsenik und gelangte im Lauf von $2^1/_2$ Jahren zu der enormen Tagesdosis von 2,5 g As_2O_3, ohne daß das Tier irgendwelche Störungen seines körperlichen Befindens gezeigt hätte. Die im Urin ausgeschiedene Arsenmenge nahm dabei mit Steigerung der Injektionsdosen nicht zu, sondern blieb annähernd konstant. CLOETTA schloß daraus, daß die Ursache der Gewöhnung in einer verminderten Resorption des Giftes im Darmkanal zu suchen sei. Um diese Annahme zu beweisen, injizierte er dem Hund die gebräuchliche letale Dosis von 5 mg As_2O_3 pro Kilogramm subcutan (den 62. Teil der peroralen Tagesdosis) mit dem Erfolg, daß der Hund an akuter Arsenvergiftung einging. Auch HAUSMANN[3] fand in einem sich über ein Jahr erstreckenden Hundeversuch die Arsen-

---

[1] HAUSMANN, W.: Die Gewöhnung an Gifte. Erg. Physiol. **6**, 83 (1907).
[2] CLOETTA, M.: Über die Ursache der Angewöhnung an Arsenik. Arch. f. exper. Path. **54**, 196 (1906).
[3] HAUSMANN, W.: Zur Kenntnis der Arsengewöhnung. Pflügers Arch. **111**, 327 (1906).

ausscheidung im Urin annähernd konstant zu 5% der eingeführten Menge. Gleichzeitige Kotanalysen ergaben ein allmähliches Absinken der im Kot ausgeschiedenen Arsenmengen von 77% auf 30% im Laufe von 7 Monaten. Er nahm an, daß bei lange fortgesetzter Darreichung von Arsen in Substanz die Ausscheidungsart des Giftes sich ändert, wobei es schließlich in gepaarter, mit den gewöhnlichen Methoden nicht mehr nachweisbarer Form eliminiert werden soll.

Gegen die Auffassung CLOETTAS hat vor mehreren Jahren JOACHIMOGLU[1] Stellung genommen. Mit verbesserter Methodik der quantitativen Arsenbestimmung wies er durch Analysen des Kotes und Urins nach, daß die Ausscheidung im Harn bei der Gewöhnung nicht *ab-*, sondern eher *zunehme.* Indessen sind die Versuchsbedingungen der beiden Autoren nicht die gleichen gewesen. CLOETTA begann mit Bruchteilen von Milligrammen und erreichte seinen hohen Gewöhnungsgrad erst nach etwa zwei Jahren, während JOACHIMOGLU besonders im Beginn mit den Dosen sehr schnell hinaufging (Anfangsdosis 5 bzw. 10 mg). Ob die beiden Hunde JOACHIMOGLUS wirklich so ausgesprochen gewöhnt waren wie der Hund CLOETTAS, erscheint zweifelhaft, da erstens die erreichten Gaben weit hinter denen CLOETTAS zurücklagen (0,056 bzw. 0,025 g As_2O_3 gegen 0,414 g pro Kilogramm) und außerdem beide Hunde bei Erreichen der höchsten Dosis die Symptome der Arsenvergiftung aufwiesen.

Vergleicht man die Analysenresultate CLOETTAS mit denen JOACHIMOGLUS (Hund I), so ergibt sich prinzipiell das gleiche Resultat:

CLOETTA	Tages-dosis mg	Im Urin aus-geschieden pro die mg	Resor-biert in %	JOACHIMOGLU. Tagesdosis	Im Urin pro die mg	Prozent der Einfuhr
	25	5 mg	20	40 mg As_2O_3 = 30,3 mg As	4,58	15,1
	500	19,3 ,,	3,8	400 mg As_2O_3 = 303 mg As	19,8	6,5

d. h. die Resorption nimmt zwar *absolut zu, in Prozenten der eingeführten Menge berechnet dagegen ab.* Die in den Faeces gefundene Arsenmenge erfährt zudem bei Hund I eine Steigerung von 78,4 auf 96,3% der Einfuhr, eine Erscheinung, die nur als verminderte Resorption gedeutet werden kann, da nach HEFFTERS Untersuchungen[2] der Darm als Ausscheidungsorgan für das Arsen keine nennenswerte Rolle spielt.

Bei CLOETTAS Hund nimmt die im Harn ausgeschiedene Arsenmenge im weiteren Verlauf der Gewöhnung nicht nur prozentual, sondern auch absolut ab und erreicht schließlich bei der maximalen Tagesdosis von 2500 mg nur noch den Wert von 6,2 mg; resorbiert werden nur noch 0,25% der täglichen peroralen Dosis. Möglicherweise wäre auch JOACHIMOGLU zu dem gleichen Resultat gelangt, wenn es ihm gelungen wäre, eine so hohe Toleranz zu erreichen. Bei dem zweiten Hund JOACHIMOGLUS ist die in den Faeces ausgeschiedene Arsenmenge bedeutend geringer als beim ersten (67%), sie erfährt sogar in der ersten Zeit der Gewöhnung noch eine weitere Abnahme auf etwa 60%, um erst später auf 78% anzusteigen. Bei gleichbleibender Dosis innerhalb von 5 Wochen wird im Gegensatz zu CLOETTAS Versuchen immer die gleiche Menge resorbiert, dieselbe geht erst bei weiterem Ansteigen der Dosen prozentual herunter. Ob man nach dem Vorgehen JOACHIMOGLUS die Bilanz zwischen Einfuhr und Resorption so aufstellen darf, daß man das im Kot ausgeschiedene Arsen vom eingeführten abzieht und den Differenz-

---

[1] JOACHIMOGLU: Zur Frage der Gewöhnung an Arsenik. Arch. f. exper. Path. **79**, 419 (1916).
[2] HEFFTER: Die Ausscheidung körperfremder Substanzen im Harn. Erg. Physiol. **2** I, 115 (1903).

wert als „pro Tag wirklich resorbierte Menge" bezeichnet, erscheint zweifelhaft. Man müßte dann annehmen, daß unter Umständen sehr große Mengen im Körper gespeichert werden könnten. Darauf wird später noch einzugehen sein. Auffallend ist der starke Unterschied zwischen den in den Faeces erscheinenden Arsenmengen bei den einzelnen Tieren. Man wird hierin der Auffassung Joachimoglus beipflichten können, daß darauf die verschieden hohe individuelle Disposition zur Arsenvergiftung beruhen könnte.

Mit einwandfreier Methodik hat in neuester Zeit Kübler[1] Cloettas Versuche erneut bestätigen können. Er fand eine ständige Abnahme der Arsenausscheidung im Urin von 39% auf 0,3% der eingeführten Menge. Bei dem Verweilen auf einer Dosis von 800 mg während 6 Wochen ging die Resorption von 2,1 auf 0,3% herab, es sank also in diesem Falle auch die absolute Menge des im Harn ausgeschiedenen Arsens. Aus den Versuchen geht hervor, daß jede Steigerung der Dosis zunächst mit einer Mehrausscheidung im Urin beantwortet wird, und daß erst die Gewöhnung an den neuen Reiz die Resorption bei der betreffenden Dosis allmählich herabsetzt, wie beifolgende Tabelle aus der Küblerschen Arbeit veranschaulicht:

Datum	Tageseinfuhr in mg	Während der Periode	Im Urin im Ganzen	pro die	Proz. der Einfuhr	Im Kot im Ganzen	Proz. der Einfuhr
14. IX.—18. IX. 1921	110	440	0,01608	0,004	3,66	0,3753	85,3
8. XI.—11. XI. 1921	200	600	0,0174	0,0058	2,9	—	—
14. XI.—21. XI. 1921	200	1400	0,0309	0,0044	2,2	1,286	92
24. I.—27. I. 1922	300	900	0,0253	0,0084	2,8	—	—
31. I.—7. II. 1922	300	2100	0,0565	0,0081	2,7	2,0292	96,2
7. IV.—13. IV. 1922	300	1800	0,0463	0,0077	2,56	1,73	96
29. V.—3. VI. 1922	300	1500	0,0424	0,0085	2,8	—	—
8. VII.—14. VII. 1922	400	2400	0,0984	0,0164	4,1	2,235	93
15. VIII.—18. VIII. 1922	400	1200	0,0216	0,0072	1,8	—	—
8. IX.—11. IX. 1922	400	1200	0,0103	0,0034	0,86	—	—

Auffallend ist, daß bei der Dosis von 300 mg As_2O_3 die Ausfuhr im Urin 5 Monate lang die gleiche bleibt, bei der Steigerung auf 400 mg dagegen von 4,1 auf 0,86% absinkt. Es können demnach Perioden mit gleichbleibender solche mit ständiger Verminderung der Ausscheidung folgen. Auf einer solchen mit gleichbleibendem Arsengehalt im Urin hat Joachimoglu seine Einwände gegen Cloettas Versuche aufgebaut. Vielleicht wäre er zu den gleichen Ergebnissen gelangt, wenn es ihm möglich gewesen wäre, die Giftdosis noch weiter zu steigern.

Auch bei Kübler fiel der von Cloetta angestellte Kontrollversuch mit subcutaner Injektion der gewöhnlichen letalen Dosis in positivem Sinne aus. Nach zweitägiger Sistierung der Arsenzufuhr erhielt das völlig gesunde Tier 50 mg As_2O_3 subcutan, worauf es nach kurzer Zeit unter den bekannten schweren Erscheinungen der akuten Arsenvergiftung zugrunde ging.

Beim Vergleich der prozentualen Ausscheidung in Urin und Kot mit der eingeführten Giftmenge ergibt sich regelmäßig ein Defizit von einigen Prozenten, was Joachimoglu einer Retention im Körper zuschreibt. Im Gegensatz hierzu glaubt Kübler diese Differenz auf methodische Fehler in der Arsenbestimmung im Kot zurückführen zu sollen, da sich eine erhebliche Speicherung im Körper nicht nachweisen ließ. Die Leber seines arsengewöhnten Hundes enthielt 11,7 mg As_2O_3. Unter der — sicher unrichtigen — Annahme, daß das zurückgehaltene Arsen sich in der gleichen Konzentration wie in der Leber auch in allen anderen Geweben vorfände, käme man zu einer Gesamtmenge von 0,468 g As_2O_3, während

---

[1] Kübler, Fritz: Über die Angewöhnung an Arsenik. Arch. f. exper. Path. **98**, 185 (1923).

die Schätzung des fraglichen Defizits aus der Differenz zwischen Ausscheidung im Kot und Einfuhr ein Vielfaches dieses Wertes ergeben würde. Demgegenüber weisen E. und I. KEESER[1] neuerdings daraufhin, daß in den Haaren arsengewöhnter Hunde nicht unbeträchtliche Mengen Arsen gefunden werden; sie glauben, daß das Defizit durch diese Speicherung gedeckt wird.

Aus dem bisher Mitgeteilten geht hervor, daß *im Lauf der Gewöhnung immer weniger Arsen zur Resorption gelangt.* Diese verminderte Resorptionsmöglichkeit erstreckt sich aber offenbar nur auf gepulvertes Arsen. Nach den übereinstimmenden Resultaten von DAGA[2], sowie von ISSEKUTZ und von VÉGH[3] gelingt es weder durch Verabreichung von FOWLERschen Lösung, noch von gelöstem As_2O_3 eine Toleranzsteigerung zu erzielen. SCHWARTZE und MUNCH[4] behaupten sogar, daß die Korngröße des verfütterten Arsens eine Rolle spiele; nach den Erfahrungen JOACHIMOGLUS (E. und I. KEESER S. 373) trifft diese an und für sich schon nicht wahrscheinliche Annahme aber nicht zu.

Es fragt sich nun, auf welche Ursache es zurückzuführen ist, daß bei chronischer Arsenzufuhr nur ein so kleiner Bruchteil resorbiert wird. JOACHIMOGLU ist der Ansicht, daß die Darmschleimhaut eine gewisse lokale Immunität gegenüber der entzündungserregenden und nekrotisierenden Giftwirkung erlangt, CLOETTE und KÜBLER nehmen eine mehr aktive Resorptionshinderung an. Auf eine weitere Möglichkeit weisen von ISSEKUTZ und VON VÉGH hin: um größere Mengen Arsen in Lösung zu bringen und damit resorptionsfähig zu machen, ist eine Reizwirkung auf den Darm notwendig, die zu gesteigerter Sekretion und Hyperämie führt. Wenn nun bei chronischer Arsenzufuhr die Reaktion der Darmschleimhaut nicht mehr so intensiv ist, so genügt das Darmsekret nicht mehr, um das As_2O_3 in Lösung zu bringen. Auch diese Autoren nehmen also ebenso wie JOACHIMOGLU eine erhöhte Widerstandsfähigkeit der Darmschleimhaut an, die infolge des ständigen Reizes erworben wird. Während aber JOACHIMOGLU durch den immer mehr nachlassenden Reizzustand den Durchtritt der Arsenmoleküle durch die Darmwand vermindert ansieht, glauben ISSEKUTZ und v. VÉGH die verringerte Resorption auf ungenügende Lösung des Giftes zurückführen zu sollen.

Außer diese örtlichen Toleranz eine allgemeine Gewöhnung der Gewebszellen anzunehmen, besteht zur Zeit keine Veranlassung, denn auch an hohe perorale Dosen gewöhnte Tiere erliegen einer gewöhnlichen letalen subcutan beigebrachten Arsendosis (CLOETTA, KÜBLER). Auch ein Versuch JOACHIMOGLUS läßt sich hierfür anführen: sein erster arsengewöhnter Hund hatte die sicher letal wirkende Dosis von 0,056 g As_2O_3 pro Kilogramm mehrere Wochen lang anstandslos vertragen. Die resorbierte Arsenmenge betrug dabei 11 mg = 3,7% der Einfuhr. Ein nicht gewöhnter Hund resorbierte dagegen von der gleichen per os beigebrachten Arsenmenge 30%, also das Achtfache, wobei er natürlich zugrunde ging. Da das gewöhnte Tier nur eine so geringe Menge durch den Darm aufnahm, kann auch die im Blut kreisende Arsenmenge keinen so hohen Grad erreicht haben, um Vergiftungssymptome hervorzurufen.

Des weiteren spricht noch zwingend gegen eine allgemeine erhöhte Toleranz der Gewebszellen, daß es bisher noch nie gelungen ist, durch subcutane Arsen-

---

[1] KEESER, E. u. I.: Zur Frage der Arsengewöhnung. Arch. f. exper. Path. **109**, 370 (1925). — Verh. dtsch. pharmak. Ges. **1925**, 59.

[2] DAGA, UMBERTO: L'assuefazione per l'arsenico può essere messa in dubio. Arch. Farmacol. sper. **39**, 173 (1925).

[3] v. ISSEKUTZ u. v. VÉGH: Über die Arsengewöhnung. Arch. f. exper. Path. **114**, 206 (1926).

[4] SCHWARTZE, E. u. I. MUNCH: So-called Habituation to „Arsenic". J. of Pharmacol. **28**, 351 (1926).

injektionen eine Herabsetzung der Empfindlichkeit gegen dieses Gift zu erzeugen (BROUARDEL[1]).

Zusammenfassend läßt sich über den heutigen Stand der Frage folgendes aussagen: *Gewöhnung an Arsenik tritt beim Menschen wie Tier nur ein, wenn das Gift peroral in Substanz eingegeben wird. Die Immunität beruht auf einer verminderten Resorption des Arsens im Darmkanal.* CLOETTA faßt dieselbe als Permeabilitätsänderung auf in dem Sinne, daß die Darmschleimhaut im Lauf der Gewöhnung die Fähigkeit erlangt, weniger Arsen passieren zu lassen. JOACHIMOGLU steht auf dem Standpunkt, daß die Darmschleimhaut des gewöhnten Tieres dem nekrotisierenden Effekt des Gifts gegenüber widerstandsfähiger wird; die Epithelzellen werden nicht so leicht geschädigt wie beim ungewöhnten Tier, bei dem in kurzer Zeit die letale Menge aufgenommen werden kann. VON ISSEKUTZ und VON VÉGH sehen die Ursache in der geringeren entzündlichen Reaktion der Darmschleimhaut mit Verminderung des Sekrets und damit verschlechterten Lösungsbedingungen für das Gift. Letzten Endes kommen alle drei Anschauungen auf das gleiche heraus: auf eine *Verringerung der Resorption.*

Eine herabgesetzte Empfindlichkeit anderer Zellen als der Darmmucosa scheint nicht zu bestehen.

Ob eine Gewöhnung an den in seiner Stoffwechselwirkung dem Arsen nahestehenden *Phosphor* eintritt, ist nicht untersucht.

Metallsalze.

Gegenüber *Mangan-* und *Eisen*salzen scheint die Darmschleimhaut ebenfalls nach längerer Verabfolgung resistenter zu werden. Nach KOBERT[2] rufen die gleichen Dosen, die von gewöhnten Tieren ganz gut vertragen werden, bei unvorbereiteten regelmäßig eine akut verlaufende Eisen- bzw. Manganvergiftung mit tödlichem Ausgang hervor. Während bei diesen dann auch reichlich Metall im Harn nachgewiesen werden kann, enthält der Urin der längere Zeit behandelten Kaninchen nur Spuren. Versuche, durch subcutane Injektionen eine Gewöhnung zu erzielen, sind nicht unternommen worden. In einer Arbeit von H. MEYER und WILLIAMS[3] findet sich nur die Bemerkung, daß ein Hund mit starker anfänglicher Reaktion gegen spätere Eisengaben außerordentlich resistent war.

Gegenüber dem dem Arsen chemisch nahestehenden *Antimon* tritt bei längere Zeit durchgeführter peroraler Verabreichung eher eine Empfindlichkeitssteigerung ein. Dementsprechend wird von diesem Gift nach CLOETTA[4] bei Steigerung der Dosen auch mehr resorbiert.

Reizende Gase.

Ebenso wie die Darmschleimhaut kann auch die Schleimhaut der Atemorgane reizenden Giften gegenüber auf die Dauer eine gewisse Resistenz erlangen. Das zeigen Versuche von LEHMANN[5] und SEIFERT[6], die Katzen, Hunde und Kaninchen *Ammoniak* in steigenden Konzentrationen einatmen ließen. Es ergab sich

---

[1] BROUARDEL: Etude sur l'Arsénicisme, S. 29. Paris 1897.

[2] KOBERT: Zur Pharmakologie des Mangans und Eisens. Arch. f. exper. Path. **16**, 361 (1883).

[3] MEYER, H. H. u. WILLIAMS: Über akute Eisenwirkung. Arch. f. exper. Path. **13**, 70 (1880).

[4] CLOETTA, M.: Untersuchungen über das Verhalten der Antimonpräparate im Körper und die Angewöhnung an dieselben. Arch. f. exper. Path. **64**, 351 (1911).

[5] LEHMANN: Experimentelle Untersuchungen über die Gewöhnung an Fabrikgase. Arch. f. Hyg. **34**, 272 (1899).

[6] SEIFERT: Ist die Gewöhnung an Ammoniakgas anatomisch erklärbar? Arch. f. Hyg. **74**, 61 (1911).

dabei, daß gewöhnte Tiere eine Ammoniakatmosphäre von 0,13 % ohne jegliche Symptome vertrugen, während ungewöhnte mit schweren Reizerscheinungen und Katarrhen der Respirationsschleimhäute reagierten. Anatomisch wiesen die Schleimhäute der ersteren einen völlig normalen Befund auf. Die Immunität ließ sich allerdings nicht über einen gewissen individuell verschiedenen Grad hinaus erzielen, der aber immerhin regelmäßig das 2—4fache der ursprünglich erträglichen Dosis ausmacht. Eine Gewöhnung des Gesamtorganismus liegt nicht vor, denn nach JOHANNOVICS[1] tritt keine Herabsetzung der Empfindlichkeit gegen Ammoniak bei peroraler Verabfolgung von carbaminsaurem oder kohlensaurem NH_3 ein.

Auch der reizenden Wirkung von *Chlorgasen* gegenüber läßt sich nach LEHMANNS Versuchen eine leichte Resistenzsteigerung erzielen, während beim *Schwefelwasserstoff* im Gegenteil die Empfindlichkeit deutlich wächst (LEHMANN).

II. Organische Gifte.

Während beim Arsen die Verhältnisse insofern ziemlich einfach lagen, als sich eine Bilanz zwischen Ein- und Ausfuhr aufstellen ließ zur Berechnung der resorbierten Giftmenge, ist die Frage des Gewöhnungsmechanismus bei den organischen Giften viel schwieriger. Damit hängen auch die vielfach sich widersprechenden Angaben in der Literatur zusammen.

Wir beginnen mit der Besprechung der Gewöhnung an

Morphin.

Auf welchem Weg das Morphin in den Körper gelangt, ist für die Gewöhnung gleichgültig; sie tritt nach peroraler wie subcutaner Verabfolgung ebenso leicht ein wie beim Opiumrauchen oder Opiumessen. Im Vergleich zu anderen Giften ist der in vielen Fällen erreichte Gewöhnungsgrad ein sehr hoher, die letale Dosis für den Menschen von 0,2—0,4 g wird oft um ein Vielfaches überschritten. So gibt LEWIN[2] als größte, von einem Gewöhnten genossene Menge 5,5 g an, MCIVER und PRICE[3] sogar 90 grains = 5,85 g. Die durchschnittliche Dosis für morphingewöhnte Menschen soll nach den letzteren Autoren etwa 15 grains = 0,97 g, also nicht ganz 1 g betragen. Ein Patient WHOLEYS[4] nahm täglich 6 Wochen lang 25 grains (= 1,62 g) subcutan, ein anderer 60 (= ca. 4,0 g) per os.

Während am Menschen bisher anscheinend noch keine Versuche darüber angestellt worden sind, den Mechanismus der Morphingewöhnung näher aufzuklären, liegen zahlreiche Untersuchungen an Tieren über dieses Problem vor, vor allem an Hunden, bei denen eine Gewöhnung gut zu erzielen ist.

Vorbedingung für eine Analyse über das Schicksal des Morphins im Tierkörper ist naturgemäß eine exakte quantitative Morphinbestimmung in den Ausscheidungen und evtl. im Tierkörper selbst.

Sämtliche älteren Methoden scheinen diese Vorbedingung nicht zu erfüllen, die Resultate sind daher mit größter Reserve zu beurteilen.

---

[1] JOHANNOVICS: Über Veränderungen der Leber bei Vergiftung mit carbaminsaurem und kohlensaurem Ammoniak. Arch. internat. Pharmacodynamie **12**, 35 (1904).

[2] LEWIN: Die Nebenwirkungen der Arzneimittel. 3. Aufl. Berlin 1899.

[3] MCIVER u. PRICE: J. amer. med. Assoc. **96**, 476 (1916). — Zitiert nach I. A. GUNN: Cellular Immunity. Congenital and acquired tolerance to non-protein substances. Physiologic. Rev. **3**, 41 (1923).

[4] WHOLEY: J. amer. med. Assoc. **58**, 1855 (1912). — Zitiert nach I. A. GUNN: Cellular Immunity. Congenital and acquired tolerance to non-protein substances. Physiologic. Rev. **3**, 41 (1923).

Nach älteren Untersuchungen soll vor allem der Darm als Ausscheidungsorgan fungieren. So fand Tauber[1] in den Faeces eines Hundes, der in 10 Tagen 1,632 g salzsaures Morphin subcutan erhalten hatte, 0,512 g = 41,3% der injizierten Menge wieder.

Am bekanntesten sind die Faustschen Morphingewöhnungsversuche an Hunden[2]. Mit fortschreitender Gewöhnung der Tiere an die Giftwirkung nahm die in den Faeces ausgeschiedene Morphinmenge immer mehr ab. Schließlich war überhaupt keines mehr nachweisbar. Die Ausscheidung im Harn glaubte Faust als zu geringfügig außer Betracht lassen zu dürfen. Er folgerte aus seinen Versuchen, daß bei fortgesetzter Einverleibung von Morphin der Organismus immer mehr die Fähigkeit erlange, dasselbe zu zerstören und daß darauf die erworbene Immunität zurückzuführen sei.

Fausts Versuche sind nicht unwidersprochen geblieben. Cloetta[3] fand bei der Nachprüfung der von Faust geübten Tauberschen Bestimmungsmethode, daß dieselbe unzuverlässige Resultate ergab. Als er mittels eines neu ausgearbeiteten Verfahrens die Morphinausscheidung in den Faeces von Hunden nach einmaliger Injektion untersuchte, fand er nur 23 bzw. 32%, also Werte, die nur den dritten Teil etwa von den bei Faust angegebenen ausmachten. Zudem soll nach Neumann[4] der bei der Tauberschen Methode durch $NaHCO_3$ erzeugte Niederschlag überhaupt nicht, wie Tauber angibt, aus Morphin bestehen.

Während bisher die Morphinbestimmung im Harn vernachlässigt wurde, da die Niere als Ausscheidungsorgan nicht wesentlich in Betracht zu kommen schien, wurde das Problem in ein neues Licht gerückt, als v. Kaufmann-Asser[5] im Harn von Kaninchen das Alkaloid nach subcutaner Injektion nachweisen konnte. In Dauerversuchen stieg die im Urin ausgeschiedene Menge auf 39% der injizierten Dosis an, um dann im weiteren Verlauf der Gewöhnung auf 10—13% abzufallen. Das von ihm modifizierte Stassche Ausschüttelungsverfahren arbeitete allerdings mit einer Fehlergrenze bis zu 30%, so daß seinen Resultaten keine große Beweiskraft zukommt.

Zu ähnlichen Resultaten wie v. Kaufmann-Asser gelangten in neuerer Zeit Tamura[6] und Wachtel[7]. Ersterer fand bei gewöhnten Hunden ein Ansteigen der Urinquote des Morphins, während gleichzeitig der Gehalt in den Faeces abnahm. Im akuten Versuch dagegen wurde $1/_3$ bis $1/_4$ der injizierten Menge im Kot nachgewiesen, im Harn nur Spuren. Die Gesamtausscheidung blieb also während der ganzen Dauer des Gewöhnungversuches annähernd die gleiche. Die Versuche Wachtels, dessen Bestimmungsmethode nach seiner eigenen Angabe eine Fehlerquelle von in maximo 10—20% in sich birgt, ergaben bei einem längerdauernden Versuch mit steigenden Morphindosen ein sehr starkes Schwanken der im Harn erscheinenden Morphinmengen. Nach Aussetzen der Injektionen verschwand das Alkaloid sehr schnell aus dem Urin, während im Kot noch 6 Tage nach der letzten Injektion über 10% der letztinjizierten Dosis gefunden wurden.

---

[1] Tauber: Über das Schicksal des Morphins im tierischen Organismus. Arch. f. exper. Path. **27**, 36 (1890).

[2] Faust, E.: Über die Ursachen der Gewöhnung an Morphin. Arch. f. exper. Path. **44**, 217 (1900).

[3] Cloetta, M.: Über das Verhalten des Morphins im Organismus und die Ursachen der Angewöhnung an dasselbe. Arch. f. exper. Path. **50**, 453 (1903).

[4] Neumann, Max: Untersuchungen über die Ausscheidung des Morphins und Codeins bei Kaninchen. Dissert. Königsberg 1893.

[5] v. Kaufmann-Asser: Über die Ausscheidung des Morphins im Harn. Biochem. Z. **54**, 161 (1913).

[6] Tamura: Mitt. med. Fak. Tokyo **23** (1920).

[7] Wachtel: Nachweis und Bestimmung des Morphins und anderer Alkaloide in tierischen Ausscheidungen und Organen. Biochem. Z. **120**, 265 (1921).

Gerade der letzte Befund mit dem noch so spät zu führenden Giftnachweis im Kot ist auffallend und läßt Zweifel aufkommen, ob die Bestimmungsmethode WACHTELS zuverlässig ist.

In neuester Zeit ist von TAKAYANAGI[1] im Heidelberger pharmakologischen Institut eine neue quantitative Morphinbestimmungsmethode ausgearbeitet worden, die auf der Bildung unlöslicher konstanter Niederschläge des Alkaloids mit Phosphorsäureammoniummolybdat beruht. Dieselbe hat eine Fehlerquelle von höchstens 5% und ist auch für ganz geringe Mengen bis zu 5 mg herunter anwendbar. Der Vorteil besteht in der vollständigen Isolierung des Alkaloids, ohne daß dabei nennenswerte Verluste eintreten würden. Mit diesem Verfahren gelang es TAKAYANAGI[2] nachzuweisen, daß bei einmaliger Injektion von Morphin am ersten Versuchstag 1,6—7,8% der Injektionsmenge im Harn ausgeschieden werden. Da eine Kotabgabe in den drei ersten Tagen nicht erfolgte, mußte eine dahingehende Analyse unterbleiben. In Gewöhnungsversuchen an Hunden ergab sich, daß bei täglicher Injektion von 100 mg Morphin bereits am ersten Tage das Alkaloid im Harn nachgewiesen werden konnte. Von da an stieg die Morphinausscheidung bis zum dritten oder vierten Tag, wo sie 9—25% der injizierten Menge betrug. Im Lauf von einer Woche sank sie dann auf den Nullpunkt ab, trotz täglich gleichbleibender Injektionsdosis. In den angeführten Versuchen war entweder gar kein Kot zu erhalten oder nur ganz geringe Mengen. Im letzteren Falle konnte darin kein Morphin nachgewiesen werden. Ein an einem Kaninchen angestellter Versuch ergab ein gleiches Resultat bezüglich der Morphinausscheidung im Harn, während im Kot nur unwägbare Spuren festgestellt wurden. Das Nichterscheinen von Morphin in den Faeces glaubt TAKAYANAGI darauf zurückführen zu müssen, daß durch die lange Zurückhaltung der Kotmassen im Darm eine Rückresorption der in den Magendarmkanal ausgeschiedenen Morphinmengen mit nachfolgender Zerstörung im Körper erfolgte.

Während die bisher angeführten Untersuchungen sich lediglich mit der Ausscheidung des Morphins befassen, aus der dann Schlüsse über die Zerstörung des Gifts im Körper gezogen wurden, sind die folgenden von dem Gesichtspunkt ausgegangen, den Grad des Morphinabbaus durch direkte Analyse der im ganzen Tierkörper verschieden lange Zeit nach der Einverleibung noch vorhandenen Morphinmengen zu erfassen und die sich dabei ergebenden Resultate am gewöhnten und ungewöhnten Tier miteinander zu vergleichen. RÜBSAMEN[3] wies nach, daß ein erhöhter Morphinabbau nicht allein die Ursache der erworbenen Immunität sein kann, da sich im Gesamtorganismus gewöhnter Ratten zu einer Zeit, in der an nicht vorbehandelten Tieren die Höhe der Vergiftungserscheinungen zu erwarten war, noch so viel Morphin gefunden wurde, um normale Tiere schwer zu vergiften. Wenn auch RÜBSAMEN mit einer Methode gearbeitet hat, bei der mit einer ziemlich hohen Fehlergrenze gerechnet werden muß, so sind doch seine Resultate neuerdings von TAKAYANAGI[4] mit seiner wesentlich verbesserten Methode in vollem Umfang bestätigt worden. Im akuten Versuch, in dem Ratten teils 60, teils 30 mg Morphin subcutan injiziert wurde, ergab sich, daß die Morphinzerstörung (geschlossen aus der nach der Tötung des Tiers aus dem Gesamtorganismus quantitativ gewonnenen Menge) annähernd der Zeit proportional ging. So waren, wie aus den angeführten Tabellen mit Injektion von 30 mg zu

---

[1] TAKAYANAGI, T.: Eine Methode zur quantitativen Bestimmung des Morphins in Körperflüssigkeiten und Organen. Arch. f. exper. Path. **1924.**

[2] TAKAYANAGI, T.: Über das Schicksal des Morphins. I. Mitt. Arch. f. exper. Path. **1924.**

[3] RÜBSAMEN: Experimentelle Untersuchungen über die Gewöhnung an Morphin. Arch. f. exper. Path. 59, 227 (1908).

[4] TAKAYANAGI, T.: Über das Schicksal des Morphins im Tierkörper. II. Mitt. Arch. f. exper. Path. **1924.**

ersehen ist, nach 2 Minuten 6%, nach 10 Minuten 17%, nach 1 Stunde 28%, nach 2 Stunden 45—63%, nach 6 Stunden 100% des injizierten Morphins im Körper nicht mehr zu finden. Bei gewöhnten Ratten ergab sich dagegen eine Zerstörung (Injektion von 60 mg) von 36,2% in 30 Minuten, 87,8% in 1 Stunde, 83,3% in 1¹/₂ Stunden und 100% nach 3 Stunden. *Es wird also jedenfalls von immunisierten Ratten das Gift in bedeutend schnellerem Tempo zerstört.* Ebenso wie Rübsamen hat Takayanagi nachgewiesen, daß im Körper der gewöhnten Ratten, trotzdem sie keine Vergiftungserscheinungen aufwiesen, noch so viel Morphin vorhanden ist, um normale Tiere schwer zu vergiften. Er folgert daher, daß neben einer schnelleren Zerstörung eine zunehmende Immunität der Zellen gegen das Alkaloid angenommen werden muß.

Takayanagis Versuche an Hunden und Ratten wurden vor kurzem von Terruchi, Yutaka und Sotaro Kai[1] am Kaninchen bestätigt. Auch diese Autoren fanden bei der Analyse der einzelnen Organe einen bedeutend geringeren Giftgehalt bei einem chronisch mit Morphin behandelten Tier gegenüber den nach einmaliger Injektion gewonnenen Werten.

Eine erhöhte Zerstörung des Morphins beim gewöhnten Tier wurde auch in vitro nachzuweisen versucht. Cloetta (s. oben) konnte bei Zusatz von 100 mg Morphin zum Leberbrei eines normalen Kaninchens 70% wiederfinden. Nach Albanese[2] soll weder die normale Hundeleber noch die eines stark gewöhnten Tieres Morphin in nennenswertem Grade abbauen können, dagegen soll eine starke Zerstörungsfähigkeit im Morphinhunger vorliegen. Diesen Angaben widerspricht Dorlencourt[3]. Nach seinen Untersuchungen zerstört sowohl die Leber des gewöhnten wie ungewöhnten Hundes zugesetztes Morphin. Dabei soll diese Fähigkeit dem Gewöhnungsgrad parallel gehen. Im Morphinhunger konnte er keine weitere Erhöhung dieser Eigenschaft nachweisen. Die Resultate sind also sehr widersprechend, und es liegt die Vermutung nahe, daß die von den verschiedenen Autoren angewandten Morphinbestimmungsmethoden nicht ganz zuverlässig gewesen sind.

Aus den bisher angeführten Versuchen ergibt sich, daß für die Morphingewöhnung zwei Gründe maßgebend sind: *erstens ist der gewöhnte Organismus imstande, das Gift schneller zu zerstören und zweitens tritt im Laufe der Gewöhnung eine verringerte Empfindlichkeit gegen die Giftwirkung auf.*

Diese erworbene Immunität betrifft aber keineswegs alle Zellen. So bleibt das *Vaguszentrum immer gleich empfindlich,* denn van Egmond[4] fand, daß die durch Morphin hervorgerufene Pulsverlangsamung zentralen Ursprungs bei einem Hund, dessen Brechzentrum und Großhirnrinde an Morphin in weitgehendstem Maße unempfindlich geworden war, immer in gleicher Weise noch auftrat. Die untere Grenze der Anspruchsfähigkeit des Vaguszentrums änderte sich praktisch nicht: 1 mg pro Kilogramm oder der ¹/₂₃₀. Teil der täglich injizierten Dosis erniedrigte die Pulsfrequenz noch um ein Drittel. Während also Großhirnrinde und Brechzentrum vollkommen immun werden, bleibt die Erregbarkeit des Vaguszentrums unverändert. Dasselbe stellt demnach einen überaus feinen Indicator für im Blut kreisende Morphinmengen dar. Ganz im Einklang mit den Befunden Rübsamens und Takayanagis über eine schnellere Morphinzerstörung

---

[1] Terruchi, Yutaka u. Sotaro Kai: On the fate of Morphine whith has been injected inter to the animal body. J. of Pharmacol. **31**, 177 (1927).

[2] Albanese: Beitrag zur Kenntnis des Verhaltens und des Schicksals des Morphins bei der Morphinsucht. Zbl. Physiol. **23**, 241 (1909).

[3] Dorlencourt: Etude sur la déstruction „in vitro" du chlorhydrate de Morphine par les organs d'animaux accoutumés et non accoutumés. C. r. Soc. Biol. Paris **1**, 895 (1913).

[4] van Egmond: Über die Wirkung des Morphins auf das Herz. Pflügers Arch. **65**, 197 (1911).

bei Ratten steht die Angabe van Egmonds, daß beim gewöhnten Tier die Vaguswirkung schneller abklingt als beim ungewöhnten. Auch beim Vergleich der Morphinwirkung auf den Magen des normalen und giftgewöhnten Hundes konnte van Egmond zeigen, daß die Entleerung beim letzteren nach subcutaner Morphininjektion schneller vonstatten geht als beim ungewöhnten. Demnach kann sich auch der Magendarmkanal, wenn auch lange nicht in so hohem Maße wie Großhirn und Brechzentrum, an Morphin gewöhnen. Er soll nach van Egmond bezüglich des erreichbaren Gewöhnungsgrades in der Mitte zwischen Großhirn und Brechzentrum einerseits und Vaguszentrum andererseits liegen.

van Dongen[1] erweiterte die Untersuchungen van Egmonds. Es gelang ihm, das Atemzentrum an das 1800fache der anfangs wirksamen Minimaldosis zu gewöhnen. Die Reihenfolge, in welcher beim Hund die verschiedenen Zentren im Lauf der Gewöhnung gegen Morphin unempfindlich werden, ist nach diesem Autor folgende: Pupille — Brechen — Kotentleerung — Narkose — Atemzentrum. van Egmonds Befunde sind neuerdings von Tamura[2] bestätigt worden.

Das Atemzentrum des Kaninchens scheint sich dagegen anders zu verhalten wie das des Hundes: van Dongen gelang eine Gewöhnung nicht, ebensowenig Grüninger[3], während im Gegensatz hierzu Gottlieb[4] bei Anwendung der gerade wirksamen Schwellendosis nach einiger Zeit ein Nachlassen der Giftwirkung gesehen hat.

Auch bezüglich des Gesamtkomplexes der Vergiftungserscheinungen treten gewisse Differenzierungen in der Gewöhnung auf. So haben Joel und Ettinger[5] bei der Ratte ein zweiphasiges Vergiftungsbild gesehen, indem einem narkotischen Stadium ein Erregungsstadium zeitlich nachfolgt. Bei der Gewöhnung schwindet nun diese Zweiphasigkeit, die Narkose fällt weg und die Erregung setzt sofort ein, sie ist sogar verstärkt. Ähnliches haben Langer und Biberfeld bei Gewöhnungsversuchen mit Morphinersatzmitteln (s. ds. Kap.) bereits festgestellt.

Auch klinisch läßt sich für die oben geschilderte Annahme, daß im Lauf der Gewöhnung schnellere Zerstörung und Unterempfindlichkeit bestimmter Organe bzw. Organteile eintritt, manches anführen. So ist bekannt, daß selbst an hohe Dosen gewohnte Morphinisten immer die stecknadelkopfgroße Pupille zeigen. Auch lehrt die Erfahrung, daß beim stark Gewöhnten die Wirksamkeit kleiner Dosen noch vorhanden ist, nur die Wirkungs*dauer* verkürzt[6]. So berichtet Joel von einem Morphinisten, bei dem sehr eindrucksvoll zu beobachten war, wie er im Lauf eines mehrstündigen Zusammenseins von Zeit zu Zeit im Gespräch erlahmte und zusehends körperlich abfiel. Dosen von 0,01—0,02 g konnten ihn dann jeweils wieder für eine Stunde excitieren. Die Giftmenge war zwar schneller aufgebraucht als in der Norm, aber doch noch in der üblichen Dosis wirksam.

Nach unseren heutigen Kenntnissen können wir demnach den Mechanismus der Morphingewöhnung so auffassen, daß eine *erhöhte Fähigkeit zur Zerstörung des Giftes mit einer Immunität bestimmter Zellen Hand in Hand geht.*

---

[1] van Dongen: Beiträge zur Frage der Morphingewöhnung. Pflügers Arch. **162**, 54 (1915).

[2] Tamura, K.: Beiträge zur Kenntnis vom Schicksal des Morphins im tierischen Organismus. III. Mit. Mitt. med. Fak. Tokyo **1920**, 219.

[3] Grüninger: Die Wirkung einmaliger und verteilter Morphingaben auf die Atmung des Kaninchens. Arch. f. exper. Path. **126**, 77 (1927).

[4] Gottlieb, R.: Vergleichende Messungen über die Gewöhnung des Atemzentrums an Morphin, Dicodid und Dilaudid. Münch. med. Wschr. **1926**, 595.

[5] Joel u. Ettinger: Experimentelle Studien über Morphingewöhnung. Arch. f. exper. Path. **115**, 334 (1926).

[6] Vgl. hierzu Ernst Joel: Zur Pathologie der Gewöhnung. Ther. Gegenw. **1923**, November/Dezember-Heft.

Mit ein paar Worten wäre noch auf die Abstinenzerscheinungen bei der Morphinentziehung einzugehen. Wie JOEL mit Recht hervorhebt, ist das giftgewöhnte Individuum krank. Es reagiert entweder in toto oder mit einem Teil seiner Organfunktionen in anderem Sinne auf die gleiche Giftdosis wie ein normales. Von diesen Alterationen wird auch die Gesamtheit der Lebensvorgänge betroffen, denn auch im Stoffwechsel spielen sich bei der Morphingewöhnung tiefgreifende Veränderungen ab, wie Untersuchungen von SCHÜBEL[1] sowie PLANT und PIERCE[2] am Hund und VON HILDEBRANDT[3] an Ratten gezeigt haben. Die chronische Zufuhr des schädlichen Agens verändert die Reaktionsbereitschaft und Reaktionsfähigkeit bestimmter Zellen. Fällt mit einem Schlage die Giftzufuhr weg, so können sich dieselben nicht so schnell auf die normalen physiologischen Reize wieder umstellen. Fast immer wird es sich um eine Herabsetzung der Funktion handeln. In diesem Zusammenhange ist es von Interesse, daß es BIBERFELD[4] gelang, durch Aderlaß und parenterale Eiweißzufuhr die Morphinunempfindlichkeit des gewöhnten Hundes für einige Tage zu durchbrechen. Nach diesen Eingriffen erwies sich in den folgenden Tagen eine Morphindosis, die infolge Gewöhnung keinen Effekt mehr hervorgebracht hatte, als wieder wirksam. Auch von klinischer Seite wird über Ähnliches berichtet: BERINGER[5] sah bei gleichzeitiger parenteraler Eiweißzufuhr eine erhebliche Verkürzung und Erleichterung der Entwöhnungszeit. Die Entziehungserscheinungen waren dabei erstaunlich geringe. Der Vorgang wird vielleicht so zu deuten sein, daß durch diese unspezifischen Reize ein Zustand geschaffen wird (nach WEICHARDT Protoplasmaaktivierung, nach FREUND und GOTTLIEB Umstimmung der Reaktion durch Zellzerfallsprodukte, nach SACHS Veränderung der Labilität der Eiweißkörper), in dem eine gesteigerte Anspruchsfähigkeit der in ihren Funktionen herabgesetzten Organzellen wieder hergestellt wird.

Im Sinne der unspezifischen Reiztherapie müssen jedenfalls auch die älteren Untersuchungen von HIRSCHLAFF[6] aufgefaßt werden, der bei morphingewöhnten Tieren ein antitoxisches Serum gefunden zu haben glaubte, denn MORGENROTH[7] gelang es auch durch Injektion von normalem Kaninchenserum die Empfindlichkeit weißer Mäuse gegen Morphin abzuschwächen.

Morphinderivate.

Eine Gewöhnung an das dem Morphin chemisch nahestehende *Codein* tritt anscheinend *nicht* ein. Die klinische Erfahrung lehrt, daß dasselbe sogar jahrelang gegeben werden kann, ohne daß eine Steigerung der Dosen notwendig würde[8]. Von amerikanischer Seite[9] wurde neuerdings diese Feststellung durch ein großes statistisches Material belegt. Zu dem gleichen Resultat führten Ver-

---

[1] SCHÜBEL, KONRAD: Stoffwechselversuche an Hunden während der Gewöhnung an Morphin und während des Morphinhungers. Arch. f. exper. Path. 88, 1 (1920).

[2] PLANT u. PIERCE: Studies of chronic morphine poisoning in dogs. J. of Pharmacol. 33, 329, 359 u. 371 (1928).

[3] HILDEBRANDT, FRITZ: Über Veränderungen des Stoffwechsels nach chronischer Morphinzufuhr. Arch. f. exper. Path. 92, 68 (1922).

[4] BIBERFELD, JOH.: Zur Kenntnis der Gewöhnung. V. Mitt.: Entwöhnungsversuche. Biochem. Z. 122, 260 (1921).

[5] BERINGER, KURT: Erleichterte Morphinentziehung bei gleichzeitiger parenteraler Eiweißzufuhr. Klin. Wschr. 1923, 1784.

[6] HIRSCHLAFF, LEO: Ein Heilserum zur Bekämpfung der Morphiumvergiftung und ähnlicher Intoxikationen. Berl. klin. Wschr. 1902, 1149 u. 1174.

[7] MORGENROTH, J.: Zur Frage des Antimorphinserums. Berl. klin. Wschr. 1903, 471.

[8] FRÄNKEL, ALBERT: Über hustenstillende Mittel und über ein neues Codeinpräparat. Münch. med. Wschr. 1913, 522.

[9] WATSON: J. amer. med. Assoc. 78, Nr 19 (1922).

suche BOUMAS[1] an Hunden. Nach längere Zeit durchgeführten täglichen Injektionen beobachtete er anstatt einer Gewöhnung eher eine erhöhte Empfindlichkeit. Bei Durchsicht seiner Versuchsprotokolle ergibt sich indes, daß die Empfindlichkeitssteigerung nur die krampferregende betraf, während an die narkotische Komponente anscheinend doch eine geringe Gewöhnung eintrat (2. Versuchsreihe S. 359). Bei Untersuchung des Harns fand BOUMA konstant 80% des injizierten Alkaloids darin enthalten. Eine Änderung der Ausscheidung oder Zerstörung tritt demnach im Laufe der Gewöhnung nicht ein, d. h. der Organismus erlangt auch bei längerer Darreichung nicht die Fähigkeit, das Gift in nennenswertem Grade zu zerstören.

Das gleiche gilt für *Dionin*[2] und *Paracodin*[3], bei welchen auch bei fortgesetztem Gebrauche weder Abstinenzerscheinungen noch Gewöhnung beobachtet werden[3]. Dagegen treten nach längerer Anwendung von *Heroin*[3], *Dicodid*[4] und *Eukodal*[5,6] Entziehungserscheinungen auf, wenn die Mittel plötzlich in Wegfall kommen. Bei dem stark euphorischen Effekt, der allen drei Mitteln zukommt, ist die Frage, ob nicht bis zu einem gewissen Grad wenigstens mehr ein gewohnheitsmäßiger Mißbrauch bei ihnen vorliegt als eine echte Gewöhnung im pharmakologischen Sinne. Dafür würde auch sprechen, daß die Dosis, wenigstens bei Eukodal und Dicodid, mit der Zeit im Vergleich zum Morphin nicht so stark gesteigert werden muß.

Experimentelle Untersuchungen liegen nur wenig vor. LANGER[7] stellte fest, daß vom ungewöhnten Tier ein beträchtlicher Teil des subcutan injizierten *Heroins* unverändert im Harn erscheint. Dagegen konnte nach zweimonatiger Gewöhnung weder im Harn noch in den Faeces Heroin nachgewiesen werden. Durch vorsichtige Steigerung der Dosen gelang es ihm, Hunde gegen die narkotische Wirkung des Heroins zu immunisieren, während die Empfindlichkeit für den krampferregenden Effekt unverändert fortbestand. Die Gewöhnung war also nur eine partielle. Kaninchen, bei denen die narkotische Wirkung stark hinter der excitierenden zurücktritt, waren nicht zu gewöhnen.

Zu dem gleichen Resultat gelangte BIBERFELD[8] bezüglich der Gewöhnung von Hunden und Kaninchen an *Eukodal* und *Paracodin*. Während bei letzteren eine solche überhaupt vermißt wurde, gewöhnten sich Hunde zwar an die sedative, nicht aber an die erregende Komponente.

Die Frage, ob die gegen Morphin erworbene Toleranz *spezifisch* ist, *oder sich auch auf andere dem Morphin chemisch nahestehende Alkaloide* erstreckt, ist von BIBERFELD[9] sowie MYERS[10] bearbeitet worden. Ersterer fand, daß ein morphingewöhnter Hund auf Heroin noch in gleicher Weise reagierte wie ein normaler. Ebensowenig war eine Herabsetzung der Empfindlichkeit gegen die schlaf-

---

[1] BOUMA, JAC.: Über Gewöhnungsversuche mit Codein. Arch. f. exper. Path. **50**, 353 (1903).

[2] SCHERER, AUG.: Dionin bei Erkrankungen der Atmungsorgane. Ther. Mh. **16**, 126 (1902).

[3] FRÄNKEL, ALBERT: Zitiert auf S. 860.

[4] HECHT, PAUL: Über klinische Prüfung von Hustenmitteln aus der Morphingruppe. Klin. Wschr. **1923**, 1069.

[5] KÖNIG: Eukodalismus. Berl. klin. Wschr. **1919**, 320.

[6] ALEXANDER, ALFRED: Über Eukodalismus. Münch. med. Wschr. **1920**, 873.

[7] LANGER, HANS: Über Heroinausscheidung und Gewöhnung. Biochem. Z. **77**, 221 (1913).

[8] BIBERFELD, JOH.: Über Gewöhnung an Codeinderivate. Biochem. Z. **111**, 91 (1920).

[9] BIBERFELD, JOH.: Über die Spezifität der Morphingewöhnung. Biochem. Z. **77**, 283 (1916).

[10] MYERS, H. B.: Cross Tolerance. Altered Susceptibility to codein, heroin, cannabis-indica and chloralhydrate in dogs having an acquired tolerance for morphin. J. of Pharmacol. **8**, 417 (1916).

machende Wirkung des Veronals nachweisbar, doch stimmt diese Spezifität für Morphin, wie Joel[1] hervorhebt, mit den klinischen Erfahrungen wenig überein. Myers dagegen, der die Empfindlichkeit morphingewöhnter Hunde gegen Codein, Heroin, Haschisch und Chloralhydrat prüfte, kam zu anderen Resultaten wie Biberfeld. Dieselben waren ausgesprochen unterempfindlich gegen die atmungsherabsetzende Wirkung von Codein und Heroin und leicht unterempfindlich gegen den narkotischen Effekt dieser Drogen. Auf Haschisch und Chloralhydrat reagierten sie dagegen wie normale (Joel und Ettinger haben dies vor kurzem bestätigt[2]). Der Autor kommt zu dem Schlusse, daß die „gekreuzte Toleranz" nur auftritt bei Giften, die chemisch einander nahestehen und nur solche Funktionen betrifft, auf welche dieselben eine gleiche selektive Wirkung entfalten.

Auch aus der menschlichen Pathologie lassen sich Beispiele für eine „gekreuzte Toleranz" anführen. So die schwere Narkotisierbarkeit von Potatoren oder die relative Unempfindlichkeit morphingewöhnter Menschen gegen Schlafmittel der verschiedensten Art. Eine schnellere Zerstörung eines Giftes durch Gewöhnung an ein anderes erscheint um so unwahrscheinlicher, als der Mechanismus des Abbaues ein ganz verschiedener sein kann. (Oxydation, Spaltung, Kuppelung oder gar wie beim Äther Ausscheidung in unveränderter Form). Auf der andern Seite wird es uns nicht wundernehmen, wenn der Organismus, der ein Gift in einer bestimmten Richtung in größerem Umfang oder schnellerem Tempo zu zerstören gelernt hat, auch ein anderes, diesem chemisch nahestehendes rascher auf demselben Weg unschädlich machen wird.

Auffallend ist, daß das dem Morphin chemisch so nahestehende Codein vom morphingewöhnten Tier nicht zerstört wird (Babel[3]). Der Gedanke liegt nahe, daß der Verschluß der Phenol-Hydroxylgruppe durch die Methylgruppe die Zersetzung des Codeins und damit auch die Gewöhnung verhindert (Bouma).

Aus allem geht hervor, daß sich die Möglichkeiten einer schnelleren Zerstörung und einer erworbenen Unterempfindlichkeit der Zellen in weitestgehendem Maße kombinieren können. Eine Entscheidung darüber, welcher Vorgang im Einzelfalle dominiert, wird oft nicht möglich sein.

Über Gewöhnung an *Haschisch* scheinen keine neueren Untersuchungen vorzuliegen. Die Ergebnisse der experimentellen Arbeit von Fränkel[4] aus dem Jahre 1903 sind in dem Referat von Hausmann[5] angeführt. Der bei längerem Gebrauch von Haschisch eintretende Gewöhnungsgrad scheint danach ein nicht unerheblicher zu sein.

Alkohol.

Die tägliche Erfahrung lehrt, daß die durch den Alkoholgenuß hervorgerufenen Vergiftungserscheinungen mit der Zeit geringer werden, doch ist die Beurteilung des erreichten wie erreichbaren Gewöhnungsgrades eine schwierige. So steht z. B. nicht mit Sicherheit fest, ob vom Alkoholgewöhnten Dosen vertragen werden, die den Ungewöhnten tödlich vergiften würden, denn es fehlen Angaben über die minimale letale Dosis für den Menschen, und zudem scheint die individuelle Empfindlichkeit innerhalb weiter Grenzen zu schwanken.

---

[1] Joel, Ernst: Zur Pathologie der Gewöhnung. Ther. Gegenw. **1923**, November/Dezember-Heft.

[2] Joel u. Ettinger: Zitiert auf S. 859.

[3] Babel, Alex.: Über das Verhalten des Morphiums und seiner Derivate im Tierkörper. Arch. f. exper. Path. **52**, 262 (1905).

[4] Fränkel, Sigmund: Chemie und Pharmakologie des Haschisch. Arch. f. exper. Path. **49**, 266 (1903).

[5] Hausmann, W.: Die Gewöhnung an Gifte. Erg. Physiol. **6**, 98 (1907.

Die experimentellen Arbeiten der beiden letzten Dezennien haben einige Klarheit über die Ursache der Gewöhnung gebracht.

Als erster hat PRINGSHEIM[1] exakte Versuche über das Schicksal des Alkohols im Organismus des gewöhnten und nichtgewöhnten Tieres angestellt. Während sich bezüglich der Ausscheidung durch Lunge, Niere und Haut keine Unterschiede ergaben, konnte er nachweisen, daß bei akuter Vergiftung der Alkoholgehalt im Körper normaler Ratten und Kaninchen ein höherer war als bei gewöhnten. Er schloß daraus, daß die alkoholtoleranten Tiere die Fähigkeit erlangt hatten, das Gift in schnellerem Tempo zu zerstören. Dies schien auch die Erklärung dafür zu sein, daß im Laufe der Gewöhnung die Symptome der Trunkenheit bei den gleichen Gaben bedeutend geringer wurden.

Gleiche Resultate erhielt SCHWEISHEIMER[2] am Menschen. Er untersuchte den Alkoholgehalt des Blutes nach peroraler Verabfolgung von 1,57 ccm abs. Alkohols pro Kilogramm Körpergewicht in Form eines 10,35proz. Weines, und zwar bei Abstinenten, mäßigen Gewohnheitstrinkern und Potatoren. Es ergaben sich dabei erhebliche Unterschiede, und zwar sowohl bezüglich der Höhe des Maximums wie der Dauer des Verweilens des Alkohols im Blute. Beim Nichtgewöhnten war die Konzentration des in das Blut übergegangenen Alkohols eine höhere als beim Gewöhnten. Der Alkoholspiegel blieb bei ersterem etwa 5 Stunden hoch, beim Gewöhnten dagegen begann ein schneller Abfall bereits nach etwa 2 Stunden. Die Zeitdauer der Elimination aus dem Blute betrug beim Abstinenten über 12 Stunden, beim Potator dagegen nur $7^1/_2$. Bei mäßigen Gewohnheitstrinkern hielten sich die Werte etwa in der Mitte zwischen den beiden Extremen. Demnach *lernt der Organismus größere Quantitäten Alkohol in kürzerer Zeit durch Zerstörung unschädlich zu machen.*

Von Interesse ist ein vom Autor angeführter Fall eines Patienten, in dem es zu einer „Insuffizienz der Gewöhnung" kam. Derselbe, ein älterer Potator, war auch der einzige, der nach der Alkoholeinnahme berauscht war. In Parallele hierzu erreichte die Höhe und Dauer der Alkoholkonzentration im Blut fast die Werte bei den Abstinenten. SCHWEISHEIMER deutet diese Erscheinung so, daß infolge des über zu lange Zeit erstreckten Trinkertums der Alkohol den Organismus so geschädigt hat, daß ihm die Schutzmaßregel der schnelleren Zerstörung verlorenging.

Auch HANSEN[3] hat eine beschleunigte Verbrennung nachgewiesen. Sehr viel Gewicht darf man indessen dieser Arbeit nicht beilegen, da die Versuche sich nur auf zwei Versuchspersonen erstrecken. Der Autor legt besonders Wert darauf, daß der Einfluß der Gewöhnung — analog dem Tierexperiment — jeweils an ein und derselben Versuchsperson untersucht wurde. Nach einer Alkoholgabe von 0,5 g Alkohol abs. pro Kilogramm Körpergewicht pro die für 3—4 Wochen ergaben die Alkoholbestimmungen im Blut der einen Versuchsperson ein schnelleres Abfallen der Alkoholwerte, bei der anderen war dagegen keine Differenz gegenüber dem ersten Versuchstag festzustellen. Individuelle Unterschiede scheinen demnach auch eine gewisse Rolle zu spielen.

Eine Bestätigung und Erweiterung haben SCHWEISHEIMERs Befunde durch die Untersuchungen von GABBE[4] erfahren, der den Alkohol nicht peroral, sondern intravenös verabfolgte. Die sich zwischen Gewohnheitstrinkern und Abstinenten ergebenden Unterschiede waren ebenso deutlich wie bei den Versuchen SCHWEIS-

[1] PRINGSHEIM, JOSEF: Chemische Untersuchungen über das Wesen der Alkoholtoleranz. Biochem. Z. **12**, 143 (1908).

[2] SCHWEISHEIMER, WALDEMAR: Der Alkoholgehalt des Blutes unter verschiedenen Bedingungen. Dtsch. Arch. klin. Med. **109**, 271 (1913).

[3] HANSEN, KL.: Experimentelle Untersuchungen über Gewöhnung an Alkohol beim Menschen. Biochem. Z. **160**, 291 (1925).

[4] GABBE, ERICH: Über den Gehalt des Blutes an Alkohol nach intravenöser Injektion desselben beim Menschen. Dtsch. Arch. klin. Med. **122**, 81 (1917).

Heimers. Beim Gewohnheitstrinker lag das Maximum der Alkoholkonzentration im Blute niedriger und der Alkohol verschwand schneller aus dem Blut. Auch Gabbe folgerte aus seinen Versuchen, daß derselbe infolge der Gewöhnung schneller zerstört werde.

Ob auch beim Hund ähnliche Verhältnisse vorliegen, ist noch nicht entschieden. In den Experimenten von Völtz und Dietrich[1] ergaben sich bezüglich der Schnelligkeit der Zerstörung nur so geringe Unterschiede zwischen normalen und gewöhnten Tieren, daß die Verfasser von einer Deutung absehen zu müssen glauben. Die Resorption des per os gegebenen Alkohols war indessen beim gewöhnten Hund eine erheblich raschere.

Am Kaninchen wurde in neuester Zeit von Faure und Loewe[2] in größeren Versuchsreihen die Frage geprüft, ob sich nach peroraler Alkoholdarreichung Unterschiede in der Konzentration desselben im Blute beim gewöhnten und ungewöhnten Tier ergäben. Die Verfasser legen vor allem Gewicht darauf, daß entgegen den früheren Untersuchungen von Pringsheim ihre Tiere monatelang mit steigenden Alkoholgaben behandelt wurden. Nach längerer Wiederholung beobachteten auch sie regelmäßig eine Abnahme der Vergiftungssymptome in gewissem Umfang. Ihr Hauptaugenmerk richteten Faure und Loewe auf die ersten $1^1/_2$ Stunden nach der Alkoholgabe, da dieser Zeitraum in Schweisheimers Versuchen kaum berücksichtigt sei. Auf Grund zahlreicher und genauer Analysen gelangten sie zu dem Resultat, daß zwischen gewöhntem und ungewöhntem Tier kein Unterschied bestehe. Die Werte für die Alkoholkonzentration im Blut der gewöhnten Tiere fielen fast vollständig in den breiten Streuungsbereich beim ungewöhnten. Das Maximum derselben lag sogar bei ersteren höher, allerdings war auch der Wiederabfall ein rascherer. Die höhere Erhebung des Maximums erklären sie durch eine schnellere Resorption, die ja auch in den Versuchen von Völtz und Dietreich am Hunde zutage getreten ist. Nach ihrer Ansicht kann aus der Lage der Maxima des Alkoholspiegels im Blut beim Kaninchen nicht auf eine schnellere Verbrennung geschlossen werden.

Aus diesen Versuchen scheint zweierlei hervorzugehen: erstens, daß die *erworbene Alkoholtoleranz nicht nur auf einer schnelleren Oxydation des Alkohols beruhen kann, sondern daß auch außerdem mit der Zeit die Organzellen (wohl hauptsächlich des Zentralnervensystems) gegen die Giftwirkung unempfindlicher werden.* Wäre das nicht der Fall, so müßten die Tiere mit der höheren Alkoholkonzentration im Blut, d. h. mit dem höher gelegenen Maximum (also gerade die gewöhnten) stärkere Vergiftungserscheinungen zeigen als die ungewöhnten. Das ist aber nicht der Fall, da Faure und Loewe im Gegenteil eine Abnahme der Symptome im Laufe der Gewöhnung beobachtet haben. Zweitens wird durch die Ergebnisse dieser Autoren der Nachweis einer schnelleren Zerstörung nicht widerlegt. Ihre Untersuchungen erstrecken sich ja hauptsächlich auf die ersten zwei Stunden nach der Alkoholgabe, in denen, wie aus Schweisheimers Protokollen zu ersehen ist, die Unterschiede zwischen Abstinenten und Potatoren nicht so sehr ausgesprochen sind wie in den späteren Stunden. Bei Ausdehnung der Blutuntersuchungen auf einen späteren Zeitraum hätten Faure und Loewe vielleicht auch ein schnelleres Verschwinden des Alkohols aus dem Blute der gewöhnten Tiere gefunden. Zudem darf die Möglichkeit nicht außer acht gelassen werden, daß der Gewöhnungsmechanismus beim Kaninchen und Menschen nicht der gleiche zu

[1] Völtz, Wilhelm und Walter Dietrich: Über die Geschwindigkeit der Alkoholresorption und -oxydation durch den an Alkohol gewöhnten bzw. durch den nicht daran gewöhnten tierischen Organismus. Biochem. Z. **68**, 118 (1915).

[2] Faure, W. u. S. Loewe: Der Alkoholspiegel im Blute gewöhnter und ungewöhnter Kaninchen nach einem Probetrunk. Biochem. Z. **143**, 47 (1923).

sein braucht, sondern sehr gut beim ersteren mehr nach der einen Seite, beim zweiten nach der anderen Richtung hin verschoben sein kann, ganz abgesehen davon, daß das Kaninchen anscheinend überhaupt kein sehr geeignetes Versuchstier für die Frage der Alkoholtoleranz zu sein scheint. Denn aus allen an dieser Tierart unternommenen Versuchen geht hervor, daß die erworbene Immunität nur geringen Grades ist (vgl. auch ROSENFELD[1]).

Die Ursache der schnelleren Zerstörung des Alkohols im gewöhnten Organismus könnte vielleicht auch zum Teil darauf beruhen, daß der Körper lernt, den Alkohol in steigendem Maße als Nährmaterial heranzuziehen. Wir wissen aus NEUMANNS Selbstversuchen[2,3], daß derselbe bei der Bestreitung des Umsatzes in beträchtlichem Grade Fett zu ersetzen vermag und so indirekt als Eiweißsparer wirkt. Aus seinen Protokollen geht hervor, daß dies aber erst einige Tage nach dem Ersatz des Fettes durch isodyname Mengen Alkohols der Fall ist. In den ersten Alkoholtagen war die N-Bilanz eine negative, erst vom 6. oder 7. Versuchstage an wurde sie stark positiv. Diesen Umschwung in der Alkoholwirkung erklärt NEUMANN so, daß derselbe zuerst als Protoplasmagift wirkte, daß aber dann schnell eine Gewöhnung an die Giftwirkung eingetreten sei. Interessanterweise ging die Abschwächung der psychischen Vergiftungssymptome parallel mit der Verringerung der Stickstoffzufuhr.

Auch die schönen Stoffwechselversuche DURIGS[4] sind hier zu erwähnen, der in Selbstversuchen mit Steigarbeit eine Gewöhnung an die Wirkung des Alkohols beobachtete. Während in seinem ersten Versuch der vor der Steigarbeit genossene Alkohol den Erfolg hatte, daß die Leistung geringer, und der O_2-Verbrauch größer war als in Normalversuchen ohne Alkohol, stieg im Laufe jeder weiteren Versuchsreihe der Effekt an unter gleichzeitigem Absinken des Gasstoffwechsels trotz des größeren Effektes. Es war somit zur Gewöhnung an diese Alkoholmenge gekommen.

Bei der erhöhten Zerstörung des Alkohols im Körper des gewöhnten Tieres ist die Frage, ob die Leber hierbei eine besondere Rolle spielt. PRINGSHEIM hat bei der Analyse der Organe auf ihren Alkoholgehalt gefunden, daß die Leber des normalen Kaninchens im Vergleich zur Muskulatur bedeutend weniger Alkohol enthält und daraus geschlossen, daß in diesem Organ die Verbrennung am intensivsten vor sich gehe. Beim gewöhnten Tier waren die Unterschiede noch etwas größer. Nach HIRSCHS[5] Untersuchungen vermag jedoch der Leberbrei von gewöhnten Tieren nicht mehr Alkohol zu zerstören als der von ungewöhnten. Eine Vermehrung des den Alkohol abbauenden Fermentes (Alkoholoxydase) — um ein solches handelt es sich offenbar, da Erhitzung auf 60° oder Anwesenheit von Fermentgiften die Wirkung vernichtet — scheint demnach nicht vorzuliegen.

Eine Erhöhung der Toleranz gegen *Methylalkohol*[6] zu erzeugen, ist im Tierexperiment nicht oder nur in ganz geringem Grade[7] gelungen, dagegen scheint

[1] ROSENFELD, RUD.: Über die Spezifität der Alkoholgewöhnung. Z. Immun.forschg **21**, 228 (1914).

[2] NEUMANN, R. O.: Die Bedeutung des Alkohols als Nahrungsmittel. Arch. f. Hyg. **36**, 1 (1899).

[3] NEUMANN, R. O.: Die Wirkung des Alkohols als Eiweißsparer. Arch. f. Hyg. **41**, 85 (1902).

[4] DURIG, A.: Beiträge zur Physiologie des Menschen im Hochgebirge. III. Mitt. Pflügers Arch. **113**, 341 (1906).

[5] HIRSCH, JULIUS: Über die Oxydation von Alkohol durch die Leber von an Alkohol gewöhnten und nichtgewöhnten Tieren. Biochem. Z. **113**, 341 (1916).

[6] POHL, JULIUS: Über die Oxydation des Methyl- und Äthylalkohols im Tierkörper. Arch. f. exper. Path. **31**, 281 (1893).

[7] ROSENFELD, RUDOLF: Über die Spezifität der Alkoholgewöhnung. Z. Immun.forschg **21**, 228 (1914).

die Wirkung des *Amylalkohols*[1] mit der Zeit geringer zu werden. Nach Pohls Untersuchungen traten bei einem Hund, der anfangs nach 1 ccm Amylalkohol schwer berauscht war, der gleiche Zustand später erst nach peroraler Verabreichung von 5 ccm ein.

Narkotica der Fettreihe.

Bei dem hauptsächlich in Irland geübten *Äther*trinken (vgl. auch Kunkel[2] und Hausmann[3]) scheint mit der Zeit eine gewisse Gewöhnung an die berauschende Wirkung des Giftes einzutreten. Nach Calwell[4] soll die Intoxikationsdosis für den Neuling 1 bis 4 Drachmen (= 4—15 g) betragen, für den Gewohnheitstrinker bis zu 2 oder 3 Unzen (= 80—120 g), also rund das Siebenfache. Bei der Entziehung treten starke Abstinenzerscheinungen auf. Da der Äther bekanntlich nicht verbrannt, sondern unverändert wieder ausgeschieden wird, muß man wohl eine erworbene Zellimmunität im Zentralnervensystem als Ursache der Gewöhnung ansehen.

Dagegen scheint es zweifelhaft, ob die gleichen Verhältnisse für das *Chloroform* zutreffen. In der Literatur[5] sind Fälle von habituellem Chloroformmißbrauch angegeben bei Leuten, die zwecks Schmerzbetäubung oder gegen Schlaflosigkeit gewohnheitsmäßig Chloroform einatmeten. So berichtet Storath[6] über eine Frau, die 15 Jahre lang täglich 40—60 g Chloroformspiritus, also 20—30 g reines Chloroform inhalierte. Eine Gewöhnung an die Giftdosis trat dabei nicht ein, da immer die gleiche Menge zu tiefer Selbstnarkose ausreichte. Auch blieben bei der brüsken Entziehung jegliche Abstinenzerscheinungen aus.

Was die *Schlafmittel* betrifft, so lehrt die klinische Erfahrung, daß die Wirkung von fast allen bei längerem Gebrauche abnimmt. Bei den Bromiden sowie Disulfonen ist die Gewöhnung wegen der langsamen Ausscheidung nicht so leicht nachweisbar. Im allgemeinen tritt die Gewöhnung schnell ein (Berent[7] Veronal, Loewe[8] Luminal, sowie Ziehen[9] Zusammenfassung). Eine Ausnahme scheint nur der Paraldehyd zu machen. Nach Bumke[10] gibt es keine Toleranzerhöhung gegen dieses Mittel, wohl aber einen „Paraldehydismus". Bei monatelang fortgesetztem Gebrauch entwickelt sich ein dem Alkoholdelirium ähnliches Symptombild, das aber nach Entziehung in wenigen Tagen ausheilt.

Experimentelle Arbeiten über Gewöhnung an Schlafmittel liegen nur wenige vor. Bachem[11] injizierte einem Hunde drei Monate lang steigende Dosen von Veronal. Die Verfolgung der in den Harn ausgeschiedenen Mengen ergab keinen Anhaltspunkt für eine mit der Zeit eintretende erhöhte Zerstörung. Ob eine Gewöhnung des Tieres an die Wirkung des Veronals eingetreten ist, geht nicht aus der Arbeit hervor. Die Versuche Japhés[12], Kaninchen an Urethan oder Medinal

---

[1] Pohl, Julius: Zitiert auf S. 865.
[2] Kunkel, A. J.: Handbuch der Toxikologie, S. 429ff. Jena 1899.
[3] Hausmann, W.: Die Gewöhnung an Gifte. Erg. Physiol. **6**, 97 (1907).
[4] Calwell: Ether drinking in Ulster. Brit. med. J. **1910**, 387.
[5] Kunkel, A. J.: Handbuch der Toxikologie, S. 449ff. Jena 1899.
[6] Storath: Habitueller Chloroformmißbrauch. Dtsch. med. Wschr. **1910**, 1362.
[7] Berent, Walter: Über Veronal. Ther. Mh. **17**, 279 (1903).
[8] Loewe, S.: Klinische Erfahrungen mit Luminal. Dtsch. med. Wschr. **1912**, 947.
[9] Ziehen: Chemische Schlafmittel bei Nervenkrankheiten. Dtsch. med. Wschr. **1908**, 850.
[10] Bumke: Paraldehyd und Skopolamin als Schlaf- und Beruhigungsmittel. Münch. med. Wschr. **1902**, 1958.
[11] Bachem, C.: Das Verhalten des Veronals im Tierkörper bei einmaliger und chronischer Darreichung. Arch. f. exper. Path. **63**, 228 (1910).
[12] Japhé, Fanny: Über die Gewöhnung an die Narkotica der Fettreihe. Ther. Mh. **25**, 110 (1911).

zu gewöhnen, verliefen negativ. Ebensowenig gelang es BIBERFELD[1], eine erhöhte Toleranz gegen Bromural oder Veronal zu erzielen. Dagegn war eine deutliche Abschwächung der Wirkung von Amylenhydrat und Chloralhydrat bei länger dauernder Applikation zu verzeichnen. Im Einklang mit diesen letzteren Ergebnissen fand WALLACE[2] beim Hund, daß bei Verfütterung von steigenden Dosen Chloralhydrat der depressorische Effekt auf das Zentralnervensystem mit der Zeit in leichtem Grade abnahm, auch war die Dauer der Narkose verkürzt. Die Glucuronsäure, mit der sich das Chloralhydrat nach seiner Reduktion zu Trichloräthylalkohol in Form von Urochloralsäure verbindet, wurde in vermehrtem Maße im Harn ausgeschieden, ihre Bildung ging der Menge des einverleibten Chloralhydrats parallel. WALLACE nimmt an, daß auf dieser Schutzvorrichtung die Gewöhnung basiert.

In neuester Zeit haben HAFFNER[3] sowie HAFFNER u. WIND[4] die Gewöhnung von Kaulquappen an verschiedene Schlafmittel untersucht und dabei gefunden, daß sie verhältnismäßig leicht an wirksame Narkoticumkonzentrationen gewöhnt werden können. Die Toleranzsteigerung gegen eines der Narkotica (Sulfonal, Trional, Urethan, Hedonal) schützte auch gleichzeitig gegen die andern untersuchten Präparate; sie verschwand nach 1—2tägigem Aufenthalt der Tiere in frischem Wasser. Durch Vorbehandlung mit niederen Konzentrationen ließen sich die Kaulquappen in sonst narkotisierende Konzentrationen „hineingewöhnen", ohne daß ein Narkosestadium durchlaufen wurde. Dies letztere gelang auch mit Fröschen. Der Mechanismus des Gewöhnungsvorganges ist noch ungeklärt, es scheint ein unspezifischer biologischer Adaptationsvorgang des Organismus vorzuliegen.

Cocain.

Ob überhaupt an Cocain eine echte Gewöhnung im pharmakologischen Sinne eintritt, ist nicht einwandfrei erwiesen. Im Gegenteil häufen sich in letzter Zeit die Stimmen, die eine erwerbbare Resistenzerhöhung gegenüber diesem Alkaloid völlig in Abrede stellen.

Wie eingangs hervorgehoben wurde, ist eine echte Gewöhnung gegen ein Gift nur dann mit Sicherheit erwiesen, wenn letale oder doch wenigstens schwere Krankheitserscheinungen hervorrufende Dosen von chronisch mit diesem Gift behandelten Individuen entweder überstanden oder mit leichten bzw. gar keinen Symptomen beantwortet werden. Wenn wir uns nun zwecks Feststellung der letalen Dosis für den Menschen in der Literatur umsehen, so finden wir, daß die Angaben über dieselbe in außerordentlich weitem Maße differieren. In der Zusammenstellung der tödlichen Gaben für verschiedene Tierarten von POULSON[5] findet sich für den Menschen die Zahl von 0,003—0,014 g pro Kilogramm Körpergewicht, also ein sehr weiter Streuungsbereich. Derselbe erweitert sich noch ganz bedeutend, wenn wir die in GRODES[6] Zusammenstellung angeführten Fälle noch mit einbeziehen, in denen schon bei 16, 40 und 60 mg (also Bruchteilen von Milligrammen auf das Kilogramm berechnet) der Tod eintrat. Auf der anderen

[1] BIBERFELD, JOH.: Über experimentelle Gewöhnung an Schlafmittel. Biochem. Z. 92, 198 (1918).
[2] WALLACE, GEORGE: Chronic Chloral Poisoning. J. of Pharmacol. 3, 462 (1911/12).
[3] HAFFNER: Studien zur Gewöhnung an Schlafmittel. Verh. dtsch. pharmak. Ges., 4. Tagg 1924 in Innsbruck.
[4] HAFFNER u. WIND: Über Gewöhnung an Narkotica. Arch. f. exper. Path. 116, 125 (1926).
[5] POULSSON, E.: Die Cocaingruppe. Handb. d. exper. Pharm. 2, 145 (1920).
[6] GRODE, JULIUS: Über die Wirkung längerer Cocaindarreichung bei Tieren. Arch. f. exper. Path. 67, 172 (1912).

Seite sind Fälle bekannt, in denen über der letalen Dosis liegende Mengen glatt vertragen wurden. So berichtet Ricci[1] von einem Patienten, der auf die subcutane Injektion von 1,25 g Cocain zwar schwere, langanhaltende nervöse Störungen davontrug, aber mit dem Leben davonkam. Aus allem scheint hervorzugehen, daß die Cocainempfindlichkeit in weitesten Grenzen, von abnormer Empfindlichkeit bis zur Andeutung von natürlicher Immunität schwankt. Man muß daher auch mit großer Reserve Angaben über erworbene Toleranz betrachten, da es sich bei den Betreffenden leicht um Fälle der letzten Kategorie gehandelt haben kann. Andererseits sind auch wieder geradezu enorme Tagesdosen bekannt, die die gewöhnliche letale Dosis um ein Vielfaches übertreffen. Angaben über einen täglichen Konsum von 5—8 g sind keine Seltenheit und es fällt bei diesen schwer, eine Gewöhnung völlig abzuleugnen. Man müßte gerade annehmen, daß hier eine ganz besonders hohe natürliche Immunität vorgelegen hat. Joel[2,3] erklärt dieselben auch in diesem Sinne und glaubt, daß „die Steigerungen der Dosis aus einem allmählichen Vortasten, zunehmendem Vertrauen zu dem Gift und einer lebhafteren Neigung zur Reproduktion seiner Wirkung verständlich werden".

Auch das zweite Charakteristicum für die echte Gewöhnung, das Unwirksamwerden anfänglich wirksamer Dosen bei protrahierter Verabfolgung des Giftes, liegt nach Joel und Fränkel beim Cocainisten *nicht* vor. Im Gegensatz zum Morphinisten, bei dem nach einer freiwilligen oder erzwungenen Pause im Giftgenuß ein hohes Maß von Giftempfindlichkeit zurückkehrt, und ihn zwingt, sozusagen wieder von vorne anzufangen, d. h. wieder ganz geringe Dosen zu sich zu nehmen, fängt der Cocainist nach einer sich über Monate erstreckenden Abstinenz mit der gleichen Dosis wieder an, mit der er vor der Pause aufgehört hatte. Joel und Fränkel heben ausdrücklich hervor, daß ihnen von keinem ihrer untersuchten Fälle die Angabe gemacht worden sei, daß eine Steigerung der Dosis nach einiger Zeit zur Erzielung des Cocaineffektes nötig gewesen wäre. Lediglich der Wunsch nach *öfterer* Reproduktion der Giftwirkung sei für die Steigerung, d. h. für das *häufigere* Einnehmen des Cocains maßgebend gewesen.

Ein weiterer gegen eine echte Gewöhnung sprechender Umstand ist folgender: nach Joel und Fränkel reagieren Cocainisten, die seit Jahren ihrem Gift leidenschaftlich ergeben sind, etwa auf die gleiche, keineswegs aber größere Dosis eines reinen Präparates mit schweren halluzinatorischen Erregungszuständen gerade so wie Ungewöhnte bei medizinaler Vergiftung. Auch kommt es öfter vor, daß ein dem Cocaingenuß Ergebener nach einiger Zeit auf eine *geringere* Dosis als die bisher täglich genommene stärker reagiert.

Ein solcher Fall wird von Higier[4] mitgeteilt: Ein Zahnarzt, der es im Laufe von 2 Monaten von 0,1 auf 4—5 g Cocain täglich bei subcutaner Anwendung gebracht hatte (die erstaunlich hohe und in so sehr kurzer Zeit erreichte Dosis würde eigentlich auch eher für die Auffassung Joels sprechen, daß hier eine besonders hohe angeborene Unempfindlichkeit gegen das Gift vorgelegen hat), bekam nach dieser Zeit einen akuten Anfall. Daraufhin reduzierte er die Tagesdosis auf 1 g: trotzdem trat nach einiger Zeit nochmals ein Anfall auf.

Wenn somit für den Menschen eine Cocaingewöhnung mit Sicherheit nicht nachgewiesen ist, so gibt das *Tierexperiment gar keine Anhaltspunkte* für eine solche. Der Versuch, eine Steigerung der Resistenz gegen das Gift in gleicher Weise wie gegen andere Alkaloide zu erzielen, ist zwar öfters gemacht worden,

[1] Ricci, A.: Eine Cocainvergiftung. Dtsch. med. Wschr. **1887**, 894.
[2] Joel, Ernst: Zur Pathologie der Gewöhnung. Ther. Gegenw. **1923**, November/Dezember-Heft.
[3] Joel, Ernst und Fränkel: Der Cocainismus. Erg. inn. Med. **25** (1924).
[4] Higier, H.: Beitrag zur Klinik der psychischen Störungen bei chronischem Cocainismus. Münch. med. Wschr. **1911**, 503.

doch stets mit negativem Resultat. So gelang es weder EHRLICH[1], durch Verfütterung von Cocain an weiße Mäuse dieselben in deutlicher Weise an das Gift zu gewöhnen, noch v. ANREP[2] bei Kaninchen oder WIECHOWSKI[3] bei Hunden. GRODE[4] fand ebenso in seinen an Meerschweinchen, Hunden und Kaninchen angestellten Versuchen, daß bei täglichen subcutanen Injektionen mit der Zeit keine Gewöhnung, sondern im Gegenteil eine deutliche Steigerung der Empfindlichkeit eintritt. Zu dem gleichen Ergebnis gelangte LEVY[5] an Kaninchen und Hunden[6].

Wenn auch die Ergebnisse des Tierexperiments nicht einfach in vollem Umfang auf den Menschen übertragen werden dürfen, so spricht doch der von allen Autoren gefundene negative Ausfall der Gewöhnungsversuche eher dafür, daß es *auch beim Menschen eine echte Gewöhnung an dieses Gift nicht gibt.* Das einzige, was bei eingehender kritischer Betrachtung vielleicht *für* eine Gewöhnung sprechen könnte, ist die Tatsache, daß von einzelnen Cocainisten eine weit über der sonst letalen Dosis liegende Cocainmenge genossen wird. Doch besteht auch hier immerhin die Möglichkeit, daß es sich um Individuen mit ganz besonders hoher angeborener Immunität gehandelt hat. Jedenfalls dürfte es nicht gerechtfertigt sein, allein aus diesem spärlichen Material die Frage der Cocaingewöhnung beim Menschen im positiven Sinne zu beantworten.

Atropin.

Während von klinischer Seite über Atropingewöhnung wenig bekannt ist, mit Ausnahme dessen, daß bei Bekämpfung phthisischer Nachtschweiße das anfänglich wirksame Mittel trotz Steigerung der Dosen oft versagen soll (vgl. HAUSMANN[7] sowie JOEL[8]), liegen zahlreiche tierexperimentelle Untersuchungen vor, namentlich über die angeborene Resistenz des Kaninchens gegen dieses Alkaloid. Aus ihnen geht hervor, daß vor allem das *Blut* der Träger dieser Wirkung ist[9].

---

[1] EHRLICH, P.: Studien in der Cocainreihe. Dtsch. med. Wschr. **1890**, 717.

[2] ANREP, B. VON: Über die physiologische Wirkung des Cocains. Pflügers Arch. **21**, 69 (1880).

[3] WIECHOWSKI, WILHELM: Über das Schicksal des Cocains und Atropins im Tierkörper. Arch. f. exper. Path. **46**, 155 (1901).

[4] GRODE, JULIUS: Zitiert auf S. 867.

[5] LEVY, KURT: Experimentelle Untersuchungen über die Wirkung des Cokains bei längerer Darreichung. Med. Inaug.-Diss. Berlin 1913.

[6] Von einer „Gewöhnung" des isolierten Froschherzens berichtete vor kurzem KOCHMANN [Wirkung des Cocains auf das Froschherz und seine Gewöhnung an das Gift. Pflügers Arch. **190**, 158 (1921)]. Er schloß sie daraus, daß ein mit Cocainlösung beschicktes isoliertes Froschherz sich spontan erholt, sein Inhalt dagegen auf ein zweites normales schädigend einwirkt. Da das Cocain daher nicht völlig zerstört sein kann, soll sich das erste Herz an die Giftlösung „gewöhnt" haben. Ferner erwies sich ein mit Cocain vorbehandeltes Herz bei der wiederholten Einbringung der gleichen Cocainlösung als weniger empfindlich. KOCHMANN glaubt, daß eine Besetzung der giftempfindlichen Zellen durch Abbauprodukte des Cocains nicht als Erklärung in Betracht komme, da Vorbehandlung mit Spaltprodukten des Cocains nicht den gleichen Effekt hervorbrachte.
Der hier beschriebene Vorgang erscheint sehr vieldeutig und es müßten darüber noch weitere Untersuchungen angestellt werden, bevor ein Urteil über den Mechanismus dieser Erscheinung abgegeben werden kann. Daß dabei eine Gewöhnung im echten Sinne vorliegt, ist sehr unwahrscheinlich. Vgl. darüber SCHLOSSMANN [Über die Art des Strophanthinstillstandes des isolierten Froschherzens. Arch. f. exper. Path. **102**, 348 (1924)], der nachweisen konnte, daß die Abnahme der Cocainwirkung eine Folge von Zerstörung oder Adsorption sein müsse.

[7] HAUSMANN, W.: Die Gewöhnung an Gifte. Erg. Physiol. **6**, 99 (1907).

[8] JOEL, ERNST: Zur Pathologie der Gewöhnung. Ther. Gegenw. **1923**, November/Dezember-Heft.

[9] FLEISCHMANN, P.: Atropinentgiftung durch Blut. Arch. f. exper. Path. **62**, 518 (1910).

Die natürliche Immunität der Kaninchen soll durch allmähliche Erhöhung der Giftdosen noch sehr erheblich gesteigert werden können (Lewin[1]). Nach neueren Untersuchungen muß aber dieser Satz eingeschränkt werden. Es stellte sich nämlich heraus, daß die atropinzerstörende Kraft des Kaninchenblutes bei Tieren verschiedener Provenienz außerordentlich differiert. Es gibt Tiere, deren Blut in dieser Hinsicht völlig inaktiv ist, während dem von anderen eine sehr starke atropinzerstörende Fähigkeit innewohnt[2]. (Eine Relation dieser Eigenschaft des Blutes und Schilddrüsenerkrankungen, die Fleischmann[3] aufgedeckt zu haben glaubte, wird von keiner Seite als wirklich bestehend angenommen). Interessant ist, daß mit dieser Bluteigenschaft die Gewöhnungsmöglichkeit in innigstem Zusammenhang zu stehen scheint; eine Resistenzsteigerung ist nämlich nur bei den Tieren möglich, die an und für sich schon eine hohe angeborene Immunität infolge hohen Giftzerstörungsvermögens ihres Blutes besitzen[4].

Die Gewöhnung scheint zum Teil auf einer schnelleren Eliminierung des Giftes zu beruhen, denn Cloetta[5] konnte bei Kaninchen, die längere Zeit hindurch täglich subcutan Atropin erhalten hatten, nachweisen, daß die Menge und Schnelligkeit der Giftausscheidung in den Harn zunimmt. Die Hauptrolle bei der Immunität spielt indessen die atropinzerstörende Kraft der Leber und des Blutes, die durch Zufuhr steigender Atropindosen noch wesentlich erhöht werden soll[5].

Indessen ist nach den Untersuchungen von Storm van Leeuwen[6] zweifelhaft, ob eine wirkliche Zerstörung vorliegt. Er konnte nämlich nachweisen, daß im Serum und in Geweben des Kaninchens Stoffe vorkommen, welche die Fähigkeit haben, Alkaloide durch physikalische Adsorption zu binden und dadurch ihrer Wirksamkeit zu berauben. Den Beweis dafür, daß das Gift nicht durch Zerstörung unwirksam wird, konnte er dadurch erbringen, daß er nach Lösung der Adsorption durch Extraktion des Serum-Alkaloidgemisches mittels Salzsäure und Alkohol das Gift in voll wirksamer Form zurückerhielt. Auch Schinz hatte schon die Vermutung ausgesprochen, daß der Abbau des Atropins im Kaninchenserum kein sehr weitgehender sein könne, da in einem Blut-Ringergemisch, das physiologisch fast unwirksam war, das Atropin chemisch noch nachgewiesen werden konnte. Storm van Leeuwen glaubt, daß die individuell verschieden starke Empfindlichkeit von der Anzahl der im Blut vorhandenen Stoffe, die das Gift zu adsorbieren imstande sind, abhängt.

Auch das verschiedene Verhalten der einzelnen Tierspezies könnte darin zum Teil seine Erklärung finden. Heffter[7] hat z. B. gefunden, daß beim Kaninchen ein auffallend großer Unterschied zwischen der subcutan und intravenös tödlichen Dosis besteht (1:10), während beim Hund (dessen Blut die Fähigkeit, Atropin zu zerstören, abgehen soll) die Differenz wesentlich kleiner ist. Bei langsamer intravenöser Injektion gelang es ihm dagegen regelmäßig, den Kaninchen über der letalen Dosis liegende Mengen einzuverleiben, ohne daß der Tod ein-

[1] Lewin, L.: Die Immunität der Kaninchen und Meerschweinchen gegen Atropin. Dtsch. med. Wschr. **1899**, 37.
[2] Metzner, R.: Mitteilungen über Wirkung und Verhalten des Atropins im Organismus. Arch. f. exper. Path. **68**, 110 (1912).
[3] Fleischmann, P.: Über die Resistenz gegenüber Giften bekannter chemischer Konstitution. Z. klin. Med. **73**, 175 (1911).
[4] Schinz, Hans Rudolf: Zur angeborenen und erworbenen Atropinresistenz des Kaninchens. Arch. f. exper. Path. **81**, 193 (1917).
[5] Cloetta, M.: Über Angewöhnung an Atropin. Arch. f. exper. Path. **64**, 427 (1911).
[6] Leeuwen, Storm van und L. Eerland: Adsorption von Giften an Bestandteile des tierischen Körpers. Arch. f. exper. Path. **88**, 287 (1920).
[7] Heffter, A.: Beiträge zur Kenntnis der Atropinresistenz des Kaninchens. Biochem. Z. **40**, 48 (1912).

trat. Es ist sehr gut möglich, daß die Befunde HEFFTERs als physikalische Adsorption des Atropins an bestimmte Bestandteile des Kaninchenserums gedeutet werden müssen, besonders deshalb, weil eine so schnelle Zerstörung des Atropins, wie sie für die letztgenannten Versuche mit intravenöser Injektion so hoher Dosen angenommen werden müßte, unwahrscheinlich ist.

Bevor wir näher auf die im Blut' vorhandenen Substanzen eingehen, die das Atropin sei es zu zerstören, sei es zu adsorbieren vermögen, müssen noch einige Bemerkungen über die von den einzelnen Autoren angewandte Methodik zur Prüfung der im Serum zerstörten Atropinmengen vorausgeschickt werden. Die Mehrzahl derselben verwendet biologische Testobjekte (DÖBLIN und FLEISCHMANN[1]: Vaguserregbarkeit am isolierten Froschherzen, METZNER (s. oben); Erregbarkeit der Vagusendigungen und der Pupille, ebenso DANIELOPOLU[2]; SCHINZ (s. oben): Vaguserregbarkeit und gleichzeitig chemischer Nachweis), während der rein chemische Nachweis von CLOETTA und HESSE[3] bevorzugt wird. Die chemischen Methoden sind wohl als zuverlässig zu bezeichnen, wenn auch ihre Fehlergrenze zum Teil ziemlich hoch ist. Anders verhält es sich dagegen mit den biologischen Testobjekten. Fast alle Autoren sind so vorgegangen, daß sie die Wirkung einer Atropinlösung auf das Testobjekt mit der eines Atropinserumgemisches, das einige Zeit bei 37° im Thermostaten gestanden hatte, miteinander verglichen. Die Abnahme des Atropineffektes ergab dann die im Kontakt mit dem Serum „zerstörte" Giftmenge. Hierbei sind zwei Punkte zu bedenken: erstens muß eine Abnahme der Wirkung nach den Versuchen STORM VAN LEEUWENs nicht unbedingt auf einer Zerstörung beruhen, da ja auch eine physikalische Bindung des Alkaloids im Serum vorliegen kann und zweitens ist Serum allein keineswegs eine indifferente Flüssigkeit, die erst nach Zusatz eines Giftes pharmakologische Wirkungen erlangt. Bei der Gerinnung des Blutes entstehen, wie schon O'CONNOR[4] gezeigt hat, adrenalinähnliche Substanzen, die nach den neueren Untersuchungen von H. FREUND[5] die Wirkung der verschiedensten Gifte hemmen oder verstärken können. Zu ähnlichen Ergebnissen gelangte auch STORM VAN LEEUWEN[6]. Um nur ein Beispiel anzuführen: KIRSTE[7] sowie ZONDEK[8] konnten zeigen, daß das Serum von normalen Kaninchen atropinähnliche Stoffe enthält, die imstande sind, den Muscarinstillstand des isolierten Froschherzens aufzuheben. Man wird daher alle Versuchsergebnisse, die *nur* mit Hilfe von biologischen Testobjekten gewonnen sind, mit Reserve aufnehmen müssen, dagegen die auf chemischen Untersuchungsmethoden basierten als zuverlässig ansehen dürfen.

Von diesem Standpunkt aus sind die auf chemischer Grundlage fundierten Versuche CLOETTAs beweiskräftig, der, wie oben erwähnt, durch chronische Atropindarreichung bei Kaninchen die atropinzerstörende Kraft in Blut und Leber steigern konnte. CLOETTA vermutet, daß mit dieser beschleunigten Zer-

[1] DÖBLIN, A., u. FLEISCHMANN: Zum Mechanismus der Atropinentgiftung durch Blut. Z. klin. Med. **77**, 145 (1913).

[2] DANIELOPOLU: Recherches sur l'atropine. C. r. Soc. Biol. Paris **1913**, 297.

[3] HESSE, ERICH: Die Atropinfestigkeit des Kaninchens und ihre Beziehung zur unspez. Reiztherapie. Arch. f. exper. Path. **98**, 238 (1923).

[4] O'CONNOR: Über den Adrenalingehalt des Blutes. Arch. f. exper. Path. **67**, 195 (1912).

[5] FREUND, HERMANN: Studien zur unspez. Reiztherapie. Arch. f. exper. Path. **91**, 272 (1921); daselbst Literatur über die früheren Arbeiten.

[6] LEEUWEN, STORM VAN: Experimentelle Beeinflussung der Empfindlichkeit verschiedener Tiere und überlebender Organe für Gifte. Arch. f. exper. Path. **88**, 304 u. 318 (1920).

[7] KIRSTE, HANS: Über den Synergismus von Atropin und Blutserum am muscarinvergifteten Froschherzen. Arch. f. exper. Path. **89**, 106 (1921).

[8] ZONDEK, S. G.: Über die Bedeutung der Calcium- und Kaliumionen bei Giftwirkung am Herzen. Arch. f. exper. Path. **87**, 342 (1921).

setzung das schnellere Abklingen der Atropinwirkung beim immunisierten Kaninchen auf den Vagus zusammenhängt. Bei der Katze findet im Gegensatz zum Kaninchen in vitro nur durch die Leber ein nennenswerter Abbau des Atropins statt. Durch länger fortgesetzte Atropinzufuhr läßt sich diese Fähigkeit im Gegensatz zum Kaninchen nicht steigern, nur die Ausscheidung in den Harn erfolgt etwas schneller. Die erhöhte Atropinempfindlichkeit der Katze erklärt Cloetta als Folge der dem Blut fehlenden Eigenschaft, das Gift zu zerstören.

Fleischmann[1], dem als erstem der Nachweis gelang, daß Serum oder défibriniertem Blut zugesetztes Atropin, wenn es einige Zeit mit diesem im Kontakt gestanden hat, seine Wirkung verliert, fand, daß die Kaninchenblut-Atropingemische, in denen die vaguslähmende Fähigkeit komplett zerstört war, noch immer deutlich mydriatisch auf das Katzenauge wirkten. Die individuellen Differenzen, die sich bezüglich der Dauer der Atropinwirkung bei intravenöser Injektion am ganzen Tier ergeben hatten, kamen auch im Reagensglasversuch zum Ausdruck: das Blut oder Serum eines Tieres, bei welchem in vivo eine gewisse Menge Atropin in kurzer Zeit unwirksam wurde, hatte auch bei Untersuchung in vitro in relativ geringer Menge und in verhältnismäßig kurzer Zeit die atropinentgiftende Eigenschaft.

Metzner[2] bestätigte die von Fleischmann gefundene Tatsache der Atropinzerstörung durch Kaninchenblut. Ein Erhaltenbleiben der Atropinwirkung auf die Pupille (wenn am Vagus eine vollkommene Giftzerstörung durch das Serum erwiesen war) fand er in seinen Versuchen nicht. Der von Fleischmann postulierte Zusammenhang zwischen atropinzerstörender Kraft des Serums und Schilddrüsenerkrankungen wird von ihm abgelehnt.

Schinz[3], der das Verschwinden des Atropins aus dem Serumgiftgemisch neben der Vaguswirkung chemisch kontrollierte, fand große Verschiedenheiten in der angeborenen Resistenz der Tiere gegen das Alkaloid, wenn er als Prüfstein die Dauer der Vaguslähmung nahm. Ein höherer Grad der Giftresistenz ging in seinen Experimenten stets parallel mit der Fähigkeit des Blutes, Atropin zu zerstören. Bei Tieren mit hoher angeborener Toleranz ließ sich auch die Zerstörungsfähigkeit des Blutes in vitro bedeutend steigern. Die Zersetzung ließ sich dann auch chemisch nachweisen und die Ausscheidung im Urin betrug nur noch 25% der eingespritzten Menge. Bei Tieren mit geringer Giftresistenz dagegen gewann das Blut auch durch längere Atropinzufuhr keine zerstörenden Fähigkeiten; dementsprechend schieden die Tiere 50% des injizierten Alkaloids im Harn aus.

Es lag natürlich nahe, den Versuch zu machen, ob die Substanz, auf der die atropinzerstörende Fähigkeit des Blutes beruht, näher bestimmbar sei. Nach Metzner (s. oben) soll dieselbe durch Ätherausschüttelung dem Blut nicht entzogen werden können, dagegen wird sie durch Erwärmung des Serums auf 60° vernichtet. Im Menschen-, Schaf- und Meerschweinchenserum soll sie nach Danielopolu (s. oben) nicht vorhanden sein, dagegen nach Döblin und Fleischmann (s. oben) im Serum von Patienten mit Schilddrüsenerkrankungen. Besonders dieser letzte Befund muß indessen mit Vorsicht aufgenommen werden, da Struck[4] am Froschherzen — also dem gleichen Testobjekt wie Döblin und

---

[1] Fleischmann, P.: Atropinentgiftung durch Blut. Arch. f. exper. Path. **62**, 518 (1910).
[2] Metzner, R.: Mitteilungen über Wirkung und Verhalten des Atropins im Organismus. Arch. f. exper. Path. **68**, 110 (1912).
[3] Schinz, Hans Rudolf: Zur angeborenen und erworbenen Atropinresistenz des Kaninchens. Arch. f. exper. Path. **81**, 193 (1917).
[4] Struck, H.: Nachweis der atropinähnlichen Wirkung des Menschenblutes. Arch. f. exper. Path. **93**, 140 (1922).

FLEISCHMANN — nachweisen konnte, daß das Blut von Kranken, bei denen mit einem erhöhten Eiweißzerfall zu rechnen ist, atropinähnliche Substanzen enthalten kann[1].

Die atropinzerstörende Substanz soll gegen Trocknung resistent, nicht dialysabel, dagegen hitzeempfindlich sein (DÖBLIN und FLEISCHMANN). SCHINZ gibt an, daß ihm die passive Übertragung auf andere Kaninchen und Katzen gelungen sei, doch fragt es sich, ob hierbei nicht eine Folge der unspezifischen Reiztherapie (vgl. später die Untersuchungen HESSES) durch die Seruminjektion zu sehen ist. Auch SCHINZ fand, daß durch Inaktivieren des Serums die spezifische Wirkung vernichtet wird.

Daß auch der Leber ein erheblicher Anteil an der Entgiftung des Atropins zukommt, geht nicht nur aus den Versuchen CLOETTAS über Atropinzerstörung durch Leberbrei, sondern auch aus einem Experiment von SCHINZ hervor: bei Injektion von Atropinlösung in die Mesenterialvene war eine 20mal so starke Dosis zur Vaguslähmung nötig als von der Ohrvene aus. Auch hier bleibt aber die Frage offen, ob die Entgiftung durch Zerstörung oder physikalische Adsorption erfolgt ist.

Vor kurzem hat HESSE[2] mittels chemischen Atropinnachweises die interessante Entdeckung gemacht, daß durch Zusatz von 1—2 Tropfen nativen Serums zu inaktiviertem die Zerstörungskraft für Atropin in vollem Umfang wieder hergestellt wird. Danach müßte man annehmen, daß das atropinentgiftende Agens aus *zwei* Substanzen bestünde, von denen die eine thermostabil, die andere thermolabil ist. Nach HESSE soll die letztere nicht nur art- sondern sogar *individuell spezifisch* sein, da die Reaktivierung *nur* durch Zusatz von *Eigenserum* möglich ist.

Weiter untersuchte HESSE, ob es gelänge, durch unspezifische Reiztherapie die atropinzerstörende Kraft des Kaninchenserums in irgendeiner Weise zu ändern. Es ergab sich, daß Aderlaß, Vorbehandlung mit Milch, arteignem Serum, Gelatine oder Fiebererzeugung ohne Erfolg war, während einige Tage nach Injektion von kolloidalem Schwefel, Terpentinöl oder Verschorfung der Rückenmuskulatur mit dem Thermokauter das inaktivierte Serum der betreffenden Tiere so viel Atropin zerstörte wie das normale. Es muß also in der Zwischenzeit irgendeine Änderung im Serum vor sich gegangen sein, die durch die unspezifische Reiztherapie hervorgerufen wurde. Von einer Deutung dieses merkwürdigen Befundes sieht HESSE vorläufig ab.

Überblickt man die hier mitgeteilten Versuchsergebnisse, so muß man sagen, daß es bis jetzt *nicht möglich* ist, *zu einer einheitlichen Auffassung über das Wesen der erworbenen Toleranz gegen Atropin zu gelangen.* Jedenfalls hat außer der Leber, die eine bedeutende Rolle bei der Atropinzerstörung spielt, auch das Blut die Fähigkeit, Atropin zu entgiften. Ob bei letzterem physikalische Adsorption oder Zersetzung vorherrschen, scheint noch nicht entschieden. Wahrscheinlich geht beides Hand in Hand in dem Sinne, daß *eine Zerstörung des Giftes erst nach der physikalischen Adsorption möglich ist.* Völlig unklar bleiben vorderhand noch die merkwürdigen Befunde über die Abschwächung bzw. Vernichtung der zerstörenden Fähigkeit des Serums durch Inaktivieren und die Wiederherstellung dieser Eigenschaft durch Zusatz nativen Eigenserums oder gar als Folge der unspezi-

---

[1] Man könnte hier sagen, daß die Feststellung STRUCKS in striktem Gegensatz zu den Ergebnissen von DÖBLIN und FLEISCHMANN stünde, und daß diese Autoren danach eher mehr als weniger Atropin im Serum hätten finden müssen; doch ist zu bedenken, daß die Befunde STRUCKS sich auf das *strömende Blut* und *nicht auf Serum* beziehen.

[2] HESSE, ERICH: Die Atropinfestigkeit der Kaninchen und ihre Beziehung zur unspezifischen Reiztherapie. Arch. f. exper. Path. **98**, 238 (1923).

fischen Reiztherapie. Es wird die Aufgabe weiterer Untersuchungen sein, über alle diese Vorgänge Klarheit zu schaffen.

Strychnin.

Ganz allgemein kann man sagen, daß eine *Resistenzsteigerung gegen zentral erregende Gifte viel seltener ist als gegen zentral lähmende.* Unter Umständen kann diese Erscheinung an ein und demselben Alkaloid deutlich zutage treten, wie wir es im Tierexperiment beim Codein gesehen haben, wo beim Hund mit der Zeit die depressorische Wirkung abnimmt, während die Empfindlichkeit gegen die excitierende die gleiche bleibt, ja eher sogar noch eine Steigerung erfährt. Tiere, bei denen der erregende Effekt vorherrscht, sind überhaupt nicht zu gewöhnen.

Bei den eigentlichen Krampfgiften (Strychnin, Picrotoxin usw.) ist eine Gewöhnung noch nie einwandfrei nachgewiesen worden. Beim Strychnin ist der Nachweis einer solchen sehr erschwert durch die ihm eigene kumulative Wirkung, die wahrscheinlich in seiner langsamen Ausscheidung begründet ist[1]. Launoy[2] versuchte, diesen, den Nachweis einer Toleranzsteigerung erschwerenden Umstand dadurch zu umgehen, daß er zwischen die einzelnen Injektionen eine Pause von mehreren Tagen einlegte, damit die vorangegangene Dosis in der Zwischenzeit ausgeschieden sei. Nach seinen Angaben ist es ihm gelungen, durch jeden 8. bis 10. Tag wiederholte intramuskuläre Strychnininjektionen Meerschweinchen so weit zu bringen, daß sie ohne deutliche Reaktion Dosen vertrugen, die um 25—50% größer waren als die ursprünglich krampferzeugenden. Ähnliche Experimente führte Hale[3] an jungen Hunden und Meerschweinchen aus. Bei ersteren kam es zu einer ganz schwachen und sehr unvollständigen Gewöhnung (nur Reflexsteigerung bei Wiederholung der gleichen Dosis, die bei der ersten Injektion einen Krampfanfall ausgelöst hatte), während bei Meerschweinchen, deren Empfindlichkeit gegen Strychnin außerordentlich verschieden war, keine eindeutigen Resultate erzielt wurden. Aus dem hier angeführten ergibt sich, daß die *Gewöhnung an Strychnin, wenn überhaupt möglich, nur ganz geringen Grades* ist.

Dagegen hat Flury[4] bei einem anderen Krampfgift, dem aus der Steppenraute gewonnenen *Harmalin*, eine deutliche Toleranzsteigerung nachweisen können. Kaninchen und Hunden konnte er bereits nach kurzer Zeit (bei ersteren schon nach 8 Tagen, bei letzteren nach 4—5 Wochen) über der letalen Dosis liegende Mengen injizieren, ohne daß es zu Krämpfen gekommen wäre. Dabei nahm die Ausscheidung des Alkaloids in den Faeces und im Urin sehr rasch ab (im Beginn 3,6% der injizierten Menge im Kot, 11,2% im Harn; nach $2^1/_2$ Wochen 2,2% im Kot, 2,0% im Harn und 8 Tage später unwägbare Spuren im Kot, Urin frei von Harmalin). Die Gewöhnung wäre demnach auf eine vermehrte Zerstörung zurückzuführen.

Aus den über Strychnin und Harmalin angeführten Versuchen könnte man vielleicht den Schluß ziehen, daß eine Resistenzsteigerung nur gegen solche Krampfgifte möglich ist, bei denen der Organismus die Fähigkeit erlangt, sie in erhöhtem Maße abzubauen; gegenüber den anderen, bei denen diese Schutzvorrichtung aus irgendwelchen Gründen nicht in Frage kommt, tritt eine Toleranzerhöhung nicht ein. *Gegen erregende Gifte scheinen demnach die Hirnzentren*

---

[1] Vgl. E. Poulsson: Die Strychningruppe. Handb. d. exper. Pharm. **2**, 384 (1920). Berlin.
[2] Launoy: C. r. Acad. Sci. Paris **152**, 1698 (1911).
[3] Hale, Worth: Studies in Tolerance. Strychnin. J. of Pharmacol. **1**, 39 (1909/10).
[4] Flury, Ferdinand: Beiträge zur Pharmakologie der Steppenraute. Arch. f. exper. Path. **64**, 105 (1911).

nicht unempfindlicher zu werden, sie verhalten sich in dieser Beziehung prinzipiell anders als gegen zentral lähmende Gifte, bei denen mit Sicherheit mit der Zeit eine Abstumpfung der Erregbarkeit im Laufe der Gewöhnung nachgewiesen ist.

Coffein.

Über eine Gewöhnung an das als Genußmittel so weit verbreitete Coffein liegen nur wenige Angaben vor. Offenbar hängt das damit zusammen, daß die Gewöhnung nur verhältnismäßig geringen Grades ist. Beim Menschen scheinen hauptsächlich die psychischen Funktionen mit der Zeit schwächer auf das Gift anzusprechen. So gibt GOUGET[1] an, daß die durch Kaffeegenuß hervorgerufene Schlaflosigkeit bei gewohnheitsmäßigem Gebrauch desselben mehr oder weniger schnell schwinde. WEDEMEYER[2] berichtet anläßlich einer Studie über Gewöhnung psychischer Funktionen an das Coffein, es sei ihm gegenüber öfters geäußert worden, daß der während der Kriegszeit ungewohnte Kaffee- oder Theegenuß die Stimmung und Leistungsfähigkeit auffallend stärker beeinflußt habe als der frühere regelmäßige Gebrauch dieser Genußmittel. Indessen dürfen aus derartigen subjektiven Äußerungen keine weitgehenden Schlüsse gezogen werden.

Die Frage, ob bei längere Zeit fortgesetzter Coffeinzufuhr die Wirkung des Giftes mit der Zeit eine Abschwächung erfahre, suchte WEDEMEYER dadurch zu entscheiden, daß er bei einer Anzahl von Versuchspersonen die Arbeitsleistung bei fortlaufendem Zahlenaddieren in einer Normalperiode ohne Coffein mit einer solchen bei täglicher Coffeinverabreichung verglich. Bekannt ist ja, daß Coffein wie Theobromin imstande sind, die psychischen Leistungen zu steigern (Literatur bei WEDEMEYER). Wenn nun bei täglichem Coffeingenuß mit der Zeit die durch das Coffein bewirkte Steigerung der Arbeitsleistung geringer wurde, so konnte daraus auf eine in der Zwischenzeit erfolgte Angewöhnung geschlossen werden. Die Versuche WEDEMEYERS fielen nicht ganz eindeutig aus, doch ließ sich bei einigen seiner Versuchspersonen immerhin eine leichte Abnahme des Coffeineffekts nachweisen.

Ob eine Gewöhnung an den diuretischen Effekt des Coffeins beim Menschen eintritt, scheint nicht untersucht zu sein.

Auch im Tierexperiment läßt sich nur eine geringgradige Resistenzsteigerung erzielen. Unter CLOETTAS Leitung untersuchte GOUREWITSCH[3] den Coffeingehalt von verschiedenen Organen bei chronischer Coffeinzufuhr in steigender Dosis. Merkwürdigerweise ergab sich eine enorme Speicherung des Giftes im Körper und zwar besonders im Gehirn und zwar auch dann, wenn die Injektionen zwei Tage lang vor der Tötung des Tieres sistiert waren. Dabei hatten weder die Organe der immunisierten noch die normalen Tiere die Fähigkeit, zugesetztes Coffein in vitro abzubauen. Der Autor zieht aus seinen Versuchen den Schluß, daß die Gewöhnung nicht auf einer erhöhten Zerstörung, sondern auf einer aktiv erworbenen Zellimmunität beruhen müsse. BOCK und LARSEN[4] haben die Arbeit GOUREWITSCHS einer scharfen Kritik unterzogen. Sie fanden im Gegensatz zu den obigen Resultaten keine Speicherung; 48 Stunden nach der letzten Injektion enthielt der Körper eines lange Zeit mit täglichen Coffeininjektionen behandelten Kaninchens überhaupt kein Coffein mehr. Da sich die Coffeinausscheidung in

---

[1] GOUGET: Le caféisme et le Théisme. Gaz. Hop. **1907**, 1647.

[2] WEDEMEYER, THEODOR: Über die Gewöhnung psychischer Funktionen an das Coffein. Arch. exper. f. Path. **85**, 339 (1920).

[3] GOUREWITSCH, D.: Über das Verhalten des Coffeins im Tierkörper mit Rücksicht auf die Angewöhnung. Arch. f. exper. Path. **57**, 214 (1907).

[4] BOCK, JOH. u. BECH LARSEN: Über die Verteilung des Coffeins im Tierkörper und sein Verhalten bei der Angewöhnung. Arch. f. exper. Path. **81**, 15 (1917).

den Harn im Laufe der Gewöhnung nicht änderte (sie betrug immer nur 4% der injizierten Menge), glauben sie, daß der Organismus schon normalerweise leicht das Gift zerstöre und daß die in beschränktem Maß erreichbare Resistenzsteigerung auf einer weiteren Erhöhung dieser Fähigkeit beruhe.

Ein klares Bild über den Mechanismus der Coffeingewöhnung läßt sich aus diesen wenigen Resultaten nicht gewinnen. Worauf der strikte Gegensatz zwischen den Versuchsergebnissen von Gourewitsch einerseits und Bock und Larsen andererseits beruht, ist nicht zu sagen. Die Vermutung liegt nahe, daß die Methodik des Erstgenannten unzuverlässig gewesen ist, denn der Befund der enormen Speicherung in den Organen und besonders im Gehirn ist zu auffallend.

Von einem anderen Gesichtspunkt aus suchte Myers[1] eine Coffeingewöhnung nachzuweisen. Er injizierte Kaninchen mehrere Monate lang täglich 100 mg Coffein subcutan und prüfte die zur Erzeugung einer minimalen Diurese nötige Coffeinmenge. Es ergab sich, daß die gewöhnten Kaninchen eine um 100% höhere Dosis brauchten zur Erzielung eines diuretischen Effekts. Auch die Theobromindosis mußte um 33% gesteigert werden im Vergleich zu normalen Tieren. Ob diesen Versuchen eine große Beweiskraft zukommt, erscheint fraglich, da schon normalerweise die Coffeinempfindlichkeit in ziemlich weiten Grenzen schwankt.

Nicotin.

Bei einem weiteren Genußgift, dem Nicotin, das bekanntlich den wirksamen Bestandteil des Tabaks darstellt, scheint ebenfalls die tägliche Erfahrung zu lehren, daß eine gewisse Gewöhnung mit der Zeit eintritt. Sehr erheblichen Grades kann dieselbe aber sicher nicht sein, denn auch beim Gewohnheitsraucher treten bisweilen beim Genuß einer „stärkeren" Zigarre Intoxikationserscheinungen auf, ebenso wie die Überschreitung der gewöhnlichen täglichen Dosis leicht eine akute Nicotinvergiftung auslösen kann. Von Bedeutung ist ferner die individuelle Empfindlichkeit. Es gibt zweifellos Leute, die schon deswegen nicht zu Gewohnheitsrauchern werden, weil sie auch bei öfteren Versuchen regelmäßig mit Nausea reagieren, während andere eine recht hohe angeborene Toleranz besitzen.

Bei der Beurteilung, ob und inwieweit eine erhöhte Resistenz gegen das Gift eintreten kann, wird man wie auch bei anderen Giften zu wechselnden Resultaten gelangen, je nach dem Angriffspunkt, den man als Testobjekt benutzt. Im Tierexperiment werden teils Allgemein-, teils Einzelsymptome (Blutdruck, Erbrechen) in Betracht gezogen. Die Resultate der Experimente sind nicht einheitlich. Esser[2] beobachtete bei Hunden sowie bei Kaninchen in sich über Monate erstreckenden Versuchen mit täglicher stomachaler oder subcutaner Zufuhr von Nicotin in steigenden Dosen eine Abnahme der allgemeinen Vergiftungserscheinungen. Speziell das Erbrechen blieb ziemlich bald aus, während Unregelmäßigkeiten in der Herzaktion und der Atemtätigkeit wohl mit der Zeit geringer wurden, aber nie ganz zum Verschwinden kamen. Im Endstadium stellte sich sogar immer Herzirregularität ein. Daraus schien hervorzugehen, daß die Empfindlichkeit der einzelnen Angriffspunkte bei fortgesetzter Zufuhr sich in verschiedener Richtung ändert; denn das Herz weist am Ende der Behandlung die Zeichen der chronischen Nicotinvergiftung auf, während das Brechzentrum nicht mehr so leicht anspricht. Damit stimmt überein, daß Edmunds[3]

---

[1] Myers, Harold: Cross Tolerance. Renal Response to caffein and theobromin in rabbits tolerant towards caffein. J. of Pharmacol. **11**, 177 (1918).

[2] Esser, Joseph: Die Beziehung des Nervus vagus zu Erkrankungen von Herz und Lungen. Arch. f. exper. Path. **49**, 190 (1903).

[3] Edmunds, Charles: Studies in Tolerance Nicotine and Lobeline. J. of Pharmacol. **1**, 27 (1909).

durch vorsichtige Steigerung der subcutan beigebrachten Nicotindosen Hunde
soweit bringen konnte, daß sie schließlich ohne Erbrechen die doppelte ursprüngliche Brechdosis vertrugen. Gegenteilig verhielten sich Katzen, deren Nicotin-
empfindlichkeit — ebenso gemessen an der Brechwirkung — während der Behandlung zunahm. Bei Kaninchen fand HATCHER[1], daß bei vorsichtiger Steigerung der injizierten Mengen die krampferregende Dosis nach einiger Zeit höher
lag; doch kann aus den Versuchen nicht viel geschlossen werden, da die Tiere im
Lauf der Behandlung stark an Körpergewicht einbüßten.

Den bisher angeführten Versuchen mit mehr oder weniger deutlich ausgesprochenem Erfolg stehen andere Beobachtungen gegenüber, die völlig negativ
verliefen. So heben ADLER und HENSEL[2] hervor, daß bei intravenöser Injektion
von 1,5 mg Nicotin sich nach jeder Einspritzung die gleichen Vergiftungserscheinungen in gleicher Intensität und mit genau demselben Erfolg wiederholten, und
zwar gleichgültig, ob 10 oder 100 Injektionen vorausgegangen waren. Auch
französische Forscher[3] berichten nichts über eine Abnahme der Vergiftungssymptome bei chronischer Zufuhr von Nicotin.

Zu erwähnen sind hier noch die Versuche von DIXON und LEE[4], die das
Wesen der Nicotingewöhnung zu ergründen suchten. Sie injizierten Kaninchen
alle zwei Tage $^1/_2$ ccm 1proz. Nicotin teils intravenös, teils subcutan. Nach
einem Monat töteten sie die Tiere, entfernten die Leber und bereiteten aus ihr
einen Extrakt, dem sie 2 ccm 1proz. Nicotin zusetzten. Die Wirkung dieser
Mischung wurde am Blutdruck decerebrierter Katzen geprüft, wobei normaler
Leberextrakt mit dem gleichen Nicotinzusatz als Kontrolle diente. Es ergab sich
dabei regelmäßig eine geringere Wirkung der Leberextrakte der mit Nicotin vorbehandelten Tiere, woraus die Autoren schlossen, daß diese das zugesetzte
Nicotin stärker zerstört hätten. Gegen diesen Schluß sind einige Einwände zu
erheben: 1. Ist die Frage, ob überhaupt nach einem Monat bei den Kaninchen
eine Gewöhnung eingetreten ist. Die Verfasser erwähnen nur nebenher, daß die
allgemeinen Vergiftungssymptome bei den späteren Injektionen weniger ausgesprochen gewesen seien, als im Beginn der Behandlung. Der zweite Einwand betrifft die Folgerung einer erhöhten Zerstörungskraft der Leber bei den ,,nicotin-
gewöhnten‘‘ Kaninchen. Hierzu ist zu bemerken, daß lediglich eine geringere
Wirksamkeit des dem Leberextrakt nicotingewöhnter Tiere zugesetzten Nicotins
nachgewiesen ist. Damit ist aber nicht gesagt, daß tatsächlich eine erhöhte
Zerstörung vorliegt, denn geradeso gut könnten in der Leber durch die chronische Nicotinzufuhr intermediäre Stoffwechseländerungen eingetreten sein,
die zu einer Abschwächung der Nicotinwirkung bei der Auswertung am Blutdruck führen. Daß derartige Prozesse sich im Organismus abspielen und die
Wirkung von Giften in der mannigfaltigsten Weise modifizieren können, das
geht aus den bei der unspezifischen Reiztherapie gewonnenen Ergebnissen klar
hervor.

Durch das Tierexperiment ist somit die Frage, ob eine Nicotingewöhnung
zu erreichen ist, nicht eindeutig entschieden. Beim Menschen scheint einiges für
eine solche zu sprechen, doch lassen sich auch hier Gegengründe anführen. Vor

[1] HATCHER, ROB.: Nicotine Tolerance in Rabbits. Amer. J. Physiol. **11**, 17 (1904).
[2] ADLER, J. u. O. HENSEL: Über intravenöse Nicotineinspritzungen und deren Einwirkung auf die Kaninchenaorta. Dtsch. med. Wschr. **1906**, 1826.
[3] RICHON u. PERRIN: Retards de développement par Intoxication tabagique exp.
C. r. Soc. Biol. Paris **1**, 563 (1908). — LESIEUR: Tabagisme experimental. Ebenda **2**, 430
(1907). — FLEIG u. P. DE VISME: Sur les conditions d'Etude de l'Intoxication par la fumée
du tabac. Ebenda **1**, 114 (1908).
[4] DIXON, W. E. u. W. E. LEE: Tolerance to Nicotine. Quart. J. exper. Physiol. **5**, 373
(1912).

kurzem hat Nöther[1] die Ausscheidungszeiten von Nicotin beim ungewöhnten, gewöhnten und starken Raucher miteinander verglichen und keinerlei Unterschiede weder in bezug auf die Intensität noch die Dauer der Ausscheidung gefunden. Gerade hier hätte man eigentlich erwarten sollen, daß sich irgendwelche Differenzen herausstellten.

Wir kommen demnach zu den Schlusse, daß eine *Nicotingewöhnung erheblicheren Grades weder beim Menschen noch beim Tier bisher eindeutig nachgewiesen ist.*

Blutgifte (Saponin und Kohlenoxyd).

Auch gegen Blutgifte ist auf experimentellem Wege eine Toleranzsteigerung erzielt worden. So gelang es Köhler[2] Katzen in gewissem Grade gegen Saponin dadurch zu immunisieren, daß er wiederholt subletale Dosen dieser Substanz intravenös einspritzte. Die Immunisierung beruht auf einer Anreicherung des Blutplasmas mit Cholesterin, welches das Saponin bindet und es so daran hindert, seine hämolytische Wirkung auf die Erythrocyten zu entfalten.

Experimentelle Untersuchungen über Gewöhnung an Kohlenoxyd liegen seitens Wasmuth und Graham[3] vor. Sie hielten Meerschweinchen monatelang in einer Atmosphäre von verdünntem CO (Luft mit Leuchtgas), die so dosiert war, daß 25% des Hb durch CO gesättigt war. Analog der Wirkung von O-Mangel (Höhenklima) kam es zu einer kompensatorischen Vermehrung der Erythrocyten, die nach Verbringung der Tiere in atmosphärische Luft wieder abklang.

D. Schluß.

Zum Schlusse sei in aller Kürze noch eine Frage von prinzipieller Bedeutung besprochen. Wir sind gewohnt, ein Gift als zerstört oder seiner Wirkung beraubt anzusehen, wenn es chemisch in der ursprünglichen Form nicht mehr nachweisbar ist. Ob damit aber tatsächlich ein völliges Unwirksamwerden verbunden ist, erscheint doch nicht so ganz sicher. Fast alle Alkaloide zeigen einen außerordentlich komplizierten Aufbau ihres Moleküls. Nun wissen wir aus den normalen Stoffwechselvorgängen, daß auch bei verhältnismäßig einfach gebauten Körpern — denken wir an Zucker, Aminosäuren o. dgl. — eine mehr oder minder große Anzahl von Zwischenprodukten durchlaufen werden muß, bis sie in ihre indifferenten Endprodukte in Form von Wasser, Kohlensäure, Harnstoff usw. zerfallen. Das entsprechende darf man mit gutem Recht auch für die Alkaloide annehmen, so daß auch hier mit einer erheblichen Anzahl von Zwischenprodukten gerechnet werden muß. Diese einzelnen Zwischenstufen entziehen sich vorläufig noch völlig unserer Kenntnis; vom Atropin wissen wir zwar, daß es in Tropin und Tropasäure zerfällt, der weitere Vorgang jedoch ist völlig in Dunkel gehüllt. Vom Morphin kennen wir überhaupt keine Zwischenprodukte, es erscheint entweder unverändert in den Ausscheidungen oder verschwindet vollkommen. Wenn wir nun diese Zwischenprodukte nicht kennen, so können wir uns schon gar keine Vorstellung darüber machen, *bis zu welcher Abbaustufe hinab noch eine Wirksamkeit vorliegt.* Wir sind nicht im geringsten darüber orientiert, ob nicht vielleicht erst *während* des Abbaus die hochwirksamen Stoffe entstehen, d. h. die Möglichkeit, daß ein Alkaloid erst *im* Körper durch irgendwelche Veränderung seines

---

[1] Nöther, Paul: Quantitative Studien über das Schicksal des Nicotins im Organismus nach Tabakrauchen. Arch. f. exper. Path. **98**, 370 (1923).

[2] Wacker u. Hueck: Über experimentell erzeugte Veränderungen im Cholesteringehalt der Nebennierenrinde und ihre Beziehungen zum Cholesteringehalt des Blutserums. Arch. f. exper. Path. **71**, 386 (1913).

[3] Wasmuth u. Graham: Blutbefunde bei Kohlenoxydvergiftung. J. of Physiol. **35**, 32 (1906).

Moleküls stark wirksam wird, ist a priori nicht von der Hand zu weisen. *Wir müssen uns also hüten, mit Bestimmtheit von einer ,,Zerstörung" im Sinne von Wirkungslosigkeit eines Giftes zu sprechen, solange wir nicht wissen, bis zu welchen Zwischenprodukten dasselbe vor der Ausscheidung abgebaut wird und wie sich die einzelnen Glieder während des Abbaus bezüglich ihrer Wirkungsstärke verhalten.*

Außerdem müssen wir uns noch darüber klar sein, daß unsere chemischen und biologischen Methoden des Giftnachweises recht grob sind. Es ist nicht gesagt, daß bei negativem Ausfall der chemischen oder biologischen Giftreaktion die Giftwirkung völlig geschwunden sein muß, vielmehr ist es gut möglich, daß selbst nach der Zerstörung des Giftes die Zellfunktionen, die durch das Gift in eine andere Richtung gelenkt worden sind, noch eine Zeitlang diese Richtung beibehalten (Pathobiose HEUBNERS) und erst allmählich wieder zur normalen Funktion zurückkehren. Über all diese feineren Vorgänge vermögen unsere bisherigen Forschungen keinen Aufschluß zu geben.

Sachverzeichnis.

Verlag von Julius Springer / Berlin

Handbuch der experimentellen Pharmakologie. Bearbeitet von
zahlreichen Fachgelehrten. Herausgegeben von **A. Heffter †**, ehemals Professor der Pharmakologie an der Universität Berlin. Fortgeführt von **W. Heubner**, Professor der Pharmakologie an der Universität Göttingen.

Erster Band: Mit 127 Textabbildungen und 2 farbigen Tafeln. III, 1296 Seiten. 1923. RM 84.—

Zweiter Band, 1. Hälfte. Mit 98 Textabbildungen. 598 Seiten. 1920. RM 39.—

Zweiter Band, 2. Hälfte. Mit 184 zum Teil farbigen Textabbildungen. 1374 Seiten. 1924. RM 87.—

Dritter Band, 1. Hälfte. Mit 62 Textabbildungen. VIII, 619 Seiten. 1927. RM 57.—

Dritter Band, 2. Hälfte. In Vorbereitung.

Jeder Band ist einzeln käuflich.

Lehrbuch der Toxikologie. Für Studium und Praxis. Bearbeitet von
M. Cloetta, E. St. Faust, F. Flury, E. Hübener, H. Zangger. Herausgegeben von **Ferdinand Flury**, Professor der Pharmakologie an der Universität Würzburg, und **Heinrich Zangger**, Professor der Gerichtlichen Medizin an der Universität Zürich. Mit 9 Abbildungen. XIII, 500 Seiten. 1928. RM 29.—; gebunden RM 32.—

Die Arzneimittel-Synthese auf Grundlage der Beziehungen
zwischen chemischem Aufbau und Wirkung für Ärzte, Chemiker und Pharmazeuten. Von Dr. **Sigmund Fränkel**, a. o. Professor für Medizinische Chemie an der Wiener Universität. Sechste, umgearbeitete Auflage. VIII, 935 Seiten. 1927. RM 87.—

Die oligodynamische Wirkung der Metalle und Metallsalze.
Von Privatdozent Dr. **Paul Saxl**, Assistent der I. Medizinischen Klinik in Wien. („Abhandlungen aus dem Gesamtgebiet der Medizin.") 57 Seiten. 1924. RM 1.70

Für Abonnenten der „Wiener klinischen Wochenschrift" ermäßigt sich der Bezugspreis um 10%.

Neue therapeutische Wege. Osmotherapie, Proteinkörper-
therapie, Kolloidtherapie. Von Professor Dr. **Karl Stejskal**. 398 Seiten. 1924. RM 9.50; gebunden RM 10.50

Protein-Therapie und unspezifische Leistungssteigerung.
Von M. D. **William F. Petersen**, Associate Professor of Pathology and Bacteriology, University of Illinois, College of Medicine, Chicago. Mit einer Einführung und Ergänzungen von Professor Dr. med. Wolfgang Weichardt, Erlangen. Mit 7 Abbildungen im Text. VIII, 307 Seiten. 1923. RM 10.—

Probleme der pathologischen Physiologie im Lichte neuerer immunbiologischer Betrachtung.
Vortrag, gehalten anläßlich der Jahresversammlung der Wiener Gesellschaft für Mikrobiologie am 20. Dezember 1927. Von Dr. **Hans Sachs**, o. Professor an der Universität Heidelberg. (Sonderabdruck aus „Wiener klinische Wochenschrift", 41. Jahrgang 1928, Heft 13.) II, 23 Seiten. 1928. RM 1.80

Allergische Krankheiten. Asthma bronchiale, Heufieber, Urticaria und andere. Von Professor Dr. **W. Storm van Leeuwen,** Direktor des Pharmako-therapeutischen Instituts der Reichsuniversität in Leiden (Holland). Übersetzt von Professor Dr. Friedrich Verzár. Zweite, umgearbeitete Auflage. Mit 13 Abbildungen. IX, 146 Seiten. 1928. RM 9.60

B **Allergische Diathese und allergische Erkrankungen** (Idiosynkrasien, Asthma, Heufieber, Nesselsucht u. a.). Von Dr. **Hugo Kämmerer,** Professor der Universität München, Leiter des Ambulatoriums der 2. Medizinischen Klinik. VIII, 210 Seiten. 1926. RM 13.50; gebunden RM 16.20

Die Abderhaldensche Reaktion. Ein Beitrag zur Kenntnis von Substraten mit zellspezifischem Bau und der auf diese eingestellten Fermente und zur Methodik des Nachweises von auf Proteine und ihre Abkömmlinge zusammengesetzter Natur eingestellten Fermente. Von Professor Dr. med. et phil. h. c. **Emil Abderhalden,** Geheimer Medizinalrat, Direktor des Physiologischen Instituts der Universität Halle a. d. S. Fünfte Auflage der „Abwehrfermente". Mit 80 Textabbildungen und 1 Tafel. XXII, 356 Seiten. 1922. RM 13.25

Konstitutionsserologie und Blutgruppenforschung. Von Dr. **Ludwig Hirszfeld,** Stellvertretender Direktor des Staatlichen Hygiene-Instituts Warschau. Mit 12 Abbildungen. IV, 235 Seiten. 1928. RM 18.—

Die Individualität des Blutes in der Biologie, in der Klinik und in der gerichtlichen Medizin. Von Dr. **Leone Lattes,** Professor an der Universität Modena. Nach der umgearbeiteten italienischen Auflage übersetzt und ergänzt durch einen Anhang: **Die forensisch-medizinische Verwertbarkeit der Blutgruppendiagnose nach deutschem Recht.** Von Dr. Fritz Schiff, Abteilungsdirektor am Städtischen Krankenhause im Friedrichshain, Berlin. Mit 48 Abbildungen. VI, 226 Seiten. 1925. RM 9.60

Die Technik der Blutgruppenuntersuchung für Kliniker und Gerichtsärzte. Nebst Berücksichtigung ihrer Anwendung in der Anthropologie und der Vererbungs- und Konstitutionsforschung. Von Dr. **Fritz Schiff,** Abteilungsdirektor am Städtischen Krankenhause im Friedrichshain, Berlin. Zweite, vermehrte Auflage. Mit 32 zum Teil farbigen Abbildungen. VI, 91 Seiten. 1929. RM 8.60

Pathologie als Naturwissenschaft — Relationspathologie. Für Pathologen, Physiologen, Mediziner und Biologen. Von **Gustav Ricker,** Direktor der Pathologischen Anstalt der Stadt Magdeburg. X, 391 Seiten. 1924. RM 18.—

Allgemeine Pathologie. Von Dr. **N. Ph. Tendeloo,** o. ö. Professor der Allgemeinen Pathologie und der Pathologischen Anatomie, Direktor des Pathologischen Instituts der Reichsuniversität Leiden. Zweite, verbesserte und vermehrte Auflage. Mit 368 zum Teil farbigen Abbildungen. XII, 1040 Seiten. 1925. RM 66.—; gebunden RM 69.—

B **Der Entzündungsbegriff.** Von Dr. **Bernhard Fischer,** o. Professor der Allgemeinen Pathologie und Pathologischen Anatomie an der Universität, Direktor des Senckenbergischen Pathologischen Instituts zu Frankfurt a. M. 48 Seiten. 1924. RM 1.50

Die mit B *bezeichneten Werke sind im Verlag von J. F. Bergmann, München, erschienen.*